Bruhn
Unternehmens- und
Marketingkommunikation

Unternehmens- und Marketingkommunikation

Handbuch für ein integriertes Kommunikationsmanagement

Von

Prof. Dr. Manfred Bruhn

2., vollständig überarbeitete und erweiterte Auflage

Verlag Franz Vahlen München

Anschrift

Prof. Dr. Manfred Bruhn
Ordinarius für Betriebswirtschaftslehre, insbesondere Marketing und Unternehmensführung an der Wirtschaftswissenschaftlichen Fakultät der Universität Basel
Honorarprofessor an der Technischen Universität München

Lehrstuhl für Marketing und Unternehmensführung
Peter Merian-Weg 6
CH-4002 Basel

Telefon   +41 (0) 61 267 32 22
Fax   +41 (0) 61 267 28 38
E-Mail   manfred.bruhn@unibas.ch
Internet http://www.wwz.unibas.ch/marketing/

ISBN 978 3 8006 3719 5

© 2011 Verlag Franz Vahlen GmbH
Wilhelmstraße 9, 80801 München
Satz: Fotosatz H. Buck
Zweikirchener Str. 7, 84036 Kumhausen
Druck und Bindung: KESSLER Druck + Medien GmbH & Co. KG
Michael-Schäffer-Str. 1, 86399 Bobingen
Umschlag: simmel-artwork
Gedruckt auf säurefreiem, alterungsbeständigem Papier
(hergestellt aus chlorfrei gebleichtem Zellstoff)

Vorwort

Der Kommunikationswettbewerb hat sich in den letzten Jahren weiterhin verschärft und stellt Unternehmen im Rahmen ihrer Kommunikationsarbeit immer wieder vor zahlreiche neue und komplexe Problemstellungen. Veränderte Rahmenbedingungen im gesellschaftlichen, technologischen, wirtschaftlichen und kommunikationsrechtlichen Umfeld, die Informationsüberlastung der Konsumenten und Mitarbeitenden, dynamische Entwicklungen in den Medien- und Kommunikationsmärkten sowie ein abnehmendes Interesse an klassischen Kommunikationsinstrumenten machen es zunehmend schwieriger, effektiv und effizient Zielgruppen zu erreichen. Die verschärften Kommunikationsbedingungen haben in den vergangenen Jahren zu der Erkenntnis geführt, dass Unternehmen nur durch eine konsequente Integration der Instrumente ihres Kommunikationsmixes die erforderlichen Wahrnehmungs- und Erinnerungswirkungen bei ihren Zielgruppen erreichen können. Darüber hinaus stellt die zunehmende Bedeutung einer dialog- und beziehungsorientierten Sichtweise der Kommunikation zusätzliche Anforderungen an die Integrationsarbeit, da Kommunikationsinstrumente unterschiedlicher Ausrichtung konsistent in den Kommunikationsmix zu integrieren sind (Multi Channel Management). Durch den gleichzeitigen Einsatz vielfältiger Kommunikationsinstrumente – beispielsweise Mediawerbung, Sponsoring, Direct Marketing, Social Media- und Mitarbeiterkommunikation usw. – ist es notwendig, eine systematische und koordinierte Vorgehensweise in der Kommunikationsplanung und -umsetzung sicherzustellen.

Gefordert ist eine Neuorientierung in der Kommunikationspolitik, die den erschwerten Kommunikationsbedingungen, der Notwendigkeit einer dialogorientierten Kommunikation, der Vielfalt der Kommunikationsinstrumente sowie den steigenden Effizienzanforderungen an die Kommunikation als strategischen Wettbewerbsfaktor Rechnung trägt. Ziel von Unternehmen hat es heute zu sein, eine gelungene Kombination von Instrumenten der Unternehmens- und Marketingkommunikation einzusetzen und diese Elemente im Sinne einer Integrierten Kommunikation abzustimmen. Dabei gilt es nicht nur, den Einsatz einzelner Kommunikationsinstrumente zu optimieren, sondern insbesondere den koordinierten und widerspruchsfreien Einsatz der verschiedenen Kommunikationsinstrumente sicherzustellen.

Daher bedarf es eines strategischen Managementprozesses für die Integrierte Kommunikation. Dessen Mittelpunkt bildet ein strategisches Konzept der Integrierten Kommunikation, das die verschiedenen Teilelemente des Planungsprozesses integriert und Entscheider in die Lage versetzt, langfristig konsistente, glaubwürdige und synergetisch ausgerichtete Kommunikationsprogramme festzulegen und zu koordinieren. Dieser umfassende Ansatz der Integrierten Kommunikation, der darauf ausgerichtet ist, sämtliche internen und externen Kommunikationsinstrumente in inhaltlicher, formaler und zeitlicher Hinsicht miteinander zu vernetzen, um aus den vielfältigen Kommunikationsquellen einen einheitlichen Unternehmensauftritt zu formen, stellt auch den konzeptionellen Rahmen der vorliegenden zweiten Auflage des Handbuches dar.

Die vorliegende zweite Auflage richtet sich ebenfalls an Studierende und Praktiker gleichermaßen und soll als Nachschlagewerk dienen, das theorie- und praxisorientiert eine Übersicht zu den vielfältigen Themen der internen und externen Kommunikation vermittelt. Zahlreiche

Studien, Unternehmensbeispiele und Inserts unterstützen dieses Anliegen. Es ist das Ziel der vorliegenden Monographie, einen Überblick über die relevanten Grundlagen eines effizienten Kommunikationsmanagements zu vermitteln, die strategische und operative Vorgehensweise sowie verschiedenen Teilaspekte der Integrierten Kommunikation aufzuzeigen und damit Hilfestellungen für eine ganzheitliche Kommunikation zu geben. Um dieses Ziel zu erreichen ist es notwendig, die vielfältigen quantitativen und qualitativen Veränderungen auf den Medien- und Kommunikationsmärkten zu verdeutlichen und die sich daraus ergebenden Konsequenzen für die Planung und Umsetzung der Kommunikationsarbeit aufzuzeigen.

Die grundlegende Struktur wurde in der Neuauflage beibehalten. Durch den systematischen Aufbau in vier Teilen kann sich der Leser schnell einen Gesamtüberblick der theoretischen Grundlagen der Kommunikation sowie die wesentlichen Planungs- und Entscheidungstatbestände der Kommunikationspolitik verschaffen. Neben der Vermittlung des „State-of-the-Art" finden die wichtigsten Zukunftstendenzen und Herausforderungen der Kommunikationsarbeit Berücksichtigung. Vor dem Hintergrund des ganzheitlichen Ansatzes der Integrierten Kommunikation ist es ein weiteres Anliegen des Buches, Hinweise für den professionellen Einsatz der einzelnen Kommunikationsinstrumente zu geben, die Besonderheiten im Einsatz jedes Kommunikationsinstrumentes herauszuarbeiten sowie die Integrationsmöglichkeiten mit anderen Kommunikationsinstrumenten aufzuzeigen. Eine umfassende und detaillierte Betrachtung der verschiedenen Kommunikationsinstrumente vermittelt daher das erforderliche Hintergrundwissen, gibt Hinweise zur Optimierung der Kommunikationsarbeit und schärft das Bewusstsein für die erforderliche Neuorientierung und Feinabstimmung in der Kommunikation. Aufgrund einer jeweils in sich geschlossenen Darstellung der einzelnen Kommunikationsinstrumente können diese als praktisches Nachschlagewerk in der täglichen Arbeit von Kommunikationsmanagern auch unabhängig voneinander genutzt werden.

Im ersten Teil des Handbuches werden zunächst die notwendigen Grundlagen der Kommunikationsforschung erarbeitet und bilden somit die Basis für ein präzises und gleichzeitig differenziertes Verständnis zentraler Begriffe. Neben der Bedeutung der Kommunikation als Baustein des Marketingmix und den branchenspezifischen Besonderheiten werden die neuesten Entwicklungen und Veränderungen des Kommunikationsmarktes in Deutschland skizziert. Der zweite Teil widmet sich der strategischen Ausrichtung der Unternehmens- und Marketingkommunikation im Sinne einer Integrierten Kommunikation. Der Darstellung des Planungsprozesses der Integrierten Kommunikation auf unterschiedlichen Planungsebenen und der Inhalte eines ganzheitlichen strategischen Konzept schließt sich die Darstellung eines Konzeptpapiers zur Umsetzung der Integrierten Kommunikation an. Aufbauend auf konzeptionellen Überlegungen sind die Konsequenzen für die organisatorische und personelle Umsetzung der Integrierten Kommunikation sowie deren Erfolgskontrolle zu beleuchten. Den Einsatz des kommunikationspolitischen Instrumentariums beschreibt der dritte Teil. Nach einer Erläuterung des Begriffes und der Erscheinungsformen des jeweiligen Kommunikationsinstrumentes ist zunächst der entsprechende Kommunikationsmarkt zu betrachten. Anschließend wird auf der Basis des entscheidungsorientierten Ansatzes anhand eines idealtypischen Planungsprozesses der professionelle Einsatz des jeweiligen Kommunikationsinstrumentes aufgezeigt und auf die Besonderheiten im Einsatz jedes Kommunikationsinstrumentes hingewiesen. Der vierte Teil beschäftigt sich mit den rechtlichen Rahmenbedingungen der Kommunikation, da durch gesetzliche Bestimmungen der Einsatz der Kommunikation verstärkt beeinflusst beziehungsweise eingeschränkt wird.

Inhaltlich zeichnet sich die Überarbeitung vor allem durch fachliche Vertiefungen und dies insbesondere durch die Aufnahme der Social Media als Kommunikationsmedium aus. Des

Weiteren wurden sowohl aktuelles Zahlenmaterial als auch neue Praxisbeispiele aufgenommen. Darüber hinaus wurde in erheblichem Umfang aktuelle Literatur eingearbeitet, um den Anspruch des Buches zu erfüllen, einen „State of the Art" zur Unternehmens- und Marketingkommunikation zu liefern.

Ein derart umfangreiches Werk entsteht nicht ohne die Mithilfe eines engagierten Teams. Danken möchte ich daher meinen Mitarbeiterinnen und Mitarbeitern am Lehrstuhl für Marketing und Unternehmensführung der Universität Basel, die mich bei der Überarbeitung und Erweiterung dieses Buches auf vielfältige Weise unterstützt haben. Mein besonderer Dank geht an Frau Dr. Grit Mareike Ahlers, Frau Dipl.-Rom. Verena Batt, Frau Dipl.-Kffr. Daniela Schäfer, Herrn Dipl.-Kfm. Jürgen Schwarz und Frau Dipl.-Kffr. Meike Straßer. Den Studierenden cand. rer. pol. Sören Friederichsen, cand. rer. pol. Nicole Martin und cand. rer. pol. Juraj Kralj danke ich für die Unterstützung bei den Formatierungsarbeiten und der grafischen Gestaltung der Schaubilder.

Es würde mich freuen, wenn diese zweite Auflage des Handbuches den interessierten Leserinnen und Lesern aus Wissenschaft und Praxis Anregungen sowie Hilfestellungen für die konzeptionelle und operative Kommunikationsarbeit leisten kann.

Basel, im Frühjahr 2011   Prof. Dr. Manfred Bruhn

Inhaltsverzeichnis

Teil I
Bedeutung und Stellung der Kommunikationspolitik

Teil III
Einsatz kommunikationspolitischer Instrumente

Teil IV
Rechtliche Rahmenbedingungen der Kommunikationspolitik

Verzeichnis der Schaubilder

D. Umsetzung der Integrierten Kommunikation im Unternehmen und im Markt

Teil III Einsatz kommunikationspolitischer Instrumente

A. Systematik kommunikationspolitischer Instrumente

B. Einsatz der Mediawerbung

C. Einsatz der Verkaufsförderung

D. Einsatz des Direct Marketing

E. Einsatz der Public Relations

F. Einsatz des Sponsoring

I. Einsatz des Event Marketing

J. Einsatz von Social Media-Kommunikation

K. Einsatz der Mitarbeiterkommunikation

Teil IV Rechtliche Rahmenbedingungen der Kommunikationspolitik

Verzeichnis der Inserts

C. Einsatz der Verkaufsförderung

D. Einsatz des Direct Marketing

E. Einsatz der Public Relations

F. Einsatz des Sponsoring

G. Einsatz der Persönlichen Kommunikation

H. Einsatz von Messen und Ausstellungen

I. Einsatz des Event Marketing

J. Einsatz von Social Media-Kommunikation

K. Einsatz der Mitarbeiterkommunikation

Teil IV Rechtliche Rahmenbedingungen der Kommunikationspolitik

Teil I

Bedeutung und Stellung der Kommunikationspolitik

A. Grundlagen der Kommunikationsforschung

1 Begriffliche Grundlagen der Kommunikation

Zielsetzung absatzpolitischer Prozesse ist neben der Entwicklung marktfähiger Produkte, der Festlegung attraktiver Preise sowie der Erstellung eines leistungsfähigen Distributionssystems vor allem die Ausrichtung einer **erfolgsorientierten Unternehmenskommunikation** (*Kotler/Keller/Bliemel* 2007, S. 774). Vor dem Hintergrund einer steigenden Wettbewerbsintensität wird es für die Unternehmen zunehmend wichtiger, über eine **effektive und effiziente Kommunikationsarbeit** Wettbewerbsvorteile im Markt zu realisieren und dauerhaft zu halten.

Um die Besonderheiten und Problemstellungen der Unternehmenskommunikation umfassend und in ihrer Komplexität nachvollziehen zu können, ist es notwendig, ein präzises und gleichzeitig differenziertes **Verständnis zentraler Begriffe** herzustellen. Gleichzeitig werden dadurch die begrifflichen Voraussetzungen geschaffen, um die abzuleitenden Entscheidungshilfen zur Ausrichtung der unternehmerischen Kommunikationspolitik im Hinblick auf die eigene kommunikative Problemstellung optimal nutzen zu können.

In diesem Zusammenhang ist in einem ersten Schritt zu klären, welche Bedeutungsinhalte der **Kommunikationsbegriff** im marketingspezifischen Kontext vermittelt (in Anlehnung an *Meffert/Burmann/Kirchgeorg* 2008, S. 632):

> **Kommunikation** bedeutet die Übermittlung von Informationen und Bedeutungsinhalten zum Zweck der Steuerung von Meinungen, Einstellungen, Erwartungen und Verhaltensweisen bestimmter Adressaten gemäß spezifischer Zielsetzungen.

Entsprechend sind unter der Kommunikationspolitik sämtliche Entscheidungen zu subsumieren, die auf die **Gestaltung der Kommunikation** gerichtet sind (*Diller* 2001, S. 791). Während der Kommunikationsbegriff nur das Gestaltungsspektrum kommunikativer Aktivitäten absteckt, geht es beim **Begriff der Kommunikationspolitik**, der nachfolgend erläutert wird, um zielgerichtete Entscheidungen, die die konkrete Ausrichtung der Kommunikation betreffen.

Als Kommunikationspolitik wird die Gesamtheit der Kommunikationsinstrumente und -maßnahmen bezeichnet, die eingesetzt werden, um das Unternehmen und seine Leistungen den relevanten Zielgruppen der Kommunikation darzustellen und/oder mit den Anspruchsgruppen eines Unternehmens in Interaktion zu treten.

Die Kommunikationspolitik umfasst dabei Maßnahmen der marktgerichteten, **externen Kommunikation** (z. B. Anzeigenwerbung), der innerbetrieblichen, **internen Kommunikation** (z. B. Intranet, Mitarbeiterzeitschrift) und der **interaktiven Kommunikation** zwischen Mitarbeitenden und Kunden (z. B. Kundenberatungsgespräche bei Finanzdienstleistern). Schaubild I-A-1 veranschaulicht diese Erscheinungsformen der Kommunikation von Unternehmen.

Unternehmen können eine Vielzahl interner und externer kommunikativer Aktivitäten ergreifen, um ihre Zielgruppen zu erreichen. Der externen Marktkommunikation wird hierbei ein hoher Stellenwert eingeräumt. Es ist jedoch zu beobachten, dass die interaktive Kommu-

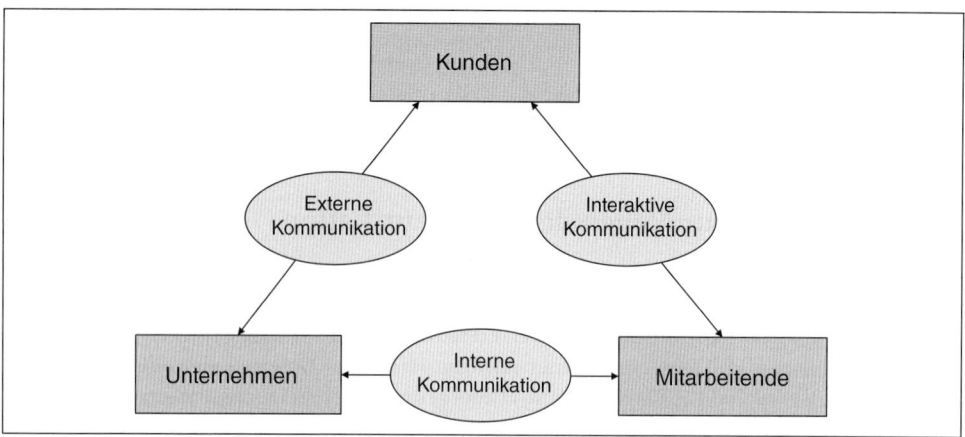

Schaubild I-A-1: Erscheinungsformen der Kommunikation von Unternehmen (Bruhn 2010b, S. 200)

nikation und vor allem die interne Mitarbeiterkommunikation für den Unternehmenserfolg immer wichtiger werden. Aufgrund ihrer zentralen Rolle als glaubwürdiger Multiplikator im Kommunikationsprozess sind die Mitarbeitenden eines Unternehmens in einem ganzheitlichen Ansatz der Unternehmenskommunikation nicht zu vernachlässigen (vgl. *Klöfer/Nies* 2003; *Oelert* 2003; *Schick* 1995). Durch eine erfolgreiche Mitarbeiterkommunikation (z. B. Mitarbeiterevents, Corporate Publishing, Mitarbeitergespräche, Mitarbeiterzeitschriften) werden die Mitarbeitenden verstärkt motiviert. Dies drückt sich gleichzeitig in einer gesteigerten Bindung an das eigene Unternehmen aus und löst Verhaltensweisen bei ihnen aus, die zur Erreichung der spezifischen Unternehmensziele beitragen.

Des Weiteren kann zwischen den Begrifflichkeiten Unternehmenskommunikation, Marketingkommunikation und Dialogkommunikation differenziert werden. Zur Unternehmenskommunikation zählen beispielsweise das Corporate Advertising, das Corporate Sponsoring, die Corporate Public Relations usw., die für die so genannte Prägung des institutionellen Erscheinungsbildes des Unternehmens verantwortlich sind und alle an die Umwelt und die Mitarbeitenden des Unternehmens gerichteten Informationen enthalten, die der Erreichung der Unternehmensziele dienen. Zur Marketingkommunikation gehören z. B. die Verkaufsförderung, das Sponsoring, das Direct Marketing usw., Kommunikationsinstrumente also, die vornehmlich den Verkauf von Produkten und Dienstleistungen beleben. Bei der so genannten Dialogkommunikation geht es in erster Linie um den Aufbau und die Intensivierung von Kundenkontakten. Diese werden durch den Einsatz einer Persönlichen Kommunikation, einer direkten Ansprache der Kunden über E-Mail, bei Events, Messen und Ausstellungen ermöglicht.

Wird die Definition des Kommunikationsbegriffs weiter aufgeschlüsselt, so lässt sich festhalten, dass es sich bei der Kommunikation um das Ergebnis eines **Entstehungsprozesses** handelt, denn die **Übermittlung von Informationen und Bedeutungsinhalten** ist an Kommunikationsprozesse gekoppelt, die in mannigfaltiger Art und Weise auftreten bzw. gestaltet werden können.

Weiterhin erfolgt Kommunikation im absatzpolitischen Kontext nicht zum Selbstzweck, sondern der Kommunikator verfolgt mit seinen kommunikativen Aktivitäten bestimmte Absichten. Dabei geht es vor allem um die **Beeinflussung bzw. Steuerung von Meinungen, Einstellungen, Erwartungen sowie Verhaltensweisen**. Diese verhaltenswissenschaftlichen Konstrukte der menschlichen Prädisposition sind in Abhängigkeit von der Ausprägung einer Vielzahl verschiedener Einflussgrößen, wie z. B. der Persönlichkeitsstruktur des Adressaten, situationaler Faktoren usw., in mehr oder weniger starkem Maße durch kommunikative Aktivitäten beeinflussbar.

Darüber hinaus ist der Kommunikationsbegriff in seiner konnotativen Ausrichtung durch einen **Adressatenbezug** gekennzeichnet. So hat der Kommunikator bestimmte Vorstellungen darüber, welche Adressaten (Empfänger) durch die eigenen Kommunikationsaktivitäten erreicht werden sollen. Diese Vorstellungen resultieren im Regelfall aus der Vermutung, dass die Kommunikationsaktivitäten bei bestimmten Kommunikationsempfängern ausgeprägtere Reaktionen hervorrufen als bei anderen Kommunikationsadressaten.

Schließlich werden kommunikative Aktivitäten dazu eingesetzt, bestimmte **Ziele** zu erreichen. Diese Ziele können vielfältiger Natur sein. Eine klassische Systematisierung kommunikationspolitischer Ziele wird durch eine Zweiteilung in **ökonomische** und **psychografische** Ziele repräsentiert. Häufig findet sich in der Literatur auch eine Unterscheidung zwischen vorökonomischen und ökonomischen Kommunikationszielen (vgl. *Rogge* 2004). Die ökonomischen Kommunikationsziele beziehen sich auf Größen wie Marktanteil, Umsatzsteigerung, Anzahl der Kunden, Kostenersparnis, Rentabilität, Gewinn usw. Zu den psychografischen Kommunikationszielen zählen beispielsweise die Erhöhung der Marken- und Unternehmensbekanntheit, die Verbesserung der Einstellungen und Images, die Steuerung von bestimmten Verhaltensweisen und letztlich das Ziel einer einzigartigen Positionierung der Produkte mit außerordentlichen Verkaufsunterschieden im Markt, die durch eine Unique Selling Proposition erreicht werden kann. Grundsätzlich ist die Ausrichtung der Ziele in hohem Maße davon abhängig, wer der Kommunikator ist. Ist es ein Unternehmen des Konsumgütersektors, so verfolgt es mit seiner Kommunikation Ziele, wie z. B. die Steigerung der Markenbekanntheit oder die Verbesserung des Unternehmensimages. Handelt es sich hingegen um eine Investition im Nonprofit-Bereich, so wird die Kommunikation beispielsweise dazu eingesetzt, um relevante Bezugspersonen bzw. -gruppen, wie z. B. den Partner, die Eltern, Bekannte usw., zu beeinflussen.

Im Folgenden wird überwiegend davon ausgegangen, dass die Kommunikatoren Unternehmen sind, die ihre Kommunikationsaktivitäten in den Dienst kommerzieller Absichten stellen. So soll die **unternehmerische Kommunikation** über die Veränderung von Meinungen, Einstellungen, Erwartungen sowie Verhaltensweisen letztlich dazu beitragen, dass übergeordnete Unternehmensziele, wie z. B. Absatz-, Umsatz-, Deckungsbeitrags- und Gewinnveränderungen bzw. -verbesserungen, erreicht werden.

Es ist daher notwendig in Erfahrung zu bringen, welche Bedeutungsinhalte sich hinter dem Begriff der Unternehmens- und Marketingkommunikation verbergen. Für die weitere Vorgehensweise empfiehlt es sich in diesem Zusammenhang, den **Begriff der Unternehmens- und Marketingkommunikation** weit zu fassen:

> **Unternehmens- und Marketingkommunikation** umfasst die Gesamtheit sämtlicher Kommunikationsinstrumente und -maßnahmen eines Unternehmens, die eingesetzt werden, um das Unternehmen, Produkte und seine Leistungen den relevanten internen und externen Zielgruppen der Kommunikation darzustellen und/oder mit den Zielgruppen eines Unternehmens in Interaktion zu treten.

Bei der weiteren systematischen Begriffsaufschlüsselung dieser Definition ist zunächst auf den **Begriff der Kommunikationsmaßnahme** einzugehen:

Kommunikationsmaßnahmen sind sämtliche Aktivitäten, die von einem kommunikationstreibenden Unternehmen bewusst zur Erreichung kommunikativer Zielsetzungen eingesetzt werden.

Dem Unternehmen steht eine Vielzahl einsetzbarer Kommunikationsmaßnahmen zur Verfügung. Zur Verdeutlichung der Breite des Aktivitätsspektrums bei der Durchführung kommunikativer Maßnahmen zeigt Schaubild I-A-2 zufällig ausgewählte Beispiele für Kommunikationsmaßnahmen.

In dem Bemühen, die Vielfalt der Kommunikationsmaßnahmen ordnend zu erfassen, muss später eine Abgrenzung nach verschiedenen Kriterien vorgenommen werden, um ein System von Kommunikationsinstrumenten zu erhalten. Im gewachsenen Begriffs- und Sprachverständnis resultieren aus dieser Abgrenzung verschiedene **Kommunikationsinstrumente** (in Anlehnung an *Steffenhagen* 2008, S. 154 f.):

Kommunikationsinstrumente sind das Ergebnis einer gedanklichen Bündelung von Kommunikationsmaßnahmen nach ihrer Ähnlichkeit.

So können beispielsweise Kommunikationsinstrumente, wie (klassische) Mediawerbung, Verkaufsförderung, Direct Marketing, Public Relations usw., unterschieden werden. Der Einsatz der Kommunikationsinstrumente richtet sich dabei nach den relevanten **Zielgruppen der Kommunikation** (in Anlehnung an *Bruhn* 2010a):

Zielgruppen der Kommunikation sind die mittels des Einsatzes des kommunikationspolitischen Instrumentariums anzusprechenden Adressaten (Rezipienten) der Unternehmenskommunikation.

Die Zielgruppen der Unternehmenskommunikation können sowohl unternehmensinterne als auch -externe Personenkreise darstellen. In Abhängigkeit der jeweils anzusprechenden Zielgruppen können die diesbezüglichen Kommunikationsaktivitäten in Maßnahmen der **externen Kommunikation** (auch: Marktkommunikation) und **internen Kommunikation** (auch: Mitarbeiterkommunikation) gedanklich eingeordnet werden. Mit dem so genannten **Stakeholder-Kompass** wird eine **360 Grad-Kommunikation** in vier Richtungen ermöglicht (in Anlehnung an *Kirf/Rolke* 2002, S. 18 ff.). Schaubild I-A-3 stellt den Stakeholder-Kompass der Unternehmenskommunikation exemplarisch dar. Die Kommunikation eines Unternehmens

---

Beispiele für Kommunikationsmaßnahmen

- Schaltung einer Anzeige in einer Tageszeitung
- Verteilung von Coupons
- Versendung eines Werbebriefes
- Versorgung der Presse mit Informationen
- Bereitstellung von Werbematerialien für gesponserte Sportler
- Durchführung eines Verkaufsgesprächs
- Neuproduktpräsentation auf Messen und Ausstellungen
- Durchführung von Road Shows
- Gestaltung einer Homepage im Internet
- Führen von Mitarbeitergesprächen u.a.m.

Schaubild I-A-2: Beispiele für Kommunikationsmaßnahmen

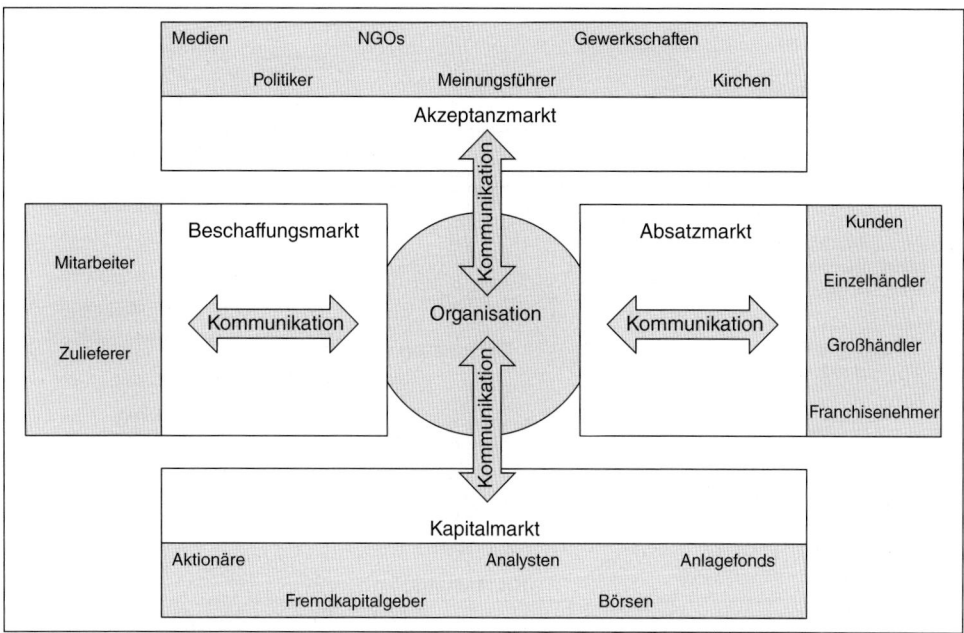

Schaubild I-A-3: Der Stakeholder-Kompass der Unternehmenskommunikation

hat sich sowohl an der horizontalen Achse, die vom Beschaffungsmarkt bis hin zum Absatzmarkt reicht, als auch an der vertikalen Wertschöpfungsachse, ausgehend vom Kapitalmarkt bis hin zum Akzeptanzmarkt (Öffentlichkeit), sowie an den damit verbundenen vier Anspruchsgruppen auszurichten. Dementsprechend wird die Kommunikation eines Unternehmens die Beziehung zu den Kunden und Mitarbeitenden fördern und verbessern sowie gleichzeitig ein Instrumentarium darstellen, dass es dem Unternehmen ermöglicht, Kundenbedürfnisse richtig zu verstehen und in ein angemessenes Mitarbeiter- und Organisationsverhalten umzusetzen. Des Weiteren vermittelt ein Unternehmen durch eine glaubhafte Kommunikation gegenüber Kapitalgebern, warum es Geld benötigt und eine Chance auf eine Rentabilität besteht. Gleichzeitig steht das Unternehmen, vermittelt über die Kommunikation, für die Interessen der Öffentlichkeit und des Gemeinwohls ein. Voraussetzung für eine bedürfnisgerechte Zielgruppenansprache mittels einer solchen achsenoptimalen Kommunikation ist das Verstehen der spezifischen Bedürfnisse und Interessen der verschiedenen Anspruchsgruppen, die teilweise auch in Konflikt zueinander stehen können sowie eine erfolgreiche kommunikative Vernetzung mit diesen Gruppen. Umso wichtiger werden der optimale Einsatz und die optimale Steuerung verschiedener Kommunikationsinstrumente für unterschiedliche Anspruchsgruppen. Schaubild I-A-4 gibt, gemäß der Aufteilung in oben genannte Anspruchsgruppen, einen exemplarischen Überblick über verschiedene Kommunikationsinstrumente.

Die von der Kommunikation bereitzustellenden Informationen und Bedeutungsinhalte konkretisieren sich in der **Kommunikationsbotschaft**, mit der die Zielgruppen konfrontiert werden und die wie folgt begrifflich zu definieren ist (*Bruhn* 2010a):

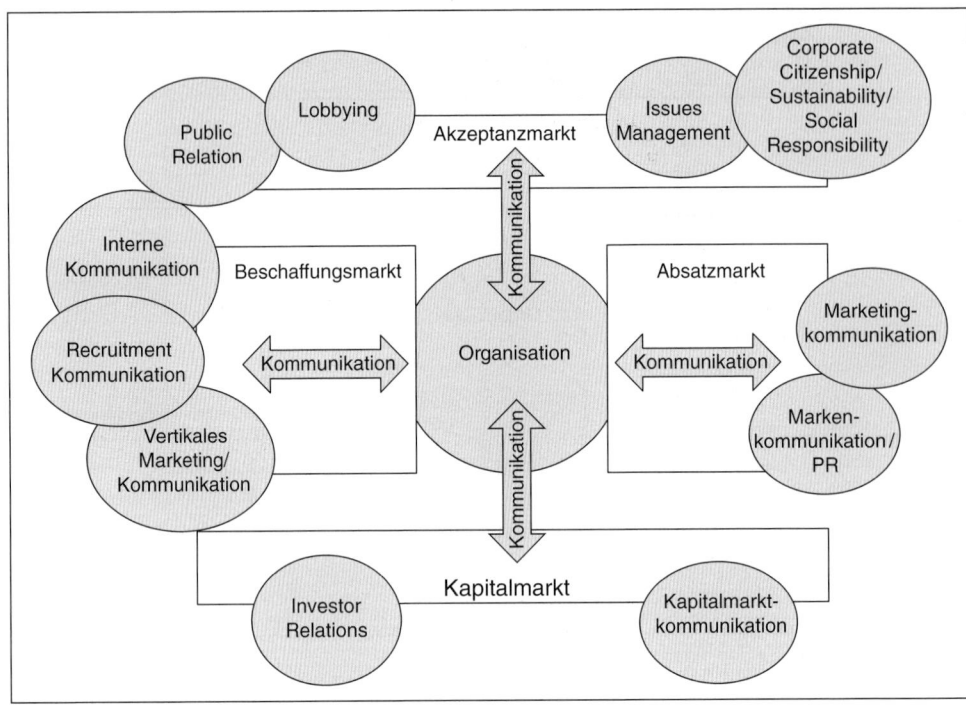

Schaubild I-A-4: Überblick über Kommunikationsinstrumente für verschiedene Anspruchsgruppen

> Eine **Kommunikationsbotschaft** ist die Verschlüsselung kommunikationspolitischer Leitideen durch Modalitäten (Text, Bild, Emotion/Gefühl, Geschmack, Duft und/oder Ton), um bei den Rezipienten durch Aussagen über Produkte/Dienstleistungen/Marken/Unternehmen die gewünschten Wirkungen im Sinne der unternehmenspolitisch relevanten Kommunikationsziele zu erzielen.

Zielsetzung des kommunikationstreibenden Unternehmens ist es im Regelfall, die Kommunikationsbotschaft möglichst kreativ und originell darzustellen. Vielfach treten dabei **Kommunikationsmittel** an die Stelle des persönlichen Kontakts mit den Zielpersonen oder üben ergänzende Funktionen aus. Angesichts einer in Wissenschaft und Praxis oftmals inkonsistenten Begriffsverwendung erscheint es bereits an dieser Stelle erforderlich, den Begriff des Kommunikationsmittels – auch im Hinblick auf die vielfach auftretenden Abgrenzungsprobleme zum Begriff des „Kommunikationsträgers" – trennscharf einzugrenzen, um einem fälschlichen Begriffsverständnis vorzubeugen (in Anlehnung an *Sager* 2001, S. 1865):

> Das **Kommunikationsmittel** ist die reale, sinnlich wahrnehmbare Erscheinungsform der Kommunikationsbotschaft. Sie ersetzt die ursprünglich von Mensch zu Mensch verlaufende Kommunikation und macht sie reproduzierbar.

Diese Verschlüsselung erfolgt zumeist über den Einsatz so genannter „**Modalitäten**" (Verschlüsselungsfaktoren). Die Verschlüsselung der Kommunikationsbotschaft wird im Regelfall über den kombinierten Einsatz der Modalitäten Text, Bild, Emotion/Gefühl, Geschmack, Duft und/oder Ton vorgenommen. Aber auch die „Verpackung" der Kommunikationsbotschaft in Form bestimmter Handlungsweisen mit dem Kommunikationsobjekt selbst (z. B. Produktdemonstrationen) sind in der Praxis durchaus anzutreffen.

Der Einsatz der Modalitäten steht in engem Zusammenhang mit den auszuwählenden Kommunikationsträgern. So können sich Kommunikatoren spezieller Kommunikationsträger bedienen, um die Kommunikationsbotschaft den anvisierten Zielgruppen näher zu bringen. Dem **Begriff des Kommunikationsträgers** wird folgende Definition zugrunde gelegt (in Anlehnung an *Steffenhagen* 2008, S. 155):

> Ein **Kommunikationsträger** ist ein Übermittlungsmedium, mit dessen Hilfe die in Form von Kommunikationsmitteln verschlüsselte Kommunikationsbotschaft quasi im „Huckepack"-Verfahren den Adressaten näher gebracht wird.

Kommunikationsträger können somit beispielsweise Informations- und Unterhaltungsmedien, Geschäftsräume, Verkehrsmittel oder Ausstellungsräume sein. Allerdings ist es nicht immer einfach, eine trennscharfe Unterscheidung zwischen Kommunikationsmitteln und -trägern vorzunehmen (*Steffenhagen* 2008, S. 152).

Beispiel: Unterscheidung zwischen Kommunikationsmitteln und -trägern
Eine trennscharfe Unterscheidung lässt sich bei der Anzeigenwerbung, der Funk- und Fernsehwerbung, der Verkehrsmittelwerbung sowie der Werbung an Sportlern vornehmen. Kommunikationsträger sind hierbei die Zeitschrift, der Hörfunk, das Fernsehen, die Anschlagstelle, der Bus, der Sportler selbst. Kommunikationsmittel sind die Anzeige, der Hörfunk- bzw. TV-Spot, das Plakat, das Seitenscheibenplakat, das Trikot. Schwierig ist jedoch die Unterscheidung bei der Kommunikation mittels Tragetaschen, Werbegeschenken oder Verpackungen, da die jeweiligen Kommunikationsträger gleichzeitig Kommunikationsmittel darstellen.

Bereits frühzeitig wurde in Deutschland bei der Vielfalt der Kommunikationsmaßnahmen und -instrumente auf die Notwendigkeit hingewiesen, sämtliche „kommunikativen Strömungen zu harmonisieren" und die zur Verfügung stehenden Kommunikationsinstrumente in einen umfassenden **Kommunikationsmix** zu integrieren (*Tietz* 1982, S. 2271 f.), wobei der Kommunikationsmix die begriffliche Fassung für den kombinierten Einsatz von Kommunikationsinstrumenten darstellt. Dieser Gedanke ist in den letzten Jahren kontinuierlich weiterentwickelt worden und äußert sich heute in der immer nachdrücklicher werdenden Forderung nach einer **Integrierten Kommunikation**.

Neben den Entwicklungen im Medienmarkt, den verschärften Kommunikationsbedingungen, dem steigenden Kommunikationswettbewerb und der Informationsüberlastung der Konsumenten existieren noch weitere Gründe, die für eine Integration in der Kommunikationsarbeit sprechen. Hierzu zählt z. B. die Tatsache, dass Personen in unterschiedlichen Situationen ihres Lebens unterschiedliche Rollen wahrnehmen und sich die Kommunikationszielgruppen der Unternehmen teilweise überlappen (Multifunktionalität der Botschaftsempfänger) (*Duncan/Moriarty* 1997, S. 55 ff.; *Hunter* 2000; *Klöfer* 2003, S. 94; *Bruhn* 2010a, S. 4). Eine Zielperson, die als Kunde an einem Produkt interessiert ist, kann z. B. gleichzeitig als Pressevertreter die PR-Maßnahmen des gleichen Unternehmens verfolgen oder an einem gesponserten Event teilnehmen. Widersprüche und Inkonsistenzen in der Kommunikation werden unter diesen Umständen unmittelbar wahrgenommen und haben negative Auswirkungen auf den Eindruck von einem Unternehmens- bzw. Markenbild. Das Konzept der Integrierten Kommunikation bildet in der heutigen Situation des Kommunikationswettbewerbs die Grundlage für den Kommunikationserfolg. Diese Erkenntnis scheint sich in den letzten Jahren sowohl in Wissenschaft als auch Praxis immer mehr durchzusetzen. Erstaunlicherweise ist jedoch festzustellen, dass der Begriff des Kommunikationserfolges vor allem in der Praxis vielfach auf inkonsistente, teilweise sogar fälschliche Art und Weise verwendet wird. Vielfach werden in diesem Zusammenhang sämtliche Reaktionen von Kommunikationsempfängern als Kommunikationserfolg aufgefasst. Diese Begriffsauffassung greift jedoch aus drei Gründen zu kurz:

(1) Der Kommunikationserfolg kann nicht allein bzw. zumindest nicht überwiegend auf durchgeführte Kommunikationsaktivitäten zurückgeführt werden.

(2) Der Kommunikationserfolg erstreckt sich nicht nur auf die Reaktionen der anvisierten Zielgruppen.

(3) Der Kommunikationserfolg bezieht sich nicht nur auf die Reaktionen der Zielpersonen, die mit den formulierten Kommunikationszielen in Einklang stehen.

Es ist daher notwendig, den **Begriff des Kommunikationserfolges** wie folgt zu definieren:

> Der **Kommunikationserfolg** spiegelt sich im Grad der Erreichung kommunikativer Zielsetzungen bei den anvisierten Zielgruppen wider, der ausschließlich bzw. überwiegend auf den Einsatz von Kommunikationsaktivitäten zurückzuführen ist.

2 Funktionen der Kommunikationspolitik

Der Einsatz der Kommunikation erfolgt in der Regel zweckgerichtet. Die unternehmerische Kommunikationspolitik erfüllt in diesem Zusammenhang verschiedene Funktionen. Um eine systematische Durchdringung der im zugrunde liegenden Kontext relevanten **Funktionen der Kommunikationspolitik** zu erleichtern, erscheint es sinnvoll, diese in eine gedankliche Ordnung zu bringen. Dazu bietet sich es an, zunächst eine grundlegende Unterscheidung in die beiden folgenden zwei Kategorien vorzunehmen (vgl. Schaubild I-A-5):

(1) Mikroökonomische Funktionen,

(2) Makroökonomische Funktionen.

Im Rahmen der **mikroökonomischen Funktionen** lässt sich eine weitere gedankliche Unterteilung vornehmen, die ein umfassenderes und differenzierteres Verständnis kommunikativer Funktionen auf mikroökonomischer Ebene gewährleistet. Es können demnach drei Funktionen unterschieden werden:

(1) Informationsfunktion,

(2) Beeinflussungsfunktion,

(3) Bestätigungsfunktion.

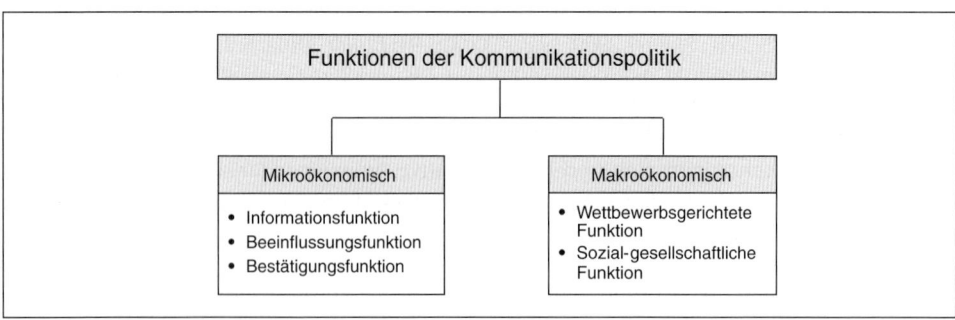

Schaubild I-A-5: Funktionen der Kommunikationspolitik

Der Einsatz kommunikativer Aktivitäten ist grundsätzlich in der Lage, **Informationsfunktionen** wahrzunehmen. Die Kommunikation kann dazu eingesetzt werden, den Konsumenten bezüglich des betreffenden Gegenstandes bzw. seiner Eigenschaften in Kenntnis zu setzen (*Rothschild* 1987, S. 5). Bei dem kommunikativ zu unterstützenden Gegenstand kann es sich z. B. um das Unternehmen, eine Marke, ein Produkt, eine Dienstleistung und/oder spezielle Verhaltensweisen handeln. Da die Kommunikationspolitik im Vergleich zu anderen Marketinginstrumenten in besonderem Maße dazu geeignet ist, Informationen zu vermitteln bzw. zielgerichtet zu steuern, wird sie vielfach auch als „Sprachrohr des Marketing" bezeichnet (*Nieschlag/Dichtl/Hörschgen* 2002, S. 985 ff.). Aber auch die anderen Marketinginstrumente vermitteln dem Konsumenten Informationen. So entsenden beispielsweise Entscheidungen der Produktpolitik ebenfalls Informationen, die jedoch nach den getroffenen produktpolitischen Entscheidungen nur schwer steuerbar sind. Dies gilt für die Produktsubstanz-, die Verpackungsgestaltung sowie die Markierung gleichermaßen. So erhält der Konsument z. B. über eine farbintensive und phantasievoll gestaltete Flasche eines Erfrischungsgetränkes bereits erste Informationen bezüglich des Geschmacks des Getränkes (*Schweiger/Schrattenecker* 2009, S. 125 f.). Gerade bei Produkten, die ohne Beratung in Selbstbedienungsgeschäften verkauft werden, nimmt die Verpackung eine besondere Stellung ein, da sie Informationen über das Produkt transportiert und dem Kunden überdies als Entscheidungshilfe dient.

> **Beispiel: Verpackungsgestaltung bei *Coca-Cola***
> Der Getränkeanbieter *Coca-Cola* hat vor einigen Jahren im Rahmen der Verpackungsgestaltung die Entscheidung getroffen, die ursprüngliche Form der *Coca-Cola*-Flasche, die sich an der Idealfigur einer Frau orientierte, so zu verändern, dass ein wohlgeformter Frauenkörper nicht mehr erkennbar war. Dies führte zu erheblichen Absatzeinbrüchen bei *Coca-Cola*, da die neue Verpackungsgestaltung durch den Wechsel in der jahrzehntelangen kontinuierlichen Verpackungspolitik keine zielführenden Informationen im Sinne der Wiedererkennbarkeit der Marke entsendete. Wenige Wochen später entschied sich der Getränkeanbieter daher, wieder die alte Flasche einzusetzen.

Eng verbunden mit der Vermittlung von Informationen ist es vor allem die besondere Fähigkeit der Kommunikation, eine **Beeinflussungsfunktion** wahrzunehmen, die sie zu einem leistungsfähigen Instrument des Marketingmix macht. Oftmals wird in diesem Zusammenhang auch von der Emotionalisierungsfunktion der Kommunikationspolitik gesprochen. So wird die Kommunikation vor allem im kommerziellen Marketing im Regelfall nicht nur dazu eingesetzt, um über die Vermittlung von Informationen den Kenntnisstand der Kommunikationsadressaten zu verbessern, sondern um eine Vielzahl weiterer (innerer und äußerer) Verhaltensreaktionen im Sinne der Kommunikationsziele zu steuern. Die Kerninhalte der **Market-Power** und **Market-Competition School** als wichtige psychologische Strömungen zur Erklärung menschlichen Verhaltens sind in besonderem Maße dazu geeignet, Möglichkeiten aufzuzeigen, wie dieses Zusammenspiel zwischen der Wahrnehmung der informativen und beeinflussenden Funktion erfolgen kann (*Vernon* 1971, S. 146 ff.; *Moriarty/Mitchell/Wells* 2009, S. 9 f.). Nach Auffassung der Market Power School kann die Kommunikationspolitik dazu eingesetzt werden, das Interesse des Konsumenten vom Preis abzulenken. Eine dazu konträre Auffassung ist, mit Hilfe der Kommunikationspolitik die Preissensibilität des Konsumenten zu erhöhen (Market-Competition School).

In beiden Fällen vermittelt die Kommunikation Informationen. Allerdings ist die Art der übermittelten Informationen unterschiedlich, so dass auch die Art der Informationsverarbeitung beim Konsumenten anderen gedanklichen Richtlinien folgt. Es wird deutlich, dass die Wahrnehmung der informativen Funktion gleichzeitig beeinflussende Wirkung entfaltet.

Die Wahrnehmung der Beeinflussungsfunktion durch die Kommunikation kann sich in einer Vielzahl veränderter **Verhaltensreaktionen** beim Konsumenten äußern (*Trommsdorff* 2009 S. 42; *Kroeber-Riel/Weinberg/Gröppel-Klein* 2009, S. 51 ff.):

- Ausgelöste Emotionen,
- Eine bestimmte Motivationshöhe,
- Eine bestimmte Einstellungsausprägung,
- Geschaffene Präferenzen,
- Überzeugtheit,
- Ausgelöstes Kaufverhalten,
- Ausgelöstes Verwendungsverhalten.

Es wird deutlich, dass sich die beeinflussende Kraft der Kommunikation auf eine Vielzahl menschlicher Verhaltensweisen erstrecken kann. Aufgabe des Entscheidungsträgers muss es in diesem Zusammenhang sein, die Verhaltensweisen der Konsumenten durch den Einsatz der Kommunikation so zu steuern, dass Kommunikationsziele bestmöglich erreicht werden. Je nach Situation können mit Hilfe der Kommunikationsmaßnahmen eher direkte bzw. indirekte verhaltensbeeinflussende Wirkungen erreicht werden. Eine so genannte direkte Kaufverhaltensbeeinflussung liegt dann vor (kurzfristiges Verkaufsziel), wenn ein Kunde unmittelbar nach der Kommunikationsmaßnahme für ein Produkt oder eine Dienstleistung dazu bewegt wird, es zu kaufen bzw. einen Vertrag abzuschließen (Probieraktionen, Rabattaktionen, Dauerwerbesendungen im Fernsehen). Eine direkte Beeinflussung des Kaufverhaltens kann auch in Situationen erreicht werden, in denen Konsumenten auf der Suche nach Informationen und direkt vor Abschluss einer Kaufentscheidung stehen. Andere Kommunikationsinstrumente zielen auf eine indirekte Beeinflussung des Kaufverhaltens ab. Hierbei geht es in erster Linie um die Beeinflussung vorgelagerter psychologischer Wirkungsgrößen. Damit Konsumenten in gewissen Kaufentscheidungssituationen ein bestimmtes Produkt in die engere Auswahl nehmen, ist es von Bedeutung, bereits Kenntnis über die Nutzen stiftenden Eigenschaften zu haben. Ziel ist es, durch die emotionalen bzw. funktionalen Eigenschaften eines Produktes oder einer Dienstleistung, positive Einstellung bei den Konsumenten hervorrufen. Deshalb versucht ein Unternehmen über zusätzliche kommunikative Anreize, die subjektiv wahrgenommenen und tatsächlichen Unterschiede zum Angebot der Wettbewerber deutlich herauszustellen (*Scharf/Schubert/Hehn* 2009, S. 367). Insofern ist es für eine dauerhafte Sicherstellung des Kommunikationserfolgs notwendig, den Konsumenten in seinen (Kauf-)Verhaltensreaktionen zu bestätigen. Die Kommunikation kann daher auch zur Wahrnehmung einer **Bestätigungsfunktion** eingesetzt werden. Dies gilt sowohl für die inneren (nicht beobachtbaren) als auch für die äußeren (beobachtbaren) Verhaltensweisen. Dabei ist festzustellen, dass die erfolgreiche **Bestätigung innerer Verhaltensreaktionen**, wie z. B. die Vertiefung von Kenntnissen, die Verstärkung von Interessen, die Stabilisierung von Einstellungen, die Konkretisierung von Handlungsabsichten u. a. m., durch kommunikative Aktivitäten erheblich einfacher ist als eine erfolgreiche kommunikative **Zustimmung zu äußeren Verhaltensreaktionen**.

Hat der Konsument im Hinblick auf seine äußeren Verhaltensweisen, z. B. mit dem Produkt und seiner Verwendung, negative Erfahrungen gemacht, so manifestieren sich diese Dissonanzen auch in seinen inneren Verhaltensreaktionen. Die Kommunikation hat sich in einem solchen Fall mit hohen Glaubwürdigkeitsverlusten auseinander zu setzen. Die Rückgewinnung von **Glaubwürdigkeit und Vertrauen** in das Produkt, die Dienstleistung, die Marke oder das Unternehmen durch den Einsatz der Kommunikationspolitik wird nur schwer erreichbar sein.

Die **makroökonomischen Funktionen** der Kommunikation lassen sich ebenfalls weiter untergliedern. Hier sollen vor allem zwei zentrale Funktionen hervorgehoben werden:

(1) Wettbewerbsgerichtete Funktion,
(2) Sozial-gesellschaftliche Funktion.

Bei der Wahrnehmung der **wettbewerbsgerichteten Funktion** wird die Kommunikation zunehmend dazu eingesetzt, um sich gegenüber der Konkurrenz zu profilieren und dadurch Wettbewerbsvorteile zu erzielen (*Schultz/Tannenbaum/Lauterborn* 1993, Vorwort; *Bruhn* 1995). Selbst wenn das Jahr 2008 für den Werbemarkt in Deutschland das Ende der kontinuierlich steigenden Investitionsvolumina in kommunikative Aktivitäten der vergangenen Jahre brachte, äußerst sich die wettbewerbsgerichtete Funktion der Kommunikation im anhaltenden Werbedruck und im stetigen Bemühen um eine effektive und effiziente Kommunikation usw. (*Media Perspektiven* 2010). Eine zentrale Ursache für die zunehmende Verlagerung der Wettbewerbsaktivitäten auf den Einsatz der Kommunikation ist in der Verschärfung der allgemeinen Wettbewerbsbedingungen zu sehen (*Bogart* 1996, S. 2). Aufgrund der nachlassenden wettbewerbsorientierten Leistungsfähigkeit des klassischen Marketinginstrumentariums wird immer mehr dazu übergegangen, neuere Formen der Marktbearbeitung einzusetzen, um dem Unternehmen und seinem Leistungsprogramm auf diese Art und Weise eine einzigartige Stellung in den Köpfen der Zielpersonen zu verschaffen. So ist die Kommunikation in den letzten Jahren zu einem zentralen Erfolgsfaktor geworden. Die Diffusion dieser Erkenntnis bei den Unternehmen hat dazu geführt, dass ein Kommunikationswettbewerb entstanden ist, der gesteigerte Anforderungen an die Unternehmenskommunikation stellt.

Weiterhin nimmt die Kommunikation eine **sozial-gesellschaftliche Funktion** wahr, deren Ausübung sich in vielfältiger Art und Weise äußern kann. Zunächst ist in diesem Zusammenhang festzuhalten, dass die Kommunikation – neben z. B. dem Erziehungsstil – Einfluss auf die Struktur und Dynamik des **gesellschaftlichen Wertesystems** nimmt. Obwohl neben der Kommunikation zahlreiche weitere Bestimmungsgründe, wie z. B. Veränderungen in den Knappheitsbedingungen usw., für Werteveränderungen angeführt werden können, ist sie doch als ein zentraler Einflussfaktor für die Struktur und Dynamik des gesellschaftlichen Wertesystems einzustufen. Ein klassisches Beispiel dafür liefert das erhöhte Umweltbewusstsein in der Gesellschaft, das in hohem Maße auf die verstärkt umweltorientierte Ausrichtung der Kommunikation in den letzten Jahren zurückzuführen ist.

Darüber hinaus ist die Kommunikation über die Ausübung der Informationsfunktion im Rahmen der mikroökonomischen Funktionskategorie in der Lage, auf makroökonomischer Ebene zu einem **aufgeklärteren gesellschaftlichen Konsumentenverhalten** beizutragen. Die Kommunikation informiert die Konsumenten z. B. über neue und verbesserte Produkte, ein produktadäquates Verwendungsverhalten, Produktverfügbarkeiten usw. Sie hilft, Unternehmen, Marken, Produkte/Dienstleistungen und Produkteigenschaften/Dienstleistungseigenschaften zu vergleichen und den Preis- sowie Qualitätswettbewerb beurteilen zu können. Es wird deutlich, dass die Kommunikation ein leistungsfähiges Instrument ist, um die Markttransparenz zu erhöhen. Dies gilt nicht nur für die Endabnehmer der Unternehmensleistungen, sondern vielmehr für sämtliche gesellschaftliche Anspruchsgruppen, wie z. B. Verbraucherorganisationen, Bürgerinitiativen und Umweltorganisationen (*Meffert* 1994, S. 188 ff.).

Weiterhin wird die sozial-gesellschaftliche Funktion der Kommunikation durch die **Vermittlung von Normen** und **gesellschaftlichen Wertvorstellungen** deutlich. Auf diese Art und Weise werden viele Entscheidungen des täglichen Lebens erleichtert, aber auch eingeschränkt. Über kommunikative Aktivitäten wird den Konsumenten mitgeteilt, welche Entscheidungen von der Gesellschaft befürwortet und welche abgelehnt werden. Insbesondere der Kauf von Konsumgütern des täglichen Bedarfs ist durch eine geringe Ich-Beteiligung am Willens-bildungsprozess gekennzeichnet. Er wird oftmals von gesellschaftlichen Wertvorstellun-gen gesteuert, weil dadurch der kognitive Aufwand des Konsumenten im Hinblick auf die Kaufentscheidung erheblich reduziert wird. Auf der anderen Seite können die Konsumenten durch die Vermittlung gesellschaftlicher Normen und Wertvorstellungen aber auch in ihrer Entscheidungsfreiheit eingeschränkt werden. Dies gilt insbesondere für Konsumenten, deren Persönlichkeitsstruktur in erheblichem Maße fremdbestimmt wird. Diese Konsumenten wer-den in ihren Verhaltensweisen stark durch externe Einflüsse, wie z. B. gesellschaftliche Nor-men und Wertvorstellungen, determiniert. Je stärker diese Einflüsse, desto eingeschränkter ist der jeweilige Konsument in seiner (eigenen) Entscheidungsfreiheit.

Schließlich nimmt die Kommunikation eine sozial-gesellschaftliche Funktion wahr, weil sie sämtlichen Mitgliedern der Gesellschaft die **Möglichkeit des Zeitvertreibs** und der **Unterhal-tung** bietet. Konsumenten – bzw. ausgewählte Gruppen von Konsumenten – können sich bei einem TV-Spot „amüsieren", bei Werbebotschaften „entspannen" oder auch die Verkaufsför-derungsaktion in der Einkaufsstätte „genießen". Diese Rolle der Kommunikation im Rah-men ihrer sozial-gesellschaftlichen Funktion wird häufig übersehen bzw. unterschätzt. Der Wunsch der Konsumenten nach der Erfüllung dieser Funktion der Kommunikation, insbe-sondere im werblichen Bereich, geht aus verschiedenen Umfragen hervor (*Zoll/Hennig* 1970, S. 67; *Kroeber-Riel/Weinberg/Gröppel-Klein* 2009, S. 608).

Die von den Konsumenten lediglich zur Unterhaltung aufgenommene Kommunikation kann durchaus einschneidende gesellschaftliche Konsequenzen haben. Sie trägt auch zur **Sozia-lisierung** bei, prägt Vorstellungen sowie Gefühle und ist dadurch in entscheidendem Maße an der Ausformung des Weltbildes, des Wertewandels und des individuellen Verhaltens in Gruppen und in der Gesellschaft beteiligt (*Kroeber-Riel* 1989).

Die verschiedenen Rollen der Kommunikation im Rahmen der mikro- und makroökonomi-schen Funktionskategorie dürfen keinesfalls isoliert voneinander betrachtet werden. Es ist vielmehr festzuhalten, dass zahlreiche **inter- und intrakategoriale Beziehungen zwischen den einzelnen Funktionen** bestehen.

Interkategoriale Beziehungen in der Ausübung mikro- und makroökonomischer Funktionen bestehen insofern, als dass die Wahrnehmung mikroökonomischer Funktionen die Vorausset-zung für die Ausübung makroökonomischer Funktionen darstellt. So sind die jeweiligen Kon-sumenten beispielsweise zunächst hinsichtlich der Stärken des Unternehmens gegenüber den Konkurrenten zu informieren, bevor die Unternehmenskommunikation wettbewerbsgerich-tete Funktionen übernehmen kann. Umgekehrt hat die Erfüllung der wettbewerbsgerichteten Funktion auf makroökonomischer Ebene – es wird eine Vielzahl von Kommunikationsimpul-sen entsendet – auch Konsequenzen für die Wahrnehmung der Informationsfunktion im Hin-blick auf den einzelnen Konsumenten. Die zielgerichtete Wahrnehmung dieser Funktion wird immer schwieriger, da der einzelne Konsument mit der Vielzahl an Informationen überlastet ist und daher seine Informationsaufnahme und -verarbeitung immer mehr selektiert.

Intrakategoriale Beziehungen zwischen Funktionstypen treten sowohl auf mikro- als auch auf makroökonomischer Ebene auf. Auf die Beziehungen zwischen der Informations- und Beeinflussungsfunktion auf **mikroökonomischer Ebene** ist bereits hingewiesen worden. Aber auch zwischen Informations- und Bestätigungsfunktionen bzw. zwischen Beeinflussungs- und Bestätigungsfunktionen bestehen zahlreiche Beziehungen. Hier ist beispielsweise da-rauf hinzuweisen, dass die Ausübung der **Informationsfunktion** oftmals notwendige Vor-aussetzungen für die Wahrnehmung der **Bestätigungsfunktion** ist. Denn vielfach muss der Konsument zunächst über den kommunikativ zu unterstützenden Gegenstand informiert werden, bevor er entsprechende Verhaltensweisen in Bezug auf diesen Gegenstand zeigt und in diesen durch die Kommunikation bestätigt werden kann. Dies ist beispielsweise bei der Bestätigung des Erwerbs eines höherwertigen Gutes der Fall, da der Konsument seine Kaufentscheidung erst dann trifft, wenn er über das Produkt und seine Eigenschaften umfassend informiert ist.

Bei einer oberflächlichen Betrachtung der Beziehungen zwischen der **Beeinflussungs- und Bestätigungsfunktion** gelangt man zu der Auffassung, dass die Wahrnehmung von Aufgaben im Rahmen der Beeinflussungsfunktion der Ausübung bestätigender Funktionen vorgeschaltet ist. Die erfolgreiche Wahrnehmung der Beeinflussungsfunktion führt zu veränderten Verhaltensweisen, die in einem weiteren Schritt durch die Kommunikation bestätigt werden können. Genau genommen ist die Bestätigung von Verhaltensweisen jedoch auch eine Form der Beeinflussung, weil vorgeprägte Prädispositionen des Konsumenten vertieft werden. Gemäß dieser Überlegungen repräsentiert die Wahrnehmung der Bestätigungsfunktion eigentlich eine weiterführende Beeinflussung menschlicher Verhaltensweisen.

Die Offenlegung intrakategorialer Beziehungen auf **makroökonomischer Ebene** ist hingegen erheblich schwerer. Es wäre jedoch verfehlt zu behaupten, die Wahrnehmung der jeweiligen makroökonomischen Funktionen ist voneinander unabhängig. Zum einen ist davon auszugehen, dass die Wahrnehmung der wettbewerbsgerichteten Funktion auch sozial-gesellschaftliche Konsequenzen hat. So führt die steigende Intensität des Kommunikationswettbewerbs beispielsweise zwar zu einem breiteren kommunikationsgestützten Unterhaltungsangebot – die inhaltliche Ausrichtung von Kommunikationsimpulsen diffundiert dabei in zahlreiche Richtungen, z. B. erotisch, humorvoll, geistig anspruchsvoll usw. Gleichzeitig führt dies aber auch zu einer zunehmenden Orientierungslosigkeit in der Gesellschaft, da es den Konsumenten immer schwerer fällt, das steigende Kommunikationsangebot gemäß ihrer jeweiligen Belange bestmöglich zu nutzen. Die Folgen sind schädliches bzw. konfliktäres Konsumverhalten sowie die Flucht in den Konsum (*Kroeber-Riel/Weinberg/Gröppel-Klein* 2009, S. 665 f.).

Zum anderen fließen die Veränderungen sozial-gesellschaftlicher Bedingungen auch in die Wahrnehmung der wettbewerbsgerichteten Funktion ein. So wird beispielsweise dem steigenden Unterhaltungsbedürfnis der Konsumenten, der zunehmenden Ausdifferenzierung ihrer Präferenzen und Wünsche usw. bei der Wahrnehmung der wettbewerbsgerichteten Funktion Rechnung getragen. Die Unternehmen versuchen beispielsweise durch eine zunehmend individuell und unterhaltungsorientierte Ausrichtung der Kommunikation, die wettbewerbsgerichtete Aufgaben der Kommunikation bestmöglich wahrzunehmen.

3 Formen der Kommunikation

Die Kommunikationsaktivitäten von Unternehmen lassen sich ordnen, indem auf gewisse „Urbausteine" der Kommunikation, im Folgenden Kommunikationsformen genannt, gedanklich zurückgegriffen wird (*Steffenhagen* 2008, S. 129 ff.). **Kommunikationsformen** stellen gedanklich isolierbare Dimensionen dar, die jeden Kommunikationsvorgang charakterisieren. Jede Kommunikationsaktivität kann demnach als spezifisches Konglomerat von Kommunikationsformen interpretiert werden. Steffenhagen zeigt hierbei vier sich ergänzende Kommunikationsformen auf, die sich in bipolaren Ausprägungen gegenüberstehen:

(a) Persönlich – Unpersönlich,
(b) Einseitig – Zweiseitig,

(c) Kommunikation mittels Form- und/oder Stoffzeichen – Kommunikation mittels Wort-, Schrift-, Bild- und/oder Tonzeichen,

(d) Personen- und/oder organisationsspezifisch gerichtet – An ein anonymes Publikum gerichtet.

Nach diesen Kriterien wird z. B. der Persönliche Verkauf insbesondere durch das Merkmal „persönliche Kommunikation" abgegrenzt. Mediawerbung wird durch die Merkmalskombination „unpersönlich, einseitig, nicht-physisch und an ein anonymes Publikum gerichtet" beschrieben. Direktwerbung wird durch die Merkmale „unpersönlich, einseitig, nicht-physisch und personen- und organisationsspezifisch gerichtet" klassifiziert. Schaubild I-A-6 zeigt die von Steffenhagen aufgezeigten Formen der Kommunikation.

Merkmal (1):

Persönliche Kommunikation findet im unmittelbaren zwischenmenschlichen Kontakt, also in der persönlichen Begegnung „Face to Face", statt. Sie erfolgt daher immer live und bietet stets die Möglichkeit zur zweiseitigen Kommunikation. Diese Kommunikationsform ist typisch für das Verhalten von Verkäufern, Propagandisten, Beratern und Managern, die in Ausübung ihres Berufes eine Vielzahl persönlicher Kontakte wahrnehmen müssen. Beispiele für persönliche Kommunikation sind personifizierte Websites und Mailings.

Unpersönliche Kommunikation hingegen ist durch eine raum-zeitliche Trennung zwischen Kommunikationssender und -empfänger gekennzeichnet. Sie kann live und zweiseitig erfolgen – z. B. bei der Übertragung eines Fußballspiels mit anschließender telefonischer Rückkoppelungsmöglichkeit. Im Regelfall bedient sie sich jedoch konservierter, mehrfach reproduzierbarer Botschaften und ist dann einseitiger Natur. Diese Kommunikationsform ist charakteristisch für die Mediawerbung, im Rahmen derer die Konsumenten mit den gleichen Spots und Anzeigen mehrfach konfrontiert werden, ohne eine Rückkoppelungsmöglichkeit zu erhalten.

Natürlich kann bei der Abgrenzung zwischen persönlicher und unpersönlicher Kommunikation auch ausschließlich auf den Live-Charakter und die Zweiseitigkeit abgestellt werden. In diesem Fall würde beispielsweise das Telefongespräch der persönlichen Kommunikation als Kommunikationsform subsumiert werden müssen. Allerdings verliert die Abgrenzung von Kommunikationsformen dadurch an Präzision, da dies keine konsequente Offenlegung gedanklich isolierbarer Dimensionen implizieren würde.

Merkmal (2):

Zweiseitige Kommunikation ist durch sofortige Rückkoppelungsmöglichkeit (Interaktion) der am Kommunikationsprozess Beteiligten gekennzeichnet. Es besteht die Möglichkeit, die

	(a)	(b)
(1)	persönliche Kommunikation	unpersönliche Kommunikation
(2)	zweiseitige Kommunikation	einseitige Kommunikation
(3)	Kommunikation mittels Form- und/oder Stoffzeichen (physische Kommunikation)	Kommunikation mittels Wort-, Schrift-, Bild- und/oder Audiozeichen
(4)	personen- und/oder organisations-spezifisch gerichtete Kommunikation	an ein anonymes Publikum gerichtete Kommunikation

Schaubild I-A-6: Abgrenzungsmöglichkeiten von Kommunikationsformen (Steffenhagen 2000, S. 160)

Rollen des Kommunikators und des Adressaten unmittelbar zu vertauschen. Zweiseitige Kommunikation tritt in hohem Maße bei persönlichen Gesprächen auf, die dialogorientiert geführt werden. Aber auch die unpersönliche Kommunikation, z. B. in Form von Telefongesprächen oder Direct-Response-Maßnahmen im Internet, ist häufig durch eine Zweiseitigkeit gekennzeichnet.

Einseitige Kommunikation ist durch lediglich einen Kommunikator charakterisiert. Bei dieser Kommunikationsform hat der Adressat keine Möglichkeit, über einen Rückkanal seinerseits zum Kommunikator zu werden, um beispielsweise Fragen zu stellen, Beschwerden zu äußern oder Verbesserungsvorschläge zu unterbreiten. Diese Form der Kommunikation ist ein zentrales Charakteristikum der Mediawerbung oder Internetspiele mit marken- oder unternehmensbezogenen Inhalten.

Merkmal (3):

Physische Kommunikation vollzieht sich durch die reine Präsenz gestalteter Gebilde oder Personen. Es handelt sich um die Kommunikation mittels Form- und/oder Stoffzeichen. Diese Kommunikationsform wird in der einschlägigen Literatur auch als nonverbale Kommunikation bezeichnet, wobei dieser Begriff in seiner inhaltlichen Bedeutung sowohl die Kommunikation mittels materieller Gegenstände als auch die Gesichts- und Körpersprache beinhaltet (*Weinberg* 1986, S. 5). Beispiele für die physische Kommunikation sind etwa die Vorführung von Exponaten in Schaufenstern, ein gestalteter Messestand oder die Präsentation neuer Modekollektionen auf Modenschauen.

Der **Kommunikation mittels Wort-, Schrift-, Bild- und/oder Audiozeichen** (gleichgültig, ob bewegt oder unbewegt) ist dem Großteil kommunikativer Aktivitäten im Markt zuzuordnen. Dabei zählen gestaltete Druckstücke, wie Anzeigen, Kataloge, Prospekte oder Werbebriefe, ebenso zu dieser Kommunikationsform, wie die Kommunikation via Internet, Fernsehen, Rundfunk, Lautsprecheranlagen in Einzelhandelsläden usw. Der Kommunikator bedient sich verschlüsselter Kommunikationsbotschaften (Kommunikationsmittel), um dadurch die Reichweite kommunikativer Aktivitäten zu vervielfachen.

Merkmal (4):

Der **personen- und/oder organisationsspezifischen Kommunikation** als Kommunikationsform sind sämtliche Kommunikationsaktivitäten zuzuordnen, die auf namentlich bezeichnete bzw. speziell ausgewählte Organisationen oder Personen gerichtet sind. Dazu gehört beispielsweise die persönliche Werbe-E-Mail oder die persönliche Überreichung eines Werbegeschenkes.

Bei der **Kommunikation an ein anonymes bzw. disperses Publikum**, die gelegentlich auch als indirekte Kommunikation bezeichnet wird, fehlt eine Spezifizierung des Kommunikationsadressaten. Der Kommunikator richtet seine kommunikativen Aktivitäten lediglich an ein mehr oder weniger abgegrenztes Publikum, dessen einzelne Mitglieder ihm unbekannt sind. Vielfach werden dazu Kommunikationsträger eingesetzt, um eine breitere Streuung kommunikativer Aussagen sicherzustellen.

Es wird deutlich, dass jede Kommunikationsaktivität durch die Ausprägung von vier Dimensionen (Kommunikationsformen) näher gekennzeichnet werden kann. Die Zuordnung kommunikativer Aktivitäten zu den entsprechenden Kommunikationsformen trägt dabei in entscheidendem Maße zur funktionalen Abgrenzung kommunikativer Aktivitäten bei. Das zugrunde liegende Denkraster kann somit als Orientierungshilfe interpretiert werden, dessen Heranziehung der Kommunikation in dem Bemühen um eine zielführendere Ausrichtung helfen kann.

In Abhängigkeit der Art und Ausprägung der einer jeweiligen Kommunikationsaktivität innewohnenden Kommunikationsformen kann eine Kategorisierung von Kommunikations-aktivitäten vorgenommen werden, deren Ergebnis die Ableitung von Kommunikationsinst-rumenten ist, wie z.B. der Mediawerbung, Verkaufsförderung, Direct-Marketing usw. (vgl. vertiefend Dritter Teil). Diese Kategorisierung hat sich in Wissenschaft und Praxis durchge-setzt und trägt in entscheidendem Maße zur Übersichtlichkeit in der Kommunikation bei.

4 Theoretische Erklärungsansätze der Kommunikationspolitik

Bis zum Zweiten Weltkrieg wurden keine forscherischen Aktivitäten im Bereich der unter-nehmerischen Kommunikationspolitik durchgeführt. Die Ausrichtung kommunikativer Ak-tivitäten folgte dem intuitiven Gespür oder der Erfahrung des Kommunikators. Erst das Ende des Zweiten Weltkrieges markierte den Beginn einer gezielten **Kommunikationsforschung** (*Clark/Brock/Stewart* 1994, S.43 f.). Die Vielzahl der zu verschiedenen Themenbereichen der Kommunikation durchgeführten Studien zeigt, dass sich die Kommunikationsforschung seitdem in unterschiedliche Richtungen entwickelt hat (vgl. Schaubild I-A-7).

Im absatzpolitischen Kontext sind vor allem die Studien zur Wirkung von Produkt-, Marken- und Servicewerbung sowie mit Einschränkungen die Untersuchungen zur werbeinduzierten Änderung der öffentlichen Meinung von Bedeutung.

Die Kommunikationsforschung ist grundsätzlich interdisziplinär ausgerichtet (vgl. z.B. *Frey* 1985; *Trommsdorff* 2009, S. 29). Diese **Interdisziplinarität** kann aus zwei unterschiedlichen Per-spektiven betrachtet werden:

(1) Zum einen beschäftigen sich Wissenschaftsdisziplinen wie die Verhaltenswissenschaften (z.B. Psychologie, Soziologie) mit kommunikativen Fragestellungen in ihrem jeweiligen Kontext. Hierbei werden Überlegungen der Wirtschaftswissenschaften mit einbezogen (z.B. Wirtschaftspsychologie, Konsumsoziologie).

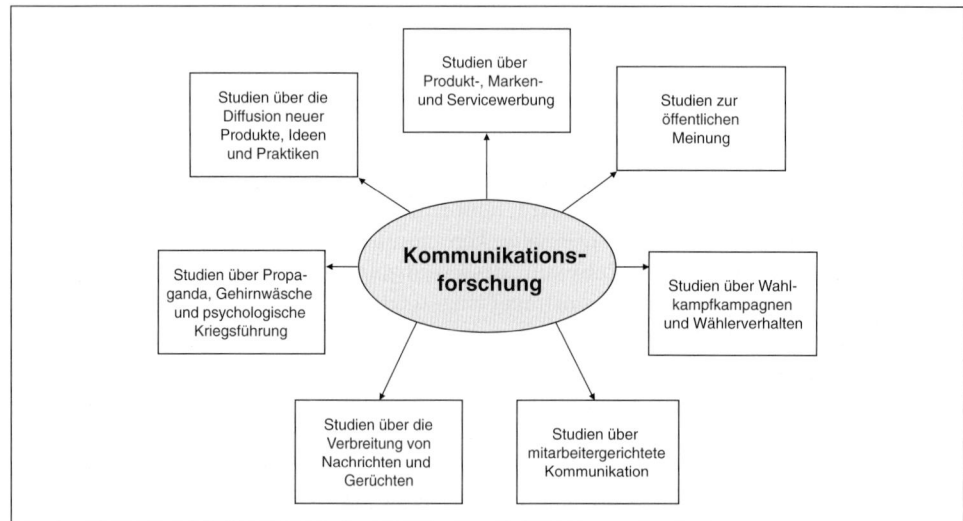

Schaubild I-A-7: Forschungsrichtungen der Kommunikation (in Anlehnung an Clark/Brock/Stewart 1994, S. 44)

(2) Zum anderen ist die unternehmerische Kommunikationspolitik Erkenntnisobjekt der Wirtschaftswissenschaften, insbesondere der Betriebswirtschaftslehre und der Marketingforschung. Auch hierbei bedient man sich im Rahmen der Erkenntnisgewinnung den Ansätzen aus anderen Disziplinen (z. B. Volkswirtschaftslehre, Psychologie, Soziologie).

Um den eigenen Erkenntnisfortschritt zu fördern, bediente sich die Marketingforschung also zahlreicher Ansatzpunkte aus verschiedenen Wissenschaftsdisziplinen. Legt man in diesem Zusammenhang die letzten 50 Jahre als Betrachtungszeitraum zugrunde, so lassen sich drei zentrale **Strömungen in der Kommunikations-(Werbe-)forschung** ausmachen:

(1) Kommunikationsökonomie,
(2) Kommunikationspsychologie,
(3) Kommunikationssoziologie.

Die **Kommunikationsökonomie** (vor allem die Werbeökonomie) war in den 1950er und 1960er Jahren die zentrale Ansatzrichtung in der betriebswirtschaftlichen Auseinandersetzung mit Fragen der Werbung oder anderer Kommunikationsinstrumente. Ursprung ökonomischer Überlegungen im Rahmen der unternehmerischen Kommunikationspolitik ist insbesondere das volkswirtschaftliche bzw. mikroökonomische Gedankengut, durch dessen Weiterentwicklung im Rahmen der neuen Institutionenökonomik mittlerweile auch kommunikative Fragestellungen einer ökonomischen Betrachtungsweise zugänglich sind (*Gümbel/Woratschek* 1995, S. 1016 f.). Besonders hervorzuheben ist in diesem Zusammenhang die Entwicklung der Neueren ökonomischen Theorie der Werbung in Verbindung mit informationsökonomischen Überlegungen (vgl. vertiefend z. B. *Nelson* 1974; *Spence* 1974; *Gutenberg* 1976; *Kaas* 1990; *Kuhn/Maurer* 1993; *Tolle* 1994; *Bruhn/Janßen* 1998).

Vorrangige Zielsetzung kommunikationsökonomischer Überlegungen ist die Offenlegung des Zusammenhangs zwischen kommunikativen Aktivitäten und der Veränderung ökonomischer Größen, insbesondere zwischen der Höhe des Kommunikationsbudgets und dem Absatz- und/oder Umsatzvolumen. Dieses **Denken in (ökonomischen) Marktreaktionsfunktionen** äußert sich im Rahmen der Kommunikationsökonomie vor allem in dem Gedanken, die Kommunikation als Instrument zur Erreichung ökonomischer Ziele einzusetzen. Ein zentraler Grund für die Entstehung dieses Gedankens ist in den gleichgerichteten Überlegungen im Rahmen der Preispolitik zu sehen. In diesem Zusammenhang bot es sich an, den Kerngedanken der Preis-Absatz-Funktionen auf kommunikationspolitische Fragestellungen zu übertragen. Die Leistungsfähigkeit der Kommunikationsökonomie zur Erklärung kommunikativer Zusammenhänge wird vor allem durch die Vielzahl dieser Forschungsrichtung innewohnender ceteris-paribus-Annahmen eingeschränkt. Dadurch wird die Möglichkeit einer Erkenntnisvertiefung, z. B. durch das Heranziehen verhaltenswissenschaftlichen Gedankengutes, ausgeschlossen. Insbesondere durch die Nicht-Verfügbarkeit verhaltenswissenschaftlicher Konstrukte gerieten kommunikationsökonomisch erklärte Ursache-Wirkungs-Zusammenhänge Ende der 1960er Jahre zunehmend in die Kritik von Wissenschaft und Praxis.

Im Zuge dieser Kritik trug die Einbeziehung verhaltenswissenschaftlicher Erkenntnisse, insbesondere durch **Kommunikationspsychologie** in immer stärkerem Maße zum Erkenntnisfortschritt bezüglich kommunikativer Ursache-Wirkungs-Beziehungen bei (*Behrens* 1991, S. 4 ff.). Seit den 1970er Jahren bedient sich die Kommunikationsforschung psychologischer Erkenntnisse und Verfahrensweisen, um das kommunikationsinduzierte Verhalten von Menschen zu erklären. Zielsetzung dieser Forschungsaktivitäten war die Beantwortung der Frage, wie das Konsumverhalten vor dem Hintergrund einer Vielzahl von Einflussgrößen im Sinne der Kommunikationsziele durch den Einsatz der Kommunikationspolitik gesteuert werden kann. Erkenntnisobjekt der allgemeinen Psychologie ist das System des „autonomen

Individuums" (*Trommsdorff* 2009, S. 29). Die Vielzahl durchgeführter Studien in den Teilgebieten der Motivation, Wahrnehmung, Lernen, Denken, Gedächtnis und Persönlichkeit hat dabei in erheblichem Maße zur theoretischen und empirischen Fundierung des Konsumentenverhaltens beigetragen. Wird der einschlägigen Einordnung in verschiedene Schulen gefolgt, so ist festzuhalten, dass insbesondere die Lernpsychologie, die Psychophysik, die Gestaltpsychologie sowie die kognitive Psychologie den Erkenntnisfortschritt bezüglich kommunikativer Zusammenhänge vorangetrieben hat (*Kroeber-Riel/Weinberg/Gröppel-Klein* 2009, S. 10 ff.).

Ähnlich fruchtbar für die Beantwortung kommunikativer Fragestellungen wie die Kommunikationspsychologie ist die **Kommunikationssoziologie** (vgl. vertiefend *Hartfield* 1976; *Bottomore* 1987; *Stark* 1989; *Wiswede* 1998; *Bahrdt* 2000). Angesichts der Vielzahl soziologischer Untersuchungen im Bereich der Kommunikation, insbesondere der Mediawerbung, erscheint es sinnvoll, das Spektrum der Soziologie nach dem Untersuchungsbereich weiter zu untergliedern. Dabei können zwei Teilbereiche unterschieden werden (*Kroeber-Riel/Weinberg/Gröppel-Klein* 2009, S. 10 f.):

(1) Mikrosoziologie,
(2) Makrosoziologie.

Die **Mikrosoziologie** beschäftigt sich in Bezug auf kommunikationspolitische Fragestellungen mit den kommunikationsinduzierten Veränderungen in kleineren sozialen Einheiten, wie z. B. mit konsumrelevanten Verhaltensweisen in Familien oder Jugendgruppen.

Die **Makrosoziologie** versucht hingegen, kommunikationsgestützte Veränderungen in größeren sozialen Gebilden, wie z. B. Verbänden, Parteien, Umweltschutzorganisationen usw., zu erklären. Hierzu gehört insbesondere die Offenlegung des kommunikativen Einflusses auf gesamtgesellschaftliche Erscheinungen sowie des Einflusses der gesellschaftlichen Normen auf die Wahrnehmung der unternehmerischen Kommunikationspolitik und auf das Konsumentenverhalten.

Durch den vielfach komplementären Einsatz von psychologischen und soziologischen Erkenntnissen zur Erklärung kommunikativer Zusammenhänge wird die **Sozialpsychologie** von vielen Autoren als eigenständige Forschungsrichtung im Kommunikationsbereich angesehen. Aufgrund des mangelnden originären Gehaltes – es handelt sich um derivative Inhalte aus der Soziologie und Psychologie – sowie der großen bereichsspezifischen Überschneidungen mit der Mikrosoziologie kann dieser Auffassung nur bedingt gefolgt werden. Der Sozialpsychologie mit explizitem Verweis auf die Kommunikationspsychologie und -soziologie jeglichen Beitrag zum Erkenntnisfortschritt abzusprechen, wäre sicherlich verfehlt. Insbesondere unter Integrationsaspekten, z. B. bei der Erklärung der Integration des Menschen in seine soziale Umgebung, steht ihre Leistungsfähigkeit außer Frage.

Eine Wissenschaft, die mit der Sozialpsychologie eng verwandt und ebenfalls experimentell orientiert ist, ist die **„pragmatische (wirkungsbezogene) Kommunikationsforschung"**. Sie hat sich als eigenständiger interdisziplinärer Forschungszweig etabliert. Die Kommunikationsforschung umfasst neben sozialpsychologischen Ansätzen auch psychologische, soziologische und andere sozialwissenschaftliche Analysen des Kommunikationsprozesses. Sie untersucht in erster Linie die individuellen und sozialen Wirkungen der Kommunikation (*Kroeber-Riel/Weinberg/Gröppel-Klein* 2009, S. 11).

Die Ökonomie, Psychologie und Soziologie haben der unternehmerischen Kommunikationspolitik wichtige Impulse und weiterführende Erkenntnisse gegeben. Durch die Unterschiedlichkeit dieser Wissenschaftsdisziplinen verwundert es nicht, dass auch völlig anders geartete Theorieansätze bei der theoretischen und empirischen Durchdringung kommunikationspolitischer Fragestellungen herangezogen wurden. Neben der **Theorievielfalt** ist auch die **Methodenpluralität** ein kennzeichnendes Merkmal der Kommunikationsforschung. In diesem Zusammenhang sind es insbesondere systemorientierte, verhaltenswissenschaftliche, ökonomische und entscheidungsorientierte Ansätze, die für die Kommunikationspolitik nutzbar gemacht wurden.

4.1 Systemorientierte Ansätze

Wie bereits im Rahmen der funktionsorientierten Betrachtungsweise der Kommunikation festgestellt, sind drei Gesichtspunkte bei der Ausrichtung der unternehmerischen Kommunikationspolitik von besonderer Bedeutung: Information, Beeinflussung und Bestätigung (*Haseloff* 1970a, S. 157 ff.; *Meffert* 2000, S. 685 f.). Ziel ist demnach die Erzeugung bestimmter Nachrichten, um diese als Mittel der Verhaltenssteuerung einzusetzen.

Die **Grundstruktur eines Kommunikationssystems** geht auf *Lasswell* zurück, der die Elemente des Kommunikationsprozesses anhand der Fragestellung „Wer sagt was zu wem auf welchem Kanal mit welcher Wirkung?" beschrieben hat (*Lasswell* 1967, S. 178). Zur gedanklichen Durchdringung der komplexen Zusammenhänge im Rahmen der Kommunikationspolitik ist es jedoch notwendig, diesem kurzen Paradigma ein erweitertes **Denkschema** zugrunde-zulegen, das durch folgende Fragestellungen gekennzeichnet ist (in Anlehnung an *McQuail* 1994, S. 51; *Meffert* 2000, S. 685):

- Wer (Unternehmen, Kommunikationstreibender)
- sagt was (Kommunikationsbotschaft)
- unter welchen Bedingungen (situationale Gegebenheiten)
- über welche Kanäle (Medien, Kommunikationsträger)
- zu wem (Zielperson, Kommunikationsempfänger)
- in welchem Gebiet (Einzugsgebiet)
- mit welchen Kosten (Kommunikationsaufwand)
- mit welchen Konsequenzen (Kommunikationserfolg)?

Die Beantwortung sämtlicher Fragen gibt Aufschluss über die konkrete Ausgestaltung des Kommunikationssystems. Dabei stellen **Sender**, **Botschaft** und **Empfänger** die Minimalelemente eines Kommunikationssystems dar. Das Vorhandensein dieser Elemente ist notwendige Voraussetzung für die Funktionsfähigkeit eines Kommunikationssystems.

Anhand der Art der empfangenen Informationen durch den Adressaten können zwei **Grundtypen von Kommunikationssystemen** unterschieden werden:

(1) Originäre, einstufige Kommunikationssysteme,
(2) Derivative, mehrstufige Kommunikationssysteme.

Bei **originären, einstufigen Kommunikationssystemen** besteht zwischen Sender und Empfänger eine unmittelbare Beziehung. Der Kommunikationsadressat erhält die Informationen unmittelbar und in unmodifizierter Form (originär) vom Kommunikationssender. Die überwiegende Mehrheit kommunikativer Vorgänge im Kontext der kommerziellen Kommunikation sind diesem Grundtyp zu subsumieren.

Schaubild I-A-8 zeigt eine kommunikationstheoretische Interpretation eines originären, einstufigen Kommunikationssystems. Das Kommunikationssystem beruht auf **Informationsquellen**, deren Nutzung zu einer Entwicklung der Nachricht bzw. zur Kommunikationsbotschaft führt. Hier wird über die Ausrichtung sämtlicher Facetten bzw. Elemente des Kommunikationssystems entschieden, d. h. über die einzusetzende Strategie, die Gesamtheit

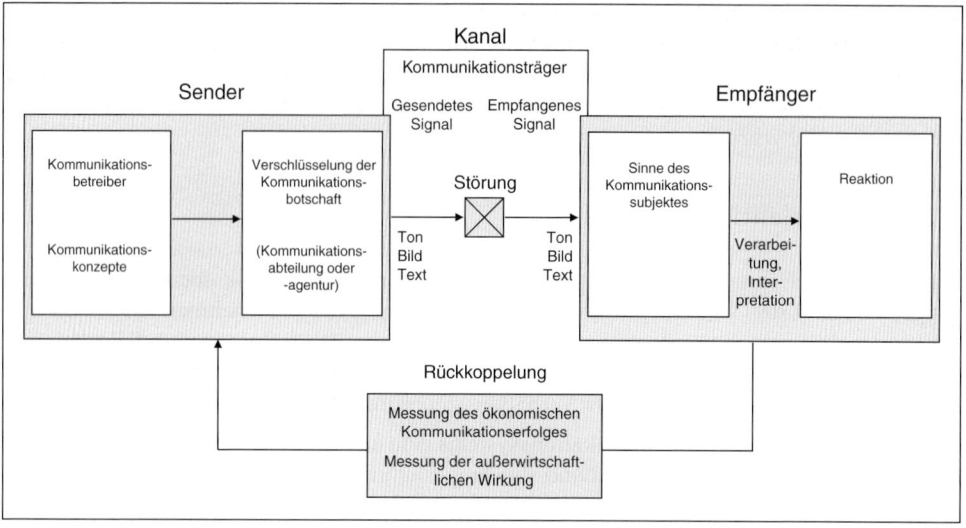

Schaubild I-A-8: Ein originär, einstufiges Kommunikationssystem (in Anlehnung an Meffert 1986, S. 447)

der Kommunikationsmaßnahmen, die Wahl der Kommunikationskanäle und über die anzusprechenden Adressaten der Kommunikation.

Die Nachricht, d. h. die zu übermittelnde Kommunikationsbotschaft, geht an einen **Sender**, der die Kommunikationsbotschaft in ein verschlüsseltes Signal übersetzt (*Meffert* 1986, S. 447). Im Falle der Wirtschaftswerbung wird beispielsweise eine Werbebotschaft verschlüsselt, indem sie in Modalitäten (Text, Bild, Ton usw.) gefasst wird und entsprechend als Anzeige gedruckt oder als Spot verfilmt wird. Die Verschlüsselung einer Kommunikationsbotschaft kann im kommerziellen Kontext sowohl unternehmensintern von den entsprechenden Kommunikationsfachabteilungen und/oder unternehmensextern von Kommunikationsagenturen vorgenommen werden. Zum Transport des verschlüsselten Signals wird sich vielfach einem oder mehrerer Kanäle, z. B. der Medien, bedient, deren Einsatz eine entsprechende Kommunikationsdistribution sicherstellen soll.

Die Entschlüsselung (Decodierung) des Signals durch den **Empfänger** bzw. die dadurch ausgelöste Wirkung braucht nicht unbedingt mit der vom Kommunikationssender beabsichtigten Wirkung übereinstimmen. Dies liegt vornehmlich daran, dass der Kommunikationsadressat das Signal nicht im Sinne des Kommunikationssenders entschlüsselt, sondern die Übersetzung und Interpretation der Kommunikationsbotschaft im Hinblick auf die eigenen Wertvorstellungen, Erfahrungen und Bedürfnisse vornimmt. Zielsetzung des Kommunikationssenders hat es daher zu sein, diese auftretenden **Störungen** zu minimieren, indem er seine Kommunikationsimpulse so verschlüsselt, dass sie vom Kommunikationsempfänger weitgehend in von ihm beabsichtigten Sinne verstanden werden. Wie schwierig dieses Vorhaben jedoch ist, soll folgendes Beispiel illustrieren.

Beispiel: Werbekampagne von *Palmers*

Der Dessoushersteller *Palmers* verwendete im Rahmen einer Werbekampagne Plakate, die Damen in aufreizenden Dessous mit Slogans wie „Komm bald heim" und „Ich liebe dich" zeigten. Die Aussage „Trau dich doch" erregte jedoch die Gemüter: Während es die Unternehmensabsicht war, Frauen dazu aufzufordern, den Mut zum Tragen derartiger Wäsche aufzubringen, fassten es engagierte Feministinnen als Appell an die Männer auf, Frauen gegenüber keinerlei Hemmungen zu zeigen.

Häufig liegen die Gründe für auftretende Störungen in der Realität auch in entsprechenden Konkurrenzaktivitäten oder in der Veränderung umweltsituationaler Faktoren, die der Auslösung beabsichtigter Wirkungen entgegenstehen. **Konkurrenzinduzierte Störungen** treten beispielsweise in besonderem Maße bei **vergleichender Werbung** auf, im Rahmen derer die Kommunikationssender vorrangig das Ziel verfolgen, die Auslösung der vom jeweiligen Konkurrenzsender beabsichtigten Wirkungen zu verhindern. Ein bekanntes Beispiel für **umweltinduzierte Störungen** stellt der Misserfolg eines Slogans des amerikanischen Telekommunikationsanbieters *AT & T* dar. Der Slogan „We hear you" schien auch aufgrund vorliegender Testergebnisse gut geeignet, Kundennähe zu demonstrieren. Die Interpretation durch die Kommunikationsadressaten änderte sich jedoch unmittelbar durch die Watergate-Affäre, nach der dieser Slogan nur noch als „Wir hören Ihre Gespräche ab" interpretiert wurde.

Weitere Störungen können durch Unstimmigkeiten oder Missverständnisse zwischen Unternehmen und Kommunikationsagenturen sowie durch die Übermittlung von Botschaften mit Hilfe von Kommunikationsträgern auftreten (*Schweiger/Schrattenecker* 2009, S. 13 f.). Diese Übermittlungsstörungen können technischer Art und/oder dadurch zustande kommen, dass die medienbezogene Einstellung (z. B. Glaubwürdigkeit einer Zeitschrift oder eines Privatsenders) die Interpretation der Botschaft beeinflusst.

Der Kommunikationssender hat durch das **Rückkoppelungselement** im Kommunikationssystem die Möglichkeit, den Informationsempfang, das Verständnis und die Reaktionen der Kommunikationsempfänger zu überprüfen. Dazu stehen dem Kommunikationssender eine Vielzahl verschiedener Methoden zur Verfügung. Im kommerziellen Kontext liefert die Marktforschung dem kommunikationstreibenden Unternehmen vielfältige Informationen zur Kontrolle der zielorientierten Funktion des Kommunikationssystems. Führt der Kommunikationsprozess nicht zu den angestrebten Zielen, so sind Korrekturmaßnahmen im Rahmen des Kommunikationssystems notwendig.

Derivative, mehrstufige Kommunikationssysteme hingegen sind dadurch gekennzeichnet, dass zwischen Kommunikationssender und -empfänger keine unmittelbare Beziehung besteht. Wie Schaubild I-A-9 zeigt, sind in diesen Systemen Elemente (z. B. Meinungsführer) (mehrstufig)

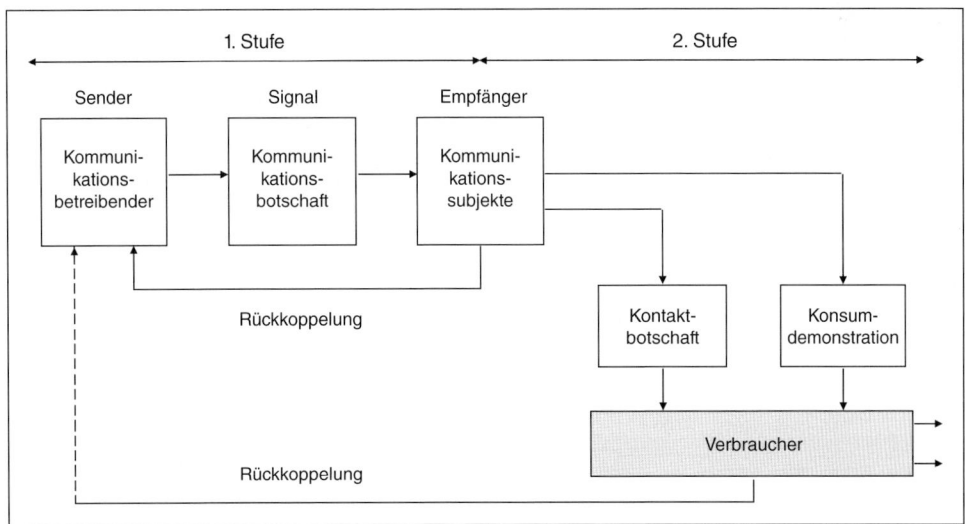

Schaubild I-A-9: Ein derivativ, mehrstufiges Kommunikationssystem (in Anlehnung an Haseloff 1970a, S. 175)

zwischengeschaltet. Der Kommunikationsempfänger erhält die Informationen nicht direkt, sondern derivativ und ggf. in modifizierter Form vom Kommunikationssender. Sämtliche Vorgänge im Rahmen interpersoneller Verbreitungseffekte einer Information, z. B. der Distribution einer Information auf Dinner-Partys oder auf dem Weg zum Arbeitsplatz, sind diesem Grundtyp von Kommunikationssystemen zuzuordnen (*Berger* 1995, S. 11 f.). Die zwischengeschalteten Elemente werden auch **„Induktoren"** genannt, da sie in hohem Maße für die Interpretation der jeweiligen Kommunikationsimpulse seitens der Konsumenten als Kommunikationsadressaten mitverantwortlich sind. Sie weisen vielfach weniger ein spezifisches Interesse gegenüber dem kommunikativ zu unterstützenden Gegenstand als vielmehr generell aufgeschlossene Einstellungen zu sämtlichen Neuerungen auf (z. B. Konsumpioniere, Modeführer). Häufig ist bei ihnen ein ausgeprägter Hang zur „Konsumdemonstration" beobachtbar. Diese Personen werden zu aktiven Verteilern der Kommunikationsbotschaft und können so zu einer erheblichen Modifikation in der Interpretation der Kommunikationsbotschaft bei den anvisierten Kommunikationsempfängern beitragen. Dies kann sich sowohl in auftretenden Verstärkungs- als auch in Abschwächungseffekten äußern. Dadurch wird jedoch vor allem die Kontrolle des Kommunikationserfolges erheblich erschwert. Dies wird durch das zeitlich verzögerte Feedback im Rahmen der derivativen Kommunikation noch verstärkt (*Meffert* 2000, S. 687 f.).

Eine Ausprägung des systemorientierten Ansatzes ist der **kybernetische Ansatz der Marktkommunikation** (vgl. Schaubild I-A-10) (*Baetge* 1974; *Woratschek* 1995, S. 2437). Dabei wird davon ausgegangen, dass Kommunikationsprozesse bestimmten Regelkreisen unterliegen. Auf Basis einer umfassenden und differenzierten Analyse dieser Regelkreise sollen Hinweise über den Ablauf von Kommunikationsprozessen, die Ursachen für das Auftreten von Störungen, Möglichkeiten für deren Beseitigung sowie über mögliche Interdependenzen gewonnen werden.

Bei einer **kritischen Würdigung** des systemorientierten Ansatzes der Kommunikation ist festzuhalten, dass es sich hierbei lediglich um eine rein formale Annäherung zur Abbildung von Systemstrukturen sowie der darin ablaufenden Prozesse handelt (*Meffert* 1971, S. 176; 1992, S. 700).

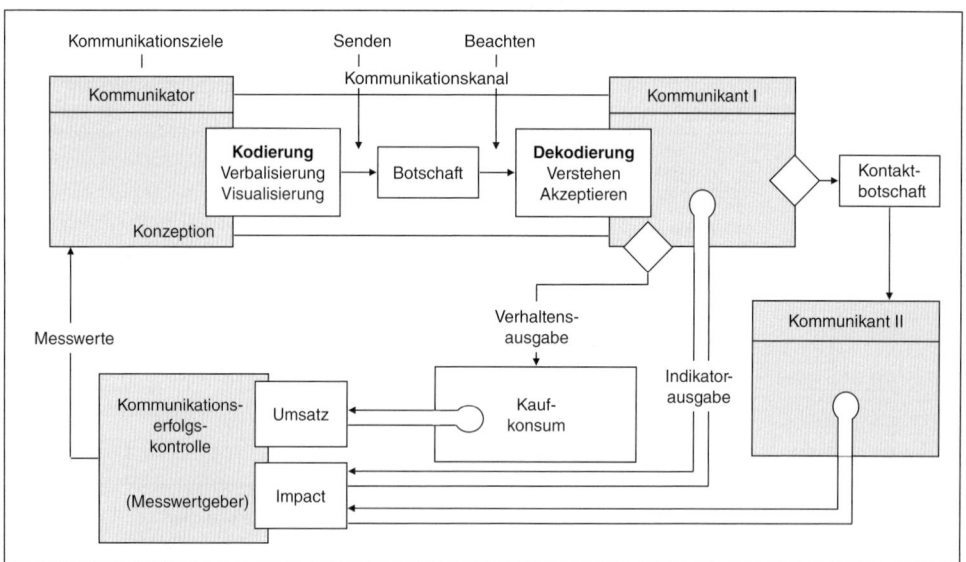

Schaubild I-A-10: Ein kybernetischer Ansatz der Marktkommunikation
(Meffert 1979, S. 11; nach Haseloff 1970a, S. 178)

Dabei werden vereinfachte Abbilder der Realität geschaffen, die zwar hilfreich für die Identifizierung und Beschreibung auftretender Beziehungen zwischen Elementen eines Kommunikationssystems sind, jedoch über keine originäre Erklärungskraft bezüglich ablaufender Prozesse verfügen. Systemorientierte Ansätze sind demnach lediglich dazu geeignet, zu erklärende Zusammenhänge im Rahmen des Ablaufes von Kommunikationsprozessen zu strukturieren bzw. zu systematisieren. Es wäre jedoch verfehlt, dem systemorientierten Ansatz jegliche Leistungsfähigkeit zur Erklärung kommunikativer Zusammenhänge abzusprechen, denn die Durchführung systemtheoretischer Überlegungen ist als gedanklich-strukturelle Vorarbeit notwendig, damit es zu einer Erklärung **relevanter Ursache-Wirkungs-Zusammenhänge** kommt.

4.2 Verhaltenswissenschaftliche Ansätze

Verhaltenswissenschaftliche Ansätze zur Erklärung von Kommunikationsprozessen stützen sich auf verschiedene **Reiz-Reaktions-Schemata**. Erklärungsgegenstand ist dabei immer die Art ausgelöster **Konsumentenreaktionen (Response)** infolge entsendeter **Kommunikationsreize (Stimuli)**. Bausteine der verhaltenswissenschaftlichen Theorie sind somit Wenn-Dann-Aussagen, durch deren Verknüpfungen untereinander eine umfassende und differenzierte Erklärung des Konsumentenverhaltens erfolgen kann (*Trommsdorff* 2009, S. 33). Im Zuge fortschreitender Erkenntnisse in der Verhaltensforschung können mittlerweile zwei **Paradigmen** des verhaltenswissenschaftlichen Ansatzes unterschieden werden:

- Stimulus-Response-Paradigma (S-R-Paradigma),
- Stimulus-Organismus-Response-Paradigma (S-O-R-Paradigma).

Das **S-R-Paradigma** spiegelt die behavioristische Auffassung über die Ausrichtung ablaufender Reiz-Reaktionsschemata wider. Zur Erklärung des Konsumentenverhaltens werden **ausschließlich beobachtbare Größen** zugelassen. Beobachtbar sind zum einen die entsendeten Kommunikationsreize, die auf einen Organismus (Mensch, Tier) einwirken und zum anderen die dadurch ausgelösten Reaktionen. Dementsprechend kann Verhalten vorhergesagt werden, wenn man verstanden hat, von welchen Reizen es abhängt. Die zwischen dem Stimulus und der Reaktion stehenden, nicht beobachtbaren psychischen Phänomene (Black Box), werden nicht berücksichtigt. So wird beispielsweise gemäß der behavioristischen Theorien das Lernen dadurch erklärt, dass gesetzmäßige Beziehungen zwischen entsendeten Kommunikationsreizen und ausgelösten Reaktionen in Form konditionierter (beobachtbarer) Verhaltensweisen existieren (vgl. vertiefend *Haseloff* 1970b; *Kroeber-Riel/Weinberg/Gröppel-Klein* 2009, S. 17, S. 320 ff.). Es wird deutlich, dass der Konsument im Rahmen des S-R-Paradigmas als „Black Box" angesehen wird. Dies ist jedoch gleichzeitig der **Hauptkritikpunkt** am S-R-Paradigma, weil dadurch implizit unterstellt wird, dass der entsendete Kommunikationsreiz allein für die jeweilige Konsumentenreaktion ausschlaggebend ist. Davon kann aber nicht ausgegangen werden. Vielmehr ist festzuhalten, dass der jeweilige Stimulus nur **einen** Einflussfaktor darstellt und das (beobachtbare) Konsumentenverhalten von einer Vielzahl weiterer situationaler und persönlichkeitsbezogener Größen determiniert wird.

Im Gegensatz zum S-R-Paradigma greift das neobehavioristische **S-O-R-Paradigma** zur Erklärung von Kommunikationsprozessen daher explizit auf nicht beobachtbare Verhaltensweisen im Inneren des menschlichen **Organismus (O)** zurück. Im Organismus wirkt demnach eine Reihe von intervenierenden Variablen, die letztlich bestimmen, wie ein Stimulus wirkt. So sind gemäß dieser Auffassung zwischen die beobachtbaren Kommunikationsreize und Reaktionen interne Größen, wie z. B. Erinnerungen oder Einstellungen, geschaltet. Die (beobachtbaren) Reaktionen folgen also nicht (immer) unmittelbar auf einen Reiz. Bei der

Ausstrahlung eines Werbespots beispielsweise laufen zwischen dem beobachtbaren Reiz und der entsprechenden Reaktionen, z. B. Markenkauf, oftmals eine Vielzahl innerer Vorgänge, wie z. B. die Wahrnehmung des Reizes, die Erinnerung an den Reiz oder die Einstellung gegenüber dem Reiz (so genannte intervenierende Variablen) ab. Bei den inneren Vorgängen lassen sich kognitive und affektive Wirkungen unterscheiden. Unter kognitiven Wirkungen werden Prozesse verstanden, die mit dem Lernen von Werbeinhalten und -botschaften zusammenhängen. Affektive Wirkungen beschreiben hingegen die durch Kommunikationsreize ausgelöste oder beeinflusste Gefühlslage oder Einstellung zum umworbenen Objekt. Eine Herausforderung im Hinblick auf das **S-O-R-Paradigma** stellt dabei oftmals die Operationalisierung und Messung theoretischer Begriffe und insbesondere das Aufdecken der intern ablaufenden psychischen Prozesse dar.

Auf dieser Grundlage lassen sich die Kommunikationsprozesse durch die in Schaubild I-A-11 wiedergegebenen Größen erklären.

Zur **Kategorisierung kommunikationsinduzierter Konsequenzen** bei Individuen kann – als ein Beispiel – die folgende Dreiteilung herangezogen werden (vgl. Schaubild I-A-12; *Steffenhagen* 1984, S. 13; *Kroeber-Riel/Weinberg/Gröppel-Klein* 2009, S. 30):

- Momentane Reaktionen,
- Dauerhafte Gedächtnisreaktionen,
- Finale Verhaltensreaktionen.

Momentane Reaktionen umfassen alle beobachtbaren und nicht beobachtbaren Verhaltensweisen eines Menschen, die sich unmittelbar bei bzw. im Anschluss an eine Reizdarbietung, z. B. beim Durchblättern einer Zeitschrift, abspielen. Dabei kann es sich um eine Vielzahl physiologischer und psychischer, kognitiver, affektiver und konativer, vorbewusster und bewusster Vorgänge handeln (vgl. vertiefend *Steffenhagen* 1984, S. 80 ff.).

Dauerhafte Gedächtnisreaktionen stellen Veränderungen im Langzeitgedächtnis dar und sind demzufolge nicht beobachtbarer Natur. Um Begriffsmissverständnissen vorzubeugen, ist in diesem Zusammenhang festzuhalten, dass „dauerhaft" im zugrunde liegenden Kontext nicht als ewig, zeitlich unbefristet gespeichert, aufgefasst werden darf. Es geht vielmehr um Wirkungen, die auch nach Ablauf einer bestimmten Zeitspanne noch als Spuren im Gedächtnis vorhanden sind, wie z. B. Kenntnisse oder Einstellungen (vgl. vertiefend *Steffenhagen* 1984, S. 38 ff.).

Finale Verhaltensreaktionen kennzeichnen beobachtbare Verhaltensweisen des Konsumenten, die aus Sicht des Kommunikationssenders gezielt beeinflusst werden sollen. Sie können

Beobachtbare Sachverhalte	Nicht beobachtbare Sachverhalte	Beobachtbare Sachverhalte
S_i (Stimuli)	O_j (intervenierende Variablen im Inneren des Organismus)	R_k (Reaktionen)
• Produkt	• Momentane Reaktionen	• Momentane Reaktionen
• Werbung	• Dauerhafte Gedächtnisreaktionen	• Finale Verhaltensreaktionen

Schaubild I-A-11: Schema zur Erklärung des Konsumentenverhaltens
(in Anlehnung an Kroeber-Riel/Weinberg/Gröppel-Klein 2009, S. 30)

sich beispielsweise im Verhalten im Straßenverkehr, dem Kaufverhalten in Einkaufsstätten, dem Kommunikationsverhalten des Konsumenten oder in einem bestimmten Verwendungsverhalten äußern (vgl. vertiefend *Steffenhagen* 1984, S. 26 ff.).

Wie Schaubild I-A-12 zeigt, können **Beziehungen zwischen allen drei Wirkungskategorien** auftreten, wobei der Grad ihrer Vernetztheit von den Ausprägungen einer Vielzahl situationaler Faktoren abhängig ist. Die verhaltenswissenschaftliche Erklärung kommunikativer Konsequenzen stellt dadurch in vielen Fällen ein komplexes Problem dar, zu dessen umfassender Lösung in den letzten Jahren eine Vielzahl empirischer Studien mit unterschiedlichen Untersuchungsinhalten durchgeführt wurden (vgl. z. B. die Studien von *Petty/Cacioppo/Schumann* 1983; *Batra/Ray* 1986; *MacKenzie/Lutz/Belch* 1986; *Petty/Cacioppo* 1986 zu verschiedenen Wirkungsrouten vom Reiz bis zum beobachtbaren Verhalten).

Die durch die Pfeile gekennzeichneten **Beziehungen** in Schaubild I-A-12 können wie folgt näher charakterisiert werden (*Steffenhagen* 1984, S. 16):

(1) Bestehende Inhalte des Langzeitgedächtnisses beeinflussen die momentanen Reaktionen.
Beispiel: Einstellungsgesteuerte Aufmerksamkeit gegenüber einer Sportanzeige.

(2) Momentane Reaktionen formen die dauerhaften Gedächtnisinhalte.
Beispiel: Ein auf einer Party gewonnener Eindruck wird im Langzeitgedächtnis gespeichert.

(3) Dauerhafte Gedächtnisinhalte beeinflussen das finale Verhalten.
Beispiel: Die positive Einstellung zum Minderheitenschutz führt zu einem entsprechenden Spendeverhalten.

(4) Das finale Verhalten prägt den Inhalt des Langzeitgedächtnisses.
Beispiel: Der Kauf einer Produktgattung ruft vielfach positive Einstellungen hinsichtlich dieser Produktgattung hervor.

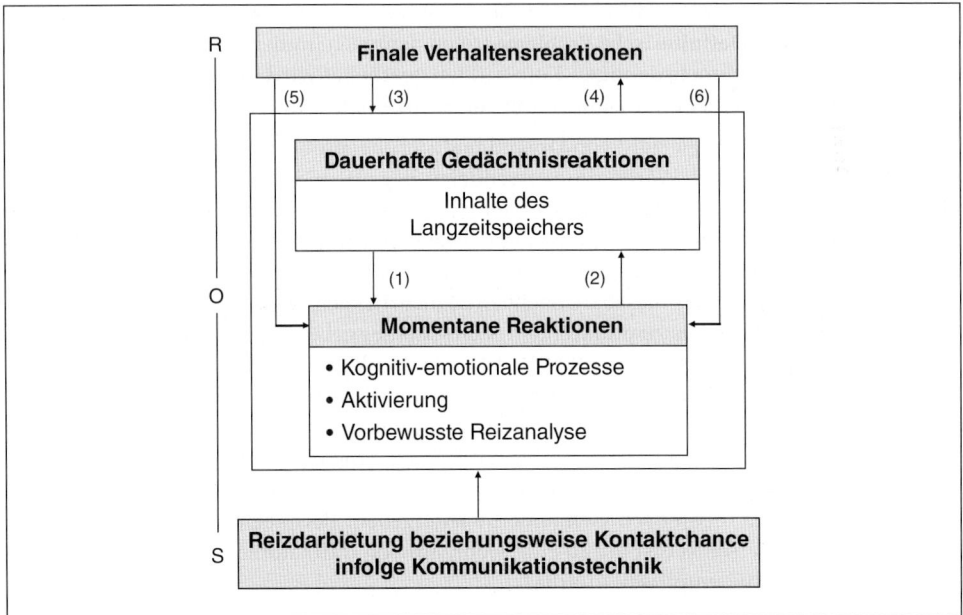

Schaubild I-A-12: Beispiel für ein S-O-R-Paradigma mit ausgewählten Wirkungskategorien (Steffenhagen 1984, S. 17)

(5) Das finale Verhalten beeinflusst momentane Reaktionen.

Beispiel: Die Produktverwendung löst bestimmte momentane Denkprozesse, wie z. B. Freude oder Ärger, aus.

(6) Momentane Reaktionen beeinflussen ohne Zwischenschaltung des Langzeitspeichers finales Verhalten.

Beispiel: Spontankauf eines bestimmten Produktes.

Es wird deutlich, dass das Spektrum möglicher kommunikationsinduzierter Konsequenzen sehr groß ist. In dem Bemühen, die komplexen Kommunikationsprozesse in Abhängigkeit verschiedener Einflussgrößen zu erklären, sind im Rahmen des S-O-R-Paradigmas so genannte **Hierarchiemodelle** entwickelt worden, die kommunikationsinduzierte Konsequenzen als Folge eines sukzessiven Entstehungsprozesses erklären (vgl. zu den Hierarchiemodellen und Stufenmodellen der Werbewirkung ausführlich Abschnitt III-B-4.2.3).

Die **Kritik am verhaltenswissenschaftlichen Ansatz** resultiert vor allem aus der Verwendung theoretischer Konstrukte zur Erklärung innerer Denkprozesse. Dabei ist vor allem auf fünf Problemkreise des verhaltenswissenschaftlichen Ansatzes in Verbindung mit der Arbeit von Konstrukten hinzuweisen:

(1) Definitorische Probleme,
(2) Operationalisierungsprobleme,
(3) Messtechnische Probleme,
(4) Verarbeitung multikausaler Datenbeziehungen,
(5) Informationsprobleme.

Im Rahmen verhaltenswissenschaftlicher Erklärungen kommunikationsorientierter Ursache-Wirkungs-Zusammenhänge wird auf eine Vielzahl verschiedener Begriffe zurückgegriffen, um bestimmte Sachverhalte zu kennzeichnen. Durch die in der Literatur oftmals inkonsistente Verwendung von Begriffen wird das Verständnis bestimmter Sachverhalte jedoch erheblich erschwert. **Definitorische Probleme** treten demnach immer dann auf, wenn mit unklaren, abstrakten und mehrdeutigen Konstrukten gearbeitet wird. In diesem Fall ist es nur schwer möglich, eine eindeutige Zuordnung von Sachverhalten und Begriffen vorzunehmen.

Des Weiteren treten eine Vielzahl von **Operationalisierungsproblemen** bei der Erklärung theoretischer Konstrukte auf. Wären die verwendeten Begriffe eindeutig definiert, so ist nach Operationen zu suchen, mit deren Hilfe eine realitätsgetreue Erklärung über den gemeinten Sachverhalt erfolgen kann. Aufgrund der nicht direkt erfassbaren Phänomene im Inneren des Menschen, wie z. B. eine Meinungsbeeinflussung oder eine Verhaltensabsicht, muss dazu auf Indikatoren als unmittelbar messbare Sachverhalte zurückgegriffen werden, die Aufschluss über das Vorhandensein des zu erklärenden Sachverhaltes geben (*Müller-Hagedorn* 1986, S. 53; *Kroeber-Riel/Weinberg/Gröppel-Klein* 2009, S. 29 f.). Ein Indikator für eine kommunikationsinduzierte Meinungsbeeinflussung ist beispielsweise die Äußerung einer Person, sie habe ihre Einstellung zum kommunikationsunterstützten Gegenstand, z. B. zu einem Produkt, geändert. Dies ist in vielen Fällen jedoch problematisch, weil die eingesetzten Indikatoren nicht immer in hohem Maße ursächlich für die zu erklärenden Sachverhalte sind und oftmals nur gewisse Aspekte des theoretisch Gemeinten wiedergeben. Beispielsweise wird der Begriff des „sozialen Status" selbst erst durch eine Mehrzahl von Indikatoren, wie Einkommen, Beruf, Wohngegend usw., empirisch greifbar.

Darüber hinaus ist auf eine Vielzahl **messtechnischer Probleme** hinzuweisen. Denn nachdem ein Konstrukt begrifflich definiert und operationalisiert ist, stellt sich die Frage nach der einzusetzenden Messtechnik und ob beispielsweise die Einstellungsmessung schriftlich, mündlich oder telefonisch zu erfolgen hat. Dies ist von großer Bedeutung, da Einigkeit darüber besteht, dass die einzusetzende Messtechnik in hohem Maße dafür verantwortlich ist, wie realitätsgetreu ablaufende Gedächtnisprozesse beim Konsumenten erklärt werden können. Unklar ist jedoch weiterhin, unter welchen Bedingungen welche Messtechnik am besten zur Erklärung dieser Sachverhalte geeignet ist.

Ferner wirken bei den hier vorhandenen **multikausalen Beziehungen** mehrere Auslöser (Ursachen) zusammen oder nebeneinander zur gleichen Zeit. Die Beziehung zwischen den Ursachen und deren Wirkungen werden wesentlich komplexer und erschweren eine eindeutige Zuordnung. Beispielsweise ist es oftmals schwierig zu entscheiden, welcher Reiz für welche Konsumentenreaktion verantwortlich ist.

Schließlich ist auf die erheblichen **Informationsprobleme** sowie den Erhebungsaufwand im Rahmen der empirischen Fundierung der Erklärung theoretischer Konstrukte des Konsumentenverhaltens hinzuweisen (*Foxall* 1996, S. 25). Zum einen können gewisse gedankliche Sachverhalte nur schwer offen gelegt werden, z. B. bestimmte erotische Phantasien. Zum anderen ist eine umfassende empirische Fundierung des kommunikationsinduzierten Konsumentenverhaltens aufgrund charakterlicher Unterschiede sowie der Vielzahl auf den Konsumenten einwirkender Umfeldgrößen mit einem großen Erhebungsaufwand verbunden.

4.3 Ökonomische Ansätze

Während sich die Kommunikationsforschung in den 1960er Jahren des letzten Jahrhunderts immer mehr dem verhaltenswissenschaftlichen Ansatz zuwandte, bot die ökonomische Theorie, insbesondere die mikroökonomische Haushaltstheorie, wenig Ansatzpunkte für eine wirklichkeitsnahe Erklärung kommunikationsinduzierter Konsequenzen (*Kaas* 1990, S. 492). Seitdem hat die mikroökonomische Theorie jedoch große Fortschritte, insbesondere in der Analyse von Informationsprozessen, erzielt (vgl. vertiefend *Hopf* 1983).

Der wesentliche Unterschied zwischen dem verhaltenswissenschaftlichen und ökonomischen Erklärungsansatz liegt in dem jeweils zugrunde liegenden **Bild des Konsumenten**. Der verhaltenswissenschaftliche Ansatz geht von einem eher passiven Rezipienten aus, auf den kommunikative Stimuli einwirken. Bei der ökonomischen Erklärung kommunikationsinduzierter Konsequenzen steht hingegen ein **aktiver Konsument** im Mittelpunkt, der das jeweils bereitgestellte Informationsangebot annimmt oder ablehnt.

Im Rahmen des ökonomischen Ansatzes wird das Verhalten von Konsumenten gegenüber kommunikativen Stimuli in ein **ökonomisches Allokationsmodell** überführt. Dabei wird angenommen, dass der Konsument sowohl im Hinblick auf sämtliche durchführbare Aktivitäten im Allgemeinen als auch auf den Kommunikationskonsum im Speziellen Wahlentscheidungen zu treffen hat. Diese Wahlentscheidungen erstrecken sich somit simultan auf zwei Dimensionen und werden durch informationsökonomische Kosten-Nutzen-Überlegungen gesteuert:

(1) Interbereichsbezogene Entscheidungen,
(2) Intrabereichsbezogene Entscheidungen.

Bei den **interbereichsbezogenen Entscheidungen** wird die Beschäftigung mit kommunikativen Stimuli, wie z. B. der Konsum eines Werbespots, gegenüber anderen Tätigkeiten, wie z. B. dem Einkommenserwerb, abgewogen. Gleichzeitig trifft der Konsument **intrabereichsbezogene Entscheidungen**, indem er im Rahmen der Informationsaufnahme zwischen einzelnen Kommunikationsangeboten eine Auswahl trifft – dies ist insbesondere vor dem Hintergrund der zunehmenden Informationsflut notwendig. Dabei ist zu berücksichtigen, dass die Aufnahme kommunikativer Stimuli – wie jede andere Tätigkeit auch – Zeit kostet, eine Ressource, die nur in begrenztem Ausmaß zur Verfügung steht. Wie oben bereits angedeutet, hängt es von den Nutzenerwartungen des jeweiligen Konsumenten im Hinblick auf die Reizaufnahme ab, ob und wie viel Zeit auf den Konsum kommunikativer Stimuli verwendet wird. Gestützt auf die Arbeiten von *Becker* zur Zeitallokation und Haushaltsproduktion lässt sich ein **informationsökonomisches Modell der Kommunikation** wie folgt ableiten (*Kaas* 1990, S. 493; *Becker* 1993, S. 97 ff.; *Bruhn/Janßen* 1998, S. 167 ff.):

Maximiert wird die Zielfunktion:

(1) $\sum_{i=1}^{n} X_i \cdot U_i + U_r(T_r)$

unter den Nebenbedingungen:

(2) $\sum_{i=1}^{n} X_t \cdot t_i + T_r = T$

(3) $X_i = 1$, wenn der Kommunikationsappell i aufgenommen wird, sonst 0.

Darin gilt:

U_i = Nutzen des Kommunikationsappells i für den Konsumenten,
t_i = Zeit, die der Konsument auf die Aufnahme des Kommunikationsappells i verwendet,
n   = Zahl der Werbeappelle,
T_r = Zeit, die der Konsument auf alle anderen Tätigkeiten verwendet (Restzeit),
U_r = Nutzen, der aus der Verwendung der Restzeit resultiert,
T   = Gesamtes Zeitbudget des Konsumenten.

Die Lösung dieses Allokationsproblems lautet:

(4) $\dfrac{U_i}{t_i} \geq \dfrac{dU_r}{dT_r}$

Es werden demnach alle Kommunikationsappelle aufgenommen, deren Grenznutzen pro Zeiteinheit größer ist als der Grenznutzen der Restzeit.

Das Modell ist in der Lage, informationsökonomische Erklärungen kommunikationsbezogener Verhaltensweisen in Abhängigkeit von der Entsendung verschiedener Arten von Kommunikationsreizen sowie von personenspezifischen Unterschieden zu geben. So kann beispielsweise die erhöhte Nachfrage nach bildbetonter Kommunikation **(Kommunikationsart)** informationsökonomisch dadurch erklärt werden, dass die Konsumenten für die Aufnahme und Verarbeitung bildverschlüsselter Informationen erheblich weniger Zeit benötigen als für dieselben textverschlüsselten Informationen. Mithin widmen die Konsumenten bildbetonter Kommunikation mehr Zeit, da sie in kürzerer Zeit denselben Nutzen bzw. in der gleichen Zeit einen höheren Nutzen stiftet.

Aber auch **personenspezifische Unterschiede** in der Rezeption von Kommunikationsreizen können durch den informationsökonomischen Ansatz erklärt werden. So ist beispielsweise empirisch verhältnismäßig gut abgesichert, dass Empfänger höherer Einkommen erheblich weniger Zeit für den Werbekonsum verwenden. Die ökonomische Erklärung dieses Phänomens knüpft an die Vermutung an, dass diesen Menschen durch den Einkommenserwerb ein hoher Nutzen gestiftet wird und dementsprechend die Verwendung von Zeit auf alternative Tätigkeiten, z. B. den Konsum eines Werbespots, einen hohen Nutzenentgang hervorruft (Opportunitätskosten alternativer Tätigkeiten). Diese Menschen konsumieren daher nur wenig Werbereize. Umgekehrt ist der Nutzen aus Einkommenserwerb für Empfänger niedriger Einkommen als relativ gering einzustufen, so dass der entsprechende Nutzenentgang durch den

Konsum kommunikativer Reize (geringe Zeit- bzw. Informationskosten) ebenfalls gering ist (vgl. vertiefend *Becker* 1993, S. 97 ff.). Neben den geringen Informationskosten ist gleichzeitig auch davon auszugehen, dass der informationsorientierte Nutzen des Kommunikationskonsums höher ausfallen dürfte als bei Besserverdienenden, so dass die Empfänger niedriger Einkommen angesichts eines besseren Nutzen-Kosten-Verhältnisses mehr Zeit für den Konsum kommunikativer Stimuli aufwenden.

Bei einer **kritischen Würdigung** des ökonomischen Ansatzes zur Erklärung der Kommunikationswirkung ist zunächst auf seine **Stärken** hinzuweisen. Der (informations-)ökonomische Ansatz ist in der Lage, mit nur zwei Variablen (Nutzen und Zeit- bzw. Informationskosten) Kommunikationswirkungen zu erklären. Sie genügen jedoch, um Aussagen ableiten zu können, die verhaltenswissenschaftliche Erklärungsansätze nicht oder nur in sehr eingeschränktem Maße gewinnen können. In der Einfachheit bzw. in der damit verbundenen Eleganz, mit der der ökonomische Ansatz Kommunikationswirkungen zu erklären vermag, liegt vielleicht sein größter Reiz.

Die **Schwäche** des ökonomischen Ansatzes, insbesondere im Vergleich zum verhaltenswissenschaftlichen Ansatz, liegt darin, dass er kaum in detaillierte Analysen psychologischer Verhaltensweisen in Abhängigkeit von verschiedenen inhaltlichen und formalen Gestaltungen kommunikativer Reize vorstoßen kann.

4.4 Entscheidungsorientierte Ansätze

Im Rahmen der Marketingtheorie versucht der entscheidungsorientierte Ansatz als Theorie des Entscheidungsverhaltens den Ablauf von Entscheidungsprozessen zu erklären und Verhaltensempfehlungen bzw. Entscheidungshilfen für die Träger von Marketingentscheidungen bereitzustellen (*Heinen* 1971, S. 430). Im kommunikativen Kontext stellt er einen leistungsfähigen Ansatz zur Erklärung und Verbesserung kommunikationspolitischer Entscheidungen dar.

Um ein differenziertes Verständnis des entscheidungsorientierten Ansatzes im Hinblick auf kommunikative Fragestellungen sicherzustellen, ist zunächst der **Begriff der Entscheidung** näher zu kennzeichnen (*Meffert* 2001, S. 1021):

> Unter einer **Entscheidung** wird jede Art der Willensbildung und Willensdurchsetzung verstanden.

Hierbei kann zwischen **Ziel- und Mittelentscheidungen** unterschieden werden, deren aufeinander abgestimmtes Zusammenwirken einen Kommunikations-Entscheidungsprozess begründen. **Konstitutive Elemente** dieses Entscheidungsprozesses sind dabei die Erfassung der Handlungssituation, die (operationale) Formulierung von Kommunikationszielen, die Auswahl der einzusetzenden Mittel (Einsatz der Kommunikationsinstrumente) sowie die Abbildung eines Entscheidungsfeldes, in dem alle von der Entscheidung betroffenen Sachen und Personen erfasst werden (*Meffert* 2001, S. 1021).

Zur Sicherstellung sinnvoller Entscheidungen im Umfeld vielfältiger und komplexer Kommunikationsprozesse ist es ähnlich wie bei den anderen Marketinginstrumenten notwendig, dem (unternehmerischen) Entscheidungsverhalten planerische Überlegungen voranzustellen. Die Entscheidungen über den Einsatz sämtlicher Kommunikationsaktivitäten orientieren sich hierbei am entscheidungsorientierten Ansatz des Marketing, im Rahmen dessen eine bestimmte Planungssystematik für den Ablauf von Teilentscheidungen zugrunde gelegt wird. Die Kommunikationspolitik wird also einem Planungsprozess unterworfen, der die Abfolge einzelner Planungsaktivitäten bzw. der daraus resultierenden Teilentscheidungen wiedergibt. Schaubild I-A-13 zeigt einen idealtypischen und integrativ ausgerichteten **Planungsprozess der Unternehmens- und Marketingkommunikation** mit den folgenden Phasen (*Bruhn* 2010b, S. 202 f.):

- Ausgehend von einer umfassenden und differenzierten Situationsanalyse sind die Kommunikationsziele zu planen und verbindlich festzulegen. Sie sind dem weiteren kommunikativen Vorgehen als Richtschnur voranzustellen.
- Im nächsten Schritt sind relevante Zielgruppen der Kommunikation zu identifizieren, zu beschreiben und deren Erreichbarkeit, z. B. über Kommunikationsträger, zu ermitteln.
- Im Mittelpunkt der Kommunikationspolitik steht die Festlegung der Kommunikationsstrategie, die die Schwerpunkte kommunikativer Unternehmensaktivitäten definiert.
- Auf der Basis dieser Strategie ist das Kommunikationsbudget festzulegen, der Einsatz von Kommunikationsinstrumenten zu planen sowie eine Maßnahmenplanung in Form der Planung der Kommunikationsbotschaft und der Mediaplanung durchzuführen.
- Am Ende des Planungsprozesses steht die kommunikative Erfolgskontrolle. Durch Analysen von Kommunikationswirkungen sollen Hinweise zur Verbesserungen der einzelnen Teilentscheidungen des Planungsprozesses, z. B. auf etwaige Ziel- und Maßnahmenkorrekturen, gewonnen werden.

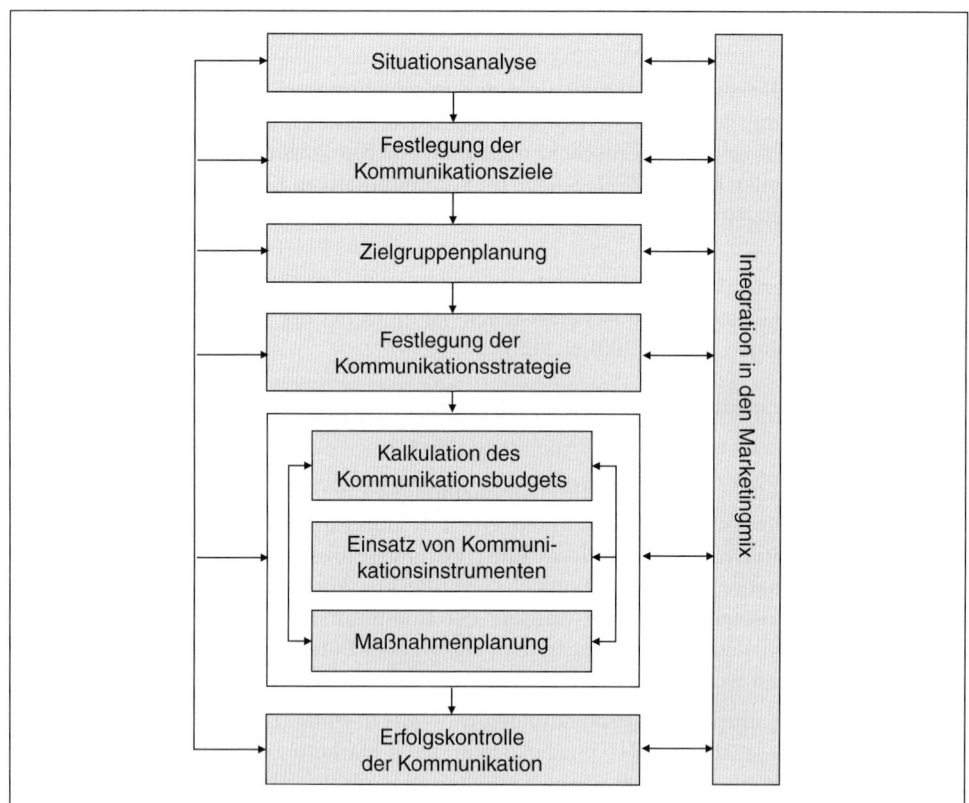

Schaubild I-A-13: Planungsprozess der Unternehmens- und Marketingkommunikation
(in Anlehnung an Bruhn 2010b, S. 248)

Es wird deutlich, dass sich der Planungsprozess der Kommunikation an der Grundstruktur eines Kommunikationssystems orientiert. Der „**Kommunikationskreislauf"** zwischen Sender und Empfänger als Kernelemente eines geschlossenen Kommunikationssystems ruft eine Reihe von kommunikativen Entscheidungstatbeständen hervor, deren sinnvolle Bearbeitung wiederum den Einsatz vieler spezifischer Planungsaktivitäten, insbesondere den Einsatz von Planungsverfahren, erfordert. Bei der Kommunikationsplanung sind insbesondere die Interdependenzen zwischen den einzelnen Teilentscheidungen der Kommunikation zu berücksichtigen, um einen integrativ ausgerichteten Einsatz dieses Marketinginstrumentes sicherzustellen.

Bei einer **kritischen Würdigung** des entscheidungsorientierten Ansatzes ist festzuhalten, dass seine Stärken, insbesondere im Vergleich zum verhaltenswissenschaftlichen Ansatz, zum einen in der systematischen Offenlegung des Entscheidungsspektrums der Kommunikation liegen. Zum anderen resultiert aus dem Einsatz von Optimierungsmodellen im Rahmen des entscheidungsorientierten Ansatzes die Bereitstellung von Entscheidungshilfen, deren Nutzung systematisches Entscheidungsverhalten in der Kommunikation hervorruft **(Kommunikation als Managementfunktion)** und somit in entscheidendem Maße zur marktorientierten Unternehmensführung beiträgt (*Bruhn* 2010a, S. 37). Die Leistungsfähigkeit des entscheidungsorientierten Ansatzes ist jedoch im Vergleich zum verhaltenswissenschaftlichen Ansatz deutlich eingeschränkt, wenn die Genauigkeit und Tiefgründigkeit, mit der die jeweiligen Ansätze Konsumentenreaktionen theoretisch erklären können, als Beurteilungskriterium herangezogen wird.

4.5 Integration der Ansätze

Wie aus den Ausführungen hervorgeht, weist jeder der bisher vorgestellten theoretischen Ansätze in verschiedenen Teilbereichen bestimmte Schwächen auf. Die Wahl eines einzelnen Ansatzes als theoretische Grundlage für die Ausrichtung der Kommunikationspolitik erscheint daher unter forschungsökonomischen Aspekten wenig sinnvoll. Vielmehr muss vor diesem Hintergrund eine **Integration vorgestellter Ansätze** vorgenommen werden, um durch die Verbindung der Stärken der jeweiligen Ansätze in unterschiedlichen Teilbereichen die Erkenntnisse über Marktreaktionen in Abhängigkeit kommunikationspolitischer Entscheidungen zu vertiefen und so das unternehmerische Kommunikationsverhalten zu verbessern.

Auf der Basis der Grundstruktur eines Kommunikationssystems (systemorientierter Ansatz) bietet es sich an, die Integration des verhaltenswissenschaftlichen, ökonomischen und entscheidungsorientierten Ansatzes anhand des **S-O-R-Paradigmas** vorzunehmen. Denn während der verhaltenswissenschaftliche und ökonomische Ansatz in besonderem Maße dazu geeignet sind, Konsumentenreaktionen (also das O und das R) in Hinblick auf verschiedene Kommunikationsimpulse zu erklären, ist der entscheidungsorientierte Ansatz vor allem in der Lage, das kommunikative Entscheidungsverhalten (also das S) zu verbessern. Ziel der Integration ist es damit, die eigenen kommunikativen Entscheidungen so auszurichten, dass die daraus resultierenden Reaktionen der anvisierten Konsumenten weitgehend im Sinne des kommunikationstreibenden Unternehmens sind. Im systemtheoretischen Kontext bedeutet dies den Versuch, über die Integration der Ansätze die Störungen zwischen Kommunikationssender und -empfänger zu minimieren.

Bei der Integration können zwei **Integrationsansätze** unterschieden werden:

(1) Funktionsorientierte Integration,

(2) Entscheidungsorientierte Integration.

Bei der **funktionsorientierten Integration** geht es im kommunikativen Kontext um die Beantwortung der Frage, welche Kommunikationstechniken welche Funktionen übernehmen können. Dabei kann die funktionsorientierte Integration sowohl für kommerzielle als auch für die institutionelle und private Kommunikation erfolgen. So sind beispielsweise bestimmten individuellen Verhaltensweisen im privaten Bereich spezielle kommunikative Funktionen zugeordnet. Beispielsweise hat das Hochreißen eines Armes in Verbindung mit der Bildung einer Faust die kommunikative Funktion, individuelle Glücksgefühle bzw. den persönlichen Erfolg zu dokumentieren.

Im kommerziellen Kontext geht es im Rahmen der funktionsorientierten Integration darum, den einzelnen Kommunikationsinstrumenten zielorientierte Funktionen zuzuordnen, um daraus Entscheidungshilfen für die Ausrichtung der Kommunikationsarbeit abzuleiten. Dabei kann auf eine Vielzahl verschiedener Funktionen zurückgegriffen werden. Im Einzelfall geht es für das kommunikationstreibende Unternehmen in einem ersten Schritt darum, aus der Fülle kommunikativer Funktionen diejenigen Funktionen herauszufiltern, die im Hinblick auf die Kommunikationsziele prioritär zu erfüllen sind. In einem zweiten Schritt erfolgt eine Eignungsbeurteilung der zur Verfügung stehenden Kommunikationsinstrumente, d. h., es ist der Frage nach der Güte der Funktionserfüllung durch die einzelnen Kommunikationsinstrumente nachzugehen. Das Ergebnis der Integration ist eine Funktionenmatrix der Kommunikationsinstrumente, wie sie durch Schaubild I-A-14 wiedergegeben wird.

Bei einer **kritischen Würdigung** des funktionsorientierten Ansatzes ist vor allem auf die Oberflächlichkeit dieses Ansatzes hinzuweisen, da er kommunikative Zusammenhänge nur sehr

Funktionen \ Kommunikationsinstrumente	Media-werbung	Verkaufs-förderung	Messen/Aus-stellungen	Direct Marketing	Sponso-ring	Social-Media-Kommu-nikation	Event Marketing	Persön-liche Kommu-nikation	Public Relations
Kundenakquisition									
• Bekanntmachung von Produkten	●	◐	●	○	○	◐	○	○	◐
• Image/Markenführung	●	◐	◐	○	◐	●	◐	●	●
• Unternehmensdarstellung	●	○	◐	○	◐	◐	●	◐	●
• Hineinverkauf Handel	◐	●	●	○	○	○	○	◐	○
• Abverkauf Endabnehmer	●	●	◐	◐	○	◐	○	○	○
Kundenbindung									
• Wiederverkauf	●	○	◐	●	●	◐	◐	◐	○
• Weiterempfehlung	○	◐	●	●	○	●	●	◐	◐
• Cross Buying	◐	◐	◐	◐	○	●	◐	●	○
Kundenrückgewinnung									
• Fehlerkorrektur	◐	○	○	●	●	◐	◐	●	●
• Wiedergutmachung	○	○	○	●	●	◐	●	●	◐
• Überzeugung	●	◐	●	●	○	◐	●	●	●
• Stimulierung	●	●	◐	◐	○	◐	●	●	◐

Wirkungsintensitäten:　● überdurchschnittliche　◐ mittlere　○ geringe/keine

Schaubild I-A-14: Funktionenmatrix der Kommunikationsinstrumente

eingeschränkt und undifferenziert kennzeichnet. Durch seine überwiegend heuristische Ausrichtung können darüber hinaus kaum fundierte Entscheidungshilfen zur zielführenden Gestaltung der unternehmerischen Kommunikationspolitik abgeleitet werden.

Grundlage des **entscheidungsorientierten Integrationsansatzes** ist das **„Denken in stufenweisen Marktreaktionen"**. Ausgangspunkt ist dabei der Managementprozess des entscheidungsorientierten Ansatzes, im Rahmen dessen eine Vielzahl kommunikativer Entscheidungen getroffen werden, die sich in Form kommunikativer Stimuli (S) äußern. Die Aussendung dieser Stimuli bzw. der Kontakt der Konsumenten mit den Reizen führt bei ihnen sowohl zu inneren, nicht beobachtbaren Reaktionen (O) als auch zu äußeren, beobachtbaren Reaktionen (R), deren Facetten durch den verhaltenswissenschaftlichen und ökonomischen Ansatz erklärt werden können (vgl. Schaubild I-A-15).

Die Gestaltung entsendeter kommunikativer Stimuli (S) sowie die daraus resultierenden Wirkungen im Inneren des Konsumenten (O) können durch entscheidungsorientierte bzw. verhaltenswissenschaftliche Ansätze erklärt werden. Um allerdings das gesamte Spektrum kommunikativer Konsequenzen (R), also auch entstehende Kommunikationskosten sowie finale Verhaltenswirkungen, theoretisch durchdringen zu können, ist eine Integration verhaltenswissenschaftlicher, entscheidungsorientierter sowie ökonomischer Ansätze notwendig.

Um ein systematisches und differenziertes Verständnis kommunikativ relevanter Ursache-Wirkungs-Zusammenhänge herzustellen, ist es notwendig, eine **Kategorisierung auftretender Marktreaktionen** vorzunehmen. Wie Schaubild I-A-16 zeigt, können dabei **vier Marktreaktionstypen** unterschieden werden, wobei der Kommunikationsmarkt in diesem Zusammenhang den „relevanten Markt" darstellt.

Da die Fülle an unternehmensinternen und -externen Einflussgrößen im Rahmen von Marktreaktionsfunktionen nur schwer umfassend berücksichtigt werden kann, ist es notwendig, Annahmen über die Konsumentenreaktionen bzw. auftretende Kosten in Abhängigkeit verschiedener Aktivitätsniveaus zu treffen. Dabei ist darauf zu achten, dass die getroffenen Annahmen die zu erklärenden Sachverhalte wirklichkeitsnah widerspiegeln. Je nach Art der getroffenen Annahmen bzw. Operationalisierung der abhängigen und unabhängigen Variablen, sind verschiedene **Funktionstypen** heranzuziehen, um den jeweiligen funktionalen Zusammenhang zwischen der unabhängigen Variable und der abhängigen Variable formal exakt wiederzugeben:

- Linearer Funktionstyp,
- Exponenzielle Funktion (konkaver Kurvenverlauf),
- Degressive Funktion (konvexer Kurvenverlauf),
- Logistische Funktion (s-förmiger Kurvenverlauf).

Mit **Marktreaktionsfunktionen des Typs I** wird versucht, den Zusammenhang zwischen dem Aktivitätsniveau, z. B. der Anzahl geschalteter Werbespots oder Anzeigen, und den daraus resultierenden psychologischen (nicht beobachtbaren) Wirkungen theoretisch zu erklären und empirisch zu fundieren. Das zentrale Problem stellt die realitätsgetreue Formalisierung des funktionalen Zusammenhangs dar, weil der Funktionsverlauf im Einzelfall von einer Vielzahl situationaler und persönlichkeitsbezogener Einflussgrößen, wie z. B. den zugrunde liegenden gruppendynamischen Effekten oder den Wertvorstellungen des jeweiligen Konsumenten, beeinflusst wird. Da die Fülle an Einflussgrößen im Rahmen von Marktreaktionsfunktionen nur schwer umfassend berücksichtigt werden kann, ist es notwendig, Annahmen über die Konsumentenreaktionen in Abhängigkeit verschiedener Aktivitätsniveaus zu treffen. Dabei ist darauf zu achten, dass die getroffenen Annahmen die zu erklärenden

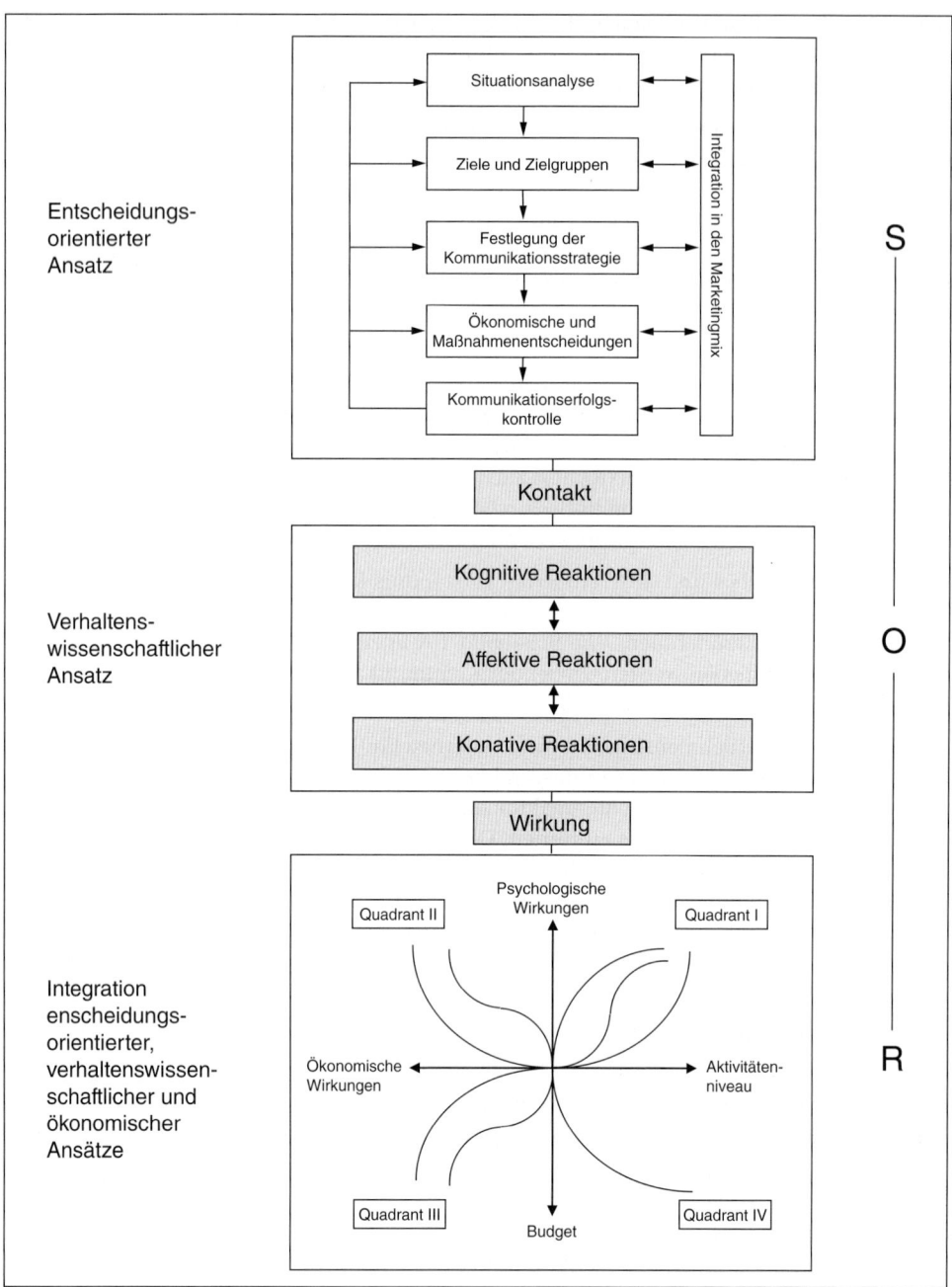

Schaubild I-A-15: Entscheidungsorientierte Integration theoretischer Ansätze der Kommunikation

Sachverhalte wirklichkeitsnah widerspiegeln. Dies betrifft sowohl Annahmen über persönlichkeitsbezogene Eigenschaften der betrachteten Konsumenten als auch Annahmen bezüglich situationaler Faktoren. Je nach Art der getroffenen Annahmen bzw. Operationalisierung der abhängigen und unabhängigen Variablen sind verschiedene **Funktionstypen** heranzuzie-

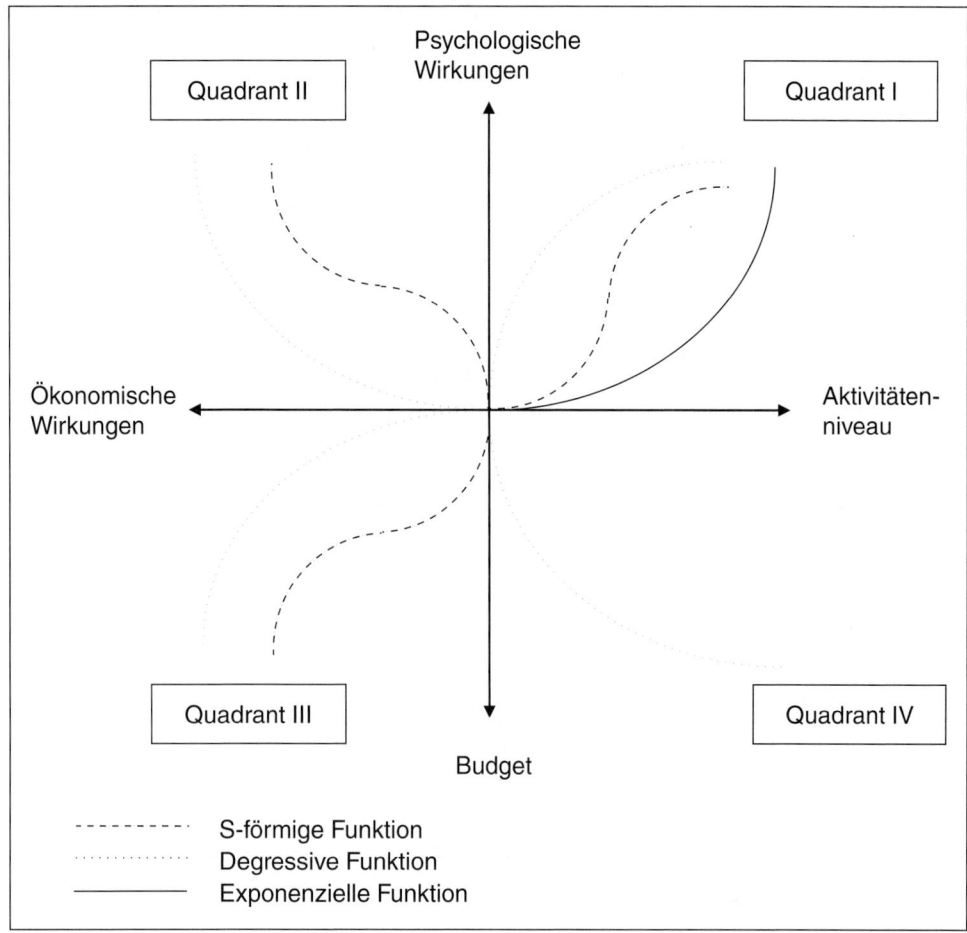

Schaubild I-A-16: Spektrum kommunikationsinduzierter Marktreaktionen (in Anlehnung an Schmalen 1992, S. 49)

hen, um den Zusammenhang zwischen dem Aktivitätsniveau (unabhängige Variable) und den psychologischen Wirkungen (abhängige Variable) formal exakt wiederzugeben.

Die Wahl eines **exponenziellen Funktionstyps** (konkaver Funktionsverlauf) basiert auf der Annahme, dass die psychologischen Wirkungen ab einem bestimmten Aktivitätsniveau exponenziell ansteigen. Dieser Fall wäre beispielsweise denkbar, wenn das Aktivitätsniveau durch die Anzahl von TV-Spots und die psychologischen Wirkungen mit auftretenden (inneren) Ablehnungshaltungen operationalisiert wird.

Beispiel: Verärgerung eines Konsumenten

Die Verärgerung eines Konsumenten, der ohnehin negative Einstellungen gegenüber der Werbung aufweist, steigt mit zunehmender Konfrontation mit TV-Spots überproportional an. Der Konsument steigert sich in seine Verärgerung hinein, wodurch es zu strikten Ablehnungshaltungen gegenüber der Werbung kommt.

Mit der Wahl eines **degressiven Funktionstyps** (konvexer Funktionsverlauf) ist die Annahme verbunden, dass die psychologischen Wirkungen mit steigendem Aktivitätsniveau zunächst ansteigen, ab einer bestimmten Höhe des Aktivitätsniveau jedoch **Sättigungserscheinun-**

gen auftreten und sich die psychologischen Wirkungen nur noch marginal erhöhen. Ein solcher Fall ist beispielsweise denkbar, wenn das Aktivitätsniveau durch die Anzahl geschalteter Anzeigen und die psychologischen Wirkungen über die Markenbekanntheit definiert werden.

> **Beispiel: Bekanntheitsgrad der Marke *Coca-Cola***
>
> *Coca-Cola* ist im Jahre 2010 die wertvollste Getränkemarke der Welt und liegt mit zirka 70,4 Mrd. US-Dollar weltweit auf Platz eins der teuersten Marken. Laut *Interbrand* gilt sie als beste Marke weltweit. Insofern ist es nicht verwunderlich, dass die Marke *Coca-Cola* seit Jahren über einen Bekanntheitsgrad in der Weltbevölkerung verfügt, der über 90 Prozent liegt. Die weitere Erhöhung des Bekanntheitsgrades ist jedoch aufgrund auftretender Sättigungserscheinungen, z. B. durch die mangelnde kommunikative Erreichbarkeit bestimmter Konsumenten, nicht oder nur mit erheblichem Aufwand zu realisieren.

Beim **logistischen Funktionstyp** (s-förmiger Funktionsverlauf) wird von den Annahmen ausgegangen, dass die psychologischen Wirkungen mit steigendem Aktivitätsniveau zunächst unterproportional ansteigen. Ab einem bestimmten Aktivitätsniveau führt eine weitere Steigerung kommunikativer Aktivitäten zu einer überproportionalen Erhöhung der psychologischen Wirkungen. Schließlich erreichen die kommunikativen Aktivitäten auch hier ein Niveau, bei dem die psychologischen Wirkungen Sättigungserscheinungen unterlegen sind. Ein derartiger Wirkungszusammenhang ist beispielsweise denkbar, wenn die Operationalisierung des Aktivitätsniveaus durch die Anzahl persönlicher Gespräche mit Konsumenten und den psychologischen Wirkungen durch (positive) Einstellungen zum kommunikativ unterstützten Gegenstand, z. B. einem neuen Produkt, erfolgt.

> **Beispiel: Einstellungsveränderung**
>
> Ein Hersteller entschloss sich, im Rahmen der Einführung eines neuen Produktes vorrangig auf persönliche Gespräche mit relevanten Kunden zurückzugreifen, um die Einstellungen der Zielpersonen im Hinblick auf das Produkt im Sinne der Kommunikationsziele zu beeinflussen. Dabei stellte er fest, dass die ersten Gespräche aufgrund des anfänglichen Misstrauens gegenüber dem neuen Produkt die Einstellungen nur geringfügig verändert haben. Mit zunehmender Anzahl geführter Gespräche wurde dieses Misstrauen aber abgebaut, wobei gleichzeitig die Einstellungen gegenüber dem Produkt in hohem Maße positiv beeinflusst wurden. Schließlich musste der Hersteller feststellen, dass nach einer bestimmten Anzahl von geführten Gesprächen jedes weitere Gespräch keine nennenswerten Einstellungsveränderungen mehr hervorrief.

Bei der **empirischen Fundierung** von Marktreaktionsfunktionen des Typs I ist vorrangig auf Befragungen zurückzugreifen, da die Veränderung von Gedächtnisinhalten nur über entsprechende Angaben von Konsumenten in Erfahrung gebracht werden kann.

Marktreaktionsfunktionen des Typs II versuchen, den Ursache-Wirkungs-Zusammenhang zwischen psychologischen Wirkungen als unabhängige Variable und ökonomischen Wirkungen als abhängige Variable theoretisch zu erklären bzw. empirisch zu fundieren. Der Grundgedanke besteht darin, dass das äußere (beobachtbare) Verhalten der Kommunikationsadressaten, das sich in der Realisierung ökonomischer Wirkungen, wie z. B. erreichtem Absatz- oder Umsatzvolumen, niederschlägt, von der Höhe erzielter psychologischer Wirkungen beeinflusst wird. Zur Operationalisierung der abhängigen und unabhängigen Variablen im Rahmen der näheren Spezifizierung psychologischer und ökonomischer Wirkungen kann eine Vielzahl verschiedener Dimensionen aus dem Konsumentenverhalten herangezogen werden. So können psychologische Wirkungen (unabhängige Variable) durch die Dimensionen Markenbekanntheit, Image, Kaufbereitschaften usw. näher gekennzeichnet werden, während die Operationalisierung ökonomischer Wirkungen beispielsweise in Form von dem Absatz- oder Umsatzdaten erfolgen kann.

Zur näheren Spezifizierung des jeweiligen **funktionalen Zusammenhangs** kann vor allem auf die Erkenntnisse der verhaltenswissenschaftlichen und ökonomischen Theorie im Hinblick auf die kommunikationsinduzierte Ausrichtung menschlicher Verhaltensweisen zurückgegriffen werden. Hier bieten sich beispielsweise die bereits vorgestellten Stufenmodelle der Kommunikationswirkung an. Aufgrund der Vielfältigkeit bestehender Einflussgrößen auf das Zusammenspiel zwischen ökonomischen und psychologischen Wirkungen ist jedoch festzuhalten, dass hier **kein theoretisch stringentes Konzept** zur Operationalisierung des jeweils zugrunde liegenden funktionalen Zusammenhangs existiert. Vielmehr sind in Abhängigkeit der gewählten Indikatoren zur Operationalisierung psychologischer und ökonomischer Wirkungen verschiedenartige Kurvenverläufe denkbar, die den funktionalen Zusammenhang im Einzelfall näherungsweise realitätskonform wiedergeben. Schaubild I-A-16 (II. Quadrant) zeigt exponenzielle, degressive und logistische Kurvenverläufe als Beispiele für mögliche Funktionstypen.

Das **grundsätzliche Problem** bei der theoretischen und empirischen Fundierung des Zusammenhangs zwischen psychologischen und ökonomischen Wirkungen besteht in den Schwierigkeiten, den verhaltenssteuernden Beitrag einzelner psychologischer Wirkungen zu isolieren und in seiner Höhe zu spezifizieren. Die Interpretation des finalen Verhaltens, insbesondere des Kaufverhaltens – dessen Aggregation über alle Kommunikationsadressaten zu ökonomischen Wirkungen, z. B. Absatz, führt – als (alleinige) Konsequenz der Realisierung einzelner psychologischer Wirkungen in einer bestimmten Höhe, ist zweifellos ein theoretisch gewagter und fragwürdiger Schritt. Die Lösung dieses Problems ist im Einzelfall umso schwieriger, je weniger sensibel das finale Verhalten auf die Realisierung psychologischer Wirkungen reagiert.

Beispiel: Kauf geringwertiger Konsumgüter

Der Kauf geringwertiger Konsumgüter, z. B. Kaugummis, unterliegt vielfach allenfalls einer geringen gedanklichen Kontrolle. In einem solchen Fall wird das finale Verhalten weniger durch die beim Konsumenten erzielten psychologischen Wirkungen, wie z. B. Einstellungen, determiniert, als vielmehr durch verschiedene Umfeldeinflüsse, wie z. B. die unmittelbare Verfügbarkeit von Kaugummis an den Kassen einer Einkaufsstätte.

Es wird deutlich, dass das entstehende Validitätsproblem nicht etwa ein Problem der validen Messung psychologischer und ökonomischer Wirkungen ist – hierzu stehen vielfältige Messinstrumente zur Verfügung –, sondern vielmehr ein Problem der „Zurechnungsvalidität" (*Steffenhagen* 2000, S. 220 f.). Insbesondere das Kaufverhalten als eine Dimension des finalen Verhaltens ist oftmals nicht allein von den erzielten psychologischen Wirkungen, sondern von einer Vielzahl weiterer Einflussgrößen, wie z. B. Preis, Verfügbarkeit usw., abhängig.

Bei **Marktreaktionsfunktionen des Typs IV** erfolgt eine ausschließlich unternehmensinterne Abbildung funktionaler Zusammenhänge. Untersuchungsgegenstand ist die Veränderung der Kommunikationskosten in Abhängigkeit von der Variation des kommunikativen Aktivitätsniveaus. Im kommerziellen Kontext wird also der Frage nach den instrumentellen Kosten, wie z. B. den Schaltkosten für eine Werbekampagne, des Einsatzes der Verkaufsförderung usw., nachgegangen. Dabei sind im Einzelfall verschiedene situationsadäquate Funktionsverläufe denkbar. Sind beispielsweise strukturelle Veränderungen in den kommunikativen Rahmenbedingungen als ein zentraler Einflussfaktor zu berücksichtigen, so ist auch ein – zumindest temporär – überproportionaler Anstieg der Kommunikationskosten im Sinne eines **logistischen Funktionstyps** (s-förmiger Kurvenverlauf) denkbar.

Beispiel: Kompetenzverlust

Der Wechsel von Kommunikationsagenturen oder das „Insourcing" kommunikativer Aufgaben ist im Regelfall zumindest vorübergehend mit einem mehr oder weniger großen Kompetenzverlust durch den Verzicht auf das „professionelle Know-how" der bislang mit kommunikativen Aufgaben betrauten Agentur verbunden.

Auch ein **linearer Funktionstyp** kann unter bestimmten Voraussetzungen geeignet sein, um die Beziehung zwischen der Höhe des Aktivitätsniveaus und den entstehenden Kosten freizulegen. Dies ist immer dann der Fall, wenn das Aktivitätsniveau in der Form operationalisiert wird, dass eine Variation konstante Veränderungen in bestimmten Bereichen der Kostensituation, z. B. im Bereich der Personalkosten, hervorruft.

Beispiel: Persönliche Gespräche mit Kunden und Personalaufstockung
Ein kommunikationstreibendes Unternehmen entschließt sich, die Anzahl der zu führenden persönlichen Gespräche mit ausgewählten Kunden (Aktivitätsniveau) zu erhöhen, um die Kundenloyalität zum Unternehmen zu steigern. Dazu werden zusätzliche Mitarbeitende eingestellt, um die entsprechenden personellen Kapazitäten herzustellen. Im Zuge dieser Personalaufstockung stellt das Unternehmen einen (näherungsweise) linearen Anstieg der (kommunikationsinduzierten) Personalkosten fest.

Im Regelfall ist es aber der **degressive Funktionstyp**, der die Entwicklung der Kostensituation in Abhängigkeit von Variationen in der Höhe des Aktivitätsniveau am besten wiedergibt. Hierbei sind mit zunehmendem Aktivitätsniveau abnehmende Kostenzuwachsraten zu beobachten, beispielsweise aufgrund sinkender Schaltkosten (Rabatte). Der Hintergrund dieser Entwicklung kann zum anderen aber auch in der Produktion liegen, wie empirische Untersuchungen der Boston Consulting Group nahe legen, wonach die Stückkosten eines Produkts bei einer Verdoppelung der kumulierten Produktionsmenge real um 20 bis 30 Prozent sinken (*Henderson* 1974, S. 19; *Rupp* 1988, S. 121). Diese Erkenntnis stützt sich auf vor allem auf den Verlauf der bereits während des Zweiten Weltkrieges erkannten „Lernkurve", die den Rückgang des Zeitbedarfs für einzelne Arbeitsgänge – aufgrund zunehmender Übung und Erfahrung – darstellt. Der **Erfahrungseffekt** – oftmals auch als „Boston-Effekt" bezeichnet – ist dabei nicht allein auf produktionsorientierte Vorgänge beschränkt, sondern kann auf eine Vielzahl betriebswirtschaftlicher Vorgänge übertragen werden. Auch im kommunikativen Kontext sind vielfach sinkende Zuwachsraten der Kommunikationskosten bei zunehmendem Aktivitätsniveau **(Kostendegressionseffekte)** zu beobachten. Im Rahmen der Unternehmenskommunikation liegen abnehmenden Kostenzuwachsraten zwei Ursachenbereiche zugrunde:

(1) Know-how-Zuwachs,

(2) Größen- und Mengeneffekte.

Aus einem zunehmenden Aktivitätsniveau in der Kommunikation resultiert in vielen Bereichen ein **Know-how-Zuwachs**, der unmittelbar mit dem Erfahrungseffekt verknüpft ist. So resultieren beispielsweise aus einer Intensivierung der persönlichen Kommunikation bessere Kundenkontakte, aus einer Verstärkung der Marktforschungsaktivitäten verbesserte Kenntnisse der Kundenbedürfnisse und Kaufentscheidungsmerkmale oder aus langjährigen Erfahrungen mit der Erstellung von Mediaplänen eine zielgerichtetere und effizientere Belegung der Kommunikationsträger.

Mit einer Intensivierung der Kommunikationsaktivitäten werden aber auch **Größen- und Mengeneffekte** realisiert. Dies kann zum einen durch eine verbesserte Auslastung kommunikativer Kapazitäten, z. B. in den Bereichen Personal und Verwaltung, erfolgen (Größeneffekte). Zum anderen können insbesondere beim instrumentellen Einsatz der Unternehmenskommunikation – hier vorrangig im Einsatz der Mediawerbung und der Verkaufsförderung – bei einer Zusammenarbeit mit unternehmensexternen Kommunikationsträgern verbesserte Konditionen in Anspruch genommen werden (Mengeneffekte). So werden dem kommunikationstreibenden Unternehmen beispielsweise mit steigender Anzahl geschalteter Werbespots in einem Fernsehsender im Regelfall zunehmend verbesserte Konditionen für die Schaltung zusätzlicher Spots eingeräumt.

Marktreaktionsfunktionen des Typs III versuchen, die Funktionsverläufe in den Quadranten II und IV zusammenzuführen, indem eine funktionale Beziehung zwischen der Höhe entstehender Kommunikationskosten (Budget) und dem Ausmaß der Realisierung ökonomischer Wirkungen hergestellt wird. Sie stellen das eigentliche Ergebnis der Integration theoretischer Ansätze dar. Auf der Grundlage gewonnener theoretischer Erkenntnisse sowie empirischen Ergebnisse im Rahmen der Ermittlung der Marktreaktionsfunktionen der Typen I und II (S-O-R-Analysen) sind Marktreaktionsfunktionen des Typs III (S-R-Analysen) relativ einfach, z. B. durch Regressionsanalysen, zu ermitteln. Es erfolgt also eine Integration verhaltenswissenschaftlicher und ökonomischer Analysen, die in erster Linie unter ökonomischen Aspekten wünschenswert ist, da sie letztlich Aufschluss über den Beitrag der Kommunikation zum Unternehmenserfolg in Form von Absatz, Umsatz, Gewinn usw. geben.

Dieser Funktionstyp findet daher vor allem in der **Mediawerbung** im Zusammenhang mit der Werbebudgetierung Anwendung und wird auch in einschlägiger Fachliteratur ausführlich diskutiert, weil die Mediawerbung in vielen Unternehmen nach wie vor den größten kommunikativen Ausgabenbereich darstellt (vgl. z. B. *Little* 1979; *Stewart* 1989; *Lilien/Kotler/Moorthy* 1992). Dabei geht es in erster Linie um die Prognose des werbeinduzierten Absatzvolumens. Bei der näheren Kennzeichnung dieses Funktionstyps wird neben der Operationalisierung ausgewählter Dimensionen der abhängigen und unabhängigen Variablen insbesondere die Abbildung des jeweils zugrunde liegenden funktionalen Zusammenhangs zwischen Kommunikationskosten und den daraus resultierenden ökonomischen Wirkungen kontrovers diskutiert (*Lilien/Kotler/Moorthy* 1992, S. 265 ff.). Dabei hat sich aus logischen Überlegungen herausgestellt, dass sowohl lineare als auch exponenzielle Kurvenverläufe für die Abbildung funktionaler Zusammenhänge nicht geeignet sind – daher ist in Schaubild I-A-16 im dritten Quadranten auch keine exponenzielle Funktion eingezeichnet. Bei einem **linearen Kurvenverlauf** würde die optimale Höhe des Kommunikationsbudgets je nach gewählter Steigung der Funktion entweder Null (bei einer Steigung größer 1) oder unendlich (bei einer Steigung kleiner 1) sein. Der exponenzielle Funktionsverlauf würde unendlich hohe Kommunikationskosten implizieren. Die am häufigsten diskutierten und empirisch getesteten Funktionsverläufe zur formalen Abbildung des Zusammenhangs zwischen Kommunikationskosten und ökonomischen Wirkungen sind der **logistische** und **degressive Kurvenverlauf** (vgl. Schaubild I-A-16). Dabei hat sich gezeigt, dass die Realität in den meisten Fällen durch einen degressiven Kurvenverlauf besser abgebildet werden kann (vgl. vertiefend *Lambin* 1976; *Simon/Arndt* 1980; *Aaker/Carman* 1982). Im Allgemeinen ist demnach davon auszugehen, dass der Grenzzuwachs ökonomischer Wirkungen mit steigenden Kommunikationskosten immer mehr abnimmt.

Der **Marktreaktionsfunktionstyp III** ist in besonderem Maße dazu geeignet, hohe Kommunikationsbudgets zu rechtfertigen, da er den Entscheidungsträgern aufgrund der ihm innewohnenden Vielzahl an Freiheitsgraden das Gefühl vermitteln kann, hohe Kommunikationskosten seien modelltheoretisch abgesichert. Dabei sind zunächst die Beziehungen zwischen der Höhe des kommunikativen Aktivitätsniveau und den daraus resultierenden psychologischen Wirkungen (Marktreaktionsfunktionen des Typs I) sowie zwischen diesen und den damit verbundenen ökonomischen Wirkungen (Marktreaktionsfunktionen des Typs II) freizulegen, um den Funktionstyp IV besser zu fundieren. Die Ergebnisse dieser Ursache-Wirkungs-Beziehungen müssen bei der näheren Spezifizierung des Funktionstyps IV miteinfließen, um eine **validitätsorientierte Abbildung funktionaler Zusammenhänge** sicherzustellen. Um die Vielzahl intervenierender Variablen bei der datenanalytischen Spezifizierung des funktionalen Zusammenhangs realitätsgetreu wiedergeben zu können, müssen multivariate Verfahren, wie z. B. die Regressionsanalyse eingesetzt werden. Dabei ist insbesondere die Kausalanalyse geeignet, Zusammenhänge zwischen den abhängigen Variablen der Funktionstypen I, II und III untereinander sowie zwischen diesen und situationalen Einflussgrößen formal offen zu legen und in den Funktionstyp III einfließen zu lassen.

Im Rahmen einer **kritischen Würdigung** ist festzuhalten, dass die Integration verschiedener theoretischer Ansätze der Kommunikation das Ergebnis eines idealtypischen Denkens in Marktreaktionsfunktionen darstellt. Es ist immer anzustreben, weil es zu einer entscheidungsorientierten Denkweise im Hinblick auf die Lösung kommunikativer Problemstellungen führt. Das Denken in stufenweisen Marktreaktionen sowie die Bündelung theoretischer Erklärungsansätze trägt in entscheidendem Maße zur Verbesserung der Transparenz kommunikativer Prozesse bei und stellt somit eine wichtige Entscheidungshilfe bei der zielorientierten Ausrichtung der Kommunikation dar. Allerdings darf sich die Integration nicht in der bloßen Skizzierung des Vier-Felder-Schemas sowie in einer willkürlichen Operationalisierung der abhängigen und unabhängigen Variablen sowie der zugrunde liegenden Beziehungen erschöpfen. Vielmehr muss es im Einzelfall das Anliegen des Entscheidungsträgers sein, eine unternehmens- und marktspezifische Wahl der Achsenbezeichnungen vorzunehmen und die jeweils zugrunde liegenden funktionalen Zusammenhänge durch Marktforschungsaktivitäten empirisch zu fundieren.

In diesem Zusammenhang darf jedoch auch das grundsätzliche Integrationsproblem der **Komplexität** nicht übersehen werden. Hier sind es insbesondere die Spezifizierungen der Marktreaktionsfunktionen des Typs I bis III, die angesichts vielfältiger, im Einzelfall zu berücksichtigender Einflussgrößen ein großes Problem darstellen. Neben der Auswahl zu berücksichtigender situationaler Einflussgrößen ist insbesondere die Freilegung der Beziehungen zwischen gedanklichen und offenen Verhaltensweisen von Konsumenten in Abhängigkeit verschiedener Kommunikationsaktivitäten in hohem Maße problembehaftet. Der Kommunikator ist im Rahmen der Spezifizierung von Kommunikationskonsequenzen einem Dilemma ausgesetzt: Je differenzierter und umfassender situationale Einflussfaktoren sowie verhaltensbezogene Interdependenzen bei den Zielpersonen im Rahmen der Integration berücksichtigt werden, desto genauer werden die in der Realität stattfindenden Kommunikationsprozesse abgebildet, aber desto unübersichtlicher und schwerer nachvollziehbar werden die zugrunde liegenden Ursache-Wirkungs-Beziehungen. Vice versa steigt zwar mit sinkendem Detaillierungsgrad die Übersichtlichkeit, gleichzeitig nimmt aber auch die Gefahr zu, dass zugrunde liegende Ursache-Wirkungs-Beziehungen falsch eingeschätzt werden. Aufgabe des Entscheidungsträgers ist es, jenen Spezifizierungsgrad zu finden, der eine aufwandskonforme Erfüllung der eigenen Kommunikationsbedürfnisse darstellt.

B. Bedeutung der Kommunikation im Marketingmix

1 Kommunikation als Baustein des Marketingmix

1.1 Systematik und Grundfunktionen der Marketinginstrumente

Das Bemühen seitens der Marketingtheorie um eine gedankliche Bündelung funktional ähnlicher Unternehmensaktivitäten erstreckt sich nicht nur auf eine Systematisierung von Kommunikationsmaßnahmen, sondern lässt sich angesichts des großen unternehmerischen Handlungsspektrums vielmehr für sämtliche marktgerichteten Aktivitäten eines Unternehmens beobachten. Auf diese Art und Weise werden die systematischen Voraussetzungen für den ziel- und strategiegerechten Einsatz sämtlicher Marketingaktivitäten geschaffen. Bei einer umfassenden Durchsicht der einschlägigen Marketingliteratur im Hinblick auf die Systematisierungsmöglichkeiten der einem Unternehmen zur Verfügung stehenden Marketinginstrumente lässt sich feststellen, dass sich eine **Vierer-Systematik des absatzpolitischen Instrumentariums** weitgehend durchgesetzt hat (*Becker* 2009, S. 487). Jedenfalls ist sie die Grundlage vieler deutscher Abhandlungen zur allgemeinen Marketinglehre (vgl. z. B. *Gutenberg* 1976; *Meffert* 2000; *Nieschlag/Dichtl/Hörschgen* 2002; *Scheuch* 2007). Aber auch in einschlägiger amerikanischer Fachliteratur zum Marketing lässt sie sich nachweisen (unter anderem bei *McCarthy* 1960; *Cundiff/Still* 1971; *Rosenberg* 1977; *Jain* 1985; *Kotler/Armstrong* 1999; *Cravens* 2000; *Kotler/Bliemel* 2001). Schaubild I-B-1 veranschaulicht diesen systematischen Denkansatz.

Während noch bei *Gutenberg* die Preispolitik eindeutig im Vordergrund des Interesses stand – dies war das Resultat der in dieser Zeit starken Orientierung an der Preistheorie –, werden die vier Instrumentalbereiche bei den genannten anderen Autoren als grundsätzlich gleich-

McCarthy (1960)	• Product • Price • Place • Promotion
Gutenberg (1960)	• Absatzmethode • Produktgestaltung • Preispolitik • Werbung
Meffert (2000)	• Produkt- und Sortimentspolitik • Preis- und Kontrahierungspolitik • Distributionspolitik • Kommunikationspolitik
Nieschlag et al. (2002)	• Produkt- und Programmpolitik • Entgeltpolitik • Distributionspolitik • Kommunikationspolitik
Becker (2009)	• Produktleistung • Präsenzleistung • Profilleistung

Schaubild I-B-1: Systematik des absatzpolitischen Instrumentariums

gewichtig angesehen. Dabei erfolgt die Bezeichnung der Marketinginstrumente in Wissenschaft und Praxis vielfach anhand der **4Ps** von *McCarthy*. Dies geschieht nicht etwa aus inhaltlich-systematischen Beweggründen, sondern schlicht weil die 4Ps eine ausgesprochene „sprachliche Griffigkeit" aufweisen.

Im zugrunde liegenden Kontext bietet es sich an, die Gesamtheit marktbeeinflussender Variablen im Rahmen des operativen Marketing in vier Marketinginstrumente zu unterteilen:

(1) **Produktpolitik,**
(2) **Preispolitik,**
(3) **Kommunikationspolitik,**
(4) **Vertriebspolitik.**

Diese Instrumente des operativen Marketing zielen auf die Initiierung von Transaktionen mit den aktuellen und potenziellen Kunden. Diese **„Inside-out"**-Orientierung der Unternehmen ist aufgrund veränderter Markt- und Wettbewerbssituationen heute jedoch nicht mehr ausreichend, um am Markt erfolgreich zu agieren. Mit zunehmender Bedeutung eines Beziehungsaufbaus zum Kunden und die langfristige Bindung des Kunden an das Unternehmen ist das Management von Geschäftsbeziehungen zu einem zentralen Thema geworden. Deshalb ist es in vielen Branchen notwendig, eine veränderte Perspektive im Sinne einer **„Outside-in"**-Orientierung einzunehmen, d. h., die speziellen Beziehungen des Unternehmens zu seinen Kundensegmenten sind Ausgangspunkt für die Marktbearbeitung. Damit verbunden ist die **Entwicklung vom Transaktions- zum Beziehungsmarketing**; letzteres wird auch als Relationship Marketing bezeichnet (*Gummesson* 1987; *McKenna* 1991; *Bruhn/Bunge* 1994; *Grönroos* 1994; *Blattberg/Deighton* 1997; *Gordon* 1998; *Grönroos* 2007; *Bruhn* 2009b).

Der Instrumenteeinsatz wird im Rahmen des Beziehungsmarketing sehr viel stärker unter dem Aspekt der verschiedenen Phasen eines **Kundenbeziehungslebenszyklus** gesehen. Die Marketinginstrumente können folglich auch danach systematisiert werden, ob das Unternehmen primär neue Kunden gewinnen (Recruitment), zufriedene Kunden an sich binden (Retention) oder unzufriedene Kunden halten bzw. zurückgewinnen will (Recovery) (3**Rs**):

(1) **Recruitment**
Im Marketing werden verstärkt Instrumente eingesetzt, die den Dialog und die Interaktion zwischen Unternehmen und Kunde fördern. Grundgedanke dieser Dialogorientierung ist die Annahme, dass durch eine Intensivierung des Dialoges die Kundenakquisition gefördert wird.

(2) **Retention**
Kundenbindungsstrategien bzw. Customer-Retention-Konzepte haben stark an Bedeutung gewonnen. Hierbei wird versucht, durch Instrumenteeinsatz die Kundenzufriedenheit maßgeblich zu steigern.

(3) **Recovery**
Schließlich werden verstärkt Überlegungen angestellt, welche Maßnahmen bei unzufriedenen oder gefährdeten Kunden zu ergreifen sind, um eine Abwanderung zu verhindern. Falls der Kunde bereits abgewandert ist, können ebenfalls spezifische Marketinginstrumente zum Einsatz gelangen.

Schaubild I-B-2 verdeutlicht den Einfluss des Beziehungsmarketing auf den Einsatz der klassischen Marketinginstrumente, indem diese nach den verschiedenen Phasen eines Kundenbeziehungslebenszyklus strukturiert werden (vgl. hierzu auch *Gordon* 1998, S. 12 ff.). Da sich das Relationship Marketing auf den gesamten Beziehungslebenszyklus bezieht, darf eine Neuorientierung des Marketing in Richtung einer Beziehungsorientierung nicht dahingehend missverstanden werden, dass dies eine „Ablösung" der 4Ps impliziert. Vielmehr geht

4 Ps \ 3 Rs	Recruitment — Kundenakquistition mit Fokus Kundendialog	Retention — Kundenbindung mit Fokus Kundenzufriedenheit	Recovery — Kundenrückgewinnung mit Fokus Wechselbarrieren
Product	• Verpackungsgestaltung • Produktzusatznutzen • Markierung • Produktverbesserung	• Produktdifferenzierung • Servicestandards • Sortimentsbreite • Garantien	• Produktinnovation • Produktverbesserung • Value-Added-Services • Individuelle Leistungen

Price	• Niedrigpreis
	• Sonderangebote
	• Boni/Skonti
	• Finanzierungsangebote
		• Optimales Preis-
		  Leistungs-Verhältnis
		• Preisgarantien
		• Preisbündelung
			• Rabatte/Boni
			• Einmalige Zahlung bei
			  Wiederaufnahme
			• Sonderkonditionen

Promotion	• Aktives Direct Marketing • Massenkommunikation mit Dialogfunktion • Verkaufsförderung	• Kundenzeitschriften • Direct Mail • Sponsoring • Kundenclubs	• Direct Mail • Telefonmarketing • Persönliches Gespräch • Einladung/Events
Place	• Produktsampling • Aktionen am POS • Direktvertrieb • Verkaufsgespräche	• Direct Marketing • Direktvertrieb • Lieferservice • Außendienstbesuche	• Exklusivvertrieb • Außendiensteinsatz • Key Account Management • Zusätzliche Vertriebswege

Schaubild I-B-2: Systematisierung der Marketinginstrumente nach den 3Rs im Relationship Marketing (Bruhn 2009b, S. 32)

es primär um eine **Neustrukturierung von Marketinginstrumenten**, d.h. den gezielten Einsatz von Instrumenten zum Aufbau, Erhaltung und Verstärkung der Beziehungen zwischen verschiedenen Kundensegmenten und dem Unternehmen. Somit umfassen die **Instrumente des Relationship Marketing** sowohl die traditionellen Marketinginstrumente als auch Instrumente zur gezielten Verbesserung der Geschäftsbeziehungen (*Gummesson* 1994, S. 9).

Neben dem Einfluss des Beziehungsmarketing auf den Einsatz der klassischen Marketinginstrumente ist schon an dieser Stelle darauf hinzuweisen, dass die Unterteilung in vier Marketinginstrumente keinesfalls dazu führen darf, die Konsequenzen des Einsatzes der Marketinginstrumente als Summe der Wirkungen der einzelnen Instrumente zu interpretieren. Wie Schaubild I-B-3 zeigt, ist der marktgerichtete Einsatz der Marketinginstrumente vielmehr als interdependentes Maßnahmenpaket aufzufassen, im Rahmen dessen die einzelnen Instrumente im Hinblick auf die zu bearbeitenden Marktsegmente synergistische Wirkungen entfalten sollen (*Kühn* 1995, S. 1616). In diesem Zusammenhang wird auch von der Gestaltung des Marketingmix gesprochen. Der **Begriff des Marketingmix** geht auf *Borden* zurück und ist in seiner inhaltlichen Bedeutung wie folgt ausgerichtet (*Borden* 1964, S. 2; *Becker* 2009, S. 485 f.):

> Der **Marketingmix** eines Unternehmens ist der kombinierte und koordinierte Einsatz der Marketinginstrumente mit dem Ziel, durch eine harmonische Abstimmung der Instrumenteausprägungen die Unternehmens- und Marketingziele möglichst effizient zu erreichen.

Bevor jedoch auf die Beziehungen zwischen der Kommunikation und den anderen Marketinginstrumenten eingegangen wird, um dadurch Hinweise zur effektiven und effizenten Vernetzung der Kommunikation mit anderen marktgerichteten Maßnahmen zu gewinnen, sind zunächst die **Grundfunktionen der einzelnen Marketinginstrumente** zu kennzeichnen.

Die **Produktpolitik** beschäftigt sich mit sämtlichen Entscheidungen des Unternehmens zur Gestaltung des Leistungsprogramms. Entscheidungen der Produktpolitik haben somit die **Funktion der Leistungserstellung**. Dazu kann eine Fülle produktorientierter Maßnahmen

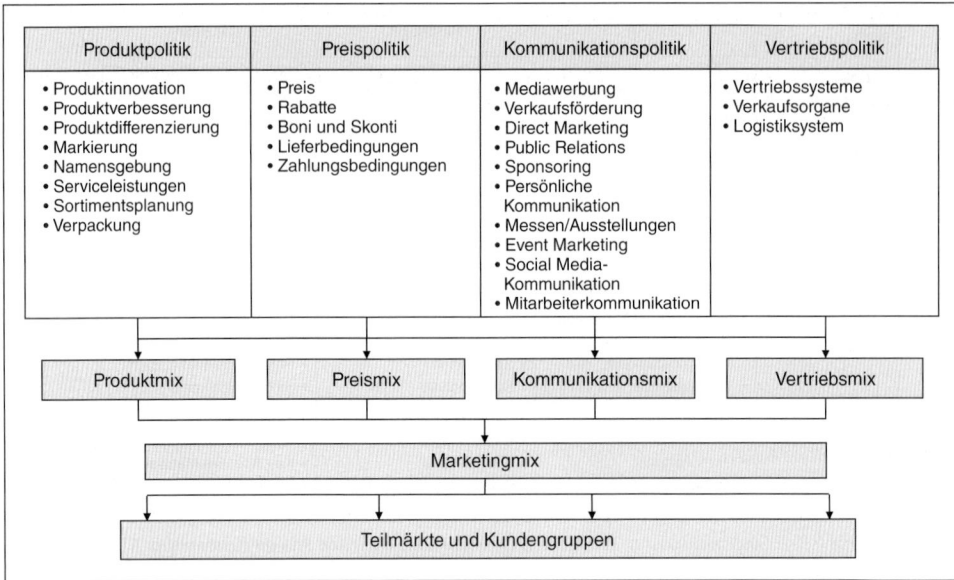

Produktpolitik	Preispolitik	Kommunikationspolitik	Vertriebspolitik
• Produktinnovation • Produktverbesserung • Produktdifferenzierung • Markierung • Namensgebung • Serviceleistungen • Sortimentsplanung • Verpackung	• Preis • Rabatte • Boni und Skonti • Lieferbedingungen • Zahlungsbedingungen	• Mediawerbung • Verkaufsförderung • Direct Marketing • Public Relations • Sponsoring • Persönliche Kommunikation • Messen/Ausstellungen • Event Marketing • Social Media-Kommunikation • Mitarbeiterkommunikation	• Vertriebssysteme • Verkaufsorgane • Logistiksystem

Produktmix	Preismix	Kommunikationsmix	Vertriebsmix

Marketingmix

Teilmärkte und Kundengruppen

Schaubild I-B-3: Die klassischen Marketinginstrumente (4Ps) im Marketingmix (Bruhn 2002a, S. 31)

durchgeführt werden, deren gedankliche Bündelung – in Analogie zur Systematisierung auf der Ebene der Marketinginstrumente – zu verschiedenen produktpolitischen Instrumenten im Rahmen des **Produktmix** führt. Im Einzelnen können folgende Instrumente der Produktpolitik unterschieden werden (*Steffenhagen* 2008; *Bruhn* 2010b, S. 135 ff.; S. 30):

- Produktsubstanzgestaltung,
- Verpackungsgestaltung,
- Markierung, insbesondere Namensgebung,
- Sortimentsgestaltung,
- Kundendienst.

Der Einsatz dieser Instrumente kann sich sowohl auf bereits existierende als auch auf neu zu entwickelnde oder zu verbessernde bzw. zu differenzierende Produkte beziehen. Ohne näher auf die einzelnen Instrumente einzugehen – dazu wird auf die einschlägige Fachliteratur verwiesen (z. B. *Hüttel* 1992; *Brockhoff* 1999; *Koppelmann* 2001) – ist darauf hinzuweisen, dass eine effiziente Erreichung produkt-, marketing- und unternehmensbezogener Zielsetzungen auch hier einen synergistischen Einsatz des produktpolitischen Instrumentariums voraussetzt.

Die **Preispolitik** beschäftigt sich mit der Vergütung sämtlicher, aus dem Einsatz der übrigen Marketinginstrumente resultierender Unternehmensleistungen. Die Ausgestaltung des Preis- und Konditionensystems im Rahmen der Preispolitik hat daher die Funktion, als **monetärer Reflektor der Unternehmensleistungen** Marktreaktionen im Sinne der Unternehmenszielsetzungen zu steuern (*Simon* 2009, S. 4). Dazu können verschiedene Instrumente der Preispolitik eingesetzt werden, deren kombinierter Einsatz im Rahmen des **Preismix** Verbundwirkungen entfalten kann (*Bruhn* 2010b, S. 29):

- Preis,
- Rabatte,
- Boni und Skonti,
- Liefer- und Zahlungsbedingungen.

Die **Vertriebspolitik** hat die Funktion, die **marktgerechte Verfügbarkeit** des unternehmerischen Leistungsprogramms herzustellen. Dazu stehen dem Unternehmen vielfältige vertriebspolitische Maßnahmen zur Verfügung, deren Systematisierung zu drei Instrumenten der Vertriebspolitik führt (vgl. vertiefend *Goehrmann* 1984; *Albers* 1989; *Specht* 1998; *Ahlert* 2002; *Bruhn* 2010b):

- Entscheidungen über das Vertriebssystem,
- Entscheidungen über den Einsatz von Verkaufsorganen,
- Entscheidungen der Distributionslogistik.

Auch im Einsatz der vertriebspolitischen Instrumente bestehen zahlreiche Interdependenzen, deren gezielte Berücksichtigung im Rahmen des **Vertriebsmix** zu einer verbesserten Ausschöpfung vertriebsbezogener Marktpotenziale führt.

Auf die Funktionen der Kommunikationspolitik als Marketinginstrument ist bereits ausführlich eingegangen worden, so dass auf eine nochmalige Beschreibung an dieser Stelle verzichtet wird. Es ist jedoch festzuhalten, dass die Grundfunktion der Kommunikation in der **Darstellung des unternehmerischen Leistungsprogramms** besteht. Dabei erfolgt die Wahrnehmung dieser Funktion durch den (synergistischen) Einsatz verschiedener Kommunikationsinstrumente.

Eine abschließende, überblicksartige Betrachtung funktionaler Aufgaben der einzelnen Marketinginstrumente führt zu der Erkenntnis, dass Unternehmen durch Entscheidungen der Produkt-, Vertriebs- und Kommunikationspolitik den Nachfragern im Markt bestimmte Leistungen als **Anreize** anbietet, um diese zu einem vom Unternehmen erwünschten Verhalten, z. B. Kaufen oder Verwenden, zu veranlassen. Mit Entscheidungen der Preispolitik werden hingegen erwartete Gegenleistungen als zu entrichtende **Beiträge** des (potenziellen) Kunden festgelegt (*Steffenhagen* 2008, S. 151). In diesem Sinne können die Marketinginstrumente „Produktpolitik, Vertriebspolitik und Kommunikationspolitik" auch als **anreizschaffende Instrumente** bezeichnet werden, während die Preispolitik als **beitragsforderndes Instrument** charakterisiert werden kann. Der Nachfrager wird immer dann das vom Unternehmen angestrebte Verhalten zeigen, wenn aus seiner Sicht ein Anreiz-Beitrags-Gleichgewicht besteht. Umfassende und differenzierte Beurteilungsmöglichkeiten der zugrunde liegenden Anreiz-Beitrags-Struktur bestehen jedoch nur, wenn der Nachfrager über diesbezügliche Informationen verfügt. Viele Unternehmen sind daher bemüht, dies in den von ihnen zu bearbeitenden Märkten durch den **Einsatz der Marktkommunikation** sicherzustellen.

1.2 Beziehungen der Kommunikation zu anderen Marketinginstrumenten

1.2.1 Beziehungsstrukturen der Marketinginstrumente

Wie bereits angesprochen, können zwischen den einzelnen Marketinginstrumenten zahlreiche **Beziehungen** bestehen. Im Zuge der stärkeren Auseinandersetzung mit der Problematik des Marketingmix wurde auch die Bedeutung der Beziehungsgeflechte, die zwischen den Marketinginstrumenten auftreten können, erkannt (*Becker* 2009, S. 647). Diese Problemstellung ist unter anderem unter dem Stichwort „**Interdependenzen im absatzpolitischen Instrumentarium**" thematisiert worden. Dabei stehen die Beziehungsanalysen im Zeichen der Wirkungsanalyse bzw. der Marktreaktionsmessung eines kombinierten Einsatzes von Marketinginstrumenten, da sich die Kennzeichnung von Beziehungsarten und -intensitäten an marktbezogenen Konsequenzen zu orientieren hat (vgl. vertiefend *Steffenhagen* 1978).

Zur Unterstützung zielorientierter Entscheidungen der Kommunikationspolitik ist es von besonderer Bedeutung in Erfahrung zu bringen, welche (Wirkungs-)Beziehungsmuster zwischen Kommunikations- und anderen Marketingaktivitäten auftreten können. Um die Einordnung auftretender Wirkungsinterdependenzen zwischen der Kommunikation und anderen Marketinginstrumenten zu erleichtern, wird eine Systematisierung potenziell auftretender Instrumentalbeziehungen vorgenommen. Bei einer Orientierung an sachlich-inhaltlichen Wirkungskategorien können drei **Beziehungskategorien** unterschieden werden (*Becker* 2009, S. 647; *Bruhn* 2009a, S. 85 ff.):

(1) Funktionale Beziehungen,
(2) Zeitliche Beziehungen,
(3) Hierarchische Beziehungen.

Zur systematischen und differenzierten Analyse bestehender Beziehungen zwischen der Kommunikation und anderen Instrumenten des Marketingmix ist es ratsam, ein entsprechendes Denkraster zugrundezulegen, dessen Einsatz die gedankliche Einordnung auftretender Beziehungen erheblich erleichtert. Schaubild I-B-4 zeigt ein Beispiel für ein solches Denkraster.

Bei der Analyse **funktionaler Beziehungen** zwischen Marketinginstrumenten sind die Untersuchungsbemühungen auf das Vorhandensein und die Ausprägungen inhaltlicher Wirkungsverbunde gerichtet. Dabei können – je nach Art auftretender Wirkungsbeziehungen – grundlegende **inhaltlich-funktionale Beziehungstypen** unterschieden werden (*Becker* 2009, S. 647; *Bruhn* 2009a, S. 85 ff.):

• Konkurrierende Beziehungen,
• Substituierende Beziehungen,
• Komplementäre Beziehungen,
• Konditionale Beziehungen,
• Indifferente Beziehungen.

Konkurrierende Beziehungen zwischen Marketinginstrumenten liegen dann vor, wenn die Wirkungen der einzelnen eingesetzten Instrumente sich gegenseitig beeinträchtigen. Bei

Beziehungs- kategorien und -typen / Betrachtete Instrumente	Funktional					Zeitlich				Hier- archisch*	
	Komple- mentär	Sub- stituierend	Konditional	Konkur- rierend	Indifferent	Parallel	Sukzessiv	Inter- mittierend	Ablösend	Strategisch	Taktisch
Kommunikationspolitik und Produktpolitik											
Kommunikationspolitik und Preispolitik											
Kommunikationspolitik und Vertriebspolitik											

* aus Sicht der Kommunikationspolitik

Schaubild I-B-4: Denkraster zur Analyse der situativen Beziehungen der Kommunikation zu anderen Marketinginstrumenten

Vorlage **substituierender Beziehungen** werden beabsichtigte Wirkungen dadurch erzielt, dass ein bisher eingesetztes Marketinginstrument durch ein anderes ersetzt wird. **Komplementäre Beziehungen** sind festzustellen, sofern sich die von den einzelnen Marketinginstrumenten ausgehenden Wirkungen gegenseitig unterstützen bzw. verstärken. **Konditionale Beziehungen** zwischen Marketinginstrumenten sind dadurch gekennzeichnet, dass die Wirkung des Einsatzes eines Marketinginstrumentes an die (Mit-)Wirkung des Einsatzes eines anderen Marketinginstrumentes gekoppelt ist. Bei **indifferenten Beziehungen** besteht zwischen den eingesetzten Instrumenten kein (erkennbarer) Wirkungsverbund.

Neben den dargestellten Beziehungen inhaltlicher Art können beim Einsatz der Marketinginstrumente auch zahlreiche **zeitliche Beziehungen** beobachtet werden, aus deren Analyse wichtige Hinweise auf eine effektive und effiziente Allokation der Marketingressourcen gewonnen werden können. Anders als bei funktionalen Beziehungen sind sie vorrangig das Ergebnis bewusst dispositiver Handlungen. Analog zu den funktionalen Beziehungen sind auch die zeitlichen Beziehungen weiter aufzuschlüsseln, um ein differenziertes Verständnis auftretender Beziehungsmuster herbeizuführen. Dabei gibt der zeitliche Einsatz der Marketinginstrumente auch die verschiedenen **zeitlichen Beziehungstypen** wieder (*Becker* 2009, S. 649 f.; *Bruhn* 2009a, S. 90 ff.):

- Parallelbeziehungen,
- Sukzessive Beziehungen,
- Intermittierende Beziehungen,
- Ablösende Beziehungen.

Parallelbeziehungen resultieren aus den Wirkungen eines gleichzeitigen Einsatzes von Marketinginstrumenten. **Sukzessive Beziehungen** sind demgegenüber charakteristisch für die erzielten Wirkungen aus dem zeitlich vernetzten Einsatz von Marketinginstrumenten. **Intermittierende Beziehungen** sind das Ergebnis einer phasenweisen Einschaltung eines Marketinginstrumentes in den durchlaufenden Einsatz eines anderen Instrumentes. **Ablösende Beziehungen** können dann auftreten, wenn Marktreaktionen auf den ablösenden Einsatz von Marketinginstrumenten zurückzuführen sind.

Neben den auftretenden funktionalen und zeitlichen Beziehungen stehen Marketinginstrumente auch in **hierarchischen Beziehungen** zueinander. Dies bedeutet, dass bestimmte Marketinginstrumente in verschiedenen situativen Kontexten in unterschiedlichen Ordnungen bzw. Rangordnungen zueinander stehen. So verfügen einige Marketinginstrumente über einen höheren Rang, so dass deren Einsatz daher Prioritätscharakter hat. Um die hierarchische Einordnung von Marketinginstrumenten in unterschiedlichen situativen Kontexten zu erleichtern, bietet es sich an, Marketinginstrumente anhand des Grades ihrer Vorrangigkeit zu unterscheiden. Gleichsam können zwei Instrumentetypen unterschieden werden (*Becker* 2009, S. 653 f.; *Bruhn* 2009a, S. 94 ff.):

(1) Strategische Marketinginstrumente,
(2) Taktische Marketinginstrumente.

Strategische Marketinginstrumente haben für ein Unternehmen konstitutiven Charakter. Ihr Einsatz ist für den Unternehmenserfolg von zentraler Bedeutung. Der Einsatz dieser Instrumente erfolgt kontinuierlich und ist durch einen hohen Bindungsgrad gekennzeichnet (*Becker* 2009, S. 653 f.). Er gibt Richtlinien vor und stellt einen Handlungsrahmen dar, an dem sich der Einsatz der anderen Marketinginstrumente zu orientieren hat.

Taktische Marketinginstrumente haben eher akzessorischen Charakter. Sie werden vorrangig dazu eingesetzt, um die Wirkungen der strategischen Instrumente situativ zu unterstützen. Die Aufgabe taktischer Marketinginstrumente besteht demnach darin, die flexible und schnelle Anpassung des Marketingmix auf temporäre Marktbedürfnisse sicherzustellen.

Eine trennscharfe Einteilung des Marketinginstrumentariums in strategische und taktische Marketinginstrumente ist jedoch vielfach problembehaftet, da jedes Instrument im Prinzip taktische und strategische Komponenten enthält (*Becker* 2009, S. 653 f.). Aussagen im generalisierenden Sinne sind daher nicht möglich. Vielmehr ist im Einzelfall darüber zu befinden, welche Komponenten tendenziell überwiegen und auf dieser Grundlage die Zuordnung vorzunehmen.

Zwischen den einzelnen Beziehungskategorien können im Einzelfall zahlreiche **Interdependenzen** bestehen, deren Ausrichtung in hohem Maße von der Gestaltung des gesamten Marketingmix abhängt. So ist es beispielsweise durchaus denkbar, dass entstehende Wirkungsverbunde aus dem Zusammenwirken funktionaler, zeitlicher und hierarchischer Beziehungen herrühren. Dies ist für die unternehmerische Marketingpolitik deshalb von entscheidender Bedeutung, weil die Beziehungsmuster zwischen den Marketinginstrumenten nicht nur auf „natürlichen" Gegebenheiten (Instrumentecharakteristika) beruhen, sondern vor allem Ausdruck einer spezifischen Marketingpolitik sind. Eine strategieadäquate Verknüpfung funktionaler, zeitlicher und hierarchischer Beziehungsstrukturen stellt somit das zentrale Problem des Marketingmix dar.

1.2.2 Kommunikation und Produktpolitik

Zwischen der Kommunikation und der Produktpolitik treten zahlreiche Beziehungen funktionaler, zeitlicher und hierarchischer Natur auf. Dabei ist zunächst festzuhalten, dass das Produkt, unabhängig ob es sich um ein Konsumgut, ein Investitionsgut oder eine Dienstleistung handelt, den eigentlichen Grund („Reason Why") für den Einsatz sämtlicher Marketingaktivitäten darstellt und somit auch im Mittelpunkt aller kommunikationspolitischen Maßnahmen steht (*Moriarty/Mitchell/Wells* 2009, S. 69).

Aus dieser Grundsatzerkenntnis kann unmittelbar eine gedankliche **Systematisierung auftretender funktionaler Beziehungen** erfolgen, die sich am Grad der Verallgemeinerung der auf den gemeinsamen Einsatz dieser Marketinginstrumente zurückzuführenden Wirkungen orientiert und so eine differenzierte Betrachtung interdependenter Wirkungsbeziehungen ermöglicht:

- Allgemein-funktionale Beziehungen,
- Situativ-funktionale Beziehungen.

Allgemein-funktionale Beziehungen haben situationsübergreifenden Charakter und treten somit immer auf, wenn produkt- und kommunikationspolitische Aktivitäten eingesetzt werden. Die allgemein-funktionalen Beziehungen sind im Regelfall **komplementärer Natur**, da es das Anliegen eines erfolgsorientierten Unternehmens sein muss, nicht nur marktgerechte Produkte herzustellen, sondern auch die anvisierten Konsumenten über das Leistungsprogramm in Kenntnis zu setzen, wobei die Eigenschaften des Leistungsprogramms mit den kommunizierten Aussagen in Einklang stehen müssen, um zu verhindern, dass die Erreichung unternehmensbezogener Zielsetzungen durch Glaubwürdigkeitsverluste gefährdet wird.

> **Beispiel: Allgemein-funktionale Beziehung bei *Rank Xerox***
> Die Intensität der kommunikativen Unterstützung der Marke *Rank Xerox* hat zum einen zu einer Unterscheidbarkeit des Unternehmens und seines Leistungsprogramms geführt. Zum anderen steht die Qualität des Leistungsprogramms aus Sicht der Konsumenten in Einklang mit den gewählten Kommunikationsinhalten. Dies hatte zur Folge, dass sich das Unternehmen in verschiedenen Bereichen die Marktführerschaft gesichert hat.

Situativ-funktionale Beziehungen sind überwiegend **konditionaler Natur**. Sie treten immer dann auf, wenn das Produkt für die Konsumenten über nicht beobachtbare Eigenschaften verfügt (z. B. Sicherheit eines Autos), die allerdings für die Ausrichtung von Konsumentenreaktionen im Sinne der Unternehmensziele von entscheidender Bedeutung sind. In solchen Fällen wird der Produkterfolg in hohem Maße von der Leistungsfähigkeit der Kommunikation im Hinblick auf die Vermittlung der betreffenden Produkteigenschaften gesteuert.

> **Beispiel: Situativ-funktionale Beziehung bei *Volvo***
> Der entscheidende Wettbewerbsfaktor des Automobilherstellers *Volvo* stellt die Sicherheit seiner Produkte dar. Angesichts der Nicht-Beobachtbarkeit dieser Eigenschaft ist der Produkterfolg in entscheidendem Maße von der kommunikativen Vermittlung dieser Produkteigenschaft abhängig.

Der Einsatz der Produktpolitik und der Kommunikationspolitik kann aber auch in zahlreichen **zeitlichen Beziehungen** zueinander stehen. Während das Auftreten ablösender Beziehungen eher die Ausnahme darstellt, sind Parallel-, sukzessive sowie intermittierende Beziehungen in einer Vielzahl verschiedener Unternehmenssituationen antreffbar.

Parallelbeziehungen sind aufgrund des oftmals parallelen Einsatzes der Produkt- und Kommunikationspolitik in vielen Facetten und Erscheinungsformen zu beobachten. So erfahren beispielsweise viele Maßnahmen der Produktverbesserung und/oder -differenzierung bei der Entwicklung von z. B. Produkt- und Markenstrategien nicht selten eine intensive zeitlich-parallele Unterstützung, um so die notwendige Markttransparenz hinsichtlich der Durchführung produktbezogener Maßnahmen frühzeitig sicherzustellen.

> **Beispiel: Parallelbeziehung bei *Ferrero***
> Der Konsumgüterhersteller *Ferrero* verfolgt im Rahmen des Einsatzes seines absatzpolitischen Instrumentariums im Hinblick auf die Vermarktung des Produktes *Überraschungsei* die Strategie, sämtliche innovativ-produktgestalterischen Maßnahmen, z. B. *Happy Hippos* oder *Schlümpfe*, durch einen zeitlich-parallelen Einsatz kommunikationspolitischer Aktivitäten zu unterstützen. Diese produktbezogene Innovationsdynamik in Verbindung mit dem zeitlich parallelen Einsatz kommunikativer Maßnahmen zur Herstellung der notwendigen Markttransparenz stellt einen zentralen (produktbezogenen) Wettbewerbsvorteil dar.

Sukzessive Beziehungen zwischen der Produkt- und Kommunikationspolitik sind vielfach im Rahmen der Neuproduktentwicklung anzutreffen. Hierbei verfolgen viele Unternehmen die Strategie, ihre Marketingressourcen zunächst auf die eigentliche Entwicklung des neuen Produktes zu konzentrieren, bevor das entwickelte Produkt und seine Eigenschaften im Markt vorgestellt wird. Aber auch der umgekehrte Fall kann beobachtet werden. So verfolgt der Softwarehersteller *Microsoft* seit vielen Jahren die Strategie, neue Produkte schon vor ihrer Produktionsreife anzukündigen. Dies geschah insbesondere vor dem Hintergrund der Erkenntnis, dass der Markterfolg in der ausgesprochen dynamischen Computerbranche in entscheidendem Maße von der frühzeitigen (kommunikativen) Besetzung von (Teil-)Märkten herrührt.

Intermittierende Beziehungen sind vielfach dann zu beobachten, wenn ein Produkt temporär über zentrale Wettbewerbsvorteile, z. B. in der Produktsubstanz oder in der Verpackung, verfügt. In solchen Fällen sind vielfach solange intensive Kommunikationsaktivitäten zur Herausstellung der betreffenden Produktvorteile zu beobachten, bis diese Wettbewerbsvorteile durch produktbezogene Imitationsaktivitäten der Konkurrenz kompensiert sind.

> **Beispiel: Intermittierende Beziehung bei *Zewa***
> Der Taschentuchhersteller *Zewa* verfügte über einen gewissen Zeitraum hinweg über den zentralen Produktvorteil einer wiederverschließbaren „Tüchertasche". Dieser (temporäre) Wettbewerbsvorteil wurde durch intensive Werbeaktivitäten im Rahmen der Kommunikationspolitik genutzt, wobei die Tüchertasche in sämtlichen Werbemitteln für das Produkt das zentrale Element darstellte. Innerhalb sehr kurzer Zeit ist es der Firma *Zewa* dadurch gelungen, mit ihren Taschentüchern im bis dahin mo-

nopolistischen Markt für Papiertaschentücher erhebliche Marktanteilssteigerungen zu realisieren. Nachdem nach einiger Zeit auch der Konkurrenzanbieter *Procter & Gamble* die Produkteigenschaft „wiederverschließbare Tüchertasche" als einen zentralen Erfolgsfaktor erkannt und sein Produkt *Tempo* ebenfalls mit einer wiederverschließbaren Tüchertasche versehen hatte, nahm *Zewa* den Kommunikationsdruck wieder zurück. In diesem Fall wurde die Kommunikationspolitik in Form eines erhöhten Werbedrucks demnach intermittierend eingesetzt.

Schließlich können zwischen Produkt- und Kommunikationspolitik verschiedene **hierarchische Beziehungen** auftreten. Aus der gewachsenen Auffassung bezüglich der Vorrangigkeit zu ergreifender Marketingmaßnahmen geht hervor, dass die Produktpolitik ein konstitutives Element des Marketingmix darstellt, während der Kommunikationspolitik eher akzessorischer Charakter innewohnt. Die Produktpolitik wurde daher über Jahre hinweg ausschließlich als strategisches Marketinginstrument angesehen (*Linssen* 1975, S.135ff.; *Becker* 2009, S.653f.). Grundsätzlich ist dieser Auffassung auch heute noch zuzustimmen, wenn vorrangig darauf abgestellt wird, dass der Einsatz der Kommunikation an das Vorhandensein von Produkten gekoppelt sein muss, sofern er nicht zum Selbstzweck erfolgen soll. Dennoch kann diese Einschätzung vor dem Hintergrund elementarer Strukturveränderungen in verschiedenen Teilmärkten und Branchen in jüngerer Vergangenheit nur noch bedingt geteilt werden. Hier ist vor allem auf die Entwicklungen im Konsumgütermarketing hinzuweisen, wo die Kommunikationspolitik angesichts mangelnder Profilierungsmöglichkeiten durch produktpolitische Maßnahmen immer mehr zu einem strategischen Erfolgsfaktor geworden ist. Die jeweilige Ausrichtung hierarchischer Beziehungen ist im Einzelfall daher von einer Vielzahl verschiedener Einflussgrößen, insbesondere von der zugrunde liegenden Branche, abhängig.

Beispiel: Hierarchische Beziehung bei einem Lebensmittelhersteller
Die meisten Lebensmittelhersteller versuchen, sich angesichts einer zunehmenden Produkthomogenisierung über einen intensiven Einsatz der Kommunikationspolitik im Markt Wettbewerbsvorteile zu verschaffen. Die Marketingaktivitäten der meisten Industriegüterhersteller sind hingegen nach wie vor durch eine starke Priorisierung produktpolitischer Aktivitäten gekennzeichnet. Die Konsumentenreaktionen in dieser Branche können vielfach immer noch am besten durch produktpolitische Aktivitäten gesteuert werden. Darüber hinaus ist der Spielraum zur Realisierung und dauerhaften Sicherstellung von Wettbewerbsvorteilen durch die Produktpolitik in vielen Bereichen der Industriegüterbranche (noch) ausreichend groß, so dass vielfach (noch) keine Veranlassung für einen verstärkten Einsatz der Kommunikation gesehen wird.

1.2.3 Kommunikation und Preispolitik

In Abhängigkeit von einer Vielzahl verschiedener Einflussgrößen können auch die Aktivitäten der Kommunikations- und Preispolitik in verschiedenen Wirkungsbeziehungen zueinander stehen. Zur besseren gedanklichen Einordnung einzelner Wirkungsverbunde wird auch hier auf das in Schaubild I-B-4 dargestellte Denkraster zurückgegriffen und die jeweiligen Beziehungstypen zwischen der Kommunikations- und Preispolitik beispielhaft veranschaulicht. Dabei ist nochmals anzumerken, dass durch die Zurückführung der Beziehungen auf einzelne Beziehungstypen keineswegs die komplizierten Beziehungsgeflechte umfassend wiedergegeben werden können. Der Entscheider ist dadurch jedoch in der Lage, Schwerpunkte in den jeweils vorliegenden Beziehungsstrukturen zu analysieren und daraus wichtige Entscheidungshilfen für eine zielorientierte Ausrichtung des gemeinsamen Einsatzes der Preis- und Kommunikationspolitik abzuleiten.

Zunächst bestehen zwischen der Preis- und der Kommunikationspolitik zahlreiche **funktionale Beziehungen**. In der Realität können dabei sämtliche Beziehungstypen im gemeinsamen Einsatz der Preis- und Kommunikationspolitik beobachtet werden. Grundsätzlich kann in diesem Zusammenhang festgehalten werden, dass beide Instrumente in **konditionalen Be-**

ziehungen zueinander stehen. So wird eine bestimmten Preishöhe nur dann die vom Unternehmen beabsichtigte Wirkung erzielen, wenn die entsprechenden Preisinformationen in ausreichendem Maße bei den Konsumenten bekannt sind (*Moriarty/Mitchell/Wells* 2009, S. 74).

> **Beispiel: Konditionale Beziehung bei einem Konsumgüterhersteller**
> Der Erfolg einer Niedrigpreisstrategie eines Konsumgüterherstellers in der Lebensmittelbranche ist in entscheidendem Maße von der intensiven Kommunikationsunterstützung durch einen hohen Werbedruck abhängig.

Eng verbunden mit dem Eintritt konditionaler Wirkungsbeziehungen stehen die vielfach beobachtbaren **komplementären Wirkungsbeziehungen** zwischen den Aktivitäten der Preis- und Kommunikationspolitik. Die Grundidee vieler Hersteller dabei ist, durch einen aufeinander abgestimmten Einsatz preis- und kommunikationspolitischer Maßnahmen Synergieeffekte zu erzielen, um auf diese Art und Weise eine effizientere Ausrichtung des Marketingmix herzustellen. Diese Absicht kommt vielfach in derselben inhaltlichen Gestaltung von Kommunikations- und Preismaßnahmen zum Ausdruck.

> **Beispiel: Komplementäre Wirkungsbeziehung bei Fluggesellschaften**
> Viele Fluggesellschaften orientieren sich im Rahmen der inhaltlichen Gestaltung der Kommunikation an den jeweils zugrunde liegenden Preisstrategien. So werden die Niedrigpreisstrategien im Regelfall durch Werbekampagnen unterstützt, bei denen der Preis bzw. dessen Reduzierung im Mittelpunkt steht, um so die beabsichtigte Wirkung von Preisreduzierungen kommunikativ zu unterstützen. Die großflächige Herausstellung des Preises für einen Flug nach Bali im Rahmen einer Anzeige oder der explizite Verweis auf erhebliche Preisreduzierungen in Werbespots stellen Beispiele für die kommunikative Unterstützung bzw. für die Vorlage komplementärer Beziehungen dar.

Konkurrierende Beziehungen zwischen den Maßnahmen der Preis- und Kommunikationspolitik treten immer dann auf, wenn sich die jeweils von ihnen ausgehenden Wirkungen gegenseitig beeinträchtigen. Bei einem gemeinsamen Einsatz von preis- und kommunikationsorientierten Maßnahmen sollte der Eintritt konkurrierender Wirkungsbeziehungen so weit wie möglich vermieden werden, um so den Unternehmenserfolg nicht zu beeinträchtigen. Aufgrund eines oftmals fehlgeleiteten Einsatzes dieser Marketinginstrumente, z. B. durch mangelnde inhaltliche Anpassungen im Instrumenteeinsatz, ist die Entstehung derartiger Beziehungen in der Praxis jedoch nicht selten anzutreffen.

Weiterhin treten zwischen preislichen und kommunikationsorientierten Maßnahmen (parziell) **substituierende Beziehungen** auf. So können bestimmte Wirkungen bei den Konsumenten innerhalb bestimmter Grenzen durch Preis- **oder** Kommunikationsaktivitäten hervorgerufen werden. In diesem Zusammenhang ist festzuhalten, dass Marktreaktionen, wie die Veränderung des Absatz-, Umsatzvolumens sowie Marktanteilsveränderungen, im Regelfall in erheblich stärkerem Maße durch preispolitische Maßnahmen stimuliert werden.

> **Beispiel: Substituierende Beziehung bei Konsumgütern**
> Bei typischen Konsumgütern, wie z. B. bei bestimmten Körperpflegeprodukten, ist die Preiselastizität der Nachfrage etwa zehn bis zwanzig Mal so hoch wie die Werbeelastizität, d. h., eine zehn prozentige Änderung des Preises hat die zehn- bis zwanzigfache Absatzwirkung wie eine zehn prozentige Änderung des Werbebudgets (vgl. vertiefend *Lambin* 1976; *Tellis* 1988; *Sethuraman/Tellis* 1991; *Simon* 2009).

Schließlich können zwischen kommunikations- und preispolitischen Aktivitäten keinerlei Wirkungsverbunde auftreten **(indifferente Beziehungen)**. Obwohl dieser Beziehungstyp tendenziell eher weniger häufig auftritt, sind in der Realität doch von Zeit zu Zeit Ausprägungen dieses Beziehungstyps zu beobachten.

> **Beispiel: Indifferente Beziehungen zwischen kommunikations- und preispolitischen Aktivitäten**
> In Brasilien versuchte eine deutsche Firma, ihren Marktanteil zu erhöhen, indem sie ihre Preise in deutlich geringerem Maße als die Inflationsrate anhob. Um den Rückgang der (realen) Stückde-

ckungsbeiträge auszugleichen, wurden die Werbeausgaben entsprechend gekürzt. Die Strategie erwies sich als wenig zielführend. Eine Studie ergab, dass die Preiselastizität der Nachfrage faktisch gleich Null war. Offensichtlich brachten die exorbitanten Inflationsraten die Konsumenten derartig durcheinander, dass sie nicht in der Lage waren, Preise sinnvoll zu vergleichen bzw. Produkte als „billig" oder „teuer" einzustufen. Die Firma reagierte, indem sie die von der Regierung vorgegebenen Preiserhöhungsspielräume voll ausschöpfte und das Werbebudget von fünf auf 15 Prozent vom Umsatz aufstockte. Kurze Zeit später kehrte das Unternehmen in die Gewinnzone zurück (*Simon* 2009, S. 6).

Im Beispiel steht die Preishöhe und der Einsatz der Kommunikationspolitik in Form werblicher Maßnahmen in indifferenten Wirkungsbeziehungen. Die Marktreaktionen werden hier ausschließlich – oder zumindest überwiegend – durch Kommunikationsmaßnahmen gesteuert. Derartige Situationen sind zwar selten, aber – wie das Beispiel anschaulich verdeutlicht – durchaus nicht realitätsfremd.

Neben vielen funktionalen Beziehungsstrukturen können auch vielfältige **zeitliche Beziehungsmuster** im Einsatz preis- und kommunikationspolitischer Aktivitäten beobachtet werden. Die auftretenden Beziehungsmuster sind dabei in den meisten Fällen den parallelen, sukzessiven und intermittierenden Beziehungstypen zu subsumieren.

Parallelbeziehungen treten im Regelfall dann auf, wenn das Unternehmen dynamische Preisstrategien in Verbindung mit fortlaufenden Kommunikationsaktivitäten einsetzt. Skimming-, Pulsation- oder Penetrationstrategien stehen dann in einem parallelen Wirkungsverhältnis zu kommunikativen Maßnahmen. Auch hier können wieder die Verbindungslinien zwischen funktionalen und zeitlichen Wirkungsverbunden offen gelegt werden. Ein Unternehmen realisiert dann große Synergieeffekte, wenn die preis- und kommunikationspolitischen Aktivitäten nicht nur in einer zeitlich-parallelen, sondern in einer funktional-komplementären Beziehung zueinander stehen. Die jeweiligen Wirkungsverbunde verstärken sich gegenseitig und sind somit Ausdruck eines effizienzorientierten Marketingmix.

Beispiel: Funktional-komplementäre preis- und kommunikationspolitische Aktivitäten
Ein Unternehmen verfolgt die Strategie einer gestuften Preissenkung im Zeitablauf (Skimming). Die dazu eingesetzten Kommunikationsaktivitäten laufen nicht nur zeitlich parallel, sondern deren Inhalte sind explizit auf die jeweiligen Preisabstufungen ausgerichtet (funktional-komplementär).

Auch **sukzessive Beziehungen** im gemeinsamen Einsatz von Preis- und Kommunikationspolitik sind in der Realität nicht selten antreffbar. Hierbei erfolgt in der Regel zunächst eine Preisänderung, die anschließend durch entsprechende Kommunikationsaktivitäten eine entsprechende informationsbezogene Distribution erfährt. Aber auch der umgekehrte Fall vorgeschalteter Kommunikationsaktivitäten ist durchaus denkbar. Geplante Preisänderungen können frühzeitig angekündigt werden, um so rechtzeitig die notwendige Markttransparenz sowohl bei den Konsumenten als auch bei den Wettbewerbern zu schaffen, damit die vom Unternehmen beabsichtigten Marktreaktionen eintreten.

Beispiel: Sukzessive Beziehungen bei Fernsehzeitungen
Im Rahmen des „Preiskrieges" zwischen den zweiwöchentlich erscheinenden Fernsehzeitungen *TV-Spielfilm*, *TV-Today* und *TV-Movie* senkten die Verlage nicht nur sukzessive die Preise, sondern jede Preissenkung wurde bereits einige Tage vorher durch einen hohen Werbedruck angekündigt, um so die notwendige Transparenz bei den Zielgruppen sicherzustellen.

Meistens treten jedoch **intermittierende Beziehungen** zwischen der Kommunikations- und Preispolitik auf. Dabei werden preispolitische Maßnahmen im Regelfall in die durchlaufende Unternehmenskommunikation eingeschaltet, denn häufig sind über lange Zeiträume hinweg in den Unternehmen relativ starre Preisstrukturen zu beobachten. Dies ist insbesondere in Industriegüterunternehmen zu beobachten. Industriegütermärkte sind vielfach durch oligopolistische Marktstrukturen gekennzeichnet. Hier sind es oftmals Preisabsprachen und/oder die Furcht vor der Reaktion der Konkurrenten, die Preisänderungen verhindern.

Schließlich ist auf potenziell auftretende **hierarchische Beziehungen** zwischen der Kommunikations- und Preispolitik hinzuweisen. In diesem Zusammenhang muss zunächst darauf hingewiesen werden, dass sowohl preis- als auch kommunikationspolitische Maßnahmen strategische und taktische Komponenten beinhalten, deren Ausprägungen von einer Vielzahl zugrunde liegender unternehmensinterner und -externer Einflussgrößen abhängig ist. Kriterium für die Charakterisierung der Instrumente als strategisches bzw. taktisches Marketinginstrument ist die Dauerhaftigkeit des Beitrages zur Erreichung unternehmens- und marketingbezogener Ziele. Dabei ist anzumerken, dass in dem Maße, in dem die strategische Bedeutung der Preis- oder Kommunikationspolitik zunimmt, die taktische Bedeutung des jeweiligen Marketinginstrumentes abnimmt et vice versa. Vor diesem Hintergrund kann festgestellt werden, dass die Kommunikationspolitik im direkten Vergleich zur Preispolitik in Konsumgütermärkten eine vergleichsweise hohe strategische Bedeutung aufweist, da finales Verhalten der Konsumenten hier stark über kommunikative Aktivitäten gesteuert werden kann. In der Industrie- und Dienstleistungsbranche ist die strategische Bedeutung der Kommunikationspolitik im Vergleich zur Preispolitik allerdings als gering einzustufen. Hier wird das finale Verhalten, z. B. der Kauf oder die Verwendung, im Regelfall primär durch preispolitische Maßnahmen gesteuert.

1.2.4 Kommunikation und Vertriebspolitik

Obwohl die Kommunikations- und Vertriebsarbeit zunächst unmittelbar als relativ voneinander unabhängige Tätigkeitsfelder einzustufen wären, so ist doch bei eingehender Betrachtung potenziell auftretender Beziehungen zwischen diesen Marketinginstrumenten festzuhalten, dass hier durchaus ein komplexes Beziehungsgeflecht bestehen kann. Auf **funktionaler Ebene** setzt sich dieses Beziehungsgeflecht vorrangig aus komplementären, konditionalen sowie indifferenten Beziehungstypen zusammen.

In diesem Zusammenhang ist zunächst auf die vielfältigen **komplementären Beziehungen** zwischen kommunikations- und vertriebspolitischen Maßnahmen hinzuweisen, die aus den Bemühungen der Unternehmen um einen effizienten Einsatz der Kommunikations- und Vertriebspolitik herrühren. So besteht das grundsätzliche Anliegen vieler Unternehmen darin, sämtliche kommunikations- und vertriebspolitischen Maßnahmen so aufeinander abzustimmen, dass sie sich gegenseitig verstärken und so Synergieeffekte erzielt werden. Dabei ist beispielsweise die Mediawerbung in vielen Unternehmen ein zentraler Baustein der Handelsorientierung. Oftmals wird mit einem intensiven Einsatz der Publikumswerbung das Ziel verfolgt, eine weit gehende Autarkie gegenüber dem Handel zu erreichen sowie gleichzeitig die handelsgerichteten Interessen zu dokumentieren (*Parjaszwski* 1993, S. 377).

> **Beispiele: Komplementäre Beziehungen zwischen kommunikations- und vertriebspolitischen Maßnahmen**
>
> - Die Wahrnehmung der strategischen Option des Universalvertriebs auf der Einzelhandelsstufe wird in vielen Fällen durch intensive kommunikationspolitische Aktivitäten unterstützt. Hier ist die universelle Verfügbarkeit der Produkte oftmals expliziter Bestandteil von Kommunikationsbotschaften. So wird beispielsweise die Erhältlichkeit von Gartenbaugeräten in verschiedenen Einkaufsstätten von diesen Geräteherstellern über entsprechende Werbespots als besonderer Kundennutzen herausgestellt.
> - Die zielorientierte Bearbeitung bestimmter Kundengruppen durch die jeweiligen Außendienstmitarbeitenden im Rahmen des Verkaufsmanagements kann nur dann gewährleistet werden, wenn diese über eine entsprechende Interne Kommunikation zur Priorisierung der kundenbezogenen Ziele unterrichtet werden.

In beiden Beispielen ist die Entstehung komplementärer Wirkungsbeziehungen in hohem Maße an die Existenz konditionaler Beziehungen gebunden. Die inhaltliche Herausstellung des im ersten Beispiel angeführten Kundennutzens kann nur dann wirksam werden, wenn auch die entsprechende Distribution sichergestellt ist. Im zweiten Beispiel ist die Wirkung der vertriebspolitischen Entscheidung stark von der Durchführung der Internen Kommunikation abhängig. Die Entstehung komplementärer Beziehungen ist somit oftmals von der Existenz **konditionaler Beziehungen** abhängig. Dieses Beziehungsgeflecht, bestehend aus der Existenz konditionaler und komplementärer Beziehungen, ist charakteristisch für den gemeinsamen Einsatz der Kommunikations- und Vertriebspolitik.

Häufig ist aber auch zwischen Aktivitäten der Kommunikations- und Vertriebspolitik kein funktionaler Wirkungsverbund erkennbar **(indifferente Beziehungen)**. So bestehen beispielsweise zwischen Entscheidungen der Botschaftsgestaltung im Rahmen der Mediawerbung und der Gestaltung des Vertriebssystems keine unmittelbar erkennbaren Verknüpfungen. Dennoch können durchaus „versteckte" Beziehungen gegeben sein, so dass der echte Fall indifferenter Wirkungsbeziehungen nur äußerst selten eintritt (*Becker* 2009, S. 648). So impliziert ein Universalvertrieb in den meisten Fällen ein breites Zielpublikum mit heterogenen Präferenzmustern. Dies hat Auswirkungen auf die zielgruppenorientierte Botschaftsgestaltung in der Form, dass darauf zu achten ist, möglichst viele Präferenzmuster in die Kommunikationsbotschaft zu integrieren.

Weiterhin können zwischen kommunikations- und vertriebspolitischen Maßnahmen vielfältige **zeitliche Wirkungsbeziehungen** auftreten. Dabei sind vor allem parallele, sukzessive sowie intermittierende Beziehungen zu beobachten. **Parallele Wirkungsbeziehungen** resultieren aus dem gleichzeitigen Einsatz vertriebs- und kommunikationspolitischer Maßnahmen. Dieser Beziehungstyp tritt vor allem im Rahmen von Entscheidungen zur handelsgerichteten Marktbearbeitung sowie des Verkaufsmanagements auf. Hier ist die Effektivität und Effizienz oftmals in hohem Maße von einem parallelen Einsatz der entsprechenden Aktivitäten abhängig.

> **Beispiele: Zeitliche Wirkungsbeziehungen zwischen kommunikations- und vertriebspolitischen Maßnahmen**
>
> - Zur Gewinnung von Händlern zur Unterstützung der Herstellerprodukte sind im Rahmen des vertikalen Marketing neben der Bereitstellung monetärer sowie sachbezogener Anreize des Herstellers für den Händler oftmals viele und intensive Gespräche mit den Entscheidungsträgern des betreffenden Handelsunternehmens zu führen, damit eine entsprechende Kooperation realisiert werden kann.
>
> - Um das Leistungspotenzial der Außendienstmitarbeitenden im Rahmen des Verkaufsmanagements möglichst umfassend ausschöpfen zu können, ist es sinnvoll, die Außendienstmitarbeitenden in die Maßnahmen der Außendienststeuerung, wie z.B. die Besuchs- oder Tourenplanung, einzubinden und dabei die Mitarbeiterkommunikation möglichst motivational auszurichten.

Sukzessive Beziehungen treten immer dann auf, wenn Maßnahmen der Vertriebs- oder Kommunikationspolitik ergriffen werden, um die Voraussetzungen für den Einsatz des jeweils anderen Instrumentes zu schaffen. Sukzessive Beziehungen können aus zahlreichen zeitlichen Aktivitätskombinationen der Kommunikations- und Vertriebspolitik entstehen.

> **Beispiel: Sukzessive Beziehung zwischen kommunikations- und vertriebspolitischen Maßnahmen**
>
> In Abhängigkeit von den jeweils zugrunde liegenden Markterfordernissen kann es im Einzelfall sinnvoll sein, zunächst eine bestimmte Mindestdistribution (numerisch/gewichtet) für ein neues Produkt aufzubauen, bevor das Produkt durch einen intensiven Werbeeinsatz kommunikativ unterstützt wird.

Darüber hinaus können sich zeitliche Beziehungen auch in Ausprägungen des **intermittieren-den Beziehungstyps** äußern. Die entsprechenden Wirkungsverbunde können dabei entweder aus einem in die Maßnahmen der Vertriebspolitik eingeschalteten, temporären Kommunikationseinsatz oder aus einem vorübergehenden Einsatz vertriebspolitischer Maßnahmen zur Unterstützung des kontinuierlichen Einsatzes der Kommunikation resultieren.

> **Beispiele: Intermittierende Beziehung zwischen kommunikations- und vertriebspolitischen Maßnahmen**
>
> - Die Umsetzung einer Pull-Strategie im Rahmen der handelsgerichteten Marktbearbeitung wird vielfach durch einen temporär hohen Werbeeinsatz unterstützt, um so die nötige Sogwirkung zu erzielen, damit die Kooperationsbereitschaft im Handel zunimmt. Hier resultieren intermittierende Beziehungen aus einem intermittierenden Einsatz von Kommunikationsmaßnahmen in die laufenden Bemühungen der Vertriebspolitik.
>
> - In die fortlaufend ausgerichtete Bearbeitung eingeschalteter Absatzmittler in Form vielfältiger Kooperationsaktivitäten mit dem Handel werden oftmals temporäre Aktivitäten des Event Marketing eingeschaltet. Dies kann beispielsweise in Form des Auftritts einer bekannten Pop-Gruppe in der Einkaufsstätte oder durch die Ausrichtung von Autogrammstunden bekannter Fußballspieler erfolgen.

Schließlich ist auf **hierarchische Beziehungen** zwischen der Kommunikations- und Vertriebspolitik hinzuweisen. Dabei wäre es vermessen, eine gesamthafte Einschätzung der strategischen bzw. taktischen Bedeutung der Vertriebspolitik im Vergleich zur Kommunikationspolitik abzugeben. Vielmehr kann der relative Grad der strategischen bzw. taktischen Bedeutung allenfalls für bestimmte Aktivitäten im Rahmen des jeweiligen Instrumenteeinsatzes näherungsweise bestimmt werden, wobei auch dies von zahlreichen Einflussgrößen abhängig ist. So hat beispielsweise die Wahl der Absatzkanäle als vertriebspolitische Entscheidung im Vergleich zur Gestaltung der Werbebotschaft eine hohe strategische Bedeutung. Hingegen haben die Aktivitäten zur Tourenplanung im Rahmen der Vertriebspolitik im Vergleich zur Festlegung der kommunikativen Kerninstrumente als kommunikationspolitische Entscheidung eher taktischen Charakter.

Es wird deutlich, dass keine grundsätzliche Priorisierung der Vertriebs- oder der Kommunikationspolitik vorgenommen werden kann, da dies in entscheidendem Maße von den jeweiligen Unternehmenszielen sowie einer Vielzahl situationaler Einflussfaktoren abhängig ist. Darüber hinaus resultieren aus einem kombinierten Einsatz von vertriebs- und kommunikationspolitischen Maßnahmen vielfach „Aktivitätsbündel", die eine spezifisch vertriebs- und kommunikationsorientierte Hierarchiebeurteilung nicht sinnvoll erscheinen lassen. Der Beitrag vertriebs- oder kommunikationspolitischer Maßnahmen zur strategischen bzw. taktischen Bedeutung dieser Aktivitätsbündel lässt sich nicht ableiten, weil der Einsatz beider Maßnahmen für die jeweilige strategische bzw. taktische Bedeutung unabdingbar ist.

2 Branchenspezifische Bedeutung der Kommunikation

Die große **Bedeutung der Kommunikationspolitik** steht branchenübergreifend außer Frage. In ihrer Grundfunktion als Instrument zur Leistungs- und Unternehmensdarstellung ist sie ein notwendiger Baustein der Marketingpolitik in jedem Unternehmen. Angesichts unterschiedlicher branchenspezifischer Markterfordernisse werden jedoch auch verschiedene Teilausschnitte des kommunikationspolitischen Entscheidungsspektrums in den einzelnen Branchen sehr unterschiedlich akzentuiert. Um die jeweiligen Akzentuierungen verschiedener Facetten der Kommunikationspolitik in den einzelnen Branchen in differenzierter Form offen zu legen, bietet es sich an, dies – in Anlehnung an den Aufbau dieses Buches – anhand

Branche Kommunika- tionsinstrumente	Konsumgüter- branchen	Industriegüter- branchen	Dienstleistungs- branchen
Mediawerbung			
Verkaufsförderung			
Direct Marketing			
Public Relations			
Sponsoring			
Persönliche Kommunikation			
Messen/Ausstellungen			
Event Marketing			
Social Media-Kommunikation			
Mitarbeiterkommunikation			

Analyse der
- relativen Bedeutung des betreffenden Instrumentes in verschiedenen Branchen erfordert eine zeilenweise Betrachtung

- relativen Bedeutung der verschiedenen Instrumente in der betreffenden Branche erfordert eine spaltenweise Betrachtung

Schaubild I-B-5: Denkraster zur Analyse der branchenspezifischen Bedeutung der Kommunikationsinstrumente

einer **instrumentellen Systematisierung** durchzuführen. Um die branchenspezifische Bedeutung der Kommunikationsinstrumente systematisch und differenziert darzulegen, wird der (relative) Stellenwert der Kommunikationsinstrumente in den verschiedenen Branchen anhand folgender Kriterien verdeutlicht:

- Investitionsvolumen,
- Funktional,
- Zeitbezogen.

Schaubild I-B-5 zeigt ein Denkraster zur instrumentellen Bedeutung der Kommunikationspolitik in der Konsumgüter-, Industriegüter- sowie in der Dienstleistungsbranche. Dabei kann sowohl die relative Bedeutung der Kommunikationsinstrumente in den jeweiligen Branchen (bei spaltenweiser Betrachtung) als auch die relative Bedeutung der einzelnen Kommunikationsinstrumente zwischen den Branchen (bei zeilenweiser Betrachtung) aufgezeigt werden.

2.1 Bedeutung der Kommunikation in der Konsumgüterbranche

Der Stellenwert der Kommunikation in der Konsumgüterbranche lässt sich zunächst anhand des **Investitionsvolumens** in den Einsatz der einzelnen Kommunikationsinstrumente verdeutlichen. Hier ist es nach wie vor die Mediawerbung, in deren Einsatz die mit Abstand größten Kommunikationsinvestitionen fließen. So investieren große Konsumgüterhersteller, wie z. B. *Procter & Gamble* oder *Ferrero,* pro Jahr deutlich über 200 Mio. EUR in den Einsatz der Mediawerbung (*Pimpl* 2003, S. 18). Trotz Wirtschaftskrise investiert *Procter & Gamble* im Jahre 2009 (bis Ende Oktober 2009) ca. 362 Mio. EUR in die klassische Werbung, rund 23 Prozent mehr als im Vorjahr. Allein im Oktober 2009 hat der Konsumgüterhersteller *Procter & Gamble* 65,1 Mio. EUR für Werbung ausgegeben, das waren noch einmal rund 15 Mio. mehr als im Vormonat September. Insgesamt steigerte *Procter & Gamble* die Werbeausgaben um 22,8 Prozent (*Horizont* 2009).

Mit (noch) deutlichem Abstand folgen die Investitionen in die Verkaufsförderung, obwohl bereits auch viele Markenartikler dazu übergegangen sind, eine paritätische Aufteilung ihrer Investitionen in Mediawerbung und Verkaufsförderung vorzunehmen (*Brosche/Wißmeier* 1993, S. 822). Über die investitionsbezogene Bedeutung des Sponsoring, des Direct Marketing sowie des Event Marketing liegen zwar nur wenig empirische Befunde vor. Es kann aber davon ausgegangen werden, dass der investitionsbezogene Stellenwert erheblich geringer ist als der der Verkaufsförderung oder der Mediawerbung. Dennoch wäre es verfehlt, insbesondere vor dem Hintergrund vielfältiger Aktivitäten, z. B. im Bereich des Programmsponsoring oder des erlebnisorientierten Marketing, diesen Kommunikationsinstrumenten einen geringen Stellenwert beizumessen. Die investitionsbezogene Bedeutung der Public Relations, der Persönlichen Kommunikation, von Messen/Ausstellungen, der Social Media-Kommunikation sowie der Mitarbeiterkommunikation darf zwar nicht unterschätzt werden. Bei Heranziehung der Aktivitätsintensität im Einsatz dieser Instrumente als Indikator für die Investitionshöhe ist jedoch festzuhalten, dass sie nur eine relativ geringe investitionsbezogene Bedeutung in der Konsumgüterbranche aufweisen.

Auch im Rahmen einer Betrachtung der **funktionalen Bedeutung** der Kommunikationsinstrumente in der Konsumgüterbranche ist der **Mediawerbung** der größte Stellenwert beizumessen, wenn es um die Leistungsfähigkeit einzelner Kommunikationsinstrumente zur Erreichung kommerziell orientierter Unternehmenszielinhalte, wie Absatz, Umsatz oder Gewinn, geht. Insbesondere der Absatz kurzlebiger, weitgehend homogener Verbrauchsgüter, z. B. Zigaretten, wird in hohem Maße durch die produkt- bzw. markenbezogene Bekanntheit sowie eine positive Einstellung zum Produkt bzw. zur Marke gesteuert. Aufgabe der Marktkommunikation ist es daher, den Konsumenten einen psychologischen Zusatznutzen zu vermitteln, um auf diese Art und Weise eine sich von der Konkurrenz abgrenzende, psychologische Markenpositionierung zu erreichen (*Bruhn* 1989, S. 403; *Sandler* 1989, S. 328). Aufgrund ihrer großen verhaltenssteuernden Kraft im Hinblick auf die Formierung und Stabilisierung von Kenntnissen, Interessen sowie Einstellungen ist die Mediawerbung in Konsumgütermärkten in besonderem Maße in der Lage, Markenpersönlichkeiten zu schaffen und damit die Grundlage für einen hohen und stabilen Absatz herzustellen.

Auch die **Verkaufsförderung** hat in der Konsumgüterbranche einen erhöhten funktionalen Stellenwert. Dies gilt insbesondere für die Erreichung taktischer Kommunikationsziele, da der Einsatz der Verkaufsförderung besonders dazu geeignet ist, auf nachgelagerten Vertriebsstufen sowohl kognitive Reaktionen, z. B. Kenntnisse für eine Marke, als auch konative Reaktionen, z. B. in Form eines bestimmten Kauf- und/oder Verwendungsverhalten, zu stimulieren (*Bruhn* 2010b, S. 227).

Wie in anderen Branchen auch, ist die **Mitarbeiterkommunikation** in ihrer Funktion als „innere Grundlage der Marktkommunikation" ein zentraler Erfolgsfaktor im Rahmen des Marketingmix. Hier ist beispielsweise die Anzahl und motivationale Ausrichtung von Mitarbeitergesprächen eine notwendige Voraussetzung für die Identifikation der Mitarbeitenden mit den Kommunikationszielen und damit für eine zielorientierte Gestaltung der Marktkommunikation (vgl. vertiefend *Schick* 1995).

Die funktionale Bedeutung der Kommunikationsinstrumente **Sponsoring, Direct Marketing Public Relations** sowie **Event Marketing** ist zwar nicht als so hoch einzustufen wie der Einsatz der Mediawerbung, Verkaufsförderung oder Mitarbeiterkommunikation; dennoch darf der Beitrag dieser Instrumente zur Erreichung kommunikationspolitischer Zielsetzungen in Konsumgütermärkten nicht übersehen werden. So ist beispielsweise das Sponsoring ein leistungsfähiges Instrument zur Stabilisierung von Kenntnissen oder das Event Marketing zur erlebnisorientierten Einstellungsänderung. Auch bestehen, vor allem in der Lebensmittelindustrie, Risiken durch gesundheitsgefährdende Substanzen in den Konsumgütern. Den daraus resultierenden Gefahren sich multiplikativ verstärkender „Bad-Will-Effekte" kann mit Hilfe des Einsatz der **Public Relations** entgegengewirkt werden.

Die Instrumente **Persönliche Kommunikation sowie Messen/Ausstellungen** weisen in der Konsumgüterbranche eine eher geringe funktionale Bedeutung auf. Da es sich hierbei meistens um wenig erklärungsbedürftige Produkte, z. B. Nahrungsmittel, Kosmetika oder Bekleidungsartikel, handelt, deren kommunikative Unterstützung sich im Regelfall an ein breites Zielpublikum richtet, sind intensive Aktivitäten im Rahmen dieser Kommunikationsinstrumente in der Konsumgüterbranche zur Erreichung der Kommunikationsziele wenig sinnvoll. Dies ist jedoch deshalb nicht generalisierbar, da der Abverkauf langlebiger Konsumgüter, wie z. B. Autos oder Hifi-Anlagen, vielfach von einer individualisierten Kommunikation durch die Persönliche Kommunikation und/oder auf Messen/Ausstellungen abhängt.

Schließlich ist auf die relative Bedeutung einzelner Kommunikationsinstrumente **im Zeitablauf** einzugehen. Dabei ist vorrangig auf die investitionsbezogenen Entwicklungstendenzen in der Konsumgüterbranche zurückzugreifen. In Anbetracht vielfältiger Lücken im zugreifbaren Datenmaterial können hier jedoch oftmals nur sehr allgemeine und undifferenzierte Aussagen bezüglich der Entwicklung des instrumentebezogenen Investitionsvolumens in der Konsumgüterbranche gemacht werden.

Mediawerbung war lange Zeit das wichtigste Kommunikationsinstrument für Unternehmen der Konsumgüterbranche, das Produkt bekannt zu machen. Verschärft durch die Finanz- und Wirtschaftskrise sind die Werbeeinnahmen bei Printmedien drastisch gesunken und die Mediawerbung hat in den letzten Jahren im Vergleich zur Verkaufsförderung und neuen Kommunikationsformen (Kommunikationsinstrumente der Social Media) deutlich an Bedeutung verloren. Während das werbliche Investitionsvolumen in vielen Bereichen der Konsumgüterbranche, z. B. im Waschmittelmarkt oder dem Markt für Kaffee, Tee und Kakao, in den letzten vier Jahren annähernd stagnierte, war das Investitionsvolumen in verkaufsfördernde Aktivitäten, Investitionen in Online-Angebote und Social Media-Angebote in der Konsumgüterbranche durchweg durch positive Wachstumsraten gekennzeichnet (*GfK AG/ Wirtschaftswoche* 2002; *ZAW (Zentralverband der deutschen Werbewirtschaft e.V.)* 2009). Lagen die Online-Angebote im Jahre 1999 noch weit unter einem Prozent, waren es 2008 bereits vier Prozent (*ZAW* 2009).

Die Ausführungen verdeutlichen, dass die Mediawerbung und die Verkaufsförderung im Rahmen der Marktkommunikation tendenziell die wichtigsten Kommunikationsinstrumente darstellen. Aber auch die Kommunikationsinstrumente Direct Marketing, Sponsoring oder Event Marketing können im Einzelfall eine hohe Bedeutung zur Erreichung der Kommunikationsziele aufweisen, z. B. wenn es darum geht, Ablehnungshaltungen gegenüber der Fernsehwerbung zu vermeiden, aber dennoch den Firmen-, Marken- oder Produktnamen im Gedächtnis der Konsumenten zu verankern (Programmsponsoring).

2.2 Bedeutung der Kommunikation in der Industriegüterbranche

Im Industriegüterbereich kann eine andere Gewichtung der einzelnen Kommunikationsinstrumente sowohl im Hinblick auf ihren quantitativen als auch ihren qualitativen Einsatz festgestellt werden (*Merbold* 1993, S. 860). Vor dem Hintergrund eines erheblich geringeren Gesamtinvestitionsvolumens in die Industriegüterkommunikation erfolgt bei den meisten Unternehmen der Industriegüterbranche im Vergleich zur Konsumgüterbranche auch eine andere Akzentuierung bei der Verteilung des Kommunikationsbudgets auf einzelne Kommunikationsinstrumente.

Insbesondere aufgrund der – Industriegütern vielfach innewohnenden – komplexen Funktionen und der damit verbundenen hohen Erklärungsbedürftigkeit einer Vielzahl von Industriegütern ist der investitionsbezogene Stellenwert der **Mediawerbung** sowie der **Verkaufsförderung** in der Industriegüterbranche bei weitem nicht so hoch wie in der Konsumgüterbranche. Hier ist vor allem eine hohe investitionsbezogene Bedeutung individuell ausgerichteter Kommunikationsinstrumente, wie **Persönliche Kommunikation, Messen/Ausstellungen** sowie **Direct Marketing** hervorzuheben, die sich auch in der entsprechenden Budgetverteilung auf die Kommunikationsinstrumente niederschlägt. Darüber hinaus lässt sich aus den vielfach hohen Budgets für den Einsatz der **Public Relations**, z. B. in der chemischen Industrie, der hohe investitionsbezogene Stellenwert dieses Instrumentes ableiten.

Auch die neueren Kommunikationsinstrumente, wie **Sponsoring**, **Event Marketing** und Instrumente der **Social Media-Kommunikation**, werden in zunehmenden Maße zur planmäßigen Beeinflussung der Zielpersonen eingesetzt und finden daher auch eine entsprechend investive Berücksichtigung. Dies geschieht insbesondere vor dem Hintergrund der sich zunehmend durchsetzenden Erkenntnis, dass das Informationsbedürfnis und die Bereitschaft zur aktiven Informationssuche in Bezug auf viele Industriegüter bei weitem stärker ausgeprägt ist als in der Konsumgüterbranche, so dass der Einsatz des Event Marketing sowie der Multimediakommunikation bei den Kunden auf eine hohe Akzeptanz stößt.

Auch in der Industriegüterbranche werden für den Einsatz der **Mitarbeiterkommunikation**, insbesondere im Vergleich zur Budgetierung der anderen Kommunikationsinstrumente, finanzielle Ressourcen nur in sehr geringem Maße bereitgestellt.

Von entscheidender Bedeutung für den Markterfolg in der Industriegüterbranche ist allerdings – wie in den anderen Branchen auch – der **funktionale Stellenwert** der einzelnen Kommunikationsinstrumente. Hieraus können wichtige Hinweise für den zielorientierten Einsatz der Unternehmenskommunikation im Industriegütermarketing gewonnen werden. Die in der Literatur zum Teil anzutreffende Behauptung, der funktionale Stellenwert der Kommunikation im Industriegüterbereich sei erheblich geringer als im Konsumgüterbereich, kann zwar grundsätzlich zugestimmt werden. Es ist jedoch festzuhalten, dass auch Industriegüterhersteller immer stärker gezwungen sind, ihre Marktposition vor allem bei den organisationalen Nachfragern (Buying Center) auch kommunikativ umzusetzen (*Backhaus* 1995, S. 280).

Die funktionale Bedeutung einzelner Kommunikationsinstrumente resultiert dabei unmittelbar aus den der Unternehmenskommunikation in Industriegütermärkten zugrunde liegenden zentralen **Anforderungen aus Sicht der Zielpersonen** (in Anlehnung an *Merbold* 1993, S. 868):

- Die Unternehmenskommunikation hat ausführlich zu sein. Dies gilt sowohl für die mediale als auch für die persönliche Ansprache der Zielpersonen (Buying Center).

- Insbesondere die Marktkommunikation hat überwiegend rational ausgerichtet zu sein, denn die betrieblichen Zielpersonen benötigen Argumente zur Überzeugung des Buying Center.
- Die Unternehmenskommunikation hat glaubwürdig zu sein, denn der Basis-Goodwill in den Lieferanten ist die Grundvoraussetzung für jede Beschaffungsentscheidung.

Vor dem Hintergrund dieser Anforderungen an die Unternehmenskommunikation ist es notwendig, Kommunikationsinstrumente einzusetzen, die in besonderem Maße in der Lage sind, rationale Argumentationstechniken zu transportieren, Glaubwürdigkeit auszustrahlen sowie komplexe Funktionszusammenhänge informativ und verständlich darzustellen. In diesem Zusammenhang ist den Kommunikationsinstrumenten **Messen/Ausstellungen, Persönliche Kommunikation, Event Marketing, Verkaufsförderung** sowie **Direct Marketing** die größte funktionale Bedeutung beizumessen, während der an ein anonymes Publikum gerichteten Kommunikation in Form von **Mediawerbung** oder bestimmter Formen des **Sponsoring**, z. B. Programmsponsoring, ein eher geringer Stellenwert innewohnt.

Die Zielpersonen der Marktkommunikation in Investitionsgütermärkten präferieren vorwiegend Kommunikationsformen, im Rahmen derer die Möglichkeit zum **persönlichen und dialogorientierten Kontakt** mit dem jeweiligen Herstellerunternehmen besteht. Hier kommt in besonderem Maße das Bedürfnis nach einer umfassenden Kundenbetreuung im Ablauf kommunikativer Prozesse zwischen Hersteller und Kunde zum Ausdruck, um so **Vertrauen** gegenüber dem Unternehmen und seinem Leistungsprogramm aufzubauen. Diesem Bedürfnis kann vor allem durch eine starke Akzentuierung des Einsatzes von Messen/Ausstellungen, der Persönlichen Kommunikation, des Direct Marketing sowie des Event Marketing Rechnung getragen werden, da die Herstellung des persönlichen Kontakts sowie die dialogorientierte Kommunikation mit den Zielpersonen ein zentraler Funktionsbestandteil dieser Kommunikationsinstrumente ist.

Darüber hinaus ist auf die hohe funktionale Bedeutung der **Public Relations** im Rahmen der Marktkommunikation industrieller Hersteller hinzuweisen. So stehen die Aktivitäten vieler industrieller Hersteller, insbesondere der chemischen Industrie, des Maschinenbaus oder der Mineralölindustrie, unter ständiger und kritischer Beobachtung verschiedener Anspruchsgruppen der Öffentlichkeit. Für viele Unternehmen der Industriegüterbranche ist es daher notwendig, über den Einsatz der Public Relations das Firmenimage kontinuierlich zu verbessern, um die Multiplikation des **Bad-Will-Effektes** im Falle fehlgeleiteter Unternehmensaktivitäten in Grenzen halten zu können.

Weiterhin ist auch in der Industriegüterbranche auf den hohen funktionalen Stellenwert der **Mitarbeiterkommunikation** hinzuweisen. Hier stellt eine motivational und glaubwürdig ausgerichtete Mitarbeiterkommunikation eine wichtige interne Basis, nicht nur für die Realisierung der Ziele der Marktkommunikation, sondern zur Verwirklichung sämtlicher Unternehmensziele dar. Insbesondere der geringe investitionsbezogene Stellenwert lässt jedoch darauf schließen, dass viele Unternehmen die Chancen, die die Mitarbeiterkommunikation als Steuerungsinstrument zur Realisierung der Unternehmensziele bietet, noch nicht erkannt haben.

Schließlich ist noch darauf hinzuweisen, dass der Einsatz von **Social Media- und Online-Angeboten** im Vergleich zur (funktionalen) Leistungsfähigkeit anderer Kommunikationsinstrumente eine zunehmende Bedeutung aufweist.

Die unterschiedliche Bedeutung einzelner Kommunikationsinstrumente kann auch **im Zeitablauf** offen gelegt werden. Dazu kann auf die Ergebnisse der *GfK/Wirtschaftswoche*-Studie „Werbeklima I/2003 (*GfK AG/Wirtschaftswoche* 2002)" zur Dynamisierung des kommunikativen Investitionsvolumens in verschiedenen Wirtschaftsbereichen zurückgegriffen werden.

Dabei wird mit einer deutlichen Zunahme der Investitionen in die Verkaufsförderung sowie in die nicht-klassischen Kommunikationsinstrumente, wie beispielsweise Messen/Ausstellungen, Direktwerbung oder Persönliche Kommunikation, gerechnet. Auffällig dabei ist, dass die zeitbezogene und die funktionale Bedeutung einzelner Kommunikationsinstrumente in weiten Teilen durchaus in Einklang stehen. Offensichtlich haben viele Unternehmen im Industriegüterbereich die (funktionale) Bedeutung einzelner Kommunikationsinstrumente im Kommunikationsmix erkannt und beginnen, eine entsprechende Allokation der Kommunikationsressourcen vorzunehmen.

Insgesamt lässt sich festhalten, dass sich die Bedeutung der Kommunikation in der Industriegüterbranche – anders als in der Konsumgüterbranche – primär nicht nur auf die Mediawerbung und die Verkaufsförderung, sondern auch auf andere Kommunikationsinstrumente, wie z.B. Messen/Ausstellungen, Persönliche Kommunikation usw., erstreckt. Insofern ist auch der Kommunikationsmix vieler Dienstleistungsunternehmen im Regelfall durch eine grundlegend andere, ausgeglichenere Akzentuierung von Kommunikationsinstrumenten gekennzeichnet.

2.3 Bedeutung der Kommunikation in der Dienstleistungsbranche

Die Einschätzung der Bedeutung verschiedener Kommunikationsinstrumente in der Dienstleistungsbranche ist in hohem Maße von der jeweils zugrundegelegten Auffassung der **Kommunikation im Dienstleistungsmarketing** abhängig. So kann die Kommunikation zum einen als wichtiges **Leistungsmerkmal** der Dienstleistung zur Erreichung leistungspolitischer Zielsetzungen, z.B. zur Realisierung einer hohen Servicequalität, verstanden werden. Zum anderen kann sie auch als reines **Instrument im Sinne der Kommunikationspolitik** aufgefasst werden. Im Folgenden soll primär eine Analyse der Kommunikationspolitik als Instrument zur Darstellung der Unternehmensleistungen erfolgen (*Meffert/Bruhn* 2003, S. 428).

Der **investitionsbezogene Stellenwert** der Kommunikation in der Dienstleistungsbranche liegt zwar deutlich hinter dem der Konsumgüterbranche, er ist jedoch erheblich höher als in der Industriegüterbranche. Dies wird vor allem durch die von Unternehmen der Dienstleistungsbranche getätigten Medieninvestitionen deutlich. Auf Basis der von der *Nielsen Media Research GmbH* veröffentlichten Medieninvestitionen von 25 Wirtschaftsbereichen mit den größten erfassten Medieninvestitionen beträgt der Anteil der Dienstleistungsunternehmen mit fast 4,7 Mrd. EUR über 39 Prozent, wodurch gleichzeitig die hohe investitionsbezogene Bedeutung der **Mediawerbung** ersichtlich wird (*ZAW (Zentralverband der Deutschen Werbewirtschaft e.V.)* 2004, S. 10). In Ermangelung konkreten Datenmaterials kann die investitionsbezogene Bedeutung der anderen Kommunikationsinstrumente nur anhand des allgemein beobachtbaren Aktivitätsniveaus grob eingeschätzt werden. Demnach kann auch der **Persönlichen Kommunikation** aufgrund der Vielzahl beratungsintensiver Dienstleistungen, z.B. im Gastronomie- und Hotelgewerbe, ein hoher investitionsbezogener Stellenwert beigemessen werden. Darüber hinaus sind die kommunikativen Aktivitäten insbesondere vieler Großunternehmen der Banken und Versicherungsbranche durch ein hohes finanzielles Engagement in **Sponsoringmaßnahmen** gekennzeichnet. Viele Dienstleistungsunternehmen investieren auch intensiv in Maßnahmen der direkt konsumentengerichteten **Verkaufsförderung**, z.B. Gutscheinaktionen, um auf diese Art und Weise Anreize für kurzfristige Konsumentenreaktionen zu schaffen. So sind beispielsweise viele Fluggesellschaften dazu übergegangen, im Rahmen von Kooperationen mit Autovermietungen für die Kunden bestimmte Vergünstigungen bei der Miete eines Autos bei der betreffenden Autovermietung anzubieten. Dabei kommt der Konsument jedoch nur dann in den Genuss dieser Vergünstigungen, sofern er seinen Flug bei der jeweiligen Fluggesellschaft bucht.

Anders als in der Konsumgüter- und Industriegüterbranche kommt die erhöhte funktionale Bedeutung der **Mitarbeiterkommunikation** zumindest bei innovativen und fortschrittlich orientierten Unternehmen auch in einem hohen investitionsbezogenen Stellenwert der Mitarbeiterkommunikation zum Ausdruck. Dies ist sicherlich durch die zentrale Stellung der Personalpolitik und die Bedeutung der Internen Kommunikation für die Dienstleistungserstellung zu erklären.

Angesichts der Heterogenität des Dienstleistungssektors ist eine branchenbezogene Einschätzung des **funktionalen Stellenwertes** einzelner Kommunikationsinstrumente mit hohen Aggregationsverlusten verbunden. Im Einzelfall ist daher sorgfältig zu prüfen, welches Einflussgrößensystem (Art der Dienstleistung, Persönlichkeitsstrukturen der Zielpersonen usw.) zugrunde liegt, um den Kommunikationsmix darauf abzustimmen.

Dennoch können allgemeine Aussagen zur funktionalen Bedeutung einzelner Kommunikationsinstrumente abgeleitet werden, die den Entscheidungsträgern in den jeweiligen Dienstleistungsunternehmen als Hinweise für die jeweilige Ausgestaltung des Kommunikationsmix dienen können. Grundsätzlich kann der **Mediawerbung** der höchste funktionale Stellenwert in der Dienstleistungsbranche zugewiesen werden. Denn vor dem Hintergrund der Immaterialität von Dienstleistungen geht es insbesondere darum, das „unsichtbare Gut Dienstleistung" sichtbar zu machen und damit gleichzeitig den Aufbau eines positiven Images zu unterstützen (*Meffert/Bruhn* 2003, S. 425). Aufgrund der besonderen Leistungsfähigkeit der Mediawerbung zur Steuerung von Einstellungen im Hinblick auf Dienstleistungsunternehmen bzw. die jeweiligen Dienstleistungen nimmt die Mediawerbung vielfach eine (funktionale) Schlüsselstellung im Kommunikationsmix von Dienstleistungsunternehmen ein. Dies gilt sowohl für die Beeinflussung der einstellungsgesteuerten Kaufentscheidung potenzieller Erstkäufer, als auch zur Wahrnehmung wichtiger Bestätigungs-, Programmierungs- sowie Habitualisierungsfunktionen bei potenziellen Wiederkäufern (*Meyer* 1994, S. 101).

Wie bereits erwähnt, hängt die Inanspruchnahme von Dienstleistungen durch die Konsumenten vielfach in hohem Maße von der **Beratungs- und Überzeugungsleistung** des mit dem Kunden in Kontakt tretenden Dienstleistungspersonals ab (*Meffert/Bruhn* 2003, S. 470). Daher kommt der **Persönlichen Kommunikation** in vielen Dienstleistungsunternehmen ein erhöhter Stellenwert zu, wobei es das Ziel ist, durch Verkaufsgespräche einen Vertragsabschluss zu bewirken. Denn oftmals werden erst durch ein direktes Feedback zwischen Dienstleistungskunde und -anbieter die Voraussetzungen geschaffen, um in hohem Maße individualisierte Dienstleistungen, wie z. B. maßgeschneiderte Softwarepakete, erstellen und verkaufen zu können (*Meyer* 1994, S. 94 f.).

Auch die funktionale Bedeutung des **Sponsoring** kann in der Dienstleistungsbranche als hoch eingestuft werden (vgl. Insert I-B-1 zum Thema Sponsoring und dem Einstieg der *Deutschen Telekom* bei *Bayern München*). Dies ist insbesondere auf die Besonderheiten von Dienstleistungsunternehmen zurückzuführen (*Meffert/Bruhn* 2003, S. 487):

- Die vor allem im Bereich der Mediawerbung bestehenden Einschränkungen für Dienstleistungsanbieter, die unmittelbar aus der **Immaterialität** der Dienstleistungen resultieren, können durch den Einsatz des Sponsoring zumindest ansatzweise umgangen werden. So besteht bei Sponsorships nicht die Notwendigkeit, die Leistung in „materialisierter" Form darzustellen.

Die Bayern erwarten rosige Zeiten

MÜNCHEN Die Spekulationen haben endlich ein Ende: Ab Juli prangt das „T" der Deutschen Telekom auf der Brust der Kicker des FC Bayern München. Mehr als 20 Millionen Euro soll der Telekommunikationsriese angeblich für das Engagement auf den Tisch von Bayern-Manager Uli Hoeneß blättern – jedes Jahr bis mindestens 2008.

Obwohl erst Ende dieser Woche Details zum Vertrag zwischen dem rosa Riesen und den rot-weißen Kickern bekannt gegeben werden, ist bereits jetzt klar, dass sich der Deal für beide Seiten lohnen wird. Der Rekordmeister kassiert pro Jahr 8 Millionen Euro mehr als beim Vertrag mit dem langjährigen Partner Opel. Hinzu kommt, dass die Rüsselsheimer den Bayern eine Entschädigung dafür zahlen werden, dass sie früher aus dem gemeinsamen Vertrag herauskommen.

Obwohl die Deutsche Telekom noch keine Informationen über die genaue Zielrichtung des Engagements preisgibt, dürfte sich das teuerste Sponsoring in der europäischen Fußballgeschichte – selbst Bayerns wirtschaftliches Vorbild Manchester United erhält „nur" 14 Millionen Euro von Trikotsponsor Vodafone – auch für die Deutsche Telekom rechnen.

Zum einen hat der Telekommunikationskonzern mit dieser Offerte ganz nebenbei den Konkurrenten Viag Interkom aus dem Rennen geworfen. Frank Wienstroth, Sprecher des Unternehmens, firmieren demnächst unter O2 bestätigen wird: „Der FC Bayern München hat uns gebeten, aus dem Vertrag auszusteigen."

Zum anderen könnte der Einstieg bei den Bayern für den Türöffner sein, langfristig die Kaufsumme für ihre zwei deutschen UMTS-Pakete in Höhe von 8,5 Milliarden Euro finanzieren zu können. Neben Erotik sind – ähnlich wie beim Pay-TV – exklusive Sportübertragungen im UMTS-Markt der Schlüssel zum Portemonnaie der Kunden.

Statt Blitz das T: Kovac mit möglichem Trikotdesign

Voraussetzung dafür wäre, dass die Bundesliga-Vereine zumindest Teile der Übertragungsrechte an den Spielen der Bundesliga und der Champions League erhalten. Bislang findet eine Zentralvermarktung statt – für die Bundesliga-Spiele durch den Deutschen Fußball-Bund und bei der Champions League durch die UEFA.

Die G14, die Vereinigung der europäischen Top-Clubs, verhandelt derzeit mit der Europäischen Union und Vertretern der UEFA über den Fall der beiden Monopole, um „auch die Rolle der Sponsoren bei den Vereinen stärken" zu können. G14-Sprecher Thomas Kurth geht von „einem Splitting der Rechte aus" – Free- und Pay-TV-Rechte sollen demnach weiterhin zentral vermarktet werden, die Rechte im Breitband- und UMTS-Bereich sollen, wenn es nach der G14 geht, die Vereine erhalten.

Sollte die Entscheidung zugunsten der Clubs fallen, hat die Telekom die Nase im Kampf um die künftigen UMTS-Kunden ganz weit vorne: Über ihre Tochterunternehmen T-Online (10,7 Millionen Kunden) und T-Mobil (23,1 Millionen) kann das Telekommunikationsunternehmen fast 2,5 Millionen Kunden den Zugang zum Premium-Produkt Bayern München anbieten. Bis die Bilder laufen lernen, dürften sich ab Juli zumindest die T-Mobil-Kunden auf ein exklusives Bayern-München-SMS-Angebot freuen. *fr*

Münchner Millionen

Der FC Bayern München, der in der vergangenen Saison einen Umsatz von 173 Millionen Euro und einen Gewinn nach Steuern von 28,5 Millionen Euro erzielte, kann gelassen in die Zukunft blicken:

■ **Adidas** hat als strategischer Partner für 76,7 Millionen Euro 10 Prozent an der FC-Bayern-München-Aktiengesellschaft erworben.

■ **Allianz** investiert 90 Millionen Euro in die Namensrechte am neuen Stadion. Dauer: 15 Jahre.

■ **Deutsche Telekom** bezahlt 20 Millionen Euro für Trikotsponsoring.

Insert I-B-1: Die Bayern erwarten rosige Zeiten (Roth 2002, S. 4)

- Die häufige Verwendung von **Firmenmarken** bei vielen Dienstleistungsunternehmen kommt ebenfalls dem Sponsoringgedanken entgegen. Gerade beim Sponsoring reduziert sich die Darstellung des Unternehmens häufig auf den Firmennamen. Während Konsumgüterhersteller, die oftmals über eine Vielfalt einzelner Marken verfügen, keine klaren Synergieeffekte nutzen können, können Dienstleistungsunternehmen ganzheitlich präsentiert werden.

- Insbesondere durch das Sponsoring von Personen oder Personengruppen kann es gelingen, die sich aus der Dienstleistungsimmaterialität und damit der **Intangibilität** ergebenden Kommunikationsprobleme zu mildern. So kann ein entsprechend sorgfältig ausgewählter Sponsorträger zu einer **Personalisierung** der Dienstleistung führen und in diesem Zusammenhang Testimonialfunktionen übernehmen. Hier sind aber zum einen die Kongruenz zwischen dem Firmenimage und dem Image des Gesponserten sicherzustellen (beispielsweise *DEKRA* und *Michael Schumacher*). Zum anderen führt die überdurchschnittliche Stärke der Übertragung zwischen Gesponsertenimage und Dienstleistungsimage natürlich auch zu einem gesteigerten Sponsoringrisiko. Hier sind beispielsweise Dopingskandale im Sportbereich bei den Gesponserten zu nennen.

- Die positive Wahrnehmung gesponserter Personen, Aktivitäten oder Leistungen kann zu einem Vertrauenstransfer bei aktuellen sowie potenziellen Kunden und damit zu einer subjektiv wahrgenommenen Risikoreduktion führen.

Wenn es sich bei der Sponsoringmaßnahme um die Bereitstellung einer Dienstleistung handelt, kann die aufgrund der **Integration des externen Faktors** und der **Intangibilität der Leistung** nicht vorhandene Möglichkeit von „**Testkäufen**" umgangen werden. In einem solchen Fall können potenzielle Kunden die vom Unternehmen angebotene und im Rahmen des Sponsoring eingesetzte Leistung freiwillig und ohne Entgelt „ausprobieren". Dadurch kann ebenfalls ein Vertrauenstransfer und eine Reduktion des wahrgenommenen Risikos stattfinden. Bei Kunden, die die Leistung bereits in Anspruch genommen haben, kann eine solche Sponsoringaktivität zur Bestätigung und Vermeidung bzw. Verringerung kognitiver Dissonanzen führen. Als Beispiele für solche Sponsoringmaßnahmen können die Bewirtung der VIP-Gäste bei einem Tennisturnier durch einen Catering-Service, die Bereitstellung von Flügen und die Abwicklung des Zahlungsverkehrs durch Kreditkarten angeführt werden.

Der funktionale Stellenwert der **Verkaufsförderung** kann in vielen Unternehmen der Dienstleistungsbranche als hoch eingestuft werden. Dabei liegt diese hohe funktionale Bedeutung vor allem in der Leistungsfähigkeit der Verkaufsförderung zur Erreichung der mit der Verkaufsförderung primär verfolgten **Kommunikationsziele**. Hier können operative (kurzfristige) und strategische (langfristige) Zielsetzungen unterschieden werden. Dabei haben die kurzfristigen Ziele eher kognitiven oder konativen, die langfristigen vor allem affektiven Charakter. So gilt es auf operativer Ebene, den kurzfristigen Abverkauf und die Zahl der Wiederholungskäufe zu steigern sowie mögliche Nachfrageschwankungen zur gleichmäßigeren Auslastung von Dienstleistungskapazitäten zu glätten. Ein verstärkter Einsatz verkaufsfördernder Aktivitäten ist hier insbesondere bei vielen Fluggesellschaften zu beobachten, die vielfach mit dem Angebot so genannter „Stand-by-Tarife" sowie spezieller Verkaufsförderungsaktionen, z.B. im Rahmen des *„Miles and More"*-Programms von der *Lufthansa*, versuchen, den Schwankungen in der Auslastung der Flugkapazitäten entgegenzuwirken.

Ferner dienen Verkaufsförderungsaktionen der Bekanntmachung von sowie der Information über neu eingeführte Leistungen des betreffenden Unternehmens. Im strategischen Bereich hingegen ist das Image bei Absatzmittlern und Konsumenten sowie die Markenprofilierung vor allem bei den Konsumenten zu verbessern (*Meffert/Bruhn* 2003, S. 466 f.).

Schließlich ist noch auf die hohe funktionale Bedeutung der **Mitarbeiterkommunikation** auch in der Dienstleistungsbranche hinzuweisen. Im direkten Vergleich mit der Konsumgüter- und Industriegüterbranche ist die Bedeutung im Dienstleistungsbereich sogar noch höher einzuschätzen. Dies liegt vor allem an der Immaterialität sowie Intangibilität von Dienstleistungen. Der Erfolg von Dienstleistungsunternehmen hängt in hohem Maße von dem zielorientierten Verhalten der Mitarbeitenden im Rahmen des unmittelbaren Kontaktes zu aktuellen und potenziellen Kunden ab. Damit sich die Mitarbeitenden im unmittelbaren Kundenkontakt im Sinne der Unternehmensziele verhalten, ist es notwendig, ihre Fähigkeiten und ihre Motivationen im Hinblick auf eine zielorientierte Pflege der Beziehungen zu aktuellen und potenziellen Kunden zu verbessern bzw. zu steigern. Die Mitarbeiterkommunikation stellt dabei ein leistungsfähiges Instrument zur planmäßigen Beeinflussung dieser persönlichkeitsbezogenen Verhaltenskonstrukte dar. Sie ist damit in vielen Dienstleistungsunternehmen sowohl ein wichtiges Instrument zur funktionalen Steuerung der Unternehmenskommunikation als auch zur Implementierung des Internen Marketing.

Der funktionale Stellenwert der Kommunikationsinstrumente **Direct Marketing**, **Public Relations**, **Messen/Ausstellungen**, **Event Marketing** sowie von **Social Media-Kommunikation** im Kommunikationsmix von Dienstleistungsunternehmen ist sehr stark im Hinblick auf der Art der Dienstleistung zu relativieren. So sind es beispielsweise vor allem in der Anwendung hoch komplexer Dienstleistungen, wie z.B. bestimmte Software-Dienstleistungen, deren Markterfolg in hohem Maße von der kommunikativen Unterstützung auf Messen/Ausstellungen, z.B. auf der *CeBIT*, sowie in zunehmenden Maße vom Einsatz von Social Media abhängt. Zum einen wird dadurch die Glaubwürdigkeit gesteigert – die Präsenz auf der *CeBIT* ist unter Glaubwürdigkeitsaspekten schon fast eine Verpflichtung –, zum anderen kann über den Einsatz dieser Kommunikationsinstrumente in besonderem Maße der Notwendigkeit einer interaktiven Kommunikation bei diesen Dienstleistungen Rechnung getragen werden. Darüber hinaus ist auf die hohe Bedeutung von Direct-Marketing-Aktivitäten in der Dienstleistungsbranche hinzuweisen, die vor allem bei Versicherungs- und Kreditkartenunternehmen zum Ausdruck kommt. Auch hier ist die Inanspruchnahme der Dienstleistung in hohem Maße von der glaubwürdigen Vermittlung ihrer Leistungsfähigkeit abhängig, wozu insbesondere Direct-Marketing-Aktivitäten in der Lage sind.

Schließlich ist noch auf die **zeitliche Entwicklung der Kommunikation** in der Dienstleistungsbranche hinzuweisen. Hierbei soll auf die **Entwicklung des werblichen Investitionsvolumens** anhand der Brutto-Medieninvestionen in der Dienstleistungsbranche als Indikator für den entsprechenden gesamtkommunikativen Stellenwert zurückgegriffen werden. Das **Investitionsvolumen von Dienstleistungsunternehmen** in die Belegung von Medien ist in den letzten zwölf Jahren um 780 Prozent von 0,5 auf ca. 4,4 Mrd. EUR angewachsen. Dabei hat der Anteil der von Dienstleistungsunternehmen getätigten Investitionen an den Gesamtinvestitionen in die Medienbelegung in den letzten zwölf Jahren stark zugenommen, wobei sich die relative Bedeutung der Dienstleistungskommunikation im Hinblick auf die entsprechende Entwicklung in den verschiedenen Sektoren der Industriegüterbranche deutlich vergrößert hat. Ein Hauptgrund für die überdurchschnittliche Steigerung der medialen Kommunikationsausgaben von Unternehmen, insbesondere im Bereich der Finanzdienstleistungen, der Luftfahrt sowie der Post- und Telekommunikationsdienste, liegt vor allem in einem sich verschärfenden Wettbewerb in Verbindung mit der zunehmenden Deregulierung dieser Märkte und der Entstehung des Europäischen Binnenmarktes (*Meyer* 1993, S. 899).

Insgesamt lässt sich festhalten, dass die **Mediawerbung** auch in der Dienstleistungsbranche den größten Stellenwert im Kommunikationsmix aufweist. Allerdings ist es notwendig, dass die **interaktiv ausgerichteten Kommunikationsinstrumente**, anders als in der Konsumgüterbranche, im Kommunikationsmix von Dienstleistungsunternehmen besondere Berücksichtigung finden, um eine zielorientierte kommunikative Marktbearbeitung sicherzustellen.

3 Das Denken im Kommunikationsmix

Bereits Ende der 1970er Jahre schlug *Meffert* vor, „kommunikationspolitische Entscheidungen in den Gesamtzusammenhang der Marktkommunikation zu stellen" (*Meffert* 1979, Vorwort). Dahinter steht die Grundüberlegung, die einzelnen Kommunikationsinstrumente nicht isoliert zu planen, zu budgetieren, zu kontrollieren usw., sondern sie gleichzeitig – idealtypisch simultan – aufeinander abzustimmen. Diese Überlegungen sind Ausdruck eines konsequenten Denkens in Marktreaktionen, dem auch die Ausrichtung der Unternehmenskommunikation Rechnung zu tragen hat. Die gedankliche Vorgehensweise zur marktorientierten Gestaltung der Unternehmenskommunikation soll hier als **„Denken im Kommunikationsmix"** bezeichnet werden (*Bruhn* 2009a, S. 44).

Vor der Entwicklung von Planungsverfahren wurden die **Schwierigkeiten** einer optimalen Kombination der Kommunikationsinstrumente fixiert (*Meffert* 1979, S. 129; *Kühn* 1984, S. 11 ff.; *Bruhn* 2009a, S. 44 f.):

- Das **Kombinationsproblem** entsteht durch die hohe Anzahl und Komplexität von Einzelinstrumenten.
- Das **Substitutionsproblem** resultiert aus der parziellen Substituierbarkeit einzelner Kommunikationsinstrumente.
- Das **Interdependenzproblem** wird durch die sachlichen und zeitlichen Beziehungen zwischen dem Einsatz und der Wirkung der Kommunikationsinstrumente, insbesondere durch die sachlichen Wirkungsinterdependenzen und zeitlichen Ausstrahlungseffekte hervorgerufen.
- Das **Ungewissheits- und Informationsproblem** ist durch die häufig fehlenden Informationen über die Gesetzmäßigkeiten des Zusammenwirkens der Kommunikationsinstrumente gegeben.
- Das **Koordinationsproblem** zeigt sich in der Praxis in der mangelnden Etablierung unternehmensinterner und -externer Abstimmungsprozesse zur Entscheidungskoordination.

Zur Lösung des Kombinationsproblems von Kommunikationsinstrumenten werden – in Analogie zur Lösung des Marketingmix – **analytische Verfahren**, wie z. B. die Differenzialrechnung oder die mathematische Programmierung sowie **heuristische Verfahren** vorgeschlagen (*Meffert* 1979, S. 130 ff.; vgl. zu ähnlichen Vorgehensweisen zur Lösung des Marketingmixproblems *Kühn* 1984).

Das Denken im Kommunikationsmix sowie die Verwendung heuristischer Prinzipien zur Lösung des Kombinationsproblems hat den **Vorteil**, dass die relevanten Ablaufschritte auf Basis einer Entscheidungshierarchie aufgezeigt werden. Dabei wird der Entscheidungsspielraum sukzessive eingeengt, so dass zwar eine praktikable Hilfestellung für einzelne Planungsprozesse gegeben, eine optimale Kombination im Einsatz der Kommunikationsinstrumente jedoch nicht abgeleitet werden kann. Darüber hinaus ist im Rahmen einer **kritischen Würdigung des „Denkens im Kommunikationsmix"** auch zu beachten, dass der Wirkungsaspekt weitgehend vernachlässigt wird. Um jedoch eine zielorientierte und effiziente Unternehmenskommunikation sicherzustellen, sind interinstrumentelle Wirkungsinterdependenzen bei der

Gestaltung des Kommunikationsmix zu berücksichtigen. Denn nur auf diese Art und Weise können die Voraussetzungen für eine marktorientierte Unternehmensführung geschaffen werden, die sich auch auf den Einsatz der Unternehmenskommunikation erstrecken. Darüber hinaus fehlt in allen Vorschlägen zur Planung des Kommunikationsmix die Einbeziehung der Internen Kommunikation, wodurch das zugrunde liegende „Wirkungsnetzwerk" nur unvollständig analysiert wird. Schließlich ist in allen Vorschlägen zur Planung des Kommunikationsmix kein (wirkungsorientierter) Bezugsrahmen erkennbar, in den die einzelnen Kommunikationsinstrumente sinnvoll integriert werden können.

Insgesamt hat das Denken im Kommunikationsmix die Forderung zur Abstimmung des Einsatzes von Kommunikationsinstrumenten nachhaltig gestellt und die Notwendigkeit zur Integration nachgewiesen. Ein Beitrag zur theoretischen und praktischen Integrationsproblematik konnte jedoch allenfalls bedingt geleistet werden (*Bruhn* 2009a, S. 45).

C. Der Kommunikationsmarkt in Deutschland

1 Entwicklungsphasen der Kommunikation

Das Marketing war in den letzten Jahren sehr stark auf den **Produktwettbewerb** und den Versuch konzentriert, sich durch Produktinnovationen gegenüber den Wettbewerbern zu profilieren. In vielen Branchen des Konsumgütermarketing, insbesondere bei den Verbrauchsgütern, scheinen jedoch die **Grenzen des Produktwettbewerbs** erreicht zu sein. So war beispielsweise einer Studie der Zeitschrift „Stiftung Warentest" der Hefte 1/1993 bis 3/1994 bereits zu entnehmen, dass 85 Prozent der Verbrauchsgüter eine gleiche Produktbeurteilung erhalten haben (bei Gebrauchsgütern waren es 65 Prozent). Offensichtlich findet eine Differenzierung durch Produktmerkmale immer weniger statt. Gleichzeitig haben sich damit auch die Erfolgsbedingungen für Marketingaktivitäten geändert, da sie immer das Ergebnis der Veränderung von Marktstrukturen und Wettbewerbsbedingungen sind. Es ist festzustellen, dass sich das Marketing in vielen Branchen in einem **Übergang vom Produkt- zum Kommunikationswettbewerb** befindet.

Um diesen Kommunikationswettbewerb näher zu spezifizieren, ist es zunächst notwendig, sich mit einer phasenbezogenen Betrachtung kommunikativer Entwicklungstendenzen einen Überblick bezüglich struktureller Veränderungen im Einsatz der Kommunikationspolitik zu verschaffen. Dabei lässt sich festhalten, dass sich der **Stellenwert der Kommunikation im Rahmen des Marketingmix** in den letzten Jahren kontinuierlich verändert hat. Dies kann an den folgenden **Entwicklungsphasen der Kommunikation** – grob vereinfachend – verdeutlicht werden (*Bruhn* 2009a, S. 5 f.):

(1) Phase der unsystematischen Kommunikation (1950er Jahre)

Die 1950er Jahre waren in Deutschland durch einen reinen **Verkäufermarkt** geprägt. Die Produktionsorientierung der Unternehmen führte dazu, dass Marken erst langsam aufgebaut bzw. wieder aufgebaut wurden. Das akquisitorische Potenzial von Unternehmen wurde in erster Linie durch die Angebotspolitik geschaffen, so dass die Kommunikation für den Verkauf keine große Bedeutung hatte. Zahlreiche „alte" bzw. „historische" Marken, wie beispielsweise *Maggi* oder *Nivea*, konnten nach dem Zweiten Weltkrieg an ihre Tradition anknüpfen und sich durch einfache werbliche Mittel in die Erinnerung der Konsumenten zurückrufen.

(2) Phase der Produktkommunikation (1960er Jahre)

In den 1960er Jahren dominierte aus Sicht der Unternehmensführung die **Verkaufsorientierung**. Die Unternehmen hatten sich durch einen schlagkräftigen Außendienst gegenüber den Wettbewerbern durchzusetzen. Der Kommunikation kam dabei die Aufgabe zu, zur Unterstützung des Vertriebs den Abverkauf der Produkte zu steigern. Diese Phase war durch den Einsatz von Kommunikationsinstrumenten wie etwa der Mediawerbung, der Verkaufsförderung und des Persönlichen Verkaufs, gekennzeichnet.

(3) Phase der Zielgruppenkommunikation (1970er Jahre)

Eine zunehmende Fragmentierung der Märkte machte es in den 1970er Jahren erforderlich, dass Unternehmen verstärkt nach dem Prinzip der differenzierten Marktbearbeitung operierten und ihrem Handeln konsequent das Prinzip der Kundenorientierung zugrunde legten. Die Kommunikation hatte hier einen **spezifischen Kundennutzen** zu vermitteln. Das bedeutete, die verschiedenen Kommunikationsinstrumente – insbesondere die einzelnen Werbeträger – mussten zielgruppenspezifisch eingesetzt werden. Um die Zielgruppenerreichung sicherzustellen, wurden detaillierte Untersuchungen im Bereich der Markt- und Medienforschung durchgeführt.

(4) Phase der Wettbewerbskommunikation (1980er Jahre)

In den 1980er Jahren wurden die meisten Unternehmen durch das Strategische Marketing herausgefordert. Das Denken im „Strategischen Dreieck" war verbunden mit der Suche und dem Ausbau von Wettbewerbsvorteilen. Der Kommunikationspolitik kam hierbei die Aufgabe zu, dem Kunden die „**Unique Selling Proposition**" (**USP**) und die damit verbundenen kompetitiven Vorteile zu vermitteln. In dieser Phase standen erstmalig auch die Kommunikationsinstrumente untereinander im Wettbewerb. Dieser interinstrumentelle Wettbewerb wurde durch das Auftreten neuer Instrumente der Marktkommunikation, wie etwa dem Direct Marketing, dem Sponsoring und dem Event Marketing verstärkt.

(5) Phase des Kommunikationswettbewerbs (1990er Jahre)

In den 1990er Jahren wurde die Unternehmensführung in erster Linie durch das Umfeld, in dem sie agierte, herausgefordert. Dynamische und turbulente Veränderungen in den Bereichen Ökologie, Technologie, Politik und Recht induzierten einen permanenten Wertewandel. Ein Aspekt dieses Wertewandels dokumentierte sich in einer kritischeren Einstellung weiter Bevölkerungskreise gegenüber Unternehmen und speziell auch ihrer Werbung sowie sonstigen kommunikativen Engagements. Unternehmen mussten sich folglich stärker darum bemühen, die vielfältigen und differenzierten Quellen der Kommunikation in ihrem Einsatz so aufeinander abzustimmen, dass bei den Kommunikationsempfängern, die inzwischen weit über die Zielgruppe der Konsumenten hinausgingen, ein glaubwürdiges und widerspruchsfreies Bild entstand. Eine mit diesem Ziel verbundene Integration aller Kommunikationsinstrumente in ein ganzheitliches Konzept der Kommunikation sowie die Suche nach einer „**Unique Communication Proposition**" (UCP) stellte damit die Herausforderung dieser Phase dar.

(6) Phase der Dialogkommunikation (2000er Jahre)

Neue Medien, wie das Internet, E-Mail und Call-Center, die eine interaktive Ausrichtung der Kommunikation erlauben, haben die Kommunikationsmöglichkeiten in den letzten Jahren erheblich erweitert. Sie haben aber auch die Anforderungen an die Kommunikationspolitik der Unternehmen verschärft, da sich gleichzeitig die Anspruchshaltung der Konsumenten erhöht hat und eine abnehmende Unternehmensloyalität festzustellen ist. Vor diesem Hintergrund sind Unternehmen gefordert, ein neues Verständnis für die Kommunikation mit ihren Zielgruppen zu entwickeln. Im Mittelpunkt steht nicht mehr das Bemühen, Konsumenten durch einseitige Kommunikation in ihren Kaufentscheidungen zu beeinflussen, sondern das Ziel, **zweiseitige Kommunikationsprozesse** im Sinne von Dialogen zu initiieren und langfristige Beziehungen zu den Kunden aufzubauen.

(7) Phase der Netzwerkkommunikation (ab 2010)

Neue Kommunikationsformen, wie vor allem die **Social Media-Kommunikation**, werden voraussichtlich die Interaktivität der Kommunikation in den 2010er Jahren wesentlich vorantreiben. Viele Konsumenten verändern ihr Such-, Informations- und Entscheidungsverhalten aufgrund von persönlichen Empfehlungen im Internet. Zurzeit sind zahlreiche Erscheinungsformen zu beobachten, wie etwa Weblogs, Internetplattformen wie *studiVZ* oder *Xing*, Bookmarking-Dienste, Online-Foren, Wikis u.a.m. – und es ist zu erwarten, dass neue und innovative Formen in der Zukunft dazukommen werden. Die Kommunikationspolitik von Unternehmen hat sich auf diese nutzergetriebenen Medien aktiv einzustellen (*Bruhn* 2010a, S. 27).

Die Betrachtung der Entwicklungsphasen dokumentiert die veränderte Bedeutung der Kommunikation für den unternehmerischen Erfolg in den letzten Jahrzehnten. Schaubild I-C-1 stellt die unterschiedlichen Entwicklungsphasen und ihre Merkmale bzw. Besonderheiten zusammenfassend dar.

Kommunikation ist heute nicht mehr nur unterstützendes Verkaufsinstrument und damit lediglich eine Begleiterscheinung der Produktpolitik, sondern ein eigenständiges und professionell einzusetzendes Instrument moderner Unternehmensführung. Kommunikation wird zum strategischen Erfolgsfaktor für Unternehmen, da sie eine erfolgreiche Differenzierung vom Wettbewerb ermöglichen kann. Empirische Untersuchungen auf der Grundlage von Unternehmensbefragungen in Deutschland und der Schweiz belegen, dass die Integrierte Kommunikation zukünftig einen zentralen Faktor für den Markterfolg darstellt (*Bruhn/Boenigk* 1999, S. 97).

Die Dynamik im Kommunikationswettbewerb resultiert insbesondere aus den strukturellen Verschiebungen der Kommunikations- und Medienmärkten, die im Folgenden näher betrachtet werden.

2 Strukturelle Veränderung der Kommunikations- und Medienmärkte

Um einen umfassenden und differenzierten Einblick in die Strukturveränderungen der Kommunikations- und Medienmärkte zu erhalten, ist es notwendig, die entsprechenden Entwicklungstendenzen in systematischer Art und Weise offen zu legen. Hier bietet es sich an, eine **systemorientierte Unterteilung** vorzunehmen. Danach kann unterschieden werden in:

- Angebotsseitige Strukturveränderungen,
- Nachfrageseitige Strukturveränderungen.

Im Folgenden werden die angebots- und nachfrageseitigen Entwicklungstendenzen in den Kommunikations- und Medienmärkten näher gekennzeichnet. In Ermangelung des entsprechenden Datenmaterials für andere Kommunikationsinstrumente wird dabei vorrangig auf den deutschen Werbemarkt eingegangen (vgl. hierzu ausführlich Abschnitt III-B-2). Dies erscheint durchaus sinnvoll, weil die Mediawerbung auf der einen Seite in den meisten Fällen – vor allem in Konsumgütermärkten – das Kommunikationsinstrument mit der deutlich größten Bedeutung ist. Auf der anderen Seite kann davon ausgegangen werden, dass die Entwicklungstendenzen in den Märkten für die anderen Kommunikationsinstrumente weitgehend mit denen der Mediawerbung in Einklang stehen.

2.1 Angebotsseitige Strukturveränderungen

Zunächst ist auf die **Entwicklung der Werbeeinnahmen in Deutschland** hinzuweisen. Die Netto-Werbeeinnahmen der Werbeträger in der ersten Dekade des 21. Jahrhunderts, in Zeiten einsetzender ökonomischer Abschwungphasen, sind deutlich unter Druck geraten. Die aktuelle Stimmung in der Werbewirtschaft entspricht den wirtschaftlichen Tatbeständen. Nach

Relative Bedeutung der Kommunikation / Zeit

	Phase der unsystematischen Kommunikation (1950er Jahre)	Phase der Produktkommunikation (1960er Jahre)	Phase der Zielgruppenkommunikation (1970er Jahre)	Phase der Wettbewerbskommunikation (1980er Jahre)	Phase des Kommunikationswettbewerbs (1990er Jahre)	Phase der Dialogkommunikation (2000er Jahre)	Phase der Netzwerkkommunikation (ab 2010)
Zentrale Aufgabe der Kommunikationspolitik	Information, Erinnerung an „alte" Marke	Kommunikative Unterstützung des Verkaufs	Vermittlung eines zielgruppenspezifischen Kundennutzens	Kommunikative Profilierung gegenüber Wettbewerbsmarken	Vermittlung eines konsistenten Bildes des Unternehmens	Aufbau und Intensivierung von Beziehungen zu den Zielgruppen, v.a. Kundenbindung	Aufbau und Intensivierung von Kommunikationsbeziehungen in Netzwerken (onlinebasierten Netzgemeinschaften), Kommunikationsprozesse sind technologiegetrieben und sprechen eine unbegrenzte Anzahl von Beteiligten an (je nach Zielgruppenplanung)
Relevante Zielgruppe	Relativ undifferenziert, auf Endverbraucher gerichtet	Handelskommunikation gewinnt an Bedeutung	Vertikales Marketing: verbraucher- und handelsbezogene Kommunikation	Erweiterung der Zielgruppen um die Öffentlichkeit	Integration der externen Marktkommunikation und internen Kommunikation	Externe und interne Anspruchsgruppen	Sämtliche Internet-Nutzer
Bedeutung der Kommunikation im Marketingmix	Geringe Bedeutung	Ergänzung zu Produkt- und Verkaufspolitik	Gleichberechtigte Bedeutung gegenüber anderen Mixelementen	Kommunikation wird wichtiger als der Preis (Kommunikationsmix)	Zentrale Bedeutung für die Durchsetzung im Markt	Kommunikation als zentrales Element im Beziehungsmarketing	Die Unternehmens- und Marketingkommunikation hat die Social Media-Kommunikation zu integrieren
Zentrales Kommunikationsobjekt	Einzelne Produkte/ Marken	Produkte und Produktlinien	Verschiedene Markenstrategien	Neben dem Produkt wird das Unternehmen als Ganzes kommuniziert	Produkt und das Unternehmen hinter dem Produkt	Marken, das Unternehmen selbst, Kundenbeziehungen	Marken, v.a. Dachmarken
Schwerpunkte im Einsatz von Kommunikationsinstrumenten	Mediawerbung, v.a. Plakate	Mediawerbung, Verkaufsförderung, Persönliche Kommunikation	Mediawerbung, Verkaufsförderung, Persönliche Kommunikation, Messen und Ausstellungen	Imagewerbung, Public Relations, Sponsoring, Direct Marketing	Individuelle Werbung, Event Marketing, Tele-Marketing, Dialogkommunikation	Primär dialogorientierte Kommunikationsinstrumente (v.a. Direct Marketing, Persönliche Kommunikation, Online-Kommunikation, Interne Kommunikation sowie klassische Kommunikationsinstrumente, die um dialogische Komponenten erweitert werden (z.B. Sponsoring))	Primär Social Media-Kommunikation

Zeit →

Relative Bedeutung der Kommunikation

	Phase der unsystematischen Kommunikation (1950er Jahre)	Phase der Produktkommunikation (1960er Jahre)	Phase der Zielgruppenkommunikation (1970er Jahre)	Phase der Wettbewerbskommunikation (1980er Jahre)	Phase des Kommunikationswettbewerbs (1990er Jahre)	Phase der Dialogkommunikation (2000er Jahre)	Phase der Netzwerkkommunikation (ab 2010)
Verhalten der Rezipienten	Kaum Verhaltensbeeinflussung, eher Wecken von Neugierde	Nutzung der Kommunikation als zuverlässige Produktinformation	Beginnendes Misstrauen gegenüber Werbeversprechen	Sinkende Glaubwürdigkeit der Kommunikation und Reaktanz (Zapping)	Informationsüberlastung, Ablehnung der klassischen Werbung	Hohe Anspruchshaltung, sinkende Kundenbindung und -zufriedenheit, abnehmende Unternehmensloyalität, Abwechslungsuchende (Variety Seeker)	Partizipation und Dialogbereitschaft, Mund-zu-Mund-Kommunikation, Interaktivität, Aufbau von sozialen Netzgemeinschaften
Kosten der Kommunikation	Relativ unbedeutend im Marketingmix	Investitionen in den Vertriebskommunikation	Investitionen in den Aufbau von Marken	Steigende Kosten für vielfältigen Einsatz von Kommunikationsinstrumenten	Überproportionale Steigerung der Kommunikationskosten	Überproportionale Steigerung, Kostenexplosion bei klassischen Medien, sehr hohe Pro-Kopf-Ausgaben bei Persönlicher Kommunikation	Evtl. Senkung der Kommunikationskosten durch Netzwerke, da die Kommunikation durch die Mund-zu-Mund-Kommunikation „von alleine läuft"
Rolle der Agenturen	Geringe Bedeutung von Agenturen, direkter Kontakt zu Medienunternehmen	Etablierung von Werbeagenturen	Überwiegend Full-Service-Agenturen	Beginn der Herausbildung von Spezialagenturen (PR-, Verkaufsförderungs-, Sponsoring-agenturen)	Zurück zu Full-Service-Agenturen, Agenturnetzen	Abnahme der Bedeutung klassischer Mediaagenturen, Bedeutungszunahme spezialisierter Agenturen mit Kompetenzen im Relationship Marketing	Zunehmende Zusammenarbeit mit „Interactive-Agenturen" mit umfassenden Fähigkeiten in Bezug auf die Social Media-Kommunikation, neue Formen der Zusammenarbeit zwischen Unternehmen und Agenturen

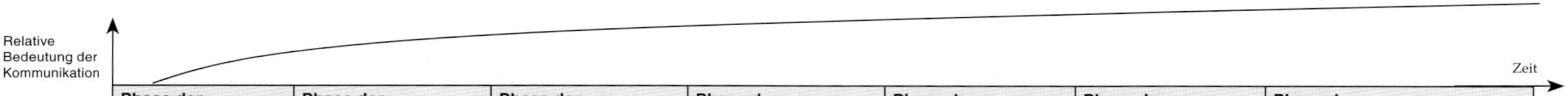

Relative Bedeutung der Kommunikation — Zeit

	Phase der unsystematischen Kommunikation (1950er Jahre)	Phase der Produkt-kommunikation (1960er Jahre)	Phase der Zielgruppen-kommunikation (1970er Jahre)	Phase der Wettbewerbs-kommunikation (1980er Jahre)	Phase des Kommunikations-wettbewerbs (1990er Jahre)	Phase der Dialog-kommunikation (2000er Jahre)	Phase der Netzwerkkommunikation (ab 2010)
Organisation der Kommunikation im Unternehmen	Keine kommunikationsspezifischen Organisationseinheiten	Etablierung von Stabsabteilungen	Kommunikation als Aufgabe der Linie, häufig nach Produktgruppen getrennt (Produktmanagement)	Spezialabteilungen für einzelne Kommunikationsinstrumente	Despezialisierung in der Organisation, Einsatz von Kommunikationsmanagern	Dezentrale Einheiten, Prozessorientierung, Projektorganisation, Empowerment der Mitarbeitenden	Verankerung der Social Media-Richtlinien im Unternehmen, entsprechende Organisationsstruktur und Unternehmenskultur (Bildung cross-funktionaler Einheiten im Unternehmen und Schaffung einer Kooperationskultur), Transfer von Know-how und Wissen in Bezug auf die Social Media-Kommunikation
Hauptprobleme im kommunikativen Auftritt	Relativ unbedeutend im Marketingmix	Zu undifferenzierte Kommunikation	Verstärktes Aufkommen von Wettbewerbern mit homogenen Angebot	Zu starke Differenzierung in der Kommunikation und damit inkonsistente und uneinheitliche Wahrnehmung durch die Rezipienten	Innerbetriebliche Widerstände (personelle, organisatorische, konzeptionelle) gegen die Integration	Integration von Instrumenten der transaktions- und dialogorientierten Kommunikation; Implementierungsbarrieren der Kundenorientierung in der Kommunikation	Unvollständige Integration der Social Media-Kommunikation in den klassischen Kommunikationsmix, Netzwerk bewertet die Botschaften und übernimmt teilweise die Kontrolle über Kommunikationsprozesse, die Kontrollierbarkeit der Kommunikation durch das Unternehmen wird erschwert bzw. teilweise unmöglich

Schaubild 1-C-1: Entwicklungsphasen der Kommunikation (Bruhn 2010a, S. 28ff.)

fünf Jahrzehnten stetigen und teilweise zweistelligen Wachstums der Werbeeinnahmen ist im Zeitraum zwischen 2000 und 2009 in fünf Jahren sogar ein Minus vor den Werbeeinnahmen zu verzeichnen. Erreichten die Werbeumsätze der Medien im Jahre 2000 noch ihren Höhepunkt von 23,38 Mrd. EUR, waren es 2008 nur noch 20,36 Mrd. EUR (minus 2,2 Prozentpunkte). Für das Werbejahr 2009 rechnet man sogar mit einem Betrag, der unter die 20-Mrd.-Grenze fallen wird (*ZAW (Zentralverband der deutschen Werbewirtschaft e.V.)* 2009, S. 14 ff.). Die Tageszeitungen, der monetär immer noch führende Werbeträger, erreichte im Jahre 2008 einen Netto-Werbeumsatz von 4,37 Mrd. EUR und weist damit ein Minus von 4,2 Prozent (194 Mio. EUR) gegenüber dem Vorjahr auf. Auch das Fernsehen kam nur noch auf 4 Mrd. EUR Werbeumsätze und büßte somit einen Rückgang von 2,9 Prozentpunkten ein. Besonders stark traf die Wirtschaftskrise die Publikumszeitschriften. Ihre Netto-Werbeerlöse sanken um 7,1 Prozent auf 1,69 Mrd. EUR. Im Plus, aber dennoch mit Wachstumsrückgang, sind die Umsätze der Online-Angebote. Nachdem sie 2007 noch ein Wachstum von 39 Prozent verzeichneten, kamen sie 2008 nur noch auf ein Plus von 9,4 Prozent. Eine detaillierte Übersicht über die Entwicklungen der Werbeeinnahmen der verschiedenen Werbeträger zeigt das *ZAW* (2009). Grundsätzlich kann man feststellen, dass das Werbejahr 2008 durch sehr konträre Faktoren geprägt war: auf der einen Seite die Wirtschaftskrise und Rezession und auf der anderen Seite Großereignisse wie z. B. die Fußball-Europameisterschaft und die Olympischen Spiele, die auch für den Werbemarkt in Deutschland neue Impulse brachten (*ZAW* 2009, S. 19). Grundsätzlich führen strukturelle Aspekte, wie die dynamischen Veränderungen in der Medien- und somit in der Werbeträgerlandschaft, zur Verunsicherung unter den werbenden Unternehmen. Diese Verunsicherung über eine effiziente und effektive Planung der Werbekanäle wird zusätzlich durch Effekte des Internet verstärkt. Die aktuellen Entwicklungen führen derzeit zu einem beobachtbaren Abwarten und damit zu einer Zurückhaltung von Investitionen in der Werbung.

Des Weiteren vergrößert sich mit der stetig zunehmenden Kommerzialisierung des Internet zusehends auch die Bandbreite seiner Nutzungsmöglichkeiten. Das Internet ist mittlerweile zu einem Massenmedium geworden, das neue Möglichkeiten der Zielgruppenansprache bietet, die den klassischen Medien, wie Fernsehen und Radio, verwehrt bleiben. Der Reichweitenzuwachs des Internet ist zuletzt allerdings nur noch vergleichsweise moderat ausgefallen, somit zeichnet sich eine Sättigungsgrenze dieses Mediums ab (*Kloss* 2007, S. 359 f.). Demgegenüber steigen die Online-Werbeaufwendungen weiterhin an. 2008 erreichten die Netto-Werbeeinnahmen der Online-Dienste ein Volumen von 1,5 Mio. EUR. Dies ist eine Steigerung von 27 Prozent im Vergleich zum Vorjahr (689 Mio. EUR). Damit lagen die Online-Werbeausgaben erstmals über denjenigen der Radiowerbung (*Worldsites Internet Marketing* 2009). Auch in den kommenden Jahren wird erwartet, dass die Werbeaufwendungen von Unternehmen im Internet die höchsten Wachstumzahlen in der Werbebranche aufweisen werden (*Caspar* 2006, S. 29). Inzwischen lassen sich alle Arten von klassischen Medieninhalten auf Online-Umgebungen übertragen. Sämtliche Inhalte, die zuvor in traditionellen Print- und TV-Bereichen getrennt angeboten wurden, sind somit Online auch zusammen möglich (*Unger et al.* 2002, S. 311).

Im Rahmen der Online-Werbung sind zahlreiche Standard- und Sonderwerbemittel zu unterscheiden (vgl. hierzu ausführlich *Fritz* 2001, S. 217 ff.; *Werner* 2003, S. 41 ff.; *Bürlimann* 2004). Der Ausgangspunkt für die Entstehung von Social Media-Kommunikation ist in der Weiterentwicklung des Internet, vom Web 1.0 zum Web 2.0, zu sehen. Der Begriff **Web 2.0** hat in den vergangenen Jahren viel Aufmerksamkeit erfahren und wurde erstmals von *O'Relly Media* im Jahre 2004 geprägt. Das Web 2.0 stellt den Übergang von Anwendungen des World Wide Web (WWW) als reine Informationsquelle zum WWW als Ausführungsplattform dar, indem Netzeffekte mit anderen Nutzern einen steigenden Mehrwert bieten (*O'Reilly* 2006). Mittlerweile zählen die meisten Angebote im Web 2.0 zu den Social Software. Ziel von Social Software ist es Systeme zu ermöglichen, mit denen Menschen kommunizieren und interagieren können (*Alby* 2008, S. 78). Die große Anzahl an Nutzern, die Inhalte durch die Social Software anbieten und verwenden, prägen das Web 2.0 und machen es existent. Die Voraussetzung hierfür wurde durch die Anbieter der Social Software geschaffen, indem Privatanwendern die kostenlose Nutzung der Webserver ermöglicht wurde (*Schiele/Hähner/Becker* 2008, S. 6 ff.). Die Social Software ermöglicht es, dass die Anwender und Nutzer in der breiten Masse aktiv sind, d. h., sie treten sowohl als Informationskonsumenten als auch als Informationsproduzenten auf.

Im Zuge des exponenziellen Anstiegs der Medienanzahl ist auch eine kontinuierliche **Zunahme der Anzahl von Werbetreibenden und beworbenen Marken** zu beobachten, wie Schaubild I-C-2 anhand der Entwicklung der Markenanmeldungen beim Deutschen Patent- und Markenamt veranschaulicht. So wurden in Deutschland im Jahre 2002 etwa 50.500 Marken kommunikativ unterstützt, während es im Jahre 1990 43.000 und 1984 sogar nur 39.100 Marken waren, die in das Gedächtnis der Konsumenten zu gelangen versuchten (*Nielsen Media Research* 2003a).

Mit der Zunahme der Anzahl beworbener Marken steigt auch die **Anzahl der Unternehmen**, die kommunikationspolitische Maßnahmen einsetzen, um die jeweiligen Marken im Gedächtnis der Konsumenten zu verankern. So haben im Jahre 2002 insgesamt 1.564 Unternehmen mehr als 1 Mio. EUR pro Jahr für die werbliche Unterstützung ihrer Produkte ausgegeben, davon 307 Unternehmen mehr als 10 Mio. EUR, 22 mehr als 100 Mio. EUR und sechs Unternehmen mehr als 200 Mio. EUR. Schaubild I-C-3 gibt einen Überblick über das medienbezogene Investitionsvolumen von Unternehmen in Deutschland.

Grundsätzlich lässt sich feststellen, dass die Mediaausgaben insbesondere in jenen Märkten, die durch stark homogenisierte Produkte gekennzeichnet sind, z. B. im Waschmittelmarkt, besonders hoch sind. In diesen Märkten ist eine Profilierung der Marke durch produktpolitische Maßnahmen kaum noch möglich, so dass die Unternehmen in immer stärkerem Maße versuchen, sich über den Einsatz kommunikationspolitischer Maßnahmen Wettbewerbsvorteile im Markt zu sichern. Dies gelingt jedoch nicht immer. Studien zur Wahrnehmung von Marken zeigen, dass Konsumenten in zahlreichen Produktbereichen das Gefühl haben, dass

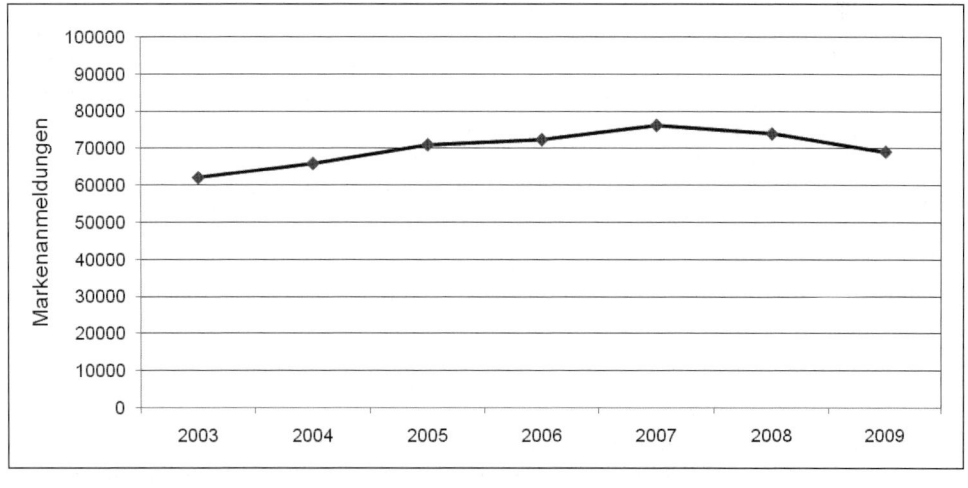

Schaubild I-C-2: Entwicklung der Markenanmeldungen beim Deutschen Patent- und Markenamt (Deutsches Patent- und Markenamt 2009)

		kumuliert:	Beispiele:
über 200 Mio. EUR	6	6	Axel Springer Verlag, Procter&Gamble, Media Markt
100–200 Mio. EUR	16	22	DaimlerCrysler, C&A, McDonald's
50–100 Mio. EUR	33	55	Audi, Coca-Cola, Dt. Telecom
20–50 Mio. EUR	94	149	Edeka, Krombacher, Allianz
10–20 Mio. EUR	158	307	Nike, Sixt, Zott
5–10 Mio. EUR	242	549	Dt. Rotes Kreuz, Adidas, Adelholzener
3–5 Mio. EUR	250	799	LTUR, Peek+Cloppenburg, Tetra Pak
2–3 Mio. EUR	226	1025	Benetton, Kulmbacher, Europcar
1–2 Mio. EUR	539	1564	Antenne Bayern, Phantasialand, Greenpeace

Schaubild I-C-3: Medienbezogenes Investitionsvolumen deutscher Unternehmen 2002
(Nielsen Media Research 2003)

sich die Marken immer ähnlicher werden. 72 Prozent der Konsumenten erleben im Durchschnitt Marken bzw. Dienstleistungen als austauschbar. Der Grund dafür liegt nicht nur an den marginalen Qualitätsunterschieden ausgereifter Konkurrenzprodukte, sondern auch an der Austauschbarkeit der kommunikativen Auftritte der Marken (*Esch* 2004, S. 33).

Parallel zu den beworbenen Marken und der Entwicklung der Anzahl an Medienanbietern haben notwendigerweise auch die entsendeten **Werbeimpulse** zugenommen (*Esch* 2004, S. 29 f.). Im Jahre 2002 betrug die Anzahl eingeschalteter Werbemittel zirka 11,15 Mio. Schaltungen. Dabei verteilten sich die Werbemitteleinschaltungen auf die verschiedenen Medien wie folgt:

- **TV-Spots:** Im Jahre 2002 wurden insgesamt zirka 2,7 Mio. TV-Spots ausgestrahlt. Dies entspricht einer Verachtzehnfachung innerhalb der letzten 17 Jahre (1985: 0,15 Mio. TV-Spots).
- **Radiospots:** Im Jahre 2002 wurden insgesamt zirka 2,05 Mio. Radiospots gesendet. Die Anzahl entsendeter Radiospots hat sich innerhalb der letzten 17 Jahre mehr als versechsfacht (1985: 0,34 Mio. Radiospots).
- **Anzeigen:** Im Jahre 2002 wurden insgesamt zirka 1,3 Mio. Anzeigen geschaltet. Dies entspricht nur einer geringen Zunahme von zirka zwei Prozent in den letzten 17 Jahren (1985: 1,27 Mio. Anzeigen).
- **Außenwerbung:** Im Jahre 2002 wurden zirka 5,1 Mio. Plakatanschlagstellen mit entsprechenden Werbemitteln versehen.

Es ist festzustellen, dass insbesondere in den **elektronischen Medien** eine explosionsartige Entwicklung der Werbeimpulse zu verzeichnen ist.

In engem Zusammenhang mit der dargestellten „Atomisierung der Medien" sowie den daraus resultierenden niedrigeren Reichweiten der einzelnen Medien steht die Entwicklung der **medialen Einschaltpreise**. Die Werbetreibenden sind nicht mehr bereit, für kontinuierlich sinkende Medialeistungen die gleichen oder gar noch höhere Preise zu entrichten. Die Medienanbieter sind aufgrund mangelnder Nachfrage somit nicht mehr bzw. nur noch bedingt in der Lage, Erhöhungen der Einschaltpreise durchzusetzen. So ist in den letzten zwei bis drei Jahren eine stagnierende bzw. sogar rückläufige Entwicklung der Einschaltpreise (im Durchschnitt über alle Medien) zu beobachten.

Im Jahre 1984 waren für die Schaltung eines 30-Sekunden Spots zwischen 17 und 20 Uhr in der *ARD* (gesamt) umgerechnet 38.436 EUR, im *ZDF* 19.150 EUR zu entrichten. Beide Sender, vor allem aber die *ARD*, hatten jedoch **erhebliche Preiszugeständnisse** zu machen. Die Privatsender *RTL* und *Sat.1* gingen erst Ende 1984 auf Sendung. Die Einschaltpreise waren in dieser Zeit noch vernachlässigbar gering.

Für das Jahr 2003 sind für die Belegung einzelner Medien folgende Einschaltpreise zu entrichten (*AGF/GfK-Fernsehforschung* 2003):

TV-Spots (Durchschnittswerte eines 30-Sekunden-Spot zwischen 17-20 Uhr):

Öffentlich-rechtliche Sender:

- *ARD*: 17.737 EUR
- *ZDF*: 16.295 EUR

Private Sender:

- *RTL*: 18.071 EUR
- *Sat.1*: 11.988 EUR
- *Pro7*: 26.502 EUR

Bei den **Radiospots** ist ein Vergleich der Einschaltpreise wenig sinnvoll, da die einzelnen Radiostationen über unterschiedliche (technologische) Reichweiten verfügen. Es ist jedoch festzustellen, dass sich die Bandbreite der Einschaltpreise zwischen 33,13 EUR (*Radio GALAXY*) und 1.568,33 EUR (*MDR 1*) bei den privaten und 93,75 EUR (*hr-skyline*) und 2.169,17 EUR (*WDR Eins live*) bei den öffentlich rechtlichen Sendern bewegt – dies sind Durchschnittspreise eines 30-Sekunden-Spots zwischen 6 und 18 Uhr ohne Berücksichtigung von Kombi-Preisen (*RMS Radio Navigator* 2003). Insgesamt (über alle betrachteten Sender) ist im Vergleich zum Vorjahr eine weit gehende **Preisstabilität** zu beobachten.

Ähnlich wie bei den Radiospots sind auch die Einschaltpreise für **Zeitungs- und Zeitschriftenanzeigen** in den verschiedenen Printmedien nur bedingt vergleichbar, da zwischen den einzelnen Titeln sowohl große Unterschiede in den Auflagenstärken als auch in den Reichweiten bestehen. Auch hier erfolgt die Darstellung der Einschaltpreise daher nur anhand der jeweiligen Bandbreiten, wobei so genannte „Kombi-Preise", d.h. die kombinierte Belegung mehrerer Titel, unberücksichtigt bleibt. Bei den Preisen für die Schaltung einer **Zeitungsanzeige** wird das Spektrum nach unten durch die *Odenwald und Umgebung* mit 192,50 EUR für 1/1 Seite s/w abgegrenzt, nach oben ist es die *Bild Zeitung*, die für die Belegung 1/1 Seite 4c 250.861 EUR von den werbetreibenden Unternehmen verlangt. Die zu entrichtenden Preise für eine **Zeitschriftenanzeige** in Fachzeitschriften bewegen sich zwischen 180 EUR für 1/1 Seite s/w in der *Landschaftspflege und Naturschutz in Thüringen* und 46.704 EUR für 1/1 Seite 4c in der *Deutschen Handwerkerzeitung*. Was Publikumszeitschriften betrifft, so erstreckt sich die Bandbreite von 255 EUR für 1/1 Seite 4c in den *Dresdner Kunstblättern* bis zu 98.400 EUR in der *ADAC Motorwelt*.

2.2 Nachfrageorientierte Tendenzen in den Kommunikationsmärkten

Auf Seiten der **Kommunikationsnachfrager** bleibt das quantitativ umfangreiche Kommunikationsangebot nicht ohne Konsequenzen bei den Rezipienten. Bedingt durch die Atomisierung der Medien und die nach wie vor hohen Werbeaufwendungen werden die Rezipienten mit immer mehr Kommunikationsimpulsen konfrontiert. Bezogen auf die medial transportierten Kommunikationsimpulse ist z. B. festzuhalten, dass die deutschen Konsumenten im Jahre 2008 10.929 Fernsehspots pro Tag ausgesetzt waren. Im Vergleich dazu waren dies im Jahre 1984 lediglich 384 Fernsehspots (*ZAW* 2009, S. 320). Der Konfrontation mit Werbeimpulsen steht der **Medienkonsum** der Deutschen gegenüber, der sich wie folgt aufteilt (*Reitze/Ridder* 2006; *Mediaperspektiven* 2007, S. 68):

- Durchschnittlicher Hörfunkkonsum: 221 Minuten (1980: 135 Minuten),
- Durchschnittlicher Fernsehkonsum: 220 Minuten (1980: 125 Minuten),
- Durchschnittliche Nutzungszeit des Internet: 44 Minuten (2000: 13 Minuten),
- Durchschnittliche Lesezeit in Zeitschriften: 12 Minuten (1980: 11 Minuten),
- Durchschnittliche Lesezeit in Zeitungen: 28 Minuten (1980: 38 Minuten).

Notwendigerweise stellt sich somit eine Überlastung an Informationen ein, die nicht nur werbebedingt ist, sondern ihre Ursachen im Allgemeinen Überangebot an Informationen haben. Nach einer Studie von *Kroeber-Riel* (1987) lag in Deutschland bereits Mitte der 1980er Jahre ein durchschnittliches Niveau an **Informationsüberlastung** von 98 Prozent vor (zur Berechnung der Informationsüberlastung vgl. *Kroeber-Riel/Esch* 2004, S. 16).

Die Überlastung durch Werbung liegt auf einem ähnlich hohen Niveau und beträgt nach Kroeber-Riel in gedruckter Werbung über 95 Prozent; in elektronischen Medien dürfte sie nochmals höher sein. Dies bedeutet, dass höchstens 5 Prozent der gesendeten Unternehmensinformationen überhaupt die Chance haben, in Kontakt mit den Zielgruppen zu kommen (*Kroeber-Riel/Esch* 2004, S. 17). Neben den nur eingeschränkt zur Verfügung stehenden Zeitressourcen zur Aufnahme von Werbeappellen ist die begrenzte Aufnahme- und Verarbeitungskapazität des Menschen der wohl wichtigste nachfrageorientierte Grund für die beobachtbare allgemeine Informationsüberlastung.

Ein veränderter Medienalltag, fehlende Aufmerksamkeit seitens der Kommunikationsempfänger, zeitliche Restriktionen sowie die allgemeine Tendenz zu „Informationen on Demand" der Konsumenten führen dazu, dass die klassischen Medien im Allgemeinen immer weniger Beachtung erfahren. Zunehmend beteiligt sich der Nachfrager aktiv an der Informationserstellung, während die mediale Nutzung und die Kommunikation weiter verschmelzen. Laut einer Studie von *OMD* im Jahre 2007 wird die Nutzung des TV pro Person als Kommunikationsmedium von 220 Minuten pro Tag im Jahre 2005 auf 190 Minuten in 2015 zurückgehen. Die Aufmerksamkeit für Printmedien wird ebenfalls von 40 Minuten täglich auf unter 30 Minuten fallen. Das Internet wird mit einer täglichen Nutzungszeit von über zwei Stunden zum relevantesten Medium in der Gesellschaft. Die Gesamtnutzung aller Medien soll von derzeit 9,5 Stunden auf über 10 Stunden pro Tag im Jahre 2015 ansteigen. Ob im Berufsalltag oder im privaten Umfeld der Nutzer geht der Trend zunehmend zu einer digitalen, audiovisuellen und interaktiven Medienlandschaft.

Neben der angebotsseitig induzierten Informationsflut sind die natürlichen (biologischen) Grenzen des Menschen in Form einer nur **begrenzten Aufnahme und Verarbeitungskapazität** ein weiterer zentraler Grund für die allgemeine Überlastung mit Informationen. So können aus neurophysiologischen Untersuchungen der menschlichen Wahrnehmung folgende Erkenntnisse gewonnen werden:

- Die Kapazität zur Aufnahme mit allen Sinnesorganen beträgt pro Sekunde 10^9 Bit.
- Die Kapazität für die bewusste Verarbeitung aufgenommener Impulse beträgt pro Sekunde 10^2 Bit.

Es wird demnach nur jedes zehnmillionste Bit bewusst verarbeitet. Auch im Alltag können viele **Beispiele** für eine allgemeine Überlastung an Informationen durch vielfältige Medien beobachtet werden. Damit ist nicht nur das vielfältige Angebot der Fernsehsender oder der tägliche überfrachtete (elektronische) Briefkasten (sowohl beruflich als auch privat) gemeint. Vielmehr ist das Überangebot an Informationen in zahlreichen Lebenssituationen ein Merkmal der „Informationsgesellschaft". Zur Verdeutlichung kann ein bewusst pointiertes Beispiel herangezogen werden:

> **Beispiel: Überangebot an Informationen**
> Es ist nur wenig bekannt, dass die zehn Gebote insgesamt 279 Wörter, die amerikanische Unabhängigkeitserklärung 2.928 Wörter und die EU-Verordnung über Karamellbonbons mehr als 28.000 Wörter umfassen.

Neben den nur eingeschränkt zur Verfügung stehenden Zeitressourcen zur Aufnahme von Werbeappellen ist die begrenzte Gedächtniskapazität des Menschen der wohl wichtigste nachfrageorientierte Grund für die beobachtbare allgemeine Informationsüberlastung. So beinhaltet beispielsweise der **aktive Wortschatz** eines Deutschen durchschnittlich zwischen 12.000 und 16.000 Worte, worunter sich etwa 3.500 Fremdworte befinden. In Abhängigkeit der jeweiligen Persönlichkeit, des Bildungsstandes, der Erziehung usw. kann die Anzahl aktiv verfügbarer Worte stark variieren (nach oben und nach unten). So umfasste der aktive Wortschatz von *Shakespeare* ca. 29.000, der von *Goethe* gar 80.000 Worte (*o.V.* 1986, S. 198).

Um die menschliche **Gedächtnisleistung** als begrenzenden Faktor der Rezeption von Werbeimpulsen quantitativ und qualitativ systematisch erfassen zu können, ist es notwendig, sie einer Differenzierung hinsichtlich der **Wahrnehmung** und **gedanklichen Verarbeitung** von Bildern, Sprache und Text zu unterziehen.

(1) Gedächtnisleistung in Bezug auf die Wahrnehmung
In 90 Prozent der Fälle wird in einem Bild-Text-Display das Bild vor dem Text wahrgenommen, sofern das Bild mindestens die halbe Anzeigengröße einnimmt. Auf die im Allgemeinen zuerst betrachteten Bildmotive entfallen dann (auch noch) mehr als 50 Prozent der Betrachtungszeit (*Jeck-Schlottmann* 1987).

(2) Gedächtnisleistung in Bezug auf die gedankliche Verarbeitung
- Bilder werden im Gehirn weitgehend automatisch und mit geringerer gedanklicher Anstrengung und Kontrolle verarbeitet als sprachliche Reize.
- Bilder werden ganzheitlich-analog verarbeitet. Sprachliche Reize werden sequenziell-analytisch verarbeitet.
- Die geringere gedanklich-logische Kontrolle bei der Bildverarbeitung unterstützt die Überzeugungswirkung von Bildern (*Kroeber-Riel/Esch* 2004, S. 144 ff.).

> **Beispiel: Gedächtnisleistung in Bezug auf die gedankliche Verarbeitung**
> Um ein Bild mittlerer Komplexität so zu verarbeiten, dass es später wiedererkannt wird, werden zwischen 1,5–2,5 Sekunden benötigt. In dieser Zeit können etwa zehn Wörter verarbeitet werden (*Kroeber-Riel/Esch* 2004, S. 145).

Als eine Konsequenz dieser Entwicklung folgt, dass bei informationsüberlasteten Konsumenten die Bedeutung der **Bildkommunikation** in den Vordergrund rückt (vgl. zur Bildkommunikation *Kroeber-Riel* 1986; 1990; 1991; 1993). Aus diesem Grund spricht man bei jüngeren Personen seit einiger Zeit auch von der so genannten *visuellen Generation* (*Schultz/Tannenbaum/Lauterborn* 1993, S. 19). Eine andere Konsequenz besteht in der Notwendigkeit einer **Integrierten Kommunikation**, um die Kommunikationsbemühungen der Anbieter stärker zu konzentrieren und somit überhaupt vom Rezipienten wahrgenommen zu werden. Dies ist vor allem vor dem Hintergrund von zunehmend wenig involvierten Konsumenten und dem damit verbundenen flüchtigen Informationsverhalten von Bedeutung. Dabei kann eine konsequente Bildkommunikation für die Integrierte Kommunikation wichtige Funktionen übernehmen.

> **Beispiel: Durch Bilder induzierte Erinnerungsleistungen**
> In einem Experiment wurden den Testpersonen 2.500 Bilder hintereinander dargeboten. Bei einer Er-
> innerungsprüfung nach drei Tagen wurden noch über 90 Prozent dieser Bilder richtig wiedererkannt
> (*Standing/Conezio/Haber* 1970, S. 73 f.).

Auf der Basis der Forschungsergebnisse von *Paivio* Anfang der 1970er Jahre zur modalitätsabhängigen Gedächtnisleistung kann zusammenfassend folgende Hypothese aufgestellt werden (*Sherman/Kulhavy/Burns* 1976, S. 720):

- Reale Objekte werden besser erinnert als Bilder.
- Bilder werden besser erinnert als konkrete Worte.
- Konkrete Worte werden besser erinnert als abstrakte Worte.

Diese Hypothese wurde einige Jahre später von *Kroeber-Riel* aufgenommen und mit weiteren Forschungsergebnissen untermauert. Sein Fazit aus der erheblich größeren Leistungsfähigkeit von Bildern zur Beeinflussung von Gedächtnisprozessen formulierte er in dem griffigen Satz (*Kroeber-Riel* 1993, S. 53):

> **„Bilder sind schnelle Schüsse ins Gehirn".**

Auf den erhöhten Werbedruck reagieren die Nachfrager mit der bereits erwähnten **Kurzzeitigkeit in der individuellen Informationswahrnehmung und -verarbeitung**. Dies führt im Einzelnen zu einem Kurzzeitlesen (nur kurze Texte werden gelesen), Kurzzeitsehen (Bilder werden nur sehr schnell verarbeitet) und einem Kurzzeithören (nur kurzen Aussagen wird zugehört). Diese Kurzzeitigkeit in der Wahrnehmung führt auch zu einer verstärkten **Selektion der angebotenen Kommunikationsimpulse**, die durch die Formen der Werbevermeidung bis hin zu Verweigerungshaltungen gekennzeichnet sind. Phänomene wie *Zapping* im Fernsehen oder *Zipping* in Printmedien (d.h. das bewusste bzw. automatische Überblättern von Anzeigen) sind Zeichen für Verweigerungshaltungen gegenüber den Werbebotschaften der Unternehmen, die gleichzeitig mit Negativeinstellungen gegenüber der Werbung verbunden sind (vgl. auch Abschnitt 3.2 in diesem Kapitel).

3 Wirkungen im Kommunikationswettbewerb

Im Folgenden werden einige ausgewählte Aspekte der (beobachtbaren) Wirkungen der angebots- und nachfrageseitigen Veränderungen in den Kommunikations- und Medienmärkten aufgezeigt. Um eine systematische und differenzierte Betrachtung der Wirkungen im Markt durchzuführen, ist es notwendig, auch hier eine Unterteilung in angebots- und nachfrageorientierte Wirkungen vorzunehmen. Dies führt gleichzeitig zu einer konsequenten und vor allem konsistenten Vorgehensweise.

3.1 Angebotsorientierte Wirkungen im Kommunikationswettbewerb

Die Atomisierung der Medien, die Flut an Kommunikationsreizen und beworbenen Marken sowie nachlassende Medialeistungen führen auf Anbieterseite zu einem verstärkten Mehreinsatz von Kommunikationsmitteln und -instrumenten. Vor dem Hintergrund der Strukturveränderungen in den Kommunikations- und Medienmärkten sowie der damit verbundenen zunehmenden Wettbewerbsintensität in der Kommunikation sind die kommunikationstreibenden Unternehmen bemüht, neue Formen der kommunikativen Ansprache zu finden. Ausdruck dieses Bemühens ist die Entstehung neuer Kommunikationsinstrumente, wie z. B. in der jüngeren Vergangenheit die Social Media-Kommunikation.

Bei dem **Entstehen neuer Kommunikationsinstrumente** werden diese Instrumente zunächst von einigen Unternehmen erprobt, bis dann im Zuge eines schnell fortschreitenden Diffusionsprozesses immer mehr Unternehmen die Instrumente einsetzen (*Bruhn* 1996, S. 13). Es entsteht also eine Wettbewerbssituation, indem verschiedene Unternehmen in ähnlicher Weise Kommunikationsinstrumente verwenden, bis schließlich der Einsatz einzelner Instrumente zur Pflicht wird. In diesem Sinne kann man auch von einem **Lebenszyklus von Kommunikationsinstrumenten** sprechen. Schaubild I-C-4 zeigt einen derartigen Kommunikationslebenszyklus.

Unter Wettbewerbsgesichtspunkten bedeutet dies aus Sicht der Unternehmen, dass bei einigen Kommunikationsinstrumenten eine Patt-Situation eingetreten ist. Wenn die meisten Unternehmen einer Branche die gleichen Kommunikationsinstrumente (teilweise auch noch mit einer ähnlichen Botschaftsgestaltung) einsetzen, dann treten **Sättigungserscheinungen** in der Leistungsfähigkeit ein. Die Eigenständigkeit im kommunikativen Auftritt geht verloren und sowohl die Effektivität des Kommunikationsmix als auch die Effizienz einzelner Kommunikationsinstrumente ist in Frage zu stellen. Die ohnehin sehr schwer zu beantwortende Frage der Erfolgskontrolle stellt sich für Unternehmen somit in zweifacher Weise:

(1) Das **Problem der Effektivität** ergibt sich für die Unternehmen als **Intermediavergleich**, d. h., in der Frage nach der Wahl der geeigneten Kommunikationsinstrumente für die Marktkommunikation (**„To do the right things"**). Hier steht die Mediawerbung in Konkurrenz zur Verkaufsförderung, zur Public Relations, zum Sponsoring, zum Direct Marketing und neuerdings auch zum Einsatz von Social Media-Kommunikationsinstrumenten. Aufgrund der Schwierigkeiten bei der Erarbeitung von Vergleichsmaßstäben zwischen den einzelnen Instrumenten („Äpfel mit Birnen vergleichen") wird dieses Allokationsproblem in der Praxis kaum thematisiert. Vielmehr werden Vorgehensweisen aus der Vergangenheit fortgeschrieben. Hier besteht erheblicher Forschungsbedarf hinsichtlich einer zielführenden interinst-

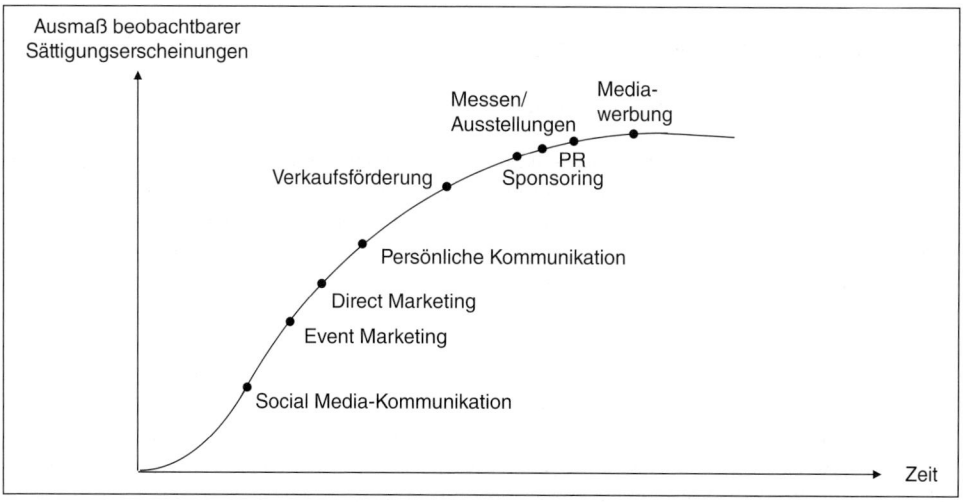

Schaubild I-C-4: Lebenszyklus von Kommunikationsinstrumenten (in Anlehnung an Bruhn 1996, S. 13)

rumentellen Allokation der Kommunikationsressourcen. Angesichts der schnell fortschreitenden Strukturveränderungen in den Kommunikations- und Medienmärkten sowie den damit verbundenen nachlassenden Medialeistungen wird es für Unternehmen immer wichtiger, den Einsatz der Kommunikation effektiv zu gestalten, um so Vorteile im Kommunikationswettbewerb realisieren zu können. Die Forderung der Praxis an die Kommunikationsforschung nach der Bereitstellung von Entscheidungshilfen für einen effektiven Einsatz der Unternehmenskommunikation wird daher zukünftig immer nachdrücklicher gestellt werden.

(2) Das **Problem der Effizienz** stellt sich in der Kommunikationspolitik von Unternehmen als **Intramediavergleich**, d.h., der Vergleich von alternativen Medien bzw. Maßnahmen innerhalb eines Kommunikationsinstrumentes unter Kosten-Nutzen-Gesichtspunkten (**„To do the things right"**). Hier fällt es verständlicherweise leichter, Beurteilungskriterien für den Wahlvergleich (z. B. Tausenderkontaktpreise, Einschaltquoten, Reichweiten) zu finden, da "ja nur verschiedene Apfelsorten" miteinander verglichen werden.

Die Probleme der Effektivität und Effizienz der Kommunikation haben sich durch die Strukturveränderungen in den Medien- und Kommunikationsmärkten erheblich verstärkt. Aufgrund der höheren Kosten bei teilweise geringeren Medienleistungen hat insbesondere die Effizienz der Mediawerbung nachgelassen.

Trotz der offensichtlichen Effektivitäts- und Effizienzprobleme der Mediawerbung besteht in der Praxis eine gewisse **„Fernsehgläubigkeit"** im Rahmen der Marktkommunikation. Die Fernsehwerbung hatte in den 1950er, 1960er und auch 1970er Jahren für die meisten, national anbietenden Konsumgüterunternehmen eine zentrale Funktion für die Marktkommunikation. Die Kommunikationstreibenden erkennen jedoch (noch) nicht den hohen Bedeutungsverlust der Mediawerbung innerhalb des Kommunikationsmix zur planmäßigen Beeinflussung von Zielgruppen in den letzten fünf Jahren.

Viele Unternehmen reagieren in dieser Situation wenig kreativ. Sie erhöhen in erster Linie ihre Werbeetats und versuchen auf diese Weise, die Medialeistungen der Vergangenheit durch höhere Aufwendungen zu erhalten. Die **Erhöhung des Werbedrucks** „schaukelt" sich durch das Parallelverhalten der einzelnen Kommunikationstreibenden allerdings immer weiter fort. Die Unternehmen versuchen, der zunehmenden Intensität des Kommunikationswettbewerbs durch höhere Kommunikationsaufwendungen, insbesondere in die Mediawerbung, zu begegnen, wodurch jedoch zunehmende Effizienzverluste in Kauf genommen werden.

Ein weiteres **„Me-too-Verhalten"** zeigt sich bei den Unternehmen bei der Erarbeitung der **kreativen Leistung**. So ist die Zusammenarbeit zwischen Werbeagenturen und Werbetreibenden vielfach durch ein ausgeprägtes Sicherheitsdenken gekennzeichnet. Es werden traditionelle Formen der Botschaftsgestaltung bevorzugt, weil sie in Werbemitteltests erfahrungsgemäß immer die besten Ergebnisse gezeigt haben. Allerdings führt dies im Verhalten zu einer **Gleichartigkeit in der Botschaftsgestaltung**, die für den einzelnen Kommunikationstreibenden kaum Vorteile erbringt.

Dies wird auch durch die Ergebnisse einer von der Werbeagentur *Grey* in Deutschland durchgeführten Untersuchung zur Werbezuordnung gestützt. So sind etwa 80 Prozent der Werbesignale traditionell und damit austauschbar. Sie werden spontan dem Marktführer zugeordnet, d.h., eine Vielzahl von Unternehmen betreibt eigentlich keine Werbung für die Firma oder die jeweiligen Marken, sondern für den Marktführer.

3.2 Nachfrageorientierte Wirkungen im Kommunikationswettbewerb

Auf der Nachfrageseite haben die Rezipienten den erhöhten Werbedruck, die Vielzahl verschiedener Werbekampagnen und das vermehrte Angebot an Werbespots in den unterschiedlichen Medien zu verarbeiten. Wahrnehmungspsychologisch ergeben sich zwei zentrale Veränderungen in der individuellen Wahrnehmung.

Die erste Tendenz ist in der **reduzierten Konzentrationsfähigkeit** zu sehen. Die Rezipienten sind immer weniger in der Lage, sich auf die angebotenen Kommunikationsimpulse zu konzentrieren und sie zu verfolgen (*Trommsdorff* 2002). Ausdruck dieser Entwicklung die in zunehmendem Maße beobachtbare oberflächliche Mediennutzung sowie die damit verbundene nachlassende „Medientreue".

Die zweite Tendenz betrifft eine **oberflächliche Informationsverarbeitung**. Kommunikationsimpulse werden immer weniger differenziert wahrgenommen (*Kroeber-Riel/Esch* 2004, S. 17). Die Fähigkeit zur Aufnahme spezifischer Informationen nimmt ab und die Bereitschaft, globale Formen der Botschaftsgestaltung aufzunehmen, nimmt zu. In diesem Zusammenhang ist auch die Forderung nach verstärkter **Bildkommunikation** einzuordnen, d. h. die verstärkte Form der Vermittlung von Markenbildern (z. B. lila Kühe, grüne Krokodile), die eher in der Lage sind, von den Rezipienten aufgenommen und verarbeitet zu werden als sprachlich vermittelte Informationen.

Als Gesamtergebnis kann festgehalten werden, dass auf Nachfragerseite in verstärktem Maße Kurzzeitwahrnehmungen auftreten. Die Nachfrager reagieren auf die Strukturveränderungen durch eine **Kurzzeitigkeit in der individuellen Wahrnehmung**. D. h. im Einzelnen:

- **Kurzzeitlesen,** d. h., nur kurze Texte werden gelesen.
- **Kurzzeitsehen,** d. h., Bilder werden nur sehr schnell betrachtet.
- **Kurzzeithören,** d. h., nur kurzen Aussagen wird zugehört.

In einem – durch die Informationsüberlastung entstehenden – Kommunikationswettbewerb kann also offensichtlich davon ausgegangen werden, dass die **Kurzzeitigkeit in der Wahrnehmung und Verarbeitung** die zentralen Verhaltensweisen der Nachfrager sein werden.

Die Atomisierung der Medien und der steigende Werbedruck führen aber nicht nur zu einer oberflächlicheren Wahrnehmung des Rezipienten, sondern auch zu einer **Destabilisierung von Mediennutzungsmustern**. Der Rezipient reagiert heute auf die Zunahme von Programmalternative und die steigende Werbeflut mit einer verstärkten Selektion von Programmangeboten. Diese zeigt sich in Form von Fernsehwanderungen durch Umschaltverhalten, die sich sowohl auf Programmelemente aber auch auf die Werbung beziehen.

Mit Blick auf die durch **Fernsehwanderungen** drohenden sinkenden Kontaktchancen mit der Werbung sind in den letzten Jahren in verschiedenen Ländern zahlreiche empirische Untersuchungen zur Werbevermeidung im Fernsehen durchgeführt worden (z. B. *Heeter/Greenberg* 1985; *Kaplan* 1985; *Niemeyer/Czycholl* 1994; *Sat.1* 1997; *Hofsümmer/Horn* 1999). Die Mehrzahl der bisherigen empirischen Untersuchungen konzentriert sich dabei auf das „Zapping" bzw. das „Zipping" als die bekanntesten Formen der Werbevermeidung. Unter **Zapping** wird das „Abschießen", d. h. das Wegschalten der Werbung mit der Fernbedienung verstanden, während sich das **Zipping** auf den Videokonsum bezieht und hier das Über- bzw. Vorspulen von ganzen Werbeblöcken bezeichnet. Die bisherigen empirischen Untersuchungen führen zu stark divergierenden Ergebnissen zum Ausmaß der Werbevermeidung im Fernsehen. Die Gründe für diese breite Streuung der Ergebnisse liegen unter anderem in den unterschiedlichen methodischen Vorgehensweisen der Untersuchungen sowie auch der Tatsache, dass es sich vielfach um Auftragsforschung der Sendeanstalten oder Agenturen handelt und eine bestimmte Interessengebundenheit der Ergebnisse nicht von der Hand zu weisen ist. Über Motive und Bestimmungsfaktoren der Werbevermeidung liegen bisher nur wenige theoretische und einige empirische Erkenntnisse vor. Dennoch kann man bereits feststellen, dass Zapper im Vergleich zu denjenigen, die Werbeblöcke nicht mittels Umschaltverhalten vermeiden (so genannte Sticker) eher jünger und eher männlich sind, über mehr Fernsehkanäle verfügen und durch einen intensiveren Fernsehkonsum gekennzeichnet sind (vgl. *Niemeyer/Czycholl* 1994).

4 Konsequenzen im Kommunikationswettbewerb

Im Folgenden werden sowohl die inter- als auch intrainstrumentellen Konsequenzen des Kommunikationswettbewerbs aufgezeigt.

Aufgrund der aufgezeigten Entwicklungstendenzen in den Kommunikations- und Medienmärkten, ist es notwendig, die Leistungsfähigkeit der Mediawerbung sowie aller anderen zur Verfügung stehenden Kommunikationsinstrumente zukünftig verstärkt anhand von **Effizienzkriterien** zu überprüfen. Die kommunikationspolitischen Instrumente sind jeweils einer prozessorientierten Kosten-/Nutzenanalyse zu unterziehen und gegenüberzustellen, um so zu einer optimalen Allokation der Kommunikationsressourcen zu gelangen. In diesem Zusammenhang werden Methoden und Verfahrensweisen aus der Investitions- und Kostenrechnung im Hinblick auf die Eignung als Analyseinstrumente zu prüfen sein. Im Ergebnis wird es dann bei vielen Unternehmen zu einer **interinstrumentellen Umschichtung der Kommunikationsressourcen** kommen, wobei zu vermuten ist, dass die Ausgaben für die Mediawerbung in Relation zu den neueren Kommunikationsinstrumenten, wie z. B. Event Marketing oder Social Media-Kommunikation, tendenziell weiter zurückgehen werden.

Die Konsequenzen erstrecken sich aber nicht nur auf eine interinstrumentelle Umschichtung von Kommunikationsressourcen, sondern es ist auch notwendig, den Einsatz einzelner Kommunikationsinstrumente zielgerichteter und effizienter zu gestalten. Die Unternehmen werden also in Zukunft verstärkt darüber nachzudenken haben, wie sie die Unternehmenskommunikation auf intrainstrumenteller Ebene dem zunehmenden Kommunikationswettbewerb anpassen, damit die in zunehmendem Maße auftretenden Streuverluste sowie die sinkenden Kommunikationswirkungen aufgefangen werden können.

Um im Kommunikationswettbewerb bestehen zu können, ist es beispielsweise notwendig, dass der Werbeeinsatz in Zukunft

- bildbetonter,
- emotionaler,
- kreativer,
- innovativer,
- integrativer

ausgerichtet wird (vgl. ausführlich Abschnitt III-B-10.3).

Dabei wird es immer stärker darauf ankommen, dass die Unternehmen ein eigenständiges, konsistentes und vor allem einzigartiges kommunikatives Bild von der beworbenen Marke in den Köpfen der Zielpersonen verankern. Vorrangiges Ziel der Unternehmen hat daher die Realisierung einer **Unique Communication Proposition (UCP)** im Sinne eines **strategischen Kommunikationsvorteils** zu sein, die als Bestimmungsfaktor für den Markterfolg zunehmend an Bedeutung gewinnt und ein Überleben im Kommunikationswettbewerb sicherstellt.

Teil II

Strategische Ausrichtung der Unternehmens- und Marketingkommunikation

A. Strategische versus taktische Ausrichtung der Kommunikationspolitik

1 Notwendigkeit einer strategischen Kommunikationspolitik

Die Notwendigkeit einer **strategischen Ausrichtung in der Kommunikationspolitik** ergibt sich durch veränderte Bedingungen der Marketing- und Kommunikationssituation in Branchen, die die Kommunikationsarbeit von Unternehmen nachhaltig beeinflussen und vor neue Herausforderungen stellen. Zentrale Faktoren stellen in diesem Zusammenhang die bereits aufgezeigten angebots- und nachfrageseitigen Strukturveränderungen auf den Kommunikations- und Medienmärkten dar. Angebotsseitige Entwicklungstendenzen wie die für Unternehmen schwer zu kontrollierende Zunahme der Netzwerkkommunikation, die zukünftige Kürzung der Werbeetats sowie die zunehmende Anzahl möglicher Kommunikationsmaßnahmen stellen Unternehmen heute vor erhebliche Effektivitäts- und Effizienzprobleme. Nachfrageseitige Entwicklungen wie die zunehmende Informationsüberlastung der Konsumenten führen gleichzeitig zu einer kurzzeitigen Informationsverarbeitung und Werbereaktanzen. Bei einer Betrachtung der zunehmenden Ähnlichkeit von Produkten auf vielen Verbrauchs- und Gebrauchsgütermärkten ist vor diesem Hintergrund die Konsequenz zu ziehen, dass Unternehmen heute immer weniger in einem Produktwettbewerb, sondern verstärkt in einem „**Kommunikationswettbewerb**" um die Gunst und Aufmerksamkeit relevanter Zielgruppen stehen.

Die Notwendigkeit einer strategischen Ausrichtung der Kommunikationspolitik wird zusätzlich verstärkt durch die zunehmende **Komplexität der Kommunikationsprozesse**, die ihrerseits Veränderungen in der Kommunikationswahrnehmung bei internen und externen Zielgruppen bewirkt. Ursprung dieser Komplexität sind Unsicherheiten in der Umwelt (Marktturbulenzen, Wettbewerbsdruck, Medienvielfalt, Technologiedynamik usw.), auf die Unternehmen mit einem zunehmenden Grad an Differenzierung ihrer Aktivitäten reagieren (*Bruhn* 2009a). Auf die Kommunikationspolitik bezogen äußert sich dies oftmals in der Entwicklung und dem Einsatz neuer Kommunikationsinstrumente, die zur Ansprache spezieller Teilmärkte beziehungsweise Zielgruppen eingesetzt werden. Zu den klassischen Instrumenten der Massenkommunikation wie Mediawerbung, Public Relations und Verkaufsförderung treten innovative und stärker individualisierte Kommunikationsinstrumente, beispielsweise Direct Marketing, Event Marketing und Sponsoring, hinzu. In vielen Branchen ist in den letzten Jahren zudem eine **Umverteilung der Kommunikationsbudgets** zu beobachten. War es im Verlauf der 1990er Jahre auffällig, dass die Kommunikationsetats zu Lasten der Maßnahmen „Above the Line" (vor allem Mediawerbung) und zugunsten von Kommunikationsmaßnahmen „Below the Line" (z. B. Verkaufsförderung, Sponsoring, Direct Marketing, Internet) umverteilt wurden (*GWA* 2005, S. 10; *GfK AG/Wirtschaftswoche* 2006), hat sich diese Entwicklung deutlich geändert. So wird derzeit ein Rückgang des Investitionsverhaltens sowohl für die Mediawerbung („Above the Line"), als auch für bestimmte Maßnahmen „Below the Line" (z. B. für Sponsoring und Event Marketing) prognostiziert (*GWA 2009,* S. 38). Investiert wird hingegen künftig verstärkt in Maßnahmen der Dialogkommunikation (Verkaufsförderung und Direkt Marketing) sowie in Maßnahmen der Netzwerkkommunikation (Social Media). Je höher dabei der Anteil der Budgets für Maßnahmen „Below the Line" ist, desto vielfältiger werden die Kommunikationsmaßnahmen.

Die Vielfalt der eingesetzten Kommunikationsinstrumente und -maßnahmen birgt Gefahren in Bezug auf die Wahrnehmung durch interne sowie externe Zielgruppen der Kommunikation. Unternehmensintern kommt es zu Defiziten, da die innengerichtete Kommunikation externen Kommunikationsmaßnahmen häufig nachgelagert ist, d. h. die Mitarbeitenden des Unternehmens nicht frühzeitig über externe Kommunikationsmaßnahmen informiert beziehungsweise die Inhalte der externen Kommunikation nicht glaubwürdig nach innen kommuniziert werden (*Bruhn/Zimmermann* 1993, S. 161 ff.). Diese **Diskrepanz zwischen interner und externer Kommunikation** kann zum einen zur Unglaubwürdigkeit des Unternehmens bei den internen Zielgruppen und zur Unzufriedenheit der Mitarbeitenden führen, wenn sie sich in der Kommunikation vernachlässigt fühlen. Zum anderen ergeben sich auch Gefahren in Bezug auf die Glaubwürdigkeit nach außen, wenn Mitarbeitende im Kontakt mit externen Zielgruppen (Kunden, Pressevertreter u. a.) Aussagen tätigen, die im Widerspruch zu den Aussagen beispielsweise in der Mediawerbung, in der Public Relations oder im Direct Marketing stehen. Die Gefahr des unkoordinierten Einsatzes einer Vielzahl von Kommunikationsinstrumenten gegenüber den externen Kommunikationsempfängern ist darin zu sehen, dass es zu keiner geschlossenen Wahrnehmung des Unternehmens- beziehungsweise Markenbildes kommt. Werden z. B. in der Mediawerbung andere Botschaften, Bilder und Images kommuniziert als im Sponsoring, so entstehen Unklarheiten bezüglich der Positionierung von Unternehmen beziehungsweise Marken. Diese erschweren eine Differenzierung von der Konkurrenz und bewirken Verunsicherungen bei den Konsumenten. Darüber hinaus verringern uneinheitliche Aussagen zwischen Kommunikationsinstrumenten die Lerneffekte bei den Konsumenten, so dass die Kommunikation an Wirkung verliert. Irritationen durch widersprüchliche Kommunikationsaussagen machen deutlich, dass ein Kommunikationserfolg durch eine einfache Erhöhung der verabreichten „Kommunikationsdosis" heute nicht mehr gewährleistet werden kann.

Die Tendenz einer **uneinheitlichen Wahrnehmung in der Kommunikation** ist zu einem Großteil darauf zurückzuführen, dass in Unternehmen vielfach keine übergeordneten Regeln für den Einsatz der Kommunikationsinstrumente vorliegen und jedes Instrument autonom in seiner Gestaltung ist, ohne auf übergeordnete Zielsetzungen zu achten. Zudem wird selten eine Erfolgskontrolle einzelner Kommunikationsinstrumente hinsichtlich der Erreichung übergeordneter Ziele der Gesamtkommunikation durchgeführt. Um solche Kommunikationsdefizite zu verhindern, ist die konsequente Ausrichtung aller Kommunikationsaktivitäten an einem übergeordneten strategischen Kommunikationskonzept für die gesamte Unternehmens- und Marketingkommunikation notwendig.

Auch die **Qualität werblicher Informationen** stellt für die Informationsverarbeitung von Unternehmen vielfach ein Problem dar. Insbesondere wenn Unternehmen oder ihre Produkte durch öffentliche Angriffe oder Skandale in die Krise geraten, entsteht auf Konsumentenseite Irritation und Unsicherheit. Redaktionelle Beiträge sind häufig mit den werblichen Informationen von Unternehmen über bestimmte Produkte nicht in Einklang zu bringen. Auch hier ist eine strategische und übergeordnete Leitlinie für den Einsatz der Kommunikation zu finden.

Zur Komplexität der Kommunikationsprozesse trägt auch die zunehmend interaktive Ausrichtung der Kommunikation bei, die die Phase der Dialogkommunikation (vgl. Abschnitt I-C-1) kennzeichnet und im Kontext eines **Paradigmenwechsels im Marketing** anzusehen ist. Dominierte bis in die 1990er Jahre hinein das Transaktionsmarketing, in dessen Rahmen der Kommunikation die Aufgabe zukam, Informationen an ein breites Massenpublikum zu kommunizieren und primär eine Leistungsdarstellung vorzunehmen, so ist inzwischen in den meisten Märkten ein Beziehungsmarketing (Relationship Marketing) gefordert, das den Ursprung von Wettbewerbsvorteilen in der Fokussierung auf die Beziehung zu den Zielgruppen sieht (*Bruhn* 2009b).

Da die Qualität einer Beziehung wesentlich durch die Art der Interaktion zwischen einem Unternehmen und seinen Zielgruppen beeinflusst wird, kommt der Kommunikationspolitik im Rahmen des Relationship Marketing eine besondere Bedeutung zu. Es geht in der Unternehmenskommunikation folglich nicht mehr ausschließlich um eine Leistungsdarstellung, sondern gleichzeitig darum, auf das Informations- und Interaktionsbedürfnis der einzelnen Zielgruppen einzugehen und einen zweiseitigen Kommunikationsprozess zu initiieren (*Bruhn* 2009b). Dies beinhaltet eine Interaktion zwischen zwei gleichgestellten Kommunikationspartnern, die abwechselnd die Funktion der Ansprache und der Rezeption übernehmen (*Lischka* 2000, S. 36 ff.; *Grönroos* 2007). Dieses „neue" **Kommunikationsmodell des Relationship Marketing** ist in Schaubild II-A-1 dargestellt.

Der Paradigmenwechsel stellt für die Unternehmens- und Marketingkommunikation eine besondere Herausforderung dar: Er impliziert, dass Unternehmen heute nicht mehr ausschließlich einseitige Kommunikationsformen verfolgen können, sondern dass sich neben der vom Unternehmen initiierten und geplanten Kommunikation eine Form der zweiseitigen interaktiven Kommunikation ergibt, die vom Unternehmen oder externen Anspruchsgruppen initiiert sein kann. Daher ist es sinnvoll, zwischen zwei Formen der Kommunikation zu unterscheiden, deren wesentliche Merkmale in Schaubild II-A-2 zusammenfassend dargestellt sind.

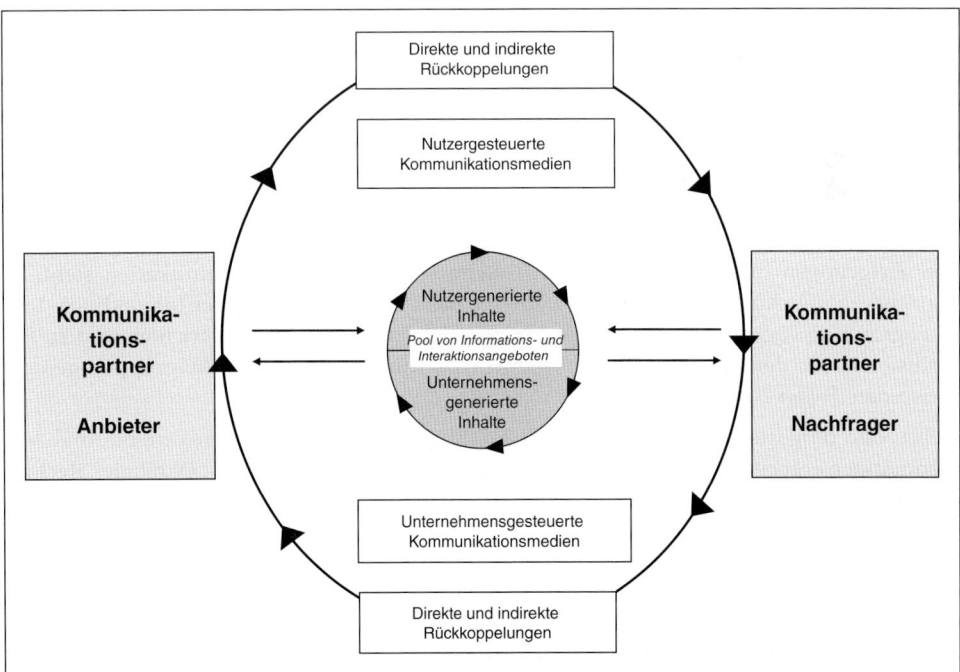

Schaubild II-A-1: Kommunikationsmodell im Relationship Marketing (Bruhn 2010a, S. 32)

Merkmale	Push-Kommunikation	Pull-Kommunikation
Kommunikationsmodell	Klassisches Kommunikations-modell (Sender-Medium-Empfänger)	Modell des Angebotes eines Pools von Informations- und Kommunikationsangeboten
Richtung der Kommunikation	Einseitig	Zweiseitig
Initiator der Kommunikation	Anbieter	Anbieter oder Nachfrager
Primärfunktionen	• Informationsfunktion • Beeinflussungsfunktion • Bestätigungsfunktion	• Aufforderungsfunktion • Interaktionsfunktion • Individualisierungsfunktion • Flexibilitätsfunktion
Typische Kommunikations-instrumente und -mittel	Mediawerbung, Pressearbeit, Verkaufsförderung, Sportsponsoring u.a.m.	Online-Kommunikation, Call Center, Beschwerden u.a.m.

Schaubild II-A-2: Merkmale einer Push- versus Pull-Kommunikation (Bruhn 2009a, S. 11)

(1) Push-Kommunikation

Hier handelt es sich um eine Kommunikationsform, die nach dem klassischen Kommunikationsmodell ausgerichtet ist (Sender-Medium-Empfänger). Es dominiert eine vom Anbieter initiierte einseitige Kommunikation, z.B. durch die Mediawerbung oder Pressearbeit. Die Funktionen der Kommunikation liegen primär in der Information und Beeinflussung der Konsumenten sowie der Bestätigung ihrer Verhaltensweisen (*Bruhn* 2010a, S. 1).

(2) Pull-Kommunikation

Diese Form der Kommunikation geht primär vom Nachfrager aus und ist zweiseitig, z.B. bei der Online-Kommunikation, bei Call-Center-Anfragen oder Beschwerden. Der Anbieter schafft einen Pool von Informations- und Interaktionsangeboten, bei dem der Nachfrager entscheidet, ob und wie er sie in Anspruch nehmen möchte (Multi-Channel-Angebote). Dies bedeutet, dass Instrumente der Pull-Kommunikation die Zielgruppen direkt oder indirekt auffordern, mit dem Unternehmen in Kontakt zu treten. Die Zielgruppen haben diese Aufforderung zu akzeptieren und in einem nächsten Schritt umzusetzen. Da der Dialog mit den Zielgruppen im Mittelpunkt einer beziehungsorientierten Kommunikation steht, ist die Auswahl der Kommunikationsinstrumente nach dem Kriterium ihrer Interaktions- und Dialogeignung vorzunehmen. Darüber hinaus sind sie individuell auszurichten und zu flexibilisieren, um den Kommunikationsbedürfnissen unterschiedlicher Zielgruppen gerecht zu werden (*Bruhn* 2009b).

Neben den dargestellten dynamischen Entwicklungen in den Kommunikations- und Medienmärkten ergeben sich für Unternehmen auch durch die **Technologie-, Ökologie-, Rechts-, Politik- und Wertedynamik** neue Herausforderungen für die Kommunikationspolitik. Diesen vielfältigen externen Herausforderungen ist durch eine veränderte Kommunikationsstrategie Rechnung zu tragen, wobei einer schnellen Reaktion auf Zukunftsthemen eine besondere Bedeutung zukommt. Bei dieser Reaktionsfähigkeit sind nicht nur einzelne Kommunikationsinstrumente gefordert, sondern vielmehr ist durch einen integrierten Einsatz aller Kommunikationsinstrumente eine effektive Reaktion sicherzustellen. Ebenso kann Krisensituationen sowie Stimmungsinformationen in krisenhaften Situationen (*Piwinger/Niehüser* 1995) nicht länger mit Ad-hoc-Reaktionen oder Einzelmaßnahmen seitens entsprechender Kommunikationsabteilungen begegnet werden. Vielmehr ist auch hier, durch strategische und professionell gestaltete interne und externe Kommunikationsarbeit, unternehmerisches Handeln gegenüber unterschiedlichen Anspruchsgruppen zu legitimieren (*Steinmann/Zerfaß* 1995; vgl. zur Krisenkommunikation ausführlich *Höbel* 2007; *Ditges et al.* 2008; *Töpfer* 2008).

Schließlich bedingen auch veränderte Strukturen und Abläufe in den **Wettbewerbsprozessen** komplexere Ansprüche an die Kommunikation von Unternehmen. Dies gilt beispielsweise bei der Diversifikation von Unternehmen, bei Fusionen, Übernahmen von Unternehmen usw. Je breiter das Produktprogramm und je heterogener die Teilmärkte sowie Zielgruppen von Unternehmen, desto uneinheitlicher resultiert vielfach der kommunikative Auftritt eines Unternehmens. Hier ist es die Aufgabe der Kommunikationspolitik, zwischen verschiedenen Sparten und Produktgruppen mögliche Verbindungslinien und Gemeinsamkeiten zu analysieren, die einen strategischen und aufeinander abgestimmten Kommunikationsauftritt ermöglichen. Während im Falle einer lateralen Diversifikation eine gemeinsame strategische Ausrichtung von Sparten nicht sinnvoll sein kann, sind im Bereich der horizontalen Diversifikation diese Synergiepotenziale systematisch zu nutzen.

Insgesamt wird deutlich, dass Kommunikation heute nicht mehr nur als Begleiterscheinung der Produktpolitik verstanden werden kann, sondern professionell im Sinne eines **strategischen Wettbewerbsfaktors** einzusetzen ist. Dies stellt sowohl an die Analyse, Planung, Umsetzung und Kontrolle der Gesamtkommunikation von Unternehmen neue Herausforderungen als auch an die Arbeit in den einzelnen Kommunikationsfachabteilungen, die für unterschiedliche Kommunikationsinstrumente die Verantwortung tragen.

2 Kommunikationsstrategien auf unterschiedlichen Ebenen

Die Planungsaufgaben der Kommunikation können auf zwei unterschiedlichen Unternehmensebenen vollzogen werden. Zum einen erfolgt die Planung der Kommunikationsmaßnahmen auf Ebene der Gesamtkommunikation und zum anderen auf Ebene der einzelnen Kommunikationsinstrumente beziehungsweise Fachabteilungen. Für ein erfolgreiches Kommunikationsmanagement ist es notwendig, eine **strategische Planung der Kommunikationspolitik** auf diesen beiden Ebenen gleichzeitig vorzunehmen, d. h.

- die strategische Planung der Gesamtkommunikation (Integrierte Kommunikation) sowie
- die strategische Planung einzelner Kommunikationsinstrumente.

(1) Ebene der Gesamtkommunikation

Auf der Ebene der Gesamtkommunikation ist über die zentralen Fragestellungen der Kommunikationspolitik für das gesamte Unternehmen zu entscheiden. Hier geht es darum, strategische Zielsetzungen für die Unternehmens- und Marketingkommunikation, ein strategisches Leitbild sowie die einzusetzenden Kommunikationsinstrumente zu definieren. Die kommunikativen Gemeinsamkeiten sämtlicher Sparten, Marken usw. sind zusammenzufassen, und für das Unternehmen ist nach einem **Ansatz einer einheitlichen Kommunikation** zu suchen. Dies betrifft nicht die Kommunikation für einzelne Produkte, sondern die **gesamte Unternehmens- und Marketingkommunikation**.

Auf der Ebene der Gesamtkommunikation eines Unternehmens ist dafür Rechnung zu tragen, aus der Vielfalt der in einem Unternehmen eingesetzten Kommunikationsinstrumente und -maßnahmen ein in sich geschlossenes und widerspruchsfreies Kommunikationssystem zu erstellen.

Zielsetzung ist es, aus den unterschiedlichen Quellen der internen und externen Kommunikation eine Einheit im Sinne einer konsistenten und aufeinander abgestimmten Unternehmenskommunikation zu gewährleisten. Die gesamte Kommunikationsarbeit eines Unternehmens ist, im Sinnbild eines Orchesters ausgedrückt, harmonisch zu gestalten und auf eine gemeinsame „Leitmelodie" einzustimmen. Der Ansatz zur Entwicklung einer für das gesamte Unternehmen ganzheitlichen Kommunikationsstrategie wird im Folgenden als **Konzept der Integrierten Kommunikation** (*Bruhn* 2009a) bezeichnet.

Die **Verantwortung für die Gesamtkommunikation** liegt seitens der zuständigen Führungsebenen, wie z. B. der Unternehmensleitung (Geschäftsführung, Vorstand), den Marken- beziehungsweise Marketingmanagern oder der Corporate Communication, da nur sie über die Kompetenz und Durchsetzungskraft verfügen, alle an der Kommunikation Beteiligten zu einer gemeinsamen strategischen Kommunikationspolitik zu verpflichten. Sie haben die Integration der Kommunikation nicht nur zu initiieren und zu koordinieren, sondern die Integration explizit als Führungsaufgabe anzusehen. Diese Ebene trägt somit die zentrale Verantwortung für die Schaffung einer **„Einheit der Kommunikation".** Diese Zielsetzung ist durch die Entwicklung einer Strategie der Integrierten Kommunikation planerisch zu realisieren (Top-down), wobei die betroffenen Abteilungen mit in den Planungsprozess einzubeziehen sind (Bottom-up). Aus dem strategischen Konzept der Integrierten Kommunikation werden schließlich als Vorgaben für die einzelnen Kommunikationsabteilungen so genannte Kommunikationsregeln abgeleitet, die zur Abstimmung der einzelnen Kommunikationsinstrumente notwendig sind. Zur Förderung der Koordination zwischen den Einzelinstrumenten hat vor allem die Unternehmensleitung durch strukturelle Maßnahmen dafür Sorge zu tragen, dass die bestehenden Barrieren und Widerstände im Unternehmen gegenüber der Integration abgebaut werden.

(2) Ebene der Kommunikationsfachabteilung

Neben der Ebene der Gesamtkommunikation ist die Ebene der **Kommunikationsfachabteilungen** zu unterscheiden. Hierbei handelt es sich beispielsweise um die Fachabteilungen Werbung, Verkaufsförderung, Public Relations, Mitarbeiterkommunikation, Sponsoring u. a. m. Auf dieser Ebene ist ausschließlich über den Einsatz des jeweiligen Kommunikationsinstrumentes zu entscheiden.

Die **Verantwortung für den Einsatz einzelner Kommunikationsinstrumente** liegt bei den Leitern sämtlicher Fachabteilungen mit Planungsaufgaben. Dies sind nicht nur die Leiter der einzelnen Kommunikationsfachabteilungen, wie der Werbe-, Verkaufsförderungs- oder PR-Leiter. Vielmehr zählen dazu auch die Vertriebs- und Personalleiter, da auch sie durch die persönliche und die Mitarbeiterkommunikation spezielle Kommunikationsaufgaben erfüllen. Die jeweiligen Leiter der Kommunikationsfachabteilungen haben ihren „eigenen" Prozess der Einsatzplanung auszuführen und die Einzelentscheidungen an dem von den Führungsebenen vorgegebenen Rahmen zu orientieren. Bei der Entwicklung eigener Maßnahmen haben sie zur Integration ihres Kommunikationsinstrumentes in die „Einheit der Kommunikation" beizutragen.

Beispiel: Vorgehen der strategischen Planung für einzelne Kommunikationsinstrumente
Die Imagebefragung eines Bahnunternehmens hat gezeigt, dass Imagedefizite im Bereich Innovativität und Dynamik existieren. Strategische Zielsetzung ist daher eine Imageprofilierung bei der Hauptzielgruppe der Kunden. Die Imageverbesserung wird unter anderem durch eine innovative Anzeigenkampagne mit jungen dynamischen Motiven angestrebt. Zum Ausgleich der negativen Imagedimensionen (insbesondere „langsam") des Bahnunternehmens wird darüber hinaus im Bereich des Sportsponsoring durch die Belegung dynamischer Ballsportarten eine Imageprofilierungsstrategie realisiert, die sich in erster Linie an den (potenziellen) Kunden zwischen 25 und 35 Jahren richtet.

Sämtliche Kommunikationsinstrumente sind strategisch auszurichten, d. h. sie bedürfen einer mittel- bis langfristigen Schwerpunktlegung. Die Strategien der einzelnen Kommunikationsinstrumente haben dabei die Strategie auf Ebene der Gesamtkommunikation zu unterstützen. Vor dem Hintergrund eines Konzeptes für die Gesamtkommunikation hat folglich eine Abstimmung der Kommunikationsfachabteilungen untereinander beziehungsweise mit der Ebene der Gesamtkommunikation zu erfolgen, um sicherzustellen, dass alle Kommunikationsaktivitäten die angestrebten strategischen Kommunikationsziele unterstützen beziehungsweise ihnen nicht zuwiderlaufen.

Die Zusammenhänge zwischen den Kommunikationsstrategien auf unterschiedlichen Ebenen verdeutlicht Schaubild II-A-3.

Die **taktische Kommunikationsplanung** hingegen erfolgt auf Ebene der einzelnen Kommunikationsfachabteilungen durch eine konkrete Umsetzung der festgelegten Strategie in Kommunikationsaktivitäten. So ist es beispielsweise für die Werbeabteilung zur Umsetzung der Imageprofilierungsstrategie in Richtung Modernität notwendig, die konkrete Botschaftsgestaltung mit Hilfe einer Agentur zu erarbeiten, die Auswahl und Belegung der Werbeträger vorzunehmen usw.

Zusammenfassend ist für die Kommunikationspolitik zwischen einer strategischen und taktischen Ausrichtung der Kommunikation zu unterscheiden.

Die **strategische Ausrichtung** der Kommunikationspolitik bedeutet eine verbindliche, mittel- bis langfristige Schwerpunktlegung für die Gesamtkommunikation des Unternehmens sowie für den Einsatz der einzelnen Kommunikationsinstrumente.

Die **taktische Ausrichtung** der Kommunikationspolitik bedeutet die kurzfristige Planung und Durchführung von Kommunikationsmaßnahmen mit dem Ziel, Beiträge für den effizienten Einsatz der bereitgestellten Budgets und für die Erreichung der strategischen Kommunikationsziele einzelner Kommunikationsinstrumente zu leisten.

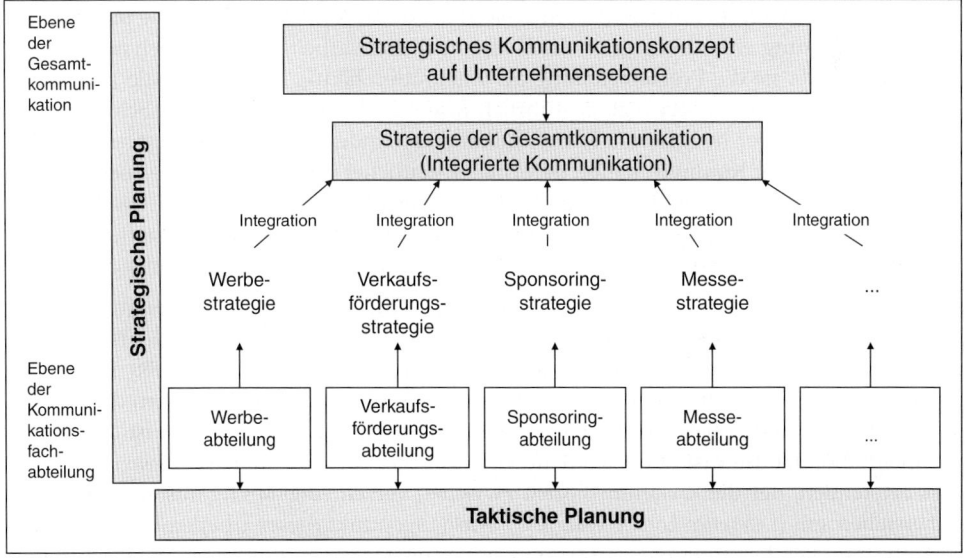

Schaubild II-A-3: Kommunikationsstrategien auf unterschiedlichen Ebenen (Bruhn 2009a, S. 166)

Ausgangspunkt für den strategischen und taktischen Einsatz der einzelnen kommunikationspolitischen Instrumente stellt das kommunikative Gesamtkonzept eines Unternehmens dar. Jedes Unternehmen hat zu versuchen, zunächst Einigkeit über die mittel- bis langfristige Ausrichtung und Positionierung des Unternehmens in der Kommunikation zu finden. Dazu ist es notwendig, ein **Konzept der Integrierten Kommunikation** zu entwickeln.

3 Begriff, Aufgaben und Ziele der Integrierten Kommunikation

3.1 Begriff der Integrierten Kommunikation

In der Kommunikationsliteratur – und insbesondere in der Literatur zur Corporate Identity – wird immer wieder die Forderung nach einer Integrierten Kommunikation gestellt, ohne den Begriff jedoch eindeutig und umfassend zu definieren. Auch in der Praxis herrscht oftmals ein diffuses und divergierendes Verständnis über den Begriff der Integrierten Kommunikation. Vielfach besteht auch eine nur unscharfe Trennung zwischen verschiedenen kommunikationspolitischen Leitkonzepten, wie beispielsweise Integrierte Kommunikation, Corporate Communications und Corporate Identity. Während Corporate Communications als Koordinationskonzept die Koordination von Unternehmensidentität, Unternehmenskultur, Erscheinungsbild und Kommunikationsinstrumenten anstrebt (*Demuth* 1989, S. 439; *Birkigt/ Stadler* 2002, S. 49; *Wiedmann* 2008, S. 192), wird Corporate Identity als Orientierungskonzept, bestehend aus den Elementen Corporate Communications, Corporate Design und Corporate Behaviour, verstanden, das auf die Herstellung, eines schlüssigen Zusammenhangs von Erscheinung, Worten und Taten eines Unternehmens mit seinem spezifischen Wesen ausgerichtet ist (*Wiedmann* 1988; 2008; 2009; *Birkigt/Stadler* 2002).

Insbesondere die Corporate-Identity-Diskussion, die seit Jahrzehnten international geführt wird, hat das Bewusstsein für die Notwendigkeit zur Integration aller Kommunikationsaktivitäten und dem unternehmerischen Verhalten geschärft sowie wertvolle Beiträge für die Reflektion über „Unternehmenskulturen" geleistet. Für die konkrete inhaltliche und planerische Ausgestaltung einer Integration der Kommunikationsarbeit gibt sie jedoch nur bedingt Hilfestellung, da sie die Problemstellung der Integration häufig auf die formale Integration (Corporate Design) reduziert (vgl. ausführlich *Bruhn* 2009a, S. 67). An dieser Schwachstelle setzt das Konzept der Integrierten Kommunikation an, indem versucht wird, eine ganzheitliche Integration der Kommunikation in formaler, zeitlicher und insbesondere auch inhaltlicher Hinsicht vorzunehmen. Bevor jedoch eine genaue begriffliche Definition der Integrierten Kommunikation gegeben wird, sei zunächst auf das Phänomen der Integration und die Vielfalt von Kommunikationsprozessen als Ausgangspunkt der Integration eingegangen.

Der **Begriff der Integration** ist in der betriebswirtschaftlichen Literatur von zentraler Bedeutung. Die Diskussion über die Notwendigkeit eines „integrierten Managements" (*Bleicher* 2004), eines „integrierten Marketing" (*Busch/Fuchs/Unger* 2008; *Kotler/Keller* 2008, S. 62 ff.) beziehungsweise einer „integrierten Marketingpolitik" (*LePla/Parker* 2002) belegen dies. Insbesondere im Zusammenhang mit organisationstheoretischen Fragestellungen ist der Begriff der Integration häufig diskutiert worden. So wird unter Integration beispielsweise ein Prozess verstanden, der die Zusammenarbeit zwischen verschiedenen Organisationseinheiten sicherstellen soll (*Lawrence/Lorsch* 1967, S. 11). Ausgangspunkt dieser Überlegungen stellt die Tatsache dar, dass Unternehmen aufgrund komplexerer Herausforderungen immer differenziertere Organisationseinheiten entwickeln, so dass ein zunehmender Abstimmungsbedarf entsteht. Dies wird auch durch die **Integrationsthese** belegt: Je höher der Differenzierungsgrad von Organisationen (d. h. je mehr Fachabteilungen gebildet werden), desto schwieriger wird die Koordination zwischen den einzelnen Organisationseinheiten und desto notwendiger ist die Integration. Der Begriff der Integration bezieht sich dabei meist auf Aktionsgefüge, die durch interdependente Elemente bestimmt werden. Die entstehenden Probleme zwischen den sich wechselseitig bedingenden Elementen sollen durch Integration gelöst werden (*Krüger* 1994, S. 2). In ähnlicher Weise wird unter Integration ein präsituatives (planerisches) Gestalten und unter Koordination ein situatives Ad-hoc-Gestalten von Systemen verstanden (*Bleicher* 2004).

Werden die organisationstheoretischen Gedanken zur Integration auf das Problemfeld der Kommunikation übertragen, so stellt die Vielfalt der Kommunikationsformen, -teilnehmer und -prozesse den Ausgangspunkt der Integrierten Kommunikation dar. Mögliche **Kommunikationsformen** sind nach unterschiedlichen Kriterien, wie z. B. nach

- Art (persönliche versus unpersönliche Kommunikation),
- Intensität (intensive versus sporadische Kommunikation),
- Häufigkeit (einmalige versus mehrmalige Kommunikation) sowie
- Wirkung (affektive, kognitive oder konative Kommunikation)

zu unterscheiden (vgl. zu Formen der Kommunikation auch *Steffenhagen* 2008). Neben Kommunikationsformen können Kommunikationssysteme auch durch unterschiedliche Kommunikationsteilnehmer geprägt sein. Als mögliche **Kommunikationsteilnehmer** sind

- das Management,
- die Mitarbeitenden,
- diverse externe Anspruchsgruppen

zu nennen. Schließlich können die unterschiedlichen Kommunikationsteilnehmer in verschiedenen Kommunikationsformen ihre Kommunikationsprozesse initiieren. Kommunikationsprozesse werden dabei nach der **Richtung der Kommunikation** in

- aufwärtsgerichtete,
- seitwärtsgerichtete oder
- abwärtsgerichtete

Kommunikationsprozesse unterschieden. Im Ergebnis ist ein **komplexes Kommunikationssystem** vorstellbar, das vielfältiger Abstimmungs- und Integrationsbemühungen bedarf. Werden diese Abstimmungsprozesse nicht durchgeführt, kommt es zu Kommunikationsdefiziten. Sie treten immer dann auf, wenn zum einen mangelnde Kommunikation vorliegt oder aber in inhaltlicher, zeitlicher oder formaler Hinsicht widersprüchliche Kommunikation gesendet wird. Derartige Kommunikationsdefizite, die in unterschiedlichen Bereichen vorhanden sein können, weisen auf einen **Integrationsbedarf** hin. Wie in Schaubild II-A-4 skizziert, kann dieser Integrationsbedarf in sechs Bereichen auftreten.

Beispiele: Abstimmungsbedarf und Bereiche der Entstehung von Kommunikationsdefiziten (vgl. Schaubild II-A-4)

Bereich 1: Das klassische Kommunikationsdefizit besteht in Unternehmen in der Abstimmung zwischen der internen und externen Kommunikation. Es entsteht, wenn Mitarbeitende über geplante Maßnahmen der Marktkommunikation (z. B. Mediawerbung, Pressearbeit) nicht informiert werden. So schlägt beispielsweise die Werbekampagne eines Unternehmens, das sein hohes Qualitäts- und Serviceniveau anpreist, fehl, wenn dieser Qualitätsgedanke nicht allen Mitarbeitern vermittelt wird. Das Ergebnis sind Kunden mit überhöhten und unbefriedigten Erwartungen sowie demotivierte Mitarbeitende, da diese nicht auf die von ihnen erwartete Leistung eingestellt wurden.

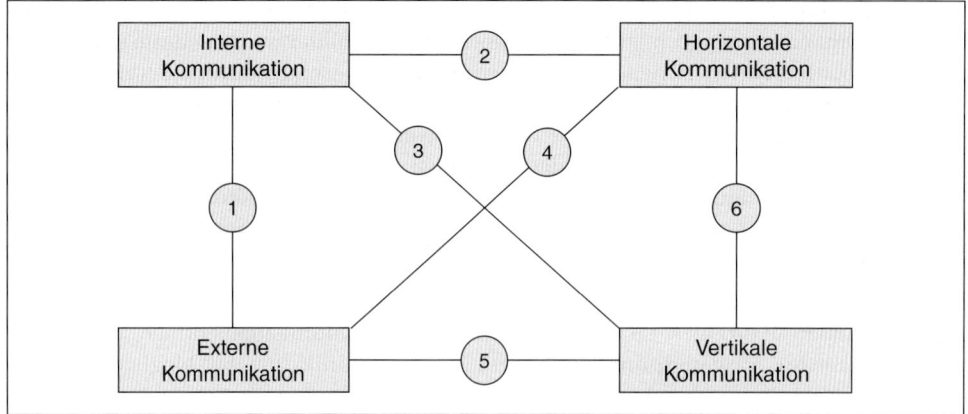

Schaubild II-A-4: Abstimmungsbedarf und Bereiche der Entstehung von Defiziten in der Kommunikation
(Bruhn 2009a, S. 15)

Bereich 2: Im Rahmen der innengerichteten Kommunikation sind intensive horizontale Abstimmungsprozesse innerhalb und zwischen verschiedenen Abteilungen erforderlich. Hier entstehen etwa dadurch Kommunikationsdefizite, dass sich die verschiedenen Abteilungen eines Unternehmens untereinander nicht oder nur teilweise verständigen; so beispielsweise, wenn ein Qualitätsanspruch oder eine Produktinnovation nur der Vertriebsabteilung bekannt gemacht wird, nicht aber anderen Abteilungen wie den Kommunikationsabteilungen oder der für die Aus- und Weiterbildung zuständigen Personalabteilung.

Bereich 3: Ferner sind in der innengerichteten Kommunikation vertikale Kommunikationsprozesse erforderlich, vor allem im Rahmen der Kommunikation zwischen verschiedenen Unternehmenshierarchien. Es entstehen Kommunikationsdefizite, wenn Inhalte und Formen der Kommunikation zwischen Mitarbeitenden und Führungskräften der Zentrale eines Unternehmens mit Mitarbeitenden und Führungskräften der dezentralen Einheiten nicht abgestimmt oder Informationen zu spät oder in unzureichendem Maße weitergegeben werden. Auch hier besteht die Gefahr eines uneinheitlichen Unternehmensauftritts.

Bereich 4: Die externe Kommunikation ist die marktgerichtete Kommunikation, für die ein sehr vielfältiger Abstimmungsbedarf besteht. So ergibt sich auf der horizontalen Ebene die Notwendigkeit der Abstimmung, weil ein Unternehmen in der Regel unterschiedliche marktbezogene Kommunikationsinstrumente einsetzt, die im Inhalt und der Ansprache miteinander zu koordinieren sind. Kommunikationsdefizite liegen vor, wenn etwa der Werbeleiter den hohen Preis einer Produkt- oder Dienstleistung mit dem überdurchschnittlich hohen Serviceniveau durch eine Kampagne rechtfertigt, in einer Verkaufsförderungsaktion aber zur selben Zeit mit Sonderpreisangeboten gelockt wird.

Bereich 5: Darüber hinaus kann die externe Kommunikation auch einen Abstimmungsbedarf in vertikaler Richtung aufweisen, insbesondere in mehrstufigen Märkten. Sind Absatzmittler (z. B. externe Vertreter, Filialen, Händler) bei der Versorgung der Endabnehmer mit den Unternehmensleistungen zwischengeschaltet, dann bestehen potenzielle Kommunikationsdefizite, wenn ihnen die zu kommunizierenden Inhalte, wie der besondere USP oder neue Leistungsspezifikationen, nicht mitgeteilt werden.

Bereich 6: Die Abstimmung zwischen der horizontalen und vertikalen Kommunikation betrifft zwei Bereiche. Zunächst sind unternehmensintern die vertikalen Kommunikationsprozesse auf die horizontalen Ebenen zu übertragen. Beschließt das Management z. B. das Angebot neuer Leistungsbereiche, so ist dieses zusätzliche Leistungsangebot über alle Unternehmensabteilungen hinweg bekannt zu machen. Weiterhin sind marktbezogen die horizontalen Kommunikationsprozesse auch auf die vertikalen Marktebenen zu übertragen und abzustimmen, so beispielsweise die Abstimmung im Einsatz von Prospekten, Direct-Marketing-Aktionen, Verkaufsförderungsaktionen u. a., die jeder nachgelagerten Handelsstufe bekannt zu geben sind.

Die hier aufgeführten und für die Kommunikationspraxis nicht untypischen Kommunikationsdefizite belegen die Notwendigkeit einer Integrierten Kommunikation und zeigen auch das breite Spektrum der Unternehmenskommunikation sowie die damit verbundenen Integrationspotenziale auf. In Anlehnung an die Begriffsauffassung der Integration und die spezifische Ausgangslage der Kommunikation wird daher folgende **Definition der Integrierten Kommunikation** zugrunde gelegt (*Bruhn* 2009a, S. 22):

> **Integrierte Kommunikation** ist ein strategischer und operativer Prozess der Analyse, Planung, Durchführung und Kontrolle, der darauf ausgerichtet ist, aus den differenzierten Quellen der internen und externen Kommunikation von Unternehmen eine Einheit herzustellen, um ein für die Zielgruppen der Kommunikation konsistentes Erscheinungsbild des Unternehmens beziehungsweise eines Bezugsobjektes der Kommunikation zu vermitteln.

Mit diesem Begriffsverständnis der Integrierten Kommunikation sind verschiedene **Merkmale** verbunden. Acht Aspekte können besonders hervorgehoben werden:

(1) Integrierte Kommunikation ist ein Ziel der Kommunikation. Es wird angestrebt, die Kommunikationsarbeit so auszurichten, dass eine **strategische Positionierung** des Unternehmens im Kommunikationswettbewerb möglich wird und die Kommunikation als Wettbewerbsfaktor und integraler Bestandteil der Marketingstrategie genutzt werden kann.

(2) Integrierte Kommunikation ist ein **Managementprozess**, bei dem die Kommunikationsaktivitäten in eine bestimmte Richtung hin, zu analysieren, planen, durchzuführen und kontrollieren sind. Notwendig dafür sind spezielle Instrumente der Analyse, Planung, Organisation, Durchführung und Kontrolle, die eine Integration ermöglichen.

(3) Integrierte Kommunikation ist in Abhängigkeit von der **Markenstrategie** eines Unternehmens zu gestalten. Die Markenstrategie eines Unternehmens ist eine vorgelagerte strategische Marketingentscheidung, der die Kommunikationsplanung zu folgen hat. In Abhängigkeit von der Markenstrategie definiert sich auch das Bezugsobjekt der Integrierten Kommunikation, das ein Unternehmen als Ganzes oder eine Marke umfassen kann.

(4) Integrierte Kommunikation umfasst sämtliche **internen und externen Kommunikationsinstrumente**. Um die unterschiedlichen Kommunikationsinstrumente sinnvoll zu integrieren, sind deren spezifische Funktionen, Zielgruppen, Aufgaben und ihre Beziehungen untereinander genau zu erfassen und zu analysieren.

(5) Integrierte Kommunikation bezieht sich auf **sämtliche Zielgruppen** des Unternehmens. Sowohl externe als auch interne Anspruchsgruppen (Stakeholder) werden im Rahmen des Prozesses der Integrierten Kommunikation berücksichtigt.

(6) Integrierte Kommunikation ist darauf ausgerichtet, eine **Einheit in der Kommunikation** zu schaffen. Diese Einheit stellt die gemeinsame übergeordnete Zielrichtung und den Orientierungsrahmen für die Integration sämtlicher Kommunikationsinstrumente dar.

(7) Integrierte Kommunikation soll die Effizienz der Kommunikation steigern. Die **Wirksamkeit der Integrierten Kommunikationsarbeit** ist daran zu messen, ob durch den gemeinsamen Auftritt Synergiewirkungen erzielt wurden und damit ein effektiverer sowie effizienterer Einsatz des Kommunikationsbudgets erfolgte.

(8) Integrierte Kommunikation ist im Ergebnis darauf bezogen, ein inhaltlich, formal und zeitlich **einheitliches Erscheinungsbild** bei den Zielgruppen zu erzeugen. Durch prägnante, in sich widerspruchsfreie und damit glaubwürdige Kommunikation kann das Entscheidungsverhalten von Konsumenten positiv beeinflusst werden.

Die begriffliche Fassung der Integrierten Kommunikation macht deutlich, dass dem Zusammenhang zwischen Markterfolg und Kommunikation mit Hilfe eines professionellen und umfassenden integrierten Kommunikationsmanagements zukünftig stärkere Beachtung zu schenken ist. Den zunehmenden Stellenwert der Integrierten Kommunikation belegen auch Befragungen unter Werbetreibenden sowie Agenturvertretern, nach denen integrierte Kommunikationsstrategien zukünftig weiter an Bedeutung gewinnen werden und seit Jahren zentrale Herausforderungen für die Agenturen darstellen (*GfK AG/Wirtschaftswoche* 2006, S. 91; *Berufsförderungsinstitut (bfi) Wien* 2008; *GWA* 2009, S. 35).

3.2 Aufgaben und Ziele der Integrierten Kommunikation

Aus der begrifflichen Interpretation der Integrierten Kommunikation als ein Managementprozess, der auf die Erzeugung eines einheitlichen Erscheinungsbildes von Unternehmen ausgerichtet ist, lassen sich fünf Aufgabenbereiche ableiten, die mit einem integrierten Kommunikationsansatz verbunden sind (vgl. hierzu auch *Ahlers* 2006, S. 5 ff.):

(1) Planerische Integrationsaufgaben

Der Prozess der Integrierten Kommunikation ist in ein Planungs- und Kontrollsystem einzubetten. Er beinhaltet als zentrale Elemente die Situationsanalyse der Kommunikation, die Formulierung von Zielen, die Analyse der Aufgaben und Funktionen der Kommunikationsinstrumente, die Entwicklung eines strategisches Konzeptes, die inhaltliche Planung sowie die Kontrolle der Kommunikationsmaßnahmen (vgl. die Abschnitte II-B, II-C und II-D-3).

(2) Organisatorische Integrationsaufgaben

Die Organisation der Integrierten Kommunikation umfasst die Schaffung einer Aufbauorganisation (z. B. übergeordnete Kommunikationsabteilungen) und begleitender ablauforganisatorischer Maßnahmen (z. B. Einrichtung von Abstimmungsgremien, Einsatz von Stäben mit der Aufgabe der Koordination), die die Integration der Kommunikationsinstrumente fördern (vgl. Abschnitt II-D-1).

(3) Personelle Integrationsaufgaben

Die personelle Umsetzung der Integrierten Kommunikation bedingt Überlegungen hinsichtlich der Verbesserung des Arbeits- und Kommunikationsklimas im Unternehmen mit dem Ziel, die Kooperations- und Koordinationsbereitschaft der Kommunikationsmitarbeiter zu steigern. Auch hier stehen eine Reihe von Instrumenten – wie partizipativer Führungsstil, Aufgabenbeschreibungen, Weiterqualifikation usw. – zur Verfügung, um die Integration zu erleichtern (vgl. Abschnitt II-D-2).

(4) Kulturelle Integrationsaufgaben

Kulturelle Aspekte der Integrierten Kommunikation sind eng mit personellen Integrationsaufgaben verbunden. Sie können auf Unternehmens- und Abteilungsebene angesiedelt sein und betreffen die Schaffung einer integrationsorientierten Unternehmens- und vor allem Kommunikationskultur.

(5) Informationelle Integrationsaufgaben

Informationelle Integrationsaufgaben betreffen insbesondere den Einsatz von Kommunikationsmedien und Datenbanken, um Abstimmungen im Rahmen der Kommunikationsplanung zu erleichtern und die Integration von Kommunikationsaktivitäten sicherzustellen.

Mit der zielgerichteten Erfüllung der Integrationsaufgaben verbinden sich für ein Unternehmen Chancen, die Kommunikationsarbeit hinsichtlich der Kosten und auch des Nutzens, d. h. vor allem der kommunikativen Wirkung, effizienter zu gestalten. Demnach lassen sich ebenso die Ziele, die durch einen integrierten Einsatz verschiedener Kommunikationsinstrumente angestrebt werden, in psychologische und ökonomische Zielkategorien unterteilen.

Im Bereich der **psychologischen Zielsetzungen** dominiert das Erreichen eines **einheitlichen Erscheinungsbildes** des Unternehmens, um dadurch Irritationen auf Seiten der internen und externen Zielgruppen zu vermeiden und die Glaubwürdigkeit sowie Akzeptanz des Unternehmens zu steigern. Grundlage dieser Überlegung bilden verhaltenswissenschaftliche Erkenntnisse zur Wahrnehmung von Konsumenten, die belegen, dass der Entscheidungsprozess der Konsumenten in Form selektiver Wahrnehmung und Verarbeitung von Informationen durch widersprüchliche und inkonsistente Aussagen maßgeblich gestört werden kann, und es zu Entscheidungskonflikten beziehungsweise zu Ablehnungshaltungen kommt (*Weinberg* 1981). Der Einsatz verschiedener Kommunikationsinstrumente und -maßnahmen wird vom Rezipienten also nur dann positiv wahrgenommen, wenn das vermittelte Erscheinungsbild in sich widerspruchsfrei ist.

Die Forderungen nach Konsistenz und Kongruenz gehen dabei auf Erkenntnisse der **Gestaltpsychologie** zurück (*Metzger* 1966), deren Grundhypothese **„Das Ganze ist mehr als die Summe seiner Teile"** die Basis für die gesamte Betrachtung der Integrierten Kommunikation darstellt. Übertragen auf die Kommunikation kann das Ganze als das gesamte Erscheinungsbild eines Unternehmens oder einer Marke verstanden werden. Die einzelnen Teile des Ganzen entsprechen den Kommunikationsinstrumenten und -maßnahmen, die zur Bildung des gesamten Erscheinungsbildes des Unternehmens beitragen. Zur Wahrnehmung von Ganzheiten hat die Gestaltpsychologie unterschiedliche Gestaltgesetze entwickelt (für einen Überblick über die für die Integrierte Kommunikation relevanten Gestaltgesetze vgl. *Bruhn* 2009b, S. 45 ff.). Aus diesen lässt sich für die Kommunikation eines Unternehmens ableiten, dass ein konsistentes, widerspruchsfreies und klares Produkt- oder Unternehmensbild von den Anspruchsgruppen der Kommunikation nur bei einem konvergierendem Einsatz der kommunikativen Maßnahmen wahrgenommen wird (*Bednarczuk* 1990, S. 223; *Bruhn* 2009a).

Eine Integration sämtlicher Kommunikationsmaßnahmen dient weiterhin einer **Reduktion** der **Informationsüberlastung** der Kunden sowie durch die wiederholte Nutzung konsistenter Aussagen und Bilder der Erzielung höherer **Lerneffekte** durch Konditionierung. Weiterhin wird eine wettbewerbsfähige und klare **Positionierung** des Unternehmens angestrebt, um im Kommunikationswettbewerb zu bestehen. Schließlich ist durch eine Übereinstimmung von Selbst- und Fremdbild des Unternehmens, die durch eine Abstimmung aller internen und externen Maßnahmen erreicht werden kann, auch eine höhere Identifikation der Mitarbeitenden zu erwarten.

Im Bereich der **ökonomischen Zielsetzungen** ist insbesondere die Realisierung von Synergieeffekten und damit verbunden die Ausnutzung von Kostensenkungspotenzialen beim Einsatz verschiedener Kommunikationsinstrumente zu nennen. Durch den synergetischen Einsatz können sowohl **kosten-** als auch **nutzenorientierte Ziele** realisiert werden. Ein synergetischer Einsatz der Kommunikationsinstrumente kann zu höheren Kommunikationswirkungen bei gleichen Kommunikationskosten oder zu einer Realisierung bestimmter Wirkungsniveaus zu geringeren Kosten führen. Unterschiedliche Kommunikationsfachabteilungen können durch die Nutzung gleicher Kommunikations- beziehungsweise Werbemittel etwa Kosten für eine individuelle Produktion derselben vermeiden. Insbesondere im Bereich des Corporate Designs lassen sich hier durch die durchgängige Nutzung gleicher Designelemente Kostensenkungspotenziale ausschöpfen. Aber auch die inhaltliche Integration kann zu Kostensenkungen führen. Unter Beachtung, dass in Unternehmen vielfach unterschiedliche Kommunikationsfachabteilungen mit unterschiedlichen Kommunikationsagenturen zusammenarbeiten, so ist leicht erkennbar, dass auch hier durch eine straffere Koordination Kosten in Form von Beraterhonoraren reduziert werden können. Gleichzeitig wird der kommunikative Nutzen dadurch erhöht, dass eine Agentur für unterschiedliche Kommunikationsmittel sich in ihrer Aussage gegenseitig verstärkende Kommunikationsinhalte gestaltet.

Aufgrund der Schwierigkeiten einer Erfolgskontrolle von Kommunikationsmaßnahmen im Allgemeinen (z. B. *Steffenhagen* 2000, S. 220 ff.; *Bruhn* 2010a) und der Integrierten Kommunikation im Besonderen (*Hermanns/Püttmann* 1993, S. 37; *Schultz/Kitchen* 2000, S. 19; *Kliatchko* 2001, S. 7; *Schultz* 2004, S. 6; *Swain* 2004, S. 47; *Esch* 2006, S. 344) ist der Nachweis eines Zusammenhangs zwischen monetären Größen und Kommunikationsaktivitäten problematisch. Insofern verwundert es nicht, dass bei einer Betrachtung der Zielsetzungen, die in der **Praxis** mit einer Integrierten Kommunikation verbunden werden, eindeutig die psychologischen Zielsetzungen im Vordergrund stehen (*Bruhn/Boenigk* 1999, S. 204; *Angerer/Essinger* 2001; *Hölscher Market Research Consultant* 2003; *Bruhn* 2006, S. 352).

Durch eine Integrierte Kommunikation erhoffen sich Unternehmen offensichtlich die Erzielung kommunikativer **Synergiewirkungen**, indem durch das Zusammenwirken verschiedenartiger Kommunikationsmaßnahmen in additiver oder sich potenzierende Weise eine höhere Kommunikationswirkung für das Unternehmen als durch einen isolierten Einsatz der Kommunikationsinstrumente erreicht wird. Ein ebenfalls sehr wichtiges Ziel ist ein **einheitliches Erscheinungsbild** und damit eine höhere Akzeptanz des kommunikativen Auftritts bei den Kunden. Damit verbindet sich der Versuch, verbesserte **Lerneffekte bei den Zielgruppen** zu erreichen sowie die kommunikative **Differenzierung im Wettbewerb** zu fördern (vgl. auch *Guterman/Helbig* 2002, S. 2 f.; *Schönen* 2002, S. 1; *Bruhn* 2006, S. 352). Auf diese Weise lässt sich durch Integrierte Kommunikation der **Markenwert** erhöhen und es können die Markenbeziehungen zwischen dem Unternehmen und seinen Zielgruppen intensiviert werden, so dass mit Wiederholungskäufen und gesteigerten Gewinnen pro Kunde zu rechnen ist (*Duncan/Moriarty* 1997, S. 15 ff.). Eine relativ hohe Bedeutung messen die Unternehmen auch intern gerichteten Zielen bei, wie der **Erhöhung der Mitarbeitermotivation und -identifikation**. Dieses Ziel lässt sich allerdings nur erreichen, wenn auch die Mitarbeiterkommunikation konsequent in den Kommunikationsmix integriert wird. Als weitere Ziele werden eine **Verbesserung der Koordination** beziehungsweise **Kooperation der Abteilungen** sowie **Kostenreduktion** genannt (*Bruhn/Boenigk* 1999, S. 17 f., 121 f.: *Bruhn* 2006, S. 352).

4 Formen der Integrierten Kommunikation

Eine Integrierte Kommunikation dient der Abstimmung verschiedener Kommunikationsinstrumente beziehungsweise -mittel nach bestimmten Kriterien. Bereits die begriffliche Abgrenzung der Integrierten Kommunikation von anderen Leitkonzepten der Kommunikation hat deutlich gezeigt, dass die Integrationsbemühungen sich dabei nicht auf eine rein formale Abstimmung des Unternehmensauftritts beschränken dürfen. Vielmehr sind die einzelnen Kommunikationsinstrumente umfassend, d. h. sowohl bezüglich des formalen Auftritts, der Aussagenkompatibilität als auch hinsichtlich der Abfolge in ihrem Einsatz aufeinander abzustimmen. Im Folgenden wird daher zwischen einer inhaltlichen, formalen und zeitlichen Abstimmung von Kommunikationsaktivitäten unterschieden (*Bruhn* 2009a, S. 97). Schaubild II-A-5 zeigt die unterschiedlichen **Formen der Integrierten Kommunikation** im Überblick.

Integrationsformen		Gegenstand	Ziele	Hilfsmittel	Zeithorizont
Inhaltliche Integration	Richtungen der Integration	Thematische Abstimmung durch Verbindungslinien	• Konsistenz • Eigenständigkeit • Kongruenz	Einheitlichkeit: • Botschaften • Argumente • Aussagen	Langfristig
Formale Integration		Einhaltung formaler Gestaltungsprinzipien	• Präsenz • Prägnanz • Klarheit	Einheitlichkeit: • Markennamen • Schrifttyp • Logo • Slogan • Typografie • Layout • Farben • Bilder	Mittel- bis langfristig
Zeitliche Integration	Ebenen der Integration	Abstimmung innerhalb und zwischen Planungsperioden	• Konsistenz • Kontinuität	Einsatzplanung („Timing")	Kurz- bis mittelfristig

Schaubild II-A-5: Formen der Integrierten Kommunikation (Bruhn 2009a, S. 97)

4.1 Inhaltliche Integration

Ein zentraler Schwerpunkt der Integrierten Kommunikation liegt in dem Bemühen, eine **inhaltliche Integration** vorzunehmen, d. h. die Kommunikationsmaßnahmen thematisch miteinander zu verbinden. Die inhaltliche Integration dient der langfristig angelegten, strategischen Kommunikation von Unternehmen. Sie umfasst sämtliche Aktivitäten, die die Kommunikationsinstrumente und -mittel thematisch durch Verbindungslinien miteinander abstimmen und damit im Hinblick auf die zentralen Kommunikationsziele ein einheitliches Erscheinungsbild vermitteln. Als **Verbindungslinien** können bei der inhaltlichen Integration die Verwendung einheitlicher Slogans, Kernbotschaften, Kernargumente, Schlüsselbilder (zur Bildkommunikation vgl. *Kroeber-Riel* 1986; 1990; 1991; 1993; zur Verwendung von Verbindungslinien im Rahmen der Integrierten Kommunikation vgl. *Bruhn* 2009a, S. 80, 211 ff.), Verbindungen visueller Bilder mit akustischen Signalen u. a. genutzt werden.

> **Beispiel: Inhaltliche Integration bei den *Volksbanken* und *Raiffeisenbanken*,**
> **der *Württembergischen Versicherung* und der *Red Bull Deutschland GmbH***
>
> Ein Schlüsselbild, das der Umsetzung der inhaltlichen Integration dient, ist der „freie Weg" der *Volksbanken* und *Raiffeisenbanken*, der bereits seit 1988 eingesetzt wird. In den Jahren 2004 und 2005 war das Unternehmen zwar mit einer weiter entwickelten Kommunikationslinie am Markt, in der das Schlüsselbild nicht in seiner ursprünglichen Form auftauchte; wie Insert II-A-1 veranschaulicht, blieb der Wiedererkennungswert aber auch bei dieser Kampagne erhalten. Ein weiteres positives Beispiel der inhaltlichen Integration stellt der „Fels in der Brandung" der *Württembergischen Versicherung* dar, der ebenfalls seit Jahren als Schlüsselbild dient und in unterschiedlichen Kommunikationskampagnen der Versicherung zum Einsatz kommt. Insert II-A-2 zeigt hierzu zwei Beispiele. Am Beispiel des Kultgetränkes *Red Bull* lässt sich ebenfalls eine inhaltliche Integration in der Kommunikation feststellen. Mit seinem fortwährend verwendeten Slogan *„Red Bull* verleiht Flügel" vermittelt das Produkt ein Gefühl der Schwerelosigkeit und Energie. Zusätzlich wird der Slogan durch die regelmäßige Inszenierung von Events in Anlehnung an die Elemente Luft und Wasser versinnbildlicht (z. B. Durchführung von Events im Bereich Freeskiing oder Base-Jumping).

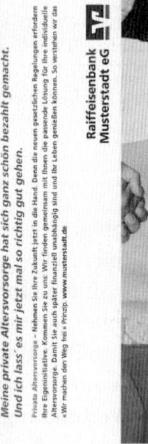

Insert II-A-1: Inhaltliche Umsetzung der Integrierten Kommunikation am Beispiel der Volksbanken und Raiffeisenbanken (Bundesverband der Deutschen Volksbanken und Raiffeisenbanken BVR)

Insert II-A-2a

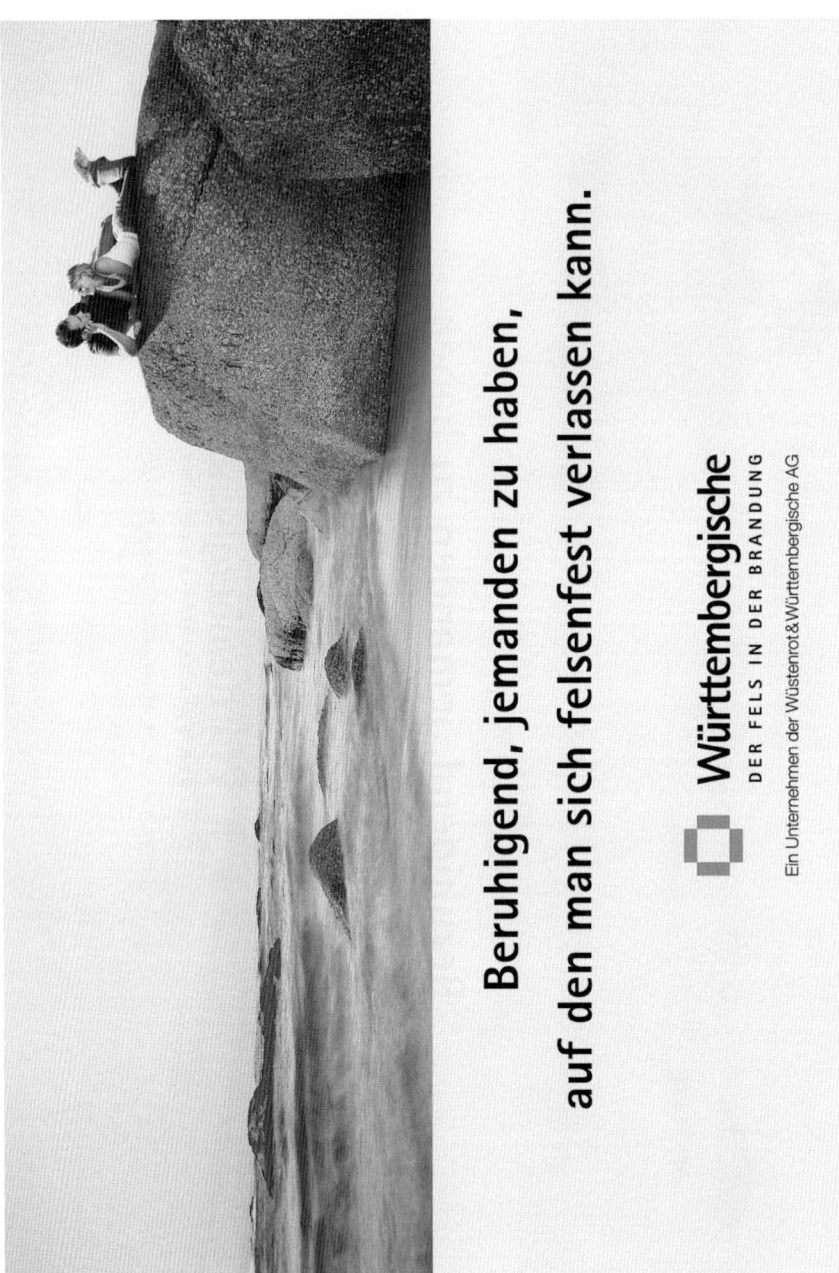

Insert II-A-2b

Insert II-A-2a-b: Inhaltliche Umsetzung der Integrierten Kommunikation am Beispiel der Württembergischen Versicherung (Wüstenrot & Württembergische AG)

Beispiel: Inhaltliche Integration bei der *Deutschen Bank*

Als „Negativbeispiel" einer inhaltlichen Integration lässt sich die Entwicklung des Slogans der *Deutschen Bank* interpretieren. Seit 1994 hat die Bank zur Kommunikation unterschiedlicher Kampagnen (vor allem Produkt-, Image- und Corporate Kampagnen) acht verschiedene Slogans verwendet, während gleichzeitig die (einstige) *Deutsche Bank 24* und das Geschäftsfeld Private Banking ihrerseits zwischen drei bzw. vier Slogans wechselten. Mit dem Wechsel in den Slogans änderten sich regelmäßig auch das vermittelte Unternehmensimage und die angestrebte Positionierung der Bank. Seit dem Sommer 2003 wirbt die Bank mit dem Slogan „Leistung aus Leidenschaft" (zur Kommunikationspolitik der *Deutschen Bank* vgl. z. B. *Kolbrück* 2002; *Roth* 2002; *Mattgey* 2003; *Terhörst* 2005).

4.2 Formale Integration

Ein zweiter Schwerpunkt der Integrierten Kommunikation liegt in dem Bestreben, für die unterschiedlichen Kommunikationsmittel formale Vereinheitlichungen vorzunehmen. Im Vergleich zur inhaltlichen Integration ist dies leichter zu realisieren. Folglich wird die formale Integration der Kommunikation von Unternehmen stärker vorgenommen als die inhaltliche Integration. Die **formale Integration** der Kommunikation umfasst sämtliche Aktivitäten, die die Kommunikationsinstrumente und -mittel durch Gestaltungsprinzipien miteinander verbinden und damit im Hinblick auf die zentralen Kommunikationsziele eine einheitliche Form des Erscheinungsbildes vermitteln. Als **Gestaltungsprinzipien** kommen beispielsweise die Verwendung einheitlicher Unternehmens- sowie Markenzeichen, oder Logos nach vorgegebenen formalen Richtlinien (insbesondere Schrifttyp, Größe, Farbe) oder Bilder in Frage. Es ist notwendig, dass diese Gestaltungsprinzipien grundsätzlich bei jeder Kommunikationsmaßnahme konsequent sowohl auf horizontaler als auch vertikaler Ebene eingehalten werden.

Formale Vorgaben für die Integration von Kommunikationsmaßnahmen sind vielfach im Zusammenhang mit unternehmensindividuellen Corporate-Identity-Konzepten entwickelt worden und als Vorgaben eines „Corporate Design" schriftlich fixiert. Beim Einsatz der klassischen Kommunikationsinstrumente (z. B. Mediawerbung, Verkaufsförderung, Public Relations) werden sie bei einem Großteil der Unternehmen weitestgehend eingehalten. Schwierigkeiten ergeben sich demgegenüber in vielen Unternehmen, wenn es um die Einhaltung dieser Gestaltungsprinzipien bei vergleichsweise jungen Kommunikationsinstrumenten (z. B. Direct Marketing, Sponsoring, Social Media-Kommunikation) oder bei Maßnahmen der Internen Kommunikation geht. Beispielhaft sind in Insert II-A-3a-d die Richtlinien für die Verwendung von Logos, Schriften und Farben des *Westdeutschen Rundfunks* abgebildet, wie diese im Corporate-Design-Manual des Unternehmens festgehalten sind.

4.3 Zeitliche Integration

Schließlich sind die Kommunikationsmaßnahmen auch zeitlich aufeinander abzustimmen und kontinuierlich einzusetzen. Die **zeitliche Integration** bezieht sich auf eine kurz- bis mittelfristige zeitliche Abstimmung unterschiedlicher Kommunikationsmaßnahmen. Sie umfasst sämtliche Aktivitäten, die den Einsatz der Kommunikationsinstrumente und -mittel innerhalb sowie zwischen verschiedenen Planungsperioden aufeinander abstimmen und damit im Hinblick auf die zentralen Kommunikationsziele die Wahrnehmung eines einheitlichen Erscheinungsbildes verstärken.

WDR

Westdeutscher Rundfunk Corporate Design Manual Grundlagen

| Unternehmenslogo | Produktlogos | Typografie | Farbklima | Formate & Fläche | Bilder |

Das WDR-Logo
ist zusammengesetzt aus der Wortmarke WDR und der exakt definierten Winkelfläche, die als tektonisches Element den Bezug zwischen Wortmarke und umgebender Fläche herstellt.

Diese Kombination ergibt das unverwechselbare Logo des Unternehmens WDR.

Die Wortmarke WDR
besteht aus drei, von der Hausschrift Meta abgeleiteten, eigens gezeichneten Großbuchstaben.

Die Wortmarke allein wird nur in besonderen Fällen (zum Beispiel als Senderkennung im WDR Fernsehen) eingesetzt.

Logo und Wortmarke werden im Normalfall ergänzt durch die ARD-Trademark ⓐ

Für die Auftritte der verschiedenen WDR-Produkte wurden auf der Basis des Corporate Designs spezielle Produktlogos geschaffen, die für eigenständige Inhalte stehen und trotzdem ihre Zugehörigkeit zur WDR-Familie eindeutig erkennen lassen.

WDR

Westdeutscher Rundfunk Corporate Design Manual Grundlagen					
Unternehmenslogo	Produktlogos	Typografie	Farbklima	Formate & Fläche	Bilder

Hausschrift des WDR ist die Meta.

Diese eigenständige, aber nicht modische Schrift ist sowohl gedruckt (besonders in kleinen Graden) als auch auf dem Fernsehschirm hervorragend lesbar.

Normalerweise werden im WDR-Design nur diese Schnitte der Meta eingesetzt:

Meta Book
Meta Book Italic
META BOOK CAPS
META BOOK CAPS ITALIC

Meta Bold
Meta Bold Italic
META BOLD CAPS
META BOLD CAPS ITALIC

Für spezielle Aufgaben gibt es weitere Schriftschnitte:

Meta Normal
Meta Medium
Meta Black

Meta Correspondence

Die WDR Minion (eine speziell für den WDR entwickelte Variante der Minion) ergänzt die serifenlose Meta zu einem umfassenden typografischen Stil.

Unseren Lesegewohnheiten entsprechend wird diese Antiqua-Schrift insbesondere für längere Texte (zum Beispiel in Büchern oder Zeitschriften) eingesetzt.

In Headlines bildet die kalligrafisch anmutende *Italic* einen lebhaften Kontrast zur Meta.

Im Fließtext eignet sie sich für Hervorhebungen und zur Text-Auflockerung.

Die WDR Minion steht in mehreren Schnitten zur Verfügung:

WDR Minion Regular
WDR Minion Italic

WDR Minion Bold
WDR Minion Bold Italic

WDR MINION CAPS
WDR MINION CAPS ITALIC

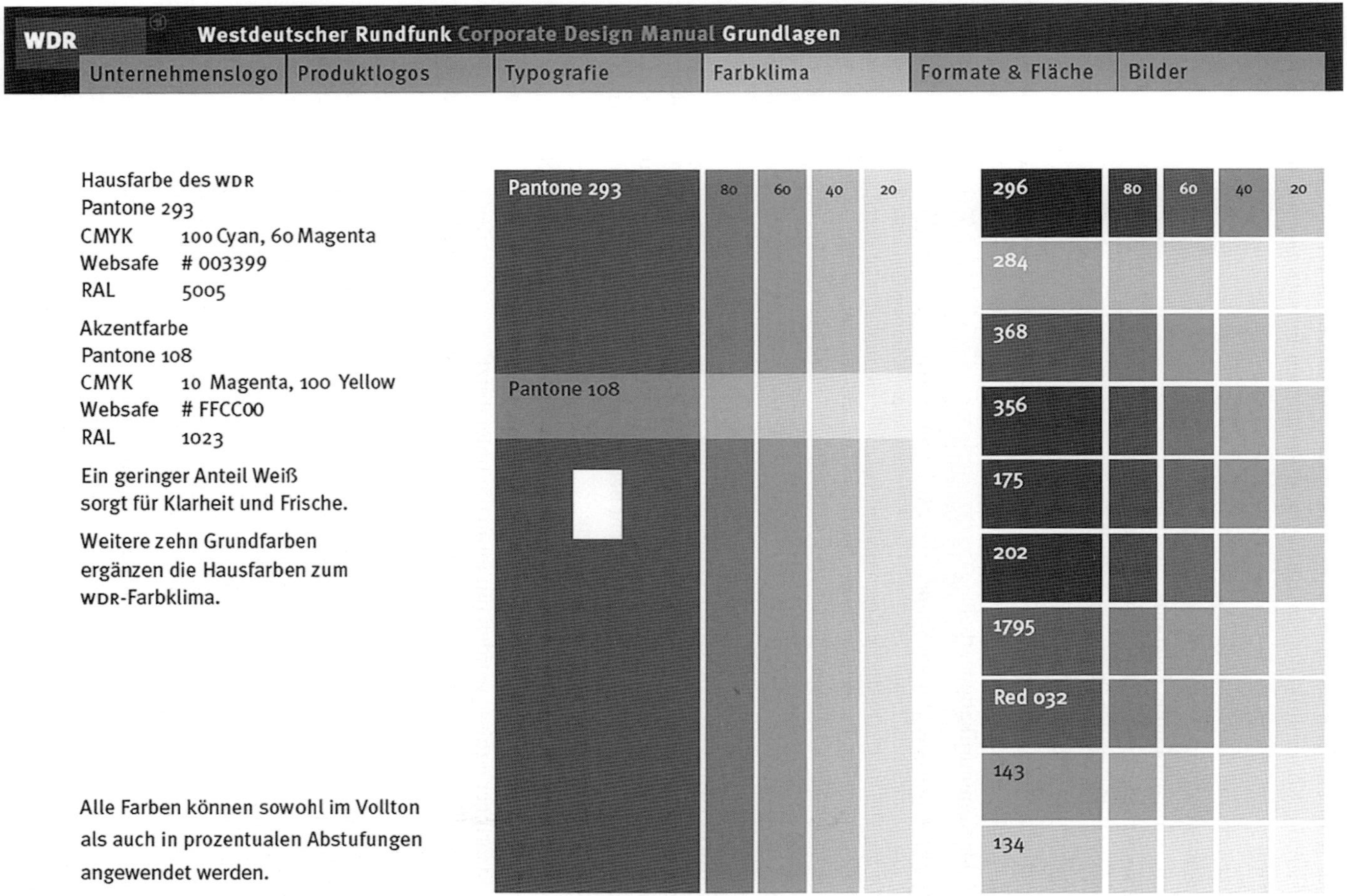

WDR

Westdeutscher Rundfunk Corporate Design Manual **Grundlagen**

| Unternehmenslogo | Produktlogos | Typografie | Farbklima | Formate & Fläche | Bilder |

Hausfarbe des WDR
Pantone 293
CMYK   100 Cyan, 60 Magenta
Websafe   # 003399
RAL   5005

Akzentfarbe
Pantone 108
CMYK   10 Magenta, 100 Yellow
Websafe   # FFCC00
RAL   1023

Ein geringer Anteil Weiß
sorgt für Klarheit und Frische.

Weitere zehn Grundfarben
ergänzen die Hausfarben zum
WDR-Farbklima.

Alle Farben können sowohl im Vollton
als auch in prozentualen Abstufungen
angewendet werden.

Pantone 293 — 80 60 40 20

Pantone 108

296
284
368
356
175
202
1795
Red 032
143
134

Insert II-A-3a–d: Corporate-Design-Manual des Unternehmens WDR

Demnach beinhaltet die zeitliche Integration zwei verschiedene Teilaspekte:

(1) Zeitliche Abstimmung zwischen verschiedenen Kommunikationsinstrumenten

Hierbei wird ein Unternehmen durch integrative Maßnahmen versuchen sicherzustellen, dass sich die Kommunikationsinstrumente im zeitlichen Einsatz gegenseitig unterstützen, wie etwa:

- Anzeigen- mit Fernsehwerbung,
- Verkaufsförderung mit Radiowerbung,
- Sponsoring mit Public Relations,
- Verkaufsförderung mit Interner Kommunikation,
- Messebeteiligungen mit Anzeigenwerbung,
- Direct Marketing mit Ausstellungen usw.

Die zeitliche Abstimmung bezieht sich selbstverständlich nicht nur auf die Koordination zweier Kommunikationsinstrumente, sondern auf den Einsatz des gesamten Instrumentariums der Kommunikationsarbeit.

> **Beispiel: Kampagne *„Erasco Konjunkturpaket"* von *Erasco***
> Die Konservenfabrik *Erasco GmbH* setzt im Rahmen seiner Kampagne *„Erasco Konjunkturpaket"* von 2009 bis 2010 unterschiedliche Kommunikationskanäle ein und stimmt deren Inhalte aufeinander ab. Ziel war es, den Kunden ein „Super-Spar-Pack" anzubieten, um der finanziellen Lage, in der sich viele aufgrund der Finanzkrise befinden, zu trotzen. Mit unterschiedlichen Maßnahmen der Mediawerbung sowie Promotions erhofft sich das Unternehmen Mehrumsatz. Die Inhalte der Kampagne von *Erasco* sind in Schaubild II-A-6 zusammengefasst; der zeitliche Einsatz der Kommunikationsaktivitäten geht aus Schaubild II-A-7 hervor.

(2) Zeitliche Kontinuität innerhalb eines Kommunikationsinstrumentes

Die Wirkung von Kommunikationsinstrumenten leidet darunter, dass Kommunikationskonzepte zu häufig wechseln und dadurch bei den Rezipienten keine Wiederholungs- und Lerneffekte gegeben sind. Diese Gefahr besteht bei nahezu allen Kommunikationsinstrumenten, wie die folgenden Beispiele verdeutlichen:

- Werbekampagnen werden von den Werbeagenturen sehr häufig gewechselt,
- Promotion-Maßnahmen erhalten unterschiedliche Akzente bereits innerhalb eines Jahres,
- Sponsoringereignisse werden nur einmalig unterstützt,
- Aktionen der Public Relations werden vielfach nur sporadisch durchgeführt und (je nach Budget) für einige Zeit ausgesetzt.

Im Rahmen der zeitlichen Integration innerhalb eines Kommunikationsinstrumentes ist sicherzustellen, dass die Kommunikationsinstrumente eine zeitliche Kontinuität erfahren, wobei verschiedene Vorlaufzeiten der Kommunikationsmaßnahmen zu beachten sind. Dies bedeutet im Einzelfall, dass Werbekonzepte mittel- bis langfristig (mindestens fünf bis zehn Jahre, im Einzelfall noch länger), Verkaufsförderungskonzepte mittelfristig (mindestens ein bis zwei Jahre), Sponsoringkonzepte ebenfalls mittelfristig (mindestens drei bis fünf Jahre) usw. ausgerichtet werden. Integrationsdefizite treten immer dann auf, wenn ein zu häufiger Wechsel im Einsatz von Kommunikationsinstrumenten erfolgt.

Bei einer Gesamtbetrachtung der **Integrationsformen** lässt sich feststellen, dass die inhaltliche Integration in der Kommunikationspraxis am schwierigsten zu realisieren ist. Die Schwierigkeiten bei ihrer Umsetzung lassen sich darauf zurückführen, dass ihre Variablen je nach eingesetztem Kommunikationsinstrument (z. B. in der Persönlichen Kommunikation) nur wenig kontrollierbar sind und die Verantwortlichen sich zu wenig mit den Inhalten der mittel- bis langfristig angestrebten zentralen Ziele und Botschaften der gesamten Kommunikation beschäftigen. Ressortegoismus, die Überbetonung der eigenen kreativen Leistungsfähigkeit

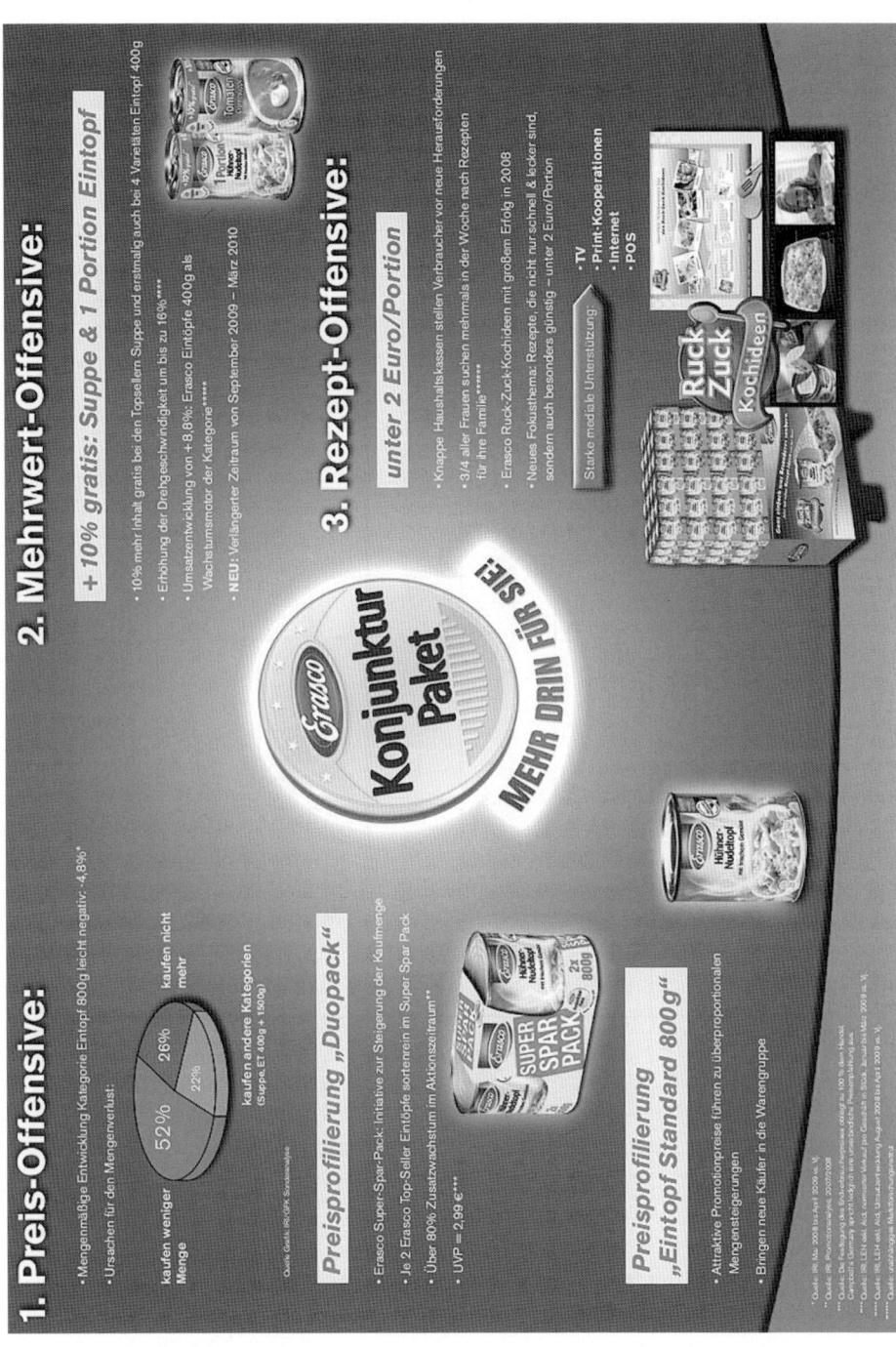

Schaubild II-A-6: Inhalte der Kampagne „Erasco Konjunkturpaket" von Erasco

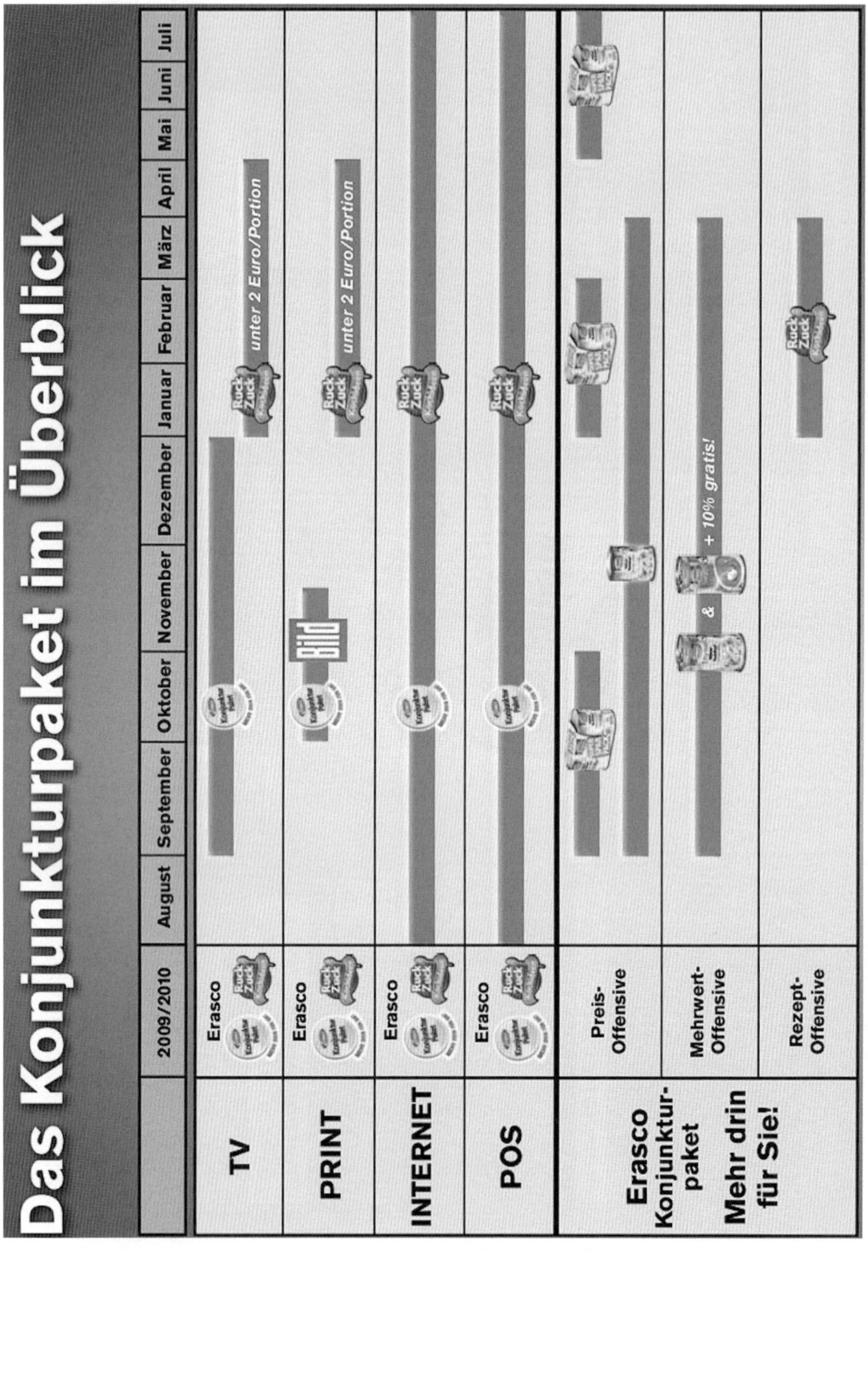

Schaubild II-A-7: Zeitliche Abstimmung der Kommunikationsaktivitäten im Rahmen der Kampagne „Erasco Konjunkturpaket" von Erasco

sowie Angst vor Kreativitätsverlust und Monotonie in der Aussagengestaltung sind weitere Hemmfaktoren der inhaltlichen Integration. Gleichzeitig lässt sich durch eine inhaltliche Konsistenz allerdings langfristig die größte Wirkung erreichen, so dass Unternehmen gefordert sind, ihr eine besondere Aufmerksamkeit zukommen zu lassen. Die formale Integration ist indessen einfacher und schneller umzusetzen, kann aber auch keine so langfristige Wirkung wie die inhaltliche Integration entfalten. Auch die zeitliche Integration ist mit Schwierigkeiten verbunden, insbesondere wenn Diskontinuitäten bei verantwortlichen Mitarbeitenden und Kommunikationsagenturen entstehen. Negativwirkungen in Form von Defiziten bei Lern- und Gedächtnisleistungen können auch hier sehr hoch sein, so dass Unternehmen in jedem Fall auf eine zeitliche Kontinuität sowohl innerhalb eines Kommunikationsinstrumentes als auch auf eine Abstimmung zwischen mehreren Instrumenten Wert zu legen haben.

4.4 Richtung der Integration

Die inhaltliche, formale und zeitliche Abstimmung von Kommunikationsmaßnahmen sind jeweils sowohl in horizontaler Richtung (bei verschiedenen Zielgruppen) als auch in vertikaler Richtung (über verschiedene Marktstufen hinweg) vorzunehmen (*Bruhn* 2009a, S. 89 ff.).

Eine **horizontale Integration** der Kommunikation verbindet die Kommunikationsmaßnahmen auf einer Marktstufe und bezieht die funktionale und instrumentelle Integration implizit mit ein. Normalerweise werden auf den einzelnen Marktstufen für die verschiedenen Zielgruppen (Konsumenten, industrielle Abnehmer, Händler, Zulieferer, Mitarbeitende, Öffentlichkeit) meist unterschiedliche Botschaften verwendet und verschiedene Kommunikationsinstrumente und -mittel eingesetzt. Dementsprechend ist es notwendig, innerhalb der einzelnen Marktstufen Gemeinsamkeiten in der Ansprache der Zielgruppen zu finden. Werden z. B. Händler eines Unternehmens mittels der handelsorientierten Verkaufsförderung, Direct Mailings und Einladungen zu Sponsoringveranstaltungen angesprochen, so ist hier auf die Vermittlung widerspruchsfreier und sich ergänzender Botschaften durch die drei Kommunikationskanäle zu achten.

Die **vertikale Integration** bezieht sich auf die Mehrstufigkeit von Märkten. Sie hat zum Ziel, eine Durchgängigkeit der kommunikativen Ansprache auf den verschiedenen Ebenen des Marktes (z. B. Zulieferbetriebe, Herstellerzentrale, Tochterunternehmen, Verkaufsniederlassungen, Handelsvertreter, Groß- und Einzelhandel, Konsument) zu realisieren. Eine vertikale Integration versucht sicherzustellen, dass auf den verschiedenen Stufen inhaltlich abgestimmte Maßnahmen eingesetzt werden. Kritisch für die vertikale Integration gestaltet sich dabei die Tatsache, dass beispielsweise die Kommunikation zwischen den Mitarbeitenden einer Verkaufsniederlassung und dem Kunden durch das Unternehmen nur mittelbar gesteuert werden kann (vgl. hierzu ausführlich *Lasotta* 2007, S. 6 f.).

4.5 Ebenen der Integration

Um einen effizienten und effektiven Einsatz aller Kommunikationsinstrumente und -mittel im Sinne einer Integrierten Kommunikation zu gewährleisten, sind die inhaltliche, formale und zeitliche Integration auf zwei Ebenen zu vollziehen (*Bruhn* 2009a, S. 93 ff.):

1. Interinstrumentelle Ebene,
2. Intrainstrumentelle Ebene.

Auf **interinstrumenteller Ebene** hat eine Vernetzung aller kommunikationspolitischen Aktivitäten mit den Maßnahmen anderer Kommunikationsinstrumente zu erfolgen. Die interinstrumentelle Integration ist damit Bestandteil des ganzheitlich vernetzten Planungsprozesses, der die Voraussetzung für eine Integrierte Kommunikation darstellt. Ausgangspunkt der interinstrumentellen Integration bildet idealerweise die Schaffung einer Kommunikationsplattform, die den Mittelpunkt verschiedener Kommunikationsinstrumente bildet, die inhaltlich, formal und zeitlich aufeinander abgestimmt werden.

> **Beispiel: Mediawerbung als Kommunikationsplattform bei *OBI***
> *OBI* hat 2007 mit dem Claim „Wie, wo, was weiß *OBI*" einen TV-Spot lanciert, in dem Mitarbeitende der Baumarktkette ihre Version des Queen-Klassikers „We will rock you" darstellen. Zum Start des TV-Auftritts stellte *OBI* seine gesamte Kommunikation auf das neue Motto um. Seitdem wird der TV-Spot „Wie, wo, was weiß *OBI*" flankiert durch Angebotsbeilagen, Prospekte, Poster, PoS-Materialien und ist auch online zu sehen. Auch Promotions, der Ladenfunk in den Baumärkten und Hörfunkspots rücken die Mitarbeitenden in den Mittelpunkt. Weiterhin gibt es Anzeigen in Tageszeitungen und plakative Außenwerbung, die unter anderem an der Autobahn präsentiert wird. Schließlich dient der TV-Spot durch die Einbindung der Mitarbeitenden auch der Internen Kommunikation.

Um einen zielorientierten und effizienten Einsatz aller Kommunikationsinstrumente sicherzustellen, der gleichzeitig in das Konzept der Integrierten Kommunikation passt, ist es sinnvoll, im Rahmen der interinstrumentellen Integration ein schrittweises Vorgehen zugrunde zu legen. In diesem Zusammenhang bieten sich drei Schritte an (*Bruhn* 2011; vgl. ausführlich *Bruhn* 2010a):

1. Ermittlung der Bedeutung aller Kommunikationsinstrumente, d.h. Einordnung der Kommunikationsinstrumente in strategische und taktische Instrumente.
2. Prüfung der funktionalen und zeitlichen Beziehungen unter den einzusetzenden Kommunikationsinstrumenten.
3. Integration der Kommunikationsinstrumente in den Kommunikationsmix.

Im Rahmen der interinstrumentellen Integration kommt der Analyse der funktionalen Beziehungen, d.h. des gemeinsamen Beitrages, den die einzelnen Kommunikationsinstrumente im Hinblick auf die Realisierung der Kommunikationsziele leisten können, eine besondere Bedeutung zu. Erfüllen Kommunikationsinstrumente gemeinsam bestimmte Funktionen (z.B. Informations- oder Dialogfunktionen), dann können sie in diesen Funktionen bzw. in gemeinsam zu erfüllenden Aufgaben inhaltlich aufeinander abgestimmt werden und synergetisch zum Einsatz kommen. Im Rahmen einer Funktionsanalyse sind demnach folgenden Fragen von Interesse:

- Welche Aufgaben können durch welches Kommunikationsinstrument erfüllt werden (isolierte Funktionsanalyse zur Positivabgrenzung)?
- Welche Aufgaben können durch einen gemeinsamen Einsatz von Kommunikationsinstrumenten besser erreicht werden (integrierte Funktionsanalyse)?
- Welche Aufgaben können durch Kommunikationsinstrumente nicht erreicht werden (isolierte Funktionsanalyse zur Negativabgrenzung)?

Als Ergebnis der Funktionsanalysen ergeben sich Hinweise auf die gemeinsame Nutzung von Kommunikationsinstrumenten im Hinblick auf die Aufgabenerfüllung.

> **Beispiel: Interinstrumentelle Integration bei *Canon***
> Seit Oktober 2007 läuft die „Smile"-Kampagne von *Canon Europa* – eine freundliche Aufforderung zum Lächeln, ein Signal, das in hohem Maße Sympathie transportiert und auf der ganzen Welt verstanden wird. Mit diesem Ansatz wird dem Umstand Rechnung getragen, dass in immer höherem Maße emotionale Faktoren über den Erfolg einer Kampagne entscheiden. Zentrales Element der Kampagne ist ein TV-Werbespot: In den Straßen Prags konzentriert sich ein Fotograf zunächst

auf das Lächeln seiner Freundin; doch dann beginnt seine „virtuelle" Rundreise zu verschiedenen Schauplätzen der Welt, voller lächelnder Menschen. Am Ende erscheint wieder die Freundin im Bild. Und selbstverständlich die Kamera: die *Digital Ixus 860 IS*. Unter dem Titel „Capture Every Smile" wirbt *Canon* zusätzlich mit einer Lifestyle-Printkampagne, die sich am TV-Spot orientiert. Mit Fotos der Gesichter lächelnder Menschen von New York bis Neu Delhi, von Marrakesch bis Los Angeles. Maßnahmen der Onlinekommunikation laden den Kunden zu einem Besuch der unterstützenden Webseite *www.canon.de/laecheln* ein. Auf einer virtuellen Reise an diverse Schauplätze erfahren sie Interessantes über innovative *Canon*-Technologien wie Face Detection (Gesichtserkennung), Bildstabilisierung, optisches Zoom und Weitwinkelobjektive (*Canon* 2008).

Auf **intrainstrumenteller Ebene** ist eine Vernetzung innerhalb der einzelnen Kommunikationsinstrumente vorzunehmen, d. h. die Kommunikationsmittel und die kommunikativen Einzelmaßnahmen sind aufeinander abzustimmen. Dies bedeutet nicht, dass jede Kommunikationsaktivität in identischer Weise zu erfolgen hat; vielmehr sind die Besonderheiten der jeweiligen Maßnahme und die verschiedenen Erwartungshaltungen sowie Informations- und Kommunikationsbedürfnisse der jeweiligen Zielgruppen zu berücksichtigen. Hierbei ist für einen einheitlichen kommunikativen Auftritt z. B. im Rahmen der Mediawerbung die Abstimmung von TV-Spots mit Radiowerbung von Bedeutung, die Integration von Maßnahmen der handelsgerichteten mit denen der konsumentengerichteten Verkaufsförderung oder im Sponsoring die Vernetzung der unterschiedlichen Sponsoringaktivitäten eines Unternehmens durch ein übergreifendes „Dachthema".

Beispiel: Intrainstrumentelle Integration im Rahmen des Sportsponsoring bei *McDonald's*
McDonald's hat seinen Vertrag als *FIFA WM* Sponsor bis 2014 verlängert. In seiner Tätigkeit als Sponsor nimmt das Unternehmen eine intrainstrumentelle Integration des Sportsponsoring vor. Die Vernetzung der Sportsponsoringaktivitäten äußert sich darin, dass die einzelnen Sponsoringmaßnahmen stets das übergeordnete Thema Fußballbegeisterung aufgreifen und zeitlich so aufeinander abgestimmt sind, dass sich die einzelnen Aktivitäten in ihrer Wirkung gegenseitig unterstützen. Eine solche Maßnahme stellt die *McDonald's Fußball Eskorte* sowohl bei den kommenden *FIFA Fußball-Weltmeisterschaften* als auch bei den *FIFA Confederations Cups* dar. Diese Aktion bietet mehr als 1.400 Kindern im Alter von 6–10 Jahren die einmalige Gelegenheit, bei allen 64 Weltmeisterschaftsspielen Hand in Hand mit den Fußballstars ins Stadion einzulaufen. Zudem veranstaltet das Unternehmen während des Sportturniers Spiele der *McDonald's Fußball Eskorte*, bei denen Kinder aus aller Welt das Spiel vorwegnehmen, bei dem sie am nächsten Tag ihren großen Auftritt im Stadion haben. Weiterhin unterstützt *McDonald's* in seiner Funktion als Sponsor die *FIFA Fußball-Weltmeisterschaften* auch auf lokaler und regionaler Ebene in Form von Vereinspartnerschaften, Förderung von Jugendfußballschulen oder durch die Ausrichtung von Jugendturnieren.

B. Planungsprozess der Integrierten Kommunikation

1 Barrieren und Anforderungen einer Integrierten Kommunikation

Die unterschiedlichen Formen der Integrierten Kommunikation kennzeichnen die Möglichkeiten, wie durch eine integrative Ausrichtung der Kommunikationsinstrumente eine verbesserte Abstimmung und Vereinheitlichung in der Gesamtkommunikation erreicht werden kann. Die Kommunikationspraxis steht jedoch bei der Umsetzung der Integrationsmaßnahmen noch vor einer Vielzahl ungelöster Probleme. Zwar wurden in den letzten Jahren in zentralen Feldern der integrierten Kommunikationsarbeit wesentliche Fortschritte gemacht, aber noch immer bestehen vielfältige unternehmensinterne Widerstände, die einer Integration entgegenstehen. Diese Barrieren der Integrierten Kommunikation werden im Folgenden – in Anlehnung an die Strukturierung von Widerständen bei der Akzeptanz von Neuerungen – nach inhaltlich-konzeptionellen, organisatorisch-strukturellen sowie personell-kulturellen Barrieren systematisiert werden. Dabei finden die Ergebnisse der Studie zum Stand der Integrierten Kommunikation in deutschen, schweizerischen und österreichischen Unternehmen Berücksichtigung (*Bruhn* 2006), wobei die zentralen Ergebnisse im Hinblick auf deutsche Unternehmen im Text thematisiert werden und der Ländervergleich den entsprechenden Schaubildern zu entnehmen ist. Ein Vergleich dieser Ergebnisse mit früheren Studien (*Zimmermann* 1991; *Bruhn/Zimmermann* 1993; *Bruhn/Boenigk* 1999) gibt darüber hinaus Aufschluss über die Veränderung einzelner Barrieren im Zeitablauf. Die Ergänzung um empirische Befunde aus anderen Ländern (vornehmlich den USA) verdeutlicht zusätzlich, inwieweit die Barrieren länderspezifischen Besonderheiten unterliegen. Grundsätzlich lässt sich erkennen, dass 2005 die meisten Barrieren mit geringerer Intensität bewertet wurden als im Jahr 1998. Das Problem des Bereichs- und Abteilungsdenken der Mitarbeitenden, die fehlenden Daten zur Beurteilung der Integrierten Kommunikation sowie die Unsicherheit der Budgetverteilung haben jedoch an Bedeutung gewonnen.

1.1 Inhaltlich-konzeptionelle Barrieren

Die **inhaltlich-konzeptionellen Barrieren** der Integrierten Kommunikation, deren Einschätzung durch die Praxis das Schaubild II-B-1 wiedergibt, lassen sich grob anhand des Planungsprozesses der Integrierten Kommunikation strukturieren (*Bruhn* 2006, S. 420 f., 452 f., 484 f.). Wie die empirischen Ergebnisse im Folgenden verdeutlichen, liegen die Probleme dabei weniger in den Planungsphasen der Integrierten Kommunikation als vielmehr in der Umsetzung und besonders der Erfolgskontrolle.

Vergleichsweise unproblematisch werden in der integrierten Kommunikationsplanung die Tatbestände der **Zielformulierung** und **Zielgruppenerfassung** bewertet. Hier haben sich seit Beginn der 1990er Jahre erhebliche Fortschritte ergeben. Betrachteten 1993 noch etwa drei Viertel der befragten Unter-nehmen die Zielgruppenerfassung als Hemmnis der Integrierten Kommunikation, hat sich diese Zahl inzwischen auf 32 Prozent reduziert. Ebenfalls wird die Zielformulierung inzwischen nur noch von knapp einem Drittel der Unternehmen als

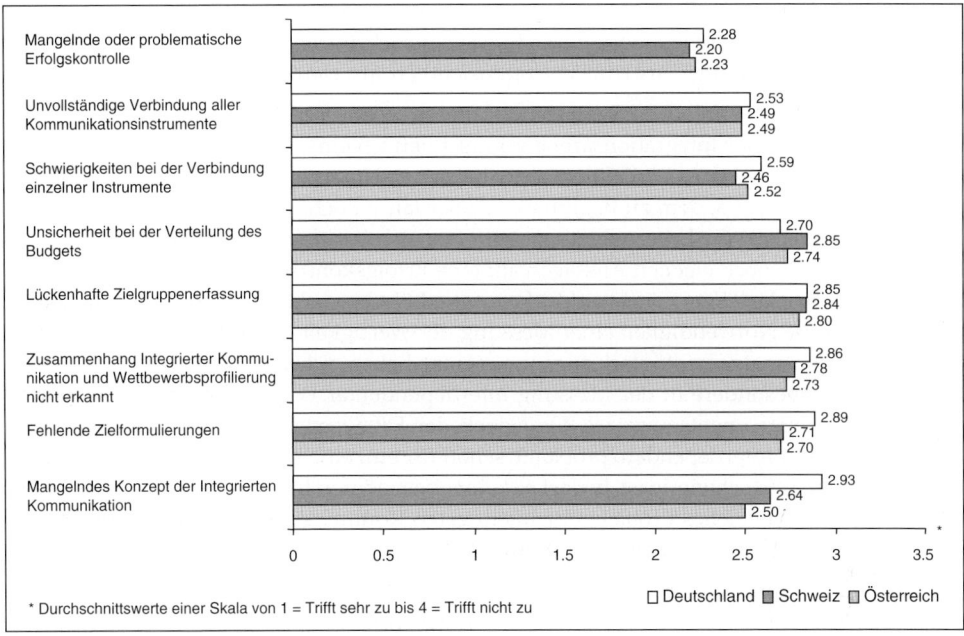

Schaubild II-B-1: Inhaltlich-konzeptionelle Barrieren der Umsetzung einer Integrierten Kommunikation
(Bruhn 2006, S. 420f., 452f., 484f.)

problematisch eingestuft, wobei jedoch nicht klar ist, in welchem Umfang die Ziele tatsächlich operationalisiert werden. Werden Ziele nicht nach Art, Umfang und Intensität festgelegt, so sind wesentliche Voraussetzungen für die Auswahl konkreter Kommunikationsmaßnahmen und die Kontrolle des Zielerreichungsgrades der Kommunikationsarbeit nicht erfüllt. In der Praxis haben nicht eindeutig formulierte Zielsetzungen allerdings den „Vorteil", von verschiedenen Personen unterschiedlich interpretiert werden zu können, um damit individuelle Entscheidungen zu rechtfertigen. Bei einer mehrdeutigen Zielinterpretation entstehen jedoch Zielkonflikte, insbesondere zwischen kurz-, mittel- und langfristigen Zielen. So wird ein in kurzfristigen Zeithorizonten denkender Produktmanager versuchen, abteilungsübergeordnete Zielsetzungen auf das Ziel kurzfristiger Verkaufserfolge zu reduzieren und damit kurzfristig orientierte Kommunikationsmaßnahmen zu rechtfertigen.

Fortschritte haben sich inzwischen auch bei dem Vorliegen eines **Konzeptes der Integrierten Kommunikation** ergeben. Verfügten zum Ende der 1990er Jahre nur gut die Hälfte der Unternehmen (54 Prozent) über ein Konzept der Integrierten Kommunikation, liegt ein solches inzwischen bei 66 Prozent der Unternehmen in Deutschland vor bzw. wird zur Zeit erarbeitet. Allerdings ist dabei nicht ersichtlich, durch welche Eigenschaften und Inhalte sich diese Konzepte auszeichnen.

Gravierender als die Probleme während der Kommunikationsplanung werden Barrieren eingestuft, die sich der Umsetzung der Integrierten Kommunikation zuordnen lassen. So wird die **unvollständige Integration aller Kommunikationsinstrumente** nach wie vor als eine bedeutende Barriere eingeschätzt. Vor allem die Instrumente Sponsoring, die Verpackung als Kommunikationsinstrument, Instrumente der Kundenbindung, Events und Direct Marketing werden in vielen Unternehmen nicht umfassend in den Kommunikationsmix integriert. In Verbindung damit sind auch **Schwierigkeiten bei der Verbindung einzelner Instrumente** zu sehen, die sich beispielsweise auf die unterschiedlichen Aufgaben der Instrumente und die verschiedenen Vorlaufzeiten für deren Einsatz zurückführen lassen. Aus Unternehmensperspektive werden einige Instrumente offensichtlich als weniger integrierbar als andere betrachtet.

Als größte Barriere der Integrationsarbeit wird schließlich eine mangelnde oder problematische **Erfolgskontrolle** genannt: 65 Prozent der befragten Unternehmen in Deutschland gaben an, dass dieses Problem, dem zu Beginn der 1990er Jahre noch relativ wenig Bedeutung zugemessen wurde, auf ihr Unternehmen zutrifft. Da sich im gleichen Zeitraum die Zahl der Unternehmen, die nach eigenen Aussagen auf eine Erfolgskontrolle für die Integrierte Kommunikation zurückgreifen, von 13 auf 52 Prozent erhöht hat, scheint allerdings auch das Bewusstsein für die Notwendigkeit einer Messung der Wertigkeit und Effizienz der einzelnen Kommunikationsinstrumente stark zugenommen zu haben. Schwierigkeiten der Erfolgskontrolle liegen insbesondere in der Messung interdependenter Wirkungen eines aufeinander abgestimmten Instrumenteeinsatzes. Da jedoch der Erfolgsnachweis jedoch aufgrund der Zuordnungs- und Interdependenzprobleme schon für einzelne Kommunikationsinstrumente und -maßnahmen schwierig ist, bedarf es keiner besonderen Erwähnung, dass es sich hierbei nicht um ein spezielles Problem der Integrierten Kommunikation handelt, sondern um ein generelles Problem der Kommunikationsforschung.

Vor dem Hintergrund der zunehmenden Wahrnehmung der Problematik der Erfolgskontrolle verwundert, dass Unsicherheiten bei der **Budgetverteilung** lediglich von 40 Prozent der Unternehmen als Problem eingeschätzt werden. Defizite bei der Erfolgskontrolle müssten unweigerlich auch Probleme bei der Budgetverteilung nach sich ziehen.

1.2 Organisatorisch-strukturelle Barrieren

Auch **organisatorisch-strukturelle Barrieren**, die aufgrund der organisatorischen Verankerung der Integrierten Kommunikation im Unternehmen sowie der Existenz bestimmter Unternehmensstrukturen bzw. -hierarchien auftreten, wurden von den befragten Unternehmen vielfach bestätigt. Die Einschätzung der Praxis bezüglich der Existenz und Wichtigkeit einzelner organisatorisch-struktureller Barrieren gibt Schaubild II-B-2 wieder (*Bruhn* 2006, S. 420f., 452f., 484f.; eine umfassende Zusammenstellung von Studien, die sich mit organisatorischen Barrieren der Integrierten Kommunikation auseinander setzen, findet sich bei *Ahlers* 2006, S. 8ff.).

Ein wesentliches organisatorisches Problem stellt das **Fehlen institutionalisierter und formeller Abstimmungs- und Entscheidungsregeln** dar, das von 44 Prozent der Unternehmen kritisiert wird. Hier wird eine enge Verbindung zu der **organisatorischen Trennung** der an der Kommunikation beteiligten Personen bzw. Abteilungen offenkundig, die als weiteres starkes Hemmnis für die Integration angeführt wird. So werden beispielsweise in den meisten Unternehmen die Abteilungen Werbung, Verkaufsförderung, Direct Marketing, Sponsoring usw. auf der Ebene des Marketing, der Verkauf bzw. Vertrieb als eigenständige Einheiten, die Personalabteilung für die Zuständigkeit der Internen Kommunikation wiederum unabhängig vom Marketing und Vertrieb angesiedelt, während Public Relations organisatorisch häufig als Stabsstelle auf Vorstandsebene geregelt wird. Die für die Kommunikation zuständigen Abteilungen sind folglich organisatorisch voneinander getrennt und auf verschiedenen Hierarchieebenen angesiedelt. Auch wenn in vielen Unternehmen versucht wird, durch mehr oder minder regelmäßige, informelle Abstimmungsprozesse eine einheitliche Ausrichtung der Kommunikation zu gewährleisten, ist jedoch vielfach eine mangelnde Zusammenarbeit

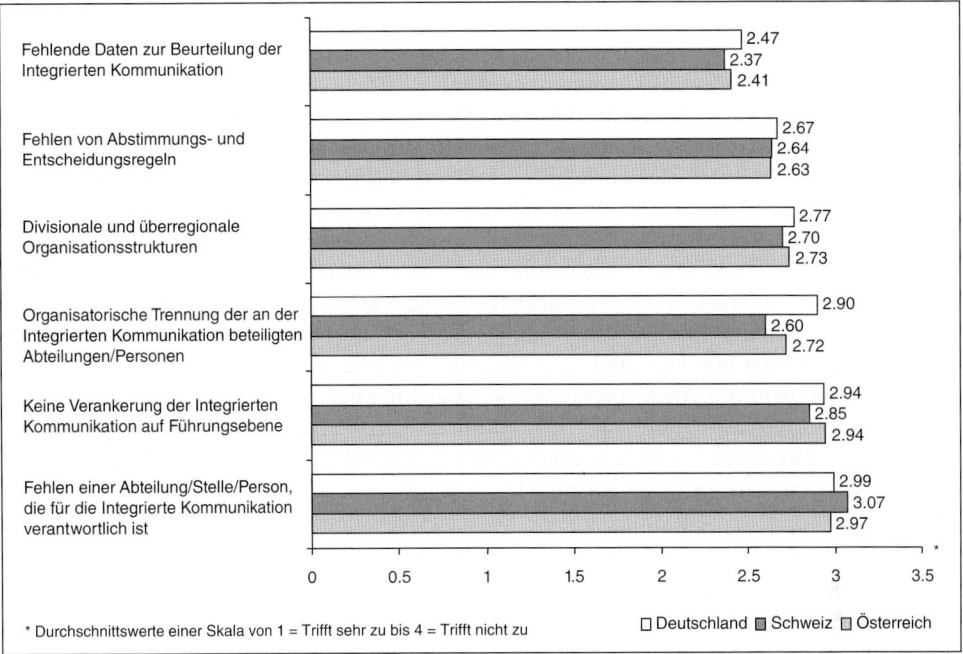

Schaubild II-B-2: Organisatorisch-strukturelle Barrieren der Umsetzung einer Integrierten Kommunikation (Bruhn 2006, S. 420 f., 452 f.)

zwischen den Kommunikationsabteilungen festzustellen. Die Ursache für dieses Phänomen liegt häufig darin, dass jede Abteilung sorgsam auf ihre Eigenständigkeit bedacht ist. Findet Zusammenarbeit nicht oder kaum statt, ist keine Grundlage für Integrationsmaßnahmen vorhanden. Eine mangelhafte Kommunikation zwischen den Mitarbeitenden als Folge des Abteilungsdenkens und deren kontraproduktive Auswirkung auf die Umsetzung der Integrierten Kommunikation wird auch in der Literatur betont (z. B. *Christensen/Firat/Torp* 2008, S. 426). Aufbauorganisatorisch bedingte **„Abteilungszäune"** und daraus resultierendes **„Ressortdenken"** sind somit zentrale Gründe für eine fehlende integrierte Kommunikationspolitik (vgl. auch *Hartley/Pickton* 1999, S. 98 f.). Allerdings ist in diesem Zusammenhang positiv hervorzuheben, dass die verbalisierte Bereitschaft zur Zusammenarbeit bei fast allen Abteilungen (mit Ausnahme der Personalabteilung) seit 1991 zugenommen hat, so dass zumindest der Wille zur abteilungsübergreifenden Kooperation zum Zwecke der Integrierten Kommunikation inzwischen stärker vorhanden zu sein scheint.

Die nach wie vor organisatorische Trennung der verschiedenen an der Kommunikation beteiligten Abteilungen sowie das Fehlen institutionalisierter und formeller Abstimmungs- und Entscheidungsprozesse für die Integrierte Kommunikation provozieren das **„Aneinandervorbei-Arbeiten"** einzelner Bereiche und damit eine „Zeit- und Energieverschwendung". Um einen integrativen Auftritt der einzelnen Kommunikationsinstrumente gezielt zu ermöglichen, sind vielfältige und institutionalisierte Abstimmungsprozesse zwischen den betroffenen Abteilungen notwendig, die allerdings aufgrund des damit verbundenen Zeit- und Kostenaufwandes als problematisch empfunden werden. Die durch die mangelnde organisatorische Verankerung notwendigen informellen Abstimmungsprozesse machen Entscheidungsfindungen bei der Koordination der Kommunikationsmaßnahmen zu komplexen und langwierigen Prozessen, die einer raschen und effizienten Umsetzung der Integrierten Kommunikation stark im Wege stehen.

Die nicht zufrieden stellende Zusammenarbeit hat außerdem zur Folge, dass von gut der Hälfte der Unternehmen ein **Mangel an Daten** zur Beurteilung der Integrierten Kommunikation konstatiert wird, wodurch sich wiederum die Unzufriedenheit der Unternehmen über die derzeitigen Möglichkeiten einer Erfolgskontrolle erhöht. Häufig werden Daten zur Kontrolle der Wirkung von Kommunikationsmaßnahmen von unterschiedlichen Abteilungen zwar erhoben, ein unzureichender abteilungsübergreifender Informationsaustausch verhindert jedoch, dass die Informationen unternehmensweit zur Verfügung stehen. Ein solches Defizit beim gegenseitigen Austausch von Marktforschungsergebnissen bestätigt auch eine Befragung unter amerikanischen Großunternehmen zum Grad der Umsetzung unterschiedlicher Integrationskriterien (*Kirchner* 2001, S.265f.). Als Folge des mangelhaften Informationsaustausches wird nicht nur die Erfolgskontrolle einer Integrierten Kommunikation erschwert, sondern auch die Ausrichtung an den Kommunikationsbedürfnissen der Zielgruppen, da diese eine Abstimmung der Handlungen sämtlicher Abteilungen mit den Bedürfnissen und Werthaltungen der Zielgruppen erfordert.

Ein weiteres zentrales Defizit bei der Umsetzung der Integrierten Kommunikation in der Kommunikationspraxis liegt in dem **Fehlen einer für die Integrierte Kommunikation verantwortlichen Instanz**. Sowohl für die Planung und Konzeption der Integrierten Kommunikation als auch die Umsetzung sind bei einem Großteil der Unternehmen mehrere Abteilungen und Personen zuständig. Hohe Verantwortung bei Planung und Umsetzung tragen in erster Linie Abteilungen wie Corporate Communication, Marketing, Public Relations, Corporate Identity, Marketingkommunikation, Werbung und Marketing. Haben Unternehmen die Stelle eines Kommunikationsmanagers institutionalisiert, wird dieser von einem Großteil der Unternehmen intensiv oder zumindest teilweise an der Entwicklung strategischer Kommunikationskonzepte beteiligt. Allerdings wird der Kommunikationsmanager nur selten mit umfassenden Koordinationsaufgaben betreut, die sich auf die fachübergreifende Planung, Durchführung und Kontrolle der Integrierten Kommunikation erstrecken, so dass von einer zentralen Koordinationsstelle nicht die Rede sein kann. Dass auch die Geschäftsleitung bei einem Großteil der Unternehmen intensiv oder zumindest teilweise in planerische und konzeptionelle Aufgaben eingebunden ist, verdeutlicht die hohe Bedeutung, die der Entwicklung integrierter Kommunikationskonzepte seitens des Managements beigemessen wird. An der herrschenden Verantwortungszuordnung ist positiv anzumerken, dass alle Abteilungen mit kommunikativem Charakter umfassend in die integrierte Kommunikationsarbeit einbezogen werden. Allerdings wäre eine zentrale Abteilung bzw. Stelle notwendig, die für die Koordination der einzelnen internen und externen Kommunikationsinstrumente und -maßnahmen die Gesamtverantwortung trägt. So sehen denn auch 30 Prozent der befragten Unternehmen in dem Fehlen einer für die Integrierte Kommunikation verantwortlichen Instanz ein Problem für die Integrierte Kommunikation in ihrem Unternehmen.

Eine fehlende Verantwortungszuweisung für die Koordination der vielfältigen Kommunikationsinstrumente ist diesbezüglich notwendigerweise auch mit einer **fehlenden Entscheidungskompetenz** verbunden. Selbst wenn sich eine Stelle bzw. Person um eine bessere Abstimmung von Kommunikationsinstrumenten bemüht, so fehlen aufgrund verschiedener Zuständigkeiten und Weisungsbefugnisse gegenüber den einzelnen Kommunikationsfachabteilungen häufig die Entscheidungskompetenzen.

Aufgrund der organisatorischen Trennung der betroffenen Kommunikationsabteilungen und der Ansiedelung auf unterschiedlichen Hierarchieebenen ist es eine wesentliche Aufgabe der Unternehmensleitung, die Verantwortung für die Integrierte Kommunikation zu übernehmen. Während etwa drei Viertel der Unternehmen zu Beginn der 1990er Jahre eine **mangelnde Verankerung der Integrierten Kommunikation auf Führungsebene** noch als Widerstand wahrnahmen, scheint sich diese Problematik im Jahr 2005 deutlich entschärft zu haben. 29 Prozent der Unternehmen in Deutschland beziehen dieses Problem auf ihre Unternehmen, bei nur 14 Prozent war das Problem allerdings sehr ausgeprägt.

Eine besondere Organisationsproblematik erfährt die Integrierte Kommunikation bei stark diversifizierten und divisional strukturierten sowie bei überregional bzw. international tätigen Unternehmen. 43 Prozent der befragten Unternehmen geben an, dass **divisionale und überregionale Organisationsstrukturen** ein Problem für ihr Unternehmen darstellen. Eine besondere Problematik stellt in diesem Zusammenhang die **kommunikative Integration von Tochtergesellschaften** dar. Die Eigenständigkeit in der Führung von Tochtergesellschaften hat entsprechende Auswirkungen auf eine umfassende Durchsetzung einer einheitlichen Kommunikation, insbesondere in Großunternehmen. Vielfach ist aber auch davon auszugehen, dass zwischen voneinander unabhängig und auf unterschiedlichen Märkten operierenden Unternehmensbereichen eine kommunikative Integration nicht erwünscht ist, da die unterschiedlichen Sparten mit ihren diversifizierten Betätigungsfeldern nicht unter ein gemeinsames kommunikatives Dach gestellt werden können.

Neben den dargestellten organisatorisch-strukturellen Barrieren einer Integrierten Kommunikation, die sich in erster Linie auf die Aufbau- und Ablauforganisation der Unternehmen beziehen, wird in den vergangenen Jahren verstärkt ein weiteres organisatorisches Problem diskutiert, das die Zusammenarbeit mit **Kommunikationsagenturen** betrifft. Eine in der Schweiz und in Österreich durchgeführte Studie der Universität Basel zu den Anforderungen von Unternehmen an Agenturen im Rahmen der Umsetzung der Integrierten Kommunikation zeigt, dass schweizerische Unternehmen insbesondere das Fehlen eines offenen, vertrauenswürdigen Umgangs der Agentur mit dem Unternehmen bemängeln sowie ein fehlendes Generalistenwissen, d. h. eine mangelhafte Kenntnis der Agentur über eine Vielzahl von Kommunikationsinstrumenten. Die Analyse des österreichischen Datensatzes zeigt ein ähnliches Bild. Erneut sind es der mangelnde vertrauenswürdige Umgang und das fehlende Generalistenwissen, die kritisiert werden. Ferner wird von den Unternehmen im Rahmen der Umsetzung der Integrierten Kommunikation auch eine verstärkte Kooperation und Koordination zwischen Unternehmen und Agentur gefordert sowie eine größere Bereitschaft der Agentur zur Abstimmung und Zusammenarbeit. Eine Befragung der Agentur *Serviceplan* (München) in Kooperation mit der *European Business School* unter deutschen Groß- und Mittelstandsunternehmen verdeutlicht auf Seiten der Agenturen ebenfalls Schwächen bei der Entwicklung integrierter Kommunikationskonzepte (*Serviceplan* 2001). So ist beispielsweise ein Viertel der befragten Unternehmen der Auffassung, dass die Agenturen über zu wenig generalistisches Know-how verfügen, um integrierte Kommunikationskonzepte erfolgreich zu entwickeln und umzusetzen. Gleichzeitig wird von 16 Prozent eine zu geringe Zusammenarbeit mit Spezialisten aus anderen Kommunikationsdisziplinen bemängelt. Ein Viertel der Unternehmen vertritt zudem die Meinung, dass es den Agenturen an Know-how in Fragen der praktischen Vernetzung fehle. Zu einer kritischen Beurteilung der Fähigkeit der Agenturen bezüglich des Angebotes integrierter Kommunikationskonzepte gelangen auch die Studien von *Kirchner* (2001, S. 257) und *Burrack NB-Advice* (2005). Andere Studien, die die Perspektive von Kommunikationsagenturen aus den USA, Großbritannien, Neuseeland, Australien und Indien einnehmen, bestätigen ähnliche Defizite auf Agenturseite, beurteilen diese allerdings nicht als derart integrationshemmend und gehen davon aus, dass sie in der nahen Zukunft überwunden werden können (*Schultz/Kitchen* 1997, S. 13; *Kitchen/Schultz* 1999,

S. 31). Ebenso werden aber auch **Probleme bei der Zusammenarbeit von Unternehmen und Agenturen** deutlich, die sich auf eine mangelnde Kommunikation und Abstimmung oder auf Probleme einer sinnvollen Verantwortungsaufteilung beziehen.

1.3 Personell-kulturelle Barrieren

Die von Unternehmen am häufigsten erkannten Probleme in der Realisierung einer Integrierten Kommunikation sind dem Bereich der **personell-kulturellen Barrieren** zuzuordnen (vgl. Schaubild II-B-3, *Bruhn* 2006, S. 420 f., 452 f., 484 f.). Das Individuum mit all seinen menschlichen Schwächen scheint der größte Hemmfaktor für eine Integration zu sein (*Thedens* 1997, S. 21). Die Probleme sind dabei auf kognitiver als auch emotionaler Ebene anzutreffen.

Die Vielzahl der personell-kulturellen Barrieren kann nicht isoliert betrachtet werden, sondern steht in Zusammenhang mit den organisatorisch-strukturellen Defiziten. Hierzu zählt insbesondere ein stark ausgeprägtes **Bereichs- bzw. Abteilungsdenken**, das von gut der Hälfte der befragten Unternehmen als integrationshemmend angegeben wird und als Folge der Aufbauorganisation sowie der dadurch resultierenden Trennung der an der Kommunikation Beteiligten zu sehen ist. Werden aufgrund der organisatorischen Regelungen mehrere Abteilungen gleichrangig nebeneinander gestellt, sind Bereichsdenken und das so genannte **„Not-Invented-Here"-Syndrom** eine fast automatische Folge. Dieses Syndrom hat sich bereits in vielen anderen Fragestellungen der Kommunikation gezeigt (z. B. Standardisierung von Werbekonzepten für internationale Unternehmen). Zusätzlich fördern divergierende Kommunikationskulturen unterschiedlicher Abteilungen das Denken in Bereichen und er-

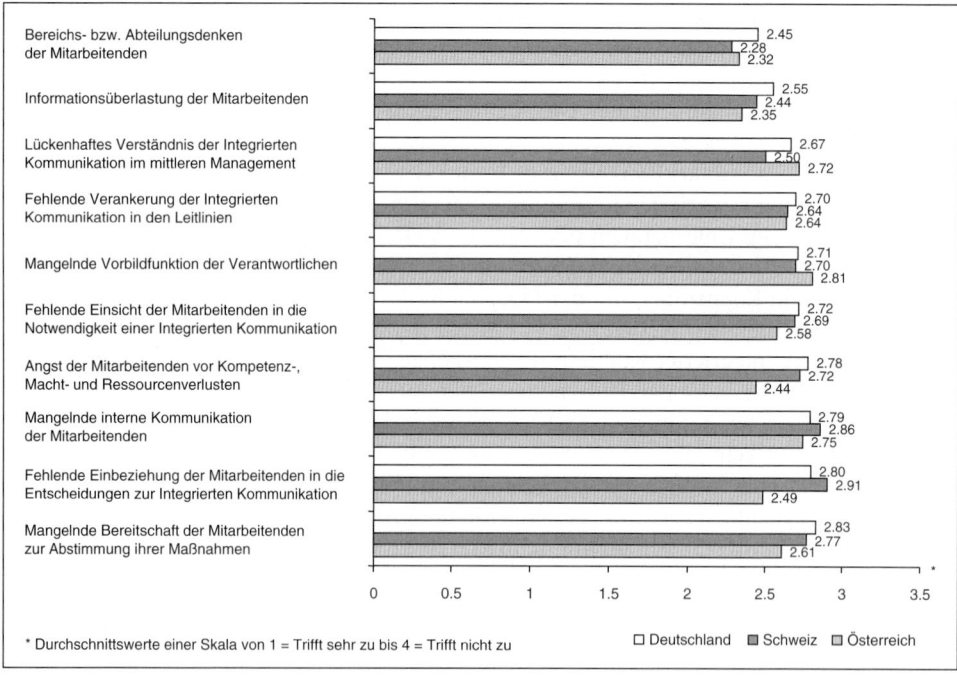

Schaubild II-B-3: Personell-kulturelle Barrieren der Umsetzung einer Integrierten Kommunikation (Bruhn 2006, S. 420 f., 452 f., 484 f.)

schweren die Integration der Kommunikation. Zu denken sei hier beispielsweise an die breit angelegte Mediawerbung über Massenmedien und die auf individuelle Zielgruppen ausgerichteten Maßnahmen des Direct Marketing. Die Kulturen sind noch unterschiedlicher, wenn die Abteilung Marketing mit der Personalabteilung, der PR-Abteilung oder auch dem Vertrieb verglichen wird. Vorurteile gegenüber anderen Kommunikationsdisziplinen können „Grabenkämpfe" schüren und die Zusammenarbeit wesentlich beeinträchtigen, wie auch in der Befragung unter Unternehmen in Neuseeland deutlich wird (*Eagle/Kitchen* 2000, S. 676). Weiterhin sind die Furcht vor Konsequenzen aus der Integrierten Kommunikation für die Organisation und das Management sowie die Uneinigkeit verschiedener Manager in unterschiedlichen Abteilungen und auf unterschiedlichen Hierarchiestufen zu erwähnen, die die Integration der Kommunikation erschweren.

Die individuelle **Angst vor Kompetenzverlusten** in der Unternehmensorganisation, insbesondere wenn es um die Entscheidungsfreiheit und die Verteilung von Ressourcen (Kommunikationsbudgets) geht, trägt zu diesem Bereichsdenken bei und wird von einem guten Drittel der Unternehmen als Barriere genannt. Diese Ängste führen zu Schwierigkeiten bei der Akzeptanz eines integrierten Kommunikationskonzeptes, da eine konsequente Integrierte Kommunikation die in den einzelnen Kommunikationsabteilungen vorhandenen Machtverhältnisse im Unternehmen zu verändern droht. Die Angst vor Machtverlust ist jedoch der stärkste Widerläufer eines Wandels innerhalb gewachsener Organisationen (*Schnelle* 1982, S. 32f.; *Schreyögg* 2008; *Staehle* 2009, S. 979). In diesem Zusammenhang wird von 30 Prozent der befragten Unternehmen auch die **Angst vor verstärkter Kontrolle** genannt. Jede Form von Abstimmungsprozessen bringt notwendigerweise auch Einblicke in die Strukturen und Prozesse anderer Abteilungen mit sich. Deshalb erstaunt es nicht, dass Mitarbeitende und Führungskräfte in den Kommunikationsabteilungen befürchten, dass ihre Arbeit von anderen Mitarbeitenden und Führungskräften beurteilt wird. Probleme des eindimensionalen „Einzelkämpfertums" scheinen auch oder besonders in der Kommunikationspraxis weit verbreitet zu sein. Allerdings sind die Probleme der Angst vor Kompetenzverlusten und verstärkter Kontrolle keine speziellen Probleme in deutschsprachigen Unternehmen, sondern werden gleichfalls in amerikanischen Unternehmen kritisiert und als wesentliche Probleme einer Integrierten Kommunikation aufgefasst (*Shimp* 2003).

Ein ausgeprägtes Bereichsdenken findet seinen Ausdruck in **geringer Kooperations-, Informations- und Koordinationsbereitschaft** der Mitarbeitenden sowie **Defiziten in der Kommunikation zwischen den Mitarbeitenden** – Aspekte – die sich seit 1991 zwar deutlich verbessert haben, aber noch immer von etwa 30 Prozent der befragten Unternehmen kritisiert werden, wenn es um den Versuch der Koordination von Kommunikationsmaßnahmen und deren ganzheitliche Gestaltung geht. Ursachen hierfür liegen häufig in einer **fehlenden Einsicht in die Notwendigkeit zur Integration**, die vor allem bei vielen Mitarbeitenden außerhalb der Kommunikationsabteilungen und außerhalb der Vorstandsebene festzustellen ist. Sie lässt sich u.a. auf eine **fehlende Einbindung der Mitarbeitenden** in Entscheidungen bezüglich der Integrierten Kommunikation sowie eine **mangelnde Mitarbeiterinformation** zurückführen. Ebenfalls sind in diesem Zusammenhang **Schwächen in der Vorbildfunktion der Verantwortlichen** zu sehen. Setzen die Führungskräfte nicht die Maßregeln für eine erfolgreiche integrierte Kommunikationsarbeit und leben sie diese in der alltäglichen Arbeit nicht selbst, so darf es nicht erstaunen, wenn das Verhalten der Mitarbeitenden nicht den Anforderungen einer Integrierten Kommunikation entspricht.

Fortschritte bei der Umsetzung der Integrierten Kommunikation lassen sich hinsichtlich des Verständnisses, im Sinne von **Wissen über die Integrierten Kommunikation** sowohl auf Führungsebene als auch im mittleren Management feststellen. Identifizierten 1991 noch knapp zwei Drittel der befragten Unternehmen ein lückenhaftes Verständnis in Bezug auf die Integrierte Kommunikation als starke Barriere, ist deren Bedeutung inzwischen gesunken. Zu unterschätzen ist sie aber nach wie vor nicht, zumal offensichtlich bedeutende Unterschiede zwischen dem Verständnis auf Führungsebene (27 Prozent konstatieren ein lückenhaftes Verständnis im Hinblick auf die Integrierte Kommunikation) und im mittleren Management (44 Prozent) herrschen.

Eine weitere personelle Schwierigkeit bei der Integrationsarbeit stellt die **Informationsüberlastung** der Mitarbeitenden dar, die 46 Prozent der Unternehmen als Integrationsbarriere angeben. Dieser Punkt ist insbesondere vor dem Hintergrund interessant, dass zuvor ein Mangel an Daten zur Beurteilung der Integrationsarbeit sowie eine unzureichende abteilungsinterne und übergreifende Kommunikation beklagt wurden. Hier wird deutlich, dass eine Integration der Kommunikation auch neue Regeln und Prozesse für den Umgang und die Organisation der diversen Informationen unterschiedlicher am Kommunikationsprozess beteiligter Abteilungen und Personen erfordert. Dies gilt umso mehr, wenn mit der Durchsetzung zahlreicher innovativer Kommunikationsinstrumente (z. B. Intranet) nicht immer auch sichergestellt ist, dass Mitarbeitende über das erforderliche Know-how für den Umgang mit diesen verfügen. Das Potenzial für die Generierung vielfältiger Informationen ist häufig vorhanden. Zumeist fehlt es jedoch an dem Wissen, wie diese Informationen zu filtern, zu organisieren und zu nutzen sind. Dadurch stellen sich oftmals eher Frustationseffekte ein, als dass die Informationen sinnvoll genutzt werden.

Zusammenfassend wird deutlich, dass in der Kommunikationspraxis weiterhin erhebliche Barrieren bestehen, die die Integrierte Kommunikation stark behindern. Zwar zeigt sich bei vielen Unternehmen, dass die Barrieren sukzessive abgebaut werden, wesentliche Aspekte wie die Erfolgskontrolle, eine mangelnde Formulierung von Zielsetzungen und starre Organisationsregelungen sowie das Abteilungsdenken erschweren allerdings nach wie vor die Integrationsarbeit. Obwohl sich im Vergleich zu Beginn der 1990er Jahre viele Fortschritte ergeben haben und einzelne Unternehmen die Planung und Umsetzung der Integrierten Kommunikation sehr erfolgreich realisieren, wird sie in vielen Fällen in der Praxis nicht konsequent und zielgerichtet verfolgt. Die Barrieren der Integrierten Kommunikation werden häufig nicht erkannt und es fehlt vielfach an einer inhaltlichen Auseinandersetzung mit der Integrationsproblematik.

Zum Abbau der existierenden Widerstände gegen eine integrierte Kommunikationsarbeit sind eine Vielzahl konzeptioneller, organisatorischer und personeller Maßnahmen notwendig. Um eine erfolgreiche Umsetzung dieser Maßnahmen zu garantieren, sind verschiedene **Anforderungen an eine integrierte Kommunikationsarbeit** zu stellen, die sich aus den Zielen sowie den analysierten Barrieren Integrierter Kommunikation ableiten lassen. Die Anforderungen sind im Überblick in Schaubild II-B-4 dargestellt und werden durch verschiedene Merkmale präzisiert (*Bruhn* 2009a, S. 106 ff.):

(1) Schaffung von Bewusstsein für die Notwendigkeit einer Integrierten Kommunikation
Es ist unabdingbar, dass sämtliche mit der Kommunikation betrauten Führungskräfte und Mitarbeitenden die Notwendigkeit einer Integrierten Kommunikation erkennen und verstehen. Es ist ein „Integrationsbewusstsein" im Unternehmen aufzubauen, das die für die Integration notwendigen Eigenschaften der Mitarbeitenden fördert: Kooperationsbereitschaft, Koordinationswille, ganzheitliches und vernetztes Denken. Voraussetzung dafür ist die Bereitschaft zur gegenseitigen Information, zu mehr Transparenz und auch Kontrolle. Neben der Schaffung eines Bewusstseins für die Notwendigkeit Integrierter Kommunikation ist im

Anforderungen	Inhalt/Ziel	Gefahr bei Nichteinhaltung
(1) Schaffung von Bewusstsein für die Notwendigkeit einer Integrierten Kommunikation	Schaffung eines Integrationsbewusstseins bei den Mitarbeitenden	Fehlende Motivation und Einsicht bei den Mitarbeitenden
(2) Schaffung von Wissen über das Konzept der Integrierten Kommunikation	Vermittlung von notwendigen Kenntnissen über die Integrierte Kommunikation bei den Mitarbeitenden	Mangelhaftes Verständnis bezüglich des Konzepts und keine Umsetzung der Integrierten Kommunikation
(3) Entwicklung einer Strategie der Integrierten Kommunikation	Strategische Verankerung der gesamten Kommunikation	Verzettelung in operativen Einzelmaßnahmen
(4) Orientierung an der Positionierung des Bezugsobjektes der Integrierten Kommunikation	Festlegung der zukünftigen Positionierung des Bezugsobjektes der Kommunikation	Mangelnde Ziel- und Zukunftsgerichtetheit der Kommunikation
(5) Bewusste Gestaltung von Kommunikationselementen	Schaffung einheitlicher formaler Gestaltungsprinzipien für die Kommunikation	Mangelnde Prägnanz und Klarheit bei der Wiedererkennung des Bezugsobjektes der Kommunikation
(6) Kontinuierlicher Einsatz formaler Gestaltungsprinzipien	Schaffung eines konsistenten Erscheinungsbildes bei den Zielgruppen	Zielgruppen nehmen Bezugsobjekt der Kommunikation als nicht konsistent wahr
(7) Formulierung von Verbindungslinien	Definition von Verbindungslinien zwischen Kommunikationsinstrumenten	Diffuses Bild vom Bezugsobjekt der Kommunikation durch uneinheitliches Auftreten
(8) Sicherstellung von Konsistenz	Herbeiführung konsistenter Aussagen in der Kommunikation	Widersprüche und Irritationen bei den Zielgruppen
(9) Sicherstellung von Kongruenz	Schaffung von Kongruenz zwischen Verhalten und Kommunikation des Unternehmens	Glaubwürdigkeitverluste durch divergentes Verhalten
(10) Bewahrung von Kontinuität	Kontinuierlicher Einsatz von Kommunikationsinstrumenten	Irritationen und keine Lerneffekte durch wechselnden Einsatz von Kommunikationsinstrumenten

Schaubild II-B-4: Anforderungen an die Integrierte Kommunikation (Bruhn 2009b, S. 106)

Unternehmen ein einheitlicher Integrationsbegriff zu erarbeiten, zu verbreiten und als verbindlich festzulegen.

(2) Schaffung von Wissen über das Konzept der Integrierten Kommunikation

Eine weitere Anforderung baut unmittelbar auf der erstgenannten Anforderung aus. So reicht es nicht aus, dass Führungskräfte und Mitarbeitende ein Bewusstsein für die Notwendigkeit aufweisen und entsprechend motiviert sind, sich integrationsfördernd zu verhalten. Wichtig ist darüber hinaus, dass die Führungskräfte und Mitarbeitende ein Wissen über die Integrierte Kommunikation aufweisen, das es ihnen erlaubt, ihre Möglichkeit im Rahmen der Kommunikationsarbeit auch umzusetzen.

(3) Entwicklung einer Strategie der Integrierten Kommunikation

Grundlegende Erfolgsvoraussetzung Integrierter Kommunikation ist eine strategische Verankerung im Unternehmen; die Integrationsarbeit darf sich nicht in operativen Einzelmaßnahmen erschöpfen. Sämtliche bislang als Einzelmaßnahmen konzipierten Kommunikationsaktivitäten sind unter ein gemeinsames strategisches Dach zu stellen, um ein einheitliches kommunikatives Auftreten zu verwirklichen. Dies verlangt die Formulierung einer Kommunikationsstrategie, die die zentralen Ziele, Zielgruppen, Inhalte und Instrumente definiert.

(4) Orientierung an der Positionierung des Bezugsobjektes

Die verschiedenen Kommunikationsmaßnahmen haben sich inhaltlich an der angestrebten Positionierung des Unternehmens bzw. des Bezugsobjektes der Kommunikation zu orientieren. Die Notwendigkeit einer klaren strategischen Positionierung hat den gesellschaftlichen Trends und veränderten Rahmenbedingungen der Kommunikation Rechnung zu tragen.

Die Positionierung bestimmt das Soll-Image des Unternehmens bzw. des Bezugsobjektes der Kommunikation und stellt die für das gesamte Unternehmen und seine Mitarbeitenden verbindliche Bezugsgröße dar, um eine gleichgerichtete, aber nicht uniforme Ansprache aller Zielgruppen zu ermöglichen (*Esch* 2006, S. 47 ff.; *Kroeber-Riel/Esch* 2009, S. 51 f.).

(5) Bewusste Gestaltung von Kommunikationselementen

Vor dem Hintergrund der Informationsüberlastung sind die Kommunikationsinhalte in der Integrierten Kommunikation klar, prägnant, stimulierend, einprägsam und konzentriert zu formulieren, damit sie von den Zielgruppen schnell gelernt und dauerhaft gespeichert werden können. Dies setzt eine in formaler Hinsicht gleiche Gestaltung bestimmter Kommunikationselemente sowie deren kontinuierlichen Einsatz voraus (*Bednarczuk* 1990, S. 219 f.; *Walter* 1990, S. 7; *Kroeber-Riel* 1991, S. 155; *Kroeber-Riel/Esch* 2009, S. 113 f.).

(6) Kontinuierlicher Einsatz formaler Gestaltungsprinzipien

Das Bezugsobjekt der Integrierten Kommunikation hat konsequent bestimmte formale Gestaltungsprinzipien einzuhalten. Dazu zählen neben dem Markennamen insbesondere das Logo und der Slogan sowie weitergehend die Typografie, Farben und Bilder. Auch die formalen Gestaltungsprinzipien stellen eine (formale) „Einheit" der Kommunikation dar.

(7) Formulierung von Verbindungslinien

Eine Integrierte Kommunikation hat Verbindungslinien zu definieren, die einheitlich in die verschiedenen Kommunikationsmaßnahmen integriert werden und die operative Klammer zwischen den Kommunikationsinstrumenten darstellen. Die Verbindungslinien können inhaltlicher (Botschaften, Slogans, Argumente) oder formaler Art (Bilder, Zeichen, Logos) sein und sind darauf ausgerichtet, dass die Einheitlichkeit in der Kommunikation wahrgenommen wird. Insbesondere im Rahmen einer beziehungsorientierten Kommunikation bedarf die Definition solcher Verbindungslinien einer speziellen Aufmerksamkeit. Da es notwendig ist, die verschiedenen Kommunikationsmaßnahmen den Bedürfnissen unterschiedlicher Zielgruppen in den Phasen des Beziehungslebenszyklus anzupassen, sind Unternehmen stärker gefordert, eine inhaltliche Klammer zwischen den individualisierten Kommunikationsmaßnahmen zu schaffen, um die Einheitlichkeit der Kommunikation zu wahren.

(8) Sicherstellung von Konsistenz

Es ist darauf Wert zu legen, dass Inhalte und Formen der Kommunikationsinstrumente innen- und außengerichtet konsistent sind. Deshalb hat eine Integrierte Kommunikation sicherzustellen, dass keine Widersprüche in der Kommunikation auftreten. Inhaltliche und formale Inkonsistenzen in der Kommunikation führen zu Irritationen und Glaubwürdigkeitsverlusten bei den Mitarbeitenden, Kunden sowie anderen Anspruchsgruppen des Unternehmens und erschweren die Einheitlichkeit sowie den geschlossenen kommunikativen Auftritt.

(9) Sicherstellung von Kongruenz zwischen Kommunikation und Verhalten

Eine Integrierte Kommunikation hat mit dem Unternehmensverhalten kongruent zu sein. Es sind durch die unterschiedlichen Kommunikationsmaßnahmen keine Versprechen bzw. Ansprüche geltend zu machen, die durch Produkte, innerbetriebliche Maßnahmen oder das Mitarbeiterverhalten während der Interaktion mit den Zielgruppen nicht eingehalten werden können. Divergenzen zwischen der Kommunikation und dem Unternehmensverhalten führen ebenfalls zu einem Glaubwürdigkeitsverlust des Unternehmens und zu einer verminderten oder sogar kontraproduktiven Wirkung der Kommunikationsmaßnahmen.

(10) Bewahrung von Kontinuität

Ein Konzept der Integrierten Kommunikation erfordert eine mittel- bis langfristige Orientierung der Inhalte, Formen und Maßnahmen der Kommunikation. Es ist deshalb unabdingbar, dass bei der Planung von Einzelinstrumenten nicht nur die Integrationsmöglichkeiten bedacht werden, sondern ebenso auf die Kontinuität im Einsatz geachtet wird. Nur ein kontinuierlicher Einsatz im Kommunikationsmix kann die Kraft der Integration verstärken und die zu kommunizierenden Botschaften langfristig im Bewusstsein der Rezipienten verankern.

Diese zehn Komponenten stellen die zentralen Anforderungen an eine Integrierte Kommunikation dar. Sie sind sowohl bei der Planung der einzelnen Kommunikationsinstrumente als auch bei der Einbindung verschiedener Kommunikationsmittel in das Gesamtsystem der Kommunikation zu berücksichtigen. Die Einhaltung dieser Anforderungen kann es dem Unternehmen durch ein abgestimmtes Vorgehen in der internen und externen Kommunikation erleichtern, die angestrebte Positionierung des Bezugsobjektes der Kommunikation und die kommunikative Abgrenzung von den Konkurrenten im Markt durchzusetzen. Die Anforderungen an die Integrierte Kommunikation sind im Einzelnen bei der Planung, Umsetzung und Kontrolle der Integrationsmaßnahmen zu beachten.

2 Managementprozesse der Integrierten Kommunikation

Im Rahmen der Integrierten Kommunikation sind vielfältige Kommunikationsinstrumente und -mittel für unterschiedliche Kommunikationszielgruppen in alternativen Kommunikationssituationen über mehrere Hierarchieebenen eines Unternehmens hinweg in Einklang zu bringen. Um dieser komplexen Aufgabenstellung gerecht zu werden, bedarf es eines systematischen und ganzheitlichen **Managementprozesses**, der fähig ist, die vielfältigen Kommunikationsbeziehungen innerhalb und zwischen Kommunikationsabteilungen aufeinander abzustimmen. Die Planung ist dabei ein Bestandteil des Managementprozesses, der zusätzlich auch die Durchführung und Kontrolle einer Integrierten Kommunikation umfasst.

Die Planungsaufgaben einer Integrierten Kommunikation sind auf zwei unterschiedlichen Unternehmensebenen zu vollziehen und bedingen daher auch unterschiedliche Planungsverfahren.

2.1 Managementprozesse auf unterschiedlichen Ebenen der Unternehmens- und Marketingkommunikation

Auf der **Ebene der Gesamtkommunikation** ist seitens der Unternehmensleitung (Geschäftsführung, Vorstand), den Marken- beziehungsweise Marketingmanagern oder der Corporate Communication ein **Managementprozess der Integrierten Kommunikation** einzuleiten, der unter Einbezug aller relevanten Kommunikationsfachabteilungen die Integrierte Kommunikation plant, um sämtliche Kommunikationsmaßnahmen eines Unternehmens in eine einheitliche Richtung zu lenken. In Schaubild II-B-5 sind die verschiedenen Elemente eines solchen Managementprozesses dargestellt. Dieser Managementprozess wird als **„Top-down-Planung"** realisiert: Die zuständige Führungsebene hat die Aufgabe, die Integration zu initiieren und zu steuern und trägt die Verantwortung für die Schaffung einer „Einheit in der Kommunikation" (*Bruhn* 2009a). Diese Aufgabe ist durch die Entwicklung einer Strategie der Integrierten Kommunikation planerisch zu vollziehen (Top-down), wobei die betroffenen Kommunikationsfachabteilungen in diesen Prozess einzubeziehen sind (Bottom-up).

In der bereits zitierten Studie über den Stand der Integrierten Kommunikation in deutschen, österreichischen und schweizerischen Unternehmen zeigte sich, dass den Abteilungen bzw.

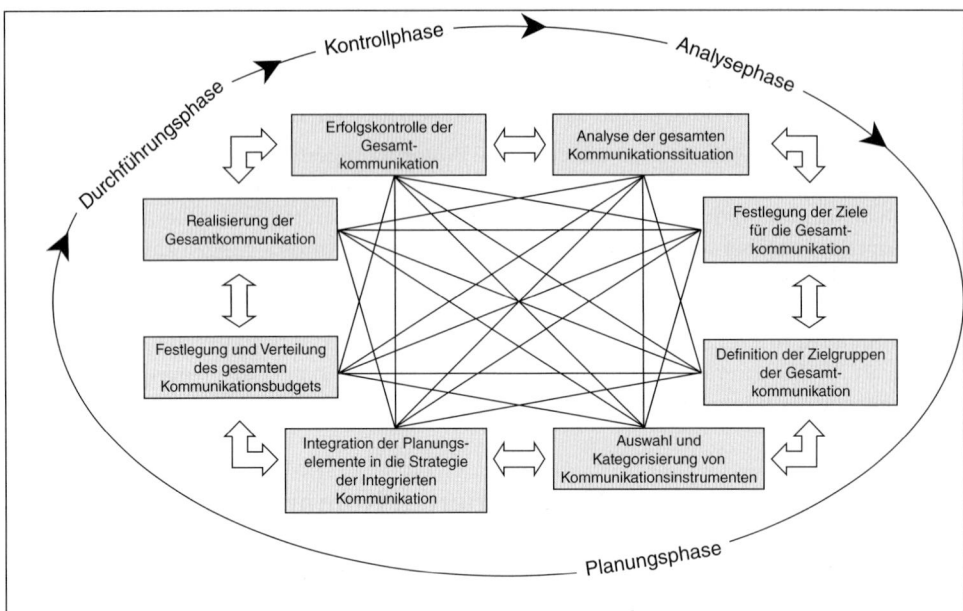

Schaubild II-B-5: Managementprozess der Gesamtkommunikation (Top-down-Planung) (Bruhn 2009a, S. 167)

Stellen Marketing-Kommunikation, Marketing, Public Relations sowie Geschäfts- bzw. Unternehmensleitung im Unternehmen eine im Vergleich zu den einzelnen Kommunikationsfachabteilungen hohe Verantwortlichkeit bei der Planung der Integrierten Kommunikation zukommt (*Bruhn* 2006, S. 31). In Unternehmen, in denen bereits die Stelle eines „Kommunikationsmanagers" etabliert wurde, d. h. eine abteilungsübergreifende Stelle, die für die Koordination der Integrierten Kommunikation verantwortlich ist, wird die Planungsverantwortung häufig auch bei dieser angesiedelt. Länderspezifische Unterschiede bestehen in erster Linie darin, dass in schweizerischen und österreichischen Unternehmen ein Kommunikationsmanager umfassender in die Planung integriert wird als dies in Deutschland der Fall ist. Auffällig ist eine insgesamt sehr geringe, wenn auch in der Schweiz etwas höhere Beteiligung der Personalabteilung an der Planungsverantwortung. Insbesondere im Hinblick auf die Integration der Mitarbeiterkommunikation in den Kommunikationsmix ist zukünftig eine engere Einbindung dieser Abteilung in die Planung der Integrierten Kommunikation anzustreben.

Dem Managementprozess auf Ebene der Gesamtkommunikation ist ein **Managementprozess für den Einsatz der einzelnen Kommunikationsinstrumente** gegenüberzustellen. Dieser Prozess liegt in der Verantwortung der einzelnen Kommunikationsfachabteilungen und legt den Einsatz des jeweiligen Kommunikationsinstrumentes planerisch fest. Der Managementprozess umfasst unterschiedliche Phasen, die in Schaubild II-B-6 wiedergegeben sind. Notwendigerweise erfolgt diese Planung als **„Bottom-up-Planung"** durch die einzelnen Leiter der Kommunikationsfachabteilungen. Diese haben sich bei ihrem eigenen Managementprozess jedoch an den Festlegungen durch den Managementprozess der Gesamtkommunikation zu orientieren und durch die Entwicklung eigener Integrationsmaßnahmen dafür Rechnung zu tragen, dass das eigene Kommunikationsinstrument zur „Einheit der Unternehmens- und Marketingkommunikation" passt (*Bruhn* 2009a, S. 167 ff.).

Die beiden in Schaubild II-B-5 und II-B-6 dargestellten Managementprozesse gehen von der klassischen Vorgehensweise bei der Planung von Kommunikationskonzepten aus. Diese be-

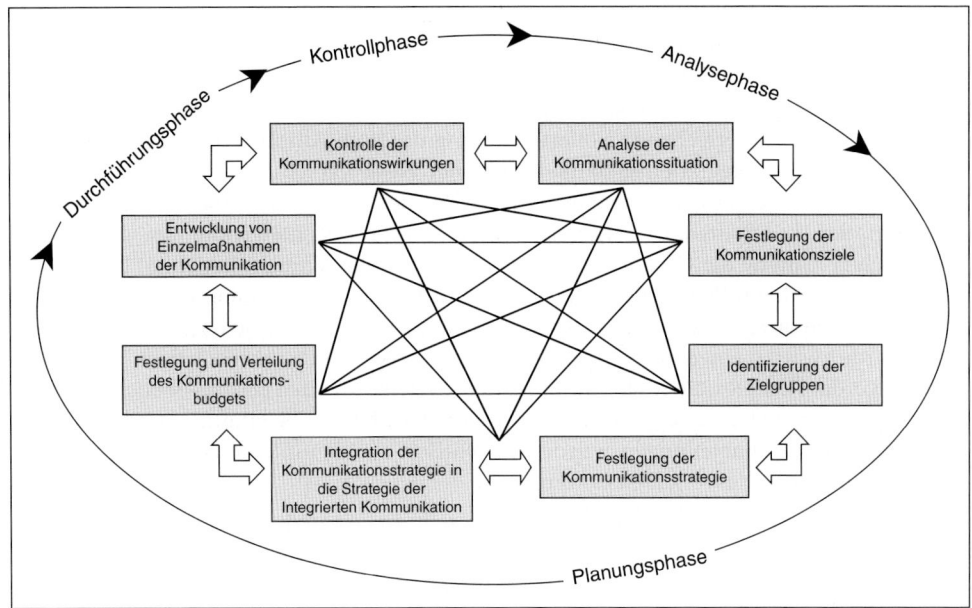

Schaubild II-B-6: Managementprozess für den Einsatz einzelner Kommunikationsinstrumente
(Bottom-up-Planung) (Bruhn 2009b, S. 168)

steht unter anderem in einer umfassenden Situationsanalyse, Zielformulierung, Zielgruppenabgrenzung, Formulierung einer Kommunikationsstrategie, Umsetzung durch Kommunikationsmaßnahmen sowie Kontrolle. Beide Prozesse ähneln sich notwendigerweise
stark bezüglich der einzelnen Prozessphasen, jedoch beziehen sie sich auf **unterschiedliche
Planungsebenen der Kommunikation**. So ist beispielsweise die Situationsanalyse im Rahmen
des Managementprozesses der Integrierten Kommunikation auf die Situation des Gesamtunternehmens und der existierenden Bedingungen auf den Kommunikationsmärkten zu beziehen, während sie sich im Rahmen des Managementprozesses eines einzelnen Kommunikationsinstrumentes lediglich auf die Einflussgrößen beim Einsatz des jeweiligen Instrumentes
konzentriert.

Die Zielformulierung bezieht sich auf der Ebene des Gesamtunternehmens auf eine für das
gesamte Unternehmen gültige, langfristig orientierte Positionierung des Unternehmens.
Die Ziele für den Einsatz einzelner Kommunikationsinstrumente werden für eine engere Zielgruppe definiert und sind Teilziele zur Erreichung der angestrebten Positionierung
des Gesamtunternehmens. Auch die Formulierung der Strategie hat in den beiden Manage-
mentprozessen unterschiedliche Bezugsebenen, denn die Kommunikationsstrategie für
das Gesamtunternehmen legt die strategische Vorgehensweise in der Kommunikation für
das Gesamtunternehmen fest, während im Rahmen des Managementprozesses einzelner
Kommunikationsinstrumente die Strategiefestlegung nur für das jeweilige Instrument vorgenommen wird. Die Phase der Umsetzung der Kommunikationsstrategie im Rahmen des
Managementprozesses der Gesamtkommunikation bezieht sich auf die Auswahl geeigneter
Instrumente und die Kontrolle auf die kritische Analyse der Zielerreichung durch den gesamte Kommunikationsmix, während beim Managementprozess eines Kommunikationsin-
strumentes konkrete Kommunikationsmaßnahmen entwickelt und umgesetzt werden, deren
Erfolg dann kontrolliert wird.

In der Kommunikationspraxis dominiert bislang eine relativ isolierte Planung einzelner Kommunikationsinstrumente, während auf der Ebene der Gesamtkommunikation meist keine Planungsansätze vorzufinden sind. Dieses Defizit äußert sich bereits in der Konzeptionslosigkeit der Praxis, die als zentrale Barriere Integrierter Kommunikation identifiziert wurde. Die in der Praxis vorherrschende isolierte Planung unterschiedlicher Kommunikationsinstrumente wird dem Integrationsgedanken in keiner Weise gerecht, da Integrationsmaßnahmen innerhalb einzelner Instrumentalpläne oftmals nicht vorgesehen sind. Um die Basis für die Integration zu schaffen, ist daher ein Managementprozess notwendig, der sich mit der strategischen Planung der Gesamtkommunikation des Unternehmens in der Art beschäftigt, dass er die Top-down-Planung mit der Bottom-up-Planung in Einklang bringt. Beide Planungsverfahren dürfen also nicht getrennt voneinander ablaufen. Eine reine Bottom-up-Planung würde zwar zu einer stringenten Planung aller Aktivitäten führen, jedoch ist sie nicht in der Lage, der Komplexität des Kommunikationssystems und den Besonderheiten einzelner Kommunikationsinstrumente gerecht zu werden. Die fehlende Beteiligung der betroffenen Kommunikationsfachabteilungen würde automatisch zu Identifikations- und Akzeptanzproblemen der Planungsvorgaben führen.

Daher wird es die Aufgabe der Führungsebenen sein, einen **ganzheitlichen Planungsprozess** zu initiieren und durch Festlegung strategischer Kommunikationsschwerpunkte die Kommunikationsfachabteilungen inhaltlich zu beeinflussen.

2.2 Zusammenführung der Managementprozesse in einem ganzheitlichen Planungsansatz

Um einen ganzheitlichen Planungsprozess initiieren zu können, ist die Bottom-up-Planung mit der Down-up-Planung zu kombinieren, so dass die Integrationsbemühungen aus unterschiedlichen Ebenen zusammenfließen. Eine derartige Synthese beider Planungsverfahren wird als **Down-up-Planungsprozess** beziehungsweise als iteratives Gegenstromverfahren bezeichnet (*Staehle* 2009, S. 543). Dieser Down-up-Planungsprozess betrifft im Prinzip sämtliche Entscheidungstatbestände, aber in besonderem Maße die Phasen der Planung eines strategischen Konzeptes zur Integration der Kommunikationsaktivitäten.

Die Darstellung des ganzheitlichen Planungsansatzes in Schaubild II-B-7 im Sinne einer Down-up-Planung zeigt die Verbindung beziehungsweise **Schnittstellen zwischen der Bottom-up- und der Top-down-Planung** auf. Die Top-down-Planung gibt durch die Festlegung einer Strategie der Integrierten Kommunikation den Rahmen für die Integration aller Kommunikationsinstrumente vor. Im Rahmen der Bottom-up-Planung ist durch die Phase "Integration der Kommunikationsstrategie in die Strategie der Integrierten Kommunikation" die Schnittstelle zur Top-down-Planung definiert, da sich hierdurch die einzelnen Kommunikationsfachabteilungen in ihrer Planung am strategischen Konzept der Gesamtkommunikation auszurichten haben.

Im Folgenden wird ein Down-up-Planungsprozess als Synthese beider Planungsverfahren mit seinen einzelnen Planungsphasen idealtypisch skizziert, wobei die Durchführung und Kontrolle als Bestandteil des Managementprozesses hier vernachlässigt werden und nur die planerischen Aufgaben berücksichtigt werden. Da in der Kommunikationspraxis die Gesamtplanung den Rahmen für den Einsatz einzelner Kommunikationsinstrumente gibt, wird auch hier anhand der Top-down-Planungsphasen vorgegangen, wobei in jeder einzelnen Planungsphase die instrumentespezifischen Bottom-up-Planungsphasen zu integrieren sind. Der Managementprozess mit seinen einzelnen Phasen ist dabei nicht als zeitliche und

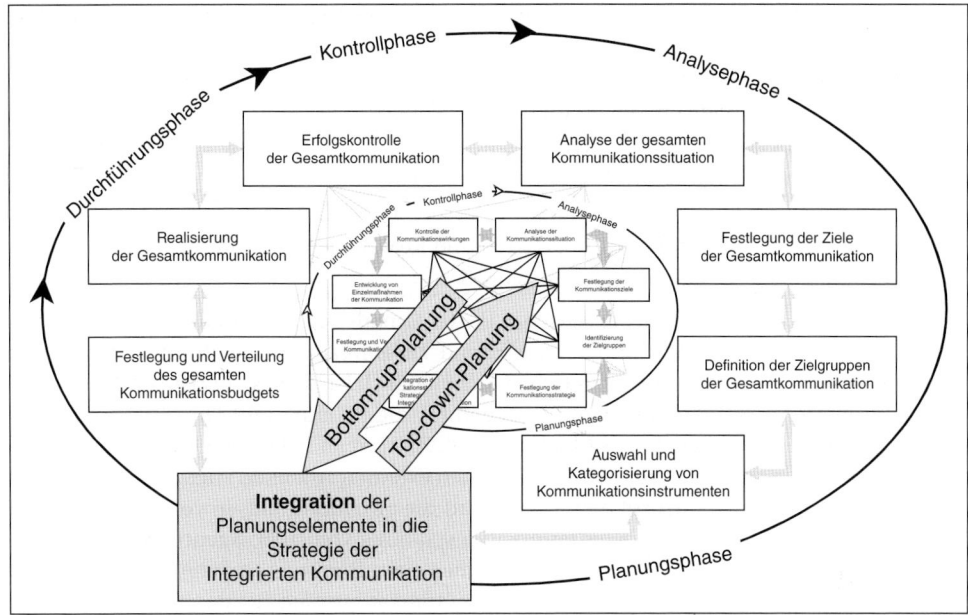

*Schaubild II-B-7: Zusammenführung der Managementprozesse im Sinne eine Down-up-Planung
(Bruhn 2009a, S. 169)*

logische Abfolge von Teilentscheidungen zu interpretieren, sondern als ganzheitliches und iteratives Problemlösungsverfahren (vgl. hierzu vertiefend *Bruhn* 2009b, S. 165 ff.).

Ausgangspunkt jedes Managementprozesses der Kommunikation ist eine umfassende **Analyse der Kommunikationssituation**. Der Situationsanalyse wird im vorliegenden Kontext die folgende **Definition** zugrunde gelegt:

> Eine **Situationsanalyse** ist eine Bestandsaufnahme kommunikationsrelevanter Sachverhalte mit dem Ziel, kommunikationspolitische Chancen und Risiken sowie Stärken und Schwächen offen zu legen. Dabei beinhaltet sie die Vorgänge der Informationsbedarfsermittlung, Informationsbeschaffung sowie der Analyse und Aufbereitung unternehmensexterner und -interner Daten. Das Ergebnis einer Situationsanalyse ist die Herausarbeitung der kommunikativen Problemstellung eines Produktes, einer Marke, einer Leistung beziehungsweise eines Unternehmens (*Bruhn* 2010a).

Im Rahmen der Planung einer Integrierten Kommunikation ist daher die Analyse der Kommunikationssituation des Gesamtunternehmens beziehungsweise der einzelnen Marken vorzunehmen. Weiterhin sind auch die Situationen zu analysieren, mit denen sich einzelne Kommunikationsinstrumente konfrontiert sehen. Zielsetzung ist es, im Rahmen einer Ist-Analyse zu erfassen, wie der derzeitige kommunikative Auftritt des Gesamtunternehmens wie auch einzelner Kommunikationsinstrumente wahrgenommen wird und welche Faktoren die Kommunikationssituation beeinflussen. Eine systematische Situationsanalyse kann konkrete **unternehmensspezifische Fragestellungen** herausarbeiten, die sich unter anderem auf die folgenden Themenfelder beziehen (*Bruhn* 2010a, S. 135):

- Bewusstmachung des eigenen Kommunikationsproblems,
- Erkennen des Kommunikationsverhaltens der Hauptwettbewerber,

- Bewusstmachung der Effizienz des eigenen Kommunikationsverhaltens in der Vergangenheit,
- Erkennen von Tendenzen im Kaufverhalten,
- Antizipieren von Trends im Lebensstil der Zielgruppe,
- Lokalisierung neuer kommunikativer Möglichkeiten, z. B. durch neue Technologien,
- Ermittlung von kommunikativen Wettbewerbsvorteilen,
- Erkennen nicht genutzter kommunikativer Ressourcen im Unternehmen,
- Ermittlung von innerbetrieblichen Barrieren und Reaktanzen der Mitarbeitenden,
- Aufdeckung von Defiziten im Leistungsangebot.

Eine umfassende Situationsanalyse ist in der Praxis oftmals schwer durchführbar, da es den Kommunikationsplanern aufgrund unzureichend zusammengestellter Informationen und Daten sowie zumeist zeitlicher Restriktionen nicht möglich ist, diese in entsprechendem Umfang zu realisieren. Aus diesem Grund bestehen für die Planung und Durchführung einer Situationsanalyse in der Regel zwei Möglichkeiten. Zum einen kann das Unternehmen diese selbst durchführen, zum anderen wird sie an einen externen Anbieter, wie z. B. eine Agentur oder ein Marktforschungsinstitut, vergeben. Wird die Situationsanalyse vom Unternehmen vorgenommen und die restliche Kommunikationsplanung von einer Agentur durchgeführt, gibt das Unternehmen die Erkenntnisse im Rahmen eines Briefings an die Agenturen weiter. Nun ist es die Aufgabe der Agentur, einen Kommunikationsplan für das Unternehmen zu erarbeiten. Führt ein externer Anbieter die Situationsanalyse durch, werden durch diesen die externen und internen Bedingungen eines Unternehmens identifiziert und der kommunikative Ist-Zustand des Unternehmens bestimmt. Danach kann die weitere Kommunikationsplanung von dem externen Anbieter vollzogen oder an das Unternehmen zurückgegeben werden. Durchgeführt wird die Situationsanalyse in der Regel in beiden Fällen vorrangig von der **Marktforschung**. Die notwendigen Daten werden zum einen im Rahmen der Primärforschung mittels Befragung und/oder Beobachtung, zum anderen mittels Sekundärforschung durch die Ermittlung sowohl bereits verfügbarer unternehmensinterner Daten (Absatz- und Reklamationsstatistiken) als auch unternehmensexterner Daten (Aufzeichnungen statistischer Ämter, Verbände, Interessenvertretungen usw.) erhoben. Zur Datenaufbereitung stehen der Marktforschung zahlreiche Analysemethoden, wie z.B. die Mehrdimensionale Skalierung oder die Faktorenanalyse zur Ermittlung der derzeitigen Positionierung des Unternehmens und/oder der Marke im Wahrnehmungsraum der Konsumenten, die Clusteranalyse zur Typologisierung beziehungsweise Segmentierung relevanter Zielgruppen der Kommunikation usw. zur Verfügung.

Somit erhalten Unternehmen aufgrund des verschärften Kommunikationswettbewerbs in zunehmendem Maße detaillierte Informationen bezüglich ihrer **kommunikationsbezogenen Ist-Situation**. Zur Ermittlung der Ist-Situation können auf der Ebene des Gesamtunternehmens sowie auf der Ebene einzelner Kommunikationsfachabteilungen verschiedene Methoden eingesetzt werden. Als **generelle Analysemethode** bietet sich die **SWOT-Analyse** (Strengths-Weaknesses-Opportunities-Threats) an. Die verschiedenen Bereiche einer SWOT-Analyse sind in Schaubild II-B-8 dargestellt. Hierbei wird im Regelfall zwischen unternehmensexterner und -interner Situationsanalyse unterschieden. Neben externen Chancen und Risiken eines Unternehmens werden die internen Stärken und Schwächen analysiert (*Müller-Stewens/Lechner* 2005; *Panagiotou* 2003, S. 8 ff.; *Kotler/Keller/Bliemel* 2007; *Homburg/Krohmer* 2009, S. 479 f.; *Bruhn* 2010a).

Die SWOT-Analyse ist eine integrative Methode in dessen Rahmen durch eine umfassende Chancen-Risiken-Analyse die externe Marktsituation des Unternehmens ermittelt wird. Die

Intern (Stärken + Schwächen)	Extern (Chancen + Risiken)
Stärken: • Positives Image, • Hoher Bekanntheitsgrad, • Mitarbeiterakzeptanz usw.	Chancen: • Technologische Entwicklung, • Neue Kommunikationsmöglichkeiten, • Bedarf für neue Produkte usw.
Schwächen: • Interne Abstimmungsprobleme, • Schlechte Zusammenarbeit mit Agenturen, • Geringes Kommunikationsbudget usw.	Risiken: • Trends der Zielgruppe, • Neue Konkurrenz, • Substitutionsprodukte usw.

Schaubild II-B-8: Bereiche einer SWOT-Analyse

interne Situationsanalyse ist als Stärken-Schwächen-Analyse zu interpretieren. Hierbei sind verschiedene **Einflussfaktoren**, die Einwirkung auf die Kommunikationssituation eines Unternehmens haben, zu identifizieren und analysieren (*Bruhn* 2009a, S. 172 f.):

- **Marktbezogene Einflussfaktoren:** Homogenisierung der Märkte, Auslegung der Marktstruktur, Abgrenzung des relevanten Marktes und Marktsegmentierung, Ähnlichkeit der Produkte und des Kommunikationsauftritts in den Teilmärkten, Kommunikationsentwicklung in Teilmärkten, Vordringen neuer Kommunikationsformen oder Kommunikationsansprachen usw.
- **Kundenbezogene Einflussfaktoren:** Informationsbedürfnisse der Endabnehmer und Absatzmittler, emotionale Wahrnehmung von Marken, Erwartungen an Produkte oder Leistungen, Kundenzufriedenheit, Wertewandel, Grad der Informationsüberlastung von Zielgruppen usw.
- **Handelsbezogene Einflussfaktoren:** Ansprüche bezüglich der Kommunikationsunterstützung von Handelsmaßnahmen, Erwartungen an die Konsumentenwerbung, Präsenz der Konkurrenten in den verschiedenen Vertriebsschienen, Existenz handelsspezifischer Kommunikationsmöglichkeiten (z. B. POS-Marketing) usw.
- **Wettbewerbsbezogene Einflussfaktoren:** Kommunikationsstrategien der Konkurrenz, Kommunikationsaufwand der Hauptkonkurrenten, eingesetzte Kommunikationsinstrumente, Positionierung der Konkurrenten usw.
- **Umfeldbezogene Einflussfaktoren:** Technologieentwicklung, Medienentwicklung, Verfügbarkeit von Kommunikationsträgern, Bedeutung neutraler Informationsquellen, rechtliche Werbebeschränkungen usw.
- **Unternehmensbezogene Einflussfaktoren:** Höhe des eigenen Kommunikationsbudgets, bisherige Kommunikationsstrategien und Ziele, zur Verfügung stehende Kommunikationsinstrumente, Integrationsgrad der Kommunikation, Positionierung bei den Zielgruppen usw.

Die generelle Methode der SWOT-Analyse kann durch **spezielle Analyseinstrumente** unterstützt werden, die die kommunikative Problemstellung präzise für bestimmte Situationen herausarbeiten (*Bruhn* 2010a). Folgende Analyseinstrumente kommen hierbei zum Einsatz:

- Lebenszyklusanalyse,
- Portfolioanalyse,

- Benchmarking,
- Szenariotechnik,
- Positionierungsanalyse,
- Imageanalyse,
- Means-End-Analyse,
- Einstellungs- und Zufriedenheitsuntersuchungen,
- Ressourcenanalyse,
- Programmanalyse,
- Kundenportfolioanalyse,
- Gap-Analyse,
- Wettbewerbsanalyse u. a. m.

Die Analyseinstrumente können sich auf ökonomische und psychologische Sachverhalte beziehen, als Ex-post- oder Ex-ante-Analyse durchgeführt werden und verschiedene Objekte (Produkte, Kunden, Unternehmen, Konkurrenten) zum Gegenstand haben.

Das Ergebnis der SWOT-Analyse ist in Form einer **SWOT-Matrix** darstellbar, indem die Stärken und Schwächen jeweils den Chancen und Risiken gegenübergestellt werden. Des Weiteren sind die Ergebnisse in Form eines **Netzwerks** darstellbar. Bei der Netzwerkperspektive werden zusätzlich unterschiedliche Wahrnehmungsperspektiven, wie etwa die Wahrnehmung durch Kunden, Teilöffentlichkeiten, Mitarbeitende usw., eingenommen. Dabei ist zu berücksichtigen, dass einzelne Situationsvariablen (unternehmens-, konkurrenz- und medienmarktbezogene Variablen) nicht isoliert voneinander zu sehen sind, sondern Interdependenzen auf verschiedenen Ebenen ein **Denken in kommunikativen Netzwerken** erfordert. Mit Hilfe des Denkens in Netzwerken kann versucht werden, die häufig ausgeprägte Eindimensionalität im Denken einzelner Kommunikationsverantwortlicher zu durchbrechen. Ein Beispiel für eine Situationsdarstellung mit Hilfe der Netzwerkanalyse gibt Schaubild II-B-9.

Das Ergebnis der Ist-Analyse der Kommunikationssituation stellt die Erarbeitung kommunikativer Problemstellungen dar, vor der das Gesamtunternehmen und auch die einzelnen Kommunikationsfachabteilungen stehen. Die kommunikative Problemstellung eines Unternehmens ist die Basis, um das weitere Vorgehen im Managementprozess zu planen. Erst wenn diese definiert ist, sind die kommunikativen Ziele eines Unternehmens festzulegen und ist die Kommunikationsstrategie zu erstellen.

Aus der kommunikativen Problemstellung sind in einem nächsten Schritt die **Ziele der Integrierten Kommunikation** abzuleiten. Die Formulierung der Kommunikationsziele stellt einen zentralen Planungsschritt dar, da Zielvorgaben Schlussfolgerungen für den Einsatz einzelner Kommunikationsinstrumente zulassen und auch zur Kontrolle des Kommunikationserfolges dienen. Bei der Zielformulierung sind zentrale Unterschiede zwischen der Top-down- und Bottom-up-Planung zu berücksichtigen.

Auf der Ebene der **Gesamtkommunikation** ist die **strategischen Positionierung** als langfristiges Kommunikationsziel eines Unternehmens festzulegen, wobei sich diese aus der übergeordneten Unternehmens- oder Markenstrategie und den dort festgelegten Zielgrößen ableitet. Mit Hilfe der Positionierung definiert ein Unternehmen, wie es in der subjektiven Wahrnehmung von seinen relevanten Zielgruppen gesehen werden möchte (Soll-Positionierung). Eine Positionierung ist dabei immer nur in Abgrenzung zur Konkurrenz vorzunehmen (*Rothschild* 1987, S. 155). Zielsetzung ist es, sich in der subjektiven Wahrnehmung der Zielgruppen so zu positionieren, dass eine deutliche Abgrenzung von der Konkurrenz erfolgt und somit Präferenzen für das eigene Unternehmen oder die eigenen Produkte geschaffen werden. Die

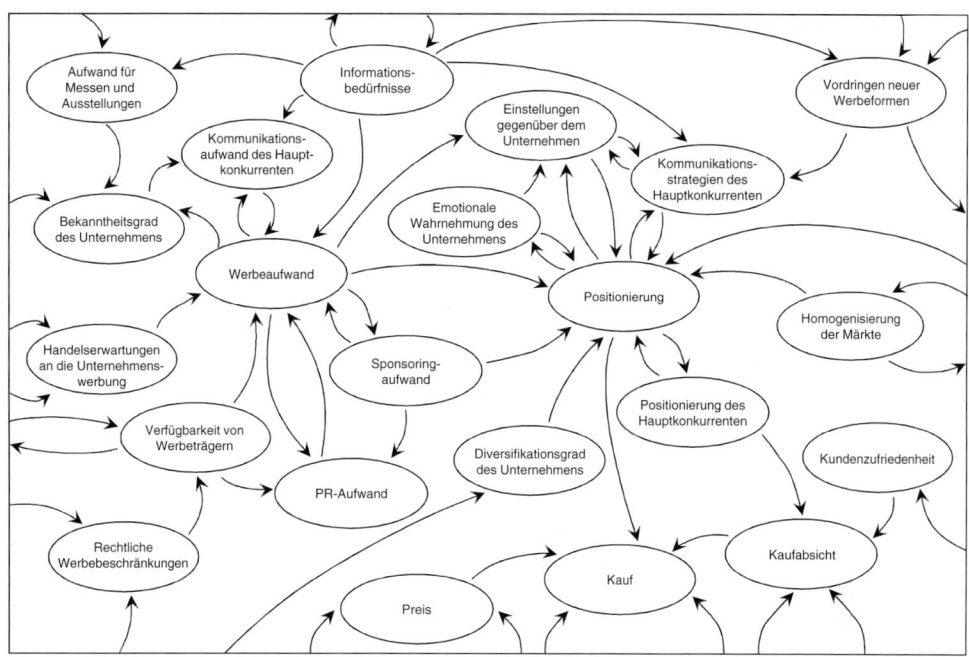

Schaubild II-B-9: Situationsanalyse mit Hilfe der Netzwerkanalyse (Bruhn 2010a, S. 74)

Positionierung kann dabei über Information, Emotion oder Aktualität erfolgen (*Kroeber-Riel/Esch* 2009, S. 67 ff.).

Aus den strategischen Positionierungsvorgaben eines Unternehmens, die mittel- bis langfristige Schwerpunkte setzen, lassen sich schließlich die strategischen Ziele für die einzelnen **Kommunikationsabteilungen** beziehungsweise **-instrumente** ableiten sowie die taktischen Ziele für die Einzelmaßnahmen in der Kommunikation auf der Ebene der Kommunikationsfachabteilung bestimmen. Jedes taktische Kommunikationsziel hat dabei die Erreichung der strategischen Positionierung des Gesamtunternehmens zu unterstützen. Nur durch diese Ausrichtung der Unterziele auf der Ebene einzelner Kommunikationsinstrumente an den Oberzielen der Unternehmens- und Marketingkommunikation kann eine Integration gewährleistet werden.

Mit der **Definition der Zielgruppen** im Rahmen der Integrierten Kommunikation gilt es in einem nächsten Planungsschritt, Überlegungen dahingehend anzustellen, welche Gruppen von Kommunikationsempfängern das Unternehmen ansprechen möchte und welche Anforderungen diese Zielgruppen an die unternehmerische Kommunikation stellen. Klassischerweise wird dabei in die fünf zentralen Unternehmenszielgruppen Kunde, Handel, Kapitalgeber, Mitarbeitende und Öffentlichkeit unterschieden (*Bruhn* 2009a, S. 180 f.). Auf der Ebene der einzelnen Kommunikationsinstrumente sind diese Zielgruppen dann wesentlich detaillierter zu erfassen und zu beschreiben.

Von zentraler Bedeutung für den Integrationsgedanken ist in diesem Planungsschritt die „Nicht-Ausschließbarkeit" des Empfangs kommunikativer Signale. Ein Unternehmensbild entsteht auf Seiten der Zielgruppe als Gesamteindruck aller wahrgenommenen Kommunikationssignale eines Unternehmens. Bei der Fülle kommunikativer Maßnahmen eines Unternehmens kann nicht ausgeschlossen werden, dass eine Zielgruppe Kommunikationsinhalte aufnimmt, die nicht für diese Zielgruppe bestimmt waren. Unterschiedliche Zielpersonen, wie z. B. die Mitarbeitenden, nehmen unterschiedliche Rollen ein. Sie sind gleichzeitig Mitarbeitende, Öffentlichkeit und können auch Kunde oder Kapitalgeber des Unternehmens sein. Je nach eingenommener Rolle verändern sich die Anforderungen an unternehmerische Kommunikation (*Steinmann/Zerfaß* 1995, S. 30 f.). Die Nicht-Ausschließbarkeit des Empfangs kommunikativer Signale eines Unternehmens zwingt daher dazu, die Zielgruppendefinition so umfassend wie möglich zu gestalten, um widersprüchliche Kommunikationskontakte für die Rezipienten zu vermeiden. Weiterhin ist darauf zu achten, dass die Zielgruppen, die für einzelne Kommunikationsinstrumente definiert und spezifiziert werden, gleichzeitig auch Zielgruppen der Unternehmenskommunikation darstellen. Unter Integrationsaspekten ist zu berücksichtigen, dass einige der Zielgruppen auch von anderen Kommunikationsabteilungen mit unterschiedlichen Aktivitäten angesprochen werden. Diese interinstrumentellen Zielgruppenüberschneidungen verlangen daher im Rahmen der Down-up-Planung eine Abstimmung von Zielgruppenmerkmalen.

Einen nächsten Schritt innerhalb der Down-up-Planung Integrierter Kommunikation stellt die **Auswahl und Kategorisierung von Kommunikationsinstrumenten** dar. Um die richtige Auswahl und Festlegung eines Instrumentemix zu realisieren, ist an dieser Stelle die Eignung jedes einzelnen Kommunikationsinstrumentes zur Zielerreichung sowie das Beziehungsgefüge zwischen einzelnen Kommunikationsinstrumenten zu überprüfen. Diese Eignungsprüfung ist von der Unternehmensleitung gemeinsam mit den entsprechenden Kommunikationsfachabteilungen vorzunehmen. Methodisch kann dieser Planungsschritt durch Zielerreichungsmatrizen, Cross-Impact-Analysen oder Beeinflussungsmatrizen unterstützt werden (vgl. zu diesen Verfahren *Bruhn* 2009a, S. 143 ff. und die dort angegebene Literatur).

Die Ergebnisse dieser Analysen geben Hinweise auf die relative Bedeutung einzelner Kommunikationsinstrumente und ermöglichen die Aufstellung einer Instrumentenhierarchie in dem Sinne, dass Leitinstrumente der Kommunikation definiert werden können, die eine dominante Stellung innerhalb des Kommunikationsmix einnehmen und an denen sich andere Instrumente auszurichten haben. Der Versuch einer derartigen Klassifikation von Kommunikationsinstrumenten ist von der Unternehmensleitung nach innen zu legitimieren, um Akzeptanzprobleme bei einzelnen Kommunikationsfachabteilungen zu verhindern. Ähnlich wie für die Gesamtkommunikation ist auch auf der Ebene jedes einzelnen Kommunikationsinstrumentes eine Klassifikation der einzelnen Kommunikationsmaßnahmen vorzunehmen. Die Kenntnis der hierarchischen Stellung beziehungsweise Funktion einzelner Kommunikationsinstrumente und -maßnahmen zeigt die Ansatzmöglichkeiten für den kombinierten Einsatz der Instrumente im Sinne einer Integrierten Kommunikation auf.

Mit der Analyse der Kommunikationssituation, der Festlegung von Kommunikationszielen und Zielgruppen sowie der Auswahl von Kommunikationsinstrumenten sind die Grundbausteine der Integrierten Kommunikation gelegt. Um die Integration dieser Teilelemente zu garantieren, bedarf es einer **Strategie der Integrierten Kommunikation**, das eine langfristig konsistente, glaubwürdige und synergetisch ausgerichtete Kommunikation ermöglicht und somit auch den Einsatz der Kommunikationsinstrumente festlegt und koordiniert (ausführlich hierzu vgl. Abschnitt II-B-3.3).

Aus Sicht der Führungsebenen sind mit der Entwicklung einer Strategie der Integrierten Kommunikation notwendigerweise Fragestellungen der Festlegung und Verteilung des **Kommunikationsbudgets** verbunden. Innerhalb des strategischen Konzeptes selbst sind in der Regel keine expliziten Kriterien über die Aufstellung und Verteilung des Kommunikationsbudgets enthalten. Dennoch ist ein Maßstab für die Mittelverteilung im Unternehmen zu entwickeln, damit das zur Verfügung stehende Budget die bestmögliche Integrationswirkung erreichen kann. Zudem kann der Verbindlichkeitsgrad erhöht werden, wenn mit dem strategischen Konzept auch Konsequenzen im Hinblick auf die Budgetierung verbunden sind. Vereinfachend wird hierbei davon ausgegangen, dass die **Höhe des Budgets** von der Unternehmensleitung nach bestimmten Kriterien (z. B. Kommunikationszielen, Umsatzvorgaben) bereits festgelegt wurde; idealerweise sind aber auch hierbei Integrationsüberlegungen einzubeziehen. Auf Basis des festlegten Budgets erfolgt sodann die **Verteilung des Budgets** auf die einzelnen Kommunikationsinstrumente.

In der Phase der **Realisierung der Gesamtkommunikation** erfolgt schließlich die Umsetzung der im Strategischen Konzept der Integrierten Kommunikation definierten Elemente. Dabei drückt sich die Gesamtkommunikation in der Summe der Kommunikationsmaßnahmen der einzelnen Instrumente aus, wobei angestrebt wird, dass deren Wirkung höher resultiert als die Summe der einzelnen Kommunikationsinstrumente.

Als integrativer Bestandteil des Managementprozesses der Integrierten Kommunikation schließt sich notwendigerweise ein **Kommunikationscontrolling** für die Integrierte Kommunikation an. Gegenstand dieser Phase ist die Sicherstellung der Effektivität und Effizienz einer Integrierten Kommunikation (in Anlehnung an das Verständnis des Marketingcontrolling, *Reinecke/Janz* 2007, S. 51). Konkret ist zu überprüfen, ob die gesetzten Ziele der Integrierten Kommunikation erreicht wurden, welche kommunikativen Maßnahmen am meisten dazu beigetragen haben und welchen Erfolg das aufgewendete Budget generieren konnte (*Sirgy* 1998, S. 200 ff.; *Bruhn* 2010a). Erst durch die Überprüfung der Effektivität, d. h. der Zielerreichung, lassen sich Abweichungen erkennen und korrigierende Maßnahmen in zukünftigen Planungsperioden ergreifen. Die einheitliche Ausrichtung der Kommunikation und die Integration von Kommunikationsmaßnahmen werden zudem unter dem Aspekt der Effizienz der Kommunikation diskutiert. Bei allen Diskussionen in Wissenschaft und Praxis wird von der Annahme ausgegangen, dass durch eine verstärkte Integration der Kommunikation Synergiewirkungen erzielt und damit die Effizienz der Kommunikation gesteigert werden kann. Der Nachweis für die Effizienzsteigerung konnte bislang aber nur partiell erbracht werden.

3 Integration der Planungselemente durch eine Strategie der Integrierten Kommunikation

Mit der in den Planungsprozessen enthaltenen Analyse der Kommunikationssituation, der Festlegung von Kommunikationszielen und Zielgruppen sowie der Zuordnung von Kommunikationsinstrumenten werden wichtige Bausteine der Integrierten Kommunikation gelegt. Um die Integration dieser Teilelemente zu garantieren, bedarf es einer **Strategie der Integrierten Kommunikation**, das langfristig konsistente, glaubwürdige und synergetisch ausgerichtete Kommunikationsprogramme für den Einsatz der Kommunikationsinstrumente festlegt und koordiniert.

Im Mittelpunkt steht die Entwicklung einer Kommunikationsstrategie für das Gesamtunternehmen. Die Formulierung einer Strategie der Integrierten Kommunikation für die Gesamtunternehmung ist das Kernstück des Planungsprozesses, da sie den für alle Kommunikationsinstrumente gemeinsamen Bezugsrahmen für die Integration darstellt. Mit ihr wird versucht, eine **„Einheit der Unternehmens- und Marketingkommunikation"** herzustellen. Diese Einheit ist ein gedankliches Konstrukt, das die Gesamtheit der unternehmensdarstellenden Maßnahmen und die gemeinsame Ausrichtung aller Kommunikationsmaßnahmen wiedergibt. In die Einheit der Unternehmens- und Marketingkommunikation sind alle Kommunikationsaktivitäten zu integrieren. Die Einheit nimmt dabei gleichzeitig eine Integrations-, Orientierungs- und eine Koordinationsfunktion wahr. Sie dient der Sicherstellung der Integration einzelner Kommunikationsmaßnahmen in einem gemeinsamen gedanklichen Rahmen sowie der inhaltlichen und formalen Spezifizierung der Unternehmenskommunikation. Weiterhin erlaubt sie die Ableitung von Kommunikationsstrategien für einzelne Kommunikationsinstrumente und dient als Grundlage für die Aufstellung und Verteilung des Kommunikationsbudgets.

Das Vorgehen bei der Entwicklung einer Strategie bestimmt sich durch die Zusammenfügung der ersten drei Phasen des Planungsprozesses der Integrierten Kommunikation. Als Ergebnis kann eine **Strategie der Integrierten Kommunikation** festgelegt werden, die durch die folgenden drei Kernelemente determiniert wird:

(1) Strategische Positionierung des Bezugsobjektes der Kommunikation

Die strategische Positionierung stellt das Soll-Bild dar, das ein Unternehmen bzw. das Bezugsobjekt der Kommunikation von sich vermitteln will. Sie fungiert als Oberziel der Kommunikation, zu deren Erreichung sich weitere strategische Ziele ableiten lassen. Für die strategische Positionierung ist eine Formulierung zu finden, die die Inhalte auf einem hohen Aggregationsgrad möglichst unabhängig von bestimmten Zielgruppen festlegt. Die relevanten Eigenschaften der Positionierung sind für alle Zielgruppen „auf einen Nenner" zu bringen.

(2) Definition der kommunikativen Leitidee

Mit dem Ziel, die Inhalte der Positionierung leicht verständlich, schnell erlernbar und damit möglichst effektiv an die Zielgruppen zu transportieren, ist die strategische Positionierung in eine kommunikative Leitidee „zu übersetzen". In ihr sind als Grundaussage die wesentlichen Merkmale eines Unternehmens (und seiner Leistungen) bzw. des Bezugsobjektes der Kommunikation enthalten. Analog zur Positionierung gilt auch die kommunikative Leitidee übergreifend für sämtliche Zielgruppen.

(3) Spezifizierung der Leitinstrumente

Die strategische Ausrichtung der Gesamtkommunikation verlangt eine klare Zuordnung von Funktionen und Aufgaben der einzelnen Kommunikationsinstrumente. Deshalb sind im Rahmen der Strategie der Integrierten Kommunikation die Leitinstrumente zu definieren sowie Hinweise auf die Bedeutung der einzelnen Kommunikationsinstrumente für die Gesamtkommunikation zu geben. Die Leitinstrumente sind dabei als zentral für die Erreichung der angestrebten strategischen Positionierung zu werten.

Die Kernelemente einer Strategie der Integrierten Kommunikation sind in Schaubild II-B-10 dargestellt. Aus diesen Kernelementen werden in einem nächsten Schritt die Regeln beziehungsweise Richtlinien für die Umsetzung der Unternehmens- und Marketingkommunikation abgeleitet. Diese Regeln sind in einem **Konzeptpapier der Integrierten Kommunikation** zusammenzufassen und haben die Aufgabe, die Zusammenhänge zwischen den strategischen Zielen, Kernbotschaften und Leitinstrumenten zu konkretisieren und umzusetzen.

Die Mitwirkung der unterschiedlichen Abteilungen ist für die Realisierung der Planungsprozesse der Integrierten Kommunikation von besonderer Bedeutung. Aus der Studie zum Stand der Integrierten Kommunikation geht hervor, dass mehrere Abteilungen in die Entwicklung eines strategischen Konzeptes eingebunden sind (*Bruhn* 2006, S. 44 f.). Vor allem den Abteilungen Marketingkommunikation, Marketing, Public Relations sowie dem Kom-

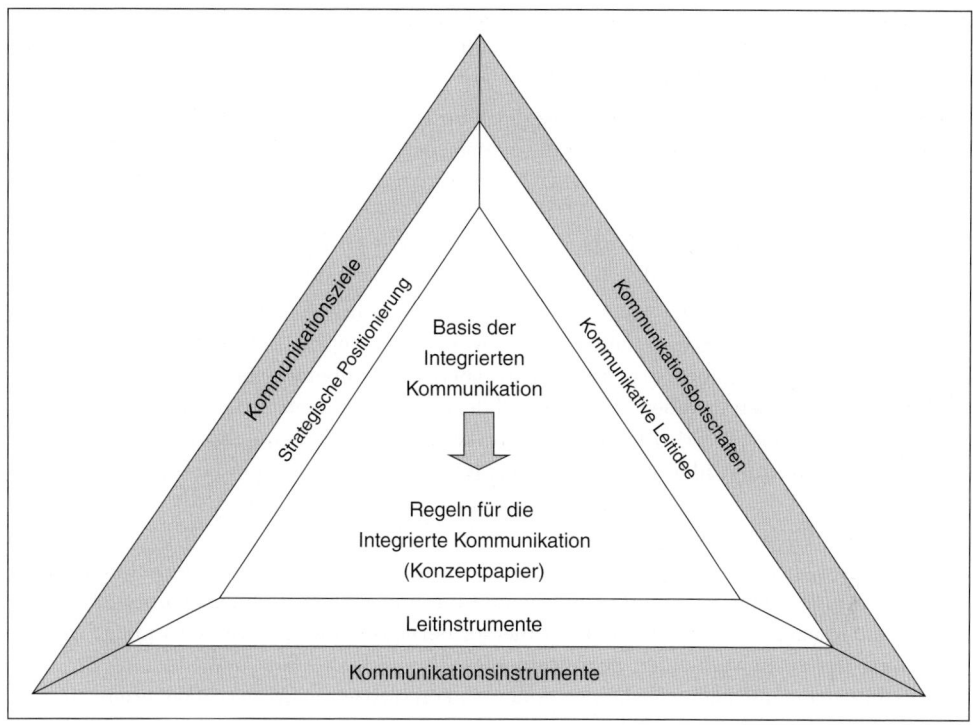

Schaubild II-B-10: Kernelemente einer Strategie der Integrierten Kommunikation (Bruhn 2009a, S. 190)

munikationsmanager und der Geschäfts- bzw. Unternehmensleitung fällt dabei eine größere Verantwortung zu. Ähnlich wie bei der Planungsverantwortung für die Integrierte Kommunikation werden auch Kommunikationsmanager soweit ihre Stellen in Unternehmen institutionalisiert sind bei einem Großteil der Unternehmen intensiv oder zumindest teilweise beteiligt, während die Personalabteilung auch im Rahmen der konzeptionellen Planung nur in geringem Umfang mit Verantwortung versehen wird. Es ist als besonders problematisch anzusehen, dass Abteilungen mit internen Kommunikationsaufgaben nicht an der strategischen Entwicklung der gesamten Kommunikation beteiligt werden. Dies unterstreicht die Gefahr der betrieblichen Praxis, die Mitarbeiterkommunikation bei der konkreten Realisierung von Kommunikationsprogrammen zu vernachlässigen. Auffällig ist bei deutschen Unternehmen eine relativ starke Einbindung externer Kommunikationsagenturen, die bei 53,1 Prozent (Schweiz: 29,7 Prozent, Österreich: 22,9 Prozent) der Unternehmen intensiv und bei 26,5 Prozent (40,6 Prozent bzw. 37,1 Prozent) teilweise beteiligt sind.

Aussagen macht die Studie auch über den Einsatz eines Konzeptes der Integrierten Kommunikation in der Praxis. So weisen 47,7 Prozent der deutschen Unternehmen, 44,5 Prozent der schweizerischen und 61 Prozent der österreichischen Unternehmen ein sorgfältig erarbeitetes Konzept der Integrierten Kommunikation auf. Erhebliche Schwierigkeiten ergeben sich jedoch bei der inhaltlichen Festlegung konkreter Kommunikationsmaßnahmen. Die Konzepte der Integrierten Kommunikation in deutschen Unternehmen weisen bezüglich des Inhaltes insbesondere folgende Merkmale auf (*Bruhn* 2006, S. 49 f.):

- Aufbau einer Unternehmensvision bzw. -philosophie,
- Festschreibung einer strategischen Positionierung für die Kommunikation,

- Allgemeine Festschreibung der Kommunikationsziele,
- Festlegung der Zielgruppen der Kommunikation,
- Vorgabe von Kommunikationsbotschaften.

Unterschiede im europäischen Ländervergleich bestehen dagegen kaum. Während die oben genannten Konzeptmerkmale auch für die schweizerischen Unternehmen am stärksten ausgeprägt sind, erfolgt in österreichischen Unternehmen dagegen häufiger eine Abstimmung mit den übrigen Instrumenten des Marketingmix. Hinsichtlich der inhaltlichen Konzeptmerkmale haben sich deutliche Fortschritte im Vergleich zu 1998 ergeben, was sich in einer stärkeren Ausprägung und Bedeutung der einzelnen Merkmale widerspiegelt.

Im Vergleich verfügen mehr als 80 Prozent der amerikanischen Unternehmen über eine Kommunikationsstrategie bzw. einen Kommunikationsplan, der von 60 bis 70 Prozent der Unternehmen regelmäßig überprüft und gegebenenfalls überarbeitet wird. Etwa 94 Prozent der Unternehmen erstellen Designhandbücher und verfügen zudem über ein „Mission Statement", das weitgehend für die Kommunikationsplanung herangezogen wird. Bei der Gestaltung der Kommunikationsbotschaft achten die Unternehmen in erster Linie auf eine Abstimmung mit der Unternehmens- bzw. Produktpositionierung sowie die Konsistenz der Botschaftsinhalte untereinander (*Kirchner* 2001, S. 257 f.).

Neben der Entwicklung einer Kommunikationsstrategie für das Gesamtunternehmen ist für jedes Kommunikationsinstrument eine eigene Kommunikationsstrategie zu entwickeln, die die Besonderheiten im Einsatz des Instrumentes berücksichtigt. Auf der Grundlage der Bestimmung des zu bewerbenden Bezugsobjektes (Produkte, Marken usw.) ist eine **Strategie für Einzelinstrumente** nach vier Dimensionen zu konkretisieren (*Meffert* 2008; *Bruhn* 2009a):

(1) Kommunikationsobjekt,
(2) Kommunikationsbotschaft,
(3) Kommunikationsmittel,
(4) Kommunikationszielgruppe.

Die so entwickelten Kommunikationsstrategien stellen die Plattform für die Einsatzplanung der einzelnen Kommunikationsinstrumente, z. B. Mediawerbung, Sponsoring und Verkaufsförderung, dar. Um zu gewährleisten, dass sich die Strategien einzelner Kommunikationsinstrumente in die Strategie der Gesamtkommunikation einfügen, ist dabei für jede Strategiedimension im Sinne der Down-up-Planung eine Abstimmung mit den Strategieschwerpunkten auf Ebene der Gesamtkommunikation vorzunehmen. Im hier verfolgten Planungsprozess wird die Bedeutung einer solchen Abstimmung durch eine spezielle Planungsphase, die Integration der Kommunikationsstrategie in die Strategie der Integrierten Kommunikation, verdeutlicht. Auf interinstrumenteller Ebene ist in dieser Planungsphase außerdem systematisch zu prüfen, welche Möglichkeiten in Bezug auf folgende Fragestellungen bestehen:

- Die Integration durch Einbindung anderer Instrumente in die eigene Kommunikation und/oder
- Die Integration durch Einbindung der eigenen Kommunikation in andere Kommunikationsinstrumente.

Die für die Gesamtkommunikation festgelegte Strategie der Integrierte Kommunikation (Top-down-Planung) ist also durch eine instrumentespezifische Integrationsplanung (Bottom-up-Planung) zu ergänzen.

C. Konzeptpapier der Integrierten Kommunikation

1 Elemente eines Konzeptpapiers der Integrierten Kommunikation

Die Entwicklung der Strategie der Integrierten Kommunikation ist eine planerisch-konzeptionelle Aufgabe der Führungsebenen, wie z. B. der Unternehmensleitung (Geschäftsführung, Vorstand), der Marken- beziehungsweise Marketingmanager oder der Corporate Communication, um die gemeinsame Ausrichtung aller Kommunikationsaktivitäten zu ermöglichen. Auf die Planung der Integrierten Kommunikation hat im Sinne des Managementprozesses die Umsetzung der Integrierten Kommunikation zu folgen, d. h., die Strategie der Integrierten Kommunikation ist auf die Ebene der einzelnen Kommunikationsfachabteilungen „herunterzubrechen". Die operative Umsetzung bezieht sich dabei auf die konkrete inhaltliche Umsetzung sowie auf die organisatorische Gestaltung der Integration und schließlich auf die Schaffung der personellen Voraussetzungen für die Integrationsarbeit.

Die Strategie der Integrierten Kommunikation ist dabei dahingehend zu konkretisieren und inhaltlich auszugestalten, dass es in der täglichen und praktischen Kommunikationsarbeit Verwendung finden kann. Hier empfiehlt es sich, die wesentlichen inhaltlichen Vorgaben in Form eines „**Konzeptpapiers**" zu dokumentieren. Dieses Konzeptpapier ist für alle Beteiligten verbindlich und maßgebend für die eigene Arbeit. Da es sich um inhaltliche und formale Vorgaben handelt, hat das Konzeptpapier den Charakter von Richtlinien beziehungsweise Regeln, die das Thema der Integrierten Kommunikation zu einem „greifbaren" Gegenstand für alle an der Kommunikationsarbeit Beteiligten macht.

Ein Konzeptpapier für die integrierte Kommunikationsarbeit umfasst dabei im Wesentlichen drei Teilelemente, die in Schaubild II-C-1 wiedergegeben sind.

Im Rahmen des **Strategiepapiers** sind die Ergebnisse der strategischen Überlegungen auf der Ebene des Gesamtunternehmens wiedergegeben. Hier ist die Strategie der Integrierten Kommunikation in Form von „Strategiegrundsätzen der Unternehmens- und Marketingkommunikation" zu konkretisieren. Dazu zählen genaue inhaltliche Aussagen über die strategische Positionierung des Unternehmens, die kommunikative Leitidee und die Bedeutung von kommunikativen Leitinstrumenten.

Die **Kommunikationsregeln** werden auf der Grundlage des Strategiepapiers entwickelt, sind aber im Vergleich wesentlich umfangreicher und konkreter zu gestalten. Mittels der Kommunikationsregeln werden die Vorgaben des Strategiepapiers in Richtlinien für die tägliche Kommunikationsarbeit der Kommunikationsfachabteilungen übertragen. Sie enthalten genaue Aussagen über die kommunikative Positionierung und die Kommunikationsziele des Unternehmens (Zielplattform), die Formulierung der zentralen Kommunikationsbotschaften (Botschaftsplattform) sowie Vorgaben für den Einsatz der verschiedenen Kommunikationsinstrumente und -mittel (Instrumentenplattform).

Schließlich dienen die **Organisationsregeln** dazu, die genauen Ablaufprozesse in der Kommunikation zu strukturieren und zu formalisieren. Neben der Verantwortungszuweisung für die Integrierte Kommunikation sind hier insbesondere die Informationsprozesse sowie die Zusammenarbeit und die Austauschbeziehungen zwischen Kommunikationsfachabtei-

---

I. STRATEGIEPAPIER

1. Strategie der Integrierten Kommunikation

Formulierung der strategischen Positionierung, kommunikativen Leitidee und Leitinstrumente für die Gesamtkommunikation

---

II. KOMMUNIKATIONSREGELN

2. Zielplattform

Formulierung der strategischen Positionierung, der Zielgruppen- und Maßnahmenziele der Kommunikation

3. Botschaftsplattform

Formulierung der kommunikativen Leitidee, Kern- und Einzelaussagen für die Kommunikation (Aussagen- und Argumentationssystem)

4. Instrumenteplattform

Festlegung der Leitinstrumente und Gestaltungsprinzipien der Kommunikation, der weiteren, unterstützenden Kommunikationsinstrumente und -mittel

---

III. ORGANISATIONSREGELN

5. Regeln der Zusammenarbeit

Formulierung der aufbau- und ablauforganisatorischen Prozesse für die Zusammenarbeit zwischen zentralen und dezentralen Kommunikationsabteilungen

---

Schaubild II-C-1: Elemente eines Konzeptpapiers der Integrierten Kommunikation (Bruhn 2009a, S. 200)

lungen zu regeln. Die Organisationsregeln haben dabei auf die jeweilig bestehende Organisationsstruktur eines Unternehmens Rücksicht zu nehmen.

Da die Kommunikationsregeln im Vergleich zum Strategiepapier die konkreten Vorgaben und Handlungsanweisungen für die Realisierung einer Integrierten Kommunikation enthalten, wird im Folgenden auf die einzelnen Bestandteile der Kommunikationsregeln näher eingegangen.

2 Integration der Kommunikationsziele durch die Schaffung einer Zielplattform

2.1 Formulierung einer strategischen Positionierung als Ausgangspunkt der Integration

Im Rahmen der **Zielplattform** der Integrierten Kommunikation sind die strategische Positionierung sowie die Zwischen- und Einzelziele der Kommunikation zu formulieren. Von zentraler Bedeutung ist zunächst die **strategische Positionierung**, die die übergeordnete Zielsetzung der gesamten Unternehmenskommunikation darstellt und somit den Ausgangspunkt für die Formulierung und die Integration der Kommunikationsziele bildet. Sie orientiert sich an der Unternehmens- beziehungsweise Markenstrategie, insbesondere an der Art der Marktbearbeitung. Aus ihr ist abzuleiten, wie das Unternehmen aufgrund seiner Marktstellung von seinen zentralen Zielgruppen mittel- bis langfristig im Konkurrenzvergleich gesehen werden möchte. Die strategische Positionierung ist somit markt- und zukunftsgerichtet (z. B. Positionierung als Qualitätsführer, als international erfolgreicher Konzern, als Nischenanbieter). Sie stellt das Oberziel in der Kommunikation dar und ist unabhängig von einzelnen Zielgruppen zu formulieren, damit sie Gültigkeit für die gesamte Unternehmens- und Marketingkommunikation haben kann. In ihrer Funktion als integrative Klammer für die gesamte Unternehmens- und Marketingkommunikation ist die strategische Positionierung bei allen nachgelagerten Kommunikationsentscheidungen zu beachten und einzuhalten.

Für die Formulierung einer strategischen Positionierung gibt es weder in der Wissenschaft noch in der Kommunikationspraxis verbindliche oder eindeutige Lösungsvorschläge. Zudem konzentrierte sich die wissenschaftliche Auseinandersetzung mit der Positionierungsproblematik bislang primär auf Produkte; die Positionierung von Unternehmen wurde nur vereinzelt behandelt (*Theis* 1992, S. 30; *Trommsdorff* 2008, S. 341 ff.; *Werani* 2009, S. 115 ff.). Diese Aufgabe der Positionierung verlangt, ausgehend von einer umfassenden Stärken- und Schwächenanalyse des Unternehmens im Vergleich zur Konkurrenz, sowohl analytisch-methodische als auch kreative Arbeit. Folgende Anforderungen an eine strategischen Positionierung sind bei diesem Vorgehen zu beachten (vgl. dazu *Bednarczuk* 1990, S. 191 f.; *Ries* 1992, S. 5; *Vilmar* 1992, S. 31; *Wilson* 1992, S. 25; *Benölken/Greipel* 2004, S. 8; *Kroeber-Riel/Esch* 2009, S. 51 ff.; *Kroeber-Riel/Weinberg/Gröppel-Klein* 2009, S. 273.):

- Relevanz,
- Konzentration,
- Diskriminierungsfähigkeit,
- Zukunftsorientierung,
- Flexibilität,
- Kontinuität,
- Operationalisierbarkeit.

Zunächst ist das Kriterium der **Relevanz** von Bedeutung, d. h. die Merkmale, die zur Bestimmung der Positionierung genutzt werden, sind aus Kundensicht als wichtig wahrzunehmen. Auch darf sich eine Positionierung nur auf wenige und wichtige Merkmale **konzentrieren**, damit sie operationalisiert werden kann und von den Zielgruppen wahrnehmbar ist. Im Sinne einer **Diskriminierungsfähigkeit** ist es notwendig, dass die für die Positionierung herangezogenen Merkmale in der Lage sind, sich von der Konkurrenz dauerhaft abzuheben, d. h. es sind nicht dieselben Positionierungsmerkmale zu nutzen, und es sind einzigartige beziehungsweise nur schwer kopierbare Positionierungsmerkmale auszuwählen. Eine strategische Positionierung hat weiterhin langfristiger Natur zu sein, d. h. ihre Gültigkeit ist auch bei sich verändernden Marketingstrategien sicherzustellen. Neben dieser **Zukunftsorientierung** ist sowohl die **Flexibilität** als auch die **Kontinuität** einer strategischen Positionierung angesprochen, d. h. die Fähigkeit, sich veränderten Umweltbedingungen anzupassen (Flexibilitätskomponente), ohne jedoch den Positionierungskern zu verändern (Kontinuitätskomponente). Schließlich ist eine strategische Positionierung trotz eines hohen Abstraktionsgrades von Zielgruppen oder einzelnen Produkten so zu formulieren, dass sie für die tägliche Arbeit **operationalisierbar**, d. h. in konkrete Kommunikationsbotschaften umsetzbar, ist.

> **Beispiel: Positionierung der *Hochtief AG***
>
> Der Baukonzern verfolgt derzeit folgende Positionierung: „*Hochtief* ist ein internationaler Baudienstleister". Für komplexe Projekte aller Art bieten wir eine Leistungspalette, die von Entwicklung und Bau über Dienstleistungen bis hin zu Konzessionen und Betrieb reicht. Durch unser globales Netzwerk sind wir auf allen wichtigen Märkten der Welt präsent. Wir wirtschaften nachhaltig und übernehmen Verantwortung. Wir sind ein verlässlicher, vertrauenswürdiger Partner. Auf Basis höchster Qualifikation schaffen wir mit unseren Mitarbeitern Werte für Kunden und Aktionäre. Aus seiner Kernkompetenz Bauen heraus erweitert *Hochtief* mit vielfältigen innovativen Lösungen, dem Konzessionsgeschäft und spezialisierten Dienstleistungen systematisch seine Angebotspalette" (*Hochtief AG* 2009).

Die Definition einer strategischen Positionierung kann mit Hilfe unterschiedlicher methodischer Hilfsmittel, z. B. multivariater Analyseverfahren, unterstützt werden. Weiterhin bietet sich die Nutzung unterschiedlicher Positionierungsverfahren an (vgl. für einen Überblick *Trommsdorff* 2008, S. 887 ff.). Diese Positionierungsverfahren dienen in erster Linie dazu, eine Ist-Positionierung in einem zweidimensionalen Wahrnehmungsraum vorzunehmen, aus der dann die entsprechend zukunftsgerichtete Soll-Positionierung abgeleitet werden kann. Ausschlaggebend ist dabei, schrittweise die Diskrepanzen in den Wahrnehmungsräumen aus Markt-, Kunden- und Konkurrenzsicht zu ermitteln, um dann unter Berücksichtigung der objektiven Stärken- und Schwächen des Unternehmens eine zukunftsgerichtete Positionierung abzuleiten (vgl. zu den einzelnen Schritten der Positionierung *Bruhn* 2009a, S. 203 ff.) Im Ergebnis hat die strategische Positionierung in der Kommunikation die Kernkompetenz des Unternehmens markt- und zukunftsbezogen widerzuspiegeln.

Die strategische Positionierung stellt das oberste Ziel in der Unternehmens- und Marketingkommunikation dar, dessen Erreichung durch sämtliche Kommunikationsaktivitäten zu unterstützen ist. Um dies zu erreichen, ist das Oberziel in Form von Zwischen- und Einzelzielen zu konkretisieren. Es ist daher die Aufgabe, ein System von Kommunikationszielen zu schaffen, das mit Hilfe der Hierarchisierung die Konkretisierung von Zielen für unterschiedliche Ebenen zu realisieren hilft.

2.2 Hierarchisierung von Kommunikationszielen

Die strategische Positionierung ist der Ausgangspunkt für die Entwicklung eines Systems von Kommunikationszielen. Die weitere Vorgehensweise ist im Wesentlichen dadurch gekennzeichnet, dass eine **Hierarchisierung von Kommunikationszielen** vorgenommen wird, um das Oberziel der strategischen Positionierung auf der Ebene der Kommunikationsinstrumente in Zielformulierungen umsetzen zu können. In Schaubild II-C-2 sind die unterschiedlichen Hierarchiestufen angegeben.

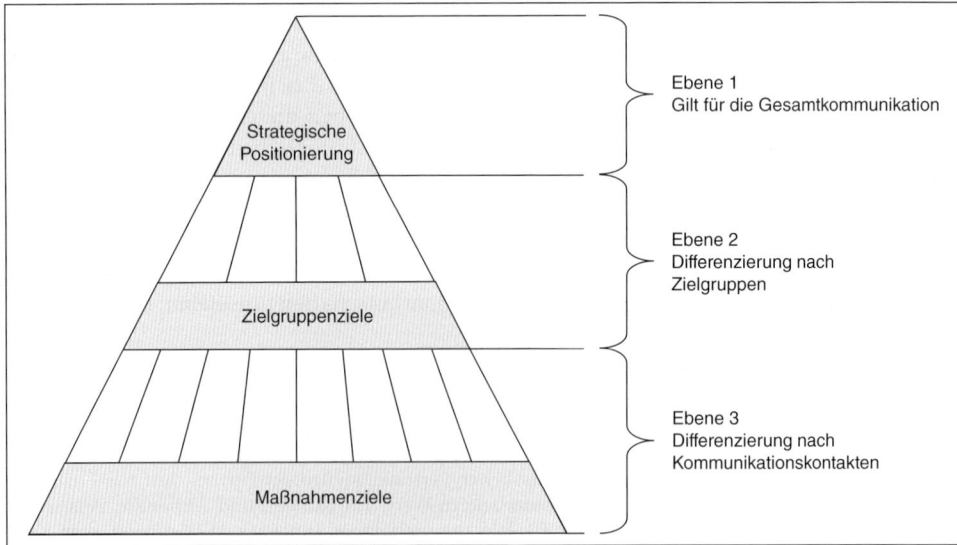

Schaubild II-C-2: Hierarchie von Kommunikationszielen im Rahmen der Zielplattform (Bruhn 2009a, S. 208)

Aus der strategischen Positionierung als langfristig festgelegtes Oberziel sind in einem nächsten Schritt die **Zielgruppenziele der Kommunikationsarbeit** abzuleiten, die eher mittelfristigen Charakter haben und das Ziel der strategischen Positionierung auf nachgelagerten Ebenen konkretisieren. Im Vergleich zur Festlegung der strategischen Positionierung, die sich auf das gesamte Unternehmen bezieht, werden die Zielgruppenziele in der Regel nach Zielgruppen differenziert (z. B. Markenbekanntheit bei Konsumenten, Einstellungen bei Händlern).

Um die Gesamtheit möglicher Zielgruppenziele in eine systematische Ordnung zu bringen, empfiehlt sich die Vornahme einer Strukturierung. In Anlehnung an die Modelle der Werbewirkung kann sich eine solche an den folgenden Zielkategorieansätzen orientieren:

- Momentane, dauerhafte und finale Zielgrößen.
- Kognitive, affektive und konative Zielgrößen.

Folgt die Differenzierung der Zielgruppenziele nach der Fristigkeit ihrer Wirkung, wird zwischen momentanen Wirkungen, dauerhaften Gedächtniswirkungen und finalen Verhaltenswirkungen unterschieden. **Momentane Wirkungen** sind Reaktionen der Adressaten, die in einem unmittelbaren zeitlichen Zusammenhang mit dem Kommunikationskontakt stehen. Sie können sich sowohl auf das äußere (beobachtbare) als auf das innere (nicht-beobachtbare) Verhalten der Adressaten beziehen, wie z. B. Aktivierung, Impulskäufe, Denkprozesse, Aufmerksamkeit usw. **Dauerhafte Gedächtniswirkungen** als Resultate kommunikativer Beeinflussung beziehen sich ausschließlich auf das innere (nicht-beobachtbare) Verhalten des Kommunikationsadressaten. Dimensionen dauerhafter Gedächtniswirkungen sind beispielsweise Kenntnisse von Eigenschaften, Interessen, Einstellungen oder Handlungsabsichten. **Finale Verhaltenswirkungen** als Reaktionen der Adressaten auf kommunikative Aktivitäten manifestieren sich ausschließlich im äußeren (beobachtbaren) Verhalten der Kommunikationsempfänger, wie z. B. Kauf oder weitere Informationssuche (*Steffenhagen* 2000, S. 9, 43 ff.).

Eine weitere Möglichkeit besteht darin, die Zielgruppenziele gemäß der psychologischen Wirkungskategorien auf Rezipientenebene in kognitive, affektive und konative Ziele einzuteilen (*Bruhn* 2010a). **Kognitiv-orientierte Ziele** sind darauf ausgerichtet, die Informationsaufnahme, -verarbeitung und -speicherung zu steuern. Sie beziehen sich auf die Wahrnehmung, Kenntnis, Erinnerung und das Verständnis von Angeboten des Unternehmens, ohne unmittelbar handlungssteuernd zu wirken. Durch die Weitergabe von Informationen beispielsweise über die Printwerbung lässt sich auf der Ebene kognitiver Ziele primär die Schaffung, Stabilisierung oder Steigerung der Bekanntheit von Marken, Produkten, Leistungen und Unternehmen verfolgen. Wird mit den Kommunikationsmaßnahmen zusätzlich das Ziel verfolgt, das Bezugsobjekt gegenüber den Konkurrenten abzugrenzen und individuell zu positionieren sowie spezifische Einstellungen, Images und Präferenzen bei der anvisierten Zielgruppe aufzubauen, erweitern sich die kognitiven Ziele um affektive Zielgrößen. **Affektiv-orientierte Ziele** sind vor allem auf die Weckung bestimmter Emotionen und den Aufbau von Sympathie zu einer Marke oder einem Unternehmen ausgerichtet. Bei einer zunehmend objektiven Gleichartigkeit und Komplexität der Angebote sind die emotionale Positionierung sowie die Erzeugung eines positiven und einzigartigen Images von Marken und Unternehmen von zentraler Bedeutung. **Konativ-orientierte Ziele** beziehen sich auf das Verhalten der Zielgruppen. So können Kunden z. B. angeregt werden, neue Produkte auszuprobieren, die Marke zu wechseln oder die Kaufmenge zu erhöhen; der Handel kann dazu bewegt werden, ein bestimmtes Produkt des Unternehmens vorteilhaft zu platzieren und im Hinblick auf Journalisten kann angestrebt werden, positive Pressereaktionen zu erhalten.

Da die Zielgruppenziele naturgemäß zielgruppenbezogen definiert werden und unterschiedliche Kommunikationsinstrumente häufig gleiche Zielgruppen ansprechen, kommt der instrumenteübergreifenden Abstimmung der Zielgruppenziele und ihrer gemeinsamen Ausrichtung, bezogen auf die jeweilige Zielgruppe, besondere Bedeutung zu.

In einer weiteren Konkretisierungsphase können im Zielsystem Maßnahmenziele der Kommunikation formuliert werden. Diese Maßnahmenziele sind Kommunikationsziele, die bei den einzelnen Kommunikationskontakten mit der Zielgruppe oder sogar einzelnen Personen angestrebt werden und diesen genau zurechenbar sind. Ähnlich wie die strategische Positionierung als inhaltliche Klammer für die Zielgruppenziele fungiert, stellen die zielgruppenbezogenen Zielgruppenziele die gemeinsame Klammer bzw. den inhaltlichen Rahmen für die Formulierung der Maßnahmenziele der Kommunikation dar. Aufgabe der Formulierung von Maßnahmenziele ist es, einen aktiven Beitrag zur Erreichung der Zielgruppenziele und damit indirekt auch der Oberziele zu leisten. Die Maßnahmenziele der Kommunikation zeichnen sich durch einen starken Operationalisierungsgrad aus, indem sie sich auf den konkreten Einsatz verschiedener Kommunikationsinstrumente und -maßnahmen beziehen. Auch die Maßnahmenziele können wiederum nach den oben genannten Zielkategorien differenziert werden, wobei sich im Vergleich zu den Zwischenzielen kaum Unterschiede ergeben.

Folgende **Beispiele für Maßnahmenziele** zeigen den hohen Konkretisierungsgrad der Zielformulierung auf dieser Ebene auf:

* Steigerung des Bekanntheitsgrades durch Plakatwerbung und Anzeigen innerhalb eines Jahres um 20 Prozent (Telekommunikationsdienstleister).
* Erreichen eines bestimmten Informationsstandes im Handel durch Verkäuferschulung innerhalb eines Jahres (Einzelhandelsunternehmen).
* Erklärung der Aufmerksamkeit der Konsumenten durch Events um 20 Prozent innerhalb eines Jahres erhöhen (Mineralwasserproduzent).
* Steigerung der Mitarbeitermotivation um 10 Prozent durch interne Events innerhalb eines Jahres (Reiseveranstalter).
* Gewinnung von mindestens fünf Meinungsführern und 50 Kunden zu einem persönlichen Gespräch während eines gesponserten Kulturereignisses (Privatbank).

Die hier beispielhaft aufgeführten Maßnahmenziele der Kommunikation, die sich jeweils auf Maßnahmen eines Kommunikationsinstrumentes beziehen, lassen erkennen, dass es sich eher um taktische Zielgrößen handelt, deren Erreichung unmittelbar messbar und der jeweiligen Maßnahme auch zurechenbar ist. Auch auf dieser Ebene hat die Zielformulierung nach den Kriterien Inhalt, Ausmaß, Zeit-, Objekt- und Zielgruppenbezug zu erfolgen. Nur wenn diese Anforderungen der Zielformulierung erfüllt sind, können die Maßnahmenziele der Kommunikation ihre Funktion als Steuerungs-, Motivations- und Kontrollgrößen erfüllen.

Die hier dargestellte Hierarchisierung der Kommunikationsziele versetzt die Unternehmensleitung in die Lage, durch einen kaskadenförmigen Aufbau des Zielsystems eine gemeinsame Ausrichtung aller Kommunikationsabteilungen und Kommunikationsinstrumente auf die übergeordnete Zielsetzung in der Unternehmens- und Marketingkommunikation zu erreichen. Dadurch wird bereits im Vorfeld einzelner Kommunikationsaktivitäten durch eine gemeinsame Zielausrichtung die Integration sichergestellt.

3 Integration der Kommunikationsbotschaften durch die Schaffung einer Botschaftsplattform

3.1 Formulierung einer kommunikativen Leitidee als übergeordnete inhaltliche Aussage des Unternehmens

Irritationen bei unterschiedlichen Zielgruppen entstehen häufig dadurch, dass ein Unternehmen widersprüchliche oder inkonsistente Aussagen zu bestimmten Produkten, Unternehmensfragen oder anderen Sachverhalten trifft. Zentrale Aufgabe der Integrierten Kommunikation ist es daher, eine Abstimmung der Inhalte der Unternehmens- und Marketingkommunikation herbeizuführen. Diese Integration der Kommunikationsbotschaften kann in den Kommunikationsregeln durch die Formulierung einer **Botschaftsplattform** erfolgen. Auch hier wird nach dem Prinzip der Hierarchisierung vorgegangen, wobei in diesem Fall eine **Hierarchisierung von Kommunikationsbotschaften** erfolgt, indem ein System von Botschaften auf unterschiedlichen Hierarchieebenen festgehalten wird. Es ist also eine Art von Aussagen- und Argumentationssystem zu schaffen, das Widersprüche in der Kommunikation verhindert.

Ausgangspunkt der Hierarchisierung und Grundlage für alle folgenden Kommunikationsbotschaften stellt die **kommunikative Leitidee** dar. Sie dient dazu, die strategische Positionierung in Form einer zentralen und übergeordneten inhaltlichen Aussage zum Unternehmen und seinen Produkten beziehungsweise Leistungen zu übersetzen. Folgende Definition einer kommunikativen Leitidee wird hier zugrunde gelegt.

> Eine **kommunikative Leitidee** ist die Formulierung einer Grundaussage über das Unternehmen beziehungsweise das Bezugsobjekt der Kommunikation, in der die wesentlichen Merkmale der Positionierung enthalten sind (*Bruhn* 2009a, S. 211).

Folglich ist die kommunikative Leitidee zielgruppenunabhängig zu formulieren und von allen Kommunikationsinstrumenten, ob Mediawerbung, Sponsoring oder Direct Marketing, immer wieder aufzugreifen (*Schultz/Tannenbaum/Lauterborn* 1993, S. 89 f.). Im Allgemeinen ist die Leitidee auf einem relativ hohen Abstraktionsniveau und leicht verständlich zu formulieren, um sie instrumente- und mittelübergreifend und für alle internen und externen Zielgruppen einsetzen zu können.

Diese **inhaltlichen Darstellung** der kommunikativen Leitidee eines Unternehmens oder einer Marke kann mittels mehrerer Gestaltungsformen umgesetzt werden. Durch die **gewählte Gestaltungsform** soll die kommunikative Leitidee inhaltlich unterstützt und einprägsamer für den Konsumenten gemacht werden (*Bruhn* 2009a, S. 213). Die formale Umsetzung kann dabei durch verschiedene Elemente, wie z.B. Symbole, Logos, Schrifttyp, Slogans oder Leitbilder erfolgen. Slogans sind in der Regel abstrakt gehalten und in einfachen, kurzen und prägnanten Sätzen formuliert. Im Gegensatz zu den länger formulierten Sätzen können diese von Konsumenten besser behalten und im Rahmen der Kommunikation einprägsam präsentiert werden (*Kroeber-Riel/Esch* 2004, S. 121). Beispiele für Werbeslogans sind in Schaubild II-C-3 gegeben.

Die Wirkung von Slogans ist aufgrund der Informationsüberlastung sowie auch bei wenig interessierten Konsumenten als nicht zu hoch einzustufen. Slogans können im Allgemeinen besser behalten werden, wenn sie in elektronischen Medien kommuniziert werden und zu-

> • *Ricola:* Von Natur aus gut.
> • *Saturn:* Wir hassen teuer!
> • *Deutsche Bahn:* Zukunft bewegen
> • *Persil:* Da weiß man, was man hat.
> • *Nokia:* Connecting People.
> • *OBI:* Wie wo was weiß *OBI*.
> • *Audi:* Vorsprung durch Technik.
> • *Balisto:* Natürlich nasch ich.
> • *Vichy:* Gesundheit ist schön.
> • *VW:* Das Auto.
> • *L'Oréal:* Sie sind es sich wert.
> • *Schwäbisch Hall:* Auf diese Steine können Sie bauen.
> • *Pampers:* Von Babys inspiriert.

Schaubild II-C-3: Beispiele für Werbeslogans

sätzlich mit einprägsamen Jingles unterlegt sind, wie z. B. bei *Schwäbisch Hall* oder *McDonald's* (*Kroeber-Riel/Esch* 2009, S. 121).

Eine weitere Form der inhaltlichen Darstellung ist die Abbildung eines **kommunikativen Leitbildes**, das häufig auch als **„Schlüsselbild"** bezeichnet wird. Hierbei findet eine umfangreiche Formulierung der kommunikativen Leitidee des Unternehmens statt, indem das Schlüsselbild den langfristigen visuellen (und akustischen) Auftritt sowie den Erlebniskern eines Unternehmens darstellt und die zahlreichen kommunikativen Auftritte in Grundmotiven vereint (*Kroeber-Riel/Esch* 2009, S. 124). Auch Symbole können Formen der inhaltlichen Festlegung einer kommunikativen Leitidee sein beziehungsweise diese unterstützen (z. B. der Tiger von *Esso*, der als Symbol für Kraft und Schnelligkeit in Verbindung mit der Aussage „*Esso* – hier ist die Energie" gilt oder der Fuchs der Bausparkasse *Schwäbisch Hall AG*, der unverkennbar als schlaues Tier kommunikationsmittelübergreifend eingesetzt wird, um den Konsumenten davon zu überzeugen, dass dies eine clevere Art ist, Geld anzulegen).

Die Schaffung eines einheitlichen Erscheinungsbildes erfolgt demnach zum einen durch den Inhalt (kommunikative Leitidee) und zum anderen durch die Gestaltungsform (z. B. Symbole, Logos, Slogans, Jingles, Schlüsselbilder). Beide Darstellungselemente tragen dazu bei, dass ein Unternehmen mit seiner kommunikativen Leitidee eine so genannte **Unique Communication Proposition (UCP)** erreicht. Diese bildet ein Alleinstellungsmerkmal im Kommunikationsauftritt gegenüber den Wettbewerbern. Die hier dargestellten Beispiele verdeutlichen, dass kommunikative Leitideen häufig die Ansprüche des Unternehmens gegenüber dem Markt wiedergeben und daher der Marktbezug bei der Findung einer kommunikativen Leitidee im Vordergrund steht.

Die kommunikative Leitidee stellt die „Einheit" der Kommunikationsbotschaften dar, in die alle weiteren Aussagen des Unternehmens zu integrieren sind. Diese haben sich an der übergeordneten kommunikativen Leitidee zu orientieren und diese nach Möglichkeit aufzunehmen, damit bei den Kommunikationsempfängern durch kontinuierliche und konsistente Kommunikationsaussagen ein unverwechselbares Bild des Unternehmens beziehungsweise der Marke entsteht. Um die Orientierung an der kommunikativen Leitidee sicherzustellen, empfiehlt es sich, durch die Definition von Kern- und Einzelaussagen eine weitere hierarchische Ordnung in das Aussagensystem des Unternehmens zu bringen.

3.2 Entwicklung eines Systems von Kern- und Einzelaussagen

Auf Basis der Grundaussage des Unternehmens in Form der kommunikativen Leitidee erfolgt eine hierarchische Ordnung von Kommunikationsbotschaften, auf deren Basis die Aussagen immer weiter ausdifferenziert werden. Die erste inhaltliche Konkretisierung der kommunikativen Leitidee wird durch **Kernaussagen** vorgenommen, die wie folgt definiert werden:

> **Kernaussagen** konkretisieren die kommunikative Leitidee des Unternehmens. Die Zusammenstellung eines Systems von Kernaussagen beinhaltet die zentralen Botschaften des Unternehmens, strukturiert nach den Zielgruppen (z. B. Kunden, Handel, Kapitalgeber, Mitarbeitende, Öffentlichkeit) (*Bruhn* 2009a, S. 215).

Im Vergleich zur zielgruppenübergreifenden kommunikativen Leitidee sind Kernaussagen weniger abstrakt und werden für die wichtigsten Zielgruppen (z. B. Kunden, Handel, Kapitalgeber, Mitarbeitende, Öffentlichkeit) formuliert. Kernaussagen konkretisieren den Leistungsanspruch des Unternehmens oder der Marke durch die Formulierung konkreter Leistungsversprechen. Sie beziehen sich bei der Zielgruppe der Kunden beispielsweise darauf, welche Schwerpunkte sich das Unternehmen in seiner Produktpolitik gesetzt hat (z. B. „Wir bieten grundsätzlich nur umweltfreundliche Produkte an") oder bereits erreicht hat (z. B. „Wir garantieren einen lückenlosen und hervorragenden Service auf der ganzen Welt"). Dabei werden in der Regel pro Zielgruppe unterschiedliche Kernaussagen für die Kommunikation formuliert, die dann wiederum aufeinander abzustimmen sind. Kernaussagen können von unterschiedlichen Kommunikationsinstrumenten genutzt werden, so dass sich für den Kommunikationsempfänger ein Wiedererkennungseffekt ergibt.

Zur Formulierung der Kernaussagen ist auf bestehende **Unternehmensleitlinien** beziehungsweise **-bilder** zurückzugreifen. Diese werden im Rahmen der strategischen Unternehmensführung gebildet, beinhalten aber, basierend auf der Bedeutung für die angestrebte strategische Positionierung, häufig bereits Kernaussagen für die wichtigsten Zielgruppen, die das Selbstverständnis des Unternehmens widerspiegeln. Die Unternehmensleitlinien beziehungsweise -bilder sind demnach für die angestrebte strategische Positionierung, als oberstes Ziel der Kommunikation, sowie die daraus abzuleitenden Kern- und Einzelaussagen der Kommunikation von besonderer Bedeutung.

> **Beispiel: Kernaussagen der *Hochtief AG***
> Im Sinne von Kernaussagen lassen sich die Leitlinien des Baukonzerns *Hochtief* interpretieren (*Hochtief AG* 2009). Die im Folgenden beispielhaft aufgeführten Leitlinien beziehen sich auf die vier Grundsätze „kundengerechtes Leistungsangebot", „erfolgreiche Mitarbeiter", „nachhaltiges Handeln" und „wertorientierte Strategie":
> - „Wir gehen aktiv auf unsere Kunden zu und erkennen ihre Bedürfnisse"
> - „Wir vereinbaren konkrete individuelle Ziele in unseren strukturierten Mitarbeitergesprächen."
> - „Wir wirtschaften nachhaltig und bekennen uns zu unserer Verantwortung gegenüber der natürlichen Umwelt und der Gesellschaft."
> - „Wir steuern *Hochtief* wertorientiert und gehen verantwortungsvoll mit dem uns anvertrauten Kapital um."

Ein letzter Schritt in der Hierarchisierung stellt die Entwicklung von **Einzelaussagen** der Kommunikation dar. Dabei wird folgendes Verständnis von Einzelaussagen zugrunde gelegt:

Einzelaussagen sind Belege beziehungsweise Beweise für die Kernaussagen des Unternehmens beziehungsweise einer Marke. Die Zusammenstellung eines Systems von Einzelaussagen beinhaltet die zentralen Argumentationsmuster des Unternehmens beziehungsweise einer Marke, strukturiert nach den wichtigsten Zielgruppen (z. B. Kunden, Handel, Kapitalgeber, Öffentlichkeit, Mitarbeitende) (*Bruhn* 2009a, S. 216).

Durch die Festlegung der Einzelaussagen wird ein zentrales Argumentationsmuster für sämtliche Zielgruppen aufgebaut. In den Einzelaussagen werden durch Zahlen, Beispiele, Geschichten, Ereignisse u.Ä. die Kernaussagen bewiesen (z. B. „Wir haben als Erster ein Recyclingsystem für unsere Produkte aufgebaut", „Wir sind in der Lage, jede gewünschte Sonderanfertigung innerhalb von 10 Tagen zu liefern" oder „Wir haben ein 24-Stunden Servicenetz in allen Ländern implementiert"). Die Einzelaussagen haben Beweischarakter für das Unternehmen und sind in möglichst verschiedenen Kommunikationsformen durch die Mitarbeitenden und den Einsatz von Kommunikationsmitteln zu nutzen. Schaubild II-C-4 gibt zusammenfassend einen Überblick über die Hierarchisierung von Kommunikationsbotschaften.

Die Formulierung von Kern- und Einzelaussagen über ein Unternehmen und seine einzelnen Produkt- beziehungsweise Leistungsbereiche ist weniger schwierig als die Formulierung einer abstrakten und für das gesamte Unternehmen oder die Marke gültigen kommunikativen Leitidee. Kern- und Einzelaussagen beziehen sich grundsätzlich auf die konkrete Leistungsfähigkeit des Unternehmens, so dass ihre Formulierung weitestgehend schnell und unproblematisch erfolgen kann. Entscheidend für die Integrierte Kommunikation ist die strukturierte Zusammenstellung eines Systems von Kern- und Einzelaussagen, das sich unter dem inhaltlichen Dach der kommunikativen Leitidee einordnen lässt und allen an der Kommunikation beteiligten Kommunikationsabteilungen als Argumentationssystem zur Verfügung stehen kann. Die Entwicklung eines derartigen Aussagensystems hat unter Einbeziehung

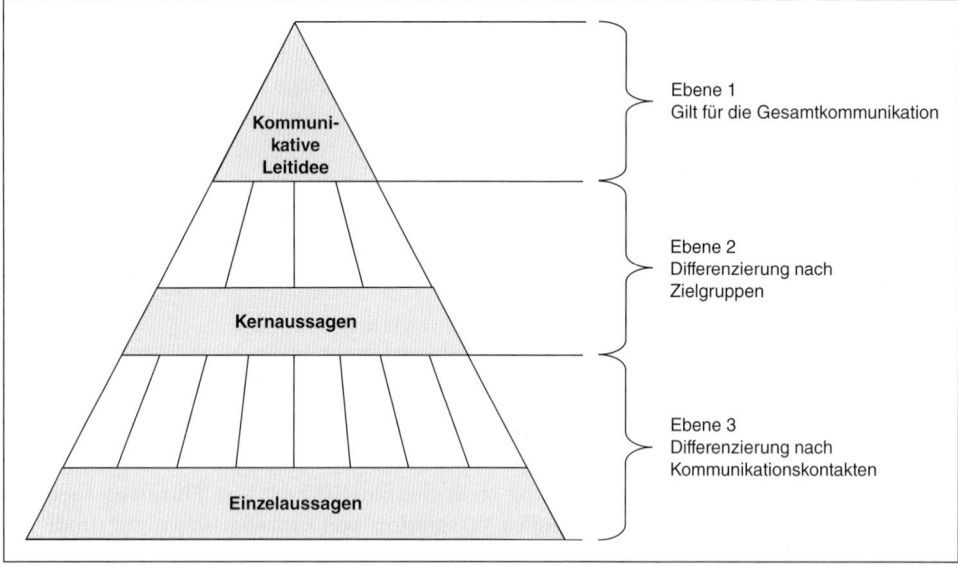

Schaubild II-C-4: Hierarchie von Kommunikationsbotschaften im Rahmen der Botschaftsplattform
(Bruhn 2009a, S. 212)

aller Kommunikationsfachabteilungen zu erfolgen, um spätere Akzeptanzprobleme bereits im Vorfeld zu verhindern. Von zentraler Bedeutung ist schließlich die Kommunikation des Aussagensystems an alle Mitarbeitenden, so dass über alle Kommunikationskanäle (z. B. Mediawerbung, Außendienst und auch Verkaufspersonal) widerspruchsfreie Aussagen über das Unternehmen beziehungsweise die Marke getroffen werden können.

Die Hierarchisierung kommunikativer Botschaften eines Unternehmens kann die Arbeit der Kommunikationsfachabteilungen erheblich erleichtern. Kommunikationsverantwortliche können auf ein vorhandenes Aussagensystem zurückgreifen und verfügen gleichzeitig über kreativen Freiraum, indem sie zunächst bei der Entwicklung des Aussagensystems mitwirken und auch für eigene Aktivitäten Botschaften entwickeln, die aber der kommunikativen Leitidee des Unternehmens sowie anderen Kern- und Einzelaussagen nicht widersprechen dürfen.

4 Integration der Kommunikationsinstrumente und -mittel durch die Schaffung einer Instrumenteplattform

4.1 Identifikation der Leitinstrumente der Kommunikation als Ausgangspunkt

Neben der Strukturierung und Integration der Kommunikationsziele im Positionierungspapier und der Kommunikationsbotschaften in der Botschaftsplattform sind in einem weiteren Schritt die Vielzahl der Kommunikationsinstrumente und -mittel aufeinander abzustimmen. Der letzte Bereich der Kommunikationsregeln hat daher die Aufgabe, in Form einer **Instrumenteplattform** die einzelnen Kommunikationsinstrumente und -mittel festzulegen. Im Prinzip handelt es sich hierbei ebenfalls um eine **Hierarchisierung** von Kommunikationsinstrumenten und -mitteln, die Anhaltspunkte für deren Einsatz gibt. In Schaubild II-C-5 sind die verschiedenen Hierarchiestufen aufgeführt.

Ausgangspunkt der Regeln für den Instrumenteeinsatz ist die Identifikation von **Leitinstrumenten der Kommunikation**. Leitinstrumente sind die zentralen Instrumente der Unternehmenskommunikation. Sie verfügen über eine besondere strategische Bedeutung für die Kommunikation, sind am besten in der Lage, die kommunikative Leitidee des Unternehmens zu transportieren und übernehmen damit eine Führungsfunktion für die anderen Kommunikationsinstrumente. Dies dokumentiert sich dadurch, dass die Leitinstrumente einen wesentlichen Beitrag zur Erreichung der zentralen Kommunikationsziele leisten. Außerdem verfügen die Leitinstrumente über ein großes Beeinflussungspotenzial im Hinblick auf die anderen Kommunikationsinstrumente.

Zur Identifikation der beziehungsweise des Leitinstrumente(s) eines Unternehmens sind zunächst die Beziehungen zwischen den vom Unternehmer eingesetzten Kommunikationsinstrumenten zu analysieren und zu messen, um dann die Rolle beziehungsweise die Funktion der einzelnen Instrumente zu bestimmen. Methodisch können diese Beziehungsanalysen durch unterschiedliche Verfahren, z.B. multivariate Analysemethoden wie die Dependenzbeziehungsweise Interdependenzanalyse oder das Analytic Hierarchy Processing (*Saaty* 1980; *Hammann/Erichson* 2000; *Saaty* 2001; *Hüttner/Schwarting* 2002; *Haedrich/Tomczak/Kaetzke* 2003; *Berekoven/Eckert/Ellenrieder* 2006; *Backhaus et al.* 2008; *Saaty* 2008; *Homburg/Krohmer* 2009), unterstützt werden. Zu aussagekräftigen Ergebnissen in der Beziehungsanalyse führt

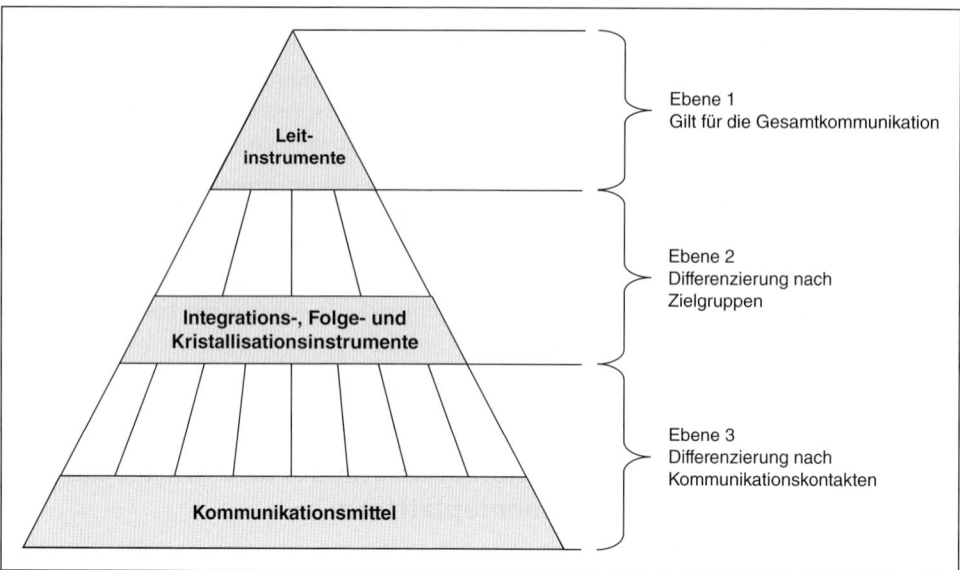

Schaubild II-C-5: Hierarchie für den Einsatz von Kommunikationsinstrumenten im Rahmen
der Instrumenteplattform (Bruhn 2009a, S. 219)

die Cross-Impact-Analyse, die den Einfluss sowie die Beeinflussbarkeit von Kommunikationsinstrumenten in Form entsprechender Matrizen zu determinieren versucht (vgl. zur
Vorgehensweise der Cross-Impact-Analyse *Bruhn* 2009a, S. 143 ff.). Das Ergebnis der Cross-
Impact-Analyse ist die Kategorisierung von Kommunikationsinstrumenten nach ihrer Einflussnahme und Beeinflussbarkeit.

Aus den Ergebnissen der Studie über den Stand der Integrierten Kommunikation lassen sich
ebenfalls Anhaltspunkte über die Beziehungen (Einflussnahme und Beeinflussbarkeit) der
Kommunikationsinstrumente entnehmen (*Bruhn* 2006, S. 72, 194, 301). Diese sind in Schaubild II-C-6 wiedergegeben.

Einflussnahme / Beeinflussbarkeit	Hohe Einflussnahme	Niedrige Einflussnahme
Niedrige Beeinflussbarkeit	Leitinstrumente • PR/Öffentlichkeitsarbeit • Mediawerbung • Multimediakommunikation	Integrationsinstrumente • Messen/Ausstellungen • Event Marketing • Sponsoring • Verpackung
Hohe Beeinflussbarkeit	Kristallisationsinstrumente • Mitarbeiterkommunikation • Persönlicher Verkauf/Vertrieb • Kundenbindung/CRM • Verkaufsförderung	Folgeinstrumente • Direct Marketing

Schaubild II-C-6: Kategorisierung von Kommunikationsinstrumenten nach Beeinflussbarkeit
und Einflussnahme (Bruhn 2006, S. 72)

Die Betrachtung der Ergebnisse der Unternehmensbefragung lassen darauf schließen, dass insbesondere der Begriff Leitinstrument in der Unternehmenspraxis häufig anders als in der Theorie ausgelegt wird. So wird die Einflussnahme der Multimediakommunikation auf andere Kommunikationsinstrumente zwar deutlich geringer sein als dies bspw. bei der Mediawerbung der Fall ist. Viele Unternehmen sprechen diesem Kommunikationsinstrument inzwischen aber dennoch eine Führungsfunktion zu, die sich vor allem darauf zurückführen lässt, dass die multimediale Kommunikation mit den Zielgruppen durchgängig und vielfältig im Rahmen der „Pull-Kommunikation" genutzt wird.

4.2 Kategorisierung weiterer Kommunikationsinstrumente

Nach Festlegung der(s) Leitinstrumente(s) sind in einem nächsten Schritt die Integrations-, Kristallisations- und Folgeinstrumente zu identifizieren. Dabei kann wiederum die Cross-Impact-Analyse herangezogen werden. **Kristallisationsinstrumente** nehmen eine vergleichsweise kritische Rolle im Kommunikationssystem ein, da sie selbst einem starken Einfluss durch andere Kommunikationsinstrumente ausgesetzt sind, aber auch entsprechende positive oder negative Rückkoppelungen auf andere Instrumente bewirken können (z. B. Public Relations). Der Einsatz der Kristallisationsinstrumente ist besonders sensibel zu gestalten, da sie zentrale Zielgruppen von Unternehmen (z. B. Öffentlichkeit, Mitarbeitende, Handel) gezielt ansprechen und für die Kommunikation mit diesen eine Schlüsselfunktion übernehmen (*Bruhn* 2010a, S. 9).

Integrationsinstrumente sind Kommunikationsinstrumente, die aufgrund ihrer schwachen Einflussnahme und Beeinflussbarkeit über ein hohes Integrationspotenzial verfügen (z. B. Sponsoring). Sie übernehmen keine Führung für die Gesamtkommunikation. Durch ihre Fähigkeit bzw. ihr Potenzial, verschiedene Kommunikationsinstrumente zu integrieren und damit potenzierende Wirkungen bei den Zielgruppen zu erreichen, kommen ihnen jedoch wichtige Funktionen zu

Zu den **Folgeinstrumenten** zählen Kommunikationsinstrumente, die von anderen Instrumenten sehr stark beeinflusst werden und sich bei ihrem Einsatz entsprechend nach diesen auszurichten haben (z. B. Direct Marketing). Hier sind Entscheidungen vorgelagerter Natur notwendig (z. B. Produkteinführung, Werbekampagnen, Informationsangebote), die von diesen Kommunikationsinstrumenten aufgegriffen und verstärkt werden. Folgeinstrumente verfügen folglich weder über eine strategische Bedeutung in der Gesamtkommunikation noch über ein hohes Integrationspotenzial, übernehmen jedoch wichtige Funktionen für einzelne Kommunikationsaufgaben und Einzelzielgruppen der Kommunikation.

Die Ergebnisse der Identifikation verschiedener Typen von Kommunikationsinstrumenten mit Hilfe einer Cross-Impact-Analyse liefern wichtige Anhaltspunkte für den integrativen Einsatz der Kommunikationsinstrumente. Die Leitinstrumente beziehungsweise das Leitinstrument eines Unternehmens hat für die Gesamtkommunikation eine strategische Bedeutung. Bei der inhaltlichen Umsetzung einer Integrierten Kommunikation ist daher von den Leitinstrumenten auszugehen. Sie sind mit höchster Priorität zu verändern, damit eine synergetische Wirkung auf die anderen Kommunikationsinstrumente ausgehen kann.

Wie Schaubild II-C-7 verdeutlicht, wird im Rahmen der Studie zur Integrierten Kommunikation in den deutschsprachigen Ländern den verschiedenen Kommunikationsinstrumenten von den Unternehmen leicht unterschiedlich hohe Bedeutung beigemessen. Für alle drei Länder stehen die Instrumente PR/Öffentlichkeitsarbeit, Mediawerbung und Persönlicher

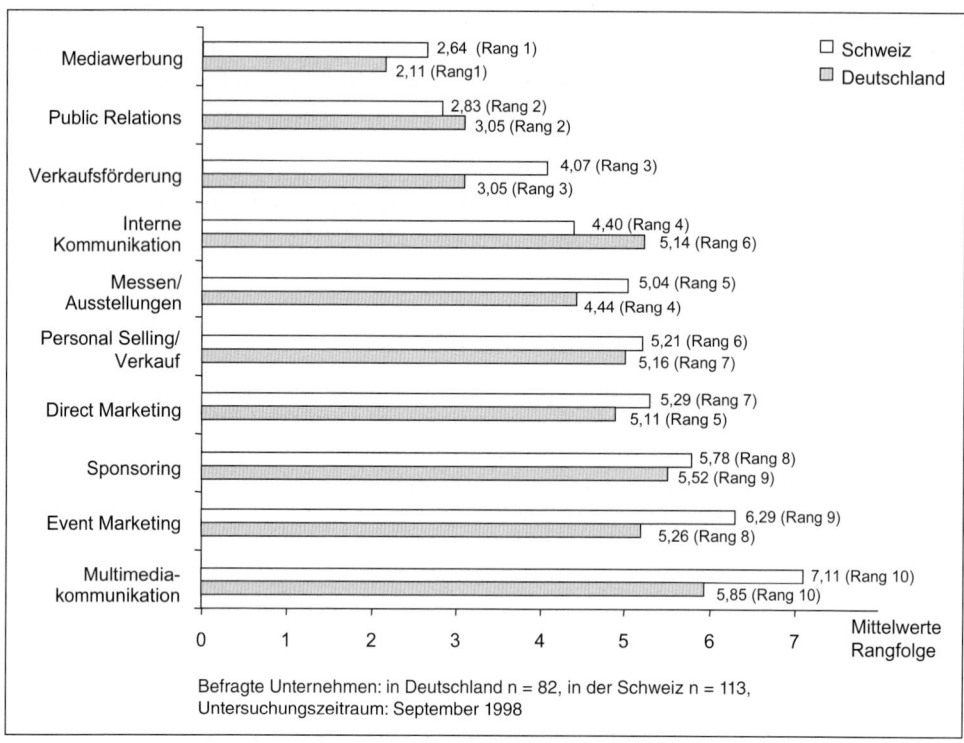

Schaubild II-C-7: Bedeutung der Kommunikationsinstrumente im Rahmen der Integrierten Kommunikation in Deutschland, Österreich und der Schweiz (Bruhn 2006, S. 374)

Verkauf/Vertrieb im Vordergrund, wohingegen die Verpackung die geringste Bedeutung hat. In deutschen Unternehmen kommt außerdem der Verkaufsförderung sowie Messen und Ausstellungen eine hohe Bedeutung zu. Für Unternehmen in Österreich hat dagegen die Mitarbeiterkommunikation einen hohen Stellenwert im Rahmen der Integrierten Kommunikation. Ein Unterschied ergibt sich auch in der Einstufung des Instruments Sponsoring. Dieses ist für Schweizer Unternehmen weitaus bedeutender als für deutsche Unternehmen (*Bruhn* 2006, S. 373 ff.).

Neben der Klassifikation der von einem Unternehmen eingesetzten Kommunikationsinstrumente sind im Rahmen der Instrumenteplattform auch die entsprechenden Funktionen und Aufgaben der einzelnen Instrumente festzulegen. Dabei sind beispielsweise folgende Fragen zu beantworten:

- Welchen Beitrag können die einzelnen Instrumente zur Unterstützung des Leitinstrumentes leisten?
- Welche Kommunikationsziele können die einzelnen Instrumente selbständig verfolgen, welche nur in Verbindung mit anderen Instrumenten?
- Welche Überschneidungen ergeben sich in der Ansprache einzelner Zielgruppen durch die Kommunikationsinstrumente?
- Welche Kommunikationsinhalte können von Kommunikationsinstrumenten gemeinsam transportiert werden?
- Welche Unterschiede in der zeitlichen Planung sind beim gemeinsamen Einsatz von Kommunikationsinstrumenten zu berücksichtigen?

Um den Instrumenteeinsatz zu koordinieren, kann ein gemeinsames Suchraster definiert werden, das in Schaubild II-C-8 dargestellt ist. Mit Hilfe dieses Suchrasters sind die Gemeinsamkeiten zwischen den Kommunikationsinstrumenten zu identifizieren, um daraus Ansatzpunkte für einen koordinierten Einsatz abzuleiten. Jeder Verantwortliche einer Kommunikationsfachabteilung ist aufgefordert, bei der Planung seines Kommunikationsinstrumentes diese Integrationspotenziale systematisch zu suchen und im Sinne einer Integrierten Kommunikation eine Vernetzung mit anderen Instrumenten anzustreben. Diese Vernetzungsaufgabe kann mit Hilfe einer Vernetzungsmatrix, die für jedes einzelne Kommunikationsinstrument aufzustellen ist, unterstützt werden.

4.3 Identifikation von Kommunikationsmitteln

In einer letzten Konkretisierungsstufe sind im Rahmen der Instrumenteplattform auch **Regeln für den Einsatz von Kommunikationsmitteln** festzulegen. Die Kommunikationsmittel stellen konkrete Einzelmaßnahmen dar und beziehen sich auf den Einsatz von Medien innerhalb der verschiedenen Kommunikationsaktivitäten. Zu den Kommunikationsmitteln zählen beispielsweise

- Anzeigenkampagnen,
- Fernsehspots,
- Plakate,
- Prospekte,
- Presseberichte,
- Geschäftsberichte,

- Ausstellungs- und Messestände,
- Schaufensterdekorationen,
- POS-Aktionen,
- Internetseiten,
- Events,
- Trikotsponsoring u. a. m.

Inhaltliche Spezifikation Kommunikations-instrumente	Funktionen	Ziele	Zielgruppen	Botschaften
Mediawerbung				
Verkaufsförderung				
Public Relations				
Messen und Ausstellungen				
Direct Marketing				
Event Marketing				
Sponsoring				
Persönliche Kommunikation				
Mitarbeiterkommunikation				

Schaubild II-C-8: Suchraster zur Abstimmung des Einsatzes verschiedener Kommunikationsinstrumente

Die unterschiedlichen Kommunikationsfachabteilungen setzen in der Regel eine Vielzahl von Kommunikationsmitteln ein, so dass sich hier ein gemeinsames Nutzungspotenzial und damit Abstimmungsbedarf ergibt.

Um eine bessere Integration auch dieser Kommunikationsmittel zu erreichen, empfiehlt sich die Auflistung in Form eines Kataloges. Durch diesen Katalog ist jedem Beteiligten bekannt, welche Mittel zur Verfügung stehen und wie sie im Einzelnen einzusetzen sind. Dadurch wird auch die Integration der Einzelmaßnahmen erleichtert. Der Kommunikationsmittelkatalog hat dabei umfassend darüber zu informieren, wer für die Entwicklung des entsprechenden Kommunikationsmittels zuständig ist beziehungsweise war, wo es zu finden ist, in welchen Versionen beziehungsweise Sprachen es vorliegt, wann und durch wen es bereits genutzt wurde usw. Ein beispielhafter Auszug eines solchen Kataloges von Kommunikationsmitteln stellt Schaubild II-C-9 dar.

Damit der Kommunikationsmittelkatalog sinnvoll eingesetzt werden kann, ist es notwendig, ihn laufend zu aktualisieren und zu erweitern. Dafür ist eine verantwortliche Stelle im Unternehmen festzulegen und alle an der Kommunikation beteiligten Personen sind aufzufordern, den entsprechenden Katalogverantwortlichen über die Nutzung und Entwicklung von Kommunikationsmitteln zu informieren.

> **Beispiel:** *Brand factory* **von** *ThyssenKrupp*
> Bei *ThyssenKrupp* sind die Corporate-Design-Richtlinien zum einheitlichen Auftritt des Konzerns in der so genannten *brand factory* hinterlegt. Dieses Tool ist über das Intranet und – mit einem Passwort – über das Internet verfügbar. Die *brand factory* ist modular aufgebaut: Neben den so genannten Grundelementen, in denen der Umgang mit der Wort- und Bildmarke sowie die Verwendung von Typografie und Farbe behandelt wird, finden sich alle wichtigen Informationen zur Gestaltung von Printmedien und Online-Auftritten wieder. Darüber hinaus stehen Dateien zum Download bereit, und es werden weiterführende Informationen, z. B. zu markenrechtlichen Fragestellungen oder zu Ansprechpartnern und Lieferanten, angeboten. Zusätzlich ist ein Best Practice Pool zu finden sowie eine umfangreiche Sammlung von Fragen und Antworten. Weiterführende Angebote, wie beispielsweise der *NetShop*, das Werbemittelsortiment des Konzerns, stehen ebenfalls zur Verfügung. Auszüge aus der *ThyssenKrupp brand factory* sind in Insert II-C-1a-f dargestellt.

Kommunikationsmittel	Zuständigkeit	Inhalt	Einsatz-häufigkeit	Nutzung
Printmittel				
• Plakat „Tiger" • Plakat „Sendung" • Plakat „Camelion"				
• Printanzeige „Ameise" • Printanzeige „Preise 03" • Printanzeige „Camelion"				
• Prospekte zu Produkt x				
• Prospekte zu Produkt y				
Mediale Mittel				
• CD-ROM „Image" • Anzeigenkampagne „Tiger"				

Schaubild II-C-9: Beispiel eines Kommunikationskatalogs

Insert II-C-1a

Insert II-C-1b

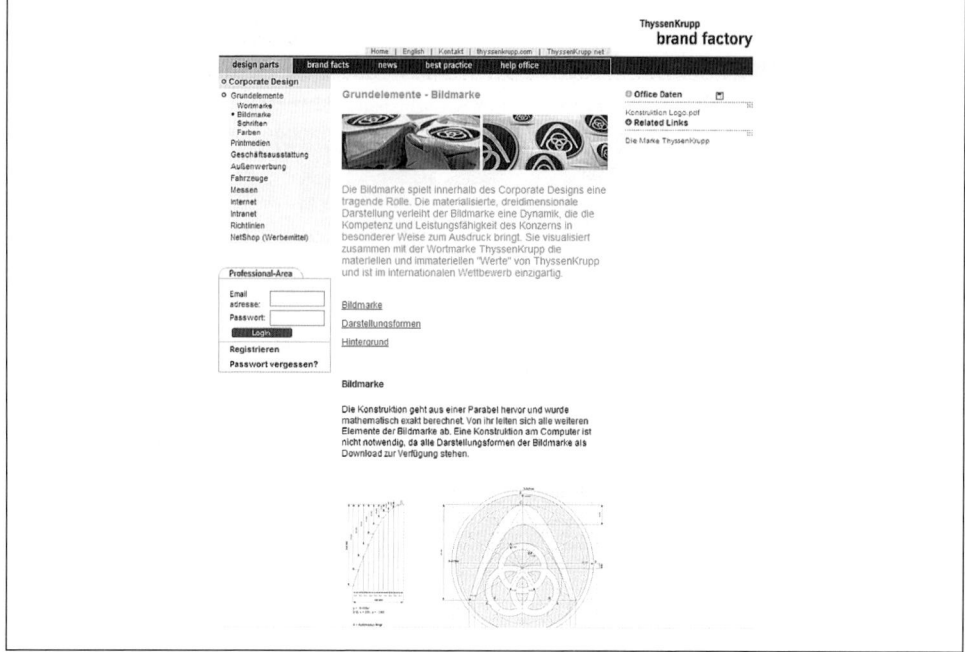

Insert II-C-1c

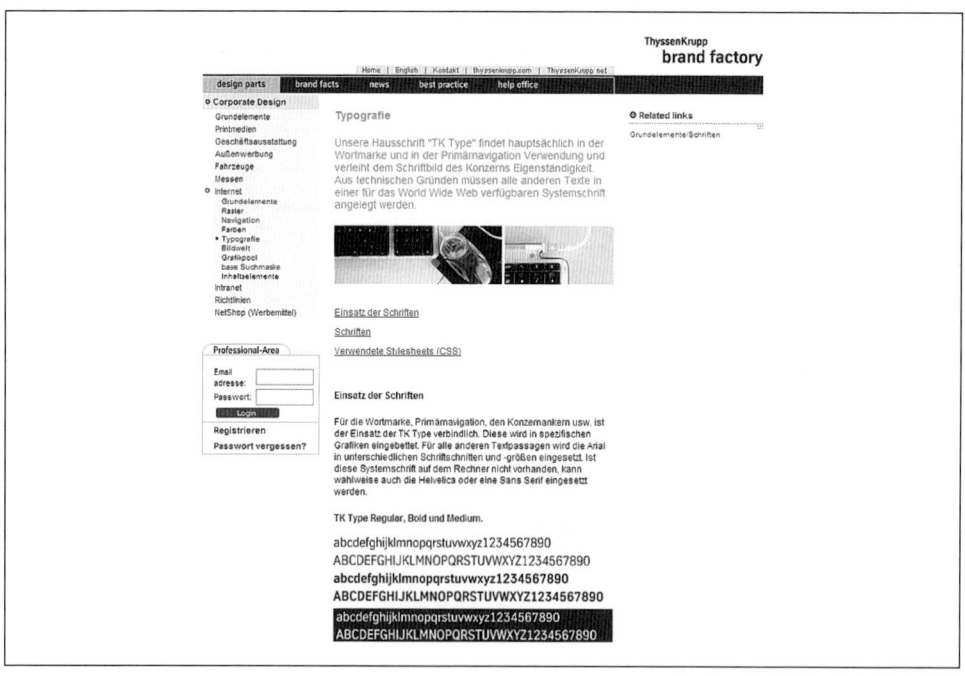

Insert II-C-1d

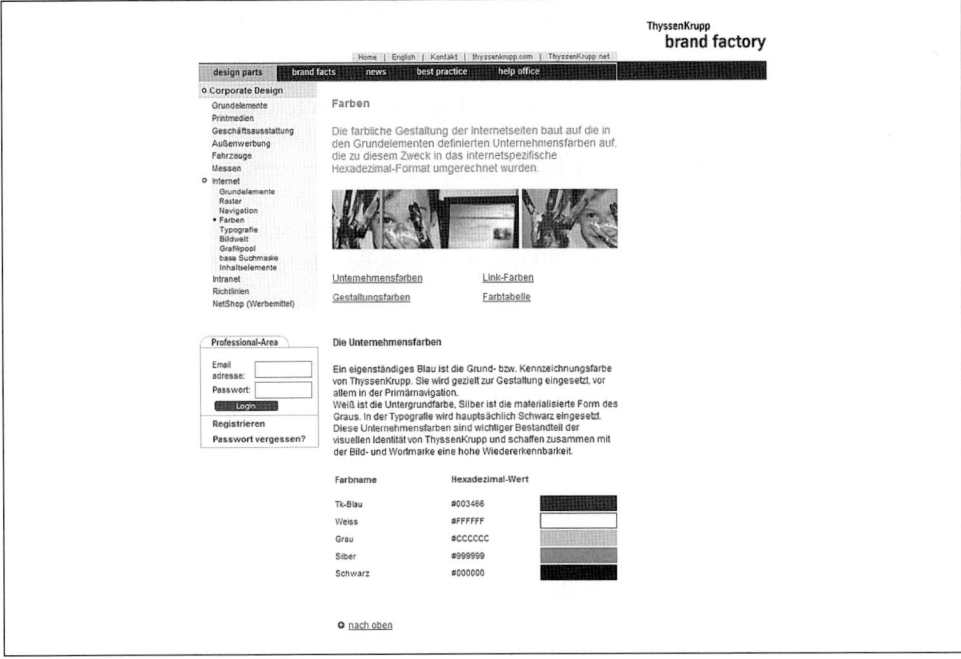

Insert II-C-1e

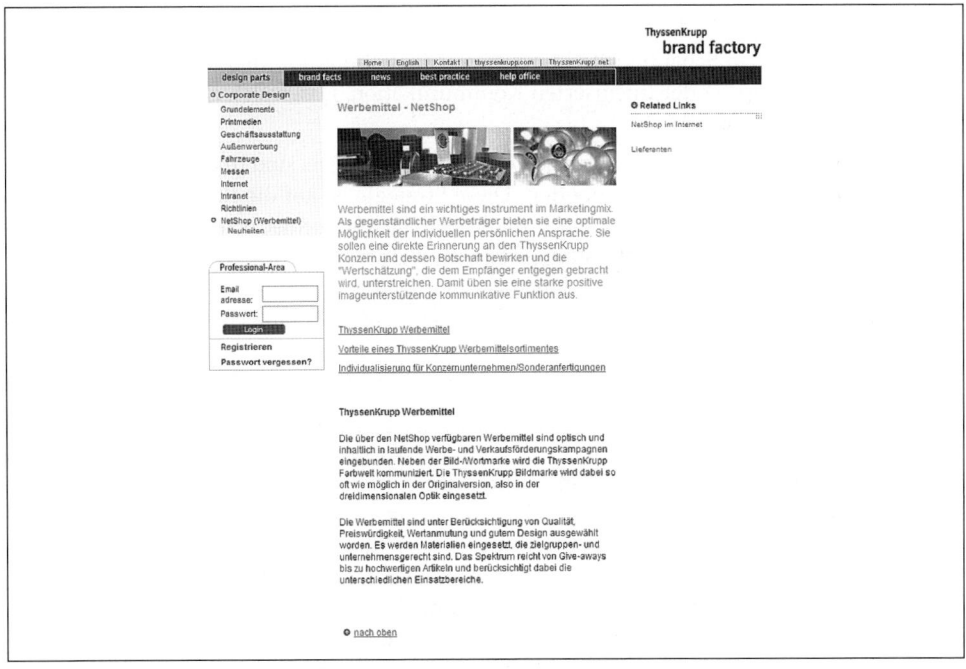

Insert II-C-1f

Insert II-C-1a–f.: Auszüge aus der Brand Factory von ThyssenKrupp (ThyssenKrupp 2004)

4.4 Festlegung der Gestaltungsprinzipien der Kommunikation

Im Rahmen der Instrumenteplattform sind schließlich auch Regeln für die formale Gestaltung der einzelnen Kommunikationsmittel und -maßnahmen festzulegen. Durch diese Gestaltungsregeln, die für das Gesamtunternehmen Gültigkeit besitzen und von allen Kommunikationsfachabteilungen zu berücksichtigen sind, wird die formale Integrationsaufgabe gelöst. Ziel der Gestaltungsprinzipien ist es, Einheitlichkeit in der Darstellung einzelner Kommunikationsmittel und im Auftritt einzelner Kommunikationsinstrumente zu schaffen, um einen höheren Wiedererkennungseffekt sicherzustellen. Folgende **Gestaltungselemente** sind dabei im Einzelnen festzulegen:

- Logo,
- Zeichen,
- Slogan,
- Farbe(n),
- Typografie,
- Bilder,
- Musik,
- Architektur u. a. m.

Diese formalen Vorgaben wurden in der Diskussion über Corporate Identity und Corporate Communications bereits vielfach unter der Bezeichnung **Corporate Design** diskutiert (vgl. dazu beispielsweise die Ausführungen bei *Antonoff* 1986; *Demuth* 1989; *Birkigt/Stadler* 2002; *Stankowski* 2002; *Dunkl* 2005). Die Entwicklung von Gestaltungsvorgaben, wie z. B. Corporate-Design-Vorschriften, Bildern sowie Symbolen, für die Kommunikation findet auch in der Unternehmenspraxis breite Akzeptanz und ist in vielen Unternehmen bereits realisiert (*Bruhn/ Boenigk* 1999, S. 49; *Bruhn* 2006, S. 50).

Im Hinblick auf die in Schaubild II-C-1 gezeigte Darstellung und hier diskutierte Entwicklung des Konzeptpapiers der Integrierten Kommunikation, lassen sich abschließend die folgenden Erkenntnisse festhalten:

- Sämtliche Kommunikationshandlungen eines Unternehmens sind in eine Strategie der Integrierten Kommunikation einzubetten. Diese Strategie ist auf die Realisierung der „**Einheit"** der Kommunikation ausgerichtet, in die sich die unterschiedlichen Ziele, Botschaften und Instrumente der Kommunikation integrieren lassen.
- Für die Entwicklung der zentralen Elemente der Gesamtkommunikation ist in Unternehmen ein Verfahren zu finden, das eine Ordnung in die Zielformulierung, Argumentationsmuster und den Instrumenteeinsatz bringt. Als ein solches Verfahren bietet sich das **Prinzip der Hierarchisierung** an, mit dem eine hierarchische Ordnung von Zielen, Botschaften und Instrumenten erfolgt.

Der letztgenannte Aspekt verdeutlicht das konkrete Vorgehen im Rahmen der Integrierten Kommunikation. Es wird versucht, Integration durch hierarchische Strukturierung herbeizuführen. Deshalb ist mit der Entwicklung eines Konzeptpapiers der Integrierten Kommunikation notwendigerweise der Zwang verbunden, sich im Unternehmen auf eine Hierarchie und damit auf Prioritäten im Hinblick auf Ziele, Botschaften und Instrumente festzulegen. Im Zusammenhang mit der hierarchischen Ordnung kann zwischen vertikaler und horizontaler Ordnung unterschieden werden. Die **vertikale Ordnung** bezieht sich auf den Konkretisierungsgrad innerhalb der einzelnen Ziele, Botschaften und Instrumente. Die **horizontale Ordnung** betrifft die Beziehungen zwischen den einzelnen Ordnungsebenen sowie zwischen den einzelnen Zielen, Botschaften und Instrumenten. So wird beispielsweise die kommunikative Leitidee die strategische Positionierung umsetzen, die durch die Leitinstrumente der Kommunikation zu realisieren ist usw. Einen zusammenfassenden Überblick über die vertikale und horizontale Ordnung der Inhalte der Integrierten Kommunikation vermittelt Schaubild II-C-10.

Beispiel: Kommunikationsplattform bei der Schweizer Versicherung *Swica*
Als ein für die Praxis gelungenes Beispiel für die Entwicklung einer Kommunikationsplattform im Sinne der Integrierten Kommunikation kann das Kommunikationskonzept der Schweizer Versicherung *Swica* aufgezeigt werden. Seine zentralen Elemente sind im Folgenden dargestellt:

(1) Positionierungspapier

Strategische Positionierung:
„*Swica* ist eine Gesundheitsorganisation, die ihren Kunden Versicherungs- und Vorsorgelösungen aus einer Hand bieten kann, sich für die individuelle Prävention und persönliche Gesundheitsberatung stark macht sowie ihre Kunden dabei unterstützt – für einen umfassenden Schutz und Sicherheit."

Zielgruppenziele:
- Wahrnehmung von *Swica* als starker und zuverlässiger Partner sowie als führende ganzheitliche Kranken- und Unfallversicherung der Schweiz
- Kundenzufriedenheit und Konkurrenzfähigkeit
- Steigerung Bekanntheitsgrad
- Vermittlung von Wissen über attraktive Zusatzleistungen und exklusive Dienstleistungen

Maßnahmenziele:
- Wahrnehmung von *Swica* als starker und zuverlässiger Partner sowie als führende ganzheitliche Kranken- und Unfallversicherung der Schweiz: Klassische Werbung, Public Relations
- Kundenzufriedenheit und Konkurrenzfähigkeit: Direct Marketing
- Steigerung Bekanntheitsgrad : Klassische Werbung, Public Relations
- Vermittlung von Wissen über attraktive Zusatzleistungen und exklusive Dienstleistungen: Internet, Broschüren, Direct Marketing

(2) Botschaftsplattform

Kommunikative Leitidee:
„*Swica:* Tut uns gut"

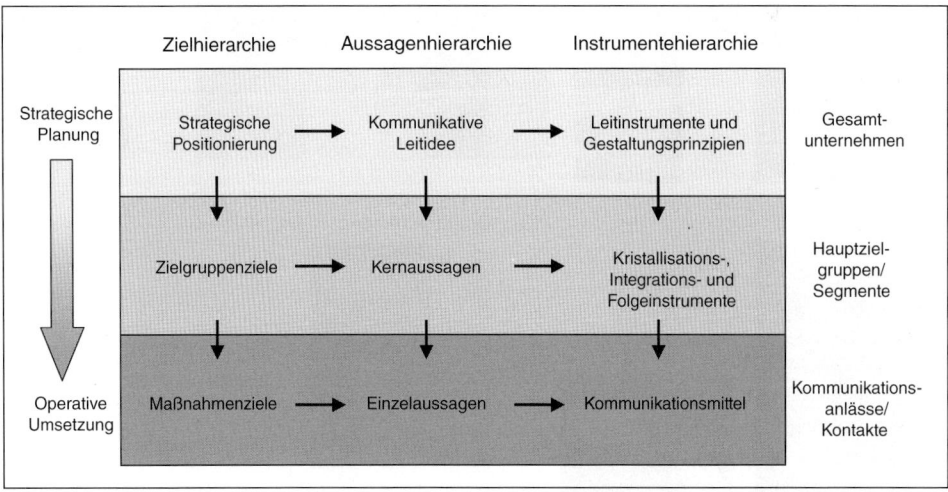

Schaubild II-C-10: Vertikale und horizontale Ordnung der Inhalte der Integrierten Kommunikation
(Bruhn 2009a, S. 227)

Kernaussagen:
- Präventionsarbeit und persönliche Gesundheitsberatung und -förderung
- Anbieter von ganzheitlichen Versicherungs- und Vorsorgelösungen aus einer Hand
- Förderung/Gleichstellung der Komplementärmedizin
- Umfassende und exklusive Versicherungslösungen sowie attraktive Zusatzversicherungsmodelle
- Die alten Angaben kann man natürlich auch noch gut nehmen
- Optimale Nutzenstiftung für Privatkunden und Unternehmen

Einzelaussagen:
(Hier hat eine Verifizierung der Kernaussagen zu erfolgen.)

(3) Instrumenteplattform

Leitinstrumente:
Mediawerbung (TV, Print), Interne Kommunikation

Integrationsinstrumente:
Public Relations, Direct Marketing, Internet, Produktbroschüren

Kommunikationsmittel:
Beispiel Klassische Werbung: „TV-Spots 30" in der Prime Time, Inserate in Publikums- und Special-Interest-Zeitschriften, 1/1 Seite und 1/2 Seite, 4-farbig, Internet

Eine Auswahl der von *Swica* eingesetzten Kommunikationsinstrumente findet sich in Insert II-C-2.

Die hier dargestellten Richtlinien beziehungsweise Regeln sind schließlich in bestimmter Form zu dokumentieren, damit sie für die Beteiligten in den Kommunikationsabteilungen nachvollziehbar und operativ handhabbar sind. Bei der **Dokumentation des Konzeptpapiers** ist sicherzustellen, dass die einzelnen Richtlinien mit allen Beteiligten abgestimmt und schriftlich festgehalten werden sowie über einen hohen Verbindlichkeitsgrad für alle Kommunikationsabteilungen verfügen. Weiterhin ist bei der Bestimmung des Verbindlich-

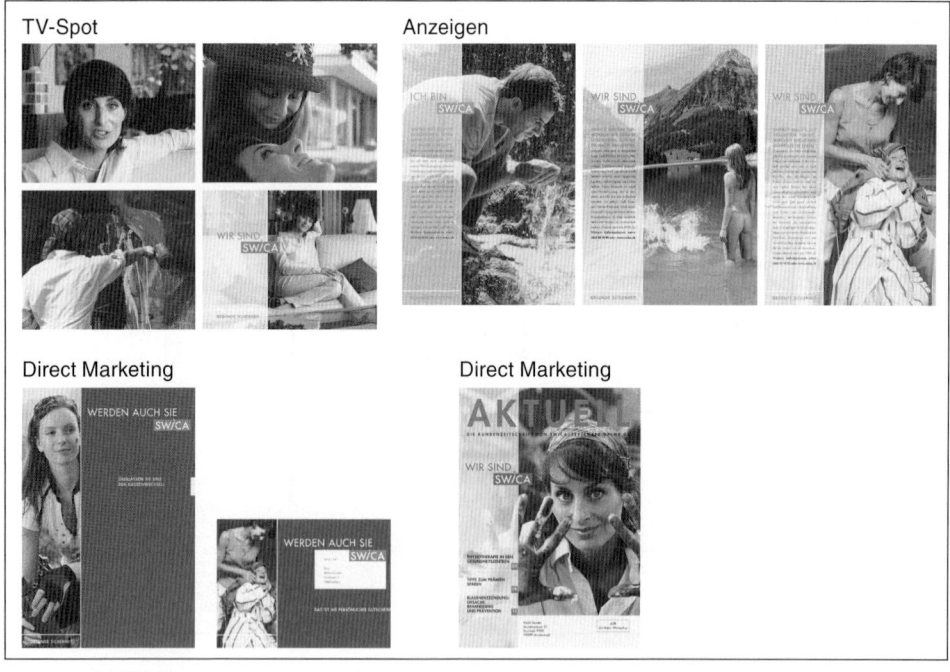

Insert II-C-2a: Kommunikationsinstrumente des Unternehmens Swica

Insert II-C-2b: Kommunikationsinstrumente des Unternehmens Swica

keitsgrades zu berücksichtigen, dass eine zu starke Formalisierung der Kommunikationsaktivitäten den flexiblen und offenen Abstimmungsprozess zwischen den Kommunikationsabteilungen eher behindert als fördert. Es ist daher die Aufgabe, in Abhängigkeit der
bestehenden Kommunikationskultur den optimalen Grad an Verbindlichkeit und Formalisierung der Kommunikationsregeln zu definieren.

In das Konzeptpapier sind schließlich auch **Organisationsregeln** aufzunehmen, die die genauen Aufbau- und Ablaufprozesse, die Zusammenarbeit zwischen allen Fachabteilungen
der Kommunikation, die Zuständigkeiten und Verantwortlichkeiten usw. festlegen. Da die
Integrationsaufgabe in der Praxis häufig aufgrund organisatorisch-struktureller Defizite
nicht erfolgreich umgesetzt werden kann, wird dem Aspekt der organisatorischen Gestaltung einer Integrierten Kommunikation im folgenden Kapitel besondere Bedeutung beigemessen.

D. Umsetzung der Integrierten Kommunikation im Unternehmen und im Markt

1 Organisatorische Gestaltung der Integrierten Kommunikation

1.1 Anforderungen an die organisatorische Gestaltung der Integrierten Kommunikation

Der Bedarf nach organisatorischer Verankerung und Umsetzung der Integrierten Kommunikation ergibt sich unmittelbar aus den zu Beginn aufgezeigten organisatorisch-strukturellen Barrieren, die eine stark hemmende Wirkung auf eine verbesserte Integrationsleistung der Kommunikation ausüben. Es gilt daher, durch die Gestaltung geeigneter Formen der Aufbau- und Ablauforganisation diese organisatorisch-strukturellen Widerstände zu überwinden. Welche Anforderungen sich hierbei für die Organisation der Integrierten Kommunikation ergeben und wie eine mögliche Organisationsstruktur gestaltet sein kann, wird im Folgenden betrachtet.

Organisationsbezogen sind Gestaltungsmaßnahmen zu finden, die sowohl eine Integration (d. h. die Einbindung von Kommunikationsinstrumenten in die Gesamtheit der Kommunikation) als auch eine Koordination (d. h. die Abstimmung der Kommunikationsinstrumente untereinander) ermöglichen. Darüber hinaus ist es notwendig, dass auch organisatorische Maßnahmen den Perspektivenwechsel in der Kommunikation berücksichtigen und interne Systeme und Prozesse sowie die Kommunikationsinfrastruktur dahingehend überprüft werden, inwieweit sie eine Integration von Push- und Pull-Kommunikation unterstützen. Aus diesen Aufgaben leiten sich die Anforderungen ab, die an die Organisation der Integrierten Kommunikation zu stellen sind. Die organisatorischen Gestaltungsmaßnahmen hier zusammengefasst in zehn Punkten – haben demnach Folgendes sicherzustellen:

(1) Institutionalisierung bzw. **aufbauorganisatorische Verankerung** der Integrierten Kommunikation, damit die Kommunikationsleistungen der verschiedenen Kommunikationsabteilungen aufeinander abgestimmt werden können und ein einheitlicher kommunikativer Auftritt sichergestellt werden kann.

(2) Reduzierung der **Spezialisierung** in der Aufgabenteilung auf ein Grad, der dem Integrationsgedanken in besonderer Weise Rechnung trägt.

(3) Festlegung der **Verantwortlichkeiten** für die Aufgaben der Integrierten Kommunikation für den gesamten Entscheidungsprozess der Planung und Umsetzung,

(4) Klare Regelung der **Zuständigkeiten** und **Weisungsbefugnisse** für die Integrationsmaßnahmen auf der Planungs- und Ausführungsebene.

(5) Erleichterung der **Abstimmungsprozesse** zwischen den verschiedenen Beteiligten auf unterschiedlichen organisatorischen Ebenen und Stellen sowie an unterschiedlichen Zielgruppenkontaktpunkten.

(6) Berücksichtigung von **Regelungen für den Konfliktfall**, um die durch Ressourcen- und Machtfragen bedingten Auseinandersetzungen durch gezielte Konfliktlösungsmechanismen organisatorisch zu reduzieren.

(7) Festlegung eines gewissen Grades an **Verbindlichkeit** für die geplanten Integrationsmaßnahmen auf vor- oder nachgelagerten Ebenen in der Organisationsstruktur.

(8) **Förderung der Kreativität** und Innovationsbereitschaft der Kommunikationsmitarbeitenden im integrativen Einsatz der Kommunikationsinstrumente und Sicherstellung einer flexiblen Ausführung der Ansprache- und Rezeptionsfunktion der Kommunikation durch flexible Organisationsstrukturen.

(9) **Unterstützung von Teamorientierung** und **Motivation** der Mitarbeitenden durch die Suche nach kooperationsfördernden Organisationsstrukturen.

(10) Vernetzung der einzelnen Kommunikationsabteilungen und Stellen, so dass die **Koordination** und **Kooperation** innerhalb und zwischen den Organisationseinheiten gewährleistet ist und sie einen gemeinsamen Zugriff auf relevante kommunikations- und zielgruppenbezogene Daten haben.

Die organisatorische Gestaltung der Integrierten Kommunikation ist vor allem deshalb mit besonderen Schwierigkeiten verbunden, weil sehr viele und heterogene Abteilungen und Stellen in die organisatorischen Regelungen einzubinden sind. Betroffen sind davon nicht nur die unterschiedlichen Kommunikationsfachabteilungen, z. B. Mediawerbung, Verkaufsförderung, Sponsoring, sondern auch der Vorstand, der Vertrieb, die Personalabteilung u. a. Darüber hinaus sind je nach Markenstrategie und Organisationsform des Unternehmens unterschiedliche Produkt(gruppen)- bzw. Markenmanager und/oder Kundengruppenmanager in kommunikationspolitische Entscheidungen eingebunden (vgl. die Aufstellung der von kommunikationspolitischen Entscheidungen betroffenen Organisationseinheiten bei *Ahlers* 2006, S. 47 ff.). Sie alle sind bei einer gemeinsamen und einheitlichen Ausrichtung der Kommunikation zu berücksichtigen.

Für jede Unternehmung wird sich dabei eine **Gratwanderung** im Hinblick auf die organisatorische Gestaltung ergeben: Jeder Einsatz von Kommunikationsinstrumenten erfordert Spezialkenntnisse, um eine bessere Aufgabenerfüllung zu gewährleisten. Organisatorisch dokumentiert sich dies oftmals in einer verstärkten organisatorischen Differenzierung, d. h. der Schaffung spezieller Kommunikationsabteilungen. Bei zunehmender Differenzierung der Kommunikationsabteilungen und -stellen wird die Durchsetzung von Integrationsmaßnahmen jedoch erschwert. Eine verstärkte Berücksichtigung der Integration und Koordination bedeutet folglich einen Abbau der Differenzierung. Die Gratwanderung besteht darin, den „richtigen" Grad an organisatorischer Differenzierung zu finden, um die Integrationsleistungen zu optimieren. Diese Gratwanderung gilt im Prinzip auch für den Verbindlichkeitsgrad von Regelungen zur Schaffung der Integrierten Kommunikation. Auch hier kann die Festlegung eines starren Planungssystems dazu führen, dass eine zu starke Formalisierung einen flexiblen und offenen Abstimmungsprozess zwischen den einzelnen Beteiligten eher erschwert. Daher ist ein „richtiger" Grad an Formalisierung zu finden, der die Planungs- und Ausführungsaufgaben der Integration optimal fördert.

Die organisatorische Gestaltung der Integrierten Kommunikation betrifft sowohl die Aufbau als auch die Ablauforganisation. Die **Aufbauorganisation** wird insbesondere durch zwei zentrale Aktionsparameter determiniert den Grad der Spezialisierung und der Hierarchisierung. Da aber die Aufbauorganisation nicht primär an den Erfordernissen einer Integrierten Kommunikation ausgerichtet sein wird, sondern vielmehr an den Erfordernissen des übergeordneten Unternehmenszwecks, sind ergänzend spezielle integrationsfördernde **ablauforganisatorische Maßnahmen** notwendig. Hierbei handelt es sich um Maßnahmen der Koordination, die z. B. in unterschiedlichen Modellen der Teamorientierung und einem konsequenten Prozessmanagement umgesetzt werden können. Welcher der im Folgenden dargestellten aufbauorganisatorischen Ansätze und welche ablauforganisatorischen Maßnahmen eine adäquate organisatorische Lösung für die Integrierte Kommunikation sicherstellen können, ist letztlich unter Berücksichtigung der internen und externen Situationsfaktoren unternehmensindividuell zu entscheiden.

1.2 Integration durch „De-Spezialisierung"

In jeder Organisation gilt es, Regelungen für die Arbeitsteilung zu finden, d. h. eine **Spezialisierung** der zu erledigenden Aufgaben vorzunehmen. Der Spezialisierungsgrad in der Kommunikation beeinflusst notwendigerweise die Maßnahmen der Integration und Koordination. Für die Integrierte Kommunikation besteht in erster Linie die Aufgabe, die Spezialisierung nur so weit vorzunehmen, dass ein optimaler Grad an Integration gewährleistet ist. Unter organisatorischen Aspekten sind hierfür Aufgabenanalysen und Stellen- sowie Abteilungsbildungen durchzuführen.

Bei einer Betrachtung der Aufgabenverteilung in der **Kommunikationspraxis** findet eine Gliederung der kommunikativen Aufgaben überwiegend gemäß der verschiedenen Kommunikationsinstrumente statt. Eine derartige Organisationsstruktur wurde bis in die jüngste Vergangenheit von der Überzeugung gestützt, dass eine Spezialisierung auf einzelne Kommunikationsfunktionen einen positiven Einfluss auf die Effektivität und Effizienz der Kommunikation ausübt (*Schultz/Tannenbaum/Lauterborn* 1993, S. 164; *Deighton* 1999, S. 340; *Fill* 2001, S. 410). Je differenzierter jedoch die einzelnen Aufgaben auf Kommunikationsinstrumente aufgeteilt werden, desto weniger ist diese Kommunikationsorganisation in der Lage, den Integrationsaspekten Rechnung zu tragen. Deshalb ist es im Rahmen der Aufgabenanalyse zweckmäßig, sich auf die besonderen Merkmale der Kommunikationsaufgaben zu konzentrieren. Diese Art der **Aufgabenanalyse** kann nach folgenden Kriterien erfolgen (vgl. zur Aufgabenschwierigkeit und Aufgabenvariabilität *Van de Ven/Delbecq* 1974, S. 183 ff.; zur Aufgabeninterdependenz *Gosselin* 1985, S. 467 ff.):

(1) **Aufgabenschwierigkeit**: Es ist für die Kommunikation zu überlegen, ob die Aufgaben überhaupt sinnvoll zerlegt werden können oder ob sie aufgrund der Schwierigkeit in der Aufgabenerfüllung (z. B. Aufbau eines Markenimages) nicht besser zusammengehören.

(2) **Aufgabenvariabilität und -wiederholungshäufigkeit**: Für die Kommunikationsarbeit stellt sich die Frage, wie gleichartig die einzelnen Aufgaben sind und wie häufig sie sich wiederholen. Wenn ein Unternehmen es anstrebt, integrative Kommunikationsmaßnahmen zukünftig zu verstärken, so spricht dies für eine Zusammenlegung jener Aufgaben, die gleichartig und wiederholbar sind (z. B. Maßnahmen der Massen- versus Maßnahmen der Individualkommunikation).

(3) **Aufgabeninterdependenz**: Bei dieser Betrachtungsebene werden Abhängigkeiten zwischen den Aufgaben, Stellen und Abteilungen in der Kommunikation berücksichtigt. Dieser Bereich ist naturgemäß für die Integrierte Kommunikation von ganz zentraler Bedeutung. Bei hoher Abhängigkeit ist eine stärkere organisatorische Zusammenlegung der Aufgaben vorzunehmen.

Die kommunikative Aufgabenanalyse verdeutlicht die Notwendigkeit einer stärkeren **Zusammenlegung kommunikativer Aufgaben** zur Verstärkung der Integrationsbemühungen in der Kommunikation. Eine Integrierte Kommunikation führt somit zu einer Art **„De-Spezialisierung"** in der Kommunikation, d. h. zur Rückführung einer zu starken Spezialisierung mit Blickrichtung auf die Gemeinsamkeiten von Kommunikationsaufgaben.

Auf Basis der Aufgabenanalyse sind in der Kommunikationsarbeit **Stellen als kleinste organisatorische Einheiten** zu bilden und mit dem entsprechenden Personal zu besetzen. Dabei ist zu entscheiden, welche Arten von Stellen bzw. Positionen und wie viele Stellen insgesamt zu besetzen sind (vgl. zur Stellenbildung vor allem *Bea/Göbel* 2006, S. 263 ff.; *Picot et al.* 2008, S. 231 f.; *Schreyögg* 2008, S. 102 ff.; *Staehle* 2009, S. 698). Nach der Art von Stellen lassen sich Leitungs- und Ausführungsstellen unterscheiden. **Leitungsstellen** übernehmen die Verantwortung für bestimmte Bereiche der Kommunikation, dies gilt für Mitglieder des Vorstands wie für Leiter von Marketing- und Kommunikationsabteilungen gleichermaßen. Leitungsstellen stellen Instanzen dar, da sie Weisungsbefugnisse gegenüber untergeordneten Stellen haben. Für die Integrierte Kommunikation ist in diesem Zusammenhang zu klären, welche Instanz(en) mit der Leitung der konzeptionellen Erarbeitung einer Integrierten Kommunikation beauftragt wird (werden). Die **Ausführungsstellen** haben demgegenüber die Aufgabe, die Umsetzung der Integrierten Kommunikation vorzunehmen. Sie tragen Verantwortung für den operativen Bereich und sind gegenüber ihren jeweiligen Leitungsstellen für die Integrationsmaßnahmen verantwortlich.

Die Stellenbildung ist deshalb von besonderer Bedeutung, weil auf ihrer Basis die Erwartungen an die Stelleninhaber festgelegt werden. Wird für ein Unternehmen das Ziel verfolgt, ein umfassendes Konzept der Integrierten Kommunikation zu planen und durchzusetzen, so ist es unabdingbar, dass entsprechende Erwartungshaltungen an die betroffenen Personen in den Stellenbeschreibungen der Leitungs- und Ausführungsstellen festgehalten werden.

Für die Organisation der Integrierten Kommunikation sind in diesem Zusammenhang zunächst sämtliche Leitungs- und Ausführungsstellen zu berücksichtigen, bei denen **Integrationsaufgaben als eine Teilaufgabe** des Stelleninhabers definiert werden. Damit wird die Integration als Planungs- bzw. Ausführungsaufgabe in den Stellenbeschreibungen festgeschrieben.

Idealerweise ist die spezielle Stelle eines **Integrationsmanagers** zu bilden, der als „Kommunikationsmanager" oder mit einer anderen Positionsbezeichnung versehen die Aufgabe erhält, die gesamte Koordination der Integrierten Kommunikation voranzutreiben und zu kontrollieren. Je nach Stellenbeschreibung kann er dafür voll verantwortlich gemacht werden und Weisungsbefugnisse erhalten oder als reiner Koordinator ohne Entscheidungskompetenzen fungieren.

Kommunikationsabteilungen sind der Ausdruck einer Zusammenfassung verschiedener Stellen auf einer bestimmten organisatorischen Stufe. Je nach Unternehmensgröße kann dabei zwischen verschiedenen Typen bzw. Größen von Abteilungen unterschieden werden, wie etwa Abteilungen, Hauptabteilungen, Unternehmensbereichen u. a. Innerhalb der Abteilungen werden verschiedene Stellen, innerhalb einer Hauptabteilung verschiedene Abteilungen und innerhalb eines Unternehmensbereiches verschiedene Hauptabteilungen usw. im Sinne eines hierarchischen Aufbaus zusammengefasst.

Die einzelnen Abteilungen, Hauptabteilungen bzw. Unternehmensbereiche (im Folgenden wird nur noch der Begriff „Abteilungen" verwendet) erhalten je nach Bedeutung eine **Instanz**, d.h., ihnen wird eine eindeutige Hierarchiestufe innerhalb der Unternehmensorganisation zugeordnet. Durch die Instanzenzuordnung werden die Entscheidungskompetenzen, Weisungsbefugnisse sowie Verantwortungen der Abteilungen gegenüber den anderen Stellen, Abteilungen und Instanzen geregelt (*Remer* 1997, S. 28; *Kieser/Walgenbach* 2007, S. 90 ff.; *Schreyögg* 2008, S. 104 f.).

Die Regelung dieser Befugnisse ist für die Integrierte Kommunikation von zentraler Bedeutung, weil durch die differenzierte Abteilungsbildung und die starren Regelungen einer isolierten Planung sowie Umsetzung der Kommunikationsinstrumente erhebliche organisatorische Barrieren in der Kommunikation aufgebaut werden. So ist für die Erarbeitung integrierter Kommunikationsmaßnahmen etwa zu klären, wer die **Entscheidungskompetenzen** für die Planung und Umsetzung der Integrierten Kommunikation hat. Dies bedeutet im Einzelnen eine Festlegung der jeweiligen Stelle und Instanz, die mit dem Recht und der Gesamtverantwortung ausgestattet ist, das Konzept der Integrierten Kommunikation für alle anderen Stellen verbindlich festzulegen. Dies wird i. d. R. die Unternehmensleitung in Form des Vorstands oder der Geschäftsführung sein.

Ebenso sind die **Weisungsbefugnisse** für die Integrierte Kommunikation zu klären. Dies gilt insbesondere für die Umsetzung der Integrationsmaßnahmen durch die einzelnen Kommunikationsinstrumente. Als Weisungsbefugnis wird das Recht einer Instanz bezeichnet, den nachgeordneten Stellen konkrete Handlungsanweisungen für die Durchsetzung der Maßnahmen zu geben (*Kieser/Walgenbach* 2007, S. 77, 90). Die Problematik der Weisungsbefugnisse ist im Hinblick auf die Integrierte Kommunikation weniger innerhalb einer Abteilung zu sehen, weil die Integrationsmaßnahmen hierbei im Zweifelsfall „angewiesen" werden können. Vielmehr bestehen die Probleme in erster Linie durch die notwendige Zusammenarbeit verschiedener Kommunikationsabteilungen, sofern diese unterschiedlichen Instanzen zugeordnet sind (z. B. Werbung dem Marketingvorstand, Interne Kommunikation dem Personalvorstand, Verkaufsförderung dem Vertrieb).

Schließlich ist auch die **Verantwortung** der einzelnen Kommunikationsabteilungen für die Integrierte Kommunikation zu regeln. Hierbei kommt es darauf an, dass den einzelnen Instanzen und Abteilungen eine spezielle Verantwortung für die Planung bzw. Umsetzung der Integrationsmaßnahmen übertragen wird. Dabei ist darauf zu achten, dass aufgrund der Komplexität der Integrierten Kommunikation jede Abteilung eine gewisse Verantwortung für die Integration übernimmt.

1.3 Integration durch Hierarchisierung

Bereits bei der Erarbeitung eines Konzeptes der Integrierten Kommunikation wurde versucht, durch Hierarchiebildung eine verbesserte Koordination und Integration herbeizuführen. Hier wurde eine Hierarchisierung vorgenommen bezogen auf die Kommunikationsziele (ausgehend von der strategischen Positionierung), die Botschaften (Ausgangspunkt ist die kommunikative Leitidee) sowie die Kommunikationsinstrumente (Kategorisierung in Leit-, Kristallisations-, Integrations-, und Folgeinstrumente). Die Bildung von Hierarchien kann auch als eine Form der Integration innerhalb einer Unternehmensorganisation genutzt werden (*Schreyögg* 2008, S. 131; *Staehle* 2009, S. 704 ff.). Hierfür ist für die Kommunikation ein strukturiertes Stellengefüge zu finden, das über die Fähigkeit verfügt, die Aufgaben der Kommunikation verstärkt unter Integrationsgesichtspunkten zu lösen. Die Hierarchiebildung innerhalb der Organisation dokumentiert sich damit in Form der Aufbauorganisation. Mit Hilfe von Hierarchien können verschiedene Formen der organisatorischen Regelung festgelegt werden. In diesem Zusammenhang werden vor allem vier organisatorische Grundmodelle unterschieden: Einlinien-, Mehrlinien- und Stabliniensysteme sowie die Matrixorganisation. Diese werden im Folgenden auf ihre spezifische Eignung als Organisationsform für eine Integrierte Kommunikation geprüft.

Die **Einliniensysteme** folgen dem Prinzip der Einheit der Auftragserteilung und sind durch klare Kompetenz- und Verantwortungszuweisung geprägt. Bei dieser Form der hierarchischen Koordination ist – zumindest formal – auch die **Integration der Kommunikation** geregelt. Genau genommen wird die Verantwortung für verschiedene Formen der Integration an jene hierarchische Stelle in der Linie weitergegeben, die die Entscheidungsbefugnis besitzt und idealtypisch über das Fachwissen zur Lösung der Integrationsaufgabe verfügt. Bei Einliniensystemen in der Kommunikation kommt damit zumeist dem Marketingleiter bzw. dem Leiter der Kommunikation die Integrationsaufgabe zu. Insgesamt handelt es sich somit um eine klare Kompetenz- und Verantwortungsverteilung für die Integrierte Kommunikation. Erfolgt die Anordnung für die Integration beispielsweise durch die Unternehmensleitung, so erhält z. B. der „Leiter Kommunikation" die Aufgabe, eine entsprechende Planung vorzunehmen, während nachgeordnete Stellen mit der Durchführung der Integrationsvorgaben beauftragt werden. Damit wird auch die Kontrolle der Integration im Planungsprozess der Kommunikation erleichtert.

Jedoch ist negativ zu vermerken, dass es sich bei dem Einliniensystem um keine direkte Koordination zwischen den hierarchisch gleichrangigen Instanzen handelt und dadurch mit großer Wahrscheinlichkeit auf eine kooperative Zusammenarbeit innerhalb der Organisation verzichtet wird. Die einzelnen Kommunikationsabteilungen und -stellen arbeiten weitgehend selbständig, ohne sich mit anderen Abteilungen bzw. Stellen abzustimmen. Dies wird sich in der Kommunikationspraxis nachteilig auf die Integrationsbemühungen der Kommunikation auswirken. Vor allem besteht das Risiko, dass die Integrationsmaßnahmen „wegdelegiert" werden. Das bedeutet, die einzelnen Mitarbeitenden fühlen sich für Maßnahmen der Integration nicht zuständig und delegieren diese Aufgaben „nach oben". Notwendigerweise ist damit die Gefahr der Bürokratisierung verbunden, wenn sich niemand zuständig fühlt oder die Notwendigkeit zur Zusammenarbeit durch viele formale Regelungen zwar angewiesen wird, aber in der Praxis nicht funktionsfähig ist. Ein Beispiel für die Organisation der Kommunikation als Einliniensystem zeigt Schaubild II-D-1.

Beispiel: Einliniensystem in der Kommunikation bei der *RAG AG*
Das traditionell im Bergbau tätige Unternehmen *RAG AG* ist durch ein Einliniensystem in der Kommunikation gekennzeichnet. Die Leitung der Kommunikation liegt auf Vorstandsebene. Die Leiter der Kommunikationsfachabteilungen (wie z. B. Presse, interne Kommunikation) sind ausschließlich der Kommunikationsleitung untergeordnet. Somit ist jede einzelne Stelle lediglich einer einzigen Instanz unterstellt.

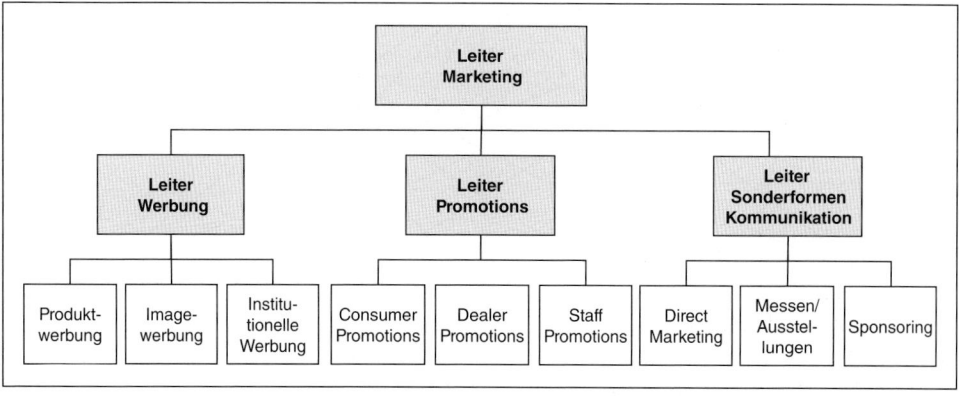

Schaubild II-D-1: Beispiel für die Organisation der Kommunikation durch das Einliniensystem
(Bruhn 2009a, S. 238)

Das Prinzip der Mehrfachunterstellung ist kennzeichnend für die **Mehrliniensysteme** und strebt eine bessere Koordination der Mitarbeitenden nach dem Funktionsprinzip an. Diese Form der Aufbauorganisation hat zur Konsequenz, dass die Aufgabe der Integration mehrere Funktionsbereiche gleichzeitig tangiert. Die einzelne Stelle bzw. der einzelne Mitarbeitende erhält von unterschiedlichen Vorgesetzten Anweisungen. Jeder Vorgesetzte wird versuchen, seinen spezifischen Integrationsbedarf zu artikulieren und gegenüber den nachgeordneten Stellen durchzusetzen. Insofern findet eine funktionale Spezialisierung der Kommunikationsarbeit statt, die sich positiv auf die Planung eines Konzeptes der Integrierten Kommunikation auswirken kann.

In der Kommunikationspraxis stellt sich die zentrale Frage, ob sich das Mehrliniensystem auch formal so strikt einhalten lässt. Wird das Prinzip der Mehrfachunterstellung zu intensiv praktiziert, findet letztlich ein zu starker Eingriff durch verschiedene Vorgesetzte statt. Dies kann ein abgestimmtes Vor-gehen für die Integrierte Kommunikation bei der Planung und Umsetzung eher behindern. Ferner kann eine solche Organisationsform zu internen Spannungen führen, da die untergeordnete Stelle mehreren höheren Stellen zugeordnet ist und somit oftmals der Gefahr ausgesetzt ist, „zwischen zwei Stühlen zu sitzen". In Schaubild II-D-2 ist ein Beispiel für die Organisation der Kommunikation als Mehrliniensystem aufgezeigt.

In **Stabliniensystemen** können Stäbe direkt dem Vorstand angegliedert sein und dort übergeordnete Kommunikationsaufgaben, wie beispielsweise die Entwicklung eines Konzeptes Integrierter Kommunikation, übernehmen. Das Hauptproblem besteht jedoch in der Isolierung des Stabes von der Linie und der mangelnden Weisungsbefugnis. Zu präferieren ist daher die Etablierung eines Stabes zwischen der Ebene der Unternehmensleitung und den entsprechenden Kommunikationsfachabteilungen in der Linie. Der Erfolg und die Funktionsfähigkeit dieses Systems hängen primär davon ab, inwieweit die Linienabteilungen die Stabsfunktion akzeptieren und unterstützen. Eine dritte Variante besteht darin, den Stab nach Weisung der Linienabteilungen arbeiten zu lassen und dort die Sachkompetenz für die Integration zu bündeln und abrufbar zu machen. Für die Integrierte Kommunikation kann diese Variante nur dann erfolgreich umgesetzt werden, wenn dem Stab Teilaufgaben der Integration zuge-

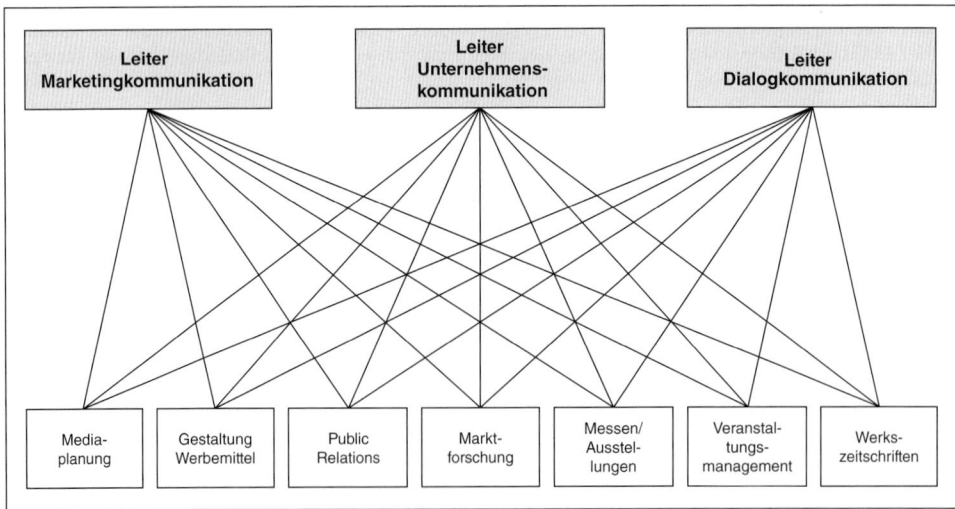

Schaubild II-D-2: Beispiel für die Organisation der Kommunikation durch das Mehrliniensystem
(Bruhn 2009a, S. 240)

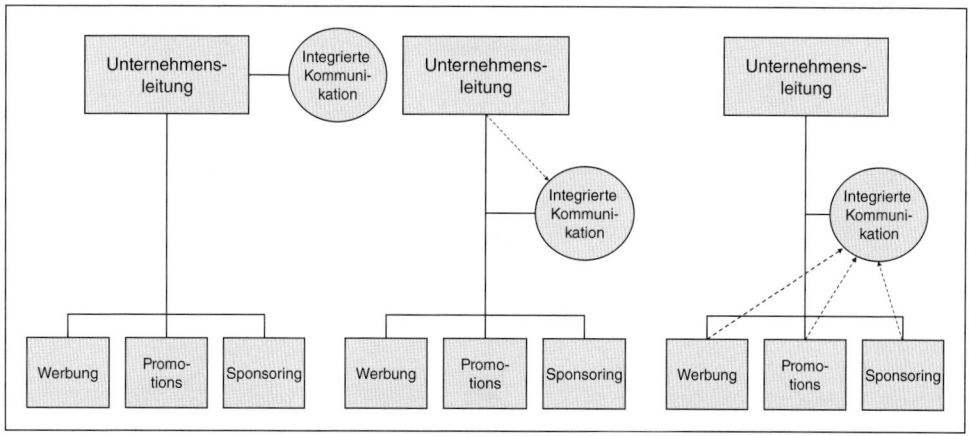

*Schaubild II-D-3: Beispiel für die Eingliederung von Stäben in die Organisation der Kommunikation
(in Anlehnung an Staehle 1999, S. 708)*

ordnet werden. Diese unterschiedlichen Optionen sind beispielhaft in Schaubild II-D-3 dargestellt. Insgesamt betrachtet sind Stabliniensysteme jedoch nur bedingt für die Gestaltung der Integration geeignet. Die wesentlichen Probleme dieser Organisationsform sind in der mangelnden Weisungskompetenz der Stäbe sowie in der Trennung von Arbeitszusammenhängen zu sehen (*Staehle* 2009, S. 708.). Dies schafft Konflikte in sachlicher und persönlicher Hinsicht und der Erfolg von Stäben hängt maßgeblich von der Unterstützung und Akzeptanz durch die Linie ab.

Beispiel: Stabsfunktion in der Kommunikation bei der *Bayer AG*
Bei der *Bayer AG* wurde zwischenzeitlich eine Stabsfunktion eingeführt, mit dem Ziel der Erreichung einer größeren Einheitlichkeit in der Kommunikation. Hier war der Konzernstab „*eCommerce"* unter anderem für die Initiierung bereichsübergreifender E-Commerce-Projekte sowie – in Zusammenarbeit mit dem Konzernbereich Unternehmenskommunikation – für die Erarbeitung von E-Commerce-Richtlinien und Standards zur Harmonisierung der Internetauftritte der Geschäftsbereiche zuständig (*Münch/Neuwirth* 2002, S. 449). Mittlerweile existiert diese Stabsfunktion nicht mehr. E-Commerce ist inzwischen als „ganz normaler" Bestandteil in das tägliche Geschäft integriert. Die vor Jahren eingerichtete Stabsfunktion hat sich sozusagen durch erfolgreiche Arbeit überflüssig gemacht (*Bayer AG* 2008).

Im Vergleich zu Linien- und Stabliniensystemen, die die Integrationsaufgabe über unterschiedliche Hierarchieebenen hinweg wahrnehmen, sind **Matrixorganisationen** auf eine teamorientierte Kooperation ausgerichtet. Dabei können ständige Matrixstrukturen von rotierenden Matrixorganisationen unterschieden werden (*Mintzberg* 1979, S. 171 f.) Beide sind gekennzeichnet durch die Überkreuzung zweier Kompetenzsysteme (Funktionen, z. B. Kommunikationsabteilungen und Objekte, z. B. Produkte, Marken oder Sparten), wie dies in Schaubild II-D-4 skizziert ist. Übertragen auf die Aufgabenstellung der Integrierten Kommunikation bedeutet dies, dass der Funktionsmanager die Aufgabe der Integration und Koordination für sein Kommunikationsressort übernimmt, während der Objektmanager die Verantwortung für die Integration aller Kommunikationsaufgaben für sein Produkt beziehungsweise seine Sparte übernimmt. Besteht ein Konzept Integrierter Kommunikation, so wird durch die Matrixorganisation dessen Umsetzung erheblich erleichtert, denn durch die Einbeziehung unterschiedlicher Sachkompetenzen der Funktionen und Objekte entsteht automatisch ein Koordinationsmechanismus. Die kooperativen Teamentscheidungen fördern in besonderem Maße die Umsetzung von Integrationsmaßnahmen, zumal in der Matrix auch

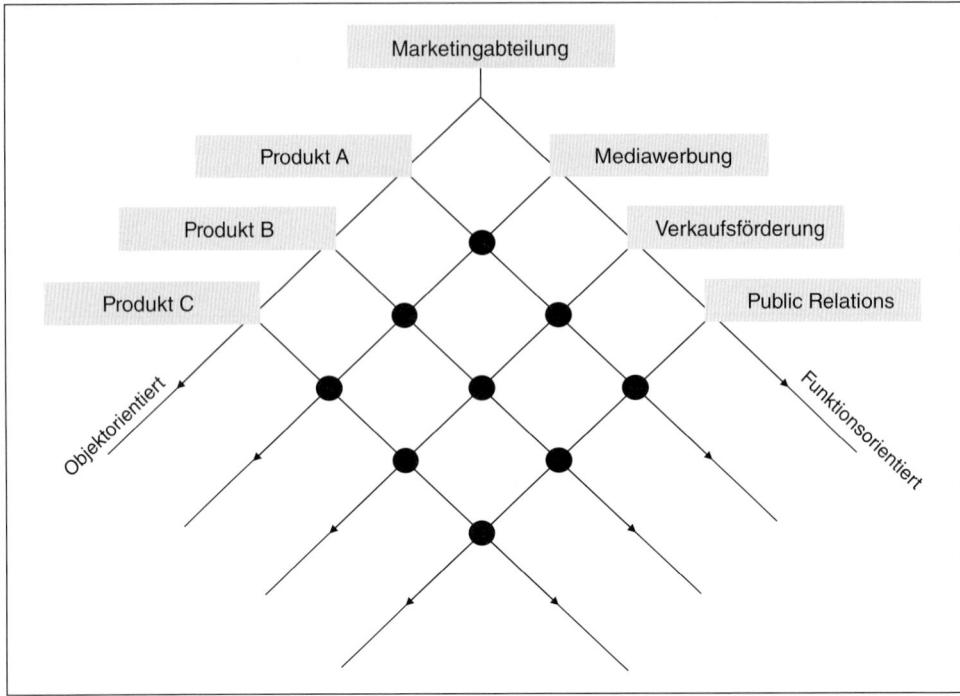

Schaubild II-D-4: Beispiel für die Organisation der Kommunikation nach dem Matrixprinzip
(Bruhn 2009a, S. 244)

der Zwang zur aktiven Mitarbeit besteht. Negativ auf die Integrationsbemühungen wirken sich jedoch die systemimmanenten Konfliktpotenziale und der enorme Koordinationsaufwand innerhalb einer Matrixorganisation aus. Im Vergleich zu den anderen Organisationsformen kommt der Matrixorganisation jedoch die beste Eignung für die organisatorische Umsetzung der Integrationsaufgabe zu.

Beispiel: Matrixorganisation in der *Dresdner Bank AG*

Eine Matrixorganisation für den Bereich der Kommunikation, die speziell auf die Integration der einzelnen Kommunikationsmaßnahmen und die Förderung der Beziehungen zu den Anspruchsgruppen (Kunden, Öffentlichkeit, Anteilseigner, Mitarbeitende) ausgerichtet ist, hat die *Dresdner Bank* etabliert. In einem Corporate Center Unternehmenskommunikation sind solche Kommunikationsbereiche, die sich direkt auf bestimmte Anspruchsgruppen beziehen (Presse, Marketingkommunikation, Interne Kommunikation, Public Relations/Public Affairs, Kunst und Wissenschaft sowie Gremienbetreuung und Protokoll) matrixartig mit den Querschnittsfunktionen Strategische Kommunikationsplanung, Marktforschung und Medienanalyse, Corporate Publishing und Innenleitung verknüpft. Die Querschnittsfunktionen nehmen in diesem Organisationsmodell eine inhaltliche „Brückenfunktion" zwischen den einzelnen Vertretern der Anspruchsgruppen ein (*Guterman/Helbig* 2002).

Auf Basis der vorgenommen Ausführungen kann festgehalten werden, dass keine der klassischen Organisationseinheiten ideale Voraussetzungen für die Integrationsaufgabe schafft. Schaubild II-D-5 gibt nochmals einen zusammenfassenden Überblick über die Leistungsfähigkeit hierarchischer Organisationsformen für die Integrierte Kommunikation.

Zusammenfassend zeigen die Überlegungen zur hierarchischen Organisation der Integrierten Kommunikation, dass dem Integrationsgedanken durch flache Hierarchien in der Orga-

	Einlinien-system	Mehrlinien-system	Stablinien-system	Matrix-organisation
Planerische Erarbeitung der Integrierten Kommunikation	Vorteile: • Planungskompetenz klar geregelt • Kein Kompromiss-denken Nachteile: • Gefahr der Bürokratisierung • Gefahr der Weg-delegation • Akzeptanzprobleme	Vorteile: • Einbindung unter-schiedlichen Spezialwissens Nachteile: • Planungszuständig-keiten nicht klar geregelt	Vorteile: • Gute Planungs-vorbereitung • Einbindung von Fachwissen Nachteile: • Probleme durch Akzeptanz der Stäbe • Geringe Einbindung der Linie	Vorteile: • Direkte Abstimmung unterschiedlicher Dimensionen Nachteile: • Kompetenzkonflikte • Gefahr des Kompro-missdenkens
Durchführung der Integrierten Kommunikation	Vorteile: • Kann angeordnet werden • Schnelle Entschei-dungsprozesse Nachteile: • Keine direkte Zusammenarbeit • Lange Kommu-nikationswege	Vorteile: • Klare Anordnungen • Schnelle Entschei-dungen Nachteile: • Probleme durch Mehrfachunter-stellungen	Vorteile: • Stäbe können Teilaufgaben über-nehmen Nachteile: • Durchführung ist primäre Aufgabe der Linie	Vorteile: • Gute direkte Kommunikation • Fachliche Abstimmung Nachteile: • Hoher Abstimmungs-bedarf • Lange Entschei-dungsprozesse
Personelle Umsetzung der Integrierten Kommunikation	Vorteile: • Persönliche Zuständigkeit der Leitung • Anerkennung der Alleinverantwortung Nachteile: • Kreatives Potenzial wird genutzt • Geringe persönliche Beiträge	Vorteile: • Verantwortungs-gefühl mehrerer Mitarbeitender • Hohe Einsatz-bereitschaft Nachteile: • Demotivation durch Mehrfachunterstel-lungen • Geringe Beiträge nachgeordneter Stellen	Vorteile: • Anerkennung der Kompetenzen von Stab und Linie Nachteile: • Personelle Probleme bei der Abstimmung in den Aufgaben zwischen Stab und Linie	Vorteile: • Hohe Kooperations-bereitschaft • Hohe Motivation durch Teamorien-tierung Nachteile: • Gefahr der Demoti-vation durch perma-nente Abstimmungs-prozesse
Kontrolle der Integrierten Kommunikation	Vorteile: • Leicht möglich durch klare Zuständigkeiten Nachteile: • Gefahr der Über-bürokratisierung durch Kontrolle	Vorteile: • Kontrolle kann leichter angeordnet werden Nachteile: • Ergebniszuordnung nur schwer möglich	Vorteile: • Leichter möglich bei klarer Aufgabenver-teilung Nachteile: • Probleme bei der Ergebniszuordnung	Vorteile: • Leichter möglich bei Projekten Nachteile: • Ergebniszuordnung sehr schwer möglich
Gesamt-würdigung	• Integrationspotenzial wird nur wenig genutzt • Direkte Form der Zusam-menarbeit muss sichergestellt werden	• Zuständigkeiten für Integration nicht klar geregelt • Umsetzungsproble-me durch Prinzip der Mehrfachunter-stellung • Keine Abstimmungs-mechanismen	• Stab kann die Inte-gration fachkundig unterstützen • Positive Wirkungen auf Planung und Umsetzung der Integration bei guter Teamarbeit zwischen Stab und Line	• Guter Koordinations-mechanismus durch die Teamorientierung der Matrix • Verschiedene Abtei-lungen werden aktiv eingebunden • Hohe Akzeptanz • Integrationspotenzial am besten ausge-schöpft

Schaubild II-D-5: Leistungsfähigkeit von hierarchischen Organisationsformen für die Integrierte Kommunikation (Bruhn 2009a, S. 246)

nisation am ehesten Rechnung getragen wird, da diese Kooperations- und Abstimmungs-prozesse leichter gestalten. Eine weitere aufbauorganisatorische Gestaltungsmaßnahme der Integrierten Kommunikation ist daher im **Abbau von Hierarchien** zu sehen. Das Etablieren flacher Hierarchien fördert auch in der Kommunikationsarbeit die direkte Abstimmung zwi-schen den Verantwortungsträgern und vermeidet lange, durch die Organisationsstruktur bedingte, Informations- und Entscheidungsprozesse. Mit der Etablierung möglichst flacher Hierarchien kann in mehrstufigen Märkten auch eine Dezentralisierung der Kommunika-tion verbunden sein, bei der die dezentralen operativen Einheiten die Verantwortung für die Kommunikation gemäß den Kommunikationsregeln vor Ort wahrnehmen. Ebenfalls bilden flache Hierarchien in internationalen Unternehmen eine zentrale Erfolgsbedingung für die Integrierte Kommunikation. Hier kommt es vor allem darauf an, dass Mutter- und Tochter-unternehmen bei der Entwicklung eines integrierten Kommunikationskonzeptes eng zusam-men arbeiten und dadurch ein Konsens in der internationalen Unternehmensorganisation erreicht werden kann (vgl. ausführlich *Bruhn* 2009a).

1.4 Integration durch Prozessorientierung

Die bisherigen Ausführungen haben sich mit den traditionellen, hierarchisch aufgebauten Organisationssystemen befasst. Auf die Kommunikation bezogen wird durch die Hierar-chisierung das Ziel verfolgt, die unterschiedlichen Kommunikationsaufgaben auf jener hierarchischen Ebene zu erfüllen, die über die nötige Sachkompetenz verfügt und mittels der ihr übertragenen Weisungsbefugnisse sicherstellen kann, dass die Integrationsmaßnahmen bei den nachgeordneten Abteilungen und Stellen durchgesetzt werden. Unabhängig von der Form der hierarchischen Struktur der Aufbauorganisation verfügen sämtliche traditionellen Organisationsstrukturen jedoch – systemimmanent – über „Konstruktionsfehler", denn die Hierarchisierung ist im Sinne der Integrationsbemühungen nicht nur mit Vorteilen verbun-den, sondern weist auch Nachteile auf, die sich als **Barrieren der Integration** auswirken kön-nen. Umso stärker die hierarchische Strukturierung der Organisation der Kommunikation ausgeprägt ist, desto:

- Größer sind die Informationsverluste zwischen den Kommunikationsabteilungen durch die Filterung auf den unterschiedlichen Hierarchieebenen.

- Geringer ist der direkte Kontakt zwischen den oft heterogenen Kommunikationsabteilun-gen und Mitarbeitenden auf verschiedenen Ebenen.

- Klarer sind zwar die Zuständigkeiten für die Entscheidungsprozesse der Kommunikation geregelt, aber speziell für die übergeordnete und alle Abteilungen und Stellen betreffende Aufgabe der Integrierten Kommunikation werden sich viele Stellen nicht zuständig fühlen („Not-Invented-Here-Syndrom").

- Größer sind die Zeitverluste durch die langen und häufig formalisierten Kommunikations-wege, durch die die Integrationsaufgaben verschleppt oder nicht erfüllt werden.

- Schwieriger sind die übergeordneten Planungsaufgaben der Integrierten Kommunikation aufgrund des hohen Formalisierungsgrades zu steuern.

- Eher kommt es durch eine zu starke Formalisierung der Informations- und Kommunika-tionsprozesse zu Kreativitätsverlust und Demotivation bei den Mitarbeitenden.

- Schwieriger wird eine Orientierung an den Kommunikationsbedürfnissen der Zielgrup-pen sein, da hierzu ein kontinuierlicher abteilungs- und stellenübergreifender Austausch über die Zielgruppen erforderlich ist.

- Größer ist die Gefahr der Kommunikation widersprüchlicher, redundanter oder zerstückelter Informationen an die Zielgruppen, die zu einem Glaubwürdigkeitsverlust für das Unternehmen führen.

Diese durch die hierarchische Strukturierung aufgebauten Integrationsbarrieren wirken sich insgesamt betrachtet dysfunktional auf die Planung und Umsetzung der Integrierten Kommunikation aus, so dass für jede Organisationsform nach **Koordinationsinstrumenten** zu suchen ist, die die Integrationsaufgaben der Kommunikationsarbeit erleichtern. Diese verbesserte Koordination kann in erster Linie durch eine Prozessorientierung in der Integrierten Kommunikation erreicht werden (vgl. hierzu ausführlich *Ahlers* 2006, S. 99 f.). Eine solche Vorgehensweise ermöglicht es, durch eine intensive Auseinandersetzung mit den Arbeitsabläufen im Rahmen eines integrierten Kommunikationsmanagements, kritischen Abstimmungsbedarf zwischen Abteilungen und Stellen mit Kommunikationsaufgaben zu identifizieren und darauf aufbauend adäquate Koordinationsmaßnahmen zu entwerfen. Für die Integrierte Kommunikation ist es also von besonderer Bedeutung, dass jede Form der Aufbauorganisation durch eine zielorientierte **Ablauforganisation** begleitet wird.

Ein **Prozess** wird organisationstheoretisch als eine Reihe „inhaltlich abgeschlossener Erfüllungsvorgänge, die in einem logischen inneren Zusammenhang stehen" (*Gaitanides* 1983, S. 65; ähnlich *Bogaschewsky/Rollberg* 1998, S. 185) gesehen. Als zentrale **konstitutive Merkmale** eines Prozesses kristallisieren sich wiederkehrend die Erzeugung einer speziellen Leistung für einen internen oder externen Kunden, klar bestimmbare, durch einen Transformationsprozess verbundene Inputs und Outputs, ein definierter Anfangs- und Endzeitpunkt sowie der funktionsübergreifende Charakter eines Prozesses heraus (*Hauser* 1996, S. 14 ff.; *Gaitanides* 1998, S. 371; *Meise* 2001, S. 85 ff.).

Bei einer Übertragung dieser Begrifflichkeiten auf die Integrierte Kommunikation, lässt sich folgende Definition für den Prozess der Integrierten Kommunikation zugrunde legen (*Ahlers* 2006, S. 136):

„Ein **Prozess der Integrierten Kommunikation** beinhaltet den Hauptprozess der integrierten Kommunikationsarbeit, der sich aus einer bestimmten Anzahl von Teilprozessen zusammensetzt, deren Ausführung auf die Realisierung eines einheitlichen Erscheinungsbildes des Bezugsobjektes der Kommunikation ausgerichtet ist."

Im Rahmen des Prozesses einer Integrierten Kommunikation wird der klassische Planungsprozess der Kommunikation (Analyse, Planung, Umsetzung und Kontrolle) in instrumenteneutrale kommunikative **Teilprozesse** zerlegt (vgl. *Ahlers* 2006, S. 136 ff.; *Bruhn/Ahlers* 2007a). Im Gegensatz zur Funktionsbetrachtung erfolgt die Analyse der Anforderungen und Kommunikationsbedürfnisse der Zielgruppen sowie die Strukturierung der Kommunikationsinstrumente dabei nicht isoliert in den jeweiligen Abteilungen, sondern abteilungsübergreifend für die Gesamtkommunikation. Als Input-Variablen dienen neben Zielgruppeninformationen auch die übergeordneten Unternehmensziele. Im Verlauf der Planung und Umsetzung werden die Kommunikationsziele und -botschaften ebenfalls nicht für einzelne Instrumente, sondern für die Gesamtkommunikation definiert. Erst in einem folgenden Schritt werden die Kommunikationsinstrumente ausgewählt, die quasi in einem großen „Werkzeugkasten" zur Verfügung stehen, aus dem situationsbezogen solche Instrumente ausgewählt werden, die vor dem Hintergrund der Bedürfnisse der Zielgruppen sowie der definierten Kommunikationsziele und -botschaften am besten zur Realisierung des Kommunikationserfolges geeignet erscheinen (*Bruhn/Ahlers* 2009; vgl. ähnlich *Hunter* 2000, S. 3). Die Integration von Zielen, Botschaften und Kommunikationsinstrumenten gewährleistet, dass in der externen Kommunikation keine Widersprüche auftreten und die Aussagen des Unterneh-

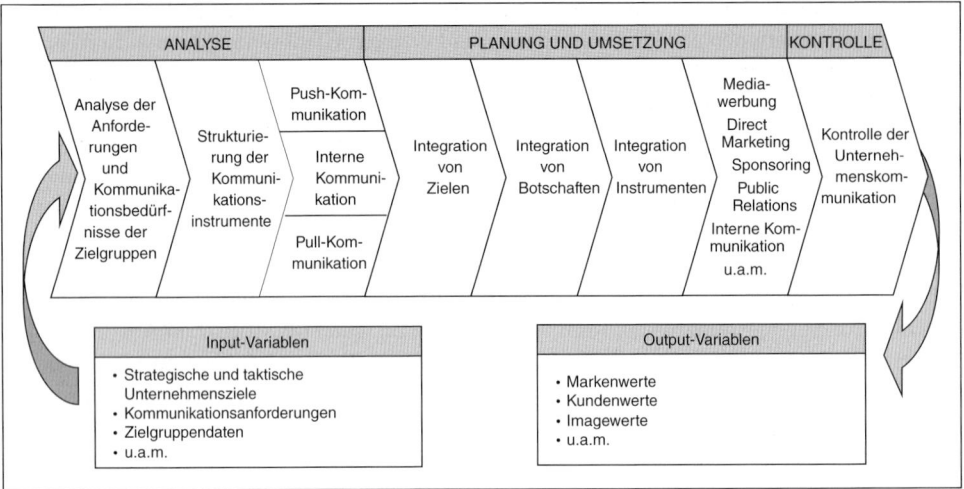

Schaubild II-D-6: Prozessbetrachtung der Integrierten Kommunikation (Bruhn/Ahlers 2009, S. 311)

mens durch inhaltliche, formale und zeitliche Einheitlichkeit geprägt sind. Auch die Erfolgskontrolle der Integrierten Kommunikation wird bei der Prozessbetrachtung nicht isoliert
für einzelne Kommunikationsinstrumente durchgeführt, sondern es werden übergeordnete
Marken-, Kunden- und Imagewerte erfasst (Output-Variablen). Entsprechend der instrumenteübergreifenden Durchführung von Kontroll- und Ergebniszuweisungen erfolgt auch die
Ressourcenverteilung nicht abteilungsbezogen. Stattdessen werden Budgets, Personal und
Zeit einem speziellen Kommunikationsmix entsprechend den erwarteten Output-Variablen
zugewiesen (*Bruhn/Ahlers* 2009; vgl. für einen ähnlichen Ansatz zur finanziellen Integration *Schultz/Schultz* 1998, S. 24 f.; vgl. Schaubild II-D-6 zur Prozessbetrachtung der Integrierten Kommunikation (*Bruhn/Ahlers* 2009, S. 311). Letztlich geht es darum, den Erfolgsbeitrag
der einzelnen Kommunikationsinstrumente auf Werttreiber der Kommunikation (Marken,
Image, Kundenbeziehungen) zu identifizieren. Die Prozessbetrachtung verdeutlicht, dass im
Rahmen der Analyse, Planung, Umsetzung und Kontrolle der Integrierten Kommunikation
die Zusammenarbeit einer Vielzahl von Abteilungen erforderlich ist. Hierzu zählen neben
den klassischen Kommunikationsabteilungen auch „kommunikationsfremde" Abteilungen
(z. B. Database Management, Kundendienst), die spezielle kommunikationsbezogene Aufgaben übernehmen. Darüber hinaus ist an unternehmensexterne Agenturen zu denken, die an
der Entwicklung der Kommunikationsstrategie beteiligt werden.

1.5 Integration durch Teamorientierung

Bei einer Prozessbetrachtung der Integrierten Kommunikation besteht die Erfordernis, Koordinationsprozesse zu entwickeln, die in den einzelnen Koordinationsbereichen die Zusammenarbeit der betroffenen Mitarbeitenden sicherstellen. Dies kann in erster Linie durch eine
verstärkte Teamorientierung in der Kommunikationsarbeit erreicht werden (vgl. auch *Bruhn/
Ahlers* 2007b, S. 670 ff.).

Integration durch Teamorientierung bedeutet, dass Teams in der Aufbau- und Ablauforganisation institutionalisiert werden und Teilaufgaben der Integration übernehmen. Unter Teams
werden dabei zeitlich begrenzt oder unbegrenzt zusammengehörige, zahlenmäßig über-

schaubare Gruppen von Personen (mit Kommunikationsaufgaben) betrachtet, die sich durch eine gemeinsame Zielsetzung (Realisierung einer Integrierten Kommunikation) und eine relativ hohe, aber begrenzte Autonomie auszeichnen (*Bea/Göbel* 2006, S. 416; ähnlich *Högl* 2004, S. 1402). Ihre Arbeitsweise ist dadurch gekennzeichnet, dass (Teil-)Aufgaben der Integrierten Kommunikation durch die kooperative Interaktion mehrerer Einzelpersonen bearbeitet werden und auf diese Weise der durch Arbeitsteilung und funktionale Differenzierung bewirkten Isolierung von Spezialisten in Unternehmen entgegengewirkt wird.

Eine verstärkte Teamorientierung in der Organisation dient primär einer aktiven Einbindung unterschiedlicher Instanzen und Stellen in den Prozess der Integrierten Kommunikation. **Vorteile der Teamorientierung**, die sich auf diese Weise für die Kommunikationsplanung ergeben, lassen sich nach einem personalen, fachlichen und machtbezogenen Aspekt systematisieren. So liegen die Stärken der Teamarbeit vor allem in der partizipativen Arbeitsweise, die sich positiv auf die Kreativität, die Eigeninitiative und Motivation der Mitarbeitenden sowie den Kooperationsgedanken im Unternehmen auswirkt (personaler Aspekt). Arbeiten Vertreter unterschiedlicher Abteilungen regelmäßig und unter einer gemeinsamen Zielsetzung zusammen, reduziert sich zudem die Gefahr kontraproduktiver Konflikte, die sich durch Ressortegoismen und kulturelle Unterschiede zwischen Abteilungen ergeben. Crossfunktional und heterogen besetzte Teams bieten zudem die Möglichkeit einer umfangreichen Nutzung der Humanressourcen im Unternehmen. (fachlicher Aspekt). So kann durch die direkten Kommunikationswege zwischen den Teammitgliedern das Wissen und Erfahrungspotenzial der (Kommunikations-)Spezialisten unterschiedlicher Abteilungen intensiver genutzt werden und dem Gesamterfolg der Kommunikation dienen (fachlicher Aspekt). Schließlich können durch die Teamorientierung auch solche Konflikte reduziert werden, die sich in klassischen Organisationsformen durch die Hierarchisierung und eine einseitige Machtausübung ergeben (Machtaspekt). Führungskräfte partizipieren an der Teamarbeit, ihr Autoritätseinfluss ist im Team aber möglichst gering zu halten, um durch die Gleichberechtigung der Mitarbeitenden deren Motivation zu erhöhen. Setzen sich Teams aus Vertretern unterschiedlicher Abteilungen zusammen, ist auch eine bessere Akzeptanz der Arbeitsergebnisse („Qualität der Willensbildung") und Durchsetzbarkeit getroffener Entscheidungen („Qualität der Willensdurchsetzung") zu vermuten.

Die Teamorientierung findet sich in unterschiedlichen Formen wieder, wobei im Folgenden die Gremienarbeit, das Partizipationsmodell und die Projektorganisation hervorgehoben und näher betrachtet seien. Diese einzelnen Modelle stellen alternative Organisationsformen dar, deren Eignung für die Themenstellung der Integrierten Kommunikation unternehmensindividuell und aufgabenbezogen zu prüfen ist.

Die Etablierung von **Gremien** (bzw. Komitees, Kollegien, Kommissionen, Ausschüssen) ist eine klassische Form der Teamorientierung. Im Rahmen eines Gremiums kommen Aufgabenträger, die außerhalb dieses Organs in anderen Stellen eingesetzt sind, für die Wahrnehmung von Sonderaufgaben, z. B. spezielle Integrationsaufgaben, zusammen (z. B. *Mag* 1992, S. 253; *Bea/Göbel* 2006, S. 279). Es ist hierbei zwischen Informationsgremien, Beratungsgremien, Entscheidungsgremien und Ausführungsgremien zu unterscheiden (*Bruhn* 2009a, S. 260 ff.). Bei einer **Würdigung** der Gremienarbeit sind zahlreiche Vorteile herauszustellen, die sich vor allem auf die Lösung gemeinsamer Aufgaben innerhalb einer Organisation beziehen (*Vahs* 2007, S. 85; *Staehle* 2009, S. 761). Für die Aufgabe der Integrierten Kommunikation sind sie primär darin zu sehen, dass die unterschiedlichen Interessen der Kommunikations(fach)abteilungen zur Lösung der Integrationsaufgaben eingebunden werden können. Auf diese Weise ist insbesondere das Planungsproblem der Integration im Unternehmen repräsentativ zu gestalten. Gremienarbeit ermöglicht direkte Formen der Zusammenarbeit zwischen den für die Kommunikation Verantwortlichen. Durch diese Partizipation kann eine höhere Motivation für die Realisierung der Integrierten Kommunikation erreicht werden. Auch die Tatsache, dass die Verantwortung für die Planung und Umsetzung der Integrierten Kommunikation durch Gremienarbeit gemeinsam getragen und aufgeteilt wird, wirkt sich positiv auf das Ergebnis aus. Durch effiziente Informations- und Kommunikationswege zwischen den Mitarbeitenden sind gute Voraussetzungen für eine horizontale und vertikale Koordination geschaffen; dies ist insbesondere aufgrund der Heterogenität der vielen Kommunikationsabteilungen erforderlich.

Jedoch stellt auch die Gremienarbeit keine „Ideallösung" für die Integrierte Kommunikation dar. Als Nachteil lässt sich insbesondere der notwendige Zeitaufwand für die Abstimmungsmaßnahmen (z. B. *Bleicher* 1961, S. 317; *Vahs* 2007, S. 85; *Benkenstein* 2009, S. 199) sowie die Frage der Kompetenz des Gremiums anführen. Der Erfolg der Arbeit von Gremien für die Integration der Kommunikation wird in der Kommunikationspraxis von vielen Faktoren abhängen. Hier seien vor allem die Zusammensetzung der Gremien, die Bereitschaft und Fähigkeit der Stelleninhaber zur Abgabe eigener Kompetenzen und die Akzeptanz der Gremien durch die Unternehmensleitung genannt. Entscheidend für die Durchsetzung der Integrierten Kommunikation im Unternehmen ist außerdem, dass das Gremium nicht nur über Fach-, sondern auch über Machtpromotoren verfügt.

In der Praxis werden setzen Unternehmen je nach Größe, Anzahl der Mitarbeitenden, Anzahl ihrer Kommunikationsabteilungen u. a. unterschiedliche Ausschüsse im Rahmen der integrierten Kommunikationsarbeit einsetzen und dies zum einen auf Ebene der Gesamtkommunikation, zum anderen auf Ebene der Kommunikationsfachabteilungen. Um unter diesen Bedingungen eine einheitliche Kommunikationspolitik sicherzustellen ist es erforderlich, nicht nur innerhalb der Ausschüsse die Koordination zu gewährleisten, sondern auch die einzelnen Ausschüsse aufeinander abzustimmen. Hier setzt das **Partizipationsmodell** von *Likert* an, das als **Konzept der überlappenden Gruppen** den Versuch darstellt, für ausgewählte Teilaufgaben in Unternehmen eine verbesserte Integration und Koordination zu ermöglichen (*Likert* 1961, S. 97 ff., 1967, 1975). Ausgangspunkt der „überlappenden Gruppen" ist erneut der Teamgedanke, eine Besonderheit ist jedoch die vertikale und horizontale Verkettung der Gruppen in Form von Doppelmitgliedschaften einzelner Positionsinhaber (*Remer/Hucke* 2007, S. 161 ff.). Auf die Integrierte Kommunikation angewendet werden bei diesem Konzept verschiedene (Informations-, Beratungs- Entscheidungs-, Ausführungs-)Gremien mit hohem Fachwissen gebildet, denen Teilaufgaben der Integration übertragen werden. Die Koordination der verschiedenen Ausschüsse ist Aufgabe eines Gruppenkoordinators, der Mitglied von mindestens zwei Ausschüssen ist. Durch diese Doppelmitgliedschaft(en) ist er über den Stand der Arbeiten sowie die Planungen informiert und kann sein Wissen in die jeweiligen Ausschüsse einbringen. Dadurch wird die Kommunikation und Koordination zwischen den einzelnen Auschüssen wesentlich erleichtert.

Im Rahmen einer **Gesamtwürdigung** des Partizipationsmodells ist darauf hinzuweisen, dass es in diesem Modell darum geht, gerade soviel Partizipationsmöglichkeiten zu schaffen, dass die Mitarbeitenden einen identifikationsfördernden Einfluss auf die Planung der Integrierten Kommunikation übernehmennimmt, ohne diese jedoch zu gefährden (vgl. ähnlich *Likert* 1975, S. 205). Auf diese Weise besteht die größtmögliche Nutzung des vorhandenen Problemlösungspotenzials und die gegenseitige Unterstützung und Hilfe bei der Zielerreichung (*Staehle* 1973, S. 44 ff.). Allerdings ist darauf hinzuweisen, dass das Partizipationsmodell auch die größte Eigendynamik aufweist und daher nur sehr generell gesteuert werden kann.

Aus diesem Grund ist es notwendig, dass bestimmte personelle Voraussetzungen wie z. B. eine hohe Identifikation mit dem Konzept der Integrierten Kommunikation vorliegent (vgl. ähnlich *Remer/Hucke* 2007, S. 162).

Neben der unternehmensinternen Organisation der Integrierten Kommunikation stellt die **Zusammenarbeit mit den Kommunikationsagenturen** einen weiteren organisatorischen Aspekt dar, dem im Rahmen der Integrationsarbeit Aufmerksamkeit zu schenken ist. Hier sind zukünftig die Agenturen gefordert, neue Organisationsmodelle zu entwickeln, die ihnen das Angebot integrierter Kommunikationskonzepte ermöglichen. Die derzeitigen organisatorischen Vorschläge, die von einem Netzwerk unabhängiger Spezialagenturen bis hin zu einer völlig integrierten Agentur reichen, weisen unterschiedliche Defizite auf und haben insbesondere mit einem Trade-off zwischen den Vor- und Nachteilen von Spezialisierung und Generalisierung zu kämpfen (*Gronstedt/Thorson* 1996). Gemeinsam mit den Agenturen sind allerdings auch die Unternehmen aufgerufen, die Verantwortungsaufteilung für die Integrationsarbeit festzulegen und Maßnahmen der Kooperation zu entwickeln.

2 Personelle Gestaltung der Integrierten Kommunikation

2.1 Anforderungen und Aufgaben der personellen Gestaltung der Integrationsarbeit

Die Erarbeitung und Durchsetzung einer Integrierten Kommunikation ist nicht nur eine fachlich-konzeptionelle und organisatorische Aufgabe, sondern auch eine Aufgabe, die hohe Anforderungen an das Personal stellt. Die Ergebnisse der Unternehmensbefragung haben die große Bedeutung der personell-kulturellen Barrieren gezeigt, die eine Durchsetzung der Integrierten Kommunikation vielfach verhindern. Da aber eine Integrierte Kommunikation erfolgreich nur von Menschen geleistet werden kann, die selbst integrierend wirken und arbeiten (*Scherrer* 1990, S. 56), sind integrationsfördernde Maßnahmen zu ergreifen, die die individuellen Widerstände im Unternehmen abzubauen vermögen. In zehn Punkten zusammengefasst haben personelle Maßnahmen folgende **Anforderungen** zu erfüllen:

(1) Stärkung des **Integrationsbewusstseins** auf der Ebene des Individuums und der Gruppe.

(2) Schaffung eines für die Kommunikationsarbeit unabdingbaren **Konsens** auf breiter Mitarbeiterebene.

(3) Förderung der für eine erfolgreiche Integration notwendigen **Eigenschaften** wie Kooperationsbereitschaft, Informationsbereitschaft, Kommunikationsfähigkeit im Team, Koordinationswillen und vernetztes Denken.

(4) Abbau des „Not-Invented-Here-Syndroms", um ein Klima der gemeinsamen **Zuständigkeit** für die Integration zu schaffen.

(5) Auflösung von Bereichsegoismen und starrem Abteilungsdenken, um die Grundlage für eine **abteilungs- und hierarchieübergreifende Zusammenarbeit** der Mitarbeitenden zu schaffen.

(6) Erhöhung der **Professionalität** in der Kommunikationsarbeit.

(7) Erreichung einer höheren Motivation für die Integrierte Kommunikation durch die Schaffung individueller und kollektiver **Anreizsysteme**.

(8) Förderung der **Dialog- und Interaktionsbereitschaft** der Mitarbeitenden, um die Einbeziehung von Instrumenten der Pull-Kommunikation in den Kommunikationsmix zu unterstützen.

(9) Durchsetzung und Weiterentwicklung des Gedankens des **„Empowerment"** im Unternehmen, um sicherzustellen, dass die Mitarbeitenden die Ansprache- und Rezeptionsfunktion der Kommunikation flexibel umsetzen.

(10) Verbesserung der **Kommunikationskultur** im Unternehmen, um auf diese Weise die Durchsetzung von Integrationsmaßnahmen innerbetrieblich zu erleichtern.

Diese Anforderungen sind im Sinne eines konsequenten Personalmanagements für die Integrierte Kommunikation zu erfüllen. Die personelle Umsetzung der Integrierten Kommunikation berührt dabei eine Vielzahl unterschiedlicher **Aufgaben und Fragestellungen** der Personalpolitik (*Scholz* 2000, S. 83 f.; *Berthel* 2007, S. 119 ff.; *Olfert/Steinbuch* 2008, S. 75):

- **Personalbestandsanalyse:**
  Welche Mitarbeitende im Kommunikationsbereich verfügen über die notwendigen Qualifikationen, um die Integrationsaufgaben erfüllen zu können?

- **Personalbedarfsbestimmung:**
  Wie viele (neue) Mitarbeitende werden benötigt, um die Aufgaben der Integrierten Kommunikation erfüllen zu können (z. B. Kommunikationsmanager)? Welche Qualifikationen werden für diese Mitarbeitenden konkret gefordert?

- **Personalgewinnung:**
  Wie können die für die Integrationsaufgaben zusätzlich benötigten Mitarbeitenden auf dem externen Arbeitsmarkt akquiriert bzw. hierfür qualifizierte Mitarbeitende intern gefunden werden?

- **Personalentwicklung:**
  Wie sind die Fähigkeiten der Mitarbeitenden in den verschiedenen Kommunikationsabteilungen zu verbessern, damit sie den Anforderungen einer Integrierten Kommunikation gerecht werden?

- **Personalfreisetzung:**
  Wie kann nicht qualifiziertes bzw. nicht integrativ wirkendes Personal im Kommunikationsbereich abgebaut werden?

- **Personalführung:**
  Welche Maßnahmen sind zu ergreifen, damit die Beziehungen zwischen Vorgesetzten und Untergebenen so gestaltet werden, dass die Individualziele der Mitarbeitenden mit den durch die Integrierte Kommunikation angestrebten Unternehmenszielen am besten in Einklang gebracht werden können?

Die Berücksichtigung und Umsetzung der Integrierten Kommunikation im Rahmen des Personalmanagements kann jedoch nur erfolgreich sein, wenn im Unternehmen und bei jedem einzelnen Mitarbeitenden das Bewusstsein für die Notwendigkeit und Sinnhaftigkeit einer Integrierten Kommunikation vorhanden ist. Die Umsetzung Integrierter Kommunikation verlangt eine Vielzahl von Veränderungen in bestehenden Strukturen und Besitzständen, denen der einzelne Mitarbeitende häufig ablehnend gegenübersteht. Daher sind zunächst im Bereich der so genannten „weichen Faktoren" die Voraussetzungen der personellen Umsetzung einer Integrierten Kommunikation zu schaffen.

2.2 Integrationsbewusstsein und Kommunikationskultur als Voraussetzungen

Das Integrationsbewusstsein und damit das Bewusstsein über die Notwendigkeit einer Integrierten Kommunikation sowohl auf Ebene der Unternehmensleitung als auch bei den Verantwortlichen in den Abteilungen ist eine notwendige Voraussetzung für die Planung und Durchsetzung der Integrierten Kommunikation im Unternehmen. Die Notwendigkeit eines Integrationsbewusstseins bezieht sich auf sehr unterschiedliche Abteilungen im Unternehmen, nicht nur die Kommunikationsfachabteilungen (z. B. Mediawerbung, Verkaufsförderung, Public Relations), sondern auch den Vertrieb, den Kundenservice und die Personalabteilung, um nur einige wichtige Abteilungen zu nennen. Darüber hinaus betrifft es jeden Mitarbeitenden, der in direktem Kontakt mit den Zielgruppen steht und über die persönliche Kommunikation vor allem bei Dienstleistungen das Bild des Unternehmens prägt.

Bei einer genaueren Spezifikation des Integrationsbewusstseins der Führungskräfte und Mitarbeitenden lassen sich drei **Dimensionen** unterscheiden:

(1) Das **Integrationswissen** (kognitive Komponente) bezieht sich auf die Fähigkeit der Mitarbeitenden, Kommunikationsaktivitäten miteinander zu verzahnen. Damit sind insbesondere die Möglichkeiten der wechselseitigen Information über geplante Kommunikationsaktivitäten sowie das Know-how angesprochen, die Kommunikationsmittel inhaltlich, formal und zeitlich miteinander zu verbinden.

(2) Die **Integrationseinstellung** (affektive Komponente) betrifft die Frage, ob Mitarbeitende mit dem Begriff der Integrierten Kommunikation positive Assoziationen verbinden oder ablehnende Haltungen aufweisen. Eine negative Haltung äußert sich z. B. in Ressortegoismus und Abteilungsdenken. Jede Abteilung grenzt sich gegenüber den anderen Abteilungen bewusst ab und befürchtet, bei einer zu positiven Einstellung zur Integration Einfluss, Macht und Ressourcen zu verlieren. Das Management hat dafür zu sorgen, dass die Einsicht, das Verständnis und die positive Einstellung zur Integrierten Kommunikation gefördert werden.

(3) Schließlich betrifft das **Integrationsverhalten** (konative Komponente) das tatsächliche Verhalten der Mitarbeitenden im Sinne der Integrierten Kommunikation. Es kann also nicht bei der individuellen Forderung nach einer Integration bleiben, sondern es sind institutionalisierte Formen zu finden, die es den Mitarbeitenden ermöglichen bzw. erleichtern, ihre Informations-, Kommunikations-, Koordinations- und Kooperationsaktivitäten zielgerichtet auf die Integration auszurichten.

Bei vielen Unternehmen ist allerdings nach wie vor davon auszugehen, dass diese drei Dimensionen nur wenig entwickelt sind. Dies wurde bereits im Zusammenhang mit den Barrieren der Integrierten Kommunikation transparent. Deshalb scheint es zunächst notwendig, Maßnahmen zur **Förderung des Integrationsbewusstseins** der Mitarbeitenden zu ergreifen. Diese Maßnahmen reichen von „weichen" Maßnahmen (z. B. Durchführung von Seminaren, Workshops, Belohnung integrativer Verhaltensweisen) bis hin zu „harten" Maßnahmen (z. B. Verordnung und Zwang zu integrativen Maßnahmen, Einhaltung von Planungsformen). Von besonderer Bedeutung ist dabei eine partizipativ ausgerichtete Planung der Integrierten Kommunikation. Ist das Integrationsbewusstsein als Basis der Integrierten Kommunikation geschaffen, kann mit dem gezielten Einsatz personeller Maßnahmen begonnen werden.

An der Integrierten Kommunikation sind eine Vielzahl von Mitarbeitenden unterschiedlicher Abteilungen und damit unterschiedlicher Subkulturen zu beteiligen. Daher ist zunächst eine gemeinsame **kulturelle Basis** zu schaffen, die die unterschiedlichen Wertvorstellungen und Denkweisen einzelner Mitarbeitender integriert und den für einen koordinierten Einsatz aller kommunikativen Instrumente und Maßnahmen notwendigen Konsens schafft (*Nuber* 1985, S. 105). Die gemeinsame Kommunikationskultur schafft das notwendige Klima der Zusammenarbeit zwischen den Kommunikationsfachabteilungen. Die Bedeutung dieser weichen Faktoren der Unternehmensführung wird in der Literatur unter dem Begriff der Unternehmenskultur diskutiert (vgl. beispielhaft *Bleicher* 1986; *Dill* 1986; *Meffert/Hafner* 1987; *Weber/Mayrhofer* 1988; *Mattes* 1997; *Endlich* 1999; S. 4; *D'Epinay* 2000; *Schmelcher et al.* 2001; *Jost* 2003; *Schmidt* 2004; *Gleitsmann* 2007). Es wird vielfach davon ausgegangen, dass eine ausgeprägte Unternehmenskultur die Durchsetzung der Unternehmensstrategie und damit auch den unternehmerischen Erfolg im Wettbewerb nachhaltig beeinflusst. Folglich beeinflusst auch eine positiv geprägte Kommunikationskultur den Erfolg in der Durchsetzung der Kommunikationsstrategie. Die Kommunikationskultur stellt dabei ein gedankliches Konstrukt dar:

Kommunikationskultur ist die Gesamtheit der vorhandenen Meinungen, Normen und Wertvorstellungen der Führungskräfte und Mitarbeitenden eines Unternehmens, die ihren Ausdruck in den spezifischen Denk- und Verhaltensweisen der Unternehmensmitglieder als Absender und Adressaten von Kommunikation findet und prägend ist für das Kommunikationsverhalten und das Erscheinungsbild eines Unternehmens bei seinen (internen und externen) Zielgruppen.

In der Diskussion über die Unternehmenskultur wird versucht, verschiedene kulturelle Grundhaltungen aufzustellen, um typische Merkmale von Unternehmenskulturen aufzuzeigen (vgl. beispielsweise die Typenbildungen von *Kirsch/Trux* 1981; *Pümpin et al.* 1985; *Deal/Kennedy* 1987). Bei dem Versuch, eine **Typologie der Kommunikationskulturen** aufzustellen, können zwei Dimensionen zugrunde gelegt werden. Die erste Dimension, der Grad der Spezialisierung in der Kommunikation, zeigt an, wie sehr sich ein Unternehmen durch die Bildung verschiedener Kommunikationsabteilungen in der Kommunikationsarbeit ausdifferenziert hat. Mit der Spezialisierung ist meistens auch ein bestimmtes Planungsverhalten der Kommunikation verbunden. Während ein hoher Grad an Spezialisierung vielfach mit einer mechanistischen Planung der Kommunikation einhergeht, liegt bei einem geringen Grad an Spezialisierung noch relative Offenheit in der Kommunikation vor. Die zweite Dimension der Kommunikationskultur bezieht sich auf die Reaktionszeit auf Situationsveränderungen durch die Kommunikation. Hiermit ist also die Frage angesprochen, wie schnell es dem Unternehmen gelingt, bei Veränderungen, Anfragen usw. der Umwelt aktiv die Kommunikation zu gestalten. Die Implementierung einer Integrierten Kommunikation im Unternehmen fällt umso leichter, je geringer der Spezialisierungsgrad in der Kommunikation und je größer die Reaktionsfähigkeit auf Veränderungen ausgeprägt ist. Liegt dieser Idealfall vor, so kann von einer Kommunikationskultur gesprochen werden, die durch **„Kommunikationsvernetzer"** geprägt ist (zu weiteren Kulturtypen vgl. *Bruhn* 2009a, S. 348 f.).

Das Integrationsbewusstsein sowie eine integrationsfördernde Kommunikationskultur des Unternehmens bilden den „fruchtbaren Boden" für die folgenden Maßnahmen der personellen Gestaltung.

2.3 Stellenbeschreibungen für Kommunikationsmitarbeitende

Die Integrierte Kommunikation ist eine komplexe Aufgabe, deren Erfüllung von der Beteiligung aller in die Kommunikationsarbeit eingebundenen Mitarbeitenden abhängig ist. Auch wenn zentrale Verantwortungsbereiche für die Integrierte Kommunikation festgelegt worden sind und beispielsweise eine Projektorganisation das Konzept der Integrierten Kommunikation entwickelt, bedarf die Umsetzung der Integrierten Kommunikation des Mitwirkens aller Kommunikationsabteilungen. Ein zweckmäßiges Instrument der Personalführung zur Verpflichtung aller Mitarbeitenden zur Mitarbeit ist in **Stellenbeschreibungen** zu sehen. Stellenbeschreibungen können die Integrierte Kommunikation unterstützen, indem die Integrationsaufgabe als Erweiterung der bisher in Stellenbeschreibungen fixierten Aufgabengebiete aufgenommen wird.

Grundlage für die Einbeziehung von Integrationsaufgaben in Stellenbeschreibungen stellt das Konzept der Integrierten Kommunikation dar, in dem unter anderem Integrationsregeln sowie Hinweise auf die organisatorischen Ablaufprozesse enthalten sind. Diese stellen die Basis der Stellenbeschreibungen für die dezentralen Fachabteilungen dar. Im Einzelnen könnten folgende **Integrationsaspekte** in die Stellenbeschreibungen aufgenommen werden:

- Definition des persönlichen und fachlichen Anforderungsprofils des Stelleninhabers hinsichtlich der Integrationsaufgabe,
- Verpflichtung der Beachtung der Kommunikationsregeln, wie die Einhaltung der Argumentationsmuster für bestimmte Themen oder die Beachtung der Gestaltungsregeln,
- Festlegung von Kommunikations- beziehungsweise Informationspflichten und -rechten,
- Definition formeller Informations- und Kooperationswege mit anderen Stelleninhabern von Kommunikationsfachabteilungen,
- Verpflichtung zur Mitarbeit in Gremien oder Projektteams,
- Aufforderung zur Initiierung neuer Kommunikationsmaßnahmen in Zusammenarbeit mit anderen Stelleninhabern,
- Klärung der Vollmachten des Stelleninhabers,
- Regelung von Verantwortlichkeiten und Zuständigkeiten für die Integrierte Kommunikation,
- Festlegung sachlicher und formeller Unterstellungsverhältnisse,
- Verpflichtung zur Weiterbildung und zum Besuch bestimmter Seminare usw.

Stellenbeschreibungen für Kommunikationsmitarbeiter konzentrieren sich in erster Linie auf die Erweiterung der Einzelaufgaben der Stelleninhaber hinsichtlich der Integration der Kommunikationsarbeit. Neben der Planung, Durchführung und Kontrolle des Einsatzes des „eigenen" Kommunikationsinstrumentes ist bei Vorhandensein eines Konzeptpapiers mit den entsprechenden Regeln für die Kommunikationsarbeit darauf zu achten, dass die Einhaltung der Regeln in der Stellenbeschreibung als verbindlich angesehen wird. Entsprechend sind auch die Vollmachten und Informationswege der einzelnen Kommunikationsmitarbeitenden so zu regeln, dass eine Integrierte Kommunikation in die tägliche Praxis umgesetzt werden kann.

Zu beachten ist bei jeder Stellenbeschreibung, dass eine zu stark formalisierte Vorgabe einzelner Aufgabenbereiche und Arbeitsschritte auf Widerstand stößt beziehungsweise die Kreativität, Leistungsbereitschaft und Flexibilität der Mitarbeitenden in ihrer Aufgabenerfüllung einschränken kann. Zudem werden Mitarbeitende durch zu detaillierte Stellenbeschreibung nicht dazu motiviert, zusätzliche Leistungsbereitschaft, die über den in der Stellenbeschreibung festgelegten Arbeitsumfang hinausgehen, zu entwickeln. Zwar dienen Stellenbeschreibungen in erster Linie dazu, das Anforderungsprofil an den Stelleninhaber zu fixieren und seine Arbeitsbereiche zu beschreiben und zu kontrollieren, jedoch dürfen sie nicht zu starre und inflexible Arbeitsabläufe erzwingen und den Eindruck erwecken, dass zusätzliche Aktivitäten, die bislang nicht aufgenommen wurden, nicht erwünscht seien.

2.4 Institutionalisierung der Stelle eines Kommunikationsmanagers

Die integrierte Kommunikationsarbeit stellt in erster Linie eine Koordinationsaufgabe dar, die ab einer bestimmten Unternehmensgröße nicht mehr durch die einzelnen Mitarbeitenden der dezentralen Kommunikationsfachabteilungen selbst geleistet werden kann. Je mehr dezentrale Kommunikationsstellen ein Unternehmen hat, desto schwieriger ist die Koordinationsleistung zu erbringen. Besonders in größeren Unternehmen ist daher die Institutionalisierung der Stelle eines **Kommunikationsmanagers** in Erwägung zu ziehen.

Dieser Kommunikationsmanager übernimmt für die Integrierte Kommunikation als „Integrationsmanager" die notwendigen Koordinationsaufgaben, indem er fachübergreifend die Planung, Organisation, Durchführung und Kontrolle der Integrierten Kommunikation koordiniert und realisiert. Seine Stelle fungiert als Verbindungseinheit zwischen den Kommunikationsfachabteilungen im Rahmen der Organisationsentwicklung (*Schanz* 1994). In Schaubild II-D-7 sind unterschiedliche Funktionen und Aufgaben der Stelle eines Kommunikationsmanagers aufgeführt.

Die Beschreibung der Aufgaben und Funktionen des Kommunikationsmanagers macht deutlich, dass er vor der Bewältigung sehr vielschichtiger Problemfelder steht. Er kann bei der Fülle der unterschiedlichen Aufgaben als **„Zehnkämpfer"** bezeichnet werden. Das **berufliche Anforderungsprofil** an einen Kommunikationsmanager ist entsprechend vielfältig gestaltet. Zum einen hat er die Rolle eines Generalisten einzunehmen, der ganzheitlich im Sinne der Integrierten Kommunikation denken kann. Zum anderen werden aber auch instrumente- und fachspezifische Kompetenzen von ihm verlangt, um von den dezentralen Kommunika-

Funktion	Aufgaben
Planungs- und Kontrollfunktion	• Konzeptplanung der Gesamtkommunikation • Kontaktstellenmanagements mit den Zielgruppen der Kommunikation • Permanente Anpassung des Konzeptes der Integrierten Kommunikation • Planung der organisatorischen Gestaltung • Gesamtkoordination der externen Kommunikationsagenturen • Kontrolle der integrierten Kommunikationsarbeit
Initiierungsfunktion	• Vorschläge für neue Maßnahmen der Integrierten Kommunikation • Einsatz neuer interner und externer Kommunikationsinstrumente • Entwicklung (interdisziplinäre) Schulungs- und Trainingsprogramme für die Fachabteilungen • Förderung der Kommunikationskultur im Unternehmen
Beratungsfunktion	• Beratung bei den dezentral entwickelten Kommunikationskonzepten • Betreuung der Fachabteilungen bei der Umsetzung der Integrierten Kommunikation • Beratung bei Konflikten zwischen den Kommunikationsabteilungen • Wahrnehmung einer Servicefunktion gegenüber der Kommunikationsfachabteilungen • Persönliche Beratung der Kommunikationsmitarbeitenden
Informationsfunktion	• Sammlung und Weitergabe von Planungsinformationen für die Integrierte Kommunikation • Informationsgewinnung über die Wirkungen der integrierten Kommunikationsarbeit • Management von Informationen bezüglich der Entscheidungsprozesse und der Bedürfnisse der Zielgruppen • Beobachtung neuer Kommunikationsinstrumente • Beobachtung der Kommunikations-, Medien- und Freizeitmärkte • Konkurrenzbeobachtung im Kommunikationswettbewerb
Entscheidungsfunktion	• Genehmigung von Kommunikationsmitteln • Freigabe von standardisierten Kommunikationsaufgaben (z. B. Briefing, Agenturauswahl) • Einsatz einheitlicher Kommunikationsmittel für verschiedene Kommunikationsabteilungen

Schaubild II-D-7: Funktionen und Aufgaben eines Kommunikationsmanagers (Bruhn, 2009b, S. 328)

tionsfachabteilungen als kompetenter Gesprächspartner akzeptiert zu werden. Neben diesen fachlichen Anforderungen sind zusätzlich umfangreiche persönliche Anforderungen an den Kommunikationsmanager gestellt, die sich unter anderem auf seine Fähigkeiten beziehen, die Arbeit in Gruppen zu koordinieren und die Mitarbeitenden zu motivieren (vgl. ausführlich *Bruhn* 2009a, S. 335 ff.).

Neben der Fülle seiner Aufgaben resultieren weitere Herausforderungen für den Kommunikationsmanager aus der Vielfältigkeit der internen (kommunikationsverantwortliche Mitarbeitende) und externen (Kommunikationsagenturen) **Kontaktstellen**, mit denen die Kommunikationsmanager zusammen arbeiten. Die Koordinationsaufgaben und die vielfältigen Abstimmungsprozesse implizieren, dass vom Kommunikationsmanager Systeme (vor allem Planungs-, Arbeits-, Informations-, Entscheidungs- und Kontrollsysteme) zu entwickeln sind, mit denen er selbst die Zusammenarbeit mit den Fachabteilungen regeln kann (vgl. hierzu *Bruhn* 2009a, S. 332).

Mit der Schaffung einer Stelle des Kommunikationsmanagers ist auch die Frage nach einer **„internen oder externen Lösung"** bei der Stellenbesetzung verbunden. Für eine interne Besetzung dieser Stelle spricht die Tatsache, dass der entsprechende Mitarbeitende die formellen und informellen Kommunikationsprozesse des Unternehmens kennt, mit den Besonderheiten und spezifischen Anforderungen der Kommunikation vertraut ist und auf existierende Beziehungen zu den Kommunikationsfachabteilungen zurückgreifen kann. In dem zuletzt genannten Punkt liegt jedoch auch die Gefahr, dass ein Kommunikationsmanager aus „eigenen Reihen" auf wenig interne Akzeptanz stoßen könnte. Zudem ist eine gewisse „Betriebsblindheit" und „Voreingenommenheit" vorprogrammiert. Diese Gefahren sind bei einer externen Ausschreibung der Stelle eines Kommunikationsmanagers nicht zu erwarten. Allerdings ist in diesem Fall mit einer intensiveren Einarbeitungsphase des neuen Mitarbeitenden zu rechnen und einer längeren Zeit, bis er die Unternehmens- und insbesondere Kommunikationskultur des Unternehmens aufgenommen hat.

Das Anforderungsprofil eines Kommunikationsmanagers stellt auch neue Anforderungen die **Berufsausbildung in der Kommunikation** (*Carson* 2000; *Sudayo* 2000; *Angelopulo* 2001). Themenstellungen der Integrierten Kommunikation werden zukünftig vermehrt in marketing- und kommunikationsbezogene Studiengänge sowie in entsprechende Weiterbildungsangebote aufzunehmen sein. Die „optimale" Ausbildung zum Kommunikationsmanager wird allerdings nicht in einer simplen Zusammenlegung bisher getrennter Studiengänge (z. B. Marketing und Public Relations) bestehen, sondern vielmehr in einer neuen interdisziplinären und managementorientierten Ausrichtung. In diese Richtung geht auch der Vorschlag der Etablierung einer Ausbildung zum Chief Communications Officer (CCO), die die bestehende Zweiteilung zwischen Kommunikation und Management aufhebt und den CCO als neuen Managertypus in die Reihe von CEO (Chief Executive Officer) und CFO (Chief Financial Officer) eingliedert (*Hoenig/Will* 2002).

Die Akzeptanz und damit Leistungsfähigkeit des Kommunikationsmanagers hängt stark von der **organisatorischen Einbindung** in die bestehende Unternehmenshierarchie ab. Idealtypischerweise ist das Kommunikationsmanagement als **Stabsstelle** direkt der Geschäftsleitung zu unterstellen, damit die hohe Bedeutung der Funktion sichtbar wird. Bei der Heterogenität der Aufgaben und der Kommunikationsfachabteilungen können dem Kommunikationsmanager keine umfassenden Kompetenzen gegeben werden, so dass die mangelnde Weisungsbefugnis, die eine Stabsstelle mit sich bringt, von nachrangiger Bedeutung ist. Die fehlende Weisungsbefugnis schwächt zwar die Position des Kommunikationsmanagers im Unternehmen, jedoch lassen sich auf diese Weise Widerstände gegen diese zentrale Koordinationsstelle abbauen. Durch eine entsprechende Unterstützung durch die Unternehmensleitung sowie die Zuweisung von Teilkompetenzen (z. B. die Freigabe von Werbemitteln oder die Kompetenz der Agenturauswahl) kann das Weisungsdefizit kompensiert werden.

Eine weitere Möglichkeit besteht in der Einbindung des Kommunikationsmanagers in die **Linienorganisation**. Hier könnte er beispielsweise als Leiter Unternehmenskommunikation die Verantwortung für alle Kommunikationsfachabteilungen übernehmen und mit stärkeren Weisungsbefugnissen ausgestattet werden. Diese Form der organisatorischen Einbindung des Kommunikationsmanagers eignet sich vor allem für funktional organisierte Unternehmen, die eine starke Spezialisierung ihrer Aufgaben vorsehen.

Denkbar wäre auch die Institutionalisierung des Kommunikationsmanagers als verantwortlicher Leiter des Lenkungsgremiums innerhalb einer **Projektorganisation**. Damit wäre er weisungsbefugt hinsichtlich der Planung der Integrierten Kommunikation sowie der Zusammensetzung und Aufgabendelegation an die interdisziplinären Teams. Diese Form der organisatorischen Einbindung des Kommunikationsmanagers eignet sich insbesondere für Unternehmen mit breiter Produktpalette und vielfältigen Produkt-Markt-Beziehungen. Der Kommunikationsmanager trägt als Leiter des Lenkungsgremiums für die Verbindlichkeit und die Einhaltung des Konzeptes der Integrierten Kommunikation Rechnung, während die interdisziplinären Teams die Flexibilität der Einbeziehung der heterogenen Kommunikationsfachabteilungen garantieren.

In der Kommunikationspraxis ist die Institutionalisierung der Stelle eines Kommunikationsmanagers allerdings nicht unumstritten. Sie birgt die Gefahr, dass die Aufgaben der integrierten Kommunikationsarbeit „wegdelegiert" werden und sich von den anderen Fachabteilungen keiner der Beteiligten dafür verantwortlich fühlt, da die Zuständigkeit auf den Kommunikationsmanager übertragen wurde. Wenn seine Koordinations- und Beratungsaufgaben überwiegen, dann kann er jedoch sehr hilfreich bei der Umsetzung des Konzeptes der Integrierten Kommunikation tätig sein.

2.5 Integrationsorientierte Mitarbeiteranreizsysteme

Da in der Praxis nicht davon auszugehen ist, dass der Aufbau von Integrationsbewusstsein und einer integrationsfördernden Kommunikationskultur die personell-kulturellen Widerstände der Integrierten Kommunikation gänzlich beheben, ist es zweckmäßig, über **integrationsorientierte Anreizsysteme** nachzudenken, die die Umsetzung einer Integrierten Kommunikation unterstützen und zu deren erfolgreichem Einsatz in der Unternehmenspraxis beitragen (vgl. ausführlich *Boenigk* 2001).

Damit Mitarbeiteranreize funktionieren können, sind zunächst die Ursachen eines integrationshemmenden Mitarbeiterverhaltens zu klären. Wie die Unternehmensbefragung zum Stand der Integrierten Kommunikation zeigt, lassen sich inhaltlich-konzeptionelle, organisatorisch-strukturelle und personell-kulturelle Ursachen unterscheiden (*Boenigk* 2001, S. 78 ff.; *Bruhn* 2009a, S. 93 ff., 205 ff., 312 ff.). Die strategische Konzeption und inhaltliche Umsetzung sowie die Anpassung von Organisationsstruktur und Unternehmenssystemen stellen allerdings nur indirekte Ansatzpunkte für Mitarbeiteranreize dar. Direkte Ansatzpunkte bieten personell-kulturelle Ursachen, die sich in einer mangelnden Leistungsfähigkeit der Mitarbeitenden hinsichtlich Fragestellungen der Integrierten Kommunikation und einem Mangel an Leistungsbereitschaft konkretisieren.

Eine **unzureichende Leistungsfähigkeit** lässt sich zumeist auf eine mangelnde Qualifikation der Mitarbeitenden zurückführen – sei es, weil Unternehmen keine Aus- beziehungsweise Weiterbildung für Integrierte Kommunikation anbieten oder aber die Mitarbeitenden entsprechende Maßnahmen nicht in Anspruch nehmen.

Eine **mangelnde Leistungsbereitschaft** findet ihre Ursachen oftmals in Kontroversen im sozialen System des Unternehmens und hier insbesondere in Interessen-, Rollen- und Machtkonflikten. **Interessenkonflikte** bestehen unter Umständen zwischen den Zielen, die ein Unternehmen mit der Integrierten Kommunikation verfolgt und den individuellen Zielsetzungen der in die Integrationsarbeit involvierten Mitarbeitenden. Zum Beispiel hegen Mitarbeitende unter Umständen die Befürchtung, durch die Verfolgung einer Integrierten Kommunikation würde ihre Stelle aufgelöst oder würden sie spezielle Privilegien verlieren. **Rollenkonflikte** können entstehen, sobald Mitarbeitende mit bestimmten Verhaltenserwartungen konfrontiert werden, die nicht mit ihrem Rollenbewusstsein korrespondieren. So kann die Umsetzung Integrierter Kommunikation für den Einzelnen etwa die Übernahme neuer Aufgaben oder auch die Abtretung zuvor ausgeführter Aufgaben implizieren. Eng damit in Verbindung stehen auch **Machtkonflikte**, die sich möglicherweise ergeben, wenn Mitarbeitende versuchen, den Integrationsprozess zu ihren Gunsten und zu Lasten anderer zu beeinflussen und dabei die übergeordneten Integrationsziele aus den Augen verlieren.

Ein integrationsorientiertes Anreizsystem hat folglich sowohl an der Leistungsfähigkeit als auch der Leistungsbereitschaft der Mitarbeitenden anzusetzen. Dabei kommen unterschiedliche Arten von Anreizinstrumenten in Frage, wobei grundsätzlich zwischen tätigkeitsbe-

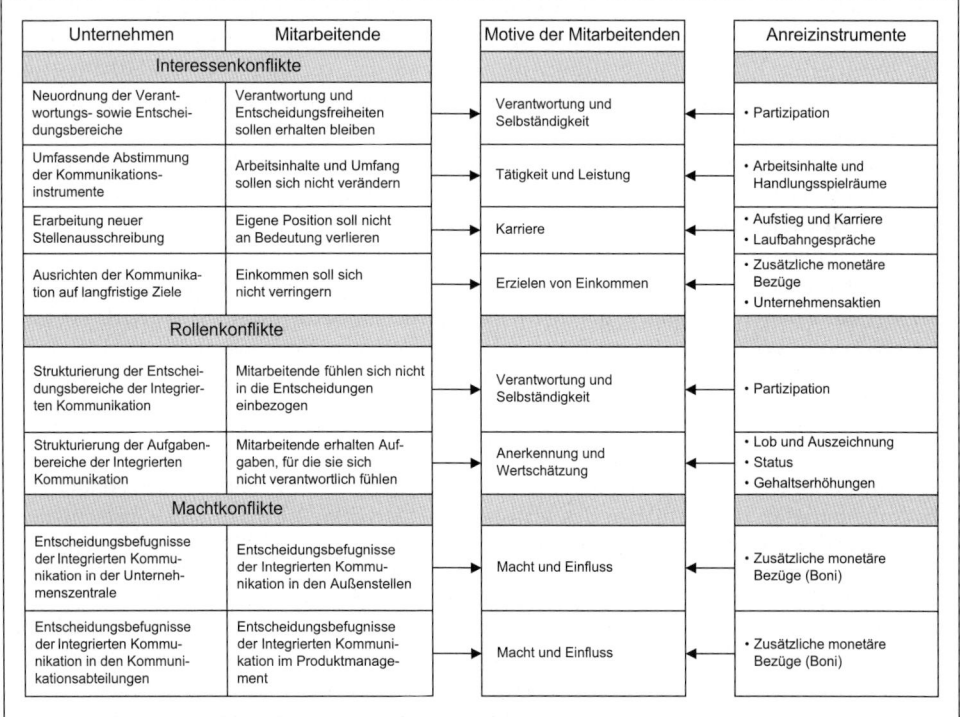

Unternehmen	Mitarbeitende	Motive der Mitarbeitenden	Anreizinstrumente
Interessenkonflikte			
Neuordnung der Verantwortungs- sowie Entscheidungsbereiche	Verantwortung und Entscheidungsfreiheiten sollen erhalten bleiben	Verantwortung und Selbständigkeit	• Partizipation
Umfassende Abstimmung der Kommunikationsinstrumente	Arbeitsinhalte und Umfang sollen sich nicht verändern	Tätigkeit und Leistung	• Arbeitsinhalte und Handlungsspielräume
Erarbeitung neuer Stellenausschreibung	Eigene Position soll nicht an Bedeutung verlieren	Karriere	• Aufstieg und Karriere • Laufbahngespräche
Ausrichten der Kommunikation auf langfristige Ziele	Einkommen soll sich nicht verringern	Erzielen von Einkommen	• Zusätzliche monetäre Bezüge • Unternehmensaktien
Rollenkonflikte			
Strukturierung der Entscheidungsbereiche der Integrierten Kommunikation	Mitarbeitende fühlen sich nicht in die Entscheidungen einbezogen	Verantwortung und Selbständigkeit	• Partizipation
Strukturierung der Aufgabenbereiche der Integrierten Kommunikation	Mitarbeitende erhalten Aufgaben, für die sie sich nicht verantwortlich fühlen	Anerkennung und Wertschätzung	• Lob und Auszeichnung • Status • Gehaltserhöhungen
Machtkonflikte			
Entscheidungsbefugnisse der Integrierten Kommunikation in der Unternehmenszentrale	Entscheidungsbefugnisse der Integrierten Kommunikation in den Außenstellen	Macht und Einfluss	• Zusätzliche monetäre Bezüge (Boni)
Entscheidungsbefugnisse der Integrierten Kommunikation in den Kommunikationsabteilungen	Entscheidungsbefugnisse der Integrierten Kommunikation im Produktmanagement	Macht und Einfluss	• Zusätzliche monetäre Bezüge (Boni)

Schaubild II-D-8: Mitarbeitergerichtete Anreizinstrumente zur Behebung von Konflikten innerhalb der Integrationsarbeit (in Anlehnung an Boenigk 2001, S.175ff.)

zogenen und persönlich orientierten Anreizinstrumenten unterschieden werden kann. **Tätigkeitsbezogene Anreizinstrumente** zielen auf die Befriedigung von Bedürfnissen ab, die in der Kommunikationsaufgabe selbst begründet sind, wie beispielsweise die Aussicht auf eine Erweiterung der Arbeitsinhalte im Rahmen der Integrationsarbeit. **Persönlich orientierte Anreizinstrumente** liegen indessen außerhalb des Aufgabenbereiches des Mitarbeitenden und können materieller Art sein (z. B. zusätzliche monetäre Bezüge) oder immaterielle Anreize darstellen (z. B. Aufstiegs- und Karrierechancen).

Die Auswahl der Anreizinstrumente wird sich letztlich vor allem an den Motivstrukturen der Mitarbeitenden orientieren, da sich in Abhängigkeit der Interessen-, Rollen- und Machtkonflikte jeweils unterschiedliche tätigkeitsbezogene oder persönliche Motive isolieren lassen, denen mit entsprechenden Anreizen zu begegnen ist. Eine Übersicht der skizzierten unternehmensinternen Konflikte, ihrer Motive und möglicher Anreizinstrumente zur Behebung der Konflikte enthält Schaubild II-D-8.

3 Kommunikationscontrolling für die Integrierte Kommunikation

3.1 Funktionen, Ebenen und Anforderungen an ein Kommunikationscontrolling der Integrierten Kommunikation

Als integrativer Bestandteil des Managementprozesses der Integrierten Kommunikation schließt sich ein Kommunikationscontrolling an die Durchführung der Integrierten Kommunikation an. Gegenstand dieser Phase ist die Sicherstellung der Effektivität und Effizienz einer Integrierten Kommunikation (in Anlehnung an das Verständnis des Marketingcontrolling, *Reinecke/Janz* 2007, S. 51). Konkret ist zu überprüfen, ob die gesetzten Ziele der Integrierten Kommunikation erreicht wurden, welche kommunikativen Maßnahmen am meisten dazu beigetragen haben und welchen Erfolg das aufgewendete Budget generieren konnte (*Sirgy* 1998, S. 200 ff.; *Bruhn* 2010a). Erst die **Prüfung der Effektivität der Kommunikation**, d. h. der Zielerreichung, lassen sich Abweichungen erkennen und korrigierende Maßnahmen in zukünftigen Planungsperioden ergreifen. Die einheitliche Ausrichtung der Kommunikation und die Integration von Kommunikationsmaßnahmen werden zudem unter dem Aspekt der **Effizienz der Kommunikation**, d. h. einer wirtschaftlichen Betrachtung, diskutiert. Bei allen Diskussionen in Wissenschaft und Praxis wird von der Annahme ausgegangen, dass durch eine verstärkte Integration der Kommunikation Synergiewirkungen erzielt und damit die Effizienz der Kommunikation gesteigert werden kann. Der Nachweis für die Effizienzsteigerung konnte bislang aber nur partiell erbracht werden.

Das Controlling der Integrierten Kommunikation dient nicht dem Selbstzweck, sondern hat – in Anlehnung an die Aufgaben des klassischen (Marketing-) Controlling – verschiedene **Funktionen** zu erfüllen (in Anlehnung an *Köhler* 2006, S. 42 ff.; *Reinecke/Janz* 2007, S. 51 ff.):

* **Informationsfunktion**
Unter diesen Bereich fällt vor allem die problemspezifische Informationsbereitstellung. Schwerpunkt bildet hierbei das frühzeitige Erkennen und die Analyse externer (und interner) Entwicklungen und Tendenzen sowie die Interpretation der vorliegenden Informationen im Sinne der Handlungsorientierung. „Ziel ist es somit, einen entscheidungsadäquaten Informationsstand sicherzustellen, der es erlaubt, effektiv und effizient zu handeln" (*Reinecke/Janz* 2007, S. 52).

Das Kommunikationscontrolling hat dementsprechend Informationen hinsichtlich der spezifischen Problemstellungen der Integrierten Kommunikation bereitzustellen, z.B. durch die Ermittlung der aktuellen Kundenwahrnehmung und -beurteilung in Bezug auf die Ausgestaltung der Gesamtkommunikation sowie spezifischer Kommunikationsinstrumente und -mittel oder die Beschaffung externer Informationen bezüglich der Kommunikationsaktivitäten der Wettbewerber. Sowohl bei der Auswahl der Informationen als auch in Bezug auf deren Detaillierungsgrad sind Bedürfnisse unterschiedlicher Kommunikationsebenen zu berücksichtigen.

- **Planungsfunktion**

Die Planungsfunktion des Controlling umfasst das Generieren von Entscheidungsmöglichkeiten und Handlungsalternativen. Durch das Bewerten und kritische Hinterfragen potenzieller Handlungsoptionen ist eine gerichtete Lenkung und Beeinflussung des unternehmerischen Handelns in Form geeigneter Maßnahmen zu gewährleisten. Insbesondere der Budgetierung kommt im Rahmen der Planungsfunktion ein hoher Stellenwert zu.

Das Kommunikationscontrolling hat dementsprechend die Planung der Integrierten Kommunikation zu gewährleisten bzw. zu unterstützen. Es dient der Entscheidungsvorbereitung, indem z.B. die Festlegung der strategischen Positionierung und Kommunikationsziele, die Auswahl von Kommunikationsinstrumenten, von Zielgruppen oder die Gestaltung der Kommunikationsmaßnahmen erfolgt. Des Weiteren dient das Kommunikationscontrolling als Ausgangsbasis für die Ausgestaltung von Anreizsystemen für die Mitarbeitenden, für die zunehmend eine variable, am Erfolg orientierte Vergütung gefordert wird insbesondere auch im Rahmen der Integrationsarbeit (*Swain* 2004).

- **Koordinationsfunktion**

Durch die Koordinationsfunktion hat das Controlling eine effiziente Abwicklung von Teilprozessen sicherzustellen (ausführlich zur Koordinationsfunktion des Controlling vgl. *Horváth* 2009). Hierzu ist das Verhalten von Unter- und Teilsystemen aufeinander abzustimmen und auf die Ziele und Strategien des Gesamtsystems auszurichten (*Mintzberg* 1979, S.2ff.).

Die Integrierte Kommunikation beinhaltet verschiedene Teilprozesse, die zueinander in Beziehung stehen und miteinander abzustimmen sind. Hierunter fallen beispielsweise die Koordination zwischen den verschiedenen Kommunikationsebenen, d.h. zwischen der Gesamtkommunikation und den Kommunikationsfachabteilungen. Aber auch die Abstimmung auf horizontaler Ebene Entscheidungen auf Ebene der Gesamtkommunikation oder zwischen den verschiedenen Kommunikationsfachabteilungen ist durch das Kommunikationscontrolling zu unterstützen.

- **Kontrollfunktion**

Kontrollen dienen der Überwachung, sie erfolgen in der Regel ex post und liefern Informationen über das Ergebnis des unternehmerischen Handelns. Im Rahmen der klassischen Kontrolle werden vor allem Soll-Ist-Vergleiche vorgenommen, d.h., die Erreichung der gesteckten Zielsetzungen wird überprüft sowie der Prozess der Zielerreichung analysiert (*Köhler* 2006, S.44f.). Im Marketingcontrolling wird deshalb zwischen Ablauf- und Ergebniskontrollen sowie strategischen und operativen Marketingkontrollen unterschieden.

Ferner lassen sich zwei **Ebenen des Kommunikationscontrolling** unterscheiden. Die Funktionen des Kommunikationscontrolling sind demnach auf der Ebene der Gesamtkommunikation sowie der Ebene der einzelnen Kommunikationsfachabteilungen zu erfüllen.

Auf **Ebene der Gesamtkommunikation** umfasst das Kommunikationscontrolling die Information, Planung, Kontrolle und Koordination von Kommunikationsentscheidungen, die sämtliche Kommunikationsfachabteilungen einbeziehen. Das Bezugsobjekt des Controlling ist dementsprechend die Integrierte Kommunikation des Unternehmens oder der Marke, d.h. die Verbundwirkung von Instrumenten (interinstrumentelles Controlling). Im Rahmen der Informationsfunktion interessiert auf Ebene der Gesamtkommunikation insbesondere die Analyse des gesamten (kommunikativen) Erscheinungsbildes aus Sicht der Kunden oder die Bereitstellung von Informationen in Bezug auf die Positionierung der Wettbewerber. Die Planungsfunktion umfasst auf dieser Controllingebene z.B. die Festlegung der zielgruppen-übergreifenden Positionierung, die Auswahl von Leitinstrumenten oder die Budgetierung (Bestimmung der Budgethöhe für die Gesamtkommunikation und interinstrumentelle Allo-kation). Die abschließende Kontrolle der Gesamtkommunikation beinhaltet die Überprüfung der übergeordneten Kommunikationsziele, insbesondere das Erreichen der strategischen Po-sitionierung, die Einhaltung von Budgetvorgaben u.a.m. Der Koordinationsbedarf umfasst zum einen die horizontale Abstimmung der kommunikativen Kernprozesse dieser Ebene (z.B. harmonische Zusammenfügung von Positionierung, kommunikativer Leitidee und Kommunikationsmix), zum anderen hat eine Abstimmung mit den übrigen Abteilungen im Unternehmen zu erfolgen, vor allem mit den anderen Marketingbereichen, um eine kontinu-ierliche Ausrichtung auf die Unternehmens-/Markenstrategie zu gewährleisten.

Auf **Ebene der einzelnen Kommunikationsinstrumente** ist ebenfalls ein Kommunikations-controlling durchzuführen; die Informations-, Planungs-, Kontroll- und Koordinations-funktionen beziehen sich hierbei auf die einzelnen Fachabteilungen bzw. Instrumente (intrainstrumentelles Controlling). Beispielsweise sind auf Ebene einzelner Instrumente konkrete Informationen über deren (wahrgenommene) Ausgestaltung bereitzustellen. Diese Informationen dienen als Ausgangspunkt für die Planung, d.h. für die Ableitung konkre-ter Handlungsoptionen oder die Inter- und Intramediaselektion. Im Rahmen der Kontrolle werden z.B. die instrumentespezifische Zielerreichung überprüft sowie die Einflüsse von Kommunikationstreibern ermittelt. Die Koordinationsprozesse beziehen sich auf dieser Con-trollingebene vor allem auf die Abstimmung der kommunikativen Entscheidungen zwischen den verschiedenen Instrumenten bzw. Fachabteilungen, um eine konsequente und einheitli-che Kommunikationsplanung sicherzustellen.

Bei der Suche nach Ansatzpunkten zur Messung der Kommunikationswirkung sind folgende **Anforderungen an das Kommunikationscontrolling** zu berücksichtigen, die sich primär aus den Kommunikationszielinhalten bzw. -maßnahmen ableiten lassen (*Steffenhagen* 1993, S. 288; *Bruhn* 2009a, S. 364 f.; 2010; *Kroeber-Riel/Esch* 2009, S. 35 ff.; *Pfefferkorn* 2009, S. 29 ff.):

- **Vollständigkeit:** Das Kommunikationscontrolling erfasst sämtliche vom Unternehmen steuerbaren und beeinflussbaren Kommunikationsmaßnahmen in einer integrierten Messmethode.

- **Kommunikationsbedingte Reagibilität:** Die Erfolgsgrößen der Integrierten Kommunika-tion reagieren sensibel auf die Kommunikationsmaßnahmen.

- **Kommunikationsbedingtheit:** Die Zielgrößen sind allein bzw. zumindest überwiegend durch den integrierten Einsatz kommunikativer Aktivitäten bedingt.

- **Hohe Prädiktorleistung:** Die zu untersuchenden Erfolgsgrößen verfügen über eine starke verhaltenssteuernde Kraft bezüglich kommunikationsbedingter Aktivitäten.

- **Zurechenbarkeit:** Die Erfolgswirkung der Integrierten Kommunikation ist auf einzelne kommunikative Maßnahmen zurechenbar. Dies bedeutet auch, dass die Wirkungszusam-menhänge vom Einfluss anderer Kommunikationsinstrumente und Wirkungsinterdepen-denzen isoliert werden können. Die Beziehung zwischen den Kommunikationsaktivitäten und den Verhaltensänderungen ist i. d. R. noch nach einem gewissen Zeitraum nachweisbar.

- **Relevanz:** Die Messgrößen bzw. Zielindikatoren sind für die Bewertung des (Unternehmens- und) Kommunikationserfolges relevant.
- **Messbarkeit:** Die eingesetzten Maßnahmen und deren Auswirkungen auf die Erfolgsgrößen sind quantitativ und qualitativ messbar.
- **Operationalisierbarkeit:** Die kommunikativen Erfolgsgrößen sind operationalisierbar, d. h., es ist eine konkrete Skalierung von Messinstrumenten für die Erfolgsgrößen vorhanden. Der Messvorgang erfüllt die Gütekriterien Objektivität, Validität sowie Reliabilität und führt zu aussagekräftigen Ergebnissen.
- **Wirtschaftlichkeit der Erfolgsmessung:** Das Kommunikationscontrolling ist unter ökonomischen Gesichtspunkten und in Relation zu dem eingesetzten Kommunikationsbudget vertretbar.
- **Kontinuität:** Der Untersuchungsgegenstand des Kommunikationscontrolling bleibt im Zeitablauf gleich (z. B. einheitliches Unternehmensbild versus geschlossene Wahrnehmung von einzelnen Marken) und die Erfolgsmessung kann in regelmäßigen Abständen wiederholt werden.
- **Transparenz:** Das System bzw. die Vorgehensweise des Kommunikationscontrolling ist für alle beteiligten Mitarbeitenden bzw. Abteilungen transparent, d. h. verständlich, nachvollziehbar und zugänglich. Zudem ist die Transparenz eine zentrale Voraussetzung für die Akzeptanz des Kommunikationscontrolling.
- **Prozessorientierung:** Neben der reinen Ergebniskontrolle umfasst das Kommunikationscontrolling ebenfalls die Ablaufkontrolle. Dementsprechend erfasst das Kommunikationscontrolling nicht nur den Kommunikationserfolg im Sinne der Kommunikationswirkung am Markt, sondern kontrolliert auch den Prozess der Planung, Organisation und Umsetzung der Integrierten Kommunikation im Unternehmen.
- **Handlungsorientierung:** Das Kommunikationscontrolling hat gewisse Informations- und Planungsfunktionen zu erfüllen. Hierzu ist erforderlich, dass sich mit Hilfe des Kommunikationscontrolling entsprechende Optimierungspotenziale offen legen lassen; hierdurch können Hinweise für die Steuerung und Optimierung der Kommunikationsmaßnahmen abgeleitet werden.
- **Institutionalisierung:** Die Aufgabe des Kommunikationscontrolling der Integrierten Kommunikation bedarf einer eindeutigen Verantwortungszuweisung auf übergeordneter Ebene, da nicht davon ausgegangen werden kann, dass die einzelnen Kommunikationsfachabteilungen sich dieser Aufgabe annehmen können bzw. werden. Ist die Stelle eines Kommunikationsmanagers im Unternehmen eingerichtet worden, so trägt er idealerweise die Verantwortung für das Kommunikationscontrolling der Integrierten Kommunikation. Alternativ kann der Kommunikationsmanager diese Aufgabe in enger Zusammenarbeit mit einem Controller ausüben.

3.2 Ansatzpunkte für ein Kommunikationscontrolling der Integrierten Kommunikation

Im Anschluss an die Darstellung der Funktionen, Ebenen und Anforderungen an ein Kommunikationscontrolling der Integrierten Kommunikation interessiert im Folgenden die Frage, auf welche Weise das Kommunikationscontrolling versucht, den Erfolg einer Integrierten Kommunikation zu steuern und zu belegen. Hierbei ist zwischen einem strategischen und operativen Kommunikationscontrolling zu differenzieren. Im Rahmen des **strategischen Kommunikationscontrolling der Integrierten Kommunikation** gilt es für den Kommunikationsmanager, sich mit Prozessen oder Zielgrößen, die die langfristige Entwicklung der Integrierten Kommunikation im Unternehmen beeinflussen, so frühzeitig zu beschäftigen, dass das Unternehmen noch reagieren kann (vgl. hierzu ähnlich *Serfling* 1992, S. 33). Ursachen möglicher Abweichungen sind demzufolge vor ihrem Entstehen zu lokalisieren und antizipativ zu bewältigen (*Baum et al.* 2007). Somit handelt es sich bei der Kontrolle im Rahmen des strategischen Kommunikationscontrolling der Integrierten Kommunikation um eine „Feedforward-Kontrolle". Darunter ist zu verstehen, die Abweichungsursachen so rechtzeitig aufzudecken, dass keine operativen Abweichungen entstehen (*Serfling* 1992, S. 33 f.). Im Rahmen des strategischen Kommunikationscontrolling der Integrierten Kommunikation ist zum einen die **strategische Positionierung** zu überprüfen, da sie das zentrale Ziel der Kommunikation darstellt. Zum anderen gilt es, die gesetzten **Planungsprämissen** auf Veränderungen hin zu kontrollieren, um neueren Entwicklungen frühzeitig begegnen zu können. Schließlich dienen **Kompatibilitätsprüfungen** dazu, die Ziele, Strategien und Maßnahmen der Integrierten Kommunikation im Hinblick auf die Verträglichkeit mit der strategischen Positionierung zu überprüfen.

Im Gegensatz zum strategischen Kommunikationscontrolling handelt es sich beim **operativen Kommunikationscontrolling der Integrierten Kommunikation** um „Feedback-Kontrollen". Dies bedeutet, dass keine Antizipation von Abweichungen erfolgt. Da sich diese Abweichungen kurzfristig verändern lassen, findet vielmehr eine Überprüfung der eingetretenen Abweichungen statt. Das operative Kommunikationscontrolling zielt dabei auf die Erstellung von Planungs- und Kontrollkonzepten sowie auf die Einhaltung der Erfolgsziele im Rahmen der Integrierten Kommunikation im kurzfristigen Bereich ab (vgl. hierzu ähnlich *Serfling* 1992, S. 33 ff.). In der Literatur existieren zur Systematik von Instrumenten des operativen Controlling der Integrierten Kommunikation verschiedene Ansätze (z. B. *Hermanns/Püttmann* 1993, S. 37 f.; *Katz/Lendrevie* 1996, S. 260 ff.; *Duncan/Moriarty* 1997, S. 261 ff.; *Baumgarth* 2008, S. 356 ff.). Im Sinne des Managementprozesses der Integrierten Kommunikation wird im Folgenden zwischen drei **Typen des operativen Kommunikationscontrolling** unterschieden, durch die Rückschlüsse auf den Gesamtprozess gezogen werden können:

(1) Prozesskontrollen

Prozesskontrollen beschäftigen sich mit der Kontrolle der Durchführung von Integrationsprojekten und sind somit unternehmensinterne Ablaufmessungen (*Duncan/Moriarty* 1997, S. 261). Es sind dabei im Rahmen der Jahresplanung des Kommunikationsmanagers spezielle Integrationsprojekte zu definieren, deren Umsetzung die Durchführung der Integrierten Kommunikation für spezielle Aufgabenstellungen realisiert. Konsequenterweise ist durch Prozesskontrollen sicherzustellen, ob und in welcher Form die Projekte im zeitlichen Ablauf durchgeführt werden. Durch Prozesskontrollen wird somit der Fortschritt der Integrierten Kommunikation kontrolliert und gesteuert sowie der Stand der Integrierten Kommunikation im Unternehmen in Form eines so genannten Integrationsgrades gemessen.

(2) Effektivitätskontrollen

Effektivitätskontrollen beziehen sich auf die Kontrolle der Kommunikationswirkungen bei den Rezipienten nach psychologischen und ökonomischen Kriterien und sind somit unternehmensexterne Messungen der Integration (*Duncan/Moriarty* 1997, S. 261). Es handelt sich dabei um die Messung des aufgrund bestimmter Kommunikationsmaßnahmen (Stimuli) realisierten Zielerreichungsgrades (Response). Im Rahmen der Effektivitätskontrolle der Integrierten Kommunikation besteht die besondere Zielsetzung darin, herauszufinden, ob der integrierte Einsatz von Kommunikationsinstrumenten bei den Rezipienten höhere Wirkungsgrade erreicht als der isolierte Einsatz von Kommunikationsmaßnahmen.

(3) Effizienzkontrollen
Durch Effizienzkontrollen wird die ökonomische Bewertung der Kommunikationsaktivitäten vorgenommen. Dabei handelt es sich um Messungen unternehmensinterner und gleichzeitig -externer Art, da interne Kosten mit dem externen Nutzen verrechnet werden. Bei Effizienzmessungen geht es nicht nur um eine Beurteilung der Gesamteffizienz integrierter Kommunikationsarbeit, sondern auch um die Wertigkeit unterschiedlicher Kommunikationsinstrumente.

3.3 Strategisches Kommunikationscontrolling für die Integrierte Kommunikation

Das klassische Kommunikationscontrolling wird häufig auf die Kontrolle im Sinne eines Soll-Ist-Vergleichs reduziert. Nach diesem Verständnis wird jedoch das „Soll", d. h. die gesteckte Zielgröße, die später oftmals schwer zu korrigieren ist, nicht mehr in Frage gestellt. Selbst bei einer falschen Zielrichtung können sich Unternehmen somit effizient verhalten, wenn auch nicht unbedingt zu ihrem Vorteil. Gerade die Kontrolle von diesen schwer zu korrigierenden Zielgrößen ist demnach von Bedeutung. Folgende **Überprüfungsbereiche** des strategischen Kommunikationscontrolling der Integrierten Kommunikation sind von besonderem Interesse (vgl. hierzu ausführlich *Bruhn* 2009a, S. 368 ff.):

- Überprüfung der strategischen Positionierung.
- Überprüfung der Planungsprämissen.
- Prüfung der Kompatibilität von Zielen, Strategien und Maßnahmen der Integrierten Kommunikation.

Die **strategische Positionierung** stellt innerhalb der Integrierten Kommunikation das zentrale Ziel der gesamten Kommunikation dar. Sie ist nicht statisch, sondern kontinuierlich zu überprüfen und weiterzuentwickeln. Bei dieser kontinuierlichen Überwachung steht die Prüfung der Sinnhaftigkeit der strategischen Positionierung im Vordergrund. Eine Revision der strategischen Positionierung ist immer dann notwendig, wenn sich das eigene Unternehmen bzw. seine Leistungen oder Marken, der Markt, die Konkurrenz, das Umfeld oder andere Faktoren so stark verändert haben, dass das mittel- bis langfristig angestrebte Erscheinungsbild des Bezugsobjektes der Kommunikation nicht mehr als sinnvoll angesehen werden kann.

Die Überprüfung strategischer Ziele kann durch ein **Frühwarnsystem** unterstützt werden (*Becker* 2009, S. 887; *Horváth* 2009). Frühwarnsysteme zeichnen sich dadurch aus, dass die relevanten (internen und externen) Beobachtungsreihen identifiziert, verschiedene Indikatoren innerhalb der Beobachtungsreihen festgelegt und verfolgt sowie die Dringlichkeit der Überprüfung des strategischen Ziels bei gravierender Veränderung der Indikatoren festgestellt wird. Dieses Vorgehen ist generell auch für den Kommunikationsbereich vorstellbar, wobei insbesondere jene Indikatoren zu identifizieren sind, die Anlässe für die Anpassung der strategischen Positionierung darstellen.

Die Entwicklung der „Einheit" der Integrierten Kommunikation basiert notwendigerweise auf Planungsprämissen über die Kommunikationssituation des Unternehmens, die Einschätzung zukünftiger Entwicklungen, die Relevanz von Zielen der Kommunikation u. a. Diese **Planungsprämissen** beziehen sich auf eine Vielzahl von Faktoren, z. B. das Verhalten der Zielgruppen, die zukünftige Entwicklung der Konkurrenz, Reaktionen der Zielgruppen auf die eigenen Kommunikationsmaßnahmen, die Entwicklung neuer Kommunikationsinstrumente sowie den Bedeutungswandel bestehender Instrumente im Rahmen einer beziehungsorientierten Kommunikation, die Reaktionen der eigenen Mitarbeitenden, die interne Struktur der Kommunikationsarbeit usw.

Sämtliche dieser Annahmen führen letztendlich zur Fundierung des strategischen Konzeptes der Integrierten Kommunikation. Änderungen dieses Konzeptes können sich folglich immer dann ergeben, wenn sich die Planungsprämissen verändern. Die Methodik der Überprüfung von Planungsprämissen ist ähnlich der Entwicklung eines Frühwarnsystems zur Überprüfung der strategischen Positionierung. Als Indikatoren in den Beobachtungsreihen sind hierbei jene Faktoren zu identifizieren, die als Prämissen zur Konzepterarbeitung unterstellt wurden. Für das Kommunikationscontrolling ergibt sich daraus die Konsequenz, dass den Planungsträgern der Integrierten Kommunikation die Aufgabe zukommt, die Planungsprämissen explizit zu formulieren, damit aus der Formulierung dieser Annahmen unmittelbar Indikatoren zur weiteren Beobachtung abgeleitet werden können.

Die strategische Positionierung stellt das oberste Ziel bzw. das Soll-Bild für die gesamte Unternehmens- bzw. Markenkommunikation dar. Bei der weiteren Konkretisierung und inhaltlichen Ausgestaltung der Integrierten Kommunikation ist es notwendig, die Ziele, Strategien und Maßnahmen im Hinblick auf die Verträglichkeit mit der strategischen Positionierung zu überprüfen. Dies wird hier als **Kompatibilitätsprüfung** bezeichnet. Kompatibilitätsprüfungen lassen sich in vertikaler und horizontaler Form vornehmen (*Böcker* 1988, S. 94 ff., 163 ff.).

Eine **vertikale Kompatibilitätsprüfung** liegt vor, wenn beispielsweise die Zwischen- und Teilziele mit dem Oberziel der strategischen Positionierung oder die Einzelstrategien der Kommunikationsinstrumente mit dem strategischen Konzept der Integrierten Kommunikation auf Verträglichkeit überprüft werden. Es ist dabei nachzuweisen, dass die Erreichung eines Teilzieles einer Kommunikationsfachabteilung die Erreichung des strategischen Ziels der Integrierten Kommunikation fördert bzw. dass Einzelmaßnahmen der Kommunikation der gesamten integrierten Kommunikationsarbeit dienlich sind.

Demgegenüber beziehen sich **horizontale Kompatibilitätsprüfungen** auf die Prüfung der Vereinbarkeit der Ziele, Programme und Maßnahmen zwischen den einzelnen Kommunikationsabteilungen. So ist intensiv zu prüfen, ob die Zielsetzungen einer Fachabteilung im Widerspruch zu Zielsetzungen anderer Abteilungen stehen oder diese sogar negativ beeinflussen können. Auch die Ausprägungen der Strategie und Einzelmaßnahmen der Kommunikation, der zeitliche Einsatz der Aktivitäten, der Stil der Kommunikation u. a. dürfen nicht gegenläufig sein, sondern sind so einzusetzen, dass sie sich gegenseitig fördern.

Die Kompatibilitätsprüfungen sind für die Integrierte Kommunikation einfacher zu gestalten, wenn der oben skizzierte Top-down-, Bottom-up- und Down-up-Planungsansatz konsequent realisiert wurde. Die **Hierarchisierung der Planungsaktivitäten im Gegenstromverfahren** stellt sicher, dass ein Zielsystem in einer Mittel-Zweck-Beziehung zum strategischen Positionierungsziel der gesamten Unternehmens- und Markenkommunikation steht. Wurde diese Planungsform eingehalten, lassen sich auch Kompatibilitätsprüfungen leichter durchführen. Mit Hilfe der Kompatibilitätsprüfungen selbst kann allerdings auch bei einer vergangenheitsorientierten Prüfung die Einhaltung des Down-up-Planungsprozesses bewiesen werden. Es ist also die Aufgabe des Kommunikationsmanagers und der unterschiedlichen Leiter der Fachabteilungen, Inkompatibilitäten zwischen den Zielen, Strategien und Maßnahmen nicht entstehen zu lassen.

3.4 Operatives Kommunikationscontrolling für die Integrierte Kommunikation

Im Gegensatz zum strategischen Kommunikationscontrolling, das die Einhaltung strategischer Vorgaben überprüft, widmet sich das operative Kommunikationscontrolling der Erstellung von Planungs- und Kontrollkonzepten und zielt auf die Einhaltung der Erfolgsziele im kurzfristigen Bereich ab. Wie in Abschnitt 3.2 ersichtlich, wird hierbei zwischen Prozess-, Effizienz- und Effektivitätskontrollen unterschieden.

Prozesskontrollen

Gegenstand und Inhalte der Prozesskontrollen sind zunächst die Analyse des zeitlichen Ablaufs der Projekte **(Kontrolle der Terminplanung)** sowie des Fortschritts der Sachaufgabe **(Kontrolle der Aktivitätenplanung)**. Darüber hinaus sind die beanspruchten Mittel in Form der für die Projekte freigestellten bzw. beanspruchten Mitarbeitenden und Kostenbudgets **(Kontrolle der Ressourcenplanung)** zu beaufsichtigen.

Als **Analyseinstrumente** im Rahmen von Prozesskontrollen der Integrierten Kommunikation haben sich die folgenden Verfahren bewährt (vgl. hierzu ausführlich *Bruhn* 2009a, S. 371 ff.):

- Prüfkataloge (Checklisten),
- Balkendiagramme/Netzplantechnik,
- Punktbewertungsverfahren (Scoringmodelle),
- Mini-Audit,
- Prozess-Audit,
- Berechnung eines Integrationsindizes,
- Quality of Integration Assessment Profile,
- EFQM Excellence-Modell,
- Communication Scorecard/Corporate Communications Scorecard.

Prüfkataloge (Checklisten)

Als Methoden der Prozesskontrolle können Techniken zum Einsatz kommen, die sich bereits im Rahmen der Projektorganisation bewährt haben (*Grochla* 1982, S. 337 ff.). So wird der Kommunikationsmanager zur Kontrolle des inhaltlichen Fortschritts der Projekte z. B. einen **Prüffragenkatalog (Checkliste)** erstellen, um seine Anforderungen an das Projekt fachlich zu präzisieren.

Balkendiagramme/Netzplantechnik

Die Projektorganisation wird der Kommunikationsmanager z. B. mit Hilfe von **Balkendiagrammen** kontrollieren, bei denen auf der Zeitachse die Teilaktivitäten aufgelistet sind. Noch genauer wird eine Kontrolle mit Hilfe der **Netzplantechnik** erfolgen, bei der die Aktivitäten in ihrer zeitlichen und funktionalen Abhängigkeit untersucht und überwacht werden.

Punktbewertungsverfahren (Scoringmodelle)

Wesentliche Zielsetzung der Prozesskontrollen ist die **Bestimmung des Integrationsgrades der Kommunikationsarbeit** als ein übergeordneter Maßstab für den Stand der Integrierten Kommunikation im Unternehmen bzw. die Erreichung der mit der Integrierten Kommunikation verbundenen innerbetrieblichen Zielsetzungen und Aufgaben. Hierbei handelt es sich beispielsweise um die Verbesserung der Integrationsarbeit im Unternehmen, wie z. B. die Zusammenarbeit verschiedener Fachabteilungen der Kommunikation, die Steigerung der Effektivität und Effizienz des eingesetzten Kommunikationsbudgets u. a. Der Integrationsgrad der Kommunikation kann wie folgt definiert werden (*Stumpf* 2005, S. 17):

Der **Integrationsgrad der Kommunikation** gibt das Ausmaß der Durchdringung der Integrierten Kommunikation im Unternehmen, d.h. der Umsetzung unternehmensinterner und -externer Maßnahmen, Wirkungen und Ziele der Integrierten Kommunikation an.

Das Ziel der Integrierten Kommunikation besteht in der Erreichung eines möglichst hohen Integrationsgrades. Allerdings lässt sich der Integrationsgrad nicht in eindeutigen und quantifizierbaren Messgrößen erfassen, vielmehr handelt es sich um eine qualitative Messung des Standes der Integrierten Kommunikation. Deshalb empfiehlt es sich, **Indikatoren** zu finden, die sich auf die unterschiedlichen Teilbereiche der Umsetzung der Integrierten Kommunikation beziehen und Hinweise auf die Zielerreichungsbeiträge geben können. In Anlehnung an die Strukturierung der Aufgabengebiete Integrierter Kommunikation lassen sich die in Schaubild II-D-9 aufgeführten Indikatoren für eine Beurteilung und Messung des Integrationsgrades der Kommunikation heranziehen.

Die hier angeführten Einzelindikatoren für die Bestimmung des Integrationsgrades zeigen, dass es sich um sehr unterschiedliche Indikatoren handelt, denen keine gemeinsame Messgröße zugrunde gelegt werden kann. Aufgrund des jetzigen Standes der Umsetzung integrierter Kommunikationskonzepte in Unternehmen sind diese Indikatoren zukünftig noch wesentlich stärker zu verfeinern. Eine Möglichkeit besteht beispielsweise darin, die Einzelindikatoren mit Hilfe von Fragebögen im Unternehmen zu erfassen und zu spezifizieren. Durch einen Längsschnittvergleich lässt sich dann ebenfalls feststellen, wie sich der Integrationsgrad im Zeitablauf entwickelt (hat) und wie er gegebenenfalls im Vergleich zu anderen Unternehmen einzuschätzen ist.

Inhaltlich-konzeptionelle Indikatoren	Organisatorisch-strukturelle Indikatoren	Personell-kulturelle Indikatoren
• Existenz eines Planungsprozesses (Down-up) Integrierter Kommunikation	• Existenz von organisatorischen Zuordnungen für die Integrierte Kommunikation	• Ausmaß des Integrationsbewusstseins der Kommunikationsmitarbeitenden
• Grad der Beteiligung der Kommunikationsfachabteilungen an der Planung Integrierter Kommunikation	• Position einerverantwortlichen Stelle für Integrierte Kommunikation innerhalb der Unternehmenshierarchie	• Kenntnisstand über das Thema der Integrierten Kommunikation
• Existenz eines Konzeptpapieres Integrierter Kommunikation und Grad der Spezifikation der einzelnen Elemente bzw. Umsetzungsregeln	• Grad der Regelung von Weisungs- und Entscheidungsbefugnissen	• Informationsstand hinsichtlich des Konzeptes Integrierter Kommunikation
• Existenz einer strategischen Positionierung der Kommunikation für das Gesamtunternehmen	• Grad der De-Spezialisierung in der Kommunikation, gemessen anhand der Anzahl der Kommunikationsfachabteilungen	• Grad der Integration der Mitarbeitenden in die Planung und Konzeptionierung
• Grad der Berücksichtigung des Integrationspotenzials eines Kommunikationsintrumentes bei der Budgetierung	• Anzahl an Hierarchiestufen im Bereich der Kommunikation	• Anzahl der Mitarbeitenden, die an Aus- und Weiterbildungsmaßnahmen zum Thema teilgenommen haben
• Kenntnisse über die Beziehungen und Funktionen von und zwischen Kommunikationsinstrumenten	• Grad der Formalisierung von Abstimmungsprozessen zwischen Kommunikationsfachabteilungen	• Informationsstand über Aktivitäten anderer Kommunikationsfachabteilungen
• Existenz eines hierarchisch strukturierten Systems von Botschaften der Kommunikation	• Existenz von Projektteams oder interdisziplinären Teams mit Integrationsaufgaben	• Kooperations- und Koordinationsbereitschaft
• Existenz eines Kataloges von Kommunikationsmitteln	• Anzahl bzw. Grad der Reduktion eingebundener Kommunikationsagenturen	• Existenz von Sanktionen aufgrund des Zuwiderhandelns gegen die Kommunikationsregeln
• Häufigkeit der Nutzung von definierten Kommunikationsmitteln aus dem Kommunikationsmittelkatalog		• Kommunikationsstil im Unternehmen und zwischen den Hierarchieebenen
• Existenz und Grad der Akzeptanz von Corporate Design-Vorgaben		• Berücksichtigung der Integrationsaufgabe in Stellenbeschreibungen

Schaubild II-D-9: Indikatoren zur Beurteilung und Messung des Integrationsgrades der Kommunikation
(Bruhn 2009a, S. 374)

In der Unternehmenspraxis kann die Erhebung der Indikatoren des Integrationsgrades beispielsweise durch den Einsatz eines **Punktbewertungsverfahrens (Scoringmodells)** erfolgen. Die methodische Vorgehensweise vollzieht sich dabei in folgenden Schritten:

(1) Festlegung der relevanten Indikatoren zur Bestimmung des Integrationsgrades,

(2) Festlegung von Gewichtungsfaktoren für die relative Bedeutung einzelner Indikatoren,

(3) Vergabe von Punktwerten für die Beurteilung einzelner Indikatoren (z. B. Punktwerte zwischen 0 und 10),

(4) Gewichtung der jeweilig erreichten Punkte mit dem entsprechenden Gewichtungsfaktor,

(5) Addition aller gewichteten Punktwerte zu einem Gesamtpunktwert, der als **Maßstab des Integrationsgrades** dient und dessen Veränderung im Zeitablauf untersucht werden kann.

Mini-Audit

Das **Mini-Audit** wurde ursprünglich entwickelt, um den Integrationsgrad aller Marketingaktivitäten eines Unternehmens zu messen (*Duncan/Moriarty* 1997, S. 26 ff.). Ziel des **Mini-Audits** ist es, eine Evaluierung der Integrationsarbeit im Rahmen von Seminaren und Workshops durchzuführen. Durch Beantwortung von Fragen und ihrer Addition ergibt sich die Gesamtpunktzahl des vorhandenen Integrationsgrads unternehmerischer Aktivitäten. Bei einer Gesamtpunktzahl von 4,0 und höher kann von einem hohen Integrationsgrad ausgegangen werden.

Prozess-Audit

Zur Messung des Integrationsgrads schlagen *Duncan/Moriarty* (1997) ein **„Prozess-Audit"** vor. Im Rahmen dieses Konzeptes ist kein geschlossenes System vorgesehen, sondern es werden einzelne wichtige Strukturmerkmale des Audit-Systems diskutiert (vgl. hierzu ausführlich *Duncan/Moriarty* 1997, S. 264 ff.).

Berechnung eines Integrationsindizes

Eine Messung des Integrationsgrades der Kommunikation nimmt ebenfalls (*Kirchner* 2001, S. 273 ff.) vor. Hierfür verwendet sie eine von ihr entwickelte Messskala für die Berechnung eines **Integrationsindizes**. Dieser Integrationsindex misst sich anhand bestimmter Kriterien und ist eine Gesamtpunktzahl, die den Stand der Integration der Kommunikation in Unternehmen widerspiegelt. Anhand einer Reihe von Variablen werden dabei zunächst mittels Faktorenanalyse 20 Faktoren identifiziert und unter einem themenspezifischen Oberbegriff zusammengefasst. Schaubild II-D-10 zeigt die anschließende Zuordnung der 20 Faktoren zu fünf möglichen Integrationsstufen. Dieses Stufenkonzept zur Ermittlung des Integrationsindex erfordert, dass ein Unternehmen die fünf Stufen der Reihenfolge nach zu durchlaufen hat. Erst nach Erreichen der Mindestpunktzahl pro Stufe (ein Drittel der erreichbaren Punktzahl pro Stufe) kann die nächsthöhere Stufe geprüft werden. Für jeden Faktor kann eine Punktbewertung von eins bis vier (beste Ausprägung) erfolgen. Anschließend werden die Punkte zu einer Gesamtpunktzahl addiert. Die Höchstpunktzahl beträgt 80 Punkte.

Quality of Integration Assessment Profile

Das **Quality of Integration Assessment Profile** stellt eine Art Bewertungsraster dar und bildet die Basis für eine umfassende Beurteilung der durch das Unternehmen erreichten Kommunikation. Wie bei den Checklisten und Punktbewertungsverfahren handelt es sich um keine objektive Messung, sondern es wird eine subjektive Bewertung des Integrationsgrades im Unternehmen vorgenommen. Der Integrationsgrad wird dabei für einzelne Dimensionen, die die Facetten der Integration darstellen, separat auf einer Skala von „stark dysfunktional" bis „stark Synergien erzeugend" gemessen. Der Wert wird in ein Raster eingetragen, wobei alle Bewertungen zusammengenommen das Profil ergeben. Der Integrationsgrad ist umso fortgeschrittener, je weiter rechts die Eintragungen erfolgen.

Stufe 1: Taktische und Image Integration
Faktor 1:   Standardisierung des Kommunikationsoutputs

Stufe 2: Funktionale Integration
Faktor 2:   Funktionsübergreifende Koordination und Interne Kommunikation
Faktor 3:   Budgetveränderung
Faktor 4:   Bestimmung des Kommunikationsbudgets
Faktor 5:   Organisatorische Zentralisierung/Organisationsstruktur/Reorganisation

Stufe 3: Kundenorientierte Integration und Informationstechnologien
Faktor 6:   Markenkontaktmanagement
Faktor 7:   Kundendatenbankmanagement
Faktor 8:   Relationship Marketing
Faktor 9:   Management der Kundenzufriedenheit
Faktor 10: Einschätzung des Kundenwertes

Stufe 4: Bezugsgruppenorientierte Integration
Faktor 11: Ausmaß der Bezugsgruppenorientierung und -kommunikation
Faktor 12: Messen des Kommunikationserfolges/Einsatz von Forschung
Faktor 13: Vorhandensein und Pflege der Datenbanken über Bezugsgruppen
Faktor 14: Verwenden der Datenbanken
Faktor 15: Mitarbeiterorientierung
Faktor 16: Aktionärsorientierung

Stufe 5: Strategische und finanzielle Integration
Faktor 17: Messen des Markenwertes
Faktor 18: Strategische Ausrichtung des Unternehmens
Faktor 19: Firmenausrichtung, Anbindung der Kommunikationsfunktion an die
                  Unternehmensführung und finanzielle Evaluation
Faktor 20: Marken-Produkt-Identität und finanzielle Evaluation des Markenwertes

---

Schaubild II-D-10: Bemessung des Integrationsindex nach fünf Stufen der Integration
(Kirchner 2001, S. 294)

EFQM Excellence-Modell

Das EFQM Excellence-Modell ist eine Erweiterung der bisher dargestellten Methoden, da es sowohl interne Prozessanalysen als auch extern gerichtete Wirkungskontrollen miteinander verbindet. Es wird ein holistischer Kontrollansatz angestrebt. Im Modell werden Indikatoren der Kommunikation ermittelt. Als Ergebnis der empirischen Untersuchung durch *Stumpf* (2005, S. 150 ff.) werden die Indikatoren in den Dimensionen „Maßnahmen", „Wirkungen" und „Ziele", strukturiert dargestellt.

Communication Scorecard/Corporate Communications Scorecard

Die Scorecard-Ansätze bauen auf dem Konzept der Balanced Scorecard auf und ergänzen diese um weitere Dimensionen.

Im Rahmen der **Communication Scorecard** erfolgt die Erweiterung der Balanced Scorecard um die Dimension der Kommunikation (*Hering/Schuppener/Sommerhalder* 2004). Den Grundgedanken dieses Ansatzes bildet die simultane Analyse mehrerer Einflussgrößen in einem Ziel, den Zusammenhang von Kommunikation und Unternehmensstrategie aufzuzeigen und mit quantitativen Kennzahlen zu untermauern (*Zerfaß* 2005a, S. 199). Die von *Zerfaß* entwickelte **Corporate Communications Scorecard** basiert ebenfalls auf der Balanced Scorecard und dient verstärkt der strategischen Kommunikationssteuerung. Die vier klassischen Dimensionen der Balanced Scorecard werden in diesem Ansatz um eine gesellschaftspolitische Perspektive erweitert.

Im Rahmen einer zusammenfassenden **kritischen Würdigung der Prozesskontrollen** ist als wesentlicher Kritikpunkt die mangelnde Validität und Reliabilität bei der Durchführung der Kontrolle zu nennen. So liegen oftmals keine eindeutigen und quantifizierbaren Messgrößen vor, sondern es fließen vielmehr willkürlich gewählte Indikatoren, subjektive Schätzungen und Selbstauskünfte in die Untersuchungsergebnisse ein. Der Vorteil der Prozesskontrolle liegt hingegen in der, mit Ausnahme der Scorecard-Ansätze, leichten Anwendbarkeit der Ansätze besteht. Positiv hervorzuheben ist auch, dass durch die unternehmensinterne Betrachtung der Integration eine Einbindung in übergeordnete Unternehmensziele erfolgen kann.

Effektivitätskontrollen

Effektivitätskontrollen beziehen sich auf die Realisierung der angestrebten kommunikativen Wirkungen bei den einzelnen Zielgruppen der Kommunikation. Sie haben sich an den definierten Zielen der Kommunikation zu orientieren und deren Erreichung zu kontrollieren. Für die Integrierte Kommunikation ist dabei grundsätzlich anzustreben, durch den integrierten Einsatz von Kommunikationsinstrumenten bei den Rezipienten höhere Wirkungsgrade zu erreichen als durch den isolierten Einsatz von Kommunikationsmaßnahmen.

Als **Analyseinstrumente** im Rahmen von Effektivitätskontrollen haben sich die nachfolgend erläuterten Verfahren bewährt (vgl. hierzu ausführlich *Bruhn* 2009a, S. 388 ff.):

- Inhaltsanalyse,
- Market Contact Audit (MCA),
- Wirkungsanalysen.

Inhaltsanalyse

Ein Ansatz zur Effektivitätskontrolle der Integrierten Kommunikation stellt die **Inhaltsanalyse** dar (*Esch* 2006). Zur Analyse des Integrationsstands in Deutschland bei Anzeigen wurde hierfür ein inhaltsanalytisches Kategoriensystem mit 250 Kategorien entwickelt. Diese Kategorien lassen sich wiederum in pragmatische, syntaktische oder semantische Kategorien einteilen. In Bezug auf die pragmatische Ebene findet eine subjektive Evaluation zur formalen und inhaltlichen Integration durch die Coder statt. Anschließend erfolgt eine detaillierte Analyse der syntaktischen (z. B. Bildstil, Farbstil) und semantischen Ebene (z. B. Positionierungsinhalte).

Market Contact Audit (MCA)

Das **Market Contact Audit** Verfahren macht es möglich, den Anteil und die Bedeutung einzelner Kontakte/Medien zu berechnen und hilft somit, den kommunikativen Mix einer Marke zu optimieren. Zunächst erfolgt dabei mit Hilfe einer qualitativen Verbraucherbefragung die Sammlung aller potenziellen Markenkontakte innerhalb einer Produktkategorie. Danach wird die Kontaktliste reduziert und der so genannte Contact Cloud Factor berechnet. Dieser ist als Gewichtungsfaktor zu interpretieren und stellt die Relevanz der Kontaktart für die gesamte Produktkategorie dar. Durch die Multiplikation des Contact Cloud Factors mit der Markenerinnerung errechnen sich die Brand Experience Points. Durch das Aufsummieren der Brand Experience Points für eine Marke über alle Kontaktarten ergibt sich der Total Brand Experience Point. Durch die Division des Total Brand Experience Point einer Marke durch den Gesamt Total Brand Experience Point aller Marken, wird schließlich die Information über den kommunikativen Marktanteil ermittelt.

Wirkungsanalysen

Während die Erfolgskontrolle einzelner Kommunikationsinstrumente – und die damit einhergehenden Schwierigkeiten – kein spezielles Problem der Integrierten Kommunikation

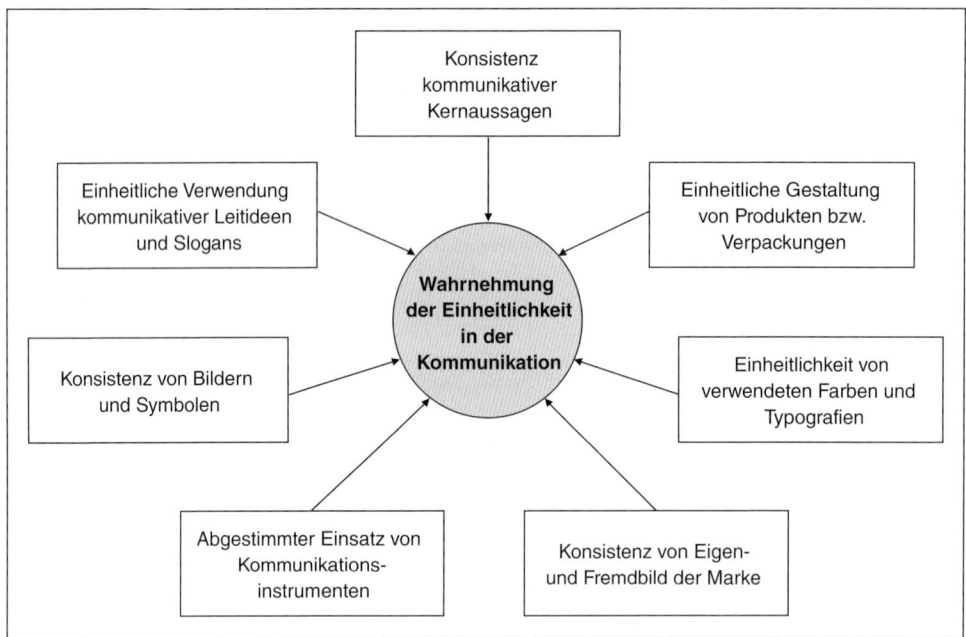

Schaubild II-D-11: Beispielhafte Wahrnehmungselemente der Einheitlichkeit in der Kommunikation
(Bruhn 2009a, S. 392)

darstellen, liegt deren besondere Herausforderung in der Messung der **Wirkungen der** Integration. Die besondere Schwierigkeit liegt dabei in der Messung von Verbundwirkungen zwischen den Kommunikationsinstrumenten; ein Problem, das aus Sicht der Wissenschaft bislang methodisch nicht gelöst werden konnte. Eine pragmatische Vorgehensweise kann darin bestehen, die als Ziel angestrebte Einheit bzw. einheitliche Wahrnehmung eines Unternehmens bzw. des Bezugsobjektes der Kommunikation zu analysieren.

Um die **Einheitlichkeit in der Kommunikation** als gedankliches Konstrukt operationalisieren zu können, ist zunächst festzulegen, welche **Wahrnehmungselemente** die Einheit in der Kommunikation bzw. das einheitliche und geschlossene Erscheinungsbild eines Unternehmens oder einer Marke bei den jeweiligen Zielgruppen konstruieren. Schaubild II-D-11 stellt diese Elemente beispielhaft dar.

Zur Bestimmung der Wahrnehmung der Einheitlichkeit in der Kommunikation sind bei den jeweiligen Zielgruppen der Kommunikation Befragungen zu den einzelnen Wahrnehmungselementen durchzuführen. So dienen beispielsweise Recall- und Recognition-Tests dazu, bei den unterschiedlichen externen und internen Zielgruppen die Erinnerung von verwendeten Kommunikationsbotschaften oder Slogans bei einzelnen Kommunikationsinstrumenten zu messen. Je häufiger die gleichen Slogans oder Kommunikationsbotschaften erinnert werden, desto höher ist der Grad der inhaltlichen Integration zwischen den Kommunikationsinstrumenten zu bewerten. Wie in Schaubild II-D-12 beispielhaft dargestellt, können die Ergebnisse dieser Befragungen in Form einer **Matrix** festgehalten werden, wobei die zeilen- und spaltenweise Betrachtung den Grad der Integration (Wirkungsgrad) wiedergibt.

Diese Form von Befragungen lässt jedoch noch keinen Rückschluss auf den Erfolg der Integrierten Kommunikation im Sinne höherer finaler Wirkungen bei Konsumenten zu. Um die-

Schaubild II-D-12: Matrix zur Bestimmung des Grades der Integration (Bruhn 2009a, S. 393)

se Frage umfassend zu beantworten, könnte ein **experimentelles Design** entworfen werden, das zwischen einer Experimentiergruppe und einer Kontrollgruppe unterscheidet. Die Experimentiergruppe wird mit kommunikativen Impulsen durch verschiedene Kommunikationsinstrumente (z. B. TV-Spots, Events und Verkaufsförderungsaktionen) konfrontiert, die in inhaltlicher, formaler und zeitlicher Hinsicht integriert sind. Die Kontrollgruppe hingegen erhält ebenfalls durch verschiedene Kommunikationsinstrumente kommunikative Impulse, die jedoch nicht aufeinander abgestimmt sind. Anschließend können Erinnerungswirkungen oder auch Imagemerkmale gemessen und zwischen beiden Gruppen verglichen werden. Ein solches experimentelles Design ist allerdings mit enormem Aufwand verbunden und stellt eine Aufgabe für die zukünftige wissenschaftliche Auseinandersetzung mit dem Messproblem Integrierter Kommunikation dar.

Im Rahmen einer **kritischen Würdigung der Effektivitätskontrolle** ist auf die Problematik einer Messung von Verbundwirkungen zwischen den Kommunikationsinstrumenten hinzuweisen. Durch die Messung der einheitlichen Wahrnehmung des Bezugsobjektes der Kommunikation kann dieser Problematik zwar entgegengetreten werden, jedoch handelt es sich hierbei um eine Art „Notlösung", die bei deren Durchführung zu einem Informationsverlust führt. Weiterhin ist die mit der Effektivitätskontrolle verbundene Konzentration auf unternehmensexterne Messungen der Integration zu erwähnen. Unternehmensinterne Messungen der Integration finden hingegen nicht statt. Positiv bei dieser Art von Kontrolle ist jedoch die Möglichkeit, unterschiedliche Wirkungsstufen (z. B. Messung der Wahrnehmung oder der Einstellung) zu berücksichtigen sowie auf unterschiedliche Messverfahren (z. B. Beobachtung und Befragung) zurückzugreifen. Dies erlaubt es, zielgruppenspezifische Untersuchungen durchzuführen.

Effizienzkontrollen
Während Effektivitätskontrollen die kommunikative Leistungsfähigkeit der Integrierten Kommunikation untersuchen, konzentrieren sich Effizienzkontrollen auf die Leistungsfähigkeit unter ökonomischen Aspekten. Primäres Ziel der Effizienzkontrollen ist es, Hinweise auf die Wertigkeit der gesamten Kommunikation bzw. einzelner Kommunikationsinstrumente zu erhalten. Die Ergebnisse sind deshalb für die Integrierte Kommunikation von besonderer

Bedeutung, da sich aus der Wertigkeit Schlussfolgerungen für eine Umverteilung von Kommunikationsbudgets zur Steigerung des Integrationsgrades und der Effizienz der Kommunikation ziehen lassen.

Als **Analyseinstrumente** im Rahmen von Effizienzkontrollen haben sich die nachfolgend erläuterten Verfahren bewährt (vgl. hierzu ausführlich *Bruhn* 2009a, S. 394 ff.):

- Kosten-Nutzen-Analyse,
- Kommunikationswertanalyse (KWA),
- CommunicationControlCockpit (CCC),
- Value Based Communication Management (VBCoM),
- Prozesskostenrechnung.

Kosten-Nutzen-Analyse

Grundlage von Effizienzkontrollen ist das Verfahren der **Kosten-Nutzen-Analyse**. Zum Vergleich der Wirtschaftlichkeit von Kommunikationsinstrumenten bzw. -mitteln wird dabei versucht, die Auswirkungen (den Nutzen) verschiedener Alternativen in monetäre Größen oder Kennzahlen zu fassen und den dazu anfallenden Kosten gegenüberzustellen (*Bruhn* 2008a, S. 523 ff.).

Kommunikationswertanalyse (KWA)

Die **Kommunikationswertanalyse** verbindet die Varianten der Messung des kommunikativen Nutzens miteinander. Die methodischen Prinzipien für die KWA entstammen aus der Kosten-Nutzen-Analyse sowie der Gemeinkostenanalyse. Beide Verfahren sind in der Lage, Hinweise auf Rationalisierungspotenziale und Effizienzsteigerungen zu geben. Die Ergebnisse der KWA sind auch für eine Verbesserung der integrierten Kommunikationsarbeit nutzbar.

CommunicationControlCockpit (CCC)

Ein spezifischer Ansatz zur Erfassung der Effizienz von Kommunikationsmaßnahmen, liefert das von *Rolke* entwickelte **CommunicationControlCockpit** (*Rolke* 2005). Hierbei handelt es sich um ein Kennzahlensystem, das anstrebt, den Zusammenhang zwischen der Kommunikationsleitung, dem Imagewert und dem Unternehmenserfolg messbar zu machen. Im Zentrum der Controllingbetrachtung steht das Image; die Kommunikation dient dem Aufbau und Erhalt der Unternehmensreputation, diese stellt wiederum einen zentralen Werttreiber des ökonomischen Erfolgs dar.

Value Based Communication Management (VBCoM)

Zur Erfassung der Effizienz von Kommunikationsleistungen im Vergleich zu den übrigen unternehmerischen Funktionen entwickelte Pfannenberg das **Value Based Communication Management** (*Pfannenberg* 2005b). Durch die Integration des Kommunikationscontrolling in das geläufige Controllingsystem des Value Based Management wird hierbei eine konsequente Ausrichtung des Kommunikationsmanagements an der Steigerung des monetären Unternehmenswerts gewährleistet. Die Implementierung des VBCoM erfolgt hierbei in drei Schritten: Zunächst werden alle Bereiche der Kommunikation identifiziert, die zur Wertschöpfung des Unternehmens beitragen. Diese kommunikativen Werttreiber (Value Links) werden in den Feldern Mitarbeiterkommunikation, Marktkommunikation, Finanzkommunikation und gesellschaftsorientierte Kommunikation ermittelt und in die Strategy Map des Unternehmens integriert (Schaubild II-D-13). Auf diese Weise werden die Wirkungszusammenhänge zwischen der Kommunikation und anderen Unternehmensfunktionen sowie den strategischen Zielen detailliert erfasst. Anschließend erfolgt in einem zweiten Schritt die Festlegung strategischer Kennzahlen (Key Performance Indicators) und der finanziellen Multiplikatoren. Ein Key Performance Indicator (KPI) für die Mitarbeiterkommunikation ist z. B. das Commitment,

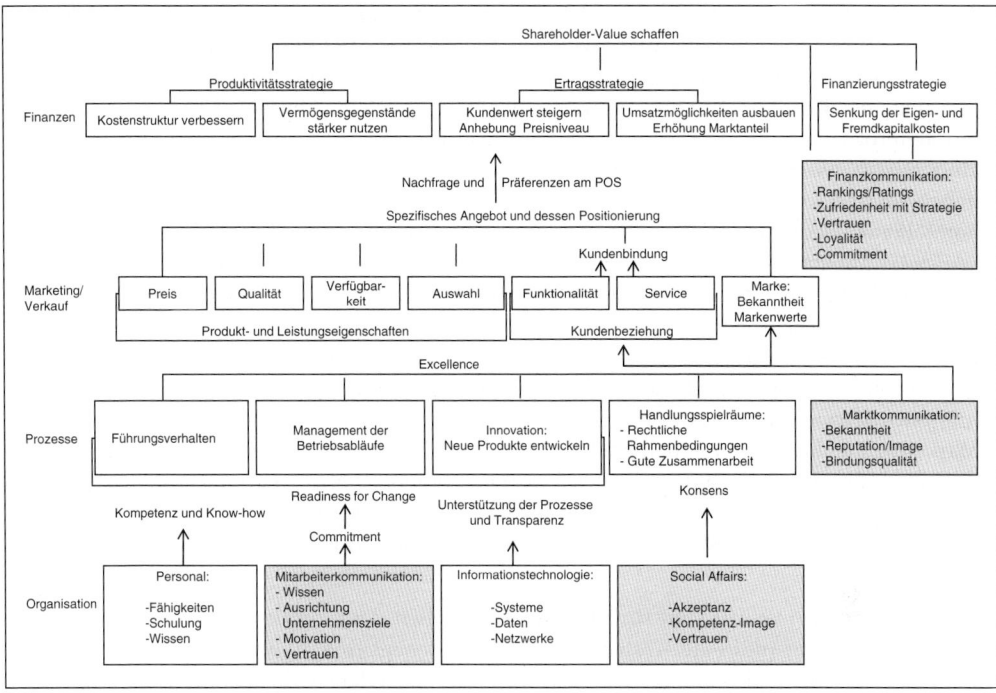

Schaubild II-D-13: Strategy Map eines Unternehmens (Pfannenberg 2005a, S. 134)

in das die Werttreiber Motivation, Vertrauen und die Gesamtzufriedenheit mit dem Unternehmen eingehen. Für jeden KPI sowie für die Value Links wird der erwartete finanzielle Beitrag zum Unternehmenserfolg prognostiziert. Die Maßeinheit stellt der Economic Value Added (EVA) dar. So wird z. B. im Bereich Marktkommunikation für den KPI „Reputation" ein finanzieller Multiplikator „EVA pro Steigerung Image in Prozentpunkten" abgeschätzt. Diese Schätzung dient der Unternehmensleitung als Basis für die Budgetzuweisung und für strategische Entscheidungen. Über den tatsächlich erreichten EVA ist es möglich, die Entwicklung der Wertschöpfung in jedem Kommunikationsfeld zu beobachten. In einem abschließenden dritten Schritt wird das VBCoM in das Controllingsystem VBM integriert. Damit einher geht ein direkter Vergleich mit anderen Unternehmensfunktionen.

Prozesskostenrechnung

In Anbetracht der zunehmenden Wichtigkeit einer prozessorientierten Betrachtung der Integrierten Kommunikation sei im Folgenden auf die Möglichkeit einer **Prozesskostenrechnung** für die Integrierte Kommunikation verwiesen (grundlegend z. B. *Link et al.* 2000, S. 150 sowie für die Integrierte Kommunikation *Schultz/Kitchen* 2000, S. 189). Ziel dieser Methodik ist es, die spezifischen Kosten jeder Aktivität im Rahmen der integrierten Kommunikationsarbeit zu ermitteln und daraus Rückschlüsse auf die Effizienz der einzelnen Prozesse zu ziehen. Um dieses Verfahren für die Unternehmenspraxis anwendbar zu machen, sind zunächst sämtliche Tätigkeiten im Rahmen der Integrierten Kommunikation in verschiedene kostenstellen- und bereichsübergreifende Aktivitäten, d. h. Prozesse, einzuteilen. Ein **Hauptprozess** verkörpert dabei die Zusammenfassung verschiedener Teilprozesse bzw. regelmäßiger kostenstellen- bzw. bereichsübergreifender Vorgänge (*Link et al.* 2000, S. 158). Diese Teilprozesse fungieren wiederum als die zentralen Zurechnungsobjekte der Kosten.

Für die Integrierte Kommunikation bedeutet dies, den Hauptprozess der Integrierten Kommunikation zunächst in seine verschiedenen **Teilprozesse** zu zerlegen und diese wiederum horizontal und vertikal weiter zu differenzieren. Die resultierenden Teilaktivitäten sind dann den einzelnen Kostenstellen im Unternehmen zuzurechnen. Beispielsweise ist denkbar, dass ein Teilprozess des Hauptprozesses der Integrierten Kommunikation die Durchführung einer Situationsanalyse darstellt und dieser Teilprozess wiederum die Analyse der Anforderungen und Kommunikationsbedürfnisse der Zielgruppen beinhaltet. Bei einer weiteren horizontalen Zerlegung dieses Prozesses resultieren möglicherweise die Einzelaktivitäten „Auswertung von Zielgruppendaten und Identifikation der Anforderungen und Bedürfnisse der Zielgruppen" sowie die „Hierarchisierung und Beurteilung der Anforderungen und Kommunikationsbedürfnisse nach ihrer Wichtigkeit". Während die Auswertung der Zielgruppendaten sowie die Identifikation der Anforderungen und der Bedürfnisse die Aufgabe und somit die Kostenstelle der Marktforschungsabteilung betrifft, erfolgt die Beurteilung und Hierarchisierung der Anforderungen und Bedürfnisse einer Zielgruppe z. B. durch die Marketingabteilung, die folglich auch die relevante Kostenstelle darstellt. In den Schaubildern II-D-14 und II-D-15 ist das hier beschriebene Vorgehen beispielhaft dargestellt, wobei in der Unternehmenspraxis sowohl die Einzelaktivitäten des Prozesses der Integrierten Kommunikation als auch die Kostenstellen unternehmensindividuell zu identifizieren bzw. festzulegen sind.

In einem nächsten Schritt sind für die Einzelaktivitäten der integrierten Kommunikationsarbeit direkte oder indirekte Kosteneinfluss- bzw. Bezugsgrößen, wie z. B. die Anzahl der verschiedenen Bedürfnisse oder die Anzahl der verschiedenen Zielgruppen, zu ermitteln und auf die einzelnen Kalkulationsobjekte zu verrechnen (*Link et al.* 2000, S. 153). Diese so genannten **Kostentreiber** sind für jedes Unternehmen individuell zu bestimmen und dienen als Bezugs- bzw. Messgröße für die Anzahl von Prozessdurchführungen, d. h., entsprechend

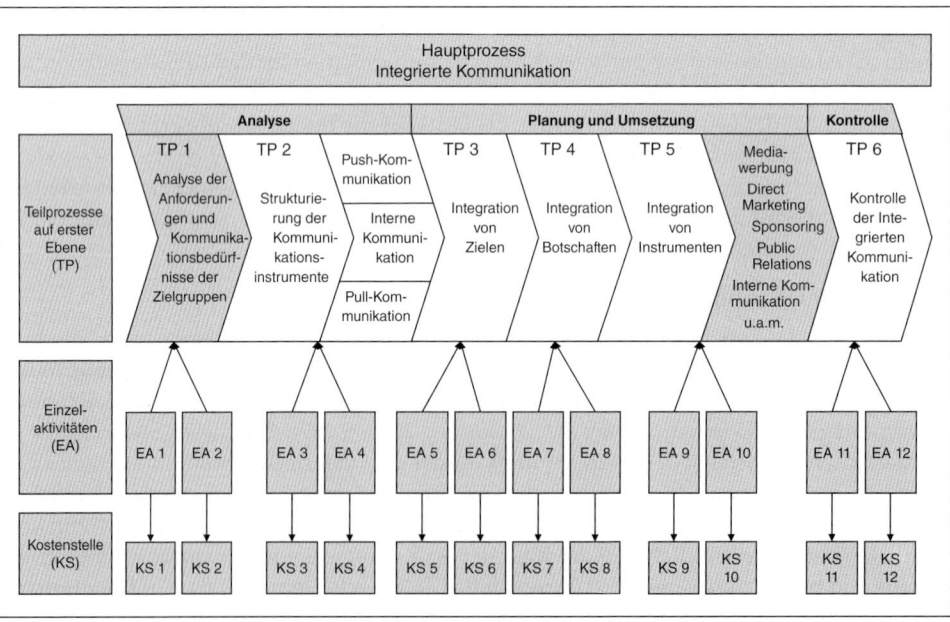

Schaubild II-D-14: Grundstruktur der Prozesskostenrechnung in der Integrierten Kommunikation
(Bruhn 2009a, S. 404)

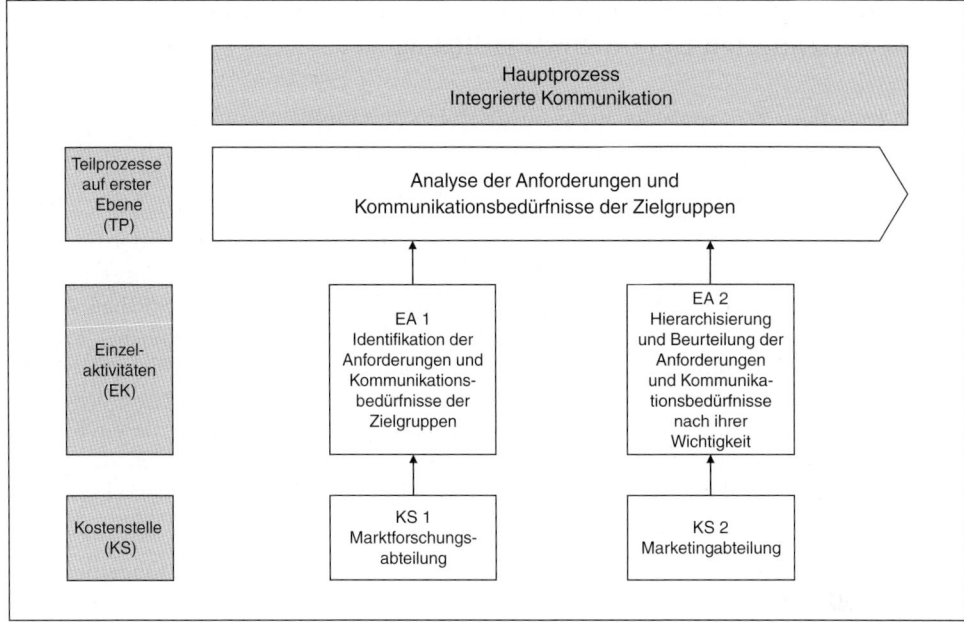

Schaubild II-D-15: Zuordnung einzelner Teilprozesse der Integrierten Kommunikation auf Kostenstellen (Bruhn 2009a, S. 405)

oft werden die Ressourcen benutzt. Aufbauend auf diesen Informationen kann für jede Kostenstelle eine Prozessübersicht erstellt werden, die wiedergibt, welche Teilprozesse in einer Kostenstelle ablaufen und wie viel Anteil ein Teilprozess beansprucht; auf diese Weise wird auch die Ressourcenaufteilung überprüft und die Inanspruchnahme der Bezugsgröße gemessen (*Link et al.* 2000, S. 158). Insgesamt betrachtet ermöglicht die Prozesskostenrechnung konkrete Kostenaufstellungen für einzelne Prozesse im Rahmen der integrierten Kommunikationsarbeit und schafft damit die Grundlage für eine fundierte Effizienzbewertung dieser Aktivitäten.

Im Rahmen einer **kritischen Würdigung** der Effizienzkontrolle ist darauf hinzuweisen, dass die Wirkung nicht aus Rezipientensicht, sondern lediglich über interne Schätzungen erfasst wird. Ein weiterer Schwachpunkt der Effizienzkontrolle ist die Konzentration auf ökonomische Gesichtspunkte, die psychologische Wirkungsstufen weitgehend außer Acht lässt. Zusammenfassend sind aber die hier vorgestellten Effizienzkontrollen durchaus in der Lage, erste Ansatzpunkte sowohl für die Verbesserung der isolierten Leistung einzelner Kommunikationsinstrumente als auch der Wirkung der integrierten Kommunikationsarbeit aufzuzeigen. Ebenso verdeutlichen die einzelnen Verfahren, dass die Erfolgskontrolle der Integrierten Kommunikation nicht isoliert angegangen werden darf, sondern immer im Zusammenhang mit der gesamten Effizienz der Kommunikation zu sehen ist. In der Praxis werden allerdings nur wenige Unternehmen Effizienzkontrollen dieser Art systematisch durchführen, da der Aufwand sehr hoch ist. Bei einer verstärkten integrierten Kommunikationsarbeit wird es jedoch auch für die Kommunikationspraxis zunehmend an Bedeutung zu gewinnen, Effizienzkriterien zu finden, nach denen bei einem gegebenen Kommunikationsbudget durch intensivere Integration eine höhere Gesamtwirkung erreicht wird.

3.5 Erfolgsgrößen der Integrierten Kommunikation in der wertorientierten Unternehmensführung

In der derzeitigen Wirkungsforschung integrierter Kommunikationsaktivitäten werden lediglich einige wenige Erfolgsgrößen geprüft. Die Messansätze beziehen sich im Rahmen der Integrierten Kommunikation meist auf kurzfristige Erfolgsgrößen, wie z. B. Bekanntheit, Image oder Verhaltensabsichten der Konsumenten (*Sirgy* 1998, S. 202; *Schultz/Kitchen* 2000, S. 186; *Kirchner* 2001, S. 267; *Esch* 2006; vgl. hierzu ausführlich die Erfolgskette der Integrierten Kommunikation in *Bruhn* 2009a, S. 407). Eine Neuorientierung in der Wirkungsforschung ist notwendig, um in der Erfolgskontrolle einen umfassenden und ganzheitlichen Ansatz zu ermöglichen. Die Basis eines solchen Ansatzes bildet eine Analyse sämtlicher Erfolgsstrukturen und Determinanten der integrierten Kommunikationsarbeit. Unterschiedliche Entscheidungskombinationen sind zu identifizieren und ihre Auswirkungen auf den Kommunikationserfolg zu untersuchen. Für zukünftige Betrachtungen können in diesem Kontext die Ansätze einer **wertorientierten Unternehmensführung** herangezogen werden, die konsumenten- sowie unternehmensseitige Beurteilungen relevanter Erfolgsgrößen berücksichtigen (*Bruhn* 2009a, S. 406 ff.).

In Schaubild II-D-16 ist eine Auswahl relevanter Größen dargestellt, die eine **Modellierungsgrundlage** für Erfolgsgrößen der Integrierten Kommunikation bilden können. In diesem „Modell" führt die Integration kommunikativer Maßnahmen (beispielhaft) bei den Konsumenten zu einer verstärkten Wahrnehmung der Marke beziehungsweise des Unternehmens, die sich zum einen auf den Inhalt und zum anderen auf die formale Gestaltung beziehen und in der Folge eine höhere Markenbekanntheit oder ein besseres Markenimage erzeugen können. Diese Größen beeinflussen im weiteren Wirkungsverlauf wiederum die Markenpräferenz, Kaufbereitschaft oder das Vertrauen der Konsumenten und führen zu unternehmensbezogenen Erfolgsgrößen, wie Marken- oder Kundenwert. Damit ist die „Vorstufe" des ökonomischen Erfolgs erreicht, der sich z. B. in Umsatz, Deckungsbeitrag, Marktanteil oder Return on Investment (ROI) widerspiegelt (*Bruhn/Boenigk* 1999, S. 95; *Schultz/Kitchen* 2000, S. 190 ff.; *Kirchner* 2001, S. 265 ff.). Im Verlauf der skizzierten Erfolgskette sind zusätzlich unterschiedliche moderierende Faktoren zu berücksichtigen, beispielsweise das Konsumentenverhalten oder Aktivitäten der Konkurrenz, die den Wirkungsverlauf der Integrierten Kommunikation (im positiven wie auch im negativen Sinne) beeinflussen können.

Die Erfolgsgrößen Marken- und Kundenwert sind von zentraler Bedeutung im Rahmen des Relationship Marketing und können ebenfalls als Erfolgsgrößen einer beziehungsorientierten integrierten Kommunikation betrachtet werden (*Schultz/Kitchen* 2000, S. 186; *Bruhn* 2009a, S. 408). In die Bemessung des **Markenwertes** fließen verschiedene kommunikationsbezogene Variablen ein, wie Markenbekanntheit, Werbe-Awareness und Imagestärke sowie auch beziehungsrelevante Variablen, wie z. B. Vertrautheit, Markenpersönlichkeit oder Markenbeziehung und Wertschätzung seitens der Konsumenten, wie beispielsweise Vorteilhaftigkeit, Qualität, Loyalität oder Vertrauen (*Biel* 2001, S. 86). Bei einer stark integrierten Kommunikation ist es das Ziel, einen höheren Markenwert als bei einer nicht-integrierten Kommunikation zu realisieren. Dies kann insbesondere durch den Einsatz eines inhaltlich und formal abgestimmten Kommunikationsauftritts gelingen, da aufgrund der Integration durch Schlüsselbilder, Slogans usw. eine stärkere Markenassoziation beim Konsumenten erfolgt und Bekanntheit sowie Vertrautheit gesteigert werden können. Aber auch andere Erfolgsgrößen, wie z. B. das Markenimage, werden durch eine Integration der Kommunikationsmaßnahmen verstärkt wahrgenommen. Ein integrierter Kommunikationsauftritt hat darüber hinaus zum

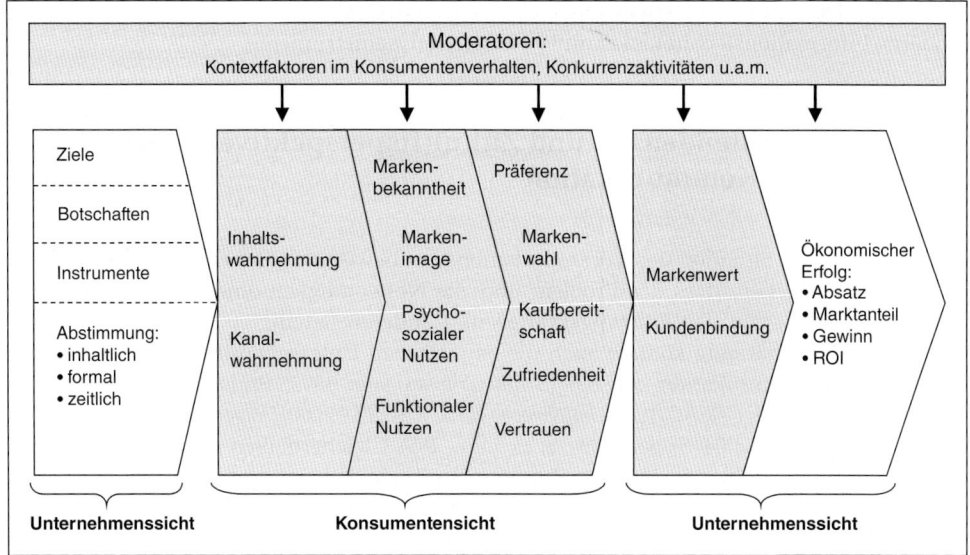

Schaubild II-D-16: Erweiterte Modellierungsgrundlagen für Erfolgsgrößen einer Integrierten Kommunikation (in Anlehnung an Bruhn 2009a, S. 409)

Ziel, die Glaubwürdigkeit eines Unternehmens zu steigern, indem widersprüchliche Aussagen vermieden werden. Insgesamt lässt sich auf diese Weise der **Kundenwert** positiv beeinflussen, wenn Konsumenten einem Anbieter mehr Vertrauen schenken, eine höhere Loyalität entwickeln, vermehrt Produkte des Unternehmens kaufen beziehungsweise Dienstleistungen in Anspruch nehmen usw.

Zusammengefasst betrachtet sind für eine integrierte Betrachtung von Erfolgsstrukturen einige Ansatzpunkte für eine Neuorientierung der Erfolgsforschung zu beachten. Die Bedeutung klar definierter Zielsysteme der Integrierten Kommunikation, die verstärkte Einbindung wertorientierter Ziele, eine zielgruppendifferenzierte Erfolgsmessung, die Analyse von Kaufentscheidungsprozessen sowie die Untersuchung der Kontaktsituation und die Instrumenterelevanz sind verstärkt in die Überlegungen des Kommunikationscontrolling einzubeziehen.

Weiterhin bedarf es der Entwicklung messbarer Größen für die Kreation und Verbesserung der Modellierung des Kommunikationseinsatzes; dabei ist eine erhöhte Qualitäts- bzw. Wertorientierung und nicht die Reichweitenfokussierung bei der Planung der Kommunikationsinstrumente notwendig. Bestehende Konzepte sind folglich anzupassen, da die Verwendung eindimensionaler psychologischer Erfolgsgrößen nicht mehr ausreichend ist, sondern eine **Betrachtung multidimensionaler Markenwertstrukturen** zu erfolgen hat. Dies erfordert eine Veränderung des Denkens vom transaktionsorientierten Marketing in Kauf-Wiederkauf-Kategorien hin zu einem beziehungsorientierten Denken im Kundenlebenszyklus. Von der Nutzung weniger, isolierter, uni-direktionaler Kommunikationskanäle ist dabei abzusehen und zu einer integrierten, bi-direktionalen **Multi-Channel-Kommunikation** überzugehen. Für eine Verbesserung des integrierten Kommunikationscontrolling ist eine Analyse der Kommunikations- und Integrationswirkung im Kontext von Marken- und Kundenwerten sowie eine Identifikation der Funktionen einzelner Instrumente der Integrierten Kommunikation von Bedeutung. Um in dieser Form ein erweitertes integriertes Kommunikationscontrolling durchführen zu können, sind verbesserte Messmethoden und erweiterte Datengrundlagen notwendig. Dies erfordert auch eine erleichterte Datenaggregation und -kombination durch moderne Informationstechnologien und bessere Analyseinstrumente.

4 Entwicklungstendenzen und Zukunftsperspektiven einer Integrierten Kommunikation

In der derzeitigen Situation des Kommunikationswettbewerbs zwischen den Unternehmen ist davon auszugehen, dass das Problem und die Notwendigkeit einer integrierten Kommunikationsarbeit von den Führungskräften und anderen Beteiligten weitgehend erkannt wird. Diese Einschätzung können auch die empirischen Untersuchungen zum Thema der Integrierten Kommunikation belegen (*Bruhn/Zimmermann* 1993; *Bruhn/Boenigk* 1999, S. 24; *Angerer/Essinger* 2001; *GfK AG/Wirtschaftswoche* 2002, S. 90; *Liebmann/Angerer/Foscht* 2002; *Scholz & Friends* 2003; *GWA* 2004; *Bruhn* 2009a, S. 25, 145 f., 265). Gleichermaßen ist aber festzustellen, dass die Umsetzung einer Integrierten Kommunikation in den Unternehmen mit erheblichen Schwierigkeiten verbunden ist. Es wird insgesamt zu wenig erkannt, dass die Durchsetzung einer Integrierten Kommunikation umfassende planerische, organisatorische und personelle Konsequenzen notwendig macht und erhebliche Veränderungsprozesse – teilweise mit „schmerzhaften" Folgen für die Beteiligten – nach sich zieht.

Die nur sehr langsame und problembehaftete Umsetzung der Integrierten Kommunikation ist auch im Zusammenhang mit Ängsten und Gefahren zu sehen, die Kommunikationsmitarbeitende mit dem Thema der Integrierten Kommunikation in Verbindung bringen. Auch wenn diese Gefahren keinen großen Stellenwert in der Beurteilung einer Integrierten Kommunikation einnehmen, so soll doch an dieser Stelle eine Sensibilisierung für diese möglichen Nachteile erfolgen. Die **Gefahren** können vor allem in folgenden Konsequenzen einer Integrierten Kommunikation gesehen werden:

- Tendenz zu monotoner und langweiliger Kommunikation aufgrund der „Vereinheitlichung",
- Negative Synergieeffekte bei „fehlerhafter" Kommunikation,
- Einschränkungen in der Kreativität der Kommunikationsexperten im Unternehmen,
- Verlust von Macht und Kontrolle über die Kommunikation,
- Mangelnde Flexibilität und Anpassungsfähigkeit in der Kommunikation aufgrund formalisierter Konzepte Integrierter Kommunikation,
- Zunehmende Komplexität von Wirkungsanalysen und Erfolgskontrollen bei den einzelnen Kommunikationsinstrumenten und der Gesamtkommunikation.

Die hier genannten Gefahren beziehungsweise Nachteile der Integrierten Kommunikation werden von befragten Unternehmen allerdings als insgesamt wenig bedeutsam eingeschätzt und haben kein so großes Gewicht, da sie die Vorteile einer integrierten Kommunikationsarbeit überwiegen könnten (*Bruhn/Zimmermann* 1993, S. 191; *Bruhn/Boenigk* 1999, S. 100; *Bruhn* 2006, S. 415). Um sicherzustellen, dass die Integrierte Kommunikation für ein Unternehmen mit deutlich mehr Vor- als Nachteilen verbunden ist, wurden in diesem Kapitel zahlreiche Bereiche der Planung und Umsetzung einer Integrierten Kommunikation dargestellt und sowohl auf inhaltlich-konzeptioneller, organisatorisch-struktureller als auch personell-kultureller Ebene vielfältige Anforderungen an die Unternehmens- und Marketingkommunikation diskutiert. Wesentliche kritische Erfolgsfaktoren, die sich dabei herauskristallisierten, sind in Schaubild II-D-17 zusammengefasst.

(1) Definition der Integrierten Kommunikation als Ziel der gesamten Unternehmenskommunikation durch die Unternehmensleitung

(2) Sicherstellung einer starken planerischen Fundierung im Unternehmen

(3) Einsatz spezieller Analyse- und Entscheidungskalküle

(4) Ganzheitliche und vernetzte Denkweisen von allen Beteiligten

(5) Entwicklung eines inhaltlich klar umrissenen, eindeutigen, strategischen Konzeptes der Integrierten Kommunikation

(6) Schaffung eines Orientierungsrahmens für die praktische Arbeit, der durch Kommunikationsrichtlinien für die betroffenen Ebenen des Unternehmens verbindlich formuliert ist

(7) Flache Hierarchien in der organisatorischen Strukturierung der Kommunikation

(8) Entwicklung spezieller integrationsfördernder ablauforganisatorischer Maßnahmen zur Steuerung der Integrierten Kommunikation

(9) Institutionalisierung der Stelle eines Kommunikationsmanagers zur Förderung der innerbetrieblichen Koordination und Weiterentwicklung des Prozesses der Integrierten Kommunikation

(10) Einsatz einer vergleichenden Effizienzbewertung der Kommunikationsinstrumente und eines ganzheitlichen Controllingansatzes der Integrierten Kommunikation

Schaubild II-D-17: Kritische Erfolgsfaktoren der Planung und Umsetzung der Integrierten Kommunikation
(Bruhn 2009a, S. 416)

Die Problemstellungen der Integrierten Kommunikation werden im ersten Jahrzehnt des 21. Jahrhunderts ein zentrales Thema der wissenschaftlichen und praktischen Auseinandersetzung über die Kommunikationsarbeit bleiben. Neben Fragestellungen der Integration ein- und zweiseitiger beziehungsweise push- und pull-gerichteter Kommunikationsinstrumente steht dabei die organisatorische und personelle Gestaltung der Integrierten Kommunikation im Mittelpunkt sowie die Messbarmachung und Kontrolle der Wirkungen der Integrierten Kommunikation. Bei einer Betrachtung der Entwicklungstendenzen und Zukunftsperspektiven der Integrierten Kommunikation, sind zehn zentrale Aspekte in Form von **Thesen** hervorzuheben:

These 1: Der fortschreitende Wandel zur so genannten **Netzwerkgesellschaft** wird sich neben den Kommunikationsbeziehungen zwischen Unternehmen und ihren Anspruchsgruppen auch auf die Umsetzung der Integrierten Kommunikation auswirken. Kommunikationsprozesse sind in der Netzwerkgesellschaft vor allem technologiegetrieben und beziehen eine unendliche Zahl von Beteiligten mit ein. Jeder kann an allen Kommunikationsprozessen partizipieren, unabhängig von Hierarchien oder institutionellen Zugehörigkeiten. Jeder verändert mit seinem Beitrag den Inhalt und die Qualität des Kommunikationsangebots (*Meckel* 2008). Gleichzeitig verbinden sich damit besondere Herausforderungen für eine integrierte Kommunikationspolitik, da Kommunikationsinhalte für Unternehmen weniger kontrollierbar werden. Letztlich ist eine Integration sowohl von klassischen als auch von technologischen Online-Kommunikationsmaßnahmen vorzunehmen, um im Ergebnis einen integrierten Kommunikationsmix und ein einheitliches Unternehmens- bzw. Markenbild zu erreichen. Dabei gilt es für Unternehmen, gezielt eigene soziale Kundennetzwerke aufzubauen und diese anzusprechen sowie bereits bestehende Netzwerke zu erschließen. Weiterhin wird es für

Unternehmen im Rahmen der Integrierten Kommunikation unerlässlich sein, auf die Interaktivität, Schnelligkeit und Wahrhaftigkeit der Kommunikation das Augenmerk zu legen.

These 2: Die immer weiter zunehmende Informationsüberlastung der Konsumenten und die gleichzeitig vorhandene begrenzte Informationsverarbeitungskapazität führen dazu, dass Kommunikationsbotschaften künftig auf mehrere Sinne zu verteilen sind. Durch die Aufnahme der Kommunikation über mehrere **Sinnesmodalitäten** kann eine höhere Wirkung der Integrierten Kommunikation erzielt werden. Im Hinblick auf die Mittel der Integrierten Kommunikation sind somit neben verbalen und visuellen Modalitäten auch weitere Sinnesmodalitäten, wie Akustik, Olfaktorik, Haptik und Gustatorik, zu berücksichtigen. Dabei können in den unterschiedlichen Kommunikationsinstrumenten verschiedene Sinnesmodalitäten zum Einsatz kommen. Im Rahmen der Umsetzung der Integrierten Kommunikation ist jedoch darauf zu achten, dass neben den bisherigen Integrationsmaßnahmen auch die einzelnen Reizmodalitäten aufeinander abzustimmen sind, um die Wahrnehmung als Ganzes zu gewährleisten (*Esch et al.* 2009).

These 3: Mit der Planung und Umsetzung von integrierten Kommunikationsstrategien ist notwendigerweise der Zwang zu einer **vergleichenden Effizienzbewertung der Kommunikationsinstrumente** verbunden. Eine konsequente Durchsetzung der Integrierten Kommunikation hat im Unternehmen erhebliche Veränderungen zur Folge, von der Entwicklung neuer Planungs- und Koordinationsprozesse bis hin zur Umverteilung des Kommunikationsbudgets. Die Umverteilung wird in erster Linie vorgenommen, um durch eine integrative Kommunikationsarbeit Synergiewirkungen und damit eine höhere Effizienz zu erreichen. Die einzelnen Kommunikationsabteilungen werden aufgefordert sein, die Leistungsfähigkeit ihrer Kommunikationsinstrumente nach konkreten Leistungskriterien zu messen und unter Beweis zu stellen.

These 4: Einen wesentlichen Schwerpunkt bei der Weiterentwicklung der Integrierten Kommunikation bilden **organisatorische Fragestellungen.** In vielen Unternehmen scheitert die Umsetzung Integrierter Kommunikation trotz überzeugender Strategien bislang daran, dass kein adäquates Organisationsmodell für die Integrierte Kommunikation vorliegt. In Anbetracht der bei einem Großteil der Unternehmen fixen Aufbauorganisation geht es dabei in erster Linie um ablauforganisatorische Fragestellungen, insbesondere im Hinblick auf die Gestaltung der abteilungsübergreifenden Zusammenarbeit in der Kommunikation. Es wird insbesondere darum gehen, unterschiedliche organisatorische Alternativen zu entwickeln und Kriterien aufzustellen, um deren „Fit" in Abhängigkeit unternehmensspezifischer Bedingungen zu beurteilen. Einen interessanten Ansatz wählt in diesem Zusammenhang *Ahlers* 2006, die so genannte „Effizienzkriterien" für die Organisation der Integrierten Kommunikation entwickelt und – ausgehend von diesen – alternative Möglichkeiten der unternehmensinternen Koordination (z. B. Arbeit in cross-funktionalen Ausschüssen, Einsatz eines Kommunikationsmanagers, Dominanz einer bestimmten Abteilung) für unterschiedliche Unternehmenstypen bewertet. Als Ausgangspunkt der Koordinationsbemühungen bieten sich dabei die einzelnen **Prozesse eines integrierten Kommunikationsmanagements** an, die unternehmensspezifisch zu identifizieren, zu gestalten und abteilungsübergreifend zu koordinieren sind.

These 5: Ein vornehmlich organisatorisches Problem stellt die **Aufstellung der Kommunikationsagenturen** im Rahmen der Integrierten Kommunikation dar. Für eine einheitliche Kommunikationsstrategie kann es nicht förderlich sein, wenn für einzelne Kommunikationsdisziplinen unterschiedliche Agenturen engagiert sind. Dies haben sowohl Agenturen als auch Unternehmen erkannt. Die Folge war oftmals ein Zusammenschluss mehrerer Agenturen zu einem Agenturnetzwerk. Dieser Trend zu Agenturnetzwerken wird künftig weiter anhalten, denn insbesondere internationale Agenturnetzwerke haben für die Umsetzung der Integrierten Kommunikation den Vorteil, auf die unterschiedlichen Bedürfnisse der Konsumenten eines Unternehmens in den einzelnen Ländersegmenten sowie auf die des Unternehmens selbst adäquat reagieren zu können. Die Kompetenzen, die Agenturen künftig zu erfüllen haben, beziehen sich insbesondere auf Medien im Rahmen der Online-Kommunikation. Da zunehmend auch die Prozessorientierung in der Kommunikation erkannt worden ist, werden Agenturen die Unternehmen in den nächsten Jahren zudem bei der Entwicklung eines prozessorientierten Kommunikationsmanagements unterstützen.

These 6: Die Durchsetzung der Integrierten Kommunikation in der Praxis hat in den vergangenen Jahren in vielen Unternehmen zur Schaffung neuer Stellen von **Kommunikationsmanagern**, Leitern der (Konzern-)Kommunikation oder Corporate Communication Managern geführt. Diese Entwicklung ist unzweifelhaft richtig und zeugt von Professionalität im Umgang mit Integrierter Kommunikation. Professionalität bedarf in einem weiteren Schritt aber einer professionellen organisatorischen Einbindung des Kommunikationsmanagers im Unternehmen, der Sicherstellung seiner Akzeptanz bei allen beteiligten Abteilungen und auf allen Hierarchieebenen sowie der Weiterentwicklung der fachlichen und persönlichen Fähigkeiten des Kommunikationsmanagers. Dies sind Fragestellungen, die zum einen die Organisations- und Personalpolitik des Unternehmens betreffen, zum anderen aber auch die ausbildenden Institutionen herausfordern, den zukünftigen Kommunikationsmanagern die erforderlichen Kompetenzen mit auf den Weg zu geben.

These 7: Bisher konzentrierten sich Studien über den Einsatz der Integrierten Kommunikation zumeist auf deren Implementierung nach außen. Auch wenn das in diesem Buch verfolgte Konzept der Integrierten Kommunikation die **Mitarbeiterkommunikation** explizit mit einschließt, ist an dieser Stelle noch einmal ausdrücklich auf die Abstimmung sämtlicher Aktivitäten im Rahmen der Internen Kommunikation hinzuweisen. Konkret ist darunter zu verstehen, dass Kommunikationsmaßnahmen, wie z.B. Dialogbilder, Markenwelten oder Markenspiele, inhaltlich, formal sowie zeitlich aufeinander abzustimmen sind. Des Weiteren ist auch auf die Abstimmung dieser Aktivitäten mit den externen Kommunikationsmaßnahmen zu achten, da Mitarbeitende als „second audience" auch Rezipienten der extern gerichteten Kommunikation sind (*Gilly/Wolfinbarger* 1998). Die Implementierung der Integrierten Kommunikation nach innen bzw. deren Wirkung auf die Mitarbeitenden findet erst in letzter Zeit in der Forschungspraxis Erwähnung (*Keller* 2008; *Kliatchko* 2008). In diesem Kontext sind daher noch weitere Erkenntnisse zu erwarten.

These 8: Eine besondere Herausforderung stellt die Integrierte Kommunikation für **international agierende Unternehmen** dar. In Abhängigkeit von den unternehmens- und länderspezifischen Gegebenheiten besteht ihre Aufgabe darin, die für ihre Situation beste Balance zwischen Standardisierung und regionaler Anpassung zu finden. Die schon heute hohen Anforderungen auf diesem Gebiet werden sich zukünftig nochmals verstärken. Hierzu tragen insbesondere die Zunahme internationaler Verflechtungen von Unternehmen, länderübergreifende Fusionen sowie die Entwicklung internationaler Geschäftsmodelle (z.B. Internetunternehmen; vgl. *Kim* 2001) bei. Hinzu kommt die fortschreitende Verbreitung internationaler Medien, die es den Zielgruppen von Unternehmen ermöglicht, deren Kommunikationskampagnen in unterschiedlichen Ländern gleichzeitig zu verfolgen, zu vergleichen und mögliche Widersprüche wahrzunehmen.

These 9: Ein wesentliches Defizit der Integrierten Kommunikation stellen , wenn auch weniger als noch vor einigen Jahren, Schwachpunkte bei der **Effizienz-** und **Effektivitätskontrolle**

dar. Dies bietet auch eine Angriffsfläche für Kritik am Konzept der Integrierten Kommunikation an sich, da monetäre Erfolge bislang nur partiell nachgewiesen werden können. Die Entwicklung geeigneter Modelle zur Bestimmung des Integrationsgrades der Kommunikation in Unternehmen (vgl. z. B. den Ansatz von *Stumpf* 2005) sowie Messmethoden zur Kontrolle der Integrationsprozesse und der Ergebnisse integrierter Kommunikationsstrategien sind somit sowohl für die Praxis als auch die Wissenschaft erstrebenswert: Für die Praxis, damit die Erfolge einer Integrierten Kommunikation endlich auch in „harten" Zahlen vorliegen, unterschiedliche Kommunikationsstrategien im Hinblick auf ihren monetären Erfolg bewertet werden können und darüber hinaus Anreizsysteme für Mitarbeitende eine solide Bemessungsgrundlage erhalten; für die Wissenschaft, damit die Auseinandersetzung mit den Kritikern der Integrierten Kommunikation zukünftig nicht mehr vornehmlich auf qualitativer Ebene zu erfolgen hat, sondern die Argumentation auch auf quantitativer Ebene überzeugend vorgenommen werden kann. Trotz der noch vorhandenen Defizite ist in den vergangenen Jahren allerdings ein Trend dahingehend zu beobachten, dass sich in der Forschung zunehmend der Konzeptualisierung und Operationalisierung des Konstrukts Integrierte Kommunikation sowie deren Wirkung gewidmet wird (z. B. *Lee/Park* 2007; *Bauer et al.* 2008; *Keller* 2008). Dies ist als Zeichen dafür zu interpretieren, dass in den kommenden Jahren vermehrt Studien zur Wirkung und Effizienz der Integrierten Kommunikation zu erwarten sind.

These 10: Die **Grenzen der Integrierten Kommunikation** sind in einer zu starken Vereinheitlichung und Monotonie der Kommunikation zu sehen. Jede Integration und Ausrichtung von Zielen, Strategien und Maßnahmen im Hinblick auf ein einheitliches, konsistentes Erscheinungsbild birgt zwangsläufig die Gefahr, dass die Vereinheitlichung „überzogen" wird. Ist die Kommunikation zu einheitlich ausgerichtet, entstehen dysfunktionale Wirkungen bei den Zielgruppen. Integrierte Kommunikation bedeutet folglich nicht, dass sich die Kommunikation im Verlauf der Zeit nicht zu verändern hat. Daher ist im Rahmen der Integrierten Kommunikationsarbeit darauf zu achten, eine Vermeidung von Monotonie beim Betrachter hervorzurufen. Dies kann sich z. B. darin ausdrücken, dass bei der Umsetzung der Integrierten Kommunikation Variationen vorgenommen werden. Diese Variationen haben jedoch in Abstimmung mit der angestrebten Positionierung zu erfolgen.

Die weit gefächerten Thesen, die sich auf eine Vielzahl unterschiedlicher Aspekte der Integrierten Kommunikation beziehen, verdeutlichen, dass die Integrierte Kommunikation immer wieder mit neuen Fragestellungen konfrontiert ist und damit auch die Unternehmen vor ständig neue Herausforderungen gestellt werden. Um ihnen erfolgreich zu begegnen, ist die Integrierte Kommunikation zukünftig noch bewusster als dauerhafte Aufgabe im Rahmen des strategischen Managements zu verstehen – mit den entsprechenden Konsequenzen für den Planungs- und Umsetzungsprozess der Integrierten Kommunikation, das Controlling sowie die Organisation und das Personalmanagement.

Teil III

Einsatz kommunikationspolitischer Instrumente

A. Systematik kommunikationspolitischer Instrumente

Gegenstand der integrierten Kommunikationspolitik ist die Erreichung relevanter Kommunikationsziele bei ausgewählten Kommunikationszielgruppen. Hierzu stehen Unternehmen eine Vielzahl von Kommunikationsinstrumenten zur Verfügung. In den letzten Jahrzehnten haben sich zahlreiche kommunikationspolitische Maßnahmen herausgebildet, die von Unternehmen beziehungsweise Kommunikationsagenturen gezielt eingesetzt werden. Daraus ergeben sich eine **Vielzahl kommunikationspolitischer Aktivitäten**, die nachfolgend zunächst ungeordnet und fragmentarisch im Folgenden aufgezählt werden (*Steffenhagen* 2000, S. 185 f.):

- Persönliche Gespräche, Telefonate, E-Mails,
- Gestaltung und Schaltung von Anzeigen, Hörfunk- und TV-Spots,
- Leuchtschriften an Häuserfassaden, in Flughäfen oder Bahnhöfen,
- Verkehrsmittelbeschriftungen,
- Versendung von Briefen, Prospekten, Broschüren, Katalogen,
- Produktpräsentationen in Schaufenstern, in Geschäftsräumen, bei Messen und Ausstellungen,
- Auslage von Displaymaterial in Geschäften,
- Beklebung von Schaufenstern, Fensterumrahmungen,
- Plakatierung an Litfaßsäulen oder anderen Anschlagstellen,
- Bandenplakatierung in Sportstadien,
- Aufdrucke oder Gravuren auf Werbegeschenken,
- Werbefilme, Website, Weblog u. a. m.

Beim Einsatz der Kommunikationspolitik stehen Unternehmen oftmals vor dem Problem, die mannigfaltigen Kommunikationsmaßnahmen umfassend und systematisch zu erfassen. Dieses Systematisierungsproblem bezieht sich dabei nicht nur auf die bestehenden Einzelmaßnahmen, wie z. B. die Versendung eines Prospektes oder die Unterstützung einer Sportveranstaltung, sondern ebenfalls auf die in den letzten Jahren neu entwickelten kommunikativen Möglichkeiten, z. B. die Durchführung eines Events oder die Bereitstellung einer Website im Internet. Zur systematischen Erfassung der verwendeten Kommunikationsmaßnahmen werden diese nach ihrer Ähnlichkeit gedanklich zu **Kommunikationsinstrumenten** gebündelt. Demgemäß werden aus Gründen der Zweckmäßigkeit folgende Kommunikationsinstrumente für die weitere Analyse unterschieden:

- Mediawerbung,
- Verkaufsförderung,
- Direct Marketing,
- Public Relations (Öffentlichkeitsarbeit),
- Sponsoring,
- Persönliche Kommunikation,
- Messen und Ausstellungen,
- Event Marketing,
- Social Media-Kommunikation,
- Mitarbeiterkommunikation.

Die Gruppierung von **Kommunikationsmitteln** zu Kommunikationsinstrumenten ist in erster Linie eine Frage der Zweckmäßigkeit. Gerade bei den neuen Formen der Unternehmenskommunikation, wie z. B. Product Placement, Product Publicity oder Event Marketing ist eine eindeutige Zuordnung nicht immer möglich.

Innerhalb der Kommunikationsinstrumente werden vielfach weitere Untergruppierungen vorgenommen, um die Erscheinungsformen für die einzelnen Kommunikationsinstrumente zu spezifizieren. Dabei werden Differenzierungen im Hinblick auf Trägermedien, Zielgruppen usw. vorgenommen. Die folgenden **Beispiele** verdeutlichen dies:

- Mediawerbung: Anzeigenwerbung,
                      Fernsehwerbung
                      Radiowerbung,
                      Plakatwerbung,
                      Internet usw.
- Verkaufsförderung: Konsumentengerichtete Verkaufsförderung,
                      Handelsgerichtete Verkaufsförderung.
- Sponsoring: Sportsponsoring,
                      Kultursponsoring,
                      Sozio- und Umweltsponsoring,
                      Mediensponsoring.

Eine systematische und konzise Betrachtung von Kommunikationsinstrumenten wird in der Literatur nur vereinzelt durchgeführt. Zumeist findet lediglich eine deskriptive Darstellung der einzelnen Instrumente der Marktkommunikation im Kommunikationsmix der Unternehmen statt (*Unger* 1989, S. 6; *Assael* 1993, S. 552 ff.; *Mayer* 1993, S. 212; *Crosier* 1995, S. 655 ff.; *Smith* 2004, S. 19; *Kotler/Bliemel* 2007, S. 881 ff.; *Belch/Belch* 2008, S. 14 ff.). Einige der **Ansätze zur Systematisierung von Kommunikationsinstrumenten** werden im Folgenden hervorgehoben:

- So unterscheidet *Köhler* (1976, S. 165) im Rahmen der Marktkommunikation zwischen **direktem** und **indirektem** Kontakt der Anbieter und potenziellen Nachfrager auf der einen Seite sowie dem Einsatz **persönlicher** und **unpersönlicher** Informationsträger gegenüber den potenziellen Nachfragern auf der anderen Seite. Demgemäss lassen sich vier Kommunikationsformen gegeneinander abgrenzen:
  - **(1) Direkte und persönliche Kommunikation:** z. B. unmittelbare Akquisitions- und Verkaufsgespräche einschließlich Beratungsdiensten wie Personal Selling, mündliche Erläuterungen von Warenproben im Rahmen von Verkaufsförderungsaktionen, Vorträge bei Werksbesichtigungen u. a. m.
  - **(2) Direkte und unpersönliche Kommunikation:** z. B. Direktwerbung mit schriftlichem Informationsmaterial (Werbebriefe, Prospekte usw.), gezielt zugesandte Public-Relations-Schriften u. a. m.
  - **(3) Indirekte und persönliche Kommunikation:** z. B. Informationsübermittlung durch zwischengeschaltete Händler, Einflussnahme auf Meinungsführer, die im privaten Bezugsgruppenbereich als Informationsmittler auftreten u. a. m.
  - **(4) Indirekte und unpersönliche Kommunikation:** z. B. Mediawerbung, Displaymaterial für den Handel, redaktionelle Berichte über Produkte u. a. m.
- *Rothschild* (1987, S. 6 f.) differenziert die Kommunikationsinstrumente in erster Linie danach, ob das kommunikationstreibende Unternehmen für den Einsatz des Kommunikationsinstrumentes zu bezahlen hat **(Paid)** oder nicht **(Free)**. Nach *Rothschild* kontrollieren Unternehmen nur dann die Wirkungen der Kommunikation, wenn es die Botschaft, die Form, das Timing und die Platzierung steuert. Hierzu hat das Unternehmen einen Vertrag

mit dem Medium, das die Botschaft transportiert, abzuschließen. Zudem unterscheidet er die Instrumente danach, ob diese an einzelne Personen persönlich (**Personal**) oder an ein anonymes Massenpublikum (**Mass**) gerichtet sind. Demgemäß zählt *Rothschild* Mediawerbung, Sales Promotions, Werbung am Point of Purchase, einige Formen der Publicity, aber auch die Packungsgestaltung und die Namensgebung zu den bezahlten, an ein Massenpublikum gerichtete Kommunikationsinstrumenten. Im Gegensatz dazu sieht er Public Relations, Consumer Reports und einige Publicity-Formen als „freie", an ein Massenpublikum gerichtete Kommunikationsinstrumente an. Die bedingt steuerbare Kommunikation des Außendienstes ist dagegen den persönlichen, zu bezahlenden Instrumenten der Unternehmenskommunikation zuzuordnen, während die Mund-zu-Mund-Propaganda eine Form der „freien" und persönlichen Kommunikation ist.

- *Berndt* (1993, S. 11) differenziert die Kommunikationsinstrumente nach den Kriterien **direkt** und **indirekte** sowie **innerbetriebliche** und **außerbetriebliche** Kommunikation. Indirekte Kommunikation – wie z. B. Mediawerbung – liegt nach *Berndt* dann vor, wenn der Rezipient keine Antwortmöglichkeiten hat. Bei der direkten Kommunikation ist diese Rückkoppelungsmöglichkeit gegeben. Eine außerbetriebliche Kommunikation ist sowohl auf Absatzmärkte als auch auf Beschaffungsmärkte gerichtet, wohingegen die innerbetriebliche Kommunikation auf unternehmensinterne Zielgruppen abhebt. Hierdurch lassen sich die Instrumente Mediawerbung, Direct Communications, Public Relations, Sales Promotion, Product Placement, Product Publicity und Sponsoring gegeneinander abgrenzen.

- *Zikmund* und *d'Amico* (1993, S. 565) gliedern die einzelnen Kommunikationsinstrumente danach, ob diese **direkt**, d. h. Face to Face beziehungsweise über das Telefon oder **indirekt**, d. h. über Medien, z. B. das Fernsehen, an die Rezipienten gerichtet sind. Im Einzelnen unterscheiden *Zikmund* und *d'Amico* vier Kommunikationsinstrumente, wobei der Persönliche Verkauf und die Verkaufsförderung zu den direkten und Mediawerbung sowie Publicity/Public Relations zu den indirekten Kommunikationsinstrumenten gezählt werden.

- *Rossiter* und *Percy* (1998) unterscheiden lediglich vier Kommunikationsinstrumente: Persönlicher Verkauf, Mediawerbung, Promotion und Public Relations. Dabei geben die beiden Autoren allerdings keine Kriterien zur Abgrenzung des Persönlichen Verkaufs beziehungsweise Public Relations an, sondern konzentrieren sich auf die Unterscheidung von Mediawerbung und Promotion. Diese werden anhand der folgenden Kriterien beschrieben (*Rossiter/Percy* 1998):
  - Beeinflussung des Kaufverhaltens,
  - Abgabe von nicht-preisbezogenen Informationen und
  - zeitlicher Einsatz

  Demnach zielt Werbung indirekt auf das Kaufverhalten der Konsumenten ab, während dies bei Promotions direkt geschieht. Weiterhin werden mit Hilfe der Mediawerbung viele nicht-preisbezogene Informationen vermittelt, wohingegen Promotions hauptsächlich den Preis in den Vordergrund stellen und nur wenige nicht-preisbezogene Informationen kommunizieren. Schließlich wird Werbung gemäß *Rossiter* und *Percy* zumeist vor dem Kaufabschluss und Promotions während des Kaufabschlusses eingesetzt.

- *Hartley* und *Pickton* (1999) nehmen eine Unterteilung der Kommunikationsinstrumente nach den Kriterien **einseitige – zweiseitige**, **persönliche – unpersönliche** Kommunikation sowie an **Individuen** und an **ein anonymes Massenpublikum** gerichtete Kommunikation vor. Die unpersönliche Kommunikation ist dadurch gekennzeichnet, dass sich diese an ein anonymes Publikum beziehungsweise bestimmte Segmente richtet und durch die einseitige Kommunikation des Unternehmens geprägt ist. Die Form der einseitigen Kommunikation ermöglicht keinen sofortigen Dialog zwischen dem Absender und den Adressaten der Kommunikation. Obwohl einige traditionelle Modelle beispielsweise der Mediawerbung eine Dialogmöglichkeit zusprechen, gehen *Hartley* und *Pickton* davon aus, dass durch das Fehlen einer sofortigen Reaktion nicht mehr von einem Dialog zu sprechen ist. Daher ist ein Medium, bei dem es erst zu einer verspäteten Reaktion kommt, auch nicht der zweiseitigen Kommunikation zurechenbar. Die persönliche Kommunikation ist demnach dadurch geprägt, dass sie einen direkten und sofortigen Dialog zwischen Unternehmen und Individuen ermöglicht. Eine zweiseitige Kommunikation zwischen Unternehmen und den individuellen Kunden erfolgt beispielsweise via E-Mail, Telefon, Fax oder das Internet.

Hartley und Pickton ordnen entsprechend der betrachteten Kriterien die Kommunikationsinstrumente auf einem Kontinuum zwischen unpersönlicher und persönlicher Kommunikation in drei Bereiche:

(1) Instrumente der Unternehmenskommunikation

(2) Instrumente der Marketingkommunikation

(3) Instrumente der Dialogkommunikation

Die Grenzen zwischen den Bereichen sind als fließend zu erachten und Überschneidungen möglich. Schaubild III-A-1 zeigt die aus dieser Einteilung resultierenden charakteristischen Merkmale der verschiedenen Kommunikationskategorien. Demnach sind Instrumente der Unternehmenskommunikation, wie beispielsweise Corporate Sponsoring, Corporate Mediawerbung u.a.m., durch einen zunehmenden Grad an einseitiger, unpersönlicher Kommunikation gekennzeichnet und dienen primär der Unternehmensdarstellung. Um den Verkauf von Produkten und Dienstleistungen zu unterstützen, hat ein Unternehmen Instrumente der Marketingkommunikation wie beispielsweise Mediawerbung, Event Marketing u.a.m. einzusetzen. Instrumente der Dialogkommunikation (Persönlicher Verkauf, Messen und Ausstellungen u.a.m.) sind durch einen zunehmenden Anteil der zweiseitigen Kommunikation mit einzelnen Individuen gekennzeichnet. Sie dienen dem Aufbau und der Intensivierung des Dialogs mit den aktuellen und potenziellen Kunden des Unternehmens. Ziel von Unternehmen hat es zukünftig zu sein, eine gelungene Kombination von Unternehmenskommunikation, Marketingkommunikation und Dialogkommunikation einzusetzen und diese Elemente im Sinne einer Integrierten Kommunikation abzustimmen.

- *Meffert* (2008, S. 686) unterteilt die kommunikationspolitischen Maßnahmen nach drei Kriterien:

  (1) **Grad der Abhängigkeit** des Kommunikators vom Unternehmen, d.h. abhängig beziehungsweise unabhängig,

  (2) **Art der Kommunikationsbeziehung** zwischen Unternehmen und Zielgruppe, d.h. persönliche und nicht persönliche Kommunikation,

  (3) **Art der Kommunikationszielung**, d.h. an den Einzelnen beziehungsweise an ein breites Publikum gerichtet.

  Dabei ist ein Beratungsgespräch im Rahmen der Verkaufsförderung oder eine Direct-Mail-Aktion als eine persönliche und an den Einzelnen gerichtete Kommunikationsmaßnahme zu interpretieren, während die Fernsehwerbung eine unpersönliche und an die breite Masse gerichtetes Kommunikationsinstrument darstellt.

- *Wells, Burnett* und *Moriarty* (2008, S. 75 ff.) unterscheiden die Kommunikationsinstrumente nach dem beabsichtigten Effekt **(Intended Effect)**, der Kontaktart zwischen Sender und Empfänger **(Customer Contact)** und der zeitlichen Zielung **(Timing)**. Hierdurch lassen sich sechs Instrumente der Kommunikation von Unternehmen gegeneinander abgrenzen: Per-

Merkmale	Unternehmens-kommunikation	Marketing-kommunikation	Dialog-kommunikation
Funktion(en)	Prägung des institutionellen Erscheinungsbildes des Unternehmens	Verkauf von Produkten und Dienstleistungen des anbietenden Unternehmens	Austausch mit Anspruchs-gruppen durch persönliche Kommunikation
Zentrale Kommu-nikationsziele	Positionierung, Goodwill, Unternehmensimage, Unternehmensbekanntheit	Ökonomische (z.B. Absatz, Marktanteil, Umsatz), psycho-logische (z.B. Image) Ziele	Aufbau/Intensivierung des Dialogs zur Kundenakquise, -bindung und -rückgewinnung
Weitere typische Kommunikations-ziele	Aufbau von Vertrauen und Glaubwürdigkeit, Demonstration von Kompetenz	Abbau von Informations-asymmetrien, Vermittlung zuverlässiger Produkt-informationen	Vertrauensaufbau, Pflege von Geschäftsbeziehungen, Information über Leistungs-spezifika
Primäre Zielgruppen	Alle Anspruchsgruppen des Unternehmens	Aktuelle und potenzielle Kunden des Unternehmens, weitere Entscheidungsträger	Aktuelle und potenzielle Kunden, Kooperations- und Marktpartner
Typische Kommunikations-instrumente	Institutionelle Mediawerbung, Corporate Sponsoring, Corporate Public Relations	Mediawerbung, Produkt-PR, Verkaufsförderung, Sponsoring, Events	Persönliche Kommunikation, Messen/Ausstellungen, Social Media-Kommunikation, Direct Marketing
Organisatorische Stellung im Unternehmen	Stab bei der Unternehmens-leitung, Corporate Communication	Linienstruktur in Sparten-, Regionen- oder Kunden-organisation	Spezialisierung im Rahmen des Marketing, zum Teil auch Vertrieb
Zusammenarbeit mit externen Agenturen	Zusammenarbeit mit CI- und PR-Agenturen	Zusammenarbeit mit Werbe-, Promotion-, Sponsoring- und Event-Agenturen	Zusammenarbeit mit Direct Marketing-, Internet- und CRM-Agenturen

Schaubild III-A-1: Charakteristische Merkmale der Unternehmens-, Marketing- und Dialogkommunikation

sönlicher Verkauf, Mediawerbung, Sales Promotion, Direct Marketing, Public Relations und Point-of-Sale-Werbung bzw. Packungsgestaltung.

- *Kloss* (2003, S. 4 f.) systematisiert die Kommunikationsinstrumente neben der weit verbreiteten Unterscheidung in **Massen- und Individualkommunikation** noch nach dem Kriterium der **Sichtbarkeit der Werbeabsicht**. Nach diesem Kriterium zählen die klassische Werbung sowie die Public Relations zur „Werbung above the line", die vom Autor als Sonderwerbeformen eingestuften Kommunikationsmaßnahmen Sponsoring, Product Placement, Verkaufsförderung sowie weitere Instrumente dagegen zur „Werbung below the line".

- *Hofbauer* und *Hohenleitner* (2005, S. 11 ff.) greifen im Wesentlichen die bereits dargestellten Systematisierungskriterien auf und erwähnen als weitere mögliche Systematisierung die Unterscheidung nach sach- und zweckorientierter Kommunikation. Während bei **sachorientierter Kommunikation** eine neutrale Informationsvermittlung erfolgt, hat die **zweckorientierte Kommunikation** die Beeinflussung von Meinungen oder Handlungen des Empfängers zum Ziel. Eine Einteilung von Instrumenten nach Zweck- und Sachorientierung nehmen die Autoren allerdings nicht vor, sondern führen die Orientierung eines Instruments auf die konkrete Ausgestaltung der Kommunikation zurück.

- *Pickton* und *Broderick* (2005, S. 15 ff.) verwenden für ihre Systematisierung ebenfalls die weit verbreitete Unterscheidung zwischen **Massen- und Individualkommunikation**. Sie wählen allerdings ein kreisförmiges Systematisierungsschema für die Einordnung von Kommunikationsmaßnahmen. Den Kreis unterteilen die Autoren in vier Segmente, in die sie die klassischen Kommunikationsinstrumente Persönlicher Verkauf, Verkaufsförderung, Werbung und Public Relations so einordnen, dass sich der Persönliche Verkauf auf der Seite der Individualkommunikation und die Werbung auf der Seite der Massenkommunikation gegenüberstehen. Die vier Segmente sind nicht als trennscharf anzusehen, sondern als Kontinuum zu verstehen, dem weitere Kommunikationsmaßnahmen zugeordnet werden können. Während zum Beispiel die Stakeholderkommunikation eindeutig dem Segment Public Relations zugeteilt werden kann, ordnen die Autoren Messen und Ausstellungen in den Überschneidungsbereich zwischen Persönlichem Verkauf und Verkaufsförderung ein; Product Placement und Corporate Advertising liegen dagegen zwischen der Werbung und den Public Relations. In diesem kreisförmigen Kontinuum positionieren *Pickton* und *Broderick* neben den vier klassischen Instrumenten 23 weitere kommunikative Aktivitäten.

- *Steffenhagen* (2008, S. 129 ff.) greift zur Systematisierung des Kommunikationsinstrumentariums auf so genannte **Kommunikationsformen** zurück. Hierbei zeigt er vier sich ergänzende Kommunikationsformen auf (vgl. Kapitel 10), die sich in bipolaren Ausprägungen gegenüberstehen:

  (a) Persönlich – Unpersönlich,

  (b) Einseitig – Zweiseitig,

  (c) Kommunikation mittels Form- und/oder Stoffzeichen – Kommunikation mittels Wort-, Schrift-, Bild- und/oder Tonzeichen,

  (d) Personen- und/oder organisationsspezifisch gerichtet – An ein anonymes Publikum gerichtet.

  Nach diesen Kriterien wird der Persönliche Verkauf insbesondere durch das Merkmal „persönliche Kommunikation" abgegrenzt. Mediawerbung kann durch die Merkmalskombination „unpersönlich, einseitig, nicht-physisch und an ein anonymes Publikum gerichtet" beschrieben werden. Direktwerbung kann durch die Merkmale unpersönlich, einseitig, nicht-physisch und personen- oder organisationsspezifisch gerichtet klassifiziert werden.

- *Steffenhagen* (2008, S. 132 ff.) verwendet in einer weiteren Systematisierung von Kommunikationsinstrumenten die Kriterien **Kommunikationsträger**, **Kommunikationsumfeld**, **Kommunikationsinhalte** und **spezielle Zielgruppen**. Beispielsweise kennzeichnen spezielle Kommunikationsträger die Außenwerbung. Point-of-Sale-Werbung wird vor allem durch das Kommunikationsumfeld charakterisiert, wohingegen die Kommunikationsinhalte oder die Betrachtung spezieller Zielgruppen zur Abgrenzung von Public Relations und Werbung herangezogen werden. Danach vermitteln PR-Aktivitäten Botschaften über das Unternehmen an die breite Öffentlichkeit, während Werbung auf angebotene Produkte und potenzielle Abnehmer abzielt.

- *Scharf, Schubert* und *Hehn* (2009, S. 376 ff.) systematisieren die Kommunikationsinstrumente nach der **Sichtbarkeit der Kommunikationsmaßnahme**. Nach diesem Kriterium zählen die klassische, Direktwerbung, Online-Werbung und die Öffentlichkeitsarbeit zur „Above-the-Line"-Kommunikation. Demgegenüber steht die „Below-the-Line"-Kommuni-kation. Diese wird von den Autoren in konventionelle (Verkaufsförderung, Sponsoring, Product Palcement und Events) und unkonventionelle Maßnahmen weiter untergliedert. Zu den zuletzt genannten Maßnahmen zählen die Autoren die Low-Budget-Kommunikation (Moskito Marketing, Campaign Highjacking), die Mund-zu-Mund-Kommunikation (Virales Marketing, Mobile Marketing, Buzz Marketing) sowie Ambush Marketing.

- *Schweiger* und *Schrattenecker* (2009, S. 7 ff.) differenzieren bei der Marktkommunikation zunächst zwischen **symbolischer Kommunikation** und der **Kommunikation mittels Produktinformationen**. Symbolische Kommunikation kann weiterhin danach unterteilt werden, ob es sich um **Massenkommunikation** oder **Individualkommunikation** handelt. Zur Kategorisierung wird danach unterschieden, ob die symbolische Kommunikation **direkt – indirekt** oder **einseitig** – **zweiseitig** an ein disperses Publikum gerichtet ist bzw. ob Rückkoppelungsmöglichkeiten für die Kommunikationsteilnehmer bestehen. Demzufolge sind die Formen der Massenkommunikation wie Mediawerbung, Public Relations und Verkaufsförderung dadurch gekennzeichnet, dass die Botschaften indirekt mit Hilfe technischer Verbreitungsmittel (z. B. Rundfunk, Zeitungen) einseitig an ein disperses Publikum herangetragen werden. Individualkommunikation erfolgt demgegenüber direkt, zweiseitig und mit Rückkoppelungsmöglichkeiten für die Kommunikationspartner. Die zur Massenkommunikation verwendeten Kommunikationsinstrumente (Werbung, Öffentlichkeitsarbeit) zählen die Autoren zu den „above-the-line"-Instrumenten. Verkaufsföderung, Sponsoring, Events, Messen/Ausstellungen, Product-Placement, Direktwerbung und Online-Kommunikation bezeichnen sie hingegen als „below-the-line"-Instrumente.

Einen Überblick der in der Literatur vorgenommenen Systematisierungsansätze von Kommunikationsinstrumenten zeigt Schaubild III-A-2.

Allerdings zeigen die vielfältigen kommunikationsbezogenen Aktivitäten, dass neben den bisher erläuterten Abgrenzungskriterien noch weitere identifiziert werden. Dabei werden die diversen Kommunikationsinstrumente nach den Kriterien **Kommunikationsträger**, **Kommunikationsumfeld**, **Kommunikationsinhalte** und **spezielle Zielgruppen** unterschieden. Beispielsweise kennzeichnen spezielle Kommunikationsträger die Außenwerbung. Point-of-Sale-Werbung wird vor allem durch das Kommunikationsumfeld charakterisiert, wohingegen die Kommunikationsinhalte oder die Betrachtung spezieller Zielgruppen zur Abgrenzung von Public Relations und Mediawerbung herangezogen werden. Danach vermitteln Public-Relations-Aktivitäten Botschaften über das Unternehmen an die breite Öffentlichkeit, während Mediawerbung auf angebotene Produkte und potenzielle Abnehmer abzielt (*Steffenhagen* 2000, S. 16 ff.)

Zur systematischen Einordnung der Gesamtheit der kommunikationspolitischen Instrumente und Kommunikationsmittel werden diese im Folgenden nach der **Richtung** und **Art der Kommunikation** erfasst. In Bezug auf die Richtung der kommunikativen Aktivitäten einer Unternehmung sind nicht nur die kommunikativen Anstrengungen hinsichtlich einer marktgerichteten **externen** Kommunikation, sondern ebenfalls die Maßnahmen im Rahmen der unternehmens**internen** Kommunikation zu erfassen. Folglich werden alle unternehmerischen Kommunikationsaktivitäten im Sinne einer Integrierten Kommunikation nach innen und nach außen berücksichtigt.

Im Hinblick auf die Art der Kommunikation lassen sich direkte und indirekte kommunikative Maßnahmen unterscheiden. **Direkte Kommunikation** (face to face) hebt dabei auf den unmittelbaren Kontakt zwischen Sender und Empfänger ab. Es werden keine medialen Kommunikationsträger zwischengeschaltet. Direkte Kommunikation liegt sowohl in einseitiger als auch in zweiseitiger Art vor. Die **einseitige Kommunikation** ist dadurch gekennzeichnet, dass nur ein Kommunikator existiert. Infolge dieser einseitigen Kommunikation hat der Empfänger der Botschaft keine Rückkoppelungsmöglichkeiten zum Sender. Im Gegensatz dazu stehen bei der **zweiseitigen Kommunikation** der Kommunikator und der Adressat in einer Interaktionsbeziehung (Dialog) zueinander, d. h. die Kommunikation erfolgt in einem zweiseitigen Informationsaustausch.

Unter **indirekter Kommunikation** (medial) sind alle diejenigen kommunikativen Aktivitäten der Unternehmung zu verstehen, die über Medien erfolgen. Dementsprechend wird auch von medialer Kommunikation gesprochen (*Hermanns/Püttmann* 1993, S. 33). Indirekte mediale Kommunikation erfolgt zumeist **einseitig** an ein disperses Publikum gerichtet. Jedoch wird insbesondere in Verbindung mit den „Neuen Medien", wie beispielsweise Internet oder

Autoren	1. Kriterium	2. Kriterium	3. Kriterium	4. Kriterium	5. Kriterium
Köhler (1976)	direkt – indirekt	persönlich – unpersönlich	-	-	-
Rothschild (1987)	Paid – Free	Mass – Personal	-	-	-
Berndt (1993)	direkt – indirekt	innerbetrieblich – außerbetrieblich	-	-	-
Zikmund/ d'Amico (1993)	direkt – indirekt	-	-	-	-
Rossiter/ Percy (1998)	Beeinflussung des Kaufverhaltens: direkt – indirekt	Abgabe nicht-preis-bezogener Informationen: wenig – viele	Zeitlicher Einsatz: vor – während des Kaufabschlusses		
Hartley/ Pickton (1998)	einseitig – zweiseitig	persönlich – unpersönlich	an Einzelne gerichtet – an die Masse gerichtet	-	-
Meffert (2000)	abhängig – unabhängig	persönlich – unpersönlich	an Einzelne gerichtet – an die Masse gerichtet	-	-
Wells/Burnett/ Moriarty (2000)	Intended Effect	Customer Contact	Timing	-	-
Kloss (2003b)	an Einzelne gerichtet – an die Masse gerichtet	„above the line" – „below the line"	-	-	-
Hofbauer/ Hohenleitner (2005)	persönlich – unpersönlich	einseitig – zweiseitig	einstufig - mehrstufig	an Einzelne gerichtet – an die Masse gerichtet	sachorientiert – zweckorientiert
Pickton/ Broderick (2005)	an Einzelne gerichtet – an die Masse gerichtet	-	-	-	-
Steffenhagen (2008)	persönlich – unpersönlich	einseitig – zweiseitig	Form- und/oder Stoffzeichen (physische Kommunikation) – Wort-, Schrift-, Bild- und/oder Tonzeichen	personen- und/oder organisationsspezifisch gerichtet – an ein disperses Publikum gerichtet	
Scharf /Schubert/ Hehn (2009)	„above the line" – „below the line"	-	-	-	-
Schweiger/ Schrattenecker (2009)	direkt – indirekt	einseitig – zweiseitig	an ein disperses Publikum – Rückkoppelungs-möglichkeiten	„above the line" – „below the line"	-

Schaubild III-A-2: Systematisierungsansätze kommunikationspolitischer Instrumente

Mobile Internet (z. B. über Smartphones, Netbooks) u. a. m. von den kommunizierenden Unternehmen versucht, mit den Rezipienten in einen **zweiseitigen** Kontakt zu treten, um einen Dialog aufzubauen.

Einen Überblick über die systematische Einordnung kommunikationspolitischer Instrumente und Kommunikationsmittel veranschaulicht Schaubild III-A-3. Im Weiteren wird die systematische Einordnung der Kommunikationsinstrumente näher erläutert.

Den größten Stellenwert als zentrales Instrument der Marktkommunikation hat die **Mediawerbung**. Über Kommunikationsträger, wie Fernsehen, Printmedien, Hörfunk und Internet, werden die Kommunikationsbotschaften an ein disperses und meist anonymes Publikum gesendet. Die Ansprache der Zielpersonen erfolgt somit in der Regel indirekt und einseitig. Die Adressaten verfügen dabei über keinerlei Rückkoppelungsmöglichkeiten zum Sender. Diesem Defizit der Mediawerbung wird beispielsweise durch die Angabe so genannter Hotlines bzw. 0180-Telefonnummern in TV-Spots oder Anzeigen bzw. durch die Beigabe von Antwortcoupons in Printmedien entgegengewirkt, mit dem Ziel, einen Dialog zwischen Sender und Empfänger zu initiieren. Insbesondere das Internet bietet die Möglichkeit sowohl einer einseitigen als auch zweiseitigen Kommunikation. Die Nutzung von Bannern, Popups, Widgets und Skyscrapern knüpft an die meist einseitige Kommunikation über Fernsehen, Printmedien und Hörfunk an. Überdies ermöglicht der Einsatz der Online-Kommunikation den Aufbau eines Dialogs zwischen dem Kommunikator und Rezipienten via Online-Diensten, z. B. Weblogs, Diskussionsforen im Internet, Twitter. Hierbei steht die Interaktion mit dem Rezipienten, d. h. die zweiseitige Kommunikation, im Vordergrund. Gerade im Internet verschwimmt die Grenze zwischen Sender und Empfänger der Kommunikationsbotschaft nahezu vollständig. Daher zählen die zweiseitigen Kommunikationsmedien im Internet zum Kommunikationsinstrument Online-Kommunikation.

Art / Richtung	Direkt (face-to-face)		Indirekt (medial)	
	Einseitig	Zweiseitig	Einseitig	Zweiseitig
Intern	• Internes Berichts- und Informationswesen • Mitarbeiterbezogene Verkaufsförderung • Internes Beschwerdemanagement u.a.m.	• Mitarbeitergespräche • Arbeitssitzungen • Training, Schulungen • Mitarbeiterevents • Betriebsversammlungen u.a.m.	• Firmenbroschüren • Firmenvideos • Mitarbeiterzeitungen • Newsletter • Mitarbeiterportale • Business-TV u.a.m.	• Direct Mailing • Videokonferenzen • Computer-Based-Training • Online-Foren • Intranetchats u.a.m.
Extern	• Verbraucher-/Handelsbezogene Verkaufsförderung • Werbebriefe • Vorträge von Unternehmensvertretern u.a.m.	• Persönlicher Verkauf • Event Marketing • Messen/Ausstellungen • Verbraucher-/Handelsbezogene Verkaufsförderung • Hospitality-Maßnahmen • Persönliche Kommunikation u.a.m.	• Anzeigenwerbung, Plakate • Pressemitteilungen • Trikotsponsoring • Product Placement • Product Publicity • Werbebriefe ohne Antwortcoupons • Kundezeitschriften • Online-Werbung u.a.m.	• Telefon-Hotlines • Anwortcoupons in Printmedien • Social Media-Kommunikation • Call Center • Direct Mailing • Direct-Response-Maßnahmen u.a.m.

Schaubild III-A-3: Kategorisierung von Kommunikationsinstrumenten und -mitteln

Das Kommunikationsinstrument **Verkaufsförderung** ist hingegen überwiegend der einseitigen direkten Kommunikation zuzuordnen. Verkaufsförderungsaktionen richten sich unter anderem an Verbraucher, Händler oder Mitarbeitende. Dementsprechend ist im Rahmen der Marktkommunikation die **verbraucherbezogene Verkaufsförderung** am Point of Sale (POS) beziehungsweise Point of Purchase (POP), wie beispielsweise Preisausschreiben, Gewinnspiele, Produkt- und Kostproben, direkt an den Konsumenten gerichtet. Hier hat der Konsument in der Regel keine Rückkoppelungsmöglichkeiten. Aufgrund der Vielschichtigkeit des Verkaufsförderungsbegriffes sind jedoch auch zweiseitige Formen der Verkaufsförderung vorstellbar. Hierzu sind Fachveranstaltungen, Tage der offenen Tür, Betriebsbesichtigungen, Kongresse, Symposien, Festveranstaltungen und vieles mehr zu zählen. Diese Maßnahmen werden auch der **händlerbezogenen Verkaufsförderung** zugerechnet. Weiterhin sind einseitige Aktivitäten, wie die Bereitstellung von Displaymaterial oder die Einräumung von Naturalrabatten, zu nennen.

Public Relations (Öffentlichkeitsarbeit) umfasst sämtliche Maßnahmen, bei denen das Unternehmen über seine vielfältigen Aktivitäten informiert und bei ausgewählten Zielgruppen für Verständnis und Vertrauen wirbt. Dies geschieht hauptsächlich in einseitiger Art und Weise über Medien in Form der Pressearbeit oder der Mediawerbung. Die Öffentlichkeitsarbeit richtet sich folglich an ein disperses Publikum. Zu den Zielgruppen gehören interne Gruppen, z. B. eigene Mitarbeitende, und externe Gruppen, z. B. aktuelle und potenzielle Kunden, Aktionäre, Vertreter staatlicher Stellen beziehungsweise der Medien.

Beim **Sponsoring** handelt es sich um ein Kommunikationsinstrument, das durch das Merkmal von Leistung (des Sponsors) und Gegenleistung (des Gesponserten) gekennzeichnet ist. Die Sponsoringbotschaften, vor allem Sport- oder Mediensponsoring, werden zumeist über Massenmedien, insbesondere über das Medium Fernsehen, kommuniziert. Deshalb wird das Sponsoring in dieser Betrachtung den einseitigen und indirekten Kommunikationsaktivitäten zugeordnet (andere Sponsoringarten ermöglichen eine andere Zuordnung, z. B. Kultur-, Sozio- und Umweltsponsoring).

Das **Product Placement** als Kommunikationsform von Unternehmen wird überwiegend über Massenmedien durchgeführt. Sie wird überwiegend über Massenmedien durchgeführt. Der Begriff **Product Placement** bezeichnet die Platzierung eines Markenartikels als Requisit in der Handlung eines Spielfilms, einer Fernsehproduktion oder eines Videoclips gegen Entgelt. Beim **Product Publicity** wird der Versuch unternommen, Produktinformationen in die redaktionellen Teile der Medien zu transportieren (*Berndt* 1993, S. 13). Diese Maßnahmen fallen somit ebenfalls in die Kategorie der einseitigen Kommunikation.

Die Persönliche Kommunikation, das Event Marketing sowie Messen und Ausstellungen sind den direkten, zweiseitigen Kommunikationsinstrumenten zuzuordnen. Die **Persönliche Kommunikation** stellt die deutlichste Form der direkten, zweiseitigen Kommunikation dar. Die Kommunikationsteilnehmer stehen sich z. B. in einem Verkaufsgespräch, bei einem „Tag der offenen Tür" oder an Beschwerdestellen „von Angesicht zu Angesicht" gegenüber. Ebenso stehen im Rahmen des Event Marketing sowie bei Messen und Ausstellungen Sender und Empfänger persönlich in Kontakt. Beispielsweise wird hinsichtlich des **Event Marketing** bei Produkteinführungen in Form einer Großveranstaltung die neue Marke mit viel Aufwand „inszeniert", wobei der Konsument aktiv mit einbezogen wird. **Messen und Ausstellungen** dienen primär dazu, kommunikative Aufgaben zur Information und Motivation der Kunden sowie zum persönlichen Dialog mit den Kunden zu übernehmen (*Bruhn* 1999, S. 414 ff.).

Die **Social Media-Kommunikation** vollzieht sich auf online-basierten Plattformen (wie z. B. *Facebook, Twitter, Youtube*) und kennzeichnet sowohl die Kommunikation als auch die Zusammenarbeit zwischen Unternehmen und Social Media-Nutzern sowie deren Vernetzung untereinander. Die Social Media-Kommunikation erfolgt sowohl aktiv als auch passiv, mit dem Ziel des gegenseitigen Austausches von Informationen, Meinungen, Eindrücken und Erfahrungen sowie des Mitwirkens an der Erstellung von unternehmensrelevanten Inhalten, Produkten oder Dienstleistungen (*Bruhn* 2010a, S. 473).

Unter **Mitarbeiterkommunikation** werden alle Maßnahmen des Managements gefasst, die der Kommunikation mit den Mitarbeitenden dienen. Diese Aktivitäten erfolgen zum einen in direkter Form, zum anderen ist es möglich, dass sich das Management über Medien an die Mitarbeitenden wendet. In diese Kategorie fällt auch die Erstellung von Firmenbroschüren, Firmenzeitungen oder Firmenvideos. Alle diese Maßnahmen zielen auf die gesamte Mitarbeiterschaft des Unternehmens ab und sind somit einseitiger Art.

Abschließend ist festzuhalten, dass die Zuordnung der einzelnen Kommunikationsinstrumente nicht immer eindeutig ist. In der Literatur werden häufig auch Kategorisierungen zu anderen Instrumenten des Marketingmix vorgenommen. Dies gilt insbesondere für die Trennung der Instrumente der Kommunikations- und Vertriebspolitik. Beispielsweise ordnen *Nieschlag/Dichtl/Hörschgen* (2002, S. 935) den Persönlichen Verkauf nicht der Kommunikationspolitik, sondern der Distributionspolitik zu. Oftmals werden Messen und Ausstellungen nicht als ein Instrument der Kommunikationspolitik, sondern als eigenständiges Marketinginstrument gesehen (*Steffenhagen* 2008, 134 ff.). Abgrenzungen und Zuordnungen sind jedoch immer eine Frage der Zweckmäßigkeit. Im Folgenden ist eine ausführliche Betrachtung der Instrumente aus Sicht der Kommunikationspolitik vorzunehmen.

B. Einsatz der Mediawerbung

1 Begriff und Erscheinungsformen der Mediawerbung

1.1 Historische Entwicklung der Mediawerbung

Die Entstehung der Mediawerbung ist unmittelbar verknüpft mit dem Beginn der Herstellung von Waren und Dienstleistungen, die nicht mehr ausschließlich der Deckung des Eigenbedarfs dienten. Bereits im alten Babylon verwendeten die Händler Tafeln, auf denen in Keilschrift alle angebotenen Waren aufgelistet waren. Diese befanden sich unmittelbar vor dem Verkaufsort und dienten dazu, Kunden anzulocken (*Schweiger/Schrattenecker* 2009, S. 1 f.). Derartige Tafeln sind somit als erste frühzeitliche **Werbeträger** aufzufassen. Darüber hinaus brachten Ausgrabungen in Pompeji Öllampen aus Ton zutage, die offenbar in sehr hohen Stückzahlen produziert wurden und die am Außenboden den Namen des Herstellers als Firmennamen trugen. Schon in der Antike wurden demnach in Massen hergestellte Waren werblich gekennzeichnet. Können die Tafeln der Händler im alten Babylon als erste frühzeitliche Werbeträger interpretiert werden, so war die menschliche Stimme zweifellos das erste eingesetzte **Werbemittel**, obwohl die damalige Verwendung eher dem Kommunikationsinstrument „Persönliche Kommunikation" zuzurechnen ist, da es so genannte „Ausrufer" (Criers) waren, die eine Vielzahl werblicher Botschaften transportierten (*Moriarty/Mitchell/Wells* 2009, S. 53 f.). Solche Ausrufer und Marktschreier (lat. Reclamere = entgegenschreien) sind schon für das antike Ägypten bekannt und bereits zur Zeit des Handelsmerkantilismus gab es professionelle Ausrufer, die fremde Botschaften verkündeten. Diese können als erste **Werbemittler** beziehungsweise als Vorläufer der heutigen Werbeagenturen verstanden werden.

Die Entstehungsgeschichte der Mediawerbung in den folgenden Jahrhunderten bis zum 15. Jahrhundert ist durch erhebliche Dokumentationsdefizite gekennzeichnet. So besteht lediglich historisch gesicherte Erkenntnis darüber, dass die Werbung im Mittelalter nur in Ausnahmefällen gestattet war. Die Werbung für inländische Produkte wurde nur in ausgewählten Fällen geduldet, während Werbung für ausländische Produkte generell verboten war (*Moriarty/Mitchell/Wells* 2009, S. 2).

Waren es bis Mitte des 15. Jahrhunderts vorrangig informative Aussagen, die in kommerziellen Botschaften konserviert waren, so markierte die Erfindung der beweglichen Buchdrucklettern durch *Johannes Gutenberg* um 1440 den Beginn beeinflussender werblicher Aktivitäten (*Moriarty/Mitchell/Wells* 2009, S. 54). Der Mediawerbung eröffneten sich mit dem Beginn des „Printzeitalters" neue Möglichkeiten der Botschaftsübermittlung. *Gutenbergs* Erfindung ermöglichte es der Mediawerbung, eine neue Form der Kommunikation einzusetzen – die Massenkommunikation. Dadurch änderte sich auch der Inhalt der Werbung, denn eine gedruckte Anzeige konnte nun viel längere und ausgefeiltere Botschaften transportieren (*Schweiger/Schrattenecker* 2009, S. 3). Durch die in dieser Zeit heftigen religiösen, weltanschaulichen und politischen Auseinandersetzungen, die vorrangig auf publizistischem Gebiet geführt wurden, trafen die neuen Angebotsbedingungen auf ein gestiegenes Nachrichten- und Informationsbedürfnis der Bevölkerung (*Reinhardt* 1993, S. 169).

Die Verfügbarkeit des Mediums „Print", die damit verbundene Steigerung der Anzahl potenziell erreichbarer Adressaten sowie die beschriebenen kommunikativen Bedürfnisse der Bevölkerung hatte ein Anwachsen der Anbieterzahlen dieses Mediums zur Folge. Gleichzeitig eröffneten sich dadurch neue weitreichende Handlungsspielräume für werbliche Aktivitäten (*Moriarty/Mitchell/Wells* 2009, S. 54). In Bezug auf das Medium „Print" bedeutete diese Entwicklung beispielsweise die Möglichkeit für Werbetreibende, Poster, Handzettel sowie nach Inhalten klassifizierte Werbeseiten in Zeitungen zu belegen (*Moriarty/Mitchell/Wells* 2009, S. 54). Allerdings verlief der rasante Aufstieg dieses Mediums nicht kritiklos. Insbesondere Ende des 19. beziehungsweise Anfang des 20. Jahrhunderts wurde die Anzeigenwerbung von den damaligen Zeitgenossen heftig attackiert. So beklagte *Lassalle*, dass durch das Anzeigengeschäft die Zeitungen zu „kapitalhungrigen" Erwerbsunternehmen und damit zum Hauptfeind des Volkes geworden seien. *Heinrich von Treitschke* warf den Zeitungen „die völlig unnatürliche Verbindung ihrer politischen Aufgabe … mit dem Inseratenwesen" vor. *Schmölder* forderte sogar die Wiederherstellung des staatlichen Anzeigenmonopols, um die politische Presse „vom Schmutz der Anzeigen zu säubern". Noch Anfang des 20. Jahrhunderts äußerten sich *Gustav Schmoller* und *Werner Sombart* deutlich ablehnend über das Werbewesen im Allgemeinen und über die Anzeigenwerbung im Besonderen (*Reinhardt* 1993, S. 182).

Die moderne Mediawerbung und die Printwerbung sind in ihren Entwicklungen zeitlich nicht trennscharf voneinander abzugrenzen. Es ist vielmehr festzustellen, dass die Printwerbung in einer sich zunehmend ausdehnenden Medienlandschaft Bestandteil der Mediawerbung ist. So sind Tageszeitungen immer noch ein klassisches Medium, jedoch nicht mehr das Einzige. Das Zeitalter der modernen Mediawerbung erstreckt sich von Beginn des 19. Jahrhunderts bis in die heutige Zeit und ist in seinen Ansätzen sehr stark an den technischen Fortschritt und an die Erfindungen Mitte des 19. Jahrhunderts gekoppelt, die die Produktion von Gütern in großen Stückzahlen und in gleicher Qualität ermöglichten (*Schweiger/ Schrattenecker* 2009, S. 3). Aufgrund derartiger technischer Entwicklungen wurden die Anbieter quasi gezwungen, das drastisch wachsende Angebot einer im Vergleich dazu nur geringfügig anwachsenden Nachfrage attraktiv zu machen. Diese „technischen Zwänge" und eine Reihe von Erfindungen im Hinblick auf Gestaltungs- und Verbreitungsmöglichkeiten – hier sei vor allem an die Erfindungen des Telegrafen und des Telefons gedacht – von Werbemitteln bewirkten den Aufschwung der Mediawerbung in ihrer heutigen Form (*Schweiger/ Schrattenecker* 2009, S. 3). Die Herausgeber der im 19. Jahrhundert neu entstandenen Zeitungen entdeckten sehr schnell die Möglichkeiten, aus dem Verkauf von Anzeigen zusätzliche Erlöse zu erwirtschaften. Die Bedeutungszunahme dieser Einnahmequelle sowie die gleichzeitige ständige Verbesserung der drucktechnischen Möglichkeiten machten die Zeitung als Werbeträger für die Werbetreibenden Mitte des 19. Jahrhunderts zunehmend interessanter. Waren die ersten Inserate anfangs noch durch sehr ausführliche Texte gekennzeichnet, entwickelte sich in den USA eine gewisse Technik prägnanter und werbewirksamer Anzeigengestaltung, die häufig mit dem Namen *Earnest Elmo Calkens* von der Werbeagentur *Bates* in Verbindung gebracht wird und die sich in Richtung einer imagebezogenen Mediawerbung bewegte. Diese gestalterischen Verbesserungen führten zu einem starken Anstieg der Anzeigenschaltungen in amerikanischen Zeitungen, dem mit einigem zeitlichen Abstand die europäischen Länder folgten (*Moriarty/Mitchell/Wells* 2009, S. 54; *Schweiger/Schrattenecker* 2009, S. 3).

In diese Zeit fiel auch die Gründung der ersten **Werbeagentur** im Jahre 1841 – *Volney/Palmer* in den USA –, weitere folgten. Bald schätzten viele Firmen die Vorteile, die ihnen Werbeagenturen durch ihr Fachwissen boten und das Agenturgeschäft begann zu florieren (*Kloss* 2007, S. 31; *Schweiger/Schrattenecker* 2009, S. 3).

Die Entwicklung des **Plakates** als Form der Mediawerbung verlief in ähnlicher Art und Weise wie die der Zeitung. Handgemalte und geschriebene Anschlagszettel hat es wohl schon sehr lange gegeben. Doch erst im Jahre 1854 gestaltete der Buchdrucker *Ernst Litfaß* die nach ihm benannte Plakatanschlagsäule, die nicht nur in Deutschland, sondern zunehmend auch weltweit von Werbetreibenden als Werbeträger eingesetzt wurde (*Schweiger/Schrattenecker* 2009, S. 3 f.).

Magazine und **Zeitschriften** waren während des 19. Jahrhunderts Medien für die reiche und hochgebildete Leserschaft. Erst Ende des 19. Jahrhunderts wurden diese Medien der Werbung zugänglich gemacht, als Zeitschriften veröffentlicht wurden, die eine verbreiterte Leserschaft ansprachen. Magazine und Zeitschriften stellten durch längere Vorlaufzeiten Medien für ausgedehntere und komplexere Botschaften dar. Im Zuge der Verbesserung der Produktionsprozesse wurden Fotographien integriert und die Werbung wurde zunehmend visualisiert. Einige der ersten erschienenen Magazine beziehungsweise Zeitschriften sind auch in der heutigen Medienlandschaft noch vertreten, so z. B. *Cosmopolitan* und *Ladies Home Journal*.

Während um die Jahrhundertwende zwei weitere klassische Werbeträger entstanden – **Radio** und **Kino** –, wurden die Medien „Zeitung" und „Zeitschriften und Magazine" sowie das „Plakat" im Laufe des 20. Jahrhunderts durch weitere Neuerungen verbessert. Hier kann exemplarisch sowohl an das in den USA entwickelte **Offset-Druckverfahren**, das den unhandlichen Bleisatz ablöste, als auch an weitere Innovationen im Bereich Printmedien, wie beispielsweise das so genannte **„Desktop Publishing"**, gedacht werden (*Schweiger/Schrattenecker* 2009, S. 4). Die Printwerbung kann heute komplett digital produziert werden und ermöglicht durch Computer- und Internet-Unterstützung eine wesentlich effektivere Umsetzung.

Mit Ausstrahlung der ersten Fernsehsendung Ende der 1930er Jahre wurde die Medienlandschaft um das **Fernsehen** als weiteren Werbeträger ergänzt. 1956 wurde der erste TV-Spot im Bayerischen Fernsehen ausgestrahlt (*Unger et al.* 2002, S. 112). Der Handlungsspielraum beim Einsatz der Mediawerbung wurde durch die Verfügbarkeit des Mediums TV weiter vergrößert, wobei das Fernsehen als Werbeträger im Rahmen der Mediawerbung kontinuierlich an Bedeutung gewann. Heute ist das Medium TV als Träger von Werbesendungen und Werbespots fest etabliert und nimmt im Rahmen der klassischen Medien nach den Tageszeitungen eine volumenmäßig wichtige Stellung ein.

„Weiterentwicklungen wie Kabel- und Satellitenfernsehen oder Digitalfernsehen verdeutlichen, dass die Entwicklung der Mediawerbung keinesfalls abgeschlossen ist. Die neuesten Entwicklungen liegen imhochauflösenden Fernsehen (HDTV), dem interaktiven Fernsehen sowie in der Verbindung von Fernsehen und Internet (vgl. hierzu Abschnitt III-B-1.3.2.3) (*Kroeber-Riel/Weinberg/Gröppel-Klein* 2009, S. 656 f.).

„Eine zentrale Rolle nimmt seit einiger Zeit das **Internet** ein. Das Internet kann als Kommunikationsplattform für zahlreiche Formen der Mediawerbung dienen, beispielsweise die Homepage als Kommunikationsträger für spezifische Werbemittel, der Einsatz von so genannten „E-Mercials" und interaktiven Anzeigen im Internet u. a. m. (vgl. zu den möglichen Werbeformen im Internet und neueren Entwicklungen Abschnitt III-B-1.3.2.7). Der Einsatz von Onlinemedien auf instrumentaler beziehungsweise funktionaler Ebene impliziert eine Erweiterung und Ergänzung des bisherigen Aktionsbereiches und schafft damit größere Spielräume beim Einsatz des werbepolitischen Instrumentariums. Bei den neueren Werbeformen und den Entwicklungen in Print, TV, Kino, Radio und Online ist zu beobachten, dass diese vor allem auf die Interaktivität der Nutzer setzen. Interaktiv werden die Werbeformen durch den Einsatz von Response-Elementen. Das digitale Fernsehen ermöglicht interaktive Werbung, indem sich die Zuschauer per Knopfdruck der Fernbedienung über ein Produkt informieren, eine Probepackung oder einen Katalog bestellen können (*Eck* 2004, S. 25). Im Internet erhalten Kunden z. B. über vom Unternehmen initiierte Weblogs Informationen zu den Produkten und können mit Interessierten darüber diskutieren. Durchgesetzt hat sich im Bereich der klassischen TV-Werbung das so genannte „Out-of-Home-TV". Hauptstandorte des Einsatzes von Großbildschirmen am Point of Purchase sind z. B. Tankstellenshops, an denen die Plasma-Monitore 24 Stunden lang ein ortsspezifisch zusammengestelltes Digitalprogramm mit Nachrichten sowie Sport-, Wetter- und Verkehrsmeldungen übertragen. Neben den bereits erwähnten Entwicklungen in den Bereichen Fernsehtechnik und Internet sind weitere innovative Werbeformen, beispielsweise duftende Kinowerbung, visualisierte Spots im Radio, TV-Spots in der Zeitung u. a. m. zu beobachten. Viele dieser Werbeformen sind noch visionär, andere sind bereits umgesetzt worden (vgl. Beispiel).

Beispiel: Einführung einer neuen Online-Werbeform anlässlich der Kampagne für den neuen Otto-Katalog

Gruner + Jahr (G + J) Media Solutions und das Versandhaus *Otto* präsentieren erstmals in Deutschland audiovisuelle Inhalte in Printmedien. Das „Video in Print Ad" („VIP Ad"), kommt im Rahmen der Kampagne für den neuen *Otto*-Katalog im Januar 2010 zum Einsatz. Ausgewählte Empfänger erhalten das „VIP Ad" anlässlich des Sonderversands der Frauenzeitschrift *Gala* vorab im Dezember 2009. Mit einem Teil der *Gala* Abo-Auflage wird dabei die vierseitige Beilage von *Otto* mit den Heften folienverschweißt. Beim Aufklappen der Beilage wird der 2,7 mm dünne LCD-Bildschirm sichtbar, der mit einer kratzfesten Polycarbonat-Schicht überzogen ist. Mit drei Bedienknöpfen auf der Seite können die *Gala*-Abonnenten durch verschiedene audiovisuelle Inhalte navigieren und neben einem Hauptfilm weitere Kapitel, wie z. B. Hintergrundinformationen zum Dreh, ansteuern (vgl. Insert III-B-1). Die hinter dem Display liegende Batterie lässt sich mit Hilfe eines USB-Kabels wieder aufladen, so dass die gespeicherten Videos beliebig oft angesehen werden und über die USB-Schnittstelle sogar auf dem eigenen PC gespeichert werden können. Mit der audiovisuellen Inszenierung ist für das Versandhaus *Otto* das Ziel verbunden, seine Produkte durch die Interaktion erlebbarer für die Kunden zu machen und eine aufmerksamkeitsstarke, emotionale Kommunikation zum Start des neuen *Otto*-Katalogs zu schaffen (*Adzine News* 2010).

Die Entwicklungen zeigen, dass die Mediawerbung auch in Zukunft in immer vielfältigeren und ausgereifteren Formen sowohl auf technischer als auch auf gestalterischer Ebene eine wichtige Rolle in unserer Gesellschaft spielen wird.

Insert III-B-1: Video in Print Ad als neue Werbeform (Adzine News 2010)

1.2 Definition der Mediawerbung

Gegenstand der Mediawerbung sind Entscheidungen über die Gestaltung und die Art der Übermittlung werblicher Botschaften, die seitens eines Unternehmens auf den Absatzmarkt gerichtet sind, um vorgegebene werbepolitische Zielsetzungen zu erreichen (*Berndt* 1995, S. 223). Grundlage effektiver und effizienter Entscheidungen ist zunächst ein klares und präzises Verständnis zentraler Begriffe der Mediawerbung. Daher sind mit Hilfe definitorischer Aussagen begriffliche Präzisierungen zentraler Begriffe der Mediawerbung zu erstellen, um ein konsistentes Begriffsverständnis herzustellen. Dabei ist der **Mediawerbung** folgende Definition zugrunde zu legen (*Fantapié Altobelli* 1993, S. 243; *Berndt* 1995, S. 224; *Bruhn* 2010a):

> **Mediawerbung** ist der Transport und die Verbreitung werblicher Informationen über die Belegung von Werbeträgern mit Werbemitteln im Umfeld öffentlicher Kommunikation gegen ein leistungsbezogenes Entgelt, um eine Realisierung unternehmens- und marketingspezifischer Kommunikationsziele zu erreichen.

Die Abgrenzung der Mediawerbung ist anhand einer Vielzahl von Kriterien möglich. Zur klaren gedanklichen Unterscheidbarkeit von anderen kommunikationspolitischen Instrumenten ist eine Abgrenzung der Mediawerbung wie folgt vorzunehmen:

> Die **Mediawerbung** ist
>
> - eine Form der unpersönlichen Kommunikation,
> - eine Form der mehrstufigen, indirekten Kommunikation,
> - die sich öffentlich und
> - ausschließlich über technische Verbreitungsmittel (den Medien),
> - vielfach einseitig
> - mittels Wort-, Schrift-, Bild und/oder Tonzeichen
> - an ein disperses Publikum
>
> richtet.

Die Mediawerbung ist im Gegensatz zum Kommunikationsinstrument „Persönliche Kommunikation" eine Form der **unpersönlichen Kommunikation**. Sie ist durch eine raum-zeitliche Trennung der am Kommunikationsprozess Beteiligten gekennzeichnet (*Steffenhagen* 2008, S. 130). Darüber hinaus repräsentiert die Mediawerbung eine Form der **mehrstufigen, indirekten Kommunikation**, d. h. zwischen werbetreibendem Unternehmen und Zielperson sind Elemente (z. B. Meinungsführer, die Medien u. a. m.) zwischengeschaltet (*Freter* 1974, S. 26; *Bruhn* 2010a). In Bezug auf die Mediawerbung sind derartige Elemente ausschließlich **technische Verbreitungsmittel** – die Medien –, die zur Botschaftsstreuung eingesetzt werden (*Fantapié Altobelli* 1993, S. 243). Der Einsatz der Mediawerbung erfolgt **öffentlich**, ohne begrenzte, personell definierte Empfängerschaft (*Maletzke* 1975, S. 9).

Die Mediawerbung ist eine Form der **einseitigen Kommunikation** (*Freter* 1974, S. 26; *Maletzke* 1975, S. 9; *Steffenhagen* 2008, S. 130). Im Gegensatz zu anderen kommunikationspolitischen Instrumenten, wie z. B. der Persönlichen Kommunikation oder Messen und Ausstellungen, existiert im Rahmen des Kommunikationsvorgangs nur **ein** Kommunikator. Für die Adressaten besteht keine Möglichkeit, dem Kommunikator über einen Rückkanal ihrerseits Botschaften (z. B. Antworten, Einwände, Fragen) zu übermitteln (*Steffenhagen* 2008, S. 130). Ein Rollenwechsel zwischen Sender und Empfänger ist im Rahmen des Einsatzes der Mediawerbung nicht denkbar (*Maletzke* 1975, S. 9). Der Kommunikationsprozess vollzieht sich **einseitig**.

Ferner ist die Mediawerbung eine Form der Kommunikation, die sich mittels **Wort-, Schrift-, Bild- und/oder Tonzeichen** vollzieht (*Steffenhagen* 2008, S. 130). Hier ist an gestaltete Druckstücke (Anzeigen, Plakate, Prospekte, Kataloge u. a. m.) wie auch an Appelle via Rundfunk oder Fernsehen zu denken. Ebenso kann Werbung über Lautsprecher in Einzelhandelsgeschäften in diese gedankliche Form der Abgrenzung mühelos integriert werden.

Schließlich sei die Mediawerbung noch anhand eines rein adressatbezogenen Kriteriums abgegrenzt. Im Unterschied zu einem Präsenzpublikum richtet sich der Einsatz der Mediawerbung an ein **disperses Publikum** (*Maletzke* 1975, S. 9; *Freter* 1974, S. 26; *Steffenhagen* 2008, S. 131). Eine adressatbezogene Spezifizierung fehlt und der Werbetreibende richtet sich lediglich an eine mehr oder weniger abgrenzbare Personenmehrheit, deren einzelne Mitglieder sich in der konkreten Kontaktsituation seiner Kenntnis entzieht.

Die Mediawerbung bedient sich dabei unterschiedlicher **Erscheinungsformen**, die von Werbeträgern übertragen werden. Um das Begriffsverständnis innerhalb der Vielfalt existierender Werbeträger zu verschärfen ist es sinnvoll, im Folgenden eine Klassifikation und Beschreibung vorzunehmen.

1.3 Erscheinungsformen und Typologisierung der Mediawerbung

1.3.1 Klassifikation der Werbeträger

Die Werbeträger sind das Transportmittel für Informationen. Dazu zählen alle Objekte, die in der Lage sind, Werbebotschaften kontrolliert an eine Zielgruppe zu übermitteln. Dies kann ein Straßenverkäufer sein, der als wandelnde Litfaßsäule durch die Straßen geht, das Fernsehen, Tageszeitungen, Verpackungen, ein Luftschiff mit einer Werbeaufschrift u. a. m. (*Behrens* 1996, S. 166). Eine pragmatische Abgrenzung kann daher anhand des Abgrenzungskriteriums „Art der Botschaftsübermittlung" durchgeführt (*Freter* 1974, S. 26; *Berndt* 1995, S. 224; *Bruhn* 2010a) werden. Demnach kann folgende Dreiteilung vorgenommen werden:

- Insertionsmedien oder Printmedien,
- Elektronische (audiovisuelle) Medien,
- Medien der Außenwerbung.

Insertions- oder Printmedien sind periodisch erscheinende Druckerzeugnisse (*Freter* 1974, S. 26, *Meffert/Burmann/Kirchgeorg* 2008, S. 652 ff.). Die wichtigsten Untergruppen der Printmedien stellen **Zeitungen** und **Zeitschriften** dar. Unter Verwendung des Zielgruppenkriteriums als Abgrenzungsmerkmal lassen sich die **Zeitschriften** weiter in Publikums-, Fach-, Kunden- und Mitarbeiterzeitschriften unterteilen. Innerhalb der Publikumszeitschriften wird seit einigen Jahren eine Vielzahl von so genannten **Special-Interest-Zeitschriften** in den Markt eingeführt, die sich inhaltlich auf bestimmte Bereiche wie beispielsweise Mode, Essen, Gesundheit und Sport konzentrieren (*Meffert/Burmann/Kirchgeorg* 2008, S. 653). Eine gedanklich engere Zusammenfassung dieser Werbeträger kann anhand des Kriteriums der **Periodizität** erfolgen, die zu homogeneren Werbeträgergruppen führt. So kann eine weitere Unterteilung in täglich, wöchentlich, monatlich oder jährlich erscheinende Printmedien vorgenommen werden. Dabei spielt das Kriterium „Erscheinungshäufigkeit" insbesondere bei der Beurteilung der Belegungsmöglichkeiten der Printmedien und der erzielbaren Mehrfachkontakte mit dem jeweiligen Medium eine entscheidende Rolle (*Freter* 1974, S. 26). Die Betrachtungsebene der Printmedien kann sich unter Variation einbezogener (geeigneter) Abgrenzungsmerkmale ändern. Unter Berücksichtigung einer hinreichend großen Anzahl von Abgrenzungskriterien lassen sich die Printmedien bis auf die Einzelmedien (z. B. *Bunte*) abgrenzen. Seit den 1990er Jahren haben sich so genannte „Anzeigenblätter", die kostenlos an alle Haushalte verteilt werden und häufig auch redaktionelle Beiträge enthalten, mit einer relativ hohen Auflage fest etabliert. Während Anzeigenblätter in ihren Anfängen überwiegend wöchentlich erschienen, kommen heute immer mehr täglich erscheinende Anzeigenblätter auf den Markt. (*Hofsäss/Engel* 2003, S. 332; *Bruhn* 2010a; vgl. zu den kontinuierlich wachsenden Netto-Werbeeinnahmen von Anzeigenblättern *ZAW (Zentralverband der deutschen Werbewirtschaft e.V.)* 2009, S. 276 f.). Neben Anzeigenlättern erscheint Werbung in Printmedien ferner in Lesezirkeln und in Verzeichnismedien.

Neben den Printmedien repräsentieren die **elektronischen (audiovisuellen) Medien** die zweite große Gruppe medialer Werbeträger. Sie umfassen die vier Werbeträgergruppen Rundfunk, Fernsehen, Film und Internet. Gemeinsam unterscheiden sie sich von den Printmedien in folgender Hinsicht:

- Dem Zeitpunkt der Informationsaufnahme (identisch mit dem Zeitpunkt der Informationsübermittlung),
- Der Dauer der Informationsaufnahme (identisch mit der Dauer der Informationsübertragung, falls kein Zapping stattfindet).

Außerdem schließen sie bei einmaliger Sendung eine Wiederholung des Kontaktes mit demselben Werbemittel aus und bestimmen zugleich den Ort der Kontaktaufnahme, z. B. Kino oder das Zimmer in einer Wohnung (*Freter* 1974, S. 27).

Die **Medien der Außenwerbung** stellen die dritte Werbeträgergruppe dar, wobei der Plakat- und Verkehrsmittelwerbung der wohl größte Stellenwert zukommt (*Schweiger/Schrattenecker* 2009, S. 305). Daneben konnte sich in den letzten Jahren aber auch die Lichtwerbung (z. B. Leuchtschriften und Leuchtkonturen für bestimmte Gebäude) etablieren. Elektronische Medien eröffnen auch im Rahmen der Außenwerbung neue Perspektiven. Beispiele hierfür sind stationäre Systeme (Infoscreens) an Verkehrsknotenpunkten oder videofähige Großbildsysteme (Videoboards) sowie mobile Monitore in Flugzeugen, Zügen sowie U- und S-Bahn-Bereich (vgl. Insert III-B-2).

> **Beispiel: Dialogfähige Außenwerbung mit Pull-Effekt**
>
> Die *Wall AG* bietet hochwertige City-Light-Poster-Vitrinen mit Bluetooth-Sendern an. Benutzer können dabei über die Bluetooth-Schnittstelle ihres Handys Informationen, MP3-Dateien, Flyer und vieles mehr direkt vom Poster herunterladen. Insert III-B-2 zeigt am Beispiel einer Außenwerbung für *RTL* die Vorgehensweise (*Wall AG* 2010a). Im Rahmen des Einsatzes der Mediawerbung werden Werbeträger mit Werbemitteln belegt. Die Wahl des Werbemittels ist dabei in den meisten Fällen an die Wahl des Werbeträgers gebunden (*Fantapié Altobelli* 1993, S. 247). So kommen für **Insertionsmedien**

Insert III-B-2: Dialogfähige Außenwerbung mit Pull-Effekt (Wall AG 2010a)

in erster Linie Anzeigen in Frage, während zur Übermittlung werblicher Informationen in **elektronischen Medien** vorrangig Werbespots verwendet werden; typisches Werbemittel der **Außenwerbung sind Plakate**.

Werbemittel und Werbeträger werden oftmals untereinander verwechselt oder in fälschlicher Art und Weise verstanden. So werden Werbeträger gelegentlich auch als Werbemedien bezeichnet, wobei „Medium" unzutreffend mit „Mittel" gleichgesetzt wird. Allerdings ist es auch nicht immer einfach, zwischen Werbeträgern und Werbemitteln eine trennscharfe Unterscheidung vorzunehmen. So ist beispielsweise eine entsprechende Unterscheidung bei der Werbung mittels Tragetaschen, Werbegeschenken oder Verpackungen nur schwierig möglich, da diese gleichzeitig Werbemittel *und* -träger sind (*Bruhn* 2010a).

Die vorstehende begriffliche und definitorische Typologisierung der Mediawerbung hat dazu beizutragen, ein eindeutiges Verständnis dieser zentralen Begriffe zugrunde zu legen. Die Werbebotschaft ist die eigentliche Werbeaussage, die den Adressaten zu kommunizieren ist, wodurch gewisse Anforderungen an eine zielorientierte Werbemittelgestaltung gestellt werden. Zudem bestehen im Rahmen der Mediawerbung differenzierte Erscheinungsformen, wie beispielsweise die Fernsehwerbung oder die Zeitschriftenanzeige, die sich weiterhin in verschiedene Werbemittel, wie beispielsweise die einzelnen Fernsehsender oder Zeitschriften, unterteilen. Die Auswahlmöglichkeiten hinsichtlich einzusetzender Mediagattungen, Mediasegmente, Mediagruppen oder Einzelmedien sowie der Platzierung des Werbemittels im Einzelmedium, sind Begriffe, die als Hierarchie unterschiedlich breiter gedanklicher Zusammenfassungen ähnlicher Werbeträger zu verstehen sind (*Steffenhagen* 2008, S. 133 f.).

Schaubild III-B-1 verdeutlicht die facettenreichen Handlungsspielräume bei der Platzierung von Werbemitteln im Rahmen des Einsatzes der Mediawerbung: Der Werbetreibende hat sich für die Printmedien als Mediagattung entschieden. Innerhalb dieser Mediagattung beziehen sich seine werbepolitischen Aktivitäten auf Zeitschriften als Mediasegment und er wählt die „Aktuelle Illustrierte" als Mediagruppe. Die Entscheidungsvariable „Belegung eines Einzel-

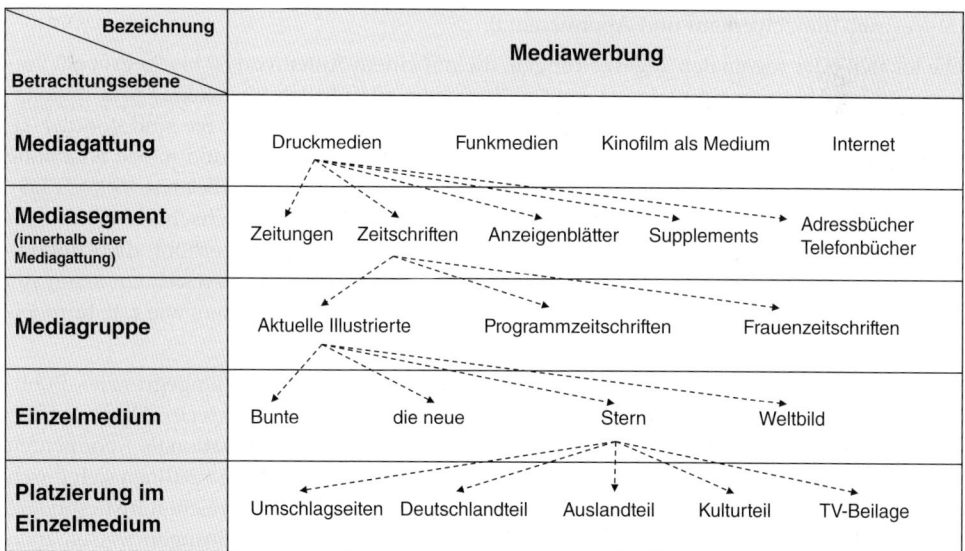

Schaubild III-B-1: Handlungsspielräume bei der medialen Exposition im Rahmen der Mediawerbung (in Anlehnung an Steffenhagen 2008, S. 133)

mediums" wird mit dem *Stern* besetzt und seine Wahl zur Platzierung im Einzelmedium fällt auf den Kulturteil des *Stern*.

Es wird deutlich, dass die verschiedenen Erscheinungsformen und Werbemittel aufgrund der ihr innewohnenden facettenreichen Handlungsspielräume und der daraus resultierenden Vielzahl an Entscheidungsvariablen einen effektiven Planungsprozess für den Einsatz der Mediawerbung erfordern, der auch auf den Einsatz der anderen kommunikationspolitischen Instrumente abgestimmt ist, damit werbliche Zielsetzungen erreicht werden können.

Grundsätzlich bestimmen Produkt beziehungsweise Leistung, Zielgruppe und die Werbebotschaft die Wahl des Werbemittels. Voraussetzung für dessen Einsatz ist allerdings die Verfügbarkeit des geeigneten Werbeträgers. Im Folgenden wird eine Beschreibung der wichtigsten Medien hinsichtlich ihrer Bedeutung, Verfügbarkeit und den neueren Entwicklungen in Deutschland vorgenommen.

1.3.2 Werbeträger in Deutschland

1.3.2.1 Zeitungen

Zeitungen sind periodische Veröffentlichungen, die in kurzen Abständen (täglich, wöchentlich) erscheinen und der laufenden Berichterstattung aus verschiedenen Lebensbereichen, insbesondere aus Politik, Wirtschaft, Gesellschaft, Kultur, Unterhaltung und Sport dienen (*Behrens* 1996, S. 168). Zur Abgrenzung der Zeitungen von anderen Medien bieten sich fünf Merkmale an (*Hofsäss/Engel* 2003, S. 331):

(1) Aktualität,
(2) Periodizität (kurze Erscheinungsintervalle, in der Regel täglich beziehungsweise 6 Tage in der Woche),
(3) Publizität (zugänglich für und gerichtet an ein breites Publikum),
(4) Universalität (breites Themenspektrum) und
(5) Vertrieb (Einzelverkauf und Abonnement).

Die lokalen oder **regionalen Tageszeitungen**, die mit einem Anteil von 80 bis 90 Prozent vorwiegend im Abonnement verkauft werden, berichten ausführlich über lokale und regionale Ereignisse (Lokalpolitik, Sport, Veranstaltungen, Vereinsleben usw.). Sie sind von der Titelanzahl und der Auflage die wichtigste Zeitungsart in Deutschland und haben eine hohe regionale Reichweite sowie häufig eine regionale Monopolstellung (*Behrens* 1996, S. 169). Aufgrund des hohen Anteils regelmäßiger Leser wird bei einer Mehrfachschaltung von Anzeigen in regionalen Tageszeitungen die Reichweite nur unwesentlich erhöht, die Kontakte steigen hingegen stark an. Die Werbeumsätze der Tageszeitungen ergeben sich vor allem aus Anzeigen lokaler und regionaler Unternehmen und aus Rubrikenmärkten, wie z. B. Immobilien oder Bekanntschaften (*Kloss* 2007, S. 308).

Überregionale Tageszeitungen richten sich an ein geographisch nicht eingegrenztes Publikum. Doch auch die nationalen Zeitungen – wie beispielsweise die *Frankfurter Allgemeine Zeitung* oder die *Süddeutsche Zeitung* – haben häufig einen Lokalteil, der an nationale Abonnenten oder den Einzelhandel außerhalb der Region nicht ausgeliefert wird. Sie zeichnen sich durch einen hohen redaktionellen und journalistischen Anspruch aus und erreichen insbesondere Führungskräfte der Wirtschaft und der Politik. Wie regionale Tageszeitungen weisen auch diese Form von Zeitungen einen hohen Abonnementanteil aus (*Kloss* 2007, S. 309).

Wochenzeitungen (z. B. *Die Zeit, Die Woche* u. a. m.) erscheinen einmal in der Woche, ebenso handelt es sich bei den am Sonntag erscheinenden **Sonntagszeitungen** (*Welt am Sonntag, Bild* *am Sonntag, Frankfurter Allgemeine Sonntagszeitung, Weltwoche* u. a. m.) um eine Wochenzeitung. Sie verfügen über ein eigenständiges redaktionelles Konzept, ihre Aufmachung ist an Zeitungen angelehnt, es sind jedoch, z. B. durch Inhalte wie Hintergrundberichte, auch viele Gemeinsamkeiten mit Publikumszeitschriften zu finden (*Hofsäss/Engel* 2003, S. 322).

Im Gegensatz zu den Abonnement-Zeitungen sind **Kaufzeitungen** dadurch geprägt, dass sie täglich neue Kaufanreize (beispielsweise durch eine auffällige Aufmachung oder eine reißerische Schlagzeile) zu bieten haben. Vertriebswege sind neben Kiosken und Einzelhandel auch der Abverkauf auf der Straße. In wenigen deutschen Großstädten hat sich in den letzten Jahren ein kleines Angebot an diversen Boulevard-Titeln etablieren können, national hingegen ist es nur die *BILD*-Zeitung, die als Kaufzeitung zu nennen ist. Kaufzeitungen verfügen über einen Einzelverkaufsanteil von 98 Prozent. Das Kontaktwachstum verläuft daher deutlich flacher als bei regionalen Tageszeitungen (*Kloss* 2007, S. 309).

Werbemöglichkeiten der Zeitungen bieten **Anzeigen**, deren Platzierungsmöglichkeiten und Größen vielfältig sind. Die Platzierung kann beispielsweise auf den Titelseiten, der Rückseite oder im Textteil erfolgen. Standardanzeigen können schwarzweiß oder 2-, 3- oder 4-farbig beziehungsweise mit weiteren Zusatzfarben gedruckt werden. Neben dieser Grundform sind verschiedene Sonderformen möglich, die in der Größe, Platzierung, Belegung usw. variieren (vgl. hierzu beispielsweise *Unger et al.* 2002, S. 184). Der Anzeigenpreis errechnet sich durch den Millimeter-Grundpreis, der den Preis für einen Millimeter Höhe je Spalte angibt, multipliziert mit der Millimetermenge. Die Millimetermenge ist das Produkt aus der Höhe der Anzeige und der Spaltenzahl (*Kloss* 2007, S. 311). Zusatzfarben und 4c-Anzeigen sind entsprechend teuer und aus drucktechnischen Gründen sind nicht immer alle Farben verfügbar (*Hofsäss/Engel* 2003, S. 338). Eine weitere wichtige Werbeform sind **Beilagen**, die als Ganzes der Zeitung beigelegt werden.

Anzeigenblätter und **Supplements** sind von den Zeitungen und Zeitschriften deutlich abgrenzbar, aber dennoch diesen Medientypen, vor allem hinsichtlich der Druckqualität und den Formaten, sehr ähnlich. **Anzeigenblätter** sind durch folgende Merkmale gekennzeichnet (*Reiter* 1994, S. 175; *Hofsäss/Engel* 2003, S. 332):

- Kostenlose Verteilung,
- Ausschließliche Finanzierung aus Werbegeldern,
- Belieferung fast aller Privat- und Geschäftshaushalte in einem fest umrissenen Gebiet,
- Regelmäßige, meist wöchentliche Erscheinungsweise, überwiegend am Mittwoch oder Sonntag (*Kloss* 2007, S. 314; *ZAW* 2009, S. 276 f.),
- Unaufgeforderte Zustellung an alle erreichbaren Haushalte,
- Eingeschränkter redaktioneller Teil, der sich inhaltlich an lokale Themen anlehnt.

Supplements sind periodisch erscheinende Presseerzeugnisse, die in großen Auflagen ausschließlich als Beilage von Tages- und Wochenzeitungen sowie Publikums- und Fachzeitschriften vertrieben werden (*ZAW* 2009, S. 274). Inhaltlich können drei Hauptkategorien unterschieden werden:

(1) Programm-Supplements
(2) Unterhaltende/meinungsbildende Supplements
(3) Fachzeitschriften-Supplements

Als Werbeträger bieten Supplements genaue Belegungsmöglichkeiten, eine bessere Druckqualität und die Möglichkeit, beispielsweise in Fachzeitschriften-Supplements durch redaktionelle Spezialisierungen, spezifische Zielgruppen anzusprechen (*Behrens* 1996, S. 171).

Informationsmaterial über die Zeitung als Medium liefern die Verlage sowie Verbände der Zeitungsverleger *(Zeitungs-Marketing-Gesellschaft (ZMG))*. Verlagsbüros bieten meist einen umfassenden Media- und Planungsservice an. Daneben sind die **Auflagenziffern** der *Informationsgesellschaft zur Feststellung und Verbreitung von Werbeträgern e.V.* (*IVW*) eine wichtige Informationsquelle.

Immer mehr Verlage investieren in den letzten Jahren in einen Auftritt ihrer Zeitungen und Zeitschriften als so genanntes **E-Paper**, d.h. eine „Eins-zu-Eins"-Kopie ihrer Formate im Internet. Bereits seit einigen Jahren etablieren lokale Zeitungen, wie beispielsweise die *Rhein-Zeitung,* aber auch Zeitschriften wie die *Wirtschaftswoche,* der *Stern* oder *Die Welt* ihr Online-Angebot. Die Publikationen werden von den Verlagen entweder kostenlos oder kostenpflichtig, beispielsweise im Abonnement oder als einzeln abrufbare Beiträge, angeboten. Ein Grund für die verstärkten Online-Investitionen ist vor allem darin zu sehen, dass sich die *IVW* seit dem Jahre 2003 dazu entschlossen hat, die verkauften E-Paper zu zählen und dies zu einer Stärkung der jeweiligen angegebenen Auflage führt. Einen weiteren Anreiz erhalten die Verlage zudem vor dem Hintergrund der fortschreitenden technischen Entwicklungen. Internationale Technologiekonzerne kündigen immer leistungsfähige mobile Endgeräte an. Visionär ist die Vorstellung, dass Zeitschriften nicht mehr am Kiosk gekauft werden, sondern im Originalformat auf ein handliches Tool geladen werden, das ständig mit dem Internet verbunden ist. Technologieunternehmen bieten bereits erste Vorläufer an, beispielsweise die auf einem hochauflösenden, zusammenrollbaren Matrixdisplay basierende *E-Ink.* Trotz der visionären technischen Möglichkeiten des *E-Ink* ist jedoch zu beachten, dass der Markt für elektronische Zeitschriften in Zukunft als ein sehr kleiner – für Publikationen mit einem großen Einzugsgebiet möglicherweise lukrativer – Nischenmarkt anzusehen ist (*Ridder* 2004, S. 62 ff.).

1.3.2.2 Zeitschriften

Zeitschriften erscheinen wie Zeitungen periodisch, aber in der Regel nicht so häufig wie Zeitungen, haben ein kleineres Format, das eher an Bücher erinnert und sind oft hochwertiger in der Produktion (*Hofsäss/Engel* 2003, S. 316). Sie haben bestimmte Themenschwerpunkte, die ausführlicher als in Zeitungen behandelt werden. Ein wesentliches Unterscheidungsmerkmal ist daher die Auswahl, Gewichtung und Darstellung des Themas bei den einzelnen Titeln. Durch die Schwerpunkte in der Themenauswahl und -aufbereitung sprechen Zeitschriften eine bestimmte Leserschaft an. Die Zeitschrift ist so zu einem Werbeträger für bestimmte Zielgruppen entwickelt worden. Dies verdeutlicht auch die Typologie der Zeitschriften in Schaubild III-B-2. Demnach lassen sich die folgenden vier Typen von Zeitschriften unterscheiden:

(1) **Publikumszeitschriften** wenden sich an eine Leserschaft, die unabhängig von Beruf, sozialer Stellung, politischer oder religiöser Bindung durch ihr gemeinsames Interesse an dem dargebotenen Inhalt an die Publikation gebunden ist (*Unger et al.* 2002, S. 151). Publikumszeitschriften lassen sich weiterhin in die folgenden Kategorien unterteilen:

- So genannte **General-Interest-Zeitschriften** wenden sich mit einer allgemein interessierenden Thematik an eine breite Öffentlichkeit. Ein Beispiel für diese Kategorie ist der *Stern,* der Bilder und Texte, aktuelle Kurzberichte und aufwändige Reportagen, Unterhaltung, ein Fernsehprogramm, Wirtschaftsthemen, Kultur und Showbusiness, Kochrezepte, Kinderseiten usw. bietet (*Hofsäss/Engel* 2003, S. 317). Programmzeitschriften lassen sich ebenfalls dieser Kategorie zuordnen, da sich zum einen das Thema Fernsehen an die breite Öffentlichkeit richtet und zum anderen neben dem TV-Programm auch redaktionelle Teile enthalten sind, die einer allgemein interessierenden Thematik zuzuordnen sind.

- **Special-Interest-Titel** richten sich an eine eingegrenzte, homogene Zielgruppe, die an speziellen Themen interessiert sind. Diese Themen orientieren sich oft an Hobbies und Frei-

Zeitschriften				
Publikumszeitschriften General Interest	Special Interest	**Fach- zeitschriften**	**Kunden- zeitschriften**	**Mitarbeiter- zeitschriften**
Zielgruppe Breite Öffentlichkeit	Enge Interessen-gruppen	Fach-publikum	Kunden	Mitarbeitende
Themen Inhalte, von allge-meinem Interesse, richten sich an eine breite Leserschaft und sind thematisch nicht festgelegt, z.B. Themen • Kurzberichte/ Reportagen • Unterhaltung • Fernsehprogramm • Wirtschaftsthemen • Kultur/Show-business • Kochrezepte • Kinderseiten • u.a.m.	Konzentration auf klar abgegrenzte Sachgebiete, richten sich an spe-zielle Zielgruppen, Ansprache der Le-ser mit ihrem per-sönlichen Informa-tions-, Wissens-und Freizeitbedarf im privaten Lebens-bereich, z.B. Themen • Auto/Motorsport • Bauen/Wohnen • Freizeit/Sport • Kinder/Jugend • u.a.m.	Informationen, die überwiegend aus beruflichem In-teresse gelesen werden, richten sich an bestimmte Berufsgruppen, Funktionsträger, andere fachlich beschreibbare Zielgruppen z.B. Berufe • Mediziner • Juristen • Controller • Manager • Lehrer • Werber • u.a.m.	Neuigkeiten aus der jeweiligen Branche, Tipps, Ratschläge, aber auch Unterhaltung und allgemeine Nachrichten z.B. Branchen • Gesundheits-wesen/Pharma • Banken/Finanz-dienstleistungen • Tourismus/ Reisen • Handwerk/Bau • u.a.m.	Informationen für die Mitarbeitenden über das Unternehmen und die Branche z.B. Themen • Unternehmens-erzeugnisse • Unternehmens-engagement • Mitarbeitende im Kollektiv • Unternehmenslage • Unternehmens-fürsorge • Unterhaltung • Personalent-wicklung • u.a.m.

Schaubild III-B-2: Typologie von Zeitschriften

zeitbeschäftigungen (beispielsweise *Kicker, Golfmagazin, AngelWoche* usw.) und eignen sich besonders zur Weitergabe von Detailinformationen. Für den Inserenten bedeutet dies ei-nen geringeren Streuverlust. Zeitschriften, die auf eine bestimmte Leserschaft abgestimmt sind, erlauben es, diese Zielgruppen zu relativ geringen Kosten zu erreichen. Oftmals han-delt es sich in dieser Kategorie auch um Zeitschriften mit einem breiten Themenspektrum, das auf die bestimmten Segmente ausgerichtet ist. Wichtige Subkategorien bilden vor allem Frauenzeitschriften (beispielsweise *Brigitte, Petra, Freundin, Glamour* u. a. m.), Jugendzeit-schriften (beispielsweise *Bravo, Popcorn, Mädchen* u. a. m.) und Männermagazine (*Playboy, GQ, Maxim, FHM, Mens Health* u. a. m.).

(2) An die Experten einer bestimmten Branche oder eines Berufszweiges richten sich **Fach-zeitschriften**. Sie liefern Informationen an ein Fachpublikum, das diese beruflich nutzt und überwiegend aus beruflichem Interesse liest. Fachzeitschriften können sich an die Mitarbeitenden einer ganzen Branche richten (beispielsweise das Baugewerbe, die Tex-tilwirtschaft oder die Pharmabranche) und ein breites Spektrum an Themen darstellen, oder an Personen in einer bestimmten Funktion (Manager, Controller, Werber, Mediziner usw.) und daher branchenübergreifende Themen aufgreifen.

(3) **Kundenzeitschriften** thematisieren Neuigkeiten aus der jeweiligen Branche, Tipps, Rat-schläge, aber auch Unterhaltung und allgemeine Nachrichten. Sie werden von dem Unter-nehmen kostenlos an die Kunden abgegeben, dienen der Unternehmensdarstellung und gewinnen als Marketing- und Kundenbindungsinstrument zunehmend an Bedeutung. Die größten Wachstumspotenziale sehen Mitglieder des *Forum Coporate Publishing (FCP)* – einem Verband, in dem 49 Verlage von Kundenzeitschriften aus dem deutschsprachigen

Raum zusammengeschlossen sind – vor allem in den Bereichen E-Publishing, Mitarbeitermedien und Unternehmensberichte (*ZAW* 2009, S. 309).

(4) Schließlich wenden sich **Mitarbeiterzeitschriften** mit unternehmensspezifischen Informationen an alle Mitarbeitenden eines Unternehmens. Sie dienen dazu, den Mitarbeitenden einen Gesamtüberblick des unternehmerischen Handelns im wirtschaftlichen Umfeld sowie die Entwicklungen und Zukunftsperspektiven des Unternehmens zu geben und diese dadurch kontinuierlich sowie systematisch in das Unternehmensgeschehen einzubeziehen (vgl. zur Mitarbeiterzeitschrift als Einzelmaßnahme der Mitarbeiterkommunikation Abschnitt III-K-6.2.1). Zentrale Inhalte sind beispielsweise Themen zu Unternehmenserzeugnissen, dem sozialen Engagement des Unternehmens, der Unternehmenslage, Personalentwicklung usw.

Im Gegensatz zum Fernsehen mit nur beschränkten Zeiten als Werbemöglichkeit ist der **Anzeigenplatz** in Zeitschriften nahezu immer vorhanden und kann – je nach Buchungssituation – zudem erhöht werden. Es ist möglich, Anzeigen in den unterschiedlichsten Formaten und Variationen zu schalten, z. B. Hoch- und Querformat, schwarzweiß oder mehrfarbig. Die Basisanzeige ist eine ganze (1/1) Seite schwarzweiß, entsprechende Bruchteile – beispielsweise eine 3/4 Seite, 1/4 Seite bis zu einer 1/64 Seite sind möglich, aber auch mehrseitige Anzeigen. Verlage gehen bei der Preisberechnung von der Basisanzeige aus und je nach Größe sowie verwendeter Farbe variiert der Preis. Eine Besonderheit bei der Zeitschriftenwerbung ist die Möglichkeit, verschiedene Beiprodukte in Form von Beilagen (lose Blätter und mehrseitige Prospekte), Beiheftern (mehrseitige Prospekte, die mit dem Heft verbunden sind) oder Beiklebern („Fremdobjekte", die auf eine normale Anzeigenseite geklebt werden, beispielsweise CD-ROMs, Warenproben usw.) der Anzeige hinzuzufügen. Weitere Werbemöglichkeiten stellen Gatefolds (ausschlagbare Seiten, die sowohl beim Umschlag als auch im Innenteil der Zeitschrift möglich ist), Duftlackanzeigen (ein Duftstoff wird mikroverkapselt, mit farblosem Lack gemischt und verdruckt; durch leichte Reibung wird der Duftstoff wieder freigesetzt), Farb-Specials (Anzeigen, die z. B. mit fluoreszierenden Farben gestaltet werden) sowie Anzeigenstrecken (mehrseitige Anzeige eines oder mehrerer Werbungtreibenden zu einem bestimmten Thema; die Seiten folgen innerhalb der normalen Heftproduktion unmittelbar aufeinander) (*Kloss* 2007, S. 317 ff.; *Gruner + Jahr AG & Co. KG* 2010a).

Wichtige **Datenquellen und Orientierungshilfen** zu diesem Werbeträger bieten die Reichweiten der Mediaanalyse (MA), die Auflagenzahlen der *IVW* und diverse Markt-Media-Studien, die von einzelnen oder mehreren Verlagen in Auftrag gegeben werden und differenzierte Verbraucher- und Strukturdaten ermitteln (*Hofsäss/Engel* 2003, S. 325 ff.).

1.3.2.3 Lesezirkel

Lesezirkel sind Unternehmen, die Zeitschriften-Leasing betreiben. Die Zeitschriften bezieht der Lesezirkel druckfrisch von den Verlagen und versieht sie dann mit einem Schutzumschlag, der gleichzeitig als Werbeträger dient. Lesezirkelunternehmen stellen zwischen fünf und zwölf Zeitschriften zu einer Lesemappe zusammen und vermieten diese an einen Kundenkreis, wie z. B. Arztpraxen, Cafés oder Frisörsalons. In der Regel wöchentlich wird der Abonnent mit der von ihm bestellten „Lesemappe" neu beliefert. Dabei werden die Zeitschriften der Vorwoche zurückgenommen und an einen Nachmieter ausgeliefert. Schaubild III-B-3 zeigt das Prinzip des Lesezirkels. Für die Lesezirkelunternehmen besteht der Vorteil in der Mehrfachvermietung der Zeitschriften. Die Abonnementen sparen wiederum bis zu 50 Prozent gegenüber dem Einzelkauf der jeweiligen Zeitschriften. Dabei ist der Preis davon abhän-

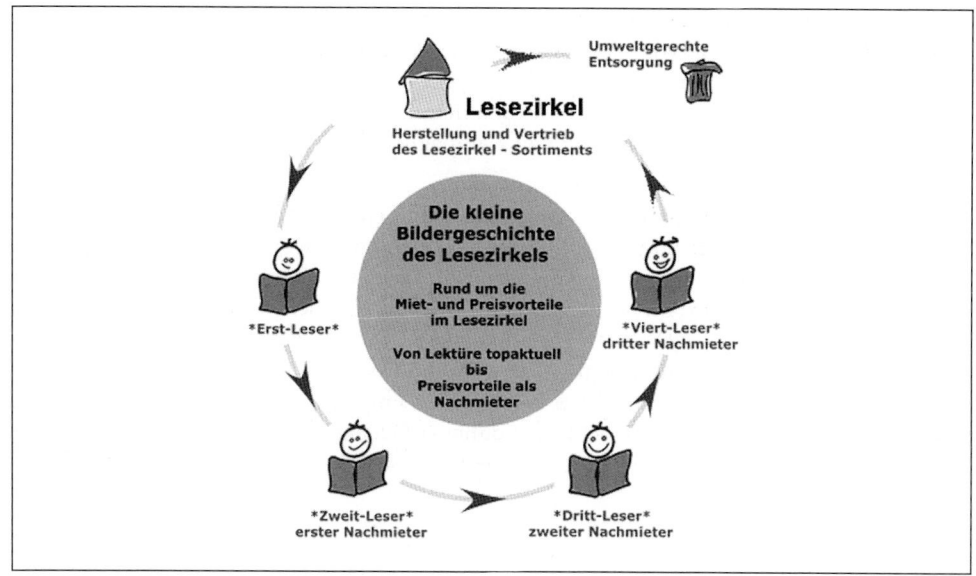

Schaubild III-B-3: Prinzip des Lesezirkels (Verband deutscher Lesezirkel e.V. 2010)

gig, ob es sich um den Bezug einer Erst-, Zweit-, Dritt- oder Viertmappe handelt (*Kloss* 2007, S. 322 f.; *Verband deutscher Lesezirkel e.V.* 2010).

Der Lesezirkel bietet unterschiedliche Werbeformen, wie z. B. das Lesezirkel-Plakat im Format 18 x 20 cm auf den Titelseiten. Weiterhin besteht die Möglichkeit des Einbindens von Beiheftern und Beilagen (*Kloss* 2007, S. 323.; *Verband deutscher Lesezirkel e.V.* 2010).

1.3.2.4 Verzeichnismedien

Verzeichnismedien wie Adress- und Telefonbücher fungieren ebenfalls als Werbeträger. Unter die Adressbücher sind insbesondere Stadt-Adressbücher, d. h. regionale Nachschlagewerke mit den Adressen der Haushalte, Behörden und Unternehmen der Gemeinde, zu zählen. Ferner sind darunter auch Wirtschaftsnachschlagewerke wie Bundes- und Landesadressbücher oder Internationale- und Export-Adressbücher zu subsumieren. Bei den Telefonbüchern kann in Deutschland unterschieden werden nach dem Amtlichen Telefon Buch, dem Telefonbuch das Örtliche, den Gelben Seiten, Telefaxbuch und dem Postleitzahlenbuch.

Insbesondere für lokale und regionale Unternehmen bietet Werbung in Verzeichnismedien Vorteile. Hauptwerbeträger bei den Verzeichnismedien sind dabei die Telefonbücher. Es besteht dabei zum einen die Möglichkeit, durch einen Zeileneintrag mit besonderer Hervorhebung durch Fettdruck oder Anbringen des Firmenlogos zu werben. Zum anderen besteht das Anbringen von Anzeigen auf den Kopf, Fuß- oder Randleisten sowie ganzseitig auf den Umschlagseiten und den ersten Seiten (*Kloss* 2007, S. 323 f.).

1.3.2.5 Fernsehen

Die Gestaltungsmöglichkeiten von TV-Spots sind aufgrund der simultanen Einsatzmöglichkeit von Bild, Ton und Text bei der Fernsehwerbung sehr vielschichtig (*Schweiger/Schrattenecker* 2009). Durch die Kombination von bewegtem farbigem Bild und Ton wirkt Fernsehwerbung multisensorisch und damit aufmerksamkeitsstark. Sie bietet daher vor allem Möglichkeiten für emotionale Werbeauftritte zur Bildung von Images und Markenwelten sowie erlebbarer Präsentationen von Produktvorteilen, der Produktverwendung, von Verwendungsanlässen usw. Die Aktualität des Fernsehens ist höher als bei Tageszeitungen. Fernsehen ermöglicht somit die schnelle Reaktion auf Ereignisse, den massiven Aufbau von Werbedruck und damit der kurzfristigen Bekanntmachung von Kampagnen sowie Produkten, Leistungen und Marken.

Verglichen mit den Printmedien ist das **Angebot an Werbeträgern für Fernsehwerbung** relativ klein. Bis 1984 gab es in der Bundesrepublik Deutschland nur zwei öffentlich-rechtliche Anbieter für Fernsehen: Zum einen die Arbeitsgemeinschaft für Rundfunkanstalten Deutschland (*ARD*) mit insgesamt zehn Sendern (regional unterschiedliche, dritte ARD-Programme wie beispielsweise *NDR 3, WDR 3, HR 3* u. a. m.) und zum anderen das Zweite deutsche Fernsehen (*ZDF*). Eine regionale Streumöglichkeit war damit lediglich in bedingtem Maße bei den Sendern der *ARD* möglich (*Rogge* 2004, S. 187). Bis zum Empfang und zur Etablierung der privaten Sender waren die Werbemöglichkeiten daher auf Blöcke in der Zeit zwischen 17.00 und 20.00 Uhr beschränkt und zudem durch einige Besonderheiten geprägt (*ZDF*-Staatsvertrag vom 06.06.1961):

* Keine Werbung nach 20.00 Uhr,
* Keine Werbung an Sonntagen und gesetzlichen Feiertagen,
* Klare Trennung der Werbung von den übrigen Teilen des Programms,
* Ausschluss jeden Einflusses von Werbetreibenden, Werbeagenturen oder Werbemittlern auf das übrige Programm,
* Festsetzung der Gesamtdauer der Werbung durch die Ministerpräsidenten der Länder.

Die Werbemöglichkeiten im Fernsehen änderten sich durch die Zulassung der privaten Fernsehsender in den 1980er Jahren, die diesen Beschränkungen nicht unterliegen. In den letzten Jahren hat damit die Anzahl der **verfügbaren Werbeträger** stark zugenommen. Mittlerweile können mehr als 30 deutschsprachige und zahlreiche ausländische Fernsehsender via Kabel (die Übermittlung der Bild- und Tonsignale erfolgt per Kabel) empfangen werden. Bei Empfang über Satellit (Signalübertragung über Satelliten an die Parabolantenne des Empfängers) sind es noch deutlich mehr (vor allem internationale) Programme. Lediglich einige wenige Haushalte nutzen die herkömmliche terrestrische Übermittlung der Bild- und Tonsignale an die Dach- oder Zimmerantenne und können nur die öffentlich-rechtlichen Sender sowie einige Privatsender, die terrestrisch übertragen werden, empfangen (*Hofsäss/Engel* 2003, S. 287). Seit einigen Jahren hat sich die Möglichkeit der digitalen Übertragung von Fernsehangeboten durchgesetzt, deren Vorteil vor allem darin liegt, dass sie eine deutlich bessere technische Übertragungs- und Empfangsqualität gewährleistet und mit dieser technischen Möglichkeit sehr viel mehr Sender beziehungsweise Programme gleichzeitig über einen Satelliten ausgestrahlt werden können. Die Digitaltechnik wird die analogen TV-Übertragungen künftig weiter ablösen. Derzeit ist eine Vielzahl digitaler Programme in Deutschland über Kabel und Satellit zu empfangen. Die terrestrische Verbreitung (DVB-T) über die normale Hausantenne ist längst aus den „Kinderschuhen" und mehr als 90 Prozent der Bevölkerung können heute DVB-T über Antenne empfangen (*Digitalfernsehen.de* 2010).

Je nach Sender und Tageszeit wenden sich die Anbieter mit einem **unterschiedlichen Programmkonzept** und somit unterschiedlichen Kommunikationsangeboten an spezifische Zielgruppen. Während die öffentlich-rechtlichen Programme und die Vielzahl der Privatsender (*RTL, Sat.1, Pro7, RTL2* u. a. m.) so genannte Vollprogramme mit abwechslungsreichen, unterhaltenden und informativen Inhalten anbieten, gibt es immer mehr Sender im Markt, die sich auf Spartenprogramme konzentrieren. Diese decken spezielle Themenbereiche ab, die sich primär den Themenfeldern Musik (z. B. *MTV, Viva*), Nachrichten (z. B. *n-tv, N24*), Sport (z. B. *DSF, Eurosport*), Kindern (z. B. *Super RTL, KiKa*) und Kultur (z. B. *arte*) widmen. Vorteile dieser Spartenprogramme sind vor allem darin zu sehen, dass eine homogene und genau definierte Zielgruppe durch diese besser erreicht wird. Eine weitere Differenzierung der Sender kann nach **demografischen Merkmalen** erfolgen. Beispielsweise richten sich *RTL 2* und *Pro7* an ein überwiegend jüngeres Publikum, während die öffentlich-rechtlichen Sender oder *Kabel1* überdurchschnittlich ältere Personen erreichen (*Hofsäss/Engel* 2003, S. 288). Ferner unterscheiden sich mansche Sende nach der **Entgeltlichkeit der Nutzung**. Während das Free-TV für den Nutzer entgeltfrei ist, hat der Nutzer des Pay-TVs ein Nutzungsentgelt zu entrichten. Letzteres kann unterschieden werden in das Abonnementfernsehen (der Abonnent zahlt z. B. eine monatliche Gebühr und ist in der Nutzung des Programmangebotes unbeschränkt; z. B. *Premiere*), Pay-Per-Channel (die Bezahlung erfolgt lediglich für einzelne Kanäle innerhalb des Programmpaketes), Pay-Per-View (der Zuschauer bezahlt nur für die Dauer des Zusehens, z. B. für die Dauer einer Reportage) sowie Video-on-demand (der Zuschauer kann aus einer Videodatenbank z. B. einen bestimmten Film auswählen, für dessen Nutzung eine Gebühr zu entrichten ist) (*Kloss* 2007, S. 330).

Werbemöglichkeiten innerhalb des Werbeträgers Fernsehen sind TV-Spots, die in ihrer Länge normalerweise zwischen 5 und 90 Sekunden variieren können. Während sich die Einschaltpreise bis vor wenigen Jahren noch auf die Sekunden bezogen, d. h. Berechnungsgrundlage war der Sekundenpreis, der mit der Dauer des TV-Spots zu multiplizieren war, gibt es heute vorwiegend disproportionale Preise bei den Privatsendern (*Hofsäss/Engel* 2003, S. 294). In den letzten Jahren entstanden zahlreiche neue Varianten an Werbemöglichkeiten für Werbetreibende, die zum einen eine erhöhte Aufmerksamkeit erzielen können und zum anderen den TV-Sendern ermöglichen, Werbung auch in bisher nicht üblichen oder zugelassenen Umfeldern auszustrahlen (vgl. Schaubild III-B-4).

TV-Sonderwerbeformen Fernsehen 2010	
Werbegruppe und Beispiele	**Anwendungshinweise**
Sponsoring	Mit einem Sponsoring wird die Marke ganz nah am Programm der Zielgruppe platziert. Der positive Imagetransfer vom Programm auf den Spot führt dabei zu einer erhöhten Aufmerksamkeit, Markenbekanntheit und Werbeerinnerung.
1. Programmponsoring	Zu Beginn (Opener), vor oder nach den Unterbrecherinseln (Reminder) und am Ende einer Sendung (Closer) wird ein Sponsorhinweis gezeigt.
2. Sponsoring Icon	Im laufenden Format wird das Logo des Programmsponsors eingeblendet. Das Icon kann statisch oder animiert sein.
3. SloMo-Sponsoring	Das Logo des Programmsponsors wird in einen Zeitlupentrenner integriert und vor und/oder nach einer Zeitlupe platziert. Möglich in vielen Formaten und Event- bzw. Sport-Charakter.
4. Trailersponsoring	Der Sponsor wird innerhalb der Programmpromotion zusammen mit dem Trailer platziert.
5. Framesponsoring	Integration des Programmsponsors mittels Rahmen in den Promotion-Trailer des Senders. Platzierung: während des Trailers.
6. Insertsponsoring	Integration des Programmsponsors mittels Logo in die Promotion-Bauchbinden des Senders. Platzierung: auf laufender Sendung.
7. Titelsponsoring	Die Marke ist Teil des Sendungstitels und hat somit die unmittelbare Verbindung zum gewählten Format. Auch Einblendungen, sowie die Studio-Requisite werden im Look & Feel des Kunden eingerichtet.
8. Rubrikensponsoring	Sponsoring (Opener & Closer) einer monothematischen, redaktionell eigenständigen Rubrik innerhalb einer Sendung; formatspezifisch zusätzlich auch vor oder nach den Unterbrecherinseln (Reminder).
9. Labelsponsoring/Blocksponsoring	Konzeptabhängig platziertes Sponsoring , z. B. in verschiedenen, aufeinander folgenden oder thematisch homogenen Programme (Opener, Reminder & Closer).
10. Topicsponsoring	Sponsoring von speziellen Thementagen durch flankierend zwischen den Formaten eingesetzte Reminder (Opener, Reminder & Closer).

Schaubild III-B-4a

Special Creation	Special Creations sind Unikate, ganz individuell für den Webetreibenden entwickelt und produziert. Die Verbindung von Programm- und Markenbotschaft verspricht ein Höchstmaß an Aufmerksamkeit und optimalen Imagetransfer.
1. Promostory	In einer redaktionell gestalteten, mindestens 90-sekündigen Mini-Sendung mit speziellem Werbetrenner und Werbekennzeichnung werden Produkte oder Marken ausführlich präsentiert.
2. Spotpremiere	Der TV-Spot wird in der Erstausstrahlung auf einem oder mittels Roadblock-Buchung auf mehreren Sendern zeitgleich gesendet, z.B. in Kombination mit Making-of-Material.
3. Gewinnspiel	Konzeptabhängig werden im Rahmen einer Kooperation zwischen Sender/Sendung und Markenartikler innerhalb eines Gewinnspiels Preise ausgelobt und der Kooperationspartner genannt.
4. Framesplit	Die Werbebotschaft umrahmt das laufende Programm, statisch oder animiert; Programmton.
5. Skyscraper	Parallel zum redaktionellen Beitrag bewegt sich die Botschaft als Werbesäule durch das Bild; Programmton.
6. Crawl	Die Werbebotschaft wird parallel zum laufenden Programm in das Laufband von *n-tv/N24* integriert.
7. Premium Crawl	Der Premium Crawl füllt mit der animierten Werbebotschaft inklusive Markenlogo die gesamte Crawl-Fläche aus und überblendet die Börsen- und Nachrichtenlaufbänder; ein Übergang der Animation in das Bild oberhalb des Laufbands ist möglich; Programmton.
8. Cut In	Der Cut-in wird während der laufenden Sendung horizontal oder vertikal am Bildrand eingeblendet
9. TV Flash	10-Sekünder, der – einem Cut ähnlich – horizontal eingeblendet wird und besonders für imagebildende Maßnahmen geeignet ist.
10. Splitboard	Die Werbebotschaft wird im Split-Screen vor einem Scharnierwerbeblock platziert
11. Move Split	Splitscreen-Variante in der Programm und Werbebotschaft durch Platzierungswechsel oder im dynamischen Bewegungsablauf die Positionen tauschen.
12. Abspannboard	Die Werbebotschaft wird am Ende der Sendung während des Abspanns in Szene gesetzt.
13. Abspannframe	Die Werbebotschafr wird unmittelbar vor den Credits platziert.
14. Logomorphing	Ein Markenlogo oder Objekt des nachfolgenden Spots wird mit dem Senderlogo verbunden.

Schaubild III-B-4b

Exclusive Position	Exclusive Positions garantieren durch die Alleinstellung des TV-Spots eine verstärkte Wahrnehmung beim Zuschauer, optimalen Audienceflow und hohe Akzeptanz durch die direkte Formatanbindung – bei Splitscreen sogar ohne Werbetrenner.
1. Single Split	Der Splitscreen-Spot wird ohne Werbetrenner als Scharnier zwischen zwei Sendungen, i.d.R. mit Countdown-Funktion, ausgestrahlt.
2. Abspann Split	Eingebettet in den Abspann läuft der TV-Spot im Splitscreen ohne Werbetrenner direkt nach der Sendung.
3. Pre-Split	Der Spot wird im Rahmen mit redaktionellen Informationen zwischen Programm und Promotrailer platziert.
4. Post-Split/Trailer Split	Der Spot wird im Rahmen mit redaktionellen Informationen zwischen Promotrailer und Programm platziert.
5. Newscountdown/Best Minute	Eingebunden in das Newsdesign wird der Countdown bis zu den Nachrichten für die Werbebotschaft genutzt.
6. Diary	5- bis 20- Sekunden-Splitscreen-Spot; Hauptmerkmal ist die unmittelbare Programmnähe und die feste Verteilung der Schaltungen über den Tag (15 bis 18 Platzierungen). Das Diary wird nach dem Programm und vor dem Werbeunterbrecher geschaltet. Seit Ende 2006 sind auch "halbe" Diaries möglich: Zeitschienen-Splitting: 9-17 Uhr und 17-1 Uhr; kein Werbetrenner.
7. Contentsplit	Der Spot erhält einen im Sender-Look gestalteten Rahmen, der die redaktionellen Inhalte eines Themenbereichs , z.B. die Wetterdaten aufgreift. Passend zum Produkt können Produktbezüge im Rahmen hergestellt werden.
8. Programmsplit	Der Splitscreen-Spot wird ohne Werbetrenner in einer laufenden Sendung oder zwischen zwei Programmteilen mit Countdown-Funktion ausgestrahlt.
9. Singlespot	Der Singlespot läuft ohne Werbetrenner ("nur ein Spot") als einziger Spot in einem „Exklusiv-Werbeblock". Mittels Roadblock-Buchung kann ein Singlespot zeitgleich auf mehreren Sendern laufen.

Schaubild III-B-4c

Schaubild III-B-4a–c: TV-Sonderwerbeformen Fernsehen 2010 (ZAW 2010, S. 317 ff.)

Beispiel: Entwicklung von Framesplits bei *IP Deutschland*

RTL und *IP Deutschland* haben im Jahre 2009 „zur Einführung des *Tempo*-Toilettenpapiers Framesplits entwickelt. Hierbei wurde die Werbung für *Tempo* in einem Rahmen über die laufende Sendung geblendet. Damit wurde das Ziel verfolgt, prägnante Werbe- und Produktbotschaften zu kommunizieren sowie hohe Aufmerksamkeit durch die großflächige Platzierung mitten im Programm zu schaffen. Insert III-B-3 zeigt den Framesplit am Beispiel *Tempo*-Toilettenpapier.

Die aufgezeigte fortschreitende Digitalisierung und technische Entwicklungen ermöglichen neue interaktive Werbeformen. Während in Großbritannien bereits im Jahre 2003 mit über 130 so genannten „iTV-Kampagnen" interaktiv geworben wurde, wurde diese Werbeform in Deutschland erst später eingesetzt. Derzeit ist eine Verschiebung der Sehgewohnheiten der Zuschauer, die digital fernsehen, zu beobachten und Unternehmen, Agenturen sowie TV-Sender haben sich auf die Veränderungen einzustellen. Die Nutzung der großen, etablierten TV-Sender nimmt in den deutschen Haushalten mit Digitalfernsehen ab, die digitalen (Sparten-) Sender gewinnen Zuschaueranteile hinzu. Traditionelle TV-Werbemodelle und Werbeformen geraten durch die Digitalisierung unter Druck. Es ist anzunehmen, dass sich in der zunehmenden digitalen Vielfalt diese Mittel auf Hunderte von Kanälen verteilen werden. Vor allem die kleinen werbefinanzierten Sender haben daher in Zukunft zusätzliche Erlösmodelle, beispielsweise über die Vermarktung der Zuschauerbasis oder interaktive Angebote wie Gewinnspiele, zu entwickeln.

Beispiel: Interaktiver Fernsehspot von *Peugeot*

Im Jahre 2008 wurde in Österreich ein interaktiver Fernsehspot für *Peugeot* lanciert. Dabei wurde der klassische TV-Spot mit dem digitalen MHP-Multitext verknüpft. Während des laufenden TV-Spots wurden die Zuschauer durch eine Einblendung auf die Möglichkeit hingewiesen, im Multitext zusätzliche Informationen per Knopfdruck abzurufen. Per Fernbedienung konnten die Zuschauer direkt in das Produktportal einsteigen und sich detaillierte Informationen zum neuen *Peugeot 308 SW* ansehen. Die Kampagne bot dem Zuschauer dadurch zusätzlich zum TV-Spot umfassende, multimediale Produktinformationen an (*o.V.* 2010d).

Wichtige Informationen zur TV-Nutzung in Deutschland werden offiziell von der *GfK-Fernsehforschung* bereitgestellt. Die *GfK* misst bereits seit 1985 im Auftrag der *Arbeitsgemeinschaft Fernsehforschung* (der die meisten deutschen Fernsehsender angehören) mittels kontinuierlich stattfindenden TV-Panel, die Einschaltquoten für jede Sendung und jeden TV-Spot. Für Werbetreibende wichtige Indikatoren, wie beispielsweise die Sehdauer innerhalb der Zielgruppe,

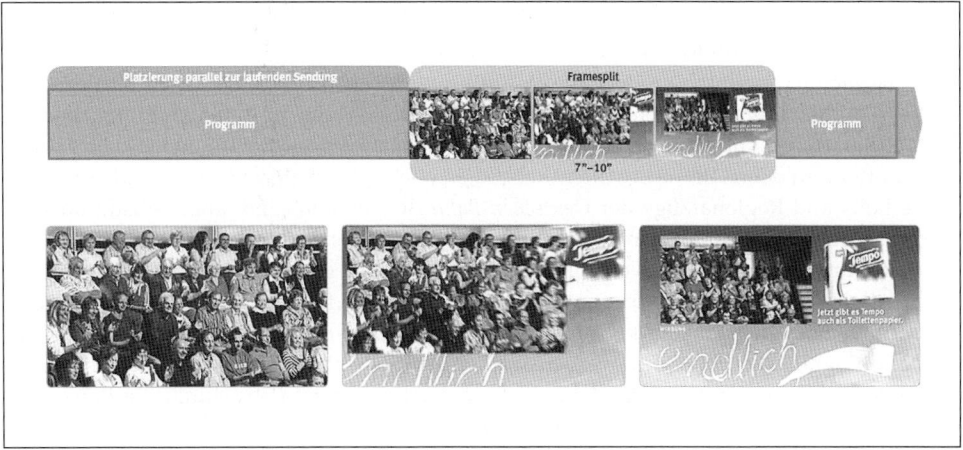

Insert III-B-3: Entwicklung eines Framesplits für das neue Tempo-Toilettenpapier (IP Deutschland GmbH 2010)

senderspezifische Marktanteile oder Empfangspotenziale, können ebenfalls durch das System der GfK-Fernsehforschung ermittelt werden (_Hofsäss/Engel_ 2003, S. 295).

Beispiel: TV-Konsum der Deutschen

Im Jahre 2009 verbrachte der deutsche TV-Zuschauer im Durchschnitt 212 Minuten täglich vor dem Fernseher. Im Vergleich zum Vorjahr ist der Fernsehkonsum um fünf Minuten höher. Erstmals seit drei Jahren ist die durchschnittliche TV-Sehdauer wieder angestiegen. In der werberelevanten Zielgruppe der 14- bis 49-Jährigen erhöhte sich der TV-Konsum um 4 auf 182 Minuten. Je nach Region in Deutschland gibt es dabei Unterschiede. Spitzenreiter des Fernsehkonsums ist Brandenburg mit 262 Minuten (plus 9 Minuten). Rückläufig ist die Fernsehdauer hingegen in Mecklenburg-Vorpommern (minus fünf Minuten auf 231 Minuten) und dem Saarland (minus drei Minuten auf aktuell 222 Minuten). Die Höhe des Fernsehkonsums ist auch altersabhängig: Bei den über 50-Jährigen ist die Fernsehdauer mit durchschnittlich 279 Minuten am höchsten. Bei Kindern von 3 bis 13 Jahren ist die Nutzungsdauer dagegen mit 88 Minuten am geringsten (_o.V._ 2010e).

1.3.2.6 Außenwerbung

Zur **Außenwerbung** zählen alle Werbeträger und Werbemittel, die im öffentlichen Raum, also außerhalb geschlossener Räume, verwendet werden. Die Vorteile liegen in der außergewöhnlich hohen Reichweite (beinahe die gesamte Bevölkerung) und der hohen Kontakthäufigkeit, da Werbeträger an Orten eingesetzt werden, die der Öffentlichkeit zugänglich sind und bevorzugt so platziert werden, dass sie von vielen Personen gesehen werden. Im Gegensatz zu Werbung in Druckmedien oder in elektronischen Medien wird die Werbebotschaft nicht zum Empfänger gebracht, sondern dieser hat daran vorbeizugehen und diese wahrzunehmen. Außenwerbung ist daher im Blickfeld großer Publikumsströme, wie beispielsweise in Stadtzentren, an Bahnhöfen oder bei Einkaufszentren usw. zu platzieren. Im Unterschied zu Anzeigen oder TV-Spots, die in ein redaktionelles Umfeld oder Programm eingebettet sein können, ist Außenwerbung ein reines Werbemedium ohne ein zusätzlich informierendes oder unterhaltendes Umfeld (_Behrens_ 1996, S. 179 f.). Daher hat Außenwerbung allein durch die Erscheinung die Aufmerksamkeit auf sich zu ziehen und die Informationen kurz und prägnant zu übermitteln. Voraussetzung für die Aufmerksamkeitswirkung ist eine eindrucksvolle, kreative und überraschende Gestaltung der Werbemittel (_Schweiger/Schrattenecker_ 2009, S. 305 f.). Insert III-B-4 zeigt verschiedene Beispiele innovativer Außenwerbung.

Es gibt zahlreiche **Erscheinungsformen** der Außenwerbung. Eine Unterscheidung kann nach vier Klassen vorgenommen werden (_Behrens_ 1996, S. 180):

(1) Verkehrsmittelwerbung

Diese bezeichnet Werbung an den Außen- und Innenflächen von öffentlichen und privaten Verkehrsmitteln. Kennzeichnend für die Verkehrsmittelwerbung ist deren Mobilität, da diese durch das Verkehrsmittel transportiert und dadurch häufig gesehen wird. In klassischen Verkehrsmitteln, zu denen Busse des öffentlichen Personennahverkehrs, Straßen- und U-Bahnen sowie Loks und Regionalzüge der _Deutschen Bahn AG_ gehören, sind eine Vielzahl an Werbeformen im Außen- und Innenbereich denkbar: Im Außenbereich können eine Ganz- oder Teilgestaltung der Fahrzeuge, verschiedene Größen von so genannten Traffic Boards sowie kurzfristig einsetzbare Traffic Banner die Werbebotschaften transportieren. Im Innenbereich der Fahrzeuge können Plakate an Seiten- oder Heckscheiben und so genannte BusLightPoster und TrainLightPoster eingesetzt werden. Verkehrsmittelwerbung an Taxen ist durch selbstklebende Folien an den Seiten und Heckträger des Fahrzeugs sowie durch die Präsentation auf Dachträgern, im Innenraum durch Kopfstützen oder Quittungsblöcke möglich. Der Einsatz von LKWs im Rahmen der Verkehrsmittelwerbung ist eine weitere, zudem überregional einsetzbare Alternative. Neben den Fahrzeugen des öffentlichen Nahverkehrs, LKWs,

Insert III-B-4a

Insert III-B-4b

Insert III-B-4a–b: Beispiele für innovative Außenwerbung (Wall AG 2010b)

Taxen und Fernzügen gibt es weitere mobile Out-of-Home Werbeformen, die ebenfalls zu den Transportmedien gezählt werden. Dazu gehören z. B. mit Werbefolien beklebte Kleinwagen ebenso wie Plakatflächen, die auf oder an ein Fahrzeug montiert werden (*Fachverband Außenwerbung e.V.* 2010a).

(2) Lichtwerbung

Die wichtigsten Formen der Lichtwerbung sind Leuchtschriften und Leuchtkonturen für bestimmte Gebäude, beleuchtete Plakate (vgl. hierzu auch die weiteren Formen der Plakatwerbung im Folgenden), Transparente und Schilder sowie Laufschriftanzeigen, computergesteuerte Lichtbildwände und mobile TV-Video-Großbildwände (*Behrens* 1996, S. 182).

(3) Plakatwerbung

Das Medium Plakat bezeichnet einen feststehenden, d. h. stationären, Werbeträger, der im öffentlichen Raum mit wechselnden Motiven bestückt werden kann. Der Plakatanschlag mit genormten Größen dominiert heute die Außenwerbung. Ausgangsformat für Plakate ist der DINA-1 Bogen (59 x 84cm, 1/1 Bogen), aus dem sich alle anderen Plakatgrößen durch Halbieren oder Vervielfachen des Formats ergeben. Die klassische Allgemeinstelle (Litfaßsäule) ist dadurch gekennzeichnet, dass sie mehrere, unterschiedliche Kleinplakate auf sich vereint. Heute finden sich jedoch meist Ganzsäulen, die nur mit einer Werbefläche eines Werbetreibenden beklebt sind (*Hofsäss/Engel* 2003, S. 344). Neben der klassischen Allgemeinstelle gibt es weitere Formen der Plakatwerbung (*Behrens* 1996, S. 183 f.; *Hofsäss/Engel* 2003, S. 345; *ZAW* 2009, S. 387; *Fachverband Außenwerbung e.V.* 2010b):

- Bei **Großflächen** handelt es sich um einzeln buchbare Plakattafeln im 18/1-Bogen-Format (360x260cm), die jeweils exklusiv für ein Motiv beziehungsweise einen Werbetreibenden zur Verfügung stehen. Sie werden aufgrund eines Mietvertrags zwischen dem jeweiligen Grundstückseigentümer und einem Plakatanschlagunternehmen auf privatem oder öffentlichem Grund errichtet. Großflächen sind meist flächendeckend über die Stadtgebiete verteilt und stellten im Jahre 2008 das größte Plakatangebot in Deutschland dar. Die Buchungsdauer (Belegung) des Werbeträgers beträgt in der Regel eine Dekade (10 bis 11Tage).

- Das **City-Light-Poster** ist eine hinterleuchtete Vitrine im 4/1 Bogen Format (176 x 120cm), die meist an Wartehallen öffentlicher Verkehrsmittel, auf der Rückseite von Stadtinformationsanlagen und in Fußgängerzonen angebracht ist. Immer mehr Stellen finden sich auch an Hauswänden. Die City Light Poster sind nur in Form eines sorgfältig zusammengestellten Netzes zu belegen und führen daher meist zu sehr hohen Einschaltkosten.

- **Mega-Lights**, auch als City-Light-Boards oder hinterleuchtete Großfläche bezeichnet, sind verglaste und hinterleuchtete Großflächenvitrinen, die frontal zur Fahr- und Blickrichtung auf einem Monofuß installiert werden. Im Unterschied zu City-Light-Posten kommen sie im 18/1 Bogen Format zum Einsatz. Mega-Lights präsentieren Werbung in 2,50 Metern Höhe und generieren dadurch besonders hohe Aufmerksamkeit. Typische Standorte sind hoch frequentierte Stellen, insbesondere an wichtigen Ein- und Ausfallstraßen von Großstädten. Bei den Mega-Lights ist ebenfalls nur eine Netzbelegung möglich, die somit zu extrem hohen Einschaltkosten führt.

- Die **Allgemeinstelle** (Litfaßsäule) ist eine zentrale Anlaufstelle für öffentliche Bekanntmachungen wie Theater-, Opern- und Kinoprogramme, aber auch Werbung lokaler Händler und Veranstalter. Das besondere Charakteristikum der Allgemeinstelle ist, dass sie innerhalb eines Buchungszeitraums von mehreren Werbetreibenden gleichzeitig genutzt und mit Motiven in unterschiedlichen Formaten belegt wird.

- Die **Ganzsäule** ist der Litfaßsäule sehr ähnlich, sie wird jedoch von nur einem einzigen Werbetreibenden genutzt. Über einem Betonsockel erhebt sich der zylindrische Werbeträger, der zwischen 260 cm und 360 cm hoch ist. Den oberen Abschluss bildet eine leicht überstehende runde Platte, die oftmals für zusätzliche werbliche Effekte wie 3D-Installationen genutzt wird. Auf der Säule selbst finden Formate von zwei 6/1- bis zu drei 8/1-Motiven Platz.

- **36/1**, auch Panoramaflächen genannt, zählen zu den großformatigen Plakatwerbeträgern und wurden erst im Jahre 2005 eingeführt. Die Exklusivität des Mediums wird durch strenge Anforderungen an die Qualität des Standorts sichergestellt. Die Stellen befinden sich stets in einem bestimmten Mindestabstand vom Boden an hoch frequentierten Straßenabschnitten, an denen sie über Alleinstellung verfügen. Panoramaflächen sind derzeit noch im Aufbau. Bisher existieren 36/1 ausschließlich in Orten mit mehr als 100.000 Einwohnern.

- **40/1 Superposter** entsprechen mit einem Bogen Format 40/1-Bogen (3,72 Metern Höhe und 5,26 Metern Breite) einer 2,2-fachen Vergrößerung der klassischen Großfläche. Sie sind zumeist beleuchtet und werden im oberen Bereich von Hausgiebeln angebracht.

- Zunehmende Bedeutung gewinnt das so genannte **Riesenposter (Blow Up)**. Ihre typischen Standorte an hoch frequentierten Lagen in Großstädten – an Fassaden, Baugerüsten, zum Teil auch Einzelinstallationen – und die außergewöhnlichen Formate von bis zu mehr als 1.000 Quadratmetern werden zunehmend auch mit Sondereffekten wie Licht, Nebel oder 3D eingesetzt, um die Aufmerksamkeitswirkung weiter zu steigern.

- **Werbetürme** stehen direkt an stark befahrenen Autobahnen. Auf einer Werbefläche von bis zu 224 qm in einer Höhe von 35-60 Metern ist der Werbung hohe Aufmerksamkeit garantiert. Zudem sind Werbetürme durch die Beleuchtung mit 200-Lux-Strahlern bei jedem Wetter und zu jeder Tageszeit weithin sichtbar.

Die Werbemöglichkeiten des Plakatanschlags sind durch den Werbeträger selbst, beispielsweise die Plakatstelle vorgegeben. Alle dargestellten Formen sind mit einem bedruckten Motiv in entsprechendem Format zu belegen. Der Werbezeitraum ist normalerweise ein Dekade (10 bis 11 Tage), die meist als Mindestbelegungszeitraum gilt oder, beispielsweise im Fall der City Light Poster, eine Woche.

(4) Ambient Medien

Die noch relativ „jungen" Ambient Medien sind Out-of-Home-Medien im direkten Lebensumfeld („Ambiente") bestimmter Zielgruppen. Out-of-Home-Medien sind z.B. Bierdeckel, Gratispostkarten, Bäckertüten, Pizzakartons, Spindschränke, Golflöcher, Strandkörbe oder Zapfpistolen an Tankstellen. Sie begegnen den Menschen häufig in Situationen des Alltags, in denen keine werbliche Ansprache erwartet wird. Der Überraschungseffekt führt zu einer erhöhten Aufmerksamkeit gegenüber der Werbebotschaft, die als interessant und unterhaltsam wahrgenommen wird. Seit einigen Jahren werden Ambient Medien von Unternehmen systematisch geplant und eingesetzt (*Fachverband Außenwerbung e.V.* 2010c).

> **Beispiel: Ambient Medien bei *Lufthansa***
> Die *Lufthansa* erreicht die Fluggäste während der Planung ihrer Reise, am Flughafen und im Flugzeug durch zahlreiche Ambient Medien. Entlang der gesamten Reisekette bietet das Unternehmen eine direkte Ansprache der Zielgruppe mit dem Werbeträger. Durch den direkten und intensiven Kontakt mit den Passagieren wird eine Zielgruppenansprache ohne Streuverluste angestrebt. Insert III-B-5 gibt einen Überblick über den Einsatz von Ambient Medien entlang der Reisekette bei der *Lufthansa*. Im Rahmen der Reiseplanung werden Werbemöglichkeiten in Flugplänen, in Kundenmagazinen des Unternehmens oder durch Flyer und Aufsteller in den Reisebüros der *Lufthansa* genutzt. Am Flughafen enthalten Bordkarten, Gatebecher und Check-in-Automaten Werbebotschaften. Die Business Lounge wird ebenfalls für werbliche Zwecke genutzt. Werbetreibende Unternehmen nutzen zudem die Möglichkeit, mit hochwertigen Informationsbroschüren, Magazinen oder Flyern auf den Zeitungsständern in den Gates und Lounges präsent zu sein. An Bord bieten Kaffeebecher,

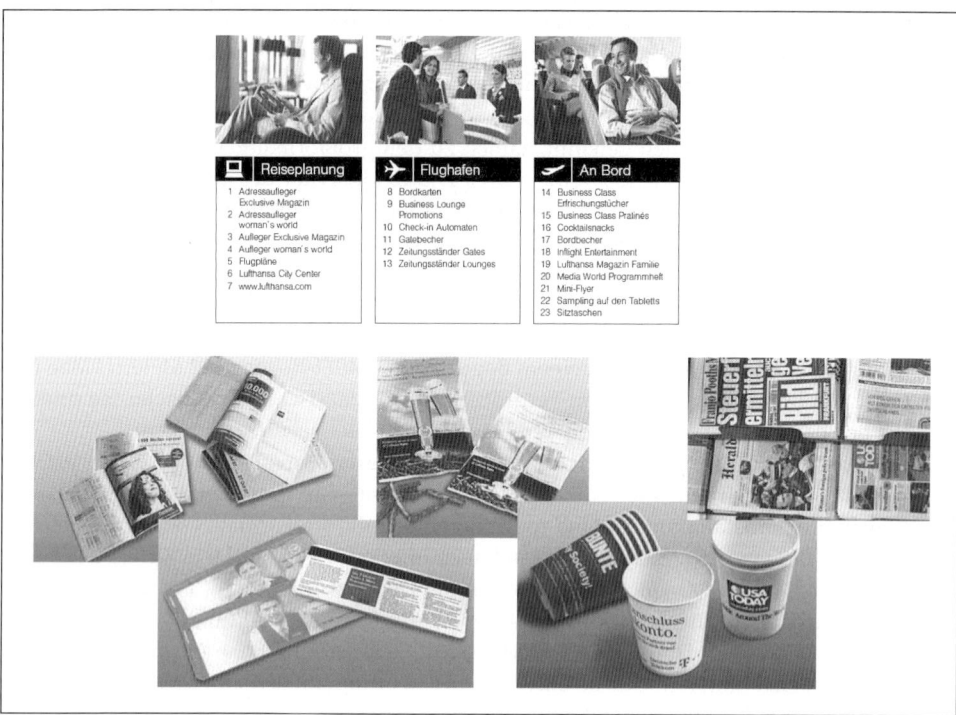

Insert III-B-5: Ambient Medien bei Lufthansa (Gruner + Jahr AG & Co. KG 2010b)

Verpackungen von Snacks, Erfrischungstücher, Programmhefte, Flyer und Samplings auf Tabletts (z. B. Minzdosen oder Haftnotizblöcken) Möglichkeiten der Botschaftsvermittlung (*Gruner + Jahr AG & Co. KG* 2010b).

Die Tendenz bei der Außenwerbung geht zu einer zunehmenden Zielgruppenansprache im direkten Umfeld. Aus diesem Grund wird von den Unternehmen künftig vermehrt den Ambient Medien und damit den Out-of-Home-Medien Aufmerksamkeit geschenkt werden. Ein weiterer Trend geht hin zu einem verstärkten Einsatz interaktiver Plakate bzw. Plakate mit 3D-Installationen (*Kloss* 2007, S. 370).

1.3.2.7 Kino

Die **Entwicklung des Kinos** wurde durch die Entwicklung des Fernsehens stark beeinflusst. War ein Kinobesuch Anfang der 1950er Jahre noch ein Ereignis, vergleichbar mit einem Theater- oder Konzertbesuch, so sank mit der Einführung des Fernsehens die Bedeutung der Kinos. Mitte der 1970er Jahre wurde der Abwärtstrend aufgehalten und der in den Großstädten eingeleitete Trend zu Kinocentern, d. h. mehrere kleine Kinos unter einem Dach, setzte sich auch in den mittelgroßen Städten durch (*Behrens* 1996, S. 184). Die in der Fortsetzung entstandenen „Multiplex-Kinocenter" bieten heute ihrem Publikum ein breites Programm und viel Service. Mit großen Leinwänden sowie ausgeklügelten Soundsystemen wird heute ein ganzheitliches Filmerlebnis in einem attraktiven Umfeld angeboten, um die Besucher vor und nach dem Kinobesuch an die Center zu binden. Kino ist zu einem reinen Unterhaltungsmedium geworden, das vor allem die für die Werbung besonders interessante Zielgruppe der 14- bis 30-Jährigen anspricht.

Neben den Multiplex-Kinos, die sich seit den 1990er Jahren stark ausgebreitet haben und einen steigenden Marktanteil an Besuchern verzeichnen, existieren noch weitere **Kinoarten**, die allerdings eine eher geringe Bedeutung im Markt haben (*Hofsäss/Engel* 2003, S. 308):

- Programmkinos (Nischenprogramme und aktuelle Filme mit künstlerischem Anspruch),
- Filmkunstkinos (Filmreihen, Kurzfilme und Filmkunstklassiker),
- Truppenkinos (an Bundeswehrstandorten und in Soldatenheimen),
- Autokinos (Freiluftkinos, in dem der Film vom Auto aus betrachtet wird) und
- Pornokinos.

Eine wachsende Bedeutung erhalten die so genannten *IMAX*-Kinos, in denen meist Dokumentarfilme mit hoher technischer Qualität gezeigt werden, sowie die in den Sommermonaten stattfindenden Open-Air-Kinos vor allem in Groß- und Studentenstädten, die aktuelle Filme unter freiem Himmel vorführen.

Das klassische **Werbemittel** im Kino ist der Werbefilm, dessen Spieldauer von 44 bis 440 Sekunden variiert. Dieser wird aufwändig produziert und hat die gleiche Qualität wie der eigentliche Spielfilm. Kinospots sind in der Regel kürzer (13 bis 26 Sekunden) und werden sehr viel einfacher produziert. Die Dia-Werbung (stummes Dia, Ton-Dia und Dia auf Film) ist eine Werbeform, die hauptsächlich von lokalen oder regionalen Werbetreibenden genutzt wird (*Behrens* 1996, S. 188).

1.3.2.8 Radio

Das Medium Radio und damit auch die Radiowerbung erlebte Anfang der 1980er Jahre aufgrund der Zulassung der privaten Rundfunkanstalten in Deutschland (die bis zu diesem Zeitpunkt verboten waren) einen starken Aufschwung. Es entstanden zahlreiche Rundfunkanstalten, die sich heute als Werbeträger anbieten. Die **Gestaltungselemente** des Radios beschränken sich auf akustisch Wahrnehmbares: die Sprache, Rhetorik, Musik, Gesang und Geräusche. Das Programmangebot ist vor allem durch Musik bestimmt, unterbrochen wird diese durch Programmteile wie z. B. Nachrichten, Verkehrshinweise, Wetterberichte, Interviews, Beiträge, Gewinnspiele u. a. m. (*Hofsäss/Engel* 2003, S. 299).

Der Hörfunkmarkt in Deutschland ist vor allem regional strukturiert. Es gibt zwar einige nationale Sender, diese sind jedoch relativ bedeutungslos. Die Struktur ermöglicht eine gute regionale Segmentierung der Radiowerbung und je nach Senderangebot eine gezielte Bearbeitung auch kleinerer Gebiete. Neben der regionalen Segmentierung wird versucht, ähnlich wie beim Fernsehen, über die Programmstruktur bestimmte Zielgruppen anzusprechen (*Behrens* 1996, S. 189 f.)

Hörfunk ist ein **Hintergrundmedium**, das Menschen durch den gesamten Tagesablauf begleitet. Am späten Nachmittag beziehungsweise Abend wird das Radio durch das Fernsehen abgelöst und hat in dieser Zeit nur noch eine untergeordnete Bedeutung. Nach der Media-Analyse MA Radio 2009/I hören 78,6 Prozent aller Deutschen jeden Tag Radio. Die durchschnittliche tägliche Hördauer beläuft sich auf zirka vier Stunden (*ZAW* 2009, S. 276). Die Nutzung des Radios ist nicht intensiv, daher werden Radiowerbung und Werbetexte nur selten aufmerksam wahrgenommen. Eine emotionale Gestaltung der Werbebotschaft ist zudem erschwert, da diese nur akustisch übermittelt werden kann.

Im Rahmen der Radiowerbung werden **Werbespots** innerhalb von kurzen Werbeblöcken angeboten. Diese Spots sind im Normalfall 30 Sekunden lang und verglichen mit einem TV-Spot sehr viel günstiger zu produzieren. Der Tausenderkontaktpreis für Radiowerbung ist mit durchschnittlich 3 € ebenfalls deutlich geringer als bei anderen Medien. Hierbei ist jedoch zu beachten, dass durch die beiläufige Nutzung des Radios ein Kontakt weniger wert ist als im Fernsehen oder in den Printmedien (_Hofsäss/Engel_ 2003, S. 300; _Kloss_ 2007, S. 356 f.). Die Vermarktung der Werbezeiten übernimmt auf Seite der öffentlich-rechtlichen Anbieter die _ARD Werbung Sales & Services (AS&S)_, auf der Seite der Privaten vermarktet _Radio Marketing Service (RMS)_ fast alle privaten Programme. Zahlreiche Werbekombinationen, die eine überregionale und regionale Belegung ermöglichen, werden von den Vermarktungsgesellschaften angeboten. Daneben entwickeln diese Planungshilfen sowie Softwareangebote, bieten ausführliche Informationen zum Radiomarkt und führen Studien zur Werbewirkung durch. Eine weitere wichtige Datenquelle ist die bereits erwähnte _Media Analyse Radio_ (MA), die zweimal jährlich erhoben wird.

1.3.2.9 Online-Medien

Das Medium Internet hat sich seit den 1990er Jahren schnell verbreitet und die Zahl der Online-Nutzer ist bis heute kontinuierlich gestiegen. Im Jahre 2009 waren 67,1 Prozent beziehungsweise 43,5 Mio. der Einwohner in Deutschland ab 14 Jahren online (_ARD/ZDF-Online-Studien_ 2009; o.V. 2009b, S. 75). Die durchschnittle Dauer im Internet beträft 138 Minuten pro Tag. Bei den unter 50-Jährigen sind 84 Prozent vernetzt. Die Generation ab 50 ist im Internet mit 40 Prozent deutlich weniger vertreten (_ZAW_ 2009, S. 345). Gemeinsame Plattform für die allgemeine Nutzung des Internet ist das so genannte World Wide Web (WWW), eine unstrukturierte Ansammlung von Webseiten und Online-Diensten und das Usenet. Letzteres ist ein elektronisches Netzwerk, das Diskussionsforen („Newsgroups") bereitstellt, in denen jeder Nutzer, ähnlich wie bei einem schwarzen Brett, teilnehmen kann. Durch das Usenet wird die Versendung von Werbebotschaften ermöglicht (_Kloss_ 2007, S. 373). Das WWW wird von Unternehmen zum einen für ihre eigene Website (als **Online-Angebot**, d. h. Aufbau, Betreuung und Pflege einer eigenständigen Unternehmenspräsenz) genutzt. Zum anderen werben sie auf den Websites fremder Anbieter (**Online-Werbeträger**) für sich und ihr eigenes (Online-) Angebot (_Hofsäss/Engel_ 2003, S. 365 f.). Online-Werbung setzt sich aus einer Kombination von Text, Bild und Toninhalten auf digitaler Basis zusammen. Es lassen sich alle Arten von klassischen Medieninhalten auf Online-Umgebungen übertragen. Sämtliche Inhalte, die zuvor in traditionellen Print- und TV-Bereichen getrennt angeboten wurden, sind somit online auch zusammen möglich (_Unger et al._ 2002, S. 311).

Im Rahmen der Online-Werbung sind zahlreiche Standard- und Sonderformen von **Werbeformaten** zu unterscheiden (vgl. _ZAW_ 2009, S. 351 f.; o.V. 2010c) . Schaubild III-B-5 gibt eine Übersicht über die Vielfalt der Werbeformen im Internet. Die Maßnahmen der Online-Werbung reichen von einem einfachen Textlink in einem Newsletter bis zu einem aufwändigen Online-Spiel oder einem interaktivem Werbespot. Technische Entwicklungen und neue, kreative Werbeideen der Unternehmen und Multimediaagenturen erschweren eine vollständige Darstellung. Insert III-B-6 zeigt verschiedene Standard- und Sonderwerbeformen des Online-Vermarkters _Tomorrow Focus AG_.

Auf der Homepage des _Bundesverband Digitale Wirtschaft_ sind die Standardgrößen, zahlreiche Beispiele kreativer Online-Ideen sowie Informationen zur Online-Werbung zu finden (www. bvdw.org). Die führenden deutschen Online-Vermarkter haben gemeinsame Standards für Werbemittel im Internet erarbeitet, damit Agenturen und werbetreibenden Unternehmen durch Muster die Produktion und Anlieferung von Online-Kampagnen erleichtert wird.

Die **Stärke der Online-Medien** liegt vor allem in der Interaktivität und dem integrierten Einsatz verschiedener Medien. Das Internet ergänzt klassische Spots oder Anzeigen durch ein interaktives Element und die eingeblendete Web-Adresse ermöglicht eine direkte Rückmel-

Werbeformen im Internet

Standardwerbeformen

Super Banner nutzen die gesamte Seitenbreite einer Website aus. Durch ihre Größe (780 * 90 Pixel) haben sie eine Alleinplatzierung in der Bannerleiste, und die gesamte Aufmerksamkeit des Users richtet sich auf dieses großformatige Werbemitte. **Fullsize Banner** (468 * 60 Pixel) nutzen die halbe Seitenbreite einer Website.

Beim **Pop-up** wird die Werbung in einem eigenen, im Vordergrund angezeigten Browser-Fenster präsentiert. Dieses Fenster öffnet sich automatisch innerhalb des Online-Angebots und kann durch den User geschlossen werden. Beim **Pop-Under** legt sich das Fenster nicht über die Seite, sondern wird als zusätzliches Fenster in der Fußleiste geöffnet.

Charakteristisch für den **Skyscraper** ist das Hochformat von 160 * 600 Pixel. Der Skyscraper steht üblicherweise rechts, außerhalb der eigentlichen Website.

Das Medium **Rectangle** wird im redaktionellen Bereich platziert und steht damit unmittelbar im Blickfeld des Nutzers. Abmessungen: 300 * 250 Pixel

Bei einem **Flash Layer** erscheint das Werbemotiv über dem eigentlichen Inhalt der Website. Die Werbeaussagen können an individuellen Stellen auf der Website eingebunden werden.

Das **Tandem Ad** bezeichnet die gleichzeitige Kombination aus Standardwerbeformen wie bspw. Super Banner und Medium Rectangleoder Skyscraper und Super Banner. Die beiden Werbeformen können dabei auch miteinander agieren.

Das **Triple Ad** ist eine gleichzeitig ausgelieferte Kombination aus einem Skyscraper, einem Medium Rectangle und einem Super Banner. Die drei Werbeformen können dabei auch miteinander agieren.

Sonderwerbeformen

Beim **Splitscreen Ad** schiebt sich das Werbemittel für einige Sekunden von rechts über den Content. Mögliche Formate: 300 * 500, 300 * 600 bis 728 * 180 Pixel.

Wallpaper sind Hintergründe, die den oberen und rechten Seitenrand einfärben. Ziel eines Wallpapers ist ein Branding, die Übertragung des Corporate Image des Werbekunden und damit eine Erhöhung des Wiedererkennungswerts.

Das **Banderole Ad** wirkt wie ein Papierstreifen, der um den Content „gewickelt" ist. Die Werbeform hat ein Format von 770 * 250 Pixel und wird mittig zentriert.

Das **Video Ad (preroll)** blendet Spots vor der Bewegtbild-Berichterstattung ein. Das Format ist dabei ein 10–15 Sekunden langer klickbarer Opener Spot, der vor dem eigentlichen redaktionellen Video Content gezeigt wird.

In mobilen Portalen ist das **Mobile Content Ad** die beste Möglichkeit, um in das Blickfeld der Nutzer zu gelangen. Durch seine Positionierung in der Mitte des Handy-Screens richtet sich die gesamte Aufmerksamkeit des Users auf dieses Werbemittel. Dem Werbetreibenden steht durch das großflächige Werbemittel viel Platz für Gestaltung und Informationen zur Verfügung.

Expandable Werbeformen sind Werbungen mit Formatwechsel. Dieser kann per Klick vom User gesteuert werden, per Mouseover oder auch automatisch erfolgen. Ausgangsformat ist immer ein UAP Format, nach der Ausdehnung zieht sich die Werbeform auch wieder auf dieses Format zurück.

Das **Half Page Ad** hat eine Abmessung von 300 * 600 Pixeln und ist in der rechten Spalte der Artikelseite integriert. Es ist damit die optimale Werbeform für großflächig angelegte Kampagnen.

Streaming Ad: Ein bereits bestehender TV-Spot kann in jedem Werbemittel (egal ob UAP-Werbemittel oder Flash Layer) eingebunden und dadurch direkt ins Netz geschickt werden.

Das **Peel Down Ad** ist eine Werbeform, die sich erst durch Useraktion komplett entfaltet. Ausgehend von einem Teaser am rechten oberen Rand der Website rollt sich diese Werbeform bei Mouseover über den Content der Website und legt dadurch einen Layer von einer maximalen Größe von 750 * 500 Pixeln frei, der die eigentliche Werbebotschaft enthält.

Shortclip Reloaded: Die Short Clips sind kleine Werbesequenzen, die für 10 Sekunden zentriert am unteren Browserrand erscheinen und nach Klick durch den User einen Videostream über der abgedunkelten Seite öffnen.

Das **Footer Ad** hat ein Format von 770 * 250 Pixeln und ist unter dem Content einer Seite integriert. Individuelle Formate entsprechend den gewünschten Umfeldern sind zusätzlich möglich. Eine Einblendung und Zählung des Footer Ads erfolgt erst, wenn das Seitenende im sichtbaren Bereich des Users ist.

Interstitials sind Werbeunterbrechungen, die in regelmäßigen Intervallen eine ganze Werbeseite im Internet einblenden, die einen redaktionellen Inhalt unterbrechen. Dafür erhält der Nutzer z.B. einen kostenlosen Internetzugang.

E-Mercials sind bildschirmfüllende Werbespots in so genannter Flashtechnologie, der meist mit einem Click auf ein Werbelogo aufgerufen wird.

Suchmaschinenmarketing beinhaltet bezahlte Keyword-Anzeigen, die als „Sponsored Link" oder „Anzeige" gekennzeichnet im Umfeld der Suchergebnisse von Suchmaschinen, Portalen und Inhalteanbietern erscheinen.

Schaubild III-B-5: Werbeformen im Internet (Kloss 2007, S. 375f.; ZAW 2009, S. 337; o.V. 2010c)

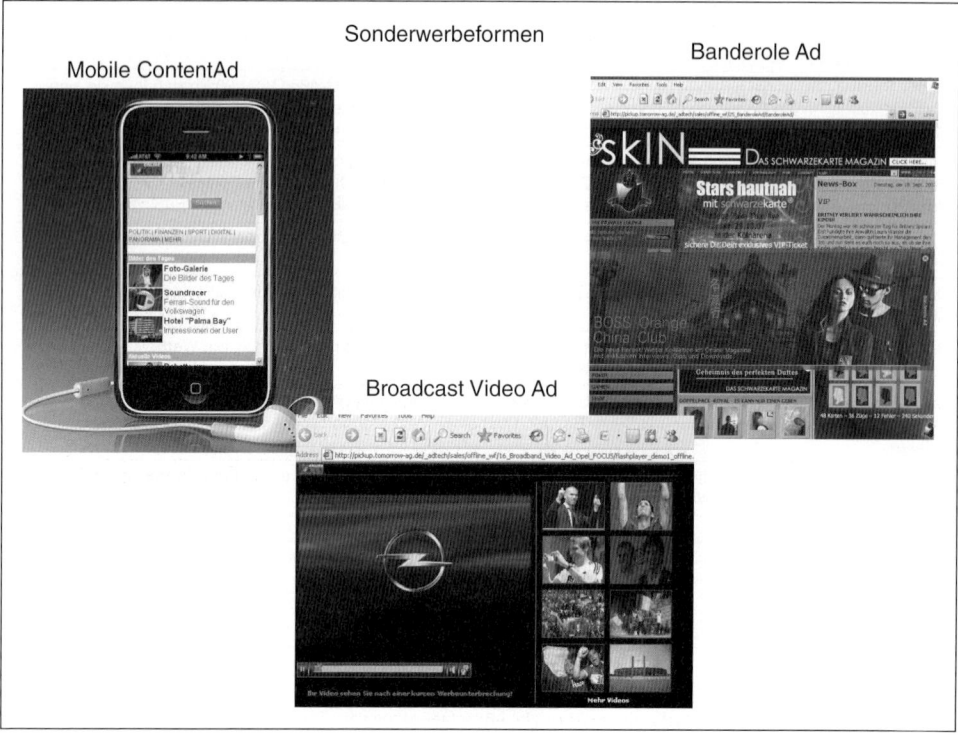

*Insert III-B-6a: Standard- und Sonderformen der Online-Werbung bei der Tomorrow Focus AG
(Tomorrow Focus AG 2010)*

dung. Online-Medien sind ein Ergänzungsmedium für klassische Kampagnen oder verfolgen eigene Kommunikationsziele, wie z.B. die Besucher (User) zu einer Website zu führen, Adressen zu sammeln oder Produkte direkt über das Internet zu verkaufen. Mit dem Aufkommen des Web 2.0 und der damit verbundenen Entstehung sozialer Netzwerke bieten sich für Unternehmen zudem weitere Möglichkeiten der Übermittlung kommunikativer Botschaften (vgl. hierzu Abschnitt III-B-J zum Einsatz von Social Media-Kommunikation in diesem Buch).

1.4 Bedeutung der Mediawerbung

1.4.1 Stellenwert der Mediawerbung

Aufgrund der vielfältigen Medienlandschaft bietet sich der Mediawerbung eine Vielzahl an Einsatzmöglichkeiten. Eine klare und differenzierte Vorstellung ihrer Bedeutung erfordert jedoch eine themenspezifische Diskussion des **Stellenwertes der Mediawerbung**. Dazu ist es sinnvoll, diesen Stellenwert unter verschiedenen Aspekten offen zu legen:

- Höhe des Investitionsvolumens,
- Branchenspezifische Besonderheiten,
- Funktionen der Mediawerbung,
- Mediawerbung im Produktlebenszyklus.

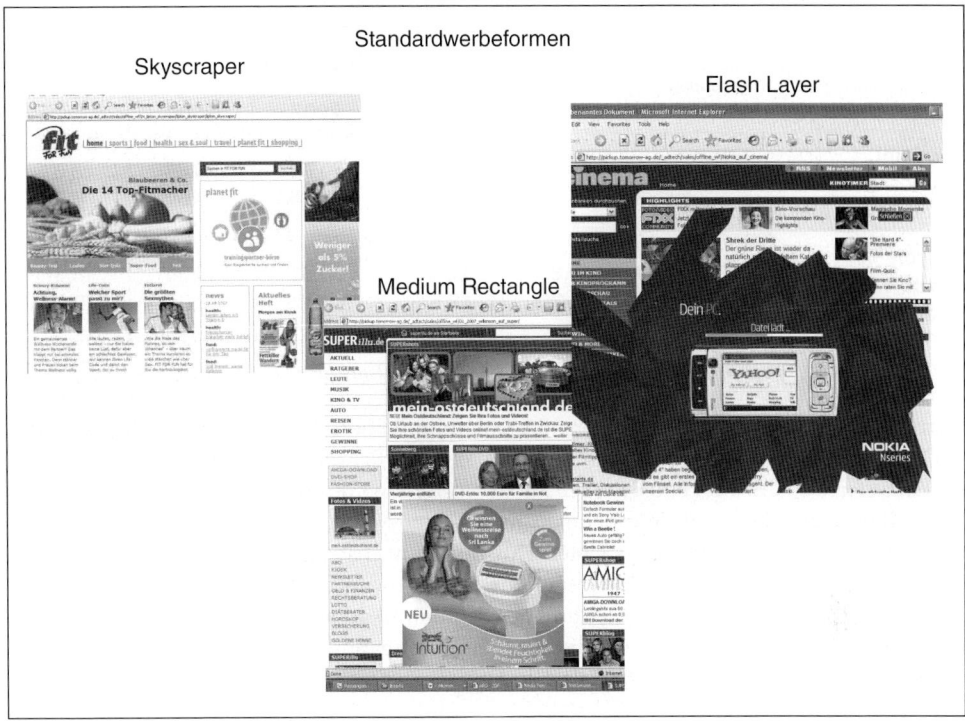

Insert III-B-6b: Standard- und Sonderformen der Online-Werbung bei der Tomorrow Focus AG
(Tomorrow Focus AG 2010)

Der Stellenwert des Einsatzes der Mediawerbung kann zunächst allgemein am gesamten **werblichen Investitionsvolumen** verdeutlicht werden. Die gesamten werblichen Investitionen in Deutschland hatten im Jahre 2008 einen monetären Umfang von 30,67 Mrd. EUR. Dies entspricht einem Anteil der Werbeinvestitionen am Bruttoinlandsprodukt von 1,23 Prozent. Dieses vergleichsweise geringe Verhältnis entspricht dem Niveau aus dem Jahre 1958. Als volkswirtschaftlich gesund wurde bisher von Experten die Proportion zwischen Werbeaufwand und Bruttoinlandsprodukt von 1,5 bis 1,6 Prozent angesehen. Die Ursachen des geringen Anteils sind in der schwachen Konjunktur, politischen Manipulationen an der kommerziellen Kommunikation (z. B. die Marktvernichtung von Alcopops) sowie in einer schierigeren Planung der Kommunikationskanäle als Folge des Internet-Booms zu sehen (*ZAW* 2009, S. 10 ff.). Schaubild III-B-6 zeigt die Entwicklung der Investitionen in Mediawerbung in Deutschland in den letzten Jahren.

Die Höhe des werblichen Investitionsvolumens verdeutlicht, dass die Mediawerbung intensiv als ein zentrales Instrument zur planmäßigen Beeinflussung von (potenziellen) Käufern genutzt wird (*Meffert* 1986, S. 443). Wie zwei Studien aus den Jahren 1998 und 2006 zum Entwicklungsstand der Integrierten Kommunikation in deutschen, schweizerischen und österreichischen Unternehmen zeigen, wird das Leitinstrument Mediawerbung von einem Großteil der befragten Unternehmen (1998: 90,3 Prozent; 2006: durchschnittlich 70 Prozent) in die Integrierte Kommunikation einbezogen. Die Untersuchung des Datensatzes der Studie hinsichtlich der Verteilung des Kommunikationsbudgets auf die einzelnen Instrumente zeigt zudem, dass der Mediawerbung im Jahre 1998 sowohl in Deutschland als auch in der Schweiz

Investitionen in Mediawerbung (nominal/in Mrd. EUR/gerundet)	Deutschland gesamt Ergebnisse				
	2005	2006	2007	2008	2009
Gesamt Honorare, Werbemittel Produktion, Medienkosten	29,60 + 1,3%	30,23 + 2,1%	30,83 +2,0%	30,67 – 0,5%	28,84 – 6,0%
Davon Netto-Werbeeinnahmen der Medien	19,83 + 1,3%	20,35 +2,6%	20,81 +2,3%	20,36 – 2,2%	18,37 – 9,8%

Schaubild III-B-6: Investitionen in Mediawerbung in Deutschland (ZAW 2010, S. 10)

knapp 40 Prozent des Gesamtbudgets der Kommunikation zufließen (*Bruhn/Boenigk* 1999, S. 63, 75, 166). Im Jahre 2006 sind es in Deutschland 28,1 Prozent, in der Schweiz 29,7 Prozent und in Österreich 29,1 Prozent. Bezogen auf die Aufteilung des Kommunikationsbudgets des Jahres 2006 geben deutsche Unternehmen an, dass der Anteil der Mediawerbung am gesamten Kommunikationsbudget ihres Unternehmens am höchsten ist, gefolgt von der Verkaufsförderung mit 19,6 Prozent und Messen/Ausstellungen mit 14,0 Prozent. Schaubild III-B-7 gibt einen Überblick über die Verteilung des Kommunikationsbudgets in deutschen Unternehmen (*Bruhn* 2006, S. 76.; vgl. für die detaillierten Ergebnisse in der Schweiz *Bruhn* 2006, S. 196 ff., für die Ergebnisse in Österreich *Bruhn* 2006, S. 303 f.).

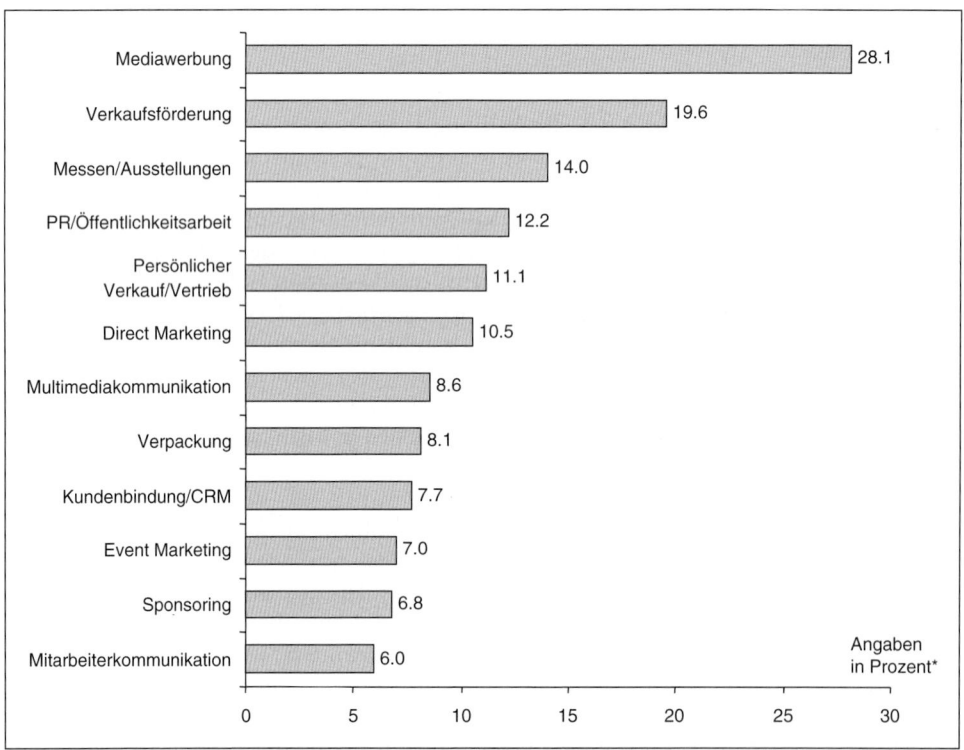

Schaubild III-B-7: Verteilung des Kommunikationsbudgets auf die Instrumente in Deutschland (Bruhn 2006, S. 76)

Die Bedeutung der Mediawerbung als kommunikationspolitisches Instrument ist nachhaltig von der jeweiligen **Branchenzugehörigkeit** eines Unternehmens abhängig. Dabei sind Konsumgüter-, Dienstleistungs- und Industriegütermärkte zu unterscheiden. In Konsumgüter- und Dienstleistungsmärkten ist ein anderes Kommunikationsverhalten zu finden als in Industriegütermärkten (*Müller-Stewens/Lechner* 2005; *Backhaus/Voeth* 2010, S. 298). Während es in Konsumgüter- und Dienstleitungsmärkten darauf ankommt, möglichst viele Personen und Haushalte, d. h. die „breite Masse", durch Mediawerbung zu erreichen, ist es in Industriegütermärkten in der Regel wichtiger, mit Kunden, d. h. anderen Unternehmen, individueller zu kommunizieren. Hier ist die Persönliche Kommunikation weitaus bedeutsamer (*Fantapié Altobelli* 1993, S. 244). Im Business-to-Business-Bereich ist der Informationsbedarf wesentlich höher, deshalb wird hier meist direkt mit dem „Kunden" kommuniziert, und es werden individuelle Besonderheiten besprochen. Hier dient die Mediawerbung, wie z. B. eine Anzeige in einer Fachzeitschrift, zwar auch dazu, den Bekanntheitsgrad zu steigern, ist aber nicht der Verkaufsauslöser, wie es häufig bei Konsumgütern der Fall ist. Zudem kann die Mediawerbung dazu verwendet werden, das Image und die Positionierung des Unternehmens der breiten Öffentlichkeit zu kommunizieren.

Der Stellenwert der Mediawerbung kann weiterhin anhand verschiedener **Funktionen** verdeutlicht werden, die sie im Kommunikationsumfeld, aber auch im sozial-gesellschaftlichen Umfeld wahrnimmt.

Funktionen der Mediawerbung:

- Funktionen im Kommunikationsmix
- Funktionen in der Wirtschaft im Wettbewerb
- Funktionen im sozial-gesellschaftlichen Umfeld

Im Rahmen des **Kommunikationsmix** ist die Mediawerbung eine Form der Massenkommunikation (*Moriarty/Mitchell/Wells* 2009, S. 57). Aufgrund ihrer Möglichkeiten eines umfangreichen Informationstransportes kommt ihr innerhalb des Kommunikationsmix eine Sonderstellung zu. Die Mediawerbung nimmt zum einen **informative Funktionen** bezüglich Produkt- und/oder Unternehmenseigenschaften wahr, zum anderen „transformiert" sie aber auch in gewisser Weise das beworbene Produkt, indem versucht wird, ein spezielles Image für ein Produkt zu generieren. Zudem nimmt die Mediawerbung innerhalb des Kommunikationsmix in diesem Sinne auch **manipulative Funktionen** wahr, d. h. sie versucht letztlich, finale Verhaltensweisen der Konsumenten zu ändern.

Mittels der informativen Funktion der Mediawerbung wird darauf abgezielt, den Konsumenten einen Überblick über die Marktlage zu verschaffen (*Schmalen* 1992, S. 29 f.). Sie informiert den Verbraucher über Arten, Eigenschaften, Herkunft und Preise des Güter- und Dienstleistungsangebotes. Die Mediawerbung ist somit ein leistungsfähiges Instrument zur Schaffung von Markttransparenz (*Kirzner* 1979, S. 131). Generell lässt sich feststellen, dass der Einsatz der Mediawerbung dem Informationsbedürfnis der Käufer vor allem bei Neuprodukteinführungen entgegenkommt, weil Eigenschaftskenntnisse vermittelt werden, während die Werbung für etablierte Produkte oftmals keinen zusätzlichen informativen Nutzen bietet und vielmehr der **Imageprofilierung** dient.

Der Einsatz der Mediawerbung zielt oftmals darauf ab, als problematisch erlebte Kaufentscheidungen mittels rechtfertigender Argumente so abzustützen, dass bestehende kognitive Dissonanzen, d. h. Widerstände der eigenen Vernunft, abgebaut werden (z. B. „Mit wenig Kalorien"). Zudem verwendet die Mediawerbung im Rahmen des Botschafttransports häufig keine sachlichen Informationen, sondern präsentiert das Produkt oder die Dienstleistung in Verbindung mit emotional aufgeladenen Reizen, um diese aus dem Feld immer homogener werdender Konkurrenzprodukte und -dienstleistungen herauszulösen und den Adressaten damit einen **psychologischen Zusatznutzen** zu bieten (*Schmalen* 1992, S. 30).

> **Beispiel: Werbeslogans mit psychologischem Zusatznutzen**
> - *Rexona* – „Lässt dich nicht im Stich"
> - *Haribo* – „*Haribo* macht Kinder froh und Erwachsene ebenso"
> - *Douglas* – „*Douglas* macht das Leben schöner"
> - *Weleda* – „Im Einklang mit Mensch und Natur"
> - *Persil* – „Da weiß man, was man hat"
> - *ZDF* – „Mit dem Zweiten sieht man besser" u. a. m.

Überdies erfährt der Konsument im Rahmen werblicher Aktivitäten im Regelfall nur „halbe Wahrheiten", da die nicht werbewirksamen Produkteigenschaften nicht angesprochen werden (z. B. geringes Platzangebot im Kofferraum eines beworbenen Kombis) oder in Form von **„Scheininformationen"** verschlüsselt werden, die dem Laien aufgrund zu hoher technischer oder spezieller Komplexitäten zur Befriedigung seines Informationsbedürfnisses nicht weiterhelfen.

> **Beispiel: Unklare Werbeaussagen und Scheininformationen**
> - Zahnpastawerbung: Natrium Monofluorphosphat
> - Autowerbung: Homokinetische Doppelgelenkwellen
> - Tierfutter: Jod-S-11-Körnchen
> - „Macht nachweislich schlank in drei Tagen" usw.

Neben ihrer Rolle im Kommunikationsmix kommt der Mediawerbung auch im **ökonomischen Sinne für die Wirtschaft**, d. h. insbesondere im Wettbewerb, ein großer Stellenwert zu. Hier sind zwei Effekte der Mediawerbung auf ökonomische Gegebenheiten zu unterscheiden. Aus Sicht der so genannten **„Market-Power-School"** ist die Mediawerbung eine Form der auf Überzeugung gerichteten Kommunikation mit dem Ziel, die Aufmerksamkeit der Konsumenten vom Produktpreis abzulenken. Diese Form der Mediawerbung ist insbesondere bei der werblichen Unterstützung langlebiger, qualitativ hochwertiger und kostenintensiver Gebrauchsgüter, wie z. B. PKW (*BMW, Porsche* u. a. m.), zu verzeichnen.

Die so genannte **„Market-Competition-School"** nimmt demgegenüber einen konträren Ansatz wahr. Hier wird der Einsatz der Mediawerbung als Informationsquelle gesehen, die den Konsumenten preispolitisch sensibilisiert und damit zum (Preis-)Wettbewerb anregt. Diese Form werblicher Kommunikation wird vorrangig zur Unterstützung des Abverkaufs kurzlebiger, schnelldrehender, teilweise qualitativ niederwertiger und kostengünstiger Verbrauchsgüter, wie z. B. Güter des täglichen Bedarfs (Waschmittel, Pflegemittel u. a. m.), verwendet. Dabei sind es häufig auch Absatzmittler als Werbetreibende, die über die Preiskommunikation die Einkaufsstättenwahl der Konsumenten zu beeinflussen versuchen.

Unbestritten ist die Vielzahl an Funktionen, die die Mediawerbung im **sozial-gesellschaftlichen Umfeld** für den Konsumenten wahrnimmt. Sie vermittelt (*Kroeber-Riel/Weinberg/Gröppel-Klein* 2009, S. 631):

- Zeitvertreib und Unterhaltung,
- Emotionale Konsumerlebnisse,
- Informationen für Konsumentenentscheidungen,
- Normen und Modelle für das Konsumentenverhalten.

Die Mediawerbung dient dem Konsumenten oft, vielleicht sogar überwiegend, zur **Unterhaltung**. So amüsiert sich der Konsument, wenn er einen lustigen TV-Spot sieht, er entspannt sich bei Werbesprüchen von *RTL* oder der Werbemusik in *Sat1*. TV-Formate, die die „witzigsten

Werbespots der Welt" zum Inhalt haben oder die jährliche „Cannes-Rolle" notieren steigende Zuschauerzahlen. Das Ziel der Unterhaltung der Konsumenten beziehungsweise die funktionale Möglichkeit der Mediawerbung, dieses Ziel zu erreichen, wird häufig übersehen und unterschätzt (*Kroeber-Riel/Weinberg/Gröppel-Klein* 2009, S. 631).

Die Vermittlung **emotionaler Konsumerlebnisse** steht in enger Verbindung zum Unterhaltungsnutzen der Mediawerbung. Ein Teil der Werbung wird aufgenommen, weil dem Konsumenten emotionale Konsumerlebnisse vermittelt werden. Dies gilt vor allem für stark bildbetonte Werbung, also für die Fernsehwerbung, Zeitschriftenwerbung sowie die Außenwerbung. Die Abbildung erotischer Frauen auf Plakaten oder beeindruckende Landschaftsaufnahmen in TV-Spots stellen Beispiele für emotional aufgeladene Motive dar (*Kroeber-Riel/Weinberg/Gröppel-Klein* 2009, S. 631 f.). Die Emotionalität wird durch entsprechende Musik innerhalb eines Kino-, TV- oder Radio-Spots noch verstärkt.

Der Einsatz der Mediawerbung liefert **Informationen für Konsumentscheidungen**. Sie informiert über neue und verbesserte Produkte sowie über ein adäquates Produktverwendungsverhalten. Diese Informationsfunktion wird wirtschaftspolitisch gefördert, da dadurch die Rationalität des Konsumenten vergrößert wird und dadurch auch der Wettbewerb verbessert wird (*Kroeber-Riel/Weinberg/Gröppel-Klein* 2009, S. 632). Vor allem bei stark erklärungsbedürftigen Produkten, beispielsweise der Verwendung eines „Show View" zur Programmierung eines Videorecorders, ist dies notwendig. Sie hilft den Konsumenten, verschiedene Produkte beziehungsweise Produkteigenschaften zu vergleichen und führt zu informativ-aufgeklärten Konsumentscheidungen. Die Mediawerbung spiegelt Trendrichtungen wieder und trägt zu einem ästhetischen Gespür der Konsumenten bei (*Moriarty/Mitchell/Wells* 2009, S. 57 f.).

Beispiel: Einstellung zu Online-Werbeformaten
Eine Umfrage zur Einstellung zu Online-Werbung offenbart, dass mehr als jeder zweite (57,4 Prozent) Werbung im Internet als regelrecht störend empfindet. Nur 12,5 Prozent äußern sich positiv gegenüber Online-Werbeformate. Es ist zu vermuten, dass vor allem sich aufdrängende Online-Werbeformate (z. B. unerwünschte Pop-ups, die erst zu schließen sind, bevor der Leser den eigentlichen Text lesen kann) ursächlich für die negative Bewertung sind. Eine Studie von *Gruner + Jahr* bestätigt diese Annahme. Freiwillig abonnierte E-Mail- Newsletter werden häufiger als „eher hilfreich", z. B. zur Informationsvermittlung zu Produkten, wahrgenommen (39,1 Prozent), wohingegen Banner-Werbung, Pop-ups und unaufgeforderte E-Mails von über 50 Prozent der Befragten als störend empfunden werden (*Duncker* 2009, S. 70 f.; vgl. Insert III-B-7).

Viele Konsumenten ziehen es vor, das eigene Verhalten an Verhaltensmustern anderer auszurichten, anstatt selbst über das Für und Wider dieses Verhaltens nachzudenken. Dieses Verhalten ist insbesondere bei wenig extensiven und vereinfachten Entscheidungsprozessen zu beobachten. Der Einsatz der Mediawerbung liefert **Normen** und **Verhaltensmodelle**, an denen die Konsumenten ihre Verhaltensmuster ausrichten können. Die Ausrichtung beziehungsweise Übernahme dieser Normen und Verhaltensmodelle bewirkt eine Vereinfachung oder Substituierung eigener Entscheidungen. Dies wird von vielen Konsumenten geschätzt und gesucht (*Kroeber-Riel/Weinberg/Gröppel-Klein* 2009, S. 632 f.). Jedoch wird gerade dieses Nachahmungsverhalten und somit der manipulative Einfluss der Mediawerbung oftmals stark kritisiert (vgl. Abschnitt III-B-1.4.2).

Unter **produktbezogenen Aspekten** ist der Stellenwert des Einsatzes der Mediawerbung in unterschiedlichen Phasen des **Produktlebenszyklus** hervorzuheben. Das Konzept des Produktlebenszyklus geht davon aus, dass der zeitliche Absatz- oder Umsatzverlauf ein spezifisches Muster aufweist, wobei die abhängige Variable (z. B. Absatz oder Umsatz) ausschließlich durch die unabhängige Variable „Zeit" erklärt wird (*Schürmann* 1993, S. 20; *Nieschlag/Dichtl/Hörschgen* 2002, S. 121; *Meffert/Burmann/Kirchgeorg* 2008, S. 821 ff.). So kann beispielsweise von

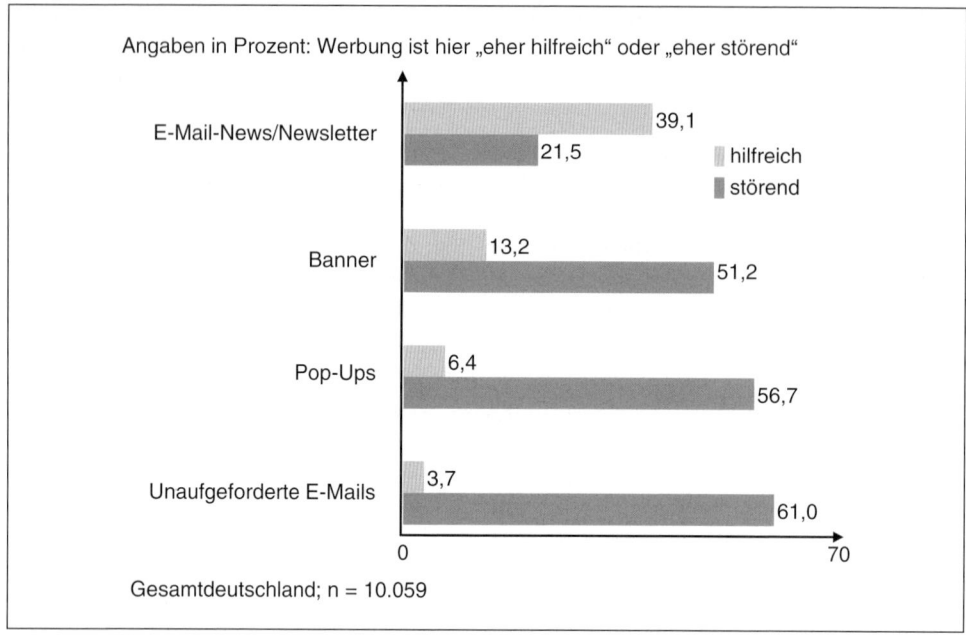

Angaben in Prozent: Werbung ist hier „eher hilfreich" oder „eher störend"

E-Mail-News/Newsletter — 39,1 / 21,5

hilfreich
störend

Banner — 13,2 / 51,2

Pop-Ups — 6,4 / 56,7

Unaufgeforderte E-Mails — 3,7 / 61,0

0 ... 70

Gesamtdeutschland; n = 10.059

Insert III-B-7: Einstellung zu Online-Werbeformaten (Duncker 2009, S. 70)

einer Einteilung in fünf Phasen ausgegangen werden, in denen die Mediawerbung unterschiedliche Funktionen zu erfüllen hat:

(1) Einführungsphase

In der Einführungsphase benötigt das Produkt starke werbliche Unterstützung, damit ein Marktdurchbruch erreicht wird (*Schürmann* 1993, S. 138; *Schweiger/Schrattenecker* 2009, S. 176). Zum einen ist die Akzeptanz des zu bewerbenden Produktes bei den einzuschaltenden Absatzmittlern sicherzustellen, damit entsprechend attraktive Produktlistungen vorgenommen werden (*Meffert* 1979, S. 227), zum anderen ist bei den Konsumenten ein hoher produktbezogener Bekanntheitsgrad zu generieren (*Hempelmann* 1993, S. 490), um einen Kaufanreiz beziehungsweise Interesse zu wecken und damit die Voraussetzungen für einen erfolgreichen Abverkauf des Produktes zu schaffen.

(2) Wachstumsphase

In dieser Phase entwickelt der Abverkauf des Produktes eine Eigendynamik und ist nicht mehr in dem Maße wie in der Einführungsphase auf werbliche Unterstützung angewiesen. Aufgabe des Einsatzes der Mediawerbung ist es, das Ziel der Schaffung von Markentreue konsequent weiter zu verfolgen und dem Auftreten von Konkurrenzprodukten wirksam zu begegnen. Dies erfolgt im Regelfall durch zunehmende Profilierungs- und Beeinflussungsmaßnahmen, um die Marktposition des Produktes auszubauen, zu stärken und für die Zukunft zu sichern (*Meffert* 1979, S. 229; *Schürmann* 1993, S. 54).

(3) Reifephase

Diese Phase ist durch eine weitere absolute Marktausdehnung bei gleichzeitigem Absinken der Umsatzzuwachsraten gekennzeichnet. Zunehmende Sättigungstendenzen machen eine Intensivierung der Werbeaktivitäten erforderlich, um die erreichten Marktanteile zu halten beziehungsweise zu stabilisieren. Der Einsatz der Mediawerbung ist hierzu auf die weitere Schaffung und konsequente Stabilisierung der Markenbekanntheit sowie auf die Aktivierung des Markenbewusstseins zu richten (*Meffert* 1979, S. 230; *Schürmann* 1993, S. 138). Entsprechend sind profilierende und beeinflussende Maßnahmen der Mediawerbung in dieser Phase von besonderer Bedeutung.

(4) Sättigungsphase

In der Sättigungsphase tritt neben der natürlichen auch die künstliche Veralterung des Erzeugnisses ein, die mittels werblicher Maßnahmen für neue, das alte Produkt substituierende Produkte geschaffen wird (*Meffert* 1979, S. 230 f.). Diese Erscheinung der psychologischen Veralterung ist bei modischen Produkten, die mit intensiver werblicher Unterstützung eingeführt werden, besonders ausgeprägt. Um auch in der Sättigungsphase Marktanteile zu halten, ist ein hohes werbliches Niveau notwendig (*Hempelmann* 1993, S. 491). Häufig wird versucht, Produkte mit Hilfe einer geänderten Werbekampagne und einem neuem UAP (Unique Advertising Proposition) zu aktualisieren (Relaunch), um den Produkten wiederum Neuigkeitscharakter zu verleihen und dadurch den Lebenszyklus zu verlängern, wodurch gleichzeitig auch die Marktposition zu verteidigen ist (*Schweiger/Schrattenecker* 2009, S. 176 f.).

(5) Degeneration

Die Veralterung des Produktes beziehungsweise der Marke erfährt in der Degenerationsphase eine weitere und vor allem stärkere Beschleunigung. Leitsätze für eine allgemein gültige Werbepolitik lassen sich für diese Phase nicht ableiten. Aufgrund des rückläufigen Umsatzes und Abverkaufs des Produktes ist jedoch ein eventueller Werbeverzicht zu erwägen, da die Umsatz- und Absatzeinbrüche auch durch intensive werbliche Unterstützung nicht oder in keiner tragbaren Kosten-Nutzen-Relation aufgefangen werden können (*Junk* 1973, S. 65 f.).

Die allgemeine Aussagekraft des Produktlebenszykluskonzeptes für die werbepolitische Maßnahmenplanung ist allerdings nicht zu überschätzen, da es über keine Allgemeingültigkeit verfügt, Gesetzmäßigkeiten nicht vorliegen und es keine eindeutigen Kriterien zur Abgrenzung der Phasen gibt. Dennoch können Anregungen zur gedanklichen Durchdringung werbepolitischer Entscheidungsprobleme gewonnen werden, die zu einem verbesserten Einsatz der Mediawerbung führen können.

1.4.2 Kritik an der Mediawerbung

In den letzten Jahren wurde an der Mediawerbung als kommunikationspolitischem Instrument in zunehmendem Maße Kritik geübt (*Fantapié Altobelli* 1993, S. 244). Die Kritik richtet sich dabei auf zwei Aspekte im Einsatz der Mediawerbung.

- Quantitativer Einsatz,
- Qualitativer Einsatz.

Die Kritik am **quantitativen Einsatz** der Mediawerbung bezieht sich dabei in erster Linie auf die steigende werbliche Informationsüberflutung und den dadurch entstehenden „Information Overload" für die Konsumenten.. Empirische Studien in Deutschland, den USA und Japan offenbaren, dass lediglich ein bis zwei Prozent des Informationsangebotes die Rezipienten tatsächlich erreicht. Die Informationsüberlastung liegt demnach teilweise bei 99 Prozent. Von den insgesamt in einer Zeitschriftenausgabe geschalteten Anzeigen werden somit lediglich ein bis zwei Prozent beachtet. Es wird davon ausgegangen, dass die Werbung in elektronischen Medien noch mehr Informationsüberlastung verursacht. (*Esch/Wicke/Rümpel* 2005b, S. 16 f.; *Kloss* 2007, S. 14 f.; *Meffert/Burmann/Kirchgeorg* 2008, S. 109).Dies stellt den Sinn der überwiegenden Anzahl werblicher Aktivitäten in Frage, da keine Kontakte zu den Konsumenten hergestellt werden und damit auch keine werbezielkonformen Wirkungen erreicht werden können. Es ist daher wenig überraschend, dass die Kritik am quantitativen Einsatz der Mediawerbung vorrangig von Volkswirten geübt wird, da ihrer Meinung nach den entstehenden Kosten des Einsatzes der Mediawerbung kein Nutzen gegenübersteht.

Der **qualitative Einsatz** der Mediawerbung unterliegt ebenfalls der öffentlichen Kritik, wobei sich die Kritik auf deren manipulative Funktion richtet. Hier wird vor allem über die Suggestivkraft der Mediawerbung kontrovers diskutiert. Im Rahmen einer derartigen Diskussion ist zunächst der empirische Befund, demzufolge eine Vielzahl neuer Produkte – trotz intensiver werblicher Unterstützung – nicht durchsetzbar ist, anzusprechen. Zahlreiche Untersuchungen sprechen von Versagerquoten um 90 Prozent (*Schmalen* 1992, S. 31). Es besteht demnach offensichtlich keine uneingeschränkte Suggestivkraft der Werbung.

Zudem lassen theoretische Erkenntnisse Vorbehalte gegen eine übermäßig hohe Manipulationsfähigkeit entstehen. Hier ist zunächst das **begrenzte menschliche Wahrnehmungsvermögen** anzusprechen. Der Mensch registriert jeweils nur einen kleinen Teil der auf ihn wirkenden Einflüsse. Alle Wahrnehmungsgegenstände unterliegen einem „Selektionsmechanismus", der nur das „durchlässt", was mit den jeweiligen Interessenlagen der Konsumenten vereinbar ist (*Kaiser* 1980, S. 91). So wird beispielsweise der passionierte Briefmarkensammler eine Anzeige über Briefmarken in einer Zeitschrift oder Tageszeitung nicht übersehen, auch wenn sie ein sehr kleines Format besitzt, wohingegen sich selbst sehr große Anzeigen, die inhaltlich nicht seinen Interessenlagen entsprechen, seiner Wahrnehmung entziehen; d. h., es entsteht ein Prozess der **selektiven Informationsaufnahme**. Wenn der Konsument also nur einen Teil der werblichen Informationen aufnimmt, so kann auch nur dieser Teil manipulativ wirksam werden, womit sich die Möglichkeit der werblichen Beeinflussung auf den Teil der wahrgenommenen Werbeinformationen reduziert. Weitere theoretische Erkenntnisse **(Verstärkungshypothese)** suggerieren, dass der Einsatz der Mediawerbung hauptsächlich dadurch wirkt, dass vorhandene Einstellungen und Meinungen bestätigt und verstärkt werden. Dabei wird das mediale Informationsangebot von den Konsumenten nicht nur selektiv aufgenommen, sondern auch selektiv verarbeitet, d. h., der Konsument wird sich von den ihm zur Verfügung stehenden medialen Informationen mit solchen auseinandersetzen, diese weiterverarbeiten und erinnern, die mit seinen persönlichen Prädispositionen übereinstimmen. (*Kroeber-Riel/Weinberg/Gröppel-Klein* 2009, S. 617 ff.). Die übrigen Informationen treffen auf **Reaktanzen** bei den Konsumenten. Phänomene wie „Zapping" bei TV oder „Zipping", das bewusste beziehungsweise automatische „Überblättern" von Anzeigen in den Printmedien, zeigen Verweigerungshaltungen gegenüber der Mediawerbung. Einer repräsentativen Umfrage des Forschungsinstituts *Ipsos* zufolge, sehen deutsche Fernsehzuschauer als Folge der Informationsüberlastung derzeit gezielter fern als noch vor einiger Zeit. So geben 56 Prozent der Befragten an, sich auf eine ausgewählte Sendung bis zum Ende zu konzentrieren. Damit verbunden ist ein rückläufiges Zappen zwischen den einzelnen Kanälen (*Voß* 2007).

> **Beispiel: Werbeakzeptanz der Deutschen**
>
> Zur Werbeakzeptanz in Deutschland gibt es zahlreiche Studien. In der in Abschnitt III-B-1.4.1 aufgezeigten Studie wurde auch nach der Einstellung zu weiteren Werbeträger gefragt. Wie aus Insert III-B-8 hervorgeht, werden Konsumenten am stärksten von Werbung in Zeitschriften und Zeitungen angesprochen (57,7 Prozent). Die Akzeptanz der anderen Werbeträger, insbesondere das Internet mit digitalen Werbeangeboten, ist deutlich geringer. Die Ursache für die positive Einstellung zur Zeitschriften- und Zeitungswerbung wird darin gesehen, dass die Werbeträger Zeitschriften und Zeitungen am ehesten ein Entkommen der Werbung durch Um- bzw. Überblättern zulassen (*Duncker* 2009, S. 71 f.). In einer weiteren Befragung wurde die Werbeakzeptanz über alle Werbeträger hinweg untersucht. Das Ergebnis macht deutlich, dass im Jahre 2006 62 Prozent der Befragten ein Werbe-Overload wahrnehmen. Im Jahre 2004 waren es 65 Prozent der Befragten. Dennoch gibt sowohl im Jahre 2004 als auch im Jahre 2006 ca. ein Drittel zu, dass Werbung für die Realisierung bestimmter Sport- oder Kulturereignisse notwendig ist (*Imas International* 2006; vgl. Insert III-B-9). Schließlich wurden auch

Marketingentscheider in den 3.000 größten Unternehmen in Deutschland nach deren Einschätzung zu den Hauptproblemen der Werbung befragt. Die in den Jahren 2003, 2005 und 2007 durchgeführte Studie zeigt, dass das wesentliche Problem ebenfalls die zu häufige Werbung darstellt, die zudem von den Konsumenten als zu normal und zu wenig faszinierend sowie teilweise sogar als „Störenfried" wahrgenommen wird (*GfK Group* 2007; Insert III-B-10).

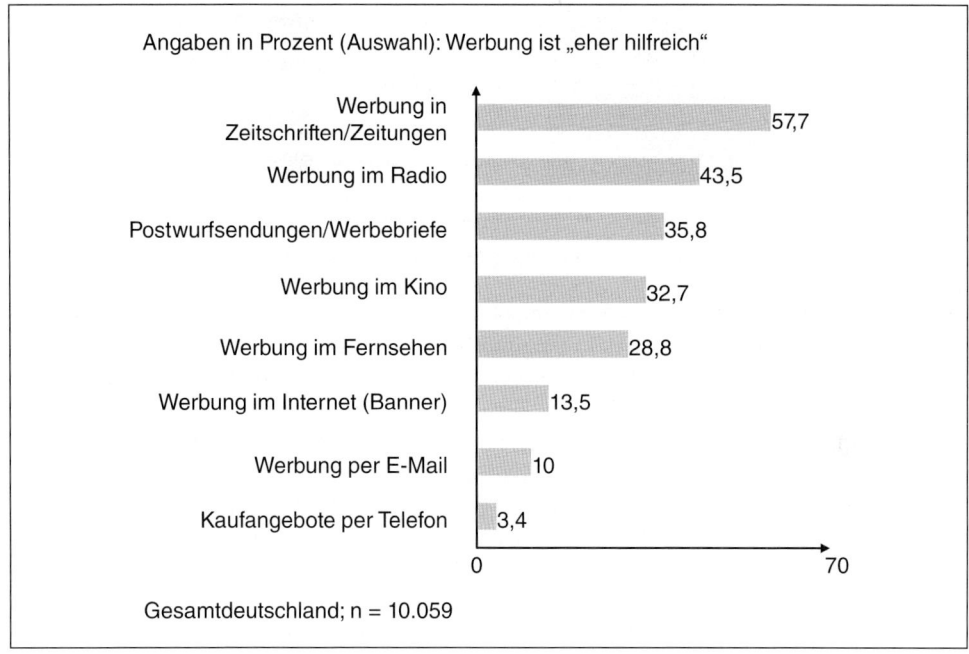

Insert III-B-8: Akzeptanz von Werbeträgern (Duncker 2009, S. 71)

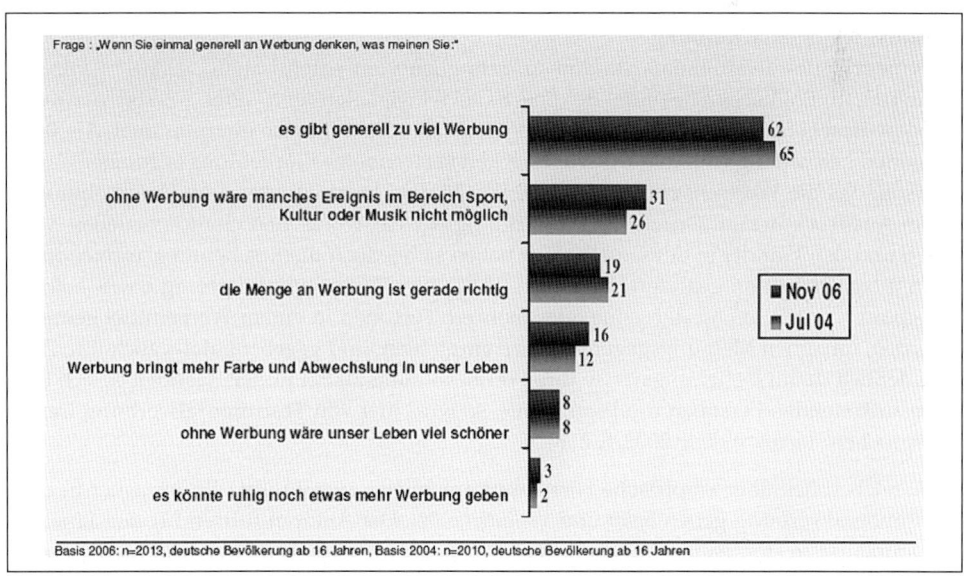

Insert III-B-9: Werbeakzeptanz der Deutschen (Imas International 2006)

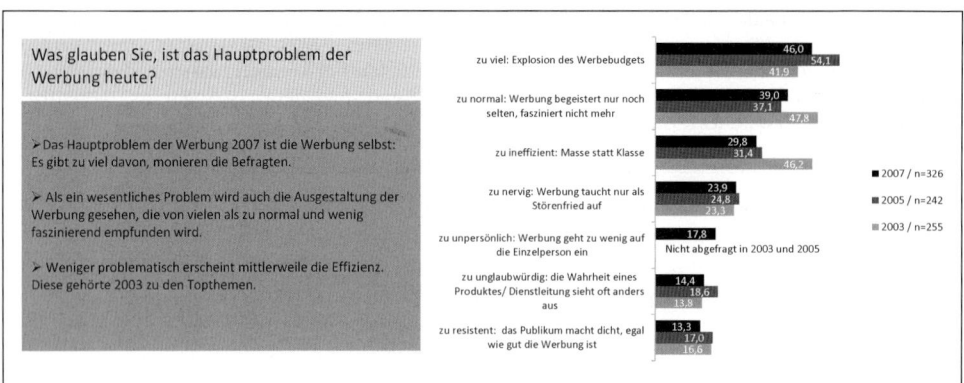

Insert III-B-10: Verweigerungshaltung gegenüber Werbung (GfK Group 2007)

Informationen werden seitens der Konsumenten demnach zur Verstärkung bestehender Einstellungen und Meinungen genutzt. Ein manipulativer Einsatz der Mediawerbung verfolgt jedoch auch die Zielsetzung, die Standpunkte der Konsumenten im Sinne der Werbetreibenden zu verändern. Eine derartige Zielsetzung ist gemäß der Verstärkungshypothese nicht zu realisieren (vgl. zur thematischen Vertiefung *Kroeber-Riel/Weinberg/Gröppel-Klein* 2009, S. 615 ff.).

Schließlich ist die (direkte) Manipulationskraft der Mediawerbung aus Sicht der **Diffusions- und Adoptionsforschung** in Frage zu stellen. Das traditionelle Modell der Massenkommunikation (Sender → Botschaft → Medien → Verbraucher) wurde erweitert zu Sender → Botschaft → Medien → Meinungsführer → Mitläufer. Demnach werden werbliche Aktivitäten vorrangig von den Meinungsführern (Opinion Leaders) aufgegriffen und von diesen mittels persönlicher Kommunikation oder Verhaltensweisen an die übrigen Adressaten – die Mitläufer – weitergegeben. So genannte **„Testimonial-Werbung"** ist beispielsweise auf die Nachahmung der Mitläufer gerichtet.

Exkurs: Testimonialwerbung

Der Begriff des Testimonials stammt ursprünglich vom Lateinischen „testari" („bezeugen") ab. Im Englischen bedeutet der Begriff soviel wie „Referenz" oder „Wertschätzung" und in diesem Sinn wurde er auch für den deutschen Sprachraum übernommen. Als Testimonial galt anfänglich ein zu Werbezwecken verwendetes Empfehlungsschreiben einer Person, das die Wertschätzung dieser Person für ein Produkt oder eine Unternehmung zum Ausdruck bringt. Durch die Entwicklung der elektronischen (audio-)visuellen Medien und den Wandel in der Gesellschaft haben sich jedoch die Erscheinungsformen und damit o.g. Definition geändert. Demnach wird unter **Testimonialwerbung i.w.S.** solche Werbung verstanden, in der „eine oder mehrere Personen in einem Werbemittel genutzt werden, um einen Meinungsgegenstand zu empfehlen, und gegebenenfalls auch ihre Zufriedenheit damit beziehungsweise ihre Wertschätzung zu bekunden. Handelt es sich bei den auftretenden Personen um Prominente, so wird hier von **Testimonialwerbung i.e.S.** gesprochen" (*Sohn/Welling* 2002, S. 21 f.).

Einen Überblick über empirische Forschungsergebnisse zum Einsatz Prominenter in der Testimonialwerbung geben *Sohn* und *Welling* (2002). Die Autoren führen für den Einsatz Prominenter in der Testimonialwerbung drei wesentliche Gründe an: (vgl. hierzu auch *Meffert/Burmann/Kirchgeorg* 2008, S. 714 f.; Insert III-B-11)

Einen Überblick über empirische Forschungsergebnisse zum Einsatz Prominenter in der Testimonialwerbung geben *Sohn* und *Welling* (2002). Die Autoren führen für den Einsatz Prominenter in der Testimonialwerbung drei wesentliche Gründe an: (vgl. hierzu auch *Meffert/Burmann/Kirchgeorg* 2008, S. 714 f.; Insert III-B-11)

(1) Generierung von Aufmerksamkeit für den beworbenen Meinungsgegenstand,
(2) Verbesserung der Erinnerungsleistung der Rezipienten an die Werbebotschaft, insbesondere aber an den beworbenen Meinungsgegenstand,
(3) Beeinflussung des Produkt- und Markenimages.

Der Einsatz Prominenter birgt jedoch auch Gefahren für das werbende Unternehmen, die vor allem daraus resultieren, dass dieses eine geringe Kontrolle über das Verhalten des Prominenten in der Öffentlichkeit hat (*Kaikati* 1987, S. 97 f.; *Gail et al.* 1992, S. 47):

Während der Vertragslaufzeit kann der Prominente sein Image (gezielt) verändern oder an Popularität verlieren,

Prominente können durch Skandale in die Schlagzeilen geraten und diese sich im ungünstigsten Fall negativ auf die beworbene Marke auswirken (z. B. wurden die Werbeverträge von *Tiger Woods* für *Gillette* und *Pepsi* aufgrund seiner Sex-Affäre aufgelöst),

Tritt ein Prominenter zudem für andere Marken auf, kann die eindeutige Assoziation des Prominenten mit einer bestimmten Marke beeinträchtigt werden (diese Gefahr bestand z. B. bei *Heidi Klum*, die zeitgleich für *McDonald's*, *Katjes*, *VW* usw. warb).

Beispiel: Testimonial für zahlreiche Marken
Die Skirennläuferin *Lindsey Vonn* hat mehrere Werbeverträge unterzeichnet und verdient damit als Werbetestimonial mehr als mit ihren Siegprämien für die Weltcupsiege. Zuletzt schloss sie mit *Procter & Gamble*, offizieller Hauptsponsor der olympischen Spiele, einen Werbevertrag ab. In den Werbekampagnen präsentiert *Lindsey Vonn* Beauty-Produkte wie Haarshampoo und Make-up. Schon im Vorjahr schloss unterzeichnete sie gut dotierte Werbeverträge mit Firmen. So tritt sie z. B. in Werbespots von *Red Bull* auf (*Past* 2010).

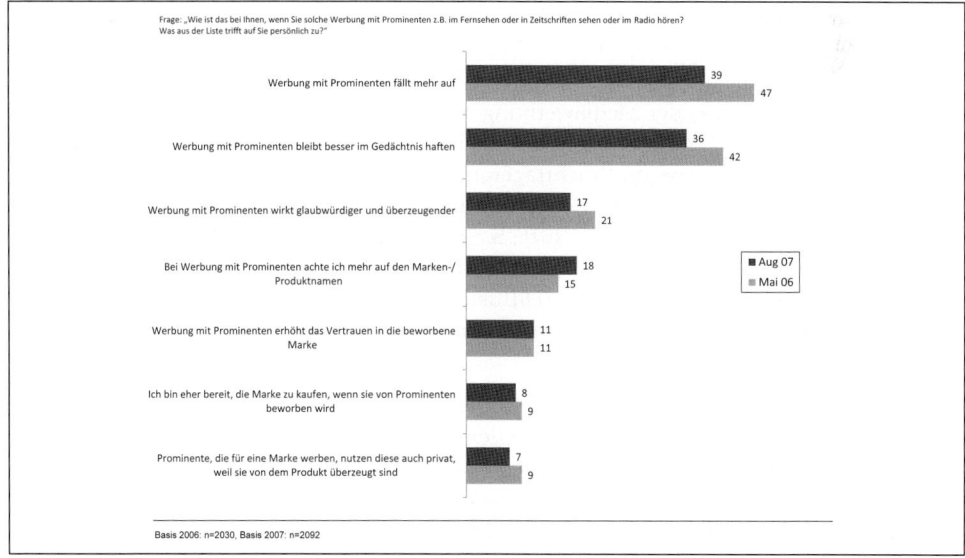

Insert III-B-11a

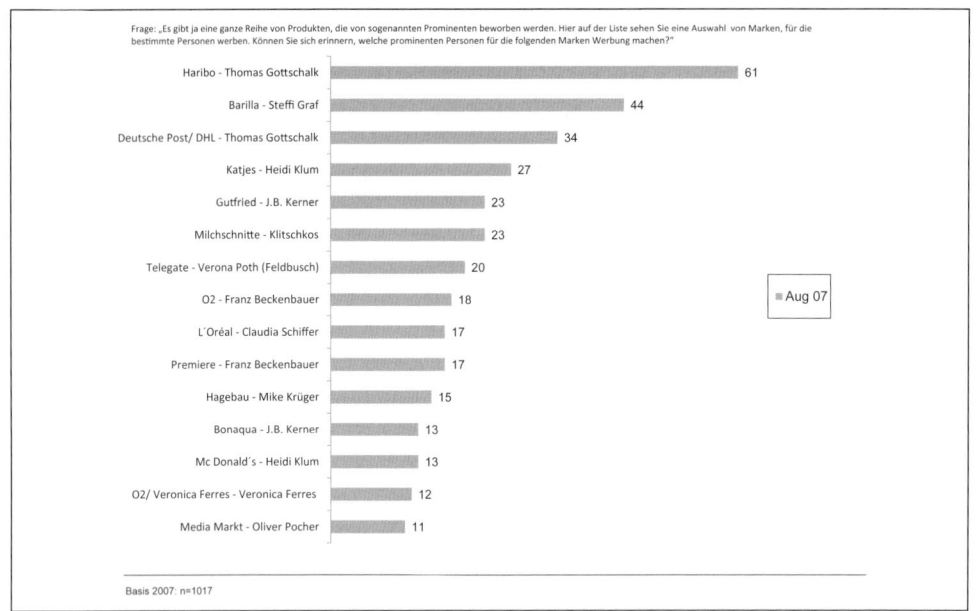

Frage: „Es gibt ja eine ganze Reihe von Produkten, die von sogenannten Prominenten beworben werden. Hier auf der Liste sehen Sie eine Auswahl von Marken, für die bestimmte Personen werben. Können Sie sich erinnern, welche prominenten Personen für die folgenden Marken Werbung machen?"

Basis 2007: n=1017

Insert III-B-11b

Insert III-B-11a–b: Wirkung von Testimonialwerbung (IMAS International 2007)

Beispiel: Wirkung von Testimonialwerbung

Eine Studie aus dem Jahre 2007 zur Wirkung von Prominenten in der Werbung zeigt, dass knapp 40 Prozent der Befragten Werbung mit Prominenten auffallender finden als Werbung, im Rahmen derer auf Prominente verzichtet wurde. 36 Prozent der Befragten erinnern sich zudem besser an Testimonialwerbung. Nur für 17 bzw. 11 Prozent wirkt Werbung mit Prominenten glaubwürdiger bzw. vertrauenswürdiger. Bei der Frage nach der Zuordnung der Prominenten zu der vorgegebenen Marke offenbart sich, *Thomas Gottschalk* den Spitzenplatz einnimmt. 61 Prozent erinnern sich, dass der TV-Moderator Werbung für *Haribo* macht. Immerhin knapp die Hälfte (44 Prozent) ordnen *Steffi Graf* der Marke *Barilla* zu, 34 Prozent nennen *Thomas Gottschalk* als Werbebotschafter der *Deutschen Post/ DHL (Imas International 2006).*

Der manipulative Einfluss der Mediawerbung erhält damit eine neue Dimension. Direkten Einfluss auf das Konsumentenverhalten übt die Werbung nur über die Meinungsführer aus. Bedenkt man weiterhin, dass die Nachfrageranteile von Meinungsführern und Mitläufern zwar innovationsspezifisch verschieden sind, ein Verhältnis von 20:80 insgesamt jedoch realistisch sein dürfte (*Schmalen* 1979, S. 40 ff., S. 54 ff.), so wird deutlich, dass der Einsatz der Mediawerbung nur relativ geringen **direkten Einfluss** auf das Kaufverhalten hat. Über die als „Initialzündung" der Marktverbreitung (Diffusionsprozess) wirkende Innovatorennachfrage kann die Mediawerbung dennoch erheblichen **mittelbaren Einfluss** auf das Kaufverhalten ausüben (*Schmalen* 1992, S. 36).

Durch die angesprochenen empirischen und theoretischen Vorbehalte gegen eine uneingeschränkte Manipulationskraft des Einsatzes der Mediawerbung ist die dahingehende Kritik nur in modifizierter beziehungsweise abgeschwächter Form aufrechtzuerhalten. Unstrittig ist jedoch die Tatsache, dass die Mediawerbung manipulative Kraft entfalten kann. Diese manipulative Kraft bezieht sich auf die Möglichkeit, bereits vorhandene Rangfolgen von Konsumentenbedürfnissen umzustrukturieren. Kritiker argumentieren, dass derartige Umstrukturierungen **„unvernünftiges" Konsumverhalten** induzieren (z. B. „Nikotinarm im Rauch").

Dieses Argument prägt seit langem den Meinungsstreit über den Einsatz der Mediawerbung (*Fantapié Altobelli* 1993, S. 244). Gegen dieses Argument lässt sich jedoch der grundsätzliche Einwand erheben, dass für die Rationalität einer Präferenzordnung kein objektiver Maßstab existiert (*Schmalen* 1992, S. 44). Ob der Konsum bestimmter Güter und Dienstleistungen – und damit die Mediawerbung dafür – „vernünftig" ist oder nicht, ließe sich nur dann beurteilen, wenn die sicheren (wahrscheinlichen) Folgeerscheinungen anhand von Normen und Werten des jeweiligen Gesellschaftssystems gemessen werden könnten. Da es jedoch – abgesehen von gesundheitlichen und umweltpolitischen Normen – keinen politischen Konsens über ein durchzusetzendes Normensystem gibt, setzen sich diejenigen, die ein Werbeverbot aufgrund der Induzierung unvernünftigen Konsumentenverhaltens fordern, dem Verdacht der Bevormundung ihrer Mitmenschen aus.

2 Der Markt für die Mediawerbung

2.1 Aktionsträger der Mediawerbung

Der Einsatz der Mediawerbung umfasst die Analyse, Planung, Steuerung und Durchführung dieses kommunikationspolitischen Instrumentes. Daher ist es notwendig, die am Entscheidungsprozess Beteiligten und deren Beziehungen untereinander zu erfassen, damit potenziell auftretende Probleme, die auf unterschiedliche Zielsetzungen und bestehende Beziehungen der Aktionsträger zurückzuführen sind, erkannt und gelöst werden können.

Schaubild III-B-8 zeigt die relevanten Aktionsträger der Mediawerbung. Der Entscheidungsprozess im Rahmen des Einsatzes der Mediawerbung wird vom **Werbetreibenden** – dem Individuum oder der Organisation – angeregt. Er ist der Initiator des werblichen Planungsprozesses. Im Zuge der Entscheidungsfindung hat der Werbetreibende das „letzte Wort". Er entscheidet letztlich über Zielgruppen, die Gestaltung und Platzierung von Werbemitteln in einzuschaltenden Werbeträgern, die Budgetierung der Mediawerbung sowie über die Dauer und Intensität der gesamten Werbekampagne (*Moriarty/Mitchell/Wells* 2009, S. 60 ff.). Der Begriff „Werbetreibender" ist in seiner inhaltlichen Bedeutung jedoch noch sehr abstrakt. Es ist daher sinnvoll, eine weitere Begriffsaufschlüsselung vorzunehmen, um ein klares und differenziertes Begriffsverständnis zu erzeugen.

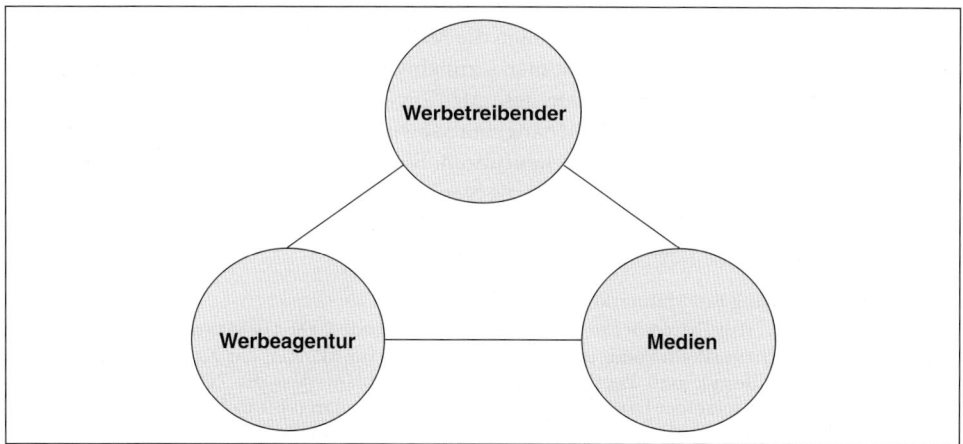

Schaubild III-B-8: Aktionsträger der Mediawerbung

Eine **Klassifikation** von Werbetreibenden lässt sich anhand von zwei Abgrenzungskriterien durchführen:

(1) Marktbezogene Kriterien,

(2) Marktteilnehmerbezogene Kriterien.

(1) Eine Abgrenzung anhand des **marktbezogenen Kriteriums** reflektiert lediglich die Existenz von Werbetreibenden in verschiedenen Märkten, so dass beispielsweise zwischen Werbetreibenden im Hygienemarkt und im Nahrungsmittelmarkt unterschieden werden kann. Eine kognitiv klar definierte Vorstellung darüber, wer die eigentlichen Werbetreibenden in Märkten sind, liefert eine derartige Abgrenzung allerdings nicht.

(2) Es empfiehlt sich daher, eine Klassifikation anhand des **marktteilnehmerbezogenen Kriteriums** durchzuführen. Dabei sind zunächst die **Hersteller** als homogene Gruppe von Werbetreibenden gedanklich zusammenzufassen. Sie fokussieren ihre werblichen Anstrengungen in den meisten Fällen auf den Markennamen des abzusetzenden Produktes (*Moriarty/Mitchell/Wells* 2009, S. 53). Der „Auf- und Ausbau von Markenbekanntheit (Brand Awareness)" ist insbesondere für Hersteller als Werbetreibende das in der Praxis am häufigsten vorkommende Werbeziel (*Steffenhagen* 1993, S. 292). Die Hersteller als Gruppe von Werbetreibenden realisieren im Vergleich zu anderen Gruppen das mit Abstand höchste Investitionsvolumen in den Einsatz der Mediawerbung (*Tietz/Zentes* 1980, S. 55). Die Werbeadressaten werden dementsprechend häufig und intensiv mit **Herstellerwerbung** konfrontiert und sind daher am ehesten mit diesem Typ von Werbetreibenden vertraut. Bei der Konfrontation mit werblichen Aktivitäten unterstellen die Adressaten im Regelfall sofort einen Hersteller als Initiator dieser Aktivitäten.

Einen anderen Typ Werbetreibender stellen die **Absatzmittler** dar. Wie aus Schaubild III-B-10 hervorgeht, stehen Handelsorganisationen mit Brutto-Werbeinvestitionen von knapp 2,8 Mrd. Euro im Branchenvergleich an der Spitze. Das Investitionsvolumen der Handelsorganisationen hat dabei in den letzten Jahren stetig zugenommen (exklusive Bruttowerbeaufwand der Massenmedien) (*ZAW* 2009, S. 20 f.). Die Absatzmittler betreiben **Handelswerbung**, ihre Werbeaktivitäten zielen daher in erster Linie auf die Einkaufsstättenwahl und/oder beispielsweise auf die werbliche Unterstützung des Verkaufs von Handelsmarken („Lidl lohnt sich") ab. Wie Schaubild III-B-9 zeigt, sind fast die Hälfte der zehn größten Werbetreibenden des Jahres 2009 Absatzmittler.

Eine weitere Gruppe Werbetreibender stellen die **Medien** dar, deren Eigenwerbung – gemessen am gesamten Werbeinvestitionsvolumen – zunehmend an Bedeutung gewonnen hat und mittlerweile den größten Anteil an dem gesamten Investitionsvolumen darstellt. Diese Entwicklung ist vorrangig auf neue Medienangebote sowie den verschärften Wettbewerb unter den bisherigen Medienanbietern zurückzuführen. So geht es neuen Zeitschriften, wie z. B. *Gala Men, Gala Wedding, Nido* vor allem um die Neukundenakquisition, während traditionelle Anbieter, wie z. B. *Spiegel, Petra* oder *Brigitte*, ihre gesteigerten werblichen Anstrengungen in erster Linie auf das Halten der Stammkundschaft ausrichten.

> **Beispiel: Einführung des Männerkochmagazins *Beef***
> Der Hamburger Verlag *Gruner + Jahr* brachte kürzlich im Ende 2009 das Männerkochmagazin *Beef* heraus. Die Zeitschrift ist ein Food- und Lifestyle-Magazin für Männer, das zu je einem Drittel Kochen & Rezepte, Lifestyle und Reportagen bietet. Es ist geplant, dass die Zeitschrift bei positiver Resonanz am Markt mit einer Druckauflage von 100.000 Exemplaren Erfolg bis zu vier Mal pro Jahr erscheint. Der Hamburger Verlag *Gruner + Jahr* investierte in die begleitende Launch-Kampagne 1,2 Mio. EUR. Sie wurde in Printanzeigen im Herbst 2009 in Magazinen wie *Stern, Capital* und *Brigitte* sowie online umgesetzt. Zusätzlich wurden Point-of-Sale-Maßnahmen durchgeführt (*o.V.* 2009c).

Die 20 größten Werbetreibenden 2009				
Rang	Unternehmen	Ausgaben 2009 in Mio. Euro	Ausgaben 2008 in Mio. Euro	Veränderung zu 2008 in Prozent
1	Media-Saturn-Holding, Ingolstadt	481,7	480,2	1,4
2	Procter & Gamble, Schwalbach	471,9	385,5	22,8
3	Aldi, Mülheim	398,3	363,4	9,9
4	Lidl, Neckarsulm	346,5	284,9	21,6
5	Ferrero, Frankfurt	335,0	343,3	−2,4
6	L'Oréal, Düsseldorf	317,1	286,9	11,1
7	Unilever, Hamburg	299,0	230,9	29,5
8	Axel Springer. Hamburg	275,6	245,5	14,1
9	Edeka, Hamburg	219,5	194,0	13,9
10	Danone, Haar	207,4	152,1	36,4
11	Volkswagen, Wolfsburg	198,9	201,3	−0,8
12	Renault, Brühl	166,0	133,2	25,1
13	Reckitt Beckinser, Mannheim	158,4	150,8	5,1
14	Sky, Unterföhring	148,9	k.A.	87,4
15	McDonald's, München	140,8	150,7	−6,5
16	Penny Markt, Köln	139,8	73,8	89,6
17	Beiersdorf, Hamburg	133,7	136,4	−1,6
18	Schwarzkopf & Henkel, Düsseldorf	131,9	92,1	43,5
19	Henkel, Düsseldorf	126,0	k.A.	110,3
20	Deutscher Sparkassen- u. Giroverband, Berlin	125,6	128,6	1,8

Schaubild III-B-9: Die 20 größten Werbetreibenden 2009 (Nielsen Media Research GmbH 2010a)

Neben Herstellern und Absatzmittlern können auch **Individuen** als Werbetreibende auftreten. So kann beispielsweise ein Student eine Anzeige in einer Tageszeitung platzieren, um den Verkauf seines gebrauchten Motorrollers werblich zu unterstützen. Ein weiteres Beispiel für werbetreibende Individuen sind Politiker, die insbesondere vor Wahlterminen mit Hilfe der Parteiwerbung oftmals über das Medium Fernsehen die Adressaten zu informieren und beeinflussen versuchen.

Die letzte gedanklich zusammenfassbare Gruppe sind **Institutionen** als Werbetreibende. Diese Gruppe beinhaltet in erster Linie Staatsorgane und soziale Institutionen. Sie unterscheidet sich von anderen Typen Werbetreibender vor allem darin, dass die primäre Zielsetzung nicht auf den Abverkauf eines Produktes oder die Generierung eines möglichst hohen Gewinns gerichtet ist. Vielmehr wird versucht, sozialkritische oder umweltpolitische Themen in den Vordergrund zu rücken („*WWF for a living planet*"), gesellschaftlich nicht wünschenswerte Verhaltensweisen zu ändern („Keine Macht den Drogen") oder etwa die Bevölkerung über die Bereitstellung eines Services („Pflegeversicherung") zu informieren (*Moriarty/Mitchell/*

Bruttowerbeaufwand in klassischen Medien: Die 20 werbeintensivsten Branchen 2008									
Rang Branchen	2008 Mio. Euro	Veränd. zu 2007 in %	TV	Radio	TZ	PZ	FZ	Plakat	Kino
1 Handelsorganisationen	2.003,2	5,0	14,0	6,0	75,0	2,0	0	3,0	0
2 PKW	1.436,8	–9	44,0	6,0	29,0	17,0	0	3,0	0
3 Zeitungen-Werbung	1.210,5	–4,6	1,0	2,0	94,0	2,0	0	1,0	0
4 PZ-Werbung	922,5	–7,8	18,0	2,0	16,0	62,0	1,0	0	0
5 Sonstige Medien/Verlage	641,8	–0,2	32,0	5,0	36,0	16,0	6,0	2,0	1,0
6 Arzneimittel	632,9	1,7	56,0	2,0	2,0	38,0	3,0	0	0
7 Schokolade/Zuckerwaren	610,1	3,0	94,0	2,0	0	2,0	0	1,0	0
8 Mobilnetz	588,8	–4,7	76,0	4,0	7,0	6,0	0	6,0	0
9 Finanzdienstleistungen	571,4	–7,1	41,0	6,0	31,0	18,0	0	4,0	1,0
10 Bier	396,6	–0,1	67,0	10,0	6,0	5,0	1,0	12,0	1,0
11 Haarpflege	390,0	7,1	81,0	0	0	17,0	0	1,0	0
12 TV-Werbung	373,2	–25,4	61,0	4,0	9,0	16,0	0	9,0	1,0
13 Versicherungen	365,2	10,9	56,0	9,0	10,0	18,0	1,0	6,0	1,0
14 Milchprodukte (Weiße Linie)	343,1	2,9	91,0	1,0	1,0	6,0	1,0	1,0	0
15 Online-Dienstleistungen	341,3	47,7	59,0	4,0	14,0	14,0	1,0	7,0	0
16 Bekleidung	328,0	–7,3	23,0	3,0	25,0	34,0	4,0	10,0	0
17 Festnetz	316,4	11,0	77,0	6,0	9,0	7,0	0	1,0	0
18 Versandhandel	309,5	–0,8	49,0	2,0	3,0	39,0	7,0	0	0
19 Alkoholfreie Getränke	280,8	–7,7	65,0	9,0	3,0	6,0	1,0	14,0	1,0
20 Gesichtspflege	268,9	12,6	61,0	0	1,0	37,0	0	0	0
Gesamtwirtschaft	20.888,2	–0,3	44,0	6,0	25,0	19,0	2,0	4,0	0

TZ=Tageszeitung, PZ=Publikumszeitschrift, FZ=Fachzeitschrift

Schaubild III-B-10: Die 20 werbeintensivsten Branchen 2008 (Nielsen Media Research GmbH 2010a)

Wells 2009, S. 60). Insert III-B-12 zeigt ein Anzeigenmotiv der Anti-AIDS-Kampagne „mach's mit" der *Bundeszentrale für gesundheitliche Aufklärung (BzgA)*.

An der Spitze der werbeintensivsten Branchen rangieren seit einigen Jahren die Massenmedien, der Handel, der Automarkt und die Publikumswerbung für Arzneimittel. Einen Überblick über den Bruttowerbeaufwand der 25 werbeintensivsten Branchen im Jahre 2008 zeigt Schaubild III-B-10.

Der zweite wichtige Aktionsträger im Rahmen des Einsatzes der Mediawerbung ist die **Werbeagentur**. Werbetreibende beauftragen Werbeagenturen, einen Teil oder sogar ihre gesamten werblichen Anstrengungen zu planen und durchzuführen. Dies geschieht in aller Regel in der Hoffnung, dass die Werbeagentur in der Lage ist, einzelne werbliche Maßnahmen, im Extremfall sogar die komplette Werbekampagne, effektiver und effizienter zu gestalten. Dabei liegt die Stärke des Aktionsträgers „Werbeagentur" vorrangig in seinen „werblichen Ressourcen" – Agenturen verfügen über kreative Experten, Medien-Know-how, über strategisches und fachliches Wissen sowie die Möglichkeit spezielle Konditionen für ihre Kun-

Insert III-B-12: Anzeigenmotiv der Anti-AIDS-Kampagne „mach's mit" (BzgA 2010)

den auszuhandeln, so dass sie neben der Planung und Durchführung werblicher Aktivitäten auch die Beratung von Werbetreibenden zur Lösung werbepolitischer Entscheidungsprobleme wahrnehmen (*Tietz/Zentes* 1980, S. 55). Es wird deutlich, warum insbesondere „große" Hersteller mit sehr hohen Werbebudgets Werbeagenturen mit der Kampagnenentwicklung beauftragen. Die Werbebudgetierung ist durch einen hohen finanziellen Mitteleinsatz gekennzeichnet, so dass die eigenständige Entwicklung einer Werbekampagne aufgrund mangelnder Erfahrung und fehlendem Know-how oft als zu risikoreich angesehen wird. Der Wunsch vieler Unternehmen nach einem integrierten Kommunikationskonzept hat zur Bildung von Agenturverbünden geführt. Innerhalb dieser Verbünde übernehmen häufig Spezialagenturen für Mediawerbung, Verkaufsförderung, Öffentlichkeitsarbeit und Sponsoring die kreative Umsetzung und Durchführung der Kommunikationsstrategie (*Nieschlag/Dichtl/Hörschgen* 2002, S. 1003).

Dennoch wird eine derartige Auslagerung werblicher Kompetenzen nicht von allen Werbetreibenden durchgeführt. Insbesondere solche Firmen, die eine engere Kontrolle über ihre eigenen werblichen Aktivitäten benötigen, haben ihre eigene **„In House Agency"** (*Moriarty/Mitchell/Wells* 2009, S. 64), d. h. die werblichen Aktivitäten werden im eigenen Haus von der jeweiligen Werbeabteilung entwickelt und durchgeführt. Die Werbetreibenden erkennen die Möglichkeit, Kosten zu sparen, indem sie den Einsatz der Mediawerbung eigenständig planen und durchführen. Es sind vorwiegend die **Absatzmittler** im Konsumgüterbereich, die die „In House Agency" aus verschiedenen Gründen favorisieren. Erstens operieren Absatzmittler oftmals unter sehr geringen Gewinnmargen, wodurch mögliche Kosteneinsparungen mittels der Übernahme werblicher Aktivitäten durch die eigene Werbeabteilung aus Handelssicht realistischer erscheinen. Zweitens erhalten Absatzmittler im Konsumgüterbereich

Werbematerialien häufig kostenlos oder zu reduzierten Preisen von Herstellern oder der Handelszentrale. Drittens ist der zeitliche Spielraum für die Kampagnenentwicklung auf der Outlet-Ebene bei weitem enger als für national gerichtete Werbung. So ist der Absatzmittler in einigen Fällen gezwungen, eine komplette Kampagne in einigen Stunden zu erstellen, wozu die Werbeagentur einen weitaus breiteren zeitlichen Spielraum benötigt.

Die **Medien** repräsentieren den dritten Aktionsträger im Rahmen des Einsatzes der Mediawerbung und nehmen damit in dem hier vorgestellten Teilnehmerspektrum eine „Zwitterrolle" wahr. Sie stellen nicht nur werbetreibende Organisationen dar, sondern sind gleichzeitig die Kommunikationskanäle, die die werblichen Botschaften zu den Adressaten transportieren. Die Medienorganisationen verkaufen „Raum" in Printmedien und in Medien der Außenwerbung sowie „Zeit" in elektronischen Medien.

Die Medienvertreter versuchen, die jeweiligen Entscheidungsträger der Werbeagenturen oder der Werbetreibenden, sofern diese sich dazu entschieden haben, die werblichen Aktivitäten selbst zu planen und durchzuführen, davon zu überzeugen, dass das jeweilige Medium in idealer Weise dazu geeignet ist, die Botschaften der Werbetreibenden zu den Adressaten zu befördern. Dabei ist es notwendig, dass das Medium in der Lage ist, die Botschaft auf die Art und Weise zu transportieren, dass die Übermittlung mit dem kreativen Aufwand in Einklang steht.

Die Art der realisierten Werbekampagne ist immer von den beteiligten Aktionsträgern abhängig. So wird eine Kampagne unter Beteiligung eines Herstellers eine andere Art aufweisen als die Kampagne eines Handelsunternehmens, weil die Werbetreibenden andere kommunikationspolitische Zielsetzungen verfolgen. Zudem ist zu erwarten, dass die Beauftragung einer Werbeagentur mit der Planung und Durchführung werblicher Aktivitäten eine professionellere Konzeption und Durchführung der Werbekampagne nach sich zieht. Letztlich nimmt die Auswahl einzusetzender Medien Einfluss auf die zu realisierende mediale Kampagne.

Daher ist kaum ein anderer Markt durch eine so große Dynamik und Vielschichtigkeit gekennzeichnet wie der Markt für die Mediawerbung. Die hier zugrunde liegende **Marktstruktur** weist so viele Einflussgrößen und Interdependenzen auf, dass es unumgänglich er-

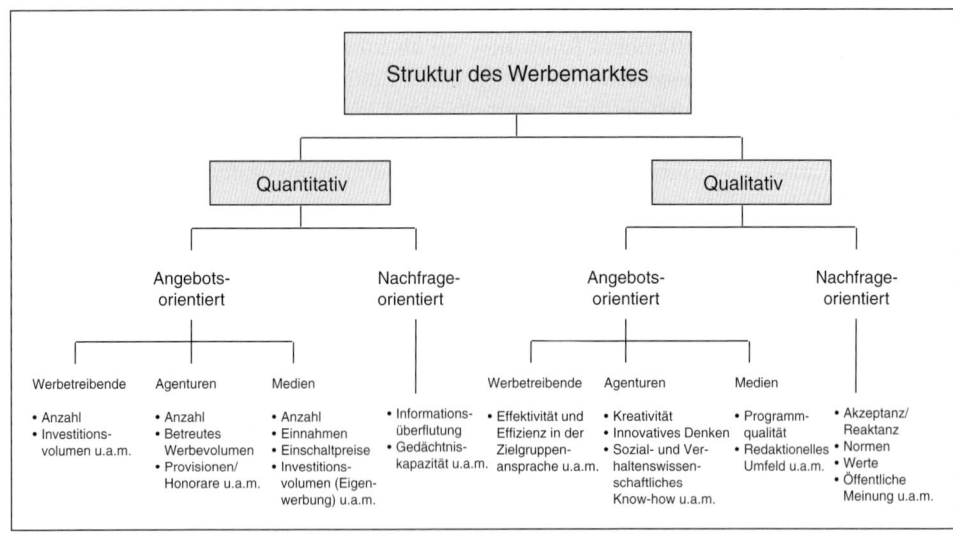

Schaubild III-B-11: Struktur des Werbemarktes

scheint, die Facetten des Marktes zu ordnen, um die Voraussetzungen einer systematischen, gleichzeitig jedoch differenzierten Marktbeschreibung zu gewährleisten. Hierzu erfolgt die Systematisierung auf zwei Ebenen: Auf der ersten Ebene wird eine Trennung zwischen der **quantitativen und qualitativen Struktur** des Werbemarktes vorgenommen. Innerhalb dieser Strukturdimensionen erfolgt eine weitere Untergliederung anhand eines marktteilnehmerbezogenen Kriteriums in **angebots- und nachfrageorientierte Strukturkomponenten** des Werbemarktes (vgl. Schaubild III-B-11).

2.2 Quantitative Struktur des Werbemarktes

2.2.1 Angebotsorientierte Struktur

Im Rahmen einer **quantitativ-angebotsorientierten** Beschreibung des Marktes für Mediawerbung bietet es sich an, die Marktsituation teilnehmerbezogen zu erfassen. Im Folgenden wird demnach der quantitative Status quo der Werbetreibenden, Agenturen sowie Medien aufgezeigt.

Die **Anzahl der Werbetreibenden** lässt sich nur schwer bestimmen, sie wird in den meisten Fällen indirekt bestimmt, indem aus der **Anzahl beworbener Marken** diesbezügliche Rückschlüsse gezogen werden. In den letzten Jahren wurden in Deutschland jährlich zirka etwa 50.500 Marken werblich unterstützt (*Nielsen Media Research GmbH* 2003). Hierbei kann jedoch davon ausgegangen werden kann, dass die Zahl der werbetreibenden Unternehmen zwar deutlich geringer ist, aber durchaus im zweistelligen Tausenderbereich liegt.

Eine weitere wichtige Kenngröße zur Bewertung des Werbemarktes sind die von *Nielsen Media Research GmbH* auf Basis von Sendeprotokollen beziehungsweise Beobachtungen ermittelten **Bruttowerbeausgaben**. Diese werden häufig auch als Bruttowerbeaufwendungen bezeichnet und generell als Bruttobeträge ausgewiesen, also ohne Abzug von Rabatten und Mittlergebühren, da *Nielsen Media Research GmbH* die kundenindividuellen Rabatte nicht kennen kann. Erhoben und ausgewiesen werden Anzeigen und Werbespots in den Mediagattungen TV, Hörfunk, Publikumszeitschriften, Tageszeitungen, Fachzeitschriften und Plakat. Im Jahre 2009 beliefen sich die Bruttowerbeaufwendungen insgesamt auf 20,8 Mrd. EUR (*Nielsen Media Research GmbH* 2010b) und stellen damit zirka 40 Prozent der Gesamtinvestitionen in die Werbung dar. Des Weiteren weist der *Zentralverband der deutschen Werbewirtschaft (ZAW)* die bei den Medienunternehmen abgefragten **Nettowerbeerlöse** (nach Abzug von Mittlergebühren und Rabatten) aus. Diese entsprechen dem Investitionsvolumen der Unternehmen in werbliche Aktivitäten, das sich aus Schaltkosten, Werbemittelgestaltung, Produktionskosten und Honoraren zusammensetzt. Wie bereits erwähnt, betrug dieses im Jahre 2008 insgesamt 30,67 Mrd. EUR und entspricht damit in etwa einem Anteil der Werbeinvestitionen im Verhältnis zum Bruttoinlandsprodukt von 1,23 Prozent. Davon entfielen 20,36 Mrd. EUR netto auf die Medien (*ZAW* 2009, S. 10 f.).

Während für das Jahr 2009 hinsichtlich der Bruttowerbeausgaben eine negative Wachstumsrate von 0,2 Prozent festzustellen war, wiesen die Nettowerbeerlöse ein Minus von 2,6 Prozent für den gesamten Werbemarkt aus. Dies lässt vermuten, dass sich aufgrund der starken Verhandlungsposition der großen Werbetreibenden die so genannte Brutto-Netto-Schere im Jahre 2003 weiter geöffnet hat. Diese unterschiedlichen Tendenzen lassen dem Beobachter einen großen Spielraum bei der Interpretation der verschiedenen Daten (*Heffler* 2004, S. 242).

Einen weiteren Marktteilnehmer auf Angebotsseite stellen die **Werbeagenturen** dar. In Deutschland bieten im Jahre 2008 etwa 123 Werbeagenturen den werbetreibenden Unternehmen ihre Dienste in der Analyse, Planung, Organisation, Durchführung und Kontrolle der Mediawerbung an. Dabei ist jedoch anzumerken, dass in dieser Zahl „nur" die dem *Gesamtverband Kommunikationsagenturen (GWA)* angehörigen Agenturen enthalten sind, so dass die tatsächliche Zahl erheblich größer ist. Dennoch können die Daten des *GWA* als repräsentativ gelten, da der Verband über 80 Prozent des relevanten Agenturmarktes abdeckt (*ZAW* 2009, S. 227). Eine Übersicht weitere liefern Agenturverzeichnisse wie beispielsweise der *Mediadaten Verlag*, Mainz oder Fachorgane wie *Horizont* und *Werben & Verkaufen*. Das Verzeichnis des Mediadatenverlags beispielsweise umfasst zurzeit rund 4.200 Agenturen (*Mediadaten Verlag* 2010). Im Zusammenhang mit der Arbeit von Werbeagenturen ist weiterhin von Interesse, wie hoch in etwa das betreute **Werbevolumen (Equivalent Billings)** deutscher Werbeagenturen ist. Von 1977 bis 2009 wurden in Deutschland diese Angaben durch die Veröffentlichungen der **Netto-Roheinkommen** (so genannte **„Gross Incomes"**) ergänzt. Damit hatten sich die meisten deutschen Agenturen den internationalen Gepflogenheiten angepasst. Der Informationsgehalt der Veröffentlichungen wurde durch diese Information entscheidend verbessert, denn die betreuten Werbevolumina stellen lediglich von den Agenturen verwaltete Gelder dar, sagen jedoch nichts über das Entgelt geleisteter Agenturarbeit aus. Die Veröffentlichung der Gross Incomes beseitigte dieses Informationsdefizit, da sie die Roheinnahmen repräsentieren, die sich aus Mittlerprovisionen der Streutätigkeit der Agenturen, vereinnahmten Honoraren aus beraterischen Tätigkeiten, Erträgen aus Produktionshonoraren sowie aus Einnahmen für Marktuntersuchungen, Produktion und Präsentationen zusammensetzen. Das von den – im *GWA* zusammengeschlossenen – Agenturen betreute Werbevolumen war im Jahre 2009 als Folge der Rezession um 5,5 Prozent rückläufig. Für das Jahr 2010 rechnet der *GWA* jedoch wieder mit einem Wachstum von drei Prozent. Auch hinsichtlich der Renditeentwicklung, die 2009 ein Minus von fast 27 Prozent aufwies, wird von einer Verbesserung – um 16,5 Prozent – ausgegangen. Die Krisensituation der Wirtschaft machte sich auch in der Mitarbeiterzahl der Agenturen bemerkbar. Mehr als die Hälfte der im *GWA* enthaltenen Agenturen trennte sich betriebsbedingt von seinem Personal. Für das Jahr 2010 sieht sich noch ein Viertel der Agenturen gezwungen, Personal abzubauen (*GWA (Gesamtverband Werbeagenturen e.V.)* 2010). Die Anzahl an Stellenangeboten in Werbeagenturen sank auf rund 2.400 Stellen erreicht damit das Niveau von 2005. Es wird angenommen, dass die Nachfrage erst mit der erwarteten Konjunkturerholung in 2011 wieder steigt (*Schmidt* 2010, S. 1). Insert III-B-13 zeigt die 25 größten inhabergeführten/unabhängigen Werbeagenturen in Deutschland, ihr jeweiliges Gross Income sowie die Mitarbeiterzahl. Die Konzentration auf unabhängige Agenturen erfolgt, da das US-Börsengesetz *Sarbanes Oxley* seit 2003 vorschreibt, dass nationale Agenturniederlassungen von Network-Agenturen keine Umsätze mehr melden dürfen.

Die **Medien** sind die angebotsseitigen Transportoptionen der werbetreibenden Unternehmen. Sie stellen die Distributionskanäle für Werbebotschaften dar. Wie bereits festgestellt, haben werbetreibende Unternehmen die Möglichkeit, zahlreiche TV-Programme, Hörfunkprogramme sowie verschiedene Printmedientitel zu belegen. Dabei betrugen die **Nettowerbeeinnahmen** der erfassbaren Werbeträger in Deutschland zirka 20,4 Mrd. EUR, wovon über die Hälfte auf die so genannten klassischen Medien (Tageszeitungen, Fernsehen, Publikumszeitschriften u. a. m.) entfielen (*ZAW* 2009, S. 17). Schaubild III-B-12 zeigt im Überblick die Nettowerbeeinnahmen erfassbarer Werbeträger in Deutschland und deren Entwicklung in den letzten Jahren auf.

In Deutschland erschienen 2008 insgesamt 354 Tageszeitungen: 335 regionale und lokale Abonnement-Titel, 10 überregionale Blätter und neun Kaufzeitungen. Hinzu kommen 28 Wochen- und 6 Sonntagszeitungen (vgl. Schaubild III-B-13). Zusammen erreichten die **Zeitungen** in Deutschland 2008 eine Auflage pro Erscheinungsintervall von 26,0 Mio. Exemplaren. Ins-

Rang	Name, Hauptsitz	GWA-Mitglied	Gross Income 2008 in Mio. Euro	Gross Income 2008 in Mio. Euro	Veränderung in Prozent	Mitarbeiter 2008	Mitarbeiter 2007	Veränderung in Prozent	Umsatz pro Kopf in Tsd. Euro
1	Commarco Scholz & Friends Holding, Hamburg	ja	131,25	119,64	9,7	1478	1266	16,7	89
1	Serviceplan Gruppe, München	ja	125,47	108,72	15,4	945	768	23,0	133
2	MediaConsults, Berlin/Köln	ja	64,77	52,13	24,2	298	263	13,3	217
3	Jung von Matt, Hamburg	ja	56,60	53,67	5,5	552	517	6,8	103
4	Schaffhausen Gruppe, Elmshorn	nein	27,01	k.A.	k.V.m.	k.A.	k.A.	k.V.m	k.A.
5	Fischer Appelt, Hamburg	nein	26,80	24,10	11,2	225	212	6,1	116
6	Dialogfeld, Nürnberg	nein	24,05	17,05	41,1	130	90	44,4	180
7	Flad & Flad, Heroldsberg	nein	21,30	17,10	24,6	101	95	6,3	210
8	Zum goldenen Hirschen, Hamburg	nein	18,20	13,37	36,1	175	140	25,0	104
9	G.V.K., Lüneburg	nein	17,40	16,90	3,0	122	119	2,5	140
10	Kolle Rebbe, Hamburg	ja	15,20	13,23	14,9	148	127	16,5	103
11	Grabarz & Partner, Hamburg	ja	13,81	9,60	43,9	125	93	34,4	110
12	WOB, Viernheim	ja	12,51	12,03	4,0	104	106	`-1,9	120
13	Ginco Net, Braunschweig	nein	11,88	10,67	11,3	99	96	3,1	120
14	Trio Group, Mannheim	ja	11,20	10,85	3,2	105	105	0,0	107
15	UGW, Wiesbaden	nein	10,50	8,46	24,1	130	120	8,3	150
16	Kemper Trautmann, Hamburg	ja	9,26	7,07	31,0	67	48	39,6	138
17	Schaller & Partner, Mannheim	ja	9,01	8,70	3,6	68	67	1,5	132
18	TAS Emotional Marketing, Essen	nein	7,24	6,84	5,8	80	75	6,7	91
19	Heimat Werbeagentur, Berlin	ja	7,17	6,32	13,4	55	39	41,0	115
20	Butter, Düsseldorf/Berlin	ja	7,08	k.A.	k.V.m.	84	k.A.	k.V.m.	89
21	Die Crew, Stuttgart	ja	7,06	7,14	`-1,1	50	51	`-2,0	141
22	Dessing, Röckersbühl	nein	6,93	5,44	27,4	56	44	27,3	124
23	FJR Werbeagentur, München	nein	6,92	6,17	12,2	50	46	8,7	138
24	BSS, Bietigheim Bissingen	ja	6,75	6,95	`-2,9	37	38	`-2,6	182
25	Sassenbach Advertising, München	nein	6,30	5,11	23,3	33	25	32,0	191

Insert III-B-13: Die 25 größten inhabergeführten/unabhängigen Werbeagenturen 2008 (o.V. 2009d)

Nettowerbeeinnahmen erfassbarer Werbeträger in Deutschland (in Mio. EUR)

Werbeträger	2006	+/– in %	2007	+/– in %	2008	+/– in %	2009	+/– in %
Tageszeitungen[1]	4.532,90	+ 1,3	4.567,40	+ 0,8	4.373,40	–4,2	3.694,30	–15,5
Fernsehen[2]	4.114,26	+ 4,7	4.155,82	+ 1,0	4.035,50	–2,9	3.639,60	–9,8
Werbung per Post[3]	3.318,87	–2,3	3.347,30	+ 0,9	3.291,55	–1,7	3.080,51	–6,4
Anzeigenblätter[5]	1.943,00	+ 2,4	1.971,00	+ 1,4	2.008,00	+ 1,9	1.966,00	–2,1
Publikumszeitschriften[4]	1.855,89	+ 3,6	1.822,48	–1,8	1.693,09	–7,1	1.408,65	–16,8
Verzeichnis-Medien[6]	1.198,60	+ 0,1	1.214,33	+ 1,3	1.224,70	+ 0,9	1.184,00	+ 3,3
Fachzeitschriften[7]	956,00	+ 6,0	1.016,00	+ 6,3	1.031,00	+ 1,5	852,00	–17,4
Außenwerbung[8]	787,43	+ 2,4	820,37	+ 39,2	805,38	–1,8	764,00	+ 1,3
Online-Angebote[10]	495,00	+ 49,1	689,00	+ 4,2	754,00	+ 9,4	737,51	–8,4
Hörfunk[9]	680,48	+ 2,5	743,33	+ 9,2	711,23	–4,3	678,49	–5,7
Wochen-/Sonntagszeitungen[1]	260,20	+ 2,9	267,70	+ 3,7	265,70	–1,5	208,30	–21,6
Zeitungssupplements[1]	89,90	–1,2	89,50	–0,4	86,80	–3,0	81,90	–5,6
Filmtheater[11]	117,48	–11,3	106,20	–9,6	76.65	–27,8	71,60	–6,6
Gesamt	20.350,01	+ 2,6	20.812,43	+ 2,3	20.365,52	–2,1	18.366,86	+ 9,8

Netto – nach Abzug von Mengen- und Malrabatten sowie Mittlerprovision, sofern nicht anders bezeichnet vor Skonto, ohne Produktionskosten
Quellen:
1) Bundesverband Deutscher Zeitungsverleger (BDZV)
2) ARD-Werbung Sales & Services, ZDF-Werbefernsehen, Verband Privater Rundfunk und Telekommunikation (VPRT), IP Deutschland, SevenOne Media
3) Streukosten von Prospekten, Werbebriefe und Druckschriften nach den Verkehrszahlen der Deutschen Post AG
4) Fachverband Die Publikumszeitschriften im Verband Deutscher Zeitschriftenverleger e.V.
5) Bundesverband Deutscher Anzeigenblätter (BVDA)
6) Verband Deutscher Auskunfts- und Verzeichnismedien e.V., Erhebung bei Mitgliedern und Hochrechnung, nach Skonti, vor Mehrwertsteuer, inklusive rund 10% Mehrwertsteuer
7) Deutsche Fachpresse
8) Hochrechnung des Fachverbandes Außenwerbung (FAW) und des ZAW
9) AS&S Radio GmbH, RMS Radio Marketing Service GmbH & Co. KG, Verband Privater Rundfunk und Telekommunikation (VPRT)
10) Gemeinsame Hochrechnung Bundesverband Deutscher Zeitungsverleger, Verband Deutscher Zeitschriftenverleger und Verband Privater Rundfunk und Telekommunikation
11) FDW Werbung im Kino e.V., Erhebung bei Mitgliedern

Schaubild III-B-12: Netto-Werbeeinnahmen erfassbarer Werbeträger in Deutschland (ZAW 2010, S. 15)

	Zeitungen 2009							
	Anzahl Zeitungsausgaben				Auflage (in Mio.)			
	2009	2008	2007	2006	2009	2008	2007	2006
Tageszeitungen gesamt	351	354	352	353	20	20,4	20,8	21,2
davon lokale und regionale Abo-Zeitungen	333	335	333	334	14,1	14,3	14,6	14,9
überregionale Tageszeitungen	10	10	10	10	1,6	1,7	1,6	1,6
Straßenverkaufszeitungen	8	9	9	9	4,3	4,5	4,6	4,7
Wochenzeitungen*	27	28	27	28	1,9	2,0	2,0	2,0
Sonntagszeitungen**	6	6	7	6	3,4	3,6	3,7	3,7
Zeitungen (gesamt)					25,3	26,0	26,5	27,0
Redaktionelle Zeitungsausgaben insgesamt	1511	1512	1524	1529	-	-	-	-
Publizistische Zeitungs-Einheiten	134	135	136	137	-	-	-	-

* Wochenzeitungen, die der IVW angeschlossen sind.
** Von der IVW separat als Sonntagszeitungen ausgewiesen.
Grundsätzlich gelten die IVW-Zahlen jeweils II. Quartal, sofern Zeitungen der IVW angeschlossen sind.

Schaubild III-B-13: Zeitungen in Deutschland 2009 (ZAW 2010, S. 256)

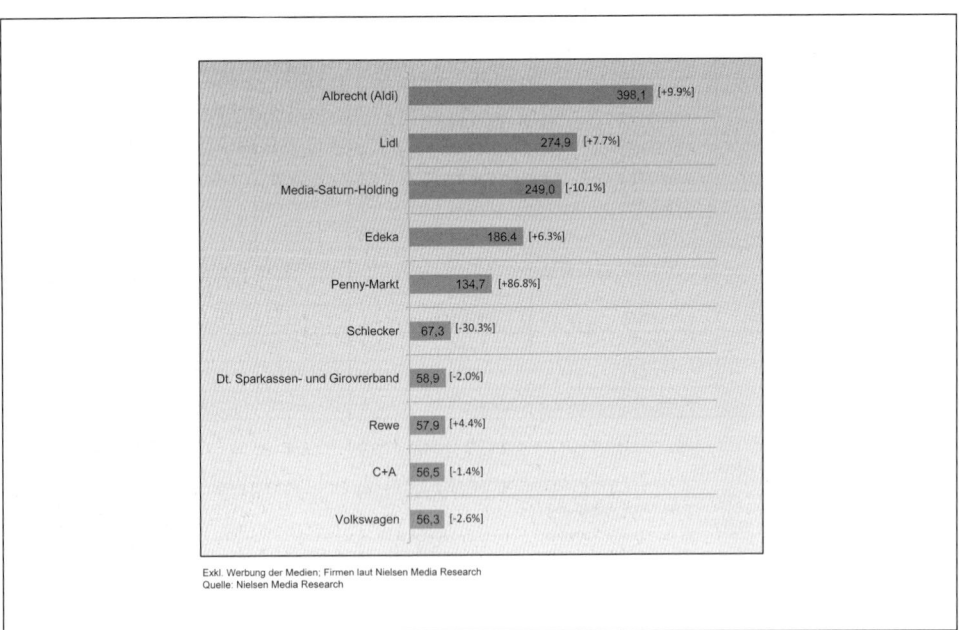

Insert III-B-14: Führende Werbetreibende in Zeitungen (Reitbauer 2010, S. 15)

gesamt erzielten die Tageszeitungen im Jahre 2008 Werbeerlöse in Höhe von 4,4 Mrd. EUR und haben damit ihren Nettowerbeumsatz im Vergleich zum Vorjahr um 4,2 Prozent verringert. Insert III-B-14 zeigt die führenden werbetreibenden Unternehmen in Zeitungen aus dem Jahre 2009. Dabei geht hervor, dass ein beträchtlicher Teil des Bruttowerbeumsatzes aus Discountern resultiert. Das werbefreudigste Unternehmen in Zeitungen stellt dabei Aldi dar (*Reitbauer* 2010, S. 15). Der Marktanteil von Tageszeitungen am Werbegeschäft der Medien liegt mit 21 Prozent jedoch weiterhin an der Spitze vor dem Fernsehen, der Werbung per Post, den Anzeigenblättern und den Publikumszeitschriften (*ZAW* 2009, S. 247 ff.).

Im Fernsehmarkt sind im Jahre 2008 allein 149 bundesweite deutschsprachige Fernseh-Programm-Angebote zu verzeichnen, deren überwiegender Teil seine redaktionellen Angebote aus Werbeeinnahmen finanziert. Schaubild III-B-14 gibt einen Überblick über die bundesweiten, deutschsprachigen **TV-Sender** (inklusive Pay-TV-Sender). Zusätzlich zu den bundesweiten Programmen gibt es eine regionale und lokale Struktur von momentan 231 Sendern, die es werbetreibenden Unternehmen ermöglichen, auch gezielt regional oder lokal Fernsehwerbung zu schalten. Insgesamt sanken die Nettowerbeeinnahmen der TV-Sender im Jahre 2008 um 2,9 Prozent auf zirka 4 Mrd. EUR. Mit diesem Werbevolumen ist die Mediengattung Fernsehen der monetär zweitstärkste Werbeträger nach den Tageszeitungen (*ZAW* 2009, S. 319.).

Der deutsche Markt für TV-Programme bietet im europäischen Vergleich die größte Vielfalt der Programmangebote für die Zuschauer, im **Vermarktungsbereich** für den Werbeträger Fernsehen ist der Markt jedoch durch eine hohe Konzentration geprägt. In Deutschland werden über 90 Prozent der TV-Werbung durch zwei Vermarktersysteme angeboten: Die Vermarktung der TV-Sender *RTL, VOX, Super RTL, N-TV* u. a. m. erfolgt durch *IP Deutschland*, dem gegenüber steht *SevenOne Media* mit den Sendern *Pro7, Sat.1, Kabel 1, N24* u. a. m. Der Anteil des öffentlich-rechtlichen Rundfunks am Werbemarkt ist auf unter fünf Prozent gesunken. Zurzeit stellen Politiker die Absicht in den Raum, das öffentlich-rechtliche Fernsehen nach und nach werbefrei zu machen. So besteht in denjenigen Bundesländern, die in der Rundfunkkommission vertreten sind und am neuen Rundfunkstaatsvertrag arbeiten, Konsens darüber, dass Sponsoring nach 20 Uhr sowie an Sonn- und Feiertagen ab 2013 aus dem öffentlich-rechtlichen Fernsehen zu streichen ist. Als Ausnahme gelten dabei große Sportveranstaltungen. Gegen einen werbefreien öffentlich-rechtlichen Rundfunk gibt es jedoch bereits Widerstand. So hält die *Organisation der Werbungtreibenden im Markenverband (OWM)* dagegen, dass es Werbung und Sponsoring bei *ARD* und *ZDF* zu erhalten gilt, da Unternehmen in deren qualitativen Umfeld hochwertige Zielgruppen finden (*o.V.* 2010c).

Der Bruttofernsehwerbemarkt beläuft sich im Jahre 2009 auf 9,4 Mrd. Euro und verzeichnet damit ein Plus von 2,9 Prozent. Insert III-B-15 zeigt die Anteile der einzelnen TV-Sender an den **Bruttowerbeumsätzen**. Wie daraus ersichtlich wird, erzielte *SevenOne Media* mit den Sendern *Sat.1, Pro7, Kabel 1, N24* und *9Live* einen Marktanteil von 42 Prozent. Alle Sender des TV-Vermarkters verzeichneten dabei ein Umsatzplus. Der größte Konkurrent *IP Deutschland* erreichte mit *RTL, Super RTL, VOX* und *N-TV* einen Marktanteil von 34,4 Prozent.

Ein Blick auf die Top 15 der werbetreibenden Unternehmen offenbart, dass FMCG (Fast Moving Consumer Goods)-Hersteller gerade in Krisenzeiten noch stärker auf das Fernsehen setzen. So stehen Konsumgüterhersteller an der Spitze der TV-werbestärksten Unternehmen. Allein die drei führenden Unternehmen *Procter & Gamble, Ferrero* und *L'Oréal* beträgt der Bruttowerbeumsatz über 1 Mrd. Euro (vgl. hierzu auch Insert III-B-16).

Innerhalb von Deutschland wird das so genannte **Festpreissystem** bei der Werbezeitenvermarktung praktiziert. Dabei werden die Preise für die Werbezeiten im Voraus für ein Kalenderjahr festgelegt. Die tatsächliche Zuschauerzahl lässt sich jedoch erst nach der Ausstrah-

Werbefinanzierte bundesweite TV-Sender 2009

	Anzahl	Sendername
Öffentlich-Rechtliche Fernsehprogramme (nur teilweise werbefinanziert)		
Vollprogramme	2	Das Erste (ARD), ZDF
Dritte Programme	9	Bayerisches Fernsehen, hr-fernsehen, MDR Fernsehen, NDR Fernsehen, Radio Bremen TV, rbb Fernsehen, SR Fernsehen, WDR Fernsehen
Spartenprogramme	5	Arte, BR alpha, KiKa, Phoenix, 3sat
Digitalprogramme	6	EinsExtra, EinsFestival, EinsPlus, ZDFneo, ZDFinfokanal, ZDFtheaterkanal
Auslandsprogramm	1	Deutsche Welle TV
Private Fernsehprogramme (größtenteils werbefinanziert)		
Vollprogramme	16	bw family.tv, DMAX, L-TV Sat, kabel eins, Mohajer International Television, PDF Channel, ProSieben, RTL, RTL II, Sat.1, VOX, Samanyolu TV Avrupa, Timm, TürkShow, RTVi, TGRT EU
Spartenprogramme	45	4-seasons.TV, 9Live, All-TV, Anixe HD, Anixe SD, Astro TV, Bibel TV, Comedy Central, CTV, DAF, Das Vierte, dctp (gemeinsame Sendelizenz mit VOX), Deluxe Lounge HD, Deluxe Music, Deutsches Gesundheitsfernsehen, DrDish Television, DSF, Dügün TV, Equi 8, ERF eins, ETOSTV, HD Vitrine, HOPE Channel, iMusi 1, Iran Beauty, Iran Music, Kanal Avrupa, Klinik-Info-Kanal, Kontakt Chance, KosmicaTV, MTV, N24, n-tv, NICK, souvenirs from the earth, Super RTL, Tele 5, Tier TV, young television, TV Persia, Uprom.TV, VIVA, wdw ip
Fernsehfenster	3	AZ Media TV (auf RTL,) dctp (auf RTL und SAT. 1), News and Pictures (SAT.1)
Pay-TV-Programme	76	13th Street, Animal Planet, auto motor und sport Channel, beate-uhse.tv, Big Brother, Classica, CLB TV, Classica, Deluxe Groove, Deluxe Rock, Deluxe Soul, Detski Mir, Discovery Channel, Discovery HD, Disney Channel, e.clips, - Der Entertainmentkanal, Focus Gesundheit, Fox Channel, GoldStar TV, Gute Laune TV, Heimatkanal, History, History HD, HUSTLER TV, Jukebox, Junior, kabel eins classics, Kinowelt TV Premium, LIGAtotal!, LUST PUR, MGM Channel, mobieTV, MotorVision TV, MTV Entertainment, Nasche Kino, Nick Jr., Nick Premium, Passion, Planet, Playhouse Disney, RCK TV, RLX TV, Romance TV, RTL Crime, RTL Living, Sat.1 Comedy, Sci-Fi Channel, Silverline Movie Channel, Sky Cinema 1/Sky Cinema HD, Sky Cinema +1, Sky Cinema +24, Sky Action, Sky Comedy, Sky Emotion, Sky Krimi, Sky Nostalgie, Sky Sport HD, Sky Sport Info, Sky Info, Sky Fussball Bundesliga, Sky Sport 1, Sky Sport 2, Sky Cinema Hits, SPIEGEL Geschichte, SPIEGEL TV digital, sportdigital.tv, Teleclub, The Biography Channel, TNT Serie, Toon Disney, Toon Disney +1, tv.gusto, volksmusik.TV, yourfamily
Ausgewählte Telemedien	21	1-2-3.tv, Blue Movie, Channel21, Channel21express, Deutsches Wetter Fernsehen, DHD24.tv, Douglas TV, Glück TV, HSE24, HSE24 extra, Jambal TV, Juwelo TV, meinTVshop, MonA TV, QVC, redXclub, sonnenklar.tv, SpiritON TV, TV Shop, Yavido
Ausgewählte deutschsprachige Programme mit Auslandslizenz	13	Animax, AXN, Body in Balance, Boomerang, Cartoon Network, E!Entertainment, ESPN Classic, Eurosport, Eurosport 2, Extreme Sports Channel, K-TV, Motors TV, TNT Film
Werbefinanzierte bundesweite Programmanbieter gesamt	**176**	

Schaubild III-B-14: Werbefinanzierte bundesweite TV-Sender 2009 (ZAW 2010, S. 309f.)

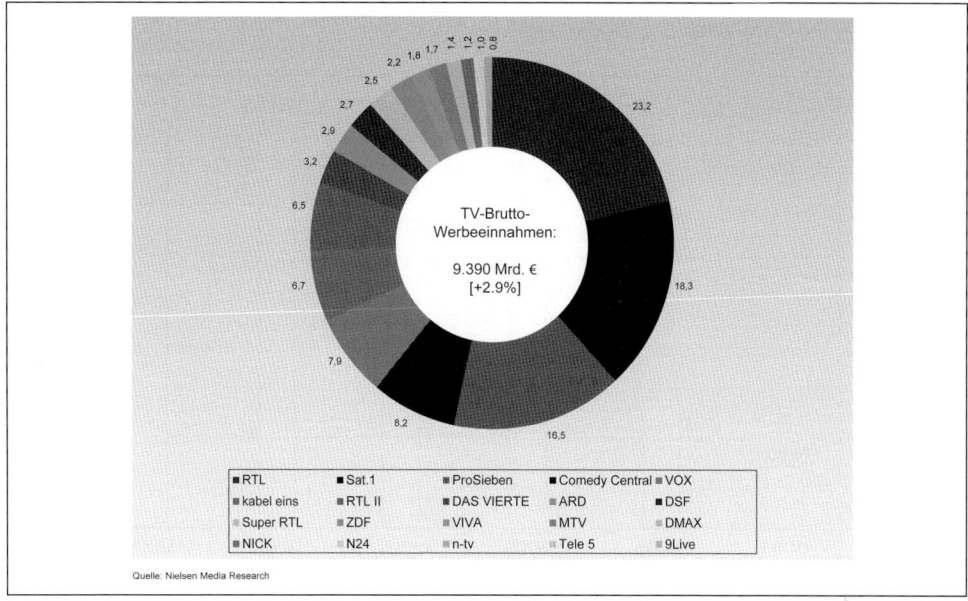

Insert III-B-15: Anteil der TV-Sender am Gesamtfernsehwerbemarkt (Reitbauer 2010, S. 17)

lung der Sendung durch Messungen – für die die *AGF/GfK* Fernsehforschung zuständig ist – ermitteln. Die Vermarktungsgesellschaften der Fernsehsender haben daher im Vorfeld zu versuchen, mit Hilfe von Schätzungen, die Qualität und Zuschauerreichweiten der Werbezeit zu bewerten. Für die unterschiedlichen Sendeplätze gibt es keine einheitlichen Preise, sondern eine nach erwarteter Einschaltquote stark differenzierte Tarifstruktur. Die reichweitenintensivste Zeit ist die so genannte Prime Time (20.00 bis 23.00 Uhr), deren Preise am höchsten sind. Werbetreibende buchen einen Großteil der Werbezeiten bereits im Herbst eines Jahres

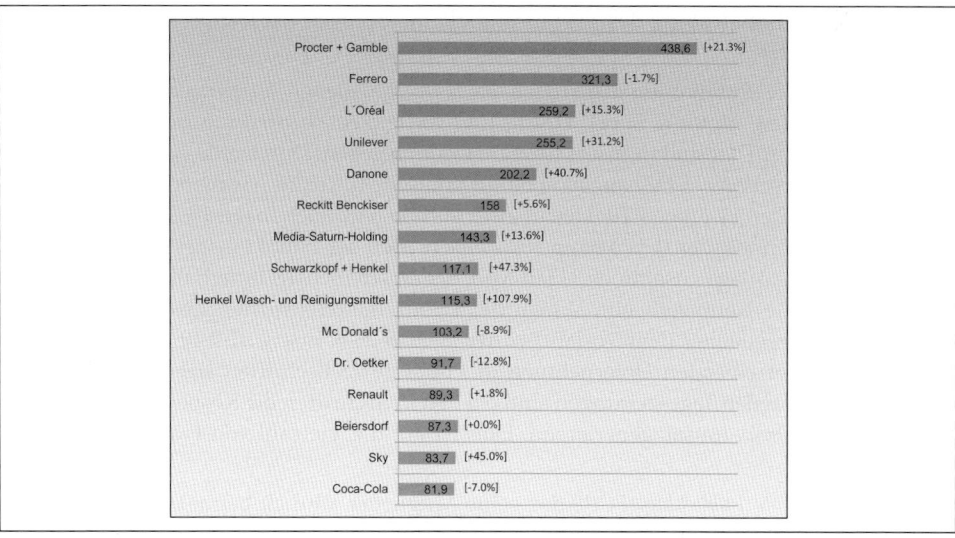

Insert III-B-16: Führende Werbetreibende im Fernsehen (Reitbauer 2010, S. 11)

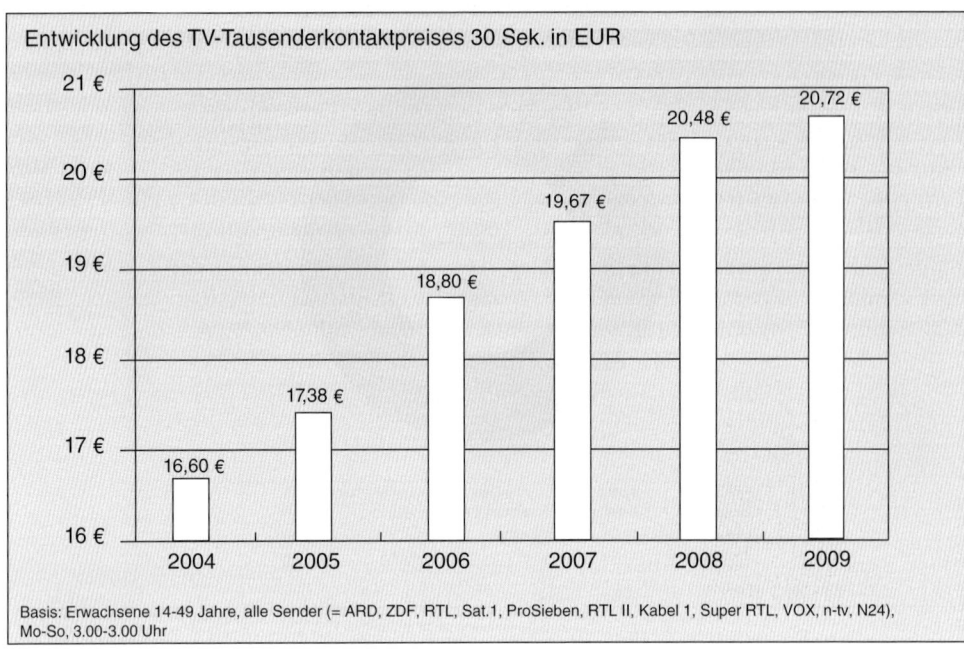

Schaubild III-B-15: Entwicklung des TV-Tausenderkontaktpreises 30 Sekunden in EUR (ZAW 2010, S. 308)

für das folgende Jahr. Auf Basis der im ersten Halbjahr realisierten Tausenderkontaktpreise (TKP) und den im Folgejahr erwarteten Zuschauerreichweiten werden die Tausenderkontaktpreise für das Folgejahr prognostiziert und die Preise festgelegt. Der Tausenderkontaktpreis ist ein Vergleichsmaß für die Effizienz einer Werbeschaltung und gibt den Bruttopreis an, den ein Werbetreibender für einen 30-Sekunden-Spot zu bezahlen hat, um mit seiner Werbung Tausend Seher (Hörer oder Leser) zu erreichen. Im Jahre 2008 ist der durchschnittliche Tausenderkontaktpreis für Fernsehwerbung von 19,67 auf 20,48 EUR gestiegen (*ZAW* 2009, S. 322). Die Entwicklung des TV-Tausenderkontaktpreises der letzten Jahre gibt Schaubild III-B-15 wieder.

Der *IVW* teilt die **Publikumszeitschriften** nach verschiedenen Gattungen, beispielsweise Frauenzeitschriften, Motor & Sport, Wohn- und Gartenzeitschriften u. a. m. ein. Die Einteilung der einzelnen Titel sind in Insert III-B-17 wiedergegeben. Durch eine vom *Verband Deutscher Zeitschriftenverleger (VDZ)* angebotene Internetseite (http://www.pz-online.de) sind die Auflagenzahlen der jeweiligen Titel leicht zu ermitteln (vgl. auch Insert-III-B-18). Am Jahresende 2008 verzeichnete der *IVW* knapp 900 Zeitschriften der Publikumspresse als gemeldet, deren verkaufte Auflage zusammen 115,01 Mio. Exemplare betrug. Innerhalb der Mediengattung betrugen die Nettowerbeeinnahmen der Publikumszeitschriften 1,69 Mrd. EUR (minus 7,1 Prozent gegenüber dem Vorjahr) (*ZAW* 2009, S. 289). Insert III-B-19 zeigt zudem die führenden werbetreibenden Unternehmen in Publikumszeitschriften aus dem Jahre 2009. Im Unterschied zu den Tageszeitungen sind bei den Zeitschriften die Körperpflegehersteller, insbesondere *L'Oréal*, umsatzgenerierend. Dies ist auf die Vielzahl von Frauenzeitschriften zurückzuführen.

Im *Forum Corporate Publishing (FCP)*, das seine Mitglieder jährlich befragt, sind 90 Verlage von **Kundenzeitschriften** aus dem deutschsprachigen Raum zusammengeschlossen. Seit dem Umfragebeginn im Jahre 2003 wird ein durchschnittliches Umsatzwachstum von jährlich

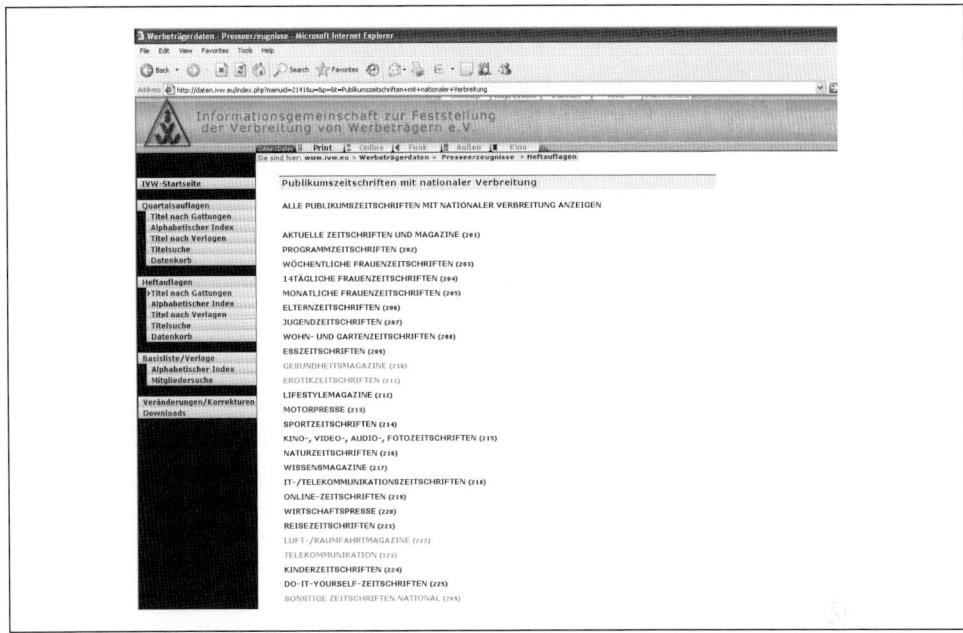

Insert III-B-17: Gattungen der Publikumszeitschriften nach IVW (IVW 2010)

Insert III-B-18: Beispiel für die Ermittlung von Zeitschriften-Auflagenzahlen im Internet (PZ-online 2010)

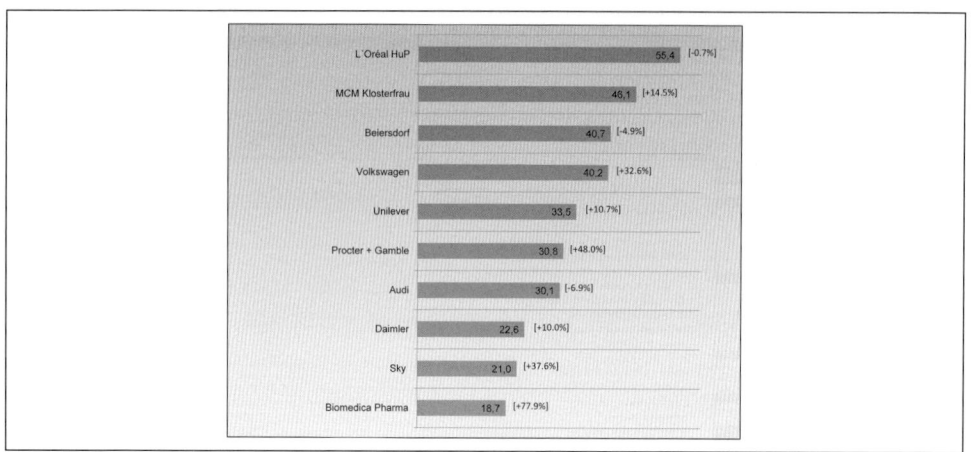

Insert III-B-19: Führende Werbetreibende in Publikumszeitschriften (Reitbauer 2010, S. 15)

15 Prozent erzielt. Im Jahre 2008 wurde eine Steigerung des Umsatzes von 13,6 Prozent erreicht. Im Jahre 2008 gab es rund 1.800 nationale und internationale Publikationen mit einer Gesamtauflage von über 990 Mio. Exemplaren jährlich. Für die kommenden Jahre ist vor allem in den Branchen Pharma und Gesundheit sowie Banken und Finanzdienstleistungen ein weiteres Wachstum zu erwarten (*ZAW* 2009, S. 309).

Die Zahl der **Fachzeitschriften** hat in den vergangenen Jahren kontinuierlich zugenommen. Zum Ende des Jahres 2008 wurden von der *IVW* die Auflagenzahlen von insgesamt 1.222 Titeln der deutschen Fachpresse ermittelt. Die durchschnittliche je Ausgabe verkaufte Auflage aller durch die *IVW* gezählten Fachzeitschriften belief sich im vierten Quartal 2008 auf insgesamt 13,9 Mio. Exemplare. Allerdings sind nicht alle Fachzeitschriften auch Mitglied bei der *IVW*. Schätzungsweise gibt es über 3.600 Titel in Deutschland und zahlreiche internationale Publikationen, die in deutschen Unternehmen gelesen werden. Nach vorläufigen Schätzungen der *Deutschen Fachpresse* sind die Nettowerbeerlöse der Fachzeitschriften im Jahre 2008 um 1,5 Prozent auf 1.031 Mio. EUR gestiegen (*ZAW* 2009, S. 264 ff.). Insert III-B-20 zeigt die umsatzstärksten Fachzeitschriften im Jahre 2007.

Die Nettowerbeeinnahmen der **Anzeigenblattverlage** verzeichneten im Jahre 2008 einen Zuwachs um 1,8 Prozent auf insgesamt 2.008 Mio. EUR und führten so die in den letzten Jahrzehnten erheblichen Wachstumsraten und das insgesamt sehr hohe Niveau an Umsatzzahlen weiter (*ZAW* 2009, S. 277). Schließlich erzielten im Jahre 2008 die klassischen **Zeitungssupplements** Werbeeinnahmen von 86,6 Mio. EUR. Dies entspricht im Vorjahresvergleich einem Minus von 3 Prozent. Für den übrigen Supplementmarkt sind keine differenzierten Zahlen verfügbar, die Umsätze gehen in die entsprechenden Erhebungen der jeweiligen Zeitschriftengattungen (Publikumszeitschriften beziehungsweise Fachzeitschriften) mit ein (*ZAW* 2009, S. 274).

Der **Anteil der Radiowerbung** an den Bruttowerbeaufwendungen des gesamten Werbemarktes betrug im Jahre 2008 5,8 Prozent. Die Radiosender nahmen im Jahre 2008 netto 711,23 Mio. EUR ein. Insgesamt gingen die Einnahmen der öffentlich rechtlichen Sender gegenüber dem Vorjahr um 1,8 Prozent auf 240,86 Mio. EUR zurück und die der privaten Sender um 5,5 Prozent auf 470,37 Mio. EUR (*Möbus/Heffler* 2009, S. 285). Im Jahre 2009 gab es insgesamt bereits **346 Hörfunkprogramme**, von denen 288 privat und 58 öffentlich-rechtlich sind (*ZAW* 2009, S. 338). Einen geringen **Marktanteil** haben die wenigen öffentlich-rechtlichen

Ranking nach Bruttowerbeumsatz 2007

Rang	Titel	Branche	Bruttowerbe-umsatz 2007 in Mio. Euro	Bruttowerbe-umsatz 2006 in Mio. Euro	Veränderung 2007/06 in Prozent
1	Deutsches Ärzteblatt/ Deutscher Ärzte-Verlag	Medizin	50,70	46,70	8,6
2	Lebensmittel-Zeitung/ Deutscher Fachverlag	Lebensmittel	39,20	38,80	1,0
3	TextilWirtschaft / Deutscher Fachverlag	Textil	23,30	22,80	2,3
4	Werben & Verkaufen / Europa-Fachpresse-Verlag	Marketing	19,90	19,80	0,5
5	Ärzte-Zeitung/ Springer SBM; Ärzte-Zeitung Verlag	Medizin	18,70	19,25	-2,9
6	Computerwoche/ IDG Communications Media	Computer	17,80	15,90	11,9
7	Maschinenmarkt / Vogel Business Medien	Industrie	14,70	12,30	19,5
8	HORIZONT/ Deutscher Fachverlag	Marketing	14,10	13,60	3,3
9	Computer Reseller News / CMP-WEKA	Computer	12,60	12,82	-2,0
10	DVZ Deutsche LogistikZeitung/ DVV Media Group	Elektronik	11,80	10,73	10,0
11	Markt & Technik / WEKA Fachmedien	Touristik	11,70	11,56	1,1
12	FVW/ FVW Mediengruppe	Logistik	10,80	10,70	0,9
13	AHGZ Allgemeine Hotel- und Gastronomie-Zeitung/ Deutscher Fachverlag	Gastronomie	10,50	9,65	9,2
14	Channel Partner/ IDG Communications Media	Computer	9,70	10,10	-4,0
15	Bayerisches Landwirtschaftliches Wochenblatt/ Deutscher Landwirtschaftsverlag	Agrar	9,10	8,94	1,9
16	Sportswear International / Deutscher Fachverlag	Textil	8,80	9,35	-6,0
17	Elektronik/ WEKA Fachmedien	Elektronik	8,40	8,34	0,5
18	Lebensmittel-Praxis/ LPV Lebensmittel Praxis Verlag	Lebensmittel	8,30	8,40	-1,2
19	Medical Tribune/ Medical Tribune Verlag	Medizin	8,30	9,90	-16,2
20	Verkehrs-Rundschau/ Springer SBM; Springer Transport Media	Verkehr	8,20	8,54	-4,1
21	Industrie-Anzeiger/ Konradin-Verlagsgruppe	Industrie	8,10	8,07	-0,3
22	DAZ Deutsche Apotheker Zeitung(2007:ohne PTA heute)/ Deutscher Apotheker	Pharma	8,00	10,28	k.V.m.
23	Neue Juristische Wochenschrift*/ C.H. Beck	Recht	7,70	6,86	12,8
24	PZ Pharmazeutische Zeitung/ Govi-Verlag	Pharma	7,60	7,00	8,6
25	Top Agrar/ Landwirtschaftsverlag	Agrar	7,50	7,70	-2,6
26	Elektronik-Praxis/ Vogel Business Medien	Elektronik	7,30	7,00	4,3
27	Produktion/ Verlag Moderne Industrie	Industrie	6,91	5,80	19,1
28	Börsenblatt des deutschen Buchhandels/ MVB	Medien	6,80	7,00	-2,9
29	ZM Zahnärztliche Mitteilungen/ Deutscher Ärzte-Verlag	Medizin	6,70	5,60	19,6
30	Computer-Zeitung/ Konradin Mediengruppe	Computer	6,41	5,91	8,5
31	Deutsche Handwerkszeitung/ Hans Holzmann Verlag	Handwerk	6,25	5,48	14,1
32	Ärztliche Praxis/ Reed Business Information	Medizin	5,92	5,33	11,1
33	Landwirtschaftliches Wochenblatt Westfalen-Lippe/ Landwirtschaftsverlag	Agrar	5,80	6,00	-3,3
34	Land & Forst/ Deutscher Landwirtschaftsverlag	Agrar	5,48	5,32	3,0
35	IT Business News (seit 2007: 14-tägl. statt wöchentlich)/ Vogel Business Media	Computer	5,40	8,70	-37,9
36	KEM Informationsvorsprung für Konstrukteure/ Konradin Mediengruppe	Industrie	5,24	5,05	3,8
37	CIO/ IDG Communications Verlag	Computer	5,20	2,70	92,6
38	MMW – Fortschritte der Medizin/ Springer SBM; Urban & Vogel	Medizin	5,00	5,62	-11,0
39	Allgemeine Bauzeitung*/ Patzer Verlag	Bau/Architektur	5,00	4,85	3,1
40	Scope/ Hoppenstedt Publishing	Industrie	4,92	4,95	-0,6
41	Travel Talk/ Travel Talk Verlag/ FVW Mediengruppe	Touristik	4,80	4,90	-2,0
42	Kfz-Betrieb/ Vogel Business Medien	Automobil	4,80	4,00	20,0
43	Deutscher Drucker/ Ebner Verlag	Druck	4,63	4,20	10,2
44	Information Week / CMP-WEKA	Computer	4,18	4,02	4,0
45	SPS Magazin*/ TeDo-Verlag	Elektrotechnik	4,14	3,65	13,4
46	Automobilwoche/ Crain Communications	Automobil	4,14	4,12	0,3
47	DLZ Agrar Magazin/ Deutcher Landwirtschaftsverlag	Agrar	4,10	3,92	4,6
48	Rundschau für den Lebensmittelhandel/ Medialog	Lebensmittel	4,03	4,04	-0,2
49	Autohaus/ Springer SBM; Springer Transport Media	Automobil	3,90	3,89	0,4
50	Arzt & Wirtschaft / Verlag Moderne Industrie	Medizin	3,90	3,60	8,3

Umsatz auf zwei Stellen gerundet, Rundungsdifferenzen möglich

Quelle: Verlagsangaben, eigene Recherche, * Mediaskop, Vertriebsunion Meynen, ** geschätzt · HORIZONT 22/2008

Insert III-B-20: Umsatzstärkste Fachzeitschriften des Jahres 2007 (HORIZONT.NET 2008)

Programme, die keine Werbung senden. Den Markt hinsichtlich der Brutto-Umsatzzahlen teilen sich daher die werbeführenden Programme von privaten (64,8 Prozent) und öffentlich-rechtlichen Sendern mit Werbung (35,2 Prozent) auf (ZAW 2009, S. 339). Der reichweitenstärkste Sender ist laut *Media-Analyse MA Radio* 2009/II *Antenne Bayern* (1.064.000 Hörer) (o.V. 2010e). Die Vermarktung der Werbezeiten übernimmt auf Seite der öffentlich-rechtlichen Anbieter die *ARD Werbung Sales & Services (AS&S)*, auf der Seite der Privaten vermarktet *Radio Marketing Service (RMS)* fast alle privaten Programme. Zahlreiche Werbekombinationen, die eine überregionale und regionale Belegung ermöglichen, werden von den Vermarktungsgesell-

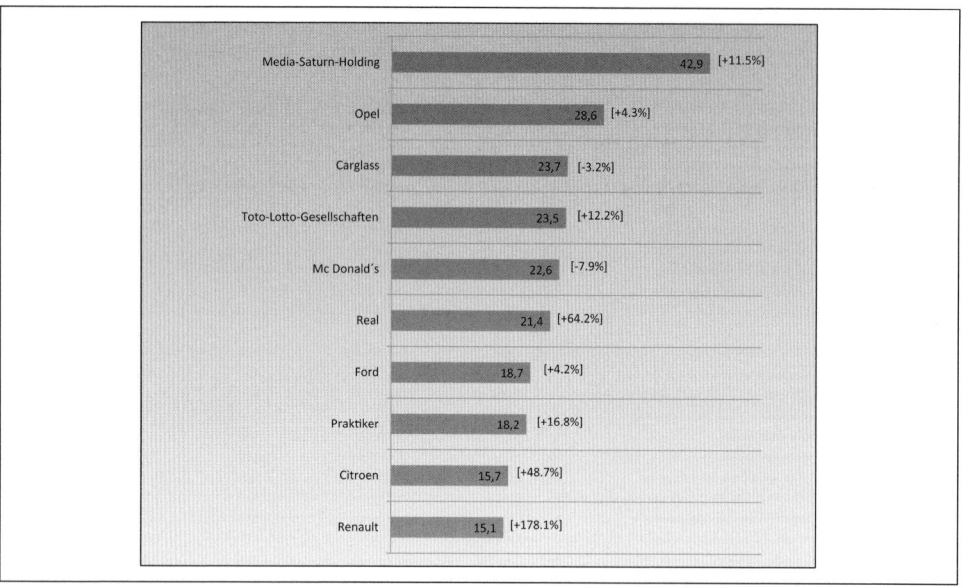

Insert III-B-21: Führende Werbetreibende im Radio (Reitbauer 2010, S. 17)

schaften angeboten. Insert III-B-21 gibt zudem einen Überblick über jene Unternehmen, die am stärksten im Radio werben. Die aufgeführten Unternehmen belegen, dass das Radio als typisches Abverkaufsmedium agiert. So ruft z. B. *Mediamarkt* zum Einkauf in der neuen Filiale auf, *Toto-Lotto*-Gesellschaften bitten um die Abgabe des Lottoscheins, *Praktiker* bietet heute wieder großzügige Rabatte und PKW-Hersteller betreiben per Radio regionale Händlerwerbung. Der große Anteil an Automobilunternehmen unter den führenden Werbetreibenden ist auch auf die Hörerschaft, die sich beim Radiohören oftmals im Auto befindet , und damit PKW-affin ist, zurückzuführen (*Reitbauer* 2010, S. 17).

Die in Deutschland tätigen Unternehmen der **Außenwerbung** erwirtschafteten im Jahre 2008 einen Gesamtumsatz von 805,36 Mio. EUR. Im Bereich der Verkehrsmittelwerbung wurde in Deutschland durch Werbemöglichkeiten auf Omnibussen, Straßen- und U-Bahnen ein Umsatzvolumen von 64,91 Mio. EUR erzielt, die restlichen Umsätze durch die Lichtwerbung und den Plakatanschlag. Die Anzahl der verfügbaren Werbeflächen in Deutschland zeigt Schaubild III-B-16. Umsatzsteigerungen wurden im Jahre 2008 bei den Ganzsäulen (ein Plus von 10,68 Prozent gegenüber dem Vorjahr), den Riesenpostern (plus 32,65 Prozent), der Verkehrsmittelwerbung (plus 10,28 Prozent), der Dauerwerbung (plus 7,79 Prozent) sowie der elektronischen Außenwerbung (plus 16,74 Prozent) erzielt. Als Dauerwerbung wird eine Form der Außenwerbung bezeichnet, die nicht im Dekadenplan wechselnd belegt wird, sondern über einen längeren Zeitraum bestehen bleibt und deshalb auch fest installiert ist (wie beispielsweise Anschläge, Schilder, Bemalungen an Giebeln, Wänden, Dächern und Fassaden, insbesondere in Gestalt von Leuchtwerbung). Die weiteren Werbeträger der Außenwerbung büßten Umsätze ein. Schaubild III-B-17 zeigt die Nettoumsätze der Außenwerbung und deren Entwicklung in den Jahren 2003 bis 2008. Wie Insert III-B-22 verdeutlicht, werben vor allem Handelsorganisationen auf Plakaten, gefolgt von Mobilfunkanbietern und der Pkw-Branche. Die *Media-Saturn-Holding* investierte z. B. 34 Mio. Euro in Plakatwerbung für *Mediamarkt*, *E-Plus* erhöhte für 19 Mio. Euro die Bekanntheit der Marke *Base*, *Volkswagen* bewarb für 21 Mio. Euro großflächig seine PKWs (*Reitbauer* 2010, S. 19).

Art des Werbeträgers	Anzahl
Großflächen inkl. Superposter	160.913
City-Light-Poster inkl. City-Light-Säulen	107.713
Allgemeinstellen	35.194
Ganzsäulen	15.316
Mega-Lights/City-Light-Boards	15.630
Anzahl Werbeflächen gesamt	**339.411**

Schaubild III-B-16: Werbeflächen in Deutschland (ZAW 2010, S.372)

	2004	2005	2006	2007	2008	2009
Allgemeinstellen	40,4	37,4	36,6	33,6	29,7	26,02
Ganzstellen/Ganzsäulen	31,3	30,8	30,2	29,8	33,0	25,24
Großflächen*	300,1	310,0	319,4	354,3	337,3	311,92
City-Light-Poster	203,6	229,3	235,9	226,6	212,7	187,67
Verkehrsmittelwerbung	67,4	65,0	62,1	58,9	64,9	59,90
Riesenposter	31,2	35,0	36,0	30,8	40,9	39,24
Dauerwerbung	30,7	44,4	40,3	49,8	53,7	53,29
Klein-Spezialstellen	3,3	3,4	8,0	16,5	9,7	9,71
Elektronische Außenwerbung	12,2	13,8	18,0	20,1	23,4	24,51
Gesamt	**720,1**	**769,1**	**787,4**	**820,4**	**805,4**	**737,51**
Veränderung gegenüber Vorjahr	+1,4%	+ 6,8%	+ 2,4%	+ 4,2%	−1,8%	−8,42

*inkl. Superposter, MegaLights/City-Light-Boards   Angabe in Mio. Euro

Schaubild III-B-17: Nettoumsätze der Außenwerbung in Deutschland
(ZAW 2010, S.373; Fachverband Außenwerbung e.V. 2010)

Im Jahre 2008 wurden 4.810 Kinosäle beziehungsweise Leinwände in Deutschland gezählt. Mit 129,4 Mio. Besuchern verzeichneten die Anbieter einen Zuwachs der Besucherzahlen um 3,2 Prozent gegenüber dem Vorjahr. Die Werbeaufwendungen für **Kinowerbung** beliefen sich im Jahre 2008 auf insgesamt 76,65 Mio. EUR. Dies stellt ein beträchtlicher Rückgang von 27,8 Prozent dar, der vor allem aus der 2008 einsetzenden Wirtschaftskrise resultiert sowie auf Verluste durch erneut gekürzte Werbeetats der Tabakindustrie. Davon entfielen auf den Werbefilm 55,09 Mio. EUR und Kinospots einschließlich Diapositiven 21,56 Mio. EUR. Nicht

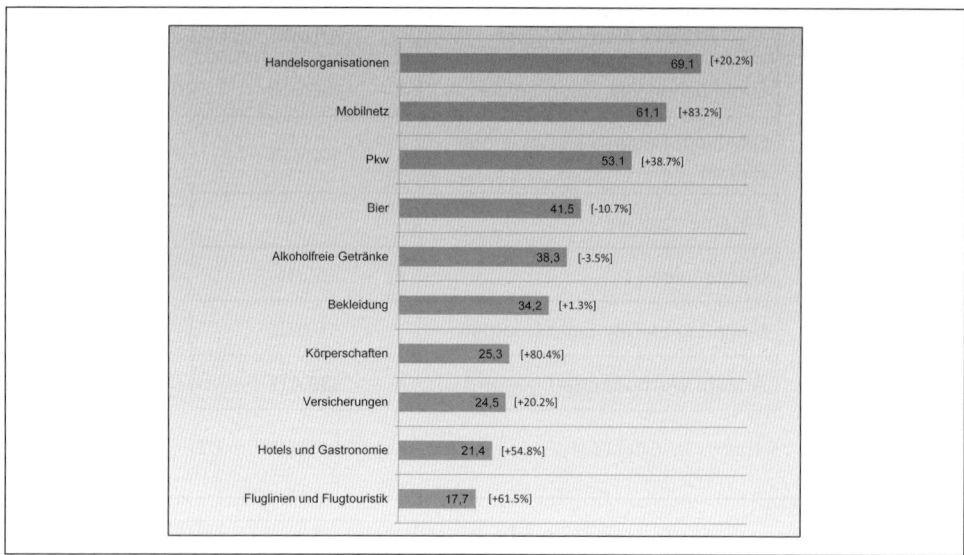

Insert III-B-22: Führende Branchen von Plakatwerbung (Reitbauer 2010, S.19)

enthalten sind in diesen Zahlen die Kosten für die Produktion der Film- und Kinospots sowie für die Herstellung der Diapositive (*ZAW* 2009, S.364f.).

Die Bedeutung der **Online-Werbung** als Werbeträger ist in den letzten Jahren kontinuierlich gestiegen. Eine werbestatistische Messung – analog zu den bisher aufgeführten Medien – ist schwierig, da nur Zahlen existieren, die auf den Meldungen der Werbeträger selbst beruhen. Der *ZAW* veröffentlicht daher eine jährliche Schätzung der Nettowerbeumsätze. Nach dieser konnte die Online-Werbung trotz der allgemeinen Werbeschwäche im Jahre 2008 ein Wachstum von neun Prozent mit einem Nettowerbeumsatz von 754 Mio. EUR verzeichnen. Der Marktanteil liegt bislang noch bei lediglich vier Prozent. Der Grund für den noch relativ geringen Marktanteil liegt in dem benötigten hohen und schnellen Reichweitenaufbau, den Online-Werbung heute noch nicht bieten kann (*Reitbauer* 2010, S.22). Es ist aber zu erwarten, dass sich das Web zu einem bedeutenden Werbeträger entwickeln wird (*ZAW* 2009, S.343). Insert III-B-23 zeigt die führenden Werbetreibenden im Internet.

Die Einnahmen der Medien resultieren vorrangig aus der Bereitstellung werblicher Distributionsleistungen durch die Medienanbieter in Form von Werbezeit und -raum, wofür die werbetreibenden Unternehmen **Einschaltpreise** zu entrichten haben. Aber die Medien sind nicht nur Anbieter von Werbetransportleistungen, sondern werden in zunehmendem Maße auch selbst werblich aktiv, um in einem kompetitiven Konkurrenzumfeld hohe Einschaltquoten zu erzielen. So können über hohe Reichweiten auch hohe Einschaltpreise gefordert werden. Diese Einschaltpreise können sich aufgrund veränderter Rahmenbedingungen im Zeitablauf stark verändern (vgl. das nachfolgende Beispiel). Angesichts der hohen Anzahl von Anbietern medialer Transportleistungen kann es nicht verwundern, dass die Medien im Jahre 2009 ihre **Eigenwerbung** forciert haben und mit 3,87 Mrd. EUR höhere Brutto-Werbeinvestitionen in den Einsatz der Mediawerbung vornehmen als die Automobilbranche oder die Handelsorganisationen. Dieser hohe Wert ist jedoch zu relativieren, da Eigenwerbung, z.B. Zeitschriftenanzeigen in verlagseigenen Titeln mit dem regulären Bruttopreis in die Anzeigenstatistik einfließen (*Reitbauer* 2010, S.4).

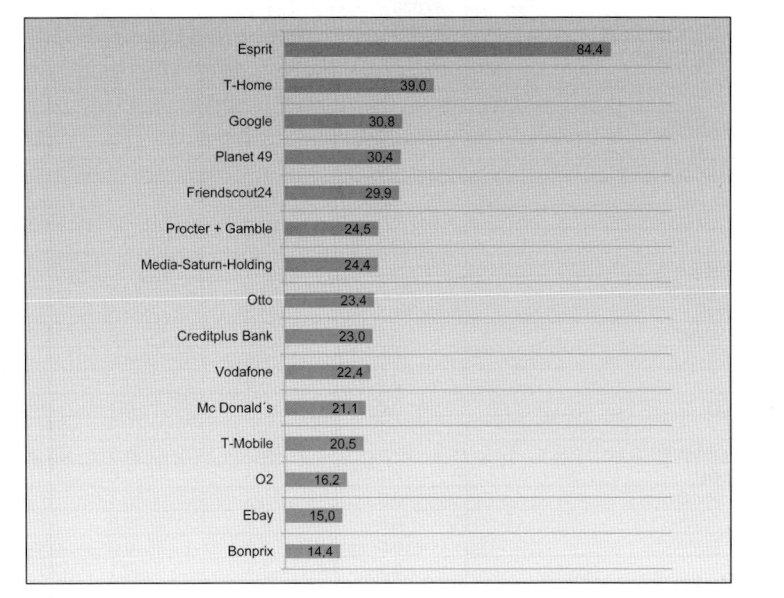

Esprit	84,4
T-Home	39,0
Google	30,8
Planet 49	30,4
Friendscout24	29,9
Procter + Gamble	24,5
Media-Saturn-Holding	24,4
Otto	23,4
Creditplus Bank	23,0
Vodafone	22,4
Mc Donald´s	21,1
T-Mobile	20,5
O2	16,2
Ebay	15,0
Bonprix	14,4

Insert III-B-23: Führende Branchen von Online-Werbung (Reitbauer 2010, S. 22)

Beispiel: Entwicklung von Einschaltpreisen
Der Erfolg der *RTL*-Show *„Deutschland sucht den Superstar"* machte sich auch in der Preisgestaltung bemerkbar. Die Jahresdurchschnittspreise 2002 lagen zu Beginn der Show bei 54.150 EUR (erste Werbeinsel) beziehungsweise 61.290 EUR (zweite Werbeinsel). Nach dem Finale der ersten Show verlängerte *RTL* das Format um eine weitere Staffeln. Das Werbeumfeld der Sendungen war nach Angaben des Vermarkters *IP Deutschland* sofort ausgebucht. Die Jahresdurchschnittspreise 2009 lagen z.B. bei 64.500 EUR (erste Werbeinsel) beziehungsweise 69.000 EUR (zweite Werbeinsel), im Jahre 2010 bei 69.000 EUR (erste Werbeinsel) beziehungsweise 73.500 EUR (zweite Werbeinsel). Die Staffel im Jahre 2009 erreichte im Durchschnitt 5,25 Millionen Zuschauer ab drei Jahren und 3,29 Millionen bei den 14- bis 49-Jährigen. Der durchschnittliche Tausenderkontaktpreis lag im Jahre 2009 bei 27,55 EUR.

2.2.2 Nachfrageorientierte Struktur

Die **quantitativ-nachfrageorientierte** Struktur des Werbemarktes ist eng verbunden mit der quantitativen Situation auf der Angebotsseite. Die aufgezeigten Situationskomponenten (Vielzahl beworbener Marken, Investitionsvolumen, Medienangebot) stehen nicht nur untereinander in wechselseitiger Beziehung, sondern sie üben auch erheblichen Einfluss auf die Nachfragerseite aus. Die beobachtbare mediale Informationsflut führt in Verbindung mit der begrenzten menschlichen **Gedächtniskapazität** bei den Rezipienten der Mediawerbung zu der bereits erwähnten **Informationsüberlastung** (vgl. hierzu Abschnitt I-C). Seit Jahren ist ein steigendes mediales Nutzungsverhalten zu Beobachten, das als ein Grund der bestehenden Informationsüberlastung aufgefasst werden kann. Innerhalb der Medien, die regelmäßig oder gelegentlich genutzt werden, stehen das Fernsehen, Tageszeitungen, Radio, Zeitschriften sowie zunehmend das Internet im Vordergrund (vgl. zur Mediennutzung Schaubild III-B-18).

Hochrechnung (Mio)	67,038			
BASIS	23.165			
Deutsche Bevölkerung ab 14 Jahre	in Prozent			
	Gesamt	14–29 Jahre	30–49 Jahre	50+ Jahre
Zeitung lesen				
mehrmals in der Woche	74,3	46,4	75,5	86,5
mehrmals im Monat	13,5	24,2	14,7	7,6
etwa einmal im Monat	1,9	4,7	1,4	1,1
seltener	6,6	15,1	6,0	3,2
nie	3,5	9,4	2,4	1,6
keine Angabe	0,1	0,3	0,1	0,1
Zeitschriften lesen				
mehrmals in der Woche	51,3	44,2	49,9	55,6
mehrmals im Monat	31,5	34,8	32,8	28,9
etwa einmal im Monat	6,3	8,1	6,6	5,4
seltener	8,3	9,8	8,6	7,5
nie	2,4	3,0	2,1	2,4
keine Angabe	0,2	0,2	0,1	0,2
Fernsehen				
mehrmals in der Woche	93,5	92,3	91,9	95,2
mehrmals im Monat	4,7	5,5	6,0	3,4
etwa einmal im Monat	0,3	0,3	0,4	0,3
seltener	0,8	1,2	0,9	0,6
nie	0,5	0,3	0,6	0,5
keine Angabe	0,1	0,3	0,1	0,1
Radio hören				
mehrmals in der Woche	75,8	71,2	77,7	76,5
mehrmals im Monat	11,0	12,5	10,9	10,5
etwa einmal im Monat	1,9	2,4	1,6	1,9
seltener	6,3	7,9	6,2	5,6
nie	4,7	5,6	3,3	5,4
keine Angabe	0,2	0,4	0,2	0,2
Lesehäufigkeit von **Handzettel/Prospekten**, die direkt in den Briefkästen gesteckt werden				
mehrmals pro Woche	32,1	21,3	32,2	37,1
1mal pro Woche	26,5	25,5	26,9	26,7
etwa 2-3mal im Monat	11,7	13,6	11,1	11,1
etwa einmal im Monat	5,8	7,2	5,6	5,4
mindestens einmal in drei Monaten	3,1	4,1	3,1	2,8
seltener	9,8	12,2	10,5	8,1
fast nie / nie	10,7	15,7	10,3	8,5
keine Angabe	0,3	0,3	0,3	0,3
Ins **Kino** gehen				
mehrmals in der Woche	0,1	0,1	0,1	0,0
mehrmals im Monat	2,3	7,4	1,9	0,3
etwa einmal im Monat	9,6	25,1	9,8	2,3
seltener	40,6	57,4	55,5	21,8
nie	47,4	10,0	32,7	75,7
keine Angabe	-			
Nutzung **Internet-/Online-Dienste** (für persönliche Zwecke)				
täglich	16,4	34,2	19,4	6,0
mehrmals pro Woche	25,4	37,0	35,1	12,8
ca. 1mal pro Woche	5,9	5,8	9,0	3,7
mehrmals pro Monat	5,4	5,8	8,0	3,3
ca. 1mal pro Monat	1,2	1,0	1,6	1,0
seltener	2,9	2,4	3,9	2,3
nie	42,3	13,8	22,7	70,1
keine Angabe	0,5	0,2	0,3	0,7

Schaubild III-B-18: Mediennutzung der deutschen Bevölkerung (VuMA 2010)

2.3 Qualitative Struktur des Werbemarktes

2.3.1 Angebotsorientierte Struktur

Analog zu den quantitativ-angebotsorientierten werden auch die **qualitativ-angebotsorientierten** Strukturdeterminanten des Werbemarktes teilnehmerbezogen dargestellt. Die Werbetreibenden als Marktteilnehmer haben sich vor allem mit der Effektivität und Effizienz ihrer Zielgruppenansprache auseinanderzusetzen. In diesem Zusammenhang ist festzustellen, dass die Leistungszahlen der Mediawerbung über alle Werbetreibenden in den letzten Jahren kontinuierlich rückläufige Tendenzen aufweisen. Dies ist nicht nur auf die zunehmende Informationsüberlastung der Rezipienten durch die rein quantitative Steigerung der Werbeappelle zurückzuführen, sondern vielmehr auch auf deren **qualitative Ausrichtung**. So haben die in den letzten Jahren beobachtbaren Effizienzverluste auch ihre Ursachen in der Qualität ausgesendeter Werbeappelle, die das Ziel einer zielgruppenorientierten Ansprache nicht selten konterkariert. Nach wie vor sind viele Werbeappelle durch zu textüberladene, zu wenig originelle, zu rational und veraltete Gestaltungsmuster gekennzeichnet, so dass deren Rezeption immer häufiger abgelehnt wird oder nicht erwünschte Verhaltensweisen hervorruft.

Auf **Agenturseite** sind es vor allem Kreativität, innovatives Denken sowie das sozial- und verhaltenswissenschaftliche Know-how, die die qualitativen Kernkomponenten darstellen. Die Erfassung dieser Komponenten stellt sich jedoch als sehr schwierig dar, da es sich zum einen um ausgesprochen subjektiv gefärbte Dimensionen handelt. Zum anderen kann eine ansatzweise valide Quantifizierung nur über eine Befragung der Rezipienten der Mediawerbung erfolgen. Eine Agenturbefragung würde hier zu verzerrten Werten führen, da sich die Agenturen vermutlich ohnehin große Kreativität und hohes Innovationspotenzial bescheinigen würden.

Dennoch können Anhaltspunkte über den Stand der Kreativität beziehungsweise über die Innovationskraft deutscher Agenturen gewonnen werden. Ein Indikator für kreative und innovative Leistungen deutscher Agenturen ist beispielsweise die **Nationenwertung zur Verleihung der Goldenen Löwen** im Rahmen des *„Cannes Festivals"*. Beim *„Cannes Festival"* werden eingereichte Werbefilme, Anzeigen und Plakate von einer Jury vorrangig anhand des Kriteriums „Kreativität" beurteilt. Dabei werden die besten Wettbewerbsbeiträge mit Goldenen, Silbernen oder Bronzenen Löwen prämiert. Im Jahre 2009 reichten deutsche Werbeagenturen insgesamt 2,131 Wettbewerbsbeiträge ein. Deutschland ist die zweitstärkste Nation hinter den USA mit 2.726 Arbeiten. Die weltweite Teilnahme sank im Jahre 2009 um knapp 20 Prozent auf insgesamt 22.600 Wettbewerbsbeiträge. Diese Entwicklung ist auf die weltweite Wirtschaftskrise zurückzuführen. Vor allem im Bereich Direct Marketing nahm die Zahl der Einsendungen aus Deutschland stark ab: Statt der 288 Vorschläge im Jahre 2008 hatten die Juroren 175 deutsche Einreichungen (1.364 weltweit) zu bewerten. Im Bereich Film waren es 161 deutsche Beiträge (minus 24,4 Prozent; 3.453 weltweit), in der Kategorie Press sank die deutsche Teilnahme um 24,7 Prozent auf 432 Einreichungen (5.048 weltweit), in der Kategorie Outdoor um 35,6 Prozent auf 432 (4.498 weltweit). Die *Cyber Lions Jury* hatte über 191 deutsche Beiträge und 2.205 internationale Einreichungen zu urteilen, bei den *Media Lions* waren es 210 deutsche Arbeiten (1.840 weltweit) (o.V. 2009f). Im Jahre 2009 erhielten die Deutschen Agenturen insgesamt 51 Löwen: 4 *Film Lions* (2 Silber, 2 Bronze), 5 *Press Lions* (1 Gold, 3 Silber, 1 Bronze), 6 *Outdoor Lions* (1 Gold, 2 Silber, 3 Bronze), 8 *Media Lions* (1 Gold, 2 Silber, 5 Bronze), 4 *Cyber Lions* (1 Gold, 1 Silber, 2 Bronze), 10 *Direct Lions* (2 Silber, 8 Bronze), 12 *Design Lions* (5 Gold, 2 Silber, 5 Bronze), 1 *Integrated Lion* und ein *Promo Lion*.

Das Red-Box-Kreativ-Ranking wird kontinuierlich aktualisiert, so dass sich nach jedem Wettbewerb ein neuer Punktestand ergibt. Sobald die Gewinner nationaler und internationaler Wettbewerbe vorliegen, werden die Kreativpunkte auf Basis eines festen Bewertungsschemas und der gewonnenen Preise ermittelt. Die Punktzahl ergibt sich aus einem festgelegten Bewertungssystem. Internationale und nationale Kreativwettbewerbe werden nach ihrer Bedeutung gewichtet und mit dem Wert des jeweiligen gewonnenen Preises multipliziert. Basis sind die offiziell bekannt gegebenen Ergebnisse. Gewinne durch Agenturtöchter werden der gesamten Agenturgruppe zugeordnet.

Insert III-B-24: zeigt das *Red-Box*-Ranking der 20 kreativsten Agenturen aus dem Jahre 2010 sowie Insert III-B-25 die kreativsten Kampagnen der Automobilbranche des Jahres 2010.

In Verbindung mit der kreativen Leistungsfähigkeit ist es vor allem das **sozial- und verhaltenswissenschaftliche Know-how**, das Effektivitäts- und Effizienzverlusten in der Zielgruppenansprache entgegenwirkt. So kann aufgrund sozial- und verhaltenswissenschaftlicher Erkenntnisse der kreativen und innovativen Arbeit ein Handlungsrahmen vorgegeben werden, der eine effektive und effiziente Ansprache sicherzustellen vermag. Dabei reicht es nicht aus, lediglich ein Profil der Zielgruppe zu haben, sondern es bedarf des konkreten Wissens über **Verhaltensweisen** der Konsumenten (*Barry/Peterson/Todd* 1987, S. 15 ff.; *Schmidt* 1995, S. 58). Hier gilt festzuhalten, dass das sozial- und verhaltenswissenschaftliche Know-how

Aktueller Stand des Rankings: 9.11.2010
Aufgrund der Wünsche des Marktes wurden im Vergleich zur Halbjahresbilanz in der new business-Printausgabe noch einige Agentur-Töchter ihrer jeweiligen Gruppe zugeordnet.

Rang	Agentur	Kreativpunkte*	Gewonnene Preise
1	Jung von Matt	1863	140
2	Serviceplan	775	83
3	Heimat	685	64
4	Kolle Rebbe	496	56
5	Scholz & Friends	490	48
6	Ogilvy & Mather	350	56
7	BBDO	328	45
8	DDB Group Germany	324	24
9	Lukas Lindemann Rosinski	232	23
10	Grabarz & Partner	201	22
11	SAATCHI & SAATCHI	167	18
12	Philipp und Keuntje	133	17
13	Publicis	133	17
14	KNSK	118	13
15	Euro RSCG	110	15
16	Leagas Delaney	91	11
17	Heye Group	88	15
18	Scholz & Volkmer	73	11
19	Grey Worldwide	62	3
20	BUTTER	60	4

Insert III-B-24: Red-Box-Agenturranking (Red Box 2010)

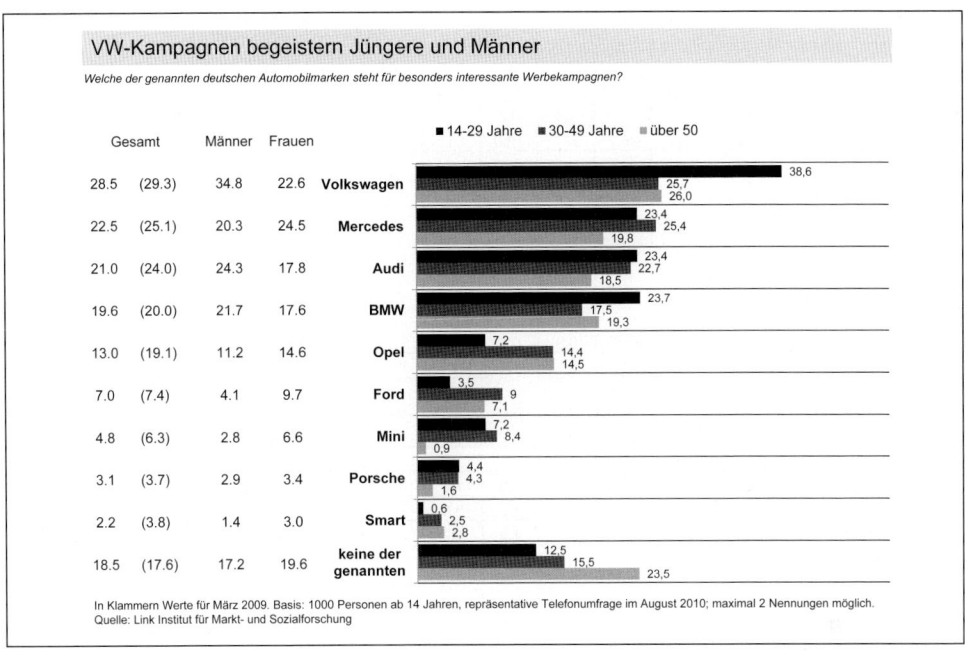

VW-Kampagnen begeistern Jüngere und Männer

Welche der genannten deutschen Automobilmarken steht für besonders interessante Werbekampagnen?

■ 14-29 Jahre ■ 30-49 Jahre ▪ über 50

Gesamt		Männer	Frauen		
28.5	(29.3)	34.8	22.6	**Volkswagen**	38,6 / 25,7 / 26,0
22.5	(25.1)	20.3	24.5	**Mercedes**	23,4 / 25,4 / 19,8
21.0	(24.0)	24.3	17.8	**Audi**	23,4 / 22,7 / 18,5
19.6	(20.0)	21.7	17.6	**BMW**	23,7 / 17,5 / 19,3
13.0	(19.1)	11.2	14.6	**Opel**	7,2 / 14,4 / 14,5
7.0	(7.4)	4.1	9.7	**Ford**	3,5 / 9 / 7,1
4.8	(6.3)	2.8	6.6	**Mini**	7,2 / 8,4 / 0,9
3.1	(3.7)	2.9	3.4	**Porsche**	4,4 / 4,3 / 1,6
2.2	(3.8)	1.4	3.0	**Smart**	0,6 / 2,5 / 2,8
18.5	(17.6)	17.2	19.6	**keine der genannten**	12,5 / 15,5 / 23,5

In Klammern Werte für März 2009. Basis: 1000 Personen ab 14 Jahren, repräsentative Telefonumfrage im August 2010; maximal 2 Nennungen möglich.
Quelle: Link Institut für Markt- und Sozialforschung

Insert III-B-25: Die kreativsten Kampagnen der Automobilbranche aus dem Jahre 2010 (Richard 2010)

vieler deutscher Werbeagenturen nach wie vor durch mangelndes Expertenwissen oder eine selten systematische Nutzung gekennzeichnet ist.

Weiterhin ist auf die qualitativ-angebotsorientierte Struktur der **Medien** als Marktteilnehmer hinzuweisen. Hierbei ist vorrangig auf die leistungsorientierte Programmstruktur sowie das redaktionelle Umfeld der Medien einzugehen. Dabei können die elektronisch-audiovisuellen Medien als repräsentativ für die qualitativ-strukturelle Mediensituation angesehen werden. Hier sind erhebliche Unterschiede zwischen den öffentlich-rechtlichen und den privaten Sendeanstalten zu beobachten. Schaubild III-B-19 gibt einen Überblick über die Sendungsformen nach Programmsparten der fünf größten deutschen Fernsehprogramme (Vollprogramme). Hierbei wird deutlich, dass die öffentlich-rechtlichen Sender eine informationsorientierte Angebotsstruktur haben, die privaten Fernsehsender im Jahre 2007 der Unterhaltung den Vorrang einräumten. Auf *ARD/Das Erste* und das *ZDF* entfiel im Jahre 2007 durchschnittlich ein Informationsanteil von 43,1 Prozent, während *RTL, Sat.1* und *Pro7* einen Informationsanteil zwischen 18,9 und 28,3 Prozent enthielten. Bei der Unterhaltung entfielen auf so genannte Fictionangebote bei *RTL, Sat.1* und *Pro7* durchschnittlich zwischen 24,4 und 29,1 Prozent und auf nonfiktionale Unterhaltung zwischen 17,6 und 31,1 Prozent. *ARD/ Das Erste* und *ZDF* kamen bei Fiction auf 31,1 bzw. 29 Prozent Prozent, bei nonfiktionaler Unterhaltung auf 4,3 bzw. 6,3 Prozent. Der Werbeanteil macht bei den öffentlich-rechtlichen Sendern im Durchschnitt 1,4 Prozent der Sendezeit aus, bei den ausschließlich aus Werbung finanzierten Privatsendern hingegen zwischen 15,4 und 20,8 Prozent (*Krüger/Zapf-Schramm* 2008, S. 173). In Anbetracht der Tatsache, dass im Jahre 2007 die Marktanteile (gemessen an der täglichen Nutzungsdauer) der öffentlich-rechtlichen Fernsehsender durchschnittlich 13,2 Prozent betrugen, kann festgehalten werden, dass die qualitative Angebotsstruktur der elektronischen Medien zwar breit ausgerichtet ist, jedoch nur eine relativ fokussierte Markthonorierung erfährt.

	ARD		ZDF		RTL		SAT.1		ProSieben	
	2006	2007	2006	2007	2006	2007	2006	2007	2006	2007
Information	41,8	43,1	47,8	49,5	25,6	27,5	18,3	18,9	25,7	28,3
Nachrichten*	9,3	9,3	9,2	9,4	3,8	3,9	3,2	2,9	1,1	0,8
Magazin	20,7	20,4	26,7	27,5	13,9	13,5	13,3	13,8	16,3	13,1
Morgenmagazine/ Frühstücksfernsehen**	8,9	8,9	8,9	8,8	3,3	3,3	5,6	8,4	–	–
Boulevardmagazin	2,5	2,6	3,3	3,6	4,7	4,8	2,1	1,5	7,0	4,9
Andere Magazine/Ratgeber	9,3	9,0	14,5	15,2	5,9	5,4	5,6	3,9	9,3	8,3
Dokumentation/Bericht/ Reportage	8,5	9,7	8,8	9,7	7,6	9,8	1,6	1,9	8,0	14,0
Doku-Inszenierung/Doku-Soap	0,5	0,5	0,5	0,3	0,0	0,0	–	0,2	0,0	0,1
Ereignisübertragung	0,6	0,5	1,1	0,7	0,1	0,0	0,0	–	0,1	0,1
Talk/Diskussion/ Ansprache	1,8	2,1	1,3	1,5	0,0	0,0	0,0	0,0	0,0	0,0
Wetterinfo	0,5	0,5	0,2	0,2	0,2	0,2	0,1	0,1	0,1	0,2
Sonstiges	–	0,0	–	0,3	–	–	–	–	–	–
Sport	8,0	6,0	7,5	5,9	2,3	1,8	0,2	0,7	–	0,3
Sportberichterstattung	3,7	2,4	3,9	2,9	1,0	0,8	0,1	0,1	–	0,0
Übertragung	4,2	3,5	3,6	3,1	1,3	1,0	0,1	0,6	–	0,3
Nonfiktionale Unterhaltung	4,4	4,3	5,7	6,3	18,6	18,0	27,7	31,1	18,2	17,6
Journalistische Unterhaltungsformen	1,1	1,0	3,4	4,4	3,7	3,8	6,3	7,2	7,5	5,7
Magazin/Ratgeber/ Reportage/Doku	0,4	0,4	–	0,6	0,4	0,5	–	–	–	–
Talk/Gespräch	0,6	0,5	3,4	3,8	3,3	3,3	6,3	7,2	7,5	5,7
Doku-Inszenierung/ Doku-Soap	–	–	–	–	9,8	7,9	8,9	9,7	1,4	0,2
Konventionelle Unterhaltungsformen	3,3	3,3	2,3	1,9	5,1	6,3	12,5	14,2	9,3	11,6
Quiz/Gameshow/Spiele	1,4	1,6	1,1	0,8	1,0	0,9	7,0	9,3	3,3	3,5
Show/Darbietungen/ Übertragung	1,9	1,7	1,2	1,1	4,1	5,3	5,6	4,9	6,0	8,1
Musik	1,3	1,6	1,2	1,4	1,1	1,7	0,7	0,6	0,4	0,4
Show/Konzert	1,3	1,6	1,2	1,3	1,1	1,6	0,7	0,6	0,2	0,4
Sonstiges	–	0,0	–	0,0	0,0	0,1	–	–	0,1	0,0
Kinder-/Jugendprogramm	6,0	5,0	5,5	5,2	1,2	1,2	0,1	0,2	2,7	3,4
Nonfiktionale Kindersendungen	2,8	2,8	1,8	1,6	–	–	0,0	–	0,4	0,2
Fiktionale Kindersendungen	3,2	2,3	3,8	3,5	1,2	1,2	0,1	0,2	2,3	3,3
Spielfilm/Fernsehfilm/ Reihen/Kurzfilm	0,5	0,4	0,4	0,4	0,1	0,2	0,1	0,2	0,2	0,3
Fernsehserie	2,7	1,9	3,3	3,1	1,1	1,0	–	–	2,1	3,0
Fiction	34,7	36,1	28,6	28,0	24,8	24,4	27,3	26,0	32,1	29,1
Spielfilm/Fernsehfilm/ Reihe	19,7	20,8	15,8	15,4	6,0	6,7	7,3	7,9	21,6	19,1
Fernsehserie	14,8	15,3	12,8	12,6	18,8	17,7	20,1	18,1	10,5	10,0
Sonstiges	0,1	–	–	–	–	–	–	0,1	–	–
Sonstige Sparten	2,3	2,5	2,2	2,3	5,3	4,7	5,4	5,3	5,5	5,4
Werbung	1,5	1,4	1,4	1,4	21,0	20,8	20,2	17,2	15,3	15,4
Werbeblock/Sponsorspot	1,5	1,4	1,4	1,4	14,9	14,5	14,6	15,7	13,3	14,5
Teleshopping/ Sonst.Werbeformen	–	–	–	–	6,1	6,2	5,5	1,5	2,1	0,8
Gesamt	100,0	100,0	100,0	100,0	100,0	100,0	100,0	100,0	100,0	100,0

Basis: Sendevolumen
Untersuchungszeitraum: 1. Januar bis 31. Dezember, 3.00-3.00 Uhr
Sendedauer in Prozent

Legende: * Einschließlich Nachrichten aus dem Frühstücksfernsehen ** Ohne Nachrichten

Schaubild III-B-19: Sendungsformen nach Programmsparten (Krüger/Zapf-Schramm 2008, S. 173)

2.3.2 Nachfrageorientierte Struktur

Die qualitativ-nachfrageorientierte Struktur des Werbemarktes ist vorrangig durch das gesellschaftliche und individuelle **Wertesystem** gekennzeichnet. **Werte** stellen zentrale Referenzsysteme menschlichen Denkens und Handelns dar, die als zentrale Steuerungssysteme eine Vielzahl gesellschaftlicher und individueller Konstrukte des Konsumentenverhaltens internalisieren und damit verhaltensprägende Konzeptionen des Wünschenswerten kennzeichnen (in Anlehnung an *Silberer* 1995b, S. 2704). Zwischen Werten und anderen **Konstrukten des Konsumentenverhaltens**, wie z. B. Kenntnissen, Interessen oder Einstellungen, bestehen enge Beziehungen. Werte sind damit Orientierungsgrößen für das Denken und Handeln von Individuen, Gruppen und Gesellschaften und können diese als wichtige Bezugs- und Hintergrundvariablen prägen.

Für die werbepolitische Entscheidungsfindung ist es von besonderer Wichtigkeit, in Erfahrung zu bringen, aus welchen Größen sich Werte zusammensetzen, wie diese sich verändern und in welcher Beziehung die einzelnen Wertgrößen zueinander stehen. In diesem Zusammenhang ist festzustellen, dass der Wertbegriff in seiner inhaltlichen Bedeutung die gedankliche Bündelung personeller **(individuelles Wertesystem)** und umweltbezogener Faktoren **(gesellschaftliches Wertesystem)** widerspiegelt.

Im Folgenden wird vereinfachend die aktuelle Struktur des extern determinierten **gesellschaftlichen Wertesystems** anhand ausgewählter Wertgrößen aufgezeigt, vor allem jene Wertestrukturen, die qualitative Auswirkungen auf den Werbemarkt aufweisen. Die Frage nach allgemein gesellschaftlichen Entwicklungen ist für die meisten Teilnehmer auf Angebotsseite als relevant zu erachten, da diese Entwicklungen als gesellschaftliches Phänomen die große Zahl der Nachfrager im Markt betreffen. Diese bezieht sich auf Veränderungen bei den allgemeinen Werten, Einstellungen und Normen in einer Gesellschaft und umfasst damit Aspekte, wie Arbeit, Freizeit, Konsum, Umweltschutz, Ernährung und Gesundheit sowie Familie und Partnerschaft (*Homburg/Krohmer* 2009, S. 453). Folgende zentrale Tendenzen des **Wertewandels** lassen sich identifizieren, die die heutige Struktur des gesellschaftlichen Wertesystems kennzeichnen (vgl. für eine ausführliche Darstellung von Werteveränderungen *Raffée/Wiedmann* 1988; *Opaschowski* 2001, 2008; *Hillmann* 2003):

- Schaffung und Erhaltung von Arbeitsplätzen,
- Erhaltung der Umwelt,
- Trend zur aktiven und kritischen Gesellschaft,
- Bedeutungsverlust von Pflicht- und Akzeptanzwerten,
- Trend zum Hedonismus („Erlebnis- und Sinnkonsum"),
- Gesundheit- und Wellnessorientierung,
- Convenienceorientierung,
- Erhöhte Preisorientierung,
- Entwicklung des multioptinalen Konsumenten („hybrider Konsument") u. a. m.

Seit einigen Jahren nehmen die **gesellschaftlichen Wertgrößen** Umwelterhaltung und Umweltschutz sowie Erhaltung und Schaffung von Arbeitsplätzen die ersten Rangplätze im System gesellschaftlicher Wertgrößen ein. In diesem Zusammenhang wird auch der Begriff der „Nachhaltigkeit" diskutiert. Dieser gilt als ein Leitbild für eine zukunftsfähige Entwicklung der Menschheit. Das Prinzip der Nachhaltigkeit bezeichnet den Erhalt natürlicher Ressourcen und des Umwelterbes künftiger Generationen und führt die Aspekte Ökonomie, Ökologie und Soziales zusammen. Den kommenden Generationen soll demnach ein intaktes ökologisches, soziales und ökonomisches Gefüge hinterlassen werden, in dem die Bewahrung der natürlichen Lebensgrundlagen, die gesellschaftliche Solidarität und die wirtschaftliche Leistungsfähigkeit gleichberechtigt Berücksichtigung finden. Diese Vision dokumentiert einen Wertewandel der letzten drei Dekaden und hat sich als fester Bestandteil in den meisten Themenbereichen der Wirtschaft eingebürgert (*Schaltegger* 2004, S. 2680).

Ferner haben **sozial-humanitäre Ziele** als Teilmenge gesellschaftlicher Wertgrößen in den letzten Jahren einen erheblichen Bedeutungszuwachs erfahren. So wird die Fürsorge um sozial benachteiligte Personen und um die Dritte Welt sowie die Integration von Ausländern zunehmend als „sehr wichtig" eingestuft (*Raffée/Wiedmann* 1987, S. 36). Ein erhöhter Stellenwert gesellschaftlicher Werte bedeutet jedoch nicht, dass sich diese in gleicher Weise mit den Prädispositionen der Konsumenten beziehungsweise der Werbeadressaten decken oder gar zu entsprechendem sozialem Verhalten führen. Es wird aber deutlich, dass das Bewusstsein der Konsumenten für die Probleme unserer Zeit geschärft ist. Es wird eine Gesellschaft gewünscht, in der in allen Bereichen, so auch im Einsatz der Mediawerbung, auf Mensch und Natur Rücksicht genommen wird.

Darüber hinaus ist ein Trend zu einer **aktiven und kritischen Gesellschaft** zu beobachten, die sich insbesondere im Informations-, Kauf- und Beschwerdeverhalten äußert. So gehen die Rezipienten der Mediawerbung zunehmend dazu über, die Entscheidung über die Rezeption von Werbeappellen unter Heranziehung ökonomischer Kalküle zu treffen. Dieser Trend äußert sich nicht zuletzt darin, dass spezielle Organisationen des Bürger- und Verbraucherinteresses, wie z. B. die *Stiftung Warentest* oder im ökologischen Sektor das *Umweltbundesamt* inzwischen erheblichen Einfluss gewonnen haben (*Raffée/Wiedmann* 1988, S. 206).

Die Diskussion über die Fernsehwerbung für Kinder wird nach wie vor kontrovers geführt. Während die Befürworter der Meinung sind, Kinder nutzen das Fernsehen überwiegend kontrolliert und ordnen das Medium sinnvoll in ihr Leben ein (*Nickel* 1994, S. 7), sind deren Gegner der Auffassung, dass Kinder überhaupt nicht in der Lage sind, zwischen Werbung und Programm zu unterscheiden (*o.V.* 1995, S. 18). Während in den 1970er Jahren vor allem der Vorwurf im Mittelpunkt stand, dass Werbebilder für Produkte das Werteempfinden der Kinder zersetzen würde, konzentrierte sich der Streit derzeit auf ein mögliches Totalverbot der Werbung für salz-, fett- und zuckerreiche Lebensmittel in Kinderprogrammen sowie ein Verbot von Fernsehwerbung für alkoholische Getränke zwischen 6 und 21 Uhr (*ZAW* 2009, S. 129). Ein weiterer Streitpunkt betrifft derzeit die Online-Werbung. Nach Ansicht der *Verbraucherzentrale Bundesverband (vzbv)* enthalten, viele Webseiten, die Kinder adressieren, unzulässige Werbung. So wird in diesem Zusammenhang das häufige Missachten des Trennungsgebots zwischen redaktionellen Inhalten und Werbung bemängelt. Die Anbieter verpacken z. B. Anzeigen innerhalb von Spielen. Dadurch würden Kinder auf ein kostenpflichtiges Angebot anderer Anbieter gelangen. Auch die Zulässigkeit von Pop-up-Fenstern auf Kinderseiten wird vom vzbv erheblich kritisiert (*Verbraucherzentrale Bundesverband* 2010).

Neben der Fernsehwerbung für Kinder stellt das durch die Mediawerbung transportierte Frauenbild einen weiteren Fokus heftig geführter Diskussionen dar. Hier stellen die Kritikerinnen und Kritiker von Frauen als Werbeinhalte das über die Mediawerbung transportierte Frauenbild als frauenfeindlich dar, während die Befürworter des Status quo argumentieren, das Frauenbild in der Werbung sei lediglich ein Abbild gesellschaftlicher Entwicklungen (*Nickel* 1993, S. 13 ff.).

Ein weiteres Kennzeichen gesellschaftlicher Wertgrößen ist der zunehmende Bedeutungsverlust von **Pflicht- und Akzeptanzwerten**, die in Verbindung mit dem Trend zum Erleben und zur Selbstentfaltung zu sehen ist. Dies kommt insbesondere in der stärkeren Akzentuierung von Wünschen beziehungsweise Ansprüchen in der **Arbeitswelt** zum Ausdruck (*Klages*

1985, S. 57; *Raffée/Wiedmann* 1987, S. 74). So sind es insbesondere die jüngeren Bundesbürger, die sich vor allem dann im Beruf engagieren, wenn Arbeit einen Beitrag zur Selbstentfaltung leistet. Es kann davon ausgegangen werden, dass Werbeagenturen bei der Personalakquisition aufgrund der Breite ihres Tätigkeitsgebietes wenig Probleme haben. Dennoch ist es notwendig, dass ein Mensch, der in der Werbung erfolgreich sein will, nicht nur kreative Fähigkeiten mitzubringen hat, sondern eine Vielzahl verschiedener Voraussetzungen, z. B. gründliches Fachwissen, breites Allgemeinwissen, analytische Fähigkeiten, Kommunikations- und Motivationsfähigkeit, Organisationstalent, Integrationsfähigkeit, zu erfüllen hat. Nach einer Umfrage des *Gesamtverbands Kommunikationsagenturen e.V. (GWA)* ist innerhalb der Kommunikationsbranche die Qualifizierung des Nachwuchses in den Bereichen Gestaltung und Technik der neueren Online-Medien als gut einzuschätzen. In der Strategischen Planung zeigen sich dagegen starke Defizite. Personalverantwortliche sehen darüber hinaus einen starken Verbesserungsbedarf in den Bereichen Mediaeinkauf und Mediaplanung, Agentur-Geschäftsführer vor allem in dem Bereich Text. Die Vielfalt der Tätigkeitsfelder ist für den befragten Nachwuchs der wichtigste Beweggrund, in der Kommunikationsbranche arbeiten zu wollen (*GWA* 2004).

Durch eine gesicherte Grundversorgung und den zunehmenden Wohlstand in der Gesellschaft hat sich in der Vergangenheit auch der Konsum verändert. In den letzten Jahren ist daher der Trend zu einer stark **hedonistischen Grundorientierung**, die sich in erlebnis- und sinnorientierten Konsumformen konkretisiert, zu beobachten. Der Konsum als Erlebnis und das emotionale Empfinden wird selbst zum nutzenstiftenden Element für den Konsumenten. Viele erfolgreiche Marken haben das Chancenpotenzial dieser Entwicklung erkannt und positionieren sich gezielt in der Emotions- und Erlebniswelt der Konsumenten (vgl. zu Erlebniswelten für Marken z. B. *Weinberg/Diehl* 2005, S. 263 ff.). Neben dem Erlebnismoment kann Konsum zudem auf der Sinnebene zur Selbstverwirklichung der Konsumenten beitragen (*Holt* 1995, S. 6).

Der Trend der Erlebnisorientierung wird begleitet von einer langfristig zunehmenden **Gesundheits- und Wellnessorientierung**. Es sind Anzeichen zu konstatieren, dass sich der Schwerpunkt der Orientierung von der klinischen Gesundheit – der sich in den letzten Jahren durch eine steigenden Entwicklung der Ausgaben in die medizinischen Versorgung äußerte – stärker zu einem ganzheitlichen „Wohlbefinden von Körper, Geist und Seele", dem so genannten Wellness verlagert. Eine besondere Stellung nehmen dabei Aspekte wie bewusste Ernährung, Fitness, Entspannung und Stressbewältigung ein (*Meffert/Twardawa/Wildner* 2001, S. 14). Dieser Trend bestätigt sich beispielsweise durch die stark zunehmende Entwicklung in diesem Bereich positionierter Produkte (vgl. Insert III-B-26), einer Vielzahl an Zeitschriften – z. B. *Healthy Living, Brigitte Balance* u. a. m. – oder spezifischen Angeboten von Reiseveranstaltern zum Themenschwerpunkt Wellness.

Die zunehmende Anzahl von Ein-Personen-Haushalten und das wachsende Segment der Senioren führen zu einer wachsenden Nachfrage von serviceorientierten Leistungen. Des Weiteren kommt dem Faktor Zeit heute eine ganz andere Rolle zu als noch vor ein einigen Jahren, da es für viele Menschen zunehmend wichtiger wird, die ihnen neben dem Beruf verbleibende Freizeit effektiv zu nutzen. Der Begriff „**Convenience**" umfasst einen Trend, der mit dem Streben nach Annehmlichkeit, Bequemlichkeit und Verfügbarkeit umschrieben werden kann (*Meffert/Twardawa/Wildner* 2001, S. 11).

Des Weiteren ist eine erhöhte **Preisorientierung** der Konsumenten bei der Produktwahl zu beobachten. Zu erkennen ist diese Tendenz an der zunehmenden Bedeutung von Verkaufsstellen mit einer Betonung auf Niedrigpreise sowie der steigenden Akzeptanz preisattrak-

Wohlfühlprodukte in unterschiedlichen Kategorien			
Marke	**Hersteller**	**Warengruppe**	**Produktvorteil**
Actimel	Danone	Molkereiprodukte	Abwehrkräfte stärkend
Alpro Soja	Alpro	Molkereiprodukte	Wellness
Becel pro activ	Unilever	Brotaufstrich	cholesterinsenkend
Benecol	Emmi	Molkereiprodukte	cholesterinsenkend
Danone Activia	Danone	Molkereiprodukte	verdauungsregulierend
Dextro Energy Power Ice	Unilever	Eiscreme	Energie
Emmi Aloe Vera	Emmi	Molkereiprodukte	Wohlbefinden
Fruity	Schwartau	Snackriegel	Vitamine, Ballaststoffe
Fruit2day	Schwartau	Saft/Getränke	Vitamine
Ipsei	Coca-Cola	Getränke	Abwehrkräfte stärkend
Karla	Karlsberg	Bier	Wellness
Maggi Feel Good	Nestlé	Trockengerichte	Vitamine
Sonicare	Philips	Mundpflege	Gesundheitsvorsorge
Tempo mit Aromathera	Procter + Gamble	Hygieneartikel	Wellness

Insert III-B-26: Wohlfühlprodukte in unterschiedlichen Kategorien (HORIZONT.NET 2005)

tiver Handelsmarken (*Meffert/Twardawa/Wildner* 2001, S.8). Der Anteil der preisorientierten Konsumenten, die bei Discountern einkaufen, ist in den letzten Jahren stark angestiegen. In einer im Jahre 2009 durch das Marktforschungsinstitut *Imas International* durchgeführten Studie (n = 2012) antworten 62 Prozent der Befragten, dass sie mindestens einmal pro Woche bei einem Discounter einkaufen (Insert III-B-27). Eine in vielen Bereichen auszumachende Qualitätsangleichung der Konsumangebote verstärkt den Trend des preisorientierten Einkaufs. So gaben auf die Frage, ob Produkte, die es bei Discountern gibt eher eine bessere, gleich gute oder schlechtere Qualität als andere Produkte bekannter Marken haben, 66 Prozent der Befragten an, dass die Qualität gleich gut sei. Nur zwei Prozent (beziehungsweise 18 Prozent) gaben an, dass die Produkte viel schlechter (beziehungsweise etwas schlechter) sind (*Imas International* 2003).

Schließlich ist noch auf den Trend zu einer **Pluralisierung gesellschaftlicher und individueller Werte** hinzuweisen. Klassische Zielgruppen, die in ihren Konsumgewohnheiten relativ leicht zu charakterisieren waren und bisher als einfache Konsumtypen galten, die sich an Qualität oder Preis orientierten, verlieren zunehmend an Bedeutung. An ihre Stelle tritt ein neuer Konsumtyp, der sich durch ein komplexes Zusammenspiel unterschiedlicher Konsummotive auszeichnet und sich entsprechend nicht mehr in die klassischen Motivations- und Ver-

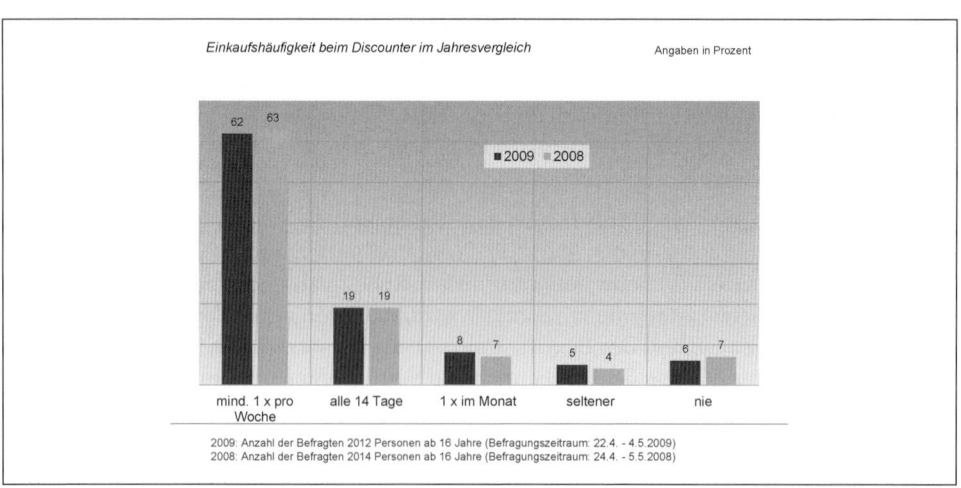

Insert III-B-27: Häufigkeit des Einkaufs bei Discountern (HORIZONT.NET 2009b)

haltensschemata einordnen lässt (*Schüppenhauer* 1998, S. 8). Das vielzitierte Bild des *Porsche*-Fahrers, der bei *Aldi* einkauft, beschreibt dieses Phänomen des **multioptionalen Verbraucher**, der nicht zuletzt Ausdruck der Vielschichtigkeit individueller Wertesysteme ist. Das Bild des „hybriden Konsumenten" hat jedoch nicht nur für die Mediawerbung eine hohe Relevanz, sondern erstreckt sich – wie auch die weiteren beobachteten Trends und Entwicklungen – auf alle Lebensbereiche. Der frühzeitige Einbezug der beschriebenen Konsumententrends ist daher von zentraler Bedeutung für Werbetreibende, Agenturen und Medien.

2.4 Organisationale Besonderheiten des Marktes für Mediawerbung

2.4.1 Organisatorische Verankerung der Mediawerbung

Grundsätzlich lässt sich feststellen, dass die **organisatorische Verankerung der Mediawerbung** in Abhängigkeit von der jeweiligen Branche auf unterschiedliche Art und Weise erfolgt, wodurch auch Rückschlüsse auf den Stellenwert der Mediawerbung in den einzelnen Branchen gezogen werden können. Im Folgenden wird die organisatorische Verankerung der Mediawerbung in Unternehmen der

- Konsumgüterbranche,
- Industriegüterbranche sowie
- Dienstleistungsbranche

kurz vorgestellt, wobei darauf hinzuweisen ist, dass hier unternehmensspezifische Unterschiede zu berücksichtigen sind.

Die meisten Großunternehmen der **Konsumgüterbranche** lagern entweder fast alle ihre Werbeaktivitäten an externe Werbeagenturen aus oder beauftragen interne Produktmanager in Zusammenarbeit mit Werbeagenturen mit der Analyse, Planung, Organisation, Durchführung und Kontrolle der Werbung (*Huth/Pflaum* 2005, S. 64). Sind dennoch eigenständige Werbeabteilungen in den Unternehmen vorhanden, so übernehmen diese im Regelfall lediglich Koordinations- beziehungsweise Kontrollfunktionen. Meistens sind diese „internen Werbeagenturen" auch weniger mit werblichen Aufgaben betraut, sie beschäftigen sich vielmehr im Regelfall mit typischen Verkaufsförderungsaktionen.

In der **Industriegüterbranche** arbeiten Unternehmen mit heterogenen Leistungsprogrammen im Allgemeinen mit zwei verschiedenen Werbeagenturen zusammen. Zunächst existieren solche Werbeagenturen, die ausschließlich mit der Erarbeitung produktbezogener Werbeaktivitäten betraut sind. Darüber hinaus gibt es zentrale Werbeagenturen, die die Verantwortung für die unternehmerische Gesamtkommunikation sowie für die branchenbezogene Kommunikation übernehmen.

Obwohl die Werbung auch im **Dienstleistungsbereich** in den letzten Jahren kontinuierlich an Bedeutung gewonnen hat und auch hier immer mehr in die Rolle eines zentralen Erfolgsfaktors hineinwächst (*Meffert/Bruhn* 2009, S. 292 f.), ist sie in vielen Unternehmen der Dienstleistungsbranche nach wie vor organisatorisch nicht verselbständigt. Bei Unternehmen mit kleinen Budgets mag dies noch vertretbar sein, für Betriebe mit großen Werbebudgets, wie z. B. Großbanken oder Airlines, ist es jedoch aus Effektivitäts- und Effizienzgründen unumgänglich, eine eigene Werbeabteilung zu etablieren, die in Zusammenarbeit mit einer oder mehreren ausgewählten Werbeagenturen die Verantwortung für Werbekampagnen übernimmt.

Die organisatorische Verankerung der Mediawerbung in Unternehmen verschiedener Branchen ist eine Konsequenz ihres derzeitigen **Stellenwertes in einzelnen Branchen**. In der Konsumgüterbranche wird der Mediawerbung eine hohe strategische Bedeutung zugesprochen. Sie ist in der Lage, in Massenmärkten bei einem breiten Zielpublikum die Bekanntheit einer Marke oder eines Produktes aufzubauen beziehungsweise zu steigern und das Unternehmens- oder Markenimage wesentlich zu prägen. Der Einsatz der Mediawerbung ist daher angesichts homogener Produkte in dieser Branche ein zentraler Wettbewerbsfaktor. Dies äußert sich vor allem im Anteil der Konsumgüterwerbung am gesamten Investitionsvolumen in die Mediawerbung. So werden über 60 Prozent aller Werbeausgaben von Konsumgüterherstellern getätigt, während der Anteil der Industriegüterwerbung vier Prozent am gesamten werblichen Investitionsvolumen ausmacht (*GfK AG/Wirtschaftswoche* 2002, S. 8). Dies ist zum einen dadurch zu erklären, dass Industriegüterhersteller darauf angewiesen sind, eng abgegrenzte Zielgruppen vielfach individuell anzusprechen. Zum anderen reicht der Homogenisierungsgrad von Industriegütern nicht einmal annähernd an den von Konsumgütern heran. Der Einsatz der Mediawerbung bietet Industriegüterunternehmen jedoch die Möglichkeit, in der breiten Öffentlichkeit Imagepflege zu betreiben. Mit TV-Spots und Printanzeigen erreichen Anbieter eine hohe Reichweite, um die Imagewerte und die strategische Positionierung des Unternehmens zu kommunizieren. Im Dienstleistungsbereich ist der Stellenwert der Mediawerbung in den letzten Jahren, gemessen an den Bruttowerbeaufwendungen für klassische Medien aus dem Dienstleistungsbereich, regelmäßig überproportional gewachsen und belief sich im Jahre 2003 auf 35 Prozent der gesamten Bruttowerbeaufwendungen (*GfK AG/Wirtschaftswoche* 2002, S. 8). Auch im Dienstleistungsbereich wird der Einsatz der Mediawerbung vor dem Hintergrund einer erhöhten Wettbewerbsintensität immer mehr zu einem entscheidenden Erfolgsfaktor im Markt.

2.4.2 Zentrale überregionale Werbeorganisationen

Im Gegensatz zu vielen anderen Industriestaaten sind in Deutschland sämtliche zur Werbewirtschaft zählenden Gruppen in einer **Dachorganisation** vereinigt: dem im Jahre 1949 gegründeten *Zentralverband der deutschen Werbewirtschaft e.V. (ZAW)* mit Sitz in Berlin (seit Sommer 2003). Ihm gehören nicht einzelne Unternehmen, sondern nur Verbände an, deren Mitglieder in irgendeiner Form an Wirtschaftswerbung beteiligt sind. Derzeit gehören dem *ZAW* **43 Organisationen** an, die in vier Bereiche unterteilt werden können (vgl. Schaubild III-B-20 und zu größerem Detail *ZAW* 2009, S. 462 f.):

- Werbetreibende Unternehmen (16),
- Werbeagenturen (1),
- Werbedurchführende und Werbemittelhersteller (20),
- Werbeberufe sowie Marktforschung (6).

Die Tätigkeit des *ZAW* ist dabei durch die beiden folgenden **Hauptaufgaben** gekennzeichnet (*ZAW* 2009, S. 460):

- Er ist der „runde Tisch" für die Formulierung der gemeinsamen Politik und für den Interessenausgleich aller am Werbegeschäft Beteiligten,
- Er vertritt die Werbewirtschaft in allen grundsätzlichen Positionen nach außen.

Der *ZAW* koordiniert demnach unterschiedliche Auffassungen und Meinungen der Werbebranche und versucht, diesbezüglich einen Konsens herbeizuführen. Dabei nimmt er im Verhältnis zu seinen Mitgliedsorganisationen eine neutrale Stellung ein.

Zur Wahrnehmung der zweiten Aufgabe ist es zunächst erforderlich, innerhalb des *ZAW* eine einheitliche Meinung herbeizuführen, wie beispielsweise gemeinsame Standpunkte zu Gesetzesvorhaben. Die diesbezügliche Meinungsfindung und Beschlussfassung erfolgt in den

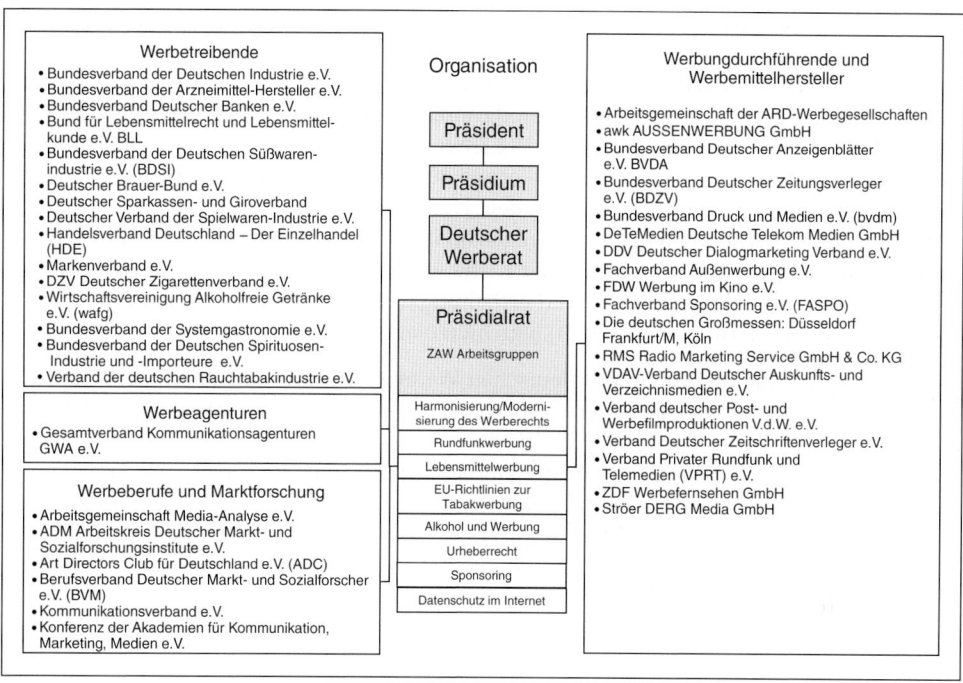

Schaubild III-B-20: Organisation des ZAW (ZAW 2010, S. 452 ff.)

entsprechenden Gremien des *ZAW*. Die eigentliche **Interessenvertretung** nach außen manifestiert sich dann in erster Linie in Form von Meinungsäußerungen und Stellungnahmen gegenüber Legislative und Exekutive, angefangen beim Bundestag bis hin zu den Kommunen.

Die zweite zentrale Institution ist der *Deutsche Werberat*. Er wurde im Zuge des Bemühens der Werbewirtschaft um die Gründung selbstdisziplinierender Institutionen zur Bekämpfung unlauterer und irreführender Werbung im Jahre 1972 eingerichtet. Die Bedeutung des deutschen Werberates ergibt sich unmittelbar aus seinen Kernkompetenzen (*ZAW* 2009, S. 464 f.):

- Konfliktregelung zwischen Konsumenten und gesellschaftlichen Gruppen sowie der werbetreibenden Wirtschaft, wobei diese Schiedsrichterfunktion allen Konfliktparteien zu Gute zu kommen hat.

- Der Mechanismus der Werbeselbstdisziplin gibt den Rezipienten die Möglichkeit, gegebenenfalls unmittelbar in das Werbegeschehen einzugreifen. Sie werden somit zu einflussreichen Werbeteilnehmern; nicht zuletzt deswegen, weil schon eine (berechtigte) Beschwerde ausreichen kann, um eine ganze Werbekampagne zu stoppen. Auf diese Art und Weise wird gleichzeitig der Minderheitenschutz in der Werbung gewährleistet.

- Mit speziellen Informationen weist der Werberat auf Gefahren des Missbrauchs hin und fungiert dadurch als ein Frühwarnsystem bei Fehlentwicklungen, z. B. beim Umweltschutz oder Abmahnungen.

- Die Abwehr von Tendenzen staatlicher Einrichtungen, über das bestehende Rechtssystem hinaus noch stärker dirigistisch in Menge und Inhalt von Werbemaßnahmen einzugreifen.

Seit der Gründung des *Deutschen Werberates* hat das Gremium über 15.609 Beschwerden zu 6.933 Werbekampagnen behandelt. Dabei führt heute fast jede dritte Beschwerde dazu, dass die betroffenen Werbeaktivitäten entweder eingestellt oder modifiziert werden. Bei ungerechtfertigter Kritik werden die von Beschwerden betroffenen werbenden Unternehmen, die Werbeagenturen sowie die Medien vom Werberat in Schutz genommen (*ZAW* 2009, S. 465). Im Jahre 2009 wurden beim *Deutschen Werberat* weniger Kampagnen beanstandet als noch im Vorjahr. Nach Angaben des Selbstkontrollgremiums der Wirtschaft sind im vergangenen Jahr Proteste zu 255 Kampagnen (2008: 264 Kampagnen) eingegangen. In 69 Fällen stimmte der Werberat den Protesten aus der Bevölkerung zu. In den meisten Fällen waren die Unternehmen einsichtig: 54 stellten die beanstandete Werbung ein, weitere acht nahmen Änderungen vor. Sieben Unternehmen hielten hingegen an ihren Kampagnen fest und ernteten dafür eine öffentliche Rüge. Zentrales Motiv der Kritik an den Kampagnen war die Herabwürdigung von Frauen, gefolgt von Gewaltverherrlichung und der mangelnden Erfüllung moralischer Mindestanforderungen (*o.V.* 2010f) (vgl. hierzu auch Insert III-B-28).

Eine weitere zentrale Institution der deutschen Werbewirtschaft wird durch die – im Rahmen der Beschreibung verschiedener Werbeträger bereits erwähnte – *Informationsgesellschaft zur Feststellung der Verbreitung von Werbeträgern e.V. (IVW)* repräsentiert. Die *IVW* stellt eine neutrale Institution zur Selbstkontrolle der Werbewirtschaft dar, die von den Medien, Werbetreibenden und Werbeagenturen getragen wird. Sie ermittelt, kontrolliert und publiziert die Auflagen- und Verbreitungszahlen periodisch erscheinender Druckerzeugnisse und führt die Kontrolle über den Plakatanschlag, die Besucherzahlen im Kino, die ordnungsgemäße

Werberat: Krise fördert Schmuddel-Kampagnen

Mitten in der Wirtschaftskrise leidet offenbar auch der gute Geschmack. Im ersten Halbjahr 2009 hatte der Deutsche Werberat jedenfalls deutlich mehr Schmuddelwerbng zu beanstanden als im Vorjahr. Die Zahl der Proteste aus der Bevölkerung stieg um ein Viertel auf 147. Die Beanstandungen durch den Werberat erhöhten sich um fast ein Drittel von 30 auf 39. Fünf Rügen wurden ausgesprochen.

Der Werberat hat deshalb Unternehmen zu mehr Rücksichtnahme auf die Gefühle von Konsumenten aufgefordert. Ursache für den Anstieg umstrittener Werbung sei offenbar der gestiegene Leistungsdruck auf den Märkten. "Das ist kein Grund, in der Werbung über die Grenzlinie gesellschaftlich akzeptierter Markt-Kommunikation zu gehen", mahnte der Werberat. Vor allem kleinere Firmen würden Grenzen überschreiten, um Aufmerksamkeit zu erzielen. Aggressive Werbemethoden wandelten sich jedoch häufig zum betriebswirtschaftlichen Bumerang, der Kundenbeziehungen stören oder sogar kappen könne, warnt das Gremium.

So warb ein Textilproduzent in Zeitschriftenanzeigen mit dem Bild eines jungen Mannes, der seinen Fuß in den Nacken eines vor ihm auf dem Bauch liegenden älteren Mannes drückte. Nach Intervention des Werberats nahm die Firma die Anzeige aus dem Markt. Rügen für Gewaltverherrlichung musste das Gremium die Frankfurter Firma MSI Technologie. Es bewarb seine Laptops mit einem blutbespritzten boxenden Mann mit blutgetränkten bandagierten Fäusten und der Überschrift "Unschlagbar".

Als demütigend und menschenunwürdig rügte der Werberat Werbung der Hotelkette Hostel A&O. Der Hotelbetreiber zeigt auf einer Postkarte den Unterleib einer Frau im Bikini mit der Aufschrift "24 h open" sowie dem Text "Sexy Preise". Als sexistische Geschmacksverirrung sah die Instanz auch ein Plakat der Baufirma WOFA GmbH. Es zeigt ein Frauengesäß im String und den Text "Nicht überall sieht Wasser so attraktiv aus".

Freigesprochen hat das Gremium im ersten Halbjahr 108 Kampagnen, unter anderem die Internet-Werbung des Produzenten eines Schaumbads. Der fand sein Produkt 'höllisch gut' und fragte: "Heute schon gesündigt?". Der Werberat sah dadurch keine religiösen Empfindungen verletzt. Auch gehe bei manchen Beschwerden mit den Antragstellern die Phantasie durch. In einer Anzeige eines Geldinstitutes sind drei Jungen zu sehen, sie stehen auf einer Bank, um über den Zaun hinweg ein Fußballspiel verfolgen zu können. Beworben wird ein Girokonto für Privatkunden mit der Textzeile "Unentgeltlich". Der Protest dagegen: Das Wort "Unentgeltlich" sei in Höhe der Hinterteile der drei Jungen gesetzt. Diese Doppeldeutigkeit könne Pädophile ansprechen. Dieser Einordnung folgte das Gremium nicht.

Insert III-B-28: Werberat: Krise fördert Schmuddel-Kampagnen (Schobelt 2009)

Ausstrahlung von Fernseh- und Hörfunkspots sowie – seit 1997 – die Nutzungsdaten von Online-Medien durch. Aus diesem Tätigkeitsfeld lassen sich die zwei Hauptfunktionen der *IVW* ableiten (für weiterführende Informationen vgl. *ZAW* 2009, S. 467 ff.):

- Informationsfunktion: Die *IVW* informiert die Werbe- und Mediaplaner über objektive Verbreitungsdaten von Werbeträgern und stellt somit eine Datenbasis für die Mediaplanung zur Verfügung.
- Sicherheitsfunktion: Sie gibt den Werbetreibenden die Sicherheit, dass ihre Werbespots auch vertragsgemäß ausgestrahlt werden. Gleichzeitig dient sie zur Sicherung des fairen Wettbewerbs zwischen den Medienanbietern, indem Datenverzerrungen vorgebeugt wird.

18 der im *ZAW* vertretenen Verbände der Werbetreibenden, Medien und Agenturen haben im *IVW*-Verwaltungsrat – der Mitgliederversammlung, also dem obersten Beschlussgremium – Sitz und Stimme. Dies dokumentiert die enge Anbindung an den *ZAW* aus dem die Organisation hervorging. Durch die Vertretung ist sichergestellt, dass alle am Werbegeschehen beteiligten Gruppen im Hinblick auf die Kontrolle von Werbeträgern ihre Interessen vertreten und ihre Anliegen hervorbringen können. Im März 2009 hatte die *IVW* 2.100 Einzelmitglieder, die sich aus folgenden Gruppen zusammensetzten: 1.290 Verlage, 36 Hörfunk- und TV-Veranstalter oder deren Werbegesellschaften, 15 Unternehmen der Außenwerbung, 649 Anbieter von Online-Medien, 47 Werbeagenturen, 17 werbetreibende Unternehmen sowie 42 sonstige Mitglieder (*ZAW* 2009, S. 468).

3 Planungsprozess der Mediawerbung

3.1 Begriff, Charakteristika und Aufgaben der Planung der Mediawerbung

Im Rahmen der Kommunikationspolitik vieler Unternehmen spielt die Planung der Mediawerbung eine wesentliche Rolle. Vor allem in Konsumgütermärkten, aber auch im Industriegüter- und Dienstleistungsbereich ist die Planung der Mediawerbung ein grundlegendes Element des gesamten Marketingmix (*Murphy/Cunningham* 1993, S. 25). Grundlage einer effizienten Planung der Mediawerbung ist dabei zunächst ein präzises und konsistentes Begriffsverständnis. Die **Planung der Mediawerbung** ist als ein systematisch-methodischer sowie integrativ ausgerichteter Prozess der Erkenntnis und Lösung werbedynamischer Problemstellungen zu verstehen. In diesem Sinne werden zur Charakterisierung der Planung der Mediawerbung folgende **Merkmale** herangezogen (*Wild* 1982, S. 13; *Sander* 1993, S. 263; *Berndt* 1995, S. 7):

- **Prozessbezogenheit:** Die Planung der Mediawerbung stellt einen dynamischen Prozess dar, der mehrere Phasen umfasst.
- **Rationalität:** Im Gegensatz zur Improvisation oder zum intuitiven Handeln ist die Planung der Mediawerbung durch eine systematische, konzise sowie methodisch-fundierte Vorgehensweise gekennzeichnet.
- **Zukunftsbezogenheit:** Die Planung der Mediawerbung beinhaltet die gedankliche Vorwegnahme zukünftigen Handelns, so dass die Planungsaktivitäten vor der Realisation werblicher Maßnahmen stattfinden. Sie ist daher auf Prognosen angewiesen und findet im Zustand unvollkommener Information statt.
- **Zielbezogenheit:** Planungsaktivitäten der Mediawerbung sind grundsätzlich auf kommunikationspolitische Zielsetzungen ausgerichtet, wobei die Planung der Mediawerbung

– wie auch die Planung der anderen Kommunikationsinstrumente – in die Gesamtkommunikation und Corporate Identity des Unternehmens eingebunden ist. Voraussetzung dafür ist, dass sowohl verfolgte Werbeziele als auch übergeordnete Ziele der gesamten Unternehmenskommunikation vollständig erfasst und hinreichend operationalisiert sind.

Aufgrund der geschilderten Eigenschaften ist die Planung der Mediawerbung in der Lage, eine Vielzahl verschiedener Aufgaben zur gedanklichen Vorbereitung, Durchführung und Kontrolle einer wirksamen und zielorientierten Werbekampagne zu übernehmen. Sie ist daher als gedankliche Vorbereitung einer systematischen Entscheidungsfindung aufzufassen.

Die **Aufgaben** der Planung der Mediawerbung manifestieren sich in erster Linie in den der Mediawerbung zugrunde liegenden Rahmenbedingungen. Eine erfolgsorientierte Planung der Mediawerbung hat die Aufgabe, sich an folgenden **Rahmenbedingungen** auszurichten (vgl. Schaubild III-B-21):

- Gesellschaftliche Rahmenbedingungen,
- Kommunikative Rahmenbedingungen,
- Marktspezifische Rahmenbedingungen,
- Rechtliche Rahmenbedingungen,
- Konkurrenzspezifische Rahmenbedingungen.

Dabei hat sich der werbliche Planungsprozess nicht nur am bestehenden Umfeld zu orientieren, sondern vor allem auch den **Veränderungen** werbebezogener Rahmenbedingungen durch entsprechende Aktualisierung werblicher Maßnahmen Rechnung tragen.

Die für den werblichen Planungsprozess relevanten **gesellschaftlichen Rahmenbedingungen** bestehen vor allem im beschriebenen beobachtbaren Wertewandel, Veränderungen der demographischen Struktur der Gesellschaft und aufkommenden Trends. Die **kommunikativen Rahmenbedingungen**, die bei der Werbeplanung zu berücksichtigen sind, beziehen sich in erster Linie auf die zunehmende Informationsüberflutung durch die Mediawerbung. Neben den zu beachtenden Zuständen und Veränderungen im Kommunikationsumfeld und gesellschaftlichen Bereich hat die Planung der Mediawerbung eines Unternehmens auch **marktspezifischen Rahmenbedingungen** – hier sei auf die zunehmende Marktsättigung sowie -differenzierung verwiesen – Rechnung zu tragen. Darüber hinaus ist es notwendig, dass der werbliche Planungsprozess auf **rechtliche** sowie **konkurrenzbezogene Rahmenbedingun-**

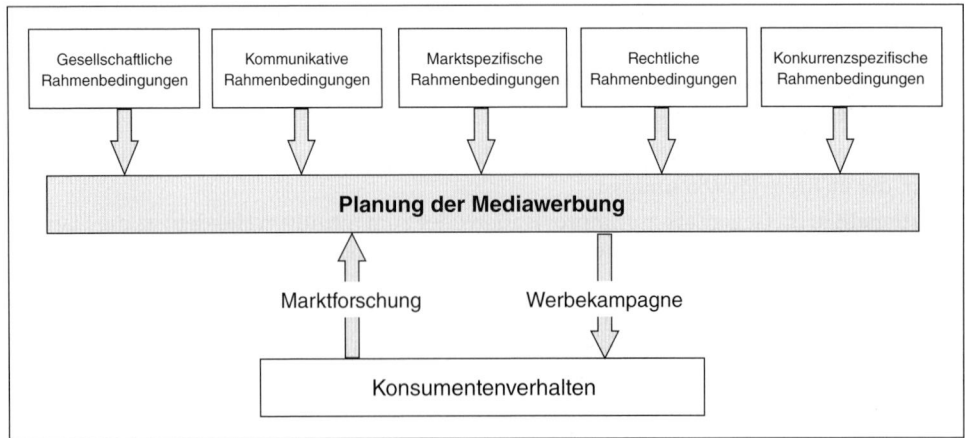

Schaubild III-B-21: Rahmenbedinungen der Mediawerbung

gen ausgerichtet ist. So ist das rechtliche Umfeld bei der Planung werblicher Aktivitäten zu berücksichtigen, um potenziell auftretende Rechtsprobleme bei der Umsetzung des Werbeplans frühzeitig zu erkennen, in die Planung der Mediawerbung zu integrieren und damit die Durchführung geplanter Maßnahmen sicherzustellen. Die Orientierung an konkurrenzbezogenen Rahmenbedingungen ist für die Planung der Mediawerbung von grundsätzlicher Relevanz. So hat sich eine erfolgreiche Planung auch an kommunikativen Stärken und Schwächen der Konkurrenz aus zu richten, um eigene Kommunikationsstärken zielorientiert und effizient nutzen zu können. Zu einer genaueren Betrachtung der dargestellten Rahmenbedingungen und der Ermittlung der kommunikativen Stärken und Schwächen im Rahmen der Situationsanalyse vgl. Abschnitt III-B-4.1.

> **Beispiel: Ausrichtung der eigenen Planung an den Stärken und Schwächen der Konkurrenz**
> Beispielsweise ist es für einen Margarine-Hersteller nicht sinnvoll, das Werbeziel „höchste aktive Markenbekanntheit der Produktart innerhalb eines bestimmten Zeitraums" ausschließlich über TV-Spots zu realisieren, wenn der größte Konkurrent gerade im Fernsehen hohen Werbedruck entwickelt und die Werbemittelgestaltung von der Zielgruppe als innovativ eingestuft wird. Eine derart ausgerichtete Planung der Mediawerbung wäre nicht effizient, da die Realisierung des Werbeziels mit unverhältnismäßig hohen Kosten verbunden wäre.

Jedes Unternehmen versucht auf verschiedenen Wegen, mit seinen zahlreichen Anspruchsbeziehungsweise Zielgruppen, d. h. vor allem den Kunden und Handelspartnern, der Öffentlichkeit und den eigenen Mitarbeitenden, zu kommunizieren. Insgesamt ist von Unternehmen anzustreben, durch den Einsatz verschiedener Kommunikationsinstrumente, d. h. Mediawerbung, Verkaufsförderung, Public Relations usw., einen Kommunikationsmix zu entwickeln, der auf ihre verschiedenen Zielgruppen ausgerichtet ist und unterschiedliche persönliche oder unpersönliche Kontaktsituationen bietet. Auf der Grundlage dieser kommunikationspolitischen Orientierung sind auch Aktivitäten der Mediawerbung in das gesamte Instrumentarium der Unternehmenskommunikation einzuordnen beziehungsweise im Verbund mit den anderen möglichen Kommunikationsinstrumenten zu untersuchen.

3.2 Phasen des Planungsprozesses

Es wird ersichtlich, dass die Planung der Mediawerbung eine Vielzahl ganz unterschiedlicher Aufgaben wahrzunehmen hat. Die Lösung dieser Aufgaben erfordert, dass die Planung der Mediawerbung durch eine systematische und strukturierte Vorgehensweise gekennzeichnet ist. Ein solches Vorgehen manifestiert sich im **Planungsprozess** der Mediawerbung, der verschiedene **Phasen** umfasst und in den Kommunikationsmix einzubetten ist. Schaubild III-B-22 zeigt einen idealtypischen Planungsprozess der Mediawerbung. Es wird deutlich, dass die Planungsaktivitäten in den einzelnen Phasen nicht voneinander unabhängig sind, sondern in Beziehung zueinander stehen. Darüber hinaus ist es notwendig, dass **jede** Phase des Planungsprozesses durch eine integrative Ausrichtung auf den Kommunikationsmix gekennzeichnet ist (vgl. Abschnitt II-B-2).

Im Rahmen des Planungsprozess der Mediawerbung sind die folgenden Phasen zu unterscheiden:

(1) Situationsanalyse
Der erste Schritt zur Entwicklung des Planungsprozesses der Mediawerbung ist nicht durch planerische, sondern durch analytische Überlegungen im Rahmen einer Situationsanalyse geprägt. Es handelt sich um eine Bestandsaufnahme, die die interne und externe Unternehmenssituation in Bezug auf den bisherigen Erfolg der Aktivitäten der Mediawerbung analy-

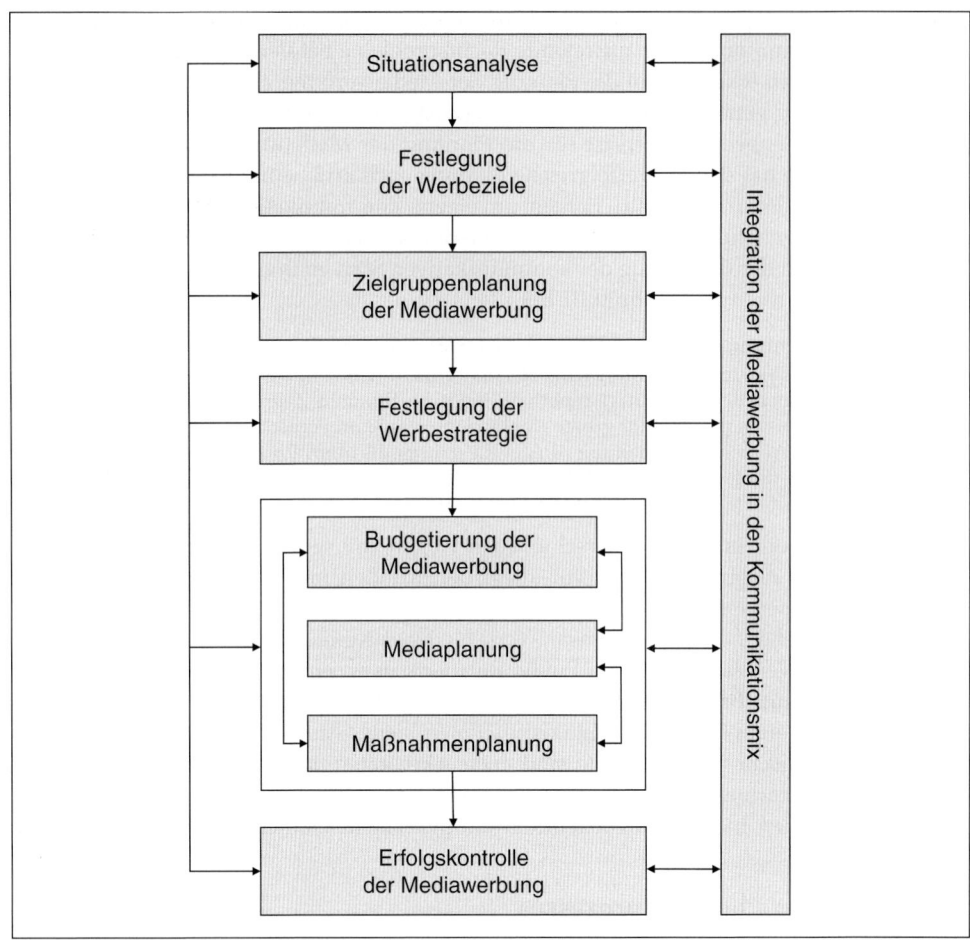

Schaubild III-B-22: Planungsprozess der Mediawerbung

siert. Zielsetzung ist es, im Rahmen einer Ist-Analyse zu erfassen, wie der derzeitige kommunikative Auftritt des Gesamtunternehmens wie auch der Mediawerbung wahrgenommen wird und welche Faktoren die Kommunikationssituation beeinflussen. Hierbei sind alle Wahrnehmungsperspektiven, d.h. die Wahrnehmung durch Kunden, Handel, Mitarbeitende, Öffentlichkeit, Konkurrenz u.a.m. genau zu untersuchen. Als Konsequenz aus der Evaluierung der ermittelten Stärken und Schwächen des Unternehmens beziehungsweise Chancen und Risiken am Markt erfolgt die Grundsatzentscheidung über die kommunikative Problemstellung und den zukünftigen Einsatz des Kommunikationsinstruments Mediawerbung.

(2) Festlegung der Werbeziele
Ausgehend von den übergeordneten Zielen der Unternehmens- und Marketingkommunikation sowie der kommunikativen Positionierung des Unternehmens beziehungsweise einzelner Marken erfolgt die Formulierung situationsadäquater Werbeziele als Ausgangspunkt des Planungsprozesses. Die Werbeziele sind dabei – wie jede Zielsetzung geplanten Verhaltens im Unternehmen oder in Institutionen – in der Form zu fixieren, dass das werbliche Handeln möglichst präzise gesteuert und auf ganz bestimmte (wünschenswerte) Resultate ausge-

richtet wird, d. h. Werbemaßnahmen in die richtige Richtung gelenkt werden. Dabei können durch die Mediawerbung sowohl ökonomische als auch psychologische Ziele erreicht werden, die nach Inhalt, Ausmaß sowie Zeit- und Segmentbezug zu operationalisieren sind. Dem werblichen Handeln ist damit eine ganz bestimmte Richtung vorzugeben, an der alle Werbeentscheidungen (Zielgruppenplanung, Werbestrategie, Werbebudgetierung, Mediaplanung, Maßnahmenplanung) zu orientieren und zu bewerten sind (*Steffenhagen* 1993, S. 287).

(3) Zielgruppenplanung der Mediawerbung

Vor dem Hintergrund festgelegter Werbeziele hat die Unternehmung in der nächsten Phase des Planungsprozesses zu entscheiden, welche Zielgruppen mit welcher Intensität anzusprechen sind. Die Auswahl anzusprechender Zielgruppen, deren Meinungen und deren Verhalten zu beeinflussen sind, ist zentraler Bezugspunkt der Botschaftsgestaltung und Mediaselektion. Es ist eine Aufteilung des Marktes in einzelne Kundengruppen durchzuführen, mit dem Ziel, Kunden so zu Segmenten zusammenzufassen, dass ihre Bedürfnisse mit bestimmten werblichen Aktivitäten zu befriedigen sind. Jede dieser Zielgruppen hat demnach bezüglich der Erwartungen und Ansprüche an ein Produkt oder eine Leistung, bezüglich der Einkaufsgewohnheiten, des Medienverhaltens u. a. m. homogen sein (*Schweiger/Diller* 2001, S. 138). Je enger der zu bearbeitende Personenkreis abgegrenzt wird, desto höher ist die Wahrscheinlichkeit, eine Form der werblichen Ansprache zu finden, die nicht an der Zielgruppe vorbeiläuft, sondern „ankommt". Daher steht die Zielgruppenplanung mit am Anfang des werblichen Planungsprozesses.

(4) Festlegung der Werbestrategie

Aufbauend auf den Zielen und Zielgruppen werden in der nächsten Phase die zu verfolgenden Werbestrategien bestimmt. Durch die Werbestrategie wird festgelegt, wie sich das Unternehmen langfristig gegenüber den ausgewählten Zielgruppen verhalten will beziehungsweise welche Kernbotschaften zukünftig kommuniziert werden. Dadurch werden die Schwerpunkte („Stoßrichtungen") der Mediawerbung im Sinne eines Handlungsrahmens festgelegt. Es ist erforderlich, dass die Entscheidung über die festzulegende Werbestrategie durch ein Konsistenzstreben des Planers gekennzeichnet ist. Dieser hat prioritäre Zielsetzungen anstrengungskonform zu verfolgen beziehungsweise prioritäre Anstrengungen zielgerichtet durchzuführen.

(5) Budgetierung der Mediawerbung

Einen weiteren wesentlichen Bereich der Werbeplanung stellt die Werbebudgetplanung dar. Aufgabe der Werbebudgetplanung ist die Festlegung der Höhe der finanziellen Mittel, die für die Medienbelegung und die Durchführung werblicher Maßnahmen zur Erreichung der Werbeziele innerhalb einer bestimmten Periode oder – bei mehrperiodiger Budgetplanung für mehrere Perioden – im Rahmen einer Werbestrategie einzusetzen sind (*Sander* 1993, S. 274). Dabei steht das Kriterium der „Wirtschaftlichkeit" im Vordergrund der Überlegungen, d. h. die gesetzten Werbeziele sind mit den geringstmöglichen Kosten zu erreichen (*Schweiger/ Schrattenecker* 2009, S. 91 f.).

(6) Mediaplanung

Ist das Problem der Werbebudgetierung gelöst, so stellt sich im Rahmen der Mediaplanung die Frage, wie ein bestimmtes Budget auf verschiedene Werbeträger aufzuteilen ist. Der Erfolg einer Werbekampagne hängt nicht nur von der Gestaltung der Werbemittel, sondern auch von deren Verbreitung ab. In Anlehnung an beschriebene Handlungsspielräume bei der medialen Exposition ist es Aufgabe der Mediaplanung (*Schweiger* 2001, S. 1094):

- Die Werbeträger,
- mit der gewünschten Anzahl an Einschaltungen,

- im gewünschten Umfeld,
- zum geplanten Zeitpunkt

einzusetzen. Dabei ist die Mediaplanung in der Form zu gestalten, dass das gegebene Werbebudget eine maximale Wirkung entfaltet (*Schmalen* 1992, S. 126).

(7) Maßnahmenplanung

Gegenstand der werblichen Maßnahmenplanung ist die Formulierung einer Werbebotschaft, die Auswahl einzusetzender Werbemittel sowie deren Verschlüsselung über die Modalitäten Text, Bild, Ton u. a. m. Die Werbebotschaft stellt dabei die eigentliche Werbeaussage dar, die an die ausgewählten Zielgruppen heranzutragen ist (*Sander* 1993, S. 278). Eng verbunden mit der Gestaltung der Werbebotschaft ist die Auswahl einzusetzender Werbemittel (Anzeige, Plakat, Hörfunk-Spot, TV-Spot u. a. m.), denn verschiedene Werbemittel weisen eine unterschiedliche Eignung zum Botschaftstransport auf. Die Auswahl einzusetzender Werbemittel kennzeichnet darüber hinaus die Möglichkeiten zur Verschlüsselung der Werbemittel über Modalitäten.

(8) Integration der Mediawerbung in den Kommunikationsmix

Obwohl es erforderlich ist, dass die planerischen Aktivitäten in jeder Phase durch eine integrative Ausrichtung auf den Kommunikationsmix gekennzeichnet sind, ist es angesichts des zunehmenden Stellenwertes einer Integrierten Kommunikation notwendig, die Integration der Mediawerbung als eine Phase des werblichen Planungsprozesses fest zu etablieren. Dabei sind es vor allem die Vielzahl verschiedener Vernetzungsmöglichkeiten mit anderen Kommunikationsinstrumenten, wie z. B. mit der Verkaufsförderung, dem Event Marketing, der Social-Media-Kommunikation u. a. m., sowie die damit verbundenen Synergie- und Kostensenkungspotenziale, die eine sorgfältige (inhaltliche, formale und zeitliche) Abstimmung erfordern.

(9) Erfolgskontrolle der Mediawerbung

Die Kontrolle der Aktivitäten der Mediawerbung schließt den Planungsprozess ab. Im Mittelpunkt steht die Analyse kommunikativer Wirkungen der Mediawerbung, wobei zwischen unterschiedlichen Wirkungen zu unterscheiden ist, die sich durch die Mediawerbung bei den Zielpersonen einstellen. In Abhängigkeit der Effektivitätskontrolle sind im Hinblick auf in späteren Perioden durchzuführende Aktivitäten der Mediawerbung mehr oder weniger starke Anpassungen der Konzeptionen vorzunehmen. Sowohl in der Praxis als auch in der einschlägigen Literatur (*Erichson/Maretzki* 1993, S. 521 ff.) wird der Erfolg der gesamten Werbekampagne anhand erreichter Personen beziehungsweise Wirkungen bei erreichten Personen auf Zielkonformität untersucht. Eine werbliche Erfolgskontrolle in dieser Form ist jedoch nicht vollständig, da etwaige Wirkungsdefizite nicht immer trennscharf bestimmten Phasen des Planungsprozesses zugeordnet werden können. Eine vollständige Werbeerfolgskontrolle hat neben durchzuführenden Effektivitätskontrollen zum einen die planmäßige Umsetzung von Werbeentscheidungen zu überprüfen, zum anderen sind die bestehenden Planungsgrundlagen im Sinne eines Werbeaudits fortwährend konstruktiven Zweifeln zu unterziehen (vgl. vertiefend hierzu *Janßen* 1999). Insbesondere die Durchführung von Werbeaudits hat in verhältnismäßig kurzen zeitlichen Abständen zu erfolgen, da sich die situationalen Rahmenbedingungen in der Mediawerbung und damit die Situationsadäquanz der werblichen Planungsgrundlagen ständig verändern (*Töpfer* 1995, Sp. 1538, *Droege/Kricsfalussy* 1998, S. 72).

Wie bei den anderen Kommunikationsinstrumenten ist auch der hier vorgestellte Planungsprozess der Mediawerbung als „idealtypisch" anzusehen. Vor dem Hintergrund der unterschiedlichen Funktionen ist insbesondere eine kontinuierliche und langfristige Planung der Mediawerbung zu betreiben. Aufgrund der interdependenten Beziehungen zwischen Werbe-

und Kommunikationsplanung ist hierzu ein **simultanes Vorgehen** notwendig. So ist es denkbar, dass die durch die Kommunikationsplanung induzierten werbepolitischen Aktivitäten Spielräume beziehungsweise Einschränkungen bei der Planung anderer Kommunikationsinstrumente hervorrufen.

> **Beispiel: Notwendigkeit einer simultanen Planung der Kommunikationsinstrumente**
> Ein Hundefutterhersteller versucht innerhalb eines Jahres, in der nicht weiter abgegrenzten Zielgruppe „Hundebesitzer" einen möglichst hohen Bekanntheitsgrad seiner Marke zu erzielen. Dazu weist er im Rahmen seiner Kommunikationsplanung der Mediawerbung und der Verkaufsförderung Ressourcen in jeweils gleicher Höhe zu. Es stellt sich jedoch heraus, dass die Mediawerbung in weitaus stärkerem Maße zur Erhöhung des Bekanntheitsgrades in der Zielgruppe beiträgt, während der Einsatz der Verkaufsförderung vor allem Schaulustige anzieht, die nicht der Zielgruppe angehören. Der Anbieter sieht sich daher veranlasst, die Ressourcenzuweisung zugunsten der Mediawerbung zu verändern.

Eine **simultane Planung** beider Kommunikationsinstrumente hätte in diesem Beispiel der Fehlallokation der Kommunikationsressourcen vorbeugen können. Die in der Praxis vorherrschende Vorgehensweise der isolierten Planung einzelner Kommunikationsinstrumente, so auch der Mediawerbung, wird der Forderung nach einer simultanen Planung allerdings in keiner Weise gerecht (*Bruhn* 2009a, S. 142 f.). Dies ist in erster Linie auf die zu große Komplexität einer simultanen Vorgehensweise zurückzuführen. Jedoch stellen Demotivation sowie kognitive Defizite der Planer in Bezug auf eine **vernetzte Denkweise** weitere Gründe für eine isolierte Planung der Mediawerbung in der Praxis dar. Die Planungen der einzelnen Kommunikationsfachabteilungen haben sich jedoch bei ihrem eigenen Managementprozess an den Festlegungen durch den Managementprozess der Gesamtkommunikation zu orientieren und durch die Entwicklung eigener Integrationsmaßnahmen dafür Rechnung zu tragen, dass einheitliches kommunikatives Auftreten möglich ist. Um die Basis für die Integration schon in der Planungsphase zu schaffen, ist deutlich darauf hinzuweisen, dass ein voneinander unabhängiger Verlauf der Planungsverfahren zu vermeiden ist. Eine reine Top-Down-Planung führt zwar zu einem einheitlichen und stringenten Planungsergebnis, jedoch wird sie alleine der Komplexität der Integration nicht gerecht. Vielmehr führt die fehlende Beteiligung der nachgelagerten Stellen zu Identifikations- und Informationsproblemen und erschwert die Durchsetzung der Integrationsbemühungen. Eine erfolgreiche Integration der Planung der Mediawerbung in den Kommunikationsmix hat daher die Bottom-up-Planung mit der Top-down-Planung zu kombinieren, damit die Integrationsbemühungen „von oben" und die Integrationsbemühungen „von unten" zusammenfließen und so eine Integration der Einzelpläne erfolgen kann. Eine derartige Synthese beider Planungsverfahren wird in der Literatur auch als **Down-up-Planung** oder **iteratives Gegenstromverfahren** bezeichnet (*Bruhn* 2009b, S. 169; *Staehle* 2009) (vgl. Abschnitt II-B-2.2.2).

Neben den beschriebenen wechselseitigen Beziehungen zwischen Werbe- und Kommunikationsplanung (**planungsexterne Interdependenzen**) bestehen auch zahlreiche **planungsinterne Interdependenzen** zwischen den einzelnen Planungsphasen. Beispielsweise ist die Planung der Werbeziele eng mit der Maßnahmenplanung verbunden, da unterschiedliche Werbeziele in der Regel die Auswahl und Gestaltung unterschiedlicher Werbemittel erfordern. Ferner existieren Interdependenzen zwischen geplanten Werbezielen, Zielgruppen und der Mediaplanung, da unterschiedliche Zielgruppen verschiedene Medien benutzen und verschiedene Werbeträger in unterschiedlichem Ausmaß geeignet sein können, bestimmte Werbeziele zu erreichen. Schließlich ist auf die Zusammenhänge zwischen Werbebudgetplanung und Mediaplanung, Werbebudgetplanung und Maßnahmenplanung sowie zwischen Mediaplanung und Maßnahmenplanung hinzuweisen. Die Belegung verschiedener Werbeträger sowie die Gestaltung unterschiedlicher Werbemittel absorbieren in unterschiedlichem Maße finanzielle Ressourcen. Im Rahmen der Werbebudgetplanung sind daher schon Elemente der Media- und Maßnahmenplanung gedanklich zu antizipieren, damit geplante Aktivitäten in diesen Phasen des Planungsprozesses nicht aufgrund mangelnder finanzieller Ausstattung scheitern. Die wechselseitigen Abhängigkeiten zwischen Media- und Maßnahmenplanung manifestieren sich vor allem darin, dass die Auswahl bestimmter Werbeträger bestimmte Ausgestaltungen einzusetzender Werbemittel beziehungsweise geplante gestalterische Aktivitäten die Auswahl ausgewählter Werbeträger erfordern.

Der Planer der Mediawerbung hat die beschriebenen planungsinternen und -externen Interdependenzen gedanklich zu berücksichtigen und seinen planerischen Aktivitäten eine **vernetzte** und **dynamisch ausgerichtete Denkweise** zugrunde zu legen. Erst dann kann die Planung der Mediawerbung ihre Aufgaben mit voller Wirksamkeit wahrnehmen und dazu beitragen, zu bewerbende Produkte, Marken oder Dienstleistungen effektiv und effizient werblich zu unterstützen.

3.3 Träger des Planungsprozesses

3.3.1 Unternehmensinterne und -externe Träger des Planungsprozesses

Angesichts der vielfältigen personellen und institutionellen Möglichkeiten, planerische Aktivitäten durchzuführen, ist zunächst eine Systematisierung der **Träger des Planungsprozesses** vorzunehmen. Diese Systematisierung wird danach vorgenommen, *wo* die planerischen Aktivitäten durchzuführen sind. Demnach lassen sich

- unternehmensinterne und
- unternehmensexterne

Träger des Planungsprozesses der Mediawerbung unterscheiden.

Unternehmensinterne Träger des Planungsprozesses lassen sich weiterhin anhand ihrer hierarchischen Verankerung unterscheiden:

(1) Ebene der Gesamtkommunikation
Die Verantwortung der Gesamtkommunikation liegt bei den zuständigen Führungsebenen, wie z. B. der Unternehmensleitung (Geschäftsführung, Vorstand), den Marken- beziehungsweise Marketingmanagern, da nur sie die letztendliche Kompetenz haben, alle an der Kommunikationspolitik Beteiligten zu einer gemeinsamen strategischen Kommunikationspolitik zu verpflichten. Sie haben die Integration der Kommunikation nicht nur zu initiieren und zu koordinieren, sondern die Integration explizit als Führungsaufgabe anzusehen. Diese Ebene trägt somit die zentrale Verantwortung für die Schaffung einer „Einheit der Kommunikation" (*Bruhn* 2009a, S. 170). Dies impliziert auch die Verantwortung für die Schaffung der Rahmenbedingungen des Planungsprozesses der Mediawerbung. Die Unternehmensleitung hat dieser Verantwortung nachzukommen, indem sie für die einzelnen Kommunikationsinstrumente Regeln festlegt, die zur Abstimmung notwendig sind. Diese Regeln können sich beispielsweise in der Formulierung einer kommunikativen Leitidee oder der schriftlichen Fixierung kommunikationsbezogener Verhaltensregeln für die Mitarbeitenden manifestieren. Es wird ersichtlich, dass die Unternehmensleitung am Planungsprozess der Mediawerbung nicht unmittelbar, sondern nur indirekt beteiligt ist.

(2) Ebene der Marketing- und Kommunikationsfachabteilungen (außer der Werbeabteilung)
Auf der Ebene der Marketing- und Kommunikationsabteilungen sind es die Leiter sämtlicher Fachabteilungen, die Planungsaufgaben zu erfüllen haben und ebenfalls indirekt am

Planungsprozess der Mediawerbung beteiligt sind. Hierzu zählen nicht nur die Leiter der „klassischen" Kommunikationsabteilungen, wie der Verkaufsförderungs- oder der Public-Relations-Abteilung. Vielmehr zählen hierzu auch die Vertriebs- und Personalleiter, die im Sinne einer Integrierten Kommunikation mittelbar auf den Planungsprozess der Mediawerbung Einfluss nehmen. Dies geschieht beispielsweise dadurch, dass die Wahl bestimmter Distributionskanäle als strategische Vertriebsentscheidung mittelbaren Einfluss nimmt. Der Zielgruppenplanung im Rahmen des Planungsprozesses der Mediawerbung werden damit eindeutige Vorgaben gesetzt.

(3) Ebene der Werbeabteilung

Im Gegensatz zur Unternehmensleitung beziehungsweise zur Marketing- und Kommunikationsfachabteilung hat die Werbeabteilung unmittelbaren und direkten Einfluss auf den Planungsprozess der Mediawerbung. Vor dem Hintergrund der beschriebenen Rahmenbedingungen werden hier alle werbebezogenen Aktivitäten analysiert, geplant, durchgeführt und kontrolliert, wobei bereits darauf hingewiesen wurde, dass Abteilungsdenken dabei zu vermeiden ist. Die Werbeabteilung hat bei der Planung werblicher Aktivitäten zum einen im Sinne einer Integrierten Kommunikation Interessen der Unternehmensleitung sowie anderer bestehender Marketing- und Kommunikationsfachabteilungen zu identifizieren, kognitiv zu verarbeiten und in die Planung miteinzubeziehen. Zum anderen ist bei der Planung eine Abstimmung innerhalb der Mediawerbung erforderlich, um die Durchsetzung einer einheitlichen Werbebotschaft im Sinne einer „Unique Advertising Proposition" zu erreichen und damit die Wirkung der Aktivitäten zu maximieren.

Einige werbetreibende Unternehmen sind dazu übergegangen, eine **hauseigene Werbeagentur** zu etablieren und in der Regel in die Werbeabteilung einzugliedern. Da jedoch nur Mittler den Anspruch auf 15 Prozent AE-Provision der Medien haben, allerdings nicht der direkte Auftraggeber, behält die hauseigene Werbeagentur ihren rechtlich selbständigen Status und kann damit die Vorteile einer Agentur realisieren (*Pepels* 2001, S. 820). Um ein konsistentes Begriffsverständnis einer **Hausagentur** beziehungsweise **In House Agency** herzustellen, ist an dieser Stelle zu klären, unter welchen Bedingungen von einer Hausagentur gesprochen wird (in Anlehnung an *Huth/Pflaum* 2005, S. 671):

Eine **Hausagentur** liegt dann vor, wenn

- die Mehrheit des Kapitals der Agentur in den Händen des Werbetreibenden liegt, der die Agentur überwiegend oder ausschließlich beschäftigt beziehungsweise durch beeinflusste Unternehmen beschäftigen lässt;
- der Tätigkeitsbereich qualitativ und quantitativ weitgehend dem Unternehmensgegenstand einer externen Agentur entspricht.

Obwohl die Hausagentur in der Regel in die Werbeabteilung formal eingebettet ist und daher dem Leiter der Werbeabteilung unterstellt ist, ist sie dennoch im Regelfall durch eigenständige und von der Werbeabteilung unabhängige Organisationsstrukturen gekennzeichnet (*Moriarty/Mitchell/Wells* 2009, S. 164). Dadurch wird die Arbeit der Hausagentur nicht durch unnötige Kompetenzstreitigkeiten beeinträchtigt. Darüber hinaus werden die Voraussetzungen für Flexibilität sowie Reaktionsschnelligkeit in der werblichen Unterstützung von Produkten, Marken, Dienstleistungen oder Geschäftseinheiten geschaffen. Die personelle Ausstattung einer Hausagentur unterscheidet sich in der Regel nicht grundlegend von den Personalstrukturen einer externen Agentur. Die Hausagentur verfügt ebenso wie diese über kreative Designer, Mediaspezialisten, Verwaltungspersonal u. a. m. und übernimmt sowohl die absatzwirtschaftliche als auch die kreative Betreuung des Hausetats. In manchen Fällen werden auch externe Auftraggeber akzeptiert (*Pepels* 2001, S. 820).

Eine Vielzahl von Management- und Gestaltungsaufgaben im Rahmen der Marktkommunikation wird von den Werbetreibenden ausgegliedert und auf wirtschaftlich und eigentumsrechtlich unabhängige Dienstleistungsunternehmen übertragen, die gemeinhin als Werbeagenturen bezeichnet werden. Werbeagenturen stellen damit **unternehmensexterne Träger** des Planungsprozesses dar. Dabei ist dem **Begriff einer Werbeagentur** folgende Definition zugrunde zu legen (in Anlehnung an *Mühlbacher* 2001b, S. 1848):

> **Werbeagentur** bezeichnet ein Dienstleistungsunternehmen der Marktkommunikation, das im eigenen Namen und für eigene Rechnung gegen ein Entgelt Aufgaben in einem, mehreren oder allen der folgenden Bereiche übernimmt: Beratung bei der Erstellung einer Konzeption für die Marktkommunikation (z. B. Marktforschung, Planung des Marketingmix, Medienauswahl), Mittlung, d. h. Ausführung bestimmter Teilleistungen bei der kreativen Umsetzung (z. B. Herstellung von Werbemitteln) sowie Analyse, Planung, Gestaltung und Durchführung von Kampagnen.

Wie bereits aus der Definition einer Werbeagentur implizit ersichtlich, existieren verschiedene Arten von Werbeagenturen. Um eine Typologisierung zur Systematisierung von Werbeagenturen vorzunehmen und damit die gedankliche Einordnung von Werbeagenturen zu erleichtern, wird die „Breite des Aktivitätsspektrums" als Typologisierungsmerkmal herangezogen. Demnach lassen sich drei **Typen von Werbeagenturen** unterscheiden:

(1) Mediaagentur,
(2) „A-la-carte"-Agentur,
(3) Full-Service-Agentur.

(1) Historisch betrachtet entstanden die verschiedenen Typen von Werbeagenturen aus den so genannten „Schaltagenturen", die heute als **Mediaagenturen** bezeichnet werden. Darunter versteht man solche Dienstleistungsunternehmen, die die Buchung („Schaltung") der fertig konzeptionierten und gestalteten Mediawerbung bei den Medienanbietern im Auftrag der Werbetreibenden übernehmen (*Unger* 1989, S. 37). Die ersten Agenturen agierten also primär als Annoncenexpediteure, die für werbetreibende Unternehmen „Reklame" akquirierten. Dafür erhielten sie eine Mittlerprovision in Höhe von – auch heute noch – üblicherweise 15 Prozent vom Werbeaufkommen.

Beispiel: Mittlerprovision einer Mediaagentur
Bei einem Buchungsvolumen in Höhe von 2,5 Mio. EUR laut Preisliste der jeweiligen Medienanbieter stellt die Mediaagentur ihrem Kunden diesen Bruttobetrag in Rechnung, führt jedoch an die jeweiligen Medienanbieter nur 2,125 Mio. EUR ab.

In den letzten Jahren geht verstärkt ein Trend in Richtung spezialisierter Mediaagenturen. Diese konzentrieren sich auf die Mediaplanung sowie den Mediaeinkauf oder nur auf den Mediaeinkauf. Ein Grund für diese Spezialisierung liegt in den nahezu exlodierenden Werbebudgets und der Komplexität der Medienlandschaft, die ein spezialisiertes Know-how erfordern. Oft sind die Mediaagenturen Schwesterunternehmen großer Full-Service-Agenturen. Eine weitere Spezialisierung der Mediaagenturen erfolgt häufig über die Mediagattungen, also Printwerbung (Anzeigen), TV- und Online-Werbung, Kino- und Plakatwerbung u. a. m. (*Pepels* 2001, S. 799). In Deutschland haben sich die Mediaagenturen in einem Verband der *Organisation der Mediaagenturen im GWA* (*OMG*) zusammengeschlossen. Zu den vielfältigen Aufgaben des *OMG* gehört unter anderem die Erhebung und Überprüfung der Agenturumsätze mit Agenturranking, das jährlich veröffentlicht wird (http://www.omg-mediaagenturen.de).

In den letzten Jahren ist ein zunehmender Konzentrationsprozess im Bereich der Mediaagenturen zu beobachten. Die 18 größten Mediaagenturen in Deutschland kommen im Jahre 2008 zusammen auf einen Marktanteil von 76 Prozent und sind zumeist an ein Agenturnetzwerk angegliedert. Die restlichen 24 Prozent sind kleineren, unabhängigen und In-House-Agenturen zuzuordnen (*Ross* 2009). In diesem Zusammenhang ist auch die Sicherung der Transparenz zwischen Werbetreibenden, Mediaagenturen und Medien stark in den Vordergrund der Diskussion zwischen allen Beteiligten gerückt. Von Vertretern des *Mediaverbandes* und der *Organisation Werbungstreibende im Markenverband (OWM)* wurde 2002 eine Kommission eingesetzt, die die Beziehungen zwischen Mediaagenturen und Werbetreibenden klären und entsprechende Formulierungsvorschläge eines „Code of Conduct" zu erarbeiten hatte. Der seit 2004 gültige „Code of Conduct" hat für eine faire Agenturentlohnung zu sorgen und damit die Agenturen davon abzuhalten, direkte oder indirekte Vergütungen (Kickbacks) von den Medien zu erzielen. Dies kann bei Werbetreibenden zu gravierenden Planungsfehlern führen, da eine einkaufs- beziehungsweise volumenorientierte Mediaplanung in den wenigsten Fällen effizient sein kann (*Hainer* 2004, S. 281 f.). Der Ehrenkodex wird nicht von den Verbänden unterschrieben, sondern einzeln von den jeweiligen Marktpartnern. Damit wird er Bestandteil der bilateralen Verträge zwischen Werbetreibenden und Mediaagentur sowie Kunde/Agentur und Medien. Da Honorarempfehlungen in diesem Standardpapier kartellrechtlich nicht haltbar wären, hat die *OWM* so genannte Paketbausteine formuliert. Diese beschreiben das Leistungsspektrum der Mediaagenturen, die unterschiedlichen Arten der Honorierung sowie einen Provisionskorridor und die Zusammenarbeit mit dem Werbetreibenden.

(2) Im Zuge eines sich intensivierenden Kommunikationswettbewerbs und wachsenden Marketing-Know-hows übernahmen die Agenturen neben ihrer Belegungstätigkeit in zunehmendem Maße auch gestalterische und konzeptionelle Funktionen (zur historischen Entwicklung von Agenturen vgl. ausführlich *Pepels* 2001, S. 782 ff.). In diesem Zusammenhang bildeten sich so genannte **„A-la-carte"-Agenturen** heraus, die die Übernahme einzelner planerischer Aktivitäten – über den Medieneinkauf hinaus – im Rahmen des werblichen Planungsprozesses anbieten. In Form einer Teil-Service-Agentur wird versucht, in einer **spezialisierten Organisation** den weiten Bereich der Marketingkommunikation zu segmentieren und voneinander unabhängige Dienstleistungen (Bedarfsbündel) anzubieten. Der Werbetreibende kann damit gezielt und entsprechend seinen Bedürfnissen professionelles Know-how derartiger Agenturen in Anspruch nehmen. Die am meisten verbreiteten „A-la-carte"-Services sind dabei zum einen nach wie vor der Medieneinkauf (Mediaagentur), zum anderen die Übernahme gestalterischer Aktivitäten.

(3) Die Erkenntnis, dass Mediawerbung ein integrierter Bestandteil der Kommunikationspolitik ist, die selbst wiederum als ein integriertes Element des Marketingmix aufzufassen ist, hat auch nachhaltigen Einfluss auf die Tätigkeitsfelder der Werbeagenturen genommen, die sich im Gegensatz zu „A-la-carte"-Agenturen in grundlegend anderen Organisationsstrukturen manifestierte. Die damit verbundenen steigenden Anforderungen an Werbeagenturen führten dazu, dass sich heute eine Vielzahl von Werbeagenturen zu so genannten **„Full-Service-Agenturen"** entwickelt haben, die ihren Auftraggebern die Konzeption und Gestaltung sämtlicher Kommunikationsinstrumente als integriertes System anbieten (*Moriarty/Mitchell/Wells* 2009, S. 99). „Full-Service-Agenturen wurden vor allem von amerikanischen Werbeagenturen, wie z. B. *Young and Rubicam*, *McCann* oder *J.W. Thompson*, aufgebaut.

Seit längerer Zeit wird die Agenturlandschaft durch die Bildung internationaler **Agenturkonzerne** (Networks) und deren Eingliederung in (börsennotierte) Holdings geprägt (*Pepels* 2001, S. 785; *Schmidt* 2001, S. 123; *Walter* 2007, S. 149). Diese Entwicklung lässt sich primär auf die so genannte Konkurrenzausschlussklausel zurückführen, die in der Vergangenheit bewirkte, dass das Wachstum der Agenturen über das Neukundengeschäft stark eingeschränkt wurde. Durch den Zusammenschluss mehrerer operativ unabhängiger Netzwerke in einer Holding (z. B. *Interpublic Group of Companies, Omnicom*) können die Agenturen unterschiedliche werbetreibende Unternehmen aus einer Branche zeitgleich und konfliktfrei betreuen und dadurch die Wachstumsbremse überwinden. Viele dieser Holdings waren zunächst primär auf das Angebot von Above-the-Line-Maßnahmen (in erster Linie Mediawerbung) spezialisiert. Erst in den letzten Jahren verstärkte sich bei den Agenturen das Bewusstsein dafür, dass Unternehmen neben der Mediawerbung immer stärker auch andere Kommunikationsinstrumente einsetzen und sich die Kommunikationsetats in vielen Fällen zugunsten der Below-the-Line-Maßnahmen verschoben haben. Vielfach wendeten sich die Unternehmen nicht mehr an die klassischen Werbeagenturen beziehungsweise ließen diesen nur noch einen Teiletat zukommen, und engagierten stattdessen Spezialagenturen für einzelne Kommunikationsinstrumente (*Bristot* 1995, S. 20; *Duncan/Moriarty* 1997, S. 242). Als Konsequenz haben die Agenturholdings begonnen, ihre Kommunikationsdisziplinen durch eigene Neugründungen oder die Angliederung externer Dienstleister auszuweiten. Auf diese Weise entstand letztlich die Kommunikationsagentur, die im Idealfall eine medienneutrale Problemlösung für ihre Kunden erarbeitet und ihnen ein Full-Service-Angebot unterschiedlicher Kommunikationsinstrumente anbietet (*Tropp* 2000, S. 224, *Pepels* 2001, S. 788; vgl. zur Abkehr der in den 1990er Jahren häufigen Herausbildung von Spezialagenturen *Walter* 2007, S. 147).

In der Praxis kann jedoch häufig nicht von einer Medienneutralität der Kommunikationsagenturen ausgegangen werden. Viele ehemalige Werbeagenturen positionieren sich inzwischen zwar als Full-Service-Agenturen, sie tendieren aber in vielen Fällen nach wie vor dazu, verstärkt klassische (Massen-)Kommunikationsmedien einzusetzen. Demgegenüber stehen Agenturen, die sich auch weiterhin bewusst als Spezialisten für einzelne Below-the-Line-Maßnahmen, beispielsweise Sponsoring, Public Relations oder Social Media, abgrenzen (zu unterschiedlichen Agenturtypen vgl. *Pepels* 2001, S. 797 f.; *O'Guinn/Allen/Semenik* 2009, S. 54 ff.). Insert III-B-29 zeigt die Struktur der weltweit drittgrößten Holding *Omnicom Group*, zu der mit der *BBDO, DDB* und *TBWA* drei der weltgrößten Agenturnetzwerke gehören.

Den klassischen Organisationsaufbau einer „Full-Service"-Werbeagentur zeigt Schaubild III-B-23. Er ist grundsätzlich durch eine **Abteilungsorganisation** gekennzeichnet, um unnötige Kompetenzstreitigkeiten zu verhindern und damit die Kundenzufriedenheit nicht aufs Spiel zu setzen.

Grundsätzlich lassen sich fünf **Hauptabteilungen** einer Full-Service-Werbeagentur unterscheiden (*Huth/Pflaum* 2005, S. 53 ff.; *Moriarty/Mitchell/Wells* 2009, S. 100 f.), deren Bezeichnung in verschiedenen Agenturen zwar variieren kann, die Tätigkeitsbereiche jedoch weitgehend ähnlich sind:

(1) Werbevorbereitung (Strategic Planning),

(2) Kundenberatung,

(3) Gestaltung (Kreation und Produktion),

(4) Media,

(5) Verwaltung.

(1) Die Zusammenstellung von sekundärstatistischem Material für das beworbene Produkt innerhalb der Hauptabteilung **„Werbevorbereitung"** (meist als **„Strategic Planning"** bezeichnet) obliegt den Unterabteilungen Dokumentation, Archiv, Bibliothek und Information. Die organisatorisch hier angesiedelten Serviceabteilungen Markt- und Motivforschung erheben auf primärstatistischem Wege qualitative und quantitative Daten über erfolgreiche Kampagnen, akzeptierte Motive sowie diesbezügliche Entwicklungstendenzen. Die Serviceabteilun-

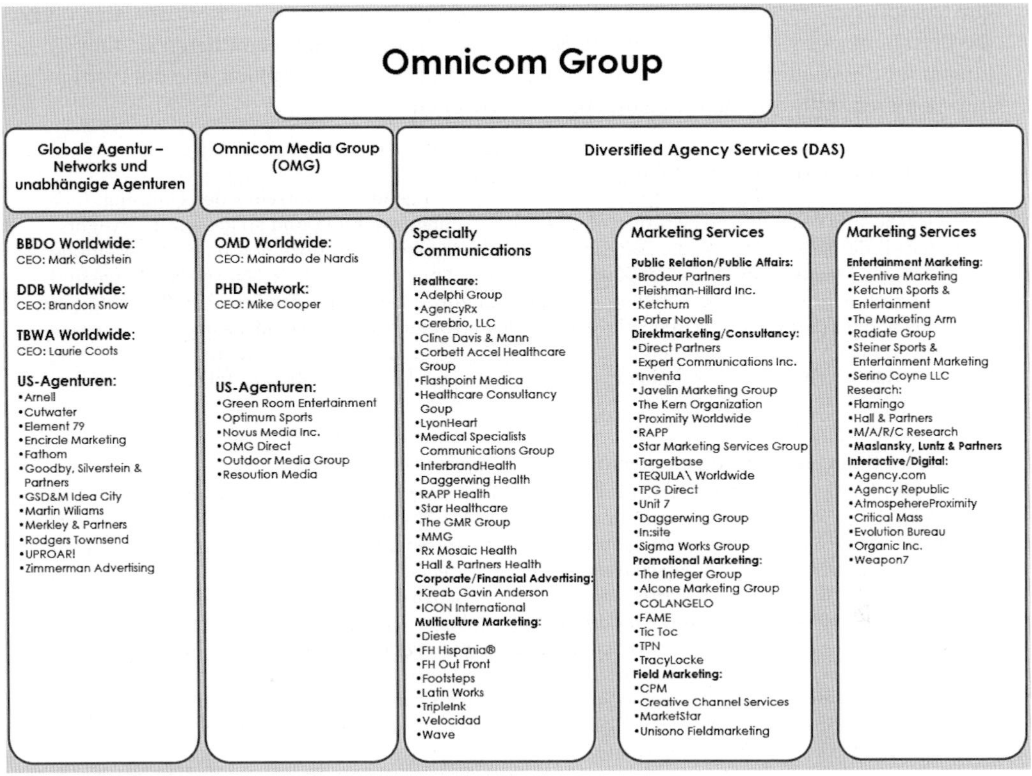

Omnicom Group
Globale Agentur – Networks und unabhängige Agenturen
Omnicom Media Group (OMG)
Diversified Agency Services (DAS)
BBDO Worldwide: CEO: Mark Goldstein
DDB Worldwide: CEO: Brandon Snow
TBWA Worldwide: CEO: Laurie Coots
US-Agenturen: •Arnell •Cutwater •Element 79 •Encircle Marketing •Fathom •Goodby, Silverstein & Partners •GSD&M Idea City •Martin Wiliams •Merkley & Partners •Rodgers Townsend •UPROAR! •Zimmerman Advertising
OMD Worldwide: CEO: Mainardo de Nardis
PHD Network: CEO: Mike Cooper
US-Agenturen: •Green Room Entertainment •Optimum Sports •Novus Media Inc. •OMG Direct •Outdoor Media Group •Resoution Media
Specialty Communications
Healthcare: •Adelphi Group •AgencyRx •Cerebrio, LLC •Cline Davis & Mann •Corbett Accel Healthcare Group •Flashpoint Medica •Healthcare Consultancy Goup •LyonHeart •Medical Specialists Communications Group •InterbrandHealth •Daggerwing Health •RAPP Health •Star Healthcare •The GMR Group •MMG •Rx Mosaic Health •Hall & Partners Health
Corporate/Financial Advertising: •Kreab Gavin Anderson •ICON International
Multiculture Marketing: •Dieste •FH Hispania® •FH Out Front •Footsteps •Latin Works •TripleInk •Velocidad •Wave
Marketing Services
Public Relation/Public Affairs: •Brodeur Partners •Fleishman-Hillard Inc. •Ketchum •Porter Novelli
Direktmarketing/Consultancy: •Direct Partners •Expert Communications Inc. •Inventa •Javelin Marketing Group •The Kern Organization •Proximity Worldwide •RAPP •Star Marketing Services Group •Targetbase •TEQUILA\ Worldwide •TPG Direct •Unit 7 •Daggerwing Group •In:site •Sigma Works Group
Promotional Marketing: •The Integer Group •Alcone Marketing Group •COLANGELO •FAME •Tic Toc •TPN •TracyLocke
Field Marketing: •CPM •Creative Channel Services •MarketStar •Unisono Fieldmarketing
Marketing Services
Entertainment Marketing: •Eventive Marketing •Ketchum Sports & Entertainment •The Marketing Arm •Radiate Group •Steiner Sports & Entertainment Marketing •Serino Coyne LLC
Research: •Flamingo •Hall & Partners •M/A/R/C Research •Maslansky, Luntz & Partners
Interactive/Digital: •Agency.com •Agency Republic •AtmospehereProximity •Critical Mass •Evolution Bureau •Organic Inc. •Weapon7

Insert III-B-29: Die weltweite Omnicom-Struktur (Omnicom Group 2010)

Inländische Tochtergesellschaften
Geschäftsführung
Ausländische Tochtergesellschaften
Chefsekretariat
Personalwesen
Werbevorbereitung
Kundenberatung
Gestaltung
Media
Verwaltung
Dokumentation Archiv, Bibliothek
Information
Marktforschung
Motivforschung
Marketingberatung
Personalberatung
Service-abteilungen
Etatdirektion I
Etatdirektion II
Etatdirektion III
Text
Grafik
Film, Funk, Fernsehen
Art-Buying
Layout
Display-Studio
Typo-Studio
Reinzeichnung
Foto-Studio
Produktion + Traffic
Tarif- + Analysen-grundlagen
Mediaforschung Mediaplanung
Mediaeinkauf + Mediaabwicklung
(Anzeige, Bodenanschlag, Daueranschlag, Film, Funk, Fernsehen, sonst. Streuung)
Mediaabrechnung Rechnungsprüfung Streukontrolle Reklamationen
Finanzleitung
Geschäfts-buchhaltung
Betriebsabrechnung
Lohn- und Gehaltswesen
Kasse
Transport + Nachrichten
Versand
Hausverwaltung

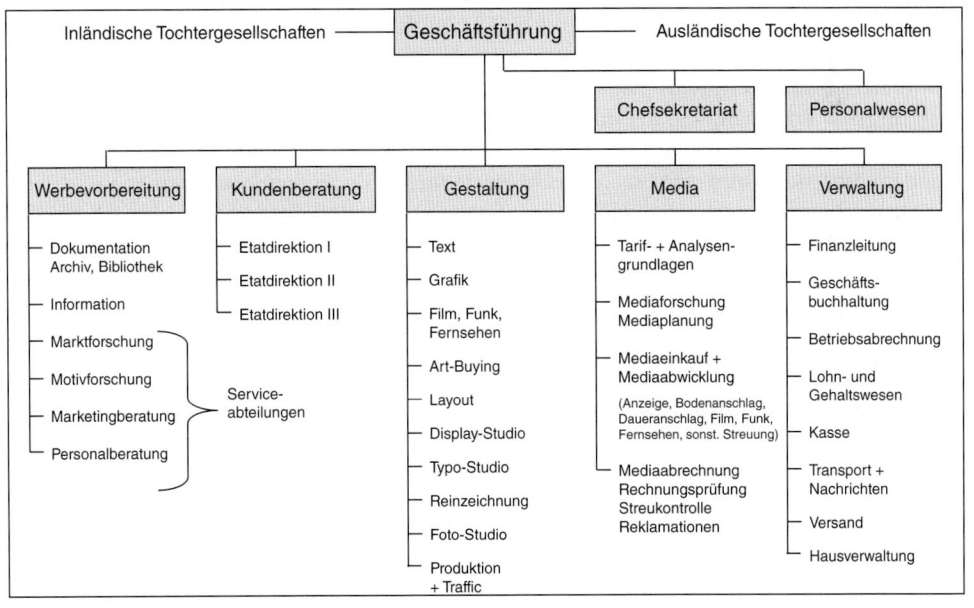

Schaubild III-B-23: Organisation einer Full-Service-Agentur (Huth/Pflaum 2005, S. 56)

gen formulieren Empfehlungen über die Wünsche sowie Bedürfnisse der Konsumenten und die Beziehung des Konsumenten zu der Marke des Kunden. Damit formulieren sie Empfehlungen für die Weiterentwicklung der Werbebotschaft und geben Einblick, wie die Werbung funktionieren sollte, um den Konsumenten zu erreichen.

Exkurs: Entstehung und Entwicklung des Planning

Stephen King (J. Walter Thompson) und *Stanley Pollitt (BMP)* gelten als Vorreiter des Planning. *King* entwickelte 1964 ein neues Arbeitssystem, das Konsumentenforschung und so genannte „Insights" verband. *Pollitt* setzte 1968 an die Seite eines Kontakters einen Marktforscher, da er der Meinung war, dass die Kontakter die steigende Zahl an Marktforschungsdaten nicht richtig interpretieren und in ein Creative Brief umsetzen könnten. Die ursprüngliche Definition des Strategic Planning (oft auch als Brand Planning bezeichnet) als „Anwalt des Verbrauchers" gilt heute als überholt. Stattdessen haben Planner die Zielgruppen und ihre Bedürfnisse zu untersuchen, um auf dieser Basis die Kommunikationsstratgie zu formulieren und Empfehlungen für die Kreation zu formulieren (*Richter* 2004, S. 47).

Beispiel: Strategic Planning der Agentur J.W. Thompson Deutschland

Das zehnköpfige Team des Strategic Planning *J.W. Thompson Deutschland* hat im Jahre 2004 das Projekt „Die Thompsons" initiiert, hinter dem sich das Bestreben verbirgt, mit den Konsumenten einen Austausch aufzubauen und dadurch ihre Bedürfnisse und Motive besser zu verstehen. Dafür übernimmt die Agentur Partnerschaften für typische Lebensformen in Deutschland, d.h., nach der Identifikation von typischen Vertretern aus den Bereichen „Late Teens", „Singles", DINKs", allein erziehende Mütter, Familien mit Kindern und „Best Ager" wird jeder dieser Verbrauchertypen ein Jahr lang von jeweils einem Mitglied der Planning-Abteilung betreut. Einmal im Monat besuchen die Planner ihre „Schützlinge", kaufen mit ihnen ein und verbringen die Freizeit miteinander. Zusätzlich zu den Informationen der Planner sollen Fotocollagen zu konkreten Fragen und in den Küchen der Konsumenten installierte Web-Cams der Kreationsabteilung kreative Impulse bei der Kampagnenentwicklung geben (*Richter* 2004, S. 46 f.).

(2) Als Bindeglied zwischen der Agentur und dem Auftraggeber fungieren die **Kontakter** (auch als Kundenberater oder Account Manager bezeichnet). Diese verwalten die Werbeetats der Kunden, überwachen die Werbekampagnen von ihrer Entstehung bis zur Abwicklung und halten enge Verbindung zum Kunden, d.h., nach Auftragserteilung werden die einzelnen Phasen des Planungsprozesses mit dem Werbetreibenden diskutiert und gegebenenfalls modifiziert. Darüber hinaus hat der Kontakter gleichzeitig koordinierende Aufgaben in dem Sinne wahrzunehmen, als dass es von seinem fachlichen, psychologischen und führungsbezogenen Sachverstand abhängt, ob die verschiedenen Abteilungen des Hauses die Kundenwünsche termin- und sachgerecht befriedigen. Die Stellenbezeichnungen und Tiefe der Hierarchien unterscheiden sich je nach Größe und Nationalität, aber auch nach der Geschichte und Geschäftsphilosophie der jeweiligen Agentur (*Kloss* 2007, S. 238). Üblicherweise verfügt das Account Management über fünf Herarchiestufen (Management, Supervisor, Account Supervisor, Account Executive, Assistant Account Executive). Kleinere Agenturen verbinden einige dieser Stufen und weisen üblicherweise zwei bis drei Hierarchiestufen auf (*Moriarty/Mitchell/Wells* 2009, S. 100):

- **Management Supervisor (Unitleiter)**: Dieser berichtet dem oberen Management der Agentur und übernimmt die Führung in strategischen Fragen. Der Aufgabenbereich umfasst zudem das Neukundengeschäft, die Kontrolle des Wachstums sowie der Entwicklung innerhalb des Etats und dessen Profitabilität.

- **Account Supervisor (Etatdirektor)**: In seinen Aufgabenbereich fällt zum einen die Strategische Planung und die Beratung sowie Diskussion über sonstige Ideen des Kunden. Zum anderen entwickelt er im Agenturteam Werbestrategien zur Markenentwicklung, Produkteinführungen oder Relaunches anhand von Marktanalysen, Wettbewerbsbeobachtungen und allgemeinen Trends. Er überprüft alle Empfehlungen und Vorschläge, bevor sie dem Kunden vorgestellt werden sowie Jahrespläne und garantiert die Einhaltung der Termine. Bei ihm liegt die ergebnisbezogene als auch die wirtschaftliche Etatverantwortung.

- **Account Executive (Kontakter)**: Er ist verantwortlich für das operative Geschäft des Etats und trägt Verantwortung dafür, dass das Agenturteam sich im Zeitplan und Budgetrahmen befindet sowie die entsprechenden Leistungen an den Kunden geliefert werden. Er nimmt dabei eine Organisations- und Abstimmungsfunktion ein und hat ständigen Kontakt zum Kunden sowie zu den verschiedenen Abteilungen der Agentur.

(3) Die **Gestaltungsabteilung** (auch **Kreativabteilung** oder **Creative Service** genannt) steht unter der Leitung eines Creative Directors. Er nimmt Überwachungs- und Steuerungsfunktion in dem Sinne wahr, dass die Kundenwünsche gestaltungsadäquat erfüllt werden. Die Aufgaben der Gestaltungsabteilung beziehen sich zum einen auf die **Gestaltung der Werbemittel**, d.h. auf die gedankliche Konzeption und Ausführung produzierter Werbemittel. Hier wird demnach beispielsweise darüber entschieden, ob im Rahmen eines Werbespots Prominente auftreten und wie der Auftritt zu erfolgen hat. Hohe Vorstellungs- und Innovationskraft, Kreativität, Fantasie und Eigeninitiative zur Durchsetzung von Ideen sind wesentliche persönlichkeitsbezogene Merkmale eines Werbemittelgestalters. Zum anderen beziehen sich die Aufgaben der Gestaltungsabteilung auf die **Produktion der Werbemittel**, so z. B. auf die Herstellung der konzipierten Werbemittel bis zur Schaltreife. Die Leistungen von Grafikern, Textern und Layoutern sind daher bei der Werbemittelproduktion von entscheidender Bedeutung. Es wird implizit ersichtlich, dass die beiden Aufgabenbereiche der Gestaltungsabteilung eng miteinander verzahnt sind. Eine noch so gute Gestaltung der Werbemittel wird in ihrer Wirkung erheblich eingeschränkt, wenn die produzierten Werbemittel nicht zur Gestaltung passen.

Diese Aufgaben sind in verschiedenen Abteilungen organisatorisch verankert. So ist beispielsweise die **Film-, Funk- und Fernsehabteilung (FFF-Abteilung)** für die Gestaltung und Produktion von Spots zuständig und steht in engem Kontakt mit den Filmproduktionsgesellschaften, Fernsehsendern und Tonstudios. Die Abteilung **Art Buying** übernimmt die Beschaffung freiberuflicher Produktions- und Gestaltungskräfte, wie z.B. Layouter, Grafiker, Texter. In der Abteilung **Produktion und Traffic** wird entschieden, welche Produktionsmittel zur Herstellung welcher Werbemittel von welchen Lieferanten zu ordern sind. Darüber hinaus repräsentiert sie auch das so genannte „Stellwerk der Agentur" (*Kröter* 1977, S. 98; *Huth/ Pflaum* 2005, S. 80 f.), da sie primär für die genaue Termineinhaltung verantwortlich ist, d.h. beispielsweise für den rechtzeitigen Versand der Druckunterlagen an die Verlage. Darüber hinaus trägt sie auch für die Arbeitsvorbereitung (Festlegung der notwendigen Arbeitszeiten und Schätzung der Kosten) sowie für die Ausführungskontrolle Verantwortung. Es ist daher zweckmäßig, dass die Abteilung Produktion und Traffic Kenntnis bezüglich jeder in der Agentur stattfindenden Arbeit hat.

(4) Die Hauptabteilung **Media** untersteht im Regelfall einem Media-Direktor. Hier sind sämtliche medienbezogenen Aufgabenbereiche organisatorisch angesiedelt. Die wichtigsten Unterabteilungen sind Medienforschung, Mediaplanung sowie Mediaeinkauf und -abwicklung.

(5) In der **Verwaltung** sind alle administrativen Tätigkeiten, die im übrigen nicht nur für eine Agentur, sondern auch für jedes andere Unternehmen typisch sind, organisatorisch zusammengefasst.

Die Organisationsstruktur der Schweizer Full-Service-Agentur *Wirz Werbung* zeigt Insert III-B-30. Meist weist jedoch die Ablauforganisation innerhalb der Werbeagentur, die in

Wie die meisten Schweizer Full-Service Werbeagenturen verfügt Wirz Werbung über eine funktionale Organisationsstruktur mit den vier Abteilungen Beratung, Strategie, Kreation und Produktion (vgl. Abbildung). Abteilungsübergreifende Aufgaben wie Personal, Finanzen und Informationstechnologie sind in einem Zentralbereich zusammengefasst. Während die drei Abteilungen Strategie, Kreation und Produktion wiederum funktional strukturiert sind, ist die Beratungsabteilung objektorientiert nach Kundengruppen gegliedert.

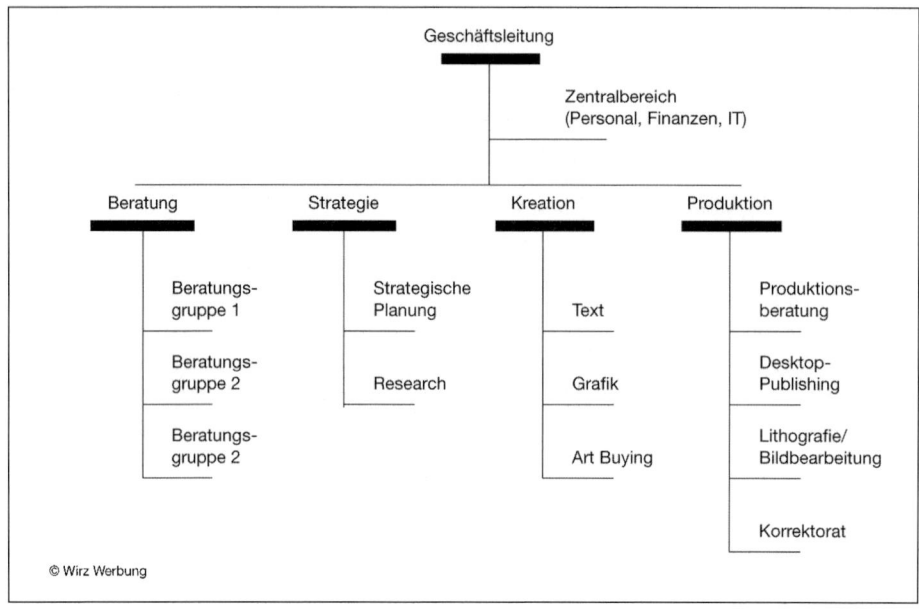

Die abgebildete formale Organisation wird durch eine informale Teamstruktur überdeckt: Je nach Kunde und Projekt arbeiten Spezialisten aus den unterschiedlichen Bereichen im Rahmen eines Projektteams eng zusammen. Dies verdeutlicht den Umstand, dass die Ablauforganisation innerhalb von Werbeagenturen meist eine höhere Bedeutung aufweist als die hier beschriebenen Aufbauorganisation (vgl. hierzu auch Insert III-B-29).

Insert III-B-30: Organisationsstruktur von Wirz Werbung, Zürich (Wirz Werbung 2004)

Insert III-B-31 beschrieben ist, eine wesentliche höhere Bedeutung in der Praxis auf, als die vorgängig beschriebene Aufbauorganisation.

3.3.2 Auswahl der Planungsträger als Entscheidungsproblem

Die Basisentscheidung, ob die Werbeplanung im Unternehmen erfolgt oder an externe Spezialisten ausgelagert wird **(interne oder externe Lösung)**, ist von einer Vielzahl unterschiedlicher Einflussgrößen abhängig. Die fünf wichtigsten **Einflussgrößen** sind (*Murphy/Cunningham* 1993, S. 460):

(1) Kontrolle,
(2) Kosten,
(3) Aktivitätenniveau der Mediawerbung,
(4) Objektivität,
(5) Effektivität.

Der Prozess der Entstehung einer Werbekampagne lässt sich grob in die drei Phasen Stragegie, Konzept und Realisation unterteilen. Dieser idealtypischen Gliederung folgt die Ablauforganisation von Wirz Werbung (vgl. Abbildung).

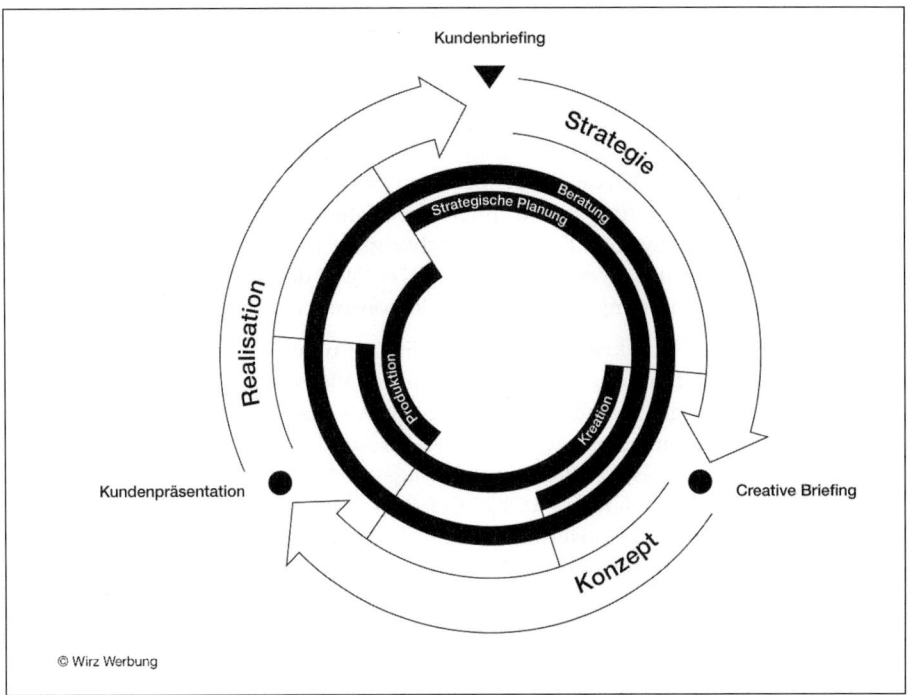

Nach erfolgtem Briefing durch den Kunden beziehungsweise Werbeauftraggeber geht es in der Strategiephase primär darum, die erhaltenen Fakten, Konzepte und Vorgaben bei Bedarf durch eigene Recherchen zu ergänzen und anschließend so lange zu verdichten, bis als strategisches Extrakt das Creative Brief vorliegt. Dieses umfasst alle wichtigen Aspekte der Kommunikationsstrategie und bildet somit die Grundlage für die anschließende Konzeptphase. Ziel des im Rahmen dieser Phase zu entwickelnden Kreativkonzepts ist die überraschende und adäquate Inszenierung der Botschaft der Werbekampagne. Im Rahmen der an die Konzeptphase anschließenden Kundenpräsentation werden Strategie und Konzept dem Auftraggeber vorgestellt. Ist dieser mit den präsentierten Ansätzen einverstanden, beginnt die Realisationsphase, in der die zum Einsatz gelangenden Werbemittel zuerst produziert und danach geschaltet werden. Ebenfalls in diese Phase fällt die Überprüfung der Effizienz der Werbekampagne. Die so gesammelten Ergebnisse bilden oftmals die Grundlage der nächsten Strategiephase und somit der nächsten Werbekampagne.

Insert III-B-31: Ablauforganisation von Wirz Werbung, Zürich (Wirz Werbung 2004)

(1) Ein Vorteil einer Hausagentur aus Sicht des Managements ist die **Kontrolle** über die mit der Planung der Werbung beschäftigten unternehmensinternen Mitarbeitenden. Zudem können die kommunikativen und werblichen Bedürfnisse der Unternehmung mittels der Etablierung einer Hausagentur schneller befriedigt werden, da die physischen Informationskanäle vergleichsweise kurz sind. Die Unternehmensleitung kann darüber hinaus sicher sein, dass sie direkten Zugang zu werbepolitischen Aktivitäten hat und ihren Wünschen seitens der Hausagentur uneingeschränkte Aufmerksamkeit gewidmet wird.

(2) Ferner kommt in Zeiten zunehmender Werbeausgaben – vor allem für die Mediabelegung – dem Gesichtspunkt der **Kosteneinsparung** wachsende Bedeutung zu. Die Etablierung einer Hausagentur führt in diesem Zusammenhang dazu, dass das werbetreibende Unternehmen die gesamten 15 Prozent Kommission als Rabatt erhält und damit in diesem Bereich hohe Kostenvorteile erzielt. Diesbezüglich ist anzumerken, dass es Unternehmen in der Regel wenig Schwierigkeiten bereitet, der eingesetzten Hausagentur gegenüber den Medienanbietern „Agenturstatus" zu verleihen, damit sie in den Genuss der nur Agenturen eingeräumten 15-prozentigen Mittlerprovision kommt (*Murphy/Cunningham* 1993, S. 460).

(3) Die Etablierung einer Hausagentur hängt in vielen Fällen jedoch auch davon ab, ob das quantitative und qualitative **Niveau werblicher Aktivitäten** deren Einsatz rechtfertigt. Diesem Aktivitätenumfang liegen eine Vielzahl unterschiedlicher Einflussfaktoren, wie die Größe des Unternehmens, die jeweilige Branchenzugehörigkeit (z. B. ist die Werbeintensität und -güte in der Kosmetikbranche wesentlich höher als etwa in der Bauindustrie), die Unternehmensphilosophie, der Marketing- und Kommunikationsmix u. a. m. zugrunde.

(4) **Objektivität** ist ein Hauptkriterium für den Einsatz unternehmensexterner Planer. Dadurch, dass vor allem Full-Service-Werbeagenturen eine Vielzahl ganz unterschiedlicher Produkte und Dienstleistungen werblich unterstützt haben – es sei denn, es handelt sich um neu gegründete Agenturen – und gleichzeitig für Kunden aus verschiedenen Branchen tätig sind, verfügen sie über ein breites werbliches Erfahrungsspektrum, hohe Professionalität in der Werbeplanung und erhöhen damit den Objektivitätsgrad werblicher Entscheidungsprozesse. Darüber hinaus impliziert eine externe Agentur, dass diese „traditionellen Unternehmensweisheiten" und Meinungen des oberen Managements eher widersprechen als hauseigenes Personal und damit zu einer objektiveren Entscheidungsfindung beitragen. Objektivität ist daher zu einem expliziten Bestandteil der Beziehung zwischen Agentur und Unternehmen zu machen und gegebenenfalls schriftlich zu fixieren.

(5) **Effektivität** hat bei der Wahl zwischen unternehmensexternen und -internen Entscheidungsträgern eine entscheidende Rolle zu spielen. Dabei geht es um die Frage, ob Expertenwissen und spezielle Fähigkeiten einer externen Agentur bezüglich der Entwicklung einer Werbekampagne, wie z. B. Kompetenzen im Gestaltungsbereich und im Bereich der Mediaplanung, durch den Einsatz einer Hausagentur in einem von dem Unternehmen für hinreichend befundenen Ausmaß ersetzt werden können. In der Praxis ziehen externe Agenturen in besonderem Maße kreative Experten an. Dies liegt vor allem an der Unabhängigkeit externer Agenturen von einem Auftraggeber und den damit verbundenen besseren Möglichkeiten der kreativen Entfaltung solcher Mitarbeitenden. Externe Agenturen bieten damit einen weitaus größeren Pool an kreativem Potenzial als eine Hausagentur. *Gardner* stellte in diesem Zusammenhang fest, dass der Zwang zu unternehmensinternen Sichtweisen (in erster Linie des Managements) zu einer „Verkümmerung" des Ideenpotenzials führt und somit ein hohes Risiko des Kreativverlustes beinhaltet. Zudem verliert das werbetreibende Unternehmen durch die Etablierung einer Hausagentur an personeller Flexibilität (*Gardner* 1989, S. 101 ff.).

Das Entscheidungsproblem, ob eine (oder mehrere) externe Agentur(en) mit der gesamten Kommunikations- und Werbeplanung zu beauftragen ist (sind) oder ob nur bestimmte Teilaufgaben ausgelagert und die übrigen werbebezogenen Aufgaben hausintern zu lösen sind, ist oft durch einen hohen Komplexitätsgrad gekennzeichnet. Dieses Entscheidungsproblem ist im Einzelfall von einer Vielzahl jeweils unterschiedlicher Faktoren abhängig. So stellen die Verfügbarkeit, Anzahl und Güte hausinterner Kommunikations- und Werbeexperten, die Kosten und Leistungen potenziell zu beauftragender Agenturen, die Marktsituation, übergeordnete Marketing- und Unternehmensziele u. a. m. Einflussfaktoren dar, die im Einzelfall ganz unterschiedlich zu gewichten sind. Ein Punktbewertungsverfahren ist hier eine wirksame Entscheidungshilfe zur Bewertung einzelner Faktoren.

3.3.3 Auswahl einer Werbeagentur

Beabsichtigt ein Werbetreibender, die Planung der Mediawerbung in ihrer Gesamtheit oder in Teilbereichen externen Agenturen zu übertragen, stellt sich die Frage, welche Agenturen geeignet sind, das besondere Kommunikationsproblem des werbetreibenden Unternehmens zu lösen und so die Werbeziele zu erfüllen. Die praxisorientierte Literatur bietet für das Problem Tipps und Ratschläge in Form von Checklisten und Anforderungsprofilen als Entscheidungshilfe an (vgl. z. B. *Bristot* 1995, S. 66 ff.), diese sind jedoch häufig wenig systematisch. Die **Auswahl einer Werbeagentur** stellt Werbetreibende jedoch vor ein oft schwieriges und mit einer großen Tragweite behaftetes **Entscheidungsproblem**, bei dem folgende sechs **Tatbestände** zu berücksichtigen sind (*Murphy/Cunningham* 1993, S. 46; *Schmalen/Schachtner* 2002, S. 220 ff.; *Huth/Pflaum* 2005, S. 82 ff.):

(1) Um eine geeignete Agentur suchen zu können, hat das Unternehmen zuerst die Definition und Formulierung kommunikativer und werblicher Bedürfnisse vorzunehmen sowie die daraus resultierende Etablierung von Auswahlkriterien. Es ist daher notwendig, dieses Entscheidungsproblem in seinen wichtigsten Facetten zu durchdringen und ihm eine prozessorientierte Entscheidungsfindung zugrunde zu legen. Gängige **Kriterien für die Agenturauswahl** sind beispielsweise (*Dahlhoff* 1989, S. 519; *Schmalen/Schachtner* 2002, S. 229; *Schweiger/Schrattenecker* 2009, S. 159 ff.; vgl. hierzu auch Insert III-B-32):

* Agenturtradition,
* Leitung der Agentur,
* Agenturphilosophie,
* Leistungsangebot der Agentur,
* Größe der Agentur,
* Einbindung in internationale Netzwerke,
* Agenturstandort,
* Eigenwerbung der Agentur,
* Wettbewerbspräsentationen,
* Bisherige Aufträge der Agentur für andere Werbetreibende,
* Erfolgreiche Produkteinführungen in jüngerer Vergangenheit,
* Bestehender Kundenkreis und momentan beworbene Produkte,
* Erfahrungspotenzial und Know-how der Agentur (beispielsweise spezifische Branchenkenntnisse),
* Werbeawards,
* Mitgliedschaft im *Gesamtverband Werbeagenturen GWA* u. a. m.

(2) In einem zweiten Arbeitsschritt wird die **interne und externe Vorgehensweise** bei der Agenturauswahl festgelegt. So ist **unternehmensintern** zunächst zu klären, wer für die Planung und Durchführung der Agenturauswahl verantwortlich ist. Angesichts anzustrebender Kontinuität in der Zusammenarbeit mit der Agentur kommt dem Entscheidungsproblem strategische Bedeutung zu, so dass die Entscheidungsverantwortung in der Regel dem Leiter der Werbeabteilung obliegt. In diesem Zusammenhang ist weiterhin zu klären, ob und in welchem Umfang externe Berater in den Entscheidungsprozess miteinzubeziehen sind, um dem strategischen Charakter des Entscheidungsprozesses mittels der Einbindung professionellen Know-hows Rechnung zu tragen. Allerdings ist dabei zu beachten, dass die Heranziehung externer Berater im Regelfall mit zusätzlichen Kosten verbunden ist, so dass im Einzelfall

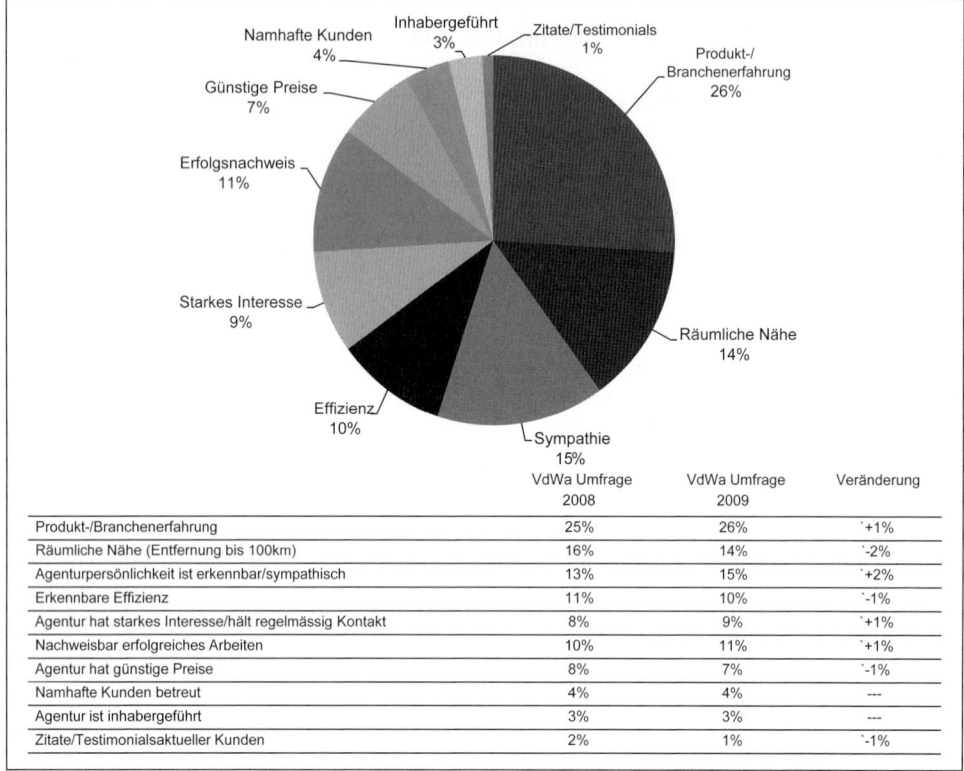

	VdWa Umfrage 2008	VdWa Umfrage 2009	Veränderung
Produkt-/Branchenerfahrung	25%	26%	`+1%
Räumliche Nähe (Entfernung bis 100km)	16%	14%	`-2%
Agenturpersönlichkeit ist erkennbar/sympathisch	13%	15%	`+2%
Erkennbare Effizienz	11%	10%	`-1%
Agentur hat starkes Interesse/hält regelmässig Kontakt	8%	9%	`+1%
Nachweisbar erfolgreiches Arbeiten	10%	11%	`+1%
Agentur hat günstige Preise	8%	7%	`-1%
Namhafte Kunden betreut	4%	4%	---
Agentur ist inhabergeführt	3%	3%	---
Zitate/Testimonialsaktueller Kunden	2%	1%	`-1%

Insert III-B-32: Kriterien der Agenturauswahl (VDWA 2009)

abzuwägen ist, ob eine derartige Maßnahme unter Effizienzgesichtspunkten zu rechtfertigen ist. Häufig wird die Auswahl einer Werbeagentur auch in einem Gremium entschieden, das sich aus Werbeleiter, ausgewählten Mitarbeitenden der verschiedenen Teilbereiche der Werbeabteilung sowie gegebenenfalls externen Beratern zusammensetzt. Ziel einer derartigen Gremiumbildung ist es, dem Entscheidungsproblem eine Vielzahl verschiedener Meinungen und Perspektiven zugrunde zu legen, deren kritische Reflexion zu einer möglichst optimalen Lösung zu führen hat. Allerdings ist die Rationalität der Auswahlentscheidung aufgrund bestehender Interaktions-, Informations- sowie Machtstrukturen in diesem Gremium – wie im Übrigen in jedem Entscheidungsgremium – in Frage zu stellen.

Unternehmensextern ist zu klären, ob die Agentursuche veröffentlicht wird und welche diesbezüglichen Informationen den eigenen Kunden zugänglich gemacht werden. Der Werbetreibende hat sich dabei über eine Vielzahl verschiedener Einflussfaktoren bewusst zu sein.

Beispiel: Negative Konsequenzen durch die Veröffentlichung von Informationen bei der Agentursuche

Die Veröffentlichung der Agentursuche kann bei der Konkurrenz Signalwirkung in der Form entfalten, dass der Glaube entsteht, das Unternehmen plane verstärkt werbliche Aktivitäten. Dies könnte beispielsweise „Mitzieheffekte" hervorrufen und den Erfolg der geplanten Werbekampagne beeinträchtigen. Des Weiteren könnten Kunden bei Kenntnis der Agentursuche seitens des Unternehmens verunsichert werden und die Suche als Unternehmensschwäche interpretieren, da die Unternehmung offenbar mit der eigenen Werbung nicht zurechtkommt beziehungsweise mit der bisherigen Werbung unzufrieden ist.

(3) **Entwicklung einer Liste der in Betracht kommenden Agenturen:** In diesem Arbeitsschritt hat sich der Werbetreibende zunächst mit der Frage zu beschäftigen, wie viele Agenturen überhaupt zur Auswahl in Betracht kommen. Danach ist zu klären, in welcher Ansprache (Telefon, Fragebogen u. a. m.) der Kontakt zu den in Betracht kommenden Agenturen herzustellen ist, um in Erfahrung zu bringen, welche Agenturen überhaupt Interesse an einer Betreuung haben. Zunächst ist der eigene Bedarf an Agenturleistungen klar zu umreißen und dem Leistungsangebot verschiedener Agenturen gegenüberzustellen und zu vergleichen. Darüber hinaus hat sich der Werbetreibende im Klaren zu sein, welche spezifischen Informationen er im Rahmen des ersten Kontaktes vorrangig erhalten möchte. Eine verbindliche Beantwortung dieser Fragen kann vor dem Hintergrund verschiedener Unternehmensumfelder nicht gegeben werden. Hier ist vielmehr der Weitblick und das Gespür der am Entscheidungsprozess Beteiligten gefordert, um im Einzelfall die richtige Kontaktform sowie den richtigen Kontaktinhalt zu wählen.

(4) **Reduzierung der Anzahl in Betracht kommender Agenturen:** Die in der Liste aufgeführten Agenturen werden anhand der Affinität zwischen eigenen Werbebedürfnissen und Leistungsangebot und -potenzial der Agentur auf eine „überschaubare Anzahl", i. d. R. zwischen drei und fünf, reduziert. Dabei ist weiterhin darüber zu entscheiden, ob den vielversprechenden Agenturen persönliche Besuche abgestattet und welche Themenbereiche in Vorabgesprächen zu diskutieren sind.

(5) **Wettbewerbspräsentationen ausgewählter Agenturen:** In diesem Schritt ist darüber zu entscheiden, welche der vorselektierten Agenturen Wettbewerbspräsentationen („Pitches") durchführen. Innerhalb einer vorgegebenen Zeit hat jede Agentur anhand eines einheitlichen Briefings einen Vorschlag für ein umfassendes Werbekonzept zu erarbeiten und stellt ihre Ideen und Entwürfe im Rahmen einer Wettbewerbspräsentation dem potenziellen Auftraggeber vor. Es ist darüber hinaus zu klären, ob sich der Inhalt derartiger Präsentationen auf aktuelle kreative Arbeiten der Agenturen bezieht oder die Agenturen für sie gänzlich neue Präsentationsinhalte vorzustellen haben. Die Vorbereitung derartiger Wettbewerbspräsentationen ist für Agenturen sehr kosten- und personalintensiv. Jene Agenturen, die den Zuschlag nicht erhalten, werden daher in der Regel mit einem vorher vereinbarten Abstandhonorar (Kostenpauschale) bedacht, das diese Kosten decken soll. Im Vorfeld der Präsentationen sind Kriterien festzulegen, nach denen die Präsentationsleistungen und Lösungsvorschläge der jeweiligen Agenturen zu bewerten ist (*Dahlhoff* 1989, S. 527 f.). Die Auswahl eines Konzeptes (und damit der Agentur) hat nicht nur auf der intuitiven Bewertung präsentierter Kampagnen zu basieren, sondern es ist zu empfehlen, die vorgeschlagenen Werbemittel auch bei der anvisierten Zielgruppe einem Pretest zu unterziehen, um deren Werbewirkung vorab einschätzen zu können (*Schweiger/Schrattenecker* 2009, S. 161).

(6) **Auswahlentscheidung:** Am Ende des Entscheidungsprozesses steht die Auswahlentscheidung, die angesichts anzustrebender Kontinuität in der Zusammenarbeit zwischen Agentur und Werbetreibenden zumindest temporär finalen Charakter hat. Dabei hat sich das Unternehmen darüber im Klaren sein, dass die „Chemie" mit der Agentur nicht nur in fachlicher, sondern auch in personeller Hinsicht zu stimmen hat, um die Voraussetzungen für eine erfolgreiche Zusammenarbeit herzustellen (*Patti/Frazer* 1988, S. 48 f.). Nicht nur aus der sozialpsychologischen Verhaltensforschung (*Trommsdorff* 2009; *Kroeber-Riel/Weinberg/Gröppel-Klein* 2009, sondern auch aus zahlreichen Beziehungsanalysen (*Grönroos* 1982; *Berry* 1983; *Gummesson* 1987) in der Vergangenheit ist bekannt, dass Respekt und Sympathie in menschlichen Beziehungen von kritischer Relevanz für eine erfolgreiche menschliche Zusammenarbeit sind.

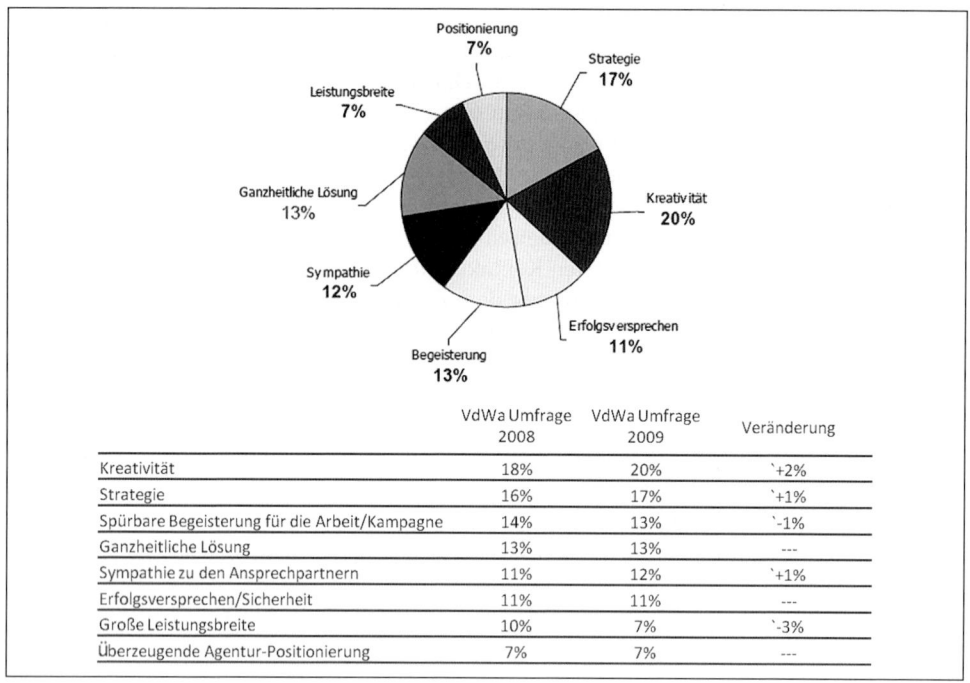

	VdWa Umfrage 2008	VdWa Umfrage 2009	Veränderung
Kreativität	18%	20%	`+2%
Strategie	16%	17%	`+1%
Spürbare Begeisterung für die Arbeit/Kampagne	14%	13%	`-1%
Ganzheitliche Lösung	13%	13%	---
Sympathie zu den Ansprechpartnern	11%	12%	`+1%
Erfolgsversprechen/Sicherheit	11%	11%	---
Große Leistungsbreite	10%	7%	`-3%
Überzeugende Agentur-Positionierung	7%	7%	---

Insert III-B-33: Kriterien der Agenturauswahl nach dem Pitch (VDWA 2009)

Diese Erkenntnis ist auf den hier zugrunde gelegten Kontext in uneingeschränkter Form zu übertragen. Insert III-B-33 zeigt die Auswahlkriterien von Unternehmen nach dem „Pitch".

3.3.4 Methoden der Agenturvergütung

Der Auswahl einer geeigneten Agentur schließt sich die Frage nach der **Agenturvergütung** an. In der Werbepraxis haben sich unterschiedliche Verfahren und Methoden der Agenturvergütung herausgebildet, die in Schaubild III-B-24 überblicksartig dargestellt sind und im Folgenden näher erläutert werden.

(1) Einzelabrechnung auf Honorarbasis: Im Rahmen dieser Entlohnungsform werden einzelne, durch die Agentur erbrachte Leistungen, wie z.B. die Produktion eines TV-Spots, die Beratung in der Mediaplanung, Tätigkeiten in der Primärforschung für das Unternehmen, vom Unternehmen separat honoriert. Die Honorarhöhe hängt dabei im Einzelfall von einer Fülle von Einflussgrößen ab, wie z.B. der geforderte Leistungsumfang und die -qualität, die geforderte Schnelligkeit in der Leistungserstellung, das Verhandlungsgeschick der Parteien u.a.m. Komplizierte Honorarsysteme bergen jedoch die Gefahr, dass es immer wieder zu neuen Verhandlungen zwischen Werbetreibenden und Agentur kommt, was sich grundsätzlich negativ auf die Arbeit zwischen Agentur und Klient auswirken kann.

Beispiel: Honorarbasierte Vergütungssysteme bei *General Motors*
Eine konsequente Umstellung auf ein honorarbasiertes Vergütungssystem nahm der amerikanische Automobilkonzern *General Motors* vor. Während die verschiedenen Kommunikationsagenturen des Unternehmens bis 1998 noch nach unterschiedlichen Abrechnungssystemen vergütet wurden, basiert das neue Vergütungssystem auf leistungsbasierten Honoraren sowie Incentives und gilt für alle Agenturen gleichermaßen (*Halliday* 1998). Andere Beispiele bilden *Procter & Gamble, IBM, Unilever* und *Levi Strauss & Co.* (*Halliday* 1998, S. 1; *Neff/Cardona* 1998, S. 2; *Tropp* 2000, S. 215).

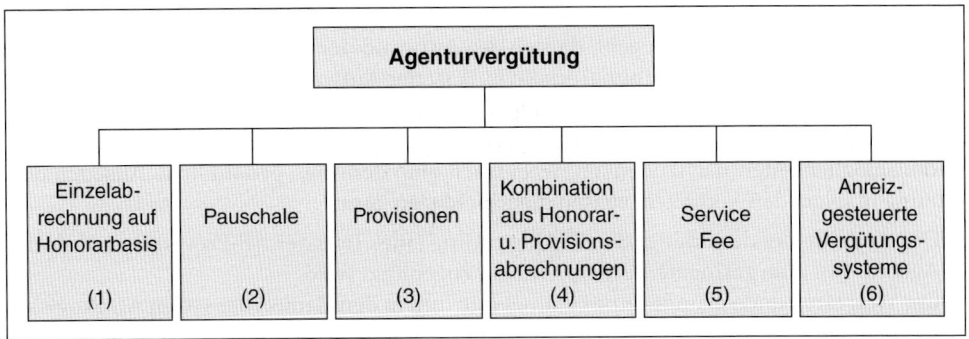

Schaubild III-B-24: Methoden der Agenturvergütung (in Anlehnung an Huth/Pflaum 2005, S. 91 ff.)

(2) Pauschale: Bei der Pauschalabrechnung wird ein bestimmter Leistungsumfang meistens ein Jahr im Voraus festgelegt und monatlich abgegolten. Der Vorteil einer pauschalen Honorierung besteht für die Agentur in kontinuierlichen und in der Höhe gleichbleibenden Zahlungen, und zwar auch dann, wenn der Arbeitsaufwand innerhalb des festgelegten Zeitraums variiert. Sämtliche Provisionen, die die Agentur erhält, werden voll an den Werbetreibenden abgeführt. Der Werbetreibende profitiert demnach je nach Höhe des streufähigen Etatanteils an der Mittlerprovision, da die Pauschale von dieser Provision ganz oder teilweise mitgetragen wird.

(3) Provisionen: Bei der Abrechnung auf Provisionsbasis wird der für die Streuaufträge an die Medien (Verlage, Rundfunkanstalten u. a. m.) verwendete Teil des Gesamtbudgets als Bemessungsgrundlage für die Agenturvergütung verwendet. Werbeagenturen beziehungsweise -mittler erhalten für vermittelte Streuaufträge an die Medienanbieter eine international gängige Mittlerprovision von 15 Prozent. Diese Mittlerprovision wird üblicherweise als AE-Provision **(Anzeigen-Expeditions-Provision)** bezeichnet, wobei der Begriff AE-Provision historisch bedingt ist und noch aus der Zeit stammt, als sich die Mittlerprovisionen nur auf die Vermittlung von Anzeigen bezogen.

Beispielrechnung: Funktionsweise der AE-Provision
Ein Werbetreibender X bucht unter Hinzuziehung einer Werbeagentur die Schaltung von Anzeigen bei einem Verlag Y. Die Abrechnung gestaltet sich wie folgt:

Abrechnung zwischen Verlag und Agentur:	
Bruttopreis pro Anzeige lt. Listenpreis	25.000 GE
./. Rabatt laut Preisliste	0 GE
./. 15 Prozent AE-Provision	3.750 GE
Zahlung der Agentur an den Verlag	21.250 GE
Abrechnung zwischen Agentur und Werbetreibenden:	
Bruttopreis pro Anzeige laut Preisliste	25.000 GE
./. Rabatt laut Preisliste	0 GE
Zahlung des Werbetreibenden an die Agentur	25.000 GE

Die Schaltung einer Anzeige kostet den Werbetreibenden bei Einschaltung einer Agentur 25.000 GE, die er an die Agentur zu entrichten hat. Verzichtet er auf die Einschaltung einer Agentur, so kostet ihn die Schaltung ebenfalls 25.000 GE, die in diesem Fall jedoch an den betreffenden Verlag abzuführen sind. Dennoch ist es für ihn günstiger, Streuaufträge über eine Agentur abzuwickeln, denn bei entsprechender Streuetatgröße und dementsprechend hoher AE-Provision kann der Werbetreibende von der Agentur verlangen, dass sie neben der Etatvermittlung weitere werbliche Aktivitäten für ihn durchführt, die mit der AE-Provision abgegolten sind.

Es wird ersichtlich, dass mit wachsender Höhe des Streuetats die Leistungskonformität in zunehmendem Maße verloren geht, da sich der Aufwand der Agentur mit einer steigenden Anzahl an Schaltungen nur minimal erhöht (z. B. ist der Aufwand einer 8-maligen Schaltung nur geringfügig höher als bei einer 5-maligen Schaltung), während die AE-Provision jedoch in überproportionalem Ausmaß ansteigt. In solchen Fällen hat der Werbetreibende über Variationsmöglichkeiten nachzudenken, wobei sich eine derartige gedankliche Auseinandersetzung in folgenden Verhaltensweisen niederschlagen kann:

- Der Werbetreibende verlangt die Rückvergütung eines Teils der AE-Provision, so dass der Agentur nur eine geringere Mittlerprovision zugebilligt wird,
- Der Werbetreibende gründet eine Hausagentur, um in den Genuss der vollen AE-Provision zu gelangen,
- Der Werbetreibende schaltet ausschließlich für die Etatstreuung eine Schaltagentur ein, mit der Vereinbarungen über den Anteil der Rückvergütung der AE-Provision getroffen werden; konzeptionelle und gestalterische Aktivitäten werden dann beispielsweise von einer anderen Agentur durchgeführt, die z. B. nach dem Honorarsystem entlohnt wird. Diese Schaltagenturen erhalten im Regelfall zwischen 2,5 Prozent und 3 Prozent des Gesamtwerbeetats als Provision (*Murphy/Cunningham* 1993, S. 464).

(4) Kombination aus Honorar- und Provisionsabrechnung: Wie bereits dargelegt, ist es in Abhängigkeit der Größe des Streuetats durchaus üblich, dass gestalterische und konzeptionelle Leistungen der Agentur im Rahmen der AE-Provisionen abgegolten werden. Dennoch ist es möglich, dass die darüber hinausgehenden Aktivitäten auf Honorarbasis oder pauschal abgerechnet werden. Dabei können sich für den Kunden oft erhebliche Einsparungen ergeben.

Beispielrechnung: Funktionsweise des kombinierten Honorar- und Provisionsabrechnungssystems

Der von der Agentur betreute Etat beträgt	1.000.000 GE
– davon streufähig	600.000 GE
– nicht streufähig	400.000 GE
– geforderte Agenturvergütung (30 Prozent)	300.000 GE
aber:	
Der Kunde zahlt nur 21 Prozent	(210.000 GE)
des Gesamtetats, denn	
– Vergütung durch die Medien (15 % AE-Provision)	90.000 GE
– pauschal vereinbartes oder nach Objekt und	
– Aufwand berechnetes Honorar	210.000 GE
– ergeben die geforderten 30 Prozent in Höhe von:	300.000 GE

(5) Service-Fee: Werden alle der Werbeagentur entstehenden, dem Kundenauftrag zurechenbaren Kosten dem jeweiligen Werbetreibenden in Rechnung gestellt, so spricht man von einem Service-Fee-System. Bei diesem vorrangig in der amerikanischen Werbepraxis üblichen Vergütungssystem werden alle Rechnungen nach Abzug des meist 15-prozentigen Agenturrabatts mit einem Aufschlagsatz versehen und dem Kunden berechnet. In den USA beträgt dieser Aufschlagsatz im Regelfall 17,65 Prozent, um den Bruttobetrag wieder herzustellen. Er kann jedoch in Abhängigkeit von der erbrachten Agenturleistung auch variieren. Das Service-Fee-System ist demnach stark leistungsbezogen, da der Kunde die Agentur nur für beanspruchte Leistungen entlohnt.

Beispielrechnung: Funktionsweise des Service-Fee-Systems

Ein Agenturmitarbeitender, der ein Jahressalär von 46.400 GE erhält, ist ausschließlich für einen Agenturkunden tätig. Der Agentur stellt sich die Frage, wie hoch der sich dem Kunden in Rechnung zu stellende Betrag pro Stunde Arbeitszeit des Mitarbeitenden zu sein hat. Dazu wird zunächst das Jahressalär des Mitarbeitenden durch seine übliche Jahresarbeitszeit von beispielsweise 1.600 Stunden dividiert. Danach wird dieser Stundenlohn mit einem bestimmten Kostensatz, der auftragsindividuell verschieden ist, multipliziert und dem Stundenlohn hinzu addiert. In dem Beispiel wird unterstellt, dass pro GE Stundenlohn dem Kundenauftrag zurechenbare Kosten in Höhe von 1 GE entstehen. Schließlich addiert die Agentur noch den gewünschten Gewinnanteil pro Arbeitsstunde, der in dem Beispiel 20 Prozent beträgt, hinzu. Aus diesen Überlegungen resultiert ein dem Kunden in Rechnung zu stellender Betrag pro Arbeitsstunde des Mitarbeitenden in Höhe von:

Stundenlohn:	46.400 GE/1.600 Stunden	= 29 GE/Stunde
+ Kostenbeitrag/Stunde	29 GE/Stunde + (29 GE/Stunde { 1)	= 58 GE/Stunde
+ gewünschter Gewinnanteil	58 GE/Stunde + (58 GE/Stunde { 0,2)	**= 69,60 GE/Stunde**

(6) Anreizgesteuerte beziehungsweise erfolgsabhängige Vergütungssysteme: Die Zielsetzung derartiger Systeme besteht vor allem darin, Anreize zu schaffen, um die Leistungsbereitschaft und Motivation der Agentur zu erhöhen. Dabei wird die Vergütung in einen vergleichsweise hohen, erfolgsunabhängigen Teil und einen geringeren, erfolgsabhängigen Teil aufgeteilt. Dadurch übt der Werbetreibende einen verstärkten Leistungsanreiz auf die Werbeagentur aus. Bemessungsgrundlage für die Entlohnungshöhe der Agentur sind ökonomische Erfolgsgrößen, beispielsweise der Marktanteil, Verkaufszahlen u. a. m. Steigt das Absatzvolumen der jeweiligen Marke, so erhöht sich der Anteil der Agentur am Gesamtwerbeetat und die Entlohnungshöhe steigt et vice versa. Eine Befragung von 79 Agenturen im Jahre 2009 zeigt, dass 75 Prozent davon ausgehen, dass eine erfolgsorientierte Vergütung künftig an Bedeutung gewinnen wird. Lediglich 3 Prozent erwarten eine Abnahme dieses Vergütungsmodells (GWA (*Gesamtverband Werbeagenturen e.V.*) 2009, S. 31).

Kritisch zu fragen ist in diesem Fall, ob das realisierte Absatzvolumen zur Bewertung werbe- und kommunikationspolitischer Leistungen der Agentur geeignet ist. Die Ursächlichkeit der Mediawerbung für den ökonomischen Erfolg ist nicht festzustellen. Es ist hier vielmehr zu beachten, dass eine Veränderung des Absatzvolumens auf den Einsatz des gesamten Marketingmix zurückzuführen ist. Die Veränderung des Absatzvolumens als (alleinige) Grundlage für die Bewertung werbepolitischer Leistungen sowie dementsprechend für die Entlohnungshöhe der Agentur erscheint vor diesem Hintergrund ungeeignet. Hier sind vor allem Zielgrößen, wie z. B. Markenbekanntheit oder Imageänderung, heranzuziehen, deren Realisierung überwiegend kommunikations- und werbebedingt ist. Insert III-B-34 zeigt weitere Kritikpunkte an einer erfolgsabhängigen Agenturvergütung auf.

Beispiel: Erfolgsabhängige Vergütung bei *Henkel KGaA*, Düsseldorf

Das Unternehmen *Henkel KGaA*, Düsseldorf setzt die erfolgsabhängige Vergütung ein. Dabei kommen, neben der Basishonorierung von 9,5 Prozent des Werbebudgets (ohne Media und Marktforschung), weitere Phasenkriterien hinzu, die zusätzlich zwei Prozent Bonus generieren können (*Pepels* 2001, S. 796):

- Phase 1: Kampagnenentwicklung (Briefing, Ideenfindung, Umsetzung). Entscheidend sind Idee, Eigenständigkeit, internationale Verwertbarkeit, Qualität der Realisation, Kostenbewusstsein, Zeitbedarf.
- Phase 2: Testbatterien (vor allem qualitativer Recall und Marktsimulation).
- Phase 3: Marktbewährung.

Die Durchschnittshonorierung liegt bei zirka 10,5 Prozent des Werbebudgets.

Die Struktur der Agenturvergütung wurde im Jahre 2007 durch Festverträge (Provisions- und Pauschalhonorare) gestützt. Projekthonorare nahmen mit 48 Prozent gegenüber dem

HORIZONT.NET
PORTAL FÜR MARKETING, WERBUNG UND MEDIEN

von Volker Schütz,
Chefredakteur

Agenturvergütung als Vabanquespiel

Die werbungtreibende Industrie nimmt die Wirtschaftskrise verstärkt zum Anlass, unter dem Stichwort "Performanceorientierte Zusammenarbeit" Tabula rasa bei der Vergütung von kommunikativen Dienstleistungen zu machen. Im Februar hatte HORIZONT über die Pläne von Bauer und Axel Springer berichtet, Anzeigenschaltungen nach ihrem nachweisbaren Erfolg zu bepreisen. Ein Modell, das es Werbungtreibenden praktisch ermöglicht, das Risiko ihrer eigenen werblichen Maßnahmen an die Medien zu delegieren – eine für Werbeträger mittelfristig prekäre Aushebelung ihrer Geschäftsgrundlagen.

Vergangene Woche nun berichteten "Ad Age" und HORIZONT.NET über den Plan von Coca-Cola, Agenturen vor allem erfolgsorientiert zu vergüten. **"Pay for Performance" lautet die griffige Formel.** Werbung nach Performance-Gesichtspunkten zu bezahlen, gehört in Google-Zeiten offenbar zum Common Sense. Doch Medien und Agenturen müssen aufpassen, vor lauter Performance-Hörigkeit nicht das eigene Geschäftsmodell kaputt machen zu lassen.

Keine Agentur sperrt sich dagegen, leistungs- und erfolgsorientiert bezahlt zu werden – das ist seit Jahren Usus und in Zeiten, in denen es um Relevanz und Effizienz von Werbung geht, kaum mehr der Rede wert. Doch der Coke-Vorstoß, der weltweiter Standard werden soll, geht weiter – und birgt einige **Tücken für die Agenturen.**

Werbungtreibende verlagern damit einen großen Teil des unternehmerischen Risikos auf ihre Dienstleister – werden aber von ihrem Anspruch, Marke und Unternehmen zu führen, zu Recht nicht abrücken. Wie sollen Erfolgsziele also gemeinsam definiert werden? Noch wichtiger: Wer soll diese Ziele festlegen? Der Junior-Produktmanager mit dem Seniorberater auf Agenturseite? Und wie passen Kreation und Imagewerbung in ein "Pay for Performance"-Modell? Keine Agentur kann sich auf dieses **Vabanquespiel** ernsthaft einlassen. Und auch die Unternehmen werden nicht glücklich, wenn in endlosen Sitzungen jedes Mal aufs Neue die Erfolgsparameter definiert werden müssen. Wie meint **Ogilvy-Chef Lothar S. Leonhard** süffisant: "Kein Mensch kann zum Schneider gehen und den Anzug nur dann zahlen, wenn einem erwiesenermaßen mehr Mädels hinterhergucken."
Volker Schütz

Insert III B 34: Kritik an der erfolgsabhängigen Agenturvergütung (Schütz 2009)

Vorjahr um drei Prozent zu. Provisionen bestimmten im Jahre 2007 zu 14 Prozent das Einkommen. Diese Vergütungsart ist vermehrt bei längeren Kunden-Agentur-Beziehungen zu beobachten und fast ausschließlich bei größeren Agenturen. Im langfristigen Vergleich zeigt sich der Rückgang des Provisionsanteils von 35 Prozent (2004) auf 14 Prozent im Jahre 2007. 30 Prozent der Agenturen erfahren eine erfolgsorientierte Vergütung ihrer Leistungen, bei 60 Prozent ist noch die Ausnahme. In Zukunft ist aber ein Trend zur erfolgsabhängigen Vergütung zu erwarten (*von Vieregge* 2008).

Nach den Ergebnissen einer von der *Organisation Werbungtreibende im Markenverband, OMW* in Zusammenarbeit mit dem britischen Marktforschungsinstitut *Advertising Research Consortium, ARC* durchgeführten Studie basieren die Maßstäbe für eine erfolgsabhängige Vergütung auf folgenden drei Bereichen:

(1) Ökonomischer Erfolg beziehungsweise Verkaufsleistung des Auftraggebers,
(2) Leistung der Werbeagentur, beispielsweise die Serviceleistung, funktionelle Kompetenz, Vergleich zur Branchennorm und
(3) Werbeleistung beziehungsweise Erfolg der Werbemaßnahme, beispielsweise Werbeziele, Kommunikationsziele, Auszeichnungen.

Bei rund zwei Drittel aller Werbetreibenden, die eine erfolgsabhängige Vergütung zahlen, hat sich die Agenturvergütung im Ergebnis erhöht und rund die Hälfte stellte fest, dass sich die Leistung der Agentur verbesserte. Bei keinem der Werbetreibenden hat sich die Agenturleistung aufgrund erfolgsabhängiger Vergütung verschlechtert (*Lace* 2000).

Beispiel: Agenturvergütung im europäischen Vergleich

Das *Advertising Research Consortium (ARC)* und die *World Federation of Advertisers (WFA)* fanden in einer Befragung von 450 werbetreibenden Unternehmen aus Deutschland, Frankreich, Großbritannien, Finnland und Holland heraus, dass sich in den vergangenen Jahren die Vergütungspraxis zwischen Werbetreibenden und Werbeschaffenden europaweit stark gewandelt hat. Demnach haben viele Werbetreibende von Provision auf das Fee-Modell umgestellt. In Holland, Großbritannien und Finnland ist der Anteil der Werbetreibenden, die ihre Agenturen mit fixen Beträgen entlohnen, im Vergleich zum sonstigen Europa besonders hoch. Frankreich liegt mit einem Anteil von 45 Prozent auf dem untersten Platz und präferiert von allen europäischen Ländern am stärksten die leistungsbezogene Vergütung. Deutschland liegt mit einem Anteil von 65 Prozent an Fixbeträgen und 22 Prozent an erfolgsabhängiger Vergütung europaweit im Mittelfeld.

Die Studie analysiert auch, welche Modelle für erfolgsabhängige Vergütung die werbetreibenden Unternehmen wählen. Während sich in Frankreich beispielsweise der Anteil von fixen und variablen Beteiligungssätzen die Waage hält, bevorzugen Auftraggeber in Holland zu 90 Prozent die feste Erfolgsbeteiligung. In Deutschland setzen 29 Prozent auf variable Erfolgsbeteiligungen, 71 Prozent haben fixe Sätze. Für Werbeagenturen hat eine leistungsbezogene Vergütung kein Nachteil zu sein, so ein weiteres Ergebnis der Studie. In Deutschland gehen 55 Prozent der Unternehmen davon aus, dass sich ein solches Modell positiv auf die Umsätze der Agenturen auswirkt und nur 18 Prozent stehen dieser Art der Vergütung kritisch gegenüber. In Großbritannien glauben 38 Prozent der befragten Unternehmen, dass ihre Agenturen durch erfolgsbezogene Vergütung mehr Umsätze erzielen können. Ebenso vermuten die Werbetreibenden, dass sich die Leistung der Werbeagenturen durch eine Umsatzbeteiligung am Erfolg verbessere. In England befürworten diese These 73 Prozent der Unternehmen (Deutschland: 42 Prozent) (*o.V.* 2001).

In der Praxis ist letztlich jede Kombination der Vergütungssysteme denkbar. Grundsätzlich erscheint für die Förderung der Entwicklung integrierter Kommunikationskonzepte ein Vergütungssystem sinnvoll, das eine fixe Grundvergütung für die Agentur auf Honorarbasis vorsieht und um einen integrationsbezogenen variablen Vergütungsbaustein ergänzt wird. Die Bewertung der Zweckmäßigkeit eines Vergütungssystems hat aber letztlich unternehmensindividuell in Abhängigkeit von den vorherrschenden Zielen und der Beziehung zwischen Unternehmen und Agentur zu erfolgen.

Die Entscheidung über die Ausgestaltung eines Vergütungssystems ist zusammen mit der persönlichen, unternehmensphilosophischen und inhaltlichen Chemie zwischen Agentur und Werbetreibenden von grundsätzlicher Relevanz für eine beiderseitig erfolgreiche Kooperation. Eine „gute" Chemie zwischen Agentur und Werbetreibenden kann durch eine defekte Ausgestaltung des Vergütungssystems gefährdet werden. Dies ist beispielsweise dann der Fall, wenn die Agenturaktivitäten nicht in ausreichendem Maße honoriert werden. Die Agentur verliert das Vertrauen in die Objektivität des Kunden und wird ihr Aktivitätenniveau für den Kunden einschränken. Dies kann in vielerlei Hinsicht geschehen, so kann z.B. die Kommunikationsintensität mit dem Kunden, der gestalterische Einsatz oder die beraterischen Aktivitäten nachlassen. Vice versa führt auch ein idealtypisch ausgearbeitetes Vergütungssystem nicht zu einer erfolgreichen Kooperation, wenn eine „schlechte" Chemie zwischen Agentur und Kunde vorliegt. Die durch die Ausgestaltung des Vergütungssystems induzierte Motivation der Agentur zu hoher Leistung wird beispielsweise durch vorliegende Animositäten, fehlenden Respekt, emotionales Unbehagen konterkariert.

Unabhängig von der jeweiligen Kunden- beziehungsweise Agentursituation hat sich der Werbetreibende darüber bewusst zu sein, welchen grundsätzlichen **Anforderungen ein erfolgs-**

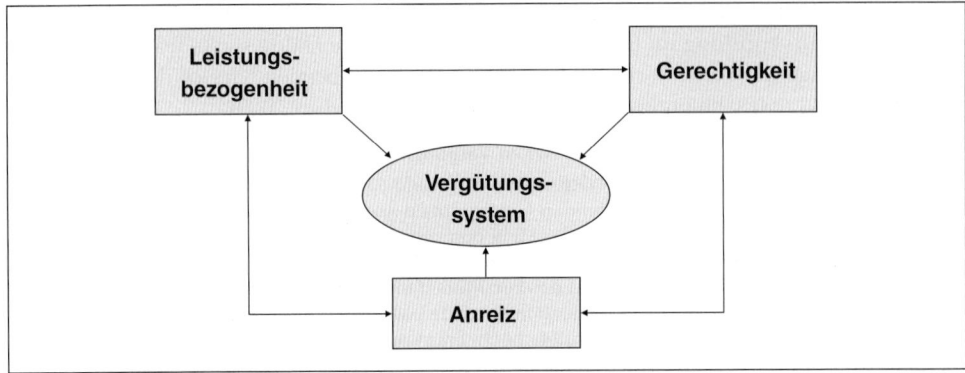

Schaubild III-B-25: Anforderungen an ein erfolgsorientiertes Agenturvergütungssystem

orientiertes Vergütungssystem zu genügen hat. Schaubild III-B-25 zeigt die Anforderungskriterien an ein solches erfolgsorientiertes Agenturvergütungssystem im Überblick.

Ein derartiges Vergütungssystem hat durch Leistungsbezogenheit sowie Gerechtigkeit gekennzeichnet zu sein und dabei gleichzeitig Leistungsanreize schaffen. Allen vorgestellten Vergütungsmethoden liegt eine mehr oder weniger starke **Leistungsbezogenheit** zugrunde. So ist diese Leistungsbezogenheit etwa bei der anreizgesteuerten beziehungsweise erfolgsabhängigen Vergütung in sehr starkem Maße, bei der Service-Fee- oder Einzelabrechnung auf Honorarbasis in weitaus stärkerem Maße ausgeprägt als bei der Abrechnung von Mediaschaltungen mittels der AE-Provision.

Eine Beurteilung der **Gerechtigkeit** vorgestellter Vergütungsmethoden kann nur im Einzelfall vorgenommen werden und ist stark von zugrunde liegenden Subjektivismen geprägt. Grundsätzlich ist jedoch festzuhalten, dass Gerechtigkeit im Vergütungssystem von der Realisierbarkeit und Zumutbarkeit der Kundenaufträge abhängig ist. Die Realisierbarkeit der Kundenaufträge ist dabei wiederum von den Fähigkeiten und der Motivation der jeweiligen Agentur abhängig. Die Tatsache, dass diese Größen nicht – oder nur sehr aufwändig – zu operationalisieren sind, mag ein Grund dafür sein, dass die Praxis diesem Anforderungskriterium nur wenig Aufmerksamkeit schenkt und die Gestaltung von Vergütungssystemen offenbar „intuitiv gerecht" erfolgt.

Darüber hinaus hat ein erfolgsorientiertes Vergütungssytem eine hohe **Anreizwirkung** zu entfalten, um die eingeschaltete Agentur zu hoher Leistung zu motivieren. Lediglich die vorgestellten anreizgesteuerten beziehungsweise erfolgsabhängigen Vergütungssysteme tragen diesem Anforderungskriterium Rechnung.

Bezugnehmend auf Schaubild III-B-25 wird ersichtlich, dass die skizzierten Anforderungskriterien bei der Gestaltung erfolgsorientierter Vergütungssysteme nicht etwa in isolierter Form, sondern im Verbund zu beachten sind. Ziel hat es zu sein, die Leistung gerecht aber den vereinbarten Leistungen entsprechend zu vergüten. Die leistungsbezogene Vergütung hat wiederum anreizbezogen zu sein et vice versa und zudem gerecht zu sein. Erfolgreiche Agentur-Kunden-Beziehungen und eine erfolgreiche Mediawerbung basieren auf einer Vergütung, bei der nicht nur die Höhe ausschlaggebend ist, sondern auch das System der Entlohnung für alle Teilnehmer transparent ist.

4 Ziele und Zielgruppen der Mediawerbung

4.1 Situationsanalyse als Ausgangspunkt

4.1.1 Begriff der Werbesituationsanalyse

Am Anfang des systematischen werbebezogenen Planungsprozesses steht die Analyse der kommunikativen Situation des Unternehmens. Dieser Schritt ist die notwendige Voraussetzung für die Festlegung der Werbeziele und der weiteren Planungsschritte der Mediawerbung. Der Situationsanalyse im hier vorliegenden Kontext wird die folgende **Definition** zugrunde gelegt:

> Die **Werbesituationsanalyse** umfasst eine Bestandsaufnahme werberelevanter Sachverhalte mit dem Ziel, werbepolitische Chancen und Risiken sowie Stärken und Schwächen offen zu legen und als Grundlage zur Festlegung von Werbezielen zu dienen. Dabei beinhaltet sie die Vorgänge der Informationsbedarfsermittlung, Informationsbeschaffung sowie der Analyse und Aufbereitung unternehmensinterner und -externer Daten. Das Ergebnis einer Situationsanalyse ist die Herausarbeitung der werblichen Problemstellung eines Produktes, einer Marke beziehungsweise eines Unternehmens.

Die Situationsanalyse wird in der Praxis oftmals nur sehr sporadisch und wenig systematisch durchgeführt. Die Werbeplaner sind sich dieses Problems wohl bewusst; es ist ihnen aufgrund unzureichend zusammengestellter Informationen und Daten sowie meist zeitlicher Restriktionen nicht möglich, eine umfassende Situationsanalyse zu erstellen.

Es gibt zwei Möglichkeiten, die Planung und Durchführung einer Situationsanalyse zu vollziehen. Entweder wird diese vom Unternehmen selbst durchgeführt oder sie wird an einen externen Anbieter, wie z. B. eine Agentur oder ein Marktforschungsinstitut, vergeben. Führt das Unternehmen die Situationsanalyse selbst durch und die restliche Kommunikations- und Werbeplanung wird von einer Agentur übernommen, gibt das Unternehmen die Erkenntnisse im Rahmen eines Briefings an die Agenturen weiter, damit diese einen Kommunikations- oder Werbeplan für das Unternehmen ausarbeiten kann. Zum anderen kann die Situationsanalyse für das Unternehmen von einer Agentur durchgeführt werden. Dann ist es Aufgabe der Agentur, die externen und internen Bedingungen zu identifizieren und den Ist-Zustand des Unternehmens zu bestimmen. Danach wird die weitere Kommunikations- und Werbeplanung von der Agentur vollzogen oder an das Unternehmen zurückgegeben. Die Durchführung einer Werbesituationsanalyse ist in beiden Fällen die vorrangige Aufgabe der **Marktforschung**, mit deren Hilfe die relevanten Daten und Informationen ermittelt werden. Die notwendigen Daten werden zum einen im Rahmen der Primärforschung mittels Befragung und/oder Beobachtung, zum anderen mittels Sekundärforschung durch die Ermittlung sowohl bereits verfügbarer betriebsinterner Daten (Absatz- und Reklamationsstatistiken) als auch betriebsexterner Daten (Aufzeichnungen statistischer Ämter, Verbände, Interessenvertretungen u. a. m.) erhoben. Zur Datenaufbereitung stehen der Marktforschung zahlreiche Analysemethoden zur Verfügung.

4.1.2 Notwendigkeit einer systematischen Situationsanalyse

Die Planung der Mediawerbung kann für das werbetreibende Unternehmen nur dann einen Nutzen stiften, wenn den planerischen Aktivitäten eine der Werberelevanz angemessene informative Fundierung zugrunde liegt. Um die Wirkung der Mediawerbung nicht dem Zufall zu überlassen, hat die Planung der Mediawerbung zur Erstellung marktgerechter Werbekonzeptionen auf einer systematischen und strukturierten Datenbasis aufzubauen, zu deren Gewinnung, Analyse und Aufbereitung die Situationsanalyse herangezogen wird.

Die Situationsanalyse hat sich nicht nur auf die bisher durchgeführten Aktivitäten der Mediawerbung und deren Erfolg zu beschränken. Vielmehr sind viele verschiedene Aspekte im gesamten Umfeld des Unternehmens zu berücksichtigen, die Einfluss auf die Situation des Unternehmens haben. Beispielsweise haben rechtliche Rahmenbedingungen oder die in Abschnitt III-B-2.2 sowie III-B-2.3 dargestellten qualitativen und quantitativen Entwicklungen auf Nachfragerseite Auswirkungen auf das Angebot von Unternehmen und deren Darstellung in der Mediawerbung. Die Beurteilung aller für eine konkrete Entscheidungssituation relevanten Umfeldvariablen, beispielsweise die Gesellschaft, Wirtschaft, Technologie, Recht und Politik sowie des Marktes, der Wettbewerber, der Kunden und der eigenen Unternehmenssituation, sind als Ausgangspunkt jeder Marketingentscheidung zu betrachten. Resultat der Situationsanalyse ist die Beschreibung und Bewertung der internen und externen Werbesituation des Unternehmens. Dieser Ist-Zustand ist den planerischen Aktivitäten zugrunde zu legen, da es für den Werbeplaner ansonsten kaum möglich ist, zu beurteilen, welcher Soll-Zustand (Werbeziele) anzustreben ist und welche werbepolitischen Aktivitäten zu ergreifen sind, d.h., welche Botschaft an welche Zielgruppe mit Hilfe welcher Werbemittel und Medien zu richten ist. Zentraler Anknüpfungspunkt der werbeziel-strategischen Überlegungen bildet dabei der Konsument, dessen Bedürfnisse und Erwartungen bei der Werbeplanung zu berücksichtigen sind (*Becker* 2009, S. 95). Mit Hilfe einer systematischen Situationsanalyse können konkrete unternehmensspezifische Fragestellungen herausgearbeitet werden, die sich z. B. auf die folgenden Themenfelder beziehen:

- Bewusstmachung des eigenen Kommunikations- und Werbeproblems,
- Erkennen des Kommunikations- und Werbeverhaltens der Hauptwettbewerber,
- Bewusstmachung der Effizienz des eigenen Kommunikations- und Werbeverhaltens in der Vergangenheit,
- Erkennen von Tendenzen im Kaufverhalten,
- Antizipieren von Trends im Lebensstil der Zielgruppe,
- Lokalisierung neuer werblicher Möglichkeiten, z. B. durch neue Technologien,
- Ermittlung von kommunikativen Wettbewerbsvorteilen (UCP, UAP),
- Erkennen nicht genutzter kommunikativer und werblicher Ressourcen im Unternehmen,
- Ermittlung von innerbetrieblichen Barrieren und Reaktanzen der Mitarbeitenden,
- Defizite im Leistungsangebot u. a. m.

Ein derartiges Vorgehen schafft das Risiko werbepolitischer Fehlentscheidungen zwar nicht ab, trägt aber zu dessen Minimierung beziehungsweise zur Maximierung der Planungssicherheit bei (*Huth/Pflaum* 2005, S. 80). Aus diesen Gründen steht die Situationsanalyse am Anfang des Planungsprozesses der Mediawerbung und dient im Weiteren als Basis für die Entwicklung erfolgreicher Werbestrategien.

4.1.3 Elemente und Methoden der Situationsanalyse

Von dem werbetreibenden Unternehmen sind viele verschiedene Aspekte zu berücksichtigen, die Einfluss auf die werbliche Situation des Unternehmens haben. Aus diesem Grund hat sich das Unternehmen zur Durchführung der Situationsanalyse verschiedener Methoden zu bedienen, mit deren Hilfe die Vielzahl möglicher interner und/oder externer Einflussfaktoren systematisch und detailliert erfasst wird. Je nach Situation, Fragestellung und Zielset-

Inhaltlicher Fokus	Analyseinstrument
Herausarbeitung der werblichen/kommunikativen Problemstellung	• SWOT-Analyse
Identifikation von Kaufmotiven	• Means-End-Analyse
Wahrnehmung von Eigenschaften aus Kundensicht	• Positionierungsanalyse • Imageanalyse
Identifikation eigener Markt- und Kommunikationschancen	• Wettbewerbsanalyse
Berücksichtigung genereller Rahmenbedingungen	• Umfeldanalyse

Schaubild III-B-26: Methoden der Situationsanalyse und deren inhaltlicher Fokus

zung sind durch das werbetreibende Unternehmen spezielle Analyseinstrumente einzusetzen, um präzise Informationen zu gewinnen. Die Analyseinstrumente können sich dabei auf ökonomische und psychologische Sachverhalte beziehen, als Ex post- oder Ex ante-Analyse durchgeführt werden und verschiedene Objekte (Produkte, Marken, Kunden, Unternehmen, Konkurrenten u. a. m.) zum Gegenstand haben. Schaubild III-B-26 zeigt eine Auswahl verschiedener Analysemethoden und deren zentralen inhaltlichen Fokus. Dabei stellt die so genannte SWOT-Analyse eine umfassende Methodik dar, die Vielzahl unternehmensinterner und -externer Faktoren zu erfassen, zu verdichten und damit eine Ableitung der werblichen Problemstellung zu ermöglichen. Darüber hinaus existieren zahlreiche spezielle Analysemethoden, die bestimmte Fragestellungen beziehungsweise relevante Bereiche fokussieren. Neben der SWOT-Analyse wird im Folgenden auf einige zentrale – im Rahmen der werblichen Situationsanalyse häufig eingesetzten – Analysemethoden eingegangen.

4.1.3.1 SWOT-Analyse

Zu den wichtigsten und in der Praxis am häufigsten eingesetzten Analysemethoden gehört die **SWOT-Analyse** (Strengths-Weaknesses-Opportunities-Threats), deren Ziel die Herausarbeitung der kommunikativen beziehungsweise werblichen Problemstellung des Unternehmens ist. Im Sinne einer längerfristigen Perspektive ist es für das Unternehmen wichtig, sowohl unternehmensinterne **Stärken und Schwächen** als auch unternehmensexterne **Chancen und Risiken** zu berücksichtigen (*Nieschlag/Dichtl/Hörschgen* 2002, S. 104). Die Methode ist darauf gerichtet, die Vielzahl von Einzelinformationen aus den Bereichen Unternehmen, Wettbewerber, Markt, Kunde und Umfeld zu erfassen. Durch eine umfassende Chancen-Risiken-Analyse des Unternehmens wird die externe Situation ermittelt. Aufgabe ist es, das externe Umfeld des Unternehmens auf Anzeichen einer Bedrohung der gegenwärtigen werblichen Aktivitäten und hinsichtlich neuer Chancen oder Risiken zu untersuchen (beispielsweise Chancen neuer Produkte oder kommunikativer Positionierungen durch Trends im Konsumentenverhalten oder werbliche Einschränkungen durch Entwicklungen des rechtlichen sowie politischen Umfeldes). Die interne Situationsanalyse ist als Stärken-Schwächen-Analyse zu interpretieren und hat die werbebezogenen Ressourcen des Unternehmens im Vergleich zu den wichtigsten Konkurrenten zu analysieren und zu bewerten. Dabei ist das zentrale

Problem, jene Beurteilungskriterien herauszufinden, die für die Mediawerbung als strategisch relevant anzusehen sind und durch die sich ein strategischer und kommunikativer Wettbewerbsvorteil aufbauen lässt. Schaubild III-B-27 zeigt einen Fragenkatalog, mit dessen Hilfe erste Ansatzpunkte zur Identifizierung der werbebezogenen Unternehmenssituation abgeleitet werden können.

Die SWOT-Analyse kombiniert die Ergebnisse der Stärken-Schwächen-Analyse sowie der Chancen-Risiken-Analyse durch deren Gegenüberstellung in der so genannten SWOT-Matrix. Sie ist damit eine **integrative Methode,** die eine Bestimmung der Ist-Situation des Unternehmens ermöglicht und dabei **gleichzeitig** externe und interne Bedingungen Rahmenbedingungen eines Unternehmens analysiert (*Müller-Stewens/Lechner* 2005, S. 166). Durch das Zusammenführen der beiden Bereiche ist durch die SWOT-Analyse sichergestellt, dass systematisch alle relevanten Faktoren erfasst sowie die Informationen verdichtet und strukturiert dargestellt werden. Dies führt zu einer Reduktion der Komplexität, die erlaubt, auf Basis der aktuellen Situation und bisheriger Tendenzen Einschätzungen zukünftiger Entwicklungen vorzunehmen.

Das zentrale Ergebnis der werbebezogenen SWOT-Analyse ist die Herausarbeitung der **kommunikativen Problemstellung** des Unternehmens beziehungsweise seiner Marken, aus der sich Anhaltspunkte für den weiteren Einsatz der Mediawerbung ableiten lassen. Durch die Formulierung der kommunikativen Problemstellung kann die Frage beantwortet werden, welche Erfolge durch den Einsatz der Mediawerbung realisiert wurden, aber auch, welche Defizite in der bisherigen Arbeit bestehen. Die Problemstellung ist Grundlage für die **Werbezielplanung** sowie die Werbestrategie und hat gleichzeitig einen zentralen Bestandteil des **Agenturbriefings** darzustellen. Hierbei geht es vorrangig darum, über eine operationale Zielformulierung und ein umfassendes und differenziertes Briefing die Voraussetzungen für die Herausarbeitung einer **Unique Advertising Proposition (UAP)** zu schaffen. Ein eigenständiger Werbeauftritt ist eine notwendige Voraussetzung, um ein einzigartiges Unternehmens- und Markenbild in der Wahrnehmung der Zielpersonen zu verankern und sich damit von der Konkurrenz abzuheben.

Die Intensität, der Differenzierungsgrad sowie eine systematische Vorgehensweise bei der Durchführung der Situationsanalyse sind von entscheidender Bedeutung für die Güte der Analyseergebnisse. Je aufwändiger, systematischer und differenzierter die Werbesituationsanalyse angelegt ist, desto detaillierter und transparenter wird der **Handlungsspielraum** zur Verbesserung bisheriger werblicher Aktivitäten beschrieben. Der Werbetreibende erhält eine Vielzahl von Ansatzpunkten, die Mediawerbung effektiver und effizienter einzusetzen.

4.1.3.2 Means-End-Analyse

Um den Einsatz der Mediawerbung wirksam zu planen und zu gestalten, bedarf es möglichst genauer Informationen über das Zustandekommen von Meinungen und Entscheidungsverhalten bei den Konsumenten. Eine systematische Methode zur Identifikation von Kaufmotiven des Konsumenten ist die **Means-End-Analyse** (Ziel-Mittel-Methode). Diese kann als die „Zielorientierung des individuellen Verhaltens" bezeichnet werden, d. h., die Motivation zum Kauf eines Produktes kommt dadurch zustande, dass der Konsument das Produkt als geeignetes Mittel wahrnimmt, um seine Bedürfnisse zu befriedigen (*Herrmann* 1998, S. 31 ff.). Schaubild III-B-28 zeigt die Struktur einer Means-End-Analyse, bestehend aus drei Elementen, am Beispiel eines Sportschuhs.

Diese Kette stellt einen Ausschnitt aus der Wissensstruktur eines Individuums dar. Die Eigenschaft eines Produktes führt beim Konsumenten zu einer Nutzenvorstellung, die letztlich zu einer bestimmten Werthaltung einer Person führt.

Fragen	Antworten	Chancen/ Risiken Stärken/ Schwächen
Marktbezogene Fragen		
• In welchem Markttypus (z.B. Monopol, Oligopol, usw.) findet der werbliche Einsatz statt? • Wie hoch ist das derzeitige werbebezogene Marktvolumen? • Wie hoch ist das über den Werbeeinsatz erschließbare Marktpotenzial? • Steht der Werbeeinsatz in Einklang mit der Marktdynamik? • Existiert eine konkrete Formulierung der über den Werbeeinsatz zu erreichenden Soll-Position? u.a.m.		
Kundenbezogene Fragen		
• Inwieweit ist der Firmen- bzw. Markenname bekannt? • Inwieweit ist der Name der Produktgruppe bekannt? • Inwieweit entspricht der Werbeeinsatz den Nutzenerwartungen der Kunden? • Gelingt es der Mediawerbung in ausreichendem Maße, Problembewusstsein bzw. produktbezogene Bedürfnisse zu schaffen? • Verfügt das Unternehmen bzw. die Marke über ein klares und positives Image bei den Kunden? • Gelingt es der Mediawerbung, die Kunden in ausreichendem Maße zum Wiederkauf zu veranlassen? • Gelingt es der Mediawerbung, den Kunden nach seinem Kauf in seiner Entscheidung zu bestätigen? u.a.m.		
Konkurrenzbezogene Fragen		
• Wie groß ist die Anzahl werblich in Erscheinung tretender Konkurrenten? • Wie hoch ist deren Werbepotenzial einzuschätzen? • Wie hoch ist deren über den Werbeeinsatz erzielbares Marktpotenzial? • Wie hoch ist der relative Werbedruck? • In welchem Ausmaß erfolgt eine werbliche Differenzierung zur Konkurrenzwerbung? u.a.m.		
Unternehmensbezogene Fragen		
• Wie hoch ist das eigene Kommunikations- und Werbepotenzial? • Passt der bisherige Kommunikations- und Werbestil zum Leistungsprogramm des Unternehmens? • Wie hoch ist das werbebezogene Expertenwissen im Unternehmen? • Wie hoch sind die derzeitigen Werbekosten? • Ist die Zusammenarbeit mit eingeschalteten Werbeagenturen in den letzten Jahren durch Erfolg gekennzeichnet? u.a.m.		

Schaubild III-B-27: Fragestellungen für eine SWOT-Analyse der Mediawerbung

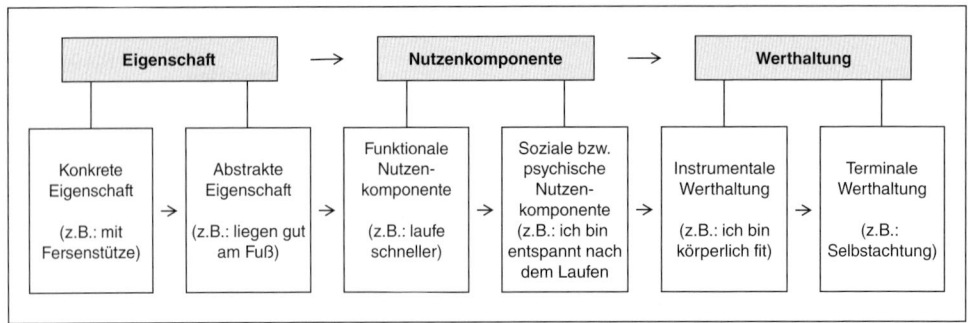

Schaubild III-B-28: Grundstruktur der Means-End-Kette (Herrmann 1998, S. 32)

Die **Produkteigenschaften** werden dabei nach konkreten und abstrakten Eigenschaften differenziert. Eine Eigenschaft ist konkret, wenn die Ausprägung die physikalisch-chemisch-technische Beschaffenheit eines Erzeugnisses beschreibt. Diese lässt sich in der Regel direkt beobachten oder objektiv messen. Die abstrakte Eigenschaft liegt hier nicht in der objektiven Bewertung des Produktes, sondern in dem subjektiven Empfinden der Person. Der **Nutzen** unterteilt sich in einen funktionalen Grundnutzen, der sich aus der physikalisch-chemisch-technischen Eigenschaft ergibt und die Qualität beziehungsweise Zwecktauglichkeit eines Produktes ergibt. Der soziale beziehungsweise psychische Nutzen spiegelt die Komponenten wider, die nicht für die Funktionsfähigkeit des Produktes relevant sind, sondern Produktmerkmale darstellen, wie z. B. die ästhetische Erscheinung und die soziale Akzeptanz der Person steigern. Des Weiteren wird die **Werthaltung** in eine terminale und instrumentale Komponente unterschieden. Instrumentale Werthaltungen sind persönliche oder sozial wünschenswerte Lebensziele. Persönliche Werthaltungen umfassen die innere Harmonie, das Heil der Seele, Liebe, Selbstachtung usw. Soziale Werthaltungen hingegen sind Größen, wie z. B. eine friedliche Welt und persönliche Sicherheit. Terminale Werthaltungen repräsentieren Lebensziele, die wünschenswerte Verhaltensformen darstellen. Zum einen sind es moralische, wie z. B. Toleranz, Hilfsbereitschaft und Verantwortungsgefühl und zum anderen leistungsorientierte Werthaltungen, wie beispielsweise die Attribute logisch, intellektuell und phantasievoll (*Herrmann* 1998, S. 31 ff.)

Mit der Means-End-Analyse kann die Gedankenstruktur der Konsumenten offen gelegt und bewusst gemacht werden, welche Eigenschaften eines Produktes mittels der Mediawerbung verstärkt zu kommunizieren sind, um beim Kunden den Kauf eines Produktes oder einer Leistung zu erzeugen. Aus den durch den Kauf entstehenden Nutzenbündeln lässt sich, unter der Berücksichtigung von Präferenzen, erkennen, welche Attribute eines Produktes für den Konsumenten ausschlaggebend sind (*Herrmann* 1998, S. 180 f., 410 f.). Zur Erfassung von Ziel-Mittel-Beziehungen zwischen den Eigenschaften und daraus resultierenden Nutzen und Werten für den Kunden eignet sich beispielsweise die so genannte **Laddering-Technik** (Leitertechnik). Diese assoziative Befragungsmethode erlaubt es, kognitive Strukturen zu messen und Ziel-Mittel-Assoziationen darzustellen (*Trommsdorff* 2009, S. 104). Die Technik ermöglicht es, ausgehend von Eigenschaften über den Nutzen zu Werten des Produktes zu gelangen und damit Anhaltspunkte für die Marken- oder Produktkommunikation zu geben (*Esch* 2010, S. 104). Schaubild III-B-29 zeigt am Beispiel des *Mercedes SL* eine fiktive Ziel-Mittel-Beziehung.

4.1.3.3 Positionierungsanalyse

Die **Positionierungsanalyse** dient der Wahrnehmung der Eigenschaften eines Unternehmens oder einer Marke und Beurteilung der angebotsrelevanten Faktoren des Leistungsangebotes

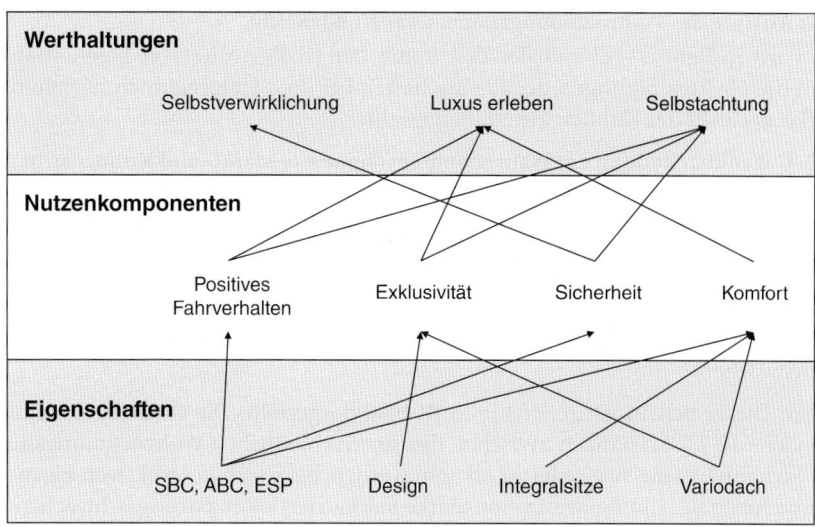

Schaubild III-B-29: Beispiel für eine fiktive Ziel-Mittel-Beziehung für den Mercedes SL (Esch 2010, S. 102)

aus Sicht der Konsumenten. Die Leistungswahrnehmung der Konsumenten ist meist subjektiv und kann von der objektiven Beurteilung abweichen. So beurteilt der Kunde die Stärken und Schwächen eines Unternehmens in seiner subjektiven Wahrnehmung anders als das Unternehmen mit seinen angebotsrelevanten Faktoren objektiv am Markt, d. h. im Vergleich zur Konkurrenz, steht. Beispielsweise nimmt ein Konsument die kommunizierten Produktvorteile als nicht so innovativ wahr, wie diese objektiv dargestellt wurden oder das Image einer Marke wird nicht in der Form wahrgenommen, wie es das Unternehmen eigentlich wünscht. Somit ist das Fremdbild, das ein Konsument von dem Produkt oder dem Unternehmen hat, entscheidend.

Bei der Entwicklung der strategischen Positionierung handelt es sich zwar um einen kreativen Prozess. Dennoch sind sämtliche Analysemethoden zu nutzen, um die Entscheidung über die Positionierung methodisch zu unterstützen. Hier bietet es sich an, die verschiedenen Positionierungsverfahren einzubeziehen (zu einem Überblick der Positionierungsverfahren vgl. *Trommsdorff/Zellerhoff* 1994). Diese Verfahren sind in erster Linie dazu in der Lage, eine **Ist-Positionierung** vorzunehmen. Die strategische Positionierung dient jedoch dazu eine **Soll-Position** vorzugeben. Der Entscheidungsträger hat daher aus der Analyse der Ist-Position eine Soll-Position abzuleiten. Einen Vorschlag für die Entwicklung eines solchen zukünftigen Fremdbildes haben *Barich und Kotler* (1991) im Zusammenhang mit einem **„Marketing Image Management"** entwickelt. In dem **Prozess der Entwicklung einer strategischen Positionierung** wird in folgenden Schritten vorgegangen (vgl. in anderer Form auch *Kroeber-Riel/Esch* 2004, S. 47 ff., 51 f.; *Esch* 2006, S. 49 ff., 61 ff.; *Kroeber-Riel/Weinberg/Gröppel-Klein* 2009, S. 270 ff.):

Schritt 1: Analyse des Wahrnehmungsraumes aus Marktsicht

Zunächst wird in einer zweidimensionalen Darstellung die (1) Relevanz von Eigenschaften (beziehungsweise Kaufentscheidungskriterien) auf dem Gesamtmarkt den (2) objektiven Stärken und Schwächen eines Unternehmens beziehungsweise einer Marke im Hinblick auf die Eigenschaften dargestellt. Letztere Eigenschaften sind objektiv vorhanden, es ist jedoch möglich, dass diese von den Kunden subjektiv nicht wahrgenommen werden.

Schritt 2: Analyse des Wahrnehmungsraumes aus Kundensicht

Hierbei wird in dem zweidimensionalen Raum der (1) Relevanz von Eigenschaften (vgl. Schritt 1) die (2) Ausprägungen der Eigenschaften bei dem Unternehmen beziehungsweise der Marke aus Sicht der Kunden gegenübergestellt.

Schritt 3: Gegenüberstellung der Wahrnehmungsräume aus Markt- und Kundensicht

Durch eine Gegenüberstellung der beiden Wahrnehmungsräume wird in einem Überblick

- die Relevanz der Eigenschaften für die Kaufentscheidung,
- die Ausprägung der Eigenschaften bei dem Unternehmen beziehungsweise der Marke in der Meinung von Zielgruppen sowie
- die objektive Ausprägung der Eigenschaften bei dem Unternehmen oder der Marke (Stärken/Schwächen)

erkennbar. Dieser Schritt ist in Schaubild III-B-30 dargestellt. Die Gegenüberstellung zeigt insbesondere die Diskrepanzen zwischen den unterschiedlichen Wahrnehmungsdimensionen auf. So kann beispielsweise leicht erkannt werden, bei welchen objektiven Eigenschaften ein Unternehmen beziehungsweise eine Marke Stärken beziehungsweise Schwächen hat, wie dies von den Zielgruppen wahrgenommen wird und wie wichtig die Eigenschaften für die Kaufentscheidung sind.

Schritt 4: Einbeziehung von Konkurrenzunternehmen in die Wahrnehmungsräume

In einem nächsten Schritt werden schließlich die Ausprägungen der Eigenschaften für die Hauptkonkurrenten aus der Sicht der Zielgruppen erfasst und in den Wahrnehmungsraum einbezogen.

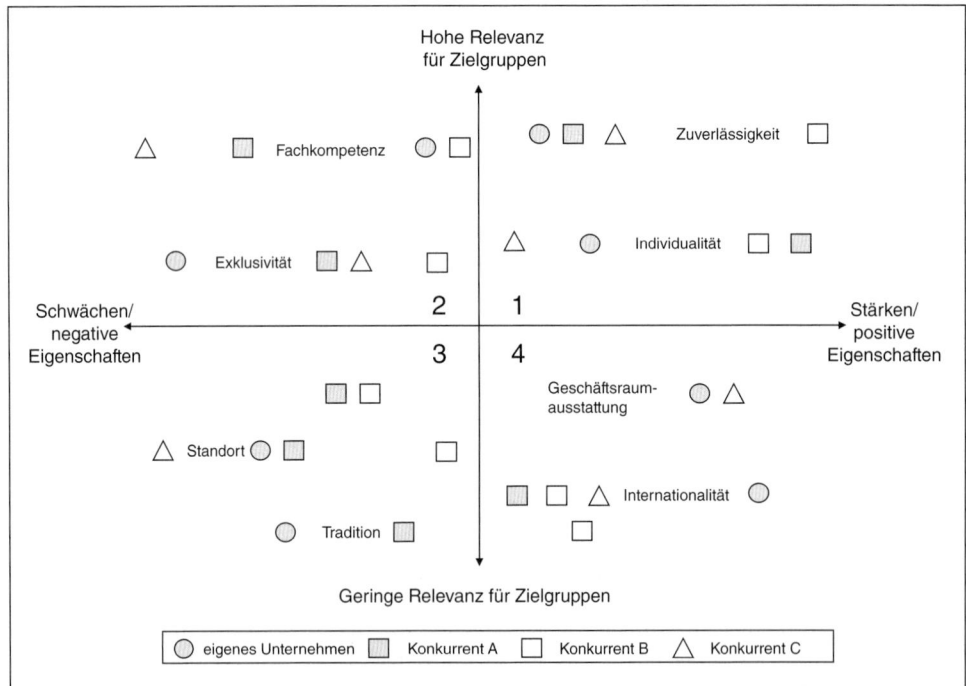

Schaubild III-B-30: Einbeziehung der Konkurrenzunternehmen in die Wahrnehmungsräume
(Bruhn 2009a, S. 205)

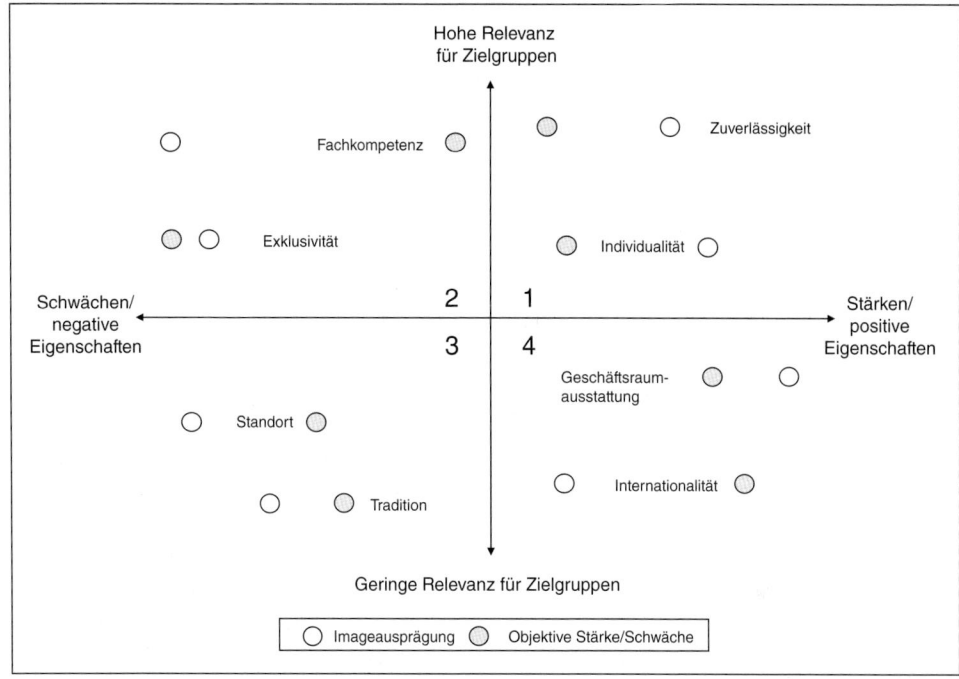

*Schaubild III-B-31: Gegenüberstellung von Wahrnehmungsräumen am Beispiel eines
Dienstleistungsunternehmens (Bruhn 2009a, S. 204)*

Diese erweiterte Darstellung ist in Schaubild III-B-31 wiedergegeben. Dabei wird deutlich, welche Konkurrenzpositionen im Vergleich zu dem eigenen Unternehmen beziehungsweise der Marke vorhanden sind. Ebenfalls wird die „Dichte des Wettbewerbs" im Wahrnehmungsraum erkennbar. Für jede einzelne Eigenschaft kann jetzt der Abstand zum jeweils besten oder nächsten Konkurrenten beurteilt werden.

Schritt 5: Strategische Positionierung auf der Basis der Wahrnehmungsräume

Auf der Basis der Analyse dieser Wahrnehmungsräume aus Markt- und Kundensicht unter Einbezug der Konkurrenzposition können jetzt Überlegungen über die zukunftsorientierte strategische Positionierung angestellt werden.

Hierbei bestehen unterschiedliche Positionierungsansätze, die in Schaubild III-B-32 dargestellt sind. Der klassische Ansatz besteht darin, jene Stärken eines Unternehmens beziehungsweise einer Marke zu betonen, die auch eine hohe Relevanz für die Zielgruppen aufweisen (Feld 1). Wenn Stärken bei bestimmten Eigenschaften vorliegen, diese aber nur eine geringe Relevanz für die Zielgruppen haben, dann können diese für eine strategische Positionierung unter der Bedingung genutzt werden, dass die Bedeutung der Eigenschaft für die Zielgruppe durch werbliche Maßnahmen erhöht wird (Feld 4). Wenn Eigenschaften eine hohe Relevanz für die Zielgruppen aufweisen, das Unternehmen beziehungsweise die Marken aber Schwächen in diesen Merkmalen aufweisen, dann können auch diese für die strategische Positionierung genutzt werden; allerdings nur unter der Bedingung, dass sich das Unternehmen beziehungsweise die Marke in diesen Merkmalen wesentlich verbessert (Feld 2). Eigenschaften mit geringer Relevanz für die Zielgruppen sowie geringen Ausprägungen haben keine Bedeutung für die strategische Positionierung (Feld 3).

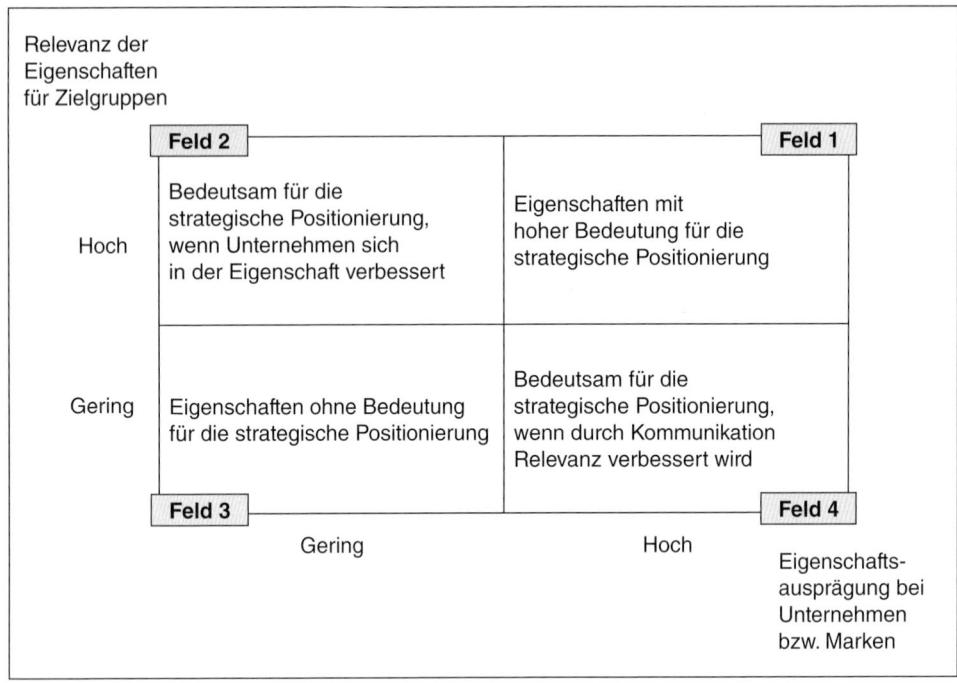

Relevanz der
Eigenschaften
für Zielgruppen

	Feld 2				Feld 1
Hoch	Bedeutsam für die strategische Positionierung, wenn Unternehmen sich in der Eigenschaft verbessert		Eigenschaften mit hoher Bedeutung für die strategische Positionierung		
Gering	Eigenschaften ohne Bedeutung für die strategische Positionierung		Bedeutsam für die strategische Positionierung, wenn durch Kommunikation Relevanz verbessert wird		
	Feld 3				Feld 4
	Gering		Hoch		

Eigenschafts-
ausprägung bei
Unternehmen
bzw. Marken

Schaubild III-B-32: Eignung der Eigenschaften (Imagemerkmale) zur strategischen Positionierung von Marken oder Unternehmen (Bruhn 2009a, S. 206)

Bei der Wahl des relevanten Positionierungsansatzes steht die Möglichkeit der Schaffung einer Alleinstellung gegenüber den Konkurrenten und einer zukunftsorientierten Positionierung im Vordergrund.

Schritt 6: Gegenüberstellung der Ist-Position mit der strategischen Positionierung
Die Entwicklung und endgültige Formulierung der Positionierungsstrategie hängt in erster Linie von der Ausgangsposition des Unternehmens ab. Deshalb hat die strategische Positionierung in Abhängigkeit von der Ist-Positionierung zu erfolgen. Auch hier sind mehrere Varianten denkbar:

- Werden die jetzigen Stärken des Unternehmens beziehungsweise der Marke bereits von den Zielgruppen wahrgenommen, dann ist die bereits für die Vergangenheit gewählte strategische Positionierung fortzusetzen.
- Eine weitere Möglichkeit wäre, neue Wahrnehmungsdimensionen bei den Zielgruppen einzuführen.
- Weiterhin könnten bereits bekannte Eigenschaftsdimensionen in der Beurteilung der Zielgruppen stärker gewichtet werden.

Die beiden letztgenannten Varianten setzen voraus, dass diese Eigenschaften auch tatsächlich als Stärken bei dem Unternehmen oder der Marke vorhanden sind, aber von den Zielgruppen noch nicht wahrgenommen werden und deshalb mit einem zusätzlichen Werbeaufwand im Markt durchzusetzen sind.

Die **strategische Positionierung** betrifft also die Kernkompetenz, z.B. Merkmale wie Natürlichkeit, Preiswürdigkeit, Qualität, Sportlichkeit, Luxus oder Leistungsfähigkeit eines Unternehmens, Produktes oder einer Marke, und ist eindeutig markt- und zukunftsbezogen. Für die Kommunikation gilt es, diese Unique Selling Proposition in eine **Unique Communication Proposition (UCP)** beziehungsweise für die Werbung in eine **Unique Advertising Proposition (UAP)**, umzusetzen. Die Richtung wird in starkem Maße von der Unternehmens- beziehungsweise Markenstrategie abhängen. Diese wird in Abhängigkeit von der zukünftigen Orientierung des Unternehmens beziehungsweise der Marken zur Auswahl und Bearbeitung von Märkten gewählt.

> **Beispiel: Vereinfachte Formulierung einer strategische Positionierung**
> „Wir wollen
> - … von unseren Hauptabnehmern als absoluter Qualitätsführer im Markt für Heizungsthermostate akzeptiert werden."
> - … uns im Markt als Nischenanbieter auf das Exklusivsegment bei Damenblusen konzentrieren und unsere Attraktivität im Handel durch eine konsequente Markenartikelpolitik erhöhen."
> - … unser Versicherungsgeschäft internationalisieren und uns als einen international erfolgreich agierenden Konzern präsentieren."

Die **Positionierungsanalyse** ist ein Analyseinstrument, das der SWOT-Analyse zur Ermittlung der internen Ist-Situation dient, damit das Unternehmen seine werbliche Problemstellung herausarbeiten kann. Auf Basis der abgeleiteten werblichen Positionierung hat das werbetreibende Unternehmen für das weitere Vorgehen im Planungsprozess geeignete die Werbeziele zu definieren.

4.1.3.4 Wettbewerbsanalyse

Die Analyse der Wettbewerbssituation dient der **Identifikation eigener Markt- und Kommunikationschancen.** Bei der Betrachtung der Wettbewerber sind vorhandene und potenzielle Konkurrenten zu betrachten und zwischen direkten und indirekten Wettbewerbern zu unterscheiden. Hier ist die Abgrenzung des relevanten Marktes für die Identifikation der relevanten Wettbewerber ausschlaggebend. Die **direkten Wettbewerber** bieten das gleiche oder ein ähnliches Produkt an, haben dieselben Abgrenzungskriterien und Bezugspunkte des Marktes wie das eigene Unternehmen und stehen damit in direkter Konkurrenz. **Indirekte Wettbewerber** haben hingegen zwar das gleiche Produkt anzubieten, haben ihren relevanten Markt aber anders definiert und andere Bezugspunkte gewählt, wie z. B. eine andere Zielgruppen, andere räumliche Märkte oder andere Leistungsmerkmale und stehen somit nur in einem indirekten Wettbewerb zu dem Unternehmen.

Bei der **Analyse der Wettbewerber** kann zunächst die **Struktur der Wettbewerber** z. B. im Hinblick auf die Marktaufteilung, Marktanteile und deren Marktsituation analysiert werden. Bei den **Wettbewerbsprozessen** handelt es sich um interne Prozessabläufe der Mediawerbung bei den Konkurrenten und deren Gestaltungsmöglichkeiten. Hier ist beispielsweise zu ermitteln, welche Medien von den Wettbewerbern genutzt werden oder welchen Mediamix diese einsetzen. Des Weiteren ist das **Wettbewerbsergebnis**, also das Ergebnis werblicher Aktivitäten am Markt, wie z. B. die Positionierung der einzelnen Wettbewerber zu analysieren. Von Interesse sind hierbei vor allem aus den Inhalten der Werbebotschaft ableitbare Positionierungen und der damit verbundene Differenzierungsgrad. Folgende Fragen sind bei der Analyse der Wettbewerber von Interesse:

(1) Wettbewerbstruktur
- Wer sind die relevanten Wettbewerber?
- Was bieten die Wettbewerber alles an?
- Wie hoch ist deren Werbepotenzial einzuschätzen?
- Wie ist die Aufteilung der Werbemittel, z. B. in Relation zum Marktanteil?

- Welches sind deren relevante Kunden?
- Sind neue Wettbewerber zu erwarten? u. a. m.

(2) Wettbewerbsprozesse

- Mit welchen Inhalten kommunizieren die Mitwettbewerber?
- Wie ist die Gestaltung der einzelnen Werbemittel?
- Wie ist deren strategische Soll-Positionierung?
- Welchen Mediamix setzen die Wettbewerber ein und mit welchen Schwerpunkten?
- Wie hoch ist das Werbebudget der Wettbewerber?
- Arbeiten die Wettbewerber mit einer Agentur zusammen? u. a. m.

(3) Wettbewerbsergebnis

- Wie ist die Ist-Positionierung der Wettbewerber, in Abgrenzung zum eigenen Unternehmen?
- Wie ist der „Share of Voice"?
- Wie hoch ist der relative Werbedruck?
- Wie wurden im eigenen Unternehmen relevante Zielgrößen erreicht und wie ist die Erreichung durch Konkurrenten (z. B. Bekanntheitsgrad, Evoked Set, Image, Kundenzufriedenheit, Konkurrenzabgrenzung, Zielgruppenerschließung)?
- In welchem Ausmaß erfolgt eine werbliche Differenzierung zur Konkurrenzwerbung? u. a. m.

Die ermittelten Kriterien und Informationen stellen mögliche Einflussgrößen der Wettbewerber auf das Werbeverhalten des eigenen Unternehmens dar. Im Rahmen dieser Wettbewerbsanalyse kann ein **Scoringmodell** oder ein **semantisches Differenzial** beziehungsweise **Polaritätenprofil** erstellt werden, dass das Profil eines jeden Wettbewerbers im Vergleich zu den eigenen Angaben aufzeigt. Basis hierfür bilden die qualitativen Einschätzungen und/ oder qualitative Analysewerte zu den unterschiedlichen Kriterien. Schaubild III-B-33 zeigt empirisch ermittelte Polaritätenprofile im Altbiermarkt, die die verbraucher-analytisch erfassten Images zweier Biermarken sowie des „idealen Altbieres" repräsentieren (*Becker* 2009, S. 112).

4.1.3.5 Umfeldanalyse

Im Rahmen der **Umfeldanalyse** erfolgt die Erfassung und Untersuchung aller relevanten Faktoren, die einen indirekten Einfluss auf das werbetreibende Unternehmen oder dessen Markt ausüben. Neben den bereits aufgeführten externen Rahmenbedingungen eines Unternehmens beeinflusst das allgemeine und globale Umfeld die Kommunikationssituation und werblichen Aktivitäten eines Unternehmens. Dazu gehören die Technologie, Recht, Politik, Ökologie, Ökonomie und die Kultur (*Müller-Stewens/Lechner* 2005, S. 149 f.; *Welge/Al-Laham* 2008, S. 185 ff.). Für die Mediawerbung relevante Einflussfaktoren sind beispielsweise:

- **Technologie:** Neue Technologien, wie z. B. neue Druck- oder Fernsehtechniken und dadurch entstehende innovative Werbeformen, bieten zahlreiche Möglichkeiten der Umsetzung im Rahmen der Mediawerbung (vgl. Abschnitt III-B-1.3.2)
- **Recht:** Von rechtlicher Seite gibt es Bestimmungen, die die werbliche Situation eines Unternehmens beeinflussen, wie z. B. das Markengesetz oder das Werberecht. Lange Zeit war beispielsweise vergleichende Werbung in Deutschland nicht erlaubt. Erst seit dem Jahre 1997 ist vergleichende Werbung zulässig, wenn „weder die Marken, die Handelsnamen oder andere Unterscheidungszeichen noch die Waren, die Dienstleistungen, die Tätigkeiten oder die Verhältnisse eines Mitbewerbers herabgesetzt oder verunglimpft" werden (Richtlinie 84/450/EWG, Artikel 4, AbS. 11d). Nicht nur die länderspezifische Rechtsprechung, sondern auch das EU-Recht hat erheblichen Einfluss auf die Mediawerbung. Die

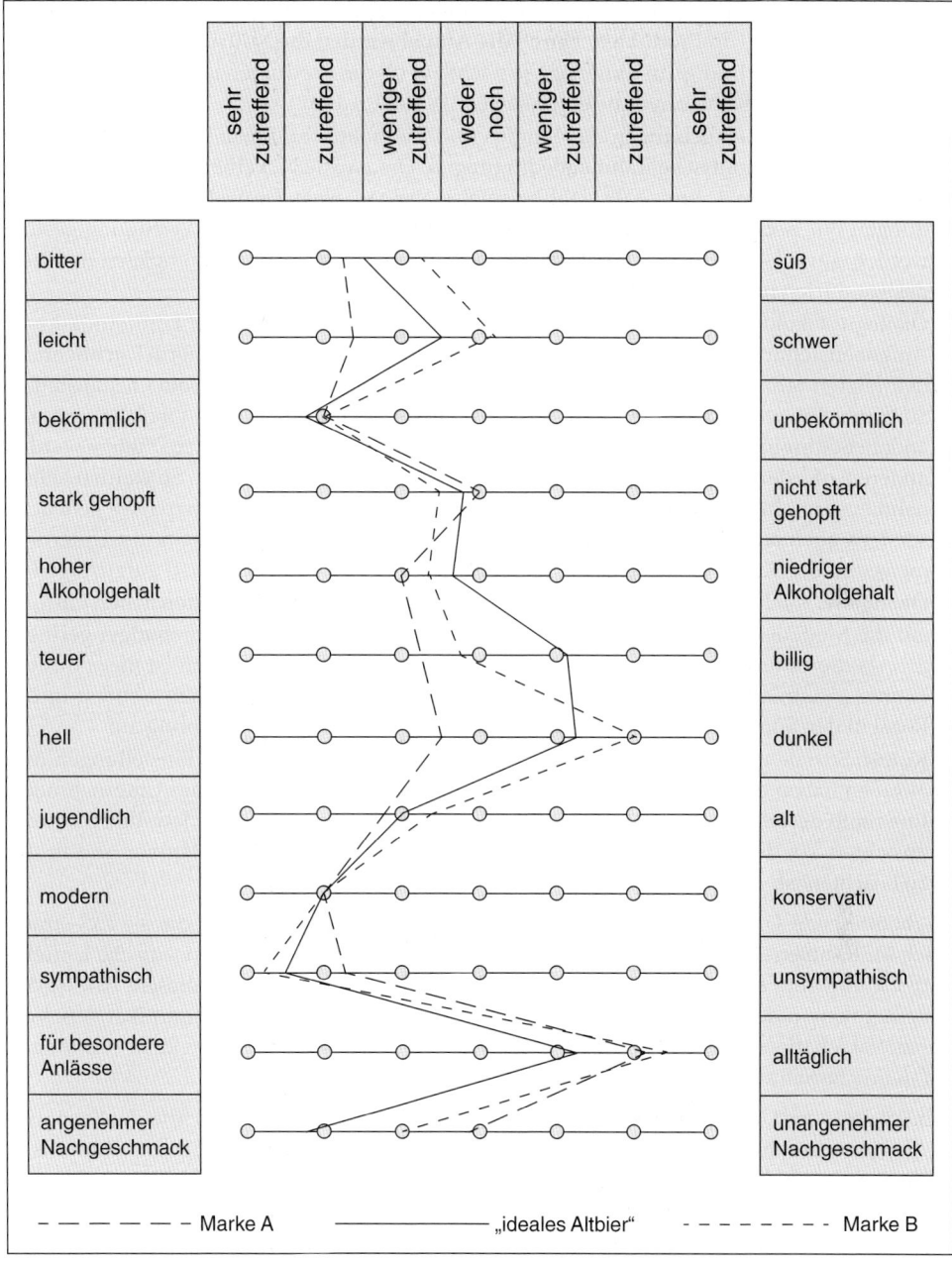

Schaubild III-B-33: Polaritätenprofile zweier Altbier-Marken und des "idealen Altbiers" (Becker 2009, S.112)

Kommunikation ungenauer und vager Angaben, wie beispielsweise solche über das allgemeine Wohlbefinden („Hält jung"), psychische Funktionen („Verringert Stress") und schlank machende Wirkung („Verringert die Kalorienaufnahme") soll nach der geplanten EU-Verordnung über die Auslobung von Nahrungsmitteln in Zukunft nicht mehr zugelassen sein, ebenso Verweise auf Ärzte und bestimmte Werbemaßnahmen für alkoholische

Getränke. Daneben diskutiert die EU-Kommission derzeit über eine mögliche „Ampel-Kennzeichnung" von Produkten. Durch die Ampel werden die Nährwerte auf den Verpackungen rot, gelb und grün hinterlegt, je nachdem ob die Produkte viel, mittel oder wenig Fett, Eiweiß oder Kohlenhydrate enthalten (*ZAW* 2009, S. 160 f.).

- **Politik:** Neue Gesetzgebungen des Bundes und die politische Einstellung gegenüber der Industrie bilden politische Rahmenbedingungen. Die zwölfte Novellierung des Rundfunk-staatsvertrages am 1. Juni 2009 sieht beispielsweise vor, dass Fernseh- und Hörfunksen-dungen nur noch sieben Tage nach der Ausstrahlung im Internet zur Verfügung gestellt werden dürfen. Sendungen von sportlichen Großereignissen sowie von Spielen der Bun-desliga dürfen nur noch 24 Stunden lang online verfügbar sein.

- **Ökologie:** Ökologische Aspekte sind ebenfalls Rahmenbedingungen der kommunikativen Aufgabenstellung eines Unternehmens und in der Mediawerbung zu berücksichtigen. In den letzten Jahrzehnten ist eine Zunahme des ökologischen Bewusstseins festzustellen. So bieten Einzelhandelsunternehmen neue Lebensmittelprodukte mit Ökolabels an, die andere Bedingungen an die werbliche Botschaft des Unternehmens stellen. Zudem werden andere Anforderungen an die Werbeträger eines Unternehmens gestellt. So werden Unter-nehmensbroschüren oder Geschäftsberichte nicht immer auf Hochglanzpapier gedruckt, sondern auch auf recyceltem Altpapier, um das ökologische Bewusstsein des Unterneh-mens und die Verantwortung gegenüber der Umwelt und der Gesellschaft aufzuzeigen.

- **Ökonomie:** Auch die konjunkturelle Lage und Zyklen im Konsumverhalten haben Einfluss auf die Mediawerbung. So fällt in der Rezession in der Regel das Werbebudget geringer aus, da die Unternehmen nicht mehr so hohe Einnahmen haben. Zudem ist meist das be-kannte „Sommerloch" bei den Werbeausgaben zu spüren. Unternehmen wenden in der Regel in den Sommermonaten weniger finanzielle Mittel für Mediawerbung auf.

- **Kultur:** Soziale und kulturelle Gegebenheiten, gesellschaftliche Werte, Einstellungen und Normen haben ebenfalls Auswirkungen auf die werbliche Situation eines Unternehmens. Innerhalb der Mediawerbung ist auf die kulturellen Besonderheiten der jeweiligen Länder zu achten, bei der Botschaftsgestaltung beispielsweise im Hinblick auf Humor und Erotik zu beachten ist.

Werbetreibende Unternehmen verfügen dann über besondere Chancen, die sie ziel-strate-gisch im Rahmen der Mediawerbung ausnutzen können, wenn für eine spezifische Umfeld-entwicklung eine ausgeprägte Stärke des Unternehmens gegeben ist. In diesem Fall ist das Unternehmen in der Lage, sich gegenüber den Wettbewerbern einen (kommunikativen) Vor-teil zu verschaffen. Umgekehrt ergeben sich Risiken, wenn wichtige Umfeldentwicklungen auf deutliche Schwächen des werbetreibenden Unternehmens treffen.

Zur Analyse der Umfeldsituation bietet sich die **Szenariotechnik** an. Mit Hilfe der Szenario-technik werden alternative Zukunftsbilder entworfen, mit denen es möglich ist, Zukunftssi-tuationen als Abfolge möglicher Ereignisse und Verzweigungsketten darzustellen. So können eventuelle Entwicklungen der unternehmensrelevanten Umfeldfaktoren dargestellt werden, um so mögliche Chancen und Risiken zu erkennen (*Müller-Stewens/Lechner* 2005, S. 152 ff.; *Welge/Al-Laham* 2008, S. 296 ff.).

4.1.4 Interdependenzen der externen und internen Situationsanalyse

Im Einzelfall ist zu prüfen, ob noch zusätzliche Bereiche neben den voran beschriebenen mit einzubeziehen sind und wie die einzelnen Bereiche im Rahmen der werblichen Situati-onsanalyse zu gewichten sind. Darüber hinaus sind sowohl die Kategorien der werblichen Situationsanalyse als auch die (Teil-)Bereiche der einzelnen Situationsanalysen nicht unabhängig voneinander zu betrachten. Hier bestehen vielmehr zahlreiche **Interdependenzen** zwischen markt-, kunden-, konkurrenz- und unternehmensbezogener Situationsanalyse sowie innerhalb dieser Kategorien. So steht beispielsweise die Analyse des Werbepotenzials, d.h. des werblichen Know-hows eines Herstellers in enger Beziehung zum gewählten Werbestil im Rahmen der unternehmensbezogenen Situationsanalyse (**intrakategoriale Interdependenzen**). Denn in Abhängigkeit vom werblichen Know-how im Unternehmen variiert auch die werbliche Argumentationsführung, die sich sowohl in der Werbekonzeption als auch -realisierung niederschlägt. Weiterhin wird in der Regel ein starker Zusammenhang zwischen den technisch-funktionalen Eigenschaften eines Produkts, seiner Erklärungsbedürftigkeit sowie den gewählten Werbeargumenten im Rahmen einer unternehmensbezogenen Situationsanalyse zu analysieren sein.

Eine umfassende und gleichzeitig differenzierte Werbesituationsanalyse setzt die Berücksichtigung **interkategorialer Interdependenzen** voraus. So ist beispielsweise davon auszugehen, dass das (interne) Werbepotenzial in enger Beziehung zur Marktform steht, die im Rahmen der marktbezogenen Situationsanalyse untersucht wird. Handelt es sich um ein Monopol, so wird in der Regel ein geringes Werbepotenzial diagnostiziert werden. In einem Monopol verkaufen sich die Produkte beziehungsweise Dienstleistungen „quasi" von selbst und sind nur auf eine – wenn überhaupt – geringe werbliche Unterstützung angewiesen. In einem Polypol hingegen bedarf das Produkt beziehungsweise die Dienstleistung vielfach einer hohen werbebezogenen Unterstützung, um sich aus der Vielzahl angebotener Produkte/Dienstleistungen herauslösen zu können und damit die Voraussetzungen für einen hohen Abverkauf sicherzustellen.

Es wird deutlich, dass die werbliche Situationsanalyse von einer Vielzahl unterschiedlicher Einflussgrößen determiniert wird. Die steigende Anzahl an Einflussgrößen sowie die dadurch induzierten zunehmenden wechselseitigen Abhängigkeiten zwischen diesen führen dazu, dass sich werbetreibende Unternehmen einem stetig komplexer werdenden Unternehmensumfeld gegenübersehen. Dabei ist jedoch grundsätzlich festzuhalten, dass mit zunehmender Detaillierung und Differenzierung der Werbesituationsanalyse der Kostenaufwand steigt. Dies mag ein Grund dafür sein, dass viele werbetreibende Unternehmen auf eine differenziert und detailliert ausgerichtete Situationsanalyse verzichten. Die Werbesituationsanalyse ist jedoch nicht nur unter Kostengesichtspunkten zu betrachten, sondern ist gleichzeitig als Investition in eine erfolgreiche Werbekonzeption und damit in den Unternehmenserfolg zu verstehen.

Aufgabe der werbetreibenden Unternehmung ist es daher, die Werbesituationsanalyse effizient durchzuführen. Der Werbeplaner ist in diesem Zusammenhang gefordert, Art und Inhalt der Situationsanalyse gleichzeitig objekt-, unternehmens- und marktkonform durchzuführen. Die Berücksichtigung beziehungsweise die Gewichtung der Resultate als Entscheidungshilfe zur Gestaltung des weiteren Planungsprozesses ist im Einzelfall von zahlreichen Faktoren abhängig und ist vom Werbetreibenden sorgfältig zu prüfen.

Beispiel: Branchenspezifische Bewertung eines werblichen Defizits

Im Rahmen einer Situationsanalyse wird festgestellt, dass es der Mediawerbung nicht gelingt, den Kunden nach seinem Kauf in seiner Entscheidung zu bestätigen. Die Bewertung dieses werblichen Defizits fällt in verschiedenen Branchen unterschiedlich aus. So ist in der Industriegüterbranche hoher Wert auf die Beseitigung dieses Werbedefizits zu legen, da hier das Sicherheitsbedürfnis der Konsumenten, die „richtige" Kaufentscheidung zu treffen, stark ausgeprägt ist. Die werbliche Bestätigung der Kaufentscheidung ist damit in Industriegütermärkten in hohem Maße für den Wiederkauf des Produktes verantwortlich. In Konsumgütermärkten ist dieses Werbedefizit hingegen nicht annähernd so hoch zu bewerten, da hier andere Nutzendimensionen, wie z.B. Markenbekanntheit, Einstellungen, Interessen, eher für den Erfolg der Mediawerbung ausschlaggebend sind.

Inwieweit diese analysebedingten Entscheidungshilfen vom Werbeplaner zur Ausrichtung zukünftiger Werbeaktivitäten erfolgsorientiert verwendet werden, hängt in starkem Maße von seiner Erfahrung, seinem Gespür und seinem Weitblick ab. Darüber hinaus ist zu entscheiden, ob und in welchem Maße die Analyseergebnisse **Prognosen** bezüglich Präferenz- und Einstellungsänderung der Konsumenten, Änderung der eigenen sowie der Marktposition der Konkurrenten usw. zulassen. Eine effiziente Prognose der Werbesituationsentwicklung erfordert dabei eine methodisch-fundierte Vorgehensweise. Dazu stehen dem Werbeplaner einschlägige Marktforschungsinstrumente, wie z. B. Trend-, Indikator- oder Marktreaktionsmodelle, zur Verfügung.

Auf Basis der Analyseergebnisse ist vom Unternehmen im Folgenden zu überlegen, ob der Einsatz der Mediawerbung zur Erreichung der Ziele der Unternehmenskommunikation überhaupt sinnvoll erscheint oder ob die kommunikationspolitischen Zielsetzungen besser durch den Einsatz anderer Kommunikationsinstrumente erreicht werden können. Ist grundsätzlich über den Einsatz der Mediawerbung entschieden, ist zu prüfen, inwieweit durch die Mediawerbung die Ziele der Unternehmenskommunikation erreicht werden können. Das werbetreibende Unternehmen hat darüber nachzudenken, in welcher Art und Weise die Mediawerbung mit anderen Instrumenten der Unternehmenskommunikation integriert werden kann, um die Ziele der Unternehmenskommunikation sowohl effektiver als auch effizienter zu realisieren.

4.2 Zielsystem der Mediawerbung

Die Formulierung von **Werbezielen** stellt den ersten Schritt der Planung der Mediawerbung dar. Wie jede Zielsetzung geplanten Verhaltens in Unternehmen oder Institutionen hilft sie dabei, das werbliche Handeln auf ganz bestimmte Resultate (in erster Linie die Behebung der Werbedefizite) auszurichten. Werbezielen kommen somit verschiedene **Funktionen** zu (*Steffenhagen/Funke* 1986, S. 546; *Steffenhagen* 1993, S. 287):

- **Entscheidungs- und Steuerungsfunktion:** Die Planung der Mediawerbung wird an den gesetzten Werbezielen ausgerichtet, d. h., die aufgestellten Ziele stellen Auswahl- und Bewertungskriterien für werbliche Aktivitäten dar. Der Mediawerbung wird eine klare und spezifizierte Richtung vorgegeben, an der sämtliche Entscheidungen (Zielgruppenwahl, Budgetierung, Wahl der Werbeträger, Intensität der Belegung und deren Timing, Botschaftsgestaltung) zu orientieren und zu bewerten sind.
- **Koordinationsfunktion:** Die Formulierung von Werbezielen trägt zur Verhaltensabstimmung zwischen den Beteiligten innerhalb der Werbeabteilung, zur Abstimmung zwischen den verschiedenen Kommunikationsabteilungen, wie z. B. Werbe- und Verkaufsförderungsabteilungen sowie der Abstimmung der Kommunikationsabteilungen mit anderen Abteilungen eines Unternehmens, bei.
- **Motivations- und Identifizierungsfunktion:** Die Personen werden darüber in Kenntnis gesetzt, wie ihre werblichen Aktivitäten auszurichten sind und welche (Teil-)Resultate von ihnen erwartet werden. Sie identifizieren sich dadurch eher mit den angestrebten Werbezielen und sind motiviert, zur Realisierung beizutragen. Der Zielerreichungsgrad kann auch als Indikator für die Höhe der Zufriedenheit der Beteiligten aufgefasst werden.
- **Kontrollfunktion:** Die Zielformulierung dient der nachfolgenden Kontrolle der Mediawerbung, d. h., der Erfolg der bisherigen Werbeaktivitäten wird anhand des Zielerreichungsgrades gemessen. Dies liefert die Basis zur Beurteilung der Konsequenzen werblichen Handelns.

4.2.1 Abgrenzung der Werbeziele von Marketing- und Kommunikationszielen

Ausgangspunkt für die Zielformulierung im Planungsprozess der Mediawerbung sind die bestehenden Marketing- und Kommunikationsziele des Unternehmens für seine Produkte beziehungsweise Dienstleistungen oder Marken. Sie bilden die Grundlage für die Prüfung, ob die Mediawerbung besser als die übrigen Kommunikationsinstrumente geeignet ist, die Kommunikationsziele zu erreichen. Sowohl absatz- als auch kommunikationspolitische Zielsetzungen orientieren sich in den meisten Fällen an rein **ökonomischen Größen**, wie z. B. Gewinn-, Umsatz-, Absatz- oder Kostengrößen als Konsequenzen des Einsatzes des gesamten Marketing- beziehungsweise Kommunikationsinstrumentariums. Diese Tatsache macht jedoch die **Abgrenzung zu verfolgender Werbeziele** von der Gesamtheit kommerzieller und nicht-kommerzieller Marketing- beziehungsweise Kommunikationsziele notwendig. Die in der Kategorie der so genannten „ökonomischen" Werbeziele aufgeführten angestrebten Ergebnisse werblichen Handelns kommen als taugliche Werbezielarten aus zwei Gründen nicht in Betracht (*Steffenhagen* 1993, S. 287 f.; *Schweiger/Schrattenecker* 2009, S. 179):

(1) Die Veränderung der genannten Größen wird in starkem Maße vom Einsatz des gesamten Marketing- beziehungsweise Kommunikationsinstrumentariums des werbetreibenden Unternehmens im Umfeld seiner Konkurrenten und Absatzmittler beeinflusst. Der Zielerreichungsgrad ist damit nicht eindeutig – oder zumindest nicht überwiegend – auf werbepolitische Aktivitäten zurückzuführen (*Steffenhagen* 1993, S. 287; *Kroeber-Riel/Esch* 2004, S. 35 ff.)

(2) Die genannten Größen sind Inhalte so genannter „Global- oder Oberziele", die sich aus einer Vielzahl separierbarer Teilergebnisse zusammensetzen. So ist beispielsweise die „Steigerung des Absatzvolumens" als Oberziel vor allem durch den Käuferanteil, die Kaufhäufigkeit, die Menge pro Kauf usw. (als Detailziele) gekennzeichnet. Damit bilden diese kommerziell wünschenswerten Kategorien des Markenerfolges eine Mittel-Zweck-Hierarchie, an deren Spitze das genannte Oberziel steht. Im Gegensatz zu den Detailzielen lassen sich jedoch aus den Oberzielen als anzustrebende Ergebnisse geplanter Werbeaktivitäten kaum Handlungsimpulse oder gar Ideen für eine situationsgerechte Kampagnenentwicklung ableiten (*Steffenhagen* 1993, S. 287; *Derieth* 1995, S. 38).

Eine an der *RWTH Aachen* durchgeführte empirische Studie zum Thema „Untaugliche Werbeziele in der Praxis" zeigt zwar, dass die Werbepraxis vor allem die Unterscheidung zwischen Werbe- und Marketingzielen für notwendig beziehungsweise sogar sehr notwendig hält (*Steffenhagen/Siemer* 1995, S. 7), dennoch scheint es der Praxis schwerzufallen, spezifische Werbeziele aus der Menge verfolgenswerter Marketing- und Kommunikationsziele herauszulösen. Die kritische Durchsicht der *GWA-Effie*-Dokumentationen der letzten Jahre belegt, dass im Rahmen selbst preisgekrönter Kampagnen Werbeziele allenfalls nach willkürlich anmutenden Kriterien voneinander abgegrenzt wurden. Die offenkundigen Abgrenzungsschwierigkeiten können ihre Ursache in einer Vielzahl ganz unterschiedlicher Faktoren haben, wie z. B. mangelnde Professionalität der an der Zielformulierung beteiligten Personen und die damit verbundene Unkenntnis werbezielrelevanter Konsequenzen, Störungen im Interaktions- beziehungsweise Kommunikationsprozess bei den an der Zielformulierung beteiligten Personen, Motivationsprobleme bei der Zielformulierung usw.

Möglicherweise sind die Abgrenzungsprobleme jedoch auch auf einen veralteten werbewissenschaftlichen Systematisierungsversuch zurückzuführen Diese in den 1960er Jahren für die kommerzielle Werbung entwickelte Systematisierung unterscheidet zwischen ökonomischen und außerökonomischen Werbezielen (*Behrens* 1963, S. 106 ff.). Zum einen ist diese Klassifikation irreführend, da leicht der Eindruck erweckt werden kann, die Verfolgung psychologischer Werbeziele sei letztlich nicht ökonomisch. Zum anderen wird die Auffassung vertreten, ökonomische Zielvariablen seien taugliche Werbezielarten. Obwohl diese Auffassung schon mehrfach und heftig kritisiert wurde (*Colley* 1967; *Kaiser* 1980, S. 129; *Meyer/Hermanns* 1981, S. 75; *Koppelmann* 1981, S. 109 f.; *Steffenhagen* 1993, S. 287; *Steffenhagen* 2000), wird sie dennoch immer wieder in der Literatur weitergegeben (*Bidlingmaier* 1970, S. 403 ff.; *Rogge* 1979, S. 61; *Tietz/Zentes* 1980, S. 49; *Nieschlag/Dichtl/Hörschgen* 2002, S. 1059 ff.; *Meffert/Burmann/Kirchgeorg* 2008, S. 634).

4.2.2 Anforderungen an die Formulierung von Werbezielen

Damit Werbeziele die genannten Funktionen erfüllen können, haben diese bestimmte Anforderungen zu erfüllen. An taugliche Werbeziele sind folgende sechs **Anforderungen** zu stellen (*Steffenhagen* 1993, S. 288; *Steffenhagen/Siemer* 1995, S. 18; *Pepels* 2001, S. 96):

(1) Die angestrebten Konsequenzen werblichen Handelns haben eine hohe **werbebedingte Reagibilität** aufzuweisen, d. h., die Änderung der Zielvariablen hat in starkem Maße sensibel auf die Variation des werblichen Aktivitätenniveaus zu reagieren.

(2) Die Zielvariablen haben eine hohe **selektive Steuerungskraft** bezüglich der zu ergreifenden werbepolitischen Handlungen aufzuweisen. Verfügt ein gewählter Zielinhalt über eine hohe selektive Steuerungskraft, so entfaltet ein Werbeziel neben der schon begriffsimmanenten Steuerungswirkung auch Motivations- und Identifizierungswirkung. Gleichzeitig helfen Zielvariablen hoher selektiver Steuerungskraft, die werbepolitischen Maßnahmen besser aufeinander abzustimmen und zu kontrollieren.

(3) Es ist notwendig, dass die Zielvariablen für die Gesamtheit der Kommunikations-, Marketing- beziehungsweise Unternehmensziele **relevant** sind. Im kommerziellen Zusammenhang lässt sich diese Anforderung als Kaufverhaltensrelevanz der angestrebten Werbekonsequenzen verstehen.

(4) Eng verbunden mit einer hohen selektiven Steuerungskraft eines Werbeziels ist die Forderung nach der Formulierung **vollständiger und präziser Werbeziele**. Eine vollständige Zielformulierung ist dabei notwendige Voraussetzung dafür, dass ein Werbeziel überhaupt eine hohe selektive Steuerungskraft entfalten kann. In dem hier zugrunde liegenden Kontext liegt eine vollständige Zielformulierung dann vor, wenn zu folgenden **Zieldimensionen** klare beziehungsweise eindeutige Aussagen gemacht werden (*Steffenhagen* 1993, S. 298; *Steffenhagen* 2008, S. 60 f.):

- Angabe der **Zielart** beziehungsweise **-variable**
  („Was ist zu erreichen?").
  Beispiel: Steigerung des aktiven Bekanntheitsgrades ...

- Angabe des angestrebten **Ausmaßes** einer Zielart beziehungsweise Zielvariable („Wie viel ist bei der Zielart beziehungsweise -variable zu erreichen?").
  Beispiel: ... um 20 Prozent ...

- Angabe des **Zeitbezugs** der angestrebten Zielerreichung
  („Wann ist das Ziel zu erreichen?").
  Beispiel: ... innerhalb der nächsten sechs Monate ...

- Angabe des **Objektbezugs** der angestrebten Zielerreichung
  (Bei welcher Marke, Produktart, Einkaufsstätte o. ä. ist das Ziel zu erreichen?").
  Beispiel: ... bei der Marke XY ...

- Angabe der **Zielgruppe** („Bei wem ist das Ziel zu erreichen?").
  Beispiel: ... bei Personen mit einem Jahreseinkommen über 50.000 EUR.

Weitere Anforderungen an taugliche Werbezielformulierungen sind:

(5) Die Formulierung von Werbezielen hat in allen Dimensionen **situationsgerecht** zu erfolgen, d. h. sie ist den jeweiligen werblichen Aufgabenstellungen anzupassen.

(6) Es ist notwendig, dass eine **Integrationsfähigkeit** aller Zielvariablen in ein System von Ober- und Unterzielen sowie Haupt- und Nebenzielen vorliegt.

Die *RWTH*-Studie zeigt in diesem Zusammenhang, dass eine große Anzahl der in der Praxis formulierten Werbeziele diesen Anforderungen nicht genügt (*Steffenhagen/Siemer* 1995, S. 19 f.). Die Studie untersuchte dabei die Werbeziele anhand der Kriterien „Reagibilität der Zielvariablen", „selektive Steuerungskraft" sowie „Verhaltensrelevanz" auf Anforderungskonformität und damit Tauglichkeit. Sie kam zu dem Ergebnis, dass die jeweiligen Werbezielformulierungen in über der Hälfte aller untersuchten Fälle (51 Prozent) mindestens einem dieser Anforderungskriterien nicht gerecht wurde und damit Defekte aufwiesen. Neben den angesprochenen Schwierigkeiten, Werbeziele aus übergeordneten Marketing- und Kommunikationszielen herauszulösen, sind vor allem allgemeine Absichtserklärungen, die unklare Bedeutung verwendeter Ausdrücke sowie die mangelnde Detaillierung der Zielart beziehungsweise -variable Ursachen für defekte Werbezielformulierungen.

4.2.3 Werbezielrelevante Konsequenzen der Mediawerbung

Zur Ableitung tauglicher Werbeziele ist es notwendig, dass sich der Werbetreibende in einem ersten Schritt die möglichen Konsequenzen werblichen Handelns ins Gedächtnis ruft. Dabei ist es hilfreich, eine Kategorisierung möglicher **Konsequenzen der Werbeaktivitäten** vorzunehmen. In Übereinstimmung mit einschlägigen werbewissenschaftlichen Kategorisierungsvorschlägen lassen sich Konsequenzen zu ergreifender Werbeaktivitäten grob in drei **Kategorien** einteilen (*Steffenhagen* 1993, S. 289; 2000, S. 1):

(1) Entstehung von **Werbekontakten** beziehungsweise Kontaktchancen zwischen Adressaten der Mediawerbung und eingesetztem Werbemittel beziehungsweise -träger,

(2) Entstehung von **Werbewirkungen** bei den erreichten Zielpersonen als Reaktionen auf werbliche Reize und

(3) Beitrag zu **übergeordneten Konsequenzen**, wie z. B. die Erreichung absatzpolitischer Zielsetzungen in Form von monetären Erfolgsgrößen.

Schaubild III-B-34 zeigt die Kategorien werblicher Konsequenzen und deren Abfolge im Überblick.

Danach ist zu prüfen, welche Konsequenzen als Ansatzpunkte zur Ableitung von Werbezielen geeignet sind. Dazu sind die möglichen Werberesultate auf Anforderungskonformität zu untersuchen. Diese Tauglichkeitsprüfung wird im Folgenden ausschließlich auf Werbezielinhalte bezogen. Dabei werden aus dem vorstehend angeführten Kriterienkatalog die Merkmale „hohe werbebedingte Reagibilität, hohe selektive Steuerungskraft, Relevanz für übergeordnete Marketingziele" als Orientierungshilfen herangezogen. Ein taugliches Werbeziel liegt in diesem Kontext dann vor, wenn dessen Inhalt den drei genannten Kriterien entspricht.

Interessanterweise wird im Rahmen von Kampagnendokumentationen äußerst selten auf **Werbekontaktmaße** beziehungsweise **-kontaktchancen** (z. B. Gross Rating Points, OTS-Werte, Nettoreichweiten, Bruttoreichweiten, Durchschnittskontakte u. a. m.) als Werbezielinhalte abgehoben. Dies mag darauf zurückzuführen sein, dass das Wirtschaftlichkeitsstreben, d. h. die Realisierung hoher Kontaktzahlen mit möglichst geringem Aufwand, in der Praxis als Selbstverständlichkeit angesehen wird. Generell sind Werbezielinhalte, die sich an Kontakt-

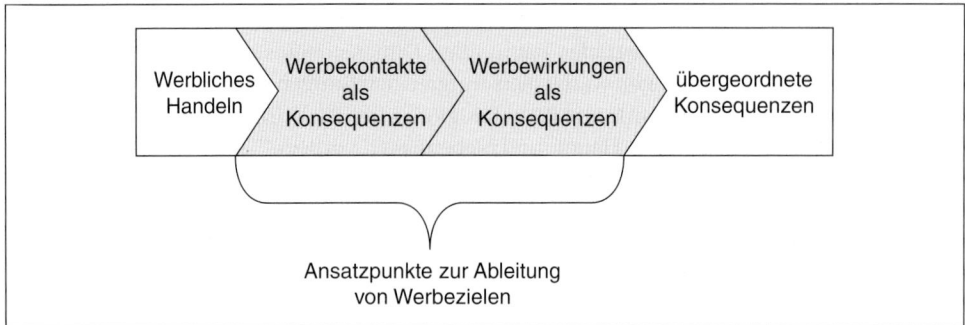

Schaubild III-B-34: Werbezielrelevante Konsequenzen der Werbung
(in Anlehnung an Steffenhagen 1993, S. 289; 2000, S. 1)

werten beziehungsweise Kontaktmaßen orientieren, jedoch ausschließlich auf den Einsatz werblicher Aktivitäten zurückzuführen. Sie verfügen demnach über eine ausschließlich werbebedingte Reagibilität. Darüber hinaus weisen sie eine hohe selektive Steuerungskraft auf, da sich aus der Realisierung möglichst hoher Werbekontakte, insbesondere für die Mediaplanung – sowohl bezüglich Entscheidungen über die Inter- als auch Intramediaselektion –, konkrete Handlungsimpulse ableiten lassen. Dabei ist aber zu berücksichtigen, dass sich die von den Verlagen zur Verfügung gestellten Kontaktmaße im Regelfall auf **Werbeträgerkontakte** beziehen und somit lediglich indirekt Aufschluss über realisierte Werbemittelkontakte zulassen. Realisierte Werbeträgerkontakte sind daher als mehr oder weniger weitreichende Werbemittelkontaktchancen einer Person aufzufassen (*Steffenhagen* 2000, S. 2).

Die Relevanz von Werbe(träger-)kontakten als Werbezielinhalte für die Gesamtheit der Marketingziele ist in Frage zu stellen. So ist beispielsweise im kommerziellen Zusammenhang zumindest anzuzweifeln, ob die Realisierung hoher Werbekontakte für das angestrebte Kaufverhalten aufgrund der Vielzahl zwischengeschalteter gedanklicher Vorgänge des Konsumenten relevant ist. Dennoch ist die Realisierung von Werbekontakten beziehungsweise -kontaktchancen Voraussetzung dafür, dass überhaupt Werbewirkungen entstehen können. Wird die Realisierung von Werbekontakten vor diesem Hintergrund als Werbeziel interpretiert, dann sind diese Konsequenzen werblicher Aktivitäten als geeignete Zwischenziele der Mediawerbung aufzufassen.

Aufgrund der zentralen Bedeutung der durch Werbemaßnahmen ausgelösten gedanklichen und emotionalen Vorgänge im Inneren der Zielpersonen werden mit einer Vielzahl von Maßnahmen der Mediawerbung von den Unternehmen in erster Linie **psychologische Ziele** verfolgt. Langfristig gesehen zielt die Verfolgung der psychologischen Ziele auf die Umsetzung übergeordneter ökonomischer Ziele ab, da beispielsweise die Steigerung der Bekanntheit oder die Weckung eines Kauf- oder Nutzungsinteresses indirekt gleichzeitig zur Umsetzung der ökonomischen Zielgrößen beiträgt. Insofern gelten die psychologischen Ziele innerhalb der Mediawerbung als sekundäre Ziele und bilden notwendige Unter- beziehungsweise Zwischenziele des gesamten Kommunikations- und Marketingzielsystems (*Derieth* 1995, S. 37). Vor allem im Konsumgüter- und Dienstleistungsbereich lassen sich ökonomische Oberziele langfristig nur über die Vorgabe psychologischer Ziele erreichen (zur Abgrenzung der Werbeziele von Marketing- und Kommunikationszielen vgl. Abschnitt III-B-4.2.1).

Psychologische Zielsetzungen richten sich aus der Ableitung aus den Werbewirkungen, z. B. auf die Erweiterung des Wissens über ein Unternehmen und seine Leistungen, die Steigerung des Bekanntheitsgrades bestimmter Produkte beziehungsweise Dienstleistungen oder die Veränderung von Meinungen und Einstellungen, ab. Dies zeigt, dass die psychologischen Ziele darauf ausgerichtet sind, basierend auf der Initiierung eines Kontaktes, einen nicht beobachtbaren geistigen Verarbeitungsprozess beim Rezipienten in Gang zu setzen, in dessen Konsequenz Wirkungen entstehen, die letztlich in der eigentlichen Kaufhandlung münden. Im Gegensatz zu den ökonomischen Zielen gestaltet sich hier eine quantitative Operationalisierung jedoch wesentlich problematischer, da die Zielumsetzung in valide Messgrößen aufgrund des nicht auszuschließenden Einflusses anderer Instrumente bisher kaum möglich ist.

Die **Einteilung der psychologischen Ziele** kann in verschiedener Hinsicht erfolgen (*Steffenhagen* 2000, S. 8 ff.; *Rogge* 2004, S. 59 ff.; *Meffert/Burmann/Kirchgeorg* 2008, S. 635 f.). Im Folgenden wird dem Ansatz gefolgt, dass sich die Gesamtheit psychologischer Wirkungskategorien auf Rezipientenebene in kognitive (die Erkenntnis betreffende), affektive (das Gefühl betreffende) und konative (das Verhalten betreffende) Ziele einteilen lässt, die es mit dem Einsatz der Mediawerbung zu erreichen gilt (*Bruhn* 2010a, S. 135 f.). Schaubild III-B-35 zeigt beispielhaft psychologische Zielkategorien der Mediawerbung.

Kognitiv-orientierte Ziele sind darauf ausgerichtet, die Informationsaufnahme, -verarbeitung und -speicherung zu steuern, ohne unmittelbar handlungssteuernd zu wirken. Sie beziehen sich auf die Wahrnehmung, Kenntnis, Erinnerung und das Verständnis von Angeboten des Unternehmens. Durch die Weitergabe von Informationen über die Mediawerbung lässt sich auf der Ebene kognitiver Ziele primär die Schaffung, Stabilisierung oder Steigerung der Bekanntheit von Marken, Produkten, Leistungen und Unternehmen verfolgen. Die Wahrnehmung von Werbemitteln, die Kenntnis von Marken und Produkten sowie das Wissen über Produktneuheiten und -vorteile u. a. m. sind die notwendige Voraussetzung für den Erfolg, da damit die im Bewusstsein verankerten Angebote in der Kaufentscheidungssituation präsent und damit wählbar sind („Evoked Set").

Kognitiv-orientierte Ziele	Affektiv-orientierte Ziele	Konativ-orientierte Ziele
• Aufmerksamkeit und Wahrnehmung z.B. von Plakaten, Spots, Anzeigen u.a.m. • Kenntnis von Marken, Leistungen und Produkten des Unternehmens (Bekanntheit, Namenskenntnis, Problemlösungskenntnis) • Verbesserung des Informationsstandes, z.B. Wissen über Produktinnovationen und -variationen • Erinnerung von Markennamen, Preisen, Slogans und Produktvorteilen • Kenntnis der Vorteile gegenüber Konkurrenzprodukten • Kenntnis von Einkaufstätten und deren Eigenschaften u.a.m.	• Interesse an Produkten und Leistungsangeboten • Einstellung zu Marken, Produkten und Unternehmen • Aufbau, Pflege und Veränderung des Marken- und Unternehmensimage • Produkt- und Markenpositionierung (gegenüber der Konkurrenz) • Emotionales Erleben der Marke • Verbindung emotionaler Elemente (z.B. Sportlichkeit, Lebensfreude, Lifestyle u.a.m.) mit Produkten oder Leistungen • Glaubwürdigkeit des Unternehmens beziehungsweise der Marke • Vertrauensbildung u.a.m.	• Aktives Informationsverhalten der Konsumenten (z.B. Anforderung von Prospekten oder Aufforderung zur Händlerberatung, Abruf neuer Produktinformationen) • Kaufabsichten • Probierkäufe • Beschwerdeverhalten und aktives, kritisches Feedback • Kundenbindung • Weiterempfehlung von Produkten und Leistungen • Anregung zur positiven Mund-zu-Mund-Propaganda • Förderung von Wiederkauf und Cross Selling u.a.m.

Schaubild III-B-35: Psychologische Zielkategorien der Mediawerbung

Wird zusätzlich das Ziel verfolgt, ein Leistungsangebot, eine Marke oder ein Unternehmen gegenüber den Konkurrenten abzugrenzen und individuell zu positionieren sowie spezifische Einstellungen, Images und Präferenzen bei der anvisierten Zielgruppe aufzubauen, erweitern sich die kognitiven Ziele um affektive Zielgrößen (*Derieth* 1995, S. 38). **Affektiv-orientierte Ziele** stehen im Zentrum des Einsatzes der Mediawerbung, um bestimmte Emotionen zu wecken und Sympathie zu einer Marke oder einem Unternehmen aufzubauen. Bei einer zunehmenden objektiven Gleichartigkeit und Komplexität der Angebote ist die emotionale Positionierung sowie die Erzeugung eines positiven Images von Marken und Unternehmen – beispielsweise durch den Aufbau von Erlebniswelten (z. B. die *Marlboro*-Welt) – von zentraler Bedeutung. Daneben ist grundsätzlich davon auszugehen, dass durch Imagewerbung (z. B. durch TV-Spots oder Anzeigen) die Bildung positiver Einstellungen und damit den Vertrauensaufbau sowie die Glaubwürdigkeit des Unternehmens beziehungsweise der Marke unterstützt wird.

Konativ-orientierte Ziele beziehen sich auf Handlungen beziehungsweise Handlungsabsichten, die mit dem Einsatz der Mediawerbung bei den Zielgruppen ausgelöst werden. Die Kaufhandlung setzt ein aktives Informationsverhalten und eine Vertiefung des bisherigen Kenntnisstandes voraus, beispielsweise durch die Anforderung von Prospekten oder die Aufforderung zur Händlerberatung. Die Zielgrößen umfassen damit die Reaktionen der Rezipienten als Ergebnis einer Beeinflussung, beispielsweise die Generierung einer Verhaltensabsicht oder Kaufbereitschaft sowie die daraus abgeleiteten Ausprägungen des äußeren Verhaltens in Form eines bestimmten Informations- oder Kaufverhaltens.

> **Beispiel: Psychologische Ziele des Telekommunikationsanbieters *Orange***
> Das Positionierungsstatement des Telekommunikationsanbieters *Orange* (Schweiz) lautet wie folgt: „*Orange* ist der erste Provider für Mobiltelekommunikation: jeder Benutzer soll einfach und bedienungsfreundlich von überall her mit seiner Welt kommunizieren können" (*Bonina* 2001). Daraus leiten sich für das Unternehmen Werbeziele ab, wie beispielsweise:
>
> * Aufbau von Awareness,
> * Verstärkung von Interessen,
> * Bestätigung der Marke sowie Kompetenz und Innovation für neue als auch bestehende Produkte und Services,
> * Emotionale Präferenz für die Marke *Orange.*

Schaubild III-B-36 zeigt einen systematischen Überblick bezüglich der Anforderungskonformität vorgestellter Werbewirkungskategorien anhand beschriebener Anforderungskriterien. Es wird deutlich, dass lediglich **affektiv-orientierte Werbeziele** als einzige Werbewirkungskategorie allen Anforderungskriterien genügen und damit als geeignete Werbezielinhalte anzusehen sind. Sie sind in hohem Maße auf werbliche Aktivitäten zurückzuführen und in der Lage, dem werblichen Tun einen Handlungsrahmen vorzugeben sowie gleichzeitig relevant für die Gesamtheit der Marketingziele sind, da sie in der Regel (Ausnahme: Impulskäufe) notwendige Voraussetzung für die Veränderung ökonomischer Größen darstellen (*Pepels* 1995, S. 476).

Neben der innewohnenden hohen selektiven Steuerungskraft sind **kognitiv-orientierte Werbeziele** zwar deutlich werbebedingt, aber im Allgemeinen derart weit von finalen Verhaltensweisen der Adressaten entfernt, dass ihnen die notwendige Ursache-Wirkungsbeziehung zur Realisierung übergeordneter Marketingziele fehlt. Die Entstehung kognitiver Werbewirkungen ist jedoch notwendige Voraussetzung, damit bei den Werbeadressaten konative Ziele erreicht werden können. Wird dieser Betrachtungsweise gefolgt, so stellen kognitive Ziele geeignete Zwischenziele der Mediawerbung dar. Das Verstehen und die gedankliche Weiterverarbeitung der dargebotenen Informationen reichen jedoch nicht aus, um das Verhalten

Anforderungs-kriterien / Werbeziele	Hohe kommunikations-bedingte Reagibilität	Hohe selektive Steuerungskraft	Relevant für Marketingziele
Kognitive Werbeziele	ja	ja	nein
Affektive Werbeziele	ja	ja	ja
Konative Werbeziele	im Einzelfall zu prüfen	nein	ja

Schaubild III-B-36: Bezugsrahmen zur Tauglichkeitsprüfung einschlägiger Werbewirkungskategorien (in Anlehnung an Steffenhagen 1993, S. 291)

zu beeinflussen und konkrete Handlungsabsichten zu formieren. Dies wird erreicht, wenn die übernommenen Informationen den Erwartungen des Empfängers entsprechen und von diesem positiv bewertet werden. Erst diese Bewertung führt zu einer Einstellung gegenüber dem Gegenstand (Marke, Produkt, Unternehmen u. a. m.) beziehungsweise zur Einstellungs-änderung (*Kroeber-Riel/Weinberg/Gröppel-Klein* 2009, S. 634 f.).

Die Tauglichkeit **konativ-orientierter Werbeziele** als Werbezielinhalte ist zu verneinen. Neben der fehlenden hohen selektiven Steuerungskraft für die Ergreifung werblicher Maßnahmen kann nur im Einzelfall beurteilt werden, ob die Realisierung finaler Verhaltenswirkungen ihren Ursprung in der Durchführung werblicher Aktivitäten hat. So ist die Realisierung kaufverhaltensbezogener Wirkungen bei den Werbeadressaten vielfach in hohem Maße vom Einsatz des übrigen kommunikations- und absatzpolitischen Instrumentariums abhängig. Das Informationssuch- und/oder -abgabeverhalten sowie das Verwendungsverhalten kann hingegen durchaus überwiegend werbebedingt sein, z. B. im Rahmen der Mediawerbung für stark erklärungsbedürftige Produkte (Verwendungsverhalten) oder für Produktneuheiten (Informationsabgabeverhalten von Meinungsführern).

Es wird deutlich, dass die Entscheidung über den Kauf eines Produktes oder die Nutzung einer Leistung letztlich aus dem Zusammenspiel aller Zielgrößen und deren miteinander verbundener Wirkung resultiert. Die Zielklassen sind nicht unabhängig voneinander zu be-trachten, sondern bauen in gewisser Weise aufeinander auf. Dies hat in der Vergangenheit zu einer Entwicklung zahlreicher, so genannter **Stufenmodelle der Werbewirkung** geführt. Diese haben das Ziel den Verarbeitungsprozess der Konsumenten aufzuzeigen, damit im Rahmen der Erfolgskontrolle die Erreichung von Werbezielen genauer zu messen ist. Schau-bild III-B-37 zeigt die verschiedenen Stufenmodelle im Überblick (vgl. zu einem Überblick über Wirkungsmodelle z. B. *Vakratas/Ambler* 1999; *Meyers-Levy/Malaviya* 1999; *Ambler* 2000; *Mayer/Illmann* 2000). Das älteste und bekannteste unter ihnen ist das AIDA-Modell von *Lewis*. Es unterstellt die Abfolge von Attention (Aufmerksamkeit), Interest (Interesse für das bewor-bene Objekt), Desire (Besitzwunsch) und Action (Kaufhandlung). Die Mediawerbung hat in einem ersten Schritt durch werbliche Reize – beispielsweise erotische Reize oder Humor – Aufmerksamkeit bei dem Konsumenten zu erzeugen. Dies führt im Weiteren zum Interesse des Konsumenten an der Leistung, die einen Wunsch initiiert, wie z. B. den Kaufwunsch.

Letztlich endet dies in einer Handlung, wie z. B. einer konkreten Informationssuche oder im Idealfall einer Kaufhandlung. Der Gedanke der AIDA-Regel ist mehrfach aufgegriffen worden und hat zu einer Vielzahl ähnlicher Ansätze geführt, die sich von dem AIDA-Modell dadurch unterscheiden, dass weitere Stufen an verschiedenen Stellen des Modells eingeführt werden. Allen gemeinsam ist die Idee der Reihenfolge von Wirkungsstufen. Hauptargument der Kritik an den verschiedenen Stufenmodellen ist jedoch die „kausalmechanistische Phasenabfolge" (*Nieschlag/Dichtl/Hörschgen* 2002, S. 1063) sowie die zeitliche Aufeinanderfolge der Stufen. Wie bereits erwähnt, stehen die Wirkungsfaktoren der Mediawerbung jedoch vielmehr in Wechselwirkung miteinander. Es lassen sich zahlreiche Beispiele für das Durchbrechen der Wirkungsstufen finden, beispielsweise kann die Aufmerksamkeit von dem Bekanntheitsgrad oder einem vorangegangenen Kauf abhängen (*Rogge* 2004, S. 61).

Einen weiteren Erklärungsbeitrag hinsichtlich der komplexen Vorgänge im Inneren des menschlichen Organismus geben die verhaltenswissenschaftlichen Ansätze, die sich auf verschiedene Reiz-Reaktions-Schemata stützen. Zwischen die beobachtbaren Werbereizen und Reaktionen sind interne Größen, beispielsweise Erinnerungen und Einstellungen geschaltet. Die (beobachtbaren) Reaktionen folgen also nicht (immer) unmittelbar auf einen Reiz. Vielmehr intervenieren zwischen einem beobachtbaren Reiz, z. B. der Ausstrahlung eines TV-Spots, und der entsprechenden Reaktion, z. B. dem Markenkauf, oftmals eine Vielzahl innerer Vorgänge, wie beispielsweise die Wahrnehmung des Reizes, die Erinnerung an den Reiz oder die Einstellung (so genannte intervenierende Variablen) gegenüber dem Reiz.

In dem Bemühen, die komplexen Prozesse in Abhängigkeit verschiedener Einflussgrößen zu erklären, sind im Rahmen des S-O-R-Paradigmas so genannte **Hierarchiemodelle** entwickelt

Autor	Stufen der Werbewirkung (Werbezielinhalte)					
	Stufe 1	Stufe 2	Stufe 3	Stufe 4	Stufe 5	Stufe 6
Lewis (AIDA-Regel)	Attention	Interest		Desire		Action
Lavidge/Steiner	Bewusstheit	Wissen	Zuneigung	Bevorzugung	Überzeugung	Kauf
Colley	Bewusstsein	Einsicht	Überzeugung			Handlung
Fischerkoesen	Bekanntheit	Image	Nutzen (erwartet)	Präferenz		Handlung
Seyffert	Sinneswirkung	Aufmerksamkeitswirkung	Vorstellungswirkung	Gefühlswirkung	Gedächtniswirkung	Willenswirkung
Kroeber-Riel	Aufmerksamkeit	Affektive Handlung	Rationale Beurteilung	Kaufabsicht		Kauf
McGuire	Aufmerksamkeit	Kenntnis	Einverständnis mit der Schlussfolgerung	Behalten der neuen Einstellung		Verhalten auf Basis der neuen Einstellung
DAGMAR-Regel nach *Batra et al.*	Unaware	Aware	Comprehension and Image	Attitude		Action
Steffenhagen	Wahrnehmungswirkung	Emotionswirkung	Informationswirkung	Gedächtniswirkung	Einstellungswirkung	Verhaltenswirkung
Kotler	Bekanntheit	Wissen	Empfinden	Präferenz	Überzeugung	Kauf

Schaubild III-B-37: Stufenmodelle der Werbewirkung (in Anlehnung an Rogge 2004, S. 61; Schweiger/Schrattenecker 2009, S. 148)

worden, die werbeinduzierte Konsequenzen als Folge eines sukzessiven Entstehungsprozess erklären. Dabei sind drei **Typen von Hierarchiemodellen** zu unterscheiden:

(1) Lernmodell:	Wahrnehmung – Einstellung – Verhalten
(2) Low-Involvement-Modell:	Wahrnehmung – Verhalten – Einstellung
(3) Dissonanzmodell:	Verhalten – Einstellung – Wahrnehmung

Das **Lernmodell** geht davon aus, dass das (reizgesteuerte) Konsumentenverhalten ein permanenter Prozess der Erfahrungs- beziehungsweise einer damit verbundenen Einstellungsbildung ist, dessen Resultat (beobachtbares) Verhalten darstellt (*Kaas* 2001, S. 754; *Kroeber-Riel/Weinberg/Gröppel-Klein* 2009, S. 366 ff.). Am Anfang steht die Erfassung der menschlichen Wahrnehmung. Dabei geht es darum, wie Konsumenten Stimuli wahrnehmen, wie groß ihre Aufmerksamkeit gegenüber den Stimuli ist und in welchem Ausmaß sie sich um Informationen bemühen. Im Rahmen des Lernbereichs ist dann zu klären, wie Konsumenten die Stimuli verarbeiten beziehungsweise welche Einstellungen sich gegenüber dem werblich zu unterstützenden Gegenstand herausbilden. Schließlich ist der Einfluss der ausgelösten Einstellungen auf die Verhaltensweisen der Konsumenten offen zu legen. Das lerntheoretische Modell findet immer dann empirische Bestätigung, wenn die Ich-Beteiligung des jeweiligen Konsumenten im Hinblick auf den werblich zu unterstützenden Gegenstand hoch ist (High Involvement). Denn in diesem Fall ist er bereit, einen hohen kognitiven Aufwand zu betreiben, um über erlernte beziehungsweise gefestigte Einstellungen das finale Verhalten kognitiv abzusichern.

Das **Low-Involvement-Modell** geht hingegen von einem ganz anderen Ablauf ausgelöster werblicher Konsequenzen beim Individuum aus. Zwar steht auch hier die Wahrnehmung am Anfang der Wirkungskette. Anders als beim lerntheoretischen Modell kommt es jedoch unmittelbar im Anschluss an die im Regelfall bruchstückhafte Wahrnehmung des werblichen Reizes zu konativen Wirkungen, z. B. in Form eines Produktkaufs. Erst nachdem der Konsument (finale) Verhaltensweisen gezeigt hat, kommt es bei ihm, z. B. aufgrund gewonnener Erfahrungen mit dem Produkt, zu Einstellungen beziehungsweise Einstellungsveränderungen hinsichtlich des werblich unterstützten Gegenstandes. Empirische Unterstützung für diesen Ablauf kommunikativer Konsequenzen findet man insbesondere unter Low-Involvement-Bedingungen, d. h. bei geringer innerer Beteiligung des Konsumenten am Willensbildungsprozess. In dieser Situation ist eine positive Einstellung zu einer (finalen) Verhaltensweise nicht die Voraussetzung, sondern allenfalls das Ergebnis dieser Verhaltensweise (die Einstellung kann auch negativ ausfallen, z. B. wenn der Konsument mit dem gekauften Produkt unzufrieden ist).

Anders als bei den beiden bereits erwähnten Hierarchiemodellen bezieht sich der Erklärungsgegenstand des **Dissonanzmodells** auf werbliche Konsequenzen, die sich erst nach (finalen) Verhaltensweisen vollziehen. Es wird demnach vorausgesetzt, dass das Verhalten des Individuums bereits erfolgt ist. Dieses Verhalten ruft kognitive Dissonanzen hervor, durch die sich bestimmte Einstellungen formieren. Kognitive Dissonanzen sind z. B. dann zu erwarten, wenn „starke" Raucher auf das Rauchen als Hauptursache des Lungenkrebses hingewiesen werden. Dissonanzen als empfundene Widersprüche zwischen Wahrnehmungen und (bisherigen) Überzeugungselementen (Kognitionen) können vielfältige Ursachen haben (in Anlehnung an *Silberer* 1994, S. 218):

• Die schmerzliche Erkenntnis, dass es notwendig ist, auf die Vorteile einer nicht gewählten Handlungsalternative zu verzichten.

- Enttäuschungen im Hinblick auf die gewählte Handlungsalternative, z. B. schlechte Erfahrungen mit dem gekauften Produkt.
- Kritische Kommentare oder Hinweise von (glaubwürdigen und als kompetent eingeschätzten) Dritten in Bezug auf die gewählte Handlungsalternative.
- Werbliche Unterstützung von anderen Handlungsalternativen, z. B. eines Konkurrenzproduktes.

Die dissonanzinduzierten Einstellungsänderungen führen hierbei zu einem **veränderten Wahrnehmungsverhalten**, d. h. bereitgestellte Informationen werden anders aufgenommen und verarbeitet (*Rossiter/Percy* 1997, S. 19). Dies äußert sich sowohl in der aktiven und passiven Aufnahme von Reizeindrücken als auch in der Selektivität der Informationsaufnahme und -verarbeitung (vgl. vertiefend *Hajos* 1973, S. 537; *Kroeber-Riel/Weinberg/Gröppel-Klein* 2009, S. 231 ff.).

> **Beispiel: Verändertes Wahrnehmungsverhalten von Konsumenten**
> Schlechte Erfahrungen (Dissonanzen) mit einer Automarke rufen negative Einstellungen gegenüber der Marke bei dem jeweiligen Konsumenten hervor. Ausgesendete werbliche Reize der entsprechenden Marke gelangen daher nicht beziehungsweise nur noch sehr schwer in den Wahrnehmungsraum dieses Konsumenten. Die Wahrscheinlichkeit der Ausselektierung ist hoch.

Die Ausführungen zeigen, dass – je nach Betonung zugrunde liegender situationaler und persönlichkeitsbezogener Einflussfaktoren – eine Vielzahl werblicher Resultate als geeignete Werbezielinhalte dienen können. Aufgabe einer erfolgsorientierten Werbezielplanung ist es daher in einem weiteren Schritt, **situationsgerechte Werbezielinhalte** herauszugreifen und zur Richtschnur werblichen Handelns zu machen. Es sind vor allem die beschriebenen inneren, nicht beobachtbare Verhaltensweisen der Konsumenten, die tauglichen Werbezielinhalte widerspiegeln. Daher ist die Lösung dieser Aufgabe nur mit einem umfassenden Verständnis der Zielpersonen beziehungsweise ihrer Verhaltensmuster möglich. Die zentralen Erkenntnisse der langjährigen Werbeforschung zeigen, dass im Rahmen der einzelfallgerechten Werbezielplanung zwischen zwei **Typen von Werbeadressaten** zu unterscheiden ist (*Petty/Cacioppo/Schumann* 1983; *Meffert/Burmann/Kirchgeorg* 2008, S. 109 f.; *Kroeber-Riel/Weinberg/Gröppel-Klein* 2009; *Moriarty/Mitchell/Wells* 2009, S. 153 f.):

- Zielpersonen, bei denen bezüglich Produkt/Marke/Unternehmen/Einkaufsstätte/Medien ein **hohes Involvement** und
- Zielpersonen, bei denen bezüglich Produkt/Marke/Unternehmen/Einkaufsstätte/Medien ein **niedriges Involvement** vorliegt.

Unter Involvement oder Ich-Beteiligung bezeichnet man das Engagement, mit dem sich jemand einem Gegenstand oder einer Aktivität widmet (*Kroeber-Riel/Esch* 2004, S. 143). Das Involvement ist demnach ein Maß für die individuelle, persönliche Bedeutung, die jemand einem Produkt oder einer Leistung beimisst. Die Stärke des Involvements wirkt sich auf die objektgerichtete Informationssuche, -aufnahme, -verarbeitung und -speicherung aus (*Trommsdorff* 2009, S. 48 f.). Bei High-Involvement wendet die Zielperson viel Zeit und Mühe für die Auswahl einer Alternative auf, sucht aktiv nach Informationen und setzt sich gedanklich intensiv mit diesen auseinander. Bei Low-Involvement ist dagegen die Alternativen- und Informationssuche sehr beschränkt. Schaubild III-B-38 zeigt die Auswirkungen unterschiedlicher Involvement-Niveaus auf die Informationsaufnahme und -verarbeitungsprozesse und das Konsumentenverhalten.

Low-involvierten Werbeadressaten ist es aufgrund geringer Wertigkeit des Kaufs, geringer Unterscheidbarkeit einzelner Angebote und/oder geringen Produktinteresses nahezu gleichgültig, was sie im Bedarfsfall kaufen (z. B. Kauf eines Kaugummis). Die Ich-Beteiligung am

High-Involvement-Charakteristik	Low-Involvement-Charakteristik
• Aktive Informationssuche	• Passive Informationsaufnahme
• Aktive Auseinandersetzung	• „Passierenlassen"
• Hohe Verarbeitungstiefe	• Geringe Verarbeitungstiefe
• Geringere Persuasion („souveräner Konsument")	• Hohe Persuasion („geheime Verführung")
• Vergleichende Bewertung vor dem Kauf	• Bewertung allenfalls nach dem Kauf
• Beachtung vieler Merkmale	• Beachtung weniger Merkmale
• Wenig akzeptable Alternativen	• Viele akzeptable Alternativen
• Viel sozialer Einfluss	• Wenig sozialer Einfluss
• Ziel „Optimierung"	• Ziel „keine Probleme"
• Markentreue durch Überzeugung	• Markentreue durch Gewohnheit
• Stark verankerte, intensive Einstellung	• Gering verankerte, flache Einstellung
• Hohe Gedächtnisleistung	• Geringe Gedächtnisleistung

Schaubild III-B-38: Auswirkungen der Involvement-Stärke auf das Konsumentenverhalten (Trommsdorff 2009, S. 49)

Willensbildungsprozess ist gering, der Werbeadressat ist dem Angebot gegenüber gleichgültig eingestellt und es finden keine großen Beurteilungsprozesse statt. In einem solchen Fall wird die angestrebte Markenwahl als letztlich angestrebte Konsequenz dominant von der Bewusstseinspräsenz der Marke, ihrer **aktiven Markenbekanntheit**, gesteuert (*Steffenhagen* 1993, S. 297). Eine dominante Bekanntheit steht für eine hohe Wahrscheinlichkeit der Markenwahl bei Low-Involvement-Käufen. Empirische Studien belegen, dass die Bekanntheit in vielen Fällen ausreicht, um eine Marke zu wählen, beispielsweise führte die Steigerung der Markenbekanntheit von Fastfood-Produkten zu einem häufigeren Kauf (*Esch* 2010, S. 65). Der Werbetreibende hat daher seine werbliche Zielsetzung auf die Steigerung der aktiven Markenbekanntheit auszurichten und den Werbeadressaten mit einer hohen Aktualität durch kurze Botschaften sowie affektive Reize oft zu kontaktieren.

High-involvierte Werbeadressaten treffen ihre Markenwahl hingegen unter hoher Ich-Beteiligung und hohem verstandesmäßigen Engagement. Es handelt sich im Regelfall um hochpreisige, hochwertige Produkte und Leistungen und es sind deutliche Unterschiede zwischen den angebotenen Marken zu erkennen (z. B. Kauf eines Autos oder einer Hifi-Anlage, Abschluss einer Lebensversicherung usw.). In diesem Fall wird die Produkt- oder Markenwahl zentral von der **kognitiven Einstellung zur Marke** gesteuert (*Steffenhagen* 1993, S. 297). In diesem Fall hat der Werbetreibende seine werbliche Zielsetzung schwerpunktmäßig auf die Veränderung der kognitiven Einstellung zur Marke auszurichten. Die Realisierung dieser Zielsetzung erfolgt dann im Regelfall durch den Einsatz der klassischen Persuasionswerbung mittels informativer Techniken. Es ist daher notwendig, dass das werbetreibende Unternehmen den Werbeadressaten mit sachlichen Argumenten überzeugt und mit ausführlichen Botschaften in der Entscheidungsphase erreicht.

Das Involvement hängt von verschiedenen Faktoren ab und variiert hinsichtlich der Stärke z. B. mit der Art der Produkte (beispielsweise Luxusmarken vs. Güter des täglichen Bedarfs), personenbedingten Faktoren (beispielsweise dem finanziellen oder sozialen Risiko beim Kauf einer Marke u. a. m.), den genutzten Medien, der psychischen und physischen Situation, in der sich die Zielperson befindet und dem Botschaftsinhalt (*Trommsdorff* 2009, S. 50 ff.). Dies betont die Notwendigkeit der situationsgerechten und personengerechten Werbezielplanung. Da die Mediawerbung (langfristig) das Verhalten der angesprochenen Konsumenten zu beeinflussen hat, ist es notwendig, geeignete Zielgruppen zu identifizieren und zu bestimmen, bei welchen Zielgruppen die Werbeziele zu realisieren sind. Darüber hinaus sind Wirkungen von geplanten Werbemaßnahmen auf das Verhalten der Zielgruppe abzuschätzen, um zu beurteilen, ob dadurch die formulierten Ziele zu erreichen sind. Um die Voraussetzungen für einen effizienten Einsatz der Mediawerbung zu schaffen, bedarf es einer genauen Identifizierung, Beschreibung und Auswahl der anzusprechenden Zielgruppen, auf die im Folgenden eingegangen wird.

4.3 Zielgruppen der Mediawerbung

4.3.1 Konzept der Zielgruppenplanung

Im Anschluss an die Festlegung der Werbeziele ist es erforderlich, jene Gruppen zu bestimmen, die durch die Mediawerbung anzusprechen sind. Dabei ist das **Prinzip der differenzierten Marktbearbeitung** im Rahmen der Mediawerbung von zentraler Bedeutung. Dazu ist es notwendig, homogene Käuferschichten abzugrenzen, um einen gezielten und effizienten Einsatz der Mediawerbung zu ermöglichen. Die werblichen Aktivitäten orientieren sich an den Wünschen, Erwartungen und Bedürfnissen der Konsumenten. Sie zielen auf eine Erleichterung des Verkaufs durch die Integration antizipierter Kundenwünsche in den Einsatz der Mediawerbung, indem die Kommunikation direkt am Kundennutzen anknüpft (*Schultz/Tannenbaum/Lauterborn* 1993, S. 45 ff.). Je detaillierter und transparenter der zu bewerbende Personenkreis, desto höher ist die Wahrscheinlichkeit, eine Form der werblichen Ansprache zu finden, die nicht an der Zielgruppe vorbeiläuft, sondern auf die Bedürfnisse, Erwartungen und Wünsche der anvisierten Konsumenten eingeht und somit Streuverluste vermieden werden.

Eine differenzierte werbliche Marktbearbeitung erfordert eine sorgfältige und präzise Planung anzusprechender **Zielgruppen**, von denen angenommen wird, dass sich die Werbe- oder Marketingziele am einfachsten erreichen lassen. Es kommt dabei verstärkt darauf an, der Zielgruppenplanung eine **konzeptionelle Grundstruktur** zugrunde zu legen, um im Kommunikationswettbewerb auch in dieser Phase des werblichen Planungsprozesses entscheidende Wettbewerbsvorteile zu erzielen. Grundlage einer effizienten und zielgruppenorientierten Marktbearbeitung ist eine sorgfältige und vor allem systematische Segmentierung. Das Konzept der **Zielgruppenplanung** umfasst entsprechend folgende drei **Teilschritte**:

(1) Zunächst hat die **Zielgruppenidentifikation** zu erfolgen. Es sind jene (potenziell) anzusprechenden Personen und Organisationen zu identifizieren, die zur Realisierung der Werbe-, Marketing- und Unternehmensziele werblich anzusprechen sind.

(2) Durch die **Zielgruppenbeschreibung** wird in einem nächsten Schritt versucht, möglichst genaue Informationen über die einzelnen Zielgruppen zu generieren (z. B. Alter, Lifestyle, Präferenzen usw.).

(3) Dies ist die Voraussetzung für eine Analyse der **Zielgruppenerreichbarkeit**, d. h. es ist festzustellen, in welcher Form und über welche Medien die Zielgruppen am besten angesprochen werden können. Daraus lassen sich unmittelbar Entscheidungshilfen für die anschließende **Zielgruppenbeurteilung, Zielgruppenauswahl** sowie die Ausrichtung der zielgruppenbezogenen Intensität der Medien ableiten.

Auf diese, im Rahmen der Zielgruppenplanung vom Entscheider zu lösenden Teilaufgaben, wird im Folgenden näher eingegangen.

4.3.2 Zielgruppenidentifikation und Zielgruppenbeschreibung

4.3.2.1 Kriterien der Zielgruppenidentifikation und -beschreibung

Zur Bestimmung und Auswahl der diversen, durch die Mediawerbung anzusprechenden Zielgruppen bedarf es innerhalb der Segmente einer feineren **Zielgruppenanalyse**. Die werbliche Zielgruppenanalyse kann eine hohe selektive Steuerungskraft entfalten, so dass dadurch wichtige Handlungsimpulse für die weitere Arbeit der Mediawerbung – beispielsweise die Botschaftsgestaltung oder die Medienauswahl – abzuleiten sind. Bei der Zielgruppenanalyse geht es darum, Gruppierungen zu ermitteln, die in ihrer Homogenität beziehungsweise Heterogenität das Konsumentenverhalten, also das Verhalten in Markttransaktionen, betreffen. Auf diese Art und Weise werden Anhaltspunkte zur gezielten **Zielgruppenbearbeitung** offen gelegt. Um in diesem Zusammenhang eine optimale Marktbearbeitung durch die Mediawerbung sicherzustellen, ist es idealtypisch notwendig, die Zielgruppen so zu definieren, dass diese jeweils Konsumenten umfassen, die die gleiche Reaktion auf den Einsatz der Mediawerbung zeigen. Das Hauptziel der Segmentierung besteht letztlich darin, ein möglichst hohes Maß an Identität (Identifizierungsmöglichkeit) zwischen einer bestimmten Zielgruppe und dem beworbenen Produkt/Marke/Unternehmen einschließlich dessen Werbekonzept zu realisieren (*Becker* 2009, S. 248).

Als Voraussetzungen für eine sinnvolle Zielgruppenidentifikation sowie -beschreibung und damit für eine gezielte werbliche Marktbearbeitung, ist es notwendig, dass die gewählten Segmentierungskriterien bestimmten **Anforderungen** genügen. Bei der Durchführung einer Zielgruppensegmentierung im Rahmen der Mediawerbung korrespondieren die verwendeten Segmentierungskriterien mit den Anforderungen, die an eine Marktsegmentierung gestellt werden. Diese Anforderungen werden anhand von Gütekriterien definiert, die zur Bewertung einer Segmentierung heranzuziehen sind (*Freter* 1983, S. 43 f.; *Rogge* 2004, S. 105 f.; *Meffert* 2008, S. 178 f.; *Schweiger/Schrattenecker* 2009, S. 121 f.). In Anlehnung an diese sind, hinsichtlich der Kriterien der Zielgruppenidentifikation und -beschreibung im Rahmen der Mediawerbung, folgende **Anforderungen** zu formulieren:

- **Verhaltensrelevanz:** Als Kriterien sind geeignete Indikatoren für das zukünftige Verhalten der Konsumenten auszuwählen, d.h. es sind Eigenschaften und Verhaltensweisen zu erfassen, die Voraussetzungen für eine bestimmte Handlung darstellen. Anhand der Kriterien sind Zielgruppen abzugrenzen, die im Hinblick auf ihr Verhalten (beispielsweise Kaufverhalten, Produktverwendung, Mediennutzungsverhalten, Informationsverhalten, Markentreue usw.) in sich weitgehend homogen, untereinander jedoch weitgehend heterogen sind. Das Homogenitätskriterium ist oftmals als problematisch zu erachten, da sich beispielsweise eine Zielgruppe nach einem bestimmten Merkmal (z. B. Alter) als homogen, hinsichtlich des Verwendungs- oder Kaufverhaltens jedoch als nicht homogen erweisen kann. Beispielsweise kann das Alter zwar genaue Hinweise auf die Wahl der Bekleidung einer Person geben, in Bezug auf den Kauf einer Glühbirne oder eines Grundnahrungsmittels ist jedoch in Abhängigkeit der Ausprägung dieses Merkmals kein wesentlicher Unterschied im Kaufverhalten festzustellen.

- **Messbarkeit (Operationalität):** Es ist erforderlich, dass die Kriterien mit den gängigen Methoden der Marktforschung erfassbar sind, da die Zielgruppen andernfalls nur sehr schwer zu identifizieren sind. Schwierig beziehungsweise kostspielig ist die Erfassung bestimmter

Persönlichkeitsmerkmale, wie z. B. Einstellungen zu einer Marke, Involvement der Person oder die Motive der Wahl eines Produktes, und erfordert dabei häufig ein hohes Maß an Expertenwissen.

- **Erreichbarkeit beziehungsweise Zugänglichkeit:** Die Merkmale haben sicherzustellen, dass die beschriebenen Zielgruppen über verschiedene Medien auffindbar und erreichbar sind. Es ist nicht zielführend, wenn die Werbebotschaft auf eine Zielgruppe abgestimmt, diese aber nicht über die Medien zu erreichen ist. Dies ist vor allem im Rahmen der Bewertung von Zielgruppenalternativen der Mediawerbung von besonderer Bedeutung.

- **Zielkonkretisierungsmöglichkeit beziehungsweise Handlungsfähigkeit:** Die Ausprägungen der Kriterien haben Ansatzpunkte für einen gezielten Einsatz der Mediawerbung zu bieten. Ist diese Anforderung erfüllt, besteht die Möglichkeit einer gezielten Vorgehensweise sowohl hinsichtlich der Gestaltung der Werbebotschaft als auch der Kontaktaufnahme mit der Zielgruppe (über geeignete Medien). Erforderlich ist daher, dass die Kriterien wichtige Nutzendimensionen der Zielgruppe darstellen, die in konkrete Werbemaßnahmen umzusetzen sind. Beispielsweise favorisieren junge Zielgruppen eine eher hektische oder reisserische Botschaftsgestaltung durch einen Kino-Spot, während ältere Zielgruppen aus einer eher ruhigen Botschaftsgestaltung in einer Zeitungsanzeige einen höheren Nutzen ziehen.

- **Zeitliche Stabilität:** Die abgegrenzten Zielgruppen haben für den Planungshorizont der Bearbeitung konstant zu sein, um eine Wirkung mit zielgruppenspezifischen Maßnahmen zu erzielen. Diese Gültigkeit über einen längeren Zeitraum ist notwendig, da sowohl die Planung des zielgruppenspezifischen Werbeeinsatzes als auch die Durchdringung einzelner Zielgruppen – beispielsweise wenn es um den Imageaufbau einer zu bewerbenden Marke oder eines Unternehmens geht – Zeit beanspruchen.

In der einschlägigen Literatur ist oftmals auch noch die **Wirtschaftlichkeit** als weiteres Anforderungskriterium anzutreffen (*Freter* 2008; *Meffert/Burmann/Kirchgeorg* 2008, S. 294; *Schweiger/Schrattenecker* 2009, S. 50). Die Wirtschaftlichkeitsbetrachtung erstreckt sich dabei jedoch insbesondere auf Nutzenausprägungen, die auf einen zielgruppenspezifischen **Einsatz** der Mediawerbung im Sinne einer differenzierten Marktbearbeitung und weniger auf die Zielgruppenbeschreibung als solche zurückzuführen sind. Dies ist wiederum vorrangig durch ein fälschliches Begriffsverständnis bedingt. Eine Wirtschaftlichkeitsbetrachtung hat sich damit auf die Identifizierung beziehungsweise Beschreibung und die daraus resultierende differenzierte Bearbeitung der Zielgruppen zu beziehen.

Im Verlauf der **Zielgruppenidentifikation** werden diejenigen Zielpersonen identifiziert, die zur Realisierung der Werbeziele anzusprechen sind. Zur Identifikation der jeweiligen Zielgruppen sind bestimmte Merkmale anzuwenden, die nach verhaltenstheoretischer Auffassung das Kaufverhalten von Konsumenten beeinflussen. Es handelt sich um **Zielgruppenkriterien**, deren Ausprägungen zum Teil als elementare Kaufvoraussetzung (z. B. werden Konsumenten erst ab einem bestimmten Alter zu potenziellen Nachfragern von Zigaretten), zum Teil als Steuergrößen (z. B. bestimmte Einstellungsausprägungen) individuellen beziehungsweise organisationalen Kaufverhaltens aufzufassen sind.

In der Praxis findet bei der Auswahl der potenziellen Zielgruppen häufig die so genannte **Bedarfsträgeranalyse** Anwendung. Hierbei werden diejenigen Personen erfasst, die für die Vermarktung eines Produkts oder einer Leistung von zentraler Bedeutung sind, d. h. diejenigen, die als direkte Bedarfsträger durch das Produkt ihren eigenen Bedarf decken sowie die am Vermarktungsprozess maßgeblich beteiligten Personen (indirekte Bedarfsträger). Aus diesen sind die Zielgruppen zu identifizieren, die für die werbliche Kommunikation relevant sind.

Es kann zudem wichtige Zielgruppen geben, die durch die Bedarfsträgeranalyse nicht berücksichtigt werden, beispielsweise Mitarbeiter, Journalisten, Politiker, Interessenverbände, Meinungsführer, die Öffentlichkeit usw. Es ist demnach zu klären, ob es neben den kommunikationsrelevanten Bedarfsträgern noch weitere Personengruppen gibt, die zu berücksichtigen sind (*Hartleben* 2004, S. 75, 90 ff.)

Die Entscheidungsträger können dazu auf unternehmensinterne und -externe Informationsquellen zurückgreifen. Dabei ist es zweckmäßig, das **unternehmensinterne Datenmaterial**, wie z. B. vorliegende Kunden- und/oder Interessentendatenbanken, zuerst auf seine Eignung zur Identifikation anzusprechender Zielgruppen zu untersuchen. Ist auf Basis der vorhandenen internen Informationen keine effektive Zielgruppenidentifikation möglich, so wird zumeist auf **unternehmensexterne Informationsquellen**, wie z. B. Panelerhebungen von Marktforschungsinstituten, zurückgegriffen. Im Regelfall ist deren Inanspruchnahme jedoch mit hohen Kosten verbunden.

In einem zweiten Schritt sind die identifizierten Zielgruppen im Rahmen einer **Zielgruppenbeschreibung** näher zu kennzeichnen, um genaue Informationen über verschiedene Abnehmermerkmale zu erhalten. Die Vielzahl möglicher Segmentierungsmerkmale macht eine **Kategorisierung der Kriterien** erforderlich, um den Werbetreibenden bei der systematischen Planung der Mediawerbung, z. B. bei der Werbestrategie, Auswahl der Medien, Botschaftsgestaltung, eine gedankliche Hilfestellung zu geben. Hier ist der einschlägigen Fachliteratur zu folgen und die Kriterien sind vereinfachend vier Kategorien zuzuordnen (*Kotler/Keller/Bliemel* 2007, S. 345 ff.; *Freter* 2008, S. 44 f.; S. 123; *Steffenhagen* 2008, S. 41 ff.; *Becker* 2009, S. 250 ff.; *Schweiger/Schrattenecker* 2009, 50 ff.):

(1) Demografische Merkmale,
(2) Sozioökonomische Merkmale,
(3) Psychografische Merkmale,
(4) Verhaltensmerkmale.

(1) und (2) Die **demografischen** und **sozioökonomischen Kriterien** stellen die klassischen Merkmale der Zielgruppenanalyse dar. Merkmale wie Alter, Geschlecht, Familienstand, Einkommen, soziale Schicht, Herkunft nach Regionen und Wohnortgröße seien an dieser Stelle exemplarisch genannt. Beispielsweise ist im Rahmen der Mediawerbung die Zielgruppenbestimmung nach dem Geschlecht vor allem bei solchen Warengruppen sinnvoll, bei denen Kauf und Konsum im direkten Zusammenhang mit diesem Kriterium stehen, beispielsweise bei Körperpflege, Kosmetik, Kleidung, Zeitschriften, Automobilen u. a. m. Das Alter ist insofern von hoher Relevanz, da es Hinweise auf Wünsche, Ansprüche und Erwartungen gibt, die die Zielgruppe im Laufe der Zeit entwickelt. Dies wird vor allem deutlich an den Zielgruppen die stark altersmäßig geprägt sind, beispielsweise der Zielgruppe der „Jung-Senioren", die nicht als „Alte" sondern als junge und dynamische Menschen anzusprechen sind. Da ein einzelnes Merkmal der demografischen oder sozioökonomischen Merkmale die Zielgruppen nicht scharf genug voneinander trennen kann, wird in der Regel versucht, eine sinnvolle Kombination geeigneter Merkmale zu wählen. Neben einfachen Kombinationen der Merkmale wurden in der Vergangenheit auch umfassende Konzepte zur Beschreibung von Lebenssituationen beziehungsweise Lebensphasen entwickelt (beispielsweise das Modell des so genannten Familienlebenszyklus, auf dessen Basis in empirischen Untersuchungen gezeigt wurde, dass das Kauf- und Konsumverhalten von der jeweiligen Lebensphase relativ stark beeinflusst wird; *Becker* 2009, S. 254 f.). Vorteil der demografischen und sozioökonomischen Kriterien ist, dass diese in der Regel leicht zugänglich sind. Meist sind entsprechende Daten aus sekundärstatistischem Material, wie Media- und Verbraucheranalysen, zu entnehmen. Wegen ihrer

leichten Beschaffbarkeit und Überprüfbarkeit werden diese Kriterien für die Formulierung von Werbezielgruppen häufig eingesetzt (*Rogge* 2004, S. 108). Kritisch anzumerken ist jedoch, dass die Kriterien zwar Auskunft darüber geben, welche Konsumenten bestimmte Produkte kaufen, jedoch nicht die Beweggründe des Kauf- und Konsumverhaltens erklären. Gruppen, die nach sozioökonomischen und demografischen Merkmalen gebildet werden, weisen häufig extreme Unterschiede in Bezug auf Wertvorstellungen, Interessen oder Verhalten auf, so dass sie für die Zielgruppenplanung im Rahmen der Mediawerbung nur bedingt geeignet sind.

(3) Typische Beispiele für **psychografische Kriterien** sind Präferenzen, Persönlichkeitsmerkmale, Motive, Interessen, Einstellungen, Lebensstile u. a. m. Diese Kriterien verfügen über eine größere Nähe zu erwünschten Verhaltenszielen (beispielsweise dem Kauf, der Empfehlung oder Verwendung von Produkten). Eine auf Basis dieser Kriterien vorgenommene Analyse liefert konkrete Anhaltspunkte für den Einsatz der Mediawerbung. Aus ihnen lassen sich Handlungsimpulse für das weitere Vorgehen im werblichen Planungsprozess ableiten, da sie Gegenstand werblicher Beeinflussung sind. Da das Ziel der Mediawerbung unter anderem darin liegt, ein positives Image aufzubauen, ist es von wesentlicher Bedeutung, Zielgruppen mit unterschiedlichen Kenntnissen, Interessen und Einstellungen differenziert anzusprechen. Die Einstellung zu einer Marke oder einem Produkt ergibt sich aufgrund des Eindruckes einer Person, inwiefern das Objekt geeignet ist, die persönlich wichtigen Bedürfnisse zu befriedigen. Welche Eigenschaften von hoher Relevanz für die Zielgruppe und daher kommunikativ hervorzuheben sind – beispielsweise bei Zahnpasten die Kariesverhinderung, der Weißmachereffekt oder der Wohlgeschmack – ist bei der Formulierung von Werbebotschaften zu beachten (*Schweiger/Schrattenecker* 2009, S. 53 f.). Des Weiteren ist zu beachten, dass beispielsweise genussbetonte Personen vermehrt auf emotionale Impulse in der Werbebotschaft reagieren. Daneben machen es z. B. Dissonanzen bei Kaufentscheidungsprozessen besonders notwendig, dissonanzabbauende Informationen durch die Mediawerbung zu übermitteln. Entscheidungsschwache Käufer benötigen dagegen Unterstützung durch entsprechende Argumente in der Werbeaussage oder Bestätigung durch Referenzgruppen (*Rogge* 2004, S. 108). Problematisch bei der Heranziehung psychografischer Merkmale ist allerdings, dass die Ermittlung der Kriterienausprägungen mit einem sehr hohen Aufwand und hohen Kosten verbunden ist.

(4) Die Besonderheit **(beobachtbarer) Verhaltensmerkmale** besteht in der Tatsache, dass sie nicht Bestimmungsfaktoren für das Kaufverhalten, sondern dessen Ergebnis sind. Sie beziehen sich auf die Reaktion und das Verhalten von Personen als Folge der werblichen Ansprache. Beispiele für Verhaltensmerkmale sind Informationsverhalten, Markenwahl, Kaufmengen, -häufigkeiten, -zeitpunkte, Einkaufsstättenwahl, Kommunikationsverhalten, Verwendung usw. Hierbei ist auch das Mediennutzungsverhalten der Zielgruppen von großem Interesse, d. h. welche Zeitschriften, Radiosender oder Fernsehsendungen genutzt werden. Sie sind ähnlich wie demografische und sozioökonomische Kriterien leicht aus unternehmensinternem Datenmaterial, wie z. B. Verkaufslisten, Absatzzahlen, sowie aus sekundärstatistischem Material von Marktforschungsinstituten und/oder Verlagen ermittelbar. Problematisch ist dabei jedoch, dass sich die Verhaltensbeschreibungen immer auf bereits abgeschlossene Verhaltensweisen beziehen, die Mediawerbung sich jedoch auf zukünftiges Verhalten zu richten hat. Da bei der Planung der Mediawerbung Trends zu berücksichtigen sind, ist es fraglich, ob in der Vergangenheit beobachtete Tatbestände gültig sind. Verhaltensbeschreibende Merkmale sind daher für die Mediawerbung geeignet, wenn davon auszugehen ist, dass das Verhalten der Zielgruppen stabil bleibt.

Die Vielzahl heranziehbarer Zielgruppenkriterien zeigt, dass der Werbetreibende auf vielen Wegen zu seinen relevanten Zielgruppen gelangen kann. Dabei ergeben sich je nach verwendeten Kriterien unterschiedliche Teilgruppen der gesamten Nachfragerschaft. Deshalb hat in jeder werblichen Zielgruppenstudie die jeweilige **Zielsetzung der Mediawerbung** im Vordergrund zu stehen. Geht es im Rahmen der werblichen Zielsetzung beispielsweise darum, in kurzer Zeit einen hohen Bekanntheitsgrad aufzubauen, so ist die Zielgruppenanalyse vorrangig anhand psychografischer Kriterien durchzuführen, um diesbezüglich Potenziale bei verschiedenen Zielgruppen offen zu legen. Die Verwendung einzelner Merkmale in isolierter Form führt allerdings nur zu beschränkten Aussagen, insbesondere über kaufrelevante Zielgruppen. Im Rahmen der Zielgruppenplanung gilt daher, dass Zielgruppen nicht isoliert nach nur einem Kriterium, sondern gleichzeitig nach mehreren Kriterien zu beschreiben sind. Es ist sinnvoll, einzelne Merkmale miteinander zu kombinieren und zu Bündeln zusammenzufassen. Die Anzahl der Angehörigen einer Zielgruppe, die durch mehrere Merkmale beschrieben wird, nimmt mit steigender Kriterienzahl generell ab. Gleichzeitig steigt dabei jedoch die Wahrscheinlichkeit, dass die Gruppenmitglieder innerhalb der Gruppe ein gleichartiges Verhalten in Bezug auf die Maßnahmen der Mediawerbung zeigen (*Rogge* 2004, S. 109).

Zur Kategorisierung möglicher Zielgruppenkriterien in **unterschiedlichen Branchen** werden im Folgenden Merkmale konsumentenbezogener und organisationsbezogener Zielgruppen erörtert, um werbetreibenden Unternehmen in Konsum- und Industriegütermärkten sowie in der Dienstleistungsbranche Anhaltspunkte für eine marktadäquate Zielgruppenabgrenzung zu geben. Schaubild III-B-39 gibt einen Überblick über potenziell geeignete Merkmale zur Zielgruppenbeschreibung in **Konsumgütermärkten** (*Steffenhagen* 2008, S. 41 f.).

Mit einer deutlichen Verzögerung gegenüber dem Konsumgütersektor ist seit geraumer Zeit sowohl in der Praxis als auch in der Wissenschaft ein wachsendes Interesse an Zusammenhängen feststellbar, die die werbliche Unterstützung von Gütern und Leistungen für **organisationale Kunden** betreffen. Diese Entwicklung ist weitgehend auf eine Verschärfung der werblichen Konkurrenzsituation – auch in industriellen Märkten – sowie auf die wachsende Macht von Absatzmittlern zurückzuführen.

Demografische Merkmale	Psychografische Merkmale
• Alter • Geschlecht • Familienstand • Zahl der Kinder • Haushaltsgröße • Wohnort u.a.m.	• Persönlichkeitsmerkmale (Aktivitäten, Interessen, Einstellung) • Nutzenvorstellungen • Motive • Kaufabsichten u.a.m.
Sozioökonomische Merkmale	Verhaltensmerkmale
• Beruf, Ausbildung • Einkommen, Kaufkraft • Soziale Schichtung (Kombination Ausbildung, Beruf, Einkommen) u.a.m.	• Preisverhalten • Mediennutzung, Kommunikationsverhalten • Einkaufsstättenwahl • Produktwahl, Kaufmengen/ Kaufhäufigkeit u.a.m.

Schaubild III-B-39: Zielgruppenmerkmale in Konsumgütermärkten (Steffenhagen 2008, S. 42)

Ebenso geht die Entwicklung hin zu einem möglichst gezielten und effizienten Einsatz der Mediawerbung in **Industriegütermärkten**. Zwar deckt sich der Denkansatz zur werblichen Bearbeitung von Industriegütermärkten mit dem in Konsumgütermärkten, doch erfordert eine zielorientierte Bearbeitung werblicher Zielgruppen eine spezielle Auseinandersetzung mit den **Besonderheiten industrieller Nachfrager** und ihres Einkaufsverhaltens (*Backhaus/ Voeth* 2010). Hier ist festzustellen, dass sich die in Frage kommenden Unternehmen bezüglich einer Vielzahl von Merkmalen unterscheiden. Dies betrifft bestimmte firmendemografische, ökonomische sowie psychografische Merkmale und Verhaltensmerkmale der am Kaufentscheidungsprozess beteiligten Personen. Das jeweilige werbetreibende Unternehmen hat daher Kriterien zu identifizieren, die Gemeinsamkeiten im organisationalen Beschaffungsverhalten darstellen beziehungsweise solche Kriterien, die zu Unterschieden führen. Im Einzelfall ist zu beurteilen, welche Unterscheidungsmerkmale werberelevant im Sinne der Möglichkeit einer differenzierten werblichen Ansprache sind. Schaubild III-B-40 gibt diesbezüglich einen Überblick über mögliche Zielgruppenmerkmale.

Die Ausführungen zu den Merkmalen für organisationale Kunden in Industriegütermärkten gelten für betriebliche Abnehmer in Konsumgütermärkten analog. Hier sind es werbetreibende Unternehmen, die im Rahmen ihres Vertriebssystems eine mehrstufige Distribution betreiben. Zukünftig kommt es in stärkerem Maße darauf an, absatzmittlergerichtete Mediawerbung effektiver und effizienter zu gestalten. Dazu besteht analog zur endverbrauchergerichteten beziehungsweise zur Mediawerbung in Industriegütermärkten die Notwendigkeit einer Zielgruppenanalyse, die den Werbetreibenden in die Lage versetzt, **Absatzmittler** im Sinne der Werbeziele zu bearbeiten. Schaubild III-B-41 gibt einen Überblick bezüglich der für die Zielgruppenplanung in Frage kommenden Kriterien im Hinblick auf den Einsatz absatzmittlergerichteter Mediawerbung.

Vor dem Hintergrund des zunehmenden Stellenwertes der Mediawerbung im **Dienstleistungsbereich** wird auch hier die sorgfältige Analyse potenziell anzusprechender Zielgruppen als Grundlage einer differenzierten werblichen Zielgruppenansprache zukünftig ein zentraler Erfolgsfaktor werden. Es ist daher notwendig, den Besonderheiten von Dienstleistungsmärkten Rechnung zu tragen und eine Unterscheidung zwischen Zielgruppenkriterien

Firmendemografische Merkmale	**Ökonomische Merkmale**
• Unternehmensgröße • Branche • Betriebsform • Organisationsstruktur • Standort (Region) u.a.m.	• Finanzkraft • Liquidität • Vermögen • Bestandsdaten (Anlagen und Gerätebestand) u.a.m.

Psychografische Merkmale	**Verhaltensmerkmale**
• Kenntnisse • Risikoneigung • Entscheidungsfreudigkeit • Einstellungen • Absichten u.a.m.	• Kaufverhalten • Entscheidungsverhalten • Produktionsverhalten • Produktverwendungsverhalten u.a.m.

Schaubild III-B-40: Zielgruppenmerkmale in Industriegütermärkten (Steffenhagen 2008, S. 43)

Firmendemografische Merkmale	Ökonomische Merkmale
• Größe der Verkaufsstellen • Branchenzugehörigkeit • Regionale Präsenz u.a.m.	• Finanzkraft • Geschäftsvolumen • Ausstattung u.a.m.

Psychografische Merkmale	Verhaltensmerkmale
• Unternehmensziele • Sortimentspräferenzen • Kooperationsbereitschaft u.a.m.	• Bezugswege • Organisation der Einkaufs- abwicklung • Bisherige Marketing- bearbeitung u.a.m.

Schaubild III-B-41: Zielgruppenmerkmale in Absatzmittlermärkten (Steffenhagen 2008, S. 44)

für **investive und konsumtive Dienstleistungen** vorzunehmen. Schaubild III-B-42 zeigt in diesem Zusammenhang einen Überblick der in Frage kommenden Merkmale im Hinblick auf den zielgruppenspezifischen Einsatz der Mediawerbung in Dienstleistungsmärkten.

Zielgruppenmerkmale für konsumtive Dienstleistungen	Zielgruppenmerkmale für investive Dienstleistungen
1. Demografische Kriterien • Geschlecht • Alter • Familienlebenszyklus • Geografische Kriterien u.a.m.	1. Branchenbezogene Kriterien • Art der Branche • Konkurrenzintensität • Branchenkonjunktur • Bedarfshäufigkeit der Dienstleistung u.a.m.
2. Sozioökonomische Kriterien • Einkommen • Beruf • Ausbildung • Soziale Schicht u.a.m.	2. Unternehmensbezogene Kriterien • Umsatzgröße • Mitarbeiterzahl • Dienstleistungstechnologische Ausstattung • Budget für Dienstleistungen u.a.m.
3. Psychografische Kriterien • Motive • Einstellungen • Lifestyle u.a.m.	3. Gruppenbezogene Kriterien • Größe des Einkaufsgremiums • Rollenverteilung (Entscheider, Nutzer usw.) • Arbeitsaufteilung u.a.m.
4. Verhaltenskriterien • Dienstleistungsbezogene Kriterien • Kommunikationsbezogene Kriterien • Preisbezogene Kriterien • Einkaufsstättenbezogene Kriterien u.a.m.	4. Personenbezogene Kriterien • Demografische Kriterien • Sozioökonomische Kriterien • Psychografische Kriterien • Verhaltenskriterien u.a.m.

Schaubild III-B-42: Beispiele für Zielgruppenmerkmale in Dienstleistungsmärkten (Meffert/Bruhn 2009, S. 112)

4.3.2.2 Einsatz von Zielgruppentypologien

Sowohl konsumenten- als auch organisationsbezogen gilt, dass Zielgruppen nicht isoliert nach nur einem Kriterium, sondern gleichzeitig nach mehreren Kriterien zu beschreiben sind. So lassen sich beispielsweise verschiedene sozioökonomische und demografische Kriterien miteinander verknüpfen (so genannte „Demo-Typen"). Diese verbindet man in der Regel mit psychologischen Merkmalen und Merkmalen des beobachtbaren Kaufverhaltens, um ein möglichst genaues und vielseitiges „Bild" der Zielgruppe zu erhalten. Besonders im Konsumgüterbereich wurden von Agenturen und Verlagen zahlreiche Studien durchgeführt, um **Konsumenten-** beziehungsweise **Zielgruppentypologien** zu bilden; mit dem Ziel, aus diesen konkrete Anhaltspunkte für die Zielgruppenbearbeitung abzuleiten. Die Idee der Typologisierung besteht darin, eine mehrdimensionale Einteilung potenziell anzusprechender Zielgruppen zu erhalten. Dabei werden anhand mehrerer (in der Regel psychografischer) Kriterien homogene Zielgruppen gebildet, die eine umfassendere Darstellung der in der Realität existierenden Zielgruppen wiederzugeben. Auf diese Weise sind bessere Planungsgrundlagen für zielgruppenspezifische Werbeaussagen und die Medienwahl sowie die strategische Positionierung von Marken, Produkten und Unternehmen zu gewinnen.

So genannte **Lifestyle-Typologien** lassen sich zur Beschreibung einer ganzen Gesellschaft, als auch von Gruppen oder Personen nutzen (*Meffert/Burmann/Kirchgeorg* 2008, S. 200). Das Lifestyle-Konzept setzt am Lebensstil beziehungsweise an den Lebensgewohnheiten von Konsumenten an und berücksichtigt die Tatsache, dass Menschen nach etablierten Einstellungs- und Verhaltensmustern leben. Diese Muster sind zu identifizieren und hinsichtlich ihrer Auswirkung auf das produkt- und markenspezifische Kaufverhalten zu messen. Der Lebensstil lässt sich grundsätzlich mit Hilfe von zwei Ansätzen operationalisieren:

(1) Erfassung anhand des **Konsumverhaltens** einer Person beziehungsweise Personengruppe. Die Persönlichkeit (beziehungsweise Lebensstil) lässt sich als Summe aller von der Person oder Personengruppe ge- und verbrauchten Produkte ansehen.

(2) Erfassung anhand einer Vielzahl psychografischer Eigenschaften, wobei die Aktivitäten, Interessen und Meinungen eine wichtige Rolle spielen (**AIO-Ansatz**). Der Lebensstil setzt sich nach diesem Ansatz aus den grundlegenden Konstrukten der situativen Faktoren und beobachtbaren Handlungen (**A**ctivities), kognitiven Orientierungen und Wertvorstellungen (**I**nterests) sowie emotional bedingten Verhalten (**O**pinions) der betreffenden Person beziehungsweise Personengruppe zusammen. Auf Basis des daraus abgeleiteten Bezugsrahmens zur Erfassung des Lifestyle (vgl. Schaubild III-B-43) werden zunächst Fragen allgemeiner Art erhoben, die die Selbsteinschätzung der Befragten, ihre Einstellungen zu verschiedenen Lebensbereichen und das Verhalten im sozialen Umfeld betreffen. Je nach Untersuchungsziel werden darüber hinaus die Kauf- und Verwendungsgewohnheiten sowie das Mediaverhalten erfasst und mit psychografischen und demografischen Merkmalen verknüpft (*Wells* 1974).

In der Vergangenheit ist – aufgrund der vielfältigen Möglichkeiten zur Ermittlung des Lebensstils von Konsumenten – ein breites Spektrum an Studien zu diesem Themenbereich entstanden. Allen Untersuchungen liegt ein käufertypologischer Ansatz zugrunde, d. h., Konsumenten werden durch mehrere Merkmale beschrieben und einander ähnliche Personen in Gruppen zusammengefasst. Die verschiedenen Zielgruppentypologien unterscheiden sich im Wesentlichen durch die Kombination der verschiedenen herangezogenen Merkmale, aber auch in ihren Zielsetzungen und Aggregationsniveau (*Meffert/Burmann/Kirchgeorg* 2008, S. 201). Bereits ab Mitte der 1970er Jahre hat es immer wieder Versuche gegeben, die Methodik des dargestellten Lifestyle-Konzeptes aufzugreifen und weiterzuführen. Ziel war die Verbes-

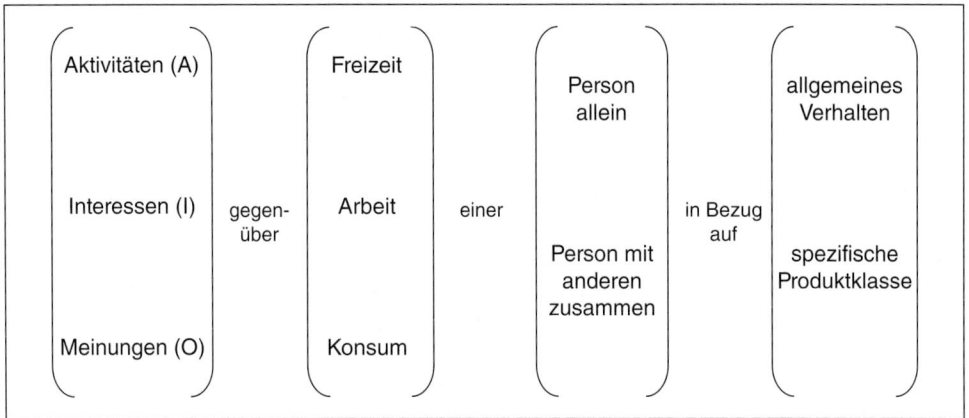

Schaubild III-B-43: Bezugsrahmen zur Erfassung des Lifestyle (AIO-Kriterien) (Wells/Tigert 1971)

serung beziehungsweise Differenzierung der Ergebnisse als bessere Planungsgrundlage für die Zielgruppenidentifikation und -beschreibung. Im Folgenden werden einige – im Rahmen der Zielgruppenplanung häufig eingesetzte – Typologien exemplarisch vorgestellt und deren Weiterentwicklung aufgezeigt.

Ein „spezieller, pionierhafter Ansatz" (*Becker* 2009, S. 256 f.) der Lifestyle-Konzepte ist die Lifestyle-Analyse von *Leo Burnett*. Die Beschreibung von insgesamt zwölf Lifestyle-Typen anhand ihrer Aktivitäten, Interessen und Meinungen u. a. m. basiert auf einer Studie der Agentur *Michel Conrad & Leo Burnett* (*Lürzer* 1985). Schaubild III-B-44 zeigt einen Überblick über die Bereiche, zu denen die Befragten im Rahmen dieser Lifestyle-Untersuchung anhand von entsprechenden Statementvorlagen zur Selbsteinstufung Stellung nehmen. Auf Basis dieser Einstufungen wurden verschiedene Käufertypen identifiziert (vgl. Schaubild III-B-45). Die einzelnen Lifestyle-Typen werden gemäß ihren dominierenden Einstellungen und Lebensstilen beschrieben und unterscheiden sich sowohl durch ihre Werteorientierung als auch durch die sozialen Lebensbedingungen.

Auf europäischer Ebene bieten heute mehrere Marktforschungsinstitute länderübergreifend derartige Lifestyle-Untersuchungen beziehungsweise ihre Ergebnisse an. Dies sind beispielsweise (*Becker* 2009, S. 261):

- *ACE* (*Anticipating Change in Europe*) des schweizerischen Marktforschungsinstituts *RISC* (*Research Institue on Social Change*, Partner in Deutschland: *GFM-GETAS*, Hamburg),
- *Euro-Styles* von *CCA* (*Centre de Communication Avancé*, Mitglied in Deutschland: *GfK*, Nürnberg) (vgl. auch das nachfolgende Beispiel),
- *EDL International* (*Everyday-Life-Research International*) des *Sinus*-Instituts, Heidelberg.

Neben den beschriebenen klassischen Lifestyle-Konzepten sind zudem zwei Richtungen weiterführender Käufertypologien zu unterscheiden (*Becker* 2009, S. 262):

(1) Dies sind zum einen Konzepte, die Zielgruppen unter den Aspekten **„Persönliche Werte/ Leitlinien"** (vgl. beispielsweise allgemeine Wertetypen und Wertetypen-Strukturen im Rahmen der so genannten *Dialoge*-Studien des *Bauer Verlags*) oder **„Lebensbedingungen/soziale Milieus"** abzubilden versuchen. Während es bei Milieu-Typologien vorrangig um die Einkommensverhältnisse sowie die daraus resultierenden Verhaltensweisen der jeweiligen sozialen Schicht geht, sind es individuelle (auch einkommensunabhängige) Wertvorstellungen, die Gegenstand von Wertetypologien sind. In vielen Fällen erscheint es sinnvoll, über eine

Freizeit und soziales Leben
- Freizeitaktivitäten
- Freizeitmotive
- Ausübung verschiedener Sportarten
- Bevorzugte Urlaubs-/Reiseart
- Soziales Netzwerk

Interessen
- Musikinteressen
- Themeninteressen
- Gruppenmitgliedschaften

Stilpräferenzen
- Wohnungsstil (bildgestützt)
- Kleidungsstil (verbal und bildgestützt)

Konsum
- Ökoeinstellungen
- Einstellung zu Essen und Trinken
- Einstellung zu Geld und Konsum

Outfit
- Einstellungen zum Outfit
- Body-Image

Grundorientierung
- Lebensphilosophie und Moral
- Zukunfsoptimismus
- Soziales Milieu
- Typenzugehörigkeit, Lifestyle bisher

Arbeit
- Arbeitszufriedenheit
- Arbeitseinstellungen
- Berufserwartungen

Familie
- Einstellungen zu Familie, Partnerschaft und Emanzipation
- Rollenbilder
- Wohnsituation

Politik
- Politisches Interesse und Parteiinteresse
- Politikwahrnehmung

Schaubild III-B-44: Berücksichtigte Lebensstilbereiche (Conrad/Burnett 1991)

Traditionelle Lebensstile	**37%**
Erika, die aufgeschlossene Häusliche	10%
Erwin, der Bodenständige	13%
Wilhelmine, die bescheidene Pflichtbewusste	14%
Gehobene Lebensstile	**20%**
Franz und Franziska, die Arrivierten	7%
Claus und Claudia, die neue Familie	7%
Stefan und Stefanie, die jungen Individualisten	6%
Moderne Lebensstile	**42%**
Michael und Michaela, die Aufstiegsorientierten	8%
Martin und Martina, die trendbewussten Mitmacher	5%
Ingo und Inge, die Geltungsbedürftigen	7%
Tim und Tina, die Fun-orientierten Jugendlichen	7%
Monika, die Angepasste	8%
Eddie, der Coole	7%

Schaubild III-B-45: Ermittelte Lifestyle-Typen (Conrad/Burnett 1991)

Kombination von Werte- und Milieukriterien genauere Hinweise für den Einsatz der Mediawerbung zu erlangen.

(2) Zum anderen versuchen differenzierte Analysen vor allem unter dem Aspekt der **Erfassung produkt- und markenspezifischer** Zielgruppen und ihrer demografischen, psychografischen und verhaltensbezogenen Merkmale die allgemeinen Typologien weiterzuführen (vgl. Schaubild III-B-46). Neuere Ansätze verknüpfen vorliegende Milieu-typische Charakteristika mit produkt(gruppen)bezogenen Fragestellungen (beispielsweise bildet die *Outfit*-Analyse des *Spiegel Verlag* so genannte „Modetypologien").

Exemplarisch für die Studien der Lebensbedingungen und sozialen Milieus wird im Folgenden auf einen umfassenden und spezifischen Ansatz eingegangen: Das so genannte **Milieu-Konzept** stellt den Versuch dar, verschiedene Lebenswelten in Gesellschaften zu identifizieren. Unter den Lebenswelten werden alle relevante Erlebnisbereiche von Konsumenten verstanden, beispielsweise Arbeit, Familie, Freizeit, Konsum usw. Die Zielgruppenbeschreibung orientiert sich im Fall des Milieu-Konzepts an der Lebensweltanalyse der Gesellschaft. Die sozialen Milieus fassen Personen zusammen, die sich in ihrer Lebensauffassung (Wertorientierungen) und Lebensweisen (Alltagshandlungen) ähnlich sind. Eine der bekanntesten Studien hierzu stellt das **Sinus-Milieu-Konzept** des Marktforschungsinstituts *Sinus Sociovision GmbH*, Heidelberg dar. Seit 1979 nimmt das Institut in regelmäßigen Abständen eine Segmentierung der deutschen Bevölkerung in kombinierte Werte- und Sozialschichtgruppen vor, deren Ziel es ist, die Lebenswelt von Zielgruppen unter Berücksichtigung sich verändernder Einstellungen und Wertorientierungen zu erfassen. Ziel ist die Abgrenzung einer differenzierten Milieu-Struktur der Gesellschaft sowie deren ausführliche Beschreibung. Die Typenbildung im Rahmen der Sinus-Milieu-Studie erfolgt dabei zunächst nach der sozia-

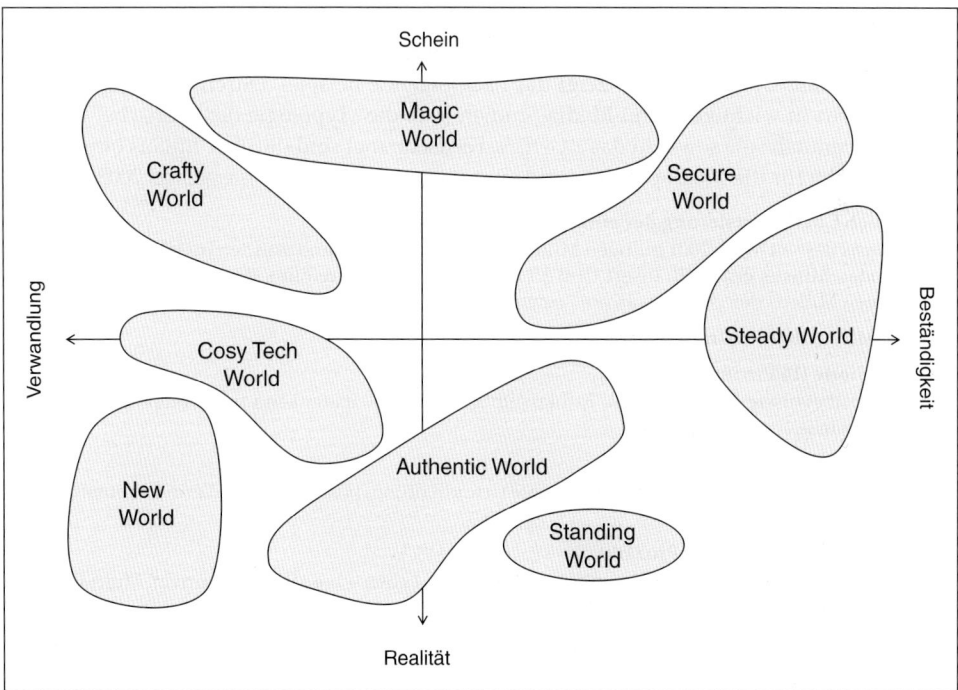

Schaubild III-B-46: Euro-Socio-Styles (GfK AG (Gesellschaft für Konsumforschung) 2004, S.5)

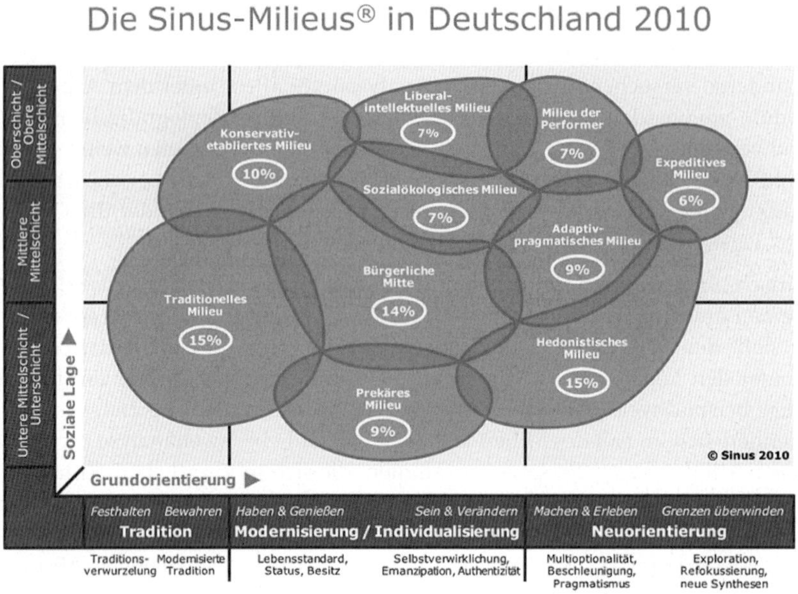

Die Sinus-Milieus® in Deutschland 2010

Schaubild III-B-47: Die Sinus-Milieus in Gesamtdeutschland 2009

len Lage und der Grundorientierung der Personen (vgl. Schaubild III-B-47). Betrachtet man die einzelnen Milieus detaillierter, so lässt sich beispielsweise für die Etablierten feststellen, dass es sich um eine Zielgruppe im Altersschwerpunkt 40 bis 60 Jahren handelt und die Personen ein überdurchschnittlich hohes Bildungsniveau und ein hohes Einkommensniveau aufweisen (*Sinus Sociovision* 2009). Die Charakterisierung der verschiedenen Sinus-Milieus in Deutschland aus dem Jahre 2009 zeigt das nachfolgende Beispiel. Durch die Integration der Sinus-Milieus in wichtige Markt-Media-Studien (z. B. die „Typologie der Wünsche" oder die „Verbraucheranalyse") sowie in das *AGF/GfK*-Fernsehpanel sind darüber hinaus interessante Möglichkeiten für die Mediaplanung und -auswertung gegeben (*Hofsäss/Engel* 2003, S. 110).

Beispiel: Charakterisierung der einzelnen Sinus-Milieus

Auf Basis des seit Mitte 2001 gültigen Milieumodell für Deutschland wurden im Jahre 2009 die nachfolgenden Milieus ermittelt. Insert III-B-35 zeigt die Kurzbeschreibung der exemplarisch herausgegriffenen Milieus der „Konservativen" sowie der „Traditionsverwurzelten" (*Sinus Sociovision* 2009).

Gesellschaftliche Leitmilieus

* **Etablierte (10 Prozent)**

Das selbstbewusste Establishment: Erfolgs-Ethik, Machbarkeitsdenken und ausgeprägte Exklusivitätsansprüche.

* **Postmaterielle (10 Prozent)**

Das aufgeklärte Nach-1968er-Milieu: Liberale Grundhaltung, postmaterielle Werte und intellektuelle Interessen.

* **Moderne Performer (10 Prozent)**

Die junge, unkonventionelle Leistungselite: intensives Leben – beruflich und privat, Multi-Optionalität, Flexibilität und Social Media-Begeisterung.

Traditionelle Milieus

* **Konservative (5 Prozent)**

Das alte deutsche Bildungsbürgertum: konservative Kulturkritik, humanistisch geprägte Pflichtauffassung und gepflegte Umgangsformen.

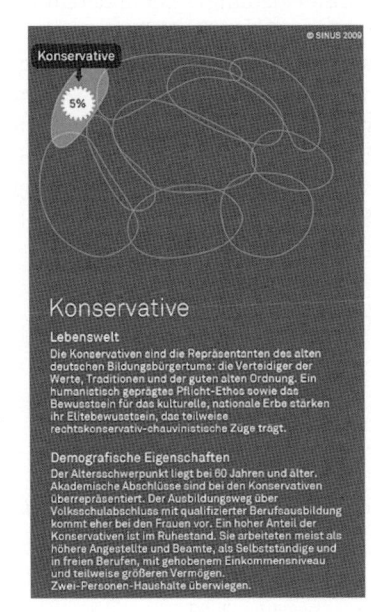

Insert III-B-35: Kurzbeschreibung der „Konservativen" und „Traditionsverwurzelten"
(Sinus Sociovision 2009)

- **Traditionsverwurzelte (14 Prozent)**
Die Sicherheit und Ordnung liebende Kriegsgeneration: verwurzelt in der kleinbürgerlichen Welt beziehungsweise in der traditionellen Arbeiterkultur.

- **DDR-Nostalgische (4 Prozent)**
Die resignierten Wende-Verlierer: Festhalten an preußischen Tugenden und altsozialistischen Vorstellungen von Gerechtigkeit und Solidarität.

Mainstream-Milieus

- **Bürgerliche Mitte (15 Prozent)**
Der statusorientierte moderne Mainstream: Streben nach beruflicher und sozialer Etablierung, nach gesicherten und harmonischen Verhältnissen.

- **Konsum-Materialisten (12 Prozent)**
Die stark materialistisch geprägte Unterschicht: Anschluss halten an die Konsum-Standards der breiten Mitte als Kompensationsversuch sozialer Benachteiligungen.

Hedonistische Milieus

- **Experimentalisten (9 Prozent)**
Die extrem individualistische neue Bohème: Ungehinderte Spontaneität, Leben in Widersprüchen, Selbstverständnis als Lifestyle-Avantgarde.

- **Hedonisten (11 Prozent)**
Die Spaß-orientierte moderne Unterschicht/untere Mittelschicht: Verweigerung von Konventionen und Verhaltenserwartungen der Leistungsgesellschaft.

Ein typisches und grundlegendes Beispiel einer Zielgruppentypologie, die unter konkreten, **produkt(gruppen)bezogenen Aspekten** durchgeführt wurde, ist die *Brigitte*-Frauentypologie des Verlags *Gruner & Jahr*. Die ihr zugrunde liegende Methodik geht von der Überlegung aus, dass nur lebensstilorientierte (Frauen-)Typen in speziellen Bereichen des Konsums und Kaufverhaltens die Grundlage einer sinnvollen Zielgruppenidentifikation bilden. Produktbe-

zogene Untersuchungsfelder waren in der ersten *Brigitte*-Untersuchung unter anderem Kör-
perpflege/Kosmetika, Nahrungsmittel/Gebäck und der Sektor Gesundheit/Pharma (*Becker*
2009, S. 264). Dieser ersten Typologie von *Brigitte* schlossen sich zahlreiche Untersuchungen
an, die hauptsächlich von großen Frauenzeitschriften initiiert wurden. Träger der Untersuchungen sind in der Regel große Verlagshäuser, die die Ergebnisse der von ihnen finanzierten
Untersuchungen zu Werbezwecken für ihre eigenen Objekte nutzen. Heute existieren eine
große Vielzahl weiterer produkt-, themen- oder medienbezogener Typologien beziehungsweise Zielgruppenuntersuchungen, die von Verlagen, Sendern und Agenturen angeboten
werden, zu diesen gehören beispielsweise (*Rogge* 2004, S. 118 f.):

- Communication Networks, *Focus*
- Concepte-Bilder, Leitbilder, Lebensstile, *HÖRZU; Funkuhr, Axel Springer AG*
- Dialoge, *Stern*
- Eltern-Kaufintensitäten, *Gruner & Jahr AG & Co KG*
- Energie-Bewusstsein und Energie-Einsparung, *Spiegel*
- EVA – Entscheidungen, Verbrauch, Anschaffungen, *HÖRZU, Funkuhr, Axel Springer AG*
- Frauen-Lebensstile, *Hubert Burda Media*
- Frauen-Typologie-Markt- und Medienverhalten weiblicher Marketingzielgruppen, *Brigitte,
  Gruner & Jahr AG & Co KG*
- Gehobene Zielgruppen, *Stern*
- *GfK*-Demotypen
- KidsVerbraucher Analyse (vgl. Insert III-B-36)
- KKK Kaufkraft – Konsum – Kaufverhalten, *Spiegel*
- Kommunikationsanalyse, *Brigitte* (vgl. Insert III-B-37)
- Lebensziele – Potenziale und Trends, *Stern*
- Mädchen, *Brigitte*
- Männer-Lebensstile, *Hubert Burda Media*
- Markenkompass, *Bauer Media KG*
- Markenprofile, *Stern*
- Mediaverhalten der allgemeinen Hausfrauen-Typen im psychologisch segmentierten GFM
  + C Haushaltspanel, *Bauer Media KG*
- Persönlichkeitsstärke, *Spiegel*
- Profile, *Stern, Gruner & Jahr AG & Co KG*
- Prozente, *Spiegel*
- Soll und Haben, *Spiegel*
- StELA, *Gruner & Jahr AG & Co KG*
- Typologie der Wünsche, *Hubert Burda Media*
- Verbraucheranalyse, *Bauer Media KG*
- Wohnen + Leben, *Gruner & Jahr AG & Co KG*
- Wohnen in Deutschland – Bestand und Bedarf, Marketingzielgruppen für den Wohnbe-
  reich, Schöner Wohnen, *Gruner & Jahr AG & Co KG*

Im Rahmen der Zielgruppenplanung der Mediawerbung bietet die Verwendung der beschriebenen Konsumententypologien vor allem **Vorteile** in der Steigerung der Vorstellungskraft
durch die umfassende Beschreibung, der Nähe zum Kaufverhalten und dem unmittelbaren
Bezug zum Mediennutzungsverhalten. Die Typologien haben sich aus realen Gesamtheiten
entwickelt und sind daher ein „Spiegelbild tatsächlicher (Mehrheits-)Verhältnisse" (*Rogge*
2004, S. 120). Verlagstypologien sind für verschiedene Produktmärkte relativ leicht verfügbar und ersparen den Unternehmen vielfach aufwändige eigene Kundenuntersuchungen.
Als problematisch ist jedoch zu erachten, dass gerade solche Verlagstypologien in der Re-

---

Kids-Verbraucheranalyse 2009

Die Eltern sparen am Taschengeld

zuletzt aktualisiert: 11.09.2009 · 12:16

Berlin (RPO). **Deutschlands Kinder verfügen wegen der Wirtschaftskrise in diesem Jahr über weniger Geld als noch 2008. Die rund 5,7 Millionen Kinder im Alter zwischen sechs und 13 Jahren haben laut der Kids-Verbraucher-Analyse 2009 im Schnitt 1058 Euro im Geldbeutel und auf dem Sparkonto. Ein weiterer Trend: Mitterweile sitzen inzwischen zwei Drittel der 5,7 Millionen in Deutschland lebenden Kinder regelmäßig vor dem Computer, um zu arbeiten oder zu spielen.**

Die Eltern sparen am Taschengeld. Durchschnittlich erhält jedes Kind 17 Euro weniger. Zudem fallen die Geldgeschenke zum Geburtstag oder zu Weihnachten geringer aus. Durchschnittlich erhält jedes Kind 17 Euro weniger als noch im Vorjahr. Zudem fallen die Geldgeschenke zum Geburtstag oder zu Weihnachten geringer aus.

Insgesamt verfügen die Sechs- bis 13-Jährigen in diesem Jahr hochgerechnet aber immer noch über ein beachtliches Vermögen von insgesamt rund sechs Milliarden Euro. Rund 3,6 Milliarden Euro davon schlummern der Analyse zufolge auf Sparkonten, das sind durchschnittlich 626 Euro pro Kind. Hochgerechnet fast 2,5 Milliarden Euro kommen durch Geldgeschenke und Taschengeld zusammen. Das Taschengeld wird vor allem für kleinere Posten wie Süßigkeiten, Zeitschriften und Eis ausgegeben. Angesichts der angespannten Haushaltskassen vieler Familien schrauben die Eltern in diesem Jahr die Ausgaben für Bekleidung (minus zehn Prozent) und Spielzeug (minus sieben Prozent) zurück.

Auf das Markenbewusstsein hat diese Reduktion allerdings keinen Einfluss. Denn das ist im Vergleich zum Vorjahr in den meisten Produktkategorien sogar noch gestiegen. Auch die Bereitschaft der Eltern, diese Markenwünsche zu erfüllen, ist noch einmal angestiegen.

Bei größeren Anschaffungen haben die Eltern ohnehin meist ein Wörtchen mitzureden. So bleibt vor allem bei den unter Zehnjährigen der Wunsch nach einem eigenen Mobiltelefon oftmals unerfüllt. Nur 16 Prozent in dieser Altersgruppe haben bereits ein Handy, bei den Zehn- bis 13-Jährigen sind dies hingegen 69 Prozent. Mit Computerspielen sind die Kinder recht gut ausgerüstet. Drei von zehn Kindern besitzen sowohl ein Handspielgerät als auch eine Konsole. Insgesamt sitzen der Analyse zufolge zwei von drei Kindern, das sind 3,7 Millionen, in ihrer Freizeit vor dem Computer, um zu arbeiten oder zu spielen.

Trotz der technischen Aufrüstung in den Kinderzimmern steht auch klassisches Spielzeug nach wie vor hoch im Kurs. 84 Prozent der Sechs- bis Neunjährigen und 77-Prozent der Zehn- bis 13-Jährigen nutzen Brett- und Kartenspiele, jeweils 76 beziehungsweise 61 Prozent puzzeln.

Insert III-B-36: Kids-Verbraucheranalyse 2009 (RP Online 2009)

gel derart aufgebaut sind, dass sie eine starke Strukturbezogenheit zu den Titeln aufweisen, die in dem auftraggebenden Hause verlegt werden. Bei zu treffenden Entscheidungen auf Grundlage derartiger Typologien ist diese anbieterspezifische Beeinflussung und eine mögliche Nicht-Vergleichbarkeit der Studien zu beachten. Als weiterer **Nachteil** der Verwendung von Typologien ist festzuhalten, dass trotz produkt- und markenspezifischer Auswertung Verlagstypologien insgesamt häufig allgemein gehalten und bei einzelnen Merkmalen teilweise ungenau sind. Spezielle Fragestellungen bleiben oftmals unberücksichtigt. Zudem sind Typologien und Lifestyles ständig wechselnden Trends, Veränderungen sowie dem gesellschaftlichen Wertewandel unterworfen. Sie weisen daher nicht die gewünschte Stabilität von Zielgruppenmerkmalen auf.

Abschließend lässt sich daher festhalten, dass Typologien meist eine gute Möglichkeit darstellen, um auf Basis der allgemein verfügbaren Daten weiterführende und differenziertere

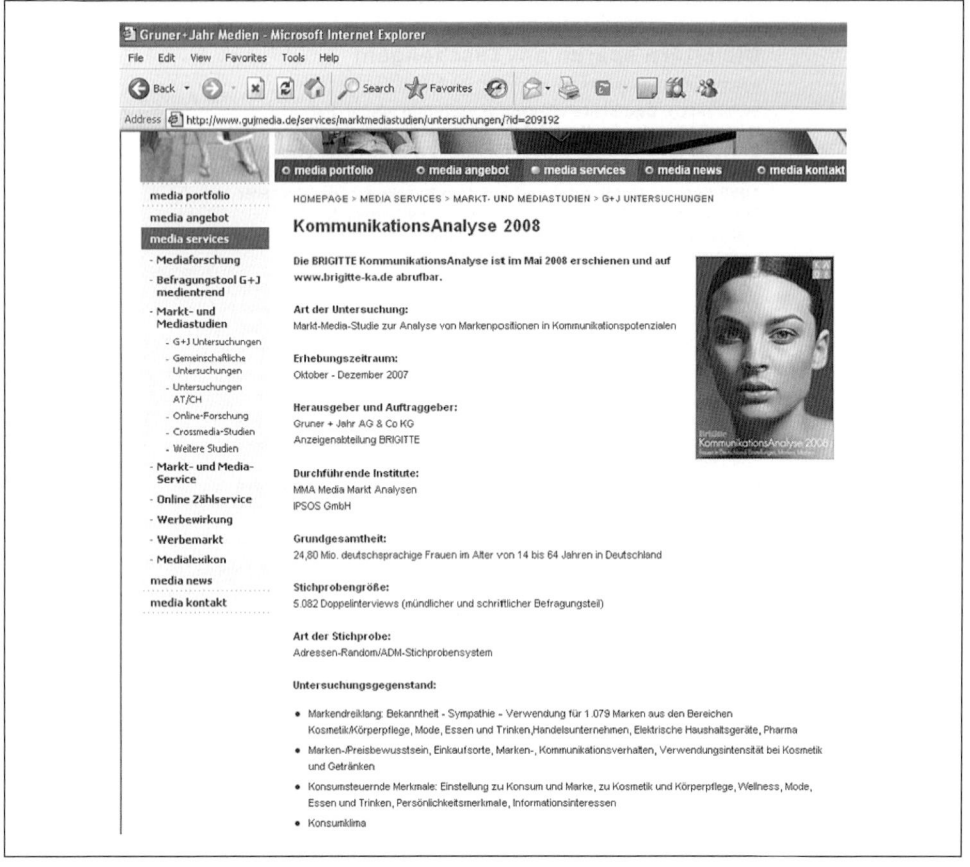

Insert III-B-37: Brigitte Kommunikationsanalyse (Gruner + Jahr AG & Co. KG 2009)

Zielgruppenanalysen durchzuführen oder bereits vorliegende eigene Untersuchungen durch entsprechende Daten aus vorhandenen Typologien zu komplettieren (*Becker* 2009, S. 267).

4.3.3 Beurteilung und Auswahl potenzieller Zielgruppen

Nach der Identifizierung und Beschreibung der potenziellen Zielgruppen der Mediawerbung hat die **Zielgruppenauswahl** zu erfolgen. Die Notwendigkeit einer Priorisierung und Eingrenzung der mit unterschiedlichen Medien und Maßnahmen der Mediawerbung zu bearbeitenden Zielgruppen ergibt sich für Unternehmen zwangsläufig aufgrund interner Restriktionen hinsichtlich finanzieller und personeller Ressourcen. Bestünden keinerlei Restriktionen, so könnte ein Unternehmen theoretisch sämtliche Zielgruppen mit höchster Intensität bearbeiten und auf diese Weise eine Maximierung des Nutzens seiner Aktivitäten der Mediawerbung anstreben. In der Realität ist jedoch eine Priorisierung der Zielgruppen vorzunehmen, die sich sowohl damit auseinandersetzt, welche Zielgruppen mit welchen Maßnahmen und Medien zu bearbeiten sind, als auch in welchem Umfang die Maßnahmen bei einzelnen Zielgruppen einzusetzen sind.

In der Praxis wird vorrangig eine **heuristische Zielgruppenauswahl** durchgeführt. Derartige Zielgruppenbestimmungen können grob in drei **strategische Ausrichtungen** eingeteilt werden (*Hartleben* 2004, S. 114 f.):

(1) Das werbetreibende Unternehmen bearbeitet **alle potenziellen Zielgruppen** und versucht damit, so viele Kunden wie möglich werblich anzusprechen. Der Vorteil dieser Zielgruppenauswahl liegt vor allem in der Kostenersparnis, welche aus dem Wegfall der Zielgruppenbeurteilung resultiert. Hier werden erhebliche Marktforschungskosten eingespart.

(2) Das werbetreibende Unternehmen entscheidet sich, **mehrere Zielgruppen** werblich anzusprechen. Dabei werden die ausgewählten Zielgruppen mit jeweils unterschiedlichen Werbeaktivitäten bearbeitet (differenzierte werbliche Marktbearbeitung).

(3) Nur **eine oder wenige Zielgruppe(n)** werden von dem werbetreibenden Unternehmen mit maßgeschneiderten (eventuell zeitlich nachgelagerten) Werbeaktivitäten bearbeitet. Diese Form der konzentrierten Mediawerbung ist für Unternehmen mit geringen Ressourcen am besten geeignet. Die Konzentration auf eine oder wenige Zielgruppe(n) bietet die Möglichkeit, dort einen relativ großen Marktanteil zu erobern. Sie birgt allerdings auch das Risiko, dass es notwendig ist, bei Verdrängung durch die Konkurrenz einen Großteil der Werbeaktivitäten als „Sunk Costs" abzuschreiben.

Es ist jedoch dabei zu beachten, dass die Anzahl der Personen in einer Zielgruppe oder die Häufigkeit des Auftretens gleicher Interessen und Motive im Hinblick auf Anbieter und Leistungsangebot noch nichts über die Bedeutung der Zielgruppe aussagen. Daher werden in der Praxis häufig Checklisten für die Zielgruppenpriorisierung angewendet (vgl. Schaubild III-B-48).

Die Checklisten und Arbeitshilfen berücksichtigen jedoch häufig nur Teilaspekte. Für eine umfassende und systematische Zielgruppenauswahl empfiehlt sich daher die Aufstellung eines Kataloges, der zentrale **Kriterien der Zielgruppenauswahl** definiert. Folgende ökonomischen und außerökonomischen Kriterien bieten sich in diesem Kontext an:

• **Werbebezogener Nutzen der Zielgruppen:** Der werbebezogene Nutzen spiegelt den Grad der Realisierung der Werbeziele bei den diversen Zielgruppen wider. So beinhalten unterschiedliche Zielgruppen der Mediawerbung unausgeschöpfte Wirkungspotenziale verschiedener Art und Höhe, deren Aktivierung wiederum einen differierenden Einsatz werblicher Aktivitäten erfordert. Diese den verschiedenen Zielgruppen innewohnenden Wirkungspotenziale bestimmen den werbezielbezogenen Nutzen der betrachteten Zielgruppe(n). Je höher die zugrunde liegenden Wirkungspotenziale, desto höher der werbezielbezogene Nutzen des Unternehmens aus der Zielgruppe(n) et vice versa. Verfolgt ein Unternehmen mit seinen Aktivitäten im Rahmen der Mediawerbung beispielsweise die Erhöhung des Bekanntheitsgrades eines neuen Produktes oder die Imageverbesserung einer Marke in der gesamten Bevölkerung, so ist eine andere Zielgruppenpriorisierung vorzunehmen als im Fall eine Zielgruppenerschliessungs- oder Kontaktanbahnungsstrategie. Zielt die Mediawerbung primär auf die Verbesserung des Informationsstandes über Vorteile des Produktes, so sind wiederum andere Zielgruppen von Interesse.

• **Kommunikationspräferenzen und Informationsbedürfnisse der Zielgruppen:** Im Sinne einer beziehungsorientierten Ausrichtung der Kommunikationspolitik sind auch die Aktivitäten der Mediawerbung an den zielgruppenspezifischen Kommunikationspräferenzen und Informationsbedürfnissen auszurichten und beeinflussen damit die Zielgruppenpriorisierung. Von Interesse ist beispielsweise welche Medien die potenziellen Zielgruppen nutzen. So sind bestimmte Adressatenkreise vielfach nur schwer über Online-Werbung zu kontaktieren, während andere „internetaffine" Zielgruppen vergleichsweise einfach zu

Punktwert (P)	10	8	6	4	2	0	Gewich-tungs-faktor G	Kriterien-faktor PxG
Zielgruppenmotive:	Kann sehr gut bedient werden:		Kann nur bedingt bedient werden		Kann kaum/gar nicht bedient werden			
Kernmotiv/ Primärinteresse:							6	
1. Nebenmotiv/ Sekundärinteresse:							4	
2. Nebenmotiv/ Tertiärinteresse:							2	
Quantitativer Zielgruppenumfang	Sehr groß		Mittelgroß		Gering			
							1	
Angebotsrelevanz für die Zielgruppe	Sehr hoch		Mittel		Gering			
							3	
Zielgruppeneinstellung gegenüber dem Anbieter:	Ausgiebig vorhanden		Lückenhaft vorhanden		Kaum/nicht vorhanden			
Wissen über den Anbieter (Bekanntheitsgrad, Markenkenntnis u.a.m.)							2	
Sympathie/Emotionen/Ver-trauen/Unternehmensimage	Sehr positiv ausgeprägt		Lückenhaft vorhanden		Kaum/nicht vorhanden			
							2	
Zielgruppeneinstellung gegenüber dem Angebot:	Ausgiebig vorhanden		Lückenhaft vorhanden		Kaum/nicht vorhanden			
Wissen zum Angebot							1	
Emotionale Haltung gg. dem Angebot	Positiv		Indifferent		Negativ			
							2	
Kauf-/Verhaltensbereitschaft	Hoch		Mittel		Gering			
							3	
Mediale Zielgruppen-erreichbarkeit	Sehr leicht erreichbar		Erreichbar		Schwer bis kaum erreichbar			
							2	
Bedeutung der Zielgruppe im Vermarktungs-/ Kommunikations-/ Entscheidungsprozess	Sehr hoch		Mittel		Gering			
							3	
Rangwert für die Priorität der Zielgruppe (Summe aller PxG)								

Schaubild III-B-48: Arbeitshilfe zur Zielgruppengewichtung (Hartleben 2004, S.136)

erreichen sind. Entsprechend dieser Bedürfnisse bieten sich unterschiedliche Maßnahmen und Medien für die Erreichung der Zielgruppen an.

- **Integrativer Nutzen der Zielgruppen:** Der integrative Nutzen ergibt sich aus dem Affinitäts-grad der Zielgruppenplanung. Dieser gibt an, inwieweit die Zielgruppen der Mediawerbung (z. B. die Zielgruppe einer Printanzeige) gleichzeitig Zielgruppen des Unternehmens darstellen. Um die Integrationsverluste beziehungsweise Streuverluste der Aktivitäten der Mediawerbung zu minimieren, ist ein möglichst hoher Affinitätsgrad anzustreben.

- **Relative Umsatzbedeutung der Zielgruppen:** Aus der relativen Umsatzbedeutung geht hervor, wie wichtig eine Zielgruppe im Vergleich zu anderen Zielgruppen für den Umsatz des Unternehmens ist. Je mehr Bedeutung der Zielgruppe in diesem Sinne zukommt, desto „lohnenswerter" ist der Einsatz aufwändiger Werbemaßnahmen (z. B. Produktion eines Image-Spots und Schaltung in reichweitenstarken Werbeinseln), währenddessen sich für weniger bedeutende Zielgruppen primär Werbemaßnahmen anbieten, die mit weniger Aufwand verbunden sind (z. B. Erinnerungswerbung in Form einer Printanzeige).

- **Kosten für die Bearbeitung der Zielgruppen:** Die mit dem Einsatz der Mediawerbung verbundenen Kosten sind weitgehend abhängig von den jeweiligen Maßnahmen beziehungsweise davon, welche Zielgruppen mit diesen Maßnahmen anvisiert werden. Die Schaltung eines TV-Spots erfordert zwar ein relativ hohes Budget, das Zielpublikum der Mediawerbung ist jedoch sehr breit, so dass diese Kosten zu relativieren sind. Ein weiteres Beispiel bietet die Schaltung von Printanzeigen in unterschiedlichen Zeitschriften-Genres. Je breiter das Spektrum der Zeitschriften gewählt wird, desto mehr Zielgruppen lassen sich mit den Anzeigen erreichen. Gleichfalls erhöhen sich damit aber auch die Kosten der Zielgruppenbearbeitung, die umso geringer sind, je spezifischer die Medienauswahl erfolgt.

Das werbetreibende Unternehmen hat sich bei der endgültigen Auswahl der Zielgruppen beziehungsweise der Priorisierung von Zielgruppen und Maßnahmen letztlich an einem Mix der erörterten Kriterien zu orientieren. Eine Herausforderung stellt dabei oftmals die Zusammentragung der notwendigen Informationen dar. Sowohl die Erhebung der Kosten als auch die Bestimmung des Nutzens ist oftmals mit Problemen behaftet. Indirekte Kosten der Zielgruppenbearbeitung sind beispielsweise die Kosten der Zielgruppenbeschreibung, da sie Kosten einer vorgeschalteten Maßnahme im Rahmen der Mediawerbung sind. Die Ermittlung dieser Kosten unterliegt allerdings einer Zurechnungsproblematik, da die Gesamtkosten der werblichen Zielgruppenbeschreibung auf die einzelnen in Betracht kommenden Zielgruppen verursachungsgerecht aufzuteilen sind. Direkte Kosten der Zielgruppenbearbeitung stellen die Bearbeitungskosten der jeweiligen Zielgruppe(n) dar. Diese Kosten umfassen beispielsweise zielgruppenbezogene Gestaltungs-, Schalt- und Personalkosten. Auch die Ermittlung direkter Kosten ist mit einem Zurechnungsproblem behaftet, denn es verursacht beispielsweise große Probleme, Gestaltungskosten der Mediawerbung verursachungsgerecht auf einzelne Zielgruppen zu verteilen. So ist es beispielsweise schwierig, die Produktionskosten eines TV-Spots verursachungsgerecht auf anvisierte Zielgruppen aufzuteilen, da die Beurteilung erforderlicher Gestaltungskosten für die einzelnen Zielgruppen weitgehend subjektiv zu erfolgen hat. Außerdem spricht ein TV-Spot selten alleinig die ausgewählten Zielgruppen an, so dass aufgrund dieser Tatsache die auf die anzusprechenden Zielgruppen zu verteilenden Gestaltungskosten tendenziell geringer ausfallen. Ähnliche Probleme treten bei der zielgruppengerechten Aufschlüsselung von Personal- und Schaltkosten auf. Darüber hinaus ist der Nutzen der einzelnen Werbemaßnahmen nicht in gleicher Weise zu skalieren wie die entstandenen Kosten. Es sind umfassende Kenntnisse über die Wirkungen der Mediawerbung notwendig, die in der Realität nur schwer zu eruieren sind. Aus diesem Grund sind Indikatoren für die Höhe der Wirkungen bei den Zielgruppen, wie z. B. die Reaktionen der Zielgruppen auf bisherige Werbeaktivitäten, zu suchen. Zur Ermittlung der Kommunikations- und Informationsbedürfnisse sowie dem Mediennutzungsverhalten der Zielgruppen sind kontinuierliche Zielgruppenbeobachtungen sowie zielgerichtete Zielgruppenbefragungen durchzuführen. Oftmals hat die Bewertung der zur Auswahl stehenden Zielgruppen im Einzelfall vor dem Hintergrund einer

Vielzahl verschiedener Einflussgrößen zu erfolgen. Dabei sind vielfach Gespür und Erfahrung des Entscheiders gefordert, um den Stellenwert verschiedener Zielgruppen in Abhängigkeit bestehender und zukünftiger situationaler Einflussgrößen, wie z. B. der Markt- und Konkurrenzsituation oder gesellschaftlicher Entwicklungen, einschätzen zu können.

5 Festlegung von Werbestrategien

5.1 Begriff von Werbestrategien

Auf Basis der Ergebnisse der Situationsanalyse, der Zielgruppenplanung sowie vor dem Hintergrund formulierter Werbeziele ist in einem nächsten Planungsschritt die **Werbestrategie** zu entwickeln, in der die Schwerpunkte für die Maßnahmen der Mediawerbung bei den ausgewählten Zielgruppen festzulegen sind. Mit der Festlegung einer Werbestrategie sind prioritäre Zielsetzungen anstrengungskonform zu verfolgen. Dazu ist es notwendig, eine Schwerpunktsetzung für die zu ergreifenden Werbeanstrengungen vorzunehmen. Diese Schwerpunktsetzung äußert sich in mittel- bis langfristigen Verhaltensplänen, die verbindlich angeben, mit welchen Anstrengungen die formulierten Werbeziele zu erreichen sind. Bevor eine Konkretisierung der Werbestrategie vorgenommen wird, ist es empfehlenswert, zunächst ein umfassendes sowie differenziertes und inhaltliches **Begriffsverständnis** einer Werbestrategie herzustellen:

Werbestrategien sind bedingte, mehrere Planungsperioden umfassende, verbindliche Verhaltenspläne von Unternehmen für ausgewählte Planungsobjekte (z. B. Marken, Unternehmen). Sie beinhalten Schwerpunkte bei den Entscheidungen über

- das Objekt,
- die Zielgruppen,
- die Botschaft,
- den Mediamix,
- das Timing,
- das Areal

der Mediawerbung, um die strategischen Werbeziele zu erreichen.

Die **Bedingtheit** von Werbestrategien zeigt, dass diese auf der Grundlage spezifischer Markt- und Umfeldentwicklungen sowie der unternehmensinternen Situation festgelegt werden. Die mehreren Planungsperioden drücken den **mittel- bis langfristigen Zeithorizont** und deren umfassende **Verbindlichkeit** aus. Werbestrategien haben den Zeitraum zu umfassen, der hinsichtlich der Umfeldinformationen und zu erwartenden Strategiewirkungen überschaubar ist. Zu den Merkmalen einer Werbestrategie zählt ferner die **Globalität**. Als Bindeglied zwischen den strategischen Markt- sowie Kommunikationszielen und operativen Werbemaßnahmen werden keine Einzelmaßnahmen beschrieben, sondern Schwerpunkte (im Sinne von „Stoßrichtungen") der Mediawerbung als verbindlicher Handlungsrahmen festgelegt.

Damit Werbestrategien ihre Funktion eines verbindlichen Verhaltensplans erfüllen können, sind bei deren Entwicklung verschiedene **Anforderungen** zu berücksichtigen:

- Werbestrategien haben Hinweise auf die Realisation der **strategischen Ziele des Unternehmens** zu geben. Dies sind zum einen die strategischen Markt- und Unternehmensziele, zum anderen die strategischen Kommunikationsziele. Es ist von besonderer Wichtigkeit, dass die Werbestrategie mit diesen in Einklang steht, um zur Nutzung kommunikativer Synergie- und Kostensenkungspotenziale und der langfristigen Erfolgssicherung beizutragen.

- Auf Basis der im Unternehmen vorhandenen Ressourcen sowie Annahmen über die Umfeldentwicklungen haben Werbestrategien **Prioritäten** in der Auswahl und Bearbeitung von Zielgruppen festzulegen. Damit ist auch eine bewusste Abgrenzung gegenüber nicht zu bearbeitenden Zielgruppen verbunden.
- Werbestrategien haben Hinweise zur **Kanalisierung des Mitteleinsatzes** zu geben sowie eine zielführende Steuerung des Einsatzes der Mediawerbung sicherzustellen.
- Werbestrategien haben die sich aus der festgelegten Strategie ergebenden **Konsequenzen** für den Mitteleinsatz, die Organisation und das Personal aufzuzeigen.
- Um für die einzelnen Entscheidungen im Rahmen der Mediawerbung einen verbindlichen Handlungsrahmen zu stecken, sind Werbestrategien **schriftlich zu fixieren**.
- Es ist notwendig, dass Werbestrategien hinsichtlich ihres Zielerreichungsgrades im zeitlichen Ablauf anhand geeigneter Indikatoren überprüfbar sind und einem **strategischen Werbecontrolling** unterliegen.

Die Entwicklung von Werbestrategien ist eine teils planerische, teils kreative Aufgabe des Managements. Die **planerische Aufgabe** besteht in der zielgerichteten Festlegung und Steuerung eines markt- und kundenorientierten Verhaltensplans unter Zuhilfenahme strategischer Analyseinstrumente, die eher **kreative Aufgabe** der Entwicklung von Werbestrategien ist es, innerhalb des vorgegebenen Aktivitätsrahmens Alternativen beziehungsweise innovative Lösungsansätze zu erarbeiten. Werbestrategien sind insofern sowohl das Ergebnis strukturierter Überlegungen als auch eines kreativen Bewusstseinsprozesses und der intuitiven Fähigkeiten der Entscheidungsträger.

5.2 Strategische Ziele der Mediawerbung

Es wurde bereits darauf hingewiesen, dass Werbestrategien Hinweise zur Realisation der strategischen Ziele des Unternehmens zu geben haben. Hinsichtlich der zu verfolgenden strategischen Ziele der Mediawerbung ist daher zu fordern, dass diese in die Zielhierarchie des Unternehmens integriert und mit den übergeordneten **strategischen Markt- und Unternehmenszielen** (vgl. zu einer ausführlichen Betrachtung und Diskussion von typischen Zielgrößen des Unternehmens z. B. *Busch/Fuchs/Unger* 2008, S. 104 ff.; *Becker* 2009, S. 14 ff.) sowie den **strategischen Kommunikationszielen des Unternehmens** abgestimmt werden.

Bei den **strategischen Marktzielen** handelt es sich beispielsweise um die Sicherung von Wettbewerbsvorteilen, der Erreichung von Absatzzahlen, den Ausbau von Marktanteilen, die Erhöhung des Markenwertes sowie eine Erhöhung der Kundenzufriedenheit und Markenbindung u. a. m. Die strategischen Ziele der Mediawerbung sind daher als übergeordnete Resultate werblichen Handelns, die mittel- bis langfristig zum Markterfolg führen sollen, zu verstehen. Die Mediawerbung dient primär der Unterstützung des Abverkaufs von Produkten und Dienstleitungen des anbietenden Unternehmens und wird als zentrales Instrument der Markenführung angesehen. Der Markenwert kann dabei als zentrale Steuerungsgröße des Markenmanagements betrachtet werden, der das Erfolgspotenzial einer Marke misst. Für die steigende Bedeutung des Markenwerts sind insbesondere die folgenden Gründe anzuführen (*Haedrich/Tomczak/Kaetzke* 2003, S. 171 ff.):

- Bei Unternehmensaufkäufen und -zusammenschlüssen entscheidet der Wert des Markenportfolios maßgeblich über den Preis.

- Bei der Nutzung der Marke im Lizenz- und Franchisegeschäft werden die Gebühren durch den Markenwert beeinflusst.
- Der Markenwert bildet die Grundlage zur Steuerung von Markenportfolios.
- Markensteuerung und -controlling beruhen auf dem Markenwert.

Trotz seiner Bedeutung wird der Begriff jedoch sehr unterschiedlich verwendet. Die verschiedenen Definitionen von Markenwert sind insbesondere auf die unterschiedlichen Ziele der Bewertung von Marken zurückzuführen (vgl. zu unterschiedlichen Verfahren der Markenbewertung z. B. *Tomczak/Reinecke/Kaetzke* 2004; *Trommsdorff* 2004).

Darüber hinaus haben sich die strategischen Ziele der Mediawerbung an den **strategischen Kommunikationszielen** des Unternehmens zu orientieren. Strategische Kommunikationsziele des Unternehmens sind beispielsweise die Bekanntheitssteigerung, Schaffung von Präferenzen, Aufbau eines einzigartigen und relevanten Images und die Durchsetzung der angestrebten Positionierung. Die Positionierung zielt auf die strategische und aktive Gestaltung der Stellung einer Marke im jeweils relevanten Markt ab (*Esch* 1992; *Mühlbacher/Dreher* 1996). Zentrale Aufgabe der Positionierung ist es, die zukünftige Stellung einer Marke, eines Produktes oder eines Unternehmens im Markt sowie im Wettbewerb festzulegen, um die Richtung für einen effizienten Einsatz der Mediawerbung gemäß den ökonomischen Zielsetzungen vorzugeben. Die Positionierung hat derart zu erfolgen, dass eine dauerhafte und profitable Alleinstellung im Wettbewerb und damit eine „Unique Selling Proposition" erreicht wird. Ausgangspunkt für strategische Grundsatzentscheidungen im Rahmen der Mediawerbung haben die Unternehmens- und Markenidentität und die Inhalte, die im Zusammenhang mit den daraus abgeleiteten Konzepten stehen, zu sein. Auf Basis dieser konzeptionellen Vorüberlegungen sind die strategischen Ziele der Mediawerbung zu formulieren.

Über die Festlegung der strategischen Werbeziele hinaus, hat eine Konkretisierung der operativen Ziele zu erfolgen, d. h., es sind werbepolitische Ziele zu definieren, operationalisieren und schriftlich zu fixieren (vgl. Abschnitt III-B-4.2.3). **Taktische Werbeziele** sind kurzfristig zu realisierende Ergebnisse, die zur Erreichung strategischer Werbeziele beizutragen haben (*Kroeber-Riel/Esch* 2004, S. 47 ff.). Dabei können einzelne Ziele, wie z. B. die Bekanntheit, Einstellung, Information sowohl strategischen als auch taktischen Zwecken dienen. Es ist durchaus denkbar, dass die Mediawerbung aus taktischen Gründen ihren Schwerpunkt auf die Veränderung einer oder mehrerer Dimensionen kognitiv-orientierter oder affektiv-orientierter Zielgrößen legt, auch wenn die langfristigen marktstrategischen Ziele der Mediawerbung anders aussehen. Damit sind vor allem Engpässe in der Wahrnehmung der Konsumenten auszugleichen, um damit langfristig zur Erreichung markt- und kommunikationsstrategischer Ziele beizutragen.

> **Beispiel: Kooperationskampagne für kurzfristigen Abverkauf**
>
> Das Sanitätshaus *Medisana* und der Discounter *Netto* sind für eine Werbekampagne eine Kooperation eingegangen. Über Ostern 2010 warben der Gesundheitsanbieter und der Discounter per TV-Spot gemeinsam für Blutzucker-Teststreifen, Test-Sets und Massagekissen, die das Unternehmen direkt nach den Feiertagen über die *Netto*-Filialen bundesweit verkauft. Die Kampagne ist lediglich kurzfristig ausgerichtet und dient der schnellen Erhöhung des Abverkaufs (*o.V.* 2010g).

5.3 Elemente einer Werbestrategie

Zur Zielerreichung ist die Gestaltung der Beziehungen zu den diversen Zielgruppen mit Hilfe der Mediawerbung als strategischer Erfolgsfaktor zu verstehen. Dementsprechend hat das Unternehmen zu entscheiden, wie es langfristig seine Beziehungen zu den einzelnen

Zielgruppen grundsätzlich gestalten will. Hierzu ist zum einen über die generelle Ausrichtung der Werbestrategie zu entscheiden, zum anderen sind spezielle Kommunikationsstrategien für die Schwerpunkte der Werbearbeit festzulegen. Die **inhaltliche Bestimmung der Werbestrategie** setzt die verschiedenen Rahmenbedingungen für die Maßnahmen der Mediawerbung fest, wobei eine Orientierung an den sechs Elementen zu erfolgen hat, die in Schaubild III-B-49 abgebildet sind und nachfolgend erläutert werden. Jede dieser Dimensionen ist hinreichend zu operationalisieren. Dabei ist darauf zu achten, dass die Präzisierung der Dimensionen nicht etwa isoliert durchgeführt wird, sondern dass vielmehr bestehende Interdependenzen zwischen den einzelnen Dimensionen zu berücksichtigen sind.

(1) Werbeobjekt

Zunächst hat ein Unternehmen darüber zu entscheiden, welche Objekte schwerpunktmäßig werblich zu unterstützen sind, beziehungsweise wer als Absender der Werbebotschaften in Erscheinung tritt. Demnach lassen sich neben Marken, Produkten und Dienstleistungen auch Unternehmen, Nonprofit-Unternehmen (beispielsweise Werbung von Parteien und Umweltverbänden), Personen (beispielsweise Politiker in der Wahlkampfwerbung) und Branchen (beispielsweise Gemeinschaftswerbung in der Chemiebranche) usw. als Werbeobjekte unterscheiden. Typischerweise werden allerdings Marken, Produkte und Dienstleistungen beworben (*Löbler/Markgraf* 2004, S. 1494). In der Regel bietet ein Unternehmen nicht nur ein Produkt oder eine Leistung an, sondern ein ganzes Sortiment. Ist es beispielsweise das Ziel eines Unternehmens, Produktwerbung durchzuführen, so wird der Entscheidungsspielraum von der Gleichverteilung der Aktivitäten auf alle im Sortiment geführten Produkte oder von der Konzentration aller Aktivitäten auf ein Produkt begrenzt. Hilfsmittel dieser strategischen (Teil-) Entscheidung sind strategische Analyseinstrumente, wie z. B. Lückenanalyse, ABC-Analyse, Produktlebenszyklusanalyse, Portfolioanalyse u. a. m. Die Festlegung der Werbestrategie hat sich darüber hinaus an der Markenstrategie des Unternehmens zu orientieren (beispielswei-

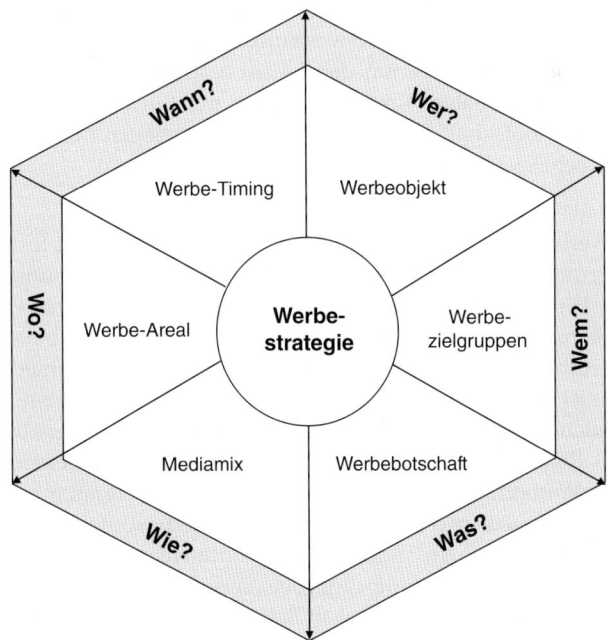

Schaubild III-B-49: Elemente einer Werbestrategie

se Einzel-, Familien- und Dachmarke). Es ist zu klären, ob das Werbeobjekt alleine oder im Verbund mit dem zugehörigen Sortiment zu bewerben ist, denn das Image des Werbeobjektes hat das vorhandene Marken- beziehungsweise Unternehmensimage zu festigen.

(2) Werbezielgruppen

Mit den Werbezielgruppen werden die mit den Maßnahmen der Mediawerbung anzusprechenden Zielgruppen des Unternehmens festgelegt. Im Rahmen der Festlegung der Werbestrategie ist zu klären, welche Zielgruppen eine intensive werbliche Bearbeitung zu erfahren haben und welche Zielgruppen eher zu vernachlässigen sind. Dabei ist zu beachten, dass sich die Werbestrategie vor allem bei der Operationalisierung dieser Dimension an den Zielgruppen des Marketing und der Kommunikation auszurichten hat, um eine inhaltliche Abstimmung mit den anderen Marketing- und Kommunikationsinstrumenten im Sinne eines Integrierten Marketing und einer Integrierten Kommunikation sicherzustellen. Es ist beispielsweise nicht sinnvoll, eine werbepolitische Pull-Strategie zu etablieren, wenn die Marketingstrategie des Unternehmens auf die Bearbeitung von Absatzmittlern ausgerichtet ist.

(3) Werbebotschaft

Mit der Werbebotschaft werden die zentralen, zu transportierenden Inhalte beziehungsweise die Kernbotschaft definiert. Diese Kernbotschaft ergibt sich unmittelbar aus der Positionierung des Produktes und der Marke, indem der USP, z. B. Merkmale wie Gesundheit, Natürlichkeit, Preiswürdigkeit, Sportlichkeit oder Leistungsfähigkeit, herausgestellt wird. Für die Kommunikation gilt es, den USP in eine **„Unique Communication Proposition"** (UCP) beziehungsweise für die Mediawerbung in eine **„Unique Advertising Proposition"** (UAP) umzusetzen. Als weitere Entscheidungsgrundlage für die Botschaftsgestaltung lassen sich die Ziele, die mit den Werbemaßnahmen verfolgt werden, heranziehen. Neben dem Werbeinhalt ist zudem über den Werbestil zu entscheiden. Festzulegen ist in diesem Kontext auch die Tonalität der Botschaft; insbesondere, ob ein primär emotionaler oder rationaler, informativer Grundton verfolgt wird. Die Botschaftsgestaltung steht zudem in enger Beziehung zur Werbeträgerwahl (Fernsehwerbung, Radiowerbung, Plakatwerbung usw.) beziehungsweise Werbemittelwahl (Anzeige, Spot u. a. m.), denn diese bestimmten die für die Gestaltung zur Verfügung stehenden Modalitäten (Text, Bild, Ton u. a. m.). Ein TV-Spot ist beispielsweise geeignet eine emotionale Botschaft zu transportieren, wohingegen die rationale Vermittlung von Informationen sehr viel besser durch eine Anzeige möglich ist.

(4) Mediamix

Im Rahmen der Werbeträgerauswahl ist ein geeignetes **Kernmedium** festzulegen. Dies beinhaltet die Festlegung des dominanten Mediums, in dem Mediawerbung hauptsächlich zu betreiben ist (z. B. Fernsehwerbung in der Einführungsphase einer neuen Automarke zur Steigerung des Bekanntheitsgrades) und der in der Lage ist, die Werbebotschaft gestaltungskonform den Konsumenten zu vermitteln. Die Bestimmung des Kernmediums im Rahmen der Werbestrategie ist ein Entscheidungsproblem der Intermediaselektion, d. h. der Auswahl zwischen verschiedenen Werbeträgern (vgl. Abschnitt III-B-6.3). Auf der Grundlage quantitativer Kriterien (z. B. Reichweiten und Belegungskosten) und qualitativer Kriterien (z. B. Funktion und Image des Werbeträgers, Darstellungsmöglichkeiten, Eignung zur Vermittlung von Botschaftsinhalten, Verfügbarkeit) werden so genannte Mediastrategien festgelegt. Die Wahl des Kernmediums hat sich an den anderen Strategiedimensionen zu orientieren. So ist die Mediawerbung im Fernsehen (TV-Kampagne) beispielsweise in besonderem Maße geeignet, in einem relativ kurzen Zeitraum einen hohen Bekanntheitsgrad für Güter des täglichen Bedarfs bei einer Vielzahl von Personen zu erzielen. Handelt es sich jedoch um den langfristigen Imageaufbau für stark erklärungsbedürftige Produkte bei eng abgegrenzten Zielgruppen, so ist eine informierende, textbetonte Werbung über das Basismedium „Zeitungen" (Printkampagne) vorzuziehen. Mit der Wahl des Kernmediums kommt den übrigen Medien oftmals nur eine ergänzende Funktion zu. Ergebnis dieser Überlegungen ist der Mediamix, der die prozentuale Aufteilung der unterschiedlichen Werbeträger festlegt und aus dem hervorgeht, wann und wie oft diese im Rahmen der Werbekampagne zu belegen sind.

(5) Werbe-Areal

Mit dem Werbe-Areal legt ein Unternehmen fest, ob es seine Aktivitäten im Rahmen der Mediawerbung primär lokal, regional, national oder international ausrichtet.

(6) Werbe-Timing

Hierbei ist über die zeitliche Allokation werblicher Aktivitäten zu entscheiden. Das Werbe-Timing, d.h. die Festlegung des Zeitrahmens sowie der Intensität des Werbeeinsatzes, ist eng verbunden mit dem Botschaftsinhalt. Beispielsweise erfordert eine umfassende Imagekampagne eine andere zeitliche Gestaltung als die Maßnahmen zur Einführung eines neuen Produktes. Hier wird der Entscheidungsspielraum von einer zeitlichen Gleichverteilung werblicher Aktivitäten, also einem zeitlich kontinuierlichen Einsatz der Mediawerbung, und einem zeitlich verteilten Werbedruck abgegrenzt.

Ziel der Strategiefestlegung hat es zu sein, aus dem Alternativenset die richtige Option heraus zu greifen und zur „Richtschnur" der Werbekampagne zu machen. Hierbei ist eine simultane Überprüfung aller Strategiedimensionen notwendig, um sicherzustellen, dass die letztlich ausgewählte Strategie in allen Facetten aufeinander abgestimmt ist (**intradimensionale Abstimmung**). Weiterhin haben die werbepolitischen Strategiealternativen in das Strategiesystem des Unternehmens, d.h. in die Kommunikations- und Marketingstrategie, zu passen (**interdimensionale Abstimmung**). Schließlich werden diejenigen Werbestrategien, die sowohl durch eine intra- als auch interdimensionale Abstimmung gekennzeichnet sind, im Hinblick auf die Erreichung von Werbezielen miteinander verglichen. In der Praxis wird in der Regel nicht nur eine einzige Strategie verfolgt, es liegt vielmehr ein „Denken in unterschiedlichen Strategieoptionen" vor. Das werbetreibende Unternehmen hat daher darüber zu entscheiden, wie die verschiedenen Optionen zu bewerten sind und dementsprechend geeignete Bewertungsgrößen festzulegen. In der Regel erfolgt hierbei eine Orientierung an den definierten Zielgrößen. Es wird dann diejenige Strategie gewählt, die unter den genannten Nebenbedingungen die Werbeziele effizienter als die übrigen Strategieoptionen zu realisieren vermag.

5.4 Typen von Werbestrategien

Die Festlegung der Werbestrategie beinhaltet die Bestimmung der mittel- bis langfristigen Ausrichtung der werbebezogenen Handlungen eines Unternehmens. Dabei hat sich die Formulierung der jeweiligen Werbestrategie vor dem Hintergrund einer integrierten Kommunikationspolitik an den Zielen der Unternehmenskommunikation zu orientieren. Grundlage für die Ausrichtung der Werbestrategie bilden die zuvor formulierten Werbeziele. Die letztlich anvisierte Werbestrategie kann in Abhängigkeit von einer Fülle situationaler und integrativer Anforderungen verschiedene dimensionale Schwerpunkte beinhalten. Welche Dimensionen explizit zu beachten sind, ist im Einzelfall zu beurteilen. Dennoch lässt sich in Abhängigkeit von der jeweiligen Konzentration auf eine oder mehrere werbestrategische Dimensionen eine grobe Unterscheidung in verschiedene Strategietypen vornehmen:

- Bekanntmachungsstrategie,
- Informationsstrategie,
- Imageprofilierungsstrategie,

- Konkurrenzabgrenzungsstrategie,
- Zielgruppenerschließungsstrategie,
- Kontaktanbahnungsstrategie.

Im Rahmen der **Bekanntmachungsstrategie** konzentriert sich der Einsatz der Werbeaktivitäten vorrangig auf die Art sowie auf die Objekte der Werbung. Dieser Strategietyp zielt auf die Erhöhung von Kenntnissen ab und dient in erster Linie dazu, neue Produkte in der Einführungsphase einem breiten Publikum bekannt zu machen (Einführungswerbung) oder deren Kenntnisse durch so genannte Erinnerungswerbung wieder zu aktualisieren. Vorrangiges Ziel ist die Erhöhung von Bekanntheitswerten, um – oftmals flankiert durch andere Kommunikationsmaßnahmen – absatzsteigernde Effekte zu realisieren. Ein Beispiel für eine Bekanntmachungsstrategie zeigt das nachfolgende Beispiel.

Beispiel: Bekanntmachung des *Tempo* Toilettenpapiers
Der schwedische Papierhersteller *SCA* hat im Sommer 2009 seine Produktneuheit *Tempo* Toilettenpapier mit einer umfassenden 360 Grad Kommunikationskampagne in Deutschland und Österreich eingeführt. Das Ziel war es, innerhalb kurzer Zeit eine hohe Bekanntheit für das *Tempo* Toilettenpapier zu erreichen. Dies sollte durch die einfache und einprägsame Botschaft „Endlich – Tempo gibt es jetzt auch als Toilettenpapier" sowie mit Hilfe eines enormen Werbedrucks erfolgen. Neben einem TV-Spot, der ab 1. Juni 2009 auf allen reichweitenstarken Sendern (u. a. *RTL*, *SAT.1*, *VOX* und *ZDF*) geschaltet wurde, kamen Print-Anzeigen in zielgruppenaffinen Titeln (u. a. *Brigitte*, *Für Sie*, *Stern* und *Gala*), eine aufmerksamkeitsstarke Plakatkampagne in Großstädten (vgl. Insert III-B-38), weitere innovative Out-of-Home-Aktivitäten und Online-Werbung zum Einsatz. Diese wurden von breit angelegten Sampling- und Direktmarketingaktivitäten sowie flankierenden PR-Maßnahmen begleitet. Über die Botschaft der Kampagne konnten sich die Nutzer zudem auf der neuen Homepage austauschen. Hier gab es außerdem seit Mai 2009 zahlreiche Gewinnspielmöglichkeiten und zusätzliche Informationen zum Produkt. Als besonderes Highlight konnte hier auch der Song aus dem TV-Spot heruntergeladen werden. Die Kampagne stammte von *Publicis* Frankfurt, der Leadagentur von *SCA*. Die Mediaschaltung plante *Carat*, Wiesbaden. Für die Pressearbeit zeichnete sich *fischerAppelt Kommunikation*, München verantwortlich. In Deutschland und Österreich rechnete das Unternehmen mit insgesamt fast 1,6 Mrd. Werbekontakten. Die Kosten der Maßnahmen: beliefen sich auf zweistellige Millionenbeträge (*Gerber* 2009b).

Insert III-B-38: Plakatmotiv der Kommunikationskampagne „Endlich – Tempo gibt es jetzt auch als Toilettenpapier" (Ströer Media Deutschland GmbH 2009)

Einen weiteren Strategietyp repräsentiert die **Informationsstrategie** einer Unternehmung. Diese zielt auf die Erhöhung von Bezeichnungs- und Eigenschaftskenntnissen und kann sich dabei sowohl auf einzelne Produkte oder Dienstleistungen als auch auf die Informationsvermittlung in Bezug auf das Gesamtunternehmen beziehen. Die Werbestrategie ist in diesem Zusammenhang in ihrer Art stark informativ ausgerichtet, um die Werbeadressaten über neue Produktvorteile, neue Serviceleistungen, die Durchführung von speziellen Aktionen usw. zu unterrichten (vgl. das nachfolgende Beispiel). Oftmals versucht der Werbetreibende darüber hinaus, die Werbeadressaten gleichzeitig von den speziellen Eigenschaften des Produktes, der Serviceleistungen usw. zu überzeugen. In einem solchen Fall spricht man von **Persuasionswerbung**, die im allgemeinen zur Unterstützung von produktdifferenzierenden beziehungsweise -verbessernden Maßnahmen eingesetzt wird.

Beispiel: Informationskampagne von *Merck*
Der Markt der Schmerzsalben wurde bislang dominiert von Produkten mit chemischen Wirkstoffen. Natürlichen Schmerzmitteln wurde eine weniger hohe Wirksamkeit zugeschrieben. Dank der aufmerksamkeitsstarken Kampagne „Ein Indianer kennt keinen Schmerz" für die *Kytta-Salbe f* des Pharma-Unternehmens *Merck Selbstmedikation* konnten wesentliche Schritte hin zur Verwendung von Salben mit rein pflanzlichen Inhaltsstoffen unternommen werden. Das Ziel war es, Apotheken und Verbraucher davon zu überzeugen, dass pflanzliche Schmerzsalben in ihrer Wirksamkeit den chemischen Produkten in nichts dastehen. Für die seit dem Jahre 2008 bestehende Kampagne kommen Printmedien zum Einsatz sowie TV-Spots. Die Werbemaßnahmen dienen vor allem dazu, über den in der Salbe enthaltenen pflanzlichen Wirkstoff Beinwellwurzel zu informieren. Hierfür wurde ein Indianer eingeführt, der als Medizinmann *Kytta f* empfiehlt. Zusätzlich wurden weitere Produktinformationen gegeben (vgl. Insert III-B-39). Rheuma, Gelenk- und Rückenschmerzen sowie Ischias treten häufig bei Frauen und Männern ab einem Alter von 60 Jahren auf. Um eine möglichst effiziente Ansprache der älteren Zielgruppe zu erreichen, wurden daher zunächst öffentlich-rechtliche Sender, d.h. *ARD* und *ZDF*, belegt. Darüber hinaus gab es spezielle PoS-Aktionen mit starker Key-Visual-Sichtbarkeit in vielen Apotheken. Durch die aufmerksamkeitsstarke Umsetzung der Kampagne wur-

Insert III-B-39: Printmotiv der Informationskampagne von Merck (Gerber 2009a)

de die ungestützte Markenbekanntheit im Vergleich zu 2006 mehr als vervierfacht werden. *Kytta-Salbe f* erzielte seit Einsatz der ganzjährigen Kommunikation im Fernsehen Zuwachsraten von bis zu 103,6 Prozent im Vergleich zu 2007. Das Ziel von plus 30 Prozent wurde bereits innerhalb des Kampagnenzeitraums übertroffen. Über das Jahr 2008 wurde der Marktanteil um 10 Prozent (*Gerber* 2009a).

Die **Imageprofilierungsstrategie** als weiterer Strategietyp stellt spezielle Nutzendimensionen der Konsumenten, wie z. B. Natürlichkeit oder Exklusivität, in den Vordergrund. Hierbei geht es nicht primär um die Vermittlung von Kenntnissen, sondern vielmehr darum, positive Einstellungen bei den anvisierten Zielgruppen gegenüber dem Werbeobjekt zu formieren beziehungsweise negative Einstellungen zu verändern. Zur Schaffung eines klaren (Marken-)Images richtet sich eine solche Strategie beispielsweise auf die Betonung und Aktualisierung bestimmter Eigenschaften der Marke und hat sich dabei an Nutzendimensionen der Konsumenten zu orientieren, um ein entsprechendes Unternehmens-, Produkt- oder Markenbild bei diesen zu verankern. Neben der speziellen Konzentration auf die Art der Mediawerbung spielt vor allem der Zeithorizont bei der Imageprofilierungsstrategie eine wichtige Rolle. Die Etablierung eines bestimmten angestrebten Images kann im Regelfall nur durch einen langfristigen, kontinuierlichen und konsistenten Werbeauftritt realisiert werden und ist mit einem erheblichen monetären Aufwand verbunden. Umso wichtiger ist es daher, das einmal erzielte beziehungsweise das im Aufbau befindliche Image vor negativen Einflüssen, so genannten „Bad-Will-Transfers", zu schützen. Ein derartiger Strategietyp ist beispielsweise häufig in der Kosmetik-, Mode- und Schmuckbranche, und in der Automobilbranche anzutreffen (vgl. beispielsweise Printanzeigen von *Wrangler* in Insert III-B-40).

Beispiel: Imagekampagne des Landes Baden-Württemberg

Um im europäischen Wettbewerb um Fachkräfte, Investoren und Touristen nicht hinter anderen wirtschaftsstarken Regionen zurückzufallen, beschloss die Landesregierung Baden-Württemberg im Jahre 1999 eine Imagekampagne zu lancieren, die die Steigerung der Sympathie- und Bekanntheitswerte der Region zum Ziel hatte. Im Zentrum der Imagekampagne stand die Kernbotschaft „Emotional, weil menschlich". Ironisch und selbstbewusst sollten Erfolg und Fleiß als die Stärken des Landes vermittelt und damit „auf bescheidene, menschliche und humorvolle Art" unter dem Slogan „Wir können alles. Außer Hochdeutsch" für die Region Baden-Württemberg geworben werden. Die Werbemaßnahmen beinhalteten vor allem Kino- und TV-Spots, diese wurden durch Anzeigen in Ta-

Insert III-B-40: Printmotiv der Imagekampagne „We are animals" von Wrangler
(Wrangler Europe Wrangler Europe 2010)

Insert III-B-41: Printmotiv der Imagekampagne des Landes Baden-Württemberg
(Staatsministerium Baden-Württemberg, Referat Öffentlichkeitsarbeit 2010)

geszeitungen und Zeitschriften (vgl. Insert III-B-41 sowie Insert III-B-42) sowie Events (beispielsweise „das SWR Sommerfestival") ergänzt. Weitere Maßnahmen richteten sich direkt an Entscheider, Multiplikatoren und potenzielle in- und ausländische Investoren, an die spezielle Werbegeschenke versendet wurden. Maßnahmen im Rahmen der Verkehrsmittelwerbung (beispielsweise bei Flugzeugen und Taxis) sollten Akzente setzen (vgl. Insert III-B-43). Jährlich durchgeführte Effizienzanalysen der Imagekampagne bestätigten eine hohe Bekanntheit und Beliebtheit der Kampagne, die sowohl eine deutlich höhere Aktualität, die Kenntnis der baden-württembergischen Leistungskraft, Zukunftsstärke und Lebensqualität, als auch einen positiven Imagewandel für das Land Baden-Württemberg und seine Bewohner bewirkte (*Staatsministerium Baden-Württemberg* 2010).

Insert III-B-42: Printmotiv der Imagekampagne des Landes Baden Württemberg
(Staatsministerium Baden-Württemberg, Referat Öffentlichkeitsarbeit 2010)

*Insert III-B-43: Verkehrsmittelwerbung im Rahmen der Imagekampagne des Landes Baden Württemberg
(Staatsministerium Baden-Württemberg, Referat Öffentlichkeitsarbeit 2010)*

Im Rahmen der **Konkurrenzabgrenzungsstrategie** versucht das Unternehmen, sich gegenüber den Wettbewerbern zu profilieren. Die werblich zu unterstützenden Objekte sind vorrangiger Gegenstand dieser Strategie, bei der in erster Linie, konkurrenzunterscheidende Merkmale, wie Produktleistung, Preis, Service, Garantiezeit usw. hervorzuheben sind. Eine solche Strategie hebt zwar auch auf die Vermittlung von Kenntnissen und die Bildung von Images ab, jedoch steht in erster Linie die Hervorhebung derjenigen Produkt- und Unternehmensmerkmale im Mittelpunkt, die das Unternehmen von der Konkurrenz unterscheiden und im positiven Sinne zur Imagebildung beitragen. Die Etablierung dieses Strategietyps zielt damit letztlich darauf ab, das Unternehmen, das Produkt oder die Marke im Hinblick auf bestimmte Nutzendimensionen der Konsumenten eindeutig abzugrenzen und eine dimensionsbezogene Alleinstellung bei den Konsumenten zu realisieren. Beispielsweise warb die Fastfood-Kette *McDonald's* lange Zeit mit dem Slogan „Das etwas andere Restaurant". Weitere Beispiele für diesen Strategietyp sind vor allem bei Discounthändlern zu beobachten. Hier sind insbesondere Unternehmen wie *Mediamarkt oder Saturn* zu nennen, die sich mittels der aggressiven werblichen Unterstützung von Niedrigpreisstrategien („Geiz ist geil") ein entsprechendes Imageprofil aufgebaut haben. Im Rahmen der Abgrenzung von der Konkurrenz kommt der so genannten **vergleichenden Werbung** (vgl. zu rechtlichen Aspekten der vergleichenden Werbung Abschnitt IV–2.3) eine hohe Bedeutung zu. In dieser werden zwei beziehungsweise mehrere Produkte oder Leistungen explizit (unter Nennung der Marken) miteinander verglichen oder zumindest deren Produkte und Leistungen erkennbar präsentiert. Einen Vorteil der vergleichenden Werbung sehen Befürworter vor allem darin, dass Konsumenten entscheidungsrelevante Informationen schneller und leichter erhalten. Gegner hingegen argumentieren, dass der Vergleich häufig über nicht relevante Aspekte geführt wird, wodurch der Konsument verunsichert und verwirrt wird (*Schweiger/Schrattenecker* 2009, S. 381). Beispiele für vergleichende Werbung zeigt Insert III-B-44 sowie unten aufgeführtes Beispiel.

Apple stichelt wieder gegen Microsoft

APPLE-SPOT "TOP OF THE LINE"

zur Kampagne

In den beiden neuen Spots seiner "Get a Mac"-Kampagne greift der US-amerikanische Computerhersteller **Apple** erneut auf sein altbewährtes Konzept zurück und zieht seinen Konkurrenten **Microsoft** kräftig durch den Kakao. Wie bereits in den vorherigen Commercials nimmt Schauspieler Justin Long die Rolle des personifizierte Mac-Computers ein. Sein wie immer bemittleidenswerter Kontrahent "PC" wird einmal mehr vom Komiker John Hodgman verkörpert.

In beiden Filmen stellt sich die Hauptdarstellerin die Frage, für welches Computer-Modell sie sich entscheiden soll - einen PC von Microsoft oder eben einen Mac von Apple. Die Spots zeigen mit viel Witz und Ironie, dass nur die Firma mit dem Apfel die Ansprüche der Kundin erfüllen kann.

Die Agentur **TBWA/Media Arts Lab** in Los Angeles zeichnet erneut für die Kreation verantwortlich. *HOR*

"GET A MAC"- SPOT "SURPRISE"

zur Kampagne

Insert III-B-44: Vergleichende Werbung bei Apple (HORIZONT.NET 2009a)

Beispiel: Vergleichende Werbung bei *Audi*

Den Auftritt des *A4* in den USA kommunizierte *Audi* mit einem direkten Seitenhieb auf Wettbewerber *Mercedes*. Den TV-Spot „Progress is Beautiful" zeigte das Unternehmen auch auf seiner Website. Im Spot erfolgt zunächst die Wandlung einer biederen, antiquierten Wohnung in ein modernes Zuhause. Anschließend taucht der vor der Tür geparkte *Mercedes* im Bild auf und verwandelt sich wie von Geisterhand in den *Audi A4* (*Kolbrück* 2008).

Die **Zielgruppenerschließungsstrategie** als weiterer Strategietyp konzentriert sich auf die Ansprache und Erschließung bestehender Zielgruppen durch die Mediawerbung. Mit Hilfe einer solchen Strategie werden gezielt bestimmte Zielpersonen angesprochen, wie z. B. Schüler, Studenten oder Senioren, um ihr Kundenpotenzial zu erschließen und auszuschöpfen. Bei der Verfolgung einer solchen Strategie werden demnach verstärkt Zielgruppen angesprochen, die bisher nicht oder nur wenig bearbeitet wurden. Die werblichen Aktivitäten sind in diesem Fall vorrangig an den besonderen Nutzendimensionen dieser Werbeadressaten auszurichten, damit die Zielpersonen die werblichen Stimuli überhaupt wahrnehmen beziehungsweise im Sinne des Werbetreibenden verarbeiten (selektive Informationsaufnahme und -verarbeitung). Insert III-B-45 zeigt ein Anzeigenmotiv der *Deutschen Bahn AG*, mit der im Rahmen der Werbung für Sparangebote gezielt Familien angesprochen werden.

Beispiel: Zielgruppenerschließungsstrategie bei der *AOK*

Die Krankenkasse *AOK* startete im November 2008 die Kampagne „*AOK* PLUS Gipfelsturm", um gezielt Berufsanfänger zur Wahl der *AOK PLUS* als Krankenkasse zu bewegen. Durch die Angebote der *AOK PLUS* erhielten Jugendliche dabei eine Hilfestellung bei der Bewerbung um einen Ausbildungsplatz. Der Online-Bewerbungsmanager begleitete die Jugendlichen bei sämtlichen Schritten des Bewerbungsprozesses und hielt relevante Informationen bereit, unabhängig davon, welchen Beruf der Teilnehmende präferierte. Zur Unterstützung der Kampagne wurde ein Gewinnspiel angeboten. Die Gipfelsturmkampagne mit dem Bewerbungsmanager und dem Gewinnspiel wurden in einer Vielzahl verschiedener Print- und Onlineanzeigen sowie auf Plakaten beworben (www.queo-flow.com).

Insert III-B-45: Anzeigenmotiv „Dauer-Spezial Familie" (Deutsche Bahn AG 2009)

Mit der Etablierung der **Kontaktanbahnungsstrategie** verfolgt der jeweilige Werbetreibende die Zielsetzung, beispielsweise den Handel oder die Öffentlichkeit für die eigenen Aktivitäten zu gewinnen. Neben der klassischen Handelswerbung wird hier im Bereich der Öffentlichkeitsarbeit insbesondere Stellung zu sozial brisanten Themen, wie z. B. Ausländerfeindlichkeit, oder zu öffentlichen Streitpunkten bezogen. In den USA werden derartige Strategien unter dem Namen „Private Advocacy" diskutiert. Dabei gilt es für den Werbetreibenden, Kompetenz auch außerhalb des eigenen Unternehmensbereiches zu dokumentieren und Glaubwürdigkeit zu vermitteln, um auf diesem Wege Einstellungen im Sinne werblicher Zielsetzungen zu verändern (*Duncan/Moriarty* 1997, S. 130 ff.).

Die **Art der Werbestrategie** beeinflusst die zu wählende Gestaltungsart sowie die damit verbundene Festlegung des Kernmediums zum Transport der Werbebotschaft. Hinsichtlich der Auswahl einer Gestaltungsart können wesentliche Anhaltspunkte generiert werden, wenn das so genannte **„Rossiter-Percy-Grid"** in leicht modifizierter Form herangezogen wird (*Rossiter/Percy* 1997, S. 212 ff.). Dieses Kommunikationsraster unterscheidet Produktkäufe der Konsumenten zum einen anhand der Art des zugrunde liegenden Konsumbedürfnisses (utilitaristisch vs. hedonistisch), zum anderen anhand der Stärke des vorhandenen Produktinvolvements (hoch vs. niedrig). Beide Unterscheidungsdimensionen treten in dichotomen Ausprägungen auf, um die Praktikabilität des Rasters sicherzustellen. Folglich besteht das Raster aus vier Feldern, die unterschiedliche Arten von Produktkäufen widerspiegeln und damit verschiedene Gestaltungsarten nahe legen (vgl. Schaubild III-B-50).

Feld 1 – Aktualisierende Werbegestaltung: Liegen dem Produktkauf utilitaristische Konsumbedürfnisse zugrunde und besteht bei den Rezipienten ein geringes Involvement hinsichtlich des zu bewerbenden Produktes, z. B. bei Grundnahrungsmitteln und anderen schnelldre-

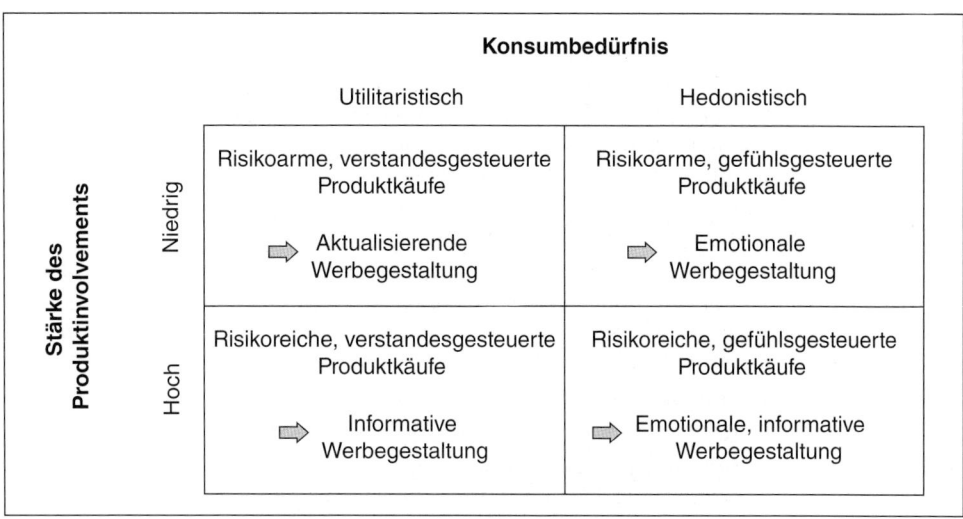

Schaubild III-B-50: Werbegestaltung nach dem Rossiter-Percy-Grid
(in Anlehnung an Rossiter/Percy 1997, S. 213)

henden Konsumgütern, so handelt es sich um risikoarme Produktkäufe, die überwiegend verstandesgesteuert getätigt werden. Das Konsumenteninvolvement in Bezug auf ausgereifte und austauschbare Produkte sowie Dienstleistungen ist gering. Angesichts des geringen Involvements ist es in diesem Fall wenig vielversprechend, die Rezipienten im Rahmen einer informativen Werbegestaltung über die Produktvorteile zu informieren und damit ihre utilitaristischen Konsumbedürfnisse anzusprechen. Vielmehr hat der Werbetreibende im Rahmen seiner Werbestrategie vorrangig auf aktualisierende Gestaltungsmöglichkeiten der Mediawerbung zurückzugreifen, da es in einer solchen Situation darauf ankommt, die beworbene Marke „Top of Mind", d.h. immer im Gespräch bleiben zu lassen und damit die produkt- beziehungsweise markenbezogene Bewusstseinspräsenz (Markenbekanntheit) zu erhöhen. Durch diese Art der Werbegestaltung soll die Identität einer Marke oder eines Produktes im Konkurrenzumfeld sichtbar gemacht und damit eine gedankliche Präsenz bei den Konsumenten geschaffen werden. Eine Positionierung durch Aktualität zielt auf die reine Thematisierung des Werbeobjektes ab, ohne dass dieses mit konkreten Eigenschaften verknüpft wird. Als Beispiele für eine derartige Gestaltung seien die werbepolitischen Aktivitäten von *Coca-Cola* und *McDonald's* angeführt.

Feld 2 – Informative Werbegestaltung: Im Unterschied zu Feld 1 weisen die Rezipienten hier ein hohes Produktinvolvement auf. Es handelt sich somit um risikoreiche Produktkäufe, die vorrangig verstandesgesteuert getätigt werden, z.B. Arzneimittel, Lebensversicherungen oder komplexe Maschinen. Angesichts des hohen Produktinvolvements besteht bei den Rezipienten eine hohe Informationsaufnahmebereitschaft, um das hohe Kaufrisiko über zusätzliche Produktinformationen zu reduzieren. Es ist daher erforderlich, die Rezipienten mittels einer informativen und sachorientierten Werbegestaltung über die Produktvorteile zu informieren. Diese eignet sich besonders für Innovationen und für High-Involvement-Angebote, bei denen Produktinformationen sehr wichtig und das Interesse an diesen sehr groß ist. Diese Art der Gestaltung ist beispielsweise für Automobilzulieferbetriebe wie *ZF Friedrichshafen AG* oder zahlreiche andere Anbieter der Industriegüterbranche geeignet (*Esch* 2010, S. 141).

Feld 3 – Emotionale Werbegestaltung: In diesem Fall liegen in erster Linie hedonistische Konsumbedürfnisse vor und die Rezipienten sind bezüglich des zu bewerbenden Produktes gering involviert. Der Produktkauf stellt ein geringes Risiko dar und erfolgt überwiegend gefühlsgesteuert, z. B. der Kauf von Zigaretten, Getränken, Waschmittel usw. Da ein geringes Informationsinteresse auf Seiten der Konsumenten herrscht und die Produkteigenschaften bekannt sind, ist auf eine informative Darstellung der Produktvorteile weitgehend zu verzichten. Vielmehr bietet es sich an, die hedonistischen Konsumbedürfnisse über eine emotionale und erlebnisorientierte Werbegestaltung anzusprechen. Diese soll dem Konsumenten einen – über den sachlichen Grundnutzen hinausgehenden – Zusatznutzen vermitteln. Da die Austauschbarkeit der Produkte von den Konsumenten wahrgenommen wird, bietet die Erlebnispositionierung eine Möglichkeit, sich von der Konkurrenz abzugrenzen (*Esch* 2010, S. 112), da diese nicht so schnell nachzuahmen sind, wie sachliche Positionierungen (*Wüthrich* 1991). Ein Beispiel für eine emotional und erlebnisorientiert ausgerichtete Gestaltung der Mediawerbung bietet beispielsweise die Werbung der Marke *Krombacher*.

Feld 4 – Emotionale und informative Werbegestaltung: Im Gegensatz zu Feld 3 sind die Rezipienten hier gegenüber dem zu bewerbenden Produkt hoch involviert. Es liegen risikoreiche Produktkäufe vor, die vorrangig gefühlsgesteuert getätigt werden, z. B. beim Kauf teurer Kleidungsstücke. Angesichts des hohen Kaufrisikos ist es nicht ausreichend, die hedonistischen Konsumbedürfnisse der Rezipienten mittels einer emotionalen Werbegestaltung aufzugreifen. Die Rezipienten sind ferner darüber zu informieren, dass das zu bewerbende Produkt diese Bedürfnisse besser befriedigt als es die Konkurrenzprodukte vermögen. Beispielsweise erwartet der Empfänger einer Werbung für Erlebnisreisen emotionale Anregungen über die Art der gebotenen Erlebnisse (Einsamkeit, Abenteuer, Gefahr usw.). Gleichzeitig ist er jedoch auch an Informationen (Preis, Unterbringung, Dauer, Anreise usw.) über das angebotene Reiseprogramm interessiert. Die Art der zu wählenden Werbestrategie hat in diesem Fall auf eine emotional und informativ ausgerichtete Gestaltung der Mediawerbung abzuheben.

Welche Gestaltungsart letztlich zu wählen ist, kann nur im Einzelfall beurteilt werden, da im Regelfall eine Vielzahl unterschiedlicher situationaler Einflussfaktoren, wie z. B. die Unternehmens-, Konkurrenz-, Produkt-, Konsumenten- und Umfeldsituation, zu berücksichtigen sind und die unterschiedlichen Strategiedimensionen untereinander zu vernetzen sind. Nach der Festlegung der Werbestrategie ist es im Folgenden notwendig, dass die kreative Umsetzung der Werbestrategie von spezifizierten Zielsetzungen geleitet wird. Die Umsetzung eines kreativen und zielbezogenen Gestaltungskonzeptes erfordert daher eine systematische Briefingarbeit.

5.5 Copy-Strategie und Briefing

Durch die formulierte Werbestrategie ist bereits ein strategischer Rahmen für die kreativen Umsetzungsideen der zu transportierenden Inhalte festgelegt. Mittels des **(Agentur-)Briefings** ist durch das werbetreibende Unternehmen schriftlich eine Arbeitsgrundlage für die kreative Gestaltung zu definieren. Es dient als Informationsgrundlage, die eine Werbeagentur oder Werbeabteilung zur Erarbeitung einer Werbekampagne erhält. Im Rahmen des Briefings sind der eingeschalteten Agentur eine Vielzahl unternehmensinterner und -externer Informationen zur Verfügung zu stellen. Denn nur auf diese Art und Weise werden die informativen Voraussetzungen für eine zielorientierte Agenturarbeit geschaffen. Ein umfassendes Briefing enthält zweckmäßigerweise folgende **Angaben** (*Mühlbacher* 2001a, S. 193 f.):

- Konkrete Aufgabenstellung vor dem Hintergrund übergeordneter Marketing- und formulierter Werbeziele,

- Bisherige Entwicklung und Eigenschaften des zu bewerbenden Produktes sowie des werbetreibenden Unternehmens und die entsprechenden Positionierungswünsche,
- Bereits durchgeführte Marketing-, Kommunikations- und Werbeaktivitäten im Hinblick auf die Lösung der werblichen Problemstellung,
- Wichtige Wettbewerber sowie deren Marktanteile, Positionierung und Kommunikationsaktivitäten,
- Beschreibung der Werbezielgruppen, d. h. ihrer Kenntnisse, Interessen, Einstellungen, Absichten sowie ihres Informations-, Kauf- und Verwendungsverhaltens,
- Zentrale Werbebotschaft beziehungsweise die angestrebte Unique Advertising Proposition (UAP) sowie mögliche Argumente für eine unterstützende Beweisführung und die gewünschte Anspracherichtung,
- Zur Wahrung der Corporate Identity oder des Markenbildes einzuhaltende, übergeordnete Stilelemente, wie z. B. Farben, Schrifttypen oder Zeichen,
- In der Branche übliche Werbegepflogenheiten beziehungsweise die entsprechenden, unbedingt notwendigen Bestandteile der Werbekampagne,
- Zur Verfügung stehender Werbeetat,
- Bei der Planung der Maßnahmen einzuhaltende Termine,
- Im Unternehmen beziehungsweise in der Agentur beteiligte Entscheidungsträger und Koordinatoren.

Schaubild III-B-51 zeigt beispielhafte Fragestellungen eines Briefingformulars, das vom werbetreibenden Unternehmen mit den entsprechenden Informationen auszufüllen ist.

Neben den Ergebnissen der Situationsanalyse, den formulierten Werbezielen sowie den Resultaten der Zielgruppenplanung stellt die so genannte **Copy-Strategie** eine zentrale Grundlage des Agenturbriefings dar. Diese legt eine verbindliche Argumentations- und Gestaltungsstrategie für die konkrete kreative Ausgestaltung der einzelnen Werbemittel dar, indem sie Inhalt und Ausdrucksform festlegt. Sie bildet damit den Orientierungsrahmen für die visuelle, verbale und akustische Umsetzung der Werbemittel. Der Begriff „Copy-Strategie" wurde, wie viele Fachtermini der Mediawerbung, aus der amerikanischen Werbepraxis übernommen und ist durch ein ausgesprochen diffuses Verständnis geprägt. Es werden viele alternative Bezeichnungen verwendet, beispielsweise „Creative-Strategie", „Creative Brief", „Creative Guidelines" u. a. m. (*Sandt/Rohde* 1993, S. 319). Daher hat zunächst eine begriffliche Definition zu erfolgen:

> Eine **Copy-Strategie** ist die schriftliche Fixierung wichtiger Vorgaben für kreative Lösungsansätze im Rahmen der festgelegten Werbestrategie.

Die Copy-Strategie enthält in komprimierter Form die wesentlichen Schwerpunkte der Werbestrategie und ist damit in der Lage, zwei grundlegende **Funktionen** zu erfüllen:

(1) Die Copy-Strategie kann die kreative Arbeit in der Form disziplinieren, dass der kreative Output in der angestrebten Richtung erfolgt. Sie bildet somit die Basis für die Umsetzung der Werbekampagne.

(2) Die Copy-Strategie dient nach der Umsetzung einer Werbekampagne als Beurteilungskriterium des Werbeerfolges beziehungsweise -misserfolges.

So werden in der Copy-Strategie vor allem folgende **Elemente** schriftlich niedergelegt (*Murphy/Cunningham* 1993, S. 170; *Steffenhagen* 2001, S. 238; *Schweiger/Schrattenecker* 2009, S. 232 f.):

- Beschreibung der anzusprechenden Zielgruppe(n),
- Hervorhebung des speziellen Nutzens (Vorteil), den ein Werbeadressat vom beworbenen Objekte (beispielsweise die Marke oder das Unternehmen) in besonderem Maße erwarten kann (Unique Selling Proposition),

	Definition der Konkurrenz-Rahmenbedingungen
1.	• Wer ist unsere Konkurrenz, woher kommt unser Geschäft heute/in Zukunft? • Was sind die bestimmenden Marktfaktoren? Entwicklungen/Trends der Produktkategorie, der Marktanteile, Positionierung der Marken im Vergleich zur Konkurrenz usw.
	Was sind aus Konsumentensicht die wichtigsten Aspekte des Produkts oder der Produktkategorie?
2.	• Eigenschaften, Nutzen, Werte, Markenpersönlichkeiten usw. • In welchen Hauptpunkten unterscheidet sich unser Produkt von der Konkurrenz – objektiv oder subjektiv – hinsichtlich Eigenschaften, Nutzen, Wertvorstellungen, Markenpersönlichkeit usw.
	Was ist die Marketingzielsetzung?
3.	• Marktanteil, -volumen, weitere spezifische Marketingziele - in welchem Zeitraum sollen sie erreicht werden?
	Welche Rolle spielt die Mediawerbung?
4.	• Erstkonsum/Wiederkauf, Verbrauchsmenge/-frequenz steigern, Marken-wechsel erzielen usw.
	Wen soll die Mediawerbung ansprechen?
5.	• Beschreibung des prospektiven Verwenders in seiner Beziehung zum Produkt/zur Produktkategorie. • Wieso wurde gerade <u>diese</u> Zielperson gewählt? Soziodemografische Merkmale, Einstellung zur Marke/zur Produktkategorie, Verwendungs-gewohnheit, Wünsche/Bedürfnisse, Lebensstil usw.
	Was denkt/fühlt diese Zielperson jetzt über die Marke?
6.	• Wieso sind gerade diese rationalen Gedanken/(emotionalen) Empfindungen relevant? Auf welche Daten, Analysen, logischen Schlussfolgerungen usw. basieren sie?
	Was sollen sie aufgrund der Mediawerbung denken/fühlen?
7.	• Welche Hauptidee von der Marke soll der Angesprochene nach der Media-werbung im Kopf behalten? • Wieso ist gerade diese Idee relevanter als andere? Was sind die Konsumen-tenvorteile in den Bereichen Eigenschaften/Nutzen/Wertvorstellungen?

Schaubild III-B-51: Briefing-Formular

- Begründung der Glaubwürdigkeit dieses Nutzenversprechens („Reason Why"),
- Gestaltungsstil der Werbemittel („Tonality", z. B. ruhig versus reißerisch).

Abgeleitet aus der Positionierung beziehungsweise dem USP definiert die Copy-Strategie den **Consumer Benefit** (Verbrauchernutzen) – manchmal auch als Werbeversprechen bezeichnet – als den Nutzen, den der Verbraucher durch den Konsum dieser Marke hat. Die Forderung nach der Festlegung eines **speziellen Zusatznutzen**, resultiert aus der Überlegung, dass Pro-dukte/Marken/Dienstleistungen nur dann gekauft werden, wenn sie für potenzielle Käufer in irgendeiner Form einen Nutzen stiften. Dabei kommt es angesichts zunehmend homoge-ner werdender Produkte vor allem in Konsumgütermärkten vielfach nicht darauf an, welcher Grundnutzen durch das Produkt erfüllt wird – diesen Grundnutzen bieten der überwiegende Teil der Konkurrenzprodukte ebenso –, sondern welchen Zusatznutzen das Produkt stiftet, beispielsweise durch emotionale oder soziale Faktoren wie Luxus, Prestige, Zugehörigkeits-gefühl, Anerkennung, Sicherheit usw. So besteht der Grundnutzen einer Herren-Armband-uhr in der Möglichkeit, jederzeit Wissen über die aktuelle Zeit erlangen zu können. Der Zusatznutzen einer Herren-Armbanduhr wären Merkmale, wie beispielsweise Sportlichkeit, Eleganz, Ästhetik, Prestige usw.

Jeder „Consumer Benefit" beinhaltet ein **Nutzenversprechen**, also eine Behauptung über die Vorteile eines Produktes. Voraussetzung einer auf Überzeugung abzielenden Mediawerbung ist, dass dieses Nutzenversprechen glaubhaft zum Werbeadressaten transportiert wird. Dies ist die Aufgabe des so genannten **„Reason Why"**, der die Begründung des Verbrauchernutzens für die Konsumenten nachvollziehbar macht. Beispielsweise kann in der Mediawerbung für eine Fruchtpraline als „Consumer Benefit" der besonders „fruchtige" Geschmack der Praline herausgestellt werden. Die Glaubhaftigkeit dieser Aussage könnte in der Tatsache zum Ausdruck kommen, dass die Praline nur die besten Früchte enthält (Reason Why). Ein weiteres Beispiel bietet das Waschmittel *Persil*: „*ActicPower*-Produkte wirken kraftvoll ab 15°C (Consumer Benefit), denn nur *Persil* hat kaltaktive Enzymformel " (Reason Why) (*Henkel AG & Co. KGaA* 2010). Grundsätzlich gilt festzuhalten, dass mit steigendem Produktanspruch auch die Bedeutung des Reason Why als Voraussetzung überzeugender Mediawerbung zunimmt.

Mit der Vorgabe des **Gestaltungsstils** werden der ausführenden Agentur Ansatzpunkte für die „Richtung der kreativen Arbeit" gegeben. Dies geschieht in der Festlegung des so genannten „Grundtons" oder auch „Tonalität" der Mediawerbung. Die Tonalität basiert darauf, wie die Marke oder das Produkt von den Konsumenten erlebt werden soll. Dies ermöglicht dem Konsumenten eine Identifikation mit dem Werbeobjekt über die dargestellte Ausdrucksform und wirkt dadurch imageprägend. In Abhängigkeit des zu bewerbenden Produktes und der anvisierten Zielgruppe kann dieser Grundton beispielsweise jung, sportlich, rustikal, romantisch, traditionsorientiert usw. ausfallen. Die Tonalität der Werbung für eine Versicherung kann z. B. seriös, vertrauenswürdig und fürsorglich, informativ sein. Mitunter wird insbesondere seitens der Werbemittelgestalter Kritik an dieser Art von Vorgabe im Rahmen der Copy-Strategie

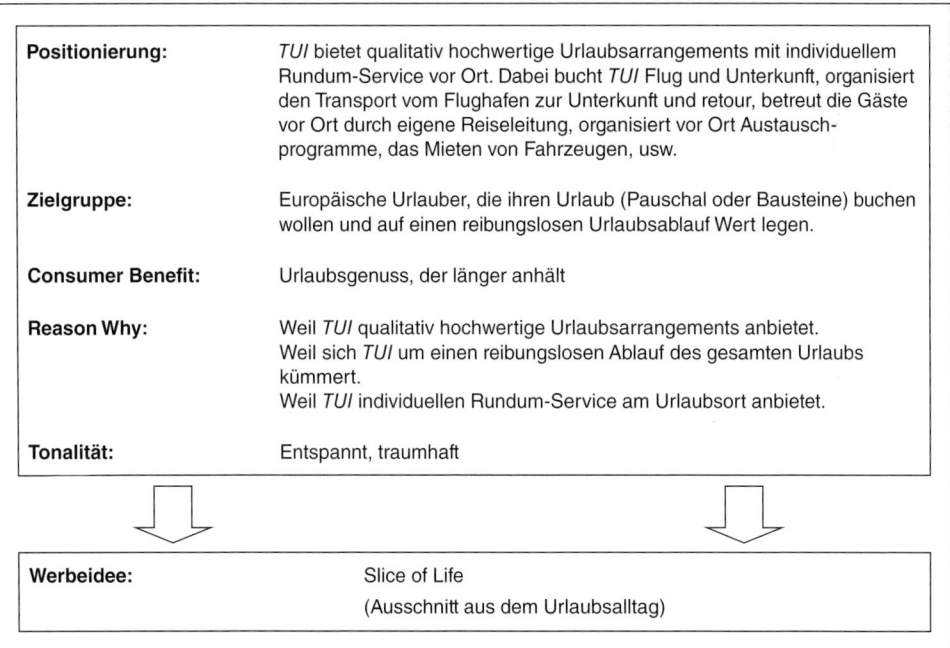

Positionierung:	*TUI* bietet qualitativ hochwertige Urlaubsarrangements mit individuellem Rundum-Service vor Ort. Dabei bucht *TUI* Flug und Unterkunft, organisiert den Transport vom Flughafen zur Unterkunft und retour, betreut die Gäste vor Ort durch eigene Reiseleitung, organisiert vor Ort Austauschprogramme, das Mieten von Fahrzeugen, usw.
Zielgruppe:	Europäische Urlauber, die ihren Urlaub (Pauschal oder Bausteine) buchen wollen und auf einen reibungslosen Urlaubsablauf Wert legen.
Consumer Benefit:	Urlaubsgenuss, der länger anhält
Reason Why:	Weil *TUI* qualitativ hochwertige Urlaubsarrangements anbietet. Weil sich *TUI* um einen reibungslosen Ablauf des gesamten Urlaubs kümmert. Weil *TUI* individuellen Rundum-Service am Urlaubsort anbietet.
Tonalität:	Entspannt, traumhaft
Werbeidee:	Slice of Life (Ausschnitt aus dem Urlaubsalltag)

Schaubild III-B-52: Copy-Strategie und Werbeidee von TUI (Schweiger/Schrattenecker 2009, S. 234)

geübt. Diese Kritik lässt sich im Wesentlichen auf die Behauptung reduzieren, der kreative Spielraum werde damit zu stark eingeengt. Der Einwand kommt jedoch bei einer richtig entworfenen, durch den Einsatz von Sozialtechniken gestützten Copy-Strategie nicht zum Tragen. Vielmehr wird damit dazu beigetragen, dass Kreativität nicht zum Selbstzweck, sondern zielorientiert und dem bisherigen Stil des Unternehmens entsprechend eingesetzt wird.

Auf Basis der Vorgaben der Copy-Strategie wird die Werbeidee entwickelt, also die Art der kreativen Umsetzung. Schaubild III-B-52 zeigt am Beispiel von *TUI* eine Copy-Strategie und die daraus abgeleitete Werbeidee. In der Praxis erfolgt eine Verdichtung der Informationen des von dem werbetreibenden Unternehmen erstellten Agentur-Briefings beziehungsweise die Erstellung des „Creative Brief" meist durch die Kundenberatung oder die Abteilung Strategic Planning der Agentur (vgl. Abschnitt III-B-3.3.1). Insert III-B-46 zeigt einen für den Kunden *IWC* erstellten Creative Brief der Werbeagentur *Wirz Werbung, Zürich* sowie die darauf basierende kreative Umsetzung in zwei Anzeigenmotive (Insert III-B-47 und Insert III-B-48).

Bevor jedoch die Werbeidee kreiert wird, ist es notwendig, dass die geeigneten Werbemittel und Werbeträger für die möglicherweise unterschiedlich anzusprechenden Zielgruppen festgelegt sind. Die professionelle Vorbereitung und Durchführung der Werbemaßnahmen erfordert daher neben der Copy-Strategie eine systematische Planung und Abstimmung der Zielgruppen, des Timings, der Einzelmaßnahmen sowie der Mediastrategie beziehungsweise des Mediamixes. Die Bestimmung und bestmögliche Aufteilung des Budgets runden eine professionelle und systematisch erstellte Gesamtplanung ab.

6 Ökonomische Entscheidungen der Mediawerbung

6.1 Problemstellung und Aufgabe der Werbebudgetierung

Rein gedanklich und idealtypisch erfolgt als nächster Schritt im Planungsprozess auf Grundlage der Werbestrategie die Planung und Festlegung der finanziellen Mittel zur Realisierung werbepolitischer Ziele. Der Werbebudgetierung ist folgende Definition zugrunde zu legen:

> **Werbebudgetierung** beinhaltet die Festlegung notwendiger finanzieller Mittel zur Deckung der Analyse-, Planungs-, Durchführungs- und Kontrollkosten sämtlicher Maßnahmen der Mediawerbung einer Planungsperiode, um vorgegebene Werbeziele zu erreichen.

Ziel der Werbebudgetierung ist es damit, eine möglichst **wirtschaftliche Allokation** der – in der Regel begrenzten – finanziellen Ressourcen im Unternehmen vorzunehmen. Bei der Werbebudgetierung ist dabei von dem werbetreibenden Unternehmen grundsätzlich über die **Höhe des Werbebudgets** zu entscheiden. Die Höhe des Werbebudgets orientiert sich dabei häufig an der strategischen Bedeutung der Mediawerbung in dem werbetreibenden Unternehmen. Die unternehmerische Kommunikationsphilosophie nimmt einen entscheidenden Einfluss auf die instrumentebezogene Allokation des Kommunikationsbudgets und folglich die Zuteilung der Ressourcen für die Mediawerbung. Die Höhe des Werbebudgets ist darüber hinaus von den Zielen, die durch die Maßnahmen der Mediawerbung erreicht werden sollen, den Eigenschaften, der Bekanntheit und Qualität der beworbenen Produkte oder Dienstleistungen und ihrer Stellung im Produktlebenszyklus sowie dem Marktanteil beziehungsweise der Marktgröße des werbetreibenden Unternehmens abhängig (*Rogge* 2004, S. 139). Bei der Bestimmung des Werbebudgets sind zudem Konkurrenzmaßnahmen zu berücksichtigen. So

Creative Brief

WIRZ

Kunde **IWC Schaffhausen**

Auftrags–Nr. 205.4A.07

Was wollen wir erreichen?

IWC muss Kultmarke und Statussymbol werden: Weg vom bisherigen Understatement, hin zu einer neuen, selbstbewussten, schnörkellosen Positionierung als Hersteller von Männeruhren. Die Marke dadurch emotional differenzieren und zudem visuell klar von der Konkurrenz abheben.

Wen sprechen wir an?

Männer. Und zwar: Gebildet, reich, erfolgreich, anspruchsvoll, männlich, selbstsicher. Anzug ohne Krawatte. Ihre Motivation beruht auf dem Wunsch nach Selbstverwirklichung. Marken-, technik-, stil- und designaffin suchen sie beim Kauf einer Uhr Qualität in jeder Beziehung und sind bereit, dafür relativ viel Geld auszugeben.

Was muss die Werbung vermitteln?

IWC baut Uhren für Männer.

Warum soll der Verbraucher das glauben?

Im Gegensatz zur Konkurrenz im Luxusuhrenmarkt konzentriert sich IWC schwergewichtig auf die Entwicklung und Produktion von Männeruhren. Dementsprechend verkörpert IWC Werte wie herausragende Technologie und funktionales Design, was der Marke eine typisch männliche Haltung verleiht.

Wie ist der Stil des Auftritts?

Selbstsicher, geistreich, (selbst)ironisch und ästhetisch reduziert. Die IWC-Kampagne muss den Rahmen der bestehenden Klischees in der Uhrenwerbung sprengen.

Was ist sonst noch wichtig?

Die IWC Werbung muss sich am Anfang auf folgende vier Hauptprodukte konzentrieren: Da Vinci Chronograph, Portugieser Chrono-Rattrapante, Doppelchronograph, GST Chrono Automatic.

Welche Medien müssen wir berücksichtigen?

Inserat, Kooperationsinserat, Plakat.

Insert III-B-46: Creative Brief IWC Schaffhausen (Wirz Werbung, Zürich 2010)

kann beispielsweise in stark wachsenden Märkten die Konkurrenzwerbung als Stimulus für den eigenen Umsatz wirken, in stagnierenden Märkten ist durch eigene Werbeanstrengungen die Wirkung der Konkurrenzwerbung zu neutralisieren beziehungsweise zu überkompensieren, damit der eigene Marktanteil erhalten oder vergrößert werden kann (*Becker* 2009, S. 773). Diese Überlegungen haben Einfluss auf die Höhe des festzulegenden Werbebudgets.

Neben der Bestimmung der Budgethöhe ist über der Aufteilung des Werbebudgets in sachlicher und zeitlicher Hinsicht zu entscheiden (*Meffert/Burmann/Kirchgeorg* 2008, S. 647). Im Rahmen der **sachlichen Budgetallokation** ist zu entscheiden, wie viele Anteile des Werbebudgets für die Mediawerbung einzelner Unternehmensleistungen oder des Gesamtunternehmens zu verwenden sind. Ebenso kann das Budget im Hinblick auf die Bearbeitung verschiedener Zielsegmente aufgeteilt werden. Dabei findet hier eine Gegenüberstellung des Nutzens und der Kosten der vielfältigen Werbemaßnahmen statt. Es sind zunächst diejenigen Werbemaßnahmen die einen hohen Nutzen für das Unternehmen erzielen mit dem dafür notwendigen Budget auszustatten. Das verbleibende Restbudget wird auf die weiteren Aktivitäten mit geringerem Nutzenbeitrag aufgeteilt. Darüber hinaus sind bei der **zeitlichen Budgetallokation** Entscheidungen über die zeitliche Verteilung des Werbebudgets über die jeweiligen Planungsperioden zu treffen. So kann das Unternehmen entweder das Werbebudget auf eine bestimmte Zeitperiode konzentrieren oder auch kontinuierlich über die gesamte Planungsperiode einsetzen. Die Entscheidung über den zeitlichen Einsatz ist dabei in Abhängigkeit von den gesetzten Werbezielen zu treffen.

Zudem sind Entscheidungen der Werbebudgetierung sowohl unter **Effektivitäts-** als auch unter **Effizienzgesichtspunkten** zu treffen. Während die Ermittlung der Kosten der Mediawerbung (z. B. Produktionskosten der Anzeigengestaltung, Schaltkosten in den Medien, Beratungskosten für die Werbeagentur) kein größeres Problem darstellt, kann eine Operationalisierung beziehungsweise Beurteilung von Effektivitätsdimensionen mit großen Schwierigkeiten behaftet sein. Eine derartige Effektivitätsuntersuchung hat daher die Konsequenzen der Ressourcenallokation auf die Maßnahmen der Mediawerbung in Hinblick auf angestrebte Werbeziele in den Mittelpunkt zu stellen.

Die Schwierigkeit der Werbebudgetierung liegt jedoch vor allem darin, den Zusammenhang zwischen der Höhe der Werbeausgaben und der jeweiligen Wirkung auf den Umsatz zu prognostizieren, d. h. exakte Werbewirkungsverläufe zu unterstellen (**Prognoseproblem**). Eine Zuordnung der Erlöse wird durch verschiedene Faktoren erschwert. Die Wirkung der Mediawerbung ergibt sich nicht nur aus den getätigten Werbeausgaben, sondern ist auch von dem Einsatz der anderen Marketing- und Kommunikationsinstrumente abhängig. Darüber hinaus ist die Wirkung einer Werbemaßnahme auch von qualitativen Komponenten – beispielsweise der kreativen Gestaltung – abhängig. Schließlich wirken Werbemaßnahmen, z. B. im Fall einer langfristigen Imagekampagne, oft erst mit zeitlicher Verzögerung. Eine Wirkung ist damit nicht den Werbeausgaben einer bestimmten Planungsperiode zurechenbar.

Vor dem Hintergrund der stetig ansteigenden Investitionen für Maßnahmen der Mediawerbung und der Bedeutung des Instruments im Kommunikationsmix von Unternehmen ist eine systematische und differenzierte Planung sämtlicher ökonomischer Entscheidungen im Hinblick auf die anvisierten Markt-, Kommunikations- und Werbeziele von großer Wichtigkeit. Das Ergebnis der Werbebudgetierung kann als die wertmäßige Zusammenfassung der geplanten Entwicklung des Unternehmens in einer zukünftigen Geschäftsperiode verstanden werden. Die Werbebudgetierung hat daher als Planungsmethode verschiedene **Funktionen** zu erfüllen (in Anlehnung an *Steinmann/Schreyögg* 2005, S. 356 ff.; *Schierenbeck* 2008, S. 158 f.):

- **Planungsfunktion:** Mit der Planung des Werbebudgets wird über die Gestaltung sowie die Vorgehensweise zukünftiger Maßnahmen der Mediawerbung eines Unternehmens entschieden und somit auch über die Zukunft eines Unternehmens.
- **Informationsfunktion:** Die Werbebudgetierung gibt Auskunft über die Bedeutung der Werbemaßnahmen für ein Unternehmen. Zudem wird bei der Verteilung des Werbebudgets die Bedeutung der Mediawerbung für das Unternehmen ersichtlich.

- **Steuerungsfunktion:** Die Werbebudgetierung bietet einen konkreten Handlungsrahmen, um die Entscheidungsträger zu zielorientiertem Handeln und zur Ergebnisverantwortung heranzuziehen und kann dabei helfen, die Komplexität zu reduzieren.
- **Koordinationsfunktion:** Die Werbebudgetierung übernimmt die Aufgabe der Abstimmung zwischen gleichgeordneten sowie über- und untergeordneten Budgets der Kommunikationspolitik. Somit leistet die Werbebudgetierung einen Beitrag zur Koordinierung aller Kommunikationsbereiche eines Unternehmens.
- **Motivationsfunktion:** Die Werbebudgetierung hat zur Motivation der Mitarbeitenden beizutragen, da sie Handlungsspielräume bietet, in denen eigenverantwortlich gehandelt und entschieden werden kann.
- **Kontrollfunktion:** Die Werbebudgetierung unterzieht die eingesetzten Medien einer Kontrolle, indem zum einen das Unternehmen die vorgegebenen Ziele einzuhalten und zum anderen nicht mehr finanzielle Mittel aufgewendet werden als im vorhinein eingeplant. Somit übt das Werbebudget eine Überwachungsfunktion aus, indem Abweichungen analysiert und korrigiert werden.

Die Bedeutung der Werbebudgetierung als Planungsinstrument betont die Notwendigkeit einer systematischen Planung. Da es sich um ein komplexes und weitreichendes Entscheidungsproblem handelt, ist es zweckmäßig, dieses in Teilentscheidungen aufzuteilen. Im Rahmen der Werbebudgetierung hat sich das werbetreibende Unternehmen daher mit den folgenden **Entscheidungstatbeständen** auseinander zu setzen:

- Entscheidung über die **Höhe des Werbebudgets**,
- Entscheidung über die **Intermediaselektion**, d.h. die Verteilung des Werbebudgets auf die einzelnen Mediengattungen (Werbeträger) (TV, Print, Außenwerbung u.a.). Ergebnis dieser Entscheidung ist der so genannte **Mediamix**.
- Entscheidung über die **Intramediaselektion**, d.h. die Verteilung des Werbebudgets der einzelnen Mediengattungen (z.B. Werbebudget für TV-Spots, Printmedien u.a.) auf die einzelnen Medien (z.B. *ARD, ZDF, RTL*) und damit die Festlegung eines **Werbestreuplans** (Mediaplan).

Die ökonomischen Entscheidungen im Rahmen der Mediawerbung sind dabei nicht etwa isoliert zu betrachten, sie stehen vielmehr in wechselseitiger Beziehung zueinander. In Schaubild III-B-53 sind die Interdependenzen der einzelnen Entscheidungstatbestände dargestellt. Ausgehend von den Werbezielen und der daraus resultierenden Werbestrategie ist zunächst die Entscheidung über die Höhe des Werbebudgets zu treffen. Das Werbebudget ist jedoch nicht nur von dem Ziel bestimmt, sondern umgekehrt wird auch eine realistische Zielsetzung durch finanzielle Restriktionen eingeschränkt. Ökonomisch ist das Budget zunächst im Rahmen der Intermediaselektion auf die einzelnen Mediengattungen zu verteilen (Mediamix) und dann schließlich auf die einzelnen Medien (Intramediaselektion). Dabei beeinflusst die Zielgruppe die Anzahl der notwendigen Medien und diese machen wiederum ein bestimmtes Budget notwendig.

Bei der Ausarbeitung des Werbebudgets kann unterschiedlich vorgegangen werden. Die in der Praxis beobachtbaren Ansätze zur Budgetierung der Mediawerbung lassen sich anhand der jeweils zugrunde liegenden Bezugsgrößen in zwei Bereiche untergliedern:

(1) Top-down-Ansätze und
(2) Bottom-up-Ansätze.

Bei den **Top-down-Ansätzen** orientiert sich die Budgetfestlegung an übergeordneten Bezugsgrößen, wie z.B. Umsatz oder Gewinn. Der Festlegung des Mediamix sind damit „von oben" eindeutige budgetbezogene Restriktionen vorgegeben. Bei den **Bottom-up-Ansätzen** ist die

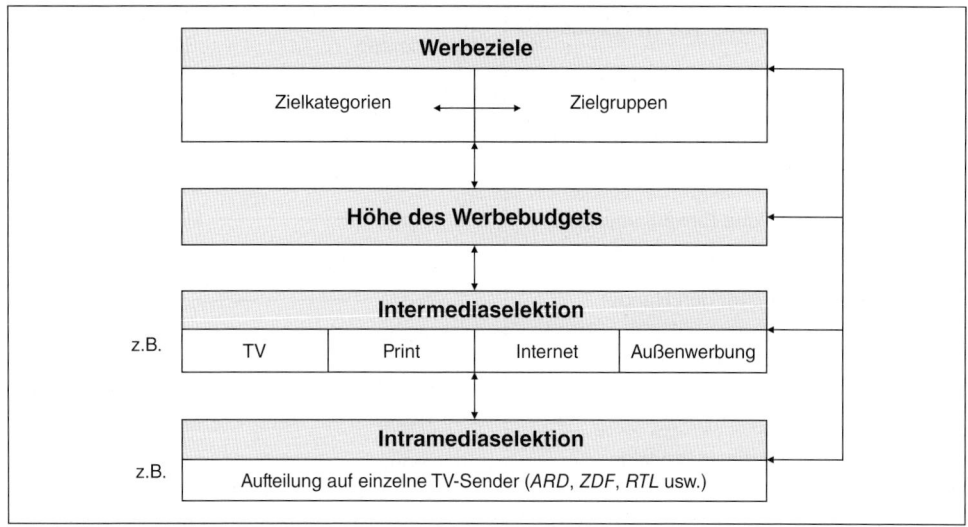

Schaubild III-B-53: Interdependenzen ökonomischer Entscheidungen der Mediawerbung

Höhe des Werbebudgets ein Resultat der Kostenplanung für die zur Erreichung der Werbeziele notwendigen Maßnahmen. Die Budgetierung erfolgt damit „von unten" auf Basis der vorweggenommenen Maßnahmenplanung (*Belch/Belch* 2009, S. 225 ff.).

Neben diesen Beziehungen der planungsprozessbezogenen **Interdependenzen** zwischen ökonomischen Entscheidungen der Mediawerbung und werblichen Zielsetzungen existieren auch wechselseitige Beziehungen zwischen den Entscheidungen der Werbebudgetierung und der Werbestreuplanung. So ist die Höhe des Werbebudgets ein entscheidender Faktor bei der Investitionsentscheidung in einzelne Werbeträger. Vice versa kann die beabsichtigte Belegung einzelner Werbeträger in einer bestimmten Intensität entscheidenden Einfluss auf die Höhe des Werbebudgets nehmen.

Idealtypisch sind daher beide (Teil-)Entscheidungen, d. h. sowohl die Werbeziele als auch das Werbebudget, **simultan** zu planen (*Ringbeck* 1987, S. 23; *Schmalen* 1992, S. 47; *Simon/Möhrle* 1993, S. 303). Dies ist jedoch mit einem erheblichen Planungsaufwand verbunden. Um ein differenzierteres Verständnis der Probleme und Merkmale der Werbebudgetierung zu erhalten, ist es im Folgenden zweckmäßig, Entscheidungen über die Budgethöhe und die Intermediaselektion sukzessive zu behandeln.

Die Werbebudgets einzelner Unternehmen unterliegen im Zeitablauf erheblichen Schwankungen. Diese branchen-, unternehmens- und zeitspezifischen Unterschiede in der Budgetierungshöhe unterliegen einer Vielzahl von **Einflussfaktoren**, wie z. B. unterschiedliche Marktpositionen, differierende Werbeziele und -strategien, Belegung verschiedener Medien und Werbeträger mit unterschiedlicher Intensität. Schaubild III-B-54 zeigt das Ergebnis einer von *Farris/Buzzell* (1979, S. 114 ff.) durchgeführten Studie zu relevanten Einflussgrößen für das Werbebudget. Diese Einflussgrößen wirken ebenso auf die Budgetierungshöhe für die anderen Instrumente der Kommunikationspolitik ein.

Allerdings können die Ergebnisse dieser Studie nur einen groben Hinweis auf die festzulegende Höhe des Werbebudgets geben, denn zum einen wurde sowohl die abhängige Variable (Werbebudgethöhe) als auch die unabhängigen Variable (Einflussgrößen) lediglich qualitativ erfasst, wodurch allenfalls normative Aussagen zu machen sind. Zum anderen wurde das

Höhe des Werbebudgets / Einflussgrößen	Reduzierend	Steigernd
Standardisierungsgrad der Produkte	niedrig ←——————→ hoch	
Zahl der Endabnehmer	klein ←——————→ groß	
Durchschnittliche Einkaufsmengen	groß ←——————→ klein	
Zusätzliches Serviceangebot	gering ←——————→ umfassend	
Absatzanteil über den Handel	niedrig ←——————→ hoch	
Preis	niedrig ←——————→ hoch	
Stückdeckungsbeitrag	niedrig ←——————→ hoch	
Marktanteil	hoch ←——————→ niedrig	
Umsatzanteil neuer Produkte	niedrig ←——————→ hoch	

Schaubild III-B-54: Einflussgrößen für die Höhe des Werbebudgets (Farris/Buzzell 1979, S. 114 ff.)

gemeinsame Auftreten verschiedener Ausprägungen der Einflussgrößen („Verbundeffekte")
und deren Auswirkungen auf die Höhe des Werbebudgets nicht untersucht.

6.2 Methoden der Werbebudgetierung

Grundsätzlich lassen sich zwei **Ansatzpunkte zur Werbebudgetierung** unterscheiden (vgl.
Schaubild III-B-55):

- Heuristische Ansätze der Werbebudgetierung,
- Analytische Ansätze der Werbebudgetierung.

6.2.1 Heuristische Ansätze der Werbebudgetierung

In der Praxis dominieren die heuristischen Ansätze zur Festlegung des Werbebudgets.
Dies ist vor allem auf die Schwierigkeiten und Kosten der Informationsbeschaffung für anspruchsvollere Ansätze sowie auf die hohe Komplexität zugrunde liegender Wirkungszusammenhänge zurückzuführen. Die heuristischen Ansätze beruhen meist sehr subjektiv auf
den Erfahrungen und dem Gespür des Werbetreibenden. Aufgrund der Vernachlässigung
funktionaler Zusammenhänge sind diese in der Regel nur geeignet, suboptimale Lösungen
zu finden.

Gemäß Schaubild III-B-55 werden im Folgenden die heuristischen Ansätze vorgestellt (*Tietz/
Zentes* 1980, S. 288 ff.; *Rogge* 2004, S. 140 ff.; *Kotler/Keller/Bliemel* 2007, S. 676 ff.; *Bruhn* 2010b,
S. 214 ff.):

Das einfachste Verfahren der Budgetierung der Mediawerbung ist die Festlegung eines bestimmten **Prozentsatzes einer Bezugsgröße.** Dies können folgende drei Bezugsgrößen sein
(*Bruhn* 2010b, S. 215):

- Absatz ⎫ – als vergangene Werte,
- Umsatz ⎬ – als Durchschnittswerte der Vergangenheit,
- Gewinn ⎭ – als geplante Werte.

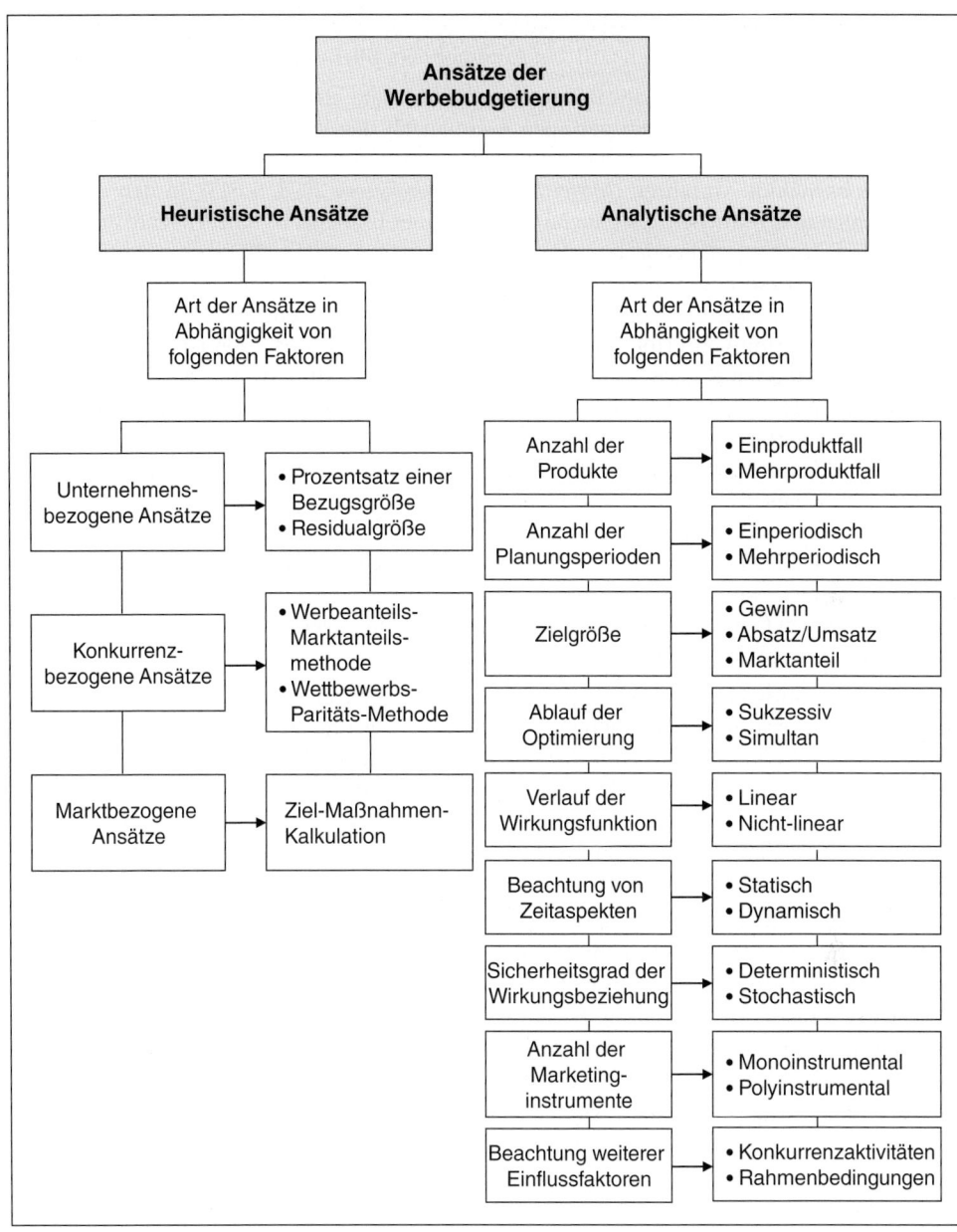

Schaubild III-B-55: Ansätze der Werbebudgetierung

Für die Festlegung der Höhe des Werbebudgets können sich die Bezugsgrößen an dem vergangenen Wert des letzten Jahres, an Durchschnittswerten der Vergangenheit oder an geplanten Werten orientieren. Die Besonderheit bei der Ausrichtung der Budgethöhe an Absatzmengen liegt in der Festlegung eines konstanten Kostenbetrages der Mediawerbung für eine Produkteinheit. Die Budgethöhe resultiert dann aus der Multiplikation des Kostenbetrages mit der Absatzmenge vergangener oder zukünftiger Planungsperioden. Diese Budgetierungsmethode wird auch als Festbetrag pro Stück-Methode (Method per Unit) bezeichnet und hat sich in einigen Branchen (z. B. bei Automobilen, Büchern) stark verbreitet.

Die **Vorteile** der Ausrichtung des Budgets am Prozentsatz einer Bezugsgröße liegen in der einfachen Handhabung und der geringen Komplexität des Verfahrens. Diese Ausrichtung ist deswegen das in der Praxis, in Bezug auf alle Kommunikationsinstrumente, am häufigsten zu beobachtende Verfahren (*Meffert/Burmann/Kirchgeorg* 2008, S. 645). In den einzelnen Unternehmen und Branchen, aber auch innerhalb einer Branche, ist eine Vielzahl an Budget-Umsatz-Verhältnissen zu beobachten. So können diese etwa 10 bis 20 Prozent des Umsatzes bei Industrieausrüstungen und etwa 30 bis 50 Prozent des Umsatzes im Kosmetikbereich betragen (*Kotler/Keller/Bliemel* 2007, S. 677). Die Vorteile des Prozentsatzes vom Gewinn sind die Berücksichtigung von Erfolgsgrößen. Der **Nachteil** dieser Verfahren ist die Umkehrung des zu postulierenden Kausalzusammenhangs. In diesem Fall bestimmt beispielsweise der Umsatz das Budget und nicht, wie es eigentlich notwendig wäre, das Budget (Ursache) den Umsatz (Wirkung). Dies kann eine prozyklische Budgetierung zur Folge haben, in umsatzschwachen Planungsperioden erfolgt eine niedrige Budgetierung et vice versa. Die Festlegung des Prozentsatzes ist somit problematisch. Dieser ist logisch nicht begründbar und im Allgemeinen willkürlich. Ein konstanter Prozentsatz vernachlässigt werbestrategische Überlegungen. Dies bedingt, dass marktanteilsstarke Produkte eine überhöhte und marktanteilsschwache Produkte eine zu geringe Budgetierung erfahren können. Zudem bieten die unterschiedlichen Gewinnbegriffe im Allgemeinen keine zuverlässige Information über die eigentlichen Erfolge der Produkte.

Bei der Ausrichtung der Werbebudgetierung an verfügbaren Finanzmitteln (All you can Afford Method) ergibt sich die Höhe des Budgets als **Residualgröße** der Umsatz- und Gewinnplanung. Hierbei werden zunächst alle außerwerblichen Plangrößen, wie z. B. Absatzmengen, Preise, Nicht-Marketing-Kosten sowie der geforderte Gewinn, festgelegt und für die betrachtete Planungsperiode mit eingerechnet. Die Höhe des Werbebudgets ergibt sich dann aus den noch verfügbaren Finanzmitteln, d. h. wenn alle übrigen Kosten gedeckt sind und der angestrebte Gewinn erreicht ist.

Die leichte Handhabung und die Berücksichtigung von Erfolgsgrößen stellen **Vorteile** dieses Verfahrens dar. Der **Nachteil** besteht darin, dass kein Zusammenhang zur Aufgabe der Mediawerbung und zur Werbestrategie besteht. Zudem stehen bei einer schlechten Absatzlage nur geringe Budgets zur Verfügung; in einer solchen Situation ist es jedoch erforderlich, dass das Gegenteil der Fall ist. Der fehlende Marktbezug sowie die rein buchhalterische Ermittlung der Budgethöhe sind ebenso als Nachteil zu nennen.

Bei der **Werbeanteils-Marktanteils-Methode** orientiert sich die festzulegende Budgethöhe des werbetreibenden Unternehmens an dessen Marktanteil, wobei der vergangene oder der geplante Marktanteil als Bezugsgröße dienen kann. Voraussetzung für die Durchführung des Verfahrens ist die Kenntnis der gesamten Werbeaufwendungen einer Branche. Verfolgt das werbetreibende Unternehmen eine eher passive Strategie, so wird ein dem Marktanteil entsprechender Werbeanteil als Werbebudget gewählt. Liegt der die Budgethöhe bestimmende Werbeanteil über dem Marktanteil, so kann dies als Indikator für eine aktive Werbestrategie aufgefasst werden.

Der **Vorteil** dieses Verfahrens besteht darin, dass mit dem Marktanteil eine zentrale marktbezogene Größe zur Budgetierung herangezogen wird. Der Marktanteil repräsentiert in vielen Märkten die zentrale Schlüsselgröße, die durch die Höhe der Budgetierung verändert werden kann. Der **Nachteil** ist jedoch in der willkürlichen Wahl der Höhe des Werbeanteils sowie die Unsicherheit bei der Ermittlung der Marktanteile zu sehen. In vielen Märkten sind Daten über Marktanteile nicht bekannt. Darüber hinaus werden Besonderheiten in den werblichen Situationen nicht berücksichtigt.

Bei der **Wettbewerbs-Paritäts-Methode** orientiert sich die Höhe des eigenen Werbebudgets an den Ausgaben der Konkurrenz. Die Ermittlung der Budgethöhe erfolgt anhand von Kennzahlen der Konkurrenz mit Hilfe folgender Bezugsgrößen:

- Anteil der Werbeausgaben der Konkurrenz in Relation zum Umsatz,
- Anteil der Werbeausgaben der Konkurrenz in Relation zum Gewinn,
- Gesamte Werbeaufwendungen der Konkurrenz.

In der Praxis erfolgt die Budgetierung meistens anhand eines durchschnittlichen, branchenüblichen Wertes aus der Vergangenheit. Diese Budgetierungsmethode ist durch das Streben nach einem bestimmten „Share of Advertising" gekennzeichnet. Der **„Share of Advertising"** bezeichnet die monetären Werbeaufwendungen des einzelnen Werbetreibenden am gesamten Werbeaufkommen der Branche.

Der **Vorteil** dieser Methode liegt in der expliziten Berücksichtigung von Konkurrenzaktivitäten zur Festlegung der Budgethöhe. Als **Nachteil** kann aufgeführt werden, dass es nicht unproblematisch ist, umfassende Informationen bezüglich der Konkurrenzaktivitäten zu beschaffen. Darüber hinaus ist zu berücksichtigen, dass sich einzelne Unternehmen in unterschiedlichen werblichen Situationen befinden. Auch hier erfolgt die Werbebudgetierung vollkommen unabhängig von formulierten Werbezielen, so dass die Wettbewerbs-Paritäts-Methode relativ grob, willkürlich und vor allem nicht zielführend ist.

Die **Ziel-Maßnahmen-Methode** wird in der Literatur häufig auch als Ziel-Aufgaben-Methode (Objective and Task Method) bezeichnet. Dieser Begriff kennzeichnet das Verfahren jedoch nicht treffend. Die Ziel-Maßnahmen-Kalkulation ist ein sukzessives Verfahren, bei dem zunächst die Werbeziele festgelegt werden, um danach die zur Zielerreichung notwendigen Kosten für die benötigten Maßnahmen bestimmen zu können. Schaubild III-B-56 zeigt die Vorgehensweise einer Werbebudgetierung anhand der Ziel-Maßnahmen-Methode.

Diese funktionale Verknüpfung wird **Werbewirkungsfunktion** genannt (vgl. zu unterschiedlichen Marktreaktionstypen Abschnitt I-A-4.5). Einflussgrößen der Zielerreichung sind dabei gestalterische Maßnahmen, die Belegung von Werbeträgern sowie die Einschalthäufigkeit in ausgewählten Medien. In einem weiteren Schritt werden die Kosten der Durchführung dieser Maßnahmen der Mediawerbung kalkuliert. Darauf aufbauend erfolgt eine Prüfung, ob die zur Zielerreichung notwendigen Maßnahmen finanzierbar sind. Ist die Werbekampagne finanzierbar, so wird das entsprechende Budget zur Verfügung gestellt. Andernfalls ist eine Modifizierung der Werbeziele durchzuführen und der Ablauf wiederholt sich nach beschriebenem Muster.

Der **Vorteil** dieses Verfahrens liegt in der logischen Begründung der Budgetbestimmung sowie der einfachen Handhabung und ist eine geeignete, in der Praxis angewandte Heuristik, die ein rationales Verfahren zur Budgetierung darstellt. Hier werden die funktionalen Zusammenhänge nicht modelliert, sondern die Wirkungszusammenhänge beruhen ausschließlich auf Basis von Erfahrungen des Entscheiders. Zudem wird explizit die unternehmerische Situation berücksichtigt. Hier sind die Werbeziele der Ausgangspunkt für die Budgetplanung. Der **Nachteil** sind die Schwierigkeiten bei der Kalkulation der Kosten für die Erreichung der Werbeziele. Dafür werden ausreichend Informationen und Erfahrungswerte über die Wirkungen einzelner Werbeträger und die Einschalthäufigkeit in den gewählten Medien vorausgesetzt.

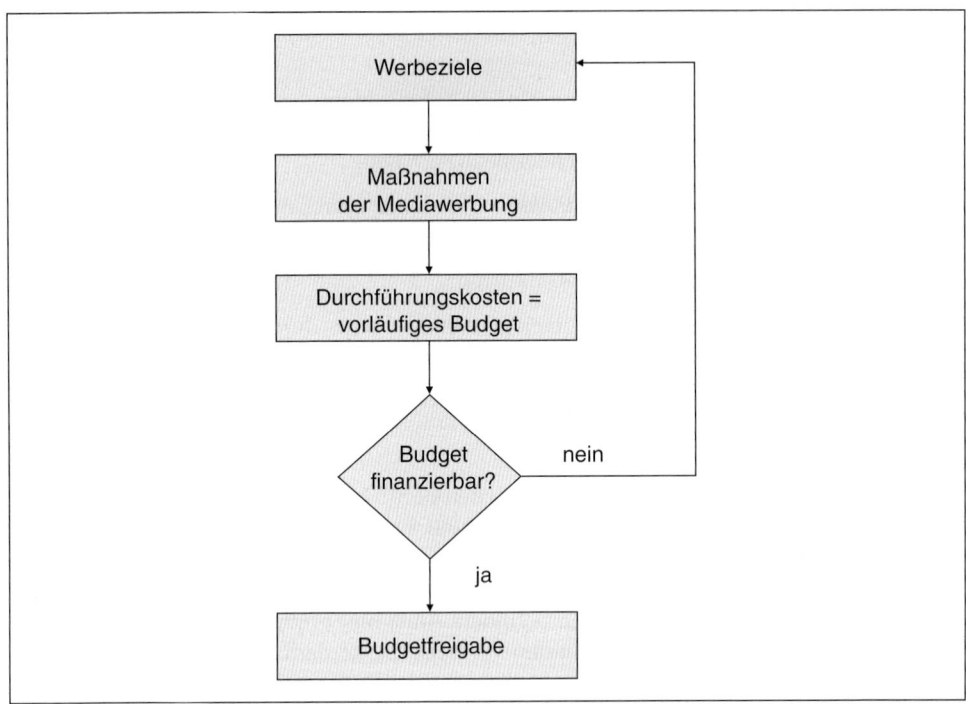

Schaubild III-B-56: Ablaufschema der Ziel-Maßnahmenmethode (in Anlehnung an Simon/Möhrle 1993, S. 306)

Beispiel: Heuristische Budgetierungsansätze
Bei einem börsennotierten Ein-Produkt-Unternehmen steht die Bestimmung des Werbebudgets für das nächste Jahr (t+1) an. Die in Schaubild III-B-57 aufgezeigten Informationen liegen den Entscheidungsträgern vor (*Schnettler/Wendt* 2003, S. 22 ff.):

	Werte vor zwei Jahren (t_{-2})	Werte im letzten Jahr (t_{-1})	Werte des aktuellen Jahres (t_0)	Werte im folgenden Jahr (t_{+1})
Absatzmenge (in ME)	40 Mio.	38 Mio.	36 Mio.	44 Mio.
Preis (in GE)	2,00	2,00	2,20	1,90
Umsatz (in GE)	40 Mio.	38 Mio.	37,6 Mio.	41,8 Mio.
Gewinn (in GE)	15 Mio.	12 Mio.	10 Mio.	13 Mio.

Schaubild III-B-57: Beispiel für heuristische Budgetierungsansätze
(in Anlehnung an Schnettler/Wendt 2003, S. 22 ff.)

- **Verhältnismethode:** Auf Basis von Erfahrungswerten wird festgelegt, 10 Prozent des (letztjährigen/durchschnittlichen/angestrebten) Umsatzes für das Werbebudget im Folgejahr anzusetzen.
  Basis letztjähriger Umsatz: 0,1 · 38 Mio. = 3,8 Mio. GE Werbebudget
  Basis durchschnittlicher Umsatz der letzten zwei Jahre
  und des aktuellen Jahres: 0,1 · 38,5 Mio. = 3,85 Mio. GE Werbebudget
  Basis geplanter Umsatz: 0,1 · 41,8 Mio. = 4,18 Mio. GE Werbebudget

- **Festbetrag-Pro-Stück-Methode:** Es wird festgelegt, pro verkaufter Einheit 0,1 GE in Werbung zu investieren. Die Unternehmensleitung orientiert sich dabei an dem angestrebten Absatz des Folgejahres.
  Basis angestrebter Absatz: $0,1 \cdot 44$ Mio. ME = 4,4 Mio. GE Werbebudget

- **Restwertmethode:** Das Unternehmen rechnet für das folgende Jahr mit einem Gewinn von 13 Mio. GE. Das Unternehmen plant 5 Mio. EUR Rücklagen zu bilden sowie 3,5 Mio. GE an die Aktionäre auszuschütten.
  13 Mio. GE – 5 Mio. GE – 3,5 Mio. GE = 4,5 Mio. GE Werbebudget

- **Werbeanteil-Marktanteil-Methode:** Das gesamte Werbeaufkommen der Branche betrug im vergangenen Jahr 80 Mio. GE. Das Unternehmen hat einen Marktanteil von 7 Prozent. Das Unternehmen beabsichtigt, dass der Anteil der eigenen Werbaufwendungen (Werbebudget bezogen auf die Gesamtaufwendungen der Branche für Werbung) dem Marktanteil des Unternehmens entspricht.
  $0,07 \cdot 80$ Mio. GE = 5,6 GE Werbebudget.

- **Wettbewerb-Paritäts-Methode:** Der stärkste Konkurrent des Unternehmens hat im vergangenen Jahr 4 Mio. GE für Werbung ausgegeben. Das Unternehmen hat sich zum Ziel gesetzt, dass das eigene Werbebudget immer 120 Prozent des Werbeetats des stärksten Konkurrenten beträgt.
  $1,2 \cdot 4$ Mio. GE = 4,8 Mio. GE Werbebudget

- **Ziel-Maßnahmen-Methode:** Das Unternehmen hat in diesem Jahr 36 Mio. ME seines Produktes verkauft. Das Unternehmen strebt an, durch die Werbeanstrengungen die Absatzmenge im folgenden Jahr auf 44 Mio. ME zu steigern, d. h. eine Steigerung des Absatzes um 8 Mio. ME. Auf Basis einer Analyse der Werbewirkungsfunktion kommt das Unternehmen zum Ergebnis, dass Werbeaufwendungen in Höhe von 5,7 Mio. GE notwendig sind, um das Absatzziel von 44 Mio. ME zu erreichen. Da 5,7 Mio. GE noch im finanziellen Rahmen des Unternehmens sind, werden folglich für das kommende Jahr 5,7 Mio. GE als Werbebudget festgelegt.

Werden heuristische Ansätze insgesamt einer **kritischen Würdigung** unterzogen, so ist der geringe Informationsbedarf und die einfache Handhabung hervorzuheben. Allerdings sind die Ansätze sehr grob und ungenau. Sie sind „Faustregeln", nicht theoretisch oder empirisch fundiert und liefern kaum logische Begründungen über die Festlegung der Budgethöhe. Die Prozentsatz-Methoden finden die häufigste Anwendung bei der Budgetierung der Mediawerbung in der Praxis. Bis auf die Ziel-Maßnahmen-Kalkulation vernachlässigen alle Verfahren die Wirkungszusammenhänge zwischen Werbeaktivitäten und Zielerreichungsgraden. Die Ziel-Maßnahmen-Kalkulation entspricht demnach am ehesten den Anforderungen an ein sachlogisches und zielführendes Budgetierungsverfahren. Da die heuristischen Verfahren im Allgemeinen den Zielsetzungen der Mediawerbung nur zufällig gerecht werden können, hat dies zu einer Entwicklung analytischer Ansätze geführt, um Budgetentscheidungen in der Mediawerbung zu optimieren.

6.2.2 Analytische Ansätze der Werbebudgetierung

Die analytischen Ansätze zur Budgetierung wurden vor allem für die **Mediawerbung** entwickelt. Für andere Kommunikationsinstrumente sind diese Verfahren nicht einsetzbar, da sie mit einem hohen Informationsbedarf verbunden sind. Aufgrund des notwendigen umfangreichen Informationsbedarfs und einem hohen Planungsaufwand werden diese Verfahren in der Regel nur von größeren Unternehmen im Konsumgüterbereich angewendet, bei denen die erforderlichen Informationen in Form von Paneldaten vorhanden sind. Im Folgenden werden die analytischen Ansätze dargestellt.

In den letzten Jahren wurden analytische Ansätze der Werbebudgetierung in zahlreicher Hinsicht erweitert und verfeinert, um den komplexen Ansprüchen der Werberealität näher zu kommen. Neben den hier im Folgenden aufgeführten Ansätzen liegen u. a. noch Modellentwicklungen von *Bass* (1969) sowie weitere Untersuchungen darauf aufbauend u. a. von *Ka-*

lish (1983), *Horsky/Simon* (1983), *Kamakura/Balasubarmanian* (1988), *Jain/Rao* (1990), sowie andere Modelle von *Dean* (1951) und danach *Rasmussen* (1952) *Parrisch/Ryan* (1953), *King* (1967), *Lodish* (1971), *Näslund* (1979), *Hamman* (1974), *Simon* (1979) als Variante des Modells von *Koyck* (1954), *Rogge* (1977), *Weiss et al.* (1983), *Tull et al.* (1986) und in einer Erweiterung *Kanetkar etal.* (1986), und *Pechtl* (1991) vor (vgl. dazu *Korndörfer* 1966, *Tietz/Zentes* 1980; *Schmalen* 1992; *Rogge* 2004).

Die folgenden **Werbebudgetierungsmodelle** wurden exemplarisch ausgewählt:

(1) Marginalanalytisches Modell
(2) *Dorfman-Steiner*-Modell
(3) *Weinberg*-Modell
(4) ADBUDG-Modell von *Little*
(5) *Koyck*-Modell
(6) *Lambin*-Modell
(7) *Vidale-Wolfe*-Modell
(8) *Kuehn*-Modell

Die verschiedenen analytischen Ansätze können anhand der folgenden Faktoren charakterisiert werden, die bereits in Schaubild III-B-55 dargestellt wurden, und im Folgenden näher erläutert werden:

- In einer ersten Differenzierung unterteilen sich die verschiedenen Verfahren nach der **Anzahl der einbezogenen Produkte**. Die Verfahren beziehen bei ihrer Kalkulation des Werbebudgets entweder nur **ein Produkt** mit ein oder sie beziehen sich auf **mehrere Produkte**. Zur Vereinfachung der Budgetierungsverfahren wird meist, wie z.B. beim Modell von *Dorfman/Steiner* oder dem *Weinberg*-Modell, der Einproduktfall betrachtet. Damit bleiben komplementäre oder substituierende Interdependenzen bei der Budgetaufteilung im Absatzprogramm unberücksichtigt. Das Modell von *Kuehn* hingegen bezieht mehrere Produkte in die Berechnung des optimalen Werbebudgets mit ein und betrachtet Interdependenzen der einzelnen Produkte.

- Wird die **Anzahl von betrachteten Planungsperioden** als weiteres Unterscheidungsmerkmal herangezogen, so lassen sich einperiodische und mehrperiodische Modelle unterscheiden. In **einperiodischen Modellen** beschränkt sich die Analyse der Werbewirkungen auf die Budgetentscheidungen einer Periode, d.h., periodenbezogene Interdependenzen bleiben unberücksichtigt. **Mehrperiodische Modelle** hingegen sind durch eine Sequenz von Budgetentscheidungen unter Berücksichtigung von Periodeninterdependenzen gekennzeichnet. Das Modell von *Dorfman/Steiner* ist ein einperiodisches Modell, bei dem die Budgetplanung auf eine Periode beschränkt ist. Das *Koyck*-Modell ist ein mehrperiodisches Modell, das die Budgetentscheidung unter Berücksichtigung von Periodeninterdependenzen festlegt.

- Die analytischen Verfahren haben unterschiedliche ökonomische Größen zum Ziel. Sie unterscheiden **Zielgrößen** wie z.B. Gewinn, Umsatz, Absatz oder Marktanteil. So orientiert sich das Standardmodell der klassischen Marginalanalyse an der Gewinnmaximierung, während das *Weinberg*-Modell und das Modell von *Little* den Marktanteil als Zielgröße verwenden.

- Weiterhin kann der **Ablauf der Optimierung** bei den analytischen Verfahren unterschiedlich sein. Die Verfahren haben entweder eine **sukzessive** oder **simultane** Vorgehensweise bei der Optimierung der Ablaufschritte zur Bestimmung des Budgets und zur Erreichung der ökonomischen Zielgröße. Der marginalanalytische Ansatz optimiert z.B. den Einsatz der anderen Marketinginstrumente simultan, während das *Kuehn*-Modell eine sukzessive Optimierung der einzelnen Variablen beinhaltet.

Analytische Budgetierungsansätze basieren auf der Ermittlung von **Werbereaktionsfunktionen**. Diese können linear oder nicht-linear abgebildet werden. Dabei erfolgt vor dem Hintergrund bestimmter Annahmen eine modellhafte Abbildung des funktionalen Zusammenhangs zwischen der Höhe des Werbebudgets und dem Zielerreichungsgrad.

Mit Hilfe mathematischer Lösungsalgorithmen können analytische Ansätze, unter Berücksichtigung verschiedener Annahmen **optimale Lösungen** bieten. Das zentrale Problem dieser Ansätze liegt darin, im Einzelfall den zugrunde liegenden **Wirkungszusammenhang** valide abzubilden. Dies ist weniger ein mathematisch-theoretisches Problem – mittels moderner EDV-Anlagen können komplexe Wirkungszusammenhänge modelliert werden – als vielmehr ein praktisches Problem, da

- die notwendige Informationsbeschaffung mit einem hohen empirischen Forschungsaufwand verbunden ist und
- die Wirkungen des eingesetzten Werbebudgets auf das Konsumentenverhalten, das für die Realisierung ökonomischer Werbeziele ausschlaggebend ist, aufgrund unterschiedlicher Prädispositionen der Adressaten nicht beziehungsweise nur ansatzweise exakt ermittelt werden können.

Die in der Literatur oft verbreitete Aussage, der Einsatz von Werbereaktionsfunktionen führe zu optimalen Werbebudgets, ist nur unter bestimmten Voraussetzungen gültig. Werbereaktionsfunktionen modellieren Wirkungszusammenhänge unter bestimmten Annahmen. Neben einer mathematisch exakten Abbildung sind an **Werbereaktionsfunktionen** folgende **Anforderungen** zu stellen, damit sie zu einer optimalen Werbebudgetierung führen:

- Es ist notwendig, dass die zugrunde liegenden Annahmen vollständig und realitätsgetreu sind. Dies setzt umfassende Kenntnisse über zukünftige Verhaltensweisen der Zielpersonen in Abhängigkeit werblicher und nicht werblicher Aktivitäten der Unternehmung, sämtlicher Konkurrenzaktivitäten sowie situationaler Einflussgrößen voraus.
- Der Wirkungszusammenhang zwischen Budgethöhe und Zielerreichungsgrad ist realitätsgetreu abzubilden. Dies setzt allerdings voraus, dass der Einfluss des Werbebudgets auf die Erreichung ökonomischer Ziele vollkommen isoliert werden kann.

Die **Isolation werblicher Einflüsse** auf die Veränderung ökonomischer Größen sowie die empirische Ermittlung des Konsumentenverhaltens ist jedoch mit großen Schwierigkeiten verbunden, so dass die Realisierung eines optimalen Werbebudgets nicht gewährleistet werden kann. *Schmalen* (1992, S. 48) stellt zu Recht fest, dass der Einsatz von Werbereaktionsfunktionen zur Werbebudgetierung nicht notwendigerweise zu optimalen Lösungen führt. Sie sind jedoch in der Lage, den Entscheidungsträger bei der Suche nach dem optimalen Werbebudget zu unterstützen.

Zunächst ist der **Verlauf von Werbereaktionsfunktionen** aus theoretischen beziehungsweise Plausibilitätsüberlegungen abzuleiten. Grundsätzlich ist davon auszugehen, dass mit steigenden Werbeausgaben höhere ökonomische Werbeziele (Umsatz, Absatz, Gewinn usw.) zu realisieren sind. Ein linearer oder progressiver Zusammenhang zwischen der Höhe des Werbebudgets und beispielsweise des Absatzes als Zielinhalt würde jedoch dazu führen, dass eine Steigerung werblicher Ausgaben den Absatz unendlich groß werden ließe. Generell ist davon auszugehen, dass die Wirkung der Mediawerbung auf den Absatz sowie auf jede andere Zielgröße begrenzt ist und nicht unendlich (linear) gesteigert werden kann. Zur Abbildung des Zusammenhangs zwischen Budgethöhe und ökonomischen Wirkungen sind daher nur **konkave oder s-förmige Werbereaktionsfunktionen** sinnvoll, da diese in der Regel realistischer sind als lineare (*Schmalen* 1992, S. 48; *Simon/Möhrle* 1993, S. 310, *Homburg/Krohmer* 2009, S. 747 f.).

Bei einem konkaven Verlauf nimmt die Grenzwirkung von Beginn an ab, bei einem s-för-migen Verlauf nimmt sie erst progressiv zu und ab einer bestimmten Budgethöhe wieder ab. Dabei kann die Werbereaktionsfunktion sowohl einen positiven Schnittpunkt mit der Werbebudgetachse (in diesem Fall ist ein bestimmter Mindestwerbeeinsatz notwendig, um überhaupt eine ökonomische Wirkung zu erzielen) als auch mit der Wirkungsachse aufwei-sen (in diesem Fall werden auch ohne werblichen Einsatz ökonomische Wirkungen erzielt). In Schaubild III-B-58 ist jeweils ein Beispiel für eine konkave und eine s-förmige Werbereak-tionsfunktion dargestellt, wobei in den skizzierten Fällen ein Grundabsatz auch ohne den Einsatz der Mediawerbung unterstellt wird.

In Modellen zur Werbebudgetierung finden sich beide Verläufe wieder, wobei empirischen Untersuchungen zufolge ein konkaver Funktionstyp zu besseren Anpassungen führt (*Simon/ Arndt* 1980, S. 11 ff.; *Aaker/Carman* 1982, S. 57 ff.; *Lilien/Kotler/Moorthy* 1992, S. 267; *Schmalen* 1992, S. 48; *Simon/Möhrle* 1993, S. 310).

In diesem Zusammenhang sei nochmals auf Schaubild I-A-13 in Abschnitt I-A-4.5 verwiesen, in dem auf verschiedene **Typen von Marktreaktionsfunktionen** und unterschiedliche Funk-tionsverläufe hingewiesen wurde. Die Reaktionsfunktionen von Typ I, II und IV sind im Vor-feld zu erarbeiten, um das Budgetierungsproblem als Marktreaktionsfunktion von Typ III lösen zu können.

Die **Beachtung von Zeitaspekten** führt zu einer Einteilung in statische und dynamische Mo-delle (mehrperiodische Modelle implizieren eine dynamische Betrachtungsweise). Bei **stati-schen Modellen** wird explizit von der Zeit als zusätzliches Erklärungskriterium abstrahiert. Alle Variablen beziehen sich auf dieselbe Periode. Statische Modelle unterstellen einen zeit-gleichen Einfluss des Werbebudgets auf die Veränderung ökonomischer Größen. Bei Beendi-gung des monetären Werbeeinsatzes reduziert sich die ökonomische Werbewirkung wieder auf Null. **Dynamische Modelle** berücksichtigen ausdrücklich den Zeitfaktor, um Werbewir-kungen realitätsgetreuer abbilden zu können. Für die Werbebudgetierung bedeutet dies, dass die Änderungen ökonomischer Größen durch den Budgeteinsatz unter Berücksichtigung wirkungsdynamischer Effekte zu erfolgen hat. **Wirkungsdynamische Effekte** lassen sich da-bei in drei Kategorien einteilen:

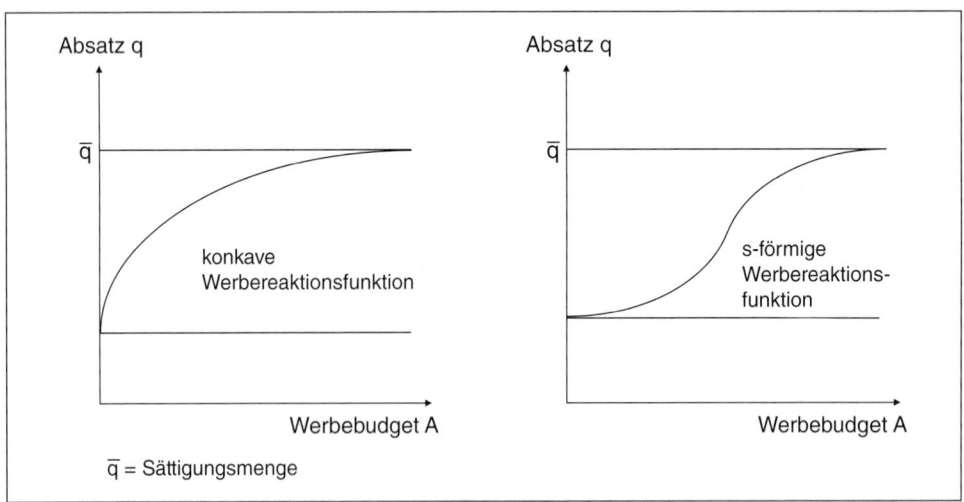

Schaubild III-B-58: Konkave und s-förmige Werbereaktionsfunktion (Simon/Möhrle 1993, S. 310)

(1) Wirkungsverzögerung (direkter Carry-over-Effekt),
(2) Wirkungsübertragungen (indirekter Carry-over-Effekt),
(3) Zeitlicher Wirkungsverbund.

Wirkungsverzögerungen (direkter Carry-over-Effekt) äußern sich darin, dass Veränderungen ökonomischer Größen erst nach Ablauf einer bestimmten Zeitspanne (Time lags) zu beobachten sind. Dies ist wie folgt zu begründen:

- Mediawerbung ändert die Einstellung der Konsumenten, wegen momentan fehlender Kaufkraft oder aus spekulativen Gründen (Preissenkungserwartung) kommt es jedoch erst später zu Kaufhandlungen („Delayed Response Effect") (*Kotler* 1971, S. 121 ff.; *Schmalen* 1992, S. 56).

- Erst nach mehrfacher Wiederholung eines Werbeimpulses wird eine „Lernschwelle" überschritten, die zur erstrebten Einstellungsänderung und damit zu Käufen führt (*Palda* 1965, S. 162 ff.; *Schmalen* 1992, S. 56). Dies ist vorrangig für die Mediawerbung neu einzuführender High-Involvement-Produkte kennzeichnend. Der Kauf dieser Produkte wird in besonderem Maße von der rationalen Einstellung zum Produkt gesteuert. Die Herausbildung der für den Kauf notwendigen Einstellungswerte erfolgt meist über einen längeren Zeitraum hinweg. Neben einer vorrangig informativ ausgerichteten Mediawerbung ist insbesondere ein kontinuierlich hoher Werbeeinsatz erforderlich, um die für einen Kauf notwendigen Einstellungswerte zu realisieren.

Der Einsatz des Werbebudgets entfaltet seine Wirkungen im Regelfall nicht nur zeitpunktbezogen, sondern es sind vielfach zeitliche und sachliche Ausstrahlungseffekte zu beobachten. Dies bedeutet, dass Wirkungen des Budgeteinsatzes auch nach Ablauf einer unter Umständen längeren Zeitspanne noch zu beobachten sind (zeitlicher Ausstrahlungseffekt) beziehungsweise Wirkungen auf andere Produktvarianten entfaltet werden (sachlicher Ausstrahlungseffekt). Da die Wirkungen des Budgeteinsatzes (zeitlich und sachlich) „transportiert" werden, ist diese Art beobachtbarer Wirkungsdynamik auch als **Wirkungsübertragung** (indirekter Carry-over-Effekt) zu bezeichnen. Dies ist wie folgt zu begründen:

- Der Einsatz der Mediawerbung steigert indirekt, z. B. über Wiederholungskäufe oder Mund-zu-Mund Werbung, die Nachfrage in künftigen Perioden („Customer Holdover Effect") (*Hruschka* 1996, S. 31).

- Die Anzahl der Innovatoren und Imitatorenkäufe aller bisherigen Perioden beeinflussen den Umfang der Imitatorenkäufe in der laufenden Periode.

Häufig erfordert die Realisierung ökonomischer Wirkungen ein Zusammenspiel bestimmter Budgethöhen über einen bestimmten Zeitraum hinweg. Dieses Phänomen wird auch als **zeitlicher Wirkungsverbund** bezeichnet. Die angestrebten finalen Wirkungen setzen in verschiedenen Perioden unterschiedliche Mindestbudgets voraus. So ist es beispielsweise denkbar, dass ein über mehrere Perioden gleichbleibendes Budget in der Vergangenheit noch zu keinerlei finalen Wirkungen bei den Zielpersonen geführt hat. Erst der Einsatz eines bestimmten Werbebudgets der letzten Periode ruft finale Reaktionen hervor und führt zu Veränderungen ökonomischer Größen. Diese Veränderungen sind jedoch nicht ausschließlich auf die Budgethöhe der letzten Periode zurückzuführen, sondern sie sind als „gebündelte Wirkung" aus dem monetären Werbeeinsatz aller vergangenen Perioden anzusehen. Das *Dorfman-Steiner*-Theorem ist ein statisches Modell, während das *Koyck*-Modell dynamisch ist und zum einen Wirkungsverzögerungen, zum anderen Wirkungsübertragungen beinhalten kann.

Werden analytische Ansätze der Werbebudgetierung zudem nach dem **Sicherheitsgrad der Wirkungsbeziehungen** unterschieden, so ist zwischen deterministischen und stochastischen

Modellen zu unterscheiden. **Deterministische Modelle** sind dadurch gekennzeichnet, dass jeder möglichen Budgethöhe eine eindeutige, spezifizierte ökonomische Werbewirkung gegenübersteht. Bei diesen Modellen ist daher die Annahme eines vollständigen Informationsstandes zu treffen. **Stochastische Modelle** ordnen den (potenziell erzielbaren) ökonomischen Wirkungen Eintrittswahrscheinlichkeiten zu; sie beziehen sich damit auf Risikosituationen. Dieser Modellkategorie werden auch jene Ansätze zugeordnet, die sich auf Unsicherheitssituationen beziehen, d.h. auf Fälle, in denen Wahrscheinlichkeiten nicht angegeben werden können. Hierzu zählen die Modelle von *Kuehn* und *Little*, während das *Weinberg*-Modell ein deterministisches Verfahren darstellt.

Des Weiteren können Budgetierungsverfahren anhand der **Anzahl der einbezogenen Marketinginstrumente** unterschieden werden. So lassen sich diese in monoinstrumentelle und polyinstrumentelle Modelle einteilen. Im Rahmen **monoinstrumenteller Modelle** wird nur der Einfluss einer unabhängigen Variablen (hier das Werbebudget) auf die Veränderung ökonomischer Größen untersucht. **Polyinstrumentelle Modelle** beziehen gleichzeitig auch andere Marketinginstrumente in die Betrachtung ein. Diese Modelle werden auch als Marketing-mix-Modelle bezeichnet. Während die Ansätze von *Dorfman/Steiner* und *Lambin* andere Marketinginstrumente, wie z.B. den Preis, berücksichtigen, wirken in dem Modell von *Weinberg* keine weiteren Marketingvariablen auf die Veränderung der ökonomischen Größen.

Die Einbindung weiterer Einflussfaktoren, beispielsweise Konkurrenzaktivitäten oder sonstige Rahmenbedingungen, wird bei den analytischen Verfahren ebenfalls unterschiedlich vorgenommen. So berücksichtigt z.B. das Modell von *Weinberg* explizit die Aktivitäten der Konkurrenz, während das Modell von *Little* keinen Einfluss von Konkurrenzaktivitäten auf die Veränderung der Zielgröße unterstellt.

Im Folgenden werden ausgewählte Modelle der Werbebudgetierung kurz vorgestellt, an einem Beispiel demonstriert sowie einer kritischen Würdigung unterzogen.

(1) Marginalanalytisches Modell

Das marginalanalytische Modell ist das Standardmodell der klassischen Marginalanalyse (*Korndörfer* 1966, S. 110 ff.; *Meffert/Freter* 1974a, S. 53 f.; *Simon* 1981, *Schmalen* 1992, S. 74 f.; *Simon/Möhrle* 1993, S. 311 f.; *Rogge* 2004, S. 156 ff.). Bei der Berechnung des optimalen Werbebudgets werden Einproduktunternehmen betrachtet. Hier wird die Berechnung des optimalen Budgets unter Berücksichtigung eines Produktes erstellt, so dass keine Interdependenzen bei der Budgetaufteilung zwischen den einzelnen Produkten eines Unternehmens entstehen können. Die Anzahl der Planungsperioden ist einperiodisch, d.h., die Werbewirkung bezieht sich auf die Budgetentscheidung einer Periode und damit bleiben periodenbezogene Interdependenzen unberücksichtigt. Die verfolgte Zielgröße ist die Maximierung des Gewinns. Der Ablauf der Optimierung des Modells erfolgt simultan, d.h., die Optimierung der anderen Variablen zur Berechnung erfolgt gleichzeitig. Unterstellt wird eine nicht-lineare Wirkungsfunktion. Da hier keine weiteren Perioden zur Ermittlung des optimalen Werbebudgets berücksichtigt werden, beinhaltet das Modell eine kurzfristige Sichtweise. Die Anzahl der Wirkungsperioden ist statisch, d.h. es existieren keine wirkungsdynamischen Effekte vergangener Perioden auf das Werbebudget. Der Sicherheitsgrad der Wirkungsbeziehung ist deterministisch und somit ist jeder Budgethöhe eine eindeutige Werbewirkung zuzurechnen. Weiterhin kann der Preis als weiteres Marketinginstrument nur eingeschränkt berücksichtigt werden, da die Gleichgewichtslösung alleinig für den Monopolfall gilt (*Korndörfer* 1966, S. 125). Konkurrenzaktivitäten und weitere Rahmenbedingungen werden bei der Berechnung des optimalen Werbebudgets nicht berücksichtigt.

Im Rahmen des **marginalanalytischen Modells** wird zur Ermittlung des optimalen Werbebudgets dieses solange erhöht, bis – bedingt durch die abnehmenden Grenzerlöse werbepolitischer Aktivitäten – die Grenzkosten gleich den Grenzerlösen sind. Grundsätzlich können marginalanalytische Modelle auch dynamischer Natur sein, dies wird in den folgenden Ansätzen noch erläutert.

Wird die Absatzmenge mit x, der gegebene Preis mit p, die Produktionskosten mit C, der Gewinn mit G und das Werbebudget mit W bezeichnet, so lautet die zu optimierende Gewinnfunktion:

(1) $G = p \cdot x(W) - C(x(W)) - W$

Gemäß den Optimalitätsbedingungen der Marginalanalyse wird die Funktion nach W abgeleitet und gleich Null gesetzt. Dabei wird angenommen, dass die Absatzmenge (x) auch eine Funktion des Werbebudgets ist, d.h. $C(x) = C(x(W))$:

(2) $\dfrac{dG}{dW} = p\dfrac{dx}{dW} - \dfrac{dC}{dx}\dfrac{dx}{dW} - 1 = 0$

Während $p \cdot \dfrac{dx}{dW}$ den Grenzerlös darstellt, gibt der zweite und dritte Summand die Grenzkosten der Produktion und der Werbeaufwendungen wieder.

Für eine Vereinfachung wird der Ausdruck der **Werbeelastizität** λ eingeführt werden:

(3) $\lambda = \dfrac{\text{prozentuale Absatzänderung}}{\text{prozentuale Werbeänderung}} = \dfrac{dx}{dW}\dfrac{W}{x}$

Die **Werbeelastizität** λ gibt an, um wie viele Einheiten sich die abhängige Variable (hier der Absatz) ändert, wenn das Werbebudget um eine Einheit variiert wird und nimmt in der Regel positive Werte an, da erhöhte Werbeaufwendungen im Allgemeinen mit einem verstärkten Absatz einhergehen. Durch Einsetzen der Werbeelatizität λ vereinfacht sich die **Optimalitätsbedingung** zu:

(4) $W^* = \lambda\,(p - C')\,x$

mit $C' = \dfrac{dC}{dx}$ als Grenzkosten der Absatzmenge.

Das Werbebudget ist dann optimal, wenn seine Höhe dem Produkt aus Werbeelastizität und Deckungsbeitrag entspricht. Der Deckungsbeitrag ist dabei definiert als Produkt aus dem Stückdeckungsbeitrag und der Absatzmenge. Da beim marginalanalytischen Modell die Höhe des Werbebudgets von der Werbeelastizität, der Stückzahl und dem Stückerlös abhängig ist, ist das Werbebudget demnach zu steigern, je empfänglicher die Nachfrager für Werbemaßnahmen sind und/oder je höher die Stückerlöse und/oder die Stückzahlen sind.

Beispiel: Berechnung des optimalen Werbebudgets nach dem marginalanalytischen Modell
Ein Unternehmen in der Kosmetikbranche stellt Gesichtscreme her. Für das Produkt „Face" wird zur Einführung einer neuen Werbekampagne das optimale Werbebudget gesucht. Folgende Angaben für das Produkt sind gegeben:

Absatzmenge: $x = 5.000.000$ ME

Kostenfunktion: $C(x) = 7x + 1.000.000$ mit $C' = \dfrac{dC}{dx}$

Stückpreis: $p = 15$ GE

Werbeelastizität: $\lambda = 0{,}1$

Die Bedingung für das optimale Werbebudget lautet: $W^* = \lambda\,(p - C')\,x$
Die Grenzkosten der Absatzmenge betragen nach Ableitung der Kostenfunktion: $C' = 7$
Daraus ergibt sich die optimale Budgethöhe für das Produkt „Face":

$W^* = 0.1 \cdot (15 - 7) \cdot 5.000.000 = 4.000.000$ GE

Die **Vorteile** des marginalanalytischen Ansatzes sind die formaltheoretisch exakte Ableitung des optimalen Budgets sowie die Erfassung von Interdependenzen zu anderen Variablen des Marketingmix, wie z.B. die Berücksichtigung des Preises unter Monopolbedingungen des Marktes (*Korndörfer* 1966, S.125; *Meffert/Freter* 1974a, S.55). Der **Nachteil** besteht in der Annahme der Stetigkeit und mehrmaligen Differenzierbarkeit der Funktion. Dies sind in der Praxis schwer erfüllbare Voraussetzungen für die Beziehung zwischen ökonomischen Größen. Zudem werden bei der Gewinnmaximierung einschränkende Restriktionen, wie z.B. Kapazitäten oder finanzielle Mittel, nicht berücksichtigt, d.h., das Optimum kann außerhalb des zulässigen Lösungsbereichs liegen (*Korndörfer* 1966, S.125; *Meffert/Freter* 1974a, S.55). Zurechnungsprobleme können entstehen, da die Werbewirkung am Umsatz gemessen wird, der marginalanalytische Ansatz jedoch das Ziel der Gewinnmaximierung verfolgt. Der Einfluss von Konkurrenzmaßnahmen wird bei diesem Ansatz vernachlässigt. Das Modell betrachtet nur Einproduktunternehmen, dabei werden komplementäre oder sukzessive Beziehungen im Absatzprogramm eines Unternehmens nicht erfasst. Bei dem marginalanalytischen Ansatz bleiben Wirkungsverzögerungen unberücksichtigt. Zudem benötigen diese Ansätze einen hohen Aufwand an Informationen und werden deshalb in der Praxis nicht häufig verwendet.

(2) *Dorfman-Steiner*-Modell

Bei dem ***Dorfman-Steiner*-Modell** (*Dorfman/Steiner* 1954, S.826ff.) handelt es sich um eine Erweiterung des marginalanalytischen Standardmodells, da hier gleichzeitig der gewinnmaximale Preis und das gewinnmaximale Werbebudget ermittelt wird (*Simon* 2009). Dieses Modell betrachtet ebenfalls nur Einproduktunternehmen zur Berechnung des optimalen Werbebudgets. Die verfolgte Zielgröße ist die Gewinnmaximierung. Der Ablauf der Optimierung des Modells ist sukzessiv, d.h., die Ablaufschritte zur Berechnung erfolgen nacheinander. Der Verlauf der Wirkungsfunktion ist nicht-linear. Es handelt sich um ein statisches Modell, da über eine Periode hinausgehende Werbewirkungen unberücksichtigt bleiben. Der Sicherheitsgrad der Wirkungsbeziehung ist deterministisch und somit ist jeder Budgethöhe eine eindeutige Werbewirkung zuzurechnen. Des Weiteren werden andere Marketinginstrumente, wie z.B. der Preis und die Produktpolitik, einbezogen, so dass von einem polyinstrumentellen Modell zu sprechen ist. Konkurrenzaktivitäten und andere Rahmenbedingungen finden bei der Berechnung des optimalen Werbebudgets keine explizite Beachtung. Als Ausgangspunkt gilt folgende **Wirkungsfunktion**:

(5) $x = x\,(p, W, Q)$

Bei der zu maximierenden Gewinnfunktion, identisch mit der Gleichung (1) des marginalanalytischen Modells, ist von der Prämisse auszugehen, dass die Absatzmenge im Rahmen des *Dorfman-Steiner*-Theorems von der Werbebudget- und der Preishöhe sowie Produktqualität (Q) abhängig ist (Gleichung 5). Bei der Gewinnmaximierung werden jedoch nicht alle drei, sondern nur zwei Variablen berücksichtigt. Die Produktqualität wird konstant gehalten. Die partielle Ableitung nach (W) liefert das gewinnmaximale Werbebudget, dargestellt in Gleichung (4). Die Ableitung der Gewinnfunktion nach (p) bestimmt den **gewinnmaximalen Preis**, dargestellt in Gleichung (6)

(6) $p^{*} = \dfrac{\varepsilon}{1+\varepsilon}C'$ mit ε als Preiselastizität.

Wird diese Bedingung in Gleichung (4) des marginalanalytischen Modells eingesetzt, so ergibt sich durch Umformen das Verhältnis:

(7) $\dfrac{W^{*}}{p^{*} \cdot x} = \left|\dfrac{\lambda}{\varepsilon}\right|$

Das *Dorfman-Steiner*-Theorem sagt demnach aus, dass die **optimale Werbebudgethöhe** dann gegeben ist, wenn das Verhältnis von Werbebudget und Umsatz gleich dem Verhältnis von Werbe- und Preiselastizität ist. Das *Dorfmann-Steiner*-Theorem kommt somit zu dem Schluss, dass das Verhältnis von werbepolitischen zu preispolitischen Maßnahmen (z. B. Rabattaktionen) in einem Unternehmen davon abhängt, ob die Nachfrager empfänglicher für Werbe- oder Preisaktionen sind. Zur Nutzung des *Dorfman-Steiner*-Theorems als Entscheidungsregel ist es notwendig, dass beide Elastizitäten bekannt und konstant sind. Verfügt der Werbetreibende über einschlägige Marktkenntnisse, so können die Elastizitäten relativ gut abgeschätzt werden. Ansonsten besteht die Möglichkeit, sie mittels Werbetests, Expertenurteilen oder Analyse vorhandener Marktdaten zu ermitteln. *Assmus et al.* (1984, S. 65 ff.) fanden für die Werbeelastizität im Rahmen einer Metaanalyse bisheriger empirischer Studien beispielsweise einen Durchschnittswert von 0,22.

Sind beispielsweise die Werbeelastizität $\lambda = 0,1$ und die Preiselastizität $\varepsilon = -2$ – dies sind realistische Werte für Konsumgüter (*Tellis* 1988 , S. 331 ff.; *Sethuraman/Tellis* 1991, S. 160 ff.) –, so ist es optimal, fünf Prozent $(-0,1/-2 = 0,05)$ des Umsatzes für die Werbung auszugeben. Durch Umformung der Gleichung (7) erhält man die optimale Werbung pro Stück:

(8) $\quad \dfrac{W^*}{x} = -\dfrac{X}{\varepsilon} p^*$

Liegen konstante Elastizitäten vor, so verhält sich die Budgethöhe proportional zum Preis. Die Kennzahl „Werbung pro Stück" liegt z. B. bei Automobilen im Bereich mehrerer 100 EUR (*Simon* 2009).

Damit wird bestätigt, dass ein „Prozentsatz vom Umsatz" beziehungsweise ein „Festbetrag pro Stück" als optimales Werbebudget existiert. Allerdings ermöglichen die vorstehend erläuterten Heuristiken in keiner Weise dessen Bestimmung. Durch die Kenntnis der Werbeelastizität können jedoch Rückschlüsse auf die produktbezogene Werbebudgetierung gezogen werden, um eine bessere Budgetallokation auf einzelne Produkte vornehmen zu können: Der Wert (Elastizität Deckungsbeitrag/zugeteiltes Werbebudget) hat über alle Produkte ungefähr gleich zu sein (*Broadbent* 1989, S. 187).

Beispiel: Berechnung des optimalen Werbebudgets nach dem *Dorfman-Steiner*-Modell
Ein Unternehmen produziert Heimwerkerutensilien. Zur Umsatzsteigerung ist eine neues Produkt einzuführen. Für die neue Bohrmaschine sind der gewinnmaximale Preis und das gewinnmaximale Werbebudget zur Einführung einer neuen Werbekampagne zu errechnen. Folgende Angaben für das Produkt sind gegeben:

Absatzmenge: $\quad$ x $\quad = 100.000$ ME

Kostenfunktion: $\quad$ C(x) $\quad = 35\,x + 2.000.000$ mit $C' = \dfrac{dC}{dx} = 35$

Werbeelastizität: $\quad \lambda \quad = 0,05$

Preiselastizität: $\quad \varepsilon \quad = -2$

Die Gleichung (6) liefert den gewinnmaximalen Preis mit $C' = \dfrac{dC}{dx} = 35 = 70$. Durch das Einsetzen in die

Formel zur Bestimmung der optimalen Budgethöhe ergibt sich das optimale Budget für die neue Bohrmaschine von W* = 0,05 {(70 – 35) {100.000 = 175.000 GE. Die optimale Budgethöhe ist somit gleich dem

Verhältnis von Werbeelastizität zu Preiselastizität (Gleichung 7): $\dfrac{W^*}{p^* \cdot x} = \left|\dfrac{\lambda}{\varepsilon}\right| \Rightarrow \dfrac{175.000}{70 \cdot 100.000} = \left|\dfrac{0,05}{-2}\right|$
$\Rightarrow 0,025 = 0,025$.

Um das optimale Budget pro Stück zu erhalten, ergibt dies, eingesetzt in Gleichung (8):

$\dfrac{175.000}{100.000} = \left|\dfrac{0,05}{-2}\right| \cdot 70 \Rightarrow 1,75 = 1,75$

Die **Vor- und Nachteile** des marginalanalytischen Standardmodells gelten ebenso für das *Dorfman-Steiner*-Theorem. Weitere **Vorteile** des *Dorfman-Steiner*-Modells liegen jedoch in der verbesserten Ermittlung des gewinnmaximalen Preises. Weiterhin werden produktpolitische Aspekte berücksichtigt. Mit Hilfe der Werbeelastizität und der Preiselastizität kann der Einfluss von Preis- und Budgetveränderungen zur Ermittlung von Gleichgewichtsbedingungen für ein gewinnmaximales Werbebudget festgestellt werden (*Kleinert* 1981, S. 41).

(3) *Weinberg*-Modell

Einen anderen Ansatz zur analytischen Werbebudgetierung stellt das **Weinberg-Modell** dar (*Weinberg* 1960). In diesem Modell wird wiederum nur ein Produkt für die Berechnung des optimalen Werbebudgets betrachtet. Des Weiteren handelt es sich um ein einperiodisches Modell. Ausgangspunkt des Modells ist das Ziel der Marktanteilssteigerung. Die Steigerung des Marktanteils ist nach diesem Modell abhängig von der Höhe des eigenen Werbebudgets und dem Ausmaß der werblichen Aktivitäten der Konkurrenz. Mit dem Ansatz kann die Frage beantwortet werden, wie hoch eine Werbebudget zu sein hat, um eine bestimmte angestrebte Marktanteilssteigerung zu erzielen; eine gewinnmaximale Budgetfestlegung wie bei den marginalanalytischen Modellen oder eine Marktanteilsmaximierung hat das Modell nicht zum Ziel. Der Ablauf der Berechnung erfolgt sukzessiv und der Verlauf der Wirkungsfunktion ist nicht-linear. Ferner ist das Modell statisch, da keine Wirkungen von Werbemaßnahmen aus der Vergangenheit berücksichtigt werden. Der Sicherheitsgrad der Wirkungsbeziehung ist deterministisch und somit kann jeder Budgethöhe eine eindeutige Werbewirkung zugerechnet werden. Es handelt sich um ein monoinstrumentelles Modell, da keine weiteren Marketinginstrumente einbezogen werden. Das *Weinberg*-Modell berücksichtigt Konkurrenzaktivitäten, indem die Marktanteilssteigerung als zentrales Ziel nicht nur durch die Höhe des eigenen Werbebudgets, sondern auch durch die entsprechenden Budgethöhen der Konkurrenz erklärt wird. Insbesondere auf gesättigten Märkten mit konstantem Marktvolumen hat die eigene Budgethöhe sowie das Budget der Konkurrenten eher einen Einfluss auf die jeweiligen Marktanteile als auf die Gesamtumsätze im betreffenden Markt (*Meffert/Freter* 1974a, S. 55). Weitere Rahmenbedingungen werden nicht berücksichtigt.

Die Marktanteilsänderung ist abhängig von der so genannten „**Konkurrenzänderungsrate**" (e) (Competitive Exchange Rate). Die Konkurrenzänderungsrate gibt das Verhältnis des Anteils der eigenen Werbeausgaben (W_u) am eigenen Umsatz (U_u) zum Anteil der Werbeausgaben der Konkurrenz (W_k) an der Umsatzhöhe der Konkurrenz (U_k) an:

$$(9) \quad e = \frac{W_u}{U_u} : \frac{W_k}{U_k}$$

Ist der Wert (e) für das werbetreibende Unternehmen kleiner als Eins, so ist der prozentuale Anteil des Werbebudgets am Unternehmensumsatz geringer als derjenige der Konkurrenten et vice versa. Unter der Annahme, dass alle Unternehmen der Branche die gleiche Werbeproduktivität erzielen, steigt der Marktanteil bei e > 1 an, bei e < 1 sinkt er.

Die Marktanteilsveränderung (M_u) des werbetreibenden Unternehmens ist eine Funktion der Konkurrenzänderungsrate. Empirische Untersuchungen *Weinbergs* ergaben eine signifikante Abhängigkeit der Marktanteilsveränderung vom Logarithmus der Konkurrenzänderungsrate (e), für deren funktionale Beziehung er folgenden Ausdruck angibt:

$$(10) \quad M_u = a \cdot \log e - b$$

wobei a und b Konstanten sind (Regressionskoeffizienten). Der Marktanteil steigt demnach mit einer steigenden Konkurrenzänderungsrate et vice versa. Gelten die ermittelten historischen Werte auch für die Zukunft und können der Branchenumsatz sowie die Werbeausgaben der Konkurrenten geschätzt werden, dann kann jenes Werbebudget ermittelt werden, das nötig ist, um in der nächsten Periode eine bestimmte Marktanteilssteigerung zu generieren.

$$(11) \quad e = \frac{W_u}{U_u} : \frac{W_k}{U_k}$$

Beispiel: Berechnung des optimalen Werbebudgets nach dem *Weinberg*-Modell

Ein Unternehmen im Food-Bereich produziert zuckerfreie Kaugummis. Die Kommunikationsabteilung möchte für das Produkt „Medgum" das optimale Werbebudget festlegen. Das optimale Werbebudget ergibt sich aus der gewünschten Marktanteilssteigerung:

Umsatz der Konkurrenz in t:	U_k	=	4 Mio. GE
Werbeausgaben der Konkurrenz in t:	W_k	=	0,3 Mio. GE
Eigener Umsatz in t:	U_u	=	1 Mio. GE
Eigene Werbeausgaben in t:	W_u	=	0,12 Mio. GE

Zunächst wird daraus die Konkurrenzänderungsrate errechnet: $e = \frac{0,12}{1} : \frac{0,3}{4} = 1,6$

Umsatz der Konkurrenz in t+1 (Prämisse gesättigter Markt)	U_k	=	3,9 Mio. GE
Geschätzte Werbeausgaben der Konkurrenz in t+1	W_k	=	0,4 Mio. GE
Konkurrenzänderungsrate:	e	=	1,6
Annahme: Marktanteil in t:	M_a	=	20 Prozent

Ziel des Unternehmens für das Jahr t+1 ist eine Steigerung des bisherigen Marktanteils von Kaugummis um 10 Prozent. D.h. im Jahre t+1 ist ein eigener Umsatz in Höhe von 1,1 Mio. GE (20 Prozent {(1 + 0.1) = 22 Prozent} zu erreichen.

Ist es das Ziel, dass der eigene Marktanteil in der nächsten Periode (t+1) 22 Prozent beträgt, dann errechnet sich das Werbebudget wie folgt:

$$W_u = e \cdot U_u \cdot \frac{W_u}{U_k} = 1,6 \cdot 1,1 \cdot \frac{0,4}{4} = 0,176 \text{ Mio. GE}$$

Das optimale Werbebudget für das zuckerfreie Kaugummi „Medgum" hat in der Periode t+1 0,1805 Mio. GE zu betragen, um eine Marktanteilssteigerung von 10 Prozent zu realisieren.

Der **Vorteil** des *Weinberg*-Modells ist die explizite Betrachtung des Ziels der Marktanteilssteigerung, die unter Umständen dem unternehmerischen Gedanken näher kommt als dem der Gewinnmaximierung. Zudem werden Konkurrenzaktivitäten explizit berücksichtigt. Der Ansatz verfolgt eine realistische Zielsetzung und benötigt weniger Informationen als die marginalanalytischen Ansätze. Der **Nachteil** besteht darin, dass sich der Marktanteil als Zielgröße nicht für die Festlegung der Budgethöhe eignet, da eine übermäßige Marktanteilssteigerung nur mit eventuell überhöhten Werbeaufwendungen und damit auch sinkenden Gewinnen zu erreichen ist (*Korndörfer* 1966, S. 161; *Meffert/Freter* 1974a, S. 56; *Kleinert* 1981, S. 42 f.). Zur Gewinnmaximierung ist es jedoch notwendig, dass der Betrag bekannt ist, bei dem es sich lohnt, den Marktanteil durch verstärkte Werbung auszudehnen. Des Weiteren vernachlässigt das Modell die Einwirkungen anderer Marketinginstrumente zur Steigerung des Marktanteils, der Umsatz der Vergangenheit wird allein der Werbung zugerechnet. Zudem ist die Konkurrenzänderungsrate eine globale Größe unter der Annahme, dass die eigene Werbung sowie die der Konkurrenz in Zukunft genauso produktiv beziehungsweise wirksam ist wie in der Vergangenheit. Darüber hinaus beachtet das Modell keine Unterschiede in der Qualität der zukünftigen Werbung, obwohl diese in der Realität zweifelsohne vorhanden sind. Schwierigkeiten entstehen jedoch bei der Beschaffung beziehungsweise Schätzung der Werbeausgaben der Konkurrenz sowie der erforderlichen Vergangenheitsdaten für die Konkurrenzänderungsrate (*Korndörfer* 1966, S. 159 ff.; *Meffert/Freter* 1974a, S. 57).

(4) ADBUDG-Modell von *Little*

Das ADBUDG-Modell von *Little* (1970) hat ebenfalls zum Ziel, den Zusammenhang zwischen der Höhe der Werbeausgaben und dem daraus resultierenden Marktanteil zu ermitteln. Der zentrale Unterschied zum *Weinberg*-Modell besteht zum einen in der Modellformulierung, zum anderen in den von *Little* vorgeschlagenen pragmatischen Möglichkeiten der Datengewinnung durch subjektive Managementschätzungen. Es betrachtet zur Erstellung des Werbebudgets nur Einproduktunternehmen. Es handelt sich um ein einperiodisches Modell. Der Ablauf der Berechnung ist sukzessive angelegt, d. h., die Ablaufschritte erfolgen nacheinander. Das ADBUDG-Modell nimmt eine nicht-lineare Wirkungsfunktion der Änderungen des Werbeaufwandes auf die Veränderungen des Marktanteils an, die s-förmig (wie in Schaubild III-B-59 dargestellt) oder degressiv sein kann. Die Betrachtung des Modells beinhaltet eine kurzfristige Sichtweise. Ausgangspunkt ist eine statische Betrachtung, bei der keine wirkungsdynamischen Effekte berücksichtigt werden. Jedoch kann eine Erweiterung zu einem dynamischen Modell führen, das Einflüsse vergangener Perioden auf den Marktanteil der Folgeperiode beachtet. Der Sicherheitsgrad der Wirkungsbeziehung ist stochastisch und damit werden ökonomischen Wirkungen Eintrittswahrscheinlichkeiten zugeordnet. Ferner erfolgt in der Grundform des Modells keine Beachtung weiterer Marketinginstrumente, außer dem Einfluss des Werbebudgets auf den Marktanteil, womit es sich um ein monoinstrumentelles Modell handelt. Konkurrenzaktivitäten und weitere Rahmenbedingungen sind bei der Berechnung der ökonomischen Zielgröße in den Ausgangsformeln nicht miteinbezogen, das Modell kann jedoch um diese Einflussgrößen erweitert werden.

Für die Ableitung der Werbewirkungsfunktion sind folgende **Informationen** notwendig (*Krautter* 1973, S. 119 f.):

- Minimaler Marktanteil, der am Ende der Periode auch dann realisiert wird, wenn der Werbeaufwand in der Periode den Wert Null hat (MA_{min}).
- Maximal möglicher Marktanteil, bei dem eine Sättigung mit extrem hohen Werbeaufwendungen (MA_{max}) erreicht wird.
- Werbeaufwand, der zur Erhaltung des derzeitigen Marktanteils notwendig ist (MA_{Erh}).
- Marktanteil, der durch eine 50-prozentige Erhöhung der Werbeaufwendungen erreicht wird ($MA_{+50\%}$).

Auf Basis dieser Informationen kann die **Werbewirkungsfunktion** errechnet werden:

$$(12) \quad MA = MA_{min} + (MA_{min} - MA_{min}) \cdot \frac{W^{\gamma}}{\delta + W^{\gamma}}$$

Die Steigung der Funktion wird durch die Variable γ beeinflusst. Ist $\gamma > 1$, hat die Funktion einen s-förmigen Verlauf, und bei $0 < \gamma < 1$ ist der Verlauf der Funktion degressiv. Die Werbewirkungskoeffizienten δ und γ basieren entweder auf statistischer Analyse von Daten (objektiv) oder können nach unternehmerischer Urteilskraft abgeleitet werden (subjektiv). Sie werden von den eingegebenen Daten abgeleitet (*Kleinert* 1981, S. 140 ff.; *Landwehr* 1988, S. 174). Ein hohes δ bedeutet eine geringe Werbeelastizität et vice versa. Der Zusammenhang zwischen Werbeaufwendungen und Marktanteilsveränderungen ist in Schaubild III-B-59 wiedergegeben.

Mit der Einbeziehung von Carry-over-Effekten kann eine Dynamisierung dieses Ansatzes vorgenommen werden. Dazu sind noch folgende **Annahmen** zu treffen:

- Wird überhaupt keine Werbung mehr betrieben, sinkt der Marktanteil auf einen langfristigen minimalen Marktanteil, der auch den Wert Null annehmen kann.
- Der Verfall innerhalb einer Periode verläuft konstant, d. h., die Lücke zwischen dem derzeitigen Marktanteil und dem langfristigen minimalen Marktanteil bleibt gleich, z. B. kann der Verfall exponentiell verlaufen.
- Der Verfall bestimmt das Minimum für die Periode.

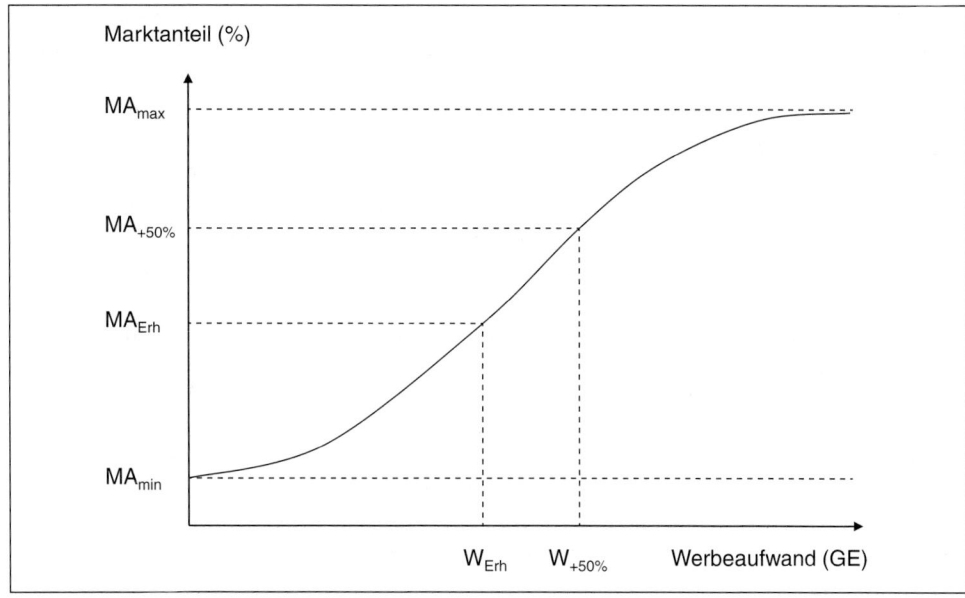

Schaubild III-B-59: Werbewirkungsfunktion des ADBUDG-Modells (Little 1970, S. 472)

- Die Differenz des aus der Werbung resultierenden minimalen und maximalen Markanteils, $(MA_{max} - MA_{min})$ bleibt konstant, d. h., die Werbewirkungsfunktion ändert ihren Verlauf nicht, nur der Ordinatenabschnitt verschiebt sich.

Die Werbewirkungsfunktion ändert sich dann folgendermaßen:

$$(13) \quad MA_t = MA_{min} + \alpha \cdot \left(MA_{t-1} - MA_{min}\right) + \left(MA_{max} - MA_{min}\right) \cdot \frac{W^{\gamma}}{\delta + W^{\gamma}}$$

Dabei ist α der Parameter, der die Höhe des Einflusses des aus der Werbung resultierenden Marktanteils der Vorperiode auf den jetzigen Marktanteil ausdrückt.

Beispiel: Berechnung des optimalen Werbebudgets nach dem ADBUG-Modell von *Little*
Ein Unternehmen möchte seinen Marktanteil für das Markenparfum „Duft" steigern. Der Marktanteil des letzten Jahres betrug 12 Prozent. Zur Steigerung des Marktanteils des Parfums steht für die Werbekampagne dieser Periode ein Budget von 8 Mio. GE zur Verfügung. Weiterhin sind folgende Angaben gegeben:

$MA_{min} = 5$ Prozent, $MA_{max} = 20$ Prozent, $MA_{t-1} = 12$ Prozent

Mit Hilfe des Computerprogramms wurden folgende Parameter ermittelt: $\alpha = 0{,}1$, $\delta = 25.000$ und $\gamma = 0{,}7$

$$MA_t = 5 + 0{,}1 \cdot (12 - 5) + (20 - 5) \cdot \frac{8 \text{ Mio.}^{0,7}}{25.000 + 8 \text{ Mio.}^{0,7}}$$

$$= 5 + 0{,}1 \cdot 7 + 15 \cdot 0{,}73$$

$$= 16{,}65$$

Mit einem Werbebudget von 8 Mio. GE lässt sich ein Marktanteil für das Produkt „Duft" von zirka 16,6 Prozent erreichen.

Der **Vorteil** dieses Ansatzes liegt in der einfachen Anwendung und leichten Handhabung eines dynamischen Modells. Hinzu kommt die klare Strukturierung und die einfache Informationsbeschaffung der benötigten Daten. In der Praxis ist dieses Modell verbreitet, da es möglich ist, nicht vorhandene Daten für die Aufstellung der Gleichung subjektiv zu schätzen.

Diese subjektive Schätzung erhöht die Akzeptanz der Anwendung von quantitativen Verfahren (*Zentes* 1982, S. 2223). Der Ansatz ist flexibel gegenüber Erweiterungsmöglichkeiten. Neben der Dynamisierung des Ansatzes können noch weitere Parameter, z. B. Einsatz von anderen Marketinginstrumente wie Preis, Distribution oder Produktveränderung sowie unternehmensunabhängige Einflüsse, z. B. Saisonschwankungen oder Konkurrenzaktivitäten, in Form von zu ermittelnden Gewichtungsfaktoren mit in die Berechnung aufgenommen werden (*Kleinert* 1981, S. 60 f.). Der **Nachteil** der möglichen Subjektivität des ADBUDG-Modells stellt jedoch einen Widerspruch zu der angestrebten Objektivität der analytischen Modelle dar (*Landwehr R.* 1988, S. 175).

(5) *Koyck*-Modell

Das *Koyck*-Modell (*Koyck* 1954) stellt den wohl bekanntesten Ansatz zur **dynamischen Werbebudgetierung** dar. *Koyck* versuchte mit als erster, ganz allgemein dynamische Effekte in Unternehmen zu formulieren; vor allem *Palda* übertrug diese Ansätze dann auf die Werbewirkung (*Palda* 1965). Die Grundannahme des *Koyck*-Modells ist, dass eine Werbekampagne, die als Werbeausgabe angesehen werden kann, sich nicht nur in der aktuellen Periode, sondern auch in allen Folgeperioden positiv auf den Absatz auswirkt (Carry-over-Effekt). Das Modell geht jedoch von abnehmenden Werbewirkungen im Zeitverlauf aus. Dies bedeutet im Umkehrschluss, dass der aktuelle Absatz durch aktuelle und vorherige Werbekampagnen beeinflusst wird. Der Absatz ist somit die relevante Zielgröße im Modell. Das Modell geht von einem Einproduktfall aus. Der Ablauf der Optimierung des Modells erfolgt sukzessiv, d. h. die Ablaufschritte zur Berechnung erfolgen nacheinander. Der Werbewirkungsverlauf ist nicht-linear. Weiterhin werden, außer dem Einfluss des Werbebudgets auf den Absatz, keine anderen Marketinginstrumente betrachtet, womit es sich um ein monoinstrumentelles Modell handelt. Außerdem bleiben Konkurrenzaktivitäten sowie sonstige Rahmenbedingungen bei der Ermittlung des Einflusses der Werbeausgaben auf den Absatz unberücksichtigt.

Unter Berücksichtigung der **wirkungsdynamischen Effekte** gilt folgende Beziehung:

$$(14) \quad x_t = a + b \sum_{j=0}^{\infty} c^j \cdot W_{t-j}$$

wobei:

a, b = const. > 0

0 < c = const. < 1 als die „Gewichtung" der Werbungsperioden, d. h. mit wachsendem c intensiviert sich der Carry-over-Effekt

t = Betrachtete Periode

j = Anzahl vergangener Perioden.

Verbal bedeutet dies, dass sich der Absatz in Periode t aus einem von der Werbung unabhängigen Basisabsatz (a), durch aktuelle Werbung erzeugten Absatz (j = 0) und durch Werbung in allen Vorperioden (j=1,2,...,∞) verursachten Absatz resultiert. Dadurch, dass (j) beim Parameter (c) im Exponenten steht, wird eine im Zeitablauf abnehmende Werbewirkung unterstellt.

Mit Hilfe der *Koyck*-Transformation kann Gleichung (14) in folgenden Ausdruck überführt werden (*Lilien* 1983):

$$(15) \quad x_t = a(1 - c) + bW_t + cx_{t-1}$$

Die Konstante c in Gleichung (15) kann als Wiederkaufrate der Käufern der Vorperiode interpretiert werden. Je nach Schreibweise des *Koyck*-Modells lässt sich die modellierte Dynamik durch wirkungsverzögerte oder -übertragende Werbewirkung erklären. Es ist folglich zu beachten, dass zwischen Modellerklärung und Modellstruktur kein eindeutiger Zusammenhang zu bestehen hat.

Beispiel: Berechnung des optimalen Werbebudgets nach dem *Koyck*-Modell

Ein Hersteller von Büromöbeln möchte den allgemein rückläufigen Umsatz durch ein im Januar neu ins Sortiment aufgenommene Modell „Sekretär" wieder steigern. Eine vor der Einführung in Auftrag gegebene Marktforschungsstudie hat ergeben, dass der von der Werbung unabhängige Grundabsatz a für das Modell „Sekretär" zirka 245.000 ME betragen wird. Die Studie schätzt die Parameter b und c aufgrund von regressierten Datenreihen des Absatzes und der Werbeausgaben eines Konkurrenzproduktes auf 2 resp. 0,6.

Für die **Wirkungsverzögerung** gilt:

$$x_t = 245.000 + 2\sum_{j=0}^{\infty} 0,6^i \cdot W_{t-j}$$

Durch Einsetzen von W in die Gleichung ergeben sich für das Modell „Sekretär" folgende Absatzzahlen:

	Werbeausgaben W	Absatz x
Januar	25.000	295.000
Februar	19.000	285.800
März	21.000	294.680
April	16.000	294.008
Mai	14.000	291.205
Juni	8.000	279.990
Juli	7.000	272.621

Für die **Wirkungsübertragung** gilt:

$x_t = 245.000\ (1 - 0,6) + 2\ W_t + 0,6\ x_{t-1}$

mit: a = 245.000

  c = 0.6 (~Wiederkaufrate von Käufern der Vorperiode)

  b = 2

ergeben sich folgende Absatzzahlen für das Modell „Sekretär" bei gegebenen Werbeausgaben:

	Werbeausgaben W	Absatz x
Januar	25.000	148.000
Februar	19.000	224.800
März	21.000	274.880
April	16.000	294.928
Mai	14.000	302.957
Juni	8.000	295.774
Juli	7.000	289.464

Der **Vorteil** des *Koyck*-Modells liegt in der hohen Realitätsnähe aufgrund der dynamischen Betrachtung. Der **Nachteil** des Modells ist darin zu sehen, dass der Einfluss weiterer Marketinginstrumente nicht berücksichtigt wird, sondern der Absatz nur von den Werbeausgaben bedingt wird (*Kleinert* 1981, S. 47). In der Betrachtung stehen hier Einproduktunternehmen, realitätsnahe Faktoren, z.B. komplementäre und sukzessive Beziehungen im Absatzprogramm, sind nicht erfasst. Weiterhin werden Konkurrenzaktivitäten vernachlässigt, obwohl diese erheblichen Einfluss auf den eigenen Absatz haben können. Strukturveränderungen des Marktes im Zeitablauf finden keine hinreichende Berücksichtigung bei diesem Modell

(*Kleinert* 1981, S. 51). Zudem kann in der Realität ein anfänglicher starker Anstieg der Werbewirkung auf den Absatz möglich sein; dies wird durch die Formel jedoch nicht erklärt.

(6) *Lambin*-Modell

Der Ansatz von *Lambin* (1968) baut auf den theoretischen Ansätzen des *Dorfman-Steiner*-Theorems auf und gehört demnach zu den marginalanalytischen Modellen. Das Modell geht von einem Einproduktfall aus und ist mehrperiodisch, d.h. die Analyse der Werbewirkungen bezieht sich auf die Budgetentscheidungen mehrerer Perioden. Dabei ist der Absatz die relevante Zielgröße. Der Ablauf der Optimierung des Modells erfolgt sukzessiv, d.h. die Ablaufschritte zur Berechnung der Variablen erfolgen nacheinander. Der Werbewirkungsverlauf ist nicht-linear, da hier eine semi-logarithmische Funktion zwischen der Höhe des Werbebudgets und dem Absatz gegeben ist. Die Betrachtung des Modells beinhaltet eine längerfristige Sichtweise, dabei werden dynamische Wirkungseffekte analog zum Modell von *Koyck* berücksichtigt. Der Sicherheitsgrad der Wirkungsbeziehung ist deterministisch. Weitere Marketinginstrumente, z.B. Preis und Distribution, werden bei diesem Modell berücksichtigt, ebenso Konkurrenzaktivitäten und weitere Rahmenbedingungen.

Das Modell unterstellt zunächst, dass der Absatz eine Funktion (xt) diverser Größen ist:

(16) $x_t = F(y_t, h_t, x_{t-1}, s_t, \Delta d_t, \Delta p_t, u_t)$

wobei:

x_t = Verkaufseinheiten pro 1.000 möglichen Kunden
y_t = Reales, verfügbares privates Einkommen pro 1.000 möglichen Kunden
h_t = Wetter: saisonale Schwankungen
x_{t-1} = Goodwill: wirkungsdynamische Effekte
s_t = Werbeausgaben pro 1.000 möglichen Kunden
Δd_t = Änderung der Besuchshäufigkeiten in den Verkaufsstellen
Δp_t = Preisänderungen des Einzelhandels
u_t = Störgröße oder unerklärte Variation

Die konkrete **Nachfragefunktion** wird dabei als semi-logarithmisches Modell wie folgt formuliert:

(17) $x_t = k + b_1 \log y_t + b_2 x_{t-1} + b_3 \log s_t + b_4 \log \Delta d_t + b_5 h_t + b_6 \Delta p_t + u_t$

Die Konstante k beinhaltet den Einfluss der anderen umfeldbedingten und entscheidungsabhängigen Variablen und somit den von der Werbung unabhängigen Absatz. Der Term $b_3 \log s_t$ ist das marginale Produkt das für Werbung ausgegeben wird, multipliziert mit $\log s_t$ dem ausgesuchten Betrag für Werbung. Der Ausdruck $b_2 x_{t-1}$ steht für die Wirkungsverzögerung analog zum *Koyck*-Modell.

Um anhand dieses Modells das Werbebudget zu planen, sind zunächst die Parameter y_t, Δd_t, Δp_t und h_t zu schätzen. Danach kann der partikulare Einfluss dieser Variablen auf den Absatz vorhergesagt und mit in die Konstante k aufgenommen werden, die dann als k' bezeichnet werden kann. Damit reduziert sich die Ausgangsfunktion auf:

(18) $x_t = k' + b_2 x_{t-1} + b_3 \log s_t$

Durch die Umbenennung der Parameter b_2 und b_3 in b und λ ergibt sich folgende Gleichung mit λ als die Einflussrate des Goodwill:

(19) $x_t = k' + b \log s_t + \lambda x_{t-1}$

Da k bereits ermittelt wurde und der Absatz der Vorperiode (x_{t-1}) als bekannt vorausgesetzt werden kann, ist noch die Einflussrate des Goodwill zu schätzen. Um das **Budget** zu ermitteln, ist die Gleichung (19) nach $\log s_t$ aufzulösen.

Zudem kann die Veränderung des Absatzes Δx ($\Delta x_t = x_t - x_{t-1}$) mit der Subtraktion von x_{t-1} auf beiden Seiten festgestellt werden. Mit $(1 - \lambda)$ als die Verfallsrate des Goodwill lautet die Gleichung:

(20) $\quad x_t = x_{t-1} = k' + b \log s_t - (1 - \lambda) x_{t-1}$

Beispiel: Berechnung des möglichen Absatzes bei einem gegebenen Werbebudget nach dem *Lambin*-Modell

Ein Unternehmen stellt Waschmittel her. Bei einem gegebenen Werbebudget pro 1.000 möglichen Kunden von 200.000 GE möchte es seinen damit möglichen Absatz der gegenwärtigen Periode errechnen.

Gegeben sind:

Die Einflussrate des Goodwill der Vorperiode: $\quad \lambda \quad = 0,1$

Der von der Werbung unabhängige Absatz: $\quad\quad k' \quad = 2.000$ ME

Einfluss des Werbebudgets auf den Absatz: $\quad\quad b \quad = 350$

Der Absatz der Vorperiode: $\quad\quad\quad\quad\quad\quad\quad x_{t-1} = 4.000$ ME

$x_t = k' + b \log s_t + \lambda\, x_{t-1}$

$\quad = 2.000 + 350 \log 200.000 + 0,1 \cdot 4.000$

$\quad = 2.000 + 1.855 + 400 = 4.255$

Bei einem Werbebudget pro 1.000 möglichen Kunden von 200.000 GE ergibt sich ein Absatz in der gleichen Periode von 4.255 ME pro 1.000 möglichen Kunden.

Die **Vorteile** des Modells liegen in der dynamischen Betrachtung, d. h., dass sich die Werbung auf den gegenwärtigen und zukünftigen Absatz auswirkt. Es sind grundsätzliche Hinweise über das Werbeverhalten von Unternehmen in oligopolitischen Märkten zu finden (*Kleinert* 1981, S. 48 f.). Zudem erfolgt eine Berücksichtigung anderer Variablen des Marketingmix, wie z. B. Preis-, Produkt- und Distributionspolitik. Hinzu kommt die Betrachtung von Werbeaktivitäten der Konkurrenz, da sie das eigene Werbeverhalten beeinflussen. Die Marketinginstrumente werden hier in Relation zu den Konkurrenzaktivitäten gesehen. Durch die Abhängigkeit der Intensität der Konkurrenzwerbung ist auf oligopolistischen Märkten eine deutliche Angleichung der Marktingaktivitäten zu beobachten (*Meffert/Freter* 1974a, S. 55; *Kleinert* 1981, S. 48 f.). Weiterhin werden Variablen des Marktes sowie Zufallsfehler beziehungsweise Störgrößen in die Berechnung des Modells aufgenommen. Der **Nachteil** des Modells ist die Komplexität und somit die aufwändige Handhabung. Zudem ist die Genauigkeit der hypothetisch unterstellten beziehungsweise ermittelten postulierten Wirkungszusammenhänge fraglich. Die Verwendung historisch gestützter Daten ist zur Erklärung des Modells nicht gut geeignet, wenn sich die Höhe des Werbebudgets der Vergangenheit ausschließlich auf die jeweiligen Vorjahresumsätze bezieht (*Kleinert* 1981, S. 52).

(7) *Vidale-Wolfe*-Modell

Das *Vidale-Wolfe*-Modell (*Vidale/Wolfe* 1957, S. 371 ff.) geht von einem Einproduktfall aus. Die Berechnung erfolgt sukzessiv. Der Werbewirkungsverlauf ist nicht-linear. Es handelt sich um ein dynamisches Modell, das durch Beachtung eines vorhandenen, aber im Zeitablauf rückgängigen Goodwills zeitliche Carry-over-Effekte indirekt berücksichtigt. Der Sicherheitsgrad der Wirkungsbeziehung ist deterministisch und damit kann jeder möglichen Budgethöhe eine bestimmte ökonomische Werbewirkung zugeordnet werden. Weitere Marketinginstrumente sind nicht in die Berechnung einbezogen. Die Berücksichtigung von Konkurrenzaktivitäten erfolgt nicht explizit, es wird jedoch ein Einfluss impliziert. Zudem werden sonstige Rahmenbedingungen nicht weiter betrachtet.

Das Modell beschreibt die Veränderung des Umsatzes U im Zeitablauf (dU/dt) in Abhängigkeit von den zeitpunktunabhängigen Werbeausgaben W_t, wobei die Gleichung

$$(21)\quad \frac{dU}{dt} = r \cdot W_t \cdot \frac{(M - U_t)}{M} - \lambda \cdot U_t$$

zugrunde gelegt wird. Hierbei bezeichnet M die Sättigungsmenge. Es wird deutlich, dass die Umsatzveränderungen immer von **zwei gegenläufigen Effekten** abhängig sind. Zum einen werden durch den Einsatz der Werbung zusätzliche Kunden zum Kauf des betreffenden Produktes angezogen. Dabei hängt der mit diesen Neukunden getätigte Umsatz von der Wirkungskonstante (r), der Höhe des Werbebudgets (W) und dem erreichten Anteil am Sättigungsniveau (M) ab. Zum anderen geht in jeder Periode ein konstanter Anteil bisheriger Kunden verloren. *Vidale/Wolfe* leiten nunmehr die Budgethöhe ab, die den Umsatz auf der erreichten Höhe hält (dU/dt = 0), d.h., die Differenz zwischen dem zusätzlichen Umsatz mit Neukunden und den Umsatzverlusten durch Markenwechsel usw. Null werden lässt, also genau den Absatzrückgang ($\lambda \cdot U_t$) ausgleicht. Dazu wird Gleichung (21) umformuliert, gleich Null gesetzt und nach W aufgelöst. Es ergibt sich:

$$(22)\quad W_t = \frac{\lambda \cdot U_t \cdot M}{r(M - U_t)}$$

Gleichung (22) verdeutlicht, dass das zum Halten eines bestimmten Umsatzniveaus erforderliche Werbebudget umso größer ist,

- Je mehr Kunden beziehungsweise Umsätze pro Periode verloren gehen ($\lambda \cdot U_t$),
- Je geringer die Wirkung der aktuellen Werbung ist (r),
- Je näher das Umsatzniveau an der Sättigungsmenge liegt.

> **Beispiel: Berechnung des Werbebudgets, um den Umsatz konstant zu halten nach dem *Vidale-Wolfe*-Modell**
>
> Ein Hersteller für Sportgeräte möchte das Werbebudget Wt für das Surfbrett *„Sunshine"* berechnen, das notwendig ist, denselben Umsatz wie im Vorjahr zu erzielen. Dazu sind folgende Angaben gegeben:
>
> | | | |
> |---|---|---|
> | Umsatz in Periode t: | U_t = 12 Mio. GE | |
> | Maximal möglicher Umsatz in Periode t: | M_t = 32 Mio. GE | (Sättigungsniveau) |
> | Umsatzsteigerung pro zusätzlicher Werbeausgabe: | r = 3 | (Wirkungskonstante) |
> | Anteil verlorener Kunden in Periode t: | λ = 0,006 | (Umsatzabnahmerate) |
>
> Berechnung des Werbebudgets bei konstantem Umsatz:
>
> $$0 = 3 \cdot W_t \cdot \frac{(32 \text{ Mio.} - 12 \text{ Mio.})}{32 \text{ Mio.}} - 0,006 \cdot 12 \text{ Mio.}$$
>
> Auflösen nach W_t:
>
> $$W_t = \frac{0,006 \cdot 12 \text{ Mio.}}{3} \cdot \frac{32 \text{ Mio.}}{(32 \text{ Mio.} - 12 \text{ Mio.})} = 24.000 \cdot 1,6 = 38.400 \text{ GE}$$
>
> Um den Umsatz für *„Sunshine"* konstant zu halten, sind 38.400 GE für Werbung aufzuwenden.

Der **Vorteil** des Modells von *Vidale/Wolfe* besteht in der anschaulichen Darstellung der Wirkungsmöglichkeiten der Werbung durch die drei Parameter. Die Verringerung der Werbewirkung im Zeitablauf ist in der Realität gegeben und wird durch das Modell sehr gut abgebildet (*Korndörfer* 1966, S. 168 f.). Der dynamische Aspekt dieses Modells liefert eine höhere Realitätsnähe. **Nachteile** des Modells liegen in der empirischen Bestimmung, die erhebliche Schwierigkeiten bereitet. Um die Umsatz-Abnahmerate bestimmen zu können, entsteht ein erheblicher Aufwand bei der Informationsbeschaffung; dazu ist gegebenenfalls die Werbung ganz auszusetzen (*Meffert/Freter* 1974b, S. 66; *Kleinert* 1981, S. 44). Weiterhin bleiben die anderen Parameter in der Realität nicht konstant, da die Marktverhältnisse Veränderungen unterliegen. Die spezifische Zielsetzung dieses Modells liegt in der Aufrechterhaltung des Umsatzniveaus. Eine alleinige Erhaltung des Umsatzes kann jedoch nicht als eine allgemein gültige beziehungsweise sinnvolle unternehmerische Zielsetzung aufgefasst werden. Zudem führt die alleinige Ansprache der potenziellen Kunden (M_{Ut}) zu einer Vernachlässigung der aktuellen Kunden (*Meffert/ Freter* 1974b, S. 66). Die Annahme, dass die Werbung nur bei Nicht-Kunden wirkt, vernachlässigt Wiederholungskäufe bei bereits bestehenden Kunden. Weiterhin wird bei allen Kunden eine konstante Verbrauchsrate vorausgesetzt, d. h. alle Kunden haben die gleiche Bedeutung und jeder nimmt die gleiche Menge ab. Dies beinhaltet jedoch auch, dass der Mengenumsatz pro Käufer nicht gesteigert wird. Bei bestimmten Produkten wie beispielsweise Zahnpasta oder Seife erscheint das Modell daher brauchbar. Schwierig gestaltet sich jedoch die Anwendbarkeit bei Produkten, bei denen die Verbrauchsrate nicht konstant ist (z. B. alkoholische Getränke). Ein weiterer Nachteil ist die Vernachlässigung weiterer Marketinginstrumente. Der Umsatz ist jedoch auf den Einsatz aller Marketinginstrumente zurückzuführen. Aktivitäten der Konkurrenz werden nicht explizit berücksichtigt; eine starke Konkurrenzwerbung impliziert jedoch einen Einfluss auf die Parameter des Modells (*Meffert/Freter* 1974b, S. 66; *Kleinert* 1981, S. 44).

(8) Modell von *Kuehn*

Das Modell von *Kuehn* (1961) ist eines der wenigen, das Mehrproduktfälle betrachtet, also Budgetentscheidungen unter Berücksichtigung mehrerer Produkte im Absatzprogramm und deren Interdependenzen. Es ist mehrperiodisch, damit bezieht sich die Analyse der Werbewirkungen auf die Budgetentscheidungen mehrerer Perioden. Als zu verfolgende Zielgröße gilt der Gewinn, der zu maximieren ist. Die Optimierung der anderen Marketingmixinstrumente erfolgt sukzessiv. Der Werbewirkungsverlauf ist nicht-linear. Es ist ein dynamisches Modell, das zeitliche Wirkungseffekte mit einbezieht. Im Rahmen des Sicherheitsgrades der Wirkungsbeziehung werden über den Markenwechsel stochastische Aspekte des Käuferverhaltens berücksichtigt, d. h., ökonomischen Wirkungen werden Eintrittswahrscheinlichkeiten zugeordnet. Weitere Marketinginstrumente, z. B. Preis und Distribution sowie bestehende Interdependenzen, werden explizit in die Berechnung aufgenommen. Im Modell erfolgt die Berücksichtigung von Konkurrenzaktivitäten, indem die Werbeausgaben und die Werbewirkung des Marketingmix der Konkurrenz erfasst werden. Weitere Rahmenbedingungen werden nicht mit einbezogen.

Die optimale Budgethöhe bestimmt sich aus der Zielfunktion, die eine Maximierung gegenwärtiger und zukünftiger diskontierter Gewinne betrachtet. Die **Zielfunktion** ist die abgezinste Differenzsumme der zeitlich verzögerten Werbeumsätze und der Werbekosten (*Kuehn* 1961, 310 ff.; *Meffert/Freter* 1974b, S. 66 ff.; *Tietz/Zentes* 1980, S. 299; *Rogge* 2004, S. 159):

$$(23) \quad G_i = \sum_{t=L+1}^{\infty} \left(q^t \cdot m_i \cdot x_{i,t} \right) - \sum_{T=1}^{\infty} q^T \cdot W_{i,T}$$

wobei:

G_i = Erzielter Gewinn durch die Marke i

q = Diskontierungsfaktor

m_i = (konstanter) Bruttostückgewinn (ohne Werbekosten)

$x_{i,t}$ = Absatz der Marke i in der Periode t

$W_{i,T}$ = Werbebudget für die Marke i in der Periode T

L = Time Lag der Werbewirkung zwischen einem Einsatz der Werbung in T und einer Wirkung in t

Die Besonderheit des *Kuehn*'schen Ansatzes liegt in der Bestimmung der Parameter $x_{i,t}$ und $W_{i,T}$. Der **Absatz der Marke** i in Periode t $x_{i,t}$ setzt sich wie folgt zusammen:

- Käufer der Vorperiode, die die Marke wieder kaufen $r_i \cdot x_{i,t-1}$
- Gewinnbarer Anteil an Markenwechslern, multipliziert mit der durchschnittlichen Abnahmerate der Markentreue der Branche und die Absätze der potenziellen Markenwechsler der Vorperiode $I_{t-1} (1 - \bar{r}_t) \cdot Z_{i,T}$

- Berücksichtigung von Markteintritten und Marktaustritten sowie die daraus resultierende Wahrscheinlichkeit e der Käufer im Markt zu bleiben
- Dynamische Wirkungseffekte vergangener Perioden t = T + L

$$x_{i,t} = \left(r_i \cdot e\right)^t \cdot x_{i,0} + I_0 \cdot b_{pd} \left(PD\right)_i \cdot \sum_{T=0}^{t-1} \left(r_i e\right)^{t-T-1} \cdot k^T \cdot \left(k - \overline{r}_{T+1} e\right)$$

(24)

$$+ I_0 b_{pda} \cdot \sum_{T=1}^{t-L} \left(r_i e\right)^{t-L-Tk \cdot L+T+1} \cdot \left(k - \overline{r}_{L+T} e\right) \cdot \frac{\left(PD_i\right)_i \cdot A_{i,T}}{\left(PD\right)_c + \left[\left(PD\right)_i - \left(PD\right)_c\right] \cdot A_{i,T}}$$

Die **Werbekosten** $W_{i,T}$ enthalten folgende Bestandteile:

- Anteil der potenziellen Markenwechsler $A_{i,T}$ beziehungsweise $A_{c,T} = 1 - A_{i,T}$, die durch die Marke i beziehungsweise durch die Konkurrenzmarke gewonnen werden können
- Werbeausgaben für die Marke i $W_{i,T}$ beziehungsweise die der Konkurrenz $W_{c,T}$
- Wirksamkeit der Werbung $E_{i,T}$ bzw. $E_{c,T}$

(25) $$W_{i,T} = W_{c,T} \cdot \frac{E_{c,T}}{E_{i,T}} \cdot \frac{A_{i,T}}{1 - A_{i,T}}$$

Zur Ableitung des optimalen Werbebudgets sind der Ausdruck für den Absatz der Marke i (Gleichung (24)) und die Werbekosten (Gleichung (25)) in die Gewinnfunktion (Gleichung (23)) einzusetzen. Dabei ergibt sich:

$$G_i = \sum_{t=L+1}^{\infty} \left[q^t \cdot m_i \cdot \left(r_i e\right)^t \cdot x_{i,0} + I_0 \cdot b_{pd} \cdot \left(PD\right)_i \cdot \sum_{T=0}^{t-1} \left(r_i e\right)^{t-T-1} \cdot k^T \cdot \left(k - \overline{r}_{t+1} e\right) \right.$$

(26)

$$\left. + I_0 \cdot b_{pda} \cdot \sum_{T=1}^{t-L} \left(r_i e\right)^{t-L-1k \cdot L+T+1} \cdot \left(k - \overline{r}_{L+T} e\right) \cdot \frac{\left(PD\right)_i \cdot A_{i,T}}{\left(PD\right)_c + \left[\left(PD\right)_i - \left(PD\right)_c\right] \cdot A_{i,T}} \right]$$

$$- \sum_{T=1}^{\infty} q^T \cdot W_{c,T} \frac{E_{c,T}}{E_{i,T}} \cdot \frac{A_{i,T}}{1 - A_{i,T}}$$

Wobei:

q_i	=	Diskontierungsfaktor
m_i	=	Konstanter Bruttostückgewinn
r_i	=	Konstante Wiederkaufwahrscheinlichkeit
e	=	Wahrscheinlichkeit am Markt zu bleiben
$r_i e$	=	Anteil der Kunden, die die Marke i in der Periode t–1 kauften und die die Marke in Periode t mit Sicherheit aufgrund von Markenloyalität wieder kaufen.
$x_{i,0}$	=	Absätze der Marke i in der Periode t=0
I_0	=	Branchenumsatz in einer Periode t=0
b_{pd}	=	Anteil der potenziellen Markenwechsler, der aufgrund von Preis und Distribution alleine gewonnen werden kann
b_{pda}	=	Relativer Einfluss als Anteil der Markenwechsler, der durch Preis, Distribution und Werbung angezogen werden könnte; es gilt: $b_{pda} + b^{pd} = 1$
t	=	Zeitpunkt des Werbeeinsatzes
T	=	Zeitpunkt an dem die Werbung wirksam wird
L	=	Time Lag zwischen Periode T und t
k	=	Wachstum einer Branche in einer Periode, mit: k = e + g, wobei

g   = Markteintritt neuer Kunden als Bruchteil des Marktumfangs der Vorperiode

$A_{i,T}$ = Teil der potenziellen Markenwechsler, der durch die Marke i in der Periode T gewonnen würde, wenn die Werbung alleinige Einflussgröße wäre

PD_i = Anteil der potenziellen Markenwechsler, der durch die Marke i gewonnen würde, wenn Preis und Distribution die einzigen Einflussgrößen wären

PD_c = Teil der potenziellen Markenwechsler, der durch die Konkurrenzmarken gewonnen würde, wenn der Preis und Distribution die einzigen Einflussgrößen wären; es gilt: $PD_i + PD_c = 1$

$W_{c,T}$ = Werbeausgaben der Konkurrenzmarken in der Periode T

$E_{c,T}$ = Wirksamkeit der Konkurrenzwerbung in Periode T

$E_{i,T}$ = Wirksamkeit der eigenen Werbung in Periode T

$\bar{r}_{T+1}e$ = Anteil des Marktes in Periode T, der in Periode t die Marke i auf jeden Fall kaufen wird, zuzüglich des Anteil der in Periode t die Konkurrenzmarke kaufen wird

$k - \bar{r}_{T+1}e$ = Anteil des Marktes in Periode t, der für keinen der beiden Produkte gewonnen werden kann

Durch Ableitung der Gewinnfunktion (Gleichung (26)) nach den Werbekosten und Nullsetzen der ersten Ableitung ergibt sich nach Auflösung zu den Werbeausgaben $W_{i,T}$ folgender Ausdruck zur Ermittlung des **optimalen Werbebudgets**:

$$(27) \quad W_{i,T} = W_{c,T} \cdot \left[\sqrt{\frac{m_i \cdot I_0 \cdot b_{pda} \cdot (k - \bar{r}_{L+T}\, e)(q \cdot k)^L \cdot k^{T-1}}{W_{c,T} \cdot (1 - q \cdot r_i e) \cdot E_R \cdot (PD)_R}} - \frac{1}{E_R \cdot (PD)_R} \right]$$

Mit $PD_R = \dfrac{PD_i}{PD_c}$ als die Rate der Verkaufsanstrengungen (mit Ausnahme der Werbung) und

$E_R = \dfrac{E_i}{E_c}$ als die Effektivität der Werbung im Verhältnis zu denjenigen der Konkurrenz.

Beispiel: Berechnung des optimalen Werbebudgets nach dem *Kuehn*-Modell
Ein bekannter Markenartikelhersteller produziert Taschenrechner. Für die Periode T ist nun das Werbebudget zu bestimmen. Dabei sind gegeben:

q_i	= 0,9	PD_c	= 0,6	$W_{c,T}$	= 3.000.000
m_i	= 40	PD_i	= 0,4	$E_{c,T}$	= 1,0
r_i	= 0,8	t	= 1	$E_{i,T}$	= 1,4
e	= 0,9	T	= 0	$A_{i,T}$	= 0,597
$x_{i,0}$	= 525	L	= 1	$k - \bar{r}_{T+1}\,e$	= 0,28
I_0	= 700.000	k	= 1,2		
b_{pd}	= 0,2	g	= 0,3		
b_{pda}	= 0,8	q	= 0,9		

$$W_{i,T} = 3.000.000 \cdot \left[\sqrt{\frac{40 \cdot 700.000 \cdot 0,75 \cdot 0,28 \cdot (0,9 \cdot 1,2)^1 \cdot 1,2}{3.000.000 \cdot (1 - 0,9 \cdot 0,8 \cdot 0,9) \cdot 1,4 \cdot 0,667}} - \frac{1}{1,4 \cdot 0,667} \right]$$

$$= 3.000.000 \cdot \left[\sqrt{\frac{7.620.480}{986.092,8}} - 1,07 \right] = 3.000.000 \cdot [2,78 - 1,07] = 5.130.000$$

Das Werbebudget des Markenartikelherstellers beträgt 5.130.000 GE.

Das *Kuehn*-Modell bietet den **Vorteil**, ähnlich wie das *Koyck*-Modell, dass es explizit die Werbewirkung auf den Umsatz der zukünftigen Perioden berücksichtigt. Eine Vielzahl von Einflussfaktoren sind bei der Budgetfestlegung zu beachten und begründen die Realitätsnähe. Die Interdependenzen der Marketinginstrumente, wie z. B. Preis und Distribution, sind berücksichtigt, so dass die Optimierung des Budgets nicht isoliert betrachtet wird. Ein weiterer Aspekt ist die Betrachtung von Konkurrenzaktivitäten, die vor allem auf oligopolistischen Märkten eine zentrale Rolle einnehmen. Die Besonderheit des Ansatzes ist, dass die Wirkungen eigener Aktivitäten nicht in absoluten Zahlen angegeben werden, sondern eine Wirkungsrelation in Bezug auf Konkurrenzaktivitäten betrachtet wird. Zudem werden gewisse „Vergessenseffekte" über die Markentreue und Markenwechsel betrachtet. Der **Nachteil** ist jedoch der erhebliche Informationsaufwand und der hohe Komplexitätsgrad. Zudem ist das Ziel der Gewinnmaximierung kritisch zu betrachten, da der Gewinn nicht allein der Werbewirkung zuzuordnen ist. Die Aufteilung der gewinnbaren potenziellen Markenwechsler auf die einzelnen Marketinginstrumente ist nicht zufrieden stellend gelöst. Wie bei den marginalanalytischen Ansätzen setzt auch hier die differenzierte Gewinnfunktion nach den Werbeausgaben einen stetigen und differenzierbaren Funktionsverlauf voraus (*Meffert* 1974b, S. 69).

Schaubild III-B-60 zeigt zusammenfassend einen Überblick über die gängigen analytischen Verfahren der Werbebudgetierung. Dabei wird jedes Verfahren anhand der einbezogenen Analysekriterien charakterisiert, um die **Leistungsfähigkeit der einzelnen Verfahren** transparent zu machen.

Die dargestellten analytischen Ansätze der Werbebudgetierung erfassen die unterschiedlichen realen Entscheidungssituationen, wobei diese mit wachsender Zahl einbezogener, relevanter Variablen realitätsgetreuer abgebildet werden. Gleichzeitig ist im Rahmen einer **kritischen Würdigung** der analytischen Ansätze jedoch festzuhalten, dass dadurch der Komplexitätsgrad dieser Modelle erheblich ansteigt und deren Handhabung wesentlich erschwert wird. Darüber hinaus gehen alle dargestellten Budgetierungsansätze von übergeordneten Unternehmenszielen (Gewinnmaximierung, Marktanteilssteigerung, Umsatzerhaltung) aus und unterstellen somit eine hohe Reagibilität ökonomischer Zielgrößen auf den Werbeeinsatz. Wie bereits im Rahmen der Zielformulierung erwähnt, hängt die Veränderung dieser Größen jedoch nicht in entscheidendem Maße von den ergriffenen Werbemaßnahmen ab. Vielmehr wird sie vom gemeinsamen Einsatz aller Marketinginstrumente beeinflusst, wodurch eine isolierte Ertragszurechnung problematisch erscheint. Weiterhin lässt sich einem Werbebudget in bestimmter Höhe nicht ohne weiteres eine bestimmte Werbewirkung zuordnen, da die Reaktionen bei den Zielpersonen in hohem Maße auch von der sachlichen und zeitlichen Verteilung des Werbebudgets sowie den zu ergreifenden Werbemaßnahmen abhängen. Schließlich ist auf das Informationsproblem hinzuweisen, das immer dann auftritt, wenn Ursache-Wirkungs-Zusammenhänge empirisch zu fundieren sind. Hier steigt die Güte, aber auch gleichzeitig die Kosten analytischer Budgetierungsansätze mit zunehmender Informationstransparenz.

Es ist festzuhalten, dass sich die Frage der Werbebudgetierung letztlich nur im Rahmen einer **Totalanalyse** des betrieblichen Geschehens beantworten lässt, die nicht nur Budgethöhen, sondern auch mögliche Verteilungsalternativen sowie ergreifbare Werbemaßnahmen beinhaltet.

Verfahren	Analytische Verfahren							
	Klassische Marginalanalyse			Wein-berg	Vidale/Wolfe	Kuehn	Little	Koyck
Kriterien	Standard	Dorfman/Steiner	Lambin					
Ziel	Gewinn	Gewinn	Absatz	Markt-anteil	Umsatz	Gewinn	Markt-anteil	Absatz
Kurz-/langfristige Betrachtung	kurzfristig	kurzfristig	langfristig	kurzfristig	kurzfristig	langfristig	kurzfristig	langfristig
Simultan/sukzessiv	simultan	sukzessiv	sukzessiv	sukzessiv	sukzessiv	sukzessiv	sukzessiv	sukzessiv
Deterministisch/stochastisch	determi-nistisch	determi-nistisch	determi-nistisch	determi-nistisch	determi-nistisch	stochas-tisch	stochas-tisch	determi-nistisch
Dynamisch			dynamisch		dynamisch	dynamisch	dynamisch	dynamisch
Einperiodisch/mehrperiodisch	ein-periodisch	ein-periodisch	ein-periodisch	ein-periodisch	ein-periodisch	mehr-periodisch	ein-/mehr-periodisch	mehr-periodisch
Einprodukt-/Mehrproduktfall	Einpro-duktfall	Einpro-duktfall	Einpro-duktfall	Einpro-duktfall	Einpro-duktfall	Mehrpro-duktfall	Einpro-duktfall	Einpro-duktfall
Berücksichtigung eigener, anderer absatzpolitischer Instrumente:		x	x			x		-
• Preispolitik	(x)[1]	x	x		-	-	(-)	
• Produktpolitik	-	(x)	(x)		-	(x)	(-)	
• Distributions-politik	-	-	-		-	(x)	(-)	
• Werbequalität	-	-	-	(x)	(x)		(-)	
Berücksichtigung von Konkurrenz-aktivitäten:	-	-	x	x		x		-
• Werbung						x		
• Budget	-	-	-	x	-	(x)	(-)	
• Qualität	-	-	-	(x)	-	x	(-)	
• Preispolitik	-	-	-	-	-	-	(-)	
• Produktpolitik	-	-	-	-	-	(x)	(-)	
• Distributions-politik	-	-	-	-	-	(x)	(-)	
Sonstige Rahmen-bedingungen	-	-	-	-	-	x	(-)	-

(x) = implizit enthalten
(-) = entfällt aufgrund empirischer Messungen
(x)[1] = nur im Monopolfall

Schaubild III-B-60: Überblick über die analytischen Verfahren zur Budgetierung

6.3 Entscheidungen der Mediaplanung

6.3.1 Begriff, Ziele und Entscheidungsverfahren

Die **Mediaplanung** befasst sich mit der Fragestellung, wie das festgelegte Werbebudget auf die in Betracht kommenden Werbeträger aufzuteilen ist, um eine maximale Wirkung im Sinne werblicher Zielsetzungen zu erreichen (*Schmalen* 1993, S. 465). Der Mediaplanung ist daher folgendes Begriffsverständnis zugrunde zu legen:

> **Mediaplanung** umfasst eine zielgruppengerechte und planungsperiodenbezogene Aufteilung des Werbebudgets auf einzelne Werbeträger beziehungsweise Mediagattungen, um vorgegebene Werbeziele bestmöglich zu erreichen.

Wie bei der Entscheidung über den Kommunikationsmix ergibt sich damit ein **Allokationsproblem**, das jedoch im Allgemeinen durch eine höhere Detailliertheit und einen zeitlich engeren Betrachtungsrahmen gekennzeichnet ist. Die Aufteilung des Werbebudgets hat dabei sowohl

- in **sachlicher** Hinsicht (auf Leistungen, Produkte, Marken, Werbeträger und -mittel, Regionen) als auch
- in **zeitlicher** Hinsicht (Wahl des/der Belegungszeitpunkte(s): „Timing") zu erfolgen.

In einem **Mediaplan** wird die detaillierte Belegung einzelner Werbeträger in sachlicher und zeitlicher Hinsicht festgehalten.

In Abhängigkeit verschiedener **Auswahlebenen von Werbeträgern** lassen sich zwei (Teil-)Entscheidungen der Mediaplanung unterscheiden (vgl. Schaubild III-B-61):

- Mediastrategische Entscheidungen: Entwicklung einer Mediastrategie auf der Grundlage eines Intermediavergleichs (**Intermediaselektion**),
- Taktisch-operative Entscheidungen: Entwicklung eines Streuplans für jede Mediagattung auf der Grundlage eines Intramediavergleichs (**Intramediaselektion**).

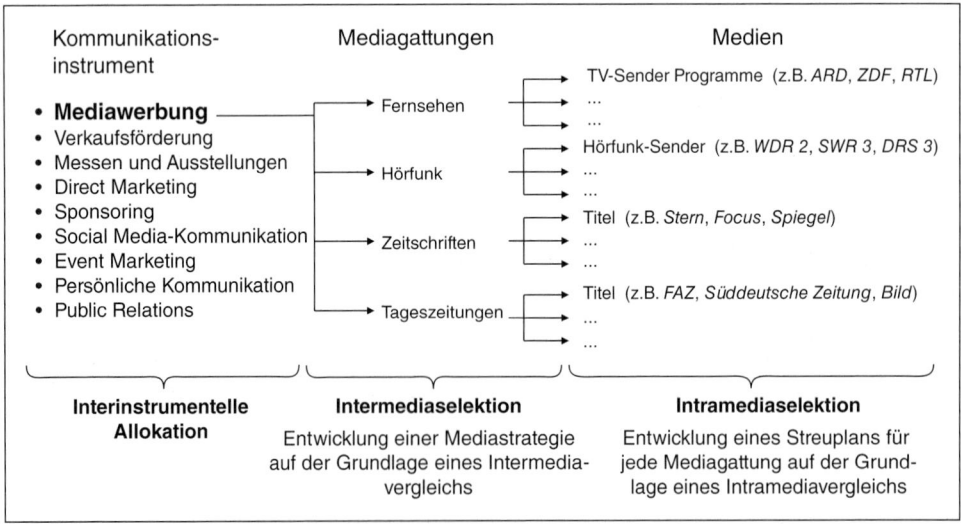

Schaubild III-B-61: Entscheidungsspektrum der Mediaplanung

In Anlehnung an vorhandene Handlungsspielräume im Rahmen der medialen Exposition beinhalten **mediastrategische Entscheidungen** die Auswahl von Mediagattungen, -segmenten und -gruppen. Der **strategische Charakter** dieser (Teil-)Entscheidungen der Mediaplanung wird vor allem dadurch deutlich, dass sie im Regelfall für einen längeren Planungszeitraum gültig sind. So wird beispielsweise die Entscheidung, für ein Produkt eine vorrangig printgestützte Kampagne durchzuführen (Entscheidungen über die Schwerpunktwahl im Rahmen der zur Auswahl stehenden Mediagattungen), im Regelfall auf mindestens ein Jahr ausgerichtet sein. Die langfristige Orientierung dieser Entscheidungen hat zwei Hauptgründe:

(1) Eine grundsätzliche Neuorientierung im Rahmen der Intermediaselektion ist mit hohen Planungs-, Organisations- und Durchführungskosten verbunden (taktisch-operative Entscheidungen der Mediaplanung, Entscheidungen der Werbemittelgestaltung usw. sind auf andere Mediagattungen, -segmente und -gruppen abzustimmen).

(2) Häufige Entscheidungsmodifikationen oder gar Neuorientierungen im Bereich der Intermediaselektion stehen im Kontrast zu einer anzustrebenden Integrierten Kommunikation. Ein ständig wechselnder Botschaftstransport vermittelt ein diffuses Kommunikationsvorgehen und die Akzeptanz der über andere Werbeträger vermittelten Botschaften ist in Frage zu stellen. Bei einer intermedialen Neuorientierung ist daher sicherzustellen, dass sowohl die ausgewählten Werbeträger als auch die über sie transportierten Botschaften im Sinne der Werbeziele von den Zielpersonen akzeptiert werden.

Die Flexibilität für Anpassungen im Rahmen mediastrategischer Entscheidungen ist aufgrund der Vielzahl und Tragweite zu beachtender Konsequenzen deutlich eingeschränkt. In vielen werbetreibenden Unternehmen werden daher mediastrategische Überlegungen in den Entscheidungsprozess zur Festlegung der Werbestrategie integriert.

Die Qualität mediastrategischer Entscheidungen im Hinblick auf formulierte Werbeziele ist in hohem Maße von der Erfahrung des/der Entscheidungsträger(s) sowie der Güte vorhandener Checklisten und Informationen abhängig. Schaubild III-B-62 zeigt ein Beispiel für eine Intermediavergleichs-Checkliste zur Beurteilung verschiedener Mediagattungen, die als Grundlage für mediastrategische Entscheidungen dienen könnte. Die skizzierte Checkliste stellt die Leistungsfähigkeit der Mediagattungen anhand verschiedener Beurteilungskriterien, wie z. B. Wirkungskomponenten oder Verfügbarkeiten, dar. Analoge Checklisten existieren auch für die übrigen Mediagattungen, so dass eine intermediale Vergleichsbetrachtung aller Mediasegmente möglich ist.

Eine **kritische Würdigung** der Leistungsfähigkeit von Checklisten zur Intermediaselektion hat am Aussagegehalt dieser Heuristiken anzuknüpfen. Die Eignung derartiger Vergleichschecklisten zur Entscheidungsunterstützung im Rahmen der Intermediaselektion ist deutlich begrenzt, da die Aussagen bezüglich der Leistungsfähigkeit betrachteter Mediagattungen meist nur qualitativen Charakter haben. Die Güte der Checklisten zur Entscheidungsunterstützung steigt dabei mit der Anzahl einbezogener Beurteilungskriterien.

Bei der Intramediaselektion handelt es sich um **taktisch-operative Entscheidungen** der Mediaplanung. Hier werden in einem eher kurzfristigen Betrachtungszeitraum konkrete Platzierungen und Einschalthäufigkeiten (auszuübender Werbedruck) von Werbemitteln in Einzelmedien ausgewählt. Nach der strategischen Vorabentscheidung der Intermediaselektion geht es bei der Intramediaselektion also um die Auswahl spezieller Medien, wie z. B. *FAZ, Manager Magazin, Sat.1, RTL* usw., innerhalb ausgewählter Mediagattungen, -segmente und -gruppen (vgl. Schaubild III-B-61). Im Gegensatz zur Intermediaselektion verfügen Entscheidungen der Intramediaselektion über ein erheblich größeres Anpassungspotenzial. Dies ist vor allem auf

Medium Merkmal	Zeitung	Zeitschrift	Fernsehen
Funktion	Information, aktuelle Nachrichten	Information, Unterhaltung, Bildung	Information, Unterhaltung, Bildung
Darstellungsbasis	Text, Bild	Text, Bild (Farbwirkung)	Text, Bild, Ton (multisensorische Ansprache, Farbwirkung)
Konzeption	Informierende und argumentierende Werbung	Argumentierende, emotionale Werbung, (Einfluss der redaktionellen Gestaltung)	Emotionale Appelle, argumentierende Werbung (Einfluss des Fernsehprogramms)
Situation	Inhaltsaufnahme in häuslicher Atmosphäre oder Arbeitsplatz	Inhaltsaufnahme in häuslicher Atmosphäre	Empfang in häuslicher Atmosphäre
Zeitfaktor	Mehrmalige Nutzung möglich	Mehrmalige Nutzung möglich, verschiedene Nutzungsphasen	Einmalige Betrachtung, zeitlich begrenzt
Auswahlmöglichkeit	Auswahl aufgrund Leserstruktur-analysen (überregionale und lokale Streuung)	Auswahl aufgrund Leserstruktur-analysen (überregionale, regionale und Teilbelegung)	Auswahl aufgrund von Panelbefragungen (regionale Streuung)
Erscheinungsweise	Täglich	Wöchentlich, Vierzehntägig, Monatlich	Täglich (Festlegung erfolgt durch Sendeanstalt)
Verfügbarkeit	Keine Beschränkungen	Keine Beschränkungen	Gesetzliche Beschränkung im öffentlich-rechtlichen und privaten Fernsehen
Reichweite	Hohe Reichweite bei Gesamtbelegung	Hohe Reichweite, Überschneidungen sind möglich	Relativ geringe Reichweite (Kumulationseffekt)
Kosten	Relativ hohe Tausenderkontaktpreise	Relativ niedrige Tausenderkontaktpreise	Mittlere Tausender-kontaktpreise
Erfolgskontrolle	Durch Coupons und Panels	Durch Coupons und Panels	Durch Panels

Schaubild III-B-62: Beispiel einer Intermedia-Vergleichscheckliste

die verhältnismäßig geringen Anpassungskosten der Werbekampagne zurückzuführen. So bleibt beispielsweise ein Werbeträgerwechsel von *Sat.1* zu *RTL* im Rahmen einer TV-Kampagne weitgehend ohne Auswirkungen auf die übrigen Bestandteile der Kampagne (Zielformulierung, Strategiefestlegung, Zielgruppenplanung usw.).

Ziel der Mediaplanung ist es, eine möglichst **wirtschaftliche Allokation** werblicher Ressourcen auf Werbeträgergruppen (Intermediaselektion) beziehungsweise einzelne Werbeträger (Intramediaselektion) vorzunehmen. Die Entscheidungen der Mediaplanung sind damit sowohl unter Effektivitäts- als auch Effizienzgesichtspunkten zu treffen. Während die Ermittlung von Belegungskosten zur Effizienzbeurteilung kein größeres Problem darstellt (die Verlage, Sender usw. veröffentlichen regelmäßig ihre Tariflisten), ist eine Operationalisierung beziehungsweise Beurteilung von Effektivitätsdimensionen mit großen Schwierigkeiten behaftet. Eine derartige Effektivitätsuntersuchung hat die Konsequenzen der Ressourcenallokation auf verschiedene Werbeträger im Hinblick auf angestrebte Werbeziele in den Mittelpunkt zu stellen. Dabei geht es also nicht nur darum, die Anzahl der erreichten Personen zu ermitteln, sondern auch gleichzeitig die erzielte Werbewirkung bei diesen Adressaten offen zu legen.

Zur Bewältigung dieser Entscheidungsaufgabe (Inter- oder Intramediaselektion) werden prinzipiell heuristische und/oder modellgestützte Verfahren herangezogen. **Heuristische Verfahren** sind in der Praxis sowohl bei strategischen als auch taktisch-operativen Entscheidungen der Mediaplanung weit verbreitet. Hier werden vor allem Checklisten beziehungsweise Informationen von Verlagshäusern, Marktforschungsinstituten usw. zur quantitativen und qualitativen Medialeistung genutzt, um Entscheidungen der Inter- und/oder Intramediaselektion zu unterstützen. Die Qualität der heuristischen Verfahren im Hinblick auf formulierte Werbeziele ist in hohem Maße von den Erfahrungen des/der Entscheidungsträger(s) sowie der Güte der vorhandenen Kriterien abhängig. Dabei steigt die Güte dieser Verfahren mit einer zunehmenden Anzahl an Kriterien. Der Einsatz **modellgestützter Verfahren** ist im

Rahmen der **Intermediaselektion** zwar grundsätzlich möglich, im Allgemeinen können jedoch kaum präzise Aussagen über Zielgruppenkontakte oder gar erzielte Werbewirkungen bei den Adressaten abgeleitet werden, da funktionale Zusammenhänge nur wenig realitätsgetreu abgebildet werden können. Bei der **Intramediaselektion** hingegen finden **modellgestützte Verfahren** regelmäßige Anwendung. Der Einsatz von Mediaselektionsprogrammen ist in der Mediawerbung aufgrund der umfassenden Datengrundlagen und der damit verbundenen empirischen Fundierung von Ursache-Wirkungs-Zusammenhängen in der Praxis zur Routine geworden.

6.3.2 Ansatzpunkte zu taktisch-operativen Entscheidungen (Intramediaselektion)

Nachdem die strategischen Entscheidungen der Intermediaselektion getroffen wurden, handelt es sich bei der **Intramediaselektion** um die **Aufteilung des Werbebudgets auf einzelne Werbeträger (Medien)** im Rahmen taktisch-operativer Entscheidungen. Um eine Auswahl der zielgruppenadäquaten Werbeträger vornehmen zu können, stehen verschiedene Kriterien zur Auswahl, nach denen eine Bewertung vorgenommen werden kann. Im Vordergrund stehen dabei in der Regel folgende Kriterien:

- Räumliche Abdeckung,
- Zeitliche Verfügbarkeit,
- Quantitative (globale) Reichweite,
- Qualitative (zielgruppenspezifische) Reichweite,
- Kontakthäufigkeit,
- Kontaktverteilung,
- Nutzungspreis.

Entscheidungen zur Intramediaselektion sind dabei unter wirtschaftlichen Gesichtspunkten zu treffen. Die **Wirtschaftlichkeit** der zur Auswahl stehenden Werbeträgerkombinationen (vgl. Schaubild III-B-63) lässt sich anhand von Kosten-Nutzen-Analysen ermitteln. Dabei wird der Nutzen aus jeder in Betracht kommenden Werbeträgerkombination den jeweiligen Kosten gegenübergestellt und die daraus resultierenden Kosten-Nutzen-Verhältnisse miteinander verglichen. Diejenige Werbeträgerkombination mit dem günstigsten Kosten-Nutzen-Verhältnis wird dann zum Botschaftstransport ausgewählt.

Die Ermittlung der **Kosten** der jeweiligen Werbeträgerkombination stellt kein größeres Problem dar, da die Medienanbieter den Werbetreibenden Preislisten und Rabattstaffeln für die

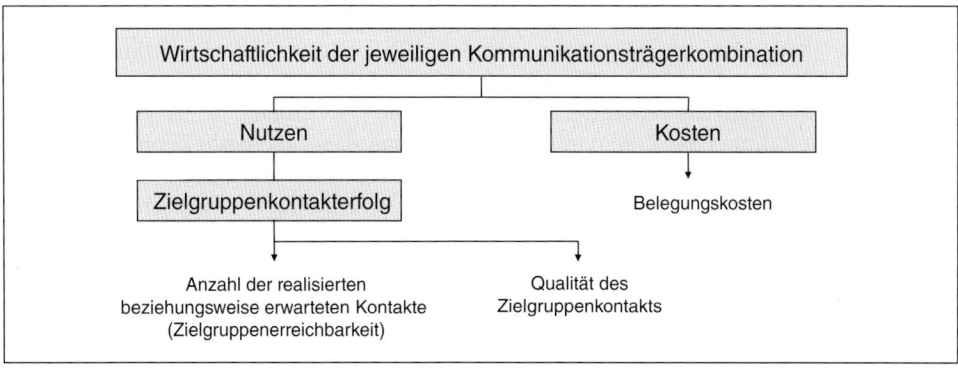

Schaubild III-B-63: Effizienzkriterien bei Entscheidungen der Intramediaselektion

ein- beziehungsweise mehrmalige Belegung sowie „Kombi-Preise" für die kombinierte Belegung von Werbeträgern in regelmäßigen Abständen zur Verfügung stellen.

Der **Nutzen** der jeweiligen Werbeträgerkombination wird durch den **Zielgruppenkontakterfolg** (häufig auch als **„Berührungserfolg"** bezeichnet) determiniert. Der Zielgruppenkontakterfolg als operationaler Maßstab für die Werbeträgerauswahl setzt sich aus zwei Komponenten zusammen (*Freter* 1974, S. 45; *Schmalen* 1993, S. 126, 465):

- Anzahl der realisierten beziehungsweise erwarteten Kontakte zwischen Werbeträger und Zielpersonen (Reichweite, Kontaktmenge),
- Qualität dieser Kontakte im Hinblick auf die Realisierung werblicher Zielsetzungen.

Die **Kontaktanzahl** als Bewertungskriterium für einzuschaltende Medien ist damit insbesondere unter dem Aspekt der **Zielgruppenerreichbarkeit** zu betrachten. So ist eine große Anzahl realisierter oder erwarteter Kontakte wenig zielführend, sofern diese bei Konsumenten erzielt werden, die nicht der identifizierten Werbezielgruppe angehören. Hier kommt es darauf an, die Schnittmenge zweier Personenkreise zu maximieren. Die Kontaktanzahl als eine Nutzendimension ist also unter der Prämisse einer möglichst hohen **Affinität** zwischen werblichen Zielgruppen und Media-Nutzerschaften zu maximieren. Nur bei einer hohen Übereinstimmung zwischen beiden Personengruppen kann die von Mediaplanern stets angestrebte Minimierung von Streuverlusten gewährleistet werden.

Kontaktmaßzahlen und **Bewertungen der Kontaktqualität** sind folglich die Ausgangspunkte zur Quantifizierung der Effektivität (Nutzen) der jeweiligen Werbeträgerkombination. Seit vielen Jahren stellen hierzu die jährlich durchgeführten Mediaanalysen großer Verlagshäuser (z. B. *Axel-Springer-Verlag, Bauer Media Group*) ein reichhaltiges Datenmaterial zur Verfügung.

6.3.2.1 Kontaktmaßzahlen

Kontaktmaßzahlen als Entscheidungskriterien der Intramediaselektion lassen sich in zwei Kategorien einteilen:

(1) Auflage der Medien,
(2) Reichweite.

(1) Eine erste Kontaktmaßzahl repräsentiert die **Auflage der Medien**. Dies kann im Einzelfall die Auflage von Printmedien, die Anzahl von Fernseh- oder Hörfunksendern, oder die Anzahl von Anschlagflächen zur Außenwerbung usw. sein. Dabei ist bei den Printmedien festzustellen, dass die **gedruckte Auflage** nicht mit der **vertriebenen Auflage** – in der Regel gehen nicht alle gedruckten Exemplare eines Mediums auch in die jeweiligen Vertriebskanäle – und die vertriebene Auflage nicht mit der **verkauften Auflage** gleichzusetzen ist – nicht alle in den Vertriebskanälen vorhandenen Exemplare werden auch verkauft. Da die Ermittlung von Zielgruppenkontakten und erreichten Personen vorrangige Entscheidungskriterien zur Intramediaselektion sind, stellt die verkaufte Auflage aufgrund der „größten Nähe" zum Zielgruppenkontakt im Rahmen der Kontaktmaßzahl „Medienauflage" die beste Kennzahl dar. Die Daten über Verkaufsauflagen können dabei relativ leicht von den betreffenden Medienanbietern beschafft werden. Die Auflagen von Tageszeitungen, Publikums- und Fachzeitschriften, Kalendern, Adressbüchern, Branchenfernsprechbüchern sowie Zahlen der Anschlagstellen und Besuchern von Filmtheatern werden durch die *Informationsgesellschaft zur Feststellung und Verbreitung von Werbeträgern e.V. (IVW)* einer zusätzlichen Prüfung unterzogen.

Im Rahmen einer **kritischen Würdigung** der Medienauflage als Kontaktmaßzahl ist festzustellen, dass aus ihr keine unmittelbaren Aussagen über die in der Zielgruppe erzielten Kontakte oder über die Anzahl erreichter Personen abgeleitet werden können. So ist es beispielsweise nicht möglich, auf Basis der **verkauften Auflage** einer Tageszeitung direkte Rückschlüsse auf die Anzahl der Leser zu ziehen, da diese Kontaktmaßzahl keine Aussagen über eventuelle Mitleser zulässt. Sie ist dennoch geeignet, dem Entscheidungsträger grobe Anhaltspunkte über die quantitative Leistungsfähigkeit der betreffenden Medien zu geben. Die Auflage als Kontaktmaßzahl basiert auf „harten Verkaufszahlen" und ihre positive Korrelation mit der Anzahl erreichter Personen (Reichweite) als zentrale Kontaktmaßzahl der Intramediaselektion verleiht der Auflage den Charakter einer „Zusatzwährung" (*Weser* 1995, S. 65).

Die Auflage eines Werbeträgers sagt demnach nichts darüber aus, ob die Zielgruppe auch wirklich erreicht worden ist, also mit dem Werbeträger auch tatsächlich in Kontakt getreten ist. Die Auflage eines Mediums ist in der Regel nicht so groß, wie die durch sie erzielten Kontakte. Dies liegt daran, dass eine Ausgabe von mehreren Personen gelesen werden kann (wie z. B. eine Zeitschrift oder Zeitung in einer Familie oder im Unternehmen).

(2) Die in der Praxis zentrale Kontaktmaßzahl ist die **Reichweite**. Sie gibt an, wie viele Personen durch die Belegung eines bestimmten Mediums beziehungsweise einer Werbeträgerkombination **mindestens einmal** erreicht wurden. Sie sagt damit nichts darüber aus, **wie oft** die einzelnen Personen erreicht wurden.

Eine Kontaktmaßzahl stellt die **Kontaktsumme (Bruttoreichweite)** dar. Sie umfasst sämtliche Kontakte aller Personen mit einem Medium oder mehreren Medien. Der zentrale Nachteil dieser Maßzahl ist, dass sie nichts darüber aussagt, wie viele Personen mit einer bestimmten Werbeträgerkombination erreicht werden können. So kann eine bestimmte Kontaktsumme durch viele (wenige) Kontakte mit wenigen (vielen) Personen erreicht worden sein (*Unger et al.* 2002, S. 77 f.)

Es lassen sich vier **Arten von Reichweiten** unterscheiden, die in Schaubild III-B–64 dargestellt sind.

(1) Erfolgt lediglich **eine Einschaltung in einem Medium**, dann besteht deren Reichweite in der Anzahl der **Nutzer (Leser, Hörer, Seher) pro Ausgabe** dieses Mediums. Die Nutzerschaft umfasst dabei nicht nur (z. B. bei einer Fachzeitschrift) die Käufer eines Exemplars, sondern auch alle Mitleser.

(2) Bei **mehrfacher Schaltung in einem Medium** kommt es in der Gruppe der unregelmäßigen Leser zu Neukontakten. Bei den regelmäßigen Lesern werden hingegen Wiederholungskontakte erzielt („**interne Überschneidungen**"), die bei der Ermittlung der **kumulierten Reichweite** nicht zu berücksichtigen sind. Mit zunehmenden Einschalthäufigkeiten in den betreffenden Medien vergrößert sich die kumulierte Reichweite im Regelfall unter-

Medium B / Medium A	Anzahl der Einschaltungen		
	0	1	2 und mehr
0	——	Nutzer pro Ausgabe	Kumulierte Reichweite
1	Nutzer pro Ausgabe	Nettoreichweite	
2 und mehr	Kumulierte Reichweite		Kombinierte Reichweite

Schaubild III-B-64: Typen von Reichweiten (Schmalen 1992, S. 127)

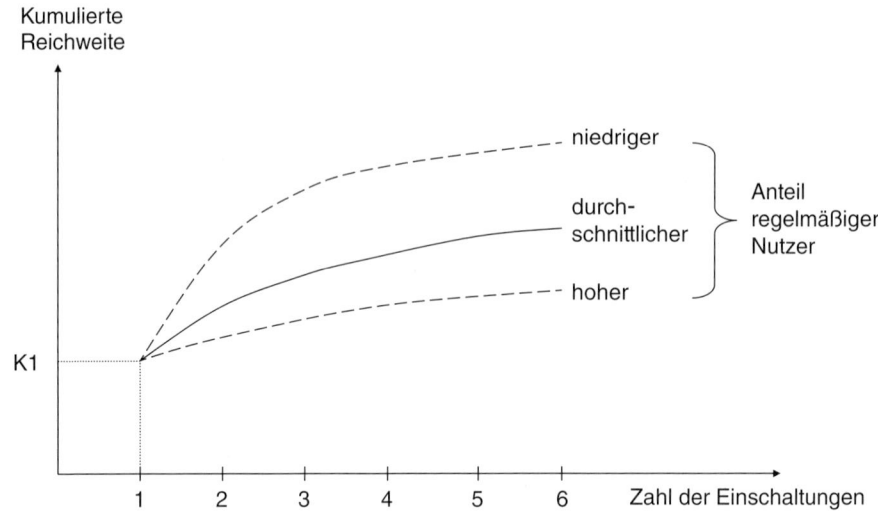

Schaubild III-B-65: Kummulierte Reichweiten bei steigenden Einschalthäufigkeiten (Schmalen 1992, S. 128)

proportional, da es immer schwieriger wird, auf bisherige „Nichtnutzer" zu treffen (vgl. dazu auch Schaubild III-B-65). Dieser Effekt ist vor allem dann in ausgeprägter Form zu beobachten, wenn der Anteil der regelmäßigen Nutzer des betrachteten Mediums hoch ist. Entsprechend der jeweiligen Einschalthäufigkeiten bezeichnet man die zugehörigen Reichweiten auch als K1-Wert (= Nutzer pro Ausgabe), K2-Wert usw.

(3) Entscheidet sich der Werbetreibende für jeweils **eine Einschaltung in mehreren Medien**, dann kommt es bei den Personen, die nicht nur eines dieser Medien nutzen, zu **„externen Überschneidungen"** (Duplikationen, Triplikationen beziehungsweise allgemein: Quantuplikationen), die bei der Ermittlung der **Nettoreichweite** herauszurechnen sind. So führt beispielsweise die gleichzeitige Schaltung einer Anzeige in der *FAZ*, dem *Manager Magazin* sowie in *Capital* zu Mehrfachkontakten bei den Nutzern, die zur „Stammleserschaft" aller drei Werbeträger gehören. Die Nettoreichweite hingegen erfasst jede Person nur einmal.

(4) Wird die Mediawerbung schließlich **mehrfach in mehreren Medien geschaltet**, so treten sowohl interne als auch externe Überschneidungen auf. Die Gesamtzahl der durch die jeweilige Werbeträgerkombination mindestens einmal erreichten Personen wird als **„kombinierte Reichweite"** oder auch **„kumulierte Nettoreichweite"** bezeichnet.

Bei der Ermittlung von Reichweiten wird in der Regel stets unterstellt, dass ein Adressat, der ein betrachtetes Medium nutzt, auch die darin enthaltene Mediawerbung mehr oder weniger intensiv zur Kenntnis nimmt. Hier erscheint es jedoch zweckmäßig, eine gedankliche Unterscheidung zwischen **Werbeträgerkontakt** beziehungsweise entsprechenden Wahrscheinlichkeiten vorzunehmen (*Berndt* 1978, S. 93 ff.).

Beispiel: Kontaktwahrscheinlichkeiten

Die Wahrscheinlichkeit, dass ein Adressat mit einer Ausgabe einer bestimmten Tageszeitung in Kontakt tritt, d. h., die Kontaktwahrscheinlichkeit mit dem Werbeträger, sei 30 Prozent. Die Kontaktwahrscheinlichkeit mit dem Werbemittel, d. h., die Wahrscheinlichkeit, dass dieser Adressat auch die vom Werbeträger transportierte Anzeige wahrnimmt, sei mit 40 Prozent zu beziffern. Die daraus resultierende Lesewahrscheinlichkeit für die Anzeige beträgt damit lediglich 12 Prozent (0,3 · 0,4 = 0,12).

Zur **Ermittlung von Reichweiten** sind eine **Vielzahl verschiedener Verfahren** entwickelt worden (*Schmalen* 1992, S. 129). Die Verfahren gehen jeweils von verschiedenen Prämissen aus, so dass der Mediaplaner im Einzelfall zu entscheiden hat, welches der zur Verfügung stehenden Verfahren vor dem Hintergrund der zugrunde liegenden Werbesituation beziehungsweise den verfolgten Werbezielen zur Reichweitenermittlung am besten geeignet ist. Im Folgenden werden zwei Verfahren exemplarisch herausgegriffen, um die Vorgehensweise einer modellgestützten Ermittlung von Reichweiten zu erläutern. Zur Vereinfachung beschränkt sich die Anwendung der Verfahren jedoch nur auf die Berechnung von Nutzern pro Ausgabe und kumulierten Reichweiten (zur Reichweitenberechnung bei kombinierter Medienbelegung vgl. *Schmalen* 1992, S. 137 ff.). Es handelt sich dabei um die folgenden Modelle:

- Hypergeometrische Modell,
- Binomialmodell.

Das **hypergeometrische Modell** geht von zwei zentralen Prämissen aus. Es wird unterstellt, dass jemand, der angibt, in einem bestimmten Erscheinungszeitraum X Ausgaben eines bestimmten Titels zu lesen (z. B. einer monatlich erscheinenden Zeitschrift), dies mit Sicherheit in jedem Erscheinungszeitraum durchführt und dass alle angegebenen Lesekombinationen die gleiche Eintrittswahrscheinlichkeit aufweisen. So wird jemand, der angibt in einer Periode (z. B. Monat) von den s Ausgaben eines Mediums (z. B. Zeitschrift) immer r_i Ausgaben zu lesen (mit $r_i \leq s$), wobei alle Ausgabenkombinationen die gleiche Eintrittswahrscheinlichkeit haben, dann errechnet sich die Wahrscheinlichkeit, dass er bei m Schaltungen in dem Medium (m ≤ s) **genau k Kontakte** (k ≤ s) mit der Werbebotschaft hat nach dem hypergeometrischen Modell gemäß der Formel:

$$Z_{ki}^{m} = \frac{\binom{m}{k}\binom{s-m}{r_i-k}}{\binom{s}{r_i}}$$

Die Wahrscheinlichkeit für **keinen Kontakt** (mit k = 0) ergibt sich dann als:

$$Z_{ki}^{m} = \frac{\binom{s-m}{r_i}}{\binom{s}{r_i}}$$

und die Wahrscheinlichkeit für **mindestens einen Kontakt** (K1) ist dann:

$$Z_{0i}^{1m} = 1 - Z_{0i}^{1m}$$

Bei mehreren Personen beträgt die Zahl der mindestens einmal erreichten Kontakte bei m Schaltungen in einem Medium (**kumulierte Reichweite**):

$$Km = \sum_{i=1}^{n} P_i \cdot Z_i^{1m}$$

mit: P_i = Anzahl der Personen
n = Anzahl der Ausgaben eines Mediums je Periode (n)

Beispiel: Ermittlung der Reichweite nach dem hypergeometrischen Modell
Eine Befragung habe ergeben, dass von den vier im Monat erscheinenden Ausgaben einer Fachzeitschrift folgende Personen diese gelesen haben:

Eine Ausgabe:	64.000 Personen	Drei Ausgaben:	14.000 Personen
Zwei Ausgaben:	27.000 Personen	Vier Ausgaben:	95.000 Personen

Bei einer **einmaligen** Schaltung im Monat in der Fachzeitschrift werden folglich alle Leser von vier Ausgaben erreicht. Es werden hingegen **nicht** erreicht:

- 3/4 aller Leser nur einer Ausgabe,

- 1/2 aller Leser von zwei Ausgaben: zwei Ausgaben können in $\binom{4}{2} = 6$ Zwei-Ausgabenkombinationen gelesen werden; die drei belegungsfreien Ausgaben umfassen davon allerdings $\binom{3}{2} = 3$ Zwei-Ausgabenkombinationen,

- 1/4 aller Leser von drei Ausgaben: Drei Ausgaben können in $\binom{4}{3} = 4$ Drei-Ausgabenkombinationen gelesen werden. Die drei belegungsfreien Ausgaben stellen davon eine Drei-Ausgabenkombination dar.

Die Zahl der – bei einmaliger (monatlicher) Schaltung erreichten Personen – **Leser pro Ausgabe (LpA)** beträgt daher:

$$LpA = 95.000 + (1/4) \cdot 64.000 + (1/2) \cdot 27.000 + (3/4) \cdot 14.000$$
$$= 135.000$$

oder aus Sicht des Medienanbieters formuliert: Jeden Monat lesen 135.000 Personen die Zeitschrift und könnten damit die Anzeige sehen.

Zur Berechnung **kumulierter Reichweiten** mit Hilfe des hypergeometrischen Modells kann ebenfalls das vorliegende Beispiel herangezogen werden:

Ermittlung des K1-Wertes: Der K1-Wert entspricht der Anzahl der Leser pro Ausgabe (Reichweite der Fachzeitschrift bei einmaliger Einschaltung), im vorliegenden Beispiel demnach: K1 = 135.000

Ermittlung des K2-Wertes: Bei einer zweimaligen Schaltung einer Anzeige werden alle Leser von drei und vier monatlichen Ausgaben der Fachzeitschrift erreicht. Es werden hingegen nicht erreicht:

- 2/4 aller Leser nur einer Ausgabe
- 1/6 aller Leser von zwei Ausgaben: zwei Ausgaben können in $\binom{4}{2} = 6$ Zwei-Ausgabenkombinationen gelesen werden; Die zwei belegungsfreien Ausgaben stellen $\binom{2}{2} = 1$ der sechs möglichen Zwei-Auskombinationen dar.

K2 = 95.000 + 14.000 + (2/4) · 64.000 + (5/6) · 27.000 = 163.500

Ermittlung des K3-Wertes: Bei einer dreimaligen Schaltung einer Anzeige werden alle Leser von zwei und mehr Ausgaben erreicht. Lediglich das eine Viertel der Leser nur einer Ausgabe wird **nicht** erreicht.

K3 = 95.000 + 14.000 + 27.000 + (3/4) · 64.000 = 184.000

Ermittlung des K4-Wertes: Bei einer Belegung sämtlicher Ausgaben werden alle Leser der Fachzeitschrift erreicht („weitester Leserkreis"): K4 = 200.000

Das **Binomialmodell** basiert auf einer anderen Annahme. Während beim hypergeometrischen Modell von konstanten Leseraten ausgegangen wird, geht das Binomialmodell von **Nutzungswahrscheinlichkeiten** aus, d. h., jemand, der angibt, im Monat zwei Ausgaben der wöchentlich erscheinenden Fachzeitschrift zu lesen, nimmt dies lediglich im langjährigen Durchschnitt vor. Seine Nutzungswahrscheinlichkeit beträgt zwar – wie die Leserate – auch 2/4; dies kann jedoch auch bedeuten, dass er beispielsweise in einem Monat drei Ausgaben, in einem anderen Monat nur eine Ausgabe der Fachzeitschrift liest. Folglich kann im Rahmen des Binomialmodells nicht mehr sichergestellt werden, dass er mit drei Einschaltungen erreicht wird. Die stochastisch zu ermittelnden Leserschaften werden im folgenden mit $\hat{K}$ bezeichnet.

Zur Ermittlung der $\hat{K}$1 bis $\hat{K}$4-Werte sind damit zunächst die Nutzungswahrscheinlichkeiten bei den verschiedenen Nutzergruppen in Abhängigkeit von der Belegungsanzahl zu errechnen. Die Multiplikation dieser Nutzungswahrscheinlichkeiten mit der Anzahl der Nutzer in den jeweiligen Nutzergruppen und die anschließende Summierung dieser Ergebnisse führt zu den Ki-Werten.

Die Formel zur Berechnung für die Wahrscheinlichkeit **mindestens eines Kontaktes (K̂1)** lautet:

$$\hat{Z}_i^{1m} = 1 - \left(1 - w_i\right)^m$$

mit: m = Anzahl der Schaltungen

   w_i = Nutzungswahrscheinlichkeit

Zur Berechung der Nutzungswahrscheinlichkeit von mehreren Personen bei m Schaltungen in einem Medium (**kumulierte Reichweite**) lautet die Formel:

$$\hat{K}m = \sum_{i=1}^{n} \hat{Z}_i^{1m} \cdot P_i$$

> **Beispiel: Ermittlung der Reichweite nach dem Binominalmodell**
>
> Dies wird im Folgenden anhand des **Fachzeitschriftenbeispiels** verdeutlicht: Der **K̂1-Wert** im Rahmen des Binomialmodells stimmt mit dem des hypergeometrischen Modells überein:
>
> | | |
> |---|---|
> | Leser einer Ausgabe: | $1 - (1-1/4)^1 = 0{,}25$ |
> | Leser zweier Ausgaben: | $1 - (1-2/4)^1 = 0{,}50$ |
> | Leser dreier Ausgaben: | $1 - (1-3/4)^1 = 0{,}75$ |
> | Leser von vier Ausgaben: | $1 - (1-4/4)^1 = 1{,}00$ |
>
> K̂1 = 0,25 · 64.000 + 0,5 · 27.000 + 0,75 · 14.000 + 1 · 95.000 = 135.000
>
> **Ermittlung des K̂2-Wertes:** Dazu werden zunächst die Nutzungswahrscheinlichkeiten bei den verschiedenen Nutzergruppen bei zweimaliger Belegung errechnet:
>
> | | |
> |---|---|
> | Leser einer Ausgabe: | $1 - (1-1/4)^2 = 0{,}4375$ |
> | Leser zweier Ausgaben: | $1 - (1-2/4)^2 = 0{,}7500$ |
> | Leser dreier Ausgaben: | $1 - (1-3/4)^2 = 0{,}9375$ |
> | Leser von vier Ausgaben: | $1 - (1-4/4)^2 = 1{,}0000$ |
>
> Bei einer Multiplikation der Nutzungswahrscheinlichkeiten mit der Personenanzahl der jeweiligen Nutzergruppen ergibt sich:
>
> K̂2 = 0,4375 · 64.000 + 0,75 · 27.000 + 0,9375 · 14.000 + 1 · 95.000 = 156.375
>
> Analog ist bei der **Ermittlung des K̂3- und K̂4-Wertes** zu verfahren, so dass sich folgende Werte ergeben:
>
> K̂3 = 169.406
> K̂4 = 178.007

Es wird deutlich, dass mit zunehmender Zahl von Einschaltungen die K̂-Werte des Binomialmodells immer stärker hinter den K-Werten des hypergeometrischen Modells zurückbleiben, so dass beispielsweise mit einer viermaligen Schaltung auch nicht der weiteste Leserkreis erreicht wird. Dies ist jedoch im Hinblick auf die zugrunde liegenden Annahmen des Binomialmodells (Nutzungswahrscheinlichkeiten) nicht weiter verwunderlich.

Bei einer **kritischen Würdigung** der Verfahren zur Ermittlung von Reichweiten ist festzuhalten, dass die Grundlage aller Verfahren **Befragungsdaten** sind, deren Validität in Frage zu stellen sind. So wissen die Befragten oftmals nicht, welche Titel sie in letzter Zeit gelesen haben. Ferner neigen sie dazu, Titel zu nennen, die ihnen gegenüber dem Interviewer Ansehen verschaffen (Interviewerbias). Darüber hinaus ist es möglich, dass Konsumenten ihre Lektüre bewusst verschweigen, da sie sich ihrer „schämen".

Zudem hängt die Validität der Modellergebnisse in hohem Maße von der Qualität der informativen Grundlagen zur Mediennutzung ab. Hier existieren eine Reihe unterschiedlicher Analysen, die Aufschluss über die Mediennutzung in der Bevölkerung geben. Am bekanntesten sind die *Media-Analyse (MA)*, die im Auftrag der *AG.MA (Arbeitsgemeinschaft Media-*

Analyse e.V.) durchgeführt wird, und die *Allensbacher Markt- und Werbeträgeranalyse (AWA)*. Dabei wird die *MA* zweimal jährlich durchgeführt, während die *AWA* lediglich einmal pro Jahr erscheint. Beide Analysen versuchen, das Mediennutzungsverhalten in sämtlichen Mediagattungen über mündliche Befragungen zu ermitteln. Unterschiede bestehen jedoch im Untersuchungsdesign. Während die *MA* mit **verschiedenen Stichproben** und unterschiedlichen Stichprobenumfängen (Stichprobenumfang von 13.000 und 26.000 Personen) das Nutzungsverhalten zu ermitteln versucht, arbeitet die *AWA* mit einer Stichprobe von zirka 21.000 Personen, die bezüglich des Verhaltens im Hinblick auf sämtliche Mediagattungen befragt werden (*Unger et al.* 2002, S. 80 ff.). Dadurch steigt die Interviewbelastung an und die Ergebnisse der Analyse sind aufgrund auftretender Ermüdungserscheinungen, Desinteresse usw. starken Verzerrungen unterlegen. Zusätzlich zum rein quantitativen Mediaverhalten der Befragten werden in der *AWA* im Unterschied zur *MA* auch affektive Reaktionen sowie Besitz- und Verwendungsmerkmale erhoben, so dass sich die Ergebnisse nicht nur auf realisierte Kontakte, sondern auch auf erzielte Werbewirkungen erstrecken.

6.3.2.2 Kontaktbewertung

Durch die Verwendung von Kontaktmaßzahlen wird versucht, eine Bezugsbasis für potenziell in Frage kommende Streupläne herzustellen. Sie geben Auskunft über die Leistungsfähigkeit von Streuplänen im Hinblick auf erreichte Personen beziehungsweise geschaffene Kontakte. Nun ist jedoch **„Kontakt nicht gleich Kontakt"**, da:

- Die Nutzerschaften verschiedener Medien unterschiedliche Konsumpotenziale im beworbenen Bereich aufweisen,
- Die zur Disposition stehenden Medien in unterschiedlichem Maße geeignet sind, die Werbebotschaft im Hinblick auf die formulierten Ziele zur Zielgruppe zu transportieren,
- Wiederholungskontakte im Regelfall eine andere Werbewirkung entfalten als Neukontakte.

Aufgabe der Kontaktbewertung ist es daher, die durch die Wahl eines bestimmten Mediamix realisierten beziehungsweise erwarteten Kontakte im Hinblick auf die spezifischen Ziele der Mediawerbung zu beurteilen. Dazu stehen dem Werbeplaner verschiedene Ansatzpunkte zur Verfügung (*Schmalen* 1992, S. 146 ff.; *Rogge* 2004, S. 264 ff.):

- Personengewichte,
- Mediagewichte,
- Kontaktmengengewichte.

Personengewichte geben die unternehmensspezifische Gewichtung nach der zielgruppenspezifischen Bedeutung der Nutzerschaft eines zur Auswahl stehenden Mediums wieder. In Analogie zur Zielgruppenplanung werden dabei demografische, sozioökonomische, psychografische und/oder (beobachtbare) Verhaltensmerkmale berücksichtigt. Ausgangspunkt einer zielgruppenorientierten Mediaselektion sind daher die **zielgruppengewichteten Reichweiten** beziehungsweise Kontaktsummen der Medien.

Mediagewichte beschreiben die Bedeutung erzielter beziehungsweise erwarteter Kontakte in verschiedenen Medien. So begründen beispielsweise die unterschiedlichen technischen Darstellungsmöglichkeiten (z. B. die verschiedenen Verschlüsselungsmöglichkeiten, Druckqualitäten, farbtechnischen Möglichkeiten usw.) verschiedene Kontaktqualitäten der einzelnen Medien. Darüber hinaus beeinflusst auch das Prestige (*Aaker/Batra/Myers* 1996, S. 514) des jeweiligen Mediums (z. B. Seriosität eines Zeitschriftentitels oder einer Internetseite) das jeweilige redaktionelle Umfeld (z. B. eines Politmagazins) sowie die jeweilige Nutzer-Medium-Bindung die Wirksamkeit erzielter beziehungsweise realisierter Werbekontakte. Schau-

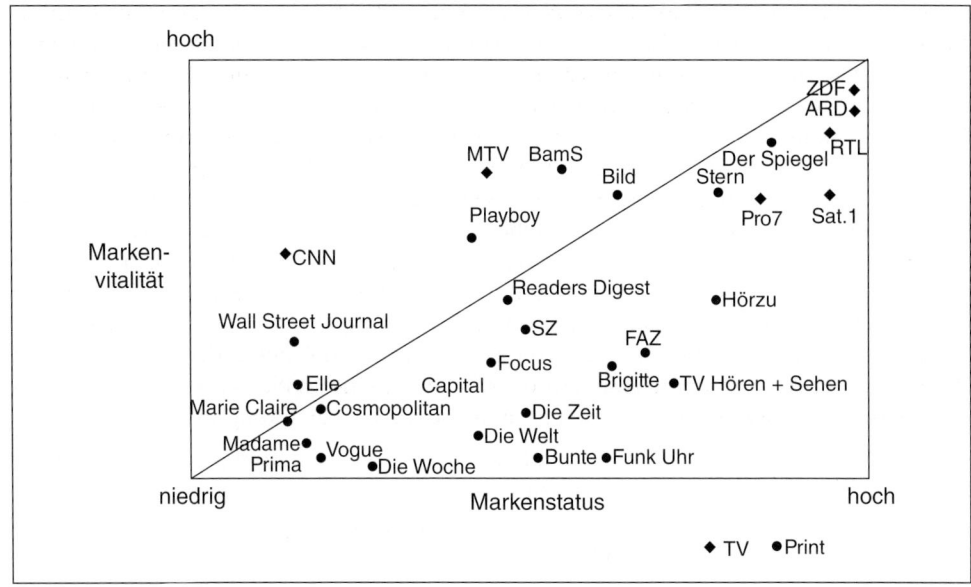

Schaubild III-B-66: Stärken und Schwächen deutscher TV- und Printmedien (Y & R Brand Asset Valuator)

bild III-B-66 zeigt in diesem Zusammenhang Stärken und Schwächen einzelner deutscher Print-Medien anhand der Kriterien Markenvitalität (Differenzierung und Relevanz des Mediums) und Markenstatus (Vertrautheit und Ansehen des Mediums), die als Anhaltspunkte zur entsprechenden Mediagewichtung herangezogen werden können.

Kontaktmengengewichte berücksichtigen die Trade-off-Beziehung zwischen angestrebter Reichweite und Kontaktmenge bei den anvisierten Zielpersonen. Die Realisierung eines möglichst großen Berührungserfolges erfolgt dabei – bei gegebenem Werbebudget – auf einem strategischen Kontinuum, an dessen Eckpunkten sich „Ein Kontakt mit vielen Zielpersonen" **(Reichweitenmaximierung)** und „Möglichst viele Kontakte mit einer Zielperson" **(Kontaktmengenmaximierung)** befinden (vgl. dazu Schaubild III-B-67).

Beide Extremstrategien haben Vorteile: Im ersten Fall wird – bei geringer Werbewirkung (es erfolgt nur ein Kontakt) – die Reichweite maximiert, im zweiten Fall wird – bei geringer Reichweite (es wird nur eine Person erreicht) – die individuelle Werbewirkung stimuliert. In welchem Umfang es sinnvoll ist, auf diesem Kontinuum Reichweite durch Werbewirkung zu substituieren et vice versa und damit die so genannte **„effektive Kontaktfrequenz"** (*Moriarty/ Mitchell/Wells* 2009, S.368) zu finden, ist ein bislang noch ungeklärtes Problem der Werbewirkungsforschung und von einer Vielzahl unterschiedlicher Einflussgrößen abhängig (z.B.

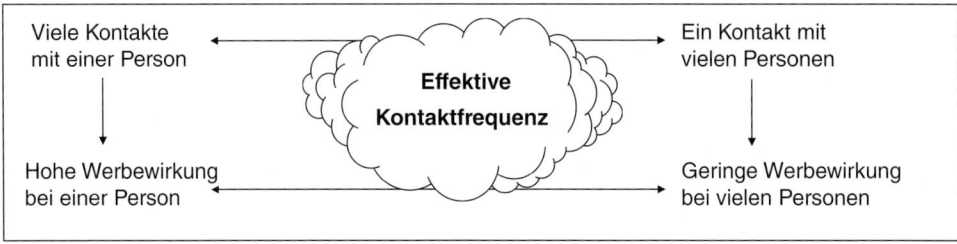

Schaubild III-B-67: Reichweite versus Kontaktmenge

beworbenes Produkt, werbliche Aktivitäten der Konkurrenz, Werbemittelgestaltung, eigene werbliche Zielsetzung usw.). Unbestritten ist jedoch die Bedeutung von Mehrfachkontakten zur Beeinflussung finaler Verhaltensweisen der Zielpersonen. Es wird deutlich, dass der Mediaplaner zur Lösung dieses Problems eine Entscheidung über die jeweils in der betreffenden Kommunikationssituation relevante **Kontaktmengenbewertungskurve** zu treffen hat, die als Grundlage für die anzustrebende Kontaktanzahl bei den anvisierten Zielpersonen dient. Dazu ist es jedoch notwendig, die aggregierte Werbewirkung, d. h., die Werbewirkung bei allen (erreichten) Zielpersonen, in Abhängigkeit von der realisierten beziehungsweise erwarteten Kontaktdosis **(ausgeübter Werbedruck)** abzubilden. Diesbezüglich ist in den vergangenen Jahren eine Vielzahl empirischer Studien durchgeführt worden, die unter den jeweils zugrunde gelegten Prämissen zu verschiedenen Ergebnissen geführt haben. Allen Ergebnissen ist jedoch gemeinsam, dass die Werbewirkung mit steigender Kontaktdosis ab einer bestimmten Kontaktanzahl unterproportional zunimmt **("Wear in Effect")** (vgl. dazu Schaubild III-B-68 – hier unterproportional zunehmende Werbewirkung ab sechs Kontakten).

Es werden daher meist degressiv steigende Kontaktmengenbewertungskurven als Grundlage für die Entscheidung über die zu realisierende Kontaktanzahl verwendet. Dabei sind mit steigendem Werbedruck jedoch zunehmend auch Ermüdungserscheinungen **("Wear out Effect")** oder sogar negative Reaktionen der Zielpersonen **(Reaktanzeffekte)** zu beachten.

Vor dem Hintergrund der Vielzahl auf die Werbewirkung einwirkender Größen sind Studien bezüglich der Werbedruckwirkung anhand jeweils einbezogener Komponenten gedanklich zu systematisieren. So können **Untersuchungsansätze zur Wirkung des aggregierten Werbedrucks** anhand folgender Kriterien voneinander abgegrenzt werden:

- Wahl des Wirkungskriteriums,
- Wahl des einbezogenen Maßes für die Kontaktdosis,
- Berücksichtigung der Wirkungsdynamik,
- Berücksichtigung der Konkurrenz.

Im Rahmen der **Wahl des Wirkungskriteriums** ist festzulegen, welches Werbewirkungskonstrukt als abhängige Variable zu erklären ist. Dies kann beispielsweise die Markenbekannt-

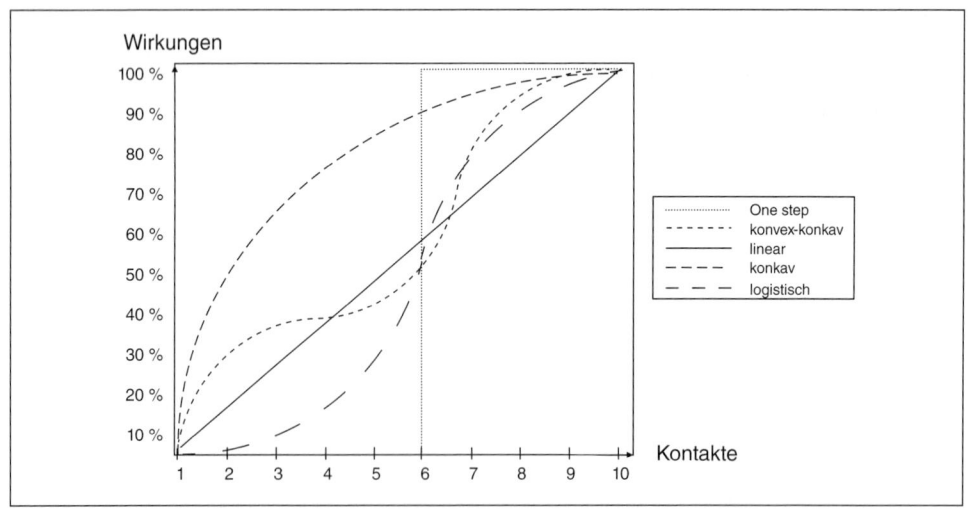

Schaubild III-B-68: Funktionsverläufe von Kontaktmengenbewertungskurven (Hörzu-Service 1974)

heit, die Werbeerinnerung oder die Kaufabsicht sein, die in Abhängigkeit der Kontaktmenge abzubilden ist.

Bei der **Wahl des einbezogenen Maßes für die Kontaktdosis** stehen dem Mediaplaner eine Vielzahl verschiedener **Operationalisierungsmöglichkeiten** zur Verfügung. So kann die Kontaktdosis beispielsweise wie folgt gemessen werden:

- Erzielte **Durchschnittskontakte** – dies ist der Mittelwert der Kontaktverteilung in der Zielgruppe,
- **Gross Rating Points** (GRPs) – dies ist die Kontaktanzahl pro 100 Zielpersonen,
- **OTS-Werte** (Opportunity to See) – dies ist die Anzahl der Durchschnittskontakte pro mindestens einmal erreichter Zielperson.

Die Kenntnis der Kontaktverteilung ist neben der Kontakthäufigkeit von Bedeutung, um spezifischere Informationen zu erhalten (vgl. Schaubild III-B-69). Die Kontaktverteilung sagt etwas darüber aus, wie viele Personen welche Kontaktanzahl haben.

> **Beispiel: Berechnung der Kontaktverteilung**
> Die Kontaktverteilung errechet sich wie folgt (*Schweiger/Schrattenecker* 2009, S. 318 f.)
>
> - 50.000 Personen mit je sechs Kontakten,
> - 50.000 Personen mit je vier Kontakten,
> - 100.000 Personen mit je einem Kontakt.
>
> Die Kontaktsumme (Bruttoreichweite) beträgt somit:
>
> 50.000 · 6 + 50.000 · 4 + 100.000 · 1 = 600.000
>
> Die Durchschnittskontakte betragen demnach: 600.000/200.000 = 3

Darüber hinaus stellt die Berücksichtigung beziehungsweise Nicht-Berücksichtigung **wirkungsdynamischer Effekte** ein weiteres Unterscheidungsmerkmal derartiger Studien dar. So ist es beispielsweise denkbar, dass eine bestimmte Kontaktanzahl bestimmte (Teil-)Wirkungen erst in späteren Perioden erzielt **(Wirkungsverzögerung)** oder etwa (Teil-)Wirkungen auch in späteren Perioden noch antreffbar sind **(Wirkungsübertragung)**.

Schließlich können die Studien zur Wirkung des aggregierten Werbedrucks auch anhand der Berücksichtigung beziehungsweise Nicht-Berücksichtigung von **Werbeaktivitäten der Konkurrenz** unterschieden werden. Die Kontaktanzahl der Konkurrenz kann dabei mittels einer Operationalisierung von Kontaktdosen anhand des so genannten **„Share of Voice"** implizit

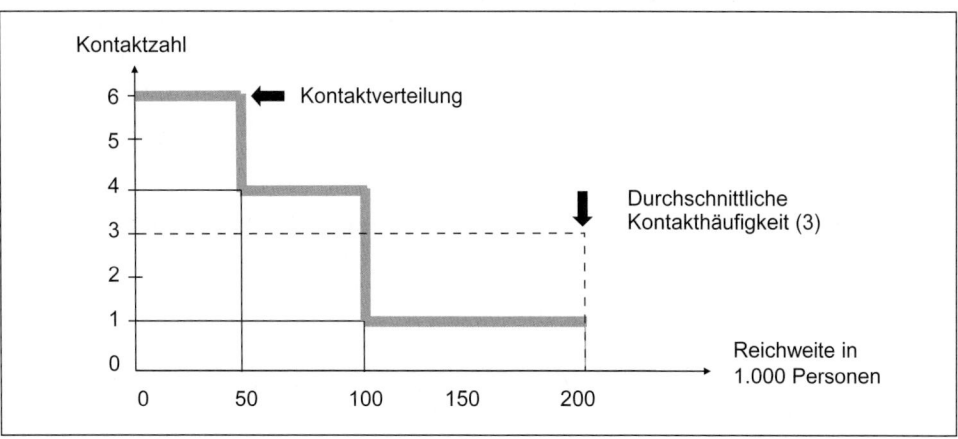

Schaubild III-B-69: Darstellung einer Kontaktverteilung (Schweiger/Schrattenecker 2009, S. 319)

berücksichtigt werden. Der Share of Voice bezeichnet das Verhältnis zwischen der realisierten beziehungsweise erwarteten Kontaktmenge für das zu bewerbende Produkt und der realisierten beziehungsweise erwarteten Kontaktmenge der gesamten Branche.

Eine weitere Möglichkeit der Berücksichtigung von erzielten Kontakten durch die Konkurrenz, im Rahmen von Studien zu Wirkungen des aggregierten Werbedrucks, besteht in der Wirkungsanalyse in Abhängigkeit von realisierten beziehungsweise erwarteten Kontakten der/des Hauptkonkurrenten und des eigenen Unternehmens. Damit wird der Tatsache Rechnung getragen, dass zeitlich parallele Kommunikationsanstrengungen des eigenen Unternehmens und der Konkurrenz interferierende Werbewirkungen in Bezug auf das eigene beworbene Produkt/Marke/Unternehmen entwickeln können (*Steffenhagen* 2000, S. 177 ff.). **Interferenzeffekte** bezeichnen Werbewirkungen unter Störeinfluss, d. h. Werbewirkungen in Abhängigkeit von realisierten beziehungsweise erwarteten Kontakthäufigkeiten mit der eigenen Mediawerbung und werblichen Aktivitäten der Konkurrenz.

Bemühen sich beispielsweise mehrere Werbetreibende parallel um die Markenbekanntheit, so verteilt sich die gesamte Assoziationsstärke (aller Konsumenten) auf mehrere Produkte/ Marken/Unternehmen, so dass die **Assoziationswahrscheinlichkeit** für die einzelne Marke geringer wird, da sie einer breiteren Streuung unterliegt. Es bleibt festzuhalten, dass die Interferenz kompetitiver Werbung umso stärker ist,

- Je identischer die angestrebte Positionierung der Leistung ist – z. B. werben viele Zigarettenhersteller mit dem Attribut „Genießen" – und
- Je schwieriger die einzelnen Werbeanstöße von den Probanden auseinandergehalten werden können, wodurch gleichzeitig bestimmte Anforderungen an die Werbemittelgestaltung offenkundig werden.

Es ist jedoch festzuhalten, dass ausgelöste Interferenzeffekte die erzielten Werbewirkungen nicht bei allen Produkten/Marken/Unternehmen beeinträchtigen, sondern in bestimmten Fällen durch die Entwicklung **wirkungspartizipativer Effekte** sogar positiv beeinflussen. In diesem Zusammenhang ist die Wirkungspartizipation damit eine Konsequenz auftretender Interferenzeffekte.

Wirkungspartizipation an Kommunikationsanstrengungen der Konkurrenz ist häufig dann zu beobachten, wenn kleinere Anbieter ihre werblichen Anstrengungen in homogenen Produktmärkten stark ausweiten. In solchen Fällen erhöht sich auch der Bekanntheitsgrad (Werbewirkung) des Marktführerproduktes. Der Marktführer partizipiert demnach an den Kommunikationsanstrengungen der Konkurrenz, da verstärkte Werbeaktivitäten der Konkurrenz im Regelfall auch Wirkungen in Bezug auf die gesamte Branche entwickeln. Hier ist es insbesondere die Steigerung des Bekanntheitsgrades der gesamten Branche, die dazu führt, dass ein großer Anteil der Zielpersonen die Werbeanstrengungen direkt dem Marktführer zuordnen.

Abschließend ist anzumerken, dass es kein theoretisch stringentes Konzept zum Zusammenhang zwischen aggregiertem Werbedruck und erzielten Werbewirkungen in Form von Kontaktmengenbewertungskurven gibt. Dieser ist von den jeweils individuell genutzten Medien und der Lernschnelligkeit **aller** Probanden abhängig und ist im Einzelfall mittels Befragungen im Rahmen von Mehrwellenerhebungen oder Panelstudien in Erfahrung zu bringen. Darüber hinaus ist zu berücksichtigen, dass die erzielten beziehungsweise erwarteten Werbewirkungen nicht allein von der Kontaktdosis, sondern zusätzlich von einer Vielzahl anderer Faktoren, z. B. dem Umfang beziehungsweise der Dauer der Werbepräsentation oder der Botschaftsgestaltung, abhängig sind.

Mehr als die Hälfte deutscher Unternehmen bezieht bei ihrer Mediaplanung Personenge-wichte ein. Dagegen werden Medien- und Kontaktmengengewichte noch zu selten in Media-überlegungen berücksichtigt. Informationen über die Personen- und Mediagewichte können den Untersuchungen der *MA*, der *AWA* sowie Sondererhebungen von Verlagen entnommen werden.

6.3.2.3 Intramediaselektionsmodelle

Zur modellgestützten Intramediaselektion gehen die ermittelten Kontaktmaßzahlen und Kontaktbewertungen in Methoden der Mediaselektion ein. Dabei lassen sich drei **Gruppen von modellgestützten Verfahren** unterscheiden (*Freter* 1974, S. 129 ff.; *Tietz/Zentes* 1980, S. 306; *Rogge* 2004, S. 255 ff.):

(1) Rangreihenverfahren,

(2) Evaluierungsverfahren,

(3) Optimierungsverfahren.

(1) Im Rahmen der Anwendung von **Rangreihenverfahren** werden bestimmte Einzelmedien oder Mediakombinationen anhand verschiedener Kriterien in eine Rangfolge gebracht. Am häufigsten sind dabei folgende Kriterien zu beobachten:

- Nettoreichweiten (ungewichtet),
- Gewichtete Nettoreichweiten (mit Kontaktgewichtungen),
- Gross Rating Points (GRPs),
- Tausenderkontaktpreise (TKP).

Rangreihen können auf Basis von **Gross Rating Points** gebildet werden. Dabei berechnen sich diese wie folgt (*Rothschild* 1987, S. 302; *Kotler/Keller/Bliemel* 2007, S. 720):

GRPs = Reichweite (in Prozent) · Frequenz

> **Beispiel: Berechnung des GRP**
> Die Zielgruppe eines Unternehmens umfasst 10 Mio. Personen zwischen 14 und 20 Jahren.
> Mit dem gesendeten TV-Spot werden nur 75 Prozent der Zielgruppe erreicht.
> Mit vier durchschnittlichen Kontakten pro Person ergibt sich:
>
> GRPs = 75 · 4 = 300
>
> Dieser GRP-Wert bedeutet, dass 300 Kontakte pro 100 Zielpersonen mit dieser Schaltung zustande kommen. Entstehen bei einer anderen Belegung mehr Kontakte, dann hat dieser Werbeträger einen höheren Werbedruck. Zu beachten ist, dass gleiche GRPs unterschiedliche Reichweiten und Frequen-zen haben können. In der Regel sind diejenigen mit hoher Frequenz und geringerer Reichweite in ihrer Wirkung effektiver, da aufgrund einer höheren Kontaktanzahl der Erinnerungseffekt bei den erreichten Personen höher ist.

Weiterhin ist der **Tausenderkontaktpreis (TKP)** als „Ranking-Kriterium" relevant, da mit ihm sowohl der Kosten- als auch der Nutzenbezug hergestellt wird und damit der im Rahmen der Mediaselektion zu fordernden Wirtschaftlichkeitsorientierung Rechnung getragen wird. Der Tausenderkontaktpreis (TKP_j) ist dabei jener Preis, der dafür zu zahlen ist, dass mit einer ein-maligen Belegung des j-ten Mediums 1.000 Personen erreicht werden (*Schmalen* 1992, S. 155):

$$TKP_j = \frac{c_j}{K1_j} \cdot 1000$$

mit c_j = Kosten je Belegung des j-ten Mediums

$K1_j$ = Nutzer pro Ausgabe des j-ten Mediums bei einmaliger Schaltung

Für die Intramediaselektion ist es sinnvoll, die realisierten Kontakte in der Zielgruppe als Entscheidungskriterium heranzuziehen, so dass diesbezüglich meist der **gewichtete Tausenderkontaktpreis** als Entscheidungsgrundlage verwendet wird. Dabei wird der sich im Nenner befindliche K1-Wert mit dem Anteil der in ihm enthaltenen Zielgruppe multipliziert, so dass der gewichtete Tausenderkontaktpreis immer über dem ungewichteten Tausenderkontaktpreis liegt, es sei denn, es kommt zu keinerlei Streuverlusten, d. h., jeder Kontakt ist ein Zielgruppenkontakt (vgl. dazu Schaubild III-B-70).

Zwischen den einzelnen Zeitschriftengruppen bestehen in Bezug auf die Höhe des gewichteten und ungewichteten Tausenderkontaktpreises erhebliche Unterschiede. In Schaubild III-B-70 ist zu sehen, dass bei der speziellen Zielgruppe der Männer die Preise für einen Tausenderkontaktpreis wesentlich höher ausfallen.

Sind die Tausenderkontaktpreise – gewichtet oder ungewichtet – ermittelt und die in Betracht kommenden Medien in eine entsprechende Reihenfolge gebracht, so wird das Medium mit dem niedrigsten Kontaktpreis maximal, d. h., in allen Ausgaben des Planungszeitraums, belegt. Im Anschluss daran wird geprüft, ob das Werbebudget ausgeschöpft ist. Ist dies nicht der Fall, so wird analog mit dem zweitgünstigsten Medium verfahren. Die Einbeziehung von Medien erfolgt so lange, bis das Werbebudget erschöpft ist.

Die Rangreihenverfahren sind in der Praxis sehr weit verbreitet, da sie relativ leicht zu handhaben sind und der erforderliche Datenaufwand vergleichsweise gering ist. Sie stellen daher insbesondere für kleine Werbebudgets eine adäquate Methode zur Intramediaselektion dar. Im Rahmen einer **kritischen Analyse** ist jedoch festzuhalten, dass Rangreihenverfahren Werbereaktionsfunktionen nicht berücksichtigen und daher nichts weiter als nach bestimmten Kriterien aufbereitete „Kandidatenlisten" darstellen. Den auf diesem Verfahren basierenden Mediaselektionsentscheidungen fehlt damit gänzlich die theoretische Fundierung.

(2) Im Rahmen der Anwendung von **Evaluierungsprogrammen** zur Entscheidungsunterstützung der Intramediaselektion werden heuristisch erstellte Streuplanalternativen anhand verschiedener Kriterien bewertet. Meist erfolgt die Bewertung anhand mehrerer Kriterien gleichzeitig, so dass die Kriteriengewichtung mit ausschlaggebend für die Streuplanauswahl ist. Die jeweiligen Gewichtungen werden dann den Kosten der Streuplanalternativen gegenübergestellt, so dass die Vorteile der Alternativen relativiert werden können und damit eine

Kernzielgruppe: Moderne Telekommunikation		
Titel	Ungewichteter Tausenderkontaktpreis (Gesamtbevölkerung)	Gewichteter 1000-Kontaktpreis (Männer)
Computer Bild	15,57	19,15
Öko Test	16,30	34,03
Computer Bild Spiele	16,59	20,45
ADAC Reisemagazin	17,13	26,14
Internet Magazin	19,13	23,61
PC Welt	20,67	24,34
Chip	20,92	23,55

Schaubild III-B-70: Ungewichteter und gewichteter Tausenderkontaktpreis (Focus Magazin Verlag 2002)

wirtschaftlichkeitsorientierte Entscheidung über die Streuplanauswahl getroffen werden kann.

Schaubild III-B-71 zeigt ein Beispiel zur Streuplanevaluierung im Mediamix. Ausgehend von den Nutzungswahrscheinlichkeiten der einzelnen Probanden – Evaluierungsprogramme führen eine **Mikrosimulation** durch – präsentiert der Computer die Nettoreichweiten, GRPs, Durchschnittskontakte, Tausenderkontaktpreise sowie die wirksamen Reichweiten (Anteil der Zielgruppe, der mindestens sechs beziehungsweise zwölf Kontakte erhalten hat) der drei Streuplanalternativen in Bezug auf die zu untersuchenden Zielgruppen. Zur optimalen Ansprache der definierten Zielgruppe empfiehlt sich ein Mix aus Aktuellen Illustrierten und affinen Special-Interest-Titeln zur Verstärkung der männlichen Kernzielgruppe. Die Aufnahme des Titels *FOCUS* (Plan 2+3) zeigt bei gleichem Budget neben der deutlichen Reichweitensteigerung ebenso eine Verbesserung der Wirtschaftlichkeit (Tausenderkontaktpreis). Unter der Zielsetzung eines optimalen Werbedrucks (GRPs) und Wirtschaftlichkeit empfiehlt sich Planalternative 3.

(3) Zielsetzung von **Optimierungsverfahren** ist es, im Hinblick auf eine vorgegebene Zielfunktion und unter Beachtung zugrunde liegender Nebenbedingungen optimale Streupläne zu erstellen. Dies kann entweder mittels einer schrittweisen Verbesserung eines bereits bestehenden Streuplans oder mittels klassischer Optimierung unter Heranziehung bestimmter Lösungsalgorithmen geschehen (*Schmalen* 1992, S. 157 ff.; *Rogge* 2004, S. 275 ff.).

In diesem Zusammenhang hat sich die Lineare Programmierung (LP) als besonders operationales Optimierungsverfahren erwiesen. Ziel eines **LP-Ansatzes** ist es, das zur Verfügung stehende Werbebudget so auf die zur Auswahl stehenden Werbeträger zu verteilen, dass unter Berücksichtigung zugrunde liegender Nebenbedingungen die Werbewirkungen (Streu-

---

Entscheider mit Fachkompetenz: Geld- und Kapitalanlagen

Plan 1		Plan 2		Plan 3	
ADAC reise.	4 x	ADAC reise.	3 x	ADAC reise.	3 x
Computer Bild	6 x	Computer Bild	4 x	Computer Bild	6 x
Capital	6 x	Capital	3 x	Capital	4 x
Der Spiegel	6 x	FOCUS	6 x	FOCUS	6 x
Börse Online	4 x	Stern	6 x	Stern	6 x
TV Spielfilm	6 x	Börse Online	3 x	HÖRZU	4 x
Wirtschaftswoche	6 x	TV Spielfilm	4 x	Börse Online	3 x
		Wirtschaftswoche	6 x		

Kosten	TEUR	1.007,0	1.025,2	1.019,4
Medialeistung				
Reichweite	%	73,0	79,4	79,9
	Mio.	3,96	4,30	4,33
Kontakt	Ø	6,0	5,5	5,7
	Mio.	23,69	23,88	24,87
GRPs (Gross Rating Points)		437	440	459
TNP (Tausendernutzerpreis)	EUR	254,38	238,27	235,20
TKP (Tausenderkontaktpreis)	EUR	42,50	42,93	40,99

Potenzial: 5,42 Mio. (AWA 2001)
Basis: 1/1 S. 4c ang., Preise 2002 (Effektivrabatte)

Schaubild III-B-71: Beispiel zur Streuplanevaluierung im Mediamix (Focus Magazin Verlag 2002)

verluste) bei den anvisierten Zielpersonen im Sinne der Werbeziele maximiert (minimiert) werden.

Unter der Annahme der Wirkungskonstanz jeder Einschaltung in dem **jeweils** betrachteten Medien – d.h., Erstkontakte und alle Wiederholungskontakte erzielen den gleichen Wirkungsbeitrag – ist dabei folgende **Zielfunktion** zu optimieren:

$$\sum_{i=1}^{n} x_i \cdot w_i \rightarrow max.!$$

mit:　x　= Anzahl der Schaltungen im Medium
　　　w = Wirkungen einer Schaltung im Medium
　　　i　= Medium

wobei: $w_i = KZ_i \cdot SG_i \cdot MG_i \cdot KM_i$

mit:　KZ　= Kontaktmaßzahl (z.B. Brutto- oder Nettoreichweite)
　　　SG　= Segmentgewicht (Gewichtung der Nutzerschaften nach Zielgruppenkriterien)
　　　MG = Mediengewicht (Kriterien für die Qualität der Medien)
　　　KM = Kontaktmengengewicht (Kriterien für die Qualität des realisierten Werbedrucks)

Dabei ist zunächst zu beachten, dass die Belegungskosten nicht höher sind als das zur Verfügung stehende Werbebudget **(Budgetrestriktion)**:

$$\sum_{i=1}^{n} b_i \cdot x_i \leq B$$

mit:　b = Belegungskosten für eine Schaltung
　　　B = (Gegebenes) Werbebudget

Als zusätzliche Nebenbedingung ist die Zahl möglicher Belegungen zu berücksichtigen. Zum einen ist zu beachten, dass die Zahl der Einschaltungen, z.B. aufgrund der monatlichen Erscheinungsweise bestimmter Medien, nach oben beschränkt ist. Außerdem hat der Mediaplaner in Erwägung zu ziehen, dass ab einer bestimmten Kontaktdosis Verweigerungshaltungen der Zielpersonen – z.B. in Form des Zapping – gegenüber dem werblichen Auftritt des Unternehmens entstehen. Zum anderen gilt es zu beachten, dass oftmals Werbewirkungen erst ab einer bestimmten Kontaktdosis erzielt werden. Daher ist es erforderlich, dass eine gewisse Belegungsuntergrenze nicht unterschritten wird. Für jeden Einzelfall sind bestimmte **Belegungsspielräume** zu definieren, die nicht zu über- oder unterschreiten sind:

$$x_i^{min} \leq x_i \leq x_i^{max}$$

mit:　x^{min} = Mindestbelegung für die Planungsperiode
　　　x^{max} = Maximale Schaltung im Medium

Ebenso wie andere Verfahren der Intramediaselektion zwingt die Lineare Programmierung zur Quantifizierung qualitativer Daten, wodurch implizit die Beschaffung speziellerer Mediadaten stimuliert wird. Darüber hinaus können durch die **Berücksichtigung weiterer Nebenbedingungen** – z.B. die Festlegung bestimmter Mindestkontakte für die Zielpersonen in bestimmten Marktsegmenten – bessere Anpassungen an die Realität vorgenommen werden. Schließlich kann die Wahl der Gewichtungsfaktoren sehr flexibel gehandhabt werden, wodurch der Einfluss unterschiedlicher Gewichtungen auf die jeweilige Ressourcenallokation offenkundig wird.

Bei einer **kritischen Würdigung** ist festzuhalten, dass der Ansatz der Linearen Programmierung von stark vereinfachenden Annahmen ausgeht. Hier ist vor allem die Eignung der Linearitätsbedingung für Zielfunktion und Nebenbedingungen im Hinblick auf werbepolitische Problemstellungen einer kritischen Prüfung zu unterziehen. So kann die Wirkung der

Schaltungen durch die Approximation der im Regelfall nicht-linearen Wirkungskurven nur näherungsweise realitätsgetreu abgebildet werden. In diesem Zusammenhang ist weiterhin kritisch anzumerken, dass LP-Ansätze nicht in der Lage sind, individuelle Kontaktmengen zu bestimmen, diese in der individuellen Wirkungskurve zu gewichten, um die Ergebnisse dann zu einer aggregierten Wirkungskurve zusammenzuführen. Zudem ist die in der Budgetrestriktion unterstellte Konstanz der Einschaltpreise bi in der Regel nicht gegeben, da bei mehrfacher Schaltung in demselben Werbeträger Rabatte gewährt werden. Ferner liefern LP-Ansätze keine ganzzahligen Lösungen, so dass ein (Teil-)Ergebnis beispielsweise $x_i = 7{,}6$ Belegungen in Medium i sein könnte. Hier wäre dann auf- beziehungsweise abzurunden oder eine Ganzzahligkeitsbedingung einzuführen.

6.3.3 Zeitliche Zielung der Mediaselektion

Neben der Aufteilung des Werbebudgets in sachlicher Hinsicht (Inter- und Intramediaselektion) stellt eine entsprechende **Aufteilung in zeitlicher Hinsicht** ein weiteres zentrales Problem der Mediaplanung dar. Dabei geht es vor allem um die Wahl des/der Belegungszeitpunkte(s) sowie die damit verbundene Entscheidung über die zeitlichen Abstände zwischen einzelnen Schaltungen. Grundlage von Entscheidungen über die zeitliche Verteilung anzustrebender Kontakte sind Annahmen über deren Wirkungen im Zeitablauf. Der Werbetreibende hat sich darüber im Klaren zu sein, in welcher Art und Weise Werbewirkungen in Abhängigkeit verschiedener **„Timingentscheidungen"** aufgebaut werden beziehungsweise bei Aussetzen von Schaltungen wieder verfallen.

Dieser Zusammenhang zwischen dem **zeitlichen Werbeeinsatz** und den **erzielten Werbewirkungen** ist in den vergangenen Jahren Gegenstand einer Vielzahl empirischer Studien gewesen, z. B. von *Zielske, Ebbinghaus, Lodish, Simmons* usw. (vgl. vertiefend *Rothschild* 1987, S. 384 ff.). Dabei wurde die Werbewirkung vor allem anhand der aktiven Markenbekanntheit, aber auch vereinzelt anhand erzielter Einstellungsänderungen untersucht. Es gilt jedoch festzuhalten, dass alle Studien zu dem Ergebnis kommen, dass die Werbewirkung – hier vor allem die aktive Markenbekanntheit – im Zeitablauf abnimmt und zwar in um so stärkerem Maße, wenn die Werbung aussetzt und die Probanden damit keine „Erinnerungsauffrischung" erhalten.

Exemplarisch für alle in diesem Zusammenhang durchgeführten Studien wird im folgenden das im Jahre 1958 von dem Agenturforscher *Zielske* vorgenommene Feldexperiment angeführt, das in der einschlägigen Literatur als klassische Studie zur **Werbedruckwirkung im Zeitablauf** gilt (*Zielske* 1959; *Aaker/Batra/Myers* 1996, S. 519). Dabei wurden zwei verschiedenen, zufällig ausgewählten Probandengruppen 13 verschiedene Anzeigenmotive einer Printkampagne eines Nahrungsmittelherstellers per Post zugesendet, jede Gruppe bekam dabei die gleichen Anzeigen. Eine Gruppe erhielt die Anzeigenmotive innerhalb von 13 Wochen **wöchentlich,** während die andere Gruppe über ein Jahr hinweg **alle vier Wochen** mit einem Anzeigenmotiv konfrontiert wurde. Über das ganze Jahr hinweg wurden Messungen zur aktiven Markenbekanntheit durchgeführt, wobei den Konsumenten im Rahmen der Befragung lediglich durch die Nennung der Produktklasse eine Erinnerungshilfe gegeben wurde. Die Ergebnisse der Studie werden im Schaubild III-B-72 illustriert.

Es wird deutlich, dass der konzentrierte Werbeeinsatz (wöchentliche Konfrontation) zu kurzfristig – innerhalb der 13 Wochen – hohen Recallwerten führt. Nach Ablauf dieser Zeitspanne ist jedoch aufgrund des eintretenden Vergessens bei den Probanden ein rapider Verfall der Recallwerte zu beobachten, der am Ende des Jahres in sehr geringen Erinnerungswerten einmündet. Der gleichverteilte Werbeeinsatz hingegen führt zwar nicht zu einem ähnlich hohen

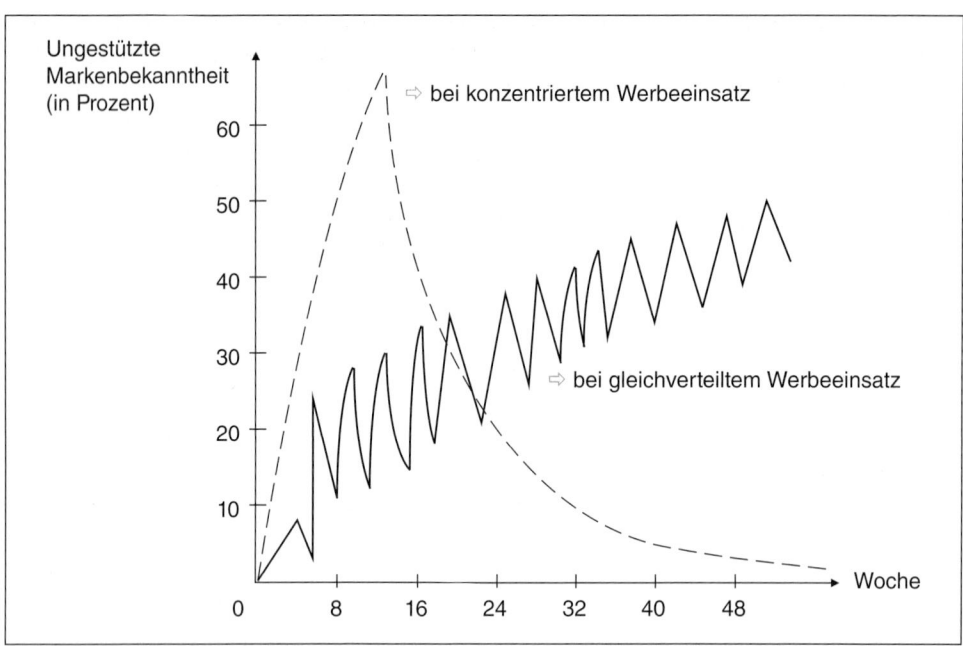

Schaubild III-B-72: Werbewirkungen im Zeitablauf (Zielske 1959, S. 241)

Recallwert wie beim konzentrierten Werbeeinsatz nach Ablauf der 13 Wochen, jedoch erfährt er über das Jahr hinweg eine kontinuierliche Steigerung (so genannte „Sägezahnkurve"). Dies ist auf die kontinuierliche Erinnerungsstützung zurückzuführen, die einem ähnlich starken Absinken der Recallwerte wie beim konzentrierten Werbeeinsatz entgegenwirkt, so dass hier am Ende des Jahres wesentlich höhere Recallwerte zu beobachten sind.

Die Studienergebnisse zeigen, dass hohe Werbewirkungen – hier die aktive Markenbekanntheit – mit einem hohen Werbedruck positiv korreliert sind. Gleichzeitig wird jedoch klar, dass das erzielte Wirkungsniveau nur durch kontinuierlichen Werbeeinsatz haltbar ist. Der auszuübende Werbedruck hat dabei um so größer zu sein, je höher die erzielte Werbewirkung bereits ist, um starke Wirkungsverluste einzudämmen.

Basierend auf diesen Annahmen lassen sich drei grundsätzliche **Alternativen des zeitlichen Werbeeinsatzes** unterscheiden (*Aaker/Batra/Myers* 1996, S. 519):

(1) Konzentrierter Werbeeinsatz,
(2) Gleichverteilter Werbeeinsatz,
(3) Pulsierender Werbeeinsatz.

(1) So ist ein **konzentrierter Werbeeinsatz** für solche Produkte zu empfehlen, deren Nachfrage überwiegend saisonal zu erklären ist, wie z.B. Kinderspielzeuge. Hier ist insbesondere im Vorfeld des Weihnachtsfestes eine hohe aktive Markenbekanntheit notwendig, da in diesem Zeitraum das aktivierbare Nachfragepotenzial im Vergleich zum restlichen Jahr besonders hoch ist. Ein weiteres Beispiel für einen kurzfristig hohen erforderlichen Werbeeinsatz liefert die Parteienwerbung. Hier geht es unter anderem darum, den Bekanntheitsgrad der „Spitzenpolitiker" innerhalb eines möglichst kurzen Zeitraums so stark zu erhöhen, dass die Voraussetzungen für die Wahl der betreffenden Partei beziehungsweise Politiker gegeben sind. Bei einem konzentrierten Werbeeinsatz ist allerdings zu berücksichtigen, dass bereits nach

kurzer Zeit werbemittelbezogene Reaktanzen oder Langeweile die Informationsverarbeitung zu überlagern beginnen. Diese Faktoren fokussieren die kognitiven Energien des Empfängers auf das innere Gegenargumentieren, so dass die verstandesbetonte Einstellungsbildung negativ beeinflusst wird.

(2) Geht es hingegen darum, einen schnellen und deutlichen Wirkungsverfall zu verhindern, so ist ein **gleichverteilter Werbeeinsatz** die wahrscheinlich günstigste Alternative. Um dem Wirkungsverfall entgegenzuwirken, ist es hierbei notwendig, die Zielpersonen kontinuierlichen Werbekontakten auszusetzen. Dieser kontinuierliche Werbeeinsatz hat in vielen Fällen nicht sehr hoch zu sein, sondern es kommt vorrangig darauf an, den Zielpersonen eine Erinnerungsstütze bezüglich des/der beworbenen Produkts/Marke/Unternehmens zu geben, damit der jeweils beworbene Gegenstand nicht in Vergessenheit gerät. Die Gleichverteilung anzustrebender Kontakte im Zeitablauf könnte daher beispielsweise für Güter des täglichen Bedarfs die günstigste Alternative darstellen.

(3) Sind hingegen saisonale Faktoren, etwa bei der Eiscreme-Werbung, im Rahmen der Planung des zeitlichen Werbeeinsatzes zu berücksichtigen und handelt es sich um die werbliche Unterstützung eines neu einzuführenden Produktes, so könnte ein **pulsierender Werbeeinsatz** die situationsadäquate Alternative darstellen. Weitere Gründe für eine Kombination des konzentrierten und gleichverteilten Ansatzes in Form des pulsierenden Werbeeinsatzes könnten vertriebspolitische Anforderungen darstellen. Hier bestehen häufig – insbesondere im Rahmen von Produktneueinführungen – bei den einzuschaltenden Absatzmittlern Widerstände, das Herstellerprodukt beziehungsweise die Herstellermarke zu listen, wenn der Abverkauf zu Anfang nicht durch einen entsprechend hohen Werbedruck unterstützt wird. Schaubild III-B-73 zeigt, wie vor dem Hintergrund dieser Rahmenbedingungen eine situationsadäquate zeitliche Zielung der Mediawerbung auszurichten ist.

Eine generelle Entscheidung über die zu wählende Alternative kann jedoch nicht getroffen werden. Sie hat vielmehr für den Einzelfall in Abhängigkeit der jeweils verfolgten Zielsetzungen – kurzfristig hoher Werbeerfolg mit starken Verlusten bei Aussetzen der Werbung versus längerfristig mittlerer Werbeerfolg mit relativ geringen Wirkungsverlusten – zu erfolgen (*Rothschild* 1987, S. 388).

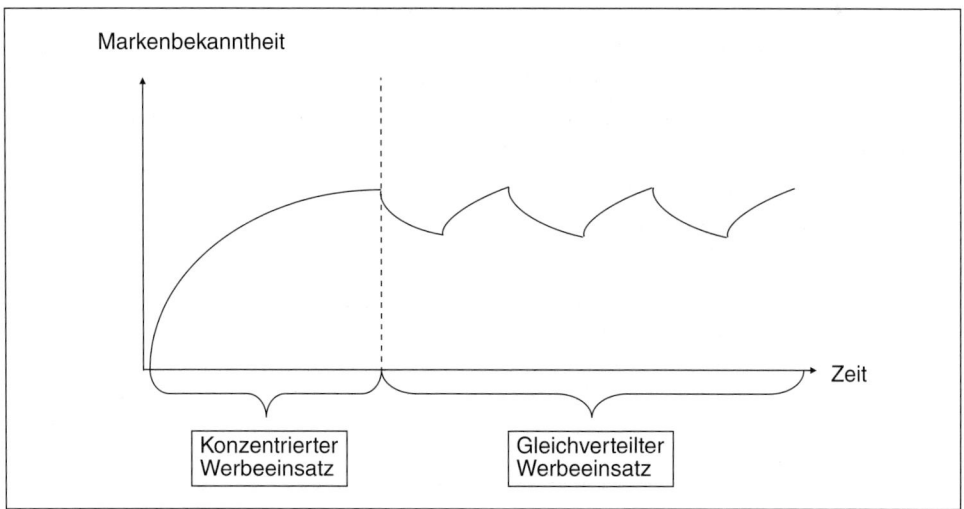

Schaubild III-B-73: Pulsierender Werbeeinsatz (Rothschild 1987, S. 389)

So ist in der Einführungsphase in zeitlich konzentrierter Form zu werben, um zum einen die Markenbekanntheit als grundlegende Voraussetzung finaler Verhaltensweisen auf ein zieladäquates Niveau zu heben und zum anderen einzuschaltende Absatzmittler zur Produktlistung zu stimulieren. Haben die (wichtigsten) angestrebten Absatzmittler die Produktlistung vorgenommen und hat die Markenbekanntheit das gewünschte Niveau erreicht, so kann der Werbedruck in der nächsten Phase so weit zurückgefahren werden, dass der Bekanntheitsgrad auf dem erzielten Niveau gehalten wird. In Abhängigkeit einer Vielzahl verschiedener Faktoren, z. B. den Einstellungen der Absatzmittler gegenüber dem beworbenen Produkt, der erreichten Phase im Produktlebenszyklus, der werblichen Zielsetzungen im Laufe des Jahres, der zeitlichen Preisdifferenzierung der Medienanbieter, verschiedener Merkmale der Zielgruppe(n) usw., ist zu entscheiden, ob der Werbedruck in der nachfolgenden Phase erhöht, auf demselben Niveau gehalten oder aber zu reduzieren ist. Die **Länge der einzelnen Phasen** kann dabei nur für den Einzelfall, und hier auch nur näherungsweise bestimmt werden, da jeweils unterschiedliche situationale Faktoren für die anzustrebende Dauer der jeweiligen Pulsationsphase ausschlaggebend sind.

Schließlich ist festzuhalten, dass ein gesamtwirtschaftlicher Vergleich des Investitionsvolumens der werbetreibenden Unternehmen in Deutschland in verschiedene Mediaasegmente sowie der Mediennutzung über den Zeitraum eines Jahres nicht unmittelbar plausible Erkenntnisse hervorbringt. So zeigt Schaubild III-B-74, dass in den Sommermonaten Juni, Juli, August ein signifikanter Rückgang des Investitionsvolumens (**„Sommerloch"**) zu verzeichnen ist, obwohl die Mediennutzung keineswegs – in einem vergleichbaren Ausmaß – zurückgeht. Zur Erklärung dieses „Sommerlochs" existiert kein theoretisch stringentes Kon-

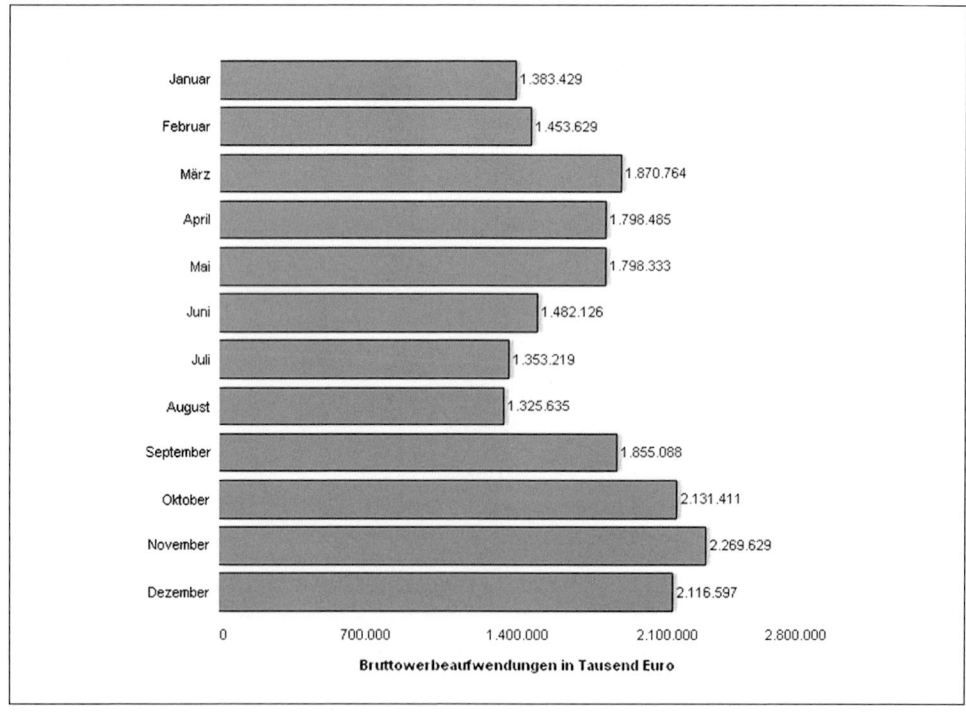

Schaubild III-B-74: Monatliche Bruttowerbeaufwendungen für klassische Werbeträger für das Jahr 2009
(Nielsen Media Research GmbH 2010b)

Kalenderwoche	April 14 15 16 17	Mai 18 19 20 21	Juni 22 23 24 25 26	Juli 27 28 29 30	August 31 32 33 34 35	September 36 37 38 39	Oktober 40 41 42 43	November 44 45 46 47 48	Dezember 49 50 51 52
Stern	6.	27. 18.	8.	29.	10. 31.	21.	12.	2. 23.	14.
Spiegel	10.	1. 22.	12.	3.	21.	11.	2. 23.	13.	4.
Focus	3. 22.	15.	5. 26.		14.	4. 25.	16.	6. 27.	16.
Auto Bild	7.	5.	2.	30.	25.	22.	20.	17.	15.
Sport Bild	5.	3.	31.	28.	23.	20.	18.	15.	13.
Brigitte		18.	17. 14.	12.	23.	20.	18.	15.	13.
Hörzu	7. 28.	19.	9.	30. 21.	18.	8. 29.	20.	10.	8.
TV Movie	14. 28.	12. 26. 9.		7.	4.	1.	29.	27. 24.	21.
DM		20.	18. 21.				21.	19. 23.	
DM-Extra			31.						
Capital	6.	4.	31.	29.	24.	21.	19.	16.	14.
Chef				26.	28. 25.			27.	
	Hoher Werbedruck über das ganze Jahr								

Schaubild III-B-75: Beispiel für einen Mediaplan eines Versicherungskonzerns (Axa Colonia 2000)

zept. Die Erklärung beschränkt sich vor allem aus Sicht der werbetreibenden Unternehmen auf Lippenbekenntnisse. Es ist vor allem aus Sicht des einzelnen Werbetreibenden zu konstatieren, dass gerade in diesen Monaten ein hoher relativer Werbedruck aufgrund der verhältnismäßig geringen Konkurrenzintensität effizienter realisiert werden kann. Ein **antisaisonaler Werbeeinsatz** ist demnach im Rahmen einer **reinen** Effizienzbetrachtung zu präferieren.

Im Rahmen der Mediawerbung wird die sachliche und zeitliche Aufteilung des Werbebudgets in einem **Mediaplan** beziehungsweise Streuplan festgehalten, der in der Regel durch eine höhere Detailliertheit und einen zeitlich engeren Betrachtungsrahmen gekennzeichnet ist. In diesem sind die Belegung einzelner Mediagattungen und Werbeträger in bestimmten Zeitintervallen (z. B. Wochen) schriftlich festgehalten. Schaubild III-B–75 zeigt ein Beispiel für einen Mediaplan.

7 Maßnahmenplanung der Mediawerbung

7.1 Entscheidungen der Werbemittelgestaltung

7.1.1 Begriff und Gestaltungsfaktoren

In Abhängigkeit der jeweils gewählten (Einzel-)Medien eröffnen sich dem Werbeplaner beziehungsweise der beauftragten Agentur unterschiedliche Spielräume im Rahmen der Werbemittelgestaltung. Die **Verschlüsselung** von Werbebotschaften erfolgt in **Werbemitteln**, die eine **kreative Bündelung einer Werbebotschaft** darstellen und zwischen Werbetreibenden und Zielgruppen treten (*Sager* 2001, S. 1865 f.). Dabei ist der Begriff der Werbebotschaft wie folgt zu definieren:

Werbebotschaft bedeutet die Verschlüsselung werbepolitischer Leitideen durch visuelle, akustische, haptische und gustatorische Modalitäten, um bei den Rezipienten durch Aussagen über Produkte/Marken/Unternehmen die gewünschten Wirkungen im Sinne der unternehmenspolitisch relevanten Werbeziele zu erreichen.

Die Verschlüsselung kann über die **Modalitäten** Text, Bild und/oder Ton erfolgen. Neben den visuellen und akustischen Elementen sind haptische und gustatorische Modalitäten, z. B. Geschmack, Geruch und Gefühl, als gestaltbare Elemente des Werbemittels zu beachten (vgl. z. B. „duftende Kinospots" oder verschiedene Beiprodukte in Form von Beilagen bei Printanzeigen usw.). Modalitäten stellen sozusagen „Verpackungsmöglichkeiten" der Werbebotschaft dar, deren Vorhandensein beziehungsweise Nicht-Vorhandensein vom jeweils gewählten Einzelmedium abhängig ist. Schaubild III-B-76 zeigt in diesem Zusammenhang verschiedene Verschlüsselungsmöglichkeiten unterschiedlicher Werbemittel.

Die optischen (Text und Bild) und akustischen (Ton) Einwirkungsmöglichkeiten besitzen die größte Bedeutung in der Gestaltung der Werbemittel (*Rogge* 2004, S. 303). So kann der Botschaftstransport durch das Medium „Fernsehen" (TV-Spot) über die Modalitäten Text, Bild, und Ton verschlüsselt werden, während der Gestaltung der Botschaftsform aufgrund der eingeschränkten Verschlüsselungsmöglichkeiten (nur Text und Bild) im Medium „Print" (Anzeige) hinsichtlich der optischen und akustischen Gestaltungsmöglichkeiten bestimmte Grenzen gesetzt sind.

Jede Modalität hat isoliert und in der gestalthaften Kombination ein eigenständiges Kommunikationspotenzial, das zusätzlich durch den Botschaftsinhalt mitbestimmt wird (*Tietz/ Zentes* 1980, S. 215). Zwischen Inhalt und Form bestehen **Wechselwirkungen**, so dass die Wirkung eines Werbemittels von einem Konglomerat verschiedener Gestaltungselemente abhängt (vgl. vertiefend *Kroeber-Riel/Esch* 2004, S. 149 ff.). Die jeweiligen Elemente sind in verschiedener Weise kombinierbar. Entscheidend ist das Zusammenwirken aller Einzelreize, die eine – auch im intermodalen Verbund – einheitliche Reizkonstellation bilden (beispielsweise verändern Farben die Geschmackseindrücke oder rufen ganz bestimmte Temperaturempfin-

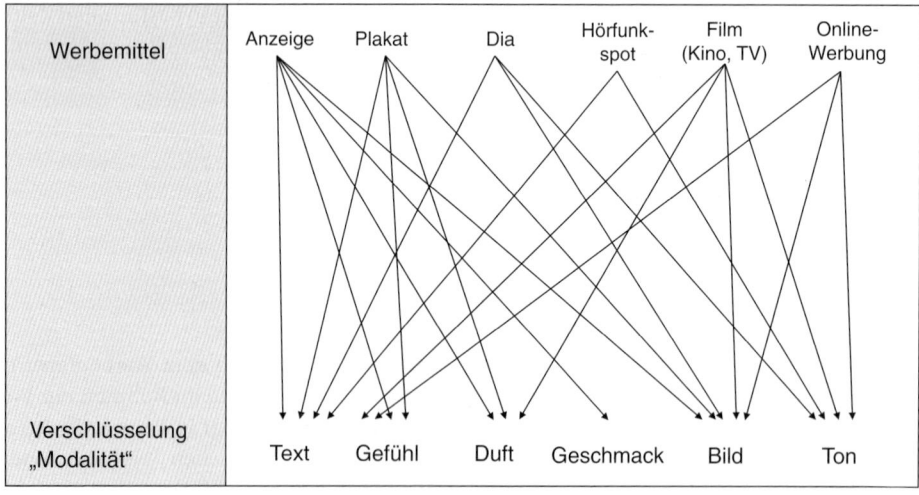

*Schaubild III-B-76: Werbemittel und die dabei nutzbaren Modalitäten
(in Anlehnung an Steffenhagen 2000, S. 14)*

dungen hervor) und daher ganzheitlich zu betrachten sind (vgl. ähnlich *Kroeber-Riel/Weinberg/Gröppel-Klein* 2009, S. 428).

Vor dem Hintergrund dieser Überlegung ist es notwendig, den **Gegenstand der Werbemittelgestaltung** einer gedanklichen Systematisierung zu unterziehen, um Entscheidungsspielräume der Werbemittelgestaltung umfassend offen zu legen. In der einschlägigen Literatur ist diesbezüglich meistens eine Trennung in **Gestaltung der Botschaftsform und Gestaltung des Botschaftsinhaltes** antreffbar. Den nachfolgenden Ausführungen hat eine noch feinere Klassifikation zugrunde zu liegen:

Gegenstand der Werbemittelgestaltung sind Entscheidungen über die folgenden Punkte:

- Kombination beziehungsweise Dosierung einzusetzender Modalitäten,
- Einzelne Gestaltungsfaktoren,
- Format des Werbemittels.

Der durch die Kombination beziehungsweise Dosierung einzusetzender Modalitäten eröffnete Entscheidungsspielraum betrifft Maßnahmen zur Gestaltung der Botschaftsform. Bei der **Kombination von Modalitäten** ist zu entscheiden, in welchem Zusammenhang beziehungsweise an welchen Stellen (bei einem TV-Spot) innerhalb des Werbemittels bestimmte Modalitäten einzusetzen sind, um angestrebte Wirkungen bei den Zielpersonen zu erzielen. Darüber hinaus hat sich der Entscheider darüber im Klaren sein, welche **Dosierung ausgewählte Modalitäten** in welchem Zusammenhang beziehungsweise an welchen Stellen zu erfahren haben. In Abhängigkeit angestrebter Wirkungen können Werbemittel textbetont, bildbetont, akustisch orientiert und/oder mit Duft- oder Tastreizen gestaltet werden. So nimmt der Fernsehsender *MTV* im Rahmen seiner Eigenwerbung beispielsweise eine vorrangig bild- und akustikorientierte Gestaltung der Werbemittel vor, um den Präferenzen des überwiegend jungen Zielpublikums Rechnung zu tragen. Die Werbemittel zur Unterstützung stark erklärungsbedürftiger Produkte sind hingegen oftmals überwiegend textbetont zu gestalten, um das Wissen über die Funktionsfähigkeit des betreffenden Produktes, das in diesen Produktmärkten eine elementare Kaufvoraussetzung darstellt, herzustellen.

Weitere Entscheidungsspielräume eröffnen sich durch die Möglichkeit, im Rahmen der Werbemittelgestaltung eine Vielzahl verschiedener **Gestaltungsfaktoren** einzusetzen, um angestrebte Reaktionen bei den Zielpersonen hervorzurufen (Maßnahmen des Botschaftsinhaltes). Um die Facetten des daraus resultierenden Entscheidungsspielraums systematisch offen zu legen, kann folgende gedankliche Unterscheidung von Gestaltungsfaktoren vorgenommen werden:

- Inhaltliche Gestaltungsfaktoren,
- Modalitätsabhängige Gestaltungsfaktoren.

Inhaltliche Gestaltungsfaktoren stehen dem Werbetreibenden unabhängig vom jeweils gewählten Werbeträger und den damit verfügbaren Modalitäten zur Verfügung. Hier kann der Werbetreibende auf eine Vielzahl verschiedener Faktoren zurückgreifen (vgl. dazu auch *Weilbacher* 1979, S. 233), von denen einige nachfolgend exemplarisch angeführt werden:

- „Borrowed Interest", d.h. Nutzung von Bildmotiven oder Überschriften, die aus sich heraus hohes Interesse und hohe Aufmerksamkeit bei den Betrachtern erzeugen, ohne mit dem beworbenen Produkt oder der jeweiligen Branche verbunden zu sein z.B. in der Anzeige von *Triumph International* (vgl. Insert III-B-49),
- Konzentration der Gestaltung auf das beworbene Produkt („Produktzentriertheit") beziehungsweise auf wenige Gestaltungselemente („Prägnanz"), z.B. in Printanzeigen von *Bang & Olufsen* oder *Canon*, der Kosmetik-, Schmuck- und Modebranche usw.,
- Neuartigkeit der Darstellung („Originalität"), z.B. bei *Sixt* (vgl. Insert III-B-50),

Insert III-B-49: Anzeigenmotiv von Triumph International (Triumph International 2010)

Insert III-B-50: Anzeigenmotiv von Sixt Autovermietung (Sixt AG 2010)

- Hinweis auf etwas Neues,
- Auftreten von Personen („Testimonials"), z.B. *Herr Kaiser* von der *Hamburg Mannheimer, Thomas Gottschalk* für *Haribo Goldbären* u.a.m., *Verona Pooth* für *Iglo* u.a.m., *Jogi Löw* für *TUI* u.a.m. (vgl. zu Testimonials in der Mediawerbung Abschnitt III-B-1.4.2),
- Erotik („Sex in der Werbung"), z.B. in Plakatanzeigen von *Tally Weijl,* Werbespots von *Freixenet* usw.,
- Dramatik, z.B. in Spots von *BMW* oder *Campari*,
- Vorher-Nachher-Darstellungen, z.B. in Anzeigen für Diätprodukte oder Haarwuchsmittel,
- Übertreibungen,
- Beweismittel/Argumentationstyp,
- Witz/Humor, z.B. die „Anzeigenmotiv des Fernsehsenders *n-tv* zur Bundestagswahl 2009 (Insert III-B-51 und Insert III-B-52) u.a.m.

Insert III-B-51: Anzeigenmotiv „Karl-Theodor Travolta" von n-tv zur Bundestagswahl 2009
(Werben & Verkaufen 2009)

Insert III-B-52: Anzeigenmotiv „Frank-Walter Merkel" von n-tv zur Bundestagswahl 2009
(Werben & Verkaufen 2009)

Darüber hinaus stecken gewählte Modalitäten den Handlungsspielraum der Werbemittelgestaltung ab. Die Modalitäten Text, Bild und Ton eröffnen dem Werbemittelgestalter eine
Vielzahl gestalterischer Möglichkeiten. Ihm steht damit ein ganzes Arsenal **modalitätsabhängiger Gestaltungsfaktoren** zur Verfügung. Schaubild III-B-77 zeigt exemplarisch einige
modalitätsabhängige Faktoren der Werbemittelgestaltung. Die Möglichkeit des **kombinierten
Einsatzes modalitätsabhängiger Gestaltungsfaktoren** lässt die Anzahl gestalterischer Optio-

Text	Bild	Ton

Generell:
• Wortwahl
• Satzlänge
• Satzart
• Argumentationstypik
  (Eigenargumentation)
• Eindeutigkeit/Doppeldeutigkeit
• Slogan
• Rätselhafte Darstellungen
• Hinweiszeichen
• Reime
• Dialog u.a.m.
 	
Speziell für den geschriebenen Text:
• Orthographie
• Textform
• Schrifttyp, Schriftgrad
• Positiv-/Negativschrift u.a.m.
 	
Speziell für den gesprochenen Text:
• Tempo der Sprache
  (Time Compressing)
• Dialekt u.a.m.
	Generell:
	• Grundsätzliches Bildmotiv
	• Zeichnung/Foto
	• Hinweiszeichen (z.B. Finger)
	• Farben
	• Beleuchtung, Helligkeit
	• Perspektiven (Weitwinkel?)
	• Rätselhafte Darstellung
	• Symbolverwendung u.a.m.
	
	Speziell für das ruhende Bild:
	• Bildaufteilung
	• Verzerrung, Vermischung u.a.m.
	
	Speziell für das bewegte Bild:
	• Tempo des Szenenwechsels
	• Zusammenhang der Passagen
	• Mimik/Gestik der Personen u.a.m.
		Generell:
		• Lautstärke u.a.m.
		
		Speziell für die Musik:
		• Tonart
		• Rhythmus
		• Instrumente
		• Gesang u.a.m.
		
		Speziell für die Stimme:
		• Stimmklang
		• Sprechdynamik
		• Stimmkontraste beim Auftritt
		  mehrerer Personen u.a.m.
		
		Speziell für Geräusche:
		• Charakteristik u.a.m.

Schaubild III-B-77: Modalitätsabhängige Faktoren der Werbemittelgestaltung
(Steffenhagen 1993; Steffenhagen/Tolle 1994)

nen exponentiell ansteigen. Es ist daher festzuhalten, dass der daraus resultierende Entscheidungsspielraum nur bedingt systematischen Überlegungen zugänglich ist und eine erfolgreiche Gestaltung modalitätsabhängiger Gestaltungsfaktoren in starkem Maße von **kreativen Leistungen** abhängig ist.

Entscheidungen über das **Format des jeweiligen Werbemittels** beziehen sich auf die Gestaltung der Botschaftsform. Hier ist vor allem über physische Dimensionen der Werbemittelgestaltung zu befinden. Bei der Gestaltung eines TV-Spots geht es beispielsweise um die Länge des Spots – z. B. ein 30- oder 60-Sekunden-Spot –, während bei einer Anzeige über Größe – z. B. halbseitig, einseitig oder mehrseitig – und Farbigkeit – z. B. schwarz-weiß oder mehrfarbig – zu entscheiden ist. Bei Werbemitteln der Online-Werbung ist über deren Farbe, Größe und Bewegung zu entscheiden. Da die daraus resultierenden Entscheidungsalternativen in Bezug auf entstehende Kosten, aber auch den erzielbaren Nutzen – z. B. ist eine doppelseitig vierfarbige Anzeige aufmerksamkeitsaktivierender als eine halbseitig schwarz-weiße Anzeige, aber auch wesentlich kostenintensiver – erhebliche Unterschiede aufweisen, sind insbesondere Entscheidungen über Werbemittelformate unter Wirtschaftlichkeitsaspekten zu treffen.

7.1.2 Anforderungen an die Werbemittelgestaltung

Die Werbemittelgestaltung hat ihren festen Platz im Planungsprozess der Mediawerbung. Sie steht in engem Zusammenhang mit getroffenen Entscheidungen der Mediaplanung sowie Werbebudgetierung und ist wie diese auf die zugrunde liegenden Ziele der Mediawerbung auszurichten. Die Werbemittelgestaltung hat sich daher an folgenden zentralen Anforderungen zu orientieren:

• **Zielorientierung:** Die Werbemittelgestaltung hat sich an den zu erreichenden Kommunikations- und Werbezielen zu orientieren. So sind Werbemittel einer auf Steigerung des Bekanntheitsgrades abzielenden Werbekampagne nicht überwiegend textbetont zu gestalten, sondern haben vor dem Hintergrund des Wissens über Wirkungen der Bildkommunikation (*Kroeber-Riel* 1993, S. 15 ff.) vorrangig bildliche Elemente zu enthalten. Besteht hingegen die Zielsetzung der Mediawerbung darin, Kenntnisse über die Funktionsfähigkeit eines hochkomplexen Produktes zu vermitteln, dann hat dies zweckmäßigerweise in einer vorrangig textbetonten, informativen Werbemittelgestaltung zum Ausdruck zu kommen. Die Ausrichtung an formulierten Zielen ist eine Bedingung, die von Werbemittelgestaltern vielfach übersehen wird. Oftmals wird die Werbemittelgestaltung zum „Betätigungsfeld für verhinderte Künstler", bei dem jeglicher Zielbezug fehlt.

- **Zielgruppenorientierung:** Ebenso ist die anzusprechende Zielgruppe bei den Überlegungen der Werbemittelgestaltung zu berücksichtigen. Sind diese beispielsweise überwiegend an Informationen über das Werbeobjekt interessiert, hat die Gestaltung eher informativ zu sein. Darüber hinaus sind Bedürfnisse, Motive, Interessen, Lebensstile u. a. m. zu berücksichtigen um die Werbemittel zielgruppenadäquat zu gestalten (*Schweiger/Schrattenecker* 2009, S. 203).

- **Strategieorientierung:** Die Werbemittelgestaltung hat zudem die Positionierung des Werbeobjektes widerzuspiegeln. Diese bestimmt die Botschaftsinhalte, die in Form von Bildern, Headlines und Texten zielgruppengerecht zu gestalten sind. Ausgangspunkt einer zielorientierten Werbemittelgestaltung ist die im Rahmen der Werbestrategien bereits erwähnte **Copy-Strategie**, die sich als „roter Faden" durch die gesamte Werbekonzeption zieht. Bei der Copy-Strategie geht es um die schriftliche Fixierung der inhaltlichen Grundkonzeption, die es zu kommunizieren gilt. Dies ist vor allem von Bedeutung, da die Gestaltung der Werbemittel in vielen Fällen unternehmensextern von Agenturen durchgeführt wird, deren kreativer Arbeit durch die Formulierung einer Copy-Strategie ein Handlungsrahmen vorgegeben wird. Sie ist damit eine Vorstufe zur Verbalisierung und Visualisierung der Mediawerbung (*Huth/Pflaum* 2005, S. 276). Den Werbemittelgestaltern wird hierdurch mitgeteilt, **welche Aussage** die Mediawerbung zu enthalten hat, allerdings nicht – beziehungsweise nur in groben Zügen –, **wie es zu sagen ist** (vgl. Abschnitt III-B-5.5). Auf diese Art und Weise ist gewährleistet, dass sich die Elemente der Copy-Strategie in allen Werbemitteln wiederfinden. Erst dann ist die Werbemittelgestaltung „On Strategy" und die Voraussetzung dafür geschaffen, dass die bezahlten Kontakte auch zu wirksamen Kontakten werden können (*Pflaum* 1993, S. 339)

- **Integrationsorientierung:** In diesem Zusammenhang ist im Rahmen der Werbemittelgestaltung darauf zu achten, dass deren Integration in den Kommunikationsmix einer anzustrebenden **Unique Communication Proposition (UCP)** – dem Alleinstellungsmerkmal im Kommunikationsauftritt gegenüber seinen Wettbewerbern – förderlich ist. Die Werbemittel sind inhaltlich, formal und zeitlich aufeinander sowie auf die anderen Kommunikationsinstrumente abzustimmen. Die Schaffung eines einheitlichen Erscheinungsbildes erfolgt durch den Inhalt (kommunikative Leitidee) und die Gestaltungsform (z. B. Slogan, Jingle, Schlüsselbilder). Dabei gilt es, vor allem die Werbemittelgestaltung inhaltlich und formal so abzustimmen, dass ein geschlossenes und einheitliches Auftreten des werbetreibenden Unternehmens nach innen und außen gewährleistet wird (*Bruhn* 2009a, S. 214).

- **Wettbewerbsorientierung:** Eng verbunden mit dem Gedanken der UCP ist das Bestreben eines Unternehmens, sich mit seinen werblichen Aktivitäten von der Konkurrenz abzuheben. Dies ist in besonderem Maße für die Werbemittelgestaltung von Relevanz, da die Zielpersonen physisch nicht mit der Werbekampagne und den ihr innewohnenden konzeptionellen Überlegungen, sondern ausschließlich mit den Werbemitteln konfrontiert werden. Hier kommt es vor allem darauf an, einzusetzende Werbemittel, z. B. mittels des Einsatzes von Kreativitätstechniken, so zu gestalten, dass ihnen eine gewisse Einzigartig-

keit innewohnt. Dazu ist es allerdings zunächst notwendig, Kenntnisse über die Werbemittelgestaltung der Konkurrenz und deren Wirkungen zu gewinnen, damit gesicherte
Erkenntnisse darüber bestehen, wovon sich die eigene Werbemittelgestaltung abzuheben
hat.

- **Budgetorientierung:** Durch die Höhe des Werbebudgets wird der Spielraum für gestalterische Maßnahmen der Werbemittelgestaltung eingeschränkt. Verfügt das werbetreibende
Unternehmen über ein nur sehr geringes Werbebudget, so wird die Produktion aufwändiger TV- oder Kino-Spots oder teurer Foto-Shootings für dieses Unternehmen nicht in Frage
kommen (*Schweiger/Schrattenecker* 2009, S. 204).

- **Umfeldorientierung:** Schließlich hat die Werbemittelgestaltung der Informationsüberlastung als weitere Einflussgröße Rechnung zu tragen, um zu verhindern, dass gestaltete
Werbemittel nicht in der Informationsflut untergehen. Dies gilt für die inhaltliche wie auch
formale Ausgestaltung der Werbemittel. Hinweise zur Werbemittelgestaltung unter den
Bedingungen der Informationsüberlastung geben neben Kreativitäts- und Sozialtechniken
insbesondere verschiedene verhaltenswissenschaftliche Theorien.

7.1.3 Erklärungsansätze der menschlichen Reizwahrnehmung

Bevor Werbebotschaften überhaupt eine Beeinflussungswirkung entfalten können, ist es zunächst notwendig, dass diese Aufmerksamkeit erregen, um dann in dem von dem werbetreibenden Unternehmen beabsichtigten Sinn interpretiert zu werden. Ziel der Gestaltung von
Werbebotschaften und -mitteln ist es, solche Reize zu verwenden, die die Zielpersonen für
eine optimale Aufnahme und Verarbeitung der Informationen aktivieren (*Schweiger/Schrat-
tenecker* 2009, S. 211). Zur Erklärung der menschlichen Reizwahrnehmung hat die Psychologie
vier zentrale theoretische Ansätze formuliert (*Rosenstiel/Kirsch 1996; Schweiger/Schrattenecker*
2009, S. 213):

(1) Elementenpsychologie,
die ausgehend von einer umfassenden Wahrnehmung – die sich aus kleinsten, physischen
Elementen zusammensetzt –, Empfindungen in einem konstanten, berechenbaren Verhältnis
zur Stärke des physikalischen Reizes aus der Umwelt betrachtet.

(2) Gestaltpsychologie,
die sich mit verschiedenen Wahrnehmungsgesetzen, die von den physikalischen Reizgege-
benheiten unabhängig sind, beschäftigt.

(3) Ganzheitspsychologie,
die die Entstehung des Wahrnehmungsbildes aus ersten gefühlsmäßig getönten Anmutungen begründet.

(4) Wahrnehmungspsychologie,
die davon ausgeht, dass die Wahrnehmung von motivational und sozial bedingten Einstellungen beeinflusst wird.

Der jeweilige Aussagegehalt dieser theoretischen Erklärungsansätze wird nachfolgend im
Hinblick auf Fragestellungen der Werbemittelgestaltung überprüft.

7.1.3.1 Elementenpsychologie

Im Rahmen der **Elementenpsychologie** wird davon ausgegangen, dass die menschliche Wahrnehmung ausschließlich von physikalischen Reizen abhängig ist. Das Wahrnehmungsbild
ergibt sich aus der Summe der Empfindungen (klassische Konstanzsummenannahme), die
sich aus den kleinsten Elementen des Werbemittels zusammensetzen.

Weber und *Fechner* formulierten in diesem Zusammenhang folgende Gesetzmäßigkeiten zwischen äußeren Reizen und menschlichen Reaktionen: Werden äußere Reize kontinuierlich gesteigert, so unterliegt der Wahrnehmungszuwachs keinesfalls einer proportionalen Steigerung, sondern die Grenzwahrnehmung nimmt ab. Analoge Ergebnisse sind auch aus der Werbepsychologie gewonnen worden. Hier wurde der Zusammenhang zwischen der Größe einer Anzeige und deren Wirkung in der so genannten „Quadratwurzelregel" formalisiert (vgl. Schaubild III-B-78). Die Aufmerksamkeitswirkung ist mit der Verdopplung einer Anzeigengröße nicht doppelt so hoch und bei einer Halbierung nicht halb so gering. So resultiert beispielsweise aus einer 4-fach vergrößerten Anzeige lediglich eine 2-fache Wirkungssteigerung im Verhältnis zur Ursprungswirkung (*Schweiger/Schrattenecker* 2009, S. 213 f.).

Im Rahmen einer **kritischen Würdigung** des theoretischen Erklärungsbeitrages der Elementenpsychologie zur menschlichen Wahrnehmung von Werbemitteln gilt es festzuhalten, dass der unterstellte Reiz-Reaktions-Mechanismus nicht in der beschriebenen Form zutreffend ist. Neben der Größe des Werbemittels ist die Reizwahrnehmung durch die Zielpersonen in starkem Maße auch von der Gestaltungsgüte des Botschaftsinhaltes abhängig. Darüber hinaus ist die Reizaufnahme der betreffenden Zielperson – und hier zeigen sich die Grenzen der klassischen Konstantsummenannahme – auch durch nicht direkt werbebezogene Einflussgrößen determiniert. Dies zeigt sich etwa dann, wenn derselbe Reiz – also dasselbe Werbemittel – in Abhängigkeit bestimmter Markenkenntnisse aufgenommen oder abgelehnt wird. So ist beispielsweise die Kenntnis des Markennamens einer bestimmten Biermarke für einige Zielpersonen notwendige Voraussetzung für die Reizaufnahme des Werbemittels dieser Biermarke. Es wird deutlich, dass die Elementenpsychologie in ihrer Erklärung der Reizaufnahme auf die Integration des Phänomens der **selektiven Wahrnehmung** verzichtet und damit allenfalls in der Lage ist, „Wirkungstendenzen" der Werbemittelgestaltung offen zu legen.

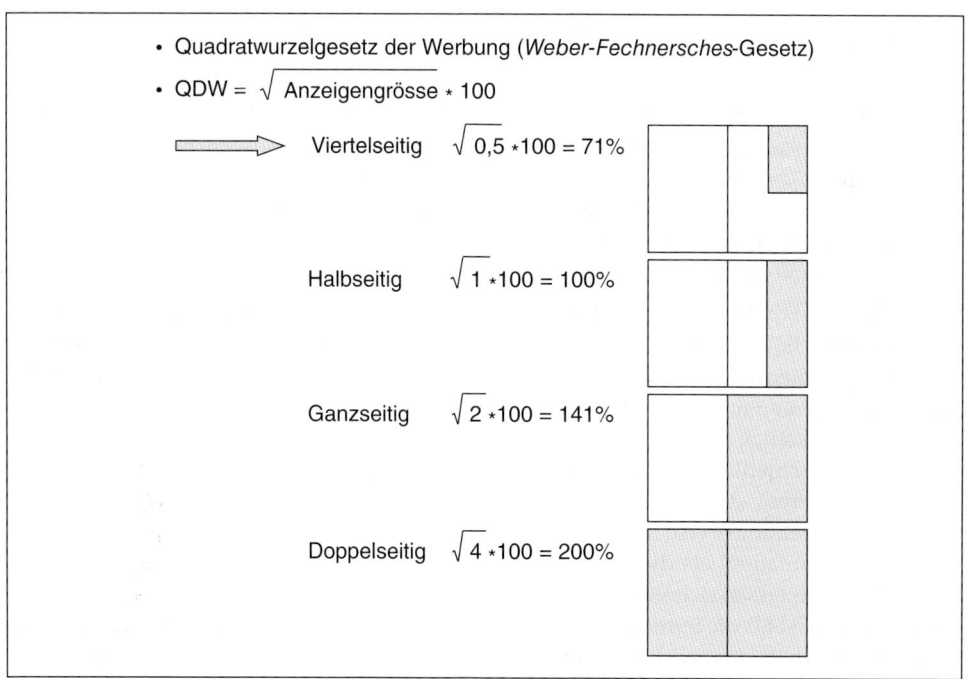

Schaubild III-B-78: Relation zwischen Anzeigengröße und Aufmerksamkeitszuwachs

7.1.3.2 Gestaltpsychologie

Einen zentralen Erklärungsansatz für die jeweilige Reizwahrnehmung bietet die im Jahre 1912 von *Max Wertheimer* begründete **Gestaltpsychologie**, die in verschiedene Richtungen diffundierte (*Dorsch/Häcker/Stapf* 2009). Auf die verschiedenen Schulen der Gestaltpsychologie (Berliner Schule, Österreichische Schule, Grazer Schule, Leipziger Schule) soll hier nicht eingegangen werden.

Die theoretischen Grundlagen der Gestaltpsychologie wurden überwiegend für das Gebiet der Wahrnehmung entwickelt und später auf weitere Gebiete der Psychologie übertragen, so etwa auf die Bereiche des Gedächtnisses, des Denkens, des Lernens, der Entwicklung und der Handlung. Die **Gestalttheorie** ist die Anwendung gestaltpsychologischer Überlegungen in der Physiologie, in erster Linie der Neurophysiologie. Dabei steht die Strukturgleichheit (Isomorphie) zwischen psychischen und physischen Prozessen im Vordergrund. Die gestaltpsychologischen Hypothesen im Bereich der Physiologie werden also der Gestalttheorie zugeordnet.

Demgegenüber sind die **Gestaltgesetze** (auch: Gestaltfaktoren) darauf ausgerichtet zu erklären, durch welche Faktoren die Wahrnehmung bestimmt wird. Sie sollen deutlich machen, welche Phänomene, Erscheinungen, Stimuli auf welche Weise als Einheit oder Gruppierung in räumlich-zeitlicher Präsentation wahrgenommen werden.

Im Rahmen der verhaltenswissenschaftlichen Analysen von kommunikativen Prozessen kommt der Gestaltpsychologie eine zentrale Bedeutung zu. Die Ursache ist darin zu sehen, dass die **Grundhypothese der Gestaltpsychologie** die Basis für die gesamte Betrachtung einer abgestimmten Werbemittelgestaltung darstellt. Die Gestaltpsychologie untersucht Gestalten, d. h. ein Ganzes, das zu seinen Teilen in bestimmten Relationen steht. Die Grundhypothese der Gestaltpsychologie lässt sich in dem folgenden kurzen Satz zusammenfassen:

> **„Das Ganze ist mehr als die Summe seiner Teile"**

In der Gestaltpsychologie bedeutet das „Ganze" die „Gestalt", die vom Menschen als Einheit wahrgenommen wird. Auf die Mediawerbung bezogen stellt das „Ganze" die Einheit des komplett gestalteten Werbemittels dar, d. h. das gesamte Erscheinungsbild des Werbeobjektes. In das „Ganze" beziehungsweise die „Einheit" haben sich die „Teile" – das sind die einzelnen Maßnahmen der Mediawerbung – zu integrieren. Durch die Wahrnehmung einer Gestalt – eines Ganzen beziehungsweise der Einheit – wird eine höhere Wirkung erreicht als durch die summierte Wahrnehmung des Einsatzes von einzelnen Teilen beziehungsweise einzelner Werbemaßnahmen.

Die Gestaltpsychologie beschäftigt sich mit Gestaltqualitäten und der Frage, nach welchen Kriterien Gestalten wahrgenommen werden. In diesem Zusammenhang ist das **Gestaltkriterium der Übersummativität** von herausragender Bedeutung. Es bedeutet, dass beispielsweise ein Musikstück sich nicht aus einer reinen Zusammenfassung (Summe) der einzelnen Töne der unterschiedlichen Musikinstrumente eines Orchesters ableiten lässt, sondern dass etwas „Besonderes", etwas „Neues" zu den einzelnen Elementen hinzutritt. Das Ganze des Orchesters beziehungsweise seine Wirkung ist also mehr (Übersummativität beziehungsweise Übersummation) als die Summe der einzelnen Musikinstrumente (Teile). In diesem Zusammenhang lassen sich viele andere Beispiele dafür finden, dass die Ganzheit in seiner Wirkung mehr ist als die Summe der Einzelteile. Hierbei wird z. B. oft auf die Leistung einer Fußballmannschaft verwiesen und darauf, dass es nicht ausreicht, die Summe der Einzelleistungen von Fußballspielern zu addieren, sondern dass das Ergebnis eine Übersummation oder Untersummation sein kann, die durch das jeweilige Zusammenspiel erreicht wird. Der

Begriff **„Ganzheit"** ist daher nicht gleichzusetzen mit dem Begriff der „Summation", denn die Beziehungen zwischen den Teilen wirken sich unmittelbar auf die Wahrnehmung des Ganzen aus: „Wenn Änderungen in einem Teil eines Systems die anderen Teile oder das ganze System nicht beeinflussen, so sind diese Teile voneinander unabhängig und stellen … einen ungeordneten ‚Haufen' dar, der nicht mehr ist als die Summe seiner Teile. Summation ist demnach die Antithese von Ganzheit, und man kann sagen, dass sich Systeme immer durch einen relativen Grad von Ganzheit auszeichnen" (*Watzlawick/Beavin/Jackson* 2000, S. 119).

Die im Rahmen der Gestaltpsychologie aufgestellten so genannten Gestaltgesetze sind vornehmlich in Zusammenhang mit einfachen optischen Figuren entwickelt worden. Diese optischen Figuren beziehungsweise optischen Gestalten bestehen hauptsächlich aus Punkten und Strichen beziehungsweise Linien. Dabei wurde der Frage nachgegangen, welche Gesetzmäßigkeiten sich bei der individuellen Wahrnehmung beobachten lassen und welche Aspekte förderlich sind, wenn Individuen versuchen, selbständige Einheiten zu erfassen. Schaubild III-B-79 veranschaulicht die verschiedenartige Wahrnehmung in Abhängigkeit der Veränderung eines Gestaltungselementes anhand eines Beispiels. Obwohl beide Strichgesichter, abgesehen vom Mund, identisch sind, werden sie vom Menschen in unterschiedlicher Art und Weise erlebt: das linke Gesicht als lustig, das rechte als traurig. Es wird deutlich, dass die Veränderung eines Teiles (hier: der Mund) auf die Wahrnehmung des Ganzen ausstrahlt. *Spiegel* bezeichnet diesen Vorgang, bei dem objektiv unveränderte Gegebenheiten in Abhängigkeit von objektiv veränderten Eigenschaften modifiziert wahrgenommen werden, als **Irradiation** (*Spiegel* 1970, S. 274). So hat beispielsweise eine Untersuchung am Ordinariat für Werbewissenschaft und Marktforschung an der Wirtschaftsuniversität Wien gezeigt, dass die Gestaltung von Etiketten auf Weißweinflaschen einen Einfluss auf das Geschmackserlebnis hat. Diese Gesetzmäßigkeiten bei der Wahrnehmung von Gestalten („Gestaltgesetze") dienen der Orientierung in der Umwelt. Da sich die Gestaltgesetze primär auf visuelle Phänomene konzentrieren, spricht man teilweise auch von den „Gesetzen des Sehens" (*Metzger* 2008). Allerdings wurden in der Zwischenzeit die Gestaltgesetze auch auf andere Wahrnehmungsfelder (z. B. Akustik) übertragen.

Die Fragestellungen der Wahrnehmungspsychologie sind in hohem Maße relevant für die Mediawerbung. Allerdings sind die Erkenntnisse der optischen Wahrnehmung im Rahmen der Gestaltgesetze auf die engeren Problemfelder der Gestaltung von Werbemitteln durch Unternehmen zu übertragen. Betrachtet man vor dem Hintergrund der Reizüberflutung und des vielfältigen und zahlreichen Einsatzes von Werbemitteln und -botschaften die Situation

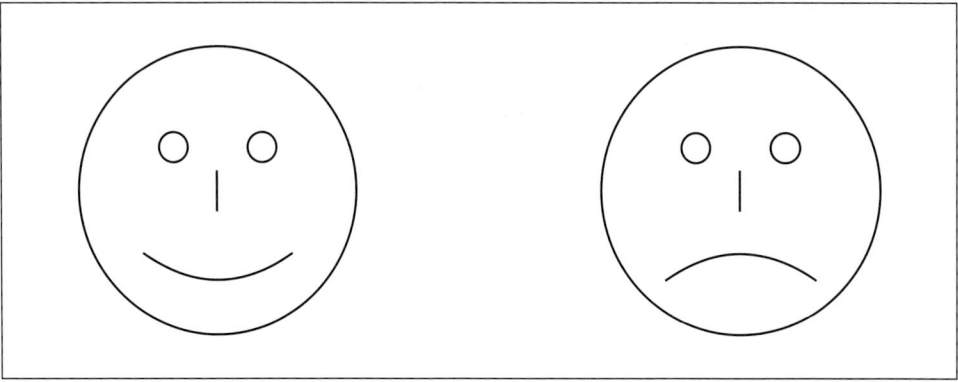

Schaubild III-B-79: Phänomen der Irradiation (Spiegel 1970, S. 274)

der Rezipienten, dann wird die Wahrnehmung von selbständigen Einheiten (beispielsweise Marken, Produkte, Unternehmen) erheblich erschwert. Daher ist es für die Werbemittelgestaltung bedeutsam, in Erfahrung zu bringen, welche Faktoren für die selbständige Wahrnehmung von Einheiten in der Umwelt förderlich sind und welche Gesetzmäßigkeiten in Form der Gestaltgesetze dabei zu beachten sind.

Bei den Gestaltgesetzen wird methodisch von **diskontinuierlichen Reizmustern** ausgegangen – ein Ausgangspunkt, der beispielsweise für den Bereich der Mediawerbung bei der Vielzahl der gesendeten Botschaften und Markenbilder typisch ist. Bei der Analyse der Gestaltpsychologie wird in zwei Schritten vorgegangen (*Metzger* 1966, S. 699 f.). In einem ersten Schritt wird betrachtet, wie einzelne Teile zu Gruppen zusammengefasst werden. Dieses dient der Analyse von Beziehungen zwischen Elementen. Im zweiten Schritt wird die Wahrnehmung von Einheiten betrachtet, also das Ergebnis der Wahrnehmung. Bei den Gestaltgesetzen kann man dabei die Gruppierung ohne weiteres auch als eine Analyse von Eigenschaften des entstehenden Ganzen betrachten.

In der Gestaltpsychologie wird zwischen einem allgemein gültigen Gesetz (Gesetz der guten Gestalt beziehungsweise Prägnanzprinzip) sowie in der Zwischenzeit 114 speziellen Gestaltgesetzen unterschieden (zu einer Darstellung verschiedener Gestaltgesetze vgl. im Folgenden z. B. *Wertheimer* 1923, 1925; *Köhler* 1928; *Helson* 1933; *Katz* 1969; *Metzger* 2008). Die speziellen Gestaltgesetze sind mehr oder weniger spezifische Auswirkungen des allgemein gültigen Prägnanzprinzips. Die wichtigsten Gestaltgesetze sollen im Folgenden für die Fragestellung der Werbemittelgestaltung interpretiert werden. Dabei werden fünf Gesetze in den Mittelpunkt gestellt.

(1) Gesetz der guten Gestalt – das Prägnanzprinzip

Das „Gesetz der guten Gestalt" verfügt über einen Allgemeingültigkeitsanspruch im Hinblick auf die Wahrnehmung bei jedem Individuum, unabhängig von seinen spezifischen Erfahrungseinflüssen. Es wird auch als „Prägnanzprinzip" bezeichnet. Das Prägnanzprinzip geht davon aus, dass bei der Wahrnehmung von Stimuli die „psychologische Organisation" nur so gut sein wird, wie es die „herrschenden Bedingungen" erlauben (*Koffka* 1935). Im zugrunde liegenden Kontext hat es das Ziel der Werbetreibenden zu sein, die herrschenden Bedingungen über die Werbemittelgestaltung so stark zu simplifizieren, dass das Werbemittel ohne großen gedanklichen Aufwand und schnell erkannt wird. Die Wahrnehmungspsychologie gibt Hinweise darauf, wie Gestalten (beziehungsweise Einheiten) gut zu erkennen sind.

> **Beispiel: Das Prägnanzprinzip**
>
> Das Prägnanzprinzip erläutert *Metzger* (2001, S. 109): „Die gegebenen Elemente schließen sich ... stets so zusammen, dass möglichst einfache, einheitliche (nach Material und Form möglichst glatte, ungebrochenen, organische), möglichst dichte (geballte), geschlossene, auf Dauer möglichst feste ..., ferner möglichst symmetrische, gleichgewichtete, ebenbreite, konzentrische usw. ..., endlich möglichst „vollständige" und untereinander ... gleichartige Ganzgebilde entstehen".

Gute Gestalten werden also immer dann leicht wahrgenommen, wenn sie bestimmte **Gestalteigenschaften** aufweisen. Dies sind im einzelnen (*Bruhn* 2009a, S. 46):

- Regelmäßigkeit,
- Symmetrie,
- Geschlossenheit,
- Einheitlichkeit,
- Ausgeglichenheit,
- Maximale Einfachheit,
- Knappheit.

Die Gestalteigenschaften lassen sich als **Anforderungen an die Prägnanz** der Werbemittelgestaltung formulieren: Die **Einheit eines zu gestaltenden Werbemittels** wird demnach um so prägnanter wahrgenommen, je regelmäßiger, symmetrischer, geschlossener, einheitlicher, ausgeglichener, einfacher und knapper die Werbebotschaft formuliert beziehungsweise gestaltet ist. Betrachtet man das Vorgehen von Unternehmen, die in den letzten Jahren ein prägnantes Markenbild in der Wahrnehmung ihrer Konsumenten erhalten haben (z. B. *Nivea, Milka, Maggi, Odol, Persil, Lucky Strike, Coca-Cola* usw.), dann wird deutlich, dass diese Marken letztlich durch die Einhaltung obiger Gestaltungsprinzipien diese klare Prägnanz erhalten haben. Durch den seit vielen Jahren einheitlichen Einsatz zentraler Elemente – z. B. in der TV- und Printwerbung, der Verpackung und dem sonstigen Markenauftritt – hat beispielsweise *Nivea* ein prägnantes Markenbild aufgebaut. Konsumenten assoziieren mit *Nivea* die Farben weiß-blau, den typischen Schriftzug, Duft, weiße Creme, vielleicht sogar Mutterliebe oder Strand (*Esch* 2010, S. 23).

Die Anforderungen an die Prägnanz scheinen vor dem Hintergrund der Informationsüberlastung in der Marktkommunikation eine **neue Aktualität** zu erhalten. Bei den in der Regel sehr flüchtigen Kontakten der Rezipienten mit den werblichen Botschaften können Werbemittel und damit die Botschaften von Marken und Unternehmen nur wahrgenommen werden, wenn sie über Eigenschaften verfügen, die eine prägnante Aufnahme durch die Rezipienten ermöglichen.

(2) Gesetz der Gleichartigkeit

Das Gesetz der Gleichartigkeit (auch genannt: Gesetz der Gleichheit, der Ähnlichkeit, der geringsten Inhomogenität) besagt, dass bei Vorlage verschiedenartiger Elemente beim Betrachter die Tendenz besteht, dass diese Einzelelemente zu Gruppen zusammenfasst werden. Eine zweite Tendenz besteht darin, dass Einzelelemente zusammengefasst werden, die in sich einheitlich sind. Die Gleichartigkeit beziehungsweise Ähnlichkeit kann sich auf unterschiedliche Eigenschaften der Teile beziehen, beispielsweise auf Größe, Form oder Farbe.

Wenn der Konsument zwischen einzelnen Gestaltungselementen innerhalb eines gestalteten Werbemittels große Unterschiede wahrnimmt, so besteht die Gefahr der „Aussonderung". In einem solchen Fall wird das gestaltete Werbemittel beziehungsweise die transportierte Botschaft nicht als Ganzes wahrgenommen, sondern es werden unterschiedliche Bilder gespeichert. Es bedarf keiner weiteren Erklärung, dass die Wahrnehmung vieler unterschiedlicher Bilder für den Konsumenten mit einem höheren gedanklichen Aufwand verbunden ist als die Rezeption eines (einheitlichen) Bildes. Die Wahrscheinlichkeit der Wahrnehmung eines Einheitlichkeit ausstrahlenden Werbemittels ist höher als die Aufnahmewahrscheinlichkeit eines diffus gestalteten Werbemittels. Eine Gleichartigkeit in der Wahrnehmung kann dadurch gefördert werden, dass zwischen einzelnen Gestaltungselementen Verbindungslinien hergestellt werden. Dies kann durch die Verwendung gleicher – oder zumindest ähnlicher – Formen, Farben, Formate sowie inhaltlicher Aussagen erfolgen. Bei der Interpretation des Gesetzes der Gleichartigkeit ist zu berücksichtigen, dass dieses Gesetz unter allen Gestaltgesetzen eine gewisse Sonderstellung einnimmt. Diese besteht darin, dass die im Weiteren zu diskutierenden Gestaltgesetze voraussetzen, dass das Gesetz der Gleichartigkeit seine Wirkung erzielt hat. Erst wenn es durch die Wahrnehmung einen „Qualitätssprung" gegeben hat, d. h., wenn homogene Einheiten als eine Ganzheit wahrgenommen werden, kommen die im Folgenden zu diskutierenden Gestaltgesetze zum Tragen.

(3) Gesetz der Nähe

Das Gesetz der Nähe (auch genannt: Gesetz der größten Dichte, des kleinsten Abstandes) besagt, dass ein Individuum bei verschiedenen Reizen versuchen wird, eine Zusammenfassung der einzelnen Teile zu einem Ganzen vorzunehmen. Die einzelnen Teile – obwohl sie voneinander getrennt sind – schließen sich zu einem Ganzen. Das menschliche Auge ist dabei bestrebt, die Abstände zwischen den einzelnen Teilen möglichst gering zu halten und bei der Zusammenfassung von räumlichen, zeitlichen oder qualitativ ähnlichen Reizen eine möglichst dichte Einheit wahrzunehmen.

Für die zielorientierte Gestaltung von Werbemitteln ergeben sich durch das Gesetz der Nähe interessante Erklärungsansätze. Wenn Individuen ähnliche Reize, die nah beisammen sind, als Einheit wahrnehmen, hat das werbetreibende Unternehmen dafür Sorge zu tragen, dass die zentralen Elemente der Kommunikation (z. B. Logos, Bilder, Headlines, Slogans usw.) im Rahmen der Werbemittelgestaltung als zusammengefasste Einheit präsentiert werden. Werden wichtige Bestandteile der Kommunikation regelmäßig räumlich und zeitlich eng beisammen präsentiert, so ist zu erwarten, dass sie von den Rezipienten im Laufe der Zeit gelernt und auch als Einheit dauerhaft wahrgenommen werden.

(4) Gesetz der Geschlossenheit

Das Gesetz der Geschlossenheit bezieht sich auf die Wahrnehmung von geschlossenen und offenen Flächen. Wenn Flächen geschlossen dargestellt sind, werden sie eher als Einheit wahrgenommen als Flächen, die offen sind: „Linien, die eine Fläche umschließen, werden unter ansonsten gleichen Umständen leichter als eine Einheit aufgefasst als diejenigen, die sich nicht zusammenschließen" (*Katz* 1969, S. 35).

Im Rahmen gestalterischer Fragestellungen bedeutet dies, dass Werbemittel leichter wahrgenommen werden, wenn sie Gestaltungsmuster enthalten, die mittels bestimmter Zeichnungen oder Piktogramme, wie z. B. einen Kreis oder ein Quadrat, in sich geschlossen sind. In diesem Zusammenhang kann auch von der Gestaltfestigkeit eines Werbemittels gesprochen werden (*Kroeber-Riel* 1993, S. 78). Je geschlossener einzelne Darstellungsmuster des Werbemittels sind, desto fester beziehungsweise einprägsamer ist das Werbemittel für die Konsumenten.

(5) Gesetz der Erfahrung

Nach dem Gesetz der Erfahrung werden Einheiten leichter und schneller wahrgenommen, wenn die Teile dem individuellen Erfahrungsbereich entstammen. Deshalb werden Gestalten eher wahrgenommen, wenn sie aus anderen Bereichen weitgehend bekannt sind (z. B. Wörter, Zeichnungen, Piktogramme, Natur).

Die Aufnahmewahrscheinlichkeit von Werbemitteln steigt demnach mit zunehmendem Affinitätsgrad zwischen Bestandteilen des Werbemittels und persönlichem Erfahrungsschatz. Die Werbemittelgestaltung hat sich damit weniger auf unternehmensbezogene Argumentationen und Bilder (z. B. Produktzentriertheit) auszurichten als vielmehr konsumentenbezogene Erfahrungen in den Mittelpunkt zu stellen. Dies kann beispielsweise durch eine Integration persönlicher Erfahrungsmomente der Zielpersonen in die Botschaftsgestaltung erfolgen. Weiterhin macht das Gesetz der Erfahrung deutlich, dass eine **Kontinuität** in der Sendung werblicher Signale und damit in der Werbemittelgestaltung zu gewährleisten ist. Nur wenn nicht ständig wechselnde Stimuli gesendet werden, sondern kontinuierlich dieselben Bilder und Slogans zum Einsatz kommen, können sie in den Erfahrungsschatz des Rezipienten aufgenommen und somit einfacher und schneller wahrgenommen werden.

Exkurs: Zusammenfassende Interpretation der Gestaltgesetze
Metzger fasst seine Interpretation der Gestaltgesetze über die Art, wie die Sinnesorgane (hauptsächlich Auge und Ohr) auf Stimuli reagieren, in folgende allgemeinen Sätze zusammen (*Metzger* 1966, S. 710 f. 2008):

Die sachliche Beschaffenheit des Gegebenen selbst entscheidet über die Bildung von umfassenderen Einheiten irgendwelcher Art, über Grenzverlauf, Gliederung und Gruppierung.

Für die Bildung von Einheiten ist das gegenseitige Verhältnis maßgeblich, das inhaltliche Zueinander des Gegebenen: Natürlicherweise erscheint zusammengeschlossen, was seiner Natur nach zusammengehört; d.h., die natürliche Einheitsbildung ist sinnvoll.

Die Art des natürlichen Zusammenschlusses lässt sich allgemein nur von Gestalt-Eigenschaften der durch ihn entstehenden Ganzen und Gruppengebilde her verstehen: Der Zusammenschluss erfolgt derart, dass die entstehenden Ganzen in irgendeiner Weise von anderen denkbaren Einteilungen gestaltlich ausgezeichnet sind.

Ob das Bestehen eines gewissen Sachverhältnisses zur Bildung eines entsprechenden Ganzen führt oder nicht, hängt in hohem Maße von der Gesamtheit der Sachverhältnisse in der näheren und weiteren Umgebung ab.

Widerstreiten sich die Sachverhältnisse im engeren und weiteren Bereich, so stellt sich – innerhalb der Grenzen der Überschaubarkeit und des subjektiv erfassten Bereichs – der tatsächliche Zusammenhang so her, dass das im umfassenderen Bereich Sinnvolle den Ausschlag gibt. Gesetzmäßigkeiten, die an einfacheren Mannigfaltigkeiten abgeleitet sind, können daher nicht ohne weiteres auf komplexere übertragen werden.

Die Wahrnehmung kennt keine vorgegebenen „Elemente"; es gibt keine punktuellen „Einzelempfindungen", die auf örtlichen „Einzelreizen" beruhen. Die etwa vorzufindenden kleinsten Teile … entstehen laufend neu aus der augenblicklichen Gesamtbedingungslage, nach denselben Gesetzen wie die Gruppen, in die sie allenfalls zusammentreten, und nur dort, wo sich nah dem Gesetz der Gleichartigkeit entsprechend verlaufende Grenzen bilden.

Die Ausführungen über die Gestaltpsychologie und die Gestaltgesetze machen deutlich, dass es einige zentrale Prinzipien gibt, nach denen Gestalten (z.B. Unternehmensbilder oder Marken) als Ganzes wahrgenommen werden. Diese Erkenntnisse dokumentieren aus verhaltenswissenschaftlicher Sicht die Notwendigkeit einer integrierten und in sich geschlossenen Werbemittelgestaltung. Die gestaltpsychologischen Gesetzmäßigkeiten gilt es nicht nur bei der Gestaltung von Logos, Slogans und Bildern von Marken oder Unternehmen zu berücksichtigen, sondern auch bei dem Bemühen, eine prägnante Wahrnehmung von Einheiten durch die Rezipienten im Rahmen der **Integrierten Kommunikation** zu erreichen. Dies gilt nicht nur für die Einhaltung der formalen Gestaltungsprinzipien, sondern auch für die Einhaltung beziehungsweise Konsistenz von inhaltlichen Aussagen über ein Unternehmen oder eine Marke. Etwas Ganzes ergibt sich also auch für den Botschaftsinhalt. Bei der Vielzahl der gesendeten Bilder und Botschaften ist es notwendig, beim Auftritt der unterschiedlichen Kommunikationsinstrumente und der einzelnen werblichen Mittel intensiv die einheitliche Wahrnehmung aufgrund der Gestaltgesetze zu berücksichtigen.

Darüber hinaus verfügt die Integrierte Kommunikation über eine besondere **Gestaltqualität**. Aufgrund des Gestaltkriteriums der Übersummation ist das Ganze mehr als die Summe seiner Teile. Bei der Integrierten Kommunikation geht es also nicht nur um die Schaffung einer möglichst prägnanten Gestalt beziehungsweise Einheit, sondern durch die Einheit ist ein „Zusatznutzen", ein „Mehrwert", etwas „Besonderes", „Neues" und „Einzigartiges" in der Kommunikation zu schaffen. Durch die Schaffung einer besonderen Gestaltqualität durch die Integrierte Kommunikation können Vorteile im Kommunikationswettbewerb erzielt werden.

7.1.3.3 Ganzheitspsychologie

Die **Ganzheitspsychologie** stellt den Einfluss **menschlicher Gefühle** auf die Reizwahrnehmung in den Mittelpunkt analytischer Überlegungen. Gefühle stehen dabei in Beziehung zu allen Gedächtnisvariablen, insbesondere aber der Wahrnehmung. Nach der Ganzheitspsychologie sind menschliche Wahrnehmungen nicht plötzlich da, sondern entstehen allmählich. Man spricht in diesem Zusammenhang auch von der **Aktualgenese** oder dem Entstehungsprozess der Wahrnehmung. Gemäß dieser theoretischen Auffassung entsteht das **Wahrnehmungsbild** des Konsumenten aus einer Vielzahl diffuser, gefühlsgeladener „Vorgestalten" (*Schweiger/Schrattenecker* 2009, S. 202). Diese verschwommenen ersten Eindrücke sind im Langzeitgedächtnis des Konsumenten nicht präsent, bestimmen aber sein Wahrnehmungsbild. Spontane Anziehung oder Abneigung, für die Konsumenten selbst bei hohem kognitiven Aufwand keine Erklärung finden, haben hier möglicherweise ihren Ursprung.

Aus ganzheitspsychologischer Sichtweise sind die gestalteten Werbemittel dahingehend zu überprüfen, ob sie unter dem Gesichtspunkt der **ersten Anmutungen** ausgewogen beziehungsweise mit dem angestrebten endgültigen **Wahrnehmungsbildern** konform gehen. So sind Werbemittel, die spontan als negativ oder gar abstoßend empfunden werden, generell zu verwerfen. Dies gilt auch für den Fall, dass die Konsumenten das Werbemittel nach einer bewussten Gegenstandsbeurteilung als positiv bewerten. Die Begründung der Ablehnung im nachhinein positiv beurteilter Werbemittel liegt in der kontinuierlich zunehmenden Reizüberflutung, der die Konsumenten ausgesetzt sind. Konsumenten sind „quasi" gezwungen, eine Vielzahl von Werbemitteln nur oberflächlich beziehungsweise beiläufig wahrzunehmen. Hier entscheiden die ersten Anmutungen über die bewusste Zuwendung zu einem Werbemittel. Wird dem Werbemittel bewusste Aufmerksamkeit geschenkt, so ist im Rahmen der Werbemittelgestaltung darauf zu achten, dass der Konsument keine **kognitive „Richtungsänderung"** vorzunehmen hat. Die Anmutungen sind daher bereits in Richtung der anvisierten Ziele der Mediawerbung zu weisen. *Spiegel* führt in diesem Zusammenhang folgendes Beispiel für zieldivergierende Anmutungen in Bezug auf Werbemittel an (*Spiegel* 1970, S. 61):

> **Beispiel: Zieldivergierende Anmutungen in Bezug auf Werbemittel**
> In einem Inserat für Weinbrand wurde eine sonnige, malerische Landschaft mit einem altertümlichen Eisenbahnzug, der Weinfässer transportierte, dargestellt. Die ersten Anmutungen gingen jedoch eindeutig – und unerwünscht – in Richtung „Industrielandschaft". Erst als der weiße Dampf der Lokomotive entfernt wurde, blieb diese Fehlanmutung aus.
>
> Der weiße Dampf der Lokomotive wurde innerhalb diffuser „Vorgestalten" in Bezug auf das Werbemittel in dem Maße „industriell" erlebt, wie es angesichts der „Rührung" ausstrahlenden alten Lokomotive nicht zu erwarten war.

Allgemein gültige Regeln für die gestalterische Arbeit im Hinblick auf zielorientierte Anmutungswirkungen sind durch die Vielzahl auf Anmutungen einwirkende Einflussgrößen kaum ableitbar. So nehmen kulturelle Prägungen, soziale Normen und individuelle Erfahrungsgrößen Einfluss auf die frühesten Wahrnehmungen und machen sie daher kaum abschätzbar. Der einzig sichere Weg ist eine empirische Prüfung der jeweiligen Entwürfe durch so genannte **„Werbemitteltests"**, im Rahmen derer die Anmutungswirkungen von Werbemitteln anhand einer möglichst repräsentativen Versuchsgruppe überprüft werden.

7.1.3.4 *Wahrnehmungspsychologie*

Die **motivationsbedingte Wahrnehmung**, gelegentlich auch als soziale Wahrnehmung (Social Perception) bezeichnet, besagt, dass die Wahrnehmung ein Kompromiss aus den objektiven Informationen der Umwelt sowie der Motivation und den sozial bedingten Einstellungen des Menschen ist (*Schweiger/Schrattenecker* 2009, S. 224). In Anlehnung an den sozialtechnischen Leitsatz – „Die Werbung kann sich nicht an einem einheitlichen Wirkungsmuster orientieren" – werden durch den Erklärungsansatz der sozialen Wahrnehmung umfeld- und persönlichkeitsbezogene Bedingungen in die Analysen zur Wirkung von Werbemitteln mit einbezogen. Im Rahmen der selektiven Wahrnehmung sehen Konsumenten grundsätzlich das leichter, was sie sehen wollen beziehungsweise schwerer, was sie nicht sehen wollen. *Aaker* und *Myers* (1975, S. 273 ff.) führen vier Hauptmotive an, warum Menschen Informationen aufnehmen wollen:

(1) Informationen stiften einen Nutzen, beispielsweise indem sie die Entscheidung erleichtern,
(2) Informationen bestätigen die eigenen Einstellungen, Meinungen und Erwartungen, damit kognitive Dissonanz vermieden beziehungsweise abgebaut wird,
(3) Informationen stimulieren und aktivieren,
(4) Informationen interessieren Menschen persönlich beziehungsweise tragen zur Erweiterung der eigenen Persönlichkeit bei.

Für die Werbemittelgestaltung ergibt sich damit ein Konflikt zwischen Konsistenz und Komplexität. Zum einen ist es notwendig, dass die Werbebotschaft den Erwartungen entspricht und den Rezipienten vertraut ist, zum anderen ist jedoch Langeweile durch möglichst neue und überraschende Reize zu vermeiden. Welche Richtung im Rahmen der Werbemittelgestaltung gewählt wird, hängt letztlich von der Persönlichkeit der anzusprechenden Personen und der Situation ab.

7.1.4 Einsatz von Sozialtechniken

Wie alle Aktivitäten im Rahmen der zugrunde liegenden Werbekampagne hat auch die Werbemittelgestaltung durch eine konsequente Ausrichtung auf die Ziele der Mediawerbung gekennzeichnet zu sein. Dazu ist es notwendig, Techniken zu entwickeln, die eine möglichst exakte Prognose erzielbarer Werbewirkungen in Abhängigkeit der Werbemittelgestaltungen ermöglichen (*Kroeber-Riel/Esch* 2004, S. 135 ff.). In der Praxis sind die meisten solcher Techniken aus der Erfahrung abgeleitet oder entstammen dem Gespür des jeweiligen Werbemittelgestalters. Die Erkenntnis, dass es möglich ist, einer zielorientierten Verhaltensbeeinflussung der Zielpersonen wissenschaftlich erarbeitete Gesetzmäßigkeiten zugrunde zu legen, ist vielen Praktikern fremd oder zu unsicher. Die Möglichkeit der Verhaltensbeeinflussung durch eine auf Erfahrungswerten und Fingerzeigen aufbauenden Werbemittelgestaltung steht zwar außer Frage, die geforderte Orientierung an formulierten Zielen der Mediawerbung erfolgt dadurch jedoch mehr oder weniger zufällig.

Als Ausgangspunkt einer zielorientierten Werbemittelgestaltung bieten sich die dargestellten Erkenntnisse aus der verhaltens- und sozialwissenschaftlichen Forschung zur menschlichen Reizwahrnehmung an, die für die kreative Arbeit Handlungsrahmen, Entscheidungshilfen und Kontrollmöglichkeiten gleichermaßen darstellen. Die Nutzung derartiger Erkenntnisse kann über den **Einsatz von Sozialtechniken** erfolgen. Unter der Sozialtechnik ist die **systematische Anwendung** von sozial- oder verhaltenswissenschaftlichen Gesetzmäßigkeiten zur Gestaltung der sozialen Umwelt, insbesondere zur Beeinflussung von Menschen, zu verstehen (*Kroeber-Riel/Esch* 2004, S. 135).

Beispiel: Nutzung der Sozialtechnik

Ein Unternehmen verfolgt die werbliche Zielsetzung, die positiven Einstellungen der Zielpersonen zur beworbenen Marke (Zielinhalt) zu erhöhen. Es stellt sich die Frage, wie eine zielorientierte Werbemittelgestaltung auszurichten ist (*Kroeber-Riel/Esch* 2004, S. 137). Nach verhaltenswissenschaftlichen Erkenntnissen entsteht nur dann eine positive Einstellung zur Marke, wenn Konsumenten Bedürfnisse haben, die durch den Erwerb des Produktes erfüllt werden können, und Konsumenten die Marke aufgrund ihrer Eigenschaften für geeignet halten, diese Bedürfnisse zu befriedigen.

Daher ist es zum Erreichen einer positiven Einstellung zu der Marke sinnvoll, nach folgendem sozialtechnischen Muster zu verfahren:

- Appell an ein Bedürfnis (z. B. Sicherheit beim Autofahren) und
- Aufzeigen der Eignung der Marke, dass sie dieses Bedürfnis befriedigen kann (z. B. „*Volvo* ist ein sicheres Auto").

Schaubild III-B-80 zeigt eine Übersicht derjenigen Verhaltensweisen oder Teilwirkungen, die am häufigsten von den eingesetzten Sozialtechniken der Mediawerbung angesprochen werden (*Kroeber-Riel/Esch* 2004, S. 142). Da die Mediawerbung vorrangig auf die Beeinflussung von Meinungen, Einstellungen und dem Verhalten von Menschen zielt, ist die Kenntnis der Gesetzmäßigkeiten zur Abschätzung der Wirkungen der geplanten Werbemittelgestaltung notwendig (*Schweiger/Schrattenecker* 2005, 2009). Daher ist es zweckmäßig, die Werbemittelgestaltung an bestimmten **sozialtechnischen Mustern** – auf die im Folgenden beispielhaft eingegangen wird – auszurichten und bestimmte Regeln zu berücksichtigen, damit die gewünschten Beeinflussungserfolge eintreten (vgl. zu einer ausführlichen Darstellung der Sozialtechniken *Kroeber-Riel/Esch* 2004; *Kroeber-Riel/Weinberg/Gröppel-Klein* 2009).

Durch eine steigende Informationsflut – zu deren Steigerung die Mediawerbung selbst in erheblichem Maße beiträgt – und die dadurch entstehende Informationsüberlastung der Rezipienten, setzen sich nur solche Werbebotschaften durch, die stärker auffallen als die konkurrierenden Werbebotschaften. Darüber hinaus verlangt das häufig geringe Involvement, mit dem Konsumenten den Werbebotschaften und -mitteln begegnen – beispielsweise das

*Schaubild III-B-80: Wirkungen und Beeinflussungstechniken der Mediawerbung
(in Anlehnung an Kroeber-Riel/Esch 2004, S. 142)*

flüchtige Durchblättern einer Zeitschrift oder die geringe Aufmerksamkeit bei Spots in der Radio- und Fernsehwerbung – Auffälligkeit in der Werbemittelgestaltung.

Um einen **Kontakt herzustellen** und diesen zu nutzen, sind bei der Werbemittelgestaltung daher **Aktivierungstechniken** einzusetzen (vgl. auch Abschnitt III-B-7.3.2). Die Aktivierung – als ein Zustand vorübergehender oder anhaltender innerer Erregung (*Trommsdorff* 2009, S. 50) führt dazu, dass sich der Empfänger einem Reiz zuwendet (Kontaktwirkung). Je größer die Aktivierungskraft eines Werbemittels ist, desto größer wird dessen Chance sein, unter den konkurrierenden Werbemitteln beachtet zu werden. Dabei sind **drei Techniken zur gezielten Aktivierung** des Empfängers einzusetzen:

(1) Nutzung **physisch intensiver Reize** durch den Einsatz bestimmter Farben, Größen, Töne, Bewegung, Licht usw. Vor allem Signalfarben (z. B. Rot) haben eine hohe Aktivierungskraft. Es besteht weitgehend Einigkeit, dass Farben prinzipiell einen positiven Einfluss auf die Werbewirkung haben und bei bestimmten Produktgruppen (z. B. Kosmetika oder Lebensmittel) der Einsatz von Farben wichtiger ist als bei anderen. Farbpräferenzen sind zudem personenspezifisch, beispielsweise bevorzugen Frauen die Farbe Rot, während Männer die Farbe Blau als ansprechend empfinden (*Mayerhofer/Kanter/Rührer* 2003, S. 8). Sowohl die Betrachtungsdauer als auch die Betrachtungswahrscheinlichkeit von Anzeigen nehmen mit steigender Anzeigengröße zu. Untersuchungen haben zudem gezeigt, dass das Image der Anzeige positiv durch größere Formate beeinflusst wird (*Homer et al.* 1996) und größere Anzeigen zu höheren Werten der meisten Werbewirkungsindikatoren führen (vgl. *Jurmann/Steger* 2000). Darüber hinaus wirken dynamische Elemente (beispielsweise ein sich über den PC-Bildschirm bewegendes Online-Banner oder Bewegung zu Beginn eines TV-Spots) aktivierender als statische Elemente (*Weinberg/Diehl/Terluttes* 2003, S. 27).

(2) Verwendung **emotionaler Reize** um die Aufmerksamkeit der Rezipienten zu gewinnen. Besonders zuverlässig wirken Schlüsselreize, die biologisch vorprogrammierte Reaktionen auslösen und die Rezipienten weitgehend automatisch aktivieren (*Kroeber-Riel/Weinberg/Gröppel-Klein* 2009, S. 80). Typische Schlüsselreize sind beispielsweise das Kindchenschema (großer Kopf, große Augen und eine hohe Stirn), Tieraufnahmen, schöne Landschaften und erotische Reize. In der Literatur besteht Einigkeit darüber, dass erotische Reize eine Möglichkeit darstellen, starke Aufmerksamkeit und Aktivierung der Rezipienten zu erreichen und diese Reize sich im Vergleich zu anderen weniger abnutzen. Als problematisch ist beim Einsatz erotischer Reize jedoch zu erachten, dass die Aktivierung nicht immer eine positive ist und zudem nicht automatisch einen positiven Einfluss auf die Werbewirkung hat, da diese häufig dazu führen, dass sich die Rezipienten weniger mit der Werbebotschaft auseinander setzen (so genannter „Vampireffekt") (*Mayerhofer/Kanter/Rührer* 2003, S. 10).

(3) Einsatz neuer und überraschender Reize, die **kognitive Reizwirkungen** erzielen. Diese können beispielsweise durch Humor, Widersprüche oder Verfremdungen ausgelöst werden. Insert III-B-53 zeigt eine Printanzeige der Bäckerei *Dat Backhus Heinz Bräuer & Co KG*, in der ein kognitiver Reiz durch die Werbemittelgestaltung erzeugt wird. Aufgrund der Neuartigkeit oder Überraschung wird die menschliche Informationsverarbeitung vor eine Herausforderung gestellt, was schließlich zur Aktivierung führt. Es ist jedoch zu beachten, dass derartige Verfremdungstechniken den emotionalen Aktivierungstechniken unterlegen sind, weil sie sich bei Wiederholungen abnutzen oder nachteilige Assoziationen (Lächerlichkeit, Übertreibung usw.) die Positionierung des Werbeobjektes erschweren (*Kroeber-Riel/Weinberg/Gröppel-Klein* 2009).

Der Einsatz stark aktivierender Reize in der Werbemittelgestaltung kann von Risiken, beispielsweise Ablenkungsgefahren oder Irritationen (z. B. durch aufdringlich empfundene phy-

Insert III-B-53: Erzeugung eines überraschenden Reizes in einer Anzeige von „Dat Backhus"
(Springer & Jacoby Werbeagentur GmbH & Co KG 2004)

sische Reize oder peinliche und geschmacklose, überraschende sowie emotionale Reize) begleitet werden. Diese Risiken beeinträchtigen die Akzeptanz- und Überzeugungswirkungen der Mediawerbung, vor allem die Auswirkungen auf die inneren Wirkungen, die zum Kauf führen (*Kroeber-Riel/Esch* 2004, S. 236).

Die Werbemittelgestaltung kann die Kontaktbarrieren zudem durch eine weitere Sozialtechnik, die so genannte **Frequenztechnik**, überwinden. Je öfter die Werbemittel dargeboten werden (hohe Schaltfrequenz), umso größer ist die Chance, dass sie von den Rezipienten bemerkt werden. Dabei ist zu beachten, dass weniger aktivierende Werbung häufiger zu schalten ist, um so viele Kontakte wie stark aktivierende Werbung zu erreichen (vgl. zur Kontaktfrequenz als Einflussfaktor der Werbemittelwirkung Abschnitt III-B-7.3.3). Im Zusammenhang mit der Frequenz von Werbemitteln und -botschaften ist das Zusammenspiel verschiedener Medien zu berücksichtigen. Ist es das Ziel, möglichst viele Kontakte zu generieren, so ist es zweckmäßig, die verschiedenen Eindrücke, die die unterschiedlichen Medien vermitteln, zu vereinheitlichen. Hierbei hat sich die Werbemittelgestaltung verbaler, visueller und akustischer Erkennungsformeln zu bedienen, beispielsweise die Verwendung einer einheitlichen Kernmelodie beziehungsweise Jingles (Key Sound, Corporate Sound) in Radio-Spots, Online-Werbung und TV-Spots oder die Übernahme visueller Schlüsselelemente in allen Werbemitteln.

Die dargestellten Techniken sind entscheidend dafür, in welchem Ausmaß Rezipienten den Kontakt wirksam nutzen und wie effizient im Folgenden die angebotenen Informationen in der Nutzungszeit verarbeitet und gespeichert werden. Ziel hat es zu sein, durch den Kontakt mit dem Werbemittel genügend Aufmerksamkeit zu erzeugen, dass zumindest die **Schlüsselinformationen** aufgenommen werden. Erst durch diese kann das Ziel des Verständnisses, der Speicherung und Verhaltenswirksamkeit der Werbebotschaft erreicht werden. (vgl. zu einer

Zusammenfassung der aktivierungstheoretischen Ergebnisse für sozialtechnische Zwecke *Kroeber-Riel/Weinberg/Gröppel-Klein* 2009, S. 97 f.). Bei der Informationsaufnahme und dem Einsatz der Aktivierungs- und Frequenztechniken sind jedoch die Stärke des Involvements und die Modalitäten als Einflussfaktoren der Werbemittelgestaltung zu beachten, auf die in Abschnitt III-B-7.3.1. beziehungsweise III-B-7.3.2 näher eingegangen wird.

Aus den Erkenntnissen zur **Informationsverarbeitung** lassen sich weitere Sozialtechniken ableiten, die bei der Gestaltung von Werbemitteln angewendet werden können. Schaubild III-B-81 zeigt am Beispiel der Fernsehwerbung unterschiedliche Sozialtechniken sowie deren Konsequenzen für die Gestaltung des Werbemittels (*Weinberg/Diehl/Terluttes* 2003, S. 78 ff.).

Als ein grundlegender Baustein für jede komplexe menschliche Informationsverarbeitung wird in der gegenwärtigen Psychologie das **Schemata** aufgefasst (*Kroeber-Riel/Weinberg/Gröppel-Klein* 2009, S. 282 ff.). Diese vereinfachen Denkvorgänge, erlauben eine schnelle Verarbeitung sowie ein schnelles Verständnis neuer Informationen – selbst bei geringer Aufmerksamkeit der Rezipienten – und organisieren damit die **Informationsspeicherung**. Die Wahrnehmung von Werbemitteln wird durch Schemata gesteuert, die sich auf Personen, Sachverhalte oder Erlebnisse beziehen können (vgl. zu unterschiedlichen gedanklichen Schemata *Kroeber-Riel/Weinberg/Gröppel-Klein* 2009, S. 283 ff.). Durch die Schemaansprache schließt der Konsument auf das Vorhandensein ganz bestimmter Eigenschaften (beispielsweise Innovativität, Vertrauenswürdigkeit, Zuverlässigkeit, Erlebnisse, Qualität, Preis usw.), auch wenn

Aus den Erkenntnissen zur Informations-verarbeitung abgeleitete Sozialtechniken	Folgerungen für die Fernsehwerbung
Wahrnehmung ist immer subjektiv, d.h. es genügt nicht, objektive Leistungen anzubieten. Es ist daher anzustreben, dass diese Leistungen wahrgenommen werden.	Es ist zu überprüfen, wie die Leistungen vom Konsumenten wahrgenommen werden und ob die Leistungen, die zu kommunizieren sind, übereinstimmen.
Irrelevante Reize, die keine Gefühle oder Bedürfnisse ansprechen, werden bei der Wahrnehmung benachteiligt. Angenehme Reize werden bevorzugt, unangenehme Reize gemieden.	Den Konsumenten sind Reize zu bieten, die ihren Bedürfnissen und Wünschen entsprechen. Es sind angenehme Reize abzubilden, beispielsweise in einem TV-Spot Personen, schöne Landschaften, Erlebnisszenen, die den Betrachter ansprechen.
Konsumenten orientieren sich an Schlüsselinformationen, diese sind für die Beurteilung besonders wichtig und bündeln oder substituieren mehrere andere Informationen.	Die Schlüsselinformationen sind klar und gut einprägsam herauszustellen, z.B. der Markenname, der Preis, Prüf- oder Gütesiegel (Qualitätsurteile der *Stiftung Warentest*, *Bioland Prüfsiegel*) usw.
Emotionale Umfeldinformationen schaffen ein attraktives Wahrnehmungs-klima und lenken die Werbemittelwahrnehmung in die gewünschte Richtung. Bei low-involvierten Konsumenten ist das Gefallen des Werbemittels wichtiger als das Verstehen/Informieren.	Bei der Fernsehwerbung sind Konsumenten häufig nur low-involviert, daher sind emotionale Reize zu wählen, die zum Produkt/Marke in engem Bezug stehen und die Wahrnehmung unterstützen.
Dargebotene Reize sind auf die beim Konsumenten vorhandenen Schemata abzustimmen (Anpassungsstrategie) oder die Schemata der Konsumenten sind für die Beurteilung zu ändern (Änderungsstrategie).	Das Umfeld der Marken-/Produktdarbietung ist je nach gewählter Strategie derart zu gestalten, dass Elemente des vorhandenen oder gewünschten Marken-/Produktschemas abgebildet werden. Das umfasst die Auswahl der Personen, Gegenstände usw.
Ein bekannter Markenname aktiviert ein Markenschema und beeinflusst damit die gesamte Wahrnehmung.	Es ist ein positives und bekanntes Marken- oder Unternehmensimage zu erzeugen und dafür zu sorgen, dass die Fernsehwerbung dieses Schema anspricht.
Es gibt Verzerrungen in der subjektiven Urteilsbildung, da die Beurteilung durch Emotionen unbewusst in eine bestimmte Richtung gelenkt, durch verfestigende Vorurteile (Schema) bestimmt sowie von intuitiven Schlüssen in einer formal-logisch nicht nachvollziehbaren Weise beeinflusst wird.	Einsatz von angenehmen, emotionalen Reizen, da auch rationale und überlegte Urteile subjektiven Einflüssen unterliegen. Emotionale Reize können die Wahrnehmung in eine bestimmte Richtung lenken und die Schemata des Konsumenten ansprechen.
Konsumenten neigen dazu, einem Produkt gute Eigenschaften zu attribuieren (auch wenn andere der eigenen Erfahrungen mit dem Produkt negativer sind), wenn andere Personen das Produkt loben.	In der Fernsehwerbung sind glaubwürdig verschiedene Personen zu zeigen, die gute Erfahrungen mit dem Produkt gemacht haben, damit sich positive Mehrheitsurteile bilden.
Durch die Schemaansprache schließt der Konsument auf das Vorhandensein ganz bestimmter Eigenschaften, auch wenn er diese nicht wahrnimmt. Bei der Beurteilung schließt der Konsument • Von einem einzelnen Eindruck auf die gesamte Produktqualität. • Von einem einzelnen Eindruck auf einen anderen Eindruck. • Von der gesamten Produktqualität auf einen einzelnen oder mehrere einzelne Eindrücke.	Die Schemavorstellungen der Konsumenten sind zu berücksichtigen: • Einzeleindrücke (Preis, Markenname, Qualitätsurteile), von denen der Konsumenten bevorzugt auf die gesamte Produktqualität schließt, sind mit der Werbebotschaft zu kommunizieren. • Da sich die einzelnen Eindrücke gegenseitig beeinflussen, ist ein abgestimmter Reizverbund zu verwenden und die intermodale Wirkung von Reizen zu berücksichtigen. • Über die Fernsehwerbung ist der Gesamteindruck des Produktes zu vermitteln, wenn sich der gute Eindruck von der Gesamtqualität bereits auf einzelne Produktmerkmale übertragen hat.

Schaubild III-B-81: Sozialtechniken und deren Konsequenzen für die Fernsehwerbung (Weinberg/Diehl/Terlutter 2003, S. 78 ff.)

er diese nicht wahrnimmt. Schemavorstellungen der Konsumenten sind daher bei der Werbemittelgestaltung zu berücksichtigen. Um die Abgrenzung gegenüber der Konkurrenz zu erleichtern, ist es zweckmäßig, leicht gegen bestimmte Schemavorstellungen zu verstoßen (schemainkongruent), da dies die Aufmerksamkeit der Konsumenten erhöhen kann.

Zur Erreichung **emotionaler und atmosphärischer Wirkungen** hat die Werbemittelgestaltung ein spezifisches und klares Erlebnisprofil zu vermitteln, dass das Werbeobjekt von der Konkurrenz abhebt. Eine zentrale Technik ist hierbei die emotionale Konditionierung, bei der es zunächst darum geht, den Produkt- oder Markennamen emotional aufzuladen und eine positive Haltung beim Rezipienten gegenüber dem Werbeobjekt zu erzeugen. Dabei sind folgende sozialtechnische Regeln bei der Gestaltung von Werbemitteln zu beachten (*Weinberg/Diehl/Terluttes* 2003, S. 36 f.; *Kroeber-Riel/Esch* 2004, S. 222 ff.; *Kroeber-Riel/Weinberg/Gröppel-Klein* 2009, S. 151 ff.):

- Zur Schaffung eines klaren Erlebnisprofils sind **starke emotionale Reize** einzusetzen. Dies sind beispielsweise biologisch vorprogrammierte, kulturell geprägte oder zielgruppenspezifisch gelernte Reize. Zur Vermittlung von emotionalen Reizen eignet sich am meisten der Einsatz von Bildmotiven, die gewohnheitsmäßig als Erstes fixiert und meistens länger betrachtet werden sowie die Verwendung einprägsamer Musik.

- Das Werbeobjekt (Marke, Produkt oder Unternehmen) ist stets räumlich und zeitlich gleichzeitig mit dem emotionalen Reiz darzubieten **(Kontiguität der Reizdarbietung)**, damit diese miteinander in Verbindung gebracht werden. Beispielsweise verknüpft die *Brauerei Beck* in Printanzeigen und in TV-Spots die Marke *Beck's* eng und gleichzeitig mit Emotionen wie Internationalität sowie Freiheit und Abenteuer (vgl. Insert III-B-54).

- Durch die Werbemittel vermittelte Eindrücke haben im Gleichklang mit den anderen emotionalen Eindrücken, die durch alle Maßnahmen der Unternehmenskommunikation kommuniziert werden, zu stehen **(Konsistenz der Reizdarbietung)**. Als einheitlich verwendetes Motiv kann beispielsweise ein Schlüsselbild oder ein Präsenzsignal verwendet werden.

- Bei hohem Involvement ist eine geringe Zahl (beziehungsweise bei geringen Involvement eine hohe Zahl) an **Wiederholungen** notwendig, um emotionale Haltungen zum Werbeobjekt zu erzeugen. Bei einer großen Zahl von Wiederholungen können jedoch Reaktanzen entstehen.

Schließlich sind Sozialtechniken zu betrachten, die die **Erinnerung der Werbemittel** und -botschaften absichern. Diese richten sich vor allem auf die Gestaltung und die Wiederholung der Werbebotschaft. Im Hinblick auf die Erinnerungsleistung von Menschen gilt (*Kroeber-Riel/Weinberg/Gröppel-Klein* 2009, S. 393 f.):

- Reale Objekte werden besser erinnert als Bilder.
- Bilder werden besser erinnert als Worte.
- Konkrete Worte werden besser erinnert als abstrakte Worte

Die Einprägsamkeit sprachlicher Informationen hängt vor allem davon ab, wie konkret und anschaulich die Sprache ist und wie schnell beziehungsweise gut es möglich ist, die sprachlichen Formulierungen mit den vorhandenen Vorstellungen der Rezipienten in Verbindung zu bringen. Bilder prägen sich jedoch besser ein als sprachliche Formulierungen des gleichen Sachverhalts. Daher ist im Rahmen der Werbemittelgestaltung die Verwendung von Bildern als wichtigste Sozialtechnik zu bezeichnen, wenn es darum geht, die Werbebotschaften im Gedächtnis zu verankern (*Kroeber-Riel/Esch* 2004, S. 270).

In der Werbemittelgestaltung hat der langfristig geplante Einsatz von Bildern meistens zwei Ziele (*Kroeber-Riel/Esch* 2004, S. 285 ff.):

Insert III-B-54: Printanzeigen der Marke Beck's
(Interbrew Deutschland Brauerei Beck GmbH & Co KG 2004)

(1) Aufbau von **inneren Marken-, Produkt- oder Unternehmenssignalen** (visuelle Präsenz-signale). Der Rezipient erinnert sich dadurch leichter an ein Werbeobjekt, das in seinem Gedächtnis mit einem klaren inneren Bild präsent ist.

Beispiel: Visuelle Präsenzsignale

- *Meister Proper*
- Lila Kuh von *Milka*
- *Lacoste*-Krokodil
- *Esso*-Tiger
- *Michelin*-Männchen u. a. m.

(2) Aufbau von **emotionalen Erlebnisbildern**, d. h. innere Marken-, Produkt- oder Unternehmensbilder, die die emotionalen Haltungen gegenüber dem Werbeobjekt bestimmen.

Beispiel: Emotionale Erlebnisbilder

- *Marlboro* – Cowboys, Freiheit, Abenteuer
- *Mini* – Unkonventionell, Spaß, Weltoffen
- *Nivea* – Pflege, Blau-Weiß, Schutz & Sicherheit
- *Barcadi* – Karibik
- *Krombacher* – Frische und Natur u. a. m.

Der Aufbau von **Gedächtnisbildern** für eine Marke, ein Produkt oder ein Unternehmen ist langfristig zu planen und umzusetzen. Daher sind „strategische Bilder" zu entwickeln, die den langfristigen visuellen Auftritt festlegen. Dabei handelt es sich um Leitbilder, die den Erlebniskern einer Marke oder eines Unternehmens bilden und nonverbal kommuniziert werden. Ihre Festlegung ist jedoch mehr eine strategische Aufgabe als ein Gestaltungsproblem (*Kroeber-Riel/Weinberg/Gröppel-Klein* 2009, S. 144 f.).

Bei der **Implementierung von Sozialtechniken** als Ausgangspunkt der Werbemittelgestaltung treten nicht selten erhebliche – insbesondere personenbezogene – Barrieren auf. So sind oftmals Spannungen zwischen den so genannten „Sozialtechnikern" und denjenigen, die die kreative Leistung erbringen, zu beobachten. Diese Spannungsfelder sind vor allem im Rahmen der kommerziellen Werbung anzutreffen, da sich die „Kreativen" durch sozialtechnische Richtlinien in ihrem Handlungsspielraum eingeschränkt sehen. Jedoch gilt es festzuhalten, dass diese Einschränkungen notwendig sind, um vorgegebene Ziele der Mediawerbung zu erreichen. So wie beim Bau einer Brücke beispielsweise bestimmte Ästhetik-ausstrahlende Bauelemente aufgrund statischer Anforderungen nicht zur Verarbeitung in Frage kommen, so sind bestimmte, durchaus originelle und einfallsreich gestaltete Werbemittel nicht zu berücksichtigen, wenn sie mit den Gesetzmäßigkeiten des menschlichen Verhaltens nicht konform gehen.

Sozialtechniken können daher **Kontrollfunktionen** wahrnehmen, indem die von den „Kreativen" erstellten TV-Spots, Printanzeigen oder Plakate u. a. m. auf ihre Wirksamkeit hin überprüft werden. Dies kann beispielsweise anhand folgender **Fragestellungen** durchgeführt werden (*Kroeber-Riel/Weinberg/Gröppel-Klein* 2009):

- Ist das Werbemittel hinreichend aktivierungsstark, um wahrgenommen zu werden und Aufmerksamkeit zu erzeugen?
- Passt die multisensuale Ansprache zum Involvement der Konsumenten?
- Werden die Möglichkeiten bildhafter non-verbaler Kommunikation voll ausgeschöpft?
- Findet eine emotionale Beeinflussung in Richtung des Produkt-, Marken- oder Unternehmensimages statt?
- Ist der emotionale Appell hinreichend stark?
- Enthält das Werbemittel einen Bedürfnisappell?
- Werden im Hinblick auf das Produkt die geeigneten Bedürfnisse angesprochen?
- Sind die Informationen über die Eigenschaften des Produktes auf die Bedürfnisse der Zielpersonen abgestimmt?
- Sind die Informationen verständlich und zielgruppengemäß „verpackt"?
- Wird die Kommunikation von den Konsumenten im Sinne der Werbebotschaft verstanden?

Eine Integration sozialtechnischer Gesetzmäßigkeiten in die Werbemittelgestaltung führt dazu, dass der kreativen Arbeit von Werbemittelgestaltern ein **Handlungsrahmen** vorgegeben wird. Sie disziplinieren die kreative Arbeit und verhindern damit eine zielverfehlende Werbemittelgestaltung. Dabei ist eine zielorientierte Werbemittelgestaltung jedoch davon abhängig, dass Kreative und Sozialtechniker nicht gegeneinander, sondern miteinander arbeiten.

So ist zum einen die Kreativität durch den Einsatz von Sozialtechniken in die richtigen Bahnen zu leiten, zum anderen ist der sozialtechnische Handlungsspielraum mittels kreativer Ideen mit „Leben zu füllen". Die **Formel für eine zielorientierte Werbemittelgestaltung** lautet daher vereinfachend (*Kroeber-Riel/Esch* 2004, S. 139):

Strategie + Kreativität + Sozialtechnik

Der Einsatz von Sozialtechniken schränkt demnach den kreativen Handlungsspielraum nicht nur ein. Vielmehr werden durch die Einbindung verhaltens- und sozialwissenschaftlicher Gesetzmäßigkeiten in die Werbemittelgestaltung auch **Lösungsansätze für die kreative Arbeit** aufgezeigt und vorhandene Unsicherheiten bezüglich der Wirkung bestimmter Gestaltungsalternativen abgebaut.

7.2 Kreativität als Voraussetzung erfolgreicher Werbemittelgestaltung

Neben dem Einsatz von Sozialtechniken als Steuerungshilfe der Werbemittelgestaltung ist es vor allem die **Kreativität**, die als notwendige Voraussetzung für eine zielorientierte Werbemittelgestaltung unabdingbar ist. Kreativität ist jedoch nicht als Selbstzweck einzusetzen, sondern um Wirkungen im Sinne der Ziele der Mediawerbung hervorzurufen. Es existieren zahlreiche Studien, die sich anhand verschiedener Methoden und Fallzahlen mit dem **Wirkungsgrad kreativer Werbung** auseinandergesetzt haben. Alle wissenschaftlichen Studien ergeben, dass kreative Werbung die – im Sinne der Erreichung psychologischer und ökonomischer Zielgrößen – bessere Wirkung erzielt (vgl. Insert III-B-55).

Die wichtigsten Studien zur Wirkung von kreativer Werbung

Titel	Verfasser	Ergebnis	Methode	Jahr
„Do Award winning Commercials sell?"	Donald Gunn / Leo Burnett	89% der kreativ ausgezeichneten Spots waren im Markt erfolgreich bis sehr erfolgreich	Untersuchung der Markt-Zielerreichung von 400 weltweit preisgekrönten TV- und Kinospots	London, 1994 und 1996
„So wirkt Werbung im Marketing-Mix – die neue Effektivität der Werbung"	Gesellschaft für Konsumforschung (GfK), Gesamtverband Werbeagenturen (GWA)	Das mit großem Abstand beste Ergebnis wird durch hohe Werbequalität erzielt	Untersuchung der Wirkung von Werbedruck und u.a. Kreativität auf den Marktanteil	München, August 1997
„Was Siegermarken anders machen."	Buchholz & Wördemann, Econ-Verlag	Die erfolgreichsten Kampagnen sind deutlich kreativer als der Durchschnitt	Untersuchung von 480 überdurchschnittlich erfolgreichen Kampagnen	Düsseldorf, Februar 1998
Gegenüberstellung von Kreativawards der Effie-Jahrbücher 1990-2003	Scholz & Friends Hamburg/Berlin	Mehr als die Häfte der Effie-preisgekrönten Werbung hat zuvor Kreativpreise gewonnen	Untersuchung der Effie-Preisträger 1990-2003 auf ihre Leistung bei Kreativwettbewerben	Hamburg/Berlin, 1990-2003
„Ausgezeichnete Werbung bewegt mehr"	Advico Young & Rubicam, Zürich	Marken mit preisgekrönter Werbung sind bekannter, populärer, innovativer und dynamischer	Vergleich von 29 kreativ preisgekrönten Marken zur repräsentativen Markenstudie BrandAssetTM Valuator	Zürich, 2001
„Werbekreativität und Werbeeffektivität – eine empirische Untersuchung"	Prof. Dr. Volker Trommsdorf, Kathrin Nachtigall, TU-Berlin	Kreative Kampagnen erreichen psychologische, ökonomische und strategische Ziele am besten	Untersuchung mit 35 kreativen und 33 nicht-kreativen Kampagnen	Berlin, 2001
„Creative enough for the financial director?"	Sue Gardiner, Andy Farr, Millward Brown Group	Kreative Werbekampagnen hebeln sowohl unbekannte als auch bekannte Marken und steigern den Return on Investment	Empirische Untersuchungen über 25 Jahre zwischen kreativer Werbung und dem Return on Investment	Oxon, März 2001
„Optimierung der Pretest-Praxis"	Prof. Dr. Volker Trommsdorf, Justin Becker, TU-Berlin, SevenOne Media, G+J	Hohe Kreativität ist ein wesentlicher Faktor für den Kampagnenerfolg. Kreative Kampagnen testen deutlich präziser	Untersuchung von 122 Kampagnen mit Pre- bzw. Posttests	Berlin, 2002

Insert III-B-55: Die wichtigsten Studien zur Wirkung von kreativer Werbung (Turner 2004, S. 84)

Aufgabe der Kreativität beziehungsweise der Kreativen ist es demnach, den sozialtechnisch vorgegebenen Handlungsrahmen „mit Leben zu füllen". Damit werden die Voraussetzungen dafür geschaffen, sich über kreativ gestaltete Werbemittel gegenüber der Konkurrenz zu profilieren und auf diese Art und Weise **kommunikative Wettbewerbsvorteile** zu erzielen, deren Realisierung angesichts der zunehmenden Produkthomogenisierung immer wichtiger werden. Kreativität kann wie folgt definiert werden:

> **Kreativität** ist die Fähigkeit von Individuen, Denkprozesse intuitiv und/oder bewusst systematisch in der Form auszurichten, dass ungewöhnliche und neuartige Ideen für die Gestaltung von Gegenständen oder Verhaltensweisen hervorgerufen werden.

Kreativität im hier zugrunde liegenden Kontext bedeutet demnach die kognitive Fähigkeit, neuartige und ungewöhnliche Ideen für die Gestaltung von Werbemitteln zu gewinnen. Dabei hat sich der Entscheidungsträger darüber im Klaren zu sein, dass sich Kreativität nicht nur auf den Bereich des Botschaftsinhaltes bezieht, sondern vielmehr auf alle Entscheidungen der Werbemittelgestaltung – also auch auf Format- und Platzierungsentscheidungen – anzuwenden ist. So kann beispielsweise eine unerwartete und originelle Platzierung von Außenwerbung eine positive Aufmerksamkeitswirkung bei den Rezipienten verursachen (vgl. Insert III-B-56). Es ist also sicherzustellen, dass sich Kreativität auf die gesamte Werbemittelgestaltung bezieht.

Neben dem Überblick in Insert III-B-55 zeigt auch eine neuere Studie von *McKinsey* die Relevanz einer kreativen Werbegestaltung. Hierbei wurden zunächst rund 100 TV-Spots daraufhin untersucht, ob sie eher eine Kreativkampagne oder eine Kampagne mit Content Fit darstellen. Zur Zuordnung als Kreativkampagne waren folgende Kriterien zu erfüllen (*Perrey/Wagner/Wallmann* 2007, S. 16 ff.):

(1) Originalität der Werbung,
(2) Klarheit des Werbeinhalts,
(3) Überzeugungskraft und Schlüssigkeit der Argumente,
(4) Machart der Werbung: Ist die Werbung handwerklich gelungen?,

Insert III-B-56: Kreative Außenwerbung von Wrigley's Hubba Bubba (Hubba Bubba 2009)

(5) „Want-to-see-again-Faktor": Macht es Spaß, die Werbung anzuschauen? Möchte man sie noch einmal sehen?

Als Kriterien für das Vorliegen einer Kampagne mit Content Fit waren folgende zu erfüllen:

(1) Relevanz: Passt die Werbung zum Produkt/zur Zielgruppe?

(2) Konsistenz: Steht sie im Einklang zu früheren Kampagnen und zur übergeordneten Marken-/Produktkommunikation?

(3) Differenzierung vom Wettbewerber

(4) Glaubwürdigkeit der Argumente

(5) Aktivierungswirkung: Fühlt sich die Zielgruppe durch die Werbung zum Kauf animiert?

Im Anschluss an die Zuordnung der Kampagnen wurden deren Werbeerinnerungswerte (psychologischer Werbeerfolg) und Markanteilsänderungen (ökonomischer Werbeerfolg) ermittelt. Die Analyse zeigte, dass mit einer zunehmenden Kreativität der Werbung die Wahrscheinlichkeit steigt, dass der Kunde sich an diese erinnert und dass sich das Produkt gut verkauft. Dies gilt insbesondere bei emotional aufgeladenen Produkten wie Autos, Uhren, Schmuck, teure Elektronik, usw. Kampagnen mit einem hohen Content Fit sind vor allem bei kruzlebigen Konsumgütern (FMCG) von Relevanz. Insert III-B-57 und Insert III-B-58 zeigen die Zusammenhänge grafisch.

Im Folgenden werden **Methoden und Verfahren** des Einsatzes von Kreativität zur Ideenproduktion der **Botschaftsgestaltung** aufgezeigt. Dabei werden die Ausführungen deswegen nicht explizit auf einzelne Bereiche der Werbemittelgestaltung bezogen, weil sie weitgehend auf sämtliche Teilgebiete der Werbemittelgestaltung übertragbar sind und somit nicht für jede (Teil-)Entscheidung zu thematisieren sind.

Um auf **Gestaltungsideen** zu kommen, gibt es drei legitime und eine illegitime Methode (*Gaede* 1981, S. 20). Zunächst wird die **illegitime Methode** angeführt: Sie besteht darin, sowohl

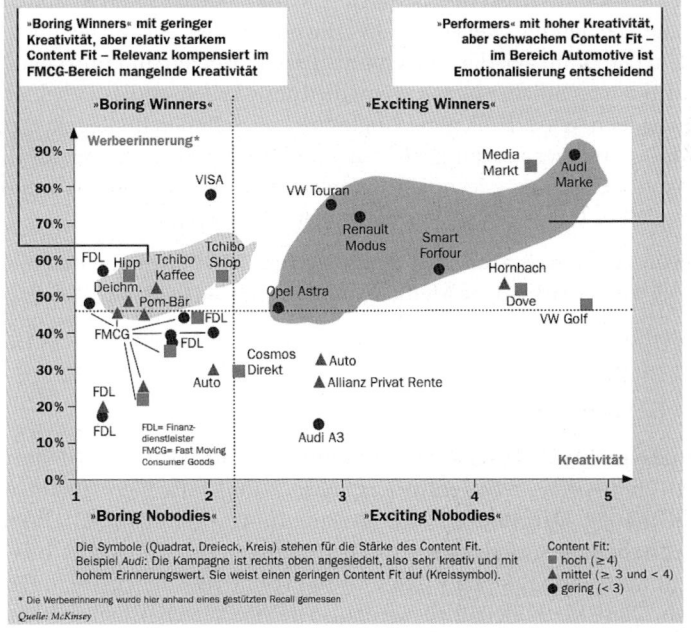

Insert III-B-57: Zusammenhang zwischen Kreativität/Content Fit und Werbeerinnerung
(Perrey/Wagner/Wallmann 2007, S. 19)

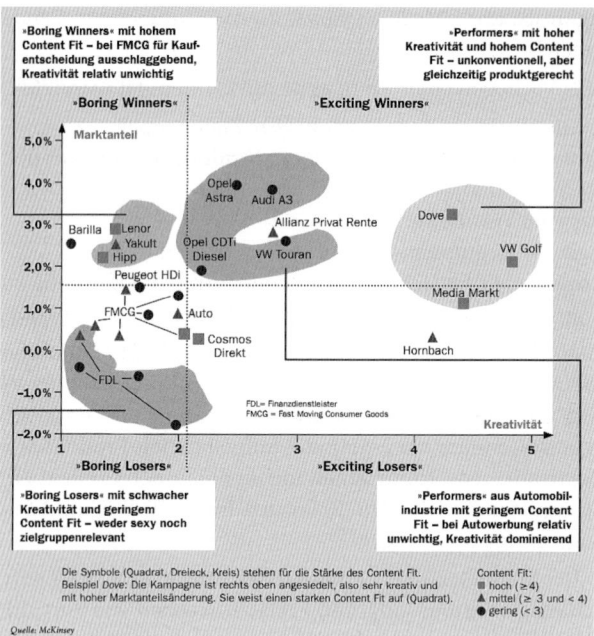

Insert III-B-58: Zusammenhang zwischen Kreativität/Content Fit und ökonomischem Werbeerfolg
(Perrey/Wagner/Wallmann 2007, S. 20)

semantische Komponenten (= Aussagen, Bedeutungszusammenhänge) als auch syntaktische Komponenten (= verbale/visuelle Zeichen in einer bestimmten Gestalt/Gestaltung) eines anderen Werbemittels identisch zu übernehmen. Die Methode ist somit in hohem Maße durch „kleptomanische" beziehungsweise imitative Eigenschaften gekennzeichnet. Ihre Anwendung ist mit dem Diebstahl geistigen Eigentums gleichzusetzen und führt häufig dann zu erheblichen Konflikten rechtlicher Natur, wenn dies ohne Erlaubnis des Urhebers geschieht. So sind Gestaltungsideen, wie z. B. Slogans, Jingles und auch Bilder, im Regelfall patentrechtlich geschützt, so dass deren Verwendung ohne ausdrückliche Genehmigung des Urhebers untersagt ist. Der Verstoß gegen diese rechtlichen Vorschriften hat nicht selten Abmahnungen oder die Entrichtung hoher Bußgelder seitens des Imitators zur Folge.

Gestaltungsideen lassen sich aber auch durch **legitime Methoden** gewinnen. Grundsätzlich lassen sich dabei drei verschiedene Methoden unterscheiden (*Gaede* 1981, S. 21):

(1) Intuitive Methoden,

(2) Stimulative Methoden,

(3) Systematische Methoden.

(1) Bei der **intuitiven Methode** schöpft das Individuum aus sich, aus seinem eigenen Speicher an Wissen. Dieses Wissen bezieht sich auf Sachen und Tatsachen, Gedanken und Bedeutungszusammenhänge, Darstellungs- und Verknüpfungsregeln usw. All dies ist dem Intuitiven jedoch nicht bewusst, es geschieht mit beziehungsweise durch ihn. **Intuition** bedeutet demnach das unmittelbare Erkennen einer Lösung, ohne dass bewusste Reflexionen darauf abgezielt hätten. Diese Methode gilt als die „nobelste", sie verschafft am meisten Achtung bei sich und den anderen. Allerdings gilt es festzuhalten, dass das bloße Verlassen auf die eigene Intuition aus der Kreativität einen Mythos macht, der zwar nach wie vor einigen Werbeagen-

turen beziehungsweise deren Mitarbeitenden anhaftet, jedoch nicht unbedingt gerechtfertigt ist, da sich die Kreativen von Werbeagenturen vielfach anderer Methoden zur Ideengewinnung bedienen.

(2) Bei der **stimulativen Methode** nimmt man zusätzlich zum eigenen Speicher noch Annuals und Archive als Informationsquelle zur Ideengewinnung hinzu. Sie enthalten in der Regel einen großen Vorrat an kodifizierten Lösungsmustern und Anregungskonfigurationen. Durch Anregung zur Assoziation, Analogie oder zu anderen gedanklichen Verbindungen („Prinzip der schöpferischen Konfrontation") gelangt der Werbemittelgestalter zu eigenen Lösungen. Im Unterschied zur vorgestellten illegitimen Methode werden nicht alle wesentlichen semantischen und syntaktischen Komponenten des Vorbilds übernommen, sondern der Werbemittelgestalter orientiert sich an Denk- und Gestaltungsmustern, die dem Vorbild zugrunde liegen.

> **Beispiel: Stimulative Methode für Gestaltungsideen**
> Ein Texter sucht nach einem Slogan für ein unnachahmlich gut schmeckendes Getränk. Dabei stößt er auf eine Schlagzeile „Nur Fliegen ist schöner". Er übernimmt das zugrunde liegende Gestaltungsmuster und kommt auf den Slogan „Nur Küsse schmecken besser".

(3) Die **systematische Methode** stellt eine bewusste Form der Ideenproduktion dar. Sie ist im Grunde genommen nichts anderes als eine bewusst gemachte Variante der intuitiven und stimulativen Methode. Die (unbewussten) Denkmuster und -operationen werden analysiert, formuliert und systematisiert, damit sie bewusst abgerufen werden können. Daher werden häufig **Kreativitätstechniken** mit dem Ziel eingesetzt, auch ungewöhnliche Vorschläge zu generieren. Zur systematischen Ideenproduktion werden vor allem folgende Verfahren eigesetzt (in Anlehnung an *Geschka* 1982, S. 188; vgl. auch Schaubild III-B-82):

Intuitive (spontan kreative) Verfahren

- **Brainstorming:** Etwa drei bis acht Personen aus möglichst unterschiedlichen Abteilungen bilden eine Gruppe und entwickeln spontane Ideen zu einer vorgegebenen Problemstellung – hier die Gestaltung eines Werbemittels. Von besonderer Wichtigkeit ist dabei, dass Vorschläge zwar verbessert und mit anderen Ideen kombiniert werden können, jedoch keine Bewertung oder gar Kritik an einzelnen Ideen zu erfolgen hat, um die Kreativität nicht zu unterbinden. Im Vordergrund von Brainstormingsitzungen steht die Quantität der Ideenvorschläge. Die Vorschläge werden protokolliert und später durch die Verantwortlichen weiterverfolgt.

Ideenauslösendes Element / Arbeitsweise	Assoziation beziehungsweise Abwandlung	Konfrontation
	Intuitive Assoziation	Intuitive Konfrontation
Verstärkung der Intuition	• Brainstorming • Brainwriting (6-3-5)	• Synektik • Reizwortanalyse
	Systematische Assoziation	Systematische Konfrontation
Systematisch-analytischer Ansatz	• Fragenkatalog/Checklisten • Funktionsanalyse • Morphologische Analyse	• Systematische Reizobjekt-ermittlung

Schaubild III-B-82: Kreativitätstechniken (in Anlehnung an Geschka 1982, S. 188)

- **Brainwriting:** In ähnlicher Weise verläuft das Brainwriting, indem Gestaltungsideen schriftlich festgehalten werden. Ein bekanntes Verfahren ist die Methode 6-3-5, d. h. **sechs** Personen notieren jeweils **drei** Gestaltungsideen auf einem Formular. Diese Ideen werden in der Runde **fünfmal** an das nächste Gruppenmitglied weitergegeben, das die drei ihm vorliegenden Ideen jeweils weiterentwickelt.

- **Synektik:** Bei diesem Gruppenverfahren sitzen unternehmens- beziehungsweise agenturinterne Mitarbeitende und externe Personen aus möglichst unterschiedlichen Tätigkeitsgebieten zusammen und werden von einem professionellen Synektikleiter mit der zu lösenden Problemstellung in groben Umrissen vertraut gemacht. In einem nächsten Schritt werden die Gruppenteilnehmer aufgefordert, die Problemstellung zu verfremden, indem sie diese auf andere Bereiche übertragen, in denen ähnliche Probleme vorliegen (z. B. Natur, Technik, Alltag). Mit dem Mechanismus der Verfremdung in andere Lebensbereiche sind durch Analogien Gestaltungsideen zu finden, die ungewöhnlich sind. Ein Beispiel für eine **synektische Werbemittelgestaltung** ist der legendäre *Toyota* TV-Spot, in der die Zuverlässigkeit eines *Toyota* durch Tiere kommuniziert wurde.

- **Reizwortanalyse:** Bei der Reizwortanalyse setzt man sich in einer Gruppe zusammen und sucht aus einem Referenzbereich aktuelle Reizwörter (z. B. aus dem Lebensmittelbereich: Light, Bio, Vital), deren Eignung dann für den Suchbereich (z. B. Tierfutter) geprüft wird.

Diskursive (logisch analytische) Verfahren

- **Fragenkataloge, Checklisten:** Spezielle Fragelisten – meist in Praktikerhandbüchern zu finden – geben Anregungen für Veränderungen in der Werbemittelgestaltung. Beispiele für derartige Fragen: Lässt sich das Werbemittel vergrößern oder verkleinern? Gibt es auch Verwendungsmöglichkeiten für die werbliche Unterstützung anderer Produkte des Sortiments? Kann das Werbemittel mit anderen im Einsatz befindlichen Werbemitteln kombiniert werden? Lässt sich das Werbemittel auch kostengünstiger produzieren, ohne sein Wirkungspotenzial zu gefährden?

- **Funktionsanalysen:** Es werden diejenigen Funktionen beschrieben, die die unterschiedlichen Werbemittel bereits erfüllen. Durch eine Kombination verschiedener Funktionen können Anregungen für neue Werbemittel entstehen. Beispielsweise schaltet ein Werbetreibender Werbemittel, von denen er weiß, dass das eine Werbemittel durch seine stark bildbetonte Ausrichtung Aufmerksamkeitsfunktionen, und das andere, z. B. durch die Akzeptanz eines ökologisch ausgerichteten Slogans, Einstellungsfunktionen erfüllt. Durch die Kombination der Funktionen kommt er auf die Idee, ein neues Werbemittel herzustellen, das durch die Visualisierung des Slogans in der Lage ist, beide Funktionen zu erfüllen.

- **Morphologische Analyse:** Hier wird die Bedarfserfüllung von Werbemitteln in bestimmte Grunddimensionen zerlegt, um durch die Kombination der Ausprägungen dieser Dimensionen Hinweise auf neue Gestaltungsideen zu erhalten. Diese Zerlegung hat sich dabei an den Wünschen und Bedürfnissen der Zielpersonen zu orientieren. So wäre beispielsweise eine Zerlegung von Werbemitteln in die folgenden (groben) Grunddimensionen sinnvoll (hier ist im Einzelfall eine wesentlich feinere Unterteilung vorzunehmen):

  - Erfüllung von Informationsbedürfnissen,
  - Erfüllung von Unterhaltungsbedürfnissen.

Durch das systematische Kombinieren der jeweiligen Dimensionsausprägungen lassen sich oftmals vielfältige neue Ideen zur Werbemittelgestaltung ableiten. Bei einer nur mäßigen Erfüllung der Unterhaltungsbedürfnisse der Zielpersonen ist es beispielsweise denkbar, dass eine Integration eines Testimonials aus der Unterhaltungsbranche diesem Missstand Abhilfe schaffen kann (z. B. Auftritt von *Thomas* und *Christoph Gottschalk* für *Deutsche Post World Net*).

- **Systematische Reizobjektermittlung:** Hierbei werden systematisch Reizobjekte beziehungsweise Reizworte ermittelt, die in ihren Eigenschaften den Anforderungen an die Problemlösung gerecht werden. Dazu erfolgt nach der Formulierung der Problemstellung (neue Werbebotschaft für ein Tiershampoo) sowie der Ermittlung der zentralen Einflussfaktoren auf das Problem (neue Wirksubstanzen, Verpackung) die Definition jener Anforderungen, die jede noch zu findende Lösung erfüllen muss (z. B. Vitamine, fettfrei). Danach erfolgt die Auswahl relevanter Analogiebereiche (z. B. Shampoo für Menschen) und die Ableitung von Reizobjekten beziehungsweise -worten aus diesem Analogiebereich. Schließlich werden zu jedem Reizobjekt neue Lösungsmöglichkeiten für das Problem erarbeitet.

Kreative Verfahren führen zu einer Vielzahl von Vorschlägen, die Hinweise auf Gestaltungsinnovationen und -verbesserungen geben. In der Praxis werden vor allem die genannten diskursiven Verfahren und die Methoden des Brainstorming und Brainwriting regelmäßig eingesetzt, da diese relativ leicht zu handhaben sind.

Die dargestellten Kreativitätsmethoden haben die Ideenproduktion durch systematisches Vorgehen beherrschbarer (also unabhängiger vom Zufall) und erfolgreicher zu machen. **Kriterien jeder kreativen Ideenproduktion** sind der **Neuigkeitswert** (qualitativer Aspekt) und der **Ideenreichtum** (quantitativer Aspekt). Während letzteres durch den Einsatz vorgestellter Kreativmethoden erreichbar ist, hängt die Qualität produzierter Ideen in hohem Maße von der Qualität des Anwenders ab, d. h., von seinem Speicher (Repertoire) an semantischen und syntaktischen Informationen, seiner Welterfahrung, Allgemeinbildung usw. Letztlich ist festzuhalten, dass „Kreativitätsmethoden kein Ersatz für Kreativität darstellen, sie bereiten sie nur vor" (*Linneweh* 1991, S. 109).

7.3 Einflussfaktoren von Werbemittelwirkungen

Ein zentraler sozialtechnischer Leitsatz besagt, dass sich die Mediawerbung nicht an einem einheitlichen Wirkungsmodell orientieren kann. Die dabei zentralen Einflussgrößen entstehender Wirkungsunterschiede von Werbemitteln sind (*Kroeber-Riel/Esch* 2004, S. 140 ff.):

- Involvement der Adressaten,
- Gewählte beziehungsweise zur Verfügung stehende Modalitäten,
- Anzahl der Wiederholungen,
- Platzierung.

Die Werbemittelwirkungen werden im Folgenden in Abhängigkeit dieser Einflussgrößen untersucht, wobei schon an dieser Stelle darauf hinzuweisen ist, dass zwischen den Einflussgrößen Beziehungen bestehen. Die **Konsequenzen der Werbemittelgestaltung** manifestieren sich demnach vor dem Hintergrund eines **Konglomerats von Einflussfaktoren**, die in verschiedenen Situationen in unterschiedlichen Erscheinungsformen auftreten.

7.3.1 Involvement

Das zentrale Steuerungskonstrukt für die Wahrnehmungswirkung von Werbemitteln ist das **Involvement**, das auch als Gegenstand werbewissenschaftlicher Forschung zunehmend in den Mittelpunkt des Interesses rückt. Dies bezeichnet die innere Beteiligung beziehungsweise das Engagement, mit dem sich ein Individuum einem Objekt zuwendet und kann sich auf sämtliche Realitätsbestandteile, wie z. B. Gegenstände, Aktivitäten, Personen oder auch Werbemittel, beziehen. Beispielsweise engagieren sich Oldtimer-Liebhaber stark für die Pflege und Wartung ihrer Fahrzeuge. Sie zeigen daher Interesse an allem, was in einem Zusammenhang mit der Automobilpflege steht. Informationen über neue oder verbesserte Pflegemittel oder spezielle Wartungstechniken werden von ihnen aufmerksam wahrgenommen.

Involvement ist ein **kontinuierlich ausgeprägtes Verhaltenskonstrukt**, das in Abhängigkeit eines ganzen Systems verschiedener Einflussgrößen unterschiedliche subjektive Ausprägungen erfahren kann und daher nur mit sehr großem Aufwand zu operationalisieren ist. Zur Vereinfachung wird daher oftmals lediglich von hohem oder niedrigem Involvement gesprochen.

Um das **Involvement in Bezug auf gestaltete Werbemittel** besser verstehen zu können, ist es notwendig, die zentralen Bausteine des Einflussgrößensystems sowie deren Beziehungen untereinander offen zu legen. Neben der Kenntnis über das innere Engagement hinsichtlich des betrachteten Werbemittels sind weitere Einflussgrößen und deren Auswirkungen auf das werbemittelbezogene Involvement in die Überlegungen zu integrieren. So ist die Ausprägung des Werbemittel-Involvements eines Konsumenten durch folgende Determinanten gekennzeichnet (*Kroeber-Riel/Esch* 2004, S. 143):

- Die jeweilige **Person**, insbesondere seine Wertvorstellungen, Motive, Persönlichkeitszüge u. a. m.
- Das im Rahmen des Werbemittels beworbene **Produkt**, insbesondere der Preis, die wahrgenommenen Risiken des Kaufs und der Verwendung.
- Die **Medien**, insbesondere durch Zielgruppenorientierung, wahrgenommene Qualität des Werbeträgers, Distributionsgrad des Mediums.
- Die **Situation**, insbesondere Entscheidungs- und Aufnahmesituation des Werbemittels.

Verschiedene **Personen** können in gleichen Situationen unterschiedlich stark in Bezug auf das jeweilige Werbemittel involviert sein, weil ihnen unterschiedliche persönliche Eigenschaften, wie z. B. Kenntnisse, Interessen, Werte, Einstellungen, Erfahrungen, innewohnen (*Trommsdorff* 2009, S. 52). Je stärker das zu gestaltende Werbemittel diese zentralen Eigenschaften der Persönlichkeitsstruktur des jeweiligen Konsumenten in den Mittelpunkt stellt, desto höher ist das ausgelöste Involvement des Adressaten.

> **Beispiel: Einfluss der zentralen Persönlichkeitseigenschaften in der Werbemittelgestaltung**
> Die Intensivbetreiber von Modelleisenbahnen (Interessen) werden bereit sein, einen hohen Aufwand zu betreiben, wenn es darum geht, Informationen über ihr Hobby zu erlangen. Eine Werbemittelgestaltung, deren Inhalt einen Bezug zu Modelleisenbahnen aufweist, kann sich der Aufmerksamkeit dieser Konsumenten gewiss sein.

In vielen **Produktbereichen**, wie z. B. bei Lebensmitteln, kann jedoch davon ausgegangen werden, dass die Konsumenten relativ ähnlich involviert sind. Dies gilt insbesondere für die Mediawerbung eines Unternehmens, das sich an ein disperses Publikum richtet und es sich damit unter Effizienzgesichtspunkten nur selten erlauben kann, vorrangig auf derartig „enge" Interessenlagen abzustellen.

Die Ausprägung des Involvements in Bezug auf das Werbemittel hängt darüber hinaus von der Ich-Beteiligung der Konsumenten hinsichtlich des beworbenen **Produkts** ab. Dabei ist das produktbezogene Involvement im weiteren Sinne zu verstehen, d. h., es ist nicht nur das spezielle Produkt, sondern auch die gesamte Produktklasse, die einen Einfluss auf das Involvement ausübt (vgl. vertiefend *Howard/Sheth* 1969; *Batra/Ray* 1985; *Lachmann* 1993; *Steffenhagen* 2000, S. 43 f.). Hier ist die Involvement-Ausprägung in entscheidendem Maße von der Wertigkeit sowie der Unterscheidbarkeit des beworbenen Produkts determiniert. Bestehen große Unterschiede zu anderen Produkten der Produktklasse und ist der erforderliche monetäre Aufwand des Produktkaufs hoch, so ist die Ich-Beteiligung des Konsumenten am Willensbildungsprozess hoch et vice versa. Dem unterschiedlichen Produkt-Involvement als Baustein des Werbemittel-Involvements ist daher im Rahmen der Werbemittelgestaltung Rechnung zu tragen.

Auch verschiedene **Medien** können durch ihre spezifische Kommunikationsweise (Art der Informationsübermittlung, subjektiv empfundene Medienqualität) die Höhe des Werbemittel-Involvements beeinflussen. So hat das jeweilige Medieninvolvement vielfach entscheidenden Einfluss auf das Werbemittel-Involvement, da sich das innere Engagement hinsichtlich des betreffenden Mediums in gewisser Weise auf das Werbemittel überträgt. Allgemein eröffnen Medien, die durch ein geringes Involvement der Konsumenten gekennzeichnet sind, eine bildhafte, episodische sowie ganzheitliche Informationsaufnahme. So ist der Transport von Werbemitteln über elektronische Medien, wie Rundfunk und Fernsehen, besser geeignet, low-involvierte Konsumenten anzusprechen als der Transport über Printmedien. Das jeweilige Medien-Involvement gibt damit auch Hinweise auf eine zielorientierte Mediaselektion.

Unabhängig vom personen-, produkt- und medienspezifischen Involvement ist die jeweilige **Kontaktsituation** der zentrale Baustein für das Werbemittel-Involvement (*Kroeber-Riel/Esch* 2004, S. 144). Das Werbemittel-Involvement als Zustand einer Person hängt stark von ihrer psychischen Situation und der auf sie einwirkenden Umweltsituation ab. So ist beispielsweise bei einer anstehenden Kaufentscheidung unter Zeitdruck mit einem generell geringen situationsspezifischen Involvement zu rechnen. Der Konsument ist bestrebt, möglichst schnell den betreffenden Kauf zu tätigen. Entsprechend wird auch das Involvement in Bezug auf das Werbemittel, das ein für die Kaufentscheidung in Frage kommendes Produkt werblich unterstützt, sehr gering ausfallen.

> **Beispiel: Involvement in Abhängigkeit von der Umweltsituation**
> In jedem Jahr gibt es zur Weihnachtszeit Personen, die den Kauf ihrer Weihnachtsgeschenke bis kurz vor den Heiligen Abend hinausschieben. Diese Personen kommen schließlich in einen derartigen Zeitdruck, dass es für sie letztlich nur noch darauf ankommt, irgendein Produkt zu kaufen. Das Einholen etwaiger Produktinformationen über das Rezipieren von Werbemitteln rückt zunehmend in den Hintergrund des Interesses, da es – die ohnehin knapp bemessene – Zeit beansprucht, die jedoch prioritär für den Produktkauf benötigt wird. In einer solchen Situation ist das Werbemittel-Involvement damit gering.

Eine andere Facette des situativen Einflusses auf das Werbemittel-Involvement stellt die Vielzahl möglicher **Umfeldeinflüsse** dar: So ist die Aufnahme eines Werbemittels in starkem Maße davon abhängig, ob ein Konsument mit diesem Werbemittel allein oder in einer Gruppe konfrontiert wird.

> **Beispiel: Involvement in Abhängigkeit von der sozialen Situation**
> Geht es um einen „Herrenabend" mit Geschäftsfreunden, so ist zu erwarten, dass ein Teilnehmer bestimmte Werbemittel unter anderem Involvement wahrnimmt, als wenn er mit denselben Werbemitteln allein konfrontiert werden würde. Wird durch ein Werbemittel beispielsweise eine Themenstellung in den Mittelpunkt gerückt durch, von der der Teilnehmer weiß, dass sie von allgemeinem Interesse ist, so wird er dieses Werbemittel unter höherem Involvement wahrnehmen. Hier sind es demnach soziale Normen, die in dieser Situation dafür verantwortlich sind, dass das Werbemittel-Involvement höher ausfällt.

All diese Einflussgrößen wirken im Verbund auf das Werbemittel-Involvement. Sie sind daher als **„Einflussgrößensystem"** (vgl. auch Schaubild III-B-83) aufzufassen, dessen einzelne Elemente in wechselseitiger Abhängigkeit zueinander stehen. Einen besonders starken Einfluss auf das Werbemittel-Involvement übt die jeweils zugrunde liegende Kontaktsituation aus. Sie wirkt beispielsweise wesentlich stärker als das Produktinteresse (*Kroeber-Riel/Esch* 2004, S. 144). Ob und wie lange ein Konsument sich einem Werbemittel zuwendet, ist demnach nicht überwiegend davon abhängig, ob ein generelles Interesse an dem durch das Werbemittel bewor-

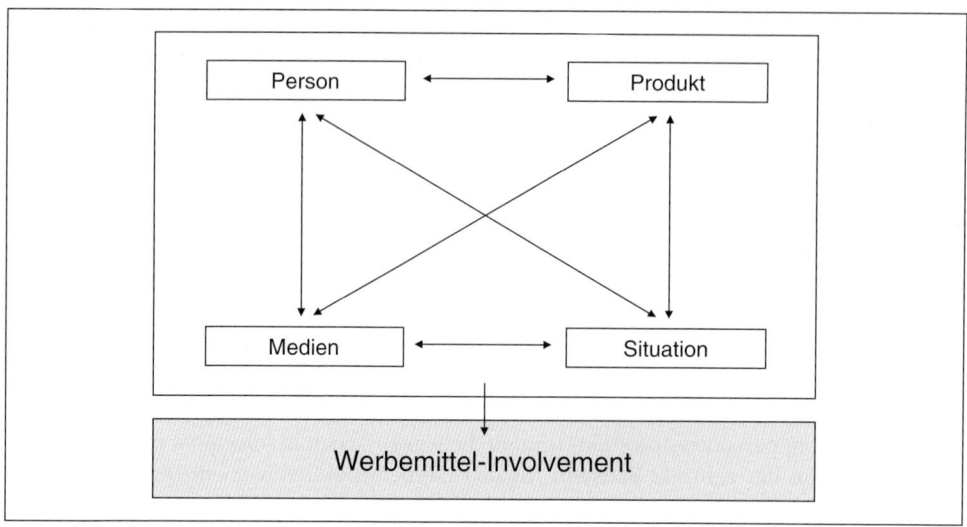

Schaubild III-B-83: Einflussgrößen des Werbemittelinvolvements
(in Anlehnung an Kroeber-Ried/Esch 2004, S. 143)

bene Produkt besteht, sondern vor allem, ob er sich im Moment dafür interessiert und auch die notwendige Zeit dazu hat (*Jeck-Schlottmann* 1987, S. 216). Daraus lässt sich eine wichtige Entscheidungshilfe für die Werbemittelgestaltung ableiten: Das geäußerte Produktinteresse hat auf die Wahrnehmung von Anzeigen nur geringen Einfluss. So ist es beispielsweise denkbar, dass das Produktinteresse zwar hoch ist, gleichwohl die Mediawerbung für das Produkt nur mit geringem Involvement wahrgenommen wird. Dies ist dann der Fall, wenn die übrigen diskutierten Einflussgrößen das Produkt-Involvement „überkompensieren".

Ist von dem eher seltenen Fall auszugehen, dass bei den Zielpersonen **hohes produktbezogenes Involvement** vorliegt, das als Einflussgröße primär auf das Werbemittel-Involvement durchschlägt, so ist eine erfolgreiche Werbemittelgestaltung vorrangig auf die wesentlichen Eigenschaften des Produktes oder der Dienstleistung auszurichten. Konsumenten lassen sich in einer solchen Situation weniger von nebensächlichen, peripheren Eindrücken als vielmehr von wesentlichen, zentralen Eindrücken, die das beworbene Produkt hinterlässt, beeindrucken. Ein zu gestaltendes Werbemittel hat sich daher am so genannten „zentralen Weg der Beeinflussung" zu orientieren und wesentliche Produktmerkmale in den Vordergrund zu stellen. In den meisten Fällen ist ein hohes Produkt-Involvement in Verbindung mit einem hohen Situations-Involvement anzutreffen, die im Verbund (Einflussgrößensystem) auf das Werbemittel-Involvement einwirken. Eine derartige Zusammensetzung des Werbemittel-Involvements liegt häufig bei der Mediawerbung für höherwertige Produkte oder Dienstleistungen vor.

Beispiel: Produktbezogenes Involvement

Ein Liebhaber von Hifi-Anlagen weist ein generell relativ hohes Produkt-Involvement auf, das sich auf das Involvement im Hinblick auf das zugehörige Werbemittel überträgt. Dieses ohnehin schon hohe innere Engagement in Bezug auf das Werbemittel erfährt in entsprechenden Situationen, z. B. in unmittelbarem Vorfeld einer notwendigen Ersatzbeschaffung, eine noch wesentliche Steigerung. Er sucht gezielt nach Produktinformationen – auch in entsprechenden Werbemitteln, um seine Kaufentscheidung innerlich zu rechtfertigen sowie abzusichern.

In der Regel treffen die Werbebotschaften und Werbemittel jedoch eher auf **low-involvierte Konsumenten**, die diese allenfalls flüchtig, nachlässig und nur bruchstückhaft wahrnehmen.

Es ist dabei nicht von einer bewussten Zuwendung zu Werbemitteln, sondern vielmehr von einer beiläufigen Wahrnehmung auszugehen (*Nemetz* 1992, S. 153). Low-involvierte Zielpersonen setzen sich kaum mit dem Inhalt von Werbebotschaften auseinander. Sie entwickeln Marken- und Unternehmenspräferenzen nicht aufgrund der in Werbemitteln verdichteten Informationen und Nutzenversprechen, sondern vielmehr über den äußeren Eindruck, den ein Werbemittel hinterlässt. Bei gering involvierten Rezipienten empfiehlt sich eine bildbetonte und emotionale Gestaltung mit wenigen Informationen, denn die unterhaltsame Gestaltung eines Werbemittels bestimmt den Werbeerfolg in wesentlich stärkerem Maße als das Verständnis des Botschaftsinhaltes. Die Einstellung eines Konsumenten zu einer Marke oder einem Unternehmen formiert sich daher in den meisten Fällen aufgrund einer gefälligen Werbemittelgestaltung, z. B. durch auftretende Testimonials (z. B. Popstar, Sportler, Schauspieler usw.), die ihm sympathisch sind – auch wenn sie nicht kompetent sind –, einen ansprechenden Jingle usw. Seine Haltung zum beworbenen Produkt wird damit im Wesentlichen von den **peripheren** und eher gefühlsmäßigen Eindrücken vom zugehörigen Werbemittel („Attitude towards the Ad") gesteuert (*Petty/Cacioppo/Schumann* 1983, S. 135 ff.; *Kroeber-Riel/ Esch* 2004, S. 164 ff.). In der amerikanischen Werbeforschung wird in diesem Zusammenhang von einem **„zweistufigen Wirkungsmodell"** gesprochen:

Stufe 1: Die äußere Erscheinung des Werbemittels gefällt dem jeweiligen Rezipienten. Dies führt zur Akzeptanz des Werbemittels.

Stufe 2: Die Akzeptanz des Werbemittels wird auf den beworbenen Gegenstand, z. B. die Marke oder das Unternehmen, übertragen.

Dieses Beeinflussungsmuster wird von *Petty et al.* (1983, S. 135 ff.) als **„peripherer Weg der Beeinflussung"** bezeichnet. Das Modell der peripheren Wirkungsroute wird in der Werbewissenschaft weitgehend ohne Gegenpositionen vertreten. Es ist durch zahlreiche, insbesondere in den USA durchgeführte, empirische Studien gestützt (*Mitchell/Olson* 1981; *Lutz/MacKenzie/ Belch* 1983; *Moore/Hutchinson* 1983; *Gardner* 1985; *Batra/Ray* 1986; *MacKenzie/Lutz/Belch* 1986; *Mitchell* 1986; *Park/Young* 1986; *Petty/Cacioppo* 1986). Die einzelnen Erklärungsansätze der jeweiligen Forscher unterscheiden sich im Wesentlichen lediglich darin, dass andere Akzentuierungen bei der Erklärung des Konsumentenverhaltens vorgenommen wurden.

7.3.2 Modalitäten

Neben dem zugrunde liegenden Werbemittel-Involvement stellen die **ausgewählten beziehungsweise zur Verfügung stehenden Modalitäten** eine weitere zentrale Einflussgröße der Wirkung von Werbemitteln dar. Gemäß den Erkenntnissen der Gehirnforschung sowie der damit in Einklang stehenden Aussagen der Hemisphärentheorie erfolgt die gedankliche Verarbeitung der vom Menschen aufgenommenen Reize innerhalb zweier Systeme:

(1) Im verbalen Verarbeitungssystem der linken Gehirnhälfte (Dekomposition der Modalitäten: Text),

(2) Im non-verbalen (bildlichen) Verarbeitungssystem der rechten Gehirnhälfte (Dekomposition der Modalitäten: Bild, Ton, Duft-, Tast- und sonstige Reize).

Im ersten System werden die wahrgenommenen sprachlichen und numerischen Reize in einen **„Sprachcode"** übersetzt, der das logisch-analytische Denken sowie das daraus resultierende rationale Verhalten steuert. Das zweite System, das für intuitives Denken und Fühlen verantwortlich ist und hinter dem emotionalen Verhalten steht, verarbeitet die wahrgenommenen non-verbalen Reize, indem sie in einen **„Bildercode"** übersetzt werden. Der Begriff „Bild" wird in diesem Zusammenhang im weiteren Sinne verstanden, d. h. es kann sich durchaus auch um innere akustische Bilder oder sogar Duftbilder handeln (*Kroeber-Riel/Esch* 2004, S. 149 ff.). Beide Verarbeitungsysteme stehen in enger wechselseitiger Beziehung zueinander, d. h., aufgenommene Reize werden im Allgemeinen in beiden Systemen übersetzt. Sie erfahren eine „zweifache Kodierung": Ein konkreter Satz ruft sowohl sprachliche als auch bildliche Vorstellungen hervor, so wie ein Bild ebenso in beiden Systemen verarbeitet wird. Die Art der Informationsverschlüsselung ist „lediglich" dafür verantwortlich, in welchem System die Kodierung zuerst erfolgt. Durch die Verbindung der beiden Gehirnhälften erfolgt dann die Kodierung (Assoziation) im jeweils anderen System. Auch wenn es möglich ist, mit sprachlichen Elementen der Werbemittelgestaltung Gefühle zu beeinflussen und mit bildlichen Gestaltungselementen sachliche Informationen zu vermitteln, so ist im Allgemeinen von folgender Verbindung auszugehen (*Kroeber-Riel/Esch* 2004, S. 151):

Einsatz bildbetonter Werbemittel $\rightarrow$ Emotionale Beeinflussung

Einsatz sprachbetonter Werbemittel $\rightarrow$ Informative Beeinflussung

Nachfolgend werden die **möglichen Wirkungen** bildbetonter **und** textbetonter Werbung als Grundlage zielorientierter Werbemittelgestaltung in den Vordergrund gerückt. Damit liegt den Überlegungen eine konsequente Ausrichtung auf die oben genannte Art und Weise der menschlichen Reizverarbeitung zugrunde. Die Analyse orientiert sich dabei an folgenden Facetten möglicher **Werbemittelwirkungen in Abhängigkeit einzusetzender Modalitäten**:

- Aktivierungspotenziale,
- Art der gedanklichen Verarbeitung,
- Erlebnispotenziale,
- (Potenzielle finale) Verhaltenswirkungen.

Die **Aktivierungspotenziale von Bildern** sind erheblich größer als von Texten. In einem Bild-Text-Display fällt der Blick eines Konsumenten fast immer zuerst auf das Bild. Bilder sind daher bevorzugt zur Kontaktherstellung einzusetzen. Dies gilt in besonderem Maße für die Anzeigenwerbung (bei der Radio- und Fernsehwerbung dienen dazu in erster Linie akustische Reize). So wie die komplett gestalteten Werbemittel in Konkurrenz um die Reizwahrnehmung stehen, erfüllen auch Bilder als Elemente der Werbemittelgestaltung ihre Kontaktfunktion nur dann, wenn sie sich im **Aktivierungswettbewerb** mit anderen Bildern durchsetzen können. Bilder sind daher mit Hilfe des Einsatzes professioneller Aktivierungstechniken zu gestalten, um die beabsichtigten Kontakte mit den Zielpersonen herstellen zu können. Ex ante können Expertenschätzungen oder Aktivierungsmessungen herangezogen werden, um die Aktivierungskraft eines Bildes abschätzen zu können.

Dennoch bestimmen auch **textliche beziehungsweise sprachliche Elemente** das Aktivierungspotenzial von Werbemitteln; insbesondere dann, wenn das zu gestaltende Werbemittel nur wenig bildliche Komponenten enthält. Zur Erzielung eines möglichst hohen Aktivierungspotenzials des Werbemittels kommt es in einer solchen Situation vor allem auf die Gestaltung der Headline an. Von den textlichen Gestaltungselementen verfügt die **Headline** über das höchste Aktivierungspotenzial, das sich vorrangig durch ihre physische Reizqualität ergibt (*Meyer-Hentschel* 1993, S. 69). Die **Höhe der physischen Reizqualität einer Headline** setzt sich aus zwei Komponenten zusammen:

(1) Eingesetzte Schrift beziehungsweise Schriftart,

(2) Beziehung zu den sonstigen Gestaltungselementen.

Mit Hilfe großer, farbiger sowie auffälliger **Schrift** beziehungsweise **Schriftart** gestaltete Headlines lassen das Aktivierungspotenzial des gesamten Werbemittels ansteigen. So „zwingt" eine besonders groß gestaltete Headline zur Beschränkung auf wesentliche Aussagen. Dies ist der Aufnahmebereitschaft des Werbemittels durch die Rezipienten förderlich. Ähnliches gilt für die **Beziehung der Headline zu den sonstigen Gestaltungselementen** des Werbemittels. Je stärker sich die Headline von den übrigen Gestaltungselementen abhebt, d. h., je auffälliger sie gestaltet wird, desto höher ist das Aktivierungspotenzial des gesamten Werbemittels.

Ist durch die eingesetzte Schrift beziehungsweise Schriftart sowie durch eine auffällige Gestaltung ein hohes Aktivierungspotenzial sichergestellt, so kann die mögliche Aktivierungsstärke durch eine **emotionale Wortwahl** noch erhöht werden. Dies kann durch die Verwendung von typisch emotionalen Wörtern – wie Freundschaft, Vertrauen, Liebe, Glück, Familie usw. – oder durch den Einsatz emotional aufgeladener Schlüssel- oder Schlagwörter – wie Geld, Erfolg, Sieg usw. – erfolgen.

> **Beispiel: Emotionale Wortwahl in Slogans**
> - „*Dresdner Bank* – Ihre Beraterbank",
> - „Der Fels in der Brandung" – *Baden Württembergische Versicherung,*
> - „Ich liebe es" von *McDonalds,*
> - „*Pfanne* – Liebe, die man schmeckt",
> - „Auf diese Steine können Sie bauen" – *Schwäbisch Hall,*
> - „Liebe ist, wenn es *Landliebe* ist",
> - „*ProSieben* – We love to entertain you!" u. a. m.

Ein weiteres Unterscheidungsmerkmal repräsentiert die **Art der gedanklichen Verarbeitung** in Abhängigkeit einzusetzender Modalitäten. Die **gedankliche Verarbeitung eines Bildes** erfolgt beim Rezipienten schneller, bequemer und überzeugender als bei Konfrontation mit Sprache oder Texten. Das menschliche Gehirn ist vorrangig auf die Verarbeitung visueller Reize ausgelegt. Sie werden weitgehend automatisch und mit geringerer gedanklicher Anstrengung als sprachliche Reize verarbeitet. Darüber hinaus werden sie in größeren visuellen Einheiten aufgenommen und ganzheitlich analog verarbeitet, wodurch auf der einen Seite eine schnelle und bequeme Aufnahme von bildlichen Reizen sichergestellt ist. *Kroeber-Riel* spricht in diesem Zusammenhang von **„Bildern als schnelle Schüsse ins Gehirn"** (*Kroeber-Riel/Esch* 2004, S. 153). Zur Aufnahme eines ganzen Bildes mittlerer Komplexität sind – je nach gedanklicher Schulung des jeweiligen Rezipienten – 1,5 bis 2,5 Sekunden notwendig. In dieser Zeit können etwa zehn Wörter aufgenommen werden.

Zudem rufen Bilder aufgrund ihrer ganzheitlichen Verarbeitung eine höhere **Überzeugungswirkung** hervor. Beim Rezipienten entstehen Gedankenverknüpfungen, die einer allenfalls geringen gedanklichen Kontrolle unterliegen und nicht Schritt für Schritt nach den analytischen Gesetzen der Sprachlogik überprüft werden. Bilder sind in der Lage, Eindrücke hervorzurufen, die sprachlich gar nicht vermittelt werden können. Die geringere gedankliche Kontrolle der Bildverarbeitung stützt somit die Überzeugungswirkungen von Bildern.

> **Beispiel: Überzeugungswirkungen von Bildern**
> Im Rahmen von TV-Spots der Zigarettenmarke *West* wurden in Bildsequenzen „durch den Weltraum fliegende Zigaretten" dargestellt. Durch die ganzheitliche Aufnahme und Verarbeitung dieser Bilder entstehen Gedankenverknüpfungen wie „fortschrittlich, innovativ, originell oder zeitgemäß". Die sprachliche Umschreibung desselben Sachverhaltes würde aufgrund der gedanklichen Überprüfung sprachlich vermittelter Sachverhalte – wenn überhaupt – Assoziationen wie „unlogisch, wenig durchdacht oder zusammenhanglos" hervorrufen.

Die **gedankliche Übersetzung verbaler Elemente** von Werbemitteln stellt dagegen wesentlich höhere Anforderungen an die zelebralen Fähigkeiten, die Konzentration sowie an die Aufmerksamkeit eines Menschen, da sprachliche Elemente in kleinen Sinneseinheiten aufgenommen und „sequenziell-analytisch" verarbeitet werden. Aufnahme und Verarbeitung sprachlicher Reize setzen somit eine erhöhte Zuwendung zu einem Werbereiz voraus, die ihm jedoch nur in seltenen Fällen zuteil wird; die Werbemittel treffen – wenn überhaupt – auf low-involvierte Adressaten. Dennoch ist zu beachten, dass sich ein Mensch bei voller Aufmerksamkeit und hoher Konzentration auch von verbalen Informationen leiten lässt. Dabei ist es notwendig, dass sowohl Headline als auch Absender schnell aufgenommen werden können.

Als ein zentrales Element des Werbemittels wird die **Headline** meist vollständig gelesen (*Jeck-Schlottmann* 1988, S. 51). Daraus resultiert jedoch nicht, dass es demnach belanglos ist, wie die Gestaltung der Headline vorgenommen wird. Im Gegenteil, es ist intensiv über die Headlinegestaltung nachzudenken, da mit höherer **Schnelligkeit der gedanklichen Verarbeitung** auch die Chance steigt, dass sich die Rezipienten mit den übrigen Elementen des Werbemittels auseinandersetzen. Deshalb ist bei der Gestaltung der Headline darauf zu achten, dass sie innerhalb des Werbemittels leicht lesbar ist. In diesem Zusammenhang können aus Ergebnissen empirischer Studien zur Lesegeschwindigkeit von Headlines wichtige Gestaltungshinweise entnommen werden (vgl. *Ogilvy* 1964; *Neibecker* 1981; *Meyer-Hentschel* 1993, S. 91 ff.). Die **Lesegeschwindigkeit von Headlines** sinkt, wenn die Schrift folgendermaßen gestaltet ist:

- Geringer Kontrast zum Untergrund,
- Negative Erscheinung (hell auf dunklem Grund),
- Stand auf unruhigem Untergrund,
- Verwendung seltener Schrifttypen,
- Verwendung von Großbuchstaben,
- Schräge, senkrechte, rückwärtige usw. Anordnung.

Der „**Absender**" ist die wichtigste Information eines Werbemittels (*Meyer-Hentschel* 1993, S. 105), da die Rezipienten erst mit seiner Aufnahme die gestaltete Werbebotschaft einem Produkt, einer Marke oder einem Unternehmen zuordnen können. So ist beispielsweise bei einem Werbemittel ohne konkreten Hinweis auf den Absender mit Wirkungseinbußen – vorrangig bei der Markenbekanntheit – von bis zu 55 Prozent zu rechnen (*Waring* 1986, S. 58). Es ist notwendig, dass der Absender daher besonders schnell und bequem gedanklich zu verarbeiten ist. Der Werbemittelgestalter hat daher folgende Entscheidungen zu treffen:

- Größere Gestaltung des Logos/der Marke, ohne den Gesamteindruck des Werbemittels zu beeinträchtigen,
- Darstellung des Namens der Marke oder des Unternehmens in der Headline,
- Platzierung des Absenders unten rechts beziehungsweise am Ende eines Werbemittels.

Weiterhin ist es vor allem für die Gestaltung von Anzeigen sinnvoll, den **Absender in die Headline zu integrieren**, da vier Fünftel der Rezipienten nur die Schlagzeile gedanklich verarbeiten (*Ogilvy* 1964, S. 136). Dabei ist es für die Rezipienten wichtig zu erfahren, welche Marke überhaupt beworben wird. Die meisten Werbetreibenden platzieren den Absender – eine Marke oder das werbetreibende Unternehmen – in der unteren rechten Ecke (bei der Gestaltung von Anzeigen) oder am Ende eines Spots (bei der Gestaltung von Werbemitteln im Radio oder im Fernsehen). Viele Rezipienten suchen an diesen Stellen schon gewohnheitsgemäß nach dem Absender des Werbemittels. Dieser Gestaltungshinweis ist daher nicht zu ignorieren, sofern es darum geht, eine hohe Werbewirkung zu erzielen. Um eine schnelle gedankliche Verarbeitung des Absenders zu gewährleisten ist es vielmehr notwendig, dass sich die Werbemittelgestaltung an den Gewohnheiten und Erwartungen der Rezipienten orientiert und der Absender entsprechend platziert wird.

Ein weiteres modalitätsbezogenes Unterscheidungsmerkmal der Werbemittelgestaltung stellen die jeweils durch Bilder beziehungsweise Texte vermittelten **Erlebnispotenziale** dar. Wie bereits erwähnt, sind Bilder in wesentlich stärkerem Ausmaß in der Lage, emotionale Reize der Umwelt wirklichkeitsnah wiederzugeben als Texte oder die sprachliche Verpackung emotionaler Sachverhalte. Beispielsweise entwickelt die bildliche Darstellung einer glücklichen Familie beim Konsumenten weitaus stärkere emotionale Gedächtniswirkungen als die sprachliche Wiedergabe desselben Sachverhaltes. Der Erlebnisgehalt von Gefühlen, wie Prestige, Abenteuer, Familienglück, Sicherheit usw., wird vor allem über das Vorhandensein **„innerer Bilder"** bestimmt, die sich der Konsument mit diesen Gefühlen ins Gedächtnis ruft. Die überwiegend emotionalen Wirkungen innerer Gedächtnisbilder sind die Ursache dafür, dass sie in besonderem Maße auf die emotionalen Komponenten des Verhaltens, d.h. auf die **Einstellungs- und Präferenzbildung** für Marken, einwirken (*Kroeber-Riel* 1986, S. 84). So ist beispielsweise die Attraktivität der Motorradmarke *Harley Davidson* vorrangig durch die beim Konsumenten hervorgerufenen inneren Bilder von Freiheit und Unabhängigkeit beeinflusst.

Es wird deutlich, dass es durch den gezielten und vor allem dauerhaften Einsatz gleichartiger Bilder beziehungsweise Bildsequenzen möglich ist, bei den Zielpersonen bestimmte Gefühle für eine Marke zu erzeugen. Dies geschieht über einen Transfer von Bildern in die Gefühlswelt der Konsumenten. Es ist demnach auf einen **kontinuierlichen Werbeauftritt** zu achten. Kontinuität im hier zugrunde liegenden Kontext bedeutet jedoch nicht, dass jahrelang dasselbe Werbemittel zu schalten ist. Vielmehr sind Werbemittel mit nachgewiesenermaßen hohem Wirkungspotenzial in Variationen über einen längeren Zeitraum hinweg zu schalten, damit es zum Aufbau innerer Markenbilder kommen kann. Beispiele für langjährig erfolgreiche Kampagnen sind *Marlboro, Milka, Ferrero Rocher, Blend-a-med, Isostar* oder *Cliff.* So vermittelt beispielsweise die Lila Kuh als inneres Bild (Werbesignal) die natürliche Alpenwelt von *Milka.* Der **Stellenwert innerer Markenbilder** wird angesichts der zunehmenden Reizüberflutung in Werbeforschung und -praxis künftig anwachsen, da sie den Rezipienten helfen, entsprechende Werbeimpulse schneller aufzunehmen und zuzuordnen.

Der Zusammenhang zwischen eingesetzten Modalitäten und dem daraus resultierenden **Verhalten** wurde bisher nur wenig theoretisch und empirisch durchdrungen. Die bislang durchgeführten empirischen Studien beziehen sich im Allgemeinen nicht direkt auf das beobachtbare Verhalten, sondern auf die „dahinter stehenden" Wirkungen, wie Kenntnisse, Interessen, Einstellungen oder Handlungsabsichten. Dies ist insbesondere darauf zurückzuführen, dass in der deutschsprachigen Literatur die Auffassung vorherrscht, der kontrollierbare modalitätsabhängige Einfluss der Mediawerbung reiche nur bis zur Einstellung als (innerem) Verhaltenskonstrukt. Ob und wie die beim Konsumenten erzielte Einstellung in Verhalten umgesetzt wird, hängt von einer Vielzahl von Verhaltensbedingungen, wie z. B. vom Einfluss situationaler Faktoren oder gruppendynamischer Prozesse, ab. Ziel hat es in Zukunft zu sein, über die Durchführung empirischer Studien weitere Erkenntnisse über den Einfluss eingesetzter Modalitäten auch auf das Verhalten von Konsumenten zu gewinnen.

7.3.3 Kontaktfrequenz

In Abhängigkeit von der **Kontaktfrequenz mit dem Werbemittel** sind ebenfalls Wirkungsunterschiede beim Konsumenten zu erwarten, so dass die **Zahl der Wiederholungen** eines Werbemittels eine weitere zentrale Einflussgröße der Wahrnehmung darstellt. Dabei stellt sich für die Werbetreibenden vor allem die Frage, wie häufig die Zielpersonen mit dem Werbemittel zu konfrontieren sind, um „verhaltenswirksame" Spuren im Gedächtnis zu hinterlassen. In diesem Zusammenhang wird oftmals die Meinung vertreten, sieben Wiederholungen seien optimal. Diese Regel ist jedoch nicht haltbar (*Kroeber-Riel/Esch* 2004, S. 160 f.):

- Die Zahl der für eine zieladäquate Werbung **erforderlichen Wiederholungen** hängt von der **Art der Werbemittelgestaltung** (z. B. bildbetont oder textbetont), vom **Anspruchsniveau des**

Werbetreibenden (also von den formulierten Werbezielen) sowie von den **Kommunikationsbedingungen** (z. B. der Konfrontationssituation) ab.

- In Abhängigkeit der bei den Zielpersonen zugrunde liegenden **Involvement-Stärke** wird die optimale Anzahl an Wiederholungen variieren. So hat die Zahl der Wiederholungen um so größer zu sein, je weniger involviert die Empfänger sind.
- Die Bedeutung **innerer Gegenargumente** sowie das daraus möglicherweise resultierende negative Reaktionsverhalten wird nicht berücksichtigt. So lösen die auf einen Rezipienten einströmenden Werbereize gedankliche Reaktionen aus, die sich nicht nur auf das betreffende Werbemittel beziehen, sondern es werden auch eigenständige Ideen und Vorstellungen „angestoßen", deren Richtung und Ausprägungen für das situative Reaktionsverhalten in Bezug auf das Werbemittel ausschlaggebend sind. Zur Entwicklung innerer Gegenargumente in Abhängigkeit von der Zahl der Wiederholungen sind zahlreiche Untersuchungen durchgeführt worden (vgl. dazu *Cacioppo/Petty* 1979; 1980; *Brock/Sharitt* 1983; *Kroeber-Riel/Weinberg/Gröppel-Klein* 2009). Es zeigte sich, dass bei den ersten Darbietungen kaum Gegenargumente gebildet, teilweise sogar abgebaut wurden. Nach einer bestimmten Anzahl an Wiederholungen nehmen jedoch die positiven Reaktionen ab und die negativen gedanklichen Reaktionen nehmen zu, so dass zunehmend **Abnutzungswirkungen („Wear Out Effect")** zu beobachten sind. Dabei treten in Abhängigkeit vom zugrunde liegenden Involvement der Rezipienten sowie der Art der Beeinflussung (emotional oder informativ) erhebliche Unterschiede bezüglich der **Schnelligkeit der Abnutzungswirkungen** auf. Tendenziell kann davon ausgegangen werden, dass die Schnelligkeit von Abnutzungswirkungen mit steigendem Involvement sowie zunehmend informativ ausgerichteter Werbemittelgestaltung ebenfalls zunimmt.

7.3.4 Platzierung

Darüber hinaus haben **Platzierungsentscheidungen** im jeweiligen Medium eine nicht unwesentliche Rolle für die Wirkung eines Werbemittels. Bevor allerdings Wirkungen etwaiger Platzierungsentscheidungen analysiert werden, hat sich der Werbetreibende zunächst Klarheit bezüglich des zur Verfügung stehenden **Entscheidungsspektrums der Werbemittelplatzierung** zu verschaffen. Schaubild III-B-84 zeigt, welche Entscheidungsvariablen bei der Platzierung von Werbemitteln in den **verschiedenen Mediagattungen** zu berücksichtigen sind.

Beispielsweise sind bei der **Anzeigenwerbung** in Tageszeitungen oder Zeitschriften folgende Entscheidungen zu treffen:

- Platzierung der Anzeige auf den ersten Seiten, in der Mitte oder auf den hinteren Seiten des Mediums (Platzierung im Heftinneren),
- Belegung mehrerer aufeinanderfolgenden Seiten (Seitenzahl(en) für Platzierung),
- Platzierung im Heftinneren oder auf den Umschlagseiten.

Sofern das Format der Anzeige kleiner ist als eine ganze Seite, hat das werbetreibende Unternehmen zudem eine Entschscheidung darüber zu treffen, an welchen **Stellen der ausgewählten Seiten** die Anzeige zu platzieren ist.

In der Vergangenheit wurden zahlreiche Untersuchungen hinsichtlich der Wirkung von Anzeigenplatzierungen durchgeführt. Hierbei konnten unter anderem folgende **Platzierungseffekte** festgestellt werden (nach verschiedenen Quellen zusammengestellt nach *Koschnik* 2004):

- Bei Zeitschriften nimmt die spontane Erinnerung ab, je weiter hinten im Heft die Anzeigen platziert sind (eine Ausnahme bilden Frauenzeitschriften, bei denen Anzeigen im letzten Sechstel des Heftes gut erinnert werden).

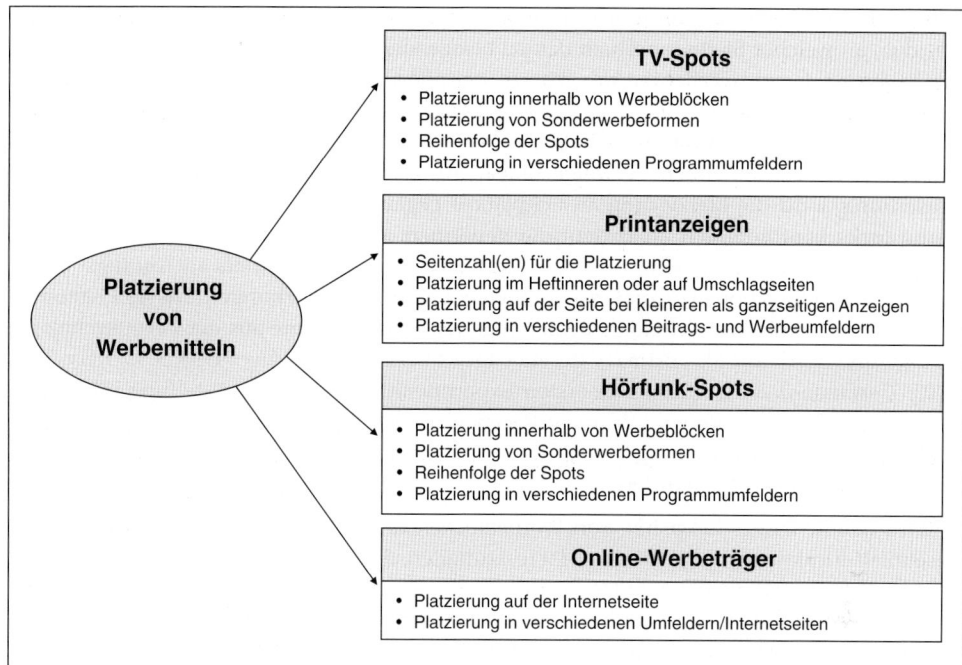

Schaubild III-B-84: Entscheidungsspektrum der Werbemittelplatzierung

- Die Platzierung einer ganzseitigen vierfarbigen (schwarz-weißen) Anzeige neben einer ganzen Anzeigenseite in einer Zeitschrift, erzielt im Durchschnitt einen um fünf Prozent (zwölf Prozent) höheren Beachtungswert als eine Anzeige gegenüber redaktionellem Text.
- Je höher die Zahl der Printanzeigen in einem geschlossenen Anzeigenteil einer Zeitschrift, desto größer ist der Nutzen, den der Werbetreibende davon hat, dass seine gegenüber einer anderen Printanzeige platziert ist.
- Je größer die Zahl und je dichter die Printanzeigen einer Produktkategorie nebeneinander platziert werden, desto höher ist die Beachtung jeder Printanzeige in diesem Feld.
- Printanzeigen in Zeitschriften auf der vierten Umschlagseite erzielen 20 bis 30 Prozent höhere Beachtung als im Innenteil der Zeitschrift.
- Ob Printanzeigen auf der rechten oder linken Seite einer Zeitung platziert sind, hat keinen Einfluss, ebenso die Platzierung in der oberen oder unteren Hälfte.

Im Rahmen der **Fernseh- und Hörfunkwerbung** ist darüber zu entscheiden,

- an welchen Stellen innerhalb welcher Werbeblöcke sowie
- in welchen redaktionellen Programmumfeldern das Werbemittel zu platzieren ist.

Bei der **Platzierung des Werbemittels (TV- oder Hörfunk-Spot) innerhalb von Werbeblöcken** können – abgesehen von zahlreichen Sonderwerbeformen (vgl. Abschnitt III-B-1.3.2) – vier Entscheidungskonstellationen unterschieden werden:

(1) Einmalige Schaltung des Werbemittels in einem Werbeblock,
(2) Mehrmalige Schaltung des Werbemittels in einem Werbeblock,
(3) Einmalige Schaltung des Werbemittels in mehreren Werbeblöcken,
(4) Mehrmalige Schaltung des Werbemittels in mehreren Werbeblöcken.

(1) Bei der **einmaligen Schaltung des Werbemittels in einem Werbeblock** ist darüber zu entscheiden, an welcher Stelle innerhalb des zu belegenden Werbeblocks das Werbemittel einzuschalten ist. Grundsätzlich ist darüber zu befinden, ob das Werbemittel an einem **Eckplatz des Werbeblocks**, also als erster oder als letzter Spot des gewählten Werbeblocks, oder aber **zwischen anderen Spots innerhalb des Werbeblocks** zu platzieren ist. Angesichts der beobachtbaren zunehmenden Verweigerungshaltungen, insbesondere gegenüber der Fernsehwerbung, wird die Platzierung an Eckplätzen gegenüber der Platzierung innerhalb des Werbeblocks kontinuierlich an Bedeutung gewinnen. Aber auch wenn sich der Rezipient dem Werbeblock nicht entzieht, führt die Platzierung des Werbemittels an Anfangs- beziehungsweise Endpositionen oftmals zu deutlich höheren Werbewirkungen. Dieses Phänomen ist aus der allgemeinen Psychologie beziehungsweise insbesondere aus der Lernpsychologie bekannt und wird dort als **„Primacy Recency Effect"** bezeichnet (*Mayer* 1993, S. 93; *Kloss* 2007, S. 205; *Trommsdorff* 2009, S. 270;). Die ersten Experimente zu dieser Fragestellung im Bereich der Mediawerbung, in denen „Primacy Recency"-Effekte nachgewiesen wurden, sind von *Webb* und *Ray* (1979) beziehungsweise im deutschsprachigen Raum von *Mayer* und *Schuhmann* (1981) durchgeführt worden.

Es wird deutlich, dass Eckplätze von Werbeblöcken für die Platzierung von Werbemitteln wesentlich attraktiver sind. Allerdings ist festzuhalten, dass die **Einschaltpreise** für Eckplätze erheblich höher sind als für die Platzierung innerhalb eines Werbeblocks. Die Entscheidung über die Platzierung ist demnach unter Wirtschaftlichkeitsaspekten sowie vor dem Hintergrund formulierter Werbeziele und festgelegter Werbebudgets zu treffen.

(2) Bei **mehrmaliger Schaltung des Werbemittels innerhalb eines Werbeblocks** ist neben der Frage, ob das Werbemittel an Eckplätzen zu platzieren ist, darüber zu entscheiden, wie die **Verteilung der Schaltungen** innerhalb des Werbeblocks vorzunehmen ist. Mit anderen Worten: Es ist der Frage nachzugehen, wie viele Spots anderer Unternehmen zwischen den jeweiligen eigenen Schaltungen auszustrahlen sind. Dabei gilt es, sich in die **Denkweise der Zielpersonen** hineinzuversetzen. Das bedeutet, der Werbetreibende hat darüber nachzudenken, wie die Schaltungen des Werbemittels zu verteilen sind, damit gleichzeitig die positiven gedanklichen Reaktionen im Sinne des Erlernens der Werbebotschaft, der Akzeptanz des Werbemittels und der beworbenen Marke, der Steigerung der positiven Einstellung zum Werbemittel und zur beworbenen Marke usw. maximiert sowie die negativen gedanklichen Reaktionen im Sinne von Ablehnungshaltungen minimiert werden. Da hier nur kaum gesicherte Erkenntnisse aus der verhaltenswissenschaftlichen Forschung verfügbar sind, setzt dies im Regelfall ein ausgeprägtes Gespür des Werbetreibenden bezüglich der Persönlichkeits- und Motivstrukturen der Zielpersonen voraus.

(3) Die **einmalige Schaltung des Werbemittels in mehreren Werbeblöcken** steht in Analogie zur einmaligen Schaltung in einem Werbeblock. Jedoch hat der Werbetreibende mehrfach darüber zu entscheiden (für jeden Werbeblock), ob das Werbemittel an einem Eckplatz oder zwischen anderen Spots zu schalten ist.

(4) Die **mehrmalige Schaltung des Werbemittels in mehreren Werbeblöcken** stellt vor allem bei TV-Spots eine komplexe Entscheidungssituation dar, der sich in der Regel finanzstarke Werbetreibende gegenübersehen, da eine **mehrfache Schaltung im Fernsehen** in hohem Maße finanzielle Mittel absorbiert. Der Werbetreibende steht hier vor einem **mehrdimensionalem Allokationsproblem**. Er hat in einem ersten Schritt darüber zu entscheiden, welchen Werbeblöcken er welche Anzahl an Schaltungen zuweist. In einem zweiten Schritt hat er darüber nachdenken, wie die den Werbeblöcken jeweils zugewiesenen Schaltungen innerhalb jedes Werbeblocks zu verteilen sind. Dabei tritt zusätzlich das Problem auf, dass beide Alloka-

tionsentscheidungen nicht unabhängig voneinander, sondern idealerweise **simultan** zu treffen sind, da die Anzahl ausgewählter Werbeblöcke mit den entsprechenden zugewiesenen Schaltungen und die Verteilung der Schaltungen innerhalb jedes Werbeblocks in wechselseitiger Beziehung zueinander stehen.

Im Rahmen der **Online-Werbung** haben Platzierungsentscheidungen einen hohen Einfluss auf die Wirkung des Werbemittels. Eine im Jahre 1997 durchgeführte Studie untersuchte den Einfluss der Platzierung von Werbe-Bannern einer Internetseite auf deren so genannte „Klickrate". Im Rahmen von drei Teilstudien wurde die Platzierung von jeweils zwei identischen Paaren von Werbe-Bannern variiert. Bei den Internetseiten, auf denen die Werbe-Banner platziert waren, handelte es sich um identische, so genannte „High Traffic Pages", d.h. Seiten, die sehr häufig besucht werden. Die erste Teilstudie führte zu dem Ergebnis, dass Werbe-Banner, die in der unteren rechten Ecke der Internetseite (neben dem so genannten „Scroll Bar") platziert waren, häufiger angeklickt (Klickraten je nach Werbe-Banner zwischen 1,8 Prozent und 17,3 Prozent) wurden, als Werbe-Banner, die am oberen Ende der Internetseite zu finden waren (Klickraten je nach Banner zwischen 0,7 Prozent und 5,2 Prozent). In einer zweiten Teilstudie wurde die Klickrate von Werbe-Bannern, die zum einen am oberen Ende des Bildschirms positioniert, zum anderen um ein Drittel der Seitenhöhe nach unten gerückt waren, verglichen. Bei letzteren war eine um 77 Prozent höhere Klickrate festzustellen. Schließlich untersuchte eine dritte Teilstudie, welchen Unterschied es macht, wenn ein Werbe-Banner am oberen Ende der Seite oder zwei identische Banner am oberen sowie am unteren Ende der Seite platziert werden. Zwischen den verschiedenen Versionen konnten jedoch keine signifikanten Unterschiede festgestellt werden. Zusammenfassend ist festzuhalten, dass die Platzierung der Werbebanner Einfluss auf das Klickverhalten der Internet-Nutzer hat. Befinden sich Werbe-Banner in der Nähe des „Scroll Bars" einer Internetseite, werden diese häufiger angeklickt – da sich der Mauszeiger dort insgesamt häufiger befindet. Beim Aufruf einer Internetseite ist es zudem wahrscheinlicher, dass Internet-Nutzer zuerst das Zentrum des Bildschirms betrachten, ein dort platziertes Werbebanner also auch schneller wahrgenommen wird.

Die Platzierung des Werbemittels kann nicht losgelöst von den Inhalten der Botschaft betrachtet werden. Daher ist im Rahmen der Platzierung von Werbemitteln darüber zu entscheiden, in welchem **redaktionellen Umfeld** diese zu schalten sind. Dies ist im Einzelfall von den jeweils formulierten Zielen der Mediawerbung abhängig. So kann die Schaltung von Anzeigen in verschiedenen Redaktionsumfeldern, wie beispielsweise in engem räumlichem Abstand zu humorvollen, wissensorientierten oder spannungsgeladenen Beiträgen, erfolgen. Es ist davon auszugehen, dass die Platzierung von TV-Spots innerhalb von Nachrichtenmagazinen beispielsweise im Regelfall weitaus besser dazu geeignet ist, Wahrnehmungswirkungen bei einem älteren und seriösem Zielpublikum hervorzurufen als die Platzierung innerhalb einer Comedy Show. Bei einer zielorientierten Entscheidung bezüglich der umfeldbezogenen Platzierung von Werbemitteln ist daher der Frage nachzugehen, welchen positiven oder negativen Einfluss das Umfeld auf die Wirkung von Werbemitteln und damit auf die Marke beziehungsweise das Unternehmen ausübt (vgl. hierzu auch Insert III-B-59).

Zusammenfassend lässt sich festhalten, dass eine Vielzahl verschiedener Möglichkeiten existiert, ein Werbemittel in einem bestimmten Medium zu platzieren. Im Rahmen von Platzierungsentscheidungen ist es daher zunächst notwendig, das zugrunde liegende Entscheidungsspektrum systematisch offen zu legen, d.h. der Entscheider hat Kenntnisse darüber zu erwerben, welche Platzierungsoptionen ihm zur Verfügung stehen. Die Wahrnehmung bestimmter Platzierungsoptionen hat sich dabei an den Wirkungspotenzialen vorhandener Alternativen zu orientieren. Problematisch ist allerdings, diese Wirkungspotenziale zu ope-

RTL-Dokusoap:

"Erwachsen auf Probe" schreckt Werbekunden ab

Erst waren es nur die Zuschauer, jetzt brechen auch noch die Werbekunden weg. Weil sie nicht mit der umstrittenen RTL-Serie "Erwachsen auf Probe" in Verbindung gebracht werden möchten, zogen mehrere große Werbekunden ihre Spots zurück. Für den Sender wird die Dokusoap zum Image-Debakel. **Von Katharina Miklis**

Teenager mit Kinderwunsch probieren sich erst an Puppen, dann an echten Babys aus. Viele Werbekunden distanzieren sich nun von dem Format
© RTL

Immer mehr Großunternehmen distanzieren sich von der Erziehungssoap "Erwachsen auf Probe". Wie eine Sprecherin des Werbezeitenvermarkters IP Deutschland auf Nachfrage bestätigte, haben sich einige Werbekunden in den vergangenen Tagen dazu entschlossen, ihre Spots aus dem Werbeumfeld von "Erwachsen auf Probe" zurückzuziehen. Zu den Namen der Kunden wollte sich IP nicht äußern. Nach *stern.de*-Informationen gehören Unternehmen wie Obi, Storck und Ikea dazu.

Bereits Wochen vor der Ausstrahlung der ersten Folge am 3. Juni hatte die RTL-Sendung, in der Teenager sich an echten Babys als Eltern ausprobieren dürfen, für Aufregung gesorgt. Mehr als 60 Verbände aus der Kinder- und Jugendhilfe forderten die Absetzung der Show, für deren Dreharbeiten Eltern RTL ihre Säuglinge und Kleinkinder zur Verfügung gestellt haben. Auch Politiker und Ärzte hatten gefordert, die Sendung zu verbieten oder darauf zu verzichten. Die Bundespsychotherapeutenkammer forderte Gesetzesänderungen. Trotz der Krawall-PR, von der viele befürchteten, sie würde dem Sender nur in die Hände spielen, interessierten sich von Beginn an nur wenige Zuschauer für das fragwürdige Baby-Experiment. Und jetzt springen RTL auch noch die Werbekunden ab.

Dies ist laut IP-Sprecherin vor allem auf die "Lobbyarbeit einer Familienorganisation" zurückzuführen. Diese soll gezielt große Werbekunden angeschrieben haben, mit dem Hinweis, sie würden in einem kriminellen Umfeld werben. Tatsächlich ruft die Bürgerinitiative "Verantwortung für die Familie e.V." auf ihrer Internetseite dazu auf, E-Mails an werbungtreibende Unternehmen zu schicken und sie zum Werbeverzicht aufzufordern.

Gegenüber *stern.de* erklären Unternehmen wie Obi, Storck und Ikea, warum sie nicht mehr im Umfeld von "Erwachsen auf Probe" werben wollen: Während die Baumarktkette betont, vor der ersten Ausstrahlung nichts von den Inhalten der Sendung gewusst zu haben, ist es dem Süßwarenhersteller Storck wichtig, seine Produkte "nicht im Umfeld eines solchen Formates zu präsentieren". Das schwedische Möbelhaus bestätigte zudem, man sei vor der Ausstrahlung der ersten Folge der Dokusoap von einem "pädagogisch wertvollen Ansatz" ausgegangen. Man würde von der "Freiwilligen Selbstkontrolle Fernsehen" eine positive Einschätzung bekommen. Erst nach Sendestart habe das Unternehmen das "kritische Potenzial" erkannt und sich daraufhin aus dem Werbeumfeld umbuchen lassen, heißt es aus der Pressestelle der Schweden.

So lief es bei vielen Firmen. Auch die VHV Versicherungen vertraute zunächst den Programmverantwortlichen des Privatsenders. Nach der ersten Ausstrahlung habe man sich jedoch ein eigenes Bild gemacht und ist nun zu dem Entschluss gekommen, dass man "ein derartiges Programm nicht unterstützen möchte". Karstadt Quelle Versicherungen berichtet zudem von diversen Kundenbeschwerden, die beim Konzern eingegangen sind und distanziert sich ebenfalls von "einer Sendung, die so stark in der öffentlichen Kritik steht und daher auch nicht mit dem positiven Image von KarstadtQuelle Versicherungen harmoniert".

In den Briefen und Mails von aufgebrachten Verbrauchern, die *stern.de* zum Teil vorliegen, drohen die Kunden mit dem Boykott der Produkte, sollte man sich von dem umstrittenen Format nicht distanzieren.

Der Privatsender will trotz der Werbespot-Stornierungen an der umstrittenen TV- Reihe festhalten. "Wir haben hier unsere Verantwortung als Fernsehsender in vollem Unfang wahrgenommen und stehen nach wie vor uneingeschränkt zu dem Sendeformat", sagte ein RTL-Sprecherin am Mittwoch auf Anfrage. "Es kursieren nach wie vor falsche Informationen über das Format, wie zum Beispiel, dass wir die Babys vier Tage von ihren Eltern getrennt hätten, was definitiv nicht stimmt. Wir verwehren uns gegen den Vorwurf des Missbrauchs und der Kindesmisshandlung".

Ethisch unverantwortlich, rechtlich aber zulässig
Die Kommission für Jugendmedienschutz (KJM) teilte am Mittwoch nach ihrer Sitzung in München mit, dass zumindest die erste von den Jugendschützern gesichtete Folge der RTL-Reihe "ethisch und pädagogisch unverantwortlich", rechtlich aber zulässig sei. "Die Entscheidung des KJM zur ersten Doppelfolge ist kein Freibrief für die weiteren Folgen der Reihe", sagte der KJM-Vorsitzende Wolf-Dieter Ring. Am 15. Juli werde die Kommission über weitere Folgen entscheiden.

Bereits in der heutigen Folge von "Erwachsen auf Probe" werden die Spots von Ikea oder Storck nicht zu sehen sein. Die Werbeunterbrechungen will man laut RTL mit eigenen Trailern auffüllen. Ein finanzieller Schaden entsteht dem Sender laut IP-Sprecherin nicht, da keine Werbeblöcke storniert, sondern nur umgebucht wurden. Der Imageschaden für RTL dürfte allerdings weitaus größer sein.

Insert III-B-59: Einfluss des redaktionellen Umfeldes auf die Werbemittelplatzierung (Miklis 2009)

rationalisieren, da sich der **Beitrag von Werbemittelplatzierungen** zur Erzielung von Werbewirkungen nur bedingt von den anderen Einflussgrößen der Werbewirkung isolieren lässt. Platzierungsentscheidungen werden daher in den meisten Fällen ohne Berücksichtigung möglicher Konsequenzen getroffen. Sie resultieren vielmehr oftmals aus dem Gespür oder den Erfahrungswerten der Entscheidungsträger.

8 Integration der Mediawerbung in den Kommunikationsmix

Die Notwendigkeit einer **Integrierten Kommunikation** zur Nutzung unternehmensinterner **Kostensenkungspotenziale** sowie zur Realisierung von **Synergieeffekten** ist im zweiten Teil dieses Buches thematisiert worden. Ziel einer Integrierten Kommunikation ist es, den Einsatz aller Kommunikationsinstrumente aufeinander abzustimmen und in ein Gesamtsystem der Kommunikation einzubinden. Die Mediawerbung ist dazu – wie alle eingesetzten Kommunikationsinstrumente des Unternehmens – in das **strategische Konzept** der Integrierten Kommunikation einzubetten, damit eine Einheitlichkeit in der kommunikativen Ausrichtung sichergestellt werden kann (*Bruhn* 2009a, S. 24).

Zur Gewährleistung eines effizienten Einsatzes der Mediawerbung im Sinne einer Integrierten Kommunikation hat sich deren **Integration auf zwei Ebenen** zu vollziehen:

(1) Auf interinstrumenteller Ebene hat eine Vernetzung aller werbepolitischen Aktivitäten mit den Maßnahmen der anderen Kommunikationsinstrumente zu erfolgen. Zielsetzung der **interinstrumentellen Integration** ist es, die Mediawerbung nicht als isoliertes Kommunikationsinstrument zu verstehen, das unabhängig von anderen Instrumenten eingesetzt wird. Vielmehr ist vor dem Hintergrund des Integrationszieles darauf zu achten, dass durch einen kombinierten Einsatz der Mediawerbung im Verbund mit unpersönlichen und persönlichen Kommunikationsinstrumenten Synergiewirkungen in der gesamten Unternehmens- und Markenkommunikation entstehen.

(2) Entscheidend für die Erreichung hoher Wirkungen bei den anvisierten Zielen ist gleichermaßen die **intrainstrumentelle Integration**. Auf dieser Ebene hat eine Vernetzung innerhalb aller werbepolitischen Aktivitäten (z. B. TV, Print, Plakat, Online-Werbung) zu erfolgen. Diese intrainstrumentelle Integration dient der Abstimmung und Koordination innerhalb des werblichen Planungsprozesses und hilft, widersprüchliche Botschaften, Reibungsverluste sowie Doppelarbeiten zu verhindern.

Dabei sei nochmals darauf hingewiesen, dass die inter- und intrainstrumentelle Integration keinesfalls unabhängig voneinander im Rahmen eines Top-down- beziehungsweise Bottom-up-Planungsprozesses, sondern vielmehr im Sinne eines **iterativen Gegenstromverfahrens** Down-up zu erfolgen hat (*Bruhn* 2009a, S. 169). Im Folgenden wird vereinfachend jedoch die inter- und intrainstrumentelle Integration der Mediawerbung unabhängig voneinander vorgenommen, damit die Grundproblematik in systematischer Art darzustellen ist.

8.1 Interinstrumentelle Integration der Mediawerbung

Zur Sicherstellung eines zielorientierten und effizienten Einsatzes der Mediawerbung, der gleichzeitig in das Konzept der Integrierten Kommunikation passt, ist es sinnvoll, im Rahmen der interinstrumentellen Integration der Mediawerbung ein **schrittweises Vorgehen** zugrunde zu legen. In diesem Zusammenhang bieten sich drei Schritte an:

(1) Ermittlung der Bedeutung der Mediawerbung und aller anderen Kommunikationsinstrumente für den Werbetreibenden,

(2) Prüfung der funktionalen und zeitlichen Beziehung der Mediawerbung zu den anderen einzusetzenden Kommunikationsinstrumenten,

(3) Integration der Mediawerbung in den Kommunikationsmix.

(1) Die **Bedeutung der Mediawerbung** kann sich grundsätzlich in zwei Facetten äußern. Eine strategische Bedeutung haben Kommunikationsinstrumente immer dann, wenn sie über einen „strukturellen", also mittel- bis langfristigen Charakter verfügen (*Becker* 2009, S. 653). Die Schwierigkeit der Mediawerbung besteht jedoch darin, dass sie teilweise eine **strategische und/oder taktische Bedeutung** aufweist (vgl. *Meffert* 1986, S. 11; *Becker* 2009, S. 653; *Bruhn* 2009b, S 122). In Abhängigkeit von der jeweiligen Unternehmenssituation sowie der zugrunde liegenden Branche kann der Grad der strategischen beziehungsweise taktischen Bedeutung variieren.

> **Beispiel: Strategische und taktische Bedeutung der Mediawerbung**
>
> Die strategische Bedeutung der Mediawerbung ist für einen Hersteller von Spezialkompressoren wesentlich geringer als für einen Anbieter im Getränkemarkt, da die zu bearbeitende Zielgruppe des Kompressorherstellers wesentlich kleiner ist als die des Getränkeanbieters. Für den Kompressorhersteller kommt es im Rahmen der Gestaltung seines Kommunikationsmix vorrangig darauf an, über den Einsatz persönlicher Kommunikation Kontakte zu ausgewählten Zielpersonen herzustellen. Im Gegensatz dazu ist es für den Anbieter im Getränkemarkt von hoher Bedeutung, mit einem Massenmedium wie der Mediawerbung auf seine Produkte, Marken und Leistungen aufmerksam zu machen.

Der Mediawerbung wird vor allem im Bereich der Konsumgüterindustrie eine **hohe strategische Bedeutung** zugesprochen. Sie ist in der Lage, in Massenmärkten bei einem breiten Zielpublikum die Bekanntheit einer Marke aufzubauen beziehungsweise zu steigern und das Unternehmens- oder Markenimage wesentlich zu prägen (*Bruhn* 2009a, S. 122 f.). Mit Hilfe der Mediawerbung werden Marken aufgebaut und gepflegt. Deshalb wird im Zusammenhang mit der Markenstrategie bei dem Einsatz der Mediawerbung auch von „Investitionen in die Marke" gesprochen; dies unterstreicht die (teilweise zwingende) Notwendigkeit der Mediawerbung. Auch bei der Betrachtung von Markenwerten beziehungsweise Markenbilanzen ist der Werbeaufwand ein wesentliches Kriterium zur Bestimmung der Höhe des Markenwertes (vgl. z. B. den Kriterienkatalog der Markenbilanz von *Nielsen* sowie des *Interbrand*-Modells; *Hammann* 1992, S. 223 f.). In einer im Jahre 1998 durchgeführten Studie zur integrierten Kommunikationsarbeit in deutschen und Schweizer Unternehmen kommt die Untersuchung unter anderem zu dem Ergebnis, dass die Mediawerbung im Rahmen des Kommunikationsmix die höchste strategische Bedeutung aufweist (*Bruhn/Boenigk* 1999, S. 69). Eine Studie aus dem Jahre 2006, in der neben deutschen und schweizerischen auch österreichische Unternehmen befragt wurden, belegt für die Länder Schweiz und Österreich ebenfalls die strategische Bedeutung der Mediawerbung innerhalb des Kommunikationsmix. Lediglich in Österreich wird die Mediawerbung stärker als taktisches Kommunikationsinstrument angesehen (*Bruhn* 2006, S. 69, 191, 299).

Die **taktische Bedeutung** der Kommunikationsinstrumente beruht auf dem kurzfristigen Einsatz der einzelnen Instrumente, um eine schnelle Reaktion der Nachfrager hervorzurufen. Im Rahmen der **Mediawerbung** ist diese zwar als eher gering einzustufen; es wäre jedoch – insbesondere angesichts der aufgezeigten Ergebnisse aus der in Österreich durchgeführten Befragung – verfehlt, ihr keinerlei taktische Bedeutung beizumessen. So kann beispielsweise die kurzfristige Realisierung eines hohen Werbedrucks durchaus sinnvoll sein, sofern es darum geht, der werblichen Unterstützung eines neu einzuführenden Konkurrenzproduktes wirksam entgegenzutreten. Spezielle Medien sind hierbei in besonderer Weise geeignet, auf Marktveränderungen kurzfristig zu reagieren (z. B. Radio, TV, Online-Werbung).

(2) In einem zweiten Schritt ist die Art der Beziehungen sowie die Interdependenzen zu den anderen eingesetzten Kommunikationsinstrumenten zu prüfen. Dabei ist es notwendig, im Rahmen einer durchzuführenden Beziehungsanalyse sowohl der Grad der Einflussnahme der einzelnen Kommunikationsinstrumente auf andere Kommunikationsinstrumente als auch der Grad der Beeinflussbarkeit durch andere Kommunikationsinstrumente offen zu legen, d. h., in welchen **funktionalen und zeitlichen Wirkungsbeziehungen** der Einsatz der Mediawerbung zu den anderen einzusetzenden Kommunikationsinstrumenten steht. Dazu sind zunächst die bei Vorlage eines inhaltlichen beziehungsweise sachlichen Wirkungsverbundes erarbeiteten (funktionalen) Beziehungstypen heranzuziehen. Es ist also zu prüfen, wie stark komplementäre, konditionale, konkurrierende, substituierende sowie indifferente Beziehungen zwischen der Mediawerbung und den anderen einzusetzenden Kommunikationsinstrumenten auftreten (*Becker* 2009, S. 647 ff.; *Bruhn* 2009a, S. 111 ff.). Dabei ist auch hier wieder darauf hinzuweisen, dass das Ausmaß auftretender Beziehungen im Einzelfall von einer Vielzahl situationaler Einflussgrößen abhängig ist. Daher können im Folgenden wiederum keine allgemein gültigen, sondern lediglich tendenzielle Aussagen bezüglich anzutreffender Beziehungen gemacht werden.

Insgesamt gilt es festzuhalten, dass die Mediawerbung im Allgemeinen einen **starken funktionalen Einfluss** auf die anderen Kommunikationsinstrumente ausübt, jedoch nur eine geringe Beeinflussbarkeit durch andere Kommunikationsinstrumente aufweist (*Bruhn/Boenigk* 1999, S. 70 ff.; *Bruhn* 2006, S. 72, 194, 301). Ohne erklärend auf die einzelnen Beziehungstypen einzugehen, seien auftretende **funktionale Beziehungen** zwischen der Mediawerbung und anderen Kommunikationsinstrumenten exemplarisch dargestellt:

- Gleicher Stil in der Mediawerbung und der Unternehmenskommunikation im Rahmen der Public Relations (Komplementäre Beziehung).
- Die Kommunikation von Preisnachlässen in Einkaufsstätten im Rahmen der Verkaufsförderung setzt vielfach eine breite informative Ansprache über die Mediawerbung voraus (Konditionale Beziehung).
- Das Sponsoring einer Großveranstaltung (z. B. Olympische Spiele, Fußballweltmeisterschaft, Tennisturniere u. a. m.) steht in gewisser Weise in Konkurrenz zur Mediawerbung, da durch Aktivitäten im Rahmen beider Kommunikationsinstrumente eine Vielzahl von Mediakontakten erzielt werden können (Substituierende Beziehung).
- Eine breite, auf Erzielung eines hohen Bekanntheitsgrades ausgerichtete Zielgruppenansprache über die Mediawerbung steht im Allgemeinen in einer eher geringen Beziehung zu einer Einladung zu einem Opernbesuch im Rahmen des Event Marketing (Indifferente Beziehung).
- Der Einsatz der Mediawerbung steht immer dann in einer konkurrierenden Beziehung zu anderen eingesetzten Kommunikationsinstrumenten, wenn durch deren Einsatz unterschiedliche – von der Mediawerbung abweichende – Kommunikationsbotschaften vermittelt werden. Dies ist häufig bei einem gemeinsamen Einsatz von Mediawerbung und Verkaufsförderung zu beobachten. So fügen die mittels Verkaufsförderung ausgelobten Preisnachlässe in vielen Fällen den über den Einsatz der Mediawerbung mühsam aufgebauten Markenimages erheblichen Schaden zu (Konkurrierende Beziehung).

Neben den funktionalen ist auch den **zeitlichen Wirkungsbeziehungen** der Mediawerbung zu den anderen Kommunikationsinstrumenten Rechnung zu tragen. Dabei ist zu untersuchen, welche Wirkungen ein paralleler, sukzessiver, intermittierender sowie ablösender Einsatz von Kommunikationsinstrumenten nach sich zieht.

Angesichts ihrer hohen strategischen Bedeutung sowie den dargestellten Wirkungsbeziehungen zu anderen Kommunikationsinstrumenten ist festzuhalten, dass die **Mediawerbung im Kommunikationsmix** in den meisten Fällen – vor allem in Konsumgütermärkten – eine herausragende Stellung einnimmt. Sie ist ein Leitinstrument und übernimmt eine Führungsfunktion für die Ausrichtung der Gesamtkommunikation. An ihr haben sich die übrigen eingesetzten Kommunikationsinstrumente auszurichten. Sie gibt Vorgaben für andere (taktisch ausgerichtete) Kommunikationsinstrumente sowohl bei deren isolierten als auch kombinierten Einsatz mit anderen Kommunikationsinstrumenten. Die Bedeutung und Wirkungsbeziehungen der Mediawerbung zu anderen Instrumenten zeigen somit die Richtung auf, in der die Integration zu erfolgen hat.

Es ist jedoch zu beachten, dass auch andere Kommunikationsinstrumente, wie z. B. die Public Relations oder das Sponsoring, eine Leitfunktion übernehmen können. Dies ist vielfach im Rahmen der **Kommunikation für Industriegüter** beziehungsweise im Rahmen der **institutionellen Kommunikation** zu beobachten. Hier kommt es weniger darauf an, über den Einsatz der Kommunikation Bekanntheitsgrade zu steigern oder Motive zu wecken, als vielmehr Vertrauen zur Marke beziehungsweise zum Unternehmen aufzubauen oder soziale Kompetenz unter Beweis zu stellen. Im Hinblick auf die Realisierung derartiger Zielinhalte der Kommunikation sind beispielsweise die Kommunikationsinstrumente Public Relations oder Persönliche Kommunikation als wesentlich leistungsfähiger als die Mediawerbung einzuschätzen.

(3) Bei der Durchführung des dritten Schrittes – der **Integration der Mediawerbung in den Kommunikationsmix** – ist es notwendig, durch den Einsatz der Mediawerbung eindeutige und verbindliche Richtlinien für die inhaltliche, formale und zeitliche Ausrichtung taktisch einzusetzender Kommunikationsinstrumente, wie der Verkaufsförderung, dem Event Marketing, der Persönlichen Kommunikation, dem Direct Marketing sowie Messen und Ausstellungen, vorzugeben.

So ist im Rahmen des Einsatzes der Mediawerbung darauf zu achten, dass die **inhaltlichen Voraussetzungen** für die Ausrichtung der anderen einzusetzenden Kommunikationsinstrumente an der Mediawerbung geschaffen werden. Dies hat über klare, prägnante sowie einprägsame Aussagen zu erfolgen, die sich im Sinne einer einheitlichen und vernetzten Kommunikation auch im Einsatz der anderen eingesetzten Kommunikationsinstrumente wiederzufinden hat.

> **Beispiel: Inhaltliche Integration bei den *Volksbanken* und *Raiffeisenbanken***
> Der über die Mediawerbung transportierte Slogan deutscher *Volksbanken* und *Raiffeisenbanken* „Wir machen den Weg frei" ist auch im Einsatz aller anderen eingesetzten Kommunikationsinstrumente und Werbemittel (bis hin zum Kontoauszug) wiederzufinden. Ein Schlüsselbild, das der Umsetzung der inhaltlichen Integration dient, ist der „freie Weg" in den verschiedenen Werbemitteln der Volksbanken und Raiffeisenbanken (vgl. Abschnitt II-A-4.1).

> **Beispiel: Inhaltliche Integration bei der *Deutschen Bank AG***
> Als „Negativbeispiel" einer inhaltlichen Integration lässt sich die Entwicklung der Slogans der *Deutschen Bank* interpretieren. Seit 1995 hat die Bank zur Kommunikation unterschiedlicher Kampagnen (vor allem Produkt-, Image- und Corporate-Kampagnen) sechs verschiedene Slogans verwendet, während gleichzeitig die *Deutsche Bank 24* und das Geschäftsfeld Private Banking ihrerseits zwischen drei beziehungsweise vier Slogans wechselten. Mit dem Wechsel der Slogans änderte sich regelmäßig auch das vermittelte Unternehmensimage und variierte zwischen emotional, kühl und europäisch. Die Slogans der *Deutschen Bank* lauteten in den Jahren wie folgt:
> * 1995: „Vertrauen ist der Anfang von allem",
> * 1996–1997: „Die Bank für Europa" (Produktkampagnen zum Euro und zur Spar Card),

- 1997: „Private Banking. Made by Deutsche Bank" (Internationale Kampagne für das als eigenständig entdeckte Geschäftsfeld Private Banking),
- 1999: „Leading to Results" (Betonung der Ausrichtung der Bank auf die europäische Dimension).

Erst im Jahre 2002 konnte der Konzern für alle Bereiche den einheitlichen Slogan „Leistung. Vertrauen. Erfolg" kreieren, der nun – bis auf Weiteres – Bestandteil der Corporate- wie auch Private-Banking-Kampagne bildet (*Roth* 2002). Seit dem Sommer 2003 wirbt die Bank nun mit dem Slogan „Leistung aus Leidenschaft".

Weiterhin ist im Rahmen des Einsatzes der Mediawerbung dafür Sorge zu tragen, dass die **formalen Rahmenbedingungen** – soweit möglich – für einen zielgerichteten Einsatz der anderen Kommunikationsinstrumente geschaffen werden. Dies geschieht über die Vorgabe formaler Gestaltungsprinzipien, wie z. B. Schrifttyp, Farbe, Größe, des zu verwendenden Logos oder des Markennamens.

Beispiel: Formale Integration bei *Milka*
Der lila Farbton und der Schriftzug der Marke wird sowohl über die Mediawerbung (vgl. Insert III-B-60) und die Verkaufsförderung (z. B. durch Displaymaterialen am POS u. a. m.) als auch über das Sponsoring (vgl. Insert III-B-61) den Zielpersonen in völlig identischer Art und Weise dargeboten (vgl. Insert III-B-60 sowie Insert III-B-61).

Darüber hinaus ist im Rahmen der zeitlichen Einsatzplanung der Gesamtkommunikation darüber nachzudenken, welche **zeitlichen Voraussetzungen** im Sinne von Möglichkeiten und Grenzen durch den zeitlichen Einsatz der Mediawerbung für das Timing der anderen Kommunikationsinstrumente geschaffen werden. Um Kostensenkungspotenziale und Synergiewirkungen möglichst umfassend nutzen zu können, ist es neben der formalen und inhaltlichen Abstimmung demnach auch notwendig, den Einsatz der anderen eingesetzten Kommunikationsinstrumente zeitlich auf die Mediawerbung abzustimmen. Dadurch wird die Basis dafür geschaffen, dass bei den Zielpersonen in effektiver und effizienter Art und Weise Denkprozesse in Gang gesetzt werden, die in hohem Maße zum letztlich angestrebten Verhalten beitragen.

Beispielhaft seien im Folgenden Möglichkeiten einer interinstrumentellen Integration der Mediawerbung mit anderen Kommunikationsinstrumenten des Unternehmens aufgezeigt:

Mediawerbung und Verkaufsförderung: Der Erfolg von Verkaufsförderungsaktionen ist unter anderem von der Bekanntheit der Produkte und Marken abhängig. Die Mediawerbung

Insert III-B-60: Formale Integration in der Fernsehwerbung von Milka (Kraft Foods Deutschland 2009)

Insert III-B-61: Formale Integration im Rahmen des Sponsoring von Milka (Kraft Foods Deutschland 2009)

bereitet vielfach die Grundlage für erfolgreiche Verkaufsförderungsaktionen, indem ein hoher Werbedruck die Bekanntheit des Werbeobjektes erhöht und Aufmerksamkeit schafft. Im Falle eines pulsierenden Werbeeinsatz kann es sinnvoll sein, die Verkaufsförderung bei nachlassendem Werbedruck intermittierend einzusetzen, um nach erzielten Bekanntheitsgraden („Jetzt im Handel") mögliche Kaufentscheidungen, beispielsweise durch den Einsatz von Displays oder die Verteilung von Proben, nachdrücklich zu stimulieren. Hier hat es das Ziel eines integrativen Einsatzes der Mediawerbung und der Verkaufsförderung zu sein, über eine didaktisch gesteuerte Abfolge verkaufsfördernder und werblicher Kommunikationsimpulse bestimmte Wirkungsketten anzuregen (*Raffée* 1991, S. 83). Ein weiterer Grund für ein derartig ausgerichtetes integratives Vorgehen beim Einsatz kommunikationspolitischer Instrumente besteht darin, dass durch die Verkaufsförderung eine individuellere und vor allem eine eher dialogorientierte Kommunikation geführt werden kann, als dies bei der Mediawerbung der Fall ist (*Pflaum/Eisenmann/Linxweiler* 2000, S. 22).

Beispiel: Vernetzung von Mediawerbung und Verkaufsförderung bei *Ferrero*

Als offizieller Sponsor der deutschen Fußballnationalmannschaft führt der Süßwarenhersteller *Ferrero* anlässlich der Fußballweltmeisterschaft 2010 in Südafrika die Sammelpunkteaktion „Fan Connection" durch. Dabei können die Sammelpunkte auf den Verpackungen u. a. von *Duplo, Hanuta, kinder, Milch-Schnitte* und *Yogurette* bis zum 12. Juli 2010 gegen *DFB*-Fan-Prämien (Fan-Cap, Fußball, Fan-Trikot, Rucksack und Trainingsjacke) eingetauscht werden. Unterstützt wird die Verkaufsförderungsaktion einen TV-Spot (vgl. Insert III-B-62), in dem die Sammelpunkteaktion beworben wird. Ferner wird Außenwerbung betrieben, indem gemeinsam mit der *Deutschen Bahn* der Hinweis auf die Aktion erfolgt. So wird eine Lok, mit dem „Fan Connection"-Logo gekennzeichnet Lok Teil der großen Sammelpunkteaktion (vgl. Insert III-B-63). Diese fährt mit Intercity-Zügen quer durch Deutschland (*Ferrero* 2010).

Mediawerbung und Sponsoring: In der Mediawerbung werden gesponserte Personen häufig als Testimonials eingesetzt. Im Rahmen des eingesetzten Werbemittels (TV-Spot, Radio-Spot,

Insert III-B-62: Ausschnitt aus dem TV-Spot von Ferrero (Ferrero 2010)

Insert III-B-63: Außenwerbung im Rahmen der Sammelpunkteaktion „Fan Connection"
von Ferrero (Ferrero 2010)

Anzeige usw.) bekunden diese, dass sie selbst Verwender bestimmter Marken beziehungsweise Inanspruchnehmende einer speziellen Leistung sind. Eine Integration von Mediawerbung und Sponsoring ist zudem dadurch gegeben, dass Unternehmen im Rahmen der von ihnen durchgeführten Maßnahmen der Mediawerbung auf ihr Sponsoringengagement hinweisen oder Bilder beziehungsweise das Thema der gesponserten Veranstaltung aufgreifen (vgl. beispielsweise die Vernetzung von Mediawerbung und Sponsoring bei *Ferrero* im nachfolgenden Beispiel). Die Sponsorships sind mit der Anzeigen-, Fernseh- oder Radio- und Online-Werbung zeitlich aufeinander abzustimmen. Hier hat die Mediawerbung beispielsweise im Vorfeld und während gesponserter Großereignisse (z.B. „Offizieller Förderer der Australian Open" oder „Offizieller Partner der Olympischen Sommerspiele 2008 in Peking") hohen Werbedruck auszuüben, um die zeitlichen Rahmenbedingungen für hohe Sponsoringwirkungen zu schaffen. In solchen Fällen ist ein **zeitlich paralleler** Einsatz von Mediawerbung und Sponsoring notwendig, um hohe Synergiewirkungen zu erzielen.

Beispiel: Vernetzung von Mediawerbung und Sponsoring bei *DHL*

DHL ist seit 2007 offizieller Logistikpartner der *Fashion Week* in Berlin. In diesem Zusammenhang verantwortet *DHL* zudem durch eine eigene Tochtergesellschaft die logistischen Belange des Modelabels von *Michalsky*. Im Rahmen der *Fashion Week* hat das Logistikunternehmen am 22. Januar 2010 auf der neuen Markenplattform www.dhl-brandworld.com die „Michalsky StyleNite" live übertragen. Auf die Aktion wurde mit Printanzeigen, Radiopromotions, einer Banner-Kampagne und Plakaten an Flughäfen und Newsletter-Kooperationen aufmerksam gemacht. Für die Plakate wurde eine exklusive *DHL*-Kollektion aus originalen *DHL*-Verpackungsmaterialien, etwa LKW-Planen und Packpapier entworfen (vgl. Insert III-B-64; *DHL* 2010).

Mediawerbung und Public Relations: Bei der Verbindung der Mediawerbung und Public Relations geht es in erster Linie darum, dass die im Rahmen der Mediawerbung geäußerten Aussagen durch den Einsatz der Public Relations unterstützt werden. So werden die über die Mediawerbung transportierten Aussagen und Botschaften bezüglich beworbener Produkte und Dienstleistungen zunehmend im Hinblick auf ihren Sinn und Zweck hinterfragt und Konsumenten nehmen in ihren Denkhaltungen sowie Verhaltensweisen eine zunehmend kritische Position ein (*Horizont* 2001; 2002). Es ist daher notwendig, neben der Mediawerbung auch einen kontinuierlichen Einsatz der Public Relations sicherzustellen **(paralleler Einsatz)**, um die kommunikative Zielgruppenbearbeitung den sich ändernden gesellschaftlichen Bedürfnissen anzupassen.

Beispiel: Vernetzung von Mediawerbung und Public Relations bei der *Deutschlandstiftung*

Im März 2010 startete die *Deutschlandstiftung* mit der Kampagne „Raus mit der Sprache. Rein ins Leben." Die Kampagne setzte sich zum Ziel, die deutsche Sprache als Schlüssel zur Integration zu

Insert III-B-64: Plakatmotiv im Rahmen des Sponsoringengagements von DHL (DHL 2009)

Insert III-B-65: Plakatmotiv der Kampagne „Raus mit der Sprache. Rein ins Leben" (Deutschlandstiftung 2010)

etablieren. Hierfür sollen Mitbürger und Mitbürgerinnen mit Migrationshintergrund sowie Menschen aus dem Ausland dazu aufgefordert werden, Deutsch zu lernen. Gäste der die Kampagne einleitenden Pressekonferenz waren unter anderem *Maria Böhmer*, Integrationsbeauftragte der Bundesregierung, *Kai Dieckmann*, Chefredakteur der Bild-Zeitung und die Schauspielerin und Moderatorin *Collien Fernandes*. Im Rahmen der Kampagne wurde eine Webseite mit der Adresse www.ich-spreche-deutsch.de eingerichtet. Auf dieser wurden Informationen über fast alle Sprachschulen in Deutschland gegeben. Zudem ermöglichte die Website viele nützliche Informationen rund um das Thema Sprachelernen anbieten. Unterstützt wurden diese PR-Maßnahmen durch Anzeigen in insgesamt 59 Zeitschriften und Zeitungen in Deutschland. 16 Models, darunter *Collien Fernandes* und *Nina Moghaddam* haben sich für diese Anzeigen fotografieren lassen. Sie weisen mit ihrem eigenen Migrationshintergrnd auf die Bedeutung der deutschen Sprache für die Integration hin (vgl. Insert III-B-65; *Deutschlandstiftung* 2010).

Mediawerbung und Event Marketing: Die Integration von Mediawerbung und Event Marketing kann in erster Linie durch einen intermittierenden Einsatz der beiden Kommunikationsinstrumente erfolgen, indem die von einem Unternehmen durchgeführten Events im Vorfeld durch die Mediawerbung angekündigt werden oder Events in Anzeigen und Werbespots thematisiert werden. Dem Event Marketing kommt dabei die Aufgabe zu, die in der Mediawerbung dargestellte Erlebniswelt in eine reale für den Konsumenten erlebbare Form zu überführen und eine emotionale Aktivierung der Rezipienten in Bezug auf die in der Fernseh- und Printwerbung vermittelte Botschaft zu erreichen beziehungsweise diese zu verstärken. Durch die zeitliche Abstimmung von Mediawerbung und Event Marketing können die Voraussetzungen für die Erzielung hoher Synergiewirkungen geschaffen werden. So ist beispielsweise im Vorfeld durchzuführender Events, wie z. B. eines Tages der offenen Tür, hoher Werbedruck zu entfalten, damit dieses Ereignis in der Zielgruppe hinreichend bekannt ist und eine hohe Motivation zur Teilnahme an dem Event erreicht wird. Die Mediawerbung übernimmt hierbei eine ankündigende Funktion. Darüber hinaus bietet Mediawerbung die Möglichkeit, in der „Post-Event-Phase" die Erinnerungswirkung bei den Zielgruppen möglichst lange aufrecht zu erhalten.

> **Beispiel: Vernetzung von Mediawerbung und Event Marketing bei *Lego***
>
> Der Spielzeughersteller *Lego* führte im Jahre 2009 eine Kampagne zur Kommunikation der Markendehnung vor. Mit der Markendehnung sollte eine neue Produktsparte, nämlich Gesellschaftsspiele, erschlossen werden. Die Zielgruppe der Kampagne waren Kinder ab fünf Jahre sowie deren Familie. Im März 2009 startete *Lego* Anzeigenkampagnen, in der Publikums- und Fachpresse. Ab Mai 2009 erfolgte dann die Integration der neuen Spiele in die *Lego* Roadshow. Der Event dauerte insgesamt 150 Tage. Hierfür tourte der *Lego*-Van durch Deutschland, Österreich und die Schweiz mit Spielen zum Ausprobieren für die ganze Familie. Im „Neuheiten-Zelt" warteten die Spieleneuheiten 2009 auf ihre Entdeckung. Es gab z. B. ein lebensgroßes „Ramses Pyramid"-Spiel. Insgesamt besuchten 490.000 Spielefans die Roadshow (*o.V.* 2010h).

Mediawerbung und Messen und Ausstellungen: Damit Messeengagements in der Lage sind, hohe Kommunikationswirkungen zu erzielen, ist es notwendig, Messeaktivitäten durch einen entsprechenden Werbeeinsatz zeitlich zu unterstützen. Dies geschieht vor allem im Vorfeld der Messe, um die Messebeteiligung in den Zielgruppen bekannt zu machen. Dabei ist es vor allem die Computerbranche, deren Hersteller, wie z. B. *IBM* oder *Microsoft*, vorrangig über die Anzeigenwerbung explizit auf Messebeteiligungen hinweisen. Auf den Anzeigen wird darauf hingewiesen, in welcher Messehalle beziehungsweise an welchem Messestand das Unternehmen zu finden ist. Ebenso erzeugen Maßnahmen – beispielsweise Plakate – im Umfeld der Messe Aufmerksamkeit und verstärken somit die Wirkung der Messebeteiligung (vgl. das nachfolgende Beispiel). Da Messeaktivitäten temporär durchgeführt werden, sind Messen und Ausstellungen **intermittierend** in die Mediawerbung zu integrieren.

> **Beispiel: Vernetzung von Mediawerbung und Messen und Ausstellungen bei *Audi***
>
> Das Automobilunternehmen *Audi* feierte im März 2010 im Rahmen des *Automobilsalon Genf* die Premiere des neuen Kleinwagens *A1*. Um potenzielle Kunden auf den Neuwagen aufmerksam zu machen setzt der Hersteller zeitgleich Werbemaßnahmen ein. Dabei greift *Audi* insbesondere auf Testimonialwerbung zurück. So wurde eigens für die Genfer Automobilmesse der Sänger *Justin Timberlake* eingeflogen, der den neuen Audi *A1* als Markenbotschafter präsentieren sollte. Über den Autosalon hinaus informiert *Audi* potenzielle Interessenten mittels Internet und Printmedien über den neuen Wagen (*Audi AG* 2010).

Mediawerbung und Persönliche Kommunikation: Der zeitliche Einsatz der Mediawerbung zeigt vielfach auch den zeitlichen Handlungsrahmen für den Einsatz der Persönlichen Kommunikation auf. Aufgabe der Persönlichen Kommunikation ist es, die durch die Mediawerbung erzielten Kenntnisse bei den Zielpersonen kontinuierlich zu vertiefen, positive Einstellungen zu vermitteln und somit Kaufwahrscheinlichkeiten zu erhöhen. Mediawerbung und Persönliche Kommunikation sind demnach **zeitlich parallel** einzusetzen, um hohe Synergiewirkungen zu erzielen. Bei der Integration dieser beiden Kommunikationsinstrumente ist vor allem darauf zu achten, dass bei der Persönlichen Kommunikation keine konträren Aussagen zu den Kernbotschaften der Mediawerbung getroffen werden. Vielmehr ist das durch den Einsatz der Mediawerbung aufgebaute Image durch entsprechende Maßnahmen der Persönlichen Kommunikation zu unterstützen. Durch den Kontakt des Kunden mit dem Unternehmen, z. B. im Rahmen des Persönlichen Verkaufs, wird dessen Einstellung entscheidend beeinflusst.

Mediawerbung und Direct Marketing: Auch für den Einsatz des Direct Marketing gibt die Mediawerbung zeitliche Richtlinien vor. So kann es etwa sinnvoll sein, die Versendung von Werbebriefen zeitlich an der Höhe des im Zeitablauf ausgeübten Werbedrucks zu orientieren. Dies kann **intermittierend, sukzessiv oder parallel** erfolgen. Beispielsweise kann der Einsatz der Mediawerbung für ein neu einzuführendes Produkt in den ersten Wochen durch intensive Anstrengungen im Bereich des Direct Marketing, z.B. durch Vergabe von Werbegeschenken unterstützt werden (zeitlich paralleler Einsatz). Aber auch der intermittierende oder sukzessive Einsatz des Direct Marketing ist in bestimmten Situationen eine durchaus zielorientierte und effiziente Integrationsentscheidung. Dies ist beispielsweise dann der Fall, wenn über die Mediawerbung bereits hohe Bekanntheitsgrade realisiert sind, die es zwar über einen kontinuierlich hohen Werbedruck zu halten gilt, die aber vielfach nicht in ausreichendem Maße das Kaufverhalten determinieren. In einem solchen Fall ist es sinnvoll, einen intermittierenden massiven Einsatz des Direct Marketing sicherzustellen, um finale Verhaltenswirkungen zu stimulieren.

Beispiel: Vernetzung von Mediawerbung und Direct Marketing bei *Porsche*
Für den *Porsche Cayenne* wurde im November 2001 eine weltweit einheitliche, mehrstufige Einführungskampagne mit der ersten Stufe – der so genannten „Heritage Phase", die die Allrad- und Offroad-Kompetenz des Porsche vermitteln sollte – eröffnet. Mit der Veröffentlichung der ersten offiziellen Pressebilder auf dem Genfer Automobilsalon im März 2002 startete die so genannte „Launch Phase". Ziel dieser zweiten Phase war der schrittweise Aufbau von Produktwissen über die technischen Fähigkeiten des Fahrzeugs und eine Verankerung im Bewusstsein der relevanten Zielgruppe. Die dritte, so genannte „Penetration Phase" nach dem ersten öffentlichen Messeauftritt in Paris diente der Vorbereitung des Starts des Fahrzeugs im Markt. In der über zwölf Monate andauernden Kampagne sollten damit wichtige Zielgruppen schrittweise an das neue Fahrzeug herangeführt und Interessenten identifiziert werden, um diese als Kunden zu gewinnen. Innerhalb der beschriebenen drei Phasen hatte eine **sechsstufige Direct-Marketing-Kampagne** das Ziel, den Dialog mit den potenziellen Zielgruppen zu initiieren und zu vertiefen. Insert III-B-66 zeigt den zeitlichen Ablauf der Einführungskampagne im Überblick. Alle Personen, die während der über einjährigen Einführungskampagne angesprochen worden waren, wurden mit dem Mailing „*Cayenne* Arrival" in die *Porsche*

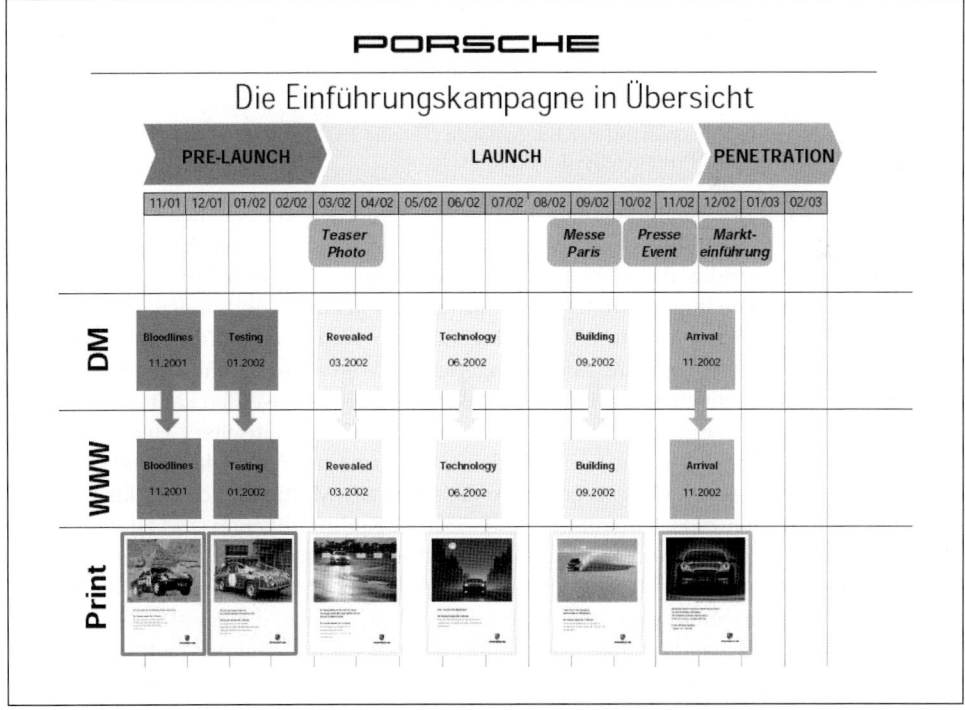

Insert III-B-66: Zeitliche Übersicht der Einführungskampagne des Porsche Cayenne (Grzebin 2004)

Insert III-B-67: Mailing „Building Cayenne" (Dr. Ing. h.c. F. Porsche AG 2004)

Zentren eingeladen, um die offizielle Vorstellung des *Porsche Cayenne* zu erleben. Die Maßnahmen des Direct Marketing sowie der Mediawerbung in Form von Mailings und Printanzeigen wurden im Rahmen dieser Einführungskampagne zeitlich genau aufeinander abgestimmt, um einen Wiedererkennungseffekt für neue Interessenten zu erzielen und somit die Effektivität der Maßnahmen zu erhöhen. Die Anzeige verwies zudem auf eine Microsite unter www.porsche.com beziehungsweise Interessenten hatten die Möglichkeit, über eine ausgelobte Hotline-Nummer in das Direct-Marketing-Programm aufgenommen zu werden. Darüber hinaus wurden die jeweiligen Mailings der sechsstufigen Kampagne und die Maßnahmen der Social Media-Kommunikation tagesgenau aufeinander abgestimmt: Das jeweilige Mailing erreichte die Zielgruppe genau an dem Tag der Freischaltung neuer Informationen auf der Internetseite (*Porsche* 2004). Insert III-B-67 zeigt ein Mailing sowie Insert III-B-68 eine Printanzeige des *Porsche Cayenne*.

Mediawerbung und Mitarbeiterkommunikation: Aufgrund des strategischen Charakters der Mitarbeiterkommunikation sowie deren schwachen Beziehungen zum Einsatz der Mediawerbung ist es notwendig, dieses Kommunikationsinstrument **parallel** zur Mediawerbung einzusetzen. So ist eine intakte Mitarbeiterkommunikation eine grundsätzliche Notwendigkeit für den zielorientierten Einsatz aller marktgerichteten Kommunikationsinstrumente. Die Mitarbeitenden sind über geplante, extern ausgerichtete Werbeinhalte frühzeitig in Kenntnis zu setzen, damit „negativen Multiplikationseffekten" vorgebeugt werden kann. So sind Mitarbeitende immer dann unzufrieden, wenn sie bezüglich werbepolitischer Grundkonzeptionen des Unternehmens erst über externe Medien in Kenntnis gesetzt werden. Diese Unzufriedenheit wird interpersonell weitergegeben, so dass negative Multiplikationseffekte wirksam werden. Diskrepanzen zwischen interner und externer Kommunikation sind zu vermeiden, um sicherzustellen, dass Mitarbeitende im Kontakt mit Kunden keine widersprüchlichen, inkonsistenten Aussagen machen. Darüber hinaus stellen Mitarbeitende eine Zielgruppe der Kommunikation (Mitarbeitende als „Second Audience") dar, die Ausstrahlungseffekte auf die gesamte Marktbearbeitung entwickelt und somit im Rahmen der Zielgruppenbearbeitung nicht zu vernachlässigen ist. Als Instrumente der Mitarbeiterkommunikation stehen hierzu eine Vielfalt sowohl persönlicher als auch unpersönlicher, elektronischer sowie schriftlicher Kommunikationsmittel zur Verfügung (vgl. ausführlich Abschnitt III-K-6).

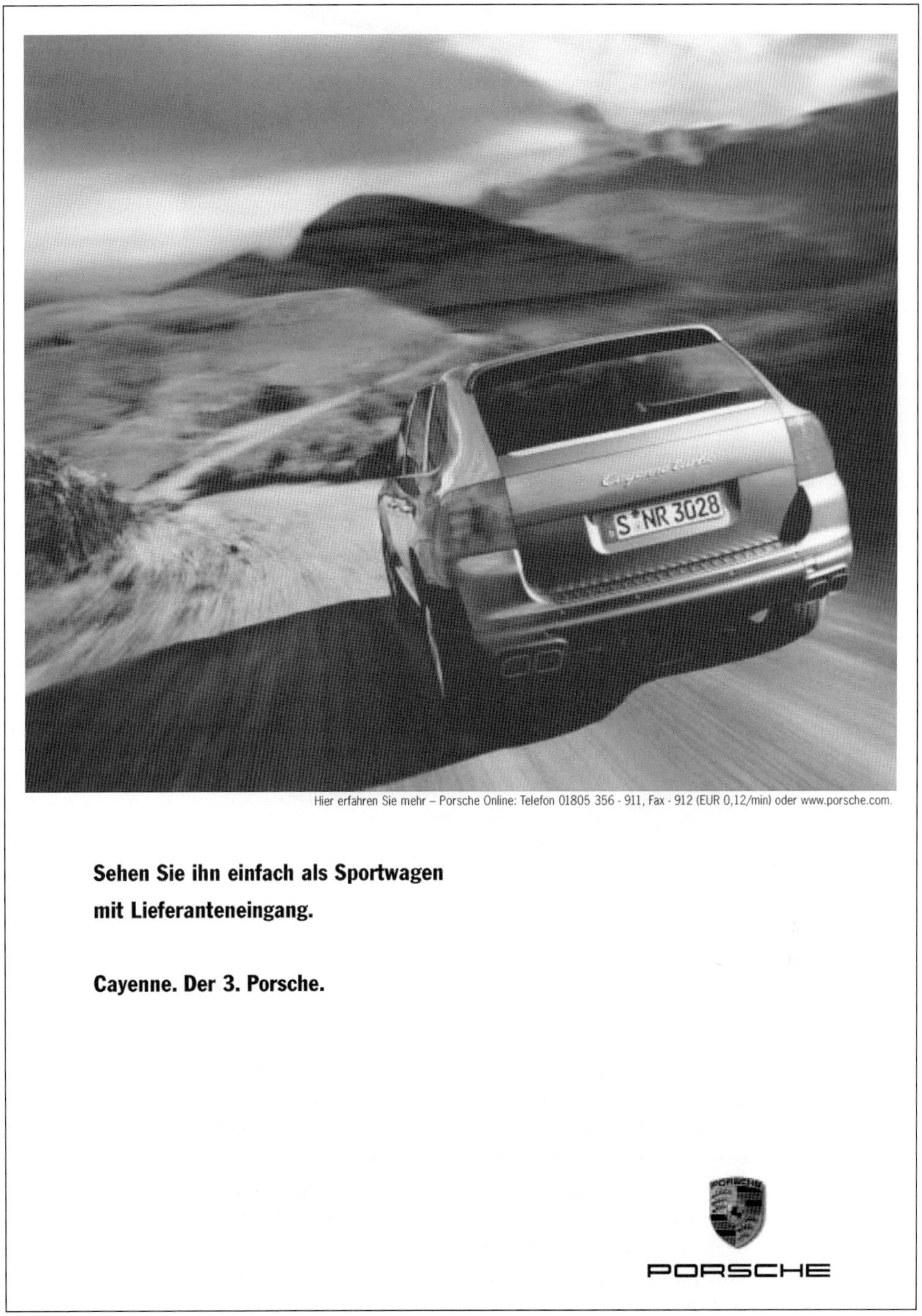

Hier erfahren Sie mehr – Porsche Online: Telefon 01805 356 - 911, Fax - 912 (EUR 0,12/min) oder www.porsche.com.

**Sehen Sie ihn einfach als Sportwagen
mit Lieferanteneingang.**

Cayenne. Der 3. Porsche.

Insert III-B-68: Printanzeige des Porsche Cayenne (Dr. Ing. h.c. F. Porsche AG 2004)

Insert III-B-69a

Insert III-B-69b

Insert III-B-69c

Insert III-B-69a–c: TV-Sport der Mitarbeitercampagne von McDonald's (McDonald's 2010)

Beispiel: Vernetzung von Mediawerbung und Mitarbeiterkommunikation bei *McDonald's*
Die Fastfoodkette *McDonald's* startete im Jahre 2009 eine große Mitarbeiterkampagne. Hierfür treten Mitarbeitende in TV-Spots des Unternehmens auf. Der TV-Spot wird dabei auf reichweitenstarken Sendern geschaltet. Das Ziel der Kampagne ist es, das Bild von *McDonald's* in der Öffentlichkeit, insbesondere das des kapitalistischen Fastfood-Riesen, zu verbessern und das Unternehmen als vorbildlichen Arbeitgeber zu positionieren. Die Hauptrollen in dem entwickelten 25-Sekünder spielen die Auszubildende *Theresa G.*, Restaurant-Manager *Isa K.* und die Crew-Mitarbeitende *Helga S.*, die alle zunächst die in der Regel negative öffentliche Wahrnehmung von *McDonald's* aufgreifen, um sie danach schnell zu widerlegen. „Meine Mutter war total geschockt", schildert z. B. *Helga S.* die erste Reaktion der Eltern auf ihre Ankündigung, eine Ausbildung bei *McDonald's* zu beginnen. „Aber jetzt ist sie richtig stolz auf mich", rückt die Nachwuchsmitarbeitende ihren Arbeitgeber ins rechte Licht. Auch *Isa K.* berichtet, dass er meist „mitleidige Blicke" erntet, wenn er berichtet, dass er bei *McDonald's* arbeitet. „Wenn du ihnen aber dann erzählst, dass du Chef von 40 Leuten bist und gutes Geld verdienst, dann gucken die schon ganz anders", so der Restaurant-Manager im TV-Spot (vgl. Inserts III-B-69-71). Begleitet wurde die Maßnahme bis Ende Februar 2010 mit Werbung in Printtiteln und im Internet (*Saal* 2010).

Mediawerbung und Social Media-Kommunikation: Die verschiedenen Möglichkeiten von Social Media betreffend (z. B. Blogs, Podcasts, Videoportale usw.) lässt sich oftmals nur schwer unterscheiden, ob es sich in Verbindung mit Mediawerbung um eine Integration der beiden Instrumente handelt oder aber um Werbebotschaften, die durch onlinebezogene Kommunikationsträger verbreitet werden. Zeigt ein Unternehmen beispielsweise – wie es heute oftmals anzufinden ist – einen Werbespot oder diverse Anzeigen auf seiner Homepage und informiert dabei mittels Podcasts über aktuelle Werbekampagnen, so findet hierbei weniger eine Integration von Mediawerbung und Social Media statt, sondern letztere dient der Mediawerbung als Plattform. Von Integration lässt sich nur dann sprechen, wenn Unternehmen in ihrer Mediawerbung, z. B. im Rahmen eines TV-Spots oder einer Anzeige, auf die Aktivitäten der Social Media-Kommunikation hinweisen. Eine inhaltliche Abstimmung hat im Rahmen der Social Media-Kommunikation derart zu erfolgen, dass die Kommunikation auf Plattformen des Social Web mit den Kampagnenmotiven und den Aussagen in TV und Print übereinstimmt.

Beispiel: Vernetzung von Mediawerbung und Social Media-Kommunikation bei *Danone*
Im Jahre 2009 zeigte der Lebensmittelkonzern *Danone* in Frankreich, Kanada und Belgien eine witzige Serie von Werbespots für die Mineralwassermarke *Evian*, in denen Babys unglaubliche körperliche Fähigkeiten zeigen: Sie breakdancen, fahren Skateboard oder Rollschuhe, sie stehen in Interviews

Insert III-B-70: TV-Spot „Evian Roller Babies" der Marke Evian (Evian 2010)

Insert III-B-71: Facebook-Profil der „Evian Babies" (Evian 2010)

Rede und Antwort oder üben den Moonwalk. Die Imagewerbung greift mit dem Einbeziehen von Babys frühere Werbespots, die Ende der 1990er Jahre gezeigt wurden, auf. Um die Bekanntheit des Werbespots zu erhöhen, wurden diese ebenso auf Internetportalen (z. B. *YouTube*) zur Verfügung gestellt (vgl. Insert III-B-70). Zugleich wurde auf Facebook ein Profil angelegt (vgl. Insert III-B-71), in der zum einen auf die Werbespots hingewiesen wird, zum anderen sich die Besucher der Webseite auch als Fans registrieren konnten. Die Werbung von *Evian* entwickelte sich mit der Integration von Mediawerbung und Social Media zu einer der erfolgreichsten Werbekampagnen, die es bisher im Internet gegeben hat, denn die *Evian*-Babys sind keine Werbung, die sich ihre Zuschauer suchen muss, sondern eine, die von den Zuschauern gesucht wird: Bei *YouTube*, *Dailymotion*, *MyVideo* und Co. Alleine der Spot „*Evian* Roller Babies", mit computeranimierten rollschuhfahrenden Babies ist einer der meistgesehensten Videos im Internet (*Dausch* 2009; *Patalong* 2009).

Schließlich ist darauf hinzuweisen, dass die Integration der Mediawerbung in den Kommunikationsmix zahlreicher **Abstimmungsprozesse** bedarf. Bei dem hier betrachteten Problemfeld der Integration verschiedener Kommunikationsinstrumente handelt es sich um die Fragestellung der gemeinsamen Wirkung mehrerer Instrumentvariablen. Dies wird in der Marketing-

	Wirkungsinterdependenzen		
	Intern	Extern	
		Vertikal	Horizontal
Identischer Objektverbund (z.B. eine Marke)	Wirkungsverbund		
Unterschiedlicher Objektbezug (mehrere Marken)	Sachliche Ausstrahlungseffekte		
	(a) Partizipationseffekt		(b) Kompensationseffekte
Unterschiedliche Zeitbezüge (eine oder mehrere Marken)	Zeitliche Ausstrahlungseffekte		

Schaubild III-B-85: Formen instrumenteller Wirkungsinterdependenzen
(in Anlehnung an Steffenhagen 1978, S.188)

wissenschaft als Wirkungsinterdependenz bezeichnet (*Topritzhofer* 1974, Sp. 1252; *Meffert* 1975). Von *Steffenhagen* wird vorgeschlagen, zwischen den in Schaubild III-B-85 wiedergegebenen Formen interinstrumenteller Wirkungen zu unterscheiden (*Steffenhagen* 1978, S. 187 f.):

Bei der **internen Wirkungsinterdependenz** werden die Wirkungen zwischen den Instrumenten eines Unternehmens betrachtet. Die **interne Integration** wird in vielen Unternehmen weitgehend vernachlässigt, da insbesondere bei strategischen Entscheidungen über den Einsatz der Mediawerbung im Regelfall nur wenige Personen (z. B. Vorstandsmitglieder) eingeschaltet werden. Hier wird es zukünftig verstärkt darauf ankommen, eine organisatorische Lösung für die interne Abstimmung zwischen einzelnen Kommunikationsabteilungen, wie z. B. Mediawerbung, Public Relations, Verkaufsförderung u. a. m., zu finden.

Die **externe Wirkungsinterdependenz** umfasst auch die Wirkungen von anderen Marktbeteiligten. Je nach Perspektive können Unternehmen auf der gleichen Marktstufe (horizontale Interdependenzen) oder Unternehmen verschiedener Marktstufen (vertikale Interdependenzen) untersucht werden. Im Hinblick auf eine **externe Integration** der Mediawerbung ist es erforderlich, dass werbepolitische Aktivitäten mit unternehmensexternen Entscheidungsträgern abgestimmt werden. Dazu zählen vor allem Werbeagenturen und Marktforschungsinstitute, die – je nach Leistungsspektrum – oftmals für eine Vielzahl strategischer und taktischer Werbeentscheidungen verantwortlich sind.

Bei einem identischen Objektverbund (z. B. Maßnahmen für ein Unternehmen oder für eine bestimmte Marke) wirken die Marketinginstrumente als „Bündel" für das eine Objekt; dies wird als **Wirkungsverbund** bezeichnet. Betrachtet man unterschiedliche Marken (unterschiedlicher Objektbezug), dann spricht man von **sachlichen Ausstrahlungseffekten**. Diese können als **Partizipationseffekte** auftreten, d. h., der Einsatz eines Marketinginstrumentes für eine Marke hat auch positive Wirkungen auf die Reaktion einer anderen Marke (positive Wirkungsinterdependenzen, z. B. bei Kommunikationsmaßnahmen für eine Familienmarke). Ein **Kompensationseffekt** liegt vor, wenn sich Reaktionen auf Marketinginstrumente für eine Marke negativ auf eine andere Marke auswirken (negative Wirkungsinterdependenz; z. B. bei Werbung für eine Zweitmarke). Bei einer Analyse der Wirkungen von Marketinginstrumenten über unterschiedliche Zeiträume hinweg kann man von **zeitlichen Ausstrahlungseffekten** sprechen. Diese können sowohl bei identischem Objektverbund als auch unterschiedlichen Objektbezügen mit negativer oder positiver Ausprägung auftreten (intertemporale Wirkungen).

Es wird deutlich, dass eine interinstrumentelle Integration der Mediawerbung die Grundlage für die Umsetzung eines integrierten Kommunikationskonzeptes darstellt, damit sich die kommunikative Leitidee im Einsatz aller Kommunikationsinstrumente wiederfindet. Aber auch speziell für den Einsatz der Mediawerbung ergibt sich ein **kommunikativer Nutzen**, dessen Zusammensetzung nachfolgend anhand einiger Komponenten beispielhaft dargestellt wird:

- Die Integration fördert den kommunikativen Know-how-Austausch mit anderen Kommunikationsbereichen (*Rudolph* 1980, S. 210).
- Die interinstrumentelle Abstimmung festigt die Vertrauensbasis der anderen Kommunikationsbereiche in die Mediawerbung et vice versa.
- Interinstrumentelle Abstimmungsprozesse schaffen Transparenz im kommunikativen Vorgehen, so dass es möglich ist, Redundanzen zu verhindern. Dadurch kann der gesamte Werbeaufwand gesenkt werden, ohne Wirkungseinbußen in Kauf zu nehmen beziehungsweise bei gleichem Werbeaufwand ist es möglich, höhere Wirkungen zu erzielen. Die Effizienz der Mediawerbung ist somit durch eine interinstrumentelle Integration nachhaltig zu steigern.

- Die Integration der Mediawerbung in den Kommunikationsmix verhindert Ressortdenken und fördert die Offenheit sowie vernetzte Denkweisen aller an der Mediawerbung beteiligten Mitarbeitenden. Sie gewinnen Einblicke in die gesamte Kommunikationsarbeit des Unternehmens und sind in ihren Einsatzmöglichkeiten flexibler.

8.2 Intrainstrumentelle Integration der Mediawerbung

Zur Erzielung hoher Kommunikationswirkungen bei den anvisierten Zielgruppen und der Realisierung von Synergieeffekten ist nicht nur eine interinstrumentelle, sondern darüber hinaus auch eine **intrainstrumentelle Integration** der Mediawerbung erforderlich. Die Notwendigkeit einer intrainstrumentellen Integration zeigt sich insbesondere vor dem Hintergrund der zahlreichen Maßnahmen der Mediawerbung. Alle diese Maßnahmen – beispielsweise TV-Spots, Printanzeigen, Werbe-Banner usw. sind von dem werbetreibenden Unternehmen aufeinander abzustimmen, um ein einheitliches Erscheinungsbild und die Durchsetzung einer konsistenten Werbebotschaft sicherzustellen. Gemäß dieser Forderung sind Entscheidungen bezüglich des Konzepts und der Gestaltung der Mediawerbung des Unternehmens miteinander zu vernetzen und aufeinander abzustimmen. Zur Systematisierung der Integrationsentscheidungen im Rahmen der Mediawerbung ist nach der Tragweite der Integrationsentscheidung zwischen drei **Entscheidungsdimensionen** zu differenzieren:

(1) Inhaltliche Dimension,

(2) Formale Dimension,

(3) Zeitliche Dimension.

(1) Im Rahmen der **inhaltlichen Dimension** ist von werbetreibenden Unternehmen über die konzeptionelle beziehungsweise inhaltliche Ausrichtung der einzelnen Werbemaßnahmen zu entscheiden. Diese Entscheidungen betreffen gesamte Werbekampagnen – oftmals auch mehrere, möglicherweise aufeinander aufbauende, Kampagnen. Die Erreichung der Werbeziele, beispielsweise der Aufbau eines bestimmten Marken- oder Unternehmensimages und die Durchsetzung einer hohen Bekanntheit sind nur durch einen langfristig konzipierten und kontinuierlichen Einsatz der verschiedenen Werbemaßnahmen möglich. Vor dem Hintergrund dieser Überlegungen ist von dem werbetreibenden Unternehmen zu überlegen, inwieweit die zukünftigen Werbeaktivitäten durch ein langfristiges Konzept aufeinander abzustimmen sind. Daher beziehen sich die Entscheidungen in erster Linie auf die Vorgabe eines übergreifenden Dachthemas der Werbekampagne(n). Von übergeordneter Bedeutung ist dabei, dass die kommunikative Leitidee – beziehungsweise das übergeordnete Thema – zentraler Bestandteil aller Maßnahmen ist, damit Synergien aufgebaut und entsprechend genutzt werden können. Sie haben sich in allen Phasen der werblichen Umsetzung über einen längeren Zeitraum hinweg wiederzufinden. Aufgrund ihres strategischen Charakters und ihrer großen Tragweite ist es notwendig, dass sich die involvierten Entscheidungsträger intensiv mit diesem Entscheidungsproblem auseinandersetzen. Dabei sind sowohl die **grundsätzlichen Entscheidungsoptionen** als auch deren **Konsequenzen** – soweit wie möglich – offen zu legen.

Im Extremfall besteht eine Werbekampagne aus einem einzigen Motiv, das in einem Medium über einen längeren Zeitraum hinweg geschaltet wird. Eine derartige **Konstanz** erleichtert in erheblichem Maße die Wahrnehmung. Gleichzeitig lässt jedoch das Interesse an der Mediawerbung relativ schnell nach, weil der Rezipient bereits sehr schnell umfassende Kenntnisse bezüglich der Mediawerbung erworben hat. Der Neuigkeitsgrad konstanter Mediawerbung für den Konsumenten ist gering, die Motivation zur Reizverarbeitung nimmt ab.

Dies führt zu einer anderen grundsätzlichen Entscheidungsoption, nämlich zur kontinuierlichen **Abwechslung** in der inhaltlichen Ausgestaltung der Werbekampagne. So ist aus der Kommunikationsforschung bekannt, dass Neuartiges zwar schwerer sofort richtig wahrgenommen wird, aber Neugierde auslöst (*Unger* 1993, S. 20). Der häufige Wechsel von Kampagnen und Leitmotiven ist jedoch mit dem Problem behaftet, dass einzelne Werbebotschaften häufig – insbesondere bei beiläufiger Aufnahme von Werbereizen – nicht richtig zugeordnet werden.

Für die Entscheidungsträger stellt sich die Frage, wie die jeweilige Werbekampagne vor dem Hintergrund der vorgestellten grundsätzlichen Entscheidungsoptionen auszurichten ist. Dabei sind die Konsequenzen dieser Entscheidungen zu berücksichtigen. *Krum* und *Culley* haben in diesem Zusammenhang die Wirkungen von Konstanz und Abwechslung bei 20 Marken über 18 Jahre in Werbekampagnen untersucht (*Krum/Culley* 1984, S. 57 ff.). Dabei wurden der relative Marktanteil und die Umsatzentwicklung dem Kampagnenwechsel gegenübergestellt. Die Ergebnisse liefern einen überzeugenden Beleg für die **Überlegenheit sehr langfristiger Kampagnen**. So realisierten die beiden erfolgreichsten Marken (*Jack Daniel's* und *Marlboro*) im Betrachtungszeitraum nur eine beziehungsweise zwei verschiedene Kampagnen, während die am wenigsten erfolgreichen Marken (*Jim Beam* und *Winston*) zwölf beziehungsweise sogar fünfzehn verschiedene Kampagnen durchführten. Dabei bedeutet „Kampagne" nicht das Einhalten eines Motivs, es geht vielmehr um die Einhaltung eines langfristigen Konzepts.

Trotz der tendenziellen Überlegenheit langfristiger Kampagnen gilt es festzuhalten, dass eine Erfolg versprechende Werbekampagne aufgrund des menschlichen Bedürfnisses nach neuartigen Komponenten in der Mediawerbung auch variierbare Elemente zu enthalten hat. Laufende Wiederholung bewirkt zwar einen positiven Lerneffekt durch zunehmende Vertrautheit, ruft aber auch eine negative Wirkung durch zunehmende Redundanz hervor. Für das werbetreibende Unternehmen kommt es darauf an, positive Lerneffekte zu nutzen und negative Redundanzeffekte zu vermeiden. Ideal ist immer das Einhalten eines werblichen Konzeptes über einen längeren Zeitraum. Dies erleichtert die Wahrnehmung, vereinfacht die gedankliche Zuordnung und begünstigt die Wiedererkennung zentraler Aussagen der Werbekampagne. Innerhalb dieses Konzeptes können einzelne Motive variiert werden, um dem Redundanzeffekt entgegenzuwirken.

> **Beispiele: Kontinuierlich eingehaltene Werbekonzepte mit variierenden Motiven**
> - *Continental* – Reifen, neuester Stand,
> - *Milka* – Lila Kuh,
> - *Württembergische* – Der Fels in der Brandung,
> - *Volksbanken und Raiffeisenbanken* – Wir machen den Weg frei.

Eine unzureichende Abstimmung des werblichen Auftritts in den verschiedenen Medien ist für die Entstehung eines klaren Firmen- oder Markenbildes ebenso schädlich wie der häufige Wechsel einer Werbekampagne (*Kroeber-Riel* 1992, S. 3). So können auch im Rahmen der Ausgestaltung des **Mediamix** erhebliche Wirkungssteigerungspotenziale erschlossen werden. Dieser beschreibt die Tatsache, dass innerhalb einer Kampagne mehrere Mediagattungen parallel belegt werden, ohne aufeinander zu verweisen. Um entsprechende Wirkungspotenziale zu erschließen, hat der Werbetreibende darauf zu achten, dass ein werbliches Konzept über einen längeren Zeitraum hinweg konsequent über alle Medien eingehalten wird (*Unger* 1993, S. 21). **Belegungsbezogene Synergieeffekte und Multiplikatorwirkungen** sind dann zu erzielen, wenn viele Zielpersonen über verschiedene Mediagattungen erreicht werden. Lerneffekte können vor allem über die Realisierung von Mehrfachkontakten bei den Zielpersonen hervorgerufen werden. Ein ausgewogener Mediamix hat demnach sicherzustellen, dass dieselben Personen die einzelnen Werbebotschaften auch häufig genug wahrnehmen können. Dies wird in der Praxis der Mediaplanung oftmals nicht gewährleistet, da das primäre Ziel der

Mediamixstrategien im Wesentlichen in der Erhöhung von Nettokontakten besteht und sich die Belegung der Werbeträger im Regelfall ausschließlich an (Netto-)Reichweiten orientiert.

In der letzten Zeit wird im Rahmen der Werbeoptimierung häufig der Begriff **„Crossmedia"** verwendet. Unklarheit herrscht jedoch hinsichtlich einer genauen Definition. Dies liegt nicht zuletzt daran, dass der Begriff oft in sehr unterschiedlichen Zusammenhängen benutzt wird. *Schweiger* (2002) beschreibt crossmediale Angebote und deren Funktionen für Medienangebote im Allgemeinen. Dabei versteht der Autor unter Crossmedia für Medienangebote die Verknüpfung unterschiedlicher Mediagattungen mit ihren spezifischen Selektionsmöglichkeiten und Darstellungsformen auf unterschiedlichen Angebots- und Produktionsebenen mit unterschiedlichen Funktionen für Anbieter und Publikum. Die durch diese Unterteilung entstehende so genannte „MOPS-Matrix" unterscheidet zum einen zwischen Inhalt und Verweisen, zum anderen zwischen Publikum und Anbieter. Hieraus ergibt sich eine Differenzierung der Crossmedia-Funktionen in **M**ehrwert, **O**rientierung, **S**ynergieeffekte und **P**romotion (Schaubild III-B-86).

Für das Publikum ergibt sich der Mehrwert durch die erweiterten Nutzungsmöglichkeiten der Inhalte und durch zusätzliche Gratifikationen (z.B. Gewinnspiele zu einer TV-Sendung im Internet). Zudem erleichtert die crossmediale Vernetzung die Orientierung des Publikums durch Verweise auf andere Medienangebote mit Themen-, Programm- und Genre-Anbindung. Für den Medienanbieter ergeben sich Synergieeffekte (vor allem Kostenersparnisse) durch die Mehrfachverwertung von Inhalten und von Ressourcen auf allen Produktionsstufen (beispielsweise Angebote zu einer TV-Show im Internet und im Fernsehen). Ein weiterer Vorteil entsteht durch intermediale Verweise auf bestimmte Angebote (z.B. TV-Trailer auf der Internet-Seite des TV-Senders, Hinweise auf der Internet-Seite auf zukünftige TV-Programme).

In der Praxis wird Crossmedia häufig synonym zum Begriff der Integrierten Kommunikation verwendet und bezeichnet in diesem Sinn die Umsetzung von Marketingmaßnahmen mit einer durchgängigen Werbeidee in unterschiedlichen Mediengattungen, die unter Berücksichtigung ihrer spezifischen Selektionsmöglichkeiten und Darstellungsformen inhaltlich und formal verknüpft sind (*Feldmeier* 2004, S. 24). Ziel ist die Intensivierung der in einem so genannten „Lead-Medium" generierten Kontakte. Der Mehrwert besteht demnach neben den erhöhten Kontaktzahlen, in einer vertieften Ansprache der Konsumenten auf mehreren Kanälen und dadurch einem stärkeren Involvement sowie der besseren Informationsverarbeitung der Rezipienten. Im Vergleich zur Einzelwirkung jedes Mediums kann eine crossmediale Kampagne einen messbaren Synergieeffekt in Bezug auf die Werbewirkung haben (*Gleich* 2003). Dies füllt jedoch den Begriff der Integrierten Kommunikation nicht aus und

	Inhalt	**Verweise**
Publikum	Mehrwert • Erweiterte Nutzungsmöglich-keiten von Inhalten • Komplementäre Gratifikationen durch medienadäquate Inhalte	Orientierung • Verweise auf andere Medienangebote mit Themen-, Programm- oder Genre-Anbindung
Anbieter	Synergieeffekte • Mehrfachverwertung von Inhalten und von Ressourcen auf allen Produktionsstufen	Promotion • Verweise auf andere Medienangebote

Schaubild III-B-86: MOPS-Matrix der Crossmedia-Funktionen (Schweiger 2002, S. 342)

betrachtet lediglich eine Facette des Konzeptes, nämlich die inhaltliche und formale Vernetzung der eingesetzten Werbemittel. Zudem werden entgegen der oben genannten Definition häufig klassische Mediamix-Kampagnen als crossmediale Kampagnen bezeichnet, ohne dass deutlich gemacht wird, in welcher Weise die Botschaften in den verschiedenen Werbemitteln miteinander vernetzt sind. Der Großteil der bisherigen Studien zum Thema Crossmedia wurde von kommerziellen Unternehmen durchgeführt, die mit der Vermarktung von bestimmten Werbeträgern ein spezifisches Interesse an den Ergebnissen haben. Beispielsweise existieren zahlreiche Studien von TV-Vermarktern bezüglich crossmedialer Kampagnen, die jedoch lediglich die Vernetzung von TV und Internet im Fokus haben.

(2) Die **formale Dimension** der intrainstrumentellen Integration umfasst alle Entscheidungen, die auf die einheitliche und konsistente Umsetzung der festgelegten Themenstellung bei den einzelnen Werbemaßnahmen abzielen. Um Synergiepotenziale möglichst umfassend nutzen zu können, ist bei allen Maßnahmen auf einen einheitlichen kommunikativen Auftritt des Unternehmens zu achten. Zweckmäßig ist beispielsweise die einheitliche Verwendung von formalen Klammern in Werbemitteln und die einheitliche Verwendung von Kernbotschaften. Die **formalen Entscheidungen** haben demnach zu gewährleisten, dass die Ausrichtung der Werbemittelgestaltung mit der kommunikativen Leitidee in Einklang steht. Es ist erforderlich, dass sich die kommunikative Leitidee in Form eines Slogans, z. B. bei *BMW* „Freude am Fahren" oder *MINI* „Is it Love?", in sämtlichen Werbemitteln wiederfindet, um hohe Synergieeffekte insbesondere in Form hoher aktiver Markenbekanntheit zu erzielen. Weiterhin ist zu prüfen, ob von den eingesetzten Modalitäten hohe Verbundwirkungen im Hinblick auf die formulierten Werbeziele ausgehen. Hier geht es vor allem um die Frage, ob die Modalitäten miteinander harmonieren. Durch einen aufeinander abgestimmten Modalitäteneinsatz ist es oftmals möglich, einen eigenständigen **Werbestil** herzustellen.

> **Beispiel: Durchsetzung eines eigenständigen Werbestils**
> Durch eine gezielte Abstimmung eingesetzter Modalitäten (Musik, Bilder der Karibik) ist es der Marke *Bacardi* gelungen, das Gefühl des lasziven Lebens auf einsamen Inseln zu vermitteln und es mit der Marke in Verbindung zu bringen.

(3) Die **zeitliche Dimension** der intrainstrumentellen Integration betrifft sowohl die Koordination der einzelnen Werbemaßnahmen innerhalb einer Planungsperiode als auch zwischen verschiedenen Planungsperioden. Ziel ist es hierbei, dass durch eine Kontinuität in der Mediawerbung bei den Zielgruppen Wiederholungs- und Lerneffekte eintreten – beispielsweise wenn Informationen über Produktneuheiten zeitlich abgestimmt kommuniziert werden – und durch integrative Maßnahmen sichergestellt wird, dass sich die einzelnen Aktivitäten in ihrer Wirkung gegenseitig unterstützen.

Zusätzliche Wirkungssteigerungen können beispielsweise über eine **medienbezogene Werbepulsation** erfolgen. Hier sind es vor allem mittlere Budgets, die an Wirkung gewinnen können. So führt temporär erhöhter Werbedruck verhältnismäßig schnell zu steigenden Werbewirkungen, während die Werbewirkung bei einem später reduziertem Werbedruck langsamer nachlässt, unter Umständen sogar auf höherem Niveau als vorher verbleiben kann. Sehr große Budgets eignen sich für den Einsatz einer pulsierenden Werbung weniger, da ohnehin schon eine hohe Basiswirkung erzielt wird, die sich kaum oder nur mit relativ hohem Aufwand steigern lässt. Bei kleineren Budgets stellt sich die Frage der Pulsation nicht, da die notwendige Aufteilung der Werberessourcen auf einzelne Zeiträume bereits einer pulsierenden Werbung entspricht.

Bei der Realisation eines pulsierenden Werbeeinsatzes liegt es nahe, TV- oder Hörfunk-Spots zeitweilig in einer höheren Frequenz und/oder längere Spots zu schalten. Bei der Anzeigenwerbung besteht die Möglichkeit, temporär die Größe und/oder die Farbigkeit von Anzeigen im Sinne eines höheren Werbedrucks zu variieren. Dies kann beispielsweise durch einen Belegungswechsel von einer 1/1-sw auf eine 1/1-4c Seite erfolgen. Das eigentliche Wirkungspotenzial der Pulsation liegt jedoch in der Kombination und Intensität mehrmedialer Werbeaktivitäten. So ist pulsierende Werbung dann realisierbar, wenn zwar über das ganze Jahr hinweg geworben wird, doch ein Wechsel beispielsweise zwischen TV und Tageszeitungen erfolgt. Weiterhin kann es vorteilhaft sein, wenn ein Basismedium, z. B. TV, durch ein anderes Medium, z. B. Tageszeitung, ergänzt wird, um angestrebte Werbewirkungen zu erzielen (vgl. auch Schaubild III-B-87) (*Unger* 1993).

Die Akzentuierung von Synergieeffekten beziehungsweise die Elimination von Redundanzen über eine intrainstrumentelle Integration der Mediawerbung kann jedoch nur dann erfolgen, wenn **unternehmensintern bestimmte Denkhaltungen** vorherrschen. Zur Verwirklichung eines einheitlichen Unternehmens- beziehungsweise Markenauftritts sind innerhalb verschiedener, aufeinander aufgebauter Arbeitsschritte vielfältige Aufgaben zu erfüllen. Jeder in diesen Integrationsprozess eingebundene Mitarbeitende hat dabei laufend neue Entscheidungen zu treffen, die trotz ihrer unterschiedlichen Tragweite den Grad der intrainstrumentellen Abstimmung in einer bestimmten Form beeinflussen.

In diesem Zusammenhang kommt es vorrangig darauf an, dass

- Teamprozesse und
- Zielgruppeninteraktion

zu Grundprinzipien einer integrierten Mediawerbung erklärt werden (*Zimmermann* 1993, S. 113).

Durch die Etablierung von **Teamprozessen** ist es möglich, kreative Austauschprozesse und den werbeinternen Know-how-Transfer zwischen den beteiligten Entscheidungsträgern zu fördern. Auf diese Art und Weise liefern sich die einzelnen Entscheidungsträger wechselseitig Denkanstöße und Anregungen für die eigene inhaltliche sowie formale Werbearbeit. Gleichzeitig können durch interpersonelle Absprachen Doppelarbeiten und damit ineffiziente Werbetätigkeiten verhindert werden.

Darüber hinaus wird die **Zielgruppeninteraktion** zunehmend auch im Rahmen des Einsatzes der Mediawerbung zum entscheidenden Integrations- und damit Erfolgsfaktor. Angesichts der Übersättigung des Konsumenten mit immer mehr Informationen wird es zunehmend wichtiger, eine ausschließlich nachfrageorientierte Werbepolitik zu betreiben, um in einem sich verschärfenden Kommunikationswettbewerb entscheidende Wettbewerbsvorteile zu erzielen. Dabei ist es erforderlich, eine effektive und effiziente intrainstrumentelle Integration

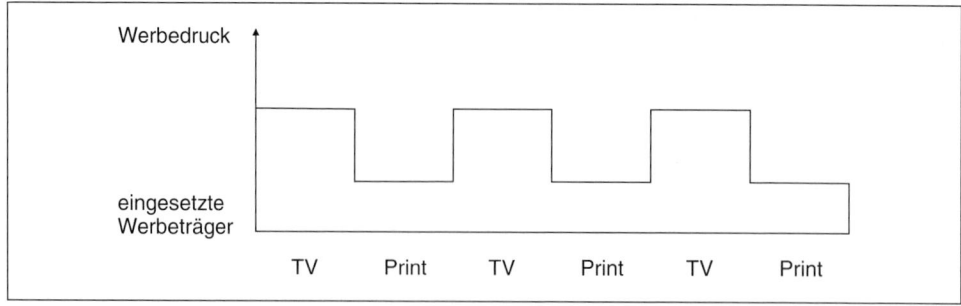

Schaubild III-B-87: Pulsierende Mediastrategien (Unger 1993, S. 19)

zu ermöglichen, um in **Dialog mit den Zielpersonen** zu treten. Die zielgruppenspezifische Ansprache ist heute ohne die Etablierung des Database Managements nicht mehr denkbar. Der Einsatz der Mediawerbung orientiert sich dabei nicht nur an den Vorgaben der Datenbank, sondern versorgt diese gleichzeitig mit neuen Informationen. Es wird deutlich, dass zum einen nur durch das Zusammenspiel von interaktiven und integrativen Momenten erfolgreiche Werbekampagnen entstehen können. Zum anderen ist zu beachten, dass die geforderte Interaktion mit den Zielgruppen im Werbebereich nicht nur ein formaler, sondern vor allem ein kreativer Prozess zu sein hat. Gerade vor dem Hintergrund einer zunehmenden Informationsüberlastung ist eine kreative und innovative Zielgruppenansprache ein unverzichtbarer Wettbewerbsvorteil.

9 Erfolgskontrolle der Mediawerbung

9.1 Begriff und Bedeutung der Erfolgskontrolle der Mediawerbung

Am Ende eines idealtypischen Planungsprozesses ist zu prüfen, welche kommunikative Wirkung durch die Mediawerbung bei den Zielgruppen erreicht wurde und ob sich dementsprechend der finanzielle Aufwand „gelohnt" hat. Die **Erfolgskontrolle der Mediawerbung** beinhaltet die systematische Überprüfung der Aktivitäten der Mediawerbung, um den Zielerreichungsgrad der bisherigen Werbemaßnahmen zu ermitteln und hieraus Handlungsempfehlungen für den zukünftigen Einsatz der Mediawerbung abzuleiten. Erst durch eine systematische Überprüfung der Ziele lassen sich Abweichungen zwischen Ist- und Soll-Zuständen erkennen und dadurch korrigierende Maßnahmen ergriffen werden.

Neben planerischen, organisatorischen sowie Fragen der Durchführung werbepolitischer Aktivitäten ist es vor allem die Erfolgskontrolle, die in besonderem Maße problembehaftet ist. Es gibt keinen zweiten Unternehmensbereich, in dem bei vergleichbarer Investitionshöhe so große Ungewissheit über deren Erfolg besteht (*Erichson/Maretzki* 1993, S. 523). In Anbetracht der hohen Investitionen in aufwändige Werbekampagnen wird von den Unternehmen inzwischen jedoch in zunehmendem Maße der Erfolg dieser Aktivitäten auf den Prüfstand gestellt. Vor dem Hintergrund finanzieller Restriktionen und folglich begrenzter Werbebudgets wird immer häufiger der Nachweis des konkreten Nutzens der Mediawerbung verlangt. Die mit dem Werbeerfolg verbundene Unsicherheit wird besonders pointiert durch folgende Aussage unterstrichen: „I know half the money I spend on advertising is wasted. I just don't know which half". Dieser berühmte Ausspruch von *John Wanamaker* (1837–1922), einem in den USA erfolgreichen Einzelhändler, der sich schon sehr früh mit Werbung und deren Kontrolle beschäftigte, wird oft *Henry Ford* in den Mund gelegt. In der Vergangenheit wurden beachtliche Erfolge bezüglich der Lösung dieser Zuordnungsproblematik erzielt, jedoch ist man auch heute noch von einer vollständigen oder auch befriedigenden Lösung dieses Problems entfernt.

Die **Bedeutung der Erfolgskontrolle** resultiert jedoch nicht nur aus der Höhe der Werbeausgaben, sondern vor allem auch aus ihrem strategischen Stellenwert sowohl im Rahmen des Kommunikations- als auch im Marketingmix. Mediawerbung ist u.a. als eine Investition in den Goodwill, den Wert und die Kraft von Marken aufzufassen. Ihre Wirkungen erstrecken sich über einen längeren Zeitraum. Diese Mittel- bis Langfristigkeit der Werbewirkungen erhöht zwar die Bedeutung der Mediawerbung, erschwert aber auch gleichzeitig die Werbeerfolgskontrolle. Im Folgenden sind vor dem Hintergrund der angesprochenen Problemfelder verschiedene Ansätze sowie Methoden der Werbeerfolgskontrolle zu präzisieren und zu diskutieren.

9.2 Anforderungen an Erfolgsgrößen

In Analogie zur Formulierung von Werbezielen sind zunächst Anforderungen zu definieren, die an die zu erfassenden Erfolgsgrößen gestellt werden und bei der Entwicklung des Untersuchungsdesigns für die Marktforschung zu berücksichtigen sind. Da sich die Erfolgskontrolle definitionsgemäß auf die systematische Überprüfung der Aktivitäten der Mediawerbung erstreckt, ist es notwendig, folgende zielkonsistente **Anforderungskriterien an Erfolgsgrößen** abzuleiten (in Anlehnung an *Steffenhagen* 1993, S. 288; *Kroeber-Riel/Esch* 2004, S. 35 ff.; *Bruhn* 2009b, S. 364; *Pfefferkorn* 2009, S. 29 ff.):

- Die Erfolgskontrolle der Mediawerbung erfasst alle vom Unternehmen steuerbaren und beeinflussbaren Werbemaßnahmen (**Vollständigkeit**).
- Die Erfolgsgrößen weisen eine hohe **werbebedingte Reagibilität** auf, d. h. die Änderung der Zielvariablen reagiert in starkem Maße sensibel auf die Variation des werblichen Aktivitätenniveaus.
- Es ist erforderlich, dass die Erfolgsgröße allein beziehungsweise zumindest überwiegend durch den Einsatz **werbepolitischer Aktivitäten bedingt** ist.
- Die Erfolgsgröße verfügt über eine starke verhaltenssteuernde Kraft bezüglich werbebedingter Aktivitäten (**hohe Prädiktorleistung**).
- Die Erfolgsgröße ist einzelnen werblichen Maßnahmen **zurechenbar**. Dies bedeutet auch, dass die Wirkungszusammenhänge vom Einfluss anderer Kommunikationsinstrumente und Wirkungsinterdependenzen zu isolieren sind. Es ist notwendig, dass die Beziehung zwischen den Werbeaktivitäten und den Verhaltensänderungen zudem auch noch nach einem gewissen Zeitraum nachweisbar ist.
- Die Messgrößen beziehungsweise Indikatoren sind für die Bewertung unternehmensinterner Zielgrößen beziehungsweise der Erfolgsgrößen am Markt **relevant**.
- Die eingesetzten Maßnahmen und deren Auswirkung auf die Erfolgsgröße sind quantitativ und qualitativ **messbar**.
- Die Erfolgsgröße ist **operationalisierbar**, d. h., es ist eine konkrete Skalierung von Messinstrumenten für die Erfolgsgröße vorhanden. Der Messvorgang hat die Gütekriterien Objektivität, Validität und Reliabilität zu erfüllen, um zu aussagekräftigen Ergebnissen zu führen.
- Die Erfolgsmessung ist unter ökonomischen Gesichtspunkten und in Relation zu dem eingesetzten Werbebudget vertretbar (**Wirtschaftlichkeit der Erfolgsmessung**).
- Der Gegenstand der Erfolgsmessung bleibt im Zeitablauf gleich und die Erfolgsmessung wird in regelmäßigen Abständen wiederholt (**Kontinuität**).
- Das System beziehungsweise die Vorgehensweise der Erfolgsmessung der Mediawerbung ist für alle beteiligten Mitarbeiter beziehungsweise Abteilungen **transparent**, d. h., verständlich, nachvollziehbar und zugänglich.
- Die Messung des Erfolgs der Mediawerbung erfolgt nicht nur im Sinne des Erfolgs in der Kommunikationsleistung am Markt, sondern kontrolliert auch den Prozess der Planung, Organisation und Umsetzung der Mediawerbung im Unternehmen (**Prozessorientierung**).
- Es ist erforderlich, dass die Messung des Erfolgs der Mediawerbung Hinweise für die Steuerung und Optimierung der Mediawerbung geben kann (**Handlungsorientierung**).

Die Anforderungen sind die Grundlage beziehungsweise Zielrichtung der Erfolgskontrolle der Mediawerbung. Im Rahmen des zu entwickelnden Untersuchungsdesigns sind durch die

Marktforschung die genannten Anforderungskriterien zu beachten. Eine Orientierung am Managementprozess der Mediawerbung führt zu drei, nachfolgend beschriebenen Typen der Erfolgskontrolle, durch die Rückschlüsse auf den Gesamtprozess der Mediawerbung zu ziehen sind (*Bruhn* 2009a, S. 367 f.).

9.3 Methoden der Erfolgskontrolle der Mediawerbung

9.3.1 Prozesskontrolle der Mediawerbung

Die Prozesskontrollen dienen der Überprüfung organisatorischer und personeller Ablaufprozesse im Zusammenhang mit der Durchführung von Werbemaßnahmen. Durch Prozesskontrollen ist sicherzustellen, ob und in welcher Form die Projekte im zeitlichen Ablauf durchgeführt werden. Inhalte der Prozesskontrolle umfassen beispielsweise die Analyse des zeitlichen Ablaufs von Projekten (Kontrolle der Terminplanung) sowie des Fortschritts der Sachaufgabe (Kontrolle der Aktivitätenplanung). Darüber hinaus sind die beanspruchten Mittel in Form der für die beanspruchten Mitarbeitenden und Kostenbudgets (Kontrolle der Ressourcenplanung) zu berücksichtigen. Wird beispielsweise eine Agentur beauftragt, eine Werbekampagne zu entwickeln und durchzuführen beinhaltet die Überwachung die korrekte Ausführung der im Rahmen der Mediawerbung durchzuführenden Tätigkeiten. Diese umfassen sowohl Leistung und Zusammenspiel aller Beteiligten in den Planungsphasen der Kreation, Konzeption und Organisation. Die Prozesskontrolle betrachtet damit alle notwendigen Aktivitäten zur Vorbereitung und Durchführung der Werbekampagne, die Einhaltung von Zeitplänen, die Abstimmungen mit den Medien oder die Einbeziehung von weiteren externen Dienstleistern (z. B. die Zusammenarbeit mit einem Produktionsunternehmen zur Erstellung eines TV-Spots). Zur Kontrolle der Ablaufprozesse kommen Methoden wie Checklisten, Netzpläne und ähnliche Verfahren zum Einsatz. Im Idealfall werden dabei solche Verfahren beziehungsweise Elemente der Prozesskontrolle, die das Schnittstellenmanagement zwischen werbetreibenden Unternehmen und Agentur betreffen, gemeinsam von beiden Parteien entwickelt.

9.3.2 Effektivitätskontrolle der Mediawerbung

Im Rahmen der Betrachtung der Wirkungen von Werbemaßnahmen sind die Wirkungen bei allen durch die Mediawerbung angesprochen Zielpersonen zu ermitteln. Folglich ist von dem werbetreibenden Unternehmen eine Wirkungskontrolle bei den Zielgruppen der Mediawerbung durchzuführen. Problematisch ist hierbei jedoch die Zurechenbarkeit der bei den Rezipienten festzustellenden Wirkungen. Die Veränderung psychologischer Zielgrößen, wie kognitiv-, affektiv- und konativ-orientierter Zielgrößen, kann zum einen auf den Einsatz der Mediawerbung zurückzuführen sein, zum anderen jedoch auch auf andere kommunikationspolitische Maßnahmen, z. B. die Verkaufsförderung, Public Relations, den Besuch eines Events oder durch Sponsoringaktivitäten. Die Kontrolle **werbezielrelevanter Wirkungen von Werbemaßnahmen** stellt die werbetreibenden Unternehmen nicht selten vor erhebliche Probleme, da es hierbei darauf ankommt, Wirkungen ausgewählter Werbeaktivitäten zu isolieren und deren Zielbeitrag zu erfassen. So ist es bei einer Werbekampagne, in der TV-Spots und Anzeigen in Zeitschriften geschaltet werden, z. B. schwierig festzustellen, welchen Beitrag jede einzelne der beiden Maßnahmen zur Verbesserung der Bekanntheit oder des Images geliefert hat. Gerade aus diesem Grund ist es um so wichtiger für Unternehmen, die bestehenden Möglichkeiten einer Werbewirkungskontrolle möglichst umfassend auszuschöpfen, um Schlussfolgerungen für Verbesserungspotenziale in der Gestaltung der Werbemaßnahmen zu ziehen.

Zur Überprüfung der verschiedenen Zielgrößen stehen unterschiedliche **Analyseinstrumente** zur Verfügung. Eine Unterteilung der Kontrollinstrumente kann in Methoden der **Beobachtung** und in Methoden der **Befragung** vorgenommen werden. Die meisten kommerziellen Marktforschungsinstitute stützen sich dabei auf die Befragungen als Erhebungsmethode, während einige Institute Reaktionen von Probanden auch durch den Einsatz diverser Methoden der apparativen Beobachtung messen (*Steffenhagen* 2000, S. 43 ff.). Schaubild III-B-88 zeigt mögliche Analyseinstrumente zur Wirkungskontrolle der kognitiven, affektiven und konativen Zielgrößen.

Diese Instrumente werden z. B. im Rahmen von **Werbemitteltests** eingesetzt, die der Überprüfung und Auswahl alternativer Werbemittel für deren Einsatz in der laufenden Mediawerbung dienen. Dabei wird ein Vergleich der Leistungen unterschiedlicher Werbemittel im jeweiligen Medium im Hinblick auf die Erzielung psychologischer Zielgrößen durchgeführt. Sie werden fallweise durchgeführt und gehören in den Bereich der Ad-hoc-Forschung. Ob der Einsatz spezieller Werbemittel, z. B. eines bestimmten Radio-Spots, werbezielrelevante Größen verändert und in welchem Ausmaß, kann **vor** dem Einsatz und/oder **hinterher**, also nach Ablauf einer gewissen Zeitspanne, gemessen werden. Im ersten Fall spricht man von Pretests, im zweiten Fall von Posttests. **Pretests** dienen zur Prognose der Wirkung einzusetzender Werbemittel bei der Zielgruppe und liefern Anhaltspunkte für Entscheidungen, welche alternativen Werbemittel bei der Zielgruppe eine bessere Wirkung erzeugen und ob die Werbebotschaften durch diese besser transportiert werden (vgl. zu Erfolgsfaktoren von Pretests und deren Einsatz *Trommsdorff* 2003). **Posttests** hingegen kontrollieren nach dem Einsatz, welche Konsequenzen die eingesetzten Werbemittel in der Realität hervorgerufen haben. Sie sind im Gegensatz zu den Pretests damit in der Lage, auch werbezielrelevante Wirkungen aus

Art der Messmethode / Kategorien der Werbewirkung	Beobachtung	Befragung
Kognitive Wirkungen	• Aktivierungsmessung • Blickaufzeichnung • Beobachtung des Aufnahmeverhaltens	• Wahrnehmungs- und Verständnismessungen • Recall- und Recognitiontests • Ratingskalen • Assoziationstests • Satzergänzungstests • Irritations- und Akzeptanzprofile
Affektive Wirkungen	• Aktivierungsmessung • Blickaufzeichnung • Bildgebende Verfahren (z.B. MRT) • Andere apparative Verfahren	• Verbale und Nonverbale Erlebnismessungen • Recall- und Recognition-Tests • Einstellungs- und Imageskalen • Bilderskalen • Conjoint Measurement • Imagery-Forschung • Werbemonitoring
Konative Wirkungen	• Verhaltensregistrierung • Panel • Testmärkte • Klick-Verhalten im Internet	• Befragung nach erinnertem Verhalten • Flächenskalen, verbale Skalen • Konstantsummenverfahren • Befragung nach Produktpräferenz und Verhaltensabsicht

Schaubild III-B-88: Ausgewählte Messmethoden zur Wirkungskontrolle der Mediawerbung (in Anlehnung an Steffenhagen 2000, S. 43 ff.; Meffert/Burmann/Kirchgeorg 2008, S. 829)

dem Einsatz bestimmter Werbeträger sowie die Intensität des Einsatzes von Werbeträgern (ausgeübter Werbedruck) implizit zu überprüfen.

Bei der Testsituation ist weiterhin zu unterscheiden, ob die Kontrolle im Rahmen von Labortests oder Markttests erfolgt (*Schweiger/Schrattenecker* 2009, S. 340). **Labortests** untersuchen die Wirksamkeit isoliert dargebotener Werbemittel und werden vorwiegend im Rahmen von Pretests durchgeführt. Bei der **Feldforschung** hingegen werden keinerlei marktbezogene Einflussgrößen ausgeklammert. Die Wirkungsuntersuchung findet im Markt (z. B. „On Air") statt und wird in eingeschränkter Form im Rahmen von Pretests (z. B. abgegrenzte Testmärkte) oder in den meisten Fällen als Posttests eingesetzt.

Aus der Vielzahl der unterschiedliche Verfahren, die Unternehmen zur Analyse beziehungsweise Kontrolle von werbezielrelevanten Erfolgsgrößen zur Verfügung stehen, werden im Folgenden beispielhaft einige Methoden betrachtet und nach den Wirkungskategorien ihrer Zielgrößen dargestellt.

9.3.2.1 Methoden der Kontrolle kognitiv-orientierter Erfolgsgrößen

Zur Erfolgskontrolle kognitiv-orientierter Zielgrößen werden Beobachtungsmethoden in der Regel zur Messung der Aktivierung und Aufmerksamkeit der Zielpersonen eingesetzt. Befragungen finden indessen zur Erfassung von Wiedererkennung beziehungsweise Erinnerung und Kenntnissen der Zielpersonen (bezüglich Produkten, Marken oder Leistungen) Anwendung.

Im Rahmen von **Beobachtungen** können **physiologische Aktivierungsmessungen** durchgeführt werden. Dazu werden Verfahren der Hautwiderstandsmessung, Gehirnstrommessung, Puls-, Herz-, Atem- und Stimmfrequenzmessungen zur Kontrolle der Reaktion einer Person auf Werbemittel eingesetzt. Hierbei erfolgt eine Befestigung von Elektroden an der Körperoberfläche von Personen. Die bioelektrischen Vorgänge zur Messung der Aktiviertheit bei der Betrachtung von Werbemitteln werden entsprechend aufgezeichnet und im Hinblick auf die Reizdarbietung ausgewertet (*Kroeber-Riel/Weinberg/Gröppel-Klein* 2009, S. 64 ff.).

Die Aufmerksamkeitswirkung als Konstrukt kognitiv-orientierter Zielgrößen kann in der Realität nur dann valide gemessen werden, wenn dies in einer biotischen oder quasi-biotischen Versuchssituation erfolgt. Es ist demnach notwendig, dass die Testperson nicht weiß, dass es sich um einen Werbemitteltest handelt. Ein geeignetes Verfahren ist die **getarnte Verhaltensbeobachtung**. Hier wird die Versuchsperson, z. B. im Rahmen von Anzeigentests („Compagnon-Verfahren"), mit dem Hinweis, dass der Befragungsraum noch nicht frei ist, in ein wohnlich eingerichtetes Zimmer gebeten. In diesem Zimmer befindet sich ein Spiegeltisch, auf dem die neueste Ausgabe einer Zeitschrift liegt, in der die zu testenden Anzeigen wirklichkeitsgetreu eingebaut sind (*Weis/Steinmetz* 2008, S. 138 ff.; *Schweiger/Schrattenecker* 2009, S. 341 ff.). In einer Stehlampe neben diesem Tisch ist eine Videokamera verdeckt angebracht, die sowohl die betrachtete Zeitschrift als auch das Gesicht der Testperson, das sich in der Tischplatte spiegelt, unbemerkt filmt. Als Versuchspersonen kommen nur **regelmäßige Leser** der Zeitschrift in Frage, da ansonsten zum einen der Zielgruppenbezug in Frage gestellt und zum anderen die Wahrscheinlichkeit sehr hoch ist, dass der Proband die Zeitung überhaupt nicht durchblättert. Die Auswertung des Videobandes zeigt, wie viele Versuchspersonen die Testanzeigen überhaupt gesehen haben und wie lange diese betrachtet wurden. Im Rahmen einer anschließenden Befragung kann dann die Erinnerung an bestimmte Testanzeigen überprüft und mit den Beobachtungswerten in Beziehung gesetzt werden, um Hinweise auf die Formierung beziehungsweise Stabilisierung kognitiver Wirkungen zu erhalten.

Die **Fernsehverhaltensbeobachtung** mit einer Videokamera erfolgt ähnlich wie das Compagnon-Verfahren. Hier wird überprüft, auf welche Art und Weise die Testpersonen auf TV-Spots im Fernsehen reagieren, ob sie z. B. vertieft zusehen, sich langweilen oder Paralleltätigkeiten durchführen.

Eine weitere Verfahrensweise zur Messung der erzielten Aufmerksamkeitswirkung ist die **Blickaufzeichnung**. Da die normale Betrachtungszeit eines Werbemittels im Allgemeinen bei weitem nicht ausreicht, um dessen gesamtes Informationsspektrum zu erfassen, ist es für Werbetreibende von besonderem Interesse, welche Informationen gesehen und welche verarbeitet werden. Dabei ist es zunächst erforderlich, Möglichkeiten der menschlichen Betrachtung von Werbemitteln offen zu legen. Nach verhaltenswissenschaftlichen Erkenntnissen kann das Betrachten in Form von Fixationen und Saccaden erfolgen. Während einer **Fixation** verweilt das Auge auf einem Element des betrachteten Gegenstandes (z. B. einer Plakatwerbung), wobei der fixierte Ausschnitt scharf wahrgenommen wird. Sprünge von einem zum anderen Element des betrachteten Gegenstands hingegen werden als **Saccaden** bezeichnet. Infolge der hohen Geschwindigkeit dieser Sprünge ist das menschliche Gedächtnis nicht in der Lage, Informationen aufzunehmen. Den Fixationen kommt somit für den Werbeerfolg entscheidende Bedeutung zu, da es von der **Anzahl der Fixationen** abhängt, wie gut das betreffende Elemente erinnert wird (*Weis/Steinmetz* 2008, S. 138 ff.; *Kroeber-Riel/Weinberg/Gröppel-Klein* 2009, S. 315 ff.; *Schweiger/Schrattenecker* 2009, S. 343).

Die eigentliche Blickregistrierung erfolgt auf fotoelektrischer Basis mittels des Einsatzes einer so genannten **„Lesebrille"**, die im Regelfall über ein Glasfiberkabel mit einer Kamera verbunden ist (vgl. vertiefend *Bernhard* 1983; *Leven* 1986, 1988; *v. Keitz* 1986; *Mayerhofer* 1990; *v. Keitz-Krewel* 1995). Die Kamera „schaut" gemeinsam mit der Versuchsperson durch die Brille und filmt dabei ihr Blickfeld, also in diesem Falle das Werbemittel. Auf die Hornhaut wird gleichzeitig ein Lichtstrahl gerichtet, der von dieser reflektiert und über einen durchlässigen Spiegel in die Optik eingespiegelt wird. Bewegungen des Auges werden durch die Richtungsänderung des Lichtstrahls dokumentiert, so dass es möglich ist, Aussagen darüber zu treffen, welche Elemente des betreffenden Werbemittels wie oft und in welcher Reihenfolge betrachtet wurden.

Anwendung findet das Verfahren im kommerziellen Bereich vor allem durch das *Institut für Kommunikationsforschung, von Keitz GmbH*, in Saarbrücken und Köln, im Hochschulbereich sind es insbesondere die Universitäten Wien und Saarbrücken, die sich intensiv mit Fragen der Blickregistrierung beschäftigen. Bei einer Gegenüberstellung von Compagnon-Verfahren und Blickregistrierung hinsichtlich der Wahrnehmung von Elementen eines Werbemittels ist festzuhalten, dass beide Verfahren im Wesentlichen zu denselben Ergebnissen führen, auch wenn die Blickregistrierung leichte Vorteile in Bezug auf die genaue Zuordnung des Blickes auf einzelne Werbemittelelemente aufweist (*Schnötzinger* 1987).

Aktivierung lässt sich zudem über die **motorischen Funktionen** eines Menschen beobachten. Dabei werden Testpersonen mittels einer versteckten Videokamera, z. B. beim Betrachten von Anzeigen oder TV-Spots im Fernsehen, in ihrer Mimik, Gestik und Körperhaltung aufgezeichnet. Vor allem ist die Gesichtssprache dazu geeignet, Emotionen einer Person, wie z. B. Traurigkeit, Frohsinn, Überraschung, Angst, Betroffenheit, widerzuspiegeln (*Berekoven/Eckert/Ellenrieder* 2009, S. 173 f.; *Kroeber-Riel/Weinberg/Gröppel-Klein* 2009, S. 563 f.).

Das **Tachistoskop** ist ein Diaprojektor mit angeschlossenem Steuergerät, durch das eine Verkürzung der Belichtungszeit zu untersuchender Werbemittel auf 0,0001 Sekunden möglich ist (*Schweiger/Schrattenecker* 2009, S. 349). Auf diese Art und Weise kann die **Aktualgenese**, also das allmähliche Entstehen von Wahrnehmungen, simuliert werden. Durch die abrupte Unterbrechung des Wahrnehmungsprozesses kurz nach dessen Beginn ist das Tachistoskop in besonderem Maße geeignet, die für Werbemittel flüchtige und selektive Wahrnehmung im Labor nachzustellen. Nach einer kurzen tachistoskopischen Darbietung des Werbemittels erfolgt eine Befragung, wobei von der Tiefenpsychologie entwickelte Techniken herangezogen werden, um die ersten Ergebnisse des Identifizierungsprozesses (Anmutungen) der Versuchsperson zu überprüfen. Durch den Einsatz eines Tachistoskops im Rahmen der Erfolgskontrolle können somit Rückschlüsse auf die Prägnanz beziehungsweise eine gute Figur-Grund-Differenzierung gezogen werden, wenn Elemente (z. B. Markennamen, Firmenzeichen, Teile der verbalen oder visuellen Botschaft) schon bei kurzen Darbietungszeiten richtig erkannt werden. Die Darbietungszeit bei gut gelernten Zeichen, wie z. B. der *Mercedes*-Stern, aber auch bei erlernten Schriftzügen, wie z. B. *Coca-Cola*, beträgt lediglich Millisekunden.

Gängige Befragungsmethoden zur Erhebung von Wiedererkennungs- beziehungsweise Erinnerungswerten stellen die so genannten Recognition-Tests (Erfassung von Wiedererkennungswerten durch Vorlage der Werbemittel) und Recall-Tests (Erfassung der ungestützten Erinnerung).

Beim **Recognition-Test** geht es um die **Wiedererkennung des Werbemittels** als Wirkungskriterium. So kann im Rahmen eines Recognition-Tests beispielsweise derart vorgegangen werden, dass die Interviewer mit in der Regel 150 bis 200 für eine Zeitschrift repräsentativ ausgesuchten Lesern die jeweils letzte Ausgabe dieser Zeitschrift seitenweise durchgehen (*Rehorn* 1988, S. 216; *Nieschlag/Dichtl/Hörschgen* 2002, S. 1111 f.; *Berekoven/Eckert/Ellenrieder* 2009, S. 178). Ein bedeutender Test der Wiedererkennung ist der *Starch*-Test, bei dem hinsichtlich der zu prüfenden Anzeigen gefragt wird, ob die Anzeige gesehen worden sei und im Falle einer Bestätigung, welche Anzeigenelemente wahrgenommen wurden. Dabei werden folgende **Maßgrößen** für die erzielte Werbewirkung eingesetzt (*Erichson/Maretzki* 1993, S. 548; *Nieschlag/Dichtl/Hörschgen* 2002, S. 1111):

- „Noted" (Anzeige gesehen) = Der Proband gibt an, die Anzeige bereits einmal gesehen zu haben.
- „Seen/Associated" (Anzeige global betrachtet) = Der Proband behauptet, die Anzeige gesehen und Teile davon gelesen zu haben sowie sich an den Namen des beworbenen Objektes zu erinnern.
- „Read most" (Anzeige gelesen) = Der Proband bestätigt, mehr als die Hälfte gelesen zu haben.

Da es bei dem *Starch*-Test zu erheblichen Fehlern kommen kann – sei es, dass die Probanden ihr „gutes Gedächtnis" unter Beweis stellen wollen oder dass sie sich schlicht irren – ist es notwendig, Kontrollmechanismen in das Verfahren einzubauen. Dies geschieht im Regelfall in Form der Einstreuung von Werbemitteln, die gesehen werden konnten. Aus den Antworten lässt sich ableiten, welche Probanden zuverlässig beziehungsweise unzuverlässig sind (*Schweiger/Schrattenecker* 2009, S. 358).

Bei einer kritischen Würdigung von Recognition-Tests ist zunächst die **Zuverlässigkeit dieser Kontrollmethode** positiv hervorzuheben. Ihre Genauigkeit in der Messung drückt sich zum einen darin aus, dass sie bei Testwiederholungen oft zu annähernd gleichen Ergebnissen führt (Retest-Reliabilität), auch wenn die Wirkung von Werbemitteln in unterschiedlichen Medien derselben Mediagruppe (z. B. aktuelle Illustrierte) untersucht wird (Parallel-Reliabilität). Zum anderen ist das Nennungsniveau bei der Durchführung von Recognition-Tests höher als beim Recall-Test, so dass die relative Schwankungsbreite der Ergebnisse im Regelfall deutlich geringer ausfällt. Darüber hinaus ist die Durchführung von Recognition-Tests verhältnismäßig preiswert, insbesondere wenn sie – wie allgemein üblich – als Standardtests konzipiert sind.

Neben diesen positiven Aspekten kann allerdings auch auf eine Vielzahl berechtigter Bedenken verwiesen werden (vgl. vertiefend *Rehorn* 1988, S. 217 ff.). An dieser Stelle werden nur die wichtigsten Einwände gegen das Recognition-Verfahren angeführt. Ein erster großer Nachteil ist in der mangelnden **Validität** des Verfahrens zu sehen. So ist beispielsweise bei Leserschaftsuntersuchungen festgestellt worden, dass bis zu 50 Prozent der Befragten bei Vorlage des Titelblatts einer Zeitschrift behaupteten, diese Zeitschrift gelesen zu haben, obwohl dies nicht der Fall war. Darüber hinaus werden die Tests mit Leserschaften durchgeführt und weisen somit in vielen Fällen nur eine geringe **Zielgruppengenauigkeit** auf. Außerdem werden **Ausstrahlungseffekte** auf die zu messenden Wiedererkennungswirkungen durch Mehrfachbelegungen in einem oder in mehreren Medien nicht berücksichtigt, so dass die zu operationalisierende Leistungsfähigkeit des eingeschalteten Werbemittels nur verzerrt wiedergegeben werden kann.

Im Gegensatz zum Recognition-Verfahren basiert der **Recall-Test** nicht auf der Wiedererkennung, sondern auf der **Erinnerung**. Unter Verifizierung des Werbeträgerkontaktes (z.B. mit einer Zeitschrift) wird die freie Erinnerung der Versuchsperson an das Werbemittel als Wirkungskriterium herangezogen. Dabei kann zwischen Verfahren unterschieden werden, die die ungestützte Erinnerung (Unaided Recall) in den Vordergrund stellen und solchen, die auf Basis der gestützten Erinnerung (Aided Recall) arbeiten. Beim **Unaided Recall** wird die Erinnerung an das Werbemittel ohne Vorgabe des Namens zu überprüfender Werbeobjekte (z.B. Haarshampoo) getestet, während beim **Aided Recall** der Name der zu überprüfenden Werbeobjekte den Versuchspersonen vorgegeben wird.

Eine kritische Würdigung von **Recall-Tests** zeigt, dass Recall-Tests ohne jegliche Erinnerungshilfe und Stützung die für ein Werbemittel „härtesten" und damit realistischsten Werte im Hinblick auf erzielbare beziehungsweise erzielte Werbewirkungen liefern. Sie korrelieren mit der Zeitspanne zwischen Anzeigenkontakt und Befragung. Dabei sinken die Recall-Werte mit zunehmender Distanz zwischen beiden (*Rehorn* 1988, S. 222), so dass die Recall-Methode mit den üblichen Lern- und Vergessenskurven in Einklang steht und im Hinblick auf die Erinnerungswirkung validere Werte liefert als die Recognition-Methode. Schließlich ist auf das empirisch bewährte Untersuchungsdesign sowie auf die breite Datenbasis bereits durchgeführter Recall-Tests zu verweisen. So existiert die deutsche Variante des Recall-Tests, der *Emnid*-Impact-Test (vgl. *Köppler* 1974, S. 43 sowie vertiefend *Huth/Pflaum* 2005, S. 364 f.) seit dem Jahr 1954, mit dem im Laufe der Jahre eine Vielzahl von Anzeigen getestet wurden. Des Weiteren ist die **DAR-Methode (Day After Recall)** zu nennen (*Kroeber-Riel/Weinberg* 2003, S. 353 f.). Dabei werden Probanden erst 24 Stunden nach einem gesendeten Werbemittel – beispielsweise einem TV-Spot – befragt. Diese Methode ist aussagekräftiger für eine Erinnerungsleistung bei den Konsumenten (vgl. zu verschiedenen Verfahrensweisen im Rahmen von Recall- und Recognition-Tests *Rehorn* 1988, S. 215 ff.).

Als Nachteile von Recall-Tests lassen sich weitgehend dieselben Argumente wie beim Recognitiontest anführen. Auch hier besteht eine mehr oder weniger große Diskrepanz zwischen den erzielten Wirkungen bei der Leserschaft und der Zielgruppe sowie Ausstrahlungseffekte durch Mehrfachbelegungen im betreffenden Medium sowie auch in anderen Medien. Weiterhin existieren auch bei Recall-Tests Validitätsprobleme, die vorrangig dadurch entstehen, dass auch hier die erzielten Messwerte nicht frei von Einflüssen anderer Faktoren, wie z.B. Erfahrungen oder Einstellungen in Bezug auf das beworbene Produkt usw., sind.

Die Tauglichkeit von Kenntnissen als Erfolgsgröße der Werbewirkungskontrolle lässt sich daraus ableiten, dass **Kenntnisse** als Konstrukt des menschlichen Langzeitgedächtnisses zweifellos in hohem Maße werbebedingt sind. Aus Sicht der Werbeerfolgskontrolle ist es notwendig, dieses Konstrukt weiter aufzuschlüsseln, um den Werbeerfolg in differenzierter Art und Weise nachweisen zu können. Ohne das komplette Spektrum möglicher **Kenntnissegmente und kognitiver Größen** abdecken zu wollen, erscheinen folgende vier Segmente für die Erfolgskontrolle bedeutsam (in Anlehnung an *Steffenhagen* 2000, S. 74 ff.):

(1) Ereigniskenntnisse,
(2) Werbekenntnisse,
(3) Namenskenntnisse,
(4) Eigenschaftskenntnisse.

(1) **Ereigniskenntnisse** liegen bei einer Person vor, wenn sie bei einem internen oder externen Reiz, der sich auf eine abgegrenzte Ereigniskategorie bezieht, an ein spezielles Ereignis denkt (*Steffenhagen* 2000, S. 90). Je nach Art der Erinnerungsstützung ist stets zwischen **aktiven** (spontanen) und **passiven** Ereigniskenntnissen zu unterscheiden, wobei diese Unterscheidung bei allen nachfolgenden Kenntnissegmenten zu treffen ist, jedoch nicht immer wieder explizit angesprochen wird. Aktive Kenntnisse bezüglich vergangener oder zukünftiger Ereignisse sind solche, die sich die betreffende Person in irgendeinem Kontext spontan ins Gedächtnis ruft.

> **Beispiel: Ereigniskenntnisse**
> 31. Dezember? Das ist doch der Wüstenrot-Tag; oder: Der Wüstenrot-Tag? Der ist doch am 31. Dezember?

Passive Kenntnisse bezüglich eines Ereignisses liegen vor, wenn sich die Versuchsperson erst durch den Einsatz bestimmter Hilfestellungen an das Ereignis erinnert. Dabei können sich solche Hilfestellungen im Einsatz von Fotos, Briefen oder sonstigen Hinweisen auf das betreffende Ereignis äußern.

(2) Ein weiteres als werbezielrelevant einzustufendes Kenntnissegment stellen **Werbekenntnisse** dar. Sie liegen bei einer Versuchsperson vor, wenn die Person in Verbindung mit einer Produkt- oder Dienstleistungsart, einem Namen, einem Medium oder bestimmter Werbedetails an ein spezielles Werbemittel denkt.

> **Beispiel: Werbekenntnisse**
> Eine Versuchsperson denkt bei dem Hinweis auf den Slogan „Nichts ist unmöglich" sofort (aktiv) an den TV-Spot der Marke *Toyota*.

(3) Weit bedeutsamer als Ereignis- und Werbekenntnisse ist die Kenntnis von Bezeichnungen, Namen, Slogans und Symbolen (z. B. bestimmte Markenzeichen) bei den Adressaten, die hier dem Begriff der **Namenskenntnisse** zugeordnet werden. Sie liegen bei einer Person vor, wenn sie bei einem internen oder externen Reiz, der sich auf eine abgegrenzte Objektmenge bezieht, an den Namen eines speziellen Objektes aus der Objektmenge denkt (*Steffenhagen* 2000, S. 80). In diesem Zusammenhang haben vor allem die Bekanntheit von Marken (im amerikanischen: „Brand Awareness"), Einkaufsstätten, Firmen oder anderer Organisationen als Wirkungskriterien besondere Bedeutung erlangt. Dies ist vor allem dadurch zu erklären, dass obige Wirkungsgrößen in hohem Maße sensibel auf den Werbeeinsatz reagieren und daher immer häufiger auch werbliche Zielinhalte darstellen.

> **Beispiel: Namenskenntnisse**
> Eine Versuchsperson wird danach gefragt, woran sie in Verbindung mit dem Getränkemarkt denkt. Sie antwortet spontan: „*Coca-Cola*". Bei dieser Person liegen demnach aktive Namenskenntnisse im Hinblick auf die Marke *Coca-Cola* vor.

> **Beispiel: Werbekenntnisse**
> Auto-motor-und-sport.de und die Deutsche Automobil Treuhand (DAT) führten eine Online-Umfrage mit 3.174 Personen durch. Das Ziel war es, die Bekanntheit und korrekte Zuordnung von Automarken-Claims zu messen. Schaubild III-B-89 zeigt die Claims mit dem höchsten Bekanntheitsgrad.

Gemessen an der Fähigkeit der Befragten, Slogans dem entsprechenden Unternehmen und Marken richtig zuzuordnen, wurden die folgenden Claims am häufigsten zugeordnet (*o.V.* 2009e):

- „Vorsprung durch Technik" *Audi* (91 Prozent)
- „Freude am Fahren" *BMW* (89 Prozent)
- „Nichts ist unmöglich" *Toyota* (85 Prozent)
- „Zoom-Zoom" *Mazda „"* (82 Prozent)

(4) Während es bei Namenskenntnissen um Bestandsgrößen innerhalb des so genannten „Identifikationsspeichers" des Langzeitgedächtnisses geht, liegt bei **Eigenschaftskenntnissen** bezüglich eines bestimmten Objektes eine assoziative Koppelung zwischen einem Namen als „kognitivem Anker" und Speicherstellen im so genannten „Eigenschaftsraum" des Langzeitgedächtnisses vor (*Behrens* 1976, S. 57 ff.). Ordnet jemand einer Person oder einem Gegenstand, z. B. einem Werbemittel, spezielle Eigenschaften zu, wird auch von **Attributionen** gesprochen.

Beispiele: Eigenschaftskenntnisse
- Eine Versuchsperson denkt bei einem Hinweis auf den TV-Spot der Marke *Exquisa* an einen melodischen Jingle.

Rang	Unternehmen	Claim	Bekanntheitsgrad (in %)
1	Audi	Vorsprung durch Technik	91
2	BMW	Freude am Fahren	89
3	Toyota	Nichts ist unmöglich	85
4	Mazda	Zoom-Zoom	82
5	Seat	auto emoción	70
6	Volkswagen	Das Auto	66
7	Ford	Feel the difference	39
8	Citroën	Créative Technologie	39
9	Opel	Entdecke (Name des Herstellers)	39
10	Honda	The Power of Dreams	34
11	Skoda	Simply Clever	22
12	Nissan	Shift the way you move	19
13	Kia	The Power to Surprise	16
14	Volvo	for life	16
15	Hyundai	Drive your way	11
16	Suzuki	Way of Life!	6

Schaubild III-B-89: Spontane Bekanntheit von Markenslogans aus dem Bereich Automobil (o.V. 2009e)

- Eine Versuchsperson weiß, dass in Werbemitteln der Zigarettenmarke *Camel* immer Kamele enthalten sind.
- Eine Versuchsperson weiß um die Verwendung einer lila Kuh in Werbemitteln der Marke *Milka*.

Anstelle des Begriffes „Eigenschaftskenntnisse von Objekten" wird in der Literatur etwas präziser von **Eindrucksmerkmalen und -ausprägungen** in Verbindung mit Objekten gesprochen (*Trommsdorff* 1975, S. 56). Die Art einer Eigenschaft (z. B. im TV-Spot der Marke *Toyota* sind Tiere enthalten) heißt dabei Eindrucksmerkmal, während das Ausmaß der vorhandenen Eigenschaft (z. B. im TV-Spot der Marke *Toyota* sind überwiegend Tiere enthalten) als Eindrucksausprägung bezeichnet wird.

9.3.2.2 Methoden der Kontrolle affektiv-orientierter Erfolgsgrößen

Zur Beobachtung affektiv-orientierter Zielgrößen, wie beispielsweise dem emotionalen Erleben können prinzipiell die gleichen apparativen Messmethoden angewendet werden wie bei kognitiven Zielgrößen zur Ermittlung von Aufmerksamkeitsreaktionen. Die folgenden Ausführungen konzentrieren sich dennoch auf Methoden der Befragung, die der Erfassung von Interessen, Einstellungen und inneren Bildern dienen.

Zentrale Bedeutung im Rahmen der affektiven Wirkungsforschung kommt der Messung des **Interesses** zu, das durch eine Werbemaßnahme erzeugt werden konnte. Der Begriff „Interessen" umfasst Elemente, wie z. B. „Bestrebungen", „Wünsche", „Anforderungen" und „Bedürfnisse" des Menschen. Interessen können sich im zugrunde liegenden Kontext auf **Eigenschaften** an einem Objekt (z. B. die Schnelligkeit eines Autos oder die Süße eines Getränkes) oder auf das **Objekt** (z. B. ein Produkt oder eine Dienstleistung) als solches beziehen. Im ersten Fall wird von eigenschaftsgerichtetem, im zweiten Fall von gegenstandsgerichtetem Interesse gesprochen, deren Veränderung durch den Einsatz von Werbemitteln zu überprüfen sind. Dazu ist es zunächst unabdingbar, beide **Begriffe** definitorisch zu erfassen (*Steffenhagen* 2000, S. 91 f.).

> **Eigenschaftsgerichtetes Interesse** einer Person ist die subjektive Wichtigkeit beziehungsweise Wertung, die diese Person der betreffenden Eigenschaft an einem betrachteten Objekt beimisst, während das **gegenstandsgerichtete Interesse** einer Person die subjektive Wichtigkeit beziehungsweise Wertung des betreffenden Gegenstandes (z. B. Produkt, Dienstleistung oder Unternehmen) für diese Person darstellt.

Im Rahmen von **eigenschaftsgerichteten Interessen** einer Person geht es somit nicht nur um die Zuordnung von Eigenschaften zu einem Gegenstand, sondern vor allem auch um die Berücksichtigung des relativen Stellenwertes, den die betreffende Eigenschaft im Eigenschaftsraum der Person einnimmt. Derartige Überlegungen spielen schon lange in der multiattributiven Einstellungsforschung eine zentrale Rolle, in deren Rahmen die (relative) Wichtigkeit von Eigenschaften durch Bedeutungsgewichte, motivationale Komponenten oder evaluative Aspekte erfasst werden (vgl. vertiefend *Trommsdorff* 1975; *Freter* 1979).

Die Wichtigkeit der **Messung von eigenschaftsgerichteten Interessen** bei Personen einer Zielgruppe kommt dadurch zum Ausdruck, dass es das Anliegen vieler Werbekampagnen ist, die Relevanz bestimmter Eigenschaften herauszustellen.

Beispiele: Herausstellung der Relevanz bestimmter Eigenschaften
- „Für die Extra-Portion Milch" (*Kinderschokolade*);
- „Ein fantastisches Erlebnis" (*Herbal Essences*),
- „Das Gold der Grünen Insel" (*Kerrygold*),
- „Die Wohlfühlwindeln" (*Fixies*),
- „Quelle der Beruhigung " (*Avène*) u. a. m.

Beim **gegenstandsgerichteten Interesse** einer Person geht es um den Wunsch dieser Person, sich gedanklich häufiger und intensiver mit dem Gegenstand (z. B. einem Produkt oder einer Dienstleistung) als mit anderen Faktoren ihrer sozialen Umwelt zu beschäftigen. Denkmuster wie „etwas unbedingt sehen zu wollen" (z. B. ein berühmtes Bauwerk), „etwas unbedingt in Erfahrung bringen zu wollen" (Informationswunsch: z. B. welche Produkte sind in einer bestimmten Produktklasse in der letzten Zeit neu eingeführt worden?) oder „etwas unbedingt besitzen zu wollen" (Besitzwunsch: „Dieses Produkt muss ich haben") sind Ausdrucksformen eines gegenstandsgerichteten Interesses dieser Person.

Die Wichtigkeit der **Messung gegenstandsgerichteter Interessen** spiegelt sich in den werblichen Zielsetzungen vieler Unternehmen wider, Besitzwünsche zu etablieren oder Kaufinteressen zu wecken. Im Rahmen der institutionellen Mediawerbung lässt sich die Notwendigkeit der Messung gegenstandsgerichteter Interessen daran aufzeigen, dass es vielfach Zielsetzung nicht-kommerzieller Institutionen ist, bestimmte Sachverhalte zu thematisieren (z. B. „Rettet den Regenwald") oder die Öffentlichkeit in dieser Hinsicht zu sensibilisieren.

Zur **Messung von Interessen** existieren keine allgemein verbreiteten Messmethoden. Es bieten sich aber unterschiedliche allgemeine Befragungsmethoden an, beispielsweise Rating-Skalen und Rangordnungsverfahren oder auch komplexe Verfahren wie das Conjoint-Measurement und die Magnitude-Skalierung (weitere typische Messverfahren im Rahmen eigenschaftsgerichteter und gegenstandsgerichteter Interessen vgl. vertiefend *Andritzky* 1976; *Heemeyer* 1981, S. 184 ff.; *Steffenhagen* 2000, S. 91 ff.; zur Magnitude Skalierung auch *Grunert* 1983; zum Conjoint Measurement z. B. *Backhaus et al.* 2008, S. 496 ff.). Unterschiede der verschiedenen Verfahren der Reaktionsmessung bestehen lediglich in der Art der jeweiligen Frage- beziehungsweise Aufgabenstellungen für den Befragten.

Neben den diskutierten Konstrukten „Kenntnisse" und „Interessen" stellen **Einstellungen** bezüglich eines Gegenstandes ein weiteres Konstrukt dar, dessen Beeinflussung oftmals eine vorrangige Zielsetzung von werbetreibenden Unternehmen bildet und damit im Rahmen einer Erfolgskontrolle zu operationalisieren ist. Bevor jedoch auf eine Messung von Einstellungen eingegangen wird, ist zunächst eine **begriffliche Definition** vorzunehmen (*Steffenhagen* 2000, S. 95 ff.):

> Die **Einstellung** einer Person zu einem Gegenstand ist die wertende Einschätzung dieses Gegenstandes durch diese Person, wobei diese Einschätzung gefühlsbetonter (emotionaler) oder verstandesbetonter (kognitiver) Natur sein kann.

Die gefühlsmäßigen Beiträge einer Einstellung entstammen der **emotionalen Disposition** gegenüber dem Gegenstand, während sich die **kognitive Disposition** aus einer Vielzahl erworbener Eindruckswerte im Sinne gespeicherter Eigenschaftskenntnisse und -interessen ergibt (vgl. vertiefend *Steffenhagen* 2000, S. 96 ff.). Die emotionale Disposition zu einem Gegenstand kann sich beispielsweise in folgenden sprachlichen Mustern äußern:

- „Diesen TV-Spot mag ich",
- „Das Online-Banner fand ich ansprechend",
- „Diese Anzeige gefällt mir",
- „Das auf dem Plakat abgebildete Produkt empfinde ich als angenehm".

Die emotionale Disposition im Rahmen einer Einstellung ist somit eine pauschale (eindimensionale) Einschätzung des betreffenden Gegenstandes. Dagegen setzt sich die kognitive Disposition einer Einstellung aus einer Vielzahl erworbener Einzeleindrücke zusammen. Diese Einzeleindrücke bestimmen in Verbindung mit eigenschaftsgerichteten Interessen die

„verstandesbetonte Begründung" einer wertenden Einschätzung. Aufgrund der wertenden Einschätzungen auch im kognitiven Bereich sind Einstellungen primär den affektiven Erfolgsgrößen zuzuordnen.

In enger Verbindung mit dem Einstellungsbegriff wird der Begriff **Image** verwendet. In übertragenem Sinne lässt sich mit Image das Bild umschreiben, das eine Person von einem Gegenstand hat (*Kroeber-Riel/Weinberg/Gröppel-Klein* 2009, S. 210). Dieses Image gibt die subjektiven Ansichten und Vorstellungen wieder, die eine Person beispielsweise von einem Unternehmen oder einer Marke hat. Zu diesen subjektiven Ansichten zählen sowohl das subjektive Wissen über den betreffenden Gegenstand als auch gefühlsmäßige Wertungen. Dem Imagebegriff werden demnach in etwa die gleichen Eigenschaften wie Einstellungen zugesprochen, so dass im Folgenden durchgängig von Einstellungen und dementsprechend Einstellungsmessungen gesprochen wird (so auch bei *Hammann/Erichson* 2000, S. 336; *Böhler* 2004, S. 116; *Kroeber-Riel/Weinberg/Gröppel-Klein* 2009, S. 210).

Die Messung einer Einstellung kann **eindimensional** oder **mehrdimensional** erfolgen. In älteren Ansätzen herrscht die eindimensionale Betrachtung vor, bei der lediglich auf die affektive Komponente einer Einstellung abgestellt wird. Mehrdimensionale Messansätze operationalisieren eine Einstellung indessen als Indexwert aus dem Zusammenwirken von affektiver und kognitiver Einstellungen (*Böhler* 2004, S. 116 sowie vertiefend die dort angegebene Literatur).

Eindimensionale Messverfahren sind relativ einfach in ihrem Aufbau. Die Befragten haben hierbei lediglich auf eine Batterie von Statements zu antworten, die sich in der Regel auf die affektive Komponente einer Einstellung beziehen. Eine verstandesbetonte Auseinandersetzung mit dem Gegenstand findet bei diesen Messungen nicht statt, so dass *Böhler* (2004, S. 118) schreibt, hinter diesen Modellen stehe das Persönlichkeitsbild „eines mit starken Vorurteilen und globalen Wertpräferenzen behafteten Menschen".

Ein aufgrund seiner einfachen Handhabung in der Praxis weit verbreitetes Modell der eindimensionalen Einstellungsmessung ist das *Likert*-**Verfahren** (*Trommsdorff* 2009, S. 169). Für dieses Verfahren werden 20 bis 50 Items gesammelt, die etwa je zur Hälfte positive und negative Aussagen über den Untersuchungsgegenstand beinhalten. Jedes Item wird mit einer fünfstufigen Ratingskala, die in „starke Ablehnung" (– 2) bis „starke Zustimmung" (+ 2) kategorisiert ist, versehen. Die Vorzeichen der Antwortwerte werden bei negativ formulierten Items umgekehrt und aufaddiert. Durch die Summation ist es das Ziel, aufgrund des Fehlerausgleichs (zentraler Grenzwertsatz) die Einflüsse anderer als der zu messenden (emotionalen) Disposition herauszufiltern. Um Items zu identifizieren, die in keiner beziehungsweise nur geringer Beziehung zur emotionalen Disposition stehen, werden sämtliche Korrelationen zwischen den Itemwerten und dem Summenwert berechnet.

Unter den **mehrdimensionalen Messverfahren** lassen sich komponierende und dekomponierende Verfahren unterscheiden (*Böhler* 2004, S. 175 ff.). Bei den **komponierenden** Verfahren fasst das Messmodell die Einzeleindrücke, z. B. von einem TV-Spot, zu einem Gesamteindruck zusammen. So können negative Bewertungen einzelner Eigenschaften durch positive Einschätzungen anderer Bewertungen aufgewogen werden und es werden alle einstellungsrelevanten Eigenschaftseindrücke und eigenschaftsgerichteten Interessen einer Person gemäß einer (hypothetischen) Algebra rechnerisch zusammengezogen, um auf diese Art und Weise einen Messwert für die kognitive Facette einer Einstellung zu gewinnen. **Dekomponierende** Verfahren gehen hingegen nicht von Einzeleindrücken aus, sondern von vergleichenden globalen Bewertungen von Einstellungsobjekten, wobei es vor allem auf statistische Einzelheiten der Datenanalyse ankommt. Aufgrund ihrer Komplexität wird an dieser Stelle auf eine genauere Darstellung dekomponierender Verfahren verzichtet (vgl. zur multimensionalen Skalierung (MDS) z. B. *Trommsdorff* 2009, S. 172 f.).

Die bekannteste Methode der komponierenden mehrdimensionalen Einstellungsmessung sind das **Semantische Differenzial** (SD) sowie die darauf zurückgehenden Modifikationen (zum Vorgehen sowie auch Kritik an diesem Modell vgl. z. B. *Böhler* 2004; *Kroeber-Riel/Weinberg/Gröppel-Klein* 2009, S. 243 ff.; *Trommsdorff* 2009, S. 170 ff.). Bei dem Semantischen Differenzial werden Gegensatzpaare gebildet, die die Pole einer Rating-Skala bilden (z. B. alt – jung, glücklich – traurig, sauer – süß). Der Befragte gibt nun an, inwieweit ein vorgegebenes Eigenschaftswort seine Assoziationen mit dem Untersuchungsgegenstand wiedergibt. Bei einer Verbindung der Mittelwerte der von den Befragten angekreuzten Skalenwerte, ergibt sich ein Vorstellungsprofil von dem Meinungsgegenstand. Auf dieser Grundlage kann z. B. beurteilt werden, ob durch einen TV-Spot die erwünschte Imageveränderung einer Marke erzielt werden konnte. Von der Auswahl der Eigenschaftswörter ist bei diesem Verfahren abhängig, ob die Einstellungsmessung ein- oder mehrdimensional erfolgt. Werden nur emotionale Eindrücke verwendet, so handelt es sich um eine eindimensionale Messung ähnlich dem *Likert*-Verfahren; werden hingegen auch sachliche Eigenschaften erfasst, so ist die Messung mehrdimensional (affektiv und kognitiv).

Bei einer **kritischen Würdigung** des Semantischen Differenzials ist insbesondere zu kritisieren, dass das klassische Modell (ursprünglich zur Messung von Wortbedeutungen entworfen) von semantischen Metaphern ausgeht, es in der Einstellungsforschung aber um die Messung konkreter Unternehmens-, Produkt- und Markeneigenschaften geht. Darüber hinaus liegt ein Problem in der Auswahl der für die Befragten einstellungsrelevanten Eigenschaften. Während dieses Problem sämtlichen mehrdimensionalen Messverfahren anhaftet, können weitere Defizite des Semantischen Differenzials, die in der Verwendung der zweipoligen Skala und der isolierten Betrachtung affektiver und kognitiver Statements zu sehen sind, mit den Einstellungsmodellen von *Fishbein* und *Trommsdorff* umgangen werden.

Sowohl beim **Fishbein-Modell** als auch beim **Imagedifferenzial** von *Trommsdorff* werden nach getrennter Erhebung affektiver und kognitiver Aussagen beide Komponenten integriert, und es wird auf diese Weise ein einziger Einstellungswert gewonnen. Bei dem *Trommsdorf*-Modell werden die Befragten dabei zusätzlich nach ihren Idealvorstellungen befragt, so dass Real-Ideal-Eindrucksdifferenzen gebildet werden können (vgl. zu Funktionsweisen sowie Stärken und Schwächen der Modelle *Ajzen/Fishbein* 1980; *Böhler* 2004, S. 122 ff.).

Neben den Problemen, die mit einzelnen Verfahren verbunden sind, gelten für sämtliche Verfahren der Einstellungsmessung die üblichen **Validitätsvorbehalte**, weil in der Befragungssituation der betreffende Langzeitgedächtnisinhalt nicht stringent in unverfälschter Form abgerufen wird.

Neben Interessen und Einstellungen kommt der Erzeugung **innerer Bilder** in der Mediawerbung besondere Bedeutung zu (*Kroeber-Riel* 1993, S. 21). Auf die Bedeutung von (inneren) Bilder wurde bereits in Abschnitt III-B-7.3.2 hingewiesen. Die Offenlegung der Wirkungen bildbetonter Kommunikation sowie die Erklärung des Verhaltens aufgrund der gespeicherten inneren Bilder der Konsumenten gewinnen im Rahmen der Erfolgskontrolle der Mediawerbung zunehmend an Bedeutung. Das bildhafte Fühlen und Denken rückt zunehmend in den Mittelpunkt der Forschung (*Kroeber-Riel/Weinberg/Gröppel-Klein* 2009, S. 30). Der Erlebnisgehalt von Gefühlen, wie Prestige, Abenteuer, Familienglück, Sicherheit usw. wird vor allem über das Vorhandensein innerer Bilder bestimmt, die sich der Konsument mit diesen Gefühlen ins Gedächtnis ruft. Dabei ist die gegenwärtige Forschung zur Wirkung der Bildkommunikation **interdisziplinär** ausgerichtet. Die wissenschaftlichen Beiträge entstammen aus der Verhaltensbiologie, insbesondere der Hemisphärentheorie, der Psychologie, insbesondere der Imagery-Forschung sowie aus der Zeichentheorie, insbesondere der Bildsemiotik. Eine besonders interessante sowie vielversprechende Forschungsrichtung ist die **Imagery-Forschung**, deren Gegenstand die visuelle Repräsentation von Reizen im Gedächtnis sowie deren Rolle für gedankliche Prozesse und ausgelöste Verhaltenswirkungen ist.

Beispiel: Imagery-Forschung
Wird eine Person gefragt, wie viele Eingänge das größte Einkaufszentrum in der Umgebung hat oder wo die Elektronikabteilung in diesem Einkaufszentrum sind, so stellt sie sich die äußere und innere Architektur des Einkaufszentrums vor. Die Person versucht demnach, die Antwort auf die Frage dadurch zu finden, indem sie die bildlichen Vorstellungen (innere Bilder) vor ihrem „inneren Auge" betrachtet.

Gedankliche Aufgaben werden also in vielen Fällen nicht durch das Abrufen abstrakten Wissens gelöst. Vielmehr werden oft innere Bilder (Memory Images) in das Gedächtnis gerufen, die dann so aufbereitet werden, als ob die betreffenden Gegenstände in der Wahrnehmung präsent sind.

Zu der Entstehung, Verarbeitung, Speicherung sowie den entsprechenden Verhaltenswirkungen innerer Bilder sind im Rahmen der Imagery-Forschung eine Vielzahl **empirischer Studien** durchgeführt worden – klassische Experimente zur Wirkung von Bildinformationen stammen von *Paivio* (1971). Als wichtigstes Ergebnis hat sich in sämtlichen Studien herausgestellt, dass Bilder besser behalten und erinnert werden als sprachliche Reize. Ein weiteres Ergebnis betrifft die gedankliche Verarbeitung bildbetonter Reize. Es hat sich gezeigt, dass Bilder ganzheitlich analog, nach einer räumlichen Logik verarbeitet werden, während textliche Reize sequenziell-analytisch gedanklich übersetzt werden (*Kroeber-Riel* 1993, S. 26). Dies ist vor allem für die Werbemittelgestaltung von hoher Bedeutung (vgl. Abschnitt III-B-7.1).

Beispiel: Gedankliche Verarbeitung bildbetonter Reize
In einer Anzeige wird ein sportlich-leger gekleidetes Mädchen neben einem Auto abgebildet. Die enge räumliche Beziehung zwischen Auto und Mädchen führt dazu, dass beide Gestaltungselemente als eine zusammengehörige Einheit aufgefasst werden. Das Mädchenbild ruft Assoziationen zum Auto hervor. Das Auto wirkt sportlicher und ansprechender, aber auch weniger sicher. Veränderungen im räumlichen Abstand rufen erhebliche Unterschiede in den ausgelösten Assoziationen und in den bildlichen Gedächtnisreaktionen im Hinblick auf das Auto hervor.

Neben diesen Unterschieden in der gedanklichen Speicherung und Verarbeitung von Bild und Sprache ist noch auf grundlegende Differenzen im Hinblick auf die **emotionalen Wirkungen** durch die entsprechenden Verschlüsselungen hinzuweisen, die allerdings im Rahmen der stark kognitiv-orientierten Imagery-Forschung weitgehend unberücksichtigt bleiben. Es ist allerdings davon auszugehen, dass innere Gedächtnisbilder häufig durch einen mehr oder weniger stark ausgeprägten emotionalen Inhalt gekennzeichnet sind, so dass in diesem Zusammenhang auch von **gespeicherten Emotionen** gesprochen wird (*Kroeber-Riel* 1986, S. 84). Das Wachrufen dieser gespeicherten Emotionen ist vielfach die Hauptsache für ein entsprechendes emotionales Verhalten, da emotionale Reize der Wirklichkeit in der menschlichen Vorstellungswelt durch innere Bilder direkter und wirksamer repräsentiert beziehungsweise simuliert werden können als durch verbale Vorstellungen.

Es ist zu erwarten, dass die Ansätze der Imagery-Forschung weiter vorangetrieben und in zunehmendem Maße von der Wirkungsforschung aufgegriffen werden. Sie verfügen über ein hohes Potenzial, professionelle Werbestrategien und -techniken stark zu beeinflussen. Die bildbetonte Mediawerbung gewinnt weiterhin an Bedeutung, wobei sich die zu gestaltenden Werbemittel immer mehr an gedächtnis-psychologischen Erfordernissen auszurichten haben, um den Werbeerfolg sicherzustellen.

Das **Neuromarketing** liefert überdies einen Beitrag zur Kontrolle affektiv-orientierter Erfolgsgrößen. Das Neuromarketing verbindet psychologische und neuropsychologische Erkenntnisse. Durch die Messung der Gehirnaktivität der Versuchsperson wird die Wirkung von Reizen im Gehirn lokalisiert. Dies erfolgt mit Hilfe funktionaler Magnetfeldresonanztomografien (Kernspin), die normalerweise in der Medizin verwendet werden (*Bruhn/Köhler* 2010). Neuromarketing ist eine junge Forschungsdisziplin, die bisher insbesondere zur Messung von Markenemotionen eingesetzt wird. So konnten *Esch et al.* (2008) nachweisen, dass hoch emotionale Marken, wie *Ferrari* und *BMW*, Gehirnregionen aktivieren, in denen positive Emotionen hervorgerufen werden. Bereiche, die für negative Emotionen stehen, werden hingegen bei unbekannten Marken aktiviert.

Eine weitere Möglichkeit der Kontrolle affektiv-orientierter Erfolgsgrößen ist die **Magnitudeskalierung**. Diese stellt ein non-verbales Verfahren dar, indem die Probanden die Stärke ihrer Zustimmung zu z. B. Werbeanzeigen, mittels der Größe (Magnitude) eines objektiven Reizes auszudrücken haben. Die Stärke des Reizes kann z. B. durch die Länge eines Strichs oder Helligkeit einer Lampe ausgedrückt werden. Der Vorteil des Verfahrens liegt darin, dass es für den Probanden nicht notwendig ist, zu äußern. Zudem ermöglicht die Magnitudeskalierung ein breites Kontinuum von Abstufungen (*Schweiger/Schrattenecker* 2009, S. 353 f.).

Schließlich stellt der **Programmanalysator** ein weiteres Verfahren der affektiven Effektivitätskontrolle dar. Der Programmanalysator ermöglicht es einer Testperson, ihre spontanen Reaktionen während des Betrachtens eines Werbespots entweder über zwei Druckstifte oder über einen stufenlosen Analoghebel zu zeigen. Der Vorteil dieses Verfahrens liegt in der ereignissimultanen Messung sowie in der Erfassung von Emotionen vor deren bewusster Rationalisierung (*Schweiger/Schrattenecker* 2009, S. 354 f.).

9.3.2.3 Methoden der Kontrolle konativ-orientierter Erfolgsgrößen

Bei der Erfolgskontrolle **konativ-orientierter Zielgrößen** ist der Nachweis des Zusammenhangs zwischen den Aktivitäten der Mediawerbung und dem Verhalten der Zielpersonen besonders schwer zu erbringen. Insbesondere stellt sich hierbei die Frage, ob Personen aufgrund der Ansprache durch die Mediawerbung oder aber andere Kommunikationsinstrumente, beispielsweise den Einsatz von Verkaufsförderungsaktionen, zu einem bestimmten Verhalten veranlasst wurde.

Verhaltens- und Handlungsabsichten von Zielpersonen stellen daher ein Konstrukt dar, das im Rahmen der Erfolgskontrolle der Mediawerbung als Erfolgsgröße zu operationalisieren ist. Im Rahmen der konativen Wirkungsmessung, d.h. Ermittlung von Verhaltensreaktionen der Zielgruppen auf die Werbeaktivitäten eines Unternehmens, können beispielsweise die folgenden Größen erhoben werden:

- Aktives Informationsverhalten der Konsumenten (z. B. Anforderung von Prospekten oder Aufforderung zur Händlerberatung, Abruf neuer Produktinformationen),
- Erhöhte Nachfrage nach Produkten und Dienstleistungen,
- Probierkäufe und Wiederholungskäufe,
- Beschwerdeverhalten und aktives, kritisches Feedback,
- Kundenbindung,
- Weiterempfehlung von Produkten und Leistungen,
- Anregung zur positiven Mund-zu-Mund-Propaganda,
- Förderung von Wiederkauf und Cross Selling u. a. m.

Selbst wenn positive Einstellungen bei einer Zielperson im Hinblick auf eine spezielle Verhaltensweise (z. B. Kauf eines Produkts) vorliegen, wird es den eingesetzten werblichen Aktivitäten nicht immer gelingen, bei dieser Person auch die erwünschten Verhaltensabsichten auszulösen. So können zu den gedanklich antizipierten Zeitpunkten und/oder Verhaltenssituationen mehrere als positiv eingestufte Verhaltensweisen miteinander in Konkurrenz stehen und/oder es existieren separate Interessen, die nicht in die Einstellungsbildung eingeflossen sind (*Steffenhagen* 1993, S. 298).

Zur Erfassung konativer Wirkungsgrößen kommen zum einen Beobachtungsverfahren in Frage, die das Verhalten der Zielpersonen erfassen, zum anderen lassen sich Befragungen einsetzen, die in erster Linie auf die Ermittlung von erinnertem Verhalten und Verhaltensabsichten ausgerichtet sind.

Beobachtungsmethoden haben in den letzten Jahren vor allem mit der Verbreitung von Scannertechnologien und der Entwicklung unterschiedlicher **Panelarten** einen großen Fortschritt erfahren. Panels erfassen das tatsächliche Kaufverhalten der Konsumenten in Reaktion auf Werbemaßnahmen.

Vergangenheitsdaten, die Rückschlüsse auf die konativ-orientierten Zielgrößen erlauben, sind kostengünstig aus dem so genannten *G&I*-Haushaltspanel zu gewinnen, das wichtige Angaben über das Konsumverhalten von Konsumenten erstellt. Gemeinsam mit *Infratest* bietet die *GfK* im so genannten „*G&I*-Panel" folgende Dienstleistungen an: Die befragten Personen beziehungsweise Haushalte berichten schriftlich über ihre Einkäufe. Dabei erfassen sie alle getätigten Einkäufe in so genannten „*G&I*-Einkaufsberichten", die wöchentlich ausgefüllt und an *G&I* Nürnberg geschickt werden. In anderer Form können die Haushalte in neuerer Zeit über das so genannte **„Inhome Scanning"** ihre Einkäufe mittels der Artikelnummer EAN in das „elektronisches Tagebuch" einlesen (*Weis/Steinmetz* 2008, S. 190 ff.; *Berekoven/Eckert/Ellenrieder* 2009, S. 126). Die Ergebnisse können dann vom jeweiligen Auftraggeber in standardisierter Form bezogen werden. Das werbetreibende Unternehmen hat damit die Möglichkeit, Veränderungen in den **Verhaltensreaktionen** der Zielpersonen als Konsequenzen bestimmter werblicher Maßnahmen offen zu legen. Im einzelnen können Hinweise über das Kauf- und Verwendungsverhalten, z. B. über die Art und die durchschnittliche Menge eingekaufter Produkte, die durchschnittlichen Ausgaben pro Käufer – bezogen auf eine Marke, Produktgruppe, einen Einkauf usw. – gewonnen werden.

Das **Fernsehpanel**, ein spezielles Haushaltspanel, ist ein weiteres Instrument zur Verhaltensmessung. Hierbei geht es nicht um die Messung von Kaufverhalten, sondern um das Fernsehverhalten von Konsumenten, vor allem in Form von **Einschaltquoten**. Dies ist besonders aufgrund des steigenden Wettbewerbs der Sendeanstalten um Zuschauer und die kostspieligen Fernsehproduktionen zu einer bedeutenden Messgröße geworden. Mittels apparativer Vorrichtungen am Fernseher werden die eingeschalteten Sendungen der Haushalte ermittelt. Dabei ist zu beachten, dass lediglich die Sehkontakte, nicht aber die Werbewirkungen, gemessen werden (*Berekoven/Eckert/Ellenrieder* 2009, S. 131 f.).

Mittels **Anzeigenpanels** kann eine systematische Analyse der Handelswerbung in regionalen Medien vorgenommen werden. Von der *GfK SE* werden hierzu neben 170 Tageszeitungen bei einer Haushaltsstichprobe auch Handzettel, Beilagen und Inserate erfasst.

Durch **Markttestmethoden** lassen sich konative Erfolgsgrößen wie die Kauffrequenz, Probekäufe oder Wiederkäufe feststellen. Eine Methode ist ein Testladen (beispielsweise einzelne Geschäfte, Filialen usw.). Eine Stichprobe der Zielgruppe wird eingeladen, sich einige TV-Spots anzusehen, unter anderem auch einen Spot des zu testenden Produktes. Danach werden die Testpersonen mit einem bestimmten Geldbetrag ausgestattet und aufgefordert in einem Testladen einkaufen. Dies ermöglicht als Reaktion auf das getestete Werbemittel die Feststellung, wie oft das Produkt oder ein Konkurrenzprodukt gekauft wurden. Durch eine räumliche Ausweitung zum so genannten Markttest kann die Einführung eines Produktes und die dafür geplanten Werbemaßnahmen unter Bedingungen getestet werden, die der Einführung auf breiter Basis sehr ähnlich sind. Eine Ermittlung des konkreten Umsatzerfolges der Mediawerbung erfolgt durch den Vergleich des Umsatzes in einem Testmarkt vor und nach der Konfrontation mit dem Werbemittel (unter Berücksichtigung einer Kontrollgruppe) (*Rogge* 2004, S. 344).

Bei der **Befragung nach erinnertem Verhalten** oder **Verhaltensabsichten** können wiederum gestützte oder ungestützte Recall- oder Recognition-Tests eingesetzt werden. Konsumenten werden dabei durch Marktforschungsinstitute dazu befragt, was sie zuletzt gekauft haben, ob sie ein bestimmtes Produkt überhaupt kaufen würden oder ob sie vorhaben, in nächster Zeit ein Produkt zu kaufen. Weiterhin kann die Verhaltensabsicht z. B. durch einfache Ratingskalen oder auch mit Hilfe komplexerer Verfahren gemessen werden.

Ein vor allem in den USA verbreitetes Verfahren zur Messung von Handlungsabsichten ist das **Konstantsummenverfahren**. Hier werden die Befragten gebeten, eine bestimmten Summe – im Regelfall sind es einhundert Punkte – z. B. auf die verfügbaren Marken zu verteilen (Kaufabsichtsmessung). Die für eine Marke aufgewendete Punktsumme hat die wahrscheinliche Absicht widerzuspiegeln, diese Marke in einer antizipierten Kaufsituation zu erwerben (vgl. vertiefend bezüglich weiterer Messmodelle *Ajzen/Fishbein* 1981, S. 265 ff.).

9.3.2.4 *Verfahren der Werbewirkungskontrolle in der Praxis*

In der Praxis werden zur Messung der Werbewirkung oftmals standardisierte Verfahren eingesetzt, die von Marktforschungsinstituten angeboten und von diesen für die Unternehmen durchgeführt werden. Zu den am häufigsten eingesetzten Methoden zählen dabei die dargestellten Methoden der freien Reproduktion (Unaided Recall), der unterstützten Reproduktion (Aided Recall) sowie der Wiedererkennung (Recognition). Schaubild III-B-90 zeigt einen Auszug der Ergebnisse einer Untersuchung an der *Wirtschaftsuniversität Wien* über den Einsatz standaridisierter Testverfahren in der Praxis (*Mayerhofer/Kanter/Rührer* 2003, S. 13).

Das **Werbemonitoring** oder **Werbetracking** kontrolliert die Leistung des ausgeübten Werbedrucks beziehungsweise des verausgabten Werbebudgets. Es gibt Auskunft über die Wirkung ganzer Werbekampagnen und des eingesetzten Mediamix für (Marken-)Artikel und nicht die Wirkung einzelner Werbemittel (*Berekoven/Eckert/Ellenrieder* 2009, S. 181). In Wellenerhebungen mit relativ kurzen zeitlichen Abständen werden die Erinnerungsleistungen von zielgruppenadäquaten Stichproben gemessen. Die Ergebnisse dieser Wellenbefragungen (Tracking-Studien) beziehen sich auf den Erfolg der eigenen Mediawerbung und die der Konkurrenz. Dabei werden gestützte und ungestützte Erinnerungen, Werbemittel, aber auch Detailerinnerungen, wie z. B. Inhalte, Slogans sowie Einstellungen, Bekanntheit, Image, Motivationsänderungen, Markenpräferenz und Kaufabsicht, bei den Probanden abgefragt. Der Werbetreibende hat dann die Möglichkeit, im Zeitablauf die Erinnerungswerte **(Share of Mind)** mit dem aufgewendeten Budget **(Share of Advertising)** zu vergleichen und somit Informationen über die Effizienz der Werbeaktivitäten zu erhalten. In der Praxis eingesetzte Tracking-Studien, die auch der kontinuierlichen Werbebeobachtung dienen, sind beispielsweise:

- *GfK*-Werbeindikator/ATS,
- *ICON* Tracking,
- *IVE*-Werbemonitor,
- *NIKO*-Werbeindex (in Zusammenarbeit mit EMNID),
- *Infratest*,
- TV-Monitoring u. a. m.

	Beschreibung/ Aufgabenstellung	Erhebungstatbestände/ Erhebung	Stichprobe	Ablauf	Kosten
Gallup Impact Test	• Posttest auf Basis der gestützten Erinnerungs-messung für Fernseh-spots • Durch den Einsatz des TV-Impact-Tests wird die Effizienz von Werbe-mitteln quantitativ messbar	• Haben Sie gestern ferngesehen? • Zu welchen Zeiten haben Sie fern-gesehen? • Weitere Befragungspunkte: Assoziationen und spontane Einfälle zum Spot, Sympathie mäßige Zuwen-dung zum Spot, Skalierung der Ge-fälligkeit, Prägnanz der einzelnen Bild- und Textelemente, Kontakthäufigkeit	• Männer und Frauen zwischen 14 und 70 Jahren • N=300 Apn • Zwischen 16 und18.30 Uhr um auch Berufstätige zu erreichen	• Befragung auf Wien beschränkt • 6 Stützpunkte, um eine möglichst breite Streuung zu erreichen (Testbusse) • Persönl. Interviews • Ca. 20 Minuten	Standard Impacttest: ATS 24.000,-
PIT-Plakat Impact Test	PIT testet alle nationalen und die wichtigsten regionalen Plakat-kampagnen eines Monats	• Bei der monatlichen Erhebung werden 150 Interviewer eingesetzt • Als Vorlagematerial werden 9x13 cm Farbfotos eingesetzt	• 1.500 persönlich-mündlichen Interviews • Quotamerkmale: • Geschlecht, Alter, Beruf • Grundgesamtheit. österreich. Bevölkerung ab 14 Jahren	• Wirkungsanalyse • Kreativanalyse • Effizienzanalyse • Konkurrenzumfeld mit Bild und Kampagnen-beschreibung • Erhebung der Produktaffinitäten • Ergebnisverknüpfung mit Stellenbe-wertungssystem	ATS 24.000,- pro Plakat
BUY© Test	• Ganzheitliche Betrach-tung des Werbemittels hinsichtlich seiner quantitativen und qualitativen Leistungs-fähigkeit • Ableitung von ziel-führenden Optimie-rungshinweise für den Werbetreibenden	• Durchsetzungsstärke/Impact • Involvement • Überzeugungsleistung • Normorientierte Bewertung • Verständnis • Positionierung • Markenbild • Brand-Symbols • Optimierung • Likeability	• 130 zielgruppen-spezifisch rekru-tierte Auskunftsper-sonen • Rekrutierung nach Quotenvorgaben	Befragungen wahlweise als Studio-, in-home oder in-office Befragungen mit Hilfe des CAPI-Verfahrens	EUR 14.100,- für TV-mit Recallmessung im Werbespot
AD-VAN-TAGE	• Pretest für TV-Spots	• Awareness (Stärke und Durchsetzungskraft) • Kommunikationsleistung • Richtige Identifikation der beworbenen Produkte • Botschaftstransfer • Motivation	• N=125 Apn • Durch Telefon-Random ermittelt • Standardsample – erweiterbar um spezielle Zielgruppen	• Teststudio • Verschleierter Versuchszweck • 90 minütiges Fernsehprogramm durch 2 Werbeblöcke unterbrochen • Befragung über einen Monitor	ATS 180.000,-
Psycho-meter	Pre- und Posttest-System (Ö, D, CH, Oststaaten)	• Messung der Erinnerung • Kriterien der Resonanz (Gefallen, Kaufabsicht, …) • Detail-Explorationen	N=120 Apn (60 Männer, 60 Frauen, 16 – 50 Jahre)	Labortest in zwei bis vier Regionen pro Land	• Test eines Werbemittels: ATS 28.000,- • Incl. Branchen-vergleich ATS 32.000,-
Spectra Score	Anzeigentest auf Basis von Foldern	Wirkung der Anzeige Aktivierung, Involvement, Tonalität	N=100 Apn pro Kontaktgruppe	• Verdeckte Rekrutierung • Durchblättern des Folders mit Anzeigen • Befragung nach Erinnerung, Botschaft • Überprüfung der Anzeigen im Einfach- und Dreifachkontakt	Richtpreis: N=200 Apn: ATS 120.000,- (Kosten richten sich nach der zu testenden Zielgruppe und nach der Ausführlichkeit des nicht standardi-sierten Frage-bogenteils)
	TV-Spottest	• Aktivierungsgrad • Impact • Erfassen der Werbebotschaft • Kommunikationsleistung • Emotionales und rationales Involvement • Tonalität des Spots • Persönliche Relevanz des Spots • Meinungsverändernde Kraft des Spots, usw.	N=180 Apn	Überprüfung des Spots im Einfach- und Dreifachkontakt (je 90 Apn)	siehe oben

Schaubild III-B-90: Standardisierte Testverfahren der Werbewirkungskontrolle in der Praxis (Mayerhofer/Kanter/Rührer 2003, S. 13)

Die beiden TV-Vermarkter *IP Deutschland* und *SevenOne Media* bieten jeweils eine eigene Tracking-Studie an. Seit dem Jahre 1992 testet *IP Deutschland* mit dem **Werbewirkungskom-pass** den Kommunikationserfolg relevanter Marken in verschiedenen Produktbereichen. Da-für werden jährlich 8.000 Personen im Alter zwischen 14 und 65 Jahren befragt. Mit diesem ist es möglich, zum einen die Werbewirkung aller relevanten Marken aus wenigen, dafür aber möglichst vollständig abgefragten, Produktbereichen kontinuierlich zu messen und zum anderen die Zusammenhänge zwischen Werbeaufwendungen und Werbedruck sowie Mediastrategie und Werbewirkung zu ermitteln. Als indirekte Werbewirkungsindikatoren werden z. B. die ungestützte und gestützte Markenbekanntheit, das Markenimage, die Kaufneigung und die Markenverwendung erhoben. Als zentrales direktes Wirkungsmaß gilt die Erinnerung an Werbemittel für die betreffende Marke (z. B. Werbe-Awareness) sowie die ungestützte Erinnerung an Einzelelemente der Werbebotschaft. Der Werbewirkungskompass erhebt Informationen über die Nutzungshäufigkeiten von Werbemitteln, wie z. B. bestimmte Zeitschriften oder Tageszeitungen. Auf der Basis dieser Daten werden später personenindividuelle Nutzungswahrscheinlichkeiten pro Medium beziehungsweise Nutzungseinheit errechnet. Des Weiteren werden Produktinteressen, Markenverwendungen, Markenimage und Kaufneigung der Konsumenten erhoben. Der *Werbewirkungskompass* gibt Auskunft über eine Vielzahl von Bewertungsfaktoren für Kampagnen, wie z. B. der Erfolg der Kampagne in den Wirkungsparametern, differenzierte Wirkungsergebnisse nach demografischen, Verbraucher- und Lifestyle-Merkmalen, Relationen zwischen Werbeerfolg und dem aufgewendeten Werbebudget, die Positionierung der eigenen Marke im engeren Konkurrenzfeld des Produktbereichs. Die Studie **AdTrend** von *SevenOne Media* unterscheidet sich von der Methode des *Werbewirkungskompass* dahingehend, dass bei *AdTrend* die Anzahl der Produktbereiche größer ist, jedoch pro Bereich nur wenige Marken aufgenommen werden.

Es ist festzustellen, dass die zahlreichen in der Praxis angewendeten Verfahren jeweils Besonderheiten und Spezifika aufweisen. Daher ist zweckmäßig, je nach Untersuchungszweck – beispielsweise die Untersuchung einzelner Werbemittel (Spot-Analyse, Printanalyse, Online-Analyse usw.), ganzer Kampagnen, der eingesetzten Medien (TV-Analyse, Radioanalyse usw.) – aus der Vielzahl angebotener Messverfahren das richtige Instrument auszuwählen. In der Praxis ist in letzter Zeit ein Trend zu einem hohen Standardisierungsgrad der einzelnen Verfahren der Werbewirkungskontrolle zu beobachten, da dieser Vergleiche und eine internationale Einsetzbarkeit der einzelnen Instrumente ermöglicht (*Mayerhofer/Kanter/Rührer* 2003, S. 14).

9.3.3 Effizienzkontrolle der Mediawerbung

Im Rahmen der Effizienzkontrolle ist die ökonomische Bewertung der Werbeaktivitäten vorzunehmen. Dabei werden zur Beurteilung der werblichen Aktivitäten Kosten-Nutzen-Vergleiche aufgestellt. Die aufgewendeten Kosten sämtlicher Werbeaktivitäten, -instrumente und -mittel werden dem realisierten Nutzen, d. h. allen Leistungen, die aus dem Werbeeinsatz erzielt werden konnten, gegenübergestellt. Der Nutzen ermittelt sich aus den erreichten Zielen der Mediawerbung sowie der Beitrag zu Synergieeffekten, die sich aus der Kombination mit anderen Kommunikationsinstrumenten ergeben. Bei der Effizienzkontrolle der Mediawerbung steht nicht allein die Kontrolle der gesamten Werbeaktivitäten im Mittelpunkt, sondern es geht auch um eine Evaluation von einzelnen Werbemaßnahmen und -mitteln.

Neben allen anfallenden Kosten, die mit der Planung, Entwicklung und Realisierung der Mediawerbung zusammenhängen (z. B. Honorar der Werbeagentur, Kosten für die Gestaltung der Werbemittel, Kosten für die Einschaltung der Werbemittel in die Medien usw.), ist eine detaillierte Erfassung des Nutzens der Mediawerbung erforderlich. Der Nutzen der Mediawerbung lässt sich beispielsweise über die in Abschnitt III-B-6.3.2.1 beschriebenen **Kontaktmaßzahlen** (Auflagen, quantitative und qualitative Reichweiten), **Kontakthäufigkeiten** und **-verteilungen**, **Einschaltpreise** und über den **Tausenderkontaktpreis** ermitteln. Der Nutzen aus den gewählten Werbeträger(kombinationen) wird den jeweiligen Kosten gegenüberge-stellt und die daraus resultierenden Kosten-Nutzen-Verhältnisse miteinander verglichen. Bei-spielsweise wird auf Basis der Kontaktmaßzahlen analysiert, ob mit dem für eine Werbemaß-nahme eingesetzten Budget beim Einsatz anderer Kommunikationsinstrumente nicht ein höherer Nutzen zu erzielen gewesen wäre. Die medienbezogene Betrachtung stellt bei diesem Vergleich die unterschiedlichen Werbemittel in den Vordergrund und ermittelt dadurch de-ren Effizienz. Ebenfalls lassen sich die **Opportunitätskosten** ermitteln, indem beispielsweise die mit einer Anzeige erzielte Medienwirkung mit Preisen kalkuliert wird, die „normalerwei-se" für entsprechende Maßnahmen in der Fernsehwerbung zu zahlen wären. Auf diese Wei-se lassen sich intra- und interinstrumentell vergleichbare Kosten-Nutzen-Relationen bilden. Allerdings wird mit diesem Vorgehen lediglich die Effizienz der Mediawerbung hinsichtlich der Medienwirkung beurteilt, nicht jedoch hinsichtlich der Kosten und des Nutzens, die bei den unterschiedlichen Zielgruppen entstehen.

Der Teil der Ermittlung der Kosten und des Nutzens erweist sich im Rahmen der Effizienz-kontrolle als besonders kritisch, da sich die Kosten zwar vergleichsweise einfach über die dargestellten Kennziffern abbilden und vergleichen lassen, eine Quantifizierung des Nut-zens (d.h. der Wirkungen bei den Zielgruppen im Sinne von Kampagnen- oder Werbeer-folgen) jedoch mit Schwierigkeiten verbunden ist. Eine genaue Erfassung des entstandenen Nutzens kann nur grob mit den beschriebenen Zielgrößen der Wirkungskontrolle oder der Erhöhung der Kundenbindung als auch mit der Steigerung des Marken- oder Unternehmens-wertes gemessen werden.

Als Ausblick ist an dieser Stelle hinzuzufügen, dass eine Möglichkeit, künftig die Werbe-effizienz zu ermitteln, in der Anwendung der **Data Envelopment Analysis (DEA)** liegt. Diese Methodik wurde noch vergleichsweise selten genutzt und hat sich erst im letzten Jahrzehnt in der Forschungspraxis (v.a. im Bereich Werbeeffizienz und Vertriebseffizienz) verbreitet (vgl. zur Thematik der DEA ausführlich *Cooper/Seiford/Tone* 2000; *Bauer/Staat/Hammerschmidt* 2006; vgl. zur Werbeeffizienz ausführlich *Büschken* 2007, S.51ff.; vgl. zur Vertriebseffizienz z.B. *Büschken/Schlamp* 2004). Die DEA ermöglicht die Überprüfung, welche Instrumente wie effizient sind. Dabei handelt es sich bei der DEA um ein deterministisches, nicht-parametri-sches Verfahren, das über mathematische Quotientenprogrammierung die implizite Schät-zung einer **„Best-Practice Funktion"** ermöglicht (*Schefczyk* 1996, S.168f.). Im Gegensatz zu einem parametrischen Verfahren wird bei der DEA kein spezifischer Produktionstyp vorge-geben, sondern der funktionale Zusammenhang zwischen den Input- und Outputvariablen wird induktiv bestimmt (*Charnes et al.* 1997, S.5). Dadurch ist es möglich, eine empirische Randproduktionsfunktion ohne vorherige Kenntnis des funktionalen Input- und Output-Zu-sammenhangs allein auf Basis tatsächlich beobachteter DMUs (Decision Making Units, d.h. **relatives Maße**, die in Relation zu anderen beobachtbaren Objekten, ermittelt werden können) zu bilden (*Bauer/Staat/Hammerschmidt* 2006, S.35). Die DEA entspricht somit dem Prinzip des Lernens von **Spitzenstandards** statt der Ausrichtung am Mittelmaß, und kann somit auch als Benchmarkingverfahren verstanden werden (*Bauer/Hammerschmidt/Garde* 2004, S.18). Dem-zufolge kann festgehalten werden dass es der DEA gelingt, unter Berücksichtigung multipler Inputs und Outputs unterschiedlicher Skalenniveaus eine einfache, sehr aussagekräftige, relative Effizienzkennzahl zu berechnen, anhand derer Handlungsempfehlungen abgeleitet werden können. In Die DEA damit den Vorteil auf, dass sie die im Marketing häufig auftre-tende Problematik der Kombination monetärer und nicht-monetärer Größen umgeht, indem beide Größen in das Modell einfließen können. Für die Effizienzkontrolle der Werbung be-deutet dies, dass z.B. Größen wie Umsatz oder Kundenzufriedenheit gleichzeitig berücksich-tigt werden können.

9.4 Ansatz einer integrierten Werbeerfolgskontrolle

Die bisherigen Ausführungen zu Methoden der Erfolgskontrolle der Mediawerbung haben gezeigt, dass häufig Einfluss- und Wirkungsgrößen nur isoliert betrachtet werden. In den letzten Jahrzehnten hat sich diese Betrachtungsweise größtenteils nicht geändert. Um im Rahmen einer Neuorientierung in der Wirkungsforschung eine vollständige Erfolgskontrolle kommunikativer Maßnahmen zu erreichen, ist es zweckmäßig, eine integrierte Analyse aller Determinanten der Werbeerfolgskontrolle durchzuführen.

Einen Ansatz zur umfassenden Messung von mehreren Einfluss- und Wirkungsgrößen stellt die Ermittlung des **Markenwerts** dar. Dabei wird der Versuch unternommen, den Wert einer Marke monetär zu bestimmen, d. h., psychologische Zielgrößen der Mediawerbung werden in ökonomischen Erfolgsgrößen ausgedrückt. Schaubild III-B-91 stellt eine umfassende Erfolgsmessung am Beispiel des Markenwertes als nachhaltige und dauerhafte Erfolgsgröße durch Größen, wie z. B. Markenbekanntheit und Markenimage, dar. Dabei werden demnach nicht nur einzelne Erfolgsgrößen, wie z. B. Bekanntheit oder Kenntnisse, gemessen, sondern verschiedene Größen fließen in die integrierte Messung der Erfolgsgröße „Markenwert" ein. Die Identifikation von Erfolgsstrukturen und Messung von Markenwerten wird eine zentrale Herausforderung der zukünftigen Kommunikationsforschung sein.

Bei einer integrierten Betrachtung von Erfolgsstrukturen sind einige **Ansatzpunkte für eine Neuorientierung** der Erfolgsforschung zu beachten. Die Bedeutung klar definierter Zielsysteme, die verstärkte Einbindung wertorientierter Ziele, eine zielgruppendifferenzierte Erfolgsmessung, die Definition der Kommunikationsqualität, die Analyse von Kaufentscheidungsprozessen sowie die Untersuchung der Kontaktsituation und Werbemittelrelevanz nimmt für die Erfolgskontrolle der Mediawerbung zu. Weiterhin bedarf es der Entwicklung von messbaren Größen für die Kreation und Verbesserung der Modellierung des Werbeein-

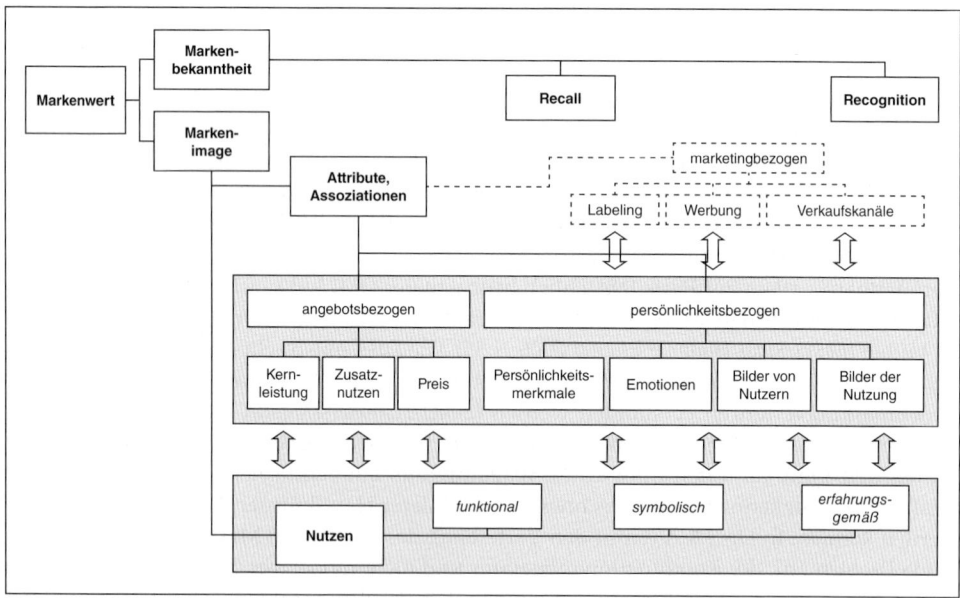

Schaubild III-B-91: Integrierte Erfolgskontrolle am Beispiel des Markenwerts
(in Anlehnung an Keller 2008, S. 110)

satzes; dabei ist eine erhöhte Qualitäts- beziehungsweise Wertorientierung und nicht Reichweitenfokussierung bei der Planung der Mediawerbung notwendig. Bestehende Konzepte sind zu ändern, da die Verwendung eindimensionaler psychologischer Erfolgsgrößen nicht mehr ausreichend ist, sondern eine **Betrachtung multi-dimensionaler Markenwertstrukturen** zu erfolgen hat. Dies erfordert eine Veränderung des Denkens vom transaktionsorientierten Marketing in Kauf-Wiederkauf-Kategorien hin zu einem beziehungsorientierten Denken in Kundenlebenszyklen. Dabei ist von der Nutzung weniger, isolierter, uni-direktionaler Kommunikationskanäle abzusehen und zu einer integrierten, bi-direktionalen Multi-Channel-Kommunikation überzugehen. Für eine Verbesserung der Grundlagen von Kommunikationserfolgsmessungen sind eine Analyse der Kommunikationswirkung im Kontext von Marken- und Kundenwerten und eine Identifikation der Funktionen von einzelnen Instrumenten im Kommunikationsmix von Bedeutung. Um in dieser Form eine erweiterte **integrierte Erfolgskontrolle** durchführen zu können, sind verbesserte Methoden in Bezug auf neue Messmethoden und eine erweiterte Datengrundlagen notwendig. Dies erfordert aber auch eine erleichterte Datenaggregation und -kombination durch moderne Informationstechnologien und ausgefeilte Analyseinstrumente.

9.5 Kritische Würdigung der Erfolgskontrolle

Bei der Durchführung einer systematischen und differenzierten Erfolgskontrolle werblicher Aktivitäten können zahlreiche Probleme auftreten, die eine Erfolgskontrolle in erheblichem Maße erschweren. Aus der Vielzahl möglicher Schwierigkeiten können die folgenden **Problemkreise** als besonders gravierend herausgestellt werden:

- **Problem des Wirkungsverbundes:** Dies bezieht sich beispielsweise darauf, dass die einzelnen Aktivitäten der Mediawerbung aufgrund ihres hohen Integrationspotenzials kaum von anderen Maßnahmen im Mediamix zu trennen sind und der Einfluss einzelner Werbeträger und -mittel auf den Erfolg nicht isoliert dargestellt werden kann.

- **Wirkung der Mediawerbung im Zeitablauf:** Des Weiteren sind zeitliche Ausstrahlungseffekte zu berücksichtigen, d. h., Werbewirkungen werden zum Teil erst mit einer zeitlichen Verzögerung wirksam. Die Zurechenbarkeit der einzelnen Maßnahmen auf die Erfolgsgröße ist damit nicht mehr gewährleistet, und hinzu kommt der Einfluss neuerer Werbeaktivitäten. Der Nachweis von Ausstrahlungs- und Carry-over-Effekten ist nur mit Schwierigkeiten zu erbringen, da ebenfalls größtenteils Längsschnittanalysen zur Ermittlung empirisch abgesicherter Lern- und Vergessenskurven fehlen.

- **Problem der Validität:** Verschiedene Messinstrumente der Erfolgskontrolle weisen Validitätsprobleme auf. Diese entstehen in der Regel dadurch, dass die erzielten Messergebnisse nicht frei von Einflüssen anderer Faktoren sind. Beispielsweise kann die Beurteilung von Anzeigen, z. B. von Erfahrungen oder Einstellungen in Bezug auf das beworbene Produkt, beeinflusst werden.

- **Problem der Zielgruppengenauigkeit:** Im Rahmen von beispielsweise Anzeigentests werden diese häufig mit Leserschaften durchgeführt, die nur eine geringe Zielgruppengenauigkeit aufweisen. Bei der Durchführung derartiger Tests ist daher darauf zu achten, dass zwischen den Probanden und der Zielgruppe eine hohe Affinität besteht.

- **Problem der Kumulationseffekte:** Außerdem werden Ausstrahlungseffekte auf die zu messenden Wiedererkennungswirkungen durch Mehrfachbelegungen in einem oder in mehreren Medien nicht berücksichtigt, so dass die zu operationalisierende Leistungsfähigkeit des eingeschalteten Werbemittels nur verzerrt wiedergegeben werden kann.

- **Synergieeffekte beim Einsatz der Mediawerbung:** Maßnahmen der Mediawerbung werden nicht isoliert eingesetzt, so dass ihre Wirkung auch in Verbindung mit anderen Werbemitteln, weiterer Kommunikationsinstrumenten des Unternehmens sowie der erfolgreichen Einbindung in der Unternehmenskommunikation zu analysieren und zu vergleichen sind.
- **Einbeziehung des Mediaverhaltens:** Für eine Wirkungsanalyse in der Mediawerbung reicht es nicht aus, einen kalkulatorischen (Werbe-)Nutzen zu berechnen, ohne genauere Informationen über das Mediaverhalten der Zielgruppen zu berücksichtigen. Die Fernseh- und Printmedienforschung hat hier vertiefende Studien durchzuführen, damit die Mediawirkung besser beurteilt werden kann.

Aufgrund der Schwierigkeiten, die eine Erfolgskontrolle in der Mediawerbung mit sich bringt, sind Wissenschaft und Unternehmen zukünftig aufgefordert, bestehende Ansätze der Prozess-, Wirkungs- und Erfolgskontrolle weiterzuentwickeln sowie neue Ansätze zu erforschen. Vor diesem Hintergrund ist nochmals die hohe strategische Bedeutung der Mediawerbung hervorzuheben. Dies bedeutet, dass im Rahmen der Effizienzkontrolle zwar darüber zu befinden ist, welche der eingesetzten Werbemaßnahmen sich mehr oder weniger „gelohnt" haben, es geht jedoch nicht um eine grundlegende Entscheidung für oder gegen Mediawerbung. Wird im Rahmen der Erfolgskontrolle eine negative Bilanz für die Arbeit der Mediawerbung gezogen, so kann als Konsequenz nicht eine zukünftige Unterlassung der Maßnahmen gezogen werden, wie dies beispielsweise im Sponsoring oder Event Marketing grundsätzlich zu überdenken wäre. Statt dessen ist vielmehr für eine Optimierung von Effizienz und Effektivität der werblichen Maßnahmen der Rechnung zu tragen, da die zentralen Funktionen der Mediawerbung, wie Aufbau und die Pflege von Marken, sich in der Form nicht durch andere Kommunikationsinstrumente wahrnehmen lassen.

10 Entwicklungstendenzen und Zukunftsperspektiven der Mediawerbung

Die Mediawerbung eignet sich in besonderem Maße zur Darstellung des institutionellen Erscheinungsbildes im Rahmen der Unternehmenskommunikation sowie der Profilierung und Bekanntmachung von Produkten beziehungsweise Dienstleistungen im Rahmen der Marketingkommunikation. Sie ist in der Lage, in Massenmärkten bei einem breiten Zielpublikum die Bekanntheit von Marken aufzubauen beziehungsweise zu steigern und das Unternehmens- oder Markenimage wesentlich zu prägen. Mit Hilfe der Mediawerbung werden Unternehmens- oder Produktmarken aufgebaut und gepflegt. Unternehmen, Produkte und Dienstleistungen sind darauf angewiesen, das „Leitbild" kommunikativ einheitlich auszurichten und über verschiedene Kommunikationsinstrumente einheitlich zu kommunizieren. Wie gezeigt, nimmt die Mediawerbung hierbei in vielen Branchen die Funktion eines Leitinstruments ein und wird in diesem Sinne weiterhin eine zentrale strategische Bedeutung als Instrument der Marktkommunikation und damit auch der Erreichung der strategischen Marktziele einnehmen.

Im Rahmen des zunehmenden Kommunikationswettbewerbs ändern sich auch die Erfolgsbedingungen für den Einsatz der Mediawerbung. Wie bereits festgestellt, haben sich vor allem in der Mediawerbung die Wettbewerbsbedingungen in den letzten Jahren zusehend verschärft. Im Folgenden werden marktbezogene Perspektiven der Mediawerbung aufgezeigt sowie Konsequenzen für einen künftig erfolgreichen Einsatz der Mediawerbung abgeleitet. Um einen besseren Überblick über die Perspektiven zu erhalten, wird eine Kategorisierung in Perspektiven aus **Anbieter- und Nachfragersicht** vorgenommen.

10.1 Angebotsorientierte Perspektiven

Die **Werbeinvestitionen** (Kosten für Gehälter/Honorare, Werbemittelproduktion, Medienschaltung) sind im Jahre 2009 auf 28,84 Mrd. Euro und damit um 6 Prozent gesunken. Bereits im Jahre 2008 deutete sich die Werbeschwäche von 0,5 Prozent auf 30,67 Mrd. Euro an. Der monetäre Rückgang der Werbeausgaben 2009 in Höhe von rund 1,83 Mrd. Euro ist zum einen auf die derzeitige Rezession zurückzuführen. Insbesondere in Branchen, in denen die globale Finanzkrise besonders starke Auswirkungen hatte, wie z. B. der Automobilindustrie sind die Werbeetatkürzungen am stärksten zu spüren. Zum anderen sind auch Entscheidungen der Politik für die Werbeschwäche verantwortlich. So führt z. B. das nahezu totale Werbeverbot für Tabakwaren, die Anbieter dazu, Kanäle der Marktkommunikation einzusetzen, die nicht den traditionellen Medien der Werbeträger zuzuordnen sind (*ZAW* 2010, S. 11). Trotz dieser Entwicklung wird für die kommenden Jahre ein **Ansteigen des Werbemarktes** in Deutschland prognostiziert. Dieser positive Trend basiert vor allem auf Sonderentwicklungen einzelner Wirtschaftsbereiche. Dies gilt insbesondere für den Handel (z. B. *Lidl, Aldi, Edeka, Penny Markt*) und für die Konsumgüterhersteller (z. B. *L'Oréal, Danone, Schwarzkopf & Henkel*), die trotz des schwierigen Jahres 2009 ihre Werbespendings deutlich erhöht haben (*Pakalski* 2010, S. 19).

Es ist in den kommenden Jahren davon auszugehen, dass angesichts künftig wieder steigender Investitionen in die Mediawerbung auch die Zahl der Medienanbieter weiter ansteigen wird (*ZAW* 2010, S. 11). Dies führt zu einer granularisierenden Medienlandschaft, mit der Folge, dass die Anzahl der werblich einsetzbaren Kanäle zwar ansteigt, die Bedeutung jedes einzelnen Kanals aber sinken wird (*Goldmedia* 2009, S. 11). Dabei werden sich die **Werbeeinnahmen der verschiedenen Mediagattungen** in ähnlicher Art und Weise entwickeln. Dies zeigt sich aus einer Betrachtung der letzten Jahre. So verminderten sich die Netto-Werbeeinnahmen der gedruckten Werbeträger in der zurückliegenden Dekade von 16,21 Mrd. Euro auf 14,78 Mrd. Euro, das ist ein Minus von 9 Prozent. Dementsprechend sanken auch die Marktanteile: Lagen sie 1989 noch bei 85 Prozent, gingen sie 1998 auf 77 Prozent und 2008 auf 73 Prozent zurück. Auch die Mengen gedruckter Werbung erfuhren in den vergangenen zehn Jahren einen Rückwärtstrend: Die Auflage der Tageszeitungen sank von 29,7 Mio. auf 24 Mio., bei Publikumszeitschriften von 142,5 auf 131,4 Mio. und bei Fachzeitschriften von 26 Mio. auf 24 Mio. Auch der Aufwärtstrend bei den Kundenzeitschriften ist gestoppt, ebenso wie der Prospekt-/Katalogversand per Post. Letzterer ist insbesondere auf die rigide Datenschutzgesetzgebung zurückzuführen. Die elektronischen Medien haben ebenfalls ihre Sättigungsgrenze erreicht. TV-Programme nahmen um rund 69 Prozent zu, hier handelt es sich aber hauptsächlich um kleinere Sender. Der Hörfunk stieg um 6 Prozent. Das Wachstum der Online-Angebote durch das Internet hat ebenso seinen Höhepunkt erreicht. So verlangsamt sich die Zunahme allmählich. Die Netto-Werbeinahmen lagen im Jahre 2008 für das Fernsehen bei 4,04 Mrd. Euro. Das ist ein Rückgang um 2,9 Prozent. Beim Hörfunk ist mit 711,23 Mio. Euro ein Rückgang von 4,3 Prozent festzustellen. Während die Netto-Werbeeinnahmen von Online-Angeboten in den letzten Jahren stets ein Wachstum im deutlich zweistelligen Bereich aufwiesen, konnte im Jahre 2008 mit 754,00 lediglich ein Anstieg von 9,4 Prozent erreicht werden (*ZAW* 2009, S. 15 ff.).

Langfristig gesehen werden sich die Printmedien die Bedeutung als Werbeträger mit den technischen Kommunikationsmitteln (TV, Radio, Internet, Mobil) teilen. Es ist anzunehmen, dass die Trennschärfe zwischen den einzelnen Mediengattungen abnimmt. So wird in Zukunft von „Bildschirmwerbung" die Rede sein und damit Werbung in TV-Programmen, per Internet und Mobilgeräten gemeint sein (*ZAW* 2009, S. 14 f.).

Im Zusammenhang mit der Fernsehwerbung ist weiterhin nicht damit zu rechnen, dass das **öffentlich-rechtliche Fernsehen im Vergleich zum privatwirtschaftlichen Fernsehen** im werblichen Bereich eine steigende Bedeutung erreichen wird. Obwohl die, vor allem von Werbetreibenden geforderte, zunehmende Liberalisierung der werblichen Bedingungen im öffentlich-rechtlichen Fernsehen weiter zu einer Angleichung der Wettbewerbsbedingungen führen könnte, wird sich am bestehenden Status quo jedoch nur wenig ändern. So fordern deutsche Politiker verstärkt nach einem Verbot von Werbung in den öffentlich-rechtlichen Fernsehsendern, wie es bereits schon in Spanien üblich ist, und diese ausschließlich aus Gebühren zu finanzieren. Zudem haben die privaten Fernsehsender bereits große werbliche Wettbewerbsvorteile realisiert, die einer Rückgewinnung von Marktanteilen für die öffentlich-rechtlichen Fernsehsender entgegenstehen. Auf Seiten privatwirtschaftlichen Anbieter kommt es vermehrt zu einer Ausdifferenzierung der TV-Sender, d. h., es entstehen immer mehr Spartenprogramme, die durch klar abgegrenzte und zielgruppengerechte Programminhalte die Wettbewerbsvorteile gegenüber den öffentlich-rechtlichen Fernsehsendern weiterhin ausbauen.

Darüber hinaus werden die Werbetreibenden immer mehr dazu übergehen, die Mediawerbung im Rahmen der Fernseh- und Hörfunkwerbung in das laufende Programm zu schalten und die starre Blockwerbung aufzulösen. Hier ist festzustellen, dass im Zuge gelockerter Fernsehrichtlinien die Vernetzung redaktioneller Beiträge mit Werbung in Form von **Product Placement** und **Programmsponsorships** bereits vor einiger Zeit an Bedeutung gewonnen hat (*Göbel* 1994, S. 57). Denn eine immer schwierigere Erreichbarkeit der Zielgruppen durch Massenmedien und ein fortschreitender Trend der fragmentierten Mediennutzung veranlasst Werbetreibende dazu, vermehrt nach alternativen Werbeformen und immer prominenteren Platzierungen außerhalb der eigentlichen TV-Werbeblöcke zu suchen. Die Mediawerbung wird dabei immer häufiger in dass eigentliche Programm eingebunden. Es lässt sich teilweise nicht mehr erkennen, wo die Werbeunterbrechung anfängt und an welchem Punkt das Programm aufhört. Dies geht zum Teil so weit, dass bestimmte Fernsehshows wegen der dort auftauchenden Werbungen mittlerweile als Dauerwerbesendung zu deklarieren sind, um den Verdacht auf Schleichwerbung auszuräumen (vgl. Insert III-B-72).

Bereits nahezu monatlich führen die beiden großen Vermarkter *IP Deutschland* und *SevenOne Media* **neue Sonderwerbeformen** ein, mit denen eine Platzierung der Botschaften der Werbetreibenden beispielsweise über Split-Screens ins redaktionelle Umfeld möglich ist. Reguläre Spots im klassischen Werbeblock machen nach wie vor die wichtigste Erlösquelle der Fernsehhäuser aus. Ihr Anteil daran sinkt jedoch stetig. Sonderwerbeformen, wie z. B. Programmsponsorings, Singlespots oder individuelle Konzepte wie Spotpremieren oder Telepromotions, verzeichnen hingegen einen Anstieg und konnten allein im Jahre 2009 einen Anteil von 11 Prozent verbuchen. Am beliebtesten ist dabei der Splitscreen. Insgesamt wurden im Jahre 2009 553 Millionen Euro in diese Werbeform investiert, das bedeutet einen Zuwachs von 6,5 Prozent im Vergleich zum Vorjahr. Beim Splitscreen wird der Bildschirm nur teilweise mit Werbung gefüllt, während das Programm im Hintergrund weiterläuft. Dadurch besteht nicht die Gefahr, dass die Zuschauer „wegzappen" (*Reitbauer* 2010, S. 9, *ZAW* 2010, S. 315). Der Stellenwert neuer Sonderwerbeformen wird auch künftig weiter steigen, da sie gegenüber der Blockwerbung erhebliche Vorteile aufweisen. Gemäß einer Studie des *Westdeutschen Rundfunks* fühlt sich der Großteil der Seher (92 Prozent) durch Sponsorships und Product Placement weniger gestört als durch Unterbrecherwerbung (*Westermeier* 1995, S. 26). Durch den Einsatz dieser neuen Werbeformen kann somit den auftretenden Verweigerungshaltungen, wie beispielsweise Zapping oder aber der Gang auf die Toilette oder zum Kühlschrank, gegenüber der „klassischen" Fernsehwerbung entgegengewirkt werden. Dies spricht dafür,

ProSieben

Wok-WM wird Dauerwerbesendung

Wegen der Auseinandersetzungen um angebliche Schleichwerbung im Rahmen von Stefan Raabs Wok-WM kennzeichnet ProSieben das Format von vornherein als Dauerwerbesendung.

Das von Moderator Stefan Raab initiierte Promi-Rennen auf einer Asia-Bratpfanne im Eiskanal wird am 7. März um 20.15 Uhr aus dem sauerländischen Winterberg übertragen. Der Sender kündigte am Mittwoch die „gefährlichste Dauerwerbesendung der Welt" an. Der ProSieben-Jurist Conrad Albert sagte, die Kennzeichnung als Dauerwerbesendung gebe ProSieben Planungssicherheit. Mit diesem Schritt sei die Ausstrahlung der diesjährigen Wok-WM sichergestellt.

Der Erfinder der „Wok-WM", Stefan Raab, mit Georg Hackl (r.) ProSieben

„Schritt in die richtige Richtung"

Die Wok-WM der Jahre 2006 und 2007 hatten gegen das Schleichwerbungsverbot des Rundfunkstaatsvertrags verstoßen. Mit dieser Begründung hatte das Verwaltungsgericht Berlin Mitte Dezember die Klage von ProSieben gegen einen Bescheid der Medienanstalt Berlin-Brandenburg abgewiesen. Die Aufsichtsbehörde wollte sich zunächst nicht zu dem Vorhaben von ProSieben äußern, die Sendung von vornherein als Werbung zu kennzeichnen.

Der Beauftragte für Programm und Werbung der Landesmedienanstalten, Norbert Schneider, nannte die Idee von ProSieben einen „Schritt in die richtige Richtung". Es sei ein typischer Fall, wie man aus einer Not eine Tugend machen könne, sagte Schneider, der zugleich Direktor der nordrhein-westfälischen Landesanstalt für Medien ist. Die Sender müssten allerdings selber wissen, ob es auf Dauer gut gehen könne, die Prime Time komplett als Dauerwerbesendung zu klassifizieren – „und möglicherweise dadurch auch Publikum abzuschrecken".

Bleiben noch 50 Minuten

Mit der Kennzeichnung der rund vierstündigen Wok-WM als Dauerwerbesendung hat ProSieben für den 7. März nur noch etwa 50 Restminuten für Werbung. Die Sender dürfen nur 20 Prozent der gesamten Sendezeit eines Tages für Reklame verwenden.

ProSieben hatte in die Wok-WM-Sendungen Markennamen optisch und verbal eingebunden. Die Medienanstalt Berlin-Brandenburg beanstandete Ende April 2008 die Ausstrahlung der Sendungen förmlich und forderte den Sender auf, den Verstoß künftig zu unterlassen. Sie machte geltend, dass der Sender sich die in die Wok-WM eingebundene Werbung zurechnen lassen müsse. Er habe bei der Produktion nicht dafür Sorge getragen, dass Werbung in der Sendung unterbleibe, obwohl ihm das möglich gewesen sei.

Insert III-B-72: Deklarierung von Fernsehshows als Dauerwerbesendung (Focus Online 2009)

dass es künftig weiterhin zu steigenden Umsatzzahlen durch Sonderwerbeformen kommen wird. Insbesondere ist dies für die Bier- und Pharmabranche zu erwarten. Diese setzten bislang am stärksten auf nicht-klassische Werbemöglichkeiten (*Reitbauer* 2010, S. 9).

Auf **Agenturseite** wird eine zunehmende Preisorientierung der Agenturkunden deutlich. Die Folge ist ein Anstieg des Projektgeschäfts. Damit einher geht die Tendenz von Werbungtreibenden, Kommunikationsaufträge in immer kleinere Teile zu splitten, um sie noch günstiger vergeben zu können. Die Gefahr besteht jedoch bei dieser Entwicklung, die Verbraucher nicht mehr ganzheitlich über alle Kommunikationskanäle ansprechen zu können. Um den Unternehmen den Wertbeitrag der Agenturen zu verdeutlichen, wird daher künftig eine verstärkte Zusammenarbeit zwischen Agenturverbänden und Markenverbänden bzw. Marktforschungsunternehmen stattfinden. Durch den Schulterschluss mit mehreren Institutionen erhoffen sich die Agenturen, die Auftraggeberseite vom Wert der Agenturarbeit überzeugen zu können (*Amirkhizi* 2010, S. 21).

Der Trend zur erhöhten Preisorientierung der Agenturkunden führt zu einer zunehmenden Anzahl an so genannten **Discount-Labels**. Dies bedeutet, dass unter dem Dach einer Stammagentur eine Zweitmarke eingeführt wird, die sich Kunden widmet, die nicht den gesamten Agenturapparat eines Agenturnetzwerks nutzen, sondern nur ein kostengünstiges Teilangebot in Anspruch nehmen wollen. Ein Beispiel hierfür ist die Publicis-Gruppe, die Anfang 2010 die Zweitmarke Red Lion einführte. Red Lion richtet sich speziell an mittelständische, regionale und lokale Kunden, die nicht den gesamten Apparat der internationalen Networkagentur zu beanspruchen beabsichtigen (*Hebben* 2010, S. 6).

10.2 Nachfrageorientierte Perspektiven

Der Einsatz der Mediawerbung hat sich künftig auf fundamentale Verschiebungen in der Altersstruktur der deutschen Bevölkerung einzustellen. Bedingt durch rückläufige Geburtenraten und den medizinischen Fortschritt ist in Deutschland und anderen Industrienationen ein stetiger **Anstieg des Durchschnittsalters** der Bevölkerung zu beobachten. Daher wird sich das zahlenmäßige Verhältnis zwischen älteren und jüngeren Menschen in den nächsten Jahrzehnten erheblich verschieben. Nach einer Bevölkerungsvorausberechnung des Statistischen Bundesamtes wird im Jahre 2060 ein Drittel der Bevölkerung 65 Jahre oder älter sein, jeder Siebte sogar älter als 80 Jahre (vgl. Insert III-B-73) (*Statistisches Bundesamt* 2009). Dieses Segmentwachstum hat vielfältige Auswirkungen auf die Konsumstruktur in der Gesellschaft und damit auch die Mediawerbung von Unternehmen. Zum einen gewinnen die Bereiche Gesundheit, Heilkunde und spezielle Dienstleistungen für Senioren an Bedeutung. Zum anderen macht diese Nachfrage es notwendig, die so genannten (Marken-)Erlebniswelten der Jugend auch im Alter offen zu halten. Daher werden die werbetreibenden Unternehmen ihre werbepolitischen Aktivitäten noch stärker auf die Bedürfnisse und Erwartungen dieser Al-

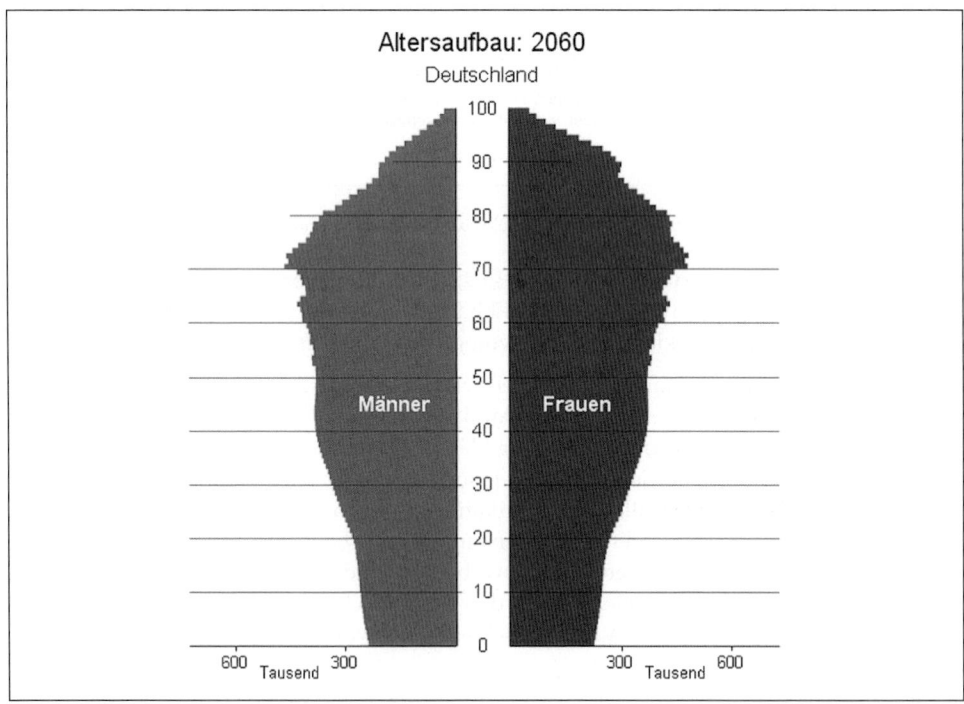

Insert III-B-73: Altersbaum im Jahre 2060 in Deutschland (Statistisches Bundesamt 2009)

tersklasse auszurichten haben, um Kaufpotenziale zu erschließen und auszuschöpfen. Eine Verstärkung der Ansprache älterer Zielgruppen in der Kommunikation wird in diesem Kontext unerlässlich sein (*Gieseking* 2003).

Weiterhin ist davon auszugehen, dass sich die Präferenz- und Bedürfnismuster der Konsumenten künftig in zunehmendem Maße ausdifferenzieren werden. Schon seit einigen Jahren lässt sich eine **Tendenz zur Individualisierung** beobachten, die sich vor allem in dem Bedürfnis nach Selbstverwirklichung äußert. Diese wird verstärkt durch den Trend zu einer hohen Anzahl an allein erziehenden Elternteilen und eine **steigende Anzahl an Single-Haushalten**. Im Jahre 2008 beträgt der Anteil der Ein-Personen-Haushalte in Deutschland bereits über 39 Prozent (*Statistisches Bundesamt* 2010) (vgl. Schaubild III-B-92). Durch diese Entwicklungen und Veränderungen in der Konsumstruktur ergeben sich auch neue Anforderungen an die Kommunikation – insbesondere die Mediawerbung –, Produkte, Packungsgrößen u. a. m. Neben einer Umschichtung der Erwerbstätigkeit in den einzelnen Wirtschaftsbereichen hat sich in den letzten Jahren die **Struktur der Erwerbstätigen** – bei der insbesondere ein stetiger Anstieg der Frauenerwerbsquote festzustellen ist – gewandelt. Dadurch ergibt sich ein Spannungsfeld zwischen Berufstätigkeit und Familie und damit ein verringertes Zeitbudget für Familie und Freizeit, das bei vielen Konsumenten zu einer hohen Bedeutung des **Convenience-Aspektes** führt. Dieser Aspekt wird immer häufiger bei der Werbemittelgestaltung aufgegriffen.

Durch die stetig wachsende Verbreitung von Social Media-Anwendungen haben Konsumenten immer stärker die Möglichkeit, sich aktiv Informationen zu suchen. Durch die Nutzung des Internet setzten sich Konsumenten zudem verstärkt kritisch mit den Produkten und der Kommunikation von Unternehmen und Marken auseinander und fordern, je nach Situation, Veränderungen. Dies führt zu einer Entwicklung hin zum **partizipativen Konsumenten.** Mehr als 80 Prozent dieses Konsumententyps fordern von Unternehmen nicht nur Offenheit gegenüber Kritik, sondern echte Dialogfähigkeit. Einer repräsentativen Studie zufolge fordern knapp 78 Prozent der 1.003 befragten Personen eine klare Haltung jenseits geschönter Werbewelten, die 70 Prozent ohnehin für unglaubwürdig halten. In diesem Zusammenhang geben 72 Prozent der Befragten an, dass sie die Meinung anderer Verbraucher wichtiger als die offiziellen Unternehmensinformationen halten (*o.V.* 2009f). Dieses Ergebnis sowie die

Haushaltstypen				
Gegenstand der Nachweisung	Einheit	2006[1]	2007[1]	2008[1]
Haushalte[1]	1.000	39.767	39.722	40.076
Einpersonenhaushalte	1.000	15.447	15.385	15.791
2-Personenhaushalte	1.000	13.375	13.496	13.636
3-Personenhaushalte	1.000	5.357	5.309	5.247
4-Personenhaushalte	1.000	4.107	4.081	3.966
Haushalte mit 5 und mehr Personen	1.000	1.479	1.450	1.437
[1] Ergebnisse des Mikrozensus – 2008.				

Schaubild III-B-92: Entwicklung der Haushaltstypen in Deutschland (Statistisches Bundesamt 2010)

Transparenz von Marken und Unternehmen durch das Internet führen dazu, im Rahmen der Entwicklung künftiger Werbestrategien auf die Ausgestaltung möglichst authentischer Werbemaßnahmen zu achten. Auf diese Weise wird das in der Werbung kommunizierte Produkt-/Markenversprechen eingehalten, und es kann einer von den Verbrauchern kritischen Haltung gegenüber den Produkten bzw. der Marke begegnet werden.

Die kritische Haltung gegenüber den Kommunikationsbotschaften von Unternehmen gilt besonders für das stetig wachsende Segment der Kunden des **Lifestyle of Health and Sustainability (Lohas)**. Diese Konsumentengruppe zeichnet sich als kritische Verbraucher aus, die auf Nachhaltigkeit, Qualität und Ethik der Produkte großen Wert legen, zugleich aber auf den Konsum von Marken, Mode und Lifestyle nicht verzichten wollen. Die Lohas richten dabei ihre Lebensweise verstärkt nach Selbstkenntnis, nach Stressfreiheit und Entschleunigung, Gesundheit, Nachhaltigkeit und Beständigkeit aus. So fordern sie z. B. beim Einkauf klimaschonend transportierte Produkte, oder denken darüber nach, ob mit einer Geldanlage eventuell schmutzige Waffengeschäfte mitfinanziert werden. Der Lifestyle of Health and Sustainability stellt ein seit 10 Jahren währender Gesellschaftstrend aus den USA dar, der sich in letzter Zeit auch in Europa größter Beliebtheit erfreut (*WDR mediagroup GmbH* 2009). Laut einer Befragung der Verbrauchs- und Medienanalyse (VuMa) sind mittlerweile knapp 20 Prozent der Deutschen den Lohas zuzuordnen, d. h. jeder Fünfte in Deutschland ist ein LoHa (*VuMa* 2009, S. 4). Die Tendenz ist steigend. Die Folge dieses Gesellschaftstrends ist eine zunehmende Nachfrage von wirtschaftlich, gesundheitlich und ökonomisch sinnvollen Produkten und Dienstleistungen. Damit verbunden ist die Bereitschaft der Zielgruppe, für diese Waren und Leistungen höhere Preise zu entrichten (*Zimmer* 2007). Das Aufkommen der Lohas zwingt Unternehmen zur Veränderung ihrer Werbebotschaften. Für Unternehmen gilt es künftig, im Rahmen der Ausgestaltung von Werbekampagnen die Betonung der Gesundheit und Nachhaltigkeit nicht außer Acht zu lassen.

Diese dargestellten nachfrageorientierten Veränderungen und Konsumtrends haben Auswirkungen auf die gesamte Struktur des Werbemarkts, da sich die Aktionsträger der Mediawerbung – Werbetreibende, Agenturen und Medien – an diesen Entwicklungen zu orientieren haben (*Meffert/Twardawa/Wildner* 2001, S. 8). Diese können „als Spiegelbild gesellschaftlicher Veränderungen" wichtige Hinweise für den zukünftigen Einsatz der Mediawerbung geben.

10.3 Konsequenzen für den künftigen Einsatz der Mediawerbung

In einem sich verschärfenden Kommunikationswettbewerb ist für kommunikationstreibende Unternehmen – insbesondere im Bereich der Mediawerbung – eine Neuorientierung notwendig, um werbliche Wettbewerbsvorteile aufzubauen und dauerhaft halten zu können. Die werbetreibenden Unternehmen haben in Zukunft verstärkt darüber nachzudenken, wie sie im Kommunikationswettbewerb ihre Mediawerbung ausrichten, damit die in zunehmendem Maße auftretenden Streuverluste sowie die sinkenden Werbewirkungen aufzufangen sind. Die **Erfolgsbedingungen der Mediawerbung** werden sich künftig in der Betonung nachfolgender Dimensionen niederschlagen. Der Einsatz der Mediawerbung hat künftig:

- emotionaler,
- partizipativer,
- authentischer,
- nachhaltiger,
- integrativer

ausgerichtet sein (vgl. auch Schaubild III-B-93).

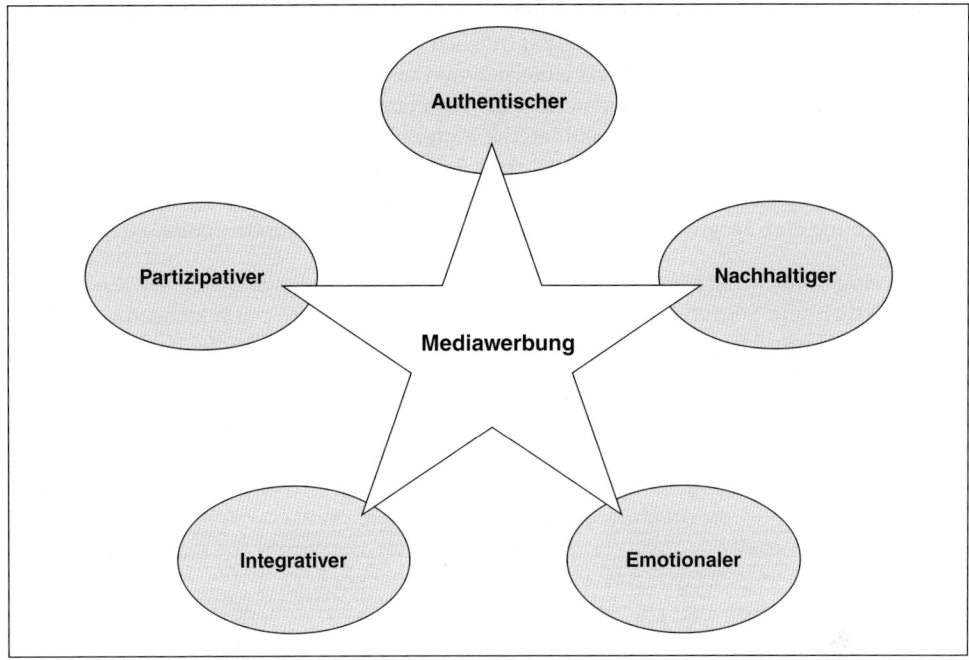

Schaubild III-B-93: Zukünftige Anforderungen an einen erfolgreichen Einsatz der Mediawerbung

Es ist erforderlich, dass die werbetreibenden Unternehmen künftig weiterhin verstärkt dazu übergehen, ihre Mediawerbung **emotionaler** zu gestalten. Diese Forderung wird bereits durch den seit geraumer Zeit in allen Branchen beobachtbaren Trend zur Imagewerbung gestützt, dessen Ursachen vor allem im homogener werdenden Produktangebot und der Notwendigkeit zur Schaffung von Vertrauen und Glaubwürdigkeit zu sehen sind. So werden sich homogene Produkte immer mehr über ihr Image verkaufen, zu dessen Aufbau eine emotional ausgerichtete Mediawerbung einen immer höheren Beitrag zu leisten hat. Die Inhalte der Mediawerbung haben eine Marke oder ein Unternehmen über emotionale Dimensionen in der Wahrnehmung der Verbraucher aufzuwerten und zu differenzieren sowie individuelle Bedürfnisse zu wecken. Zudem erkennen Unternehmen aufgrund der immer größer werdenden Anzahl an illoyalen Konsumenten, dass es nicht ausreicht, die funktionalen Eigenschaften eines Produktes zu kommunizieren. Für die gewünschte Festigung der Produkt- und Markentreue ist es vielmehr notwendig, eine emotionale Bindung der Verbraucher an das Bezugsobjekt der Kommunikation zu erzielen. Ist ein Produkt bzw. eine Marke erst emotional aufgeladen, so die herrschende Ansicht, werden sich die Kunden daran langfristig gebunden fühlen. Die Liebe als die größte unter den Emotionen bietet sich hierfür in besonderem Maße an. Im Zuge einer emotionalen und auf Liebe ausgerichteten Mediawerbung wird sich auch der Argumentationsstil vieler Werbemittel ändern. So werden Werbemittel künftig verstärkt durch Argumentationsführungen gekennzeichnet sein, die auf die Liebe oder mit der Liebe verwandte Konzepte wie Leidenschaft, Intimität oder Commitment abstellen. Zum Teil ist dies schon erfolgt. So ist in letzter Zeit eine regelrechte **„Liebes-Welle"** in den Werbebotschaften von Unternehmen zu beobachten. Die von Unternehmen beworbene Liebe zu Fast-Food-Restaurants („I'm lovin' it", *McDonald's*), Lebensmittel („Liebe, die man schmeckt", *Pfanni*), Autos („Is it love?", *Mini*), Fernsehsendern („We love to entertain you", *Pro 7*), Elektrogeräten

(„If you love coffee", *Jura Impressa*) oder Bekleidung („Nature – love it while it lasts", *Diesel*) sind nur einige wenige Beispiele für die zahlreichen existierenden Werbeclaims, die das Thema Liebe aufgreifen. Zudem hat das Unternehmen neben dem Produkt und der Marke in Zukunft verstärkt das Unternehmen selbst als Absender einzubeziehen, da sich Vertrauen häufig erst durch die Menschen ausbildet, die hinter einem Produkt beziehungsweise einer Marke stehen. Weiterhin ist es notwendig, dass der generelle Unterhaltungswert der Mediawerbung erheblich ansteigt, da die Etablierung unterhaltender und zielgruppenadäquater Mediawerbung eine Möglichkeit darstellt, um in der künftigen Marktsituation zu bestehen.

Die derzeitigen Nachfrager zeichnen sich durch ein gestiegenes Bewusstsein sowie eine hohe Aufgeklärtheit und Souveränität hinsichtlich unternehmens- bzw. produktspezifischer Themen aus. Als Grund hierfür sind insbesondere die zunehmende Vernetzung der Individuen sowie die globale Verfügbarkeit von Informationen über das Internet zu nennen (*Knappe/Kracklauer* 2007, S. 57). In neuen Informationsmedien wie Brand Communities, Foren oder Weblogs können sich sowohl Anhänger als auch Kritiker über ihre Produkterfahrungen

Insert III-B-74: Beispiel für Authentizität in der Werbung (Hebben 2010, S. 15)

23.11.2009   10:11 Uhr

McDonald's

Grün ist die Hoffnung

McDonald's ersetzt das Rot im deutschen Firmenauftritt durch Grün - um den "Respekt vor der Umwelt" zu verdeutlichen. Zudem baut der Fastfood-Konzern auf Kaffee.

McDonald's tauscht in Deutschland das Rot im Firmenauftritt durch Grün aus. *(Foto: dpa)*

McDonald's wird grün - zumindest in Deutschland. Das ist ein Novum, denn bislang präsentierte sich der Fastfood-Konzern weltweit einheitlich in Rot und Gelb. Nun werde das Firmenlogo, das gelbe M, künftig vor grünem Hintergrund leuchten, sagte eine Konzernsprecherin zu *sueddeutsche.de*.

Nach weitgehendem Abschluss der Umbauten und Modernisierung im Innenbereich komme nun die Außengestaltung an die Reihe, "mit viel Grün statt Rot". Dieser Farbwechsel sei auch "als Bekenntnis zur und Respekt vor der Umwelt" zu werten, sagte der stellvertretende Deutschlandchef Holger Beeck der *Financial Times Deutschland* (FTD).

Im kommenden Jahr plant das Unternehmen, in Deutschland 40 neue Restaurants zu eröffnen. Sie sollen bereits im neuen Design gestaltet werden, sagte die Sprecherin zu *sueddeutsche.de*. Außerdem will McDonald's offenbar die Öffnungszeiten ausweiten. Immer mehr Filialen sollen 24 Stunden am Tag und sieben Tage die Woche geöffnet haben, heißt es in der FTD. Bislang sind es etwa ein Fünftel. Die Deutschlandtochter von McDonald's gilt dem Bericht zufolge im US-Konzern als Vorreiter bei Neuerungen.

Erstes eigenständiges McCafé

Seit Jahren versucht McDonald's, sein Image vom fetttriefenden Fastfood-Konzern abzulegen. So wurden in der letzten Zeit vermehrt kalorienärmere Speisen wie Salate und Wraps ins Programm aufgenommen - beworben von Topmodel Heidi Klum. Den größten Teil seines Umsatzes macht McDonald's jedoch weiterhin mit schweren Burgern, fettigen Pommes frites und süßen Softdrinks.

Neben den kalorienarmen Speisen setzt McDonald's in Deutschland zunehmend auf den Verkauf von Kaffee und bedrängt damit Ketten wie Starbucks. Erstmals werde im kommenden Jahr ein eigenständiges McCafé in Deutschland eröffnet, berichtet die FTD. Darin sollten neue Angebote getestet werden.

Insert III-B-75: Beispiel für Nachhaltigkeit in der Werbung (sueddeutsche.de 2009)

schnell, kostengünstig sowie zeit- und ortsunabhängig austauschen (*Hagel/Singer* 1999, S. 3 ff.; *Lewis/Bridger* 2001, S. 18 f.). Die Folge ist ein zunehmend forderndes Verhalten der Nachfrager gegenüber den Unternehmen verbunden mit der Erwartung eines angemessenen Preis-Leistungs-Verhältnisses und eines vertrauensvollen und ehrlichen Umgangs des Unternehmens mit sich und der Gesellschaft (*Burmann/Schallehn* 2008, S. 3). Durch die gestiegene kritische Haltung der Nachfrager ist es umso wichtiger, dass das von den Unternehmen angestrebte Produkt- bzw. Markenprofil mit dem tatsächlichen Auftritt am Markt übereinstimmt. Dies bedeutet, dass nicht der vom Unternehmen selbst definierte Produkt- bzw. Markenanspruch, sondern die vom Nachfrager wahrgenommene Authentizität mehr und mehr zum Erfolgsfaktor wird und ihr Auftritt im Rahmen werblicher Maßnahmen zunehmend an Bedeutung gewinnt (vgl. ähnlich *Burmann/Schallehn* 2008, S. 3 f.). **Authentische Mediawerbung** hat sich demnach aus Sicht der Rezipienten zum einen durch eine hohe Vertrauenswürdigkeit auszuzeichnen, in der die proklamierten Inhalte kontinuierlich der Wahrheit entsprechen, zum anderen aber auch durch ehrliche Kommunikationsbotschaften, die zutreffende Informationen über das Produkt bzw. die Marke vermitteln. Dies kann beispielsweise in die gesamte Insze-nierung eines TV- oder Radio-Spots eingebaut werden (vgl. hierzu Insert III-B-74).

Wie bereits in Abschnitt III-B-10.2 aufgezeigt, hat das Thema Nachhaltigkeit längst Einzug in die alltägliche Lebenswelt erhalten. So fordern Konsumenten zunehmend Bio-Lebensmittel, Fair Trade, Öko-Strom, grüne Firmenimages usw. Ökologisch bewusster Konsum und so-ziale Verantwortung gewinnen für breite Bevölkerungsschichten immer mehr an Bedeutung. Durch die aktuelle Wirtschaftskrise wird dieser Trend keineswegs gestoppt, sondern eher noch verstärkt. So sind angesichts des schwindenden Vertrauens in das ewige, rücksichtslo-se Wachstums neue, stabilere Perspektiven gefragt (vgl. hierzu ausführlich *SevenOne Media GmbH* 2009). Um der „grünen" Konsumlust zu begegnen gilt es für Unternehmen, verstärkt auf eine **„nachhaltig-orientierte" Mediawerbung** zu setzen (vgl. hierzu Insert III-B-75). An-gesichts der Vielzahl an Unternehmen, die bereits nachhaltige Themen in ihre Werbebot-schaften integrieren, wird es zunehmend darauf ankommen, auch ungewöhnlichen Ideen zur Integration ökologischer und sozialer Inhalte Beachtung zu schenken, um sich auf diese Weise von den Wettbewerbern zu differenzieren.

Eng verbunden mit einem zunehmenden kritischen Nachfrager ist die Forderung nach einem höheren Maß an **Partizipation** von Konsumenten in der Werbung zu sehen. So wird ange-sichts der aufgezeigten Entwicklungstendenzen der Stellenwert der Partizipation von Nach-fragern als zentraler Erfolgsfaktor in der Werbung weiter anwachsen. Eine erste Tendenz in diese Richtung waren z. B. Online-Werbekampagnen von *McDonald's*, *Nokia* oder *Ballanti-nes*. Hier wurde es potenziellen Konsumenten ermöglicht, selbst zum Co-Produzenten oder Hauptdarsteller des Werbespots zu werden. Durch solche partizipativen Werbekampagnen ist der Konsument zugleich Produzent und Zuschauer von Werbung, Produkt und Käufer sind dadurch bereits vor dem Kauf vereinigt (*Zinnäcker* 2008). Die Chance partizipativer Wer-bung liegt für Unternehmen insbesondere darin, durch die Einbindung von Konsumenten deren Akzeptanz und letztlich deren Kaufverhalten zu fördern.

Schließlich ist künftig darauf zu achten, dass der Einsatz der Mediawerbung **integrativ** er-folgt, damit zentrale Werbeaussagen ohne großen Aufwand gelernt, dauerhaft gedanklich präsent bleiben sowie richtig zugeordnet werden. Erfolgreiche Marken und Unternehmen kommunizieren über sämtliche eingesetzte Werbemittel eine kontinuierlich eingesetzte zen-trale Werbeaussage; diese ist sowohl auf interinstrumenteller (Abstimmung mit anderen eingesetzten Kommunikationsinstrumenten) als auch auf intrainstrumenteller Ebene (Ab-stimmung innerhalb der Mediawerbung) abzustimmen. Damit ist es möglich, die zentrale Marken- und Werbeaussage in den Köpfen der Konsumenten zu verankern und gleichzeitig die Attraktivität der Mediawerbung zu erhalten.

C. Einsatz der Verkaufsförderung

1 Begriff und Erscheinungsformen der Verkaufsförderung

1.1 Historische Entwicklung der Verkaufsförderung

Die USA sind vielfach Ausgangspunkt neuer Tendenzen auf absatzwirtschaftlichem Gebiet. Dies wird vor allem auf die in den USA besonders hohe Konkurrenzintensität zurückgeführt, wodurch sich Unternehmen ständig dazu veranlasst sehen, neue Methoden und Techniken der Kundenansprache zu entwickeln. Vielfach sind die in Nordamerika entwickelten Kommunikationsformen dann mit einem mehr oder weniger großen „Time Lag" auch in den europäischen Ländern zu beobachten.

So ist auch der Gedanke, den **Verkauf** über neue Kommunikationstechniken zu fördern, Ende des 19. Jahrhunderts in den USA entwickelt worden (*Birkigt* 1983, S. 37). Hier wurden verkaufsfördernde Aktivitäten erstmalig im Jahre 1895 organisatorisch verankert, als *John H. Patterson* ein „Merchant's Service Department" errichtete, dessen Aufgabe es war, die Probleme der Kunden – in diesem Falle von Einzelhändlern – zu lösen. *Patterson* war der Meinung, dass eingeschaltete Einzelhändler bessere Registrierkassen benötigten, um ihre kontinuierlich steigenden Umsätze rechnerisch zu bewältigen. Gleichzeitig war es das Ziel, auf diese Art und Weise die technischen Voraussetzungen für eine weitere Steigerung des Umsatzvolumens zu schaffen.

Die Großhandlung *Butler Brothers* beschäftigte bereits im Jahre 1910 so genannte „Promoter", deren vorrangige Aufgabe es war, den eingeschalteten Absatzmittlern eine zielführende Gestaltung des Point of Sale zu kommunizieren (*Birkigt* 1983, S. 37). Der Gedanke der **Sales Promotions** griff in den folgenden Jahren aufgrund des wachsenden Konkurrenzdrucks immer weiter um sich, so dass die Verkaufsförderung in den USA seit dem Zweiten Weltkrieg zum festen Bestandteil der Marketingtheorie und -praxis geworden ist (*Berekoven* 1962, S. 370 ff.).

Obwohl erste Ansätze verkaufsfördernder Aktivitäten auch in Deutschland bereits Anfang des 20. Jahrhunderts zu beobachten waren, so ist der Beginn einer intensiveren Verkaufsförderung auf den Anfang der 1950er Jahre zu datieren. Um die geschichtliche Entwicklung der Verkaufsförderung bis in die heutige Zeit in systematischer Art und Weise aufzuzeigen, bietet sich eine dekadenbezogene Beschreibung der **Entwicklungsphasen der Verkaufsförderung** an, wie dies in Schaubild III-C-1 dargestellt ist.

In den 1950er/1960er Jahren setzte vor allem in Deutschland verstärkt der Wandel von einem Verkäufer- zu einem Käufermarkt ein. Dieser Wandel der Marktverhältnisse war eine der Hauptursachen für das Aufkommen der Verkaufsförderung. Dennoch wurde Verkaufsförderung in dieser Zeit allenfalls **sporadisch und unsystematisch** eingesetzt. Die Entwicklung der Verkaufsförderung wurde anfangs dadurch behindert, dass sowohl in der Bevölkerung als auch bei den Entscheidungsträgern der Kommunikation und in der Lehre anfangs nur eine geringe Akzeptanz dieser neuen Form der Konsumentenansprache vorlag. Die Stellung der Verkaufsförderung in dieser Zeit kommt anschaulich dadurch zum Ausdruck, dass sie als „**Below-the-Line-Advertising**" bezeichnet wurde (*Disch* 1992, S. 146). Dabei stand dieser

1950er Jahre: Phase des unsystematischen und sporadischen Einsatzes
              der Verkaufsförderung

1960er Jahre: Phase der distributionsgebundenen Verkaufsförderung

1970er Jahre: Phase der Verkaufsförderung als Marketinginstrument

1980er Jahre: Phase der Verkaufsförderung als distributionsfreies
              Kommunikationsinstrument

1990er Jahre: Phase der integrierten Verkaufsförderung

2000er Jahre: Phase der beziehungsorientierten Verkaufsförderung

Schaubild III-C-1: Entwicklungsphasen der Verkaufsförderung

Begriff stellvertretend für eine Form der werblichen Ansprache, die über das klassische, konsumentenorientierte Mediabudget hinausgehend Maßnahmen beinhaltete, die sich auf den direkten, handelsorientierten Abverkauf richteten. Diejenigen kommunikationstreibenden Unternehmen, die verkaufsfördernde Aktivitäten durchführten, standen häufig unter dem Verdacht, dies gerade deshalb zu tun, weil eine „normale" werbliche Unterstützung ihrer Produkte nicht den erhofften Anklang findet.

Im Zuge zunehmender Engpässe am Point of Sale wuchs in den 1960er Jahren die Bedeutung der Verkaufsförderung. Der Nachholbedarf, der aus den Entbehrlichkeit des Zweiten Weltkrieges resultierte, war weitgehend befriedigt und der Abverkauf stieß zum ersten Mal auf Grenzen. Gleichzeitig wurde mit dem in diese Zeit einzuordnenden Beginn der Selbstbedienung in den Einkaufsstätten mehr und mehr deutlich, dass die Mediawerbung nicht genügend Einfluss auf die Entscheidung am Ort des Verkaufs hatte. Viele Untersuchungen zeigten, dass, selbst wenn die Konsumenten mit einer vorgeprägten Kaufabsicht die Einkaufsstätte betreten, sie nicht eine absichtskonforme Kaufentscheidung treffen (*Cristofolini* 1989, S. 454). Hersteller und Absatzmittler suchten nach neuen Möglichkeiten der Kundenansprache, um so die Grenzen des Abverkaufs weiter hinauszuschieben. Es entstanden Checklisten und Maßnahmenkataloge zur Förderung des Verkaufs. Der Erfolg vieler verkaufsfördernder Aktivitäten machte deutlich, dass durch den Einsatz der Verkaufsförderung sehr schnell hohe (ökonomische) Wirkungen zu erzielen sind. Die Folge aus dieser Erkenntnis war ein verstärkter Einsatz zahlreicher verkaufsfördernder Maßnahmen. Das Wort **„Aktionitis"** hielt Einzug in das Vokabular vieler Kommunikationstreibender. Es war die Zeit einer ausschließlich **distributionsgebundenen Verkaufsförderung**. Auf den Verbraucher als Zielgruppe wurde vom kommunikationstreibenden Markenartikelhersteller lediglich indirekt „über den Handel" Einfluss genommen. Der Einsatz der Verkaufsförderung war auf den Point of Sale als einzigen Einsatzort beschränkt, so dass eine herstellerseitige Verkaufsförderung nur vertriebsschienengebunden erfolgte.

In den 1970er Jahren wurde die **Verkaufsförderung als Marketinginstrument** erkannt. Dies resultierte vor allem aus einer vorrangig absatzbezogenen Betrachtungsweise der Verkaufsförderung, die eine präzise inhaltliche Auffassung der Verkaufsförderung verhinderte. So wurden sämtliche den Absatz stimulierende Aktivitäten der Verkaufsförderung zugeordnet. Problematisch an dieser Einschätzung ist allerdings die Tatsache, dass der Einsatz aller absatzpolitischen Instrumente letztlich auf die Förderung des Absatzes bzw. Verkaufs abzielt.

Eine derartige Auffassung führt somit die Daseinsberechtigung der Verkaufsförderung ad absurdum, weil sie ein „Sammelsurium" von Aktivitäten impliziert, die ohnehin schon jeweils einem Marketinginstrument zugeordnet sind.

Die zunehmend funktionale Betrachtungsweise sowie eine verstärkte Zielgruppenorientierung führte dazu, dass die Verkaufsförderung in den 1980er Jahren zu einem **distributionsfreien Kommunikationsinstrument** avancierte. So wurde der Einsatz der Verkaufsförderung in steigendem Maße dazu eingesetzt, spezifische kommunikative Aufgabenstellungen (Funktionen) zu erfüllen. Dadurch wurde die Verkaufsförderung erstmalig nicht in einem allgemeinen – wie in den 1970er Jahren –, sondern in einem spezifischen Sinne verstanden. Darüber hinaus konzentrierte sich der Einsatz der Verkaufsförderung erstmalig nicht mehr ausschließlich auf bestimmte Aktivitäten am Point of Sale, sondern wurde herstellerseitig vielfach durch direkt konsumentengerichtete Aktivitäten, wie z.B. Postwurfsendungen, erweitert. Auf diese Art und Weise wurde es möglich, die unmittelbare Kontaktaufnahme mit der Zielgruppe auch außerhalb des Point of Sale, z.B. auf der Straße oder im Kino, sicherzustellen und somit das Erfolgspotenzial der Verkaufsförderung weiter auszubauen. In diese Dekade fällt auch der Ausgangspunkt des grundlegenden Wandels in den Hersteller-Handels-Beziehungen, der sich vor allem in der (gemeinsamen) Ausrichtung verkaufsfördernder Aktivitäten (Kooperativ-Promotions) äußert. Wurde der Handel in der „Blütezeit" des Markenartikels (bis Ende der 1970er Jahre) häufig als „ausgegliederte Vertriebsabteilung" oder als „verlängerter Arm des Herstellers" bezeichnet, so waren es verstärkte handelsseitige Organisations- und Kooperationsbemühungen, die Anfang der 1980er Jahren den Ausgangspunkt zunehmender **Handelsmacht** markierten (vgl. zu verschiedenen Machtausprägungen in Distributionssystemen (*Ahlert/Schröder* 1996, S. 98 ff.). Der Handelssektor begann, immer deutlicheren Anspruch auf die Mitgestaltung verkaufsfördernder Aktivitäten zu erheben und durchzusetzen.

Mit Beginn der 1990er Jahre setzte sich die Erkenntnis durch, dass der Kommunikationserfolg in dem verstärkt vorherrschenden Kommunikationswettbewerb in besonderem Maße von der Vernetzung eingesetzter Kommunikationsinstrumente abhängt (vgl. in größerem Detail Teil II). Es begann die Phase einer **integrierten Verkaufsförderung** als Baustein einer ganzheitlich vernetzten Unternehmenskommunikation (*Cristofolini* 1989, S. 454; *Frey* 1993, S. 587; *FreyBeaumont-Bennett* 1998, S. 44 f.; *Bruhn* 2010b, S. 55 ff.). Dies zeigt sich bei vielen Kommunikationstreibenden der Konsumgüterbranche vor allem in der Abstimmung der Verkaufsförderung mit dem Einsatz der Mediawerbung, um auf diese Art und Weise Synergieeffekte sowie Kostensenkungspotenziale durch die Vermeidung von Doppelarbeiten zu realisieren. So wird die Mediawerbung im Regelfall überregional eingesetzt, während die Verkaufsförderung vorrangig zur regionalen bzw. sogar lokalen Marktbearbeitung dient.

Im Zuge des Relationship Marketing ist ab dem Jahre 2000 die Phase einer **beziehungsorientierten Verkaufsförderung** zu beobachten. Grundlage bildet hierbei die Überlegung, dass nur durch den Aufbau einer langfristigen Beziehung und der Bindung des Kunden an das Unternehmen ökonomischer Erfolg sicherzustellen ist (*Bruhn* 2001b). Eine Beziehung ist vor allem durch stetigen Dialog bzw. Interaktionen mit dem Kunden aufzubauen und aufrechtzuerhalten. Neben kurzfristigen Absatzsteigerungen kommt der Verkaufsförderung somit die zentrale Aufgabe zu, eine Interaktion mit dem Kunden zu initiieren oder zu festigen, beispielsweise auf Promotion-Touren, durch POS-Aktionen oder Gewinnspiele.

Die fortschreitende Professionalisierung der Verkaufsförderung (in Verbindung mit der zunehmenden Komplexität ihrer Aufgabenstellungen) spiegelt sich auch darin wider, dass Unternehmen in den letzten Jahren verstärkt eigene **Abteilungen für Verkaufsförderung** gegründet haben (*Combera GmbH* 2003, S. 23). Zentrale Bereiche dieser Abteilungen sind oftmals die Handelskommunikation, das Category und Space Management sowie das Verkaufsrundenmanagement (Vorbereitung und Planung der Verkaufsschwerpunkte sowie Entwicklung und Bereitstellung des dazu benötigten Informationsmaterials) (*Pflaum/Eisenmann/Linxweiler* 2000, S. 140 f.). In großen Industriegüterunternehmen sind die Verkaufsförderungsabteilungen zumeist dem Marketing oder der Marketingkommunikation unterstellt. In kleinen und mittleren Industriegüterunternehmen existiert oftmals gar keine eigene Marketingabteilung, sondern die Verkaufsabteilung übernimmt hier die entsprechenden Funktionen (*Pflaum/Eisenmann/Linxweiler* 2000, S. 162 f.).

1.2 Definition der Verkaufsförderung

Die begriffliche Abgrenzung der Verkaufsförderung wird dadurch erschwert, dass die Verkaufsförderung neben Ansätzen aus der Kommunikationspolitik auch Ansätze aus anderen Bereichen des **absatzpolitischen Instrumentariums** beinhaltet, wie Schaubild III-C-2 verdeutlicht und die folgenden Beispiele zeigen (*Pflaum/Eisenmann/Linxweiler* 2000, S. 13):

> **Beispiele:**
>
> - **Verkaufsförderung und Vertriebspolitik:** Die direkte Kundenansprache über festangestellte Reisende und/oder freie Handelsvertreter im Rahmen des Verkaufsmanagements ist eines der effektivsten, aber auch teuersten Instrumente der Verkaufsförderung. Beispiele für eine vertriebsorientierte Verkaufsförderung sind abschlussorientierte Kundengespräche der Außendienstmitarbeitenden, Verkäuferschulungen, Verkäuferwettbewerbe usw.
>
> - **Verkaufsförderung und Preis- bzw. Konditionenpolitik:** Preisnachlässe galten in den letzten Jahren als die Verkaufsförderungsmaßnahme schlechthin. Angesichts der zunehmenden Konkurrenzintensität vor allem in Konsumgütermärkten sind sie auch heute wieder zu einer zentralen absatzstimulierenden Maßnahme geworden.
>
> - **Verkaufsförderung und Produktpolitik:** Eine emotional ausgerichtete Verpackungsgestaltung ist gleichzeitig eine absatzstimulierende Maßnahme, die somit indirekt auch zur Verkaufsförderung zählt.

Diese Spannbreite einsetzbarer verkaufsfördernder Maßnahmen erschwert ebenfalls die **Definition der Verkaufsförderung** und ist vielfach der Grund für eine inkonsistente Begriffsverwendung in der Literatur. Es erscheint daher insbesondere unter Abgrenzungsgesichtspunkten nicht zweckmäßig, das Spektrum verkaufsfördernder Aktivitäten derartig auszuweiten,

	Verkaufsförderung
Kommunikationspolitik	z.B. Werbekostenzuschüsse, Handzettel, Beilagen, Inserts
Preispolitik	z.B. Rabatte, Sonderangebote
Vertriebspolitik	z.B. Displays, Zweitplatzierungen
Produktpolitik	z.B. Produktzugaben, Aktionspackungen

Schaubild III-C-2: Einordnung von Verkaufsförderung in den Marketingmix (Gedenk 2002, S. 13)

dass auch Maßnahmen einbezogen werden, die sich auf das eigene Verkaufspersonal richten (*Pflaum/Eisenmann/Linxweiler* 2000, S. 16 ff.; *Kotler/Bliemel* 2007, S. 995 ff.; *Meffert* 2008, S. 721; *Liebmann/Zentes* 2008, S. 530) oder vorrangig anderen Bereichen des absatzpolitischen Instrumentariums zuzuordnen sind. Im Folgenden stehen deshalb nur solche Aufgaben und Maßnahmen der Verkaufsförderung im Mittelpunkt, die sich auf die Erreichung kommunikativer Zielsetzungen am Markt konzentrieren. Auf diese Art und Weise wird gleichzeitig eine deutlichere Abgrenzung verkaufsfördernder Maßnahmen vorgenommen (*Gedenk* 2002, S. 11).

> **Verkaufsförderung** – auch „Sales Promotions" genannt – bedeutet die Analyse, Planung, Durchführung und Kontrolle meist zeitlich befristeter Maßnahmen mit Aktionscharakter, die das Ziel verfolgen, auf nachgelagerten Vertriebsstufen durch zusätzliche Anreize Kommunikations- und Vertriebsziele eines Unternehmens zu erreichen.

Bei dieser begrifflichen Fassung der Verkaufsförderung ist von besonderer Bedeutung, dass es sich im Regelfall um **zeitlich begrenzte Aktionen** handelt (*Bänsch* 1993, S. 566; *Pflaum/Eisenmann/Linxweiler* 2000, S. 15; *Gedenk* 2002, S. 11). Durch die flexiblen und schnellen Einsatzmöglichkeiten derartiger Aktionen sowie durch die damit verbundenen kurzfristig erzielbaren Kommunikationswirkungen erscheint der Einsatz der Verkaufsförderung in besonderem Maße dazu geeignet, kurzfristige „Kurskorrekturen" in der unternehmerischen Kommunikationsarbeit vorzunehmen. Dies geschieht, indem das Leistungsprogramm des Unternehmens durch **zusätzliche Anreize** ergänzt wird, so dass die Maßnahmen der Verkaufsförderung als erweiterte Angebotsleistungen zu charakterisieren sind (*Cristofolini* 1995, S. 2566). Die bestehenden Produkt- und Leistungseigenschaften werden durch den Einsatz verkaufsfördernder Aktivitäten demnach mit einem Zusatznutzen versehen. Dabei werden die Leistungen der Verkaufsförderung **personen- und/oder sachbezogen** erbracht. Die personenbezogene Leistungserbringung erfolgt beispielsweise durch Hostessen, Propagandisten, Merchandiser, Dekorateure und/oder Berater. Bei der sachbezogenen Verkaufsförderung werden verkaufsfördernde Aktivitäten über Prospekte, Kostproben, Produktpräsentationen, Displays usw. durchgeführt. Beide Leistungsgruppen sind kurzfristig-temporär und langfristig-permanent einsetzbar (*Cristofolini* 1995, S. 2567). Sie sind allerdings nicht unabhängig voneinander zu betrachten, sondern in gegenseitiger Abstimmung zu planen. So ist die Erbringung sachbezogener Leistungen, wie z. B. die Präsentation eines Schaufensters, vielfach vom Einsatz personenbezogener Verkaufsförderung abhängig, indem beispielsweise Dekorateure die Schaufenstergestaltung durchführen.

1.3 Erscheinungsformen und Typologisierung der Verkaufsförderung

Der Einsatz verkaufsfördernder Aktivitäten richtet sich auf nachgelagerte Vertriebsstufen. Aus dieser **adressatenbezogenen Eingrenzung** lassen sich unmittelbar die **Erscheinungsformen** der Verkaufsförderung ableiten. Im Rahmen einer eher traditionellen Einteilung verschiedener Erscheinungsformen der Verkaufsförderung wird nur die herstellerseitige Verkaufsförderung berücksichtigt, wobei allein eine adressatenbezogene Abgrenzung vorgenommen wird. Dabei zeigt sich, dass die Verkaufsförderung aus Herstellersicht auf zwei Ebenen einzusetzen ist:

(1) Auf Handelsebene (Trade Promotions): Zielgruppen sind hier der Groß- bzw. Einzelhandel.

(2) Auf Endverbraucherebene (Consumer Promotions): Zielgruppe sind hier die Käufer bzw. Verwender von Produkten.

Eine weitere Möglichkeit der Einteilung der Erscheinungsformen der Verkaufsförderung besteht in einer **Klassifikation nach Initiatoren** (*Dölle* 1992, S. 59 ff.). Eine derartige Systematisierung berücksichtigt auch die mittlerweile starke Stellung des Handels, der oftmals ein entscheidender Aktionsträger der Verkaufsförderung ist und nicht selten über das Zustandekommen von Verkaufsförderungsaktivitäten entscheidet. Es werden demnach folgende Erscheinungsformen der Verkaufsförderung unterschieden (*Pflaum/Eisenmann* 1993, S. 5 f.):

- Verkaufsförderungsaktivitäten, die ausschließlich auf Initiative des Herstellers zustande kommen,

- Verkaufsförderungsaktivitäten, die auf Initiative verschiedener Hersteller zustande kommen (Gemeinschafts- bzw. Verbund-Promotions),

- Verkaufsförderungsaktivitäten, die auf Initiative des Herstellers unter Mitwirkung des Handels zustande kommen,

- Verkaufsförderungsaktivitäten, die ausschließlich auf Initiative des Handels zustande kommen,

- Verkaufsförderungsaktivitäten, die auf Initiative des Handels unter Mitwirkung des Herstellers zustande kommen.

Gemäß der zugrunde liegenden Definition der Verkaufsförderung ist es jedoch zweckmäßiger, für die Erscheinungsformen der Verkaufsförderung eine **Systematisierung anhand von Absender und Adressat** vorzunehmen und sie auf diesem Wege näher zu kennzeichnen. Auf diese Weise lassen sich die Erscheinungsformen der Verkaufsförderung in einen umfassenden Bezugsrahmen integrieren, der gleichzeitig für eine gedankliche Einordnung sämtlicher Verkaufsförderungsaktivitäten herangezogen wird (*Gedenk* 2002, S. 13 ff.; *Belch/Belch* 2008, S. 524 ff.). Schaubild III-C-3 zeigt die Erscheinungsformen der Verkaufsförderung im Konsumgütermarketing im Überblick. Im Folgenden werden diese in ihren Grundzügen erläutert.

Handelsgerichtete Verkaufsförderung durch den Hersteller: Diese Art von Verkaufsförderungsaktivitäten richtet sich ausschließlich auf die Gewinnung der Unterstützung von Handelsbetrieben (*Oehme* 2001, S. 455 f.; *Gedenk* 2002, S. 13 ff.). Hier sind beispielsweise Maßnahmen wie Händlertreffen, -schulungen sowie das Ausrichten von Wettbewerben zwischen den Händlern einzuordnen (Feld 1 in Schaubild III-C-3). Bei der handelsgerichteten Verkaufsförderung geht es primär um eine Erhöhung der Absatzwirkungen. Dies sind zum einen kurzfristige Wirkungen, wie z. B. Umsetzung in konsumentengerichtete Promotions („Pass-Through") sowie Weiterverkauf an andere Händler („Diverting"), und zum anderen langfristige Wirkungen, wie beispielsweise Lagerhaltung („Forward-Buying") oder Listung des Produktes bei den Händlern (*Gedenk* 2002, S. 93). Welche Absatzwirkungen sich tatsächlich beim Handel realisieren lassen, wird durch folgende moderierende Effekte beeinflusst (*Gedenk* 2002, S. 95 f.):

- Promotion-Charakteristika (z. B. Intensität des Einsatzes von Promotions, Unterstützung durch andere Marketingmaßnahmen),

- Produktcharakteristika (z. B. Charakteristika der Produktkategorie oder des Produktes innerhalb der Kategorie),

- Herstellercharakteristika (z. B. Ruf des Herstellers).

Konsumentengerichtete Verkaufsförderung durch den Hersteller: Diese Verkaufsförderungsaktivitäten zielen ausschließlich auf die Erreichung der Endverbraucher ab (*Gedenk* 2002, S. 13 ff.). Dabei ist zu unterscheiden, ob diese Art der Verkaufsförderung direkt und ausschließlich vom Hersteller getragen wird oder ob sie in Zusammenarbeit mit dem Handel

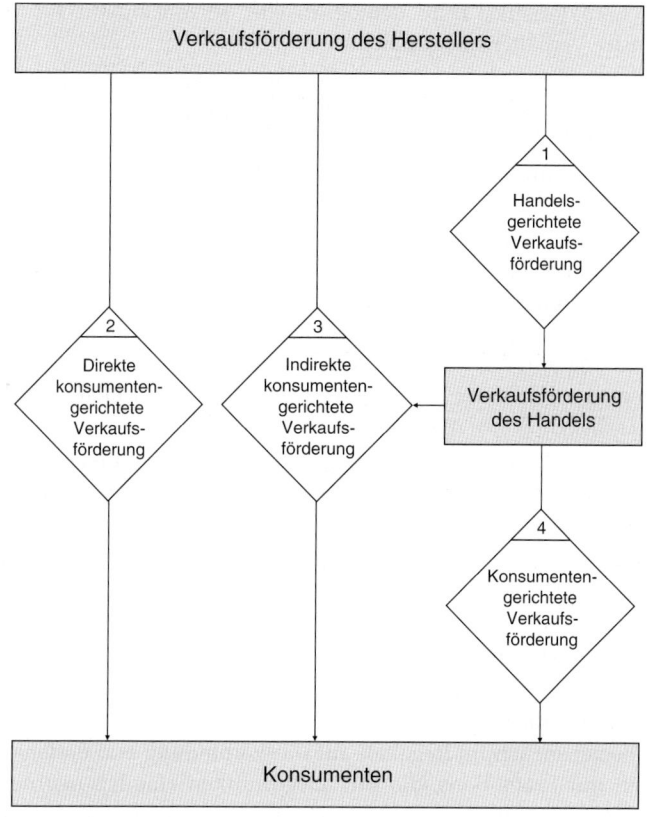

Schaubild III-C-3: Erscheinungsformen der Verkaufsförderung (Bruhn 2010b, S. 228)

indirekt erfolgt. Von einer **direkten konsumentengerichteten Verkaufsförderung** wird gesprochen, wenn der Hersteller seine verkaufsfördernden Aktivitäten außerhalb des Point of Sale durchführt, z. B. durch Gewinnspiele auf der Straße, Versendung von Prospekten oder Gutscheinaktionen (Feld 2). Eine **indirekte konsumentengerichtete Verkaufsförderung** liegt vor, wenn die Verkaufsförderungsaktivitäten in enger Zusammenarbeit mit dem Handel am Point of Sale durchgeführt werden, wie es beispielsweise bei Displaymaterialien, Kostproben und Produktpräsentationen in Einkaufsstätten, Gutscheinaktionen oder Gewinnspielen mit dem Handel gegeben ist (Feld 3). Auch bei der konsumentengerichteten Verkaufsförderung werden kurzfristige und langfristige Absatzwirkungen angestrebt. Zu den kurzfristigen Absatzwirkungen zählen unter anderem Geschäfts- und/oder Produktwechsel, Neukundenakquisition, Mehrkonsum und Kaufakzeleration. Langfristige Absatzwirkungen sind z. B. Produkt- oder Geschäftstreue sowie Kaufakzelerationen engeren Sinne, d. h. die Vorverlegung von Käufen (*Gedenk* 2002, S. 103 ff.). Folgende moderierende Effekte nehmen Einfluss auf die Realisierung dieser Absatzwirkungen (*Gedenk* 2002, S. 113):

- Promotion-Charakteristika (z. B. Intensität und Timing des Einsatzes von Promotions wie etwa Höhe und Häufigkeit von Sonderangeboten),
- Produktcharakteristika (z. B. Charakteristika der Produktkategorie oder des Produktes innerhalb der Kategorie),
- Händlercharakteristika (z. B. Image des Händlers),

- Konsumentencharakteristika (z. B. demografische, sozioökonomische, psychografische oder beobachtbare Verhaltensmerkmale)

In Zusammenhang mit der konsumentengerichteten Verkaufsförderung wird häufig vom „**Merchandising**" gesprochen, obwohl dieser Begriff nicht notwendigerweise auf die Zusammenarbeit von Hersteller und Handel bei der Durchführung verkaufsfördernder Aktivitäten abstellt. Merchandising umfasst neben der Durchführung warenbezogener Verrichtungen in der Verkaufsstelle, wie beispielsweise die verkaufswirksame Warenplatzierung und -präsentation, das Einräumen und Nachfüllen der Waren in die Regale, die typischen Sell-out-Maßnahmen, wie z. B. das Anpreisen der Ware, den Aufbau von Zweitplatzierungen, sowie die Installation von Displaymaterial, Einsatz von Deckenhängern, Verkostungsständen und die Zusammenstellung von Promotion Packs. Merchandising ist damit als eine Teilfunktion der Verkaufsförderung aufzufassen, die die Funktion übernimmt, Waren am Point of Sale wirksam darzubieten und günstig zu platzieren (*Birkigt* 1983, S. 33; *Pflaum/Eisenmann/Linxweiler* 2000, S. 129 f.; *Liebmann/Zentes* 2008, S. 531).

Arbeiten Hersteller bei ihren Verkaufsförderungsaktionen im Rahmen vertikaler Kooperation mit dem Handel zusammen, handelt es sich um **Kooperativ-Promotions**. Ihr Ziel ist es, sowohl das Handelsunternehmen als auch das Herstellerunternehmen bzw. deren Markenartikel im Bewusstsein der Konsumenten zu profilieren (*Pflaum/Eisenmann/Linxweiler* 2000, S. 139 f.; *Gedenk* 2002, S. 14). Dabei werden die indirekten konsumentengerichteten Verkaufsförderungsaktivitäten anhand ihrer **geografischen Ausrichtung** weiter aufgeschlüsselt. Es lassen sich in diesem Zusammenhang drei mögliche Erscheinungsformen unterscheiden (*Pflaum/Eisenmann* 1993, S. 5):

(1) Nationale Verkaufsförderung

Die Aktivitäten beziehen sich im Regelfall auf die Verbindung von national-ausgerichteten Werbekampagnen mit Promotions, die mit ausgewählten Handelsunternehmen durchgeführt werden, wobei beispielsweise Zweitplatzierungen im Handel ein wesentlicher Bestandteil der Kooperation sind.

(2) Regionale Verkaufsförderung

Der Hersteller arbeitet mit ausgewählten Handelsunternehmen einer bestimmten Region, z. B. Nordrhein-Westfalen, zusammen. Hierbei handelt es sich unter anderem um gemeinsame Anzeigenkampagnen oder um eine kundenindividuelle Ansprache am Point of Sale.

(3) Lokale Verkaufsförderung

Hierbei stehen die verkaufsfördernden Aktivitäten im Zeichen einer Zusammenarbeit mit einem lokal tätigen Handelsunternehmen. Die Zusammenarbeit manifestiert sich beispielsweise in einer gemeinsamen Gestaltung von Zeitungsanzeigen oder Plakaten sowie in einer Abstimmung des Kommunikationsverhaltens am Point of Sale (*Geisthövel* 1992, S. 62 f.).

Neben der Durchführung von Kooperativ-Promotions im Rahmen einer vertikalen Kooperation sind auch **Verbund-Promotions** im Rahmen einer horizontalen Kooperation verschiedener Hersteller möglich, die sich sowohl an Konsumenten als auch an Absatzmittler richten (*Pflaum/Eisenmann/Linxweiler* 2000, S. 139 f.; *Gedenk* 2002, S. 14 f.). Als Gründe für konsumentengerichtete Verbund-Promotions lassen sich vor allem die in den letzten Jahren wachsenden Marktanteile von Handelsmarken anführen. Ziel ist es, dieser Entwicklung durch einander abwechselnde Verkaufsförderungsaktionen verschiedener Herstellermarken im Rahmen einer horizontalen Kooperation entgegenzuwirken. Beispiele für Verbund-Promotion sind in den Inserts III-C-1 und III-C-2 dargestellt, die über eine Verbund-Promotion von *Coca-Cola* und *Nestlé* für die Marke *Nestea* sowie über eine Verbund-Promotion der schwedischen Textilkette *H&M* und der Modedesignerin *Sonia Rykiel* informieren.

GETRÄNKEMARKT TV-Spot kommuniziert Relaunch und PET

Coca-Cola forciert Nestea

ESSEN Coca-Cola begleitet ab Juni mit einer massiven TV-Kampagne den Relaunch der Marke Nestea, die gemeinsam mit Nestlé vermarktet wird. Im Mittelpunkt steht die Einführung der neuen Produkte Nestea Waldfrucht und Nestea Grüner Apfel sowie der neuen 0,5- und 1,5-Liter-PET-Flaschen.

Mit einem knapp zweistelligen Millionen-Euro-Betrag für TV, Print und Promotions am Point of Sale will der Getränkehersteller das zuletzt stagnierende Premiumsegment bei Eistee beleben und mittelfristig eine Führungsposition unter den Eistee-Marken einnehmen. Betreuende Agentur der Kampagne mit dem Claim „Genieße die kleinen Freuden des Lebens" ist Springer & Jacoby in Hamburg. Die Agentur setzte sich Ende vergangenen Jahres nach einem Pitch gegen die italienische Agentur Lowe Pirella durch. Die Kampagne soll dabei zusätzlich kommunizieren, dass die PET-Flaschen pfandfrei sind. Hintergrund: Im vergangenen Jahr wuchs das Eistee-Segment laut AC Nielsen nach zweijähriger Stagnation zwar um rund 13 Prozent, doch profitierten von dem Aufschwung vor allem Handelsmarken, regionale Hersteller und die Discounter. Überdurchschnittlich erfolgreich waren dabei pfandfreie Varianten im Getränkekarton. Diese Entwicklung ging zusätzlich zulasten von Premiumanbietern wie Nestea.

Marktführer in Deutschland ist im Segment Eistee der österreichische Getränkehersteller Pfanner (Ice Tea). Der Marktanteil des Familienunternehmens liegt bei rund 15 Prozent. Härteste Mitbewerber sind derzeit Lipton von Unilever mit knapp 10 Prozent und Punica von Procter & Gamble mit rund 6 Prozent Marktanteil. *ork*

Insert III-C-1: Beispiel einer Verbund-Promotion für Konsumgüter (Kolbrück 2003)

H&M startet Kampagne für Dessouskollektion von Sonia Rykiel

GALERIE: H&M-KAMPAGNE
FÜR SONIA RYKIEL DESSOUS

Nach Star-Modemacher Matthew Williamson und High-Heel-Gestalter Jimmy Choo bringt H&M pünktlich zum Weihnachtsgeschäft eine weitere exklusive Kollektion in seine Läden. Ab dem 5. Dezember gibt es die **'Sonia Rykiel pour H&M'**-Range beim schwedischen Moderiesen. Die Wäschekollektion der französischen Modeschöpferin umfasst Dessous, Nachthemden, Bodys und Korsagen.

Die Modekette bewirbt die Kooperation in Print, Online und Outdoor - zum Beispiel mit City Light Poster. Für die Kreation der Kampagne zeichnet die inhouse-Agentur **Red Room** in Stockholm verantwortlich. Die Mediaschaltung übernahm **Mediaedge CIA** in Hamburg.

Die Lingerie-Kollektion ist weltweit in 1.500 H&M-Filialen sowie 8 Sonia-Rykiel-Stores erhältlich. Am 20. Februar gibt es die zweite Auflage der Zusammenarbeit. Dann kommt eine exklusive Damen-Strick-Kollektion der Designerin in die Läden - allerdings in limitierterer Form und lediglich in 400 ausgewählten Filialen. *jm*

Insert III-C-2: Beispiel einer Verbund-Promotion in der Textilbranche (Horizont 2009)

Beispiel: Verbund-Promotion von *Audi* mit *Lufthansa* und *Europcar*
Auf innerdeutschen *Lufthansaflügen* bekamen Passagiere der Business Class vor der Landung eine silberfarbige Schachtel überreicht, in der sich ein detailgetreues *Audi* TT Modell befand sowie ein Stück Schokolade „als kleiner Vorgeschmack". Insgesamt wurden auf den *Lufthansa*-Flügen 2.000 Boxen verteilt. Auch mit *Lufthansa* hatte *Audi* eine Verbund-Promotion durchgeführt, an der auch *Europcar* beteiligt war. Wer bei *Europcar* einen *Audi* TT mietete, dem wurden hierfür 3.000 *Lufthansa*-Prämienmeilen gutgeschrieben. Wurde hingegen mit einer Postkarte eine Testfahrt bei einem *Audi*-Partner vereinbart, so erhielt der potenzielle Käufer 1.000 Meilen. *Audi* schaffte mit diesen Verbund-Promotion einen außergewöhnlich hohen Rücklauf von 20 Prozent (*Kloss* 2007, S. 547).

Konsumentengerichtete Verkaufsförderung durch den Handel: Verkaufsfördernde Aktivitäten werden nicht nur von Herstellern durchgeführt, sondern auch Absatzmittler ziehen angesichts der steigenden Wettbewerbsintensität auf Handelsebene zunehmend eigene konsumentengerichtete Verkaufsförderung in Erwägung (Feld 4 in Schaubild III-C-3). Dies äußert sich unter anderem in der Bereitstellung audiovisueller Informationen am Point of Sale, dem Einsatz von Ladenfunk, Instore-Radio, POS-TV, der Nutzung handelseigener Verkaufsförderungsträger, wie Parkplatzplakaten, Verkostungen und Vorführungen durch den Handel, Laden- und Schaufenstergestaltung, Dekorationen.

Analog zur Verkaufsförderung von Herstellern entschließen sich vielfach auch Händler, die Ausrichtung ihrer verkaufsfördernden Aktivitäten in Zusammenarbeit mit einem Partner durchzuführen. Auch hier ist zwischen **Kooperativ-Promotions** im Rahmen einer vertikalen Kooperation mit Herstellern und **Verbund-Promotions** im Zuge einer horizontalen Kooperation mit einen oder mehreren Händlern zu unterscheiden. Die einzelnen Kooperationsformen zwischen Hersteller und Händler sind in Schaubild III-C-4 dargestellt.

In Anlehnung an die oben aufgezeigten Erscheinungsformen ist es zweckmäßig, auch den **Gegenstand der Verkaufsförderung** aus Sicht der Aktionsträger in differenzierter Art und Weise offen zu legen.

Aus **Herstellersicht** geht es im Rahmen der absatzmittlergerichteten Verkaufsförderung (Trade Promotions) vorrangig um die kommunikative Unterstützung des **Hineinverkaufs** in den Handel (Sell-in-Maßnahmen). Vielfach sind die verkaufsfördernden Aktivitäten dieser Art Teil einer **Push-Strategie**, bei der es darum geht, durch eine intensive handelsgerichtete Marktbearbeitung die Listung der Herstellermarke zu erreichen bzw. eine Auslistung zu verhindern. Beispiele für solche Sell-in-Maßnahmen sind Rabatte, Weiterbildungsmaßnahmen,

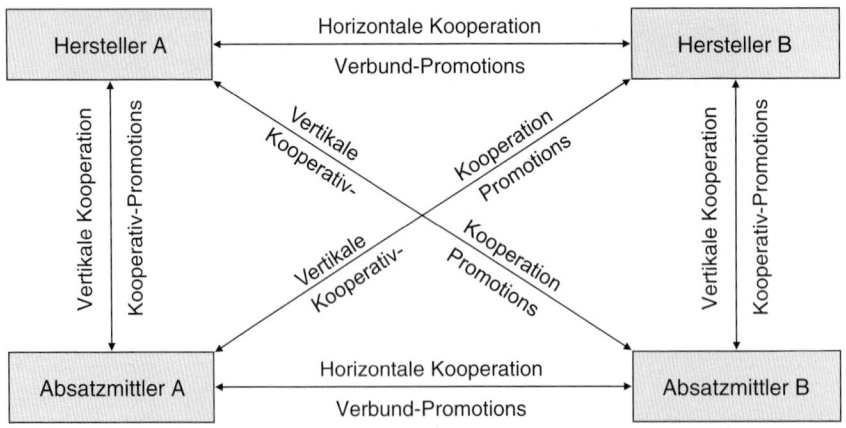

Schaubild III-C-4: Kooperativ-Promotions und Verbund-Promotions

Dekorationsservices oder Ladenbaukonzepte, Händlerwettbewerbe oder Zweitplatzierungen (*Pflaum/Eisenmann/Linxweiler* 2000, S. 134 ff.). Bei der (indirekten) konsumentengerichteten Verkaufsförderung (Consumer Promotions) hingegen geht es in erster Linie um den **Hinaus-verkauf** aus dem Handel (Sell-out-Maßnahmen). Zu diesen Sell-out-Maßnahmen gehören z. B. Zweit- oder Sonderplatzierungen, Displays, Gewinnspiele und Sampling-Aktionen. Hier sind die verkaufsfördernden Aktivitäten oftmals Bestandteil einer **Pull-Strategie**, deren vorrangige Zielsetzung es ist, über die Auslösung konsumentenbezogener Nachfrage die eingeschalteten Absatzmittler zu veranlassen, sich mit der Herstellermarke zu bevorraten (*Nieschlag/ Dichtl/Hörschgen* 2002, S. 992).

Aus **Sicht der Absatzmittler** geht es bei der Durchführung von Verkaufsförderungsmaßnahmen primär um die **kommunikative Unterstützung** des eigenen Abverkaufs sowie um die Realisierung genereller und vertriebsschienenspezifischer Profilierungswünsche.

Hersteller und Handel streben somit über ihre Promotionaktivitäten letztlich eine Maximierung ihrer Gewinne an. Daraus ergeben sich jedoch **Zielkonflikte**, da nicht sämtliche Maßnahmen für beide Parteien gleichermaßen vorteilhaft sind (*Gedenk* 2002, S. 112). So profitiert beispielsweise ein Hersteller von einem Markenwechsel der Konsumenten zu seinen Gunsten. Für den Handel bedeutet dies jedoch nicht unbedingt einen Mehrgewinn, wenn der Markenwechsel auf Sonderangebote zurückgeht. Vice versa ist ein Geschäftswechsel für einen Händler vorteilhaft, nicht jedoch zwangsläufig für den Hersteller.

2 Der Markt für Verkaufsförderung

Im Zuge der marktbezogenen Entwicklungstendenzen der Mediawerbung sind auch im Markt für Verkaufsförderung in den letzten Jahren einschneidende strukturelle Veränderungen zu beobachten. Angesichts der Entwicklungsdynamik sowie der Vielschichtigkeit des Verkaufsförderungsmarktes ist es erforderlich, die Faktoren und Einflussgrößen der Marktstruktur zu ordnen, um die Voraussetzungen einer systematischen, gleichzeitig jedoch differenzierten Marktbeschreibung zu gewährleisten. Zur Systematisierung der Marktstruktur wird dabei im Folgenden zwischen angebots- und nachfrageorientierten Strukturkomponenten unterschieden, die in enger wechselseitiger Beziehung zueinander stehen.

2.1 Marktteilnehmer der Verkaufsförderung

2.1.1 Angebotsorientierte Aspekte der Verkaufsförderung

Auf Seite des **Verkaufsförderungsangebotes** interessiert zunächst die **Bedeutung**, die Hersteller und Händler der Verkaufsförderung beimessen. Hier zeigen unterschiedliche Studien, dass die Verkaufsförderung als Kommunikationsinstrument in den letzten Jahren kontinuierlich an Bedeutung gewonnen (*FreyBeaumont-Bennett* 1998; *Combera GmbH* 2003; *Gesellschaft für Konsumforschung AG (GfK)* 2003). Sie wird von Herstellern und Absatzmittlern mittlerweile in mannigfaltiger Art und Weise zur Lösung vielfältiger kommunikativer Aufgabenstellungen eingesetzt.

Eine weitere situative Komponente der angebotsseitigen Marktstruktur stellt der Grad der **Zusammenarbeit mit Verkaufsförderungsagenturen** dar. So lässt sich die Einschätzung der Verkaufsförderung im Hinblick auf ihre speziellen Aufgabenstellungen auch daran ablesen, ob und inwieweit die kommunikationstreibenden Unternehmen mit Verkaufsförderungs-

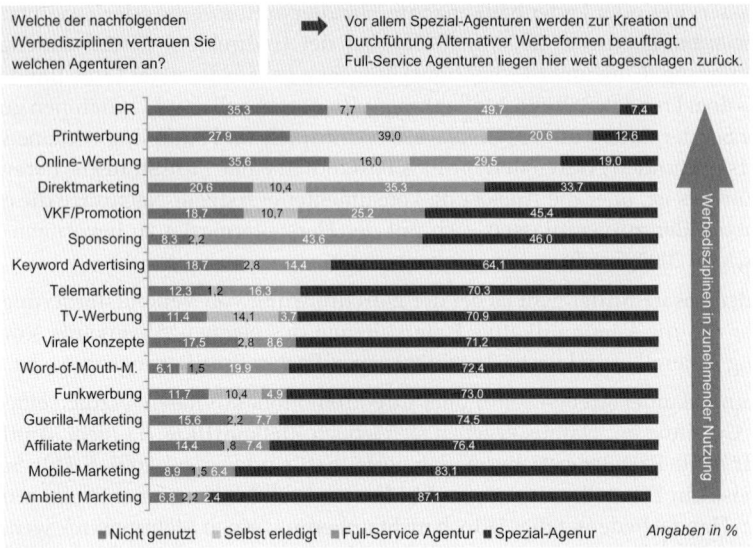

Schaubild III-C-5: Nutzung von Werbe- und Agenturformen im Vergleich 2007 vs. 2005/2003
(Gesellschaft für Konsumforschung AG (GfK) 2007, S. 4)

agenturen zusammenarbeiten. Die Basis für eine derartige Zusammenarbeit wird im Regelfall durch eine getrennte Etatplanung für Werbung und Verkaufsförderung gegeben. Eine differenzierte Veranschaulichung der Nutzung von Werbe- und Agenturformen im Vergleich 2007 vs. 2005 und 2003 liefert Schaubild III-C-5.

Gemeinsam mit anderen Herstellern bzw. eingeschalteten Absatzmittlern veranstaltete Verkaufsförderungsaktionen eröffnen Synergiepotenziale und sind damit vielfach Voraussetzungen für positive Kosten-Nutzen-Relationen beim Einsatz verkaufsfördernder Aktivitäten. Es ist daher im Rahmen einer angebotsseitigen Beschreibung der Marktstruktur offen zu legen, inwieweit horizontale und vertikale **Kooperativ-Promotions** im Markt durchgeführt werden. Dabei ist festzustellen, dass horizontale Kooperativ-Promotions bislang nur von der Hälfte der befragten Hersteller eingesetzt wurden, während 74 Prozent schon mindestens einmal vertikale Kooperativ-Promotions mit eingeschalteten Absatzmittlern durchgeführt haben (Schaubild III-C-6).

Neben den genannten angebotsseitigen Strukturmerkmalen des Verkaufsförderungsmarktes ist auch von Interesse, welche **Verkaufsförderungsmaßnahmen** von den kommunikationstreibenden Unternehmen schwerpunktmäßig eingesetzt werden, um Verkaufsförderungsziele zu erreichen. Die eingesetzten Verkaufsförderungsmaßnahmen stehen dabei im Zeichen der wachsenden Bedeutung einer direkten Kundenansprache sowie der Ausweitung der informationstechnologischen Möglichkeiten. So ist der Einsatz elektronischer Medien mittlerweile zu einem zentralen Bestandteil des Verkaufsförderungsmix geworden. In der herrschenden Praxis wird jedoch dem Einsatz von Handzetteln, gefolgt von Verkostungen, die höchste Bedeutung beigemessen (*Eurohandelsinstitut* 2003b). Insgesamt lässt sich festhalten, dass die kommunikationstreibenden Unternehmen über alle Branchen hinweg eine Vielzahl verschiedener Verkaufsförderungsmaßnahmen durchführen, um damit auf allen Ebenen der Notwendigkeit einer Intensivierung der Kundenbindung Rechnung zu tragen.

Anders als die Werbebranche verfügt die Verkaufsförderung über keine eigenständige **Verbandsstruktur**. Viele verkaufsfördernde Aktivitäten sind in den *Zentralausschuss der Werbewirt-*

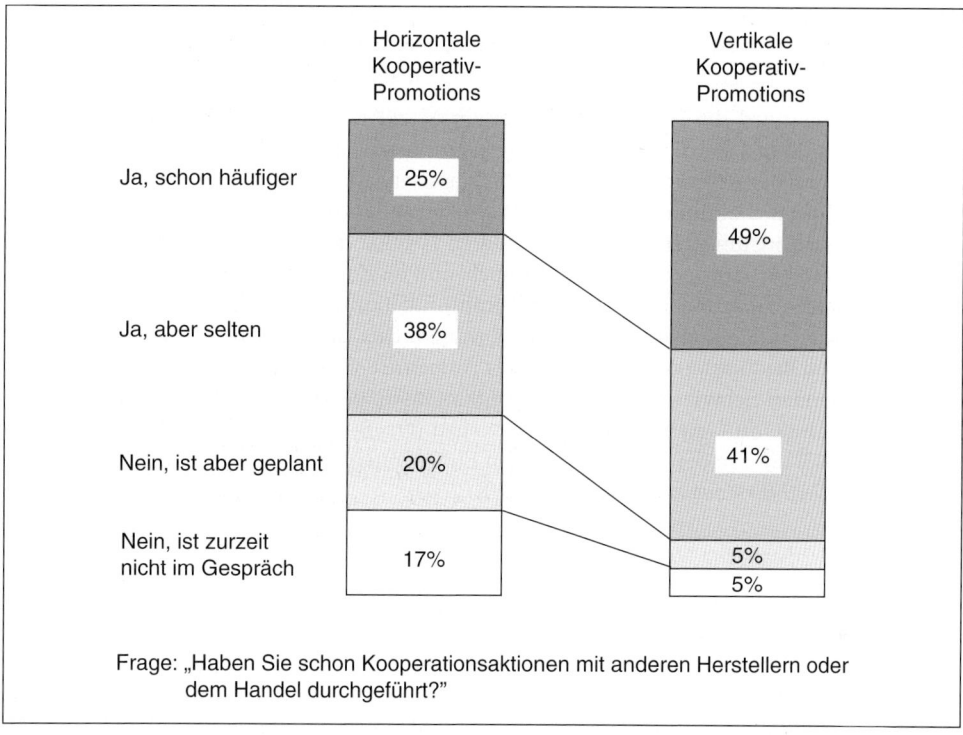

Frage: „Haben Sie schon Kooperationsaktionen mit anderen Herstellern oder dem Handel durchgeführt?"

Schaubild III-C-6: Horizontale und vertikale Kooperativ-Promotions
(in Anlehnung an FreyBeaumont-Bennett 1998, S. 101, 107)

schaft (ZAW) verbandsmäßig eingebunden. Andere zentrale Interessenverbände sind der *Bund Deutscher Schauwerbegestalter Zentralverband/Visual Merchandiser e.V.* und der *BDVT – Berufsverband der Verkaufsförderer und Trainer e.V.* Es erscheint jedoch angesichts der hohen Bedeutung der Verkaufsförderung im Kommunikationsmix vieler Unternehmen sinnvoll, künftig auch über eine eigenständige verkaufsförderungsbezogene Verbandsinfrastruktur nachzudenken.

2.1.2 Nachfrageorientierte Aspekte der Verkaufsförderung

Im Rahmen einer näheren Kennzeichnung der **nachfrageorientierten Struktur** des Verkaufsförderungsmarktes bietet es sich an, eine weitere marktteilnehmerbezogene Unterteilung in eine konsumenten- und handelsbezogene Nachfragestruktur vorzunehmen.

2.1.2.1 Konsumentenbezogene Nachfragestruktur

Die **konsumentenbezogene Nachfragestruktur** des Verkaufsförderungsmarktes ist eng verbunden mit dem **Kaufverhalten** der Verbraucher; insbesondere da dieses in hohem Maße durch Impulskäufe gekennzeichnet ist. Je nach Produktgruppe werden bis zu 70 Prozent der Kaufentscheide ungeplant am Point of Sale getroffen (*FreyBeaumont-Bennett* 1995, S. 42; *Däuber* 1996, S. 74; *Popai (Point of Purchase Advertising Institute)* 1999). Ursache sind vielfach unbewusste Gedächtnisinhalte, die erst über eine Stimulation durch Verkaufsförderungsaktivitäten am Point of Sale wachgerufen werden. Nach den Ergebnissen einer Verbraucherbefragung achten über 75 Prozent der Konsumenten beim Einkauf auf Sonderangebote, Werbemittel und/oder

Verkaufsförderungsaktionen (*UGW AG* 2008). Mehr als ein Drittel der Befragten lässt sich dabei von Zeit- oder Sonderplatzierungen verführen, über Personal-Promotion lassen sich mehr als die Hälfte der Konsumenten zumindest ab und zu als Käufer gewinnen.

Darüber hinaus wird die Nachfragestruktur im Markt für Verkaufsförderung durch Entwicklungen im Markt für die Mediawerbung beeinflusst. Die ständig zunehmende Informationsüberlastung der Konsumenten durch die klassische Mediawerbung führt zu stetig steigenden Ablehnungshaltungen gegenüber Werbereizen. Dies hat zur Konsequenz, dass die **Akzeptanz** der Konsumenten gegenüber anderen Formen der kommunikativen Ansprache, z. B. der Verkaufsförderung, zunimmt. Dennoch sind im Zuge eines verstärkten Verkaufsförderungseinsatzes auch gegenüber diesen Kommunikationsaktivitäten bereits erste Verweigerungshaltungen der Konsumenten zu beobachten. Dies äußert sich beispielsweise in der Platzierung von Briefkastenaufklebern mit der Aufschrift „Bitte keine Reklame einwerfen", in den zunehmenden Schwierigkeiten kommunikationstreibender Unternehmen, Konsumenten zur Teilnahme an Gewinnspielen zu bewegen (*FreyBeaumont-Bennett* 1995; *Idee & Kommunikation* 2003) oder in den oftmals geringen Einlöseraten von Coupons (*Eurohandelsinstitut* 2003a; *Gesellschaft für Konsumforschung AG (GfK)* 2003).

2.1.2.2 Handelsbezogene Nachfragestruktur

Bei der handelsbezogenen Nachfragestruktur ist insbesondere auf die im Zuge der wachsenden **Handelskonzentration** ansteigende Handelsmacht hinzuweisen. Damit verbunden ist ein hohes eigenorientiertes Anspruchsdenken eingeschalteter Absatzmittler an die herstellerseitigen Verkaufsförderungsmaßnahmen. So hängt die Gewährung des Einsatzes verkaufsfördernder Maßnahmen in Einkaufsstätten durch den Handel immer häufiger in entscheidendem Maße davon ab, inwieweit die geplanten herstellerseitigen Promotions zur Realisierung eigener (handelsbezogener) Ziele beitragen. Vor allem die Durchführung verkaufsfördernder Aktivitäten innerhalb so genannter „Integrierter Handelssysteme" (*Ahlert* 2002, S. 114), wie *Tengelmann*, *Asko* usw., ist vielfach in besonderem Maße problembehaftet. Die Handelsmacht ist hier als ausgesprochen hoch einzustufen und das kommunikationstreibende Unternehmen ist oftmals gezwungen, bei der Ausrichtung vieler Verkaufsförderungsaktivitäten entweder erhebliche Zugeständnisse zu machen oder die entsprechenden Maßnahmen nicht durchzuführen und die daraus folgenden Konsequenzen zu tragen.

2.2 Volumen des Marktes für Verkaufsförderung

Aufgrund den in der Praxis vorherrschenden unterschiedlichen Auffassungen, welche kommunikativen Aktivitäten der Verkaufsförderung zu subsumieren sind, ist die Höhe des (gesamten) **Investitionsvolumens** in den Einsatz verkaufsfördernder Aktivitäten nur schwer abschätzbar. Verschiedene Unternehmen subsumieren der Verkaufsförderung unterschiedliche Aktivitäten, so dass die Aussagekraft einer Zahl zum gesamten Investitionsvolumen als sehr gering einzuschätzen ist. Um dennoch Hinweise bezüglich der Verkaufsförderungsausgaben deutscher Unternehmen zu erhalten, erscheint es sinnvoll, unabhängig von den absoluten Zahlen den derzeitigen **Anteil der Verkaufsförderung** an den Gesamtausgaben der Kommunikation offen zu legen. Dies gibt Aufschluss über den (budgetbezogenen) Stellenwert der Verkaufsförderung. Nach den Ergebnissen einer Studie der *GfK* und *Wirtschaftswoche* findet die Verkaufsförderung bei der Allokation des Kommunikationsbudgets die zweitstärkste Berücksichtigung. Hinter der Kategorie klassische Werbung beträgt ihr Anteil – wie in Schaubild III-C-7 gezeigt – durchschnittlich 18 Prozent der gesamten Kommunikationsausgaben

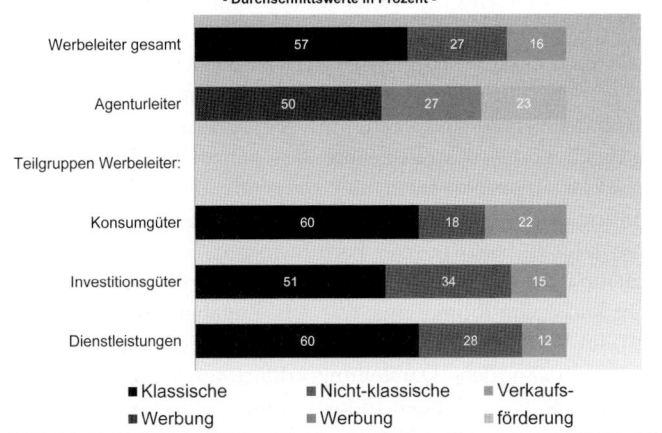

- Durchschnittswerte in Prozent -

	Klassische Werbung	Nicht-klassische Werbung	Verkaufs- förderung
Werbeleiter gesamt	57	27	16
Agenturleiter	50	27	23
Teilgruppen Werbeleiter:			
Konsumgüter	60	18	22
Investitionsgüter	51	34	15
Dienstleistungen	60	28	12

■ Klassische Werbung ■ Nicht-klassische Werbung ■ Verkaufs-förderung

Basis (gesamt): 150 Werbeleiter, 31 Agenturleiter; 50 Werbeleiter Konsum-, 50 Werbeleiter Investitionsgüter, 50 Dienstleistungen; gewichtet, Agenturleiter schätzen Aufteilung des Kommunikationsbudgets ihrer Kunden

Schaubild III-C-7: Aufteilung des Kommunikationsbudgets in Unternehmen
(GfK AG/Wirtschaftswoche 2006, S. 16)

(*GfK AG/Wirtschaftswoche* 2006, S. 16). Zu ähnlichen Ergebnissen gelangt eine Unternehmens-, Handels- und Agenturbefragung des *Eurohandelsinstitutes*, nach der der Anteil der Verkaufsförderung am Kommunikationsbudget in der Konsumgüterbranche etwa 16 Prozent beträgt (*Eurohandelsinstitut* 2003b). Des Weiteren ist zu beobachten, dass der Anstieg von Verkaufsförderungsbudgets in Unternehmen in den letzten Jahren insbesondere zu Lasten von Aktivitäten der Mediawerbung gegangen ist (*Combera GmbH* 2003, S. 20; *Möhlenbruch/Kotschi* 2003). Die **Anzahl der Verkaufsförderungsaktionen** betrachtend werden nach dem POS-Marketing-Report 2002/2003 etwa 3.000 Verkaufsförderungsmaßnahmen im bzw. mit dem Handel in Deutschland verwirklicht. Dafür geben Hersteller (exklusive Preisreduktion oder Platzgebühren) rund 2 Mrd. EUR pro Jahr aus (*UGW AG* 2008).

Beispiel: Ausgaben für die Verkaufsförderung bei *Bacardi*

Das Unternehmen *Bacardi Deutschland GmbH* stellte im Jahre 2002 für seine Marke *Martini Prosecco* ein Verkaufsförderungsbudget im siebenstelligen Bereich zur Verfügung (2002). Des Weiteren vergab *Bacardi Deutschland* im Jahre 2003 ein Budget im siebenstelligen Bereich für das Getränk *Bacardi Rigo*, um eine Gastronomie-Personal-Promotion-Aktion sowie einen Foto-Contest im Internet zu realisieren. Für die Förderung des Abverkaufs der Marken *Martini* und *Martini Prosecco* wurden darüber hinaus Verkostungen durchgeführt.

Weiteren Aufschluss über das Volumen des Marktes für Verkaufsförderung gibt eine **branchenspezifische Betrachtung**. Innerhalb des **Konsumgütersektors** ist der Stellenwert der Verkaufsförderung nach wie vor am größten. Dies ist insbesondere auf die Vielfalt an Einsatzmöglichkeiten insbesondere für indirekte verkaufsfördernde Aktivitäten zurückzuführen, die sich aus mehrstufigen und mehrgleisigen Vertriebssystemen ergeben. Für Hersteller bestehen angesichts einer nicht selten hohen Anzahl eingeschalteter Absatzmittler vielfältige Möglichkeiten einer indirekten Verkaufsförderung. Darüber hinaus wird das betreffende Produkt häufig auch auf Initiative der eingeschalteten Absatzmittler in mannigfaltiger Art und Weise kommunikativ unterstützt.

Der Stellenwert der Verkaufsförderung im **Industriegütersektor** ist (noch) als eher gering einzustufen. Dies wird dadurch deutlich, dass viele Unternehmen im Industriegütersektor die Verkaufsförderung nur partiell und vielfach unbewusst einsetzen. Hierin spiegelt sich vorrangig die Erklärungsbedürftigkeit vieler Industriegüter wider, der vorrangig über den Einsatz Persönlicher Kommunikation Rechnung getragen wird. Daher sind im Industriegütersektor oftmals auch einfache eingleisige Vertriebssysteme (direkter Vertrieb oder einstufig indirekter Vertrieb) antreffbar (vgl. vertiefend *Backhaus/Voeth* 2009, S. 377 ff.), die das Aktivitätenspektrum der Verkaufsförderung im Vergleich zum Konsumgütersektor deutlich einschränken. Dennoch ist davon auszugehen, dass der Stellenwert der Verkaufsförderung im Industriegütersektor angesichts auch hier steigender Konkurrenzintensität zunehmen wird. Die Ausrichtung der Verkaufsförderung für Industriegüter wird jedoch im Vergleich zum Konsumgütersektor in modifizierter Form erfolgen. So stehen aufgrund der vielfach hohen Komplexität und der damit verbundenen Erklärungsbedürftigkeit von Industriegütern meistens nicht klassische Promotions, wie z. B. Zugaben, Preisausschreiben oder etwa Gutscheinaktionen, im Vordergrund. Vielmehr wird sich die Verkaufsförderung auf die Information, Beratung, verständliche Darstellung erklärungsbedürftiger Produkte sowie auf die Nutzenvermittlung des betreffenden Industriegutes richten. Einzusetzende Instrumente für Trade Promotions, also für den Hineinverkauf in den Handel – hier zumeist als Produktionsverbindungshandel bezeichnet – sind beispielsweise Rabatte, Weiterbildungsmöglichkeiten, Incentive-Maßnahmen für den Handel sowie kooperative Promotions zwischen Hersteller und Fachhandel. Für den Hinausverkauf bieten sich hingegen Vorführungen der Produkte im Laden oder im Freigelände sowie Hausausstellungen des Handels mit Beteiligung der Hersteller und Kunden an (*Pflaum/Eisenmann/Linxweiler* 2000, S. 160). Als mögliche Verkaufsförderungsmaßnahmen auf Endverbraucherebene sind vertrauensbildende Prospekte, wie z. B. Imageprospekte oder Referenzprospekte, verkaufsorientierte Prospekte, wie z. B. Produktprospekte oder Kundenzeitschriften sowie Produktfilme, Werbegeschenke, Besuche von Referenzanlagen u. a. m. einzusetzen (*Pflaum/Eisenmann/Linxweiler* 2000, S. 160 f., 167 f.).

Generell werden auch im **Dienstleistungssektor** Maßnahmen zur Händlerwerbung eingesetzt, z. B. Schulungsprogramme für Absatzmittler, Bereitstellung von Dekorationsmaterial und Displays, Gestaltung von Tagungsräumen u. a. m. Für Maßnahmen zur Endverbraucherwerbung stehen ebenfalls verschiedene Prospektarten, wie z. B. Produktprospekte, Themenbroschüren oder Zielgruppenprospekte, Gewinnspiele u. a. m. zur Auswahl (*Pflaum/ Eisenmann/Linxweiler* 2000, S. 175 f.). Aufgrund der großen Spannweite des Dienstleistungssektors erscheint ein derart allgemeines Aufzeigen des branchenbezogenen Stellenwertes der Verkaufsförderung allerdings keine situationsadäquate Vorgehensweise. Vielmehr ist der Stellenwert der Verkaufsförderung unternehmensspezifisch zu ermitteln, da er in hohem Maße von der Art der zu erbringenden Dienstleistung abhängt. So ist die Bedeutung der Verkaufsförderung im Dienstleistungsbereich besonders vom Grad der Integration des externen Faktors sowie der zeitlichen Diskrepanz zwischen Leistungsversprechen und Dienstleistungserstellung abhängig (*Meffert/Bruhn* 2009, S. 463 ff.). Allgemein lässt sich festhalten, dass, je höher der **Integrationsgrad** des externen Faktors ist bzw. je weiter Leistungsversprechen und Dienstleistungserstellung zeitlich auseinanderliegen, desto höher fällt die Bedeutung der Verkaufsförderung in der jeweiligen Dienstleistungsbranche aus. Für einen Lebensmittelkonzern, bei dem POS-Verkostungsaktionen oder auch POS-Gewinnspiele durchgeführt werden, ist die Bedeutung der Integration des externen Faktors beispielsweise wesentlich höher als für den Anbieter von Autoreparaturen, bei dem der Kunde allenfalls in geringer Intensität in die Dienstleistungserstellung eingebunden ist. Für einen Reiseveranstalter, bei dem Leistungsversprechen und Dienstleistungserstellung zeitlich auseinanderliegen, ist der Stellenwert der Verkaufsförderung ebenfalls relativ hoch, da ihm dies vielfältige Möglichkeiten eröffnet, mittels verkaufsfördernder Aktivitäten Konsumenten von der

Inanspruchnahme seiner Dienstleistung zu überzeugen. Die Kundenansprache erfolgt hier sowohl über den Einsatz direkter als auch indirekter Verkaufsförderung in Richtung eingeschalteter Absatzmittler (z. B. Reisebüros), beispielsweise über das Bereitstellen von Katalogen, Displays oder Deckenhängern für den Verkaufsraum. In einer Dienstleistungsbranche, in der Leistungsversprechen und Dienstleistungserstellung zeitlich zusammenfallen oder zumindest nahe beieinander liegen, wie z. B. in der Gastronomie, entfällt hingegen die Möglichkeit der Durchführung von Trade Promotion. Durch den begrenzten Einsatz möglicher Absatzmittler bleibt der Einsatz der Verkaufsförderung vielfach auf die Durchführung von Consumer Promotions begrenzt, womit gleichzeitig auch ein niedrigerer Stellenwert einhergeht.

Neben einer positiven Entwicklung der Verkaufsförderung in der Vergangenheit weist die Studie der *GfK AG/Wirtschaftswoche* auch darauf hin, dass die Verkaufsförderung in **Zukunft** weiter an Bedeutung gewinnen wird; wenn auch die Prognosen aufgrund der allgemein kritischen Wirtschaftslage für das Jahr 2004 weniger euphorisch waren als in den Jahren zuvor. Nach Einschätzung der Werbe- und Agenturleiter betrugen die prognostizierten Veränderungen der Verkaufsförderungsinvestitionen für das Jahr 2004 im Vergleich zum Vorjahr +0,6 bzw. +3,1 Prozent (Prognosen in 2002 für 2003: +2,9 bzw. +2,2 Prozent (*GfK AG/Wirtschaftswoche* 2002, S. 28, 32). Vor allem die Branchen Kosmetik/Reinigung und Automobil erwarteten hierbei eine Zunahme der Ausgaben für die Verkaufsförderung (+7,7 bzw. +6,6 Prozent).

Entgegen der Euphorie bezüglich der Durchführung nationaler Verkaufsförderungsaktionen trifft die **internationale Verkaufsförderung** noch auf weitgehende Zurückhaltung, obwohl das Thema in den letzten Jahren in zunehmendem Maße diskutiert worden ist. Während die Durchführung europaweiter Promotions Anfang der 1990er Jahre noch sehr zurückhaltend betrieben wurde, ist die Tendenz zur Internationalisierung zum Ende der 1990er Jahre

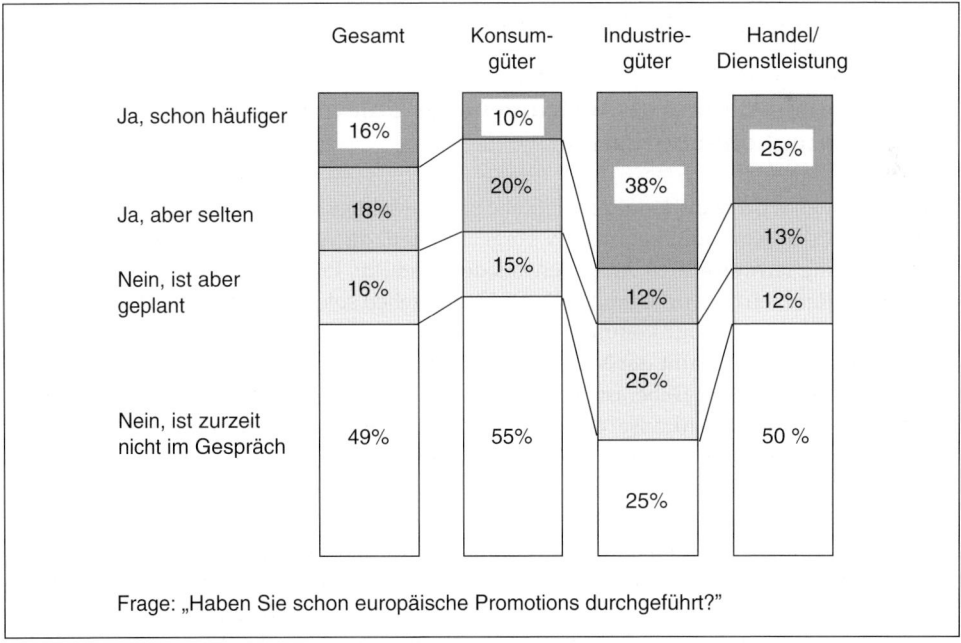

Schaubild III-C-8: Durchführung europaweiter Promotions (FreyBeaumont-Bennett 1998, S. 151)

erkennbar. Schaubild III-C-8 zeigt jedoch, dass bei lediglich 35 Prozent der befragten Unternehmen einer Studie die Verkaufsförderung schon einmal international zum Einsatz kam. Demgegenüber stehen 49 Prozent, die die Verkaufsförderung noch nie in irgendeiner Form grenzüberschreitend durchgeführt haben.

Ursachen für den geringen Stellenwert internationaler Verkaufsförderungskonzepte sind vor allem in den (noch) begrenzten Standardisierungsmöglichkeiten zu sehen, die die Erzielung von Synergieeffekten erheblich erschweren. Dabei sind es auf der einen Seite die unterschiedlichen länderspezifischen Anforderungen, z. B. im Hinblick auf die sprachliche sowie mentalitätsbezogene Ausrichtung verkaufsfördernder Aktivitäten, die einen synergetischen Einsatz der Verkaufsförderung behindern. Auf der anderen Seite wird die Durchführbarkeit einzelner Verkaufsförderungsmaßnahmen erheblich durch die unterschiedlichen nationalen Handelsstrukturen sowie Wettbewerbsbestimmungen, wie z. B. rechtliche Einschränkungen des Coupon-Einsatzes oder beigepackter Produkte, begrenzt (*Gedenk* 2002, S. 37 f.; *Keegan/ Schlegelmilch/Stöttinger* 2002, S. 549). Erst im Zuge einer Angleichung der relevanten Gesetze in Europa wird sich die internationale Verkaufsförderung stärker durchsetzen (*Keegan/Schlegelmilch/Stöttinger* 2002, S. 547 f.).

Internationale Verkaufsförderungskonzepte sind insbesondere für Unternehmen mit einem eigenen, vollständig kontrollierbaren Distributionssystem (z. B. *McDonald's*) attraktiv. Bei solchen Unternehmen sind die internationalen Barrieren zur Erschließung von Synergiepotenzialen, z. B. durch die Einbindung verkaufsfördernder Maßnahmen in europäische Werbekonzepte, besonders niedrig und sind Möglichkeiten einer Realisierung von Kostensenkungspotenzialen verhältnismäßig hoch. Die Barrieren eines grenzübergreifenden Einsatzes der Verkaufsförderung beziehen sich hier vorrangig auf die Anpassung der Verkaufsförderungsaktivitäten an konsumentenbezogene Erfordernisse in den jeweiligen Märkten.

3 Planungsprozess der Verkaufsförderung

3.1 Verkaufsförderung als Instrument der Unternehmens- und Marketingkommunikation

Im Allgemeinen wird heute keine einheitliche und ausschließliche Einordnung der Verkaufsförderung in den Kommunikationsmix vorgenommen, da Aktivitäten im Bereich der Verkaufsförderung teilweise auch Aufgaben aus der Produkt-, Preis- und Vertriebspolitik übernehmen. Im Rahmen der vorliegenden Betrachtung stehen solche Aufgaben und Maßnahmen im Mittelpunkt, die sich auf kommunikative Zielsetzungen konzentrieren. Als **Element des Kommunikationsmix** kommt der Verkaufsförderung damit vor allem eine Motivations- und Informationsfunktion zu. Dabei ist es die Aufgabe der verkaufsfördernden Maßnahmen, die verschiedenen Adressatenkreise der unternehmerischen Marktkommunikation über das Leistungsprogramm in umfassender Art und Weise zu unterrichten und in einem weiteren Schritt zum Kauf der betreffenden Produkte zu motivieren (*Wells/Burnett/Moriarty* 2008, S. 76, 421). So wird die Informationsfunktion beispielsweise über die Auslage von Prospektmaterialien wahrgenommen; der motivationalen Funktion wird durch die gezielte Kundenansprache am Point of Sale durch Verkaufsdamen Rechnung getragen. Im Unterschied zur Mediawerbung, die ebenfalls informative Funktionen wahrnimmt, ist es vorrangige Aufgabe der Verkaufsförderung, über eine weniger anonymisierte Kundenansprache den bereits durch den Einsatz der Mediawerbung erzielten Kenntnisstand weiter zu vertiefen.

3.2 Phasen im Planungsprozess der Verkaufsförderung

Die **Planung der Verkaufsförderung** hat sich angesichts der Vielzahl vorhandener Möglichkeiten einer inhaltlich-konzeptionellen sowie gestalterischen Ausrichtung verkaufsfördernder Aktivitäten nicht in Intuitionen und/oder Plausibilitätsüberlegungen zu erschöpfen. Vielmehr ist es erforderlich, die Verkaufsförderungsplanung auf eine strukturierte und systematische Vorgehensweise aufzubauen, um die planerischen Voraussetzungen für ein erfolgreiches Bestehen in einem sich verschärfenden Kommunikationswettbewerb auch im Bereich der Verkaufsförderung zu schaffen.

Ein solches Vorgehen äußert sich im **Planungsprozess der Verkaufsförderung**, der mehrere Phasen beinhaltet. Schaubild III-C-9 zeigt den Ablauf eines idealtypischen Planungsprozesses der Verkaufsförderung. Es wird deutlich, dass die Aktivitäten in den einzelnen Phasen auf der einen Seite idealtypisch simultan im Rahmen einer ganzheitlichen Verkaufsförderung zu planen sind, da sie im Regelfall in wechselseitiger Beziehung zueinander stehen; z. B. ist der bundesweite Einsatz eines satellitengestützten Ladenfunks im Rahmen der Maßnahmenplanung nicht unabhängig von den zur Verfügung stehenden monetären Ressourcen innerhalb des Verkaufsförderungsbudgets. Auf der anderen Seite sind sämtliche verkaufsfördernde

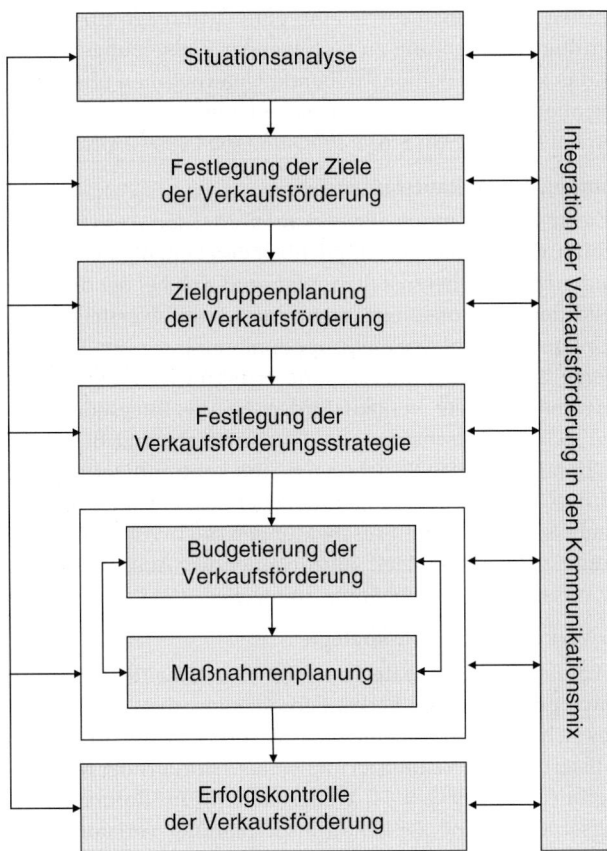

Schaubild III-C-9: Planungsprozess der Verkaufsförderung

Aktivitäten durch eine integrative Ausrichtung auf den Kommunikationsmix zu kennzeichnen, um die Verkaufsförderung als Baustein einer Integrierten Kommunikation zu etablieren (*Cristofolini* 1989; *Bruhn* 2009a, S. 55 ff.). Die hohe Komplexität einer simultanen Planung, verbunden mit den oftmals anzutreffenden kognitiven Defiziten der Planer im Hinblick auf vernetzte Denkweisen, verhindert jedoch in vielen Fällen eine derartige Vorgehensweise.

In den einzelnen **Phasen des Planungsprozesses** sind die folgenden Teilaktivitäten durchzuführen:

(1) Situationsanalyse

Grundlage einer erfolgreichen Verkaufsförderungskampagne ist zunächst eine umfassende und differenzierte Situationsanalyse, in der die für die Ausrichtung der Verkaufsförderungskampagne ausschlaggebenden situativen Faktoren in systematischer Form aufbereitet werden (*Pflaum/Eisenmann/Linxweiler* 2000, S. 60 f.). So ist die Markt-, Unternehmens-, Kunden-, Handels- und Wettbewerbssituation sorgfältig zu analysieren (*Frey* 1993, S. 581), um erste Hinweise auf die Konzeption der Verkaufsförderung zu erhalten.

(2) Festlegung der Ziele der Verkaufsförderung

Ausgehend von den Ergebnissen der Situationsanalyse sind die verschiedenartigen Zielsetzungen abzuleiten und zu formulieren. So wird sämtlichen Verkaufsförderungsaktivitäten ein Handlungsrahmen vorgegeben sowie eine gute Grundlage für die Erfolgskontrolle geschaffen. Die endgültige Ausrichtung zu verfolgender Zielsetzungen ist in hohem Maße davon abhängig, ob das kommunikationstreibende Unternehmen über die Zielsetzungen der Verkaufsförderung allein entscheidet oder diese mit einem oder mehreren Kooperationspartnern abzustimmen hat (*Birkigt* 1981, S. 634; *Pflaum/Eisenmann/Linxweiler* 2000, S. 60 ff.).

(3) Zielgruppenplanung der Verkaufsförderung

Im Rahmen der Zielgruppenplanung für verkaufsfördernde Aktivitäten sind einige Besonderheiten zu beachten, die sich aus der Möglichkeit ergeben, über eingeschaltete Absatzmittler (indirekte) Kundenkontakte herzustellen. Während sich bei der direkten konsumentengerichteten Verkaufsförderung (Consumer Promotions) durch Hersteller keine grundlegenden konzeptionellen Unterschiede zu der Zielgruppenplanung für den Einsatz anderer Kommunikationsinstrumente einstellen, erfordert eine erfolgreiche Zielgruppenplanung für eine indirekte konsumentengerichtete Verkaufsförderung die Integration zweier Zielgruppenebenen. So stützen sich die Entscheidungen über Auswahl und Bearbeitungsintensität von Absatzmittlern nicht nur auf deren Beziehungen zum kommunikationstreibenden Unternehmen, wie z. B. auf das Ausmaß der Kooperationsbereitschaft oder die vorliegenden Machtstrukturen. Vielmehr sind derartige Entscheidungen auch von den Beziehungen der anvisierten Konsumenten zu den potenziell auszuwählenden Absatzmittlern, wie z. B. von der vorliegenden Einkaufsstättentreue, abhängig zu machen.

(4) Festlegung der Verkaufsförderungsstrategie

Innerhalb der Verkaufsförderungsstrategie erfolgt eine (schriftliche) Festlegung inhaltlicher und zeitlicher Schwerpunkte für die Verkaufsförderungsarbeit. Bei der Verkaufsförderungsstrategie handelt es sich zunächst um eine kreative Idee, die den exekutiven Planungsüberlegungen zur Verbalisierung und Visualisierung verkaufsfördernder Maßnahmen einen Handlungsrahmen vorgibt (*Pflaum* 1993, S. 44) Weiterhin wird im Rahmen der Erarbeitung einer Verkaufsförderungsstrategie eine zeitliche Einsatzplanung verkaufsfördernder Aktivitäten vorgenommen. Dabei ist die Entscheidung über die Art und Intensität verkaufsfördernder Aktivitäten im Zeitablauf vor dem Hintergrund der Ergebnisse der Situationsanalyse sowie der verfolgten Zielsetzungen im Verlauf der Planungsperiode zu treffen.

(5) Budgetierung der Verkaufsförderung

Im Rahmen der Planung des Verkaufsförderungsbudgets wird in Orientierung an die Verkaufsförderungsziele der Finanzplan für die gesamte Verkaufsförderungskampagne festgelegt (*Gedenk* 2002, S. 326 f.; *Fuchs/Unger* 2003, S. 90). Hier sind die bereitzustellenden Finanzmittel für die Gestaltung und den Einsatz sämtlicher Maßnahmen der Verkaufsförderung zu planen, d. h. für die Produktion verkaufsfördernder Materialien, für eine mögliche Streuung in den relevanten Regionen sowie für Handelsleistungen eventuell zu entrichtende Konditionen.

(6) Maßnahmenplanung

Die Planung verkaufsfördernder Maßnahmen erstreckt sich auf die Gestaltung, Produktion und Platzierung verkaufsfördernder Träger und Materialien, wie z. B. Prospekte, Displays, Deckenschilder oder etwa den Einsatz neuer Medien. Von besonderer Wichtigkeit ist dabei, dass sich zentrale Gestaltungselemente, wie z. B. ein Slogan oder ein Logo, im Sinne eines Corporate Designs in allen Aktionsmitteln der Verkaufsförderung wiederfinden.

(7) Integration der Verkaufsförderung in den Kommunikationsmix

Besonderes Augenmerk im Rahmen des Planungsprozesses ist auf die inhaltliche, formale und zeitliche Integration der Verkaufsförderung mit den anderen Instrumenten der Unternehmenskommunikation zu legen. Eine konsequente Vernetzung der Verkaufsförderung unterbindet das Risiko kontraproduktiver Wirkungen anderer Kommunikationsmaßnahmen und trägt zu einer synergetischen Verstärkung der Gesamtwirkung der Kommunikation bei.

(8) Erfolgskontrolle der Verkaufsförderung

Die Verkaufsförderungskontrolle schließt den Planungsprozess am Ende der Planungsperiode ab. In Abhängigkeit der Ergebnisse der Verkaufsförderungskontrolle sind mehr oder weniger starke Anpassungen im Hinblick auf in späteren Perioden durchzuführende Verkaufsförderungskampagnen vorzunehmen. Die Probleme liegen dabei vor allem in der mangelnden erfolgsbezogenen Zurechenbarkeit verkaufsfördernder Aktivitäten. Viele der in der Praxis zu Kontrollzwecken eingesetzten Kennwerte, wie z. B. Marktanteilsveränderungen, Markenwechselraten, Abverkaufs- und Umsatzwerte, sind daher vor allem aus wissenschaftlicher Sicht nur als begrenzt tauglich anzusehen. Die Veränderung derartiger Kenngrößen wird nicht nur vom Einsatz der Verkaufsförderung, sondern vom gesamten Einsatz des eigenen sowie des Kommunikations- und Marketinginstrumentariums der Konkurrenz beeinflusst.

4 Ziele und Zielgruppen der Verkaufsförderung

4.1 Situationsanalyse als Ausgangspunkt

Um einen geplanten Einsatz der Verkaufsförderung druchzuführen, ist es von grundsätzlicher Notwendigkeit, den planerischen Aktivitäten zur Verkaufsförderungsarbeit eine systematische und differenzierte **Situationsanalyse** zugrunde zu legen. Auf diese Art und Weise werden Stärken und Schwächen in der Verkaufsförderungsarbeit offen gelegt, die als Ausgangspunkt zur Formulierung relevanter Ziele anzusehen sind. Ohne umfassende und differenzierte Kenntnisse bezüglich des Ist-Zustandes ist es kaum möglich, eine geeignete Fixierung des anzustrebenden Soll-Zustandes im Sinne der Formulierung adäquater Verkaufsförderungsziele sowie eine entsprechende Ausrichtung der Verkaufsförderungsaktivitäten vorzunehmen. Die Durchführung einer problemorientierten Situationsanalyse erhöht gleichzeitig in erheblichem Maße die Planungssicherheit und vermindert das Risiko fehlgeleiteter Verkaufsförderungsaktivitäten. Zur Strukturierung der relevanten Faktoren einer Situationsanalyse bietet sich eine differenzierte Betrachtung im Rahmen einer **SWOT-Analyse** (Strengths-Weaknesses-Opportunities-Threats) an, bei der die einzelnen Faktoren danach bewerten werden, inwieweit sie für die Verkaufsförderung als Stärken oder Schwächen bzw. Chancen oder Risiken einzuschätzen sind. Welche Fragestellungen in diesem Kontext für Unternehmen von Interesse sind, ist beispielhaft in Schaubild III-C-10 aufgeführt.

Die **Analyse der Marktsituation** widmet sich in diesem Kontext einer näheren Untersuchung der Marktstrukturen und inwieweit diese mit Konsequenzen für den Einsatz der Verkaufsförderung verbunden sind. Interessant ist vor allem die Frage, welches Marktpotenzial durch den Einsatz der Verkaufsförderung realistischer weise angestrebt wird.

Fragen	Antworten	Chancen/ Risiken Stärken Schwächen
Marktbezogene Fragen		
• In welchem Markttypus (z.B. Monopol, Oligopol) findet der Einsatz der Verkaufsförderung statt? • Wie hoch ist das derzeitige verkaufsförderungsbezogene Marktvolumen? • Wie hoch ist das über die Verlaufsförderung realisierbare Marktpotenzial? u.a.m.		
Kundenbezogene Fragen		
• Wie entwickeln sich die Kundenbedürfnisse und -wünsche? • Durch welche Merkmale ist das Einkaufsverhalten der Zielgruppen gekennzeichnet? • Welche Einstellungen haben die Kunden gegenüber Verkaufsförderung als Kommunikationsinstrument? u.a.m.		
Handelsbezogene Fragen		
• Welchen Stellenwert nehmen die für die Verkaufsförderung in Frage kommenden Produkte im Sortiment des Handels ein? • Wie ist das Machtverhältnis zwischen Hersteller und Handel? • Wie gestalten sich die Beziehungen zum Handel? • Über welche technologische Ausstattung verfügt der Handel? • Wie gestaltet sich die Regalorganisation im Handel? u.a.m.		
Wettbewerbsbezogene Fragen		
• Welche Verkaufsförderungsaktivitäten führen die Wettbewerber mit welcher Intensität und welchem Erfolg durch? • Wie hoch sind die Verkaufsförderungsbudgets der Konkurrenz? • Welche Auswirkungen haben die Konkurrenzaktivitäten auf den Einsatz eigener Verkaufsförderungsmaßnahmen? • Bestehen Möglichkeiten zur Kooperation mit Wettbewerbern? u.a.m.		
Unternehmensbezogene Fragen		
• Welchen Erfolg weisen die bisherigen Verkaufsförderungsaktivitäten auf und welche Maßnahmen stehen zukünftig zur Verfügung? • Welche finanziellen und personellen Ressourcen sind für die Verkaufsförderung einsetzbar? • Sind alle relevanten Mitarbeitenden hinsichtlich der Verkaufsförderungsaktivitäten informiert? • Bestehen Vertriebsdefizite, die für die Verkaufsförderung Probleme verursachen können? u.a.m.		

Schaubild III-C-10: Fragenkatalog zur SWOT-Analyse in der Verkaufsförderung

Die **Kundenanalyse** setzt sich mit dem für die Verkaufsförderung relevanten Verhalten der Konsumenten auseinander. Aufgrund der hohen konativen Steuerungskraft der Verkaufsförderung ist es von besonderem Interesse, das Einkaufsverhalten einer sorgfältigen Analyse zu unterziehen, um Anhaltspunkte sowohl zur taktischen als auch strategischen Ausrichtung der Verkaufsförderung zu erhalten. Dabei geht es in erster Linie um die bisherige Anzahl der Käufer der betreffenden Marke, die (durchschnittliche) Kaufhäufigkeit sowie die (durchschnittliche) Menge pro Kauf, um hieraus kaufverhaltensbezogene Erfolgsindikatoren der Marke abzuleiten, auf die die Verkaufsförderungsaktivitäten auszurichten sind. Neben dem Einkaufsverhalten sind auch die Einstellungen der Zielgruppen hinsichtlich unterschiedlicher Maßnahmen der Verkaufsförderung von Interesse und in die zukünftige Planung der Verkaufsförderung einzubeziehen.

Insbesondere eine erfolgreiche indirekte Verkaufsförderung setzt eine sorgfältige **Analyse der Handelssituation** voraus, um Erfolgspotenziale zu erschließen und auszuschöpfen. So werden eine Vielzahl verkaufsfördernder Aktivitäten unter Einschaltung aktiver und/oder passiver Absatzmittler am Point of Sale durchgeführt, wobei der Erfolg solcher Aktivitäten in hohem Maße von der Kenntnis der situativen Gegebenheiten auf Handelsebene abhängt. Da die Wahl der Distributionskanäle eine unternehmensstrategische Entscheidung darstellt, die im Regelfall zumindest mittelfristig nicht revidiert wird, beschränkt sich die verkaufsförderungsbezogene Analyse der Handelssituation auf die eingeschalteten Absatzmittler, d. h. auf aktive oder passive Absatzmittler.

Aktive Absatzmittler werden in die konzeptionelle und/oder gestalterische Planung der indirekten konsumentengerichteten Verkaufsförderung auf ausdrücklichen Wunsch des Herstellers eingebunden. Verkaufsförderungskampagnen werden im Rahmen einer kooperativen Partnerschaft mit dem Ziel entwickelt, den beiderseitigen Kooperationserfolg zu maximieren. Dies äußert sich beispielsweise in der Zusammenarbeit im Hinblick auf den zeitlichen Einsatz von Zweitplatzierungen oder in der Mitarbeit des Handels bei der Gestaltung von Displays und Prospektmaterialien. **Passive Absatzmittler** sind hingegen nicht in die konzeptionelle und gestalterische Planung der (indirekten) konsumentengerichteten Verkaufsförderung eingebunden. Sie dienen lediglich dazu, die entsprechenden Möglichkeiten zur Durchführung verkaufsfördernder Aktivitäten am Point of Sale, wie z. B. die Bereitstellung von Regalplatz im Umfeld von Kassenzonen, zur Verfügung zu stellen. Diese Möglichkeiten werden von den Absatzmittlern jedoch nur dann angeboten, wenn sie unmittelbar zu ihrem eigenen Vorteil gereichen.

Im Rahmen der handelsbezogenen Fragestellungen ist es für eine erfolgreiche Verkaufsförderungsarbeit darüber hinaus von besonderer Wichtigkeit, eine sorgfältige Analyse der **Konzentrationsprozesse** bei den eingeschalteten Absatzmittlern vorzunehmen, um deren künftige Position zum kommunikationstreibenden Unternehmen einzuschätzen. Auf diese Art und Weise besteht für das kommunikationstreibende Unternehmen die Möglichkeit, direkte Rückschlüsse auf die Durchsetzbarkeit verkaufsfördernder Aktivitäten am Point of Sale, wie z. B. Zweitplatzierungen, zu ziehen.

Weiterhin ist eine umfassende systematische Analyse der **Beziehungen** zu den eingeschalteten Absatzmittlern vorzunehmen, um größtmögliche Transparenz in den Beziehungsstrukturen zu gewährleisten sowie Freiheitsgrade und Restriktionen für die Verkaufsförderungsarbeit offen zu legen. In diesem Zusammenhang bietet sich eine gedankliche Unterscheidung von Beziehungen an (in Anlehnung an *Steffenhagen* 2000, S. 311 ff.):

- Kommunikationsbeziehungen,
- Kooperationsbeziehungen,

- Konkurrenzbeziehungen,
- Machtbeziehungen,
- Rollenbeziehungen.

Bei der Analyse der bisherigen **Kommunikationsbeziehungen** geht es vor allem um die Offenlegung der Art (z. B. persönliche Gespräche und/oder telefonische Kommunikation) und Intensität (z. B. durchschnittliche Frequenz und Dauer) der Kontakte. Aus den Ergebnissen der Analyse der Kommunikationsbeziehungen sind unter anderem Rückschlüsse auf die Realisierbarkeit abstimmungsbedürftiger Verkaufsförderungsaktivitäten, wie z. B. den flexiblen Einsatz raumintensiver Displays, zu ziehen.

Die Analyse der **Kooperationsbeziehungen** richtet sich in erster Linie auf eine Untersuchung der bisherigen Kooperationsbereitschaft der Absatzmittler im Rahmen des vertikalen Marketing. Hieraus werden Hinweise auf Möglichkeiten und Grenzen einer koordinierten Planung und Durchführung von Beeinflussungs- und Abwicklungsaktivitäten gewonnen, die sich auf die Endverbraucher richten. So ist beispielsweise davon auszugehen, dass einem eingeschalteten Absatzmittler, der bislang eine hohe Kooperationsbereitschaft bei der Durchführung vieler Verkaufsförderungsaktivitäten zeigte, an einer dauerhaften Zusammenarbeit in Bezug auf den Einsatz der Verkaufsförderung gelegen ist.

In engem Zusammenhang mit beobachtbaren Konzentrationsprozessen in Form kooperativer und integrierter Handelssysteme ist die Entwicklung der **Konkurrenz- und Machtbeziehungen** zwischen dem kommunikationstreibenden Unternehmen und den eingeschalteten Absatzmittlern zu sehen. Grundsätzlich ist festzuhalten, dass der vertikale Markenwettbewerb, d. h. der Wettbewerb zwischen Unternehmen verschiedener Marktstufen, durch das verstärkte Auftreten von Handelsmarken in den 1990er Jahren signifikant an Intensität gewonnen hat (*Pflaum/Eisenmann/Linxweiler* 2000, S. 47 f.; *Bruhn* 2001a, S. 16). So gaben laut einer Verbraucherbefragung des *Point of Purchase Advertising Institutes* (*Popai*) 68 Prozent der Befragten an, Handelsprodukte zu kaufen, während 32,4 Prozent ausschließlich auf Markenartikel zurückgriffen (*Popai* 1999, S. 21). In Deutschland lag der Anteil an Handelsmarken im Jahre 2003 bei 20,8 (exklusive *Aldi*) bzw. 33,4 Prozent (inklusive *Aldi*). Im Vergleich zum Vorjahr betrug das Wachstum der Handelsmarken 6 Prozent (*A.C. Nielsen GmbH* 2003). Vor diesem Hintergrund wird es für die kommunikationstreibenden Unternehmen im Hinblick auf die Ausrichtung der Verkaufsförderungsarbeit immer wichtiger, das Wettbewerbsverhältnis zu jedem eingeschalteten Absatzmittler offen zu legen, um daraus differenzierte Hinweise für die Durchsetzung verkaufsfördernder Aktivitäten bei ausgewählten Handelsunternehmen abzuleiten.

Neben den Wettbewerbsbeziehungen zwischen kommunikationstreibenden Unternehmen und den eingeschalteten Absatzmittlern sind auch vertikale **Machtbeziehungen** zu untersuchen. Dabei ist es notwendig, bestehende Machtüberhänge zu jedem eingeschalteten Absatzmittler zu kennzeichnen, um daraus Möglichkeiten der einkaufsstättenbezogenen Durchführung verkaufsfördernder Aktivitäten zu erkennen. Liegt ein extremer Machtüberhang zugunsten einer Partei vor, so wird von einer Führerschaft der Verkaufsförderung durch diese Partei gesprochen. Bei einer Führerschaft der Verkaufsförderung auf der Seite des kommunikationstreibenden Unternehmens bestehen weitaus vielfältigere Möglichkeiten, eigene verkaufsfördernde Aktivitäten am Point of Sale durchzuführen. Dieser Fall ist in der Regel dann anzutreffen, wenn das Handelsunternehmen mit der betreffenden Herstellermarke einen hohen Anteil am Gesamtumsatz erzielt, z. B. mit der Marke *Nivea*, bzw. wenn der Absatzmittler hohe produktbezogene Deckungsbeiträge realisiert. Ein handelsseitiger Machtüberhang in Bezug auf den Einsatz der Verkaufsförderung ist vielfach zu beobachten, wenn der

Markenartikler mit einem großen Handelsunternehmen, wie z. B. *Aldi*, zusammenarbeitet, dessen Umsatzvolumen durch eine Vielzahl von Hersteller- und Handelsmarken getragen wird. Hier ist es das Handelsunternehmen, das in entscheidendem Maße Einfluss auf die herstellerseitige Verkaufsförderungsarbeit nimmt.

Schließlich sind die vertikalen **Rollenbeziehungen** in der verkaufsförderungsbezogenen Zusammenarbeit zwischen Unternehmen und Absatzmittler zu analysieren. Dabei geht es um die Funktionen, die der Absatzmittler im Rahmen der herstellerseitigen Verkaufsförderungsarbeit bislang übernommen hat bzw. übernimmt. So ist es beispielsweise durchaus üblich, dass die eingeschalteten Absatzmittler Warenpräsentationen, Sortimentszusammenstellung und/oder Aufgaben der Kundenberatung übernehmen (*Steffenhagen* 2000, S. 37 f.). Eine sorgfältige Analyse der vom Absatzmittler übernommenen Funktionen leistet im Regelfall eine wichtige Hilfestellung im Rahmen der Planung der Budgethöhe sowie der Kanalisierung der Verkaufsförderungsressourcen auf einzelne Aktivitäten.

Weiterhin sind die **Einkaufsgewohnheiten** der Absatzmittler wichtige Faktoren einer handelsgerichteten Situationsanalyse zum Einsatz der Verkaufsförderung. Hier kommt es vor allem darauf an, Kaufrhythmen sowie das durchschnittliche Ordervolumen der einzelnen Handelsunternehmen zu analysieren, um daraus Hinweise auf die Ausrichtung der handelsgerichteten Verkaufsförderung abzuleiten. So ist beispielsweise davon auszugehen, dass ein Absatzmittler mit einer hohen Orderfrequenz sowie einem hohen durchschnittlichen Ordervolumen grundsätzlich auch eine hohe Bereitschaft zur Unterstützung der herstellerseitigen Verkaufsförderungsarbeit hat, da ihm an einem schnellen und reibungslosen Abverkauf gelegen ist.

Schließlich sind bei der Analyse der Handelssituation im Einzelfall noch eine Vielzahl weiterer Faktoren, wie z. B. besondere Präferenzen der Absatzmittler im Hinblick auf spezielle Promotions, die technologische Ausstattung der Absatzmittler (Multimedia, Ladenfunk, POS-Radio usw.), die jeweilige Regalorganisation u. a. m., zu berücksichtigen.

Im Rahmen der **Konkurrenzanalyse** geht es im Prinzip um die Beantwortung der zentralen Frage, welche Verkaufsförderungsaktivitäten von direkten Konkurrenten, in welchen Situationen, mit welcher Intensität und welchem Erfolg durchgeführt werden. Entscheidend für die Art und Weise der Verkaufsförderungskampagne ist dabei vor allem, ob es sich um eine Aktion oder Reaktion auf Maßnahmen der Konkurrenz handelt (*Birkigt* 1981, S. 633). Im ersten Fall ist die Planung, und vor allem die Zeitplanung, durch erheblich geringere Handlungszwänge gekennzeichnet, während im zweiten Fall durch die Konkurrenzaktivitäten eine Vielzahl von Vorgaben an die Ausrichtung der Verkaufsförderung zu stellen sind. So veranlassen beispielsweise Marktanteilseinbrüche eines Unternehmens, die auf verstärkte Konkurrenzaktivitäten im Bereich der Verkaufsförderung zurückzuführen sind, dieses Unternehmen dazu, die eigene Verkaufsförderungsintensität ebenfalls zu steigern, um einen weiteren Marktanteilsrückgang zu verhindern bzw. eine Rückgewinnung verlorener Marktanteile einzuleiten.

Unternehmensbezogene Fragestellungen beziehen sich im Kontext der Verkaufsförderung vor allem auf eine umfassende Ressourcenanalyse. Dazu ist eine sorgfältige Untersuchung solcher Objekte vorzunehmen, die bislang mittels des Einsatzes verkaufsfördernder Aktivitäten unterstützt wurden (z. B. Einzelprodukte und/oder ganze Sortimente (Warengruppen)). Ähnlich wie bei der Werbeanalyse ist es die Aufgabe der **Objektanalyse** in der Verkaufsförderung, den Erfolg unterstützter Produkte und/oder Sortimente systematisch zu verdeutlichen. Darüber hinaus sind die bisher für den Einsatz der Verkaufsförderung bereitgestellten monetären Ressourcen im Rahmen einer **Finanzanalyse** offen zu legen. Dabei ist in einem ersten Schritt zu untersuchen, welche monetären Ressourcen der Verkaufsförderungsarbeit bislang zur Verfügung standen und welchem Anteil am Gesamtbudget der Unternehmens-kommunikation dies entspricht. In einem zweiten Schritt ist insbesondere unter ökonomi-schen Aspekten zu überprüfen, in welchem Maße die Realisierung kommunikativer und ab-satzpolitischer Zielsetzungen von einer Änderung des Verkaufsförderungsbudgets abhängt. Aus einem Vergleich mit den entsprechenden Kennzahlen der anderen Kommunikations-instrumente lassen sich in einem dritten Schritt Rückschlüsse auf eine Anteilsveränderung der Verkaufsförderung innerhalb des Kommunikationsbudgets ziehen. So ist beispielsweise mangelnde (ökonomische) Resonanz, z. B. das Stagnieren der Absatzzahlen, auf den Einsatz des relativ hoch budgetierten Kommunikationsinstrumentes Mediawerbung ein Grund da-für, budgetbezogene Umschichtungen innerhalb des Kommunikationsmix vorzunehmen. Sofern die Verkaufsförderung in einer solchen Situation verhältnismäßig niedrig budgetiert ist, dafür aber eine Vielzahl finaler Konsumentenreaktionen hervorruft, ist über eine Erhö-hung des Verkaufsförderungsbudgets nachzudenken. Dabei ist jedoch anzumerken, dass eine derartige Entscheidung noch von einer Fülle weiterer Faktoren, wie z. B. der Fristigkeit ausgelöster Wirkungen und der Wichtigkeit eines hohen Bekanntheitsgrades für den Abver-kauf des betreffenden Produktes, abhängig ist.

Als Ergebnis einer derartig differenzierten Situationsanalyse lässt sich die **kommunikative Problemstellung** formulieren, auf deren Basis der zukünftige Einsatz der Verkaufsförderung, insbesondere die Festlegung der Ziele der Verkaufsförderung und die Formulierung der Ver-kaufsförderungsstrategie, zu erfolgen hat.

4.2 Ziele der Verkaufsförderung

Bei kritischer Durchsicht der einschlägigen Fachliteratur wird deutlich, dass sich die Empfeh-lungen hinsichtlich der Formulierung von Verkaufsförderungszielen vielfach in einer wenig systematischen Auflistung vermeintlicher Ziele erschöpfen, wobei oftmals zu verfolgende Zielsetzungen und Handlungsabsichten verwechselt werden (*Cristofolini* 1995, S.59 f.; *Pflaum/ Eisenmann* 1993, S. 10 f.). Angesichts des wachsenden Stellenwertes der Verkaufsförderung ist jedoch auf eine **systematische Zielformulierung** Wert zu legen, um einen erfolgreichen Ein-satz der Verkaufsförderung sicherzustellen.

Bevor die eigentliche Zielformulierung vorgenommen wird, ist zunächst eine gedankliche **Abgrenzung** potenzieller Verkaufsförderungsziele von übergeordneten Marketing- und Kommunikationszielsetzungen durchzuführen. Dabei ist vor allem festzuhalten, dass die Verkaufsförderungsziele im Unterschied zu übergeordneten Zielsetzungen durch eine stär-kere **situations- und produktorientierte Ausrichtung** gekennzeichnet sind. So besteht die Möglichkeit Verkaufsförderungsziele auch kurzfristig auf situative Veränderungen, wie z. B. auf unerwartete Absatzschwankungen, auszurichten, da der Einsatz der Verkaufsförderung ohne lange Reaktionszeiten erfolgt. Darüber hinaus sind es im Regelfall einzelne Produkte oder Produktgruppen, auf die die Verkaufsförderungsaktivitäten abzielen, während sich der Objektbezug im Rahmen kommunikativer bzw. absatzpolitischer Zielsetzungen im Regelfall auf ganze Produktlinien erstreckt und damit erheblich weiter gefasst ist.

Eine weitere Besonderheit bei der Zielformulierung ergibt sich daraus, dass die Verkaufsför-derung wie erwähnt neben der Kommunikationspolitik auch Aufgaben im Bereich Preis-, Vertriebs- sowie Produktpolitik erfüllt. Dabei übernimmt die Verkaufsförderung für diese Bereiche vorrangig **distributive Ziele**. Dies äußert sich auch in der Absicht vieler Unterneh-men, über die gezielte Durchführung von Trade Promotions den Distributionsgrad der eigenen Produkte zu steigern, um sowohl die Position des Herstellerunternehmens gegenüber der Handelsstufe als auch gegenüber der Endverbraucherstufe zu stärken.

Bei einem bewussten Einsatz der Verkaufsförderung als Kommunikationsinstrument greift eine Beschränkung auf distributive Ziele jedoch zu kurz. Von Interesse ist insbesondere, welche kommunikativen Wirkungen durch die einzelnen Maßnahmen bei den Zielpersonen hervorgerufen werden. Entsprechend bietet sich eine Einteilung der **psychologischen Ziele** in kognitive, affektive und konative Wirkungskategorien an, die sowohl auf Handels- als auch auf Konsumentenebene angestrebt werden. Ein entsprechendes Zielsystem für die Verkaufsförderung ist in Schaubild III-C-11 dargestellt.

Bei **kognitiven Zielgrößen** handelt es sich in erster Linie um Größen der Informationsaufnahme, -verarbeitung und -steuerung. Im Rahmen der konsumentengerichteten Zielsetzungen der Verkaufsförderung stehen hierbei beispielsweise die Gewinnung der Aufmerksamkeit der Konsumenten oder die Wahrnehmung neuer Produkte bzw. verkaufsfördernder Maßnahmen im Vordergrund. Eine weitere Zielsetzung besteht darin, dem Konsumenten Knowhow über (neue) Produkte oder Marken und deren spezifische Vorteile zu vermitteln. In ähnlicher Weise ist auch die handelsgerichtete Verkaufsförderung auf kognitiver Ebene in erster Linie auf die Vermittlung von Produktinformationen, das Wissen über Produktneuheiten und -vorteile, die Endverbraucherpreisvermittlung sowie auch die Erhöhung der Markenbekanntheit ausgerichtet.

Zielt die Verkaufsförderung darauf ab, ein Produkt oder eine Marke individuell zu positionieren und spezifische Einstellungen, Images und Präferenzen bei den verschiedenen Zielgruppen aufzubauen, erweitern sich die kognitiven Ziele um **affektive Zielgrößen**. Dementsprechend wird bei den Endverbrauchern das Interesse am Kauf oder der Inanspruchnahme eines speziellen Produktes bzw. einer Dienstleistung geweckt. Darüber hinaus ist es möglich, durch verkaufsfördernde Maßnahmen bestimmte Einstellungen hinsichtlich eines Produktes zu formen, um dieses mit einem speziellen Image zu versehen. Zu beachten ist hierbei jedoch, dass durch Verkaufsförderung unter Umständen auch negative Einstellungen hervorgerufen

Schaubild III-C-11: Zielgrößen der Verkaufsförderung

werden, etwa wenn sich ein Konsument durch eine Promotionaktion, die er als manipulativ oder aggressiv wahrnimmt, in seiner Meinungs- und Verhaltensfreiheit eingeschränkt fühlt (*Gedenk* 2002, S. 81). Für eine langfristige Beeinflussung von Imagewerten erscheint die Verkaufsförderung zudem weniger geeignet als andere Kommunikationsinstrumente, wie beispielsweise Mediawerbung, Sponsoring oder Event Marketing. Durch häufig wiederkehrende Promotion-Aktionen besteht allenfalls die Möglichkeit, eine Marke als besonders kostengünstig oder aktuell zu positionieren. Das Wecken von Interesse an (neuen) Produkten und der Aufbau bestimmter Images sind ebenfalls Ziele, die mit der Verkaufsförderung auf Seiten des Handels verfolgt werden. Allerdings ist bei dieser Zielgruppe davon auszugehen, dass Entscheidungen hinsichtlich der Listung von Produkten rationaler gefällt werden und die Absatzmittler emotional weniger stark beeinflussbar sind.

Bei den **konativen Zielgrößen** handelt es sich um Verhaltensabsichten sowie die daraus abgeleiteten Ausprägungen des äußeren Verhaltens, wie z. B. Käufe der Konsumenten oder Produktlistungen und Produktplatzierungen der Händler. Verkaufsförderungsaktivitäten nehmen hierbei sowohl auf direktem als auch auf indirektem Weg starken Einfluss auf Verhaltenswirkungen:

- Die **direkte Beeinflussung** von Verhaltensweisen erfolgt zumeist über die Schaffung von Anreizen, indem beispielsweise die Absatzmittler eher dazu veranlasst werden, das betreffende Produkt entsprechend der Herstellerwünsche zu platzieren (Erst- und Zweitplatzierungen), wenn dieser sie bei ihrer Verkaufsförderungsarbeit unterstützt oder Handelsinteressen in die herstellerseitige Verkaufsförderung am Point of Sale eingebunden werden. Allerdings ist hierbei auch zu berücksichtigen, dass Promotions häufig zwar eine kurzfristige Mehrnachfrage bewirken, dass aufgrund der Lagerhaltung durch den Handel der mittelfristige Umsatz jedoch zurückgeht (*Gedenk* 2002, S. 94).

- Die **indirekte Beeinflussung** findet über eine konsumentengerichtete Marktbearbeitung durch die Verkaufsförderung statt. So wird beispielsweise eine verkaufsförderungsinduzierte Änderung des finalen Konsumentenverhaltens, z. B. in Form erhöhter Kaufhäufigkeiten, auch finale Verhaltensweisen beim betreffenden Absatzmittler, z. B. in Form einer Aufstockung seiner Lagerbestände, hervorrufen. Bei der indirekten Beeinflussung kommt der Induzierung von Versuchskäufen durch die Konsumenten eine besondere Bedeutung zu. Potenzielle Käufer achten auf POS-Werbung, erinnern sich daran und entscheiden sich oftmals eher für ein Produkt mit POS-Unterstützung. Daneben wird die Stimulierung von Erstkäufen beispielsweise über die Durchführung häufiger Probieraktionen oder über personen- bzw. elektronisch gestützte Produktdemonstrationen stimuliert (*Schultz* 1990, S. 472).

Die zentrale Bedeutung der Verkaufsförderung zur Steuerung des Konsumentenverhaltens bestätigt sich in einer Verbraucherbefragung des Point of Purchase Advertising Institutes (POPAI). In der Studie wurde eine Reihe von Kaufentscheidungen daraufhin untersucht, mit welcher Wahrscheinlichkeit diese bereits im Voraus geplant wird. POPAI bezeichnet solche Käufe, bei denen Produkt und Marke geplant sind, in dieser Studie als „spezifisch geplant" ("specifically planned"). Solche Kaufentscheidungen werden bereits getroffen, bevor der Verbraucher einkaufen geht. 30 Prozent aller Kaufentscheidungen entfallen auf diesen Typ. Käufe, bei denen man beschließt, Paprikachips zu kaufen, die Marke aber erst im Geschäft auswählt, bezeichnet POPAI als „generell geplant" ("generally planned"). „Ersatzkäufe" ("Substitute purchases") sind solche, bei denen der Verbraucher eigentlich eine bestimmte Marke plante zu kaufen, letztlich aber eine andere Marke wählt. Zu diesem Einkaufstyp zählen 10 Prozent aller Käufe. Schließlich gibt es noch völlig „ungeplante Käufe" ("unplanned purchases"), bei denen der Konsument nicht vorhatte, z. B. Chips zu kaufen, und dennoch Chips kauft. Diese machen 61 Prozent aller Käufe aus. Werden die generell geplante, Ersatz- und ungeplante Käufe summiert, so werden in Deutschland mehr als 70 Prozent aller Kaufentscheidungen am Point of Sale getroffen (Instore Decision Rate). Die Unterschiede innerhalb der Warengruppen sind dennoch sehr groß. Während Babynahrung beispielsweise überwiegend gezielt gekauft wird (in der Regel 21,4 Prozent), liegt die Instore Decision Rate in der Warengruppe Schokolade, Pralinen, Bonbons, Riegel bei 69 Prozent (*Shimp* 2007, S. 591 f.). Folglich profitieren diese Warengruppen am meisten von Verkaufsförderungen direkt am Ort des Verkaufs.

Über die Realisierung psychologischer Zielgrößen und die Beeinflussung des Handels- und Konsumentenverhaltens ist die Verkaufsförderung aufgrund ihrer kundenindividuellen Ausrichtung in besonderem Maße in der Lage, zur Realisierung **ökonomischer Zielsetzungen** beizutragen. Im Mittelpunkt stehen dabei Absatz- und Umsatzsteigerungen sowie über die Verdrängung von Wettbewerben auch die Vergrößerung von Marktanteilen. Die besondere Bedeutung von Umsatzsteigerungen als Ziel der Verkaufsförderung geht auch aus einer Studie der *Combera GmbH* hervor, in der die befragten Unternehmens- und Handelsvertreter dies als zentrales Ziel ihrer POS-Aktivitäten angaben (*Combera GmbH* 2003, S. 21). Als zweit- und drittwichtigste Ziele werden die Erhöhung der Erstkaufrate und die Bekanntmachung von Marken und Produkten bei Neueinführungen genannt. Als weniger relevant werden mittel- bis langfristige Ziele beurteilt, wie die Etablierung eingeführter Marken und Produkte, die Erhöhung der Wiederkaufrate sowie die Ertragssteigerung.

Neben einer sorgfältigen und anforderungskonformen Auswahl von Zielinhalten der Verkaufsförderung bedürfen Verkaufsförderungsziele analog zu Werbezielen einer **Operationalisierung**, um den Verkaufsförderungsaktivitäten einen vollständig abgesteckten Handlungsrahmen vorzugeben. Es ist darauf zu achten, dass über die Festlegung des Zielinhalts hinaus nähere Angaben zum Zielausmaß, Zeitbezug, Objektbezug sowie Zielgruppenbezug gemacht werden.

Es wird deutlich, dass im Einzelfall eine Vielzahl verschiedener sowohl handelsgerichteter als auch konsumentengerichteter Ziele der Verkaufsförderung als geeignet angesehen werden. Letztlich ist die Zielformulierung an den Ergebnissen der Situationsanalyse sowie der im Unternehmen vorherrschenden managerialen Auffassungen bezüglich der Funktionen der Verkaufsförderung auszurichten (*Dommermuth* 1989, S. 348). Von besonderer Bedeutung für eine situationsadäquate Formulierung von Verkaufsförderungszielen ist dabei das Bewusstsein des kommunikationstreibenden Unternehmens, dass die Realisierbarkeit handelsgerichteter Zielsetzungen in hohem Maße von der Verwirklichung konsumentengerichteter Zielsetzungen abhängt und vice versa. Darüber hinaus ist zu beachten, dass die Zielsetzungen der Verkaufsförderung immer im Kontext des **Produktlebenszyklus** zu sehen sind.

In der Phase der **Produkteinführung** verfügt die Verkaufsförderung neben der Mediawerbung im Rahmen des Kommunikationsmix über eine zentrale Bedeutung für den Unternehmenserfolg (*Meffert* 2008, S. 980 f.). Die Aufgaben der handelsgerichteten Verkaufsförderung bestehen hier vorrangig in der Vorstellung des neuen Produktes, der Steigerung des Distributionsgrades sowie in der Sicherstellung geeigneter Regalplätze. Im Rahmen der konsumentengerichteten Verkaufsförderung sind die Hauptaufgaben darin zu sehen, eine möglichst hohe Anzahl von Versuchskäufen zu induzieren sowie dem Konsumenten den Nutzen bzw. den Gebrauchswert zu kommunizieren, um auf diese Art und Weise die Mediawerbung beim Aufbau von Bekanntheitsgraden zu unterstützen (*Rothschild* 1987, S. 438).

In der **Wachstumsphase** ist es sinnvoll, dass sich der Einsatz der handelsgerichteten Verkaufsförderung in erster Linie auf die Ausweitung des Distributionsgrades sowie auf die damit verbundene Verbesserung der Marktposition gegenüber den eingeschalteten Absatzmittlern konzentriert. Aufgabe der konsumentengerichteten Verkaufsförderung von Herstellern ist es in dieser Phase vorrangig, die Markentreue und -loyalität zu intensivieren (*Meffert* 2008, S. 981).

In der **Reife-** bzw. **Sättigungsphase** steht der Einsatz der konsumentengerichteten Verkaufsförderung im Zeichen der Erhöhung bzw. der konsequenten Stabilisierung der Markenbekanntheit sowie der Generierung eines hohen Markenbewusstseins. Vor dem Hintergrund der in dieser Phase auftretenden Marktsättigungstendenzen sowie einer zunehmenden Wettbewerbsintensität ist es insbesondere in Konsumgütermärkten nur über hohe und gefestigte Bekanntheitsgrade sowie über ein stabiles Markenbewusstsein möglich, eine weitere Erhöhung des Einkaufsvolumens und der Bevorratung zu erzielen. Im Rahmen der handelsgerichteten Verkaufsförderung ist es zweckmäßig, dass die Intensivierung des Hineinverkaufs (z. B. die Realisierung der größtmöglichen Zahl an Zweit- und Aktionsplatzierungen) die primäre Zielsetzung verkaufsfördernder Anstrengungen darstellt. Angesichts sinkender Umsatzzuwachsraten trägt die (handelsgerichtete) Verkaufsförderung auf diese Art und Weise zu den in dieser Phase vorrangig zu verfolgenden übergeordneten Marketingzielsetzungen, wie z. B. Marktanteilserhaltung oder Absatzsicherung, bei.

In der **Degenerationsphase** sind die durchzuführenden Kommunikationsaktivitäten besonders sorgfältig auszuwählen, da hier in hohem Maße die Gefahr eines ineffizienten und wenig zielführenden Mitteleinsatzes besteht. So ist gegebenenfalls darüber nachzudenken, ob es unter ökonomischen Gesichtspunkten überhaupt noch lohnenswert ist, das betreffende Produkt durch verkaufsfördernde Aktivitäten zu unterstützen (*Meffert* 2008, S. 981). In dieser Phase ist eine sorgfältige Kosten-Nutzen-Analyse verkaufsfördernder Aktivitäten durchzuführen, um einen ineffizienten Einsatz der Verkaufsförderung zu verhindern.

4.3 Zielgruppen der Verkaufsförderung

Die Inhalte der **Zielgruppenplanung** stellen wichtige Vorgaben für die weiteren Schritte innerhalb des Planungsprozesses der Verkaufsförderung dar. Insbesondere für die sich anschließende strategisch-konzeptionelle Planung sind sie als wichtige Orientierungshilfe anzusehen, um dem Einsatz der Verkaufsförderung eine zielgruppenbezogene Ausrichtung zu verleihen. Innerhalb der Zielformulierung für den Einsatz der Verkaufsförderung ist eine Differenzierung nach den zu bearbeitenden Zielgruppen vorzunehmen, um durch eine zielgruppenspezifische Ausrichtung der Verkaufsförderungsarbeit Wettbewerbsvorteile sowohl auf Handels- als auch auf Konsumentenebene zu realisieren. In Analogie an die herstellerseitigen Erscheinungsformen der Verkaufsförderung bietet sich dabei folgende Unterscheidung an:

- Direkt-konsumentengerichtete Zielgruppenplanung und
- Indirekt-konsumentengerichtete Zielgruppenplanung.

Bei der **Zielgruppenplanung der direkt-konsumentengerichteten Verkaufsförderung** (außerhalb des Point of Sale), wie z. B. Gewinnspiele auf der Straße oder Verteilung von Kostproben bei Events, hat analog zu den übrigen Kommunikationsinstrumenten zunächst

- die Identifikation und Beschreibung der mit der Verkaufsförderung zu bearbeitenden Zielgruppen sowie im Anschuss daran
- die Auswahl und Priorisierung der jeweiligen Zielgruppen

zu erfolgen.

Im Verlauf der **Zielgruppenidentifikation** werden diejenigen Zielpersonen herausgesucht, die zur Realisierung der Verkaufsförderungsziele anzusprechen sind. Die Entscheidungsträger greifen dazu auf unternehmensinterne und -externe Informationsquellen zurück. Dabei ist es zweckmäßig, das **unternehmensinterne Datenmaterial**, wie z. B. vorliegende Kunden- und/oder Interessentendatenbanken, zuerst auf seine Eignung zur Identifikation anzusprechender Zielgruppen zu untersuchen. Soweit vorhanden werden hierzu die Veränderungen in Art und Intensität verkaufsfördernder Aktivitäten sowie die darauf zurückzuführenden Änderungen in den Kaufhäufigkeiten, Kaufmengen usw. bei bestimmten (potenziellen) Adressatenkreisen überprüft. Ist auf Basis der vorhandenen internen Informationen keine effektive Zielgruppenplanung möglich, so wird zumeist auf **unternehmensexterne Informationsquellen**, wie z. B. Panelerhebungen von Marktforschungsinstituten, zurückgegriffen. Im Regelfall ist deren Inanspruchnahme jedoch mit hohen Kosten verbunden.

In einem nächsten Schritt sind die identifizierten Zielgruppen im Rahmen einer **Zielgruppenbeschreibung** näher zu kennzeichnen, um genaue Informationen über verschiedene Abnehmermerkmale zu erhalten. Zur Strukturierung von konsumentenbezogenen Zielgruppen werden demografische, sozioökonomische, psychografische sowie beobachtbare Verhaltensmerkmale herangezogen. Demografische und sozioökonomische Merkmale sind in der Regel am einfachsten zu erfassen und liefern beispielsweise wichtige Informationen hinsichtlich des Produktbedarfs einer Zielperson (z. B. Schulkinder, junge Mütter), von denen wiederum darauf geschlossen wird, welche Maßnahmen der Verkaufsförderung sich anbieten. Von größerer Aussagekraft sind jedoch Merkmale des tatsächlich beobachtbaren Kaufverhaltens der Zielgruppen sowie auch psychografische Merkmale, um – in Ermangelung sofortiger Kaufmöglichkeiten nach Konfrontation mit Verkaufsförderungsaktivitäten – Hinweise auf den Zusammenhang zwischen der Erzielung kognitiver und affektiver Wirkungen sowie finaler Verhaltenswirkungen zu erhalten (Beispiel: Der leicht beeinflussbare Heavy User). Durch die Kombination unterschiedlicher Merkmale zur Zielgruppenschreibung (**Zielgruppentypologien**) lässt sich ein möglichst genaues und vielseitiges Bild der identifizierten Zielgruppen zeichnen, woraus sich konkrete Anhaltspunkte für die Zielgruppenbearbeitung ableiten lassen.

Sind die potenziellen Zielgruppen der Verkaufsförderung näher beschrieben, ist eine **Auswahl der Zielgruppen** vorzunehmen bzw. ist zu entscheiden, welche Zielgruppen, mit welchen Maßnahmen, wie intensiv zu bearbeiten sind. Eine solche Priorisierung ist vor dem Hintergrund knapper finanzieller und personeller Ressourcen der Unternehmen notwendig, um die Verkaufsförderung an spezifischen Effizienz- und Erfolgskriterien auszurichten. Demzufolge sind die einzelnen Kundengruppen entsprechend ihrer ökonomischen sowie außerökonomischen Bedeutung für das Unternehmen zu klassifizieren und zu priorisieren. Um zu vermeiden, dass die Auswahl der zu bearbeitenden Zielgruppen willkürlich erfolgt, empfiehlt sich hierbei die Aufstellung eines Kataloges, der zentrale Kriterien der Zielgruppenauswahl definiert. Folgende ökonomische und außerökonomische Kriterien bieten sich in diesem Kontext an:

- **Verkaufsförderungsbezogener Nutzen der Zielgruppen:** Der Nutzen der Zielgruppen bezogen auf die Verkauförderung spiegelt den Grad der Realisierung der Verkaufsförderungsziele bei den diversen Zielgruppen wider. Verfolgt ein Unternehmen mit seinen Promotion-Aktivitäten beispielsweise den gezielten Abverkauf neu eingeführter Produkte, so ist eine andere Zielgruppenpriorisierung vorzunehmen als im Fall einer Imageprofilierung. Geht es indessen primär um die Gewinnung von Neukunden (z. B. Jugendliche, Senioren), so versprechen wiederum andere Zielgruppen einen Nutzen für das Unternehmen.

- **Kommunikationspräferenzen der Zielgruppen:** Im Sinne einer beziehungsorientierten Aus-richtung der Kommunikationspolitik sind auch die Aktivitäten der Verkaufsförderung an den zielgruppenspezifischen Kommunikationspräferenzen auszurichten und zu beein-flussen, um eine Zielgruppenpriorisierung vorzunehmen. So sind beispielsweise bestimm-te Adressatenkreise (z. B. der Zielgruppentypus „Qualitätsorientierter Käufer mit hohem Einkommen") vielfach nur schwer über Gewinnspiele oder Gutscheinaktionen zu kontak-tieren, während andere Zielgruppen (z. B. der Zielgruppentypus „Quantitätsorientierter Käufer mit niedrigem Einkommen") vergleichsweise einfach zu erreichen sind.

- **Integrativer Nutzen der Zielgruppen:** Der integrative Nutzen ergibt sich aus dem Affinitäts-grad der Zielgruppenplanung. Dieser gibt an, inwieweit die Zielgruppen der Verkaufsför-derung (z. B. die Zielgruppe eines Gewinnspiels) gleichzeitig Zielgruppen des Unterneh-mens darstellen. Um die Streuverluste der Promotion-Aktivitäten zu minimieren, ist ein möglichst hoher Affinitätsgrad anzustreben.

- **Relative Umsatzbedeutung der Zielgruppen:** Aus der relativen Umsatzbedeutung geht hervor, wie wichtig eine Zielgruppe im Vergleich zu anderen Zielgruppen für den Um-satz des Unternehmens ist. Je mehr Bedeutung der Zielgruppe in diesem Sinne zukommt, desto „lohnenswerter" ist der Einsatz aufwändiger verkaufsfördernder Maßnahmen (z. B. Vergabe teurer Produktproben). Für weniger bedeutende Zielgruppen bieten sich indes-sen primär solche Maßnahmen an, die weniger kosten- und personalintensiv sind (z. B. Prospektbeilagen).

- **Kosten für die Bearbeitung der Zielgruppen:** Die mit der Verkaufsförderung verbundenen Kosten sind weitgehend abhängig von den jeweiligen eingesetzten Maßnahmen bzw. da-von, welche Zielgruppen mit diesen Maßnahmen anvisiert werden. Bereits bei der Ent-scheidung, welche Art von Coupons (z. B. Mediacoupons, Direct-Mail-Coupons oder Online-Coupons, vgl. Abschnitt III-C-7.2) im Rahmen der Promotionaktivitäten verteilt werden, ergeben sich erhebliche Kostendifferenzen. Ebenfalls sind die einzelnen Alternati-ven mit unterschiedlichen Wirkungen verbunden, so dass die Kosten den zu erwartenden Wirkungen gegenüberzustellen sind. Gleiches gilt für andere Maßnahmen der Verkaufs-förderung, wie Gewinnspiele oder die Verteilung von Promotion-Artikeln.

4.3.1 Zielgruppenplanung der indirekt-konsumentengerichteten Verkaufsförderung

Die Besonderheiten und Schwierigkeiten der Zielgruppenplanung für den Einsatz der indi-rekt-konsumentengerichteten Verkaufsförderung ergeben sich vor allem aus der Notwendig-keit der **Integration zweier Zielgruppenebenen**. Die Effektivität und Effizienz des Einsatzes der indirekt-konsumentengerichteten Verkaufsförderung hängt in entscheidendem Maße von der Konformität zwischen anzusprechenden Absatzmittlern und Konsumenten ab. So ist hier die Auswahl einer bestimmten konsumentenbezogenen Zielgruppe wenig sinnvoll, wenn diese, z. B. in Ermangelung einer entsprechenden handelsseitigen Distribution, nicht – oder zumindest nur mit erheblichen Schwierigkeiten – erreicht wird. Vice versa empfiehlt sich die Auswahl bestimmter Absatzmittler als Zielgruppen der herstellerseitigen Verkaufs-förderung nur dann, wenn auch eine entsprechende produktbezogene Einkaufsstättenakzep-tanz der Verkaufsförderungsaktivitäten durch konsumentenbezogene Zielgruppen vorliegt. So sind etwa hoch spezialisierte Fachgeschäfte (z. B. Mountainbike-Fachhandel) als Zielgrup-pe verkaufsfördernder Aktivitäten vielfach wenig geeignet, weil die notwendige (verkaufs-förderungsinduzierte) Akzeptanz auf Konsumentenebene, z. B. in Form einer Vielzahl von Impulskäufen, oftmals nur schwer zu erzielen ist.

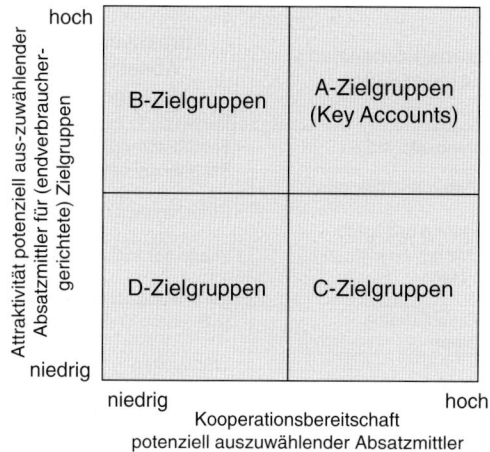

Schaubild III-C-12: Zielgruppenportfolio einer indirekt-konsumentengerichteten Verkaufsförderung

Für die Zielgruppenauswahl auf Absatzmittlerebene ergibt sich daher die Notwendigkeit einer Integration der konsumentenbezogenen Zielgruppenplanung. Idealtypisch wäre eine **simultane Zielgruppenplanung** auf beiden Zielgruppenebenen, um so die Streuverluste in der Zielgruppenansprache zu minimieren. Als Entscheidungshilfe bietet sich in diesem Zusammenhang ein **mehrfaktorielles Zielgruppenportfolio** an, das in Schaubild III-C-12 dargestellt ist. Die potenziell auszuwählenden Absatzmittler unterliegen dabei einer direkt-handelsbezogenen Beurteilungsdimension (Kooperationsbereitschaft) und einer indirekt-handelsbezogenen Beurteilungsdimension (Attraktivität für konsumentenbezogene Zielgruppen). Dabei wird über die indirekt-handelsbezogene Beurteilungsdimension die angestrebte Zielgruppenintegration gewährleistet. Ein derartiges Vorgehen impliziert ein **Down-up-Verfahren** der Zielgruppenplanung, da die Absatzmittlerauswahl von bereits selektierten Zielgruppen auf Konsumentenebene abhängt. Als Annäherung an eine simultane Zielgruppenplanung erscheint dies jedoch durchaus zweckmäßig, da es langfristig die Akzeptanz auf Konsumentenebene ist, die den Erfolg verkaufsfördernder Aktivitäten sicherstellt.

Die beiden Portfoliodimensionen sind im Einzelfall über eine Vielzahl verschiedener Kriterien zu spezifizieren, wie sie beispielhaft in Schaubild III-C-13 gezeigt werden. Dies erfolgt unter anderem durch den Einsatz eines **Scoring-Verfahrens**, in dessen Rahmen eine Auswahl, Gewichtung sowie Quantifizierung relevanter Kriterien vorgenommen wird.

Ergebnis dieser Portfolioanalyse zur indirekt-konsumentengerichteten Zielgruppenplanung der Verkaufsförderung sind die folgenden vier Cluster. In Abhängigkeit der Ausprägungskategorisierung werden teilweise mehr Cluster identifiziert als potenziell auszuwählende Absatzmittlergruppen bestehen (vgl. Schaubild III-C-12).

A-Zielgruppen

Die A-Zielgruppen (Key Accounts) weisen eine hohe Kooperationsbereitschaft auf und sind in hohem Maße für die Bearbeitung konsumentengerichteter Zielgruppen geeignet, da die Verkaufsförderungsaktivitäten auf eine hohe Akzeptanz stoßen. Es empfiehlt sich daher ein intensiver Einsatz verkaufsfördernder Aktivitäten in diesen Einkaufsstätten.

B-Zielgruppen

B-Zielgruppen sind durch eine niedrige Kooperationsbereitschaft gekennzeichnet; die Verkaufsförderungsaktivitäten in diesen Einkaufsstätten weisen jedoch eine hohe Akzeptanz bei

Kooperationsbereitschaft potenziell auszuwählender Absatzmittler	Attraktivität potenziell auszuwählender Absatzmittler für (endverbraucher gerichtete) Zielgruppen
• Akzeptanz der Verkaufsförderungsaktivitäten • Unterstützung der Verkaufsförderungsaktivitäten • Einkaufsstättenbezogene Beratung bezüglich zeitlicher, räumlicher und sachlicher Ausrichtung von Verkaufsförderungsaktivitäten • Generelle Einstellungen zur Durchführung von Verkaufsförderungsaktivitäten • Bisherige Kooperationsbeziehungen (auch in anderen Bereichen) u.a.m.	• Betriebsform (Discounter, Warenhaus, SB-Markt, Fachhandel usw.) • Erreichbarkeit der Einkaufsstätte • Image der Einkaufsstätte • Vermittlung von Einkaufserlebnissen (z.B. durch Verkaufsförderungsaktivitäten) • Wartezeiten • Ausstattungsmerkmale (z.B. Multimedia) u.a.m.

Schaubild III-C-13: Beispiele für Faktoren zur Operationalisierung der Dimensionen eines Zielgruppenportfolios

den konsumentenbezogenen Zielgruppen auf. Vielfach ist der langfristige Erfolg einer Verkaufsförderungskampagne in entscheidendem Maße von Verkaufsförderungsaktivitäten in diesen Einkaufsstätten abhängig, so dass das kommunikationstreibende Unternehmen seine handelsgerichteten Kooperationsbemühungen (trotz hoher Barrieren) zu intensivieren bzw. zumindest auf einem hohen Niveau zu halten hat.

C-Zielgruppen

Die Kooperationsbereitschaft von C-Zielgruppen ist als hoch zu bezeichnen. Allerdings liegt bei Verkaufsförderungsaktivitäten in diesen Einkaufsstätten nur eine geringe Akzeptanz konsumentenbezogener Zielgruppen vor. Der langfristige Erfolg verkaufsfördernder Aktivitäten hängt – wie bereits erwähnt – von der Honorierung der Zielgruppe „Endverbraucher" ab. Die Durchführung indirekt-konsumentengerichteter Verkaufsförderungsaktivitäten ist daher allenfalls zur Pflege der generellen Kooperationsbereitschaft des Absatzmittlers oder zur Abwehr bestimmter Konkurrenzaktivitäten geeignet.

D-Zielgruppen

Neben einer geringen Kooperationsbereitschaft zur Durchführung verkaufsfördernder Aktivitäten wird der Verkaufsförderung in diesen Einkaufsstätten von konsumentenbezogenen Zielgruppen auch eine geringe Akzeptanz entgegengebracht. Somit ist es zweckmäßig, verkaufsfördernde Aktivitäten nur aufgrund konkurrenzbezogener Erfordernisse durchzuführen.

5 Strategie der Verkaufsförderung

Auf Basis der Ergebnisse der Situationsanalyse, der Zielgruppenplanung sowie vor dem Hintergrund formulierter Verkaufsförderungsziele wird in einem nächsten Planungsschritt die **Verkaufsförderungsstrategie** entwickelt, in der die Schwerpunkte für die Verkaufsförderungsarbeit bei den ausgewählten Zielgruppen festgelegt werden. Vor dem Hintergrund der Notwendigkeit einer Integrierten Kommunikation ist es von besonderer Wichtigkeit, dass die Verkaufsförderungsstrategie mit der Kommunikationsstrategie in Einklang steht, um zur Nutzung kommunikativer Synergie- und Kostensenkungspotenziale beizutragen.

5.1 Elemente einer Strategie der Verkaufsförderung

Bevor eine Konkretisierung der Verkaufsförderungsstrategie vorgenommen wird, ist es für die Entscheidungsträger empfehlenswert, sich zunächst die **begrifflichen Facetten** einer solchen zu verdeutlichen:

> Eine **Verkaufsförderungsstrategie** beinhaltet mittel- bis langfristige Verhaltenspläne, im Rahmen derer eine inhaltliche und zeitliche Schwerpunktsetzung zum Einsatz von Verkaufsförderungsmaßnahmen erfolgt, um die strategischen Ziele der Verkaufsförderung zu erreichen.

Die Verkaufsförderungsstrategie ist demnach der Handlungsrahmen für alle **umsetzungsorientierten Aktivitäten** der Verkaufsförderung (*Pflaum/Eisenmann/Linxweiler* 2000, S. 63 ff.). Insbesondere für die die Verbalisierung und Visualisierung von Verkaufsförderungsmaßnahmen ist es von Bedeutung, dass sich diese an den Eckpunkten der Verkaufsförderungsstrategie orientieren, um ein einheitliches Auftreten innerhalb der Verkaufsförderungsarbeit sowie im Rahmen der Gesamtkommunikation sicherzustellen. Es ist daher sowohl im Rahmen einer Zusammenarbeit mit Verkaufsförderungsagenturen als auch bei der Durchführung eigenständiger Verkaufsförderungskonzeptionen notwendig, im Idealfall alle an der Umsetzung beteiligten Personen, vor allem aber die verantwortlichen Grafiker und Texter, über die Verkaufsförderungsstrategie in Kenntnis zu setzen. Bei der Durchführung eines derartigen **Verkaufsförderungsbriefings** ist es empfehlenswert, die wichtigsten Strategievorgaben schriftlich zu fixieren, damit die Stoßrichtung für den Einsatz der Verkaufsförderung bei den ausführenden Organen nicht in Vergessenheit gerät. Die Entwicklung einer Verkaufsförderungsstrategie orientiert sich dabei grundsätzlich an sieben **Elementen**, wie sie in Schaubild III-C-14 dargestellt sind.

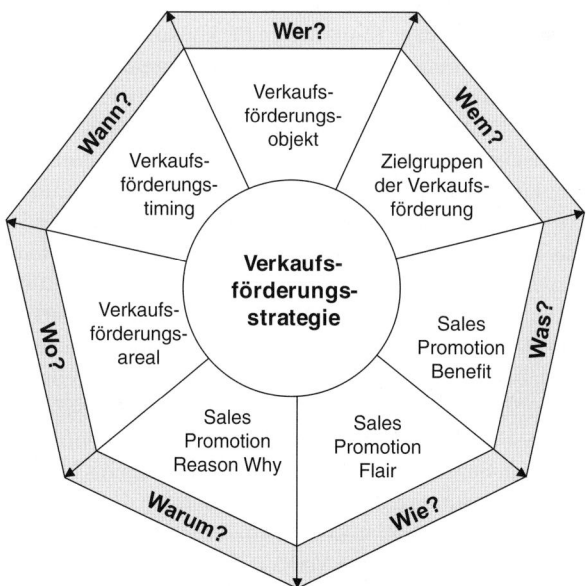

Schaubild III-C-14: Elemente einer Verkaufsförderungsstrategie

(1) Verkaufsförderungsobjekt

Ein wichtiger Bestandteil der Verkaufsförderungsstrategie ist die Festlegung objektbezogener Schwerpunkte. Dabei ist zu entscheiden, welche Produkte bzw. Produktgruppen mit welcher Intensität durch verkaufsfördernde Aktivitäten zu unterstützen sind. Hier sind es unterschiedliche Faktoren, die die Entscheidung bezüglich auszuwählender objektbezogener Schwerpunkte in entscheidendem Maße determinieren:

- Sortimentserfordernisse (z. B. das produktbezogene Umsatzvolumen, die direkte Produktrentabilität sowie die Höhe des produktbezogenen Involvements bei den anvisierten Zielgruppen),
- Konkurrenzerfordernisse (z. B. eine wesentliche Steigerung der Verkaufsförderungsintensität für ein Konkurrenzprodukt),
- Saisonale Erfordernisse (z. B. prozyklische Unterstützung von Eiscremeprodukten) sowie die
- Akzeptanz der Verkaufsförderung für bestimmte Produkte auf Handels- und Konsumentenebene u. a. m.

(2) Zielgruppen der Verkaufsförderung

Weiterhin sind im Rahmen der Verkaufsförderungsstrategie die Zielgruppenschwerpunkte festzulegen. Es ist zu entscheiden, welche der ausgewählten Zielgruppen mit welcher Intensität zu bearbeiten sind. Anhaltspunkte für die Bearbeitungsintensität lassen sich unmittelbar aus den Ergebnissen der Situationsanalyse sowie der Zielgruppenplanung (insbesondere der Zielgruppenauswahl) gewinnen.

(3) Sales Promotion Benefit

Der Sales Promotion Benefit repräsentiert den Zusatznutzen, den die Verkaufsförderungskampagne den anvisierten Zielgruppen zu liefern anstrebt. Die meisten Verkaufsförderungskampagnen bieten lediglich Sales Promotion Benefits, die sich aus kosten- und vielfach auch aus abwicklungstechnischen Gründen ergeben (*Pflaum/Eisenmann/Linxweiler* 2000, S. 65). Damit sind vor allem preis- und konditionenpolitische Maßnahmen gemeint, deren Einsatz darauf ausgerichtet ist, die eingeschalteten Absatzmittler zur kommunikativen Unterstützung des Herstellerproduktes zu bewegen bzw. Kaufanreize für konsumentenbezogene Zielgruppen zu schaffen. Da derartige Maßnahmen jedoch vorrangig der preis- und konditionenorientierten Verkaufsförderung zu subsumieren sind, die im hier zugrunde liegenden Kontext von untergeordnetem Interesse ist, bleibt auch der dadurch induzierte Sales Promotion Benefit unberücksichtigt. Vielmehr ist es der **kommunikationsinduzierte Sales Promotion Benefit**, dem besondere Bedeutung zukommt. Der Sales Promotion Benefit einer kommunikativ orientierten Verkaufsförderung resultiert auf **Endverbraucherebene** vor allem aus der Schaffung emotionaler Konsumerlebnisse. Im Rahmen einer indirekt-konsumentengerichteten Verkaufsförderung geschieht dies idealerweise über die Durchführung kooperativer Verkaufsförderungsaktionen mit eingeschalteten Absatzmittlern. Über die Vernetzung sämtlicher verkaufsfördernder Aktivitäten, z. B. durch die gleichzeitige Durchführung einer emotional ausgerichteten Präsentation des Produktes durch bzw. in Verbindung mit Werbedamen sowie eines Preisausschreibens, ist es möglich, den (Grund-) Nutzen des Produkts emotional erheblich aufzuladen. Der Konsument wird in einer emotionalen Erlebniswelt mit dem Produkt konfrontiert, wobei es gerade dieser situative Kontext ist, der den Sales Promotion Benefit ausmacht und den Konsumenten zum letztlich angestrebten Kaufverhalten animiert. Auch auf **Handelsebene** ist für die anvisierten Absatzmittler ein Sales Promotion Benefit anzustreben, um die notwendige Akzeptanz bzw. sogar eine Unterstützung der eigenen Verkaufsförderungsarbeit durch die Absatzmittler zu erzielen. Auf diese Art und Weise werden die handelsgerichteten Voraussetzungen für den Erfolg der Verkaufsförderungskampagne geschaffen.

(4) Sales Promotion Flair

Bei der Konzipierung von Verkaufsförderungsmaßnahmen spielt die angestrebte kommunikative Atmosphäre, d.h. im zugrunde liegenden Kontext der Sales Promotion Flair, eine wichtige Rolle. Damit wird der Grundton der Aussage (die „Tonalität" bzw. „Tonality") festgelegt, und es werden Angaben hinsichtlich des Gestaltungsstils der verkaufsfördernden Maßnahmen gemacht. Dies beinhaltet sowohl „was" als auch „wie" etwas im Rahmen der Verkaufsförderung ausgesagt wird. Die Verkaufsförderungsaktionen sind in diesem Zusammenhang darauf ausgerichtet, das anvisierte Produkt- bzw. Unternehmensimage zu erreichen. Beispielsweise ist darüber zu entscheiden, ob die Verkaufsförderungsaktionen eher ruhig oder reißerisch, eher unterhaltend oder informativ, eher innovativ oder traditionsbehaftet usw. ausgerichtet werden.

> **Beispiel: Sales Promotion Flair bei *Bacardi***
> Die Gestaltung der Verkaufsförderung für die Marke *Bacardi* erschöpft sich nicht in einer informativen Herausstellung der Produkte, sondern unterstreicht bewusst die emotional ausgerichtete Positionierung der Marke. Im Mittelpunkt steht hierbei die Betonung von karibischem Lebensgefühl, Temperament und Inspiration, wie sie mit dem *„Bacardi* Feeling" zum Ausdruck kommen.

(5) Sales Promotion Reason Why

Ein weiteres wichtiges Element der Verkaufsförderungsstrategie stellt die Beweiskomponente dar, der Sales Promotion Reason Why. Ziel ist es, den Zielgruppen das Gefühl zu vermitteln, dass die Verkaufsförderungskampagne tatsächlich den ausgelobten Verkaufsförderungsnutzen erbringt (*Pflaum/Eisenmann/Linxweiler* 2000, S. 65). Der Sales Promotion Reason Why ist von besonderer Wichtigkeit für die Glaubwürdigkeit einer Verkaufsförderungskampagne und damit für deren Akzeptanz bei handels- und konsumentenbezogenen Zielgruppen. Als Reason-Why-Mittel werden beispielsweise Testimonials, Testergebnisse der eigenen Marktforschungsabteilung und/oder von externen Testinstituten (z.B. Stiftung Warentest) sowie Garantieerklärungen eingesetzt.

(6) Verkaufsförderungsareal

Mit dem Areal der Verkaufsförderung legt ein Unternehmen fest, ob es seine Promotion-Aktivitäten primär lokal, regional, national oder international ausrichtet. Bei den indirekten verkaufsfördernden Maßnahme am Point of Sale ist zudem zu entscheiden, ob die Aktivitäten sich auf bestimmte Vertriebstypen konzentrieren oder in allen Vertriebtypen eingesetzt werden, in denen das Produkt vertrieben wird.

(7) Verkaufsförderungstiming

Da der zeitliche Einsatz verkaufsfördernder Aktivitäten einen wesentlichen Erfolgsfaktor darstellt, ist es notwendig, alle Entscheidungen zum Timing der Verkaufsförderung sorgfältig zu planen. Dabei sind die verkaufsfördernden Maßnahmen insbesondere mit dem Einsatz der Mediawerbung zeitlich abzustimmen, da eine Verzahnung dieser Aktivitäten in hohem Maße zu kommunikativen Effizienzsteigerungen beiträgt.

> **Beispiel: Timing der Verkaufsförderungsaktionen von *Martini***
> In Insert III-C-3 ist die Einsatzplanung der großen Sommeraktion der Marke *Martini* im Jahre 2003 dargestellt. Neben Gewinnspielen im Handel, in Internet und über Hotlines wurden POS-Plakate, Zweitplatzierungen sowie umfangreiche Verkostungsaktionen im Handel durchgeführt und diese durch TV-Spots unterstützt. Es ist ersichtlich, dass über das gesamte Jahr hinweg verschiedene Promotion-Aktionen mit unterschiedlichen Themen durchgeführt wurden.

Ein weiteres Beispiel eines **Verkaufsförderungsplans** ist in Schaubild III-C-15 abgebildet (*Pflaum/Eisenmann* 1993, S. 46 f.). Dabei handelt es sich um die verkaufsförderungsbezogene Jahresplanung eines Einkaufsverbandes, die drei Aktionsebenen umfasst (überregionale Endverbraucherwerbung in Zeitschriften, Streuung der regionalen Endverbraucherwerbung durch Fachgeschäfte, POS-Werbung bestehend aus saisonal konzipierten Schaufensterdekorationssets) und ausschließlich auf konsumentenbezogene Zielgruppen gerichtet ist.

Idealtypisch sind derartige Einsatzpläne im Rahmen einer **kooperativen Verkaufsförderungspolitik** gemeinsam mit den Absatzmittlern durchzuführen, um auch hier der notwendigen Integration der Zielgruppenebenen Rechnung zu tragen und sowohl die Handels- als auch Konsumenteninteressen zu berücksichtigen.

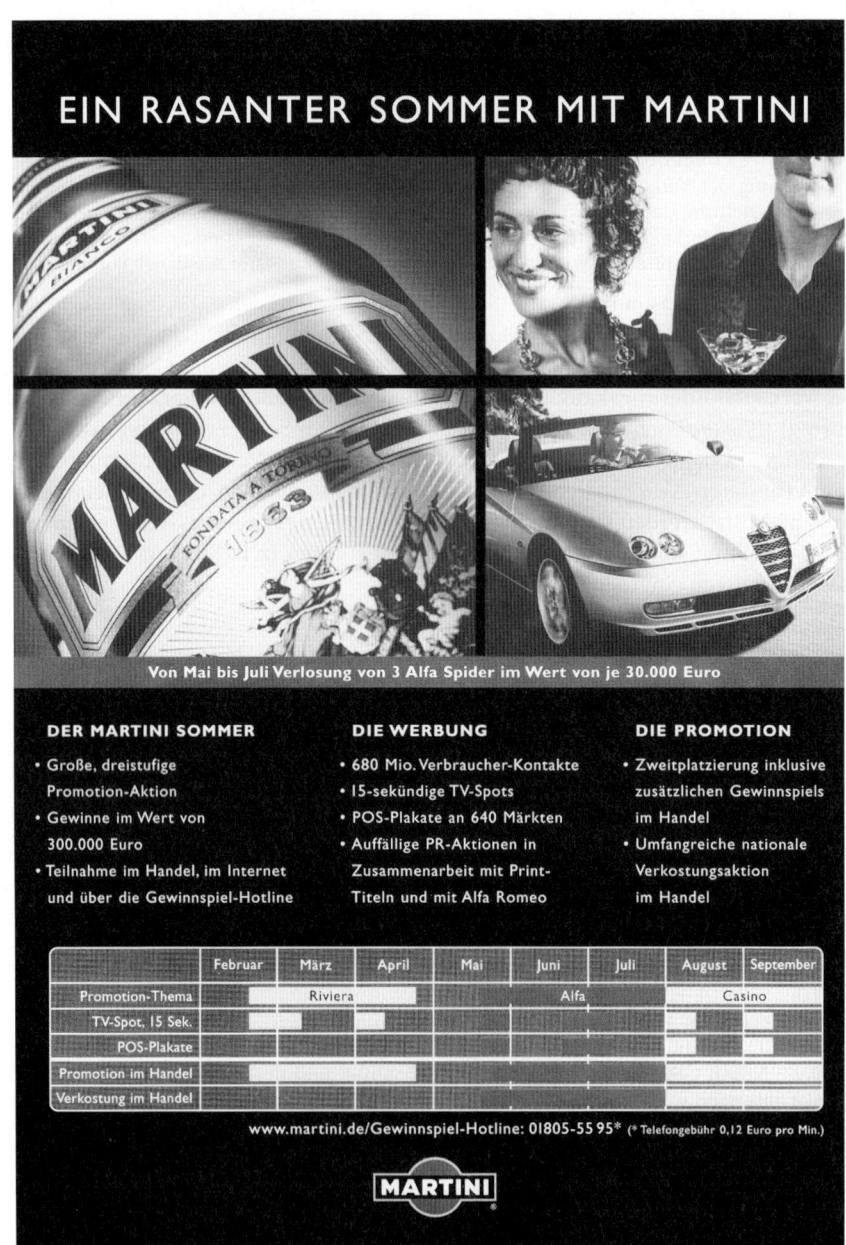

Insert III-C-3: Verkaufsförderungsmaßnahmen der Marke Martini (Barcadi GmbH)

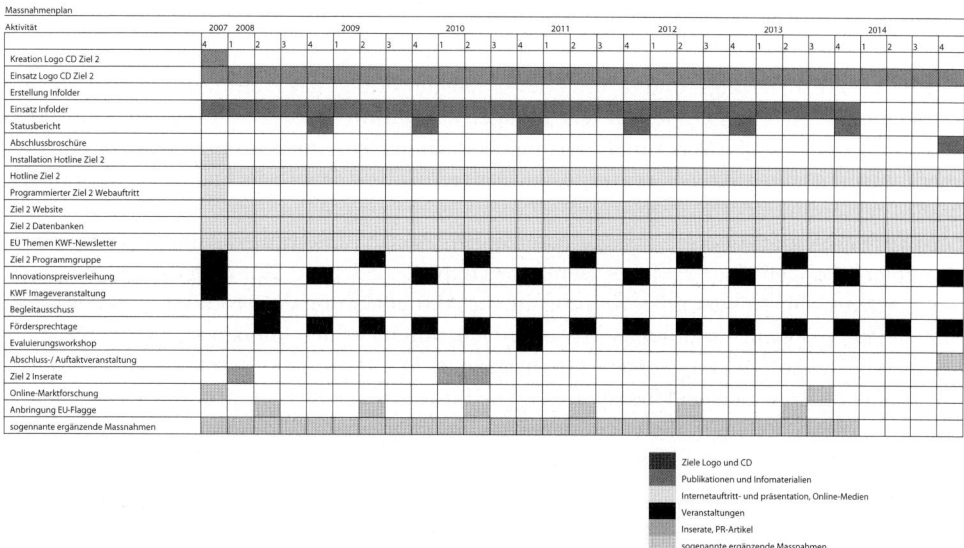

Schaubild III-C-15: Beispiel für einen Verkaufsförderungsplan (Kwf 2010, S.14)

Die Realisierung der Verkaufsförderungsstrategie hat in hohem Maße zur Erreichung einer produktbezogenen **Unique Communication Proposition (UCP)** beizutragen. Dies bedeutet, dass sie einen einzigartigen Kommunikationsvorteil vermittelt, der sowohl nachvollziehbar als auch beweisbar ist und der die Verkaufsförderungskampagne damit deutlich von den Mitbewerberkampagnen abhebt. Dies schafft die Voraussetzungen, damit der Einsatz der Verkaufsförderung entscheidend zur Realisierung kommunikativer Wettbewerbsvorteile beiträgt.

5.2 Strategietypen der Verkaufsförderung

Grundlage für die Ausrichtung der Verkaufsförderungsstrategie bilden die zuvor formulierten Verkaufsförderungsziele. In Abhängigkeit der jeweiligen Markterfordernisse bzw. des zugrunde liegenden situativen Kontextes lassen sich in diesem Zusammenhang vier **Strategietypen** ableiten:

(1) Imageprofilierungsstrategie,

(2) Aktualisierungs- und Informationsstrategie,

(3) Zielgruppenerschließungsstrategie,

(4) Kaufstimulierungsstrategie.

Im Rahmen einer **Imageprofilierungsstrategie** steht in erster Linie die Vermittlung bestimmter emotionaler Dimensionen, wie beispielsweise Natürlichkeit oder Exklusivität, im Vordergrund. Die Verfolgung einer derartigen Strategie ist im Regelfall integrativer Bestandteil einer übergeordneten Kommunikationsstrategie und verfolgt vor allem das Ziel, eine imagebezogene Werbekampagne zu unterstützen. Die Verkaufsförderung übernimmt dabei in erster Linie die Aufgabe, die aus der Mediawerbung resultierenden positiven Einstellungen zum Produkt zu aktualisieren bzw. zu stabilisieren. Sie trägt somit, z. B. über die Präsentation des

Produktes in einem emotional-aufgeladenem Umfeld in entscheidendem Maße zur Förderung des Markenimages bei.

Mit einer **Aktualisierungs- und Informationsstrategie** verfolgt das kommunikationstreibende Unternehmen vor allem zweierlei Zielsetzungen bei den anvisierten Zielgruppen. Zum einen geht es darum, dass die Verkaufsförderung, vielfach in Übereinstimmung mit einer entsprechend ausgerichteten Werbekampagne, zur Steigerung bzw. Stabilisierung des Bekanntheitsgrades des kommunikativ unterstützten Produktes beiträgt (Aktualisierung). Dies geschieht beispielsweise über die Realisierung einer hohen Anzahl an (aufmerksamkeitswirksamen) Zweitplatzierungen. Zum anderen bietet es sich insbesondere im Rahmen der indirekt konsumentengerichteten Verkaufsförderung an, die Aktualisierung des Produktes mit der Information über relevante Produkteigenschaften, z. B. durch Probieraktionen am Point of Sale, zu verbinden. Die Entwicklung einer Aktualisierungs- und Informationsstrategie ist vielfach in die marketingstrategischen Überlegungen zur Einführung eines Neuproduktes eingebettet, dessen Erfolg in hohem Maße von einer schnellen Erhöhung des Bekanntheitsgrades sowie der Erzielung umfassender Produktkenntnisse abhängt.

Im Rahmen einer **Zielgruppenerschließungsstrategie** kanalisiert sich der Einsatz der Verkaufsförderung auf bestimmte Zielgruppen, wie z. B. Studenten oder Senioren. Eine zielgruppenbezogene Bündelung der Verkaufsförderungsressourcen zielt dabei auf hohe und vor allem dauerhafte Kommunikationswirkungen bei den anvisierten Zielgruppen ab. Über die Durchführung von Probieraktionen, eine direkte Ansprache am Point of Sale oder Sampling-Aktionen (Ausgabe von Produktproben) ist es das Ziel, sowohl Sympathien für das Produkt zu wecken als auch Vertrauen in die Marke aufzubauen. Voraussetzung für den Erfolg einer Zielgruppenerschließungsstrategie ist eine gewisse Dauerhaftigkeit im Einsatz der Verkaufsförderung. Sympathie und Vertrauen resultieren nicht aus vereinzelten Ad-hoc-Aktionen, sondern vielmehr aus einer kontinuierlichen Bearbeitung anvisierter Zielgruppen.

Kaufstimulierungsstrategien sind meistens kurzfristiger als Aktualisierungs- und Informations- sowie Zielgruppenerschließungsstrategien konzipiert und vor allem bei Low-Involvement-Produkten im Konsumgüterbereich zu beobachten. Hinter der Konzeption einer Kaufstimulierungsstrategie steht im Regelfall das Verkaufsförderungsziel, möglichst schnell hohe finale Verhaltenswirkungen bei den anvisierten Zielgruppen zu erzielen. Dabei geht es vor allem darum, bei vielen Zielpersonen den Zeitraum zwischen dem Kontakt mit der Verkaufsförderungsaktivität und den letztlich angestrebten finalen Verhaltenswirkungen am Point of Sale derart zu verkürzen, dass es zu vielen Impulskäufen kommt. Dazu bieten sich prinzipiell eher Produkte an, deren Grundnutzen als gering einzustufen ist und die sich vorrangig über einen kommunikativen Zusatznutzen verkaufen. Dieser kommunikative Zusatznutzen resultiert aus einem emotionalen Engagement der Zielperson, so dass es eine vorrangige Aufgabe der Verkaufsförderung ist, das Produkt so stark emotional aufzuladen, z. B. durch eine Produktpräsentation mit attraktivem Personal, dass spontanes bzw. impulsives Kaufverhalten stimuliert wird (*Kroeber-Riel/Weinberg/Gröppel-Klein* 2009, S. 409 f.). Die Etablierung einer Kaufstimulierungsstrategie ist meistens durch situative Markterfordernisse begründet, wie beispielsweise eine Intensivierung der Konkurrenzaktivitäten sowie der damit verbundene Verlust von Marktanteilen (*Kellner* 1982, S. 137 ff.) oder die Befindlichkeit des Produkts in der Einführungs- oder Wachstumsphase, die eine derartige Verkaufsförderungsstrategie notwendig erscheinen lassen.

Bei der Abwägung der Vor- und Nachteile unterschiedlicher Strategiealternativen sind zur **Entscheidungsunterstützung** verschiedene Modelle heranzuziehen. In Frage kommen z. B. Scoring-Modelle zur Bewertung der einzelnen Strategien über die Vergabe von Wichtigkeiten und Eignungswerten oder Ansätze des Value-Based-Planning, um den monetären Wert der Strategien zu bestimmen (*Gedenk* 2002, S. 325 f.).

Abschließend ist anzumerken, dass die vorstehend beschriebenen Strategietypen der Verkaufsförderung in der Praxis in der Regel nicht in Reinkultur anzutreffen sind. Vielmehr sind es **Strategiekombinationen**, die in Abhängigkeit situativer Gegebenheiten einzelne Komponenten der aufgezeigten Strategietypen in den Vordergrund rücken, um so Verkaufsförderungs- und Kommunikationsziele zu erreichen.

6 Ökonomische Entscheidungen der Verkaufsförderung

Vor dem Hintergrund eines wachsenden Stellenwertes der Verkaufsförderung im Kommunikationsmix von Unternehmen wird eine systematische und differenzierte Planung sämtlicher ökonomischer Entscheidungen im Hinblick auf die anvisierten Verkaufsförderungsziele zunehmend an Bedeutung gewinnen. Dabei ist es zunächst notwendig, das **Spektrum ökonomischer Entscheidungen** zum Einsatz der Verkaufsförderung in eine gedankliche Ordnung zu bringen, um eine systematische Entscheidungsfindung sicherzustellen. So lassen sich ökonomische Entscheidungen zum Einsatz der Verkaufsförderung in drei **Planbereiche** trennen:

(1) Bestimmung und Abgrenzung der Verkaufsförderungskosten,
(2) Bestimmung der Höhe des Verkaufsförderungsbudgets,
(3) Verteilung des Verkaufsförderungsbudgets.

Die Entscheidungen in diesen drei Planbereichen sind jedoch nicht voneinander unabhängig, sie stehen vielmehr in **wechselseitiger Beziehung** zueinander. So ist es beispielsweise unmittelbar plausibel, dass die Ergebnisse der Kostenplanung entscheidenden Einfluss auf die Entscheidung zur Budgethöhe bzw. auf die Verteilung der finanziellen Ressourcen nehmen. Darüber hinaus bestehen Interdependenzen zwischen Entscheidungen bezüglich der Höhe bereitzustellender Verkaufsförderungsressourcen und deren Allokation. Idealtypisch sind daher sämtliche ökonomische Entscheidungen zum Einsatz der Verkaufsförderung ganzheitlich-simultan zu planen, um den Interdependenzen im eigenen ökonomischen Entscheidungsverhalten Rechnung zu tragen. Dies erhöht jedoch in starkem Maße die Komplexität der Entscheidungsprozesse und ist in den meisten Unternehmen ohne den Einsatz eines EDV-Systems nicht möglich (*Pflaum/Eisenmann* 1993, S. 48).

6.1 Kosten der Verkaufsförderung

Bevor es zur Entscheidung über die Höhe des Budgets bzw. dessen Verteilung kommt, ist eine umfassende Transparenz in den **Kostenstrukturen der Verkaufsförderung** erforderlich. In Anlehnung an die inhaltliche Begriffsfassung der Verkaufsförderung sind dabei nur jene Kosten zu planen, die der **kommunikativ orientierten Verkaufsförderung** zuzurechnen sind. Sämtliche Kosten aus verkaufspersonalorientierten Aktivitäten werden indessen vernachlässigt und dem Verkaufsmanagement subsumiert.

Um eine fundierte Entscheidungsgrundlage für die Höhe und Allokation des Verkaufsförderungsbudgets herzustellen, ist es notwendig, eine systematische Kostenplanung der Verkaufsförderung durchzuführen, die insbesondere den Anforderungen der **Vollständigkeit** und **Differenziertheit** Rechnung trägt. Zur vollständigen Erfassung verkaufsförderungsbedingter Kosten bietet es sich an, eine Unterteilung entstehender Kosten nach den hersteller-

Kosten der indirekten Verkaufsförderung	Kosten der direkten Verkaufsförderung
• Warenpräsentationskosten • Display-Kosten • Zeitplanungskosten für Präsenter, Körbe, Stapelbau • Kosten für Sonderschauen und Ausstellungen • Prospektkosten • Gehälter für Hostessen, Merchandiser usw. • Kosten für Abnehmerberatung und -information • Kosten für Werksbesichtigungen • Kosten für den Einsatz von Multimedia in den Einkaufsstätten u.a.m.	• Kosten für Zugaben, Proben, Gutscheinaktionen • Kosten für Zugaben am Produkt • Kosten für Hauswurfsendungen und Kundenzeitschriften • Kosten für Probepackungen • Gehälter für Promotionakteure, Handzettelverteiler usw. • Kosten für Gewinnspiele • Kosten für Online Promotions u.a.m.

Schaubild III-C-16: Kosten der Verkaufsförderung

seitigen Erscheinungsformen der Verkaufsförderung vorzunehmen. Schaubild III-C-16 zeigt eine checklistenartige Auflistung möglicherweise entstehender Kosten der Verkaufsförderung. Dabei ist festzuhalten, dass diese Liste keinen Anspruch auf Vollständigkeit erhebt und im Einzelfall durch bestimmte kostenverursachende Aktivitäten zu ergänzen ist.

Neben einer umfassenden Kostenerfassung ist es vor allem von Bedeutung, zumindest eine grobe **Differenzierung von Kostenkategorien** vorzunehmen, um dadurch wichtige Entscheidungshilfen für die Budgethöhe bereitzustellen. In diesem Zusammenhang erscheint es sinnvoll, der traditionsbehafteten betriebswirtschaftlichen Unterteilung in die folgenden Kostenkategorien zu folgen:

- Variable Verkaufsförderungskosten,
- Fixe Verkaufsförderungskosten.

Während variable Kosten beschäftigungs- bzw. leistungsabhängig sind, bleiben fixe Kosten der Verkaufsförderung mit variierendem Aktivitätsniveau zumindest temporär konstant.

Die betriebliche Praxis zeigt, dass in der Verkaufsförderung die **Fixkosten** überwiegen, insbesondere wenn der Einsatz der Verkaufsförderung strategisch ausgerichtet ist. Fixkosten lassen sich weiter unterscheiden in stückfixe Aktionseinzelkosten, die für einzelne Aktionen anfallen (z.B. Kosten für die Produktion von Displays, Kosten für den Einsatz von Werbedamen) und stückfixe Aktionsgemeinkosten, die für die Gesamtheit der durchzuführenden Maßnahmen entstehen (z.B. Personal- und Agenturkosten) (*Gedenk* 2002, S. 97 f.). Wie einzelne Kostenarten einzuordnen sind, ist letztlich von der Vertragsgestaltung abhängig und ist nicht immer generell zu bestimmen. Fixkosten resultieren aus befristeten rechtlichen Bindungen, z.B. aus Arbeitsverträgen mit angestellten Verkaufsförderern oder Verträgen mit Verkaufsförderungsagenturen. Obwohl diese Kosten ihrem Wesen nach nicht fix sind, so sind sie doch, zumindest über einen bestimmten Zeitraum hinweg, für das Unternehmen als unveränderlich anzusehen.

Beispiel: Kostenstrukturen in der Verkaufsförderung

Eine Verkaufsförderungsabteilung beschäftigt zwei Mitarbeitende, deren Aufgabe darin besteht, kommunikativ orientierte Verkaufsförderungsarbeit zu leisten. Die Personalkosten sind – auch bei unterschiedlichen Beschäftigungsgraden – für eine bestimmte Periode zumindest überwiegend fix. In Abhängigkeit bestimmter Markterfordernisse, z.B. hoher Verkaufsförderungsintensität der Konkurrenz, sieht sich das Unternehmen dazu gezwungen, einen weiteren Mitarbeitenden einzustellen. Die durch den marktgerechten Einsatz der Verkaufsförderung verursachten Kosten steigen sprunghaft an (Sprungkosten) und sind wiederum für ein bestimmtes Beschäftigungsintervall konstant. Eine derartige Kostenstruktur ist typisch für den Einsatz der Verkaufsförderung.

Variable Kosten entstehen sowohl aus dem sach- als auch dem personenbezogenen Einsatz der Verkaufsförderung. Variable Kosten aus dem sachbezogenen Einsatz der Verkaufsförderung resultieren etwa aus der umsatz- oder verkaufsbedingten Produktion von Display- und Prospektmaterialien oder der umsatzgekoppelten Abgabe von Proben und Zugaben. Der personenbezogene Einsatz der Verkaufsförderung verursacht beispielsweise variable Kosten in Form provisionsabhängiger Gehälter von Hostessen.

6.2 Budgetierung der Verkaufsförderung

6.2.1 Einflussgrößen der Höhe des Verkaufsförderungsbudgets

In Analogie zur Entscheidung über die Höhe des Werbebudgets ist auch die Budgetierung der Verkaufsförderung durch eine Vielzahl von **Einflussgrößen** gekennzeichnet. Auch wenn den verschiedenen Faktoren im Einzelfall eine mehr oder weniger hohe Bedeutung bei der Entscheidungsfindung zukommt, lassen sich vor allem drei Bezugsgrößen ausmachen, die einen entscheidenden Einfluss auf die **Höhe des Verkaufsförderungsbudgets** ausüben (*Belch/Belch* 2008, S. 237 ff.):

- Unternehmens- und Agenturphilosophie,
- Marktvolumen,
- Marktpotenzial der Verkaufsförderung.

Ein entscheidender Faktor für den monetären Anteil der Verkaufsförderung am gesamten Kommunikationsbudget ist die jeweilige **Unternehmens- und Agenturphilosophie**. So sind beispielsweise eingeschaltete Full-Service-Agenturen vielfach der Auffassung, ein hoher Budgetanteil der Mediawerbung am Kommunikationsbudget sei erfolgsversprechender als ein hohes Verkaufsförderungsbudget. Die Gründe dafür sind mannigfaltiger Natur. Häufig ist es jedoch die Angst der Agenturen vor dem Verlust der Kontrolle über die Kommunikationsaktivitäten des Kunden bzw. vor finanziellen Einbußen, da die Betreuung von Verkaufsförderungsaktivitäten anders als in der Werbung (AE-Provisionen) in der Regel nicht auf Basis fester Provisionssätze vergütet wird (*Belch/Belch* 2008, S. 237).

Aber auch die unternehmerische **Kommunikationsphilosophie** nimmt entscheidenden Einfluss auf die instrumentebezogene Allokation des Kommunikationsbudgets. So sind nach wie vor, oftmals über einen längeren Zeitraum hinweg, konstante instrumentebezogene Budgetrelationen zu beobachten. Die Budgets der Kommunikationsinstrumente werden aufgrund guter Erfahrungen in der Vergangenheit mit der bestehenden Budgetverteilung sowie der Scheu vor dem Risiko einer Umverteilung einfach fortgeschrieben. Dies entspricht zwar in keiner Weise dem Marketinggedanken, ist jedoch vielfach der ausschlaggebende Grund für eine verhältnismäßig starre Allokation des Kommunikationsbudgets und damit auch der entscheidende Einflussfaktor für die Höhe des Verkaufsförderungsbudgets.

Ein weiterer wichtiger Einflussfaktor der Budgethöhe ist das **Marktvolumen** des jeweiligen Produktes oder der Sortimentsgruppe. Ein hohes Marktvolumen, z. B. im Markt für Erfrischungsgetränke, erfordert oftmals eine national ausgerichtete Verkaufsförderungskampagne, deren Durchführung mit einem erheblichen finanziellen Aufwand verbunden ist. In Märkten mit einem verhältnismäßig kleinen Volumen ist hingegen der notwendige finanzielle Aufwand erheblich geringer, um die Mehrzahl der Zielpersonen zu erreichen. Hier ist es oft ausreichend, lokale Präsenz in ausgewählten Einkaufsstätten zu zeigen, um das Interesse der Zielpersonen zu wecken.

Darüber hinaus wird die Höhe des Verkaufsförderungsbudgets in vielen Fällen durch das **Marktpotenzial** der Verkaufsförderung bestimmt. Liegt ein hohes Marktpotenzial vor, das unter Effizienzgesichtspunkten vorrangig über den Einsatz der Verkaufsförderung auszuschöpfen ist, wird eine entsprechend hohe Budgetierung der Verkaufsförderung vorgenommen und vice versa.

> **Beispiel: Verkaufsförderungsbudget während der Produkteinführung**
> Im Rahmen einer Produktneueinführung verfügt das kommunikativ zu unterstützende Produkt durch intensiven Werbeeinsatz über einen Bekanntheitsgrad von 80 Prozent. Dem stehen jedoch verhältnismäßig geringe Verkaufszahlen gegenüber. Da der Einsatz der Mediawerbung nur bedingt dazu geeignet ist, finales Verhalten auszulösen, werden in solchen Situationen im Regelfall die Verkaufsförderungsbudgets aufgestockt, um den Abverkauf des jeweiligen Produktes zu beschleunigen.

Da Werbe- und Verkaufsförderungsbudgets nicht selten in direkter Konkurrenz untereinander stehen, zeigt Schaubild III-C-17 weitere absatzpolitische Indikatoren für eine überproportionale Erhöhung des jeweiligen Budgets.

6.2.2 Budgetierungsansätze in der Verkaufsförderung

Die in der Praxis beobachtbaren Ansätze zur Budgetierung der Verkaufsförderung lassen sich anhand der jeweils zugrunde liegenden Bezugsgrößen in zwei Bereiche untergliedern:

(1) Top-down-Ansätze und
(2) Bottom-up-Ansätze.

Absatzpolitische Indikatoren \ Erhöhung der jeweiligen Budgets	Werbebudget	Verkaufsförderungs-budget
Stadium des Produktlebenszyklus:		
Einführung	•	
Wachstum	•	
Reife		•
Degeneration		•
Günstige Ertragslage	•	
Marktführerschaft	•	
Regionale Marke		•
VKF-orientierter Wettbewerb		•
Werbeorientierter Wettbewerb	•	
Produktüberlegenheit	•	
Hohe Kauffrequenz		•
Distributionsverwundbarkeit		•

Schaubild III-C-17: Absatzpolitische Indikatoren zur Bestimmung der Budgethöhe von Verkaufsförderung und Werbung (in Anlehnung an Rütschi 1980, o.S.)

Bei den **Top-down-Ansätzen** orientiert sich die Budgetfestlegung an übergeordneten Bezugsgrößen, wie z. B. Umsatz oder Gewinn. Der Festlegung des Verkaufsförderungsmix sind damit „von oben" eindeutige budgetbezogene Restriktionen vorgegeben. Bei den **Bottom-up-Ansätzen** ist die Höhe des Verkaufsförderungsbudgets ein Resultat der Kostenplanung für die zur Erreichung der Verkaufsförderungsziele notwendigen Maßnahmen. Die Budgetierung erfolgt damit „von unten" auf Basis der vorweggenommenen Maßnahmenplanung (*Belch/Belch* 2008, S. 225 ff.).

Bei den **Top-down-Ansätzen** erfolgt die Festlegung der Höhe des Budgets unter anderem nach einem bestimmten **Prozentsatz einer Bezugsgröße**. Dabei werden die im Zusammenhang mit der Mediawerbung bereits detailliert erläuterten Bezugsgrößen Absatz, Umsatz und Gewinn herangezogen (*Bruhn* 2010c, S. 193).

Im Rahmen einer kritischen Würdigung ist zunächst auf die **Vorteile** zu verweisen, die sich aus der einfachen Handhabung dieser Verfahren ergeben. Diese Vorteile, wie die problemlose Datenbeschaffung, der geringe Planungsaufwand usw., zeigen sich gleichzeitig dafür verantwortlich, dass die Verfahren in der Praxis weit verbreitet sind. **Nachteile** ergeben sich allerdings dadurch, dass der eigentlich anzustrebende Ursache-Wirkungs-Zusammenhang nicht berücksichtigt wird und damit die jeweilige Höhe des Prozentsatzes z. B. vom Umsatz abhängt und nicht, wie es sich eigentlich gebührt, umgekehrt. Dies ist willkürlich sowie logisch nicht begründbar und provoziert prozyklische (Budget-)Wirkungen, da insbesondere bei rückläufigen Umsätzen eine entsprechende Kürzung des Verkaufsförderungsbudgets mit folgenden Risiken bzw. Schwierigkeiten verbunden ist:

- Schwierigkeiten beim Abbau der fixen und sprungfixen (Durchschnitts-)Kosten der Verkaufsförderung (Verträge mit Verkaufsförderungsagenturen, Berater, Mieten, Büroeinrichtungen usw.).

- Nichterfüllung der Erwartungshaltungen der eingeschalteten Absatzmittler, z. B. in Bezug auf bestimmte Serviceleistungen.

- Nichterfüllung der Erwartungshaltungen der konsumentenbezogenen Zielpersonen, z. B. im Fall des Absetzens einer Kundenzeitschrift, wenn dies Unmut bei den Zielpersonen hervorruft und ihnen das Gefühl vermittelt, das Unternehmen habe kein Interesse mehr an seinen Kunden.

Bei der **Wettbewerbs-Paritäts-Methode** werden die Verkaufsförderungsaktivitäten der Konkurrenz – in der Regel deren Ausgaben für Verkaufsförderung – zum Gradmesser für die Höhe des eigenen Verkaufsförderungsbudgets (*Belch/Belch* 2008, S. 229 ff.). Diese Methode findet im Bereich der Verkaufsförderung häufige Anwendung und ist insbesondere auf oligopolistisch strukturierten Märkten zu beobachten (*Bruhn* 2010c, S. 194 f.). Leitgedanke ist dabei, die Höhe des Verkaufsförderungsbudgets wettbewerbs-paritätisch festzulegen.

Der **Vorteil** dieser Methode liegt in der expliziten Berücksichtigung von Verkaufsförderungskennzahlen der Konkurrenz. **Nachteil** ist jedoch, dass sich die Ermittlung dieser Kennzahlen im Einzelfall oftmals als schwierig bzw. kostspielig erweist. Darüber hinaus bleibt unberücksichtigt, dass sich die Konkurrenten unter Umständen in einer anderen verkaufsförderungsbezogenen Situation befinden. Auch diese Methode zur Festlegung des Verkaufsförderungsbudgets ist somit als relativ grob und willkürlich anzusehen.

Eine weitere Möglichkeit besteht darin, dass Budget als **Residualgröße** („All-You-Can-Afford-Method") zu bestimmen. Dabei werden alle nicht-kommunikationsbezogenen Planungsgrößen, wie beispielsweise Absatzmenge, Preis und der geforderte Gewinn für die geplante Periode kalkuliert. Die Höhe des Budgets ergibt sich dann aus den restlichen zur Verfügung stehenden Mitteln, d.h., wenn alle Kosten gedeckt sind und der geforderte Gewinn erreicht ist (*Gedenk* 2002, S. 326; *Belch/Belch* 2008, S. 225 f.).

Zentraler **Vorteil** dieses Verfahrens ist wiederum die einfache Handhabung. **Nachteile** ergeben sich hingegen dadurch, dass kein Zusammenhang zu Aufgaben der Verkaufsförderung und zur Verkaufsförderungsstrategie besteht. Des Weiteren sind gerade bei einer schlechten Absatzlage, in der nur noch geringe finanzielle Mittel übrigbleiben, verkaufsfördernde Maßnahmen zu tätigen. Nachteilig sind ebenso der fehlende Marktbezug sowie die rein buchhalterische Vorgehensweise dieses Verfahrens.

Grundsätzlich hat sich die Höhe des Verkaufsförderungsbudgets aus den notwendigen Kosten zur Erreichung der Verkaufsförderungsziele abzuleiten. Dazu ist eine **Bottom-up-Planung** des Verkaufsförderungsbudgets notwendig, wie sie durch die **Ziel-Aufgaben-Methode** (Objective-and-Task-Method) widergespiegelt wird. Bei dieser Methode rekrutiert sich die zu bestimmende Budgethöhe aus den zur Erreichung der Verkaufsförderungsziele notwendigen Maßnahmen („von unten"). So wird beispielsweise aus Erfahrungswerten berechnet, wie viele Proben zu verteilen sind, um den Abverkauf des Produktes um einen bestimmten Prozentwert zu verändern. Die Kosten der notwendigen Maßnahmen werden dann sorgfältig kalkuliert und in das Verkaufsförderungsbudget überführt.

Der zentrale **Vorteil** dieser Methode liegt vornehmlich in der logischen Begründung der Budgethöhe. Richtigerweise sind es die Verkaufsförderungsziele, die den Ausgangspunkt der Budgetbestimmung markieren. **Nachteile** entstehen jedoch bei der Kalkulation der Zielkosten, da dies umfassende Kenntnisse über die Wirkungen sämtlicher Verkaufsförderungsaktivitäten voraussetzt. Zur exakten Zielkostenkalkulation wären gesicherte Erkenntnisse erforderlich, welche Verkaufsförderungsmaßnahmen in welcher Intensität welche Werbewirkungsarten hervorrufen. Dennoch ist der zielorientierten Methode gegenüber den Top-down-Ansätzen zur Verkaufsförderungsbudgetierung der Vorrang zu gewähren, insbesondere wenn hinreichende Kenntnisse über Wirkungen von Verkaufsförderungsaktivitäten vorliegen und die Zielkosten relativ genau ermittelt werden.

Im Rahmen einer **kritischen Würdigung der heuristischen Ansätze** zur Verkaufsförderungsbudgetierung ist der relativ geringe Informationsbedarf sowie eine vergleichsweise leichte Handhabung der einzelnen Verfahren hervorzuheben. Dies trägt aber gleichzeitig dazu bei, dass die Entscheidung über die Budgethöhe kaum theoretisch und empirisch fundiert ist. Darüber hinaus werden Ursache-Wirkungs-Zusammenhänge zwischen der Budgethöhe und anvisierten Verkaufsförderungszielen (Ausnahme: Ziel-Aufgaben-Methode) nicht korrekt berücksichtigt.

Angesichts dieser Kritikpunkte sowie des stringenteren Zusammenhangs zwischen dem Einsatz der Verkaufsförderung und dem finalen Verhalten der anvisierten Zielpersonen ist es überraschend, dass die Entscheidung über die Höhe des Verkaufsförderungsbudgets bislang erst in geringem Maße durch das Hinzuziehen analytischer Kriterien fundiert wurde. Dies gilt für die Marketingwissenschaft wie für die betriebliche Praxis gleichermaßen.

Ebenso wie in der Mediawerbung sind auch in der Verkaufsförderung **analytische Budgetierungsverfahren** einsetzbar (*Gedenk* 2002, S. 327); vgl. hierzu auch die für die Mediawerbung in Abschnitt III-B-6.2 beschriebenen analytischen Verfahren). Die analytische Fundierung erfolgt dabei durch den Einsatz von Verkaufsförderungsreaktionsfunktionen, die als modellgestützte Entscheidungshilfen in die Planung des Verkaufsförderungsbudgets einbezogen werden.

Es wird deutlich, dass eine Vielzahl verschiedener Reaktionstypen denkbar ist, deren Eignung im Einzelfall von den zur Erreichung der Verkaufsförderungsziele geplanten Anstrengungen abhängt. Das Hauptproblem bei der Etablierung von Verkaufsförderungsreaktionsfunktionen besteht in der notwendigen **empirischen Fundierung.** Hier ist es erforderlich, über häufige und vielschichtige Datenerhebungen bezüglich verkaufsförderungsbedingter Wirkungen bei den Zielpersonen die Datenbasis der Reaktionsfunktionen soweit zu verfeinern, dass empirisch gestützte Handlungshinweise gewonnen werden. Vor dem Hintergrund steigender Verkaufsförderungsbudgets sowie eines zunehmenden Verkaufsförderungswettbewerbs ist allerdings davon auszugehen, dass **Verkaufsförderungsreaktionsfunktionen** als analytische Entscheidungshilfen künftig verstärkt in die Budgetplanung vieler Unternehmen einbezogen werden.

6.2.3 Budgetallokation in der Verkaufsförderung

Das Verkaufsförderungsbudget ist nicht nur in seiner Höhe zu bestimmen, sondern es kommt auch in entscheidendem Maße darauf an, eine effektive und effiziente Allokation der monetären Ressourcen vorzunehmen. Damit die **Verteilung des Verkaufsförderungsbudgets** nicht willkürlich bzw. ausschließlich nach dem Gespür der Entscheidungsträger erfolgt, ist in einem ersten Schritt eine Systematisierung des Entscheidungsproblems durchzuführen. Eine Voraussetzung hierfür bildet Klarheit bezüglich der Bezugsgrößen, auf die die monetären Ressourcen zu verteilen sind. Entsprechend wird die Budgetallokation in der Verkaufsförderung nach verschiedenen **Bezugsobjekten** vorgenommen:

- Zielgruppenbezogen,
- Produktbezogen,
- Aktivitätenbezogen oder
- Regionenbezogen.

Idealtypisch ist das Verkaufsförderungsbudget **simultan** auf die verschiedenen Bezugsgrößen zu verteilen, um die bestehenden Wirkungsinterdependenzen zwischen den Bezugsgrößen im Rahmen einer ganzheitlichen Streuplanung optimal zu berücksichtigen. Eine derartige ganzheitlich-simultane Verteilung des Verkaufsförderungsbudgets wird allerdings in den meisten Fällen aus organisatorischen und planungstechnischen Gründen nicht vorgenommen. Statt dessen erfolgt oftmals eine ausschließlich produktbezogene Verteilung, die zwar mit den Produkterfordernissen, wie z. B. einem hohen Stück-Deckungsbeitrag oder einer hohen direkten Produktrentabilität, konform gehen mag, jedoch nicht notwendigerweise den Erfolg der Verkaufsförderungskampagne sichert. So bleiben bei einer derartigen Verteilungsmethode zielgruppenbezogene Budgeterfordernisse völlig ausgeklammert, und es wird nicht deutlich, welche finanzielle Bedeutung einzelnen Aktivitäten zukommen. Es kommt jedoch letztlich darauf an, dass die Verkaufsförderung eine zielführende Resonanz bei den handels- und konsumentenbezogenen Zielgruppen hervorruft. Dies setzt aber voraus, dass bei der Verteilung des Verkaufsförderungsbudgets den Wirkungsinterdependenzen zwischen einer produkt- und aktivitätenbezogenen Budgetierung Rechnung getragen wird.

Die Schwerpunktsetzung auf die zu bearbeitenden Zielgruppen sowie auf die zu unterstützenden Produkte bzw. Sortimentsgruppen erfolgt bereits im Rahmen der Strategiefestlegung des Planungsprozesses. Die Budgetallokation in der Verkaufsförderung steht mit dieser Schwerpunktsetzung in Einklang, so dass sich die Komplexität des Entscheidungsproblems auf die Ableitung eines **aktivitäten- sowie regionenbezogenen Verkaufsförderungsmix** reduziert. Aufgabe ist es demnach das Verkaufsförderungsbudget zum einen produktkonform so auf bestimmte Aktivitäten zu verteilen, dass eine möglichst hohe Wirkung bei den anvisier-

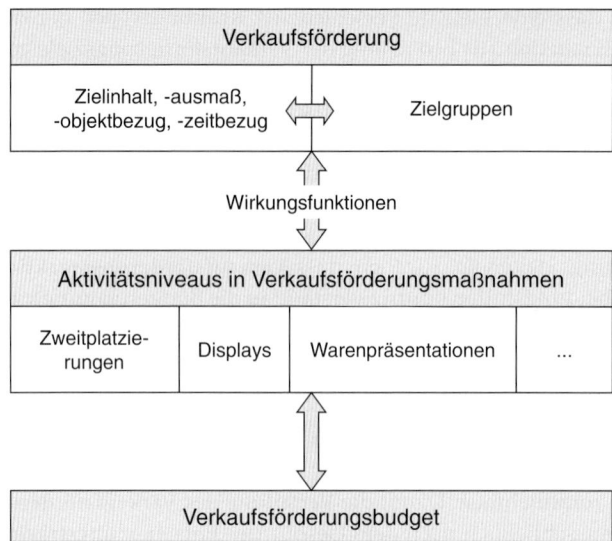

Schaubild III-C-18: Zielgerechte Dosierung einzelner Verkaufsförderungsarten als Problem des Verkaufsförderungsmix

ten Zielpersonen erzielt wird. Zum anderen ist zu überlegen, in welchen Regionen (nationale, regionale oder lokale Entscheidungsebene) verkaufsfördernde Aktivitäten durchgeführt werden und wie dies die Budgetallokation beeinflusst.

Schaubild III-C-18 verdeutlicht das zentrale Problem einer zielgerechten Dosierung der monetären Verkaufsförderungsressourcen. Eine **optimale Budgetallokation** setzt voraus, dass die Entscheidungsträger über umfassende und gesicherte empirische Erkenntnisse bezüglich der Wirkungen einzelner sowie möglicher Kombinationen von Verkaufsförderungsmaßnahmen bei den Zielpersonen verfügen.

Zur Lösung des Allokationsproblems werden modellgestützte und heuristische Entscheidungshilfen herangezogen. Bei einer **modellgestützten Vorgehensweise** zur Bestimmung des Verkaufsförderungsmix geht es um die Maximierung einer Zielfunktion unter einer Budgetnebenbedingung. Die Zielfunktion resultiert dabei unmittelbar aus den formulierten Verkaufsförderungszielen (z. B. „Maximierung der Impulskäufe am Point of Sale"), während das festgelegte Verkaufsförderungsbudget die Nebenbedingung darstellt. Das zentrale Problem stellt die realitätsgetreue Formalisierung der Zielfunktion dar, die eine ausreichende und verlässliche Informationen des Entscheidungsträgers über die allokationsbezogenen Wirkungsverläufe erfordert. Schaubild III-C-19 zeigt die **Theorie des optimalen Verkaufsförderungsmix** für den vereinfachten Fall, dass die Allokation des Verkaufsförderungsbudgets lediglich auf zwei Verkaufsförderungsmaßnahmen vorzunehmen ist. In Ermangelung des notwendigen Datenmaterials (bislang sind nur wenige Studien zu Wirkungsverläufen von Verkaufsförderungsmaßnahmen durchgeführt worden) sowie hilfreicher Optimierungstheoreme wird in der Praxis jedoch vorrangig auf heuristische Entscheidungshilfen zurückgegriffen.

Im Rahmen **heuristischer Entscheidungshilfen** zur Bestimmung des Verkaufsförderungsmix erfolgt die Ausrichtung von Aktivitätenniveaus der Verkaufsförderungsmaßnahmen ohne Kenntnis von Wirkungsfunktionen. Es werden zunächst **Effektivitätsüberlegungen** angestellt, im Rahmen derer es darum geht, nähere Hinweise auf die qualitative Eignung der

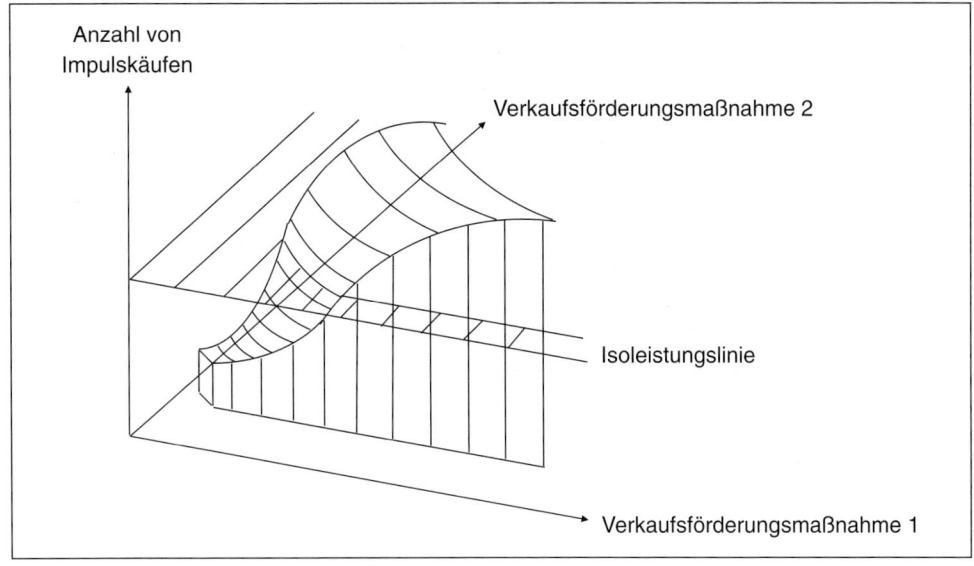

Schaubild III-C-19: Optimaler Verkaufsförderungsmix bei zwei Verkaufsförderungsarten

Verkaufsförderungsmaßnahmen im Hinblick auf die Erreichung der Verkaufsförderungsziele zu erhalten. Dazu werden beispielsweise Matrizen zur pauschalen Beurteilung der Wirksamkeit von Maßnahmen aufgestellt, wie es in Schaubild III-C-20 veranschaulicht wird. Die Bewertung der einzelnen Maßnahmen, z. B. im Rahmen einer auf- oder absteigenden Notenskala, führt zu einem „Ranking", das die Leistungsfähigkeit der zur Verfügung stehenden Verkaufsförderungsmaßnahmen im Hinblick auf die Realisierung von Verkaufsförderungszielen widerspiegelt.

Da der Einsatz verschiedener Verkaufsförderungsmaßnahmen in unterschiedlichem Maße monetäre Ressourcen absorbiert, ist es im Rahmen anzustellender **Effizienzüberlegungen** notwendig, die Einsatzkosten der einzelnen Maßnahmen näher zu bestimmen. Die Einsatzkosten und Leistungsfähigkeiten sind gegenüberzustellen, um ihre Wirtschaftlichkeit abzuschätzen. Aus den Ergebnissen der Wirtschaftlichkeitsbetrachtung werden schließlich unmittelbar Entscheidungshilfen zur Ableitung des Verkaufsförderungsmix gewonnen.

Im Rahmen einer **kritischen Würdigung der heuristischen Ansätze** zur Bestimmung des Verkaufsförderungsmix ist vorrangig auf die Probleme bei der Durchführung einer Wirtschaftlichkeitsbetrachtung hinzuweisen. Bevor über die Kostenerfassung des Einsatzes der jeweiligen Verkaufsförderungsmaßnahmen nachgedacht wird, ist zunächst ein vergleichsadäquater Operationalisierungsmaßstab festzulegen. Dies wird sich jedoch als schwierig erweisen, da die Messung vieler Verkaufsförderungsmaßnahmen maßstabsgebunden ist. So ist es beispielsweise nur sehr schwer möglich, eine gemeinsame Nutzungseinheit für die Maßnahmen „Einsatz von Verkaufsdamen" und „Prospekte" zu finden.

Angesichts der steigenden Bedeutung der Verkaufsförderung im Kommunikationsmix ist es verwunderlich, dass sowohl in der Praxis als auch in der einschlägigen Fachliteratur – von wenigen Ausnahmen abgesehen – allenfalls auf rudimentäre Entscheidungshilfen zur Verteilung des Verkaufsförderungsbudgets zurückgegriffen wird. Vor dem Hintergrund eines auch im Bereich der Verkaufsförderung zunehmenden Kommunikationswettbewerbs ist künftig mit einem erheblichen Bedeutungszuwachs modellgestützter Entscheidungshil-

Mögliche Verkaufsförderungsmaßnahmen / Mögliche Verkaufsförderungsziele	Displays	Einsatz von Verkaufsförderungspersonal	Einsatz von Multimedia	Prospekte	...
Handelsgerichtet					
Produktlistung					
Handelswerbung					
Preisakzeptanz					
Erstplatzierung					
Zweitplatzierung					
Konsumentengerichtet					
Impulskäufe					
Markenbekanntheit					
Image					
Dissonanzabbau					
Kaufabsichten					

Schaubild III-C-20: Beurteilungsraster für die Wirksamkeit von Verkaufsförderungsarten

fen zur Verteilung des Verkaufsförderungsbudgets zu rechnen. Kommunikationstreibende Unternehmen werden aufgrund nachlassender Verkaufsförderungseffizienzen immer mehr dazu übergehen, die Verteilung des Verkaufsförderungsbudgets unter Wirtschaftlichkeitsgesichtspunkten vorzunehmen. Dazu ist es allerdings notwendig, dass die Kommunikationsforschung der Praxis theoretisch und vor allem empirisch-gestützte Wirkungsfunktionen zur Verfügung stellt, damit Allokationsentscheidungen entsprechend ihrer ökonomischen Tragweite abgesichert sind.

7 Maßnahmenplanung in der Verkaufsförderung

Wie alle Aktivitäten im Rahmen des Planungsprozesses der Verkaufsförderung, so ist auch die **Maßnahmenplanung** auf die formulierten Verkaufsförderungsziele auszurichten, wobei gleichzeitig der finanzielle Handlungsrahmen zu berücksichtigen ist. Dazu haben die Entscheidungsträger zu berücksichtigen:

- Eine systematische Aufbereitung bestehender Entscheidungsspielräume eines zielorientierten Einsatzes verkaufsfördernder Maßnahmen.

- Die Offenlegung der zielgerichteten Wirkungen einzelner Maßnahmen sowie die Verbundwirkungen eines gemeinsamen Maßnahmeneinsatzes.

Die Notwendigkeit einer **systematischen Aufbereitung bestehender Entscheidungsspielräume** als Ausgangspunkt der Maßnahmenplanung ergibt sich unmittelbar aus der Vielzahl an Möglichkeiten im Bereich der Verkaufsförderung. Der in der einschlägigen Fachliteratur anzutreffende Systematisierungsversuch, verkaufsfördernde Maßnahmen in konsumenten- und handelsgerichtete Maßnahmen (Consumer und Trade Promotions) zu unterteilen, ist

Maßnahmen der direkten Verkaufsförderung			
• Gutscheine, Coupons • Promotion-Artikel • Merchandising-Artikel	• Musterverteilungen (Sampling-Aktionen) • Prospektbeilagen	• Gewinnspiele: auf der Straße, in Zeitungen und Zeitschriften, im Internet, via SMS	• Free-Mail-in-Promotion • Telefonverkauf u.a.m.

Maßnahmen der indirekten Verkaufsförderung			
Schwerpunkt: Endverbrauchergerichtete Verkaufsförderung		Schwerpunkt: Handelsgerichtete Verkaufsförderung	
• POS-Gewinnspiele • Musterverteilungen (Sampling-Aktionen) • Displays • Personality Promotions • Zugaben-Promotions	• Hinweisschilder, Plakate, Floor Graphics • Lautsprecher- durchsagen • POS-Radio • POS-TV u.a.m.	• Dekorationsservice • Ladenbaukonzepte • Händlerwettbewerbe • Zweitnutzendisplays • Handelswerbung • Einsatz von eigenem Verkaufspersonal	• Werbegeschenke • Near Pack Promotions • Bereitstellung elektroni- scher und multi- medialer Kommuni- kationsanlagen u.a.m.

Schaubild III-C-21: Maßnahmen der Verkaufsförderung

jedoch durch erhebliche Zuordnungsprobleme gekennzeichnet. Dies liegt vor allem daran, dass sämtliche Verkaufsförderungsmaßnahmen, also auch Trade Promotions, letztlich auf den Endverbraucher zu richten sind. Es erscheint daher sinnvoller, in Anlehnung an die Erscheinungsformen der Verkaufsförderung eine **distributionsbezogene Unterteilung** verkaufsfördernder Maßnahmen vorzunehmen. Schaubild III-C-21 zeigt in diesem Zusammenhang, dass zwischen zwei Maßnahmenkategorien zu unterscheiden ist:

(1) Maßnahmen der direkten Verkaufsförderung,

(2) Maßnahmen der indirekten Verkaufsförderung.

Bei der Darstellung einzelner Verkaufsförderungsmaßnahmen wird im Folgenden grundsätzlich eine Konzentration auf solche Maßnahmen vorgenommen, die im Konsumgütermarkt zum Einsatz kommen. Ein Großteil dieser Maßnahmen lässt sich gleichermaßen im Dienstleistungs- und Industriegütersektor einsetzen, der Stellenwert der Maßnahmen variiert jedoch und auch die Ausgestaltung erfordert zum Teil eine branchenspezifische Anpassung (vgl. Abschnitt III-C-2.2).

Bei der Gestaltung der Verkaufsförderungsmaßnahmen handelt es sich zum einen um einen **kreativen Prozess**, beispielsweise wenn es um die Gestaltung von Displays geht oder die Festlegung von Produktzugaben. Zum anderen ist die Maßnahmenplanung und -gestaltung aber durch eine **analytische Vorgehensweise** grundlegend zu unterstützen, da nur auf Basis eines solchen Vorgehens die Prognose der Wirkung einzelner Maßnahmen auf die Konsumenten prognostizierbar wird. Bei einem analytischen Vorgehen besteht die Möglichkeit, die Planung der Verkaufsförderung an den bisherigen Erkenntnissen der Verkaufsförderungsforschung zu orientieren (im Folgenden vgl. *Gedenk* 2002, S. 329 ff.). Hierfür sind sowohl die Erkenntnisse ökonomischer und verhaltenswissenschaftlicher Theorien heranzuziehen (erstere z. B. hinsichtlich der Wirkung von Preis-Promotions, letztere hinsichtlich der Gestaltung von Verkaufsförderungsmaßnahmen) als auch empirische Befunde, die mehr oder weniger generalisierbare Erkenntnisse über die Wirkung von Promotions liefern. Diese Erkenntnisse führen zwar noch nicht zu konkreten Entscheidungsempfehlungen, sie bieten aber eine allgemeine Hilfestellung bei der Planung der Verkaufsförderungsmaßnahmen. Konkrete Entscheidungshilfen bietet indessen die **modellgestützte Planung**, die mehrere Entscheidungsalternativen bewertet, Prämissen einbezieht, Soll-Ist-Vergleiche ermöglicht und damit zu konsistenten Entscheidungen beiträgt. Inzwischen stehen Unternehmen unterschiedliche Planungsmodelle der Verkaufsförderung zur Verfügung, die sich vor allem in den abgebildeten Erfolgskomponenten, den modellierten Funktionen, den herangezogenen Marktdaten und der Ableitung von Empfehlungen unterscheiden (ausführlich zu den jeweiligen Modellen vgl. *Gedenk* 2002, S. 330 ff.). Letztlich ist bei der Verwendung von Planungsmodellen jedoch zu beachten, dass sie die Verkaufsförderungsplanung zwar unterstützen und fundieren, dass sie die Entscheidungen der Verantwortlichen aber nie ersetzen.

7.1 Maßnahmen der indirekten Verkaufsförderung

Die Maßnahmenplanung im Rahmen der **indirekten Verkaufsförderung** wird in Abhängigkeit der Schwerpunktsetzung auf die **endverbrauchergerichtete** bzw. **handelsgerichtete Verkaufsförderung** weiter aufgeschlüsselt.

7.1.1 Endverbrauchergerichtete Maßnahmen der Verkaufsförderung

Im Rahmen der endverbrauchergerichteten Verkaufsförderung sind sämtliche Verkaufsförderungsmaßnahmen in ein gemeinsames Aktionsthema einzubinden, das von einer geeigneten Aktionsidee getragen wird. Auf diese Art und Weise lassen sich Synergieeffekte in Form wechselseitiger (aktionsbezogener) Wirkungsübertragungen bei den Konsumenten erzielen. Der kognitive Aufwand der Konsumenten im Hinblick auf die Zuordnung der Verkaufsförderungsmaßnahmen zum Produkt oder zur Marke ist wesentlich geringer als bei ständig wechselnden Aktionsideen (*Swait/Erdem* 2002). Dies führt vor allem zur schnelleren Formierung und Stabilisierung kognitiver und affektiver Zielgrößen, die vielfach nicht nur zentrale Zielinhalte darstellen, sondern auch eine Voraussetzung für einen langfristigen Verkaufsförderungserfolg sind. Je einzigartiger in diesem Zusammenhang die Aktionsidee, desto größer ist das Erfolgspotenzial der gesamten Verkaufsförderungskampagne.

Insgesamt existiert eine Vielzahl verschiedener Maßnahmen, über die die Aktionsidee den konsumentenbezogenen Zielgruppen nähergebracht wird.

Gewinnspiele am Point of Sale stellen vor allem dann eine geeignete Verkaufsförderungsmaßnahme dar, wenn es darum geht, das Interesse der Zielpersonen für ein bestimmtes Herstellerprodukt zu wecken. Inzwischen haben sich vielfältige Arten des Gewinnspiels entwickelt, die sich vor allem danach unterscheiden lassen, wie die Bekanntgabe der Teilnahmebedingungen erfolgt (am Point of Sale oder über andere Medien), welche Preise den Gewinnern winken (Geld- oder Sachpreise), über welchen Wert die Preise verfügen und wie viele Preise ausstehen, ob sie als Leistungs- oder Glückspreisausschreiben konzipiert sind und ob die Teilnahme telefonisch oder schriftlich erfolgt (*Gedenk* 2002, S. 31 sowie die dort angegebene Literatur).

> **Beispiel: Gewinnspiel von *Kimberly-Clark* mit der Marke *Kleenex***
> Mit einem neuen Gewinnspiel macht das amerikanische Unternehmen *Kimberly-Clark* mit der Marke *Kleenex* im Herbst des Jahres 2009 auf das Produktsortiment *Dick & Durstig* aufmerksam. Wer ein Produkt aus dem Sortiment von *Dick & Durstig* kauft erhält die Möglichkeit zur Teilnahme an einem Gewinnspiel. Durch das Einsenden des beigelegten Gewinnspielformulars haben die Teilnehmer die Möglichkeit einen Luxusurlaub im „Urwald" zu gewinnen oder eine von 99 DVDs (*Kleenex* 2009).

Hinweise zur Gestaltung von Preisausschreiben

- Die übergeordnete Idee des Preisausschreibens ist mit Sorgfalt zu planen.
- Bei „auffälligen" Aktionen bietet sich eine Verwendung innerhalb von PR-Aktionen an.
- Es sollten möglichst hohe Gewinne erzielt werden können, um genügend Anreize zu schaffen.
- Originelle Hauptpreise sollten „Traumpreis-Charakter" haben und einen gewissen Luxus versprechen.
- Sachpreise sind Barpreisen vorzuziehen.
- Eine hohe Anzahl von Trostpreisen vermittelt dem Teilnehmer eine „reelle Gewinnchance".
- Das Stellen von Aufgaben ist anzuraten, damit die Teilnehmer „gefordert" werden.
- Die Aufgabe sollte einen Objektbezug aufweisen.
- Der Schwierigkeitsgrad der Aufgaben sollte von dem Konsumenten nicht zuviel kognitiven Aufwand abverlangen, aber auch nicht zu einfach oder gar albern sein.
- Das Preisausschreiben sollte über möglichst viele Medien angekündigt werden.

Schaubild III-C-22: Empfehlungen für eine erfolgreiche Gestaltung von Preisausschreiben (in Anlehnung an Steffenhagen/Stottmeister 1988, S. 388 f.)

Obwohl die erfolgreiche Gestaltung von Preisausschreiben im Einzelfall von einer Vielzahl situativer Faktoren abhängig ist, so sind doch einige grundsätzliche Gesichtspunkte zu berücksichtigen. Schaubild III-C-22 dient in diesem Zusammenhang als Checkliste für eine Erfolg versprechende Gestaltung von Preisausschreiben.

Beispiel: Unzulässiges Gewinnspiel eines Fast-Food-Herstellers

Bei der Gestaltung und Durchführung von Gewinnspielen im Rahmen der Verkaufsförderung ist speziell auf die wettbewerbsrechtliche Zulässigkeit zu achten. So führte ein Fastfood-Hersteller im Jahre 2003 ein Gewinnspiel durch, das sich insbesondere an Jugendliche richtete und bei dem mit Hilfe von Rubbelkarten ein Hauptpreis von 1 Mio. EUR, zehn Mal 10.000 EUR sowie viele andere Preise zu gewinnen waren. Die Rubbellose erhielten die Kunden beim Kauf bestimmter Produkte in den Restaurants des Unternehmens sowie auf Anruf unter einer bestimmten Telefonnummer. Die Richter befanden hinsichtlich dieser Kampagne, dass die Grenze zur wettbewerbsrechtlichen Unzulässigkeit des Gewinnspiels und dessen Bewerbung deutlich überschritten sei, insbesondere da sich die Aktion an Kinder und Jugendliche wendete, die noch nicht in der Lage seien, die Ware oder andere Leistungsangebote kritisch zu bewerten (*o.V.* 2003f).

Eine weitere endverbrauchergerichtete Maßnahme stellt die **Musterverteilung**, das so genannte „**Sampling**", dar. Dem Konsumenten werden dabei Proben des Produktes unentgeltlich bzw. zu erheblich geringeren Preisen mit dem Ziel angeboten, um Erstkäufe zu induzieren (*Gedenk* 2002, S. 27; *Fuchs/Unger* 2003, S. 152 ff.; *Wells/Burnett/Moriarty* 2008, S. 408 f.). Gerade bei der Einführung neuer Produkte gibt es kaum eine effektivere (allerdings vergleichsweise kostspielige) Maßnahme zur Stimulierung von Versuchskäufen. Insbesondere bei Produkten, deren Hauptkaufmotiv der Geschmack oder Geruch darstellt (z. B. Zahnpasta, Seife), haben sich Sampling-Aktionen bewährt. Um die Voraussetzungen für Wiederkäufe zu schaffen, ist bei der Konzeption von Sampling-Aktionen darauf zu achten, dass die Probe dem Originalprodukt, wenn auch in verkleinerter Form, entspricht (*Pflaum/Eisenmann* 1993, S. 119).

Die Sampling-Aktion verliert an Durchschlagskraft, wenn das dazugehörige Originalprodukt vom Konsumenten am Point of Sale nicht wiedererkannt wird. Allerdings ist nicht zu vergessen, dass Sampling-Aktionen nur dann den Ausgangspunkt eines dauerhaften Produkterfolges bilden, wenn das Produkt einen besonderen Konsumentennutzen stiftet. Schaubild III-C-23 veranschaulicht die übergeordnete Wichtigkeit des Einsatzes von Produktproben bzw. Verkostungsaktionen zur Erzielung von Erinnerungswirkungen im Vergleich zu anderen verkaufsfördernden Maßnahmen.

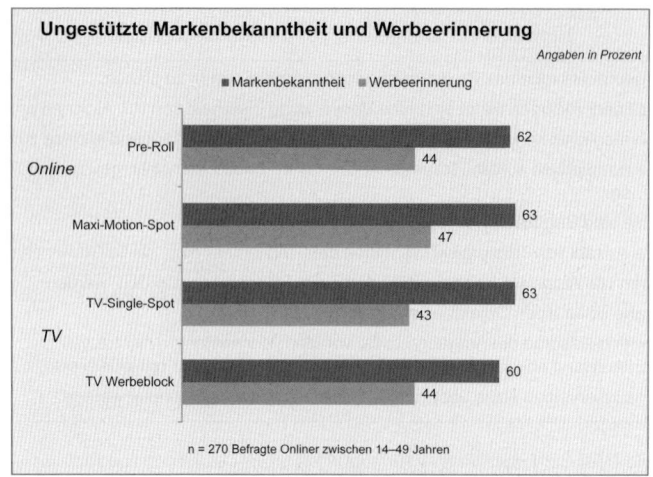

Schaubild III-C-23: Markenbekanntheit und Werbeerinnerung ausgewählter
Verkaufsförderungsmaßnahmen (Horizont 2009)

Beispiel: Sampling-Aktion für *Nestea*
Coca-Cola vermarktete zusammen mit *Nestlé* im Rahmen einer Verbund-Promotion die *Nestlé*-Marke *Nestea*. Zur Einführung der neuen Geschmacksrichtungen „Waldfrucht" und „Grüner Apfel" wurde unter anderem eine Sampling-Aktion am Point of Sale mit einer Reichweite von 1,6 Mio. Kontakten durchgeführt (*Coca-Cola GmbH* 2003a).

Bei **Displays** handelt es sich um so genannte Zweitplatzierungen, die als zusätzliche Warenträger neben der Stammplatzierung dienen. Sie bestehen unter anderem aus Pappe, Kunststoff, Metall oder Holz. Als „stumme Verkäufer" stellen sie das betreffende Produkt heraus und verleihen ihm somit eine verkaufsfördernde Wirkung. Gleichzeitig ist das Display ein Schaustück, das in Abstimmung auf die „Erlebniswelt" des Produkts die passenden Stimmungen und eine gewünschte Atmosphäre vermittelt (*Bethge* 1996, S. 98). Displays werden entweder vom Hersteller oder vom Handel zur Verfügung gestellt. Geht die Platzierung vom Hersteller aus, sind die Displays meist in Form und Farbe so gestaltet, dass die Marke des Herstellers unterstützt wird. Erfolgt die Aufstellung seitens des Handels, wird er versuchen, die Ladengestaltung zu vereinheitlichen. Ist dieser Sachverhalt entschieden, sind Standortentscheidungen bezüglich der Platzierung der Displays zu treffen. Dabei werden folgende Standorte gewählt (*Pflaum/Eisenmann/Linxweiler* 2000, S. 138; *Gedenk* 2002, S. 25 ff.):

- Im Gang (In-Aisle-Display),
- Am Ende eines Regals (End-of-Aisle-Display),
- Im Eingangsbereich (Front-of-Store-Display),
- In Thekennähe (Bedienungszonen),
- In der Nähe von Magnetartikeln,
- Im Kassenbereich.

Des Weiteren ist bei Displays die Überlegung anzustellen, ob diese als Bodendisplays, Thekendisplays (verkleinerte Form im Theken und Kassenbereich) oder als Dauerdisplays (permanente Regaleinsätze) aufgestellt werden (*Pflaum/Eisenmann/Linxweiler* 2000, S. 137 f.).

Beispiel: Demonstration von Produkteigenschaften am Display von *L'Oreal*
Der Kosmetikhersteller *L'Oreal* hat eine Pflegeserie für das Gesicht entwickelt, die zur Reduktion von Falten und Tränensäcken dient. Um die innovativen Produkteigenschaften der UltraLiftPro-X *Creme*

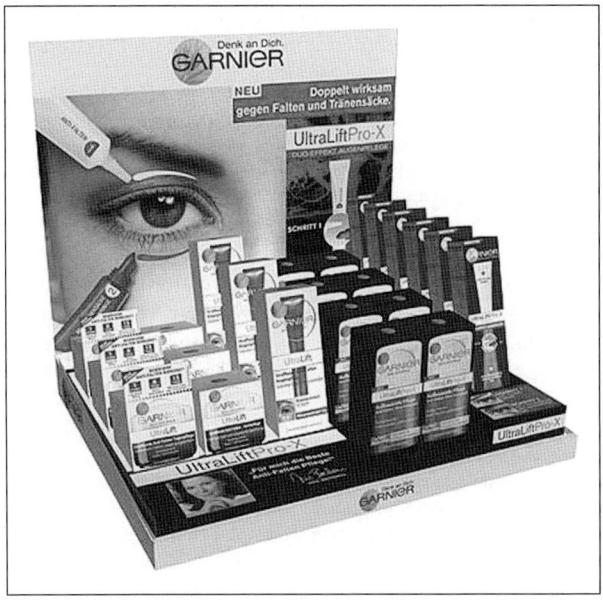

Insert-III-C-4: Theken-Display Garnier L'Oreal (Alias Werbung 2009)

den Konsumenten zu verdeutlichen, wurde ein spezielles Display entwickelt, das den Anwendungsbereich der Creme veranschaulicht und Platz für die Bereitstellung mehrerer Produkte der entsprechenden Pflegeserie bietet. Das Display mit den Produkten ist in Insert III-C-4 abgebildet.

Oftmals wird bei der Displaygestaltung auf die Hilfe bekannter Charaktere aus Literatur, Film und Fernsehen zurückgegriffen. Die Nutzung solcher Charaktere erfordert den Erwerb von Produktlizenzen, um die Verwendung von Namen und/oder Bildnissen eines geschützten Charakters rechtlich abzusichern (**Character Licensing**).

Die besondere Eignung von Displays, Erinnerungswirkungen bei den Konsumenten hervorzurufen, geht aus Schaubild III-C-23 hervor. Allerdings ist dennoch auf mögliche **Nachteile von Displays** hinzuweisen, die sich insbesondere dann äußern, wenn die Stellflächen für die Zweitplatzierungen zu knapp bemessen sind und der Handel nicht genügend Interesse zeigt, sich mit dem Aufbau der Displays zu beschäftigen. In diesem Fall besteht die Gefahr, dass Displays gar nicht erst entsprechend des Herstellerwunsches platziert, sondern direkt vom Handel entsorgt werden (*Hammer* 2004, S. 43).

Der Einsatz von **Personality Promotions** dient in erster Linie der Erzielung dauerhafter Gedächtniswirkungen bei den Zielpersonen. Mit dem Auftreten von Prominenten am Point of Sale wird das Ziel verfolgt, das Produkt in einem unterhaltendem Umfeld zu präsentieren, damit durch die assoziative Verknüpfung mit dem Prominenten auch das Produkt dauerhaft in Erinnerung bleibt.

Zugaben-Promotions sind dadurch charakterisiert, dass dem promoteten Produkt eine interessante Zugabe („The Premium") beigegeben wird, die der Verbraucher kostenlos oder zu einem besonders günstigen Preis beim Kauf des Produktes mit diesem zusammen erhält (*Kellner* 1982, S. 97). Die Zugabe befindet sich dabei in der Packung („In Pack Premium"), z. B. in Form von Stickern oder Abziehbildern in Schokoriegeln, oder an ein Produkt angeheftet sein („On Pack Premium"), z. B. ein *Martini*-Glas beim Kauf einer Flasche *Martini*. Mit Zugaben-Promotions wird das Ziel verfolgt, kaufstimulierende Wirkungen zu entfalten, indem dem Verbraucher ein Zusatznutzen geboten wird, der nicht im Produkt selbst begründet ist.

Beispiele: Zugaben-Promotions
Die Marke *Chiquita* unternahm im Sommer 2009 unterschiedliche Promotion-Maßnahmen, um auf ihr neues Produkt *Smoothie* aufmerksam zu machen. Beispielsweise wurde jeder Flasche *Chiquita-Smoothie* ein E-Coupon beigefügt, mit dem bei der nächsten Fahrt mit der *Deutschen Bahn* 10 Euro gespart werden kann (*Chiquita* 2009).

Hinweisschilder, Deckenhänger, Plakate und/oder **Floor Graphics** (Bodenplakate) stellen vorrangig auf die Erzielung von Aufmerksamkeits- und Erinnerungswirkungen ab. Dazu ist es notwendig, eine aufmerksamkeitsstarke Gestaltung dieser Verkaufsförderungsmaßnahmen vorzunehmen, indem sie durch eine originelle, bildbetonte sowie emotionale Gestaltung zu einem Blickfang werden, der auch dauerhaft im Gedächtnis des Konsumenten präsent bleibt.

Beispiel: Floor Graphics für *Nestlé*
Der Relaunch des Schokoriegels *Lions* von *Nestlé* wurde durch den Einsatz von Floor Graphics unterstützt. Dass diese Maßnahmen geeignet waren, sowohl die Werbeerinnerung und Markenpräsenz als auch den Abverkauf von *Lion* positiv zu beeinflussen, belegte im Nachhinein eine entsprechende Werbewirkungsstudie (*The Instore Media AG* 2004). Eine qualitative Befragung von 268 Personen zeigte, dass die ungestützte Werbeerinnerung mehr als verdreifacht werden konnte, die Kaufentscheidung zugunsten von *Lion* verfünffachte sich. Eine quantitative Studie mittels Scannertechnologie und einer Unterscheidung in Kontroll- und Testgruppe ermittelte zudem eine Abverkaufssteigerung um 18 Prozent bei den Multipacks des Schokoriegels und der *Lion-Kingsize* sowie von 24 Prozent bei den *Lion-Minis*. In den vier Wochen nach dem Einsatz der Floor Graphics betrug der positive Effekt noch immer durchschnittlich 9 Prozent.

Immer häufiger werden heute auch unterschiedliche elektronische Medien am Point of Sale zu Zwecken der Verkaufsförderung eingesetzt. Hierzu zählen vor allem **Lautsprecherdurchsagen**, **POS-Radiowerbung** und **POS-TV**. Dabei war es der Drogeriemarkt *Schlecker*, der als eines der ersten Unternehmen, diese Maßnahmen implementierte, um über günstige Angebote zu informieren. Während POS-Radiowerbung von den Konsumenten eher wahrgenommen wird, werden Fernsehgeräte bislang allerdings kaum beachtet, wie Schaubild III-C-23 zeigte. Grundsätzlich besteht das Problem dieser Maßnahmen darin, dass sich die Konsumenten am Point of Sale primär mit den Produkten, deren Präsentationen, mit den anderen Leuten in der Einkaufsstätte usw. beschäftigen und Lautsprecherdurchsagen sowie Hinweise im Radio und Fernsehen allenfalls beiläufig wahrnehmen.

Welche Maßnahmen der indirekten Verkaufsförderung wie stark eingesetzt werden, gibt die *GfK*-Studie „POS Medien im Verbrauchermarkt" wieder, in der 240 Marktleiter und mehr als 1.500 Kunden am Point of Sale im Untersuchungszeitraum von September und Oktober 2002 befragt wurden (*GfK AG (Gesellschaft für Konsumforschung)* 2003). Schaubild III-C-24 zeigt, dass bei einer Befragung der 240 Marktleitern überwiegend Werbedamen bzw. Hostessen, Displays, Verbrauchergewinnspiele und Handzettel zur direkten Konsumentenwerbung am Point of Sale zum Einsatz kommen.

Welche **Warengruppen** am Point of Sale in den vergangenen zwölf Monaten am intensivsten beworben und welche Verkaufsförderungsmaßnahmen dafür am häufigsten eingesetzt wurden, geht aus Schaubild III-C-25 hervor.

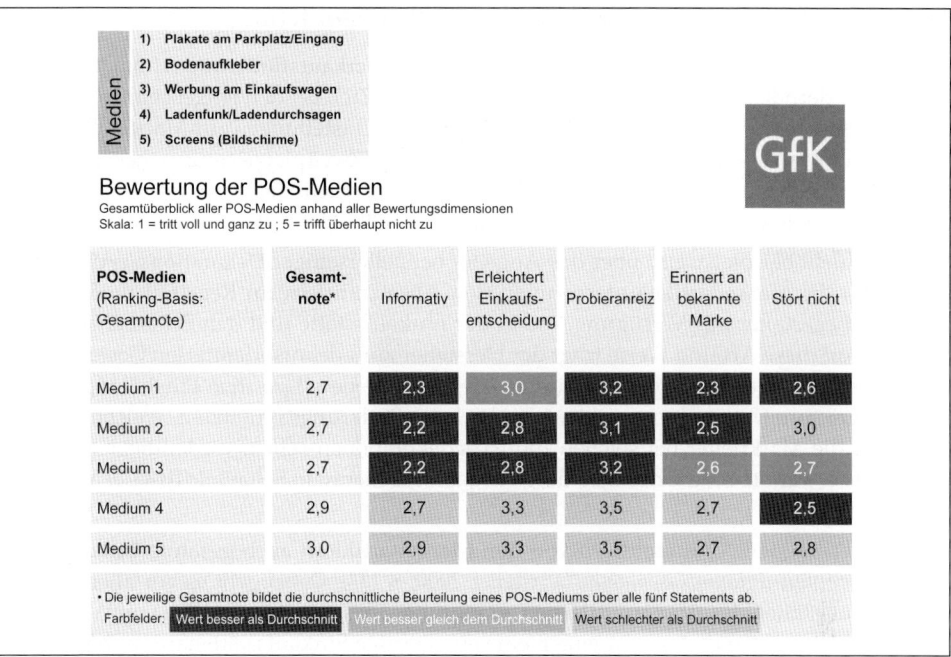

Schaubild III-C-24: Verbraucherbefragung zur Wahrnehmung von POS-Medien (GfK AG (Gesellschaft für Konsumforschung) 2008, S.11)

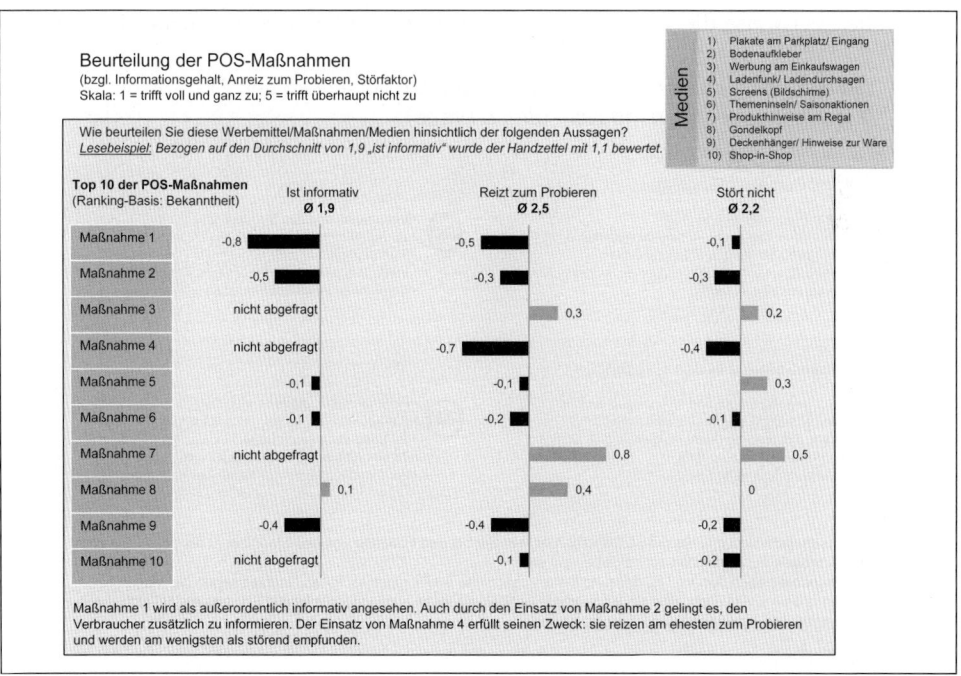

Schaubild III-C-25: Verbraucherbefragung zur Wahrnehmen von POS-Maßnahmen (GfK AG (Gesellschaft für Konsumforschung) 2008, S.12)

7.1.2 Handelsgerichtete Maßnahmen der Verkaufsförderung

Bei der Schwerpunktsetzung auf die **handelsgerichtete Verkaufsförderung** erfolgt der Einsatz verkaufsfördernder Maßnahmen mit dem vorrangigen Ziel, bei den eingeschalteten Absatzmittlern entsprechende Verhaltensweisen, z. B. positive Einstellungen zur Marke oder die Bereitstellung von Verkaufsfläche für die Realisierung von Zweitplatzierungen, hervorzurufen. Um diese Ziele zu erreichen, ist es grundsätzlich erforderlich, dass dem jeweiligen Absatzmittler ein gewisser Zusatznutzen aus den Aktivitäten des Herstellers erwächst.

Dies geschieht beispielsweise über das Angebot herstellerseitiger **Dekorationsservices**. Hierbei stellen die Markenartikelunternehmen den Absatzmittlern im Regelfall professionelle Schauwerbegestalter zur Verfügung, die in der Einkaufsstätte und den Schaufenstern tätig werden. Auf diese Art und Weise trägt der Hersteller zur erlebnisorientierten Gestaltung der Einkaufsstätte bei und erreicht auf diesem Wege eine generell positive Einstellung des Absatzmittlers zum Unternehmen und seinen Verkaufsförderungsaktivitäten. Welche Vor- und Nachteile die Marktleiter bei solchen Industriedekorationen sehen, verdeutlicht wiederum die bereits erwähnte Studie der *GfK*, deren Ergebnisse hierzu in SchaubildIII-C-26 abgebildet sind.

Häufig werden den Absatzmittlern von den Markenartiklern auch gesamte **Ladenbaukonzepte** angeboten (*Pflaum/Eisenmann/Linxweiler* 2000, S.133). Dabei geht es vor allem darum, die Einkaufsstätten des Absatzmittlers so zu gestalten, dass sie sich deutlich von Wettbewerbern abheben und für die Konsumenten eine einzigartige Einkaufsstättenatmosphäre hergestellt wird.

Weiterhin werden zeitlich befristete **Händlerwettbewerbe** durchgeführt, deren vorrangige Zielsetzung es ist, die Produktkenntnisse der Handelsmitarbeitenden zu steigern. Dadurch werden beispielsweise die Voraussetzungen dafür geschaffen, dass das herstellerseitig zur

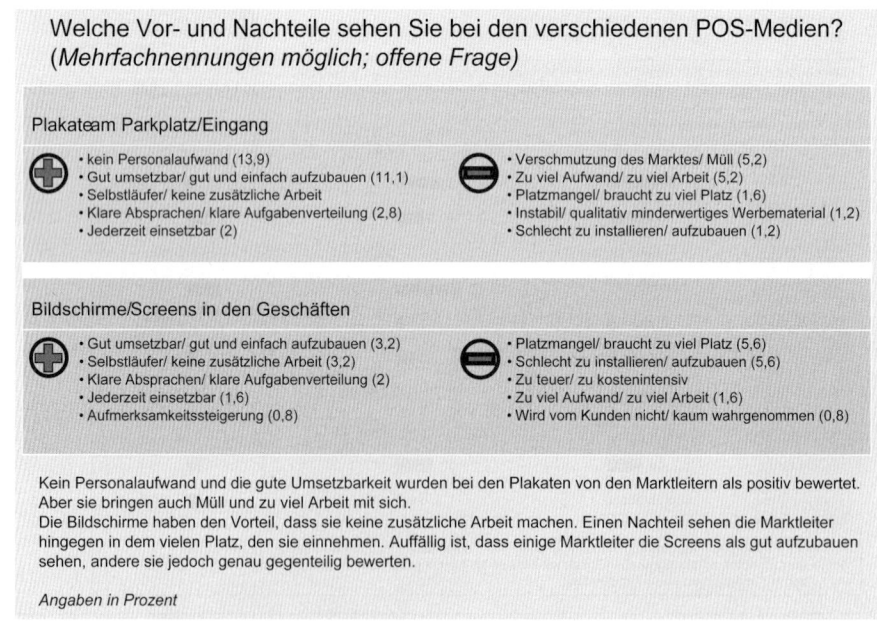

Schaubild III-C-26: Vor- und Nachteile der verschiedenen POS-Medien
(GfK AG (Gesellschaft für Konsumforschung) 2008, S.22)

Verfügung gestellte Displaymaterial optimal eingesetzt wird. Darüber hinaus wird über die Durchführung von Schaufensterwettbewerben die Attraktivität der Einkaufsstätten erhöht, wodurch die Besucheranzahl gesteigert wird.

> **Beispiel: Verkaufsförderung von *Triumph***
>
> Der Wäschehersteller *Triumph* führte im Jahre 2003 handelsgerichtete Verkaufsförderungsaktionen durch, indem er den Handelsbetrieben POS- und Dekorationsmaterialien zur Verfügung stellte. Des Weiteren unternahm *Triumph* mit der Broschüre „7 Tipps, wie Sie charmanter verkaufen" eine Maßnahme zur Motivationssteigerung für die Verkäuferinnen. Zusätzlich wurden zu diesem Zweck 25 Reisen mit dem Clubschiff *Aida* verlost. Den Händlern mit den „charmantesten" Schaufenstern winkte eine Geldprämie bis zu 10.000 EUR (2003c).

Unter **Zweitnutzendisplays** werden beispielsweise mehrfach verwendbare Präsenter oder Shop-in-Shop-Systeme verstanden. Diese werden den eingeschalteten Absatzmittlern mit dem Ziel zur Verfügung gestellt, über die direkte Erfüllung handelsseitiger Wunschvorstellungen positive Einstellungen bei diesen Absatzmittlern im Hinblick auf die Verkaufsförderungsaktivitäten des Markenartiklers zu generieren.

Verkaufsfördernde Aktivitäten werden auch durch Werbemittel, wie z.B. Fachanzeigen in den entsprechenden Handelszeitschriften oder Zeitungen, ergänzt. Um den handelsseitigen Nutzen sicher zu stellen, ist darauf zu achten, dass handelsspezifische Argumente als Hauptwerbeaussage **(Handelswerbung)** eingesetzt werden (*Pflaum/Eisenmann/Linxweiler* 2000, S. 136). Dabei ist es nicht sinnvoll, die üblicherweise in Publikumszeitschriften geschalteten (eigenen) Anzeigen in die Handelsmedien unverändert zu überführen, da die Nutzenvorstellungen der Konsumenten nicht mit denen des Handels identisch sind. Es geht vielmehr darum, die Gestaltung den handelspezifischen Bedürfnissen entsprechend anzupassen, wie dies auch in der Handelswerbung für die Biermarke *Beck's* in Insert III-C-5 deutlich wird.

Vorwiegend in den großen Outlets des Lebensmitteleinzelhandels wird vielfach auch eigenes **Verkaufspersonal** eingesetzt, um eine gezielte und professionelle Kundenansprache sicherzustellen. Dies gilt sowohl für die persönliche Kommunikation als auch für eine zielorientierte Gestaltung nonverbaler Kommunikationsformen, wie z.B. einer wirksamen Displaygestaltung oder Regalpflege. Es ist jedoch zu berücksichtigen, dass der Einsatz von eigenem Verkaufspersonal, wie z.B. Werbedamen oder Merchandisern, am Point of Sale eine sehr teure handelsgerichtete Verkaufsförderungsmaßnahme darstellt. Dennoch wird sie vor allem in der gehobenen Kosmetik und in einigen Lebensmittelmärkten erfolgreich eingesetzt, da sie für den Handel eine Entlastung darstellt und seine Absatzbemühungen direkt unterstützt. Überdies werden solche personalgestützten Promotions nach wie vor vom Konsumenten gut angenommen und stellen einen hohen „Abverkaufshebel" dar. Studien zeigen, dass zwei Drittel der an personalgestützten Promotionsaktionen teilgenommenen Verbraucher das Produkt danach käuflich erworben haben (*Blau* 2009).

> **Beispiel: Verkostungsaktionen von *Ritter Sport***
>
> Der Schokoladenhersteller *Ritter Sport* führte von Februar bis März 2009 in über 700 Supermärkten in Deutschland personalgestützte Verkaufs- und Verkostungsaktionen am Point of Sale durch. Schokoladenliebhaber konnten sich direkt bei den *Ritter Sport*-Mitarbeitenden über die Besonderheiten und Rezepturen der einzelnen *Ritter Sport* Sorten informieren und unter den vielen 100-Gramm- und Bio-Tafeln ihren persönlichen Favoriten finden (*Ritter Sport* 2009).

Werbegeschenke (Give Aways) an den Handel stellen eine weitere handelsgerichtete Maßnahme im Rahmen der indirekten Verkaufsförderung dar. Obwohl die Wirkungen von Werbegeschenken in der Business-to-Business-Kommunikation bislang nur unzureichend erforscht sind, ist doch davon auszugehen, dass sie durchaus dauerhafte Gedächtniswirkungen, wie Erinnerungen an die Marke, Zufriedenheit sowie Imageverbesserungen bei den Absatzmittlern hervor-

Insert III-C-5: Handelswerbung für die Biermarke Beck's (RPS Bremen)

rufen. Zur umfassenden Erschließung bestehender geschenkbedingter Wirkungspotenziale bei den Absatzmittlern ist es allerdings notwendig, sämtliche Geschenkaktivitäten im Rahmen einer eigenständigen Geschenkkultur systematisch zu planen (*Bruhn* 1996, S. 67). Der Planungsprozess findet dabei seinen Ausgangspunkt in der Analyse der Geschäftsbeziehungen und endet mit einer Erfolgskontrolle (Monitoring) der durchgeführten Geschenkaktivitäten.

Eine **„Near Pack Promotion"** ist eine besondere Form der Zugaben-Promotion, die vorrangig auf handelsbezogene Zielgruppen gerichtet ist. Dem Handel werden kostenlose Zugaben, die nicht direkt mit dem Produkt in Verbindung stehen und mit diesem auch nicht untrennbar verbunden sind, in besonderen Displays zur Verfügung gestellt. Near Pack Promotions zielen in erster Linie darauf ab, verstärkte Zweitplatzierungsmöglichkeiten zu erreichen.

Schließlich wird das Verhalten der eingeschalteten Absatzmittler durch die **Bereitstellung elektronischer und multimedialer Kommunikationssysteme** gesteuert. So wird den eingeschalteten Absatzmittlern beispielsweise eine Satelliten-Ladenfunk-Anlage zur Verfügung gestellt, mit deren Hilfe einkaufsstättenorientierte Radiosender, wie z. B. der Privatsender *Radio POS* in Kiel, empfangen werden. Des Weiteren wird der Handel mit Multimedia-PCs und Kioskterminals ausgestattet, damit der Konsument durch eine „Verinformationalisierung" der Angebotspalette (*Busch* 1996, S. 42) schnell umfassende Kenntnisse über die Sortimentsstruktur der Einkaufsstätte gewinnt (ausführlich zum Einsatz vom Kiosksystemen im Einzelhandel vgl. *Fischer* 2004).

> **Beispiel: Kiosksysteme im *Media Markt***
>
> Im *Media Markt* unterstützen touchgesteuerte Kiosksysteme am Point of Sale sowohl den Endkunden als auch das Personal als elektronischer Berater (*Dr. Fischer Consulting AG* 2004). Ist ein Kunde beispielsweise auf der Suche nach der richtigen Druckerpatrone, gibt er in das Kiosksystem den Namen des Druckerherstellers, die Patronenart und das Druckermodell ein. Der Infoterminal gibt ihm dann sekundenschnell Auskunft darüber, wo die passende Kartusche hängt und welche Produktnummer sie trägt. Mit der Einführung der Kiosksysteme strebt *Media Markt* vor allem eine schnelle und unkomplizierte Beratung der Kunden an, um auf diese Weise eine höhere Kundenzufriedenheit zu generieren.

Gerade im Rahmen der **indirekten Verkaufsförderung** ist es von besonderer Bedeutung, die primär endverbraucher- bzw. handelsgerichteten Maßnahmen sorgfältig aufeinander abzustimmen und zu dosieren, da der Erfolg der Verkaufsförderungskampagne in hohem Maße von der Akzeptanz auf beiden Zielgruppenebenen abhängig ist. Zum einen trägt die Akzeptanz von Verkaufsförderungsmaßnahmen auf Konsumentenebene in entscheidendem Maße zur Stärkung der eigenen Position gegenüber eingeschalteten Absatzmittlern bei, da die Honorierung herstellerseitiger Verkaufsförderungsmaßnahmen nach wie vor das beste Argument in Kooperationsgesprächen mit dem Handel ist. Zum anderen ist auch die handelsgerichtete Verkaufsförderungsarbeit nicht zu vernachlässigen, damit sichergestellt wird, dass die eingeschalteten Absatzmittler die endverbrauchergerichteten Promotions auch wirklich zweckgerichtet durchführen. Das kommunikationstreibende Unternehmen befindet sich also im Spannungsfeld zwischen Trade und Consumer Promotions. Dieses Bewusstsein scheint sich mehr und mehr auch in der Praxis durchzusetzen. So ist in immer stärkerem Maße ein kombinierter Einsatz von verbraucher- und handelsorientierten Promotions zu beobachten.

7.2 Maßnahmen der direkten Verkaufsförderung

Auch im Rahmen der **direkten Verkaufsförderung** steht den Entscheidungsträgern eine Vielzahl verschiedener Verkaufsförderungsmaßnahmen zur Verfügung, die im Hinblick auf ihre Leistungsfähigkeit zur Erreichung der Verkaufsförderungsziele zu prüfen sind.

Die wichtigste Maßnahme im Rahmen der direkten Verkaufsförderung sind die so genannten „**Coupons**" (vgl. ausführlich *Hartmann/Kreutzer/Kuhfuß* 2003). Ein Coupon ist ein Wertgutschein, der bei Einlösung den Preis des betreffenden Produktes um einen entsprechenden Betrag reduziert (*Fuchs/Unger* 2003, S. 160 ff.; *Belch/Belch* 2008, S. 542). Er stellt für den Konsumenten eine produktbezogene Ersparnis dar, wenn er ihn beim Kauf des betreffenden Produktes einlöst und zielt – gerade in Phasen der Rezession – darauf ab das Einkaufserlebnis zu steigern (*Tomczak/Köhler* 2003, S. 56) Für den Hersteller dienen Coupons insbesondere zur Neukundengewinnung, zur Umsatzsteigerung durch Cross Selling oder Frequenzerhöhung, zur Abverkaufsförderung, zur Marktpenetration neuer Produkte und zur Kundenbindung (*Ploss/Wassel* 2002, S. 607).

Coupon-Promotions zählen in den USA mit zu den erfolgreichsten Promotion-Maßnahmen (*Hartmann* 2003; *Tomczak/Köhler* 2003, S. 56; *Belch/Belch* 2008, S. 541 ff.). In Deutschland war ihr Einsatz aufgrund zahlreicher Rechtsbeschränkungen sowie organisatorischer Erfordernisse für lange Zeit limitiert. Wesentlich beeinflusst durch den Fall des Rabattgesetzes, mit dem Coupons gesetzlich zulässig wurden, lässt sich jedoch auch in Deutschland inzwischen ein verstärkter Einsatz von Coupons beobachten (*A.C. Nielsen GmbH* 2002b; *Gedenk* 2002, S. 37; *Albers* 2003; *Keller* 2003; *Tomczak/Köhler* 2003, S. 56). Es ist davon auszugehen, dass sich der Einsatz von Coupons von zirka 6,5 Mrd. im Jahre 2003 auf etwa 15 Mrd. im Jahre 2007 steigern wird (*Mercer Management Consulting* 2003).

In Abhängigkeit der Art und Weise des **Coupon-Transports** lassen sich folgende grundsätzliche **Erscheinungsformen des Coupon-Einsatzes** unterscheiden, die in beliebiger Art und Weise miteinander kombiniert werden:

- **Direct-Mail-Coupons** gelangen durch die Post oder Hausverteilungsorganisationen direkt in die Briefkästen der Konsumenten. Sie lassen sich gedanklich in Ein-Produkt-Coupon-Aussendungen und Gruppen-Coupon-Aussendungen unterteilen (*Kellner* 1982, S. 71). Die Ein-Coupon-Aussendung besitzt nur für ein Produkt Gültigkeit und wird aufgrund der hohen Zustellkosten vergleichsweise selten durchgeführt. Die Gruppen-Coupon-Aussendungen beziehen sich dagegen auf fünf bis 20 Produkte des Unternehmens oder von verschiedenen Herstellern. Der Vorteil im Vergleich zur Ein-Coupon-Aussendung liegt vor allem in der Kostenersparnis durch die Kostenallokation auf mehrere Produkte bzw. Marken.

  Beispiel: Verteilung von Coupons über das Kundenmagazin bei *Procter & Gamble*
  Procter & Gamble kombiniert regelmäßig sein Kundenmagazin *For me* mit der Verteilung von Rabattgutscheinen. Im Februar 2004 wurde das Kundenmagazin zum dritten Mal per Post an 1,5 Mio. konsumstarke Haushalte geliefert. Es enthielt eine breite Auswahl von 312 Coupons im Wert von 50 Cent bis 2 EUR und machte Werbung für alle wesentlichen Marken des Konzerns sowie für acht ausgewählte Marken von *Nestlé* und *Gillette*. Rund 10 Prozent der Haushalte haben nach Angaben des Konzerns die Gutscheine eingelöst, die Hälfte dieser Haushalte dabei mehr als einen Gutschein (*Deutsche Post AG* 2004). Das Kundenmagazin erscheint inzwischen auch als Online-Zeitschrift, bei der die Nutzer in der Lage sind, wöchentlich unter der Adresse www.for-me-online.de neue Produktproben unterschiedlicher Markenprodukte von *Procter & Gamble* zu bestellen und Gutscheine auszudrucken sowie im Handel einzulösen.

- **Media-Coupons** werden über die Printmedien (Tageszeitungen, Zeitschriften) distribuiert. Dabei ist vor allem darauf zu achten, dass es sich um vom Werbeträger separierte Coupons handelt, da in eine normale Anzeige hineingedruckte Coupons vom Konsumenten auszuschneiden sind und für ihn damit einen höheren Nutzungsaufwand darstellen. Es ist unmittelbar plausibel, dass separate Media-Coupons im Regelfall eine höhere Wirkung entfalten.

- **Packungs-Coupons** liegen innerhalb der Packung oder sind auf die Packung aufgeklebt bzw. auf das Etikett gedruckt („In/On Pack Coupons") und kommen in zweierlei Arten vor. Der normale Packungs-Coupon wird vom Konsumenten beim nächsten Produktkauf für das gleiche Produkt eingelöst, während der so genannte „Crossruff-Coupon" für andere Produkte oder Marken als für die, in der er zu finden war, Gültigkeit besitzt.

  Beispiel: Crossruff-Coupon der *Chiquita GmbH*
  Insert III-C-6 zeigt einen Crossruff-Coupon des Lebensmittelherstellers *Chiquita GmbH*. In diesem fügt das Unternehmen seiner Marke *SMOOTHY* einen Bahn-Gutschein im Wert von 10 EUR für die *Deutsche Bahn* bei, um einen zusätzlichen Kaufanreiz zu schaffen.

- **Online-Coupons** werden üblicherweise von den Unternehmen auf ihren Homepages bereit gestellt. Sie werden von den Verbrauchern entweder bei ihren Online-Einkäufen bei dem jeweiligen Unternehmen eingelöst oder aber sie lassen sich ausdrucken, um in den Filialen zum Einsatz zu kommen. Da die Konsumenten die Coupons selbst ausdrucken, bieten Online-Coupons den entscheidenden Vorteil einer vergleichsweise kostengünstigen Verteilung. Dies bewirkt außerdem, dass nur solche Konsumenten die Coupons erhalten, die tatsächlich an der Aktion interessiert sind; Streuverluste reduzieren sich entsprechend.

Insert-III-C-6: Beispiel für einen Crossruff-Coupon der Chiquita GmbH (PR-Newsticker 2009)

Beispiel: Online-Coupons bei *Burger King*

Burger King hat in Deutschland Coupons fest in ihren Internetauftritt integriert (Burger King 2009). Für Kunden besteht auf der Homepage die Möglichkeit, sich eigene Gutscheine für sogenannte Spar-Menüs zusammenzustellen und auszudrucken. *Burger King* versorgt somit die Kunden gezielt mit Gutscheinen, die ihren Präferenzen entsprechen. Die Funktionsweise der Online-Coupons bei *Burger King* ist in Insert III-C-7 dargestellt.

Insert III-C-7: Online-Coupons bei Burger King (Burger King 2009)

- Eine noch recht junge Ausprägung des Couponing stellt die **Coupon-Verteilung am Point of Sale** dar. Am Point of Sale besteht eine Möglichkeit darin, die Coupons direkt beim Betreten des Geschäftes an die Kunden zu verteilen („Überraschungs-Coupons"), damit sie sofort während des Einkaufs einzulösen sind. In diesem Fall, so zeigt eine empirische Untersuchung, ergeben sich vor allem positive Effekte für den Handel, da die Kunden in vielen Fällen mehr Ausgaben als ursprünglich geplant tätigen (*Heilman/Nakamoto/Rao* 2002). Eine andere Möglichkeit sieht vor, dass die Kasse beim Bezahlen die Gutscheine für den Kunden ausdruckt. Dies bringt den Vorteil mit sich, dass die Gutscheine auf das Einkaufsverhalten und die Präferenzen des jeweiligen Kunden abgestimmt werden.

Nachteile des relativ einfachen **Massen-Couponing**, wie es heute noch von einem Großteil der Unternehmen betrieben wird, sind insbesondere in hohen Streuverlusten zu sehen, da die Coupons in vielen Fällen nicht eingelöst werden. So wurde in der Studie „POS Medien im Verbrauchermarkt" der *GfK AG* im Bereich Consumer Tracking festgestellt, dass bei 1.541 befragten Verbrauchern lediglich 35 Prozent Coupons oder Rabattgutscheine eingelöst haben; 63 Prozent haben von dieser Möglichkeit bislang noch keinen Gebrauch gemacht (*GfK AG (Gesellschaft für Konsumforschung)* 2003). Auf die Frage, wie hoch der Rabatt mindestens zu sein hätte, damit er bei den Verbrauchern Interesse weckt, ergaben sich die in Schaubild III-C-27 dargestellten Ergebnisse. Zu noch schlechteren Ergebnissen hinsichtlich der Einlöseraten von Coupons gelangt eine Unternehmensbefragung des *Eurohandelsinstitutes* (*EHI*), nach der nahezu die Hälfte der befragten Unternehmen Einlöseraten im Massenmedienbereich von niedriger als 0,5 Prozent erreicht (*Eurohandelsinstitut* 2003a).

Vor diesem Hintergrund wird zukünftig ein wesentlicher Erfolgsfaktor für das Couponing in der **Personalisierung** der Coupons liegen (*Biester* 2004). Bei personalisierten Rabattgutscheinen werden die Datenbanken der Unternehmen nach diversen Informationen über die Verbraucher durchforstet, so dass für jede Couponing-Aktion die richtigen Adressaten ausgewählt werden, die sich mit hoher Wahrscheinlichkeit für das entsprechende Produkt interessieren. Vor diesem Hintergrund werden in den nächsten Jahren die heute üblichen Media-Coupons voraussichtlich vermehrt durch Direct-Mail-Coupons abgelöst werden (*Mer-*

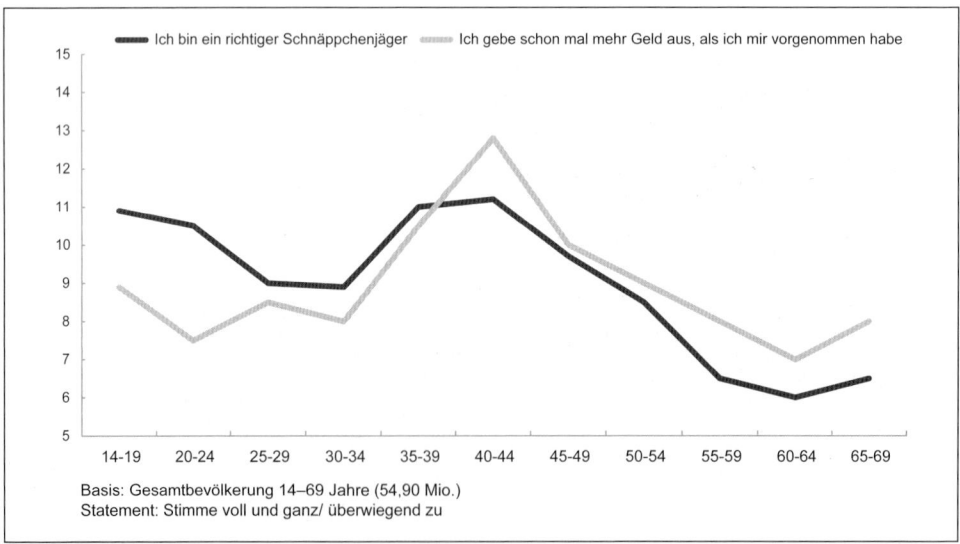

Schaubild III-C-27: Schnäppchenjäger/Spontankäufer nach Altersgruppen (Media Guide 2009, S. 16)

cer Management Consulting 2003). Diese Coupons versprechen höhere Einlöseraten, sind jedoch gleichzeitig auch mit höheren Distributionskosten für die Unternehmen verbunden. Die Coupon-Verteilung über Internet und Mobiltelefone wird indessen auch zukünftig noch ein Nischenmarkt bleiben, wie die Befragung von *Mercer Management Consulting* unter 40 führenden Handelsunternehmen und Konsumgüterhersteller ergab. Diese Einschätzung findet sich wiederum auch in den Einstellungen der Konsumenten wieder, die dem Bezug von Coupons über SMS und Internet im Jahre 2004 noch am ablehnendsten gegenüberstanden und die Verteilung über Handzettel, Zeitungen/Zeitschriften und Direktversand per Post bevorzugten (*UGW AG* 2008).

Neben der Personalisierung wird der Erfolg des Couponing auch durch den Umgang mit einem grundsätzlichen **Interessenkonflikt** zwischen Hersteller und Handel beeinflusst werden. Während Handelsunternehmen durch die Verteilung von Coupons in erster Linie ihre Filialen beleben wollen, um dort den Umsatz zu steigern, haben die Hersteller unabhängig von den jeweiligen Geschäften in der Regel allein den Mehrabsatz ihrer eigenen Produkte vor Augen (*Werben & Verkaufen* 2008). Wie in Insert III-C-8 dargestellt ist Couponing für Herstellern sowie für Händlern insbesondere auch in Krisenzeiten von hoher Bedeutung.

Eine weitere konsumentengerichtete Maßnahmenart stellen **Promotion-Artikel** dar. Dies sind Produkte, die in Form von Accessoires, Geschenkartikeln oder auch Fanartikeln (**Merchandising**) um das Hauptprodukt angesiedelt sind. Die bestehende Selbstbeschränkung der Zigarettenindustrie zeigt sich ursächlich dafür, dass es hauptsächlich die Zigarettenhersteller sind, die sich mit dem Einsatz von Promotion-Artikeln beschäftigen. Dabei werden vielfach hohe Absatzwirkungen erzielt, da viele Konsumenten „auf den Geschmack kommen" und sich dauerhaft für eine Marke entscheiden. Werden Promotion-Artikel von Sportclubs oder Musikgruppen bzw. in Kooperation mit diesen eingesetzt, so wird von Merchandising-Arti-

Analyse: Couponing in Krisenzeiten gefragt

veröffentlicht am 31.10.2008 um 13:23 Uhr

Eine aktuelle Marktanalyse der beiden deutschen Coupon-Clearing-Unternehmen Arcado und Valassis zeigt: Der anhaltende Aufwärtstrend beim Couponing im deutschen Lebensmittelhandel setzt sich fort. Demnach haben Markenartikler in den letzten Monaten verstärkt Coupons in ihre Werbemaßnahmen, zum Beispiel in Printanzeigen oder Mailings, integriert. Die Hersteller reagieren damit offenbar auf die anhaltende Unsicherheit an den Finanzmärkten.

Viele Markenartikler überdenken demnach wohl ihre Werbestrategie, was hauptsächlich zu Lasten von TV-Einschaltungen geht. Gefragt sind derzeit vor allem kurzfristig messbare Marketinginstrumente, die auch einen direkten Kaufanreiz setzen. "Insofern ist es nicht verwunderlich, dass gerade jetzt viele Markenartikler auf die Vorteile von Coupons setzen und entsprechend Budgets in ihrer Planung für 2009 berücksichtigen", sagt Christoph Thye, Vorstand der A-cardo technologies aus Dortmund.
Auch Handelsunternehmen setzen verstärkt auf Couponing. Dass Couponing gerade in wirtschaftlich schwachen Zeiten sinnvoll sein kann, bestätigt das Institut für Handelsforschung in Köln (IfH). "In Zeiten individueller Kundenansprache und hoher Preissensitivität beim Kunden gewinnt das Couponing als zielgruppengenaue Verkaufsförderung für Markenartikler an Attraktivität", so Michael Nagel, stellvertretender Bereichsleiter für Markt- und Unternehmensanalysen beim IfH.
Im Jahr 2007 wurden nach Schätzungen von Arcardo und Valassis rund fünf Milliarden Coupons in Deutschland verteilt. Beide erwarten aufgrund der derzeitigen wirtschaftlichen Lage für die kommenden ein Plus gegenüber dem Vorjahr.

Insert-III-C-8: Einstellung des Handels gegenüber Couponing-Aktionen (Werben & Verkaufen 2008)

keln gesprochen. Als Promotion- bzw. Merchandising-Artikel kommen Feuerzeuge, Geldbörsen, Poster, Kalender, Armbanduhren, Fun-Packungen usw. in Frage.

> **Beispiel: Limitierte Promotion-Artikel von *Beck's***
>
> Um spezielle Aufmerksamkeit und einen exklusiven Status zu erlangen, limitierte die Biermarke *Beck's* ihre im Sommer 2003 neue erscheinenden Promotion-Artikel. Zum Sortiment gehörte unter anderem die *Beck's*-Armbanduhrenedition im speziellen Design, deren erste Auflage in den weiß-roten Farben des Etiketts und im Grün der Longneck-Flasche erschien. Sobald diese vergriffen war, folgte eine neue Auflage im veränderten Design. Jede der individuell gestalteten Armbanduhren war auf jeweils 3.000 Stück begrenzt. Das Sortiment umfasste zudem Strandartikel, Grillzubehör, Spiele und Textilien (2003a).

Neben **Sampling-Aktionen** am Point of Sale werden Warenproben und Muster auch direkt an Haushalte verteilt. Für diese gelten ähnliche Bedingungen, wie für die Erfolge von Sampling-Aktionen am Point of Sale.

> **Beispiel: Warenproben von *Pantene Pro-V***
>
> *Pantene Pro-V* führte im Sommer 2009 eine Warneproben-Aktion durch, bei der Interessierte kostenlose Warenproben, beispielsweise des Produkts *Pantene Pro-V* Volumen Pur Shampoo oder *Pantene Pro-V* Repair & Care Intensiv-Kur, direkt beim Hersteller anfordern und testen konnten (*o.V.* 2009a).

Prospektbeilagen werden hauptsächlich eingesetzt, um bei den konsumentenbezogenen Zielpersonen dauerhafte Gedächtniswirkungen in Form von Erinnerungen hervorzurufen. Vorrangige Kommunikationsträger sind Tageszeitungen, wobei es vor allem Supermärkte und Discounter, Textilkaufhäuser, Bau- und Heimwerkermärkte, Möbel- und Einrichtungshäuser sowie Schuhgeschäfte sind, die Prospektbeilagen als Verkaufsförderungsmaßnahmen nutzen. Im Rahmen der Gestaltung von Prospektbeilagen lässt sich ein Wandel von der „Schweinebauchwerbung" zu einer erlebnisorientierten Werbung feststellen. Dies äußert sich vor allem in attraktiveren Headlines, der Begrenzung des Textvolumens, einer zunehmend farbigen Gestaltung der Prospektbeilagen, in größeren und freigestellten Abbildungen, dem Einsatz von Personen usw. Ziel ist es, hiermit der zunehmenden Informationsüberlastung der Konsumenten durch Prospektbeilagen und den damit verbundenen ansteigenden Ablehnungshaltungen gegenüber dieser Verkaufsförderungsmaßnahme – immer mehr Konsumenten versehen ihre Briefkästen mit dem Hinweis „Bitte keine Reklame einwerfen" – Rechnung zu tragen. Trotz beobachtbarer Verweigerungshaltungen rufen insbesondere Prospektbeilagen des Textil-, Lebensmitteleinzel- sowie Möbelhandels hohe spontane Erinnerungswirkungen hervor. Wie die *Prospektstudie 2003* der *Zeitungs Marketing Gesellschaft* zeigt, lesen 38 Prozent der befragten Personen Prospektbeilagen komplett durch (1999: 30 Prozent), zwei Drittel lesen Prospekte immerhin häufig oder gelegentlich (*Zeitungs Marketing Gesellschaft* 2003). Am besten schneiden dabei die Prospekte von Kauf- und Warenhäusern ab, gefolgt von Elektro/Hifi/Computer-Prospekten und Prospekten für den Heimwerker-/Baubedarf. Die bereits hohe Beachtung von Prospektbeilagen lässt sich durch die Schaltung einer Teaser-Anzeige in der gleichen Ausgabe einer Zeitung nochmals um bis zu 10 Prozent steigern. Des Weiteren zeigt ein Vergleich von Prospekten in Zeitungen und Direktwerbung, dass alle Altergruppen durch Prospektbeilagen in Zeitungen besser erreicht werden. Fast jeder Fünfte liest die Beilage sogar noch vor der Zeitung. Darüber hinaus werden Prospekte gezielt zur Einkaufsplanung genutzt: 62 Prozent der Leser haben die Prospekte schon einmal oder öfter aufgehoben bzw. zum Einkauf mitgenommen und 53 Prozent haben aufgrund einer Prospektbeilage etwas gekauft oder sich zumindest näher informiert. Es ist daher davon auszugehen, dass diese Verkaufsförderungsmaßnahme auch künftig, insbesondere in den genannten Branchen, verstärkt zum Einsatz kommen wird.

Gewinnspiele auf der Straße unterscheiden sich von denen am Point of Sale durch ihren breiteren Adressatenkreis, der jedoch nur schwer vorab einzugrenzen ist. Gleichzeitig ist es auch schwieriger, Konsumenten zur Teilnahme zu bewegen, da diese im Regelfall anderen Tätigkeiten nachgehen und nur eine geringe Bereitschaft aufweisen, die für eine Teilnahme notwendige Zeit aufzuwenden. Dementsprechend sind hohe Anreize in Form von Preisen zu schaffen, damit Gewinnspiele auf der Straße die gewünschte Wirksamkeit entfalten. Dadurch wird die Ausrichtung eines Gewinnspiels jedoch auch erheblich kostspieliger, so dass dessen Durchführung von einer sorgfältigen Abwägung entstehender Wirkungen und Kosten abhängig zu machen ist.

Gewinnspiele in Zeitungen und Zeitschriften dagegen werden von den Konsumenten positiver aufgenommen. Eine Umfrage bei 111 Testpersonen im Alter von 14 bis 49 Jahren ergab, dass 65,8 Prozent an solchen Gewinnspielen teilnehmen (*Idee & Kommunikation* 2003). Der Vorteil dieser Gewinnspiele besteht darin, dass Kunden sich die Zeit nehmen, diese auszufüllen und nicht direkt zum Handeln aufgefordert werden.

Gewinnspiele im Internet zielen auf einen klar definierten Adressatenkreis ab. So werden nur solche Personen am Gewinnspiel teilnehmen, die das Internet akzeptieren und regelmäßig nutzen. Im Internet sind Konsumenten oftmals gezielt auf der Suche nach bestimmten Informationen, an Gewinnspielen werden sie eher „beiläufig" teilnehmen. Entsprechend empfiehlt es sich auch nicht, besonders kostspielige Gewinne anzubieten. Vielmehr sind einfache Teilnahmebedingungen erforderlich, d.h. einfache Fragen und die Aufforderung einer kurzen Angabe des Namens und der E-Mail-Adresse des Teilnehmers. Die Angabe zu vieler persönlicher Daten des Teilnehmers wirkt eher hemmend. Ein Beispiel für ein einfach gehaltenes

Insert-III-C-9: Online-Gewinnspiel von Milka Amavel (Kraft 2010)

Gewinnspiel im Internet ist ein im Jahre 2010 durchgeführtes Gewinnspiel der *Kraft*-Marke *Milka Amavel*, das in Insert III-C-9 abgebildet ist.

> **Beispiel: Gewinnspiel von *Fun Sporting* zur Adventszeit**
> Im Dezember des Jahres 2009 offerierte die Marke *Fun Sporting* auf ihrer Homepage ein Gewinnspiel in Form eines Adventskalenders. Jeden Tag wird ein Türchen geöffnet hinter dem sich jeweils ein Preis „versteckt", der noch am selben Tag verlost wird. Die Interessierten müssen lediglich täglich angeben, ob sie am Gewinnspiel teilnehmen möchten. Bei der erstmaligen Teilnahme an dem Gewinnspiel wurde von dem Teilnehmenden verlangt, die Adresse in einer elektronischen Teilnahmekarte anzugeben, um damit das Akzeptieren der Teilnahmebedingungen anzuzeigen. Bei jedem weiteren Türchen reichte es aus, anzugeben, dass man am betreffenden Dezembertag am Gewinnspiel teilnehmen möchte.

Im Gegensatz zu Gewinnspielen im Internet werden **Gewinnspiele via SMS** von Unternehmen heute noch vergleichsweise wenig eingesetzt und treffen auch bei den Konsumenten auf weniger Resonanz als Gewinnspiele in Zeitungen, Zeitschriften oder als On Pack (*Idee & Kommunikation* 2003). Der Teilnehmer hat hierbei die Möglichkeit, das Lösungswort an eine Kurznummer vom Mobiltelefon aus via SMS zu senden und darüber am Gewinnspiel teilzunehmen. Zur Sicherstellung einer breiten Resonanz, empfiehlt es sich bei SMS-Gewinnspielen, diese über verschiedene Medien, wie z. B. Radio oder Fernsehen, anzukündigen und zu bewerben.

> **Beispiel: Gewinnspiel via SMS bei der *RTL*-Sendung „*Wer Wird Millionär*"**
> Die von *Günther Jauch* moderierte Sendung „*Wer wird Millionär*", bietet den Zuschauern in jeder Werbepause die Möglichkeit, ihr Wissen per SMS gewinnbringend zu beweisen. Kurz vor der Werbepause wird die zu lösende Frage gestellt, bei der vier Antwortmöglichkeiten vorgegeben werden. Die Teilnehmenden müssen anschließend lediglich eine SMS mit der von ihnen für richtig gehaltenen Antwortmöglichkeit (A, B, C oder D) an die angegebene Nummer senden, um am Gewinnspiel teilzunehmen. Alle eingegangenen SMS mit der richtigen Antwortmöglichkeit nehmen an der Verlosung von 5.000 Euro teil, sofern die SMS vor der Auflösung durch Günther Jauch versendet wurde. Nach der Auflösung der SMS Gewinnspielfrage erhalten alle Teilnehmen eine SMS mit der Information über die Richtigkeit der Beantwortung der Frage, ob die SMS rechtzeitig versendet wurde sowie eine prozentuale Auswertung der Abstimmung aller Gewinnspielteilnehmer.

Eine „**Free-Mail-in**"-Promotion ist dadurch gekennzeichnet, dass der Hersteller dem Konsumenten einen nicht seinem Sortiment zugehörigen Artikel kostenlos anbietet, wenn er eine bestimmte Anzahl von Produkteinheiten gekauft und diese Käufe durch die Einsendung von Packungsbelegen („Refunds") kenntlich gemacht hat. Free-Mail-in-Produkte stellen damit eine gewisse verspätete Belohnung für eine bestimmte Anzahl von Produktkäufen dar. Die Koppelung der Gewährung von Free-Mail-in-Promotions an gewisse Anstrengungen des Konsumenten (Produktkäufe) macht eine höhere Wertigkeit von Free-Mail-in-Produkten im Vergleich zu Zugaben erforderlich, wenn eine breite Verbraucherakzeptanz angestrebt wird. Der Erfolg einer Free-Mail-in-Promotion ist daher in entscheidendem Maße von der (breiten) Akzeptanz des Free-Mail-in-Produktes abhängig. Ein zielgruppengerecht ausgewählter Free-Mail-in-Artikel hat begehrenswert zu sein, wodurch zusätzlicher Umsatz für die Marke erzielt, die Wiederkaufrate erhöht sowie das Produktimage positiv beeinflusst wird. Allerdings verursacht eine Free-Mail-in-Promotion auch erhebliche Kosten, die insbesondere aus dem Erwerb des Free-Mail-in-Artikels sowie aus der Überprüfung seiner Akzeptanz bei den Zielpersonen resultieren.

In der Praxis sind die vorstehend angeführten Verkaufsförderungsmaßnahmen im Rahmen der direkten Verkaufsförderung vielfach in abgewandelter Form anzutreffen. Auch sind Kombinationen der einzelnen Verkaufsförderungsmaßnahmen zu beobachten. Entscheidend für einen effektiven und effizienten Einsatz verkaufsfördernder Maßnahmen ist jedoch die Kenntnis bezüglich der zugrunde liegenden **Wirkungszusammenhänge** zwischen Art und Intensität der Maßnahmen und der entsprechenden Reaktionen der Zielpersonen. Die „Kenntnisse" bezüglich dieser Wirkungszusammenhänge resultieren jedoch im Regelfall aus Erfahrungswerten bzw. dem Gespür der Entscheidungsträger und sind vielfach nur durch eine unzureichende theoretische und empirische Stützung gekennzeichnet. Aufgabe der Kommunikationsforschung wird es daher künftig sein, diese Wirkungszusammenhänge theoretisch und empirisch zu durchdringen, um der Praxis entsprechende Entscheidungshilfen zum Einsatz verkaufsfördernder Maßnahmen zur Verfügung zu stellen.

7.3 Zusammenarbeit mit externen Dienstleistern in der Verkaufsförderung

Der Bedeutungszuwachs der Verkaufsförderung hat dazu beigetragen, dass Unternehmen heute oftmals externe Dienstleister einsetzen, um professionelle Unterstützung bei der Planung und Umsetzung ihrer Verkaufsförderungsaktivitäten zu erhalten. So haben einige große Werbeagenturen bereits eigene Verkaufsförderungsabteilungen gegründet oder beauftragen wiederum eigenständige Verkaufsförderungsagenturen. Die meisten Verkaufsförderungsagenturen sind jedoch selbständige Agenturen, die sich auf die Planung, Entwicklung und Durchführung einer Vielzahl von Sales-Promotion-Programmen spezialisiert haben (*Belch/Belch* 2008, S. 95). So arbeiteten bereits im Jahre 1998 durchschnittlich 69 Prozent der befragten Unternehmen mit einer Spezialagentur zusammen. Davon wurden von 69 Prozent der Konsumgüterhersteller, von 67 Prozent der Industriegüterhersteller und von 100 Prozent des Handels und der Dienstleister Spezialagenturen beauftragt (vgl. hierzu auch Schaubild III-C-4) (*FreyBeaumont-Bennett* 1998, S. 29).

Innerhalb der Verkaufsförderungsagenturszene lassen sich folgende **Agenturtypen** anhand der Art ihrer Spezialisierung auf bestimmte Kernaufgaben unterscheiden (im Folgenden vgl. *Pflaum/Eisenmann* 1993, S. 28 f.; *Pflaum/Eisenmann/Linxweiler* 2000, S. 28 f.):

- Spezialagenturen auf dem Gebiet des Event Marketing,
- Verkaufsförderungsagenturen mit Spezialisierung im Handelsbereich,
- Spezialagenturen im Bereich des Messeservice,
- Spezialagenturen im Bereich der Consumer Promotions,
- Spezialagenturen im Bereich Lizenzen.

Die Kernkompetenzen von **Spezialagenturen auf dem Gebiet des Event Marketing** liegen in der Planung, Organisation, Durchführung sowie Kontrolle verkaufsfördernder Aktivitäten auf durchzuführenden Events, wie z. B. der Auslage von Displaymaterialien an einem Tag der offenen Tür oder der Durchführung von Probieraktionen im Rahmen eines Buffets für ausgewählte (Groß-)Kunden. Die besondere Stärke solcher Agenturen liegt in der Vernetzung von Aktivitäten des Event Marketing und der Verkaufsförderung zur Nutzung von Synergieeffekten und Kostensenkungspotenzialen.

Die besonderen Stärken von **Verkaufsförderungsagenturen mit Spezialisierung auf den Handelsbereich** liegen in der Abstimmung divergierender Interessen zwischen kommunikationstreibenden Unternehmen und eingeschalteten Absatzmittlern sowie in ihrem Expertenwissen im Hinblick auf eine zielorientierte Ausrichtung verkaufsfördernder Aktivitäten am Point of Sale. Oftmals sind diese Agenturen für alle POS-Maßnahmen zuständig, wie beispielsweise die zielführende Gestaltung von Zweitplatzierungen vor dem Hintergrund der vom Handel zur Verfügung gestellten Verkaufsflächen und den Kooperativ-Promotions zwischen Hersteller und Handel.

Angesichts der wachsenden Bedeutung des Messeplatzes Deutschland nimmt auch der Stellenwert des von **Spezialagenturen im Bereich Messeservice** zur Verfügung gestellten Knowhows kontinuierlich zu. Derartige Agenturen sind in Zusammenarbeit mit Standbaufirmen für die verkaufsförderungsbezogene Gestaltung des Messestandes zuständig, z. B. für die Auslage von Prospektmaterialien am Messestand, den Einsatz von Multimedia usw.

Die Kompetenzen von **Spezialagenturen im Bereich der Consumer Promotions** liegen primär in der Planung, Organisation, Durchführung und Kontrolle der konsumentengerichteten Verkaufsförderung. Aufgrund ihres Expertenwissens im Hinblick auf die zu erwartenden Konsumentenreaktionen sowohl auf direkte konsumentengerichtete Verkaufsförderungsaktivitäten als auch auf indirekt konsumentengerichtete Verkaufsförderungsaktivitäten sind sie in besonderem Maße zur Planung von Consumer Promotions geeignet.

Schließlich ist auf **Spezialagenturen im Bereich Lizenzen** hinzuweisen. Die Stärke derartiger Agenturen liegt vor allem in der Adaption von Lizenzrechten zur entsprechenden Ausrichtung verkaufsfördernder Aktivitäten. So ist im Einzelfall abzuwägen, ob es beispielsweise unter Kosten-Nutzen-Gesichtspunkten sinnvoll ist, den Erwerb von Rechten für den geplanten Einsatz populärer Stars aus Film, Fernsehen oder der Musikszene innerhalb verkaufsfördernder Aktivitäten einer solchen Agentur zu übertragen. Der zentrale Vorteil des Einsatzes einer Lizenzagentur besteht in ihrem Research-Dienst, der eine schnelle Abklärung der Verfügbarkeiten spezieller Nutzungsrechte durch weltweite Kooperationen mit anderen Lizenzagenturen und/oder mit den Inhabern der diversen Rechte sowie mit Verwertungsgesellschaften sicherstellt. Der Nachteil besteht insbesondere in den nicht selten an eine solche Agentur zu entrichtenden hohen Vermittlungsprovisionen. Dadurch ist es in vielen Fällen effizienter, den Erwerb entsprechender Lizenzrechte ohne die Hilfestellung einer Lizenzagentur herbeizuführen.

8 Integration der Verkaufsförderung in den Kommunikationsmix

Aus den Zielsetzungen einer Integrierten Kommunikation (vgl. Abschnitt II-A-3.2) ergibt sich unmittelbar die Notwendigkeit, auch den Einsatz der Verkaufsförderung in das strategische Konzept der Integrierten Kommunikation einzubinden, damit eine Einheitlichkeit in der kommunikativen Ausrichtung über sämtliche Kommunikationsinstrumente sichergestellt wird (*Bruhn* 2009a, S. 58 ff., 140). Um einen zielorientierten und effizienten Einsatz der Verkaufsförderung zu gewährleisten, ist deren **Integration auf zwei Ebenen** zu vollziehen: der interinstrumentellen sowie die intrainstrumentellen Ebene.

8.1 Interinstrumentelle Integration der Verkaufsförderung

Zielsetzung der **interinstrumentellen Integration** ist es, die Verkaufsförderung nicht als isoliertes Kommunikationsinstrument zu verstehen, das unabhängig von anderen Instrumenten eingesetzt wird. Vielmehr ist vor dem Hintergrund des Integrationsziels darauf zu achten, dass durch einen kombinierten Einsatz der Aktivitäten der Verkaufsförderung im Verbund mit unpersönlichen und persönlichen Kommunikationsinstrumenten Synergiewirkungen in der gesamten Unternehmens- und Marketingkommunikation entstehen. Dabei kommt der zeitlichen und funktionalen Abstimmung der Verkaufsförderung mit dem Einsatz der Mediawerbung besondere Bedeutung zu, da hier zwar große Synergiepotenziale existieren, aber auch ein erhöhtes Gefahrenpotenzial des Konterkarieren langfristiger Positionierungsziele der Unternehmens- und Marketingkommunikation vorliegt. So zielt der Einsatz der Mediawerbung häufig auf den langfristigen Aufbau von Markenimages ab, während es oftmals die Zielsetzung der Verkaufsförderung ist, über die Information von Preisnachlässen den kurzfristigen Absatz zu stimulieren. Bei der Integration der Verkaufsförderung in den Kommunikationsmix ist diesen oder ähnlichen Zielkonflikten mit anderen Kommunikationsinstrumenten, z. B. der Persönlichen Kommunikation, besondere Berücksichtigung entgegenzubringen, damit der Einsatz der Verkaufsförderung die Erreichung übergeordneter Kommunikationsziele nicht behindert, sondern einen Beitrag zu deren Realisierung leistet.

Die Unternehmenspraxis betrachtend zeigt eine Unternehmensbefragung zum Stand der Integrierten Kommunikation in deutschen und schweizerischen Unternehmen, dass die Verkaufsförderung nach Mediawerbung, Public Relations sowie Messen und Ausstellungen das vierhäufigste Instrument ist, das in die Integrierte Kommunikation einbezogen wird (*Bruhn/ Boenigk* 1999, S.225). Hierbei bleibt jedoch unklar, was genau die einzelnen Unternehmen unter Integration verstehen.

Die folgenden Beispiele verdeutlichen die vielfältigen Möglichkeiten einer Integration der Verkaufsförderung mit anderen Kommunikationsinstrumenten.

Verkaufsförderung und Mediawerbung: Die Mediawerbung weist innerhalb des Kommunikationsmix in vielen Fällen die höchste strategische Bedeutung auf und wird häufig als „Leitinstrument" eingesetzt. Da oftmals starke komplementäre Beziehungen zwischen der Verkaufsförderung und der Mediawerbung zu beobachten sind, ist es für den Einsatz der Verkaufsförderung von besonderer Bedeutung, dass diese die Werbeaktivitäten unterstützt, um den Kommunikationserfolg nicht zu gefährden. In Abhängigkeit vom Typus des zugrunde liegenden Kaufentscheidungsprozesses kommen der Verkaufsförderung dabei folgende **Aufgaben** zu (*Bänsch* 2002, S.9):

- Bei extensiven oder begrenzten Kaufentscheidungsprozessen hat die Verkaufsförderung die Aufgabe, den Werbeeinsatz zu unterstützen, indem entschlussfördernde Reize gesetzt werden, die zur letzten Prozessstufe, der Kaufhandlung, führen (*Murphy/Cunningham* 1993, S.385).

- Bei impulsiven Kaufentscheidungen besteht die Aufgabe der Verkaufsförderung darin, Initialreize auszusenden, um spontane Kaufhandlungen auszulösen.

- In habitualisierten Kaufentscheidungsprozessen dienen verkaufsfördernde Aktivitäten im Zusammenspiel mit werblichen Maßnahmen der Aussendung von Erinnerungs- und Haltereizen mit dem Ziel, die Gewohnheitsbildung zu stabilisieren.

Im Hinblick auf die Integration von Verkaufsförderung und Mediawerbung besteht die grundsätzliche Aufgabe der Verkaufsförderung demnach darin, die Aktivierung bewusster und/oder unbewusster Werbeappelle sowie die Reaktivierung in Vergessenheit geratener Werbeappelle herbeizuführen. Ein solcher Wirkungsprozess ist schematisch in Schaubild III-C-28 skizziert.

> **Beispiel: Verkaufsförderung bei *Coca-Cola***
> Die Kommunikationsarbeit des Getränkeherstellers *Coca-Cola* ist seit Jahren durch international-orientierte vielfältige Kommunikationskampagnen gekennzeichnet. Im Mai 2003 wurde unter dem Motto „Make it Real" eine neue Werbekampagne lanciert, die über der Vermittlung eines speziellen Lebensgefühls vorrangig auf die Erhöhung und Stützung des Bekanntheitsgrades der Marke abzielte. Unterstützt wurde die TV-Kampagne durch eine zielgruppenspezifischere bzw. persönlichere Kundenansprache mittels des Einsatzes von Multimedia sowie unterschiedlicher Promotion-Aktivitäten im Handel unter dem Motto „Make it Real" (*Coca-Cola GmbH* 2003c).

Eine weitere Möglichkeit der Integration von Verkaufsförderung und Mediawerbung besteht darin, Anzeigen in Zeitungen oder Zeitschriften mit Coupons anzureichern, um auf diese Weise höhere Aufmerksamkeits- und Erinnerungswerte für die Anzeige zu generieren.

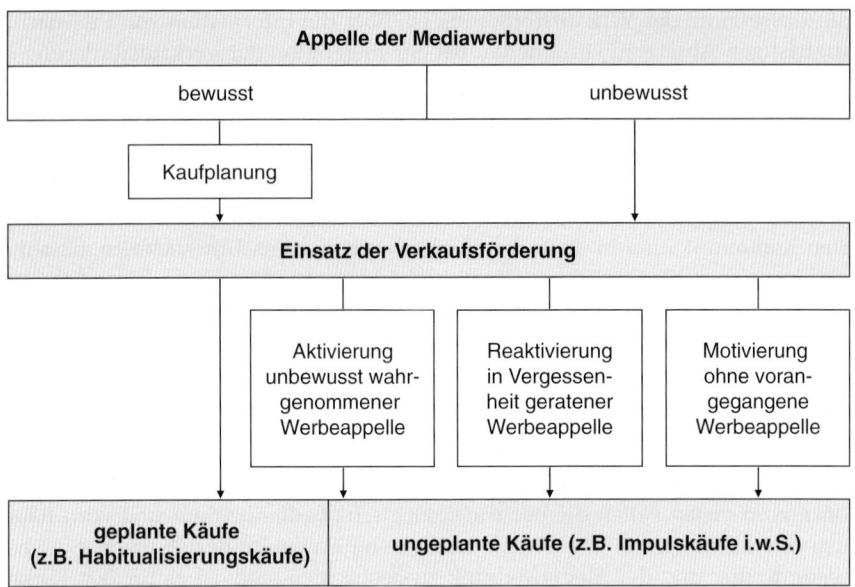

Schaubild III-C-28: Wirkungsprozess eines integrativen Einsatzes der Mediawerbung und Verkaufsförderung

Verkaufsförderung und Public Relations: Der Einsatz der Verkaufsförderung steht nur in schwacher Beziehung zu den Aktivitäten der Public Relations. Dennoch bestehen durchaus Verbindungen zwischen Public Relations und Verkaufsförderung. Oftmals bildet die PR-Arbeit den Nährboden für einen erfolgreichen Einsatz der Verkaufsförderung, indem sie in hohem Maße zur Schaffung eines positiven Erscheinungsbildes des kommunikationstreibenden Unternehmens beiträgt und den zielorientierten Einsatz der Verkaufsförderung erleichtert. Zur Vermeidung von Glaubwürdigkeitsverlusten ist dabei sorgfältig darauf zu achten, dass die Verkaufsförderungsaktivitäten nicht im Widerspruch zu den Aussagen der Public Relations stehen. So wird beispielsweise ein im Rahmen der Public Relations vermitteltes Umweltbewusstsein durch eine recyclebare Displaygestaltung unterstützt. Darüber hinaus bietet sich die Möglichkeit, die Promotion-Aktivitäten durch entsprechende Hinweise und Beiträge in der Presse bekannt zu machen oder durch ergänzende Informationen zu unterstützen.

Beispiel: Integration von Verkaufsförderung und Public Relations für *Chiquita*
Die Bananenmarke *Chiquita* war im Jahre 2003 für einige Tage in Kölner *HIT*-Märkten mit einem auffälligen Display präsent. Parallel dazu wurde im *Kölner Express* ein Artikel veröffentlicht, der den Verbrauchern die Vorteile einer Bananendiät erläuterte. Zusätzlich wurde auch ein Gewinnspiel angeboten. Nach Auskünften der zuständigen Agentur konnte durch die Maßnahmen insgesamt eine Umsatzsteigerung von 60 Prozent erzielt werden (*Hammer* 2004, S. 42).

Verkaufsförderung und Sponsoring: Es bestehen zahlreiche Möglichkeiten, Sponsorships im Verbund mit Verkaufsförderungsaktivitäten zu nutzen (*Bruhn* 2010c, S. 107 f., 189, 278). Dies ist vor allem auf die verhältnismäßig geringe Einflussnahme des Sponsoring sowie dessen schwache Beeinflussbarkeit durch andere Kommunikationsinstrumente zurückzuführen (*Bruhn/Boenigk* 1999, S. 228). Daraus resultiert eine relativ unproblematische Integration in den Kommunikationsmix, so dass auch ein abgestimmter Einsatz der Verkaufsförderung mit Sponsoringaktivitäten keine großen (Integrations-) Schwierigkeiten hervorruft. Die gute Vereinbarkeit von Sponsoring und Promotionaktivitäten wird auch in einer Unternehmens- und

Agenturbefragung zum Sponsoring deutlich, nach der knapp die Hälfte der Unternehmen Sponsoring mit Maßnahmen am Point of Sale vernetzen (*Pilot Checkpoint* 2008, S. 64).

Verkaufsförderung und Messen/Ausstellungen: Auch ein integrierter Einsatz dieser Kommunikationsinstrumente erfordert einen relativ geringen Koordinationsaufwand, weil Messen und Ausstellungen nur einen schwachen Einfluss auf die Ausrichtung verkaufsfördernder Aktivitäten ausüben. Darüber hinaus werden Messen und Ausstellungen von den Unternehmen vorwiegend als taktisches Kommunikationsinstrument eingesetzt, so dass sich ein gemeinsamer Einsatz dieser Instrumente anbietet, um die kurzfristige Durchschlagskraft der Kommunikation zu erhöhen. Dies erfolgt beispielsweise über einen ablösenden oder parallelen Einsatz. So werden nach Beendigung der Messe und/oder während der Messebeteiligung in verstärktem Maße messeinterne und/oder -externe Verkaufsförderungsaktivitäten eingesetzt, um auf diese Art und Weise kurzfristig hohe Synergieeffekte zu erzielen.

Verkaufsförderung und Persönliche Kommunikation: Integrationsmöglichkeiten bzw. -notwendigkeiten zwischen der Verkaufsförderung und Persönlicher Kommunikation ergeben sich dann, wenn verkaufsfördernde Aktivitäten auf einen zielorientierten Einsatz der Persönlichen Kommunikation angewiesen sind. Dies ist beispielsweise der Fall, wenn am Point of Sale auch personengestützte Verkaufsförderung durchgeführt wird. Hier ist der Erfolg der Verkaufsförderungsaktion in hohem Maße von den kommunikativen Fähigkeiten sowie der Motivation des eingesetzten Verkaufspersonals abhängig, das in direkten persönlichen Kontakt mit den Zielgruppen tritt. Trotz der vorrangig taktischen Bedeutung beider Instrumente sind sie jedoch recht selten gemeinsam Bestandteil des Kommunikationsmix. So ist beispielsweise in Konsumgütermärkten ein verstärkter Einsatz der Verkaufsförderung unter weitgehender Vernachlässigung der Persönlichen Kommunikation zu beobachten. In Industriegütermärkten hingegen wird vorrangig auf die Persönliche Kommunikation zurückgegriffen, wobei die Verkaufsförderung eher selten zum Botschaftstransport eingesetzt wird.

> **Beispiel: Persönliche Kommunikation am Point of Sale für *McCain***
> Im Herbst 2002 stellte der Hersteller tiefgefrorener Kartoffelspezialitäten *McCain* seine Pommes Frites Sorte *Golden Longs* mit einer neuen Rezeptur vor (*Bartenbach Marketing Services GmbH & Co. KG* 2004). Hierzu wurden TV-Spots geschaltet, Sponsoringaktivitäten in Kultur-, Pop- und Sportbereich unternommen und Promotion-Aktionen am Point of Sale durchgeführt. Im Mittelpunkt der Verkaufsförderung stand eine Verkostungsaktion, um dem Verbraucher den neuen Geschmack zu kommunizieren und die Neuheit in einem lebendigen Informationstransfer zu vermitteln. Zu diesem Zweck wurden von Oktober bis Dezember 2002 bundesweit zwölf Zweierteams in großen Verbrauchermärkten eingesetzt und bereiteten unter Beobachtung der Verbraucher vorschriftsmäßig die Pommes Frites zu. Die Teams verfügten über Erfahrung in der Verkostung von Lebensmitteln und waren dazu angehalten, dem Kunden im Face-to-Face-Kontakt das *McCain* Motto „Ist lecker. Macht locker" näher zu bringen.

Verkaufsförderung und Direct Marketing: Sowohl die Verkaufsförderung als auch das Direct Marketing werden vor allem zur Realisierung taktischer Kommunikationsziele eingesetzt. Eine systematische Verbindung beider Instrumente unterstützt jedoch auch die Erzielung langfristiger Kommunikationserfolge. Besonders gut eignen sich Direct Mailings zur Verteilung von Coupons, die im Handel oder direkt beim Hersteller von den Konsumenten eingelöst werden. Mehrwert für das Couponing wird hierbei insbesondere durch die saubere Adressierung und die personalisierte Ansprache in den Werbebriefen gewonnen. Wie aus Insert III-C-10 hervorgeht, wird auf diese Weise von den Herstellern oftmals das Ziel verfolgt, die Einlöseraten der Coupons zu erhöhen, um die Wirkung dieser Verkaufsförderungsmaßnahme zu steigern. Neben dem Couponing bieten sich noch weitere Möglichkeiten einer Integration von Verkaufsförderung und Direct Marketing, beispielsweise der Hinweis auf aktuelle Verkaufsförderungsaktionen in Direktwerbemedien wie Werbebriefen, Handzetteln oder Prospekten.

Mit E-Mail-Coupons bei Kunden punkten

Von optivo GmbH

Meist werden Coupons vor allem im stationären Handel zur Verkaufsförderung genutzt. Jedoch bietet dieses Instrument auch beste Einsatzmöglichkeiten im E-Mail-Marketing-Bereich.

E-Mail-Gutscheine richten sich sowohl an größere Endverbrauchergruppen als auch an leidenschaftliche Schnäppchenjäger. Eine Studie von MarketingSherpa unterstreicht das Potenzial von E-Mail-Coupons. Im Rahmen dieser Erhebung haben rund 50 % aller E-Mail-Empfänger auf Coupons "reagiert". Hiervon lösten ganze 80 % ihre Gutscheine im Online-Shop auch ein. Die MarketingSherpa-Studie zeigt auch, dass rund ein Drittel aller Befragten ihre E-Mail-Gutscheine am POS einlösen.

Geschenkgutscheine via E-Mail sind nicht nur für den Anbieter deutlich günstiger, sondern auch für Kunden deutlich attraktiver, weil sofort und ohne Aufwand einlösbar.

Die Vorteile von E-Mail-Coupons für werbetreibende Unternehmen liegen auf der Hand: Während herkömmliche Gutscheine, die Zeitschriften oder vergleichbaren Medien beigegeben werden, nur nach einigem Aufwand einlösbar sind, lassen sich E-Mail-Gutscheine direkt und ohne Medienbruch beanspruchen.

Grundsätzlich können durch E-Mail-Marketing alle aus dem stationären Handel bekannten Möglichkeiten abgebildet werden. Darüber hinaus lassen sich alle relevanten Prozesse automatisieren und die E-Mail-Coupons kosteneffektiv verteilen.

Inhaltliche und zeitlich befristete Akzente setzen

Die Rabattierung orientiert sich idealerweise immer an dem Kundenlebenszyklus. Hierbei sollte zumindest zwischen Interessenten, Neu-, Bestands- sowie inaktiven Kunden unterschieden werden. Erfahrungsgemäß sind E-Mail-Gutscheine besonders empfehlenswert, um Interessenten erstmals zu konvertieren sowie um ehemalige Kunden zu reaktivieren. Zugleich werden die Rabattsätze zwischen Neu- und Stammkunden häufig variiert. Inhaltlich bietet sich besonders die Bezugnahme auf saisonale Ereignisse an. Auch für die Einführung neuer Produkte sind E-Mail-Coupons hervorragend geeignet.

Eine künstliche Verknappung der Coupons durch eine befristete Gültigkeitsdauer erzeugt einen zusätzlichen Werbedruck. Gerade im Jahresendgeschäft empfiehlt sich eine zeitliche Verknüpfung der Gutscheinaktionen bis zu den Weihnachtsfeiertagen. Ein besonderes Potenzial bieten hierbei mehrstufige Nachfassaktionen per E-Mail, um an bislang nicht eingelöste Coupons zu erinnern.

Personalisierte Gutscheine on- und offline anbieten

Personalisierte Gutscheincodes helfen, unterschiedliche Informationen zu kodieren. Bei einer personenbezogenen Kennung bleiben die Gutscheine immer individuell zuordenbar, so dass diese online nur durch den E-Mail-Empfänger entwertbar bzw. mehrfache Einlösungen ausgeschlossen sind. Zugleich lassen sich alle Maßnahmen in Echtzeit auswerten. Dadurch sind beispielsweise detaillierte Zielgruppen-Auswertungen sowie eine gezielte Optimierung für bestimmte Empfängerkreise inkl. Folgekampagnen problemlos möglich.

Denkbar sind beispielsweise auch individuell durchnummerierte und EAN-kodierte Gutscheine für die Einlösung im Online-Shop. Online wird der individuelle Gutscheincode einfach eingetippt. Für die Einlösung am POS drucken die Empfänger die E-Mail aus und legen diese in der nächsten Filiale zur Rabattierung vor.

Professionelle E-Mail-Versandlösungen verfügen meist bereits standardmäßig über ein leistungsstarkes Gutscheinmodul. Werbetreibende Unternehmen können hierbei mit wenigen Mausklicks jedem E-Mail-Empfänger personalisierte Gutscheinmailings zukommen lassen. Die individuellen Coupons inkl. Gutscheincodes werden auch bei größeren Empfängerkreisen automatisiert durch das E-Mail-System generiert. Alternativ ist häufig auch eine Anbindung mit einem Online-Shopping-, CRM- oder ERP-System möglich.

Insert-III-C-10: Steigerung der Wirkung von Couponing durch die Verbindung mit Direct Marketing (optivo GmbH 2009)

Verkaufsförderung und Event Marketing: Wie die Verkaufsförderung, so wird auch das Event Marketing von den kommunikationstreibenden Unternehmen vor allem zur Erreichung taktischer Ziele eingesetzt. Dabei existiert eine Vielzahl verschiedener Möglichkeiten des integrativen Einsatzes dieser Kommunikationsinstrumente. So stellt beispielsweise die exklusive Nutzung von Events durch Handelsvertreter oder Endverbraucher einen Preis im Rahmen von Gewinnspielen oder Preisausschreiben dar. Eine andere Möglichkeit des vernetzten Einsatzes ist die Inszenierung eines Events am Point of Sale (POS-Event). Dabei reicht die Bandbreite vorhandener Integrationsmöglichkeiten vom Aufbau eines Mini-Events mit entsprechenden Dekorationen, Probierständen und multimedialen POS-Systemen bis hin zur Durchführung von Open-Air-Konzerten oder Galaabenden, im Rahmen derer Produktpräsentationen erfolgen oder Produktproben verteilt werden.

Beispiel: Integration von Verkaufsförderung und Events bei *Coca-Cola*
Das Unternehmen *Coca-Cola* initiierte für sein neues Sportgetränk *Powerade* im Rahmen der Radrennen der Deutschland-Tour im Jahre 2003 die so genannte *Powerade Cycling Experience Tour 2003*, die jeweils im Zielbereich der Radrennen stattfand. Zentrales Ziel dieser Aktion war der Aufbau einer starken emotionalen Verbindung zur Marke *Powerade*. Während des Events wurde den Zuschauern Wissenswertes über den Radsport und ein vielfältiges Rahmenprogramm rund um den Radsport geboten. Zusätzlich führte *Coca-Cola* kostenlose Probieraktionen von *Powerade* durch, und an Verkaufsständen konnten verschiedene Sorten käuflich erworben werden. Erstmals wurde auch ein Sortenmix als Viererpack inklusive einer Produktzugabe zum Sonderpreis angeboten (*Coca-Cola GmbH* 2003b).

Verkaufsförderung und Multimediakommunikation: Die Integration von Multimediamaßnahmen und verkaufsfördernden Aktivitäten erstreckt sich insbesondere auf den komplementären Einsatz von Multimediaanwendungen und den Maßnahmen der indirekt-konsumentengerichteten Verkaufsförderung.

Verkaufsförderung und Online-Kommunikation: Die Integration von Online-Kommunikationsmaßnahmen und verkaufsfördernden Aktivitäten erstreckt sich insbesondere auf den komplementären Einsatz von Online-Anwendungen und den Maßnahmen der konsumentengerichteten Verkaufsförderung. Dabei werden Online-Anwendungen zur planmäßigen Unterstützung von Verkaufsförderungsmaßnahmen genutzt, indem beispielsweise besondere verkaufsfördernde Aktivitäten inhaltlich in Online-Kommunikationsmaßnahmen eingebunden werden. Eine Möglichkeit dabei ist die Thematisierung der Verkaufsförderungsmaßnahmen in der Online-Kommunikation, die den Unternehmen als direkter und auch persönlicher Kontakt zu Kunden dient.

Des Weiteren nutzen eine Vielzahl von Unternehmen inzwischen Online-Anwendungsformen als Plattform für den Einsatz „traditioneller" Maßnahmen der Verkaufsförderung. Zwar werden dabei Anpassungen an das neue Medium erforderlich, und es ergeben sich neue Ausgestaltungsmöglichkeiten, grundsätzlich neue Maßnahmen bieten sich aber nicht an (*Gedenk* 2001). So sind beispielsweise Hinweise auf Sonderangebote, Inserate, Gewinnspiele oder die Bestellung von Warenproben ebenso über Anwendung im Internet möglich. Warenproben für spezielle Produkte werden zudem auch direkt im Internet angeboten, z. B. das „Hineinhören" in eine CD (*Gedenk* 2002, S. 212). Weite Verbreitung findet darüber hinaus die Verteilung von Rabattgutscheinen (*Janke* 2003; vgl. auch Insert III-C-11). Dabei wird vom Konsumenten

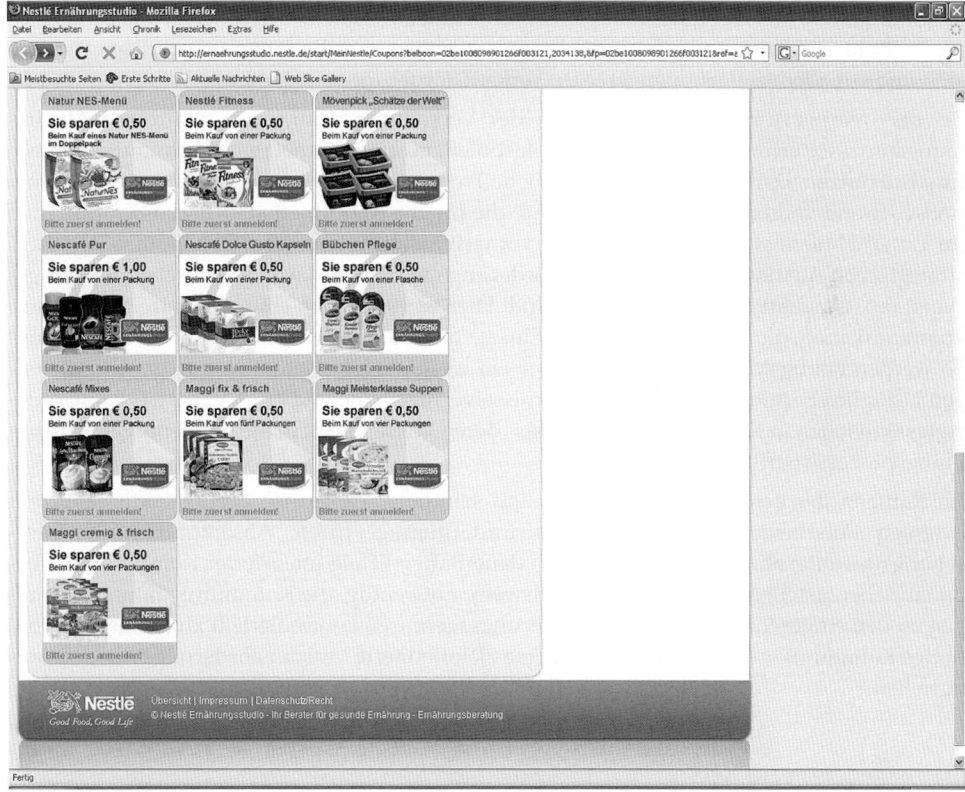

Insert-III-C-11: Coupon-Download beim Nestlé Ernährungsstudio (Nestlé 2010)

teilweise auch verlangt, vor Ausdruck und Nutzung des Coupons, solche Daten einzutragen, die dem Hersteller Informationen darüber liefern, wann und wo der Coupon bestellt und eingelöst wurde. Bei all diesen Maßnahmen wäre jedoch zu diskutieren, ob sie tatsächlich eine Integration von Verkaufsförderung und Internet bedeuten oder nicht vielmehr das Internet lediglich als alternativer Kommunikations- (bzw. Vertriebs-) Kanal fungiert.

> **Beispiel: Integration von Verkaufsförderung und Online-Kommunikation bei *Coca-Cola***
> Unter dem Motto „Music makes your Summer" führte der Softdrink-Konzern *Coca-Cola* im Sommer 2004 im Rahmen der Dachmarkenkampagne „Make it Real" eine zweimonatige Sommer-Promotion durch (*Wieking/Hofer* 2004). Bis Ende August 2004 wurden die Etiketten von rund 100 Mio. Flaschen bekannter Marken des Konzerns, wie z. B. *Coca-Cola*, *Fanta* und *Sprite*, mit Zahlen-Codes ausgestattet. Ab einem Besitz von vier Codes konnten die Sammler unter www.coke.de diverse Songs herunterladen. Die Verkaufsförderungsaktion wurde unter anderem mit Plakaten und einem TV-Spot beworben, in dessen Mittelpunkt Fußballstar *Michael Ballack* auftrat.

Verkaufsförderung und Mitarbeiterkommunikation: Wie bei allen Kommunikationsinstrumenten hängt der Erfolg von Verkaufsförderungsmaßnahmen in entscheidendem Maße von der Ausrichtung der Mitarbeiterkommunikation ab. Beide Kommunikationsinstrumente stehen somit gleichzeitig in einem komplementären und konditionalen Verhältnis zueinander, denn die Gestaltung der innengerichteten Kommunikation ist gleichzeitig Voraussetzung und treibende Kraft für den Verkaufsförderungserfolg. So ist es eine zentrale Aufgabe der Mitarbeiterkommunikation, die Mitarbeitenden bei der Wahrnehmung ihrer Verkaufsförderungsaufgaben zu unterstützen und damit den Verkaufsförderungserfolg sicherzustellen (*Schick* 1995, S. 466). Darüber hinaus ist es von Bedeutung, dass sich die Art der Mitarbeiterkommunikation im Zuge eines komplementären Einsatzes auch an den sich oftmals kurzfristig ändernden Zielen der Verkaufsförderung orientiert, um die interne Grundlage für eine ziel- und vor allem zielgruppengerechte Verkaufsförderung zu schaffen.

Bei der interinstrumentellen Integration der Verkaufsförderung sind zahlreiche Abstimmungsprozesse erforderlich, um das Erfolgspotenzial einer vernetzten Kommunikation optimal zu nutzen. Dabei wird eine gedankliche Trennung in externen und internen Koordinationsaufwand vorgenommen. Insbesondere die **interne Koordination**, d. h. die Koordination im Unternehmen, wird in vielen Fällen vernachlässigt, weil an der konzeptionellen bzw. strategischen Ausrichtung der Verkaufsförderung meistens nur wenige Entscheidungsträger (Vorstand, Geschäftsführung) beteiligt sind. Hier ist es vielfach eine defizitäre Mitarbeiterkommunikation, die einen erfolgreichen Einsatz der Integrierten Kommunikation behindert. So werden häufig Mitarbeitende, die über ein wesentlich besseres Gespür bzw. Erfahrungen bezüglich bestehender Markterfordernisse verfügen, nicht über geplante Verkaufsförderungsaktivitäten in Kenntnis gesetzt, so dass deren Wissen nicht in die notwendigen Abstimmungsprozesse einfließt.

Im Rahmen der **externen Koordination** sind sämtliche Verkaufsförderungsaktivitäten mit externen Entscheidungsträgern (Verkaufsförderungsagenturen, Absatzmittler, Marktforschungsinstitute) abzustimmen, um einen dauerhaften Erfolg integrierter Kommunikationsarbeit sicherzustellen. Dazu ist es beispielsweise notwendig, die Kommunikationsbeziehungen zu den eingeschalteten Verkaufsförderungsagenturen kontinuierlich zu pflegen, um die nötige Kommunikationstransparenz für eine zielorientierte Verkaufsförderungsarbeit sicherzustellen.

8.2 Intrainstrumentelle Integration der Verkaufsförderung

Die intrainstrumentelle Ebene der Integration betrifft die Vernetzung aller verkaufsfördernden Aktivitäten untereinander. Die **intrainstrumentelle Integration** dient der Abstimmung und Koordination innerhalb des Planungsprozesses der Verkaufsförderung und hilft somit, widersprüchliche Botschaften, Reibungsverluste sowie Doppelarbeiten zu verhindern.

Auf die Notwendigkeit der Vernetzung sämtlicher verkaufsfördernder Aktivitäten ist bereits im Zusammenhang mit den planungsinternen Interdependenzen hingewiesen worden. Bei dem Spektrum der intrainstrumentellen Integrationsentscheidungen geht es darum, sie in systematischer Art und Weise aufzuzeigen und mögliche Integrationsmaßnahmen entsprechend einzuordnen. Das **Entscheidungsspektrum** wird in Abhängigkeit der Tragweite einzuordnender Integrationsmaßnahmen gedanklich in drei Dimensionen unterteilt:

- Inhaltliche Dimension,
- Formale Dimension,
- Zeitliche Dimension.

Inhaltliche Integrationsentscheidungen beziehen sich in erster Linie auf die Vorgabe eines übergreifenden „Dachthemas" für die gesamte Verkaufsförderungskampagne. Dabei ist es von übergeordneter Bedeutung, dass die kommunikative Leitidee zentraler Bestandteil dieses Dach- bzw. Aktionsthemas ist, damit das Synergiepotenzial des gesamten Kommunikationsmix auch von der Verkaufsförderung entsprechend genutzt wird. Bei der Auswahl dieses **Aktionsthemas** sind vor allem die Bedürfnisse und Wünsche der anvisierten Zielgruppen zu berücksichtigen, um die notwendige themenbezogene Akzeptanz sicherzustellen, die eine notwendige Bedingung für den Erfolg der Verkaufsförderungsaktion darstellt. Weiterhin sind gestalterische Barrieren, die sich aus der Wahl des Aktionsthemas ergeben, schon bei den diesbezüglichen konzeptionellen Überlegungen zu berücksichtigen, um von potenziell auftretenden Durchführungsproblemen nicht überrascht zu werden. Die Auswahl dieses Aktionsthemas stellt somit auch eine wichtige strategische Entscheidung dar, die gleichzeitig den Handlungsrahmen für sämtliche gestalterische Entscheidungen repräsentiert.

> **Beispiel: Aktionsthema bei *Coca-Cola***
> Unter dem Aktionsthema „*Fanta* Flaschenpost" initiierte *Coca-Cola* eine markenübergreifende On Pack Promotion. Auf der Innenseite der Flaschenetiketten befanden sich hierfür individuelle Zahlencodes, die von einem Handy an die angegebene Rufnummer geschickt werden konnten. Als Gewinne winkten unterschiedliche Handy-Services. Welcher Service sich genau hinter dem jeweiligen Code verbarg, blieb zunächst ein Geheimnis und fungierte somit als Anreiz, die „*Fanta* Flaschenpost" per Handy auf den Weg zu bringen. Gewinne waren letztlich z. B. ein neuartiges Handy-Logo mit dem eigenen Vornamen im individuellen Schriftzug, Klingeltöne aus den Musikcharts, Grußanrufe der *Fanta*-Aliens mit ihrem unverwechselbaren Helloooo! sowie Mailbox-Ansagen mit der Stimme von Basketballstar *Dirk Nowitzki* oder *Johannes B. Kerner*. Speziell für den Außer-Haus-Markt wurden rund 4 Mio. Code-Karten als exklusive Zugabe zu jedem Getränk an die Konsumenten verteilt. Im Handel fand die Kampagne durch vielfältige Promotion-Materialien wie Dekoplakate oder Flyer aufmerksamkeitsstarke Unterstützung und sorgte damit für eine breite Zielgruppenansprache. Zum schnellen Bekanntheitsaufbau der Kampagne liefen parallel zur On-Pack-Kampagne Werbespots im TV, und es waren Anzeigen in Jugendtiteln und Programmzeitschriften geschaltet. Diese klassischen Werbeaktivitäten verfolgten das Ziel, die „*Fanta* Flaschenpost" vorzustellen und auf die besondere Attraktivität der Zahlencodes hinzuweisen. Darüber hinaus fanden sich auf den jeweiligen sieben Marken-Websites Informationen zu der Kampagne und allen technischen Aspekten sowie ein Internetgewinnspiel (*Coca-Cola GmbH* 2003d).

Der **formalen Dimension** im Rahmen intrainstrumenteller Integrationsentscheidungen sind sämtliche Verkaufsförderungsmaßnahmen zu subsumieren, die auf die einheitliche und konsistente gestalterische Umsetzung des Aktionsthemas abzielen. Dabei sind die einzelnen Verkaufsförderungsmaßnahmen durch formale Verbindungslinien (z. B. Farbigkeit von Displays, einheitliches Schriftbild und -größe auf Handzetteln, Bekleidung von Promotion-Personal usw.) untereinander zu kennzeichnen.

Die **zeitliche Dimension** der intrainstrumentellen Integration betrifft sowohl die Koordination der einzelnen Verkaufsförderungsmaßnahmen innerhalb einer als auch zwischen verschiedenen Planungsperioden. Werden die Maßnahmen im Verkaufsförderungsmix zeitlich indessen nicht aufeinander abgestimmt und als stark inkonsistent wahrgenommen, so zeigt eine empirische Studie, dass sich negative Auswirkungen auf die Markenbewertung durch die Konsumenten ergeben (*Swait/Erdem* 2002). Ziel ist es, durch Kontinuität in den Aktivitäten eine gegenseitige Unterstützung der Maßnahmen zu erreichen, um zum einen die Glaubwürdigkeit und Wirkung der Maßnahmen zu erhöhen, zum anderen aber auch Kostensenkungspotenziale auszunutzen (z. B. in der Produktion von Promotion-Material). Zudem lassen sich durch zeitlich bewusst abgestimmte Botschaften in der Verkaufsförderung Wiederholungs- und Lerneffekte bei den Zielgruppen erzielen, beispielsweise hinsichtlich der Einführung neuer Produkte oder bei Preisaktionen.

9 Erfolgskontrolle der Verkaufsförderung

9.1 Bedeutung der Erfolgskontrolle in der Verkaufsförderung

Die Erfolgskontrolle der Verkaufsförderung schließt den Planungsprozess ab und markiert gleichzeitig einen Ausgangspunkt für planerische Überlegungen in den Folgeperioden. So werden die Kontrollergebnisse auf rekursivem Wege nicht nur dazu verwendet, geplante Verkaufsförderungsaktivitäten der aktuellen Periode gegebenenfalls zu modifizieren, sondern sie dienen auch als Grundlage eines Erfolg versprechenden Einsatzes der Verkaufsförderung in den Folgeperioden.

Im Zuge der steigenden Bedeutung der Verkaufsförderung im Kommunikationsmix von Unternehmen sowie eines zunehmenden Kommunikationswettbewerbs auch im Bereich der Verkaufsförderung ist die **Bedeutung der Erfolgskontrolle** verkaufsfördernder Aktivitäten in den letzten Jahren kontinuierlich angestiegen. Dies äußert sich vor allem in den steigenden Bemühungen der Praxis um eine umfassende Kontrolle verkaufsfördernder Maßnahmen. Die Studie *Vkf-Trends Deutschland* gibt hierzu an, dass im Jahre 1998 bereits 68 Prozent der befragten Unternehmen Marktforschungsinstrumente zur Erfolgskontrolle einsetzen (*Frey-Beaumont-Bennett* 1998, S. 166 f.). Unterstützt werden diese Bemühungen durch die wachsende Anzahl technischer Möglichkeiten, z. B. Scannerkassen, zur Durchführung einer Erfolgskontrolle.

Dennoch ist festzustellen, dass in der Praxis Erfolgskontrollen im Bereich der Verkaufsförderung recht unsystematisch und wenig differenziert durchgeführt werden. Die damit verbundenen Qualitätseinbußen führen unmittelbar zu informativen Defiziten im Hinblick auf eine erfolgsorientierte Ausrichtung der bestehenden und künftigen Verkaufsförderungsarbeit. Es ist daher notwendig, eine systematische und differenzierte Erfolgskontrolle sämtlicher Verkaufsförderungsaktivitäten durchzuführen.

9.2 Methoden der Erfolgskontrolle in der Verkaufsförderung

Bei der Überprüfung verkaufsförderungszielrelevanter Erfolgsgrößen lassen sich grundsätzlich zwei **Ansätze** unterscheiden. Je nach Zeitpunkt der Erfolgsmessung ist zwischen Pretests und Posttests zu unterscheiden. In der bereits zitierten Studie von *Frey Beaumont-Bennett* gaben die befragten Unternehmen an, dass sie zu 51 Prozent Erfolgskontrollen als Pretests in der Planungsphase einsetzen und zu 49 Prozent Erfolgskontrollen als Posttests durchführen (*FreyBeaumont-Bennett* 1998, S. 118 f.).

Bei **Pretests** erfolgt die Kontrolle der Verkaufsförderungskampagne bereits vor ihrer (endgültigen) Umsetzung im Markt, um hieraus weitere Hinweise auf die optimale Ausrichtung verkaufsfördernder Aktivitäten abzuleiten. Dabei ist zu ermitteln, inwieweit geplante Maßnahmen voraussichtlich in der Lage sind, operational definierte Zielvorgaben zu erreichen. Gängige Testverfahren sind neben speziellen Konzeptions- und Verkaufsförderungsmitteltests vor allem Befragungen von potenziellen Käufern/Verbrauchern und Handelsgespräche. Häufig kommen auch Markt- bzw. Store-Tests zum Einsatz, bei denen geplante Verkaufsförderungsmaßnahmen in einer begrenzten Anzahl ausgewählter Testgeschäfte, beispielsweise mittels des „Latin-Square-Designs", überprüft werden (vgl. zu verschiedenen Methoden der Durchführung von Verkaufsförderungs-Pretests *Pflaum/Eisenmann/Linxweiler* 2000, S. 75 ff.). Pretests werden vor allem aus drei **Gründen** durchgeführt (*Pflaum* 1974, S. 472):

(1) Pretests reduzieren das Risiko zielverfehlender Promotions. Ihre Durchführung bietet sich insbesondere beim geplanten Einsatz neuartiger bzw. ungewöhnlicher Promotions, wie z. B. neuer Präsenter oder provokant gestalteter Demonstrationsstände, an, bei denen die Ungewissheit bezüglich der zu erwartenden Erfolge bzw. Misserfolge als besonders hoch einzustufen ist.

(2) Die Ergebnisse der durchgeführten Pretests dienen zur Verbreiterung und Vertiefung informativer Grundlagen einer zielorientierten Ausrichtung der Verkaufsförderungskampagne. Sie stellen Ansatzpunkte für einen optimalen Einsatz der Verkaufsförderung dar.

(3) Im Rahmen von Pretests ist es über die Erzeugung kontrollierter Testbedingungen wesentlich leichter als bei Posttests, beeinflussende Faktoren zu kontrollieren und die Wirkung der Verkaufsförderungsaktivitäten zu isolieren.

Die Durchführung von **Posttests** erfolgt nach der Umsetzung der Verkaufsförderungskampagne am Ende der Planungsperiode. Hier kommt es somit zu einer Überprüfung zielrelevanter Verkaufsförderungsaktivitäten unter realen Einsatzbedingungen. Dies erschwert auf der einen Seite zwar die Isolierung der Wirkungen verkaufsfördernder Aktivitäten, auftretende Marktreaktionen werden dadurch jedoch wesentlich realitätsgetreuer als im Rahmen von Pretests wiedergegeben.

9.2.1 Prozesskontrolle in der Verkaufsförderung

Prozesskontrollen dienen der Überprüfung der Durchführung der verschiedenen Verkaufsförderungsmaßnahmen. Dies bezieht sich sowohl auf solche Prozesse, die auf Seiten des Herstellers zum einen und des Handels zum anderen ablaufen als auch auf Prozesse, die zwischen Hersteller und Handel zu koordinieren sind. Gerade in diesen Bereichen besteht die Gefahr des Auftretens einer Vielzahl von Schnittstellenproblemen, die teilweise große Effizienzverluste provozieren. Sowohl für die Hersteller als auch für den Handel stellt die Minimierung dieser Probleme eine zentrale Aufgabe dar, die letztlich nur gemeinsam wahrzunehmen ist.

Inhalte der Prozesskontrolle umfassen beispielsweise die Überwachung aller notwendigen Aktivitäten zur Vorbereitung und Durchführung einer Verkaufsförderungskampagne, die Einhaltung von Zeitplänen sowie die Abstimmung der Maßnahmen bei unterschiedlichen Absatzmittlern. Zur Kontrolle der Ablaufprozesse kommen **Methoden** wie Checklisten, Netzpläne und ähnliche Verfahren zum Einsatz. Im Idealfall werden dabei solche Verfahren bzw. Elemente der Prozesskontrolle, die das Schnittstellenmanagement zwischen Hersteller und Absatzmittler betreffen, gemeinsam von beiden Parteien entwickelt.

9.2.2 Effektivitätskontrolle in der Verkaufsförderung

In Orientierung an den formulierten Verkaufsförderungszielen bietet sich bei der Effektivitätskontrolle eine Unterteilung in **zwei Ebenen** an:

(1) Messung der Erfolgsgrößen auf Konsumentenebene,

(2) Messung der Erfolgsgrößen auf Handelsebene.

Innerhalb dieser Ebenen wird im Folgenden eine Differenzierung der Wirkungen der Verkaufsförderung in Anlehnung an die Zielkategorien kognitiver, affektiver oder konativer Erfolgsgrößen vorgenommen. In Schaubild III-C-29 sind entsprechend den Kategorien der Kommunikationswirkungen die Messmethoden für die jeweiligen Zielgruppen zugeordnet.

(1) Messung der Erfolgsgrößen auf Konsumentenebene

Zu den **kognitiven Erfolgsgrößen** auf Ebene der Konsumenten zählen Beobachtungsgrößen wie z.B. Aktivierung und Aufmerksamkeit, die durch einzelne Promotions erzeugt werden. Für ihre Messung stehen Labortests in Hinblick auf verkaufsfördernde Maßnahmen zur Verfügung, wie sie ähnlich auch in der Mediawerbung zum Einsatz kommen. So werden mittels

Kategorien der Kommunikationswirkung \ Art der Messmethode		Beobachtung	Befragung
Kognitive Wirkungen	Konsumentenebene	• Aktivierungsmessung • Blickaufzeichnung • Beobachtung des Aufnahmeverhaltens	• Wahrnehmungs- und Verständnismessungen • Recall- und Recognition-Tests • Rating-Skalen • Assoziationstests • Satzergänzungstests • Irritations- und Akzeptanzprofile
	Handelsebene		
Affektive Wirkungen	Konsumentenebene	• Aktivierungsmessung • Blickaufzeichnung • Andere apparative Verfahren	• Verbale und nonverbale Erlebnismessungen • Einstellungs- und Imageskalen • Inhaltsanalysen • Multiattributmodelle • Bilderskalen • Magnitude-Skalierung • Conjoint Measurement • Imagery-Forschung
	Handelsebene		
Konative Wirkungen	Konsumentenebene	• Verhaltensregistrierung • Beobachtung des simulierten Wahlverhaltens • Testmärkte	• Einzelinterviews-, Gruppendiskussionen • Flächenskalen, Rating-Skalen • Konstantsummenverfahren • Befragung nach, erinnertem Verhalten, Produktpräferenz und Verhaltensabsicht • Unterschiedliche Panelerhebungen
	Handelsebene	• Verhaltensregistrierung	

Schaubild III-C-29: Messmethoden der Verkaufsförderung

Aktivierungsmessungen (z. B. **Hautwiderstandsmessungen** oder **Blickverlaufsmessungen**) beispielsweise Gutscheine oder Gewinnspiele in Printmedien, Prospektbeilagen oder Flyern bewertet (vgl. hierzu ausführlich Abschnitt III-A-9.4.2.1). Des Weiteren wird mittels **Recall- oder Recognition-Tests** bei den Konsumenten überprüft, ob sich durch Promotion-Maßnahmen die Bekanntheit der jeweiligen Produkte steigern ließ. Daneben ist auch von Interesse, ob durch bestimmte Verkaufsförderungsmaßnahmen (beispielsweise durch den Einsatz von Werbedamen bei Verkostungsaktionen oder durch Produktpräsentationen) das Wissen der Konsumenten über ausgewählte Produkte oder Dienstleistungen und deren Eigenschaften verbessert wurden. Für diesen Zweck bieten sich differenzierte Konsumentenbefragungen an, die explizit nach den Eigenschaftskenntnissen fragen.

Richten Unternehmen die Verkaufsförderung nicht nur auf die Übermittlung von Informationen sowie die Erzielung von Aufmerksamkeit aus, so ist die Erfolgskontrolle um die Erhebung **affektiver Erfolgsgrößen**, wie emotionales Erleben, Interessen, Einstellungen, Motive oder Images, zu erweitern. Dabei spielt die Beobachtung in der Regel nur eine untergeordnete Bedeutung, und es werden häufiger unterschiedliche **Befragungsmethoden** eingesetzt. Diese zielen darauf ab, die einzelnen Wirkungsgrößen in den Köpfen relevanter Zielpersonen offen zu legen, um daraus Hinweise für die künftige Verkaufsförderungsarbeit abzuleiten. Die Erfassung affektiver Wirkungen bezieht sich dabei entweder auf einzelne Promotions, beispielsweise indem die Wahrnehmung bzw. Beurteilung von Produktproben (z. B. wertvoll oder manipulativ) erhoben wird (*Gedenk/Hartmann/Schulze* 2000). Sie richtet sich aber auch auf das Bezugsobjekt der Verkaufsförderung, z. B. Einstellungsveränderungen gegenüber einer Marke oder eines Unternehmens. Auf Konsumentenebene stehen dem Entscheidungsträger mit verbalen und nonverbalen Erlebnismessungen, Einstellungs- und Imageskalen usw. prinzipiell die gleichen Messmethoden und Befragungstechniken zur Verfügung wie im Rahmen der Werbeerfolgskontrolle (für eine genauere Darstellung der Verfahren vgl. Abschnitt III-B-9.4.2.2).

Konative Zielgrößen stehen oftmals im Mittelpunkt der Verkaufsförderungsaktivitäten, so dass auch die Methoden der Erfolgskontrolle in diesem Bereich am Weitesten entwickelt sind. Auf Konsumentenebene ist es für das kommunikationstreibende Unternehmen von besonderem Interesse, inwieweit eigene Verkaufsförderungsaktivitäten zielrelevante Verhaltensabsichten bei den anvisierten konsumentenbezogenen Zielgruppen hervorgerufen haben. Solche Handlungsabsichten, die Voraussetzung für das tatsächliche Verhalten sind, werden in einem bestimmten Informationsverhalten oder in Kaufabsichten erkennbar, die dann im Weiteren zu Versuchs- oder Wiederholungskäufen führen. Einschränkend zu berücksichtigen ist jedoch, dass nicht alle positiven Einstellungen zwangsläufig zu einem entsprechen Verhalten führen, da sie eventuell mit anderen Verhaltensabsichten in Konkurrenz stehen.

Eine Möglichkeit der Ermittlung von Kaufabsichten besteht in der Durchführung von **Befragungen**, in deren Verlauf Konsumenten z. B. durch Marktforschungsinstitute interviewt werden, ob sie ein bestimmtes Produkt kaufen würden, ob sie vorhaben, in nächster Zeit ein Produkt zu kaufen oder was sie zuletzt gekauft haben (*Pflaum/Eisenmann/Linxweiler* 2000, S. 78 ff.). Dabei wird die Verhaltensabsicht z. B. durch einfache **Rating-Skalen** oder auch mit Hilfe komplexerer Verfahren gemessen. Ein vor allem in den USA verbreitetes Verfahren zur Messung von Handlungsabsichten ist das **Konstantsummenverfahren**. Hier werden die Befragten gebeten, eine bestimmten Summe von Punkten – im Regelfall sind es einhundert Punkte – z. B. auf die verfügbaren Marken zu verteilen (Kaufabsichtsmessung). Die für eine Marke aufgewendete Punktsumme wird sodann als wahrscheinliche Absicht interpretiert, dass die Personen diese Marke in einer antizipierten Kaufsituation erwerben (vgl. vertiefend bezüglich weiterer Messmodelle *Ajzen/Fishbein* 1981, S. 265 ff.).

Zu den zentralen konativen Erfolgsgrößen konsumentenbezogener Verkaufsförderungsarbeit gehören ebenfalls die getätigten **Impulskäufe** am Point of Sale als momentane Reaktionen der Zielpersonen. Die Wichtigkeit derartiger ungeplanter Kaufentscheidungen als Erfolgsgröße wird in besonderem Maße deutlich, wenn die diesbezüglichen Ergebnisse der *Popai*-Studie zum Einkaufsverhalten des Verbrauchers am Point of Sale herangezogen werden: Die Käufe von Frischeartikeln, wie Fleisch, Obst und Gemüse ausgenommen, werden 55,4 Prozent aller Kaufentscheidungen in Deutschland erst innerhalb der Einkaufsstätte getroffen. Um zu quantifizieren, in welchem Umfang sich Konsumenten am Point of Sale für einen Kauf entscheiden, geht die *Popai*-Studie von vier unterschiedlichen **Kategorien einer Kaufentscheidung** aus (*Popai (Point of Purchase Advertising Institute)* 1999):

(1) Gezielt geplant: Warengruppe und Marke stehen vor Einkaufsbeginn fest.

(2) Vage geplant: Der Kauf eines bestimmten Produktes ist zwar geplant, aber die Marke steht noch nicht vor Einkaufsbeginn fest.

(3) Substituiert: Statt des geplanten Produktes einer bestimmten Kategorie bzw. der geplanten Marke wurde ein anderes Produkt der Kategorie oder eine andere Marke gekauft, weil z. B. die gedachte Marke zu teuer war oder die Marke im Regal nicht gefunden wurde.

(4) Ungeplant: Der Kauf eines Produkts war vor Betreten der Einkaufsstätte überhaupt nicht geplant.

Nach den Ergebnissen der *Popai*-Studie sind annähern so viele Entscheidungen der Konsumenten vor Einkaufsbeginn gezielt geplant (44,6 Prozent) wie überhaupt nicht geplant (41,1 Prozent). Vage geplant sind zudem 10 Prozent der Entscheidungen, ein substituierendes Entscheidungsverhalten äußert sich in 4 Prozent der Fälle (*Popai (Point of Purchase Advertising Institute) 1999, S. 15*).

Da Impulskäufe bereits nach einer sehr kurzen Reizeinwirkung (z. B. bei einer flüchtigen Wahrnehmung eines aufmerksamkeitsstarken Displays) entstehen, ist es notwendig, die Kontrolle momentaner Wirkungen **unmittelbar nach Reizeinwirkung** vorzunehmen, um nachzuvollziehen, welche Verkaufsförderungsaktivitäten die Durchführung von Impulskäufen hervorgerufen haben. Bei einem zu großen „Time Lag" zwischen entstandenen momentanen Wirkungen und der entsprechenden empirischen Ermittlung wissen die Konsumenten im Regelfall nicht mehr, welche Impulskäufe sie überhaupt getätigt haben bzw. auf welche Verkaufsförderungsreize diese zurückzuführen sind. Die empirische Ermittlung der erzielten Impulskäufe hat daher bereits am Point of Sale, z. B. durch **Einzelinterviews oder Gruppendiskussionen**, zu erfolgen. Hier werden die Konsumenten vor Betreten einer Einkaufsstätte nach ihren generellen Einkaufsgewohnheiten sowie nach den geplanten Käufen im Rahmen des anstehenden Einkaufsstättenbesuchs befragt. Im Anschluss an den Einkauf erfolgt ein zweites Interview, bei dem die Interviewer jeden Artikel erfassen, die Einkaufsdauer registrieren und die Konsumenten fragen, welche POS-Maßnahmen ihnen aufgefallen sind bzw. wie sie die Einkaufsstättenatmosphäre beurteilen.

Mit der Verbreitung von Scannertechnologien und der Entwicklung unterschiedlicher **Panelarten** haben sich in den letzten Jahren unterschiedliche Methoden entwickelt, die das tatsächliche Kaufverhalten der Konsumenten als Reaktion auf Maßnahmen der Verkaufsförderung erfassen. Unterscheiden lassen sich hierbei grundsätzlich:

- Verbraucherpanels (Individual-, Haushaltspanels) sowie
- Single-Source-Panels.

Verbraucherpanels: Bei einem Verbraucherpanel werden regelmäßig die Einkäufe der Verbraucher erhoben, indem die beteiligten Personen ihre gekauften Produkte entweder traditionell mittels Stift und Papier erfassen oder mittels „Inhome Scanning" über die Artikelnummer in ein so genanntes „elektronisches Tagebuch" einlesen. Dem kommunikationstreibenden Unternehmen bietet sich damit die Möglichkeit, Veränderungen in den finalen Verhaltensreaktionen der Zielpersonen als Konsequenzen verkaufsfördernder Maßnahmen offen zu legen. Im Einzelnen werden Hinweise über das Kauf- und Verwendungsverhalten, z. B. über die Art und die durchschnittliche Menge eingekaufter Produkte oder über die durchschnittlichen Ausgaben pro Käufer, bezogen auf eine Marke, eine Produktgruppe, einen Einkauf usw., gewonnen. Verbraucherpanels sind entweder als Individualpanels ausgestaltet, die das Verhalten einzelner Konsumenten erfassen oder als Haushaltspanels, die ganze Haushalte betrachten. Welches Panel letztlich für eine Fragestellung geeigneter erscheint, ist in vielen Fällen von den zu analysierenden Produkten abhängig, da einige Produkte in der Regel eher von Einzelpersonen gekauft werden (z. B. Kosmetik), andere Produkte indessen eher von Haushalten (z. B. Getränke) (*Gedenk* 2002, S. 147).

Ein weit verbreitetes Panel in Deutschland stellt das so genannte *ConsumerScan* der *GfK AG* dar, unter dessen Namen seit dem Jahre 1957 unterschiedliche Verbraucherpanels in zahlreichen Märkten schnelldrehender Konsumgüter erstellt werden (*GfK AG (Gesellschaft für Konsumforschung)* 2004, S. 153; 2010, S. 13). Die Haushalts- und Individualpanel bauen hierbei auf einer Basis von rund 70.000 Haushalten in Europa auf und geben haushalts-/individuumbezogene Auskünfte über die Einkäufe bzw. die Inanspruchnahme von Produkten und Dienstleistungen in Verbrauchs- und Gebrauchsgütermärkten. Erfasst werden unter anderem Käufercharakteristika, -verhalten und -reichweiten, Bedarfsdeckung, Markentreue und Nebeneinanderverwendung unterschiedlicher Produkte. Daneben erstellt die *GfK* auch so genannte Spezialpanels, die das Einkaufsverhalten in besonderen Produkt- und Dienstleistungskategorien sowie Zigaretten auf Basis der Befragung von 20.000 Personen (Stand: Juli 2004) europaweit erfassen. Speziell für die Märkte sich langsamer drehender Güter sowie Dienstleistungen wurde von der *GfK AG* das *ConsumerScope* entwickelt (*GfK AG (Gesellschaft für Konsumforschung)* 2010, S. 17 f.). Es widmet sich vor allem den Fragestellungen, welche Produkte ein Konsument bereits besitzt, wozu er diese nutzt, wie zufrieden er mit den Produkten ist, wie er seine Entscheidungen trifft und letztlich, wann neuer Bedarf entsteht und wie groß das Marktpotenzial ist. Neben Haushalts- und Individualpanels unterscheidet das *ConsumerScope* auch Zielgruppenpanels, die marketingrelevantes Detailwissen über die engeren Zielgruppen einer Branche bzw. eines Kunden bieten.

Ein weiteres Verbraucherpanel ist das von *A.C. Nielsen* erhobene **Homescan Consumer Panel** (*A.C. Nielsen GmbH* 2004). Es umfasst eine repräsentative Gesamtheit von 8.400 Haushalten, die per Handscanner regelmäßig ihre Einkäufe von Gütern des täglichen Bedarfs festhalten. Auf Basis der Daten aus diesem Haushaltspanel führt *A.C. Nielsen* Analysen über Erst- und Wiederkaufsdaten, Markenloyalität, Parallelverwendung, Markenwechsel, Käuferwanderungen und Kaufhäufigkeit durch. Darüber hinaus werden die Wirkungen von Promotion-Aktionen und Produktneueinführungen erfasst sowie Warenkorb- und Einkaufsstättenanalysen durchgeführt.

Single-Source-Service: Im Gegensatz zu Verbraucherpanels erfolgt beim Single-Source-Service die Erfassung der Daten im Handel. Die wesentliche Stärke dieser Panelerhebung liegt in der Erfassung des Einkaufsverhaltens sowie spezieller Verkaufsförderungsaktivitäten (eventuell auch neuer TV-Spots und Printanzeigen) bei identischen Personen/Haushalten (Single Source), so dass sich Aussagen über Ursache-Wirkungs-Zusammenhänge ableiten lassen.

Zwar ist auch bei diesem Vorgehen die vollkommene Isolation verkaufsfördernder Aktivitäten nicht realistisch, da das Erhebungsdesign keine Erfassung externer Einflüsse und nicht beobachtbarer Reaktionen zulässt. Dennoch stellt der Single-Source-Ansatz einen wichtigen Schritt dar, um auf empirischem Wege einer eindeutigen Zuordnung von Konsumentenreaktionen zu speziellen Verkaufsförderungsaktivitäten näher zu kommen.

In Deutschland steht ein Single-Source-Panel derzeit nur in Form des Mikrotestmarktes *BehaviourScan* der *GfK* zur Verfügung. Das vergleichbare Instrument *Telerim* von *A.C. Nielsen* wurde Ende der 1990er Jahre eingestellt. Das von der *GfK AG* entwickelte *BehaviorScan* ist eine regelmäßig durchgeführte Erhebung, in der die Daten aus Handels- und Verbraucherpanels zusammengeführt werden, um genauere Hinweise bezüglich der Beweggründe bestimmter Kaufentscheidungen zu erhalten (*GfK AG (Gesellschaft für Konsumforschung)* 2010). Im Rahmen des Haushaltspanels der *GfK* werden alle Daten mittels eines Handscanners vom Verbraucher erhoben und direkt in das Panel eingelesen. Die dazu notwendigen Strichcodes erhalten die Verbraucher in Form eines kleinen Handbuches. Parallel dazu erfasst der *GfK*-Außendienst im Rahmen des Handelspanels sämtliche produktbezogenen, werblichen sowie verkaufsförderungsbezogenen Aktivitäten in den Einkaufsstätten mit Hilfe von Scannerkassen. Zusätzlich testen die Unternehmen mittels Targetable-TV-Technologie die Wirkung neuer TV-Spots, indem bei einzelnen Haushalten gezielt nationale TV-Spots durch Testspots ersetzt werden. Standort des Testsystems der *GfK* ist der Ort Hassloch im Rhein-Neckar-Raum. Die *GfK* arbeitet hier mit allen relevanten Lebensmitteleinzelhandelsgeschäften zusammen und hat 3.000 Testhaushalte für das *BehaviorScan* unter Vertrag. Mitarbeitende der *GfK* übernehmen zudem die gewünschte Platzierung und Preisauszeichnung von Produkten sowie sämtliche gewünschten Verkaufsförderungsmaßnahmen. In Schaubild III-C-30 ist der Aufbau des *GfK-BehaviorScan* ersichtlich.

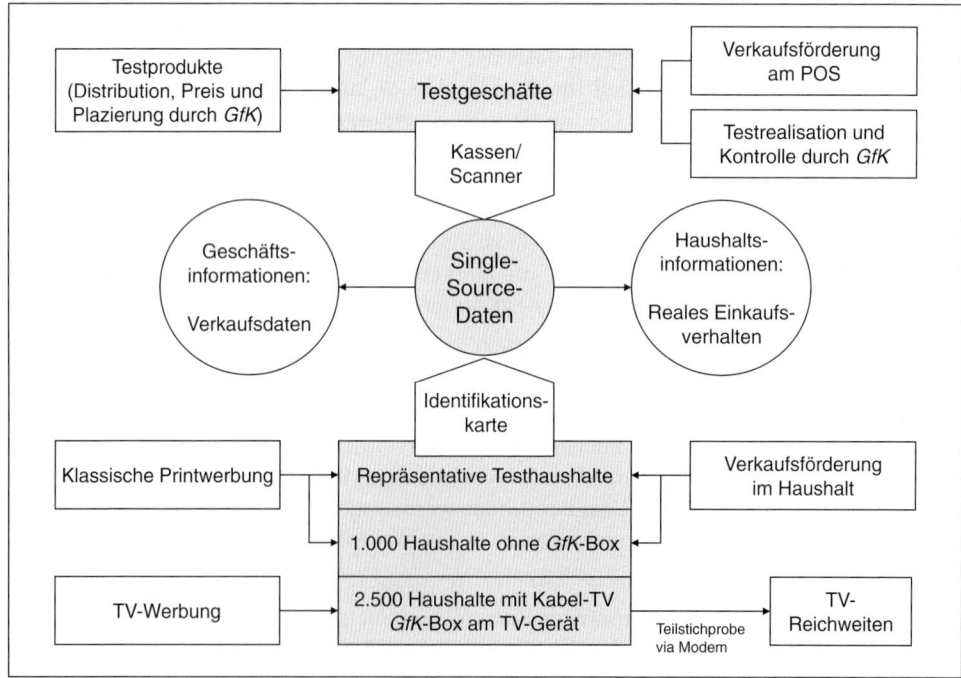

Schaubild III-C-30: GfK-BehaviorScan (in Anlehnung an GfK AG
(Gesellschaft für Konsumforschung) 2010, S. 5)

Genau genommen, stellen die hier aufgeführten Panels noch keine Modelle dar, die die Wirkung der Verkaufsförderung umfassend abzubilden vermögen. Vielmehr handelt es sich um Datenquellen, die als Grundlage für **Modelle einer Effektivitätskontrolle** herangezogen werden. Solche Modelle, die eine systematische und analytische Erfassung der finalen Verhaltenswirkungen der Verkaufsförderung ermöglichen, lassen sich entweder auf der Basis aggregierter oder disaggregierter Verbraucherdaten ermitteln (vgl. ausführlich *Gedenk* 2002, S. 150 ff.). **Aggregierte Ansätze** arbeiten mit Daten auf Handelsebene und lassen sich indirekt oder direkt modellieren. Im Rahmen der **indirekten Modellierung** kommen so genannte Baseline-Verfahren zum Einsatz, die auf Basis der Daten aus Perioden ohne Verkaufsförderung eine „Baseline" bestimmen und die Wirkung der Verkaufsförderung als Differenz des tatsächlichen Absatzes zu dieser Baseline ermitteln. Bei der **direkten Modellierung** wird die Liefermenge des Herstellers an den Handel hingegen als Funktion der Verkaufsförderung unter Einbezug aller Daten aller Perioden geschätzt. Anders als aggregierte Ansätze verwenden **disaggregierte Ansätze** Daten auf Ebene einzelner Konsumenten oder Haushalte. Sie basieren zumeist auf Single-Source-Panels und erlauben im Vergleich zu aggregierten Ansätzen bessere Hinweise für eine Ursachendiagnose. Als abhängige Variablen werden in den Modellen die Geschäftswahl, der Kaufzeitpunkt, die Markenwahl oder Kaufmenge untersucht. Als unabhängige Variablen kommen die Promotion-Aktivitäten in Frage, aber auch andere Variablen wie z. B. der Wettbewerb.

(2) Messung der Erfolgsgrößen auf Handelsebene

Für die handelsgerichtete Verkaufsförderungsarbeit sind im Rahmen der **kognitiven Erfolgsgrößen** Zielinhalte wie Aufmerksamkeit und Aktivierung, die auf Konsumentenebene verwendet werden, weitgehend untauglich. Stattdessen sind in erster Linie Erfolgsgrößen wie Markenbekanntheit, Produktwissen, Namenskenntnis und Eigenschaftskenntnisse von Interesse, die eine zukünftige Platzierung des Produktes beeinflussen. Zur Ermittlung dieser wissensbezogen Größen bieten sich vor allem **Händlerbefragungen** an. In strukturierten und unstrukturierten (Tiefen-)Interviews wird beispielsweise überprüft, inwieweit Händlerwettbewerbe oder Handelswerbung in der Lage waren, spezifische Produkteigenschaften und -vorteile zu vermitteln oder inwieweit Werbegeschenke grundsätzlich die Erinnerung an eine Marke verbessern konnten.

Bei der Ermittlung **affektiver Erfolgsgrößen** geht es auf Ebene der eingeschalteten Absatzmittler primär um das Aufdecken von Hinweisen bezüglich der Akzeptanz der eigenen Verkaufsförderungsarbeit bei den eingeschalteten Handelsunternehmen. Die dazu notwendigen Informationen werden über eine direkte Erhebung, z. B. durch **Handelsgespräche oder -studien**, oder eine indirekte Erhebung, z. B. durch **Außendienstberichte** zu den Einstellungen der eingeschalteten Absatzmittlern gegenüber den eigenen Verkaufsförderungsaktionen oder dem Image der Produkte, gewonnen. Bei Verkaufsförderungsmaßnahmen, die speziell auf den Aufbau positiver Einstellungen gegenüber einem Unternehmen und seinen Produkten ausgerichtet sind, wie z. B. Dekorationsservices, Zweitnutzendisplays oder Werbegeschenke, bieten sich darüber hinaus auch **Einstellungs- und Erlebnismessungen** bei den Händlern an.

Auf der Ebene der eingeschalteten Absatzmittler geht es bei der Ermittlung **konativer Erfolgsgrößen** vorrangig darum, in Abhängigkeit der handelsgerichteten Verkaufsförderungsmaßnahmen finale Verhaltenswirkungen, wie z. B. Veränderungen der Lagerhaltung, Erreichung von Erst- und Zweitplatzierungen oder die Erzielung handelsunterstützender Maßnahmen für die eigene Marke bzw. das eigene Produkt, offen zu legen. Als Messmethoden eigenen sich **EDV-Messungen** im Handel und klassische **Sichtkontrollen** sowie – ähnlich dem Vorgehen auf Konsumentenebene – unterschiedliche Panelerhebungen, aus denen ein Hersteller Daten über den Absatz des Handels an die Konsumenten entnimmt. Ein **Handelspanel** ist eine feststehende (identische) Stichprobe, die in regelmäßigen Abständen Daten über bestimmte Produktgruppen und Marktsegmente im Handel liefert (*Berekoven/Eckert/Ellenrieder* 2009, S. 131 ff.). Grundsätzlich unterscheiden lassen sich hierbei (*Gedenk* 2002, S. 131 ff.):

- Traditionelle Handelspanels,
- Scannerhandelspanels sowie
- Anzeigenpanels.

Traditionelle Handelspanels: Bei traditionellen Handelspanels erfolgt die Datenerfassung üblicherweise mittels der Inventur-Methode. Dabei erfassen Außendienstmitarbeitende des jeweiligen Marktforschungsinstitutes die Bestände und Preise vor Ort bei den einzelnen am Panel teilnehmen Geschäften. Anhand der **Inventurformel**

Anfangsbestand

+	Zugänge (laut Rechnungen und Lieferschienen)
–	Endbestände
=	(aktionsbedingter) Verkauf

lassen sich sodann die Erfolge bzw. Misserfolge von Verkaufsförderungsaktionen in Form finaler Verhaltensreaktionen auf Handels- und Konsumentenebene ermitteln. Informationen über Händler-Promotions lassen sich dabei im Falle von Preis-Promotions am Preis ablesen, bei Nicht-Preis-Promotions (z. B. Zweitplatzierungen) ist deren Einsatz zusätzlich durch die Außendienstmitarbeitenden zu erfassen (*Gedenk* 2002, S. 131). Problematisch an den traditionellen Handelspanels gestaltet sich vor allem, dass sie die Daten nur in Zwei-Monats-Intervallen ausweisen, so dass zum einen kürzerfristige Promotion-Aktivitäten von den Außendienstmitarbeitenden nicht erfasst werden und zum anderen die Absatzwirkungen verschwimmen.

Scannerpanels: In Deutschland werden Scannerpanels von der *GfK AG* (*InfoScan*), *A.C. Nielsen* (*Scantrack*) und der *Madakom GmbH* (*Madakom*) angeboten (*Gedenk* 2002, S. 132; *Günther/ Vossebein/Wildner* 2006, S. 214 f.). *InfoScan* basiert auf Scannerdaten aus zirka 540 Geschäften, vor allem Verbraucher- und Supermärkten, aber auch Discountern und Drogerien, in denen die Daten auf Wochenbasis erhoben werden. Preise, Mengen und Sonderangebote lassen sich in dem Panel über Scanner erfassen, andere Promotionaktivitäten werden einmal pro Woche von Mitarbeitenden der *GfK* vor Ort in den Geschäften erhoben (*IRI/GfK Retail Services* 2001). Ähnlich wie *InfoScan* arbeitet auch *Scantrack*. Beide Panels sind jedoch mit dem Problem verbunden, dass die *GfK* und *A.C. Nielsen* aufgrund von Geheimhaltungsvereinbarungen dazu verpflichtet sind, keine Informationen zu den einzelnen Panelgeschäften abzugeben. Die Hersteller orientieren sich somit immer nur an Daten, die nach Geschäftstypen, Key Accounts und/oder Regionen aggregiert sind. Rohdaten liefert indessen das Panel *Madakom*, mit dem 200 Geschäfte erfasst werden und das ansonsten den Panels von *GfK* und *Nielsen* sehr ähnlich ist. Auch bei diesem Panel werden allerdings nicht die einzelnen Geschäfte genau identifiziert. Auskunft wird beispielsweise nur über die Supermarktkette und die ungefähre Lage gegeben.

Anzeigenpanels: Mittels Anzeigenpanels wird eine systematische Analyse der Handelswerbung in regionalen Medien vorgenommen. Von der *GfK AG* werden hierzu mit dem Instrument **IMP Infoprint** neben 170 Tageszeitungen bei einer Haushaltsstichprobe auch Handzettel, Beilagen und Inserate erfasst.

Ähnlich wie auf Konsumentenebene stellen die unterschiedlichen Handelspanels letztlich Datenquellen dar, die als Grundlage für die Anwendung analytischer **Modelle der Effekti-**

vitätskontrolle in der Verkaufsförderung herangezogen werden. Die vorliegenden Modelle unterscheiden sich dabei nicht grundsätzlich von den (aggregierten) Modellen auf Konsumentenebene. Die Verkaufsförderungswirkungen lassen sich dabei ebenfalls entweder über eine **indirekte** oder **direkte Modellierung** erfassen (vgl. ausführlich *Gedenk* 2002, S. 134).

9.2.3 Effizienzkontrolle in der Verkaufsförderung

Im Rahmen von Effizienzkontrollen werden zur Beurteilung der Aktivitäten in der Verkaufsförderung **Kosten-Nutzen-Vergleiche** aufgestellt, indem die aufgewendeten Kosten sämtlicher Aktivitäten dem realisierten Nutzen, d. h. allen Leistungen, die mit dem Einsatz der Verkaufsförderung erzielt werden konnten, gegenübergestellt werden. Hierbei geht es nicht allein um die Kontrolle des gesamten Verkaufsförderungseinsatzes, sondern ebenfalls um eine Evaluation der einzelnen Maßnahmen.

Dieser Teil der Erfolgskontrolle erweist sich als besonders kritisch, da sich die Kosten von Verkaufsförderungsmaßnahmen zwar vergleichsweise einfach abbilden lassen, eine Quantifizierung des Nutzens jedoch mit Schwierigkeiten verbunden ist. Über Panelerhebungen sind dabei noch relativ gute Anhaltspunkte für eine Nutzenbewertung im Sinne finaler Verhaltenswirkungen zu generieren, Veränderungen wie z. B. des Bekanntheitsgrades oder Images einer Marke, lassen jedoch sehr viel schwieriger als Nutzen quantifizieren.

Oftmals erfolgt die Effizienzbewertung im Sinne einer **Opportunitätskostenbetrachtung** anhand von Vergleichsobjekten, wobei sich bei der Festlegung relevanter Vergleichsobjekte grundsätzlich zwischen intra- und interinstrumentellen Vergleichen unterscheiden lässt. Da sich die Aktivitäten im Rahmen der Verkaufsförderung aufgrund ihrer speziellen Wirkungscharakteristika jedoch nur sehr schwer mit denen anderer Kommunikationsinstrumente vergleichen lassen, bietet sich primär ein intrainstrumenteller Vergleich unterschiedlicher Maßnahmen der Verkaufsförderung und/oder einzelner Maßnahmen zu unterschiedlichen Zeitpunkten an. Problematisch hierbei ist jedoch, dass unternehmensspezifische Mängel in der Durchführung auf diese Weise fortgeschrieben, anstatt aufgedeckt werden.

Eine andere Herangehensweise zur Bewertung der Effizienz der Verkaufsförderung besteht in der Durchführung von **Deckungsbeitragsrechnungen**. Eine umfassende Deckungsbeitragsrechnung für die Verkaufsförderung entwickelt *Gedenk*, die dabei zwischen (fixen und variablen) Einzel- und Gemeinkosten unterscheidet sowie Kosten und Erlöse, im Gegensatz zur traditionellen Kosten- und Leistungsrechnung, im Sinne von Zahlungen definiert (vgl. ausführlich *Gedenk* 2002, S. 97 ff.). Um den erzielten Deckungsbeitrag einer Promotion-Aktion zu ermitteln, werden in diesem Ansatz auf Handelsebene neben den unmittelbaren Absatzwirkungen auch deren Auswirkungen auf Preise und Kosten berücksichtigt sowie die Auswirkungen der handelsgerichteten Promotions auf den Absatz in Folgeperioden (z. B. Lieferrückgang aufgrund von Lagerhaltung) sowie bei anderen Händlern (z. B. Lieferrückgang aufgrund von Weiterverkauf durch den Händler, dem die Promotion geboten wird). Diese Vorgehensweise bietet sich auch für den Fall indirekter Verkaufsförderung auf Konsumentenebene an; bei direkter Verkaufsförderung kommt das Verfahren in ähnlicher Weise, jedoch leicht modifiziert, zum Einsatz. So sind hierbei unter anderem zusätzlich Substitutions- und Verbundeffekte zu berücksichtigen, die bewirken, dass nicht nur der Absatz des Aktionsproduktes, sondern auch derjenige anderer Produkte betroffen ist (vgl. ausführlich *Gedenk* 2002, S. 115 ff.).

9.3 Probleme der Erfolgskontrolle in der Verkaufsförderung

Bei der Durchführung einer systematischen und differenzierten Erfolgskontrolle verkaufsfördernder Aktivitäten treten häufig zahlreiche Probleme auf, die eine Erfolgskontrolle in
erheblichem Maße erschweren. Aus der Vielzahl möglicher Schwierigkeiten werden die folgenden **Problemkreise** als besonders gravierend herausgestellt:

- **Zuordnung der Verkaufsförderungswirkungen:** Die Erreichung der Verkaufsförderungsziele lässt sich nur schwer weder in ihrer Gesamtheit noch in Teilbereichen einzelnen Verkaufsförderungsaktivitäten zuordnen, da sie sowohl durch vom Unternehmen steuerbare
  als auch nicht direkt steuerbare Einflussgrößen beeinflusst werden und deren Wirkungen
  sich nur schwer isolieren lassen. Vom Unternehmens steuerbar ist neben dem Einsatz der
  Verkaufsförderung an sich beispielsweise auch der Einsatz anderer Kommunikations- und
  Marketinginstrumente. Nicht steuerbar sind hingegen der Marketingmix der Wettbewerber, die Marketingpolitik der Handelspartner, vorgeprägte Dispositionen der Konsumenten sowie die bestehende Umfeldsituation (z. B. das Wettbewerbsrecht).

- **Kombination unterschiedlicher Verkaufsförderungsmaßnahmen:** Viele Maßnahmen der
  Verkaufsförderung legen es nahe, dass sie in Kombination mit anderen Maßnahmen zum
  Einsatz kommen (z. B. Coupons und Gewinnspiele oder Displays und Personal-Promo-
  tions). In diesen Fällen sehen sich Hersteller und Händler mit der Frage konfrontiert, auf
  welche der Einzelaktivitäten eine erzielte Wirkung primär zurückzuführen ist (*Gedenk*
  2002, S. 3).

- **Vielfalt der Wirkungen in der Verkaufsförderung:** Die Resultate verkaufsfördernder Maßnahmen äußern sich in vielfältiger Art und Weise (*Gedenk* 2002, S. 3). Beispielsweise ist
  denkbar, dass der Handel durch die Hersteller-Promotions zum Einsatz von Verkaufsförderung gegenüber den Konsumenten bewegt wird, dass er auf Vorrat kauft, an andere
  Händler weiter verkauft oder ein Herstellerprodukt eher listet. Ein Konsument wird beispielsweise durch Verkaufsförderung zum kurzfristig Mehrkauf, zur Lagerhaltung oder
  zum Marken-, Produkt- oder Geschäftswechsel angeregt und/oder ändert seine Einstellungen gegenüber einem Produkt. Darüber hinaus ergeben sich durch Verkaufsförderung
  auch Folgen für Substitute und Komplemente des beworbenen Produktes. Die Einzelwir-
  kungen dieser Maßnahmen sind zumeist schwer zu isolieren und zu messen.

- **Organisation der Verkaufsförderung im Unternehmen:** Mit der Planung und Durchführung der Verkaufsförderung sind im Unternehmen unterschiedliche Abteilungen und
  Stellen (z. B. Werbung, Vertrieb, Category Management) beauftragt. Eine umfassende Erfolgskontrolle würde verlangen, die Daten all dieser Abteilungen zusammenzutragen und
  abteilungsübergreifend auszuwerten. Funktional ausgerichtete Organisationsstrukturen,
  fest gelegte Berichtswege und Abteilungsdenken behindern ein solches Vorgehen jedoch
  oftmals.

- **Notwendigkeit dynamischer Erfolgskontrollen:** Die zunehmende „Strategisierung" der
  Verkaufsförderung erfordert theoretischer Weise immer mehr eine dynamische Erfolgskontrolle, die wirkungsdynamische Effekte wie Wirkungsverzögerungen, -übertragungen
  sowie zeitliche Wirkungsverbunde einbezieht. In der Praxis bereitet es jedoch Schwierigkeiten, diese dynamischen Effekte exakt zu quantifizieren und in Modelle der Erfolgskontrolle zu integrieren.

- **Datenverfügbarkeit:** Insbesondere im Lebensmitteleinzelhandel haben sich durch die Verbreitung von Sannerdaten bedeutende Fortschritte in der Erfolgskontrolle ergeben. Viele

der Analysen, die auf Basis dieser Daten möglich werden (z. B. Handelspanels, Single-Source-Panels) sind allerdings aufgrund des Datenumfangs mit erheblichem Aufwand verbunden, und es stellt sich oftmals die Frage, welcher Aufwand tatsächlich notwendig ist, um valide Aussagen über der Verkaufsförderungserfolgt zu treffen (*Gedenk* 2002, S. 3). Jenseits des Lebensmitteleinzelhandels gestaltet sich die Erfolgskontrolle hingehen noch schwieriger, da relevante Daten häufig sehr viel weniger detailliert zur Verfügung stehen.

10 Entwicklungstendenzen und Zukunftsperspektiven der Verkaufsförderung

Im Zuge eines sich kontinuierlich verschärfenden Kommunikationswettbewerbs ändern sich auch die Erfolgsbedingungen für den Einsatz der Kommunikationsinstrumente. Während sich die Mediawerbung mit Effektivitäts- und Effizienzverlusten, z. B. in Form von Ablehnungshaltungen oder hoher Streuverlusten, auseinanderzusetzen hat, gewinnt die Verkaufsförderung als schnell und flexibel einsetzbares Kommunikationsinstrument zunehmend an Bedeutung. Im Folgenden werden die zentralen **Entwicklungstrends** im Bereich der Verkaufsförderung aufgezeigt, an denen sich ein zukünftig erfolgreicher Verkaufsförderungseinsatz zu orientieren hat.

Es ist mit einem weiteren Anstieg der **Verkaufsförderungsinvestitionen** zu rechnen. Insbesondere im Vergleich zu den Investitionen in die Mediawerbung werden die Verkaufsförderungsausgaben ansteigen, wobei sich die Budgettrennung zwischen Werbung und Verkaufsförderung aufgrund zunehmender Aufgabenkomplexität weiter fortsetzen wird.

Die zum Teil massiven **Preiswettbewerbe** zwischen konkurrierenden Herstellermarken zum einen sowie zwischen Hersteller- versus Handelsmarken zum anderen werden den Bedeutungszuwachs der Verkaufsförderung maßgeblich prägen. Da nicht damit zu rechnen ist, dass sich Markenartikel ausschließlich über Qualität, Innovationen und Emotionen von ihren Konkurrenten abgrenzen werden, der Preisspielraum aber begrenzt ist, stellen kreative Promotion-Aktivitäten eine Erfolg versprechende Alternative dar.

Im Zuge der wachsenden Aufgabenkomplexitäten sind Unternehmen in der jüngeren Vergangenheit immer mehr dazu übergegangen, spezielle Verkaufsförderungsleistungen nicht mehr von der „klassischen Agentur", sondern von eigenständigen **Verkaufsförderungsagenturen** in Anspruch zu nehmen. Dieser Trend wird aufgrund der steigenden Bedeutung der Verkaufsförderung im Rahmen des Kommunikationsmix auch in den nächsten Jahren weiter anhalten.

Die Bedeutung **integrierter Verkaufsförderungskonzepte** wird zunehmen. Vor dem Hintergrund einer sich wandelnden Markt- und Handelslandschaft wird das Ausmaß der Erzielung von Synergieeffekten dabei in hohem Maße von dem Grad der Durchführung vertikaler bzw. horizontaler Kooperativ-Promotions abhängen. Dabei wird die intensive Zusammenarbeit zwischen allen Stufen der Warenflusskette auf Basis genauer Kenntnisse des Konsumentenverhaltens (Efficient Consumer Response) zur notwendigen Bedingung für den Erfolg von Verkaufsförderungskampagnen. Das Bewusstsein deutscher Unternehmen im Hinblick auf die Notwendigkeit der Vernetzung der Verkaufsförderung mit anderen Kommunikationsinstrumenten zur Nutzung von Synergieeffekten scheint in den letzten Jahren zu stagnieren (*FreyBeaumont-Bennett* 1998, S. 161). Die Ursachen sind insbesondere in dem offenbar nach wie vor nur unzureichend ausgeprägtem Integrationsbewusstsein sowie den bestehenden Widerständen gegenüber einem integrativen Einsatz der Verkaufsförderung in Form inhaltlich-konzeptioneller, organisatorisch-struktureller und personell-kultureller Barrieren zu sehen (*Bruhn* 2009a, S. 69 ff.). Für einen erfolgreichen Einsatz der Verkaufsförderung wird die Vernetzung mit anderen Kommunikationsinstrumenten in der Zukunft jedoch eine zentrale Voraussetzung sein. Unter anderem die inzwischen auszumachende (Informations-)Überlastung der Konsumenten im Bereich der Verkaufsförderung verdeutlicht die Notwendigkeit, durch sinnvolle Vernetzungsaktivitäten die Wirkung der Verkaufsförderung zu optimieren.

Für die Gestaltung der Verkaufsförderung ist vor allem auf die schnelle Entwicklung im **informationstechnologischen Bereich** hinzuweisen, die eine Vielzahl neuer Möglichkeiten der Kundenansprache im Rahmen der Verkaufsförderung bietet. Exemplarisch sei in diesem Zusammenhang auf die Möglichkeiten der „Entmaterialisierung bzw. Verinformationalisierung" der Produktpräsentation hingewiesen (*Busch* 1996, S. 42), wie sie beispielsweise durch den Einsatz so genannter Point-of-Information-Terminals zur Produktpräsentation am Point of Sale realisiert werden. Der Konsument informiert sich hierbei umfassend am Point of Sale oder über einen Multimedia-PC in der eigenen Wohnung über die Vorzüge des betreffenden Produkts und beansprucht gleichzeitig Rückkoppelungsmöglichkeiten, z. B. die Tätigung eines Kaufabschlusses oder die Formulierung einer Beschwerde an das Unternehmen. Darüber hinaus werden Promotions beispielsweise in Form von Gewinnspielen im Internet oder per SMS über Handy initiiert. Zu erwarten ist auch, dass die Akzeptanz elektronischer Medien als Verkaufsförderungsmittel auf allen Zielgruppenebenen ansteigen wird, so dass sie zu einem wesentlichen Erfolgsfaktor der Verkaufsförderung werden.

Neue Möglichkeiten für den Einsatz der Verkaufsförderung konnten in den letzten Jahren auch durch eine Veränderung der **rechtlichen Rahmenbedingungen** in Deutschland bewirkt werden. Insbesondere der Fall des Rabattgesetzes und der Zugabeverordnung im Jahre 2001 eröffnen Unternehmen neue Möglichkeiten für die Gestaltung ihrer verkaufsfördernden Maßnahmen. So werden nun Gutscheine, Coupons, Mehrfachpackungen, Zugaben-Promotions, Multibuy-Aktionen („Kaufe 3 zum Preis von 2") und Linksave-Aktionen (Kombi-Promotions ähnlicher/gemeinsam verwendeter Produkte wie z. B. Shampoo und Spülung, „Kaufe 1 Produkt, erhalte das 2. zum halben Preis") ohne weitere Beschränkungen zu Verkaufszwecken genutzt (*A.C. Nielsen GmbH* 2002a, S. 8 ff.).

Wenn auch die externen Bedingungen in Deutschland unter anderem durch eine Veränderung der Rechtslage gute Voraussetzungen für eine Ausweitung unterschiedlicher Promotion-Maßnahmen, wie z. B. des Couponing, bieten, so bestimmt sich der Erfolg verkaufsfördernder Aktivitäten maßgeblich durch die **Akzeptanz der Verbraucher**. Dass diese jedoch nicht uneingeschränkt zu erwarten ist, zeigen immer häufiger zu konstatierende Ablehnungshaltungen der Konsumenten, die sich z. B. in einer mangelnden Bereitschaft zur Teilnahme an Gewinnspielen, in Briefkastenaufschriften wie „Bitte keine Reklame einwerfen" und einer zunehmenden Verunsicherung der Konsumenten gegenüber Rabatt- und Couponing-Aktionen (*IFM Wirkungen + Strategien GmbH* 2003) ausdrücken. Um eine kontraproduktive Wirkung solcher Reaktanzen auf die Verkaufsförderung der Unternehmen zu unterbinden, wird es zukünftig von besonderer Bedeutung sein, die Einstellungen der Konsumenten hinsichtlich unterschiedlicher Promotions genau zu analysieren und die Ergebnisse in die Verkaufsförderungsplanung einzubeziehen.

Mittelfristig werden **internationale Verkaufsförderungsaktivitäten** aufgrund länderbezogener Individualisierungsgrade und unterschiedlicher Rechtsprechungen eher die Ausnahmen bleiben. Langfristig ist jedoch davon auszugehen, dass die zunehmende Globalisierung in Verbindung mit Konzepten einer länderübergreifenden Markenführung, der Zwang zu Kostenreduzierung sowie die Angleichung der europäischen Rechtslage diverse Anreize zur Internationalisierung der Verkaufsförderung bieten (*FreyBeaumont-Bennett* 1998, S. 674 ff.).

Auf Basis dieser Trends lassen sich wiederum **Konsequenzen für die künftige Verkaufsförderungsarbeit** ableiten. Die Verfolgung in diesem Zusammenhang auszusprechender Handlungsempfehlungen ist dabei keineswegs als unbedingte Notwendigkeit oder gar Erfolgsbedingung anzusehen. Vielmehr geht es darum, diese Handlungsempfehlungen als Denkanstöße und Reflexionen für die künftige Verkaufsförderungsarbeit aufzufassen. Um die gedankliche Systematisierung zu erleichtern, werden die Konsequenzen zunächst anhand ihres primären Geltungsbereichs kategorisiert. Dabei lässt sich unterscheiden:

- Generelle Konsequenzen für die künftige Verkaufsförderungsarbeit und
- Konsequenzen für die künftige Verkaufsförderungsarbeit am Point of Sale.

Im Rahmen der **generellen Konsequenzen** ist zunächst darauf hinzuweisen, dass die Fokussierung auf handels- oder konsumentenbezogene Zielgruppen wenig Erfolg versprechend ist. Es wird künftig vielmehr darauf ankommen, eine **zweigleisige Verkaufsförderung** durchzuführen, in deren Rahmen über Verkaufsförderungsaktivitäten auf die Wünsche und Bedürfnisse beider Zielgruppenebenen eingegangen wird. Dabei wird eine Änderung – sofern nicht bereits erfolgt – in der unternehmerischen Denkhaltung unumgänglich sein. So wird es notwendig, auch im Bereich der Verkaufsförderung vom traditionellen **Inside-out-Ansatz** Abschied zu nehmen und die Ausrichtung verkaufsfördernder Aktivitäten ausschließlich von Bedürfnissen der Zielgruppen abhängig zu machen **(Outside-in-Ansatz)**. Dies gilt sowohl für handels- als auch für konsumentenbezogene Zielgruppen. Erfolgreich werden somit diejenigen Verkaufsförderungskampagnen sein, die im Rahmen eines ganzheitlichen Ansatzes die **handels-konsumentenindividuelle Verkaufsförderungsarbeit** zum zentralen Leitkonzept erheben (*Geisthövel* 1992, S. 63). Bestehende Interdependenzen in den Wunschvorstellungen der verschiedenen Zielgruppenebenen bilden einen zentrales Element in diesem Konzept.

Es geht also darum, die Verkaufsförderung nicht mehr nur als Kommunikationsinstrument anzusehen, dessen Einsatz das Konsumentenverhalten im Sinne des Unternehmens zu steuern hat. Vielmehr ist der Einsatz der Verkaufsförderung vor allem auch als Möglichkeit anzusehen, zu den Zielpersonen echte, lang andauernde Beziehungen aufzubauen (*Disch* 1992, S. 149). Diese Überlegungen schlagen sich auch in einer **Begriffsänderung** nieder. So erscheint die Bezeichnung Point of Sale als nicht mehr zeitgemäß, da sie sich an der traditionellen Inside-out-Denkweise orientiert. Die Bezeichnung Point of Purchase hingegen ist richtungsweisend, da sie konsistent zum Outside-in-Ansatz in der Verkaufsförderung ist.

Speziell für die **Verkaufsförderungsarbeit am Point of Purchase** ist festzuhalten, dass es vor dem Hintergrund erhöhter Anspruchshaltungen der Konsumenten und Absatzmittler immer wichtiger wird, die Einkaufsatmosphäre positiv zu beeinflussen (*Däuber* 1996, S. 96). Dies erfolgt beispielsweise durch Zweitplatzierungen oder aufmerksamkeitsstarke Hinweise, die darauf hinweisen, wo bestimmte Produkte zu finden sind. Weiterhin ist es von zentraler Bedeutung, dass die Verkaufsförderungsmaßnahmen auf die Besucher der jeweiligen Einkaufsstättentypen zugeschnitten sind. So hat beispielsweise der Stammbesucher eines preisaggressiven Discounters ein vorrangig preisbezogenes Informationsbedürfnis, während der typische Besucher eines Fachgeschäftes ein eher produkteigenschaftsbezogenes Informationsinteresse aufweist. Die Verkaufsförderung wird sich in zunehmendem Maße an den Besonderheiten der verschiedenen Einkaufsstättentypen zu orientieren haben, um am Point of Purchase erfolgreich zu sein.

D. Einsatz des Direct Marketing

1 Begriff und Erscheinungsformen des Direct Marketing

1.1 Historische Entwicklung des Direct Marketing

Ausgehend von seiner ursprünglichen Form als Instrument des Direktvertriebs im Versandhandel entwickelte sich das **Direct Marketing** zu einem bedeutenden Kommunikationsinstrument. Nur wenige Bereiche der Kommunikationspolitik haben sich in der Vergangenheit sowohl vom Umfang als auch hinsichtlich der gegebenen Anwendungsmöglichkeiten so rasant weiterentwickelt wie das Direct Marketing. Vor dem Hintergrund der Entwicklung zu Formen einer individuellen und dialogorientierten Kommunikation gewinnt das Direct Marketing zunehmend an Bedeutung. Verstärkt wird der Trend durch die Vielzahl innovativer Kommunikationstechnologien, die speziell auf einen Einsatz im Rahmen des Direct Marketing zugeschnitten sind. Die wachsende Bedeutung dokumentiert sich in den erheblichen Zuwachsraten der Aufwendungen für Direct Marketing-Aktivitäten. Wurden im Jahre 2000 noch 21,5 Mrd. EUR an jährlichen Gesamtaufwendungen für Direct Marketing registriert, so beziffert die aktuelle Studie „Dialogmarketing Deutschland 2009" der *Deutschen Post World Net* die Gesamtaufwendungen im Jahre 2009 mit 29,9 Mrd. EUR. Trotz eines um 2,8 Prozent rückläufigen Gesamtwerbemarktes im Jahr 2009 im Vergleich zum Jahr 2008, ist die Dominanz des Direct Marketing ungebrochen (*Deutsche Post World Net* 2009). Unterstrichen wird diese Entwicklung durch Untersuchungen hinsichtlich der zukünftigen Veränderungsrate der Verteilung der Kommunikationsbudgets auf die einzelnen Instrumente, die erkennen lassen, dass der Anteil der Direct Marketing- Aufwendungen auch zukünftig überdurchschnittlich im Vergleich zu anderen Kommunikationsinstrumenten wachsen wird.

Die **Ursprünge** des heutigen Direct Marketing gehen auf die Mitte des 15. Jahrhunderts zurück. Grundlage war die Erfindung der beweglichen Drucktypen durch *Johannes Gutenberg* im Jahre 1437, in dessen Folge die ersten Kataloge mit Produktangeboten erschienen. Beispielsweise bot *Aldus Manutius* schon im Jahre 1498 in Venedig seine Bücher in einem Katalog an. Pionier des Direct Marketing in Amerika war *Benjamin Franklin*, der im Jahre 1744 einen Bücherkatalog mit 600 Angeboten herausbrachte (*Holland* 2009, S. 1).

Ausgangspunkt der wachsenden Bedeutung des Direct Marketing war die Erfindung der **Schreibmaschine** zu Anfang des 18. Jahrhunderts, deren zunehmende Verbreitung in den 60erJahren des 19. Jahrhunderts dazu führte, dass eine Vielzahl von Unternehmen ihre Angebote auf dem Postweg vertrieben (*Holland* 2009, S. 1). Gleichzeitig entstand eine Vielzahl von Adressverlagen, die erkannt hatten, dass eine direkte Ansprache der in Frage kommenden Interessenten nur über einen selektierten Adressdatensatz möglich ist. Eines der ersten **Adressenbüros** war die Firma *Robert Tessner* in Berlin, die schon 1884 die ersten Adressengruppen zusammenstellte. So bestand beispielsweise die Möglichkeit, Adressensätze der Bewohner einer Stadt oder der Beamten des Landes zu erwerben (*Herbst* 1993, S. 32).

Einen weiteren Entwicklungsschub erhielt das Direct Marketing in Deutschland durch die Eröffnung verschiedener **Versandhäuser** zu Beginn des 20. Jahrhunderts. Der *Quelle Versand* wurde beispielsweise im Verlauf der ersten Gründungswelle im Jahre 1927 eröffnet, während der *Otto Versand* und *Neckermann* in den Jahren 1949 bzw. 1950 nach dem Zweiten Weltkrieg gegründet wurden (*Holland* 2009, S. 1). Im Zuge des Wachstums der Versandhäuser in den 1950er Jahren verfeinerten auch die Adressenverlage ihre Selektionsverfahren, wodurch das Direct Marketing für eine immer größere Zahl von Unternehmen zu einem interessanten Kommunikationsmittel wurde. Obwohl das Internet bei Kundenmailings eine immer größere Rolle spielt, haben Werbebriefe als Direct Marketing-Maßnahmen, wie es auch Insert III-D-1 inhaltlich darstellt, nicht an Bedeutung verloren.

Entscheidend waren hier die revolutionären Fortschritte in der **elektronischen Datenverarbeitung**. Jeder Quantensprung der IT-Hardwareentwicklung vom Großrechner (Host), über PC-Client-Server-Systeme bis hin zum Laptop wurde durch das Direkt Marketing aufgegriffen und genutzt. Ebenso konsequent wurden die Fortschritte in der Softwaretechnik umgesetzt. Unter den Stichworten Deduplication, Database-Systeme, Scoring and Mining, Analytik und neuronale Netze suchte sich das Direct Marketing jene Tools heraus, die in der Systematisierung, Bewirtschaftung und Selektion von Kundendaten von Nutzen waren und damit auch zur Optimierung des Kundendialogs führten (*Belz* 2003, S. 13). Die Entwicklung leistungsfähiger Hard- und Softwaresysteme machte es in den 1960er Jahren erstmals möglich, eine Vielzahl von Adressen kostengünstig, schnell und präzise in modernen Datenbanksystemen zu verwalten (*Herbst* 1993, S. 32). Unterstützt wurde die zunehmende Akzeptanz des Direct Marketing auch durch die wachsende Verbreitung der **Kreditkarten**, die eine Abwicklung der Bezahlung wesentlich vereinfacht (*Holland* 2009, S. 3).

Begünstigt wurde die Entwicklung des Direct Marketing darüber hinaus aufgrund der zunehmenden **Käufermarktsituation** in den 1960er Jahren. Angebote verschiedener, weitgehend homogener Produkte und Marken sowie der wachsende Wunsch der Konsumenten nach Individualität, Qualität und Service ließen das undifferenzierte Massenmarketing in verschiedenen Bereichen schnell an seine Grenzen stoßen. Aspekte wie ein permanenter Kundendialog mit dem Ziel der Generierung einer hohen Kundenzufriedenheit und Kundenbindung gewannen immer mehr an Bedeutung und ließen das Direct Marketing zunehmend in das Blickfeld der Entscheider treten.

Werbebriefe liegen immer noch im Trend

01.09.2009. Obwohl das Internet bei Kundenmailings eine immer größere Rolle spielt, hat der Werbebrief nichts an Wert verloren. Ganz im Gegenteil: Nach einer Untersuchung des Marketing Centrums der Universität Münster stiegen die Ausgaben für Direkt-Marketing zwischen 2004 und 2007 international um durchschnittlich 50 Prozent.

„Die hohe Glaubwürdigkeit, die Werbebriefe und Kundenzeitschriften schwarz auf weiss erzielen, lässt sich nicht durch andere Dialoginstrumente ersetzen", unterstreicht auch Dorothe Eickholt, Geschäftsführerin Swiss Post International (SPI) Germany. Hinzu komme, dass sich mit adressierten Werbebriefen verschiedene Ziele gemeinsam erreichen lassen. Das beginne mit der Tonalität, die in gedruckter Form prägnanter und dauerhafter in Erinnerung bleibt und reiche bis zu den kommunizierten Botschaften. Beispielsweise könnten internationale Mailings bei entsprechender Vorbereitung neben der Neukundengewinnung gleichzeitig Image- und Markenwerte transportieren. Bei zielgenauer Ansprache würden sich sogar qualitative Werte und Markenwelten in verhältnismäßig kurzer Zeit für neue Produkte und Dienstleistungen im jeweiligen Land aufbauen lassen.

Trotzdem würden Potenziale, neue Kunden mit einem Mailing im Ausland zu gewinnen, in den meisten europäischen Ländern noch nicht ausgeschöpft. Zum Beispiel erhalte ein Schweizer Bürger pro Jahr durchschnittlich 233 Werbebriefe, während Einwohner im angrenzenden Italien lediglich 28 entsprechende Sendungen, Bürger in Spanien 25 und in Russland statistisch gesehen nur 0,5 empfangen würden. Oft scheiterten die ersten Gehversuche im Ausland an mangelnder Kompetenz und Berührungsängsten, wobei Werbetreibende vor allem in Osteuropa einige Hürden überwinden müssten. Was im Heimatland eine leichte Übung sei, gestalte sich im Ausland mitunter schwierig, wie etwa die Beschaffung aller nötigen Informationen und Selektionsmerkmale der Adressen. Dennoch seien richtige Adressen das Herzstück einer jeden Werbeaktion, da rund 60 Prozent des Erfolges der qualifizierten Adresse zugerechnet würden. Mit Hilfe von Swiss Post International (SPI) Germany sollen Herausforderungen einer Expansion ohne eigene Dependance im Zielland bewältigt werden können und zwar mit geringem administrativem Aufwand und zu überschaubaren Kosten. Dabei würden Experten von Marketing Mail International Werbetreibende von der Adressbeschaffung über Porto-Optimierung und Adress-Cleaning bis hin zum „Local Look" unterstützen. Für Unternehmen, die ihre Kunden lieber persönlich ansprechen wollen, biete SPI Germany zudem das Online-Tool „SwissPostCard", womit sich Postkartenmailings in jeder Auflage schnell und kostengünstig am eigenen PC gestalten und weltweit versenden lassen sollen.

Insert-III-D-1: Tradition der Direktwerbung (Absatzwirtschaft 2010)

Beispiel: Aufbau von Kundenbeziehungen durch Direct Marketing des Unternehmens *Heinz*

Das Unternehmen *Heinz*, das unter anderem den berühmten Ketchup herstellt, verkündete im Mai 1994, dass sie alle Fernsehwerbung in Großbritannien zur Unterstützung ihrer Marken einstellen würde. Das Unternehmen wollte Direct Marketing einsetzen, um Beziehungen zu seinen Kunden aufzubauen. *Heinz* war zu dem Schluss gekommen, dass für den Wettbewerb mit den zunehmenden Own-Label-Produkten und die direkte Kommunikation mit der treuen Kundenbasis direkte Postsendungen in Verbindung mit Verkaufsförderungen (per Post zugeschickte Coupons) effektiver sein würden als die 12 Mio. Pfund, die für Fernsehwerbung ausgegeben wurden (*Summers* 1994, S. 20).

Die hohen Wachstumsraten des Direct Marketing in der jüngeren Vergangenheit sind vor allem auf folgende **Bestimmungsfaktoren** zurückzuführen:

- Dynamische Marktentwicklungen mit zunehmender Wettbewerbsintensität,
- Informationsüberlastung der Konsumenten,
- Entwicklung innovativer Technologien,
- Kostensteigerungen des Einsatzes von Außendienstmitarbeitenden,
- Entwicklung integrierter Kommunikationskonzepte,
- Internationalisierung und Zusammenwachsen des europäischen Marktes.

Ein erster wichtiger Bestimmungsfaktor der wachsenden Bedeutung des Direct Marketing ist in den **dynamischen Marktentwicklungen mit zunehmender Wettbewerbsintensität** zu sehen. Ausgehend von der in den 1960er Jahren entstandenen Käufermarktsituation führen Entwicklungen wie eine weitere Fragmentierung des Marktes sowie eine erhöhte Wettbewerbsintensität dazu, dass das Direct Marketing als Instrument, mit dem eine individuelle Kundenansprache bei geringen Streuverlusten möglich ist, immer häufiger in den Kommunikationsmix integriert wird (*Sattler* 1995, S. 150). Die fortgesetzte Fragmentierung der Zielgruppen und Medien erfordert fein abgestimmte Segmentierungs- und Kommunikationsmittel. Das Direct Marketing bietet eine Antwort auf diese Zersplitterung (*Fill* 2001, S. 516).

Beispiel: Segmentierung des Marktes für Katzenfutter durch *Masterfood*

Ein Beispiel für die fortschreitende Mikrosegmentierung und individuelle Marktbearbeitung stellt der Markt für Katzenfutter dar. Auf diesem Markt bietet beispielsweise das Unternehmen *Masterfood*, ausgehend von seinem Leaderprodukt *Whiskas*, eine Vielzahl von Produktvarianten an, wie beispielsweise *Whiskas Junior* und *Whiskas Senior*, die genau auf die Wünsche und Bedürfnisse der Zielgruppen abgestimmt sind. Um die spezifischen Zielgruppen der verschiedenen Segmente möglichst effizient zu erreichen, wurde im Rahmen der Gestaltung des Marketingmix ein integriertes Kommunikationskonzept erarbeitet. Dabei werden die Kommunikationsmedien Fernsehen und Radio für das Massenpublikum eingesetzt, um die Bekanntheit und das Image der Marke *Whiskas* zu fördern, während die spezifischen Zielgruppen auf Basis einer europaweiten Datenbank für Tierhalter individuell mit Hilfe des Direct Marketing angesprochen werden (*Holland* 2009, S. 13).

Gefördert wird die Bedeutung des Direct Marketing auch durch die nachlassende Wirkung klassischer, massengerichteter Kommunikationsinstrumente, deren zurückgehender Einfluss vor allem auf das verstärkte Informations- und Medienselektionsverhalten der Konsumenten sowie die wachsenden Werbereaktanzen zurückzuführen ist. Die Ursachen dieser veränderten Verhaltensweisen sind dabei in der wachsenden **Informationsüberlastung und Reizüberflutung** der Konsument zu sehen, die nicht mehr in der Lage sind, die Vielzahl der angebotenen Informationen adäquat zu verarbeiten (*Kroeber-Riel* 1992, S. 399; *Dallmer* 2002a, S. 11; *Holland* 2009, S. 166). Vor dem Hintergrund dieser Entwicklungen stellen immer mehr Unternehmen die Leistungsfähigkeit der klassischen Kommunikationsinstrumente in Frage und weichen verstärkt auf Formen einer individuellen und dialogorientierten Kommunikation aus, wodurch das Direct Marketing immer mehr ins Zentrum der Strategieplanung rückt.

Verstärkt wird dieser Trend durch die Vielzahl innovativer **Technologien**, die genau auf einen Einsatz im Rahmen des Direct Marketing zugeschnitten sind. Offline-Medien, wie die CD-ROM, ermöglichen beispielsweise den Versand virtueller Kataloge und bieten damit eine ganz neue Präsentationsplattform für verschiedene Leistungsangebote. Ergänzt wird die Offline-Technologie durch Online-Medien, die vielfältige Möglichkeiten eröffnen, mit dem Konsument in einen direkten Kontakt zu treten. Hier bietet sich für die verschiedenen Anbieter die Chance, asynchrone Kommunikationsbeziehungen mit direkten Response-Möglichkeiten aufzubauen. Für den Einsatz von Multimedia steht das Beispiel *AWD* (vgl. Insert III-D-2).

Eine weitere Ursache der zunehmenden Akzeptanz des Direct Marketing ist in den überproportionalen **Kostensteigerungen beim Einsatz von Außendienstmitarbeitenden** zu sehen (*Holland* 2009, S. 17). Die durchschnittliche Versechsfachung der Kosten eines Außendienstbesuches in den vergangenen 20 Jahren hat dazu geführt, dass immer mehr Unternehmen nach effizienten Alternativen suchen und verstärkt Direktwerbemedien wie Direct Mailings oder das Telefonmarketing einsetzen, die bei einem ähnlichen Wirkungsgrad deutlich geringere Kosten verursachen (*Dallmer* 1991, 2002a, S. 12 f.).

Wesentlich für die positive Entwicklung des Direct Marketing ist auch der zunehmende **Einsatz integrierter Kommunikationskonzepte** durch die Unternehmen. Zurückzuführen ist dieses Vorgehen dabei auf die wachsende Erkenntnis, dass ein aufeinander abgestimmter, gemeinsamer Einsatz aller Instrumente des Kommunikationsmix einer der Schlüsselfaktoren im Wettbewerb ist. Die zunehmende synergetische Ausrichtung aller Mixinstrumente auf die Zielsetzung der Differenzierung des Leistungsangebotes ist dabei vor allem auf die sich ausweitende Homogenität der am Markt angebotenen Produkte zurückzuführen (*Bruhn* 2009a, S. 1). In dem Maße, wie der Produktwettbewerb im Zuge dieser Entwicklung an Bedeutung verliert, rückt das Direct Marketing als eines der tragenden Elemente einer individualisierten Dialogphilosophie im Kommunikationsmanagement zunehmend in den Mittelpunkt der Betrachtung.

Insert III-D-2: Internetseite AWD (AWD 2010)

Neben den aufgezeigten Entwicklungen trägt jedoch auch das fortschreitende **Zusammen-wachsen des europäischen Marktes** zur positiven Entwicklung des Direct Marketing bei. Die im Zuge der Verwirklichung des Europäischen Binnenmarktes stattfindende Vereinheit-lichung der rechtlichen Grundlagen kommunikationspolitischer Aktivitäten bedingt bei-spielsweise, dass Maßnahmen – wie ein grenzüberschreitendes Telefonmarketing oder ein standortunabhängiges Electronic Shopping – zunehmend durch multinational agierende Unternehmen eingesetzt werden. Zielsetzung dieses Vorgehens ist dabei vor allem die kos-tengünstige Analyse der internationalen Marktakzeptanz des eigenen Leistungsangebotes (*Holland* 2009, S. 10).

1.2 Definition des Direct Marketing

Die definitorische Einordnung und Abgrenzung des Direct Marketing von den übrigen Inst-rumenten der Unternehmens- und Marketingkommunikation unterlag in der Vergangenheit einem stetigen Wandel, der sich auf das zunehmende Anspruchsspektrum des Direct Marke-ting zurückführen lässt. Während das Direct Marketing in der Phase der Distributionsorien-tierung des Marketing noch weitestgehend durch die verschiedenen Ausgestaltungsformen des **direkten Verkaufs** geprägt war und als absatzpolitisches Einzelinstrument dem Vertrieb zugeordnet wurde, begann im Zuge des Wandels hin zu einem nachfrageorientierten Marke-ting die Entwicklung des Direct Marketing zu einem effizienten Kommunikationsinstrument.

Zunächst stand dabei bis in die 1970er Jahre der Einsatz von **Direct Mailings** in den verschie-denen Ausgestaltungsformen im Vordergrund. Erst die erneute Ausweitung der medialen Anwendungsbreite des Direct Marketing hin zum **Telefonmarketing** zeigte auf, dass die un-terschiedlichen Formen des Direct Marketing nicht nur getrennt, sondern synergetisch mit den anderen Instrumenten der Kommunikationspolitik einsetzbar sind (*Meffert* 2002, S. 41 f.).

Die Kernaufgabe des Direct Marketing als Bestandteil des Kommunikationsmix lag dabei lange Zeit ausschließlich in der individuellen Einzelansprache der Konsumenten im Rahmen einer **direkten Kommunikation**. Das prägnanteste Abgrenzungskriterium des Direct Marke-ting von der klassischen Mediawerbung bestand folglich darin, dass sich Kommunikations-mittel wie Radio- oder Fernsehspots an eine Gesamtzielgruppe richteten, die sich im Rahmen der Marktsegmentierung zwar unterteilen ließ, deren Selektion aber nicht so weitgehend war, dass jeder Empfänger der Werbebotschaft identifiziert werden konnte (*Holland* 2009, S. 7 ff.).

Vor dem Hintergrund der Erweiterung des Anspruchsspektrums des Direct Marketing wird die Aufgabe einer individuellen Einzelansprache der Konsumenten in jüngerer Zeit jedoch dadurch ergänzt, dass mit Hilfe einer **indirekten Kommunikation** im Rahmen des Direct Marketing die Grundlage eines direkten Kontaktes gelegt wird. Durch Maßnahmen wie Di-rect-Response-Anzeigen und den Einsatz interaktiver Medien wird die anvisierte Zielgruppe angesprochen und dazu aufgefordert, ihrerseits in Kontakt mit dem Unternehmen zu treten, so dass in einer zweiten Stufe eine direkte Kommunikation zwischen Anbieter und Nachfra-ger entsteht. Das abgrenzende Merkmal des Direct Marketing besteht folglich heute in der individuellen Ansprache einer Zielgruppe, durch die ein direkter Kontakt realisiert oder in einer späteren Stufe angestrebt wird (*Holland* 2009, S. 7 ff.).

Darauf aufbauend lässt sich der **Begriff des Direct Marketing** in Anlehnung an die Defini-tionen *Dallmers* und des *Deutschen Direktmarketing Verbandes* bei einer Fokussierung auf den Kommunikationsbereich wie folgt definiere (*Deutscher Direktmarketing Verband e.V.* 1995; *Dall-mer* 2002b, S. 11):

Direct Marketing umfasst sämtliche Kommunikationsmaßnahmen, die darauf ausgerichtet sind, durch eine gezielte Einzelansprache einen direkten Kontakt zum Adressaten herzustellen und einen unmittelbaren Dialog zu initiieren oder durch eine indirekte Ansprache die Grundlage eines Dialoges in einer zweiten Stufe zu legen, um Kommunikations- und Vertriebsziele eines Unternehmens zu erreichen.

Häufig wird Direct Marketing auch als „Direct Mail" oder als „Curriculum Marketing, Dialogmarketing, persönliches Marketing oder Database Marketing" bezeichnet (*Bird* 2007, S. 99). Die unterschiedlichen Begriffe spiegeln die Reihe der Aktivitäten wider, die unternommen werden, um bei einem Kunden eine bestimmte Reaktion auszulösen (*Fill* 2001, S. 510). Inzwischen hat sich jedoch weitgehend der Begriff „Direct Marketing" durchgesetzt, der auch im Folgenden verwendet wird.

An dieser Stelle ist darauf hinzuweisen, dass das Direct Marketing nicht nur ein Kommunikations- sondern auch ein Vertriebsinstrument darstellt, beispielsweise, wenn an ausgewählte Haushalte Kataloge verteilt werden, denen Bestellformulare für die beworbenen Produkte beigefügt sind. Im Folgenden werden jedoch primär die verschiedenen Kommunikationsmaßnahmen des Direct Marketing näher betrachtet, die häufig jedoch auch vertriebspolitische Funktionen wahrnehmen.

1.3 Erscheinungsformen und Typologisierung des Direct Marketing

Vor dem Hintergrund der Einordnung und definitorischen Abgrenzung des Direct Marketing lassen sich nach der **Art der Interaktion** zwischen Anbieter und Nachfrager mit dem passiven, reaktionsorientierten und interaktionsorientierten Direct Marketing drei Erscheinungsformen unterscheiden. Schaubild III-D-1 grenzt die verschiedenen Formen des Direct Marketing genauer voneinander ab.

Die einfachste Form des Direct Marketing ist das **passive Direct Marketing**. Diese Form der direkten Kundenansprache liegt dann vor, wenn Konsumenten beispielsweise durch adressierte Werbebriefe oder Kataloge sowie nichtadressierte Mailings, die in Form von Flugblättern oder anderen Hauswurfsendungen verteilt werden, angesprochen werden. Das wesensbestimmende Merkmal dieser Form des Direct Marketing ist darin zu sehen, dass Konsumenten auf das Leistungsangebot von Unternehmen allgemein aufmerksam gemacht werden, ohne dass ein direkter Kundendialog entsteht.

Ein Beispiel für diese Form des Direct Marketing ist der Standardwerbebrief einer Bank, durch den die Kunden über neue Leistungen der Bank informiert werden. Kennzeichnende Merkmale dieser Form des Direct Marketing sind zum einen ein geringer Grad der Rezipienteneinbindung in den Leistungserstellungsprozess sowie eine hohe Reaktanzgefahr in Folge einer Vielzahl ähnlicher an den Konsumenten gerichteter Informationen bzw. Angebote.

> **Beispiel: Mailing für Privatanleger der *Deutschen Post World Net***
> Um den Dialog mit Privatanlegern zu intensivieren, versendet die *Deutsche Post World Net* bis zum Frühjahr des Jahres 2006 Willkommens-Pakete an Neu-Aktionäre. Das Paket enthält unter anderem einen digitalen Geschäftsbericht auf CD-ROM und das Handbuch *„Kennzahlen für Aktionäre"*. Die Aktion ist darauf ausgerichtet, die Finanzdaten des Unternehmens transparenter zu machen (*Hase* 2004).

Das **reaktionsorientierte Direct Marketing** zeichnet sich dadurch aus, dass mit der Ansprache des Konsumenten diesem eine Möglichkeit der Reaktion gegeben wird und damit der Dialog zwischen Anbieter und Nachfrager initiiert wird. Unterscheiden lassen sich in diesem

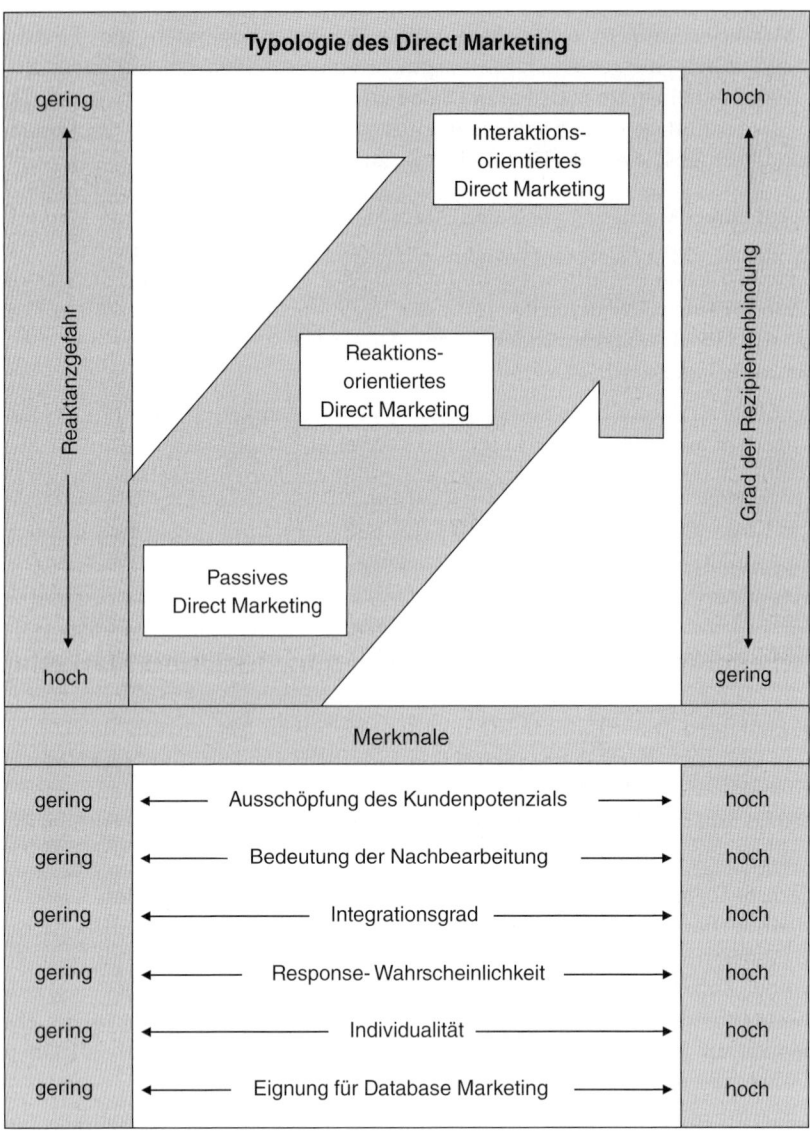

Schaubild III-D-1: Kriterien zur Typologisierung des Direct Marketing

Zusammenhang die Formen einer direkten und individuellen Einzelansprache selektierter Konsumenten sowie die indirekte Ansprache einer Zielgruppe über die klassischen Medien.

Eine klassische Form der adressierten Werbesendung stellen Mailings bzw. **Mail Order Packages** dar. Mailings bzw. **Mail Order Packages,** die beispielsweise als adressierte Werbesendungen aus einem Werbebrief, einem Prospekt, einer Rückantwortkarte und einem Versandkuvert bestehen, ermöglichen Unternehmen eine direkte und individuelle Einzelansprache, die den Zielpersonen wiederum eine Reaktionsmöglichkeit eröffnet. Hier hat die Zielperson die Möglichkeit, das Angebot eines Unternehmens zu prüfen und gegebenenfalls durch eine Rückantwort mit dem Unternehmen in Kontakt zu treten (*Bruhn/Tilmes* 1994, S. 189).

Beispiel: Mailing-Aktion von *Siemens SPLS*
Als weltweit agierender Einkaufs- und Logistik-Dienstleister bietet die *Siemens*-Tochter *SPLS* ihren Kunden Leistung zur Kostenreduzierung und Optimierung ihrer Abläufe an. „Fish Where the Big Fish Are" lautete das Motto für Anzeigen, Aktions-Site, Banner und dem Schwerpunkt Mailing bei einer Kampagne der Agentur *OgilvyOne worldwide*, Frankfurt am Main, die das Ziel der Neukundengewinnung hatte und beim Dialogmarketing Preis 2003 ausgezeichnet wurde. Ausgewählte High Potentials der mittelständischen technischen Industrie wurden per „Duo-Mechanik" angesprochen. Dies erfolgte als zeitgleicher Anstoß von zwei Entscheidern in einem Unternehmen durch zusammengehörige Mailings, die auf die jeweilige Position zugeschnitten waren, aber auch einzeln einzusetzen sind. Dabei kam es beispielsweise dazu, dass der Bereichsleiter für Einkauf oder Logistik unter „Zugzwang" durch die Fischdose mit konkreten Angeboten geriet und der Geschäftsführer ihn dank Flaschenpost „auf die Probe stellen" konnte, wie Insert III-D-3 zeigt. Beide wurden so zum Dialog aufeinander zu bewegt – und damit in Kontakt mit *SPLS* gebracht.

Beispiel: Business-to-Business-Mailing von *Orange*
Der Schweizer Mobilfunkanbieter *Orange Communications* versendete im Jahre 2004 an seine Key-Account-Kunden eine Einladung für ein VIP-Event, verbunden mit einer Fahrt in einem historischen Segelboot. Jede Einladung wurde von Hand aus Segeltuch genäht und sorgte somit für besondere Aufmerksamkeit. Die aufwändige Gestaltung der Einladungen war darauf ausgerichtet, die besondere Wertschätzung der Kunden widerzuspiegeln und ihr Ziel war es, speziell bei solchen Kunden gut anzukommen, die wenig Zeit haben und es gewohnt sind, zu Events eingeladen zu werden (*Kaltenrieder* 2004).

Exklusiv-Interview: Nivea startet größte Mailingaktion Deutschlands

"Deutschland wird blau", verspricht Uwe Finnern, Deutschland-Chef von Beiersdorf

Nivea startet am kommenden Samstag die größte Mailingaktion Deutschlands. 15 Millionen Haushalte erhalten eine Nivea-Einkaufstüte mit einem 3-Euro-Coupon in den Briefkasten gesteckt. Zudem gibt es die Coupons im Internet und am PoS. "Deutschland wird blau", verspricht Uwe Finnern, Deutschland-Chef von Beiersdorf, im exklusiven HORIZONT-Interview.

Mit der Aktion möchte sich Nivea bei seinen Kunden für ihre Treue bedanken und neue Kaufimpulse setzen. "Wir haben ein Mailing entwickelt, das perfekt mit den drei Kernwerten der Marke Nivea - Vertrauen, Nähe zum Verbraucher und ein gutes Preis-Leistungsverhältnis - kombiniert", sagt Finnern. Den Coupon können die Verbraucher beim Kauf von drei Nivea-Produkten fast im gesamten deutschen Handel einlösen. Nahezu 95 Prozent aller Händler beteiligen sich. Finnern rechnet damit, dass Nivea mindestens 20 Millionen Coupons verteilen wird. Wieviel davon die Verbraucher einlösen, will er dagegen nicht schätzen.

Flankiert wird die Mailingaktion von einem 360-Grad-Kommunikationspaket mit massiver Radiowerbung am kommenden Montag, Abbinderrn in TV-Spots, Riesenskulpturen in 16 deutschen Städten, im Internet und mit Promotionteams.

Einen generellen Shift im Budget zu mehr Direktmarketing nimmt Nivea trotz der Größe der Aktion nicht vor. "TV und Print werden auch 2010 weiterhin unser Schwerpunkt in der Mediaplanung bleiben", kündigt Finnern an. Als Agenturen sind an der Offensive **TBWA** in Hamburg und **Brand on Fire** in Idstein beteiligt sowie als Vertriebspartner die **Deutsche Post**. *mir*

EXKLUSIV FÜR PRINTABONNENTEN

HORIZONT
ZEITUNG FÜR MARKETING, WERBUNG UND MEDIEN

Das ausführliche Interview mit Uwe Finnern lesen Sie in der aktuellen HORIZONT-Ausgabe 26/2009.

HORIZONT abonnieren
HORIZONT E-Paper abonnieren

Insert III-D-3: Mailing-Aktion von Nivea (Horizont 2009)

Die indirekte Ansprache einer Konsumentengruppe mit dem Ziel des Aufbaus eines Dialogs auf einer zweiten Stufe ist beispielsweise durch den Einsatz klassischer Medien möglich, in die eine Antwortmöglichkeit integriert wird. Diese Form der schriftlichen oder mündlichen Ansprache mit Hilfe klassischer Medien wird auch als **Direct-Response-Werbung** bezeichnet. Formen der Direct-Response-Werbung sind beispielsweise Fernseh- oder Hörfunkspots, in die Telefonnummern zur Kontaktaufnahme eingeblendet werden sowie Anzeigen in Zeitschriften, denen, wie in Insert III-D-4 dargestellt, Antwort-Coupons zu entnehmen sind. Diese werden dem Direct Marketing aber nur dann zugerechnet, wenn die Reaktionsmöglichkeit nicht nur ergänzend vermerkt ist, sondern der Leser explizit zur Antwort aufgefordert wird. Etwa 75 Prozent aller Anzeigen haben ein Response-Element, sei es einen Coupon, eine Telefon- oder Faxnummer, eine E-Mail- oder Internetadresse (*Holland* 2009, S. 328). Wenn allerdings die Internetadresse in einer Schriftgröße angegeben wird, die gerade noch erkennbar ist, so ist die entsprechende Anzeige nicht dem Direct Marketing zuzuordnen.

Zielsetzung einer derartigen Direct-Response-Werbung ist es, bisher nicht identifizierte Interessenten aus einer anonymen Zielgruppe herauszulösen, um eine anschließende direkte Einzelansprache zu ermöglichen (*Hilke* 1993a, S. 12). Ein Vorteil dieses Vorgehens besteht darin, dass die Adressaten im Vorfeld nicht zu erfassen sind. Darüber hinaus ist bei den eingehenden Anfragen bereits von einem echten Interesse auszugehen, wodurch ein Dialog leichter zustande kommt. Negativ zu werten sind jedoch die wesentlich höheren Streuverluste gegenüber einer direkten Ansprache.

Insert III-D-4: Direct-Response-Werbung für die Sonntagszeitung „Welt am Sonntag"

Eine weitere Erscheinungsform ist das **interaktionsorientierte Direct Marketing**. Diese Möglichkeit der individuellen Konsumentenansprache ist dadurch gekennzeichnet, dass Anbieter und Nachfrager in einen unmittelbaren Dialog eintreten, der einen direkten gegenseitigen Informationsfluss ermöglicht. Das Telefonmarketing als eine Form des interaktionsorientierten Direct Marketing bietet beispielsweise einen direkten, persönlichen Dialog mit selektierten Personen, bei dem die Möglichkeit besteht, individuell auf die Wünsche und Anregungen der Zielpersonen zu reagieren und eine direkte Erfolgsmessung durchzuführen (*Holland* 2009, S. 30). Weitere Merkmale dieser Erscheinungsform des Direct Marketing sind ein hoher Grad der Rezipienteneinbindung sowie eine geringere Reaktanzgefahr als bei anderen Maßnahmen, da hier die Möglichkeit besteht, flexibel auf die einzelnen Zielpersonen zu reagieren und eventuell bestehende Vorbehalte abzubauen.

2 Der Markt für Direct Marketing

2.1 Marktteilnehmer des Direct Marketing

Erfolgt eine Betrachtung der Entwicklung des Direct Marketing im Zeitablauf, zeigt sich dessen wachsende Bedeutung als integrativer Bestandteil des Kommunikationsmix. Immer mehr Unternehmen verschiedener Branchen gehen verstärkt dazu über, Konsumenten mit Hilfe der Medien des Direct Marketing anzusprechen. Um die Vielschichtigkeit der dynamischen Weiterentwicklung des Direct Marketing aufzuzeigen, ist eine systematische und differenzierte **Marktanalyse** notwendig. Wie Schaubild III-D-2 darstellt, ist bei einer marktteilnehmerbezogenen Marktanalyse zwischen einer anbieterorientierten sowie einer nachfrager- und anwenderorientierten Strukturanalyse zu unterscheiden.

Im Rahmen der anbieterorientierten Marktstruktur werden die verschiedenen Anbieter von Leistungen im Rahmen des Direct Marketing überblicksartig dargestellt. Die anschließende nachfragerorientierte beschreibt die Entwicklung innerhalb der Hauptzielgruppen und deren Auswirkungen auf den Einsatz des Direct Marketing. Die anwenderorientierte Struktur wird im Abschnitt über das Volumen des Marktes aufgezeigt, wobei eine medien- und branchenspezifische Segmentierung vorgenommen wird.

2.1.1 Angebotsorientierte Aspekte des Direct Marketing

In Anlehnung an die Fachgruppeneinteilung des *Deutschen Direktmarketing Verbandes* lassen sich die verschiedenen Anbieter von Leistungen im Markt für Direct Marketing organisato-

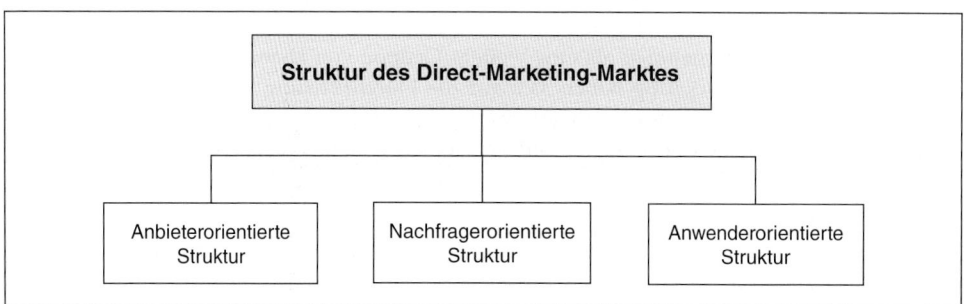

Schaubild III-D-2: Struktur des Direct-Marketing-Marktes

risch in sechs **Bereiche** untergliedern (*Herbst* 1993, S. 36; *Deutscher Direktmarketing Verband e.V.* 2002; *Verband* 2002):

(1) Agenturen und Berater,
(2) Hersteller,
(3) Adressverlage und -verarbeitung,
(4) Prospektverteilunternehmen,
(5) Telemarketing-Agenturen und Audiotex-Anbieter,
(6) Interactive Media.

Die erste wichtige Gruppe der im Markt für Direct Marketing angesiedelten Unternehmen sind die **Agenturen und Berater**, die im Jahre 2002 mit 182 Mitgliedern im *Deutschen Direktmarketing Verband* organisiert waren. Hier wird zwischen international agierenden Werbeagenturnetzen, die ihre Kunden über eigenständige Units in allen Fragen des Direct Marketing beraten, sowie großen selbständigen und kleinen inhabergeführten Agenturen unterschieden.

Die Aufgaben, mit denen die verschiedenen Agenturen im Rahmen des Direct Marketing betraut werden, sind vielschichtig und reichen von der Kreation einer Mailing-Kampagne bis zu einer umfassenden konzeptionellen Beratung. Zu unterscheiden ist dabei zwischen Agenturen, die ausschließlich klassische Agenturleistungen, wie beispielsweise die Konzeption und Produktion eines Direct-Response-TV (DRTV)-Spots, erbringen und Agenturen, die sich zusätzlich oder ausschließlich auf Serviceleistungen, wie die Werbemittelherstellung oder die Versandabwicklung, spezialisiert haben.

Ein weiterer Marktteilnehmer neben den Agenturen sind die **Hersteller**, die im Jahre 2003 mit 69 Unternehmen dem *Deutschen Direktmarketing Verband* angehörten. Zu dieser Gruppe zählen vorwiegend die Druckereien und Briefhüllenhersteller, aber auch die Produzenten von Postverarbeitungsmaschinen. Die Druckereien übernehmen beispielsweise Aufgaben wie die Produktion und Weiterverarbeitung von Katalogen, Prospekten und Plakaten sowie die Personalisierung und Auslieferung von Briefen. Das Leistungsangebot der Briefhüllenhersteller geht von der individuellen Produktion und Kuvertierung von Versandhüllen bis zur Herstellung von Musterbeuteln und Tragetaschen.

Eine wichtige Rolle spielen im Markt für Direct Marketing auch die **Adressverlage** bzw. **-broker und -verarbeiter**. Die Kernaufgabe dieser Unternehmen besteht in der zielgruppenspezifischen Zusammenstellung von Adressen, die dann zu Kollektionen zusammengefasst an die Anwender vermietet werden (*Dallmer* 2002a, S. 107). Die heutigen Adressverlage entstanden überwiegend aus Kleinunternehmen, wobei zu dieser Gruppe der Anbieter auch Rechenzentren, Softwareanbieter und Lettershops zählen, die umfangreiche EDV-Dienstleistungen, wie beispielsweise die Werbeerfolgskontrolle sowie Produktions- und Verarbeitungsleistungen, übernehmen.

Die **Prospektverteilunternehmen** als eine weitere Gruppe von Dienstleistungsunternehmen im Markt für Direct Marketing haben sich auf die Durchführung verschiedener Verteilerleistungen im Rahmen der Haushaltswerbung spezialisiert. Dazu gehören beispielsweise die Verteilung von Prospekten, Katalogen und Warenproben sowie das Shop-Sampling und die Förderung des Abverkaufs. Darüber hinaus wird teilweise auch die Übernahme von Druck- und Kuvertierleistungen angeboten.

Die **Telemarketing-Agenturen und Audiotex-Anbieter**, die im Jahre 2002 mit über 132 Unternehmen im *Deutschen Direktmarketing Verband* organisiert waren und durch die Telemedien-Services ergänzt werden, bieten verschiedene Leistungen und Services in den Bereichen Telefonmarketing, Multimediaanwendungen, Database Management und Lettershop an. Beispielsweise besteht die Möglichkeit, Sprachcomputer und 24-Stunden-Services in Anspruch zu nehmen oder die eigenen Mitarbeitenden über Schulungen und Seminare mit dem Einsatz der verschiedenen Medien vertraut zu machen.

Die **Interactive-Media-Dienstleister**, im Jahre 2002 mit bereits über 65 Unternehmen im *Deutschen Direktmarketing Verband* vertreten, bieten Produkte und Dienstleistungen für Firmen an, die bestrebt sind Direct Marketing mittels interaktiven Medien, wie beispielsweise E-Business und Call Center, zu betreiben (*Deutscher Direktmarketing Verband e.V.* 2002).

2.1.2 Nachfrageorientierte Aspekte des Direct Marketing

Im Rahmen einer näheren Kennzeichnung der nachfrageorientierten Struktur des Marktes für Direct Marketing bietet es sich an, in Anlehnung an die zentralen Hauptzielgruppen der Anwender eine weitere marktteilnehmerbezogene Unterteilung in eine konsumenten-, handels- und unternehmensbezogene Nachfragestruktur vorzunehmen.

Die **konsumentenbezogene Nachfragestruktur** des Marktes für Direct Marketing ist eng mit der Nachfragesituation im Markt für Mediawerbung verbunden. Die ständig steigende Zahl verschiedener Werbereize führt auch im Direct Marketing zu einer wachsenden Informationsüberlastung der Konsumenten, die nicht mehr in der Lage sind, die Vielzahl der angebotenen Informationen adäquat zu verarbeiten. Deutlich wird dies beispielsweise durch eine bereits im Jahre 1987 durchgeführte Untersuchung der *Deutschen Post*, die zu dem Ergebnis führte, dass 51 Prozent der Befragten der Meinung sind, dass ihr Briefkasten zu voll ist und die subjektiv empfundene Menge der Direktwerbung zugenommen hat (*Holland* 2009, S. 35).

In der Folge sind zunehmende **Verweigerungshaltungen** der Konsumenten zu beobachten, die beispielsweise dadurch deutlich werden, dass Konsumenten durch Briefkastenaufkleber, wie „Bitte keine Reklame einwerfen", vermehrt darauf hinweisen, dass sie es nicht wünschen, Werbesendungen zu erhalten. Die teilweise ablehnende Haltung der Konsumenten zeigt sich auch dadurch, dass diese immer weniger bereit sind, an Gewinnspielen teilzunehmen und sich demgegenüber in so genannte Robinson-Listen eintragen lassen, wodurch die Direct Marketing einsetzenden Unternehmen verpflichtet sind, diese Haushalte nicht in ihre Adressdateien aufzunehmen (*Dallmer* 2002a, S. 109; *FreyBeaumont-Bennett* 1995, S. 72).

Die Entwicklung der **handelsbezogenen Nachfragestruktur** ist in erster Linie durch einen fortschreitenden Konzentrationsprozess gekennzeichnet, der zu erheblichen Marktanteilsverschiebungen zugunsten der großen, integrierten und kooperierenden Handelssysteme führt. Dies äußert sich vor allem durch eine per saldo ständig sinkende Zahl an Einkaufsstätten und einer Zentralisation der Entscheidungsprozesse im Handel.

Vor dem Hintergrund dieser Entwicklungen wird eine direkte Ansprache der Entscheider durch den Einsatz der verschiedenen Medien des Direct Marketing einerseits erleichtert, da die Zahl der Entscheider im Handel sinkt und sich diese leichter selektieren lassen. Beispielsweise verfügen einige Handelssysteme selbst bei großen Herstellern bereits über Umsatzanteile von mehr als 15 Prozent, worin sich der hohe Konzentrationsgrad im Handel widerspiegelt. Andererseits entsteht die Schwierigkeit, dass die geringere Zahl der Entscheider eine Vielzahl von Informationen und Angeboten von den verschiedensten Unternehmen erhält, so dass die einzelnen Direct Marketing-Aktionen immer individueller auf die Bedürfnisse der Entscheider zuzuschneiden sind. Darüber hinaus besteht das Problem, dass sich aufgrund der gegebenen Rentabilitätssituation Listungsentscheidungen immer weniger durch einzelne Direct Marketing-Maßnahmen beeinflussen lassen.

Zielsetzung ist es hier, mit Hilfe des Direct Marketing den individuellen und persönlichen Dialog zwischen dem eigenen Unternehmen und den Entscheidern im Handel positiv zu beeinflussen. Dazu ist es erforderlich, auf Basis genauer Informationen Maßnahmen zu kreieren, die sich von der Masse gleichartiger Aktivitäten der Wettbewerber positiv absetzen und genau die Vorstellungen der Zielgruppe treffen.

Die Entwicklung der **unternehmensbezogenen Nachfragestruktur** ist den Entwicklungstendenzen im Handel sehr ähnlich. Auch hier ist in vielen Branchen die Marktsituation durch eine hohe Wettbewerbsintensität und stagnierende Nachfrage gekennzeichnet, infolgedessen viele Unternehmen bemüht sind, durch Umstrukturierungsmaßnahmen, wie beispielsweise die Etablierung flacher Hierarchiestrukturen, ihre Kosten zu senken. Die Folge ist, dass die Zahl der eigentlichen Entscheider sinkt, wobei diese gleichzeitig einem wachsenden Erfolgsdruck ausgesetzt werden, der letztlich dazu führt, dass sich die Entscheidungsspielräume des Managements immer weiter verengen.

In dieser Situation besteht die primäre Aufgabe des Direct Marketing darin, die tatsächlichen Entscheider innerhalb der Buying Center zum richtigen Zeitpunkt mit den relevanten Informationen zu versorgen, eventuelle Vorbehalte abzubauen und insbesondere bei wichtigen Investitionsentscheidungen dazu beitragen, das Entscheidungsrisiko der Manager zu senken.

2.2 Volumen des Marktes für Direct Marketing

Eine **anwenderorientierte Analyse** der marktbezogenen Entwicklung des Direct Marketing vermittelt einen detaillierten Einblick dahingehend, welcher Stellenwert dem Direct Marketing im Rahmen der Planung der Kommunikationsstrategie beigemessen wird. Bei der Quantifizierung der Entwicklung dieser Marktstrukturkomponente wird vorrangig auf die Ergebnisse der seit dem Jahre 1997 jährlich von der *Deutschen Post AG* durchgeführten Studie „Direktmarketing Deutschland" zurückgegriffen.

Diese Studie ist repräsentativ für alle steuerpflichtigen Unternehmen mit einem Jahresumsatz von mehr als 0,25 Mio. EUR einschließlich der Sondergruppen, wie Öffentlicher Sektor, Vereine, Versandhandel und Verlage. Wie bereits im Vorjahr wurden im Jahre 2001 in die Repräsentativerhebung auch Unternehmen unter 0,25 Mio. EUR Jahresumsatz einbezogen. Diese wurden in einem separaten Kapitel („Kleinstunternehmen") dargestellt (*Deutsche Post AG* 2002, S. 10).

Die Untersuchung erfolgte durch ein kombiniert telefonisch-schriftliches Verfahren, bei dem ein detailliertes Quotenverfahren die Abbildung der existierenden Branchen- und Unternehmensgrößenstruktur sicherstellte. In einer ersten Stufe wurden telefonische Vorinterviews durchgeführt, in denen von 3.750 Unternehmen Informationen zur Anwendung von Direct Marketing-Maßnahmen gesammelt wurden. Im Anschluss daran folgte eine schriftliche Befragung, innerhalb derer detaillierte Informationen hinsichtlich des Einsatzes von Direct Marketing-Maßnahmen im Jahre 2001 ermittelt wurden. Da aufgrund der kontinuierlichen Konzeption der Untersuchung die Vergleichbarkeit der Ergebnisse – auch in Detailaussagen – über den Untersuchungszeitraum hinweg sichergestellt ist, nimmt insbesondere die Detaildarstellung von Trends und Entwicklungen im Direct Marketing einen breiten Raum ein.

2.2.1 Allgemeine Entwicklung

Erstes wesentliches Ergebnis der vorliegenden Studie ist, dass sich die **Gesamtaufwendungen** für Direct Marketing in der Zeit von 1988 bis 2002 mehr als vervierfacht haben. Während die Gesamtaufwendungen aller Unternehmen in Deutschland für Direct Marketing im Jahre 1988 noch bei zirka 6,4 Mrd. EUR lagen, beliefen sich diese im Jahre 2002 bereits auf 29 Mrd. EUR (*Deutsche Post AG* 2003, S. 18).

Die zunehmende Akzeptanz einer direkten Kundenansprache zeigt sich auch daran, dass bereits 67 Prozent aller Unternehmen Direct Marketing als einen festen **Bestandteil** ihres **Kommunikationsmix** ansehen, während im Jahre 1988 nur ein knappes Drittel aller Unternehmen Direct Marketing-Maßnahmen einsetzten. Bei Betrachtung der Entwicklung gegliedert nach der Unternehmensgröße fällt auf, dass vor allem größere Unternehmen mit mehr als 25 Mio. EUR Umsatz Direct Marketing intensiv einsetzen. Insgesamt nutzen 93 Prozent aller Unternehmen dieser Kategorie die Dialogmöglichkeiten des Direct Marketing, wobei sich die Aufwendungen dieser Unternehmen in den Jahren von 1988 bis 2002 von 2,15 auf 15 Mrd. EUR erhöhten (*Deutsche Post AG* 2003, S. 18).

2.2.2 Medienspezifische Entwicklung

Eine medienspezifische Analyse hinsichtlich der Entwicklung der Aufwendungen zeigt eine etwa gleichbleibende Bedeutung der **Anzeigen und Beilagen mit Response-Möglichkeiten** im Zeitablauf. Während im Jahre 1988 30 Prozent der Gesamtaufwendungen für Direct Marketing in diesen Bereich flossen, erhöhte sich der Anteil nur geringfügig, bis zum Jahre 2001 auf 31 Prozent. Gleichzeitig sank der Anteil der Aufwendungen für **adressierte Werbesendungen** von 46 auf 33 Prozent. Nahezu unverändert blieb der Anteil der Aufwendungen für nichtadressierte Werbesendungen sowie Plakat- und Außenwerbung mit Response-Möglichkeit, wohingegen sich der Anteil für Telefonmarketing von 11 auf 14 Prozent leicht erhöhte. Hinsichtlich der **Multimediaanwendungen** wird deutlich, dass diese ihren Anteil im Beobachtungszeitraum stark erhöhen konnten. Insbesondere das E-Mail-Marketing nahm an Bedeutung zu, weshalb diese Medienkategorie auch entsprechend von „Multimediaanwendungen" in „E-Mail-Marketing" umbenannt wurde (*Deutsche Post AG* 2002, S. 22; *Deutscher Direktmarketing Verband e.V.* 1995, S. 19).

Werden in einem weiterführenden Schritt, wie Schaubild III-D-3 verdeutlicht, die konkrete Höhe der Aufwendungen für die einzelnen Medien sowie deren Einsatzhäufigkeit im Zeitvergleich betrachtet, so zeigt sich, dass die **adressierten Werbesendungen**, trotz eines sinkenden Anteils an den Gesamtaufwendungen, mit Aufwendungen in Höhe von 7,1 Mrd. EUR im Jahre 2001 nach wie vor eine bedeutende Rolle spielen. Die hohe Bedeutung dieses Mediums wird auch dadurch belegt, dass im Jahre 2001 bereits 43 Prozent aller Unternehmen adressierte Werbesendungen einsetzten. Damit hat sich diese Form des Direct Marketing zu dem am häufigsten eingesetzten Medium unter den reinen Direct Marketing-Instrumenten entwickelt.

Die Höhe der Aufwendungen für die einzelnen Medien hängt dabei entscheidend von der **Unternehmensgröße** ab. Verständlicherweise bleiben die **kleinen Unternehmen** (ab 0,25 bis unter 1 Mio. EUR Jahresumsatz) bei den Nutzeranteilen der einzelnen Direct Marketing-Instrumente hinter den größeren Unternehmen zurück. Im Gegensatz zu anderen Medien besteht bei teil- und nichtadressierten Werbesendungen und beim E-Mail-Marketing jedoch eine geringe Differenz zur Nutzungsintensität der mittleren und großen Unternehmen. Diese Medien sind auch für kleinere Unternehmen interessant. Das am stärksten eingesetzte Medium der kleinen Unternehmen ist die adressierte Werbesendung (39 Prozent), gefolgt von aktivem und passivem Telefonmarketing (24 bzw. 27 Prozent) und Anzeigen sowie Beilagen mit Response-Elementen (27 Prozent).

Bei den **mittleren Unternehmen** (1 bis unter 25 Mio. EUR Jahresumsatz) steht die adressierte Werbesendung sowohl hinsichtlich der Nutzung als auch hinsichtlich der Aufwendungen an

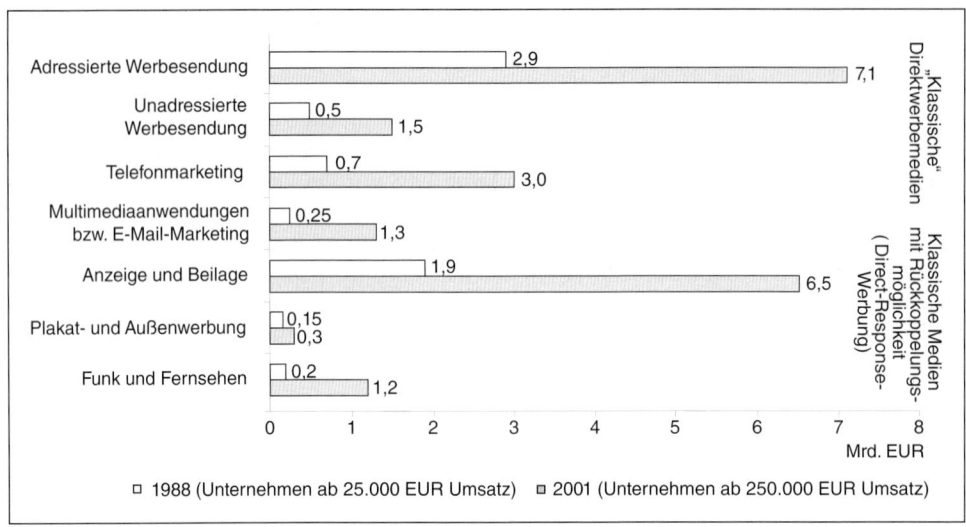

Schaubild III-D-3: Aufwendungen der Direct-Marketing-Medien in Abhängigkeit von der Unternehmensgröße (Deutscher Direktmarketing Verband e.V. 1995, S. 13; Deutsche Post World Net 2009, S. 23)

erster Stelle. Darüber hinaus weist diese Unternehmensgrößenklasse die höchsten Nutzeranteile für aktives und passives Telefonmarketing auf (36 bzw. 37 Prozent) und tätigt in diesen Bereichen über alle Unternehmen hinweg die höchsten Aufwendungen.

Die adressierte Werbesendung zum einen sowie Response-Anzeigen und -beilagen zum anderen werden von den großen Unternehmen (ab 25 Mio. EUR Jahresumsatz) bevorzugt. Hinsichtlich der Nutzeranteile liegen die Großunternehmen mit 64 Prozent bei den adressierten Werbesendungen sowie 37 Prozent bei Anzeigen und Beilagen mit Response-Elementen weit vor den anderen Größenklassen. Doch auch die Betrachtung der Ausgaben zeigt einen deutlichen Schwerpunkt auf diesen beiden Medien, die zwei Drittel des gesamten Budgets für Direct Marketing für sich in Anspruch nehmen.

Darüber hinaus fällt der vergleichsweise hohe Anteil an Ausgaben für Funk- und Fernsehwerbung mit Response auf. Immerhin 84 Prozent der Gesamtkosten für diese Medien werden von großen Unternehmen getragen (*Deutsche Post AG* 2002).

2.2.3 Branchenspezifische Entwicklung

Eine branchenspezifische Analyse der Bedeutung des Direct Marketing macht deutlich, dass die verschiedenen Medien des Direct Marketing über alle Branchen verteilt eingesetzt werden. Wie Schaubild III-D-4 zeigt, nutzten im Jahre 2001 insgesamt 60 Prozent aller Unternehmen des **verarbeitenden Gewerbes** die verschiedenen Medien des Direct Marketing, um den Konsumenten ihr Produktangebot näher zu bringen. Dies entspricht rund 177.000 Unternehmen. Den höchsten Verbreitungsgrad erreichte das Direct Marketing dabei in den Bereichen Metall, Maschinen und Fahrzeuge, innerhalb derer 64 Prozent aller Unternehmen Direct Marketing einsetzten.

Häufiger wurde das Direct Marketing im **Handel** und im **Dienstleistungssektor** eingesetzt. Insgesamt jeweils 71 Prozent aller im Handel sowie im Dienstleistungsbereich tätigen Unternehmen setzten im Jahre 2001 Direct Marketing ein, um ihr Leistungsangebot den Konsumenten näher zu bringen. Ein Sektor, in dem das Direct Marketing einen hohen Verbreitungs-

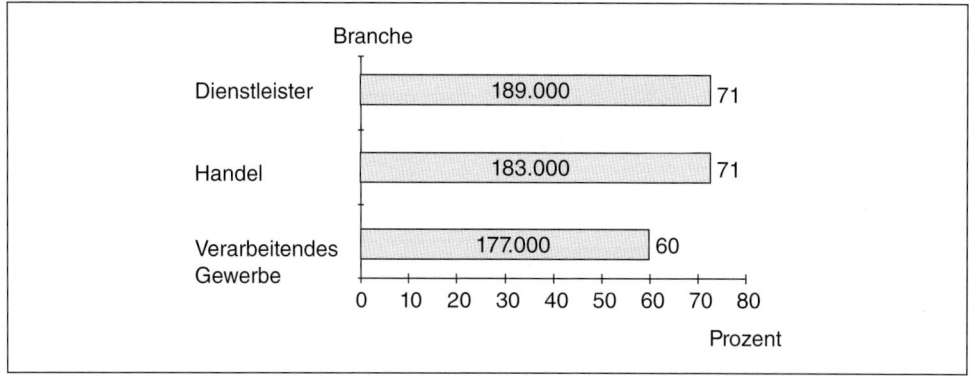

Schaubild III-D-4: Einsatz des Direct Marketing in verschiedenen Branchen (Deutsche Post World Net 2009, S. 28 ff.)

grad aufweist, ist der Finanzdienstleistungsbereich. Hier zeigte die Studie, dass 82 Prozent der in dieser Branche ansässigen Unternehmen auf das Direct Marketing zurückgreifen.

Auch eine Analyse hinsichtlich des **Mediennutzungsverhaltens** innerhalb der verschiedenen Branchen macht, wie die Schaubilder III-D-5 und III-D-6 zeigen, branchenspezifische Unterschiede deutlich.

Eine Untersuchung des Medieneinsatzverhaltens der im **Dienstleistungssektor** angesiedelten Unternehmen kommt zu dem Ergebnis, dass – ebenfalls wie im Handel – die adressierten Werbesendungen das bevorzugte direkte Kommunikationsmittel sind. Sie werden von 46 Prozent der Dienstleistungsunternehmen, die Direct Marketing einsetzen, verwendet. Die Betrachtung der Verteilung der Direct Marketing-Aufwendungen auf die einzelnen Medien unterstreicht dieses Resultat. Mit Gesamtaufwendungen in Höhe von 3,1 Mrd. EUR investierten Dienstleistungsunternehmen in das Medium der adressierten Werbesendungen im Jahre 2001 die höchste Summe.

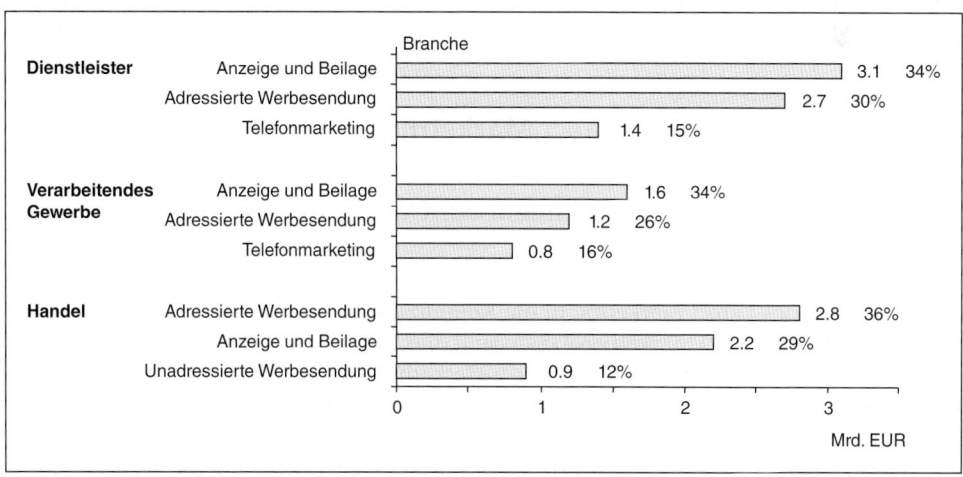

Schaubild III-D-5: Branchenspezifische Verteilung der Direct-Marketing-Aufwendungen und Einsatz einzelner Medien der Direct-Marketing-Anwender in Mio. EUR (Deutsche Post World Net 2009, S. 28 ff.)

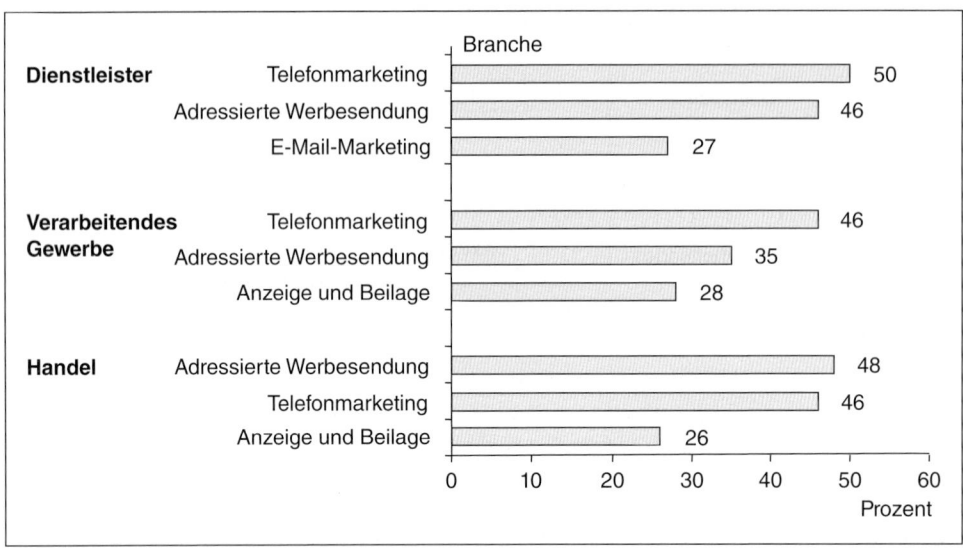

Schaubild III-D-6: Branchenspezifische Verteilung der Direct-Marketing-Aufwendungen und Einsatz einzelner Medien der Direct-Marketing-Anwender in Prozent (Deutsche Post World Net 2009, S. 28 ff.)

Die Unternehmen des **verarbeitenden Gewerbes** konzentrieren ihre Direct Marketing-Maßnahmen dagegen auf das Medium der Anzeigen und Beilagen mit Response-Möglichkeit, die von 28 Prozent der Unternehmen in ihr Kommunikationsmix integriert wurden. Die große Bedeutung dieses Mediums wird auch dadurch deutlich, dass in diesem Bereich im Jahre 2001 fast 1,6 Mrd. EUR eingesetzt wurden.

Bei Betrachtung der Mediennutzung im **Handel** zeigt sich, dass die adressierte Werbesendung, die von 49 Prozent aller Handelsunternehmen eingesetzt wird, das meistgenutzte Kommunikationsmittel ist. Die Bedeutung dieses Mediums wird auch dadurch unterstrichen, dass im Jahre 2001 mit Investitionen in Höhe von 2,8 Mrd. EUR, die 36 Prozent der Gesamtaufwendungen ausmachten, der höchste Betrag in diesen Bereich investiert wurde.

3 Planungsprozess des Direct Marketing

3.1 Direct Marketing als Instrument der Unternehmens- und Marketingkommunikation

Die Integration des Direct Marketing in die Kommunikationsstrategie sowie die systematische Planung jeder Direct Marketing-Aktion sind die Grundvoraussetzungen dafür, dass der Einsatz der verschiedenen Medien des Direct Marketing dazu beiträgt, eine **Unique Communication Proposition** im Wettbewerb aufzubauen und die Vorteile des eigenen Leistungsangebotes glaubhaft zu kommunizieren. Zudem lassen sich durch eine Abstimmung der Direct Marketing-Maßnahmen mit den übrigen, klassischen Marketinginstrumenten Synergieeffekte erreichen (*Holland* 2009, S. 43).

Gerade der Einsatz des Direct Marketing wird in der **Praxis** jedoch teilweise immer noch nicht ausreichend vorbereitet. Viel zu oft werden einzelne Maßnahmen ohne ausreichende Planung unprofessionell ausgeführt, um beispielsweise Überkapazitäten abzubauen oder Lagerbestände kurzfristig zu verringern. Wird das Direct Marketing jedoch nur als „Feuerwehr-Maßnahme" eingesetzt (*Holland* 2009, S. 44), um kurzfristig gesetzte Ziele zu erreichen, vergibt das Unternehmen die Chance, mit Hilfe eines abgestimmten Instrumenteeinsatzes einen Dialog mit dem Kunden zu initiieren und diesen langfristig an das Unternehmen zu binden.

Vielmehr entsteht das Problem, dass durch den Einsatz wenig durchdachter Konzepte das Image und die Glaubwürdigkeit direkter Kommunikationsmaßnahmen leiden, da die verschiedenen Zielgruppen nicht adäquat angesprochen werden. Darüber hinaus werden auch die eigentlich anzustrebenden synergetischen Effekte eines abgestimmten Instrumenteeinsatzes nicht erreicht. Direkte und klassische Kommunikation agieren bei diesem unprofessionellen Vorgehen nur nebeneinander und kompensieren sich gegenseitig, statt sich sinnvoll zu ergänzen und hinsichtlich ihrer Effekte zu potenzieren (*Kreutzer* 1991, S. 418).

Wie beispielsweise eine Studie der Unternehmensgruppe *Wiesbaden* bei Call Centern der Automobilindustrie zeigte, wird der ersten Stufe einer Direct Marketing-Aktion große Aufmerksamkeit geschenkt, während die weiteren Stufen jedoch durch die Unternehmen vernachlässigt werden. So führten 720 Testanrufe, in denen ein starkes Interesse an einem bestimmten Automobilmodell und eine konkrete Kaufabsicht in den nächsten zwei Monaten geäußert wurde, zu folgenden Ergebnissen (*Holland* 2009, S. 43 f.):

- 13 Prozent der Automobilanbieter reagieren nicht.
- 78 Prozent verschickten den gewünschten Prospekt, ohne ein weiteres Interesse an dem potenziellen Kunden deutlich zu machen.
- Nur 9 Prozent der Interessenten wurden weiter betreut, indem durch das Automobilunternehmen nachgefasst, Adressen an den zuständigen Händler weitergegeben oder zu einer Probefahrt eingeladen wurde.

Derartige negative Effekte lassen sich durch eine Integration des Direct Marketing in die Kommunikationsstrategie sowie eine systematische Planung der einzelnen Direct Marketing-Aktivitäten vermeiden. Nur ein systematischer Planungsprozess stellt sicher, dass durch den Einsatz der verschiedenen Kommunikationsinstrumente identische Kernaussagen transportiert werden und intrainstrumentell die einzelnen Stufen eines Direct Marketing-Konzeptes optimal abgestimmt sind.

3.2 Phasen im Planungsprozess des Direct Marketing

Die Umsetzung und Konkretisierung der durch die Kommunikationsstrategie vorgegebenen Rahmengrößen erfolgt innerhalb des Direct Marketing, wie Schaubild III-D-7 veranschaulicht, nach dem klassischen entscheidungsorientierten Ansatz in mehreren Phasen.

(1) Situationsanalyse

Grundlage des Direct Marketing-Planungsprozesses ist eine spezifische Situationsanalyse. In dieser Phase gilt es, die konkrete Marketingsituation als Ausgangspunkt der nachfolgenden Entscheidungen zu analysieren, wobei zwischen einer externen und einer internen Situationsanalyse unterschieden wird. Im Rahmen der externen Situationsanalyse ist neben einer Prüfung, in welchem Umfang und in welcher Ausprägung die Wettbewerber Direct Marketing einsetzen, insbesondere relevant, welchen Einfluss die Entwicklung der Käuferstruktur und deren Verhalten auf die künftigen Einsatzmöglichkeiten des Direct Marketing hat. Darüber hinaus gilt es genau zu analysieren, inwieweit rechtliche Entwicklungen den Entscheidungsspielraum determinieren. Die unternehmensinterne Analyse prüft demgegenüber unter anderem den

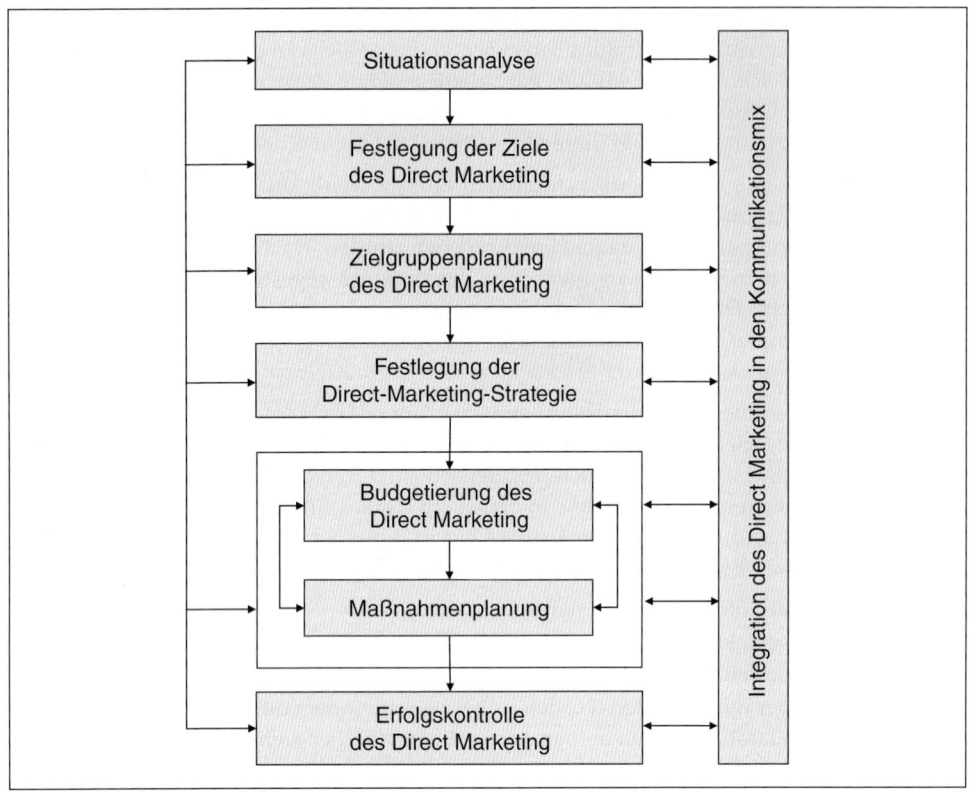

Schaubild III-D-7: Planungsprozess des Direct Marketing

Erfolg der bisherigen Maßnahmen und zukünftige Einsatzmöglichkeiten sowie das im Unternehmen vorhandene Datenmaterial über aktuelle und potenzielle Kunden (*Meffert* 1991, S. 40).

(2) Festlegung der Ziele des Direct Marketing

Die anschließende Festlegung eines klaren, längerfristig ausgerichteten, operationalen Zielsystems ist ein wesentlicher Bestandteil jedes Planungsprozesses. Ausgehend von den Ergebnissen der Situationsanalyse sind in einem hierarchischen und iterativen Prozess die Direct Marketing-Ziele festzulegen (*Meffert* 1991, S. 41). Die einzelnen Ziele sind dabei konsistent zu den im Rahmen der Kommunikationsstrategie festgelegten Zielen zu formulieren. Darüber hinaus gilt es, möglichst exakt messbare Ziele zu bestimmen, da diese nur dann ihre Steuerungs- und Kontrollfunktion im Direct Marketing optimal erfüllen (*Kreutzer* 1991, S. 425). Konkret werden im Rahmen des Direct Marketing insbesondere kognitiv- und konativ-orientierte Ziele verfolgt. Hinsichtlich der kognitiven Orientierung ist vor allem eine zielgruppengenaue Ansprache ohne Streuverluste und mit hoher Aufmerksamkeits- und Informationswirkung zu erreichen. Im konativen Bereich geht es darum, den Konsumenten zu einer interaktiven Kommunikation zu animieren.

(3) Identifizierung der Zielgruppen des Direct Marketing

In der Phase der Zielgruppenplanung geht es darum, den relevanten Markt in möglichst homogene Käufergruppen zu unterteilen. Darauf aufbauend werden nach der Zweckmäßigkeit der Bearbeitung die einzelnen Zielgruppen festgelegt. Die Zielgruppenidentifizierung erfolgt auf verschiedenen Wegen. Zum einen besteht die Möglichkeit, externe Datenbanken zur Zielgruppenselektion heranzuziehen. Andererseits wird auch über den Einsatz von Direct-Response-Maßnahmen festgestellt, für welche Personengruppen das Angebot besonders interessant ist (*Kreutzer* 1991, S. 428).

(4) Festlegung einer Direct Marketing-Strategie
Nach der Bestimmung der Ziele und der zu bearbeitenden Zielgruppen folgt in einem weiteren Schritt die Festlegung einer Direct Marketing-Strategie. Während die Bestimmung der Ziele dabei als zukunftsbezogene Vorgabe für das Unternehmen angesehen wird, stellen Strategien strukturierte Maßnahmen bzw. Kanalisierungen dar, innerhalb derer sich die Festlegung der Direct Marketing-Maßnahmen als operativer Planungsprozess vollzieht. Insofern ist eine Entscheidung hinsichtlich der grundsätzlichen Ausrichtung der Direct Marketing-Aktivitäten im Rahmen der Kommunikationsstrategie zu treffen.

(5) Budgetierung des Direct Marketing
Eng verbunden mit der Maßnahmenplanung ist die Budgetplanung. Die Budgetierung des Direct Marketing beinhaltet die Festlegung der Budgets zur Deckung der Kosten sämtlicher Direct Marketing-Maßnahmen einer Planungsperiode und ist Ausdruck der im Rahmen des Planungsprozesses festgelegten Ziele, Strategien und Maßnahmen vor dem Hintergrund der eigenen finanziellen Restriktionen und der voraussichtlichen Aktivitäten der Wettbewerber. Teilentscheidungen, die es in diesem Zusammenhang zu treffen gilt, sind sowohl die Festlegung der Höhe des gesamten Direct Marketing-Budgets als auch die Aufteilung des Budgets in zeitlicher und sachlicher Hinsicht.

(6) Maßnahmenplanung
Im Anschluss daran folgt die Maßnahmenplanung des Direct Marketing. In dieser Planungsphase wird die konkrete Ausgestaltung der festgelegten Strategie vorgenommen, indem in Abhängigkeit von der anzusprechenden Zielgruppe der aufeinander abgestimmte Einsatz der verschiedenen Medien des Direct Marketing festgelegt wird.

(7) Integration des Direct Marketing in den Kommunikationsmix
In jeder Stufe des Direct Marketing-Planungsprozesses ist die notwendige Integration in den Kommunikationsmix des Unternehmens zu gewährleisten. Nur wenn eine inhaltliche, formale und zeitliche Verknüpfung des Direct Marketing mit den anderen Kommunikationsinstrumenten erfolgt, wird es möglich, durch einen in sich konsistenten Auftritt Synergien zu nutzen und bei den angesprochenen Zielgruppen die gewünschten Wirkungen zu erzielen.

(8) Erfolgskontrolle des Direct Marketing
Abschließend ist eine Erfolgskontrolle im Hinblick auf die Erreichung der angestrebten Ziele durchzuführen. Dabei ist zu analysieren, inwieweit durch die Umsetzung des Direct Marketing-Konzeptes die instrumentespezifischen Ziele erreicht wurden und in welchem Umfang durch eine Integration in den Kommunikationsmix dazu beigetragen wurde, die festgelegten strategischen und operativen Kommunikationsziele zu verwirklichen.

Weichen die tatsächlichen Ergebnisse von den geplanten Ergebnissen ab, sind die Ursachen für die Abweichungen zu analysieren. Zum einen besteht die Möglichkeit, dass im Rahmen des Strategieplanungs- und -umsetzungsprozesses Fehler gemacht wurden. In diesem Fall ist die Strategie zu verändern bzw. die Umsetzung zu optimieren. Zum anderen besteht jedoch auch die Möglichkeit, dass sich die Umweltbedingungen während der Planungsperiode so sehr geändert haben, dass eine adäquate Zielerreichung nicht mehr möglich war. Ist dies der Fall, sind die Ziele an die veränderten Umweltbedingungen anzupassen.

Wie bei den anderen Kommunikationsinstrumenten ist auch der hier vorgestellte Planungsprozess als idealtypisch anzusehen. Vor dem Hintergrund der unterschiedlichen Funktionen ist insbesondere eine kontinuierliche und langfristige Planung des Direct Marketing sicher-zustellen. Das heißt jedoch nicht, dass eine einmal eingeschlagene Richtung unter allen Umständen starr zu verfolgen ist. Vielmehr ist eine flexible Planung notwendig, die in der Lage ist, schnell auf relevante Umweltveränderungen zu reagieren, um den Erfolg des Unternehmens langfristig sicherzustellen.

4 Ziele und Zielgruppen des Direct Marketing

4.1 Situationsanalyse als Ausgangspunkt

Grundlage einer Bestimmung der Ziele und Zielgruppen des Direct Marketing ist eine Analyse der für das Direct Marketing relevanten **Unternehmenssituation**. Nur wenn die Festlegung eines operationalen Zielsystems und die Zielgruppenplanung auf einer systematischen und aktuellen Datenbasis basieren, bilden sie die Grundlage einer langfristig erfolgreichen Unternehmensführung.

Insbesondere angesichts immer komplexer werdender kommunikationspolitischer Rahmenbedingungen, die beispielsweise durch eine Atomisierung der Medien, einen Wertewandel der Konsumenten und eine Internationalisierung der Medienmärkte gekennzeichnet sind, benötigen Unternehmen detaillierte Informationen hinsichtlich der aktuellen Bedingungslage und möglichen zukünftigen Entwicklungen als Planungs- und Entscheidungsgrundlage im Direct Marketing. Zielsetzung ist es, mit Hilfe einer systematischen Analyse der spezifischen Ausgangssituation die Planungssicherheit zu erhöhen.

Ausgangspunkt einer Situationsanalyse ist dabei die Prüfung, welche relevanten Umweltzustände zur genaueren Kennzeichnung der einzelnen Phasen des spezifischen Planungsprozesses im Direct Marketing Beachtung finden. Im Rahmen dieser **externen Situationsanalyse** ist zwischen beeinflussbaren und nicht beeinflussbaren Variablen zu unterscheiden.

Beeinflussbar sind dabei solche Größen, die das Unternehmen durch den Einsatz der verschiedenen Medien des Direct Marketing steuern. Beispielsweise besteht die Möglichkeit einer Verbesserung der Kundenbindung durch regelmäßige Mailings oder den integrierten Einsatz verschiedener Medien. Nicht beeinflussbar sind dagegen Umwelteinflüsse, auf die das Unternehmen nicht direkt einwirkt. Hierzu zählen vor allem Entwicklungen des technologischen, rechtlichen, politischen und ökologischen Unternehmensumfeldes, die es im Rahmen des Planungsprozesses genau zu beachten gilt.

Eine Analyse der spezifischen unternehmensbezogenen Situationsfaktoren bildet die zweite bedeutsame Säule des Direct Marketing-Planungsprozesses. Im Rahmen dieser **unternehmensinternen Analyse** wird unter anderem geprüft, ob die notwendigen Ressourcen, wie beispielsweise ein professionelles Database Management sowie ausreichend geschulte Mitarbeitende, zur Umsetzung der geplanten Aktivitäten im Rahmen des Direct Marketing zur Verfügung stehen. Darüber hinaus ist der Erfolg bisheriger Maßnahmen und zukünftiger Einsatzmöglichkeiten des Direct Marketing vor dem Hintergrund des gegebenen Leistungsangebotes zu untersuchen, um beispielsweise mögliche Schwachstellen der bisherigen Strategie offen zu legen.

Um eine vollständige Erfassung, Aufbereitung und Analyse aller relevanten internen und externen Größen sicherzustellen, ist es sinnvoll, sich einer Systematik zu bedienen, mit deren Hilfe die Vielzahl möglicher Einflussfaktoren strukturiert und umfassend verarbeitet werden. Hier bietet sich der Einsatz einer **SWOT-Analyse** (Strenghts-Weaknesses-Opportunities-Threats) an. Durch die Anwendung dieses Analyseverfahrens besteht die Möglichkeit, sowohl die externen Chancen und Risiken bezüglich eines Direct Marketing-Einsatzes zu identifizieren als auch offen zu legen, inwieweit interne Stärken und Schwächen hinsichtlich des Einsatzes dieses Instrumentes bestehen (*Bruhn* 2010c, S. 101 ff.).

Erste Ansatzpunkte hinsichtlich der spezifischen Unternehmenssituation des Direct Marketing lassen sich beispielsweise durch die Beantwortung der in Schaubild III-D-8 aufgeführten Fragestellungen ableiten.

Fragen	Antworten	Chancen/ Risiken Stärken/ Schwächen
Marktbezogene Fragen		
• Welche Vor- und Nachteile weist der Einsatz des Direct Marketing gegenüber anderen Kommunikationsinstrumenten auf? • Welche Medien des Direct Marketing stehen dem Unternehmen in den verschiedenen Märkten zur Verfügung? • Welches Image haben die verschiedenen Medien? • Welche Tendenzen zeigen sich hinsichtlich des Direct-Marketing-Einsatzes? u.a.m.		
Kundenbezogene Fragen		
• Welche Informationsquellen nutzen die Konsumenten? • Welche Einkaufsgewohnheiten bestehen bei den Zielgruppen? • Welche Einstellung haben die Konsumenten gegenüber dem Direct Marketing als Kommunikationsinstrument? • Wie hoch ist das Anspruchsniveau der Konsumenten? u.a.m.		
Konkurrenzbezogene Fragen		
• Welche Direct-Marketing-Aktivitäten führen die Wettbewerber mit welcher Intensität und mit welchem Erfolg durch? • Welche Wettbewerbsprodukte werden mit Hilfe des Direct Marketing vermarktet und welche weiteren Produkte eignen sich? • Welche Auswirkungen haben die Konkurrenz-aktivitäten auf den Einsatz der eigenen Medien des Direct Marketing? u.a.m.		
Unternehmensbezogene Fragen		
• Welchen Erfolg weisen die bisherigen Direct-Marketing-Aktivitäten auf? • Welche Ressourcen stehen zum Einsatz des Direct Marketing zur Verfügung (Mitarbeiter, Database Management usw.)? • Sind alle relevanten Mitarbeiter hinsichtlich des Einsatzes der verschiedenen Medien des Direct Marketing informiert? u.a.m.		

Schaubild III-D-8: Fragenkatalog zur SWOT-Analyse des Direct Marketing

Hier wurden nach dem Gegenstand der Prüfung, vier Kategorien einer Situationsanalyse unterschieden, wobei im Einzelfall zu prüfen ist, ob und inwieweit weitere Bereiche, wie beispielsweise die Handelssituation, einzubeziehen sind. Wichtig ist, dass die einzelnen Bereiche einer Situationsanalyse nicht unabhängig voneinander zu betrachten sind. Vielmehr bestehen zahlreiche **Interdependenzen** sowohl zwischen den einzelnen Analysekategorien als auch innerhalb eines Analysebereiches, die es innerhalb der einzelnen Phasen des Direct Marketing-Planungsprozesses zu berücksichtigen gilt.

Inwieweit und mit welcher Gewichtung die einzelnen Ergebnisse einer SWOT-Analyse als Entscheidungsgrundlage zur Ausrichtung der zukünftigen Aktivitäten des Direct Marketing herangezogen werden, ist im Einzelfall von zahlreichen Faktoren abhängig und ist vom Unternehmen individuell zu entscheiden. Entscheidend ist, dass die tatsächlichen Ursachen einer Entwicklung offen gelegt werden und darauf aufbauend zukünftige Maßnahmen abgeleitet werden.

> **Beispiel: Analyse der Direct-Mailing-Aktion eines Industriegüterherstellers**
> Ein im Systemgeschäft tätiger Industriegüterhersteller analysiert den Erfolg einer umfassenden Direct-Mailing-Aktion. Ziel der Maßnahme war die Bekanntmachung und das Wecken von Interesse an einem innovativen fahrerlosen Transportsystem für die Bereiche Lagerhaltung und Produktion. Obwohl die Vorteile des Einsatzes dieses Systems, wie beispielsweise der fast vollständige Ersatz kostenintensiver Gabelstapler, genau dargestellt wurden, blieb der Erfolg der Aktion aus. Das Unternehmen erhielt kaum Anfragen mit der Bitte um Zusendung weiteren Prospektmaterials oder der Erklärung des Systems in einem persönlichen Gespräch. Eine daraufhin von der Marktforschungsabteilung initiierte Untersuchung zeigt, dass die Ursachen des Misserfolgs nicht in der Planung und Durchführung der eigentlichen Aktion lagen. Vielmehr bestanden die Hauptschwierigkeiten darin, dass die Vielzahl der unterschiedlichen Kundenprobleme in einem Direct Mailing nicht adäquat erfasst wurden und viele Unternehmen das Risiko einer Bindung an eine Systemarchitektur ohne das Vorliegen eines Standards als zu risikoreich empfunden. Infolge dieser Resultate beschloss der Hersteller, seine Direct Marketing-Aktionen vorerst einzustellen und in einem ersten Schritt Referenzkunden zu gewinnen, die das System erfolgreich einsetzen und auf die in einer Kampagne explizit hingewiesen wird.

Wie dieses Beispiel zeigt, ist genau zu überprüfen, in welchem Ausmaß bestimmte Analyseergebnisse beispielsweise **Prognosen** hinsichtlich der Akzeptanz neuer Leistungsangebote oder der Einsatzmöglichkeiten des Direct Marketing zulassen. Effiziente Prognosen erfordern dabei den Einsatz fundierter Marktforschungsmethoden, wie beispielsweise die Durchführung von Trend- oder Indikatorprognosen (*Adam* 1996, S. 180).

4.2 Zielsystem des Direct Marketing

Unternehmen arbeiten sowohl auf übergeordneten Zielebenen als auch im Direct Marketing mit einem System aus mehreren, gleichzeitig zu verfolgenden Zielen. Beispielsweise wird mit Direct Marketing-Maßnahmen das Ziel verfolgt, neue Kunden in einem spezifischen Segment zu gewinnen, aktuelle Trends zu erkennen und den Umsatz zu erhöhen. Bei der Zielformulierung ist jeweils darauf zu achten, dass die verschiedenen Ziele in sich stimmig festgelegt werden und deren Integration in das System der Kommunikationsziele einen konsistenten Zielaufbau gewährleistet.

Intrainstrumentell anzustreben ist der Aufbau eines in sich konsistenten **hierarchischen Direct Marketing-Zielsystems**, um den einzelnen Maßnahmen eine klare und spezifizierte Richtung zu geben und das kommunikationspolitische Handeln möglichst präzise auf die Erzielung ganz bestimmter Resultate auszurichten. Grundlage eines solchen hierarchischen Zielsystems sind beispielsweise definitorische Beziehungen zwischen den Ober- und Teilzielen oder empirisch ermittelte bzw. vermutete Ursache-Wirkungs-Zusammenhänge (*Steffenhagen/Funke* 1986, S. 547).

Letztlich empfiehlt es sich jedoch, zwischen ökonomischen und psychologischen Direct Marketing-Zielen zu unterscheiden.

Ökonomische Direct Marketing-Ziele sind monetäre wirtschaftliche Größen, wie beispielsweise Gewinn, Umsatz oder Marktanteil. Diese globalen Marktziele stellen innerhalb des Kommunikationsmix originäre Ziele aller Instrumente und damit auch des Direct Marketing dar. Der Vorteil dieser ökonomischen Ziele besteht darin, durch monetäre oder wirtschaftliche Größen eindeutig messbar und quantifizierbar zu sein.

Die ausschließliche Vorgabe dieser Kategorie zuzuordnender Ziele ist jedoch aufgrund der fehlenden Vorgabe von Handlungsimpulsen sowie einer Verringerung der individuellen unternehmerischen Differenzierungspotenziale nicht ausreichend (*Steffenhagen* 1993, S. 287; *Derieth* 1995, S. 38). Vor allem im Konsumgüter- und Dienstleistungsbereich lassen sich ökonomische Oberziele, wie die Gewinnmaximierung oder Umsatzsteigerungen, langfristig nur über die Vorgabe psychologischer Zwischenziele erreichen.

Für die Aktivitäten im Rahmen des Direct Marketing sind daher **psychologische Zielsetzungen** von zentraler Bedeutung. Sie richten sich z. B. auf die Erweiterung des Wissens über ein Unternehmen und seine Leistungen, die Steigerung des Bekanntheitsgrades bestimmter Produkte bzw. Dienstleistungen oder die Veränderung von Meinungen und Einstellungen durch den Aufbau eines individuellen Dialoges. Dies zeigt, dass die psychologischen Direct Marketing-Ziele darauf ausgerichtet sind, basierend auf der Initiierung eines Kontaktes, einen nicht beobachtbaren geistigen Verarbeitungsprozess beim Rezipienten in Gang zu setzen, in dessen Konsequenz Wirkungen entstehen, die letztlich in der eigentlichen Kaufhandlung münden. Im Gegensatz zu den ökonomischen Zielen gestaltet sich hier eine quantitative Operationalisierung jedoch wesentlich problematischer, da die Zielumsetzung in valide Messgrößen aufgrund des nicht auszuschließenden Einflusses anderer Instrumente bisher kaum möglich ist.

Langfristig gesehen unterstützt die Verfolgung der psychologischen Ziele die Umsetzung der ökonomischen Ziele, da beispielsweise die Weckung eines Kauf- oder Nutzungsinteresses indirekt gleichzeitig zur Umsetzung der ökonomischen Zielgrößen beiträgt. Insofern gelten die psychologischen Ziele innerhalb des Direct Marketing als derivate Ziele und bilden notwendige Unterziele des gesamten Kommunikations- und Marketingzielsystems (*Derieth* 1995, S. 37).

Nach den Ebenen individueller Reaktionen auf Stimuli des Direct Marketing lassen sich drei aufeinander aufbauende **Kategorien psychologischer Kommunikationsziele** unterscheiden, die sich in verschiedenen Ausprägungen formulieren lassen und angestrebten Vorzugszuständen gleichen, die es mit dem Einsatz der verschiedenen Medien bei den Zielgruppen zu erreichen gilt (*Bruhn* 2010c, S. 157 ff.):

(1) Kognitiv-orientierte Direct Marketing-Ziele,
(2) Affektiv-orientierte Direct Marketing-Ziele,
(3) Konativ-orientierte Direct Marketing-Ziele.

Kognitiv-orientierte Direct Marketing-Ziele sind darauf ausgerichtet, die Informationsaufnahme, -verarbeitung und -speicherung zu steuern, ohne unmittelbar handlungssteuernd zu wirken (*Böcker* 1988, S. 51). Durch die Weitergabe von Informationen wird erreicht, dass die Konsumenten ein bestimmtes Leistungsangebot wahrnehmen, Kenntnisse über eine Marke, ein Produkt oder ein Unternehmen aufgebaut werden und sich der Bekanntheitsgrad erhöht.

Kognitiv-orientierte Ziele	Affektiv-orientierte Ziele	Konativ-orientierte Ziele

• Vermittlung von Wissen über Messen und Sonderveranstaltungen
• Vermittlung von Informationen über Sonderangebote und Sonderaktionen
• Vermittlung von Kenntnissen über die Leistungsmerkmale eines Produktes
• Vorbereitung von Produkteinführungen
• Vorstellung neuer Produkte und Dienstleistungen
• Erhöhung des Bekanntheitsgrades von Produkten und Marken
• Unterstützung von Terminabsprachen des Außendienstes u.a.m.
	• Erzeugung einer positiven Einstellung gegenüber Direct-Mailing-Aktionen
	• Aktivierung der Wahrnehmung des Leistungsangebotes
	• Wecken des konsumentenseitigen Interesses gegenüber Produktneuheiten
	• Aufbau von Vertrauen hinsichtlich der angebotenen Leistung
	• Schaffung eines Goodwill-Potenzials gegenüber dem Unternehmen
	• Verbesserung des Images von Institutionen
	• Erzeugung von Emotionen gegenüber umwelt- und sozialkritischen Themen u.a.m.
		• Interessentengewinnung
		• Neukundengewinnung
		• Festigung der Kundenbindung
		  - Kontaktpflege
		  - Reaktivierung inaktiver Kunden
		  - Rückgewinnung ehemaliger Kunden
		• Direktverkauf und Verkaufsförderung
		• Sammeln von Spenden- und Sponsorengeldern
		• Ausschöpfung des Cross-Selling-Potenzials
		• Erkundung von Kundenbedürfnissen und Trends u.a.m.

Schaubild III-D-9: Psychologische Zielgrößen des Direct Marketing (Beispiele)

Wird zusätzlich das Ziel verfolgt, ein Leistungsangebot oder ein Unternehmen gegenüber den Konkurrenten abzugrenzen und individuell zu positionieren sowie spezifische Einstellungen, Images und Präferenzen bei der anvisierten Zielgruppe aufzubauen, erweitern sich die kognitiven Ziele um **affektive Zielgrößen** (*Derieth* 1995, S. 38). Interessant ist hier insbesondere der Zusammenhang zwischen der affektiv definierten Einstellung und ihrer kognitiven Basis.

Konativ-orientierte Direct Marketing-Ziele umfassen die Reaktionen der Rezipienten als Ergebnis einer Beeinflussung, wie beispielsweise die Generierung einer Verhaltensabsicht oder Kaufbereitschaft sowie die daraus abgeleiteten Ausprägungen des äußeren Verhaltens in Form eines bestimmten Informations- oder Kaufverhaltens. Die Entscheidung über den Kauf eines Produktes oder die Nutzung einer Unternehmensleistung resultiert dabei letztlich aus dem Zusammenspiel aller Zielgrößen.

Das Schaubild III-D-9 zeigt beispielhaft, welche Ziele im Mittelpunkt der verschiedenen Direct Marketing-Aktivitäten stehen und inwieweit sich diese den einzelnen Kategorien psychologischer Direct Marketing-Ziele zuordnen lassen.

Die Kategorisierung macht deutlich, dass insbesondere kognitiv- und konativ-orientierte Ziele beim Einsatz der verschiedenen Medien des Direct Marketing im Vordergrund stehen. Kernziele sind eine zielgruppenspezifische Informationsübermittlung mit möglichst geringen Streuverlusten, das Bewirken einer hohen Aufmerksamkeitswirkung sowie das Wecken von Interesse bei den Rezipienten. Entscheidend ist die Initiierung eines Dialoges durch die Erzeugung einer Reaktion bei den Umworbenen, während affektive Zielgrößen, wie der Aufbau von Images und Einstellungen, in erster Linie dem Einsatz der Mediawerbung vorbehalten bleiben.

4.3 Zielgruppen des Direct Marketing

4.3.1 Bedeutung der Zielgruppenplanung im Direct Marketing

Die Zielgruppenplanung als integrativer Bestandteil des Planungsprozesses im Direct Marketing bildet die Grundlage eines gezielten Medieneinsatzes zur Erreichung der gesetzten

Ziele. Insbesondere im Direct Marketing sind die Auswahl der geeigneten **Zielgruppe** und ein effektives Zielgruppenmanagement wichtige Bestimmungsfaktoren des Strategieerfolges.

Nur über eine genau auf die spezifischen Eigenschaften der jeweiligen Zielgruppe abgestimmte Ansprache wird es gelingen, den angestrebten dauerhaften Dialog zwischen Konsumenten und Unternehmen zu initiieren und gewonnene Kunden langfristig an das eigene Unternehmen zu binden. Insbesondere vor dem Hintergrund der Individualisierung der Nachfrage sowie einer Zersplitterung der Medienlandschaft bei gleichzeitig steigenden Werbevolumina ist eine konsequente Zielgruppenorientierung gefordert, um die Streuverluste möglichst gering zu halten und einen effizienten Einsatz des Direct Marketing zu gewährleisten.

Ein Unternehmen hat daher innerhalb der konzeptionellen Zielgruppenplanung genau festzulegen, welche Gruppen von Kommunikationsempfängern mit Hilfe der verschiedenen Medien des Direct Marketing wie angesprochen werden. Grundlage dieser Entscheidung sind dabei in erster Linie die spezifischen Charakteristika der verschiedenen Zielgruppen, worunter auch die Anforderungen der Botschaftsempfänger an die Unternehmenskommunikation und speziell das Direct Marketing fallen.

Um eine optimale Marktansprache im Rahmen des Direct Marketing sicherzustellen, wäre es idealtypisch notwendig, die Zielgruppen so festzulegen, dass sie identische Reaktionen auf den Einsatz des Direct Marketing zeigen. Planungsziel ist es daher, Gruppierungen zu ermitteln, die hinsichtlich der verschiedenen kaufverhaltensrelevanten Merkmale einen hohen Grad an Identität aufweisen. Grundlage einer Zielgruppenidentifikation ist folglich eine Analyse der relevanten Merkmale des Verhaltens, wobei diese abgrenzenden Kriterien den klassischen **Anforderungen**, wie Kaufverhaltensrelevanz, Aussagefähigkeit für den Einsatz des Direct Marketing, Erreichbarkeit und zeitliche Stabilität, zu genügen haben (*Rogge* 2004, S. 103 ff.; *Schweiger/Schrattenecker* 2009, S. 49 f.).

4.3.2 Zielgruppenidentifikation und -beschreibung im Direct Marketing

Ausgangspunkt einer Zielgruppenformulierung im Rahmen des Direct Marketing ist eine Aufgliederung in die zentralen **Hauptzielgruppen** eines Unternehmens. Hierbei ist in einem ersten Schritt, wie Schaubild III-D-10 zeigt, zwischen dem Einsatz des Direct Marketing im **Business-to-Business-Bereich** und im **Consumer-Bereich** zu unterscheiden (*Dallmer* 2004, S. 179). Davon ausgehend wird innerhalb des Business-to-Business-Bereichs in einem zweiten Schritt danach unterschieden, ob das Direct Marketing im Rahmen einer vertikalen Zielung auf die Absatzmittler ausgerichtet ist oder ob Unternehmen durch eine horizontale Zielung innerhalb einer Wirtschaftsstufe angesprochen werden.

Diese Unterscheidung der beiden Hauptanwendungsbereiche des Direct Marketing bildet jedoch lediglich den Ausgangspunkt der Zielgruppendefinition eines Unternehmens. Für die operative Arbeit ist eine weitere, wesentlich detailliertere Differenzierung der in den jeweiligen Bereichen anzusprechenden Zielgruppen notwendig. Die Grundlage dieser Ausdifferenzierung weiterer Zielgruppen bilden sowohl branchen- als auch bereichsspezifisch unterschiedliche Abgrenzungskriterien, wobei die Vielzahl der jeweils verschiedenen Zielgruppenmerkmale im Rahmen eines Database Managements erfasst und aufbereitet werden.

4.3.2.1 *Kriterien der Zielgruppenidentifikation und -beschreibung im Business-to-Business-Bereich*

Insbesondere im **Business-to-Business-Bereich** ist eine weitere Zielgruppenuntergliederung und der Aufbau genauer Kenntnisse über die verschiedenen Zielgruppen von großer Wich-

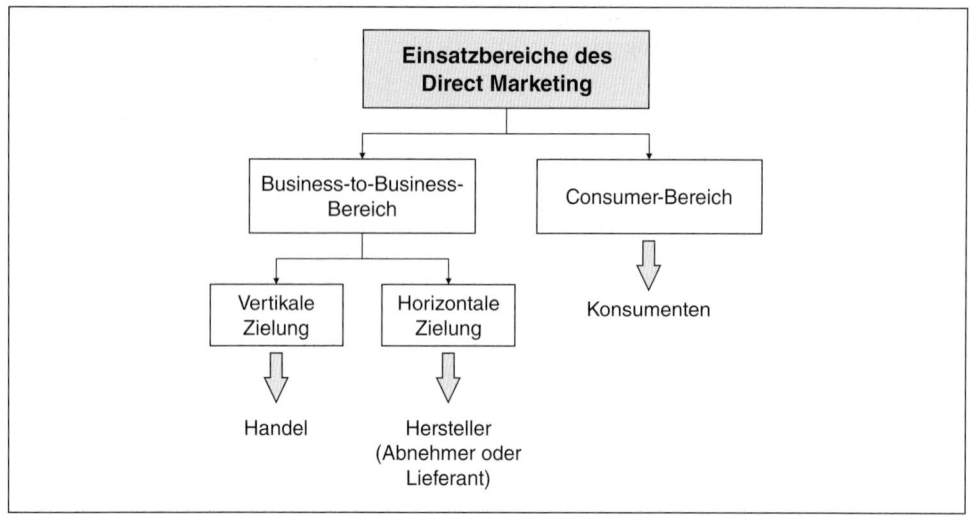

Schaubild III-D-10: Einsatzbereiche des Direct Marketing

tigkeit. Erfolgreiches Direct Marketing ist in diesem Bereich nur dann möglich, wenn es gelingt, die relevanten Unternehmen bzw. Absatzmittler herauszufiltern und die jeweiligen Entscheider gezielt anzusprechen. Bei der Strategieentwicklung und -umsetzung ist daher vor allem zu berücksichtigen, dass hier von den Entscheidern oftmals wesentlich weitreichendere Entscheidungen zu treffen sind als im Consumer-Bereich. Im Handel gilt es beispielsweise, Listungsentscheidungen durch den Einsatz des Direct Marketing positiv zu beeinflussen, während im Unternehmensbereich z. B. Entscheidungshilfen für den Abschluss eines Systemgeschäfts bereitzustellen sind.

Wichtig ist es daher, die Entscheider über Produkte vollständig zu informieren, Leistungsvorteile deutlich herauszustellen und eventuelle Vorurteile zu entkräften. Den Absatzmittlern ist vor allem die Korrelation von Markenerfolg und Handelserfolg zu verdeutlichen, während es bei den Herstellern (Abnehmer oder Lieferanten) insbesondere die Entscheidungsunsicherheit zu reduzieren gilt.

Die Zielgruppenauswahl erfolgt im Business-to-Business-Bereich auf vier Ebenen, wobei wirtschaftsstufen- und branchenspezifische Unterschiede bestehen. Generell werden folgende aufeinander aufbauende vier **Kriterienbereiche der Zielgruppenauswahl** unterschieden (*Bruhn* 2010c, S. 167):

(1) Branchenmerkmale,
(2) Unternehmensspezifische Merkmale,
(3) Gruppenbezogene Merkmale (Buying Center),
(4) Personenmerkmale.

Auf der ersten Ebene der Zielgruppenauswahl werden die spezifischen **Branchenmerkmale** betrachtet. Hier gilt es, auf der Basis branchenspezifischer Größen, wie beispielsweise der Art der Branche, der Wachstumsrate, der Konkurrenzintensität oder des Medieneinsatzes, zu entscheiden, welche Zielgruppen sich isolieren lassen und inwieweit es sinnvoll ist, Direct Marketing als Kommunikationsinstrument einzusetzen.

Im Anschluss an die Branchenauswahl folgt auf der zweiten Ebene eine Unterteilung auf der Basis **unternehmensspezifischer Merkmale**. Hier werden organisationsbezogene Kriterien, wie firmendemografische Merkmale (Unternehmensgröße, Betriebsform, Leistungsangebot, Standort usw.), ökonomische Merkmale (Finanzkraft, Bestandsdaten usw.), psychografische Merkmale (Kenntnisse, Handlungsabsichten usw.) sowie Verhaltensmerkmale (Kaufverhalten, Produktverwendungsverhalten usw.), herangezogen, um eine Entscheidung hinsichtlich der Zielgruppenbildung und des spezifischen Direct Marketing-Einsatzes zu treffen (*Steffenhagen* 2000, S. 49).

Sind die anzusprechenden Unternehmen innerhalb der verschiedenen Zielgruppen isoliert, erfolgt auf der dritten Ebene eine Untergliederung nach den **gruppenbezogenen Merkmalen** bzw. **Buying Center**. Dabei erfolgt eine gedankliche Zusammenfassung aller am Kaufprozess eines Unternehmens beteiligten Personen auf Basis der Grundidee, dass insbesondere bei wichtigen Einkaufsentscheidungen die Mitglieder einer Organisation problembezogene Gruppen bilden (*Backhaus/Voeth* 2009, S. 65 f.)Entscheidungsrelevante Merkmale der Zielgruppenbildung sind beispielsweise die Struktur und der Umfang des Buying Center. Ferner sind die einzelnen Personen des Gremiums hinsichtlich ihrer Rollen und Funktionen zu untersuchen, um die relevanten Entscheidungsträger und diejenigen Personen zu isolieren, die den Beschaffungsprozess in hohem Maße beeinflussen.

Sind die relevanten Mitglieder des Buying Center identifiziert, folgt eine Untergliederung anhand der spezifischen **Merkmale** der entscheidungsbeteiligten **Personen**. Auf der Basis möglicher Kriterien wie Alter, Informations- und Entscheidungsverhalten, Einstellungen und Ansichten sowie bereits vorhandener Kontakte folgt eine genaue Abstimmung der direkten Ansprache. Genaue Kenntnisse über die relevanten Entscheider bilden oftmals die entscheidende Grundlage einer erfolgreichen direkten Ansprache.

Ein wichtiges Hilfsmittel bei der Selektion der einzelnen Zielgruppen im Business-to-Business-Bereich bildet die Einrichtung eines **Database Management** (*Link/Hildebrand* 1997; *Bruhn* 2010 S. 235).

> **Database Management** umfasst die systematische Erfassung, Aufbereitung und Analyse der verschiedenen Merkmale aktueller und potenzieller Kunden innerhalb der verschiedenen Zielgruppen als Entscheidungsgrundlage der Auswahl einzelner Streumaßnahmen im Direct Marketing.

Durch das so genannte Database-Marketing (datenbankgestütztes Marketing) kann eine größere Zielgenauigkeit bei der Segmentierung der Märkte erreicht werden. Die systematische Erfassung, Aufbereitung und Analyse der verschiedenen Zielgruppenmerkmale in einer Database ermöglicht eine Einzel- oder häufig auch kombinierte Auswahl von Zielgruppenmerkmalen für die einzelnen Streumaßnahmen. Die Geschäfts- und Kundenbeziehungen lassen sich besser bewerten, steuern und im Rahmen des Customer Relationship Managements ausnutzen (*Holland* 2009, S. 117 ff.).

Alle über Medien des Direct Marketing oder auch über den persönlichen Kontakt gewonnenen Informationen über Kunden sind zu speichern und für das Marketing zu nutzen. Erst durch ein Database Management lassen sich die besonderen Vorteile des Direkt Marketing wirkungsvoll nutzen. Ein Dialog mit dem Kunden entsteht nur dann, wenn frühere Kontakte bei den aktuellen Ansprachen berücksichtigt werden. Wenn in einer **Kundendatenbank** alle relevanten Informationen gespeichert sind, besteht die Möglichkeit, dass Kunden individuell in personalisierten Werbemitteln angesprochen werden. Seine Präferenzen finden in den zugesandten Angeboten Berücksichtigung, um eine gefestigte Kundenbindung zu erreichen und den Kunden auf der „Loyalitätsleiter" aufwärts zu führen (*Holland* 2001, S. 33).

Die Kriterien, die in eine Kundendatenbank aufzunehmen sind, hängen von dem Geschäftsbereich des betreffenden Unternehmens ab und sind nicht allgemeingültig. Es lassen sich jedoch allgemein vier **Datenkategorien** unterscheiden (*Holland* 2000, S. 239 f.):

(1) Grunddaten,
(2) Aktionsdaten,
(3) Reaktionsdaten,
(4) Potenzialdaten.

Schaubild III-D-11 zeigt beispielhaft, welche Daten im Business-to-Business-Bereich in einer Database erfasst und für eine Zielgruppenbildung sowie zielgruppenspezifische Ansprache eingesetzt werden. Auf ein Beispiel einer Kundendatenbank wird in Insert III-D-5 eingegangen.

4.3.2.2 Kriterien der Zielgruppenidentifikation und -beschreibung im Consumer-Bereich

Im **Consumer-Bereich** bestehen mehrere Möglichkeiten der Zielgruppenbildung, die in Abhängigkeit von der Branchenzugehörigkeit des Unternehmens und den jeweiligen Zielen des Direct Marketing unterschiedlich geeignet sind, trennscharfe Zielgruppen zu generieren. Schaubild III-D-12 gibt einen Überblick hinsichtlich verschiedener traditioneller Kriterien bzw. Merkmale der Zielgruppenselektion im Consumer-Bereich, wobei in einem ersten Schritt zwischen individuellen und gruppenweise zugeordneten Merkmalen unterschieden wird. Auch hier besteht die Möglichkeit, die aufgeführten Kriterien in einer Database zu erfassen und wahlweise mit Merkmalen aus der Vergangenheitsbeziehung zwischen Unternehmen und Zielpersonen zu kombinieren (*Dallmer* 2004, S. 712 f.).

> **Beispiel: Einsatz des Database Managements im Bankensektor bei der *Deutsche Bank***
> Ein Beispiel für die fortschreitende Mikrosegmentierung und individuelle Marktbearbeitung stellt der Markt für Privatkunden einer Bank dar. Die *Deutsche Bank* beispielsweise verwendet als externe Datenquelle eine mikrogeografische Datenbank, die für jedes Haus in Deutschland den Anteil der darin existierenden Haushalte nach zehn Milieus und nach 38 *MOSAIC*-Typen ausweist. Sie liefert Angaben zu Kaufkraft, Haushaltsgröße, Status, Familienstruktur u. a. m. Durch einen Abgleich der internen Kundendaten mit den Daten aus dieser Datenbank werden noch spezifischere Daten für Marketing- und im Speziellen für Kommunikationsmaßnahmen gewonnen. Zur optimalen Steuerung der Marketingmaßnahmen setzt die *Deutsche Bank* ein weiteres datenbasiertes Tool, *Prime Vantage* von *Prime Response*, ein. Damit können die Kommunikationsmaßnahmen weitgehend automatisiert durchgeführt und ausgewertet werden. Das Tool *Prime Vantage* fördert die Integration des Dialogs mit dem Kunden in den verschiedenen Marketingkanälen. Im Rahmen von beispielsweise Mailings, Callcenteranfragen usw. wird über die festgelegte Auswertung der Response die entsprechende Person im Unternehmen (Vertrieb, Call Center) automatisch informiert oder automatisch ein Mailing veranlasst (*Holland* 2009, S. 206). So können die entsprechenden verantwortlichen Personen im Unternehmen präzise und zeitnah auf die Kundenbedürfnisse und Kundenwünsche eingehen.

Die einzelnen Kriterien der Zielgruppenbildung weisen jedoch verschiedene **Schwächen** auf. So besteht beispielsweise beim isolierten Einsatz demografischer und sozioökonomischer Kriterien das Problem eines nur schwach ausgeprägten Zusammenhangs zum tatsächlichen Kaufverhalten, während bei der Hinzuziehung psychografischer Merkmale das Problem auftritt, dass die Erreichbarkeit dementsprechender Zielgruppen nicht gewährleistet ist. Beim Einsatz bestands- und konsumanalytischer sowie verhaltensorientierter Merkmale ist die Problematik darin zu sehen, dass Vergangenheitsdaten in die Zukunft projiziert werden, wobei entweder eine gewisse Markentreue oder Produktaffinität bei der Konsumneigung unterstellt wird (*Dallmer* 2004, S. 802).

Sinnvoll erscheint vor diesem Hintergrund der Einsatz des mittlerweile markterprobten Ansatzes der **mikrogeografischen Zielgruppendefinition** im Consumer-Bereich, der eine Viel-

Informationsfelder einer Business-to-Business-Database	
Adressdaten	**Profildaten der Entscheidungsträger**
• Name, Anschrift • Telefon, Telefax, Internet, E-Mail • Außendienstregion, Geschäftsstelle u.a.m.	• Name, Titel, Telefon • Stellung im Unternehmen • Tätigkeits- und Verantwortungsbereich u.a.m.
Profildaten des Unternehmens	**Aktionsdaten**
• Unternehmensgröße (Umsatz, Beschäftigungs- zahl) • Zweigniederlassungen, Besitzverhältnisse, Beteiligungen • Bonitätsdaten • Branche, Produktprogramm • Innovationsfreudigkeit • Buying-Center-Struktur u.a.m.	• Art und Zeitpunkt des Erstkontaktes • Art und Zeitpunkt der werblichen Ansprache • Betreuer, zuständiger Verkäufer u.a.m.
	Reaktionsdaten
	• Zeitpunkt und Art der Reaktion • Dauer der Kundenbeziehung • Umsatzzahlen (kumuliert und nach Einzel- aufträgen) • Stufe der Loyalitätsleiter • Klassifizierung bezüglich Kundenattraktivität und -zugänglichkeit u.a.m.

Schaubild III-D-11: Mögliche Informationsfelder einer Business-to-Business-Database
(in Anlehnung an Kreutzer 1992, S. 332)

BBDO-Studie: Kundenpflege wird 2010 zum Marketingthema

Mit Blick auf das kommende Jahr sind die deutschen Marketingentscheider "verhalten optimistisch". 25 Prozent rechnen mit steigenden Umsätzen und 23 Prozent mit erhöhten Marketingbudgets. Das geht aus einer aktuellen BBDO Consulting-Studie hervor.

Auffällig ist dabei: Gegenüber einer BBDO-Studie zu Beginn des Jahres legen die Umsatz- und die Budgeterwartung um jeweils acht Prozentpunkte zu. Eine generelle Entspannung an der Marketingfront ist das nicht. Zum einen sehen 82,5 Prozent der Entscheider über alle Branchen hinweg den steigenden Kostendruck als eine der größten Herausforderungen an. Zum anderen ist

■ Unternehmen müssen neue
Kundenbindungsprogramme
entwickeln: Udo-Klein Bölting

für 55 Prozent nach wie vor die Überprüfung der Marketingeffizienz ein Top-Thema. Hinzu kommt, dass Vertreter aus den Branchen Handel und Chemie bei der Umsatzentwicklung lange nicht so positiv gestimmt sind wie etwa ihre Kollegen aus den B2B-Branchen. Knapp 47 Prozent der Marketer aus dem Handel erwarten, dass sich ihre Umsätze in 2010 verschlechtern werden. In der Chemie-Branche sind es 37,5 Prozent.

Tatenlos wollen die Entscheider der Entwicklung allerdings nicht zusehen. Für 26 Prozent der Befragten hat die Kundenbindung Priorität. Die wichtigste, kurzfristige Maßnahmen erachten fast 95 Prozent der Befragten die Verbesserung des Kundendialogs. Allen voran will der Handel weg von der Kommunikationseinbahnstraße. 93,3 Prozent der Marketingentscheider im Handel planen, das Beziehungsmanagement zum Kunden zu verbessern; gefolgt von der Chemie-Branche und den Finanzdienstleistern mit jeweils 87,5 Prozent.

Der Wille alleine, die Kundenbeziehung zu verbessern, reicht allerdings nicht, wie **Udo Klein-Bölting** feststellt: "Dafür müssen Unternehmen sich öffnen und inhaltlich völlig neue Kundenbindungsprogramme entwickeln. Die bisherigen basierten eher auf passiver Abwanderungsverhinderung", sagt der CEO von BBDO Consulting.

Für die Studie hat die Managementberatung mit Sitz in Düsseldorf 300 Entscheider unter anderem zu Geschäftsentwicklung, Marketingaktivitäten, -budgets und Erfolgsfaktoren für das kommende Jahr befragt hat. *mir*

Insert III-D-5: Kundenpflege (Horizont 2009)

Informationsfelder einer Consumer Database			
Individuelle Merkmale			**Gruppenweise zu-geordnete Merkmale**
Dialogorientierte Merkmale	Allgemein-demografische Merkmale	Bestands- und konsumanalytische Merkmale	• Ort • Ortsgröße • Gebiet • Einzugsbereich von Infrastrukturangebot en • Kaufkraftkennziffern • Bevölkerungsdichte • Verteilrouten • Beruf • Einstufung in Einkom-mensklassen u.a.m.
• Art und Zeitpunkt des Erstkontakts • Art und Zeitpunkt der werblichen • Ansprache • Betreuer, zuständiger Verkäufer • Zeitpunkt und Art der Reaktion • Dauer der Kundenbeziehung • Umsatzzahlen (kumuliert und nach Einzelaufträgen) • Stufe der Loyalitätsleiter • Klassifizierung bezüglich Kunden-attraktivität und -zugänglichkeit u.a.m	• Alter • Haushaltstyp • Familienstand • Geschlecht • Religion • Staatsangehörigkeit • Sprache • Wohnort/-größe u.a.m.	• Besitz • Verbrauch, Verwendung von Gütern • Konsumintensität • Konsumhäufigkeit • Konsumdauer • Konsumrhythmus • Konsumort/-region u.a.m.	
	Sozioökonomische Merkmale	Verhaltensorientierte Merkmale	
Psychografische Merkmale	• Beruf • Berufsstellung • Bildung(sgrad) • Einkommen • Vermögen • Art des Wirtschaftszweigs, in dem der Haushaltsvor-stand seinen Beruf ausübt • Soziale Schicht u.a.m.	• Informationsverhalten • Mediennutzung • Freizeitverhalten • Mitgliedschaft in Organi-sationen, Vereinen u.a.m.	
• Persönlichkeit • Einstellung • Werte • Lebensstil • Meinungen u.a.m.			

Schaubild III-D-12: Mögliche Informationsfelder einer Consumer-Database
(in Anlehnung an Dallmer 2000, S. 743)

zahl von Kriterien aggregiert betrachtet. Generelle Zielsetzung dieses Ansatzes ist es, der Problematik entgegenzutreten, dass Unternehmen entweder ihre Zielgruppe kennen, aber das notwendige Adressenmaterial nicht zur Verfügung steht oder dass zwar zahlreiche Adressen vorhanden sind, aber keine genauen Informationen vorliegen, welcher Zielgruppe der einzelne Haushalt zuzuordnen ist (*Böhler* 2002, S. 456).

Dieses Problem versucht der mikrogeografische Ansatz zu lösen, indem durch eine regionale Feingliederung das Land in homogene Wohngebietstypen unterhalb des Stadt- bzw. Stadtviertelniveaus aufgeteilt wird, wodurch eine zielgruppengenaue direkte Ansprache der Konsumenten ohne Streuverluste möglich wird (*Holland* 2009, S. 98). Grundlage der mikrogeografischen Zielgruppendefinition ist dabei die Erkenntnis, dass sich bei einer Aufteilung eines Landes in kleine regionale Gebiete Konsumenten mit einer ähnlichen demografischen Struktur und Lebensphase sowie nahezu identischen Lebensstilen und Einstellungen isolieren lassen (*Dallmer* 2004, S. 712 f.). Idealziel wäre letztlich die Identifikation und Ansprachemöglichkeit eines einzelnen Haushaltes auf Grundlage der gewonnenen Erkenntnisse, worauf aus Kosten-Nutzen-Überlegungen jedoch verzichtet wird (*Dallmer* 2004, S. 802).

Das System „regio select" von der *AZ Direct Marketing Bertelsmann GmbH* gliedert Deutschland beispielsweise in über 500.000 Straßenabschnitte mit durchschnittlich 70 Haushalten und 150 Personen in den alten Bundesländern, die ähnliche Wohnverhältnisse, einen annähernd gleichen Lebensstil und ein ähnliches Kaufverhalten aufweisen (*Holland* 2009, S. 88). Die Grundlage dieser Untergliederung bilden dabei die folgenden **Kriterien** bzw. Informationen über:

• Altersstruktur,
• Kaufverhalten,
• Mediennutzung,

- Produktnutzung,
- Familienstruktur,
- Bebauungsstruktur,
- PKW-Besitz,
- Bildungsniveau,
- Finanzsituation,
- Bonität,
- Infrastruktur,
- Branchenstruktur.

Durch multivariate statistische Verfahren werden die auf Basis verschiedener Datenquellen, wie das *GfK*-Verbraucherpanel gewonnenen Informationen, anschließend zu Konsummustern verdichtet, und eine Clusteranalyse führt zu sieben spezifischen Konsum- und Lebensstilmilieus (*Holland* 2009, S. 89 f.):

- Randgruppen,
- Traditionelle Arbeiter,
- Kleinbürger,
- Klassische Bürger,
- Gehobene Mitte,
- Konservative,
- Upper Class.

Die so gewonnenen **Wohngebietstypen** werden nach sieben Ortsgrößenklassen differenziert, wodurch 49 spezifische Zielgruppen entstehen, denen sich jede der gebildeten Mikroparzellen und jeder Haushalt mit hoher Zuverlässigkeit zuordnen lässt (in den neuen Bundesländern werden nur 42 Segmente definiert, da hier nur sechs Ortsgrößenklassen gebildet wurden). Grundlage dieser weiteren Untergliederung ist die Annahme, dass sich das Kaufverhalten von Stadt- und Landbewohnern erheblich unterscheidet.

Für ein Unternehmen besteht durch den Einsatz der mikrogeografischen Zielgruppenbildung beispielsweise die Möglichkeit, die in einer Kundendatei gespeicherten Adressen oder die auf Mailings reagierenden Haushalte den einzelnen Zielgruppen zuzuordnen. Darauf aufbauend lassen sich z. B. Über- bzw. Unterdeckungen der Kunden innerhalb der Zielgruppen feststellen und Zellen identifizieren, die ideale Konsummuster aufweisen. Schaubild III-D-13 zeigt beispielsweise die Kundenstruktur eines Unternehmens, bei dem deutlich wird, dass bisher hauptsächlich Kunden in Orten unter 10.000 Einwohner (Landgemeinden und Kleinstädten) gewonnen werden konnten, die zu Randgruppen oder traditionellen Arbeitern zählen.

Auf Basis dieser **Penetrationsanalyse** entscheidet das Unternehmen beispielsweise, ob es sich beim Einsatz des Direct Marketing zur Neukundengewinnung auf die bisher ungenügend penetrierten Zellen konzentriert oder auf die Bereiche, in denen seine Kunden bisher ihren Schwerpunkt hatten. Darüber hinaus besteht die Möglichkeit, die einzelnen Maßnahmen genau auf die jeweils ausgewählten Typen abzustimmen, um somit optimale Response-Quoten zu erzielen.

In diesem Zusammenhang ist es wichtig zu klären, mit welchen Prioritäten die verschiedenen Zielgruppen in der Zukunft zu bearbeiten sind. Eine mögliche Vorgehensweise ist die Klassifizierung aktueller und potenzieller Kunden innerhalb der verschiedenen Zielgruppen anhand von **Rentabilitätsüberlegungen**, um darauf aufbauend die Schwerpunkte des Einsatzes der verschiedenen Medien des Direct Marketing festzulegen.

Wohngebietstypen	Über 500	200 – 500	50 – 200	20 – 50	10 – 20	Unter 5
Randgruppen	-1	-19	7	32	42	113
Traditionelle Arbeiter	21	7	51	52	83	71
Kleinbürger	-28	-38	-23	3	5	49
Klassische Bürger	-4	-18	3	-4	74	71
Gehobene Mitte	-83	-79	-82	-95	-95	-71
Konservative	-35	-40	-29	19	23	-15
Upper Class	-25	-40	-18	20	34	41

Ortsgrößenklassen in 1.000 Einwohner

$\boxed{x}$ = Prozentuale Über- bzw. Unterdeckung innerhalb der Wohngebietstypen

Schaubild III-D-13: Penetration eines Unternehmens innerhalb der Wohngebietstypen

4.3.3 Zielgruppenauswahl im Direct Marketing

Grundlage der **Zielgruppenauswahl** ist die Aufstellung einer **Kundenwert-Erfolgspotenzial-Matrix**, bei der die einzelnen Zielgruppen auf Basis der bisherigen und der zukünftig erwarteten Beziehung zum Unternehmen einer Vierfelder-Matrix zugeordnet werden. Die Einschätzung des Erfolgspotenzials resultiert dabei aus branchen- und unternehmensspezifisch unterschiedlichen Kriterien, die individuell durch das Unternehmen festzulegen sind. Denkbar ist beispielsweise die Anwendung der Kriterien Alter, Länge der Kundenbeziehung, bisheriger Umsatz sowie Häufigkeit der Nutzung von Cross-Selling-Angeboten.

Der Kundenwert entspricht darauf aufbauend dem diskontierten Gewinn, den ein Kunde im durchschnittlichen Verlauf der Geschäftsbeziehung erzeugt (*Meffert/Bruhn* 2009, S. 203 f.). Basierend auf der Einordnung der einzelnen Zielgruppen in die Matrix lässt sich dann, wie Schaubild III-D-14 zeigt, der zukünftige Einsatz des Direct Marketing ableiten. Auch hier wird die zentrale Rolle eines Database Managements deutlich, ohne das eine zuverlässige Zielgruppenzuordnung und -bewertung nicht möglich wäre.

Der Schwerpunkt der verschiedenen Aktivitäten des Direct Marketing liegt zunächst bei den **hochrentablen Kunden,** die ein hohes Erfolgspotenzial und einen hohen Kundenwert aufweisen. Zielsetzung bei dieser Kundengruppe ist es, die Beziehung zum Kunden durch intensive Direct Marketing-Maßnahmen zu intensivieren.

Bei den Kunden mit einem **steigerungsfähigen Kundenwert,** die sich durch einen bisher niedrigen Kundenwert, aber ein hohes Erfolgspotenzial auszeichnen, liegt der Fokus des Direct

Hoch	Kunden mit steigerungs-fähigem Kundenwert	Hochrentable Kunden
Erfolgspotenzial	Aktivierung der Beziehung, Selektive Entscheidung bezüglich Direct Marketing	Intensivierung der Beziehungen durch individuelle Direct-Marketing-Maßnahmen
	Uninteressante Kunden	Ruhende Kundenbeziehungen
Niedrig	Kundenbeziehung kann vernachlässigt werden, Einsatz breitgestreuter Massenkommunikationsmittel	Kundenbeziehung mit geringer Investitionen aufrechterhalten, selektive Entscheidung über Direct-Marketing-Einsatz
	Niedrig **Kundenwert** Hoch	

Schaubild III-D-14: Kundenwert-Erfolgspotenzial-Matrix (in Anlehnung an Eckert 1994, S. 200)

Marketing in der Aktivierung des vorhandenen Potenzials. Im umgekehrten Fall, bei relativ hohem Kundenwert aber niedrigem Erfolgspotenzial, ist zu versuchen, die Kundenbeziehung mit geringen Direct Marketing-Investitionen aufrechtzuerhalten.

Bei **Kunden ohne Potenzial** für zukünftige Umsätze, die demzufolge wahrscheinlich wenig lukrativ sein werden, ist auf den Einsatz von Direct Marketing zu verzichten. Allenfalls kommen undifferenzierte Kundenbindungsmaßnahmen, wie beispielsweise ein Informationstelefon oder breitgestreute Massenkommunikationsmittel, zum Einsatz (*Eckert* 1994, S. 200).

5 Strategie des Direct Marketing

5.1 Elemente einer Strategie des Direct Marketing

Ausgehend von den Ergebnissen der Situationsanalyse sowie der Bestimmung des Zielsystems des Direct Marketing ist die zu verfolgende **Direct Marketing-Strategie** festzulegen. Während die Bestimmung der Ziele als zukunftsbezogene Vorgabe für das Unternehmen angesehen werden, erfolgt durch die Strategiefestlegung eine Kanalisierung, innerhalb derer sich die Konzeption und Umsetzung der einzelnen Direct Marketing-Aktivitäten als operativer Planungsprozess vollzieht.

Insofern ist eine Direct Marketing-Strategie als ein bedingter, langfristiger und globaler Verhaltensplan zur Erreichung der Direct Marketing-Ziele zu charakterisieren, der unter anderem Maßgaben hinsichtlich Zeitpunkt, Intensität, Kernbotschaft und Stoßrichtung des Direct Marketing enthält (*Bruhn* 1989, S. 407). Grundlage der Strategiebestimmung sind dabei die langfristig orientierten kommunikationsstrategischen Überlegungen des Unternehmens, die in einem integrierten Kommunikationskonzept ihren Ausdruck finden und in das es die Direct Marketing-Strategie zu integrieren gilt.

Die Entwicklung einer Direct Marketing-Strategie stellt dabei ein komplexes Planungsproblem dar, bei dem mehrere Entscheidungen gleichzeitig zu fällen sind (*Meffert* 1979, S. 46). In Anlehnung an das **Paradigma** eines Kommunikationssystems lassen sich bei der Festlegung einer Direct Marketing-Strategie sechs relevante **Elemente** unterscheiden, die in Schaubild III-D-15 dargestellt werden.

Grundlage der Formulierung einer Direct Marketing-Strategie ist zunächst die Festlegung des **Direct Marketing-Objektes** als der eigentlichen Bezugsgrößen zukünftiger Aktivitäten.

In Abhängigkeit von der übergeordneten Marketing- und Kommunikationsstrategie sind einzelne Produkte, neue Produktlinien, Marken und Markenfamilien, Dienstleistungsprogramme oder das Gesamtunternehmen mögliche Objekte unterschiedlicher Direct Marketing-Kernstrategien (*Meffert* 1979, S. 47; *Bruhn* 1989, S. 407). In dieser Phase ist auf Grundlage einer Leistungsanalyse des Direct Marketing sorgfältig zu prüfen, welche Unternehmensleistungen für eine Vermarktung mit Hilfe des Direct Marketing geeignet erscheinen.

Innerhalb der Frage der **Zielgruppenauswahl** ist in einem ersten Schritt zu entscheiden, inwieweit sowohl im Business-to-Business-Bereich als auch im Consumer-Bereich Direct Marketing als Kommunikationsinstrument eingesetzt werden. In beiden Bereichen lassen sich verschiedene Verfahren der Zielgruppenauswahl unterscheiden, wobei im Business-to-Business-Bereich ein stufenweises Vorgehen geeignet erscheint, während im Consumer-Bereich eine mikrogeografische Zielgruppenauswahl die Möglichkeit bietet, ausgewählte Rezipienten effektiv anzusprechen.

In einem weiteren Schritt folgt die **Botschaftsgestaltung** für die festgelegten Direct Marketing-Objekte. Die konzeptionellen Überlegungen der Botschaftsgestaltung umfassen dabei Entscheidungen über die Form und den Inhalt der Werbebotschaft. Hinsichtlich der **formalen Botschaftsgestaltung** ist zu beachten, dass die Fähigkeit der menschlichen Informationsauf-

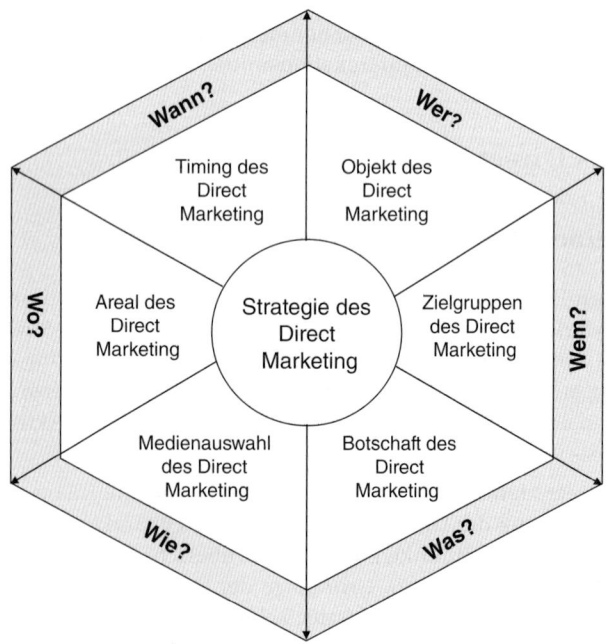

Schaubild III-D-15: Elemente einer Direct-Marketing-Strategie

nahme und -verarbeitung beschränkt ist. Daher sind die einzelnen Direct Marketing-Maßnahmen so zu gestalten, dass eine aktive Abgrenzung gegenüber den sonstigen, täglich auf die Zielgruppen einströmenden Impulse erreicht wird. Sinnvoll ist der konstante Einsatz gleich bleibender „Schlüsselreize", die in sprachlicher oder gestalterischer Hinsicht das „Markenzeichen" eines Unternehmens oder eines bestimmten Leistungsangebotes darstellen.

Die Grundlage der Entscheidung, welche **inhaltlichen Kernbotschaften** mit Hilfe einer Direct Marketing-Strategie zu transportieren sind, bildet die angestrebte Positionierung des Bezugsobjektes am Markt, von der sich die spezifische kommunikative Aufgabenstellung des Direct Marketing als Baustein der Entwicklung einer „Unique Communication Proposition" (UCP) ableiten lässt. Im Zentrum der Strategieentwicklung steht dabei die Frage, wie die angestrebte Positionierung der Bezugsobjekte im Wahrnehmungsraum der jeweiligen Zielgruppe in optimaler Weise zu unterstützen sind.

Ferner ist im Rahmen einer Direct Marketing-Strategie die Auswahl der **Medien** vorzunehmen. Hierfür ist in Abhängigkeit von der Zielsetzung, der Zielgruppenstrategie und dem Bezugsobjekt jeweils individuell zu entscheiden, welcher Stellenwert den verschiedenen Medien im Direct Marketing-Mix zukommt. Im Mittelpunkt der Intramediaselektion steht an erster Stelle die Entscheidung hinsichtlich des abgestimmten Einsatzes der Direktwerbemedien sowie der klassischen Medien mit Rückkoppelungsmöglichkeit. Im Anschluss hat im Rahmen der Intermediaselektion eine Auswahl der Kommunikationsträgergruppen, wie Publikumszeitschriften, Tageszeitungen, Fernsehen und Hörfunk, sowie der Kommunikationsmittel zu erfolgen. Bestimmungsfaktoren dieser Entscheidungen sind dabei sowohl die Zielgruppengenauigkeit und die Reichweite als auch die Kosten und die Darstellungsmöglichkeiten.

Die Frage der **Marktarealabgrenzung** stellt auf den Raum des zu bearbeitenden Marktes ab. Im Rahmen der Festlegung der Arealstrategie ist zu entscheiden, welches Absatzgebiet mit Hilfe des Direct Marketing angesprochen wird. Je nach Branche, Größe, Produktangebot und Zielsetzung des Unternehmens wird zwischen einem lokalen, regionalen, nationalen und internationalen Einsatz des Direct Marketing unterschieden. Bestimmungsfaktoren dieser Entscheidung sind hierbei sowohl die Marktattraktivität sowie eventuelle Kommunikationsbarrieren beispielsweise in Form rechtlicher Beschränkungen. Wichtige Kriterien sind darüber hinaus auch die Akzeptanz des Direct Marketing beispielsweise im internationalen Einsatz, wobei auch die entstehenden Kosten nicht außer Acht zu lassen sind.

Das **Timing** des Direct Marketing, d.h. die Festlegung des Zeitrahmens sowie der Intensität des Direct Marketing-Einsatzes, ist eng verbunden mit der Medienauswahl und der Zielgruppe. Beispielsweise ist es besser, wenn ein Business-to-Consumer-Werbebrief den privaten Empfänger eher zum Wochenende erreicht, ein Business-to-Business-Mailing hat dagegen größere Chancen in der Wochenmitte (*Holland* 2009, S. 293).

Bei der Entwicklung einer Direct Marketing-Strategie ist es zudem von besonderer Bedeutung, sich auch über die möglichen Probleme, die mit dem Einsatz von Direct Marketing verbunden sind, bewusst zu sein. Die **Problemstellungen des Direct Marketing** lassen sich in drei Bereiche unterteilen:

(1) Akzeptanz bei der Zielgruppe,
(2) Methodisches Know-how,
(3) Rechtliche Beschränkungen.

Ein erstes Problemfeld, das beim Einsatz der verschiedenen Medien des Direct Marketing zu berücksichtigen ist, ist die **Akzeptanz** bei der angesprochenen **Zielgruppe**. Reißerisch aufgemachte Mailings, eine Vielzahl unterschiedlicher Handzettel und Prospekte sowie ein teilweise unprofessionelles Telefonmarketing machen es notwendig, sich mit den eigenen Maßnahmen von denen der Wettbewerber positiv abzugrenzen. Die Zielsetzung ist es hier, möglichen Reaktanzen entgegenzuwirken.

Um die Akzeptanz von Mailings zu steigern, ist es beispielsweise sinnvoll, verstärkt so genannte „Personalisierungstechniken" einzusetzen. Durch persönliche mit Tinte unterschriebene Anschreiben besteht z. B. die Möglichkeit, aktuelle und potenzielle Kunden möglichst individuell anzusprechen und eventuell bestehenden Vorbehalten entgegenzuwirken. Hier bieten leistungsfähige Datenbanksysteme und moderne Drucktechnologien auch für kleine und mittelständische Unternehmen die Möglichkeit, in einen dauerhaften und individuellen Dialog mit der anvisierten Zielgruppe zu treten (*Bruhn/Tilmes* 1994, S. 193).

Für einen effektiven und effizienten Einsatz der verschiedenen Medien des Direct Marketing ist ebenfalls ein spezifisches **methodisches Know-how** notwendig. Um die technischen Möglichkeiten moderner Segmentierungsverfahren optimal zu nutzen, ist der Einsatz eigener Fachkräfte oder die Hinzuziehung externer Spezialisten notwendig. Insbesondere die intrainstrumentelle Integration der verschiedenen Maßnahmen des Direct Marketing und deren Einbettung in den Kommunikationsmix des Unternehmens verlangen von den Verantwortlichen, sich intensiv mit den Grundlagen des Direct Marketing auseinander zu setzen (*Bruhn/Tilmes* 1994, S. 193).

Die bestehenden **rechtlichen Beschränkungen** sind ein weiterer wichtiger Faktor, der beim Einsatz des Direct Marketing zu beachten ist. Hier ist es notwendig, sich vor dem Einsatz der verschiedenen Medien genau mit den aktuellen wettbewerbs- und datenschutzrechtlichen Bestimmungen auseinander zu setzen. Grundsätzlich unterliegt das Direct Marketing dabei denselben allgemeinen gesetzlichen Regelungen wie die anderen Instrumente des Kommunikationsmix. Auch ein per Mail oder Telefon unterbreitetes Angebot hat sich folglich wie jede Fernseh-, Anzeigen- oder Plakatwerbung inhaltlich an die Bestimmungen z. B. des Gesetzes gegen den unlauteren Wettbewerb (UWG), der Zugabeverordnung und der Preisangabeverordnung zu halten.

Insbesondere aus der Novellierung des **Bundesdatenschutzgesetzes** (BDSG) zum 23. Mai 2001 ergeben sich für den Bereich des Direct Marketing zahlreiche Änderungen. Bereits nach dem alten Bundesdatenschutzgesetz konnte der Verbraucher jederzeit der Verarbeitung und Nutzung seiner personenbezogenen Daten für Werbezwecke widersprechen (vgl. jetzt § 28 Abs. 3 Satz 1 BDSG). Das neue Bundesdatenschutzgesetz weitet die Verbraucherrechte aus und sieht eine besondere Informationspflicht vor (§ 28 Abs. 4 Satz 2 BDSG): „Der Betroffene ist bei der Ansprache zum Zweck der Werbung oder der Markt- oder Meinungsforschung sowie über das Widerspruchsrecht nach Satz 1 zu unterrichten; soweit der Ansprechende personenbezogene Daten des Betroffenen nutzt, die bei einer ihm nicht bekannten Stelle gespeichert sind, hat er auch sicherzustellen, dass der Betroffene Kenntnis über die Herkunft der Daten erhält." Ein Formulierungsvorschlag für einen Werbetreibenden, der seine eigenen Adressen für eine Werbekampagne einsetzt, wäre: „Wenn Sie künftig unsere interessanten Angebote nicht mehr erhalten möchten, können Sie bei uns der Verwendung Ihrer Daten für Werbezwecke widersprechen."

5.2 Strategietypen des Direct Marketing

Generell lassen sich die folgenden **Strategieansätze** des Direct Marketing zur Umsetzung der generellen kommunikativen Aufgabenstellung unterscheiden, wobei die inhaltliche

Botschaftsgestaltung genau auf die spezifische Zielsetzung abzustimmen ist (*Bruhn* 2010c, S. 179 f.):

- Bekanntmachungsstrategie,
- Akquisitionsstrategie,
- Informationsstrategie,
- Imageprofilierungsstrategie,
- Betreuungsstrategie,
- Abverkaufsstrategie,
- Konkurrenzabgrenzungsstrategie,
- Kontaktanbahnungsstrategie.

Die **Bekanntmachungsstrategie** zielt darauf ab, beispielsweise durch den Einsatz von Direct Mailings neue Produkte oder Dienstleistungen in einen Markt einzuführen, deren Akzeptanz bei der anvisierten Zielgruppe zu überprüfen oder aktuelle Kunden des Unternehmens mit den neuen Leistungsangeboten bekannt zu machen.

Im Rahmen einer **Akquisitionsstrategie** stellt die Neukundenakquisition das zentrale Ziel des Direct Marketing dar. Die Direct Marketing-Maßnahmen sind primär darauf ausgerichtet, Interessenten anzusprechen, um dadurch einen Kontakt zum Unternehmen herzustellen und letztlich neue Kunden zu gewinnen. Eine Akquisitionsstrategie bietet sich beispielsweise an, wenn das Unternehmen nur einen geringen Kundenstamm hat oder die bisherigen Kunden weniger profitabel sind als Kunden, die neu hinzu gewonnen werden. Mögliche Maßnahmen des Direct Marketing lassen sich in diesem Kontext danach systematisieren, ob sie primär darauf ausgerichtet sind, dem Kunden Anreize zu liefern, um sein Interesse an einem Unternehmen zu wecken und ihn als neuen Kunden zu gewinnen (Stimulierungsstrategie) oder ob sie so gestaltet werden, dass sie die Fähigkeit des Unternehmens dokumentieren und auf diese Weise Überzeugungsarbeit leisten (Überzeugungsstrategie). Für eine Stimulierungsstrategie im Rahmen eines systematischen Interessentenmanagements bieten sich vor allem attraktiv gestaltete adressierte Kataloge sowie Geschenk-Mailings an, aber auch TV-Spots und Anzeigen mit einer integrierten Kontaktaufforderung (z. B. Angabe einer Hotline), wenn diese aktivierend gestaltet sind. Bei Verfolgen einer Überzeugungsstrategie kommen vor allem informative Direct Marketing-Maßnahmen in Frage, die einen potenziellen Neukunden über die spezifischen Merkmale eines Unternehmens oder eine Leistung des Unternehmens aufklären, z. B. Mail Order Packages oder Telefonmarketing.

Die **Informationsstrategie** zielt dagegen primär darauf ab, mit Hilfe des Direct Marketing die verschiedenen Zielgruppen über neue Produktvorteile, innovative Serviceleistungen oder die Durchführung bestimmter Aktionen zu informieren. Hier bieten sich vor allem schriftliche Kommunikationsmittel – wie Mail Order Packages und Prospekte – an, aber auch Warenproben sind denkbar, beispielsweise um neue Geschmacksrichtungen vorzustellen. Die Stärke des Direct Marketing im Rahmen einer Informationsstrategie liegt vor allem in der Aktualität der Informationsbereitstellung. Während Mediawerbung in der Regel lange Zeit im Voraus zu planen ist, können Unternehmen mit Direct Marketing sehr zeitnah über Produktneuheiten, Preisaktionen u. a. m. informieren.

Eine **Imageprofilierungsstrategie** unterstützen das Direct Marketing beispielsweise, indem versucht wird, mit meinungsbildenden Anspruchsgruppen auf Basis aktueller Problemstellungen in Kontakt zu treten und über einen Dialog die eigenen Standpunkte zu vermitteln. Versendet ein Energiehersteller beispielsweise laufend Hintergrundinformationen hinsichtlich seiner aktuellen Tätigkeiten an die Presse sowie die verschiedenen Umweltschutzorganisationen, so besteht die Chance, Einstellungen gegenüber dem Unternehmen zu formen, die auch an die Öffentlichkeit weitergetragen werden.

Eine **Betreuungsstrategie** ist vor allem darauf ausgerichtet, die Kontakte zu bestehenden Kunden zu pflegen und zu intensivieren, um damit die Kundenbindung zu erhöhen und Cross-Selling-Potenziale zu realisieren. Hier werden insbesondere überraschende persönliche Geschenk-Mailings oder Mail Order Packages mit nützlichen Informationen für Kunden eingesetzt. Zu den Maßnahmen im Rahmen einer Betreuungsstrategie lassen sich auch sämtliche Aktivitäten zählen, die die Artikulation von Beschwerden durch die Kunden erleichtern. Hierzu zählen beispielsweise Beschwerdehotlines, E-Mail sowie Call Center, die auf die Bearbeitung von Beschwerden spezialisiert sind. Auf diesem Wege besteht die Möglichkeit, bei Leistungsfehlern die Zufriedenheit der Kunden wieder herzustellen und eine Gefährdung der Kundenbeziehung abzuwenden. Zu den Maßnahmen der Kundenbetreuung zählen aber nicht nur leistungsbezogene Aktivitäten. Beispielsweise können auch nach einem Event an die Teilnehmer Dokumentationsmaterialien, Fotos auf CD-Rom usw. verschickt werden, um die Erinnerung länger aufrecht zu erhalten. Als vorteilhaft im Rahmen einer Betreuungsstrategie erweist sich, dass – anders als bei einer Akquisitionsstrategie – das Unternehmen die Kunden bereits kennt und durch die Erfahrungen der Vergangenheit über die Kommunikations- und Informationsbedürfnisse des Kunden aufgeklärt ist. Voraussetzung hierfür ist jedoch ein professionelles Customer Relationship Management sowie ein Database Management, in dem auch Informationen über die Kommunikationsprozesse zwischen Kunden und Unternehmen dokumentiert werden. In diesem Fall kann das Unternehmen in Werbesendungen auch auf bereits durchgeführte Transaktionen mit dem Kunden Bezug nehmen und damit die persönliche Komponente in der Kommunikation intensivieren.

Verfolgt das Unternehmen mit seinen Direct Marketing-Maßnahmen bewusst eine Förderung des Absatzes, so lässt sich von einer **Abverkaufsstrategie** sprechen. Die eingesetzten Maßnahmen informieren hier zwar auch über die Unternehmensleistungen, damit wird aber vordergründig das Ziel verfolgt, die Kunden zum Kauf eines Produktes oder zur Inanspruchnahme einer Dienstleistung des Unternehmens zu bewegen. In diesem Zusammenhang lassen sich Kataloge mit personalisiertem Anschreiben und beigefügtem Bestellschein, personalisierte E-Mail-Newsletter, die eine Online-Bestellung ermöglichen – wie dies z.B. *Tchibo* oder *Esprit* vornimmt sowie Telefonmarketing mit dem Ziel eines Kaufabschlusses (z.B. bei Telefongesellschaften, die einen Festnetzkunden zusätzlich als Mobilkunden zu gewinnen versuchen) – nennen. Die besondere Herausforderung bei einer Abverkaufsstrategie liegt darin, den Kunden zwar zu einem Kaufabschluss zu bewegen, dabei aber nicht aufdringlich zu wirken. Fühlen Kunden sich bedrängt und empfinden sie eine Kommunikationsmaßnahme als zu aggressiv (z.B. durch wiederholtes Telefonmarketing), so werden eher Reaktanzeffekte ausgelöst, als dass positive Auswirkungen auf den Absatz zu erwarten sind.

Im Rahmen der **Konkurrenzabgrenzungsstrategie** hat das Direct Marketing die Aufgabe, auf konkurrenzunterscheidende Leistungsmerkmale, wie z.B. besondere Garantiezeiten, Serviceangebote oder Zusatzleistungen hinzuweisen und das Leistungsangebot dadurch von dem der Wettbewerber abzuheben. Enge Grenzen setzt hier jedoch bisher das Verbot der vergleichenden Werbung.

Eine wichtige Aufgabe übernimmt das Direct Marketing auch bei der Verfolgung einer **Kontaktanbahnungsstrategie**. Hier wird mit Hilfe des Direct Marketing beispielsweise ein erster Kontakt ins Ausland oder zu wichtigen Händlern hergestellt, um so eine mögliche zukünftige Zusammenarbeit einzuleiten.

Ein weiterer Baustein der Formulierung einer Direct Marketing-Strategie umfasst Entscheidungen hinsichtlich Zeitpunkt, Zeitraum und Intensität des Einsatzes der verschiedenen Maßnahmen des Direct Marketing. Die Festlegung dieser **Timing-Strategie** des Direct Marketing umfasst dabei sowohl die intrainstrumentelle zeitliche Abstimmung des Medieneinsatzes als auch die interinstrumentelle zeitliche Integration in den Kommunikationsmix. Die hohe Bedeutung einer internen und externen Anpassung von Zeitpunkt, Zeitraum und Intensität des Einsatzes der verschiedenen Medien zeigt sich unter anderem durch die negativen Folgen einer zu späten Nachfassaktion oder durch den zu frühen Versand von Mailings, ohne dass vorher im Zuge der Mediawerbung ein ausreichender Bekanntheitsgrad aufgebaut wurde.

6 Ökonomische Entscheidungen des Direct Marketing

6.1 Kosten des Direct Marketing

Ökonomische Sachverhalte sind ein wichtiger Faktor zur Bestimmung der Effizienz des Direct Marketing. Nur auf Basis genauer Kenntnisse hinsichtlich aller **Kosten** der verschiedenen Direct Marketing-Maßnahmen, die es in Relation zum erwarteten Nutzen zu stellen gilt, ist eine zielführende Strategieformulierung und optimale Ressourcenallokation innerhalb des Direct Marketing möglich. Eine Kalkulation der im Rahmen des Direct Marketing anfallenden Kosten hat dabei nicht nur die variablen Kosten einzelner Kampagnen zu betrachten, sondern bezieht dem Planungsprozess folgend alle zurechenbaren Kosten innerhalb des Direct Marketing ein.

In Schaubild III-D-16 sind exemplarisch für den Einsatz gedruckter Medien die im Rahmen einer Direct-Mailing-Aktion anfallenden Kosten aufgeführt. Diese lassen sich in vier Bereiche unterteilen, wobei die in den einzelnen Entwicklungsstufen anfallenden Kostenarten sowie deren Höhe durch die Art der Kampagne determiniert sind und je nach Ausstattung teils erheblich schwanken. Werden demgegenüber elektronische Medien, wie beispielsweise TV-Spots, eingesetzt, ändern sich die aufgeführten Kostenarten, wobei die Phaseneinteilung jedoch bestehen bleibt.

Im Anschluss an die Aufnahme der in den einzelnen Stufen des Planungsprozesses anfallenden Kosten ist es notwendig, diese in direkte und indirekte Kosten zu unterteilen. Unter **direkten Kosten** (Einzelkosten) werden in diesem Zusammenhang alle Kosten verstanden, die einer Direct Marketing-Aktion als Kostenträger direkt zuzurechnen sind. Die Kosten der Druckvorlagenerstellung für eine Anzeige oder ein Direct Mailing sind demnach als direkt zurechenbare Kosten diesem Bereich zuzuordnen. Die vollständige Erfassung dieser Kosten auf nach Kostenarten gegliederten Konten bildet die Grundlage einer abschließenden Erfolgskontrolle.

Indirekte Kosten (Gemeinkosten) sind demgegenüber alle weiteren anfallenden Kosten, die sich nur bedingt einer einzelnen Direct Marketing-Aktion zuordnen lassen. In diesem Bereich fallen beispielsweise die nicht eindeutig zuzuordnenden Personal- und Kapitalbindungskosten, die im Sinne des Durchschnittsprinzips indirekt anhand von Bezugsgrößen zu verrechnen sind (*Coenenberg* 2009, S. 51; *von der Straten* 2002, S. 57).

Wichtig ist jedoch nicht nur eine verursachungsgerechte Kostenerfassung, sondern auch eine zielgerichtete **Beeinflussung der entstehenden Kosten**. Schon in der Phase der Strategieaus-

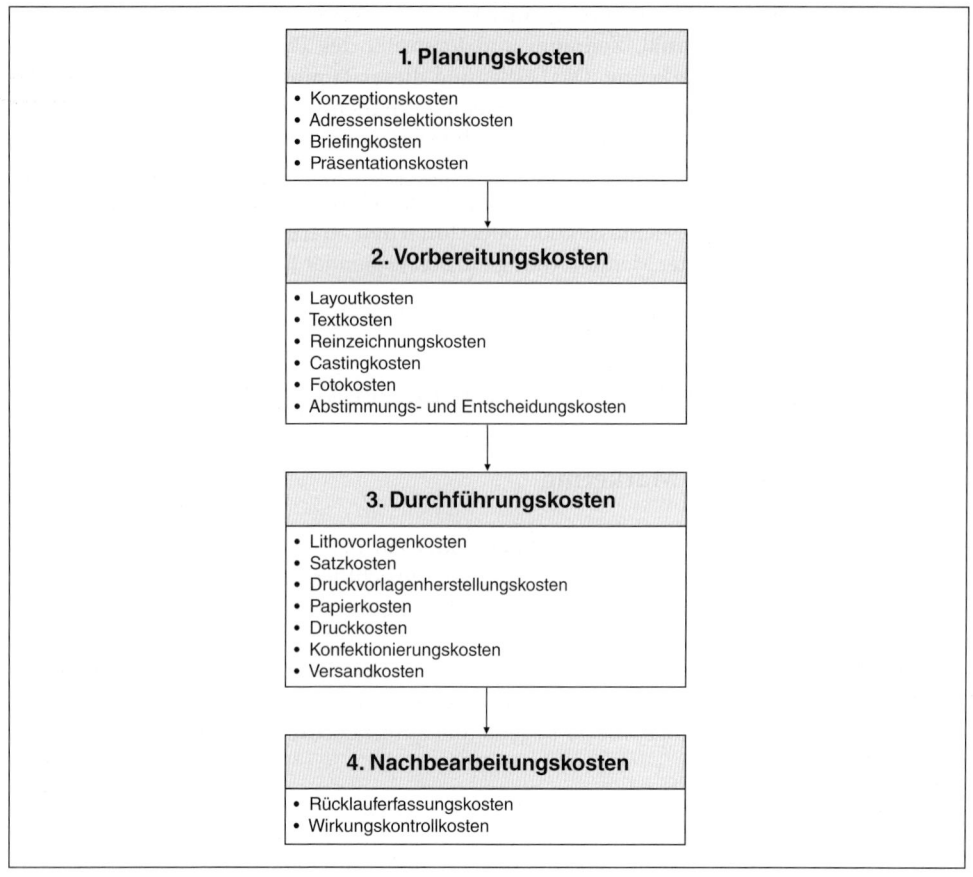

Schaubild III-D-16: Kosten des Direct Marketing im Überblick

wahl und zu Beginn der Entwicklung einer Konzeption sind daher die in den verschiedenen Phasen entstehenden Kosten genau zu planen. Dazu ist es notwendig, die Bestimmungsfaktoren der Kosten genau zu analysieren und in Erfahrung zu bringen, inwieweit durch alternative Vorgehensweisen Einfluss auf die Höhe und die Art der Kosten zu nehmen ist. Insbesondere den einzelnen Komponenten der Vorbereitungs- und Durchführungskosten ist eine hohe Beachtung zu schenken, da sie die entstehenden Gesamtkosten entscheidend determinieren und in hohem Maße beeinflussbar sind.

Anstelle der Vergabe des Gesamtprojektes an eine Agentur ist es auch möglich, Teile der notwendigen Leistungen in eigener Regie durchzuführen oder verschiedenen **Agenturen** zu übergeben. Dies erhöht jedoch den eigenen Koordinationsaufwand und setzt ein großes Wissen hinsichtlich der technischen Zusammenhänge voraus. Kosten lassen sich ferner generell dadurch senken, dass sowohl mit der Agentur als auch mit dem Druckvorlagenhersteller und dem Drucker eng zusammengearbeitet wird.

Beispielsweise hat das **Agenturbriefing** alle wichtigen Komponenten zur Entwicklung einer Konzeption zu enthalten. Ungenaue und unvollständige Vorgaben führen demgegenüber zu Missverständnissen und erhöhen oftmals sowohl den Zeitaufwand als auch die Agenturkosten. Beispielsweise entstehen hohe zusätzliche Kosten, wenn ein Casting oder Fotoshooting zu wiederholen ist. In der Zusammenarbeit mit einem **Druckvorlagenhersteller** lassen sich Zeit und Kosten einsparen, indem reprofähige Vorlagen angeliefert werden, in die alle Druckteile standgerecht montiert sind. Dadurch lässt sich die Zahl der notwendigen Probeandrucke – die als Druckvorgabe an den Drucker dienen und mit der die Qualität und Richtigkeit der Druckfilme geprüft wird – senken.

Entscheidungskriterien bei der Vergabe des **Druckauftrages** sind vor allem der Preis, aber auch der mögliche Liefertermin sowie die alternativen Ausführungsmöglichkeiten und bisherige Erfahrungen in der Zusammenarbeit mit der Druckerei (*Siepmann* 1991, S. 222 f.). Des Weiteren lassen sich beispielsweise beim **Versand** von Direct Mailings Kosten einsparen, indem **Porto-Optimierungs-Programme** eingesetzt werden, die automatisch alle möglichen Entgeltermäßigungen ausnutzen. In diesem Zusammenhang gilt es, Gewichte, Größen, Mengen, Entfernungen, Zielgebiete und die Art der Beigaben als Bestimmungsfaktoren der Kosten zu beachten.

Schließlich lassen sich auch die Kosten einer Verteileraktion optimieren, indem die Möglichkeit einer **Verbundverteilung** genutzt wird. Bei der Verbundverteilung werden die Werbemittel verschiedener Unternehmen zusammen zugestellt. Sie setzt voraus, dass die Unternehmen dazu bereit sind, für günstigere Angebote gewisse Kompromisse einzugehen. Synergieeffekte ergeben sich dabei durch die Überschneidungen der Verteilergebiete der verschiedenen Werbungstreibenden. Die Verteiler bearbeiten also nicht für jedes Werbemittel gesondert ein Verteilergebiet. Das Verteilerunternehmen bietet über eine Mischkalkulation dem einzelnen Kunden damit deutlich günstigere Verteilerpreise an.

Eine weitere Lösung besteht in **Samplern** – in einer gemeinsamen Umhüllung zugestellte Werbemittel verschiedener Unternehmen als kompakte Einheit. Solche Sampler sind meist thematisch und zielgruppenspezifisch zusammengestellt, so dass beispielsweise Werbeangebote rund ums Auto nur solche Haushalte erreichen, bei denen ein Bedarf zu unterstellen ist.

Beispiel: Sampler am Beispiel von *Willi's Infobon*

Ein Beispiel für einen Sampler stellen die Gutscheinheftchen der Firma *Infobon GmbH* dar. Mit *Willi's Infobon,* dargestellt in Insert III-D-6, erreicht das Unternehmen über 100 Mio. Haushalte in Deutsch-

Insert-III-D-6: Gutscheinheft von Kupon Katalog (Kupon Katalog 2010)

land, Österreich, der Schweiz, den Niederlanden und Großbritannien (www.infobon.info). Anhand der als Postkarten nutzbaren Gutscheine bestellen interessierte Kunden Versandkataloge oder einzelne Versandartikel.

6.2 Budgetierung des Direct Marketing

Im Anschluss an die Offenlegung der den verschiedenen Maßnahmen des Direct Marketing zurechenbaren Kosten folgt die Budgetplanung. Die **Budgetierung** des Direct Marketing beinhaltet dabei die Festlegung der Budgets zur Deckung der Kosten sämtlicher Direct Marketing-Maßnahmen einer Planungsperiode und ist Ausdruck der im Rahmen des Planungsprozesses festgelegten Ziele, Strategien und Maßnahmen vor dem Hintergrund der eigenen finanziellen Restriktionen und der voraussichtlichen Aktivitäten der Wettbewerber.

Teilentscheidungen, die es in diesem Zusammenhang zu treffen gilt, sind sowohl die Festlegung der **Höhe** des gesamten Direct Marketing-Budgets als auch die **Aufteilung des Budgets** in zeitlicher und sachlicher Hinsicht. Hier gilt es zu bestimmen und zu dokumentieren,

- wann die einzelnen Maßnahmen innerhalb der Planungsperiode durchzuführen sind,
- wie hoch der Anteil der endverbraucher-, handels- und unternehmensgerichteten Maßnahmen zu sein hat und
- welche Zielgruppen innerhalb der Einsatzbereiche anzusprechen sind.

Die optimale Lösung dieser Entscheidungsprobleme hat dabei aus theoretischer Sicht simultan zu erfolgen. In der Praxis wird aus Gründen der Komplexitätsreduktion von dieser Vorgehensweise jedoch in der Form abgewichen, dass immer eine sukzessive Lösung der einzelnen Planungsprobleme erfolgt. Ausgangspunkt der Budgetierung ist zunächst die Festlegung der Höhe des Direct Marketing-Budgets für das vorhandene Produktprogramm. In einem nachgelagerten Schritt wird dann im Rahmen der Streuplanung die sachliche und zeitliche Verteilung des Budgets vorgenommen, wobei die Medienselektion im Mittelpunkt steht.

Zur Festlegung der **Höhe des Direct Marketing-Budgets** lassen sich in Theorie und Praxis eine Vielzahl von Methoden unterscheiden, wobei zwischen analytischen und heuristischen Verfahren zu differenzieren ist (*Meffert* 1979, S. 104; *Tietz/Zentes* 1980, S. 286; *Bruhn* 2010c, S. 191 ff.).

Bei den **analytischen**, theoretisch exakten **Verfahren** lassen sich vor allem dynamische Simulationsmodelle sowie marginalanalytische Modelle unterscheiden, die in den vergangenen Jahren erweitert und verfeinert wurden. Diese sind dadurch voneinander abzugrenzen, dass bei den dynamischen Simulationsmodellen unter Einbeziehung verhaltenswissenschaftlicher Erkenntnisse und anderer Wirkungsfaktoren versucht wird, ein optimales Budget zu ermitteln, während bei den marginalanalytischen Modellen die Budgetermittlung auf Basis der Differenzierung einer Marktreaktionsfunktion erfolgt (*Bruhn* 1989, S. 423).

Danach ist bei den **marginalanalytischen Modellen** dann ein optimales Budget gegeben, wenn die Grenzausgaben für den Einsatz der verschiedenen Medien des Direct Marketing und der dadurch erzielte Grenzerlös gleich groß sind (*Bruhn* 2010c, S. 202 f.). Das generelle Problem dieser Vorgehensweise ist jedoch darin zu sehen, dass es aufgrund der geringen Direct Marketing bezogenen Reagibilität der abhängigen Variablen – wie z. B. der Neukundengewinnung – kaum möglich ist, aussagekräftige Direct Marketing-Reaktionsfunktionen zu entwickeln.

Folglich wird zur Ableitung der Direct Marketing-Budgets hauptsächlich auf **heuristische Verfahren** zurückgegriffen. Hier haben sich in der Praxis eine Vielzahl verschiedener Verfahren entwickelt. Unterscheiden lassen sich beispielsweise die Methode des Prozentsatzes einer Bezugsgröße, wie z. B. Umsatz oder Gewinn, sowie die Wettbewerbs-Paritäts-Methode und die Ziel-Maßnahmen-Methode (*Schweiger/Schrattenecker* 2009, S. 160 ff.; *Nieschlag/Dichtl/ Hörschgen* 2002, S. 1068 ff.). Der Vorteil dieser Verfahren der Budgetierung ist darin zu sehen, dass sie leicht zu handhaben sind. Problematisch ist jedoch, dass der Ursache-Wirkungs-Zusammenhang zwischen dem Einsatz der einzelnen Medien und den gesetzten Zielen nicht berücksichtigt wird und sie daher aus betriebswirtschaftlicher Sicht für die Bestimmung des Direct Marketing-Budgets kaum geeignet sind (*Meffert* 2008, S. 787).

Von den verschiedenen heuristischen Verfahren zur Bestimmung des Direct Marketing-Budgets entspricht die **Ziel-Maßnahmen-Methode** noch am ehesten den theoretischen Anforderungen an ein sachlogisch begründetes und zielführendes Entscheidungsverfahren. Hierbei werden zur Budgetermittlung in einem ersten Schritt die mit dem Direct Marketing-Einsatz verbundenen Ziele formuliert. Darauf aufbauend wird festgelegt, welche Direct Marketing-Maßnahmen durchzuführen sind, um die gesetzten Ziele zu erreichen und welche Kosten dadurch voraussichtlich verursacht werden (*Bruhn/Tilmes* 1994, S. 150; *Schweiger/Schrattenecker* 2009, S. 162). Zentrale Voraussetzung zur Durchführung dieses Verfahrens ist jedoch, dass ausreichend Informationen hinsichtlich der Wirkung der zur Zielerreichung einsetzbaren Direct Marketing-Maßnahmen vorliegen (*Meffert* 1993, S. 86; *Bruhn* 2010c, S. 195).

Im Anschluss an die Bestimmung der Höhe des Direct Marketing-Budgets ist die sachliche und zeitliche Verteilung des festgelegten Budgets zu entscheiden. Die **sachliche Verteilung** des geplanten Budgets auf die verschiedenen Medien des Direct Marketing hat dabei unter ökonomischen Gesichtspunkten auf Basis einer Kosten-Nutzen-Analyse sowie unter Berücksichtigung der gesetzten Ziele zu erfolgen (*Schweiger/Schrattenecker* 2009, S. 166). Budgetschwerpunkte sind folglich insbesondere bei den Medien zu setzen, die einen überproportionalen Beitrag zur Zielerreichung liefern.

Aufgrund der Möglichkeit einer exakten Zielgruppenansprache bietet sich im Direct Marketing insbesondere eine Verwendung **zielgruppenspezifischer Budgetverteilungsverfahren** auf Basis einer mikrogeografischen Segmentierung an. Hierbei wird das festgelegte Budget insbesondere in jenen Zielgruppen eingesetzt, die aufgrund ihrer Struktur den langfristig größten Nutzen generieren. Wertvolle Hilfestellung leisten in diesem Zusammenhang die Ergebnisse der Kundenwert-Erfolgspotenzial-Matrix.

Die **zeitliche Verteilung** des festgelegten Budgets auf die Planungsperiode ergibt sich in Abhängigkeit von den festgesetzten Zielen des Direct Marketing und der darauf aufbauenden Entscheidung hinsichtlich des intrainstrumentellen Instrumenteeinsatzes. Bei der Unterstützung einer Produktneueinführung wäre folglich eine Budgetkonzentration in einem bestimmten Quartal vorzunehmen, während eine langfristig angelegte Kundenbindungskampagne die gleichmäßige Verteilung des Budgets über die gesamte Planperiode verlangt. Quartalsspezifische Unterschiede ergeben sich dabei nur durch den aufeinander aufbauenden wechselnden Instrumenteeinsatz.

7 Maßnahmenplanung des Direct Marketing

Nachdem im Rahmen des Planungsprozesses die Situationsanalyse, die Zielfestlegung sowie die Strategieauswahl erfolgt ist, sind darauf aufbauend die einzelnen **Direct Marketing-Maßnahmen** zu konkretisieren. Die Maßnahmenplanung umfasst dabei nicht nur den Bereich der direkten Kundenansprache innerhalb der Kommunikationspolitik, sondern berührt alle Berei-

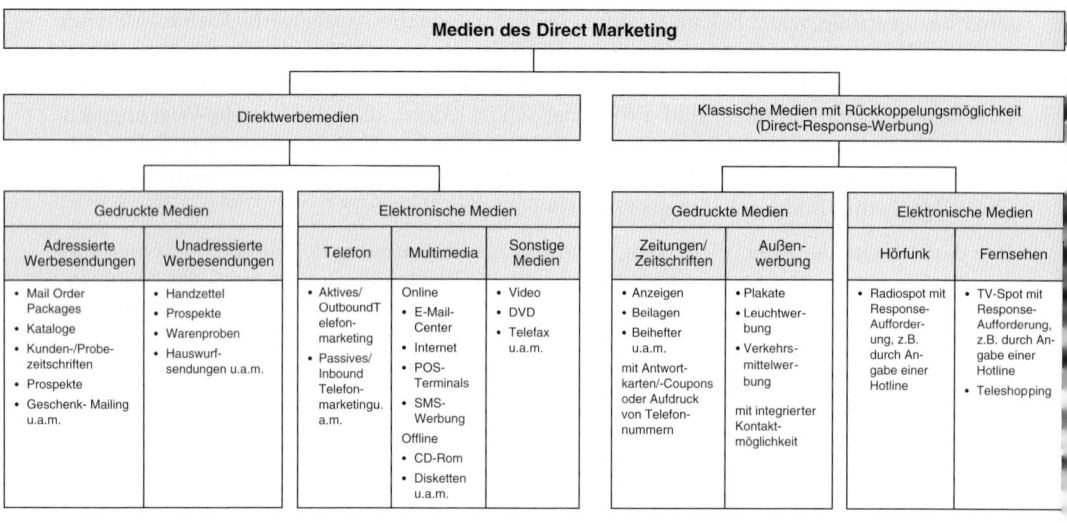

Schaubild III-D-17: Medien des Direct Marketing (in Anlehnung an Holland 2001, S. 39)

che des absatzpolitischen Instrumentariums. Folglich ist im Rahmen der intrainstrumentellen Maßnahmenplanung jeweils individuell festzulegen, inwieweit das Direct Marketing innerhalb der einzelnen Marketinginstrumente eingesetzt wird. Hier besteht generell die Möglichkeit, dass die einzelnen Medien des Direct Marketing entweder ergänzend oder substitutiv zu den verschiedenen Einsatzformen der einzelnen Marketinginstrumente eingesetzt werden (*Meffert* 1991, S. 43). Im Folgenden wird jedoch ausschließlich auf die verschiedenen Direct Marketing-Maßnahmen im Rahmen der Kommunikationspolitik näher eingegangen. Bei dieser Betrachtungsweise ist dennoch die Sicht eines integrierten Marketingmix nicht zu vernachlässigen.

Eine praxisorientierte Analyse hinsichtlich der Möglichkeiten der Gestaltung einer Interaktion zwischen Anbieter und Nachfrager im Rahmen des Direct Marketing macht die verschiedenen Wege zur Initiierung eines marktgerichteten Dialoges deutlich. In Abhängigkeit von den Kommunikationszielen und den spezifischen Merkmalen der verschiedenen Zielgruppen ist der aufeinander abgestimmte Einsatz unterschiedlicher Medien zu verschiedenen Zeitpunkten notwendig. Wie Schaubild III-D-17 verdeutlicht, lassen sich die verschiedenen Kommunikationsmaßnahmen des Direct Marketing in die zwei Medienbereiche Direktwerbemedien und klassische Medien mit Rückkoppelungsmöglichkeit (Direct-Response-Werbung) unterteilen.

Der Bereich der **Direktwerbemedien** umfasst alle Kommunikationsmaßnahmen, die darauf ausgerichtet sind, durch eine gezielte Einzelansprache einen direkten Kontakt zum Rezipienten aufzubauen und einen unmittelbaren Dialog in Gang zu setzen. In der Gruppe der **klassischen Medien mit Rückkoppelungsmöglichkeit** werden dagegen alle Einsatzformen der Mediawerbung zusammengefasst, deren Aufgabe darin besteht, durch eine indirekte Ansprache die Grundlage eines Dialoges in einer zweiten Stufe zu schaffen.

7.1 Direktwerbemedien

Die verschiedenen Kommunikationsmaßnahmen im Rahmen der Direktwerbung lassen sich in einem ersten Schritt danach ordnen, ob gedruckte oder elektronische Medien eingesetzt werden. Zur Kategorie der gedruckten Medien zählen die adressierten und unadressierten Werbesendungen, wohingegen sich der Bereich der elektronischen Medien in die Kommunikationsträger Telefon und Multimediaanwendungen sowie sonstige Medien untergliedern lässt.

Die meistgenutzte Möglichkeit der schriftlichen Einzelansprache von Rezipienten ist die **adressierte Werbesendung** (*Holland* 2001, S. 38; 2009, S. 24 ff.). Diese Form der Initiierung eines Dialoges liegt immer dann vor, wenn die Adresse des Empfängers gezielt ausgewählt wird und ein direktes Anschreiben erfolgt. Die Zustellung der Werbesendung erfolgt in der Regel per Post oder durch einen Zustelldienst. Die deutliche Bevorzugung der adressierten gegenüber der nichtadressierten Werbesendung resultiert aus der Erkenntnis, dass durch eine persönliche Ansprache eine wesentlich höhere Empfangswahrscheinlichkeit und Aufmerksamkeitswirkung erzielt wird. Untersuchungen zeigen, dass die ersten Sekunden bei Empfang eines Mailings durch den Rezipienten den Anspracheerfolg entscheidend beeinflussen. Hier bewirkt eine persönliche Ansprache, dass die Werbesendung Beachtung findet und nicht ungeöffnet weggeworfen wird. Eine wichtige Rolle spielt in diesem Zusammenhang auch die äußere Verpackung, die einen entscheidenden Einfluss auf den ersten Eindruck des Empfängers hat (*Holland* 2009, S. 25).

Die klassische Form der adressierten Werbesendung stellt das **Mailing** dar. Mailings bzw. Mail Order Packages setzen sich – in Abhängigkeit davon, welche individuelle Zielsetzung mit dem Anschreiben verfolgt wird – aus verschiedenen Teilen zusammen. Sie bestehen in der Regel aus einem Werbebrief, einem Prospekt oder Katalog, der das Leistungsangebot ausführt, einer Antwortkarte oder einem Bestellschein sowie einem adressierten Versandumschlag, wie dies beispielhaft Insert D-III-7 darstellt.

Die einzelnen Bestandteile eines Mailings sind in Abhängigkeit vom zu bewerbenden Leistungsangebot jedoch beliebig zu ergänzen oder zu ersetzen. Denkbar ist außerdem die Zugabe aufmerksamkeitsstarker Gegenstände in der Form von Flyern und Give Aways oder der Einsatz von Reminder Cards, wenn beispielsweise an Einladungen zu bestimmten Veranstaltungen erinnert wird (*Dallmer* 2004, S. 479). Darüber hinaus ist auch der Versand von Gutscheinen, beispielsweise für Hotelbuchungen im Ausland, möglich. Diese Versandform wird als Voucher Mailing bezeichnet.

Insert III-D-7: Beispiel eines klassischen Mailing Packages von der TUI AG (Absatzwirtschaft 2010, S. 32)

Beispiel: Direct Marketing-Aktivitäten bei *Scania*

Für den Start seiner neuen „vierer-Lastwagenserie" hatte der schwedische Lastwagenhersteller *Scania* mit Händlern in über 40 Ländern zu kommunizieren. Da jeder Händler für seine eigenen Verkaufsförderungs- und Direct Marketing-Aktivitäten verantwortlich war, bestand das Problem darin, wie die Händler zu überzeugen sind, Direkt Mail zu nutzen und *Scania* in übereinstimmender sowie angemessener Weise zu präsentieren. Die Lösung lag in zentral hergestellten Materialien, die den jeweiligen lokalen und kulturellen Gegebenheiten angepasst waren. *Scania* lieferte ein komplettes Direct-Mail-Programm mit standardisiertem Design und für jedes Land übersetzten Ausgaben (*Raphael* 1996).

Beispiel: Mailing-Aktion der *Dresdner Bank*

Unternehmen mit Verbindungen zum Ausland, haben sich darauf zu verlassen, dass ihre Bank den Auslandszahlungsverkehr schnell und zuverlässig abwickelt. Die *Dresdner Bank* konnte im Jahre 2002 durch Optimierung der technischen Abläufe ihren Kunden in diesem Bereich des grenzüberschreitenden Zahlungsverkehrs ein noch besseres Angebot unterbreiten. *OgilvyOne worldwide*, Frankfurt am Main, hatte dementsprechend ein Mailing zu konzipieren, das bei den Finanzentscheidern ausgewählter Unternehmen Interesse für dieses Angebot weckt. Die Lösung war ein Mailing, dargestellt in Insert III-D-8, mit dem beim Empfänger Interesse für den grenzüberschreitenden Zahlungsverkehr ausgelöst und dieser für ein entsprechendes Geschäftskonto bei der *Dresdner Bank* gewonnen wird. Als Ergebnis vereinbarten rund 75 Prozent der angeschriebenen Unternehmen einen Termin mit einem Betreuer der *Dresdner Bank*. Jeder, der angeschriebenen Finanzentscheider, der ein Gespräch führte, erhielt dabei als zweite Stufe einen Sockel für den gläsernen Globus der ersten Stufe. Dieser kam zum Vorschein, wenn der Grenzstein mit dem mitgelieferten Hammer zerschlagen wurde (*Holland* 2009, S. 322).

Eine individuelle Form der direkten Ansprache, die oftmals über Spezialvermittler erfolgt, ist das persönliche **Geschenk-Mailing**. Diese Maßnahme des Direct Marketing wird insbesondere als Bestandteil umfassender Kundenbindungsprogramme eingesetzt und häufig von Automobilunternehmen genutzt. Gegenstand eines Geschenk-Mailings ist die Überbringung individueller Geschenke zu besonderen Themenschwerpunkten oder Anlässen, wobei hier das Geschenk nicht die Zugabe, sondern den Hauptbestandteil des Mailings darstellt. Haupt-

Die transparente Versandhülle im Lang-DIN-Format mit Adressaufkleber enthält einen bedruckten Müllsack DIN-A1 und das Anschreiben.

Herausforderung: Den meisten Deutschen flatterte im Herbst eine Strompreiserhöhung für 2008 ins Haus. Dagegen sind die Kunden von ENTEGA Ökostrom fein raus. Ihr Preis bleibt bis 2009 stabil. Doch auch sie werden eines Tages eine Preiserhöhung bekommen und an einen Wechsel ihres Energieversorgers denken. Wie überzeugen wir unsere Kunden nachhaltig von ENTEGA Ökostrom?

Idee: Wir zeigen das Ausmaß an CO2-Emissionen, das jeder Haushalt mit ENTEGA Ökostrom vermeidet: 80 Liter pro Stunde - exakt die Füllmenge eines symbolkräftigen Müllsacks, den wir mit Begleitbrief versenden. So wird der abstrakte Umweltschutz-Beitrag plötzlich plastisch und die Verantwortung des Einzelnen anschaulich. Sogar die Nachbarn, die sich gerade erst über ihre Stromerhöhung geärgert haben, kann man damit für ENTEGA Ökostrom gewinnen.

Erfolg: 17% mehr telefonische Anfragen mit explizitem Bezug auf die Müllsack-Aktion.

Insert III-D-8: Mailing-Aktion von ENTEGA (Ogilvy 2008)

zielsetzungen dieser Form der individuellen Kundenansprache sind eine langfristige Kundenbindung und Markentreue sowie eine Imageverbesserung des Unternehmens.

> **Beispiel: Geschenk-Mailing von *SieMatic***
> Der Küchenhersteller *SieMatic* unternahm im Jahre 2004 einen zweistufigen Aussand an 150 Händler in der Schweiz mit dem Ziel, einen Gesprächstermin zu vereinbaren und das Programm von *SieMatic* vorzustellen (*Huber* 2004). In einer ersten Stufe wurde den Händlern eine traditionelle Bialetti-Kaffeemaschine zugestellt, die zu einem Gespräch mit einem SieMatic-Berater einlud. Zehn Tage später erhielten die Händler vier handverpackte Mischungen Kaffeebohnen, um sie mit der Kaffeemaschine zuzubereiten.

Neben den Mail Order Packages lassen sich vielfältige weitere Formen adressierter Werbesendungen unterscheiden. Dazu gehören beispielsweise der Versand von Katalogen oder Kundenzeitschriften bzw. Probezeitschriften oder die Beigabe von Prospekten zu Briefen, wie es häufig beim Versand der Telefonrechnungen praktiziert wird (*Holland* 2009, S. 287). Charakteristische Merkmale sind auch hier, dass der Rezipient identifizierbar ist und eine Selektion geeigneter erscheinender Zielgruppen vorgenommen wird.

Zur Bewerbung von neuen Kunden mit Werbebriefen hat das Unternehmen entweder die notwendigen Adressen dazu zu gewinnen oder aber Fremdadressen anzumieten (*Holland* 2001, S. 36 f.). Die **Gewinnung von Adressen** ist dabei durch unterschiedliche Methoden wie z. B. Coupon-Anzeigen, Beilagen, Gewinnspiele oder Freundschaftswerbung möglich. Sehr kosten- und zeitaufwändig ist die Ermittlung von Fremdadressen anhand von Adressbüchern, Branchenverzeichnissen und Messekatalogen. Zudem sind viele Angaben in diesen Verzeichnissen veraltet. Für die meisten Aktionen im Direct Marketing, die sich nicht an eigene Kunden richten, werden daher Adressen gemietet, wobei Miete bedeutet, dass Adressen in der Regel nur zur einmaligen Nutzung überlassen werden. Wenn ein Unternehmen zur Neukundengewinnung angemietete Adressen anschreibt, sind diese Adressen nur dann in seinen Bestand überzunehmen, wenn die Zielperson antwortet (*Holland* 2009, S. 149).

Als **Vermieter von Adressen** kommen beispielsweise Versender, Zeitschriftenverlage mit den Adressen ihrer Abonnenten, Reiseveranstalter und Telekommunikationsunternehmen in Frage. Daneben gibt es Adressverlage, die Adresslisten von verschiedenen Unternehmen akquirieren und weitervermieten. Deren Datenbanken enthalten fast alle Firmen- und Hausadressen in Deutschland, die nach zahlreichen Merkmalen selektiert werden. Aufgrund der Datenschutzbestimmungen sind bei den privaten Adressen die Selektionsmöglichkeiten beschränkt. Neben der Adresse ist die Weitergabe nur weniger Informationen erlaubt (*Holland* 2001, S. 37). In Insert D-III-9 sind Kriterien aufgeführt, nach denen der Adressenvermieter *Schober Information Group* Adressen selektiert.

> **Beispiel: Selektion von Zielgruppen bei der *Audi AG***
> Für das Jahr 2000 hatte *Audi* eine Fülle von Aktionen unter dem Motto „*Audi quattro*" geplant, unter anderem ein vom Hersteller zentral gesteuertes Mailing für den *Audi TT quattro*, das dem Kunden die Vorteile und den besonderen Nutzen des permanenten Allradantriebes näher zu bringen hatte. Der Kunde erhielt Informationsmaterial und wurde zum Aufsuchen des Händlers und zu einer Probefahrt motiviert.
>
> Eine genaue **Definition der Zielgruppe** für die gezielte Ansprache ist Voraussetzung für einen größtmöglichen Erfolg, einen effizienten Mitteleinsatz und ein nachvollziehbares Handling eines Mailings (*Holland* 2001, S. 135). Auch der Erfolg der *Audi quattro* Probefahrtaktion hängt stark von der Qualität der angeschriebenen Adressen ab, wobei sich *Audi* für folgende Vorgehensweise der Adressengenerierung entschied:
>
> • Selektion der Adressen aus der NeWaDa Jahrgang 1993 bis einschließlich 1997 nach dem Kriterium „letzter Neuwagenkauf". NeWaDa steht für **Neuwagendatei** und ist das auf Großhandelsebene vorhandene Neuwagen-Dispositions- und Abwicklungssystem der Marken *VW*, *Audi* und Nutzfahrzeuge, das beispielsweise die Erfassung und Steuerung von Neuwagenbestellungen und so-

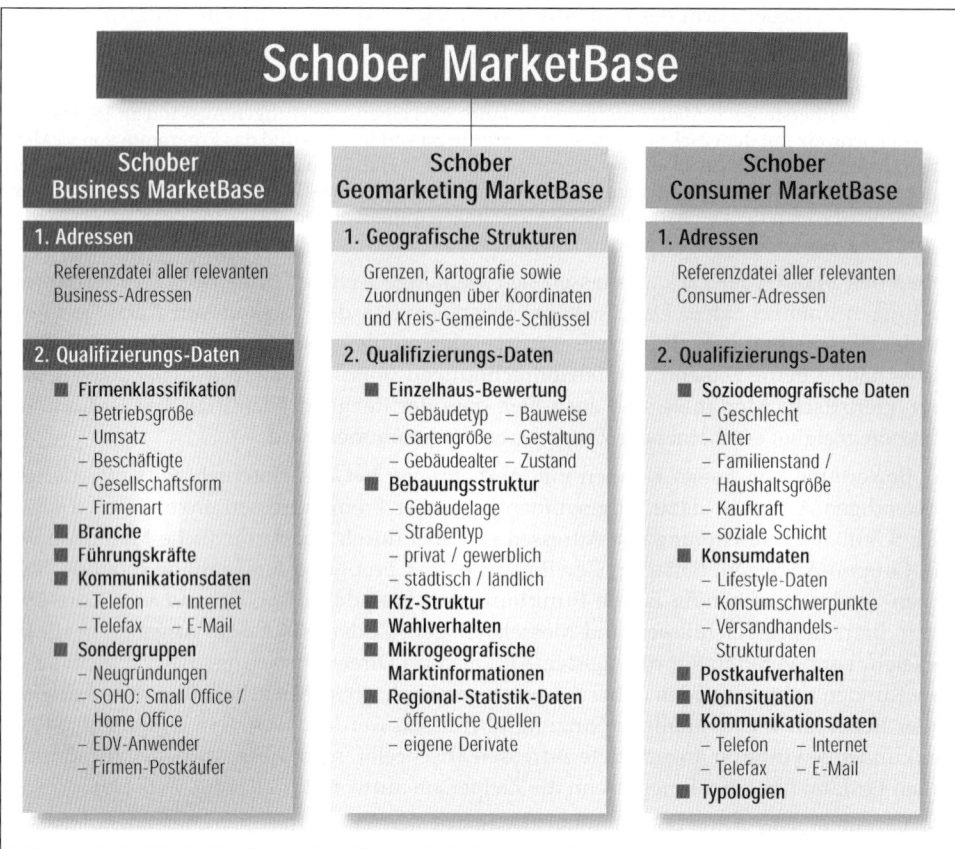

Insert III-D-9: Schober MarketBase (Schober Information Group 2004)

mit die Sammlung von Kunden-, Fahrzeug- und Lieferungsdaten, Änderung und Stornierung von Neuwagenbestellungen, Verwaltung der kompletten Händlerorganisation sowie Verwaltung von Lagerbeständen ermöglicht.

- Ungestützte **Adressenauflistung** der Händler, in dem die Verkäufer die Adressen von den Personen melden, denen sie versuchen in den nächsten sechs bis neun Monaten einen *Audi* zu verkaufen, z. B. Interessenten der letzten Monate.
- Aufbereitung der **händlereigenen Kundendatenbank**, aus der der Händler einen Auszug per Diskette oder per E-Mail an die *Audi*-Aktionszentrale sendet.

In Kundendatensätzen liegt für den Handel ein erhebliches Absatzpotenzial, wenn berücksichtigt wird, dass jeder Betrieb die Möglichkeit hat, auf eine Kundendatenbank von durchschnittlich 4.200 Einzeladressen zurückzugreifen, die er sich in den Jahren aufgebaut hat. Die **Integration der Händler** in den Vorgang der Adressengenerierung ist dabei besonders wichtig, da die Kundendatei der Händler meist nur fahrzeugbezogene und keine personenbezogenen Kriterien enthält (*Holland* 2001, S. 137). Schaubild D-III-18 stellt eine typische Kundenkartei eines Autohändlers dar.

Eine weitere Möglichkeit der schriftlichen Kundenansprache besteht im Einsatz **nichtadressierter Werbesendungen**. Diese Form der Kundenansprache ist dann gegeben, wenn beispielsweise Handzettel, Prospekte oder Warenproben, die keine Adresse des Empfängers tragen, durch Verteiler oder Postboten Haushalten bestimmter Gegenden zugestellt werden (*Bruns* 2007, S. 130). Wichtig ist in diesem Zusammenhang, dass nicht jede Form der Verteilung nichtadressierter Werbesendungen in den Bereich des Direct Marketing fällt. Nach der erweiterten

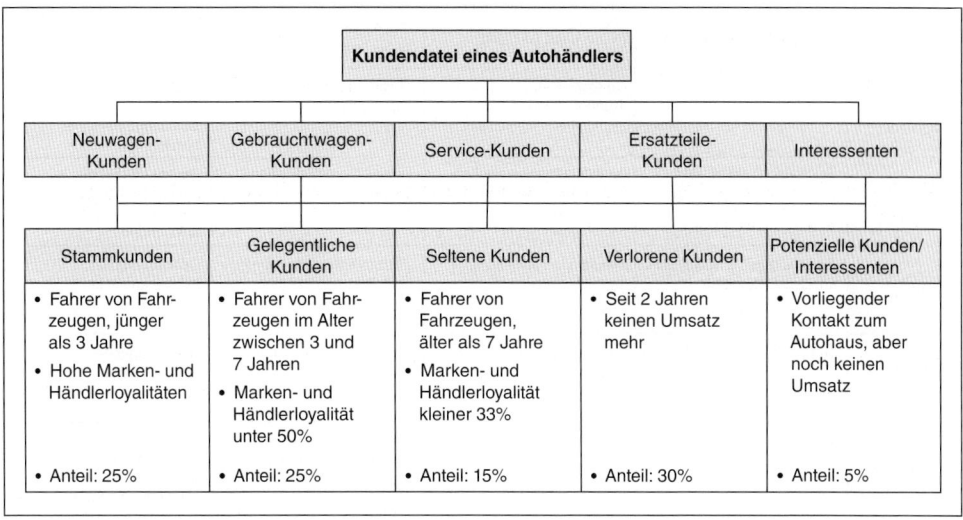

Schaubild III-D-18: Typische Kundendatei eines Autohändlers (Holland 2009, S.138)

Begriffsdefinition lassen sich nichtadressierte Werbesendungen nur dann zum Bereich des Direct Marketing zählen, wenn diese das Ziel verfolgen, einen direkten Kontakt zwischen Sender und Empfänger aufzubauen. Die wöchentliche Verteilung von Handzetteln durch eine Geschäftsstätte des Lebensmitteleinzelhandels fällt beispielsweise nicht in den Bereich des Direct Marketing, da kein direkter Kundenkontakt angestrebt wird und der Kunde anonym bleibt. Werden unadressierte Werbesendungen jedoch mit dem Ziel eingesetzt, die Anonymität des Empfängers aufzuheben und eine direkte Kontaktaufnahme zu initiieren, ist diese Maßnahme dem Direct Marketing zuzuordnen (*Holland* 2009, S. 28). Lässt ein Unternehmen des Versandhandels beispielsweise Prospekte mit dem Ziel verteilen, neue Kunden zu gewinnen und Direktverkäufe zu initiieren, ist diese Maßnahme dem Direct Marketing zuzuordnen. Im Gegensatz dazu betreibt ein Verbrauchermarkt, der in seinem Einzugsgebiet regelmäßig Prospekte austeilt, kein Direct Marketing.

Eine weitere Kommunikationsmaßnahme im Rahmen der Direktwerbung ist das **Telefonmarketing** (*Kotler/Bliemel* 2007, S. 1206 f.). Kernaufgabe dieser Einsatzform des Direct Marketing ist der Aufbau und die Pflege von Kundenkontakten durch einen unmittelbaren und gezielten Austausch von Informationen. Kennzeichnendes Merkmal dieser Form der Rezipientenansprache ist nicht allein die persönliche Kommunikation mit ausgewählten Zielpersonen über das Medium Telefon. Telefonmarketing umfasst vielmehr alle Medien der Telekommunikation, also auch Telefax, E-Mail und Internet, weshalb anstelle von Telefonmarketing zunehmend der umfassendere Begriff Customer-Interaction-Center-Marketing verwendet wird.

Beim **Customer Interaction Center (CIC)** handelt es sich um eine Weiterentwicklung des ursprünglichen Call Centers. Neben eingehenden Telefonanrufen werden im Rahmen des Multichanneling auch SMS via Handy, Faxe und E-Mails individuell bearbeitet (*Deutscher Direktmarketing Verband e.V.* 2002). Das Ziel dieser CIC ist eine dauerhafte Erreichbarkeit des Unternehmens und ein verstärktes Eingehen auf Kundeninteressen. CIC haben den Kunden auch nach dem Kauf zu betreuen, um so eine deutliche Kundenbindung zu generieren. Schaubild D-III-19 zeigt die Entwicklung von verschiedenen Organisationsformen der telefonischen Kommunikationssysteme im Überblick (vgl. ausführlich *Denger/Wirtz* 1999, S. 90).

	Telefonzentrale	Call Center	Communication Center	Customer Interaction Center
Kunden-kontakt	Weiterleiten von Anrufen	Telefonischer Kundendialog	Multimediale Kunden-kommunikation	Multimediale Kunden-kommunikation durch Einbezug sämtlicher Medien
Organisa-tionsform	Telefonzentrale besteht neben Fachabteilungen	Kombination von Fachab-teilung und Call Center oder reines Call Center	Reines Communication Center	Reines Customer Interaction Center und Integration von Fach-abteilungen
Ziel	Service durch Ermöglichen von Telefonkontakt	Neukundengewinnung und -bindung	„Partnership"-Orientierung und „Partner"-Bindung	Optimierung der Kundenkontakte
Service-qualität	Geringe Servicequalität	Mittlere bis hohe Service-qualität	Ausgeprägte Servicequalität	Herausragende Servicequalität
Aufgaben	Weitervermittlung, Auskunft	Info-Hotline, Beschwerde-management, Notfall- und Support-Service	Info-Hotline, Beschwerde-management, Schaden-regulierung	Kundenschnittstelle bzgl. aller Aufgabenbereiche, Unterstützung der kunden-orientierten Fachabteilungen

Schaubild III-D-19: Entwicklungsstufen von Organisationsformen der telefonischen Kundenkommunikation (in Anlehnung von Denger/Wirtz 1999, S. 90)

Die CIC werden entweder vom Unternehmen selbst oder durch einen externen Dienstleister betrieben. Grundsätzlich sind CIC in Inbound und Outbound zu unterscheiden. In Abgren-zung zum Telefonmarketing wird mit CIC meist der Inbound Traffic, d. h., vom Kunden zum Unternehmen, bezeichnet, wohingegen mit Telefonmarketing, Direct Mailing oder SMS-Wer-bung vor allem Outbound-Kommunikation, d. h., vom Unternehmen zum Kunden gemeint sind. Schaubild D-III-20 zeigt die Unterschiede von **Inbound** und **Outbound Centern**.

Beim **aktiven oder Outbound-Telefonmarketing** wird eine ausgesuchte Zielperson telefonisch direkt durch den Anbieter oder eine Vermittlungsagentur mit dem Ziel kontaktiert, Produkte oder Serviceleistungen anzubieten bzw. Informationen zu erfragen. Im Business-to-Business-Bereich werden Unternehmen, zu denen bereits Geschäftsbeziehungen bestehen, mit dem unmittelbaren Ziel eines Vertragsabschlusses angerufen. Darüber hinaus wird das Telefon-

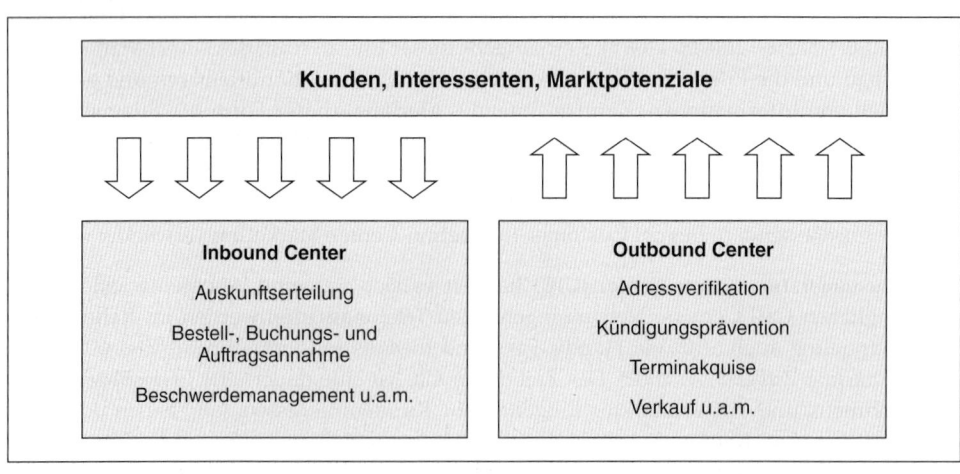

Schaubild III-D-20: Unterschiede von Inbound und Outbound Centern

marketing im Rahmen der Marktforschung genutzt, um beispielsweise das Image einer Unternehmung bei selektierten Zielgruppen zu erfragen oder Datenbanken aufzubauen.

Weitere wichtige Einsatzgebiete des aktiven Telefonmarketing sind die Vorbereitung bzw. die Substitution von Vertriebsaktivitäten des Außendienstes oder Nachfassaktionen im Anschluss an ein Mailing (*Holland* 2009, S. 32). Denkbar ist auch der Abbau möglicher Nachkaufdissonanzen im Rahmen einer Kundenpflege mit Hilfe einer zeitlich genau auf den Kaufakt abgestimmten telefonischen Kundenansprache. Ferner besteht die Möglichkeit, mit Hilfe des Telefonmarketing aktiv auf schriftliche Kundenbeschwerden zu reagieren.

Die Möglichkeiten eines aktiven Telefonmarketing werden durch die umfangreichen **rechtlichen Einschränkungen** insbesondere im privaten Bereich jedoch stark eingeschränkt. Weniger streng sind die gesetzlichen Regelungen im Business-to-Business-Bereich. Hier ist aktives Telefonmarketing dann zulässig, wenn das Einverständnis des Angerufenen zu vermuten ist, der Anruf den eigentlichen Geschäftsgegenstand des Gewerbetreibenden betrifft und wenn bereits eine Geschäftsbeziehung besteht (*Siegert* 1991, S. 12; *Kotler/Bliemel* 2007, S. 1207).

Das **passive oder Inbound-Telefonmarketing** ist eine Umschreibung dafür, dass die Kontaktinitiative von der Zielperson ausgeht und diese von sich aus telefonischen Kontakt zu einem Anbieter oder Vermittler aufnimmt. Auslöser dieser vom Rezipienten ausgehenden Aktivität ist in der Regel eine konkrete Aufforderung zur Kontaktaufnahme. So werden Kunden beispielsweise über Zeitschriftenanzeigen aktiviert, telefonisch weitere Informationen über ein Produkt anzufordern, Bestellungen aufzugeben oder sich an einem Gewinnspiel zu beteiligen. Inbound beinhaltet unter anderem die Auskunftserteilung, die Bestell-, Buchungs- und Auftragsannahme, das Beschwerdemanagement, den Informationsservice, den Notfallservice, die Schadensbearbeitung und den Supportservice. Wichtig ist in diesem Zusammenhang, dass dadurch, dass die Aktivität vom Rezipienten ausgeht, die rechtlichen Beschränkungen, die beim aktiven Telefonmarketing bestehen, entfallen.

Eines der **Hauptziele** des passiven oder Inbound-Telefonmarketing besteht darin, durch Maßnahmen wie die Einrichtung eines Servicetelefons oder die telefonische Annahme von Beschwerden, bestehende Kundenbeziehungen zu pflegen und die Kunden langfristig an das eigene Unternehmen zu binden. Darüber hinaus sind durch spezielle Angebote, wie das Teleshopping oder Telefon-Promotion-Kampagnen sowie die Einrichtung eines kostenlosen Bestellservices mit einer 0800er Telefonnummer, neue Kunden zu gewinnen (*Bruns* 2007, S. 141 f.).

> **Beispiel: Passives Telefonmarketing**
> Eine Vielzahl von Unternehmen nutzt das passive Telefonmarketing zunehmend innovativ. Der *Otto Versand* bietet beispielsweise die Möglichkeit, jeden Tag rund um die Uhr Bestellungen aufzugeben, und Kreditinstitute wie die *Vereinsbank* u. a. bieten ihren Kunden vermehrt den Service an, Aufträge telefonisch zu erteilen.

> **Beispiel: Telefonmarketing-Kampagne von *Coca-Cola***
> Für die Produkte *Coke* und *Diet Coke* plante *Coca-Cola England* im Jahre 1997 eine Telefonmarketing-Kampagne zur Unterstützung der „Thirst For It"-Kampagne. Eine Outbound-Anrufkampagne richtete dabei die Anrufe auf den lizenzierten Handel mit dem Ziel, Point-of-Sale-Sets abzusetzen. Händler wurden angerufen, um die Verkaufsförderungswaren zu verkaufen. Zu der Point-of-Sale-Ausstattung gehörten T-Shirts, Poster, Bierdeckel, Rubbelkarten und ein *Coca-Cola*-Stand. Insgesamt wurden 8.388 Anrufe durchgeführt und dadurch 7.077 Präsentationen erreicht. Eine Gesamtzahl von 4.500 Point-of-Sale-Sets wurden bestellt und damit pro Stunde 9,3 Präsentationen durchgeführt (*Fill* 2001, S. 520).

Auch die **Online-Anwendungen**, wie z. B. E-Mail oder Newsletter, haben im Direct Marketing einen festen Platz eingenommen. Sie bieten die Möglichkeit des Aufbaus sowohl asynchroner als auch synchroner Kommunikationsbeziehungen zwischen Anbieter und Rezipient über das Internet. Eigentlicher Initiator der Kommunikationsbeziehung ist der Nachfrager, der die Unternehmens- oder Produktpräsentationen der im Internet vertretenen Unternehmen abruft sowie weitere Informationen anfordert. Auf diese Anfrage reagiert das angesprochene Unternehmen beispielsweise mit der Zusendung der gewünschten Informationen beispielsweise per E-Mail. Der eigentliche Unterschied von Online-Anwendungen zu den traditionellen Direct Marketing-Maßnahmen, wie z.B. Telefonmarketing, steht in Verbindung mit einem Paradigmenwechsel vom Push- zum Pull-Marketing, da der Rezipient aktiv durch einen Eintrag in Mailinglisten auf den Websites der Unternehmen Direct Marketing-Maßnahmen nachfragt. Neben dieser indirekten Rezipientenanfrage gibt es einen Trend zum Aufbau von **E-Mail-Datenbanken**. Mit Hilfe dieser Datenbanken besteht, ähnlich wie bei den adressierten Werbesendungen, die Chance, selektierte Zielgruppen direkt über das Netz anzusprechen und die Response-Quoten genau zu messen. Beispielsweise ist es möglich, digitale Mail Order Packages in Form einer E-Mail mit angehängten Dateien, die z.B. elektronische Produktpräsentationen oder Kataloge enthalten, zu versenden.

Unverlangte und unerwünschte E-Mails, so genannte Spams, führen jedoch einer Umfrage zufolge bei einem Drittel der Internetnutzer zu Verärgerung (*Schwarz* 2001, S.133). Aufgrund dessen hat der *Bundesverband für Digitale Wirtschaft* Richtlinien für das E-Mail Marketing verfasst, die auf den Prinzipien des **Permission-Marketing** beruhen (*BVDW (Bundesverband für Digitale Wirtschaft)* 2009). Unter Permission Marketing wird eine auf dem Einverständnis des Empfängers basierende Direktmarketingstrategie verstanden. Auf dieser Richtlinie beruht die weit verbreitete Möglichkeit, dass sich Empfänger für einen Newsletter-Versand per E-Mail an- bzw. abmelden können (Opt-in und Opt-out Möglichkeit). Solche online übermittelten Informationen, die erwünscht, erwartet und relevant aus Sicht des Empfängers sind, werden als Service wahrgenommen (*Schweiger/Schrattenecker* 2009, S.124f.). *Kent/Brandal* (2003, S.489ff.) haben in ihrer Studie gezeigt, dass Permission E-Mails öfter gelesen werden als Spam-Mails und überdies auch höhere Click Through Raten (CTR) haben (vgl. Kapitel 11). Im Vergleich zu traditionellen Mailing-Aktionen bieten Maßnahmen von E-Mail-Marketing überdies die Möglichkeit eines sehr schnellen direkten Response, z.B. über E-Mail oder Online-Bestellfunktionen, eine persönliche Ansprache, eine hohe Zielgruppengenauigkeit und speziell zugeschnittene Informationen. Dadurch sind Online-Maßnahmen besonders zur Wahrnehmung von Dialog- und Kundenbindungsfunktionen geeignet. Für Unternehmen sind diese im Vergleich zu Direct Mails per Post zudem relativ kostengünstig.

Der enorme Bedeutungszuwachs von Handys im Alltag der Menschen innerhalb weniger Jahre führte zu einem neuen Kommunikationskanal der Werbeindustrie, dem **Mobile Marketing**. Mobile Marketing ist die Umschreibung von Marketingmaßnahmen unter der Verwendung mobiler Endgeräte und drahtloser Telekommunikation. Das Ziel ist es, Kunden möglichst direkt zu erreichen und durch das Angebot spezieller Leistungen ihr (Kauf-)Verhalten zu beeinflussen (*Felger* 2004, S.55). Eine Erfolg versprechende Voraussetzung für Mobile Marketing ist – wie bei E-Mail-Marketing – die Zustimmung des Empfängers. Insbesondere SMS und MMS haben im Direct Marketing sprunghaft einen zentralen Stellenwert erreicht (*Scharf/ Schubert/Hehn* 2009, S.393). **SMS** (Short Message Service) werden von Unternehmen primär zum Informieren von Kunden, im Verkauf (z.B. von Fahrscheinen) oder für Promotionaktivitäten verwendet. Weit mehr Möglichkeiten bietet das **MMS** (Multimedia Message Service), da Nachrichten mit multimedialen Inhalten versendet werden können. Die Spannbreite der möglichen Formate, die MMS bietet, umfasst Bilder, Texte, Töne bis hin zu kurzen Videofrequenzen (*Schweiger/Schrattenecker* 2009, S.124). Gegenüber den einfacheren SMS-Botschaften bietet die MMS-Technologie somit vielfältigere Möglichkeiten zur Abbildung von Markenwelten (*Hase* 2004, S.32f.).

Zu den häufigsten kommunikationsbasierten Einsatzformen des Mobile Marketing zählen derzeit Gewinnspiele und die Übermittlung von reinen Werbebotschaften per SMS oder MMS. Daneben hat sich auch das Angebot unternehmenseigener oder gesponserter mobiler Informations- und Entertainment-Dienste als mobiles Kommunikationsmittel entwickelt, beispielsweise der Fußballinformationsdienst von *Bitburger* per SMS zur Europameisterschaft im Jahre 2000. Über die Homepage konnten sich Fußballfans für einen Informationsdienst registrieren (*Holland* 2006, S. 56). Mit der leistungsfähigeren UMTS-Technologie, der so genannten „dritten Generation" der Mobilfunknetzstandards, versprechen sich Unternehmen eine qualitativ hochwertige Übertragung kürzerer Werbespots auf die Mobiltelefondisplays sowie interaktive Werbeformen, z. B. TV-Spiele (*Eck* 2004a, S. 58 ff.). UMTS ist in Deutschland seit dem Jahre 2004 kommerziell verfügbar. Der *Bundesverband Informationswirtschaft Telekommunikation und neue Medien e.V. (BITKOM)* rechnet für das Jahr 2008 mit insgesamt 15,9 Millionen UMTS-Nutzern (*BITKOM* 2008). Einen Durchbruch für die mobile Fernsehwerbung wird sich durch die Koppelung von UMTS mit der Broadcasting-Technologie DVB-H bzw. DMB versprochen. Die flächendeckende Einführung von DVB-H steht jedoch noch aus.

Aufgrund der Tatsache, dass sich das Mobile Marketing noch in der Reifephase befindet, wurde das Potenzial, dass in Mobile Marketing steckt, bis jetzt noch nicht voll ausgeschöpft. Nach einer Studie der *Universität Hamburg* wird sich das Mobile Marketing jedoch als fester Bestandteil im Kommunikationsmix der werbetreibenden Unternehmen etablieren. 68 bzw. 80 Prozent der befragten Firmen sehen vor, künftig SMS oder MMS für Marketingzwecke einzusetzen bzw. ihre Aktivitäten in diesem Bereich zu intensivieren. Nach Umfragen des *Verbandes der deutschen Internetwirtschaft e.V. (ECO Forum e.V.)* meinen nur etwa 12 Prozent der befragten Fachleute, dass das Mobiltelefon künftig in erster Linie zum Telefonieren gedacht ist. Es besteht mit einer klaren Mehrheit von 87 Prozent der Fachleute die Meinung, dass das Mobiltelefon in den nächsten Jahren weitaus mehr Funktionen übernehmen wird und den Medien Fernsehen und Print zunehmend Konkurrenz macht, vor allem aufgrund der Bidirektionalität des Mobile Marketing. Nach Einschätzung wird es mit 72 Prozent dabei vorwiegend der Unterhaltung dienen, gefolgt von den Themenbereichen Nachrichten (67 Prozent), Sport (64 Prozent), Gewinnspiele (58 Prozent), Regionalinformationen (56 Prozent), Erotik (46 Prozent) sowie Musik-/Videoclips (38 Prozent) (*ECO Forum e.V.* 2003).

Unter dem Begriff **„Sonstige Medien"** werden Instrumente subsumiert, die sich teilweise gar nicht oder nur vereinzelt bzw. in bestimmten Branchen etablieren konnten. In der Automobilindustrie werden z. B. vermehrt CD-ROMs, die die praxisnahe Darstellung aller wichtigen Leistungsdaten und Ausstattungsdetails eines oder mehrerer Modelle ermöglichen, an Interessenten versandt. Geeignet erscheint diese Form der Kundenansprache vor allem für erklärungsbedürftige Produkte sowie Leistungen, bei denen die Kaufentscheidung als Ergebnis eines längeren Entscheidungsprozesses erfolgt. Erscheinungsformen, wie Video und DVD, haben sich hingegen bislang nicht etablieren können. Nur die Telefax-Technologie konnte sich flächendeckend durchsetzen und wird insbesondere im Business-to-Business-Bereich des Direct Marketing eingesetzt.

7.2 Klassische Medien mit Rückkoppelungsmöglichkeit

Die Gruppe der **klassischen Medien**, die als Direktmedien genutzt werden, fasst alle Einsatzformen der Mediawerbung zusammen, deren Aufgabe darin besteht, durch eine indirekte Ansprache die Grundlage eines Dialoges in einer zweiten Stufe zu schaffen. Kennzeichnendes Merkmal dieser Mediengruppe ist die Integration von Rückkoppelungselementen in die

Werbebotschaft, die eine Kontaktaufnahme des Rezipienten mit dem Anbieter ermöglichen. Diese Kategorie des Direct Marketing wird daher häufig auch mit dem Begriff **Direct-Response-Werbung** belegt.

Das primäre Ziel des Einsatzes dieser Medien besteht darin, die ausgewählte Zielgruppe zu veranlassen, durch eine Reaktion ihre Anonymität aufzugeben. Im Anschluss besteht dann die Möglichkeit, eine eigene Datenbank aufzubauen bzw. eine bestehende Datenbasis zu verbessern, um darauf aufbauend eine gezielte Ansprache ausgewählter Konsumenten zu ermöglichen.

Die verschiedenen klassischen Medien mit Rückkoppelungsmöglichkeit lassen sich in einem ersten Schritt ebenfalls danach ordnen, ob gedruckte oder elektronische Medien eingesetzt werden. Im Bereich der gedruckten Medien ist zwischen der Anwendung der Kommunikationsträger Zeitungen und Zeitschriften sowie der Außenwerbung zu unterscheiden. In der Kategorie der elektronischen Medien ist die Nutzung der Kommunikationsträger Fernsehen und Hörfunk denkbar. Durch die kombinierte Verwendung der verschiedenen Kommunikationsträger und den Einsatz geeigneter Kommunikationsmittel wird das Ziel verfolgt, einen Respons der ausgewählten Kommunikationszielgruppe zu erreichen.

Im Rahmen der Verwendung der Kommunikationsträger **Zeitungen und Zeitschriften** ist beispielsweise der Einsatz von Anzeigen, Beilagen und Beiheften denkbar, in die Response-Möglichkeiten, wie Antwortcoupons oder Antwortkarten, integriert werden. Darüber hinaus ist der Aufdruck einer Telefonnummer möglich, durch die der Rezipient veranlasst wird, mit dem Unternehmen in Kontakt zu treten (*Holland* 2009, S. 36).

Grundvoraussetzung eines erfolgreichen Einsatzes dieser Druckmedien ist, dass dem Konsumenten ein klares Dialogangebot gemacht wird, auf dass das schaltende Unternehmen auch in ausreichendem Maße vorbereitet ist. In der Praxis kommt es häufig vor, dass Anrufer auf Telefonpartner treffen, die hinsichtlich der Anzeigenschaltung nicht informiert sind und auch nicht wissen, wer dafür im Unternehmen zuständig ist. Ferner ist sicherzustellen, dass alle Konsumenten, die einen Antwortcoupon einsenden, auch möglichst kurzfristig eine Antwort erhalten. Dies ist jedoch immer noch nicht bei allen Unternehmen garantiert (*Fisch* 1996, S. 89).

Durch die Verwendung von Anschlagstellen als Kommunikationsträger wird der Einsatz von Plakaten oder Leuchtwerbung möglich. Der Einsatz dieser Kommunikationsmittel wird als **Außenwerbung** bezeichnet, wenn diese außerhalb geschlossener Räume angebracht sind (*Hilke* 1993b, S. 26). Zur Außenwerbung zählen ferner die Verkehrsmittelwerbung und die Bandenwerbung auf Sportplätzen. Eine Response-Möglichkeit der Zielgruppe innerhalb der Außenwerbung wird allgemein dadurch erreicht, dass eine Telefonnummer oder Adresse in die Gestaltung integriert wird, die zu einer Kontaktaufnahme auffordert. Wie Insert D-III-10 zeigt, ist es inzwischen durch interaktive Plakate auch möglich, dass nach der Anwahl einer angegebenen Telefonnummer ein Wohnzimmer von *IKEA* eingerichtet wird.

Ferner wird zunehmend **Fernseh- und Hörfunkwerbung** mit dem Ziel eingesetzt, einen Dialog zwischen Anbieter und Rezipienten zu initiieren. Durch die Einblendung von Telefonnummern oder Adressen in so genannten Direct-Response-Werbespots wird die Zielgruppe aufgefordert, Bestellungen aufzugeben, Informationen anzufordern oder an Gewinnspielen teilzunehmen. Das Einsatzspektrum reicht hier von der reinen Information bis zur Möglichkeit der Direktbestellung via Telefon (*Kotler/Bliemel* 2007, S. 1208).

Um das Potenzial dieser Medien im Rahmen des Direct Marketing sinnvoll zu nutzen und tatsächlich Reaktionen zu generieren, ist es notwendig, dass jeder interaktiv gestaltete Spot

Insert III-D-10: Interaktives Plakat Ikea (Interaktiv Poster Award 2009)

ein klares und aktiv aufforderndes Angebot enthält. Wenig Erfolg versprechend ist dagegen, an einen klassischen Spot nur eine Telefonnummer anzuhängen, da dieser wenig darauf abzielt, direkte Reaktionen zu erzeugen. Ferner gilt der Erfahrungswert, die Telefonnummer in einem Fernsehspot mindestens 15 Sekunden im Bild zu zeigen und genügend Telefonleitungen bereitzustellen, da 80 Prozent des Rücklaufs wenige Minuten nach der Schaltung erfolgen. Nicht sinnvoll ist dagegen die Aufforderung, Papier und Bleistift bereit zu legen, da dies kaum befolgt wird (*Fisch* 1996, S. 89).

Zum Bereich des Direct Marketing über den Kommunikationsträger Fernsehen zählt auch das **Teleshopping**. Hierbei handelt es sich um komplette Werbesendungen, die zumeist von privaten Fernsehanstalten angeboten werden. Innerhalb dieser Werbesendungen werden verschiedene Produkte vorgestellt, die dann direkt per Telefon zu bestellen sind. Das Teleshopping hat in Deutschland stark an Bedeutung gewonnen. Im europäischen Vergleich der Teleshopping-Märkte steht Deutschland hinter Großbritannien auf dem zweiten Platz (*o.V.* 2004).

Eine zusammenfassende Beurteilung der unterschiedlichen Medien des Direct Marketing mit ihren Vor- und Nachteilen bietet Schaubild D-III-21.

8 Integration des Direct Marketing in den Kommunikationsmix

Ein zentraler Bestandteil der Planung des Direct Marketing besteht in der Abstimmung der einzelnen Maßnahmen im Rahmen einer inter- und intrainstrumentellen Integration. In diesem Zusammenhang gilt es zu untersuchen, inwieweit durch eine gemeinsame Planung und synergetische Ausrichtung der einzelnen Maßnahmen im Rahmen eines **integrierten Direct Marketing** im Vergleich zum Einsatz von Einzelmaßnahmen wesentliche Erfolgssteigerungen erzielt werden.

Direct-Marketing-Medien	Vorteile	Nachteile	Bemerkungen
Adressiertes Mailing	+ Direkte Ansprache + Individuelle Ansprache	- Response-Verluste bei ungenauer Segmentierung	= Basisinstrument
Telefonmarketing	+ Informations-gewinnung	- Kein Face-to-Face-Konktakt - Rechtliche Grenzen	= Ideales Nachfass-instrument
Plakate mit Responseelement	+ Andere Zielgruppen werden erreicht + Emotionale Bilder	- Streuverluste - Flüchtige Wahr-nehmung	= Einfache Response-Möglichkeit notwen-dig (Telefonr.)
Anzeigen mit Response-Element	+ Gestaltungs-alternativen + Emotionale Bilder + Unterschiedliche Response-Alternativen	- Kosten - Streuverluste	= Bei der Anzeigenge-staltung muss auf Response-Element geachtet werden
Pressebeilagen	+ Geringe Kosten + Zielgruppen je nach Medium	- Streuverluste ab-hängig vom Medium	= Alternative Ziel-gruppenerreichung
Hörfunk	+ Hohe regionale Bekanntheit	- Kosten - Streuverluste	= Wichtig Einblende-dauer für Response
Fernsehen/DRTV	+ Multisensorisch + Adressgewinnung	- Kosten - Streuverluste - Einblendedauer	= Ergänzend zu Mail-ing-Aktionen oder bei nicht eng defi-nierter Zielgruppe
Telefax	+ Effizient bei beste-henden Kontakten	- Vorbehalte und rechtliche Grenzen	= Wichtiges Instrument im B-to-B-Bereich
WWW-Homepage	+ Imagewirkung + Weltweite Präsenz	- Beratungsbedarf - Aktualisierung	= Ausbau zu Vertriebs-kanal möglich
E-Mail	+ Schnell, effizient + Kostengünstig + Abonnenten-gewinnung	- Anfrageorganisation notwendig	= Infotausch mit Zielpersonen, Dialogmöglichkeit zur Kundenbindung
Web-TV	+ Interaktiv + Vertriebskanal	- Noch geringe Ver-breitung in Europa	= Künftige Entwicklung des TV/DRTV

Schaubild III-D-21: Medien des Direct Marketing im Vergleich (Holland 2001, S. 90)

8.1 Interinstrumentelle Integration des Direct Marketing

Die Vernetzung des Direct Marketing mit den anderen Kommunikationsinstrumenten eines Unternehmens ist ein wichtiger Bestandteil des Aufbaus einer Integrierten Kommunikation. Insbesondere vor dem Hintergrund der dynamischen Umweltentwicklung ist es entschei-dend, die sich durch eine integrierte Kommunikationspolitik und den professionellen Ein-satz des Direct Marketing bietenden Chancen konsequent zu nutzen. Im Einzelnen tragen die Strukturveränderungen der Kommunikationsmärkte, die zunehmende Homogenität des Leistungsangebotes sowie der zunehmende Kostendruck dazu bei, dass ein aufeinander abgestimmter Einsatz der einzelnen Kommunikationsinstrumente einschließlich des Direct Marketing zunehmend an Bedeutung gewinnt.

Beispiel: Interinstrumentelle Integration bei *Thomas Cook Direct*

Als strategische Antwort auf den Wettbewerb führte *Thomas Cook* die Marke *Thomas Cook Direct* ein. Sie stellte eine Alternative zum traditionellen Geschäft der Reisebuchung über Reiseagenturen dar. Beim Start wurden verschiedene Medien eingesetzt, darunter Pressewerbung und Verkaufsbroschüren, die vermittelten, dass dieser Service zur Verfügung steht. Zudem wurde den Zielkunden auf diesem Wege die Servicenumer von *Thomas Cook Direct* vermittelt. Der Kontakt mit den 50.000 Kunden wurde durch vierteljährliche Updates und Magazine erreicht. Verschiedene Spezialprodukte, wie z. B. *Ski Direct*, *Cruise Direct* und *Flights Direct* entstanden, zum Teil aufgrund der durch das Telefonmarketing ermöglichten Flexibilität. So handelte es sich bei der Belegschaft an den *Ski Direct* Telefonen beispielsweise ausnahmslos um Skifans, die mit den Anrufern ein sachkundiges Gespräch führten und damit Vertrauen sowie Glaubwürdigkeit erzielten. Diese Betrachtung durch Spezialisten ist bei den gemischten Produkten in herkömmlichen Reiseagenturen nicht möglich. Direct-Mail-Listen werden genutzt, um potenzielle Kunden herauszufiltern. *Thomas Cook* setzte des Weiteren neben dem Gebrauch des Teletexts intensiv auf Sponsoring (*Ski Direct* sponserte beispielsweise die Schneevorhersage) und das Internet (*Denny* 1997, S. 26 f.).

Hierbei ist zum einen darauf zu achten, dass eine inhaltliche Koordination des Direct Marketing mit den anderen Kommunikationsinstrumenten erfolgt, d. h. dass die zu kommunizierenden Botschaften, Argumente sowie auch Bilder thematisch aufeinander abgestimmt werden. Zum anderen ist eine formale Abstimmung der Instrumente sicherzustellen, indem zentrale Gestaltungsprinzipien (z. B. bei Unternehmensfarbe, Logo und Schrifttypen) über alle Instrumente eingehalten werden. Schließlich ist auch die zeitliche Integration der Instrumente zu planen, um die Wirkung des Direct Marketing durch einen vorgeschalteten, parallelen oder nachgeschalteten Einsatz anderer Kommunikationsinstrumente zu verstärken.

Im Vorfeld einer inhaltlichen, formalen und zeitlichen Integration ist im Rahmen der Gestaltung des Kommunikationsmix zu überprüfen, inwieweit ein **funktionaler Zusammenhang** zwischen dem Direct Marketing und den anderen Kommunikationsinstrumenten gegeben ist. Erst wenn die Intensität möglicher komplementärer, konditionaler, konkurrierender oder substituierender Wirkungsbeziehungen zwischen dem Direct Marketing und den anderen Kommunikationsinstrumenten ermittelt wurde, wird eine Integrationsentscheidung getroffen. Im Einzelnen lassen sich für eine Vernetzung des Direct Marketing mit den verschiedenen anderen Instrumenten des Kommunikationsmix vielfältige Möglichkeiten aufzeigen. Beispielhaft seien folgende Möglichkeiten einer interinstrumentellen Integration des Direct Marketing in die Unternehmens- und Marketingkommunikation aufgezeigt:

Direct Marketing und Mediawerbung: Im Rahmen einer Vernetzung der Instrumente Direct Marketing und Mediawerbung ist neben der inhaltlichen Integration vor allem eine zeitliche Abstimmung notwendig. Sinnvoll erscheint es in diesem Zusammenhang, in einem ersten Schritt durch den Einsatz von Mediawerbung den Bekanntheitsgrad zu erhöhen und Aufmerksamkeit zu erzeugen, um darauf aufbauend beispielsweise durch Telefonmarketing oder den Versand von Direct Mailings das tatsächliche Kaufverhalten zu beeinflussen. Darüber hinaus besteht auch die Möglichkeit, die Mediawerbung für ein neu einzuführendes Produkt zeitgleich durch verschiedene Direct Marketing-Aktivitäten zu unterstützen. Denkbar ist z. B. ein Proben-Sampling oder der Einsatz von Mail Order Packages mit dem Ziel, Interesse an dem neuen Produkt zu wecken und Testkäufe zu initiieren. Auf die Effizienzvorteile einer Integration von Direct Marketing-Maßnahmen und Mediawerbung geht Insert III-D-11 ein, während Insert III-D-12 diese Integration an einem Unternehmensbeispiel veranschaulicht.

Effizienter im Duett

DDV Werbekampagnen erzielen die größte Wirkung, wenn klassische Maßnahmen und Dialogmarketing kombiniert werden: Die gestützte Markenbekanntheit stiegt dann zum Beispiel um den Faktor 15. die Werbeerinnerung um den Indexwert 89. Daraus ergebe sich eine um 17 Prozent höhere Budgeteffizienz als bei Einzelaktionen, rechnet Icon Brand Navigation in einer Grundlagenstudie für den Deutschen Direktmarketing-Verband (DDV). Wiesbaden, vor.

„Bei fast allen gemessenen Erfolgskriterien wie Bekanntheit und Marken-Loyalität erzielte der kombinierte Einsatz die höchsten Werte", lautet das Fazit von Robert Perl. Managing Director bei Icon Brand Navigation in Nürnberg.

Die Forscher untersuchten die Fernsehspots für Jacobs Krönung, die Anzeige „Weihnachtsangebot" des *Hamburger Abendblatts* sowie die Filme *Beckenbauer* der Postbank und *Dino* der Hamburg-Mannheimer samt Mailings. Gemessen wurde vor dem Start (Nullmessung), zwei Wochen nach Beginn der Klassik sowie unmittelbar nach Anlaufen der Direktationen.

Für die Analyse fanden rund 6400 Interviews statt.

ANALYSE *Icon testete den Postbank-Spot mit Franz Beckenbauer.*

Klassische Kommunikation ist der Studie zufolge in emotionaler Hinsicht um den Indexwert zehn schlagkräftiger: Die Testpersonen empfanden die angefragten Anzeigen und Fernsehspots sympathischer und einprägsamer als die dazugehörenden Mailings.

Direktmailing kann dagegen besonders bei Werbeerinnerung und bei der Weiterempfehlung des beworbenen Produkts punkten. *for*

Insert III-D-11: Effizienter im Duett (Forster 2003, S. 14)

Direct Marketing und Verkaufsförderung: Ein aufeinander abgestimmter, integrierter Einsatz dieser Kommunikationsinstrumente mit dem Ziel einer Realisation der übergeordneten Kommunikationsziele, ist auf verschiedene Art möglich und notwendig. Beispielsweise ist es sinnvoll, mittels handelsgerichteter Direct Mailings auf geplante endverbrauchergerichtete Verkaufsförderungsaktionen hinzuweisen, um den Handel zu einer Unterstützung von Aktionen zu motivieren und dessen Orderverhalten zu beeinflussen. Darüber hinaus besteht auch die Möglichkeit, mit Hilfe eines endverbrauchergerichteten Direct Marketing geplante Verkaufsförderungsaktionen zu unterstützen und deren Wirkung zu erhöhen.

Direct Marketing und Public Relations: Die Integration der Instrumente Direct Marketing und Public Relations erfolgt in der Form, dass Direct Marketing-Aktionen als flankierende PR-Medien eingesetzt werden. So besteht die Möglichkeit, im Vorfeld wichtiger Pressekonferenzen oder Entscheidungen den verschiedenen Anspruchsgruppen, wie Medien, Kapitalge-

Insert III-D-12: Fruchtgummis in aller Munde (Gerstenkorn 2004, S. 2)

bern, Politikern oder Bürgerinitiativen über Direct Mailings wichtige Hintergrundinformationen zu vermitteln.

Für die Pressearbeit wäre z. B. der Versand von CD-ROMs als ergänzende Form eines Geschäftsberichts oder zur verständlichen Darstellung neuer Großprojekte vorstellbar. Mittels Computersimulationen wäre es ebenso möglich, große Bauvorhaben oder technische Innovationen, wie die zwischen Berlin und Hamburg geplante Magnetschwebebahn, in ihrer Umsetzung vorzuführen, um so Meinungsbildner und Entscheider hinsichtlich des Projektes positiv zu beeinflussen.

Direct Marketing und Sponsoring: Ein integrierter Einsatz der Kommunikationsinstrumente Direct Marketing und Sponsoring ist unter anderem in der Form möglich, dass die Sponsoringaktivitäten des Unternehmens durch den Einsatz der verschiedenen Medien des Direct Marketing kommuniziert werden. Beispielsweise lädt ein Unternehmen ausgewählte Kunden zu eigenständig initiierten bzw. unterstützten kulturellen Veranstaltungen oder Sportereignissen ein, um Kontaktpflege während des Sponsoringereignisses zu betreiben.

Direct Marketing und Messen/Ausstellungen: Die Integration der Kommunikationsinstrumente Direct Marketing und Messen/Ausstellungen erfolgt durch einen schrittweise aufeinander abgestimmten Einsatz beider Instrumente. Leitinstrument ist die Messebeteiligung des Unternehmens, die es durch Direct Marketing-Aktionen zu unterstützen gilt. Beispielsweise wird im Vorfeld einer Messe durch den Versand persönlicher Einladungen oder die Verteilung von Prospekten auf den Messeeinsatz des Unternehmens hingewiesen. Zielsetzung ist dabei primär, die Rezipienten beispielsweise durch die Ankündigung von Innovationen oder besonderen Aktionen zu einem Standbesuch zu animieren, bestehende Beziehungen zu intensivieren und neue Kontakte zu knüpfen. Im Anschluss an eine Messebeteiligung besteht dann – je nach Interessenlage der Rezipienten – die Möglichkeit des Versands persönlicher Angebote oder detaillierterer Informationen.

Direct Marketing und Event Marketing: Ein integrierter Einsatz der Instrumente des Direct Marketing und Event Marketing bietet sich insofern an, da von Unternehmen geplante Events einen Bezugspunkt der Kommunikation im Rahmen des Direct Marketing darstellen. Dementsprechend ist es möglich, durch persönliche Einladungen in Form von Direct Mailings die anvisierte Zielgruppe auf zukünftige Events sowie deren Teilnahmemöglichkeiten und Teilnahmebedingungen hinzuweisen. Zielsetzung dieses Vorgehens ist es dabei vor allem, die Rezipienten durch eine emotionale Aktivierung zu einer Teilnahme anzuregen und das Unternehmen in einer bestimmten Art und Weise zu positionieren. Darüber hinaus besteht auch die Chance, durch den Einsatz des Direct Marketing Informationen über vergangene Events – beispielsweise in der Form von Erlebnisberichten – zu vermitteln und so Unternehmen in einer ganz bestimmten Sicht darzustellen.

> **Beispiel: Integration der Instrumente Direct Marketing und Event Marketing bei *Marlboro***
> Ein Beispiel für die Integration der Instrumente Direct Marketing und Event Marketing sind die jährlich stattfindenden Reisen im Rahmen des *„Marlboro* Projects". Diese Veranstaltungen werden sowohl im Vorfeld als auch nach Abschluss des Projekts intensiv durch Direct Mailings unterstützt, um bei der anvisierten Zielgruppe die angestrebte Positionierung der Marke umzusetzen. Erster Schritt der Direct Marketing-Kampagne ist dabei ein persönliches Anschreiben, mit dem die Rezipienten zu einer Teilnahmebewerbung animiert werden. Abgeschlossen wird die kombinierte Kampagne mit dem Versand eines ausführlichen Erfahrungsberichts, in dem die Teilnehmer ihre Erlebnisse während der Reise schildern.

Direct Marketing und Online-Kommunikation: Möglichkeiten der Vernetzung des Direct Marketing mit der Online-Kommunikation ergeben sich beispielsweise in der Form, dass **Online-Anwendungen** als Zielmedium des Direct Marketing dienen. Der Schwerpunkt der Vernetzung von Online-Kommunikation und Direct Marketing wird in der Zukunft demnach auf der Nutzung von Online-Systemen zur direkten Ansprache der Konsumenten liegen. Beispielsweise besteht die Möglichkeit der Versendung von digitalen Mail Order Packages an Kunden in Form einer E-Mail mit angehängten Dateien, die Unternehmens- bzw. Produktpräsentationen enthalten. Dieses Vorgehen eröffnet die Chance eines direkten Responses des Rezipienten als Ausgangspunkt eines individuellen multimedialen Dialoges.

bzw.

Direct Marketing und Mitarbeiterkommunikation: Eine Vernetzung dieser Kommunikationsinstrumente erfolgt in der Form, dass alle Mitarbeitenden mit Kundenkontakt im Rahmen der Internen Kommunikation rechtzeitig über die Planung und Durchführung einer Direct Marketing-Aktion informiert werden. Primäre Zielsetzung dieser Abstimmung ist es dabei, einen konsistenten Außenauftritt des Unternehmens sicherzustellen und Unstimmigkeiten unter den Mitarbeitenden vorzubeugen. Wichtig ist in diesem Zusammenhang vor allem, dass die geplanten Direct Marketing-Aktivitäten hinsichtlich ihres Inhaltes nicht konträr zu intern formulierten Zielsetzungen, Strategien und Maßnahmen stehen.

> **Beispiel: Integrierte Recruiting-Kampagne für *Accenture***
> Klassische Unternehmensberater arbeiten 15 Stunden am Tag, verdienen „massenweise" Geld und kennen keine Skrupel. Soweit das gängige Vorurteil. Die Agentur *Wundermann,* Frankfurt, erhielt den Auftrag von *Accenture,* eine Kampagne zu entwickeln, die sich diesem Thema stellte. Im Rahmen dieser Recruiting-Kampagne galt es, *Accenture* als Arbeitgeber so zu positionieren, der diesem Klischee nicht entspricht. Für die integrierte Kommunikationsleistung wurde die Agentur in der Kategorie Dienstleistungen im Jahre 2002 mit dem Deutschen Dialogmarketing Preis in Silber ausgezeichnet.
>
> Die Kampagne wurde für *Accenture* in Deutschland, Österreich und der Schweiz entwickelt. Hauptaufgabe war die Rekrutierung von 1.000 neuen Mitarbeitenden. Gleichzeitig hatte die Kampagne das Unternehmensimage zu schärfen und die Differenzierung gegenüber dem Wettbewerb voranzutreiben. Als Zielgruppen der Dialogoffensive wurden vornehmlich Hochschulabsolventen sowie High Potentials mit Berufserfahrung anvisiert.

Accenture startet virale Recruiting-Kampagne

veröffentlicht am 18.05.2007 um 15:57 Uhr · Digital · Artikel

Die Beratungsfirma Accenture geht beim Recruiting neue Wege. Dabei setzt die Initiative "Mit-Macher gesucht" auf virale Elemente und ergänzt so die klassische Kampagne "Ich bei Accenture". Im Mittelpunkt von "Mit-Macher gesucht" stehen Accenture-Mitarbeiter, die als Botschafter ihres Unternehmens um neue Kollegen werben.
Accenture verbreitet dazu Videoclips unter anderem über YouTube, die auf die Website accenture-mit-macher.com verweisen. Dort stellen sich einzelne Berater vor. Accenture-Mitarbeiter helfen bei der viralen Verbreitung der Initiative, indem sie die Spots an ihr persönliches Netzwerk weiterleiten und das Bewerberportal empfehlen. Zusätzlich startet das Beratungsunternehmen eine Campus-Promotion-Tour an Hochschulen in Deutschland, Österreich und der Schweiz, die mit Accenture-Mitarbeitern ebenfalls die Botschafter-Idee aufgreift. Ziel ist, im laufenden Jahr 1000 neue Mitarbeiter zu finden. Im Fokus stehen Wirtschaftswissenschaftler und Informatiker.

Insert III-D-13: Recruiting-Kampagne von Accenture (Werben & Verkaufen 2007)

Der kreative Ansatz bediente sich des Vorurteils, dass gerade in der Branche der Unternehmensberatungen menschliche Qualitäten nicht gefragt sind. Die Kampagne widerlegte dieses Klischee, indem sie die Mitarbeitenden von *Accenture* in Situationen zeigte, in denen sie menschliche Eigenschaften wie Teamgeist, Kreativität, Neugierde und Spontaneität beweisen: als Kinder. So lächelt dem Betrachter einer Printkampagne beispielsweise ein Lausbub entgegen, der in der Hand eine überdimensionale Eistüte hält. In der Copy wird deutlich, dass es sich bei dem Jungen um Bodo Schäfer handelt, heute Consultant bei *Accenture*. In einem Direct-Response-TV-Spot tollt der kleine Thomas mit einem blond gelockten Mädchen im Kinderbett herum. Thomas Meyer ist heute Partner bei *Accenture*. Die Kampagne impliziert, dass die Mitarbeitenden von *Accenture* sich diese Soft Skills bewahrt haben.

Aufgabe der Teaserkampagne war es, Interessenten und potenzielle Mitarbeitende auf die zentrale Kommunikations- und Bewerbungsplattform www.entdecke-accenture.com im Internet zu führen. Die Website bietet alle Informationen, die für Bewerber relevant sind sowie die Möglichkeit, sich direkt online um einen Job zu bewerben.

Der integrierte Einsatz verschiedener Medien, wie Print, Fernsehen, Radio und Online-Werbung sowie der Einsatz von Promotionmaßnahmen, führt schließlich, wie in Insert III-D-13 dargestellt, zu einer höheren Erfolgswirkung.

8.2 Intrainstrumentelle Integration des Direct Marketing

Neben der interinstrumentellen Integration des Direct Marketing im Rahmen der Planung des Kommunikationsmix ist ein integrativ ausgerichteter instrumenteinterner Planungsprozess des Direct Marketing notwendig. Im Rahmen dieser **intrainstrumentellen Integration** hat eine Koordination der Ziele, Strategien und Maßnahmen des Direct Marketing in der Art zu erfolgen, dass durch die synergetische Ausrichtung der einzelnen Maßnahmen eine Kommunikationswirkung erzielt wird, die in ihrer Summe größer ist als die Summe der Einzelleistungen.

Um durch den interinstrumentellen Integration des Direct Marketing eine optimale Wirkung zu erzielen und ein konsistentes Erscheinungsbild des Unternehmens zu vermitteln, hat eine Integration der einzelnen Kommunikationsmaßnahmen auf drei Ebenen zu erfolgen. Generell lassen sich die inhaltliche, formale und zeitliche Integration unterscheiden (*Bruhn* 2009a, S. 58 ff.).

Im Rahmen der **inhaltlichen Integration** erfolgt eine thematische Verknüpfung der einzelnen Maßnahmen. Durch die Schaffung einheitlicher Kernbotschaften und Kernargumente sowie den integrierten Einsatz von Schlüsselbildern sind möglichst hohe Synergieeffekte sicherzustellen. Im Rahmen der inhaltlichen Integration des Direct Marketing ist beispielsweise das Schlüsselbild und die Headline der laufenden Mediawerbung (Direct-Response-Werbung) aufzugreifen und in modifizierter Form in einem Direct Mailing einzusetzen.

Ein weiterer wichtiger Bereich beinhaltet die **formale Integration**. Hierbei werden die einzelnen Maßnahmen des Direct Marketing durch einheitliche Gestaltungsprinzipien so miteinander verbunden, dass ein formal einheitliches Erscheinungsbild sichergestellt ist. Dabei ist darauf zu achten, dass die schriftlich fixierten Corporate-Design-Programme umgesetzt werden. Dies äußert sich beispielsweise im Gebrauch einheitlicher Schrifttypen und Farben oder Größen für die Logos sowohl in den Mailings als auch in den POS-Terminals.

Die **zeitliche Integration** umfasst die zeitliche Abstimmung hinsichtlich des Einsatzes der verschiedenen Maßnahmen des Direct Marketing. Hier gilt es folglich zu analysieren, inwieweit ein paralleler, sukzessiver, intermittierender oder ablösender Einsatz der Direct Marketing-Maßnahmen sinnvoll erscheint. Zielsetzung ist hier durch eine mehrere Stufen umfassende Zielgruppenansprache einen möglichst dauerhaften und intensiven Dialog zu initiieren. Schaubild III-D-22 zeigt exemplarisch einzelne Stufen eines integrativen Direct Marketing-Konzeptes, bei dem verschiedene Medien zeitlich aufeinander aufbauend eingesetzt werden.

> **Beispiel: Intrainstrumentelle Integration im Zuge einer *Blutspendenaktion***
> Der höhere Wirkungsgrad eines integrierten Direct Marketing, das verschiedene Medien aufeinander aufbauend einsetzt, verdeutlicht die Zahl der Teilnehmer an einer Blutspendenaktion, die in Abhängigkeit von der Art der Bewerbung stark schwankte. Während bei einem ausschließlichen Einsatz von Direct Mailings bzw. Telefonmarketing die Teilnehmerquote bei 4,4 bzw. 7,4 Prozent lag, steigerte sich die Zahl der Teilnehmer bei einem integrierten Einsatz beider Instrumente auf 21,9 Prozent. Die zusätzlichen Kosten eines integrierten Maßnahmeneinsatzes waren seinerzeit in Anbetracht der hohen Reaktionsrate als marginal einzustufen (*LaTour/Manrai* 1989, S. 327 ff.).

Die erste Stufe eines integrierten Direct Marketing-Konzeptes besteht beispielsweise in der Schaltung einer **Anzeige mit Response-Möglichkeit**. Eingebettet in die Mediawerbung der Unternehmung dient diese Maßnahme dem Aufbau eines Dialoges zwischen Unternehmen und Konsument. Hier wird die ausgewählte Zielgruppe veranlasst, mit dem Unternehmen telefonisch oder schriftlich in Kontakt zu treten und ihre Anonymität aufzugeben. Die eingegangenen Anfragen bilden dann die Grundlage einer Weiterverarbeitung innerhalb des Database Managements, in dem unter anderem eine Adressenzuordnung nach Zielgruppen erfolgt.

Aufbauend auf der Adressenzuordnung werden in einer zweiten Stufe an die interessierten Zielpersonen individuelle **Direct Mail Packages** versendet. Zielsetzung dieser Stufe ist es, die Aufmerksamkeit der Rezipienten auf ein bestimmtes Leistungsangebot zu lenken und entweder direkte Bestellungen auszulösen oder die Anforderung von Informationsmaterial zu generieren. Das Offerieren kostenloser telefonischer Rückrufe oder die Beilage kostenfreier Antwortkuverts sowie die Beilage von Gutscheinen unterstützen die Rücklaufquote des Direct Mails. Möglich ist auch die Beilage von Multimediaanwendungen, wie beispielsweise CD-ROMs mit Produktpräsentationen, elektronischen Katalogen oder Spielen.

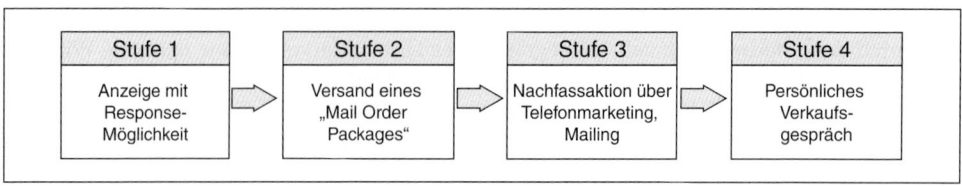

Schaubild III-D-22: Stufen eines integrierten Direct-Marketing-Konzeptes
(in Anlehnung an Kotler/Bliemel 2007, S. 1223)

In einer dritten Stufe besteht dann die Möglichkeit, durch eine Nachfassaktion die Reaktionsrate zu steigern und den Absatz eines Produktes bzw. einer Dienstleistung zu erhöhen. Denkbar ist eine direkte Ansprache über ein aktives **Telefonmarketing**, in dem das Unternehmen einen Auftrag akquiriert bzw. spezifische andere Interessen des Rezipienten erfragt. Möglich ist auch die Zusendung eines weiteren Mailings mit einem konkreten Angebot oder weiteren Informationen.

In Abhängigkeit von der angebotenen Leistung ist in einer nachfolgenden Stufe die Vereinbarung eines **persönlichen Verkaufsgespräches** mit einem Außendienstmitarbeitende denkbar. Sinnvoll erscheint dieser Schritt insbesondere bei einem erklärungsbedürftigen Leistungsangebot, wie beispielsweise beim Angebot von Versicherungs- oder Bankdienstleistungen. Insbesondere im Anlagen- und Systemgeschäft der Industriegüterbranche folgt im Anschluss an eine Kontaktaufnahme mit einem interessierten Unternehmen die Weiterführung der Beziehung im Rahmen eines persönlichen Dialoges. Ziel ist es dabei, die Probleme und Wünsche des Dialogpartners zu ergründen und individuelle Problemlösungen und Leistungen gemeinsam festzulegen.

> **Beispiel: Integriertes Direct Marketing-Konzept von *Brot für die Welt***
>
> Eine positive Wirkung des Einsatzes eines integrierten Direct Marketing-Konzeptes stellt die Mailing-Aktion des *Diakonischen Werkes der Evangelischen Kirche* im Rahmen der Initiative *„Brot für die Welt"* dar, die mit mehreren Direct Marketing-Preisen ausgezeichnet wurde (*Bruhn/Tilmes* 1994, S. 190). Die Zielsetzung der durchgeführten integrierten Direct Marketing-Kampagne bestand seinerzeit darin, die Mittelzuweisung an die eigene Organisation zu steigern, indem Richter – als Entscheider hinsichtlich der Verteilung von Geldbußen an gemeinnützige Institutionen – auf die Arbeit der Initiative aufmerksam gemacht wurden. Zur emotionalen Ansprache der Richter wurde der Startaussendung eine Weizenähre und ein Stück Stacheldraht beigelegt, um die Philosophie von *„Brot für die Welt"* real begreifbar zu machen. In einem zweiten Mailing wurden den Richtern dann sachliche Informationen hinsichtlich des Umgangs mit Spendengeldern und Beispiele aus der Projektarbeit vorgestellt, wobei auch diesem Mailing eine Weizenähre und ein Stück Stacheldraht mit dem Ziel beigelegt wurden, den Wiedererkennungseffekt zu erhöhen. Ein Folge-Mailing hatte dann zum Inhalt, die zuständige Sachbearbeiterin des entsprechenden *„Brot für die Welt"* Projektes vorzustellen, um die Abwicklungsmodalitäten zu vereinfachen. Gleichzeitig wurden abheftbare Mailings mit Projektbeschreibungen inklusive Schnellhefter und Zahlscheinen an die Gerichtsdirektoren versandt, um möglichst alle Entscheider hinsichtlich der eigenen Aktivitäten zu informieren. Der gesamte Dialog mit den verschiedenen Entscheidern war dabei langfristig angelegt, so dass die Richter laufend mit aktuellen Informationen zu abgeschlossenen oder förderungswürdigen neuen Projekten und der Mittelverwendung versorgt wurden. Ergebnis dieser integrierten Direct Marketing-Kampagne waren hohe Response-Quoten und eine verstärkte Zuweisung von Geldmitteln, die bestätigten, dass der Mehraufwand einer längerfristigen und abgestimmten Aktion lohnend ist (*Bruhn/Tilmes* 1994, S. 192).

9 Erfolgskontrolle des Direct Marketing

9.1 Bedeutung der Erfolgskontrolle im Direct Marketing

Ein wesentlicher Vorteil des Direct Marketing besteht in der Möglichkeit einer Erfolgskontrolle der durchgeführten Maßnahmen (*Holland* 2009, S. 359). Um eine korrekte und vollständige Kontrolle der Wirksamkeit von Direct Marketing-Maßnahmen zu gewährleisten, sind zunächst die zwei folgenden wesentlichen Voraussetzungen zu erfüllen:

(1) Definition eines operationalen Zielsystems,

(2) Aufbau eines Database-Management-Systems.

Erste strategische Grundvoraussetzung einer effizienten und effektiven Erfolgskontrolle ist die Definition eines **operationalen Zielsystems**. Nur wenn sämtliche Direct Marketing-Ziele operational definiert sind, ist eine Erfolgskontrolle der verschiedenen Maßnahmen einer Direct Marketing-Strategie anhand der definierten Zielsetzung möglich. Im Rahmen einer Erfolgskontrolle ist im Anschluss an eine Planungsperiode jeweils zu überprüfen, inwieweit durch die Umsetzung der verschiedenen Maßnahmen der Direct Marketing-Strategie die gesetzten Ziele erreicht wurden.

Dabei sind im Sinne einer **rollierenden Planung** in einem ersten Schritt mögliche Ursachen einer eventuellen Zielabweichung zu überprüfen. Zu unterscheiden ist in diesem Zusammenhang zwischen einer Zielabweichung aufgrund einer nicht optimalen Strategieableitung und -umsetzung sowie einer Zielabweichung aufgrund veränderter Umfeldbedingungen. Je nach Ursache der Zielabweichung hat dann entweder eine Änderung der Direct Marketing-Strategie bzw. der Umsetzung zu erfolgen, oder es ist eine Zielanpassung auf Basis der veränderten Umweltbedingungen vorzunehmen.

Die Ableitung von konkreten Maßnahmen zur Erfolgskontrolle des Einsatzes der verschiedenen Medien des Direct Marketing erfolgt auf Basis der festgelegten Direct Marketing-Ziele. Hier ist generell zu unterscheiden zwischen einem Einsatz des Direct Marketing mit dem Ziel des Ausbaus der Kundenbindung sowie dem Einsatz des Direct Marketing zur Gewinnung neuer Kundensegmente. Je nach Zielsetzung werden unterschiedliche Maßnahmen zur Erfolgskontrolle der Direct Marketing-Strategie und deren Umsetzung eingesetzt.

Neben der Ableitung eines operationalen Zielsystems ist als organisationale Voraussetzung einer Erfolgskontrolle der Aufbau eines leistungsfähigen **Database-Management-Systems** notwendig. Ein professionelles Database Management geht dabei weit über die Speicherung einfacher Kundendaten wie Name, Alter und Adresse hinaus. Werden nicht nur Marketingdaten, sondern auch alle relevanten unternehmensinternen und -externen Daten in eine Datenbank aufgenommen, handelt es sich um ein Data Warehouse. Das **Data Warehouse** ermöglicht eine gesamtheitliche Betrachtung des Kunden oder Wunschkunden zu Analysezwecken (*Mentzl/Ludwig* 1998, S. 487). Erforderliche Daten werden mit Hilfe von Quering (Structured-Query-Language(SQL)-Selektionsabfragen) nach beliebigen Kriterien, selektiert und dargestellt. Mit Hilfe von so genannten Standardreports werden anschließend entsprechende Berichte der Selektionsfragen auf ein Netzwerk im Unternehmen gespeichert oder im HTML-Format ins Internet geladen. Neuere Ansätze ermöglichen beispielsweise durch den Einsatz der Programmiersprache Java sogar die dynamische Berichterstattung auf einer Website im Internet (*Holland* 2009, S. 128 f.). Abfragen und Berichte erfolgen im Direct Marketing beispielsweise zu den Häufigkeiten der Kontakte zum Unternehmen, zur Zahlungsmoral des Kunden, Beschwerden oder dem Einkaufsverhalten. Ein umfassendes Database Management wird somit zur zentralen Voraussetzung der Erfolgskontrolle im Direct Marketing. Beispielsweise wird es möglich, die Response-Quoten verschiedenster Maßnahmen zu messen und daraus Schlüsse für weitere Aktivitäten zu ziehen.

9.2 Methoden der Erfolgskontrolle im Direct Marketing

9.2.1 Prozesskontrolle im Direct Marketing

Prozesskontrollen beschäftigen sich mit der Überprüfung der Durchführung der Direct Marketing-Maßnahmen. Hierzu zählt z. B. die Überwachung aller notwendigen Aktivitäten zur Vorbereitung einer Direct Marketing-Kampagne oder die Einhaltung von Zeitplänen. Zur

Kontrolle der Ablaufprozesse kommen Methoden wie **Checklisten, Netzpläne, EDV-gestützte Terminüberwachungen** und ähnliche Verfahren zum Einsatz. Diese Verfahren sind in der Lage, Zeitpläne und kritische Aktivitäten im Direct Marketing-Planungsprozess auch kurzfristig zu kontrollieren.

9.2.2 Effektivitätskontrolle im Direct Marketing

Generell werden in Abhängigkeit davon, ob eine Verbesserung der Kundenbindung oder eine Gewinnung von Neukunden im Vordergrund der Aktivitäten steht, verschiedene Maßnahmen der Effektivitätskontrolle unterschieden.

Verfolgt ein Unternehmen innerhalb des Direct Marketing primär das Ziel einer **langfristigen Kundenbindung** und einer Steigerung des Kundenwertes, kommen als Instrumente einer Erfolgskontrolle nur Maßnahmen in Betracht, mit deren Hilfe längerfristige Entwicklungen erfasst werden. Der Einsatz quantitativer Erfolgskennzahlen, die geeignet sind, den kurzfristigen Erfolg einer Direct Marketing-Maßnahme zu beurteilen, ist aufgrund des gegebenen längerfristigen Zeithorizonts nicht möglich. Vielmehr sind im Sinne eines strategischen Controlling, qualitative Kennzahlen zur Beurteilung der Erfolgswirksamkeit heranzuziehen. Sinnvoll erscheint der Einsatz folgender Maßnahmen der Erfolgskontrolle:

- Schriftliche oder mündliche Befragungen,
- RFMR-Methode.

Schriftliche oder **mündliche Befragungen** der Kunden des eigenen Unternehmens sind als primäre Erhebungsmethode in der Praxis weit verbreitet. Kernzielsetzung ist eine Effektivitätskontrolle der Strategieumsetzung über einen längeren Zeitraum. Bei derartigen Erhebungen werden beispielsweise Fragen zur Kundenzufriedenheit sowie zur Wiederkaufs-, Weiterempfehlungs- oder Cross-Selling-Absicht gestellt. Die ermittelten Datensätze lassen sich anschließend zu Kennzahlen verdichten, deren Interpretation fundierte Ergebnisse hinsichtlich der Entwicklung der Kundenbindung ermöglicht. Im Vordergrund der Analyse steht dabei nicht die Kontrolle des Erfolges einzelner Direct Marketing-Maßnahmen. Vielmehr ist das Gesamtkonzept der Kundenbindung zu betrachten und hinsichtlich seines Erfolges zu beurteilen.

Eine weitere Möglichkeit der Erfolgskontrolle einer Kundenbindungsstrategie ist der Einsatz der in den USA entwickelten **RFMR-Methode** sowie der **FRAT-Methode**. Basierend auf einem Scoring-Modell untersucht die RFMR-Methode folgende Informationen:

- Zeitpunkt des letzten Kaufakts eines speziellen Kunden (R = Recency): Je weniger lang der letzte Kauf des Kunden zurückliegt, desto mehr Punkte bekommt er.
- Anzahl der Kaufakte im Untersuchungszeitraum (F = Frequency): Je öfter der Kunde im Verlauf der Geschäftsbeziehung oder im Lauf des letzten Jahres gekauft hat, desto größer ist die Wahrscheinlichkeit, dass er wiederkauft, und damit der Punktwert, der ihm zugeordnet wird.
- Umsatzhöhe (MR = Monetary Ratio): Der kumulierte Umsatz oder Bestellwert des Kunden wird in einen Punktwert umgerechnet und zu den aus Recency und Frequency errechneten Punkten addiert.

Die erhobenen Daten werden anschließend durch das Unternehmen gewichtet und zu einem Scoring-Wert aggregiert. So besteht die Möglichkeit einer rückwärtsgerichteten Effektivitätskontrolle und der Prognose des zukünftigen Bestell- und Umsatzverhaltens (*Holland* 2009, S. 108).

Beispiel: Aktivitätenraster der Einzelbesteller bei der *Schwab Versand GmbH*
Bei der *Schwab Versand GmbH* beinhaltet das Aktivitätenraster der RFMR-Methode die Positionen „Letztes Kaufdatum" und „Kaufhäufigkeit" der Einzelbesteller, wobei das „Letzte Kaufdatum" die letzten vier Saisons (Halbjahre) beinhaltet und die Kunden in aktiv (X) und inaktiv (-) einteilt. Die „Kaufhäufigkeit" gibt die Anzahl der Bestellungen innerhalb der aktiven Saison an. Bei der Aggregierung zu einem Score-Wert werden zum einen die einzelnen Saisons von *Schwab* unterschiedlich gewichtet, zum anderen werden mehr als fünf Bestellungen nur mit einem Wert von fünf angesetzt. Dies begründet *Schwab* mit den Erfahrungswerten, dass in diesem Segment bei einer höheren Bestellhäufigkeit keine signifikanten Qualitätssteigerungen mehr festgestellt werden. Der Scoring-Wert an einem ausgewählten Beispiel berechnet sich sowie wie folgt (*Holland* 2009, S. 109 ff.):

-1	-2	-3	-4	(Saison)
X	X	–	X	(Aktivität)
3	4	0	2	(Anzahl der Bestellungen)
60 %	20 %	10 %	10 %	(Gewichtung)
= 6	= 2	= 1	= 1	(Berechnungswert)
3 x 6	4 x 2	0 x 1	2 x 1	(Anzahl der Bestellungen x Wert)
= 18	= 8	= 0	= 2	(Saisonpunktewerte)
= 28				(Summe der Saisonpunkte)

Das weiter entwickelte **FRAT-Modell** berücksichtigt auch die Sortimente, aus denen bestellt wurde:

- Anzahl der Kaufakte im Untersuchungszeitraum (F = Frequency): Die Kaufhäufigkeit bekommt in diesem Modell das höchste Gewicht.
- Zeitpunkt des letzten Kaufaktes eines speziellen Kunden (R = Recency): Das letzte Kaufdatum wird auch hier berücksichtigt.
- Höhe des Umsatzes oder Bestellwertes (A = Amount of Purchase).
- Sortimentsbereich oder Warenart, aus der gekauft wurde (T = Type of Merchandise): Dieser Bestandteil des Systems ist nach Analysen von Vergangenheitsdaten für das Unternehmen individuell festzulegen.

Zielt der Einsatz des Direct Marketing auf die **Gewinnung neuer Kunden**, ist eine Bewertung der Erfolgswirksamkeit sowohl auf die Effektivität als auch auf die Effizienz der verschiedenen Direct Marketing-Maßnahmen zu beziehen. In Abhängigkeit davon, ob eine Effektivitäts- oder eine Effizienzkontrolle der Aktivitäten im Vordergrund steht, werden verschiedene Maßnahmen der Erfolgskontrolle unterschieden.

Im Mittelpunkt einer **Effektivitätskontrolle** steht die Bewertung der Eignung einer Maßnahme hinsichtlich dessen, inwieweit die gesetzten Ziele erreicht werden konnten. Eine in der Praxis häufig eingesetzte Methode zur Messung der Effektivität einer Maßnahme besteht in der Kontrolle und Analyse der Rücklauf- bzw. Response-Quote einer Aktion. Diese Kennzahl beschreibt das Verhältnis der Zahl der Kunden, die beispielsweise auf ein Direct Mailing reagiert haben, in Relation zur Gesamtzahl der Aussendungen (*Holland* 2009, S. 361).

$$\text{Rücklaufquote} = \frac{\text{Anzahl der Reaktionen}}{\text{Anzahl der Aussendungen}}$$

Eine aktuelle Tageskontrolle der Rücklaufquoten mit Hilfe eines Database Managements gibt frühzeitig Hinweise hinsichtlich der Erfolgswirksamkeit einer Maßnahme. Werden die Rückläufe in ihrem zeitlichen Verlauf kumuliert, entsteht in der Regel eine, wie in Schaubild III-D-23 dargestellte, typische, asymmetrische Kurve, die ihr Maximum am zwölften Tag nach Aussendung eines Direct Mails erreicht. Der so genannte „Halbwertzeitpunkt" als jener Zeitpunkt, an dem die Hälfte aller Rückläufe eingetroffen ist, wird in der Regel zwei Tage

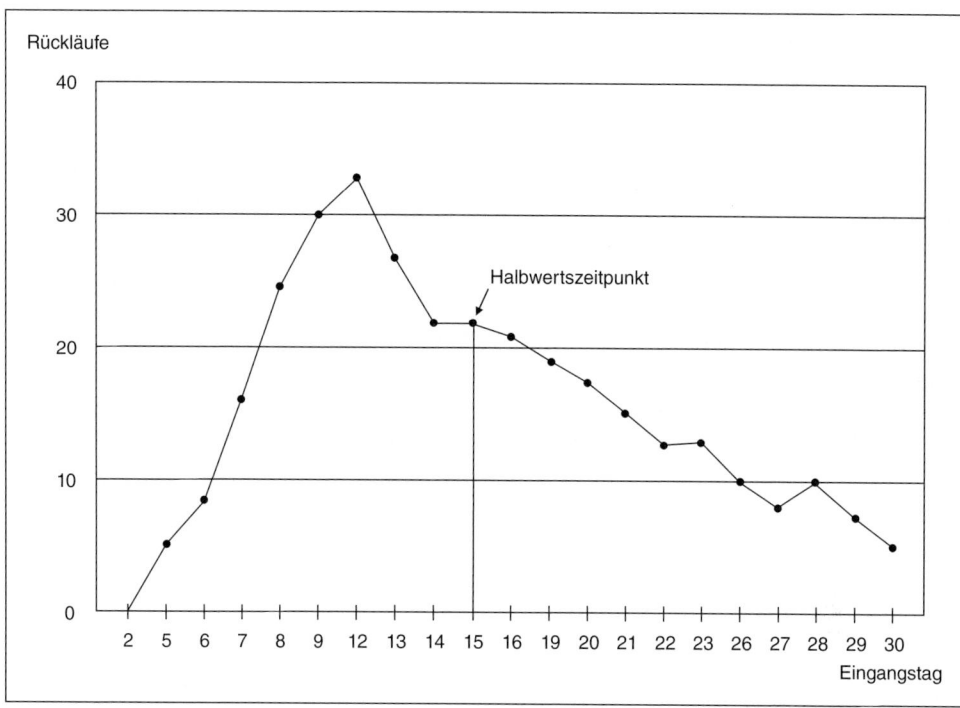

*Schaubild III-D-23: Rückläufe auf ein Mailing eines Spezialversenders im gewerblichen Bereich
(Holland 2009, S. 363)*

nach dem Maximum erreicht (*Vögele* 2002, S. 346; *Holland* 2009, S. 363). Die Länge der Kurve und auch die Amplitude unterscheiden sich dabei in Abhängigkeit von der Art des Mailings sehr stark, wobei die Grundform jedoch immer ähnlich bleibt. Beispielsweise wird das Maximum der Rückläufe bei Versand eines komplexen Angebots im Business-to-Business-Bereich wesentlich später eintreten als bei Versand eines auf Impulskäufe ausgerichteten Mailings im Consumer-Bereich. Insgesamt lässt sich damit jedoch bereits einige Tage nach dem Erreichen des Rücklaufmaximums zuverlässige Prognosen darüber anstellen, welchen Rücklauf die Aktion erbringen wird und ob sie erfolgreich abzuschließen ist.

9.2.3 Effizienzkontrolle im Direct Marketing

Im Zentrum einer Effizienzkontrolle steht die Bewertung des Direct Marketing hinsichtlich seiner Wirtschaftlichkeit. Zur Analyse der Effizienz einer Maßnahme werden häufig die folgenden Methoden eingesetzt:

- Break-Even-Analyse,
- Kundenwertanalyse.

Ein in der Praxis häufig angewandtes Verfahren zur Bestimmung der Effizienz einer Maßnahme ist die statische **Break-Even-Analyse**. Im Rahmen dieses Verfahrens wird genau jene Rücklaufquote ermittelt, bei der die Kosten einer Direct Marketing-Maßnahme gedeckt sind. Dieser Punkt wird auch als Gewinnschwelle bezeichnet. Der **Break Even Point (BEP)** lässt sich dabei rechnerisch ermitteln, indem die Aktionskosten pro Stück zu den erzielten Deckungsbeiträgen pro Bestellung ins Verhältnis gesetzt werden (*Holland* 2009, S. 366).

$$\text{Break Even Point (BEP)} = \frac{\text{Aktionskosten pro Aussendung}}{\text{Deckungsbeitrag pro Bestellung}}$$

Kritisch anzumerken ist bei diesem Verfahren der Effizienzmessung insbesondere die statische Betrachtungsweise, da sich der Wert eines Kunden für die Unternehmung nicht durch eine einmalige Transaktion bestimmen lässt. Vielmehr ist es sinnvoll, im Sinne einer **Kundenwertanalyse** sämtliche Umsätze und Kosten, die durch einen Kunden entstehen, über die gesamte Dauer der Geschäftsbeziehung in einem kundenbezogenen Rechnungswesen zu erfassen. Dadurch besteht dann auch die Möglichkeit, den Erfolg einzelner Aktionen, die auf kurze Sicht nicht das Break-Even-Volumen erzielen, langfristig hinsichtlich ihres Zielerreichungsgrades zu beurteilen (*Kotler/Bliemel* 2007, S. 1197).

> **Beispiel: Gewinnung neuer Mitglieder**
> Würde eine Mitgliederorganisation beispielsweise 10.000 EUR für eine Direct Marketing-Aktion mit dem Ziel der Gewinnung neuer Mitglieder ausgeben, wodurch 100 neue Mitglieder gewonnen werden, die jährlich einen Mitgliedsbeitrag von 70 EUR zahlen, wäre diese Aktion bei einer Zeitpunktbetrachtung als Misserfolg anzusehen, da ein Verlust von 3.000 EUR (= 10.000 − 7.000) entsteht. Wenn aber 80 Prozent der neugeworbenen Mitglieder auch im zweiten Jahr Mitglied bleiben, würde die Organisation ohne einen weiteren externen Aufwand zusätzlich 5.600 EUR einnehmen, wodurch bei Gesamteinnahmen in Höhe von 12.600 EUR ein Gewinn von 2.600 EUR entsteht. Um den langfristigen Erfolg einer Aktion zu bestimmen ist es also notwendig, neben der ursprünglichen Reaktionsrate auch die Verweilraten und die Verweildauer zu ermitteln.

Dieses Beispiel zeigt, dass der wirkliche Wert eines Kunden für ein Unternehmen nicht durch dessen Reaktion auf eine einzelne Direct Marketing-Aktion bestimmt wird. Vielmehr ergibt sich der eigentliche Kundenwert aus den erzielten Gewinnen aller Käufe, die der Kunde im Zeitablauf bei einem Unternehmen tätigt, abzüglich der Kosten für die Akquisition und die Aufrechterhaltung des initiierten Dialoges (*Kotler/Bliemel* 2007, S. 1197). Zielsetzung der Unternehmen ist es daher, Ergänzungsrechnungen bzw. Messverfahren zu entwickeln, die neben der klassischen Kosten- und Leistungsrechnung die spezifischen kundenbezogenen Erlöse und Aufwendungen des Direct Marketing erfassen und so eine längerfristige Erfolgsbeurteilung kundenbezogener Geschäftsbeziehungen zulassen (*Plinke* 1989, S. 320 f.).

10 Entwicklungstendenzen und Zukunftsperspektiven des Direct Marketing

Die aktuelle Situation und zukünftige Bedeutung des Direct Marketing ist eng mit der dynamischen **Fortentwicklung der Märkte** verbunden. Innovationssprünge im multimedialen Bereich, weitgehend ausdifferenzierte Märkte, eine fortschreitende Informationsüberlastung der Konsumenten verbunden mit zunehmend heterogenen Bedürfnisstrukturen sowie wachsende Kostenzwänge bedingen, dass der zukünftige Markterfolg eines Unternehmens in entscheidendem Maße davon abhängen wird, inwieweit es in der Lage ist, verschiedene Zielgruppen gezielt anzusprechen.

Vor dem Hintergrund dieser Entwicklungen gewinnt ein **selektives, dialogorientiertes und integriertes Kommunikationsmanagement** zunehmend an Bedeutung und tritt an die Stelle einer undifferenzierten und mit großen Streuverlusten verbundenen Massenkommunikation. Die wachsende Bedeutung einer umfassenden Kundenorientierung und langfristigen Kundenbindung lässt das Direct Marketing dabei zu einem der zentralen Erfolgsfaktoren einer Integrierten Kommunikation werden. Im Einzelnen lassen sich – neben dem generellen Trend einer weiter steigenden Zahl der Direct Marketing-Anwender und auch zukünftig wachsenden Investitionen der Unternehmen in diesem Bereich – die folgenden **Entwicklungstendenzen** und Perspektiven ableiten:

- Zunehmend kombinierter Instrumenteeinsatz,
- Wachsende Internationalisierung,
- Genauere Mikrosegmentierung,
- Verstärkte Nutzung als langfristiges Kundenbindungsinstrument,
- Verschärfung rechtlicher Beschränkungen,
- Vermehrter Einsatz von Messaging-Technologien,
- Zunehmende Bedeutung des Permission Marketing.

Eine erste wichtige Entwicklung ist die zunehmende Verwirklichung eines **kombinierten Instrumenteeinsatzes** im Rahmen integrierter Kommunikationskonzepte. Unternehmen gehen immer mehr dazu über, in Abhängigkeit von den zu bearbeitenden Marktsegmenten je nach Aufgabenstellung die Budgetanteile individuell auf die verschiedenen Instrumente der direkten und indirekten Kommunikation zu verteilen, da sie erkennen, dass jedes Kommunikationsinstrument für bestimmte Problemlösungen besonders geeignet ist. Die Folge dieses Vorgehens ist, dass die Grenzen zwischen direkter und indirekter Kommunikation zunehmend aufgelöst werden und eine klare Abgrenzung immer schwerer wird. Zielsetzung dieses Vorgehens der Unternehmen ist es dabei, möglichst große Synergieeffekte zu erzielen und zu vermeiden, dass sich die verschiedenen Kommunikationsformen gegenseitig substituieren (*Dallmer* 2004, S. 713 f.).

Neben einem zunehmend integrierten Instrumenteeinsatz ist eine **wachsende Internationalisierung** des Direct Marketing zu beobachten. Immer mehr international agierende Unternehmen nutzen im Zuge der Europäischen Union die verschiedenen Medien des Direct Marketing, um über die Grenzen des eigenen Landes hinweg, ohne große Anfangsinvestitionen risikoarm die Akzeptanz des eigenen Leistungsangebotes zu testen und neue Absatzmärkte im Ausland zu erschließen (*Dallmer* 2004, S. 714).

Ein weiterer Trend geht zu einer immer genaueren **Mikrosegmentierung** einzelner Zielgruppen. Grundlage ist die fortschreitende technologische Entwicklung, die es ermöglicht, umfassende Daten hinsichtlich verschiedener Merkmale aktueller und potenzieller Kunden zu erfassen und durch eine Weiterverarbeitung für das Direct Marketing nutzbar zu machen. So besteht die Möglichkeit, Wohngebiete auf gemeinsame Merkmale hin zu untersuchen und ähnliche demografische Strukturen und Lebensstile zu identifizieren. Hier werden auch in der Zukunft gerade durch die großen externen Dienstleister im Zuge der technologischen Entwicklung weitere Fortschritte hinsichtlich einer spezifischen Kundenansprache zu erwarten sein.

Wichtig ist auch die zu beobachtende Entwicklung, dass die verschiedenen Medien des Direct Marketing verstärkt als **langfristiges Kundenbindungsinstrument** eingesetzt werden. Insbesondere die Markenartikelanbieter versuchen seit einiger Zeit durch die Einrichtung von Kundenklubs und den Versand von Kundenkarten Konsumenten für das Leistungsangebot des eigenen Unternehmens zu begeistern und die Kunden z. B. durch den regelmäßigen Versand von Klubzeitschriften langfristig an das eigene Unternehmen zu binden (*Holland* 2009, S. 265)

Darüber hinaus ist im Zuge der rasanten Weiterentwicklung einer direkten Kommunikation auch mit einer weiteren **Verschärfung rechtlicher Beschränkungen** des Direct Marketing zu rechnen (*Dallmer* 2004, S. 714). Insbesondere die Speicherung und Weitergabe persönlicher

Daten ohne Zustimmung der Konsumenten stößt bei verschiedenen Interessengruppen auf einen breiter werdenden Widerstand. Infolge dieser Bestrebungen unterliegt vor allem das aktive Telefonmarketing bereits engen rechtlichen Beschränkungen, die sich in Abhängigkeit von der weiteren Entwicklung auch auf die Nutzung anderer Medien ausweiten. Dass die zunehmenden rechtlichen Einschränkungen des Direct Marketing von den werbetreibenden Unternehmen ernst genommen werden, zeigen Selbstbeschränkungsmaßnahmen wie beispielsweise das Aufstellen von „Robinson-Adressenlisten", in die sich alle Bürger aufnehmen lassen, die es ablehnen durch Direct Marketing-Maßnahmen angesprochen zu werden.

Das amerikanische Beispiel zeigt, dass der Konsument jedoch dennoch auch Informationen über die hier behandelten Kommunikationswege wünscht, da neben einer Robinson-Liste auch eine **„Positivliste"** eingerichtet wurde, die Namen und Daten von Konsumenten enthält, die gerne Direct Mails erhalten. Der Umfang der Positivliste übertrifft inzwischen den der Negativliste. Es ist denkbar, dass diese Institution auch in Europa eingeführt wird (*Dallmer* 2004, S. 744).

Eine interessante Entwicklung lässt sich auch in der Weiterentwicklung des **Mobile Marketing** – der Dialog mit Kunden und Interessenten über mobile Endgeräte – feststellen. Dabei sind die mobilen Endgeräte sowohl von der Hardware als auch der Software her oftmals unterschiedlich gestaltbar. Heute ist dies neben Handhelds, Paltops, Smartphones oder Laptops in erster Linie das Handy. Neue Standards und **Messaging-Technologien** (SMS, EMS, MMS, WAP, i-mode, Audiotex) machen es möglich, das Farben und Bilder auf dem Handy darstellbar sind.

Im Moment findet Mobile Marketing überwiegend als **SMS-Marketing** statt. Der „Short Message Service" wird laut einer Studie des Deutschen Direktmarketing Verbandes immer beliebter. Bereits 16 Prozent der Direkt-Marketing-Anwender planen, SMS-Werbung in ihren Kommunikationsmix aufzunehmen. Aber auch die Folgetechniken setzen sich durch, wie Insert III-D-14 verdeutlicht.

Nicht zuletzt besteht jedoch auch hier Notwendigkeit, sich vor dem Missbrauch von Massen-SMSs zu distanzieren, die zur zunehmenden Bedeutung des **Permission Marketing** beigetragen hat. Durch Permission Marketing wird es möglich, die Interessengebiete des Empfängers bei der werblichen Ansprache zu berücksichtigen und individuell zugeschnittene Informationen zu versenden (*Schwarz* 2002, S. 984). Gleichzeitig reduziert das Unternehmen dadurch seine Streuverluste und vorhandene Kundenprofile lassen sich weiter qualifizieren. Das am häufigsten genannte Ziel des Permission Marketing ist jedoch letztendlich die Optimierung der Kundenzufriedenheit und die Intensivierung der Kundenbindung. Bisher bedienen sich zirka 15 Prozent der Direct Marketing-Anwender dieser Art zu werben, weitere 3 Prozent planen, den Einsatz von Permission Marketing in der Zukunft (*Deutsche Post AG* 2002, S. 114).

Unabhängig davon, welche Anwendungsmöglichkeiten zukünftig im Vordergrund stehen werden und in welche Richtung sich das Direct Marketing in der Zukunft weiterentwickeln wird, ist bei allen Entscheidungen primär die Zielsetzung, durch die Initiierung eines Dialogs mit dem Konsumenten die Vorteile des eigenen Leistungsangebotes in profilierender und aktivierender Weise glaubhaft zu kommunizieren. Ein genau auf die Kundenbedürfnisse der einzelnen Zielgruppen abgestimmter Einsatz der verschiedenen Medien des Direct Marketing trägt hier wesentlich dazu bei, in Ergänzung zur Mediawerbung eine **Unique Communication Proposition** im Wettbewerb aufzubauen. Dabei ist zu beachten, dass der moderne „Multioptionskunde" ein ausgeprägt hybrides Verhalten zeigt. Einmal kauft er im Handel und einmal per Post, einmal preisorientiert und dann wieder qualitativ anspruchs-

Handy entwickelt sich zum Point of Sale

Kaufen mit Handy könnte zukünftig noch komfortabler werden.

11.09.2008. Die Zukunft des Einkaufens ist zunehmend mobil und vor allem interaktiv. Davon ist man beim Anbieter von interaktiven Kommunikationslösungen Next ID überzeugt. So präsentiert das Bonner Unternehmen auf der Düsseldorfer OMD vom 17. bis 18. September 2008 das so genannte Snap-Shopping. Dahinter verbirgt sich die Möglichkeit, Objekte aus der realen Welt, etwa beworbene Produkte, mit Hilfe des Handys zu erkennen, sich live darüber zu informieren und diese sogar zu kaufen.

„Das Objekt wird einfach per Handy fotografiert und das Bild an eine Kurzwahl gesendet. Die Lösung erkennt das Objekt auf dem Foto und schickt einen entsprechenden Link auf das Handy des Benutzers, welcher direkt beispielsweise zum mobilen Shopping-Portal oder der Kampagnen-Seite führt. Neben dem Fotografieren von Werbeanzeigen oder Plakaten ermöglicht die neue Lösung von auch den Einsatz für reale 3D-Objekte aus verschiedenen Blickwinkeln", erläutert Next ID-Marketingleiter Steffen Graf. Geeignet sei das Ganze für Gewinnspiele, Promotions oder Communities.

Weil via Handy mehrere direkte Kommunikationskanäle zur Verfügung stehen - Internet, Telefonie, SMS oder MMS - vereinfache dies den Dialog mit dem Kunden und den Einstieg in den direkten Verkaufsprozess. „Integrierte Opt-In Verfahren ermöglichen es zudem, gesammelte Daten auszuwerten und Kundenprofile für individuelle Angebote zu nutzen. Näher kann man nicht an den Kunden rankommen, um gezielt Angebote zu machen, einen Dialog aufzubauen und die Auseinandersetzung mit einer Marke oder einem Produkt zu intensivieren. Bislang wurde das Dialogpotenzial im Mobile Marketing ja noch gar nicht ausgeschöpft. Wir zeigen auf der OMD, was heute schon möglich ist und was uns morgen erwartet", so Graf.

Markenunternehmen und Agenturen hätten damit flexible und innovative Möglichkeiten, den Kunden überall zu erreichen, aber eben auch, daraus Verkaufszahlen direkt messen zu können. „Die interaktiven Konzepte schaffen den Kaufanreiz und die direkte Response-Möglichkeit, um den Kauf abzuschließen. Wenn der Kunde erst einmal zuhause ist, hat er es sich schon wieder anders überlegt", meint Graf. Das Handy hingegen würde sich zum ständig verfügbaren mobilen Point of Sale entwickeln. „Der Point of Sale ist mittlerweile überall. Das heißt aber auch, Sie müssen überall sein und Sie müssen auch immer bereit sein, für den Kunden entsprechend da zu sein. Das heißt aber auch, Sie sind für den Kunden einfach erreichbar. Der Kunde will Sie einfach erreichen und es gibt so viele Technologien, dass auch jeder zum Händler werden kann", betont Thorsten Stradt, Direktor für Marketing und Werbung bei Otto. Eine Handelsmarke werde immer stärker zu einer Dialogmarke. „Das ist für ein Handelshaus nicht ganz einfach, weil da immer der Einkauf denkt, er wäre eigentlich derjenige, der das Tempo vorgibt", führt Stradt aus. www.ne-na.de

Insert III-D-14: Handys entwickeln sich zum Point of Sale (Absatzwirtschaft 2010)

voll, einmal genügen ihm rationelle Standardleistungen, dann wieder sucht er maßgeschneiderte Individuallösungen (*Belz/Schögel* 1996, S. 57).

Um dieses Ziel jedoch zu erreichen, sind Marketingwissenschaft und Praxis gleichermaßen aufgefordert, Wege zu erarbeiten, das Direct Marketing optimal in den Kommunikationsplanungsprozess zu integrieren und effektiver als bisher mit den anderen Kommunikationsinstrumenten zu vernetzen. Notwendig erscheint vor allem, im Rahmen der Kommunikationsplanung die Ebenen der Zieldefinition und Strategieableitung stärker mit der konkreten Ausgestaltung der einzelnen Maßnahmen des Direct Marketing zu verbinden.

E. Einsatz der Public Relations

1 Begriff und Erscheinungsformen der Public Relations

1.1 Historische Entwicklung der Public Relations

Die Anfänge der Public Relations (PR) als Instrument der Unternehmens- und Marketing-kommunikation lassen sich bis in das 19. Jahrhundert zurückverfolgen (vgl. für geschichtliche Überblicke zur Entwicklung von Public Relations z. B. *Oeckl* 2000; *Kunczik* 2002, S. 101 ff.; *Avenarius* 2008, S. 62 ff.; *Kunczik* 2008, S. 223 ff.; *Lies/Vaih-Baur* 2008, S. 411 ff.; *Müller/Kreis-Muzzulini* 2009, S. 13 ff.). Im Jahre 1882 wurde der Ausdruck „Public Relations" (PR) zum ersten Mal in den USA von dem Rechtsanwalt *Dorman Eaton* gebraucht, als er in der *Yale Law School* vor einem Graduierten-Seminar den Begriff Public Relations mit „to mean relations for the general good" erklärte. In seiner heutigen Bedeutung wurde der Begriff Public Relations erstmalig im Jahre 1897 im amerikanischen „Yearbook of Railway Literature" verwendet. Die eigentliche Geburtsstunde der Public Relations fand allerdings einige Jahre später 1905 mit der Entwicklung der „Declaration of Principles" durch den Journalisten *Ivy L. Lee* statt. *Lee* war im gleichen Jahr von *John D. Rockefeller senior* als Berater engagiert worden, nachdem kritische Journalisten seit Ende der 1890er Jahre jahrelang die höchst bedenklichen Praktiken der Kohle-, Eisenbahn- und Mineralölindustrie vehement angegriffen und massiv Stellung gegen die Industriebarone bezogen hatten. *Rockefeller* wies *Lee* daraufhin die Aufgabe zu, ihn zu beraten und gegen diese Angriffe zu verteidigen. In seiner „Declaration of Principles" sah *Lee*, ohne den Begriff Public Relations zu verwenden, seine Aufgabe darin, die Presse und Bevölkerung schnell und genau über die Tatsachen zu unterrichten, die für sie von Wert und Interesse sind (*Oeckl* 2000, S. 13).

Im Jahre 1914 gründete *Ivy L. Lee* die erste PR-Agentur, nachdem er von *John D. Rockefeller junior* beauftragt worden war, in breiten Kreisen der Öffentlichkeit Verständnis für die Politik der *Standard Oil Company* zu schaffen. Maßgeblich für den immensen Bedeutungszuwachs der Public Relations in den USA zu Anfang der 1920er Jahre war der Erfolg des von US-Präsident *Wilson* 1914 eingesetzten „Commitee on Public Information". Diesem kam die Aufgabe zu, bereits drei Jahre vor dem Kriegseintritt der USA der amerikanischen Bevölkerung die Ziele der Regierung zu verdeutlichen, Widerstand dagegen von vornherein als unmoralisch bloßzustellen und zu einer breiten Unterstützung aufzurufen. Infolge der ungewöhnlichen Erfolge dieses Committees kam es nach Kriegsende zu einem regelrechten PR-Boom. Die Gründung zahlreicher PR-Büros zog wiederum die Entstehung von Markt- und Meinungsforschungsinstituten nach sich (*Oeckl* 2000, S. 14).

In Deutschland war der Begriff „Public Relations" lange Zeit unbekannt, obwohl erste Aktivitäten mit PR-Charakter bis 1914 den Firmen *Henkel, Bahlsen, Siemens, Bayer* und dem Bremer Kaufmann *Ludwig Roselius* zugeordnet werden können. Im Jahre 1925 wurde von der *IG Farben* die erste Pressestelle gegründet. Ihr Leiter, *Hans Brettner*, hatte ein Jahr zuvor in Zusammenarbeit mit dem Industriellenverband die Studie „Reichsverband der deutschen Industrie" veröffentlicht, in der er ohne Erwähnung des Begriffs Public Relations die wesentlichen Methoden und Elemente der späteren Öffentlichkeitsarbeit der Verbände umriss. Bei der *IG Farben* versuchte er, ohne den Ausdruck Public Relations zu kennen, auf Basis dieser Studie

die dort erarbeiteten Ansätze zu praktizieren und bei der Öffentlichkeit Verständnis für die Belange der *IG Farben* zu schaffen und Vertrauen aufzubauen (*Oeckl* 1993, S. 13).

Eingeführt wurde der Begriff Public Relations in Deutschland erst im Jahre 1937 durch *Carl Hundhausen* in einem Artikel in der Zeitschrift *Deutsche Werbung* und 1938 in der *Zeitschrift für Betriebswirtschaft* mit dem Beitrag „Public Relations". Aufgrund der damaligen politischen Verhältnisse, die eine Verwendung nicht-deutschsprachiger Ausdrücke verbot, wurde der Ausdruck Public Relations von der Fachwelt nicht übernommen. Entschiedene Widerstände gegen den amerikanischen Begriff Public Relations gab es jedoch auch nach 1945. Diese äußerten sich darin, dass im Jahre 1950 die Bezeichnung der Pressestelle des *Deutschen Industrie- und Handelstages (DIHT)* mit „Public-Relations-Abteilung" als nicht akzeptabel angesehen wurde und sich deswegen auf die von *Albert Oeckl* vorgeschlagene Bezeichnung „Abteilung Öffentlichkeitsarbeit" einigte. In den nächsten Jahren folgten zahlreiche Publikationen, die sich der Öffentlichkeitsarbeit widmeten und somit die Verbreitung des PR-Begriffes bewirkten (*Oeckl* 2000, S. 16).

Bei der Betrachtung der historischen Entwicklung der Public Relations seit dem vorletzten Jahrhundert lassen sich zwei Entwicklungsstufen unterscheiden. In der ersten Stufe, die etwa bis 1910 anhielt, wurde von der politischen Führung und den Industriellen, vor allem in den USA, die Meinung vertreten, dass die breite Öffentlichkeit nicht informiert werden müsste. Vielmehr wurden Forderungen nach Aufklärung mit der Begründung abgelehnt, dass der Öffentlichkeit kein Recht zustünde, Handlungen zu hinterfragen oder diese sogar anzugreifen. Public Relations wurde dementsprechend als Abwehr- und Verteidigungsmaßnahme gesehen. Diese Haltung änderte sich erst 1906, als *Ivy L. Lee* den Leitspruch vertrat, die Öffentlichkeit sei zu informieren. Dieser Gedanke wurde in den 1920er Jahren von *Edward L. Bernay* weitergeführt, indem er die Öffentlichkeit nicht nur mit Informationen versorgte, sondern diese zur Verbesserung des Verständnisses und Schaffung von Vertrauen erläuterte. Hiermit war die Grundlage für die moderne Public Relations geschaffen (*Oeckl* 1993, S. 29 f.).

1.2 Definition der Public Relations

Wie aus der historischen Betrachtung deutlich wird, handelt es sich bei Public Relations um ein klassisches Instrument der Unternehmens- und Marketingkommunikation. Das vorrangige Ziel der Public Relations ist dabei nicht die Förderung des Absatzes, sondern in erster Linie die Gestaltung und die Pflege der Beziehungen zur Öffentlichkeit. An diesem Punkt endet zumeist aber auch schon das gemeinsame Verständnis von Public Relations. In der Literatur werden eine Vielzahl – einige Autoren sprachen sogar schon zu Beginn der 1970er Jahre von über 2.000 Begriffsfassungen (*Scharf* 1971, S. 166) – unterschiedlicher Begriffsdefinitionen aufgeführt, die jeweilige Teilaspekte der Public Relations hervorheben. Zur Verdeutlichung der Spannweite des Begriffs Public Relations werden in Schaubild III-E-1 einige ausgewählte Definitionen vorgestellt (in Anlehnung an *Kunczik* 2002, S. 26 ff.; *Mast* 2006, S. 17; *Röttger* 2008, S. 70) für eine Diskussion zum Begriff Public Relations vgl. *Ronneberger/Rühl* 1992, S. 24 ff.; *Mast* 2006, S. 17 ff.; *Bentele/Will* 2009, S. 155 ff.). Wie unterschiedlich die Kernelemente der Public Relations in der Praxis beurteilt werden, geht auch aus einer Studie der Universität Leipzig hervor, der zufolge 77 Prozent von 1.100 befragten Deutschen Public Relations als eine Form von Journalismus bezeichnen, 59 Prozent Public Relations und Werbung sowie 54 Prozent Public Relations und Propaganda als überwiegend dasselbe einschätzen (*Bentele/Seidenglanz* 2003). In der PR-Theoriediskussion wird hingegen mittlerweile eine eindeutige Abgrenzung von Public Relations und Journalismus, Marketing/Werbung, Propaganda und Meinungsmärkten vorgenommen (*Szyska* 2004, S. 42 ff.).

„Public Relations ist die Unterrichtung der Öffentlichkeit (oder ihrer Teile) über sich selbst, mit dem Ziel, um Vertrauen zu werben" (*Hundhausen* 1957, S. 119).

„Public Relations ist „das bewußt geplante und dauerhafte Bemühen, gegenseitiges Verständnis und Vertrauen in der Öffentlichkeit aufzubauen und zu pflegen. Das Wort Öffentlichkeitsarbeit als die geeignetste deutsche Wortverbindung für Public Relations drückt ein Dreifaches aus: Arbeit in der Öffentlichkeit, Arbeit für die Öffentlichkeit, Arbeit mit der Öffentlichkeit" (*Oeckl* 1964, S. 43).

„Public relations is a distinctive management function which helps establish and maintain mutual lines of communication, understanding, acceptance and cooperation between an organisation and its public; involves the management of problems or issues; helps management to keep informed on and responsive to public opinion; defines and emphasizes the responsibility of management to serve the public interest; helps management keep abreast of and effectively utilize change, service as an early warning system to help anticipate trends; and uses research and sound and ethical communication techniques as its principal tools" (*Harlow* 1976, S. 36).

„Public Relations is the management of communication between an organization and its public" (*Grunig* 1984, S. 6).

„Öffentlichkeitsarbeit oder Public Relations sind das Management von Informations- und Kommunikationsprozessen zwischen Organisationen einerseits und ihren internen oder externen Umwelten (Teilöffentlichkeiten) andererseits. Funktionen von Public Relations sind Information, Kommunikation, Persuasion, Imagegestaltung, kontinuierlicher Vertrauenserwerb, Konfliktmanagement und das Herstellen von gesellschaftlichem Konsens." (*Bentele* 1997, S. 22ff.)

„Public Relations is the management function that establishes and maintains mutually beneficial relationship between an organization and the publics on whom it success or failure depends" (*Cutlip et al.* 2000, S. 1).

„PR is a communication function of management through which organizations adapt to, alter, or maintain their environment for the purpose of achieving organizational goals" (*Long/Hazelton* 1987, S. 6).

„Öffentlichkeitsarbeit/Public Relations ist Auftragskommunikation. In der pluralistischen Gesellschaft akzeptiert sie Interessengegensätze. Sie vertritt die Interessen ihrer Auftraggeber im Dialog informativ und wahrheitsgemäß, offen und kompetent. Sie soll Öffentlichkeit herstellen, die Urteilsfähigkeit von Dialoggruppen schärfen, Vertrauen aufbauen und stärken und faire Konfliktkommunikation sichern. Sie vermittelt beiderseits Einsicht und bewirkt Verhaltenskorrekturen. Sie dient damit dem demokratischen Kräftespiel" (*Deutsche Public Relations Gesellschaft (DPRG)* 2009).

Schaubild III-E-1: Definitionen des Begriffs Public Relations
(in Anlehnung an Kunczik 2002, S. 26 ff.; Mast 2006, S. 17; Röttger 2009, S. 70)

Der Grund für die Vielfalt unterschiedlicher Begriffsbestimmungen der Public Relations ist zum einen in der nicht eindeutigen Bestimmung der Einzelbegriffe **„Public"** und **„Relations"** zu finden. Es besteht kein Konsens darüber, was unter dem Begriff „Public" (= öffentlich) zu verstehen ist. Gleiches gilt für das durch Public bestimmte Substantiv „Relations" (= Beziehungen) (*Binder* 1983, S. 9). Zum anderen wird der Gegenstand der Public Relations sowohl von wirtschaftswissenschaftlicher als auch von sozial- und politikwissenschaftlicher Seite aus betrachtet und untersucht. Folglich können PR-Aktivitäten nicht nur von Unternehmen, sondern darüber hinaus von politischen oder kirchlichen Institutionen, von Personen und auch für Staaten durchgeführt werden (*Kunczik* 1991, S. 111 ff.; *Baker* 1997; *Becker-Sonnenschein/ Schwarzmeier* 2002; *Szyska* 2004, S. 57 ff.; *Avenarius* 2008, S. 312 ff.). An dieser Stelle wird jedoch von solchen PR-Aktivitäten abgesehen und ausschließlich die Public Relations als Instrument der Unternehmens- und Marketingkommunikation untersucht. Dafür ist Public Relations wie folgt zu definieren:

Public Relations (Öffentlichkeitsarbeit) als Kommunikationsinstrument bedeutet die Analyse, Planung, Durchführung und Kontrolle aller Aktivitäten eines Unternehmens, um bei ausgewählten Zielgruppen (extern und intern) um Verständnis sowie Vertrauen zu werben und damit gleichzeitig die übergeordneten Ziele der Unternehmenskommunikation zu erreichen.

Anhand dieser Definition werden vier zentrale **Merkmale der Public Relations** verdeutlicht:

(1) Die Durchführung der Public Relations erfordern einen **systematischen Planungsprozess,** bei dem die PR-Aktivitäten in eine bestimmte Richtung hin zu analysieren, zu planen,

durchzuführen und zu kontrollieren sind. Notwendig hierfür sind bestimmte Instrumente der Analyse, Planung, Durchführung und Kontrolle.

(2) PR-Maßnahmen richten sich in erster Linie nicht an die allgemeine Öffentlichkeit, sondern an ausgewählte **Zielgruppen**. Auf der einen Seite handelt es sich hier um externe Zielgruppen, wie z. B. aktuelle und potenzielle Kunden, Aktionäre sowie Vertreter der Medien; auf der anderen Seite zählen hierzu ebenso interne Zielgruppen, wie aktuelle und potenzielle Mitarbeitende. Zu beachten ist, dass für die Öffentlichkeitsarbeit grundsätzlich jede Zielgruppe von Interesse ist, mit der das Unternehmen direkte beziehungsweise indirekte Beziehungen über die Absatz-, Finanz-, Beschaffungs- und Arbeitsmärkte aufrechterhält.

(3) Schließlich sind mittels des Einsatzes der PR nicht nur diesbezügliche PR-Ziele, wie die Schaffung von Verständnis und Vertrauen, bei den anvisierten Zielgruppen, sondern gleichzeitig übergeordnete Ziele der Unternehmenskommunikation zu verfolgen.

(4) Vor dem Hintergrund der zunehmenden Knappheit der Kommunikationsbudgets von Unternehmen ist eine **Erfolgskontrolle** der PR-Aktivitäten von besonderer Bedeutung.

Das grundlegende Ziel der Public Relations ist die Schaffung von Wissen und Vertrauen bei ausgewählten Zielgruppen. Vielfach wird auch von der Schaffung eines positiven Images, Glaubwürdigkeit oder Akzeptanz gesprochen. Der Begriff Vertrauen wird dabei in der Literatur meistens nur in seiner alltagssprachlichen Bedeutung verwendet, ohne zu spezifizieren, was unter dem Begriff Vertrauen genau zu verstehen ist (*Schulz* 1992, S. 17; *Bentele* 1994, S. 150). Allgemein wird **Vertrauen** in der sozialpsychologischen Literatur zunächst als ein Mechanismus betrachtet, der zwischen zwei Personen stattfindet. Vertrauen entsteht dabei in erster Linie durch das konsistente Handeln einer Person (*Schulz* 1992, S. 41). Es gibt also mindestens zwei beteiligte Akteure, den Vertrauensgeber/das Vertrauenssubjekt und den Vertrauensnehmer/das Vertrauensobjekt. Das Vertrauen wird dabei dann virulent, wenn sich Akteure im Unsicheren sind über die moralischen Qualitäten und die innere Verfasstheit und Dynamik ihres Gegenübers – wenn also ein Zustand der asymmetrischen Informationsverteilung vorliegt (*Hubig/Siemoneit* 2007, S. 174). Die Person, der Vertrauen entgegengebracht wird, stellt sich „als ordnendes und nicht willkürliches Zentrum eines Systems von Handlungen dar" (*Luhmann* 2000, S. 40). Insofern wird einer Person dann Vertrauen geschenkt, wenn sie in einer zukünftigen, von Unsicherheit und Komplexität gekennzeichneten Situation in der Weise als eine Persönlichkeit handelt, die diese Person in der Vergangenheit gegenüber anderen Personen dargestellt hat. Diese Gedanken sind ebenso auf die Beziehung zwischen Unternehmen und Einzelpersonen beziehungsweise ausgewählte Zielgruppen übertragbar. Dementsprechend hat sich das komplexe soziale Gebilde Unternehmen wie eine Persönlichkeit zu verhalten. Als Voraussetzung zur Schaffung von Vertrauen ist von dem Unternehmen somit in der Öffentlichkeit ein konsistentes Bild beziehungsweise Image von sich selbst zu entwerfen und zu sozialer Geltung zu bringen (*Luhmann* 2000, S. 99 f.).

Der Grundgedanke eines einheitlichen Auftritts von Unternehmen wird auch in anderen kommunikationsstrategischen Leitkonzepten hervorgehoben, die eine einheitliche Ausrichtung der internen und externen Kommunikationsmaßnahmen anstreben. Hierzu zählt das **Corporate-Identity-Konzept**, das versucht, durch eine strategisch geplante und operativ eingesetzte Selbstdarstellung und Verhaltensweise eine Identität des Unternehmens unter Berücksichtigung seines Leistungsprogramms und seiner Mitarbeitenden zu bestimmen sowie Leitlinien für die Unternehmenskultur und -kommunikation aufzustellen (*Birkigt/Stadler* 2002; *Beyrow et al.* 2007; *Wiedmann* 2008; 2009). Prägnanter ist das **Corporate-Communications-Konzept**, das als strategisches Instrument die Koordination und Steuerung aller Kommunikationsaktivitäten zu übernehmen beansprucht und die Entwicklung übergreifender, auf

Synergiewirkungen bedachter Kommunikationsprogramme zu beschleunigen versucht (*Demuth* 1989, S. 436; *Wiedmann* 2008, S. 192).

Ein weiteres kommunikationsstrategisches Leitkonzept stellt das Konzept der **Integrierten Kommunikation** dar (vgl. auch Teil II dieses Buches). Aufgabe der Integrierten Kommunikation ist die Abstimmung sowie die einheitliche Ausrichtung der eingesetzten Kommunikationsinstrumente des Unternehmens. Mit Hilfe der inhaltlichen, formalen und zeitlichen Integration der einzelnen Kommunikationsinstrumente wird angestrebt, den Zielgruppen ein einheitliches und konsistentes Erscheinungsbild des Unternehmens bzw. des Bezugsobjektes der Kommunikation zu vermitteln. Ziel ist die strategische Positionierung des Unternehmens beziehungsweise seiner Marken oder Produkte bei den Kommunikationszielgruppen. Durch die Abstimmung der einzelnen Kommunikationsinstrumente beziehungsweise den Aufbau eines einheitlichen Erscheinungsbildes wird das Ziel verfolgt, Synergiewirkungen zu schaffen, so dass sich die Kommunikationswirkung erhöht (*Bruhn* 2009a).

Public Relations als Instrument der Unternehmens- und Marketingkommunikation hat die Aufgabe, die Beziehungen zwischen dem Unternehmen und den ausgewählten Zielgruppen in der Öffentlichkeit zu gestalten. Dabei ist zu beachten, dass zwischen einem Unternehmen und der Öffentlichkeit stets Beziehungen existieren, unabhängig davon, ob Öffentlichkeitsarbeit betrieben wird oder nicht (*Stanley* 1982, S. 240). Dementsprechend obliegt es dem Unternehmen, diese vorhandenen Beziehungen zu formen und zu pflegen. Folglich besteht der Einsatz der Public Relations aus gegenseitig wirkenden Vorgängen, d. h. einem **Interaktionsprozess zwischen Unternehmen und Öffentlichkeit**. Im Rahmen dieses Interaktionsprozesses wirken die Akteure wechselseitig aufeinander. Zu denken wäre hier beispielsweise an Gegenaktionen von Teilöffentlichkeiten, die das Unternehmen zu bestimmten Aktivitäten stimulieren. Die unterschiedlichen Arten der Wirkungen von PR-Maßnahmen lassen sich anhand der verschiedenen **Funktionen der Public Relations** in Schaubild III-E-2 darstellen.

Funktionen der Public Relations	
Informationsfunktion	Vermittlung von Informationen nach innen (Unternehmen) und nach außen (Öffentlichkeit)
Kontaktfunktion	Aufbau und Aufrechterhaltung von Verbindungen zu allen für das Unternehmen relevanten Lebensbereichen
Führungsfunktion	Repräsentation geistiger und realer Machtfaktoren und Schaffung von Verständnis für bestimmte Entscheidungen
Imagefunktion	Aufbau, Änderung und Pflege des Vorstellungsbildes von einem Meinungsgegenstand (z.B. Personen, Organisationen, Objekte)
Harmonisierungsfunktion	Beitrag zur Harmonisierung der wirtschaftlichen und gesellschaftlichen Verhältnisse sowie der innerbetrieblichen Verhältnisse (Human Relations)
Absatzförderungsfunktion	Förderung des Absatzes durch Anerkennung in der Öffentlichkeit
Stabilisierungsfunktion	Erhöhung der „Standfestigkeit" des Unternehmens in kritischen Situationen aufgrund der stabilen Beziehungen zu den Teilöffentlichkeiten
Kontinuitätsfunktion	Bewahrung eines einheitlichen Stils des Unternehmens nach innen und nach außen bzw. in der Zukunft
Inszenierungsfunktion	Herstellung eines bestimmten Ansehens (Reputation, guter Ruf, Beachtung)

Schaubild III-E-2: Funktionen der Public Relations (in Anlehnung an Zankl 1975, S. 33 ff.)

1.3 Erscheinungsformen und Typologisierung der Public Relations

Obwohl Public Relations zu den klassischen Instrumenten der Unternehmens- und Marketingkommunikation zählt, ist eine Typologisierung der vielfältigen Erscheinungsformen bisher kaum vorgenommen worden. Dies ist vor allem auf das in der Literatur unklare Begriffsverständnis zurückzuführen sowie auf die Tatsache, dass in der Praxis ständig neue Formen der Public Relations entwickelt werden. Hierdurch entstehen stets neue Wortkombinationen, deren Aussagekraft in vielen Fällen recht gering ausfällt. Auch können ein und dieselbe PR-Aktion verschiedenen Typen der Public Relations zugeordnet werden. Beispielsweise präsentiert ein Pharma-Unternehmen („Pharma-PR") seinen Umweltschutzbeitrag („Öko-PR") in einzelnen Veranstaltungen („Aktions-PR") Vertretern der örtlichen Presse („Pressearbeit") und den ansässigen Bürgerinitiativen („Meinungsführer-PR") (*Naundorf* 1993, S. 605 f.). Die Vielfalt der möglichen **Erscheinungsformen der Public Relations** kann – wie Schaubild III-E-3 veranschaulicht – nach drei Abgrenzungskriterien systematisiert werden: Art der Nutznießer, Art der Inhalte beziehungsweise Botschaften sowie Art der Zielgruppen beziehungsweise Rezipienten.

Im gesamten Spektrum der PR-Arten hat in den letzten Jahren die **Krisen-PR** wesentlich an Bedeutung gewonnen (vgl. grundlegend zur Krisen-PR z. B. *Höbel* 2007; *Ditges et al.* 2008; *Fiedler* 2008; *Lies* 2008; *Szarvasy* 2008; *Töpfer* 2008; *Grunwald* 2009; *Remmel* 2009). Ausgelöst durch die Schwere der Wirtschaftskrise haben Unternehmen erkannt, dass eine erfolgreiche Krisenkommunikation in erheblichem Maße notwendig ist, will man Imageschädigung und Wertvernichtung von Unternehmen begegnen. Das zentrale Ziel der Krisen-PR ist es zum einen, das Entstehen einer Krise zu verhindern (Krisen-PR vor der Krise), zum anderen gilt es, im Krisenfall das Unternehmensimage und den Unternehmenswert zu erhalten sowie Vertrauen zu schaffen (*Höbel* 2007, S. 876 ff.; *Lies* 2008, S. 310). Grob lassen sich zwei Arten von Unternehmenskrisen differenzieren: Zum einen die Ertragskrise, die sich über einen längeren Zeitraum entwickelt und die Folge einer strategischen Krise mit einer falschen Ausrichtung des Unternehmens entstanden ist. Dabei steigt die Wahrnehmung der Krise mit der Zunahme des Ergebnis- und Liquiditätsengpasses. Zum anderen besteht die Möglichkeit einer plötzlichen Unternehmenskrise. Wie aus der Benennung hervorgeht, entstehen plötzliche Unternehmenskrisen nicht schleichend, wie bei der Ertragskrise, sondern eruptiv und ohne Vorwarnung. Da sich diese Krise sofort operativ auf Kosten und Erträge auswirkt, ist die

Nutznießer	Inhalte/ Botschaften	Zielgruppe/ Rezipienten
• Produkt- und Dienstleistungs-PR • Unternehmens-/ Organisations-PR • Personen-PR • Branchen- und Verbands-PR • Regierungs- und Verwaltungs-PR	• Krisen-PR • Standort-PR • Non-Profit-PR • Finanz-PR • Sozial-PR • Öko-PR • Aktions-PR • Human Relations • Issues Management • Public Affairs	• Medien-/ Pressearbeit • Mitarbeiter-PR • Lobbying • Meinungsführer-PR • Investor Relations • Creditor Relations/ Banker Relations • Community Relations

Schaubild III-E-3: Arten von Public Relations (in Anlehnung an Naundorf 1993, S. 607; Röttger 2009, S. 78)

Wahrnehmung in der Öffentlichkeit von Anfang an sehr groß (vgl. hierzu ausführlich *Töpfer* 2008, S. 360 ff.). Für die Umsetzung der Krisen-PR stehen den Unternehmen sowohl Maßnahmen der internen Kommunikation (z. B. Mitarbeiterzeitung, Intranet, Mitarbeiterversammlungen) für die Kommunikation mit den Mitarbeitenden zur Verfügung, als auch Instrumente der externen Kommunikation (z. B. Pressekonferenzen, Presseinformation, Internet oder Darksites, die als Website präventiv für den Krisenfall angelegt werden) (*Herbst* 2001, S. 388 ff.; *Höbel* 2007, S. 865 f.; *Lies* 2008, S. 312 f.) für die Kommunikation außerhalb des Unternehmens.

In den meisten Fällen erfolgt in der Literatur lediglich eine unsystematische Nennung derjenigen Aktivitäten bzw. Instrumente, die unter dem Begriff Public Relations subsumiert werden können (*Nieschlag/Dichtl/Hörschgen* 2002, S. 995; *Kotler/Keller/Bliemel* 2007). Speziell für die Produkt- beziehungsweise Dienstleistungs-PR bestehen darüber hinaus in der Literatur unterschiedliche Meinungen, ob diese Bereiche eher der Marketingkommunikation oder der Public Relations zuzuordnen sind (*Avenarius* 2008, S. 333 ff.; *Müller/Kreis-Muzzulini* 2009, S. 65 ff.). Mit gezielter Hintergrundinformation wird hier im Rahmen der Marketingstrategie über Produkte und Dienstleistungen des Unternehmens berichtet, wobei oftmals ähnliche Ziele wie in der Mediawerbung verfolgt werden. Insbesondere sind dies die Bekanntmachung zentraler Leistungsmerkmale von Produkten beziehungsweise Dienstleistungen sowie deren positive und eigenständige Profilierung und Positionierung, um letztlich Einfluss auf das Kaufverhalten der Konsumenten zu nehmen (*Szyszka* 2003; 2004a) Die wesentlichen Unterschiede zwischen Mediawerbung, Produkt- und Unternehmens-PR sind in Schaubild III-E-4 dargestellt.

Exkurs: Der Konflikt zwischen Marketing und Public Relations

Die Diskussion um die Zuordnung der Produkt- und Dienstleistungs-PR kann im Kontext einer grundsätzlichen Diskussion um das Verhältnis von Public Relations und Marketing betrachtet werden. Seit Jahren währt hier ein Disput zwischen Vertretern beider Disziplinen, der sich im Kern um die Frage des Stellenwertes von Marketing und Public Relations im Kommunikationsmix von Unternehmen dreht sowie aber auch – zugespitzt – um die Frage, welche der beiden Disziplinen eine Vormachtstellung (im Sinne einer Führungsrolle) für die Unternehmenskommunikation beanspruchen und durchsetzen kann (ausführlich *Bruhn/Ahlers* 2004; 2009; *Müller/Kreis-Muzzulini* 2009, S. 66). Bei einer Analyse der Konflikte zwischen den beiden Disziplinen lassen sich unterschiedliche Konfliktdimensionen identifizieren.

Im **Hierarchiekonflikt** thematisiert sich das Problem der organisatorischen Einbindung sowie des hierarchischen Verhältnisses von Marketing und Public Relations in der Organisationsstruktur. Beide Disziplinen sind inzwischen bei einem Großteil der Unternehmen als Abteilungen oder (Stabs-) Stellen institutionalisiert. Häufig wird aber beklagt, dass Public Relations nicht in gleicher Weise wie Marketing eine Anerkennung als Managementfunktion im Unternehmen genieße. Während es heute kaum Unternehmen gäbe, bei denen Marketing nicht im Vorstand vertreten sei, so sei dies bei Public Relations eine große Ausnahme (*Kitchen/Papasolomou* 1997, S. 71. Im Zusammenhang mit der organisatorischen Eingliederung in das Unternehmen ist auch das Ansehen und die Akzeptanz zu bewerten, die Marketing und Public Relations im Vergleich genießen (**Akzeptanzkonflikt**). Vielfach ist hier die Ansicht verbreitet, Public Relations erfahre nicht eine dem Marketing entsprechende unternehmensinterne Akzeptanz (*Beger/Gärtner/Mathes* 1989, S. 27; *Haywood* 1998, S. 23; *Cornelissen/Lock* 2000, S. 234.; *Avenarius* 2008, S. 17 ff.) und würde nur als „Anhängsel" des Marketing dienen, anstatt eigene originäre Aufgaben zu erfüllen (*Nusch* 1995, S. 171; Kitchen/Papasolomou 1997, S. 71; *Haywood* 1998, S. 17, 32; *Daub* 2000, S. 88 ff.). Das Ansehen eines Kommunikationsinstrumentes steht wiederum häufig in Zusammenhang damit, ob ihm eher eine strategische oder taktische Bedeutung innerhalb der Unternehmenspolitik zugesprochen wird, worin sich der **Strategiekonflikt** ausdrückt. So ist in der Marketingliteratur weitgehend unbestritten, dass Marketing zu den strategischen Unternehmensfunktionen zählt (z. B. *Meffert* 1994; *Mansaray* 2001; *Uhe* 2002; *Bruhn* 2004a; *Bentele/Hoepfner* 2004; *Becker* 2009; *Benkenstein* 2009), für Public Relations gehen die Meinungen indes auseinander (*Lages/ Simkin* 2003, S. 298): Während PR-Wissenschaftler der Funktion in der Regel eine strategische Rolle

Unterschiede	Werbung	Produkt-PR	Unternehmens-PR
Zielsetzung	• Absatzförderung	• Absatzförderung	• Image/Akzeptanz-förderung
Kommunikations-form	• Information (Monolog)	• Information (Monolog)	• Kommunikation (Dialog)
Einsatzebene	• Marketing	• Marketing	• Unternehmensleitung
Funktion	• Marktbezogen	• Marktbezogen	• Umfeldbezogen bzw. nach innen gerichtet (Human Relations)
Zielpublikum	• Bestehende und potenzielle Kunden • Beeinflusser (Opinion Leader)	• Bestehende und potenzielle Kunden • Beeinflusser (Opinion Leader) • Medien	• Spezifische interne und externe Meinungs- und Interessengruppen, nicht primär kundenbezogen
Gegenstand	• Produkte, Dienstleistungen, deren Eigenschaften und Wirkungen	• Produkte, Dienstleistungen, deren Eigenschaften und Wirkungen	• Informationen von allgemeinem Interesse aus allen Lebensbereichen der Unternehmung
Zutritt zu Medien über ...	• Gekauften Inserateraum	• Beiträge/Artikel im redaktionellen Teil mit Nachrichtenwert • Redaktionellen Beitrag auf gekauftem Raum	• Artikel im redaktionellen Teil mit Nachrichtenwert
Einfluss auf Veröffentlichung	• Unmittelbar, steuerbar	• Nicht unmittelbar	• Nicht unmittelbar
Wirkung der Botschaft	• Gezielte Beeinflussung von Aufmerksamkeit bis zur Kaufstimulation (Verkauf, Absatz)	• Abhängig von der Meinung des Mediums	• Abhängig von der Meinung des Mediums
Beeinflussung durch...	• Änderung des Kaufverhaltens	• Meinungsbildung und Kaufverhalten	• Meinungsbildung (Einstellung, Meinung, Anerkennung, Vertrauen, Interessenübereinstimmung)
Dauer	• Im Rahmen einer Kampagne/Aktion kurz- bis mittelfristig	• Im Rahmen einer Kampagne/Aktion kurz- bis mittelfristig	• Kontinuierlich, langfristig
Interessenlage	• Absatzpolitisch	• Absatzpolitisch	• Unternehmens-politisch

Schaubild III-E-4: Abgrenzung von Mediawerbung, Produkt- und Unternehmens-PR
(Müller/Kreis-Muzzulini 2009, S. 67 f.)

zuweisen (z. B. *Gronstedt* 1996; *Zerfaß* 1996; *Grunig/Grunig* 1998; *Daub* 2000; *Avenarius* 2008), vertreten Marketingwissenschaftler oftmals die Einstellung, Public Relations würden nur komplementäre taktische Aufgaben zukommen (z. B. *Becker* 2009, S. 605). Ähnliche Diskussionen sind auch in der Praxis häufig anzutreffen (vgl. hierzu eine Unternehmensbefragung von *Dolphin/Fan* 2000). Die Bedeutung, die eine Funktion im Unternehmen genießt, entscheidet letztlich in vielen Fällen über die Ressourcenzuteilung für die entsprechenden Abteilungen **(Ressourcenkonflikt)**. Häufig konkretisieren sich gerade in der Zuteilung von Budgets, personellen Kräften oder auch Räumlichkeiten die Auseinandersetzungen zwischen Marketing und Public Relations (*Dick* 1997, S. 79; *Haywood* 1998, S. 19; *Dolphin* 2003). Auch hier scheint Public Relations in vielen Unternehmen gegenüber dem Marketing benachteiligt in dem Sinne, dass Marketingabteilungen über mehr Personal verfügen und über größere Budgets entscheiden (*Hunter* 1997).

Insgesamt betrachtet bilden oftmals unterschiedliche fachliche oder persönliche Vorstellungen der Entscheidungsträger über die Rolle von Marketing und Public Relations in der Gesamtkommunikation des Unternehmens den Hintergrund für zahlreiche Auseinandersetzungen zwischen Vertretern beider Disziplinen. Dies lässt sich nicht zuletzt auf einen **Qualifizierungskonflikt** zurückführen, da Marketing- und PR-Experten vielfach über eine unterschiedliche Ausbildung verfügen und demgemäß verschiedene Denkstile aufweisen. Marketingexperten sind meistens betriebswirtschaftlich ausgebildet, während PR-Experten häufig keine wirtschaftswissenschaftliche Ausbildung haben, sondern kommunikationswissenschaftlich ausgebildet sind (z. B. Journalismus). In der Denkweise über Fragestellungen der Unternehmenskommunikation liegen hier oftmals „Welten auseinander".

Die beschriebenen Konflikte zwischen Marketing und Public Relations provozieren häufig Abgrenzungs- und Abschottungstendenzen sowie Ressortegoismen und führen zu Informationsverlusten zwischen Kommunikationsabteilungen. Insbesondere vor dem Hintergrund der zunehmenden Wichtigkeit einer konsequenten Vernetzung unterschiedlicher Kommunikationsinstrumente im Rahmen einer **Integrierten Kommunikation** ist ein solches Verhalten jedoch als kontraproduktiv zu beurteilen. Dies gilt für die Bereiche Marketingkommunikation und Public Relations aufgrund der wechselseitigen Einflussnahme ihrer Zielgruppen ganz besonders, da Widersprüche zwischen Kommunikationsinstrumenten zwangsläufig zu Glaubwürdigkeitsverlusten für das Unternehmen führen. Zukünftig sind die Unternehmen somit verstärkt herausgefordert, auf unterschiedlichen Ebenen den Konflikt zwischen Marketing und Public Relations konstruktiv aufzugreifen. Dies wird sich auf **inhaltlicher Ebene** insbesondere in dem Verständnis widerspiegeln, das innerhalb eines Unternehmens von den Kommunikationsinstrumenten Marketing und Public Relations, ihren Aufgabenbereichen und Zielrichtungen herrscht. Auf **personeller Ebene** sind darüber hinaus Überlegungen vorzunehmen, wie beispielsweise durch die Entwicklung spezieller Mitarbeiteranreizsysteme vorhandene Interessenkonflikte entschärft und die Zusammenarbeit gefördert werden kann. Schließlich ist auch die **organisatorische Ebene** betroffen, zumal die Organisationsstruktur in vielen Unternehmen ein bedeutsames Indiz für das Verhältnis einzelner Unternehmensbereiche untereinander darstellt. Insbesondere die in vielen Unternehmen vorherrschende funktionsorientierte Aufbauorganisation wird unternehmensspezifisch kritisch zu analysieren und ihre Schwächen werden durch ablauforganisatorische Maßnahmen aufzufangen sein.

Zur umfassenden und systematischen Erfassung der möglichen **Arten der Public Relations** werden verschiedene Kriterien in Form von Merkmalspaaren herangezogen. Dabei kann keine exakte und trennscharfe Unterscheidung der verschiedenen Formen der Public Relations vorgenommen werden. Vielmehr werden die einzelnen Merkmalspaare als Extrempunkte einer Ordinalskala verstanden, auf der jede Form der Public Relations einen bestimmten Wert annimmt. Schaubild III-E-5 zeigt die hieraus resultierende Typologisierung der Public Relations.

Gemäß dieser Typologisierung werden grundsätzlich drei Formen der Public Relations unterschieden. Bei der **leistungsbezogenen Public Relations** steht die Herausstellung bestimmter Leistungsmerkmale von Produkten oder Dienstleistungen des Unternehmens im Vordergrund. Zu denken ist hierbei beispielsweise an die Abgabe von Informationsmaterial an die Presse oder die Vergabe von Werkszeitschriften an die Mitarbeitenden. Diese Aktivitäten richten sich zumeist an eine eng ausgewählte Zielgruppe.

Beispiel: Public Relations zur Einführung des neuen Schulranzens der *Herlitz PBS AG*

Der Schul- und Schreibwarenspezialist *Herlitz* startete im Jahr 2007 eine breit angelegte Kommunikationskampagne, die auch vielzählige PR-Aktionen einschloss. Das neue Ranzen-Modell „*Masters SL*" mit dem neuen Claim „Der erste Schulranzen, der mitwächst!" nahm dabei Bezug auf das innovative Tragesystem, das der *Masters SL* bietet. Es gewährleistet eine Regulierung der Schultergurte in der Weite sowie auch in ihrer Höhe. Im Rahmen der Printkampagne wurden für den Bereich B-to-B An-

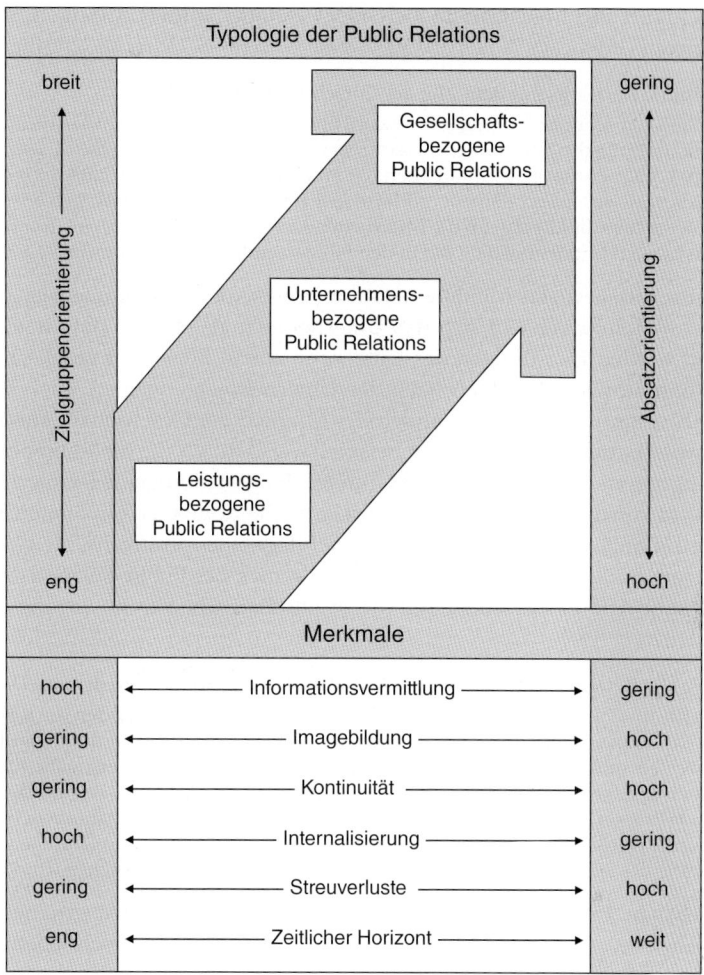

Schaubild III-E-5: Kriterien zur Typologisierung von Public Relations

zeigen in relevanten Titeln der Fachpresse geschaltet. Für Eltern ist darüber hinaus ein Informations-Flyer entwickelt worden, der als Ratgeber beim Ranzenkauf dient. Im Bereich der Onlinekommunikation gab es neben Schaltungen von verschiedenen Werbemitteln auf Eltern- und Familienportalen ein virtuelles Schulranzen-Portal (www.herlitz.de/schulranzen) für Tipps und Informationen zum Thema Schulstart. Mehrstufige PR-Maßnahmen, die sich an regionale und überregionale Tageszeitungen sowie Eltern- und Familientitel richteten, rundeten das Kommunikationspaket ab.

Den **unternehmensbezogenen Formen** werden diejenigen Typen der Public Relations subsumiert, die das Unternehmen als Ganzes herausstellen. Folglich wird nicht mehr nur über einzelne Leistungen des Unternehmens kommuniziert, sondern die gesamte Unternehmensleistung in den Vordergrund gestellt. Zweck der unternehmensbezogenen Public Relations ist die Selbstdarstellung des Unternehmens bei den Teilöffentlichkeiten. Das Unternehmen versucht, sein Unternehmensbild und Selbstverständnis in die Öffentlichkeit zu tragen und durch Kontinuität im Auftreten Vertrauen zu gewinnen. Zu dieser Form zählt auch die Reaktion in einer Krisensituation, die aufgrund der Kritik um Unternehmen entstanden ist. In diesem Zusammenhang versucht das Unternehmen, auf Beschuldigungen oder Angriffe, z. B.

Umweltverschmutzung, Machtmissbrauch oder Profitgier, mittels Anzeigen, Spots, Plakaten usw. zu reagieren (Advocacy Advertising) (*Avenarius* 2008, S. 238 ff.; *o.V.* 2004b).

> **Beispiel: Public Relations mit dem Ziel der Entschuldigung von *Lidl***
>
> Der Lebensmitteldiscounter *Lidl* hat sich sowohl bei seinen Mitarbeitenden als auch bei seinen Kunden für den im Frühjahr 2008 aufgedeckten Überwachungsskandal in seinen Filialen entschuldigt. Der Eindruck, *Lidl* würde seine Mitarbeitenden systematisch bespitzeln, entspreche nicht den Führungsgrundsätzen des Unternehmens, erklärte *Lidl* auf seiner Internetseite. *Lidl* wiederholte in dem Schreiben seine Entschuldigung an die Mitarbeitenden. *Lidl* entschuldigte sich ferner in einem offenen Brief bei seinen Mitarbeitenden, der in den Filialen verteilt wurde (*Lidl GmbH & CO. KG* 2009).

Bei der **gesellschaftsbezogenen Public Relations** treten die Unternehmensleistungen in den Hintergrund. Vielmehr versteht sich das Unternehmen als ein Teil der Gesellschaft. Dementsprechend werden Handlungen des Unternehmens in Bezug auf gesellschaftspolitische Ereignisse kommuniziert, bei denen sich das Unternehmen engagiert. Ziel ist es, dem Unternehmen als verantwortungsvoll handelndes Mitglied der Gesellschaft Anerkennung und Geltung zu verschaffen. Dies geschieht beispielsweise durch die Stellungnahme zu öffentlichen Streitpunkten, die losgelöst von konkreten Fragestellungen des Unternehmens sind. Hierdurch wird versucht, soziale und gesellschaftliche Kompetenz in breiten Teilen der Öffentlichkeit zu erlangen, um den Aufbau und die Pflege eines positiven Unternehmensimages zu unterstützen. In der Literatur wird für diese Formen der Public Relations zum Teil auch der Begriff Public Affairs verwendet, um die gesellschaftliche Verantwortung des Unternehmens anzudeuten.

> **Beispiel: Public Relations im Rahmen der Initiative für „wahre Schönheit" von *Dove***
>
> Der Kosmetik- und Nahrungsmittelkonzern *Unilever* führt seit einigen Jahren die Kommunikationskampagne „Initiative für wahre Schönheit" durch. Das Ziel der weltweit durchgeführten Initiative ist es, die bestehenden Schönheitsideale zu erweitern und durch eine gesündere, demokratischere Sichtweise zu ersetzen. Eine Sichtweise, die für alle Frauen annehmbar ist und die dazu beiträgt, dass deren Selbstwertgefühl steigt. Im Rahmen der Kampagne werden zahlreiche PR-Maßnahmen eingesetzt, z.B. werden auf der Homepage zahlreiche Informationen und Übungen angeboten, die der Steigerung des Selbstwertgefühls von Frauen und jungen Mädchen dienen (*Unilever* 2009).

Die beschriebenen **PR-Typen** können anhand bestimmter **Kriterien** gegeneinander abgegrenzt werden. Diese werden im Folgenden in ihren Grundzügen beschrieben:

- **Zielgruppenorientierung:** Das Merkmal der Zielgruppenorientierung misst, wie stark sich das Unternehmen bei seinen PR-Maßnahmen auf einzelne zu bearbeitende Zielgruppen konzentriert. Bei der Herausstellung einzelner Leistungen des Unternehmens wird sich das Unternehmen in erster Linie an bestimmte enge Zielgruppen richten. Eine Stellungnahme zu gesellschaftspolitischen, sozialen oder ökologischen Fragestellungen wird hingegen an die breite Öffentlichkeit adressiert sein.

- **Absatzorientierung:** Bei leistungsbezogener Public Relations wird die Perspektive auf ein ausgesuchtes Leistungsmerkmal des Unternehmens fokussiert. Dies ist z. B. der Fall, wenn Informationen über ein neu einzuführendes Produkt bereitgestellt werden, um durch die so entstehende Publicity den Absatz des Unternehmens zu unterstützen. Hierbei ist an die umfassende Publicity bei der Einführung des neuen Preissystems der *Deutschen Bahn* 2002 zu denken. Im Gegensatz dazu dienen gesellschaftsbezogene PR-Maßnahmen der langfristigen Unternehmensentwicklung sowie dem Aufbau von Vertrauen und der Herbeiführung eines Interessensausgleiches zwischen dem Unternehmen und unterschiedlichen Teilöffentlichkeiten.

- **Informationsvermittlung:** Das Kriterium Informationsvermittlung skaliert den Grad der durch die PR-Abteilung zur Verfügung gestellten Informationen. Beispielsweise ist bei der

Reaktion auf Krisensituationen vor allem eine umfassende Informationsvermittlung wichtig, um entgegengebrachte Argumente zu entkräften.

- **Imagebildung:** Das Merkmal Imagebildung misst, inwieweit eine PR-Aktivität zum Aufbau eines positiven Images beziehungsweise zur Schaffung von Goodwill gegenüber dem Unternehmen beiträgt. Gerade Maßnahmen, die nur einen geringen Bezug zum Tagesgeschäft haben, wie z. B. soziales Engagement von Unternehmen im lokalen Bereich, tragen stark zur Imageprofilierung bei.

- **Kontinuität:** Mit dem Kriterium Kontinuität wird die Einsatzhäufigkeit der eingesetzten Maßnahmen erhoben. So werden Informationen über die Leistungsfähigkeit eines Produktes in der Regel nur einmal veröffentlicht. PR-Maßnahmen, die auf eine Imageprofilierung abheben, sind indessen kontinuierlich einzusetzen.

- **Internalisierung:** Mit Hilfe dieses Kriteriums wird eine Unterscheidung zwischen internen und externen Zielgruppen der Public Relations vorgenommen. Es wird hier jedoch keine strikte Trennung zwischen den beiden Gruppen vollzogen. Vielmehr sind auch Mischformen z. B. derart vorstellbar, dass bei einer Informationsveranstaltung für Mitarbeitende auch Vertreter der örtlichen Presse zugegen sind.

- **Streuverluste:** Da sich gesellschaftsbezogene PR-Maßnahmen zumeist an große Teile der Öffentlichkeit richten, sind Streuverluste vielfach in Kauf zu nehmen. Diese lassen sich jedoch erheblich reduzieren, wenn sich die Aktivitäten auf ausgewählte Zielgruppen konzentrieren.

- **Zeitlicher Horizont:** Schließlich können die unterschiedlichen PR-Aktivitäten auch nach dem zeitlichen Horizont unterschieden werden. So hat die Durchführung einer Pressekonferenz eine lediglich kurzfristige taktische Bedeutung. Zum Aufbau eines positiven Unternehmensimages sind demgegenüber Maßnahmen zu ergreifen, die dazu beitragen, das Unternehmen langfristig im Markt zu profilieren.

2 Der Markt für Public Relations

2.1 Marktteilnehmer der Public Relations

Zur Offenlegung der Marktstruktur werden im Folgenden die Marktteilnehmer der Public Relations näher betrachtet. Im Zuge einer systematischen Vorgehensweise wird zwischen angebotsorientierten und nachfrageorientierten Aspekten der Public Relations unterschieden.

2.1.1 Angebotsorientierte Aspekte der Public Relations

Die Betrachtung der **angebotsorientierten Aspekte** der Public Relations ist zunächst durch Abgrenzungsprobleme gekennzeichnet. Bei der Untersuchung der Anzahl der PR-treibenden Unternehmen zeigt sich, dass eine quantitative Bestimmung nahezu unmöglich erscheint. In Abhängigkeit von der gewählten Abgrenzung der Public Relations kann im Extremfall jegliche Art der Unternehmenskommunikation als Public Relations interpretiert werden (*Naundorf* 1993, S. 600). Aus diesem Grund wird von einer unternehmensseitigen Betrachtung der Öffentlichkeitsarbeit abstrahiert und im Folgenden die Anzahl der PR-Verantwortlichen sowohl in den Unternehmen als auch in PR-Agenturen untersucht.

Eine genaue Bezifferung der in der Öffentlichkeitsarbeit bzw. Public Relations Tätigen fällt aufgrund des uneinheitlichen Begriffsverständnisses von Public Relations schwer. Oftmals werden im Rahmen solcher Betrachtungen nicht nur PR-Experten, sondern auch Journalisten,

d. h. Personen, die sich ebenfalls beruflich mit Publizistik beschäftigen, subsumiert. Hinzu kommt noch eine Vielzahl nicht-organisierter PR-Fachkräfte, Ein-Personen-Agenturen usw., deren Anzahl kaum zu bestimmen ist. Als Anhaltspunkt für Deutschland kann jedoch die Mitgliederzahl der *Deutschen Public Relations Gesellschaft e.V. (DPRG)* bewertet werden, die sich als Berufsverband der professionell arbeitenden PR-Fachleute versteht. Von den 2.700 *DPRG*-Mitgliedern arbeiten 960 in PR-Agenturen sowie als selbständige Berater, 1.152 in Wirtschaftsunternehmen im Industrie- und Dienstleistungsbereich, 102 sind in Behörden, Verbänden, Institutionen sowie Kirchen und 468 in der Aus- und Fortbildung sowie in sonstigen Bereichen engagiert (Stand: Januar 2008; *DPRG* 2009a). Anhand der Mitgliederzahlen der *DPRG* lässt sich allerdings auch erkennen, wie schwankend die Organisation der PR-Experten in Deutschland verläuft. Zählten im Jahre 1989 rund 1.200 Experten zu den Mitgliedern der *DPRG*, so stieg diese Zahl bis 1996 um 60 Prozent, um bis ins Jahr 2003 wieder um 10 Prozent zu fallen. Im Jahre 2003 fusionierte die *DPRG* mit der *Bundesvereinigung für innerbetriebliche Kommunikation (inkom)*, so dass infolgedessen die 200 Mitglieder der *inkom* als Mitglieder der *DPRG* aufgenommen wurden und deren Mitgliederzahl Ende 2003 erneut auf 2.000 anstieg. Die Hauptaufgaben der *DPRG* bestehen in der Etablierung der Public Relations als Führungs- und Managementfunktion, der Schaffung eines homogenen beruflichen Selbstverständnisses, der Verbesserung der Aus- und Fortbildung von PR-Fachleuten, der Pflege und Förderung von internationalen Beziehungen, der Wahrung und Fortschreitung der PR-Codices, der Vertretung der beruflichen Interessen der Mitglieder sowie der Förderung des Berufstandes Public Relations und Vertiefung der Kenntnisse über ihn in der Öffentlichkeit sowie die wissenschaftliche Durchdringung der Public Relations (*DPRG* 2009b).

Ein weiterer wichtiger Verband der PR-Branche ist die *Gesellschaft Public Relations Agenturen e.V.* (GPRA), in der die 34 führenden PR-Agenturen Deutschlands organisiert sind (*GPRA* 2009). Hierzu zählen sowohl Großagenturen mit mehr als 100 Mitarbeitenden, Agenturen in internationalen Agenturnetzen, Spezialagenturen (etwa für Finanzen oder Medizin) als auch kleine, inhabergeführte Agenturen. Insgesamt sind in den *GPRA*-Agenturen zirka 1.800 Mitarbeitende (auf Vollzeitkräfte hochgerechnet) beschäftigt. Im Jahre 2007 erwirtschafteten die *GPRA*-Mitglieder einen Umsatz von rund 200 Mio. EUR. Zweck des Verbandes ist die ständige Verbesserung der Leistungsfähigkeit und Qualität der in der *GPRA* zusammengeschlossenen Agenturen sowie die Darstellung des Leistungspotenzials professioneller Agenturen. Die *GPRA* setzt sich dafür ein, dass ihre Mitglieder durch die Qualität der Arbeit und der Mitarbeitenden das Image von Public Relations und PR-Agenturen fördern und sichern. Ebenso verfolgt die *GPRA* die Integration von Forschung und Praxis. Hierzu werden das Selbstverständnis der PR-Agenturen definiert sowie Qualitätsstandards für Public Relations formuliert.

Bei Betrachtung der Ergebnisse einer Befragung von Unternehmens- sowie PR-Agenturvertretern wird allerdings deutlich, dass eine große Lücke zwischen der **Selbsteinschätzung der Agenturen** bezüglich ihres Stellenwertes sowie der **Fremdeinschätzung durch die Unternehmen** besteht (*PR&Co. GmbH* 2003). Zwar sind sich Vertreter beider Seiten einig, dass die Agenturen einen positiven Beitrag zur PR-Arbeit leisten, die Unternehmen schätzen diesen Beitrag jedoch sehr viel geringer ein. Sie gehen davon, dass der Agenturanteil an der Berichterstattung knapp über 20 Prozent liegt, die Agenturen reklamieren über 67 Prozent als ihren Anteil. Auch in Krisenzeiten halten Unternehmen die Dienste von PR-Agenturen bezüglich Beratung, Konzeption, Organisation und Administration mehrheitlich für verzichtbar und schätzen lediglich die Bedeutung von Text-Services und Pflege der Medienkontakte als hoch ein. Auf welche Leistungen ihrer PR-Agenturen Unternehmen in wirtschaftlich kritischen Zeiten nicht verzichten wollen, geht aus Schaubild III-E-6 hervor. Die geringe Akzeptanz der strategischen Leistungen von PR-Agenturen wird jedoch nicht nur in Krisenzeiten deut-

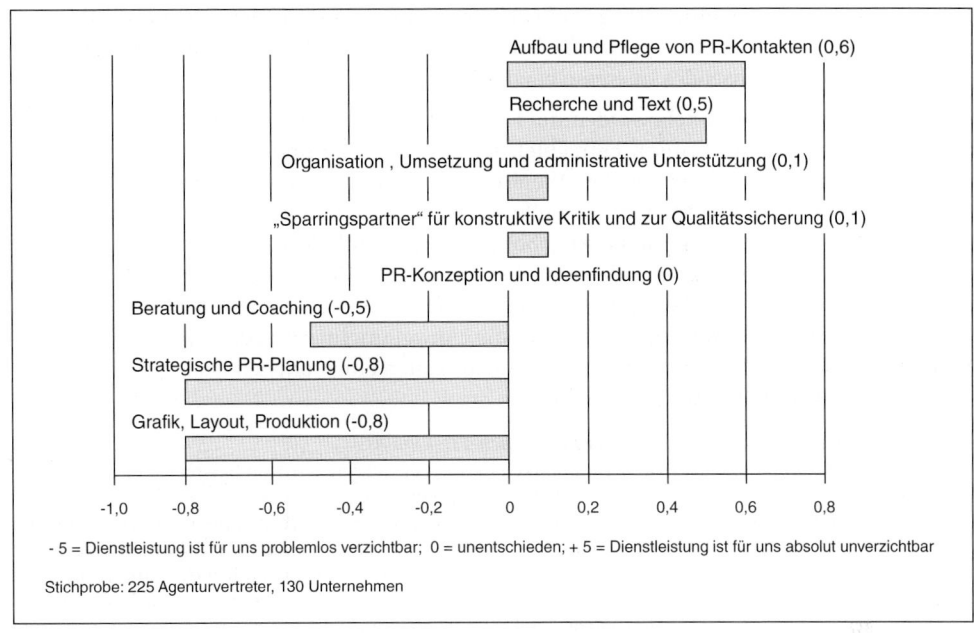

Aufbau und Pflege von PR-Kontakten (0,6)

Recherche und Text (0,5)

Organisation , Umsetzung und administrative Unterstützung (0,1)

„Sparringspartner" für konstruktive Kritik und zur Qualitätssicherung (0,1)

PR-Konzeption und Ideenfindung (0)

Beratung und Coaching (-0,5)

Strategische PR-Planung (-0,8)

Grafik, Layout, Produktion (-0,8)

-1,0   -0,8   -0,6   -0,4   -0,2   0   0,2   0,4   0,6   0,8

- 5 = Dienstleistung ist für uns problemlos verzichtbar; 0 = unentschieden; + 5 = Dienstleistung ist für uns absolut unverzichtbar

Stichprobe: 225 Agenturvertreter, 130 Unternehmen

Schaubild III-E-6: Erwünschte Leistungen der PR-Agenturen in Krisenzeiten (PR & Co. GmbH 2003)

lich, sondern insgesamt wünschen sich die Unternehmen von ihren Agenturen primär ein „solides Handwerk", weniger jedoch strategische PR-Beratung. Eine Reduktion der Aufgaben und Leistungen von PR-Aufgaben auf die rein operative Ebene ist allerdings kritisch zu betrachten. Professionelle PR-Agenturen verfügen häufig über fundiertes Know-how und Erfahrungswissen bezüglich der Entwicklung und Wirkung spezieller PR-Strategien sowie von Corporate-Identity-Konzepten für Unternehmen. Die Ausnutzung dieses Wissens setzt jedoch eine Einbeziehung der Agenturen in die strategische und konzeptionelle PR-Arbeit voraus.

2.1.2 Nachfrageorientierte Aspekte der Public Relations

Bei einer Betrachtung der **nachfrageorientierten Aspekte** der Public Relations ist in erster Linie das veränderte **Wertesystem** der diversen Anspruchsgruppen von Unternehmen zu beachten, das einen verstärkten unternehmenspolitischen Einsatz der Public Relations bedingt. Der nachfrageseitige Wertewandel war in den vergangenen 20 Jahren vor allem durch folgende Faktoren gekennzeichnet:

- Erhöhung des Stellenwerts allgemeiner gesellschaftlicher Werte beziehungsweise Ziele, wie die Erhaltung der Umwelt, die Schaffung und Erhaltung von Arbeitsplätzen,
- Trend zur aktiven und kritischen Gesellschaft sowie
- Trend zur Pluralisierung gesellschaftlicher Wertesysteme.

Diese Werte sind auch zum Beginn des dritten Jahrtausends grundsätzlich von Bedeutung, sie haben jedoch neue Akzente erfahren, wie aus einer Befragung zu den wichtigsten Lebensbereichen der Deutschen hervorgeht (*Statistisches Bundesamt* 2008, S. 454). Demnach ist in den letzten 15 Jahren der Stellenwert der dominanten privaten Lebensbereiche Gesundheit, Familie, Liebe und Zuneigung gleich geblieben, während gesellschaftspolitische Belange kontinuierlich eine Bedeutungssteigerung erfahren haben. Die Offenbarung mangelnder gesellschaftspolitischer Zustände (wie z. B. Umweltschutz, Klimaschutz, Datenschutz) hat hier offensichtlich ein wachsendes Interesse bewirkt.

Im Zuge dieses Wertewandels werden die Handlungsweisen der Unternehmen von der Öffentlichkeit zunehmend kritisch betrachtet. Besonders große und bekannte Unternehmen stehen permanent im Blickwinkel der Öffentlichkeit, da teilweise die Unternehmensgröße an sich bereits eine kritische Größe für spezielle Anspruchsgruppen darstellt. Dies gilt insbesondere für solche Unternehmen, deren Angebot Leistungen enthält beziehungsweise deren Fertigung in Bereichen arbeitet, von denen Gefährdungen für die Umwelt oder die Gesundheit der Menschen ausgehen können. Hierbei geben sich die Konsumenten nicht mit einfachen Erklärungen der Geschäftsleitung, z. B. über die Umweltorientierung des Unternehmens, zufrieden. Vielmehr suchen und fordern die Konsumenten einen offenen Dialog und Transparenz über die Aktivitäten der Unternehmen.

> **Beispiel: Datenschutzskandal bei der *Deutschen Telekom AG***
> Wie kritisch Unternehmen von der Öffentlichkeit betrachtet werden, wird am Beispiel der *Deutschen Telekom AG* deutlich. So wird der *Telekom* Tochter *T-Mobile* vorgeworfen, persönliche Angaben von 17 Millionen Kunden entwendet zu haben. Die Datensätze umfassen dabei neben Namen und Anschrift die Mobilfunknummer, teils das Geburtsdatum und in einigen Fällen auch die E-Mail-Adresse (*Zeit online* 2008). Das Unternehmen reagierte, indem es Aufklärung versprach und den Kunden zukünftig mehr Transparenz zusicherte. Hierfür richtete der Konzern eine eigene Hotline ein. Kurz nach Veröffentlichung der Sondernummer führten solche Nachfragen jedoch nur zur normalen Kundenhotline, ohne dass für den Kunden die Möglichkeit bestand, zu erfahren, ob auch er Opfer des Datenschutzskandals wurde. Der Vorfall wurde von den Anspruchsgruppen einer massiven Kritik unterzogen.

Zur Erlangung von Akzeptanz, Glaubwürdigkeit, Vertrauen und Verständnis bei den anvisierten Zielgruppen beziehungsweise in der Öffentlichkeit ist es somit erforderlich, dass die Unternehmen die veränderten Anforderungen der Nachfrageseite antizipieren. Von Bedeutung ist hierbei, dass die Unternehmen nicht nur ihre Absichten in Bezug auf Umweltorientierung oder die Erhaltung von Arbeitsplätzen kommunizieren, sondern auch entsprechend handeln. Nur durch einen kritischen Dialog über die Unternehmensaktivitäten, in dem sich das Unternehmen offen gegenüber der Öffentlichkeit präsentiert und deren Anforderungen ernst nimmt, kann dieses den zunehmend kritisch eingestellten Anspruchsgruppen begegnen. Welche Konsequenzen die Missachtung gesellschaftlicher Dimensionen durch Unternehmen oder deren Vertreter mit sich führen kann, geht aus Insert III-E-1 hervor, das sich mit dem Kundenmagazin von *Easyjet* auseinandersetzt.

2.2 Volumen des Marktes für Public Relations

Bei der Erfassung der Marktstruktur der Public Relations ergeben sich zahlreiche Schwierigkeiten. Diese resultieren vor allem aus der **Abgrenzungsproblematik** der Public Relations beziehungsweise dem unklaren und uneinheitlichen Verständnis über die Öffentlichkeitsarbeit. Unter Public Relations werden nicht nur von Unternehmen, sondern ebenfalls von politischen Institutionen und Non-Profit-Organisationen, wie Kirchen oder Gewerkschaften, durchgeführte Maßnahmen zur Schaffung von Vertrauen und Verständnis gesehen (*Brauer* 1993, S. 37; *Röttger/Hoffmann/Jarren* 2003, S. 88; *Szyska* 2004; *Röttger* 2008, S. 193).

Selbst bei der Betrachtung der Public Relations von Unternehmen ergibt sich eine Vielzahl von Abgrenzungsproblemen. PR-Aktivitäten umfassen oftmals nicht nur die Maßnahmen der Pressearbeit oder der Imagewerbung, sondern z. B. auch Ausgaben für Sponsoring (*o.V.* 1989a, S. 35; *Bogner* 2005, S. 279 ff.; *Avenarius* 2008, S. 264 ff.; *Kotler/Keller* 2008, S. 786 ff.). Weiterhin be-

Easyjet muss Skandal-Kundenmagazin zurückrufen

veröffentlicht am 23.11.2009 um 16:02 Uhr ·
Unternehmen · Artikel

Easyjet reagiert auf Vorwürfe der
Geschmacklosigkeit und zieht sein
Kundenmagazin "Easyjet Traveller" zurück.

Der Billigflieger hatte in seinem Bord-
Magazin Modefotos veröffentlicht, das
Models in Designerkleidung vor dem
Mahnmal für die ermordeten Juden im
Dritten Reich zeigt. In britischen und
israelischen Zeitungen war es zu Protesten
gekommen. Das Unternehmen hat sich
mittlerweile entschuldigt, meldet
die "Financial Times Deutschland". Die
Motive seien von einer Werbeagentur extern
produziert worden, man habe die
Fotostrecke erst nach Drucklegung zu

*Das Model wurde vor den Stelen des Mahnmals
fotografiert.*

Gesicht bekommen. Nun will Easyjet Konsequenzen ziehen und die Agenturbeziehung
überprüfen. Mohn Media ist der Distributor des Magazins "Easyjet Traveller", das eine Auflage
von 280.000 Exemplaren hat, produziert wird es von einem Spezialdienstleister in London.

Insert III-E-1: Easyjet muss Skandal-Kundenmagazin zurückrufen (Janotta 2009)

stehen auch erhebliche Zurechenbarkeitsprobleme bei der Zuordnung der Verantwortung für
die Public Relations innerhalb der Unternehmen, die vor allem auf der unterschiedlichen Einordnung der PR-Verantwortlichen in die Unternehmensorganisation beruhen. Diese reicht
von der Vorstands- und Geschäftsführerebene bis hin zu spezifischen Abteilungen, wie beispielsweise dem Einkauf (*Kleinert* 1982, S. 33; *Röttger/Hoffmann/Jarren* 2003, S. 166; *Bentele/Will*
2008, S. 170; *Röttger* 2008, S. 213 ff.). Darüber hinaus werden die für Public Relations verantwortlichen Abteilungen in Unternehmen oftmals unternehmensspezifisch unterschiedlich
bezeichnet, beispielsweise Öffentlichkeitsarbeit oder Public Relations, aber auch Corporate
Communication, Pressearbeit oder Marketing (*Rolke* 2003, S. 132). Aus externer Perspektive ist
unter diesen Bedingungen eine Zuordnung von Aufgaben – und damit auch Budgets – häufig
nicht eindeutig.

Aus diesen Gründen sind die Investitionen der Unternehmen in Public Relations kaum abschätzbar, so dass quantitative Angaben zum PR-Markt äußerst selten in der Literatur anzutreffen sind. S. 1Frühere Schätzungen für die Jahre 2002 bis 2010 lassen sich aus Schaubild III-E-7
entnehmen, aus dem sowohl der gewachsene Stellenwert der Public Relations in den letzten
Jahren hervorgeht als auch die damaligen Prognosen für die folgenden Jahre. Eine Studie aus
dem Jahr 2006 unterstreicht die prognostizierten Einschätzungen. Nachdem die Agenturen
bereits 2005 von wachsenden Honorarumsätzen berichteten, stiegen im Jahr 2006 auch wieder
die Ausgaben für PR in vielen deutschen Unternehmen. Die Internetbefragung wurde vom
Januar bis Februar 2006 unter 2800 Entscheidern in PR-Agenturen und Unternehmenspresse-
stellen durchgeführt (*Schmidt* 2006). Aufgrund der Finanzkrise fällt im Jahr 2009 der Blick auf
die Entwicklung der PR-Budgets und Honorarumsätze für das folgende Jahr jedoch verhal-

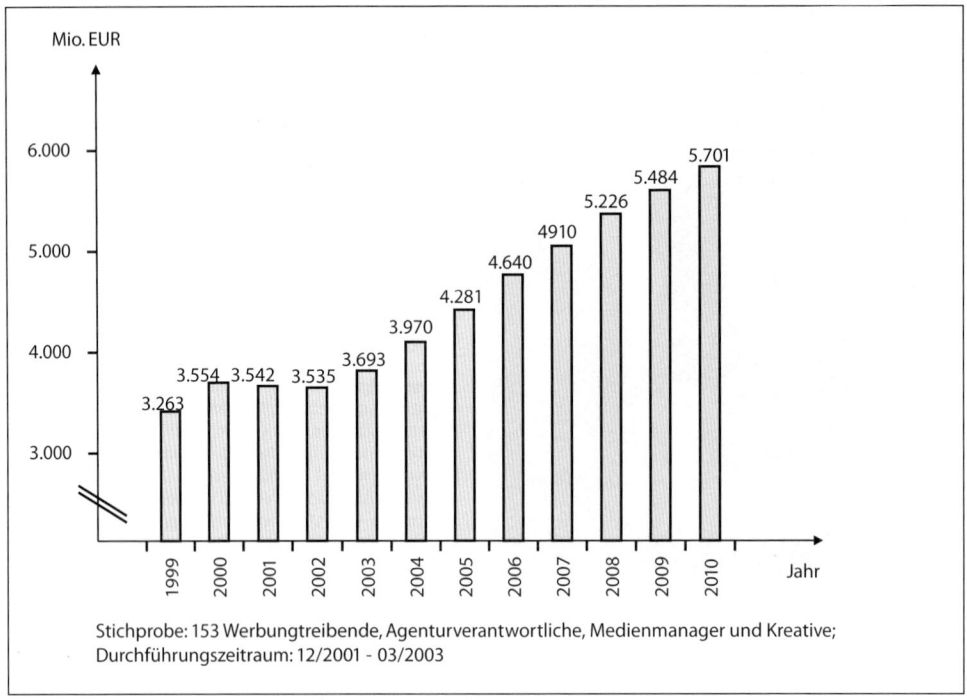

Schaubild III-E-7: Entwicklung der Investitionen in Public Relations (Kommunikationsverband 2002, S. 12)

ten aus (siehe Schaubild III-E-8). Rund 56 Prozent der im Herbst 2009 befragten Pressestellen (n = 762) rechnen mit gleichbleibenden Budgets. Etwa 40 Prozent der 580 befragten Agenturen gehen hinsichtlich ihrer Honorarumsätze von einer stabilen Entwicklung aus. Zuwächse um bis zu 10 Prozent erwartet bei den Unternehmen jeder zehnte, bei den Agenturen rund jeder vierte Umfrageteilnehmer. Hoffnungen auf eine Steigerung um mehr als 10 Prozent haben

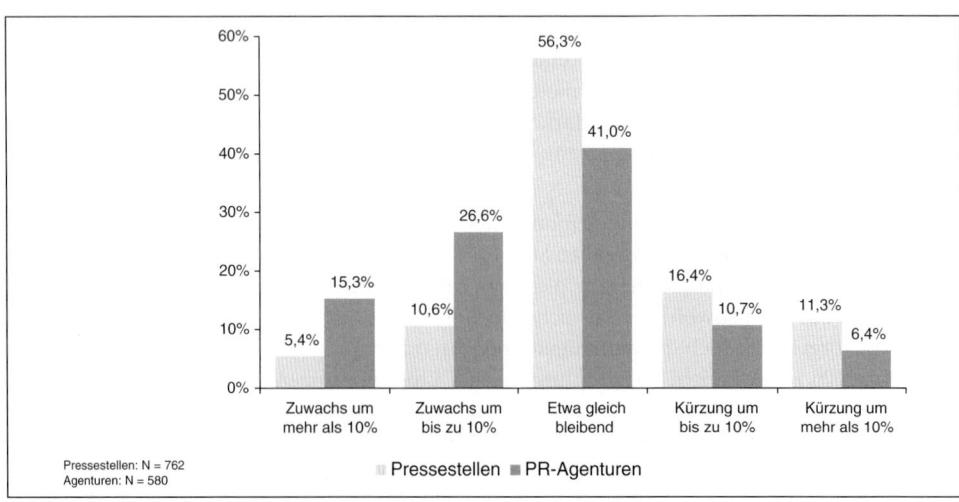

Schaubild III-E-8: Budgetentwicklung im Jahr 2010 gegenüber 2009 (PR-Trendmonitor 2009, S. 7)

bei den Pressestellen 5 Prozent, bei den Agenturen 15 Prozent der Befragten. Demgegenüber erwarten 16 Prozent der Auftraggeber und rund 11 Prozent der Agenturen Kürzungen um bis zu 10 Prozent Mit Einschnitten von mehr als 10 Prozent rechnen 11 Prozent der Unternehmen und 6 Prozent der PR-Dienstleister (*Amirkhizi* 2009; *PR-Trendmonitor* 2009).

Im Vergleich zu den Ausgabenvolumina anderer Kommunikationsinstrumente zeigt sich jedoch, dass der Anteil für Public Relations in den letzten Jahren gestiegen ist. Nahm die Public Relations einer Studie von *Bruhn/Boenigk* zufolge im Jahr 1999 bei der Budgetzuteilung nach Mediawerbung, Verkaufsförderung, Direct Marketing, Messen und Ausstellungen sowie Event Marketing noch Rang sechs ein (*Bruhn/Boenigk* 1999, S. 7), so hat sich dies zugunsten der Public Relations gewandelt. So zeigt eine Studie von *Bruhn* aus dem Jahr 2006, dass bezüglich der Verteilung des Kommunikationsbudgets in deutschen Unternehmen die Public Relations nach der Mediawerbung, Verkaufsförderung und Messen/Ausstellungen auf Rang 4 angesiedelt ist , in der Schweiz auf Rang 3 und in Österreich sogar auf Platz 2 (*Bruhn* 2006, S. 75 f.; 195 f.; 303 f.).

3 Planungsprozess der Public Relations

3.1 Public Relations als Instrument der Unternehmens- und Marketingkommunikation

Wie bereits erwähnt, herrscht in der Literatur kein einheitliches Verständnis über Public Relations und deren Rolle im Rahmen der Unternehmensführung (*Barthenheimer* 1982, S. 16; *Cornelsen* 2002, S. 11; *Röttger/Hoffmann/Jarren* 2003, S. 17; *Szameitat* 2003, S. 1; *Röttger* 2008, S. 1 f.). Dabei reichen die Auffassungen so weit, dass einige Autoren Public Relations als flankierende Maßnahme zur Werbung ansehen (*Spindler* 1974, S. 28; *Becker* 2009, S. 7) und andere Public Relations eine Managementfunktion zuordnen (*Hundhausen* 1957, S. 19; *Oeckl* 1976, S. 331; *Neske* 1977, S. 19 ff.; *Gronstedt* 1996; *Grunig/Grunig* 1998; *Daub* 2000; *Zerfaß* 2004; *Avenarius* 2008). Dementsprechend ist Public Relations als eine Führungsaufgabe der obersten Ebene der Unternehmenshierarchie zu sehen. Dieser obliegt die Aufgabe, mit Hilfe der Public Relations ein positives Image des Unternehmens aufzubauen und die Beziehungen zu den diversen Anspruchsgruppen zu pflegen. Dies kann jedoch auch mittels anderer Kommunikationsinstrumente geschehen, z. B. durch den Einsatz der Mediawerbung, wenn das über einen längeren Zeitraum kommunizierte Leistungsversprechen auch mit der vom Konsumenten wahrgenommenen Leistung übereinstimmt oder durch Persönliche Kommunikation, die zu einer unmittelbaren Beziehungspflege beiträgt. Aus diesem Grund wird Public Relations in der betriebswirtschaftlichen Literatur in der Regel den Instrumenten der Unternehmenskommunikation zugeordnet (*Nieschlag/Dichtl/Hörschgen* 2002, S. 994; *Kotler/Keller/Bliemel* 2007; *Meffert/ Burmann/Kirchgeorg* 2008).

3.2 Phasen im Planungsprozess der Public Relations

Die Entwicklung eines umfassenden und systematischen Prozesses zur Planung des Einsatzes der Public Relations ist in der Literatur kaum zu finden. Dies liegt vor allem daran, dass die meisten PR-Autoren entweder aus der PR-Praxis stammen und in ihren Veröffentlichungen Hinweise zur Lösung ausgewählter Probleme geben oder aber eine kommunikations-

oder sozialwissenschaftliche Prägung aufweisen und sich weniger an managementbezoge-
nen Fragestellungen orientieren. Der Versuch einer umfassenden Planung wurde bisher nur
vereinzelt durchgeführt (*Bläse* 1982, S. 194 f.; S. 2; *Schulz* 1992, S. 79 ff.; *Gronstedt* 1997, S. 35 ff.;
Avenarius 2008, S. 193; *Cutlip/Center/Broom* 2008, S. 346; *Röttger* 2008, S. 89 f.; *Zeiter* 2008). Zur
Verbesserung der Erfolgschancen ist die Durchführung von PR-Maßnahmen allerdings notwendigerweise einer systematischen Planung zu unterziehen. Des Weiteren ermöglicht erst
ein solcher Planungsprozess die zunehmend geforderte Erfolgskontrolle der Public Relations,
um die Effizienz der Öffentlichkeitsarbeit bewerten zu können. Im Folgenden wird für die
weitere Betrachtung der Public Relations der in Schaubild III-E-9 dargestellte Planungsprozess zugrunde gelegt. Die Planung der Public Relations und damit die Wahrnehmung der
Vielzahl der zu erfüllenden PR-Aufgaben wird zumeist von einer unternehmenseigenen PR-
Abteilung oder externen PR-Agentur durchgeführt. Im Gegensatz zu den anderen Kommunikationsinstrumenten liegen jedoch bei der organisatorischen Stellung der PR-Abteilung
einige Besonderheiten vor. Diese wird zumeist nicht der Marketingabteilung zugeordnet,
sondern als Stabsstelle direkt der Unternehmensleitung unterstellt (*Szameitat* 2003, S. 22; *Röttger* 2008, S. 215; *Müller/Kreis-Muzzulini* 2009, S. 31). Die Unternehmensleitung kann somit kurzfristig effizient auf veränderte Situationen reagieren und „aus erster Hand" informieren.

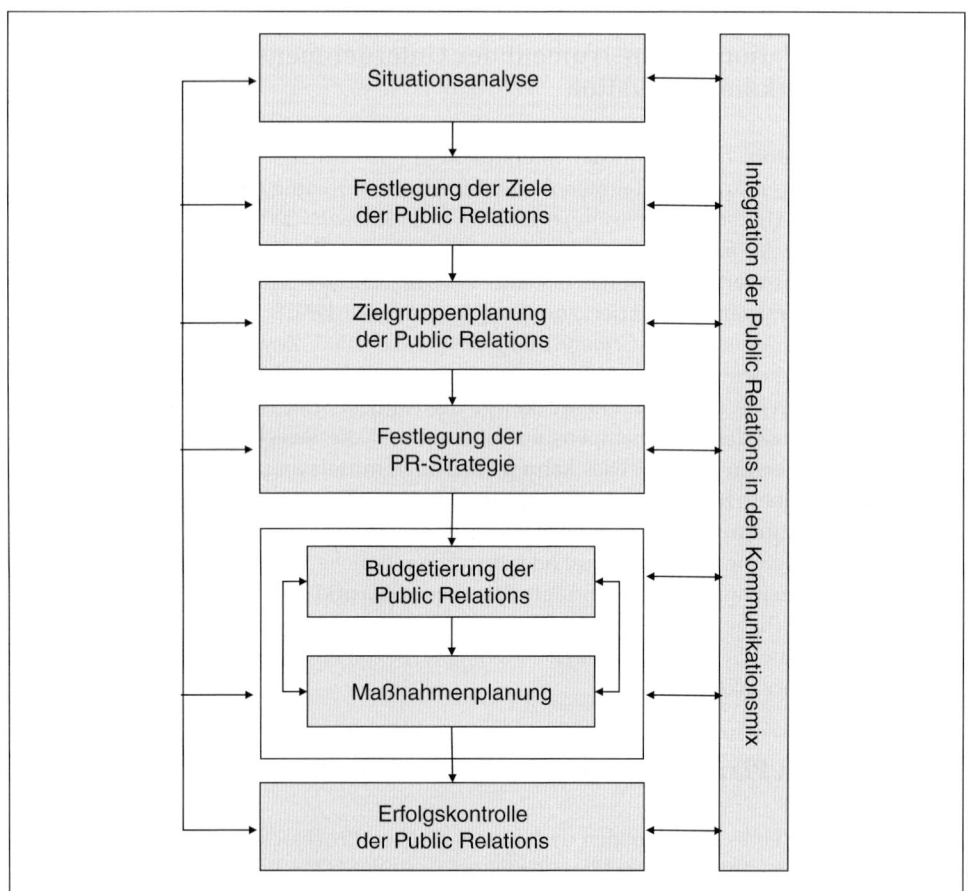

Schaubild III-E-9: Planungsprozess der Public Relations

Im Mittelpunkt dieses **Planungsprozesses** stehen acht Phasen, in denen die Verantwortlichen Teilentscheidungen zu treffen haben:

(1) Situationsanalyse

Zu Beginn des PR-bezogenen Planungsprozesses steht die Situationsanalyse. Sie dient der Bestimmung des Ist-Zustandes und des Erfolges der bisherigen PR-Aktionen. Beispielsweise ist im Rahmen einer PR-bezogenen Situationsanalyse das Image der Unternehmung bei den verschiedenen Zielgruppen zu eruieren. Als Ergebnis der Situationsanalyse ist die kommunikative Problemstellung für die PR-Arbeit zu identifizieren.

(2) Festlegung der Ziele der Public Relations

Auf Basis der erlangten Erkenntnisse erfolgt die Formulierung der PR-Ziele für die betrachtete Planungsperiode. Hierbei ist vor allem darauf zu achten, dass PR-Ziele festgelegt werden, deren Realisierung im Rahmen der Erfolgskontrolle auch überprüft werden kann. Dementsprechend sind vor dem Hintergrund der Ziele der Unternehmenskommunikation eindeutige und operationale Zielvorgaben für die weitere PR-Arbeit zu präzisieren.

(3) Zielgruppenplanung der Public Relations

Ferner sind von den PR-Planern die anzusprechenden Zielgruppen der Public Relations zu identifizieren. Dabei sind die gesetzten PR-Ziele gemäß den Anforderungen der verschiedenen Zielgruppen zu differenzieren.

(4) Festlegung der PR-Strategie

Aufbauend auf den Zielen und Zielgruppen werden in der nächsten Phase die zu verfolgenden PR-Strategien bestimmt. Durch die PR-Strategie wird festgelegt, wie sich das Unternehmen langfristig gegenüber den ausgewählten Zielgruppen verhalten will beziehungsweise welche Kernbotschaften zukünftig kommuniziert werden.

(5) Budgetierung der Public Relations

Im nächsten Schritt erfolgt die Festlegung des PR-Budgets. Dabei ist zunächst die Höhe des gesamten PR-Budgets festzulegen. Im Weiteren findet die Allokation des PR-Budgets auf die einzelnen Maßnahmenbündel statt.

(6) Maßnahmenplanung

Im Anschluss daran findet die detaillierte Planung der einzelnen PR-Maßnahmen und PR-Aktionen bei den relevanten Zielgruppen statt. Hierbei ist zu bestimmen, mit welchen Kommunikationsmitteln die gesetzten Ziele bei den einzelnen Zielgruppen zu realisieren sind.

(7) Integration der Public Relations in den Kommunikationsmix

Während des gesamten PR-bezogenen Planungsprozesses ist auf eine Integration der Public Relations in den Kommunikationsmix des Unternehmens zu achten. Hierdurch wird sichergestellt, dass eine inhaltliche, formale und zeitliche Integration der Öffentlichkeitsarbeit mit den anderen Kommunikationsinstrumenten stattfindet. Durch einen konsistenten Auftritt können Synergien genutzt und höhere Wirkungen bei den angesprochenen Zielgruppen erreicht werden.

(8) Erfolgskontrolle der Public Relations

Nach der Realisierung der einzelnen Maßnahmen ist deren Zielerreichungsgrad im Rahmen der Erfolgskontrolle zu bestimmen. Aus der systematischen Überprüfung der PR-Aktivitäten sind Handlungsempfehlungen für zukünftige Ziele, Strategien und Maßnahmen der Public Relations abzuleiten.

Wie bei den anderen Kommunikationsinstrumenten ist auch der hier vorgestellte Planungsprozess der Public Relations als „idealtypisch" anzusehen. Vor dem Hintergrund der unterschiedlichen Funktionen ist insbesondere eine kontinuierliche und langfristige Planung der Public Relations zu betreiben. Übergeordnete Zielsetzungen, wie die Schaffung von Verständnis und Vertrauen, sind nur durch einen langfristigen und systematisch geplanten Einsatz der Public Relations zu erreichen. Dieser Planungsprozess ist allerdings flexibel zu halten, da Veränderungen im Umfeld sehr schnell zu einer Änderung der Beziehungen zwischen dem Unternehmen und den ausgewählten Zielgruppen führen können.

> **Beispiel: Die *Hypo Real Estate Holding AG* und die Beziehung zu ihren Zielgruppen**
> In welch kurzer Zeit sich für ein Unternehmen die Beziehungen zu seinen Bezugsgruppen grundlegend ändern können, zeigt der Fall der deutschen Bankholding *Hypo Real Estate AG*. In den Jahren 2004 bis 2006 verdoppelte sich der Aktienkurs und stieg aufgrund der Geschäftserwartungen auf mehr als 55 Euro. Die Aufdeckung von intransparenter Kreditwirtschaft sowie schließlich die Enteignung durch den Staat im Jahr 2009 veränderten dieses Bild jedoch grundlegend, verärgerten Arbeitnehmer sowie Investoren und bereiteten dem Unternehmen eine Vielzahl negativer Schlagzeilen in der Presse.

4 Ziele und Zielgruppen der Public Relations

4.1 Situationsanalyse als Ausgangspunkt

Am Anfang des systematischen PR-bezogenen Planungsprozesses steht die Analyse der Unternehmenssituation. Dieser Schritt ist die notwendige Voraussetzung für die Festlegung der PR-Ziele und der weiteren PR-Planungsschritte. Eine solche **Situationsanalyse** sollte sich jedoch nicht nur auf die bisher durchgeführten PR-Aktionen beschränken, sondern vielmehr das gesamte Umfeld des Unternehmens berücksichtigen. Unternehmen kommunizieren nicht nur mit Hilfe von Kommunikationsmitteln mit Teilen der Öffentlichkeit, auch die Leistungen, das Verhalten und das Bild des Unternehmens tragen zur Bildung eines Images bei den internen und externen Zielgruppen bei. Somit werden übergeordnete Zielsetzungen der Public Relations nicht nur durch Maßnahmen der Public Relations, sondern in bedeutendem Maße auch von anderen Faktoren bestimmt. Darüber hinaus üben externe Faktoren einen Einfluss auf die Unternehmenssituation aus. Berichte über Tierversuche der Pharmaindustrie oder Bilanzfälschungen im Bankensektor können sich beispielsweise negativ auf das Ansehen der gesamten Branche und einer Vielzahl von Unternehmen auswirken, auch wenn diese nicht alle mit einem bestimmten Missstand in Verbindung zu bringen sind. Im Rahmen der PR-bezogenen Situationsanalyse ist somit nicht nur der Erfolg der bisherigen PR-Aktivitäten zu untersuchen. Vielmehr sind viele verschiedene Aspekte zu berücksichtigen, die Einfluss auf die PR-Situation des Unternehmens haben. Aus diesem Grund hat sich das Unternehmen zur Durchführung der PR-Situationsanalyse einer Systematik zu bedienen, mit deren Hilfe die Vielzahl möglicher interner und externer Einflussfaktoren systematisch und umfassend erfasst werden. Durch die Anwendung einer **SWOT-Analyse** (Strengths-Weaknesses-Opportunities-Threats) werden nicht nur die Chancen und Risiken des PR-Einsatzes überprüft, sondern auch weitere Einflussfaktoren auf die PR-Situation betrachtet. Dieser Aspekt trifft zwar auf alle Kommunikationsinstrumente zu, er ist bezogen auf die PR-Arbeit jedoch von besonderer Wichtigkeit, da PR-bezogene Problemstellungen nur zu einem Teil unternehmensintern bewirkt werden und sich oftmals aus unternehmensexternen Faktoren ergeben (*O'Guinn/ Allen/Semenik* 2008, S. 6). Schaubild III-E-10 zeigt einen Fragenkatalog, mit dessen Hilfe erste Ansatzpunkte zur Identifizierung der PR-bezogenen Unternehmenssituation identifiziert werden können.

Im Rahmen der Analyse der **Marktsituation** ist vom PR-treibenden Unternehmen unter anderem zu untersuchen, in welcher Marktform die PR-Aktivitäten des Unternehmens zum Einsatz

Fragen	Antworten	Chancen/ Risiken Stärken/ Schwächen
Marktbezogene Fragen		
• Handelt es sich um einen Konsumgüter-, Industriegüter- oder Dienstleistungsmarkt? • In welcher Marktform agiert das Unternehmen/ kommen die PR-Maßnahmen zum Einsatz? • Über welches Image verfügt die Branche? • Welche Tendenzen zeigen sich in der Branche, die den PR-Einsatz beeinflussen? u.a.m.		
Kundenbezogene Fragen		
• Welche Anforderungen stellen gesellschaftliche Anspruchsgruppen an das Unternehmen? • Wie verändert sich das Umwelt- bzw. Gesundheits- bewusstsein der Konsumenten? • Welches Image hat das Unternehmen bei den Zielgruppen? • Wie stark ist das Interesse der Kunden am Unternehmen? u.a.m.		
Konkurrenzbezogene Fragen		
• Welches Image haben die Konkurrenten? • Welches Vertrauen bringen die Konsumenten den Konkurrenten entgegen? • Welche PR-Aktivitäten führen die Konkurrenten mit welcher Intensität/welchem Erfolg durch? • Gibt es Möglichkeiten zur Kooperation mit den Wettbewerbern zur Verbesserung des Branchen- images? u.a.m.		
Unternehmensbezogene Fragen		
• Welchen Erfolg weisen unsere bisherigen PR-Aktivitäten auf? • Sind unsere Mitarbeitenden über unser PR-Engagement informiert? • Verwenden wir Stoffe, die als umwelt- oder gesundheitsgefährdend gelten? • Welche Ressourcen stehen zum Einsatz der Public Relations zur Verfügung? u.a.m.		

Schaubild III-E-10: Fragenkatalog zur SWOT-Analyse der Public Relations

kommen, ob es sich z.B. um ein Monopol oder ein Polypol handelt und diesem Fall, wie der Markt zwischen den einzelnen Wettbewerbern aufgeteilt ist. Von Interesse ist auch, ob es sich um einen Konsumgüter-, Dienstleistungs- oder Industriegütermarkt handelt, da hier jeweils unterschiedliche Anforderungen an das Kommunikationsverhalten gestellt werden. Im Rahmen der Beantwortung der marktbezogenen Fragen ist des Weiteren zu überlegen, welche Auswirkungen das Branchenimage auf die eigene PR-Situation hat und welche zukünftigen Entwicklungen in der Branche zu erwarten sind, die Einfluss auf die PR-Arbeit nehmen können.

Bei der **Analyse der Kundensituation** sind die Entwicklungen beziehungsweise Anforderungen der Konsumenten an das Unternehmen zu betrachten. Hierzu gilt es, die unterschiedlichen Ansprüche diverser gesellschaftlicher Gruppen zu identifizieren und analysieren. Die Betrachtung von Themenstellungen mit gesellschaftlicher Relevanz kann in Anlehnung an den Grundgedanken des klassischen Produktlebenszyklus mit Hilfe eines Lebenszyklusmodells durchgeführt werden. Dabei knüpft das **Lebenszyklusmodell gesellschaftlicher Ansprüche** an die Interaktion zwischen Anspruchsgruppen an, die die Entwicklungen in einzelnen Umweltebenen zum Gegenstand öffentlicher und politisch-rechtlicher Diskussionen machen. Im Zentrum der Betrachtung liegt die Beschreibung der Diffusion von Ereignissen in einzelnen Umweltebenen als Gegenstand der öffentlichen Diskussion. So werden Problembereiche zuerst von einzelnen Personen identifiziert sowie von Experten diskutiert und analysiert. Bei hinreichend ausreichender soziopolitischer Bedeutung werden diese Fragestellungen von gesellschaftlichen Interessengruppen aufgegriffen und anschließend durch eine medienpolitische Diskussion zum öffentlichen Anliegen gemacht. Je nach Zielsetzung werden hierdurch Unternehmen, staatliche Stellen usw. zu Verhaltensänderungen und zur Lösung der aufgeworfenen Fragestellung veranlasst (*Meffert/Kirchgeorg* 1998, S. 98). Wie Schaubild III-E-11 zeigt, kann der Diffusionsprozess von Problemstellungen und Ereignissen mit gesellschaftlicher Relevanz in fünf Phasen unterschieden werden: die Latenz-, Emergenz-, Aufschwung-, Reife- und Abschwungphase (*Dyllick* 1990, S. 241 ff.):

(1) In der **Latenzphase** findet die Erkennung von Problemen mit gesellschaftlicher Relevanz durch einzelne Personen statt.

(2) Nachdem diese von den Einzelpersonen zum Ausdruck gebracht worden sind, erfolgt in der **Emergenzphase** eine Analyse und Diskussion des Problemkreises durch Expertenrunden, die vornehmlich auf Fachtagungen, Kongressen und in Forschungsprogrammen

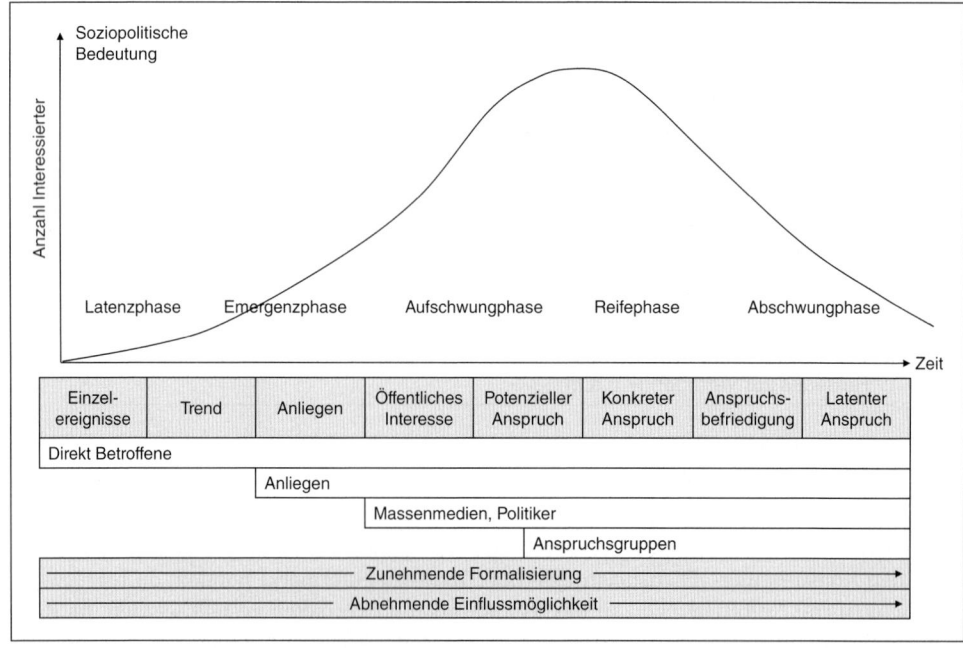

Schaubild III-E-11: Lebenszyklusmodell gesellschaftlicher Ansprüche
(Dyllick 1990, S. 241 ff.; Meffert/Kirchgeorg 1998, S. 98)

sowie in Fachzeitschriften geführt wird. In dieser Phase der Problemdefinition werden durch die intensive wissenschaftliche Auseinandersetzung gesellschaftliche Interessengruppen auf die Diskussion aufmerksam gemacht, die sich zunehmend für das Problem interessieren.

(3) In der **Aufschwungphase** wird die wissenschaftliche Diskussion durch die Berichterstattung in den Massenmedien in die breite Öffentlichkeit getragen. Dadurch erhöht sich der Problemlösungsdruck für Unternehmen, staatliche Stellen usw. In dieser Phase der Zielbestimmung schalten sich zunehmend administrative Stellen zur Regelung und Handhabung der Problemstellung ein.

(4) In der **Reifephase** steht die Lösung des Problems im Vordergrund. Dabei werden verstärkt Experten mit der Erarbeitung von Lösungsvorschlägen betraut, während sich die Massenmedien wieder primär anderen Fragestellungen widmen.

(5) Schließlich findet in der **Abschwungphase** die Umsetzung der erarbeiteten Lösungen statt. Dabei nimmt die Aufmerksamkeit der Öffentlichkeit zunehmend ab.

Durch das Lebenszyklusmodell wird verdeutlicht, dass der öffentliche Druck durch gesellschaftliche Interessengruppen, wie Bürgerinitiativen, Umweltschutzorganisationen, Verbraucherorganisationen usw., mit fortschreitender Zeit zunehmend steigt. Für das Unternehmen ergibt sich hieraus die Konsequenz, Problemstellungen mit gesellschaftlicher Relevanz frühzeitig zu erkennen und im Hinblick auf mögliche Einflüsse für das eigene Unternehmen zu analysieren. Eine frühe und angemessene Reaktion des Unternehmens erhöht die Chance, bei den anvisierten Zielgruppen Wirkungen mittels der Public Relations zu erzielen, da der Gestaltungsspielraum des Unternehmens im Zeitablauf stetig abnimmt und auftretende Spannungsfelder zwischen dem Unternehmen und der Öffentlichkeit nicht mehr kontrollierbar sind (*Meffert* 1994, S. 192). Ein Beispiel für den Einfluss öffentlicher Interessengruppen auf die Unternehmenspolitik zeigt Insert III-E-2.

Ebenso ist die **Konkurrenzsituation** in die Situationsanalyse einzubeziehen. Hierzu zählt unter anderem die Identifizierung der Anzahl, Größe und Wettbewerbsstärke der Konkurrenten sowie deren Markt- und Machtstellung. Besonders wertvoll sind Informationen über das Image beziehungsweise Vertrauen der einzelnen Konkurrenten bei den diversen Zielgruppen, da dies Auswirkungen auf die Einstellung der Öffentlichkeit sowohl zum eigenen Unternehmen als auch zur gesamten Branche haben kann. Vor diesem Hintergrund ist vom Unternehmen zu überlegen, welche Auswirkungen die Konkurrenzaktivitäten auf das eigene Unternehmensimage haben. Hierfür ist es notwendig, die Art und Weise sowie die Intensität der PR-Aktivitäten der Wettbewerber zu analysieren beziehungsweise die daraus entstehenden Implikationen für die weitere PR-Arbeit zu ziehen. Zur Verbesserung des Images der gesamten Branche ist vom Unternehmen hinsichtlich der Wettbewerbssituation eine mögliche Kooperation zwischen einzelnen Anbietern im Rahmen von branchenbezogenen Public Relations zu überprüfen.

Beispiel: Negativer Einfluss der schweizerischen Banken auf den Finanzplatz Schweiz

Im Februar 2008 geriet der Verdacht, dass zahlreiche Bankkunden ihr Geld am Fiskus vorbei in Liechtenstein angelegt haben sollen, in die Öffentlichkeit. Dabei erweiterte sich der Verdacht auch auf die Schweiz und ihren Finanzplatz. Im Juni 2008 bekannte sich schließlich ein ehemaliger *UBS*-Banker in Florida vor dem Gericht der Beihilfe zur Steuerhinterziehung schuldig. Im August 2008 folgten in den USA Steuerhinterziehungs-Klagen auch gegen die *Credit Suisse*. Die USA verlangten Einsicht in die Details der Schweizer Bankkonten, über die das mutmaßlich hinterzogene Steuergeld lief. Das Verhalten der Banken führte dadurch zu einem Imageschaden und Glaubwürdigkeitsverlust für die gesamte schweizerische Bankenbranche.

Schließlich ist von dem Unternehmen auch eine **unternehmensbezogene Situationsanalyse** durchzuführen. Hierbei ist unter anderem der Erfolg der bisherigen PR-Aktivitäten zu be-

KINDERARBEIT

Kein Lohn, dafür Schläge

In Indien sollen Kinder für die Modekette Gap Blusen genäht haben - unter zum Teil brutalen Bedingungen. Der Konzern will den Fall nun untersuchen

Es ist ein handfester Skandal: Einem Bericht der britischen Zeitung *Observer* zufolge mussten Kinder, von denen einige nicht älter als zehn Jahre gewesen sein sollen, für einen Gap-Subunternehmer in Neu-Delhi Blusen für die Kinder-Modelinie "Gap Kids" nähen. Die Zeitung kam der Kinderarbeit nach eigenen Angaben durch verdeckte Recherchen auf die Spur gekommen.

Gap zog die betroffene Kleidung, die auch für den europäischen Markt bestimmt war, zurück und kündigte eine Untersuchung an. Die Kinderarbeiter hätten von langen Arbeitszeiten ohne Lohn, Drohungen und Schlägen berichtet, während sie die Kleidung für Kinder in Europa und den Vereinigten Staaten anfertigten, hieß es in dem Bericht des *Observer*. "Der Aufseher sagte mir, weil ich noch lerne, bekomme ich kein Geld", sagte der zehnjährige Amitosh der Zeitung. Nach eigenen Angaben war er vier Monate bei der Textilfirma beschäftigt. Ein anderer Junge berichtete, wenn seine oder die Arbeit seiner kleinen Kollegen den Aufsehern nicht gefallen habe, seien sie mit Gummischläuchen verprügelt worden.

🔍 MEHR ZUM THEMA
• Schwabenkinder in Patna
• Eine Alibiveranstaltung?
• Macht der Konsumenten

Die Oberteile sollten für je 20 Pfund (rund 28,50 Euro) verkauft werden, berichtete die Zeitung. Gap erklärte in einer ersten Reaktion, es sei "inakzeptabel", dass Kinder die Bekleidung für den Konzern nähten. "Es ist offensichtlich, dass einer unserer Lieferanten diese Vereinbarung gebrochen hat, und eine gründliche Untersuchung läuft", zitierte der *Observer* aus der Stellungnahme. Der Arbeitsauftrag sei unverzüglich gestoppt worden, das betreffende Kleidungsstück komme nicht auf den Markt.

Insert III-E-2: Einfluss öffentlicher Interessengruppen auf die Unternehmenspolitik am Beispiel eines Modeunternehmens (ZeitOnline 2010)

trachten. Darüber hinaus ist zur Bestimmung der Unternehmenssituation der Einsatz der anderen Instrumente der Unternehmens- und Marketingkommunikation, wie Mediawerbung, Verkaufsförderung, Messen und Ausstellungen, Event Marketing, Sponsoring usw., in die Betrachtungsperspektive zu integrieren. Diese Aktivitäten sind in Verbindung mit den Verhaltensweisen maßgeblich für das Image des Unternehmens bei den diversen Zielgruppen verantwortlich. Bei der Situationsanalyse sind folglich diejenigen Maßnahmen zu identifizieren, die im Rahmen einer funktionalen Perspektive die Einstellung zum Unternehmen prägen (*Schulz* 1992, S. 80). Dabei ist sowohl für einzelne Leistungen des Unternehmens (Produkte und Dienstleistungen) als auch für das Gesamtunternehmen zu evaluieren, über welche Kenntnisse, Interessen und insbesondere Einstellungen die Zielpersonen verfügen. Bei der Beantwortung unternehmensbezogener Fragestellungen ist weiterhin zu betrachten, inwieweit die eigenen Mitarbeitenden über das PR-Engagement des Unternehmens informiert sind beziehungsweise welche Ressourcen für den Einsatz der Public Relations zur Verfügung stehen. Auf den Einzelfall bezogen kann es für das Unternehmen auch notwendig sein zu prüfen, ob beziehungsweise in welchem Umfang umwelt- oder gesundheitsschädigende Stoffe im Rahmen des Produktionsprozesses verwendet werden. Diese Stoffe stellen ein Gefahrenpotenzial für die Stellung des Unternehmens dar, insbesondere wenn der Einsatz dieser Stoffe in die öffentliche Kritik gerät.

Aus der Untersuchung der Einflussfaktoren auf die PR-Situation des Unternehmens im Rahmen der SWOT-Analyse lässt sich die **kommunikative Problemstellung** für den weiteren Einsatz der Public Relations ableiten. Durch ihre Formulierung kann die Frage beantwortet werden, welche Erfolge durch den Einsatz der Public Relations realisiert wurden, aber auch, welche Defizite in der bisherigen PR-Arbeit bestehen. Die Formulierung der kommunikativen Problemstellung stellt das zentrale Ergebnis der SWOT-Analyse dar. Sie ist die Grundlage für den weiteren PR-Planungsprozess, insbesondere die Formulierung der PR-Ziele. Im Rahmen der Situationsanalyse eines Energieversorgers kann beispielsweise festgestellt werden, dass die Zielgruppen der Öffentlichkeitsarbeit ein negatives Image vom Unternehmen haben. Dies ist vor allem darauf zurückzuführen, dass die Zielgruppen nur über sehr geringe Kenntnisse bezüglich der umfassenden Umweltschutzaktivitäten des Unternehmens verfügen. Als kommunikative Problemstellung der Public Relations ließe sich daraufhin die Vermittlung der unternehmerischen Umweltschutzaktivitäten formulieren.

Auf Basis der Analyseergebnisse ist vom Unternehmen zu überlegen, ob der Einsatz der Public Relations zur Erreichung der Ziele der Unternehmens- und Marketingkommunikation überhaupt sinnvoll erscheint oder ob die kommunikationspolitischen Zielsetzungen besser durch den Einsatz anderer Kommunikationsinstrumente erreicht werden. Ist grundsätzlich über den Einsatz der Public Relations entschieden, ist zu prüfen, inwieweit durch die Öffentlichkeitsarbeit die Ziele der Unternehmens- und Marketingkommunikation erreicht werden. Des Weiteren hat das Unternehmen darüber nachzudenken, in welcher Art und Weise Public Relations mit anderen Instrumenten der Unternehmens- und Marketingkommunikation integriert werden kann, um die Ziele der Unternehmens- und Marketingkommunikation sowohl effektiver als auch effizienter zu realisieren.

4.2 Ziele der Public Relations

Die in der Situationsanalyse ermittelten Defizite der bisherigen Public Relations stellen den Ausgangspunkt für die **Zielformulierung** der weiteren PR-Arbeit dar. Sowohl in der Literatur als auch in der Praxis werden als Zielgrößen der Public Relations der Aufbau von Vertrauen und Verständnis, die Schaffung eines Interessenausgleichs sowie insbesondere auch die Bildung eines positiven Unternehmensimages in der Öffentlichkeit genannt. Offen bleibt jedoch vielfach, wie die oben genannten Zielvorstellungen operationalisiert werden können. Folglich lassen sich aus solchen Zielformulierungen auch keine Handlungsimpulse für die weitere PR-Arbeit ableiten. Der Sinn einer PR-bezogenen Zielsetzung liegt in der Aufstellung von Vorgaben, anhand derer zum einen die PR-Aktivitäten auf die gewünschten Konsequenzen hin ausgerichtet werden können und die zum anderen einen Bewertungsmaßstab darstellen, mit dessen Hilfe der spätere Erfolg einer konkreten PR-Maßnahme evaluiert werden kann. Der Formulierung von PR-Zielen kommen somit verschiedene Funktionen zu:

- **Entscheidungs- und Steuerungsfunktion:** Ausrichtung der Entscheider bei der Planung der Instrumentekombination an den gesetzten PR-Zielen, d.h., die aufgestellten PR-Ziele stellen Auswahl- und Bewertungskriterien für die weiteren PR-Aktivitäten dar.
- **Koordinationsfunktion:** Die Umsetzung der PR-bezogenen Maßnahmen erfolgt nicht nur durch die unternehmenseigene PR-Abteilung, sondern vielfach auch durch eine hinzugezogene PR-Agentur. Die Formulierung von PR-Zielen dient dabei zur Verhaltensabstimmung zwischen den einzelnen Trägern der PR-Arbeit.
- **Kontrollfunktion:** Die Zielformulierung dient der nachfolgenden Kontrolle der PR-Arbeit, d.h., es wird der Erfolg der bisherigen PR-Aktivitäten anhand des Zielerreichungsgrades gemessen.

- **Motivations- und Befriedigungsfunktion:** Schließlich dienen PR-Ziele dazu, die involvierten PR-Fachleute zur Realisierung der gesetzten Ziele anzuspornen und ihnen ein Erfolgserlebnis bei der Zielerreichung zu vermitteln.

Zur Erfüllung oben genannter Funktionen von PR-Zielen bedarf es grundsätzlich der Formulierung präziser und eindeutiger Zieldimensionen, die später auch nachprüfbar sind. Dementsprechend ist für jede ausgewählte Zielgröße neben der Zielart (d. h. dem Inhalt des wünschenswerten Ergebnisses) auch der Objektbezug (z. B. der Bezug zu einem bestimmten Produkt oder einer Dienstleistung), der Käufer- beziehungsweise Zielgruppensegmentbezug sowie das angestrebte Ausmaß des Ziels zu präzisieren (*Steffenhagen* 2008, S. 7).

Wie auch bei den übrigen Kommunikationsinstrumenten lassen sich als Zielinhalte für die Public Relations ökonomische und psychologische Größen unterscheiden. **Ökonomische Größen** eignen sich aufgrund mangelnder Zurechenbarkeit und kommunikationsbedingter Reagibilität jedoch kaum zur Festlegung tauglicher PR-Ziele. Sie dienen zwar letztlich als Oberziel jeglicher kommunikativer Maßnahmen eines Unternehmens, ihrer Realisierung vorgeschaltet ist jedoch die Erreichung psychologischer PR-Ziele, aus denen sich konkrete Handlungsimpulse für die PR-Arbeit ableiten lassen.

Psychologische PR-Ziele sind in kognitiv-, affektiv- und konativ-orientierte Kategorien zu differenzieren. Zu den zentralen **kognitiven Zielgrößen** der Public Relations zählt die Vermittlung bestimmter Kenntnisse über das Unternehmen, beispielsweise über seine sozialen Aktivitäten, spezielle (umweltschonende) Herstellungsverfahren, Aspekte der Personalpolitik u. a. m. Im Rahmen der Produkt-PR werden darüber hinaus produktspezifische Informationen verbreitet, um z. B. den Bekanntheitsgrad neuer Produkte und ihrer Eigenschaften zu erhöhen. **Affektive Ziele** beziehen sich primär auf die Erzeugung positiver Einstellungen und Sympathiewerte gegenüber dem Unternehmen. Infolge der Ansprache durch die Public Relations ist es das Ziel, die Rezipienten dazu zu bewegen, sich mit den Handlungen und vorgebrachten Argumenten des Unternehmens auseinander zu setzen, um so zu einer (positiven) Einstellung gegenüber dem Unternehmen zu gelangen. Auf diese Weise wird der Aufbau von Vertrauen und Goodwill angestrebt, von denen das Unternehmen auch in kritischen Zeiten profitieren kann. Für die Festlegung **konativer Ziele** empfiehlt es sich zu unterscheiden, ob im Zentrum der Kommunikationsaktivitäten das Unternehmen selbst steht oder ein bestimmtes Produkt beziehungsweise eine Dienstleistung. Ähnlich der Mediawerbung ist Produkt- beziehungsweise Dienstleistungs-PR letztlich darauf ausgerichtet, eine Kaufverhaltensänderung bei den Zielgruppen zu bewirken beziehungsweise Neukunden zu akquirieren. In der Unternehmens-PR geht es darum, einen Dialog zwischen dem Unternehmen und seinen Zielgruppen, z. B. Umweltschutzinitiativen, Anwohnern und Behörden, zu initiieren und einen Interessenausgleich zu bewirken. Einen Überblick über mögliche psychologische Zielgrößen der Public Relations zeigt Schaubild III-E-12. Welche Anforderungen Beschäftigte der Public Relations für die Zielerreichung zu erfüllen haben, geht aus Schaubild III-E-13 hervor, in dem die Ergebnisse einer Onlinebefragung mit 2.472 Fach- und Führungskräften aus PR-Agenturen und Pressestellen von Unternehmen dargestellt sind

Beispiel: PR-Ziele der *Bayer AG*

Die *Bayer AG* führt seit 2009 eine international angelegte PR-Kampagne mit dem Claim „*Bayer: Science For A Better Life*" durch. Die PR-Maßnahmen beinhalteten 30-Sekunden- bzw. 60-Sekunden-Fernsehspots und Anzeigen in den wichtigsten Wirtschafts- und Nachrichtenmagazinen sowie in überregionalen Wochen- und Tageszeitungen. Aus Insert III-E-3 lassen sich unterschiedliche psychologische Zielgrößen dieser Kampagne entnehmen. Auf kognitiver Ebene verfolgt das Unternehmen vor allem die Steigerung der Aufmerksamkeit bei den Zielgruppen sowie deren Wahrnehmung des Unternehmens als innovatives und fortschrittliches Unternehmen in den Bereichen Gesundheit, Ernährung und hochwertigen Materialien. Darüber hinaus ging es der *Bayer AG* darum, den Informationsstand der Zielgruppen zu verbessern, indem gezeigt wird, wie Produkte und Entwicklungen

Kognitiv-orientierte Ziele	Affektiv-orientierte Ziele	Konativ-orientierte Ziele
• Erhöhung der Bekanntheit neuer Produkte oder Dienstleistungen • Erhöhung des Kenntnisstandes von Fachjournalisten über die Qualitätsmerkmale eines Neuproduktes • Vermittlung von Kenntnissen über Umweltschutzmaßnahmen bei örtlichen Umweltorganisationen • Erhöhung des Informationsstandes über das soziale Engagement des Unternehmens • Information über Haltungen des Unternehmens zu gesellschaftlichen Themenstellungen u.a.m.	• Verbesserung des Unternehmensimages bei Fachjournalisten, örtlichen Bürgerinitiativen und anderen Anspruchsgruppen • Erreichen von Glaubwürdigkeit durch Eröffnen eines Dialoges mit Umweltschutzorganisationen • Erhöhung des Vertrauens in die soziale Kompetenz des Unternehmens • Erhöhung der Identifikation der Mitarbeiter mit dem Unternehmen durch Schaffung von Verständnis für das unternehmerische Tun und Handeln u.a.m.	• Kommunikationsverhalten von Fachjournalisten in öffentlichen Diskussionen • Kommunikationsverhalten von Mitgliedern einer Bürgerinitiative • Informationsverhalten auf der Homepage eines Unternehmens • Anzahl der Bürgeranfragen zum sozialen und ökologischen Engagement des Unternehmens • Call-Center-Anfragen durch interessierte (potenzielle) Kunden u.a.m.

Schaubild III-E-12: Psychologische Zielgrößen der Public Relations

Pressestellen		PR-Agenturen	
Ausgeprägte Kenntnisse und persönliche Kontakte in der Medienlandschaft	68,8%	Ausgeprägte Kenntnisse und persönliche Kontakte in der Medienlandschaft	62,9%
Direkter Draht zur Unternehmensführung und anderen Abteilungen des Unternehmens	59,5%	Direkter Draht zur Agenturleitung und anderen Abteilungen der Agentur	2,1%
Identifikation mit Unternehmen und seinen Produkten	30,6%	Identifikation mit der Agentur und ihren Produkten	12,8%
Sprachgewandtheit	30,0%	Sprachgewandtheit	28,3%
Expertenwissen über die jeweilige Branche	25,5%	Expertenwissen über die jeweilige Branche	32,8%
Starke Persönlichkeit	20,7%	Starke Persönlichkeit	24,6%
Organisationsvermögen	16,8%	Organisationsvermögen	34,7%
Kreativität	14,3%	Kreativität	31,8%
Journalistische Ausbildung	11,7%	Journalistische Ausbildung	12,7%
Fundierte PR-Ausbildung	11,0%	Fundierte PR-Ausbildung	20,0%
Perfekter Schreibstil	4,3%	Perfekter Schreibstil	10,6%
Betriebswirtschaftliche Sichtweise	1,9%	Betriebswirtschaftliche Sichtweise	15,6%
Ausgeprägte Affinität zum Internet	1,6%	Ausgeprägte Affinität zum Internet	4,4%
Mehrsprachigkeit	1,4%	Mehrsprachigkeit	2,0%
Sicherheit bei Fragen zu Grafik und Design	0,5%	Sicherheit bei Fragen zu Grafik und Design	1,1%
Keine davon	0,3%	Keine davon	0,5%

Schaubild III-E-13: Anforderungen an Beschäftigte der Public Relations (News aktuell 2008, S. 3)

des Konzerns dazu beitragen, die Lebensqualität der Menschen zu verbessern. Zu den affektiven Kommunikationszielen zählt im Rahmen der Kampagne die Realisierung eines positiven Images, die Schaffung von Glaubwürdigkeit und Vertrauen in das Unternehmen sowie die Entstehung einer emotionalen Bindung der Zielgruppen zum Unternehmen.

4.3 Zielgruppen der Public Relations

4.3.1 Primär- und Sekundärzielgruppen der Public Relations

Im Verlauf der Zielfestlegung ist vom Unternehmen gleichfalls zu bestimmen, bei welchen Zielgruppen die PR-Ziele zu realisieren sind. Um die Voraussetzungen für einen effizienten Einsatz der Public Relations zu schaffen, bedarf es hierbei einer genauen Identifizierung und Beschreibung der anzusprechenden internen und externen Zielgruppen. Ausgehend von der

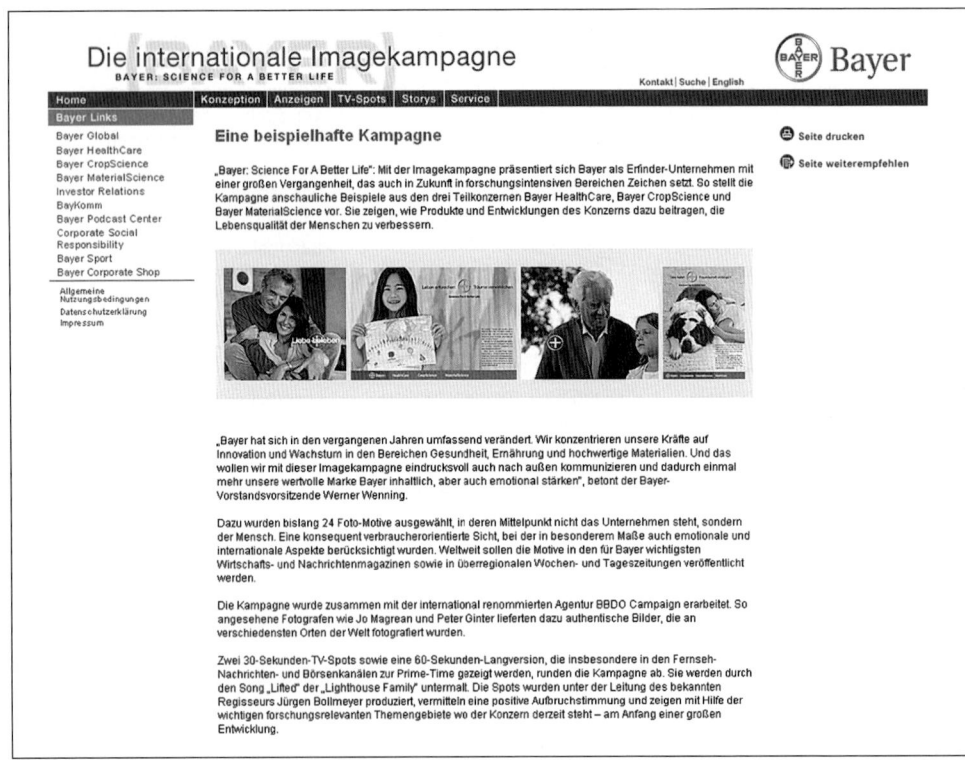

Insert III-E-3: PR-Ziele der Bayer AG (Bayer 2010)

gesamten Öffentlichkeit empfiehlt es sich, diese nach verschiedenen Umfeldschichten einzuteilen, wie dies in Schaubild III-E-14 in einer Übersicht vorgenommen wird. In der Unternehmenspraxis, so zeigt eine Studie, in deren Verlauf Unternehmen, Nonprofit-Unternehmen und Behörden in der Schweiz befragt wurden, werden die Kunden, Mitarbeitenden sowie die Medienvertreter als die wichtigsten Zielgruppen der Public Relations betrachtet. Danach folgen Aktionäre beziehungsweise Investoren, Geschäftspartner und Branchenorganisationen. Die geringste Bedeutung weisen für die befragten Unternehmen Parteien und soziale Bewegungen auf (*Röttger/Hoffmann/Jarren* 2003, S. 152).

Bei der **Zielgruppenplanung der Public Relations** kann zunächst zwischen Primär- und Sekundärzielgruppen unterschieden werden. Mit dieser Differenzierung ist nicht eine Beurteilung der Wertigkeit der verschiedenen Zielgruppen verbunden. Diese Zielgruppen unterscheiden sich in erster Linie durch jeweils unterschiedliche Zielsetzungen und Handlungsmaßnahmen. So verfügen die diversen Zielgruppen über zum Teil sehr unterschiedliche Erfahrungshorizonte und Informationserwartungen. Des Weiteren unterscheidet sich auch ihr Rezeptionsverhalten wesentlich. Dementsprechend hat die Ansprache durch Public Relations zielgruppenspezifisch sowie über systematisch ausgewählte und abgestimmte Kommunikationskanäle zu erfolgen (*Bläse* 1982, S. 192).

Primärzielgruppen stellen in erster Linie solche Zielgruppen dar, die dem Begriff Meinungsführer zugeordnet werden können. Meinungsführer fungieren als „Relais-Stationen" zwischen dem Unternehmen und den Sekundärzielgruppen (*Kroeber-Riel/Weinberg/Gröppel-Klein* 2009, S. 6546 ff.). Durch die Handlungen und PR-Maßnahmen des Unternehmens formiert

Die Kreisgrafik enthält von außen nach innen folgende Beschriftungen:

Äußerer Ring (Umfeld):
- Kapitalmärkte
- Absatzmärkte
- Beschaffungsmärkte
- Wettbewerbsumfeld
- Arbeitsmärkte
- Politischer Raum
- Gesellschaftspolitischer Raum
- Medien, Meinungsführer

Mittlerer Ring (Zielgruppen):
- Aktionäre • Banken • Börsen
- Aktuelle und potenzielle Kunden • Händler • Verbraucherinstitutionen
- Lieferanten
- Branchen- und Wirtschaftsverbände
- Potenzielle Mitarbeitende • Gewerkschaften
- Politiker • Behörden • Parlamente • Regierungen
- Nachbarn • Vereine • Kirchen • Schulen
- TV- und Pressevertreter • Meinungsführer

Innerer Ring (Gremien): Geschäftsleitung, Lehrlinge, Verwaltungsrat, Betriebsrat, Gremien, Aktuelle Mitarbeitende

Zentrum: Organisation

Schaubild III-E-14: Zielgruppen der Public Relations (in Anlehnung an Avenarius 2000, S.181)

sich eine neue Einstellung bei den Primärzielgruppen, die sie gegenüber den Sekundärzielgruppen kommunizieren. Dabei wirken sie auf die Meinungsbildung der **Sekundärzielgruppen** entscheidend ein. Folglich ist die Beeinflussung der Sekundärzielgruppen maßgeblich von der Einstellungsbildung bei den Primärzielgruppen bestimmt, denn deren Meinungsbildung ist nur zum Teil von den sekundärzielgruppenspezifischen PR-Aktivitäten des Unternehmens abhängig. Als Konsequenz hieraus ist von den PR-Verantwortlichen zu überlegen, durch welche Primärzielgruppen die Sekundärzielgruppen in ihrer Meinungsbildung beeinflusst werden. Zu den Primärzielgruppen zählen beispielsweise Vertreter der Medien oder von Umweltorganisationen, die mit Hilfe von PR-Maßnahmen, wie z. B. der umfassenden Abgabe von Informationen, von der Notwendigkeit des Baus einer neuen Fabrikhalle in der Nähe eines Umweltschutzgebietes zu überzeugen sind. Diese Primärzielgruppen wirken quasi als Multiplikatoren auf die Sekundärzielgruppen (z. B. die angrenzende Bevölkerung) ein, die lediglich durch eine Anzeigenkampagne aufgeklärt wird.

Zur Bestimmung und Auswahl der diversen, durch die Public Relations anzusprechenden Zielgruppen, bedarf es zunächst der Auswahl geeigneter Kriterien, anhand der die Öffentlichkeit segmentiert werden kann. Danach findet die Auswahl der relevanten Zielgruppen statt, die im Anschluss mit Hilfe der verwendeten Zielgruppenkriterien zu beschreiben sind.

4.3.2 Zielgruppenidentifikation und -beschreibung für die Public Relations

In der Realität existiert eine Vielzahl diverser Gruppen in der Öffentlichkeit, die über zum Teil sehr unterschiedliche Anforderungsprofile gegenüber dem Unternehmen verfügen. Zur Identifikation, Beschreibung und schließlich auch Auswahl der für die PR-Arbeit relevanten Primär- und Sekundärzielgruppen sind Kriterien heranzuziehen, anhand der die einzelnen öffentlichen Gruppen gegeneinander abgegrenzt werden können. Mit Hilfe dieser Kriterien werden Zielgruppen differenziert, die in sich möglichst homogen und nach außen möglichst heterogen sind. Sind die relevanten Zielgruppen identifiziert, wird in einem nächsten Schritt versucht, möglichst genaue Informationen über die verschiedenen Merkmale der einzelnen Zielgruppen zu generieren. Generell kann zwischen personen- und organisationsbezogenen Kriterien zur Zielgruppenbildung unterschieden werden.

Die Vielzahl **personenbezogener Kriterien** zur Generierung homogener Zielgruppen sind in vier Kategorien zu unterteilen (*Freter* 2008, S. 44 f.; 2001; *Schweiger/Schrattenecker* 2009, S. 550 ff.):

(1) **Demografische Merkmale** wie Alter, Geschlecht, Familienstand, Haushaltsgröße, Wohnort u. a. m.

(2) **Sozioökonomische Merkmale** wie Einkommen, soziale Schicht, Beruf, Ausbildung u. a. m.

(3) **Psychografische Merkmale** wie Allgemeine Persönlichkeitsmerkmale, Präferenzen, Kenntnisse, Interessen, Einstellungen, Motive, Erwartungen, Lebensstil, Involvement u. a. m.

(4) **(Beobachtbare) Verhaltensmerkmale** wie Informationssuch- und -abgabeverhalten, Mediennutzungsverhalten, Beeinflussungsverhalten, Kaufverhalten, Einkaufsstättenwahlverhalten u. a. m.

Zur Identifizierung der anzusprechenden Zielgruppen ist allerdings nicht nur eine, sondern mehrere der angeführten Segmentierungskategorien zu verwenden. Die Heranziehung der aus Sekundärstatistiken leicht verfügbaren **demografischen** und **sozioökonomischen Merkmale** führt zwar zur Bildung eindeutig abgegrenzter Zielgruppen, diese können sich jedoch in ihren Interessen, Einstellungen oder ihrem Verhalten stark voneinander unterscheiden. Gerade für die Arbeit der Public Relations sind auch andere Kategorien in die Zielgruppenanalyse einzubeziehen.

Vor diesem Hintergrund kommt **psychografischen Merkmalen** eine besondere Bedeutung zu. Für das PR-treibende Unternehmen ist es besonders wichtig zu erfahren, über welche Kenntnisse, Interessen und Motive die Zielpersonen verfügen und welche Einstellungen sich bei ihnen formiert haben. Da das Ziel der Public Relations unter anderem darin liegt, die Einstellungen der Personen gegenüber dem Unternehmen positiv zu beeinflussen, ist es von wesentlicher Bedeutung, Zielgruppen mit unterschiedlichen Kenntnissen und Einstellungen differenziert anzusprechen. Problematisch bei der Heranziehung psychografischer Merkmale ist allerdings, dass deren Ermittlung sehr kostspielig und mit hohem Aufwand verbunden ist. Dies wird insbesondere bei der Vielzahl möglicher Zielgruppen deutlich, über die psychografische Daten zu eruieren sind.

Schließlich sind auch Merkmale des **(beobachtbaren) Verhaltens** einzubeziehen. Die Verwendung dieser Kriterien ist bei der Identifizierung der Primärzielgruppen einzusetzen. Diese Kriterien beziehen sich auf die Reaktion und das Verhalten von Personen als Folge der PR-Ansprache. Hierbei sind vor allem Informationen über das Informationssuch- und -abgabeverhalten, d. h. darüber, welche Quellen bei der Informationssuche vorrangig verwendet beziehungsweise in welcher Art und Weise Informationen abgegeben werden, sowie über das Beeinflussungsverhalten von Interesse. Des Weiteren zählt hierzu das Mediennutzungsverhalten der Primärzielgruppen, d. h. welche Zeitungen beziehungsweise Zeitschriften oder Fernsehsendungen bei der Informationssuche herangezogen werden. Bei der Identifizierung der Sekundärzielgruppen sind dagegen vorrangig Erkenntnisse zur Informationssuche und zum Mediennutzungsverhalten der Rezipienten zu erheben.

Bei der geplanten Ansprache von Verbänden, Institutionen oder Organisationen durch die Public Relations sind **organisationsbezogene Zielgruppenkriterien** einzubeziehen. Hierbei empfiehlt sich ein dreistufiges Vorgehen:

(1) Zielgruppenmerkmale auf Organisationsebene

Auf der ersten Stufe erfolgt die Identifizierung der Verbände, Institutionen und Organisationen anhand firmendemografischer (Größe, Standort, regionale Präsenz, Mitgliederanzahl u. a. m.), ökonomischer (Finanzkraft, Geschäftsvolumen u. a. m.) und psychografischer Merkmale (Kenntnisse, Interessen, Einstellungen, Handlungsabsichten, Kooperationsbereitschaft u. a. m.) sowie Verhaltensmerkmale (Informationssuchverhalten, Informationsabgabeverhalten, Verhalten gegenüber dem Unternehmen, z. B. aggressiv, passiv oder neutral).

(2) Zielgruppenmerkmale auf Gruppenebene

Im Rahmen der zweiten Stufe findet die Identifizierung der relevanten Entscheidungsgremien statt. Zu denken ist hier beispielsweise an die Betrachtung der Merkmale von Ausschüssen und Gremien politischer Institutionen oder Umweltschutzorganisationen beziehungsweise die Identifizierung verantwortlicher Redaktionen im Medienbereich.

(3) Zielgruppenmerkmale auf Individualebene

Auf der dritten Stufe wird schließlich die Identifizierung der entscheidungsbeteiligten und meinungsbildenden Personen anhand personenbezogener Kriterien vorgenommen.

4.3.3 Zielgruppenauswahl für die Public Relations

Nach der Identifizierung und Beschreibung der möglichen Zielgruppen erfolgt die **Auswahl der zu bearbeitenden PR-Zielgruppen.** Die Notwendigkeit einer Priorisierung und Selektion der mit unterschiedlichen PR-Maßnahmen zu bearbeitenden Zielgruppen ergibt sich für Unternehmen aufgrund interner finanzieller und personeller Restriktionen. Bestünden keinerlei Restriktionen, so könnte ein Unternehmen theoretisch sämtliche Zielgruppen der Public Relations mit höchster Intensität bearbeiten und auf diese Weise eine Maximierung des Nutzens seiner PR-Aktivitäten anstreben. In der Realität ist jedoch ein selektives Vorgehen vorzunehmen, das sich sowohl damit auseinandersetzt, welche Zielgruppen mit welchen Maßnahmen zu bearbeiten sind als auch in welchem Umfang die Maßnahmen bei einzelnen Zielgruppen einzusetzen sind. Beispielsweise wird es aus Kosten-Nutzen-Aspekten nicht effizient sein, sämtliche interessierte Personen der Öffentlichkeit zu einer Roadshow einzuladen. Ebenso werden sich z. B. nicht alle Personen für Unternehmensinformationen im Internet interessieren. Für eine systematische Zielgruppenauswahl empfiehlt sich die Aufstellung eines Kataloges, der zentrale **Kriterien der Zielgruppenauswahl** definiert. Folgende ökonomische und außerökonomische Kriterien bieten sich in diesem Kontext an:

- **Nutzen der Zielgruppen zur Erreichung der PR-Ziele:** Der PR-zielbezogene Nutzen spiegelt den Grad der möglichen Zielerreichung der einzelnen PR-Maßnahmen bei den diversen Zielgruppen wider. Probleme bereitet hierbei allerdings sowohl die Skalierung des Nutzens als auch Unsicherheiten hinsichtlich der Wirkungen der Öffentlichkeitsarbeit, da diese in der Realität nur schwer zu eruieren sind. Aus diesem Grund sind Indikatoren für die Höhe der Wirkungen bei den Zielgruppen, wie z. B. die Reaktionen der Zielgruppen auf bisherige PR-Aktivitäten, zu suchen.

- **Kommunikationsbedürfnisse der Zielgruppen:** Im Sinne einer beziehungsorientierten Ausrichtung der Kommunikationspolitik erfordert die Priorisierung der Zielgruppen eine Berücksichtigung der zielgruppenspezifischen Kommunikationsbedürfnisse. Von Interesse ist beispielsweise, ob die potenziellen Zielgruppen der Public Relations einen persönlichen Dialog mit Vertretern des Unternehmens wünschen, ob sie sich laufend über das Internet informieren möchten oder ob aktuelle Pressemitteilungen ihre Informationsbedürfnisse befriedigen. Oftmals stehen die Kommunikationsbedürfnisse in engem Zusammenhang mit der Rolle der Zielgruppen und ihrer spezifischen Entscheidungssituation. Ein Vertreter der Presse stellt beispielsweise ganz andere Anforderungen an die PR-Maßnahmen eines Unternehmens als ein Mitglied einer Bürgerinitiative oder eine Privatperson, die in die Aktien eines Unternehmens investieren möchte. Entsprechend dieser Präferenzen bieten sich unterschiedliche Maßnahmen für die Erreichung der Zielgruppen an.

- **Integrativer Nutzen der Zielgruppen:** Der integrative Nutzen der Zielgruppen errechnet sich aus dem Affinitätsgrad der Zielgruppenplanung, der angibt, inwieweit die Zielgruppen der Public Relations auch Zielgruppen des Unternehmens darstellen.

- **Kosten für die Bearbeitung der Zielgruppen:** Die mit dem Einsatz der Public Relations verbundenen Kosten sind weitgehend von den jeweiligen Maßnahmen abhängig beziehungsweise davon, welche Zielgruppen mit diesen Maßnahmen anvisiert werden. So ist beispielsweise eine aufwändig konzipierte Roadshow als Vorbereitung eines Börsengangs oder eine vielseitige PR-Kampagne zur Einführung eines neuen Produktes mit erheblich höheren Kosten als die Schaltung von Pressemitteilungen in Tageszeitungen oder im Internet verbunden. Spezielle Roadshows können jedoch sehr viel genauer auf eine spezielle Zielgruppe zugeschnitten werden und entfalten zumeist eine höhere zielgruppenspezifische Wirkung. Das Kosten-Nutzen-Verhältnis der alternativen Maßnahmen ist entsprechend zu relativieren.

- **Kommunikations- und Beeinflussungsverhalten der Zielgruppen:** Die Meinungsbildung vieler öffentlicher Gruppen ist abhängig von der kommunizierten Meinung der Meinungsführer (*Kroeber-Riel/Weinberg/Gröppel-Klein* 2009, S. 549). Somit ist der Grad der Einflussnahme auf die Meinungsbildung anderer Zielgruppen ein zentrales Kriterium bei der Zielgruppenauswahl. Prioritär sind diejenigen Zielgruppen zu bearbeiten, die einen hohen Einfluss auf das Unternehmensimage in der Öffentlichkeit haben. Zu denken ist beispielsweise an die Rolle von Medien oder Umweltschutzorganisationen. Diese Zielgruppen haben nicht nur Einfluss auf die Meinungsbildung, sondern können darüber hinaus durch ihr Kommunikationsverhalten auch öffentlichen und politischen Druck ausüben oder Marktkräfte (z. B. Konsumentenboykotte) mobilisieren (*Dyllick* 1990, S. 53 ff.). Dabei erscheint es sinnvoll, die Vielzahl diverser Zielgruppen der Öffentlichkeitsarbeit nach ihrer Wichtigkeit in Bezug auf den Grad der Einflussnahme auf die Meinungsbildung anderer Zielgruppen in Muss-, Kann- und Soll-Zielgruppen zu differenzieren. Beispiele hierfür sind:

(1) **Muss-Zielgruppen**
  - Relevante Medienvertreter, die sich journalistisch mit dem Unternehmen auseinandersetzten,
  - Politiker, die sich z. B. in Ausschüssen mit den Unternehmensaktivitäten befassen,
  - Vertreter bedeutender Umweltschutzorganisationen,
  - Mitarbeitende des Unternehmens u. a. m.

(2) **Soll-Zielgruppen**
  - Vertreter von Bürgerinitiativen,
  - Personen, die Interesse gegenüber den Unternehmensaktivitäten zeigen,
  - Verbraucherverbände, Testinstitutionen,
  - Aktuelle und potenzielle Kunden u. a. m.

(3) **Kann-Zielgruppen**
  - Schüler und Studenten,
  - Örtliche Vereine,
  - Vertreter kirchlicher Organisationen u. a. m.

Für die PR-Arbeit ist im Rahmen der Zielgruppenauswahl zu berücksichtigen, dass zwar eine Hierarchisierung der bestehenden und zukünftigen Zielgruppen der Public Relations in Muss-, Soll- und Kann-Zielgruppen zu vollziehen ist. Dies bedeutet jedoch nicht, dass die Kann-Zielgruppen vernachlässigbar sind. Auch diesen Zielgruppen ist im Rahmen der Public Relations Aufmerksamkeit zu schenken, da sie, wenn auch in zunächst geringerem Maße, zur Imagebildung gegenüber dem Unternehmen beitragen. Somit ist der Einsatz der Public Relations nicht auf einige wenige Zielgruppen beschränkt. Vielmehr ist eine Vielzahl unterschiedlicher Zielgruppen zu bearbeiten. Die unterschiedlichen Zielgruppen in der Öffentlichkeit sind darüber hinaus nicht als isolierte Gruppen zu sehen, sondern interagieren miteinander. Insbesondere aufgrund der zunehmenden Vernetzung der Gesellschaft (z. B. aufgrund der technologischen Entwicklungen) ist in den letzten Jahren eine vermehrte Zusammenarbeit der gesellschaftlichen Anspruchsgruppen festzustellen. So ist beispielsweise davon auszugehen, dass das Image eines Unternehmens bei Kunden gleichfalls die Einstellungen beeinflusst, die Banken gegenüber dem Unternehmen haben. Unabhängig von Bonität kann sich ein negativer Ruf des Unternehmens in seinem Umfeld somit auch schädlich auf die Kreditvergabe auswirken. In ähnlicher Weise treffen diese Verknüpfungen auch auf (potenzielle) Arbeitnehmer, Medien und Behörden zu (*Wells/Spinks* 1999).

Beispiel: Zielgruppenvielfalt in der Immobilienbranche
Eine Branche, in der einer systematischen PR-Arbeit eine besonders hohe Bedeutung zukommt und in der sich für die Unternehmen Berührungspunkte mit einer Vielzahl von Zielgruppen bieten, stellt die Immobilienbranche dar (*Sidki-Lundius* 2003; *Neuen* 2007, S. 9 f.). Dies zeigt sich beispielsweise am seit 2003 währenden Bau der Hamburger *HafenCity*. Hierbei ist die Entstehung von Büroräumen für etwa vierzigtausend Arbeitsplätze sowie Wohnraum für zwölftausend Einwohner in ca. 5.500 Wohnungen geplant. Zu den Zielgruppen des Vorhabens zählen folglich potenzielle Bürger des neuen Stadtteils, Unternehmen, die sich in der *HafenCity* niederlassen, Investoren, die Stadt Hamburg selbst, interessierte Besucher u. a. m. Diese werden über die klassische Pressearbeit, über Mailings und Broschüren informiert und der Dialog zu ihnen in InfoPavillons und Events gesucht. Der zentrale Stellenwert der PR-Arbeit für die Immobilienbranche geht auch aus eine Studie unter 78 Marktteilnehmern der Immobilienwirtschaft hervor (*BSK* 2004). Demnach schätzen 94 Prozent der befragten Personen Presse- und Öffentlichkeitsarbeit als wichtig oder sehr wichtig ein, um speziell einen Beitrag zur Imagepflege und Unternehmenspositionierung zu leisten.

5 Strategie der Public Relations

5.1 Elemente einer Strategie der Public Relations

Nach der grundsätzlichen Entscheidung über den Einsatz der Public Relations, der Festlegung der Ziele sowie Bestimmung der prioritär anzusprechenden Zielgruppen ist vom Unternehmen die zu verfolgende **PR-Strategie** zu definieren. Die Festlegung der Strategie ist in Abhängigkeit der gesetzten Ziele und anvisierten Zielgruppen vorzunehmen und dient der Entwicklung beziehungsweise Sicherung unternehmerischer Erfolgspotenziale durch die Aufstellung langfristiger, verbindlicher Verhaltenspläne. Somit stellt die PR-Strategie das zentrale Bindeglied zwischen den Zielen der Public Relations und der operativen Maßnahmenplanung dar.

Eine Betrachtung der historischen Entwicklung der Public Relations zeigt, dass diese in früheren Zeiten in erster Linie auf eine reine Pressearbeit ausgerichtet war. In den letzten Jahren hat sich das Aufgabengebiet der Public Relations vor dem Hintergrund der Vertrauensverluste zahlreicher Großunternehmen, wie z. B. der Pharma-, Chemie- oder Zigarettenindustrie, jedoch erheblich erweitert. Zur Erreichung der PR-Ziele reichen demnach rein operative Maßnahmen, wie Pressearbeit, Durchführung von Betriebsbesichtigungen oder Verteilung von

Unternehmensprospekten, nicht mehr aus. Vielmehr ist die Gestaltung der Beziehungen zu den diversen Zielgruppen mit Hilfe der Public Relations als strategischer Erfolgsfaktor zu verstehen. Dementsprechend hat das Unternehmen zu entscheiden, wie es langfristig seine Beziehungen zu den einzelnen Zielgruppen grundsätzlich gestalten will. Hierzu ist auf der einen Seite über die generelle Ausrichtung der PR-Strategie zu entscheiden, auf der anderen Seite sind spezielle Kommunikationsstrategien für die Schwerpunkte der PR-Arbeit festzulegen.

Die Entwicklung einer PR-Strategie kann sich grundsätzlich an sechs **Elementen**, wie sie in Schaubild III-E-15 dargestellt sind, orientieren.

(1) PR-Objekt
Mit dem Objekt der Public Relations wird definiert, wer als Absender der PR-Botschaften in Erscheinung tritt. Entsprechend lassen sich eine Produkt- beziehungsweise Dienstleistungs-, Unternehmens- oder Personen-PR unterscheiden.

(2) PR-Zielgruppen
Mit den PR-Zielgruppen werden die mit den Maßnahmen der Public Relations anzusprechenden Muss-, Soll- und Kann-Zielgruppen des Unternehmens festgelegt.

(3) PR-Botschaft
Mit der PR-Botschaft werden die zentralen zu transportierenden Inhalte definiert. Als Entscheidungsgrundlage für die Botschaftsgestaltung lässt sich die angestrebte Positionierung des Kommunikationsobjektes heranziehen beziehungsweise die Ziele, die mit den PR-Maßnahmen verfolgt werden. Festzulegen ist in diesem Kontext auch die Tonalität der Botschaft; insbesondere, ob ein primär emotionaler oder rationaler Grundton verfolgt wird.

(4) PR-Maßnahmen
Mit den PR-Maßnahmen werden die einzelnen PR-Aktivitäten in Form von Kommunikationsträgern und -mitteln näher spezifiziert.

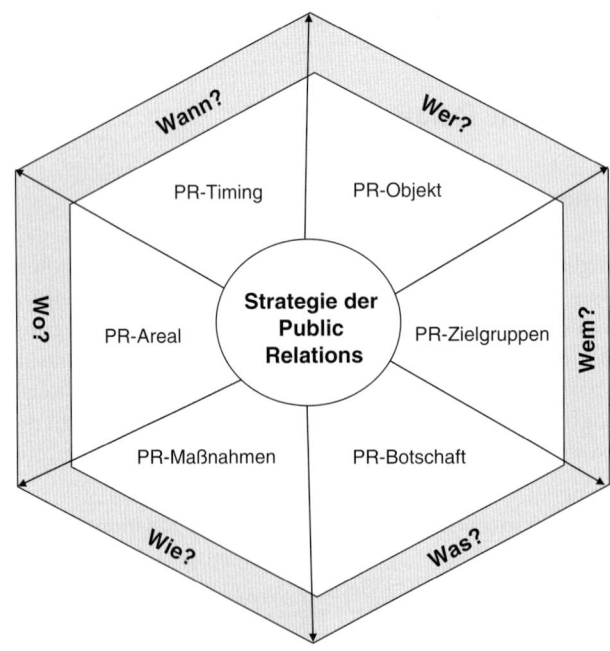

Schaubild III-E-15: Elemente einer PR-Strategie

(5) PR-Areal

Mit dem PR-Areal legt ein Unternehmen fest, ob es seine PR-Aktivitäten primär lokal, regional, national oder international ausrichtet.

(6) PR-Timing

Das Timing der Public Relations, d.h. die Festlegung des Zeitrahmens sowie der Intensität des PR-Einsatzes, ist eng verbunden mit dem Botschaftsinhalt. Beispielsweise erfordert eine Krisen-PR eine andere zeitliche Gestaltung als die PR-Maßnahmen zur Einführung eines neuen Produktes.

5.2 Grundtypen von PR-Strategien im situativen Kontext

Die Entscheidung über die generell zu verfolgende PR-Strategie ist in Abhängigkeit von der in der Situationsanalyse ermittelten Unternehmenslage zu treffen. Die Vielzahl der ermittelten Einflussfaktoren auf die Unternehmenssituation kann hierbei zu den Faktoren „Einfluss gesellschaftlicher Zielgruppen" und „Unternehmensstärke" verdichtet werden. Der **Einfluss gesellschaftlicher Zielgruppen** spiegelt dabei die Position der unterschiedlichen Zielgruppen gegenüber dem Unternehmen wider. So können Zielgruppen mit hohem Einfluss aufgrund ihrer Position das Unternehmen zu einem bestimmten Verhalten „zwingen". Aufgrund ihres hohen Stellenwerts können sie aktuelle öffentliche Diskussionen gemäß ihren Ansprüchen beeinflussen und so ihre dort vertretenen Standpunkte auch gegen das Unternehmen durchsetzen. Die **Stärke des Unternehmens** bezieht sich auf die Fähigkeit des Unternehmens, seine Interessen gegenüber den Zielgruppen auch entgegen deren Forderungen durchzusetzen. Diese Fähigkeit resultiert aus seiner Wettbewerbsposition und den ihm zur Verfügung stehenden finanziellen, personellen und organisatorischen Ressourcen (*Meffert* 1994, S. 196 f.). Darüber hinaus sind auch Faktoren wie das bestehende Image oder der Goodwill der Zielgruppen gegenüber dem Unternehmen zu berücksichtigen. Wie Schaubild III-E-16 verdeutlicht, werden aus der Analyse der situativen Faktoren heraus vier unterschiedliche **Grundtypen von PR-Strategien** unterschieden. Die Wahl der zu verfolgenden PR-Strategie ist dabei

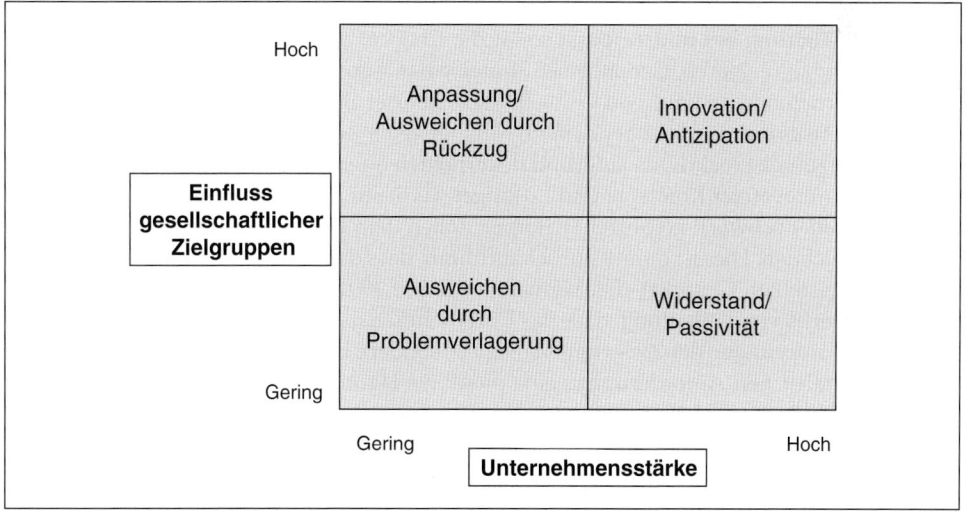

Schaubild III-E-16: Zielgruppengerichtete PR-Strategien im situativen Kontext (Meffert 1994, S. 197)

abhängig von der Höhe des Einflusses der Zielgruppen und der Unternehmensstärke (*Meffert 1994*, S. 194 ff.; *Meffert/Kirchgeorg* 1998 , S. 202 ff.):

(1) Innovation/Antizipationsstrategie,
(2) Anpassungsstrategie,
(3) Widerstandsstrategie,
(4) Ausweichstrategie.

Bei einer **Strategie der Innovation** beziehungsweise **Antizipation** versucht das Unternehmen, unabhängig von gesellschaftlichen oder marktbezogenen Einflussfaktoren, Problemfelder zu identifizieren und diesen mit einer integrierten, auf alle Unternehmensbereiche ausgerichteten, Strategie innovativ zu begegnen. Das Unternehmen zeichnet sich durch eine proaktive Handlungsweise aus, indem den Ansprüchen der Zielgruppen möglichst frühzeitig Rechnung getragen wird. Durch das frühe und verantwortungsbewusste Handeln sowie Anbieten innovativer Lösungen kann sowohl die Akzeptanz des Unternehmens bei den anvisierten Zielgruppen erhöht als auch ein Zeit- und Erfahrungsvorteil gegenüber den Wettbewerbern realisiert werden, sofern es diesen nicht gelingt, die Innovationen relativ kurzfristig und mit einem geringeren eigenen Aufwand zu verwirklichen. Public Relations kommt hierbei vor allem die Aufgabe zu, die Beziehungen zwischen dem Unternehmen und den Zielgruppen aktiv zu gestalten und die Leistungen des Unternehmens beziehungsweise die Bedeutung der ergriffenen Maßnahmen für die gesellschaftlichen Zielgruppen öffentlichkeitswirksam darzustellen (*Meffert* 1994, S. 194 f.).

> **Beispiel: Proaktive Public Relations von *Ikea***
> Das Einrichtungshaus *Ikea* möchte in Hamburg-Altona das erste europäische-City-Kaufhaus eröffnen. Bisher war der schwedische Möbelkonzern stets am Rande städtischer Ballungszentren angesiedelt. Da nicht alle Bürger von Beginn an von diesem Vorhaben überzeugt sind, wird Anfang 2010 ein Bürgerentscheid organisiert. Für *Ikea* gilt es in dieser Situation nun, die Altonaer Bürger für die Vorteile des neuen Standortes zu sensibilisieren und damit letztlich das Ja bei dem Bürgerentscheid zu bewirken. Durch die proaktive Vorgehensweise erhofft man sich, dass die Mehrheit der Wähler für die Ansiedelung des neuen Einrichtungshauses stimmen.

Im Gegensatz zur Strategie der Innovation verfolgt das Unternehmen im Rahmen einer **Anpassungsstrategie** das Ziel, sich an veränderte Umweltsituationen beziehungsweise Anforderungen einflussreicher Zielgruppen anzupassen. Das Unternehmen nimmt eine vorwiegend abwartende Haltung ein und verpasst somit die Chance, auf veränderte Umfeldbedingungen innovativ zu reagieren. Gemäß einer Strategie der Anpassung würde beispielsweise ein Pharmaunternehmen erst auf Forderungen benachbarter Bürgerinitiativen reagieren, wenn diese konkretisiert und gegenüber dem Pharmahersteller artikuliert werden. Das Unternehmen handelt zumeist reaktiv, da aufgrund des erhöhten öffentlichen Drucks keine Zeit für die Erarbeitung innovativer Konzepte und Lösungen verbleibt. In diesen Fällen ist in der Praxis ein zumeist eher schwach geführter Dialog zwischen dem Unternehmen und den Zielgruppen zu verzeichnen. Dies ist darauf zurückzuführen, dass das Unternehmen Kontakte zu den kritisch eingestellten Gruppen eher vermeidet (*Meffert* 1994, S. 195). Doch gerade in solchen Situationen ist es von Bedeutung, dass das Unternehmen nicht passiv und gezwungenermaßen auf die Forderungen der Zielgruppen reagiert, sondern bereits bei der ersten Artikulation der gesellschaftlichen Anforderungen eine proaktive Haltung einnimmt und einen aktiven Dialog mit den kritischen Zielgruppen sucht. Durch einen offenen und einsichtigen Dialog kann bei den kritischen Zielgruppen Akzeptanz erreicht werden.

Eine **Widerstandsstrategie** wird von einem Unternehmen verfolgt, wenn sich dieses an geänderte Umweltbedingungen oder Forderungen weniger einflussreicher Zielgruppen nicht anpassen will. Eine solche Strategie ist auf die Erhaltung des Status Quo ausgerichtet. Eine

Widerstandsstrategie zielt nicht auf eine Verständigung, sondern vielmehr auf eine Konfrontation mit den relevanten Zielgruppen ab, um die Diskussion im Sinne der unternehmerischen Interessen zu beeinflussen. Hierbei ist häufig ein Zusammenschluss der betroffenen Unternehmen zu beobachten, um den Anforderungen gemeinsam reaktiv entgegentreten zu können. Mit Hilfe der Public Relations bezieht das Unternehmen deutlich Stellung gegenüber den relevanten Anspruchsgruppen und versucht, seinen Standpunkt in der öffentlichen Diskussion zu verteidigen. Zwar sind mit Hilfe einer Widerstandsstrategie kurzfristig Kostenvorteile gegenüber denjenigen Wettbewerbern zu erzielen, die die Erreichung innovativer Lösungen anstreben oder sich an die veränderten Bedingungen anpassen. Langfristig jedoch führt die Konfrontation mit den relevanten Anspruchsgruppen zu Akzeptanzverlusten gegenüber dem Unternehmen, aber auch der gesamten Branche (*Meffert* 1994, S. 195).

Eine **Strategie der Passivität** ist dadurch gekennzeichnet, dass das Unternehmen nicht auf die Forderungen der Zielgruppen reagiert und diese stattdessen ignoriert. Diese Strategie kann vor allem dann verfolgt werden, wenn das Unternehmen den kritikübenden Gruppen keine weitere Bedeutung beimisst. Nachteilig wirkt sich ein solches Verhalten beispielsweise aus, wenn die Forderungen von Gruppen mit einer höheren sozio-politischen Bedeutung, wie z. B. der Politik oder den Medien, aufgegriffen werden und die Thematik somit in kurzer Zeit eine hohe Relevanz in der öffentlichen Diskussion erhält. Demgemäß ist auch die Kritik weniger bedeutender Gruppen ernst zu nehmen und diesen Forderungen nicht ablehnend gegenüber zu stehen.

Schließlich steht dem Unternehmen noch die **Ausweichstrategie** offen. Diese Strategie zielt auf die Vermeidung von Konflikten ab, indem sich das Unternehmen den Anforderungen der relevanten Zielgruppen entzieht. Im Rahmen der Ausweichstrategie kann das Unternehmen entweder eine Strategie der Problemverlagerung oder eine Rückzugsstrategie festlegen. Bei der **Problemverlagerung** versucht das Unternehmen, auftretenden Forderungen insoweit zu begegnen, als es die Probleme außerhalb der Wahrnehmung der Zielgruppen verlegt. Problematisch an dieser Strategieform ist allerdings die zunehmende Internationalität und Verflechtung relevanter Zielgruppen. Folglich können „Auslagerungsmanöver" von diesen auch als „Täuschungsversuch" interpretiert werden und die inländische Akzeptanz des Unternehmens gefährden.

Beispiel: Ausweichstrategie deutscher Unternehmen in der Genforschung
Auf die Kritik an der Genforschung reagierten viele deutsche Unternehmen in den 1980er Jahren mit der Auslagerung der Forschungsstätten ins Ausland, wo eine größere öffentliche Akzeptanz herrschte. Hierdurch konnte die Akzeptanz bei den inländischen Zielgruppen erhalten werden (*Brenken* 1988, S. 273 ff.).

Ist der Einfluss der Zielgruppen sehr hoch, bleibt dem Unternehmen meist nur noch der **Rückzug** aus den in der Kritik stehenden Bereichen. Dadurch gewinnt das Unternehmen Akzeptanz, wenn der Rückzug als gesellschaftlicher Beitrag gesehen wird. Zu denken ist hier beispielsweise an die Einstellung einer die Umwelt sehr stark belastenden Produktionslinie eines Chemieunternehmens. Andererseits kann sich ein Rückzug auch negativ auf das Unternehmensimage auswirken und komparative Wettbewerbsnachteile nach sich ziehen, wenn die Forderungen von den Wettbewerbern aufgegriffen und innovative Lösungen bereitgestellt werden. Der Rückzug aus einem bestimmten Bereich ist folglich durch Argumente zu begründen, um Verständnis bei den Zielgruppen zu erreichen.

Beispiel: Rückzugsstrategie der *Campbell's Germany GmbH*
Die *Campbell's Germany GmbH*, Produzent der *Erasco*-Suppen, sah sich im September 2009 gezwungen, ihren *Erasco Grüne Bohnen-Eintopf* mit dem Haltbarkeitsdatum 2013 zurückzurufen. Die Ursache war der Verdacht, dass das Produkt verdorben sein könnte. Interne Qualitätskontrollen hatten erge-

ben, dass einige der Produkte nicht den strengen Qualitätsrichtlinien entspreche. Es war daher nicht auszuschließen, dass bei den betroffenen Produkten ein mikrobiologischer Verderb vorlag, der bei Verzehr zu gesundheitlicher Gefährdung hätte führen können.

Beispiel: Rückzugsstrategie von *McDonald's* bei Schweinefleisch
In einigen der Burger der Fast-Food-Kette *McDonald's* sind Bestandteile von Schweinefleisch von kastrierten Tieren enthalten. Die männlichen Ferkel werden in Deutschland in der Regel ohne Betäubung kastriert. Dies stößt auf massive Kritik des Deutschen Tierschutzbundes. *McDonald's* reagierte darauf und bietet ab 2011 keine Burger mit Fleisch von kastrierten Ferkeln mehr an.

„Starken" Unternehmen stehen grundsätzlich alle oben aufgeführten Strategietypen zur Auswahl, da sie über einen großen Gestaltungsspielraum verfügen. So können starke Unternehmen ihre Positionen auch gegen die Forderungen meist schwächerer Gruppen im Rahmen einer Strategie des Widerstands oder der Passivität durchsetzen. Je einflussreicher die relevanten Zielgruppen jedoch sind, desto eher hat das Unternehmen eine Strategie der Innovation oder Anpassung zu verfolgen. Dabei ist starken Unternehmen zu empfehlen, möglichst innovative Lösungen zu finden, denn hierdurch kann die Akzeptanz gegenüber den relevanten Zielgruppen am ehesten gesteigert und so Vertrauen geschaffen werden. Demgegenüber können schwächere Unternehmen lediglich mit Anpassung oder Ausweichen auf die Ansprüche reagieren. Bei hohem Einfluss der Zielgruppen wird das Unternehmen bestrebt sein, sich anzupassen oder die aufgetretenen Probleme zu verlagern. Andernfalls steht ihnen lediglich der Rückzug aus den kritischen Bereichen offen.

Anzumerken bleibt, dass sich das Unternehmen im Rahmen seiner Strategiebestimmung zumeist nicht nur auf eine Strategie festlegen kann. Vielmehr hat das Unternehmen je nach Themenbereich verschiedene Strategien zu verfolgen. So ist es durchaus möglich, in bestimmten Bereichen eine innovative Strategie anzustreben, während in kritischen Bereichen auch eine Ausweich- oder Rückzugsstrategie denkbar ist. Der Erfolg der PR-Strategie hängt dabei in starkem Maße damit zusammen, wie die gewählte strategische Ausrichtung kommunikativ durch das Unternehmen unterstützt wird. Simultan mit der Planung der PR-Strategie ist somit auch die Kommunikationsstrategie für die Public Relations zu planen.

5.3 Kommunikationsstrategien für die Public Relations

Die Festlegung der Kommunikationsstrategie beinhaltet die Bestimmung der mittel- bis langfristigen Ausrichtung der PR-bezogenen Handlungen eines Unternehmens. Dabei ist die Formulierung der jeweiligen Kommunikationsstrategie vor dem Hintergrund einer integrierten Kommunikationspolitik an den Zielen der Unternehmens- und Marketingkommunikation zu orientieren. Allerdings braucht die PR-Kommunikationsstrategie nicht identisch mit der Strategie der Unternehmens- und Marketingkommunikation zu sein. Diese kann auch hiervon abweichen, wenn die gegebenen Umstände es erfordern. Im Weiteren werden im Rahmen der Public Relations je nach kommunikativer Aufgabenstellung **verschiedene Strategietypen** unterschieden:

- Bekanntmachungsstrategie,
- Informationsstrategie,
- Imageprofilierungsstrategie,
- Konkurrenzabgrenzungsstrategie,
- Zielgruppenerschließungsstrategie,
- Kontaktanbahnungsstrategie,
- Beziehungspflegestrategie,
- Schadenvermeidungsstrategie.

Eine **Bekanntmachungsstrategie** zielt auf die Erhöhung von Kenntnissen ab. Sie dient in erster Linie der Vermittlung von Ereigniskenntnissen an die anvisierten Zielgruppen (*Steffenhagen* 1993, S. 292). Vorrangiges Ziel ist die Erhöhung von Bekanntheitswerten, um – oftmals flankierend zur Mediawerbung – absatzsteigernde Effekte zu realisieren. Dies geschieht überwiegend durch Pressearbeit und die Durchführung von Publicity-Aktionen.

Beispiel: Public Relations zur Eröffnung der *Alnatura*-Filiale in Regensburg

Im November 2009 eröffnete in Regensburg die erste Filiale des Bio-Supermarktes. Zur Schaffung von Bekanntheit wurden im Vorfeld der Eröffnung gezielt Anzeigen in Zeitungen und im Internet geschaltet. Ferner wurde auf der Homepage von *Alnatura* über die neue Filiale informiert. Um die Aufmerksamkeit potenzieller Kunden zu erhalten, wurde außerdem auf die Benefiz-Aktion verwiesen, die rund um die Eröffnung des neuen Bio-Marktes veranstaltet wurde: Pro Einkauf jedes Kunden spendet das Unternehmen einen Euro an drei Kindergärten in unmittelbarer Nähe der Filiale.

Ein erfolgreicher Einsatz von Public Relations zur Schaffung von Bekanntheit gelang der US-amerikanischen Kaffeehauskette *Starbucks* im Rahmen der Eröffnung seiner ersten Filiale in Österreich (*Bauer* 2004). Im Rahmen der Kampagne wurde gezielt auf die Information der Bevölkerung gesetzt. Bewusst wurden Diskussionen herausgeordert – beispielsweise zum generellen Rauchverbot in der *Starbucks*-Kaffeehäusern – die sich durch alle Medien zogen. Unter anderem wurde eine Umfrage zur Sinnhaftigkeit des Rauchverbots in vielen österreichischen Medien veröffentlicht. Daneben stellt *Starbucks* sein soziales Engagement in den Vordergrund, die das Angebot von Fair-Trade-Kaffee in den Kaffeehäusern betone. Die PR-Arbeit konnte letztlich sowohl quantitative als auch qualitative Erfolge verbuchen: Im ersten Jahr erschienen 700 Presseartikel zu *Starbucks*, von denen nur 10 Prozent negative Inhalte transportieren. In nur eineinhalb Jahren erhöhte sich zudem der Bekanntheitsgrad von *Starbucks* in Österreich von 4 Prozent (Juni 2001) auf 50 Prozent (Ende 2002).

Im Rahmen einer **Informationsstrategie** steht die Vermittlung von Informationen an die Zielgruppen im Vordergrund. Demgemäß zielt diese Strategie auf die Erhöhung von Bezeichnungs- und Eigenschaftskenntnissen ab und kann sich dabei sowohl auf einzelne Produkte oder Dienstleistungen als auch auf die Informationsvermittlung in Bezug auf das Gesamtunternehmen beziehen. Zentral ist hierbei die Aufklärung beziehungsweise Überzeugung von der Notwendigkeit der Aktivitäten des Unternehmens, z.B. durch Vermittlung von Informationen über verwendete Stoffe im Produktionsprozess oder Entsorgungskonzepte für Abfallstoffe. Des Weiteren sind im Rahmen einer unternehmensübergreifenden Kampagne Informationen über die Aktivitäten innerhalb der Branche, z.B. über die vergangenen und zukünftigen Umweltaktivitäten der Chemieunternehmen, zu kommunizieren.

Beispiel: Aufklärungskampagne der *Roche AG* und der *Felix Burda Stiftung*

Die *Roche AG* unternahm im Jahre 2009 in Kooperation mit der *Felix Burda Stiftung* unter dem Motto „Dem Darmkrebs auf der Spur" eine Informationskampagne, um die Bevölkerung umfassend über die Krankheit Darmkrebs zu informieren. Ziel war es, den Wissensstand über die Krankheit zu erhöhen, die Akzeptanz zu verbessern sowie eine Erhaltung beziehungsweise Verbesserung der Behandlungssituation in Deutschland zu bewirken. Der Auftakt der Kampagne fand im Einkaufszentrum *„Isenburg-Zentrum"* in Neu-Isenburg. Danach folgten Veranstaltungen in weiteren Einkaufszentren. Zu bestimmten Zeiten konnten sich die Besucher dabei in einem persönlichen Gespräch mit einem Darmkrebsexperten weiteren Rat holen. Zusätzlich wurden Text- und Hörbeiträge, Film- und Animationssequenzen und ein Fachbegriff-Lexikon rund um das Thema Darmkrebs sowie Informationen zur aktuellen Tour auch im Internet angeboten.

Demgegenüber richtet sich eine **Imageprofilierungsstrategie** nicht nur auf die Vermittlung von Kenntnissen. Vielmehr geht es darum, positive Einstellungen bei den anvisierten Zielgruppen gegenüber dem Unternehmen zu formieren beziehungsweise negative Einstellungen zu verändern. Beispielsweise liegt das Ziel einer Imageprofilierungsstrategie darin, die Umweltorientierung des Unternehmens zu betonen oder dieses als besonders verantwortungsbewusst gegenüber gesellschaftlichen Problemen herauszustellen. Folglich richtet sich eine solche Strategie beispielsweise auf die Aktualisierung bestimmter Eigenschaften des

Unternehmens, wie z. B. Umweltorientierung, Verantwortung, Akzeptanz oder Verständnis. Die PR-Maßnahmen beziehen sich dabei zumeist auf das gesamte Unternehmen und dessen unternehmerische sowie gesellschaftliche Kompetenz, um den Goodwill des Unternehmens bei den anvisierten Zielgruppen zu erhöhen.

> **Beispiel: Imageprofilierungsstrategie der *Reemtsma Cigarettenfabriken GmbH***
> Die *Reemtsma Cigarettenfabriken GmbH* setzte 2009 mit einer bundesweiten Unternehmenskampagne „Werte fördern – Haltung zeigen" neue positive Impulse und zeigt Haltung im Dialog mit Politik und Medien. Die vier zentralen Unternehmenswerte Verantwortungsbewusstsein, Selbstbestimmung, Transparenz und nachhaltiges Wirtschaften stellten dabei dar, dass das hanseatische Unternehmen mehr als nur ein erfolgreiches Tabakunternehmen ist. Das Kernelement der Kampagne bilden Anzeigenmotive, die die Wertewelt von *Reemtsma* aufzeigen.

Im Rahmen einer **Konkurrenzabgrenzungsstrategie** versucht das Unternehmen, sich gegenüber den Wettbewerbern zu profilieren. Hierbei werden Merkmale von Produkten und Dienstleistungen, aber insbesondere Leistungen des Unternehmens, wie z. B. die Installierung neuartiger Produktionsverfahren, mit deren Hilfe der Ausstoß von Schadstoffen bedeutend verringert werden kann, herausgestellt. Eine solche Strategie hebt zwar auch auf die Vermittlung von Kenntnissen und die Bildung von Images ab, jedoch steht in erster Linie die Hervorhebung derjenigen Unternehmensmerkmale, z. B. Installierung innovativer umweltschonender Produktionsverfahren, im Vordergrund, die das Unternehmen von der Konkurrenz unterscheiden und die im positiven Sinne zur Imagebildung beitragen.

Eine **Zielgruppenerschließungsstrategie** als weiterer Strategietyp richtet sich auf die Ansprache und Erschließung bestehender Zielgruppen durch die Public Relations. So kann beispielsweise mit Hilfe einer solchen Strategie die intensivere und umfassendere Ansprache von relevanten Journalisten und Redakteuren, ausländischen Medienvertretern, Wissenschaftlern usw. geplant werden, zu denen das Unternehmen bislang einen geringen Kontakt unterhielt. Folglich werden bei der Verfolgung einer solchen Strategie bisher bearbeitete Zielgruppen verstärkt angesprochen.

> **Beispiel: „Sicherheitstag" der *Bâloise Versicherungen***
> An jedem Freitag, dem 13. im Jahr ist für alle Geschäftseinheiten der *Bâloise* in Europa ein Sicherheitstag, kein Unglückstag. An diesem Tag wird das *Bâloise*-Versprechen „Wir machen Sie sicherer" durch zahlreiche Aktionen für die Öffentlichkeit erlebbar. Viele Mitarbeitende der *Bâloise* werden dabei zu Sicherheitsaktivisten. Um die Sicherheit auf den Straßen zu erhöhen, verteilen die Mitarbeitenden der *Basler Schweiz* und der *Bâloise Bank SoBa* an 25 Bahnhöfen und an zahlreichen Schulen in der ganzen Schweiz reflektierende Bänder und Blinklichter an Passanten und Schulkinder. Das Motto lautet „Sicherheit durch Sichtbarkeit". Mitarbeitende in Deutschland spenden Blut unter dem Motto „Wir machen das Leben anderer Menschen sicherer – auch über unser Kerngeschäft hinaus". Die Aktion erfolgt in Zusammenarbeit mit dem Deutschen Roten Kreuz. Das Ziel der Aktion ist es, bei den Zielgruppen Aufmerksamkeit zu erreichen und diese als künftige Kunden der *Bâloise* gewinnen zu können (*Bâloise Versicherungen* 2009).

Eine **Kontaktanbahnungsstrategie** zielt auf die Gewinnung der Öffentlichkeit zur Unterstützung der Herstelleraktivitäten ab. Im Vordergrund steht hierbei die Stellungnahme zu sozial brisanten Themen, wie z. B. Ausländerfeindlichkeit, Probleme der Arbeitslosigkeit oder zu öffentlichen Streitpunkten. Für diese Form der PR-Strategie wird in den USA der Begriff „Private Advocacy" verwendet. Ziel ist es, Glaubwürdigkeit bei den Zielgruppen zu erlangen.

> **Beispiel: „Private Advocacy" der *Bacardi Deutschland GmbH***
> *Bacardi* unterstützt mit konkreten PR-Maßnahmen den verantwortungsvollen Umgang mit seinen Produkten. Ein inhaltlicher Schwerpunkt ist hierbei das Thema Alkohol am Steuer. Als Anbieter von Spirituosen und Veranstalter von Events steht im Fokus der eigenen Präventionskampagne *Driver's Corner*® das Thema „Punktnüchternheit im Straßenverkehr". Gemäß dem Motto „Getrunken? Nicht fahren!" werden die Gäste ohne moralischen Zeigefinger motiviert nüchtern zu bleiben, wenn sie

Auto fahren. So ist die *Designated Driver's Corner®* ein fester Bestandteil der Eventreihe *Bacardi B-Live*, die jährlich von rund 60.000 Menschen besucht wird. Autofahrer können sich hier registrieren lassen und während des gesamten Abends kostenlos alkoholfreie Getränke beziehen. Beim Verlassen der Veranstaltung wird sie ein freiwilliger Alkoholtest angeboten, der bei 0,0 Promille mit einem Präsent und Informationen zum Thema belohnt wird. Im Jahre 2006 hat *Bacardi Deutschland* außerdem als erstes Unternehmen der deutschen Alkoholwirtschaft die Europäische Charta für Verkehrssicherheit unterzeichnet. Das Ziel ist es, die Zahl der Verkehrstoten innerhalb der Europäischen Union bis 2010 zu halbieren. In diesem Zusammenhang hat sich das Unternehmen aktiv am ersten *European Road Safety Day* im April 2007 beteiligt. So waren an diesem Tag Promotionteams in sechs deutschen Städten präsent, damit sie im Umfeld von Szenebars und der Gastronomie Karten mit dem in Insert III-E-4 dargestellten Kampagnenmotiv zum Thema Alkohol am Steuer an die Seitenfenster der dort geparkten Fahrzeuge kleben.

Zunehmende Bedeutung im Rahmen der Public Relations erhält eine **Beziehungspflegestrategie**. Hierbei geht es Unternehmen um den Aufbau und vor allem die Pflege der Beziehungen zu ausgewählten PR-Zielgruppen. Dies sind insbesondere Pressevertreter und Multiplikatoren, aber auch die Vertreter von Bürgerinitiativen, Verbänden u. Ä., die über ein hohes Beeinflussungspotenzial verfügen. Durch die regelmäßige Kontaktpflege streben Unternehmen bei diesen Zielpersonen den Aufbau von Vertrauen und eine positive Haltung gegenüber dem Unternehmen sowie Verständnis für die Unternehmenspolitik an. Diese Wirkungen lassen sich nicht durch kurzfristige PR-Aktionen, sondern ausschließlich über einen langfristigen Dialog erzielen.

Eine **Schadenvermeidungsstrategie** ist vornehmlich dann einzusetzen, wenn das Unternehmen auf eine Krisensituation, z. B. infolge eines Unfalls, zu reagieren hat. Im Vordergrund

Insert III-E-4: Präventionskampagne von Bacardi Deutschland (Bacardi Deutschland GmbH)

steht die Vermittlung von klaren und sachlichen Informationen, um den geäußerten Vorwürfen beziehungsweise Argumenten entgegenzutreten. Zweck der Schadenvermeidungsstrategie ist der offene Austausch von Argumenten hinsichtlich der seitens der Öffentlichkeit entgegengebrachten Vorwürfe.

> **Beispiel: Schadenvermeidungsstrategie bei *Mattel***
>
> Im Jahr 2007 wurde aufgrund unzulässiger Bleiwerte in Magneten der Firma *Mattel* eine Rückrufaktion eingeleitet. Zur Rückholung der in Deutschland bereits an Verbraucher verkauften Produkte hat sich *Mattel* über Anzeigen in mehreren überregionalen Tageszeitungen und über die Website des Unternehmens an die Öffentlichkeit gewandt. Die Verbraucher wurden aufgefordert, die betroffenen Produkte unverzüglich aus der Reichweite von Kindern zu nehmen und sich mit Mattel in Verbindung setzen, um ein Ersatzspielzeug nach eigener Wahl in Höhe des Werts des zurückgegebenen Produkts zu erhalten. Informationen in Bezug auf den Rückruf der Magnetspielzeuge erhielten Verbraucher bei *Mattel* unter einer kostenlosen Telefonnummer und auf der Firmenwebseite.

Die Ausführungen verdeutlichen, dass das PR-treibende Unternehmen nicht nur seine zu verfolgende PR-Strategie zu definieren, sondern gleichzeitig auch über die generelle Ausrichtung der PR-Strategie zu befinden hat. Dabei wird insbesondere im Rahmen der Festlegung der PR-Strategie deutlich, dass sich die Aktivitäten des Unternehmens nicht nur auf kommunikative Handlungen beschränken dürfen. Vielmehr beziehen sich die PR-Strategien auf das Gesamtunternehmen, d.h. die Durchführung einer Strategie der Innovation oder der Anpassung ist nicht nur mit Kommunikations- sondern darüber hinaus auch mit weiteren Marketingaktivitäten verbunden. Im Gegensatz zur vielfach zu beobachtenden Unternehmenspraxis, die lediglich kurzfristig auf mehr oder weniger bedeutsame Vorkommnisse reagiert (*Avenarius* 2008, S.195) und primär absatzorientiert auf die Erzielung von Publicity-Effekten abzielt, ist insbesondere bei der Bestimmung der PR-Strategien auf die langfristige Konzeption der zu verfolgenden Strategien zu achten. Nur hierdurch lassen sich langfristige Ziele, wie der Aufbau von Vertrauen oder eines positiven Unternehmensimages, realisieren.

6 Ökonomische Entscheidungen der Public Relations

6.1 Kosten der Public Relations

Die Entscheidung über die Durchführung von PR-Maßnahmen ist nicht nur im Hinblick auf die zu erreichenden PR-Ziele bei den anzusprechenden PR-Zielgruppen auszurichten, sondern es sind gleichfalls die ökonomischen Aspekte der Public Relations im Rahmen des Planungsprozesses in Betracht zu ziehen. Die Berücksichtigung der entstehenden Kosten findet in Theorie und Praxis vielfach nur am Rande statt. Dies mag zum einen daran liegen, dass die Unternehmen zumeist auf vielfältige und unkontrollierte Weise mit der Öffentlichkeit kommunizieren und deshalb eine Ermittlung sämtlicher Kosten der PR-Arbeit als für nicht durchführbar halten. Zum anderen wird das Kommunikationsinstrument Public Relations aufgrund fehlender Kostenangaben für die Belegung ausgewählter Kommunikationsträger oftmals als „kostenfrei" angesehen (*Rothschild* 1987, S.503).

Ziel des Einsatzes der Public Relations ist es jedoch, Wirkungen bei den anvisierten Zielgruppen zu erreichen. Durch die Ansprache der identifizierten und ausgewählten Zielgruppen entstehen zwangsläufig Aufwendungen infolge des Einsatzes der Public Relations. Dementsprechend ist auf Basis der anfallenden Kosten das Gesamtbudget für die Public Relations zu bestimmen. Dieses ist anschließend auf die einzelnen PR-Maßnahmen zu verteilen.

Im Rahmen der Budgetierung der Public Relations sind sämtliche durch die Analyse, Planung, Durchführung und Kontrolle verursachten Aufwendungen zu erfassen. Zu denken ist hier beispielsweise an die folgenden **Kostenarten** (vgl. auch die ausführliche Checkliste bei *Müller/Kreis-Muzzulini* 2009, S. 138 ff.):

- Löhne und Gehälter der PR-Mitarbeitenden,
- Agenturhonorare,
- Raumkosten, Bewirtungskosten anlässlich einer Pressekonferenz,
- Druck von Einladungen, Informationsbroschüren,
- Kosten für Presseinfos, -empfang, -mappen, -geschenke u.a.m.,
- Herstellungskosten einer Kunden- beziehungsweise Mitarbeiterzeitung,
- Schaltpreise einer Imageanzeige oder eines Fernsehspots,
- Herstellungskosten einer Anzeigenkampagne,
- Herstellungskosten für Betriebsfilme,
- Kosten für die Unterhaltung von Sport-, Kultur- und Sozialeinrichtungen,
- Telefon-, Fax-, Portokosten,
- Kosten der Erfolgskontrolle, Wirkungsmessungen u.a.m.

Diese Kosten beziehen sich in erster Linie auf geplante PR-Programme oder PR-Projekte. Zusätzlich entstehen durch den Einsatz der Public Relations noch weitere Kosten, die im Vorfeld nur schwer zu kalkulieren sind. Hierunter fallen beispielsweise solche Kosten, die nur indirekt dem Einsatz der Public Relations zugeordnet werden können, wie beispielsweise jede Art von Eigenleistungen mit nicht eindeutiger Zuordnung von Personal- und Gemeinkosten oder zusätzliche Telefon-, Porto- und Reisekosten. Darüber hinaus sind möglichst solche Kosten zu veranschlagen, die durch plötzliche Ereignisse den Einsatz der Public Relations erforderlich machen. Dies gilt vor allem für die Krisen-PR, wenn im Fall einer Krise der kommunikative Schaden für das Unternehmen durch spezifische PR-Maßnahmen möglichst gering zu halten ist (*Naundorf* 1993, S. 613; *Fearn-Banks* 2001; *Szameitat* 2003, S. 133 ff.). Der Aufwand für die Reaktion auf plötzliche Umweltveränderungen ist zwar sehr schwer zu antizipieren, dennoch sind Überlegungen über zukünftige mögliche Veränderungen und deren (kommunikative) Konsequenzen für das Unternehmen anzustellen.

6.2 Budgetierung der Public Relations

Im Anschluss an die Offenlegung sämtlicher durch die Public Relations verursachten Kosten ist das PR-Budget für die nächste Planungsperiode zu bestimmen. Unter der **Budgetierung** der Public Relations wird die Festlegung derjenigen Planungs- und Durchführungskosten gesehen, die zur Erreichung der gesetzten PR-Ziele beziehungsweise PR-Zielgruppen erforderlich ist. Dies betrifft sowohl die Bestimmung der Höhe des PR-Budgtes als auch die Verteilung des Budgets auf die einzelnen Maßnahmen (Budgetallokation).

Bei der Festlegung der **Budgethöhe** lassen sich grundsätzlich heuristische und Optimierungsansätze unterscheiden. Die Anwendung von **Optimierungsansätzen** erfordert zunächst Funktionen, die den Zusammenhang zwischen der Veränderung des PR-Budgets und der Erreichung der PR-Ziele, insbesondere ökonomischer PR-Ziele, möglichst genau widerspiegeln (*Bruhn* 2010). Mit Hilfe solcher PR-Reaktionsfunktionen wird das optimale Budget z.B. auf marginalanalytischem Wege bestimmt. Allerdings ist ein solches Vorgehen für die Public Relations sowohl in der Literatur als auch in der Praxis bisher nicht anzutreffen. Dies liegt vor allem daran, dass mittels Marktreaktionsfunktionen zumeist auf die Beeinflussung ökonomischer Zielgrößen abgehoben wird, wohingegen der Einsatz der Public Relations in erster

Linie auf psychologische Ziele gerichtet ist. Aus diesem Grund kommen bei der Festlegung des PR-Budgets primär heuristische Verfahren zum Einsatz.

Im Rahmen **heuristischer** beziehungsweise **operationaler Verfahren** werden vereinfachte Regeln zur Ermittlung der Budgethöhe verwendet. Diese Verfahren führen nicht zu optimalen, sondern allenfalls zu befriedigenden Lösungen. Die Vielzahl heuristischer Verfahren kann dabei in solche unterschieden werden, die die Höhe des Budgets als **Prozentwert einer marketingrelevanten Größe** (z. B. Absatz, Umsatz, Gewinn) berechnen und in so genannte **Orientierungsverfahren**, die sich bei der Budgetbestimmung an den verfügbaren Finanzmitteln oder den Aufwendungen der Konkurrenz orientieren (vgl. allgemein zu heuristischen Verfahren *Tietz/Zentes* 1980, S. 288 ff.; *Rogge* 2004, S. 1; *Kotler/Keller/Bliemel* 2007, S. 9; *Bruhn* 2010; vgl. speziell für Public Relations *Zeiter* 2008).

Allerdings ist fraglich, ob mit Hilfe solcher Verfahren brauchbare Lösungen erzielt werden, denn die Verwendung von Prozentwerten führt zur Verkehrung von Ursache-Wirkungs-Beziehungen zwischen Budget und den angestrebten Zielgrößen. Außerdem zielen Public Relations wie erwähnt zumeist nicht auf die Erreichung ökonomischer Zielgrößen, so dass eine Ausrichtung an diesen Größen wenig sinnvoll erscheint. Ebenso ist die Anwendung von Orientierungsverfahren problembehaftet, da die verfügbaren Finanzmittel lediglich eine Obergrenze für die Budgethöhe darstellen. Auch die Orientierung an Konkurrenzbudgets ist kritisch zu sehen, da die kommunikative Situation der einzelnen Unternehmen selten direkt vergleichbar ist.

Ein Ansatz, der die unternehmerische Situation berücksichtigt, ist in der **Ziel-Maßnahmen-Methode** zu finden. Hierbei wird die Höhe des PR-Budgets an den Mitteln ausgerichtet, die zur Erreichung der gesetzten PR-Ziele notwendig sind. Folglich ist es erforderlich, dass dem Entscheider Informationen über den Zusammenhang zwischen der Budgethöhe und dem Zielerreichungsgrad vorliegen. Darüber hinaus werden nicht nur Kenntnisse über die erforderlichen Maßnahmen, sondern ebenfalls über Wirkungsinterdependenzen beziehungsweise „Time Lags" benötigt (*Meffert* 1993, S. 86). Zur Deckung des notwendigen Informationsbedarfs kann z. B. auf Erfahrungswerte aus vergangenen PR-Aktionen zurückgegriffen werden.

Allgemein ist bei der Bestimmung der Höhe des PR-Budgets zu beachten, dass ein gewisses **Mindest-PR-Budget** zu veranschlagen ist, um die grundlegenden Aufgaben der Public Relations erfüllen zu können. Das Unternehmen hat folglich zu antizipieren, welcher Ressourceneinsatz zur Aufrechterhaltung der Beziehungen zu den anvisierten Zielgruppen notwendig ist, z. B. die Höhe der erforderlichen Mittel zur Durchführung einer umfassenden Medienarbeit mit Journalisten oder Redakteuren.

Weiterhin sind von den Unternehmen verschiedene **Faktoren** zu berücksichtigen, die einen Einfluss auf die Festlegung der PR-Budgethöhe haben:

- Ausrichtung der PR-Strategie (offensiv, defensiv usw.) gegenüber den Anspruchsgruppen,
- Branche (Chemie-, Pharma-, Lebensmittelbranche usw.),
- Interesse der Öffentlichkeit an der Branche beziehungsweise den Unternehmensaktivitäten,
- Unternehmensgröße,
- Machtstellung des Unternehmens,
- Gefahr einer Krisensituation u. a. m.

Zur Verfolgung einer offensiven PR-Strategie, d. h. einer aktiven Gestaltung der Beziehungen zu den unterschiedlichen Anspruchsgruppen, ist tendenziell ein höheres PR-Budget zu veranschlagen als bei einer defensiven PR-Strategie, bei der das Unternehmen eine eher abwartende Haltung einnimmt und auf die Anforderungen der Anspruchsgruppen passiv reagiert. Die Höhe des PR-Budgets ist weiterhin in Abhängigkeit der Branche zu betrachten, in der sich das Unternehmen befindet. So ist das PR-Budget insbesondere dann höher zu veranschlagen, wenn das Unternehmen in einer Branche agiert, die in bedeutendem Maße Interessen der Öffentlichkeit tangiert. Dies gilt vor allem für Hersteller der Chemie-, Pharma- (*Schreiber* 1997), Lebensmittel- (*Nelson* 1997), Mineralölindustrie usw. Betroffen sind auch Unternehmen der Dienstleistungsbranche, wie z. B. Banken, Versicherungen (*Gorman/Dudas* 1997) oder Touristikunternehmen. Dabei ist das Interesse der Öffentlichkeit zum einen allein auf die Größe des betrachteten Unternehmens zurückzuführen, die ihm eine gewisse, für bestimmte Anspruchsgruppen bedrohliche, Machtstellung verleiht. Zum anderen stehen jene Unternehmen im Mittelpunkt des öffentlichen Interesses, die umwelt- oder gesundheitsschädigende Stoffe in ihrem Produktionsprozess verwenden, wie z. B. Unternehmen der chemischen Industrie oder Atomindustrie, oder deren Leistungserstellung negative Konsequenzen mit sich führen, wie z. B. Schädigung der Umwelt durch vermehrten Tourismus. Das PR-Budget ist folglich bei jenen Unternehmen höher zu veranschlagen, die im Mittelpunkt des öffentlichen Interesses stehen und bei denen die Gefahr einer unvorhergesehenen Krise besonders hoch ist.

Beispiel: *Philip Morris GmbH* im öffentlichen Interesse

Das Tabakunternehmen *Philip Morris* ist sich der Schädlichkeit seiner Produkte bewusst. Daher engagiert sich die *Philip Morris GmbH* seit langem an ihren Unternehmensstandorten im sozialen, kulturellen und wissenschaftlichen Bereich. Im sozialen Bereich hilft das Unternehmen vor allem durch Initiativen bei der Bekämpfung häuslicher Gewalt. Seit über 30 Jahren werden in Deutschland innovative außerdem Kunst und Künstler gefördert. Die vom Unternehmen unterstützten Ausstellungen *„Architektur der Obdachlosigkeit"* in München oder *„Madonna"* in Dresden schlugen hier exemplarisch eine Brücke zwischen Kunst und Sozialem. Ein weiteres Anliegen ist es, Menschen mit körperlichen oder sozialen Einschränkungen den Zugang zur Kunst möglich zu machen. Ein Beispiel hierfür ist das Kunstvermittlungsprogramm PINK. Es bietet sozial oder körperlich benachteiligten Menschen den Zugang zur Kunst an (*CSR Germany* 2009).

Bei einer Betrachtung der Höhe der **PR-Budgets in der Praxis** ist zu beobachten, dass Unternehmen mit PR-Experten (sie zeichnen sich in der Studie von *Röttger* durch ein höheres Ausbildungsniveau aus) zumeist über größere PR-Budgets verfügen als Unternehmen mit PR-Beauftragten: Mit PR-Experten sind es über 70 Prozent der Unternehmen, die jährlich über 50.000 EUR in ihre PR-Aktivitäten investieren, und knapp 42 Prozent investieren über 500.000 EUR. Ohne PR-Experten sind es indessen nur 12 Prozent der Unternehmen, die mehr als 50.000 EUR investieren, und es investiert kein Unternehmen mehr als 250.000 EUR (ähnlich für die Schweiz: *Röttger/Hoffmann/Jarren* 2003, S. 171 f.; *Röttger* 2008, S. 237).

Im Anschluss an die Bestimmung der Gesamthöhe des PR-Budgets ist dieses auf die einzelnen PR-Aktivitäten der nächsten Planungsperiode zu verteilen. Die Aufteilung des PR-Budgets kann dabei nach sachlichen und zeitlichen Kriterien erfolgen (in Anlehnung an *Schweiger/Schrattenecker* 2009, S. 198 ff.).

Im Rahmen der **sachlichen Budgetallokation** ist zu entscheiden, wie viele Anteile des PR-Budgets für die Public Relations einzelner Unternehmensleistungen oder des Gesamtunternehmens, z. B. die Abgabe von Informationen über die Umweltorientierung des Unternehmens, zu verwenden sind. Ebenso kann das Budget im Hinblick auf die Bearbeitung verschiedener Zielsegmente aufgeteilt werden. Folglich findet hier eine Gegenüberstellung des Nutzens und der Kosten der vielfältigen PR-Maßnahmen statt. Dabei sind zunächst diejenigen PR-Maßnahmen mit einem hohen Nutzen für das Unternehmen mit dem dafür notwendigen Budget auszustatten. Das verbleibende Restbudget wird auf die weiteren Aktionen mit geringerem Nutzenbeitrag aufgeteilt.

Bei der **zeitlichen Budgetallokation** ist das PR-Budget zeitlich über die Planungsperiode zu verteilen. So kann das Unternehmen entweder sein PR-Budget auf eine bestimmte Zeitperiode konzentrieren oder auch kontinuierlich über die gesamte Planungsperiode einsetzen. Die Entscheidung über den zeitlichen Einsatz ist dabei in Abhängigkeit von den gesetzten Zielen der Public Relations zu treffen. Beispielsweise ist hierbei an die Unterstützung einer Produktneueinführung mit Hilfe der Public Relations zu denken, bei der vor dem Hintergrund des langfristigen Aufbaus von Vertrauen oder einer positiven Imagebildung eher ein zeitlich kontinuierlicher Einsatz der Public Relations geboten ist.

Plant das Unternehmen im Rahmen der Public Relations den Einsatz der Mediawerbung (z. B. Printanzeigen oder Plakate), kann der Entscheider gedanklich auf die Vorgehensweise im Rahmen der Mediaplanung zurückgreifen (in Anlehnung an *Bruhn* 2010). Im Rahmen der **Mediaplanung** erfolgt die Aufteilung des medienbezogenen PR-Budgets in sachlicher und zeitlicher Hinsicht auf die einzelnen Werbeträger beziehungsweise Medien. Das Ergebnis der Mediaplanung ist ein Mediaplan, der darüber Auskunft gibt, welche Medien in welchen Zeiträumen belegt werden. Zur Aufstellung eines solchen Mediaplans bedarf es zunächst mediastrategischer Entscheidungen zur **Intermediaselektion**, die sich mit der Budgetallokation auf die unterschiedlichen Erscheinungsformen der Public Relations befasst, z. B. gesellschaftsbezogene, unternehmensbezogene oder leistungsbezogene Public Relations. Zur Bewertung der einzelnen Formen bieten sich verschiedene qualitative Verfahren an, insbesondere Scoring-Modelle, Vergleichschecklisten und Portfolioanalysen, in denen die Ziele des Unternehmens der Leistungsfähigkeit der einzelnen Formen gegenüber gestellt werden. Ist die Wahl für eine spezifische PR-Erscheinungsform gefallen, sind als nächstes taktisch-operative Entscheidungen zur **Intramediaselektion** zu treffen, d. h. Entscheidungen über die Aufteilung von Budgets der jeweiligen Erscheinungsformen auf die einzelnen Kommunikationsträger. Als Selektionskriterien lassen sich hierbei vor allem die räumliche Abdeckung durch einzelne Kommunikationsträger, die zeitliche Verfügbarkeit, quantitative und qualitative Reichweiten, Kontakthäufigkeiten und -verteilungen sowie der Nutzungspreis heranziehen.

Im Rahmen der Entscheidung der Verteilung des PR-Budgets wird darüber hinaus auch implizit die Auswahl über die zu verfolgenden Maßnahmen getroffen. Da das PR-Budget ausschließlich anhand von Effektivitäts- und Effizienzüberlegungen aufgeteilt wird, werden nur solche Maßnahmen durchgeführt, die dem Unternehmen zum einen einen Nutzenbeitrag stiften und zum anderen ökonomisch sinnvoll sind. Zunächst werden im Rahmen von **Effektivitätsüberlegungen** diejenigen Aktivitäten bestimmt, die den größten Beitrag zur Zielerreichung liefern. Folglich sind die möglichen Maßnahmen in eine Reihenfolge bezüglich ihrer Leistungsfähigkeit zur Realisierung der PR-Ziele zu bringen. Hieran schließt sich die **Wirtschaftlichkeitsanalyse** der PR-Aktivitäten an. Im Vordergrund stehen Effizienzüberlegungen, d. h. die entstehenden Kosten der ausgewählten Maßnahmen werden analysiert. Zur endgültigen Festlegung der zu verfolgenden PR-Aktivitäten wird die Leistungsfähigkeit einer Maßnahme deren Einsatzkosten gegenübergestellt. Somit wird nicht nur der Nutzenbeitrag, sondern auch die Wirtschaftlichkeit einer einzelnen Maßnahme betrachtet. Diese Wirtschaftlichkeitsanalyse dient als Entscheidungshilfe bei der Bestimmung und Auswahl der zu verfolgenden PR-Maßnahmen.

7 Maßnahmenplanung der Public Relations

Im Anschluss an die konzeptionelle Ausrichtung der Public Relations erfolgt eine systematische **Planung der durchzuführenden Maßnahmen**. Dabei ist die Gestaltung der zu ergreifenden Maßnahmen der betrachteten Planungsperiode an den aufgestellten Zielen der

Public Relations auszurichten. Eine Systematisierung der möglichen Aktivitäten der Public Relations wird in der Literatur allerdings kaum vorgenommen. Dies liegt in erster Linie daran, dass mit Hilfe der Public Relations die unterschiedlichsten Zielgruppen angesprochen werden. Demzufolge können von den Unternehmen eine Vielzahl von Maßnahmen ergriffen werden, um die gesetzten PR-Ziele zu erreichen und die Beziehungen zu den Zielgruppen zu pflegen. Generell wird im Rahmen der Maßnahmenplanung zwischen grundsätzlichen Handlungsalternativen und Einzelmaßnahmen unterschieden.

7.1 Grundsätzliche Handlungsalternativen der Public Relations

Unternehmen stehen in vielfältigen Beziehungen zur Öffentlichkeit beziehungsweise zu den diversen Zielgruppen der Public Relations. Bei der Analyse der unterschiedlichen PR-Maßnahmen kann grundsätzlich zwischen vier verschiedenen **Handlungsalternativen der PR-Aktivitäten** differenziert werden (*Grunig/Hunt* 1984):

(1) Publicity,
(2) Informationstätigkeit,
(3) Überzeugungsarbeit,
(4) Dialog.

Die Bündelung der diversen PR-Maßnahmen zu den vier grundsätzlichen PR-Handlungsalternativen kann dem Entscheider bei der Überlegung helfen, welche generellen Möglichkeiten dem Unternehmen bei der Maßnahmenplanung offen stehen. Demgemäß ist von den PR-Verantwortlichen darüber zu befinden, ob prioritär Maßnahmen der Publicity, Informationstätigkeit, Überzeugungskraft oder des Dialogs zu verfolgen sind, um die gesetzten Ziele der Public Relations zu realisieren. Diese vier Verhaltensmuster beziehungsweise Handlungsalternativen eines Unternehmens werden von *Grunig* als PR-Modelle bezeichnet, die dieser immer neuen Validitätsprüfungen unterzogen hat. Gemäß *Grunig* existieren die Modelle in der Praxis nicht in Reinform. Vielmehr werden sie in vielfältiger Art und Weise untereinander kombiniert; deshalb können sie als „Mixed-Motive Models" charakterisiert werden. Dabei ist keine PR-bezogene Konzeption ausschließlich einem bestimmten Organisationstypus, einer bestimmten unternehmensinternen Kultur oder einer bestimmten Problemstellung der Public Relations zuzurechnen (*Avenarius* 2008, S. 85). Schaubild III-E-17 zeigt einen Überblick über die vier unterschiedlichen Modelle beziehungsweise Handlungsalternativen.

(1) **Publicity** ist die einfachste Form der Public Relations. Es handelt sich hierbei um eine einseitige Kommunikation zwischen dem Unternehmen und den Zielgruppen. Bei der Publicity werden vorwiegend Neuigkeiten und Mitteilenswertes den Teilöffentlichkeiten vermittelt (*Meffert* 1986, S. 493). Die Maßnahmen der Publicity zielen vor allem auf das Verhalten der Zielgruppen ab. Diese werden zum einen direkt an die Zielgruppen in der Öffentlichkeit oder zum anderen über Journalisten an die Öffentlichkeit kommuniziert. Hierzu werden hauptsächlich knappe, nicht problematisierte Mitteilungen vermittelt, deren Wahrheitsgehalt sowohl von den kommunizierenden Unternehmen als auch von den Zielgruppen als nicht wesentlich angesehen wird. Aus diesem Grund wird bei dieser Art der Public Relations vielfach auch der Begriff *Propaganda* verwendet (*Avenarius* 2008, S. 86). Publicity-Aktivitäten sind in erster Linie über Medien zu kommunizieren.

(2) Bei der **Informationstätigkeit** steht die Weitergabe von – für das Unternehmen sowohl positiver als auch negativer – Informationen im Vordergrund. Ziel ist es, die Zielpersonen mit Hilfe der PR-Maßnahmen vollständig über einen Sachverhalt oder ein Ereignis aufzuklären und somit in die Lage zu versetzen, aufgetretene Ereignisse oder Handlungsweisen

	Die vier Public-Relations-Modelle			
	Publicity	Informationstätigkeit	Überzeugungsarbeit	Dialog
Charakteristik	Propagieren	Mitteilen und Verlautbaren	Argumentieren	Sich austauschen
Ziel/Zweck	Anschlusshandlung	Aufklärung	Erziehung	Konsens
Art der Kommunikation	Einwegkommunikation, stark verkürzte Aussagen	Einwegkommunikation, umfassende Mitteilungen	Asymmetrische Zwei-Wege-Kommunikation, Feedback-Berücksichtigung	Symmetrische Zwei-Wege-Kommunikation, Mediation
Kommunikations-modell	Sender ⟶ Empfänger (Stimulus-Response)	Sender ⟶ Empfänger	Sender ⟷ Empfänger	Gruppe ⟷ Gruppe (Konvergenzmodell)
Art der Forschung	Quantitative Reichweiten- Und Akzeptanzstudien	Verständlichkeitsstudien	Evaluierung von Einstellungen, Meinungsforschung	Evaluierung des Vertrauens, Verhaltensforschung
Typische Verfechter	*P.T. Barnum*	*Ivy Lee*	*Edward L. Bernays*	*James E. Grunig* Berufsverbände
Anwender heute	Parteien, Veranstalter, Verkaufsförderer	Behörden, Unternehmen	Unternehmen, Verbände, Kirchen	Unternehmen, PR-Agenturen
Geschätzter Anteil der Anwendungen	25 Prozent	35 Prozent	35 Prozent	5 Prozent

Schaubild III-E-17: PR-Modelle nach Grunig (in Avenarius 2000, S. 181)

des Unternehmens vollständig beurteilen zu können. Hierbei handelt es sich ebenfalls um PR-Maßnahmen, die ausschließlich einseitig an die PR-bezogenen Zielgruppen gerichtet sind. Inwieweit das Unternehmen im Rahmen seiner Informationstätigkeit Informationen abgibt, ist in erster Linie von den gegebenen situativen Einflussfaktoren abhängig.

(3) Im Gegensatz zur Publicity und Informationstätigkeit, bei denen mehr oder minder die Abgabe von Informationen vorrangig ist, wird im Rahmen der **Überzeugungsarbeit** versucht, durch Argumentation die Zielgruppen im Hinblick auf einen bestimmten Standpunkt oder eine Handlungsweise zu überzeugen. Es handelt sich hierbei um eine zweiseitige Kommunikation zwischen dem Unternehmen und den Zielgruppen. Da diese Kommunikation in erster Linie durch das Unternehmen initiiert wird, kann die Überzeugungsarbeit als asymmetrische Zwei-Wege-Kommunikation bezeichnet werden. Dabei haben die angeprochenen Personen die Möglichkeit zur Stellungnahme und Abgabe eines Feedbacks. Folglich sind die zu ergreifenden Maßnahmen im Rahmen der Überzeugungsarbeit darauf ausgerichtet, nicht nur Informationen zu vermitteln, sondern diese zu Argumenten zu bündeln, um die Zielgruppen vom Standpunkt des Unternehmens zu überzeugen. Dies wird dadurch erlangt, dass die Unternehmen die Interessen und Vorstellungen der Zielgruppen antizipieren und das eigene Unternehmen entsprechend deren Vorstellungen beschreiben (*Grunig/Hunt* 1984, S. 10).

(4) Beim **Dialog** steht dagegen der gegenseitige Austausch von Argumenten im Vordergrund, um sowohl auf der Seite des Unternehmens als auch auf der Seite der angesprochenen Zielgruppen Verständnis und Konsens zu erlangen. Dabei werden alle Maßnahmen zum Aufbau einer zweiseitigen Kommunikation einbezogen. Das Unternehmen versucht nicht nur, die Vorstellungen der Zielgruppen zu antizipieren, sondern diese auch zu verstehen und angemessen zu reagieren. Es wird folglich ein Wechselgespräch – eine zweiseitige symmetrische Kommunikation – zwischen den Beteiligten angestrebt. Diese ist nicht unbedingt vom Unternehmen zu initiieren, sondern kann durchaus auch auf Initiative

bestimmter Teilöffentlichkeiten, wie z. B. Umweltverbänden, Bürgerinitiativen oder Journalisten, entstehen. Zu denken ist hier beispielsweise an die Anfrage eines Journalisten oder den Protest einer Umweltschutzgruppe, auf die das Unternehmen mit geeigneten Maßnahmen zu reagieren hat.

7.2 Einzelmaßnahmen der Public Relations

Vor dem Hintergrund der PR-Ziele und Zielgruppen sowie den grundsätzlich möglichen Handlungsalternativen sind die konkreten Einzelmaßnahmen der Public Relations zu bestimmen. Hierzu hat sich das PR-treibende Unternehmen zunächst darüber klar zu werden, welche konkreten Maßnahmen zur Erreichung der PR-Ziele zur Verfügung stehen. Wie aus obiger Betrachtung bereits hervorgeht, stehen dem Unternehmen aufgrund der Heterogenität der Zielgruppen eine Vielzahl möglicher PR-bezogener Kommunikationsaktivitäten offen. Hierzu zählt beispielsweise die Mitarbeiterzeitschrift, die Verteilung von Broschüren, die Ausgabe von Geschäftsberichten oder Aktionärszeitschriften, das Abhalten von Pressekonferenzen, die Ausstrahlung von Fernsehspots, die Schaltung von Anzeigenkampagnen, oder auch die Durchführung von Betriebsversammlungen, Fachvorträgen, Betriebsausflügen oder Tagen der offenen Tür u. a. m.

Wie aus der Auflistung möglicher PR-Aktivitäten deutlich wird, ist es für das Unternehmen äußerst schwer zu entscheiden, welche einzelnen Maßnahmen zur Erreichung der PR-Ziele zu ergreifen sind. Aus diesem Grund wird für die weitere Betrachtung die Vielzahl der Aktivitäten zu **Aktivitätsbereichen der Public Relations** gebündelt, um dem Entscheider die Orientierung über die zu ergreifenden Maßnahmen zu erleichtern. Schaubild III-E-18 gibt einen Überblick über diverse Einzelmaßnahmen der Public Relations, die in fünf Aktivitätsbereiche zusammengefasst werden können:

(1) Pressearbeit,
(2) Maßnahmen des persönlichen Dialoges,
(3) Aktivitäten für ausgewählte Zielgruppen,

Pressearbeit	Z.B. Pressekonferenzen, Pressemitteilungen, Berichte über Produkte im redaktionellen Teil von Medien („Product Publicity"), Erstellung von Unternehmensprospekten und Aufklärungsmaterial für die Medien, Bereitstellung von Informationen im Internet.
Maßnahmen des persönlichen Dialoges	Z.B. Pflege persönlicher Beziehungen zu Meinungsführern und Pressevertretern, persönliche Engagements in Verbänden, Parteien oder Kirchen, Vorträge an Hochschulen, Teilnahme an Podiumsdiskussionen, Einladungen an unternehmensrelevante Personen zu Gesprächen, Diskussionen mit Bürgerinitiativen.
Aktivitäten für ausgewählte Zielgruppen	Z.B. Aufklärungsmaterialien für Schulen, Betriebsbesichtigungen für Besucher, Förderung sportlicher, kultureller und sozialer Institutionen der Region, Ausstellungen, Geschenke und Unterstützungen, Informationsbroschüren für bestimmte Zielgruppen (Sozio- und Öko-Bilanzen), Betriebsfilme, Ausschreibung von Preisen, Stiftungen.
Mediawerbung	Z.B. Anzeigen zur Imageprofilierung des Unternehmens oder der Branche, Anzeigen für potenzielle Mitarbeitende in Zeitungen, Zeitschriften und Vorlesungsverzeichnissen von Hochschulen, Anzeigen zur Darlegung von Standpunkten des Unternehmens zu öffentlich diskutierten Streitpunkten („Advocacy Advertising").
Unternehmensinterne Maßnahmen	Z.B. Werkzeitschriften, Informationsveranstaltungen mit Mitarbeitenden, Betriebsausflüge, Anschlagtafeln im Unternehmen, interne Sport-, Kultur- und Sozialeinrichtungen, Business-TV.

Schaubild III-E-18: Aktivitätsbereiche der Public Relations

(4) Mediawerbung,
(5) Unternehmensinterne Maßnahmen.

Innerhalb dieser Aktivitätsbereiche lassen sich die einzelnen Maßnahmen weiterhin in mündliche, schriftliche, akustische sowie visuelle PR-Maßnahmen und Mittel systematisieren (*Müller/Kreis-Muzzulini* 2009, S. 127 ff.).

Die **Pressearbeit** beinhaltet sämtliche Maßnahmen, die auf eine Zusammenarbeit des Unternehmens mit Journalisten beziehungsweise Redakteuren abzielen, um damit Ziele der Public Relations zu erreichen (*Bace* 1997; *Gonring* 1997; *Cornelsen* 2002, S. 86 ff.; *Szameitat* 2003, S. 93 ff.; *Schulz-Bruhdoel* 2007, S. 399; *Avenarius* 2008, S. 333 ff.). Mit Hilfe der Pressearbeit werden vorwiegend Nachrichten über (neue) Produkte und Dienstleistungen, Aktivitäten des Unternehmens (Sponsoring, Veranstaltungen, Jubiläen), Arbeitsplätze sowie wirtschaftliche und finanzielle Analysen und Berichte an die Pressevertreter weitergegeben (*Szameitat* 2003, S. 94; *Schulz-Bruhdoel* 2005; 2007, S. 399). Dies geschieht in der Regel durch das Abhalten von Pressekonferenzen, die Abgabe von Pressemitteilungen und weiterem Informationsmaterial, Interviews durch Unternehmensvertreter sowie Exklusivberichte in Zeitungen und Zeitschriften, Hörfunk sowie Fernsehen. Der hohe Stellenwert der Pressearbeit in der Unternehmenspraxis wird in einer Studie belegt, der zufolge mehr als 60 Prozent der befragten Unternehmen die Pressearbeit als „sehr wichtig" bezeichnen. Gespräche mit Journalisten werden darüber hinaus von der Hälfte der Unternehmen als „sehr wichtig" eingestuft (*Röttger* 2008, S. 277; ähnlich für die Schweiz: *Röttger/Hoffmann/Jarren* 2003, S. 141).

Das vorrangige Ziel der Pressearbeit besteht darin, durch die Verbreitung, Ergänzung oder gegebenenfalls Richtigstellung von Informationen Diskussionen bei den anvisierten Zielgruppen zu beeinflussen, eventuell zu initiieren oder lediglich über Unternehmensaktivitäten zu informieren (*Naundorf* 1993, S. 610). Grundsätzlich lassen sich mit der reaktiven, proaktiven und interaktiven Pressearbeit drei **Formen der Pressearbeit** unterscheiden (*Gonring* 1997, S. 63 ff.):

- **Reaktive Pressearbeit** ist in erster Linie darauf ausgerichtet, auf Anfragen der Presse zu reagieren. Hierbei ist zu empfehlen, kontinuierlich eine Liste möglicher Themen bereit zu halten, die von Interesse für die Medien sein könnten und auch die internen Erwartungen diesbezüglich vorzubereiten. Entsprechend ist es zweckmäßig, dass die verantwortlichen PR-Mitarbeitenden der Presse auf Anfrage zur Verfügung stehen und relevante Hintergrundinformationen kontinuierlich aufbereiten. Dieser Prozess kann durch eine regelmäßig zu aktualisierende Liste mit den Gesprächspartnern auf Presseseite sowie den kommunizierten Informationen unterstützt werden.

- Im Gegensatz zur reaktiven Pressearbeit wird im Rahmen der **proaktiven Pressearbeit** aktiv über das Unternehmen, seine Produkte und Dienstleistungen informiert. Dabei ist von besonderer Wichtigkeit, sich über die zu kommunizierenden Botschaften – insbesondere die Elemente mit zentralem Neuigkeitswert – bewusst zu sein sowie diese klar und konsistent darzulegen. Auch sind die für unterschiedliche Belange relevanten Pressevertreter sowie Medien zu identifizieren und nach ihrer Priorisierung zu ordnen.

- Noch einen Schritt weiter geht die **interaktive Pressearbeit**, die auf einen kontinuierlichen Dialog zwischen Unternehmen und Presse ausgerichtet ist. Hier stehen die Presseverantwortlichen auch zu Fragestellungen zur Verfügung, die nicht von unmittelbarer Aktualität für das Unternehmen sind, jedoch die Gesellschaft in diversen Bereichen tangieren. Zur Aufrechterhaltung eines kontinuierlichen interaktiven Dialoges pflegen die Presseverantwortlichen möglichst häufig den Kontakt mit den Pressevertretern, beispielsweise indem sie als Branchenexperten zur Diskussion aktueller Themen und Branchentrends zur Verfügung stehen. Auf diese Weise wird das Ziel verfolgt, eine „partnerschaftliche" Beziehung zur Presse zu etablieren, die zum einen dazu beiträgt, dass die Presse positive Unternehmensnachrichten frühzeitig aufgreift und kommuniziert, zum anderen aber auch insbesondere mit negativen Unternehmensnachrichten sensibel umgeht.

Im Rahmen der Pressearbeit ist eine **zweistufige Maßnahmenplanung** erforderlich. Da die Presse lediglich als Übermittler beziehungsweise Multiplikator von Botschaften fungiert, ist in der **ersten Planungsstufe** vom Unternehmen zu bestimmen, mit Hilfe welcher Medien die anvisierten PR-Zielgruppen zu erreichen sind. In Abhängigkeit der definierten PR-Ziele sind daraufhin die zu kommunizierende PR-Botschaft sowie die Informationsbedürfnisse der verschiedenen Zielgruppen zu bestimmen. So kann bei einer Neuprodukteinführung im Rahmen der Maßnahmenplanung beispielsweise festgelegt werden, Leser von Fachzeitschriften mit einer Vielzahl von Produktinformationen von der Leistungsfähigkeit des neuen Produktes zu überzeugen, während Lesern von Publikumszeitschriften nur wenige relevante Informationen zu vermitteln sind. Hierauf aufbauend ist in der **zweiten Stufe** zu planen, welche für die Mediennutzer und Journalisten interessanten Informationen in welcher Form an die Presse abzugeben sind. Dies kann nicht nur dadurch geschehen, dass das Unternehmen Broschüren an die Journalisten weiterleitet. Darüber hinaus sind diese auch von dem Inhalt und der Richtigkeit der kommunizierten Argumente im Sinne des Unternehmens zu überzeugen. Beispielsweise sind die Journalisten bei einer Neuprodukteinführung eingehend über die Produktvorteile zu informieren, denn Journalisten werden nur dann im redaktionellen Teil ihres Mediums ihre Mediennutzer (Leser, Hörer, Zuschauer) im Sinne des Unternehmens über das Neuprodukt unterrichten, wenn ihnen die Vorteile des Produktes glaubhaft präsentiert worden sind. Aus diesem Grunde ist es von Bedeutung, dass das Unternehmen die Journalisten dazu bewegt, sich erstens mit den angebotenen Informationen auseinander zu setzen und zweitens diese im Sinne des Unternehmens an die Mediennutzer weiterzugeben. Erfahrungsgemäß werden durch eine professionelle Aufmachung und Vermittlung interessanter Informationen die Journalisten eher dazu bewegt als durch Geschenke oder sachfremde Beeinflussungsversuche (*Naundorf* 1993, S. 611).

> **Beispiel: Pressearbeit bei der** *Deutschen Bahn AG*
> Zum Start der Sicherheitskampagne „Fair und sicher unterwegs" veranstaltete die *Deutsche Bahn* zusammen mit der *Bundespolizei* im Juni 2009 eine Pressekonferenz. Prävention und Aufklärung im Rahmen der Unfallverhütung ist dabei eines der zentralen Anliegen des Unternehmens. Im Mittelpunkt der Sicherheitskampagne stand die Reduzierung der Unfälle auf Bahnanlagen und an Gleisen mit Jugendlichen. Ebenso galt es, das Thema aggressives Verhalten im Zug gegenüber *DB*-Mitarbeitenden oder Mitreisenden zu adressieren. Ergänzt wurde der persönliche Kontakt zu den Pressevertretern unter anderem durch klassische Pressearbeit, durch Informationen über das Unternehmen und die Kampagne im Internet.

Im Rahmen der Pressearbeit nimmt das Abhalten von **Pressekonferenzen** neben der Abgabe von Pressemitteilungen einen bedeutenden Stellenwert ein (*Naundorf* 1993, S. 611; *Cornelsen* 2002, S. 145 ff.; *Szameitat* 2003, S. 105 ff.). Aus diesem Grund ist der Planung einer solchen Konferenz besondere Aufmerksamkeit zu schenken. Ihr Erfolg ist nicht nur von der Präsentation und Stichhaltigkeit der vermittelten Informationen, sondern auch von der Abwicklung der gesamten Pressekonferenz abhängig. Schaubild III-E-19 zeigt eine beispielhafte Checkliste zur Planung einer Pressekonferenz, um den vielfältigen Vorbereitungsbedarf zu veranschaulichen.

Mit der Entwicklung des Internet hat in den letzten Jahren die **Online-PR** für die Pressearbeit stark an Bedeutung gewonnen (*Ashcroft/Hoey* 2001; *Hurme* 2001; *Iburg/Oplesch* 2001, S. 109 ff.; *Kunczik* 2002, S. 349 ff.; *Sauvant* 2002; *Herbst* 2004; *Bernet* 2006; *Bogula* 2007; *Pleil* 2007; *Pleil/Zer-*

Checkliste zur Vorbereitung einer Pressekonferenz

Zirka acht Wochen vor der Pressekonferenz
Was ist der Anlass der Pressekonferenz? Welchen Aufhänger gibt es ?.................................. ☐
Wer sind die Podiumsgäste?... ☐
Steht der beste PK-Termin fest, möglichst dienstags bis donnerstags ab 10 Uhr?................... ☐
Liegen den Presseagenturen bereits andere wichtige Termine für das Datum vor?.................. ☐
Ist der Ort verkehrsgünstig gelegen, d.h. mit öffentlichen Verkehrmitteln erreichbar?.............. ☐
Ist eine ausreichende Anzahl von Parkplätzen vorhanden?... ☐

Zirka fünf Wochen vor der Pressekonferenz
Welche Medienvertreter werden eingeladen? Ist der Verteiler vollständig und aktuell?............. ☐
Ist der Einladungstext verständlich? Ist das Antwortschreiben fertig?.................................... ☐
Ist es sinnvoll, eine Anfahrtsskizze den Einladungen beizufügen?.. ☐
Gibt es Pressemappen in ausreichender Anzahl oder müssen welche produziert werden?....... ☐

Zirka vier Wochen vor der Pressekonferenz
Sind die Presseagenturen über den Termin informiert?... ☐
Sind die Voreinladungen verschickt?... ☐
Haben alle geplanten Podiumsgäste ihre Teilnahme fest zugesagt? .... ☐

Zirka zehn Tage vor der Pressekonferenz
Sind die Einladungen und Antwortfaxe verschickt?... ☐
Was wird während der Veranstaltung benötigt? Ist eine persönliche Checkliste mit Angaben
zu Tischen, Stühlen, Podium, Mikrofon, Overhead-Projektor usw. erstellt worden?.................. ☐
Soll der Konferenzraum in irgendeiner Weise dekoriert werden? .... ☐
Ist der Weg zum Konferenzraum einfach zu finden? Oder müssen Schilder den Weg
weisen?.. ☐
Soll ein Imbiss gereicht werden? Welche Getränke sollen bereit stehen?................................ ☐

Zirka vier Tage vor der Pressekonferenz
Haben die wichtigsten Medienvertreter das Antwortfax zugeschickt oder
muss man sie anrufen („Nachfassen")?... ☐
Ist die persönliche Checkliste mit Angaben zu Tischen, Stühlen, Podium, Mikrofon,
Overhead-Projektor usw. erledigt?... ☐
Sind die Pressetexte von den Verantwortlichen freigegeben und in
ausreichender Zahl fotokopiert? .... ☐

Zirka zwei Stunden vor der Pressekonferenz
Ist der Raum vollständig dekoriert?... ☐
Funktionieren alle Geräte (Mikrofon, Videorecorder, Overhead-Projektor, Lampen usw.)?........ ☐
Sind der Imbiss und die Getränke bereit gestellt? Stehen genügend Gläser bereit?................. ☐
Sind die Namensschilder fertig, Korrektur gelesen und stehen an der richtigen Stelle
auf dem Podium?... ☐
Sind die Pressemappen vollständig und in ausreichender Anzahl vorhanden?......................... ☐
Liegt die Anwesenheitsliste aus?... ☐
Liegen Stifte und Papier für die Journalisten bereit?.. ☐
Sind die Interview-Nischen gesichert?.. ☐

Schaubild III-E-19: Checkliste zur Vorbereitung einer Pressekonferenz
(in Anlehnung an Cornelsen 2002, S. 155)

faß 2007; *Hennig* 2009; *Müller/Kreis-Muzzulini* 2009, S. 164 ff.). Der Großteil an Unternehmen veröffentlicht Pressemitteilungen inzwischen regelmäßig auf ihrer Homepage, stellt ein Archiv in der Vergangenheit publizierter Pressemitteilungen zur Verfügung und veröffentlicht elektronische Ausgaben von Zeitschriften, Radio- und TV-News. Des Weiteren bieten zahlreiche Unternehmen im Rahmen ihres Internetauftritts eine spezielle Rubrik für Pressevertreter und Journalisten an. Wurde das Internet auf diese Weise zumeist passiv von Pressevertretern konsumiert, bietet sich den Internetnutzern durch die Herausbildung des Web 2.0

die Möglichkeit, selbst zu publizieren und interagieren (*Zerfaß/Boelter* 2005). Von Bedeutung sind hierbei z. B. Internetforen, Weblogs, Chat Rooms und Podcasts (vgl. Insert III-E-5). Diese Maßnahmen ermöglichen es dem Unternehmen, Informationen über die jeweilige Meinung und Einstellung der Bezugsgruppen (wie z. B. Presseleuten) aufzunehmen. Schaubild III-E-20 zeigt die Ergebnisse einer Studie, in der 1.060 Pressestellen zur Bedeutung von Web 2.0-Anwendungen für die Public Relations befragt wurden. Es offenbarte sich, dass Weblogs, gefolgt von Wikis die größte Relevanz zukommt (*PR-Trendmonitor* 2007).

Das **Erfolgspotenzial des Internet** lässt sich jedoch nur ausnutzen, wenn Online-PR strategisch geplant und in das gesamte Kommunikations- beziehungsweise PR-Konzept des Unternehmens integriert werden. Von zentraler Bedeutung für einen erfolgreichen Einsatz des Internet im Rahmen der Public Relations ist hierbei die Erfüllung des hohen Aktualitätsanspruches dieses Mediums (*Müller/Kreis-Muzzulini* 2009, S. 165). PR-Maßnahmen im Internet sind kontinuierlich durch verantwortliche Personen zu betreuen und aktuellen Gegebenheiten anzupassen. Da das Internet stets ein aktives Such- beziehungsweise Nachfrageverhalten der Bezugsgruppen voraussetzt, können Online-PR außerdem nicht isoliert eingesetzt werden, sondern sind stets durch flankierende Maßnahmen (z. B. einen Hinweis auf den Internetauftritt in einer Anzeige oder auf einen Online-Pressebereich in der Pressemappe) zu unterstützen.

Im Gegensatz zur Pressearbeit dienen die **Maßnahmen des persönlichen Dialogs** nicht zur Ansprache eines großen Publikums, sondern zum Aufbau und zur Pflege persönlicher Beziehungen zwischen Unternehmensvertretern sowie für das Unternehmen relevanten Einzelpersonen beziehungsweise Personengruppen. Hauptaufgabe des persönlichen Kontaktes ist nicht die Vermittlung von Informationen, sondern die Kommunikation von Argumenten, die Initiierung eines langfristigen Dialoges und die Schaffung von Verständnis und Vertrauen

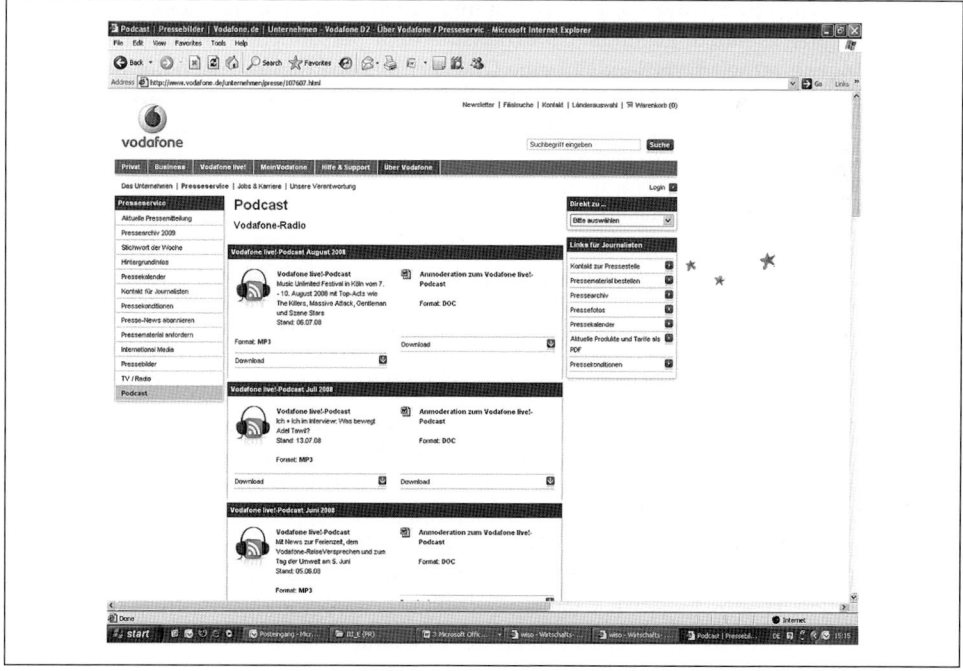

Insert III-E-5: Podcasts bei Vodafone

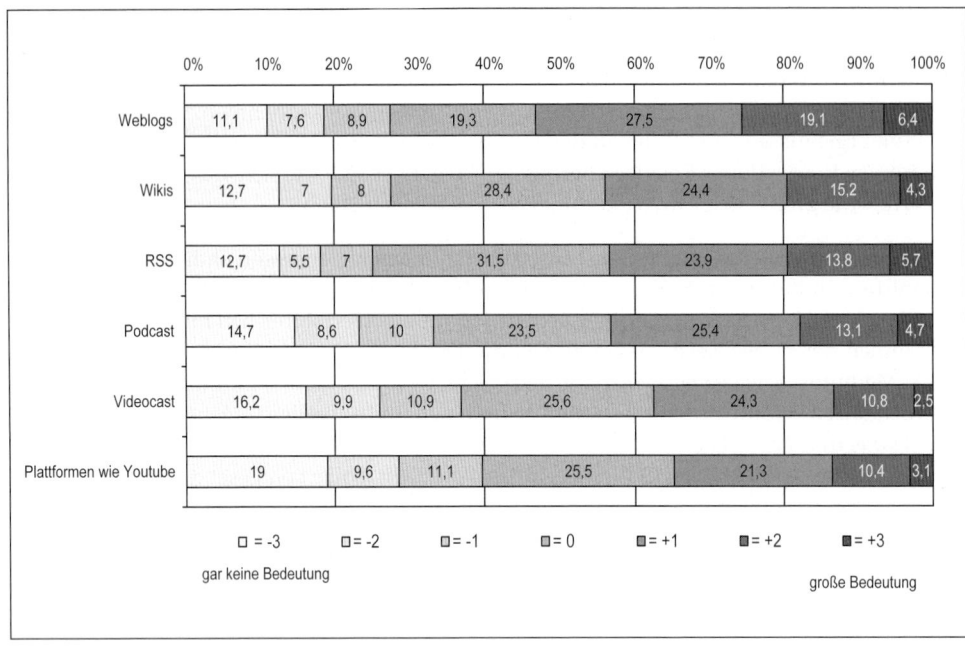

Schaubild III-E-20: Bedeutung der Web 2.0-Anwendungen in der PR (PR-Trendmonitor 2007)

bei den angesprochenen Personen. Dies geschieht in erster Linie dadurch, dass Mitglieder des Unternehmens sich persönlich, z. B. in Verbänden, Parteien, Kirchen oder bei Vorträgen an Hochschulen, engagieren und somit Überzeugungsarbeit für die Position des Unternehmens leisten. Dass insbesondere gegenüber Journalisten dem persönlichen Dialog eine zentrale Stellung eingeräumt wird, verdeutlicht eine Unternehmensbefragung, nach der persönliche Gespräche und Telefonate sowie exklusive Interviews bedeutsamer sind als Formen der kollektiven, eher unpersönlichen Ansprache, wie z. B. Pressekonferenzen, Pressemappen und Internetangebote (*Rolke* 2003, S. 38).

Beispiel: Maßnahmen des persönlichen Dialogs bei *Deloitte*

Die Prüfungs- und Beratungsgesellschaft *Deloitte Deutschland* feierte 2007 ihr 100-jähriges Bestehen und hat aus diesem Anlass auf die erfolgreiche und vertrauensvolle Zusammenarbeit mit seinen Mandanten aufmerksam gemacht. Durch eine interaktive Imagekampagne wurden prominente CEOs in Zeitungen, Zeitschriften, auf Plakaten und im Internet persönlich angesprochen. Folgte der Adressat dem dort angegebenen Link, konnte er via Log-in sein personalisiertes Anschreiben öffnen. Dieses beinhaltete Informationen über Profil und Leistungen von *Deloitte Deutschland*.

Des Weiteren sind vom Unternehmen auch vielfältige **PR-Aktivitäten bei ausgewählten Zielgruppen** durchzuführen. So kann das Unternehmen Informationsbroschüren, Aufklärungsmaterialen usw. an ausgesuchte Zielgruppen, z. B. an Schulen, Hochschulen, bei Fachtagungen, Symposien, Kongressen, Umweltverbänden oder Besuchergruppen bei Betriebsbesichtigungen, verteilen. Des Weiteren sind hierunter auch solche Aktivitäten bei den Zielgruppen zu subsumieren, die zur Imageprofilierung des Unternehmens beitragen. Hierzu zählt z. B. das Engagement des Unternehmens bei Verbänden, Standesorganisationen, Stiftungen oder Tarifpartnern. Darüber hinaus ist aber auch an die Unterstützung beziehungsweise Förderung sportlicher, kultureller oder sozialer Institutionen zu denken. Im Rahmen solcher Aktivitäten steht vor allem die Demonstration gesellschaftlicher Kompetenz und Verantwortung im

Vordergrund, wie dies auch im Sozio- oder Umweltsponsoring anzufinden ist. Dies kann beispielsweise dadurch geschehen, dass Mitarbeitende für soziale Zwecke freigestellt werden (Secondments) oder sich die PR-Aktivitäten auf Anlässe beziehen, die im gesellschaftlichen Interesse stehen, beispielsweise die Unterstützung sozialer oder umweltpolitischer Aktionen. Diese Maßnahmen dienen in erster Linie der Erreichung von Aufmerksamkeit der Zielgruppen gegenüber dem Unternehmen sowie auch eines positiven Imagetransfers für das Unternehmen.

> **Beispiel: Secondments bei *Siemens***
> Das Unternehmen *Siemens* zeigt gesellschaftliche Verantwortung durch seine Corporate Citizenship Programme. Das Ziel ist es dabei, die Beziehungen zu den Anspruchsgruppen des Unternehmens zu vertiefen, die Reputation bei wichtigen Stakeholdern zu verbessern und die Attraktivität als Arbeitgeber zu steigern. Neben Geld- und Sachspenden (Corporate Giving), philanthropisches Sponsoring und dem Engagement in Stiftungen bietet *Siemens* seinen Mitarbeitenden Secondments (Employee Voluntarism) an. Dies äußert sich z. B. konkret im Engagement für hilfsbedürftige Menschen.

Zu den PR-Maßnahmen im Rahmen der **Mediawerbung** sind alle diejenigen PR-Aktivitäten zu zählen, bei denen das Unternehmen über mediale Kommunikationsträger PR-Botschaften an die anvisierten Zielgruppen richtet. Für eine Abgrenzung der Mediawerbung, Unternehmens-PR und Produkt-PR sei an dieser Stelle nochmals auf Schaubild III-E-5 verwiesen. Die Mediawerbung der Public Relations unterscheidet sich vor allem in der beabsichtigten Botschaftsaussage. So zielen PR-Maßnahmen mit Hilfe von TV-Spots oder Anzeigen in erster Linie auf eine Meinungsbeeinflussung der Zielpersonen ab. In der Unternehmens-PR werden Botschaften dabei primär vor dem Hintergrund der Imageprofilierung eines Unternehmens beziehungsweise einer Branche sowohl bei Kunden als auch bei aktuellen beziehungsweise potenziellen Mitarbeitenden kommuniziert. Des Weiteren kann das Unternehmen mittels solcher PR-Maßnahmen seinen Standpunkt zu öffentlich diskutierten Streitpunkten, wie z. B. Umweltdiskussionen oder Diskussionen zur Erhaltung von Arbeitsplätzen, veröffentlichen. Ebenso wie bei der klassischen Mediawerbung hat das Unternehmen bei der PR-bezogenen Mediawerbung über Gestaltungsmodalitäten und die Platzierung des Werbemittels zu entscheiden.

> **Beispiel: PR-Maßnahmen im Rahmen der Mediawerbung von *Danone***
> Ein Beispiel für eine PR-Maßnahme über mediale Kommunikationsträger ist die Trinkwasser-Initiative, die der Getränke- und Lebensmittelkonzern *Danone* mit der Marke *Volvic* und in Zusammenarbeit mit *Unicef* durchführt. Das Ziel der Initiative ist es, sauberes Trinkwasser in Äthiopien zu fördern. Hierfür werden die Konsumenten mittels Werbespots aufgefordert, *Volvic*-Mineralwasser zu kaufen. Für jeden verkauften Liter Wasser, werden 10 Liter sauberes Trinkwasser garantiert. Als Testimonial in der Werbung wird dabei der Fernsehmoderator *Markus Lanz* eingesetzt (Insert III-E-6).

Unternehmensinterne PR-Maßnahmen umfassen schließlich solche Aktivitäten, die sich ausschließlich an die Zielgruppe der eigenen Mitarbeitenden richten. In Frage kommen hier z. B. die Ausgabe von Werks- und Mitarbeiterzeitschriften, die Durchführung von Informationsveranstaltungen mit den Beschäftigten, Betriebsausflüge, die Vorführung von Firmenvideos oder der Aufbau interner Sport-, Kultur- und Sozialeinrichtungen. Ziel solcher Maßnahmen ist die Steigerung der Motivation und der Identifikation der Mitarbeitenden mit dem Unternehmen und den zu erreichenden Unternehmenszielen sowie der Aufbau und die Pflege der unternehmensinternen Beziehungen zwischen Management und Mitarbeitenden beziehungsweise unter den Mitarbeitenden. Da in der Praxis häufig keine Unterscheidung zwischen unternehmensinterner Public Relations sowie der Mitarbeiterkommunikation vorgenommen wird, sei für eine ausführliche Darstellung dieser Maßnahmen auf Abschnitt III-K-6 in diesem Buch verwiesen.

Die vorangegangenen Ausführungen verdeutlichen, dass dem PR-treibenden Unternehmen zur Erreichung der PR-Ziele eine Vielzahl von Maßnahmen offen steht. Die Entscheidung über den konkreten Einsatz der PR-Maßnahmen ist in Abhängigkeit des zu erwartenden

Insert III-E-6: Volvic-Kampagne für sauberes Trinkwasser in Äthiopien

Zielerreichungsgrades zu treffen. Demzufolge sind primär diejenigen Maßnahmen zu ergreifen, mit denen die gesetzten PR-Ziele effektiv und effizient realisiert werden. Dabei ist der Einsatz der Public Relations im Rahmen der unternehmerischen Kommunikationspolitik nicht isoliert zu betrachten. Vielmehr ist gerade die Public Relations in den Kommunikationsmix der Unternehmen sowohl inter- als auch intrainstrumentell zu integrieren, um eine optimale Wirkung der Public Relations erzielen zu können.

8 Integration der Public Relations in den Kommunikationsmix

Die Betrachtung der vielfältigen Einsatzmöglichkeiten der Public Relations verdeutlicht, dass vielfach Berührungspunkte zu anderen Kommunikationsinstrumenten bestehen. Die Integration der Public Relations in den Kommunikationsmix ist aus zwei Gründen erforderlich. Zum einen lassen sich durch einen integrierten Einsatz der Kommunikationsinstrumente Kostensenkungspotenziale realisieren und zum anderen Synergieeffekte nutzen. Dabei ist die Public Relations auf zwei Ebenen zu integrieren (vgl. hierzu ausführlich *Bruhn* 2009a): Zum ersten ist der Einsatz der Public Relations auf interinstrumenteller Ebene mit den anderen Kommunikationsinstrumenten zu koordinieren. Darüber hinaus dürfen die jeweiligen Maßnahmen der Public Relations nicht isoliert betrachtet werden. Vielmehr sind zum zweiten die Einzelmaßnahmen der Public Relations intrainstrumentell zu integrieren, um ihrem effektiven und effizienten Einsatz zu gewährleisten.

8.1 Interinstrumentelle Integration der Public Relations

Zielsetzung der **interinstrumentellen Integration** ist es, Public Relations nicht als isoliertes Kommunikationsinstrument zu verstehen, das unabhängig von anderen Instrumenten eingesetzt wird. Vielmehr ist vor dem Hintergrund des Integrationsziels Wert darauf zu legen, dass durch einen kombinierten Einsatz von Public Relations im Verbund mit unpersönlichen und persönlichen Kommunikationsinstrumenten Synergiewirkungen in der gesamten Unternehmens- und Markenkommunikation entstehen. Hierbei ist darauf zu achten, dass eine inhaltliche Koordination der Public Relations mit den anderen Kommunikationsinstrumenten erfolgt, d. h., dass die zu kommunizierenden Botschaften, Argumente sowie auch Bilder thematisch aufeinander abgestimmt werden. Daneben ist eine formale Abstimmung der Instrumente sicherzustellen, indem zentrale Gestaltungsprinzipien (z. B. bei Unternehmensfarbe, Logo und Schrifttypen) über alle Instrumente eingehalten werden. Schließlich ist auch die zeitliche Integration der Instrumente zu planen, um die Wirkung der Public Relations durch einen vorgeschalteten, parallelen oder nachgeschalteten Einsatz anderer Kommunikationsinstrumente zu verstärken. Wie eine Studien zum Entwicklungsstand der Integrierten Kommunikation in deutschen, schweizerischen und österreichischen Unternehmen zeigen, wird Public Relations vom Großteil der befragten Unternehmen in die Integrierte Kommunikation einbezogen, wobei aus diesen Angaben jedoch nicht hervorgeht, wie intensiv die Integration vorgenommen wird (*Bruhn/Boenigk* 1999, S. 64; 157; *Bruhn* 2006, S. 63 f.; 185 ff.; 294 f.). Beispielhaft seien folgende Möglichkeiten einer interinstrumentellen Integration der Public Relations in die Unternehmens- und Marketingkommunikation aufgezeigt:

Public Relations und Mediawerbung: Bei der Verbindung von Public Relations und Mediawerbung geht es in erster Linie darum, die im Rahmen der Mediawerbung geäußerten Botschaftsaussagen durch den Einsatz der Public Relations zu unterstützen. Seit einiger Zeit kann die Tendenz festgestellt werden, dass die Konsumenten die Botschaftsaussagen der Mediawerbung in Bezug auf beworbene Produkte und Dienstleistungen zunehmend im Hinblick auf ihren Sinn und Zweck hinterfragen sowie in ihren Denkhaltungen und Verhaltensweisen eine zum Teil deutlich kritische Position einnehmen (*Horizont* 2002). Mediawerbung und Public Relations sind folglich parallel einzusetzen, um sowohl die Glaubwürdigkeit der Aussagen der Mediawerbung als auch die Wirkung beider Kommunikationsinstrumente zu erhöhen.

> **Beispiel: Integration von Public Relations und Mediawerbung bei *Bacardi Limited***
> *Bacardi Limited* stellte 2008 seine „Champions Drink Responsibly" Corporate Responsibility-Kampagne mit dem Formel-1-Weltmeister und *Bacardi Limited* Global Social Responsibility-Botschafter Michael Schumacher vor. Die Kampagne, mit der *Bacardi Limited* für verantwortungsvollen Alkoholgenuss eintrat, umfasste Maßnahmen der Print-, TV- und Onlinewerbung, Public Relations sowie Angebote, die sich direkt an die Verbraucher richten. Die zentrale Botschaft war „Alkohol und Autofahren passen nicht zusammen". Der Ansatz basierte auf zahlreiche bestehende Initiativen in den Ländern, wie die in Deutschland und Österreich seit Jahren erfolgreiche Driver's *Corner*®-Präventionskampagne (vgl. III-E-5.3).

Public Relations und Verkaufsförderung: Der Erfolg von Verkaufsförderungsaktionen ist unter anderem von der Einstellung der Konsumenten gegenüber dem Unternehmen abhängig. Public Relations bereitet vielfach die Grundlage für erfolgreiche Verkaufsförderungsaktionen, indem ein positives Unternehmensimage bei den Konsumenten gebildet wird. Ebenso wie beim Einsatz der Mediawerbung ist im Rahmen von Verkaufsförderungsaktionen darauf zu achten, dass keine widersprüchlichen Aussagen zu den Botschaftsinhalten der Public Relations geäußert werden.

Public Relations und Sponsoring: Bei der Integration von Public Relations und Sponsoring stehen dem Unternehmen vielfältige Möglichkeiten zur Verfügung. So kann das Unternehmen z. B. im Rahmen von Presseartikeln, Interviews oder Informationsbroschüren seine Aktivitäten in den Bereichen Sport-, Kultur-, Sozio- oder Umweltsponsoring kommunizieren und auf diese Weise deren Wirkung sowie Glaubwürdigkeit verstärken.

> **Beispiel: Public Relations für das Sponsoringengagement von *Continental***
> Das Unternehmen *Continental* gilt seit 2006 Offizieller Sponsor der *Uefa* Europameisterschaften. Im Rahmen einer im November 2007 in Zürich statt findenden Pressekonferenz hat der international führende Automobilzulieferer ein umfangreiches Maßnahmenpaket für die *UEFA-Fußball-Europa-*

meisterschaft in der Schweiz und in Österreich vorgestellt. Zusätzlich wurden Interviews mit den für das Sponsoring verantwortlichen Mitarbeitenden enthalten waren sowie eine Countdown-Uhr in Basel eingerichtet, die die Tage bis zum Start der Europameisterschaft zählen sollte.

Des Weiteren lassen sich Botschaftsaussagen der Public Relations durch gezielte Sponsoringengagements unterstützen, indem sich die kommunizierten Einstellungen des Unternehmens (z. B. umweltverträgliche Produktion, sozialer und fairer Handel) in den Sponsoringaktivitäten widerspiegeln.

Beispiel: Kinder- und Jugendförderung durch die *Migros*

Nachhaltigkeit und ökologisches Engagement sind zentrale Punkte im Unternehmensleitbild des Schweizer Einzelhandelunternehmens *Migros*. Kernthemen bilden der Schutz von Klima, Wald und Meer sowie die Erhaltung der Artenvielfalt. Seit vielen Jahren arbeitet die *Migros* deshalb mit der *WWF (World Wide Fund For Nature)* eng zusammen. Seit 2009 sponsert die *Migros* zudem das Kinder- und Jugendprogramm der Umweltorganisation. Die Umweltpolitik des Unternehmens dokumentiert sich auch in zahlreichen Pressemitteilungen, z. B. bei der Vertragsunterzeichnung der *Migros* mit der *WWF* oder in Pressemappen, in denen über die einzelnen Aktivitäten mit Kindern und Jugendlichen berichtet wird.

Public Relations und Event Marketing: Die Integration von Public Relations und Event Marketing kann in erster Linie durch einen parallelen Einsatz erfolgen, indem die von einem Unternehmen durchgeführten Events als „Aufhänger" für eine Berichterstattung über das Unternehmen oder die Eventinhalte dienen. So werden z. B. vor einem Event Maßnahmen der Public Relations zur Ankündigung und Motivation der potenziellen Teilnehmer durchgeführt. Des Weiteren ist ein Event als Startpunkt für weitere PR-Maßnahmen zu betrachten, wie z. B. die Inszenierung einer Pressekonferenz bei einer Neuprodukteinführung. Da zu einem Event ebenfalls unternehmensrelevante Personen eingeladen werden, können diese durch Maßnahmen des persönlichen Dialoges angesprochen werden.

Beispiel: Integration von Public Relations und Event Marketing bei *Nike*

Im Rahmen einer rollenden Pressekonferenz mit Fotoshooting wurde im September 2009 das Laufevent *Nike+Human Race* vorgestellt. Die Pressekonferenz fand in einem der klassischen Doppeldecker-Sightseeingbusse statt. Mit diesem Bus wurde während der Pressekonferenz die komplette Laufstrecke des Human Race abgefahren. Das Human Race bietet Teilnehmern über den ganzen Globus verteilt die Möglichkeit zu laufen und gemeinsam Teil eines globalen Events zu sein. *Nike* veranstaltet Läufe in zahlreichen Städten weltweit. Mit *Nike+Human Race* kann jede Straße in jeder Stadt zu einer Wettkampfstrecke werden.

Public Relations und Persönliche Kommunikation: Bei der Integration dieser beiden Kommunikationsinstrumente ist vor allem darauf zu achten, dass bei der Persönlichen Kommunikation keine konträren Aussagen zu den Kernbotschaften der Public Relations getroffen werden. Vielmehr ist das durch den Einsatz der Public Relations aufgebaute Image beziehungsweise das Vertrauen der Zielpersonen gegenüber dem Unternehmen durch entsprechende Maßnahmen der Persönlichen Kommunikation beim Presse- oder Kundenkontakt zu unterstützen. Durch den Kontakt des Kunden mit dem Unternehmen, z. B. im Rahmen des Persönlichen Verkaufs, wird dessen Einstellung entscheidend beeinflusst.

Public Relations und Messen/Ausstellungen: Eine Verbindung von Public Relations und Messen/Ausstellungen kann vorgenommen werden, indem beispielsweise in der Presse und im Rahmen von Pressekonferenzen über aktuelle Messeauftritte eines Unternehmens berichtet wird. Werden Messeauftritte genutzt, um neue Produkte vorzustellen, so kann eine Pressekampagne zudem die Wirkung der Produktneueinführung unterstreichen. Ebenfalls bildet die Messepräsenz eine Plattform, um spezielle Informationsveranstaltungen für Journalisten zu organisieren oder – ja nach Messeart – Informationsportale für die Öffentlichkeit zu bieten.

Beispiel: Integration von Public Relations und Messeauftritt bei *Siemens*
Im Vorfeld der *Hannover Messe* 2009 veranstaltete *Siemens* im März 2009 eine Fachpressekonferenz. Das Unternehmen setzte hierbei den Fokus auf kosteneffiziente Innovationen und energieeffiziente Lösungen. Unterstützt wurde die Konferenz durch einen Newsletter, der spezifisch auf den Messeauftritt von *Siemens* zugeschnitten wurde.

Public Relations und Direct Marketing: In der Regel bestehen zwischen Public Relations und Direct Marketing lediglich schwache Beziehungen. Dennoch existieren Möglichkeiten, PR- und Direct-Marketing-Maßnahmen sukzessiv zu integrieren. So können z. B. im Anschluss an Publicity-Aktionen im Vorfeld einer Neuprodukteinführung gezielte Direct-Marketing-Aktivitäten bei den anvisierten Zielgruppen initiiert werden, um den PR-Einsatz zu unterstützen. Hierzu zählt beispielsweise die Versendung persönlicher Angebote, Prospekte oder Broschüren.

Public Relations und Social Media: Die verschiedenen Möglichkeiten der Social Media betreffend (z. B. Weblogs, Wikis, Podcasts) lässt sich oftmals schwer unterscheiden, ob es sich in Verbindung mit Public Relations um eine Integration der beiden Instrumente handelt oder aber um PR-Botschaften, die durch Kommunikationsträger der Social Media verbreitet werden. Veröffentlichen Unternehmen beispielsweise, wie es heute oftmals anzufinden ist, Pressemitteilungen auf ihrer Homepage, so findet hierbei weniger eine Integration von Public Relations und Social Media statt, sondern die Maßnahme ist vielmehr dem Bereich der Online-PR zuzuordnen. Gleiches gilt für die Verbreitung von Unternehmensinformationen via SMS oder die Versendung von CD-ROMs. Von Integration lässt sich indessen dann sprechen, wenn Unternehmen in ihren PR-Aktivitäten, z. B. in einem Zeitungsartikel, auf den Internetauftritt hinweisen oder in einer Pressemitteilung zum Jahresabschluss darüber informieren, dass über das Internet der aktuelle Geschäftsbericht abgerufen oder auf CD-ROM bestellt werden kann.

Beispiel: Das Kommunikationszentrum der *Bayer AG* im Internet
Das *Bayer*-Kommunikationszentrum in Leverkusen dient nach Aussagen des Unternehmens als Diskussionsforum, Begegnungsstätte und multimediale Erlebniswelt, deren vielfältiges Kommunikationsangebot seit 1991 zirka 1,8 Mio. Besucher wahrgenommen haben (*Bayer AG* 2009). Nahezu eine Abbildung des realen Kommunikationszentrums findet sich auch im Internet. In unterschiedlichen virtuellen Themenräumen wird dem Besucher des *BayKomm* das Unternehmen *Bayer* vorgestellt (z. B. die Bereiche Ernährung, Gesundheit, Verkehr und Gesellschaftliche Verantwortung sowie Sport und Freizeit). Es wird auf Veranstaltungen der *Bayer AG* hingewiesen, vergangene Veranstaltungen sind als Fotoserien dokumentiert und eine Vielzahl von Kurzfilmen, die sich mit *Bayer*, seinen Produkten und Engagements beschäftigen, stehen zum Anschauen bereit (vgl. Insert III-E-7).

Public Relations und Mitarbeiterkommunikation: Im Rahmen der Integration von PR-Maßnahmen und Mitarbeiterkommunikation ist darauf zu achten, dass Mitarbeitende die nach außen kommunizierten PR-Botschaften zeitlich vor den externen Zielgruppen erhalten. Diskrepanzen zwischen interner und externer Kommunikation sind zu vermeiden, um sicherzustellen, dass Mitarbeitende im Kontakt mit Kunden oder Pressevertretern keine widersprüchlichen, inkonsistenten Aussagen machen. Als interne Kommunikationsinstrumente stehen hierzu eine Vielfalt sowohl persönlicher als auch unpersönlicher, elektronischer sowie schriftlicher Kommunikationsmittel zur Verfügung (vgl. ausführlich Abschnitt III-K-6).

8.2 Intrainstrumentelle Integration der Public Relations

Zur Erzielung einer hohen Wirkung der Public Relations und der Realisierung von Synergieeffekten ist nicht nur eine interinstrumentelle, sondern darüber hinaus auch eine **intrainstrumentelle Integration** der Public Relations erforderlich. Die Notwendigkeit einer intrainstrumentellen Integration zeigt sich insbesondere vor dem Hintergrund der mannigfaltigen Maßnahmen der Public Relations. Alle diese Maßnahmen sind vom PR-treibenden Unternehmen aufeinander

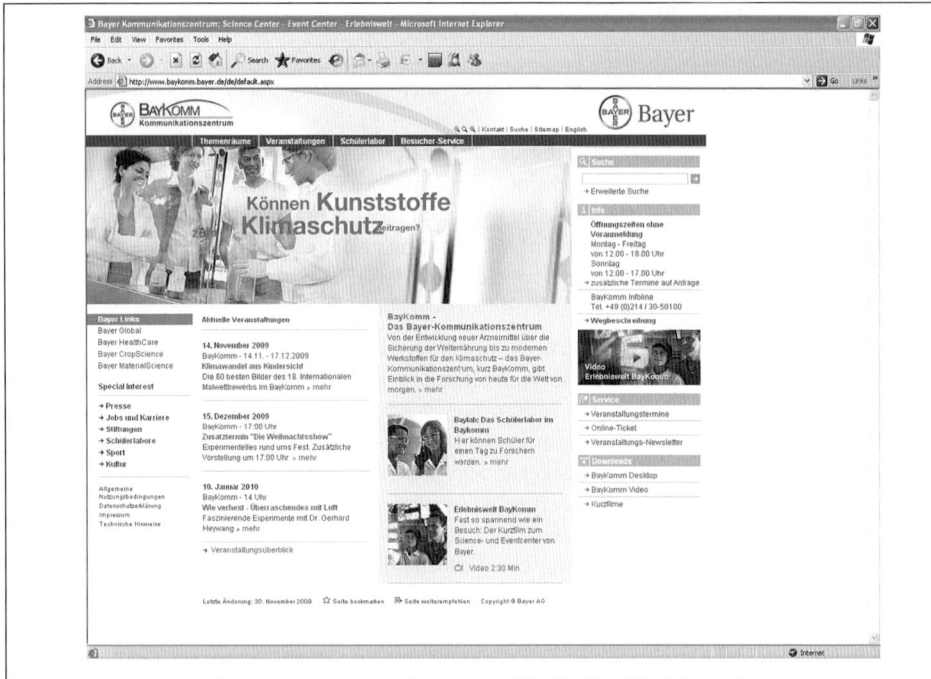

Insert III-E-7: Das Kommunikationszentrum der Bayer AG im Internet

abzustimmen, um ein einheitliches Erscheinungsbild des Unternehmens in der Öffentlichkeit sicherzustellen. Aus diesem Grund sind die Entscheidungen über den Einsatz einzelner PR-Aktivitäten miteinander zu vernetzen. Die intrainstrumentelle Integration der Public Relations bedeutet dabei nicht eine vereinheitlichte beziehungsweise identische Ansprache der diversen Zielgruppen der Public Relations. Diese sind vielmehr gemäß ihrer spezifischen Anforderungen an das Unternehmen und ihrer individuellen Kommunikationsbedürfnisse anzusprechen.

Zur Systematisierung der Integrationsentscheidungen im Rahmen der Public Relations kann nach der Tragweite der Integrationsentscheidung zwischen drei **Entscheidungsdimensionen** differenziert werden: die inhaltliche, die formale sowie die zeitliche Dimension.

Im Rahmen der **inhaltlichen Dimension** ist vom PR-treibenden Unternehmen über die konzeptionelle beziehungsweise inhaltliche Ausrichtung der einzelnen PR-Maßnahmen zu entscheiden. Dieses Entscheidungsproblem bezieht sich dabei nicht nur auf die inhaltliche Gestaltung einer einzelnen PR-Kampagne, sondern auf mehrere, zum Teil aufeinander aufbauende, Kampagnen. Die Entwicklung von Vertrauen und Verständnis oder die Schaffung eines positiven Unternehmensimages sind kurzfristig nicht erreichbar. Zu den typischen Zielen einer PR-Kampagne zählt z. B., das Unternehmen als besonders innovativ, verantwortungsbewusst gegenüber den Ansprüchen gesellschaftlicher Zielgruppen oder führend in der Umweltorientierung herauszustellen. Dies ist jedoch nur durch einen langfristig konzipierten und kontinuierlichen Einsatz der verschiedenen PR-Maßnahmen möglich.

Vor dem Hintergrund dieser Überlegungen ist vom PR-treibenden Unternehmen zu bedenken, inwieweit die zukünftigen PR-Aktivitäten durch ein langfristiges Konzept aufeinander abzustimmen sind. Auf der einen Seite kann das Unternehmen ein einmal ausgewähltes PR-Konzept über mehrere Jahre hinweg verfolgen und somit die Gesamtheit der PR-Maßnahmen an diesem Konzept ausrichten. Auf der anderen Seite kann auch über eine stetige Veränderung der konzeptionell-inhaltlichen Ausrichtung der Public Relations nachgedacht werden, um sich an geänderte gesellschaftliche Anforderungen anzupassen.

Die Entscheidung darüber, wie lange eine einmal definierte inhaltliche Ausrichtung der Public Relations beibehalten wird, ist letztendlich in Anbetracht der gesetzten PR-Ziele zu treffen. Zum Aufbau von Vertrauen und Verständnis bei den anvisierten Zielgruppen ist es notwendig, einen konstanten und kontinuierlichen Auftritt im Rahmen der Public Relations zu gewährleisten. Das Vertrauen der Zielpersonen in das Unternehmen kann nur durch ein gleichbleibendes Auftreten in der Öffentlichkeit erreicht werden. Modifikationen in der konzeptionell-inhaltlichen Ausgestaltung der Public Relations sind nur bei Änderung wesentlicher gesellschaftlicher Anforderungen, wie z. B. der Umweltorientierung, an das Unternehmen vorzunehmen. Im Gegensatz dazu ist eine Anpassung der Public Relations an kurzfristige gesellschaftliche Trends, wie z. B. Veränderungen des Lifestyles, möglichst zu vermeiden. Dies würde einen ständigen Wechsel der inhaltlichen Ausrichtung bedeuten. Zwar könnte das PR-treibende Unternehmen hiermit durchaus Aufmerksamkeit bei den Zielgruppen erlangen, allerdings wäre eine solche Vorgehensweise durch einen nicht-konstanten Auftritt des Unternehmens in der Öffentlichkeit gekennzeichnet. Als Konsequenz ergibt sich für die Rezipienten kein einheitliches Erscheinungsbild des Unternehmens, so dass der Erfolg einer andauernden Veränderung in der PR-Konzeption in Frage zu stellen ist.

Nach der Entscheidung über die inhaltliche Ausrichtung ist des Weiteren über die **formale Dimension** der zukünftigen Public Relations zu befinden. Dabei haben sich gestalterische Entscheidungen konsequent an der definierten Konzeption der Public Relations zu orientieren. Insbesondere ist vom PR-treibenden Unternehmen eine klare Ausrichtung der formalen Gestaltung beziehungsweise der Integration der einzelnen PR-Maßnahmen vorzunehmen. Die Integration der formalen Gestaltung bezieht sich hierbei vor allem auf Maßnahmen im Rahmen der Mediawerbung, aber auch der Pressearbeit, Aktivitäten bei ausgewählten Zielgruppen sowie bei unternehmensinternen Maßnahmen. Zu denken ist beispielsweise an die Kombination der einzusetzenden Modalitäten im Rahmen der PR-bezogenen Mediawerbung, der formalen Gestaltung von Prospekten, Broschüren, Mitarbeiterzeitschriften oder Informationsmaterial für Journalisten. Ziel dieser Integrationsmaßnahmen ist die Entwicklung eines unternehmenseigenen Stils bei jeglichem Kontakt des Unternehmens mit der Öffentlichkeit.

Die **zeitliche Dimension** der intrainstrumentellen Integration betrifft sowohl die Koordination der einzelnen PR-Maßnahmen innerhalb einer als auch zwischen verschiedenen Planungsperioden. Auch hierbei liegt das zentrale Ziel darin, durch Kontinuität in den PR-Aktivitäten deren Glaubwürdigkeit zu steigern und eine gegenseitige Unterstützung der Maßnahmen zu bewirken. Zudem lassen sich durch zeitlich bewusst abgestimmte PR-Botschaften Wiederholungs- und Lerneffekte bei den Zielgruppen erzielen, beispielsweise wenn Informationen über Produktneuheiten oder auch die Haltungen des Unternehmens zu bestimmten gesellschaftlichen Themenstellungen zeitlich abgestimmt kommuniziert werden.

9 Erfolgskontrolle der Public Relations

9.1 Bedeutung der Erfolgskontrolle der Public Relations

Die Erfolgskontrolle der Public Relations beinhaltet die systematische Überprüfung der PR-Aktivitäten, um den Zielerreichungsgrad der bisherigen PR-Maßnahmen zu ermitteln und hieraus Handlungsempfehlungen für den zukünftigen Einsatz der Public Relations abzuleiten. Obwohl Public Relations zu den klassischen Instrumenten der Kommunikationspolitik zählt und in vielfältiger Art und Weise zur Schaffung eines positiven Unternehmensimages beziehungsweise von Vertrauen und Verständnis eingesetzt wird, ist die Problematik einer umfassenden PR-Erfolgskontrolle erst in den letzten Jahren zunehmend thematisiert worden. Dies ist zum einen darauf zurückzuführen, dass der Einsatz der Public Relations oftmals als „Free Advertising" betrachtet wird, da der Öffentlichkeitsarbeit oftmals keine direkten Medienkosten zugerechnet werden können (*Rothschild* 1987, S. 503). Wie oben erwähnt, beinhalten die Maßnahmen der Public Relations auch Aktivitäten im Rahmen der Mediawerbung und verursachen teilweise Belegungskosten. Dem Unternehmen entstehen vielfältige Kosten beim Einsatz der Public Relations, z. B. Kosten für die Erstellung von Pressemappen, Personalkosten oder das Erstellen von Anzeigen. Zum anderen wurde vielfach die These vertreten, dass eine Erfolgsmessung der Public Relations aufgrund mangelnder Zurechenbarkeit des PR-bezogenen Aktivitätsniveaus und entsprechender Erfolgsgrößen nicht möglich sei und somit von den Unternehmen eine Erfolgsmessung zumeist auch nicht gefordert wurde (*Bläse* 1982, S. 196; *Kalt* 1994, S. 7; *Zeiter* 2008, S. 1).

Des Weiteren wurde in der Vergangenheit der Erfolgskontrolle auch seitens der PR-Verantwortlichen eine nur geringe Bedeutung beigemessen. So konnte bei einer Befragung von 216 leitenden Mitgliedern der *Deutschen Public Relations Gesellschaft (DPRG)* im Jahre 1989 festgestellt werden, dass diese der formellen Kontrolle lediglich eine geringe Bedeutung beimessen. Bei der Betrachtung der Wirkungen der ergriffenen PR-Maßnahmen verlassen sie sich zu 88 Prozent auf ihre persönlichen Kontakte mit Journalisten und Meinungsführern (*Pracht* 1991, S. 39 ff.). Diese Haltung gegenüber der PR-Wirkungskontrolle bestätigt sich in einer Studie aus dem Jahre 1996, der zufolge die Hälfte der befragten Unternehmen die PR-Wirkungskontrolle als weniger wichtig oder unwichtig bezeichnet (*Röttger* 2008, S. 287). Sogar ein interner Pressespiegel, ein unkompliziertes und kostengünstiges Kontrollinstrument, wird nur von rund zwei Dritteln der Unternehmen erstellt, wobei dies bei Unternehmen mit eigenen PR-Abteilungen häufiger der Fall ist als bei Unternehmen, in denen Public Relations organisatorisch anders verankert ist (*Röttger* 2008, S. 288 f.). Auch im Jahre 2004 bedeutete Erfolgskontrolle für die meisten Unternehmen lediglich die Durchführung einer quantitativen Auswertung von Clippings. 88 Prozent der Befragten einer Online-Umfrage der Agentur *PR+Co. GmbH* bedienen sich diesem Instrument, gefolgt von qualitativen Medienresonanzanalysen (60 Prozent), Marktforschung (28 Prozent), Input-Output-Analysen (21 Prozent) und Zeitreihenanalysen (17 Prozent). 46 Prozent verlassen sich auf eigene Einschätzungen. Befragt wurden insgesamt 201 PR-Fachleute aus Agenturen und 170 PR-Manager aus Unternehmen (*PR+Co. GmbH* 2004). Der Grund für die zurückhaltende Durchführung von PR-Erfolgskontrollen ist häufig darin zu finden, dass von den PR-Fachleuten die Erfolgskontrolle als zu komplex angesehen wird. Als weitere Gründe für die fehlende Erfolgsmessung werden Zeit- und Geldmangel von den Verantwortlichen angegeben (*Pracht* 1991, S. 42 f.; *Röttger* 2008, S. 289).

In Anbetracht der strategischen Bedeutung der Public Relations und der hohen Investitionen in aufwändige PR-Kampagnen wird von den Unternehmen inzwischen jedoch in zunehmendem Maße der Erfolg dieser Aktivitäten auf den Prüfstand gestellt. Vor dem Hintergrund finanzieller Restriktionen und folglich begrenzter Kommunikationsbudgets wird immer häufiger der Nachweis des konkreten Nutzens der Public Relations verlangt. Aus diesem Grund ist die Erfolgskontrolle der Public Relations bei Fachdiskussionen in Hochschulen, Agenturen und Berufsverbänden zu einem wichtigen Thema der PR-Branche avanciert. Ein Beispiel für den gestiegenen Stellenwert der PR-Erfolgsmessung ist die Verpflichtung der organisierten

Mitglieder der *Gesellschaft der Public Relations Agenturen (GPRA)*, seit 1994 zur Erhaltung der Glaubwürdigkeit und Transparenz des PR-Berufsstandes die Erfolgskontrolle als Standardmaßnahme anzubieten. Mitglieder, die dieser Verpflichtung nicht nachkommen, werden automatisch aus der *GPRA* ausgeschlossen (*Kalt* 1994, S. 7).

Problematisch ist vielfach jedoch die Ermittlung relevanter Erfolgskriterien der Public Relations. Strategische Zielgrößen der Public Relations, wie Vertrauen oder Verständnis, können nur bedingt operationalisiert werden. Auch die Heranziehung ökonomischer Erfolgskriterien, wie z. B. die Steigerung des Absatzes oder Erhöhung des Gewinns, erscheint wenig sinnvoll, da diese Größen kaum allein dem Aktivitätsniveau der Public Relations zuzuordnen sind. Vom Unternehmen sind somit Erfolgskriterien heranzuziehen, die sich vor allem auf zwei Punkte beziehen:

(1) Sensible Reaktionen auf PR-Maßnahmen,
(2) Reagibilität, verursacht durch PR-Maßnahmen.

Der Erfolg der durchgeführten PR-Maßnahmen ist daran zu messen, inwieweit die ausgewählten PR-Aktivitäten zur Erreichung der gesetzten PR-Ziele beigetragen haben. Zur Bestimmung des Zielerreichungsgrades sind vom Unternehmen die Wirkungen der ausgewählten PR-Maßnahmen zu ermitteln und zu bewerten, d. h. es ist die Frage nach den durch die PR-Maßnahmen ausgelösten Reaktionen der Rezipienten zu beantworten. Aus dem Vergleich der erzielten Wirkungen und den definierten PR-Zielen ist im Anschluss der Erfolg der Public Relations zu bestimmen. Darüber hinaus können aus der Erfolgsbetrachtung auch Defizite bei vergangenen PR-Aktivitäten aufgedeckt und Rückschlüsse auf den zukünftigen Einsatz der Public Relations gezogen werden. Insofern sind die Erfolgskriterien der Public Relations aus den formulierten PR-Zielen abzuleiten. Schaubild III-E-21 zeigt in diesem Zusammenhang eine beispielhafte Aufzählung relevanter Erfolgskriterien der Public Relations. Welche Erfolgskriterien in der Unternehmenspraxis für die PR-Tätigkeit herangezogen werden, zeigt die bereits zitierte Unternehmensbefragung von *Röttger*. Demnach gelten eine hohe und qualitativ gute Medienresonanz sowie der Aufbau eines Dialoges mit relevanten Bezugsgruppen als die bedeutsamsten Kriterien der Public Relations (*Röttger* 2008, S. 297 ff.; ähnlich *Röttger/Hoffmann/Jarren* 2003, S. 148). Hierauf folgen das Bewirken einer Meinungsänderung bei Entscheidungsträgern, die Profilierung durch ein einheitliches Erscheinungsbild des Unterneh-

PR-Ziele	PR-Erfolgskriterien
Kognitiv-orientierte Ziele	• Bekanntheitsgrad des Unternehmens • Kenntnisse über angebotene Leistungen des Unternehmens • Kenntnisse über das Umwelt- bzw. Sozialengagement des Unternehmens u.a.m.
Affektiv-orientierte Ziele	• Emotionale Disposition der Zielpersonen gegenüber dem Unternehmen • Interesse der Zielpersonen gegenüber dem Unternehmen • Einstellung der Zielpersonen u.a.m.
Konativ-orientierte Ziele	• Anzahl veröffentlichter Presseartikel • Anzahl von Besuchern am Tag der offenen Tür • Kommunikationsverhalten von Bürgerinitiativen gegenüber der Öffentlichkeit u.a.m.

Schaubild III-E-21: PR-Ziele und dazugehörige PR-Erfolgskriterien

mens, die Verbesserung der Kommunikation zwischen den unterschiedlichen Hierarchieebenen im Unternehmen, die Information der Bevölkerung, die Verhinderung politischer
Maßnahmen, die dem Unternehmen schaden könnten, die Initiierung eines öffentlichen Dialoges sowie schließlich die Mobilisierung der Bevölkerung.

9.2 Methoden der Erfolgskontrolle der Public Relations

9.2.1 Prozesskontrolle der Public Relations

Prozesskontrollen beschäftigen sich mit der Überprüfung der Durchführung der PR-Maßnahmen. Hierzu zählt z. B. die Überwachung aller notwendigen Aktivitäten zur Vorbereitung
einer PR-Kampagne, die Einhaltung von Zeitplänen oder die Einbeziehung der unterschiedlichen Pressevertreter. Zur Kontrolle der Ablaufprozesse kommen Methoden wie **Checklisten**, **Netzpläne**, **EDV-gestützte Terminüberwachungen** und ähnliche Verfahren zum Einsatz.
Diese Verfahren sind in der Lage, Zeitpläne und kritische Aktivitäten im PR-Planungsprozess
auch kurzfristig zu kontrollieren.

9.2.2 Effektivitätskontrolle der Public Relations

9.2.2.1 Stellenwert der Effektivitätskontrolle in der Praxis

Da die Notwendigkeit und Bedeutung der PR-Erfolgskontrolle erst in den letzten Jahren zunehmend erkannt wurde, existieren bislang nur wenige Methoden zur Messung der Wirkungen des PR-Einsatzes. Anstatt wissenschaftlich fundierter Methoden werden in Praxis
oftmals so genannte **atmosphärische Beurteilungen** eingesetzt, auf die vor allem „versierte"
PR-Praktiker vertrauen (*Avenarius* 2008, S. 128). In deren Verlauf wird die Wirkung einer PR-
Maßnahme lediglich nach dem subjektiven Eindruck der PR-Praktiker – häufig des PR-Verantwortlichen selbst – beurteilt. Des Weiteren fließen in die Urteilsbildung auch Kommentare
und Stellungnahmen der Kollegen oder angesprochener Zielgruppen mit ein. So beurteilt der
PR-Fachmann z. B. die Wirkung einer Diskussion mit einer örtlichen Bürgerinitiative nach
den Reaktionen der Bürger während beziehungsweise nach der Veranstaltung.

Der Erklärungsgehalt beziehungsweise die Zuverlässigkeit einer Effektivitätskontrolle (Wirkungskontrolle) aufgrund subjektiver Beurteilungen ist jedoch als relativ gering einzuschätzen. Insbesondere kritisch ist die Neigung der Praktiker, von wenigen positiven Kommenta-
ren einiger Kollegen oder anderer Personen Rückschlüsse auf die Wirkung der PR-Maßnahme
bei der Gesamtheit der Rezipienten zu ziehen. Die atmosphärische Beurteilung ist weniger
als Effektivitätskontrolle der Public Relations, sondern vielmehr als ein erstes Element im
Vorfeld einer noch durchzuführenden Wirkungsmessung zu sehen. Demgemäß wird sie von
einigen Autoren als notwendiges Mittel der PR-Verantwortlichen gesehen, um die Wahrnehmung ihrer eigenen Handlungsweisen in ihrer engsten Umgebung überprüfen zu lassen.
Dies wird damit begründet, dass erfolgreiche Public Relations nur dann durchgeführt werden können, wenn auch die Mitarbeitenden im eigenen Unternehmen den PR-Aktivitäten zu-
stimmen (*Rolke* 1992, S. 36). Diese Sichtweise ist jedoch als äußerst kritisch zu betrachten. Eine
solche Effektivitätskontrolle ist stark durch Subjektivismen gekennzeichnet und bietet keine
beziehungsweise nur bedingt Ansatzpunkte für die Bewertung einzelner PR-Maßnahmen.
Des Weiteren sind zu einer zuverlässigen Wirkungskontrolle möglichst objektiv nachvollziehbare sowie messbare Wirkungsgrößen heranzuziehen. Vor diesem Hintergrund werden

derzeit Bemühungen unternommen, neue zuverlässige Evaluationsmethoden zu entwickeln und in Unternehmen sowie Kommunikationsagenturen einzuführen.

Grundsätzlich zu unterscheiden sind im Rahmen der Effektivitätskontrolle Methoden, die sich vorrangig mit der Medienresonanz der PR-Aktivitäten auseinandersetzen sowie solche, die die PR-Wirkung bei den Zielgruppen der Public Relations erfassen. Bezogen auf die medienbasierten PR-Aktivitäten (vor allem die Pressearbeit) kann die Erfassung der Medienresonanz als Grundlage für jegliche weiterführenden Wirkungskontrollen bezeichnet werden.

9.2.2.2 Analyse der Medienresonanz

Ein in der Praxis vielfach angewendeter Ansatz zur Bewertung der PR-Wirkung in den Medien ist die **Auszählung von Pressebeiträgen** beziehungsweise Erwähnungen des Unternehmens in den Medien. Dabei werden alle in den Medien veröffentlichten Beiträge in Fernsehen und Hörfunk sowie insbesondere sämtliche Zeitungsartikel (so genannte **„Clippings"**) über das Unternehmen gesammelt und dokumentiert (*Naundorf* 1993, S. 600; *Zeiter* 2008). Nach jeder Preisausschreibung, Pressekonferenz oder Vergabe von Pressemitteilungen werden die erreichten Hörer- und Seherzahlen sowie die Abdruckerfolge in Zeilen und Auflagenhöhen festgehalten. Obwohl hierdurch eine Fülle von Veröffentlichungen gesammelt wird, ist der Aussagengehalt eines solchen „Clippings" für die Wirkung der durchgeführten PR-Maßnahmen alleine relativ gering. Hierbei werden lediglich Informationen über die Verbreitung der abgegebenen Pressemitteilungen erhoben. Dies kann zwar darüber Aufschluss geben, ob die Mitteilung für die Journalisten interessant war oder wie viele Rezipienten aufgrund der Reichweite des Mediums diese Pressemeldung theoretisch aufnehmen konnten. Eine PR-Aktion ist gemäß der Aussage von Praktikern dann erfolgreich, wenn ein „Mediendurchdringungsindex" von 30 Prozent erreicht wird. Dies bedeutet, dass das PR-Thema von jedem dritten als relevant erachteten Medium in einem definierten Zeitraum wiedergegeben wurde (*Avenarius* 2008, S. 130). Allerdings ist die Angabe solcher Indizes mit großem Vorbehalt zu begegnen, da diese beispielsweise abhängig von dem zu wählenden Zeitraum sowie der Anzahl einbezogener Zeitschriften sind. Weiterhin erhält das Unternehmen keine Hinweise darauf, ob die von den Medien übermittelten Kommunikationsinhalte von den Lesern und Leserinnen aufgenommen worden sind und verstanden wurden, welche Wirkung sie entfaltet haben und welchen Erinnerungswert sie erzeugen konnten (*Zeiter* 2008).

Aus diesen Gründen werden in der Praxis zunehmend **Inhaltsanalysen** beziehungsweise **Content-Analysen** in Form qualitativer und quantitativer **Medienresonanzanalysen** durchgeführt (*Braun* 2000; *DPRG* 2001; *Zeiter 2008; Deg* 2009, S. 202 f.; *Raupp/Vogelgesang* 2009). Hierbei erfolgt nicht nur eine reine Auszählung beziehungsweise Auflistung der Presseartikel, sondern diese werden vielmehr im Hinblick auf ihren Aussagegehalt analysiert. Bei Inhaltsanalysen registriert das Unternehmen nicht nur die Abdruckerfolge der Presseinformationen, sondern darüber hinaus auch den Inhalt dieser Veröffentlichungen, d. h. die von den Medien veröffentlichte Meinung wird analysiert. Zur Durchführung einer Medienresonanzanalyse sind sechs **Schritte** erforderlich (*DPRG (Deutsche Public Relations Gesellschaft)/GPRA (Gesellschaft Public Relations Agenturen)* 2000, S. 16 ff.):

(1) Der erste Schritt einer Medienresonanzanalyse befasst sich mit der Erstellung einer **Übersicht aller veröffentlichten Beiträge** in Printmedien, im Rundfunk, im Fernsehen sowie im Internet. Dies bildet die Grundlage für die eigentliche quantitative und qualitative Analyse im weiteren Vorgehen.

(2) Im zweiten Schritt wird in einer **quantitativen Analyse** (= PR-Medienpräsenz-Analyse) ermittelt, in welchem Umfang, an welcher Stelle und mit welcher Häufigkeit die abgege-

benen Pressemitteilungen oder Berichte über das Unternehmen in den Medien wiedergegeben worden sind. Hiermit sammelt das Unternehmen anhand dieser rein quantitativen Daten – analog zum Auszählen von Pressemitteilungen – Informationen über das Interesse der Medien, das dem Unternehmen oder dessen Verlautbarungen entgegengebracht wird. Relevant ist in diesem Zusammenhang auch die Auflagenhöhe der Medien, in denen das Unternehmen Erwähnung fand, die Qualität und die Zielgruppen des Mediums sowie weitere Merkmale, die ein differenziertes Bild der Medienberichterstattung skizzieren.

(3) Hierauf aufbauend erfolgt die **qualitative Inhaltsanalyse** der Medienberichte. Dabei werden die inhaltlichen Aussagen von Zeitungsartikeln, Hörfunkbeiträgen, Fernsehberichten und Beiträgen im Internet dahingehend analysiert, inwieweit die vom Unternehmen bereitgestellten Presseinformationen transformiert worden sind. Im Mittelpunkt steht die Beantwortung der Frage, ob die vermittelten Informationen lediglich übernommen oder aber umgeschrieben, ergänzt, in Frage gestellt, kritisiert oder mit anderen Botschaften durchsetzt worden sind (*Avenarius* 2008, S. 130). Insgesamt werden mit den qualitativen Analysen Aussagen über das „Medienimage" des Unternehmens angestrebt, d.h. über das durch die Medien bei den Zielgruppen erzeugte Unternehmensbild. Aussagen darüber, wie die Zielgruppen das Informationsangebot aufnehmen und welche Wirkungen es erzeugt, können damit allerdings noch nicht generiert werden; dies hat separat in einer direkten Befragung der Zielgruppen zu erfolgen.

(4) In einem weiteren Schritt erfolgt eine **Bewertung des Medienmaterials** in Hinblick auf die anvisierten PR-Ziele und die definierte PR-Strategie (PR-Mediawert-Analyse). Berücksichtigung finden hierbei unter anderem die Verbreitung und Wertigkeit der publizierten Beiträge. Beispielsweise ist für ein Unternehmen, das mit einem PR-Beitrag in erster Linie ein ausgewähltes Fachpublikum anvisiert, eine negative Berichterstattung in den jeweiligen Fachmedien kritischer zu betrachten als negative Beiträge in undifferenzierten Massenmedien. Auf Basis der Bewertung des Medienmaterials kann eine Indexbildung erfolgen, die die quantitativen und qualitativen Analysen zusammenfasst und damit die Voraussetzung schafft, Effekte der Medienberichterstattung auf übergeordneten Ebenen wie Wahrnehmung und Verhalten zu ermitteln.

(5) Im Rahmen des fünften Schrittes erfolgt eine vom *Institut für Medienentwicklung und Kommunikation (IMK)* entwickelte **„Input-Output-Analyse"** (*Kalt* 1994, S. 7; *Braun* 2000, S. 116; *Avenarius* 2008, S. 130). Die „Inputs" des Unternehmens werden nach ihren Einzelaussagen differenziert sowie anhand inhaltlicher und formaler Merkmale erfasst. Darüber hinaus können auch stilistische und rhetorische Merkmale, z. B. bei Reden, betrachtet werden. In analoger Art und Weise werden im Anschluss die „Outputs" der Journalisten erfasst und bewertet. Aus der Gegenüberstellung dieser so ermittelten Größen kann vom Unternehmen bestimmt werden, welche Maßnahmen effektiv waren und welche Aktivitäten als weniger sinnvoll zu erachten sind. Ferner erhält das Unternehmen Informationen darüber, welche seiner Argumente unter den gegebenen Bedingungen von den Journalisten übernommen, leicht verändert oder entscheidend abgewandelt wurden. Schließlich hat das Unternehmen Kenntnis darüber, ob die gesetzten PR-Ziele bei der anvisierten Zielgruppe der Journalisten erreicht wurden. Bei der Betrachtung der abgegebenen Presseinformationen ist es für das Unternehmen weiterhin interessant, inwieweit diese durch die Journalisten diskutiert beziehungsweise transformiert wurden. So ist sowohl eine vollständige Übernahme der Pressemitteilungen als auch eine Diskussion über die PR-Mitteilung ohne Berücksichtigung der vom Unternehmen abgegebenen Botschaften als suboptimal anzusehen. Auf der einen Seite dokumentiert die reine Übernahme ein nur

geringes Interesse der Journalisten gegenüber der Unternehmensnachricht. Werden auf der anderen Seite dagegen die Mitteilungen des Unternehmens nicht berücksichtigt und folglich andere Inhalte in den Vordergrund gestellt, die nicht im Interesse des Unternehmens liegen, so verfügt das Unternehmen über keinerlei Steuerungskraft gegenüber den Medien. Im Rahmen der Input-Output-Analyse lässt sich der Anteil an unternehmenseigenen und durch die Journalisten hinzugefügten Informationen feststellen. Als optimale Relation wird in der Praxis ein Anteil von 70 Prozent eigeninitiierter und 30 Prozent fremdinitiierter Medienbeiträge betrachtet (*DPRG (Deutsche Public Relations Gesellschaft)/ GPRA (Gesellschaft Public Relations Agenturen)* 2000, S. 20; *Avenarius* 2008, S. 131).

(6) Zum Abschluss der Medienresonanzanalyse empfiehlt sich eine **Zusammenfassung und Bewertung der Analyseresultate**. Hier sind auch Handlungsempfehlungen für die Verantwortlichen im Unternehmen zu formulieren, um die Ergebnisse der Medienresonanzanalyse direkt in den Planungsprozess der Public Relations einfließen zu lassen.

Mit Hilfe einer Medienresonanzanalyse werden die Schwerpunkte der Medienberichterstattung ermittelt und bewertet. Möglich ist auch die Durchführung eines zeitlichen Vergleichs zweier PR-Maßnahmen. So kann beispielsweise die Resonanz auf eine Pressekonferenz in zwei aufeinander folgenden Jahren ermittelt werden (*Scheele* 1986, S. 41). Eine beispielhafte Checkliste für eine Medienresonanzanalyse ist in Schaubild III-E-22 abgebildet. Die Schaubilder III-E-23 bis III-E-27 zeigen darüber hinaus ausgewählte quantitative (Medienpräsenz) und qualitative (Themenschwerpunkte, Medienimage) Teile der Medienresonanzanalyse des *Kompetenzzentrums Technik-Diversity-Chancengleichheit* bezüglich des *Girls' Day* (im Beobachtungszeitraum Januar bis Mai 2005).

Quantitativ	Positiv	Neutral	Negativ
Anzahl der Beiträge	☐	☐	☐
Länge/Umfang der Beiträge	☐	☐	☐
Platzierung/Sendezeit	☐	☐	☐
Auflagenhöhe/Reichweite des Mediums	☐	☐	☐
Häufigkeit der Erwähnung des Unternehmens	☐	☐	☐
Qualitativ	**Positiv**	**Neutral**	**Negativ**
Inhaltsaussage	☐	☐	☐
Art und Weise der Darstellung	☐	☐	☐
Platzierung	☐	☐	☐
Bildmaterialeinsatz	☐	☐	☐
Art der Rubrik oder Sendung	☐	☐	☐
Stellenwert der Veröffentlichung innerhalb eines Mediums	☐	☐	☐
Häufigkeit der Berichterstattung	☐	☐	☐
Aussagen (was wurde veröffentlicht, reine Abschrift des Communiqués oder redigierter Text)	☐	☐	☐
Grundtenor der Aussagen	☐	☐	☐
Art und Aufmachung der Berichterstattung, Gewichtung der Kommentare	☐	☐	☐
Platzierung (z.B. auf Front-/Titelseite)	☐	☐	☐

Schaubild III-E-22: Checkliste einer Medienresonanzanalyse (Müller/Kreis-Muzzulini 2009, S. 147f.)

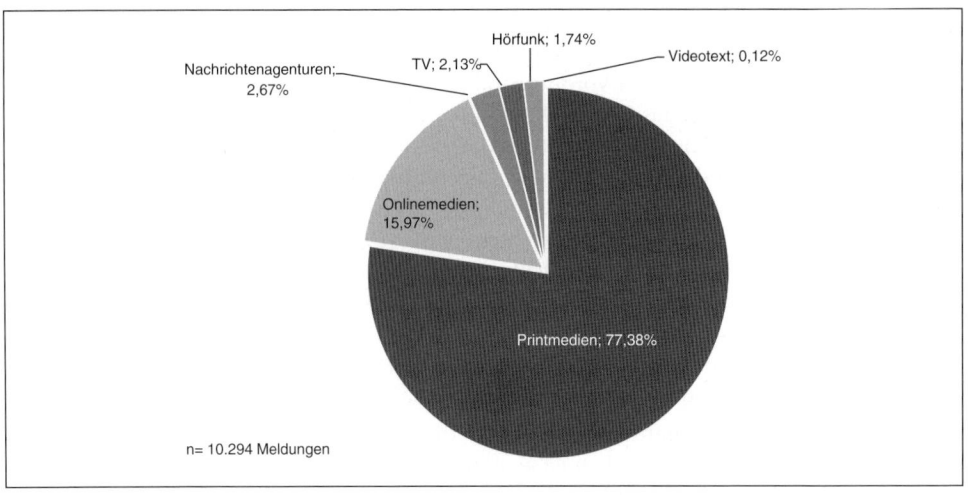

Schaubild III-E-23: Medienpräsenz nach Medienarten (Projekt Girls' Day 2005, S. 6)

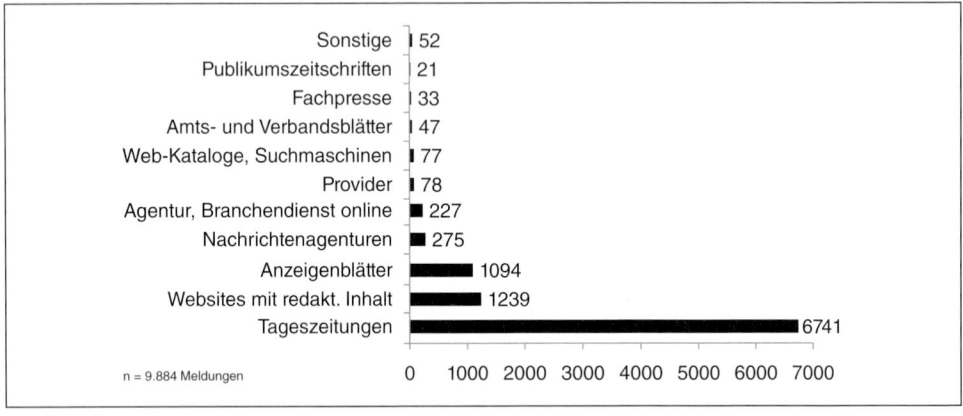

Schaubild III-E-24: Medienpräsenz nach Medientypen (Projekt Girls' Day 2005, S. 6)

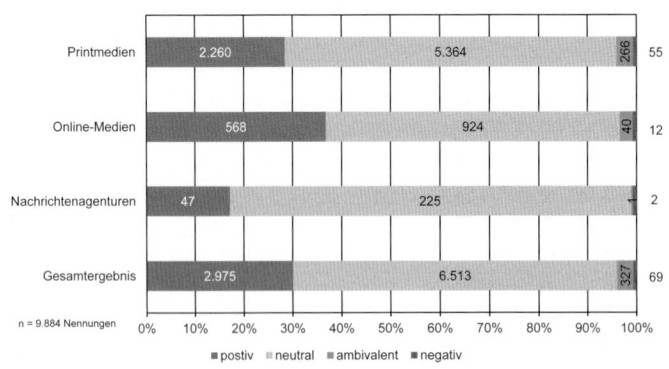

Schaubild III-E-25: Thematische Bezüge nach Medienart (Projekt Girls' Day 2005, S. 20)

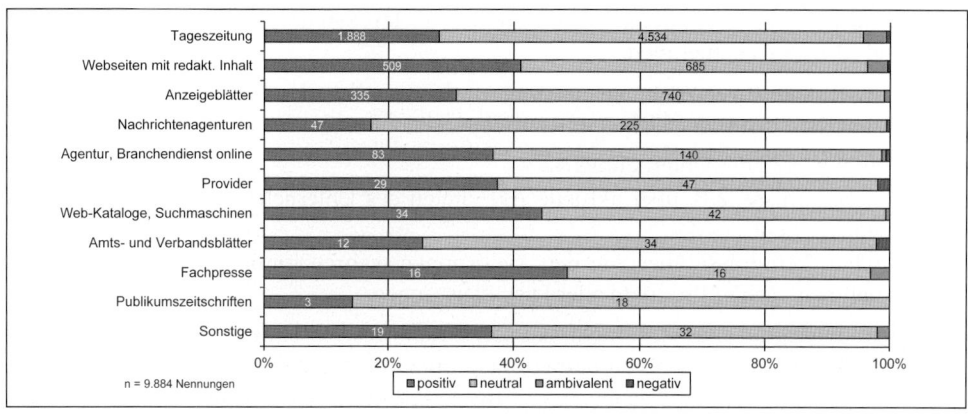

Schaubild III-E-26: Image nach Medienart (Projekt Girls' Day 2005, S. 24)

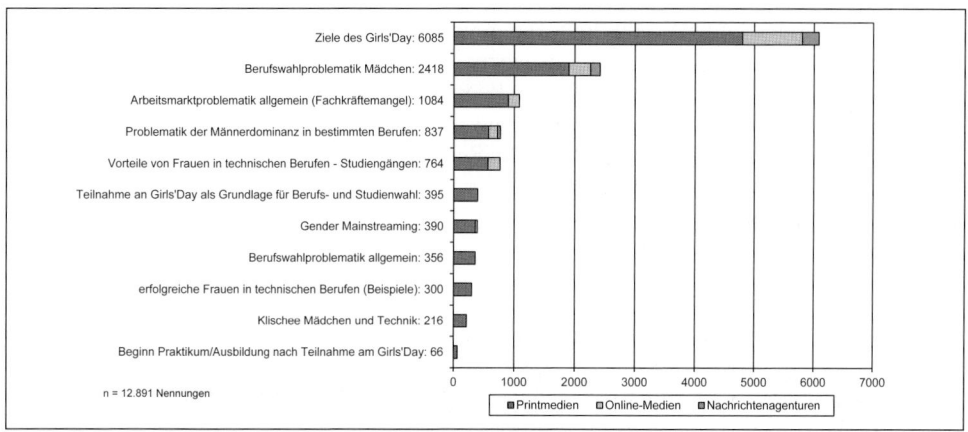

Schaubild III-E-27: Medienimage nach Medientyp (Projekt Girls' Day 2005, S. 24)

9.2.2.3 Analyse der Zielgruppenwirkungen

Im Rahmen der Betrachtung der Wirkungen von PR-Maßnahmen ist eine Erfassung der Medienresonanz nicht ausreichend, sondern es sind ebenso die Wirkungen bei allen durch die Public Relations angesprochen Zielpersonen zu ermitteln (vgl. auch *DPRG* 2001, S. 7). Folglich ist vom PR-treibenden Unternehmen eine **Wirkungskontrolle bei den PR-Zielgruppen** durchzuführen. Problematisch ist hierbei jedoch die Zurechenbarkeit der bei den Rezipienten festzustellenden Wirkungen. Die Veränderung psychologischer Zielgrößen, wie kognitiv-, affektiv- und konativ-orientierter Zielgrößen, kann einerseits auf den Einsatz der Public Relations zurückzuführen sein, andererseits allerdings auch auf andere kommunikationspolitische Maßnahmen, z. B. die Mediawerbung, den Besuch einer Messe oder durch Verkaufsförderungsaktionen. Gerade aus diesem Grund ist es um so wichtiger für Unternehmen, die bestehenden Möglichkeiten einer PR-Wirkungskontrolle möglichst umfassend auszuschöpfen, um Schlussfolgerungen für Verbesserungspotenziale in der Gestaltung der PR-Maßnahmen zu ziehen. Unterschiedliche Verfahren, die Unternehmen hierzu zur Verfügung stehen, werden im Folgenden nach den Wirkungskategorien ihrer Zielgrößen dargestellt. Eine Übersicht ist Schaubild III-E-28 zu entnehmen.

Im Verlauf der **kognitiven Wirkungsmessung** werden vor allem die durch die Public Relations vermittelten Kenntnisse der Zielpersonen eruiert. Hierzu zählen Kenntnisse wie:

- Bekanntheitsgrad des Unternehmens,
- Ereigniskenntnisse, z. B. über aktuelle Aktivitäten des Unternehmen, wie Umwelt- oder Sozialengagements,
- Eigenschaftskenntnisse über von den Zielgruppen wahrgenommene Eigenschaften des Unternehmens, seiner Produkte oder Dienstleistungen.

Der Bekanntheitsgrad eines Unternehmens sowie Kenntnisse über die Aktivitäten des Unternehmens können im Rahmen von Befragungen mit Hilfe der Registrierung der Antworten auf offene Fragen ohne die Angabe von Erinnerungshilfen **(Recall-Tests)** sowie auf Fragen mit Erinnerungshilfen **(Recognition-Tests)** ermittelt werden. Kenntnisse über Eigenschaften des Unternehmens sind darüber hinaus beispielsweise auch mittels **Rating-Skalen** abzufragen. Darüber hinaus lässt sich zusätzlich die **Antwortzeit** der befragten Personen erfassen, um von dieser Rückschlüsse auf die Assoziationsstärke zu bestimmten Eigenschaften des Unternehmens oder seiner Produkte beziehungsweise Dienstleistungen abzuleiten. Im Gegensatz zu den unterschiedlichen Befragungsmethoden kommt der Beobachtung im Rahmen der PR-Wirkungskontrolle eher eine geringe Bedeutung zu. Verfahren der **Blickaufzeichnung** oder die Beobachtung des **Aufnahmeverhaltens** der Zielgruppen kommen in erster Linie für die Anzeigenwerbung im Rahmen der Public Relations in Frage, weniger jedoch für die PR-Pressearbeit oder den persönlichen Dialog.

Bei der **affektiven Wirkungsmessung** von Public Relations sind insbesondere folgende Größen von Interesse: das Interesse, das eine Person den Aktivitäten des Unternehmens entgegenbringt sowie die Einstellungen einer Person gegenüber dem Unternehmen.

Kategorien der Kommuni-kationswirkung / Art der Messmethode	Beobachtung	Befragung
Kognitive Wirkungen	PR-Anzeigenwerbung: • Blickaufzeichnung • Beobachtung des Aufnahmeverhaltens	• Recall-Tests • Recognition-Tests • Rating-Skalen • Erfassung der Antwortzeiten
Affektive Wirkungen	PR-Anzeigenwerbung: • Blickaufzeichnung • Weitere apparative Verfahren (z.B. Hautwider-standsmessung)	• Rating-Skalen • Rangordnungsverfahren • Likert-Verfahren (emotionale Disposition) • Multiattributive- und kognitive Einstellungs-modelle (kognitive Disposition)
Konative Wirkungen	• Verhaltensregistrierung (z.B. Besucherzahlen am Tag der offenen Tür, Besuche auf der Homepage des Unternehmens)	• Befragung nach Beweg-gründen • Beobachtetes Verhalten • Content-Analyse

Schaubild III-E-28: Messmethoden der Wirkungskontrolle der Public Relations

Das Interesse, das die Zielpersonen dem Unternehmen oder seinen Leistungen entgegen bringen, lässt sich zum einen mittels **Rating-Skalen** erfassen, zum anderen bietet sich auch das **Rangordnungsverfahren** an, um unterschiedliche PR-Anzeigen miteinander zu vergleichen. In ähnlicher Weise kann die Erhebung der inneren wertenden Einschätzung einer Person gegenüber einem Unternehmen (Einstellung) mit Hilfe von Rating-Skalen durchgeführt werden. Dabei sind die beiden Facetten der Einstellung (emotionale und kognitive Disposition) entweder getrennt mittels einer Rating-Skala zu messen oder es können zur Erhebung der emotionalen Disposition der Zielpersonen innerhalb des **Likert-Verfahrens** Rating-Skalenbatterien und zur Messung der kognitiven Disposition zusätzlich Verrechnungsmodelle, z.B. **Multiattributmodelle** oder **kognitive Einstellungsmodelle**, verwendet werden (in Anlehnung an *Steffenhagen* 2000, S. 99 ff.). Ähnlich der kognitiven Wirkungskontrolle beschränkt sich auch bei affektiven Wirkungsgrößen der Public Relations der Einsatz von Beobachtungsverfahren weitgehend auf die Anzeigenwerbung. Hierbei bieten sich neben der **Blickaufzeichnung** auch andere **apparative Verfahren** wie die Hautwiderstandsmessung an. Denkbar ist zwar auch, solche Verfahren zu verwenden, um die Aktivierung der Zielgruppen bei dem Durchblättern eines Geschäftsberichts oder einer Informationsbroschüre zu erheben, in der Praxis findet diese Vorgehensweise jedoch kaum Verbreitung.

Im Rahmen der **konativen Wirkungsmessung**, d. h. Ermittlung von Verhaltensreaktionen der Zielgruppen auf die PR-Aktivitäten eines Unternehmens, werden beispielsweise die folgenden Größen erhoben:

* Mündliche und schriftliche Reaktionen von Meinungsführern, Bürgerinitiativen und anderer Zielgruppen,
* Leserbriefe,
* Teilnahme an Wettbewerben,
* Besucher am Tag der offenen Tür,
* Erhöhte Nachfrage nach Produkten und Dienstleistungen sowie
* Erhöhte Nachfrage als Arbeitgeber.

Bei der Erfolgskontrolle konativ-orientierter Zielgrößen ist der Nachweis eines Zusammenhangs zwischen den Aktivitäten der Public Relations und dem Verhalten der Zielpersonen besonders schwer zu erbringen. Insbesondere hierbei stellt sich die Frage, ob Personen aufgrund der Ansprache durch die Public Relations oder aber anderer Kommunikationsinstrumente beispielsweise zum Besuch am Tag der offenen Tür veranlasst wurden. Neben der **Anzahl der Besucher** sind beispielsweise durch **Befragungen** die Beweggründe für den Besuch zu ermitteln. Des Weiteren ist die Anzahl von Bürgeranfragen beziehungsweise Bürgerinitiativen und deren Inhalte festzustellen. Dies kann beispielsweise in analoger Weise wie bei einer **Content-Analyse** stattfinden. Problematisch ist hierbei jedoch, inwieweit aufgrund des Kommunikationsverhaltens derjenigen Personen, die sich an das Unternehmen richten, auf das Kommunikationsverhalten der gesamten Zielgruppe geschlossen werden kann.

9.2.3 Effizienzkontrolle der Public Relations

Im Rahmen von Effizienzkontrolle werden zur Beurteilung der PR-Aktivitäten **Kosten-Nutzen-Vergleiche** aufgestellt. Hierbei werden die aufgewendeten Kosten sämtlicher Aktivitäten dem realisierten Nutzen, d.h. allen Leistungen, die mit dem PR-Einsatz erzielt werden konnten, gegenübergestellt. Dabei steht nicht allein die Kontrolle des gesamten PR-Einsatzes im Mittelpunkt, sondern es geht auch um eine Evaluation der einzelnen Maßnahmen.

Ausgehend von einer Medienresonanzanalyse lässt sich der Nutzen der Public Relations beispielsweise über so genannte **Kontaktmaßzahlen** beziehungsweise über den **Tausenderkon-**

taktpreis ermitteln, wie er auch im Rahmen der Mediawerbung zum Einsatz kommt. Auf Basis der Kontaktmaßzahlen wird analysiert, ob mit dem für eine PR-Maßnahme eingesetzten Budget beim Einsatz anderer Kommunikationsinstrumente nicht ein höherer Nutzen zu erzielen gewesen wäre. Ebenfalls lassen sich die **Opportunitätskosten** ermitteln, indem beispielsweise die mit einem Pressebeitrag erzielte Medienwirkung mit Preisen kalkuliert wird, die "normalerweise" für entsprechende Mediawerbung zu zahlen sind. Auf diese Weise lassen sich intra- und interinstrumentell vergleichbare Kosten-Nutzen-Relationen bilden. Allerdings wird mit diesem Vorgehen lediglich die Effizienz der Public Relations hinsichtlich der Medienwirkung beurteilt, nicht jedoch hinsichtlich der Kosten und des Nutzens, die bei den unterschiedlichen Zielgruppen entstehen. Dieser Teil der Effizienzkontrolle erweist sich als besonders kritisch, da sich die Kosten zwar vergleichsweise einfach abbilden lassen, eine Quantifizierung des Nutzens (d.h. der Wirkungen bei den Zielgruppen) jedoch mit Schwierigkeiten verbunden ist.

Unabhängig davon, dass eine systematische Erfolgskontrolle einen zentralen und unabdingbaren Bestandteil des Planungsprozesses der Public Relations bildet, ist die **Bedeutung der Erfolgskontrolle** für den PR-Bereich jedoch zu relativieren. Im Gegensatz zu den meisten übrigen Kommunikationsinstrumenten (z.B. Mediawerbung, Sponsoring, Event Marketing) ist ein Mindestmaß an Public Relations für Unternehmen zwingend erforderlich, um bei ihren Anspruchsgruppen das notwendige Maß an Verständnis und Vertrauen zu erwerben, um die Unternehmensziele und -strategien durchsetzen zu können. Dies bedeutet, dass im Rahmen der Effizienzkontrolle zwar darüber zu befinden ist, welche der eingesetzten PR-Maßnahmen sich mehr oder weniger „gelohnt" haben, es geht jedoch nicht um eine grundlegende Entscheidung für oder gegen Public Relations. Wird im Rahmen der Erfolgskontrolle eine negative Bilanz für die PR-Arbeit gezogen, so kann als Konsequenz nicht eine zukünftige Unterlassung der Maßnahmen gezogen werden, wie dies beispielsweise im Sponsoring grundsätzlich der Fall wäre. Statt dessen ist vielmehr für eine Optimierung von Effizienz und Effektivität der PR-Maßnahmen Rechnung zu tragen, da zentrale Funktionen der Public Relations, wie die Gestaltung und Pflege der Beziehungen zur Öffentlichkeit, sich nicht durch andere Kommunikationsinstrumente wahrnehmen lassen.

10 Entwicklungstendenzen und Zukunftsperspektiven der Public Relations

Unternehmen erkennen zunehmend, dass der langfristige Unternehmenserfolg vor allem auch von der „öffentlichen Meinung" über das Unternehmen mitbestimmt ist. Zur Schaffung von Vertrauen und Verständnis ist deren Verhalten für die Öffentlichkeit transparent und nachvollziehbar zu machen. Aus diesem Grund hat die Öffentlichkeitsarbeit seit Ende der 1980er Jahre einen stetigen **Bedeutungszuwachs** erfahren, der sich z.B. in einer gesteigerten Budgetzuteilung zugunsten der Public Relations (im Vergleich zu anderen Kommunikationsinstrumenten), einer Steigerung der Personalqualifikation (so konnte sich z.B. der Akademikeranteil unter den PR-Tätigen innerhalb von 15 Jahren fast verdoppeln: *Merten* 2000, S.264) und einer organisatorischen Anbindung an die Geschäftsleitung und erweiterten Kompetenzen der PR-Verantwortlichen manifestiert. Zur Erklärung dieser Entwicklungstendenzen der Public Relations ist eine Betrachtung der gesellschaftlichen Veränderungen erforderlich. Diese Veränderungen sind von den Unternehmen zu antizipieren, um mit entsprechenden kommunikationspolitischen Maßnahmen reagieren zu können.

Eine grundlegende und fundamentale Einsicht besteht darin, dass die **Öffentlichkeit** nicht mehr nur in zwei Gruppen – die relativ kleine Gruppe der „Aufgeklärten" und die große Gruppe der „Unkritischen" – unterschieden werden kann. Insbesondere umwelt- und gesundheitspolitische Fragestellungen gewinnen zunehmend an Bedeutung. Die Verbraucher äußern sich kritisch über das Verhalten der Unternehmen z. B. aus der Pharma-, Chemie-, Mineralöl-, Automobil- und Genussmittelindustrie. Dabei zeigt sich, dass die Durchführung reiner Imagekampagnen oder die alleinige Abgabe von Sachinformationen eine relativ geringe Wirkung bei den anvisierten Zielgruppen erzielen. Auf der einen Seite verfügen die angesprochenen Gruppierungen – unter anderem aufgrund der Entstehung von Social Media – über einen besseren Informationsstand und sind somit in der Lage, die vermittelten Argumente beziehungsweise Images zu hinterfragen. Auf der anderen Seite ist es von zentraler Bedeutung, dass sich die Unternehmen darüber im Klaren sind, in welcher Weise Unternehmensimages bei den einzelnen Verbrauchern formiert werden beziehungsweise wie sich die Meinungsbildung in der Öffentlichkeit vollzieht. In diesem Zusammenhang ist auf den Bedeutungszuwachs von CSR-(Corporate Social Responsibility-)Maßnahmen im Rahmen der Öffentlichkeitsarbeit von Unternehmen hinzuweisen. Für Unternehmen besteht dabei die Möglichkeit, ihren Zielgruppen zu vermitteln, dass nicht ausschließlich kurzfristige Gewinninteressen ihre Maxime sind, sondern dass das Unternehmen ebenso für ein besonderes sozialen und ökologisches Engagement stehen (*Scherer/Baumann* 2007, S. 860). Aufgrund der Krisensituation, in der sich zahlreiche unternehmerische Akteure derzeit befinden, gewinnt außerdem zunehmend eine adäquate Krisen-PR an Bedeutung. Als Ziele einer Krisen-PR gelten das Bewältigen der Krise durch die Beseitigung der Krisenursachen sowie das Schaffen von Vertrauen bei den Zielgruppen zur Unterstützung bei der Krisenbewältigung (*Töpfer* 2008, S. 366).

Vor dem Hintergrund des umfassenden Strukturwandels von der Industrie- zur Informationsgesellschaft sehen sich die Verbraucher durch den Einsatz moderner Informationstechnologien einer **steigenden Informationsflut** gegenüber. Aufgrund dieser zunehmenden Informationsüberlastung werden die vermittelten Informationen von den Zielgruppen der Public Relations immer oberflächlicher, fragmentarischer und selektiver wahrgenommen. Dabei wird ein Großteil der Informationen durch die Medien abgegeben, d. h. die Wahrnehmung der Informationen wird zunehmend durch die Informationsabgabe der Medien geprägt. Vielfach konzentrieren sich die Beiträge nicht auf die Weitergabe objektiver Informationen, sondern es werden direkt Meinungen über einen vermeintlichen Sachverhalt abgegeben. Bei der Bildung von Einstellungen gegenüber den Unternehmen verfügen die Zielpersonen zumeist nur über einen unvollständigen Informationsstand. Aus diesem Grund ist es dringend erforderlich, dass sich ein Unternehmen darüber bewusst wird, wie Meinungen in den Medien und somit in der Öffentlichkeit gebildet werden.

Oftmals sind es kleine Gruppierungen, wie z. B. Bürgerinitiativen, Einzelpersonen oder Personengruppen, Wissenschaftler, kirchliche Organisationen oder Umweltorganisationen, die zur Meinungsbildung einen entscheidenden Beitrag leisten. Die Meinungen dieser so genannten **„Pressure Groups"** werden von den Medien aufgegriffen und gegenüber den Mediennutzern kommuniziert (*Stoltz* 1996, S. 241). Als Konsequenz ergibt sich für die Public Relations vor allem die Notwendigkeit einer **konsequenten Zielgruppenorientierung**. Hierbei kann sich das Unternehmen nicht nur durch Imagekampagnen an die Öffentlichkeit richten. Vielmehr ist der Dialog mit einzelnen Zielgruppen zu suchen, und diese sind aktiv mit Informationen zu versorgen. Darüber hinaus hat sich das Unternehmen offen gegenüber den Ansprüchen der „Pressure Groups" zu zeigen, da diese über einen hohen Informationsstand verfügen und eindeutige Interessen verfolgen (*Stoltz* 1996, S. 241). Nur durch einen sachlichen und offenen Dialog können angestrebte Wirkungen bei diesen Anspruchsgruppen realisiert werden.

Des Weiteren wird der Erfolg der Public Relations nicht nur durch die kommunikativen PR-Aktivitäten bestimmt. Die PR-Aussagen werden zunehmend mit den Handlungen und Aktivitäten der Unternehmen in Beziehung gesetzt und daraus die Glaubwürdigkeit des Unternehmens abgeleitet. Somit ist eine erfolgreiche Realisierung der Public Relations nicht nur die Aufgabe eines PR-Verantwortlichen in einem Unternehmen oder in einer Agentur, sondern vielmehr eine Managementaufgabe. Das Unternehmen hat sich sowohl gemäß seiner PR-Ziele als auch entsprechend den Anforderungen der Zielgruppen zu verhalten. Hierzu ist es notwendig, der PR-Planung eine **langfristige Konzeption** zugrunde zu legen, anhand der das zukünftige Kommunikationsverhalten sowie die Aktivitäten des Unternehmens ausgerichtet werden können. Im Vordergrund der Public Relations hat nicht die Kommunikation kurzfristiger Erfolge beziehungsweise die Relativierung kurzfristiger Misserfolge, sondern langfristig ausgerichtete, strategische Konzepte zu stehen. Für einen konsequenten und zielgerichteten Einsatz der Public Relations ist es notwendig, ein gewähltes PR-Konzept auch über einen längeren Zeitraum zu verfolgen. Nur durch den Einklang der Handlungen des Unternehmens mit den geäußerten PR-Botschaften kann langfristig ein positives Unternehmensimage und Vertrauen bei den definierten Zielpersonen gegenüber dem Unternehmen erlangt werden.

Im Rahmen der Public Relations wird sich des Weiteren die Dialogfähigkeit der Unternehmen in der Zukunft verstärkt als Erfolgsfaktor herauskristallisieren. Die Unternehmen dürfen sich nicht gegenüber den Ansprüchen der unterschiedlichen Anspruchsgruppen verschließen, sondern sind herausgefordert, den offenen Dialog mit diesen zu suchen und deren Forderungen für die weitere strategische Ausrichtung der Public Relations zu berücksichtigen. Der Paradigmenwechsel im Marketing, der sich im **Relationship Marketing** (z.B. *Bruhn* 2009a) konkretisiert, zeigt somit eine weitere Richtung für die PR-Arbeit auf. In der heute herrschenden Informationsüberlastung der unterschiedlichen Anspruchsgruppen von Unternehmen und einer weit verbreiteten Skepsis gegenüber Unternehmenspraktiken, stellt ein systematisches Beziehungsmanagement ein entscheidendes Instrument dar, das Vertrauen der Zielgruppen zurückzugewinnen und die zentralen Botschaften effektiv zu platzieren. Hierzu ist es von wesentlicher Bedeutung, die spezifischen Kommunikationsbedürfnisse der unterschiedlichen Zielgruppen zu identifizieren und individuell auf diese einzugehen. Dies impliziert auch, den Zielgruppen im Sinne einer **Multichannel-PR** ein möglichst breites Angebot an Kommunikationsinstrumenten zur Verfügung zu stellen, aus dem diese ihren individuellen Präferenzen entsprechend Kommunikationsinstrumente selektieren können (z.B. Pressemitteilung in der Zeitung oder im Internet, Kontaktmöglichkeit des Unternehmens über E-Mail oder über ein Call Center, Informationsveranstaltungen auf dem Unternehmensgelände). Darüber hinaus geht es nicht mehr in erster Linie darum, die Zielgruppen einseitig mit Informationen über das Unternehmen oder seine Produkte zu versorgen, sondern es ist vielmehr ein zweiseitiger Dialog anzustreben. Bedeutsam ist es in diesem Zusammenhang, einen kontinuierlichen, langfristigen Kontakt aufzubauen, da nur auf dieser Basis ein Vertrauensverhältnis entwickelt werden kann. Speziell in Krisenzeiten ist das Unternehmen auf diese Weise weniger anfällig und kann mit einem besseren Verständnis der Medienvertreter, Kunden und anderer Anspruchsgruppen rechnen.

Für eine erfolgreiche PR-Arbeit sind ferner die durch die **Vernetzung der Gesellschaft** (Web 2.0) induzierten Veränderungen zu berücksichtigen. Damit verbunden ist zum einen eine erhöhte Interaktivität zwischen den Zielgruppen. So werden unternehmensrelevante Informationen nicht mehr nur vom Unternehmen angeboten, sondern von den Rezipienten aufgenommen und z.B. in Netzwerkcommunities weiterverarbeitet. Die Folge ist, dass das Unternehmen nicht mehr aktiv Informationen verbreitet, sondern zunehmen auf die Informationen der Rezipienten zu reagieren hat. Zum anderen geht mit der Vernetzung der Gesellschaft eine erhöhte Schnelligkeit in der Verbreitung von Unternehmensinformationen einher. Aus diesem Grund ist es von höchster Relevanz, dass von Seiten des Unternehmens eine Instanz institutionalisiert wird, die dafür Sorge trägt, dass unternehmensrelevante Informationen schnellstmöglichst entdeckt und analysiert werden, um gegebenenfalls handeln zu können. Schließlich ist durch das Aufkommen der Netzwerkgesellschaft der Tatsache Rechnung zu tragen, dass Informationen nach dem Gebot der Wahrhaftigkeit zu übermitteln sind, andernfalls läuft das Unternehmen die Gefahr, dass fehlerhafte Informationen von sozialen Netzwerken unmittelbar aufgedeckt werden (*Meckel/Schmid* 2008, S. 485 f.).

Neben der Gestaltung der PR-Maßnahmen wird in der Zukunft eine effiziente **Erfolgskontrolle** zunehmend erfolgsentscheidend für die PR-Arbeit sein. Inzwischen ist die Einsicht, dass sich die Kontrolle der Public Relations nicht in einer Auszählung von Clippings erschöpfen kann, zwar weit verbreitet. Umfassende kontinuierliche Kontrollmaßnahmen finden allerdings bis heute bei einer Vielzahl von Unternehmen keine Anwendung. Dies betrifft zum einen die Ebene der Medienauswertung auf quantitativer und qualitativer Basis, für die die Medienresonanzanalyse bereits eine gute Grundlage bildet. Zum anderen betrifft dies aber auch – und hier wird eine besondere Herausforderung in der Zukunft liegen – die Erfassung der Wirkungen von PR-Maßnahmen bei den Zielgruppen (z. B. Einstellungsveränderungen, Auswirkungen auf das Kaufverhalten) sowie letztlich die betriebswirtschaftliche Wirkung auf Unternehmens-, Marken- oder Produktebene, wie z. B. Immunität des Unternehmens gegenüber Angriffen von außen, Veränderungen des Markenwertes oder Steigerung des Umsatzes. Hier sind sowohl Unternehmen als auch Agenturen gefragt, in der Zukunft ausführliche Erfolgskontrollen professionell zu entwickeln und einzusetzen, auf deren Basis fundierte Entscheidungen für die weiterführende Planung der PR-Aktivitäten erfolgen können.

F. Einsatz des Sponsoring

1 Begriff und Erscheinungsformen des Sponsoring

1.1 Historische Entwicklung des Sponsoring

Sponsoring ist in den letzten Jahren zu einer geläufigen und alltäglichen Erscheinung avanciert. Unternehmen verschiedener Branchen treten immer häufiger mit ihren Markennamen als Sponsoren in der Öffentlichkeit auf. Unterstützt werden Personen und Institutionen in sportlichen, kulturellen, sozialen, ökologischen und medialen Bereichen. Unabhängig von den einzelnen Sponsoringbereichen zielen die Aktivitäten der Unternehmen dabei grundsätzlich auf die Realisierung kommunikativer Wirkungen ab, indem Ereignisse, die im öffentlichen Interesse stehen, in die Kommunikationsarbeit von Unternehmen einbezogen werden. Während im Jahre 1985 in Deutschland noch etwa 102 Mio. EUR von Unternehmen für Sponsoringaktivitäten aufgewendet wurden, lagen die Aufwendungen im Jahre 2008 nach Schätzungen von Unternehmens- und Agenturvertretern bei 4,6 Mrd. EUR (*Pilot Checkpoint* 2008).

Das Sponsoringengagement von Unternehmen hat sich in der Vergangenheit grundlegend gewandelt. Während lange Zeit vor allem die ablehnende Haltung sportlicher, kultureller und sozialer Organisationen, Verbände und Einzelpersonen sowie einschränkende rechtliche Rahmenbedingungen einer positiven Entwicklung des Sponsoring entgegenstanden, hat sich das Sponsoring seit Mitte der 1980er Jahre zu einem zentralen Kommunikationsinstrument entwickelt. Es lassen sich die in Schaubild III-F-1 skizzierten Entwicklungsphasen des Sponsoring unterscheiden.

Ausgangspunkt des heutigen Sponsoring waren die 1960er Jahre mit einer Phase der „Schleichwerbung". Diese, insbesondere bei Sportveranstaltungen und -sendungen sowie Spielfilmen anzutreffende Form der Übermittlung von Werbebotschaften unter Ausschluss einer entsprechenden Genehmigung ist dadurch gekennzeichnet, dass die Werbeadressaten den Zweck des Erzielens einer kommunikativen Wirkung nicht auf Anhieb erkennen. Die anschließenden 1970er Jahre waren durch das Aufkommen einer Phase der Sportwerbung geprägt. In dieser Zeit fand der Sport zunächst nur „zaghaft" Eingang in unternehmerische Werbe- und Promotionmaßnahmen, beispielsweise in Form der Banden- und Trikotwerbung. Jedoch ist die reine Bandenwerbung nicht mit dem Sponsoring zu verwechseln, da die Buchung einer Bande bei einer Veranstaltung mit dem Mieten eines Werbeträgers identisch ist und der Fördergedanke fehlt.

Erst seit den 1980er Jahren wird von einem professionellen Sponsoring gesprochen. In dieser Zeit begannen Unternehmen, vor allem im sportlichen Bereich, ihr Engagement systematisch zu planen und ausgewählte Sponsorships in die Marketing- und Unternehmenskommunikation einzubinden, wodurch diese Zeitspanne als Phase des Sportsponsoring angesehen wird. Anfang der 1990er Jahre begannen die Unternehmen, auch außerhalb des Sports neue Förderbereiche zu erschließen. An Bedeutung gewannen vor allem die Bereiche Kultur, Soziales und Umwelt, so dass diese Epoche von einer Phase des Kultur-, Sozio- und Umweltsponsoring geprägt ist. Zu Beginn der Fördermaßnahmen in diesen drei Bereichen wurde Sponsoring jedoch eher als Mäzenatentum verstanden, d. h. aus vornehmlich altruistischen bzw.

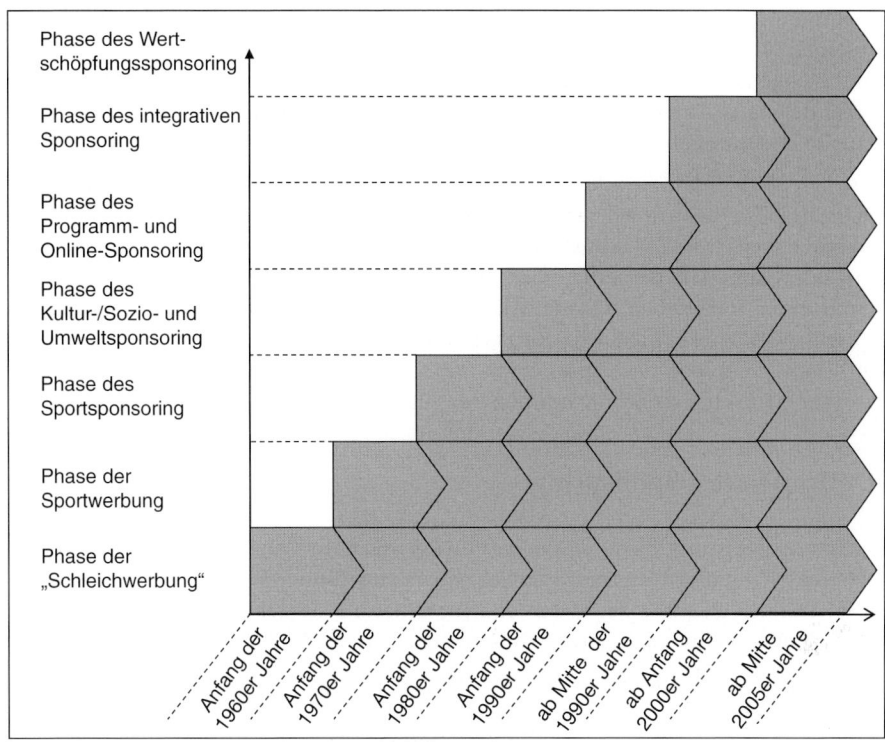

Schaubild III-F-1: Entwicklungsphasen des Sponsoring (Bruhn 2010c, S. 11)

selbstlosen Motiven durchgeführt und selten mit einer konkreten Gegenleistung des Gesponserten verbunden.

Seit Mitte der 1990er Jahre sind Unternehmen verstärkt in der Präsentation von Fernseh- und Hörfunksendungen aktiv, so dass dieser Zeitraum lange Zeit als Phase des Programmsponsoring bezeichnet wurde. Grundlage bildeten die erweiterten rechtlichen Möglichkeiten, im Rahmen audiovisueller Programme als Sponsor aufzutreten. Inzwischen findet aber auch das Sponsoring in anderen Medien, wie Print und dem Internet, eine weite Verbreitung, so dass die Bezeichnung Mediensponsoring die Erscheinungsform ab Mitte der 1990er Jahre besser umschreibt. Häufig wird das Internetsponsoring auch als eigenständige Erscheinungsform dargestellt. Dass von einer Phase des Internetsponsoring zu sprechen ist, lässt sich heute allerdings nicht annehmen. So prognostizierten Unternehmen im Jahre 2000 für diese neue Form des Sponsoring noch das größte Wachstumspotenzial (*ESB (Europäische Sponsoring Börse)/ Gfs-Forschungsinstitut* 2002; *Sponsor Partners* 2000, S. 19) bereits ein Jahr später hatte sich diese Euphorie jedoch gelegt und die Wachstumsprognosen haben sich im Laufe der Zeit entsprechend relativiert (*Pilot Checkpoint* 2008). In dem vorliegenden Buch wird das Internetsponsoring als Form des Mediensponsoring eingeordnet und im entsprechenden Kapitel betrachtet.

In den 2000er Jahren entwickelte sich die Phase des integrativen Sponsoring, die auch zukünftig zunehmend an Bedeutung gewinnen wird. Unternehmen suchen systematisch nach Fördermöglichkeiten und bemühen sich verstärkt um eine inter- und intrainstrumentelle Integration ihrer verschiedenen Sponsoringaktivitäten im Rahmen der Gesamtkommunikation. Laut den Ergebnissen von Unternehmensbefragungen sind es 90 bis 95 Prozent der

Unternehmen, die eine Vernetzung ihrer Sponsoringmaßnahmen mit anderen Kommunikationsinstrumenten vornehmen, wobei ein Großteil der Unternehmen eine Vernetzung mit fünf und mehr Instrumenten vornimmt (*Pilot Checkpoint* 2008). Im Vordergrund stehen dabei die Public-Relations-Arbeit, Händler-Promotions sowie Werbung im Internet gefolgt von Anzeigen in Tageszeitungen.

Seit dem Jahr 2005 bildete sich die Phase des Wertschöpfungssponsoring heraus, die auch für die nächsten Jahre weitgehend prägend sein wird. Unternehmen verfolgen im Rahmen des Sponsoring zunehmend ökonomische Ziele wie beispielsweise Kundenbindung oder Neukundengewinnung. Mit der steigenden Effizienzorientierung entwickelt sich Sponsoring mehr und mehr vom reinen Kommunikationsinstrument hin zum Wertschöpfungsinstrument. Ziele des Sponsorships, wie der verfolgte Imagebeitrag zur Markenkommunikation, verdeutlichen außerdem, dass Sponsoring vermehrt als Instrument der strategischen Markenführung anzusehen ist (*Hermanns/Marwitz* 2008, S. 41 f.).

1.2 Definition des Sponsoring

Die Förderung der Kunst, der Wissenschaft und des Sozialwesens durch Privatpersonen oder Unternehmen hat eine lange Tradition. Bei einer Betrachtung der historischen Entwicklung der differierenden **Begriffe der Unternehmensförderung** ist generell zwischen Mäzenatentum, Spendenwesen und Sponsoring zu unterscheiden (*Bruhn* 2010c).

(1) Das **Mäzenatentum** (*Hermanns/Marwitz* 2008, S. 45) kennzeichnet primär die Förderung der Kultur oder anderer Bereiche durch Personen oder Organisationen aus altruistischen Motiven. Der Mäzen erwartet keine Gegenleistung für seine Unterstützung; er verzichtet vielfach bewusst darauf, über seine Förderung öffentlich zu sprechen.

(2) Eine Weiterentwicklung des Mäzenatentums sind Aktivitäten von Unternehmen, die man in den Vereinigten Staaten als **Corporate Giving** und in Deutschland als **Spendenwesen** (*Haibach* 2006) bezeichnet. Es handelt sich dabei um Spendenaktionen, die von Unternehmen im Bewusstsein ihrer gesellschaftspolitischen Verantwortung geleistet werden. Auch beim Spendenwesen werden keine Gegenleistungen vom Geförderten erwartet.

(3) Demgegenüber werden beim **Sponsoring** Fördermittel nur unter der Bedingung bereitgestellt, dass der Sponsor vom Gesponserten bestimmte Gegenleistungen erhält, wobei die Höhe der finanziellen Zuwendungen des Sponsors von diesen Gegenleistungen abhängig gemacht wird.

Die Differenzen zwischen den dargestellten **Formen der Unternehmensförderung** sind damit in erster Linie in einer unterschiedlichen Schwerpunktlegung der Motive der Förderung zu sehen sowie in den Bedingungen, die an die Vergabe von Fördermitteln durch Mäzene, Spender bzw. Sponsoren gestellt werden. Schaubild III-F-2 gibt einen Überblick zu den verschiedenen Formen der Unternehmensförderung sowie den jeweiligen Unterschieden.

Auf Basis dieser grundlegenden Unterscheidungsmerkmale wird der **Begriff des Sponsoring** wie folgt gefasst (*Bruhn* 2010c, S. 5):

Sponsoring bedeutet die

- Analyse, Planung, Umsetzung und Kontrolle sämtlicher Aktivitäten,
- die mit der Bereitstellung von Geld, Sachmitteln, Dienstleistungen oder Know-how durch Unternehmen und Institutionen

Formen der Unternehmensförderung \ Merkmale	Art der Förderung		
	Mäzenatentum	Spendenwesen	Sponsoring
Art des Geldgebers	Privatpersonen, Stiftungen	Privatpersonen, Unternehmen	Unternehmen
Motiv(e) der Förderung	Ausschließlich Fördermotive (altruistisch)	Fördermotiv dominant, eventuell Steuervorteile (Gemeinnutz)	Fördermotiv und Erreichung von Kommunikationszielen (Eigennutz)
Zusammenarbeit mit Geförderten	Teilweise (über Förderbereiche)	Nein	Ja (Durchführung von Sponsorships)
Medienwirkung	Nein (eher privat)	Kaum	Ja (öffentlich)
Einsatz im Bereich Sport	Sehr selten	Selten	Dominant
Einsatz im Bereich Kultur	Dominant	Häufig	Häufig
Einsatz im sozialen/ ökologischen Bereich	Häufig	Dominant	Sehr selten
Einsatz im Medienbereich	Nicht existent	Nicht existent	Dominant
Entscheidungsträger im Unternehmen	Unternehmer	Finanzwesen	Vorstand, PR, Marketing, Werbung

Schaubild III-F-2: Formen der Unternehmensförderung (Bruhn 2010c, S. 6)

- zur Förderung von Personen und/oder Organisationen in den Bereichen Sport, Kultur, Soziales, Umwelt und/oder den Medien
- unter vertraglicher Regelung der Leistung des Sponsors und Gegenleistung des Gesponserten verbunden sind,
- um damit gleichzeitig Ziele der Marketing- und Unternehmenskommunikation zu erreichen.

Entsprechend wird von einem **Sponsorship** gesprochen, wenn sich Sponsor und Gesponserter geeinigt haben, ein konkretes Projekt in einem festgelegten Zeitraum unter bestimmten Bedingungen gemeinsam durchzuführen (*Bruhn* 2010c, S. 311).

Trotz der sprachlichen und inhaltlichen Verwandtschaft der verschiedenen Bereiche Sport-, Kultur-, Sozio-, Umwelt- und Mediensponsoring sind bei teilweise differierenden Kommunikationszielen jeweils unterschiedliche Kommunikationsaufgaben zu erfüllen, in denen eigene Regeln und Gesetzmäßigkeiten zu berücksichtigen sind. Ungeachtet der unterschiedlichen Vorgehensweisen lassen sich jedoch sechs konstitutive **Merkmale des Sponsoring** hervorheben, die sämtlichen Sponsoringaktivitäten gemeinsam sind (*Bruhn* 2010a, S. 411 ff.):

(1) Sponsoring basiert auf dem Prinzip von **Leistung und Gegenleistung**. Der Sponsor setzt seine Fördermittel, wie Geld, Sachmittel und Dienstleistungen, in der Erwartung ein, vom Gesponserten eine bestimmte Gegenleistung zu erhalten. Als Gegenleistung des Gesponserten bietet sich beispielsweise die werbewirksame Verwendung des Marken- oder Firmennamens des Sponsors an. Darüber hinaus besteht die Möglichkeit, dem Sponsor die kommunikative Nutzung des Sponsorships, beispielsweise im Rahmen seiner Public Relations, zu gewähren (*Cornwell/Maignan* 1998; *Meenaghan/Shipley* 1999).

(2) Sponsoring entspricht nicht dem reinen Kauf von Werbefläche gegen Entgelt. Vielmehr kommt beim Sponsoring der Fördergedanke gegenüber dem Gesponserten zum Ausdruck, da sich der Sponsor auch inhaltlich mit den Aufgaben des Gesponserten identifi-

ziert. Durch den Förderungscharakter und die Unterstützung gesellschaftlich als wichtig erachteter Aktivitäten kann ein Sponsor in einem Ausmaß Goodwill für sich generieren, wie es über Mediawerbung nicht möglich ist. Inwieweit das Ansehen positiv beeinflusst wird, ist neben den jeweiligen Sponsoringaktivitäten davon abhängig, wie sehr ein Unternehmen ein Sponsorship offensichtlich für eigennützige Zwecke ausnutzt und den Fördergedanken verdrängt (*Meenaghan/Shipley* 1999, S. 340).

(3) Für Unternehmen stellt das Sponsoring ein Kommunikationsinstrument dar. Sponsoring erfüllt für Sponsoren kommunikative Funktionen, die vom Gesponserten direkt erbracht, durch Medien transportiert oder auch vom Sponsor selbst geschaffen werden (*Bruhn* 2010a).

(4) Sponsoring hat einen systematischen Planungs- und Entscheidungsprozess zu durchlaufen. Es reicht nicht aus, einem Gesponserten Mittel zur Verfügung zu stellen und die erhoffte Wirkung abzuwarten. Vielmehr sind Maßnahmen auf der Basis einer Situationsanalyse und Zielformulierung zu planen, zu organisieren, durchzuführen und zu kontrollieren. Diese Notwendigkeit der Durchführung eines systematischen Planungs- und Entscheidungsprozesses gilt für Sponsoren und Gesponserte gleichermaßen.

(5) Eines der wesentlichen Ziele des Sponsoring stellt der Imagetransfer dar. Die Besonderheit des Imagetransfers beim Sponsoring liegt in den Determinanten, die zu einem bestimmten Marken- oder Unternehmensimage beitragen (*Meenaghan/Shipley* 1999). Während bei klassischen Kommunikationsinstrumenten, wie der Mediawerbung, die Botschaft einer Werbemaßnahme und das Medium, über das sie kommuniziert wird, unabhängig voneinander Einfluss auf den Imagetransfer ausüben, lassen sich im Sponsoring Botschaft und Medium nicht trennen. Das Objekt eines Sponsoringengagements verkörpert sowohl die Botschaft als auch das Medium an sich. In empirischen Untersuchungen wurde festgestellt, dass das abgeleitete Image aus einem Sponsorship zu einem Großteil von der Sponsoringerscheinungsform abhängig ist (*Huber/Matthes* 2007). Präzise Imagedimensionen leiten sich in einem zweiten Schritt aus den speziellen Aktivitäten innerhalb einer Sponsoringkategorie ab.

(6) Sponsoring ist aus Unternehmenssicht ein Baustein der Integrierten Kommunikation. Damit ist Sponsoring von Unternehmen nicht isoliert, sondern im Verbund mit anderen Marketing- und Kommunikationsinstrumenten einzusetzen. Eine eindeutige Abgrenzung des Sponsoring von anderen Kommunikationsinstrumenten und Formen der Unternehmensförderung ist auf Basis der genannten Merkmale in der Sponsoringpraxis nicht immer gegeben. Vielmehr haben sich eine Reihe von Mischformen herausgebildet, die jeweils das Vorhandensein der aufgeführten Merkmale voraussetzen, ihnen jedoch einen unterschiedlichen Stellenwert zuordnen.

Eine eindeutige Abgrenzung des Sponsoring von anderen Kommunikationsinstrumenten und Formen der Unternehmensförderung ist in der Sponsoringpraxis nicht immer gegeben. Vielmehr haben sich eine Reihe von Mischformen herausgebildet, die jeweils das Vorhandensein der genannten Merkmale voraussetzen, ihnen jedoch einen unterschiedlichen Stellenwert zuordnen.

1.3 Erscheinungsformen des Sponsoring

Für eine Klassifikation der zahlreichen **Erscheinungsformen des Sponsoring** lassen sich verschiedene Abgrenzungskriterien heranziehen. Aus **Sicht des Sponsors** sind beispielsweise folgende Typologisierungsmerkmale zu unterscheiden (*Bruhn* 2010c, S. 16 ff.) :

- Art der Sponsorenleistung (Geld, Sachmittel, Dienstleistungen, Know-how),
- Anzahl der Sponsoren (exklusives versus kooperatives Sponsorship),
- Art des Sponsors (Leistungssponsoren, Unternehmen als Sponsoren, Stiftungen als Sponsoren),
- Initiator des Sponsoring (fremdinitiiertes versus eigeninitiiertes Sponsoring),
- Vielfalt des Sponsoring (konzentriertes versus differenziertes Sponsoring),
- Art der Nutzung (isoliertes versus integriertes Sponsoring).

Aus **Sicht des Gesponserten** lassen sich demgegenüber folgende Typologisierungsmerkmale unterscheiden (*Bruhn* 2010c, S. 20 ff.):

- Art der Gegenleistung des Gesponserten (z. B. Werbung während einer Veranstaltung, Nutzung von Prädikaten oder Einsatz der Gesponserten in der Unternehmenskommunikation),
- Art der Gesponserten (vor allem im Bereich Sport: Professionelle, Halbprofessionelle, Amateure),
- Leistungsklasse der Gesponserten (Breiten-, Leistungs- oder Spitzenebene),
- Art der gesponserten Organisation (Verbände, Vereine, Stiftungen, öffentliche und gemeinnützige Institutionen),
- Art der gesponserten Veranstaltung (offizielle oder inoffizielle Veranstaltungen, eigene Projekte durch den Sponsor).

In Schaubild III-F-3 sind die verschiedenen Erscheinungsformen des Sponsoring sowohl aus Sicht der Sponsoren als auch aus Perspektive der Gesponserten zusammenfassend dargestellt.

Sponsoringformen aus Sicht des Sponsoren		Sponsoringformen aus Sicht des Gesponserten	
Merkmalskategorien	Erscheinungsformen	Merkmalskategorien	Erscheinungsformen
Art der Sponsorenleistung	Geldmittel	Art der Gegenleistung des Gesponserten	Werbung während der Veranstaltung
	Sachmittel		Nutzung von Prädikaten
	Dienstleistungen		Einsatz der Gesponsorten in der Unternehmens-kommunikation
Anzahl der Sponsoren	Exklusiv-Sponsorship	Art der Gesponserten Individuen/Gruppen	Professionelle
	Co-Sponsorship		Halbprofessionelle
Art des Sponsors	Leistungssponsoren		Amateure
	Unternehmen als Sponsoren	Leistungsklasse	Breitenebene
			Leistungsebene
	Stiftungen als Sponsoren		Spitzenebene
Initiator des Sponsoring	Fremdinitiiertes Sponsoring	Art der Gesponserten Individuen/Gruppen	Verbände
			Vereine
	Eigeninitiiertes Sponsoring		Stiftungen
			Öffentliche und gemein-nützige Organisationen
Vielfalt des Sponsoring	Konzentriertes Sponsoring		
	Differenziertes Sponsoring	Art der Gesponserten Individuen/Gruppen	Offizielle Veranstaltungen
Art der Nutzung	Isoliertes Sponsoring		Inoffizielle Veranstaltungen
	Integriertes Sponsoring		Kreierung eigener Projekte durch den Sponsor

Schaubild III-F-3: Erscheinungsformen des Sponsoring im Überblick

1.4 Bereiche des Sponsoring

In der Praxis haben sich folgende fünf **Bereiche des Sponsoring** herausgebildet, auf die im Folgenden ausführlich eingegangen wird:

(1) Sportsponsoring,
(2) Kultursponsoring,
(3) Umweltsponsoring,
(4) Soziosponsoring,
(5) Mediensponsoring.

1.4.1 Sportsponsoring

Der Bereich **Sportsponsoring** (*Dahlhoff* 1992; *Drees* 1992; *Schwen* 1993; *van der Schalk* 1993; *Hackforth* 1994; *Kneubühler* 1994; *Schmengler* 1994; *Babin* 1995; *Hermanns/Glogger* 1998; *Hermanns* 2002; 2003; *Drees* 2003; *Hermanns/Marwitz/Riedmüller* 2003; *Bruhn* 2010c) gilt als die „älteste" Form des Sponsoring, die ihren Platz im Kommunikationsmix der Unternehmen bereits in den 1970er Jahren fand (*Kernebeck* 1977; *Flögel* 1979). Wie mehrere Unternehmensbefragungen belegen (*Sport + Markt AG* 2000; *Pilot Checkpoint* 2008) ist das Sportsponsoring auch derzeit noch die am häufigsten durchgeführte Form von Sponsoring. Zu den am stärksten gesponserten **Sportarten** zählen Fußball, Fun- und Trendsportarten (vor allem Beachvolleyball), Motorsport, Radsport, Tennis und Golf. Die Attraktivität einer Sportart bestimmt sich aus Unternehmenssicht zu einem Großteil durch deren Image, die Akzeptanz der Sportart in der Bevölkerung, die Merkmale der Zielgruppen einer Sportart sowie das Medieninteresse an einer Sportart. Die Verteilung des Einschaltinteresses bei Sportsendungen im deutschen Fernsehen ist aus Schaubild III-F-4 zu entnehmen.

Unabhängig von der jeweiligen Sportart lassen sich im Rahmen des Sportsponsoring grundsätzlich das Sponsoring von Einzelsportlern, Mannschaften, Sportveranstaltungen und Sportarenen als Erscheinungsformen unterscheiden (*Bruhn* 2010c, S. 42 ff.).

Beim **Sponsoring von Einzelpersonen** werden aktive Sportler – zumeist Spitzensportler in ihrer Sportart – bei der Ausübung ihrer Sportart finanziell unterstützt (*Bruhn* 2010c, S. 42 ff.). Als kommunikative Gegenleistung kommen Trikotwerbung sowie die Integration des Sportlers in andere Kommunikationsinstrumente des Unternehmens, z.B. Auftritt als Testimonial in der Mediawerbung (vgl. hierzu *Olsson* 2001), Durchführung von Autogrammstunden im Rahmen der Verkaufsförderung oder auch Kontaktpflege durch Sportler (beispielsweise Treffen mit wichtigen Kunden unter Einbeziehung prominenter Sportlerpersönlichkeiten) in Frage. Zu den zugrunde liegenden Anforderungen bei der Auswahl der Sportler zählen Bekanntheit, Sympathie, Glaubwürdigkeit sowie die sportliche Leistung und das Image des jeweiligen Sportlers. Das Sponsoring von Einzelsportlern ist aus Unternehmenssicht jedoch auch mit Risiken verbunden. Dabei sind insbesondere das Niveau und die Dauerhaftigkeit der Leistung des Sportlers, seine Sicherheit im Umgang mit den Medien, mit seinem Privatleben verbundene Risiken u.a.m. zu berücksichtigen (vgl. z.B. die Diskussion um das Privatleben des Fußballers *Oliver Kahn* im Sommer 2003: *o.V.* 2003c).

> **Beispiel: Testimonialwerbung im Fußball**
>
> Der Sportartikelhersteller *Adidas* sponsert derzeit u.a. die Fußballer *David Beckham* und *Michael Ballack*, den Golfspieler *Paul McGinley* sowie die Tennisspielerin *Justine Henin-Hardenne*. Der Tennisprofi *Roger Federer* hat Werbeverträge u.a. mit dem Automobilhersteller *Mercedes-Benz*, dem Sportartikelhersteller *Nike* und dem Uhrenhersteller *Rolex* abgeschlossen.

Platz	Sender	Titel	Beginn	Dauer	Zusch. ges. in Mio	MA in %	Erw. ab 14 in Mio	MA in %
1	ARD	Sportschau Fußball-Bundesliga 18. Spieltag	19:03:52	00:48:21	5,95	21,6	5,65	21,8
2	ARD	Sportschau Fußball-Bundesliga 18. Spieltag	18:30:00	00:28:18	5,28	22,0	5,05	22,3
3	ZDF	ZDF SPORTextra: Biathlon-WC 12,5km Massenstart FR	17:08:54	00:44:12	5,20	26,7	5,11	27,4
4	ZDF	ZDF SPORTextra: Biathlon-WC 15km Massenstart HR	15:14:38	00:43:38	4,33	27,4	4,27	28,4
5	ARD	Sportschau	17:59:32	00:23:34	3,61	16,6	3,49	16,9
6	ZDF	ZDF SPORTextra: Gewinnspiel	16:58:20	00:01:00	3,52	19,6	3,48	20,2
7	ZDF	ZDF SPORTextra: Zweierbob-WC FR Zus.	16:45:59	00:10:07	3,52	20,1	3,49	20,8
8	ZDF	ZDF SPORTextra: Gewinnspiel	15:07:38	00:00:56	3,43	24,0	3,37	25,0
9	ZDF	ZDF SPORTextra: Nord.Komb.-WC 10km Langlauf Zus.	16:05:30	00:13:24	3,32	20,0	3,28	20,7
10	ZDF	ZDF SPORTextra: Moderation	13:45:35	01:00:16	3,32	20,6	3,28	21,4
11	ZDF	ZDF SPORTextra: Rodel-WC Einer FR Zus.	16:27:14	00:09:49	3,30	19,6	3,27	20,3
12	ZDF	ZDF SPORTextra: Ski-WC Riesenslalom FR	14:18:43	00:34:25	2,53	19,0	2,49	19,8
13	ZDF	ZDF SPORTextra: Nord.Komb.-WC Skispringen	13:59:49	00:14:12	2,30	18,1	2,28	19,2
14	ZDF	ZDF SPORTextra: Ski-WC Abfahrt HR	12:29:58	01:14:56	2,26	20,5	2,22	21,6
15	ZDF	das aktuelle sportstudio	22:10:03	01:15:02	2,05	7,0	2,00	7,1
16	ZDF	ZDF SPORTextra: Zweierbob-WC HR	12:01:06	00:23:40	1,87	19,9	1,83	21,1
17	ZDF	ZDF SPORTextra: Ski-WC Riesenslalom FR Zus.	11:38:15	00:16:27	1,50	17,3	1,46	18,3
18	ZDF	ZDF SPORTextra: Rodel-WC Zweier	11:18:53	00:13:34	1,34	16,2	1,33	17,5
19	ZDF	ZDF SPORTextra: Zweierbob-WC HR Zus.	10:49:58	00:14:19	1,24	15,8	1,22	17,1
20	ZDF	ZDF SPORTextra: Moderation	08:44:53	00:49:46	1,10	14,7	1,07	16,0
21	ZDF	ZDF SPORTextra: Skispringen-WC	09:41:23	00:41:52	1,03	14,3	1,01	15,8
22	ZDF	ZDF SPORTextra: Eisschnelllauf Sprint-WM 500m HR Zus.	10:00:42	00:08:45	0,96	13,8	0,95	15,3
23	ZDF	ZDF SPORTextra: Eisschnelllauf Sprint-WM 1000m HR Zus.	10:09:27	00:07:55	0,94	13,4	0,93	14,9
24	ZDF	ZDF SPORTextra: Eisschnelllauf Sprint-WM 1000m FR Zus.	09:10:34	00:16:16	0,60	10,2	0,59	11,7
25	SWR BW	Baden-Württemberg Aktuell mit Sport	19:44:59	00:12:22	0,51	1,7	0,51	1,8

Schaubild III-F-4: Einschaltinteresse bei Sportsendungen im deutschen Fernsehen (Sport Five 2010)

Beim **Sponsoring von Sportmannschaften** werden grundsätzlich gesamte Teams unterstützt (*Brückner* 1996; *Bruhn* 2010c, S. 47 f.). Zumeist sind dies Vereinsmannschaften (beispielsweise Fußballbundesligisten), aber auch National- und Verbandsmannschaften (z. B. Sportlerteams bei Olympiaden). Ähnlich dem Sponsoring von Einzelsportlern sind als werbliche Gegenleistungen Trikotwerbung, Ausstattung der Mannschaft mit Sportbekleidung bzw. -geräten, Medienauftritte mit der Mannschaft, Verkaufsförderung mit einzelnen Mitgliedern oder der gesamten Mannschaft sowie Kontaktpflege unter Einbeziehung ausgewählter Sportler möglich. Das Sponsoring von Vereins- oder Verbandsmannschaften ist mit geringeren Risiken verbunden als eine Partnerschaft mit Einzelsportlern. Die Anforderungen zur Auswahl des zu fördernden Teams gleichen allerdings denen für die Auswahl von Einzelsportlern und werden ergänzt durch die Berücksichtigung des Images der Sportart und ihrer Bedeutung für die anzusprechende Zielgruppe sowie das Fanpotenzial einer Mannschaft. Insert III-F-1 verdeutlicht am Beispiel der Fußballbundesliga den Einfluss des Vereinsimages auf die jeweiligen Sponsoren.

Beispiel: Mannschaftssponsoring der *Fluggesellschaft Emirates Airline*
Wie die Partnerschaft zwischen den erfolgreichen Vereinen *Hamburger SV, AC Mailand, FC Arsenal London* sowie *Paris St. Germain* und der Fluggesellschaft *Emirates Airline* zeigt, kommen für ein Mannschaftssponsoring nicht nur einheimische Unternehmen in Frage. Auf den Trikots und Werbebanden

Abstieg des Super-Golfers

Sponsoren lassen Tiger Woods fallen

REUTERS

①②③ zur Fotostrecke ▶▶

Als Werbe-Ikone hat Tiger Woods offenbar ausgedient: Der einstige Golf-Superstar verliert nach peinlichen Enthüllungen über angebliche Sexaffären einen Werbevertrag nach dem anderen.

Washington - Bei Gillette packt man die Kündigung in höfliche Worte: Man wolle die Rolle von Golf-Superstar Tiger Woods Rolle in der Werbung einschränken und damit seinem Wunsch nach mehr Privatsphäre entsprechen, teilte der Rasiererhersteller der "New York Times" zufolge mit. "Und wir denken, dass es richtig ist, dass er eine Auszeit nimmt", fügte Gillette-Sprecher Damon Jones der Zeitung zufolge hinzu. Vor dem Hintergrund immer neuer Enthüllungen über angebliche Sexaffären hatte Woods am Freitag angekündigt, sich auf unbestimmte Zeit aus dem Profisport und der Öffentlichkeit zurückziehen zu wollen.

Woods, der weit mehr als 100 Millionen Dollar im Jahr verdienen soll, ist seit 2007 zusammen mit dem Schweizer Tennis-Weltranglisten-Ersten Roger Federer und dem französischen Fußball-Stürmerstar Thierry Henry bei Gillette unter Vertrag.

Nach einem Bericht der Nachrichtenagentur Bloomberg nahm die Beratungsgesellschaft Accenture, für die Woods seit 2003 wirbt, das Foto des Sportlers bereits am Freitag von ihrer Homepage. Der Limonaden-Konzern PepsiCo hatte schon vor mehreren Tagen beschlossen, das eigens nach Woods benannte Sportgetränk "Gatorade Tiger" nicht mehr zu verkaufen.

Das habe aber nichts mit dem Wirbel um Tiger Woods' Privatleben zu tun, sagt ein Sprecher des Unternehmens dem "Wall Street Journal". Seit Monaten plane man bereits eine Neustrukturierung der Produktpalette.

AT&T überprüft nach eigenen Angaben derzeit die weiteren Beziehungen zu Woods, der unter anderem mit einem Logo auf seinen Golftaschen für den US-Telefonkonzern wirbt, so die "New York Times". Dagegen hätten der US-Sportartikelkonzern Nike und der Computerspiele-Hersteller EA Sports Woods ihre Unterstützung und weitere Zusammenarbeit zugesichert, heißt es in dem Bericht.

ase/dpa

Insert III-F-1: Einfluss des Sportlerimages auf die Sponsoren (SPIEGEL ONLINE GmbH 2010)

der genannten Vereine ist der Slogan *„Fly Emirates"* zu sehen. Im Jahre 2004 haben *Arsenal London* und *Emirates Airline* ein Sponsorship über 130 Mio. EUR abgeschlossen (o.V. 2004b). Durch den Vertrag erwirbt die Airline für 15 Jahre die Namensrechte an dem neuen Stadion von *Arsenal London*. Im Januar 2009 haben der *Hamburger SV* und *Emirates Airlines* ihr Sponsorship bis zum Jahr 2012 verlängert. *Emirates* bleibt dadurch weiterhin der Trikotsponsor des *Hamburger SV*.

Beim **Sponsoring von Sportveranstaltungen** werden nationale und internationale Sportereignisse finanziell unterstützt mit dem Ziel, die Veranstaltung für das Unternehmen werblich zu nutzen. Diese Art des Sponsoring hat in den letzten Jahren aufgrund der steigenden Nachfrage der Unternehmen nach einem Auftritt in einem sportlichen Umfeld, der zunehmenden Kosten für die Durchführung von Sport-Events sowie der Bedeutungszunahme des Event Marketing (vgl. Abschnitt III-I) erheblich an Bedeutung gewonnen, wie auch aus den Beispielen für Titelsponsoring bei Sportveranstaltungen aus Schaubild III-F-5 hervorgeht. Wer-

Golf	Pferdesport	Tennis	Trendsportarten	Sonstige Sportarten
• John Deere Classic	• Sarasin Swiss Open	• Pacific Life Open	• Red Bull Air Race	• Volvo Ocean Race
• Mercedes-Benz Championships	• Henkel Rennen	• Davidoff Swiss Indoors	• Audi FIS Alpine Ski World Tour	• Conergy Marathon Hamburg
• The Honda Classic	• The Land Rover America's Polo Cup	• Porsche Grand Prix	• Nokia Snowboard FIS World Cup	• Adidas Dublin Marathon
• The Barclays	• Nürnberger Burg-Pokal	• Allianz Suisse Open	• Smart Beach Tour	• Real-Berlin-Marathon
• BMW Asian Open	• BMW Deutsches Derby	• ARAG World Team Cup	• Colgate World Surf Cup	• Louis Vuitton Cup
• AT & T Classic	• IVG-Preis von Europa	• BMW Open	• SEAT Kitesurf-Trophy	• Bitburger Läufercup
• Merrill Lynch European Golf Tour	• Mecedes-Benz Großer Preis von Baden	• Quatar Exxon Mobil Open	• Volvo Surf Cup	• Porsche Carrera Supercup
• Sony Open	• Swiss Life CSI	• Gerry Weber Open	• A1 Beach Volleyball Grand Slam	• BASF Triathlon-Cup
• Rolex Trophy	• Samsung Super League	• UBS Open	• Helvetia Nordic Trophy	• Commerzbank Frankfurt Marathon
• Peugeot Chalenge	• Grand Prix Credit Suisse	• Zürich Open	• LG Action Sports	• DAV Black Diamond Skitourencup
• Credit Suisse Challenge	• Rolex FEI World Cup			

Schaubild III-F-5: Beispiele für Titelsponsoring bei Sportveranstaltungen

bemöglichkeiten beim Sponsoring von Sportveranstaltungen ergeben sich beispielsweise in Form der Bandenwerbung, des Titelsponsoring, der Einrichtung von VIP-Lounges zur Bewirtung von Ehrengästen, der Werbung an Gebäuden, auf Programmheften, auf Eintrittskarten u. a. m. Häufig werden dabei Einzelmaßnahmen nicht isoliert genutzt, sondern es werden vom Veranstalter Sponsorenpakete zusammengestellt, um potenziellen Sponsoren ein Bündel werblicher Maßnahmen anzubieten. Als Auswahlkriterien für ein Engagement bei einer Sportveranstaltung dienen vor allem der Bekanntheitsgrad eines Events, das Publikumsinteresse, die Medienwirkung, die Akzeptanz des Sponsoring, der Grad der Alleinstellung des Sponsors sowie die Gestaltung von Durchführungs- und Vermarktungsrechten.

Einen Eindruck von der zentralen Bedeutung des Sponsoring für internationale Sportevents sowie der zunehmenden Kommerzialisierung vielzähliger Events vermittelt Insert III-F-2 am Beispiel der *Leichtathletik-WM in Berlin 2009*.

Eine vergleichsweise junge Erscheinungsform des Sponsoring ist das so genannte **„Site-Sponsoring"**, bei dem Unternehmen sich an den Kosten für beispielsweise ein neues Fußballsta-

---

LEICHTATHLETIK-WM IN BERLIN

Adidas spurtet Co-Sponsoren davon

Einen Monat nach Ende der Leichtathletik-WM in Berlin bilanzieren auch die Sponsoren den Wert ihres Engagements. Laut dem Marktforschungsinstitut Ipsos können sich zumindet in Deutschland einige Sponsoren freuen. Denn die nationalen Partner haben oft eine höhere Wahrnehmung erreicht als die internationalen Hauptsponsoren, die ein Vielfaches zahlten.

Gleichgültiger Passant: Die Leichtathletik-WM in Berlin hat ein gutes Drittel der Deutschen nicht interessiert. Quelle: dpa

KÖLN. Die Usain-Bolt-Show ist vorüber, die Athleten haben ihre Medaillen in der Nachttischschublade verstaut – und im Berliner Olympiastadion kickt neben der blauen Tartanbahn längst wieder Tante Hertha.

Einen Monat nach dem Ende der Leichtathletik-Weltmeisterschaft in Berlin steht auch fest, welches Unternehmen von dem Sportereignis am meisten profitiert hat. Ganz oben auf dem Treppchen der bekanntesten WM-Sponsoren steht Adidas. Unmittelbar nach den Titelkämpfen konnten sich 34 Prozent der Befragten an den fränkischen Sportartikelhersteller als Sponsor des Events erinnern. „Wir sind mit der Sichtbarkeit unserer Marke sehr zufrieden", sagt Adidas-Sprecher Oliver Brüggen. Ganz überraschend kommt der Sieg nicht, denn schließlich war Adidas auch mit Produkten im Bild: „Wir haben rund 1 000 Athleten ausgerüstet. Es ist eine kontinuierliche Partnerschaft notwendig, um als Marke wahrgenommen zu werden", sagt Brüggen.

Kurios geht das Ranking weiter: Auf den Rängen zwei und fünf folgen mit Nike und McDonald's zwei Unternehmen, die in Wahrheit gar keine Sponsoren waren. Auch Coca-Cola als Drittplatzierter hatte die WM nur dezent als Förderer mit Sportgetränken und Wasser versorgt – ohne rote Banner. Experten wundert das nicht: „Bei Firmen wie McDonald's oder Coca-Cola strahlt die allgemeine Bekanntheit ab, Förderer globaler Sportevents zu sein", sagt Ipsos-Studienleiter Ulrich Sauer. „Bei Nike als Ausrüster zeigt sich die generell hohe Affinität zur Leichtathletik."

Stephan Schröder, Mitglied der Geschäftsleitung der Sponsoringberatung Sport + Markt, erklärt die Erfolge auf dem Trittbrett ähnlich. „Es sind die üblichen Verdächtigen, die einem in den Sinn kommen, wenn man nicht recht weiß, wer wirklich auf der Bande stand", kommentiert der Sponsoringexperte. Das sei aber auch eine Folge von vielfach bescheidenen Wahrnehmungswerten in Berlin. „Bei einer gestützten Befragung sind leider viele Sponsoren nicht über 15 Prozent hinausgekommen. Das bedeutet, man ist nur von wenigen Zuschauern tatsächlich als Sponsor wahrgenommen worden."

Dieses bittere Urteil trifft in der Ipsos-Studie gleich auf einige Hauptsponsoren des Leichtathletik-Weltverbandes IAAF zu. So ist die russische Bank VTB mit zwei Prozent gestützer Wahrnehmung geradezu in der Versenkung verschwunden. Das Kreditinstitut wollte zu seinen Sponsoringzielen keine Stellungnahme abgeben.

Auch die japanischen Unternehmen Epson (11 Prozent), Seiko (11) oder TDK (10) haben zumindest in Deutschland keinen bleibenden Eindruck hinterlassen, obwohl sie wie VTB zu den Hauptgeldgebern zählten. Samsung (16), das unmittelbar vor dem Berliner Großereignis eine auf drei Jahre angelegte Partnerschaft mit dem Leichtathletik-Weltverband IAAF eingegangen war, lag noch hinter der Deutschen Post, der Deutschen Bahn und der Deutschen Telekom, die im Range „Nationaler Partner" eingestuften waren.

Für Andreas Scherfke, den Sponsoringverantwortlichen der Post, galt die Devise: „Wir wollten nicht nur platt mit unserem Namen werben, sondern inhaltliche Bezüge herstellen. Daher haben wir anders als andere Sponsoren frühzeitig unser Engagement geplant." Auch nach innen sei das WM-Projekt geglückt: „So durften wir nach einer Zusage des Organisationskomitees zum 100-Meter-Finale 2 200 Berliner Postboten ins Stadion einladen."

Die Telekom als insgesamt Viertplatzierter zeigt sich „sehr zufrieden" mit dem Abschneiden. Das Konzept, sich als Technologiepartner zu präsentieren und gleichzeitig in der Telekom-Repräsentanz als Gastgeber des „Deutschen Hauses" zu fungieren, sei voll aufgegangen, sagt Sprecher René Bresgen. Trotzdem stehe Fußball unangefochten an erster Stelle im Konzernsponsoring, sagt Bresgen – auch weil es die Inhalte bietet, mit der die Telekom ihre medialen Plattformen bespielt. „Wir haben die WM eher als gesellschaftliches Ereignis unterstützt."

Breite Begeisterung hat das Sportereignis des Jahres in Deutschland ohnehin nicht entfacht. Direkt nach der WM fühlten sich 35 Prozent der Befragten von der Veranstaltung gar nicht angesprochen. „Nur bei 22 Prozent hat die WM Faszination ausgelöst. Beim Rest besteht die Gefahr, dass nicht dauerhaft Begeisterung für die Leichtathletik geweckt werden konnte", sagt Ipsos-Mann Sauer. „Die richtige Aufbruchstimmung hat mir gefehlt", sagt auch Schröder. Vor allem die Sprintwettbewerbe konnten Fans mobilisieren, wie eine Umfrage unter Leichtathletikinteressierten zeigt: Sprinter und Springer waren in, hingegen konnten Langstreckenläufer noch weniger begeistern als die Werfer. Schröder erkennt in den Werten auch eine Aufforderung, über eine Straffung des Programms und die Bündelung von unattraktiven Vorkämpfen nachzudenken.

Insert III-F-2: Sponsoring im Rahmen der Leichtathletik-WM in Berlin 2009 (Handelsblatt 2009)

STADIONUMBENENNUNG IN NÜRNBERG KOMMT NICHT GUT AN

Isigreddid – eine Region schreit auf

Im Fußball geht es zu wie überall: Die Kommerzialisierung schreitet unaufhaltsam. Das haben die Fans des 1.FC Nürnberg nun auch am eigenen Leib zu spüren bekommen. Die Namensrechte wurden an die Norisbank verkauft, die das Frankenstadion kurzerhand in "Easycredit-Stadion"umbenannte – zum großen Ärger der Anhänger.

Streitobjekt: Seit den das Nürnberger Frankenstadion in Easycredit-Stadion umbennant wurde, laufen die Fans Sturm. Foto: Stadt Nürnberg

NÜRNBERG. Wenn Julius Neumann mit seinen Kumpels von den „Ultras Nürnberg 94" am Ostersonntag die große schwarz-rote Fahne „Max-Morlock-Stadion" in der Nordkurve ausrollt, dann tut er das mit einer Mischung aus Stolz, Trotz und Resignation. Denn das Stadion, in dem anschließend sein 1. FC Nürnberg gegen Kaiserslautern spielt, wird offiziell nie so heißen. Mitte März hat sich die in der Stadt ansässige Norisbank die Namensrechte am Stadion für fünfeinhalb Jahre gesichert. Aus dem „Frankenstadion" wurde daraufhin für eine bis heute geheim gehaltene Summe das „Easycredit-Stadion", benannt nach dem Renner im Produktportfolio der Norisbank, einem Ratenkredit.

Fans, aber auch Nürnberger Bürger, die ansonsten wenig mit Fußball am Hut haben, laufen seither Sturm. „Die Nürnberger machen sich weder einmal zu Deppen der (Fußball-)Nation", schreibt Leserbrief-Schreiber Thomas Mimler in der Regionalzeitung „Nürnberger Nachrichten", die inzwischen auf Sonderseiten die öffentliche Reaktion bündelt. Und im Internet-Chatroom „www.pruefungsgeil.de" der Uni Erlangen-Nürnberg sind es vor allem die Wirtschaftswissenschaftler, die sich über den Namen erzürnen. Höhepunkt des Protests war die von den Ultras Nürnberg organisierte inoffizielle „Taufe" im „Max-Morlock-Stadion" (nach einem berühmten Nürnberger Fußballer), zu der 600 Teilnehmer kamen.

Bei der Norisbank versucht man seither, die Wogen zu glätten, preist das eigene Erfolgsprodukt „Made in Nürnberg" an. Der Ratenkredit, der nicht nur in 99 eigenen Filialen, sondern auch in rund 9 000 Geschäftsstellen derVolks- und Raiffeisenbanken angeboten wird, habe inzwischen einen bundesweiten Bekanntheitsgrad von 75 Prozent, Tendenz steigend. Prozentual zweistelliges Wachstum bei Umsatz und Ertrag und deutlich steigenden Mitarbeiterzahlen sind die Folge.

Dennoch ist die Bank von der Dauerdiskussion über den Namen genervt. „Wir haben damit gerechnet, dass der Name nicht auf Gegenliebe stößt", sagt Sprecher Thomas Tjiang. Inzwischen werde in der Öffentlichkeit reichlich übertrieben, glaubt er.

Nun ist Namenssponsoring bei Stadien, Hallen oder Parks inzwischen in Deutschland längst weit verbreitet. Besonders die Finanzwelt engagiert sich auf einen weit reichenden Werbeauftritt, wenn „Sportschau" oder „Sportstudio" die Spiele einem Millionenpublikum präsentieren. Die Allianz-Arena in München, die Commerzbank-Arena in Frankfurt, die AWD-Arena in Hannover oder der Signal Iduna Park in Dortmund sind die markantesten Beispiele dafür. Kritische Stimmen gab es zwar dort auch. Doch nirgendwo kochte die Volksseele so sehr wie in Nürnberg. Einer der Gründe: Nie vorher wurde ein Stadion nach einem Produkt benannt, sondern stets nach einem Institut.

Darin sieht Bernd Samland, dessen Kölner Agentur Endmark eine der größten in Deutschland im Bereich Namensfindung ist, auch das Hauptproblem. „Einen Produktnamen zu verwenden, ist bereits suboptimal. Dass es sich zusätzlich noch um ein englisch benanntes Produkt handelt, verschärft die Sache noch", sagt er. Viele Franken machen aus der Not bereits eine Tugend, schreiben den Namen in der veröffentlichten Meinung so wie sie ihn aussprechen: „Isigreddid" ist in Mittelfranken inzwischen Ausdruck des Protestes gegen den ungeliebten Namen.

Lesen Sie weiter auf Seite 2: Mit Norisbank-Stadion hätten viele Leben können.

Viele von ihnen hätten mit dem Namen Norisbank-Stadion leben können, schließlich wäre der regionale Bezug erhalten geblieben, wenn schon der Name „Frankenstadion" geopfert werden musste.

Dass sich die Kommerzialisierung des Sports und insbesondere des Fußballs nicht aufhalten lässt, ist ihnen seit längerem bewusst. Dafür aber ausgerechnet den Namen eines Kleinkredites zu nehmen, das war zu viel für die fränkische Volksseele. Bietet der doch Steilvorlagen für jegliche Art der Verballhornung. Vor allem solche, die dem traditionsreichen, aber in den letzten Jahren häufig erfolglosen 1. Fußballclub Nürnberg (FCN) weniger gewogen sind, nehmen das zum Anlass für Frotzeleien. Gerade aus dem benachbarten Fürth, wo der einstige Ronhof schon vor fünf Jahren in „Playmobil-Stadion" umbenannt wurde, kommt reichlich Spott.

Deswegen bekommt der FCN, der allgemein nur „der Club" genannt wird, auch einen Großteil des Volkszorns ab. Dort will man aber auch nicht die Verantwortung auf sich nehmen, gehört doch das Stadion zu rund drei Vierteln dem Baukonzern Hochtief, der Rest einer städtischen Betreibergesellschaft. „An der Namensgebung waren wir nicht beteiligt", sagt FCN-Sprecher Martin Haltermann. Da die Norisbank über den der Hauptsponsoren ist, fällt selbstredend auch kein Wort der Kritik.

Dabei hat das Problem mit der Namensfindung für das Nürnberger Stadion beinahe schon zwei Jahrzehnten Tradition. Denn der von vielen als besonders schützenswert angesehene Name „Frankenstadion" ist erst 15 Jahre alt. Damals beim Umbau 1991 sollte ein neuer, frischer Schriftzug das bis dato recht biedere „Städtische Stadion Nürnberg" ersetzen. So hieß es von seiner Fertigstellung im Jahr 1928 bis dahin. Und schon 1991 redete man sich die Köpfe heiß, ob mit dem neuen Namen „Frankenstadion" nicht eine Tradition aufgegeben werde.

Als es dann vor zwei Jahren darum ging, ob sich der Stadionname mit einem potenten Sponsor besser zu Geld machen ließe, kreisten die ersten Gedanken um den Haupteigner Hochtief. „Hochtief-Stadion", das ging nur gleich gar nicht, war das einhellige Urteil in Stadtrat und Bevölkerung. Die Assoziationen zu den zahlreichen Auf- und Abstiegen der Nürnberger Mannschaft in den letzten Jahrzehnten lag einfach zu nah. Beim Namen Easycredit dachten die Verantwortlichen daran nicht.

Wie auch immer: Zur Weltmeisterschaft in zwei Monaten werden die Easycredit-Tafeln schon wieder abgeschraubt. Weil der Fußball-Weltverband Fifa nur eigene Sponsoren zulässt, heißt es dann schlicht „FIFA WM-Stadion Nürnberg".

Insert III-F-3: Kontroverse um die Namensgebung für das Stadion Nürnberg (Handelsblatt 2006)

dion beteiligen und dieses als Gegenleistung nach dem Sponsor benannt wird (*Richter* 2001). Aus rechtlicher Sicht ist es bei der Namensgebung für ein Stadion bzw. eine Sportarena vor allem interessant, wem das Recht zur Namensgebung zusteht. In Betracht kommen zumeist der Eigentümer des Stadions oder der Pächter bzw. Veranstalter. So ist beispielsweise die Fußballmannschaft *Bayer Leverkusen* als Titelsponsor der *BayArena* in Leverkusen gleichzeitig einziger Gesellschafter der *Bayer Leverkusen GmbH*, so dass der Namensgeber kein außenstehender Sponsor ist. Das Namensrecht ist jedoch auch auf einen Dritten zu übertragen, wobei zwei unterschiedliche Gestaltungen denkbar sind. Wird das Namensrecht einem Dritten zur Vermarktung übertragen, bestimmt letztlich der Vermarkter über den Namen, so dass dem Sportverein keine Kontrollmöglichkeiten bleiben. Überträgt der Sportverein das Recht zur Namensgebung indessen unmittelbar einem bestimmten Unternehmen, so bewahrt er sich einen gewissen Einfluss auf die Namensgebung (*Wichert/Leda* 2001). Einen Einblick in die Kontroversen, die immer wieder über die Vergabe von Namensrechten an Stadien geführt werden, gewährt Insert III-F-3.

1.4.2 Kultursponsoring

Kunst und Kultur haben sich in den letzten Jahren zu einem bedeutenden Freizeitbereich entwickelt. Aufgrund der vielfältigen Motive der Förderer herrscht jedoch häufig Unsicherheit darüber, was unter dem Begriff Kultursponsoring zu verstehen ist, und es ergeben sich insbesondere Abgrenzungsschwierigkeiten hinsichtlich der Begriffe Kulturförderung und Kultursponsoring (*Bruhn/Wieland* 1988; *Fischer* 1988; *Bruhn* 2010c, S. 148 ff.). Während die klassische Kulturförderung vorwiegend aus altruistischen Motiven erfolgt(e), ist eine mäzenatenhafte und selbstlose Förderung durch Unternehmen heute eher selten zu beobachten. Es gilt als unbestritten, dass ein Unternehmen durch die Unterstützung kultureller Belange auch Wirkungen im Hinblick auf die Unternehmenskultur und -kommunikation erreichen kann. Da aber dem Besucher einer Veranstaltung die Auswirkungen der unterschiedlichen unternehmerischen Behandlung nicht bewusst sind, werden im Folgenden, unabhängig vom bekundeten Selbstverständnis der Unternehmen, unternehmerische Engagements als Kultursponsoring bezeichnet, wenn damit Gegenleistungen für Unternehmen verbunden sind. Im Mittelpunkt des Kultursponsoring steht in diesem Sinne die Demonstration gesellschafts- und sozialpolitischer Verantwortung sowie die positive Beeinflussung des Unternehmensimages (*Drees* 1989; 1991; *Witt* 2000; S. 89).

Seit Jahren wird in zahlreichen Studien dem Kultursponsoring ein beachtlicher Aufschwung vorausgesagt, der sich jedoch in den Sponsoringinvestitionen der Unternehmen nicht widerspiegelt (*Pilot Checkpoint* 2008; *Heinze* 2009). Im Hinblick auf die Weltwirtschaftskrise ist kurz- bis mittelfristig eher von einer Stagnation oder Schrumpfung der Investitionen im Kultursponsoring auszugehen. Obwohl ca. 74 Prozent der als Sponsor auftretenden Unternehmen im Kunst- und Kultursponsoring engagiert sind, entfallen im Durchschnitt lediglich 12 Prozent des gesamten Sponsoringbudgets auf das Kunst- und Kultursponsoring, wohingegen 69 Prozent im Sportsponsoring investiert werden (*Pilot Checkpoint* 2008). Auch die Entwicklung der öffentlichen Ausgaben von Bund und Ländern verdeutlichen stagnierende Investitionen im Kulturbereich. Während zwischen den Jahren 1995 und 2000 noch ein Anstieg von 7,47 Mrd. auf 8,21 Mrd. EUR zu verzeichnen war, blieben die Ausgaben bis zum Jahr 2007 mit 8,15 Mrd. EUR weitgehend konstant (*Statistisches Bundesamt* 2008, S. 40). Zwar liegen keine verlässlichen Zahlen zum Umfang der privaten Kulturförderung in Deutschland vor, jedoch ist davon auszugehen, dass insgesamt 0,9 Mrd. Euro an privaten Geldern für Kultursponsoring ausgegeben werden. Etwa 0,5 Mrd. Euro werden von Stiftungen und privaten Haushalten zur Verfügung gestellt und 0,4 Mrd. Euro von Unternehmen in Form von Kultursponsoring (*ZAW (Zentralverband der deutschen Werbewirtschaft)* 2007, S. 388).

Bei Betrachtung der **Kulturbereiche**, in denen sich Unternehmen im Rahmen des Kultursponsoring engagieren, zeigt sich, dass vor allem Kunstausstellungen im Bereich der Bildenden und Darstellenden Kunst (z. B. Museen, Schauspiele, Ballettaufführungen) und musikalische Veranstaltungen (Musicals, Opern, Operetten) gefördert werden (*Posadowsky* 2006, S. 354 f.). Die größten Wachstumschancen werden von Unternehmen ebenfalls in diesen Bereichen gesehen. Eine positive Entwicklung wird vor allem beim Filmsponsoring (Finanzierung von Produktionen, Drehbüchern), der Musik (Rock-/Pop-Musik) sowie der bildenden Kunst (Kunstausstellungen, Museen) erwartet (*Pilot Checkpoint* 2008, S. 11). Darüber hinaus zählen auch kulturelle Bereiche wie Theater, Literatur, Film, Denkmalschutz sowie Rock- und Popkonzerte bzw. -festivals zum Kultursponsoring. Gefördert werden sowohl Einzelkünstler, Kulturgruppen und Kulturorganisationen als auch Kulturveranstaltungen in verschiedenen Leistungsklassen, d. h. in der gesamten Bandbreite von „Spitzenkunst" bis hin zu „Alltagskunst" auf der Breitenebene. Die Möglichkeiten der Kulturförderung sind in den einzelnen Bereichen vielfältig. Sie umfassen die finanzielle Unterstützung kultureller Belange, Publikationshilfen, Sach- und Materialspenden ebenso wie die Ausschreibung von Kunstpreisen, die Auftragsvergabe an Künstler und die Vergabe von Stipendien. Eine branchenspezifische Betrachtung verdeutlicht, dass vor allem Finanzdienstleistungsunternehmen als Kultursponsoren aktiv sind und insbesondere Publikationen sowie den Ankauf von Kunstwerken vergleichsweise stark unterstützen (*Kohtes & Klewes* 1997, S. 22).

Beispiel: Kultursponsoring von der *Deutschen Bahn* und *Nokia*
Die *Deutsche Bahn* und *Nokia* traten im Jahre 2003 als Sponsoren der Verleihung des deutschen Medienpreises *Comet* auf. Die *Comet*-Vergabe wurde bundesweit in voller Länger in *ICE-Zügen* und Bahnhöfen übertragen und auf großflächigen Plakatierungen in Bahnhöfen kommuniziert (o.V. 2003e).

In letzter Zeit hat insbesondere die Ausschreibung von Kulturpreisen zugenommen. Registrierte das Handbuch der Kulturpreise im Jahre 1994 noch 2.018 in Deutschland vergebene Preise, so waren es bereits im Jahre 2000 ca. 3.027 Preise und im Jahre 2008 stieg die Anzahl auf ungefähr 5.415 Preise. Dies entspricht einer Steigerung von ca. 78 Prozent in den letzten acht Jahren. Der Großteil der Preise (16 Prozent) entfällt dabei auf den Bereich der „Medien/Publizistik", gefolgt von Bildender Kunst (14 Prozent) sowie Literatur und Film (je 13 Prozent) (Handbuch der Kulturpreise 2008). Es lassen sich verschiedene **Typen der Vergabe von Preisen** unterscheiden:

- Preisverleihung erfolgt durch das Unternehmen selbst,
- Unternehmen stiften Preise, die von Hochschulen (oder Kulturorganisationen) verliehen werden,
- Stiftungen vergeben Preise,
- Wissenschaftliche Gesellschaften vergeben Unternehmenspreise,
- Preise werden durch Verbände der Wirtschaft verliehen,
- Verbände stiften Preise, die von industriellen Forschungsvereinigungen verliehen werden,
- Verbände stiften Preise, die von Hochschulen (oder Kulturorganisationen) verliehen werden.

Die Zunahme der Kulturpreise lässt sich jedoch nicht eindeutig als ein gestiegenes Interesse der Wirtschaft an der Kulturförderung interpretieren. So stellen beispielsweise ein ständig erweiterter Kulturbegriff und grenzüberschreitende Kontakte in Europa, die zu einer Vielzahl von „EU-Preisen" geführt haben, natürliche Anlässe für den Preiszuwachs dar. Die Vergabe von Kulturpreisen durch Unternehmen und private Preisstiftungen befindet sich eher in einer Stagnation. Ursachen mögen darin liegen, dass nach einer anfänglichen Euphorie für jegliche Arten des Kultursponsoring die Unternehmen ihre Sponsoringaktivitäten inzwischen wieder nüchterner betrachten und in vielen Fällen punktuelle Sponsoringengagements bevorzugen, die zielgenauer zu planen sind.

Bei der Auswahl von Engagements im Kultursponsoring sind fünf **Besonderheiten** zu beachten, die signifikante Unterschiede gegenüber dem Sportsponsoring beinhalten (*Bruhn* 1989, S. 59 f.; *Drees* 1989):

(1) Kultursponsoring ist, mit Ausnahme von Musik-Events im Rock- und Popbereich, weniger in der Lage, ein Massenpublikum zu erreichen. Es ist insbesondere geeignet, kleinere, aber für das Unternehmen attraktivere Zielgruppen (z. B. Meinungsführer, Großkunden und Journalisten) anzusprechen.

(2) Kultursponsoring ermöglicht ein exklusives Auftreten des Unternehmens. Das Sponsoring im Verbund mit anderen Sponsoren ist eher die Ausnahme.

(3) Bei den Geförderten bestehen zum Teil Barrieren und Ängste, eine Partnerschaft mit einem Unternehmen einzugehen, weil eine Einschränkung der kulturellen oder künstlerischen Freiheit befürchtet wird. Gegenseitige Erwartungshaltungen sind demnach vorab zu präzisieren.

(4) Seitens des Unternehmens ist eine inhaltliche Auseinandersetzung mit dem jeweils kulturellen Anliegen geboten, um bei den Zielgruppen Glaubwürdigkeit zu vermitteln.

(5) Die Planung und Durchführung des Sponsorships erfordert im Unternehmen vor allem bei Kultursponsoring einen Verantwortlichen, der sich für die auszuwählenden Förderbereiche persönlich engagiert.

1.4.3 Umweltsponsoring

Die verstärkte Bedeutung ökologischer Fragestellungen in der öffentlichen Diskussion gilt als Basis für die Entwicklung des Phänomens Umweltsponsoring. Lange Zeit nahm dies nur eine untergeordnete Stellung als Bestandteil der Unternehmens- und Marketingkommunikation ein, hat jedoch – wie sowohl wissenschaftliche als auch empirische Beiträge verdeutlichen – seit Beginn der 1980er Jahre an Bedeutung gewonnen, wenn es auch nach wie vor den geringsten Anteil der Sponsoringaufwendungen auf sich vereint (*Bruhn* 1990a; 1990b; 1990c; 1990d; 1993a; 1993b; *Drees* 1991; *Zillessen/Rahmel* 1991; *Grüsser* 1992; *Cavegn* 1993; *Halcour* 1993; *Haßler et al.* 1994; *Walter* 1996; *ISPR GmbH* 1998; *Sport + Markt AG* 2000; *Checkpoint* 2004). Die klassische Definition des Sponsoring ist dabei nicht ohne Weiteres auf diesen Bereich anzuwenden, d. h., Erfahrungen aus dem Sport- und Kultursponsoring sind nicht pauschal auf den Bereich Umweltsponsoring übertragbar, sondern es bestehen eigene zu beachtende Regeln und Gesetzmäßigkeiten. Folgende fünf **Besonderheiten des Umweltsponsoring** sind in diesem Kontext zu nennen (*Bruhn* 1990c, S. 6; *Bruhn* 2010a, S. 212):

(1) Im Umweltsponsoring dominiert der Fördergedanke, d. h. die Schaffung von Möglichkeiten zur Aufgabenerfüllung im ökologischen Bereich.

(2) Umweltsponsoring wird als Baustein einer ökologisch orientierten Unternehmenskultur verstanden, durch die das unternehmerische Selbstverständnis nach innen und außen dokumentiert wird.

(3) Werbliche Wirkungen für die Unternehmens- und Marketingkommunikation spielen im Umweltsponsoring nur eine untergeordnete Rolle.

(4) Es besteht die Notwendigkeit einer inhaltlichen Identifikation des Unternehmens mit den Engagements im Umweltsponsoring.

(5) Es werden ausschließlich nichtkommerzielle Gruppen oder Organisationen (vor allem umweltpolitische Institutionen) gefördert.

Darüber hinaus ist – im Gegensatz zum Sportsponsoring – die kommunikative Botschaft des Unternehmens oft nicht über spezielle Kommunikationsmittel zu „transportieren". Die Förderung gesellschaftlicher Aufgaben wird für das Unternehmen zu einer Art „suis generis", da beispielsweise allein die Tatsache einer Umweltförderung an sich sowie dessen Erwähnung bereits mit (indirekten) Kommunikationswirkungen für das Unternehmen verbunden ist. Umwelt- sowie auch Soziosponsoring schafft damit im Vergleich zum Sport- und Kultursponsoring eine zusätzliche Dimension der Unternehmens- und Markegingkommunikation, indem Unternehmen durch das Bekenntnis zur Lösung gemeinschaftlicher Aufgaben und die direkte Auseinandersetzung mit den Betroffenen auf einer anderen Ebene mit ihren Zielgruppen in Kontakt treten (*Bruhn* 2010c, S. 213).

Die **Tätigkeitsbereiche** des Umweltsponsoring erstrecken sich im Wesentlichen auf den Natur- und Artenschutz durch die Unterstützung lokaler, nationaler oder internationaler Umweltschutzorganisationen. Im Bereich **Naturschutz** stehen hierbei folgende vier Formen der Förderung im Vordergrund (*Bruhn* 2010c, S. 238 ff.).

(1) Förderung von Naturschutzorganisationen, d.h. generelle oder projektbezogene Förderung, beispielsweise der Organisationen *World Wide Fund for Nature (WWF), Bund für Umwelt- und Naturschutz (BUND), Oro Verde oder Naturschutzbund Deutschland (NABU).*

> **Beispiel: Naturschutzsponsoring von *Novartis***
> *Novartis Vaccines Diagnostics GmbH & Co. KG* unterstützt in Kooperation mit dem *WWF* die Aktion „Lebensraum Donau" finanziell. Begründet wird dieses Engagement durch die Informationskampagne bei Ärzten und Apothekern zum Thema Zeckenimpfung, da die Donau durch Risikogebiete für *FSME* (Frühsommer-Meningoencephalitis oder Zeckenhirnhautentzündung) fließt.

> **Beispiel: Naturschutzsponsoring von *O₂***
> Das Telekommunikationsunternehmen O_2 beteiligt sich an Umweltprojekten des *WWF*. Das Naturschutzgroßprojekt „Mittlere Elbe", das größte Projekt, das der *WWF* bislang in Deutschland ins Leben gerufen hat, wird durch ein Handy-Recycling-Programm von O_2 unterstützt. Das Unternehmen zahlt für jedes recycelte Handy 2,50 Euro an den *WWF* Deutschland und trägt so zur professionellen Entsorgung und Wiederverwertung bei.

(2) Initiierung von Naturschutzaktionen durch Unternehmen, d.h. Gründung eigener Umweltschutzinitiativen, Umweltstiftungen oder Naturschutzfonds, beispielsweise Baumpflanzaktionen, Schutz von Biotopen oder Umweltforschungsprojekte.

> **Beispiel: Baumpflanzaktion von *Volkswagen***
> Die *Volkswagen AG* führte eine Baumpflanzaktion im Rahmen des jährlich vergebenen internen Umweltpreises durch. Die Aufforstung gilt als Dank an alle Mitarbeitenden, die sich bislang mit Ideen am unternehmensinternen Umweltpreis beteiligt haben.

Ein weiteres Beispiel einer unternehmensinitiierten Naturschutzaktion bietet das gemeinsame Projekt von *Krombacher* und dem *WWF* zum Umweltschutz. Ein Plakat dieser Aktion ist in den Inserts III-F-4 und III-F-5 abgebildet.

Insert III-F-4: Werbekampagne zum Umweltschutz von Krombacher und des WWF (Krombacher 2008)

Insert III-F-5: Langnese und WWF Naturschutzprojekt (Langnese 2009)

(3) Ausschreibung von Naturschutzwettbewerben zur Verleihung so genannter „Umwelt-preise".

Beispiel: *Zürcher Kantonalbank* **und** *ZKB Umweltpreis für Berufsschulen*
Die Zürcher Kantonalbank verleiht jährlich den *„ZKB Umweltpreis für Berufsschulen"*. Dabei wer-den selbständige Vertiefungsarbeiten prämiert, die eine aktuelle ökologische Frage behandeln und dabei Möglichkeiten des eigenen und gesellschaftlichen Handlungsspielraums aufzeigen.

Beispiel: *„Naturschätze Europas"*
Die gemeinnützige Stiftung *EuroNatur* zum Erhalt des europäischen Naturerbes veranstaltete im Jahre 2008 in Kooperation mit der Zeitschrift *„natur + kosmos"*, der *Deutschen Lufthansa AG* und dem Filmfestival *NaturVision* zum 16. Mal den Natur-Fotowettbewerb „Naturschätze Europas".

(4) Naturschutzengagements aufgrund naturverbundener Zeichen im Unternehmenslogo bzw. im Firmensignet.

Beispiel: *Lufthansa* **und Kraniche**
Lufthansa unterstützt aufgrund seines Kranichs als Wappenvogel im Firmensignet nationale und internationale Artenschutzaktivitäten wie Projekte zum Schutz bedrohter Kranicharten und ih-rer Lebensräume. Hierzu zählt unter anderem das Projekt „Kranichschutz Deutschland" als eine Arbeitsgemeinschaft mit dem *NABU* und *WWF-Deutschland*. In Zusammenarbeit mit der Um-weltstiftung Euronatur werden ferner Projekte zum Schutz der Kraniche durchgeführt, die auf ihrem Flug in den Süden in Spanien und Israel rasten.

Für den Bereich **Artenschutz** ergeben sich analog folgende drei **Förderbereiche** (*Bruhn* 2010c, S. 242 ff.):

(1) Förderung von Artenschutzorganisationen, wie beispielsweise den *Deutschen Bund für Vogelschutz (DBV)* oder den *World Wide Fund for Nature (WWF)*

> **Beispiel: Kooperation von *Swisscom* und *WWF***
> Die Schweizer Supermarktketten *Coop* und *Migros* sind Mitglieder bei der *WWF Seafood Group*. In dieser Gruppe schließen sich Unternehmen zusammen, die einen Beitrag zum Schutz der Meere leisten wollen. Die Mitglieder haben sich deshalb dazu verpflichtet, vom Aussterben bedrohte Fischarten und Fische aus überfischten Beständen aus ihrem Angebot zu streichen.

(2) Initiierung von Artenschutzaktionen durch Unternehmen, d.h. beispielsweise die Übernahme von Patenschaften für zoologische Gärten oder die Förderung der Umwelterziehung an den Schulen.

> **Beispiel: Artenschutzaktionen von *Vitakraft***
> Das Unternehmen *Vitakraft* gibt eine „*Vita-Noah®* Artenschutz-Aktie" aus. Die Einkünfte aus dem Aktienverkauf werden verwendet, um bedrohte Tierarten auf den Philippinen zu schützen. Zum Schutz der Vogelwelt auf den Philippinen unterstützt *Vitakraft* ferner das „Philippine Endemic Species Conservation Project" (Projekt zur Bewahrung der auf den Philippinen einheimischen Arten). *Vitakraft* unterstützt zudem gemeinsam mit dem *Brehm-Fonds für Internationalen Vogelschutz*, dem *Vogelpark Walsrode* und dem Tiermagazin *Ein Herz für Tiere* eine Rettungsaktion zum Schutz des sibirischen Schneekranichs.

(3) Artenschutzengagements aufgrund von Tierzeichen im Unternehmenslogo bzw. Firmensignet.

> **Beispiel: *Spar* und die grüne Tanne**
> Das Handelsunternehmen *SPAR* Österreich, das eine stilisierte grüne Tanne als Firmensignet trägt, hat den aktiven Umweltschutz in seinen Unternehmensgrundsätzen verankert. Grundsätzlich werden Obst und Gemüse aus kontrolliertem Anbau bevorzugt. Im Rahmen der Verpackungspolitik setzt das Unternehmen mit Tragetaschen aus nachwachsenden Rohstoffen auf Nachhaltigkeit. Des Weiteren werden Projekte zur Einsparung von Energie gefördert und das Logistiksystem optimiert, um die Anzahl der gefahrenen Kilometer zu verringern.

1.4.4 Soziosponsoring

Parallel zum Umweltsponsoring entwickelte sich der Bereich **Soziosponsoring** (*Bruhn* 1990a; 1990b; 1990c; *Leif/Galle* 1993; *Schiewe* 1994; *Lang/Haunert* 1995). Grundsätzlich gelten hier die gleichen Besonderheiten wie für das Umweltsponsoring; Unterschiede ergeben sich jedoch hinsichtlich der Träger des Soziosponsoring. Es handelt sich um unabhängige Institutionen im sozialen Bereich (z.B. Organisationen der Wohlfahrtspflege), staatliche Einrichtungen (z.B. Krankenhäuser, Gesundheitsämter) sowie religiöse, bildungspolitische, wissenschaftliche oder politische Institutionen (*Bruhn/Tilmes* 1994, S. 38; *Bruhn* 2010c, S. 214 f.). Schwerpunkte der Tätigkeit im Sozialsponsoring sind zum einen in den Bereichen Gesundheits- und Sozialwesen, zum anderen in Wissenschaft und Bildung zu sehen. Darüber hinaus gewinnt inzwischen – in erster Linie für Sponsoren mit regionaler Ausrichtung – das Kindergartensponsoring an Bedeutung. Hinsichtlich der **Tätigkeitsbereiche im Gesundheits- und Sozialwesen** sind folgende sechs Formen hervorzuheben:

(1) Bereitstellung finanzieller Mittel zur Lösung sozialer Aufgaben

> **Beispiel: Soziosponsoring von *Görtz***
> Im Rahmen der Jubiläumskampagne des Schuhhauses *Görtz* posierten Prominente auf den Werbeplakaten des Unternehmens und spendeten ihr Fotohonorar in Höhe von jeweils gut 25.000 EUR an wohltätige Organisationen ihrer Wahl (*Gebhardt* 2001).

(2) Gründung eigener Stiftungen

> **Beispiel: *McDonald's Kinderhilfe***
> Das Unternehmen *McDonald's* hat die *McDonald's Kinderhilfe* errichtet. Sie unterhält Heime zur Betreuung krebskranker Kinder und Unterstützung der Eltern in den Städten Gießen und Kiel.

(3) Bereitstellung von Sachmitteln, Dienstleistungen und Know-how zur Lösung sozialer Aufgaben

> **Beispiel: Unterstützung der Telefonseelsorge durch die *Deutsche Telekom***
> Die *Deutsche Telekom* unterstützt seit 1997 durch die Bereitstellung von Mitarbeitenden und Know-how die Telefonseelsorge und das Kinder-Jugendtelefon sowie auch freie Wohlfahrtsverbände.

(4) Engagement bei Veranstaltungen mit sozialem Bezug

> **Beispiel: Wohltätigkeitsauktionen von *Ricardo***
> Das Online-Auktionshaus *Ricardo* unterstützt den *Deutschen Behinderten-Sportverband* (*DBS*) mit regelmäßigen Wohltätigkeitsauktionen. Beispielsweise organisierte *Ricardo* anlässlich der „Sport Gala Sydney 2000" zusammen mit dem *DBS* und dem *Internationalen Paralympischen Komitee* eine Benefiz-Auktion (*Lafrenz* 2001).

(5) Kooperationen mit Medien zur Förderung sozialer Anliegen

> **Beispiel: „Sternstunden" beim *Bayrischen Rundfunk***
> Der *Bayerische Rundfunk* initiierte in der Vorweihnachtszeit 1993 die Aktion „Sternstunden – Wir helfen Kindern", unter deren Namen seitdem regelmäßig soziale Projekte in Bayern, Deutschland sowie weltweit durchgeführt werden. Unterstützt wird „Sternstunden" außerdem durch die *Bayerische Landesbank*, zusammen mit den bayerischen *Sparkassen* und durch die *Deutsche Telekom* (*Rundfunk* 2003).

(6) Ausschreibung oder Unterstützung von Wettbewerben mit sozialem Bezug

> **Beispiel: *HanseMerkur Preis* für Kinderschutz**
> Die Versicherung *HanseMerkur* schreibt den *HanseMerkur Preis für Kinderschutz* aus. Der Preis ist mit 25.000 EUR dotiert und wird für Projekte vergeben, die sich für erkrankte, sozial- und psychosozial belastete Kinder oder im Bereich der Vorbeugung sozialer Gefährdung engagieren (*o.V.* 2003i).

Eine Zwischenstellung zwischen den Bereichen Soziales und Bildung nimmt das **Kindergartensponsoring** ein. Kindergärten übernehmen zum einen eine betreuende soziale Funktion, deren Bedeutung aufgrund gesellschaftlicher Veränderungen (z. B. arbeitstätige Mütter) stark zugenommen hat und weiter zunehmen wird. Zum anderen bilden Kindergärten die Brücke zur Schule und vermitteln auch selber erste Unterrichtsleistungen. Kindergartensponsoring hat noch keine lange Tradition – vor dem Hintergrund der wachsenden Aufgaben für Kindergärten und Kindertagesstätten sowie der angespannten finanziellen Lage vieler Gemeinden ist jedoch eine Zunahme der privaten Finanzierung in diesen Bereichen zu erwarten. Für Sponsoren liegt die Attraktivität eines Kindergartensponsoring vor allem in einem positiven Imagetransfer, da Unternehmen, die sich für Kinder einsetzen, zumeist als „glaubwürdig" und „sozial engagiert" beurteilt werden (*Ipsos Deutschland GmbH/New Business 2001*, S. 4). Darüber hinaus bieten regionale Aktivitäten in Kindergärten eine Möglichkeit, bewusst das Image am Standort zu stärken. Als **Möglichkeiten** eines Kindergartensponsoring kommen für Unternehmen folgende vier Aktivitäten in Betracht (*Zeller* 2001):

(1) Bereitstellung von Finanzleistungen zur Unterstützung von Bauvorhaben, Renovierungsarbeiten, für Einrichtungsgegenstände usw.,

(2) Ausrüstung mit Sachleistungen in Form von Computern, Büromaterial, aber auch Brötchen, Getränke usw.,

(3) Einsatz durch Dienstleistungen sowie Personalunterstützung bei Mitarbeiterschulungen, Transporten, Layoutgestaltung usw.,

(4) Unterstützung bei speziellen Projekten, wie z. B. Ernährungsprojekten und Exkursionen.

Im Hinblick auf das Sponsoring in **Wissenschaft und Bildung** lässt sich zunächst danach unterscheiden, ob die unternehmerische Unterstützung den Bereichen Erstausbildung (Schulen, Hochschulen), Weiterbildung, Umschulung, Erwachsenenbildung oder der wissenschaftlichen Forschung gilt. Innerhalb der einzelnen Institutionen bieten sich folgende vier **Fördermöglichkeiten** an:

(1) Ausstattung von Ausbildungsinstitutionen

> **Beispiel: Schulsponsoring der *Deutschen Telekom***
> Das Bundesministerium für Bildung und Forschung sowie die Deutsche Telekom gründeten die Initiative „Schulen ans Netz", deren Ziel es ist, alle allgemeinen und berufsbildenden Schulen Deutschlands an das Internet anzuschließen.

> **Beispiel: Hochschulsponsoring der *BDO Deutsche Warentreuhand***
> Die *BDO Deutsche Warentreuhand* unterstützt für zehn Jahre den *Lehrstuhl für Allgemeine Betriebswirtschaftslehre – Betriebswirtschaftliche Steuerlehre an der Wirtschafts- und Sozialwissenschaftlichen Fakultät der Universität Rostock* mit jährlich etwa 20.000 EUR zum Erwerb von Büchern und Zeitschriften. Die Publikationen werden in einem Bereich der Fachbibliothek aufgestellt, der als Stiftungsbibliothek *BDO Deutsche Warentreuhand* ausgewiesen ist.

> **Beispiel: Stiftungsprofessuren**
> Die *Deutsche Post AG*, die Werbeagenturen *BBDO*, Düsseldorf, und *Jung van Matt*, Hamburg, unterstützen die Stiftungsprofessur für Public Relations an der Westfälischen Wilhelms-Universität in Münster.

Der Unternehmensverbund aus *Alter Leipziger* und der *Halleschen Krankenversicherung* unterstützt die Stiftungsprofessur Zelluäre Ersatztherapie bei Morbus Parkinson an der Universität Göttingen mit 140.000 EUR (*o.V.* 2003a).

(2) Förderung von Forschungsprojekten

> **Beispiel: *Schulprojekt 21***
> Im Schweizer *Schulprojekt 21*, an dem zirka 2.000 Kinder in zwölf Projektgemeinden beteiligt sind, wird der Einsatz neuer Informations- und Kommunikationstechnologien als Lernwerkzeug erprobt. Die Unternehmen *Compaq* und *Microsoft* unterstützen das Projekt über die Bereitstellung von Hardware, Software und Dienstleistungen. *Swisscom* stellt Internetanschlüsse und *Microsoft* Softwarelizenzen zur Verfügung.

> **Beispiel: Verkehrssimulationsspiel *Mobility***
> Das im Internet angebotene Verkehrssimulationsspiel *Mobility* zur realitätsnahen Abbildung von Mobilität und Verkehr in der Stadt beruht auf einer Initiative der *DaimlerChrysler AG*, der *Rhein-Main-Verkehrsverbund GmbH* und der *Verkehrsverbund Rhein-Ruhr GmbH* (*Glamus* 2001).

(3) Gründung eigener Forschungsinstitute

> **Beispiel: Forschungsinstitut von der *Bertelsmann- und Heinz-Nixdorf-Stiftung***
> Das Institut für Medien- und Kommunikationsmanagement an der *Universität St. Gallen* wurde 1998 von der *Bertelsmann-* und *Heinz-Nixdorf-Stiftung* gegründet.

(4) Ausschreibung oder Unterstützung von bildungs- bzw. wissenschaftsbezogenen Wettbewerben

> **Beispiel: Schulsponsoring der *Zürich Gruppe***
> Seit dem Jahre 1997 ist der Finanzdienstleister *Zürich Gruppe* Hauptsponsor des „Bundeswettbewerbs Mathematik". Das Engagement wird damit begründet, dass Forschergeist und Innovation auch zu den Kernwerten der Zürich Gruppe zählen (*Zürich Gruppe* 2004).

> **Beispiel: *Gustav-Hopf-Preis* der *Gothaer Lebensversicherung AG***
> Die *Gothaer Lebensversicherung AG* vergibt seit 1989 den *Gustav-Hopf-Preis* an die jeweils Jahrgangsbesten in Betriebs- und Volkswirtschaftslehre sowie Wirtschaftspädagogik an der Universität Göttingen. Nach Aussagen der Lebensversicherung dokumentiert der Preis „die Bedeutung, die wir als Gothaer einem fruchtbaren Kontakt zwischen Hochschule und Wirtschaft beimessen" (*o.V.* 2003f).

1.4.5 Mediensponsoring

Eine noch recht junge Erscheinungsform des Sponsoring ist das Sponsoring von Medien, bei dem es sich streng genommen nicht um eine Form des Sponsoring, sondern um eine Sonderform der Mediawerbung handelt. Hierzu zählt das Programmsponsoring, das sich inzwischen weitgehend als Werbeform etabliert hat und seine rechtliche Grundlage im Rundfunk-staatsvertrag vom 31. August 1991 (Siebter Rundfunkänderungsstaatsvertrag vom 1. April 2004) findet (*Bruhn/Mehlinger* 1999, S.216 ff.; *Arbeitsgemeinschaft der ARD-Werbegesellschaften* 2004; *Baumbach/Hefermehl* 2007, S.521). Darüber hinaus haben sich in den letzten Jahren mit der Entwicklung neuer Medien zusätzliche Gelegenheiten für Unternehmen geöffnet, über ein weiterreichendes Mediensponsoring (z.B im Internet) kommunikationspolitische Zielset-zungen zu erreichen. Das Programmsponsoring ist vor allem für Markenanbieter von Bedeu-tung, da die Medien ein breites Publikum erreichen und diese damit bestimmte Kommunika-tionsziele, wie beispielsweise die Erhöhung der Markenbekanntheit, realisieren.

Die Vielfalt der Möglichkeiten eines Sponsoringengagements im Medienbereich hat aller-dings auch dazu geführt, dass in Wissenschaft und Praxis häufig Verwirrungen bezüglich des **Begriffs Mediensponsoring** bestehen, der oftmals mit TV- oder Programmsponsoring gleich-gesetzt wird. Jedoch verkörpern diese Begrifflichkeiten nicht ein und dasselbe, sondern sie stehen in einem Über- bzw. Unterordnungsverhältnis zueinander, wie es in Schaubild III-F-6 wiedergegeben ist. So bildet das Mediensponsoring den Oberbegriff für Möglichkeiten des Sponsoring in unterschiedlichen Medien wie Fernsehen, Radio, Printmedien, Internet und Kino. Innerhalb des Rundfunksponsoring, das aus rechtlicher Sicht den Oberbegriff bildet für das Sponsoring in Fernsehen und Radio, lassen sich wiederum externe und interne Spon-soringformen unterscheiden, auf die im Folgenden genauer eingegangen wird. Neben einer Vielzahl interner Sponsoringformen (z. B. Product Placement, Programming, Patronate), die häufig auch als Sonderwerbeformen bezeichnet werden, stellt das Programmsponsoring die einzige externe Sponsoringform dar. Viele interne Sponsoringformen kommen darüber hin-aus in erster Linie im TV-Sponsoring zum Einsatz, weniger jedoch im Radiosponsoring (vgl. ausführlich zu einzelnen Formen des Mediensponsoring (*Bruhn* 2010c, S. 296 ff.).

Bei einer Betrachtung der **Entwicklung des Einsatzes von Mediensponsoring** in der Unter-nehmenspraxis, so ist nachzuvollziehen, dass bei Diskussionen, in Publikationen usw. das

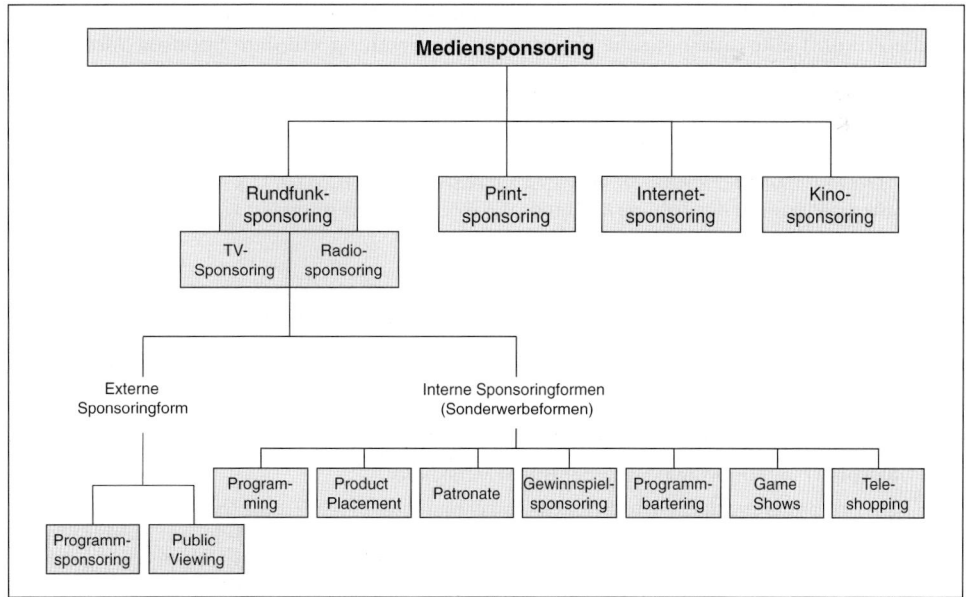

Schaubild III-F-6: Formen des Mediensponsoring (Bruhn 2010c, S. 376)

Programmsponsoring zumeist im Mittelpunkt steht. Engagierten sich laut einer Unternehmensbefragung aus dem Jahr 1993 zu diesem Zeitpunkt noch sehr wenige Unternehmen im Bereich Programmsponsoring (*Bruhn/Pristaff* 1993, S. 13 f.), gaben in einer Studie aus dem Jahr 2008 demgegenüber 20 Prozent der befragten Unternehmen an, in diesem Bereich aktiv zu sein. Diese Entwicklung täuscht jedoch über eine abnehmende Bedeutung dieses Sponsoringbereichs in den letzten Jahren hinweg. Der Prozentwert aus dem Jahr 2008 stellt einen Tiefstwert dar. Im Vergleich dazu waren im Jahre 2007 noch 34 Prozent der Unternehmen in dieser Sonderwerbeform tätig (*Pilot Checkpoint* 2008, S. 21). Der Trend im Bereich des Mediensponsoring geht dagegen in Richtung Internet und mobile Kommunikation. Innerhalb der befragten Unternehmen und Agenturen sind 71 respektive 65 Prozent der Meinung, dass die Bedeutung dieser beiden Formen an Bedeutung gewinnen wird. Daneben gilt seit 2006 Public Viewing, eine Sonderform des Programmsponsoring, als zukunftsträchtige Sponsoring-Plattform. Waren im Jahre 2007 46 Prozent der Befragten von einer wachsenden Bedeutung dieser Sponsoringplattform überzeugt, stieg der Anteil im Jahre 2008 bereits auf 56 Prozent. Dies ist vor allem auch auf die Fußball-Europameisterschaft in Österreich und der Schweiz zurückzuführen (*Pilot Checkpoint* 2008, S. 10).

Grundsätzlich lassen sich die **Erscheinungsformen des Programmsponsoring** danach unterscheiden, ob sie als **Exklusivsponsorship** konzipiert sind, bei dem ein Unternehmen als alleiniger Präsenter auftritt oder als **Co-Sponsorship**, bei dem mehrere Unternehmen als Sponsoren fungieren. Darüber hinaus sind ein horizontales und vertikales Sponsoring voneinander abzugrenzen. Beim **horizontalen Sponsoring** präsentiert der Sponsor über einen längeren Zeitraum – täglich, wöchentlich oder unregelmäßig – eine bestimmte Sendung. Mit der konstanten Belegung verfolgen die Sponsoren in der Regel einen kontinuierlichen Kontakt mit der anvisierten Zielgruppe und einen erhöhten Imagetransfer. Beim **vertikalen Sponsoring** finanziert der Sponsor exklusiv ein spezielles TV-Event. Das Sponsorship erstreckt sich teils auf einen ganzen Tag oder auf ein einzelnes Programm-Highlight, wie etwa einen besonders beliebten Spielfilm. Durch die kurzfristig gehäuften Nennungen des Programmsponsors erhoffen sich Unternehmen zumeist die Erreichung hoher Kontaktzahlen in kurzer Zeit sowie für die Zukunft eine automatische Verbindung der Sendung mit dem Sponsor (*Media* 2001, S. 7).

> **Beispiel: Sponsoring der Oscar-Verleihung durch *Radeberger***
>
> Die Brauerei *Radeberger Pilsner* sponserte die Übertragung der *Oscar*-Nacht auf *Pro7* am 29. Februar 2004. Der *Pro7 Club* und *Radeberger* verlosten außerdem eine Reise nach Los Angeles für zwei Personen, für die Plätze auf der Tribüne am Rande des roten Teppichs reserviert waren (*Pro 7* 2004).

> **Beispiel: Imagetransfer durch Programmsponsoring**
>
> Insert III-F-6 verdeutlicht, dass die Brauerei *Bitburger* über das Programmsponsoring des *ARD*-Formates „Sportschau" bewusst die Erzeugung eines bestimmten Images bei seinen Zielgruppen anstrebt.

Die folgenden sechs **Möglichkeiten eines Programmsponsoring** werden im Einzelnen durch Beispiele verdeutlicht:

(1) Sponsoring einmaliger Sendungen

> **Beispiel: Programmsponsoring der *HypoVereinsbank***
>
> Mit Unterstützung der Schauspieler *Lilo Pulver* und *Jürgen Vogel* hat die *HypoVereinsbank* für „Die besten Filme aller Zeiten" ein besonderes Sponsoringkonzept entwickelt. Auf *Kabel 1* werden vor und nach der Werbepause eines Spielfilms sieben Sekunden lange TV-Spots (so genannte „Bumper") geschaltet, die wie ein Puffer wirken und die Werbung deutlich vom Film abgrenzen. Das Besondere dabei ist, dass sich die „Bumper" je nach Genre des Spielfilms unterscheiden (*Bayrische Hypo- und Vereinbank AG* 2003).

Bitburger zeigt die Sportschau

veröffentlicht am 24.07.2008 um 13:23 Uhr · Unternehmen · Artikel

Auch nach der EM 2008 bleibt das Thema Fußball für Bitburger, seit mehr als 15 Jahren Partner des Deutschen Fußball-Bundes (DFB) und der deutschen Nationalmannschaft, ein wichtiger Bestandteil der Markenkommunikation. "Bitburger Premium Pils", nach eigenen Angaben Fassbiermarke Nr. 1 in Deutschland, wird Programm-Sponsor der ARD-"Sportschau".

Das Co-Presenting beginnt am 25. Juli mit dem ersten Spieltag der neuen 3. Liga. Damit startet Bitburger den Countdown bis zum Anpfiff der ersten Bundesliga am 15. August mit der Live-Übertragung des Topspiels FC Bayern München gegen den Hamburger SV. Das Bitburger Engagement umfasst das Programmsponsoring der "Sportschau" am Samstag mit den Spielen der ersten und dritten Liga sowie an fußballfreien Samstagen. Hinzu kommt die Zusammenfassung der beiden englischen Wochen an den Mittwochabenden. Flankiert wird das "Sportschau"-Presenting von der aktuellen Bitburger TV-Kampagne in den Werbeblöcken sowie von Funkspots während der Liga-Live-Schaltung an allen Spieltagen.

Neben den öffentlich-rechtlichen Fernsehanstalten ist Bitburger zudem im Pay-TV beim Spitzenfußball mit von der Partie und hat mit Premiere-Vermarkter Premium Media Solutions einen Vertrag für das Co-Presenting aller Live-Übertragungen des DFB-Pokals in der Saison 2008/2009 geschlossen. Der Startschuss fällt am 7. August.

Insert III-F-6: Beispiel für ein Programmsponsoring (Werben & Verkaufen 2008)

(2) Sponsoring wiederkehrender Sendungen

Beispiel: Programmsponsoring in der *ARD-Sportschau*
Die wiederbelebte *ARD-Sportschau* im Jahre 2003 wurde von mehreren Unternehmen als Sponsoren unterstützt. Als Haupt-Presenter fungierten *T-Mobile* und die *Centrale Marketing-Gesellschaft der deutschen Agrarwirtschaft (CMA)*, Mediensponsor war *TV-Spielfilm*, das Exklusivsponsorship eines Gewinnspiels im Rahmen der *Sportschau* übernahm der Automobilhersteller *Toyota (o.V. 2003b)*.

(3) Sponsoring der Übertragung spezieller Ereignisse

Beispiel: Programmsponsoring bei der Winterolympiade
Bitburger, OBI und die Programmzeitschrift *TV-Movie* fungierten in *ARD* und *ZDF* als Presenting-Sponsoren der *Olympischen Winterspiele* 2002.

(4) Sponsoring werbefreier Sendungen

Bei dem Sponsoring ganzer Sendungen werden Programme ohne oder mit eingeschränkten Werbepausen gesendet und von einem oder mehreren Unternehmen gemeinsam präsentiert.

Beispiel: *Kulmbacher Filmnächte*
Für großes Aufsehen sorgten im Frühjahr 1997 die *Kulmbacher Filmnächte* auf *Sat.1*, bei denen die Brauerei den sonst werbefreien Spielfilmabend finanzierte (*Stadik* 2001).

(5) Übernahme eines Titelpatronats

Beispiel: *Mitsubishi-Familientag*
Das Automobilunternehmen *Mitsubishi* übernahm im Jahre 1998 das Titelpatronat für den *Mitsubishi-Familientag* bei *Sat.1*. Während zahlreiche *Mitsubishi*-Händler an drei Sonntagen speziell für Familien ihre Türen öffneten, präsentierte die Automarke in *Sat.1* familienaffine Spielfilme, bei denen sie als Titelpatron „On Air" präsent war (*Media* 2001, S.27). Wie für einen Titelpatron typisch, war *Mitsubishi* gleichzeitig auch der Sponsor der Sendung.

(6) Tagessponsoring

Beispiel: Tagesponsoring von *Henkel*
Die Kampagne zum 125-jährigen Jubiläum von *Henkel* startete *Persil* im Juli 2002 mit einem Tagessponsoring auf *RTL*. Insgesamt wurden 14 Sendungen gesponsert, wobei 40 Sponsoring-Trailer

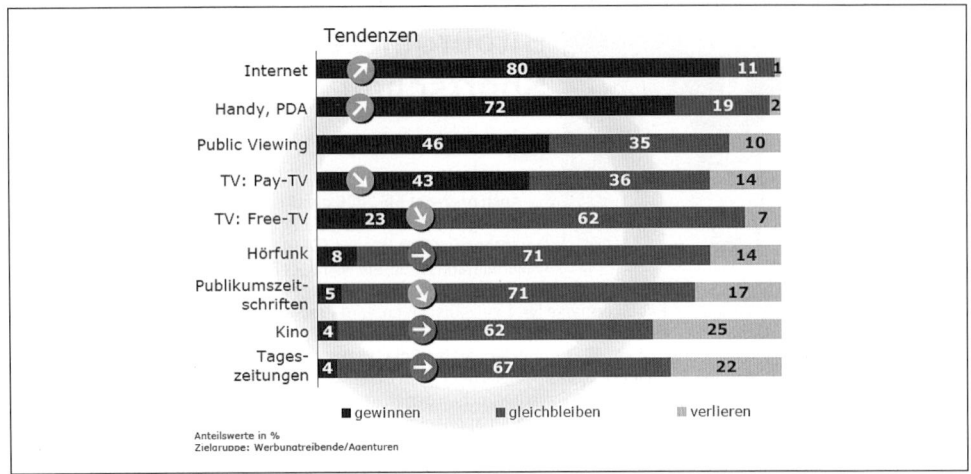

Schaubild III-F-7: Sponsoring-Trends in verschiedenen Medien (Sponsor Visions 2007, S. 7)

zum Einsatz kamen. Eine Neuigkeit stellte dabei das so genannte Logo-Morphing dar, bei dem im Reminder-Spot nach der Werbeinsel das Markenlogo von *Persil* zum Programmlabel des Titels der nachfolgenden Sendung mutierte (*o.V.* 2002b). *Henkel* übernahm bereits am 22. Januar 2002 zur Neuprodukteinführung der *Persil Liquits* ein Tagessponsoring auf den Sendern *Pro7*, *Sat.1* und *Kabel 1*, auf denen alle ausgestrahlten Sendungen von dem Waschmittelhersteller präsentiert und von Sponsoring-Trailern zum Beginn und zum Ende der Sendungen begleitet wurden.

Beispiel: „Dino-Tag" von *Danone*
Am 5. Mai 2002 sponserte der Milchproduktehersteller *Danone* den „Dino Tag" auf *Super RTL*. Bereits ab dem 22. April sendete *Danone* Trailer für ein *Dino-Gewinnspiel* mit dem Hinweis, „Fruchtzwerge und Danonino präsentieren den Dino Tag bei *Super RTL*" (*Geilen* 2002).

Welche Fernsehformate Unternehmen als besonders attraktiv für ein Sponsoringengagement erachten, wird in Schaubild III-F-7 deutlich.

Im Unterschied zu den meisten anderen Sponsoringformen hat das **Internetsponsoring** weniger eine rein kommunikative Funktion als vielmehr eine zentrale vertriebliche und auf die Steuerung der Kundenbeziehung bezogene Funktion (*Bruhn* 2003b). Aus Perspektive der Sponsoren beziehen sich die primären Zielsetzungen eines Internetsponsoring auf die kurzfristige Aktivierung von Verhaltensreaktionen der Nutzer, den Aufbau eines angestrebten Bekanntheitsgrades, die Ansprache spezieller Zielgruppen sowie die Präsentation von Produkten bzw. Know-how im Internet. Natürlich treten bei dem Einsatz des Internetsponsoring auch generelle Imageeffekte im Hinblick darauf auf, wie die Zielgruppen eine werbliche Präsenz im Internet bewerten. Dabei lässt sich grundsätzlich unterscheiden, ob durch das Sponsorship per se Auswirkungen auf das Image erreicht oder das Image einer speziellen geförderten Website auf den Sponsor transferiert wird. Wie Schaubild III-F-8 verdeutlicht, werden Internetsponsoren von Internetnutzern generell mit zahlreichen positiv besetzten Imagemerkmalen in Verbindung gebracht und vor allem als modern, international, innovativ und ehrgeizig eingeschätzt. Um die Chance eines positiven Imagetransfers zu nutzen, ist die Auswahl eines geeigneten Sponsoringobjektes allerdings mit Sorgfalt vorzunehmen. Websites mit zu kommerziellem Charakter haben beispielsweise negative Auswirkungen auf die Glaubwürdigkeit eines Sponsorenauftritts und beeinflussen somit auch dessen Image negativ. Insbesondere kleinere Sites sowie Special Interest Sites erfahren hingegen häufig Sympathie und genießen eine hohe Glaubwürdigkeit, von der ein Sponsor profitiert.

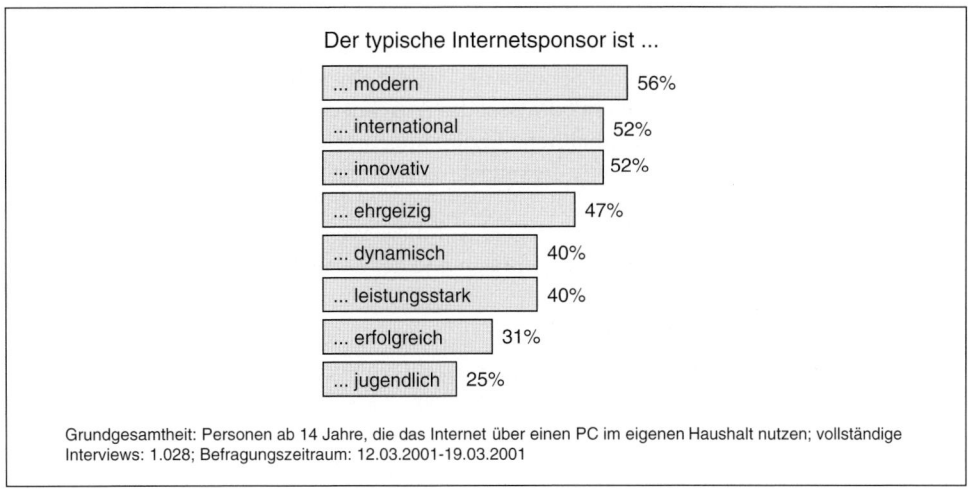

Der typische Internetsponsor ist ...

... modern 56%
... international 52%
... innovativ 52%
... ehrgeizig 47%
... dynamisch 40%
... leistungsstark 40%
... erfolgreich 31%
... jugendlich 25%

Grundgesamtheit: Personen ab 14 Jahre, die das Internet über einen PC im eigenen Haushalt nutzen; vollständige Interviews: 1.028; Befragungszeitraum: 12.03.2001-19.03.2001

Schaubild III-F-8: Image von Internetsponsoren (in Anlehnung an INRA Deutschland GmbH 2001, S. 23)

Sechs unterschiedliche **Formen des Internetsponsoring**, die inzwischen – zumeist jedoch nicht in ihrer „Reinform", sondern als Ergebnis individueller Absprachen zwischen Sponsor und Gesponsertem – zum Einsatz kommen, werden im Folgenden kurz beschrieben:

(1) Komplettsponsoring

Bei einem Komplettsponsoring (auch: Brand Flooding) wird auf der gesamten Web-Präsenz des Gesponserten auf den Sponsor hingewiesen. Die Hinweise erfolgen in erster Linie durch das Erscheinen eines Firmenlogos mit beigefügtem „Sponsored by", „Powered by" oder „Präsentiert von". Auch andere Instrumente wie Flying Banner oder Pop-ups sind möglich, werden jedoch von vielen Internetnutzern als aufdringlich und störend empfunden (*INRA Deutschland GmbH* 2001, S. 14 f.).

(2) Content Sponsoring

Möchte ein Sponsor nicht die komplette Web-Präsenz des Betreibers einer Internetplattform fördern, sondern lediglich inhaltliche Teilbereiche, so kommt ein Content Sponsoring in Frage. Hier werden beispielsweise einzelne Rubriken, Kolumnen oder Glossare durch einen Sponsor finanziert, dessen Name in den jeweiligen Teilbereichen auftaucht.

Beispiel: Content-Sponsoring bei *ZEIT-Online*
Im Angebot von Content Sponsoring sind insbesondere viele Zeitungen und Zeitschriften aktiv. Im Sommer 2003 präsentierten sich etwa die *Elixia Health & Wellness Group*, die *Neuform-Kauffhäuser* und die *Techniker Krankenkasse* mit eigenen Inhalten zu den Themen Fitness und Ernährung in der Rubrik „Wohlfühlen" unter *ZEIT-Online*. Neben der Zeit offerieren auch *Spiegel-Online* und *Focus-Online* Unternehmen die Möglichkeit des Content Sponsoring (*Saal* 2003).

Beispiel: Content-Sponsoring bei „*Deutschland sucht den Superstar*"
Die *Telekom*-Tochter *T-Mobile* übernahm im Herbst 2003 das Programmsponsoring der zweiten Staffel der *RTL*-Show „*Deutschland sucht den Superstar*" und trat gleichzeitig als exklusiver Content-Partner der Show im Internet auf. Als Hintergrund für das Engagement nannte *T-Mobile* neben der hohen Reichweite auch die Möglichkeit, die Zielgruppe der an mobilen Diensten besonders Interessierten gezielt zu erreichen. Unter anderem ein neues Handy-Sortiment, diverse News-Angebote im Internet sowie die Möglichkeit des Downloads von Klingeltönen und Logos zielten darauf ab, den Umsatz mit Handys sowie die Ausnutzung unterschiedlicher mobiler Services von *T-Mobile* anzukurbeln.

(3) Content Providing

Einen Schritt weiter als das Content Sponsoring geht das Content Providing. Hier stammt der eigentliche Inhalt einer Website vom Sponsor und ist mit einem Sponsorenhinweis versehen. Der zur Verfügung gestellte „Content" umfasst das Angebot eines Fachartikels durch ein Unternehmen oder bezieht sich auf inhaltliche Ergänzungen, wie Anfahrtsskizzen oder Ähnliches. Zur Sicherstellung der Glaubwürdigkeit ist unabhängig von der Art des „Contents" auf eine hohe inhaltliche Affinität zwischen dem gesponserten Inhalt und der Website sowie auf einen werblich neutralen Inhalt wert zu legen. Auf diese Weise bietet ein Content Providing hohes Potenzial zur glaubwürdigen Imagepflege und der Demonstration unternehmerischer Kompetenz.

(4) Application Providing

Bei dieser Ausprägung des Internetsponsoring erstellt ein Sponsor in Eigenregie kleinere Internetapplikationen, wie beispielsweise Java-Applets, Bildschirmschoner o.Ä., und versieht diese mit seinem Unternehmenslogo. Die Applikationen werden dem Betreiber einer Internetplattform zur Verfügung gestellt, der die Verbreitung übernimmt.

(5) Sponsoring interaktiver Elemente

Unter dem Sponsoring interaktiver Elemente wird die Finanzierung von Experten-Chats, Diskussionsforen oder anderer Anwendungen im Internet verstanden, die ein aktives Sich-Einbringen der Internetnutzer ermöglichen. Da interaktive Angebote zumeist spezielle Zielgruppen ansprechen, die häufig zu den „Heavy Usern" und Meinungsführern im Internet zählen, eignet sich diese Form des Internetsponsoring besonders gut zur Ansprache und Beeinflussung spezieller Zielgruppen.

(6) Sponsoring von Events im Internet

Als weitere Möglichkeit eines Internetsponsoring bietet es sich an, Sport-, Kultur- oder andere Events im Internet einmalig oder langfristig zu sponsern, indem eine spezielle Online-Präsentationsplattform geschaffen wird.

> **Beispiel: *IBM*-Projekt „Bach Digital"**
> *IBM* fungiert als Sponsor des Projektes „Bach Digital", das der Erhaltung, Verbreitung und Nutzung der Bach-Handschriften im Internet dient (www.bachdigital.de). Für *IBM* liegen zentrale Zielsetzungen des Projektes darin, sich als Technologieanbieter und Marktführer im Bereich von E-Business-Lösungen zu präsentieren und Kompetenz in Servicebereichen, wie Online-Marketing und Webdesign, zu demonstrieren. Darüber hinaus werden positive Imagewirkungen für die Marken, Produkte und Dienstleistungen des Unternehmens erwartet (*IBM Deutschland GmbH* 2000).

2 Der Markt für Sponsoring

2.1 Marktteilnehmer des Sponsoring

Sponsoring gehört in Deutschland zu den neueren Formen der Unternehmens- und Marketingkommunikation, deren Entstehung und Verbreitung in erster Linie durch ein Verhältnis zwischen Wirtschaft, Sport-, Kultur-, Sozio- oder Umweltorganisationen und Medien zu erklären ist. Jede der drei Gruppen verfolgt spezifische Interessen, die sich in einer Zusammenarbeit im Rahmen von Sponsorships besser realisieren lassen. Die wechselseitigen Beziehungen zwischen den **Marktteilnehmern des Sponsoring** erschweren eine eindeutige Zuordnung in Anbieter und Nachfrager auf dem Sponsoringmarkt. Zum einen wird hier das Verhältnis zwischen Sponsoren und Gesponserten betrachtet, in dem die Sponsoren als Anbieter finanzieller oder sachlicher Leistungen, Dienstleistungen oder Know-how dienen und die Gesponserten als deren Nachfrager. Zum anderen lässt sich auch das Verhältnis zwischen Unternehmen und ihren Zielgruppen betrachten, in dem die Unternehmen als Anbieter diverser Leistungen fungieren, die sich durch ihr Sponsoringengagement realisieren lassen (z. B. Sport- und Kulturveranstaltungen, Sportübertragungen im Fernsehen, Internetseiten). Die Zielgruppen treten dann als entsprechende Nachfrager auf.

Wirtschaftsunternehmen als Sponsoren und der Sport, soziale, ökologische oder kulturelle Einrichtungen sowie Medien als Gesponserte sind die Hauptbeteiligten, die das Sponsoring grundsätzlich ermöglichen. Dabei verfolgen beide Gruppen völlig verschiedene Interessen, die vom jeweils anderen indes anzuerkennen, zu beachten und deren Kenntnis für eine positive Zusammenarbeit unumgänglich ist. Darüber hinaus ist eine Auseinandersetzung mit den Motiven der Medien Voraussetzung für eine richtige Einschätzung ihrer Rolle im Beziehungsgeflecht des Sponsoring (*Drees* 1989, S. 83).

2.1.1 Unternehmen als Sponsoren

Unternehmen des Sachgüter- und Dienstleistungssektors sind stets auf der Suche nach neuen, erfolgversprechenden Möglichkeiten der Kommunikation mit ihren verschiedenen Zielgruppen, d. h. sie sind am werbewirksamen Einsatz neuer Kommunikationsträger und -mittel interessiert. Das Grundmotiv für ein Engagement als Sponsor in sportbezogenen, ökologischen, sozialen oder kulturellen Bereichen bzw. in Medien ist die Zielsetzung vieler Unternehmen, sich von den Wettbewerbern abzuheben und im Rahmen der Marktkommunikation ihre Zielgruppen auf neuen, dem Trend der Zeit entsprechenden Wegen zu erreichen. Der Aufmerksamkeitswert des Sports oder sonstiger Ereignisse wird in diesem Sinne für eigene kommunikative Zielsetzungen genutzt. Verstärkt wird die Notwendigkeit der Suche nach innovativen Formen der Kommunikation durch Veränderungen auf Seiten der Kommunikationsempfänger. Phänomene wie die allgemeine Informationsüberlastung der Konsumenten, sinkendes Interesse an der Mediawerbung sowie Zapping machen deutlich, dass der Kommunikationserfolg allein durch den Einsatz der konventionellen Instrumente nicht mehr gewährleistet ist (*Drosten* 1995, S. 34). Die Ansprache der Zielgruppen in nichtkommerziellen Situationen, die zielgruppenspezifische Marktkommunikation mit geringen Streuverlusten sowie die Möglichkeit, begrenzte Werbezeiten bei öffentlich-rechtlichen Fernsehanstalten als Kommunikationsbarriere zu umgehen, spielen ebenfalls eine nicht zu unterschätzende Rolle.

2.1.2 Sport-, Kultur-, Sozio- und Umweltorganisationen als Gesponserte

Sport-, Kultur-, Sozio- und Umweltorganisationen sind an der Erfüllung ihrer jeweiligen Aufgaben interessiert, die grundsätzlich permanent finanzielle Aufwendungen erfordern. Durch Sponsoringengagements erschließen sich den Organisationen zusätzliche Finanzierungsquellen. Da die Aufgabenerfüllung der Organisationen meist mit Ereignissen verbunden ist, die aufgrund des Publikumsinteresses mediale Wirkungen erzielen, überschneiden sich Unternehmens- und Organisationsinteressen hier zumindest teilweise.

Wenn die Vertreter dieser Organisationen mit Unternehmen Sponsoringverträge abschließen, wird vor allem die Funktion erfüllt, mit Hilfe der Leistungen der Wirtschaft (sei es in finanzieller, materieller, personeller oder Know-how-bezogener Hinsicht) finanzielle Engpässe zu schließen. Den Hintergrund bilden sowohl strategische Überlegungen, wie die Existenzsicherung oder die Bewältigung neuer struktureller Anforderungen, als auch operative Überlegungen, wie die konkrete Durchführung von Veranstaltungen. Die Vertreter des Sports sind sich beispielsweise darüber im Klaren, dass nationale oder internationale Sportveranstaltungen auf dem heute üblichen Niveau ohne Sponsoren nicht mehr finanzierbar sind. Darüber hinaus bilden die Sponsoren ein Gegengewicht zum Geldgeber Staat, von dem die Verantwortlichen des Sports in Deutschland ebenso wenig allein abhängig sein wollen wie von der Wirtschaft. Indem sie sich beide Finanzquellen erhalten, versuchen Sport-, Kultur- oder Sozioorganisationen, eine größtmögliche Unabhängigkeit zu bewahren. Einzelne, bislang eher im Hintergrund stehende Sportarten oder kulturelle Veranstaltungen, sehen im Sponsoring zudem die Möglichkeit, mit Hilfe von Sponsoren stärker auf sich aufmerksam zu machen und die eigene Popularität zu erhöhen.

Die verschiedenen Interessen der Sponsoren spielten für die jeweiligen Organisationen indes bei der Motivation der Gesponserten lange Zeit kaum eine Rolle, d.h. die Nutzung des Sponsoring für die Kommunikationsarbeit des Sponsors wurde als notwendige Gegenleistung für die Dienste des Sponsors in Kauf genommen. Inzwischen verbreitet sich jedoch immer stärker die Erkenntnis, dass eine erfolgreiche Sponsorenakquisition in bedeutendem Maße von einer systematischen und professionellen Zusammenarbeit mit den Sponsoren abhängt, in deren Verlauf die Ziele und Anforderungen der Unternehmen explizit Berücksichtigung finden.

2.1.3 Medien als Intermediäre

Elektronische Medien sowie Printmedien erfüllen verschiedene Funktionen, da sie sowohl als Sponsoren, Gesponserte sowie als Mittler am Markt auftreten. In ihrer Funktion als Intermediäre orientieren sie sich bei ihrer Unternehmenszielsetzung generell an den erreichten oder idealerweise erreichbaren Einschaltquoten und Reichweiten. Die Medien übertragen entgeltlich oder unentgeltlich Ereignisse, die ein breites Publikum interessieren, demzufolge nutzen sie Ereignisse in Sport, Kunst oder Umwelt, um eigene Zielgruppen, d.h. Leser-, Hörer- oder Seherschaften, zu erreichen und sich gegenüber den Wettbewerbern am Medienmarkt zu profilieren.

Die Massenmedien treten als (unfreiwillige) Partner auf, wenn sie aufgrund eines Sponsoringvertrages zwischen Unternehmen und gesponserten Institutionen oder Individuen als weitere mittelbare Beteiligte ihren Beitrag leisten, obgleich sie mit dem Sponsoringvertrag in der Regel nichts zu tun haben. Der Sponsor setzt üblicherweise voraus, dass die Gegenleistung, die er für seine Leistungen gegenüber dem Gesponserten erhält, nicht nur darin besteht, dass dieser beispielsweise ein Trikot mit dem Logo des Sponsors trägt oder im Stadion Banden mit einer Werbeaufschrift anbringt, sondern dass die für eine breite Zielgruppe gedachten Botschaften über die Medien, d.h. Fernsehen, Presse und möglicherweise auch Hörfunk, verbreitet werden. Der Multiplikatoreffekt der Massenmedien ist einer der wichtigsten Anreize für das Engagement eines Sponsorunternehmens. Welche Medien wie intensiv zur Kommunikation der Sponsoringtätigkeiten eingesetzt werden, ist dabei stark abhängig von den einzelnen Sponsorships. Im Sportsponsoring kommt vor allem dem Fernsehen, dessen direkt käufliche Werbezeiten in Deutschland beschränkt sind, eine besondere Bedeutung zu. Im Kultur-, Sozio- und Umweltsponsoring ist die Erreichung eines Massenpublikums indessen zumeist von untergeordneter Wichtigkeit, und den Printmedien kommt im Rahmen ihrer Berichterstattung primär eine unterstützende Funktion zu.

2.2 Volumen des Sponsoringmarktes

Das **Volumen des Sponsoringmarktes** ist in Deutschland im letzten Jahrzehnt expansiv angestiegen. Seit Mitte der 1980er Jahre sind jährlich zweistellige Wachstumsraten zu beobachten. Lediglich im Jahre nach der Fußball-Weltmeisterschaft 2006 war erstmalig ein Rückgang um

300 Mio. Euro zu verzeichnen. Während 1985 noch etwa 102 Mio. Euro von Unternehmen für Sponsoringaktivitäten aufgewendet wurden, liegen die Aufwendungen im Jahre 2008 nach Schätzungen von Unternehmens- und Agenturvertretern bei ca. 4,6 Mrd. Euro. Die Zukunft betrachtend gehen Studien nach wie vor von einer positiven Entwicklung aus (z. B. *Pilot Checkpoint* 2008), wenngleich die Auswirkungen der wirtschaftlichen Krise ab 2009 abzuwarten sind.

Für das Jahr 2007 wurden weltweit rund 37,7 Mrd. US-$ für Sponsoringrechte aufgewendet, davon allein 14,9 Mrd. US-$ in den USA. Dabei stiegen die Sponsoringausgaben im Vergleich zum Jahr 2006 weltweit um 11,9 Prozent und in den USA um 11,2 Prozent. In Europa beliefen sich die Sponsoringausgaben im gleichen Jahr auf ca. 10,6 Mrd.

US-$, was einer Steigerungsrate von 11,6 Prozent entspricht. Die Investitionen in Asien sind mit 7,4 Mrd. US-$ im Jahre 2007 zwar relativ gering, jedoch ist ein überdurchschnittliches Wachstum des Sponsoring bei einer Ausgabensteigerung von 15,6 Prozent unverkennbar. Während die USA lange Zeit die Spitzenposition bei den Sponsoringausgaben einnahmen, ist für die nächsten Jahre damit zu rechnen, dass Europa vor die USA rücken und insbesondere Asien den Abstand zu Europa und den USA verringern wird (*International Event Group* 2007; *Bagusat/Marwitz* 2008). Eine Aufteilung der Sponsoringaufwendungen auf die verschiedenen Einsatzgebiete ist in Schaubild III-F-9 wiedergegeben.

Jahr	Sport-sponsoring	Kultur-sponsoring	Sozio-/Umwelt-sponsoring	Medien-sponsoring	Sponsoring gesamt
1993*	0,66	0,24	0,08	0,02	1,00
1994*	0,76	0,24	0,11	0,02	1,13
1995*	0,86	0,28	0,20	0,03	1,37
1996*	0,97	0,28	0,23	0,05	1,53
1997	1,17	0,25	0,20	0,20	1,82
1998	1,27	0,25	0,20	0,25	1,97
1999	1,32	0,30	0,20	0,40	2,22
2000	1,48	0,30	0,20	0,46	2,44
2001	1,63	0,30	0,25	0,56	2,74
2002	1,60	0,30	0,30	0,60	2,80
2003	1,70	0,30	0,30	0,70	3,00
2004	1,90	0,40	0,30	0,80	3,40
2005	2,10	0,30	0,30	0,90	3,60
2006	2,70	0,30	0,30	1,00	4,30
2007	2,50	0,30	0,30	0,90	4,00
2008**	2,90	0,30	0,40	1,00	4,60
2009**	3,00	0,40	0,40	1,00	4,80
2010**	3,20	0,40	0,50	1,00	5,10

Umrechnungen in Euro für die Jahre 1993 bis 2001 zum Kurs 1 DM = 1,95583
* Mittelwerte aus ermittelten Spannweiten
** Prognosen im Jahr 2007

Schaubild III-F-9: Entwicklung des Sponsoringmarktes in Deutschland 1993 bis 2010 (in Mrd. EUR) (ISPR GmbH 2000; BBE Unternehmensberatung 2003; Pilot Checkpoint 2008)

Auf das **Sportsponsoring** entfällt der Hauptanteil der Sponsoringaufwendungen. Wenn auch dieser Anteil in den letzten Jahren zurückgegangen ist, so fließt noch ungefähr die Hälfte der Ausgaben für Sponsoring in den Sportbereich. Das Sportsponsoring hat sich insbesondere beim Spitzensport zu einem wichtigen Finanzierungsinstrument entwickelt. Großveranstaltungen, beispielsweise im Automobilsport, in der Leichtathletik, im Tennis oder während der gesamten Spielzeit der nationalen Fußball- oder Eishockeyligen, sind heute ohne Beteiligung von Sponsoren kaum mehr möglich. Demgegenüber sind die Aufwendungen der Wirtschaft für den Breitensport deutlich geringer.

Bei einer Betrachtung des **Kultursponsoring** zeigt sich, dass die Sponsoringaufwendungen in diesem Bereich, gemessen an den Zuschüssen der öffentlichen Hand für Kunst und Kultur, in der Vergangenheit eher gering waren. Insbesondere für bestimmte Erscheinungsformen der Kultur, wie beispielsweise Kunstpreise und Musikfestivals, hat das Sponsoring inzwischen aber eine bedeutsame Funktion als Finanzierungsquelle erlangt. Die Vergabe zahlreicher Kulturpreise wäre heute ohne die Förderung durch Unternehmen nicht mehr möglich und Festivals könnten nicht stattfinden. Ferner äußern sich die kulturellen Aktivitäten von Unternehmen in einer zunehmenden Anzahl von Kulturstiftungen, die auf unternehmerische Initiative zurückgehen. Für die Zukunft ist zu erwarten, dass aufgrund von Kürzungen in der Kulturförderung durch öffentliche Haushalte die Bedeutung des Kultursponsoring als Finanzierungsinstrument für kulturelle Einrichtungen weiter zunimmt (*Bob Bomliz Group* 2008) und sich darüber hinaus nach dem Vorbild der USA vermehrt Kooperationen zwischen der öffentlichen Hand und privaten Unternehmen (Public Private Partnership) finden werden.

Dem Bereich des **Sozio- und Umweltsponsoring** kam als Finanzierungsquelle für nichtkommerzielle Organisationen, gemessen an den öffentlichen Ausgaben für soziale, bildungspolitische und ökologische Aufgaben, in der Vergangenheit nur eine ergänzende Rolle zu (*Bruhn* 1990a; 1990b; *Bruhn/Dahlhoff* 1990). Seit Mitte der 1990er Jahre nahm die Zahl jener Unternehmen, die das Sozio- und Umweltsponsoring als Kommunikationsinstrument für sich entdeckten, zu und Unternehmen zielten vermehrt darauf ab, über ihr soziales bzw. ökologisches Engagement gesellschaftliches Verantwortungsbewusstsein zu vermitteln und damit Imagevorteile zu generieren (*Zollinger* 1995, S. 122). Obwohl die Jahre 2002 bis 2007 eher von stagnierenden Sponsoringausgaben im Bereich des Sozio- und Umweltsponsoring gekennzeichnet waren, ging der Trend bis zum Ausbruch der Finanz- und Wirtschaftskrise, aufgrund der aktuell geführten Diskussion über Klimawandel und Erderwärmung, erstmals wieder in Richtung Umweltsponsoring. Rund 50 Prozent der befragten Unternehmens- und Agenturvertreter (versus 37 Prozent im Jahre 2007 und 26 Prozent in 2006) gehen von einer steigenden Investitionsbereitschaft in diesem Bereich aus (*Pilot Checkpoint* 2008). Auch hier sind Einflüsse der Finanz- und Wirtschaftskrise zu erwarten und die exakte Entwicklung bleibt somit ungewiss.

Mit dem Inkrafttreten des Rundfunkstaatsvertrages vom 1.1.1992 ist es in Deutschland unter gewissen Bedingungen möglich, **Programmsponsoring** zu betreiben (*Bruhn/Mehlinger* 1999, S. 216 ff.), d. h., im Fernsehen oder Radio bestimmte Sendungen zu sponsern und dabei als unterstützendes Unternehmen genannt zu werden. Seit dem Beginn des Programmsponsoring und insbesondere die Ausweitung auf andere Medien lassen sich große Zuwachsraten für dieses Kommunikationsinstrument feststellen, in das Unternehmen inzwischen mehr Geld als in Kultur-, Sozio- oder Umweltsponsoring investieren. Derzeit liegt das Volumen bei etwa 900 Mio. Euro und auch für die Zukunft ist weiteres – wenn auch aufgrund der Finanz- und Wirtschaftskrise ein moderates – Wachstum zu erwarten. Das Mediensponsoring ist vor allem für Markenartikel von Bedeutung, da die audiovisuellen Medien ein breites Publikum erreichen und Markenhersteller Kommunikationsziele, wie beispielsweise die Erhöhung der Markenbekanntheit, realisieren.

Bei einer Einschätzung der **zukünftigen Bedeutung** der Erscheinungsformen des Sponsoring sind die Entwicklung des Interesses der Bevölkerung an verschiedenen Freizeitfeldern sowie die Akzeptanz von Sponsoring in unterschiedlichen Bereichen zu berücksichtigen. Eine Analyse des **Interesses der Bevölkerung** an verschiedenen im Sponsoring relevanten Freizeitfeldern zeigt, dass speziell die Bereiche Natur/Umwelt, Musik und Soziales bei der Bevölkerung einen besonders hohen Stellenwert genießen (*INRA Deutschland GmbH* 2000). Bei einer Betrachtung der in Schaubild III-F-10 zusammengefassten Ergebnisse einer Befragung hinsichtlich der **Akzeptanz** von Sponsoring zeigt sich zudem, dass Sponsoring in allen vier Bereichen bei der Bevölkerung – insbesondere bei der Zielgruppe der Interessierten – breite Zustimmung findet. Mehrheitlich positive Einstellungen zum Kultursponsoring konnten auch in einer Befragung unter 1.826 Besuchern kultureller Veranstaltungen nachgewiesen werden (*Schwaiger* 2001; 2002a; 2002c). Als Hauptgründe für die Akzeptanz wurden hier die (bedauernswerte) finanzielle Situation der Künstler, die Förderungswürdigkeit der Kultur und die Notwendigkeit einer Übernahme gesellschaftlicher Verantwortung durch Unternehmen genannt. Positiv hat sich in den vergangenen Jahren ebenfalls die Akzeptanz des Programmsponsoring entwickelt. Stimmten im Jahre 1999 noch 26,1 Prozent der Befragten einer Untersuchung des Marktforschungsunternehmen *TNS Emnid* der Aussage zu, Sponsoreneinblendungen am Anfang und Ende einer Fernsehsendung stören sie „überhaupt nicht", so waren dies 2001 bereits 44,8 Prozent (*o.V.* 2002c). Wie aus einer Studie über den Schweizer Sponsoringmarkt hervorgeht, gehen Unternehmen zudem davon aus, dass Sponsoring auch

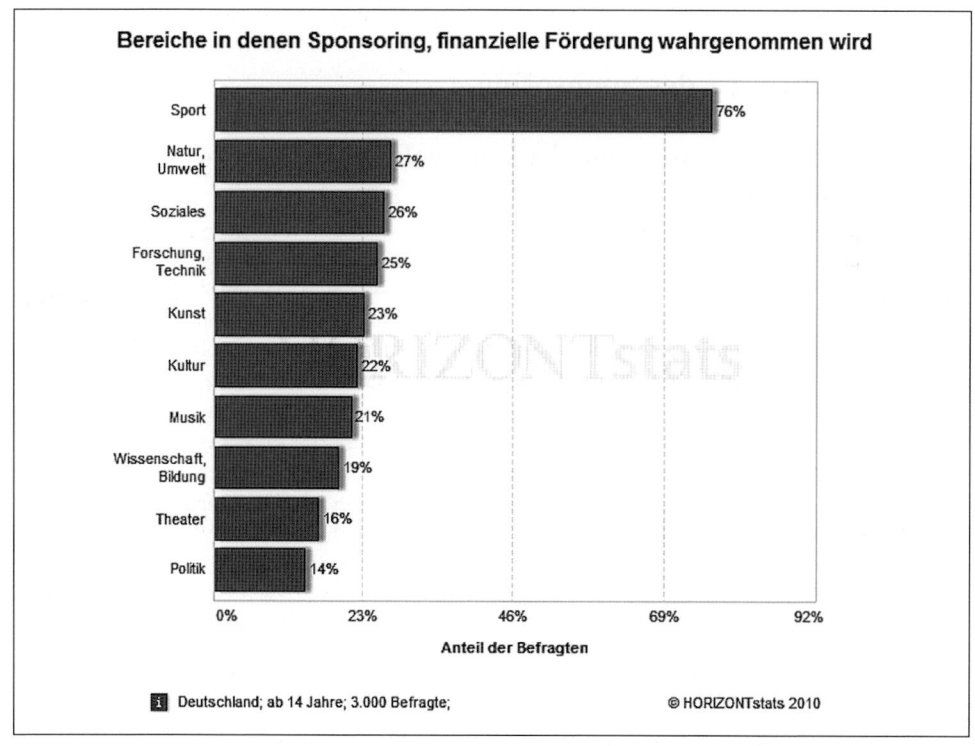

Schaubild III-F-10: Wahrnehmung von Sponsoring in verschiedenen Bereichen (Horizont 2009)

im Vergleich mit anderen Kommunikationsinstrumenten sehr hohe Akzeptanzwerte erfährt (*ESB (Europäische Sponsoring Börse)/Gfs-Forschungsinstitut* 2002). Dies bestätigt eine Studie der *Sportfive GmbH* in Deutschland, nach der 70 Prozent der Befragten, die Print- und TV-Werbung grundsätzlich ablehnend gegenüberstehen, Sponsoring indessen als positiv bewerten (*Sportfive GmbH* 2003). Allerdings geht aus einer Befragung des Marktforschungsinstituts *Mediaedge:cia* unter 13.2000 Konsumenten in 20 Ländern im Jahre 2003 demgegenüber hervor, dass inzwischen etwa die Hälfte der Befragten die Einstellung vertritt, insbesondere Sportevents und TV-Programme seien zu stark gesponsert. Bei Events zugunsten eines guten Zwecks äußerten diese Meinung indessen nur 25 Prozent der Befragten (*Mediaedge:cia* 2003).

Trotz der expansiven Entwicklung ist die Bedeutung des Sponsoring als Kommunikationsinstrument zu relativieren. So lag der **Sponsoringanteil an den Gesamtwerbeaufwendungen** (Mediawerbung, Verkaufsförderung, Messen und Ausstellungen, Werbeartikel, Telefonmarketing, Public Relations, Multimedia und Kundenmedien) im Jahre 2000 bei 4,6 Prozent (*ZAW* 2001, S. 16). Zu ähnlichen Ergebnissen kommt eine Unternehmensbefragung unter deutschen und schweizerischen Unternehmen im Jahre 1998 (*Bruhn/Boenigk* 1999, S. 75, 166) sowie eine Studie unter den größten deutschen Unternehmen im Jahre 2003 (*Unternehmensberatung* 2003). Eine größere Bedeutung wird dem Sponsoring indessen in einer Studie der *Pilot Checkpoint GmbH* zugesprochen, in der die befragten Unternehmen durchschnittlich 18 Prozent ihrer Kommunikationsbudgets im Jahre 2004 in Sponsoring zu investieren planten (*Pilot Checkpoint* 2008). Jedoch ist davon auszugehen, dass die Antwortquote unter aktiven Sponsoren grundsätzlich höher liegt und die Ergebnisse in solchen Studien eine Verzerrung erfahren. Agenturvertreter, die in der gleichen Studie befragt wurden, empfehlen einen Anteil von 18 Prozent für Sponsoringaktivitäten zu investieren.

3 Planungsprozess des Sponsoring

3.1 Sponsoring als Instrument der Unternehmens- und Marketingkommunikation

Jedes Unternehmen versucht auf verschiedenen Wegen, mit seinen zahlreichen Anspruchs- bzw. Zielgruppen, d. h. vor allem den Kunden und Handelspartnern, der Öffentlichkeit und den eigenen Mitarbeitenden, zu kommunizieren. Insgesamt ist von Unternehmen anzustreben, durch den Einsatz verschiedener Kommunikationsinstrumente, d. h. Mediawerbung, Verkaufsförderung, Public Relations usw., einen Kommunikationsmix zu entwickeln, der auf ihre verschiedenen Zielgruppen ausgerichtet ist und unterschiedliche persönliche oder unpersönliche Kontaktsituationen bietet. Auf der Grundlage dieser kommunikationspolitischen Orientierung sind auch Sponsoringaktivitäten in das gesamte Instrumentarium der Unternehmens- und Marketingkommunikation einzuordnen bzw. im Verbund mit den anderen möglichen Kommunikationsinstrumenten zu untersuchen.

3.2 Phasen im Planungsprozess des Sponsoring

Unabhängig von der Erscheinungsform des Sponsoring ist es erforderlich, dem Einsatz des Sponsoring einen systematischen Entscheidungs- bzw. Planungsprozess zugrundezulegen. Der **Planungsprozess des Sponsoring** wird idealtypisch in mehrere Phasen unterteilt, in denen spezifische Informationen herangezogen werden, um Teilentscheidungen über das Spon-

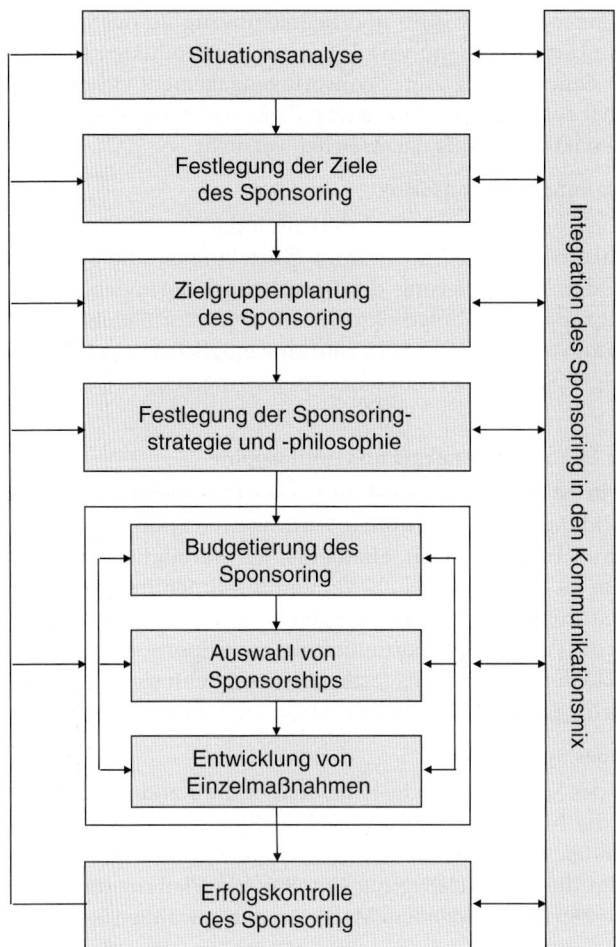

Schaubild III-F-11: Planungsprozess des Sponsoring (Bruhn 2010c, S. 46)

soring zu treffen. Schaubild III-F-11 stellt diesen idealtypischen Planungsprozess im Überblick dar.

(1) Situationsanalyse

Im Vorfeld des sponsoringbezogenen Planungsprozesses steht die Situationsanalyse der bisherigen Sponsoringaktivitäten. Hier wird die interne und externe Unternehmenssituation in Bezug auf den bisherigen Erfolg des Sponsoringengagements analysiert. Als Konsequenz aus der Evaluierung der ermittelten Stärken und Schwächen des Unternehmens bzw. Chancen und Risiken am Markt erfolgt die Grundsatzentscheidung über die kommunikative Problemstellung und den zukünftigen Einsatz des Kommunikationsinstruments Sponsoring.

(2) Festlegung der Ziele des Sponsoring

Ausgehend von den übergeordneten Zielen der Unternehmenskommunikation sowie der kommunikativen Positionierung des Unternehmens bzw. einzelner Marken erfolgt die Formulierung von Sponsoringzielen als Ausgangspunkt des Planungsprozesses. Dabei beeinflussen durch das Sponsoring sowohl ökonomische als auch psychologische Ziele erreicht, die nach Inhalt, Ausmaß sowie Zeit- und Segmentbezug zu operationalisieren sind. Ökonomische Ziele werden meist dann verfolgt, wenn die Produkte oder Dienstleistungen des Unternehmens in engem Bezug zum Sponsoringengagement stehen. In der Regel werden von Unternehmen jedoch eher psychologische Ziele, wie beispielsweise Markenbekanntheit, Image oder Markenaktualisierung, zu erreichen versucht.

(3) Zielgruppenplanung des Sponsoring

Parallel zu den Zielformulierungen sind die durch das Sponsoring anzusprechenden Zielgruppen auszuwählen und hinsichtlich ihrer Einstellungen und Verhaltensweisen zu charakterisieren. Bei der Identifizierung der Sponsoringzielgruppen sind die Informationen über die Kernzielgruppen des Unternehmens mit den Informationen über die Zielgruppen des Gesponserten zu vergleichen. Dabei ist auf eine möglichst hohe Affinität zwischen unternehmerischer Zielgruppe und der durch das Sponsoringereignis erreichten Zielgruppe Wert zu legen.

(4) Festlegung der Sponsoringstrategie und -philosophie

Im nächsten Schritt ist die Sponsoringstrategie des Unternehmens festzulegen, womit eine Grundsatzentscheidung darüber getroffen wird, welche Sponsoringarten und -formen für das Unternehmen in Frage kommen. Hierbei ist auf Verbindungslinien zwischen Sponsor und Gesponsertem zu achten, wobei als Verbindungslinien insbesondere Produkt-, Image- und Zielgruppenaffinitäten zu berücksichtigen sind. Das Ergebnis dieser konzeptionellen Überlegungen ist die verbindliche Formulierung einer Sponsoringstrategie, die die inhaltlichen Schwerpunkte der Engagements festlegt. Es empfiehlt sich, die Sponsoringstrategie in Form von Sponsoringgrundsätzen, -leitlinien oder einer Sponsoringphilosophie zu fixieren.

(5) Budgetierung des Sponsoring

Die Bestimmung des Sponsoringbudgets beinhaltet die Kalkulation des gesamten Sponsoringbudgets und die Allokation auf die einzelnen Sponsoringmaßnahmen. Hierzu sind die gesamten anfallenden Kosten der unternehmerischen Sponsoringaktivitäten zu ermitteln. Idealtypisch erfolgt die Budgetfestlegung simultan zur Planung der Einzelmaßnahmen, da die Höhe der Kosten in entscheidendem Maße von den gewählten Sponsorships abhängig ist.

(6) Auswahl von Sponsorships

Auf Basis der Sponsoringgrundsätze erfolgt die Feinauswahl von Sponsorships. Dabei sind die Entscheidungskriterien für die Auswahl fremd- oder eigeninitiierter Sponsorships im Einzelnen festzulegen, d. h. beispielsweise Medienpräsenz, Reichweite, Werbemöglichkeiten und Kosten.

(7) Entwicklung von Einzelmaßnahmen

Ist die Entscheidung für ein konkretes Sponsorship gefallen, sind Einzelmaßnahmen für dessen Durchführung festzulegen. Hierzu zählen neben der Definition von Leistungen und Gegenleistungen die rechtliche Gestaltung der Sponsorships, die Kalkulation der Kosten sowie gegebenenfalls die Auswahl von Agenturen zur Unterstützung der Sponsoringplanung und -umsetzung.

(8) Integration des Sponsoring in den Kommunikationsmix

Besonderes Augenmerk im Rahmen des Planungsprozesses ist auf die Integration des Sponsoring mit den anderen Instrumenten der Unternehmenskommunikation zu legen. Nur wenn eine inhaltliche, formale und zeitliche Verknüpfung des Sponsoring mit anderen Kommunikationsinstrumenten erfolgt, wird es möglich, eine synergetische Verstärkung der Gesamtwirkung der Kommunikation zu erreichen.

(9) Erfolgskontrolle des Sponsoring

Die Kontrolle des Sponsoringerfolges schließt den Planungsprozess ab. Im Mittelpunkt steht die Analyse kommunikativer Wirkungen der Sponsorships, wobei zwischen unterschiedlichen Wirkungen zu unterscheiden ist, die sich durch Sponsoring bei den Zielpersonen einstellen. In Abhängigkeit der Ergebnisse der Effektivitätskontrolle sind im Hinblick auf in späteren Perioden durchzuführende Sponsorships mehr oder weniger starke Anpassungen der Konzeptionen vorzunehmen.

Der dargestellte Planungsprozess ist als idealtypisch anzusehen. Zahlreiche Unternehmen, die Sponsoringaktivitäten durchführen, gehen nicht stringent nach einer Planungssystematik vor, sondern lassen sich vielmehr von ihrer Intuition leiten. Die in der Vergangenheit häufig zu beobachtende, eher „spontane" Vorgehensweise der Unternehmen bei der Planung von Sponsoringaktivitäten (*Drees* 1991) wird heute jedoch zunehmend durch geplantes, systematisches Vorgehen ersetzt (*Sponsor Partners 2000*, S. 24).

4 Ziele und Zielgruppen des Sponsoring

4.1 Situationsanalyse als Ausgangspunkt

Im Rahmen der Sponsoringplanung ist zunächst eine Situationsanalyse durchzuführen, in deren Rahmen sowohl die Kommunikationssituation für das Gesamtunternehmen als auch die verschiedenen Markt- und Umfeldsituationen analysiert werden, mit denen sich der Sponsor in Abhängigkeit seiner Sponsoringengagements konfrontiert sieht. Dies impliziert, dass sowohl die einzelnen Kommunikationsabteilungen als auch die Unternehmensleitung durch gezielten Einsatz von Marktforschungsmethoden an der Situationsanalyse zu beteiligen sind. Ziel ist es, die Ist-Situation der Kommunikation zu erfassen bzw. speziell herauszufiltern, wie der kommunikative Auftritt des Unternehmens als Gesamteindruck der eingesetzten Sponsoringmaßnahmen von den verschiedenen Rezipienten wahrgenommen wird und welche Faktoren auf diese Kommunikationssituation Einfluss nehmen.

In dieser ersten Planungsphase ist es notwendig, die vielfältigen Situationsvariablen, die die Kommunikationsarbeit der einzelnen Sponsoringinstrumente und die Ausrichtung der Gesamtkommunikation beeinflussen, möglichst detailliert zu erfassen. Dazu empfiehlt sich eine strukturierte Vorgehensweise, die sich an folgenden **Bereichen einer Situationsanalyse** des Sponsoring orientiert:

- Bei den **marktbezogenen Einflussfaktoren** ist unter anderem von Interesse, ob es sich um einen Konsumgüter-, Dienstleistungs- oder Industriegütermarkt handelt, da hier jeweils unterschiedliche Anforderungen an die Sponsoringmaßnahmen gestellt werden. Von Bedeutung ist auch, ob es sich z.B. um ein Monopol oder ein Polypol handelt und diesem Fall, wie der Markt zwischen den einzelnen Wettbewerbern aufgeteilt ist. Darüber hinaus ist die Ähnlichkeit der Produkte und der Werbeauftritte in Teilmärkten sowie insgesamt die Homogenisierung der Märkte zu untersuchen, um Anhaltspunkte zu erhalten, wie sich durch Sponsoring eine Abgrenzung herstellen ließe. In diesem Kontext interessieren auch die Sponsoringentwicklungen in Teilmärkten, das Vordringen neuer Sponsoringformen oder die Formen der werblichen Ansprache durch die Konkurrenz.

- Im Rahmen **kundenbezogener Einflussfaktoren** sind beispielsweise das Freizeitverhalten der Kunden, Informationsbedürfnisse der Zielgruppen, die emotionale Wahrnehmung von Marken, Erwartungen an Produkte oder Leistungen, Kundenzufriedenheit sowie der Grad der Informationsüberlastung zu untersuchen.

- Zu den **handelsbezogenen Einflussfaktoren** zählen beispielsweise die Ansprüche bezüglich der Werbeunterstützung von Handelsmaßnahmen, Erwartungen an das Sponsoring, Präsenz der Wettbewerber in den verschiedenen Vertriebsschienen oder die Existenz handelsspezifischer Werbe- und Sponsoringmöglichkeiten.

- Die **wettbewerbsbezogenen Einflussfaktoren** beinhalten beispielsweise die Kommunikations- und Sponsoringstrategien sowie den Kommunikationsaufwand der Hauptwettbewerber, die durchgeführten Sponsoringmaßnahmen sowie die Positionierung der Konkurrenten. Im Rahmen der Konkurrenzanalyse ist vom Unternehmen zu prüfen, welche Sponsoringaktivitäten von direkten Wettbewerbern, in welchen Situationen, mit welcher Intensität und mit welchem Erfolg durchgeführt werden.

> **Beispiel: Sponsorenwettbewerb in der *Formel 1***
> Besonders deutlich wird der enge Wettbewerb einer Vielzahl von Sponsoren im Umfeld der *Formel 1*. Wie Insert III-F-7 zeigt, waren in der Saison 2004 allein 25 Unternehmen bzw. Marken als Hauptsponsoren in der *Formel 1* aktiv und darüber hinaus eine Vielzahl weiterer Co-Sponsoren, Technikpartner und Ausrüster. Kannibalisierungseffekte der einzelnen Sponsoren lassen sich unter diesen Umständen kaum noch ausschließen. Kommen in dieser Situation Effekte hinzu wie die starke Zunahme

Sponsoren der Formel 1-Teams Saison 2004

Teams	Hauptsponsor(en)	Co-Sponsoren, Technikpartner und Ausrüster
Ferrari	Marlboro, Vodafone	Acer, Agusta, Alenia, AMD, BBS, Beta, Brembo, Bridgestone, Cima, Europcar, Faco, Fiat, Fila, Fluent, Infineon, Iveco, Magnet Marelli, Mahle, Mecania, Mecel, Momo NGK, Olympus, OMR, Poggipolini, PTC, Sabelt, Sachs, Shell, SKF, Vega
Mc-Laren Mercedes	Mobil 1, Siemens, West	3D Systems, AdvancedComposite, BAE Systems, Canon, Charmilles Technology, Computer Associates, Enkei, GS Battery, Henkel, Hugo Boss, Kenwood, Mazak, Michelin, SAP, Schüco, Sonax, Sports Marketing Surveys, Sun Microsystems, TAGHeuer, Targetti, Warsteiner
BMW-Williams	Allianz, FedEx, Hewlett Packard	Accenture, Budweiser, Castrol, Man, Michelin, NiQuitin CQ, O.Z. Racing, O2, Oris, Petrobas, PPG, Puma, Reuters, W.L. Gore
Renault F1	Elf, Hanjin Shipping, Mild Seven	3D Systems, Alpinestars, Altran, CD adapco group, Charmilles Technology, Clearswift, DMG, Elysium Inc., Eutelsat, Fluent, Group Tetco, Guru, Jobs, Lancel, Lectra, Network Appliance, Magnet Marelli, Michelin, i-Mode, Schroth, Veritas, Vistagy
BAR Honda	British American Tobacco, Honda	Alcon, AlpineStars, BBS, BlueArc, Brunotti, Cablefree, Cytecs, DeVilbiss, EDS, Endless Advance, Glasurit, Haas Automation, Intercont, Koni, Lincoln Electric, Mac Tools, Matrix Network Solutions, NTT DoCoMo, PerkinElmer, Sanduik Coromant, STL Communications, Systar, UGS/PLM Solutions
Sauber-Petronas	Credit Suisse, Petronas, Red Bull	ca. 40 Co-Partner
Jaguar Racing	DuPont, HSBC-Bank, UGS PLM Solutions	3D Systems, At&T, Becks, Castrol, Japhiro, Lear, Michelin, Mumm, Pioneer, Puma, Rolex
Toyota Racing	Panasonic, Liqui Moly	AOL Time Warner, Avex, BBS, Dassault Systemes, DEA, Denso, Ebbon Dacs, EMC, Eos, ESSO, Future Sport, Intel, Kärcher, KDDI, KTC, Magnet Marelli, MAN, Météo France, Michelin, Nolan, Pertinence Data Intelligence, Sika, Sparco, St. George, Technogym, Vuarnet, Yamaha, ZF Sachs
Jordan-Ford	Benson & Hedges	Atos KPMG Consulting, Attenda, Bang New Media, Bridgestone, Celerant Consulting, DSL, Gametrac, laurent-perrier, Piaggio, powermarque, Puma, Re / Max Europe, Schroth, Scientio, Tiger Telematics, tma, Touchpaper, Tridion, vielife
Minardi F1-Team	European Aviation, Superfund, Wilux	3D systems, Allegrini, Beta, Brevi, Carrera Jeans, Cimatron, Gazprom, Halfords, LeasePlan, Magnet Marelli, Muermans Group, Netscalibur, Parmalat, Poderi Morini, Puma, ReKico Caffé, Rustichella, TrustUrsini

Quelle: SPONSOR⁵ und Websites der Teams   Stand: 18.02.2004

Insert III-F-7: Sponsoren der Formel-1-Top-Teams in der Saison 2004 (o.V. 2004c, S. 27)

der Kosten für die Sponsoringengagements, ein Rückgang der Zuschauerzahlen sowie ein negativer „Schumi-Effekt", aufgrund dessen eine Vielzahl von Sponsoren das Image des „Hinterherfahrers" und eine zu geringe Medienpräsenz fürchten, so sind Unternehmen gezwungen, ihre Sponsoringengagements unter Effektivitäts- und Effizienzgesichtspunkten verstärkt zu überdenken.

- **Umfeldbezogene Einflussfaktoren** des Sponsoring sind beispielsweise die Medienentwicklung, die Verfügbarkeit von Werbeträgern, die Bedeutung neutraler Informationsquellen sowie rechtliche Werbebeschränkungen.

  Beispiel: Auswirkungen des Tabakwerbeverbotes auf das Sponsoring
  Am 2. Dezember 2002 wurde die zweite Tabakrichtlinie vom EU-Ministerrat beschlossen. Mit dieser sind erneute Werbeverbote für Printmedien, Rundfunk, Internet und Sponsoring von Veranstaltungen verbunden, soweit diese über die Landesgrenzen hinaus wirken (*Klingmüller/Kiesgen* 2004). Die verschärfte Richtlinie wird Auswirkungen auf diverse Sponsoringbereiche mit sich bringen, in denen Tabakkonzerne bzw. Zigarettenmarken als Sponsoren aktiv sind. Reagiert hat bereits der *Deutsche Motor Sport Bund*, der sich in freiwilliger Übereinkunft bereits vor Jahren von der Tabakwerbung verabschiedet hat. Lediglich bestehende Verträge werden bis zum Jahre 2006 noch erfüllt, ab diesem Zeitpunkt wird Tabakwerbung auf Fahrzeugen, der Fahrerkleidung und im Umfeld der Grand Prix nicht mehr möglich sein (*Freund* 2003; *Peymani* 2003). Als Konsequenz expandiert die *Formel 1* in Entwicklungsländer, wie Bahrein, China und Korea, in denen keine entsprechenden Restriktionen herrschen. Aber auch andere Sponsoringbereiche, wie das Kultur-, Wissenschafts- und Umweltsponsoring, sind von dem Tabakwerbeverbot betroffen, da auch hier Tabakkonzerne als Sponsoren aktiv sind (z. B. *Philip-Morris-Forschungspreis, Lucky Strike Junior Designer Award*). Während somit auf der einen Seite die Tabakkonzerne durch das Werbeverbot tangiert werden und aufgefordert sind, neue Kommunikationsstrategien zu entwickeln, sind auf der anderen Seite die geförderten Institutionen gezwungen, sich auf die Suche nach neuen Geldgebern zu begeben.

- Zu den **unternehmensbezogenen Einflussfaktoren** zählen beispielsweise die Höhe des eigenen Kommunikations- und Sponsoringbudgets, bisherige Sponsoringstrategien und -ziele, zur Verfügung stehende Kommunikationsinstrumente, die Positionierung bei den Zielgruppen sowie die Akzeptanz bei den Mitarbeitenden im Hinblick auf Sponsoringaktivitäten.

Bei den genannten Situationsvariablen handelt es sich nicht um isoliert voneinander auftretende Faktoren, sondern um interdependent wirkende Variablen. Für jedes Unternehmen stellt sich die Aufgabe, die für sich relevanten Einflussfaktoren des Sponsoring sowie die Zusammenhänge zwischen den Variablen zu ermitteln. So nehmen beispielsweise die in vorherigen Planungsperioden festgelegten Sponsoringziele und -instrumente Einfluss auf die derzeitige Ist-Situation des Sponsoring. Dementsprechend sind bei der Ist-Analyse auch die bereits erreichten Ziele und deren Einflussfaktoren zu untersuchen.

In Schaubild III-F-12 ist beispielhaft ein Fragenkatalog abgebildet, der erste Anhaltspunkte zur Erfassung der Sponsoringsituation eines Unternehmens gibt. Erhöht wird die Aussagekraft durch die Bewertung der einzelnen Situationsvariablen als Stärken/Schwächen und Chancen/Risiken im Sinne einer **SWOT-Analyse** (Strengths-Weaknesses-Opportunities-Threats). Auf Basis dieser SWOT-Analyse lässt sich die **kommunikative Problemstellung** des Unternehmens für ein Sponsoringengagement identifizieren, die als Ausgangspunkt für die weiteren Planungsschritte, insbesondere die Formulierung der Sponsoringziele und die Festlegung der Sponsoringstrategie, dient. So stellt sich als kommunikative Problemstellung beispielsweise heraus, dass ein Unternehmen in der Öffentlichkeit bislang vor allem als konservativ und „verstaubt" wahrgenommen wird sowie primär das Interesse einer älteren Klientel weckt, obwohl sich das Unternehmen selbst als modern und innovativ ansieht und auch junge Zielgruppen ansprechen möchte. Mit dem Ziel, dieses Image zu korrigieren und die erwünschten Zielgruppen zu erreichen, wird für die Zukunft eine entsprechende Sponsoringstrategie entworfen.

Fragen	Antworten	Chancen/ Risiken Stärken Schwächen
Marktbezogene Fragen		
• Agiert das Unternehmen in einem Konsumgüter-, Industriegüter- oder Dienstleistungsmarkt? • Wie stark ähneln sich die Leistungen und die Kommunikationsauftritte in den Teilmärkten? • Über welches Image verfügt die Branche? • Welche Tendenzen zeigen sich hinsichtlich des Sponsoringeinsatzes im gesamten Markt/in einzelnen Teilmärkten? u.a.m.		
Kundenbezogene Fragen		
• Wie entwickeln sich die Kundenbedürfnisse? • Wie gestaltet sich das Freizeitverhalten der Kunden? • Welche Einstellungen haben die Kunden gegenüber Sponsoring? u.a.m.		
Wettbewerbsbezogene Fragen		
• Welche Sponsoringmaßnahmen unternehmen die Wettbewerber mit welcher Intensität/welchem Erfolg? • Welche Konkurrenzmarken werden mit Hilfe des Sponsoring vermarktet? • Wie hoch sind die Sponsoringbudgets der Konkurrenz? • Welche Auswirkungen haben die Konkurrenzaktivitäten auf den eigenen Sponsoringeinsatz? • Bestehen Möglichkeiten zur Kooperation mit Wettbewerbern? u.a.m.		
Unternehmensbezogene Fragen		
• Welchen Erfolg weisen die bisherigen Sponsoringaktivitäten auf? • Welche Sponsoringinstrumente stehen dem Unternehmen in der nächsten Zeit zur Verfügung? • Welche finanziellen und personellen Ressourcen stehen für das Sponsoring zur Verfügung? • Sind alle relevanten Mitarbeitenden hinsichtlich der Sponsoringengagements informiert? • Wie akzeptiert sind die Sponsoringaktivitäten bei den Mitarbeitenden? u.a.m.		

Schaubild III-F-12: Fragenkatalog zur SWOT-Analyse im Sponsoring

Im Rahmen der Ist-Analyse der Sponsoringsituation ist es erforderlich, Erhebungsmethoden einzusetzen, die das erreichte Niveau der Zielgrößen und deren Abhängigkeiten von den Einflussfaktoren messen. So sind bei der sponsoringbezogenen Hauptzielgruppe der Kunden die Zusammenhänge durch Image-, Positionierungs- und andere Marktstudien zu erheben. Auch bei den Teilöffentlichkeiten werden diese Methoden eingesetzt, eventuell unterstützt durch Expertenbefragungen oder Spezialbefragungen von Meinungsführern. Auf Mitarbeiterebene sind die relevanten Informationen zur Wahrnehmung der Sponsoringaktivitäten beispielsweise durch Mitarbeiterbefragungen in Erfahrung zu bringen. Dabei ist es zweckmäßig, sich nicht nur einzelstudienorientierten Formen der Marketingforschung zu bedienen, sondern ebenfalls ganzheitlich orientiert vorzugehen, d.h. ein umfassendes Verständnis der Struktur und Gesetzmäßigkeit des Sponsoringmarktes zu entwickeln (*Böcker* 1988, S.73).

4.2 Ziele des Sponsoring

Ausgangspunkt für die Zielformulierung im Planungsprozess des Sponsoring sind die bestehenden Marketing- und Kommunikationsziele des Unternehmens für seine Produkte, Dienstleistungen oder Marken, d.h. bestimmte Absatz- und Umsatzziele sowie beispielsweise zu erreichende Bekanntheitsgrade oder Imageprofile. Sie bilden die Grundlage für die Prüfung, ob grundsätzlich ein Sponsoringbedarf besteht und ob Sponsoring besser als die übrigen Kommunikationsinstrumente geeignet ist, die Kommunikationsziele zu erreichen. Bezüglich der Formulierung konkreter Sponsoringziele ist zunächst zwischen ökonomischen und psychologischen Zielen zu unterscheiden.

Ökonomische Sponsoringziele beinhalten monetäre wirtschaftliche Größen, wie beispielsweise Gewinn oder Umsatz. Sie stellen innerhalb des Kommunikationsmix originäre Ziele aller Instrumente dar und bilden auch das Oberziel der Sponsoringaktivitäten. Für ausgewählte Branchen, d.h. vor allem für Hersteller von Produkten, die direkt oder indirekt mit dem betreffenden Förderbereich verbunden sind, haben ökonomische Sponsoringziele eine besondere Bedeutung. Im Sportsponsoring trifft dies unter anderem für Sportgeräte und -bekleidung zu, die in direktem Zusammenhang mit der gesponserten Sportart stehen. So wurde beispielsweise regelmäßig über Absatzsteigerungen von Tennisschlägern einer bestimmten Marke nach Siegen deutscher Tennisidole sowie von Bekleidung eines Textilunternehmens nach Siegen eines deutschen Golfprofis berichtet. Gleiches gilt aber auch für Markenhersteller in den Bereichen Erfrischungsgetränke, Schokoladenriegel, Uhren usw., die sportliche Spitzenveranstaltungen sponsern, über eine breite Medienwirkung verfügen und für die Sportler mit einem sympathischen Image auftreten. Beispiele für eine relativ kurzfristige und direkte Erreichung ökonomischer Ziele über Sponsoring sind darüber hinaus sportereignisunabhängige Maßnahmen, wie Promotion-Aktionen mit gesponserten Athleten in den Verkaufsräumen eines Handelsbetriebes (*Bassenge* 2000, S.77).

Der Vorteil ökonomischer Ziele besteht darin, durch monetäre Größen eindeutig messbar und quantifizierbar zu sein. Die ausschließliche Vorgabe dieser Kategorie zuzuordnender Ziele ist jedoch aufgrund fehlender Vorgabe von Handlungsimpulsen nicht ausreichend (*Steffenhagen* 1993, S.287). Vor allem im Konsumgüter- und Dienstleistungsbereich lassen sich ökonomische Oberziele langfristig nur über die Vorgabe **psychologischer Zielgrößen** wie Bekanntheitsgrad und Image erreichen. Die Gesamtheit psychologischer Ziele lässt sich entsprechend den Wirkungskategorien auf Rezipientenebene in kognitive (die Erkenntnis betreffende), affektive (das Gefühl betreffende) und konative (das Verhalten betreffende) Ziele einteilen.

Auf der Ebene **kognitiver Ziele** lässt sich über Sponsoring primär die Schaffung, Stabilisierung oder Steigerung der **Bekanntheit** von Unternehmen oder Marken verfolgen. Dies gilt vor allem für jene Formen des Sponsoring, für die mit einer breiten Medienresonanz, beispielsweise durch Fernsehübertragungen beim Sport- oder Programmsponsoring, zu rechnen ist. Die Zielsetzung der Steigerung der Markenbekanntheit ist vor allem für diejenigen Produkte und Dienstleistungen von Bedeutung, die bereits über ein generell hohes Niveau an Bekanntheit verfügen, das sie mit Hilfe der Medien beim Sponsoring halten bzw. noch zu verbessern versuchen. Verfügt das Unternehmen im Inland bereits über einen sehr hohen Bekanntheitsgrad, wird darüber hinaus durch das Engagement in Sportarten, die auf internationales Interesse treffen, die Steigerung der **internationalen Bekanntheit** als Sponsoringziel formuliert (z. B. *Deutsche Telekom* 2001).

Da Sponsoring zu den erlebnisorientierten Kommunikationsinstrumenten zählt, kommt den **affektiven Zielen** eine besondere Bedeutung zu. Oftmals verfolgen Unternehmen mittels ihrer Sponsoringaktivitäten das Ziel, zum Aufbau, der Pflege oder Modifikation des **Images** eines Sponsoringobjektes beizutragen. Hierbei wird versucht, die Einstellungen der Zielgruppen hinsichtlich des Unternehmens, seiner Produkte bzw. Marken, zu beeinflussen (*Glogger* 1999; vgl. speziell für Industriegüter *Rieger* 1996 sowie speziell für das Kultursponsoring *Rothe* 2001). Grundlage bildet das Prinzip des **Imagetransfers**, demzufolge bei einer langfristigen Anbindung eines Unternehmens oder einer Marke an eine Sportart, ein kulturelles/ soziales Engagement oder bestimmte (Programme in) Medien die Imagedimensionen des jeweiligen Sponsoringobjektes auf das Unternehmen bzw. die Marke übertragen werden. Dies gilt vor allem für die Verstärkung ausgewählter Imagedimensionen, d. h. beispielsweise im Sportsponsoring die Dimensionen Sportlichkeit, Jugendlichkeit, Dynamik oder Leistungsfähigkeit und im Kultursponsoring Kreativität, Exklusivität oder Modernität. Die Beiträge, die Sozio- und Umweltsponsoring zur Aktualisierung oder Präzisierung bestimmter Images leisten, finden sich vordergründig in Dimensionen wie Verantwortungsbewusstsein, Vertrauen, Sympathie, Fürsorglichkeit und im weiteren Sinne Naturverbundenheit. Innerhalb einer Erscheinungsform des Sponsoring differieren die erreichbaren Imagemerkmale allerdings wiederum stark. So lassen sich etwa durch ein Sponsoring der Sportarten Fußball oder Golf bzw. kultureller Anlässe wie klassische Konzerte oder Rockfestivals jeweils sehr unterschiedliche Imagemerkmale transferieren. Beispielhaft für einen Imagetransfer im Sponsoring zeigt Insert III-F-8, dass die *HypoVereinsbank* durch ihr Engagement beim *FC Bayern München* insbesondere die Imagewerte finanzstark, erfolgreich, international und dynamisch betonen konnte.

Der Zielsetzung Image kommt im Sponsoring insbesondere aufgrund der mittlerweile geringen Unterscheidbarkeit von Produkten und Dienstleistungen eine besondere Bedeutung zu. Die Unternehmenskommunikation ist unter diesen Umständen stärker darauf auszurichten, den relevanten Zielgruppen einen **„emotionalen Mehrwert"** zu liefern, der ihre Kaufentscheidung beeinflusst. Der Sympathiewert eines Produktes, das Design und das Image des gesamten Unternehmens bzw. einer Marke werden für eine erfolgreiche Marktkommunikation zunehmend wichtiger. Sponsoringengagements bieten die Möglichkeit, vom öffentlichen, positiven Image des Gesponserten zu profitieren (*Lang/Haunert* 1995, S. 35 f.). Sponsoring ist dabei vor allem in der Lage, emotionale Erlebniswerte an die Zielgruppen zu vermitteln. Deshalb konzentriert sich der markenpolitische Einsatz des Sponsoring in erster Linie auf das „Erlebnisprofil" der Marke.

Insbesondere im Sozio- und Umweltsponsoring, aber auch in ausgewählten Bereichen des Sport- und Kultursponsoring spielt die Schaffung von **Goodwill** sowie die Dokumentation **gesellschaftlicher Verantwortung** eine besondere Bedeutung. Goodwill ist mit Sponsoringaktivitäten dann zu erreichen, wenn Bereiche unterstützt werden, die ein besonderes Anliegen der Öffentlichkeit darstellen. Dies ist im Sport- und Kultursponsoring vor allem in der Nachwuchsförderung stark ausgeprägt, aber auch in anderen Bereichen, die auf ein breites öffentliches Interesse stoßen. Im Sozio- und Umweltsponsoring wird die Dokumentation gesellschaftlicher Verantwortung häufig noch offensichtlicher, so dass sich durch Aktivitäten auf diesen Gebieten Goodwill oftmals noch überzeugender generieren lässt. Voraussetzung hierfür ist jedoch die Glaubwürdigkeit der Sponsoringengagements bzw. eine glaubwürdige Verbindung zwischen Sponsor und Gesponsertem. Ist dies aus Perspektive der Zielgruppen

Erfolg mit Max

DURCH DAS ENGAGEMENT
BEIM FC BAYERN BESSERT
DIE HYPOVEREINSBANK
IHRE IMAGE-WERTE AUF.

Als Markenbotschafter ist Bayern-Fan Max für die HypoVereinsbank (HVB) unbezahlbar. Nicht zuletzt dank seiner flotten Sprüche wissen immerhin 18 Prozent der Deutschen, dass das Münchner Institut den FC Bayern sponsert. Was aber noch wichtiger ist: Von den Fußballinteressierten ziehen inzwischen immerhin elf Prozent die

FUSSBALLFAN MAX *wirbt für die FC Bayern Sparkarte der HypoVereinsbank.*

HVB ins Kalkül, wenn sie ein Finanzprodukt erwerben wollen.

Bei der Masse der Konsumenten ist die Position der HVB dagegen noch ausbaubar. Obwohl ihre gestützte Markenbekanntheit bei 84 Prozent liegt, denkt nur jeder Zwanzigste bei der Wahl eines Finanzdienstleisters an das zweitgrößte deutsche Geldhaus. Selbst die kleineren Rivalen Dresdner Bank, die bei 16 Prozent zum „Relevant Set" gehört, und Commerzbank (elf Prozent) stehen besser da.

Die Zahlen hat das Kölner Institut Sport + Markt im Auftrag des

FC Bayern München erhoben. Einmal jährlich versorgt der Verein seine Sponsoren mit Marktforschungsstudien, die die Werbewirkung der Partnerschaft messen.

Demnach hat sich das Engagement für die HVB, die erst seit Juli 2003 Partner des Klubs ist, schon gelohnt. In puncto Image schneidet sie bei Fußballfans viel besser ab als beim Rest der Bevölkerung. Wer die Bank als Bayern-Sponsor kennt, schätzt sie als finanzstark, erfolgreich, international und dynamisch ein. Alle anderen schreiben ihr diese Attribute in deutlich geringerem Maß zu. „Hier hat bereits nach wenigen Monaten ein Image-Transfer stattgefunden", urteilt Axel Bruchhausen, Senior Project Manager bei Sport + Markt.

Im Vertrieb schlägt das Sponsorship ebenfalls zu Buche. Seit Oktober bietet die Bank die FC Bayern Sparkarte an, bei der mit jedem zehnten Heimspieltor der Zins bis Saisonende um 0,1 Pozent steigt.

Ursprünglich wollte die HVB innerhalb eines Jahres 20 000 Karten unters Fußballvolk bringen. Tatsächlich hat sie bis heute bereits 34 000 ausgegeben, ein gutes Drittel an Neukunden. Seit Februar gibt es auch die FC Bayern MasterCard.

Bruchhausen führt den Erfolg auf die stimmige Kommunikation zurück. Die HVB flankierte die Einführung der Sparkarte mit einem Spot, in dem Max seine Premiere gab (Agentur: Wieden + Kennedy, Amsterdam). Mit der Werbefigur des eingefleischten Bayern-Fans sei der Bank gelungen, das Interesse der Zuschauer zu wecken, begründet der Marktforscher die hohen Erinnerungswerte: Den Spot, der im Werbeblock der *Sportschau* lief, ordneten schon nach der ersten Sendung 18 Prozent der Fußballfans der HVB zu. ▪ *Michael Hase*

Fotos: Wieden + Kennedy

Insert III-F-8: Imagetransfer durch Sponsoring am Beispiel der HypoVereinsbank (Hase 2004, S. 27)

nicht gegeben, besteht die Gefahr kontraproduktiver Wirkungen, wenn den Unternehmen reines Eigeninteresse bei ihren Aktivitäten unterstellt wird (*Dean* 2002).

Eng in Verbindung mit dem Aufbau bestimmter Images und Goodwill steht das Ziel, durch Sponsoringaktivitäten **Vertrauen und Akzeptanz** bei den Zielgruppen des Unternehmens zu schaffen. Dies gewinnt gerade für Markenartikel zunehmend an Bedeutung, um sich in der Konkurrenz durch Handelsmarken sowie No-Names zu behaupten (*Meffert/Burmann* 2002, S. 47).

Auf der Ebene affektiver Sponsoringziele ist auch die Verbesserung der **Mitarbeitermotivation** sowie **Mitarbeiteridentifikation** mit dem eigenen Unternehmen einzuordnen. Voraussetzung hierfür ist, dass sportliche, kulturelle, soziale oder umweltpolitische Aktivitäten unterstützt werden, in denen sich die Interessen der Mitarbeitenden widerspiegeln (verfolgen beispielsweise die Mitarbeitenden eines Unternehmens mit Stolz bzw. Enttäuschung die Erfolge und Misserfolge einer gesponserten Mannschaft, so lassen sich emotionale Wirkungen erwarten, die in einer Steigerung des Teamgeistes, einer stärkeren Identifikation mit dem Unternehmen sowie einer erhöhten Mitarbeitermotivation zu sehen sind. Diese Zusammenhänge belegt auch eine Studie, die die Wirkung des Kultursponsoring auf die Mitarbeitermotivation untersucht (*Schwaiger* 2002b). Aus dieser geht hervor, dass mit Kultursponsoringaktivitäten zwar nicht die gesamte Belegschaft gleichermaßen erreicht wird, dass sich positive Auswirkungen auf die Gesamtzufriedenheit aber vor allem bei dem besonders motivierten und damit förderungswürdigen Teil der Mitarbeitenden einstellen. Positive Wirkungen dieser Art äußern sich nach außen wiederum in verstärkter **Kundenorientierung** und verbessertem **Serviceverhalten** (*George* 1990). Ferner bieten Sponsoringaktivitäten von international aufgestellten Unternehmen die Chance, durch landes- bzw. kontinentübergreifende Aktivitäten die **Mitarbeiterkommunikation** zwischen einzelnen Standorten zu intensivieren und Kommunikationswege zu etablieren, die wiederum für andere Projekte zu nutzen sind (*Aaker/Joachimsthaler* 2001, S. 215).

Neben kognitiven und affektiven Zielen verfolgen Unternehmen mit dem Sponsoringeinsatz auch **konative Ziele**. Weniger steht hierbei jedoch eine Veränderung des Kaufverhaltens im Mittelpunkt der meisten Sponsoringmaßnahmen, sondern vielmehr die Realisierung beziehungsorientierter Ziele, worin sich ein grundsätzlicher Perspektivenwechsel im Marketing widerspiegelt, der eine stärkere Beziehungsorientierung der Kommunikationsaktivitäten von Unternehmen fordert. In diesem Kontext rücken die Kontaktpflege und der Dialog mit ausgewählten Kunden, Meinungsführern und Medienvertretern in den Mittelpunkt zahlreicher Sponsoringaktivitäten. Die Organisation so genannter **Hospitality-Maßnahmen** im Rahmen von Sponsoringaktivitäten bietet vielfältige Möglichkeiten der gezielten **Kontaktpflege** mit unternehmensrelevanten Personen. Als Gegenstand von Hospitality-Maßnahmen werden dabei – bezogen auf das Sportsponsoring – jegliche Aktivitäten eines Sponsors verstanden, die auf dessen Verfügungsrecht über ein festgelegtes Kontingent an Eintrittskarten basieren und die Möglichkeit bieten, Logen, sonstige Räumlichkeiten innerhalb der Sportstätte oder Zelte bzw. andere mobile oder feste Räumlichkeiten im näheren Umfeld des Sportgeschehens zur persönlichen Betreuung geladener Zielpersonen zu nutzen (*Bassenge* 2000, S. 141). Diese Definition lässt sich auch auf andere Bereiche des Sponsoring übertragen. In der Sponsoringpraxis haben Hospitality-Maßnahmen inzwischen einen bedeutenden Stellenwert erlangt, und oftmals treten der eigentliche Anlass des inszenierten Ereignisses, die Werbung sowie die absatzpolitischen Ziele in den Hintergrund (*Lang/Haunert* 1995, S. 36), während der Aufbau und die Pflege von Beziehungen zunehmend wichtiger werden.

Vorteile von Hospitality-Maßnahmen werden darin gesehen, dass Unternehmen verdeutlichen, dass sie die Interessen und Freizeitaktivitäten ihrer Zielgruppen teilen und diese finanziell oder materiell unterstützen (*Cornwell/Maignan* 1998, S. 18). Darüber hinaus bietet der zwischenmenschliche Kontakt die Möglichkeit, bei den Zielgruppen **Vertrauen** aufzubauen und die **Beziehungsqualität** zwischen Kunden und Mitarbeitenden positiv zu beeinflussen (*Bruhn* 2001, S. 69 f.). Insbesondere für Dienstleistungsanbieter, deren Leistungen häufig erklärungsbedürftig und immaterieller Art sind, stellt diese Art des Sponsoring eine gute Möglichkeit dar, über das Leistungsangebot zu informieren, den Dienstleister zu personifizieren und auf diese Weise sowohl rationale als auch emotionale Akzeptanz bei den Kunden zu erlangen (*Bassenge* 2000, S. 146). Vorteilhaft wird in diesem Zusammenhang auch angesehen, dass sich die Besucher sportlicher oder kultureller Events zumeist in einer vorteilhaften relaxten Stimmung befinden und werbliche Botschaften unter der Beeinflussung von Enthusiasmus, Aufregung und Vergnügen mit weniger Reaktanz aufnehmen (*Bennett* 1999, S. 94; *Nicholls/Roslow/Dublish* 1999, S. 369).

Dass sich auch ohne die persönliche Kontaktpflege während eines Sponsoringevents die **Kundenbindung** steigern lässt, geht aus einer Studie zum *Formel-1*-Engagement von Automobilherstellern hervor (*Gierl/Eleftheriadou* 2003). Als Hinweis auf das Kundenbindungspotenzial eines solchen Sponsorships lässt sich interpretieren, dass der Besitz einer Automarke *BMW* oder *Mercedes* mit höherem Interesse an der *Formel 1* verbunden ist als der Besitz eines *VW* oder *Audi*. Darüber hinaus wirkt sich bei Kunden, die sich für die *Formel 1* interessieren, die Teilnahmen eines Automobilherstellers an diesem Event positiv auf die Bindung der Kunden an den jeweiligen Hersteller aus. Ebenfalls konnten in einer anderen Befragung von 833 Bankkunden positive Auswirkungen von Kultursponsoringengagements auf die Kundenbindung im Bankensektor belegt werden. Die gesteigerte Kundenbindung lässt sich hierbei in erster Linie auf eine signifikant höhere Ausprägung des Faktors Vertrauen gegenüber der Bank zurückführen (*Schwaiger/Steiner-Kogrina* 2003a; 2003b).

Die **empirischen Ergebnisse** verschiedener Studien hinsichtlich der Bedeutung von Sponsoringzielen zeigen, dass die Imagestabilisierung und Verbesserung des Bekanntheitsgrades die zentralen Sponsoringziele darstellen (*Partners 2000, S. 13; Care Österreich 2003; Pilot Checkpoint 2008*). Aus Sicht der Vertreter von Kommunikationsagenturen verliert der Bekanntheitsgrad als Zielsetzung des Sponsoring jedoch kontinuierlich an Bedeutung, während die übrigen Ziele in ihrer Bedeutung gleich bleiben oder gewinnen (*Pilot Checkpoint* 2008, S. 37). Komparative Vorteile des Sponsoring gegenüber anderen Kommunikationsinstrumenten sehen Unternehmen in erster Linie in der Ansprache spezifischer Zielgruppen und damit der Minimierung von Streuverlusten in der Kommunikationsarbeit (*Partners* 2000, S. 13). Als überlegen wird Sponsoring auch bei dem Erlebbarmachen von Produkten oder Marken, der Förderung der Mitarbeitermotivation sowie dem Transfer gewünschter Imagedimensionen und der emotionalen Bindung der Zielgruppen eingeschätzt.

Ein konkretes Beispiel für Sponsoringziele bietet Insert III-F-9, das ein Interview mit *Hans Ueli Götz*, dem Head Group Branding der Schweizer *UBS* zum Sponsoringengagement *Alinghi* abbildet.

Um letztlich die Wirkungen von Sponsoringmaßnahmen zu kontrollieren, ist eine genaue Zielplanung notwendig, so dass der Sponsor seine Erwartungen auch gegenüber dem Gesponserten präzisiert. Dies bedeutet im Einzelnen, dass sich Unternehmen bei Vorlage eines konkreten Sponsoringangebotes Gedanken darüber zu machen haben, welche Verbesserung der Bekanntheit bei den Zielgruppen möglich ist, welches Image auf den Markennamen zu übertragen ist bzw. inwieweit das Sponsoring der Kontaktpflege zu ausgewählten Zielgruppen dient. Die mit dem Sponsoring angestrebten Ziele sind eindeutig, realistisch und operational zu formulieren.

UBS als Hauptpartner

Hans Ueli Götz

Hans Ueli Götz, Head Group Branding der UBS, sagt im Interview, warum die UBS Alinghi unterstützt.

Welche Ziele hat UBS mit dem Sponsoring von Team Alinghi?
"Das ambitiöse Ziel von Team Alinghi, sich in einem nicht wirklich typisch schweizerischen Bereich einzusetzen, hat uns als globale Bank mit Schweizer Hauptsitz motiviert, Alinghi, Swiss Challenge for the America's Cup 2003, zu unterstützen. Das Hauptziel ist es, den Bekanntheitsgrad der Marke UBS weltweit sowie die globale Präsenz von UBS zu steigern. UBS soll verstärkt als Global Player wahrgenommen werden. Das Team-Alinghi-Engagement soll aber auch Mitarbeiterinnen und Mitarbeiter aller Unternehmensgruppen (UBS Wealth Management & Business Banking, UBS Warburg, UBS PaineWebber, UBS Global Asset Management) begeistern und motivieren. Alinghi erlaubt es, bestehende Kundenbeziehungen zu pflegen, neue Kunden anzusprechen und mit Sponsoren, die auch im Segelbereich tätig sind, gemeinsame Aktivitäten aufzubauen. Team Alinghi zählt zu den wichtigsten Anwärtern auf den Sieg im America's Cup und ist die optimale Plattform um Kunden einzuladen. Der prestigeträchtige Louis Vuitton Cup, das Ausscheidungsrennen für den America's Cup, bietet unseren Kunden und Prospects eine attraktive, hochklassige und exklusive Erfahrung im Segelbereich."

Wie ist die Aktivität historisch entstanden?
"Dem Entscheid, bei Team Alinghi einzusteigen, ist eine solide und sorgfältige Evaluation des Segelsports vorhergegangen. Dieser fiel

im Herbst 2000 aufgrund der ausserordentlichen Übereinstimmung der für UBS massgebenden Markenwerte mit jenen, die die Welt des Segelns und insbesondere Team Alinghi verkörpern."

Ist der America's Cup nicht eine Sportart für ein spezialisiertes Publikum, während sich UBS vielmehr an ein breites Publikum wenden müsste?
"UBS fokussiert ihre internationale Strategie auf zwei Bereiche: Vermögensverwaltung und Investment Banking. Innerhalb dieser Unternehmensgruppen gibt es viele Segelinteressierte. Segeln ist noch von keinem unserer direkten Konkurrenten belegt und auch noch nicht so stark vermarktet wie andere Sportarten. Wir sind uns aber bewusst, dass wir mit diesem Engagement unsere Zielgruppen nicht vollumfänglich erreichen können. Parallel zum Alinghi-Engagement spricht UBS in der Schweiz mit einer Vielzahl von unterschiedlichsten Sponsoringaktivitäten ein breites Publikum an. Die Sponsoringengagements sind regional wie saisonal aber auch zwischen Kultur und Sport ausgewogen. Der Fokus in diesen Bereichen liegt dabei auf der Pflege und Weiterentwicklung der bestehenden Plattformen."

Was unternimmt UBS kommunikationstechnisch im Umfeld des Team-Alinghi-Sponsorings?
"Um als Team im America's Cup bestehen zu können, braucht es insbesondere Strategie, Teamwork und Taktik. Dieselben Werte entscheiden auch über den Erfolg auf den globalen Finanzmärkten. UBS Financial Services Group begleitet deshalb das Engagement von Alinghi mit einer internationalen Markenkampagne. Unser Ziel ist in erster Linie, den Bekanntheitsgrad von UBS international zu steigern. Die Headline 'The Power of Partnership' beinhaltet die Essenz unserer Marke. Segelbilder unterstützen die Analogie. Die Kampagne läuft in internationalen Tageszeitungen und Newsmagazinen, auf nationalen Fernsehstationen und internationalen Nachrichtensendern – auf CNN und BBC World. Zusätzlich wird die Kampagne mit Megapostern in internationalen Flughäfen unterstützt. Im Weiteren sind wir mit einigen Medien längerfristige

Partnerschaften eingegangen: So sponsern wir das monatliche Magazin Inside Sailing auf CNN, das die Aspekte Sport, Lifestyle und Business beleuchtet, sowie die Inside Sailing Advertorials im Time. Die Kooperation mit CNN stellt in dieser Form für beide Partner eine Premiere dar. Auf Eurosport, ESPN und Star Sports Asia sponsern wir darüber hinaus die Berichterstattung über den America's Cup. Wir haben im Vorfeld des America's Cup in der Schweiz und im Ausland Kundenanlässe organisiert. In Amerika hat beispielsweise das UBS Challenge, eine Segelregatta im Rahmen des Swedish Match Race, Segler fast aller America's Cup-Mannschaften zusammengeführt. Zusammen mit Alinghi haben wir in Italien, Frankreich, England, Singapur und in der Schweiz Pressepräsentationen sowie in diesem Sommer ein Match Race in St. Moritz organisiert."

Welchen Betrag zahlt UBS für das Team-Alinghi-Sponsoring?
"Es ist ein Betrag, den wir als fairen Wert im Verhältnis zu den Investitionen anschauen. Vor allem im Vergleich mit anderen globalen Sponsoring-Plattformen."

Wie findet eine Erfolgskontrolle statt?
"UBS betrachtet Sponsoring im Bereich des Segelns als substanzielle Investition in die Marke. Die laufende Erfolgskontrolle – begleitende Marktforschung – unserer Sponsoringaktivitäten macht es uns möglich, unsere Anstrengungen strategisch zu optimieren. Damit sichern wir nicht nur unsere Investitionen langfristig, sondern steigern auch deren Nutzen und Ertrag."

In welchem Rahmen des gesamten UBS-Sponsorings ist dasjenige von Team Alinghi zu sehen?
"Team Alinghi ist eine bedeutende globale UBS Sponsoringplattform – sie gliedert sich optimal in unsere Sponsoring-Strategie ein."

Insert III-F-9: Sponsoringziele der UBS beim Alinghi-Sponsorship (Götz 2003)

4.3 Zielgruppen des Sponsoring

4.3.1 Zielgruppenidentifikation und -beschreibung im Sponsoring

Im Rahmen der Zielfestlegung von Sponsoringaktivitäten ist vom Unternehmen zu präzisieren, welche Zielgruppen mit dem Sponsoringengagement anzusprechen sind. Eine konsequente Zielgruppenorientierung ist vor dem Hintergrund zunehmender Möglichkeiten für Sponsorships und steigender Kosten je Engagement unabdingbar, um einen effizienten Einsatz der Sponsoringaktivität zu gewährleisten. Durch die Ermittlung der Zielgruppen wird sichergestellt, dass das Auftreten des Unternehmens als Sponsor auf die Bedürfnisse der anvisierten Zielgruppe ausgerichtet ist und vorrangig diejenigen Segmente bearbeitet werden, bei denen ein hoher Zielerreichungsgrad zu realisieren ist.

Grundsätzlich ist die **Identifikation** der Sponsoringzielgruppen aus zwei unterschiedlichen Perspektiven vorzunehmen. Zum einen sind die **Zielgruppen des Sponsors** als so genannte „Basiszielgruppen" des Unternehmens zu nennen, deren Ansprache durch verschiedene Kommunikationsinstrumente erfolgt. Im Einzelnen sind folgende Zielgruppen zu nennen:

- Konsumenten,
- Handelspartner,
- Kapitalgeber,
- Lieferanten,
- Politiker (lokal und national),
- Verbandsvertreter (Industrie, Handel und Handwerk),
- Verbraucherorganisationen,
- Führungskräfte und Mitarbeitende im Unternehmen,
- Meinungsmultiplikatoren,
- Medienvertreter u. a. m.

Zum anderen sind die **Zielgruppen des Gesponserten** zu erwähnen, die durch seine jeweilige Tätigkeit beispielsweise im Sport oder in der Kunst erreicht werden. Hierbei lassen sich insbesondere folgende Personengruppen unterscheiden (*Bruhn* 2010c, S. 72):

- **Aktive Teilnehmer:** Personen, die sich selbst aktiv bei den sportlichen, kulturellen oder sozialen Ereignissen betätigen (z. B. Freizeitsportler, Mitglieder einer Theatergruppe, Teilnehmer an einer Aktion zum Umweltschutz),

- **Besucher:** Passive Veranstaltungsteilnehmer (z. B. Besucher von Sportwettkämpfen oder Kunstausstellungen),

- **Mediennutzer:** Zielgruppen, die über Print- oder elektronische Medien indirekt erreicht werden (z. B. Zeitungsleser, Fernsehzuschauer oder Rundfunkhörer).

Die ideale Vorgehensweise der Zielgruppenplanung durch ein Unternehmen mit Sponsoringaktivitäten verdeutlicht Schaubild III-F-13. Die Basiszielgruppen des Unternehmens werden identifiziert, nach verschiedenen Merkmalen beschrieben und jenen Zielgruppen gegenübergestellt, die durch geplante Sponsoringengagements zu erreichen sind. Im Prinzip werden damit die beiden Zielgruppen hinsichtlich möglicher Überschneidungen geprüft, denn nur bei einer hohen Zielgruppenaffinität mit entsprechend geringen Streuverlusten wird sich ein Unternehmen für ein angebotenes oder nachgefragtes Sponsorship interessieren.

Zur **Beschreibung der Zielgruppen** des Sponsoring lassen sich – wie bei den anderen Kommunikationsinstrumenten auch – demografische, sozioökonomische, psychografische und verhaltensbezogene Kriterien heranziehen. Für die Zielgruppen des Sponsoring sind als Be-

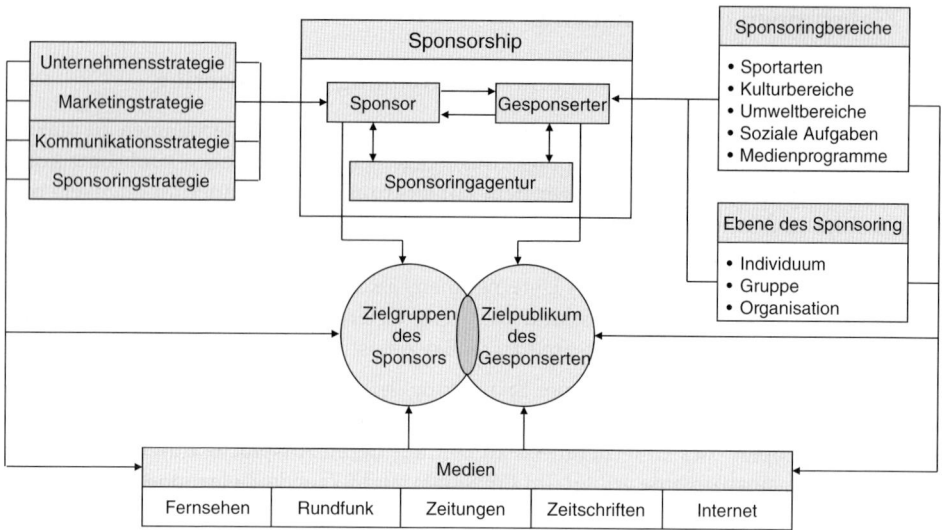

Schaubild III-F-13: Zielgruppenplanung im Sponsoring

schreibungsmerkmale vor allem diejenigen Kriterien zu ermitteln, die auf die Affinität der einzelnen Personengruppen hinsichtlich bestimmter Sponsoringbereiche schließen lassen.

Bei den **demografischen** und **sozioökonomischen Kriterien** ist beispielsweise zu prüfen, ob und inwieweit aufgrund von Geschlecht, Alter, Einkommen, Familienlebenszyklus, geografischer Merkmale usw. Rückschlüsse auf das Freizeitverhalten oder die Interessen der Zielgruppen zu ziehen sind. So lässt sich beispielsweise aus Untersuchungen der *UFA* entnehmen, dass speziell männliche Personen zwischen 30 und 49 Jahren, die über eine höhere Schulbildung verfügen und ein mittleres Einkommen beziehen, an Radsport interessiert sind (*UFA* 1998, S. 44). Auskünfte dieser Art lassen sich für eine Vielzahl von Sportarten einholen. Jedoch weisen Gruppen, die nach demografischen und sozioökonomischen Merkmalen gebildet werden, häufig extreme Unterschiede in Bezug auf Wertvorstellungen, Interessen oder Verhalten auf, so dass sie für die Planung des Sponsoring nur bedingt geeignet sind.

Von zentraler Bedeutung sind indessen **psychografische Kriterien** der Zielgruppen, wie z. B. Motive, Interessen, Einstellungen oder Lifestyle-Merkmale. Im Sportsponsoring ist beispielsweise das Interesse der Zielgruppen an unterschiedlichen Sportarten und -events von besonderer Bedeutung, im Sozio- und Umweltsponsoring sind es indessen eher die Wertvorstellungen der Zielgruppen hinsichtlich sozialem Verhalten oder Umweltbewusstsein, die für die Zielgruppenbeschreibung wertvoll sind.

Kriterien des **beobachtbaren Verhaltens** beziehen sich schließlich auf das aktive und passive Verhalten der Rezipienten bezüglich eines Sponsoringbereiches. Im Sport geht es hierbei unter anderem um die Fragestellung, welche Sportarten von den Zielgruppen aktiv betrieben werden oder welche Sportveranstaltungen besucht bzw. welche Events im Fernsehen verfolgt werden. Ähnlich erfolgt die Zielgruppenbeschreibung im Kultur-, Sozio- und Umweltsponsoring. Als mögliche Informationsquellen kommen beispielsweise Untersuchungen über das Freizeitverhalten der Bevölkerung in Betracht oder Statistiken über Vereinszugehörigkeiten. Für das Mediensponsoring spielt das Mediennutzungsverhalten die zentrale Rolle. Hier sind insbesondere die präferierten Kanäle und Sendungen sowie die Mediennutzungszeiten für die Sponsoren von Interesse.

4.3.2 Zielgruppenauswahl im Sponsoring

Nach der Identifizierung und Beschreibung möglicher Zielgruppen erfolgt die **Zielgruppen-auswahl**. Die Notwendigkeit einer Priorisierung und Eingrenzung der mit unterschiedlichen Sponsoringmaßnahmen zu bearbeitenden Zielgruppen ergibt sich für Unternehmen zwangs-läufig aufgrund interner Restriktionen hinsichtlich finanzieller und personeller Ressourcen. Bestünden keinerlei Restriktionen, so bearbeitet ein Unternehmen theoretisch sämtliche Ziel-gruppen mit höchster Intensität und strebt auf diese Weise eine Maximierung des Nutzens seiner Sponsoringaktivitäten an. In der Realität ist jedoch eine Priorisierung der Zielgrup-pen vorzunehmen, die sich sowohl damit auseinandersetzt, welche Zielgruppen mit welchen Maßnahmen zu bearbeiten sind, als auch in welchem Umfang die Maßnahmen bei einzelnen Zielgruppen einzusetzen sind. Beispielsweise wird es aus Kosten-Nutzen-Aspekten nicht ef-fizient sein, sämtliche an Sport interessierten Kunden des Unternehmens zu einem exklusi-ven Hospitality-Anlass im Rahmen eines Sportevents einzuladen. Ebenso wenig ist davon auszugehen, dass besonders bedeutende Kunden durch Anzeigenwerbung zu erreichen sind, in denen Sponsoringaktivitäten thematisiert werden. Um zu vermeiden, dass die Auswahl der zu bearbeitenden Zielgruppen willkürlich erfolgt – oder durch persönliche Beziehungen der Verantwortlichen beeinflusst wird – empfiehlt sich die Aufstellung eines Kataloges, der zentrale **Kriterien der Zielgruppenauswahl** definiert. Folgende ökonomische und außeröko-nomische Kriterien bieten sich in diesem Kontext an:

- **Sponsoringzielbezogener Nutzen der Zielgruppen:** Der sponsoringzielbezogene Nutzen spiegelt den Grad der Realisierung der Sponsoringziele bei den diversen Zielgruppen wi-der. Verfolgt ein Unternehmen mit seinen Sponsoringaktivitäten beispielsweise die Erhö-hung seines Bekanntheitsgrades in der Bevölkerung, so ist eine andere Zielgruppenprio-risierung vorzunehmen als im Fall eine Beziehungspflegestrategie. Zielt das Sponsoring primär auf die unternehmensinterne Förderung der Motivation und Identifikation der Mitarbeiter, so sind wiederum andere Zielgruppen von Interesse.

- **Kommunikationsbedürfnisse der Zielgruppen:** Im Sinne einer beziehungsorientierten Aus-richtung der Kommunikationspolitik erfordert die Priorisierung der Zielgruppen eine Be-rücksichtigung der zielgruppenspezifischen Kommunikationsbedürfnisse. Von Interesse ist beispielsweise, ob die potenziellen Sponsoringzielgruppen einen persönlichen Dialog mit Mitarbeitenden der Unternehmens wünschen, ob sie sich über das Internet über die Sponsoringaktivitäten informieren oder aber die Sponsoringengagements in erster Linie passiv durch die Wahrnehmung von Mediawerbung erleben. Entsprechend dieser Bedürf-nisse bieten sich unterschiedliche Maßnahmen für die Erreichung der Zielgruppen an.

- **Integrativer Nutzen der Zielgruppen:** Der integrative Nutzen ergibt sich aus dem Affinitäts-grad der Zielgruppenplanung. Dieser gibt an, inwieweit die Zielgruppen des Sponsoring (z.B. die Zielgruppe eines Fußballspiels) gleichzeitig Zielgruppen des Unternehmens dar-stellen. Um die Streuverluste der Aktivitäten im Sponsoring zu minimieren, ist ein mög-lichst hoher Affinitätsgrad anzustreben.

- **Relative Umsatzbedeutung der Zielgruppen:** Aus der relativen Umsatzbedeutung geht her-vor, wie wichtig eine Zielgruppe im Vergleich zu anderen Zielgruppen für den Umsatz des Unternehmens ist. Je mehr Bedeutung der Zielgruppe in diesem Sinne zukommt, desto „lohnenswerter" ist der Einsatz aufwändiger Sponsoringmaßnahmen (z.B. VIP-Anlässe), währenddessen sich für unbedeutende Zielgruppen primär Sponsoringmaßnahmen an-bieten, die mit weniger Aufwand verbunden sind (z.B. Informationen auf der Homepage).

- **Kundenwert:** Im Kontext des Beziehungsmarketing kommt dem Kundenwert zur Bewertung von Kunden(beziehungen) eine wesentliche Bedeutung zu. Hierbei handelt es sich um den bewerteten Beitrag eines Kunden zur Erreichung der monetären und nicht-monetären Ziele des Anbieters (*Helm/Günter* 2006, S. 7). Da beziehungsorientierte Ziele auch im Rahmen der Sponsoringaktivitäten eine zentrale Rolle einnehmen, bietet sich der Kundenwert für ein Priorisieren der Sponsoringzielgruppen an.

- **Kosten für die Bearbeitung der Zielgruppen:** Die mit dem Sponsoringeinsatz verbundenen Kosten sind weitgehend abhängig von den jeweiligen Maßnahmen bzw. davon, welche Zielgruppen mit diesen Maßnahmen anvisiert werden. So erfordert beispielsweise sowohl eine exklusive Hospitality-Maßnahme als auch die Schaltung von TV-Spots ein relativ hohes Budget, das Zielpublikum der Mediawerbung ist jedoch sehr viel breiter als die Gäste eines VIP-Anlasses, so dass die personenspezifischen Kosten zu relativieren sind. Ein anderes Beispiel bietet die Schaltung von Printanzeigen in unterschiedlichen Zeitschriften-Genres. Je breiter das Spektrum der Zeitschriften gewählt wird, desto mehr Zielgruppen lassen sich mit den Anzeigen erreichen. Gleichfalls erhöhen sich damit aber auch die Kosten der Zielgruppenbearbeitung, die umso geringer sind, je spezifischer die Medienauswahl erfolgt.

Die endgültige Auswahl der Zielgruppen bzw. der Priorisierung von Zielgruppen und Maßnahmen wird sich letztlich an einem Mix der hier vorgestellten Kriterien zu orientieren haben. Eine Herausforderung stellt dabei oftmals die Zusammentragung der notwendigen Informationen dar. Während die Erhebung der Kosten des Sponsoring vergleichsweise einfach erfolgt, ist die Bestimmung des Nutzens mit Problemen behaftet. Zum einen ist der Nutzen der einzelnen Sponsoringmaßnahmen nicht in gleicher Weise zu skalieren wie die entstandenen Kosten. Zum anderen sind umfassende Kenntnisse über die Wirkungen des Sponsoring notwendig, die in der Realität nur schwer zu eruieren sind. Aus diesem Grund sind Indikatoren für die Höhe der Wirkungen bei den Zielgruppen, wie z. B. die Reaktionen der Zielgruppen auf bisherige Sponsoringaktivitäten, zu suchen. Zur Ermittlung der Kommunikationsbedürfnisse der Zielgruppen sind kontinuierliche Zielgruppenbeobachtungen sowie zielgerichtete Zielgruppenbefragungen durchzuführen.

5 Strategie des Sponsoring

5.1 Elemente einer Strategie des Sponsoring

Für den strategischen Einsatz des Sponsoring ist es von zentraler Bedeutung, dass die Unternehmen einen systematischen Planungsprozess zugrunde legen, der sowohl analytische als auch kreative Komponenten enthält, um den spezifischen kommunikativen Gegebenheiten eines Produktes oder einer Dienstleistung gerecht zu werden.

> Eine **Sponsoringstrategie** ist die bewusste und verbindliche Festlegung der Schwerpunkte in den Sponsoringaktivitäten eines Unternehmens auf einen längeren Zeitraum hin, um die angestrebten Sponsoringziele zu erreichen.

Die Entscheidung für oder gegen ein Sponsoringengagement ist die erste **strategische Grundsatzentscheidung** des Unternehmens. Dabei ist zu prüfen, inwiefern das Kommunikationsinstrument Sponsoring in die Unternehmens-, Produkt- oder Markenstrategie eingebunden wird und ob es sich mit dem Image des Unternehmens und der Produkte, aber ebenso mit der Unternehmenskultur vereinbaren lässt. Ausgangspunkte für die strategische Grundsatzentscheidung sind demnach die Markenidentität und die Inhalte, die im Zusammenhang mit den daraus abgeleiteten Konzepten stehen. Erst aufgrund dieser konzeptionellen Vorüberlegungen werden die produkt- und markenindividuellen Begründungen für ein Sponsoringengagement gegeben.

Die **inhaltliche Bestimmung der Sponsoringstrategie** setzt die verschiedenen Rahmenbedingungen für die Auswahl der Sponsorships fest, wobei eine Orientierung an sieben Elementen erfolgt, wie sie in Schaubild III-F-14 abgebildet sind und nachfolgenden kurz erläutert werden.

(1) **Sponsoringsubjekt:** In einem ersten Schritt erfolgt die Festlegung des als Sponsor in die Öffentlichkeit tretenden Bezugssubjektes. Das Sponsoringsubjekt tritt entweder in Form eines Gesamtunternehmens, einer Produktlinie oder einzelner Produktmarken bzw. Dienstleistungsprogramme in den kommunikativen Mittelpunkt eines Sponsoringengagements.

(2) **Sponsoringzielgruppen:** In einem weiteren Schritt werden die anzusprechenden Zielgruppen des Unternehmens bestimmt (z. B. kunstinteressierte Männer im Alter zwischen 30 und 50 Jahren, Meinungsführer, Händler). Grundsätzlich kommen sämtliche Zielgruppen der Unternehmens- und Marketingkommunikation in Frage, d. h. sowohl externe Zielgruppen wie Kunden, Lieferanten und Investoren als auch Mitarbeitende als interne Zielgruppe.

(3) **Sponsoringbotschaft:** Anschließend wird die zu kommunizierende Botschaft festgelegt. Beispielsweise in Form eines Namens, Logos, Slogans oder Emblems. Bei der Festlegung der Sponsoringbotschaft ist zu beachten, dass Botschaftsinhalt und Botschaftsgestaltung unternehmensspezifischen Beschränkungen unterworfen sind.

(4) **Gesponserter:** Die Bestimmung des Gesponserten erfolgt in sachlicher, personeller und zeitlicher Sicht (z. B. Sponsoring einer Kunstausstellung von Jean Tinguely für ein Jahr).

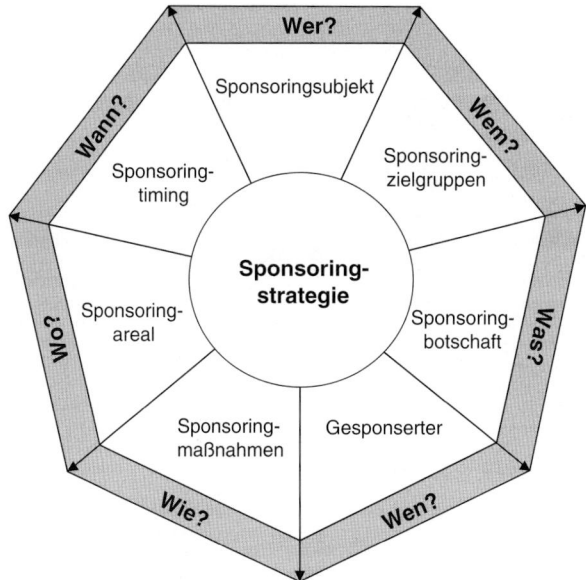

Schaubild III-F-14: Elemente einer Sponsoringstrategie

(5) Sponsoringmaßnahmen: Letztendlich werden die verschiedenen Instrumente in Form von Werbeträgern und Werbemitteln des Sponsoringengagements festgelegt (z. B. persönliche Einladungen in die VIP-Lounge, Verteilung von Produktproben).

(6) Sponsoringareal: Mit der Entscheidung über das Sponsoringareal legt ein Unternehmen fest, ob es seine Sponsoringaktivitäten primär lokal, regional, national oder sogar international ausrichtet.

IMPULSE Rosi Mittermaier-Neureuther und DOG-Präsident Hans-Joachim Klein beim Auftakt-Event von „Kinder bewegen" (l.). Stefan Holzner siegte Mitte Juli beim Opel Ironman Germany (r.).

Immer auf Augenhöhe

MIT SOZIALEM EINSATZ UND REGIONALEM SPORT WILL OPEL BEI OTTO NORMALVERBRAUCHER PUNKTEN.

Unser Ziel ist es nicht, als Marke bekannt zu werden, denn das sind wir." Klaudia Martini, PR-Vorstand bei Opel, umreißt ihr frisch erarbeitetes Sponsoring-Konzept: „Wir wollen Inhalte transportieren, die zu unserem neuen Markenauftritt mit dem Claim ‚Frisches Denken für bessere Autos' passen und die Marke erlebbar machen."

Seit Opel im Juni 2002 nach 13 Jahren die Zusammenarbeit mit dem FC Bayern München aufkündigte, war unklar, welche Akzente die Rüsselsheimer im Sponsoring setzen würden. Eine „Partnerschaft, bei der wir unserer Klientel auf Augenhöhe begegnen können", hatte Vorstandschef Carl-Peter Forster im *w&v*-Interview angekündigt (*w&v* 40/02).

Nun steht die Richtung fest: Forster und Martini wollen neben verschiedenen Sportarten verstärkt soziale Projekte unterstützen. Alle Aktivitäten sind unter der Dachmarke „Impulse von Opel" zusammengeführt. „Der Begriff Nachhaltigkeit bildet die Klammer für unsere Sponsoring-Strategie – nämlich die Umsetzung innovativer Ideen auf der sozialen, wirtschaftlichen und ökologischen Ebene", erklärt Martini. „Wir wollen so die durchgängige soziale Akzeptanz der Marke fördern."

Künftig engagiert sich die GM-Tochter vor allem im Triathlon und Basketball. Seit diesem Jahr sind die Rüsselsheimer Sponsor des Opel Ironman Germany Triathlon und des Basketball-Bundesligisten Opel Skyliners, beide Frankfurt/Main. Martini: „Gerade Triathlon ist eine

Sportart, die für Leistungsbereitschaft, hohe Flexibilität und Ausdauer steht. Das sind Begriffe, die gut zu den Werten von Opel passen" – und zu dem Turnaround-Programm „Olympia", das Opel „auch als eine Art Marathon" versteht.

Ein weiterer Vorteil: Triathlon wie Basketball seien ohne großen planerischen Aufwand und kostspielige Ausrüstung realisierbar. Deshalb

EXPERTIN *PR-Vorstand Klaudia Martini koordiniert alle Sponsoring-Projekte der Rüsselsheimer GM-Tochter.*

KRITIKER *Automobilexperte Ferdinand Dudenhöffer ist das neue Opel-Konzept zu kleinteilig.*

können Händler problemlos Veranstaltungen vor Ort unterstützen oder selbst organisieren.

Als zweite Säule dient das Sozio-Sponsoring. „Kinder bewegen" heißt ein Projekt, das Opel gemeinsam mit der Deutschen Olympischen Gesellschaft (DOG) ins Leben gerufen hat. Ziel der Aktion, für die 25 Kindergärten ausgewählt wurden, ist, Kindern Spaß an der Bewegung zu ver-

mitteln. Schirmherrin dieser Aktion ist Rosi Mittermaier-Neureuther.

Erstmalig beteiligt sich der Autobauer auch am Innovationspreis der Deutschen Wirtschaft, der alljährlich vom Rhein-Main Wirtschaftsclub vergeben wird. Opel ist Stifter des Awards für mittelständische Unternehmen. „Ohne Innovationen", gibt sich Martini überzeugt, „kann sich eine Gesellschaft nicht entwickeln. Hier ergibt sich eine prima Verbindung zur technischen Kompetenz der Marke Opel."

Umweltschutz ist gut fürs Image

Aber reichen die Einzelmaßnahmen wirklich aus für einen nachhaltigen Image-Turnaround? Ferdinand Dudenhöffer, Direktor des Center of Automotive Research an der FH Gelsenkirchen, ist skeptisch. Er kann der Sponsoring-Strategie wenig abgewinnen: „Statt sich mit vielen kleinen Engagements zu verzetteln, sollte Opel klar das Thema Innovationsführerschaft besetzen."

Dazu wäre der neue Dieselpartikelfilter perfekt geeignet. Zumal man 1985 mit dem ersten serienreifen Drei-Wege-Katalysator bereits Maßstäbe im Umweltschutz gesetzt habe. „Wenn Opel zur IAA jeden Diesel mit dem neuen Filter ausliefern würde, hätte das einen hervorragenden Image-Effekt", so der Auto-Experte.

Als ehemalige Umweltministerin von Rheinland-Pfalz wäre Klaudia Martini zudem die perfekte Repräsentantin. Dudenhöffer: „Mit Sponsoring lässt sich ein solcher Image-Effekt niemals erzielen." ▪ *Markus Elsen*

Insert III-F-10: Sponsoringstrategie von Opel (Elsen 2003)

(7) Sponsoringtiming: Hierbei ist über die zeitliche Allokation der Sponsoringaktivität zu entscheiden. Das Sponsoringtiming, d. h. die Festlegung des Zeitrahmens sowie der Intensität des Einsatzes der einzelnen Maßnahmen, ist eng verbunden mit dem Botschaftsinhalt. Beispielsweise erfordert eine umfassende Imagekampagne eine andere zeitliche Gestaltung als die Maßnahmen zur Einführung eines neuen Produktes.

> **Beispiel: Neue Sponsoringstrategie von *Opel***
> Der Automobilhersteller *Opel* verabschiedete im Verlauf des Jahres 2003 eine neue Sponsoringstrategie. Nach 13 Jahren kündigte *Opel* im Jahre 2002 die Partnerschaft mit dem *FC Bayern München* und setzt seine Akzente neuerdings neben verschiedenen Sportarten verstärkt im Soziosponsoring. Einzelheiten und Motive der neuen Ausrichtung im Sponsoring gehen aus Insert III-F-10 hervor.

5.2 Strategietypen im Sponsoring

Um die angestrebten Sponsoringziele zu erreichen, sind als weitere Entscheidungen die Abstimmung mit der gesamten Kommunikationsstrategie des Unternehmens und die inhaltliche Bestimmung der Sponsoringstrategie notwendig. Bei der **Abstimmung mit der Kommunikationsstrategie** ist in erster Linie festzulegen, welche zentralen kommunikativen Aufgabenstellungen das Unternehmen zu lösen hat, wobei verschiedene Möglichkeiten und unterschiedliche Kommunikationsstrategien in Frage kommen:

- Eine **Bekanntmachungsstrategie** stellt auf die generelle Bekanntheit und Akzeptanz von Produkten bzw. Marken bei Konsumenten und Händlern ab; dementsprechend beinhaltet diese Strategie eine Konzentration auf die reine Penetration des Unternehmens- bzw. Markennamens. Dies bezieht sich beispielsweise auf die Aktualisierung einer Marke, die durch den kombinierten Einsatz mehrerer Kommunikationsinstrumente unter Einschluss von Sponsoringaktivitäten zu erreichen ist.

- Eine **Profilierungsstrategie** zielt auf bestimmte Imagedimensionen einer Marke oder des Unternehmens ab, die mit Hilfe der gesponserten Förderbereiche realisiert oder im Bewusstsein der Zielgruppen gefestigt werden.

- Eine **Segmenterschließungsstrategie** konzentriert sich auf bestimmte Zielgruppen, beispielsweise Jugendliche, deren Erschließung für ein Produkt bzw. eine Marke zusätzlich angestrebt wird.

5.3 Leitlinien einer Sponsoringphilosophie

Im Idealfall basiert die Sponsoringstrategie auf einer schriftlich formulierten und verbindlichen Sponsoringphilosophie. Zu den zentralen **Bausteinen einer Sponsoringphilosophie**, durch die eine Sponsoringentscheidung unternehmensextern und -intern kommuniziert wird, zählen folgende Aspekte:

- Festlegung der Sponsoringbereiche mit Begründung für die Auswahl (beispielsweise Produkt- oder Imageaffinitäten),

- Entscheidung für bzw. gegen bestimmte Sponsoringformen (Einzelpersonen, private Initiativen, Einzelveranstaltungen),

- Festlegung des Niveaus der Förderung (beispielsweise Spitzensport, Breitensport, Nachwuchsförderung),

- Bedingungen für eine Präsenz der Medien bei der Berichterstattung über die Sponsorships,

- Stellung des Unternehmens im Vergleich zu anderen Sponsoren (exklusives versus kooperatives Sponsorship),

- Bedingungen für den Einsatz von Werbemitteln (Trikot- und Bandenwerbung, VIP-Einladungen),

- Allgemeine Bedingungen, wie beispielsweise Laufzeit der Verträge, Nutzung im eigenen Unternehmen, geographische Einzugsgebiete und interne Zuständigkeiten.

> **Beispiel: Sponsoringleitlinien von *Atel***
> Die Leitlinien des Schweizer Energieunternehmens *Atel* für die Auswahl von Sponsorships lauten folgendermaßen (in Anlehnung an *Atel* 2003):

- *Atel* engagiert sich je nach Zielgruppe regional, national oder international und arbeitet dazu mit in- und ausländischen Sponsoringnehmern zusammen.

- Angestrebt werden Partnerschaften als Exklusivsponsor oder Sponsorships mit Exklusivitätsklausel für den Bereich Energie.

- *Atel* setzt in den einzelnen Disziplinen Schwerpunkte und vermeidet mehrere Sponsoringengagements in der gleichen oder in eng verwandten Sparten.

- *Atel* hält die Zahl der Engagements gering, um genügend Raum für die begleitenden Maßnahmen in Kommunikation und Marketing zu haben.

- Das Gießkannenprinzip gehört der Vergangenheit an.

- Das reine Logosponsoring wird nur noch in Ausnahmefällen praktiziert.

- *Atel* fördert die Beteiligung der Mitarbeiterinnen und Mitarbeiter der *Atel* an den Sponsorships.

- Sponsoringprojekte, die ein hohes internes Kommunikationspotenzial aufweisen oder die auf Initiative der Mitarbeitenden entstanden sind, werden verstärkt unterstützt.

6 Ökonomische Entscheidungen des Sponsoring

6.1 Kosten des Sponsoring

Die Entscheidung für ein Sponsoringengagement ist nicht nur in Abhängigkeit von den verfolgten Sponsoringzielen und strategischen Überlegungen, sondern insbesondere auch unter Berücksichtigung ökonomischer Überlegungen und Kalküle zu treffen. Dazu sind zunächst die Gesamtkosten des Sponsoringengagements zu kalkulieren, bevor das zur Verfügung stehende Sponsoringbudget aufzustellen und zu verteilen ist.

Die **Kosten** bzw. **Preise für fremdinitiierte Sponsoringmaßnahmen** variieren in Abhängigkeit vom Sponsoringbereich, der jeweiligen Sponsoringaktivität sowie der Bedeutung bzw. dem „Marktwert" der zu sponsernden Person, Personengruppe oder Institution. Außerdem spielen Faktoren, wie beispielsweise das Leistungsniveau, die Gegenleistungen des Gesponserten, die Bedeutung der Veranstaltung, die Medienwirkung sowie die Inanspruchnahme verschiedener Werbemöglichkeiten bei der Kostenkalkulation eine Rolle.

Grundsätzlich lassen sind folgende sechs **Kostenbestandteile des Sponsoringbudgets** unterscheiden:

(1) Die **Sponsoringbeträge** im engeren Sinn beinhalten jene Geldbeträge, Sachzuwendungen oder Gegenleistungen, die der Gesponserte direkt für seine Leistungen erhält.

(2) Bei dem **Aktionsbudget** im Unternehmen handelt es sich um die finanziellen Mittel zur Gestaltung sämtlicher Sponsoringmaßnahmen, wie beispielsweise Banden, Stände oder Verkaufsförderungsaktionen.

(3) Die **Personalkosten** des Sponsoring sind Aufwendungen für diejenigen internen oder externen Mitarbeitenden, die an der Planung und Durchführung der Sponsorships im Rahmen einer Voll- oder Teilzeitbeschäftigung beteiligt sind.

(4) Zusätzlich sind mögliche **Folgekosten** für weitere kommunikative Maßnahmen, beispielsweise im Rahmen der Public Relations, der Verkaufsförderung oder der Mitarbeiterkommunikation, zu kalkulieren.

(5) Ebenfalls sind bestimmte **Kontroll- und Nachbereitungskosten** für die Sponsorships zu berücksichtigen, um zum einen die Wirkungen und Ergebnisse der einzelnen Sponsorships bei den Zielgruppen zu erfassen und zu messen. Zum anderen fallen möglicherweise Aufwendungen für die Nachbereitung der Sponsorships an. Für die Erfolgskontrolle empfiehlt es sich, rund 2 Prozent des Budgets regelmäßig bereit zu stellen (*Reischauer* 1997, S. 61).

(6) Letztlich sind, je nach den Leistungen bei der Beratung, Vermittlung, Durchführung oder Kontrolle der Sponsoringaktivitäten, die **Provisionen** bzw. **Honorare** für Sponsoringagenturen, Vermittler oder Berater zu bestimmen. Die Provisionssätze liegen – je nach Leistung – bei zirka 15 bis 20 Prozent vom Sponsoringbudget.

Für die Höhe der einzelnen Kostenbestandteile werden allerdings nur allgemeine Angaben gemacht. So variieren beispielsweise im **Sportsponsoring** die Preise für fremdinitiierte Maßnahmen stark in Abhängigkeit der Sportart sowie der Bedeutung des Sportlers oder des Sportereignisses. Gerade in den Sportarten Fußball, Motorsport, Golf und Tennis sowie bei national und international bedeutenden Sportveranstaltungen kam es in den letzten Jahren zu erheblichen Preissteigerungen. Unternehmen, die planen sich als Sponsoren zu engagieren, benötigen bereits auf lokaler Ebene ein jährliches Sponsoringbudget in Höhe von mindestens 400.000 EUR. Für nationale und internationale Engagements sind Budgets in Höhe von 0,5 bzw. 2,5 Mio. EUR notwendig. Diese Angaben sind jedoch mit Vorsicht zu interpretieren und stellen nur ungefähre Richtwerte dar, da die Kosten stets in Abhängigkeit einer Vielzahl von Faktoren, wie der Bedeutung der Veranstaltung, der Medienwirkung sowie der Inanspruchnahme verschiedener Werbemöglichkeiten zu kalkulieren sind. Noch weniger als im Sportsponsoring existiert im **Kultur-, Sozio- und Umweltsponsoring** ein ausgeprägter „Markt", in dem sich feste Preise für Sponsorships eingestellt haben. Es finden sich in diesen Bereichen kaum spezielle Preislisten für Sponsoren. Vielmehr dominiert eine eigenständige Kalkulation von Kostenbestandteilen von Seiten der Unternehmen und Gesponserten, die dann die Grundlage für die Festsetzung der Sponsorenbeiträge darstellen. Auch im **Programmsponsoring** lassen sich keine pauschalen Preise nennen. Die Preisstruktur bestimmt sich hier vor allem in Abhängigkeit der gesponserten Programme, der Sendezeiten sowie des Programmumfeldes. Darüber hinaus werden oftmals spezielle Werbepakete für Unternehmen individuell zusammengestellt, die klassische Werbespots, Sonderwerbeformen und Programmsponsoring miteinander verbinden.

Für die Zukunft wird bei Sponsorships davon ausgegangen, dass der Anteil der Aufwendungen, die direkt an den Gesponserten fließen, zurückgehen wird, während der Anteil, den Unternehmen in die Kommunikation ihrer Sponsoringmaßnahmen investieren, zunimmt. In den Jahren 1999 und 2001 flossen laut Unternehmensbefragungen 65 bis 75 Prozent der Aufwendungen direkt an den Gesponserten, während der Rest in die Umsetzung investiert wurde (*ESB (Europäische Sponsoring Börse)/Gfs-Forschungsinstitut* 2002). Eine im Jahre 2001 durchgeführte Befragung weist einen „**Vernetzungsfaktor**" von durchschnittlich 0,70 EUR auf, um das Sponsorship zu kommunizieren (*Pilot Checkpoint* 2008, S. 58). Neben der kommunikativen Vermarktung entstehen die zusätzlichen Kosten vor allem durch Personalkosten.

6.2 Budgetierung des Sponsoring

Ähnlich wie bei der Werbebudgetierung ist es im Sponsoring notwendig, sämtliche mit den Maßnahmen verbundenen Aufwendungen einer Planungsperiode zu quantifizieren. Mit der Sponsoringbudgetierung ist zum einen die Entscheidung über die **Höhe des Sponsoringbudgets** zu treffen, zum anderen ist die Aufteilung bzw. **Allokation des Sponsoringbudgets** in sachlicher und zeitlicher Hinsicht vorzunehmen.

Generell lassen sich die Methoden zur **Ermittlung der Budgethöhe** in analytische und heuristische Verfahren differenzieren (*Bruhn* 2010c, S. 191 ff.).

Analytische Verfahren sind auf Basis der Ermittlung von Werberaktionsfunktionen und Optimierungsansätzen grundsätzlich in der Lage, präzise Informationen für die Kalkulation des Kommunikationsbudgets zu liefern. Sie wurden speziell für die Mediawerbung entwickelt (vgl. hierzu Abschnitt III-B-6.2.2), sind jedoch mit einem umfangreichen Informations- sowie Planungsaufwand und somit auch erheblichen Kosten verbunden, so dass sie in der Praxis nur selten zum Einsatz kommen. Speziell für die Budgetierung des Sponsoring kommt erschwerend hinzu, dass die in diesen Verfahren zentrale Variable Absatzmenge nur eine geringe Reagibilität zum Einsatz des Sponsoring aufweist, so dass sich keine aussagefähigen Erfolgsfunktionen modellieren lassen (vgl. hierzu die Ausführungen zum Event Marketing bei *Nufer* 2006, S. 73).

Für die Ermittlung der Budgethöhe des Sponsoring werden aus diesem Grund vor allem **heuristische Verfahren** herangezogen, die zumeist auf den subjektiven Erfahrungen und dem Gespür der Sponsoringverantwortlichen beruhen. Allerdings ist ein Großteil der in der Praxis üblichen Heuristiken, z. B. Prozentsatz vom Umsatz, Ausrichtung an Absatzmengen, Wettbewerbs-Paritäts-Methode (*Tietz/Zentes* 1980, S. 288 ff.; *Rogge* 2004, S. 142; *Kotler/Bliemel* 2007, S. 913 ff.; *Bruhn* 2010c, S. 191 ff.) aus betriebswirtschaftlicher Sicht zur Bestimmung des Budgets wenig geeignet, da eine Ursache-Wirkungs-Beziehung zwischen den Sponsoringaktivitäten und den verfolgten Zielen nicht berücksichtigt wird.

Die **Ziel-Maßnahmen-Methode** entspricht noch am ehesten den theoretischen Anforderungen an ein sachlogisch begründetes Entscheidungsverfahren. Auf Basis der gesetzten Sponsoringziele wird bei diesem Verfahren kalkuliert, welche Sponsoringaktivitäten zur Zielerreichung durchzuführen sind und welche Kosten dadurch verursacht werden. Neben den schon angesprochenen Schwierigkeiten bei der Kostenbestimmung besteht allerdings ein zentrales Problem dieses Verfahrens darin, genügend Informationen über die Wirkung der zur Zielerreichung einsetzbaren Sponsorships zusammenzutragen (*Bruhn* 2010c, S. 195).

Nach der Bestimmung der Höhe des Gesamtbudgets ist nach sachlichen sowie zeitlichen Kriterien zu entscheiden, welcher Teil des Budgets wann für die einzelnen Sponsorships aufgewendet wird. Das Problem der **zeitlichen Budgetallokation** ist eng mit der festgelegten Sponsoringstrategie verbunden, da die Entscheidung über das Sponsoringtiming bereits die zeitliche Verteilung des Budgets determiniert. Die **sachliche Budgetallokation** ist vornehmlich unter ökonomischen Gesichtspunkten aufgrund einer Kosten-Nutzen-Analyse vorzunehmen, d. h. Sponsorships, die einen überproportionalen Beitrag zur Zielerreichung liefern, sind überproportional zu budgetieren (*Schweiger/Schrattenecker* 2009, S. 166).

Im Rahmen der Budgetierung ist ebenfalls die Frage zu klären, aus welchen Unternehmensbudgets die Sponsorships bestritten werden. Häufig existieren im Unternehmen in Bezug auf die finanziellen Mittel keine klaren Zuständigkeiten, d. h., es werden teilweise Spendenbudgets, Budgets für die Public Relations, Werbe- bzw. Kommunikationsbudgets oder bestimmte Sozial- oder Umweltfonds beansprucht, wie die Ergebnisse einer Unternehmensbefragung zeigen (*Bruhn/Pristaff* 1993, S. 15 ff.).

7 Maßnahmenplanung im Sponsoring

7.1 Auswahl von Sponsorships

Die Auswahl von Sponsorships ist grundsätzlich als **Stufenprozess** zu interpretieren, der auf zwei Ebenen stattfindet:

(1) Auf der ersten Ebene findet eine **Grobauswahl** hinsichtlich der für das Unternehmen geeigneten Förderbereiche statt, d. h. Sport, Kultur, Soziales, Umwelt und/oder Medien. Darüber hinaus werden einzelne Sportarten, Kultursparten bzw. entsprechende Bereiche für Sozio- und Umweltsponsoring oder Programme in Medien präzisiert.

(2) Die zweite Strategieebene beschäftigt sich mit der **Feinauswahl**, d. h. der Analyse und Bewertung verschiedener Alternativen im Rahmen der festgelegten Sponsoringbereiche. Hierzu bedarf es geeigneter Entscheidungskriterien zur Auswahl von Sponsoringarten und einzelner Sponsorships, um beispielsweise die Form der Förderung im jeweiligen Bereich festzulegen, d. h. das Sponsoring von Einzelpersonen, Gruppen, Institutionen, Projekten oder Veranstaltungen.

7.1.1 Grobauswahl von Förderbereichen

Für die strategische Unternehmens- bzw. Markenführung ist es notwendig, die „richtigen" Förderbereiche zu identifizieren, d. h. nach denjenigen thematischen Zusammenhängen zu suchen, die zwischen dem Unternehmen, respektive der Marke, und den Förderbereichen liegen. Dies gilt in erster Linie für die oben skizzierte **Grobauswahl von Förderbereichen**. Dieses Beziehungsmuster – bzw. das so genannte „Fit" – ist durch verschiedene **Verbindungslinien** („Links") zwischen Sponsor und Gesponserten bestimmt. Nach dem **Affinitätenkonzept** (*Waite* 1979; *Erdtmann* 1989) sind folgende, in Schaubild III-F-15 dargestellte, Verbindungslinien denkbar:

- Produktaffinität,
- Zielgruppenaffinität,
- Imageaffinität,

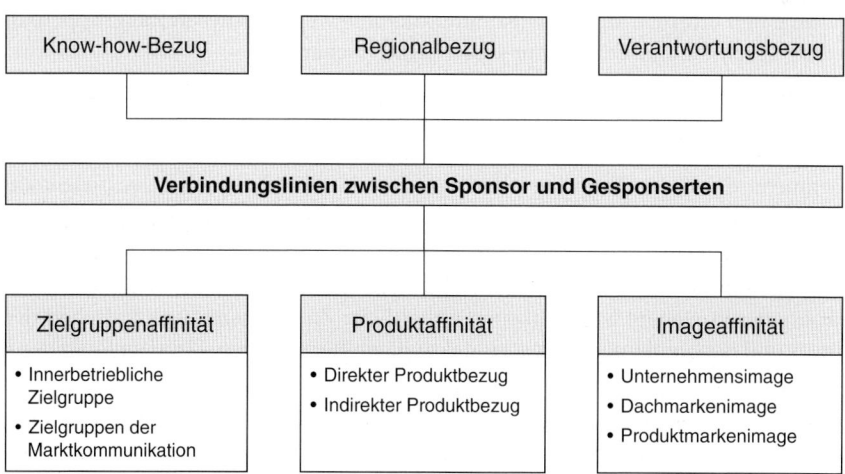

Schaubild III-F-15: Affinitätenkonzept des Sponsoring

- Know-how-Bezug,
- Regionalbezug,
- Verantwortungsbezug.

Bei der **Produktaffinität** stehen das Produkt oder die Leistungen des Sponsors in einer gewissen Beziehung zum Gesponserten. Im Bereich Sport ist ein solcher unmittelbarer Zusammenhang beispielsweise durch die Verwendung eines Produktes durch den Gesponserten gegeben. Im Kultursponsoring besteht beispielsweise eine Produktaffinität, wenn sich ein Kreditkartenunternehmen für die Erhaltung von Sehenswürdigkeiten und Denkmälern einsetzt sowie den Tourismus fördert, da Kreditkarten weltweit auf Reisen benutzt werden. Beim Umweltsponsoring besteht die Verbindungslinie durch den inhaltlichen Zusammenhang zwischen einer ökologischen Problemstellung und dem vom Unternehmen angebotenen Produkt. Es ergeben sich folgende zwei Formen der Produktaffinität im Umweltsponsoring (*Bruhn* 2010c, S.259): Bei der **direkten, aktiven Produktaffinität** bestehen Zusammenhänge durch das angebotene Produkt selbst bzw. durch dessen Herstellung oder Entsorgung. Aus der spezifischen Betroffenheit des Unternehmens, beispielsweise hinsichtlich der eigenen Gefährdung von Umweltbereichen sowie des Schutzes von Lebens- und Umweltbedingungen zur Sicherstellung der Produktion im Unternehmen, leitet sich die besondere Verantwortung des Unternehmens für die Problemlösung und das Engagement im Umweltsponsoring ab. Bei der **indirekten, passiven Produktaffinität** ist das Unternehmen beispielsweise an natürlichen und gesunden Rohstoffen für seine Produkte oder Dienstleistungen interessiert, d.h. am Schutz der Natur und Umwelt als Voraussetzung für die Herstellung der Produkte. Ein entsprechender Eigennutzen ist deshalb stets mit dem Sponsoringengagement verbunden.

> **Beispiel: Direkte und indirekte Produktaffinität**
> Eine direkte Produktaffinität findet sich bei dem Engagement der *Lufthansa AG* im Vogelschutz. Als Beweggrund für die Sponsoringaktivitäten gibt das Unternehmen an, Fluggesellschaften würden Energie und Rohstoffe verbrauchen sowie durch Abfälle und Emissionen die Umwelt belasten. Mit den bereits erwähnten Projekten im Kranichschutz möchte das Unternehmen einen Ausgleich für diese Belastungen schaffen (*Laemmerhold* 2001, S.211). Eine indirekte Produktaffinität kennzeichnet die Zusammenarbeit des *NABU* mit dem Lebensmittelhandel *Tee Gschwender*, der eine Reihe von Bio-Teesorten vertreibt und somit ein Interesse an der Förderung der Qualität des Rohstoffes Tee hat.

Bei der **Zielgruppenaffinität** findet der Sponsoringbereich das besondere Interesse einer bestimmten Zielgruppe, die ebenfalls für den Sponsor von großer Bedeutung ist. Durch Sponsoringaktivitäten eröffnen sich neue Kommunikationswege zu diesen Zielgruppen, die beispielsweise durch Mediawerbung nur schwer zu erreichen sind.

Die **Imageaffinität** ist vor allem für Markenanbieter als Verbindungslinie zwischen Sponsor und Gesponserten bedeutsam. Sie umfasst die entweder bereits erkennbare oder zukünftig gewünschte Ähnlichkeit zwischen dem Image des Sponsoringbereichs und dem Image des Unternehmens, der Dach-, Familien- oder Einzelmarke. Sind beispielsweise Imagemerkmale wie Sportlichkeit, Dynamik oder Leistungsfähigkeit für ein Unternehmen von besonderer Bedeutung, werden entsprechende Sponsoringbereiche vorzugsweise im Sport ausgewählt.

Neben den genannten zentralen Verbindungslinien der Zielgruppen-, Produkt- und Imageaffinität existieren weitere Möglichkeiten, inhaltliche Zusammenhänge zwischen dem Unternehmen und den geplanten Sponsoringaktivitäten herzustellen. Dazu gehören der Know-how, Regional- sowie Verantwortungsbezug.

Manche Unternehmen verfügen aufgrund ihrer Markttätigkeiten über ein spezielles Know-how oder besondere betriebsinterne Möglichkeiten, bestimmte Sponsoringbereiche zu fördern **(Know-how-Bezug)**. So werden beispielsweise die im Unternehmen vorhandenen Ressourcen bzw. Potenziale, d.h. Personal, Produkte oder Dienstleistungen eingesetzt, um spezielle umwelt-, kultur- oder gesellschaftsbezogene Problemstellungen aktiv zu unterstützen. Zu denken ist z. B. an Hersteller umweltfreundlicher Produkte, die mit ihrem Fachwissen oder ihren Sachmitteln bestimmte Umweltprojekte unterstützen sowie Computerunternehmen, die Hard- und Software für sportliche Wettbewerbe bereitstellen oder eine Spendendatei für soziale Organisationen führen.

Beispiel: Know-how-Bezug bei *IBM* und *Bach Digital*
IBM fungiert als Sponsor der Internetplattform *Bach Digital*, die der Erhaltung, Verbreitung und Nutzung der Bach-Handschriften im Internet dient (*IBM Deutschland GmbH* 2000). Für das Projekt stellt *IBM* Kompetenzen im Bereich Projektmanagement, Web-Design, Hardware und Software zur Verfügung. *IBM* verfolgt mit dem Engagement das Ziel, das Unternehmen als Technologieanbieter und Marktführer im Bereich von E-Business-Lösungen darzustellen, sich als Anbieter ganzheitlicher Lösungen zu positionieren, emotionale Werte auf Produkte, Dienstleistungen und Marken zu übertragen sowie soziales und kulturelles Engagement zu kommunizieren.

Eine weitere Verbindungslinie zwischen Sponsor und Gesponserten ergibt sich aus einem **regionalen Bezug** des Unternehmens, wobei mit dem Sponsoringengagement ein Beitrag zur Lösung regionaler Probleme oder lokaler Fragen geleistet wird. Im Rahmen der Integration eines Unternehmens in sein geographisch-gesellschaftliches Umfeld oder der besonderen regionalen Bedeutung einer Marke werden beispielsweise bestimmte Kultur- oder Umweltbereiche gefördert.

Beispiel: Sportförderung im regionalen Umfeld der *Bayer AG*
Die *Bayer AG* engagiert sich seit Beginn des 20. Jahrhunderts in der Sportförderung in Deutschland. Die vielfältigen Aktivitäten erstrecken sich auf Spitzen-, Breiten- und Behindertensport, es werden Einzelsportler, Teams, Veranstalter und Sportfachverbände gefördert. Im Jahre 2004 unterstützte *Bayer* insgesamt 29 Sportverbände mit 50.000 Mitgliedern im Umfeld der Werke, die den Namen *Bayer* im Signet führen (z. B. *Turn- und Sportverein Bayer 04 Leverkusen e.V., Dormagener Rudergesellschaft Bayer e.V., Schwimmverein Bayer Uerdingen 08 e.V., Sportverein Bayer Wuppertal e.V.*) (*Bayer AG* 2004). Ein Plakat zum 100-jährigen Jubiläum der *Bayer* Sportförderung im Jahre 2004 zeigt Insert III-F-11.

Im Mittelpunkt des **Verantwortungsbezugs** steht die ethische Verpflichtung des Unternehmens, sich sozialer und ökologischer Probleme anzunehmen und zu deren Lösung beizutragen.

Während die Produkt- und Imageaffinität sowie der Know-how- und Regionalbezug **sachliche Begründungen** für die Sponsoringengagements liefern, bietet der Zielgruppenbezug die Möglichkeit einer **kommunikativen Begründung** für die Sponsorships. Zusätzlich erfolgt mit einem Verantwortungsbezug des Unternehmens die **ethische Begründung** für ein Sponsoringengagement.

Neben dieser formalen Affinitätenprüfung und der Suche nach Verbindungslinien zwischen dem gesponserten Bereich und dem Sponsor ist die Frage der **Glaubwürdigkeit** von besonderer Bedeutung. Bei einigen Sponsoringbereichen, insbesondere im Kultur- und Soziobereich sowie beim Umweltschutz, ist stets mit einer intensiven öffentlichen Diskussion in den Medien zu rechnen. Für das sponsernde Unternehmen ist es daher erforderlich, den Zielgruppen glaubhaft darzustellen, welche sachlichen und persönlichen Motive für sein Engagement von Bedeutung sind. Mit zunehmender Glaubwürdigkeit steigt die Wahrscheinlichkeit, dass eine Kommunikation wirksam wird, also positive Werbewirkung erzielt. Fehlt dagegen der „Fit" zwischen Sponsorship und Marke bzw. Produkt, sind eventuell Reaktanzen in der Öffentlichkeit und bei den Zielgruppen des Unternehmens zu erwarten.

7.1.2 Feinauswahl von Sponsorships

Die **Feinauswahl von Sponsorships** umfasst die Analyse und Auswahl verschiedener Sponsoringalternativen im Rahmen der festgelegten Förderbereiche. Bezogen auf den **Sponsoringpartner** werden insbesondere folgende Entscheidungsbereiche untersucht:

Insert III-F-11: Plakat zum 100-jährigen Jubiläum der Sportförderung der Bayer AG (Bayer AG)

- Bisherige Leistungen und Erfolge des Gesponserten,
- Bekanntheit und Sympathie in den Zielgruppen,
- Beurteilung und Akzeptanz durch die Zielgruppen,
- Managementqualifikation in der Organisation bzw. im Verband,
- Öffentlichkeitsarbeit durch die Organisation,
- Bisherige Erfahrungen mit den Verantwortlichen bzw. Repräsentanten der Organisation.

Das Sponsoring von **Veranstaltungen** betreffend sind vor allem folgende Kriterien von Bedeutung:

- Erwartete Besucherzahlen der Veranstaltung,
- Voraussichtliche Medienpräsenz bei der Veranstaltung,

- Erwartete Fernseheinschaltquoten und Reichweiten der Übertragungsmedien,
- Voraussichtlicher Tausendersponsoringpreis (entspricht den Kosten von 30 Sekunden On-Screen-Zeit, um 1.000 Zuschauerkontakte zu erreichen),
- Voraussichtlicher Werbewert (entspricht der Summe, die ein Sponsor für die Schaltung von Mediawerbung aufzubringen hätte, um die gleiche On-Screen-Zeit wie im Sponsoring zu erreichen),
- Teilnahme bestimmter Persönlichkeiten und Personengruppen an den Veranstaltungen,
- Möglichkeit der Vergabe von Prädikaten, Lizenzen und Titeln,
- Stellung des Sponsors im Vergleich zu anderen Unternehmen mit Sponsoringengagement,
- Nutzung von Werbemöglichkeiten vor, während und nach der Veranstaltung,
- Kosten für die Vorbereitung, Durchführung und Nachbereitung des Sponsorships.

Die genannten Richtlinien werden als Grundlage für eine **Prüfliste** herangezogen, um eine Auswahl von extern angebotenen, fremdinitiierten Sponsorships in Form einer Positiv- und Negativabgrenzung zu treffen. Schaubild III-F-16 zeigt am Beispiel des Kultursponsoring ein

Beurteilungskriterien	Gewich-tungs-faktor	Punkt-wert[1]	Gewich-teter Punktwert
Steht das Kultursponsoring in Übereinstimmung mit der Philosophie der Kulturförderung sowie der Corporate Identity des Unternehmens?			
Wie gut lässt sich das Kultursponsoring für das Unternehmen innerbetrieblich und marktbezogen begründen?			
Kann das Kultursponsoring glaubwürdig einen Beitrag zur Kulturförderung des Unternehmens leisten?			
Wie entscheidend ist der Beitrag des Unternehmens zur Förderung des Kulturobjekts?			
Gibt es positive/negative Einflüsse des Kultursponsoring auf oder für das Unternehmensverhalten (z.B. Produktdesign, Bürogestaltung, Architektur)?			
Lassen sich durch das Kultursponsoring Zielgruppen erreichen, die durch andere Kommunikationsinstrumente kaum erreichbar sind?			
Kann das Unternehmen auch eigene Maßnahmen ergreifen, um das angebotene Kultursponsorship zu ergänzen oder zu erweitern?			
Mit welchen positiven/negativen Reaktionen ist bei einem Engagement des Unternehmens in der Öffentlichkeitsarbeit und in den Medien zu rechnen?			
Kann das Kultursponsoring mittel- bis langfristig fortgesetzt werden?			
Summe der gewichteten Punktwerte			

[1] z.B. von 10 = „sehr gut" bis 1 = „sehr schlecht"

Schaubild III-F-16: Beispiel für ein Entscheidungsraster im Kultursponsoring

derart formalisiertes Verfahren. In diesem Entscheidungsraster sind die Kulturbereiche definiert, die Form der Förderung, die Stellung des Sponsors zu anderen Sponsoren, die Form der Werbung beim Geförderten, die Eignung des Sponsorships im Hinblick auf die Ansprache verschiedener Zielgruppen u.a.m.

7.2 Entwicklung von Einzelmaßnahmen

Liegt die Entscheidung hinsichtlich konkreter Sponsorships fest, ist eine **detaillierte Maßnahmenplanung** vorzunehmen, die sämtliche zur Durchführung des Sponsoringengagements erforderlichen Einzelmaßnahmen umfasst. Weiterhin sind Fragen der rechtlichen Absicherung der vereinbarten, individuell für die einzelnen Sponsoringprojekte festzulegenden, Maßnahmen zu klären (*Klingmüller et al.* 2001; *Leda* 2001) sowie Überlegungen anzustellen, inwieweit Sponsoringberater und -vermittler hinzugezogen werden.

Eine zentrale Aufgabe im Rahmen der Entwicklung der Einzelmaßnahmen besteht darin, die Leistungen und Gegenleistungen zwischen beiden Partnern zu präzisieren. Auf Seite der Sponsoren ist zu klären, welche **Leistungen** das Unternehmen dem bzw. den Gesponserten zur Verfügung stellt. Hierbei handelt es sich beispielsweise um folgende Einzelleistungen:

- Zuschüsse zur Finanzierung von Veranstaltungen, Projekten, Aktionen, Organisationen, Verbänden oder Einzelpersonen,
- Freistellung von Mitarbeitenden zur Unterstützung der Partnerorganisationen (Secondments),
- Übernahme von Sach- (z.B. Druck von Broschüren oder Jahresberichten) oder Dienstleistungen (z.B. Administration, Veranstaltungsdurchführung),
- Ankauf von Objekten oder Grundstücken, die dem Partner zur Verfügung gestellt werden.

Auf der Seite der Gesponserten ist zu klären, welche **Gegenleistungen** zu erbringen sind. Bei einer professionellen Vermarktung von Veranstaltungen – in erster Linie im Sportbereich – wird potenziellen Sponsoren vielfach ein „Package" angeboten, d.h. ein Bündel verschiedener werblicher Maßnahmen im Rahmen der Durchführung des Ereignisses. Beispielhaft seien folgende Gegenleistungen erwähnt:

- Nennung des Sponsors bei Veranstaltungen,
- Erwähnung des Sponsors auf Broschüren, Programmen, Büchern usw.,
- Erwähnung des Sponsors durch die Pressearbeit des Gesponserten,
- Anzeigen des Sponsors in Programmheften, Jahresberichten, Katalogen usw.,
- Vergabe von Prädikaten, Emblemen, Titeln, Zeichen,
- Durchführung von Aktionen im Unternehmen mit Mitarbeitenden,
- Einräumung der Möglichkeit von Hospitality-Maßnahmen
- Produktpräsentationen während einer Veranstaltung,
- Duldung von Werbemaßnahmen des Sponsors im Rahmen sowie Umfeld einer Veranstaltung, z.B. Erwähnung des Sponsorships in Pressemitteilungen und in der Werbung.

Für die Planung der Einzelmaßnahmen des Sponsoringengagements sind vor allem folgende **Aufgaben** alternativ oder ergänzend zu erfüllen (*v. Specht* 1985, S.44ff.; *Sleight* 1989; speziell für den Bereich Sport *Bruhn* 1987, S.133f.; *Drees* 1989, S.53ff.; *Bellmann* 1990):

- Belegung verschiedener Medien und Werbemittel im Rahmen der Sponsorships, beispielsweise Bandenwerbung, Handzettel, Anzeigen in Programmheften und Anzeigetafeln,
- Pressearbeit von Gesponserten und Sponsor vor, während und nach der Veranstaltung durch Pressemitteilungen, -mappen und -konferenzen,

- Schaltung von Anzeigen und anderer Werbemitteln durch den Sponsor als Hinweis auf die Veranstaltung und das Sponsorship,
- Bereitstellung von Produkten und Werbematerialien,
- Organisation und Durchführung von Veranstaltungen,
- Einladung und Betreuung unternehmensrelevanter Personengruppen bei Veranstaltungen,
- Planung eigener Aktionen vor, während oder nach den Veranstaltungen,
- Durchführung konsumentengerichteter Verkaufsförderungsmaßnahmen,
- Durchführung handelsgerichteter Verkaufsförderungsmaßnahmen,
- Angebote spezieller Produkte oder Dienstleistungen anlässlich des Sponsoringereignisses,
- Einbeziehung der Mitarbeitenden in die Sponsorships,
- Nachbereitungsmaßnahmen, beispielsweise durch Außendienstbesuche oder Messen.

Die Auswahl der Einzelmaßnahmen ist in Abhängigkeit der Größe der Sponsorships, ihrer relativen Bedeutung, der rechtlich vereinbarten Möglichkeiten (*Bruhn/Mehlinger* 1999; *Dehesselles/Siebold* 2002) sowie des zur Verfügung stehenden Budgets vorzunehmen.

Bei der Planung von Einzelmaßnahmen ist deren **Koordination innerhalb des Unternehmens** sicherzustellen. Innerbetrieblich existiert nur selten eine eigene Sponsoringabteilung, die die Detailabstimmung der einzelnen Maßnahmen vornimmt. Erst bei steigenden Budgets für Sponsoring gehen Unternehmen verstärkt dazu über, spezielle Organisationseinheiten zu schaffen. Unabhängig von der bestehenden Aufbauorganisation im Unternehmen ist jedoch sicherzustellen, dass durch die Entwicklung bestimmter Ablauf- und Entscheidungsprozesse, den Einsatz abteilungsübergreifender Sponsoringteams o.Ä. die Abstimmung der einzelnen Maßnahmen gewährleistet ist.

7.3 Zusammenarbeit mit Agenturen im Sponsoring

Die Professionalisierung im Sponsoring hat dazu geführt, dass Unternehmen und Gesponserte regelmäßig spezialisierte Agenturen bei der Planung und Durchführung von Sponsorships einschalten. Im Jahre 2000 konnten in Deutschland annähernd 60 Agenturen gezählt werden, die im Sponsoring beratend und vermittelnd tätig sind (*Brockes* 2000). Grundsätzlich werden drei **Typen von Sponsoringagenturen** unterschieden (*Bruhn* 2010c, S. 360 ähnlich auch *Bortoluzzi Dubach/Frey* 2007, S. 69 f.):

(1) Beratungsagenturen mit dem Schwerpunkt auf konzeptioneller Beratung beim Sponsoringengagement,

(2) Vermittlungsagenturen, die den Fokus auf den Erwerb von Nutzungsrechten und/oder die Vermittlung von Sponsoren bzw. Gesponserten setzen,

(3) Durchführungsagenturen, die unterstützend beispielsweise die Pressearbeit, das Veranstaltungsmanagement oder die Rechtsgestaltung übernehmen.

Hinsichtlich der **Leistungen von Sponsoringagenturen** ist zwischen folgenden Tätigkeiten zu differenzieren:

(1) Planung des Sponsoring durch Beratung des Sponsors,
(2) Planung des Sponsoring durch Beratung des Gesponserten,
(3) Organisation und Durchführung von Sponsoringmaßnahmen,
(4) Kontrolle der Sponsoringmaßnahmen.

Die Motivation der Fachagenturen für ein Sponsoringengagement ergibt sich aus den ökonomischen Erfolgsmöglichkeiten, die diese aus ihrer Spezialisierung auf die Beratung bei
Sponsorships ableiten. Die Sponsoringagenturen sehen sich dementsprechend als Dienstleistungsunternehmen, die für ihre Serviceleistungen von den konstitutiven Elementen des
Sponsoring, d. h. Sponsoren und/oder Gesponserten, entlohnt werden (*Drees* 1989, S. 89). Welche Art von Beratung Unternehmen derzeit im Bereich Sponsoring in Anspruch nehmen,
zeigt Schaubild III-F-17.

Als **Vorteile**, die für eine Nutzung externer Berater bei Sponsoringengagements sprechen, gelten das zusätzliche Know-how, die Erfahrung sowie das Vorhandensein eines Netzwerks von
Kontakten. Positiv hervorzuheben sind ebenfalls die Möglichkeiten der Vermittlung zwischen
Sponsor und Gesponserten sowie der Erhalt einer objektiven und realistischen Empfehlung
über das Eingehen eines Sponsorships. Dem stehen verschiedene **Nachteile** gegenüber, wie
zusätzliche Kosten, keine Bereitstellung von Mitteln für Anfangsleistungen einer Agentur
von Seiten der Gesponserten, die Abhängigkeit von Agenturen bei der Zusicherung von Ex-
klusivrechten sowie die Gefahr, an „unseriöse" Vermittler zu geraten (*Bruhn* 2010c, S. 361 f.).

Als generelle Richtlinie für die **Auswahl einer Sponsoringagentur** dient folgendes Anforderungsprofil: Zu erwarten sind profunde Erfahrungen auf dem Gebiet des Marketing und der
Kommunikation, Fachkenntnisse bzw. „Insiderwissen" in Sport-, Kultur- und Sozialthemen
bzw. Medien sowie persönliche Kontakte zu Institutionen, Verbänden und Persönlichkeiten
in Sport, Kultur sowie dem sozialen Bereich. Außerdem sind Kontakte zu den Medien, möglicherweise sogar Full-Service-Angebote hinsichtlich der Umsetzung und Durchführung von
Sponsoringmaßnahmen sowie eine objektive Beratung, frei von Vermarktungsinteressen,
und Seriosität bzw. Glaubwürdigkeit bezüglich Personen und Konzepten wünschenswert
(*Mussler* 1989; für Entscheidungskataloge zur Auswahl einer Sponsoringagentur auch *Bortoluzzi Dubach/Frey* 2007, S. 173 f.).

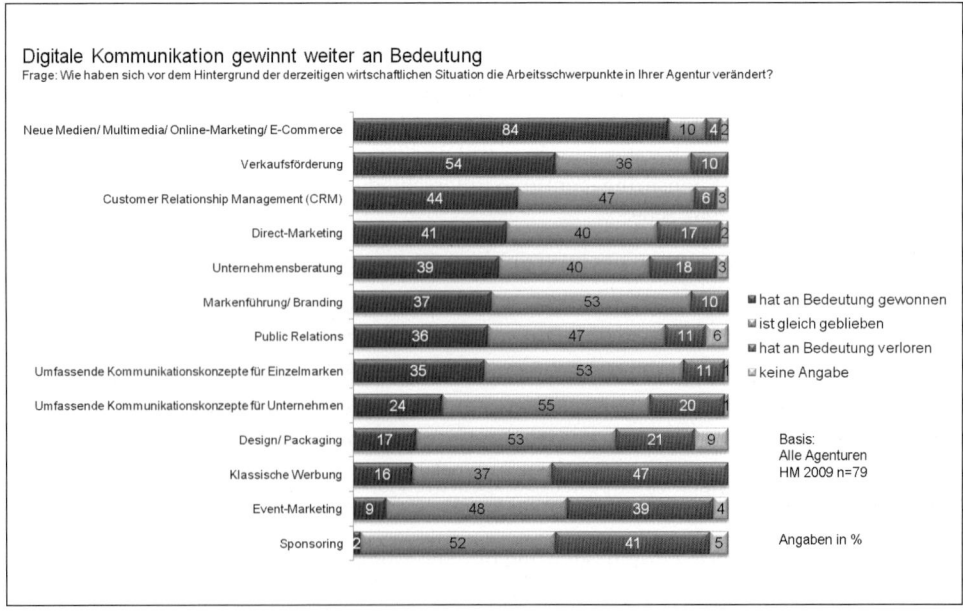

Schaubild III-F-17: Zusammenarbeit mit externen Dienstleistern
(GWA Gesamtverband Werbeagenturen e.V. 2009)

8 Integration des Sponsoring in den Kommunikationsmix

8.1 Interinstrumentelle Integration des Sponsoring

Sponsoring ist Teil des gesamten Kommunikationsmix von Unternehmen und somit immer im Verbund mit anderen Kommunikationsinstrumenten zu sehen. In diesem Sinne ist es von den Sponsoringplanern anzustreben, Sponsoring im Rahmen einer Integrierten Kommunikation systematisch mit den anderen Kommunikationsinstrumenten zu vernetzen (*Bruhn* 2010, S. 103 ff.). Eine Befragung zum Stand der Integrierten Kommunikation in Unternehmen verdeutlich, dass Unternehmen Sponsoring als ein „Kristallisationsinstrument" betrachten, das nur eine geringe Einflussnahme auf andere Kommunikationsinstrumente ausübt und auch selbst wenig beeinflussbar ist (*Bruhn/Boenigk* 1999, S. 72). Die Integration des Sponsoring in die Unternehmens- und Marketingkommunikation ist aus verschiedener Sicht sinnvoll, da sowohl durch den integrierten Einsatz der Instrumente Kostensenkungspotenziale realisiert als auch Synergieeffekte genutzt werden. Um einen effizienten Einsatz der Sponsoringaktivitäten zu gewährleisten, ist die Integration auf zwei Ebenen durchzuführen. Auf der ersten Ebene ist das Sponsoring mit den anderen kommunikationspolitischen Instrumenten im Rahmen einer interinstrumentellen Integration zu vernetzen. Darüber hinaus sind die verschiedenen Sponsoringaktivitäten im Rahmen einer intrainstrumentellen Integration zu koordinieren.

Zielsetzung der **interinstrumentellen Integration** ist es, Sponsoring nicht als isoliertes Kommunikationsinstrument zu verstehen, das unabhängig von anderen Instrumenten eingesetzt wird. Vielmehr ist vor dem Hintergrund des Integrationsziels darauf zu achten, dass durch einen kombinierten Einsatz des Sponsoring im Verbund mit unpersönlichen und persönlichen Kommunikationsinstrumenten Synergiewirkungen in der gesamten Unternehmens- und Marketingkommunikation entstehen.

Die Bedeutung einer konsequenten Integration der Sponsoringmaßnahmen wird insbesondere in sehr kompetitiven Wettbewerbsumfeldern, wie beispielsweise der *Formel 1*, deutlich. Day-After-Recall-Tests, in denen die Zuschauer einen Tag nach der Veranstaltung gestützt oder ungestützt nach der Bekanntheit von Sponsoren gefragt werden, deuten darauf hin, dass isolierte Sponsoringmaßnahmen häufig kaum die Wahrnehmungsgrenze der Rezipienten überspringen und der Aufbau von Bekanntheit oder der Transport einer kommunikativen Botschaft somit nicht erreicht wird (*Klewenhagen* 2001, S. 16). Dies geht auch aus einem Kommentar von *Marcel Cordes* hervor, einem Mitglied der Geschäftsleitung der *Sport+Markt AG*, das Insert III-F-12 zeigt. Aber auch in anderen Sponsoringbereichen hat die Abstimmung des Sponsoring mit anderen Kommunikationsinstrumenten in den letzten Jahren stark an Bedeutung gewonnen. Unterschiedliche Unternehmensbefragungen deuten darauf hin, dass heute zwischen 80 und 98 Prozent der Unternehmen ihre Sponsoringaktivitäten mit anderen Kommunikationsmaßnahmen (vor allem mit Public Relations, Mediawerbung und Multimediakommunikation) vernetzen, wobei jedoch nicht klar ist, was die einzelnen Unternehmen unter Integration bzw. Vernetzung verstehen (*Bob Bomliz (Group Bonn GmbH)* 2002, S. 40; *Pilot Checkpoint* 2008, S. 64).

Bildet ein bestimmtes Sponsoringengagement einen wesentlichen Schwerpunkt im Rahmen der Kommunikationspolitik eines Unternehmens, so lassen sich dessen Stärken am besten ausnutzen, wenn Sponsoring zu einer umfassenden **Kommunikationsplattform** ausgebaut wird.

Kommentar

Marcel Cordes, Mitglied der Geschäftsleitung Sport+Markt AG

Die F1 stellt neben internationalen Fußball-Wettbewerben und Olympischen Spielen eines der wenigen internationalen Marketing-Tools dar. Betrachtet man die Kommunikationsbausteine in und um die Formel 1, so teilt sich das Feld zum einen in national zu kreierende Maßnahmen wie TV-Spots, Print, Plakat und Sonderwerbeformen wie Programmsponsoring und Gewinnspiele auf – zum anderen in internationale Maßnahmen wie zum Beispiel Teamsponsoring, Testimonials, Banden und Insert. Der vielfach bewiesene „Mehrwert durch Vernetzung" im Sponsoring wird jedoch im sehr kompetetiven Werbeumfeld in der Formel 1 in erster Linie durch die Verbindung der Sponsorships mit nationalen Maßnahmen in der klassischen Werbung erzielt. Isolierte Bausteine, seien es TV-Spots oder auch die große Mehrzahl der mittleren und kleinen Sponsorships, können gegenüber den vernetzten Konzepten kaum noch Boden gewinnen. Sie überspringen in der Regel nicht einmal die Wahrnehmungsgrenze und erreichen bei Awareness-Tests (Day-After-Recall) 0 bis 1 Prozent. Positive Ausnahmen bilden hier lediglich die Hauptsponsoren der Top-Teams, die selbst bei geringer Vernetzung gute Performance erreichen.

Bei der Vernetzung von Sponsoring und TV-Spots ist Deutschland führend. In der Spitze registrierte die Sport+Markt AG im Werbeumfeld der Formel 1-Übertragungen auf RTL in der letzten Saison 25 mit der Formel 1 oder deren Protagonisten vernetzte Spots

von 9 unterschiedlichen Unternehmen, während dies in den von uns beobachteten Märkten in Europa, Nordamerika und Asien mit null bis zwei Unternehmen im Spot-Umfeld eher die Ausnahme war. Interessant ist in diesem Kontext auch die Auswertung unserer Motorsportstudie Europa, die unter 3000 Motorsportinteressierten in den fünf Kernmärkten durchgeführt wurde. Die ungestützte Bekanntheit von Sponsoren, differenziert nach Teams, zeigte die fundamental unterschiedliche Performance verschiedener Engagements – je nach dem Grad der realisierten Vernetzung und der Marktstellung des Unternehmens. Die Formel „zahle mehr und Du bekommst mehr" kann völlig negiert werden. Wenngleich dies für die Platzierungen auf den Rennwagen gelten mag, haben diese jedoch meist wenig mit der empirisch belegbaren Durchsetzung der Sponsorships zu tun haben.

Weniger ist mehr, noch weniger ist noch mehr! Die UEFA Champions League hat dies durch die Reduktion der Partner bereits vorgelebt. Man stelle sich analog dazu in der Formel 1 Teams vor, die nur noch eine sehr kleine Zahl an nahezu gleichwertigen Sponsoren dominant kommunizieren. Oder den zentralisierten Verkauf aller Bandenrechte und internationaler Sonderwerbeformen an einige wenige Unternehmen. Vieles ist denkbar. Vor dem Hintergrund der derzeitigen Werbedichte und internationalen Rechtesituation in der Formel 1 bleibt es allerdings auf absehbare Zeit den werbungstreibenden Unternehmen überlassen, das Gold aus der Formel 1 zu schöpfen – nämlich durch integrierte, vernetzte Kommunikationskonzepte und viel Schweiß bei der nationalen Umsetzung.

Insert III-F-12: Notwendigkeit der Vernetzung von Sponsoring und TV-Spots in der Formel 1 (Cordes 2001)

Eine **Kommunikationsplattform** bildet den inhaltlichen Mittelpunkt verschiedener flankierender Kommunikationsinstrumente, die inhaltlich, formal und zeitlich aufeinander abgestimmt werden. Sie ist zentraler Bestandteil der Kommunikationsstrategie eines Unternehmens, und über sie lassen sich die kommunikativen Kernaussagen transportieren.

Sponsoring als Kommunikationsplattform schafft Ereignisse und Anlässe, deren Inhalte durch andere Instrumente der Unternehmens- und Marketingkommunikation aufgegriffen und weitertransportiert werden (*Bruhn* 2003a; *Lorenz* 2003; *Schmidt/Holze* 2003).

Beispielhaft seien folgende **Möglichkeiten einer interinstrumentellen Integration** des Sponsoring in die Unternehmens- und Marketingkommunikation aufgezeigt:

Sponsoring und Mediawerbung: Einsatzmöglichkeiten für Sponsoring in der Mediawerbung sind dadurch gegeben, dass Unternehmen durch klassische Anzeigen-, Fernseh- und Rundfunkwerbung auf ihr Sponsoringengagement hinweisen oder Bilder bzw. Themen aus gesponserten Veranstaltungen in der Mediawerbung aufgreifen. Darüber hinaus lässt sich beobachten, dass Unternehmen gesponserte Personen als so genannte „Testimonials" in der Mediawerbung einsetzen, die kommunizieren, selbst Verwender bestimmter Marken bzw. Inanspruchnehmender einer speziellen Dienstleistung zu sein. Beispiele der Verknüpfung von Kultur- bzw. Sportsponsoring und Printwerbung finden sich in den Inserts III-F-13 und III-F-14.

Sponsoring und Verkaufsförderung: Einsatzmöglichkeiten für Sponsoring sind in der Verkaufsförderung vor allem dann gegeben, wenn gesponserte Personen bzw. Personengruppen in Verkaufsförderungsaktionen eingebunden werden, um dadurch direkt oder indirekt den Abverkauf des Produktes oder der Dienstleistung zu steigern. Dies gilt für Verkaufsförderungsaktionen des Herstellers und des Handels, wobei vor allem Maßnahmen wie Autogrammstunden, Vorträge, Besichtigungen und Reisen zu nennen sind.

Insert III-F-13: Integration des Kultursponsoring in die Printwerbung am Beispiel von Cardinal (Feldschlößchen AG)

Eine weitere Möglichkeit der Einbindung des Sponsoring in Aktionen der konsumenten- und absatzmittlerbezogenen Verkaufsförderung besteht in der Durchführung von Wettbewerben. Durch Preisausschreiben, Gewinnspiele und andere Formen von Auslosungen wird den Endverbrauchern und dem Handel die Gelegenheit, an bestimmten Sponsoringereignissen teilzuhaben, in dem sie beispielsweise die Möglichkeit haben Freikarten für Sportveranstaltungen, Theater- oder Konzertbesuche zu gewinnen. Auch lassen sich spezielle Verkaufsför-

Insert III-F-14: Integration des Sportsponsoring in die Printwerbung am Beispiel von T-Com
(Deutsche Telekom)

derungsaktionen mit Bezug zum jeweiligen Sponsoringengagement des Herstellers entwickeln.

Beispiel: Gewinnspiel-Promotions bei *Hasseröder*
Die Brauerei *Hasseröder*, Hauptsponsor der Deutschen Eishockeynationalmannschaft sowie diverser anderer Eishockeymannschaften in Deutschland, führte in der Wintersaison 2003/2004 im Handel und Internet ein Gewinnspiel durch, bei dem die Teilnehmer Reisen zur Eishockey-WM sowie Tischeishockeyspiele gewinnen konnten (2003d).

Bei den beispielsweise zugunsten von Umweltschutzaktionen oder sozialen Einrichtungen durchgeführten Verkaufsförderungsmaßnahmen hat allerdings kein erkennbarer Zusammenhang zu einer direkten Kaufaufforderung zu bestehen. Diese Situation ist dann gegeben, wenn beispielsweise bei Sonderangebotsaktionen in Form von Preisreduzierungen damit geworben wird, dass bestimmte Beträge an ökologische oder soziale Organisationen abgeführt werden. Da hierbei nach Rechtsauffassung des Bundesgerichtshofs die „soziale Hilfsbereitschaft der Verbraucher ausgenutzt" wird, ist diese Form der Verkaufsförderung wettbewerbsrechtlich verboten.

Beispiel: Rechtliche Problematik der Verbindung von Sponsoring und Verkaufsförderung
Die Problematik der Verknüpfung von Umweltsponsoring und Verkaufsförderung verdeutlicht das Beispiel *Krombacher*: Im Sommer 2002 hatte die Brauerei damit geworben, dass pro gekauftem Kasten Bier ein Quadratmeter des tropischen Regenwaldes gerettet würde. Die Kampagne wurde aufgrund eines Verstoßes gegen das „*Gesetz gegen den unlauteren Wettbewerb*" (*UWG*) teilweise abgesetzt, da sie auf den Verbraucher einen moralischen Kaufzwang ausübt und darüber hinaus nicht ersichtlich wurde, wie der Kauf eines Bierkastens mit dem Schutz des Regenwaldes zusammen hängt (Az.: 4 U 109/02). Tatsächlich unterstützte Krombach nur die Umweltorganisation *WWF* bei verschiedenen Aktionen. Diese notwendige Transparenz wurde jedoch nicht geschaffen. Im Jahre 2003 startete *Krombacher* dennoch – unter anderem mit den Testimonials *Steffi Graf* und *Günther Jauch* – die zweite Auflage des Regenwaldprojektes, die wiederum als Verstoß gegen das Wettbewerbsrecht verurteilt wurde. Im folgenden Jahr wurde die Kampagne abgewandelt und damit juristisch unangreifbar gemacht. Als neues Motto der Kampagne fungierte der Slogan „Sie genießen – wir spenden!" (*Krombacher* 2004).

Weniger Kritik erntete die Kampagne *Energie für einen guten Zweck* des Batterieherstellers *Energizer*, der unter diesem Motto im Sommer 2003 kommunizierte, dass 5 Cent vom Verkaufspreis jeder Promotion-Packung *Blisterpacks* an *Unicef* gespendet würden (*Kolbrück* 2003). Die Spenden wurden bei *Unicef* für ein Projekt gegen Kinderarbeit in den Sisalanbaugebieten des Bundesstaates Bahia in Brasilien eingesetzt.

Sponsoring und Public Relations: In vielen Unternehmen ist das Sponsoring organisatorisch direkt im Bereich der Public Relations bzw. Öffentlichkeitsarbeit angesiedelt und gibt somit neue Impulse für dieses Kommunikationsinstrument. Beispielsweise sind PR-Maßnahmen einzusetzen, um über das Sponsoringengagement aktiv zu berichten, indem den verschiedenen Zielgruppen die sportlichen, kulturellen, sozialen oder ökologieorientierten Fördermaßnahmen des Unternehmens vor allem in Zeitungen, Ausstellungen und Pressekonferenzen dargestellt und erläutert werden.

Darüber hinaus werden Sponsoringmaßnahmen gezielt zur Kontaktpflege mit unternehmensrelevanten Personengruppen genutzt, beispielsweise durch Einladung von Meinungsführern und -multiplikatoren zu gesponserten Veranstaltungen. Gerade Sponsoringereignisse stellen durch das positive, meist freizeitorientierte Umfeld einen geeigneten Rahmen dar, um Kommunikationsbeziehungen aufzubauen und zu pflegen. Hierbei informieren zum einen die Meinungsführer über das Unternehmen und seine Produkte bzw. Marken und es wird um Verständnis für die Unternehmenspolitik geworben. Zum anderen öffnet dies dem Unternehmen die Möglichkeit, Feedback einzuholen, um das eigene Bild in der Öffentlichkeit besser einzuschätzen (und darauf aufbauend zu beeinflussen).

Sponsoringaktivitäten eignen sich in besonderer Weise für die Public Relations, da der Sponsor eine Aktivität unterstützt, die oftmals nicht von ihm selbst initiiert ist. Das Unternehmen verdeutlicht damit seine gesellschaftspolitische Verantwortung und baut Goodwill bei gesellschaftlich relevanten Gruppen auf. Dies gilt in besonderem Maße für das Kultur- sowie Sozio- und Umweltsponsoring.

Sponsoring und Direct Marketing: Es bietet sich weiterhin an, die Sponsorships in Maßnahmen des Direct Marketing, das vielfach im Zusammenhang mit Verkaufsförderungsaktionen durchgeführt wird, zu integrieren. In Mailings wird beispielsweise über das Sponsorship berichtet oder es werden Eintrittskarten für eine gesponserte Veranstaltung im Rahmen eines Gewinnspiels verlost. Derartige Maßnahmen lassen sich sowohl im Consumer- als auch im Business-to-Business-Markt durchführen.

> **Beispiel: Sponsoring und Direct Marketing bei der *UBS***
>
> Das Schweizer Finanzdienstleistungsunternehmen *UBS* agiert seit 1996 als Sponsor des *Cirque du Soleil* und unterstützte im Jahre 2003 die Produktion *„Saltimbanco"* während der Gastspiele in der Schweiz als Titelsponsor. Geladene Gäste der Aufführung erhielten im Nachhinein per Post einen persönlichen Brief zugestellt, in dem die Hoffnung bekundet wurde, dass der Abend den Gästen gefallen hatte. Zusätzlich wurde ein Postkarten-Set der Show verschickt.

Sponsoring und Event Marketing: Sponsoringaktivitäten lassen sich mit dem Kommunikationsinstrument Event Marketing in der Weise verknüpfen, dass wichtige Ereignisse im Rahmen des Sponsoring zum Anlass genommen werden, eigene Veranstaltungen durchzuführen. So werden beispielsweise vom Unternehmen geförderte Sportler, Musikgruppen oder Ensembles engagiert, um bei eigenständig initiierten Events mitzuwirken.

> **Beispiel: Sponsoring und Event Marketing bei *Visa***
>
> Das Kreditkartenunternehmen *Visa*, einer der Hauptsponsoren der *Olympischen Sommerspiele* in Athen, veranstaltete im Frühjahr 2004 eine Roadshow durch 20 deutsche Städte, um einen Vorgeschmack auf die Olympiade zu geben. Die Roadshow war Teil eines deutschlandweiten Gewinnspiels, an dem jeder teilnahm, der während der Monate April und Mai die *Visa Card* als Zahlungsmittel benutzte. Als Preise konnten unter anderem Reisen an die *Olympischen Spiele* gewonnen werden. Die Aktion wurde durch Plakate, Printanzeigen, Radiospots, TV-Spots und Aktionen am Point of Sale unterstützt (*Saal* 2004).

Sponsoring und Messen/Ausstellungen: Auch Messen und Ausstellungen bieten verschiedene Möglichkeiten, über bestehende Sponsoringengagements zu informieren. Unterstützt durch entsprechende Informationsmaterialien werden vor Ort auf Initiativen, ihre Hintergründe sowie ihre Ziele hingewiesen. Das konzentrierte, direkte Aufeinandertreffen mit der Zielgruppe erlaubt einen direkten Gedankenaustausch sowie Feedback und bildet somit eine wichtige Informationsquelle über die Wirkungen der Sponsoringengagements. Denkbar ist auch, dass durch das Unternehmen gesponserte Personen bei einem Messeauftritt selbst anwesend sind, um den Kunden als Gesprächspartner zur Verfügung zu stehen oder das Rahmenprogramm mit einem „Side-Event" – z. B. Auftritt einer Musikgruppe – zu gestalten.

Sponsoring und Online-Kommunikation: Im Bereich der Online-Kommunikation bestehen vielfältige Vernetzungsmöglichkeiten mit den Sponsoringaktivitäten eines Unternehmens, wobei der Schwerpunkt derzeit auf der Verwendung des **Internet** liegt. Vielfach nutzen Unternehmen bereits die Möglichkeit, im Internet über ihre Sponsoringaktivitäten zu informieren, Veranstaltungstermine zu kommunizieren oder Informationen zu gesponserten Personen zu liefern. Der besondere Vorteil des Internet liegt hierbei darin, dass die Internetnutzer individuell solche Informationen selektieren und abrufen, die ihrem spezifischen Interesse entsprechen. Neben der Bereitstellung sponsoringbezogener Informationen bietet das Internet durch technische Weiterentwicklungen inzwischen auch die Möglichkeit, spezielle Sponsoringanlässe im Internet für bestimmte nutzergruppen live zu übertragen (z. B. Sportevents) oder den Internetnutzern virtuelle Besuche einer gesponserten Veranstaltung (z. B. einer Kunstausstellung) anzubieten.

Beispiel: Multimedia-Aktionen von *T-Mobile* zur Fußball-EM 2004
Die *Deutsche Telekom* Tochter *T-Mobile* betonte ihre offizielle *UEFA*-Partnerschaft bei der Fußball-EM 2004 in Portugal mit diversen Online- -Aktionen (*Pellikan* 2004). Beispielsweise konnten *T-Mobile*-Kunden analog zur Fußball-EM Bewegtbilder von den Fußballspielen zu vergleichsweise günstigen Konditionen abonnieren sowie Informationen eines News- und Tor-Tickers beziehen. Mit den Unternehmen von *Coca-Cola* und *Internack* wurde darüber hinaus eine Partnerschaft abgeschlossen und ein gemeinsames Online-Gewinnspiel zur Europameisterschaft arrangiert. Im Internet erschienen gleichzeitig ein Online-Special und Internetwerbung.

Sponsoring und Persönliche Kommunikation: Der Einsatz diverser Sponsoringformen (insbesondere bei sportlichen und kulturellen Veranstaltungen) bietet oftmals eine gute Grundlage zur persönlichen Kontaktaufnahme mit für das Unternehmen relevanten Zielgruppen. Durch Einladungen zu Empfängen oder die Vergabe von VIP-Karten zum Besuch gesponserter Sport- und Kulturereignisse bietet sich die Chance, persönliche Gespräche in einer ungezwungenen Atmosphäre zu führen. Ähnlich wie bei der Vernetzung von Sponsoring und Public Relations verläuft auch im Rahmen der Persönlichen Kommunikation der Informationsfluss zwischen Unternehmen und (potenziellen) Kunden sowie Meinungsführern zweiseitig. Für das Unternehmen ist es hierbei von besonderem Interesse, die Zufriedenheit der Kunden zu erfragen bzw. die Ursachen für Unzufriedenheit zu eruieren und Ansatzpunkte für Verbesserungspotenziale zu erfahren. Darüber hinaus werden auch (umstrittene) Aspekte der Unternehmenspolitik erläutert, und es wird für Verständnis für bestimmte Verhaltensweisen des Unternehmens geworben.

Sponsoring und Mitarbeiterkommunikation: Die Mitarbeiterkommunikation stellt ein häufig vernachlässigtes Gebiet der Unternehmenskommunikation dar, das für den Bereich Sponsoring wichtige Aufgaben erfüllt. Mitarbeitende sind stets rechtzeitig und ausführlich über die Beweggründe und Planungen hinsichtlich der Sponsoringengagements zu informieren. Oftmals hat sich gezeigt, dass bei entsprechenden Informationsdefiziten der Mitarbeitenden kontraproduktive Wirkungen im Unternehmen entstehen. Eine systematische Aufklärung und gegebenenfalls aktive Einbindung der Mitarbeitenden in ökologische, soziale oder kulturelle Aufgabenfelder bzw. sportliche Engagements, beispielsweise durch Werkszeitungen, Vorträge oder Einladungen (sei es als Zuschauer oder aktiv Teilnehmender) beugt diesen Widerständen im Unternehmen vor.

Weiterhin sind durch Sponsoring positive Wirkungen im Hinblick auf die sportlichen, kulturellen und sozialen Aktivitäten der Mitarbeitenden selbst denkbar, wenn parallel zu externen Sponsorships beispielsweise der Betriebssport oder eigene Umweltschutzinitiativen der Mitarbeitenden aktiv gefördert werden.

Beispiel: Einbindung der Mitarbeitenden in das Sponsoring bei *Opel*
Der Automobilhersteller *Adam Opel* bindet seit Jahren seine Mitarbeitenden in die jeweiligen Sponsoringengagements ein. Als der Schwerpunkt der Sponsoringstrategie noch auf dem Fußball lag, rief *Opel* eine jährliche Fußballwerksmeisterschaft ins Leben, deren Siegerehrung 2001 durch *Franz Beckenbauer* vorgenommen wurde. Die Fußballwerksmeisterschaften werden auch nach Beendigung der 13-jährigen Partnerschaft mit dem *FC Bayern München* fortgesetzt. Seit Entwicklung der neuen Sponsoringstrategie im Jahre 2003 engagiert sich *Opel* verstärkt im Triathlon. Zeitgleich wurde das *Opel Triathlon Team* ins Leben gerufen, dem 2004 fünf Profis und 26 Opel-Mitarbeitenden angehörten. Das Team oder einzelne Mitglieder gehen unter anderem bei dem *Opel Ironmen Germany* in Frankfurt an den Start sowie auch bei anderen großen Triathlon-Wettkämpfen wie dem *Quelle Challenge* in Roth und dem *Ironmen* auf Hawaii (*Adam Opel AG* 2004).

Eine intensive Einbindung des Sponsoring in die innerbetriebliche Kommunikation sowie die aktive Einbeziehung der Mitarbeitenden in die verschiedenen Sponsoringaktivitäten hat den wesentlichen Vorteil, dass in der kommunikativen Innen- und Außenwirkung die Glaubwürdigkeit des Sponsoringengagements erhöht wird. Der gesamte Kommunikationsauftritt von *T-Mobile* in Kooperation mit dem FC Bayern Münchens ist in Schaubild III-F-18 skizziert.

Verkaufsförderung	**Public Relations**	**Mediawerbung**
• Übertragung 1. und 2. Fußball-Bundesliga live (HD Qualität)	• Pressekonferenz • Pressemitteilungen	• TV-Spots • TV Spot für Liga Total (You Tube)
• Zugängen zu Communities		• Anzeigen
• FC Bayern Pre-Paid Handys		• Trikot-Werbung
• Bei jedem Sieg des FC Bayern Kunden-Prämie		• Werbung im Stadion TV
• Fan Aktionen		• Telekom-Bundesligasender im Stadionumlauf, Business- und Sponsorenbereichen
• Ticketverlosung		
• Exklusivrechte an Inhalten rund um den FC Bayern, Spielanalysen, Interviews, Homestories und Reportagen		• Präsenz auf Backdrops, Mikrofonschildern im Pressebereich

Kooperationen	**Internet**	**Mobiles Marketing**
• Liga Total • Internet Communities (z.B. fussball.de)	• Internetwerbung • T-Home Fankurve • IPTV-Werbespot	• Bundesliga Kanal aufs Handy • News und Tor-Ticker auf Handy

Schaubild III-F-18: Integration von Sportsponsoring in den Kommunikationsmix am Beispiel der Partnerschaft von T-Home und des FC Bayern Münchens (Horizont 2009)

8.2 Intrainstrumentelle Integration des Sponsoring

Entscheidend für die Erreichung hoher Wirkungen bei den anvisierten Zielgruppen des Sponsoring ist gleichermaßen die intrainstrumentelle Integration von Sponsoringaktivitäten. Gemäß dieser Forderung sind Entscheidungen hinsichtlich des Konzepts und der Gestaltung jedes Sponsoringengagements des Unternehmens miteinander zu vernetzen und aufeinander abzustimmen. Dies bedeutet nicht, dass jede Sponsoringaktivität in identischer Weise zu erfolgen hat; vielmehr sind die Besonderheiten der jeweiligen Maßnahme bzw. die verschiedenen Erwartungshaltungen der jeweiligen Sponsoringzielgruppen zu berücksichtigen. Als Dimensionen der Integrationsentscheidungen lassen sich analog zur interinstrumentellen Integration die inhaltliche, formale sowie zeitliche Dimension unterscheiden.

Die **inhaltliche Dimension** der intrainstrumentellen Integration bezieht sich in erster Linie auf die Vorgabe eines übergreifenden Dachthemas für alle Sponsorships. Dabei ist von übergeordneter Bedeutung, dass die kommunikative Leitidee, bzw. das übergeordnete Thema, zentraler Bestandteil aller geförderten Bereiche ist, um Synergien aufgebaut und entsprechend zu nutzen. Durch die Festlegung eines allen Aktivitäten zugrunde liegenden Schwerpunktes, wie beispielsweise die Unterstützung dynamischer Ballsportarten oder die Förderung moderner Kunst, verstärkt die Glaubwürdigkeit des Engagements und führt einen entsprechenden Imagetransfer herbei. Bei der Auswahl der übergeordneten Themenstellung ist es von Bedeutung, die Bedürfnisse und Wünsche der anvisierten Zielgruppen zu berücksichtigen, um die notwendige themenbezogene Akzeptanz sicherzustellen. Die Auswahl des Themenspektrums stellt somit auch eine bedeutende strategische Entscheidung dar, die den Handlungsrahmen für sämtliche weitere Planungs- und Umsetzungsentscheidungen vorgibt.

Die **formale Dimension** der intrainstrumentellen Integration umfasst alle Entscheidungen, die auf die einheitliche und konsistente gestalterische Umsetzung der festgelegten Themenstellung bei den einzelnen Sponsorships abzielen. Um Synergiepotenziale möglichst umfassend zu nutzen, ist bei allen geförderten Veranstaltungen auf einen einheitlichen formalen Auftritt des Unternehmens zu achten; zweckmäßig ist beispielsweise der wiederkehrende Einsatz bestimmter Farben und Formen sowie die Verwendungen einheitlicher Schrifttypen. Darüber hinaus bildet die wiederholte Verwendung von Logos und Slogans einen zentralen Gegenstand der formalen Integration.

Die **zeitliche Dimension** der intrainstrumentellen Integration betrifft sowohl die Koordination der einzelnen Sponsoringmaßnahmen innerhalb einer Planungsperiode als auch zwischen verschiedenen Planungsperioden. Ziel hierbei ist es, dass durch eine Kontinuität in den Sponsoringengagements bei den Zielgruppen Wiederholungs- und Lerneffekte eintreten und durch integrative Maßnahmen sicher gestellt wird, dass sich die einzelnen Aktivitäten in ihrer Wirkung gegenseitig unterstützen.

> **Beispiel: Intrainstrumentelle Integration bei *McDonald's***
>
> Eine Vernetzung unterschiedlicher Sponsoringengagements im Kultur-, Sozio- und Sportbereich durch einen Testimonial unternahm die Fastfood-Kette *McDonald's*. Ab November 2003 sponserte *McDonald's* die Welt- und Europa-Tournee des Popstars *Justin Timberlake*. Der Sänger war gleichzeitig Partner von *McDonald's* bei der weltweiten Markenkampagne „I'm lovin' it". Darüber hinaus unterstützte *Justin Timerlake* den Weltkindertag bei *McDonald's* und wurde in verschiedene sportliche Aktivitäten, wie das globale Sportsponsoring im Rahmen der *Olympischen Spiele*, eingebunden (o.V. 2003k).

9 Erfolgskontrolle des Sponsoring

9.1 Bedeutung der Erfolgskontrolle im Sponsoring

Die Erfolgskontrolle steht grundsätzlich am Ende eines idealtypischen Planungsprozesses des Sponsoring, wobei zu prüfen ist, welche kommunikative Wirkung durch das Sponsoring bei den Zielgruppen erreicht wurde und ob sich dementsprechend der finanzielle Aufwand „gelohnt" hat (vgl. zur Erfolgskontrolle im Sponsoring *Cornwell/Maignan* 1998, S. 15 ff.; *Hermanns/Grohs von Reichenbach* 1998; *Grohs von Reichenbach* 1999; *Witt* 2000, S. 10; *Cotting* 2003). In den vergangenen Jahren lässt sich tendenziell eine Zunahme bei der Durchführung von Sponsoringkontrollen konstatieren. Gab in einer Umfrage des Jahres 1993 nur etwa ein Drittel der Unternehmen an, regelmäßige Kontrollen ihrer Sponsoringaktivitäten durchzuführen und ein Viertel, sie würden keine Kontrollen vornehmen (*Bruhn/Pristaff* 1993), so überprüfte im Jahre 2000 bereits ein größerer Anteil der Unternehmen den Sponsoringerfolg: neun von zehn befragten Unternehmen in der Studie *Sponsor Visions 2002* bzw. gut 80 Prozent der Unternehmen in der Studie *Sponsoring Trends 2002* (*Bob Bomliz (Group Bonn GmbH)*) 2002, S. 15; *Pilot Checkpoint* 2008, S. 67).

9.2 Methoden der Erfolgskontrolle im Sponsoring

9.2.1 Prozesskontrolle im Sponsoring

Prozesskontrollen beschäftigen sich mit der **Überprüfung der Durchführung von Sponsorships**. Hierbei geht es vor allem um die Überwachung der notwendigen Aktivitäten zur Vorbereitung einer Sponsoringmaßnahme, die Einhaltung von Zeitplänen und die Kontrolle der eingesetzten Verfahren und Maßnahmen in den einzelnen Planungsschritten. Als Analyseinstrumente im Rahmen von Prozesskontrollen haben sich die nachfolgend aufgeführten Verfahren bewährt:

- Prüfkataloge (Checklisten),
- Balkendiagramme/Netzplantechnik,
- Punktbewertungsverfahren (Scoringmodelle),
- Mini-Audit,
- Prozess-Audit,
- Berechnung eines Integrationsindex,
- Quality of Integration Assessment Profile,
- EFQM Excellence-Modell,
- Communication Scorecard/Corporate Communications Scorecard,
- Werbliche Erfolgskette.

Diese Verfahren sind in der Lage, Zeitpläne und kritische Aktivitäten im Planungsprozess des Sponsoring auch kurzfristig zu kontrollieren.

9.2.2 Effektivitätskontrolle im Sponsoring

Effektivitätskontrollen beziehen sich auf die Realisierung der angestrebten kommunikativen Wirkungen bei den einzelnen Zielgruppen des Sponsoring. Sie haben sich an den definierten Zielen zu orientieren und deren Erreichung zu kontrollieren. Für das Sponsoring ist dabei grundsätzlich anzustreben, durch den integrierten Einsatz mit anderen Kommunikationsinstrumenten bei den Rezipienten höhere Wirkungsgrade zu erreichen als durch den isolierten Einsatz von verschiedenen Kommunikationsmaßnahmen. Die Wirkungsmessung erfolgt sowohl für das Sponsoring als auch für die Ebene der Gesamtkommunikation.

Als Analyseinstrumente im Rahmen von Effektivitätskontrollen haben sich die nachfolgenden Verfahren bewährt:

- Inhaltsanalyse,
- Market Contact Audit (MCA),
- Effektivitätsanalysen.

Im Rahmen der Effektivitätsanalysen werden verschiedene **Methoden der Wirkungsmessung** herangezogen, die kognitive, affektive und konative Reaktionen bei den Zielgruppen überprüfen. In Schaubild II-F-19 sind in einem Überblick unterschiedliche Messmethoden im Sponsoring entsprechend dieser Kommunikationswirkungskategorien aufgeführt. Einzelne, in der Praxis häufig eingesetzte, Verfahren werden im Folgenden näher erläutert.

Zur Messung **kognitiver Größen** kommen im Sponsoring in erster Linie **Recall-Tests** (Erfassung der ungestützten Erinnerung) und **Recognition-Tests** (Erfassung von Wiedererkennungswerten durch Vorlage der Werbemittel) zum Einsatz. Beide Tests werden häufig als Day-After-(Recall/Recognition)-Test eingesetzt, bei dem einige Stunden oder einen Tag nach einer Veranstaltung oder der Fernsehübertragung eines Events Zielpersonen nach den beworbenen Marken oder Unternehmen mündlich oder telefonisch befragt werden. Beim Sportsponsoring lässt sich auch ein **Top-of-Mind-Test** einsetzen, bei dem die Versuchspersonen diejenigen Sponsoren nennen, die ihnen am stärksten in Erinnerung geblieben sind. In den anderen Sponsoringformen wird dieser Test allerdings als weniger sinnvoll erachtet, da hier zumeist nur wenige Unternehmen als Sponsoren auftreten (*Witt* 2000, S. 181). Ein Recognition-Test, der im Sponsoring in abgewandelter Form häufig zum Einsatz kommt, ist der so genannte **Impact-Test**. Um die Erinnerungswirkung von Sponsoringmaßnahmen zu messen, werden den Veranstaltungsbesuchern hierbei Listen mit den Logos diverser Sponso-

Art der Messmethode — Kategorien der Kommuni- kationswirkung	Beobachtung	Befragung
Kognitive Wirkungen	• Blickaufzeichnung • Beobachtung des Aufnahmeverhaltens	• Recall-Tests (Day-After-Recall-Test, Top-of-Mind-Test) • Recognition-Tests (Day-After-Recognition-Test, Impact-Test) • Rating-Skalen
Affektive Wirkungen	• Blickaufzeichnung • Weitere apparative Verfahren	• Verbale und nonverbale Erlebnismessungen • Einstellungs- und Imageskalen • Imagery-Forschung
Konative Wirkungen	• Verhaltensregistrierung • On-Screen-Zeit	• Erinnertes Verhalten • Befragung nach Produktpräferenz und Verhaltensabsicht

Schaubild III-F-19: Messmethoden der Effektivitätskontrolle im Sponsoring

ren vorgelegt. Eine Liste enthält die Originalform der Logos, eine andere zeigt Sponsorennamen in einheitlicher schwarz-weiß Druckschrift, eine weitere Liste enthält teilweise schwer entzifferbare Sponsoringbotschaften, die von den Versuchspersonen zu ergänzen sind. Zusätzlich werden auf die Listen Unternehmen aufgenommen, die bei der jeweiligen Veranstaltung nicht als Sponsor vertreten waren. Indem im Testverlauf bei den Versuchspersonen die Erinnerung an die Sponsoren abgefragt wird, lassen sich Rückschlüsse darauf ziehen, welche Personengruppen welche Anzeigen wie intensiv erinnern, welche Elemente einer Anzeige besonders in Erinnerung bleiben und welche Eindrücke die Anzeige bei den einzelnen Personen hinterlässt (*Walliser* 1995, S. 139).

Eine Bestätigung der positiven Wirkung von Sponsoring auf die Markenwahrnehmung liefert die Studie *Affinitäten_2*, aus der hervorgeht, dass 24 Prozent der Bevölkerung öfter erstmals über Sponsoring Marken wahrgenommen haben (*Sportfive GmbH* 2003). Die Erinnerung als Indikator der Kommunikationswirkung hat allerdings nur dann eine Berechtigung, wenn das Hauptziel des Sponsors die Stabilisierung oder Erhöhung seines Bekanntheitsgrades ist. Für viele Unternehmen – insbesondere bei kulturellen, sozialen oder umweltbezogenen Engagements – hat dies jedoch nicht das vorrangige Ziel ihrer Sponsoringaktivitäten darzustellen.

Eine weitere Verfahrensweise zur Messung der erzielten Aufmerksamkeit ist die **Blickaufzeichnung**. Hierzu werden Versuchspersonen z. B. Videoaufnahmen von Sportveranstaltungen gezeigt und ihr Blickverlauf bei Betrachtung des Videos aufgezeichnet. Durch die Auswertung der Verweildauer auf bestimmten Punkten erhält ein Sponsor Hinweise auf die optimale Platzierung und Gestaltung der Sponsoringbotschaft (*Hermanns/Marwitz* 2008, S. 118).

Im Rahmen **affektiver Erfolgsgrößen** kommt der Kontrolle von Imagewirkungen eine besondere Bedeutung zu, da die Imageprofilierung häufig im Zentrum der Sponsoringziele steht. Ein Instrument, das zu diesem Zweck häufig im Sponsoring eingesetzt wird, ist das **Semantische Differenzial**. Auf einer mehrstufigen, zweipoligen Rating-Skala werden beispielsweise die Besucher eines Sportevents ein Sponsoringobjekt bezüglich verschiedener einstellungsrelevanter Merkmale (Dynamik, Teamgeist usw.) beurteilen. Die Mittelwerte der verschiedenen Merkmale lassen sich zu einem Imageprofil des Objektes verbinden und auf den Sponsor übertragen (*Hermanns/Marwitz* 2008, S. 123). Auf dieser Grundlage wird beurteilt, ob durch das Sponsoringengagement die erwünschten Imagewirkungen erzielt wurden oder aber ein abweichendes Profil als Ergebnis vorliegt, so dass über eine Veränderung der aktuellen Aktivitäten nachzudenken ist.

Eine andere Möglichkeit der Untersuchung von Imagewirkungen im Sponsoring besteht in **detaillierten Zielgruppenbefragungen**, in denen die objektiv und/oder subjektiv verzerrten Vorstellungsbilder bzw. die spezifisch wertenden Ansichten der Zielgruppen hinsichtlich einzelner Produkte und Leistungen eines Unternehmens oder der Gesamtunternehmung erfasst werden. Hierbei erscheint es zweckmäßig, die durch das Sponsoring angestrebten Veränderungen des Markenimages und bestimmter einzelner Imagedimensionen im Zeitablauf zu untersuchen, um die langfristigen Wirkungen der Sponsoringaktivitäten zu erfassen.

Den Zusammenhang zwischen dem Image eines Sportlers (ausgedrückt in dessen Beliebtheit in der Bevölkerung) und der Bewertung des Sponsors durch die Bevölkerung zum einen sowie durch das Fanpublikum des Sportlers zum anderen, untersucht die *Sport-Pix Studie* von *DSF Media*. Schaubild III-F-20 zeigt für das Jahr 2001 beispielsweise, dass die Fans des Rennfahrers *Mika Häkkinen* die Marke *Mercedes-Benz*, für die *Mika Häkkinen* als Testimonial auftrat, im Schnitt um 0,14 Punkte besser bewerten als die Gesamtbevölkerung. Ähnlich positiv fällt das Ergebnis für den Autohersteller *Opel* mit dessen Testimonial *Oliver Kahn* aus; wobei jedoch nicht klar ist, inwieweit dessen Mannschaft *Bayern München* das positive Image zusätzlich beeinflusst. Dass ein solcher Zusammenhang zwischen Beliebtheit der Testimonials und der Sponsorenmarke jedoch nicht zwingend ist, wird am Image der *Telekom*-Tochter *T-D1* deutlich, auf das *Mika Häkkinen* offensichtlich nur wenig Ausstrahlung hatte.

Die größten Schwierigkeiten bereitet im Sponsoring die Messung und somit Kontrolle **konativer Größen**, da sich Verhaltensänderungen der Zielgruppen (z. B. eine Zunahme der Käufe von Produkten eines Sponsors oder der Informationssuche auf seiner Homepage) nur selten direkt den Sponsoringaktivitäten zuordnen lassen. In Studien des Marktforschungsinstituts

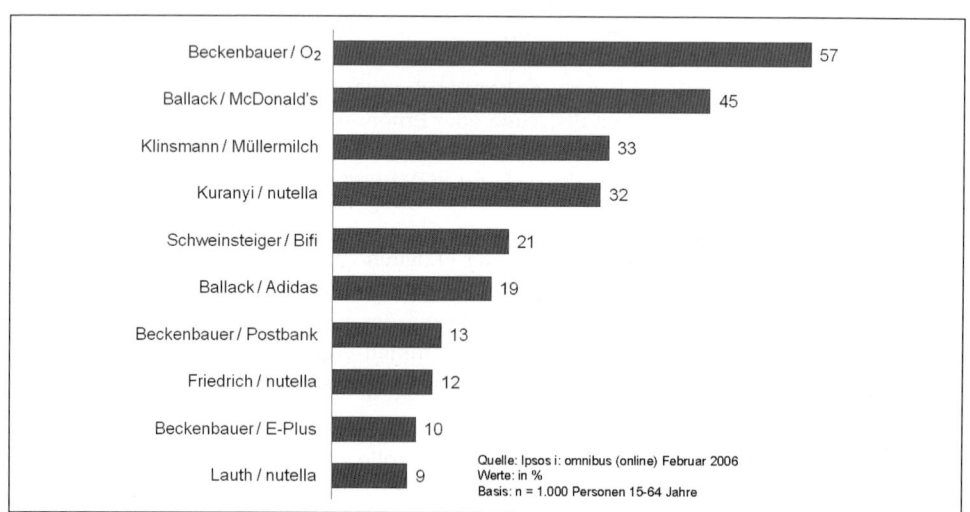

Schaubild III-F-20: Zuordnung von Marken zu Sportler-Testimonials (IPSOS 2006, S. 57)

Media & Market Observer (Wien), in denen in Österreich 200 Personen über 50 Jahren sowie 200 Jugendliche (14 bis 24 Jahre) befragt wurden, konnten allerdings positive Auswirkungen von Sponsoring auf die **Kaufbereitschaft** festgestellt werden. Die befragten Personen zogen hier generell die Produkte von Sponsorunternehmen den klassisch beworbenen Produkten vor, und 45 Prozent der befragten Jugendlichen gaben an, dass sie aufgrund des Sponsoring „vielleicht" etwas kaufen würden (*Media & Market Observer* 2001).

9.2.3 Effizienzkontrolle im Sponsoring

Im Rahmen von Effizienzkontrollen werden zur Beurteilung der Sponsoringaktivitäten **Kosten-Nutzen-Vergleiche** aufgestellt, d. h., die aufgewendeten Kosten sämtlicher Sponsoringaktivitäten werden dem realisierten Nutzen gegenübergestellt. Bei der Effizienzkontrolle des Sponsoring steht nicht allein die Kontrolle des gesamten Sponsoringeinsatzes im Mittelpunkt, sondern es geht auch um eine Evaluation der einzelnen Sponsoringmaßnahmen und -mittel.

Primäres Ziel der Effizienzkontrollen ist es, Hinweise auf die Wertigkeit des Sponsoring zu erhalten. Die Ergebnisse sind deshalb für Engagements im Sponsoring von besonderer Bedeutung, da sich aus der Wertigkeit Schlussfolgerungen für eine Umverteilung von Kommunikationsbudgets zur Steigerung der Effizienz der Sponsorships ziehen lassen.

Als Analyseinstrumente im Rahmen von Effizienzkontrollen haben sich die nachfolgenden Verfahren bewährt:

- Kosten-Nutzen-Analyse,
- Kommunikationswertanalyse (KWA),
- CommunicationControlCockpit (CCC),
- Value Based Communication Management (VBCoM),
- Prozesskostenrechnung.

Als Ausblick ist an dieser Stelle hinzuzufügen, dass eine Möglichkeit, künftig die Effizienz des Sponsoring zu ermitteln, in der Anwendung der Data Envelopment Analysis (DEA) liegt. Diese Methodik wurde noch vergleichsweise selten genutzt und hat sich erst in den vergangenen fünf Jahren in der Forschungspraxis (vor allem im Bereich Werbeeffizienz und Vertriebseffizienz) verbreitet (vgl. zur Thematik der DEA ausführlich *Bauer/Staat/Hammerschmidt 2006*, vgl. zur Werbeeffizienz *Büschken 2007*, S. 51 ff., vgl. zur Vertriebseffizienz z. B. *Büschken* 2004). Im Zusammenhang mit der Effizienzmessung des Sponsoring wurde die DEA noch nicht eingesetzt. Gerade die Stärken der DEA können aber auch für die Effizienzkontrolle im Sponsoring zum Tragen kommen. So zeichnet sich das DEA-Modell durch eine Ganzheitlichkeit aus, in dem multiple Inputs (z. B. Werbeaufwendungen, Sponsoringaufwendungen) und Outputs (z. B. Markenbekanntheit, Markensympathie) gleichzeitig zu verarbeiten sind. Die DEA ermöglicht somit die Überprüfung, welche Instrumente wie effizient sind. Weiterhin weist die DEA den Vorteil auf, dass sie die im Marketing häufig auftretende Problematik der Kombination monetärer und nicht-monetärer Größen umgeht, in dem beide Größen im Modell zu nutzen sind. Für die Effizienzkontrolle des Sponsoring bedeutet dies, dass z. B. Größen wie Umsatzsteigerung oder Kundenzufriedenheit gleichzeitig berücksichtigt werden.

Zum Nutzen des Sponsorships zählen alle Leistungen, die mit dem Sponsoring erzielt werden konnten. Hier fließen beispielsweise die Besucherzahlen gesponserter Veranstaltungen ein, Einschaltquoten im Fernsehen und Reichweiten von Printmedien. Im Sportsponsoring wird häufig auch die On-Screen-Zeit eines Sponsors ermittelt, d. h. die Dauer der Sichtbarkeit des Sponsors (bzw. seines Namens oder Logos) bei der Übertragung von Sportveranstaltungen. Welche Kennzahlen für die Effizienzbewertung im Sponsoring am besten geeignet erscheinen, ist bislang weder von Wissenschaft noch Praxis ausreichend erforscht. Für Sponsoringmaßnahmen, die sich durch eine hohe mediale Präsenz auszeichnen, vornehmlich somit Aktivitäten des Sportsponsoring, kommen grundsätzlich folgende Kennzahlen in Frage *Hermanns/Grohs von Reichenbach* 1998):

- PR-Wert-Berechnung,
- Event-Index,
- Sponsor-Index.

Im Rahmen der **PR-Wert-Berechnung** werden die gesamte Zeit der Sponsorensichtbarkeit im Fernsehen und die zeitlich äquivalente Werbeschaltung rechnerisch in Beziehung gesetzt, wobei ein 30-Sekunden-Spot die Basis bildet. Im Ergebnis wird aufgezeigt, welcher Betrag für klassische Werbung aufzuwenden gewesen wäre, um die On-Screen-Zeit des Sponsorships zu erzielen (Opportunitätskosten). Problematisch erscheint hierbei die Vergleichbarmachung von Sponsoring und Mediawerbung, da sich beide Kommunikationsinstrumente hinsichtlich ihrer Möglichkeiten, Botschaften zu übermitteln, Zielgruppen zu erreichen sowie bezüglich ihrer Kommunikationsziele, erheblich unterscheiden.

Die On-Screen-Zeit bildet auch die Ausgangsbasis für die Berechnung des **Event-Index**, wobei in diesem Fall die Übertragungsdauer eines speziellen Sportereignisses gemessen wird. Unter Berücksichtigung entsprechender Einschaltquoten wird diese zu einem Event-Index summiert. In erster Linie lässt sich auf diese Weise die TV-Präsenz einzelner Sportarten vergleichen.

Der **Sponsor-Index** knüpft an den Event-Index an und ermittelt die On-Screen-Zeit der Werbefläche(n) eines Sponsors während der Übertragungszeit, die mit der Einschaltquote multipliziert wird. Auf diese Weise wird ein Vergleich mit anderen Sponsorships ermöglicht. Sponsor- und Event-Index sind gleichermaßen mit dem Problem behaftet, dass nicht zwischen mehr oder weniger relevanten TV-Zeiten unterschieden wird.

Neben diesen Indizes besteht auch die Möglichkeit, eine Bewertung der **Sponsoringschaltungen im Fernsehen** vorzunehmen. So werden die aus der Mediawerbung übernommenen Kennziffern Werbeträgerkontakt und Werbemittelkontaktchance ähnlich im Sponsoring ermittelt. Die Gewichtung des Tausenderkontaktpreises wird hierbei über die Expositionszeit der Bandenwerbung der Sponsoren vorgenommen. So gibt beispielsweise der **Tausendersponsoringpreis** Auskunft über die Kosten von 30 Sekunden Werbedauer (On-Screen-Zeit), um 1.000 Zuschauerkontakte zu erreichen. Da bei diesem Verfahren in der Regel Normwerte aus Analysen exemplarischer Sendungen einfließen, dienen die Kennziffern primär zur Leistungsbewertung im Vorfeld der Sponsoringmaßnahmen (vergleichbar zur Mediaplanung in der Mediawerbung). Probleme bestehen allerdings darin, dass zum einen die Vergleichbarkeit der Kontakte nicht immer gegeben ist (z. B. Bande in Nah- und Ferneinstellung) und zum anderen durch die Konzentration auf Bandenwerbung andere wichtige Träger der Sponsorenwerbung (z. B. Trikots, Fahnen) vernachlässigt werden.

Insgesamt betrachtet wird deutlich, dass die vorgestellten Leistungskennziffern ausschließlich eine quantitative Bewertung der Sponsoringeffizienz ermöglichen. Kontaktqualitäten werden weitgehend außer Acht gelassen. Hier setzt ein Messsystem des *Fachverbandes für Sponsoring- und Sonderwerbeformen* an, in dessen Mittelpunkt die Bewertung von **Kontaktqualitäten** steht (*Hermanns/Grohs von Reichenbach* 1998, S. 55). Ausgangspunkt bildet ein „Grundwert" nicht-quantifizierbarer Leistungen des Sponsorships (z. B. Medienresonanz, Bewertung der erreichten Zielgruppe, Sonderformen der werblichen Präsenz am Veranstaltungsort), der durch die Vertragspartner individuell festgelegt wird. Um den Gesamtwert eines Sponsorships zu ermitteln, werden zu diesem Grundwert die Werte medialer Werbekontakte, verkaufsfördernder Kontakte sowie dialogisch-unittelbarer Kontakte hinzugezählt. Auch wenn die Beschaffung dieser Daten mit hohem Kosten- und Zeitaufwand verbunden ist, so bildet dieses Verfahren doch die Chance einer umfassenderen Bewertung von Sponsorships, einschließlich solcher Sponsoringbereiche, die nicht primär auf die mediale Präsenz ausgerichtet sind.

Für die Zukunft wird die Bedeutung der Einbeziehung qualitativer Kriterien in die Sponsoringbewertung weiterhin zunehmen. Bezogen auf die Bewertung der TV-Präsenz von Sponsoren sei hier beispielsweise auf die Berücksichtigung unterschiedlicher Kameraführung während eines Sportevents, die Reizstärke von Werbemitteln und die Intensität von Konkurrenzreizen hingewiesen. Darüber hinaus sind weitere Erkenntnisse der Sponsoringwirkungsforschung einzubeziehen, wie die Wirkungsprozesse auf Seiten der Rezipienten und die Wirkungsbedingungen des Umfelds.

Ein interessantes Beispiel, wie On-Screen-Zeiten – und damit auch die Werbewerte von Sponsorships – durch außergewöhnliche Vorkommnisse während eines Events beeinflusst werden und damit oftmals nicht mit Sicherheit ex-ante zu kalkulieren sind, zeigt Insert III-F-15.

Milka stürzt und siegt

DIE SCHOKOLADENMARKE PROFITIERTE UNBEABSICHTIGT
VOM PECH DES SKISPRINGERS HANNAWALD, SO TNS SPORT.

Der Sturz des Favoriten Sven Hannawald beim Neujahrsspringen in Garmisch-Partenkirchen hatte deutliche Auswirkungen auf den Werbewert der Sponsoren.

Da der Sturz vor einer Milka-Werbebande erfolgte, profitierte Milka-Hersteller Kraft Foods, Bremen, und erreichte mit einem Print-Mediawert von über 85 000 Euro Platz eins. Hauptsponsor Siemens Mobile kam dagegen nur auf 45 000 Euro. Alle Sponsoren erzielten bei dem Springen einen Leistungswert in den Printmedien von knapp über 250 000 Euro.

Zu diesem Ergebnis kommen TNS Sport, Heidelberg, und die Firma Ausschnitt Medienbeobachtung, Berlin, in einer Sponsoring-Studie. Danach war Hannawald der mit Abstand werbewirksamste Springer der Tournee. Er erreichte einen Anzeigen-Äquivalenzwert von fünf Millionen Euro.

„Besondere Vorkommnisse während eines Events verzerren die Präsenz- und Onscreen-Zeiten der Sponsoren erheblich", erklärt Marc Rapparlié von TNS Sport. Insgesamt standen in der Vor- und Nachberichterstattung der TV-Sender Rossignol und Sonax als Hauptsponsor Hannawalds im Fokus. Dennoch erreichte Siemens im TV noch einen Werbewert von über

FREUD UND LEID *auch der Sponsoren: Milka erscheint groß im Bild.*

einer Million Euro, gefolgt von Hasseröder (624 000), Ruhrgas (311 000) und Milka (304 000).

Für die Analyse hat TNS Sport die Beiträge von ARD, ZDF, Sat.1 und RTL untersucht. „Ausschnitt" wertete rund 4300 Print-Berichte und 40 Websites aus. ▪ *for*

Insert III-F-15: Werbewerte beim Skispringen (Forster 2003b)

9.3 Probleme der Erfolgskontrolle im Sponsoring

Ähnlich wie die Werbewirkungsforschung generell ist die Effektivitätskontrolle im Sponsoring mit methodischen und inhaltlichen Problemen behaftet. Als spezielle Besonderheit des Sponsoring lässt sich zunächst feststellen, dass die Aufmerksamkeit der Zielpersonen in erster Linie auf das gesponserte Ereignis und nicht auf das Markenzeichen gerichtet ist, das in der Regel nur als „Begleiterscheinung" wahrgenommen wird. Das Sponsoringengagement führt aufgrund dieser selektiven Wahrnehmung lediglich zu einer **„sekundären Aufmerksamkeitswirkung"**. Durch die Einschränkung werblicher Darstellungsmöglichkeiten im Rahmen von Sponsorships reduzieren sich darüber hinaus die Botschaften oftmals auf die Wiedergabe des Markenzeichens, d.h., eine differenzierte Übermittlung von Produktinformationen ist häufig nicht möglich.

Zusätzlich bestehen eine Reihe offener **Probleme bei der Erfolgskontrolle im Sponsoring**, die beim Einsatz des Sponsoring im Unternehmen grundsätzlich zu berücksichtigen sind.

- **Wirkung der Sponsoringmaßnahmen im Zeitablauf:** Für Sponsoren ist es wichtig, Lern- und Vergessensraten bei Sponsoringengagements sowie mögliche Carry-over-Effekte zu ermitteln. Teilweise sind bei den Zielgruppen noch Erinnerungsraten zu verzeichnen, obwohl zu dem Zeitpunkt der Befragung die Marke oder das Unternehmen nicht mehr als Sponsor auftreten.

- **Kumulationseffekte beim Sponsoringeinsatz:** Es sind jene Wirkungen zu erfassen, die bei mehrmaligen Kontakten mit der Werbebotschaft auftreten. Auch ist die Wirkung des Sponsoring in Abhängigkeit vom erzeugten Werbe- und Sponsoringdruck zu untersuchen.

- **Synergieeffekte beim Sponsoringeinsatz:** Sponsorships werden nicht isoliert eingesetzt, so dass ihre Wirkung auch in Verbindung mit anderen Kommunikationsinstrumenten, weiteren Sponsoringengagements des Unternehmens sowie der erfolgreichen Einbindung in die Unternehmenskommunikation zu analysieren und zu vergleichen ist.

- **Einbeziehung des Mediaverhaltens:** Für eine Effektivitätsanalyse im Sponsoring reicht es nicht aus, einen kalkulatorischen (Werbe-)Nutzen zu berechnen, ohne genauere Informationen über das Mediaverhalten der Zielgruppen zu berücksichtigen. Die Fernseh- und Printmedienforschung hat hier vertiefende Studien durchzuführen, damit die Mediawirkung besser zu beurteilen ist.

- **Kaufrelevanz des Sponsoring:** Mittel- bis langfristig sind differenziertere Informationen über den Einfluss des Sponsoring auf die Veränderung der Kaufbereitschaft und das Kaufverhalten von Interesse.

- **Aufmerksamkeitswert von Markenzeichen:** Speziell zur Messung des Aufmerksamkeitswertes von Markenzeichen im sportlichen oder kulturellen Umfeld wird es zukünftig notwendig sein, neuere theoretische Ansatzpunkte der Werbewirkungsforschung aufzuarbeiten und empirisch zu testen. Hierzu gehört insbesondere die Informationsverarbeitungspsychologie und speziell das Konzept der Bildinformationsverarbeitung. Dabei ist sowohl auf die Gehirnforschung als auch auf Fragestellungen des Zustandekommens und der Wirkung innerer Bilder auf das menschliche Verhalten im Rahmen der so genannten „Imagery-Forschung" zurückzugreifen.

- **Imagewirkungen und Imagetransfer:** Es ist schwierig, die direkten Wirkungen des Sponsoring auf die Veränderung von Images zu erfassen. Vor allem ist von Interesse, ob die beabsichtigten Imagetransfers vom Gesponserten auf den Sponsor tatsächlich stattgefunden haben.

Trotz bzw. gerade aufgrund der Schwierigkeiten, die eine Erfolgskontrolle im Sponsoring mit sich bringt, sind Wissenschaft und Unternehmen zukünftig aufgefordert, bestehende Ansätze der Prozess-, Wirkungs- und Effizienzkontrolle im Sponsoring weiterzuentwickeln sowie neue Ansätze zu erforschen. Zwar konnte sich Sponsoring in den letzten Jahren durch bedeutende Wachstumsraten auszeichnen, die sich zu einem Großteil durch die Innovativität des Kommunikationsinstrumentes sowie seine spezifischen Vorteile gegenüber der Mediawerbung erklären lassen. In der Zukunft tritt jedoch die Wirtschaftlichkeit unterschiedlicher Sponsoringmaßnahmen wieder verstärkt in den Fokus, und es werden **professionelle Controllinginstrumente** gefordert sein, um das Sponsoringportfolio der Unternehmen einer systematischen Effektivitäts- und Effizienzanalyse zu unterziehen.

10 Entwicklungstendenzen und Zukunftsperspektiven des Sponsoring

Sponsoring hat in den letzten 15 Jahren so stark wie kaum ein anderes Kommunikationsinstrument an Bedeutung gewonnen und nimmt heute einen **zentralen Stellenwert im Kommunikationsmix** zahlreicher Unternehmen ein. Zurückzuführen ist diese Entwicklung vor allem auf die spezifischen Vorteile des Sponsoring gegenüber anderen Kommunikationsinstrumenten in einem reizüberfluteten Kommunikationsmarkt und gegenüber „werbemüden" Konsumenten. Entscheidende Stärken des Sponsoring werden in der gezielten Ansprache spezieller Zielgruppen, der Vermittlung authentischer Erlebniswerte sowie der Möglichkeit einer Pflege von Kundenkontakten in einem angenehmen Umfeld gesehen.

Sponsoring eignet sich darüber hinaus in besonderem Maße zur **Profilierung von Marken**, seien es Unternehmens-, Produkt- oder Dienstleistungsmarken (*Bruhn* 2004). Erfolgreiche Marken verlangen eine emotionale Bindung ihrer Zielgruppen zur Marke. Im Rahmen der emotionalen Markenpositionierung leistet Sponsoring einen Beitrag zum „Erlebnisprofil" einer Marke. Marken sind zudem darauf angewiesen, das „Markenleitbild" kommunikativ einheitlich auszurichten und über verschiedene Kommunikationsinstrumente einheitlich zu kommunizieren. Wie gezeigt, hat Sponsoring ein hohes Integrationspotenzial und nimmt in diesem Sinne eine wichtige Funktion für eine Integrierte Markenkommunikation ein. Daneben dient Sponsoring auch zur Profilierung und Abgrenzung gegenüber Konkurrenzmarken. Unter diesen Bedingungen ist davon auszugehen, dass Sponsoring auch zukünftig seinen Stellenwert im Rahmen der Unternehmenskommunikation behaupten wird.

Neben diesen positiven Grundvoraussetzungen beeinflussen jedoch dynamisch verlaufende Veränderungen in den Rahmenbedingungen der Kommunikationsmärkte, der Wettbewerbssituation für Unternehmen, der Rechtssprechung usw. die zukünftigen Aktivitäten der Sponsoren, Gesponserten und Medien. Diese Beeinflussung verläuft gegebenenfalls sowohl im positiven als auch im negativen Sinne und ist in die zukünftige Bewertung des Sponsoring als Kommunikationsinstrument einzubeziehen. Beispielsweise sei hier auf **Restriktionen der Werbung** für Tabakerzeugnisse verwiesen, die Einfluss auf das Engagement einer Vielzahl von Sponsoren in der *Formel 1* nimmt.

Als „Nebenwirkung" der erfolgreichen Entwicklung des Sportsponsoring verfolgen inzwischen immer mehr Unternehmen das Ziel, von den Erfolgen des Sportsponsoring profitieren zu wollen, ohne die Pflichten eines offiziellen Sponsors einzugehen. Notwendigerweise schwächt dies die (kommunikative) Wirkung der offiziellen Sponsoringaktivitäten (*Bruhn/ Ahlers* 2003, S.71). Diese Nutzung fremdinszinierter Events wird als **Ambush-Marketing** (to ambush = aus dem Hinterhalt überfallen) bezeichnet und ist insbesondere im Sportsponsoring zu beobachten. Es lassen sich bestimmte konstituierende Merkmale für das Ambush Marketing ableiten (*Bruhn/Ahlers* 2003):

- Ambush Marketing stellt Aktivitäten eines Unternehmens dar, die dazu dienen ohne Übernahme eines offiziellen Sponsorships mit einem bestimmten Sport-Event bzw. einem Athleten assoziiert zu werden, Ambusher und Sponsor stammen in der Regel aus der gleichen Branche und gelten als Konkurrenzunternehmen bzw. -marken,

- Ambush Marketing ist nicht ausschließlich als konkurrenzorientierte Strategie anzusehen, sondern richtet sich grundsätzlich auf die positive Nutzung von Veranstaltungen, hauptsächlich im sportlichen Bereich.

- Ambush Marketing erzielt bei den Zuschauern eines Sport-Events eine Wirkung im Hinblick auf die Verbindung zwischen dem Sponsoringsubjekt (Sport-Event bzw. Athleten) und dem Ambusher,

- Praktiken des Ambush Marketing bewirken eine Verschiebung der Aufmerksamkeit zwischen dem offiziellen Sponsor und dem Ambusher; mit der Konsequenz, dass das offizielle Sponsorship an kommunikativer Wirkung verliert.

Unternehmen nutzen im mittelbaren und unmittelbaren Umfeld einer Sportveranstaltung unterschiedliche Maßnahmen um Ambush Marketing zu betreiben (*Bruhn/Ahlers* 2004):

(1) Ambush Marketing im Rahmen einer „Subkategorie" eines Sport-Events

Aufgrund der starken Ausdifferenzierung des Sponsoring sind in den letzten Jahren eine Vielzahl unterschiedlicher Sponsoringebenen bzw. -kategorien entstanden. Die daraus resultierende Komplexität der Sponsoringmaßnahmen ermöglicht es Unternehmen, durch das Sponsoring einer „Subkategorie" die Aufmerksamkeit bestimmter Zielgruppen zu gewinnen und dabei vergleichsweise relativ geringe Kosten zu tragen.

> **Beispiel: Ambush Marketing im Rahmen einer „Subkategorie" eines Sport-Events**
> Das Zustellunternehmen *UPS*, das seit Jahren zu den TOP-Partnern der *Olympischen Spiele* zählt, war in Sydney machtlos, als die Eintrittskarten vom Konkurrenzunternehmen *TNT* verteilt wurden. Ein Großteil der Zuschauer brachte daraufhin *TNT* mit der Olympiade in Verbindung.

(2) Ambush Marketing durch Außenwerbung

Ambush Marketing-Maßnahmen sind keineswegs auf das Veranstaltungsgelände beschränkt, sondern können auch im Rahmen der Außenwerbung zum Einsatz kommen. Neben der Installation von Plakaten und Austeilen von Flyern gehören auch kostenintensivere Kommunikationsmaßnahmen wie die Inszenierung von Luftwerbung oder Ähnlichem zur Außenwerbung.

(3) Ambush Marketing durch Fernsehwerbung

Die Übertragung bedeutender Sportereignisse im Fernsehen ermöglicht es Unternehmen zum einen Werbezeiten im sportaffinen Umfeld zu erhalten und zum anderen durch event- bzw. sportbezogene Gestaltung ihrer TV-Spots eine Assoziation mit der jeweiligen Veranstaltung zu bewirken. Grundsätzlich ist es legitim, wenn ein Unternehmen TV-Spots in den Werbepausen eines Sport-Events schaltet, ohne gleichzeitig Inhaber einer offiziellen Sponsorenstellung zu sein. Weist dabei der Werbeinhalt einen direkten oder indirekten Bezug zur Sportveranstaltung auf, wird bei enger Betrachtungsweise von Ambush Marketing gesprochen.

(4) Ambush Marketing durch Verdeckung kommunikativer Maßnahmen von Sponsoren

Anstatt die eigene Marke in den Mittelpunkt zu stellen, „blockieren" Ambusher teilweise die Markenzeichen offizieller Sponsoren.

Beispiel: Verdeckung kommunikativer Maßnahmen

Bei den *Olympischen Spielen* in Barcelona verdeckten die von *Nike* gesponserten Spieler *Charles Barkley* und *Michael Jordan* zur Preisverleihung mit einer US-Flagge die Logos des offiziellen Sponsors des amerikanischen Basketballteams *Reebok* auf den Trainingsanzügen. Beide Spieler gaben im Nachhinein zu, mit dieser Aktion bewusst zugunsten ihres Individualsponsors *Nike* gehandelt zu haben.

(5) Ambush Marketing durch Programmsponsoring

Die Übernahme des Programmsponsoring eines im Fernsehen übertragenen Sportereignisses stellt zum einen eine legitime Sponsoringform dar, die sich als Ambush Marketing interpretieren lässt, wenn der Programmsponsor kein offizieller Sponsor der Veranstaltung ist. Im Vergleich zum Veranstaltungssponsor erreicht der Programmsponsor meist ein wesentlich größeres Publikum mit einer höheren Aufmerksamkeitswirkung.

Beispiel: Ambush-Marketing von *Puma*

Das wohl bekannteste Beispiel für Ambush Marketing stammt aus dem Jahre 1996 während der *Olympischen Spiele* in Atlanta. Der britische Sprinter *Linford Christie* durfte während der *Olympischen Spiele* kein Logo seines Sponsors *Puma* an seiner Sportbekleidung tragen, da *Nike* der offizielle Hauptsponsor der *Olympischen Spiele* war. Als Reaktion hierauf ging *Linford Christie* mit Kontaktlinsen, die den springenden *Puma* (das Logo der Marke *Puma*) auf der Linse trugen, in die Pressekonferenzen. Diese Bilder wurden weltweit ausgestrahlt und Mio. von Zuschauern sahen sie (*Drees/Jäckel* 2008, S. 32; *Scharf/Schubert/Hehn* 2009, S. 394).

Die Meinungen über Ambush Marketing reichen von einer ernst zu nehmenden Gefahr sowohl für Sponsoren als auch für Veranstalter bedeutender Sport-Events bis hin zum neuen, innovativen Kommunikationsinstrument (*Burmann/Nitschke* 2006; *Drees/Trautwein* 2008).

Die „Ambush Marketer" (zu deutsch häufig Trittbrettfahrer genannt) streben durch unterschiedliche – oftmals äußerst innovative – Maßnahmen eine Verwirrung der Konsumenten bezüglich der tatsächlichen Sponsoren eines Events an. Durch diese Irreführung besteht die Gefahr, dass sich ein Großteil der Aufmerksamkeit auf den Ambusher richtet und angestrebte Imagedimensionen nicht auf den Sponsor, sondern den Ambusher übertragen werden. Die kommunikative Wirkung für die offiziellen Sponsoren wird damit zwangsläufig geschwächt, und es resultieren Wertverluste der Sponsorships (*Meenaghan* 1996, S. 103; *Townley/Harrington/Couchman* 1998, S. 334). Insbesondere in wirtschaftlich angespannten Zeiten wird dies oftmals eine Neubewertung des Sponsoring im Rahmen des Kommunikationsmix zur Konsequenz haben. Die Problematik des Ambush Marketing im Kontext der *Olympischen* Spiele in Peking 2008 wird in Insert III-F-16 deutlich.

Es zeigt sich, dass Sponsoring in der Zukunft nicht nur mit Chancen, sondern gleichfalls mit Risiken verbunden sein wird. Hinzu kommt, dass Unternehmen nach der **Ernüchterung der „Spaßgesellschaft"** und unter den herrschenden **wirtschaftlich kritischen Rahmenbedingungen** ihre Sponsoringaktivitäten zukünftig kritischer zu bewerten und eine strengere Selektion der Engagements vornehmen werden. Dies hat zur Folge, dass der Einsatz des Sponsoring sowohl von Seiten der Sponsoren als auch der Gesponserten in der Zukunft noch professioneller und strategischer als bisher zu erfolgen hat. Zentral ist hierbei eine konsequente Vernetzung des Sponsoring mit anderen Instrumenten der Unternehmenskommunikation mit dem Ziel, die Sponsoringwirkung zu verstärken und Synergieeffekte über den gesamten Kommunikationsmix zu generieren.

Obwohl das Thema Sponsoring seit vielen Jahren in Forschung und Praxis intensiv diskutiert wird, wurde sich unterschiedlichen **offenen Fragestellungen** bisher nur wenig gewidmet. Bislang fehlen fundierte Untersuchungen zu den **Reaktanzeffekten** in der Bevölkerung sowie Erkenntnisse über die mittel- bis langfristigen Wirkungen des Sponsoring und den darin liegenden Risiken für den Einsatz des Kommunikationsinstruments. Es ist davon auszuge-

TRITTBRETTFAHRER-MARKETING

Wie Li Ning Adidas die Show stiehlt

Li Ning – nie gehört? Spätestens seit seinem spektakulären Fackelauftritt bei der Olympia-Eröffnungsfeier ist der Gründer von Chinas größtem Sportartikelhersteller auch im Westen kein Unbekannter mehr. Trittbrettfahrer-Marketing ist bei den Spielen besonders beliebt – zum Leidwesen der offiziellen Sponsoren.

Li Ning als letzter Fackelträger bei der Eröffnungsfeier der Olympischen Spiele. Foto: dpa

PEKING. Für Adidas-Chef Herbert Hainer wird die Eröffnungsfeier der Spiele in Peking ein unvergessliches Erlebnis bleiben. Zunächst hielt die Konzernchef vor Begeisterung den Atem an. Am Ende verschlug ihm jedoch der Coup des Konkurrenten Li Ning die Sprache. Unjubelt von den Massen schwebte der Gründer des größten chinesischen Sportartikelherstellers als letzter Fackelträger durch das Stadion. Und Milliarden von Menschen saßen am Fernsehen zu.

Dieser Auftritt habe den Bekanntheitsgrad der Marke Li Ning auf jeden Fall beflügelt, ist Sophie Fan, Analyst bei CSC Securities in Hongkong, überzeugt. „Das ist die beste Werbung, die eine Firma bekommen kann." Kostenlos. Zum Beweis legte gestern der Aktienkurs von Li Ning in Hongkong deutlich zu.

Obwohl Adidas für sein Olympia-Sponsoring insgesamt zwischen 150 Mill. und 200 Mill. Euro ausgibt, spricht nun alle Welt von Li Ning – ohne dass das Unternehmen einen Euro für diesen Marketing-Gag bezahlt hätte. Und es ist nicht der erste Angriff des Rivalen bei den Sommerspielen: Im Staatssender CCTV treten momentan die meisten Moderatoren in Hemden der chinesischen Marke auf. Dabei ist das Li-Ning-Zeichen auf der Brust immer deutlich zu sehen. Gratis-Werbung vom Feinsten.

» Olympische Eröffnungsfeier: Lichtermeer im Vogelnest

„Es gibt viele solcher Fälle, weil natürlich alle partizipieren wollen", sagt Adidas-Chef Hainer. So rüstet etwa in Peking der Sportartikler Kappa als Italien Tausende von Journalisten, die sich im Medienzentrum der Stadt akkreditiert haben, mit Rucksack, T-Shirt und Mütze aus. Adidas in Peking war darüber als offizieller Sponsor nicht informiert, prüfte darum selbst die Rechtslage. Doch man musste feststellen, dass das Pressezentrum der Stadt nichts mit dem olympischen Medienzentrum zu tun hat und damit nicht der offiziellen Olympia-Organisation unterliegt.

Das so genannte Ambush-Marketing ist keineswegs neu. Schon immer haben Firmen versucht, als Trittbrettfahrer auf den olympischen Zug aufzuspringen. 1984 trat zum Beispiel Kodak als der Sponsor von olympischen Fernseh-Anstalten auf, obwohl Fujifilm der offizielle Olympia-Partner war. Vier Jahre später war es genau umgekehrt. In Seoul war Kodak Olympia-Sponsor, aber Fujifilm warb mit dem Schwimmteam der USA.

In Atlanta 1996 sorgte Nike für Wirbel, da der Sportartikelhersteller die Stadt mit Werbung regelrecht zugepflastert und an die Fans vor den Stadien T-Shirts und Fahnen verschenkte – mit Nike-Logo. Seitdem sind alle Werbeflächen in den olympischen Stadtzentren weitgehend für die offiziellen Sponsoren reserviert. Kappa musste sein riesiges Logo im Zentrum Pekings für die Dauer der Spiele verhängen.

Auch andere Branchen wollen die Spiele in Peking nutzen, um den großen Markt China zu erobern. So ist Coca-Cola der offizielle Getränkesponsor 2008, doch Pepsi hat seine blauen Dosen in China plötzlich gegen rote Dosen getauscht. Die Getränkedosen der beiden Anbieter lassen sich in Peking kaum noch unterscheiden.

Shaun Rein, Gründer von China Market Research Group, hält solche Aktionen keineswegs für PR-Alberei. Der Effekt von Ambush-Marketing sei nicht zu unterschätzen, hat seine Umfrage herausgefunden: „Vierzig Prozent gaben Nike als offiziellen Olympia-Sponsor an, 50 Prozent den wirklichen Partner Adidas." Immerhin zehn Prozent sahen Li Ning sogar in dieser Rolle – und dies war weit vor dem Start der Sommerspiele.

Sein Konzern werde mit allen Mitteln gegen jeden Missbrauch vorgehen, hat Adidas-Chef Hainer in Peking erklärt. Doch die Olympia-Mission von Li Ning, der als „Turnprinz" von 1984 ohnehin schon der Held der Nation ist, zeigt auch, dass in Ländern wie China Firmen mit ihrer Nähe zur alten Partei und zur neuen Elite immer noch einen Pfeil im Köcher haben.

Das macht es besonders schwierig, gegen clevere Trittbrettfahrer vorzugehen. Denn sie handeln kreativ und selbstbewusst, aber nicht unbedingt illegal. So konnte Adidas zwar den geschlossenen Werbevertrag zwischen CCTV und Li Ning hinter den Kulissen verhindern. Doch welche Freizeitkleidung nun die CCTV-Moderatoren vor der Kamera tragen, ist ihre Privatsache. Und nach dem umjubelten Auftritt mit der Fackel werden die Reporter bestimmt noch lieber ein T-Shirt oder ein Polohemd aus dem Hause Li Ning überstreifen.

Insert III-F-16: Ambush Marketing im Rahmen der Olympischen Spiele in Peking 2008 (Handelsblatt 2008)

hen, dass Sponsoring die Freizeitmärkte auch zukünftig immer stärker verändert. Durch die Bereitstellung zusätzlicher Gelder entstehen auch **dysfunktionale Wirkungen** auf die Sport-, Kultur- und Medienlandschaft sowie den Umweltbereich. Im Verlauf der zunehmenden Kommerzialisierung und Professionalisierung des Freizeitspektrums sind daher immer auch eventuelle Risiken zu beachten und zu diskutieren. In diesem Zusammenhang werden sich auch immer wieder neue Diskussionen um die grundsätzliche Wirksamkeit von Sponsoring als Kommunikationsinstrument ergeben. Insbesondere in Zeiten, in denen Unternehmen oftmals Kürzungen ihrer Marketing- und Kommunikationsbudget vornehmen, steht Sponsoring in verschärfter Konkurrenz zu anderen Kommunikationsinstrumenten. Aus Perspektive der Agenturen verdeutlicht dies die Auseinandersetzung um die Kampagne des Vermarkters der *Verlagsgruppe Handelsblatt (GWP)* in Insert III-F-17.

Schließlich ist auf das Problem der **verstärkten öffentlichen Kontrolle und öffentlichen Reaktanz** hinzuweisen. Jedes Unternehmen hat damit zu rechnen, dass die durchgeführten Sponsoringmaßnahmen aus unterschiedlichen Perspektiven diskutiert und bewertet werden. Treten Widersprüche und Irritationen bei den Sponsorships auf oder wird beispielsweise dem Umwelt- oder Soziosponsoring bei hoher sachlicher Betroffenheit des Unternehmens nur eine „Alibifunktion" zugesprochen, so ist mit breiter Medienresonanz, kritischer Berichterstattung und damit Glaubwürdigkeitsverlusten in der Öffentlichkeit zu rechnen. Je altruistischer bzw. selbstloser sich das Sozio- oder Umweltsponsoring hingegen bei den Zielgruppen darstellt, desto eher wird mit den Engagements gesellschaftliche Verantwortung glaubwürdig dokumentiert. Unternehmen mit einer offenen Informationspolitik und ausgeprägten Dialogfähigkeit gegenüber den verschiedenen Zielgruppen werden die mit der öffentlichen Kontrolle verbundenen Risiken leichter handhaben.

GWP-Kampagne gegen Sponsoring

Aktion erntet Kritik

Mit Kritik haben Unternehmen und FASPO auf eine Print-Kampagne der GWP reagiert. Die Agentur wollte mit einer Werbeaktion „die Risiken der unterschiedlichen Sponsoringaktivitäten" aufzeigen.

In den letzten Wochen waren in mehreren Kommunikationsfachtiteln doppelseitige Printanzeigen mit einem brennenden Formel 1-Bolide samt Fahrer als Motiv zu sehen. Darunter war das Motto „Ihre Marke hat etwas Besseres verdient" zu lesen. Ideengeber dieser Kampagne war die GWP, Vermarkter der Verlagsgruppe Handelsblatt. Die Agentur wollte

Ihre Marke hat etwas Besseres verdient: klassische Medien. GWP

■ GWP: Haben Marken etwas Besseres verdient als Sponsoring?

mit unterschiedlichen Motiven aus dem Sportbereich auf besondere Risiken hinweisen, die Sponsoring für Unternehmen mit sich bringen könne. Neben dem brennenden Formel 1-Renner ist beispielsweise noch ein Fußballer zu sehen, der beim Jubeln das Trikot mit dem Sponsorenschriftzug über den Kopf zieht.

Die Aktion hat in der Sponsoringbranche für Verwunderung und Kritik gesorgt. In einer Stellungnahme fand der Fachverband für Sponsoring & Sonderwerbeformen (FASPO) deutliche Worte: „Wir halten es für anmaßend, dass die GWP Werbetreibenden und ihren Agenturen unterstellt, jährlich Fehlinvestitionen in Milliardenhöhe in Sponsoring vorzunehmen. Die Kampagne ist eine Beleidigung vieler Marketingleiter."

Verschiedene Werbeleiter von großen Unternehmen äußerten prompt Kritik. Beispielsweise Michael Trautmann, Leiter Zentrales Marketing bei Audi: „In unserer Kommunikation setzen wir auf einen Mix von Instrumenten. Klassische Kommunikation und Sponsoring sind hierbei zwei wichtige Bestandteile, die sich gegenseitig ergänzen. Diese Instrumente stehen aber nicht im Wettbewerb." Marketingleiter anderer großer Unternehmen reagierten auf die GWP-Aktion ebenfalls mit Unverständnis, wollten aber aus strategischen Gründen – viele sind selbst auch Kunden der GWP – die öffentliche Diskussion nicht zusätzlich anheizen.

GWP von Kritik überrascht

Die GWP war sich der Auswirkungen ihrer neuesten Werbeinitiative offenbar nicht ganz bewusst. Die Düsseldorfer Agentur ließ jetzt öffentlich verlauten, dass sie von den heftigen Reaktionen auf ihre Kampagne überrascht gewesen sei. Auf Grund der deutlichen Kritik aus verschiedensten Reihen scheint die GWP mittlerweile bemüht, die Situation zu entschärfen. „Wir wollen mit dieser Aktion nicht die Wirksamkeit von Sponsoring in Frage stellen, sondern in einer leicht augenzwinkernd gemeinten Art und sicherlich in kompetitiver Form auf die Stärken von Printkampagnen hinweisen", erklärte Andreas Knaut, Leiter Unternehmenskommunikation der Verlagsgruppe Handelsblatt, gegenüber SPONSORˢ. Ob für eine solche leicht „augenzwinkernd" gemeinte Kampagne ein brennender Formel 1-Bolide das passende Motiv ist, scheint zweifelhaft. *(mw)* ■

Insert III-F-17: Konkurrenz von Sponsoring und klassischen Kommunikationsinstrumenten (Weilguny 2003)

G. Einsatz der Persönlichen Kommunikation

1 Begriff und Erscheinungsformen der Persönlichen Kommunikation

1.1 Definition der Persönlichen Kommunikation

Unter verschärften Wettbewerbsbedingungen auf Märkten mit Sättigungserscheinungen und zunehmend ausgereiften Angeboten wird die **Kommunikation im Kundenkontakt** zu einem entscheidenden Erfolgsfaktor der Unternehmens- und Marketingkommunikation in der Zukunft. Das betrifft keineswegs nur Unternehmen, die herkömmlich dem Dienstleistungssektor zugeordnet werden und dementsprechend zwangsläufig persönliche Kontakt- und damit Kommunikationspunkte aufweisen. Auch industrielle Anbieter, die ihre Produkte mit Dienstleistungen koppeln, erfahren zunehmend, dass die Chance zur Differenzierung gegenüber dem Wettbewerb und zur Profilierung des eigenen Angebots am Markt gerade in der Qualität produktbegleitender und werterhöhender Serviceleistungen (*Laakmann* 1995; *Meffert/ Bruhn* 2009, S. 251; *Voeth/Herbst* 2010) liegt. Ebenso wird die Fähigkeit immer wichtiger, durch eine kontinuierliche, intensive, direkte und persönliche Kommunikation eine Kundenbeziehung aufzubauen beziehungsweise zu verbessern, um damit eine stärkere **Kundenbindung** zu realisieren. Speziell für Dienstleistungsunternehmen kann zudem davon ausgegangen werden, dass die Persönliche Kommunikation zwischen Kunden und den am Dienstleistungserstellungsprozess beteiligten Mitarbeitenden unmittelbaren und entscheidenden Einfluss auf die Wahrnehmung der **Dienstleistungsqualität** ausübt (*Bruhn* 2009b, S. 589).

Obgleich der **Persönlichen Kommunikation** bei der Realisierung der Kommunikationsziele große Bedeutung zukommt wird sie als Instrument der Kommunikationspolitik in Wissenschaft und Praxis häufig nur am Rande untersucht (*Greenberg* 1964; *Engels/Timaeus* 1983; *Wiener/LaForge/Goolsby* 1990; *Pettijohn et al.* 2000; *Keillor/Parker/Pettijohn* 2000; *Baumgarth/Schmidt* 2008a, S. 43 ff.; 2008b, S. 247 ff.; *Bruhn* 2010a, S. 589; *Gierl/Hüttl* 2009, S. 231 ff.). Nicht selten entscheidet sich erst in unmittelbaren Gesprächen zwischen Anbietern und Nachfragern, ob und inwiefern Verkäufe getätigt, Verträge abgeschlossen oder Dienstleistungen in Anspruch genommen werden.

Es existieren zahlreiche Publikationen, die sich im Rahmen ihrer Untersuchungen zu verschiedenen Bereichen der Unternehmenskommunikation mit der direkten oder indirekten Persönlichen Kommunikation auseinandersetzen. Hier sind insbesondere Konzepte des **Persönlichen Verkaufs** beziehungsweise „**Personal Selling**" (*Schwab* 1982; *Weeks/Muehling* 1987; *Szymanski* 1988; *Albers* 1989; *Hansen/Schulze* 1990; *Ernd* 1991; *Dommann* 1993; *Johnston/Kim* 1994; *Withey/Panitz* 1995; *Belz/Schögel* 1996; *Keillor/Parker/Pettijohn* 2000; *Pettijohn et al.* 2000; *Bänsch* 2001; *Schuchert-Güler* 2001; *Weis* 2003; *Futrell* 2008; *Homburg/Schäfer/Schneider* 2008; *Winkelmann* 2008), der **Direktkommunikation** (*Köhler* 1991; *Lerg* 1991; *Beba* 1993; *Wirtz/Pannenbäcker* 2008) beziehungsweise des **Direct Marketing** (*Kirchner* 1992; *Roberts/Berger* 1999; *Nash* 2000; *Dallmer* 2002; *Dolnicar/Jordaan* 2007; *Stone* 2007; *Spiller/Baier* 2010 sowie die in Kapitel III-D angegebene Literatur) oder der **Verkaufsförderung** beziehungsweise „**Sales Promotions**" (*Cristofolini* 1989;

Bänsch 1993; *Pflaum/Eisenmann/Linxweiler* 2000; *Gedenk* 2009 sowie die im Kapitel III-C angegebene Literatur) zu nennen. Auch Forschungen zur **interpersonellen, zwischenmenschlichen Kommunikation** (*Reynolds/Darden* 1971; *Hummrich* 1976; *Hensmann* 1980; *Gatignon/Robertson* 1986; *Wahren* 1987) oder der sogenannten **nonverbalen Kommunikation** (*Frey et al.* 1981; *Scherer/Ekman* 1982; *Weinberg* 1986; *Klammer* 1989; *Bekmeier* 2001; *Kroeber-Riel/Weinberg/Gröppel-Klein* 2009, S. 555 ff.) implizieren Untersuchungen zur persönlichen Interaktion von Anbieter und Nachfrager.

Wie im Folgenden noch zu sehen sein wird, handelt es sich bei der Persönlichen Kommunikation um ein Marketinginstrument, das nicht eindeutig dem Kommunikationsbereich zuzuordnen ist. Deshalb erscheint es notwendig, auf der Grundlage verschiedener Formen der Persönlichen Kommunikation eine zweckmäßige Einordnung in die Kommunikationspolitik vorzunehmen.

Bei der **direkten Persönlichen Kommunikation** stehen Kommunikatoren und Rezipienten in unmittelbarer Verbindung, und zwar entweder im persönlichen Gespräch unter vier Augen, unter mehreren Personen in einer Gruppe oder unter Zuhilfenahme eines selbstgewählten Aussageträgers zur Übermittlung von Wissen und zur Rückmeldung der Reaktion der Rezipienten. Beim direkten Kommunikationsprozess tritt demnach keine zusätzliche Vermittlungsinstanz, zwischen die Kommunikationsbeteiligten (*Lerg* 1991, S. 139 f.).

Bei der **indirekten Persönlichen Kommunikation** liegt dagegen eine mittelbare Verbindung zwischen Kommunikatoren und Rezipienten vor, d. h. eine besondere Vermittlungsinstanz übernimmt für den Kommunikator und/oder den Rezipienten die Aufgabe der Formulierung und Kanalisierung einer Aussage. Diese Vermittlungsinstanz kann z. B. eine Zeitungs- und Rundfunkredaktion sein, eine Werbe- oder PR-Agentur, ein Rechtsanwalt oder ein Abgeordneter, eine Genossenschaft oder eine Behörde (*Lerg* 1991, S. 139).

Eine weitere Unterscheidung der direkten Kommunikation nach persönlicher oder unpersönlicher Ansprache bedeutet, dass eine Übermittlungsinstanz zwischen Kommunikator und Rezipient geschaltet werden kann. Bei der **direkten persönlichen Kommunikation** erfolgt beim Austausch keine Einschaltung einer Übermittlungsinstanz, d. h. es handelt sich hierbei um die direkt interaktive Face-to-Face-Kommunikation. Wenn demgegenüber eine Übermittlungsinstanz, wie Telefon, Post oder Computer, zwischen die direkt interagierenden Personen geschaltet wird, handelt es sich um **direkte unpersönliche Kommunikation**, beispielsweise im Rahmen von Aktionen des Telefonmarketing, bei Call Centern oder Direct Mailings.

Schließlich kann eine Differenzierung nach persönlicher Kundenkommunikation und persönlicher Mitarbeiterkommunikation erfolgen. Die **persönliche Kundenkommunikation** umfasst sämtliche Maßnahmen der Face-to-Face-Kommunikation, die zwischen den Mitarbeitenden oder dem Management eines Unternehmens und den aktuellen sowie potenziellen Kunden eingesetzt werden. Bei der **persönlichen Mitarbeiterkommunikation** handelt es sich demgegenüber um Maßnahmen, die vom Management des Unternehmens ergriffen werden, um mit den verschiedenen Mitarbeitergruppen persönlich zu kommunizieren.

Die Unterschiede zwischen den dargestellten Formen der Persönlichen Kommunikation sind damit in erster Linie in der Verbindung zwischen Kommunikator und Rezipient zu sehen. Schaubild III-G-1 gibt einen Überblick zur Einordnung der Persönlichen Kommunikation in das System der Unternehmens- und Marketingkommunikation sowie Beispiele zu den verschiedenen Kommunikationstypen.

Im Folgenden werden ausschließlich die **direkte Persönliche Kundenkommunikation** und die **indirekte Persönliche Kundenkommunikation** untersucht, da Kommunikationsmaßnah-

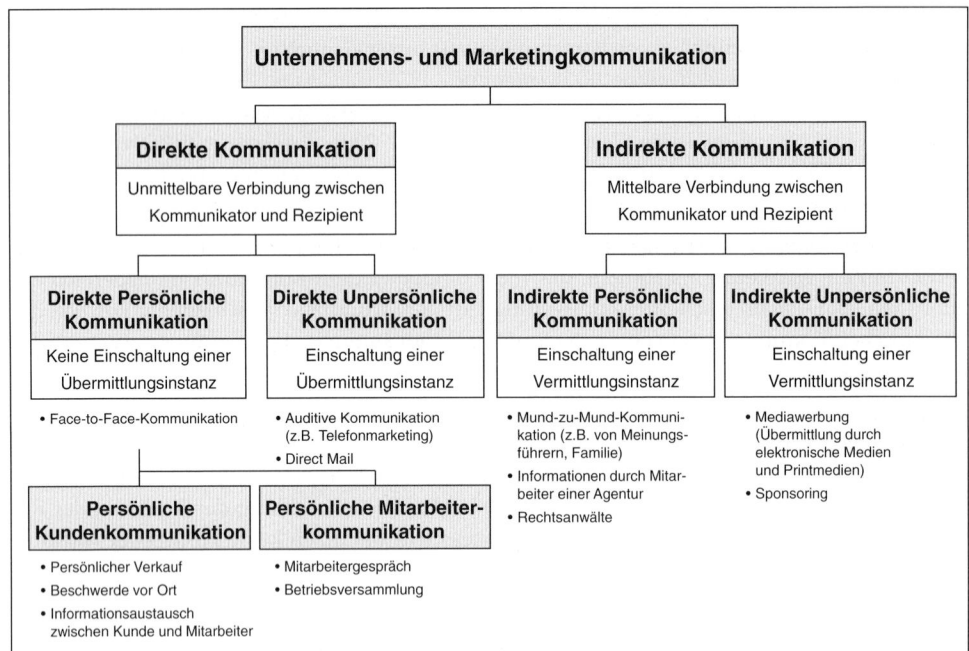

Schaubild III-G-1: Persönliche Kommunikation im System der Unternehmens- und Marketingkommunikation

men, die eine unpersönliche Übermittlungsinstanz erfordern, im Rahmen des Einsatzes der übrigen Kommunikationsinstrumente in den jeweiligen Kapiteln dieses Buches diskutiert werden. Zudem wird der Bereich der (persönlichen) Mitarbeiterkommunikation ebenfalls als eigenständiges Instrument der Unternehmenskommunikation in diesem Buch behandelt.

Zur Erarbeitung einer Definition der Persönlichen Kommunikation sind verschiedene begriffsklärende Abgrenzungen notwendig. Trotz der Bedeutungsvielfalt des Begriffes in Wissenschaft und Praxis wird im Folgenden unter **Kommunikation** generell sämtliches menschliches Verhalten verstanden, d.h. Worte, ihre Bedeutungen und Konfigurationen (verbale Kommunikation) sowie Körpersprache und nichtverbale Begleiterscheinungen (nonverbale Kommunikation), wobei deren Kontext beziehungsweise die Umwelt eine mitbestimmende Rolle spielt (*Schwab* 1982, S. 27; *Watzlawick/Beavin/Jackson* 2000, S. 51).

Die **Interaktion** stellt eine spezielle Form der Kommunikation dar, da es sich bei ihr um die erfolgreich zustande gekommene verbale und nonverbale Kommunikation handelt (vgl. für den Dienstleistungsbereich *Nerdinger* 1998, S. 183 ff.), d.h., Kommunikation ist Voraussetzung für eine Interaktion. Bei dieser zweckgerichteten wechselseitigen Beziehung zwischen mindestens zwei Interaktionspartnern erfolgen Aktion und Reaktion interdependent. Zusammenfassend beinhaltet eine Interaktion dementsprechend die zweckgerichtete, wechselseitige Kontaktaufnahme beziehungsweise -abwicklung zwischen Anbieter und Nachfrager, wobei diese bestimmte Erfahrungen sowie normative und prädiktive Erwartungen in die Face-to-Face-Situation einbringen (*Schoch* 1969; *Schwab* 1982, S. 25 ff.; *Diller* 2001; *Seidel* 2007, S. 66; *Backhaus/Voeth* 2010).

Da bei der Kommunikation beziehungsweise Interaktion zwischen Marktpartnern im Folgenden stets die Unternehmensperspektive eingenommen wird, ist bei der Begriffsabgrenzung der Persönlichen Kommunikation der Aspekt der **Kommunikationspolitik** zu berücksichtigen, die sämtliche unternehmensinternen und -externen Maßnahmen einschließt, die auf Kenntnisse, Einstellungen und Verhaltensweisen von Marktteilnehmern gegenüber dem Unternehmen und seinen Leistungen einwirken.

Auf Basis dieser grundlegenden Abgrenzungen wird der **Begriff der Persönlichen Kommunikation** wie folgt gefasst:

> Das Kommunikationsinstrument persönliche Kommunikation umfasst die
>
> - Analyse, Planung, Durchführung und Kontrolle sämtlicher unternehmensinterner und -externer Aktivitäten,
> - die mit der wechselseitigen Kontaktaufnahme beziehungsweise -abwicklung zwischen Anbieter und Nachfrager in einer durch die Umwelt vorgegebenen Face-to-Face-Situation verbunden sind,
> - in die bestimmte Erfahrungen und Erwartungen durch verbale und nonverbale Kommunikationshandlungen eingebracht werden,
> - um die angestrebten kommunikativen Ziele des Unternehmens zu erreichen.

Die hier vorgestellte Begriffsabgrenzung lässt es zu, dass im Folgenden die Begriffe Kommunikation und Interaktion synonym verwendet werden. Zudem sind die Worte Persönliche Kommunikation und Face-to-Face-Kommunikation sinngleich einzusetzen.

Hinsichtlich des Begriffs „Persönlicher Verkauf" ist – in Abgrenzung zur Persönlichen Kommunikation – festzuhalten, dass es sich hierbei um einen Bestandteil der Verkaufs- und Außendienstpolitik mit vorwiegend kommunikativen, aber auch organisatorischen Aufgaben handelt, wobei Verkaufsgespräche auf konkrete Verkaufsabschlüsse abzielen (*Zentes* 1980; *Meffert* 1986, S. 482; *Bänsch* 2001; *Nerdinger* 2001, S. 9; *Weis* 2005, S. 2; *Walsh et al.* 2009, S. 379). Beim Persönlichen Verkauf steht demnach der Produktverkauf im Rahmen der Vertriebspolitik im Vordergrund der kommunikationspolitischen Zielsetzungen.

Ungeachtet der teilweise unterschiedlichen Vorgehensweisen und Zielsetzungen bei einzelnen Maßnahmen lassen sich acht besondere **Merkmale der Persönlichen Kommunikation** hervorheben, die sämtlichen Aktivitäten gemeinsam sind (vgl. ähnlich für den Persönlichen Verkauf *Schwab* 1982, S. 36 ff.):

(1) Räumliche Bindung der Persönlichen Kommunikation,
(2) Zeitliche Bindung der Persönlichen Kommunikation,
(3) Informationsfluss und Art der Rückkoppelung,
(4) Signalsystem und Anzahl der angesprochenen Sinne,
(5) Störungsanfälligkeit der Kommunikationsbeziehung,
(6) Art der Kommunikationsbeziehung,
(7) Signalaussendung und Kontrollierbarkeit durch den Rezipienten,
(8) Variabilität der Persönlichen Kommunikation.

(1) Räumliche Bindung der Persönlichen Kommunikation
Grundsätzlich kann die Persönliche Kommunikation an jedem Ort stattfinden, allerdings ergeben sich in der Regel bestimmte Einschränkungen. Zum einen können sich ortsbezogene Restriktionen aufgrund der vorgegebenen Räumlichkeiten der Anbieterorganisation, d. h. beispielsweise Verkaufsräume und -büros, Lagerräume usw., und zum anderen aufgrund der Produkte beziehungsweise Dienstleistungen ergeben. Eine Bedingung für den Ort der Persönlichen Kommunikation könnte ebenfalls der Wunsch des Kunden darstellen, die Verkaufsgespräche beispielsweise an einem „neutralen Ort", in der Wohnung des Kunden oder

im Büro des Verkäufers stattfinden zu lassen. Letztlich kann ebenfalls die Gesetzeslage eine räumliche Einschränkung der Persönlichen Kommunikation darstellen, wenn beispielsweise die Gewerbeordnung (mit einigen Ausnahmefällen) das Aufsuchen von Privatpersonen zum Zwecke des Sammelns von Bestellungen auf bestimmte Waren, z. B. Lebensmittel, Waffen, Drogen usw., verbietet (*Schwab* 1982, S. 36 f.).

(2) Zeitliche Bindung der Persönlichen Kommunikation

Aufgrund des Ladenschlussgesetzes ergeben sich für die Anbieterorganisationen beziehungsweise die Verkaufsstellen bestimmte Öffnungzeiten, die von den Interaktionspartnern, d. h. Anbietern und Nachfragern, einzuhalten sind. Für die Analyse der Verkaufs- und Beratungsgespräche sind die Zeitrestriktionen auch insofern von Bedeutung, als es beispielsweise knapp vor Geschäftsschluss und damit auch Dienstende des Kundenkontaktpersonals zu atypischen Verkaufssituationen kommen kann, in denen der Kunde möglicherweise den Zeitdruck der Mitarbeitenden verspürt (*Schwab* 1982, S. 37).

(3) Informationsfluss und Art der Rückkoppelung

Bei der Persönlichen Kommunikation existiert ein verzögerungsfreier Rückkoppelungsmechanismus, der beispielsweise Chancen bietet für Fehlerkorrekturen, Ergänzungen, Aussageveränderungen, den Abbau eines eventuell bestehenden Informationsmangels oder laufende Anpassungen an situative Veränderungen. Der Informationsfluss erfolgt stets zweiseitig, d. h. Kundenkontaktpersonal und Kunde nehmen wechselseitig mit Hilfe des Signalsystems und der angesprochenen Sinne am Verkaufs-, Beratungs- oder Informationsgespräch teil (*Schwab* 1982, S. 37 f.).

(4) Signalsystem und Anzahl der angesprochenen Sinne

Die Persönliche Kommunikation spricht verschiedene Sinne an, d. h. akustisch, optisch, olfaktorisch usw., und bedient sich dabei vor allem folgender Signalsysteme:

- Akustisches Signalsystem der gesprochenen Sprache,
- Paralinguistische Bedeutungsträger, d. h. Betonung, Rhythmus usw.
- Optische Signalsysteme, d. h. Gestik, Mimik, Körperhaltung usw.

(5) Störungsanfälligkeit der Kommunikationsbeziehung

Die Persönliche Kommunikation verläuft im Gegensatz zur unpersönlichen Kommunikation, die Übermittlungsinstanzen benötigt, in der Regel „störungsarm". Allerdings sind bestimmte kommunikative Unterbrechungen dennoch möglich, wenn aufgrund unterschiedlicher Sprachen der Interaktionspartner Verständigungsschwierigkeiten auftreten. Denkbare Konflikte ergeben sich, wenn beispielsweise das Kontaktpersonal eher die Fachsprache nutzt, der Kunde demgegenüber aber nur die Umgangssprache versteht und einsetzt (*Schwab* 1982, S. 38). Zudem ist das Auftreten interpersoneller Konflikte durch das Entstehen „sozialer Zwänge" möglich, da die Interaktionspartner nicht jedem direkten persönlichen Kontakt zu jeder Zeit ausweichen können, wenn sich beispielsweise der Käufer in einer Einkaufsstätte lediglich umsehen möchte, ihm aber von einem Verkäufer ein Gespräch „aufgezwungen" wird. Letztlich können sich im Rahmen der Persönlichen Kommunikation auch technisch bedingte Störungen, unter anderem durch die Musik oder Lautsprecherdurchsagen in der Einkaufsstätte, ergeben.

(6) Art der Kommunikationsbeziehung

Die Persönliche Kommunikation spielt sich als möglichst beständige beziehungsweise stabile Wechselbeziehung zwischen Interaktionspartnern ab, d. h. beispielsweise zwischen Käufern und Verkäufern. Kommunikator und Rezipient „arbeiten" in der Form zusammen, dass jeder bestimmte Aufgaben übernimmt, wenn etwa der Verkäufer Beratungs- und Informationsfunktionen ausübt, während der Käufer Fragen hinsichtlich des Produkt- oder Dienstleistungsprogramms, der Liefertermine oder der Preiskonditionen stellt.

(7) Signalaussendung und Kontrollierbarkeit durch den Rezipienten
Bei der Persönlichen Kommunikation erfolgt eine laufende Signalaussendung durch die Gesprächspartner. Zudem ist eine wechselseitige Kontrollierbarkeit der Interaktionen gegeben, wenn beispielsweise der Kunde vom Mitarbeitenden zusätzliche Informationen oder die „Übersetzung" der Fachsprache verlangen kann oder der Verkäufer einen vom Käufer nicht geäußerten Verwendungswunsch durch gezielte Fragen zu ermitteln und anschließend zu erfüllen versucht.

(8) Variabilität der Persönlichen Kommunikation
Variabilität im Rahmen der Persönlichen Kommunikation bedeutet, dass die Gesprächspartner wechselseitig bei „kleinsten Anlässen" reagieren beziehungsweise das Gespräch steuern können. Beispielsweise ist es bei einer Störung des Gesprächsflusses durch Diskrepanzen bei verbalen oder nonverbalen Kommunikationsaussagen möglich, durch klärende Fragen diese Unstimmigkeiten zu beseitigen (*Schwab* 1982, S. 40).

Zusammenfassend lässt sich festhalten, dass Persönliche Kommunikation auf dem Prinzip von Face-to-Face-Austauschprozessen basiert, wobei der Grad der Interaktion in Abhängigkeit der angebotenen Produkte und Dienstleistungen variiert.

1.2 Funktionen der Persönlichen Kommunikation

Die Persönliche Kommunikation kann für Unternehmen unterschiedliche **Funktionen** erfüllen, wobei sich neun zentrale Bereiche herausstellen lassen (*Schwab* 1982, S. 63 ff.; *Giesler* 1993, S. 130 ff.; siehe auch generelle Funktionen der Kommunikation bei *Lerg* 1991, S. 140 ff.; *Derieth* 1995, S. 144 ff.):

(1) Kontaktfunktion,
(2) Informations- und Artikulationsfunktion,
(3) Beeinflussungsfunktion,
(4) Beratungs- und Betreuungsfunktion,
(5) Verkaufs- und Nachkauffunktion,
(6) Profilierungsfunktion,
(7) Motivationsfunktion,
(8) Integrationsfunktion,
(9) Managementfunktion der Markenführung.

(1) Kontaktfunktion
Zunächst erfüllt die Persönliche Kommunikation eine Kontaktfunktion, da sie eine individuelle Ansprache aktueller und potenzieller Kunden ermöglicht und Aufmerksamkeit schafft. Hierbei geht es beispielsweise um die Kontaktanbahnung zu Personen, die eine Einkaufsstätte oder Filiale zu reinen Informationszwecken oder als Kunden von kontaktarmen Routinegeschäften aufsuchen. Ein weiteres Kontaktziel besteht in der Aufrechterhaltung von Gesprächen bei Interessenten oder Kunden, indem z. B. auf bestimmte Leistungsangebote hingewiesen wird, die einen vermuteten Bedarf decken können (z. B. speziell für Banken *Giesler* 1993, S. 131).

(2) Informations- und Artikulationsfunktion
Persönliche Kommunikation umfasst die Menge sämtlicher Face-to-Face-Kommunikationsprozesse und determiniert in erster Linie das grundlegende Informations- und Arti-

kulationsanliegen von Unternehmen und bildet somit ein „Kommunikationsfundament" mit geplanten sowie interessensgerichteten kommunikativen Bezügen zur Außenwelt. Da die veränderten Markt- und Umweltbedingungen in zunehmendem Maße Kontinuität und personenbezogene Qualitäten der Kommunikationsbeziehung zwischen einem Unternehmen und seinen relevanten Zielgruppen erfordern, kann durch persönliche Kommunikation und Verbreitung von Tatsachen (Informationen) sowie Meinungen (wertende Informationen) der Kenntnisstand der Zielgruppen über das Unternehmen selbst, seine Produkte beziehungsweise Dienstleistungen oder sein relevantes Umfeld verbessert werden (*Derieth* 1995, S. 145 ff.). Zudem kann das Unternehmen, beispielsweise zum Aufbau eines Database-Managements, Informationen über persönliche Merkmale von potenziellen und aktuellen Kunden gewinnen und über die Persönliche Kommunikation vor allem die Wünsche und Bedürfnisse der Kunden ermitteln.

(3) Beeinflussungsfunktion
Die Persönliche Kommunikation hat ebenfalls die Aufgabe, in interaktiven Gesprächen zwischen Kunden und Mitarbeitenden eine Beeinflussungsfunktion zu erfüllen. Die Interessensweckung für bestimmte Dienstleistungen oder Produkte lässt sich im persönlichen Dialog oftmals überzeugender erfüllen als mit Hilfe von Instrumenten der Massenkommunikation. Im Rahmen Persönlicher Kommunikation ist es einfacher möglich, mit Argumenten Überzeugungsarbeit zu leisten und außerdem Vorschläge hinsichtlich geeigneter Cross-Selling-Produkte zu unterbreiten. Im Rahmen der Beeinflussungsfunktion spielt darüber hinaus die Bewirkung von Weiterempfehlungen eine wichtige Rolle. So konnte in einer Befragung der Kunden eines großen Energieversorgers festgestellt werden, dass positive Weiterempfehlungen über den aktuellen Anbieter eine höhere Kundenzufriedenheit und -bindung erzeugen sowie die Weitergabe positiver Informationen verstärken (*v. Wangenheim/Bayón/Weber* 2002).

(4) Beratungs- und Betreuungsfunktion
Die Persönliche Kommunikation hat ebenfalls Beratungs- und Betreuungsfunktionen, wenn beispielsweise der Entscheidungsprozess beim Produktkauf oder bei der Inanspruchnahme einer Dienstleistung so gesteuert wird, dass eine vom Kunden bevorzugte Problemlösung erreicht werden kann. Die qualitätsorientierte Beratung der Kunden hinsichtlich der Produktverwendung erfordert größtenteils persönliche Gespräche und individuelle Leistungspakete.

(5) Verkaufs- und Nachkauffunktion
Zusätzlich erfüllt die Persönliche Kommunikation eine Verkaufs- und Nachkauffunktion. Diese bezieht sich zum einen auf die Erhöhung der Abverkäufe, die Gewinnung von Neukunden und die Sicherung des Absatzes. Zum anderen kann durch die direkte, persönliche Ansprache Kundenbindung geschaffen beziehungsweise die Kundentreue erhöht werden. Die Erreichung einer verbesserten Kundenloyalität wird vor allem durch den direkten, zielgruppenorientierten Kundenkontakt und laufenden Kundenresponse möglich. Hohe Wiederholungs- und Folgekaufraten können durch den Aufbau eines permanenten Dialoges geschaffen werden. Das Face-to-Face-Gespräch kann in der Phase nach dem Kauf von Produkten oder nach der Inanspruchnahme von Dienstleistungen dazu eingesetzt werden, mögliche Dissonanzen beim Kunden zu entdecken und abzubauen. Das Erkennen und Beheben derartiger „Gewissensbisse" des Kunden ist nur in der persönlichen Interaktion möglich, denn um Nachkaufdissonanzen abzubauen, genügt es in der Regel nicht, dem Kunden lediglich Prospekte und Informationsschriften in die Hand zu geben, sondern persönliche Überzeugungsarbeit wird erforderlich (*Giesler* 1993, S. 133).

(6) Profilierungsfunktion

Ebenfalls kann die Persönliche Kommunikation eine Profilierungsfunktion gegenüber dem Wettbewerb erfüllen, da Maßnahmen der Persönlichen Kommunikation als konkurrenzunterscheidende Merkmale angesehen werden können. Eine erfolgreiche wettbewerbsabgrenzende Positionierung des Unternehmens kann sich beispielsweise ergeben, wenn sich mit Hilfe des Einsatzes der Persönlichen Kommunikation das Unternehmen – im Gegensatz zu den Hauptwettbewerbern – als besonders kunden- beziehungsweise dialogorientiert herausstellt.

(7) Motivationsfunktion

Die Persönliche Kommunikation kann nicht nur unternehmensextern gerichtete Funktionen erfüllen, sondern sich ebenfalls auf unternehmensintern gerichtete Aufgaben konzentrieren. Demzufolge ist es möglich, dass von der Persönlichen Kommunikation eine die Mitarbeitenden des Unternehmens betreffende Motivationsfunktion ausgeht, da die Leistungsbereitschaft und -motivation des Kundenkontaktpersonals zum einen durch unmittelbare Erfolgserlebnisse und zum anderen durch den Aufbau persönlicher Beziehungen zu fördern ist.

(8) Integrationsfunktion

Grundsätzlich erschweren relativ autonom eingesetzte Kommunikationsinstrumente die Steuerbarkeit intentionaler Aussagen, so dass multidimensionale Kommunikationsprozesse mit variablen Informationen über relevante Unternehmensbereiche möglicherweise kontraproduktive Wirkungen hinsichtlich der Unternehmensselbstdarstellung entwickeln. Dementsprechend sind in sämtlichen Kommunikationsprozessen vorzufindende inhaltlich und visuell konsistente Bestandteile von integrativer Bedeutung für die Unternehmenskommunikation. Da Elemente der Persönlichen Kommunikation in zahlreichen direkten oder indirekten Kommunikationsinstrumenten generell enthalten sind, ist hier eine Integrationsfunktion zu konstatieren, die beispielsweise durch das einheitliche Auftreten und Erscheinungsbild der Mitarbeitenden in Kundenkontaktsituationen eine Synchronisierung divergierender Kommunikationsprozesse ermöglicht. So ist es möglich, dass durch die Persönliche Kommunikation Synergie- und Multiplikatoreffekte auftreten, die beispielsweise mit ihren wiederkehrenden Mustern und Regelmäßigkeiten die Wirkungen des Einsatzes anderer kommunikationspolitischer Instrumente noch verstärken (*Derieth* 1995, S. 147).

(9) Managementfunktion der Markenführung

Die Persönliche Kommunikation erfüllt schließlich ebenfalls eine Managementfunktion, in dem im Rahmen der Markenführung gezielt auf das Instrument zurückgegriffen werden kann, um unternehmerische Markenziele zu erreichen. Bislang liegen erst einige wenige Arbeiten vor, die den Zusammenhang zwischen der Persönlichen Kommunikation und der Marke untersuchen (*Baumgarth/Schmidt* 2008b, S. 252). Einen Überblick hierzu gibt Schaubild III-G-2. Bei Durchsicht der Studien zeigt sich, dass insbesondere ein enger Zusammenhang zwischen der Persönlichen Kommunikation und der verhaltenswissenschaftlich orientierten Markenstärke analysiert und empirisch belegt wurde (*Baumgarth/Schmidt* 2008b, S. 253).

1.3 Theoretische Bezüge der Persönlichen Kommunikation

In der wirtschaftswissenschaftlichen Literatur finden sich zahlreiche Versuche einer theoriegeleiteten Würdigung der Persönlichen Kommunikation zwischen ausgewählten Interaktionsgruppen. Je nach Untersuchungsziel werden unterschiedliche **theoretische Forschungsrichtungen** des Marketing, der Kommunikationswissenschaft, der Betriebswirtschaftslehre

Quelle	Art	Branche	Persönliche Kommunikation	Marke	Zentrale Ergebnisse
Berry (2000)	Konzeptionell	Dienstleistung	Teil der Kundenerfahrung	Markenstärke	- Persönliche Kommunikation treibt insbesondere das Markenimage - Vier Ansätze zur Stärkung der Marke
Nguyen/Leblanc (2002)	Empirisch	Dienstleistung (Versicherung, Hotel)	Wahrgenommene Beurteilung des Kontaktpersonals (Personeneigenschaften)	Image	Persönliche Kommunikation beeinflusst im Vergleich zur physischen Umgebung bei beiden Dienstleistungen das Markenimage stärker
Berry/Lampo (2004)	Konzeptionell	Dienstleistung	Teil der Kundenerfahrung	Marke (allgemein)	- Typologie zur Relevanz Persönlichen Kommunikation als Markentreiber - Drei Ansätze zur Stärkung der Marke
Lynch/De Chernatony (2005)	Konzeptionell	B-to-B	Verkaufsstill (Adaptive Selling)	Marke (allgemein)	Markenpositionierung mit breitem Spektrum an funktionalen und emotionalen Werten ermöglicht dem Verkäufer ein Adaptive Selling
Schmeichel (2005)	Empirisch	Dienstleistung (Bank)	Mitarbeiterauftritt (Verhalten, äußeres Erscheinungsbild)	Markenstärke	Mitarbeiterauftritt hat im Vergleich zu weiteren sechs Treibern den stärksten Einfluss auf die Markenstärke
Tomczak et al. (2005)	Konzeptionell	Keine	Arten von Persönlicher Kommunikation (Call Center, Handelsstufen, Meinungsführer)	Marke (allgemein)	Persönliche Kommunikation ist insbesondere für Dienstleistungsmarken relevant
Binckebanck (2006)	Empirisch	B-to-B	Verkäuferpersönlichkeit, Verkäuferverhalten	Markenbild als Bestandteil des ICON-Eisbergmodells	Persönliche Kommunikation erklärt das Markenbild stärker als Massenkommunikation und Leistung
Henkel et al. (2006)	Empirisch	Branchenübergreifend	Verbale und nonverbale Persönliche Kommunikation	Markenstärke	Persönliche Kommunikation wird beeinflusst durch informelle Kontrolle, Empowerment und Mitarbeiterleistung

Schaubild III-G-2: Forschungsstand zur Persönlichen Kommunikation als Management der Markenführung (Baumgarth/Schmidt 2008b, S. 252 f.)

und der Soziologie genutzt, um explizit oder implizit Teilaspekte des komplexen Bereichs Persönliche Kommunikation genauer beleuchten und verstehen zu können. Der Schwerpunkt der wissenschaftlichen Untersuchungen lag bisher beim Industriegütermarketing, dem Dienstleistungsbereich, dem Relationship Marketing sowie dem vertikalen Marketing. Aber auch andere Marketingbereiche, wie die Kommunikationspolitik, das Konsumentenverhalten oder das Interne Marketing, werden zunehmend zur Erklärung der Persönlichen Kommunikation genutzt. Zahlreiche Schnittstellen zu verschiedenen traditionellen Themengebieten des Marketing und der Betriebswirtschaftslehre, wie sie in Schaubild III-G-3 dargestellt sind, verdeutlichen, dass es einen universalen, sämtliche Phänomene der Persönlichen Kommunikation erklärenden Forschungsansatz bis dato nicht gibt, sondern mehrere Wissenschaftsgebiete zu ihrer Explikation heranzuziehen sind.

Schaubild III-G-4 stellt im Überblick verschiedene **theoretische Bezüge der Persönlichen Kommunikation** dar, die als Erklärungsansätze für unterschiedliche Fragestellungen herangezogen werden können. Im Folgenden werden diese Ansätze näher beschrieben.

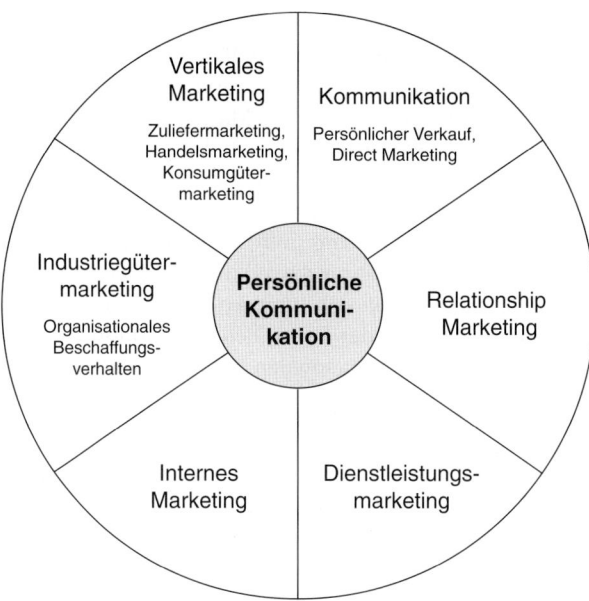

Schaubild III-G-3: Persönliche Kommunikation in der Schnittstelle verschiedener Marketingdisziplinen

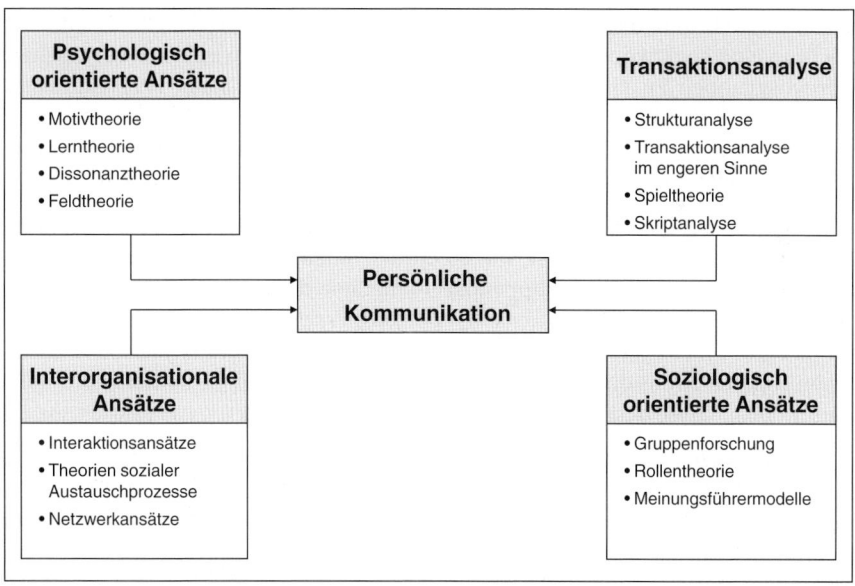

Schaubild III-G-4: Theoretische Bezüge der Persönlichen Kommunikation

Im Rahmen des Industriegütermarketing sind verschiedene **interorganisationale Ansätze**, die sich generell mit Austauschprozessen beschäftigen (*Kutscher/Kirsch* 1978; *Möller* 1992; *Büschken* 1994) im Hinblick auf ihren Erklärungsbeitrag für die Persönliche Kommunikation zu diskutieren. Dabei handelt es sich insbesondere um Interaktionsansätze, Theorien sozialer Austauschprozesse sowie Netzwerkansätze.

- Im Zusammenhang mit **Interaktionsansätzen** (*Gemünden* 1980; *Kern* 1990; *Diller* 2001; *Backhaus/Voeth* 2010) werden die an Transaktionen Beteiligten in ihrem Beziehungsgefüge analysiert, wobei durch die Berücksichtigung relationaler Faktoren offensichtliche Abhängigkeitsbeziehungen zwischen den relevanten Marktparteien bestimmt werden können (*Backhaus/Voeth* 2010). Bei einer Klassifikation nach Art und Anzahl der Beteiligten lassen sich verschiedene Interaktionsansätze abgrenzen, die vor allem zur Erklärung des organisationalen Beschaffungsverhaltens beitragen, wobei auch das persönliche Kommunikationsverhalten der Mitglieder von Buying und Selling Centern analysiert wird. Anhand der Dimensionen Zahl (zwei oder mehr als zwei) und Art (Personen oder Organisationen) der Beteiligten lassen sich vier Typen von Interaktionen und entsprechende Interaktionsansätze unterscheiden. Im Rahmen der Persönlichen Kommunikation sind vor allem die dyadisch-personalen sowie die multipersonalen Interaktionen von Bedeutung.

- Nach den **Theorien sozialer Austauschprozesse** (*Thibaut/Kelley* 1959) entstehen Transaktionen zwischen Personengruppen nur dann, wenn die Beteiligten ein Gleichgewicht an Anreizen und Beiträgen erkennen. Die sozialen Vergleichsprozesse erfolgen unter Verwendung von Standards, die sich auf vergangene Erfahrungen sowie aktuelle Alternativen beziehen und Konsequenzen für das Kundenverhalten bedeuten. Dementsprechend können die Ansätze zur Analyse kommunikativer Kunden-Mitarbeiter-Beziehungen und zur Bestimmung ihrer Erfolgsvoraussetzungen genutzt werden.

- Da Verbindungen zwischen Organisationsmitgliedern nicht nur direkte, das Kerngeschäft betreffende, Interaktionen zwischen Nachfrager und Anbieter einschließen, versuchen so genannte **Netzwerkansätze** im Rahmen einer übergreifenden, möglichst umfassenden Betrachtungsperspektive, die relevanten Interdependenzen zwischen den verschiedenen Anspruchsgruppen zu ermitteln (*Axelsson/Easton* 1994; *Calaminus* 1994; *Kleinaltenkamp/ Schubert* 1994; *Weber* 1999, S. 9; *Mattson* 2004, S. 179 ff.). Dementsprechend lassen sich die kommunikativen Beziehungen zwischen Mitarbeitenden, Kundengruppen, Medienvertretern usw. in vielfältiger Form als Kommunikationsnetzwerke interpretieren.

Transaktionen zwischen miteinander interagierenden Personen untersucht die auf *Berne* zurückgehende **Transaktionsanalyse**, die einen der humanistischen Psychologie zuzurechnenden Ansatz der Einzel- und Gruppenpsychotherapie darstellt (*Berne* 1971;*Hansen/Schulze* 1990; *Schulze* 1992, S. 5; *Berne* 2001; *Henning/Pelz* 2001; *Pepels* 2001; *Schulze* 2002; *Angerer* 2004; *Rüttinger* 2005; *Bitzer* 2009). Das Persönlichkeitsmodell der Strukturanalyse, die Transaktionsanalyse im engeren Sinne, die Spiel- sowie die Skriptanalyse sind Grundkonzepte, auf denen die Transaktionsanalyse basiert:

- Das **Persönlichkeitsmodell der Strukturanalyse** versucht, eine umfassende Diagnose der Persönlichkeitsstruktur des Menschen vorzunehmen (*Schulze* 1992, S. 149 ff.). Im Hinblick auf die Persönliche Kommunikation können beispielsweise die von außen wahrzunehmenden menschlichen „Ich-Zustände" für ein eigenes Verständnis persönlicher Ansprache genutzt werden.

- Die **Transaktionsanalyse im engeren Sinn** (*Schulze* 1992, S. 160 ff.) untersucht die zwischenmenschlichen Interaktionen beziehungsweise Serien von verbundenen Transaktionen bei Berücksichtigung der jeweiligen Ich-Zustände der Beteiligten. Unterschiedliche Komplementär- oder Überkreuztransaktionen sowie verdeckte Transaktionen können hierbei ermittelt werden, das Kommunikationsverhalten von Kunden- und Mitarbeitergruppen erklären und mit Hilfe der transaktionsanalytischen Kommunikationsregeln verbessern helfen.

- **Psychologische Spiele** sind sich wiederholende Interaktionsvorgänge, die bei den beteiligten Personen, d.h. beispielsweise Kunden und/oder Mitarbeitenden, schlechte Gefühle, Abneigungen, Wut usw. erzeugen, da latente Konflikte beziehungsweise problemgeladene Situationen auf der verdeckten Beziehungsebene unbewusst ausgetragen werden. Durch psychologische Spiele werden der offene Kontakt und damit auch die offene Austragung von Meinungsverschiedenheiten vermieden (*Schulze* 1992, S. 171 ff.). Das Wissen um die „Mechanik" und Vermeidung psychologischer Spiele kann für die persönlichen Anbieter-Nachfrager-Interaktionen ein Hilfsmittel zu deren Erleichterung und Verbesserung darstellen.

- Auch die **Skriptanalyse** (*Schulze* 1992, S. 186 ff.), die die Wirkung des individuellen, in früher Kindheit entwickelten unbewussten Lebensplans eines Menschen auf sein Verhalten untersucht, kann genutzt werden, um das Kunden- oder Mitarbeiterverhalten in persönlichen Interaktionen zu erklären.

Bei **psychologisch-orientierten Ansätzen** der Käuferverhaltensforschung (*Bänsch* 2006) werden zur Erklärung der Persönlichen Kommunikation vor allem die Motiv- und Lerntheorien sowie die Dissonanz- und Feldtheorien herangezogen:

- Die **Motivtheorie**, die sich grundsätzlich mit den inneren Triebkräften auseinandersetzt, die den menschlichen Organismus in eine bestimmte Richtung zu bestimmten Zwecken und Zielen drängen, um Spannungszustände zu beseitigen, trägt zur Bildung von Käufertypologien und zum Einblick in die Beweggründe konkreten Konsumentenverhaltens bei (*Meffert* 1992, S. 135 ff.).

- Bei den **Lerntheorien**, die sich in Reiz-Reaktions-Theorien und kognitive Theorien unterscheiden, wird das Lernen als systematische Änderung des Verhaltens aufgrund von Erfahrungen untersucht. Kunden werden primär weniger durch angeborene Verhaltensweisen, sondern in der Regel von erlernten Motiven, Einstellungen, sozialen Haltungen usw. geprägt. Lernen bedeutet demnach einen aktiv gesteuerten Prozess erlebter Erfahrung, der durch positive Selbstverstärkung zu Gewohnheiten auch im Kommunikationsverhalten führen kann (*Kroeber-Riel/Weinberg/Gröppel-Klein* 2009, S. 371 ff.).

- Grundlage der auf *Festinger* 1957 zurückgehenden **Dissonanztheorie** ist die Erkenntnis, dass der Mensch grundsätzlich nach Spannungsfreiheit zwischen seinen Bewusstseinsinhalten strebt und dementsprechend innere Harmonie zwischen seinen Meinungen, Einstellungen, Wertvorstellungen und seinem Wissen zu bewahren sucht (vgl. auch die verkürzte Darstellung bei *Kroeber-Riel/Weinberg/Gröppel-Klein* 2009, S. 231 ff.). Bei unvereinbaren Informationen versucht das Individuum, seine Spannungen abzubauen, indem beispielsweise mit Kunden oder Mitarbeitenden aktiv kommuniziert wird, um letztlich Bestätigung für bereits getätigte Käufe oder in Anspruch genommene Dienstleistungen zu erlangen.

- Den Ausgangspunkt der **Feldtheorie** bildet der Tatbestand, dass alles menschliche Verhalten in einem „Feld", d.h. einem Lebensraum, stattfindet. Das Verhalten eines Kunden in einer Situation hängt von personenbezogenen Faktoren, wie seinem Wissen oder seinen Motiven, und die psychologische Umwelt betreffenden Faktoren, wie die von Interaktionspartnern empfangenen Kommunikationselemente, ab (*Bänsch* 2006, S. 2).

Soziologisch-orientierte Ansätze der Käuferverhaltensforschung versuchen mit Hilfe der Gruppenforschung, der Rollentheorie und Meinungsführermodellen das Kommunikations-, Entscheidungs- und Kaufverhalten von Personen zu untersuchen, die als Individuen in einer Gemeinschaft (z.B. Gruppe, Gesellschaft, Kultur) ihre Entscheidungen selten aus einer isolierten Position heraus treffen, sondern vom engeren und weiteren sozialen Umfeld beeinflusst werden (*Bänsch* 2006, S. 3):

- Bei der **Gruppenforschung** wird versucht, die nähere und weitere Umwelt des Kunden beziehungsweise Konsumenten zur Erklärung des Kauf- aber auch Kommunikationsverhaltens heranzuziehen (*Tegethof* 1999; *Bänsch* 2006; *Kroeber-Riel/Weinberg/Gröppel-Klein* 2009, S. 476 ff.). Eine **Gruppe** stellt dabei generell eine Mehrzahl von Personen dar, die zueinander in wiederholten und nicht nur zufälligen wechselseitigen Beziehungen mit kognitivem und/oder affektivem Charakter stehen (*Kroeber-Riel/Weinberg/Gröppel-Klein* 2009, S. 478). Als Gruppen der näheren Umwelt beziehungsweise Primärgruppen kommen beim Individualkunden insbesondere die Familie, Freundes- und Nachbarschaftsgruppen sowie Kollegen in Betracht, wohingegen als Sekundärgruppen die Großgruppen mit relativ wenig persönlichen Beziehungen, d. h. beispielsweise politische Gruppierungen, aber auch Verwaltungseinheiten, zu bezeichnen sind. Ob und inwieweit die Bezugsgruppen das Kommunikationsverhalten beeinflussen, hängt unter anderem von der „Auffälligkeit" der zu erwerbenden Leistung, der Attraktivität der Bezugsgruppe sowie dem Informationsstand des Kunden ab (*Bänsch* 2006, S. 3).

- Um die Bedeutung der **Rollentheorie** für die Persönliche Kommunikation zu ermitteln, ist zunächst festzuhalten, dass eine **soziale Rolle** generell als eine Menge von Verhaltensmustern definiert wird, die dem Einzelnen von der Gesellschaft oder einer Gruppe zugewiesen werden, um das Individuum funktional in ein soziales Gebilde einzugliedern (*Kroeber-Riel/Weinberg/Gröppel-Klein* 2009, S. 497). Verhaltensbezogene Rollenerwartungen können sowohl bei der Interaktion von Familienmitgliedern (*Kroeber-Riel/Weinberg/Gröppel-Klein* 2009, S. 511 ff.) als auch beispielsweise im Industriegüterbereich im Rahmen von Buying Centern (*Homburg/Krohmer* 2009, S. 143; *Backhaus/Voeth* 2010) formuliert werden. Je nach der Position, die das Individuum in einer Gruppe innehat, fällt ihm eine bestimmte Rolle zu, an die sich gewisse Verhaltenserwartungen knüpfen. Um Belohnungen zu erhalten oder zumindest Bestrafungen zu entgehen, ist das Individuum prinzipiell bemüht, in seinen Verhaltensweisen den gesetzten Rollenerwartungen zu entsprechen (*Bänsch* 2006). Demzufolge wird auch die persönliche Interaktion zwischen Individuen durch Rollenerwartungen und das Streben nach rollenkonformen Verhaltensweisen bestimmt.

- Im Rahmen interpersonaler Erklärungsansätze des Käufer- beziehungsweise Konsumentenverhaltens sind neben Rolleneinflüssen und der Gruppenzugehörigkeit des Konsumenten **Meinungsführermodelle** von Bedeutung. Als Meinungsführer werden generell jene Mitglieder einer Gruppe bezeichnet, die im Rahmen von Kommunikationsprozessen einen stärkeren persönlichen Einfluss als andere Gruppenmitglieder ausüben und daher Meinungen beeinflussen sowie ändern können (*Cornelsen/Müller* 2001, S. 1115; *Bänsch* 2006; *Kroeber-Riel/Weinberg/Gröppel-Klein* 2009, S. 548 f.). Die prinzipiell zahlreichen Außenkontakte von Meinungsführern und ihre aktive Teilnahme an sozialen Gruppeninteraktionen geben ihnen eine Schlüsselposition innerhalb des Kommunikationsgefüges. Ein aktiver Informationskonsum beziehungsweise eine intensive Medianutzung sichert ihnen meist einen Informationsvorsprung, der „informelle Macht" gegenüber anderen Konsumenten verleiht und es zum Teil erlaubt, Nachrichten entsprechend der eigenen Ziele zu manipulieren (*Meffert* 1992, S. 95). Meinungsführer können damit über eine „Relais-Funktion" (*Kroeber-Riel/Weinberg/Gröppel-Klein* 2009, S. 554) hinsichtlich der Weitergabe relevanter Informationen verfügen und aufgrund ihrer Persönlichkeit häufig eine Verstärkerfunktion auf das weitergeleitete Informationsvolumen, eine Leitbildfunktion infolge ihrer unterstellten Kompetenz sowie letztlich eine Funktion der Risikoreduktion durch die Weiter-

gabe von Orientierungsmaßstäben erfüllen. Die Meinungsführerkonzepte können demzufolge unter anderem zur Erklärung indirekter Persönlicher Kommunikation zwischen
Anbieter, Meinungsführer beziehungsweise Vermittler und Nachfrager beitragen.

Die genannten Forschungsansätze analysieren offenbar jeweils unterschiedliche Teilaspekte der unternehmensextern oder -intern gerichteten Persönlichen Kommunikation zwischen
Personen oder Personengruppen, wobei die Basistheorien teilweise voneinander völlig unabhängig sind, sich partiell aber auch überlappen. Verschiedene theoretische Fundamente
sowie differierende Aggregationsniveaus und Zielvorstellungen lassen es wenig sinnvoll erscheinen, sämtliche theoretische Ansätze in ein Konzept der Persönlichen Kommunikation
zu integrieren oder eine einzelne Theorie als „Optimalansatz" darzustellen. Unvereinbare,
aber auch unvergleichbare Theorien erfordern eine pluralistische Sichtweise, die Basiskon-
zepte und Postulate erkennt und für eigene Zwecke und Zielsetzungen nutzbar macht.

1.4 Erscheinungsformen der Persönlichen Kommunikation

Da sich offensichtlich unterschiedliche Forschungsfelder der Betriebswirtschaftslehre, des
Marketing und der Kommunikationswissenschaft explizit oder implizit mit Persönlicher
Kommunikation befassen und in Abhängigkeit vom jeweils intendierten Untersuchungszweck einzelne Dimensionen oder Ausprägungen der Persönlichen Kommunikation genauer beschreiben, ist es zweckmäßig, eine Systematik der vielfältigen **Formen der Persönlichen
Kommunikation** zu entwickeln. Dementsprechend werden sie auf der Grundlage folgender
sechs **Merkmalskategorien**, die sich an die sachbezogene Dimensioneneinteilung der Formen
von Geschäftsbeziehungen anlehnen, systematisiert und beschrieben (*Bruhn/Bunge* 1994,
S. 54 ff.):

(1) Art der Persönlichen Kommunikation,
(2) Träger der Persönlichen Kommunikation,
(3) Richtung der Persönlichen Kommunikation,
(4) Inhaltliche Ebenen der Persönlichen Kommunikation,
(5) Dauer und Intensität der Persönlichen Kommunikation,
(6) Symmetrie der Persönlichen Kommunikation.

(1) Art der Persönlichen Kommunikation
Hinsichtlich der Art der Persönlichen Kommunikation kann eine Unterscheidung in **verbale
Persönliche Kommunikation** und **nonverbale Persönliche Kommunikation** getroffen werden,
obgleich eine eindeutige Abgrenzung problematisch ist und von Wissenschaftlern unterschiedlich vorgenommen wird (*Klammer* 1989, S. 11; *Nerdinger* 1998, S. 1183 ff.).

Die **nonverbale Kommunikation** generell, die auch als „averbale", „außersprachliche" oder
„nicht-linguistische" Kommunikation bezeichnet wird, kann als Negoziat der verbalen
Kommunikation verstanden werden. Die **verbale Kommunikation** umfasst demzufolge alles
Sprachliche, während sich die nonverbale auf sämtliche übrigen, auch nicht schriftlich über-
tragene, Ausdrucksformen bezieht. Als Grenzfall kann hierbei die Paralinguistik angesehen
werden, die die mit der Sprache verbundene nonverbale vokale Kommunikation umfasst,
d. h. Lautstärke, Sprechgeschwindigkeit usw. (*Klammer* 1989, S. 11; *Bekmeier* 2001).

Die **nonverbale Persönliche Kommunikation** behandelt dementsprechend sämtliche Formen
der Persönlichen Kommunikation, die sich nicht auf eine symbolische, d. h. bildliche beziehungsweise sprachliche, Informationsübertragung stützen (*Kroeber-Riel/Weinberg/Gröppel-
Klein* 2009, S. 555 ff.).

Bei der nonverbalen Kommunikation können durch die bei der Information benutzten Übertragungswege verschiedene **Formen** abgegrenzt werden (*Klammer* 1989, S. 11 ff.; *Bekmeier* 2001). Dabei zählen die **nonverbalen visuellen Signale**, die vom Menschen mit dem Auge wahrgenommen werden, zu bedeutenden Informationsträgern, da das Individuum zirka 90 Prozent der Informationen durch den optischen Sinn aufnimmt. Hierbei lassen sich verschiedene Varianten unterscheiden, die zum einen die motorisch- oder statisch-gerichtete körperliche Kommunikation (z. B. Körpersprache, Körperbau) und zum anderen die so genannte „Objektkommunikation" mittels materieller Gegenstände (z. B. Kleidung, Brille, Parfum) betreffen (*Bekmeier* 2001; *Kroeber-Riel/Weinberg/Gröppel-Klein* 2009, S. 556).

Bei **nonverbalen auditiven Signalen** handelt es sich zum einen um Signale der vokalen Art, die unmittelbar mit der Sprache verbunden sind, d. h. beispielsweise Sprechstil, Sprechrhythmus oder Stimmklang, und zum anderen um Signale der musikalischen Art, beispielsweise Melodie, Modulation oder Lautstärke. **Nonverbale taktile Signale** hingegen werden durch die auf der Hautoberfläche des Menschen befindlichen Tastkörperchen vermittelt, die dafür verantwortlich sind, dass der Mensch Berührungen wahrnehmen und Formen sowie die Oberflächenbeschaffenheit verschiedener Materialien erfühlen kann. **Nonverbale olfaktorische Signale** bezeichnen demgegenüber jene Signale, die den Geruchssinn des Menschen ansprechen. **Nonverbale gustatorische Signale** sprechen gemeinsam mit den olfaktorischen Signalen die chemischen Sinne der Lebewesen an und zielen auf den Geschmackssinn ab. Bei **nonverbalen thermalen Signalen** werden letztlich die in der Haut eingebetteten wärme- beziehungsweise kälteempfindlichen sensorischen Wahrnehmungssignale des Menschen angesprochen. Grundsätzlich lässt sich festhalten, dass die verschiedenen nonverbalen Kommunikationssignale vielseitige Möglichkeiten zur persönlichen Ansprache bieten (*Bekmeier* 2001).

(2) Träger der Persönlichen Kommunikation

Aus Unternehmensperspektive zählen zu den potenziellen Partnern der Persönlichen Kommunikation im weiteren Sinne sämtliche Personen im internen und externen Umfeld der Unternehmung:

- Aktuelle und potenzielle Kunden, Buying Center,
- Lieferanten, Selling Center,
- Zwischenhändler,
- Mitarbeitende anderer Unternehmungen, Wettbewerber,
- Kunden der Wettbewerber,
- Abnehmer der Kunden,
- Lizenznehmer,
- Mitarbeitende von Finanzorganisationen,
- Aktionäre,
- Öffentlichkeit,
- Politische Entscheidungsträger,
- Mitarbeitende im Unternehmen u. a. m.

Offensichtlich kann sich zwischen diesen unterschiedlichen Personengruppen ein kompliziertes geschäftsbezogenes **Kommunikationsnetzwerk** bilden, dessen „Elemente" sich in ihren Verhaltensweisen direkt oder indirekt mehr oder weniger stark beeinflussen.

Bei einer engeren Begriffsfassung zählen zu den relevanten Kommunikationsträgern der Persönlichen Kommunikation nur diejenigen Personen, die direkt und unmittelbar an den Geschäftstransaktionen beteiligt sind. Diese Sichtweise wird im Folgenden zugrunde gelegt.

(3) Richtung der Persönlichen Kommunikation

Persönliche Kommunikationsbeziehungen können sich offensichtlich zwischen zahlreichen, äußerst unterschiedlichen, Personengruppen bilden. Aus Unternehmensperspektive lassen sich hierbei – je nach Richtung der Persönlichen Kommunikation – unternehmensexterne und -interne Kommunikationswege unterscheiden.

Zum **externen Umfeld** des Unternehmens können sich „face-to-face" sowohl horizontale und vertikale als auch laterale Kommunikationsbeziehungen entwickeln. Bei kurz- oder längerfristigen Kontakten, beispielsweise zwischen Mitarbeitenden einer Unternehmung und ihren Wettbewerbern, können sogenannte **horizontale Kommunikationsbeziehungen** entstehen, die unter anderem den persönlichen Austausch von Marktdaten oder Handelsinformationen einschließen. Kommunikative Beziehungsfelder, die persönliche Interaktionen zwischen Mitarbeitenden von Hersteller- und Handelsunternehmen, aber insbesondere Transaktionen zwischen Mitarbeitenden des Herstellerunternehmens und Kunden beziehungsweise Konsumenten einschließen, lassen sich als **vertikale Kommunikation** bezeichnen. Beispiele hierfür sind Beratungsgespräche am Schalter, Preisverhandlungen zwischen Hersteller und Handel, persönliche Treffen der Mitglieder von Selling Center und Buying Center usw. Unternehmen können sich zudem im Rahmen **lateraler Kommunikation** beispielsweise mit Behörden, Marktforschungsinstituten oder Medien persönlich austauschen.

Aus Unternehmensperspektive richtet sich die Persönliche Kommunikation nicht nur nach außen an das externe Umfeld der Unternehmung, sondern auch **nach innen** an die verschiedenen Mitarbeitergruppen. Die internen persönlichen Kontakte zwischen Mitarbeitenden können sich – ähnlich der unternehmensextern gerichteten Persönlichen Kommunikation – auf horizontaler, vertikaler und lateraler Ebene ergeben. **Horizontale Kommunikationsbeziehungen** bilden sich zwischen Mitarbeitenden verschiedener Abteilungen einer Hierarchiestufe. Als **vertikale Persönliche Kommunikation** lässt sich dementsprechend der interpersonale Austausch von Informationen zwischen Mitarbeitenden verschiedener Hierarchiestufen, beispielsweise zwischen Führungskräften und Kundenkontaktpersonal, bezeichnen. Wenn Mitarbeitende differierender Sparten, aber auch unterschiedlicher Hierarchieebenen – meist über informelle Wege – miteinander kommunizieren, kann von **lateraler Persönlicher Kommunikation** im Unternehmen gesprochen werden.

(4) Inhaltliche Ebenen der Persönlichen Kommunikation

Persönliche Kommunikation kann inhaltlich auf verschiedenen, sich teilweise überlagernden Ebenen stattfinden, die im Folgenden einzeln untersucht werden. Zumeist wirken sie aber ganzheitlich und sind somit im Rahmen eines Planungsprozesses der Persönlichen Kommunikation stets integrativ zu gestalten. Mit Bezug auf das **Schichtenmodell der sozialen Beziehungen** von *Homans* 1972 können bei dyadischen Geschäftsbeziehungen als Interaktionsbeziehungsweise Kommunikationsebenen die Sachproblem- und Organisationsebene, die Machtebene sowie die menschlich-emotionale Ebene unterschieden werden.

Auf der **sachbezogenen Ebene der Persönlichen Kommunikation** werden diejenigen Bereiche bestimmt, die letztlich Kernziel des beabsichtigten persönlichen Austauschs zwischen den Kommunikationspartnern sind. Die inhaltliche Ausgestaltung der jeweils angebotenen und nachgefragten Kommunikationsleistungen umfasst sowohl den Austausch von Informationen oder Nachrichten als auch Preisverhandlungen und leistungsbezogene Transaktionen.

Konkrete Arbeitsabläufe für die Abwicklung der Persönlichen Kommunikation werden demgegenüber auf der **Organisationsebene** festgelegt. Diese formalen und informalen Interaktionsschienen beinhalten zum einen Gestaltungsmaßnahmen der Informationslogistik sowie der Kommunikationskanäle zwischen sämtlichen Kommunikationspartnern. Die optimale

Organisation des „Kommunikationsverkehrs" kann dazu beitragen, Kundennähe und Kundenbindung zu erhöhen sowie Schnelligkeit und Flexibilität der Persönlichen Kommunikation zu steigern.

Die **Machtebene der Persönlichen Kommunikation** umfasst Art und Ausmaß der von den jeweiligen Partnern wahrgenommenen Abhängigkeit untereinander. Mögliche Machtungleichgewichte bei den Informationssteuerungs- und Kommunikationskontrollrechten der beteiligten Gruppen können bestehende oder noch zu etablierende Kommunikationsbeziehungen gefährden.

Spezifische Wertetransaktionen zwischen den Kommunikationspartnern bestimmen die **menschlich-emotionale Ebene der Persönlichen Kommunikation**. Die natürlichen Bedürfnisse nach persönlicher Anerkennung und Zuneigung sowie Offenheit, Dankbarkeit, Vertrauenswürdigkeit oder auch sachlicher Kompetenz spielen für den Erfolg Persönlicher Kommunikation eine nicht zu unterschätzende Rolle. Eine systematische Sympathie-, Image- und Beziehungspflege kann beispielsweise durch die Auswahl geeigneter Verhandlungspartner, die Nutzung professioneller Gesprächstechniken und Verhandlungsstile sowie die gemeinsame Ausübung nicht-geschäftlicher Aktivitäten erfolgen (*Diller/Kusterer* 1988, S. 215 f.).

(5) Dauer und Intensität der Persönlichen Kommunikation

Direkte Kontakte des Kunden mit Mitarbeitenden eines Unternehmens im Kundenprozess werden insbesondere in der Literatur zum Dienstleistungsmarketing und zur Dienstleistungsqualität als „Service Encounter" (*Shostack* 1985; *Bitner/Booms/Tetreault* 1990; *Bitner/Hubbert* 1994; *Jayawardhena et al.* 2003; *Raajpoot* 2004; *Jayawardhena et al.* 2007), „Moments of Truth" beziehungsweise „Augenblicke der Wahrheit" (*Albrecht* 1988, S. 26; *Carlzon* 1992) oder „Kundenkontaktpunkte" (*Stauss* 2000a) bezeichnet; allerdings fehlt häufig eine zeitbezogene Differenzierung hinsichtlich der zugrunde gelegten Interaktionsperioden.

In Anlehnung an die Abgrenzung dienstleistungsbezogener Kundenprozesse von *Stauss* und *Seidel* lassen sich nach der Dauer beziehungsweise dem Zeithorizont der Persönlichen Kommunikation kontaktpunkt-, episoden-, transaktions- und geschäftsbeziehungsbezogene Kommunikationsprozesse gegeneinander abgrenzen (*Stauss/Seidel* 2007, S. 176 ff.).

Eine **Kommunikationstransaktion** stellt einen spezifischen und vollständigen interpersonellen Austausch von Informationen, Nachrichten usw. aus Kunden- oder auch Mitarbeitersicht mit fixierbarem Beginn und Ende dar, wie beispielsweise die Kommunikation während einer Flugreise, eines Hotelaufenthalts oder eines Restaurantbesuchs.

Jede Dienstleistungs- aber auch jede Kommunikationstransaktion umfasst in der Regel ihrerseits einen Prozess, der aus weiteren sequentiellen Teilprozessen oder Dienstleistungs- beziehungsweise **Kommunikationsepisoden** besteht. Im Falle eines Hotelaufenthaltes können dies beispielsweise die Episoden Kommunikation bei der Ankunft, am Check-In, während des Besuchs des Hotelrestaurants oder beim Check-Out sein. Diese Episoden stellen abgrenzbare Teilphasen innerhalb einer Transaktion dar, werden aber in der Regel vom Kunden nicht als eigenständige Austauschprozesse oder Dienstleistungen empfunden. Die Episoden lassen sich häufig weiter in Teilepisoden untergliedern. Beispielsweise gehören zur Episode „Kommunikation bei der Hotelankunft" bestimmte Einzelaspekte, wie das Ansprechen des Hotelpförtners im Hinblick auf Parkmöglichkeiten, die Kommunikation mit dem Pagen über die Gepäckbeförderung usw. Die kleinste Ebene der Betrachtung, d. h. die am engsten definierte Teilepisode der Persönlichen Kommunikation, kann als **Kommunikationskontakt** oder auch im Sinne des lokalisierbaren Ortes des Kontakts als **Kontaktpunkt Persönlicher Kommunikation** bezeichnet werden.

Die Betrachtung einer einzelnen Kommunikations- beziehungsweise Dienstleistungstransaktion ist noch um eine zusätzliche Dimension zu erweitern, da Transaktionen häufig nicht isoliert erlebt werden, sondern im Kontext früherer Erfahrungen mit vergleichbaren Transaktionen stehen (*Stauss/Seidel* 2003, S. 182). Viele Kunden von Dienstleistungs- oder Investitionsgüterunternehmen zeigen eine ausgeprägte Loyalität beziehungsweise Markentreue zum Produkt, zur Dienstleistung oder zum Anbieter generell, und ihre jeweiligen transaktionsspezifischen Erfahrungen verdichten sich zu einer Einschätzung der generellen Geschäfts- aber auch **Kommunikationsbeziehung** zum Unternehmen. Für die Anbieter ist es demzufolge nicht nur wichtig zu erfahren, wie Kunden die jeweilige Einzeltransaktion erleben, sondern es ist insbesondere auch festzustellen, wie sie aufgrund der erlebten Transaktionsfolge die gesamte Kommunikationsbeziehung einschätzen.

In Abhängigkeit von der Länge einer geschäftlichen Verbindung nimmt in der Regel der Grad der Interaktion zwischen den betroffenen Personengruppen, der so genannte **„Level of Partnership"**, zu (*Payne* 1993, S. 33). Dabei können im Rahmen der Interaktion zwischen Anbieter und Nachfrager verschiedene Stufen der Kundentreue unterschieden werden, die sich wiederum auf das erwartete und tatsächlich stattfindende Kommunikationsverhalten der betroffenen Personen auswirken. Der Kunde kann sich dabei idealtypisch vom Interessenten, Konsumenten und Kunden zum Anhänger oder Fürsprecher des Unternehmens entwickeln und dementsprechend differierende Informations- und Interaktionsbedürfnisse sichtbar werden lassen.

Die quantitative Intensität einer Kommunikationsbeziehung wird zudem in der **Häufigkeit der Interaktionen im Verhältnis zur Gesamtbeziehungsdauer** deutlich. Unabhängig davon, ob sich beispielsweise Mitarbeitender und Kunde eines Unternehmens erst seit kurzer Zeit oder bereits seit einigen Jahren kennen, kann die **Sequenz der Kontakte** variieren. Die Anzahl der persönlichen „Service Encounter" ist beispielsweise bei einer Bankverbindung aufgrund der zwangsläufig notwendigen, wiederkehrenden direkten Kontakte zwischen Kontaktpersonal und Bankkunde offensichtlich höher als bei der Geschäftsbeziehung zu einem Versicherungsunternehmen.

Weitere zeitbezogene Unterschiede persönlicher Kommunikationsbeziehungen betreffen die **Periodizität** beziehungsweise **Regelmäßigkeit der Interaktionen** (*Storbacka* 1993, S. 40). Beispielsweise kann die Erfassung wöchentlicher, monatlicher oder jährlicher Schwankungen der Nachfrager-Anbieter-Kontakte Rückschlüsse auf das zum jeweiligen Zeitpunkt einzusetzende Instrumentarium der Persönlichen Kommunikation ermöglichen.

Demgegenüber wird mit der **qualitativen Intensität** die Folgeträchtigkeit oder **Beziehungsstärke der Persönlichen Kommunikation** beschrieben, die zum einen den material-, personal- und kostenbezogenen Aufwand der Kommunikationsbeziehung (*Kaas/Schade* 1993), aber zum anderen auch die damit verbundenen Risiken betrifft (*Storbacka* 1993, S. 38). So unterscheiden sich im Hinblick auf die Beziehungsstärke der Persönlichen Kommunikation beispielsweise die Kommunikationsbeziehungen zwischen Unternehmensberater und Hauptklient offensichtlich von dem flüchtigen Kontakt zwischen der Kassiererin eines Lebensmittelgeschäfts und ihrem Kunden.

(6) Symmetrie der Persönlichen Kommunikation
Nach der **relativen inneren Bindung** oder Höhe des inneren Engagements von Personengruppen kann zwischen **asymmetrischen** beziehungsweise einseitigen Kommunikationsbeziehungen (z.B. durch Markentreue beim Nachfrager oder Kundentreue beim Anbieter) und **symmetrischen** beziehungsweise zweiseitigen Beziehungen Persönlicher Kommunikation unterschieden werden. Asymmetrische Kommunikationsbeziehungen werden in unter-

Dimensionen der Persön- lichen Kommunikation	Formen der Persönlichen Kommunikation		Beispiele für Persönliche Kommunikation
Art der Persönlichen Kommunikation	Verbal		Sprachstil, Argumentationsstil
	Nonverbal		Haltung, Gestik, Mimik, Lautstärke
Träger der Persönlichen Kommunikation	Anbieter		Kundenkontaktpersonal, Führungskräfte
	Nachfrager		Kunden, Mitarbeitende
	Personen im Umfeld		Meinungsführer, Familie
Richtung der Persönlichen Kommunikation	Unternehmens- extern gerichtet	Horizontal	Austausch von Marktinformationen zwischen Wettbewerbern
		Vertikal	Kommunikation zwischen Verkäufer und Kunden
		Lateral	Persönliche Beziehung zu Behörden, Medien
	Unternehmens- intern gerichtet	Horizontal	Beziehung zwischen Marketingleiter und Leiter Vertrieb
		Vertikal	Beziehung zwischen Filialleiter und Schalterpersonal
		Lateral	Kommunikation zwischen Personalsachbearbeiter und Marketingleiter
Inhaltliche Ebene der Persönlichen Kommunikation	Sachproblemebene		Informationsaustausch, Preisverhandlung
	Organisationsebene		Kommunikationskanäle, Informationslogistik
	Machtebene		Abhängigkeit zwischen Vorgesetztem und Mitarbeitenden
	Menschlich-emotionale Ebene		Wertetransaktion (Ideen, Meinungen usw.)
Dauer/Intensität der Persönlichen Kommunikation	Zeithorizont der Persönlichen Kommunikation	Kundenkontakt	Kundenanfrage bezüglich Hotelparkplatz
		Episode	Kommunikation beim Check-In
		Transaktion	Kommunikation während einer Flugreise
		Beziehung	Langjähriger Austausch zwischen Berater und Kunde
	Häufigkeit der Persönlichen Kommunikation	Gering	Kommunikation zwischen Meldebehördebeamten und Kunde
		Mittel	Kommunikation zwischen Kfz-Mechaniker und Kunde
		Hoch	Kommunikation zwischen Stammbäcker und Kunde
Symmetrie der Persönlichen Kommunikation	Asymmetrisch		Vornehmlich einseitige Information der Kunden durch den Verkäufer
	Symmetrisch		Ausgeglichene Kommunikationsbeziehung zwischen Gesprächspartnern

Schaubild III-G-5: Erscheinungsformen der Persönlichen Kommunikation im Überblick

schiedlichen Macht- und Abhängigkeitsverhältnissen von Personen und Gruppen offensichtlich, wenn eine Partei die andere Partei zu unbeabsichtigten beziehungsweise nicht in dieser Form beabsichtigten Aktivitäten zwingen kann. Jeweils mögliche Engpässe auf Nachfrageroder Anbieterseite sind hierfür ein Beispiel (*Butaney/Wortzel* 1988).

Die verschiedenen Dimensionen Persönlicher Kommunikation, ihre jeweiligen Erscheinungsformen sowie Beispiele aus der Praxis sind zusammenfassend in Schaubild III-G-5 dargestellt. Die vorgenommene Klassifikation geht von der Voraussetzung aus, für unterscheidbare Formen der Persönlichen Kommunikation differenzierte und Erfolg versprechende Planungskonzepte sowie unterschiedliche Strategien und Instrumente entwickeln beziehungsweise zuordnen zu können.

2 Der Markt für Persönliche Kommunikation

2.1 Marktteilnehmer der Persönlichen Kommunikation

2.1.1 Angebotsorientierte Aspekte der Persönlichen Kommunikation

Auf Seite der **Anbieter Persönlicher Kommunikation** ist in den letzten Jahren verstärkt der Trend zu einer Ausdehnung der persönlichen Kommunikationsangebote von Unternehmen zu beobachten. Der Perspektivenwechsel weg von einer rein transaktionsorientierten und hin zu einer interaktionsorientierten Kommunikation hat in vielen Unternehmen eine Neubewertung ihres Kommunikationsmix sowie einzelner Maßnahmen zur Folge. So wird im

Rahmen vieler Kommunikationsinstrumente, wie Public Relations, Sponsoring oder Messen und Ausstellungen, heute besonderer Wert darauf gelegt, Maßnahmen der Persönlichen Kommunikation einzusetzen, um die Beziehungen zu ausgewählten Zielgruppen zu pflegen. Deutlich wird dies unter anderem an den Sponsoringzielen, innerhalb derer die Kontaktpflege mit Kunden, Meinungsführern und Medienvertretern inzwischen einen zentralen Stellenwert einnimmt (*Sponsor Visions* 2007, S. 24). Vor diesem Hintergrund stehen Unternehmen aber auch hinsichtlich ihrer Maßnahmen der Persönlichen Kommunikation verstärkt in einem Wettbewerb, die Möglichkeiten eines persönlichen Kontaktes mit den Zielgruppen besonders effektiv und effizient auszuschöpfen.

2.1.2 Nachfrageorientierte Aspekte der Persönlichen Kommunikation

Auf Seiten der **Nachfrager Persönlicher Kommunikation** sind alle Gruppen in die Betrachtung einzubeziehen, bei denen eine persönliche Ansprache durch das Unternehmen erfolgt. Primär sind dies Kunden, darüber hinaus aber auch Medienvertreter oder Vertreter gesellschaftlicher Verbände, die sich in einem Dialog mit dem Unternehmen befinden. Die Vielfalt dieser „Abnehmergruppen" der persönlichen Kommunikationsleistungen bewirkt für Unternehmen die Notwendigkeit, sich mit deren vielfältigen Ansprüchen an die Kommunikationsleistungen des Unternehmens auseinander zu setzen. Insgesamt kann hierbei von einer Forderung nach individueller Beratung beziehungsweise individueller Information ausgegangen werden, die die einzelnen Gruppen an die Unternehmen herantragen. Sowohl auf fachlicher als auch persönlicher Ebene stellen Kunden, Journalisten und andere Zielpersonen in vielen Situationen heute hohe Ansprüche an das Kontaktpersonal des Unternehmens, woraus sich gestiegene Anforderungen an die persönlichen Kommunikationsleistungen der Unternehmen ableiten lassen. Zur Realisierung von Verkaufserfolgen, Kundenzufriedenheit Glaubwürdigkeit und Vertrauen bei den Zielpersonen ist es somit erforderlich, dass die Unternehmen die veränderten Anforderungen der Nachfrageseite antizipieren und beispielsweise unmittelbar in die Auswahl beziehungsweise Schulung ihrer Mitarbeitenden einfließen lassen. Von Bedeutung ist hierbei auch, dass die in persönlichen Gesprächen kommunizierten Absichten, Einstellungen usw. des Unternehmens entsprechend auch in Handlungen umgesetzt werden beziehungsweise Informationen zu Produkten und Dienstleistungen sich bewahrheiten. Nur durch einen offenen, ehrlichen Dialog können Unternehmen heute den zunehmend kritisch eingestellten Anspruchsgruppen erfolgreich begegnen.

2.2 Volumen des Marktes für Persönliche Kommunikation

Bei der Erfassung des **Marktvolumens** der Persönlichen Kommunikation ergeben sich zahlreiche Schwierigkeiten, die vor allem aus der eingangs beschriebenen Zuordnungs- beziehungsweise Abgrenzungsproblematik der Persönlichen Kommunikation resultieren. Im Gegensatz zu den meisten anderen Kommunikationsinstrumenten, wie Mediawerbung, Verkaufsförderung, Sponsoring usw., existieren für die Persönliche Kommunikation keine speziellen Statistiken hinsichtlich der in Unternehmen getätigten Aufwendungen für dieses Kommunikationsinstrument. Während die Investitionen und Ausgaben für eine Vielzahl von Kommunikationsinstrumenten inzwischen regelmäßig durch die jeweiligen Fachverbände erfasst werden, fehlen spezielle Marktuntersuchungen über Budgets für die Persönliche Kommunikation. Der Mangel an Statistiken zur Persönlichen Kommunikation lässt sich größtenteils damit erklären, dass Unternehmen hier selten ein eigenständiges Kommunikationsinstrument sehen, sondern Aktivitäten der persönlichen Ansprache meist im Rahmen anderer Budgets, wie den Aufwendungen für Direct Marketing, Messen und Ausstellungen, Verkaufsförderung, Vertrieb usw. oder für Personalaufwendungen im Rahmen der Personalpolitik verbuchen.

Eine Möglichkeit zur Bestimmung des Marktvolumens besteht darin, sämtliche Kosten zu ermitteln, die für die Anbahnung oder Aufrechterhaltung von Kundenkontakten notwendig sind. Hierzu zählen zum einen Personalkosten für die Mitarbeitenden mit persönlichen Kundenkontakten, d.h. für Schalterpersonal, Außendienstmitarbeitende, Personal mit Service- und Beschwerdemanagementaufgaben usw. Ergänzend können die variablen Kosten der medialen oder sonstigen Unterstützung, d.h. Telefon-, Versand- oder Fahrtkosten usw., sowie Betriebskostenanteile, d.h. anteilige Bearbeitungs- und Verwaltungskosten, Standmieten usw., zur Kalkulation herangezogen werden. Werden solche Erfassungen unternehmensspezifisch vorgenommen, so ließe sich in einem weiteren Schritt durch Hochrechnungen auf das gesamte Marktvolumen für Persönliche Kommunikation schließen. Selbst wenn Unternehmen sich zu einer solchen Erfassung ihrer Aufwendungen für Persönliche Kommunikation bereit erklärten, wären solche Angaben jedoch mit Vorsicht zu interpretieren, weil eine Einheitlichkeit in den erfassten Aufwandsposten über verschiedene Unternehmen hinweg nicht zu erwarten ist.

Anhaltspunkte über die Stellung der Persönlichen Kommunikation im Vergleich zu anderen Kommunikationsinstrumenten geben Studien zum Entwicklungstand der Integrierten Kommunikation in deutschen, schweizerischen und österreichischen Unternehmen (*Bruhn/Boenigk* 1999, S. 75, 166; *Bruhn* 2006, S. 75 f.; 196 f.; 303 f.). Demzufolge wird im Jahr 1999 die Persönliche Kommunikation die Kommunikationsbudgets betreffend auf Rang sieben eingeordnet – mit einem durchschnittlichen Anteil am gesamten Kommunikationsbudget von knapp neun Prozent in Deutschland. In der Schweiz nimmt die Persönliche Kommunikation im Jahr 1999 zwar Rang drei ein, auch hier sind es aber durchschnittlich zehn Prozent des Kommunikationsbudgets, das für Maßnahmen der Persönlichen Kommunikation investiert wird. Im Jahr 2006 hat sich die Budgetverteilung zugunsten der Persönlichen Kommunikation verändert. So werden in Deutschland 11,1 Prozent des Kommunikationsbudgets für die Persönliche Kommunikation aufgewendet. Das Instrument nimmt damit Rang 5 ein. In der Schweiz weist die Persönliche Kommunikation mit 15,5 Prozent und Rang zwei sogar einen noch höheren Anteil am Kommunikationsbudget auf. In der Studie von 2006 wurde zusätzlich die Verteilung des Kommunikationsbudgets in österreichischen Unternehmen untersucht. Auffallend ist hierbei das wesentlich geringere Budget, das der Persönlichen Kommunikation mit lediglich 7,3 Prozent und Rang neun zugeteilt wird.

3 Planungsprozess der Persönlichen Kommunikation

3.1 Persönliche Kommunikation als Instrument der Unternehmens- und Marketingkommunikation

Persönliche Kommunikation wird in der Literatur häufig nicht als eigenständiges Instrument der Kommunikationspolitik gesehen, sondern vielmehr als Gestaltungsmaßnahme anderer Kommunikationsinstrumente wie Direct Marketing, Verkaufsförderung, Sponsoring, Messen und Ausstellungen oder Public Relations, die Wege der direkten, persönlichen Ansprache nutzen, um die jeweiligen Kommunikationsziele zu erreichen. Daneben wird die Persönliche Kommunikation häufig auch im Sinne des Persönlichen Verkaufs als Bestandteil der Verkaufs- und Außendienstpolitik angesehen und damit nicht der Kommunikations-, sondern der Distributionspolitik zugeordnet. Da diese verschiedenen Eingliederungsversuche den spezifischen Besonderheiten der Persönlichen Kommunikation jedoch nicht gerecht werden, wird die Persönliche Kommunikation im Folgenden als eigenständiges Instrument der Kommunikationspolitik betrachtet. Damit bedarf es für den professionellen Einsatz der Persönlichen Kommunikation eines systematischen Planungsprozesses, um fundierte Entscheidungen über den Einsatz der Persönlichen Kommunikation und die zu ergreifenden Handlungsalternativen zu treffen.

3.2 Phasen im Planungsprozess der Persönlichen Kommunikation

Mit dem Ziel, eine konsequente und strukturierte Vorgehensweise zu gewährleisten, werden die Entscheidungen hinsichtlich der Vorgehensweise von Maßnahmen der Persönlichen Kommunikation einem **systematischen Planungsprozess** unterworfen. Wie der idealtypische Planungsprozess in Schaubild III-G-6 verdeutlicht, sind die einzelnen **Phasen des Planungsprozesses** dabei in die gesamte Unternehmenskommunikation zu integrieren.

Schaubild III-G-6: Planungsprozess der Persönlichen Kommunikation

(1) Situationsanalyse

Im Vorfeld des kommunikationsbezogenen Planungsprozesses steht die Situationsanalyse der bisherigen Aktivitäten der Persönlichen Kommunikation. Hier wird die unternehmensinterne und -externe Kommunikationssituation in Bezug auf den Erfolg der bisherigen Aktivitäten analysiert. Als Konsequenz aus der Evaluierung der ermittelten Chancen und Risiken der verschiedenen Maßnahmen erfolgt die Grundsatzentscheidung über das zukünftige Engagement hinsichtlich der Persönlichen Kommunikation.

(2) Festlegung der Ziele der Persönlichen Kommunikation

Entscheidet sich das Unternehmen grundsätzlich für den Einsatz dieses Kommunikationsinstrumentes bei sämtlichen oder einzelnen Zielgruppen, werden im zweiten Planungsschritt die zu verfolgenden Ziele der Persönlichen Kommunikation aus den übergeordneten Marketing- und Kommunikationszielen des Unternehmens abgeleitet. Sie stellen den Ausgangspunkt für den weiteren Planungsprozess dar.

(3) Zielgruppenplanung der Persönlichen Kommunikation

Eng verbunden mit der Formulierung der Kommunikationsziele ist die Identifikation der relevanten Zielgruppen der Persönlichen Kommunikation.

(4) Festlegung der Strategie der Persönlichen Kommunikation

Im Rahmen der zu verfolgenden Strategie der Persönlichen Kommunikation hat das Unternehmen über die grundsätzliche Ausrichtung und Positionierung seiner zukünftigen Aktivitäten zu entscheiden.

(5) Budgetierung der Persönlichen Kommunikation

Nach der Festlegung der zu verfolgenden Kommunikationsstrategie findet in einem weiteren Planungsschritt die Kalkulation der erwarteten Kosten der Persönlichen Kommunikation statt. Dies bezieht sich sowohl auf die Höhe des gesamten Kommunikationsbudgets als auch auf die Verteilung der Kosten auf einzelne Maßnahmen der Persönlichen Kommunikation.

(6) Maßnahmenplanung

Schließlich sind die einzelnen Maßnahmen im Mix der Persönlichen Kommunikation, wie die Gestaltung von Verkaufsgesprächen, der Umgang mit Beschwerden usw., zu planen.

(7) Integration der Persönlichen Kommunikation in den Kommunikationsmix

Während des gesamten Planungsprozesses ist zu beachten, dass die Aktivitäten der Persönlichen Kommunikation sowohl inhaltlich und formal als auch zeitlich in die Kommunikationspolitik des Unternehmens zu integrieren sind.

(8) Erfolgskontrolle der Persönlichen Kommunikation

Abschließend ist eine Erfolgskontrolle im Hinblick auf die Erreichung der angestrebten Ziele der Persönlichen Kommunikation durchzuführen, wobei die Wirkungen der Kommunikationsaktivitäten hinsichtlich ihres Zielerreichungsgrades und Hinweise auf mögliche Planungsdefizite zu ermitteln sind.

4 Ziele und Zielgruppen der Persönlichen Kommunikation

4.1 Situationsanalyse als Ausgangspunkt

Zur Festlegung der Ziele und Zielgruppen der Persönlichen Kommunikation sowie der Ableitung weiterer Planungsschritte bedarf es zunächst einer Analyse der bestehenden Kommunikationssituation. Diese **Situationsanalyse** richtet sich sowohl auf den Gesamteindruck der eingesetzten Kommunikationsinstrumente als auch auf den Auftritt des Unternehmens hinsichtlich vergangener Maßnahmen der Persönlichen Kommunikation. Dementsprechend ist die Ist-Situation des Kommunikationsinstrumentes Persönliche Kommunikation zu analysieren, d.h. es sind die Erfolge und Misserfolge bisheriger Aktivitäten der Persönlichen Kommunikation zu bestimmen.

In diesem Zusammenhang ist vom Unternehmen in Abhängigkeit der übergeordneten Marketing- und Kommunikationsziele zu untersuchen, ob Aktivitäten der Persönlichen Kommunikation generell sinnvoll erscheinen oder ob die angestrebten Kommunikationsziele mit Hilfe anderer Kommunikationsinstrumente wirkungsvoller und/oder wirtschaftlicher zu erreichen sind. Somit sind Entscheidungen über den erstmaligen oder erneuten Einsatz dieses Kommunikationsinstrumentes zu treffen.

Für die Situationsanalyse benötigen Unternehmen eine Systematik, um die Chancen und Risiken des Einsatzes der Persönlichen Kommunikation für ihre Unternehmenskommunikation zu prüfen. In Schaubild III-G-7 ist beispielhaft ein Fragenkatalog wiedergegeben, der

Fragen	Antworten	Chancen/ Risiken Stärken Schwächen
Marktbezogene Fragen		
• Kommt die Persönliche Kommunikation in einem Konsumgüter-,Industriegüter- oder Dienstleistungsmarkt zum Einsatz? • Wie teilt sich der Markt zwischen den einzelnen Wettbewerbern auf? • Welche Maßnahmen der Persönlichen Kommunikation stehen dem Unternehmen in den verschiedenen Märkten zur Verfügung? • Welche Tendenzen zeigen sich hinsichtlich des Einsatzes der Persönlichen Kommunikation? u.a.m.		
Kundenbezogene Fragen		
• Wie entwickeln sich die Kundenbedürfnisse und -wünsche? • Welche Informationsquellen nutzen die Kunden? • Welche Einkaufsgewohnheiten bestehen bei den Zielgruppen? • Welche Einstellungen haben die Kunden gegenüber der Persönlichen Kommunikation als Kommunikationsinstrument? • Wie hoch ist das Anspruchsniveau der Kunden? u.a.m.		
Wettbewerbsbezogene Fragen		
• Welche Maßnahmen der Persönlichen Kommunikation führen die Wettbewerber mit welcher Intensität und welchem Erfolg durch? • Welche Wettbewerbsprodukte werden mit Hilfe der Persönlichen Kommunikation vermarktet und welche weiteren Produkte eignen sich dafür? • Welche Auswirkungen haben die Konkurrenzaktivitäten auf den Einsatz der eigenen Maßnahmen der Persönlichen Kommunikation? • Gibt es Möglichkeiten zur Kooperation mit Wettbewerbern? u.a.m.		
Unternehmensbezogene Fragen		
• Welchen Erfolg weisen die bisherigen Aktivitäten der Persönlichen Kommunikation auf? • Welche Ressourcen stehen zum Einsatz der Persönlichen Kommunikation zur Verfügung (Kundenkontaktpersonal usw.)? • Sind alle relevanten Mitarbeiter hinsichtlich des Einsatzes der verschiedenen Aktivitäten der Persönlichen Kommunikation informiert? u.a.m.		

Schaubild III-G-7: Fragenkatalog zur SWOT-Analyse in der Persönlichen Kommunikation

erste Anhaltspunkte für eine **Chancen-Risiken/Stärken-Schwächen (SWOT)-Analyse** der Persönlichen Kommunikation geben kann.

Im Hinblick auf die Analyse der Kunden- beziehungsweise Nachfragersituation der Persönlichen Kommunikation ist auf **Besonderheiten bei Business-to-Business-Geschäften** hinzuweisen. Da sich das organisationale Beschaffungsverhalten in einem multipersonalen Problemlösungs- und Entscheidungsprozess vollzieht, der durch aktives Informationsverhalten gekennzeichnet ist (*Backhaus/Voeth* 2010), sind für die unterschiedlichen Ausprägungen des Kommunikationsverhaltens der betroffenen Personengruppen unter anderem die Zusammensetzungen des einkaufsentscheidenden Gremiums, d. h. des Buying Centers, und des Verkaufsteams des Anbieters, d. h. des Selling Centers, von Bedeutung (*Backhaus/Voeth* 2010). Ausgehend vom individuellen Informations- und Kommunikationsverhalten sind demzufolge die Kommunikationsstrukturen im Buying Center aufzudecken. Wie sich in Schaubild III-G-8 erkennen lässt beschreiben *Johnston* und *Bonoma* beispielsweise die Kommunikationsstrukturen im Buying Center nach den Dimensionen vertikales und laterales Involvement, Umfang des Buying Centers, aufgabenbezogene Verbundenheit und Zentralität des formalen Einkäufers im Buying-Center-Netzwerk (*Johnston/Bonoma* 1981).

Mit einem solchen **Kommunikationsflussbild** lassen sich die Beziehungsstrukturen im Buying Center beschreiben und für eine zielgruppenspezifische Ansprache nutzen. Die Erstellung eines Kommunikationsflussbildes zur Bestimmung eines konkreten Buying Centers ist dabei vor allem Aufgabe der Außendienstmitarbeitenden, die durch Befragung und Beobachtung dieses Beziehungsgeflecht sukzessive vervollständigen können.

Der Kommunikationsfluss zeigt allerdings noch nicht auf, welchen Einfluss die einzelnen Mitglieder im Buying Center beispielsweise auf eine Kaufentscheidung haben. So können in-

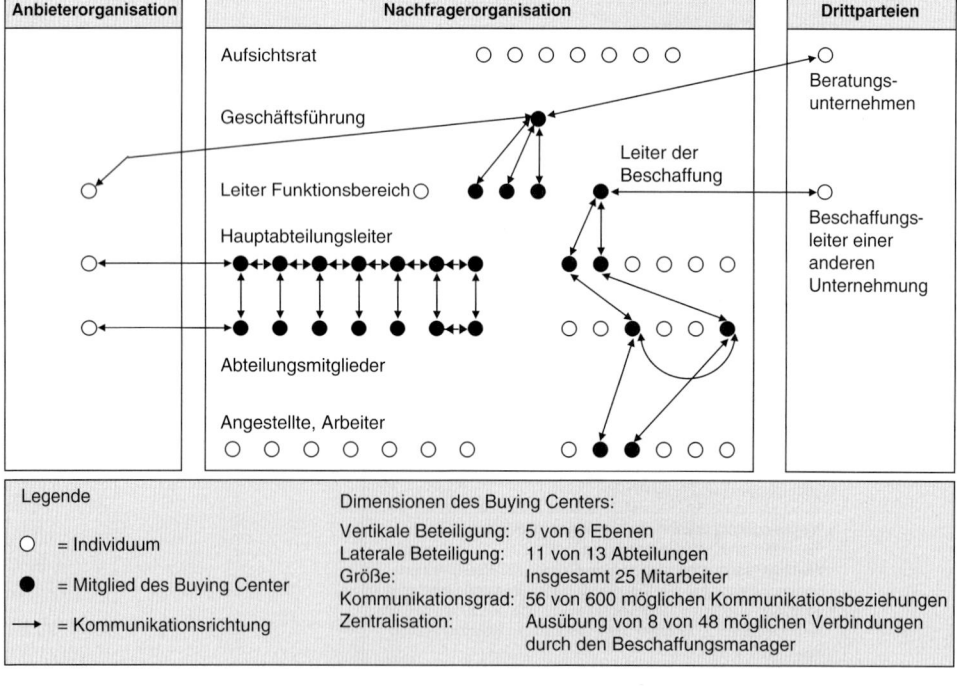

Schaubild III-G-8: Kommunikationsfluss eines Buying Center (Johnston/Bonoma 1981, S. 147)

tensive Kommunikationsbeziehungen zwischen zwei Mitgliedern bestehen, ohne dass hiermit die Entscheidung maßgeblich beeinflusst wird. Daher ist zusätzlich die Einflussstärke der Beteiligten zu ermitteln, da es Ziel jeder Buying-Center-Analyse ist, nicht nur herauszufinden, wer generell am Kaufentscheidungsprozess beteiligt ist, sondern insbesondere auch, wie stark sich dessen Einfluss darstellt (*Backhaus/Voeth* 2010).

Als Ergebnis einer SWOT-Analyse lässt sich die **kommunikative Problemstellung** für das Unternehmen ableiten. Beispielsweise könnte sich aus der SWOT-Analyse herauskristallisieren, dass ein Dienstleistungsunternehmen in seiner Umwelt über ein wenig kundenorientiertes Image verfügt und sich wenig individuell gegenüber seinen Kunden verhält, Kundenorientierung und individuelle Ansprache jedoch wesentliche Erfolgsfaktoren im Markt darstellen. Die kommunikative Problemstellung bildet die Grundlage für das weitere Vorgehen der Planung der Persönlichen Kommunikation, insbesondere für die Festlegung der Kommunikationsziele sowie die Formulierung der Kommunikationsstrategie.

4.2 Ziele der Persönlichen Kommunikation

Aus der Situationsanalyse leiten sich die Aufgaben und Ziele ab, die mit den Aktivitäten der Persönlichen Kommunikation für das Unternehmen verbunden sind. Die Formulierung eines klaren, langfristig ausgerichteten Zielsystems ist wesentlicher Bestandteil des Planungskonzepts der Persönlichen Kommunikation, da ohne zielorientierte Ausrichtung keine sinnvollen kommunikativen Maßnahmen entwickelt und koordiniert werden können. Implizit ist hierbei stets der Gesamtzusammenhang der Unternehmens- und Marketingziele sowie der generellen Kommunikationsziele zu beachten.

Es lassen sich ökonomische und psychologische Ziele der Persönlichen Kommunikation unterscheiden, die sowohl unternehmensextern als auch -intern gerichtet sein können und hierbei nach der Zielart (d.h. dem Inhalt des wünschenswerten Ergebnisses), dem Objektbezug (z.B. der Bezug zu einem bestimmten Produkt oder einer Dienstleistung), dem Käufer- beziehungsweise Zielgruppensegmentbezug sowie dem angestrebten Zielausmaß zu präzisieren sind (*Steffenhagen* 2008, S. 60 f.).

Die **ökonomischen Ziele der Persönlichen Kommunikation** sind solche Zielinhalte, die monetäre wirtschaftliche Größen implizieren und sich an den generellen Unternehmens- und Marketingzielen, wie Umsatzsteigerung, Gewinn- oder Rentabilitätsmaximierung, orientieren (*Meffert* 1986, S. 452 f.).

In der Praxis finden sich als oberste Ziele der Unternehmensleitung häufig Soll-Verkaufsgrößen, wie beispielsweise Umsatzsteigerung oder -erhaltung, Gewinnmaximierung oder Kostensenkung, wobei folgende **Kriterien zur Operationalisierung der ökonomischen Ziele** der Persönlichen Kommunikation herangezogen werden können (siehe ähnlich die Messkriterien ökonomischer Verkaufsziele bei *Schwab* 1982, S. 151):

- Anzahl und Summe der Vertragsabschlüsse,
- Anzahl und Volumen der Zusatzverkäufe,
- Anzahl und Summe der Folgegeschäfte über einen längeren Zeitraum.

Die genannten Kriterien können nach Sortimenten, Verkäufern, Kunden, Vertriebsschienen, erzielten Deckungsbeiträgen sowie der saisonbezogenen zeitlichen Abfolge aufgeschlüsselt werden. Der Detaillierungsgrad wird dabei durch die Größe und Art der Geschäftstätigkeit, die Beschäftigtenanzahl, die Aufbereitung durch das Rechnungswesen usw. bestimmt.

Gegen die Verwendung des Umsatzes und des Gewinns als alleinige Kommunikationsziele und Erfolgskriterien spricht allerdings, dass zahlreiche Aktivitäten der Persönlichen Kommunikation nicht die Umsatzsteigerung zum unmittelbaren Ziel haben, sondern z. B. das Unternehmensimage oder die Kundenberatung verbessern wollen, eine persönliche Beschwerdeberatung anstreben oder die Kundenloyalität fördern möchten. Dementsprechend ist bei der Festlegung der ökonomischen Ziele der Persönlichen Kommunikation zu berücksichtigen, dass viele Aktivitäten des Kundenkontaktpersonals, wie Beratung, Information und Kundenbetreuung, erst nach einer gewissen Zeit Umsatz- oder Gewinnzahlen beeinflussen können. Unter erwerbswirtschaftlichen Gesichtspunkten kommt ökonomischen Kommunikationszielen zwar eine zentrale Bedeutung zu, diese sind allerdings langfristig nur über die verstärkte Verfolgung kommunikativer Beeinflussungsziele und durch eine Kontaktintensivierung mit den Kunden zu erreichen.

Psychologische Ziele der Persönlichen Kommunikation betreffen die mentalen Prozesse der Kundengruppen und sind demzufolge nicht unmittelbar beobachtbare Konstrukte. Hierzu zählen z. B. Bekanntheit, Wissen, Einstellungen, Zufriedenheit, Präferenzen oder Verhaltensabsichten. Nach den Ebenen individueller Reaktionen auf Stimuli der Persönlichen Kommunikation lassen sich drei aufeinander aufbauende Kategorien psychologischer Kommunikationsziele unterscheiden, die sich in verschiedenen Ausprägungen formulieren lassen und angestrebten Vorzugsständen gleichen, die mit dem Einsatz verschiedener Maßnahmen der persönlichen Ansprache bei den einzelnen Zielgruppen zu erreichen sind: die kognitiv-, affektiv- und konativ-orientierten Ziele der Persönlichen Kommunikation.

Kognitiv-orientierte Ziele der Persönlichen Kommunikation sind darauf ausgerichtet, die Informationsaufnahme, -verarbeitung und -speicherung zu beeinflussen, ohne unmittelbar handlungssteuernd zu wirken. Die Weitergabe von Informationen in persönlichen Gesprächen dient dazu, dass Kunden ein bestimmtes Produkt- oder Leistungsangebot wahrnehmen, ihre Kenntnisse hinsichtlich des Unternehmens und der Produkteigenschaften oder Leistungskomponenten verbessern sowie die Kontaktmitarbeitenden des Unternehmens kennen lernen. Darüber hinaus ist es speziell im Dienstleistungsbereich anzustreben, über Persönliche Kommunikation die Erwartungshaltungen der (potenziellen) Kunden zu steuern. So lassen sich sowohl prädiktive Erwartungen (d. h. die Einschätzungen des Kunden hinsichtlich der zukünftigen Dienstleistungsqualität) als auch normative Erwartungen (d. h. ein vom Kunden als ideal angesehenes Qualitätsbild) in Gesprächen mit Mitarbeitenden für das Unternehmen vorteilhaft modifizieren (*Bruhn* 2001, S. 588).

Beabsichtigt das Unternehmen zusätzlich, sein Leistungsangebot gegenüber den Wettbewerbern emotional abzugrenzen und individuell im Wahrnehmungsraum der Kunden zu positionieren sowie spezifische Einstellungen, Images und Präferenzen bei den einzelnen Kundengruppen zu entwickeln, zu modifizieren oder zu stabilisieren, werden die kognitiven Zielsetzungen um **affektiv-orientierte Zielgrößen** der Persönlichen Kommunikation erweitert.

Konativ-orientierte Ziele der Persönlichen Kommunikation beinhalten die erkennbaren Reaktionen der Rezipienten beziehungsweise Kundengruppen als Ergebnis der kommunikativen Beeinflussung. Dabei sind zum einen artikulierte Verhaltensabsichten, wie die Wiederwahl- oder Wechselbereitschaft, und zum anderen das tatsächliche Kundenverhalten, wie beispielsweise positive Mund-zu-Mund-Kommunikation beziehungsweise Weiterempfehlungen (*Scherrer* 1975; *Giese/Spangenberg/Crowley* 1996; *Cornelsen/Schober* 1997; *Helm* 2000; *v. Wangenheim/Bayón/Weber* 2002; *Markert* 2008), Lob- oder Beschwerdeäußerungen (*Stauss/Seidel* 2007) sowie die offensichtliche Kundentreue oder Abwanderung zu nennen.

Kognitiv-orientierte Ziele	Affektiv-orientierte Ziele	Konativ-orientierte Ziele
• Vermittlung von Wissen über das Unternehmen • Vermittlung von Informationen über Sonderangebote und Sonderaktionen • Vermittlung von Kenntnissen über die Leistungsmerkmale eines Produktes oder einer Dienstleistung • Vorbereitung von Produkteinführungen • Vorstellung neuer Produkte und Dienstleistungen • Erhöhung des Bekanntheitsgrades von Produkten und Dienstleistungen • Unterstützung von Terminabsprachen des Außendienstes u.a.m.	• Erzeugung einer positiven Einstellung gegenüber den Aktivitäten der Persönlichen Kommunikation • Aktivierung der Wahrnehmung des Leistungsangebotes • Weckung des konsumentenseitigen Interesses gegenüber Produktneuheiten • Aufbau von Vertrauen hinsichtlich der angebotenen Leistung • Schaffung eines Goodwill-Potenzials gegenüber dem Unternehmen • Verbesserung des Images von Institutionen • Erzeugung von Emotionen gegenüber umwelt- und sozialkritischen Themen u.a.m.	• Interessentengewinnung • Neukundengewinnung • Festigung der Kundenbindung • Kontaktpflege mit bedeutenden Kunden • Reaktivierung inaktiver Kunden • Rückgewinnung ehemaliger Kunden • Motivation der Kunden bezüglich Beschwerdeführung • Ausschöpfung von Cross-Selling-Potenzialen • Identifikation von Kundenbedürfnissen und Trends • Anregung zur positiven „Mund-zu-Mund-Kommunikation" u.a.m.

Schaubild III-G-9: Psychologische Zielgrößen der Persönlichen Kommunikation

Schaubild III-G-9 zeigt, welche verschiedenen Kommunikationsziele im Mittelpunkt der einzelnen Aktivitäten der Persönlichen Kommunikation stehen können, indem eine Zuordnung zu den beschriebenen Kategorien psychologischer Kommunikationsziele vorgenommen wird. Aus diesen Oberzielen lassen sich weitere Ziele für die Persönliche Kommunikation ableiten, wie z.B. die Maximierung der Kundenkontakte oder die Ausschöpfung des Cross-Selling-Potenzials.

Beispiel: Ziele von Personal Promotions

Besonders häufig kommt Persönliche Kommunikation im Rahmen von Verkaufsförderungsaktionen, beziehungsweise genauer im Rahmen von Personal Promotions, zum Einsatz. Beispiele sind Verkostungsaktionen oder Produktpräsentationen im Handel. Unterschiedliche Ziele, die mit diesen Aktionen angestrebt werden können, sind im Folgenden aufgeführt (*Bartenbach Marketing Services GmbH & Co. KG* 2009; *ESP Marketing GmbH* 2009). Deutlich wird, dass Unternehmen sowohl ökonomische als auch psychologische Ziele verfolgen.

- *Saupiquet* Thunfisch-Verkostungsaktion: Erhöhung des Abverkaufs durch den Gewinn neuer Verwender, Schaffung von Awareness für das Unternehmen und die Marke auf Seiten der Verbraucher.

- *Arcor* Promotion: Steigerung des Abverkaufs vor Ort, Weckung des Verbraucherinteresses am Produkt, Schaffung von Erstkontakten und Schaffung von Awareness für Unternehmen und Marke auf Seiten der Verbraucher.

- *Gebr. Heinemann Bvlgari* Promotion am Frankfurter Airport: aktive Beratung und Abverkauf exklusiver *Bvlgari*-Düfte im *Travel Value & Duty Free Shop*.

- *Reckitt Benckiser Deutschland GmbH Calgonit* Promotion: Generierung von Aufmerksamkeit, Steigerung des Bedarfs und Abverkaufsdes Produktes

- *Chantré* POS-Promotion: Generierung von Aufmerksamkeit, Schaffung von Awareness für Unternehmen und Marke auf Seiten der Verbraucher, Herbeiführung von Probierkäufen

Aus der Analyse der Ziele der Persönlichen Kommunikation wird deutlich, dass Art, Träger und Richtung der Kommunikation, aber auch die Dauer der Kommunikationsbeziehung maßgeblich die verschiedenen Unterziele bestimmen und dass die Notwendigkeit einer spezifischen Zielgruppenauswahl und differenzierten Ermittlung geeigneter Kommunikationsstrategien und -instrumente besteht.

4.3 Zielgruppen der Persönlichen Kommunikation

4.3.1 Zielgruppenidentifikation und -beschreibung in der Persönlichen Kommunikation

Im Rahmen der Zielfestlegung von Aktivitäten der Persönlichen Kommunikation ist vom Unternehmen zu präzisieren, welche Zielgruppen mit dem Einsatz dieses Kommunikationsinstrumentes anzusprechen sind. Eine konsequente Zielgruppenorientierung ist vor dem Hintergrund zunehmender Möglichkeiten der persönlichen Ansprache und steigender Kosten je Engagement unabdingbar, um einen effizienten Einsatz der Kommunikationsmaßnahmen zu gewährleisten.

Zunächst ist eine **Zielgruppenidentifikation** erforderlich, d.h., es werden jene Personen, Gruppen oder Organisationen identifiziert, die zur Realisierung der Ziele der Persönlichen Kommunikation anzusprechen sind. Anschließend sind möglichst genaue Informationen über die relevanten Charakteristika sowie die Erreichbarkeit der Zielgruppen in Erfahrung zu bringen.

Folgende Ziel- beziehungsweise Anspruchsgruppen sind grundsätzlich für ein Unternehmen bei der Persönlichen Kommunikation von Bedeutung:

* Endabnehmer,
* Buying Center beschaffender Organisationen,
* Handelspartner,
* Lieferanten,
* Führungskräfte und Mitarbeitende im Unternehmen,
* Meinungsmultiplikatoren,
* Medienvertreter.

Aufgabe der **Zielgruppenbeschreibung** ist es, eine möglichst genaue Beschreibung der relevanten Zielgruppen nach verschiedenen Kriterien zu erhalten. Dabei sind die Anforderungen an die Merkmale zur Zielgruppenidentifikation beziehungsweise -beschreibung sicherzustellen (*Freter* 1983, S. 43f.; *Meffert* 2000, S. 186f.; *Schweiger/Schrattenecker* 2009, S. 49ff.; vgl. auch die entsprechenden Ausführungen in Abschnitt III-B-4.3.2.1). Insgesamt ist eine Zielgruppenbeschreibung anzustreben, die nicht nur eine Wiedererkennung im Rahmen der Kommunikationsplanung ermöglicht, sondern auch Informationen für die strategische und kreative Gestaltung der einzelnen Maßnahmen der Persönlichen Kommunikation enthält.

Bei Berücksichtigung der vielschichtigen, sich häufig nur marginal unterscheidenden Ansätze zur Strukturierung von Zielgruppenmerkmalen (*Freter* 1983, S. 43f.; *Scheuch* 1996) sind für **individuelle Kaufentscheidungen** verschiedene Gruppen von Zielgruppenmerkmalen zu differenzieren (*Freter* 1983, S. 44f.; *Kotler/Keller/Bliemel* 2007, S. 365ff.; *Steffenhagen* 2008, S. 41ff.; *Becker* 2009, S. 301ff.; *Schweiger/Schrattenecker* 2009, S. 50ff.). Für die Zielgruppen der Persönlichen Kommunikation sind als Beschreibungsmerkmale vor allem diejenigen Kriterien zu ermitteln, die den jeweiligen Kommunikationsbedarf der einzelnen Personengruppen berücksichtigen.

Bei den **demografischen** und **sozioökonomischen Kriterien** ist beispielsweise zu prüfen, ob und inwieweit Unterschiede in Kommunikationsbedürfnissen aufgrund von Geschlecht, Alter, Einkommen, Familienlebenszyklus, geografischer Merkmale usw. bestehen. Auch **psychografische Kriterien**, wie z.B. Motive, Einstellungen oder Lifestyle-Merkmale, können als Abgrenzungskriterien genutzt werden, wenn sie über kommunikative Differenzen der Zielgruppen Aufschluss geben. Schließlich ist mit Hilfe von **Kriterien beobachtbarer Ver-**

haltensmerkmale zu ermitteln, wie sich die Personen hinsichtlich ihres Informations- und Kaufverhaltens sowie ihres Mediennutzungsverhaltens und dem Kommunikationsverhalten gegenüber anderen Personen unterscheiden.

Bei **kollektiven Kaufentscheidungen** beziehungsweise organisationalen Zielgruppen sind die Makroebene des Unternehmens sowie die Mikroebene der Mitarbeitenden des Unternehmens zu unterscheiden, wobei dementsprechend verschiedene Zielgruppenkriterien Berücksichtigung finden können (*Horst* 1988, S. 350 ff.; *Bruhn* 2010a). Es ist allerdings zu beachten, dass die Bedarfsrelevanz der einzelnen Organisationen im Hinblick auf die Persönliche Kommunikation im Vordergrund der Kriterien zu stehen hat.

Branchenbezogene Merkmale beziehen sich beispielsweise auf die Art der Branche, die Wachstumsrate, die Wettbewerbsintensität und den Medieneinsatz innerhalb der Branche. Diese Kriterien sind als Zielgruppenmerkmale der Persönlichen Kommunikation heranzuziehen, wenn beispielsweise Industriegüterunternehmen der Softwarebranche aufgrund ihrer beratungsintensiven Systemlösungen deutlich mehr Kundenkontakte erfordern als bestimmte Investitionsgüterunternehmen im Anlagengeschäft, die ihr Produkt verkaufen, ohne anschließend permanent Kundendienstleistungen zu erbringen und Folgegeschäfte zu tätigen.

Ebenfalls sind **unternehmensspezifische Kriterien**, d. h. Unternehmensgröße, Vertriebssystem, Standort, Verwendungsverhalten usw., als Abgrenzungsmerkmale der Zielgruppen Persönlicher Kommunikation zu nutzen, da beispielsweise die jeweiligen Distributionskanäle Einfluss auf die notwendigerweise einzusetzenden Maßnahmen persönlicher Ansprache im Business-to-Business-Bereich haben können.

Kriterien des Buying Centers, z. B. die Größe und personelle Zusammensetzung des Einkaufsgremiums, bestimmen ebenfalls das Kommunikations- und Informationsnutzungsverhalten und können dementsprechend zusätzlich als Zielgruppenmerkmale herangezogen werden. Letztlich unterscheidet sich der Kommunikationsbedarf auch nach **personenbezogenen Kriterien**, d. h. Alter, Ausbildung, Einstellung, Kommunikationsverhalten, Mediennutzung usw., der einzelnen Mitglieder des Buying Centers.

4.3.2 Zielgruppenauswahl in der Persönlichen Kommunikation

Vor dem Hintergrund knapper finanzieller und personeller Ressourcen stehen Unternehmen vor der Aufgabe, ihre Kommunikationsaktivitäten vor, während oder nach einem Produktkauf beziehungsweise der Inanspruchnahme einer Dienstleistung an spezifischen Effizienz- und Erfolgskriterien auszurichten. Im Hinblick auf den Einsatz der Persönlichen Kommunikation ist es demzufolge notwendig, die einzelnen Kundengruppen entsprechend ihrer ökonomischen wie auch außerökonomischen Bedeutung für das Unternehmen im Rahmen der **Zielgruppenauswahl** zu klassifizieren und zu priorisieren. Die Zielgruppenauswahl setzt sich sowohl damit auseinander, welche Zielgruppen mit welchen Maßnahmen zu bearbeiten, als auch in welchem Umfang die Maßnahmen bei einzelnen Zielgruppen einzusetzen sind. Um zu vermeiden, dass die Auswahl der zu bearbeitenden Zielgruppen willkürlich erfolgt, empfiehlt sich die Aufstellung eines Kataloges, der zentrale Kriterien der Zielgruppenauswahl definiert. Folgende ökonomische und außerökonomische Kriterien bieten sich in diesem Kontext an:

- **Nutzen der Zielgruppen bezogen auf die Persönliche Kommunikation:** Der Nutzen der Zielgruppen bezogen auf die Persönliche Kommunikation spiegelt den Grad der Realisierung der Ziele der Persönlichen Kommunikation bei den diversen Zielgruppen wider. Verfolgt ein Unternehmen mit seinen persönlichen Kommunikationsmaßnahmen beispielsweise den gezielten Abverkauf neu eingeführter Produkte, so ist eine andere Zielgruppenpriorisierung vorzunehmen als im Fall eine Beziehungspflegestrategie. Zielt die Persönliche Kommunikation primär auf die unternehmensinterne Förderung der Motivation und Identifikation der Mitarbeitenden, sind wiederum andere Zielgruppen von Interesse.

- **Kommunikationsbedürfnisse der Zielgruppen:** Im Sinne einer beziehungsorientierten Ausrichtung der Kommunikationspolitik erfordert die Priorisierung der Zielgruppen eine Berücksichtigung der zielgruppenspezifischen Kommunikationsbedürfnisse. In Abhängigkeit unterschiedlicher Größen, wie des Involvements, der Ziele oder des Fachwissens eines Kunden, stellt dieser differenzierte Anforderungen an die Kommunikation mit einem Mitarbeitenden. Entsprechend bieten sich unterschiedliche Maßnahmen zu Gestaltung der Persönlichen Kommunikation an.

- **Kundenwert:** Als zentrale Größe zur Bewertung von Kundenbeziehungen wird heute oftmals der Kundenwert herangezogen (Customer Lifetime Value). Dabei handelt es sich um den bewerteten Beitrag eines Kunden zur Erreichung der monetären und nicht-monetären Ziele des Anbieters (*Helm/Günter* 2001, S. 7; *Helm/Günter* 2006; *Krafft* 2007). Ausgangspunkt für die Ermittlung eines ganzheitlichen Kundenwertes stellt die Identifikation und Analyse sämtlicher Bestimmungsfaktoren des Kundenwertes dar (*Tomczak/Rudolf-Sipötz* 2001, S. 130; vgl. zu zentralen Problemen bei der Kundenbewertung auch *Cornelsen* 2000, S. 51 ff.). Dabei sind die direkten ökonomischen Kriterien – wie sie lange Zeit ausschließlich herangezogen wurden – nicht ausreichend. Sie lassen sich zwar im Fall des persönlichen Kundenkontakts oder bei nachträglicher Identifizierbarkeit der Kunden im Rahmen individueller Kundenbeziehungen anwenden, d. h. für die Zielgruppenauswahl der Persönlichen Kommunikation einsetzen. Allerdings werden damit wesentliche „weiche" Faktoren vernachlässigt. Darüber hinaus bereitet die Prognose des ökonomischen Wertes eines Kunden in die Zukunft Schwierigkeiten. Für eine umfassende Ermittlung des Kundenwertes erscheint es empfehlenswert, sowohl das Marktpotenzial eines Kunden als auch sein Ressourcenpotenzial zu bestimmen (vgl. hierzu ausführlich *Rudolf-Sipötz* 2001; *Tomczak/Rudolf-Sipötz* 2001).

- **Marktpotenzial eines Kunden:** Das Marktpotenzial eines Kunden beschreibt den Ertrag, der aus der Geschäftstätigkeit mit einem Kunden resultiert. Zur Ermittlung und Bewertung des Marktpotenzials lassen sich das **Ertragspotenzial** (monetärer Beitrag des Kunden zum Unternehmenserfolg), das **Entwicklungspotenzial** (zukünftig zu erwartende Erträge eines Kunden), das **Cross-Buying-Potenzial** (zusätzliche, unabhängige Geschäfte mit dem Kunden, vgl. auch *Cornelsen* 2000, S. 172 ff.) sowie das **Loyalitätspotenzial** eines Kunden heranziehen. Bezogen auf die Persönliche Kommunikation ist zu überlegen, inwieweit die einzelnen Einflussfaktoren des Marktpotenzials durch Maßnahmen der Persönlichen Kommunikation zu beeinflussen sind. Insbesondere das Loyalitätspotenzial eines Kunden lässt sich stark durch die Persönliche Kommunikation prägen, indem die Kundenzufriedenheit und das Vertrauen in ein Unternehmen im persönlichen Kontakt positiv beeinflusst werden. Persönliche Verkaufsgespräche können ebenfalls dazu beitragen, dass ein Kunde in Zukunft weitere Zusatzleistungen eines Unternehmens in Anspruch nimmt und sich sein Cross-Buying-Potenzial erhöht. Um so größer das (Ertrags-, Entwicklungs-, Cross-Buying- oder Loyalitäts-)Potenzial eines Kunden eingeschätzt wird, desto bedeutender ist der Kunde im Rahmen der Zielgruppenauswahl zu bewerten.

- **Ressourcenpotenzial:** Unter dem Ressourcenpotenzial eines Kunden wird der Wert verstanden, den dieser als Ressource für das Unternehmen darstellt. Von besonderer Bedeutung sind in diesem Zusammenhang das **Referenzpotenzial** (Anzahl potenzieller Kunden, die ein Kunde aufgrund seines Weiterempfehlungsverhaltens und Einflussvermögens erreichen kann, vgl. ausführlich *Cornelsen* 2000, S. 186 ff.), das **Informationspotenzial** (sämtliche Informationen, die ein Anbieter von seinem Kunden erhält und nutzen kann), das **Kooperationspotenzial** (die Bereitschaft und Fähigkeit des Kunden, sich selbst oder materielle beziehungsweise immaterielle Güter in den Leistungserstellungsprozess einzubringen) sowie das **Synergiepotenzial** eines Kunden (durch Kunden ausgelöste positive Verbund- beziehungsweise Wechselwirkungen). Bei dem Ressourcenpotenzial ist durch das Unternehmen zu analysieren, welche Potenziale durch die Persönliche Kommunikation ausgeschöpft werden können. So bestimmt sich das Referenzpotenzial eines Kunden beispielsweise unter anderem durch dessen Weiterempfehlungsbereitschaft, die wesentlich durch die Erfahrungen im persönlichen Kontakt mit einem Unternehmen beeinflusst werden kann. Darüber hinaus ist die Bedeutung einer Weiterempfehlung aber auch branchenabhängig und spielt beispielsweise bei der Wahl einer Bank eine sehr viel größere Rolle als beim Schuhkauf. Einflussmöglichkeiten bestehen zudem hinsichtlich des Informationspotenzials eines Kunden, z. B. im Rahmen von Kundenbefragungen, Workshops oder Beschwerdestellen. Gelingt es den Mitarbeitenden im persönlichen Kundenkontakt, die Informations- und Feedbackbereitschaft eines Kunden positiv zu beeinflussen, so lässt sich auch ein gesteigertes Informationspotenzial erwarten. Vom Mitarbeiterverhalten ist in weitem Maße letztlich auch das Kooperationspotenzial eines Kunden abhängig, da ein Kunde bei einem positiv wahrgenommenen Verhältnis zum Unternehmen beziehungsweise seinen Mitarbeitenden eher bereit sein wird, sich in den Leistungserstellungsprozess einzubringen. Von besonderer Bedeutung ist dies im Dienstleistungs- und Business-to-Business-Bereich, da hier Kunde und Anbieter häufig gleichzeitig am Leistungserstellungsprozess beteiligt sind. Ähnlich wie hinsichtlich des Marktpotenzials sind die Kunden auch in Bezug auf ihr Ressourcenpotenzial zu bewerten, zu priorisieren, und es sind die entsprechenden Maßnahmen festzulegen.

- **Kosten für die Bearbeitung der Zielgruppen:** Die mit der Persönlichen Kommunikation verbundenen Kosten sind weitgehend abhängig von den jeweiligen eingesetzten Maßnahmen beziehungsweise davon, welche Zielgruppen mit diesen Maßnahmen anvisiert werden. So erfordern beispielsweise Verkaufsgespräche, Kundenclubsysteme oder die Kommunikation im Rahmen von Messen und Ausstellungen jeweils unterschiedliche Budgets, sind aber auch mit unterschiedlichen Wirkungen verbunden. Die Kosten für einzelne Kommunikationsmaßnahmen sind somit der erzeugten Wirkung gegenüber zu stellen, um eine Auswahl treffen zu können, welche Zielgruppen mit welchen Maßnahmen anzusprechen sind.

Für die Bestimmung der gewinnbringenden Zielgruppen der Persönlichen Kommunikation sowie die Festlegung der Intensität der persönlichen Ansprache sind die unterschiedlichen, hier aufgezeigten Größen, möglichst umfassend zu ermitteln. Der Schwerpunkt der verschiedenen Aktivitäten der Persönlichen Kommunikation ist dementsprechend zunächst auf solche Kunden zu legen, die einen hohen Nutzen in Bezug auf die Ziele der Persönlichen Kommunikation erwarten lassen, die beträchtliche Markt- und Ressourcenpotenziale, beziehungsweise einen hohen Kundenwert, aufweisen und deren Kommunikationsbedürfnisse am effektivsten durch die persönliche Kommunikation des Unternehmens befriedigt werden können. Bei Kunden, die hinsichtlich dieser Kriterien als weniger vielversprechend zu beurteilen sind, ist auf den verstärkten Einsatz Persönlicher Kommunikation insoweit zu verzichten, dass lediglich ein Mindestmaß an Kundenkontakten bleibt, das bei den betrachteten Dienstleistungen, Sach- oder Industriegütern generell erforderlich ist.

5 Strategie der Persönlichen Kommunikation

5.1 Elemente der Strategie der Persönlichen Kommunikation

Mit der Analyse der Kommunikationssituation sowie der Festlegung von Kommunikationszielen und -zielgruppen sind wichtige Bausteine des Planungsprozesses der Persönlichen Kommunikation gelegt. Um die Integration dieser Teilelemente zu garantieren, bedarf es eines **strategischen Konzepts der Persönlichen Kommunikation**, das langfristig konsistente, glaubwürdige und synergetisch ausgerichtete Kommunikationsprogramme für den Einsatz der Instrumente Persönlicher Kommunikation festlegt und koordiniert. Dementsprechend lässt sich folgende Definition einer Strategie der Persönlichen Kommunikation zugrunde legen:

> Die **Strategie der Persönlichen Kommunikation** ist die bewusste und verbindliche Festlegung globaler, mittel- bis langfristiger Verhaltenspläne für ein Unternehmen, die angeben, mit welchen Schwerpunkten die einzelnen Maßnahmen der Persönlichen Kommunikation eingesetzt werden, um die angestrebten Kommunikationsziele des Unternehmens zu erreichen.

Die inhaltliche Bestimmung der Strategie der Persönlichen Kommunikation stellt ein komplexes Planungsproblem dar, bei dem mehrere Entscheidungen gleichzeitig zu fällen sind. Als **Elemente einer Strategie der Persönlichen Kommunikation** sind folgende sechs – in Schaubild III-G-10 schematisch dargestellte – Bereiche abzugrenzen:

(1) Objekt der Persönlichen Kommunikation
Basis für die Strategie der Persönlichen Kommunikation ist das Objekt der kommunikativen Ansprache, d. h. beispielsweise die Marke, Produktlinie oder das Gesamtunternehmen, das schwerpunktmäßig den Inhalt der Kommunikationsmaßnahmen bildet.

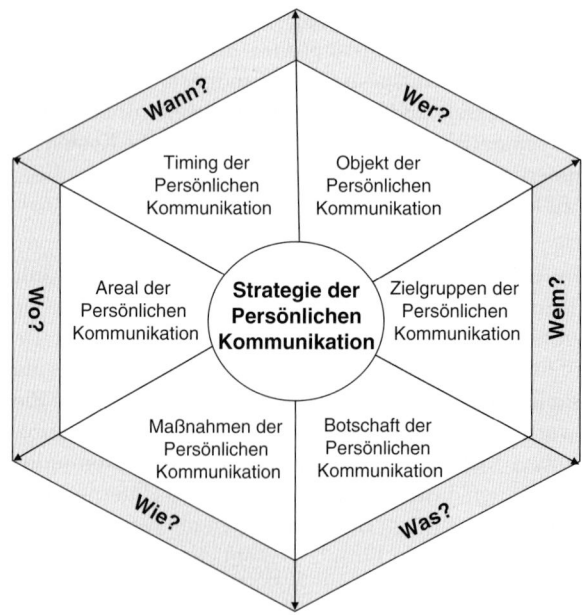

Schaubild III-G-10: Elemente der Strategie der Persönlichen Kommunikation

(2) Zielgruppen der Persönlichen Kommunikation

Mit den Zielgruppen wird festgelegt, an welche Zielgruppen des Unternehmens sich die Maßnahmen der Persönlichen Kommunikation primär richten.

(3) Botschaft der Persönlichen Kommunikation

Mit der Botschaft der Persönlichen Kommunikation werden die zentralen zu transportierenden Inhalte definiert. Als Entscheidungsgrundlage für die Botschaftsgestaltung lässt sich die angestrebte Positionierung des Kommunikationsobjektes heranziehen beziehungsweise die Ziele, die mit den Maßnahmen der Persönlichen Kommunikation verfolgt werden.

(4) Maßnahmen der Persönlichen Kommunikation

Mit den Kommunikationsmaßnahmen werden die einzelnen Maßnahmen der direkten und indirekten Persönlichen Kommunikation näher spezifiziert.

(5) Areal der Persönlichen Kommunikation

Das Areal der Persönlichen Kommunikation legt fest, ob die einzelnen Kommunikationsmaßnahmen lokal, regional, national oder sogar international durchgeführt werden.

(6) Timing der Persönlichen Kommunikation

Das Timing der Aktivitäten der Persönlichen Kommunikation wird in der Regel weitgehend durch die verfolgten Kommunikationsziele bestimmt. Beispielsweise erfordert der Aufbau von Vertrauen und die Erzeugung positiver Einstellungen einen langfristigen Einsatz der Persönlichen Kommunikation, während persönliche Kommunikationsmaßnahmen im Rahmen einer Produktneueinführung eher kurzfristig und punktuell durchgeführt werden.

Die vom Unternehmen festgelegte Strategie der Persönlichen Kommunikation hat sich – wie auch die anderen Kommunikationsinstrumente – in das strategische Konzept der Gesamtkommunikation einzuordnen.

5.2 Strategietypen der Persönlichen Kommunikation

Die inhaltliche Ausgestaltung von Strategien der Persönlichen Kommunikation orientiert sich an den kommunikativen Aufgaben, die von diesem Kommunikationsinstrument zu erfüllen sind. Folgende zentrale **Strategietypen der Persönlichen Kommunikation** lassen sich abgrenzen:

- Bekanntmachungsstrategie,
- Informationsstrategie,
- Imageprofilierungsstrategie,
- Wettbewerbsabgrenzungsstrategie,
- Zielgruppenerschließungsstrategie,
- Kontaktanbahnungsstrategie,
- Kundenbindungsstrategie.

Eine **Bekanntmachungsstrategie** der Persönlichen Kommunikation zielt darauf ab, beispielsweise durch die persönliche Ansprache am Verkaufsort oder auf Messen und Ausstellungen neue Produkte und Dienstleistungen am Markt einzuführen, deren Akzeptanz bei der anvisierten Zielgruppe in persönlichen Gesprächen zu erfragen oder aktuelle Kunden des Unternehmens mit den neuen Leistungsangeboten bekannt zu machen.

> **Beispiel: Händlergespräche zur Bekanntmachung neuer Produkte bei der *Jäckle GmbH***
> Die *Jäckle GmbH* hat auf der Messe *Schweißen und Schneiden* in Essen aktuelle Schweißanlagen und Schneidanlagen und einige Produktneuheiten präsentiert. Besucher hatten dabei die Gelegenheit, mit dem Team der *Jäckle GmbH* in Kontakt zu treten und sich über die neusten Technologien, Pro-

dukte, Verfahren und Dienstleistungen des Unternehmens zu informieren In Beratungsgesprächen bot sich für die *Jäckle GmbH* die Möglichkeit, die Besucher über die Vielseitigkeit und Wirtschaftlichkeit der vom Unternehmen entwickelten und gefertigten Schweiß- und Schneidanlagen überzeugen. Außerdem stellte das Unternehmen auf der Messe einige Innovationen wie die neue Generation der *MIG/MAG* Schweißgeräte *InoMIG*, *ConMIG* und *TecMIG* vor. Die neuen Produktlinien weisen ein neues Bedienkonzept auf Mikroprozessor-Basis auf. Diese Technologie macht das Schweißen effektiver, einfacher und sicherer. Die digitalisierten Schweißgeräte sorgen außerdem für eine vollkommen reproduzierbare Schweißqualität (*Jäckle GmbH* 2009).

Bei der **Informationsstrategie** liegt der Schwerpunkt der kommunikativen Aktivitäten in der Aufklärung der Kundengruppen über neue Produkte oder Dienstleistungen sowie generelle Veränderungen im Unternehmen. Als Beispiel für diese Strategieform ist der intensive Einsatz von Maßnahmen wie „Tage der offenen Tür" im Unternehmen, Informationsveranstaltungen am Verkaufsort oder Pressekonferenzen zu nennen.

Beispiel: Tag der offenen Tür bei der *Deutschen Telekom*
Die *Deutsche Telekom* führte im August 2009 einen Tag der offenen Tür durch. Ziel war es, den Besuchern einen Einblick in den Konzern zu geben. Hierzu gab es zum Beispiel eine Fragestunde zum Thema „Sicherheit im Internet" mit dem Konzerndatenschutzbeauftragten der *Deutschen Telekom*. Ferner wurde ein Datenschutz-Quiz durchgeführt, bei dem drei *iPod-Shuffle* sowie Gutscheine für Music-, Video- und Softwareload verlost wurden (*Deutsche Telekom* 2009).

Wenn demgegenüber eine **Imageprofilierungsstrategie** verfolgt wird, kann die Persönliche Kommunikation eingesetzt werden, um mit verschiedenen Anspruchsgruppen in Kontakt zu treten sowie über einen persönlichen Dialog die subjektiven Ansichten und Vorstellungen der Personen hinsichtlich der Produkte, Dienstleistungen oder des Unternehmens zu beeinflussen. Die Positionierung des Unternehmens im Wahrnehmungsraum der Kunden kann möglicherweise durch Maßnahmen Persönlicher Kommunikation positiv verändert werden. Beispielsweise ist durch kundenorientiertes Auftreten sämtlicher Kundenkontaktmitarbeitenden das Unternehmensimage im Sinne eines Unternehmens mit „Human-Touch"-Qualitäten zu verbessern oder zu entwickeln.

Bei einer **Wettbewerbsabgrenzungsstrategie** beabsichtigt das Unternehmen, sich mit den durchgeführten kommunikativen Maßnahmen gegenüber der Konkurrenz im Wahrnehmungsraum der Kunden abzuheben. Komparative Konkurrenzvorteile können dadurch erzielt werden, dass Maßnahmen der Persönlichen Kommunikation beispielsweise in jenen Marktbereichen eingesetzt werden, die bis dato eher von unpersönlicher Kommunikation dominiert wurden. Diese Wettbewerbsprofilierung ist z. B. möglich, wenn ein Verbrauchsgüterhersteller, der seine Waren grundsätzlich anonym über den Einzelhandel absetzt, innovative Kundenclubsysteme entwickelt und Kundenbeiräte einrichtet, um – im Gegensatz zu seinen Hauptwettbewerbern – in persönlichen Gesprächen die Wünsche und Bedürfnisse der verschiedenen Zielgruppen zu ermitteln.

Beispiel: Kundenbeirat der *envia Mitteldeutsche Energie AG (enviaM)* *enviaM* hat als erster regionaler Energiedienstleister in Ostdeutschland einen Kundenbeirat eingerichtet. Bei der Auftaktveranstaltung im. September 2008 feierte das neue Gremium eine gelungene Premiere. 19 Privatkunden tauschten sich dabei unter anderem mit dem Schirmherren des Kundenbeirates konstruktiv über Mittel und Wege zur Verbesserung der Kundenfreundlichkeit aus. Dem Kundenbeirat gehören insgesamt 27 Privatkunden aus allen Regionen des *enviaM*-Grundversorgungsgebietes an. Sie sind für drei Jahre berufen worden und kommen viermal im Jahr zusammen, um sich über aktuelle Frage- und Problemstellungen beim Thema Kundenservice auszutauschen (*envia Mitteldeutsche Energie AG* 2009).

Die **Zielgruppenerschließungsstrategie** bedeutet, dass das Ziel der Persönlichen Kommunikation darin besteht, bisher nicht gezielt angesprochene Kundengruppen des Unternehmens zu erreichen. Beispielsweise können Konsumgüterunternehmen anstreben, mit Hilfe der persönlichen Ansprache in Beratungsgesprächen bestimmte Kundensegmente, wie Senioren oder Jugendliche, von der Vorteilhaftigkeit ihrer Produkte oder Dienstleistungen zu überzeugen.

Verfolgt ein Unternehmen im Rahmen der Persönlichen Kommunikation eine **Kontaktanbahnungsstrategie**, bedeutet dies die Fokussierung der Aktivitäten auf die Erschließung neuer Zielgruppen, d. h. die Schaffung neuer Kundenkontakte. Beispielsweise können auf Messen und Ausstellungen persönliche Gespräche mit neuen Vertriebspartnern oder Lieferanten angestrebt werden, um im Business-to-Business-Bereich Vertriebs- und Zulieferwege zu optimieren.

Schließlich wird bei der **Kundenbindungsstrategie** – im Gegensatz zur Zielgruppenerschließungsstrategie – nicht versucht, mit Hilfe der Persönlichen Kommunikation neue Kundengruppen zu erschließen, sondern es erfolgt eine Konzentration der Unternehmensaktivitäten auf aktuelle beziehungsweise die bestehenden Kundensegmente. Das Ziel, lukrative Kunden zum Wiederkauf und letztlich zur Marken- oder Einkaufsstättentreue zu bewegen, steht bei der Verfolgung dieser Kommunikationsstrategie im Vordergrund.

6 Ökonomische Entscheidungen der Persönlichen Kommunikation

6.1 Kosten der Persönlichen Kommunikation

Die Entscheidung für eine verstärkte Persönliche Kommunikation ist nicht nur in Abhängigkeit der verfolgten Kommunikationsziele und strategischen Überlegungen, sondern insbesondere auch unter Berücksichtigung ökonomischer Gesichtspunkte und Kalküle der Aktivitäten persönlicher Kundenansprache zu treffen. Dazu sind zunächst die Gesamtkosten der Persönlichen Kommunikation zu kalkulieren, bevor das zur Verfügung stehende Budget aufzustellen und zu verteilen ist.

In einem ersten Schritt erfolgt die Erfassung und zeitliche Abgrenzung der für den Einsatz der Persönlichen Kommunikation **relevanten Kosten** sowie deren Überwachung im Rahmen eines Kostencontrollings. Hierbei ist zu beachten, dass die Persönliche Kommunikation in Unternehmen grundsätzlich unterschiedliche Funktionen erfüllen kann. In den meisten Unternehmen übt die Persönliche Kommunikation lediglich eine **Querschnittsfunktion** aus, d. h. sie ist dezentral ohne eigene Abteilung organisiert und erfüllt ihre Aufgaben abteilungsübergreifend. Eher selten findet sich in der Praxis der Fall, dass die Persönliche Kommunikation im Unternehmen als **eigene betriebliche Funktion** angesehen und folglich zentral in einer eigenen Abteilung organisiert ist. Werden die Aufgaben der Persönlichen Kommunikation im Unternehmen beispielsweise in einer Abteilung „Persönliche Kommunikation" zentralisiert, dann sind die Personal- und Sachkosten dieser Abteilung vollständig oder in überwiegendem Maße als Kosten der Persönlichen Kommunikation anzusehen. Nimmt die Persönliche Kommunikation eine Schnittstellenfunktion ein und sind aufgrund innerbetrieblicher Leistungsverflechtungen verschiedene Abteilungen in den Prozess des persönlichen Kundenkontakts eingeschaltet, so sind die in den anderen Abteilungen entstehenden Kosten dementsprechend anteilsmäßig zu berechnen. Zusammen mit den Kosten für die spezielle Abteilung „Persönliche Kommunikation" ergeben sie die Gesamtkosten der Persönlichen Kommunikation in der Betrachtungsperiode.

Als relevante **Kostenarten** der Persönlichen Kommunikation sind grundsätzlich Personalkosten, Verwaltungskosten und direkte Kommunikationskosten zu nennen. **Personalkosten** der Persönlichen Kommunikation entstehen durch die Gehälter einschließlich der Personalnebenkosten sowie sämtlicher gesetzlicher und freiwilliger Leistungen der unmittelbar in der

Persönlichen Kommunikation eines Unternehmens beschäftigten Mitarbeitenden. Darüber hinaus entstehen Personalkosten auch in anderen Abteilungen, die an der Persönlichen Kommunikation indirekt beteiligt sind. Dies ist etwa der Fall bei Schreibbüros, die für Berater Verwaltungs- und Schreibarbeiten übernehmen. Die anteiligen Kosten dieser Art können über einen entsprechenden Verrechnungsschlüssel oder auf dem Wege einer direkten Leistungserfassung ermittelt werden.

Einen weiteren Kostenblock bilden die **indirekten Verwaltungskosten**, zu denen die Kosten für Büromaterial, Raumkosten und Abschreibungen für die Büroausstattung zählen. Wenn im Unternehmen eine Abteilung existiert, die sich ausschließlich um die Persönliche Kommunikation mit den verschiedenen Zielgruppen kümmert, können die Kosten eindeutig einer Kostenstelle „Persönliche Kommunikation" zugeordnet werden. Kosten, die in anderen Abteilungen anfallen, sind mittels eines Verteilungsschlüssels oder über eine direkte Erfassung zu berücksichtigen.

Die **direkten Kommunikationskosten** umfassen sämtliche Kosten, die im Rahmen kommunikativer Prozesse in den Kundenkontaktmomenten zur Information, Beratung und Betreuung oder zur Lösung von Kundenproblemen anfallen. Dazu gehören Telefonkosten, Faxkosten, Aufwendungen für Datenbankrecherchen und Online-Kontakte am Computer usw.

Aus Gründen der besseren Vergleichbarkeit über mehrere Perioden hinweg und für Zwecke einer kostenorientierten Prozesssteuerung sind die Kosten der Persönlichen Kommunikation in ihre fixen und variablen Bestandteile aufzuteilen. Zu den **fixen Kosten** Persönlicher Kommunikation, die unabhängig von der Zahl der Kundenkontakte pro Periode anfallen, zählen dementsprechend vor allem folgende Kostenarten:

- Personalkosten der überwiegend im persönlichen Kundenkontakt stehenden Mitarbeitenden,
- Raumkosten der Büros von Kundenkontaktmitarbeitenden,
- Abschreibungen für die Ausstattung der Büros von Kundenkontaktmitarbeitenden u. a. m.

Wenn sich im Unternehmen eine eigene Abteilung für die Persönliche Kommunikation befindet, sind die genannten Kostenarten ebenfalls für diese Funktionsabteilung als Fixkosten zu kalkulieren.

Die **variablen Kosten** Persönlicher Kommunikation, die demgegenüber abhängig von der Häufigkeit der Kundenkontakte sind, beinhalten entsprechend folgende Kostenarten:

- Kosten für Büromaterial,
- Porto-, Telefon- und Faxkosten,
- Fahrtkosten der Außendienstmitarbeitenden,
- Kosten für Datenbankrecherchen, Online-Verbindungen u. a. m.

6.2 Budgetierung der Persönlichen Kommunikation

Aus Sicht des Unternehmens sind mit der Entwicklung eines strategischen Konzepts der Persönlichen Kommunikation und den resultierenden Kommunikationsregeln ebenfalls Fragestellungen der **Bestimmung der Höhe des Kommunikationsbudgets** sowie dessen anschließender Verteilung auf unterschiedliche Maßnahmen der Persönlichen Kommunikation verbunden. Obgleich in vielen Unternehmen in der Regel keine expliziten Kriterien für die Aufstellung und Verteilung der Kommunikationsbudgets generell und speziell des Budgets der Persönlichen Kommunikation bestehen, sind diese Maßstäbe notwendig, damit das zur Verfügung stehende Budget die bestmögliche Kommunikationswirkung erzielen kann.

In der Praxis dominieren – soweit überhaupt vorhanden – trotz der zunehmenden Bedeutung der Persönlichen Kommunikation und trotz des wachsenden Kostendrucks **heuristische Ansätze** zur Festlegung des Kommunikationsbudgets. Diese Vorgehensweise erklärt sich teilweise aus den generell bei sämtlichen Kommunikationsträgern auftretenden Schwierigkeiten und Kosten der Informationsbeschaffung für anspruchsvollere Ansätze der Budgetierung (*Simon/Möhrle* 1993, S. 304). Die fehlende Budgetierung von Maßnahmen Persönlicher Kommunikation lässt sich darüber hinaus insbesondere auf die Komplexität beziehungsweise die Unsicherheit über die Existenz und das Ausmaß der Wirkungszusammenhänge zurückführen, da die Persönliche Kommunikation meist einen integralen Bestandteil zahlreicher weiterer Kommunikationsinstrumente und der Service-, Marketing- oder Personalpolitik darstellt.

Die Verteilung des Budgets der Persönlichen Kommunikation auf die Einzelmaßnahmen kann insbesondere mit Hilfe von **Verhältnismethoden** und **Ziel-Maßnahmen-Methoden** vorgenommen werden (*Tietz/Zentes* 1980, S. 288 ff.; *Simon/Möhrle* 1993, S. 304 ff.; *Haas* 2001; *Rogge* 2004, S. 1; *Kotler/Keller/Bliemel* 2007, S. 678 f.; *Bruhn* 2010a).

Bei den **Verhältnismethoden** der Budgetierung, zu denen vor allem die „Prozent vom Umsatz-" beziehungsweise die „Prozent vom Gewinn-" sowie die „Festbetrag pro Stück"-Methode zählen, werden im Rahmen starrer Planungsverfahren fixe oder variable Verhältnisse zu bestimmten Kenngrößen gebildet (vgl. hierzu die entsprechenden Ausführungen in Abschnitt III-B-6.2.1). Hinsichtlich der Relevanz der Verhältnismethoden für die Budgetkalkulation bei der Persönlichen Kommunikation ist kritisch anzumerken, dass eine direkte Zurechenbarkeit von Maßnahmen der Persönlichen Kommunikation auf Umsatz- oder Gewinngrößen aufgrund der engen Vernetzung mit anderen Kommunikationsinstrumenten kaum möglich ist. Demzufolge werden die Budgets in der Praxis vor allem durch die für den persönlichen Kundenkontakt notwendigen „Stellenkegel", d. h. die Anzahl der Kontaktmitarbeitenden, bestimmt, wobei häufig das Verhältnis der Kundenanzahl zu den notwendigen Kontaktmitarbeitenden Berücksichtigung findet.

Bei der **Ziel-Maßnahmen-Methode** („objective and task-method") (*Simon/Möhrle* 1993, S. 306 f.; *Haas* 2001, S. 197) handelt es sich um ein sukzessives Verfahren, bei dem zunächst die Kommunikationsziele und anschließend die Maßnahmen, mit denen diese Ziele zu erreichen sind, festgelegt werden. Nach Bestimmung dieser Kommunikationswirkungsfunktionen wird mit den Kosten der Durchführung der aus den Kommunikationszielen abgeleiteten Maßnahmen das vorläufige Kommunikationsbudget kalkuliert. Anschließend ist dies auf Finanzierbarkeit und daraufhin zu prüfen, ob die Kommunikationsziele ein Budget in dieser Höhe rechtfertigen. Eventuell sind dann die Ziele neu zu definieren. So kann beispielsweise für die Persönliche Kommunikation aus Erfahrungswerten berechnet werden, wie viele Beratungsgespräche mit den Kunden notwendig sind, um die Verkaufs- oder Loyalitätsrate um einen bestimmten Prozentsatz zu erhöhen.

7 Maßnahmenplanung in der Persönlichen Kommunikation

Im Rahmen des Planungsprozesses der Persönlichen Kommunikation sind parallel zur Budgetplanung Überlegungen zur **Gestaltung der Maßnahmen der Persönlichen Kommunikation** notwendig, wobei sowohl Formen als auch Inhalte der verschiedenen Instrumente festzulegen sind. Hierbei lassen sich Instrumente direkter sowie indirekter Persönlicher Kommunikation unterscheiden, die von Führungskräften und/oder Mitarbeitenden eines Unternehmens eingesetzt werden können, um sich mit den verschiedenen Zielgruppen dialogorientiert auszutauschen.

7.1 Maßnahmen direkter Persönlicher Kommunikation

Bei der **direkten Persönlichen Kommunikation** besteht eine unmittelbare Verbindung zwischen Kommunikator und Rezipient. Es existiert keine eingeschaltete Übermittlungsinstanz, wie das Telefon oder ein Anschreiben. Als zentrale Kommunikatorgruppen sind das Kundenkontaktpersonal des Unternehmens sowie die Führungskräfte mit persönlichen Kontakten zu den Kundengruppen zu unterscheiden.

Wenn das **Kontaktpersonal** einer Unternehmung mit Kundengruppen in einer Face-to-Face-Kommunikation steht, können die Mitarbeitenden Leistungsversprechen abgeben und die Erwartungen der Kunden hinsichtlich des Umfangs und Niveaus der zu erbringenden Dienstleistung oder der anzubietenden Produkte beeinflussen. Von besonderer Bedeutung ist dabei das **Kontakt-** beziehungsweise **Verkaufsgespräch**, das stattfindet, um den Informationsbedarf der Kunden zu decken und sie zum Produktkauf oder zur Inanspruchnahme einer Dienstleistung zu bewegen.

Indem Kontaktgespräche interaktiv und dialogisch ausgerichtet sind, erfüllen sie generell Informations-, Motivations- und Dialogfunktionen (*Bruhn* 2000, S. 417). Damit verbunden sind spezielle Anforderungen an das Kundenkontaktpersonal, die sich – wie Schaubild III-G-11 beispielhaft verdeutlicht – sowohl auf persönliche Eigenschaften der Mitarbeitenden im Kundenkontakt als auch auf deren fachlichen Kenntnisse beziehen. In einer empirischen Studie im Bereich technischer Gebrauchsgüter konnten zudem zwei Faktoren identifiziert werden, die den Aufbau von Kundenzufriedenheit im persönlichen Verkaufsgespräch maßgeblich beeinflussen: das Ausmaß, in dem der Kunde in den verkäuferseitigen Ausführungen eine Entscheidungshilfe sieht sowie der verkäuferseitige Versuch, ein positives Gesprächsklima aufzubauen (*Haas* 2003, S. 22). In der Studie zeichneten sich die „erfolgreichen" Verkäufer vor allem dadurch aus, dass sie die Kundenbedürfnisse in den Mittelpunkt ihrer Beratung stellten, relevante Unterschiede zwischen Produkten im Quervergleich aufzeigten, zu geeigneten Zeitpunkten eine Zusammenfassung der bis dahin erreichten Beratungsergebnisse gaben, zwischen für den Kunden relevanten und unbedeutenden Informationen unterschieden und sich während der Beratung nicht von externen Einflüssen stören ließen. *Probe* (2009, S. 40) weist in diesem Zusammenhang darauf hin, dass neben einer ansprechenden Inszenierung des POS das Verkaufspersonal die wohl wichtigste Rolle spielt, Kunden zu gewinnen. Wenn die Chemie stimmt, gepaart mit Kompetenz, dann ist ein Wiederkaufverhalten der Kunden als wahrscheinlicher anzunehmen. „Erfolglosen" Verkäufern wird indessen deutlich weniger Fachwissen bescheinigt, sie konzentrieren ihre Bemühungen in erster Linie darauf, die Einwände des Kunden zu entkräften und vernachlässigen solche Aktivitäten, die zu Beratungszufriedenheit führen. Darüber hinaus konnte in unterschiedlichen Studien bestätigt werden, dass sich die interpersonelle Attraktion aus Sicht des jeweiligen Rezipienten positiv auf die Überzeugungskraft der Kommunikatoren auswirkt (*Miller* 1970, S. 243 f.; *Piontowski* 1976, S. 152; *Nida/Williams* 1977, S. 1320). Da jedoch im Fall der Persönlichen Kommunikation (anders als in der Mediawerbung) nicht immer „attraktives" Personal zur Verfügung steht, empfiehlt es sich einer Untersuchung zufolge, solche Personen als Kommunikatoren einzusetzen, die das gleiche Geschlecht wie die Rezipienten haben (*Gierl/Bambauer* 2002).

> **Beispiel: Persönliche Kommunikation bei der *Euflor GmbH***
>
> Im Rahmen des Kommunikationsmix des Gartenbedarfsunternehmens *Euflor GmbH* nimmt die Persönliche Kommunikation mit Gärtnereien und Gartencentern eine zentrale Stellung ein. Im Vordergrund der Kundenkommunikation steht das persönliche Verkaufs- und Beratungsgespräch, das den Kunden möglichst viel Fachwissen bietet, und auf diese Weise die Voraussetzung für eine optimale Fachberatung mit dem Endkunden schafft. Daher werden von *Euflor* Schulungen für das Verkaufspersonal in Gärtnereien/Gartencentern zu den Themen Dünger, Rasen sowie Humus/Erden durchgeführt (*Euflor* 2009).

Kommunikation	Fähigkeit, sich in den Interaktionen mit dem Kunden verbal und schriftlich klar auszudrücken.
Einfühlungsvermögen	Fähigkeit, die Gefühle und den Standpunkt des Kunden anzuerkennen und darauf einzugehen.
Entscheidungsfähigkeit	Bereitschaft, Entscheidungen zu treffen und etwas zu unternehmen, um Kundenwünsche zu erfüllen.
Energie	Hoher Grad an Wachheit und Aufmerksamkeit im gesamten Interaktionsprozess.
Flexibilität	Fähigkeit, den eigenen Servicestil entsprechend der jeweiligen Situation oder der Persönlichkeit des Kunden zu variieren.
Verlässlichkeit	Zeitgerechte und adäquate Leistung entsprechend der gemachten Zusagen.
Äußerer Eindruck	Saubere und ordentliche Erscheinung, positiver Eindruck auf den Kunden.
Initiative	Eigene Aktivitäten, um Kundenerwartungen immer wieder zu erfüllen oder überzuerfüllen.
Integrität	Einhaltung sozialer und ethischer Standards im Umgang mit den Kunden.
Fachkenntnis	Vertiefte Kenntnisse bezüglich des Angebots und der kundenbezogenen Leistungsprozesse.
Urteilsvermögen	Fähigkeit, verfügbare Informationen richtig zu beurteilen und zur Entwicklung von Problemlösungen zu nutzen.
Motivation, dem Kunden zu dienen	Eigenschaft, Gefühl der Arbeitszufriedenheit aus dem Umgang mit dem Kunden, der Erfüllung seiner Bedürfnisse und der Behandlung seiner Probleme gewinnen zu können.
Überzeugungsfähigkeit/Verkaufstalent	Fähigkeit, mit seinen Ideen und Problemlösungen beim Kunden Akzeptanz zu finden und ihn vom Angebot des Unternehmens zu überzeugen.
Planungsvermögen	Fähigkeit, die kundenbezogene Arbeit zeitlich und sachlich richtig vorzubereiten.
Belastungsfähigkeit	Fähigkeit, unerwartete Kundenprobleme, unvorhersehbaren Arbeitsanfall oder Arbeitsdruck während des Kundenkontakts auszuhalten.
Situationsanalyse	Sammlung und logische Analyse von wichtigen Informationen über die Situation des Kunden.
Hohes Anspruchsniveau	Hohe Ziele im Kundendienst und ständige Bemühung, diese Ziele zu erreichen.

Schaubild III-G-11: Anforderungen an das Kundenkontaktpersonal

Unternehmen versuchen häufig, die Persönliche Kommunikation mit den Kundengruppen im Rahmen von **Verkaufsförderungsprogrammen** am Verkaufsort zu aktivieren beziehungsweise zu intensivieren. Hierzu zählen Fachveranstaltungen, Tage der offenen Tür, Betriebsbesichtigungen, Kongresse, Symposien, Festveranstaltungen usw. Mit Hilfe dieser Aktionen kann zielgruppenorientiert Interesse geweckt und der Dialog mit den Kunden gesucht werden. Für die Persönliche Kommunikation des Unternehmens übernehmen diese Programme gleichermaßen Informations-, Motivations- und Dialogfunktionen.

Beispiel: Ärztekongress mit der *Sanofi-aventis GmbH*
Der Heidelberger Schilddrüsenkongress wurde im Oktober 2009 in Zusammenarbeit mit *sanofi-aventis* und medizinischen Fachgesellschaften ausgerichtet. Hierbei wurde über Fragen rund um die

Qualität in der Schilddrüsenmedizin diskutiert, um insbesondere die Früherkennung zu verbessern. Insgesamt nahmen 700 Mediziner an der Veranstaltung teil. Auf dem Kongress wurde zudem das neue Schilddrüsenmedikament *L-Thyroxin Henning®* plus. von *Sanofi-aventis* vorgestellt. Das Kombinationspräparat basiert auf *L-Thyroxin* plus 75 Mikrogramm Jod und trägt damit der Tatsache Rechnung, dass sich die Jodversorgung in Deutschland in den vergangenen Jahren zwar verbessert hat, aber im individuellen Fall häufig nicht ausreicht.

Im Rahmen der „Persönlichen Nachkaufkommunikation" (*Jeschke* 1995, S. 234 ff.), d. h. derjenigen Maßnahmen, die einen unmittelbaren und interaktiven Informationsaustausch zwischen den Marktpartnern nach erfolgtem Kauf ermöglichen, kommt der **persönlichen Nachkaufberatung** eine besondere Bedeutung zu. Nachkaufberatungen sind vertikale Nachkaufinteraktionen, bei denen ein fachlich und methodisch qualifizierter Mitarbeitender im Kundenkontakt mit einem oder mehreren Kunden an einer vom Kunden definierten nachkaufrelevanten Problemlage arbeitet. Zur Bewältigung von Aufgaben im Rahmen des Ge- beziehungsweise Verbrauchs oder der Entsorgung beziehungsweise Weiterverwendung von Sachgütern kann die persönliche Nachkaufberatung unter anderem in Form der „Face-to-Face-Kommunikation" am Point of Sale oder am Point of Use erfolgen (*Jeschke* 1995, S. 239).

Als weiteres Instrument Persönlicher Kommunikation zwischen Kontaktpersonal und Kunden sind **Beschwerdestellen** direkt in der Einkaufsstätte oder am Ort der Dienstleistungserstellung zu nennen. Sie können bei aktiver Nachfrage der Kontaktmitarbeitenden in der Verkaufssituation auch als Feedback-Instrument über Kundenunzufriedenheit genutzt werden (*Stauss* 2008). Eine Erleichterung für die mündliche Beschwerdeartikulation stellen die vorzugsweise in Handelsbetrieben oder Hotels eingerichteten Service- oder Kundenstände, die so genannten „**Customer Relation Desks**" dar. Auf diese Weise wird den Kunden signalisiert, dass vor Ort Möglichkeiten bestehen, jederzeit Fragen und Probleme in persönlichen Gesprächen zu klären. Ebenfalls kann ihnen unmittelbar mitgeteilt werden, an welches Fachpersonal oder welche Führungskraft sie sich mit ihren individuellen Problemen oder Wünschen wenden können (*Stauss/Seidel* 2002, S. 99).

> **Beispiel: Beschwerdemanagement beim *Schindlerhof***
> Bei dem Tagungshotel *Schindlerhof* bilden Qualitätsorientierung und Orientierung an der Kundenzufriedenheit explizite Bestandteile der Unternehmensphilosophie (*Bruhn et al.* 2002). Die Persönliche Kommunikation zwischen Mitarbeitenden beziehungsweise dem Management und Gästen des Hotels bildet den Schwerpunkt der Kommunikationspolitik im *Schindlerhof*. So findet beispielsweise ein institutionalisierter Austausch mit den Gästen während des Dienstleistungserstellungsprozesses sowie während verschiedener informeller Anlässe statt (z. B. auf den alle ein bis zwei Jahre organisierten „Big Events", zu denen Stammgäste, Stammlieferanten und Geschäftsfreunde eingeladen werden), um eine permanente Erfassung der Kundenzufriedenheit sicherzustellen. Einen wesentlichen Bestandteil des Qualitätsmanagements bildet darüber hinaus das Beschwerdemanagement, dessen Ziel die Beseitigung von Unzufriedenheit und das Erreichen von Beschwerdezufriedenheit durch eine sofortige und großzügige Behandlung der Beschwerden darstellt. Des Weiteren wird die Persönliche Kommunikation gezielt zur Bestärkung aktueller Gäste in ihrer Kaufentscheidung eingesetzt, um diese in begeisterte Stammgäste zu transformieren. Als Folge der Konzentration auf die Persönliche Kommunikation wird jeder Mitarbeitende speziell im Hinblick auf das Kommunikationsverhalten gegenüber internen und externen Kunden geschult und über bedeutsame Neuerungen, die das Unternehmen sowie einzelne Leistungsbereiche und Angebote betreffen, schriftlich informiert.

Mit so genannten **Kundenclubkonzepten** (*Wiencke/Koke* 1994; *Jeschke* 1995, S. 240 f.; *Butscher* 1998; *Luigart* 2002; *Tomczak/Reinecke/Dittrich* 2008; *Butscher/Müller* 2009) wird speziellen Kundengruppen die Gelegenheit gegeben, sich mit den Mitarbeitenden des Unternehmens im Rahmen organisierter Clubtreffen persönlich auszutauschen. Der Aufbau und die Intensivierung individueller Kundenbeziehungen wird durch die Zusammenkunft zwischen Mitarbeitenden und Kunden im Rahmen spezifischer Marketingevents sowie regelmäßiger Kundenkontakte möglich, bei denen Kunden exklusiv über neue Angebote informiert und zum kontinuierlichen

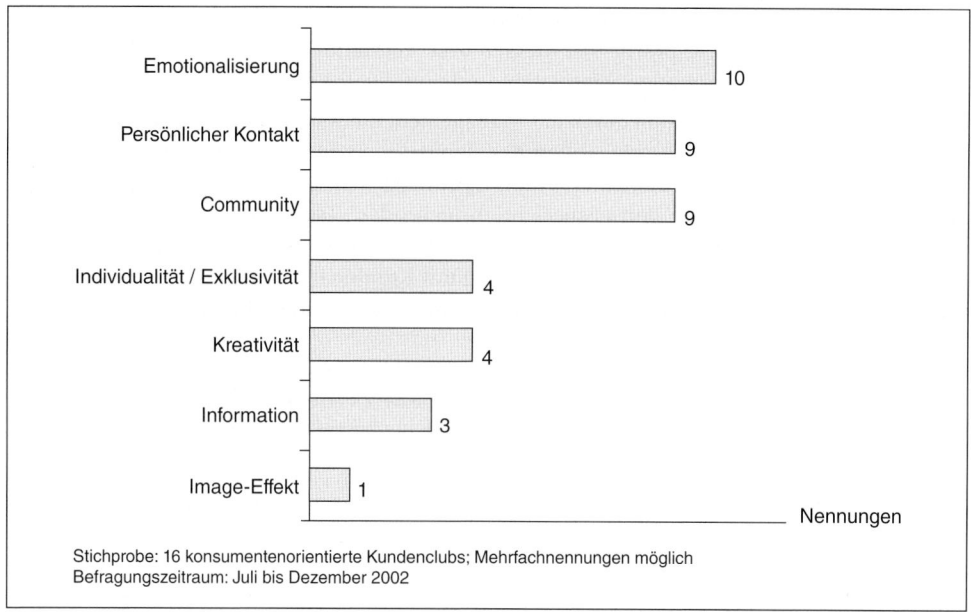

Schaubild III-G-12: Besonderer Nutzen von Kundenclubs (Solon Management Consulting GmbH 2003, S. 8)

Dialog mit der Unternehmung sowie zur Kommunikation untereinander aufgefordert werden. Die Bedeutung des persönlichen Kontakts als besonderer Nutzen eines Kundenclubs geht auch aus einer telefonischen Befragung von 16 konsumentenorientierten Kundenclubs in Deutschland hervor (*Solon Management Consulting GmbH* 2003). Wie Schaubild III-G-12 zeigt, bauen Kundenclubs durch regelmäßige Kontakte eine intensive Kommunikation und eine emotionale Beziehung des Kunden zum Unternehmen auf. Zwei Drittel der befragten Unternehmen sehen hierin einen Hauptvorteil von Kundenclubs; auch gegenüber von Kundenkarten und Bonussystemen, die zwar häufig gemeinsam mit Kundenclubs genannt werden, jedoch nicht einen vergleichbaren Emotionalisierungsgrad und ein entsprechendes Zugehörigkeitsgefühl etablieren können. Im Vordergrund des Interesses stehen für die befragten Kundenclubs der direkte Kundenkontakt sowie die Kundenbindung. Daneben werden Feedback der Kunden, Zusatzumsatz und Akquisition von Neukunden als Kernziele der Clubs genannt.

Beispiel: Das Kundenclubkonzept von *Nespresso*

Im Jahr 1988 gründete *Nestlé* die Marke *Nespresso*. Unter *Nespresso* wird Espresso in Kaffeekapseln verkauft, die in speziellen Kaffeemaschinen zubereitet werden. Dies bedeutet, dass der Kunde zunächst eine Kaffeemaschine zu erwerben hat und sich damit für lange Zeit an diese spezielle Zubereitung von Espresso bindet. Ursprünglich bestand die Idee darin, mit Hilfe eines Kundenclubs über ein Jahr hinweg einen Kundenstamm aufzubauen und die Kaffeekapseln dann in den Detailhandel abzugeben (*Prange* 2004). Allerdings musste man feststellen, dass die Umschlaggeschwindigkeit für den Detailhandel anfangs zu gering gewesen wäre, und später merkte man, dass der direkte Kontakt zum Endkonsumenten über den Club bedeutende Vorteile mit sich brachte. Heute hat sich *Nespresso* zu einer Lifestyle-Marke im Premium-Segment entwickelt und wird nach wie vor ausschließlich über den Club vertrieben: Der Kunde kauft eine Maschine und erhält zum Start 40 Kaffeekapseln. Sobald er nachbestellt, wird er Mitglied des Clubs, über den auch verschiedene Kaffee-Accessoires verkauft werden. Als zentraler Vorteil des Clubs wird aus Unternehmensperspektive die Möglichkeit betrachtet, einen direkten Kontakt zum Kunden zu pflegen und ihm auf diese Weise Wissenswertes über Kaffee und die Funktionsweise der Maschine mitteilen zu können. Inzwischen zählt der *Nespresso* Club 1,2 Mio. Mitglieder weltweit; die Schweiz ist ein wichtiges Land, aber auch in anderen Ländern wächst die Marke stark.

Auch **Mitarbeitervorträge** innerhalb oder außerhalb der Unternehmung (*Bruhn* 2000, S. 417) sowie die persönlichen Gespräche auf **Messen und Ausstellungen** dienen dazu, kommunikative Aufgaben zur Information, Motivation und zum Dialog mit den Kunden zu erfüllen.

Die **Persönliche Kommunikation durch das Management** dient vor allem dazu, Informationen über das Unternehmen bei ausgewählten Kundengruppen zu platzieren. Hier sind **Vorträge der Führungskräfte** über die Unternehmenspolitik, Produktneuentwicklungen usw. beispielsweise im Rahmen von Betriebsbesichtigungen oder „Tagen der offenen Tür" ebenso denkbar wie die persönliche **Behandlung von Kundenbeschwerden** durch das Management. Auch die Zusammenarbeit von Führungskräften mit Kunden im Rahmen so genannter **Kundenbeiräte** dient dazu, die Unternehmenskommunikation zu verbessern.

> **Beispiel: Kundenbeirat bei der *Postbank***
> Die *Postbank* reagiert auf den demografischen Wandel der Gesellschaft und geht seit 2006 auf die Bedürfnisse von Senioren ein. Um die Erfahrungen dieser Zielgruppe zu nutzen, hat die *Postbank* einen *Kundenbeirat 60Plus* gegründet, der mittlerweile aus 2.500 *Postbank*-Kunden im Alter von 60 bis 75 Jahren besteht. Der Beirat trägt dazu bei, Anregungen für Verbesserungen von Produkten, Dienstleistungen und Service aus Sicht älterer *Postbank*-Kunden geben. So wurde zum Beispiel bei der Neugestaltung der *Postbank* Finanzcenter auf Barrierefreiheit geachtet. Zudem war auch bei der Festlegung der Kriterien zur Neugestaltung der Filialen (z. B. spiegelfreie Böden und Flächen, Stühle mit Armlehne etc.) der Kundenbeirat beteiligt (*Postbank* 2009).

7.2 Maßnahmen indirekter Persönlicher Kommunikation

Bei den **Maßnahmen indirekter Persönlicher Kommunikation** besteht eine mittelbare Verbindung zwischen Kommunikator und Rezipient, d. h., es wird eine Person oder Personengruppe als Instanz eingeschaltet, die zwischen dem Unternehmen und den Kundengruppen vermittelt.

Möglichkeiten für das **Kundenkontaktpersonal**, indirekt über einen Vermittler die Zielgruppen zu erreichen, finden sich beispielsweise durch Gespräche und Diskussionen mit vertrauenswürdigen Schlüsselkunden beziehungsweise **„Lead Usern"**, z. B. über Produktneuentwicklungen. Der persönliche Austausch mit so genannten **„User Groups"** (*Backhaus/Voeth* 2010), d. h. Beratern, Bekannten oder Unternehmen, kann generell als Maßnahme indirekter Persönlicher Kommunikation angesehen werden.

Zur indirekten Persönlichen Kommunikation zählt auch die Zusammenarbeit mit **Referenzunternehmen**, deren Mitarbeitende positive Erfahrungen mit gekauften Produkten oder Systemen gemacht haben. Diese sind in persönlichen Gesprächen davon zu überzeugen, sich bereit zu erklären, ihre erworbenen Produkte oder Systeme anderen kaufinteressierten Personen beziehungsweise Personengruppen zu zeigen und zu erläutern (*Kotler/Keller/Bliemel* 2007, S. 672 f.; *Backhaus/Voeth* 2010).

> **Beispiel: Einbindung von Lead Usern durch die *Webasto AG***
> Die *Webasto AG* ist weltweiter und anerkannter Lieferant der Automobilindustrie. Seit 2005 lädt das Unternehmen regelmäßig ausgewählte Autofahrer als Lead User zu Workshops ein und diskutiert mit ihnen darüber, welche Produkte und Lösungen in der Fahrzeugausstattung aus ihrer Sicht notwendig sind. Bei *Webasto* stehen dabei speziell eigene Geschäftsbereiche wie Schiebedächer und Heizungen, aber auch Fragen der Kommunikation zwischen Fahrer und Fahrzeug im Mittelpunkt (*Handelsblatt* 2007).

Auf **Messen und Ausstellungen** können sich Mitarbeitende nicht nur mit potenziellen oder aktuellen Kundengruppen, sondern ebenfalls mit Meinungsführern, Medienvertretern oder den Mitarbeitenden anderer Unternehmen über Marktveränderungen, ihre Produkte beziehungsweise Dienstleistungen usw. austauschen und damit möglicherweise positive Imagewirkungen oder Einstellungsänderungen bei diesen Einflussgruppen erzielen.

Wenn das **Management** indirekt persönlich kommunizieren will, sind als Maßnahmen **persönliche Gespräche mit Meinungsführern**, d. h. Medienvertretern, Politikern, Rechtsanwälten, Großkunden usw., zu nutzen, um den Kontakt zu potenziellen Kunden über Vermittlergruppen herzustellen. Ebenfalls ist es sinnvoll, dass sich die Unternehmensleitung mit Referenzkunden austauscht und in Diskussionsrunden die Leiter von Werbeagenturen über neue Produkte und Leistungen informiert.

In **Pressekonferenzen** bietet sich für das Management außerdem die Möglichkeit, über aktuelle Aspekte der Unternehmenspolitik zu informieren, beispielsweise über neue Herstellungsverfahren, umweltpolitische Engagements, soziale Aktivitäten usw.

> **Beispiel: Pressekonferenz von *Novartis Pharma* zur Unterzeichnung eines Kooperationsvertrags mit der *Universität Heidelberg***
> Die *Universität Heidelberg* und *Novartis Pharma* unterzeichneten am 28.06.2007 im Rahmen einer Pressekonferenz einen Kooperationsvertrag zum besseren Verständnis und zur Therapie der chronischen myeloischen Leukämie. Das Unternehmen unterstützt in diesem Zusammenhang das *European LeukemiaNet*, ein von der EU gefördertes Network of Excellence, mit rund 13 Millionen Euro zum Ausbau eines Leukämieregisters einschließlich flankierender Maßnahmen. Darin enthalten sind molekulares Monitoring, pharmakologisches Monitoring und die Verbesserung der Information über Leukämien. Das Projekt stellt eine Kooperationsmaßnahme zwischen Wissenschaft und Industrie zur translationalen Leukämieforschung dar (*uni-protokolle* 2007).

Zusätzlich bieten die auf Führungsebene stattfindenden **Verkaufs- und Vertragsverhandlungen** zwischen Hersteller- und Handelsunternehmen die Möglichkeit, im Rahmen direkter Interaktionen Interesse für das Produkt- und Leistungsprogramm zu wecken beziehungsweise Überzeugungsarbeit hinsichtlich seiner Qualitätsvorteile zu leisten.

Einen zusammenfassenden Überblick der verschiedenen Formen Persönlicher Kommunikation auf den Ebenen der direkten und indirekten Zielgruppenansprache vermittelt Schaubild III-G-13.

Art der Persönlichen Kommunikation	Interaktionspartner der Persönlichen Kommunikation	
	Mitarbeitende und Kunde bzw. Vermittler des Kunden	Management und Kunde bzw. Vermittler des Kunden
Direkte Persönliche Kommunikation	• Kontakt-/Verkaufsgespräche • Nachkaufberatung • Beschwerdestellen • „Customer Relations Desks" • Kundenclubsysteme • Mitarbeitervorträge • Messen und Ausstellungen • Partysysteme u.a.m.	• Vorträge der Führungskräfte • Tag der offenen Tür • Behandlung von Kundenbeschwerden durch das Management • Kundenbeiräte • Auftritt des Managements bei Messen, Sponsoringanlässen u.a.m.
Indirekte Persönliche Kommunikation	• Gespräche des Kontaktpersonals mit Referenzkunden • Messen und Ausstellungen • Diskussionen mit vertrauenswürdigen Schlüsselkunden über Neuentwicklungen • Austausch mit User Groups (Berater, Bekannte, Firmen) u.a.m.	• Gespräche der Unternehmensleitung mit Referenzkunden • Verhandlungen der Führungskräfte von Hersteller- und Handelsunternehmen • Pressekonferenzen • Diskussionen mit Werbeagenturen • Informationsaustausch mit Politikern u.a.m.

Schaubild III-G-13: Maßnahmen der Persönlichen Kommunikation

8 Integration der Persönlichen Kommunikation in den Kommunikationsmix

Zentraler Bestandteil des Planungsprozesses der Persönlichen Kommunikation ist die **Integration der Persönlichen Kommunikation in den Kommunikationsmix.** Hierbei ist zu untersuchen, inwieweit durch eine gemeinsame Planung und synergetische Ausrichtung der verschiedenen kommunikationspolitischen Maßnahmen wesentliche Erfolgspotenziale zu realisieren sind. Grundgedanke dieser Überlegung ist die Zielsetzung, durch eine Kombination der unterschiedlichen Kommunikationsinstrumente im Hinblick auf die Zielgruppen eine Verstärkung der Kommunikationswirkung sowie unternehmensintern gerichtet eine Nutzung von Synergieeffekten zu realisieren. Dabei ist die Persönliche Kommunikation auf zwei Ebenen zu integrieren. Zum ersten ist der Einsatz der Persönlichen Kommunikation auf interinstrumenteller Ebene mit den anderen Kommunikationsinstrumenten zu koordinieren und zum zweiten sind die einzelnen Maßnahmen im Rahmen der Persönlichen Kommunikation intrainstrumentell zu integrieren, um einen effektiven und effizienten Einsatz zu gewährleisten.

8.1 Interinstrumentelle Integration der Persönlichen Kommunikation

Zielsetzung der **interinstrumentellen Integration** ist es, die Persönliche Kommunikation nicht als isoliertes Kommunikationsinstrument zu verstehen, das unabhängig von anderen Instrumenten eingesetzt wird. Vielmehr ist vor dem Hintergrund des Integrationsziels darauf Wert zu legen, dass durch einen kombinierten Einsatz von Persönlicher Kommunikation im Verbund mit unpersönlichen und persönlichen Kommunikationsinstrumenten Synergiewirkungen in der gesamten Unternehmens- und Markenkommunikation entstehen. Hierbei ist darauf zu achten, dass eine **inhaltliche Koordination** der Persönlichen Kommunikation mit den anderen Kommunikationsinstrumenten erfolgt, d. h., dass die in der Persönlichen Kommunikation geäußerten Botschaften und Argumente nicht im Widerspruch stehen zu den Aussagen beispielsweise der Mediawerbung oder der Verkaufsförderung, sondern diese sich im Gegenteil gegenseitig unterstützen. Darüber hinaus ist im Rahmen der Integrationsbemühungen grundsätzlich eine **formale Abstimmung** der Instrumente sicherzustellen, indem zentrale Gestaltungsprinzipien (z. B. bei Unternehmensfarbe, Logo und Schrifttypen) über alle Instrumente hinweg eingehalten werden. Im Rahmen der Persönlichen Kommunikation kommt der formalen Integration auf den ersten Blick nur eine untergeordnete Bedeutung zu, da sich der persönliche Dialog primär durch Inhalte bestimmt. Auch hierbei ist es für Unternehmen jedoch bedeutsam, auf bestimmte formale Einheitlichkeiten Wert zu legen. Dies bezieht sich beispielsweise auf die formale Aufmachung von Hilfsmitteln der Persönlichen Kommunikation (Vortragsunterlagen, Informationsmaterialien, Produktbeispiele u. a. m.), die Gestaltung der Räumlichkeiten, in denen die Persönliche Kommunikation stattfindet sowie das formale Auftreten der Kundenkontaktmitarbeitenden (z. B. deren Kleidung). Darüber hinaus lässt sich auch das Corporate Wording eines Unternehmens unter den Aspekt der formalen Integration – mit starken Schnittstellen zu inhaltlichen Integration – fassen. Hier geht es vor allem darum, im Rahmen der Persönlichen Kommunikation sowie anderer Kommunikationsinstrumente zentrale Begrifflichkeiten des Unternehmens einheitlich zu verwenden und auf diesem Weg ein geschlossenes Unternehmensbild zu erzeugen. Neben der inhaltlichen und formalen Abstimmung der Kommunikationsinstrumente ist auch die **zeitliche Integration** der Instrumente zu planen, um die Wirkung der Persönlichen Kommunikation durch einen vorgeschalteten, parallelen oder nachgeschalteten Einsatz anderer Kommunikationsinstrumente zu verstärken.

Beispielhaft seien folgende **Möglichkeiten einer interinstrumentellen Integration** der Persönlichen Kommunikation in die Unternehmens- und Marketingkommunikation aufgezeigt:

Persönliche Kommunikation und Mediawerbung: Grundsätzlich besteht die Möglichkeit, die Aktivitäten der Persönlichen Kommunikation durch den Einsatz der Mediawerbung zu unterstützen. Werden beispielsweise im Rahmen von TV- oder Radio-Spots persönliche Kunden-Mitarbeiter-Beziehungen dargestellt, kann über dieses unpersönliche Kommunikationsinstrument gezeigt werden, welche Bedeutung die Kundenkontakte für das Unternehmen haben. Verwendete Werbestile und Werbeargumente können die persönliche Ausrichtung des Unternehmens hervorheben. Beispielhaft für dieses Vorgehen ist in Insert III-G-1 dargestellt. Hier wird aufgezeigt, inwiefern die Kundennähe der Mitarbeitenden in den TV-Spots thematisiert wird.

Pressemitteilungen
zurück zur Übersicht

Der Marktführer der Baumarktbranche startet neuen Werbeauftritt in Deutschland: „WIE, WO, WAS weiß OBI" – ab jetzt wird gerockt!
Wermelskirchen, 24.02.2008 – Unter dem Motto „WIE, WO, WAS weiß OBI" rockt Deutschlands Nummer Eins seit dem 24. Februar 2008 im TV und vielen anderen Medien. Mit diesem neuen, einprägsamen Claim wird OBI den hohen Kompetenzanspruch seiner Marke mehr denn je unterstreichen!

Bei OBI findet der Heimwerker den besten Rat, die übersichtlichsten Märkte und das umfassendste Sortiment für seine Bedürfnisse. Kein Wunsch bleibt unerfüllt, wenn OBI seine größten Stärken ausspielt. Garant dafür sind in erster Linie die OBI Mitarbeiter: Sie sind das Rückgrat des neuen Werbeauftritts. „Es sind die Menschen, die bei OBI den Unterschied ausmachen" sagen OBI Kunden in regelmäßig stattfindenden Marktforschungen. Mit Rat und Tat stehen die OBI Mitarbeiter gleichzeitig dem Laien und dem Geübten zur Seite: kompetent, freundlich, zuverlässig.

OBI Mitarbeiter wissen, WIE ein Problem gelöst wird. Sie wissen, WO die Kunden die gesuchten Produkte finden. Sie wissen, WAS alles nötig ist, um ein Zuhause von A bis Z zu gestalten. Der neue OBI TV Spot wurde aus diesem Grund auch dort gedreht, wo Heimwerker sich rundum wohl fühlen: im OBI Markt!

Ab jetzt wird gerockt

Einer der bekanntesten Hits der Rockgeschichte ist der Soundtrack für den neuen, flächendeckenden OBI Marketingauftritt „WIE, WO, WAS weiß OBI". Der Chorus von Queens „We will rock you" wird umformuliert zur programmatischen Aussage für das neue Image und das Leistungsversprechen der Marke OBI. Innerhalb kürzester Zeit weiß ganz Deutschland, dass OBI in Qualität, Service und Know-how mit Abstand die erste Adresse ist.

Queen-Gitarrist Brian May persönlich gab das Okay zur Verwendung seiner Komposition, deren unverwechselbares Gitarrenriff seine typische Handschrift trägt.

Zum treibenden Schlagzeugrhythmus des Rockklassikers geben die OBI Mitarbeiter im Spot mit vollem Einsatz ihre Statements zum Besten. WIE sie dem Kunden weiterhelfen, WO er die Angebote findet und WAS er alles braucht, um mit seinen Projekten erfolgreich zu sein. Dabei wachsen sie über sich hinaus und stehen der Leidenschaft eines Freddie Mercury in nichts nach.

„WIE, WO, WAS weiß OBI"

Ziel des neuen Werbeauftritts ist es, OBIs führende Stellung im Markt zu festigen und weiter auszubauen. Kompetenz und Kundenorientierung sind dafür die entscheidenden Treiber. Ab jetzt wird gerockt! Das neue Erscheinungsbild von OBI in der Werbung ist ein durchgängiges, bis ins Detail konsequentes Konzept, das vom TV-Spot bis zur Gestaltung der Märkte den hohen Anspruch dokumentiert, den OBI an sich selbst stellt.

Herzstück des neuen, multimedialen Auftritts von OBI ist der 40- sekündige TV-Spot, der zunächst ausschließlich das Thema „WIE, WO, WAS weiß OBI" transportiert. Ergänzt wird er durch entsprechend auf den Spot abgestimmte innovative Beilagen-Motive, Directmailings, Postwurfsendungen, Anzeigenschaltungen, Großflächenplakate, Radio-Spots, verschiedene Aktionen am P.O.S. in den OBI Märkten sowie die OBI Website www.obi.de.

Seit Sonntag, 24. Februar 2008 ist der neue OBI Werbespot national auf allen relevanten TV-Kanälen zu sehen. Er wurde kreiert von der Hamburger Agentur Jung von Matt/Elbe, die 2008 zur kreativsten Werbeagentur der Welt gekürt wurde und laut "The Big Won" mehr Kreativpreise gewonnen hat als irgendeine andere Werbeagentur.

Insert III-G-1: Demonstration von Kundennähe in der Mediawerbung von OBI (OBI 2008)

Persönliche Kommunikation und Verkaufsförderung: Die Persönliche Kommunikation steht in der Regel in stark komplementärer Beziehung zur Verkaufsförderung. Ein Beispiel hierfür ist die Mitwirkung von Verkäufern und anderen Außendienstmitarbeitenden, die hinsichtlich Persönlicher Kommunikation geschult und sensibilisiert werden. Einsatzmöglichkeiten für die Persönliche Kommunikation in der Verkaufsförderung sind vor allem dann gegeben, wenn Kundenkontaktmitarbeitende in Verkaufsförderungsaktionen eingebunden werden, um dadurch direkt oder indirekt den Abverkauf des Produkts oder der Dienstleistung zu steigern. Dies gilt für Verkaufsförderungsaktionen des Herstellers und Handels gleichermaßen, wobei als Maßnahmen die persönliche Ansprache von Kunden oder Händlern, Produktpräsentationen in Einkaufsstätten mit persönlicher Beratung usw. zu nennen sind.

> **Beispiel: Persönliche Kommunikation im Rahmen der Gastro-Promotion des *Spezi Markenverbandes e.V.***
> Mit Hilfe von Gastro-Scouts galt es im Sommer 2006, Aufmerksamkeit für die Marken *Spezi* und *Spezi Energy* bei gastronomischen Betrieben zu generieren. Ein weiteres zentrales Ziel war es, in der Gastronomie ein Bewusstsein zu schaffen, dass nur dort *Spezi* auf der Speisekarte aufgeführt sein darf, wo tatsächlich Original Spezi ausgeschenkt wird. Ca. 600 gastronomische Betriebe wurden hierfür durch das Promotionpersonal besucht. Ein professioneller Auftritt wurde durch die Aktionskleidung, Visitenkarten und entsprechende Produktunterlagen gewährleistet. Weiterhin erhielt jeder besuchte Gastronom ein Präsent in Form einer 0,3 l Longneckflasche *Spezi*, ein *Spezi*-Glas und frische Orangen, drapiert auf einem *Spezi*-Tablett (*Bartenbach Marketing Services* 2009).

Persönliche Kommunikation und Sponsoring: Eine Integration der Persönlichen Kommunikation mit Sponsoringmaßnahmen ist möglich, wenn während einer gesponserten Veranstaltung mit den Gesponserten, den Veranstaltern sowie weiteren Zielgruppen persönlich kommuniziert wird. Dies findet insbesondere im Rahmen von Hospitality-Aktivitäten statt, wenn beispielsweise besonders wichtige Kunden in VIP-Bereiche eingeladen werden, um dort Verköstigungen zu empfangen und den Kontakt zu Unternehmensmitarbeitenden suchen können beziehungsweise diese aktiv auf die Kunden zugehen. In solchen Situationen kann zumeist davon ausgegangen werden, dass sich die angenehme Freizeitatmosphäre eines Sponsoringanlasses positiv auf den Gesprächsverlauf auswirkt sowie persönliche Beziehungen auf unkomplizierte Art und Weise aufgebaut und gepflegt werden können. Neben der Persönlichen Kommunikation während des Sponsoringanlasses kann ebenso im Vorhinein in persönlichen Gesprächen am Verkaufs- oder Beratungsort auf die Sponsoringengagements des Unternehmens hingewiesen oder im Nachhinein das Feedback der Besucher eines Sponsoringanlasses erfragt werden.

> **Beispiel: Sponsoring der *Continental AG* im Rahmen der *Fußball-EM 2008***
> Der Automobilzulieferer und Premium-Reifenhersteller *Continental* war Sponsor der Fußball-EM 2008. Im Rahmen des Sponsoringengagements begrüßte das Unternehmen während der dreiwöchigen Veranstaltung rund 3.500 Kunden und Medienvertreter als Hospitality-Gäste. Mehr als 1.700 von ihnen nutzten die Gelegenheit, bei den Fahrevents der *ContiSafetyExperience* auf dem Fahrsicherheitszentrum in Teesdorf bei Wien und in Betzholz bei Zürich *Continental*-Spitzentechnologie für Autos von heute und morgen im wahrsten Wortsinne zu „erfahren" und dabei die Möglichkeit zu haben, insgesamt rund 80 Fahrzeugbegleiter und Experten zu den Produkten zu befragen (*Continental AG* 2009).

Persönliche Kommunikation und Event Marketing: Bei der Untersuchung des Integrationspotenzials von Persönlicher Kommunikation und Event Marketing lässt sich erkennen, dass die direkte Ansprache bestimmter Zielgruppen oftmals eine zentrale Zielsetzung organisierter Veranstaltungen ist. Dementsprechend können im Rahmen von Events verschiedene Maßnahmen der Persönlichen Kommunikation eingesetzt werden, um die Kontaktaufnahme und -festigung mit potenziellen und/oder aktuellen Geschäftspartnern in freizeitorientierter Atmosphäre – ähnlich den Sponsoringereignissen – zu ermöglichen. Als Beispiele sind im Rahmen extern gerichteter Veranstaltungen Messen und Ausstellungen sowie Kulturereignisse zu nennen, bei denen geschultes Kundenkontaktpersonal das Unternehmen repräsentiert. Auch firmeninterne Events, z. B. Außendienstkonferenzen und Händlerpräsentationen, können eine Integration von Persönlicher Kommunikation und Event Marketing darstellen. Zudem ist es nach Durchführung eines Events zweckmäßig, dass sich Unternehmensvertreter mit ihren Zielgruppen treffen, um die geknüpften persönlichen Beziehungen zu intensivieren. Als Beispiele hierfür sind regelmäßige Kundentreffen oder ereignisbezogene Kundenclubs zu nennen.

> **Beispiel: Integration von Persönlicher Kommunikation und Events bei der *VW AG***
> Der neue *Volkswagen Polo* stand im Juni 2009 in Wolfsburg im Zentrum des Interesses der deutschen und internationalen *VW*-Händler. Für den Event entwickelte *Volkswagen* in der Autostadt auf 15 000 Quadratmetern Ausstellungsfläche eine Markenwelt, inklusive eines 2220 Quadratmeter großen und 810 Tonnen schweren schwimmenden Pavillons. Das Programm umfasste am ersten Tag ein Business Meeting, bei dem Händler, Importeure, Service-/Verkaufsleiter und Verkäufer aus 90 Ländern über die 5. Generation des *Volkswagen*-Modells informiert wurden. Eine Abendveranstaltung im Hafenbecken der Autostadt wurde am Ende des Tages durchgeführt. Am nächsten Morgen stand eine Flotte von 300 Testwagen mit fünf unterschiedlichen Ausstattungslinien für die Händler bereit. Eine insgesamt 100 Kilometer lange Strecke ermöglichte es den Besuchern, sich mit dem neuen *Polo* vertraut zu machen (*auto.de* 2009).

Persönliche Kommunikation und Messen/Ausstellungen: Im Hinblick auf die Integration von Persönlicher Kommunikation und Messen und Ausstellungen lässt sich generell feststellen, dass diese Kommunikationsinstrumente ebenfalls eng miteinander verbunden sind. Oftmals wird mit Messen und Ausstellungen das Ziel verfolgt, persönliche Kontakte mit aktuellen Kunden beziehungsweise erste Kontakte mit potenziellen Kunden aufzubauen. Vor allem mit Hilfe der Persönlichen Kommunikation kann versucht werden, vor, während und nach der Messebeteiligung diese Kontakte herzustellen, zu intensivieren und somit die Kundenakquisition gezielt zu verbessern. Das für den Erfolg der Messebeteiligung entscheidende Kommunikationsinstrument ist die Persönliche Kommunikation des Standpersonals mit Kundengruppen, Medienvertretern oder konkurrierenden Ausstellern.

Persönliche Kommunikation und Direct Marketing: Die Integration von Persönlicher Kommunikation und Direct Marketing erfolgt in der Regel sukzessiv. Vor beziehungsweise nach einer Direct-Marketing-Aktion kann zweckmäßigerweise eine Unterstützung durch Maßnahmen der Persönlichen Kommunikation erfolgen. Da Unternehmen mit Hilfe beider Kommunikationsinstrumente versuchen, durch die gezielte Einzelansprache einen direkten Kontakt zum Adressaten herzustellen und einen unmittelbaren Dialog zu initiieren, kann beispielsweise die persönliche Ansprache im Vorfeld oder nach Versendung von Einladungen, Prospekten, Broschüren usw. sinnvoll sein. Wenn ein persönlicher Dialog zwischen Kontaktpersonal und Kunden beispielsweise zur Kontaktanbahnung oder Vertragsgestaltung stattgefunden hat, kann anschließend eine zusätzliche Ansprache durch Direct Mail oder Telefonmarketing erfolgen, die eine Ergänzung der direkten Informationsübermittlung und Verkaufsargumentation bedeutet.

Persönliche Kommunikation und Public Relations: Der Einsatz von Persönlicher Kommunikation und Public Relations kann zeitlich intermittierend stattfinden, indem die über die Öffentlichkeitsarbeit verbreiteten Botschaften unter anderem in persönlichen Gesprächen kommuniziert werden. Auf einzelnen PR-Veranstaltungen werden beide Instrumente oftmals auch parallel eingesetzt, wenn beispielsweise im Rahmen von Pressekonferenzen eine Persönliche Kommunikation erfolgt und im Verlauf persönlicher Gespräche Firmenzeitschriften oder Geschäftsberichte an Zielgruppen übergeben werden. Häufig findet die Integration von Persönlicher Kommunikation und Public Relations auch „automatisch" statt, da der persönliche Dialog mit den verschiedenen Zielgruppen (z. B. durch die Teilnahme der Unternehmensleitung an Podiumsdiskussionen oder Konferenzen, die individuelle Beziehungspflege zu Meinungsführern und Pressevertretern sowie Informationsveranstaltungen mit Vertretern von Interessensverbänden) letztlich eine zentrale Erscheinungsform der Public Relations darstellt.

Persönliche Kommunikation und Social Media: Auch im Zusammenhang mit Maßnahmen der Social Media bieten sich vielfältige Möglichkeiten einer Vernetzung mit der Persönlichen Kommunikation. So können diese den Anstoß für Maßnahmen Persönlicher Kommunikation geben, wenn z. B. in Netzwerkcommunities Kundengruppen direkt, allerdings auf unpersönlichen Wegen, angesprochen und auf alternative Wege persönlicher Kommunikation, wie beispielsweise Treffen im Unternehmen oder an Verkaufsorten, hingewiesen werden. Weblogs, Webcommunities können den Ausgangspunkt eines individuellen multimedialen Dialogs darstellen, der wiederum zu persönlichen Face-to-Face-Interaktionen führen kann.

> **Beispiel: Karriereblog bei der *EnBW***
> Die Verbindung von Social Media und Persönlicher Kommunikation gelingt der *EnBW*, indem seit dem Frühjahr 2009 Konzerntrainees via Karriereblog über ihren Alltag im Unternehmen berichten. Mit dem Karriereblog verfolgt die *EnBW* das Ziel, potenziellen Arbeitnehmern das Unternehmen als Arbeitgeber vorzustellen. Mit dem Blog bietet sich die Möglichkeit, künftige Arbeitskräfte dazu bewegen, sich anzuschauen, was das Unternehmen Arbeitnehmern bieten kann. Zusätzlich finden sich im Blog Links zu aktuellen Stellenangeboten mit den dazugehörigen Ansprechpartnern, mit denen Interessenten persönlich in Kontakt treten können.

Persönliche Kommunikation und Mitarbeiterkommunikation: Schließlich ist noch auf die Vernetzungsmöglichkeit von Persönlicher Kommunikation und Mitarbeiterkommunikation im Unternehmen hinzuweisen. Eine erfolgreiche Mitarbeiterkommunikation ist zentrale Voraussetzung für einen zielorientierten Einsatz der extern gerichteten Kommunikationsinstrumente. Dies trifft für die Persönliche Kommunikation im Besonderen zu, weil die Mitarbeitenden als Träger der Kommunikation für die planmäßige Beeinflussung der Zielgruppen verantwortlich sind (*Bruhn* 2009b, S. 595). Aus diesem Grund sind vor dem Einsatz der extern gerichteten Persönlichen Kommunikation vor allem die Mitarbeitenden mit Kundenkontakten unternehmensintern rechtzeitig über die verschiedenen kommunikativen Ziele und Strategien zu informieren sowie in Bezug auf den bevorstehenden Einsatz der einzelnen Maßnahmen Persönlicher Kommunikation mit Kundengruppen zu motivieren. Primäre Zielsetzung dieser unternehmensinternen Abstimmung ist der konsistente Außenauftritt sämtlicher Kundenkontaktmitarbeitenden hinsichtlich des verbalen und nonverbalen Kommunikationsverhaltens. Darüber hinaus stellt die Mitarbeiterkommunikation als Teil eines Internen Marketing eine wesentliche Voraussetzung für die Kundenorientierung der Mitarbeitenden dar und kann diesen die Fähigkeiten vermitteln, Kundenkontaktsituationen zielgerecht zu bewältigen (*George/Grönroos* 1999, S. 60; *Stauss* 2000b, S. 210; *Gleitsmann* 2007).

> **Beispiel: Ausbildung von Flugbegleiter/-innen bei der *Lufthansa AG***
> Die konsequente Abstimmung zwischen Persönlicher Kommunikation und Mitarbeiterkommunikation spielt insbesondere in Dienstleistungsunternehmen eine zentrale Rolle, bei denen ein Großteil der Leistungen über den persönlichen Kontakt zwischen Kunden und Mitarbeitenden abgewickelt wird. Die deutsche Fluggesellschaft *Lufthansa* ist sich darüber bewusst und schult angehende Flugbegleiter/-innen hinsichtlich ihres Kommunikationsverhaltens mit den Fluggästen. Hierfür werden z. B. Rollenspiele veranstaltet, in denen persönliche Gespräche mit potenziellen Gästen der Airline geprobt werden. Neben dem verbalen Kommunikationsverhalten steht das nonverbale Verhalten der angehenden Mitarbeitenden ebenfalls im Zentrum der Ausbildung. In diesem Zusammenhang werden den Auszubildenden im direkten Kontakt Hinweise zur Dienstbekleidung und zum äußeren Erscheinungsbild gegeben, um so im direkten Kontakt mit den Fluggästen ein konsistentes Image des Unternehmens nach außen zu transportieren.

8.2 Intrainstrumentelle Integration der Persönlichen Kommunikation

Entscheidend für die Erzielung hoher Kommunikationswirkungen bei den anvisierten Zielgruppen ist die **intrainstrumentelle Integration** der Persönlichen Kommunikation. Gemäß dieser Forderung sind Entscheidungen bezüglich des Konzeptes und der Gestaltung jeder einzelnen Kommunikationsmaßnahme miteinander zu vernetzen und aufeinander abzustimmen. Dies bedeutet nicht, dass jede Aktivität der Persönlichen Kommunikation in identischer Weise zu erfolgen hat. Vielmehr sind die Besonderheiten der jeweiligen Kontaktsituation beziehungsweise die Erwartungshaltungen der verschiedenen Zielgruppen zu berücksichtigen.

Dabei sind nach der Tragweite der Integrationsmaßnahme mit der inhaltlichen, formalen sowie zeitlichen Dimension drei **Entscheidungsdimensionen** zu differenzieren.

Die **inhaltliche Dimension** der intrainstrumentellen Integration bezieht sich auf die thematische Abstimmung der einzelnen Maßnahmen Persönlicher Kommunikation einer Planungsperiode untereinander. Beispielsweise liegt ein inhaltlicher Schwerpunkt der persönlichen Kundenansprache darin, das Unternehmen als besonders kundenfreundlich und beschwerdestimulierend herauszustellen sowie ein entsprechendes Image zu vermitteln. Einen weiteren wichtigen Ansatzpunkt zur inhaltlichen Vernetzung verschiedener Maßnahmen Persönlicher Kommunikation bietet die Sicherstellung eines einheitlichen fachlichen und sozialen Kompetenzniveaus der Kundenkontaktmitarbeitenden vor allem im Außendienst sowie bei der Beratung in einzelnen Filialen beziehungsweise Geschäftsstellen. Um Irritationen bei den Kunden zu vermeiden, sind an den Kontaktpunkten des Point-of-Sale und Point-of-Use keine oder zumindest nur geringe Informations-, Beratungs- und Betreuungsunterschiede (beziehungsweise kommunikationsbezogene Qualitätsdifferenzen) zuzulassen.

Dabei ist jedoch zu beachten, dass die persönliche Interaktion zwischen Individuen stets originär, d. h. niemals vollständig inhaltlich zu standardisieren ist, da sich jedes persönliche Gespräch situationsabhängig verändert und zu verändern hat. Die Inhalte der Persönlichen Kommunikation sind beispielsweise zu modifizieren, wenn spezifische Kundenprobleme auftreten beziehungsweise individuelle Kundenwünsche geäußert werden, die von den Kontaktmitarbeitenden personenspezifisch zu bearbeiten und zu lösen sind.

Neben den festzulegenden Integrationsmöglichkeiten der konzeptionell-inhaltlichen Gestaltung ist die Entscheidung über die **formale Dimension** der Persönlichen Kommunikation zu treffen, wobei Wahlmöglichkeiten über die formale Integration einzelner Maßnahmen der persönlichen Interaktion zu bewerten sind. Eine Entscheidungsalternative könnte in der Überlegung bestehen, bei jedem Kundenkontakt bestimmten Regeln der persönlichen Ansprache zu folgen, d. h. beispielsweise aktuelle Kunden stets mit Namen anzusprechen, bei Beratungsgesprächen länger als fünf Minuten immer einen Sitzplatz anzubieten oder einen Informationsaustausch stets mit der Frage nach persönlicher Zufriedenheit des Kunden und eventueller Verbesserungsmöglichkeit zu beenden. Insbesondere in Dienstleistungsunternehmen wird häufig auf ein einheitliches äußeres Erscheinungsbild sämtlicher Kundenkontaktmitarbeitenden geachtet, wenn beispielsweise Richtlinien hinsichtlich Art, Stil und Farbe der Kleidung oder Frisur sowie spezifische Verhaltensanweisungen bezüglich Körperhaltung, Mimik und Gestik aufgestellt und oftmals in Handbüchern festgehalten werden.

> **Beispiel: Verhaltensgrundsätze im *Ritz-Carlton***
> Die *Ritz-Carlton Hotel Company* fixiert die Verhaltensgrundsätze für ihre Mitarbeitenden auf einem kleinen Faltblatt, das jeder Mitarbeitende zusammengeklappt mit sich führen kann. In den Verhaltensgrundsätzen finden sich auch Regeln zum Verhalten der Mitarbeiter in persönlichen Kontaktsi-

tuationen mit Kunden. Einige der Grundsätze sind im Folgenden wiedergegeben (*The Ritz-Carlton Hotel Company* 2004):

- „Uncompromising levels of cleanliness are the responsibility of every employee.

- To provide the finest personal service for our guests, each employee is responsible for identifying and recording individual guest preferences.

- ‚Smile – we are on stage.' Always maintain positive eye contact. Use the proper vocabulary with our guests. (Use words like – ‚Good Morning', ‚Certainly', ‚I'll be happy to', and ‚My pleasure').

- Escort guests rather than pointing out directions to another area of the Hotel.

- Use *Ritz-Carlton* telephone etiquette. Answer within three rings and with a ‚smile'. Use the guest's name when possible. When necessary, ask the caller ‚May I place you on hold?' Do not screen calls. Eliminate call transfers whenever possible. Adhere to voice mail standards.

- Take pride in and care of your personal appearance. Everyone is responsible for conveying a professional image by adhering to *Ritz-Carlton* clothing and grooming standards."

Die **zeitliche Dimension** der intrainstrumentellen Integration betrifft sowohl die Koordination der einzelnen Maßnahmen der Persönlichen Kommunikation innerhalb einer Planungsperiode als auch zwischen verschiedenen Planungsperioden. Auch hierbei liegt das zentrale Ziel darin, durch Kontinuität in den einzelnen Aktivitäten deren Glaubwürdigkeit zu steigern und eine gegenseitige Unterstützung der Maßnahmen zu bewirken. Zudem lassen sich durch zeitlich bewusst abgestimmte Botschaften in der Persönlichen Kommunikation Wiederholungs- und Lerneffekte bei den Zielgruppen erzielen, beispielsweise wenn Informationen über Produkt- oder Serviceneuheiten zeitlich abgestimmt in unterschiedlichen Beratungs- und Verkaufsgesprächen kommuniziert werden.

9 Erfolgskontrolle der Persönlichen Kommunikation

9.1 Bedeutung der Erfolgskontrolle der Persönlichen Kommunikation

Die **kommunikationsbezogene Erfolgskontrolle** steht grundsätzlich am Ende eines idealtypischen Planungsprozesses der Unternehmenskommunikation. Bezogen auf die Persönliche Kommunikation ist hierbei zu prüfen, welche kommunikative Wirkung durch die Maßnahmen der Persönlichen Kommunikation bei den Zielgruppen erreicht wurde und ob sich dementsprechend der finanzielle Aufwand für diesen Instrumenteneinsatz „gelohnt" hat.

Die Bestimmung des optimalen Einsatzes von Maßnahmen der Persönlichen Kommunikation ist für Unternehmen in Abhängigkeit der zurechenbaren Kosten und Nutzen relativ problematisch. Zwar lassen sich Kosten- beziehungsweise Nutzenwerte den einzelnen Maßnahmen der Persönlichen Kommunikation oftmals direkt zurechnen, allerdings ist ihr Beitrag zur Erreichung der kommunikationspolitischen Ziele zumeist nicht messbar, da die Kosten- beziehungsweise Nutzenwerte den realisierten Zielen nur indirekt oder kaum zugerechnet werden können. Generell lässt sich das **Kosten-Nutzen-Problem** in Abhängigkeit vom Kontaktniveau mit der Zielgruppe so beschreiben, dass mit zunehmendem Kontaktniveau (persönlicher Kontakt als höchste Stufe) die Kosten pro Kontakt steigen, sich aber gleichzeitig die entgangenen Gewinne beziehungsweise Opportunitätskosten verringern, beispielsweise durch Senkung der Streuverluste beziehungsweise eine zielgruppengenauere Ansprache.

In diesem Zusammenhang wird deutlich, dass die Persönliche Kommunikation tendenziell ein rentables Kommunikationsinstrument darstellt, wenn die Zielgruppe relativ klein ist, die Anforderungen an die Kontaktqualität relativ hoch sind sowie ein Dialog mit den Kunden möglich ist. Der Kostenrahmen in der Persönlichen Kommunikation lässt sich daher rechtfertigen, wenn eine hohe Informations-, Motivations- oder Verhaltenswirkung bei einer klar abgegrenzten Zielgruppe erreicht wird.

9.2 Methoden der Erfolgskontrolle der Persönlichen Kommunikation

Die Kontrolle des Einsatzes Persönlicher Kommunikation im Rahmen der Unternehmens- und Marketingkommunikation kann sich auf die Kontrolle der im Planungszeitraum durchgeführten Maßnahmen insgesamt oder auf einzelne Maßnahmen beziehen, wobei auch interdependente Wirkungsmessungen von Bedeutung sein können. Es ist hierbei sinnvoll, sowohl Prozess- als auch Ergebniskontrollen vorzunehmen. Neben der Prozess- und Ergebniskontrolle ist im Rahmen einer Effizienzkontrolle des Weiteren die Wirtschaftlichkeit der durchgeführten Maßnahmen der Persönlichen Kommunikation zu prüfen.

9.2.1 Kontrolle des Kommunikationsprozesses und der Kommunikationsqualität

Im Rahmen der Prozesskontrolle der Persönlichen Kommunikation nimmt die Messung der von den jeweiligen Zielgruppen wahrgenommenen Kommunikations- beziehungsweise Interaktionsqualität eine zentrale Stellung ein. Als **Indikatoren der Qualität unternehmensextern gerichteter Persönlicher Kommunikation** können beispielsweise folgende Kriterien herangezogen werden:

- Grad genereller Kundenzufriedenheit oder -unzufriedenheit,
- Anzahl der Beschwerden,
- Kundentreue beziehungsweise Loyalitätsrate,
- Wiederkaufrate beziehungsweise Anteil der erneut vom Kunden in Anspruch genommenen Dienstleistungen,
- Artikulierte Wechselbereitschaft der Kunden,
- Häufigkeit und Intensität der Kundenkontakte,
- Positive Mund-zu-Mund-Kommunikation, Anzahl der Weiterempfehlungen,
- Anteil an Referenzkunden über sämtliche Kundengruppen.

Zur Ermittlung der Interaktions- beziehungsweise Kommunikationsqualität können verschiedene **Befragungs- und Beobachtungstechniken** eingesetzt werden, die vor allem für die Qualitätsmessung im Dienstleistungsbereich zum Einsatz kommen (z. B. *Meyer/Ertl* 1998, S. 224 ff.; *Bruhn* 2010e, S. 130 ff.). In Bezug auf die Persönliche Kommunikation sind insbesondere die in Schaubild III-G-14 dargestellten kundenorientierte Messmethoden geeignet.

Objektive Messung	Subjektive Messung		
	Ereignisorientiert	Merkmalsorientiert	Problemorientiert
• Expertenbeobachtungen • Silent-Shopper-Verfahren	• Sequenzielle Ereignismethode • Critical-Incident-Technik	• Kundenbefragungen • Mitarbeiterbefragungen	• Beschwerdeanalysen

Schaubild III-G-14: Kundenorientierte Methoden zur Qualitätsmessung der Persönlichen Kommunikation

(1) Expertenbeobachtungen

Ziel von Expertenbeobachtungen im Rahmen der Persönlichen Kommunikation ist es, Hinweise auf offensichtliche Mängel in der Kommunikation im Kundenkontakt und Auswirkungen auf das Kundenverhalten zu ermitteln. Hierzu beobachten beispielsweise geschulte Sozialforscher Kontaktsituationen, um Verhaltensweisen von Kunden und Mitarbeitenden zu analysieren (*Stauss* 2000a, S. 329 f.). Die Einsatzmöglichkeiten dieses Verfahrens sind jedoch begrenzt, da aus einem beobachteten Verhalten nur unzureichend auf tatsächliche Vorgänge im Insystem des Kunden geschlossen werden kann (*Bruhn* 2010a, S. 89). Viele Kundenkontaktsituationen sind zudem nicht ohne Wissen der Beteiligten zu erfassen, so dass unter Umständen im Ergebnis verzerrende Beobachtungseffekte auftreten können. Problematisch erscheint ebenfalls der hohe finanzielle und personelle Aufwand dieses Verfahrens, insbesondere wenn der Kommunikationsprozess vollständig zu analysieren ist (*Stauss* 2001, S. 330).

(2) Silent-Shopper-Verfahren

Unter „Silent Shoppern" oder „Mystery Shoppern", d. h. Schein- beziehungsweise Testkunden, werden im Rahmen der Persönlichen Kommunikation vom Unternehmen beauftragte Beobachter und Testpersonen verstanden, die am Verkaufs- beziehungsweise Beratungsort als (potenzielle) Kunden auftreten. Sie simulieren hierbei eine reale Situation, um dadurch Hinweise auf wesentliche Mängel in der Persönlichen Kommunikation zu erhalten (in Anlehnung an *Belz* 1989, S. 28 f.; *Ballantyne* 1990, S. 10; *Meyer/Ertl* 1998, S. 235 f.; *Matzler/Pechlaner/Kohl* 2000; *Bruhn* 2010e, S. 132 ff.). Diese Testkaufmethode kann einen Überblick über die Qualität des Kommunikationsverhaltens der Kundenkontaktmitarbeitenden vermitteln, sowie – in anonymer Form durchgeführt – einen Konkurrenzvergleich ermöglichen. Fraglich ist jedoch, ob diese „Scheinkunden" in der Lage sind, die Wahrnehmungen und Empfindungen „wirklicher" Kunden nachzuvollziehen; vor allem, da die Anzahl der zu untersuchenden situativen Faktoren und Verhaltensmerkmale des Kundenkontaktpersonals begrenzt ist (*Nerdinger* 1994, S. 209 ff.; *Stauss* 2000a, S. 330). Der Erfolg des Einsatzes dieses Verfahrens ist demnach stark abhängig vom Erfahrungspotenzial des Silent Shoppers.

(3) Sequenzielle Ereignismethode

Die Sequenzielle Ereignismethode dient im Rahmen der Persönlichen Kommunikation dazu, Stärken und Schwächen der bisherigen Kommunikationsprozesse zu ermitteln. Der Kommunikationsprozess zwischen Kunden und Mitarbeitenden wird hierbei zunächst in mehrere Teilschritte zerlegt und grafisch als so genanntes „Blueprinting" festgehalten (in Anlehnung an *Meyer/Ertl* 1998, S. 225 f.; *Bruhn* 2010e, S. 167 ff.). Auf der Grundlage eines solchen Blueprintings lassen sich Kundenbefragungen durchführen, indem die Kunden gebeten werden, die Phasen des Kommunikationserlebnisses nochmals gedanklich-emotional nachzuvollziehen. Mit Hilfe dieses „Nacherlebens" wird eine ausführliche Schilderung des Kunden-Mitarbeiter-Kontakts angestrebt, um mögliche Verbesserungspotenziale in der Persönlichen Kommunikation zu ermitteln.

(4) Critical-Incident-Technik

Wie die sequenzielle Ereignismethode setzt sich auch die Critical-Incident-Technik mit den Stärken und Schwächen im Kommunikationsprozess auseinander (in Anlehnung an *Meyer/ Ertl* 1998, S. 232 f.; *Bruhn* 2010e, S. 169 ff.). Der Fokus liegt hierbei auf den so genannten „kritischen Ereignissen", d. h. solchen Ereignissen, die der Kunde in der Persönlichen Kommunikation mit den Mitarbeitenden als besonders zufriedenstellend beziehungsweise unbefriedigend erlebt. Hintergrund ist, dass ein Kunde gerade diese „besonderen" Vorfälle in Erinnerung behält und ihm diese einfallen werden, wenn in seinem Umfeld von dem Unternehmen die Rede ist (*Stauss* 2000a). Die Critical-Incident-Technik sieht vor, diese Ereignisse mit Hilfe standardisierter offener Fragen zu erfassen. Hinsichtlich der Persönlichen Kommunikation lassen z.B. folgende Fragen Rückschlüsse auf die Kommunikationsqualität zu (in Anlehnung an *Mudie/Cottam* 1997):

- Denken Sie an einen Vorfall, bei dem Sie als Kunde ein besonders zufrieden stellendes beziehungsweise unbefriedigendes Gespräch mit einem Mitarbeitenden geführt haben.
- Wann kam es zu diesem Ereignis?
- Beschreiben Sie die konkreten Umstände, die zu dieser Situation geführt haben.
- Wie haben sich die Mitarbeitenden konkret verhalten (was haben sie gesagt, was haben sie getan)?
- Welche Ursachen haben das Gefühl ausgelöst, dass es sich in diesem Fall um ein besonders (un-)befriedigendes Ereignis gehandelt hat?

(5) Kundenbefragungen

Bei merkmalsorientierten Verfahren wie Kundenbefragungen setzt sich die Beurteilung einer Gesamtleistung aus der Bewertung einzelner Leistungselemente zusammen. So lässt sich beispielsweise die wahrgenommene Kommunikationsqualität bei der Inanspruchnahme einer Dienstleistung durch unterschiedliche Indikatoren ermitteln, die bei den Kunden erfragt werden. Beispielhaft ist dies in Schaubild III-G-15 dargestellt. Hier wurden die Privatkunden einer Bank hinsichtlich der Kommunikation mit ihrer Bank beziehungsweise mit den Mitarbeitenden der Bank befragt. Die einzelnen erhobenen Indikatoren wurden mittels Faktoranalyse zu fünf Faktoren der Kommunikationsqualität verdichtet, wobei wiederum zwischen einer persönlichen und fachlichen Dimension der Kommunikationsqualität unterschieden wurde (vgl. ausführlich *Frommeyer* 2005).

(6) Mitarbeiterbefragungen

Im Rahmen von Mitarbeiterbefragungen kann das Kundenkontaktpersonal die Gelegenheit erhalten, subjektive Urteile über die Maßnahmen der Persönlichen Kommunikation zu äu-

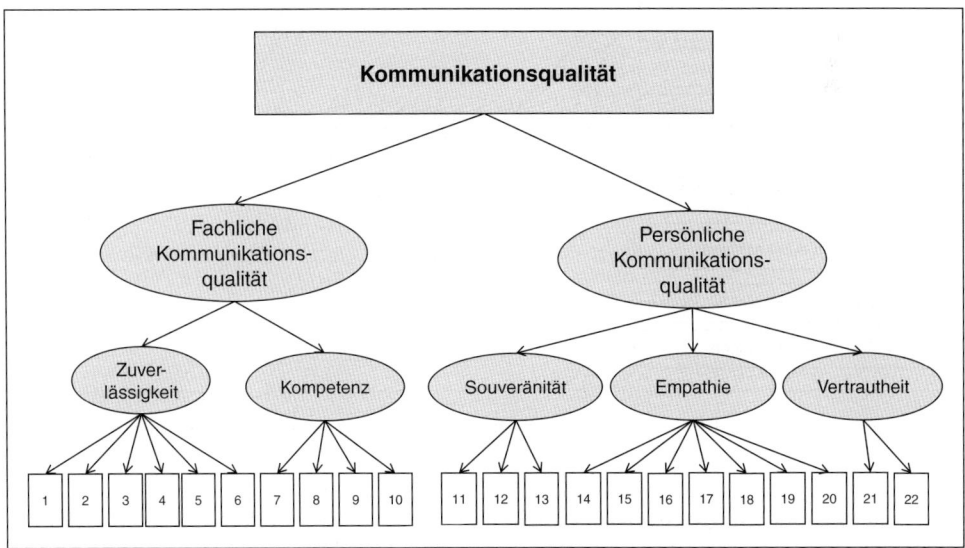

Schaubild III-G-15: Modell zur Messung der Kommunikationsqualität im Private Banking (Frommeyer 2005, S. 100)

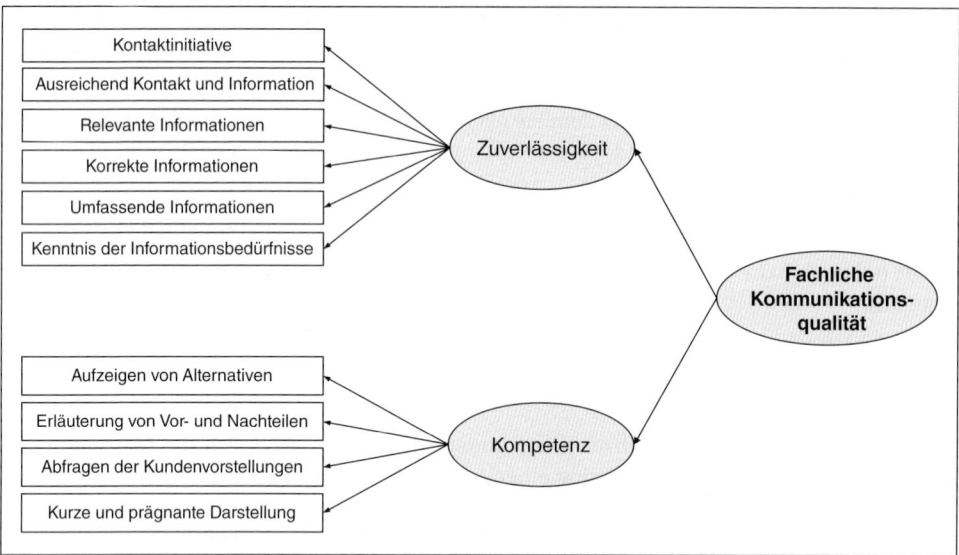

Schaubild III-G-16: Modell zur Messung der Fachlichen Kommunikationsqualität im Private Banking
(Frommeyer 2005, S. 102)

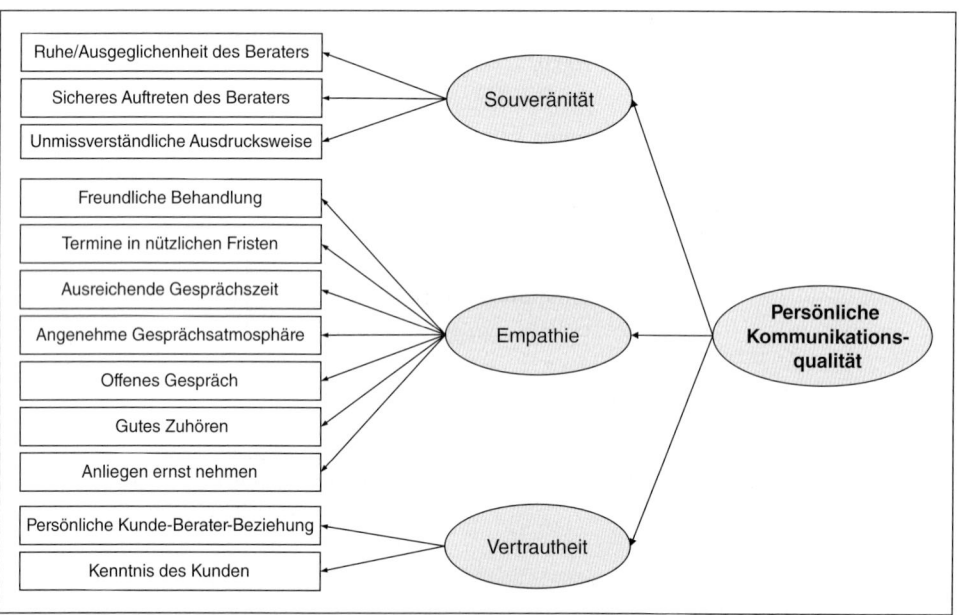

Schaubild III-G-17: Modell zur Messung der Persönlichen Kommunikationsqualität im Private Banking
(Frommeyer 2005, S. 105)

ßern oder kritische Ereignisse im Umgang mit den Kunden zu schildern (*Dotzler/Schick* 1993, S. 281). Dabei ist in erster Linie der Bottom-up-Prozess der Mitarbeiterkommunikation angesprochen, der der Auswertung von Informationen des Kundenkontaktpersonals dient. Inhalte dieser, sinnvollerweise regelmäßig stattfindenden, Befragungen können Informationen über die Maßnahmen des Unternehmens hinsichtlich Persönlicher Kommunikation, äußere Arbeitsbedingungen, Aufgaben und Arbeitsanforderungen sowie die persönliche Einstellung des Mitarbeitenden zum Thema der Kommunikationsqualität im Kundenkontakt sein (*Haist/Fromm* 1991, S.75). Bei der Gestaltung des Erhebungsdesigns ist eine anonyme schriftliche Befragung vorzuziehen, um dem Mitarbeitenden Gelegenheit zu geben, auf die Fragen offen und ohne Rücksicht auf berufliche Konsequenzen zu antworten. Bei dieser Methode der merkmalsorientierten Messung besteht allerdings die Gefahr der Unvollständigkeit in Bezug auf die gemessenen Zufriedenheitswerte, da das Kundenkontaktpersonal lediglich eine begrenzte Anzahl vorgegebener Fragen beantwortet. Daher empfiehlt es sich, Mitarbeiterbefragungen um das Verfahren des betrieblichen Vorschlagswesens zu ergänzen (*Meffert/ Bruhn* 2009, S.217 f.) oder ereignisorientierte Messungen durchzuführen.

(7) Beschwerdeanalysen

Beschwerden sind Artikulationen der Unzufriedenheit eines Kunden, die gegenüber einem Unternehmen (oder auch Drittinstitutionen) vorgebracht werden, wenn der Kunde die erlebten Probleme mit einem Unternehmen oder Mitarbeitenden subjektiv als gravierend betrachtet (*Stauss/Seidel* 2002, S.47). Die Analyse des Beschwerdeverhaltens – beispielsweise im Rahmen artikulierter Garantiemängel, Außendienstberichte oder Kundenbefragungen – liefert Informationen über problematische Bereiche innerhalb des Kommunikationsprozesses. Vorteile der Nutzung von Beschwerdemessungen sind die Aktualität und Relevanz der Probleme, da sich Kunden in der Regel sehr bald beschweren, sofern sie schwerwiegende Mängel der Kommunikationsqualität erfahren haben. Ebenfalls ist der relative Kostenvorteil dieses Verfahrens zu erwähnen, da die Beschwerden auf Initiative und Kosten der Kunden artikuliert werden. Einschränkend ist jedoch zu beachten, dass die Meldungen über kritische Kommunikationsprozesse nicht zwangsläufig die tatsächlich relevanten Problembereiche vollständig umfassen (*Bruhn* 2010e, S.352): Nicht jeder Mangel in der Persönlichen Kommunikation führt zu einer Beschwerde, und nicht jede Beschwerde ist als repräsentativ anzusehen.

9.2.2 Effektivitätskontrolle der Persönlichen Kommunikation

Im Rahmen der Betrachtung der Reaktionen auf Maßnahmen der Persönlichen Kommunikation interessiert nicht nur die Kommunikationsqualität, sondern ebenso die Wirkung bei den durch die Persönliche Kommunikation angesprochenen Zielpersonen. Problematisch im Rahmen einer Effektivitätskontrolle (Wirkungskontrolle) ist jedoch die Zurechenbarkeit einzelner Kommunikationswirkungen, da Veränderungen psychologischer Zielgrößen, wie kognitiv-, affektiv- und konativ-orientierter Zielgrößen, zum einen auf den Einsatz der Persönlichen Kommunikation zurückzuführen sein können, zum anderen allerdings auch auf den Einsatz anderer kommunikationspolitischer Maßnahmen, z.B. im Rahmen der Mediawerbung, durch den Besuch einer Messe oder durch Verkaufsförderungsaktionen. Gerade aus diesem Grund ist es um so wichtiger, die bestehenden Möglichkeiten einer Effektivitätskontrolle der Persönlichen Kommunikation möglichst umfassend auszuschöpfen, um Schlussfolgerungen für Verbesserungspotenziale zu ziehen. Unterschiedliche Verfahren, die Unternehmen hierzu zur Verfügung stehen, werden im Folgenden nach den Wirkungskategorien ihrer Zielgrößen dargestellt. Eine Übersicht der Methoden ist Schaubild III-G-18 zu entnehmen.

Die **kognitive Wirkungskontrolle** dient vor allem zur Ermittlung der durch die Persönliche Kommunikation vermittelten Kenntnisse bei den Zielpersonen. Dabei wird es in der Regel wenig sinnvoll sein, grundlegende Kenntnisse (z.B. den Unternehmens- oder Markennamen) zu eruieren. Vielmehr geht es um weiterführendes Know-how, wie Eigenschaftskenntnis-

Art der Messmethode / Kategorien der Kommunikationswirkung	Methoden
Kognitive Wirkungen	• Kundenbefragungen • Sequenzielle Ereignismethode • Critical-Incident-Technik • Beschwerdemessungen • Kundenbesuche
Affektive Wirkungen	• Rating-Skalen • Likert-Verfahren • Multiattribut- und kognitive Einstellungsmodelle
Konative Wirkungen	• Befragung nach Beweggründen • Computer-Aided-Selling-Systeme

Schaubild III-G-18: Messmethoden zur Wirkungskontrolle der Persönlichen Kommunikation

se über Produkte und Dienstleistungen des Unternehmens, oder auch Ereigniskenntnisse, z. B. über aktuelle Aktivitäten des Unternehmens wie Umwelt- oder Sozialengagements. Zur Messung dieser Kenntnisse bieten sich vor allem schriftliche, telefonische oder persönliche **Kundenbefragungen** an. Je spezifischer die Befragungen hierbei auf bestimmte Kontaktsituationen zugeschnitten sind, desto exakter sind auch die Schlussfolgerungen, die für mögliche Verbesserungspotenziale gezogen werden können. Wird zudem auch der Gesprächspartner in den jeweiligen Kontaktsituationen erfragt, so lässt sich zusätzlich (unter den Vorbehalten der persönlichen Einschätzung durch die Befragten) auf dessen persönliche und fachliche Kompetenz schließen. Darüber hinaus kann die Antwortzeit der befragten Personen erfasst werden, um die Assoziationsstärke zu bestimmten Eigenschaften der Produkte beziehungsweise Dienstleistungen des Unternehmens zu bewerten.

Neben der Messung von Kenntnissen stellt die Ermittlung der **Zufriedenheit** mit der Persönlichen Kommunikation eine zentrale, mehrheitlich kognitiv geprägte, Größe dar. Auch hier kommen wiederum **Befragungen** der Zielpersonen zum Einsatz, in denen unterschiedliche Aspekte der Zufriedenheit, wie Zufriedenheit mit der fachlichen Beratung und der persönlichen Interaktion, ermittelt werden können. Darüber hinaus lassen sich auch die bereits dargestellte **Sequenzielle Ereignismethode**, die **Critical-Incident-Technik** sowie **Beschwerdemessungen** zur Erhebung der Zufriedenheit mit der Kommunikation einsetzen. Hierbei wird entweder von der Bewertung der Kommunikationsqualität auf die Zufriedenheit geschlossen oder es wird diese explizit erhoben. Ein Instrument der Zufriedenheitsmessung, das gleichzeitig eine Maßnahme direkter Persönlicher Kommunikation zwischen Mitarbeitenden und Kunden darstellt, sind so genannte **Kundenbesuche** (z. B. *McQuarrie* 1995). Projekt- oder Produktmanager besuchen hierbei ausgewählte Kunden, um sie persönlich kennen zu lernen, Detailinformationen im Hinblick auf ihre Einstellung zu Produkten, Dienstleistungen und damit beispielsweise auch zu persönlichen Kommunikationsleistungen des Unternehmens zu erfahren oder ein besseres Verhältnis zu ihnen zu entwickeln (*McQuarrie* 1995, S. 304 ff.).

Bei der **affektiven Wirkungskontrolle** der Persönlichen Kommunikation sind insbesondere das Interesse, das eine Person den Aktivitäten des Unternehmens entgegenbringt, sowie die Einstellungen einer Person gegenüber dem Unternehmen beziehungsweise seinen Produkten/Dienstleistungen/Marken von Interesse. Zur Ermittlung des Interesses bieten sich **Rating-Skalen** an, um das Ausmaß des Interesses an bestimmten Produkten-, Dienstleistungen oder auch dem Unternehmen insgesamt zu erfragen. So kann beispielsweise festgestellt werden, ob es einer Kundenkontaktperson gelungen ist, das Interesse der Kunden während eines persönlichen Gesprächs zu steigern. Ähnlich lassen sich auch die Einstellungen der Zielpersonen erfragen, wobei zu beachten ist, dass die gebildeten Einstellungen immer stark auf die unmittelbare Kontaktperson bezogen sind und von dieser oftmals auf das Unternehmen und seine Leistungen projiziert werden. Bei der Einstellungsmessung können zum einen die beiden Facetten der Einstellung (emotionale und kognitive Disposition) getrennt mittels einer **Rating-Skala** gemessen werden. Zum anderen können innerhalb des **Likert-Verfahrens** zur Erhebung der emotionalen Disposition der Zielpersonen Rating-Skalenbatterien und zur Messung der kognitiven Disposition zusätzlich Verrechnungsmodelle, z. B. **Multiattributmodelle** oder **kognitive Einstellungsmodelle**, verwendet werden (in Anlehnung an *Steffenhagen* 2000, S. 99 ff.).

Im Rahmen der **konativen Wirkungskontrolle** wird in erster Linie ermittelt, welche Verhaltensänderungen beziehungsweise Verhaltensabsichten durch die Persönliche Kommunikation bewirkt werden konnten. Auch hier lässt sich wiederum die **Kundenbefragung** einsetzen, indem beispielsweise Kunden direkt nach ihrem Einkauf oder der Inanspruchnahme einer Dienstleistung befragt werden, welche Maßnahmen der Persönlichen Kommunikation sie in ihrem Verhalten beeinflusst haben. Ebenfalls ist es möglich, in diesem Sinne Telefonbefragungen oder schriftliche Befragungen durchzuführen. Findet die Persönliche Kommunikation über Außendienstmitarbeitende statt, so besteht eine weitere Möglichkeit der Verhaltensmessung in dem Einsatz so genannter **CAS-Systeme** (Computer-Aided-Selling-Systeme). Hierbei handelt es sich um mobile Computer, die der Außendienst bei Kundenbesuchen mit sich führt und die die Durchführung des Verkaufsgesprächs vorbereiten, das Gespräch an sich unterstützen und mit anderen Funktionsbereichen abstimmen sowie auch erfolgsmäßig auswerten (*Link* 2002).

9.2.3 Effizienzkontrolle der Persönlichen Kommunikation

Um die **Effizienz der Persönlichen Kommunikation** zu messen, d. h. um die Wirtschaftlichkeit von Maßnahmen der Persönlichen Kommunikation beziehungsweise das Verhältnis von Input zu zieladäquatem Output beurteilen zu können, sind zunächst die verschiedenen **Indikatoren der Effizienzmessung** zu ermitteln. Die Effizienz unternehmensextern gerichteter Persönlicher Kommunikation lässt sich beispielsweise anhand folgender Faktoren erfassen:

*   Kosten-Nutzen-Relation des Einsatzes einzelner persönlicher Maßnahmen der Kommunikation,
*   Dauer der persönlichen Kunde-Mitarbeiter-Beziehung,
*   Anzahl gemeinsam erfolgreich abgeschlossener Projekte beziehungsweise gelöster Probleme,
*   Volumen der im Rahmen persönlicher Gespräche abgeschlossenen Projekte u. a. m.

Abschließend ist darauf hinzuweisen, dass die dargestellten Verfahren der Erfolgskontrolle der Persönlichen Kommunikation verschiedene Probleme beinhalten, die sich beispielsweise darauf beziehen, dass die einzelnen Aktivitäten der Persönlichen Kommunikation aufgrund ihres hohen Integrationspotenzials kaum von anderen Maßnahmen im Kommunikationsmix zu trennen sind. Zudem ist ein Nachweis von Ausstrahlungs- und Carry-Over-Effekten nur mit Schwierigkeiten zu erbringen und ebenfalls fehlen größtenteils Längsschnittanalysen zur Ermittlung empirisch abgesicherter Lern- und Vergessenskurven.

Bei den vielfältigen inhaltlich und methodisch ungelösten Problemen der Erfolgskontrolle erscheint es grundsätzlich zweckmäßig, sich bei der Wirkungsmessung an ausgewählten, relevanten Indikatoren zu orientieren, die eine Aussage über die Qualität der Persönlichen Kommunikation ermöglichen.

10 Entwicklungstendenzen und Zukunftsperspektiven der Persönlichen Kommunikation

Die Wandlung der Kommunikationsmärkte von der Phase der unsystematischen Kommunikation zur Phase des intensiven Kommunikationswettbewerbs und der Dialogkommunikation (vgl. Abschnitt I-C-1) impliziert die Notwendigkeit einer zunehmend systematischen Planung der Kommunikationsinstrumente und einer verstärkten persönlichen Ansprache der verschiedenen Zielgruppen.

Unternehmen, denen derzeit durch dialogorientierte Face-to-Face-Kommunikation die Differenzierung von den Wettbewerbern gelingt, werden auch zukünftig am Markt erfolgreich sein. Auf einige zentrale **Entwicklungstendenzen der Persönlichen Kommunikation** sei in diesem Zusammenhang hingewiesen, die den Unternehmen im Kommunikationswettbewerb zusätzliche Profilierungsmöglichkeiten bieten, aber auch verschiedene Risiken einschließen:

- Die verstärkte **Nutzung Persönlicher Kommunikation** wird Dienstleistungs- und Industriegüterherstellern, aber auch Konsumgüterunternehmen neue Chancen eröffnen, ihre Produkte und Dienstleistungen im Wettbewerb zielgruppenspezifischer zu profilieren und damit eine bessere Ausschöpfung des Kundenpotenzials zu gewährleisten. Die Bedeutung der direkten, persönlichen Zielgruppenansprache gilt über **sämtliche Branchen** hinweg, d. h. auch in den Bereichen, in denen es bisher weniger üblich war, direkt zu kommunizieren. Der Einsatz der Persönlichen Kommunikation ist zukünftig nicht eine Frage des Leistungsangebots, sondern ein Thema der organisatorischen und vertrieblichen Voraussetzung in den Unternehmen

- Ein verstärktes Medienangebot und die Notwendigkeit der Zielgruppenorientierung sowie der persönlichen Ansprache führen zu einem veränderten Einsatz der Kommunikationsträger. Um den Umworbenen besser an das Produkt oder die Dienstleistung beziehungsweise die Marke binden zu können, wird der Einsatz von Kommunikationsmechanismen, die einen **direkten Kontakt** zwischen Mitarbeitenden und Kunden ermöglichen, zu einem zentralen Erfolgsfaktor.

- Die Grenzen zwischen Massenkommunikationsmedien und Instrumenten der Dialogkommunikation werden zunehmend verwischen, d. h. beide Kommunikationsformen werden zukünftig stärker komplementär und integrativ einzusetzen sein. Dies bedingt eine Weiterentwicklung von **integrierten Kommunikationskonzepten**, in denen je nach Aufgabenstellung das Kommunikationsbudget verteilt, aber stets kombiniert eingesetzt wird. Zusätzlich wird künftig eine vermehrte Integration von Maßnahmen der Persönlichen Kommunikation mit Anwendungen der Social Media-Kommunikation zu beobachten sein.

- Kundengruppen mit hohem Wert für das Unternehmen werden zukünftig noch wichtiger im Sinne kompetenter „Sollwertegeber". Demzufolge sind ausgewählte Personen vermehrt individuell und persönlich über eigene Kommunikationskanäle und Events anzusprechen, um eine permanente **Dialogdynamik** aufrechterhalten zu können. Die Gründung von Kundenclubs bzw. Onlinecommunities durch immer mehr Unternehmen stellt einen Schritt in diese Richtung dar. Ein Kundenclub bzw. eine Onlinecommunitiy an sich bewirkt jedoch noch keinen Dialog mit dem Kunden, sondern es bedarf auch hier einer strategischen Planung und eines systematischen Managements. Zukünftig sind Unternehmen zudem gefordert, verstärkt weitere innovative Maßnahmen und Konzepte für den Kontakt zu ihren Kunden zu entwickeln und einzusetzen.

- Unternehmen haben während des gesamten Nutzungszeitraums persönliche direkte oder über Absatzmittler persönliche indirekte Kontakte zu den Kunden zu unterhalten, um erheblich direkter, kostengünstiger und frühzeitiger **Veränderungen der Bedürfnisse** jedes Kunden zu erfassen. Diese persönlichen Kontakte und die damit einhergehenden Zeitvorteile eröffnen weitere Flexibilitätspotenziale.

- Letztlich gilt es, durch eine „schlanke Kommunikation" den Kontakt zum Kunden zu intensivieren und dadurch einen hohen Grad an Kundenbindung zu erreichen. Um dies zu gewährleisten, dürfen die **Kundenbeziehungen** während des Konsumzyklus speziell bei Gebrauchs- und Investitionsgütern nicht abreißen. Ein wesentlicher Ansatzpunkt hierfür ist die Integration von Kundendienstleistungen und Kundendienstinformationen in die gesamte Wertschöpfungskette von Zulieferer, Hersteller und Absatzmittler.

- Der Trend zur zunehmenden Automatisierung von Dienstleistungen bewirkt eine **Entpersonalisierung des Dienstleistungserstellungsprozesses** (z. B. Geldausgabeautomaten, Reisebuchungen im Internet), aus der eine Verringerung des direkten Kundenkontaktes und damit der Persönlichen Kommunikation zwischen Unternehmen und Kunden resultiert (*Meffert/Bruhn* 2009). Dennoch ist davon auszugehen, dass auch in der Zukunft die Persönliche Kommunikation ihren bedeutenden Stellenwert nicht einbüßen wird. Dies impliziert für Unternehmen die Notwendigkeit, die Ansprüche der Kunden hinsichtlich automatisierter und persönlicher Dienstleistungen genau zu analysieren sowie deren koordinierten Einsatz zu planen und umzusetzen.

Abschließend lässt sich festhalten, dass der Persönlichen Kommunikation auch zukünftig im Rahmen des Kommunikationsmix eine zentrale Bedeutung zukommt, da der Kommunikationswettbewerb nicht mehr durch eine undifferenzierte und mit großen Streuverlusten verbundene Massenkommunikation, sondern – neben der derzeit bedeutenden Netzwerkkommunikation – durch direkte, dialogorientierte und persönliche Kommunikation bestimmt wird.

H. Einsatz von Messen und Ausstellungen

1 Begriff und Erscheinungsformen von Messen und Ausstellungen

1.1 Historische Entwicklung von Messen und Ausstellungen

Dem Kommunikationsinstrument Messen und Ausstellungen wird im Rahmen des Marketing- und Kommunikationsmix von Unternehmen ein wachsender Stellenwert beigemessen. So ist beispielsweise die Anzahl der Aussteller in Deutschland seit dem Jahr 1984 von 86.611 um 101,7 Prozent auf 176.458 im Jahr 2008 gestiegen. Insbesondere im Kommunikationsmix von Unternehmen im Business-to-Business-Bereich nehmen Messen und Ausstellungen zunehmend eine Spitzenposition ein. Diese Unternehmen investieren circa 40 Prozent ihres gesamten Kommunikationsetats in Messen und Ausstellungen (AUMA 2009).

Die **Ursprünge des heutigen Messewesens** gehen bis auf den Markt der Antike zurück. Dort hatte der Markt, der zumeist in Verbindung mit religiösen Festen abgehalten wurde, die Funktion, durch Warenaustausch den unmittelbaren Bedarf der Bevölkerung zu decken und aufgrund unzulänglicher Verkehrs- und Handelswege, mangelnder handwerklicher Produktion sowie fehlendem Geldwesen für den lokalen Austausch zwischen Angebot und Nachfrage zu sorgen (*Taeger* 1993, S. 71 f.).

Bis in das **Mittelalter** hinein deuten lediglich spärliche Hinweise auf Messen und große Warenmärkte im damaligen Fränkischen Reich und den angrenzenden Regionen hin. Erst in der Mitte des 12. Jahrhunderts bildete sich mit dem Aufkommen des Städtewesens und der Entwicklung der Geldwirtschaft die Messe mit den für das Messewesen sich deutlich abzeichnenden typischen Organisationsstrukturen als Institution heraus (*Rodekamp* 2003, S. 7). Die **Warenmessen** waren gegenüber den bisherigen Tauschmärkten dadurch gekennzeichnet, dass es sich um jahreszeitlich wiederkehrende und privilegierte Märkte handelte, die zumeist zu Kirchenfesten abgehalten wurden. Das Privilegium, eine Messe abzuhalten, wurde vom König bzw. Kaiser an Stadt- und Landesherren vergeben (*Fischer* 1992, S. 5). Messen waren somit keine gewöhnlichen Märkte zur Versorgung der Bevölkerung, sondern der Treffpunkt von Kaufleuten, gewerblichen Verwendern und Händlern zur Anbahnung und Durchführung von Transaktionen. Neben Kaufleuten genossen selbst Schuldner und Geächtete auf dem Weg zur Messe von den Landesherren oder vom König selbst zugesichertes freies Geleit. Zusätzlich wurde bestimmten Teilnehmern Zoll- und Abgabenfreiheit sowie allen Gästen für die Zeit der Messe die Messefreiheit eingeräumt. Demnach konnten auch Fremde, die ansonsten nicht am Handel beteiligt waren, an den Messen teilnehmen (*Fischer* 1992, S. 5).

Zu den **bedeutendsten Messen des hohen Mittelalters** gehörten beispielsweise die Messen in der Grafschaft Champagne, die vier Mal im Jahr an sechs verschiedenen Orten veranstaltet wurden. Hier wurden nicht nur Waren getauscht, sondern die Messen der Champagne stellten bis zum Jahre 1320 das größte Finanzzentrum in Westeuropa dar. Die Messe von St. Denis im Norden von Paris, die als die älteste nachgewiesene Messe seit dem Jahre 629 abgehalten wurde, und die Chalon-sur-Saône bis zum Hundertjährigen Krieg, sind als die bedeutendsten in Frankreich anzusehen. Mit Veränderungen im Verkehrsnetz zugunsten des Seeverkehrs vom Mittelmeer und zu den Nordseehäfen nahm der Stellenwert der Messen in der Champagne ab, was zu einer Blüte des Messewesens in den Niederlanden führte. Im Deutschen Reich bildeten Frankfurt am Main ab dem Jahre 1240 und seit dem 15. Jahrhundert das weiter östlich gelegene Leipzig die größten und bedeutendsten Messezentren. Beide Städte konkurrierten intensiv um die dominierende Rolle als Messezentrum in Deutschland. Frankfurt konnte diese Stellung vom 14. bis zum 16. Jahrhundert aufgrund seiner günstigeren Lage am Zusammenfluss von Rhein und Main, guter Anschlüsse zum europäischen Straßennetz sowie mit Unterstützung der kaiserlichen Gewalt erfolgreich verteidigen. Vor dem Hintergrund des immer mehr zunehmenden Ost-West-Verkehrs und der zeitlichen Überschneidung beider Messen aufgrund der Einführung des gregorianischen Kalenders im protestantischen Deutschland löste Leipzig zu Beginn des 18. Jahrhunderts Frankfurt als bedeutendste Messe (*Strothmann* 1995, S. 1187; *Rodekamp* 2003, S. 8 ff.).

Während es sich in dieser Zeit bei kleinen und mittleren Messen vorwiegend um Warenmessen handelte, stellten die wichtigsten Messen zusätzlich **bedeutende Finanzplätze** dar. Hier wurden eine Vielzahl von Finanztransaktionen, wie Wechselgeschäfte, Festsetzung von Wechselkursen und der Devisenverkehr, durchgeführt. Zur Sicherung dieser Geschäfte wurden von den Kaufleuten und Bankiers künstliche Messewährungen geschaffen, die an starke Goldwährungen oder einen Währungskorb angelehnt waren. Im Laufe des 15. und 16. Jahrhunderts spalteten sich der Kreditverkehr von den Warenmessen ab und es bildeten sich in Lyon und den Städten Norditaliens die wichtigsten Messen für den Geld- und Kreditverkehr (*Fischer* 1992, S. 7).

Mit dem Wegfall der staatlichen Privilegien durch die Einführung der Gewerbefreiheit, der zunehmenden **Liberalisierung des Handels**, der den Wegfall der rechtlichen Sonderstellung von Messen nach sich zog, und dem Beginn der Industrialisierung im 19. Jahrhundert wandelte sich die Waren- zur Mustermesse. Die Verbesserung der Verkehrsverhältnisse durch den Aufbau des Eisenbahnnetzes führte dazu, dass die Kaufleute lediglich mit Mustern umherreisten, um Bestellungen entgegenzunehmen, wodurch auf lange Sicht die traditionelle Institution der Warenmesse in Frage gestellt wurde. Darüber hinaus wurde durch die Änderung der industriellen Produktionsverhältnisse die Möglichkeit geschaffen, Produktionsmengen zu erhöhen, was letztlich zu einem Anstieg des Handelsvolumen führte (*Taeger* 1993, S. 19). Bereits Mitte des 19. Jahrhunderts deutete sich damit ein tief greifender Strukturwandel an, der unter anderem dazu führte, dass Frankfurt am Main seine Messetätigkeiten zeitweise ganz einstellte. Leipzig begegnete diesem Trend durch die Veranstaltung der ersten reinen **Mustermesse** im Jahre 1895. Mit dieser Innovation vollzog sich ein Aufschwung, der der Leipziger Messe den Beinamen „Mutter aller Messen" einbrachte (*Strothmann* 1995, S. 1188; *Rodekamp* 2003, S. 12).

Vor dem Hintergrund ihres Bedeutungsschwundes nahmen Messen zunehmend **Elemente von Ausstellungen** auf. Deren Ursprung ist in Form von Industrie- und Gewerbeausstellungen als ein Forum für die Leistungsschauen der Innungen und Zünfte im Mittelalter zu sehen. Ende des 18. Jahrhunderts entwickelten sich die ersten Gewerbeausstellungen in London, Paris und Prag. Ihnen folgten in der ersten Hälfte des 19. Jahrhunderts nationale Industrieausstellungen in Europa. Ab dem Jahre 1851 fanden im Abstand von fünf Jahren regelmäßig Weltausstellungen in den Hauptstädten Europas, in Städten der USA und Australiens statt (*Dornscheidt/Groth/Reinhard* 2003, S. 1042). Diese Ausstellungen waren vorwiegend durch technische Neuheiten geprägt und richteten sich sowohl an ein Fach- als auch an ein technisch interessiertes Publikum.

Zu Beginn des 20. Jahrhunderts entstanden während und nach dem Ersten Weltkrieg nach dem Vorbild der *Leipziger Mustermesse* neue Messen, unter anderem in Frankfurt am Main, London, Lyon, Mailand, Köln, Königsberg und Breslau (*Fischer* 1992, S. 11). Zurzeit der Weimarer Republik fand vor allem eine Regionalisierung des Messewesens statt. Zudem bildete sich während der Inflationsperiode eine Vielzahl von Grenzmessen, um die deutschen Waren im Ausland abzusetzen (*Strothmann* 1995, S. 1888). In dieser Zeit begann Deutschland, seine besondere Stellung als Messeplatz in der Welt einzunehmen. Im Jahre 1924 konnten alleine 112 Regionalmessen (ohne nationale und internationale Messen sowie Grenzmessen) registriert werden. Außerhalb Deutschlands gab es in Europa 102 Messen, wohingegen in Amerika lediglich zwölf Messen veranstaltet wurden. Mit der *Kölner Herbstmesse* wurde 1925 zum ersten Mal durch eine Kombination einer technisch-wissenschaftlichen Sonderausstellung und einer Mustermesse eine Vermischung von Messen und Ausstellungen angestrebt (*Fischer* 1992, S. 11).

Nach dem Zweiten Weltkrieg und der Zerstörung der meisten Messeplätze in Deutschland war Leipzig die erste Stadt, die ihre Messeaktivitäten im Jahre 1946 mit der Genehmigung der sowjetischen Militärverwaltung wieder aufnahm. In der sowjetisch besetzten Zone entwickelte sich Leipzig zu einer nationalen, sozialistischen Leistungsschau, bei der neben den Ländern des damaligen Ostblocks schon im Jahre 1955 mehr als 1.000 Anbieter aus dem Westen ausstellten. Als westlicher Gegenpol wurde 1947 in Hannover eine Exportmesse gegründet, die sich schnell zum Schaufenster der Industriegüterindustrie entwickelte (*Fischer* 1992, S. 12). Weiterhin verstärkte aufgrund des technischen Entwicklungsprozesses die zunehmende Spezialisierung des Angebotes den Trend zur **Differenzierung des Messeangebotes**. Einzelne Angebotsbereiche lösten sich aus den bestehenden Universalmessen heraus und bildeten eigenständige Fachmessen. So formierten sich bis heute aus breit angelegten Industrie- und Konsumgütermessen immer mehr spezialisierte Industrie- und Konsumgütermessen (*Taeger* 1993, S. 19 f.). Beispielsweise löste sich im Zeitablauf die *CeBIT* aus der *Hannover Messe* heraus.

1.2 Definition von Messen und Ausstellungen

Messen und Ausstellungen werden sowohl in der Praxis als auch in der wissenschaftlichen Auseinandersetzung oftmals parallel betrachtet, ohne auf deren spezifische Besonderheiten und Unterschiede näher einzugehen. Ein Grund für diese Betrachtungsweise ist zum einen darin zu finden, dass Messeveranstaltungen auch Elemente und Funktionen von Ausstellungen beinhalten et vice versa. Zum anderen hat in der Vergangenheit eine dynamische Entwicklung des Messewesens zu einer kaum überschaubaren Vielzahl von Messe- und Ausstellungs- sowie von Mischformen geführt, die es zunehmend schwerer macht, eine umfassende Begriffsabgrenzung vorzunehmen.

Zur Schaffung eines klaren Begriffsverständnisses wird im Folgenden auf die Begriffe Messen und Ausstellungen differenziert eingegangen, um Gemeinsamkeiten und Unterschiede zwischen beiden Formen der Marktkommunikation aufzuzeigen. Dazu wird zunächst auf die **Legaldefinition** von Messen und Ausstellungen in den §§ 64 und 65 des Titels VI der Gewerbeordnung (GewO) in der Fassung vom 1. Januar 1987 zurückgegriffen. Hiernach ist eine **Messe** nach § 64 Abs. 1 GewO dadurch gekennzeichnet, dass es sich um eine „zeitlich begrenzte, im Allgemeinen regelmäßig wiederkehrende Veranstaltung [handelt], auf der eine Vielzahl von Ausstellern das wesentliche Angebot eines oder mehrerer Wirtschaftszweige ausstellt und überwiegend nach Mustern an gewerbliche Wiederverkäufer, gewerbliche Verbraucher oder Großabnehmer vertreibt". In jüngerer Zeit werden Messen auch als Plattform bezeichnet, deren Hauptfunktion darin besteht, die räumliche und zeitpunktbezogene Zusammenführung von Angebot (Aussteller) und Nachfrage (Besucher) eines definierten Marktes sicherzustellen (*Stoeck* 1999, S. 29).

Demnach lassen sich die Ausprägungen von Messen anhand von fünf **Merkmalen** abgrenzen (*Taeger* 1993, S. 23 ff.):

(1) Messen sind **zeitlich begrenzte, im Allgemeinen wiederkehrende Veranstaltungen**. Sie finden in der Regel in einem ein- bzw. zweijährigen Rhythmus oder mehrmals jährlich statt. Die Länge der Zeitintervalle zwischen den einzelnen Messen wird hauptsächlich durch den Innovationsrhythmus und den Beschaffungszyklus der jeweiligen Wirtschaftskreise bestimmt.

(2) Eine **Vielzahl von Ausstellern** nehmen an einer Messe teil, die das wesentliche Angebot eines oder mehrerer Wirtschaftszweige zur Schau stellen. Im juristischen Sinne wird eine Veranstaltung folglich nur dann als Messe bezeichnet, wenn mehr als die Hälfte der Unternehmen eines Wirtschaftszweiges an der Veranstaltung beteiligt sind. Es reicht im formalrechtlichen Sinne beispielsweise nicht aus, wenn lediglich die Marktführer eines Wirtschaftszweiges anwesend sind. Demgegenüber wird es als zulässig angesehen, eine Veranstaltung ohne Beteiligung der Marktführer als Messe zu bezeichnen, wenn das gezeigte Angebot als wesentlich für den Wirtschaftszweig betrachtet wird.

(3) Ein **wesentliches Angebot** liegt dann vor, wenn die ausgestellten Waren das Angebot eines oder mehrerer Wirtschaftszweige umfassend repräsentiert. Bei Nichterfüllung dieser Bedingung wird die Veranstaltung formalrechtlich lediglich als Ausstellung tituliert.

(4) Die Waren auf Messen werden überwiegend nach **Mustern** vertrieben. Lediglich Dienstleistungen, die aufgrund ihrer Immaterialität bzw. Intangibilität nicht auszustellen sind sowie komplexe Güter und Anlagen, erden auch über Kataloge vertrieben. Dies ist auf Messen jedoch nur zum Teil erlaubt, da sonst das Kriterium „überwiegend nach Mustern vertrieben" nicht erfüllt ist.

(5) Das wesentliche Angebot von Messen richtet sich an **gewerbliche Wiederverkäufer, gewerbliche Verbraucher oder Großabnehmer**. Messen werden demnach ausschließlich von kommerziellen Besuchern aufgesucht. Dies gewährleistet den ungestörten Informations- und Kommunikationsprozess zwischen den Ausstellern und Fachbesuchern. Die Öffentlichkeit bekommt die Möglichkeit nach § 64 AbS. 2 GewO an einzelnen Tagen vom Veranstalter zum Besuch zugelassen zu werden.

Demgegenüber wird in § 65 GewO eine **Ausstellung** definiert als eine „zeitlich begrenzte Veranstaltung, auf der eine Vielzahl von Ausstellern ein repräsentatives Angebot eines oder mehrerer Wirtschaftszweige oder Wirtschaftsgebiete ausstellt und vertreibt, oder über dieses Angebot zum Zweck der Absatzförderung informiert". Die Merkmale einer Ausstellung sind folglich nicht so restriktiv ausgelegt wie bei der Abgrenzung des Messebegriffes. Zum einen hat eine Ausstellung nicht periodisch stattzufinden. Ferner genügt die Zurschaustellung eines „repräsentativen" Angebotes gegenüber eines „wesentlichen" Angebotes bei Messen. Ausstellungen richten sich schließlich nicht an einen gewerblichen Besucher der Industrie und des Großhandels, sondern stehen dem privaten Publikumsverkehr offen (*Kirchgeorg* 2003, S. 55 f.).

Aus diesen formalrechtlichen Definitionen lassen sich die Gemeinsamkeiten und Unterschiede von Messen und Ausstellungen ableiten. Gemeinsam ist beiden Veranstaltungsformen, dass sie zeitlich begrenzt sind und eine Vielzahl von Ausstellern präsent ist. Wie bereits aus der Erläuterung beider Begriffsdefinitionen ersichtlich ist, sind die Unterschiede zwischen Messen und Ausstellungen lediglich formalrechticher Natur und somit in der Praxis irrelevant, da die Bezeichnung zumeist von den Veranstaltungsgesellschaften selbst gewählt wird, um eine Differenzierung im Wettbewerbsumfeld zu ermöglichen (*Strothmann* 1995, S. 1890). Als wichtigstes Trennkriterium von Messen gegenüber Ausstellungen wird in den „Leitsätzen zur Typologie von Messen und Ausstellungen" des *AUMA* – des *Ausstellungs- und Messe-Ausschusses der Deutschen Wirtschaft* – die wiederkehrende Präsenz gesehen. Messen sprechen zudem vorrangig Fachbesucher an und wird dort ein wesentliches Angebot ausgestellt. Ausstellungen richten sich hingegen vorrangig an das allgemeine Publikum, zeichnen sich nicht durch wiederkehrende Präsenz aus und verfügen lediglich über ein repräsentatives Angebot (*AUMA* 1996, S. 3 f.).

Die obigen Ausführungen bezüglich der Abgrenzungsproblematik von Messen gegenüber Ausstellungen, die vielfältigen Ausprägungs- und Mischformen der Veranstaltungen in der Praxis und die weitere dynamische Entwicklung des Messewesens legen den Schluss nahe, auf eine begriffliche Abgrenzung von Messen und Ausstellungen im weiteren Verlauf zu verzichten. Beispielsweise werden auch Messen, wie die *Frankfurter Buchmesse*, gegenüber einem privaten Publikum weitgehend geöffnet. Der Begriff „Publikumsmesse" macht deutlich, dass der Messebegriff häufig auch dann Verwendung findet, wenn die allgemeine Öffentlichkeit angesprochen wird, obwohl nach der oben diskutierten Definition der Ausstellungsbegriff zutreffend wäre (*Kirchgeorg* 2003, S. 56). Zudem umfassen Ausstellungen, wie beispielsweise die *Internationale Automobil Ausstellung (IAA)* in Frankfurt, in vielen Fällen durchaus ein „wesentliches" Angebot. Auch die neuere Rechtsprechung sorgt für eine weitere Verwässerung der Begriffe. So erhielt beispielsweise eine Veranstaltung in einem Berliner Kaufhaus das Label „Messe" zugestanden.

Für das weitere Vorgehen wird aus Gründen der Zweckmäßigkeit eine gemeinsame Definition erfolgen, um das grundlegende Verständnis sowie die Hauptmerkmale von Messen und Ausstellungen als Instrument der Unternehmens- und Marketingkommunikation zu verdeutlichen und eine Abgrenzung zu den anderen Kommunikationsinstrumenten zu ermöglichen.

Messen und Ausstellungen als Kommunikationsinstrument umfassen

- die Analyse, Planung, Durchführung sowie Kontrolle und Nachbearbeitung aller Aktivitäten,

- die mit der Teilnahme an einer zeitlich begrenzten und räumlich festgelegten Veranstaltung verbunden sind,

- deren Zweck in der Möglichkeit zur Produktpräsentation, Information eines Fachpublikums und der interessierten Allgemeinheit, Selbstdarstellung des Unternehmens, Möglichkeit zum unmittelbaren Vergleich mit der Konkurrenz liegt,

- um damit gleichzeitig die angestrebten marketing- und kommunikationspolitischen Ziele des Unternehmens zu erreichen.

Beide Begriffe werden im Folgenden synonym verwendet, da die Unterscheidung insbesondere für die Entscheidung von Unternehmen irrelevant ist.

Im Vergleich zu den anderen Instrumenten der Kommunikationspolitik weisen Messen und Ausstellungen eine Reihe von **Besonderheiten** auf, die einen klaren Vergleich zu anderen Kommunikationsinstrumenten erschweren (*Strothmann/Roloff* 1993, S. 711). Der Grund hierfür ist darin zu finden, dass Messen und Ausstellungen in der Regel Elemente anderer kommunikationspolitischer Instrumente beinhalten. Dies gilt sowohl für Messen und Ausstellungen an sich als auch für deren flankierende Maßnahmen. Vor dem Messebeginn wird mit

Anzeigen für die Veranstaltung geworben. Ebenfalls werden wichtige Geschäftspartner in Form der Direktwerbung persönlich zum Besuch eingeladen (*Becker* 1981, S. 441). Weiterhin stehen auf Messen und Ausstellungen die Anbieter und Nachfrager in persönlichem Kontakt zueinander, bei dem sich die Nachfrager über das Leistungsangebot der einzelnen Aussteller informieren. Die Aussteller haben auch die Möglichkeit zur Objektpräsentation, d. h., die Objekte werden den Besuchern in Aktion vorgestellt. Des Weiteren ist der einzelne Aussteller in der Lage aufgrund der Vielzahl anwesender Anbieter im Konkurrenzvergleich deutlich seine relative Wettbewerbsposition zu beurteilen (*Backhaus* 1992, S. 91 ff.). Hinzu kommen Branchenkontakte auf Leitungsebene zu Wettbewerbern sowie zu Lieferanten, Partnern, Verbänden, Presse und Politik. Eine zusätzliche Besonderheit ist die geringe Disponibilität von Messen und Ausstellungen. Sie werden zu einem bestimmten Zeitpunkt an einem festgelegten Ort von einer Veranstaltungsgesellschaft durchgeführt. Damit entfällt die Möglichkeit einer permanenten Nutzung dieses Instruments, wie beispielsweise bei der Werbung oder Verkaufsförderung (*Strothmann* 1979, S. 116, 166 ff.).

1.3 Erscheinungsformen und Typologisierung von Messen und Ausstellungen

Um die Vielfalt unterschiedlicher **Erscheinungsformen** von Messen und Ausstellungen in der Praxis zu erfassen, werden in der Literatur mehrere Typologisierungsansätze vorgenommen. Dabei lässt sich die Vielzahl der **Messearten** nach folgenden Kriterien abgrenzen (*Grimm* 2001b, S. 1122; *AUMA* 2002, S. 30 ff., *Meffert* 2008, S. 741):

- **Geografische Herkunft der Messebeteiligten**, insbesondere der ausstellenden und besuchenden Unternehmen (regionale, überregionale, nationale und internationale Messen),
- **Breite des Angebotes** (Universalmessen, Spezialmessen, Branchenmessen, Solo- und Monomessen sowie Fachmessen),
- **Ausrichtung** (horizontal = Mehrbranchen-Fachmesse, beispielsweise Verpackungs-Fachmessen, oder vertikal = Branchenfokussierung, beispielsweise Spielwarenmesse),
- Angebotene **Güterklassen** (Konsum- und Industriegüter),
- Beteiligte **Branchen und Wirtschaftsstufen** (Landwirtschaftsmessen, Handelsmessen, Industriemessen und Dienstleistungsmessen),
- **Hauptrichtung des Absatzes** (Export- und Importmessen),
- **Funktion der Veranstaltung** (Informations- und Ordermessen),
- **Zielgruppe** (Fachbesucher-, Händler- und Konsumentenmesse, potenzielle Mitarbeitende).

Dabei ist kritisch anzumerken, dass diese Messetypen zum Ersten in der Praxis nicht in Reinform auftreten, zum Zweiten sind nicht alle Abgrenzungskriterien unter Planungsaspekten entscheidungsrelevant (*Meffert* 1993, S. 76). Weiterhin ist die Unterscheidung nach der **geografischen Herkunft der Messebeteiligten** im Einzelfall nicht immer eindeutig. Die Abgrenzung von regionalen und überregionalen Messen geschieht dabei in Abhängigkeit des Einzugsgebiets der Besucherseite (*AUMA* 2002, S. 31). Demgegenüber wird die Klassifizierung von nationalen und internationalen Messen nach der Seite der ausstellenden Unternehmen durchgeführt. Die *Gesellschaft zur Freiwilligen Kontrolle von Messe- und Ausstellungszahlen (FKM)* hat für ihre Mitglieder vereinbart, dass eine Messe nur dann als international bezeichnet wird, wenn mindestens 10 Prozent der Aussteller aus dem Ausland stammen (*Strothmann/Roloff* 1993, S. 715). Sie lässt allerdings damit die Besucherseite außer Acht. Der *AUMA* dagegen definiert in seinen „Leitsätzen zur Typologie von Messen und Ausstellungen" Messen als international, die einen nennenswerten Anteil sowohl an ausländischen Ausstellern (regelmäßig mindestens 10 Prozent) als auch einen nicht unwesentlichen Auslandsfachbesucheranteil (regelmäßig mindestens 5 Prozent) aufweisen (*Goschmann* 2000, S. 79; *Nittbaur* 2001, S. 82; *AUMA* 2002, S. 31). Zudem lässt die *FKM*-Zählweise außer Acht, dass sich internationale Konzerne häufig mit ihren nationalen Tochtergesellschaften anmelden und so die Beteiligungsstatistik eine wesentlich geringere Internationalität ausweist, als faktisch auf der Messe vorhanden ist. Daher fordert der Kommentar in Insert III-H-1 eine kritische Prüfung der veröffentlichten Messezahlen.

Im Hinblick auf die **Breite des Angebotes** lassen sich die Ausprägungen Universalmesse, Mehrbranchenmesse, Branchenmesse, Fachmesse und Verbundmesse unterscheiden (*Kirchgeorg* 2003, S. 67). Jahrhundertelang galten Universalmessen und Branchenmessen als der idealtypische Messetypus. Aufgrund der zunehmenden Differenzierung des Produktangebotes lösten sich einzelne Fachbereiche der Konsum- und Industriegüterproduktion heraus. Dies hatte die Gründung von Spezial- und Fachmessen zur Folge (*Schmidt* 1992, S. 768). Branchenmessen bzw. Mehrbranchenmessen nehmen das Angebot mehrerer Wirtschaftszweige zum Ausgangspunkt ihrer konzeptionellen Abgrenzung, wobei für die Mehrbranchenmesse die klare Abgrenzung der einzelnen Branchen innerhalb der Gesamtveranstaltung charakteristisch ist. Zu den bedeutendsten Messetypen gehören mit einem Anteil von über 90 Prozent die Fachmessen, in deren Nomenklatur die Produkte und Warengruppen festgelegt sind, die ausgestellt werden (*AUMA* 2002, S. 32).

Bei Betrachtung der **Güterklassen** richten sich Industriegütermessen in der Regel an ein interessiertes Fachpublikum. Hier werden vor allem persönliche Kontakte geknüpft und gepflegt. Dies entspricht vor allem dem Wunsch der Besucher nach persönlicher Interaktion (*Backhaus* 1992, S. 92). Der Informationsbedarf und die Bedeutung von Messen für die Industriegüterindustrie ist zum Teil so groß, dass beispielsweise Unternehmen aus dem Maschinenbau nach Angaben des *Verbands Deutscher Maschinen- und Anlagenbau e.V. (VDMA)* bis zu 40 Prozent ihrer Werbeaufwendungen für Messen und Ausstellungen bereitstellen. Im Gegensatz dazu orientieren sich Konsumgütermessen an den Erwartungen und Bedürfnissen der Endverbraucher. Sie richten sich jedoch in erster Linie an den Groß- und Einzelhandel, der die Konsumenten bedient (*Schmidt* 1992, S. 769).

Dass in der Messewirtschaft nicht immer alles mit rechten Dingen zugeht, haben wir schon oft kritisiert. Da vermehren sich bei einigen Messen auf wundersame Weise Aussteller- und Besucherzahlen, obwohl bei genauem Hinsehen allenfalls von Stagnation geredet werden kann – was angesichts der schwachen Konjunktur überhaupt kein Makel ist. Da steigen die «belegten» Flächen bei sinkenden Nettoflächen – Sonderschauen machens möglich.

Da werden regionale Messen zu überregionalen, weil sich mehr Interessenten über die nahe Grenze begeben haben. Da werden die Besucher von Events mitgezählt, die während der Messe veranstaltet werden, aber mit dem Messethema nichts zu tun haben und womöglich abends nach Schluss der eigentlichen Messe stattfinden. Angesichts der gegenwärtigen Konjunkturschwierigkeiten kommt offenbar Nervosität bei den Veranstaltern auf. Vergleichszahlen mit den jeweiligen Vorveranstaltungen werden nur auf Nachfrage freigegeben, weil man befürchtet, für Rückgänge getadelt zu werden. Ausstellern, Besuchern und auch der Presse ist anzuraten, solche Vergleichszahlen nachdrücklich abzufordern und vor allem auf der Vorlage von vergleichbaren Besucherstrukturen zu bestehen. [...]

Insert III-H-1: Kommentar zu Aussteller- und Besucherzahlen (Goschmann 2002, S. 36)

Hinsichtlich der beteiligten **Branchen und Wirtschaftsstufen** sind Landwirtschafts-, Handels- und Industriemessen weitgehend als Fachmessen organisiert. Dienstleistungsmessen werden dagegen zumeist noch als Universal- oder Branchenmessen veranstaltet. Dies bestätigt auch die *AUMA_MesseTrend*-Studie 2004. Mit 61 Prozent liegt danach der Schwerpunkt der Fachmessen und -ausstellungen auf der Ausstellerseite im verarbeitenden Gewerbe (inklusive Landwirtschaft und Bergbau). Deutlich dahinter rangiert mit 13 Prozent der Anteil der Dienstleistungen (Gast-, Verkehrs- und Kreditgewerbe sowie die öffentlichen Verwaltungen und Dienstleistungsunternehmen) (*AUMA* 2004, S. 4). Jedoch dürfte die zukünftige Entwicklungen aufgrund des zunehmenden Bedeutungszuwachses des Dienstleistungssektors zu einer steigenden Anzahl von Fachmessen führen.

Messen sind ferner danach zu unterscheiden, ob sie hauptsächlich auf den **Export** oder **Import** von Gütern und Dienstleistungen ausgerichtet sind. Erstere dienen vor allem der Förderung der Exportwirtschaft und verfügen somit über eine gesamtwirtschaftliche Bedeutung (*Neglein* 1992, S. 18). Grundsätzlich jedoch zielen alle internationalen Fachmessen vor allem auf den Export. Entweder sind es die deutschen Aussteller oder die internationalen Aussteller, die aus ihrem Land heraus, z. B. nach Deutschland, exportieren wollen. Zudem gibt es einige rein auf den Export ausgerichtete Veranstaltungen, wie z. B. die *KONSUGERMA* bzw. *TECHNOGERMA*, die vom Bundeswirtschaftsministerium gefördert werden und die in unregelmäßigen Abständen als Exportfördermaßnahme im Ausland stattfinden.

Auf die **Funktionen von Messen** war bereits im Rahmen der historischen Betrachtung des Messewesens kurz eingegangen worden. Dabei kam Messen lange Zeit hauptsächlich eine Order- bzw. Verkaufsfunktion zu. Heute trifft diese Funktion jedoch in erster Linie nur noch auf Messen der Konsumgüterindustrie zu. In der Industriegüterbranche rückt dagegen immer mehr die Informationsfunktion in den Vordergrund, sie dienen zunehmend als „Markt für Informationen" (*Backhaus* 1992, S. 89). Untersuchungen von (*Täger/Ziegler* 1984, S. 26 ff.) belegen, dass vor allem in der Industriegüterbranche Messen in erster Linie eine Informationsfunktion ausüben, wohingegen sich die Verkäufe zunehmend auf das Nachmessegeschäft verlagert haben. Insbesondere bei Kaufentscheidungsträgern nehmen Messen und Ausstellungen einen beachtlichen Stellenwert als Kommunikationsinstrument ein (*Meffert* 1993, S. 77). Die historische Funktion von Messen als privilegierte Märkte tritt somit zumindest für Industriegüteranbieter und -nachfrager verstärkt in den Hintergrund. Messen und Ausstellungen haben sich insofern zu einer Kommunikationsveranstaltung entwickelt und stehen demnach immer mehr in einer substitutiven und komplementären Beziehung zu anderen Instrumenten der Kommunikationspolitik, wie Mediawerbung, persönlicher Verkauf, Verkaufsförderung oder Public Relations (*Backhaus* 1992, S. 90).

Daneben sind noch drei weitere **Grundfunktionen** von Messen und Ausstellungen zu unterscheiden, die den oben genannten klassischen Funktionen untergeordnet werden (*Fuchslocher/Hochheimer* 2000, S. 191):

(1) Orientierungsfunktion
Die persönliche Entscheidungsfindung im Dialog zwischen Ausstellern und Besuchern wird durch die dargebotenen Informationen unterstützt.

(2) Identifikations- und Vertrauensfunktion
Eine Identifikation mit der Branche wird durch den persönlichen Kontakt auf Messen erreicht. Die Motivation für zukünftige Geschäftsbeziehungen wird durch das gewonnene Vertrauen positiv beeinflusst.

(3) Kompetenz- und Prestigefunktion

Das beispielsweise qualitativ hochwertige Image einer Messe überträgt sich auch auf deren Teilnehmer und wirkt in diesem Sinne wiederum motivierend und als zusätzlicher Kommunikator.

Schaubild III-H-1 zeigt die Teilfunktionen von Messen und ihre Zielrichtungen aus der Sicht der jeweiligen Akteure im Überblick. Traditionell werden hierbei überwirtschaftliche, gesamtwirtschaftliche und einzelwirtschaftliche Funktionskategorien einer Messe unterschieden (*Tietz* 1960, S. 160 f.).Schließlich werden Messen noch nach der einbezogenen **Zielgruppe** kategorisiert. Beispielsweise ist in diesem Zusammenhang die Bildung von Kontaktmessen für potenzielle Mitarbeitende zu sehen, bei der sich Studierende über Unternehmen informieren und somit die Lücke zwischen der Arbeitnehmergewinnung und der Stellensuche geschlossen wird (*Schmidt* 1992, S.769). Anhaltspunkt dafür, dass Messen als so genannte **Job-Börsen** an Bedeutung gewinnen, liefert eine Untersuchung des *AUMA*. Durchschnittlich 9 Prozent der Besucher von Fachmessen sind Schüler, Studenten und Auszubildende. Anzunehmen ist, dass diese Messebesucher sich nicht nur neutral über beispielsweise neueste Technik- und Designtrends informieren, sondern auch Kontakte mit Unternehmen aufnehmen (*Kresse* 2004). Zunehmend werden Job-Börsen auf etablierten Fachmessen angeboten, beispielsweise auf der

Aus der Perspektive der:	Messefunktion	Ausgewählte spezifische Ziele
Gesellschaft (überwirtschaftlich)	Innovationsfunktion	Technischer Fortschritt
	Aufmerksamkeitsfunktion	Interesseweckung
	Informationsfunktion	Aufklärung, Erziehung
	Politikfunktion	Völkerverständigung, Ankündigungsziele, Imageziele
Gesamtwirtschaft	Marktbildende Funktion	Zusammenführung von Angebot und Nachfrage
	Marktpflegende Funktion	Regelmäßiger Veranstaltungszyklus
	Handelsfunktion	Markttransaktionen, Import und Export
	Transparenzfunktion	Branchenüberblick
	Wirtschaftsförderungsfunktion	Förderung des Messestandortes, Umwegrenditen
Messeaussteller/ -besucher	Informationsfunktion	Informationsweitergabe, Informationsbeschaffung, Markterkundungsziele
	Beeinflussungsfunktion	Bekanntheitsziele, Einstellungsziele, Imageziele
	Verkaufsfunktion	Verkaufsvorbereitung, Verkaufsdurchführung
	Motivationsfunktion	Mitarbeitermotivation Besuchermotivation
Messegesellschaft	Leistungserbringungsfunktion	Leistungsziele
	Ertragsfunktion	Umsatz-/Gewinn-/Renditeziele
	Profilierungsfunktion	Wettbewerbsdifferenzierung

Schaubild III-H-1: Funktionen von Messen (Kirchgeorg 2003, S.58)

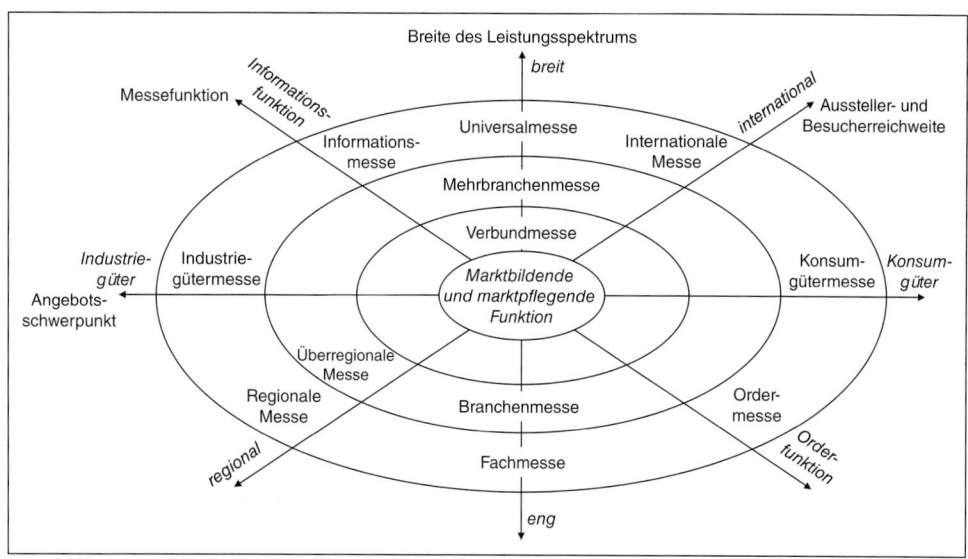

Schaubild III-H-2: Typologisierung von Fachmessen (Robertz 1999, S. 23)

EUROPEAN COATINGS SHOW in Nürnberg, der Leitmesse für Oberflächenbearbeitung. Dieser Messetypus setzt allerdings voraus, dass Unternehmen auf der Suche nach Mitarbeitenden sind und nicht, wie in einer Phase der wirtschaftlichen Rezession, eher Stellen kürzen.

Aus den oben genannten Abgrenzungskriterien hat *Robertz* (1999, S. 10 f.) versucht, das Spektrum der Messeveranstaltungen anhand der in Schaubild III-H-2 dargestellten Systematik zu strukturieren. Dabei werden die Merkmale Messefunktion, Breite des Angebotes, Angebotsschwerpunkt sowie Aussteller- und Besucherreichweite zur **Typologisierung von Messen** eingesetzt.

Eine andere Kategorisierung nimmt *Taeger* (1993, S. 28 ff.) vor. Er differenziert Fachmessen nach deren Angebotsstruktur in Branchenmessen, Mehrbranchenmessen, Verbund- oder Verbundbranchenmessen und Universalmessen. Während sich Branchenmessen lediglich auf eine Branche konzentrieren, präsentieren sich auf Mehrbranchenmessen konzeptionell exakt bestimmte, definierte und abgegrenzte Branchen im Rahmen einer Gesamtveranstaltung. Mit dem Begriff Verbundbranchenmessen werden selbständige Veranstaltungen bezeichnet, die zeitlich und räumlich parallel im Verbund durchgeführt werden, um Synergieeffekte für Aussteller und Besucher zu nutzen. Schließlich umfassen Universalmessen das breiteste und am geringsten spezialisierte Angebot und dienen vorwiegend zur Information und Imageförderung. Als zweites Kriterium werden Fachmessen anbieter- oder nachfrageorientiert nach funktionsorientierten, branchenorientierten und themenbezogenen Fachmessetypen unterschieden.

Roloff Roloff(1992) typologisiert Messen dagegen nach den Kriterien „Breite des Angebotes" und der angebotenen „Güterklasse", wie Schaubild III-H-3 veranschaulicht. Dabei wird im Bereich der Industriegüter-Fachmessen weiter nach „fachtechnischen" und „anwendungstechnischen" Messen abgegrenzt. Fachtechnisch bedeutet hierbei, dass das Messeangebot unabhängig von den Einsatzbereichen als gleichartig angesehen wird. Anwendungstechnische Messen sind hingegen auf spezifische Abnehmerbereiche und deren Bedarf ausgerichtet (*Strothmann/Roloff* 1993, S. 716).

Breite des Angebotes / Güterklasse	Industriegüter	Konsumgüter
Fachmesse	fachtechnisch	
	anwendungstechnisch	
Branchenmesse		
Verbundmesse		

Schaubild III-H-3: Messetypologie nach Roloff (1992, S. 33)

Mit Hilfe solcher Typologisierungen wird der Versuch unternommen, die vielfältigen in der Praxis vorkommenden Messe- und Ausstellungsformen sinnvoll zu erfassen. Jedoch ist fraglich, ob hiermit alle existierenden Messearten erfasst und beschrieben werden. Des Weiteren bestehen viele Überschneidungsmöglichkeiten, die zur Folge haben, dass die in der Praxis durchgeführten Veranstaltungen nur tendenziell in die obigen Typologisierungsansätze eingeordnet werden. Vor dem Hintergrund dieser Problembereiche stellten *Strothmann/Roloff* (1993, S. 717 ff.; *Strothmann* 1995, Sp. 1890 f.) ein **Kategorisierungssystem für Messen** auf, mit dem die Charakteristik der verschiedenen Erscheinungsformen von Messen realitätsnah beschrieben werden. Sie bilden dabei die in Schaubild III-H-4 aufgeführten sieben Merkmalspaare, bei denen gedanklich eine achtstufige Skala eingebracht wird. Dies erfolgt aus der Einsicht, dass kein Merkmal vollständig auf eine Veranstaltung zutrifft, sondern lediglich in einer mehr oder weniger starken Ausprägung. Mit Hilfe der Skala wird festgelegt, wie stark die jeweilige Merkmalsausprägung ist.

Zuvor wird die Vielzahl der Messen und Ausstellungen danach unterteilt, ob es sich vorwiegend um Industrie-, Konsum- oder Dienstleistungsmessen handelt. Auch hier bleibt festzuhalten, dass diese Unterteilung nicht trennscharf ist, da beispielsweise aufgrund der zunehmenden Angleichung von Gütern hinsichtlich Qualität, Leistung und Preis Industriegüterhersteller in verstärktem Maße industrielle Dienstleistungen in ihr Angebot aufnehmen.

Als erstes Merkmalspaar ist deswegen zu untersuchen, ob das Ausstellungsangebot weitgehend **homogen** oder **heterogen** ist. In diesem Zusammenhang ist mit Hilfe des zweiten Merkmalspaares **herstellerbranchenzentriert** oder **abnehmerbranchenzentriert** die Frage zu beantworten, ob das Produktangebot einer Herstellerbranche entstammt oder auf den Bedarf einer Abnehmerbranche ausgerichtet ist. Mit der nächsten Skala wird die Zielgruppe einer Messe operationalisiert. Es ist dabei zwischen Messen, die sich an ein **Fach-** oder **Privatpublikum** wenden, zu unterscheiden. Weiterhin ist mit der Skala **national** oder **international** festzuhalten, wie groß der Ausländeranteil an den Ausstellern bzw. den Besuchern ist, um die Bezeichnung der Internationalität einer Messe zu rechtfertigen. Analog ist eine Skala **regional** oder **überregional** für den Fall aufzustellen, dass die Veranstaltung im Inland durchgeführt wird. Weiterhin ist zu klären, ob eine **Messe mit Begleitveranstaltungen** oder **ohne Begleit-**

Schaubild III-H-4: Kriterien zur Kategorisierung von Messen und Ausstellungen (Strothmann 1993, S. 718 ff.)

veranstaltungen stattfindet. Hiermit wird der Entwicklung Rechnung getragen, dass insbesondere Technologie-Fachmessen heute so erklärungsbedürftig sind, dass ein begleitender Fachkongress eingerichtet wird. Schließlich ist der Einflussgrad von Verbänden anhand der siebten Skala **starker Verbandseinfluss** oder **ohne Verbandseinfluss** festzumachen.

Durch die Kombination dieser Merkmalsausprägungen wird die Charakteristik einzelner Messeveranstaltungen möglichst realitätsnah beschrieben. Beispielsweise lässt sich die *EMO – Europäische Werkzeugmaschinen Ausstellung* – anhand der Merkmale Industriegütermesse, Homogenität, herstellerbranchenzentriert, Fachpublikum, international, mit Begleitveranstaltungen und starken Verbandseinfluss charakterisieren. Dagegen ist die *ITB – Internationale-Tourismus-Börse Berlin* – anhand der Eigenschaften Dienstleistungsmesse, Homogenität, anbieterbranchenzentriert, Privatpublikum, international, mit Begleitveranstaltungen und ohne Verbandseinfluss zu dokumentieren.

Zusätzlich gewinnen **Online-Messen** sowohl als Begleitmessen oder auch als Substitution der klassischen Messe zunehmend an Bedeutung (*Backhaus/Voeth* 2009, S. 295 f.). Online-Messen bieten Unternehmen die Möglichkeit, die relevanten Zielgruppen und Märkte ohne räumliche und zeitliche Beschränkungen zu erreichen. Dabei werden Messeobjekte und -botschaften aus dem Raum- und teilweise auch Zeitkontinuum herausgelöst und in ein interaktiv erlebbares, thematisch verknüpftes Online-System transferiert. Dies kann temporär oder langfristig sein. Der Kommunikationsprozess findet dementsprechend nicht mehr durch das persönliche Gespräch zwischen dem Standpersonal und den Besuchern statt, sondern durch den netzbasierten, synchronen oder asynchronen Informationsaustausch zwischen Informationsanbietern und Anwendern. Neben den virtuellen Produkt- und Leistungspräsentationen stellen Online-Messen des Weiteren Informationen über Hersteller, Händler, Produktgruppen und Produkte bereit. Die wesentlichen Vorteile virtueller Messen sind insbesondere in der Einsparung von Kosten, wie beispielsweise Reisekosten, Personalkosten und Standmieten sowie in der zeitunabhängigen Kontaktmöglichkeit zu sehen (*Fritz* 2006, S. 237 f.).

2 Der Markt für Messen und Ausstellungen

2.1 Marktteilnehmer von Messen und Ausstellungen

Der Markt für Messen und Ausstellungen ist gegenüber dem üblichen Marktgeschehen, bei dem Anbieter und Nachfrager in direkter Interaktion zueinander stehen, durch eine Dreierbeziehung zwischen Veranstaltern, Ausstellern und Besuchern gekennzeichnet (Bruhn/Hadwich 2003, S. 904). Somit liegt im Bereich des Messewesens eine **Beziehungstriade** zwischen dem Veranstalter bzw. der Messegesellschaft, den Ausstellern und den Besuchern vor, wie Schaubild III-H-5 veranschaulicht.

Aus Sicht der Veranstalter bzw. der Messegesellschaften sehen sich diese zwei **Kernzielgruppen**, den Messeausstellern und Messebesuchern, gegenüber. Diese beiden Kundensegmente haben an den Messeanbieter zum Teil ähnliche und zum Teil auch sehr unterschiedliche Erwartungen. Um diesen Erwartungen gerecht zu werden, setzen Messegesellschaften ein breites Spektrum an Leistungen ein, die der Bedürfnisbefriedigung von einem oder beiden Kundensegmente(n) dienen. Leistungen, wie z. B. die Gastronomie, richten sich so an beide Kundensegmente, die Gestaltung des Eingangsbereichs betrifft in erster Linie die Messebesucher.

Neben der Beziehung zwischen der Messegesellschaft und den Ausstellern sowie zwischen der Messegesellschaft und den Besuchern liegt eine dritte Beziehung zwischen den Ausstellern und den Besuchern vor, die zwar die Messegesellschaft nicht direkt betrifft und von dieser auch nicht direkt gesteuert wird, aber einen indirekten Einfluss hat. So ist anzunehmen, dass die Beziehung zwischen der Messegesellschaft und den Ausstellern von der Beziehung zwischen Aussteller und Besucher beeinflusst wird. Eine Unzufriedenheit, die Besucher gegenüber dem Aussteller artikulieren, beeinflussen die Beziehung zwischen Aussteller und Messegesellschaft, wenn die Ursache des Mangels nicht beim Aussteller selbst, sondern bei der Messegesellschaft liegt. Messegesellschaften haben aus Sicht des Ausstellers die Voraussetzungen zu schaffen, dass diese die Erwartungen der Messebesucher erfüllen. Das Qualitätsurteil des Ausstellers in Bezug auf die Leistungen des Messeanbieters hängt deshalb auch von der Aussteller-Besucher-Beziehung ab. Durch diese indirekte Leistungsbeziehung werden die Erwartungen der Aussteller an die Messegesellschaft auch von den Erwartungen der Messebesucher an die Aussteller beeinflusst (*Bruhn/Hadwich* 2003, S. 904)

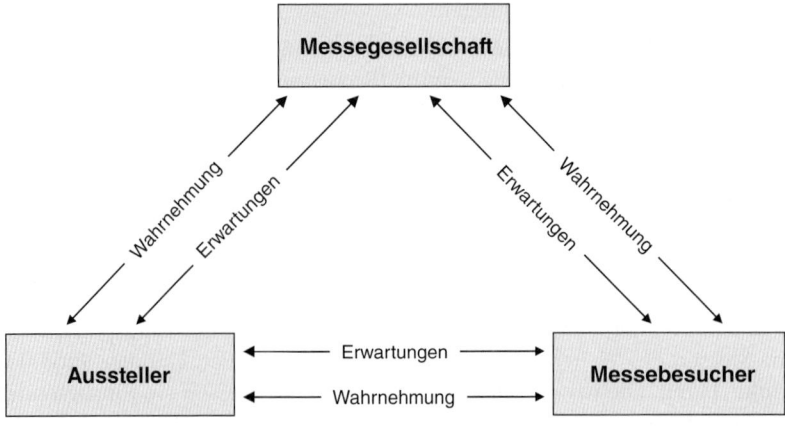

Schaubild III-H-5: Beziehungstriade im Messemanagement (Bruhn/Hadwich 2003, S. 905)

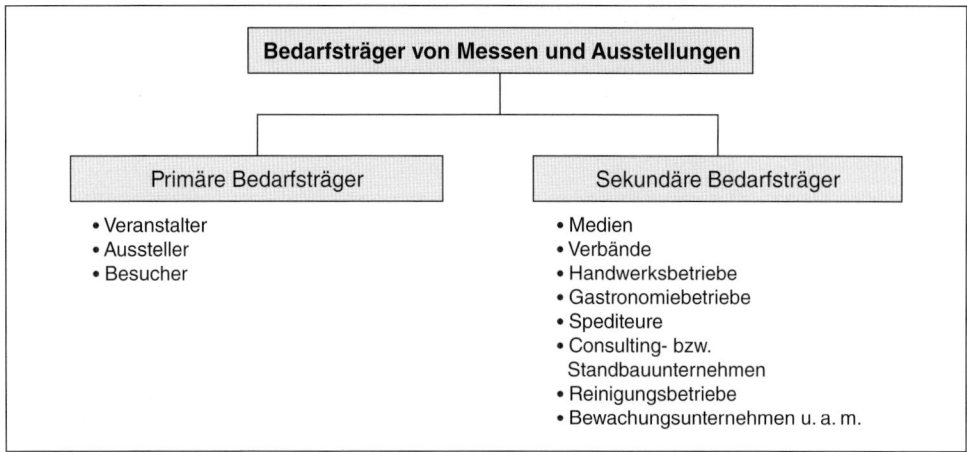

Schaubild III-H-6: Bedarfsträger von Messen und Ausstellungen

Darüber hinaus bestehen noch **weitere Bedarfsträger** von Messen und Ausstellungen. Hierzu zählen die Medien, Verbände, Handwerksbetriebe, Gastronomiebetriebe, Spediteure, Consulting- und Standbauunternehmen und andere Dienstleistungszweige, wie z. B. Reinigungs- und Bewachungsunternehmen sowie Dolmetscherdienste (*Neglein* 1992, S. 23). Schaubild III-H-6 gibt einen Überblick über die primären und sekundären Bedarfsträger von Messen und Ausstellungen.

Eine besonders wichtige Stellung innerhalb der sekundären Bedarfsträger kommt den **Medien und Verbänden** zu. Verbände sind häufig mindestens ideelle Träger von Fachmessen, häufig sogar Eigentümer (Messen fungieren dann als Durchführungsorganisationen). Zudem sind Medien unabdingbar für die Kommunikation der jeweiligen Fachmesse und haben gleichzeitig über Anzeigenschaltungen der ausstellenden Unternehmen einen erheblichen Nutzen davon. Es gibt Aussagen, dass sich bis zu 80 Prozent des Anzeigenvolumens von Fachzeitschriften aus Fachmessen generiert. Davon klar zu trennen sind so genannte Messedienstleister oder Serviceunternehmen (beispielsweise Standbauer oder Gastronomie), die als Auftragnehmer von Messegesellschaften und Ausstellern dienen.

2.1.1 Veranstalter von Messen und Ausstellungen

Als Veranstalter von Messen und Ausstellungen zeichnen sich in der Regel finanziell und juristisch von Unternehmen und Verbänden unabhängige Messegesellschaften verantwortlich (Neglein 1992, S. 20). Dennoch sind Messen gerade für Verbände eine wichtige Einnahmequelle. Häufig partizipieren sie aufgrund von vertraglichen Vereinbarungen mit den Messegesellschaften an den Einnahmen.

Mit der Entwicklung des Messewesens haben sich mehrere Organisationsformen von Messeveranstaltern herausgebildet, die danach zu unterscheiden sind, ob die Veranstalter über ein eigenes Messegelände verfügen oder nicht. Einen Überblick über die bestehenden **Organisationsformen der Messeveranstalter** zeigt Schaubild III-H-7.

In Deutschland sind die Messeveranstaltungen zumeist als **Besitz- und Betriebsgesellschaften** organisiert, d.h., sie sind Besitzer des Messegeländes und führen überwiegend ein eigenes Programm durch. Eigentümer der Messeveranstalter ist ganz oder teilweise die öffentliche

Schaubild III-H-7: Organisationsformen der Messeveranstalter (Groth 1992, S. 160)

Hand, wobei die Kommunen in der Regel 50 bis 100 Prozent und das jeweilige Bundesland einen Anteil von 0 bis 50 Prozent halten. Üblicherweise besitzen auch die örtlichen Industrie- und Handelskammern sowie andere regionale Organisationen maximal bis zu zehn Prozent der Anteile (*Neglein* 1992, S. 20).

Mit diesem Typus von Messen und Ausstellungen sind die meisten großen deutschen Messeplätze, wie Hannover, Frankfurt, Köln, Düsseldorf, München, Berlin und Nürnberg, beschrieben. Sie decken 80 bis 90 Prozent des Bedarfs am Messemarkt in Deutschland ab. Im Gegensatz dazu werden die Messeplätze in Frankreich, Italien oder Großbritannien, z. B. Paris, Mailand und Birmingham, von **Besitz- oder Betriebsgesellschaften** mit eigenem Gelände organisiert, die privaten Messegesellschaften reine Betriebsrechte für Gast- und Fremdveranstaltungen erteilen (*Groth* 1992, S. 161).

Messeveranstalter, die über kein eigenes Betriebsgelände verfügen, lassen sich in reine Betriebsgesellschaften und Verbände bzw. Organisationen differenzieren. Bei **reinen Betriebsgesellschaften** handelt es sich um private Messeveranstalter, die an einem oder mehreren Messeplätzen national und international aktiv sind und überwiegend Eigenveranstaltungen durchführen. Dies sind zum einen monostrukturierte Spezialveranstaltungen und zum anderen Veranstaltungen mit polystrukturiertem Programm. **Verbände** bzw. **Organisationen** führen dagegen in erster Linie auf dem Gelände von Messegesellschaften Messen für ihre Branche oder Verbandsmitglieder als Gastveranstaltung durch. Ein Beispiel für eine verbandseigene Messeorganisation ist der *Verband der Automobilindustrie e.V. (VDA)*, der sich für die Realisierung der *Internationalen Automobil Ausstellung (IAA)* verantwortlich zeichnet (*Groth* 1992, S. 160 f.)

Im Jahre 2008 lag der Umsatz der Messe- und Ausstellungsgesellschaften in Deutschland bei knapp 2,9 Mrd. EUR (*AUMA* 2010, S. 121). Gemessen an der Unternehmensgröße nehmen die deutschen Messegesellschaften im internationalen Vergleich eine Führungsposition ein, denn in den wichtigsten anderen Messeländern, wie Frankreich, Großbritannien, Italien oder den USA, erreichen lediglich ein oder zwei Veranstalter deren Dimensionen.

Die **Aufgabe von Messeveranstaltern** liegt darin, Messen und Ausstellungen zu konzipieren, zu organisieren und durchzuführen, die sowohl eine möglichst große Zahl an ausstellenden Unternehmen als auch an Besuchern anziehen. Dabei ist jedoch nicht nur allein auf die Anzahl der Teilnehmer, sondern ebenfalls auf deren „Qualität" zu achten. Auf der Ausstellerseite ist es das Ziel des Messeveranstalters, die Marktführer und deren wichtigsten Wettbewerber der jeweiligen Branchen und Marktsegmenten zu gewinnen. Ebenso haben eine Vielzahl von Unternehmen aus diversen Ländern teilzunehmen, um eine hohe nationale und internationale Marktreichweite der jeweiligen Veranstaltung zu erzielen. Gleiches gilt auch für die Besucherseite. Hier ist es das Ziel der Veranstalter, nicht nur hohe Besucherzahlen zu realisieren, sondern die „Entscheider" zum Besuch zu animieren, da wesentlich für die Erfolgsaussichten des Ausstellers der Anteil der Entscheider unter den Besuchern ist.

Hier weisen die deutschen Messen laut einer Untersuchung des *AUMA* im Durchschnitt gute Werte vor. 61 Prozent der inländischen Besuchern haben ausschlaggebenden oder mitentscheidenden Einfluss auf Einkaufs- oder Beschaffungsentscheidungen, bei den ausländischen Besuchern sogar 75 Prozent. Aber auch die Personen mit beratendem Einfluss sind nicht gering einzuschätzen (20 Prozent der Besucher), die beispielsweise später die zu beschaffenden Maschinen anwenden und in Teamentscheidungen einbezogen werden (*Kresse* 2002).

Auf diese Ziele – eine hohe Teilnehmerzahl und -qualität – ist das **Messemarketing der Veranstalter** auszurichten. Messegesellschaften stellen demnach nicht nur Standflächen zur Verfügung, sondern sind vielmehr als umfassende Dienstleister anzusehen. Mit ihren Dienstleistungen wollen sie die ausstellenden Unternehmen und Besucher zur Teilnahme motivieren und mobilisieren. Dazu zählen Aktivitäten, wie die Einrichtung von umfangreichen technischen Rahmenbedingungen für die ausstellenden Unternehmen, die Einladung der Besucherzielgruppen, Bereitstellung von Informationen für den Besucher, die seinen Besuch organisatorisch erleichtern und seinen Aufenthalt zeitökonomisch so gut wie möglich nutzbar machen usw. (*Taeger* 1993, S. 139 f.).

Das **Angebot von Services** wird im nationalen und internationalen Wettbewerb der Messegesellschaften zunehmend wichtiger (*Kresse* 1999, S. 31). Der Service-Check der Fachzeitschrift *Impulse* kommt zu dem Ergebnis, dass Service bei Standbau und Technik heute Standard ist und die „wirklich guten" Messegesellschaften auch Prospekte drucken, Zimmer reservieren und Dolmetscher vermitteln (*Selbach/Wittrock* 2002, S. 60). Schaubild III-H-8 zeigt das Ergebnis einer Studie der Fachzeitschrift *Impulse* aus dem Jahre 2002, in der 20 deutsche Messestandorte anhand eines Fragebogens ihr Serviceangebot beurteilt haben.

Neue und hochwertige Services bieten damit ein Differenzierungspotenzial gegenüber Wettbewerbern (*Bruhn/Hadwich* 2003, S. 903). Dabei lassen sich die Vielzahl der zu beurteilenden Merkmale einer Serviceleistung einer Messegesellschaft an Ausstellern und Messebesucher drei **Qualitätsdimensionen** zuordnen (*Donabedian* 1980, S. 905 ff.), wie sie in Schaubild II-H-9 beispielhaft aufgelistet sind:

(1) Bei der **Potenzialdimension** steht die Wahrnehmung der Struktur und Potenziale des Messeanbieters im Vordergrund.

(2) Unter der **Prozessdimension** ist die Einschätzung der Prozesse während der Leistungserstellung zu verstehen.

(3) Die **Ergebnisdimension** rückt die Beurteilung der erfolgten Leistung bzw. des Ergebnisses des Leistungserstellungsprozesses in den Vordergrund.

	Vorbereitung				Standservices					Bürodienstleistungen							Marketing und Public Relations											Gesamtpunktzahl (von 30)	Servicegrad
	Mitarbeiterschulung	Hotelkontingente[1]	Partnerhotels mit Rabatt[2]	Punkte (von 6)	Telefon-Hotline Technik	Hausmeisterservice	EDV-Administrator	Hallenreinigung	Punkte (von 8)	Schreibservice	Fremdsprachensekretariat	Übersetzungsdienst	Post-Kurierdienst	Kontakterfassung	Inkasso[2]	Punkte (von 8)	Layout/Repro/Druck	Mailings	Werbung auf Terminals[3]	Werbeflächen in den Hallen[3]	Werbeflächen an der Fassade[3]	Sonderwerbeflächen[3]	Anzeigen im Ausland	Pressekonferenz-Organisat.	Presse-Clipping	Messeeigene Eventagentur	Punkte (von 8)		
1 Leipzig	✓	✓	✓	6	■	■	■	■	8	✓	✓	✓	✓	✓	✓	8	✓	✓	✓		✓	✓	✓	✓	✓	✓	7,5	29,5	98%
2 Köln	✓	✓	✓	6	□	□	■	■	6	✓	✓	✓	✓	✓	✓	8	✓	✓	✓	✓	✓	✓	✓	✓		✓	7	27	90%
3 Düsseldorf	✓	✓	✓	6	□	■	□	■	6	✓	✓	✓	✓	✓	✓	8			✓	✓	✓	✓	✓	✓	✓	✓	6	26	87%
4 Stuttgart	✓	✓	✓	6	Bereitschaft			□	4	✓	✓	✓	✓	✓	z.T.	5,5	✓	✓		✓	✓	✓	✓	✓	✓	✓	8	23,5	78%
5 Frankfurt/Main	✓			1	■	■	■	■	8		✓	✓	✓	✓	✓	6	✓	✓	✓	✓	✓	✓	✓	✓	✓	✓	7,5	22,5	75%
6 Sinsheim	✓	✓	✓	6	■	■	■	■	8	✓	✓	✓	✓	✓		5		✓		✓		✓	✓	✓	✓		2,5	21,5	72%
7 München		✓	✓	5	□		□	□	3	✓	✓	✓	✓	✓	✓	8		✓	✓	✓		✓	✓				4	20	67%
8 Friedrichshafen	✓		✓	4	□	■	□	□	5	✓	✓	✓	✓	✓		5			✓	✓		✓	✓	✓	✓		4	18	60%
9 Essen		✓	✓	5	□		□	■	4	✓	✓	✓	✓	✓		5			✓	✓				✓	✓	✓	3	17	57%
10 Offenburg	✓		✓	4	□	□	□	□	4			✓	✓	✓	z.T.	4,5				✓		✓	✓	✓	✓	✓	4	16,5	55%
11 Offenbach			z.T.	1,5	□	■	□	□	5		✓	✓		✓	z.T.	6		✓		✓				✓			3,5	16	53%
12 Wiesbaden		✓		3	□	■	□	■	6			✓				1	✓			✓		✓	✓	✓	✓	✓	6	16	53%
13 Hamburg	✓	✓		3	■		■	□	5			✓	✓	✓		4				✓		✓	✓	✓		✓	3,5	15,5	52%
14 Saarbrücken	✓	✓		3	□	■		□	4	✓	✓	✓	✓			4						✓	✓	✓	✓	✓	4	15	50%
15 Nürnberg	✓	✓		1	□	■	□	□	5	✓		✓	✓	✓		4						✓	✓	✓		✓	4	14	47%
16 Hannover				0	□	■		■	6			✓	✓	✓	✓	6							✓				1	13	43%
17 Berlin			✓	3	□		□	■	4			✓		✓		2				✓		✓	✓	✓	✓	✓	3,5	12,5	42%
18 Bremen		✓	✓	5	□	■		□	5							0						✓	✓	✓			2	12	40%
19 Freiburg		✓	✓	5	□	□	□	□	3			✓	✓			2							✓	✓			2	12	40%
20 Dortmund	✓			1	□	□		□	4			✓				1				✓			✓	✓			2,5	8,5	28%

Generell ein Punkt pro Kategorie; [1]zwei Punkte; [2]drei Punkte; [3]halber Punkt; ✓vorhanden; ■=tagsüber/Reinigung einmal pro Tag; □=tagsüber/Reinigung mehrmals pro Tag

Schaubild III-H-8: Serviceangebot von deutschen Messeplätzen (Selbach/Wittrock 2002, S. 60)

	Potenzialdimension	Prozessdimension	Ergebnisdimension
Messeanbieter-Aussteller-Beziehung	• Marketingunterstützung • Messepräsentation • Verfügbarkeit der gewünschten Stand-flächen • Schreib- und Übersetzungsbüros • Verfügbarkeit der technischen Beratung	• Qualität der technischen Beratung • Werbliche Unterstützung • Sicherstellung einer umfassenden Kommunikation vor und während einer Messe • Flexibilität bei der Standplatzierung • Reaktion auf Beschwerden	• Zuverlässigkeit der Ausstellerbetreuung • Quantität und Qualität der Besucher • Urteil der Messebesucher über den Messeauftritt • Verkaufszahlen
Messeanbieter-Besucher-Beziehung	• Hallenstruktur • Eingangsbereich • Parkplatzsituation • Gastronomieangebot • Angebot von Freizeit- und Kulturprogrammen	• Kompetenz des Messepersonals • Freundlichkeit des Messepersonals • Engagement des Messepersonals • Messeatmosphäre • Ausschilderung der Parkplätze • Shuttleservice	• Lösung eines Besucherproblems durch den Aussteller • Kaufabschlüsse • Höherer Informationsstand • Aufbau neuer und Pflege alter Geschäftsbeziehungen

Schaubild III-H-9: Qualitätsmerkmale im Messemanagement (Bruhn/Hadwich 2003, S. 908)

Diese Leistungen werden zudem in **unmittelbare** und **mittelbare Leistungen** unterteilt. Unmittelbare Dienstleistungen beziehen sich dabei direkt auf die Aussteller und Besucher, während mittelbare, wie z. B. eine optimal gestaltete Infrastruktur, die notwendigen Rahmenbedingungen schaffen (*Taeger* 1993, S. 139 f.). Auf einem weiteren Differenzierungsgrad ist zwischen **hard-** und **softwareorientierten** Dienstleistungen zu unterschieden, die sich wiederum danach differenzieren lassen, ob sie **aussteller-** oder **besucherorientiert** sind (*Taeger* 1993, S. 140). Einen Überblick über die Dienstleistungen von Messegesellschaften zeigt Schaubild III-H-10.

Zur richtigen Wahl einer erfolgreichen **Messekonzeption** ist diese an den Bedürfnissen der ausstellenden Wirtschaft und der Besucher auszurichten. Die Bestimmung des Messeturnus, der Messedauer, der Messevorwerbung usw. sind mit der Ausstellerschaft abzustimmen. Dies geschieht mit der Hilfe von Fachverbänden und speziellen Gremien der Ausstellerschaft in **Ausstellergremien** und **Ausstellerbeiräten**, die gemeinsam mit den Veranstaltern zusammenarbeiten (*Strothmann* 1995, Sp. 1893 f.).

Im Folgenden werden jedoch die marketing- bzw. kommunikationspolitischen Aktivitäten der Veranstalter nicht näher beleuchtet (vgl. dazu *Taeger* 1993), sondern es wird vielmehr die **Unternehmensperspektive** eingenommen und die ausstellenden Unternehmen sowie Besucher als Bedarfsträger von Messen und Ausstellungen betrachtet.

2.1.2 Ausstellende Wirtschaft als Bedarfsträger von Messen und Ausstellungen

Auf Messen und Ausstellungen präsentiert die Wirtschaft die Komponenten ihres gesamten Leistungsangebotes. Als **Aussteller** sind dabei alle produzierenden Unternehmen sowie Importeure, Großhändler und zahlreiche Dienstleistungsanbieter zu sehen, die über einen ausreichenden Nachfragerkreis verfügen und deren Produktion und Vertrieb sich auf eine

Leistungen	Hardwareorientiert		Softwareorientiert	
	Aussteller	Besucher	Aussteller	Besucher
(1) Katalog			X	X
(2) Kostenfreie Werbemittel			X	
(3) Ausstellungsakquisition			X	X
(4) Besucherwerbung			X	
(5) Pressearbeit			X	(X)
(6) Öffentlichkeitsarbeit			X	
(7) Seminare, Workshops, Kongresse			X	X
(8) Sonderschauen			X	X
(9) Marktanalysen				
(10) Werbeflächen	X			
(11) Reiseangebot				X
(12) Standfläche	X			
(13) Standbau/Systemstand	X			
(14) Wasser-/Gas-/Druckluft-/Elektro-/ Telekommunikationsanschlüsse	X			
(15) Auf-/Abbaulogistik	X			
(16) Besuchertransferlogistik		X		
(17) Besucherinformationssystem	X		X	X
(18) Besucherleitsystem		X		
(19) Hotelkapazitäten	X	X		
(20) Verkehrstechnik	X	X		

Schaubild III-H-10: Ausgewählte Dienstleistungen der Messegesellschaften (Taeger 1993, S. 140)

genügend große Region richtet. Anderenfalls ist eine Messebeteiligung als nicht rentabel anzusehen (*Neglein* 1992, S. 22).

Das einzelne Unternehmen hat eine Grundsatzentscheidung darüber zu treffen, an welcher Messe bzw. Ausstellung es teilnimmt. Dabei sind drei verschiedene Dimensionen zu beurteilen. Die **Ortsdimension** bezieht sich auf die Stadt (das Land), in der die Messe stattfindet, die **Zeitdimension** auf den Termin und die **thematische** oder **inhaltliche Dimension** auf die Wirtschafts-, Teil- oder Problembereiche, die durch die Messe abgedeckt werden (*Funke* 1987, S. 47 f.). Allerdings wird es vor dem Hintergrund der dynamischen Entwicklung des Messemarktes für die Aussteller zunehmend schwieriger, über ihre Messebeteiligungen zu entscheiden. Denn wie bereits ausgeführt, hat die Anzahl von Messen und Ausstellungen sowie die Differenzierung der Messethemen stetig zugenommen mit der Folge einer Tendenz zur Intransparenz des Messemarktes (*Taeger* 1993, S. 95).

Aufgrund dieser Entwicklungstendenzen werden bei großen Unternehmen zunehmend eigene Organisationsbereiche mit der Aufgabe betraut, über die Beteiligung an Messen und Ausstellungen, aber auch über die Messeaktivitäten zu entscheiden (*Taeger* 1993, S. 96). Zentrale **Messeabteilungen** bei Großunternehmen organisieren für einzelne Produktbereiche, aber auch für Tochterunternehmen die Messebeteiligung. Dies ist jedoch noch nicht die Regel, denn bislang liegt die Planung und Durchführung von Messebeteiligungen zumeist in der Hand der Marketing- oder Werbeabteilung. Bei Kleinunternehmen liegt dagegen die Entscheidung beim Unternehmensinhaber, der persönlich die Messeaktivitäten leitet (*Neglein* 1992, S. 22). Insgesamt zeigt die *AUMA_MesseTrend*-Studie 2004 (repräsentative Umfrage des *EMNID*-Instituts im Auftrag des *AUMA* unter 500 Unternehmen, die auf fachbesucherorientierten Messen ausstellen), die nach den Entscheidern für den Messeauftritt eines Unternehmens gefragte, dass mit 51,2 Prozent mehr als die Hälfte der Befragten Vertriebs-, Marketing-, Werbe- oder Messeleiter sind. Bei knapp einem Drittel der Unternehmen sind Messeentscheidungen Geschäftsführungssache (*AUMA* 2004, S. 4).

Darüber hinaus beschäftigen sich spezielle **Arbeitskreise von Spitzen- und Fachverbänden** der ausstellenden Wirtschaft mit Fragen der Messewirtschaft. Hier werden zwischen den einzelnen Messeinteressenten einer Branche Erfahrungen ausgetauscht und Standpunkte gegenüber den Veranstaltern in Bezug auf bevorstehende Messeprojekte oder Vorschläge zur Veränderung bestehender Veranstaltungen formuliert. Ferner werden offizielle Beteiligungen der Bundesrepublik Deutschland an ausländischen Branchenveranstaltungen diskutiert. Die Spitzen- und Fachverbände sind nicht weiter als Ganzes organisiert, sondern Mitglieder des *AUMA*, wo sie die Interessen der ausstellenden Wirtschaft vertreten (*Neglein* 1992, S. 22).

2.1.3 Besucher als Bedarfsträger von Messen und Ausstellungen

Neben den Ausstellern stellen die **Besucher** die zweite Gruppe von Bedarfsträgern von Messen und Ausstellungen dar. Dabei sind sie zum einen als Nachfrager des Dienstleistungsangebotes der Messegesellschaften zu sehen, zum anderen die Zielgruppen, auf die sich die Messeaktivitäten der ausstellenden Unternehmen richten (*Taeger* 1993, S. 122).

Die Besucher von Messen und Ausstellungen werden grundsätzlich in zwei Gruppen unterteilt: **Fach-** und **Privatbesucher**. Während Fachbesucher in erster Linie aus beruflichen Gründen an Messen und Ausstellungen teilnehmen, kommen Privatbesucher vorwiegend aus individuellen bzw. privaten Gründen (*Strothmann* 1995, Sp, 1894 f.). Somit sind zu den Fachbesuchern alle Unternehmen zu zählen, die entweder Handelswaren, Industriegüter, Hilfs- und Betriebsstoffe oder auch Dienstleistungen erwerben und/oder sich über das Angebot der Aussteller informieren wollen (*Neglein* 1992, S. 23).

Zur weiteren Systematisierung sind die Fachbesucher, wie Schaubild III-H-11 zeigt, danach zu differenzieren, ob sie die erworbenen Leistungen wieder verkaufen oder selbst beruflich verwenden. Demnach treten Fachbesucher einerseits als Wiederverkäufer und andererseits als berufliche Anwender auf. Wiederverkäufer werden nach ihrer Zugehörigkeit zu Handelsstufen und nach Formen des Handels (Fachhandel oder Kaufhäuser/Warenhäuser/Ver-

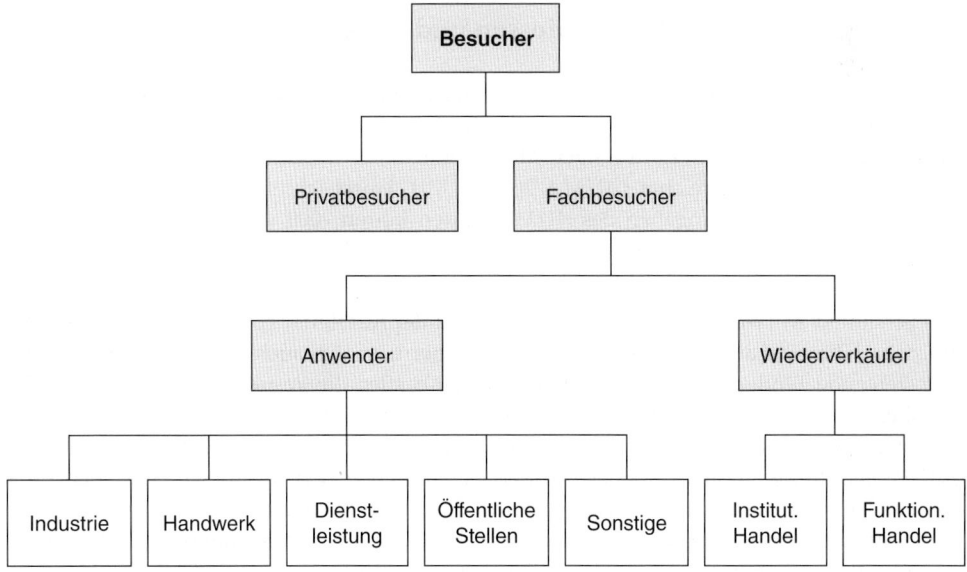

Schaubild III-H-11: Typen von Besuchern von Messen und Ausstellungen (Taeger 1993, S. 123)

sender) kategorisiert. Berufliche Anwender besuchen Messen und Ausstellungen zum einen zur Erlangung eines umfassenden Überblicks über die Breite und Tiefe des Angebotes, zum anderen werden hier die verschiedenen Güterarten gründlich in Funktion oder im Modell begutachtet (*Taeger* 1993, S. 125).

Fachbesucher bereiten sich in der Regel auf den Besuch einer Messe intensiv vor, da sie diese als umfassende Informationsquelle für bevorstehende Anschaffungen und Investitionen begreifen (*Strothmann* 1995, S. 1894). Insbesondere in der Industriegüterbranche besuchen einerseits diejenigen den Messestand, die für die Beschaffung von Produkten oder Dienstleistungen im Unternehmen zuständig sind, andererseits informieren sich die Anwender, die an der Beschaffungsentscheidung beteiligt sind, über das aktuelle Leistungsangebot der ausstellenden Wirtschaft. Demgegenüber werden Konsumgütermessen, oder genauer: Konsumgüter-Fachmessen, denen noch verstärkt eine Orderfunktion innewohnt, von Facheinkäufern aus dem Groß- und Einzelhandel aufgesucht) (*Neglein* 1992, S. 23). Gleichwohl ist festzuhalten, dass auf Konsumgütermessen der Anteil an Privatbesuchern naturgemäß höher als der Fachbesucheranteil ist. Dagegen werden Industriegütermessen vorwiegend von Fachbesuchern aufgesucht (*Strothmann* 1995, S. 1895).

Im Gegensatz zur Seite der ausstellenden Unternehmen sind die Interessen der Besucher deutlich weniger systematisch und organisatorisch gebündelt. Lediglich in den Verbänden des Groß- und Außenhandels, des Einzelhandels und der Handelsvertreter sind Messeabteilungen und Gremien vorhanden, die die messepolitischen Interessen der Einkäufer formulieren. Vertreten werden diese beim *AUMA* durch die Dachverbände der Handelsseite. Diese zählen ebenfalls zu den Mitgliedern des *AUMA* (*Neglein* 1992, S. 23). Zudem sind die Handwerksorganisationen (Bundes- und Landesinnungsverbände) häufig Mitglied in den Messe-Fachbeiräten. Sie repräsentieren die Besucherzielgruppen und kommunizieren entsprechend die Messeveranstaltungen an ihre Mitglieder. Ein Problem stellt hier jedoch der sinkende Organisationsgrad von Handwerksverbänden dar. Es kommt je nach Verband vor, dass nur noch 50 Prozent und weniger Handwerksbetriebe Mitglied sind.

2.2 Volumen des Marktes für Messen und Ausstellungen

Das Messe- und Ausstellungswesen hat in Deutschland eine weitreichende Bedeutung für den Kommunikationsmix der Unternehmen. Dies zeigt sich allein in der Tatsache, dass der Umsatz der in Deutschland ansässigen Messeveranstalter im Jahre 2008 ein Ergebnis von knapp 2,9 Mrd. EUR erreichte (*AUMA* 2010, S. 121). Durchschnittlich wollten ausstellende Unternehmen nach Angaben des *AUMA* in den Jahren 2009 und 2010 insgesamt rund 345.000 EUR für ihre Messebeteiligungen investieren, ungefähr gleich viel wie in den beiden Vorjahren (*AUMA* 2010, S. 18).

Wie Schaubild III-H-12 verdeutlicht, stieg die **Zahl der Aussteller** von 166.991 im Jahre 2004 um zirka 6 Prozent auf 176.485 im Jahre 2008. Ferner liess sich auch für die **Besucherzahlen** eine steigende Tendenz erkennen. Von 2004 bis 2008 stieg die Besucheranzahl von 9,6 Mio. auf über 10 Mio. Im Jahre 2009 erfolgte rezessionsbedingt jedoch erstmals wieder ein Rückgang der Zahlen. Die Ausstellerzahlen sanken im Durchschnitt um 4,3 Prozent, insbesondere durch einen stärkeren Rückgang der Auslandsbeteiligungen. Interessant ist dabei auch, dass die vermietete Fläche mit 6 Prozent stärker sank als die Ausstellerzahlen. Dies zeigt, dass auch in Krisenzeiten viele Unternehmen weiterhin den Dialog mit dem Kunden aufrecht erhalten möchten, wenn auch in reduzierter Form. Die Besucherzahlen gingen um 8,4 Prozent zurück, wobei einzelne internationale Publikumsmessen, vor allem im Automobilsektor, überdurch-

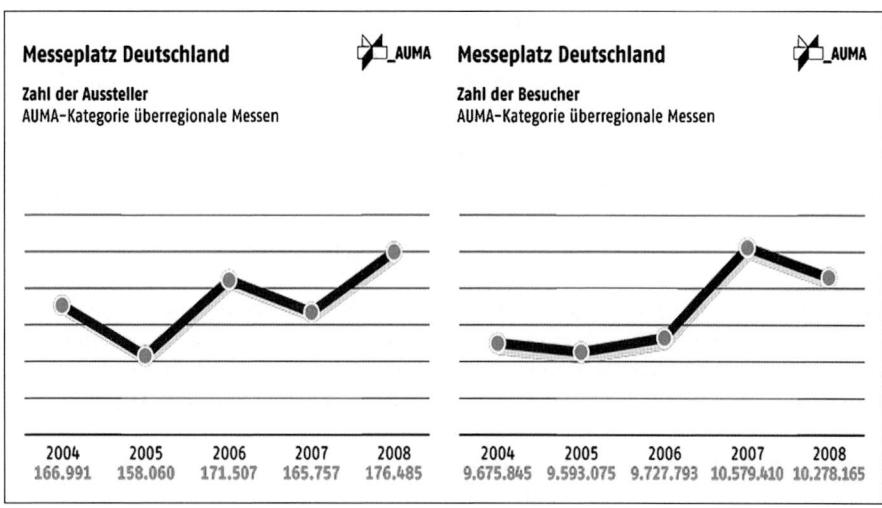

Messeplatz Deutschland					Messeplatz Deutschland				
Zahl der Aussteller					Zahl der Besucher				
AUMA-Kategorie überregionale Messen					AUMA-Kategorie überregionale Messen				
2004	2005	2006	2007	2008	2004	2005	2006	2007	2008
166.991	158.060	171.507	165.757	176.485	9.675.845	9.593.075	9.727.793	10.579.410	10.278.165

Schaubild III-H-12: Zahl der Aussteller und Besucher von Messen in Deutschland 2004 bis 2008

schnittlich betroffen waren. Trotz dieser starken Einbrüche konnten einzelne Messen, zum Beispiel im Bereich erneuerbare Energien, um bis zu 20 Prozent zulegen (*AUMA* 2010, S. 13 f.).

Bei einer differenzierten **Betrachtung nach Branchen** zeigt sich für 2009, dass die Industriegütermessen sowohl in den Ausstellerzahlen (– 2,1 Prozent), als auch in der vermieteten Fläche (– 3,5 Prozent) relativ geringe Rückgänge verzeichneten. In Bezug auf die Besucherzahlen (– 7,9 Prozent) zeigt sich jedoch deutlich, dass größere Investitionen krisenbedingt eher zurückgestellt werden. Ein ähnlicher Trend ist auch bei den Konsumgütermessen für Privatbesucher zu beobachten, bei denen die Besucherzahlen mit 9,2 Prozent am stärksten zurückgingen. Hier waren besonders Messen für hochwertige, langlebige Produkte wie Autos oder Boote betroffen. Die Konsumgütermessen für Fachbesucher erlebten mit 7,1 Prozent überdurchschnittlich starke Rückgänge auf Seiten der Aussteller sowie mit 8,1 Prozent auch bei der vermieteten Fläche. Bei den Dienstleistungsmessen wurde mit 4,9 Prozent ein moderater Rückgang der Ausstellerzahlen ermittelt. Dieser Rückgang war jedoch fast ausschließlich durch geringere Auslandsbeteiligungen (– 7,2 Prozent) bedingt. Die Hauptursache ist hier im Tourismusbereich zu finden, was sich ebenfalls auf den starken Besucherrückgang (– 9 Prozent) auswirkte (*AUMA* 2010, S. 14 ff.).

Die immernoch intensive Nutzung von Messen und Ausstellungen zeigt die andauernde Bedeutung, die diesem Kommunikationsinstrument auch in Krisenzeiten unternehmensseitig zugewiesen wird. Angebotsseitig schränken zwar die Unternehmen ihre Aufwendungen für Standbau, Personal und Reisen teilweise ein, dies ist jedoch nicht als Hinweis für ein rückläufiges Messeengagement, sondern vielmehr als das Bemühen der Unternehmen zu sehen, die Messebeteiligung effizienter zu gestalten. **Effizienzüberlegungen** werden auch nachfrageseitig von den Besuchern durchgeführt. Das bestätigen beispielsweise auch Untersuchen der *NürnbergMesse*, die hierzu gemeinsam mit dem *Marketinglehrstuhl der Universität Erlangen/ Nürnberg* zum Thema Besucherbindung bzw. Besucherwert durchgeführt wurden (*Grimm* 2001b).

Unabhängig von diesen nationalen Tendenzen nimmt der Messeplatz Deutschland die Spitzenposition im **weltweiten Vergleich** ein. Drei der fünf grössten Messegelände weltweit liegen in Deutschland und von den rund 150 internationalen Fachmessen mit weltweiter Ausstrahlungskraft und Anziehungskraft für die Wirtschaft finden zwei Drittel in Deutschland statt. 80 Prozent dieser Fachmessen und -ausstellungen werden in den großen deutschen Messeplätzen Köln, Düsseldorf, Hannover, Frankfurt am Main, Berlin, München und Nürnberg veranstaltet. Diese sieben großen Messeplätze haben im Jahre 2002 die *GdG e.V. – Gesellschaft der Großmesseplätze e.V.* – gegründet. Darüber hinaus sorgen aber auch Plätze, wie Essen, Pirmasens oder Offenbach, dafür, dass fast jede weltweit führende Branchenmesse der Industrie- und Konsumgüterindustrie, beispielsweise der Büro- und Informationstechnik, Chemie, Elektronik und Elektrotechnik, Fotografie, Maschinenbau, Mode, Möbelindustrie und Unterhaltungselektronik, in Deutschland stattfindet (*AUMA* 2002, S. 7).

Die weltweite Spitzenposition Deutschlands als Messeplatz ist zum einen auf die lange historische Entwicklung des Messewesens in Deutschland sowie die günstige geographische Lage im Mittelpunkt Europas, zum anderen auf den frühzeitigen Aufbau marktgerechter Fachmessen und Fachausstellungen zurückzuführen. Bedingt durch die Exportorientierung der deutschen Wirtschaft wurde bereits frühzeitig erkannt, dass international angelegte Fachmessen ein herausragendes Instrument zur Förderung des Absatzes sind, was heutzutage in mancher Weltregion noch nicht der Fall ist. Weiterhin wurden zur Erreichung höchster internationaler Ansprüche Ausstellungseinrichtungen, Servicestrukturen sowie Messe-Know-how auf- und ausgebaut. Außerdem hat die besonders hohe Wettbewerbsintensität der Messegesellschaften in Deutschland eine leistungssteigernde Wirkung für das Medium Messe zur Folge. Dieser Leistungswettbewerb der Messegesellschaften und die partnerschaftliche Zusammenarbeit der deutschen Messewirtschaft sind verantwortlich für die führende Wettbewerbsstellung des Messewesens in Deutschland. Allerdings wird diese Position zunehmend von internationaler Seite aus angegriffen. Insbesondere Wirtschaftsregionen, wie Nordamerika, Europa und Asien, bei denen ein starkes Wachstum des Messewesens zu verzeichnen ist, versuchen durch Investitionen in Messegelände, Infrastrukturausstattungen und Leistungssteigerungen in Service und Marketing sowohl gegenüber dem Messeplatz Deutschland aufzuholen als auch gegenüber der weltweiten Konkurrenz Wettbewerbsvorteile aufzubauen. Dies bewirkt, dass sich der Wettbewerb zwischen den einzelnen Messeplätzen weltweit und vor allem in Europa weiter verschärfen wird (*Ebert* 1992, S. 42 f.).

3 Planungsprozess von Messen und Ausstellungen

3.1 Messen und Ausstellungen als Instrument der Unternehmens- und Marketingkommunikation

Messen und Ausstellungen werden in der Literatur des Öfteren als ein eigenständiges Marketinginstrument gesehen (*Ziegler* 1992, S. 118; *Strothmann* 1995, S. 1891)oder anderen Instrumenten des Marketingmix, wie der Verkaufsförderung (*Kotler/Bliemel* 2007, S. 996), zugeordnet. Diese verschiedenen Einordnungen sind zum einen auf die historische Grundfunktion von Messen als reine Ordermessen und zum anderen auf die Komplexität der ausstellerseitigen Handlungsalternativen zurückzuführen, die praktisch das gesamte Marketinginstrumentarium auf Messen und Ausstellungen einsetzen.

Eine von *Funke* (1987, S. 41 ff.) durchgeführte Analyse der in der Literatur vorgenommenen Systematisierungsansätze der messebezogenen Aktivitäten ausstellender Unternehmen zeigte, dass sich diese als problematisch erweisen. Denn zum einen beziehen sich viele Darstellungen lediglich auf eine spezielle Aktivität oder ein spezielles Instrument, zum anderen beschränken sie sich auf das Geschehen am Messestand und erfassen somit nicht die Vielzahl der möglichen Handlungsalternativen. Dagegen verfügen Checklisten-Darstellungen und chronologische Ansätze zwar über eine größere Vollständigkeit, weisen allerdings vielfältige Überschneidungen und Abgrenzungsprobleme bei der Betrachtung mehrerer Veranstaltungen auf.

Allerdings sind alle Maßnahmen im Rahmen der Beteiligung eines Unternehmens an einer Messe oder Ausstellung auf die Präsentation des Leistungsangebotes ausgerichtet. Messen und Ausstellungen dienen in erster Linie dazu, den Besuchern die Fähigkeit des ausstellenden Unternehmens zur Lösung kundenseitiger Problemstellungen zu kommunizieren. Vorrangiges Ziel der Messebeteiligung ist die Kontaktanbahnung und der Aufbau eines Dialoges zwischen Unternehmen und Besuchern, um gegenseitig Informationen auszutauschen. Im Vordergrund steht somit nicht mehr der Verkauf der ausgestellten Güter, sondern die Dokumentation bzw. die Kommunikation des unternehmerischen Leistungsangebotes sowie der Austausch von Informationen zwischen den Messeteilnehmern. Dementsprechend werden Messen und Ausstellungen sowohl in der Literatur als auch in der Praxis zunehmend als **Instrument der Kommunikationspolitik** verstanden. Schaubild III-H-13 verdeutlicht dabei die Position der Messen und Ausstellungen zu den anderen Kommunikationsinstrumenten.

Dabei wird die besondere Stellung von Messen und Ausstellungen als Kommunikationsinstrument auf zwei unterschiedlichen Ebenen deutlich. Auf der ersten Ebene wird zum einen gezeigt, dass im Rahmen einer Messebeteiligung eine hohe **Intensität beim persönlichen Kontakt** von Ausstellern und Besuchern erreicht wird. Zum anderen vermag eine Messe bzw. Ausstellung viel intensiver und aktiver **Informationen über ein Produkt** bzw. **eine Dienstleistung** zu vermitteln als jedes andere Instrument des Kommunikationsmix. Das Produkt wird in der Regel nicht nur beschrieben, sondern auch besichtigt. Dies ist besonders bei Industriegütermessen von großer Bedeutung.

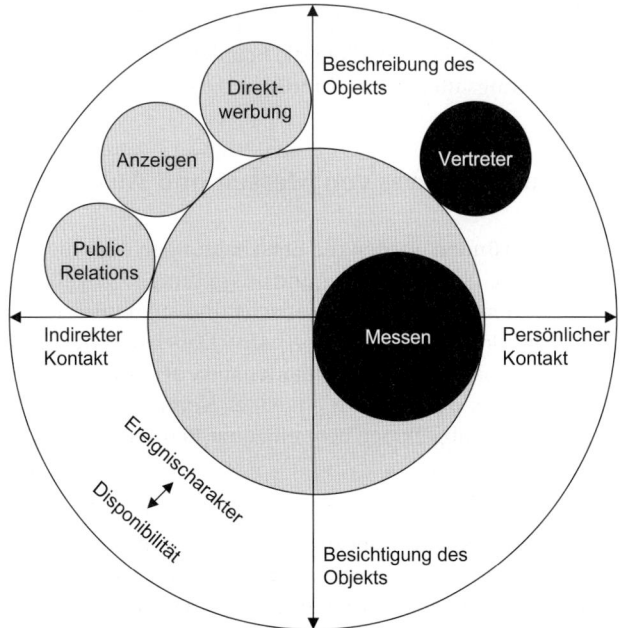

Schaubild III-H-13: Messen und Ausstellungen im Kommunikationsmix (AUMA 2009, S.13)

Die zweite Ebene stellt Messen in einen Bezug von **Ereignischarakter und Disponibilität**. Eine Messebeteiligung hat einen großen Grad an Ereignischarakter. Der Aussteller hat mannigfaltige Möglichkeiten, dem Messebesucher ein eindrucksvolles Erlebnis zu bieten, z. B. durch eine „produktbezogene Showeinlage". Die Einsatzmöglichkeiten von Messen – der Grad an Disponibilität – ist eher niedrig, da Messeveranstaltungen nur in turnusmäßigen Abständen stattfinden und auf Anmeldefristen zu achten ist. Für den Aussteller bedeutet dies eine längerfristige Planung des Messe- bzw. Ausstellungseinsatzes (*AUMA* 2002, S. 17).

> **Beispiel: Langfristige Planung bei** *Schott Glas*
> *Schott Glas* ist ein international tätiger Technologiekonzern, der hauptsächlich in den Branchen Hausgeräteindustrie, Optik und Optoelektronik, Pharmazie, Informationstechnologie, Unterhaltungselektronik, Beleuchtungs- und Automobiltechnik sowie Solarenergie vertreten ist. Knapp 20.000 Mitarbeitende erwirtschafteten im Geschäftsjahr 2001 und 2002 einen Weltumsatz von zirka 2 Mrd. EUR. Einer der wesentlichen Maßnahmen mit seinen Kunden in Kontakt zu treten, sind bei *Schott Glas* die weltweiten Messeauftritte. Um die Vielzahl von Messen zu kanalisieren und zu organisieren, bedarf es eines einheitlichen Planungsprozesses. Zuständig ist hierfür eine zentrale Messeabteilung, eingebunden in den Bereich Marketing Services. So werden etwa sechs Monate vor Geschäftsjahresschluss für das folgende Jahr bereits die von den einzelnen Einheiten in Aussicht genommenen Messen abgefragt, in der Messeorganisationszentrale erfasst und ausgewertet. Beispielsweise werden so Synergiemöglichkeiten für ein und dieselbe Messe deutlich. Außerdem erfährt der Vorstand frühzeitig, welches Budget für Messen und Ausstellungen im Gesamtkonzern zu berücksichtigen ist.

Die Entscheidung über den Einsatz des Kommunikationsinstrumentes Messen und Ausstellungen ist in der Vergangenheit jedoch in zweifacher Hinsicht erschwert worden. Auf der einen Seite ist die Anzahl der angebotenen Veranstaltungen in den letzten Jahren enorm gestiegen, auf der anderen Seite nahmen aber auch die Kosten der Messebeteiligung zu. Vor dem Hintergrund dieser Tendenzen kommt der zunehmend komplexer werdenden Entscheidung über die Beteiligung an Messen und Ausstellungen immer größere Bedeutung zu. Denn aufgrund des außerordentlich hohen Personal-, Zeit- und Kostenaufwandes haben die Aussteller ihre Ressourcen insbesondere dort einzusetzen, wo sie einen hohen Nutzen aus der Messebeteiligung für sich ziehen. Aus diesen Gründen bedarf es eines systematischen und konzisen Planungsprozesses, um die Entscheidung über die Beteiligung an Messen und Ausstellungen die zu ergreifenden Handlungsalternativen fundiert zu treffen.

3.2 Phasen im Planungsprozess von Messen und Ausstellungen

Aus den oben genannten Gründen werden die Entscheidungen über die Beteiligung an Messen und Ausstellungen sowie über die messe- und ausstellungsbezogenen Aktivitäten einem Planungsprozess unterworfen, der eine systematische und strukturierte Vorgehensweise bei dessen Einsatz sicherstellt (*Bruhn* 2010a, S. 130f./S. 453). Dabei sind die einzelnen Phasen des Planungsprozesses in den gesamten Kommunikationsmix des Unternehmens zu integrieren. In Anlehnung an den Prozess der Planung einzelner Kommunikationsinstrumente lassen sich, wie in Schaubild III-H-14 abgebildet, acht einzelne **Planungsphasen** unterscheiden, die zueinander in Beziehung stehen.

(1) Situationsanalyse
Im Vorfeld des messe- und ausstellungsbezogenen Planungsprozesses steht die Situationsanalyse. Hier wird die interne und externe Unternehmenssituation in Bezug auf den Erfolg der bisherigen Messe- und Ausstellungsbeteiligungen analysiert. Als Konsequenz aus der Evaluierung der ermittelten Chancen und Defiziten der Messe- und Ausstellungsaktivitäten erfolgt die Grundsatzentscheidung über das zukünftige Engagement.

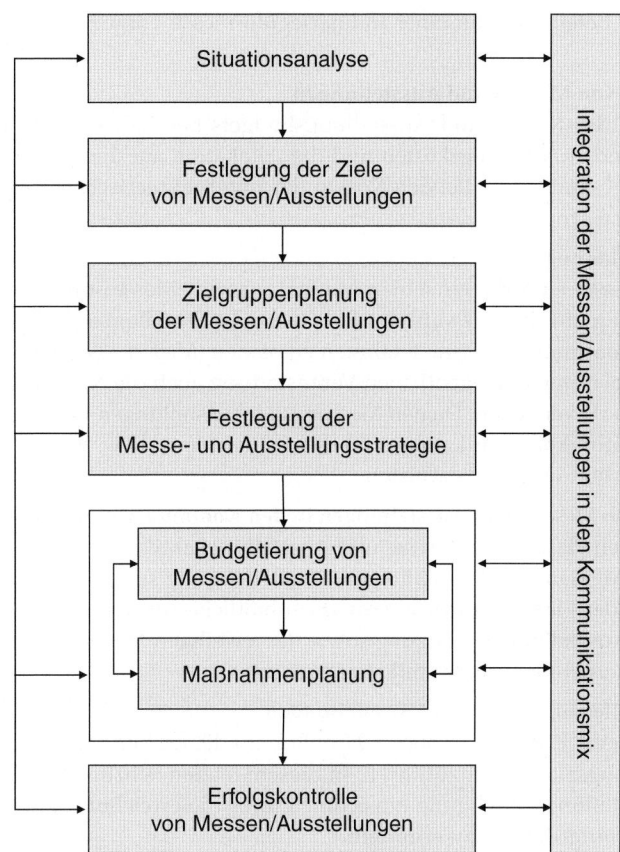

Schaubild III-H-14: Planungsprozess von Messen und Ausstellungen

(2) Festlegung der Ziele von Messen und Ausstellungen

Entscheidet sich das Unternehmen für das Engagement auf Messen und Ausstellungen werden im zweiten Planungsschritt die zu verfolgenden Messeziele aus den übergeordneten Marketing- und Kommunikationszielen abgeleitet. Sie stellen den Ausgangspunkt für den weiteren Planungsprozess dar.

(3) Identifizierung der Zielgruppen der Messen und Ausstellungen

Eng verbunden mit der Formulierung der Messe- und Ausstellungsziele ist die Identifikation der relevanten Zielgruppen. Hierbei ist vom ausstellenden Unternehmen darauf zu achten, dass zwischen der anvisierten Zielgruppe und den Besuchern einer Messe und Ausstellung eine möglichst große Affinität besteht. Doch gerade die Festlegung der Zielgruppen erweist sich in der Praxis vielfach als problematisch, da eine differenzierte Analyse der Besucherstruktur durch die Messe- und Ausstellungsveranstalter zumeist nicht erfolgt.

(4) Festlegung der Messe- und Ausstellungsstrategie

Im Rahmen der zu verfolgenden Messe- und Ausstellungsstrategie hat der Aussteller über die grundsätzliche Ausrichtung seiner zukünftigen Messe- und Ausstellungsaktivitäten zu entscheiden. Vor allem der strategischen Ausrichtung der Messe- und Ausstellungsbeteiligung ist von den ausstellenden Unternehmen mehr Aufmerksamkeit zu schenken, da zukünftig ein langfristig angelegtes Engagement an mehreren Fachmessen im In- und Ausland einer einmaligen Beteiligung an einer Industriegütermesse vorzuziehen sein wird (*Meffert* 1993, S. 80).

(5) Budgetierung von Messen und Ausstellungen

Die Bestimmung des Messe- und Ausstellungsbudgets beinhaltet die Kalkulation der gesamten Messe- und Ausstellungskosten und die Allokation auf die einzelnen Maßnahmen. Hierzu sind die gesamten anfallenden Kosten der unternehmerischen Messe- und Ausstellungsaktivitäten zu ermitteln.

(6) Maßnahmenplanung

Im Anschluss hieran sind die einzelnen Maßnahmen im Messe- und Ausstellungsbeteiligungsmix in Bezug auf die Auswahl des Personals, die Standkonzeption, die Wahl der Exponate und die Kommunikationsmaßnahmen zu planen (*Meffert* 1993, S. 80). Zudem ist unter der Maßnahmenplanung der eigentlichen Veranstaltung auch die Nachbereitung, das so genannte Follow-up zu verstehen. Dienen Messen und Ausstellungen vorrangig der Unternehmens- und Marketingkommunikation, sind die auf der Messe bzw. Ausstellung erarbeiteten Kontakte zielgerichtet weiterzubearbeiten.

(7) Integration von Messen und Ausstellungen in den Kommunikationsmix

Bei der detaillierten Planung der Messe- und Ausstellungsaktivitäten ist darüber zu entscheiden, an welchen Messen und Ausstellungen eine Beteiligung sinnvoll erscheint. Insbesondere ist im Rahmen des Planungsprozesses auf die inhaltliche, formale und zeitliche Integration der Messe- und Ausstellungsbeteiligung sowie der jeweiligen Messe- und Ausstellungsaktivitäten in die Unternehmenskommunikation zu achten.

(8) Erfolgskontrolle von Messen und Ausstellungen

Abschließend ist eine Erfolgskontrolle im Hinblick auf die Erreichung der angestrebten Messe- und Ausstellungsziele durchzuführen. In diesem letzten Schritt sind die Wirkungen der Messe- und Ausstellungsbeteiligung hinsichtlich ihres Zielerreichungsgrades und Hinweise auf mögliche Planungsdefizite zu ermitteln.

> **Beispiel: Zentrale Stelle für die Planung von Messen bei der *BASF AG***
> Bei der *BASF AG* werden die Dienstleistungen zum Kommunikationsinstrument „Messe" zentral von einer Gruppe geplant, die in der Abteilung Öffentlichkeitsarbeit integriert ist. Die für die Entwicklung von Messeprojekten notwendigen Planungsschritte werden dort in verschiedene Kompetenzfelder unterteilt: Beratung, Architektur und Design, Projektmanagement, Controlling und Services. Beginnend bei der zentralisierten Beratungsfunktion ist es beispielsweise möglich, die internen Kunden objektiv zu beraten, die richtigen Messen auszuwählen, Synergien festzustellen, Veranstaltungswünsche zu bündeln oder günstige Standflächen zu verhandeln. Zudem ist es auch für die externen Anbieter einfacher, an eine zentrale Stelle des Konzerns zu wenden, als mit einer Vielzahl von Stellen der Marktkommunikation in den jeweiligen Geschäftseinheiten zu kommunizieren. Der Projektmanager innerhalb des Projektmanagements übernimmt letztlich die entscheidende Rolle, da er alle Teilschritte nach der Anmeldung bis zur Übergabe des Standes am Messeort koordiniert und dem internen Kunden somit als alleiniger Ansprechpartner innerhalb des Planungsprozesses zur Verfügung steht.

Schaubild III-H-15 veranschaulicht, dass im Rahmen des messe-/ausstellungsbezogenen Planungsprozesses drei Entscheidungsebenen zu durchlaufen sind. Zunächst ist, bezogen auf Messen und Ausstellungen gleichermaßen, vom Unternehmen vor dem Hintergrund der Unternehmenssituation die Grundsatzentscheidung über das **Messeengagement** zu treffen, d. h., ist das Kommunikationsinstrument Messen und Ausstellungen zur Erreichung der Ziele der Unternehmenskommunikation überhaupt geeignet. Danach ist in Abhängigkeit der gesetzten Messeziele und anvisierten Messezielgruppen die zu verfolgende **Messestrategie** zu definieren. Hierbei ist über die generell zu verfolgende Messebeteiligungsstrategie bzw. die messebezogene Kommunikationsstrategie der nächsten Planungsperiode zu entscheiden.

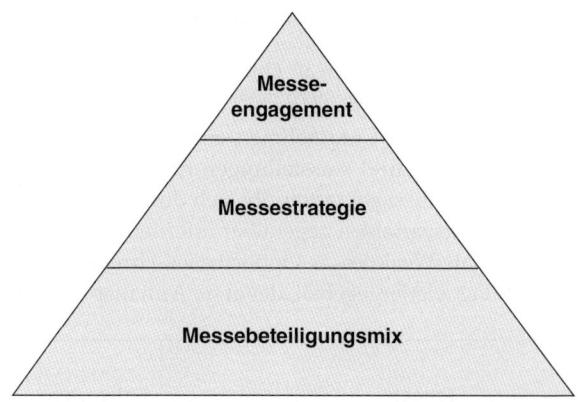

Schaubild III-H-15: Entscheidungsebenen bei Messen und Ausstellungen

Schließlich ist im Rahmen der Maßnahmenplanung über das konkrete Messeengagement zu befinden, d. h., die Entscheidung über den konkreten **Messebeteiligungsmix** bei den einzelnen zu besuchenden Veranstaltungen sind zu treffen.

4 Ziele und Zielgruppen von Messen und Ausstellungen

4.1 Situationsanalyse als Ausgangspunkt

Zur Festlegung der Messeziele und Ableitung der weiteren Planungsschritte bedarf es zunächst einer Analyse der bestehenden Unternehmenssituation. Diese **Situationsanalyse** richtet sich sowohl auf den Gesamteindruck der eingesetzten Kommunikationsinstrumente als auch auf den Auftritt des Unternehmens auf vergangenen Messen und Ausstellungen. Hier wird folglich die Ist-Situation des Kommunikationsinstrumentes Messen und Ausstellungen bestimmt, d. h., welche Erfolge werden durch die Beteiligung an den bisherigen Veranstaltungen verzeichnet bzw. welche Defizite lassen sich im Hinblick auf die bisherigen Messeaktivitäten erkennen.

In diesem Zusammenhang ist vom Unternehmen in Abhängigkeit der übergeordneten Marketing- und Kommunikationsziele zu überlegen, ob eine Beteiligung an Messen und Ausstellungen überhaupt sinnvoll ist oder ob die angestrebten Kommunikationsziele nicht mit Hilfe des Einsatzes anderer Kommunikationsinstrumente wirkungsvoller und/oder wirtschaftlicher erreicht werden. Vice versa wird von Unternehmen, die bislang nicht als Aussteller aufgetreten sind, die Teilnahme auf Messen und Ausstellungen diskutiert. In einem ersten Schritt der Situationsanalyse ist somit darüber zu entscheiden, ob eine Beteiligung an Messen und Ausstellungen überhaupt sinnvoll zur Realisierung der Ziele der Unternehmenskommunikation ist.

> **Beispiel: Situationsanalyse eines Industriegüterherstellers**
> Ein Industriegüterhersteller von technisch hochkomplexen Fertigungsanlagen hat im Rahmen der Situationsanalyse seiner kommunikationspolitischen Instrumente festgestellt, dass das gesetzte Kommunikationsziel der Erhöhung der Kenntnis spezifischer Produkteigenschaften nicht durch Direct-Mailing-Aktionen erreicht werden konnte, da die Erklärungsbedürftigkeit der Anlage zu groß ist und zu viele Anpassungsmöglichkeiten an die individuellen Kundenprobleme bestehen. Andererseits waren die durchgeführten Aktivitäten auf Fachmessen überaus erfolgreich. Untersuchungen der Marktforschungsabteilung zeigten, dass 95 Prozent der Messebesucher die Produktpalette

kannten und durch Gespräche mit dem Standpersonal zum Teil detaillierte Eigenschaftskenntnisse über einzelne Anlagenkomponenten vermittelt werden konnten. Infolge dieser Resultate beschließt der Hersteller, seine Direct-Mailing-Aktionen als Einladung zu konzipieren, die auf sein verstärktes Engagement auf Fachmessen der Industriegüterindustrie hinweisen.

Für die Situationsanalyse benötigen Unternehmen eine Systematik, um die Chancen und Risiken des Einsatzes von Messen und Ausstellungen für ihre Unternehmenskommunikation zu prüfen. Eine besondere Aussagekraft ergibt sich durch die Bewertung der Chancen/ Risiken der einzelnen Situationsvariablen gegenüber internen Stärken/Schwächen im Sinne einer **SWOT-Analyse** (Strenghts-Weaknesses-Opportunies-Threats). In Schaubild III-H-16 ist beispielhaft ein Fragenkatalog wiedergegeben, der erste Anhaltspunkte bietet.

Fragen	Antworten	Chancen/ Risiken Stärken/ Schwächen
Marktbezogene Fragen		
• Gibt es neue Tendenzen im Messemarkt? • Welche Vor- und Nachteile weisen Messen und Ausstellungen gegenüber anderen Kommunikationsinstrumenten auf? • Gibt es attraktive Angebote für ein Messeengagement? • Können durch Messen und Ausstellungen Synergien genutzt werden? u.a.m.		
Kundenbezogene Fragen		
• Wie stark ist das Interesse der bestehenden Kunden an Messen und Ausstellungen? • Lassen sich durch Messen und Ausstellungen neue Kunden akquirieren? • Wie groß sind die Erwartungen der Kunden an ein Messeengagement? • Welche Informationen erwarten die Kunden von der Messebeteiligung? u.a.m.		
Konkurrenzbezogene Fragen		
• Zeigen die Hauptkonkurrenten ein Messeengagement? • Wie ist der Erfolg der Konkurrenz bei einem Messeengagement einzuschätzen? • Bestehen Möglichkeiten einer Kooperation mit Konkurrenten für ein Messeengagement? • In welchem Umfang engagieren sich die Konkurrenten auf Messen und Ausstellungen? u.a.m.		
Unternehmensbezogene Fragen		
• Wie waren die bisherigen Erfahrungen mit Messen und Ausstellungen? • Stehen grundsätzlich die Ressourcen für ein Messeengagement zur Verfügung? • Wie stark ist das Interesse der unterschiedlichen Abteilungen für ein Messeengagement? • Wie groß ist die Erfolgswahrscheinlichkeit zur Erreichung spezifischer Kommunikations- und Verkaufsziele? u.a.m.		

Schaubild III-H-16: Fragestellungen zur SWOT-Analyse von Messen und Ausstellungen

Auf Basis dieser SWOT-Analyse lässt sich die **kommunikative Problemstellung** des Unternehmens bezogen auf den Einsatz von Messen und Ausstellungen identifizieren. Aus der systematischen Situationsanalyse im Sinne einer SWOT-Analyse leiten sich die weiteren Planungsschritte ab, insbesondere die Formulierung von Aufgaben und Zielen, die den Messen und Ausstellungen für das Unternehmen zukommt.

Die Ergebnisse der SWOT-Analyse sind im Rahmen der weiteren Planung für Messen und Ausstellungen von besonderer Relevanz. Die kritische Reflexion von einzelnen Aktivitäten und Maßnahmen der Vergangenheit und die Aufdeckung daraus entstehender Stärken und Schwächen bilden die Grundlage für eine effiziente und effektive Gestaltung und Durchführung von Messen und Ausstellungen in der Zukunft. Dabei ist auch eine kritische Auseinandersetzung der mit den Messen und Ausstellungen der Vergangenheit erzielten Werte bezüglich Erinnerung, Bekanntheit, Wahrnehmung, Einstellungs- und Verhaltensänderungen bei den Kommunikationsempfängern für neue notwendig.

4.2 Ziele von Messen und Ausstellungen

4.2.1 Struktur eines Messezielsystems im Rahmen der Marketing- und Kommunikationsziele

Im Rahmen der Messebeteiligung sind alle messepolitischen Maßnahmen auf die Präsentation des Leistungsangebotes ausgerichtet. Das vorrangige Ziel der Messebeteiligung liegt nicht in dem Verkauf der ausgestellten Güter auf der Messe selbst (wie bei Ordermesse), sondern vielmehr in der **Präsentation** bzw. **Kommunikation des unternehmerischen Leistungsangebotes** gegenüber dem Kunden (wie bei Informationsmessen) (*Zanger* 2001). Der eigentliche Kaufabschluss findet dagegen immer öfter nach der Messe statt oder es wird eine Messe genutzt, um den Vertrag zu unterschreiben, der längst verhandelt wurde. Somit rückt in den letzten Jahren die Funktion von Messen und Ausstellungen als „Markt für Informationen" (*Backhaus* 1992, S. 89) und Ort der persönlichen Kommunikation mit Kunden, Wettbewerbern, Medien und Politik immer mehr in den Vordergrund. Im Mittelpunkt der ausstellerseitigen Beteiligungsgründe steht sowohl bei Industriegüter- als auch Konsumgütermessen die Anbahnung von Geschäftsbeziehungen durch persönliche Fachgespräche sowie der Informationsaustausch zwischen Anbietern und Nachfragern (*Täger/Ziegler* 1984, S. 52 ff.; *Unger/Fuchs* 1999, S. 259; *Meffert* 2008, S. 742 f.). Insofern zielen alle vom ausstellenden Unternehmen ergriffenen Maßnahmen des Messebeteiligungsmix darauf ab, mit dem Besucher direkt zu kommunizieren, um ihn über die angebotenen Produkte, Dienstleistungen und das ausstellende Unternehmen selbst zu informieren. Die **Hauptmotive** der Messebeteiligung liegen folglich in der Anbahnung von Kontakten und dem Austausch von Informationen mit den Besuchern. Aus diesen Motiven des Messeengagements lassen sich im Weiteren die messebezogenen Zielsetzungen des Unternehmens ableiten. Es entspricht hierbei der Multifunktionalität von Messen und Ausstellungen, dass sich hier ein ganzes Bündel von Marketingzielen verwirklichen lässt. Übergeordnete Beteiligungsziele sind beispielsweise die Folgenden (*AUMA* 2002, S. 24 f.):

- Steigerung des Absatzes,
- Kennenlernen neuer Märkte (Marktnischen entdecken),
- Überprüfung der Konkurrenzfähigkeit,
- Orientierung über die Branchensituation,
- Austausch von Erfahrungen,

- Anbahnung von Kooperationen,
- Ausbau persönlicher Kontakte,
- Kennenlernen neuer Abnehmergruppen,
- Diskussion mit Abnehmern über Wünsche und Ansprüche,
- Akzeptanz des Sortiments,
- Steigerung des Bekanntheitsgrades des Unternehmens und/oder der Produkte,
- Vertretersuche u. a. m.

Am häufigsten wurde laut der *AUMA_MesseTrend*-Studie 2004 auf Messen ausgestellt, um die Bekanntheit des Unternehmens zu steigern bzw. Imagepflege zu betreiben sowie um Neukunden zu werben (jeweils 91 Prozent). Für 90 Prozent der befragten Unternehmen steht die Auffrischung des bestehenden Kundenkontaktes im Vordergrund, 83 Prozent wollen die Bekanntheit ihrer Produkte steigern (*AUMA* 2004, S. 11).

Messebeteiligungsziele von Ausstellern werden aus wissenschaftlicher Perspektive – analog den übergeordneten Kommunikations- und Marketingzielen eines Unternehmens – in **psychologische** und **ökonomische Zielsetzungen** differenziert werden (*Meffert* 2003, S. 1154 f.). So wird etwa in der Steigerung der Bekanntheit eines Ausstellers in Fachkreisen ein psychologisches Ziel gesehen, während ein ökonomisches Ziel die Realisation eines messeinduzierten Umsatzes wäre.

Die **Gewichtung der Beteiligungsziele** hängt schließlich entscheidend davon ab, an welcher Messe ein Unternehmen teilnimmt oder bestrebt ist teilzunehmen. So steht auf Konsumgütermessen (beispielsweise Spielwaren, Mode, Lederartikel) das Ordern von Waren im Vordergrund. Zu den Besuchern dieser Messen zählen hauptsächlich Abnehmer, die Produkte in feststehenden Turnus kaufen und deren Einkäufer in der Regel sofort entscheiden, ohne sich vorher mit der Unternehmensleitung abzustimmen. Ordermessen lassen insofern quantifizierbare Ziele zu und erleichtern die Erfolgsmessung. Auf Fachmessen für Industriegüter nimmt dagegen der unmittelbare Absatz eine eher geringe Bedeutung ein, da die Güter relativ komplex sind. Sie stehen daher stärker im Zeichen der Information und Beratung. Der Auftrag kommt vielfach erst nach langwierigen Verhandlungen zustande. Vorab sind hier technische Fragen zu klären und Konditionen auszuhandeln. Diese Verhandlungen fallen in die Zeit nach der Messe. Kommt es dann zu Abschlüssen, liegen so genannte mittelbare Messeaufträge vor. Für die Gewichtung der Beteiligungsziele ergibt sich daraus, dass das ausstellende Unternehmen für die definierten Messeziele entweder eine geeignete Messe auswählt oder die Beteiligungsziele entsprechend einer zur Wahl stehenden Veranstaltung variiert (*AUMA* 2002, S. 27).

Zur Erstellung eines konsistenten Systems der kommunikationspolitischen Zielsetzungen sind die ausstellerseitigen Messeziele in das System der Marketing- und Kommunikationsziele zu integrieren (*AUMA* 2002, S. 29). Dabei ist zu berücksichtigen, dass Messeziele zum einen die Zielerreichung eines anderen Ziels begünstigen (**Zielkomplementarität**), indem beispielsweise sowohl eine Messe als auch eine Verkaufsförderungsmaßnahme zur Steigerung der Bekanntheit eines neuen Produktes beiträgt. Zum anderen behindert teilweise aber auch ein Messeziel die Realisation eines anderen Ziels (**Zielkonkurrenz**), indem beispielsweise durch eine Messe das Image eines innovativen Unternehmens geprägt wird, während parallel dazu PR-Maßnahmen aufgrund eines Firmenjubiläums die Tradition des Unternehmens betonen und eher ein konservatives Image entsteht. Schließlich ist aber auch keine Korrelation zwischen den Messezielen und den Zielen der anderen kommunikationspolitischen Instrumente (**Zielneutralität**) möglich, wenn beispielsweise ein konkretes Umsatzziel für eine Messe festgelegt wird, während der Internetauftritt eines Unternehmens Informationsziele verfolgt.

Während die Fälle der Zielkomplementarität und Zielneutralität unproblematisch sind, entstehen bei Zielkonkurrenz Entscheidungsprobleme für das Unternehmen. Zur Lösung dieser Zielkonflikte werden auf der einen Seite die anvisierten Ziele in eine Rangordnung gebracht, die Aufschluss über zu verfolgende Haupt- und Nebenziele oder über die Gewichtung und Kombination gemäß unternehmensinternen Präferenzen geben. Auf der anderen Seite ist die Entwicklung eines **hierarchischen Messezielsystems** in Betracht zu ziehen. Hierbei werden die Global- oder Oberziele des Unternehmens, z. B. „Steigerung des Absatzvolumens", den Unternehmenszielen zugeordnet, währenddessen beispielsweise die Beeinflussung des Besuchs- und Informationsverhaltens der Standbesucher Instrumentalziele auf Messen darstellen. Die Grundlage eines solchen hierarchischen Messezielsystem sind nach *Steffenhagen/ Funke* (1986, S. 547):

- Definitorische Beziehungen zwischen Ober- und Teilzielen (Beispiel: der Deckungsbeitrag einer Veranstaltung als Oberziel ist definiert als Umsatz abzüglich variable Kosten, wobei diese Komponenten als untergeordnete Ziele zu sehen sind).

- Vermutete oder empirisch ermittelte Ursache-Wirkungs-Zusammenhänge (beispielsweise wurde empirisch ermittelt, dass der Kauf eines Produktes in hohem Maße von der Einstellung der Besucher gegenüber diesem abhängig ist).

- Bei ausstellerinternen Organisationsstrukturen wird die Konsistenz zwischen den Messezielen und den Zielen übergeordneter Organisationsbereiche (Marketing-, Kommunikations- oder Werbebereich) sichergestellt.

4.2.2 Messezielrelevante Konsequenzen der Messebeteiligung

Die Konsequenzen messebezogener Unternehmensaktivitäten lassen sich in drei Kategorien einteilen, wie Schaubild III-H-17 zeigt. Im Rahmen der Messeaktivitäten ist seitens der Aussteller zunächst auf die Entstehung von **Kontakten** bzw. **Kontaktchancen** bei der anvisierten Besucherzielgruppe mit dem Stand bzw. Standpersonal abzuzielen. Weiterhin ist zu konkretisieren, welche **Wirkungen** bei den Standbesuchern als Reaktion auf die Aktivitäten des Unternehmens zu erzielen sind. Schließlich ist noch der Beitrag der messebezogenen Aktivitäten zu **übergeordneten Konsequenzen**, z. B. die Erreichung absatzpolitischer Konsequenzen, zu bestimmen (*Steffenhagen* 1993, S. 289). Diese **ökonomischen Größen** werden jedoch durch den gesamten Marketingmix determiniert, so dass der Beitrag von Messen und Ausstellungen zu deren Zielerreichung in der Regel nicht klar ermittelt wird. Aus dieser Zurechenbarkeitsproblematik ergibt sich ein Mangel an Reagibilität und selektiver Steuerungskraft, der ökonomische Größen zur Zielformulierung spezifischer Kommunikationsinstrumente und damit

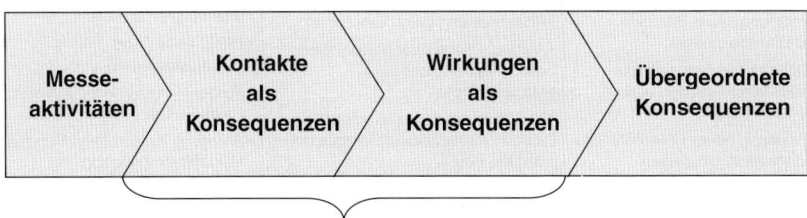

Ansatzpunkte zur Ableitung von Messezielen

*Schaubild III-H-17: Messezielrelevante Konsequenzen der Messebeteiligung
(in Anlehnung an Steffenhagen 1993, S. 289)*

auch von Messen und Ausstellungen wenig geeignet erscheinen lässt (*Steffenhagen* 1993, S. 287; *Kroeber-Riel/Weinberg/Gröppel-Klein* 2009, S. 32 ff. vgl auch Abschnitt III-B-4.2.2). Eine Ausnahme bietet die Erzielung von Einnahmen, die in direktem Bezug zu Messen und Ausstellungen stehen (z. B. Eintrittsgelder, Verzehr). Diese Ziele sind für Unternehmen meistens jedoch nicht von strategischer Bedeutung und ihre Realisierung bedarf keiner bewussten Messestrategie. Auf sie wird aus diesem Grund im Folgenden nicht näher eingegangen.

Auch die Formulierung von **Kontaktzielen** ist nicht als vorrangiges Ziel von Messen und Ausstellungen, sondern als notwendige Voraussetzung zur Erzielung von Wirkungen bei den einzelnen Standbesuchern zu sehen.

Zu einer klaren Definition von angestrebten Wirkungen bei den Messebesuchern als Reaktion auf den Standbesuch bedarf es zunächst einer eindeutigen Trennung von Zielen und Messeaktivitäten. In der Praxis sind vielfach unzureichende Zielformulierungen festzustellen. Häufig anzutreffen sind Zielformulierungen wie „Werbung beim Weiterverarbeiter" oder „Präsentation eines neuen Verfahrens". Die Vorführung eines neuen Produktes oder Verfahrens stellt jedoch kein Ziel, sondern die Aktivität auf einer Messe dar. Im Rahmen der Zielformulierung stehen demzufolge psychologische Kommunikationsziele und vor allem die angestrebten Verhaltensweisen der Messebesucher als Konsequenz auf die Messeaktivitäten des Ausstellers im Vordergrund. Diese **psychologischen Kommunikationsziele** sind dabei in die drei Kategorien kognitiv-, affektiv- sowie konativ-orientierte Kommunikationsziele aufzuteilen, wie sie Schaubild III-H-18 darstellt.

Kognitiv-orientierte Ziele von Messen und Ausstellungen sind darauf ausgerichtet, die Informationsaufnahme, -verarbeitung und -speicherung der Messebesucher zu beeinflussen, ohne unmittelbar handlungssteuernd zu wirken. Beispielsweise wird durch die bewusste Platzierung visueller Informationseinheiten am Messestand und deren aktivierende Gestaltung die **Informationsaufnahme** der Messebesucher positiv beeinflusst. Zudem werden im Verlauf persönlicher Gespräche zwischen Messebesuchern und Standpersonal oder durch die Verteilung beispielsweise von Produktproben während einer Messe die **Wahrnehmung des Leistungsangebotes** oder **unternehmens-** bzw. **leistungsbezogene Kenntnisse** verbessert. Insgesamt werden Informationen, die im Kontext einer Messe oder Ausstellung durch emotionales Erleben vermittelt werden oder auf eigenen Erfahrungen der Messebesucher beru-

Kognitiv-orientierte Ziele	Affektiv-orientierte Ziele	Konativ-orientierte Ziele
• Vermittlung von Wissen über das Unternehmen, seine Dienstleistungen und Produkte • Vorbereitung von Produkteinführungen • Vorstellung neuer Produkte und Dienstleistungen • Erhöhung des Bekanntheitsgrades von Produkten und Dienstleistungen • Vermittlung neuer Unternehmens- und Marketingstrategien • Kennenlernen der Mitarbeitenden durch die Kunden im persönlichen Dialog u.a.m.	• Emotionales Erleben von Unternehmen bzw. Marken • Integration der Marke und ihrer Inhalte in die Erlebniswelt des Rezipienten • Positionierung durch Emotionen • Aufbau, Pflege oder Modifikation des Unternehmens- bzw. Markenimages • Erreichen von Glaubwürdigkeit durch Eröffnen eines Dialoges mit den Kunden • Aufbau von Vertrauen im direkten Dialog zwischen Mitarbeitern und Messebesuchern u.a.m.	• Interessenten- und Neukundengewinnung • Festigung der Kundenbindung (Kontaktpflege, Reaktivierung inaktiver Kunden, Rückgewinnung ehemaliger Kunden) • Direktverkauf und Verkaufsförderung • Förderung von Wiederkauf und Cross Selling • Anregung zur positiven Mund-zu-Mund-Kommunikation • Aufbau und Pflege einer Beziehung zwischen Kunden und Unternehmen auf der Basis eines kollektiven Erlebnisses u.a.m.

Schaubild III-H-18: Zielgrößen von Messen und Ausstellungen

hen, meist besonders gut behalten (*Nufer* 2006, S. 136). Positiven Einfluss auf die Informationsaufnahme und -verarbeitung hat dabei das **Involvement** der Messebesucher. Für Messen und
Ausstellungen ist in der Regel von einem hohen prädispositionalen Involvement auszugehen,
da der Besuch einer Messe oder Ausstellung eigeninitiiert ist und es sich um eine bewusste
Aufmerksamkeitszuwendung handelt (*Nufer* 2006, S. 131 ff.).

Affektiv-orientierte Ziele werden durch Messen und Ausstellungen angestrebt, wenn Unternehmen den Erlebnischarakter einer Messe oder Ausstellung ausnutzen, um bestimmte **Emotionen** bei den Besuchern auszulösen, z. B. durch die Standgestaltung oder spezielle ShowEle-
mente auf dem Messestand. Darüber hinaus ist es möglich, durch Maßnahmen bestimmte
Einstellungen hinsichtlich eines Produktes zu formen, um dieses mit einem speziellen Image
zu versehen. Von zentraler Bedeutung ist in diesem Zusammenhang die Erzeugung eines
Imagetransfers von einer Messe oder Ausstellung auf das Unternehmen bzw. seine Marken
oder Produkte. Image stellt dabei ein Konstrukt dar, das neben einer affektiven auch über
eine kognitive und konative Dimension verfügt. Welche dieser Dimensionen durch Messen
und Ausstellungen letztlich stärker aktiviert wird, ist von der Ausgestaltung des Messestandes abhängig. Generell ist anzunehmen, dass Messen und Ausstellungen die Bildung **positiver Einstellungen** unterstützen, da sich die Teilnehmer zumeist in einer positiven Grundstimmung befinden, in der sie Positives bevorzugt wahrnehmen (*Nufer* 2006, S. 125).

Konativ-orientierte Ziele beziehen sich auf Handlungen bzw. Handlungsabsichten, die mit
dem Einsatz von Messen und Ausstellungen bei den Zielgruppen ausgelöst werden. Dementsprechend wird bei den Messebesuchern die Kaufabsicht oder der Inanspruchnahme
eines speziellen Produktes bzw. einer Dienstleistung geweckt. Hierbei ist zwischen konativen Zielen vor Beginn einer Messe zu unterscheiden sowie solchen, die während der Messe-
durchführung verfolgt werden. So wird in der Vorbereitungsphase einer Messe zunächst die
Kontaktherstellung zur anvisierten Zielgruppen angestrebt mit dem Ziel, diese zum **Besuch**
der Messe zu bewegen. Dieser Kontakt stellt die notwendige Vorstufe zur Erreichung der
folgenden Ziele dar. Eine Messe oder Ausstellung trägt beispielsweise dazu bei, dass bei den
Zielgruppen das Interesse an einem neuen Produkt geweckt wird, sie sich im Nachhinein
weiterführende Informationen über dieses Produkt besorgen und im Idealfall zu neuen Kunden werden. Neben der **Gewinnung neuer Kunden** nimmt die Festigung der **Beziehung zu
aktuellen Kunden** einen zentralen Stellenwert im Rahmen von Messen und Ausstellungen
ein. Durch die Interaktionsprozesse und den direkten Dialog zwischen den Messebesuchern
und dem Standpersonal lässt sich eine partnerschaftliche Beziehung etablieren sowie kontinuierlich weiterentwickeln, die eine verstärkte Kundenbindung bewirkt. Ein weiteres konatives Ziel besteht im Auslösen positiver **Mund-zu-Mund-Kommunikation** durch die Messebesucher, durch die wiederum das Image eines Unternehmens und sein Bekanntheitsgrad in
einem breiteren Bevölkerungskreis vorteilhaft beeinflusst werden.

Beispiel: Messeziele von *Sage bäurer GmbH*
Das Messeziel der *Sage bäurer GmbH* anlässlich der *CeBIT* im Jahre 2009 war es, die brandaktuelle
Open-Source-fähige dynamic Generation der erfolgreichen ERP-Lösung „b2" unter dem Messe-Mot-
to „We are open for Open Source" zu präsentieren und das Interesse der Messebesucher zu wecken.
Vor der Messe wurde durch Einladungsmailings zur Messe vor allem ein hohes Maß an Bekanntheit
und Aufmerksamkeit auf die Messeneuheiten angestrebt. Mit den Einladungen wurden die Gäste
zudem mit einem attraktiven Gewinnspiel, bei dem als Hauptgewinn ein Original *bäurer Mini Cabrio*
zu gewinnen war, auf die Messe „gelockt" (*Expodata* 2009).

4.3 Zielgruppen von Messen und Ausstellungen

4.3.1 Bedeutung der Zielgruppenplanung und Besuchertypologien von Messen und Ausstellungen

Im Rahmen der Zielfestlegung von Messen und Ausstellungen ist gleichzeitig vom ausstellenden Unternehmen zu präzisieren, welche **Zielgruppen** mit dem Messeengagement angesprochen werden. Eine konsequente Zielgruppenorientierung ist gerade vor dem Hintergrund eines steigenden Messeangebotes und steigender Kosten je Messebeteiligung gefordert, um einen effizienten Einsatz der Messebeteiligung zu gewährleisten. Durch die Ermittlung der Zielgruppen ist sicherzustellen, dass das Auftreten des Unternehmens auf der Messe auf die Bedürfnisse der anvisierten Besuchergruppe ausgerichtet ist und vorrangig diejenigen Segmente bearbeitet werden, bei denen ein hoher Zielerreichungsgrad zu realisieren ist (*Funke* 1987, S. 80).

Jedoch stellt sich die Zielgruppenplanung der Messebeteiligung vielfach als besonders problematisch heraus. Dies liegt vor allem daran, dass nur wenige Messeveranstalter **Untersuchungen über die Besucherstruktur** anstellen und somit zumeist nur wenig prägnante Informationen über die Messebesucher bereitstellen. Hier werden in erster Linie Besucherbefragungen durchgeführt, die wenig aussagekräftige personenbezogene Merkmale erheben. So führt die *FKM – Gesellschaft zur Freiwilligen Kontrolle von Messe- und Ausstellungszahlen –* regelmäßig so genannte **„Fachbesucher-Strukturtests"** mit Hilfe repräsentativer Befragungen für einzelne Veranstaltungen durch. Hierbei werden Kennzahlen der Veranstaltung, wie die Anzahl der Besucher und der Anteil der Fachbesucher, sowie Merkmale der Besucher, wie regionale Herkunft, Zugehörigkeit zu Wirtschaftszweigen, Entscheidungskompetenz, berufliche Stellung und Aufgabenbereich des Besuchers, seine Aufenthaltsdauer auf der Veranstaltung usw., erhoben (*FKM 2009*). Ein Beispiel hierfür ist in Insert III-H-2 wiedergegeben.

Eine Ermittlung der Besucherstruktur durch die *FKM* ist zwar zweifelsohne wünschenswert, jedoch nicht als ausreichend für die Zielgruppenplanung von Unternehmen anzusehen. Zum einen ist die Beschreibung der Besucher recht vordergründig gehalten, zum anderen knüpft eine solche Untersuchung in nur sehr geringem Maße an psychografischen Merkmalen bzw. Verhaltensmerkmalen der Besucher an. Hierbei hat sich ein Unternehmen in erster Linie an dem Nutzen des Besuchers zu orientieren, den dieser aus dem Messebesuch zieht. So ist es durchaus realistisch anzunehmen, dass die Vielzahl der Veranstaltungsbesucher unterschiedliche Absichten mit ihrem Aufenthalt verbinden.

Verschiedene Untersuchungen des *Spiegel Verlags* (1967; 1982; 1992) zeigen ein differenziertes **Entscheidungs- und Informationsverhalten der Messebesucher** auf Industrie- und Konsumgütermessen. Industriegütermessen als Informationsträger haben weniger Bedeutung in der Phase des endgültigen Kaufabschlusses, sondern werden vor allem in der Anregungs- und Suchphase von Industriegüterherstellern als nahezu ausschließliches Mittel der Vorinformation und Information von den Entscheidungsträger genutzt. Auf Konsumgütermessen ist dagegen die Informationsphase der Kaufentscheidungsträger als sehr kurz anzusehen. Hier steht eindeutig die Orderfunktion von Messen im Vordergrund, weswegen die ausstellenden Unternehmen vorwiegend mit Kaufentscheidungsträgern konfrontiert sind (*Meffert* 1993, S. 84; *Täger/Ziegler* 1984, S. 131).

In einer Studie des *Lehrstuhls für Marketing an der Universität Erlangen/Nürnberg* in Zusammenarbeit mit der *NürnbergMesse* zum **Verhalten der Besucher** auf Messen und Ausstellungen, deren Bedürfnisse und der Kundenorientierung im Messewesen wurden unter anderem im

CeBIT →Hannover

Basisdaten Fachbesucher		Zusatzdaten Fachbesucher	
Zahl der Besucher insgesamt	512 327	Wirtschaftszweige	%
		Hersteller von Hardware, Endgeräten,	
Anteil der Fachbesucher	73%	Infrastruktur	5
		TK-Dienstleistungen	10
Regionale Herkunft	%	Software- und Systemhäuser	8
bis 50 km	14	IT-Services, IT-Consultants	19
über 50 km bis 100 km	9	Handel	9
über 100 km bis 300 km	30	Dienstleistungen (v. Unternehmen u.	
über 300 km	48	freien Berufen)	12
		Energiewirtschaft	2
		verarbeitendes Gewerbe	9
Inland gesamt	78	Behörde/öffentliche Einrichtung	12

Inland				Zusatz	
Baden-Württemberg	7	Niedersachsen	32	Handwerk	3
Bayern	7	Nordrhein-Westf.	20	Baugewerbe	2
Berlin	5	Rheinland-Pfalz	2	Verkehr/Transport	3
Brandenburg	2	Saarland	1	Reise und Touristik	1
Bremen	2	Sachsen	3	Banken, Finanzdienstleister, Versicherungen	4
Hamburg	4	Sachsen-Anhalt	2	Gesundheitswesen und Medizintechnik	3
Hessen	7	Schleswig Holstein	4	Andere	1
Mecklenburg-Vorp.	1	Thüringen	2	Schüler/Studenten	12
				Andere nicht Berufstätige	1

Ausland gesamt		22	Einfluss bei Einkaufs-/Beschaffungs-	
davon	EU	60	entscheidungen	
	übriges Europa	11	Ausschlaggebend	28
	Nordamerika	3	Mitentscheidend	26
	Süd- und Mittelamerika	3	Beratend	20
	Vorder- und Mittelasien	5	Nicht beteiligt	13
	Ostasien	13	Schüler/Student	12
	Afrika	4	Andere nicht Berufstätige	1

Die fünf Länder mit den höchsten		Aufgabenbereich	
Besucheranteilen		Geschäfts-/Unternehmens-, Betriebsleitung	13
Niederlande	11	Forschung, Entwicklung, Konstruktion	10
Schweden	4	Planung, Arbeitsvorbereitung	4
Österreich	5	Fertigung, Produktion	4
Belgien	4	Fertigungs-, Qualitätskontrolle	2
Dänemark	5	Einkauf, Beschaffung	6
		Finanzen, Rechnungswesen, Controlling	5
		Informations-, Kommunikationstechnik (EDV)	40
Berufliche Stellung		Verwaltung, Organisation, Personal-,	
Selbstständiger Unternehmer, Teilhaber,		Sozialwesen, Aus- und Weiterbildung	9
freier Beruf	15	Marketing, Vertrieb, Werbung, PR	12
Geschäftsführer, Vorstandsmitglied		Lagerhaltung, Materialwirtschaft, Logistik,	
Behördenleiter o. ä.	10	Transport	2
Hauptabteilungsleiter, Prokurist	5	Wartung, Instandhaltung	4
Abteilungsleiter, Gruppenleiter	14	Anderer Bereich	2
Anderer Angestellter/Beamter	32	Schüler/Student	12
Facharbeiter	4	Andere nicht Berufstätige	1
Dozent, Lehrer, wissenschaftl. Mitarbeiter	2		
Auszubildender	5	Betriebsgröße: Zahl der Beschäftigten:	
Andere berufliche Stellung	-		
Schüler/Student	12		
Andere nicht Berufstätige	1		

Betriebsgröße: Zahl der Beschäftigten:				
1- 4	12	500- 999	7
5- 9	8	1000- 9 999	11
10- 49	16	10 000 und mehr	6
50- 99	9	Schüler/Student	12
100-199	9	andere nicht	
200-499	10	Berufstätige	1

Häufigkeit des Messebesuchs

2007	44
2006	42
frühere Veranstaltungen	5
erstmaliger Besuch	28

Aufenthaltsdauer
1. Aufenthaltsdauer (Tage):

ein	69	drei	7	fünf	1
zwei	17	vier	3	sechs	3

2. Durchschnittliche Aufenthaltsdauer 1,6 Tage

3. Besucherverteilung auf die Messetage:

1. Tag	25	3. Tag	35	5. Tag	22
2. Tag	32	4. Tag	31	6. Tag	15

Durchführung: Walter, Wissler & Partner, Basel

Insert III-H-2: Beispiel für Fachbesucher-Strukturtest 2008 der FKM (FKM 2009)

Rahmen einer Clusteranalyse die Besucher in Abhängigkeit von ihren individuellen Erwartungen an einen Messebesuch zu Gruppen ähnlicher Bedürfnisausprägungen zusammengefasst. Im Ergebnis konnten dabei letztlich sechs unterschiedliche, in sich homogene **Besuchertypen** identifiziert werden (*Grimm* 2001a, S. 11 ff.): Der Heavy Visitor, der konsumierende Informationssucher, der mobile Bindungsunwillige, der mobile Interaktionsorientierte, der Standortfixierte und der unterhaltungssuchende Eventfixierte.

(1) Die relativ größte Gruppe (25,1 Prozent) stellen dabei die **Heavy Visitor** dar. Der Begriff leitet sich ab vom Begriff des „Heavy User", der Konsumenten beschreibt, die ein Produkt häufig verwenden und damit höhere Kaufraten aufweisen. Heavy Visitor sind stark am Medium Messe interessiert, da sie Messen als wichtiges Informations- bzw. Kommunikationsmedium nutzen. Privat geprägte Besuchsmotive, wie Interesse an Events, existieren hier nicht. Bei einer Zielgruppendefinition wird der Heavy Visitor als zentrale Besuchergruppe eingestuft, da er vorab über das Ausstellerangebot informiert, gezielt an einer Messe teilnimmt und konkrete Wünsche in Bezug auf Geschäftsabschlüsse aufweist. Schließlich sind Heavy Visitor meist die Entscheidungsträger im Unternehmen.

(2) Dem unspezifisch konsumierenden **Informationssucher** (22,3 Prozent) sind Informationen jeglicher Art (Branchentrends, Innovationen usw.) willkommen, die jedoch nicht gezielt gesucht werden. Offensichtlich möchte sich dieser Besuchertyp in umfassender Breite und – anders als der Heavy Visitor – ohne einen konkreten Informationsbedarf informieren. Vertragsabschlüsse und weiter gehende Interaktionen mit Ausstellern sind nicht vorgesehen. Für Aussteller ist diese Gruppe interessant, da sie ein hohes Neukundenpotenzial aufweist.

(3) Der mobile **Bindungsunwillige** (17,4 Prozent) ist weder räumlich (Standort) noch emotional an eine Messe gebunden. Statt dessen bekundet er ein auffällig hohes Interesse an jeder Art von Telekommunikationsservices. Dieser Typ gilt somit als Adressat alternativer Informations- sowie Kommunikationsmedien und ist im Sinne der Messebindung als gefährdet und wenig bindungswillig einzustufen, da er konkrete Geschäftsabschlüsse oder den Aufbau neuer Geschäftsbeziehungen eher weniger anstrebt.

(4) Der vielseitig interessierte, mobile **Interaktionsorientierte** (16,2 Prozent) erwartet von einem Messebesuch vor allem persönliche Interaktion sowohl mit Geschäftspartnern als auch mit persönlichen Bekannten. Zugleich bekundet er ein Interesse am Gastronomie- und Unterhaltungsangebot sowie an Reiseservices.

(5) Der **Standortfixierte** (13,1 Prozent) ist nahezu ausschließlich am Standort einer Messe interessiert. Ein konkretes Interesse an Geschäftsabschlüssen liegt bei diesen Besuchern nicht vor, was ihre Attraktivität aus Sicht der Aussteller eher reduziert.

(6) Eine kleine Besucherzielgruppe (5,8 Prozent) stellt der unterhaltungssuchende **Eventfixierte** dar. Dieser Besuchergruppe gehören unter anderem Begleitpersonen aber auch Auszubildende an. Ein Interessenvergleich zeigt zudem, dass diese Besuchergruppe häufiger auf Konsumgüterfachmessen vertreten ist als auf Industriegüterfachmessen.

Durch die Aufstellung einer solchen **Typologie** wird verdeutlicht, dass die eine Messe aufsuchenden Besucher keine homogene Gruppe bilden, sondern unterschiedliche Segmente darstellen. Das ausstellende Unternehmen erhält hiermit einen Überblick über die bestehenden Besuchersegmente der von ihm ausgewählten Messeveranstaltungen. Die Anteile dieser einzelnen Segmente sind dabei je nach Veranstaltung unterschiedlich.

Anzumerken ist, dass im Rahmen der Zielgruppenplanung die messebezogenen Aktivitäten nicht nur auf aktuelle Käufergruppen auszurichten, sondern weitere Zielgruppen zu berücksichtigen sind, die entscheidend für den Erfolg der Messebeteiligung sind. In diesem Sinne werden weitere Zielgruppen unterschieden: die bestehenden Kunden, Interessenten, Journalisten und informationsorientierte Besucher (*Naumann* 1984, S. 164).

Während **bestehende Kunden** in diverse Zielsegmente nach den nachfolgend erwähnten Kriterien differenziert werden, stellen **Interessenten** potenzielle Käufer dar. Diese sind dem ausstellenden Unternehmen zwar zum Teil bekannt, es bestehen bisher allerdings noch keine Geschäftsbeziehungen.

Nützlich und förderlich ist ferner, auf einer Messe nicht nur die unmittelbaren Zielgruppen, sondern zugleich auch die Kreise zu treffen, die das Umfeld der direkten Zielgruppen bestimmen. **Journalisten** sind daher ebenfalls zu den Zielgruppen der Messeaktivitäten zu zählen, denn sie berichten in den Medien über die gesamte Messeveranstaltung sowie einzelne, besonders interessante Aussteller und beeinflussen somit die Meinung in der Öffentlichkeit entscheidend mit. Schließlich sind auch die **informationsinteressierten Besucher** und die **veranstaltende Messegesellschaft** zu berücksichtigen. Bei der ersten Gruppe ist an so genannte „VIPs" – Wissenschaftler, Politiker, Techniker – aber auch Besucher aus dem Konkurrentenkreis zu denken. Der Messeveranstalter ist dagegen nicht als eine Zielgruppe der unternehmensbezogenen Aktivitäten, sondern als Partner bei der Messeplanung zu sehen. Dieser gibt wertvolle Informationen bezüglich der Zielrichtung der Besucherwerbung, der geplanten Rahmenveranstaltung, der Presseaktivitäten, der Besucheranalysen und Unterstützung beim Einladungsservice.

4.3.2 Zielgruppenidentifikation und -beschreibung von Messen und Ausstellungen

Die Typologisierung von Besuchergruppen verdeutlicht, dass sich die Besucherschaft hinsichtlich ihrer Anforderungen, Bedürfnisse und Besuchsmotive zum Teil deutlich voneinander unterscheiden. Sie gibt folglich eine Hilfestellung bei der Erfassung alternativer, bereits bestehender Besuchersegmente. Um eine differenziertere **Segmentierung der Messebesucher** zu erhalten, ist allerdings eine detaillierte Abgrenzung der Nachfragerschaft vorzunehmen, welche anhand von Segmentierungskriterien auf zwei unterschiedlichen **Ebenen** erfolgt (*Funke* 1987, S. 85):

- Auf der ersten Ebene findet zunächst eine Segmentierung der Besucher aller Veranstaltungen statt.

- Die zweite Ebene bezieht sich speziell auf die Segmentierung der Besucher einer Veranstaltung.

Aus Gründen der Konsistenz und Kontinuität sind für jede Veranstaltung die gleichen Segmentierungskriterien heranzuziehen, wobei veranstaltungsspezifisch zusätzliche Kriterien mit einbezogen werden. Das Ausmaß an Differenzierung bzw. die **Detailliertheit der Segmentierungskriterien** variiert somit markt- und messespezifisch. Hinsichtlich der dabei einzubeziehenden Segmentierungskriterien lassen sich personenbezogene, organisationsbezogene und Segmentierungskriterien für internationale Märkte unterscheiden.

Die Vielzahl einschlägiger **personenbezogener Segmentierungskriterien** wird dabei in vier Kategorien untergliedert:

(1) Demografische Merkmale: Alter, Geschlecht u. a. m.,
(2) Sozioökonomische Merkmale: Einkommen, soziale Schicht u. a. m.,
(3) Psychografische Merkmale: Kenntnisse, Interessen, Einstellungen u. a. m.,
(4) (Beobachtbare) Verhaltensmerkmale: Informations-, Orderverhalten u. a. m.

Im Rahmen des Industriegütermarketing werden zusätzlich **organisationsbezogene Segmentierungskriterien** herangezogen. Dabei wird im Allgemeinen ein dreistufiger Ansatz verfolgt (*Funke* 1987, S. 87):

(1) Auf der ersten Stufe erfolgt die Segmentierung anhand organisationsbezogener Kriterien, wie firmendemografische Merkmale (Unternehmensgröße, Branche, Standort, u. a. m.), ökonomische Merkmale (Finanzkraft, Bestandsdaten, u. a. m.), psychografische Merkmale (Kenntnisse, Interessen, Einstellungen, Handlungsabsichten, u. a. m.) und Verhaltensmerkmale (Kaufverhalten, Produktionsverfahren, Produktverwendungsverhalten, u. a. m.).

(2) Hierauf aufbauend werden auf der zweiten Stufe die Merkmale des Entscheidungskollektivs (Buying Center) betrachtet.

(3) Auf der dritten Stufe erfolgt schließlich die Segmentierung anhand der Merkmale der entscheidungsbeteiligten Personen.

Wird vom Unternehmen darüber hinaus eine Beteiligung an Messen und Ausstellungen im Ausland verfolgt, sind zusätzliche **Segmentierungskriterien (Umfeldmerkmale) für internationale Märkte** heranzuziehen. Dabei werden natürliche und technische Merkmale, wie die Verfügbarkeit natürlicher Ressourcen, Klima, Topographie, Infrastruktur, Grad der Verstädterung, technischer Entwicklungsstand sowie politisch-rechtliche Merkmale, wie Wirtschafts- und Gesellschaftsordnung, politische Stabilität, Gesetzgebung und Wirtschaftspolitik, unterschieden. Weiterhin werden länderbezogene sozioökonomische Kriterien, wie Lebensstandard, Bruttosozialprodukt, Bevölkerungszahl und soziokulturelle Kriterien, wie Sprache, Religion, Normen- und Wertesysteme, einbezogen (*Meffert/Bolz* 1998, S. 108 ff.).

Insert III-H-3 stellt den Erfolg der zielgruppenspezifisch ausgerichteten Fachmesse „*ITB Berlin*" dar.

4.3.3 Zielgruppenauswahl von Messen und Ausstellungen

Im Anschluss an die Segmentierung der gesamten Besucherschaft erfolgt die Auswahl der zu bearbeitenden Messezielgruppe, da nicht alle Messebesucher aus Sicht der Unternehmen die gleiche Bedeutung einnehmen. Hierbei lassen sich grundsätzlich zwei Vorgehensweisen unterscheiden, d. h. die Zielgruppenauswahl geschieht entweder perioden- oder veranstaltungsweise (*Funke* 1987, S. 87):

(1) Bei einer **periodenweisen Festlegung** findet in der Regel eine veranstaltungsübergreifende Betrachtung der Besuchergruppe statt. Dabei werden aus der periodenweisen Bestimmung der Zielgruppe ebenfalls Hinweise für die Eignung einer Veranstaltung aus Unternehmenssicht abgeleitet. Im Idealfall stimmt die anvisierte Messezielgruppe mit den Besuchern einer Veranstaltung überein.

(2) Bei einer **veranstaltungsweisen Zielgruppenentscheidung** bestehen zwei Handlungsalternativen. Zum einen wird aus Kontinuitätsgründen bei jeder Veranstaltung jeweils die gleiche Zielgruppe ausgewählt, zum anderen orientiert sich die Zielgruppenauswahl auch an den Besonderheiten der einzelnen Veranstaltung. Beispielsweise ist es durchaus denkbar und einleuchtend, dass bei einer Ausstellung für ein breites Publikum eine andere Zielgruppenplanung vorzunehmen ist als bei einer Fachbesuchermesse.

Die Notwendigkeit einer Priorisierung und Eingrenzung der mit unterschiedlichen Messebeteiligungen zu bearbeitenden Zielgruppen ergibt sich für Unternehmen zwangsläufig aufgrund interner Restriktionen hinsichtlich finanzieller und personeller Ressourcen. Bestünden keinerlei Restriktionen, würde ein Unternehmen theoretisch sämtliche Zielgruppen mit höchster Intensität bearbeiten und auf diese Weise eine Maximierung des Nutzens seiner Messebeteiligungen anstreben. In der Realität ist jedoch eine Priorisierung der Zielgruppen vorzunehmen, die sich sowohl damit auseinander setzt, welche Zielgruppen mit welchen Maßnahmen zu bearbeiten sind, als auch, in welchem Umfang die Maßnahmen bei einzelnen Zielgruppen einzusetzen sind. Hierfür empfiehlt sich die Aufstellung eines Kataloges, der zentrale **Kriterien der Zielgruppenauswahl** definiert. Folgende ökonomische und außerökonomische Kriterien bieten sich in diesem Kontext an:

- **Messezielbezogener Nutzen der Zielgruppen:** Der messezielbezogene Nutzen spiegelt den Grad der Realisierung der Beteiligungsziele bei den diversen Zielgruppen wider. Verfolgt

Eröffnungspressekonferenz der ITB Berlin live online

Globales Interesse an der weltweit bedeutendsten Reisemesse: Die Eröffnungspressekonferenz zur ITB Berlin am 10. März 2009 wird erstmals im Internet live auf www.itb-berlin.de übertragen – Neuer Service für Journalisten beim ITB Berlin Kongress: individuelle Pressegespräche mit Top Speakern

Mit einem Mausklick aus aller Welt live dabei. Die Eröffnungspressekonferenz der ITB Berlin wird am Dienstag, dem 10. März 2009, erstmals live im Internet übertragen. Auf www.itb-berlin.de können Journalisten die Pressekonferenz nicht nur passiv verfolgen: Von 11 bis 12 Uhr können Medienvertreter ihre Fragen über das Internet auch direkt an die Teilnehmer der Veranstaltung richten. Der Zugang zum Livestreaming ist direkt über die Startseite ohne gesondertes Einloggen möglich. Rede und Antwort stehen Klaus Laepple als Präsident des Bundesverbandes der Deutschen Tourismuswirtschaft e.V. (BTW) und Präsident des Deutschen ReiseVerbands e.V. (DRV) und Dr. h.c. Fritz Pleitgen, Vorsitzender der Geschäftsführung der RUHR.2010 GmbH sowie Dr. Christian Göke, Geschäftsführer der Messe Berlin.

„In ihrer Rolle als globale Leitmesse der internationalen Reiseindustrie und aktuelles Konjunkturbarometer ist die ITB Berlin weltweit für Medien von größtem Interesse. Mit diesem neuen Service tragen wir der Nachfrage von Medienvertretern aus aller Welt Rechnung, die über den Auftakt der ITB Berlin aktuell berichten wollen und nicht vor Ort dabei sein können", so Michael T. Hofer, Leiter Presse- und Öffentlichkeitsarbeit der Unternehmensgruppe Messe Berlin.

Neuer Presseservice beim ITB Berlin Kongress

Eine weitere Neuerung der Kommunikationsstrategie auf der ITB Berlin sind individuelle Pressegespräche mit hochrangigen Referenten des ITB Berlin Kongresses. Aufgrund des starken Interesses der Journalisten in den vergangenen Jahren bietet die ITB Berlin erstmals Medienvertretern die Möglichkeit, mit ausgewählten Rednern des ITB Berlin Kongresses unmittelbar nach dem entsprechenden Vortrag beziehungsweise der Podiumsdiskussion, Interviews zu führen. Die jeweiligen Gespräche finden im Raum "Media Briefing" in Halle 7.1b statt. Informationen über die Redner und Termine sind auf www.itb-berlin.de/presse zu finden. Auf dem Programm des weltweit größten Fachkongresses der globalen Reiseindustrie stehen rund 80 hochkarätige Veranstaltungen zu topaktuellen Themen mit 250 prominenten Experten aus Wirtschaft und Wissenschaft. Mehr unter www.itb-kongress.de.

ITB Berlin und ITB Berlin Kongress

Die ITB Berlin findet von Mittwoch bis Sonntag, 11. bis 15. März 2009 statt. Von Mittwoch bis Freitag ist die ITB Berlin für Fachbesucher geöffnet. Parallel zur Messe läuft der ITB Berlin Kongress von Mittwoch bis Samstag, 11. bis 14. März 2009. Das vollständige Programm ist unter www.itb-kongress.de abrufbar.

Partner des ITB Berlin Kongresses sind die Fachhochschule Worms und das Marktforschungsunternehmen der Reiseindustrie PhoCusWright Inc. mit Sitz in der USA. Co-Host des diesjährigen ITB Berlin Kongresses ist die Türkei. Weitere Sponsoren des ITB Berlin Kongresses sind Top Alliance für den VIP-Service, hospitalityInside.com als Medienpartner des ITB Hospitality Days und die Flug Revue als Medienpartner des ITB Aviation Days. Die Planeterra Foundation ist Premium-Sponsor des ITB Corporate Social Responsibility Days und Gebeco ist Premium-Sponsor des ITB Tourism and Culture Days. TÜV International ist Basic-Sponsor der Veranstaltung "Practical Aspects of CSR". Kooperationspartner der ITB Business Travel Days sind: Air Berlin PLC & Co. Luftverkehrs KG, Verband Deutsches Reisemanagement e.V. (VDR), Vereinigung Deutscher Veranstaltungsorganisatoren e.V., HSMA Deutschland e.V., Deutsche Bahn AG, geschaeftsreise1.de, hotel.de, Kerstin Schaefer e.K. – Mobility Services und Intergerma. Air Berlin ist Premium Sponsor der ITB Business Travel Days 2009.

Insert III-H-3: Beispiel für eine globale Leitmesse („ITB Berlin") (Messe Berlin 2009)

ein Unternehmen mit seiner Messebeteiligung beispielsweise die Erhöhung seines Bekanntheitsgrades in der allgemeinen Bevölkerung, so ist eine andere Zielgruppenpriorisierung vorzunehmen als im Fall einer Beziehungspflegestrategie zu den Fachbesuchern.

- **Kommunikationsbedürfnisse der Zielgruppen:** Im Sinne einer beziehungsorientierten Ausrichtung der Kommunikationspolitik erfordert die Priorisierung der Zielgruppen auch eine Berücksichtigung der zielgruppenspezifischen Kommunikationsbedürfnisse. Von Interesse ist beispielsweise, ob die potenziellen Messezielgruppen einen persönlichen Dialog mit dem Standpersonal wünschen, wie im Fall von Fachbesuchern auf Ordermessen, ob sie sich über das Internet über die Messeaktivitäten informieren oder ob sie die Messebeteiligung in erster Linie passiv durch die Wahrnehmung der Standgestaltung erleben (beispielsweise Privatpersonen auf eine Publikumsmesse). Entsprechend dieser Bedürfnisse bieten sich unterschiedliche Maßnahmen für die Erreichung der Zielgruppen an.

- **Relative Umsatzbedeutung der Zielgruppen:** Aus der relativen Umsatzbedeutung geht hervor, wie wichtig eine Zielgruppe im Vergleich zu anderen Zielgruppen für den Umsatz des Unternehmens ist. In der betriebswirtschaftlichen Praxis stellen derartige umsatzbezogene Kundenanalysen einen verbreiteten Analyseansatz dar (*Grimm* 2004, S. 99 f.). Je mehr Bedeutung der Zielgruppe in diesem Sinne zukommt, desto „lohnenswerter" ist der Einsatz aufwändiger Messbeteiligungen.

- **Besucherwert:** Im Kontext des Beziehungsmarketing kommt dem Besucherwert zur Bewertung von Besuchern eine wesentliche Bedeutung zu. Mit dem Besucherwert werden die für „traditionelle" bilaterale Beziehungen geltenden Kunderwertfaktoren auf die Beziehungstriade im Messewesen zwischen Messeveranstalter, Aussteller und Besucher übertragen (*Grimm* 2004, S. 99 f.).

Die endgültige Auswahl der Zielgruppen bzw. der Priorisierung von Zielgruppen und Maßnahmen wird sich letztlich an einem Mix der hier vorgestellten Kriterien orientieren.

Beispiel: Ziele und Zielgruppen der Messeengagements der *EnBW*
Die Veränderung der Kommunikationsziele für Messen und Ausstellungen basiert auf der sich rasant verändernden Fokussierung der mit diesem Kommunikationsmittel erreichbaren Zielgruppen.

Bei der **Endkunden-B2C-Kommunikation** entwickelt sich der Messebesuch immer mehr zu einem Multi-Purpose-Instrument zur Befriedigung unterschiedlicher teilweise konkurrierender Zielsetzungen:

- Informationsgewinnung über Produkte,
- Preis- und Angebotsvergleiche bei Anbietern,
- Entertainment für die Familie,
- Treffpunkt für Gleichgesinnte.

Die Zielgruppe **Industrie- und Geschäftskunden (B2B)** tendiert in eine ähnliche Richtung, hat jedoch immer mehr das Problem zu bewältigen, die Vielfalt der angebotenen Märkte (Messen) im Sinne einer ökonomischen Optimierung (Kostendruck) zu evaluieren.
Das Unternehmen *EnBW – Energie-Vertriebsgesellschaft mbH* trägt diesen unterschiedlichen Zielgruppenanforderungen durch eine sehr differenzierte Kommunikation Rechnung:

- Ein Low-Interest-Produkt wie Strom ist emotional aufzuladen, um es in den Fokus der Zielgruppe zu bringen (gilt für beide Zielgruppen).

- Strom ist nicht materiell und durch seine Allgegenwart im täglichen Leben als Produkt für den Kunden nicht markenspezifisch differenzierbar. Vergleichbar mit dem Telekommunikationsmarkt werden „Ad-Ons" geschaffen (wie beispielsweise MMS oder SMS). Dieser Zusatznutzen wird dann als Produkt oder Markenwelt platziert (z. B. Strom ist gelb (*Yello*) oder *Night-Active*: der Strom für nachtaktive Kunden).

- Kundengruppen sind zu segmentieren und zu typologisieren, um ihre Interessen besser aufzugreifen. So war die *EnBW* der erste Aussteller auf Fachausstellungen wie die *Brau* in Nürnberg (Getränkeindustrie) oder der *K* in Düsseldorf (Kunststoffindustrie).

- Es sind zusätzliche Anreize zu setzen, um Kunden auf den Messestand zu locken. Beispielsweise wurde von der *EnBW* zur *Hannover Messe Industrie* ein mehrstufiges Mailing entwickelt, das den Kunden durch eine Dramaturgie und offene Optionen neugierig macht.

- Auf dem Stand ist diese Spannung aufrecht zu erhalten. Beispielsweise veranstaltete die *EnBW* anlässlich der *Hannover Messe* mit ihren Besuchern ein Wettspiel mit hohem körperlichen Einsatz. Mit einem Spinning-Rad wurde ein Parcours gefahren, und der Tagesbeste konnte einen wertvollen Preis entgegen nehmen. Stündlich erhielten alle Teilnehmer Updates ihres aktuellen Rankings per SMS auf ihr Mobiltelefon übertragen.

Generell ist zu bemerken, dass von allen Besuchern eine möglichst zielgruppenorientierte Ansprache besser wahrgenommen wird als generelle Informationen. Es besteht auch die Möglichkeit, Low-Interest-Produkte mit High Interest aufzuladen, indem innovative Technik oder Themen von hoher gesellschaftlicher Akzeptanz damit verbunden werden. So ist beispielsweise ein einfach konstruiertes Funktionsmodell einer Brennstoffzelle Anziehungspunkt auf den B2C- und B2B-Messen.

5 Strategien für Messen und Ausstellungen

5.1 Elemente einer Strategie von Messen und Ausstellungen

Im Anschluss an die Bestimmung des Messezielsystems und der Zielgruppen von Messen und Ausstellungen ist vom ausstellenden Unternehmen die zu verfolgende Messestrategie festzulegen. Dabei sind von ausstellenden Unternehmen die zentralen Fragestellungen einer Messebeteiligung anhand eines **Paradigmas der Messebeteiligungsentscheidung** zu beantworten (*Danne* 2000, S. 24):

- Was wird mit einer Beteiligung (Messebeteiligungsziele),
- An welchen Messetyp(en) (Messeauswahl),
- Wie (Messebeteiligungsform),
- Zu welchen Kosten und
- Mit welchen Wirkungen (Messebeteiligungserfolg) erreicht?

Eine **Messestrategie** beinhaltet dabei die bewusste und verbindliche Festlegung mittel- bis längerfristiger Verhaltenspläne, die zum einen den Strategierahmen konkretisieren (Objekt, Botschaft, Zielgruppen und Intensität von Messenbeteiligungen) sowie zum anderen die Strategie inhaltlich festschreiben (beispielsweise Messetyp). Die insgesamt sechs **Elemente** einer Strategie von Messen und Ausstellungen sind in Schaubild III-H-19 schematisch aufgeführt.

Bei der Bestimmung des **Objektes** von Messen und Ausstellungen geht es um die Entscheidung, wer als offizieller Träger in Erscheinung tritt, d. h. ob das Unternehmen, bestimmte Dach-, Familien- oder ausschließlich Einzelmarken kommuniziert werden. Mit der **Messebotschaft** werden die zentralen zu transportierenden Inhalte definiert. Als Entscheidungs-

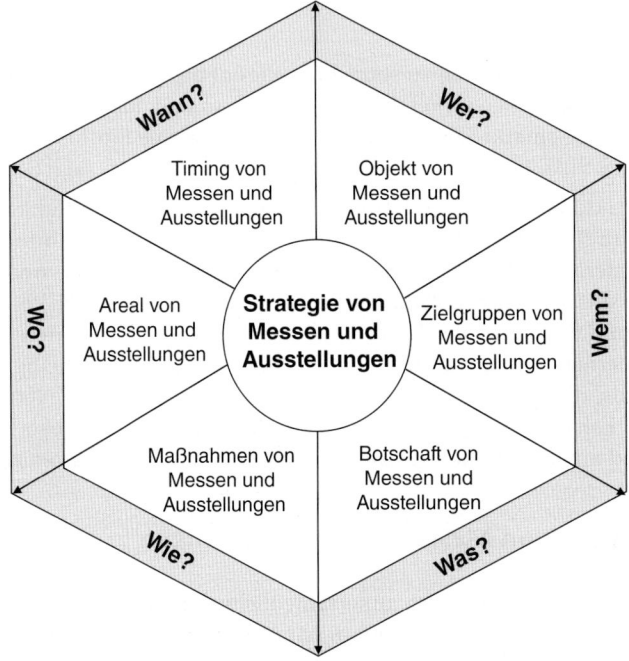

Schaubild III-H-19: Elemente einer Strategie von Messen und Ausstellungen

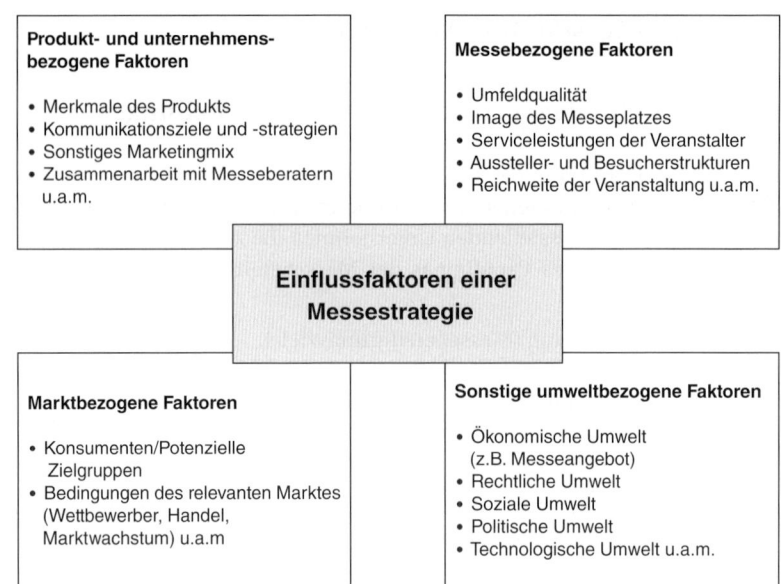

Schaubild III-H-20: Kontingenzmodell der Messebeteiligungsplanung (Meffert 1993, S. 81)

grundlage für die Botschaftsgestaltung lässt sich die angestrebte Positionierung des Kommunikationsobjektes heranziehen bzw. die Ziele, die mit der Messebeteiligung verfolgt werden. Festzulegen ist in diesem Kontext auch die Tonalität der Botschaft; insbesondere, ob eher ein emotionaler oder rationaler Grundton verfolgt wird. Mit dem **Areal** von Messen und Ausstellungen legt ein Unternehmen fest, ob es seine Messeaktivitäten primär regional, überregional oder sogar international ausrichtet.

Daneben sind die **Einflussfaktoren** zu betrachten, die auf die verfolgte Messestrategie einwirken und somit relevant für den weiteren Planungsprozess sind. Hierbei werden produkt- und unternehmens-, messe-, markt- sowie sonstige umweltbezogene Einflussfaktoren unterschieden (*Meffert* 1993, S. 81). Eine Übersicht über die einzelnen Faktoren zeigt Schaubild III-H-20.

Über alle diese Faktoren werden im Rahmen der messebezogenen Situationsanalyse unternehmensinterne und -externe Daten beschafft und hinsichtlich ihres Informationsgehaltes analysiert. Besonders relevant sind dabei Informationen über produkt- und unternehmensbezogene Einflussgrößen. Hierzu zählen neben den Produktmerkmalen ebenso die kommunikativen Ziele und Strategien der Unternehmung sowie die verfügbaren finanziellen und unternehmensinternen Voraussetzungen zur Realisation der Messebeteiligung wie die Anzahl des Personals, die Qualität der Serviceunternehmen usw. Des Weiteren sind auch die messebezogenen Faktoren wie die Bedeutung des Messeplatzes, die Besucherstruktur usw. zu betrachten und mit den markt- und umfeldbezogenen Einflussfaktoren zu gewichten.

5.2 Strategietypen von Messen und Ausstellungen

Aus der Messestrategie ergeben sich unterschiedliche **Marktbeteiligungsstrategien**. Dabei wird grundsätzlich zwischen der **Beteiligungsstrategie** und der messebezogenen **Kommunikationsstrategie** des Unternehmens unterschieden. Wurde über eine generelle Beteiligung bei Messen und Ausstellungen entschieden, ist zu überlegen, bei welchen Veranstaltungen eine

Teilnahme erfolgt. Gleichzeitig ist bei der Messestrategie weiterhin über die Kommunikationsstrategie des Ausstellers nachzudenken.

5.2.1 Beteiligungsstrategien von Messen und Ausstellungen

Im Rahmen der **veranstaltungsbezogenen Beteiligungsentscheidung** erfolgt die Strategiefestlegung vor dem Hintergrund festgelegter Messeziele anhand von zwei Dimensionen. Die erste Dimension bezieht sich dabei auf die Anzahl der zu besuchenden Messen, während die zweite Dimension auf die Anzahl der zu bearbeitenden Zielgruppen abhebt. Hinsichtlich der ersten Dimension ist somit darüber zu befinden, ob das Unternehmen an wenigen, jedoch relevanten Veranstaltungen teilnehmen will (**Konzentrierte Beteiligungsstrategie**) oder, ob eine Beteiligung an vielen, zum Teil recht unterschiedlichen Messen vorteilhafter erscheint (**Diversifizierte Beteiligungsstrategie**). Hinsichtlich der zweiten Dimension konzentriert das ausstellende Unternehmen seine Messeaktivitäten auf ein bestimmtes Zielsegment (**Standardisierungsstrategie**) oder aber auch auf die differenzierte Ansprache einzelner Besuchersegmente (**Differenzierungsstrategie**). Aus der Kombination dieser Entscheidungsdimensionen werden vier Typen von Beteiligungsstrategien abgeleitet (*Meffert* 1993, S. 84 ff.), wie Schaubild III-H-21 veranschaulicht.

Eine **konzentrierte Beteiligungsstrategie** empfiehlt sich für diejenigen Unternehmen, die relativ ähnliche Besuchersegmente auf einigen wenigen Veranstaltungen selektiv bearbeiten wollen. Eine solche Strategie wird vor allem von kleinen und mittleren Unternehmen verfolgt (*Ifo* 1991, S. 16 ff.), da diese zum einen nur über begrenzte Ressourcen, zum anderen ein wenig differenziertes Leistungsangebot verfügen.

Eine **diversifizierte Beteiligungsstrategie** ist vor allem dann sinnvoll, wenn die Zielgruppe des Ausstellers auf vielen verschiedenen Veranstaltungen anzutreffen ist. Durch dieses umfassende Messeengagement ist er in der Lage durch mehrfache (persönliche) Kontakte mit den Kundengruppen auf diversen Messen Beziehungen zu diesen aufbauen und zu pflegen. Ein weiterer Grund für eine diversifizierte Strategie ist in der Ansprache neuer Zielsegmente zu sehen, die aufgrund des bisherigen Messeengagements nicht erreicht werden konnten. Dies gilt sowohl für nationale als auch insbesondere für die Beteiligung an bisherigen oder neu gegründeten Messen im Ausland zur Erschließung neuer Märkte (*Meffert* 1993, S. 85).

Die hier betrachteten Beteiligungsstrategien gehen von der Sicht eines einzelnen Unternehmens aus. Im Zusammenhang mit einer Messebeteiligung ist auch an eine **Kooperationsstrategie** zu denken, indem sich Unternehmen durch eine horizontale (z. B. mit ähnlichen Unternehmen) oder vertikale Kooperation (z. B. mit Lieferanten) gemeinsam an einer Messe beteiligen.

Anzahl Zielgruppen / Anzahl Messen	Wenige	Viele
Wenige	Konzentrierte Standardisierungsstrategie	Diversifizierte Standardisierungsstrategie
Viele	Konzentrierte Differenzierungsstrategie	Diversifizierte Differenzierungsstrategie

Schaubild III-H-21: Typen von Beteiligungsstrategien (Meffert 1993, S. 85)

5.2.2 Kommunikationsstrategien von Messen und Ausstellungen

Im Rahmen der Strategiefestlegung für Messen und Ausstellungen hat sich das Unternehmen jedoch nicht nur Gedanken bezüglich seiner Beteiligungsstrategie zu machen, sondern ebenfalls seine Kommunikationsstrategie für die beschickten Messen und Ausstellungen zu präzisieren. Die Formulierung der messebezogenen Kommunikationsstrategie ist dabei vor dem Hintergrund einer Integrierten Unternehmens- und Marketingkommunikation an der bereits festgelegten Kommunikationspolitik des Unternehmens auszurichten. Dies bedeutet jedoch nicht, dass diese mit der Kommunikationsstrategie des Unternehmens vollständig übereinzustimmen hat. Vielmehr weicht teilweise die messebezogene Kommunikationsstrategie hinsichtlich der gesetzten Messeziele und der anvisierten Messezielgruppe von dieser ab. Die Frage nach der konkret zu verfolgenden Messestrategie ist folglich nur im Einzelfall zu unterscheiden. Allerdings werden auch bei der Festlegung der messebezogenen Kommunikationsstrategie verschiedene Strategietypen verfolgt (*Bruhn* 2010a, S. 245 ff.).

Eine messebezogene **Bekanntmachungsstrategie** zielt darauf ab, das ausstellende Unternehmen bzw. ausgestellte Produkte auf der Messe den anvisierten Besuchergruppen bekannt zu machen. Eine solche Strategie wird vor allem von solchen Unternehmen verfolgt werden, die sich erstmalig an einer Messe beteiligen oder sich nach längerer Pause wieder an einer Messe engagieren. Dabei bezieht sich die Bekanntmachungsstrategie zum einen auf die Präsenz des Unternehmens, zum anderen auch auf neu vorzustellende Produkte oder Dienstleistungen.

Dagegen steht bei der Verfolgung einer **Informationsstrategie** die Aufklärung über bestimmte Produktvorteile oder Serviceleistungen im Vordergrund. Demnach ist auch der Messestand informativ ausgerichtet. Beispielsweise ist hierbei an die Vergabe von Informationszetteln oder die Informationsvermittlung des Standpersonals im persönlichen Gespräch mit den Besuchern zu denken.

Bei einer **Imageprofilierungsstrategie** werden im Rahmen der Messebeteiligung spezielle Nutzendimensionen „in den Köpfen" der Besucher verankert. Diese beziehen sich beispielsweise auf die Dimensionen Natürlichkeit, Exklusivität oder Innovation. Demnach werden durch das Messeengagement bestimmte Einstellungen der Besucherzielgruppen gegenüber dem ausstellenden Unternehmen geformt. Dies geschieht auch dadurch, dass der Aussteller an spezifischen Themenmessen, wie beispielsweise „Sicherheit" oder „Energie", teilnimmt, um Imagedimensionen auf sein Unternehmen zu übertragen.

Die **Konkurrenzstrategie** als weiterer Strategietyp stellt konkurrenzunterscheidende Leistungsmerkmale wie Preis, Qualität, Garantiezeit, usw. der vorgestellten Produkte oder Dienstleistungen in den Vordergrund. Gerade auf Messen und Ausstellungen wird dies konsequent durchgeführt. Denn hier hat der Besucher direkte Vergleichsmöglichkeiten zwischen den einzelnen Anbietern.

Bei einer **Zielgruppenerschließungsstrategie** konzentriert sich der Aussteller auf die von ihm im Rahmen seiner Segmentierung anvisierten Besucherzielgruppen. Hierauf ist auch die Standgestaltung auszurichten, d. h., der Messestand ist im Hinblick auf die Anforderungen der Zielgruppen zu gestalten. Sind auf einer Computermesse beispielsweise vorwiegend junge Leute anzusprechen, besteht die Möglichkeit hauptsächlich multimediale Anwendungen in den Vordergrund zu stellen.

Schließlich zielt eine **Kontaktanbahnungsstrategie** auf die Schaffung neuer Kontakte ab. Hierdurch werden neue Zielpersonen angesprochen, die bisher noch nicht in Kontakt mit dem ausstellenden Unternehmen stehen. Dies erfolgt beispielsweise durch die Teilnahme an neuen Messen im Ausland. Insbesondere der Besuch von neu gegründeten Messen im Fernen

Osten bietet dem Aussteller die Möglichkeit, Kontakte mit dortigen Zielgruppen zu erlangen, die auf andere Weise nur schwer möglich zu realisieren sind.

Ebenfalls lässt sich eine **Beziehungspflegestrategie** durch Messen und Ausstellungen realisieren. Regelmäßige Messeauftritte bieten dem Unternehmen die Möglichkeit, den Kontakt mit den Zielgruppen zu pflegen. Vor allem bei Industriegüterherstellern dienen Messen und Ausstellungen dem Erhalt von Geschäftsbeziehungen, indem am Rande dieser Veranstaltungen Gespräche zu führen und Verträge abzuschließen sind.

Die Ausführungen verdeutlichen, dass im Rahmen der festzulegenden messebezogenen Kommunikationsstrategie nicht nur Entscheidungen über die kommunikative Ausrichtung des Messeengagements getroffen werden. Gleichermaßen wird auch über die Beteiligung an verschiedenen Messen befunden. Folglich erfolgen die Entscheidungen über die Beteiligung an diversen Veranstaltungen und die dort zu verfolgende Kommunikationsstrategie nicht getrennt. Vielmehr hat idealtypisch eine **simultane Strategiefestlegung** stattzufinden. Dies bedeutet, dass bereits bei der Beteiligungsentscheidung die bei dieser Veranstaltung zu verfolgende Kommunikationsstrategie zu bestimmen ist. Wenn beispielsweise die Teilnahme an einer neu gegründeten Messe im Ausland erfolgt, ist in erster Linie eine Bekanntmachungs- oder eine Kontaktanbahnungsstrategie ins Auge zu fassen. Im Gegensatz dazu haben sich Unternehmen in stagnierenden Branchen vorwiegend gegenüber der Konkurrenz im Rahmen einer Konkurrenzabgrenzungsstrategie zu profilieren. Die gesetzte Messestrategie liefert dabei wiederum den Rahmen für die Budgetierung von Messen und Ausstellungen.

6 Ökonomische Entscheidungen von Messen und Ausstellungen

Die Entscheidung über die letztlich zu besuchende Veranstaltung ist nicht nur in Abhängigkeit von den verfolgten Messezielen und strategischen Überlegungen, sondern insbesondere auch unter Berücksichtigung ökonomischer Überlegungen und Kalküle der Messebeteiligung zu treffen. Dazu sind zunächst die entstehenden Gesamtkosten der Messebeteiligung zu evaluieren. Hierauf aufbauend wird das zur Verfügung stehende Messebudget aufgestellt. Im Rahmen der Auswahl der Messebeteiligung beteiligt sich ein Unternehmen somit nur an Veranstaltungen, die unter ökonomischen Aspekten akzeptabel sind.

6.1 Kosten von Messen und Ausstellungen

Zur Bestimmung des Messebudgets bedarf es zunächst der Feststellung, welche **Kosten der Messebeteiligung** dem Unternehmen entstehen. Die Aufstellung der Kosten ermöglicht nach dem Abschluss der Messe zudem die abschließende Beurteilung des Erfolges im Verhältnis zum Aufwand sowie die Erfolgskontrolle (*AUMA* 2002, S. 42). Hierbei sind nicht nur die Kosten für die Standmiete oder den Standbau, sondern alle weiteren durch die Messebeteiligung verursachten Kosten zu berücksichtigen. Folglich sind hierzu auch die Personal- und Kommunikationskosten sowie die Eigenleistung im Unternehmen mit einzuberechnen. Gerade letztere werden von den ausstellenden Unternehmen vielfach vernachlässigt oder nicht beachtet. Nach einer allgemeinen Faustformel beträgt das Messebudget zirka das acht bis zehnfache der Kosten der Standmiete (*Huckemann/Ter Weiler* 2005, S. 77). Einen Überblick über die insgesamt zu veranschlagenden Messekosten zeigt Schaubild III-H-22.

Flächen- und Raumkosten
- Standmiete
- Werbebeitrag an die Messegesellschaft, bzw. an den Organisator
- AUMA-Beitrag (nur Inland)
- Einschreibegebühren
- Miete für Tagungsräume und sonstige Nebenräume
- Sonstiges

Exponatkosten
- Herstellungskosten des Exponats, sofern dieses nicht zum Verkauf vorgesehen ist
- Modell
- Verpackung
- Transport
- Zwischenlagerung Leergut
- Fracht
- Zoll
- Hebezeuge
- Montage
- Demontage
- Versicherung
- Besondere Exponatsdisplays
- Sonstiges

Standbaukosten
- Standentwurf
- Standmodell
- Statische Berechnung
- Messestand
  - Fundament/Unterkonstruktion/Podest
  - Teppichboden/Bodenbelag
  - Wandkonstruktion
  - Deckenkonstruktion
  - Einbauten
  - Treppen
  - Beleuchtung
  - Grafik/Bodensteg
  - Klimatisierung
  - AV/Video/Film
  - Aufbauleitung
  - Montage
  - Demontage
  - Transport
  - Zoll/Carnet
  - Verpackung
  - Zwischenlagerung der Verpackung
  - Dekoration
  - Bereitschaft
  - Zuleistung und Änderung
  - Honorar gemäß HOAI
  - Sonstiges

Standausstattung
- Möblierung
  - mietweise
  - bauweise
- Küchenausstattung
- Lagerausstattung
- Pflanzen
- Bürogeräte
- Rufanlage/Beschallung
- Transportkosten
- Sonstiges

Standversorgung
- Strom
  - Anschluss
  - Verbrauch
- Wasser
- Druckluft
- Gas
- Telefon
  - Anschluss
  - Verbrauch
- Telex
  - Anschluss
  - Verbrauch
- Telekopierer
  - Anschluss
  - Verbrauch
- TV-Anschluss
- Datenleitung
- Reinigung
- Bewachung
- Versicherung
- Sonstiges

Personalkosten
- alle Personalkosten: Standbesetzung (int. Verrechnung im Unternehmen auf Messeetat)
- Spesen
  - Reisekosten
  - Übernachtungen
  - Tagesspesen
- Lohnkosten/Hilfskräfte
  - Dolmetscher
  - Hostessen
  - Bedienung
  - Küche
  - Reinigung
- Messekleidung
  - Anschaffung
  - Reinigung
- Personalessen
- Ausstellerausweise
- Parkausweise
- Namensschilder
- Schulungskosten
- Sonstiges

Kommunikationskosten
- Werbekosten
  - Direct Mail
  - Eintrittsgutscheine
  - Werbegeschenke
  - Insertion
  - Katalogeintrag
  - Außenwerbung
  - Sonderdrucksachen
  - Give Aways
- PR-Kosten
  - Presseinfos
  - Pressekonferenz
  - Presseempfang
  - Pressemappen
  - Pressegeschenke
  - Bewirtung
- Aktionen am Messestand
  - Gewinnspiele
  - Darbietungen

Schaubild III-H-22: Kostenbereiche für Messen (Winnen/Beuster 1992, S. 373)

Die Kosten der Messebeteiligung werden in direkte oder indirekte Kosten unterschieden. Unter **direkten Kosten** werden dabei alle Kosten verstanden, die anhand eines Belegs direkt dem Quasi-Kostenträger Messebeteiligung zugerechnet werden. Zwecks einer späteren Erfolgskontrolle der Messebeteiligung ist es sinnvoll, diese Kosten über EDV auf gemeinsamen Konten (Kostenarten) zu führen, um im Nachhinein eine zuverlässige und präzise Soll-Ist-Budgetierung durchzuführen. Auf diese Weise wird auch der oftmals zur Messebeurteilung herangezogene Quadratmeterpreis ermittelt, welcher je nach betrachteter Veranstaltung deutlich differiert (*Winnen/Beuster* 1992, S. 372).

Den **indirekten Kosten** der Messebeteiligung sind alle weiteren Kosten zu subsumieren, die durch die Messebeteiligung entstehen. Hierunter fallen (*Winnen/Beuster* 1992, S. 372)

- alle Arten von Eigenleistungen mit nicht eindeutiger Zuordnung von Personal- und Gemeinkosten,
- zusätzliche Telefon- und Portokosten,
- zusätzliche Repräsentations- und Reisekosten,
- Kapitalbindungskosten, insbesondere kalkulatorische Zinsen und Abschreibungen,
- Kosten der zusätzlichen Medienarbeit, soweit sie nicht eindeutig der Messebeteiligung zuzuordnen sind und
- Abschreibungen.

Neben der Kenntnis über die einzelnen Kostenstellen ist für die Budgetplanung weiterhin die **Verteilung der Kosten** interessant. Einen Hinweis hierfür bieten Untersuchungen des *AUMA*, der auf Basis von Veranstaltungen des Messeplatzes Deutschland eine Untersuchung zu den Messekosten der deutschen Aussteller durchführen ließ (*AUMA* 2009 S. 42 ff.). Entsprechend gibt Schaubild III-H-23 die **Struktur der Kosten** als Ergebnis dieser Untersuchung wieder. Neben der Struktur der Kosten wurde durch die Untersuchung deutlich, dass der Anteil der Standmiete pro Quadratmeter Messestand mit steigender Unternehmens- und Standgröße sinkt, während der Anteil des Standbaus sowie der Kommunikations- und Servicekosten steigt. Bei Unternehmen bis neun Beschäftigten liegt der Anteil der Standbau- und -gestaltungskosten beispielsweise bei 24 Prozent, bei Unternehmen mit über 2.500 Mitarbeitenden

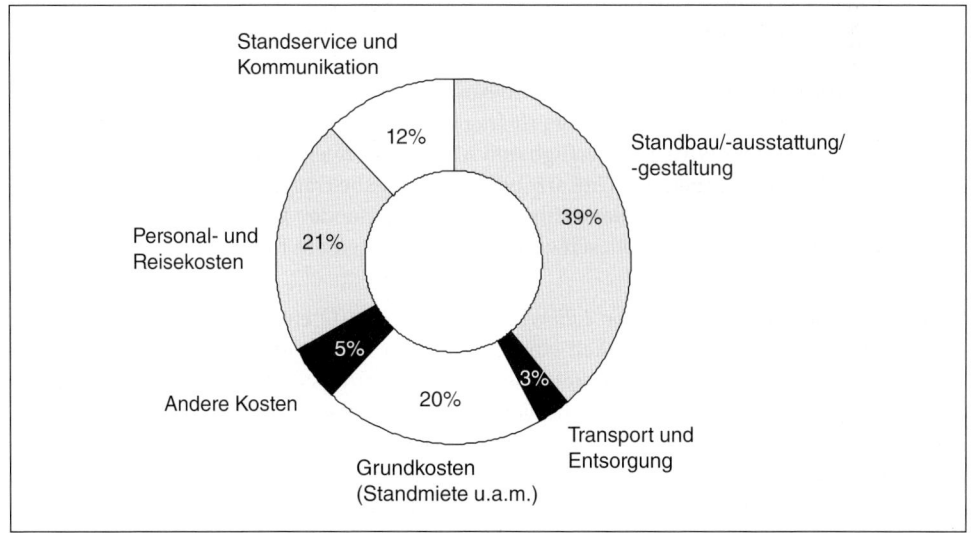

Schaubild III-H-23: Kostenstruktur deutscher Aussteller bei Beteiligung in Deutschland (AUMA 2009, S. 37)

bei 43 Prozent. Was die Standgröße betrifft, so beanspruchen Messestände unter 25m² einen Anteil der Standbaukosten von 21 Prozent, während Stände über 25m² einen Anteil von 46 Prozent verzeichnen (*AUMA* 2002, S. 42 f.).

Die Eruierung dieser Kosten dürfte zumeist mit einem hohen Aufwand verbunden sein. Allerdings stellt die exakte und umfassende Erfassung aller Messekosten zum einen den Ausgangspunkt für die Bewertung und Auswahl der einzelnen Veranstaltungen und zum anderen die Basis für eine spätere detaillierte Erfolgskontrolle der Messebeteiligung dar. Für Erstaussteller, die noch keine Vorstellung von den in der Regel anfallenden Messe- bzw. Ausstellungskosten haben, dient der **„Messekostenkalkulator"** des *AUMA* zur Orientierung, der im Internet unter www.auma-messen.de zur kostenfreien Nutzung bereit steht. Für Aussteller, die eine Folgebeteiligung ausrichten wollen, dient der Messekostenkalkulator außerdem dem Kostenvergleich.

6.2 Budgetierung von Messen und Ausstellungen

Als **Messebudgetierung** wird hier die Festlegung derjenigen Planungs- und Durchführungskosten gesehen, die zur Erreichung der gesetzten Messeziele bzw. Messezielgruppen erforderlich ist (*Funke* 1987, S. 94; *Bruhn* 2010a, S. 261 ff.). Dabei lassen sich zwei Betrachtungsebenen unterscheiden. Zum einen erfolgt die Bestimmung des Messebudgets nur für eine Veranstaltung, zum anderen für alle Beteiligungen eines Planungszeitraums. Werden nur einzelne Veranstaltungen betrachtet, so sind weitere Einzelbudgets für dortige Teilfunktionen, Bereiche oder Instrumente zu definieren. Bei einer Betrachtung des gesamten Planungszeitraums bezieht sich die Aufteilung des Messebudgets auf einzelne Veranstaltungen, einzusetzende Beeinflussungsinstrumente, anvisierte Zielgruppen oder unterschiedliche, angebotene Leistungen (*Funke* 1987, S. 94). Letztlich umfasst die Festlegung des Messebudgets zwei Schritte, die idealtypisch simultan stattfinden, in der Praxis jedoch sukzessiv durchgeführt werden. Im ersten Schritt wird die Höhe des Messebudgets definiert, im zweiten Schritt erfolgt die Budgetaufteilung.

Für die Budgetierung von Messen und Ausstellungen lassen sich **praxis- und theoriedeterminierte Ansätze** unterscheiden (*Funke* 1987, S. 95). Erstere werden dabei weiter danach unterteilt, ob es sich um Entscheidungsheuristiken, d. h. Daumenregeln, Erfahrungen, Leitlinien usw., oder um Vorgehensweisen handelt, die sich an Richtwerten, wie z. B. verfügbaren Mitteln, (erwarteter) Umsatz bzw. Deckungsbeitrag der letzten (kommenden) Periode oder Budget der Konkurrenz, orientieren. Die Orientierung an solchen Größen vereinfacht zwar die Bestimmung der Budgethöhe, allerdings ist fraglich, ob mit diesen Methoden ein optimales Messebudget festgelegt wird. Die verfügbaren Mittel sind allenfalls als eine Obergrenze zu sehen. Auch Prozentangaben von Umsatz- oder Deckungsbeitragsgrößen sind nur wenig geeignet, da diese Vorgehensweise dazu führt, dass „gut laufende" Veranstaltungen im Zeitablauf stärker gefördert werden, bei „schwachen" das Engagement hingegen weiter verringert wird (*Funke* 1987, S. 95).

In diesem Zusammenhang ist von *Lilien/Kotler* (1983, S. 29 ff.) ein **Budgetierungsmodell für Messen und Ausstellungen** entwickelt worden, das den Entscheider bei der Festlegung der Budgethöhe unterstützt. Im Grunde stellt dieses Budgetierungsmodell eine Erweiterung derjenigen Budgetierungsverfahren dar, die sich an den Ausgaben der Konkurrenz orientieren. Aufbauend auf den Ergebnissen aus den ADVISOR-Studien und den zugehörigen Budgetierungsmodellen ADVISOR 1 und 2 wird bei diesem heuristischen Verfahren auf Grundlage der messebezogenen Branchenausgaben und einiger situativer Faktoren die durchschnittliche Budgethöhe angegeben, die von den anderen Branchenmitgliedern im Falle einer vergleichbaren Situation gewählt werden würde. Somit wird von dem *Lilienschen* Budgetierungsmodell kein optimales Messebudget, sondern lediglich eine zufrieden stellende Orientierungsgröße angegeben, die lediglich einen Hinweis auf die durchschnittliche Budgethöhe der Branchenmitglieder gibt (*Meffert* 1993, S. 86).

Ausgangspunkt des *Lilienschen* **Budgetierungsmodell** ist die Annahme, dass vom Management der Konkurrenten im Branchendurchschnitt ein zufrieden stellendes Budget festgelegt wird. Zur Aufdeckung der Korrelationen zwischen den Budgethöhen der Wettbewerber und den situationsbezeichnenden Variablen wurde versucht, die jeweiligen Managemententscheidungen und die dazugehörige Situation zu analysieren und abzubilden. Nachdem die Situationsvariablen empirisch ermittelt worden sind, ist die sich hieraus für den Entscheider ergebende Entscheidungssituation hinsichtlich der Modellanforderungen zu strukturieren. Nach der Eingabe der Daten erhält der Entscheider ein Budget, das im Durchschnitt der Branche auch von den anderen Managern der Konkurrenten ausgegeben worden wäre (*Funke* 1987, S. 97).

Als Ergebnis ermittelte *Lilien* folgende Regressionsgleichung, mit deren Hilfe das durchschnittliche Messebudget der Branche berechnet wird (*Lilien/Kotler* 1983, S. 23):

Budget   (in 1.000 US Dollar) =
– 1,473   (konstanter Faktor)
+ 0,473 x Umsatz in 1.000 US-Dollar
– 0,027 x Besucher (Branchenindikator + industrielle Anwender · Anzahl
                     Entscheidungsträger in Anwenderorganisationen + Anzahl Weiter-
                     verkäufer · Anzahl Entscheider in Weiterverkäuferorganisationen)
– 1,385 x Kundenkonzentration (Anteil der Umsätze mit den drei größten Kunden)
– 1,318 x Phase im Produktlebenszyklus (Wachstumsphase = 0; Reifephase = 1)
+ 0,664 x Produktförderungspläne (starke Förderung = 1; sonst = 0)
+ 0,878 x Angebotsart (Maschinen und Ausrüstungsgegenstände = 1, sonst = 0)
+ 0,571 x Angebotsart (Stoffe und gefertigte Teile = 1, sonst = 0)

Dieser Regressionsgleichung lässt sich entnehmen, dass das Budget für Messen und Ausstellungen tendenziell höher anzusetzen ist (*Lilien/Kotler* 1983, S. 29), wenn

• das Produkt in einer frühen Phase des Produktlebenszyklusses steht,
• hohe Umsätze realisiert werden,
• das Produkt stark gefördert wird,
• die Kundenkonzentration gering ist.

Bei einer **kritischen Betrachtung des *Lilien-Modells*** wird jedoch deutlich, dass hier der logische Zusammenhang zwischen der Messebudgethöhe und dem Umsatz umgekehrt wird. Des Weiteren suggeriert die Regressionsgleichung einen Erklärungs- bzw. (Kausal-) Zusammenhang zwischen abhängiger und den unabhängigen Variablen. Allerdings wird im Rahmen des *Lilien*-Modells kein Zusammenhang, sondern es werden vielmehr Korrelationen empirisch festgestellt. Fraglich ist ebenso, ob das so ermittelte Durchschnittsverhalten der Manager einer Branche Aufschlüsse über die optimale Budgethöhe für das eigene Messeengagement gibt (*Funke* 1987, S. 99).

Sowohl beim *Lilien*-Modell als auch bei den zuvor erwähnten Ansätzen ist problematisch, dass zur Wahl der Budgethöhe Bezugsgrößen gewählt werden, die das Resultat messebezogener Anstrengungen darstellen. Logisch ist hingegen eine umgekehrte Vorgehensweise, d. h., Anstrengungsgrößen, wie z. B. die Höhe des Messebudgets, beeinflussen Ergebnisgrößen, wie den Umsatz oder den Deckungsbeitrag. Demnach ist die **Ziel-Maßnahmen-Methode** als das geeignetere Budgetierungsverfahren anzusehen. Voraussetzung für die Anwendung dieser Verfahren ist allerdings, dass der Entscheider Kenntnisse über Wirkungsgesetzmäßigkeiten zwischen der Budgethöhe und dem Erreichungsgrad der gesetzten Messeziele hat. Vielfach bestehen in der Praxis jedoch keine Erkenntnisse über Wirkungsinterdependenzen bzw. „Timelags" der Messewirkung (*Meffert* 1993, S. 86). An dieser Problemstellung knüpfen zwar theoretisch fundierte Budgetierungsmodelle wie Simulationsmodelle oder Verfahren der dynamischen Programmierung an, jedoch scheitern diese Ansätze an deren hohen Kosten der Datengewinnung, den vielfach realitätsfernen Prämissen und Akzeptanzproblemen seitens der Entscheider (*Funke* 1987, S. 100 f.).

Die Frage nach konkreten **Budgetzahlen** beantwortet die *AUMA_MesseTrend*-Studie 2004, wobei 85 Prozent der befragten Firmen exakte Angaben zu ihren Messebudgets machten, während die übrigen Unternehmen lediglich prozentuale Veränderungen angaben. 34 Prozent der ausstellenden Unternehmen investierten hiernach in den Jahren 2002/2003 bis zu 50.000 EUR in Messen, 11 Prozent der Unternehmen hatten in diesem Zeitraum bereits ein Budget von über 500.000 EUR. Zukünftig wollen nur noch 24 Prozent der deutschen Aussteller ihre Aufwendungen für das Kommunikationsinstrument Messe steigern. Insbesondere größere Unternehmen mit mehr als 50 Mio. EUR Umsatz, Viel-Aussteller mit mehr als zehn Messebeteiligungen und Teilnehmer an Industriegütermessen planen eine deutliche Reduzierung ihrer Messebudgets für die kommenden zwei Jahre (*AUMA* 2004, S. 9). Dennoch bleibt der Anteil der Messeaufwendungen am gesamten Kommunikationsbudgets für den kommenden Zeitraum 2004/2005 mit prognostizierten 38 Prozent auf annähernd gleichem Niveau. Zu einer nennenswerten Budgetumschichtung zu Lasten der Messen wird es aufgrund der *AUMA*-Studie daher nicht kommen (*AUMA* 2004, S. 11).

6.3 Bewertung und Auswahl von Messen und Ausstellungen

Eng verbunden mit der Frage der Budgetierung von Messen und Ausstellungen ist die Bewertung und die darauf aufbauende Entscheidung über die Auswahl der einzelnen zu besuchenden Messeveranstaltung. Dieses ist notwendigerweise vor der Teilnahme an einer Veranstaltung zu tun. Dabei ist vor jeder Veranstaltung vom ausstellenden Unternehmen zu überprüfen, ob eine Teilnahme ökonomisch sinnvoll ist. Dieses **ex-ante Bewertungsproblem** ist somit im Kern als eine Budgetierungsfrage zu sehen, die sich zum einen für jede einzelne Messe, zum anderen im Hinblick auf das Gesamtmessebudget stellt (*Raffée* 1983, S. 80).

Die Bewertung einer Veranstaltung erfolgt mittels **Punktbewertungsverfahren**. Diese Verfahren haben den Vorteil einer differenzierten Betrachtungsmöglichkeit sowohl relevanter qualitativer als auch quantitativer Faktoren einzelner Veranstaltungen (*Meffert* 1993, S. 86). Üblich ist ein zweistufiges Vorgehen in Form einer **Grobanalyse** (d. h. Prüfung des Vorhandenseins unumgänglicher Nebenbedingungen) und **Feinanalyse** (d. h. Auflistung und Bewertung der relevanten Erfolgsfaktoren) (*Raffée* 1983, S. 89).

Der **Grobanalyse** kommt die Funktion eines Filters zu, d. h., die Nichterfüllung unabdingbarer Nebenbedingungen („Musts") führt zu einem Ausscheiden aus dem weiteren Entscheidungsprozess. Folgende „Musts" werden dabei unterschieden (*Raffée* 1983, S. 82; *Meffert* 1993, S. 87):

- Die **ressourcenmäßige Realisierbarkeit** einer Messebeteiligung (z. B. das Vorhandensein fremdsprachiger Mitarbeitende bei einer Messe im Ausland),

- Die **situativen Bedingungen** des Messeplatzes (z. B. die Verfügbarkeit notwendiger qualitativer und quantitativer Standflächen),

- Die **prinzipielle Substituierbarkeit** des Akquisitionspotenzials von Messen und Ausstellungen durch andere Marketinginstrumente (z. B. Personal Selling),

- Erfordernisse der **Wettbewerbssituation** (z. B. die Beschickung von bestimmten Veranstaltungen aus Prestige- und Imagegründen),

- Die Notwendigkeit einer **Neuproduktpräsentation**.

Problematisch bei der Grobanalyse ist allerdings die Bestimmung der „Musts" zu sehen. Vielfach ist es möglich, dass Erfolgsdeterminanten zu „Musts" erhoben werden, über deren Unabdingbarkeit kein abschließendes Urteil zu fällen ist. Da diese zielabhängig sind, sind sie gleichfalls wie Ziele nicht als ein festes Datum zu sehen, sondern haben kontinuierlich auf ihre Unabdingbarkeit hin überprüft zu werden (*Raffée* 1983, S. 82).

Im Rahmen der **Feinanalyse** werden dann die verbliebenen Messealternativen anhand von Beurteilungskriterien bewertet. Als Beurteilungskriterien werden dabei, ausgehend von den gesetzten Messezielen und -zielgruppen, weitere Kriterien, wie der Kapazitätsbedarf, Kostenfaktoren, messebezogene Faktoren usw., einbezogen. Unter Einbeziehung von Gewichtungsfaktoren für die einzelnen Beurteilungskriterien wird schließlich die Bewertung der jeweiligen Veranstaltung durchgeführt und eine auf diesen Ergebnissen basierende Auswahl der Messebeteiligung getroffen (*AUMA* 2002, S. 33 ff.). Ein Beispiel für ein solches Punktbewertungsmodell zeigt *Raffé* (1983, S. 90), ein erweitertes Beispiel gibt Schaubild III-H-24 wieder.

Kriterien	Gewicht	Punkte	Gewichteter Punktwert
Kunden			
• Potenzial zur Neukundenakquisition • Gelegenheit zur Kundenbindung • Imagewirkung der Beteiligten • Negativfolgen bei Nicht-Präsenz u.a.m.			
Konkurrenz			
• Präsenz der Hauptkonkurrenten • Erlangung von Wettbewerbsvorteilen • Reaktion der Konkurrenz • Aktivitätenniveau der Konkurrenz u.a.m.			
Marketingziele			
• Potenzial zur Informationsgewinnung • Potenzial zur Kundenkommunikation • Potenzial zum Verkaufsabschluss • Potenzial zur Informationsvermittlung u.a.m.			
Messeangebot			
• Preis-Leistungs-Verhältnis • Möglichkeit für Sonderwünsche • Kapazitätsbedarf • Begleitende Veranstaltungen (Kongresse, Symposien usw.) u.a.m.			
Unternehmensintern			
• Verfügbarkeit personeller Ressourcen • Nutzung mit anderen Kommunikationsinstrumenten • Nutzung für Produktneueinführungen • Kundenkontakt der Mitarbeiter u.a.m.			
Summe der gewichteten Punkte			

Schaubild III-H-24: Bewertung von Messen und Ausstellungen mit Hilfe eines Punktbewertungsmodells

Trotz des Einsatzes von Punktbewertungsmodellen stellt die Entstehung neuer Messeplätze sowie die stetig steigende Zahl von Messeveranstaltungen die Unternehmen vor das Problem der Auswahl erfolgsversprechender Messebeteiligungen. Aus diesem Grund ist die Analyse der Messemerkmale im Rahmen der Beteiligungsentscheidung von besonderer Bedeutung. Denn hierbei stellen lediglich solche Messeveranstaltungen, die in ihren Merkmalen eine Entsprechung zu den Zielen und Zielgruppen der ausstellenden Unternehmen aufweisen, die Grundlage für eine erfolgreiche Messebeteiligung dar. So ist eine vom Produkt her geeignete Regionalausstellung auszuschließen, wenn vorrangig Exportgeschäfte angestrebt werden.

Im Rahmen einer empirischen Untersuchung des *Instituts für Marketing der Westfälischen Wilhelms-Universität Münster* in Zusammenarbeit mit dem *AUMA* über den „Nutzen von Messebeteiligungen" bei über 600 Unternehmen aller Branchen und Größenklassen wurde analysiert, welche zentralen Messemerkmale aus Sicht der ausstellenden Unternehmen als besonders wichtig für den eigenen Messebeteiligungserfolg angesehen wurden. Zur Charakterisierung der Messeveranstaltungen durch die befragten Messeentscheider wurden sechs messetypbestimmende Merkmale (Ausstellungsprogramm, Grundorientierung der Messe, Qualifikation der Messebesucher, deren geografischer Einzugsbereich, Einzugsbereich der Aussteller und Anzahl der Begleitveranstaltungen während der Messe) herangezogen. Anschließend haben die Messeentscheider den Erfolg der eigenen Messebeteiligung anzugeben, ohne jedoch den Begriff „Erfolg" näher zu operationalisieren (*Ueding* 1996, S. 26). Einen Überblick über die Untersuchungsergebnisse zeigt Schaubild III-H-25.

Wie die Ergebnisse verdeutlichen, sahen über 60 Prozent der Unternehmen (N = 351) ihre Messebeteiligung als erfolgreich an, weniger als 25 Prozent (N = 139) waren indifferent und lediglich 16 Prozent (N = 90) betrachteten ihre Messebeteiligung als weniger erfolgreich

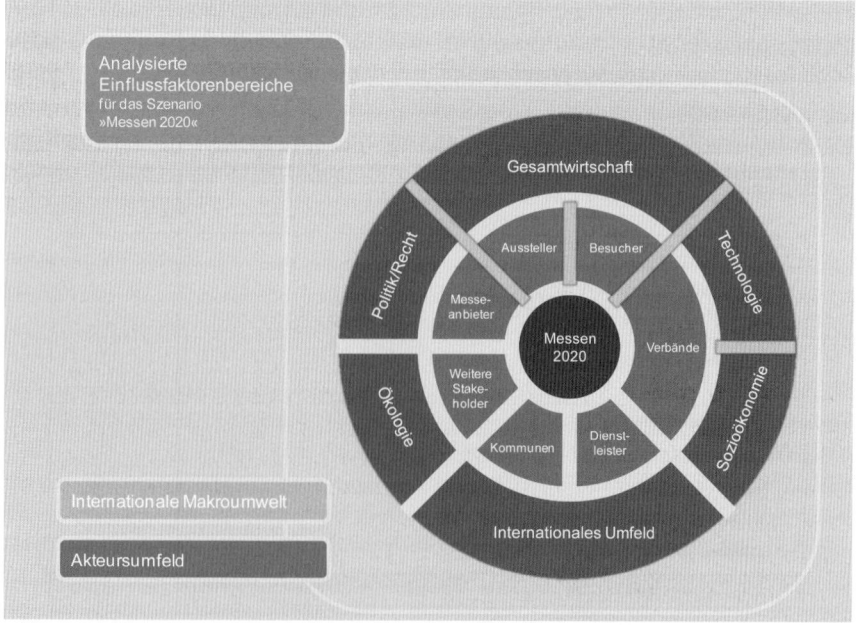

Schaubild III-H-25: Treiber der Zukunftsentwicklung von Messen (AUMA 2009b, S. 16)

(*Ueding* 1996, S. 26). Beim Vergleich der Veranstaltungsmerkmale von erfolgreich und nicht erfolgreich angesehenen Messebeteiligungen zeigten sich jedoch zum Teil deutliche Unterschiede. So wurden insbesondere solche Veranstaltungen mit einem hohen Fachpublikumsanteil als erfolgreich angesehen. Je höher der Anteil des Privatpublikums stieg, desto weniger erfolgreich wurde die Beteiligung angesehen. Weitere wichtige Merkmale für erfolgreiche Messebeteiligungen waren die weit gehende Homogenität des Ausstellungsprogramms und die Internationalität sowohl des Besucherpublikums als auch der ausstellenden Unternehmen der Veranstaltung. Einen geringen Beitrag zur Differenzierung erfolgreicher und weniger erfolgreicher Messebeteiligungen liefert die Grundorientierung der Messe sowie die Anzahl der durchgeführten Begleitveranstaltungen. Im Rahmen der empirischen Untersuchung wurde jedoch auch festgestellt, dass annähernd 70 Prozent des Messeerfolges von weiteren, nicht in diese Untersuchung einbezogenen Messefaktoren, abhängig ist. Hierzu zählen beispielsweise die unterschiedlichen Handlungsoptionen im Messemarketing der ausstellenden Unternehmen. Es konnte hierdurch gezeigt werden, dass durch die Betrachtung von lediglich sechs Merkmalspaaren über ein Drittel des Messeerfolges determiniert wurde. Dieses verdeutlicht die Notwendigkeit einer systematischen und sorgfältigen Auswahl der Messebeteiligung für den Erfolg der gesamten Messebeteiligung (*Ueding* 1996, S. 28).

Nach dieser Auswahl ist es empfehlenswert, die ausgewählte Veranstaltung als Besucher anzusehen, um einen unmittelbaren Eindruck über die Präsentation der Aussteller bzw. Wettbewerber (beispielsweise Standgröße, Aufwand der Standgestaltung, Präsentation der Produkte) und über das Verhalten der Besucher (beispielsweise Ballung an bestimmten Tagen, Verweildauer auf den Ständen) zu erhalten (*AUMA* 2002, S. 34). Darüber hinaus vermitteln eine Reihe von Quellen **Informationen über Messen**. Allgemeine Auskünfte über die deutschen Messen bieten beispielsweise die verschiedenen *AUMA*-Veröffentlichungen. Der *„AUMA_Messe-Guide Deutschland"* und der *„AUMA_Trade-Fair-Guide Worldwide"* werden regelmäßig veröffentlicht und bieten eine Vorschau über mehrere Jahre.

7 Maßnahmenplanung für Messen und Ausstellungen

Nach der Festlegung der Konzeption von Messen und Ausstellungen ist das **Messekonzept** für die aktuelle Planungsperiode des Unternehmens zu definieren. Dieses Messekonzept ist für alle beschickten Veranstaltungen bindend und setzt somit den Handlungsrahmen für die weitere Ausgestaltung jeder einzelnen Messebeteiligung. Im Rahmen der **Maßnahmenplanung** sind nun vom Unternehmen für jede durchzuführende Veranstaltung die möglichen Handlungsalternativen zu konkretisieren.

Aus Gründen der Zweckmäßigkeit systematisiert *Meffert* (1993, S. 79)die einzelnen **Instrumente des Messebeteiligungsmix** nach inhaltlich ähnlichen und interdependenten Entscheidungen. Diese beziehen sich auf die Standgestaltung, die Auswahl der Exponate, den Einsatz des Personals und die Kommunikationsmaßnahmen des ausstellenden Unternehmens. Vor dem Hintergrund der Messeziele, -strategien und der Messebewertung sind folglich Entscheidungen zu treffen hinsichtlich der:

- Auswahl und Gestaltung der Exponate,
- Konzeption des Messestandes,
- Auswahl und den Einsatz des Standpersonals und
- Zu ergreifenden Kommunikationsmaßnahmen

Schaubild III-H-26: Termin- und Ablaufplan einer Messebeteiligung (AUMA 2009, S. 42)

Dabei wird der gesamte **Zeitbedarf** vor der Messe von dem Tätigkeitsfeld bestimmt, das die längste Vorausplanung erfordert. Insgesamt gliedert sich die Abwicklung einer Messebeteiligung in drei Phasen:

(1) Vorbereitung,
(2) Standbetrieb,
(3) Nachbereitung.

Im **Termin- und Ablaufplan** werden – nach Aufgaben gegliedert – sämtliche Tätigkeiten in ihrer zeitlichen Reihenfolge festgelegt. Schaubild III-H-26 stellt einen möglichen Termin- und Ablaufplan beispielhaft dar.

Im Folgenden wird nun auf die einzelnen Handlungsalternativen im Rahmen des Messebeteiligungsmix näher eingegangen.

7.1 Auswahl und Gestaltung der Exponate

Als **Exponate** werden diejenigen Ausstellungsgegenstände gesehen, die das Leistungsangebot des Unternehmens den anvisierten Messezielgruppe teilweise oder ganz transparent machen (*Funke* 1987, S. 101). Die Auswahl und Gestaltung der Exponate erfolgt dabei analog zu den Marketing- und Messezielen. Wird als Beteiligungsziel einer Messe eine Absatzsteigerung angestrebt, sind alle Exponate auch tatsächlich innerhalb einer angemessenen Zeit auszuliefern. Hat sich das Unternehmen das Beteiligungsziel gesetzt, technischen Fortschritt, Innovation und Design der Produkte und Leistungen zu demonstrieren, so haben die Ausstellungsobjekte dem neuesten technischen und ästhetischen Standard zu entsprechen. Die tadelfreie Funktion der Neuentwicklungen und die Einsetzbarkeit in der Praxis sind in diesem Fall Erwartungen an die entsprechenden Exponate (*AUMA* 2002, S. 49).

Zudem sind aber auch die Spezifika der jeweiligen Veranstaltung und die Interessen und Erwartungen der Besuchergruppen zu berücksichtigen. Bei Veranstaltungen ohne spezifischen Branchenschwerpunkt (z. B. Universalmessen) und heterogenen Besucherzielgruppen ist ein breites Angebotsprogramm vorzuziehen. Dagegen ist ein tiefes Angebotsprogramm bei hoch qualifizierten Besuchergruppen auf Fachmessen (z. B. Umweltschutz) zu wählen (*Mortsiefer* 1986, S. 384). Die Auswahl der Exponate ist weiterhin von produktbezogenen Faktoren, wie z. B. Transportierbarkeit oder wahrgenommen Eigenschaften wie Komplexität, Neuigkeitsgrad, vermutete Attraktivität oder den Aktivitäten der Konkurrenz, abhängig. Ebenso ist die Gestaltung der Exponate messespezifisch auszurichten. Dabei stehen dem ausstellenden Unternehmen bei der Entscheidung über den Exponatentypus folgende Alternativen zur Verfügung: Original, Muster, Modell und Attrappe (*Funke* 1987, S. 102 ff.).

Als **Original** werden diejenigen Exponate bezeichnet, bei denen das physische Leistungsangebot des Ausstellers gleichzeitig das Exponat darstellt. Folglich sind die Exponate und die Verkaufs- bzw. Verhandlungsobjekte identisch. Eine solche Situation wird insbesondere bei Ordermessen, wie z. B. Nahrungsmittelmessen, angetroffen. Dagegen wird beim Typ **Muster** das physische Leistungsangebot durch ein Musterexemplar bzw. einen Prototyp präsentiert. Das Leistungsangebot wird folglich durch Anschauungsmaterial den Besuchern verdeutlicht. Dieses ist nicht zum Verkauf bestimmt, sondern ermöglicht dem Besucher ein Urteil über das Angebotsprogramm, aufgrund dessen er seine Orderentscheidung trifft.

Modelle dienen ausschließlich als Anschauungsmaterial, die Angebotsobjekte bzw. Funktionsabläufe darzustellen. Dabei werden in Abhängigkeit von dem gezeigten Umfang vollständige Modelle oder Teilmodelle unterschieden. Möglich ist hierbei auch eine Vergrößerung bzw. Verkleinerung von Angebotsobjekten oder die Darstellung anhand von Schnittmodellen. Schließlich wird das physische Leistungsangebot auch durch eine **Attrappe** präsentiert. Im Unterschied zum Original ist das Angebotsobjekt äußerlich zwar identisch, substanziell allerdings verschieden.

Bei der Gestaltung der Exponate stehen dem Aussteller ebenfalls eine Vielzahl von Alternativen offen, die sich auf die Stoff- und Materialwahl sowie die Form- und Farbgebung beziehen. Der Aussteller verfügt somit über die gesamten Alternativen der Produktgestaltung (*Funke* 1987, S. 104).

7.2 Konzeption des Messestandes

Neben der Gestaltung der Exponate ist deren Einbindung in die Standkonzeption von besonderer Bedeutung für den Messeerfolg. Die **gestalterische Konzeption des Messestandes** umfasst dabei die Einzelentscheidungen der Standgestaltung sowie die exakte Festlegung der Standlage. Bezüglich der Gestaltung des Messestandes hat das ausstellende Unternehmen in Abhängigkeit der gesetzten Messeziele und -zielgruppen grundsätzlich zwei Handlungsalternativen. Für Unternehmen besteht die Möglichkeit, den Messestand **informationsfreund-lich** oder auch **kommunikationsfreundlich** zu konzipieren (*Strothmann* 1992, S. 104).

Ziel des **informationsfreundlichen Standkonzeptes** ist die Imagebildung bzw. -pflege durch die Präsentation des Angebotsprogramms. Dementsprechend liegt der Schwerpunkt auf den unterschiedlichen Medien der Information, beispielsweise Prospekt- und Werbematerial, Vortrag, Multivision, Diaschau oder Video. Eine persönliche Kommunikation zwischen dem Standpersonal und den Standbesuchern findet nur auf Initiative der Besucher statt. Somit werden auch zur Kommunikation animierende Standelemente wie Sitzgruppen oder Besprechungskabinen im Hintergrund nur auf Wunsch des Kunden in Anspruch genommen.

Im Gegensatz dazu steht bei der **kommunikationsfreundlichen Standkonzeption** die Diskussion bzw. Beratung mit den Kunden im Vordergrund. Besprechungsmöglichkeiten sind gut sichtbar angeordnet, sinnvoll ist auch die Einrichtung gesonderter Zonen für vertrauliche Gespräche bzw. Geschäftsabschlüsse. Ziel der kommunikationsfreundlichen Standkonzeption ist die Informationsvertiefung beim Kunden. Der bereits informierte Interessent nutzt den Messebesuch zu Fachgesprächen mit Spezialisten. Gemäß dieser Konzeption sucht das Standpersonal aktiv das persönliche Gespräch mit den Kunden und fordert die Kommunikation heraus. Folglich sind auch kommunikationsfördernde Standelemente gut sichtbar im Vordergrund der Standfläche zu platzieren (*Strothmann* 1992, S. 104).

Neben diesen grundsätzlichen Alternativen haben sich in der Vergangenheit **Ausstellungsstile** entwickelt, die sich aus den Marktfeldstrategien von *Ansoff* ableiten lassen. Werden diese Marktfeldstrategien auf eine Messebeteiligung übertragen, dann lassen sich entsprechend Schaubild III-H-27 vier Optionen unterscheiden (*Beier* 1997, S. 238 f.).

Im Hinblick auf Messebeteiligungen bedeutet Marktdurchdringung, dass der Aussteller bestrebt ist, mit den vorhandenen Produkten bzw. Leistungen höhere Umsätze zu erzielen, indem bestehende Konsumenten zu vermehrten Umsätzen angeregt und neue Verwender zum Erstkauf motiviert werden. Da das Produkt bereits bekannt ist, ist der Schwerpunkt der Messebeteiligung auf die Kundenpflege und -bindung zu legen. In diesem Fall bietet sich ein stark **kundenorientierter Ausstellungsstil** an.

Zur Erschließung neuer Märkte mit bestehenden Produkten bzw. Leistungen hat der Aussteller unbekannte Kunden zu gewinnen und seine Produkte bzw. Leistungen, Marken sowie das Unternehmen bekannt zu machen. Neue Kontakte und offene Kommunikation stehen dabei im Vordergrund, so dass ein **kontaktorientierter Ausstellungsstil**, bei dem auf eine umfassende und eingängige Außenwirkung geachtet wird, präferiert wird.

Produkte \ Märkte	Vorhanden	Neu
Vorhanden	**Marktdurchdringung** Kundenorientierter Ausstellungsstil	**Marktentwicklung** Kontaktorientierter Ausstellungsstil
Neu	**Produktentwicklung** Produktorientierter Ausstellungsstil	**Diversifikation** Beziehungsorientierter Ausstellungsstil

Schaubild III-H-27: Optionen für Ausstellungsstile (Beier 1997, S. 238)

Im Gegensatz dazu wird bei der Strategie der Produktentwicklung versucht, den bestehenden Kunden ein neues Produkt anzubieten. Entsprechend ist das neue Produkt vorzustellen und in seinen Anwendungsmöglichkeiten zu präsentieren. Dies spiegelt sich in einem **produktorientierten Ausstellungsstil** wider. Nach einer Studie der Beratung *Staminski und Partner* aus den Jahren 2000/2001 sind etwa 87 Prozent der Messestände eher produkt- als kundenorientiert gestaltet. Die Produktorientierung spiegelt sich beispielsweise darin wider, dass ausschließlich Fotos der Produkte des Unternehmens die Stellwände schmücken und dass die verwendete Sprache die Technik und nicht den Nutzen zentral stellt. In der Regel richtet sich dieser Ausstellungsstil eher an die technischen Experten (beispielsweise Ingenieure) als an Einkäufer (*Staminski* 2004, S. 17).

Diversifiziert der Aussteller seine Absatzaktivitäten, greift er in der Regel weder auf Erfahrungen mit bekannten Märkten noch auf ein etabliertes Produkt bzw. eine Leistung zurück. Zudem ist er bestrebt neue Kundengruppen zu erschließen, so dass es gilt, die Anwendungsmöglichkeiten und den Nutzen des Produktes darzustellen sowie Problembewusstsein zu schaffen. Daher ist ein **beratungsorientierter Ausstellungsstil** zu verwenden, da intensive Kontakte und Gespräche mit den Fachbesuchern notwendig sind.

Hinter der Festlegung des Ausstellungsstiles steckt die Erkenntnis, dass sich einzelne Messeziele – aufgrund der Komplexität eines Messestandes – nur bedingt unmittelbar in der Standgestaltung wiederfinden lassen, dass jedoch eine Leitlinie, wie sie der Ausstellungsstil darstellt, die strategische Zielsetzung unterstützt. Die Gestaltungselemente sind entsprechend dieser Leitlinie zu überprüfen und anzupassen (*Beier* 1997, S. 239).

Neben den Einzelentscheidungen der Standgestaltung umfasst die gestalterische Konzeption des Messestandes auch die exakte **Festlegung der Standlage**, die drei Teilentscheidungen beinhaltet. Zunächst ist zu klären, ob der Stand in der Halle oder im Freigelände aufgebaut wird. Danach ist jeweils weiter über die Platzierung, d. h. die Wahl der räumlich-geografischen Lage, und die Bestimmung der relativen Platzierung des jeweiligen Standes, d. h. die Abgrenzung bzw. Begrenzung einzelner Standseiten durch Nachbarstände, zu entscheiden (*Funke* 1987, S. 59).

Die Entscheidung über die **Platzierung des Standes** in der Halle oder im Freigelände ist von dem zur Verfügung stehenden Budget und der Wahl der Exponate abhängig. So sind Freistände zumeist deutlich günstiger als Hallenstände. Auch erfolgt z. B. die Ausstellung großer Baumaschinen aus Platzgründen nur im Freien (*AUMA* 2002, S. 61). Hier hat der Aussteller allerdings für überdachte Besprechungsplätze zu sorgen. Witterungsabhängige Exponate sind dagegen in der Halle zu präsentieren. Vor allem ist bei gleicher Standgröße in der Halle die Wahrscheinlichkeit größer, von den Besuchern wahrgenommen zu werden (*Funke* 1987, S. 59 f.).

Weiterhin ist die **räumlich-geografische Lage des Standes** zu bestimmen. Dabei stehen dem Unternehmen eine Vielzahl von Entscheidungsvariablen offen, die folgendermaßen systematisiert werden. Nach der Wahl der Halle erfolgt anschließend die Bestimmung der Hallenebene (Erdgeschoss, Obergeschoss). Schließlich ist der Platz des Standes anzugeben. Möglich ist beispielsweise die Platzierung am Eingang der Halle, am Ausgang zur nächsten Halle oder im Hallenzentrum (*Funke* 1987, S. 60).

Bei der Festlegung der relativen Platzierung bieten sich dem Aussteller fünf grundlegende Alternativen: der Reihenstand, der Eckstand, der Kopfstand, der Blockstand und der Hof- oder Durchgangsstand. Einen Überblick über diese **Standformen** zeigt Schaubild III-H-28. Die Entscheidung über die Standform ist dabei an der Erreichbarkeit für die ausstellereigene

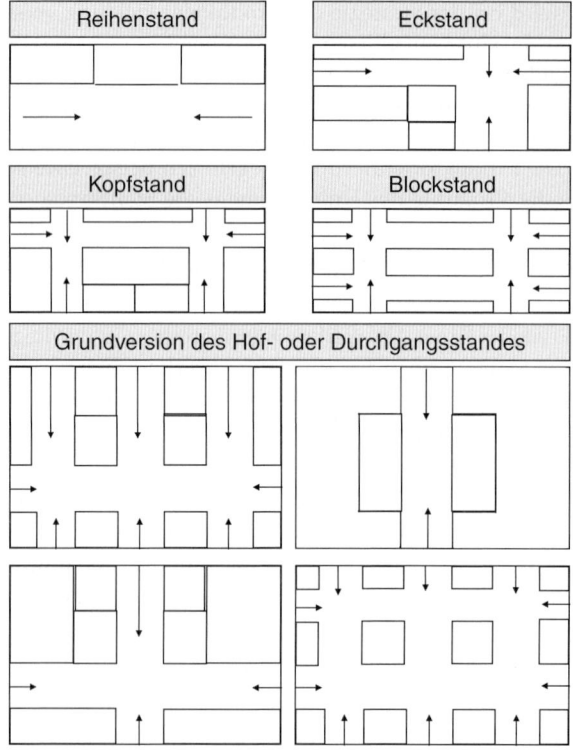

Schaubild III-H-28: Standformen von Messen und Ausstellungen (Funke 1987, S. 61 ff.)

Zielgruppe, der eigenen Standarbeit (z. B. Präsentation) und der Vorteilhaftigkeit der Standlage hinsichtlich der Konkurrenz und den Wettbewerbsaspekten auszurichten (*Haeberle* 1967, S. 171). Zudem ist in der Regel der Reihenstand die vom Mietpreis her günstigste Variante; für die anderen Standformen werden meistens Zuschläge erhoben (*AUMA* 2002, S. 60).

7.3 Auswahl und Einsatz des Standpersonals

Der Erfolg der Messebeteiligung ist nicht nur von der Exponatgestaltung und Standkonzeption, sondern insbesondere auch von der **Auswahl** und dem **Einsatz des Standpersonals** abhängig. Entscheidungsdimensionen sind hierbei die fachliche Qualifikation, die hierarchische Stellung im Unternehmen sowie der zeitliche und zahlenmäßige Einsatz des Personals (*Meffert* 1993, S. 88).

Das Standpersonal ist je nach Unternehmensgröße aus dem Unternehmensrepräsentant (Vorstand, Geschäftsführer), Standleitung (verantwortlich für den Standbetrieb), technischem Personal (Beratung, Vorführung), kaufmännischem Personal (Verkauf, Lieferbedingungen), Länderreferenten (Exportgespräche), Dolmetschern, Pressebeauftragten, Auskunftspersonal (Standin formation) und Servicepersonal (Büro, Bewirtung, Bedienung, Bewachung, Reinigung) zusammenzusetzen (*AUMA* 2002, S. 77). Damit besteht das Messeteam unter anderem aus allen Bereichen des Unternehmens. Der Grund hierfür ist darin zu sehen, dass jedem Besucher ein „gleichwertiger" Gesprächspartner gegenüber zu stellen ist. Dies wird besonders deutlich am Beispiel von Industriegütermessen mit Hilfe des **Buying-Center-Konzeptes** veranschaulicht. Die Auswahl und der Einsatz des Standpersonals wird dabei in Abhängigkeit der Zusammensetzung des Buying Centers gewählt. Jedem Entscheidungsträger innerhalb des Buying Centers wird gemäß der „Ähnlichkeitshypothese" ein entsprechender Gesprächspartner zur Seite gestellt. Diese Vorgehensweise führte zur Entwicklung des so genannten „Selling Center" als Counterpart zum Buying Center (*Backhaus/Voeth* 2009, S. 65).

Die **Anzahl** und **Zusammensetzung des Standpersonals** hängt somit zum einen von der erwarteten Besucherstruktur ab. Zum anderen wird diese gleichermaßen durch Faktoren, wie z. B. die verfügbare Standgröße sowie die Art und Anzahl der Exponate, beeinflusst. Darüber hinaus sind aber auch Persönlichkeitsmerkmale in die Auswahl des Standpersonals einzubeziehen. Hierzu zählen beispielsweise personenbezogene Eigenschaften, wie Kontaktfreundlichkeit, Gewandtheit in Ausdruck und Sprache, Fremdsprachenkenntnisse, Anpassungsfähigkeit und Flexibilität (*Roth* 1981, S. 105 ff.).

Insbesondere ist bei der **Messevorbereitung** darauf zu achten, dass das Standpersonal auf den Einsatz auf der Messe vorbereitet wird. Zur Realisierung eines möglichst hohen Messeerfolges ist es notwendig, die Mitarbeitenden hinsichtlich der Ziele und der Strategie der Messebeteiligung aufzuklären bzw. zu informieren. Sind dem Standpersonal die Messeziele allerdings bekannt und deren Sinnhaftigkeit verdeutlicht worden, so hat dies zumeist einen positiven Einfluss auf die Motivation des Standpersonals. Des Weiteren sind die Mitarbeitenden auf jede einzelne Veranstaltung durch **Schulungsmaßnahmen** vorzubereiten. Dies geschieht vor dem Hintergrund, dass die Teilnahme an einer Veranstaltung für den einzelnen Mitarbeitenden zumeist eine hohe physische und psychische Dauerbelastung darstellt. Im Rahmen dieser Schulungen werden die Mitarbeitenden zum einen auf diese Dauerbelastung vorbereitet. Zum anderen sind Argumentationsinhalte und -schwerpunkte zu vermitteln sowie das Kommunikationsverhalten zu trainieren (*Meffert* 1988, S. 23).

Eine Messevorbereitung in Form einer Schulung der Mitarbeitenden ist zudem deshalb notwendig, da für den Messeerfolg neben der fachlichen Qualifikation, der hierarchischen Stellung im Unternehmen sowie der zeitliche und zahlenmäßige Einsatz des Personals auch deren **Information** und **Motivation** wichtig ist. Richtig vorbereitetes Standpersonal, das sich informiert fühlt, trägt zum reibungslosen und erfolgreichen Messeverlauf in erheblichem Maße bei. Dabei ist über folgende Sachverhalte zu informieren (*AUMA* 2002, S. 77):

- Eigenes Produkt- und Leistungsangebot,
- Preise und Konditionen,
- Wettbewerb und Wettbewerbsangebote,
- Zielgruppen,
- Besucherstruktur der Messe,
- Wichtige Kunden und Interessenten,
- Schriftliche Erfassung der Besucherkontakte,
- Standordnung und Dienstplan,
- Bedeutung der Messe für die Branche,
- Messeplatz und Messegelände.

Wie eine Studie der *Interessengemeinschaft Messeforschung* zeigt, ist jedoch nur jedem zehnten Mitarbeitenden bewusst, was mit dem Einsatz am Messestand zu erreichen ist. Dies verwundert wenig, wenn bedacht wird, dass nicht einmal jeder zweite Aussteller (45 Prozent) seine Mitarbeitenden vor der Messe auf ihren Einsatz vorbereitet (*Seizinger* 2002, S. 54). Eine ausführliche Darstellung der Ergebnisse dieser Studie finden sich in Insert III-H-4.

Menschen entscheiden über den Erfolg

Wie wichtig Einstellung und Motivation der Standmitarbeiter für den Messeerfolg sind, beweist eine Studie der Interessengemeinschaft Messeforschung.

Kontakte schaffen mit potenziellen Neukunden zählt seit Jahren bei ausstellenden Unternehmen zu den wichtigsten Messezielen. Viele Standmitarbeiter sind von ihrer Aufgabe jedoch nicht begeistert. Aber leben nicht Messen neben der Produktshow von persönlichen Kontakten, von der Face-to-Face-Kommunikation? Die

Gesprächspartner. Reicht das aber aus, um aus Sicht der Aussteller zielorientierte Gespräche zu führen? Wie steht es um die kommunikative Kompetenz der Messeteams und sind ihnen die Messeziele bekannt?

Freundlichkeit (4,4) von den Fachbesuchern als die bedeutendsten Eigenschaften genannt (bewertet auf einer Skala von 5 = sehr wichtig bis 1 = unwichtig). Für ausstellende Unternehmen sind Fachkompetenz mit 4,6, Freundlichkeit mit 4,5 und Kommunikationsfähigkeit, Motivation, gepflegtes Äußeres jeweils mit 4,4 die wichtigsten An-

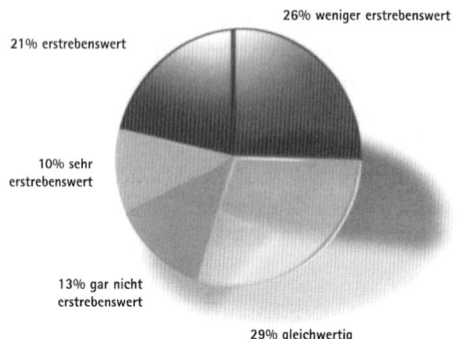

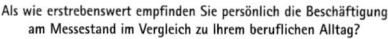

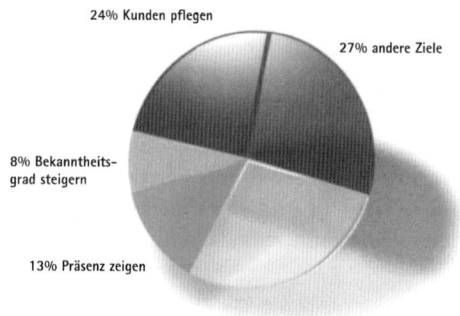

Als wie erstrebenswert empfinden Sie persönlich die Beschäftigung am Messestand im Vergleich zu Ihrem beruflichen Alltag?

Bitte nennen Sie die wichtigsten Ziele der Messepräsenz Ihres Untenehmens

Interessengemeinschaft Messeforschung wollte genau wissen, welche Anforderungen Besucher an den Erfolgsfaktor Standmitarbeiter stellen und ob und wie diese auf ihren Messeeinsatz vorbereitet werden. Die Interessengemeinschaft, der Zusammenschluss von kleineren und großen Unternehmen, bei denen das Kommunikationsinstrument Messe im Marketing-Mix eine wesentliche Rolle spielt, gab deshalb beim Messe-Institut, Laubenheim/Nahe, eine Studie in Auftrag. Auf 14 Messen wurden Mitarbeiter beobachtet beziehungsweise Besucher interviewt. Parallel erfolgte eine strukturierte schriftliche Befragung von 1200 Ausstellern. Selbstverständlich erwarten Besucher fachkompetente und freundliche

Werden Mitarbeiter auf ihren Messeeinsatz vorbereitet? 81% der 1200 befragten Aussteller antworteten darauf mit „Ja", bei den Mitarbeitern waren es nur 60%.

Fast jeder Zweite der befragten Aussteller bereitet seine Mitarbeiter vor jeder Messe auf seinen Einsatz vor (45%), jeder Dritte tut dies nur vor der wichtigsten Messe, jedes siebte Unternehmen nur, wenn Neuheiten ausgestellt werden.

Die zur Sprache kommenden Themen lassen sich in die Bereiche Exponate (29%), Standorganisation (30%), Gesprächsführung und Motivation (41%) zusammenfassen.

Bei den Anforderungen an die Standmitarbeiter wurden Fachkompetenz (4,8) und

forderungen, denen sich ihre Standmitarbeiter stellen müssen.

Doch nicht alle Unternehmen stimmen ihre Mitarbeiter auf ihren Messeeinsatz ein. Erfolgen Einstimmungen, dann werden 60% der Zeit für Exponate und Organisation aufgewandt.

Die Einstellung der meisten Standmitarbeiter zu ihrem Auftritt auf der Messe macht nachdenklich. Nur Motivation führt zu außergewöhnlichen Leistungen. Und da gibt es offensichtlich einigen Nachholbedarf. In der Untersuchung zu Anforderungen an das Standpersonal und dessen Einstimmung auf den Messeeinsatz wurden 250 Standmitarbeiter auf sieben Messen

Insert III-H-4: Wichtigkeit der Einstellung und Motivation der Standmitarbeitenden (Seizinger 2002, S. 54 f.)

befragt: „Sind Ihnen die Ziele, die Ihr Unternehmen mit diesem Messeauftritt verfolgt, bekannt?" Neun von zehn Standmitarbeitern gaben an, die Messeziele zu kennen. Erstaunlich also, dass jeder zehnte Standmitarbeiter nicht weiß, was er mit seinem Einsatz erreichen soll.

Zum Punkt: „Bitte nennen Sie die wichtigsten Ziele" wurde vorrangig angegeben Neukunden akquirieren und Kontakte knüpfen (46% der Meldungen, Mehrfachnennungen möglich). Fast gleich wichtig wurde die Pflege beziehungsweise Betreuung der Altkunden benannt. An dritter Stelle – aber mit Abstand – stand Präsenz zeigen. Wiederum mit deutlichem Abstand folgen Bekanntheitsgrad steigern (13%), Vertrieb/Umsatzsteigerung (12%), Neuheiten vorstellen (10%) und präsentieren (8%). Bei jedem zweiten Aussteller fehlt allerdings die Messlatte. Deutlich mehr als die Hälfte (56%) der befragten Standmitarbeiter gaben an, dass die Messeziele nicht quantifiziert wurden. 20% hatten solche Vorgaben, 24% hatten teilweise solche Vorgaben.

In der Erinnerung der Standmitarbeiter nehmen 57% Exponate und Organisation und 43% Verhalten und Gesprächsführung ein. Damit ist aber keine Aussage über die zeitliche Dauer der einzelnen Themen getroffen. In den meisten Fällen nimmt die Vorstellung von Neuheiten, also die reine Produktschulung beziehungsweise Information mehr als die geplante Zeit in Anspruch. Setzt man dagegen, wie viel Zeit in

die Einstimmung und Vorbereitung des wichtigen Messeerfolgsfaktors Standmitarbeiter investiert wird, wird deutlich, dass bei der Vielzahl der Themen manches auf der Strecke bleiben muss. Durch das Tagesgeschäft verblasst mancher gut gefasste Vorsatz. Im Wettbewerb der Marketinginstrumente aber ist der Mensch das Maß der Messe.

Gerade deshalb spielen professionelle Personaltrainings eine immer wichtigere Rolle. In Zeiten knapperer Messebudgets gilt es, die Effizienz eines Messeauftritts zu steigern und den USP „Persönlicher Kontakt" voll auszuschöpfen. Eine perfekte Messevorbereitung erweist sich daher als Muss: Standmitarbeiter entscheiden den Messeerfolg maßgeblich mit. Die Bedeutung ihres Einsatzes, die oft externe Trainer besser untermauern können, muss klar zum Ausdruck kommen. Professionell, zum Beispiel mit Unterstützung der m+a Messeakademie, sollte deshalb die Vorbereitung auf den Messeeinsatz vorgenommen werden. Profis raten, in einem ersten Schritt die Mitarbeiter auf die Produkte zu schulen. In einem zweiten Schritt sollte die schriftliche und mündliche Information über Sinn und Ziel der Messebeteiligung, über alle vorbereitenden und unterstützenden Maßnahmen, über die Organisation am Messestand und am Messeort erfolgen. Dann folgt die so genannte Einstimmung. Hier werden die

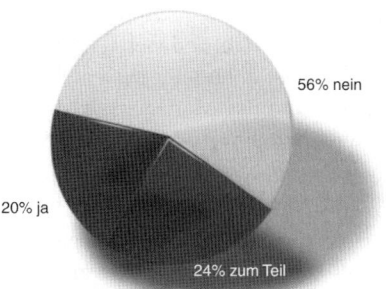

56% nein

20% ja

24% zum Teil

Sind diese Ziele quantifiziert worden?

Standmitarbeiter auf die Gesprächsführung am Messestand vorbereitet. Das Kick-off, eine drei bis vierstündige Messe-Einstimmung, sollte erst kurz vor Messebeginn nochmals alle Sinne schärfen. Nicht zu vergessen sei am Vortag die Einweisung der Gruppe in den Messestand. ■ se

---

Kontaktadressen

Interessengemeinschaft Messeforschung c/o

Messe Institut GmbH
E-mail: messeinstitut@t-online.de
Internet: www.messe-institut.de

m+a Akademie
E-mail: info@messeakademie.de
Internet: www.messeakademie.de

Insert III-H-4: Wichtigkeit der Einstellung und Motivation der Standmitarbeitenden (Fortsetzung) (Seizinger 2002, S. 54 f.)

Die wesentliche **Aufgabe des Standpersonals** liegt in der Abgabe von Informationen, der Erklärung bzw. Erläuterung sowie der Präsentation der angebotenen Unternehmensleistungen. Des Weiteren kommuniziert das Standpersonal gezielt mit der Presse, konkurrierenden Ausstellern und denjenigen Messebeteiligten, die nicht zu der anvisierten Zielgruppe zählen. Schließlich besteht eine weitere zentrale Aufgabe darin, Kontakte mit potenziellen Kunden anzubahnen und Kontaktpflege mit aktuellen Kunden zu betreiben. Dies setzt eine aktive Besucheransprache voraus. Aufgrund von Experteneinschätzungen werden jedoch 50 bis sogar 90 Prozent der Gespräche mit der so genannten „Killer-Frage" „Kann ich Ihnen helfen?" begonnen. Andererseits werden insbesondere auf Industriegütermessen bis zu 70 Prozent der Besucher gar nicht angesprochen und 80 Prozent der Verkäufer beenden das Gespräch, wenn sich der Besucher abweisend verhält (*AUMA* 2002, S. 78).

7.4 Nachbereitung einer Messebeteiligung

Die **Messenachbereitung** ist häufig das „Stiefkind" der Messekonzeption. In die Nachbereitung einer Messe fällt nicht nur der Abbau des Messestandes und die Rückführung der Exponate an den Standort des Ausstellers, sondern vor allem die Auswertung und Weiterverfolgung der auf der Messe geknüpften Kontakte. Es handelt sich damit also um eine Fortsetzung der am Stand stattgefundenen Gespräche. Die Grundlage der Nachfassaktionen sowie der Erfolgskontrolle ist daher eine systematische **Auswertung der Messekontakte**. Ein entsprechend modernes „Inquiry Management" hat bereits während der Messe anzusetzen und elektronisch unterstützt zu werden, um die Reaktionszeiten zu verkürzen (*Zundler/Tesche* 2003, S. 1175).

Nur wenige Aussteller sind in der Lage exakt anzugeben, wie viele Besucher welcher Qualifikation sie auf dem Stand begrüßt haben. Aufschluss darüber geben selbst ermittelte Daten aus beispielsweise Berichtsbögen und Gesprächsnotizen, wobei die Gesprächsinhalte nach Produkten, Anwendungsbereichen, Verfahren, neuen Kundenwünschen usw. ausgewertet werden.

Wird beim Betreten der Messe eine **elektronische Besuchererfassung** über Strichcode oder Magnetkarte durch den Veranstalter vorgenommen, so wird eine derartige Erfassung mit der Erfassung am Stand kombiniert. Werden die Daten des Messeveranstalters mit den eigenen Ergebnissen verglichen, so ist schnell festzustellen, wie der eigene Messeerfolg im Verhältnis zur Bewertung aller Aussteller zu beurteilen ist (*AUMA* 2002, S. 99) (vgl. Abschnitt III-H-9).

Für die Nachfassaktion ist zwischen Zielgruppen zu unterscheiden, die den Messestand besucht haben, und den eingeladenen Personen, die der Einladung nicht gefolgt sind. Bei Kunden und Interessenten, die auf dem Messestand anwesend waren, sind folgende **Inhalte** zu berücksichtigen:

- Dank für den Besuch,
- Zusendung versprochener Unterlagen und Angebote,
- Gezieltes Eingehen auf die Gesprächsschwerpunkte,
- Weitere Terminsabsprachen,
- Zuweisung der Kontaktvertiefung an die entsprechenden Mitarbeitenden oder den Außendienst u. a. m.

Kunden und Interessenten, die den Messetermin nicht wahrnehmen konnten, erhalten dennoch Informationen über Ausstellungsprogramm, Neuheiten und Weiterentwicklungen innerhalb des Produkt- bzw. Leistungsprogramms (*AUMA* 2002, S. 100).

8 Integration von Messen und Ausstellungen in den Kommunikationsmix

8.1 Interinstrumentelle Integration von Messen und Ausstellungen

Die Integration von Messen und Ausstellungen in den Kommunikationsmix ist aus zweierlei Sicht notwendig. Zum einen hat der Aussteller zu berücksichtigen, dass eine Messe keineswegs nur von Stammkunden aufgesucht wird; vielmehr sind laut einer Untersuchung des *AUMA* durchschnittlich 37 Prozent aller Messebesucher **Erstbesucher**. Dadurch ergeben sich für den Aussteller hohe Anforderungen an eine gezielte Kommunikation im Vorfeld der Messe, um den Besucher an den Messestand zu bringen. In 37 Prozent der Fälle geschieht dies durch Einladungen des Ausstellers, bei 25 Prozent durch Kollegen, Vorgesetzte und Bekannte, bei 20 Prozent durch Kenntnis früherer Veranstaltungen, bei 19 Prozent durch Anzeigen in der Presse und bei 15 Prozent durch redaktionelle Berichterstattung (*Kresse* 2002).

Zum anderen werden durch einen integrierten Einsatz Synergieeffekte genutzt und Kostensenkungspotenziale realisiert. Um einen effizienten Einsatz von Messen und Ausstellungen zu gewährleisten, ist die Integration auf zwei Ebenen durchzuführen. Auf der ersten Ebene sind Messen und Ausstellungen mit den anderen kommunikationspolitischen Instrumenten (interinstrumentelle Integration) zu vernetzen. Darüber hinaus sind aber auch die Messebeteiligungen untereinander zu koordinieren.

In Analogie zur Mediawerbung ist bei der **interinstrumentellen Integration** von Messen und Ausstellungen ebenfalls ein schrittweises Vorgehen vorzunehmen. Zunächst bedarf es im **ersten Schritt** der Ermittlung des Stellenwerts des Kommunikationsinstruments Messen und Ausstellungen in der Unternehmens- und Marketingkommunikation. Aus der Bedeutung des einzelnen Instruments lassen sich Rückschlüsse auf die Richtung der interinstrumentellen Integration ableiten. Die Bedeutung von Kommunikationsinstrumenten wird dabei in zwei Facetten unterteilt. Zum einen in eine strategische und zum anderen in eine taktische Bedeutung (*Bruhn* 2009a, S.95). Wie die Ergebnisse einer Unternehmensbefragung zeigen, kommt Messen und Ausstellungen im Allgemeinen eine vorwiegend taktische Bedeutung zu (*Bruhn/Boenigk* 1999, S.68), da die Wirkungen aus den messebezogenen Kommunikationsaktivitäten in der Regel kurzfristiger Natur sind. Die ausstellenden Unternehmen versuchen auf der Messe ihren Bekanntheitsgrad zu steigern und sich gegenüber dem Wettbewerber zu profilieren sowie kurzfristig Aufträge zu akquirieren (*Bruhn* 2009a, S.98).

Hiernach ist im **zweiten Schritt** zu prüfen, in welchem funktionalen und zeitlichen Zusammenhang Messen und Ausstellungen zu den anderen Kommunikationsinstrumenten stehen. Folglich ist die Intensität der komplementären, konditionalen, konkurrierenden, substituierenden und indifferenten Beziehungen von Messen und Ausstellungen zu den anderen kommunikationspolitischen Instrumenten offen zu legen. Neben den funktionalen sind auch zeitliche Wirkungsbeziehungen zu berücksichtigen. Hierbei ist zu untersuchen, inwieweit ein paralleler, sukzessiver, intermittierender oder ablösender Einsatz von Messen und Ausstellungen mit anderen Kommunikationsinstrumenten sinnvoll erscheint. So ist beispielsweise der parallele Einsatz der Direktwerbung, der Mediawerbung und der Öffentlichkeitsarbeit vor, während und nach der Messe durchzuführen. Bei Betrachtung des **zeitlichen Einsatzes der Kommunikationsaktivitäten** lassen sich im Einzelnen folgende kommunikative Handlungsalternativen unterscheiden, wie Schaubild III-H-29 veranschaulicht.

Allgemein ist festzuhalten, dass Messen und Ausstellungen in der Regel einerseits einen schwachen Einfluss auf andere Instrumente nehmen, andererseits relativ stark von diesen beeinflusst werden. Folglich werden Messen und Ausstellungen als ein Folgeinstrument im Rahmen der Unternehmens- und Marketingkommunikation angesehen (*Bruhn/Boenigk* 1999, S.72).

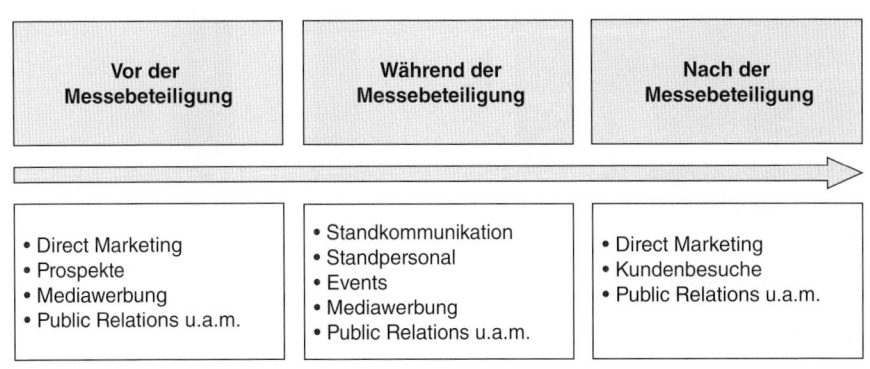

Schaubild III-H-29: Zeitlicher Einsatz kommunikativer Maßnahmen bei Messen und Ausstellungen

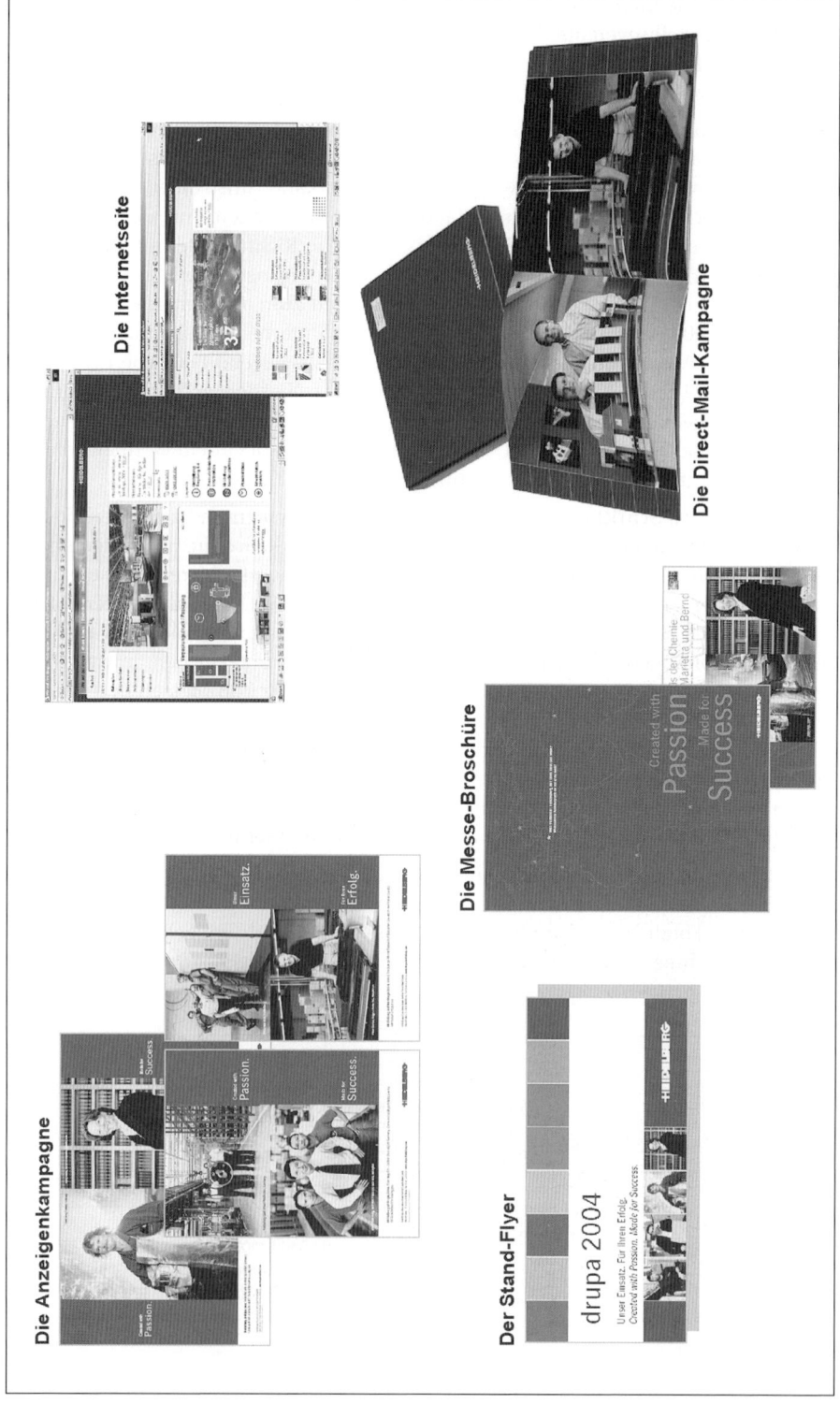

Insert III-H-5: Beispiele der integrierten Kommunikationsaktivitäten der Heidelberger Druckmaschinen AG im Vorfeld der drupa 2004
(Heidelberger Druckmaschinen AG)

Im **dritten Schritt** erfolgt die Integration von Messen und Ausstellungen in den Kommunikationsmix, wie dies beispielhaft Insert III-H-5 für die integrierten Kommunikationsaktivitäten der *Heidelberger Druckmaschinen AG* im Vorfeld der *drupa 2000* zeigt.

Im Folgenden werden beispielhaft **Integrationsmöglichkeiten von Messen und Ausstellungen** aufgezeigt.

Messen/Ausstellungen und Mediawerbung: Das Messeengagement eines Unternehmens wird insbesondere vor und nach der Veranstaltung durch den Einsatz der Mediawerbung unterstützt. Zum einen ist hier an Anzeigenwerbung in Zeitungen und Zeitschriften zu denken, die die bevorstehende Messebeteiligung des Unternehmens dem anvisierten Publikum kommunizieren (*Meffert* 1993, S. 89), wie dies beispielhaft Insert III-H-6 und die Anzeigenwerbung für die Messe *„auto-salon 2010"* (*Messe Genf*), darstellt. Zum anderen werden Messeerfolge an ein disperses Publikum kommuniziert.

> **Beispiel: Fernsehspots von *Ford* zur *Internationalen Automobil Ausstellung (IAA)***
> Der Automobilhersteller *Ford* informiert in Fernsehspots über sein Messeengagement auf der *IAA* in Frankfurt am Main. Aufgrund der zeitlichen Begrenzung der Messeveranstaltungen werden so Messen und Ausstellungen intermittierend in die Mediawerbung integriert.

Messen/Ausstellungen und Verkaufsförderung: Messen und Ausstellungen stehen in der Regel in komplementärer Beziehung zum Einsatz der Verkaufsförderung. Ein Beispiel hierfür ist der Einsatz von Verkäufern und anderen Außendienstmitarbeitenden auf Messen und Ausstellungen. Dabei ist es beispielsweise sinnvoll, die Verkaufsförderung ablösend einzusetzen, d. h., im Anschluss an eine Veranstaltung werden Verkaufsförderungsaktionen durchgeführt.

Insert III-H-6: Anzeigenwerbung der Messe „auto-salon" (auto-salon 2010)

Messen/Ausstellungen und Sponsoring: Eine Integration von Messen und Ausstellungen mit Sponsoring erfolgt insofern, als dass auf einer Veranstaltung aktuelle Sponsorships an das Besucherpublikum kommuniziert werden. Zu denken ist hier beispielsweise an den Auftritt eines Spitzensportlers (z. B. *Michael Schuhmacher*) bei der Vorstellung eines neuen Modells anlässlich der *IAA*. Möglich ist auch die Vorstellung bzw. Bekanntgabe von neuen Sponsorships anlässlich der Messebeteiligung. Demzufolge findet ein paralleler Einsatz von Messen und Ausstellungen und Sponsoring statt.

Messen/Ausstellungen und Event Marketing: Bei der Integration von Messen und Ausstellungen mit Event Marketing bestehen mehrere Möglichkeiten. Zum einen erfolgt der zeitliche Einsatz parallel. Dies ist beispielsweise dann der Fall, wenn das ausstellende Unternehmen neben der eigentlichen Messebeteiligung auch Maßnahmen des Event Marketing, wie z. B. Vortragsreihen, Auszeichnungen oder Shows, durchführt. Insbesondere Show-Aktivitäten mit Eventcharakter werden von den Unternehmen dazu genutzt, Aufmerksamkeit bei den Besuchergruppen zu erzielen und sich von der Konkurrenz abzugrenzen. Zu beachten ist hierbei jedoch, dass die ausgestellten Produkte bzw. Unternehmensleistungen in den Mittelpunkt solcher Events gestellt und in die Gesamtpolitik der Messebeteiligung zu integrieren sind. Zum anderen ist auch ein ablösender Einsatz vorstellbar. Wird die Beteiligung an Fachmessen in dem Unternehmen zur Profilierung nicht mehr als geeignet angesehen, so besteht die Möglichkeit die Fachmessen durch eigene Events (z. B. Verkaufsveranstaltungen) zu ersetzen.

> **Beispiel: Großstadtträume in der „*Nokia* City"**
> Die „*Nokia* City" des Mobilfunkunternehmens *Nokia* verdeutlicht beispielhaft, wie kreativ Unternehmen ihre Messeauftritte gestalten (*Nokia* 2004). Auf der europäischen Jugendmesse *YOU* im Jahre 2008 in Berlin hatte jeder Besucher die Möglichkeit, die *Nokia* Großstadt auf die eigene Art und Weise zu erleben. So war es möglich, mit einem Limousinenfahrer durch die City zu „cruisen", als Fashion-Lady ein Styling von angesagten Stylisten zu genießen, in der Spielhalle mit seinen Freunden „um die Wette zu zocken", Stars hautnah zu erleben oder einfach nur durch die Straßen zu flanieren und die Skyline – die an Metropolen wie New York, Hongkong, Dubai oder Frankfurt erinnerte – auf sich einwirken zu lassen.

Messen/Ausstellungen und Persönliche Kommunikation: In der Praxis ist häufig ein sukzessiver Einsatz zu beobachten. Durch Messen und Ausstellungen werden Kontakte mit aktuellen Kunden bzw. erste Kontakte mit potenziellen Kunden aufgebaut. Mit Hilfe der Persönlichen Kommunikation nach der Messebeteiligung wird versucht, diese Kontakte zu intensivieren und die Kundenakquisition gezielt weiter zu betreiben.

Messen/Ausstellungen und Direct Marketing: Die Integration von Messen und Ausstellungen und Direct Marketing erfolgt in der Regel sukzessiv. Vor einer Beteiligung und im Rahmen der Nachbearbeitung von Messen und Ausstellungen spielen Direct-Marketing-Aktionen eine entscheidende Rolle. Im Vorfeld werden vom ausstellenden Unternehmen persönliche Einladungsbriefe, Werbebriefe, Prospekte, Broschüren, Kataloge usw. verschickt (*Spryß* 1985, S. 46 ff.). Im Anschluss an die Messebeteiligung ist eine Nachbereitung (Follow-up) durchzuführen, die das Ziel hat, bestehende oder neue Kontakte mit den Standbesuchern zu pflegen bzw. zu intensivieren. Hierunter ist beispielsweise die Zusendung persönlicher Angebote nach der Messe zu subsumieren.

Messen/Ausstellungen und Public Relations: Der Einsatz von Messen und Ausstellungen und Public Relations findet beispielsweise zeitlich intermittierend statt. Denn die über Public Relations verbreiteten Botschaften sind gleichermaßen auf Messen und Ausstellungen zu kommunizieren. Auf der einzelnen Veranstaltung werden beide Instrumente auch parallel eingesetzt. So werden anlässlich einer Messe Unternehmenszeitschriften und Geschäftsberichte am Messestand ausgelegt oder an die Besucher übergeben. In Insert III-H-7 wird die

FALLBEISPIEL: DRUPA-AUFTRITT ALS NETZWERK INTEGRIERTEN MARKETINGS

Dr. Ellen von Itter
Freie Journalistin

Bei einer Messebeteiligung können Unternehmen zeigen, dass sie auf der Klaviatur der Präsentationskommunikation spielen können. Denn nicht nur Standbau und Produkte sind entscheidende Faktoren für einen gelungenen Messeauftritt. Allein die sinnvolle und klar definierte Vernetzung von Einzelaktivitäten führt zum Gesamterfolg.

Oberstes Gebot bei Messebeteiligungen ist die Formulierung eines Zieles. Was will das Unternehmen erreichen? Welche Erfolge sollen nach der Veranstaltung auf der Habenseite stehen? Nur wer sein Ziel kennt, weiss, welchen Weg er beschreiten muss.

Die Erhöhung des Bekanntheitsgrades und der Aufbau neuer Kontakte zu Druckereien sowie Verlagen und Werbeagenturen standen bei der SCA Fine Paper, einer der führenden Unternehmensgruppen in der europäischen Papierindustrie, genauso im Focus der Messeziele an der letzten DRU-

PA in Düsseldorf wie die Pflege der bereits bestehenden Geschäftsbeziehungen. Diese nur alle fünf Jahre veranstaltete Leitmesse rund um die Druckbranche erforderte schon bei der frühen Vorbereitung das Zusammenspiel aller Kräfte.

Neben einer Präsentation der Produkte sollten die Besucher auch über die Umweltverantwortung des Unternehmens selbst informiert werden. Ein weiteres Ziel war die Schaffung von Synergieeffekten zu wichtigen Vertretern von Druckmaschinenherstellern. Diesen ganzen Strauss an Messezielen galt es in das Konzept aufzunehmen und zu einem integrierten Auftritt zu bündeln.

Als damaliger Marketingleiter und Beauftragter für Qualitätsmanagement (seit April 1998 als Director Business Group Communications für die gesamte Unternehmenskommunikation verantwortlich) verfolgte er in besonderem Masse diese Prämisse bei den Messepräsentationen seines Unternehmens. Komplexes Beispiel hierfür war das Messekonzept.

«Visionen in Papier»

Ein erster Schritt für die Erreichung der Ziele ist die Geburt eines Mottos. «Die Visionen einer Gesellschaft werden mit Papier und auf Papier ihre erste Form annehmen», umreisst Maxein die Ausgangsthese für die Mottofindung. «Visionen in Papier» war dann die logische Umsetzung. «Durch dieses Motto konnten wir sowohl rationale als auch emotionale Bezugsebenen zu unseren unterschiedlichen Zielgruppen erarbeiten.» Das Mot-

to bot nicht nur einen themenbezogenen Einstieg bei den Kundengesprächen («Alles beginnt mit Papier ...»). Auch Corporate Identity und Corporate Design waren diesem Motto angepasst. So war die visuelle Aufbereitung des Mottos Grundlage des Standkonzeptes, und das Design spiegelte in Architektur, Motiven und Farben die Idee wider.

Integriertes Messemarketing, nicht nur die Schaffung eines einheitlichen Messeauftrittes. Die Produktewelt soll in ein Erlebnis integriert werden.

Der Stand als Aushängeschild für integriertes Marketing

Der Grundriss des Standes wurde an die Form eines Nautilus angelehnt. Dies war einerseits eine klare und elegante Struktur, die durch ihre Ästhetik die Kunden auf sich aufmerksam machen sollte. Das Thema «Vision» wurde sodann durch eine illusionäre Beleuchtung in der Erlebniszone unterstrichen: In der Nachempfindung eines Sternenhimmels. Das Sternenmotiv wurde weiter konsequent im Teppichboden und im «Himmel» der Bardecke aufgenommen und war auch ein Grundelement für die Kommunikation. So war das Motiv einerseits bei Materialien am Stand selbst eingesetzt – wie beispielsweise bei Namensschildern, Speisekarten oder Postertaschen. Aber auch Werbegeschenke wie Regenschirme, die bei einer Verlosung als Preise ausgesetzt

---

Besucher-Umfrage

Was hat der vernetzte Messeauftritt gebracht?

1. Kunden und Messebesucher und der direkte Wettbewerb bescheinigen den vollen Erfolg des Messeauftritts.
2. Die DRUPA-Medienkampagne und direct mailings waren sehr erfolgreich und führten zu Rücklaufquoten von bis zu 19 %.
3. Daraus konnten mehrere hundert qualifizierte und personifizierte Top-Adressen aus allen Zielgruppen zur direkten Bearbeitung durch den Vertrieb genutzt werden.
4. Eine extern durchgeführte Kundenbefragung ergab, dass der professionelle und vernetzte Messeauftritt zu einem Vertrauens- und Imagezuwachs geführt habe.

Insert III-H-7: Drupa-Auftritt als Beispiel für integriertes Messemarketing (v. Itter 1998, S. 10f.)

waren, trugen das Motiv. Auch abendliche Happy-hour-Veranstaltungen wurden zu kleinen Events mit Magiern und Wahrsagerinnen.

«Diese ganzheitliche Gestaltung machten wir uns auch bei unserer Mailingaktion zunutze», erklärt Maxein. Mit der Aussage «Jetzt greifen Drucker nach den DRUPA-Sternen» war beispielsweise die Beilage in Fachzeitschriften getitelt. Bei den personifizierten Kundenmailings kündigte eine erste Postkarte ohne Absender an: «Sie werden eine Sternstunde erleben.» Das zweite Mailing beinhaltete dann die Einladungsbroschüre mit dem Titel «Die Sternstunde naht», jetzt jedoch mit Absenderangabe.

Demonstrationen machen Produkte erlebbar

Integriertes Messemarketing bedeutete für die Marketingmannschaft jedoch nicht nur die Schaffung eines einheitlichen Messeauftrittes. «Wir wollten die Produkte auch in ein Erlebnis integrieren», so Maxein. Grundlage hierfür boten Produktpräsentationen bei Druckmaschinenherstellern. Hier konnten sich die Kunden und Interessenten bei Druckläufen über die Qualität des Produktes in der Verarbeitung und später als fertiges Druckerzeugnis überzeugen. «So verfolgten wir durch das Konzept von Sehen-Erleben-Überzeugen sehr anschaulich die Strategie vom «low-interest»-Produkt zur «high-interest»-Demonstration der viel-

fältigen Möglichkeiten unserer Erzeugnisse», meint Maxein.

Flankierende PR- und Kommunikationsmassnahmen

Ein wichtiger Faktor, der oft auch bei sehr strukturierten Messeauftritten in Vergessenheit gerät, ist die Public Relations. Die Möglichkeiten der Umsetzung und Information sind auch hier vielfältig. «Wir betreiben interne PR in unserer Mitarbeiter- und Werkszeitung und externe PR im Kundenmagazin und in Fachzeitschriften», umreisst Maxein das Kommunikationspaket. Auch der Pressearbeit kam hierbei grosse Bedeutung zu. «Vor und während der Messe luden wir jeweils zu einer Fachpressekonferenz ein.

Wir hatten Pressemappen in mehreren Sprachen vorrätig, die wir auch im Pressezentrum der Messe ausgelegt hatten. Im Messeteam gab es einen Presseverantwortlichen und zum Messeabschluss informierten wir mit einer aktuellen Presseinformation über die Erfolge des Unternehmens.»

Hinzu kam die direkte Kommunikation mit den Kunden: Das Follow-up war so strukturiert, dass die Messeberichte schnell ausgewertet wurden und in konkreten Bedarfsfällen sofort mit dem Kunden Kontakt aufgenommen wurde. Eine von einem Marktforschungsunternehmen durchgeführte Kundenbefragung ergab zudem zuverlässige Informationen über den Vertrauens- und Imagezuwachs durch den Messeauftritt.   ◻

Insert III-H-7: Drupa-Auftritt als Beispiel für integriertes Messemarketing (Fortsetzung) (v. Itter 1998, S. 10 f.)

Integration von interner Public Relations in Mitarbeiter- und Werkzeitungen sowie externer Public Relations im Kundenmagazin und in Fachzeitschriften mit den Messeaktivitäten am Beispiel einer Unternehmensgruppe in der Papierindustrie dargestellt. Zudem erfolgen in dem Beispiel Presseaktivitäten parallel zur Messe, indem beispielsweise während der Messe zu einer Fachpressekonferenz eingeladen wird.

Messen/Ausstellungen und Online-Kommunikation: Bei der Integration von Messen und Ausstellungen und Online-Kommunikation ist als Hauptschnittstelle grundsätzlich die Informationsaufnahme von potentiellen Besuchern und Interessenten über das Unternehmen und dessen Angebot zu erwähnen. Hierbei informieren sich die Anwender parallel zu stattfindenden Messen, z. B. der *CeBIT* 2004, interaktiv im Internet über das Messeangebot und einzelne ausstellende Unternehmen und nehmen interaktiv teil.

Beispiel: Internetpräsenz der Messebeteiligung von *Ford*

Das Internet bietet *Ford* die Möglichkeit, seinen Messestand weltweit präsent zu machen und auch zu jenen Interessierten zu bringen, denen es nicht möglich ist, den Stand real zu besuchen, indem diesen einen virtuellen Rundgang über den Stand ermöglicht wird und mittels Echtzeitbildern Impressionen vom Messestand vermittelt werden (*Landwehr/Koers* 2003, S. 121).

So präsentieren sich wichtige Messen im Internet

CeBIT / Hannover Messe

Die Deutsche Messe AG bietet ihre Messen auch virtuell an. So kann mit dem sogenannten Global Online Business Information System (Globis) das ganze Jahr nach Ausstellern und Produkten recherchiert werden. Damit können beispielsweise auch nach Tore-Schluss der realen CeBIT oder Hannover-Messe Firmenprofile oder Produktspektren der Aussteller abgerufen werden und der Suchende an dieser Stelle nicht nur die üblichen Informationen und Kontaktmöglichkeiten per Mausklick zur Verfügung.
→www.globis.de

das aktuelle Marktgeschehen der Branche lesen. Und auch für die Aussteller bietet der Messeveranstalter ein umfangreiches Angebot. Sie können für ihren realen Messeauftritt vom Wasseranschluss bis hin zum Messe-Mobiliar alles online bestellen.
→www.systems-world.de

DIMA
Die DIMA bietet keine virtuelle Messe an, ist aber mit einem klassischen Web-Auftritt präsent, der neben den üblichen Informationen auch für die Messevorbereitung Service-Schnittstellen für die Aussteller bietet. Eine virtuelle Messe ist momentan nicht geplant.
→www.dima.com

ITB
Die Messe Berlin führt alle Eigenveranstaltungen auch als virtuelle Messen durch. Besondere Features der virtuellen ITB: ein Info-Warenkorb, die Suche nach vergleichbaren Produkten anderer Hersteller und ein Terminplaner für den realen Messebesuch.
→www.messe-berlin.de
(Menüpunkt VirtualMarketPlace)

Photokina
Die Webauftritte der Veranstaltungen der Messe Köln dienen noch nicht vorrangig der Information. Allerdings sind Elemente virtueller Messen bereits integriert: beispielsweise die Verlinkung zu Ausstellern und Produktinformationen oder virtuelle Pressefächer.
→www.photokina.de

Systems
Auch die Systems ist als virtuelle Messe präsent. Hier können sich Aussteller, aber auch Nicht-Aussteller das ganze Jahr präsentieren. Das Online-Portal bietet an dieser Stelle nicht nur die üblichen Informationen und Kontaktmöglichkeiten: Hier können die Besucher Meldungen über

Internetworld INTERNET WORLD Germany, 4.–6. Juni 2002 in Berlin
Die Internetworld ist zwar mit einer Homepage im Internet präsent, bietet aber noch keine virtuelle Messe an.
→www.internetworld-messe.de

CRM-EXPO
Neben der Website der realen Customer Relationship Management EXPO wird eine virtuelle Messe angeboten. Die Aussteller sind hier in virtuellen Messehallen untergebracht.
→www.acquisa-crm-expo

Insert III-H-8: Präsentation wichtiger Messen im Internet (Zunke 2002, S. 48 f.)

Dabei sind die multimedialen Anwender nicht nur auf den Zeitpunkt der Messeveranstaltung beschränkt, sondern haben die Möglichkeit, sich bereits im Vorfeld, aber auch nach der Messe oder Ausstellung, zu informieren. Insert III-H-8 stellt am Beispiel einiger wichtiger Messen dar, wie sich diese im Internet präsentieren.

Messen/Ausstellungen und Mitarbeiterkommunikation: Schließlich ist noch auf die Integrationsmöglichkeit von Messen und Ausstellungen und der Mitarbeiterkommunikation hinzuweisen. Eine erfolgreiche Mitarbeiterkommunikation ist die grundsätzliche Voraussetzung für einen zielorientierten Einsatz der restlichen Kommunikationsinstrumente. Aus diesem Grund sind vor der Messebeteiligung die Mitarbeitenden über die Messeziele und -strategien zu informieren und in Bezug auf den bevorstehenden Messeeinsatz zu motivieren.

8.2 Intrainstrumentelle Integration von Messen und Ausstellungen

Entscheidend für die Erzielung hoher Wirkungen bei den anvisierten Messezielgruppen ist gleichermaßen die intrainstrumentelle Integration von Messen und Ausstellungen. Gemäß dieser Forderung sind Entscheidungen bezüglich des Konzepts und der Gestaltung jeder einzelnen Veranstaltung miteinander zu vernetzen und somit aufeinander abzustimmenn. Dies bedeutet nicht, dass jede Messebeteiligung in identischer Weise erfolgt. Vielmehr sind die Besonderheiten der jeweiligen Veranstaltung bzw. die Erwartungshaltungen der Messezielgruppen zu berücksichtigen.

Als Dimensionen der Integrationsentscheidungen lassen sich die inhaltliche, formale sowie zeitliche Dimension unterscheiden.

Die **inhaltliche Dimension** bezieht sich auf die thematische Abstimmung der einzelnen Veranstaltungen einer Planungsperiode untereinander. Ein Themenschwerpunkt der Messebeteiligungen liegt darin, das ausstellende Unternehmen als besonders innovativ herauszustellen und ein dementsprechendes Image zu vermitteln. Beispielsweise verfolgte *IBM* in den 1980er Jahren die Strategie, auf jeder bedeutenden Veranstaltung Produktinnovationen vor der Konkurrenz dem Publikum vorzustellen, um als das innovative Unternehmen der Computerindustrie zu gelten. Einen Ansatzpunkt zur Vernetzung der thematischen Aussagen verschiedener Veranstaltungen bietet z. B. die Verwendung einheitlicher Slogans, Kernbotschaften, Kernargumente und Schlüsselbilder. Dabei ist jedoch zu überlegen, inwieweit die Inhalte der Messebeteiligung zu modifizieren sind. Dies ist beispielsweise der Fall, wenn die Veranstaltung unter einem bestimmten Motto steht.

Eng verbunden mit der inhaltlichen ist die Entscheidung über die **formale Dimension**. Hier sind Alternativen über die formale Integration einzelner Messeveranstaltungen zu bewerten. Eine Entscheidungsalternative besteht beispielsweise in der Überlegung, auf jeder Veranstaltung einen gleichen kommunikationsfreundlichen Standaufbau zu errichten oder diesen es bei bestimmten Veranstaltungen zu variieren und einen informationsfreundlichen Stand aufzubauen. Weiterhin ist mit dieser Entscheidungsdimension auch die konkrete Gestaltung des Messestandes angesprochen. Zu denken ist hier an die Integration formaler Gestaltungsprinzipien, wie z. B. Farbe, Schriftgröße oder Zeichen. Beispielsweise steht bei jedem Messeauftritt des Automobilherstellers *Ford* die Farbe Blau und die Markenleitidee „Besser ankommen" im Mittelpunkt (*Landwehr/Koers* 2003, S. 125 f.).

Die **zeitliche Dimension** der intrainstrumentellen Integration betrifft sowohl die Koordination der einzelnen Maßnahmen innerhalb einer Planungsperiode als auch zwischen verschiedenen Planungsperioden. Ziel hierbei ist es, dass durch eine Kontinuität in den Messe- und Ausstellungsengagements bei den Zielgruppen Wiederholungs- und Lerneffekte eintreten und durch integrative Maßnahmen sichergestellt wird, dass sich die einzelnen Aktivitäten in ihrer Wirkung gegenseitig unterstützen. Aufgrund der speziellen zeitlichen Situation von Messen und Ausstellungen, die nur in bestimmten Zeitintervallen stattfinden, und aufgrund dessen, das Fachmessen nur selten parallel oder in unmittelbare zeitlicher Nähe erfolgen, ist diese zeitliche Integration für Messen und Ausstellungen eher von geringer Bedeutung.

9 Erfolgskontrolle von Messen und Ausstellungen

9.1 Bedeutung der Erfolgskontrolle von Messen und Ausstellungen

Grundlage einer messebezogenen Erfolgskontrolle ist ein von den ausstellenden Unternehmen aufzubauendes **Messeinformationssystem**, in dem die Messeplanungs- und Messekontrollinformationen umfassend zu integrieren sind. Hiermit wird der Notwendigkeit einer effizienten Verknüpfung von Planungs- und Kontrollinformationen Rechnung getragen, die eine Deckung des relevanten Informationsbedarfes auf Basis von Informationsanalysen auch für mittelständische Unternehmen ermöglicht (*Raffée* 1983, S. 84 f.). Einen Überblick über die möglichen Informationsquellen auf Aussteller- und Veranstalterebene liefert Schaubild III-H-30.

Bei Messen mit reiner Orderfunktion lässt sich eine Erfolgskontrolle relativ leicht durchführen. Hier ist der Erfolg der Messebeteiligung anhand ökonomischer Größen, wie z. B. Ordervolumen oder erzielter Deckungsbeitrag, zu messen. Schwieriger gestaltet sich die Er-

	Sekundärdaten	**Primärdaten**
Unternehmens-interne Quellen	• Daten des Rechnungswesens • Daten und Statistiken über andere (frühere) Messebeteiligungen • Weitere interne Dokumentationen	• Angaben des Standpersonals • Angaben der Funktionsbereichsleiter
Unternehmens-externe Quellen	• Statistiken der Messegesellschaften • Statistiken von Fachverbänden • Studien von Marktforschungs-instituten • Publiziertes Schrifttum • Broschüren	• Angaben der Standbesucher • Registrierte Verhaltensweisen (Aktivitäten) konkurrierender Aussteller

Schaubild III-H-30: Systematik von Informationsquellen für die Messeerfolgskontrolle
(Funke 1987, S. 291; Meffert 1993, S. 9)

folgskontrolle anhand ökonomischer Größen allerdings bei Messen mit vorwiegender Kommunikationsfunktion. Hiermit ist vor allem die **Zurechenbarkeitsproblematik** von messebezogenen Aktivitäten mit der Anzahl von Aufträgen nach der Veranstaltung angesprochen.

9.2 Methoden der Messeerfolgskontrolle

Eine umfassende Erfolgskontrolle umfasst sowohl die Kontrolle der Prozesse in der Vorbereitung, Durchführung und Nachbereitung von Messen und Ausstellungen, die Kontrolle der Wirkungen, die auf Rezipientenseite erzielt werden als auch die Bewertung von Kosten-Nutzen-Aspekten im Rahmen einer Effizienzkontrolle. Im Gegensatz zur Mediawerbung werden im Rahmen der Erfolgskontrolle bei Messen und Ausstellungen zumeist nur relativ einfache Methoden von den Unternehmen angewendet. Dies ist vor allem auf die **Kostenintensität** komplexer Verfahren zurückzuführen, den hohen Zeitaufwand sowie dem Fehlen praktikabler Messmethoden (*Zanger* 2001). So zeigt sich, dass mit zunehmendem **Komplexitätsgrad** und steigender Kostenintensität die Anwendungshäufigkeit solcher Methoden abnimmt. Wie Beispiele aus der Messepraxis belegen, hat ein Unternehmen je nach Art und Umfang des Erfolgskontrollprozesses 1 bis 3 Prozent des Messebudgets für die Erfolgskontrolle einzukalkulieren. Aus diesem Grund findet die Anwendung kostenintensiver Methoden vor allem bei kleinen und mittelständischen Betrieben nicht statt. Sie beschränken sich zumeist auf die Sammlung und Auswertung von Besucherzahlen, Besuchsberichten und Kundenaufträgen. Eine kosten- oder ertragsorientierte Erfolgskontrolle oder Einstellungsmessung wird hingegen nicht vorgenommen (*Meffert* 1993, S. 90).

Die am häufigsten genannten Methoden innerhalb einer *AUMA*-Studie sind Gesprächsprotokolle (82 Prozent) und Kontaktzählungen (78 Prozent). Eine Nachbefragung von Besuchern führen 66 Prozent der Unternehmen durch, über die Hälfte (52 Prozent) erfassen während und nach der Messe den Umsatz. Letzteres Vorgehen liegt bei Konsumgütermessen mit 70 Prozent deutlich über dem Durchschnitt. Als weitere Verfahren zählen 48 Prozent der befragten Unternehmen die ausgegebenen Prospekte und Werbeartikel, 35 Prozent führen eine Besucherbefragung durch und knapp ein Fünftel (19 Prozent) erstellen eine Wegverlaufsanalyse, um zu eruieren, ob sie ihre Messeziele erreicht haben. Durchschnittlich werden vier Instrumente oder Methoden von den Unternehmen eingesetzt (*AUMA* 2004, S. 11 f.).

Etwa ein Drittel der auf Messen ausstellenden Unternehmen verzichten jedoch ganz auf eine systematische Erfolgskontrolle (*Zanger* 2001). Dennoch wundert es, dass im Gegensatz dazu die Messezufriedenheit von bis zu drei Viertel der befragten Aussteller als hoch oder sehr hoch bewertet wird. Grundlage dieser Einschätzung sind in der Regel nicht objektiv nachvollziehbare Bewertungen, sondern ein emotional positiver Eindruck der Messeverantwortlichen, der sich bereits dann ergibt, wenn sich Vorgesetzte oder Messebesucher positiv äußern. Dies macht die Notwendigkeit eines systematischen Einsatzes von Methoden der Erfolgskontrolle von Messen und Ausstellungen deutlich.

9.2.1 Prozesskontrolle von Messen und Ausstellungen

Die Prozesskontrolle beinhaltet die **Überwachung der korrekten Ausführung** der im Rahmen von Messen und Ausstellungen durchzuführenden Tätigkeiten. Diese umfassen sowohl Leistung und Zusammenspiel der Beteiligten in den Planungsphasen der Kreation, Konzeption und Organisation als auch die Koordination und Durchführung der Maßnahmen während der eigentlichen Realisation der Messebeteiligung sowie deren Nachbereitung. Zum Einsatz kommen hierbei vor allem **Checklisten**, **Netzpläne** und ähnliche Verfahren.

Im Rahmen der Prozesskontrolle von Messen und Ausstellungen nimmt die Messung der von den jeweiligen Zielgruppen wahrgenommenen Kommunikations- bzw. Interaktionsqualität eine zentrale Bedeutung ein. Hierfür werden **Befragungs- und Beobachtungstechniken** eingesetzt, die vor allem für die Qualitätsmessung im Dienstleistungsbereich zum Einsatz kommen (*Meyer/Ertl* 1998, S. 224 ff.; *Bruhn* 2010e, S. 141 ff.) In Bezug auf Messen und Ausstellungen sind insbesondere folgende vier **Messmethoden** geeignet:

(1) Silent-Shopper-Verfahren

Im Rahmen von Messen und Ausstellungen werden unter „Silent Shoppern" oder „Mystery Shoppern", d. h. Schein- bzw. Testkunden, vom Unternehmen beauftragte Beobachter und Testkunden verstanden, die am Messestand als potenzielle oder aktuelle Kunden auftreten. Sie simulieren hierbei eine reale Situation, um einen Überblick über die Qualität der Produktpräsentation und des Kommunikationsverhaltens der eigenen Standmitarbeiter zu erhalten oder – in anonymer Form durchgeführt – einen Konkurrenzvergleich durchzuführen (in Anlehnung an *Belz* 1989; S. 28 f.; *Ballantyne* 1990, S. 10; *Meyer/Ertl* 1998, S. 235 f.; *Bruhn* 2010e, S. 142 f.).

(2) Sequenzielle Ereignismethode

Diese Methode dient im Rahmen von Messen und Ausstellungen dazu, Stärken und Schwächen der Kommunikationsprozesse zu ermitteln. Der Kommunikationsprozess wird hierbei zunächst in mehrere Teilschritte zerlegt und grafisch als so genanntes „Blueprinting" festgehalten (in Anlehnung an *Meyer/Ertl* 1998, S. 225 f.; *Bruhn* 2010e, S. 180 ff.). Bei der prozessualen Betrachtung der Messeleistung aus Besuchersicht lassen sich hierbei mit der Vor-Messephase (Informationssammlung, Reiseplanung, Besuchsvorbereitung, Anreise und Hotelbezug), der eigentlichen Messephase (Inanspruchnahme der Kernleistungen Information, Transaktion und Kommunikation, der Messeservice sowie des Rahmenprogramms) und der Nach-Messephase (Abreise, Kosten-Nutzen-Analyse, Nachmessegeschäft mit Ausstellerfirmen, Reflexion) drei Phasen unterscheiden (*Grimm* 2004, S. 102). Auf der Grundlage eines solchen Blueprinting werden Kundenbefragungen durchgeführt, indem die Messekunden gebeten werden, die Phasen der Messeleistung nochmals gedanklich-emotional nachzuvollziehen, um mögliche Verbesserungspotenziale zu ermitteln.

(3) Critical-Incident-Technik

Wie mit der Sequenziellen Ereignismethode bietet sich auch mit der Critical-Incident-Technik eine Methode aus dem Dienstleistungsmarketing an, mit der festgestellt wird, wie zufrieden oder unzufrieden die Messebesucher mit dem Verlauf einer Veranstaltung sind. Ermittelt werden hierbei solche Ereignisse, die aus Perspektive der Besucher als kritisch angesehen werden, d.h. Vorkommnisse, die die Besucher entweder als besonders positiv oder negativ wahrgenommen sowie in Erinnerung behalten haben. Beispielsweise haben unzureichende Informationen vor dem Messebesuch (Einladung, Katalog), nicht vorhandene Muster am Messestand oder ein schlechtes Catering negativen Einfluss auf die Bewertung der Messebeteiligung. Die Critical-Incident-Technik sieht vor, diese Ereignisse mit Hilfe standardisierter offener Fragen zu erfassen. Durch eine Auswertung der Ergebnisse der Critical-Incident-Befragung lassen sich sowohl Hinweise auf die Ursachen des (Miss-) Erfolges einer Messe erhalten als auch Verbesserungsvorschläge für zukünftige Messebeteiligungen gewinnen (*Esch* 1998, S. 161). Hinsichtlich Messen und Ausstellungen lassen z.B. folgende Fragen Rückschlüsse auf den Erfolg bzw. Misserfolg einer Messe oder Ausstellung zu (in Anlehnung an *Mudie/Cottam* 1997):

- Beschreiben Sie bitte ein positives (negatives) Ereignis während der Messeteilnahme.
- Wann kam es zu diesem Ereignis?
- Beschreiben Sie die konkreten Umstände, die zu dieser Situation geführt haben.
- Welche Ursachen haben das Gefühl ausgelöst, dass es sich in diesem Fall um ein besonders (un-) befriedigendes Ereignis gehandelt hat?

(4) Mitarbeiterbefragung

Im Rahmen von Mitarbeiterbefragungen erhält das Standpersonal die Gelegenheit, subjektive Urteile über die Maßnahmen der Messebeteiligung zu äußern oder kritische Ereignisse im Umgang mit den Besuchern zu schildern (*Dotzler/Schick* 1995, S. 281). Dabei ist in erster Linie der Bottom-up-Prozess der Mitarbeiterkommunikation angesprochen, der der Auswertung von Informationen des Standpersonals dient. Inhalte dieser Befragungen sind z.B. Informationen über die Maßnahmen des Unternehmens hinsichtlich Persönlicher Kommunikation, Produktpräsentation, Standgestaltung sowie die persönliche Einstellung des Mitarbeiters zum Thema der Kommunikationsqualität im Kundenkontakt (*Haist/Fromm* 1991, S. 75). Bei der Gestaltung des Erhebungsdesigns ist eine anonyme schriftliche Befragung anderen Untersuchungsmethoden vorzuziehen, um dem Mitarbeiter Gelegenheit zu geben, auf die Fragen offen, d.h. beispielsweise ohne Rücksicht auf berufliche Konsequenzen, zu antworten. Bei dieser Methode der merkmalsorientierten Messung besteht allerdings die Gefahr der Unvollständigkeit in Bezug auf die gemessenen Zufriedenheitswerte, da das Kundenkontaktpersonal lediglich eine begrenzte Anzahl vorgegebener Fragen beantwortet. Daher empfiehlt es sich, Mitarbeiterbefragungen um das Verfahren des betrieblichen Vorschlagswesens zu ergänzen (*Meffert/Bruhn* 2009, S. 325) oder ereignisorientierte Messungen durchzuführen.

9.2.2 Effektivitätskontrolle von Messen und Ausstellungen

Hinweise auf die Erreichung ausstellerseitiger Zielsetzungen bieten beobachtbare und nichtbeobachtbare **Wirkungen der Messeaktivitäten**. Folglich hat das ausstellende Unternehmen Informationen über die Wirkungsreaktionen der Besucher in Bezug auf die Unternehmensaktivitäten zu erheben. Für eine Optimierung der Messebeteiligung ist es dabei nicht nur wichtig zu wissen, **ob** die Ziele erreicht, sondern ebenfalls **wie** diese Ziele erreicht wurden. Hierfür hat das Unternehmen seine Informationsquellen im Hinblick auf Gesetzmäßigkeiten zwischen den messebezogenen Unternehmensaktivitäten und den daraus resultierenden Verhaltensweisen der Besucher auszuwerten. Sein Aktivitätenniveau wird dabei durch die Angabe von Geldgrößen, räumlich-personalen Reichweiten bzw. Kontaktmaßen, Zeitdauer und Zeitpunkte sowie inhaltliche und formale Gestaltungsmaße operationalisiert. Wie

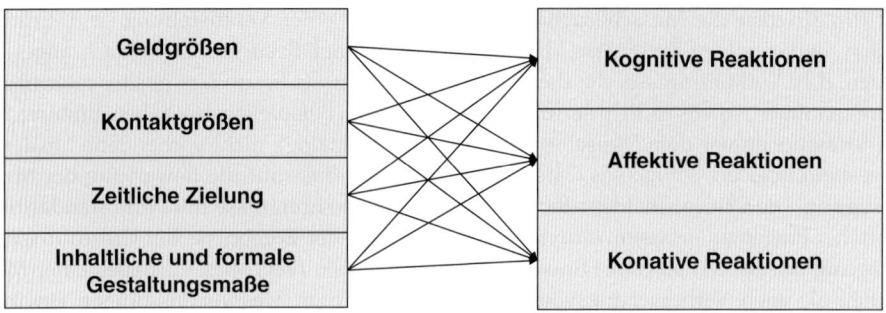

Schaubild III-H-31: Bezugsrahmen zur Ableitung des Bedarfs an Wirkungsinformationen für die
Messeerfolgskontrolle (Funke 1987, S. 250)

Schaubild III-H-31 verdeutlicht, sind diese mit den messezielrelevanten Konsequenzen der Messebeteiligung in Beziehung zu setzen (*Funke* 1987, S. 248 f.).

Das von den Veranstaltern bereitgestellte und von den Unternehmen erhobene Datenmaterial deckt den für eine umfassende Erfolgskontrolle notwendigen Informationsbedarf allerdings nur ungenügend. In der Bundesrepublik werden vom *AUMA* und der *FKM* zwar regelmäßig eine Vielzahl von Daten über Veranstaltungen im In- und Ausland bereitgestellt, doch diese Angaben sind zumeist zu allgemein gehalten, da sie lediglich globale Besucher-, Aussteller- und Flächenzahlen enthalten. Folglich sind diese Daten durch Erhebungen der Aussteller mit Hilfe verschiedener Marktforschungsmethoden der Beobachtung und Befragung zur Messung kognitiver, affektiver und konativer Wirkungen zu ergänzen bzw. zu spezifizieren. Eine Übersicht der im Folgenden dargestellten Verfahren gibt Schaubild III-H-32.

Bei der Erfassung **kognitiver Wirkungen** geht es zunächst um die Messung der Wahrnehmung der während einer Messe übermittelten Reize durch die Zielgruppen. Dies bildet die Voraussetzung für eine Realisierung aller übrigen Kommunikationsziele. Zur Messung der Wahrnehmung lassen sich unterschiedliche Methoden einsetzen, wie sie allgemein im Rahmen der Werbewirkungsforschung angewendet werden. Bei einer direkten Messung der Wahrnehmung steht die Frage im Mittelpunkt, ob und wie der Rezipient die Werbemittel vor oder während einer Messe oder Ausstellung wahrnimmt. Zum Einsatz kommen insbesondere Verfahren der **Blickregistrierung, aktualgenetische Verfahren** sowie **Verfahren zur Überprüfung der Gestaltfestigkeit** eines Werbemittels (*v. Engelhardt* 1999, S. 59 ff.). Da die Verfahren unter Laborbedingungen durchzuführen sind, dienen sie primär der Überprüfung der Wirkung eines Werbemittels vor seinem Einsatz im Rahmen einer Messe oder Ausstellung (Pre-Test).

Während der Messe bzw. in der Nachbereitung kommen indessen Verfahren zur Messung der Aufmerksamkeit zum Einsatz. Hier bieten sich **Zielgruppenbefragungen** an, in deren Verlauf die generelle Rezeption der Botschaft der Messebeteiligung sowie die assoziative Verkettung des Messeobjektes mit einem speziellen Ereignis überprüft wird. Beispielsweise werden „Kenntnisse" nach dem Besuch der Messe bzw. des Standes entweder ungestützt durch einen **Recall-Test** oder gestützt abgefragt, d. h. durch die Angabe von Erinnerungshilfen, im Rahmen eines **Recognition-Tests** (*Funke* 1987, S. 383 ff.; *Nufer* 2006; *Lasslop* 2003, S. 66). Eine mögliche Frage beim Recall-Test ist z. B. „Wenn Sie an Halle 10 denken, welche Aussteller fallen Ihnen da ein?" Bei einem Recognition-Test ist folgende Fragestellung denkbar: „An welche der hier aufgelisteten Aussteller aus Halle 10 erinnern Sie sich?".

Art der Messmethode / Kategorien der Kommuni- kationswirkung	Beobachtung	Befragung
Kognitive Wirkungen	• Blickregistrierung • Aktualgenetische Verfahren • Verfahren zur Überprüfung der Gestaltfestigkeit	• Zielgruppenbefragung • Recall-Test • Recognition-Test
Affektive Wirkungen	• Psychobiologische Messung (Hautwiderstandsmessung) • Messung des Ausdrucksverhaltens	• Rating-Skalen • Imagedifferenzial
Konative Wirkungen	• Verhaltensregistrierung (z.B. Anzahl der Informa-tionsgespräche, Anzahl der nachgefragten Informa-tionsmaterialien)	• Befragung nach Handlungsabsichten und Beweggründen

Schaubild III-H-32: Messmethoden zur Wirkungskontrolle von Messen und Ausstellungen

Beispiel: Besucherbefragung von *Siemens* mit eigenen Produkten
Mit über 3.800 Ausstellern, 192.000 Besuchern und 100 vertretenen Ländern stellt die Messebeteili-gung auf der alle drei Jahre stattfindenden *Achema (Internationaler Ausstellungskongress für Chemische Technik, Umweltschutz und Biotechnik)* für *Siemens Automation & Drives* einen wichtigen Auftritt dar. Um so wichtiger sind daher für die verantwortlichen Mitarbeitenden die Ergebnisse der Erfolgskon-trolle der Messebeteiligung mittels Besucherbefragung. Im Jahre 2003 konnten die entsprechenden Fragen bei *Siemens A&D* schon zeitnah während der Messe beantwortet und ausgewertet werden. *Siemens* entwickelte hierfür das „*Mobic*", ein leichtes, mobiles Internet Pad, das zur Erfassung genutzt wurde (*Lipkowski* 2003, S. 100 f.).

Bei der **affektiven Effektivitätskontrolle** von Messen und Ausstellungen sind insbesondere das Interesse, das eine Person den Aktivitäten des Unternehmens entgegenbringt, sowie die Einstellungen einer Person gegenüber dem Unternehmen bzw. seinen Produkten oder Mar-ken von zentraler Bedeutung. Zur Ermittlung des Interesses bieten sich vor allem **Rating-Skalen** an, um das Ausmaß des Interesses an bestimmten Produkten- oder Dienstleistungen oder auch dem Unternehmen insgesamt zu erfragen.

So wird beispielsweise festgestellt, ob es gelungen ist, das Interesse der Standbesucher durch die Standgestaltung zu steigern.

Eine besondere Bedeutung unter den affektiven Zielsetzungen erfährt der Aufbau bzw. die Veränderung bestimmter Imagedimensionen durch eine Messebeteiligung. Für deren Mes-sung stehen grundsätzlich unterschiedliche Verfahren zur Verfügung, wobei sich für Messen und Ausstellungen insbesondere das **Imagedifferenzial** anbietet (*Trommsdorff* 2009, S. 175 f.), bei dem die Probanden das Messeobjekt anhand einer zweipoligen Skala beschreiben. Die Vorgehensweise entspricht im Wesentlichen dem Vorgehen des Semantischen Differenzials, dessen metaphorische Adjektive durch konkrete, (messe-) objektbezogene Eigenschaften/ Aussagen ersetzt werden, die das bisherige bzw. das durch die Messe zu erreichende Image beschreiben. Dabei erfordert eine abschließende Bewertung der Erreichung der Imageziele neben der Bewertung direkt zur Messe eine „Post-Bewertung", um die längerfristige Wir-kung der Messebeteiligung bei den Besuchern zu ermitteln. Mittels der Post-Bewertung werden zudem Multiplikatoreffekte der Messebeteiligung deutlich gemacht. Dabei handelt es sich zum einen um die Erschließung neuer Kundengruppen aufgrund von Information und Weiterempfehlung von Messebesuchern (Meinungsführer und Kunden). Zum anderen um die Imagewirkung auf aktuelle oder potenzielle Kunden, die die Messe nicht persönlich besucht haben, aufgrund des so genannten „Agenda Setting", d.h. redaktionelle Beiträge über die Messebeteiligung (*Zanger* 2001).

Die Analyse **konativer Wirkungen** einer Messebeteiligung bezieht sich zum einen auf das Verhalten der Zielgruppen am Messestand, zum anderen werden die Handlungsabsichten betrachtet, die bei den Zielgruppen durch die Messe bewirkt werden. Als Kennzahlen, die das **Besucherverhalten** beschreiben, lassen sich beispielsweise die Anzahl der Informationsgespräche am Messestand und die Anzahl der nachgefragten Informationsmaterialien heranziehen. Verfolgt ein Unternehmen mit einer Messebeteiligung wie bei Ordermessen mittelbar oder unmittelbar das Ziel, die Abverkäufe von Produkten bzw. die Inanspruchnahme von Dienstleistungen zu fördern, so werden die Messebesucher nach ihren **Handlungsabsichten** (z.B. der Kauf eines Produktes eines messestandveranstaltenden Unternehmens) befragt und inwieweit diese durch die Messe beeinflusst wurden.

9.2.3 Effizienzkontrolle von Messen und Ausstellungen

Im Rahmen von Effizienzkontrollen werden zur Beurteilung von Beteiligungen an Messen und Ausstellungen **Kosten-Nutzen-Relationen** aufgestellt (*Meffert* 2003, S. 1152). In der Messefachliteratur wurden dazu eine Reihe von Leistungskennzahlen entwickelt. Diese stellen zumeist Vergleichsgrößen zum in der Werbeplanung verwendeten Tausenderkontaktpreis dar, die direkt mittels Beobachtung, Zählung oder durch Auswertung betrieblicher Dokumente gewonnen werden (*Zanger* 2001). Schaubild III-H-33 gibt einen Überblick über die Kennzahlen der Messebeteiligung.

Die **Messekontaktkosten** sind dabei um ein vielfaches höher als beispielsweise die Kontaktkosten im Rahmen der Mediawerbung. Aufgrund der beschriebenen Zurechnungsproblematik messebezogener Kosten und der variierenden Kosten von Messe zu Messe werden unterschiedliche Messekontaktkosten angegeben. Bei einem Messestand von etwa 30m² und einem geschätzten Gesamtaufwand für den Quadratmeter von etwa 600 EUR, ergeben sich Beteiligungskosten von 18.000 EUR. Wenn angenommen wird, dass während einer viertägigen Messe täglich von sechs Mitarbeitenden jeweils 20 Kontakte, also insgesamt 480 Kundengespräche zu Stande kommen, ergeben sich Kontaktkosten von 37,50 EUR. Im Gegensatz dazu liegen die Kontaktkosten von Fachzeitschriften bedeutend niedriger. Bei dieser Gegenüberstellung wird deutlich, dass bei reiner Betrachtung von Wirtschaftlichkeitsmaßen ohne Berücksichtigung der messebezogenen Besonderheiten Messen und Ausstellungen gegenüber anderen Kommunikationsinstrumenten als unterlegen anzusehen sind. Deshalb hat eine Erfolgskontrolle differenzierter zu erfolgen.

> **Beispiel: Kontaktpreisermittlung beim *Volkswagen Konzern***
>
> Im Fall der Autostadt des *Volkswagen Konzerns* ergibt sich bei jährlich 2 Mio. Besuchern und Kosten in Höhe der jährlichen Abschreibungen von zirka 17,5 Mio. EUR sowie unter der Annahme, dass die Eintrittspreise und sonstigen Erlöse die Kosten decken, ein Kontaktpreis von 8,75 EUR. Bei einem Vergleich dieser Kosten mit Messebesucherkosten, wie sie ein Hersteller von Unterhaltungselektronik auf der *CeBit Home* im Jahre 1998 realisierte (zirka 12 EUR), wird die Effizienz des Projektes Autostadt als zufrieden stellend bezeichnet (vgl. für dieses Beispiel *Lasslop* 2003, S. 183; für die Daten hinsichtlich Autostadt *Schneider* 2002; *Ahrens* 2000; für die Daten hinsichtlich Messebeteiligung vgl. *Danne* 2000, S. 166).

Fachbesucherkontaktpotenzial	=	$\dfrac{\text{Anzahl Fachbesucher}}{\text{Anzahl Aussteller}}$

Veranstalterbesucherpreis	=	$\dfrac{\text{Messekosten}}{\text{Messebesucher}}$ einer Veranstaltung

Standkontaktpreis	=	$\dfrac{\text{Messekosten}}{\text{Anzahl der Kontakte am Messestand}}$

Hallenbesucherpreis	=	$\dfrac{\text{Messekosten}}{\text{Anzahl der Hallenbesucher}}$

Fachbesucheranteil	=	$\dfrac{\text{Fachbesucher}}{\text{Alle Messebesucher}}$

Zielgruppenanteil I	=	$\dfrac{\text{Zielgruppe eines Ausstellers}}{\text{Alle Messebesucher}}$

Zielgruppenanteil II	=	$\dfrac{\text{Zielgruppe eines Ausstellers}}{\text{Fachbesucher einer Messe}}$

Fachbesucherpreis	=	$\dfrac{\text{Messekosten}}{\text{Fachbesucher}}$

Zielgruppenpreis I	=	$\dfrac{\text{Messekosten}}{\text{Zielgruppe}}$

Zielgruppenpreis II	=	$\dfrac{\text{Zielgruppenspezifische Messekosten}}{\text{Größe der Zielgruppe}}$

Arbeitsbezogener Zielgruppenpreis	=	$\dfrac{\text{Budget des Angebotsprogrammanteils j}}{\text{Zielgruppe des Angebotsprogrammanteils j}}$

Schaubild III-H-33: Kennzahlen der Messebeteiligung (Funke 1987, S. 256ff.)

Trotz der hohen messebezogenen Kosten wird der **Nutzen einer Messebeteiligung** von den Unternehmen nur selten genauer analysiert. Vielfach erfolgt die Teilnahme aus dem Gedanken heraus: „Dabei sein ist alles". Hinter diesem Motto verbirgt sich zumeist die Ansicht, dass eine Kontrolle des Messeerfolges nicht notwendig sei, da die Beteiligung an sich schon für den Teilnahmeerfolg ausreichen würde. Aufgrund der hohen Kosten der Messebeteiligung ist jedoch auch die Frage nach dem Erfolg des Kommunikationsinstruments Messen und Ausstellungen zu stellen. Dieser ist von der Erreichung der gesetzten Messeziele abhängig. Folglich sind die Messeerfolgskriterien aus den ausstellerseitigen Messezielen abzuleiten (*Steffenhagen/Funke* 1986, S. 564). Die Formulierung messebezogener Erfolgskriterien hat dabei nicht nur den Zweck einer Erfolgskontrolle. Vielmehr werden aus dem erhobenen Zielerreichungsgrad Probleme oder Fehler bisheriger Messeengagements systematisch auf-

Messeziele	Information	Beeinflussung	Motivation
Messeerfolgs-kriterien	• Zahl der ausgeteilten Prospekte • Zahl der Informations-gespräche • Zahl der Informations-kontakte u.a.m.	• Bekanntheitsgrad • Markenkenntnis • Einstellungs- und Imagefaktoren • Zufriedenheits- und Beschwerdeverhalten bei Messen u.a.m.	• Zahl neuer Handels-partner • Zahl gewonnener Handelsvertreter • Mitarbeiterzufriedenheit • Mitarbeitermotivation u.a.m.

Messeziele	Verkaufsanbahnung	Verkaufsdurchführung	Verkaufserhaltung
Messeerfolgs-kriterien	• Zahl der Fach- und Privatbesucher • Zahl der Neukunden-kontakte • Zahl der Beratungs-gespräche u.a.m.	• Zahl der Angebote • Zahl der Aufträge u.a.m.	• Zahl der eingeladenen Kunden u.a.m.

Schaubild III-H-34: Messeziele und Messeerfolgskriterien (Meffert 1993, S. 90)

gedeckt und Handlungsempfehlungen für zukünftige Messebeteiligungen abgeleitet. Schaubild III-H-34 zeigt Messeziele und die dazugehörigen Messeerfolgskriterien.

Aus der Gegenüberstellung von Messezielen und -erfolgskontrollen wird nochmals die Notwendigkeit einer präzisen Zielformulierung deutlich. Insbesondere die Angabe quantitativer Zielgrößen erleichtert die spätere Erfolgskontrolle. Die Forderung nach einer Quantifizierung ist zwar nicht für alle Zielgrößen zu realisieren, dennoch haben die Entscheider möglichst Messeziele zu formulieren, deren Erreichung nach der Messe auch überprüfbar sind.

10 Entwicklungstendenzen und Zukunftsperspektiven von Messen und Ausstellungen

Messen und Ausstellungen nehmen einen bedeutenden Stellenwert im Rahmen des Kommunikationsmix von Unternehmen ein. Dies auch zeigt die *AUMA_MesseTrend*-Studie 2004. 76 Prozent der befragten Unternehmen schätzen die Messen im Kommunikationsmix als „sehr wichtig" oder „wichtig" ein. Messen haben damit sogar den bisher führenden persönlichen Verkauf überholt (75 Prozent) (*AUMA* 2004, S. 6). Vor dem Hintergrund des positiven Abschneidens der Messen bezüglich ihrer Wichtigkeit für die Unternehmen stellt sich die Frage nach der **zukünftigen Bedeutung**, so ist ein Anteil von knapp einem Fünftel der Befragten (19 Prozent), das annimmt, dass die Bedeutung von Messen und Ausstellungen weiter zunehmen wird, als positiv zu werten (*AUMA* 2004, S. 5 f.)

Bei der Betrachtung der zukünftigen Entwicklungen von Messen und Ausstellungen ist dabei zwischen Entwicklungsperspektiven auf der **Veranstalterseite** einerseits und auf der **Unternehmensseite** andererseits zu unterscheiden. Voraussetzung hierfür ist allerdings, dass sowohl die Veranstalter als auch ausstellende Unternehmen zukünftige Trends im Messewesen antizipieren und ihre Aktivitäten daraufhin ausrichten.

Als **treibende Kräfte**, die die zukünftige Entwicklung von Messen und Ausstellungen beeinflussen, sind vor allem zu nennen:

- Internationalisierung des Messewesens,
- Technische Entwicklungsprozesse und
- Gesellschaftliche Prozesse.

Auf Seiten der **Veranstalter** wird die Anzahl von durchgeführten Messen und Ausstellungen, die gesamte belegte Fläche, das Besucherinteresse sowie die Multinationalität weiter ansteigen. Dieser Wachstumsprozess wird allerdings nicht mehr so stark sein wie in der Vergangenheit. Die Gründe hierfür liegen zum einen darin, dass das vorhandene Potenzial vor allem auf der Besucherebene nicht mehr so stark wächst, zum anderen kommt Veranstaltungen im Ausland zur Ankurbelung der regionalen Wirtschaft ein immer höherer Stellenwert zu. Insbesondere in Asien und Amerika wird die Anzahl der Fachmessen weiter wachsen.

Im Zuge der europäischen Integration und der weiteren **Internationalisierung der Märkte** wird sich auch der Wettbewerb zwischen den Messegesellschaften weiter verschärfen. Dies führt dazu, dass etablierte Messegesellschaften einen großen Renovierungsaufwand in Verbindung mit der Erweiterung der Hallen- und Geländekapazitäten betreiben werden. Beispielsweise wurden in den Messeplatz München in den letzten Jahren zirka 2,1 Mrd. EUR investiert, um mit den Messeplätzen Frankfurt und Hannover zu konkurrieren. Konsequenz aus der Intensivierung des Wettbewerbes wird sein, dass diese Gesellschaften vorwiegend Veranstaltungen für innovative Technologien und Fortschrittsprodukte anbieten werden. Folglich wird der Wettbewerb der Messegesellschaften um Zukunftsthemen intensiviert. Darüber hinaus ist das primäre Ziel der Gesellschaften, die Veranstaltungen sowohl in Bezug auf die ausstellenden Unternehmen als auch die Besucher internationaler zu gestalten. Außerdem werden die deutschen Messegesellschaften zur Sicherung der Innovationsfähigkeit und Erlangung von Synergieeffekten in größerem Maße Kooperationen mit ausländischen Veranstaltern eingehen.

Die zunehmende Anzahl und Bedeutung von Veranstaltungen im In- und Ausland erschwert für die **Unternehmensseite** das Problem der Bewertung und Auswahl von Messen, da zu verschiedenen Messethemen gleiche bzw. ähnliche nationale und internationale Veranstaltungen stattfinden (*Grimm* 2004, S. 27). Folglich wird der Planungsprozess von Messen und Ausstellungen immer umfassender und damit komplexer. Vor allem mittelständische Betriebe werden sich aufgrund der Globalisierung der Märkte nicht nur auf eine Beschickung inländischer Messen beschränken. Zur Erreichung ausländischer Besucher werden sie sich immer häufiger an Fachmessen im Ausland beteiligen. Dies ist allerdings aufgrund finanzieller Beschränkungen nur bedingt möglich. Die Bewertung der einzelnen Veranstaltungen anhand von Kosten-Nutzen-Kriterien wird infolgedessen immer wichtiger werden. Um die Erfolgschancen ihres Messeengagements zu erhöhen, haben die Unternehmen ihre Messebeteiligungsentscheidung zukünftig systematischer zu planen. Der Aufbau und die Umsetzung eines strukturierten Messeplanungsprozesses und eines Messecontrolling stellt hierfür den ersten Schritt dar. Auf dieser Basis werden die weiteren Beteiligungsentscheidungen methodisch fundiert gefällt. Allerdings bestehen hier seitens der Wissenschaft noch erhebliche Defizite. In der Praxis führt dies allerdings auch dazu, dass Unternehmen das Medium Messe unter Umständen generell in Frage stellen, langjährig etablierte Veranstaltungen kritisch auf den Prüfstand stellen und alternative Kommunikationsmedien zumindest in Erwägung ziehen (*Krausmann* 2000, S. 30).

Eine bewusste und fundierte Entscheidung über die Messebeteiligung ist jedoch nicht nur aufgrund einer stetig steigenden Zahl von Veranstaltungen gefordert, sondern ist auch vor dem Hintergrund drastisch gestiegener **Kosten im Messewesen** zu sehen. Dies wird in den nächsten Jahren eine Rationalisierung der unternehmensseitigen Messeaktivitäten bedingen. Die Folge ist eine rationellere Messeabwicklung, der Einsatz flexiblerer Standbausysteme, Einsparung bei Personalkapazitäten durch den vermehrten Einsatz von Telekommunikationsmedien sowie die Reduzierung wirkungsloser Show-Trends. Schließlich ist zur Sicherung der Effizienz des Messeeinsatzes und der Verbesserung der Erfolgschancen von Messen und Ausstellungen deren Einsatz konsequent in den Kommunikationsmix der Unternehmen zu integrieren. Durch die Integration werden Kostensenkungspotenziale in der „Wertschöpfungskette Messen und Ausstellungen" genutzt und Wirkungen bei den anvisierten Zielgruppen erhöht.

Des Weiteren werden von der ausstellenden und besuchenden Wirtschaft zunehmend größere **Anforderungen an die Serviceleistungen** der Messegesellschaften gestellt. Die Folgen des intensiver werdenden Wettbewerbes in der Messebranche werden sich in steigenden Kundenerwartungen bezüglich der Messequalität manifestieren. Die Bereitschaft der Kunden, Dienstleistungen zu akzeptieren, die nicht vollständig ihren Erwartungen entsprechen, wird in Zukunft abnehmen. Vor dem Hintergrund einer Vielzahl gleichartiger Messeangebote wird es für die Kunden immer einfacher, den Messeanbieter zu wechseln. In diesem Zusammenhang wird die Fähigkeit der Messegesellschaften zur **Kundenbindung** ein wichtiger Wettbewerbsfaktor sein.

Die Erhaltung der Wettbewerbsfähigkeit erfordert die stete Bereitschaft zur **Verbesserung der gebotenen Messequalität**. Vorsprünge vor den Konkurrenten werden in immer kürzerer Zeit eingeholt, so dass nur die konsequente Suche nach neuen und besseren Konzepten und Angeboten den langfristigen Unternehmensbestand sichern hilft. Qualitätsvorsprünge im Messebereich sind in jeder Interaktion neu zu verteidigen und auszubauen.

Die Sicherung von Wettbewerbsvorteilen auf der Basis einer kontinuierlich hohen Messequalität kann nur gelingen, wenn die Messegesellschaften frühzeitig eigene Stärken und Schwächen vor dem Hintergrund der marktlichen Chancen und Risiken analysieren. Informationen werden dabei zu einem immer wichtigeren Wettbewerbsfaktor. Investitionen in Informationsbeschaffungs-, -verarbeitungs- und -analysesysteme stellen die Datenbasis für eine **unternehmerische Frühaufklärung** dar.

Aufgrund der Integration des Kunden in den Erstellungsprozess von Messeleistungen kommt den Mitarbeitenden eine zentrale Qualitätsrelevanz zu, so dass eine **Steuerung der Kunden-Mitarbeiter-Interaktion** unumgänglich ist. Neben Maßnahmen der Qualitätslenkung, wie qualitätsorientierte Personalschulungen oder Anreizsysteme, ist es daher unerlässlich, dass im gesamten Unternehmen eine Qualitätskultur vorgelebt wird. Hierbei ist die Vorbildfunktion der Führungskräfte besonders wichtig.

Im Zeichen der Internationalisierung des Messewesens und der Erweiterung der Leistungsangebote werden Strategien zum Nachweis unternehmerischer Kompetenz und Vertrauenswürdigkeit von zunehmender Bedeutung sein. Die Leistungsfähigkeit des Markenartikelkonzeptes ist im Messebereich durch die Etablierung von **Messegesellschaften als Dienstleistungsmarken** in viel stärkerem Ausmaß zu nutzen (*Bruhn/Hadwich* 2003, S. 932).

Aber auch das Bild der eigentlichen Messe wird sich in Zukunft stark verändern. Einen Beitrag dazu leisten das Internet und die sich dort langsam etablierenden virtuellen Messen, wie Insert III-H-9 zeigt.

Virtuelle Messen bieten den Vorteil, dass sie rund um die Uhr und das ganze Jahr geöffnet haben, für die Besucher in der Regel kostenlos sind und nicht nur einen Überblick über die

Erste virtuelle Messe eröffnet: IBM, Sun & Co. präsentieren sich interaktiv

Am 25. Februar hat die Firma DNS GmbH aus Deutschland die Pforten der ersten virtuellen Messe eröffnet. Die Messe findet ausschliesslich virtuell statt und bietet den Besuchern nahezu alles was eine reale Messe auch bietet.

Screenshot Expo-IP-Stand

(pressebox) Luzern, 28.02.2008, Kontakte werden geknüpft, Anfragen platziert und Geschäftsbeziehungen gefestigt und initialisiert. So wie an realen Messen, nur sitzt man bequem am Schreibtisch vor dem Computer.

Die Expo-IP Plattform bietet Firmen die Möglichkeit virtuelle Messen zu veranstalten. Aussteller buchen Ihren eingerichteten Messestand, erhalten einen Zugang dazu und füllen diesen mit Marketingmaterial wie Videos, Broschüren oder Power-Point-Präsentationen. Die Besucher strömen nach Messeeröffnung durch die Messehallen, kommunizieren mit den Ausstellern oder geniessen hie und da eine Live-Präsentation und platzieren ihre Anfragen. Das klingt wie aus dem normalen Messeleben, jedoch handelt es sich hier um eine Plattform im Internet die all das in der virtuellen Welt bietet.

Die erste Messe läuft seit einigen Tagen und ist bis jetzt ein voller Erfolg. Hunderte von Besuchern haben die Messe unter www.virtuellemesse.info bereits besucht und sich Ihren Messepass geholt. Die Aussteller können sich bereits über Auftragsanfragen erfreuen. Interessant wird es bestimmt an den Live-Tagen vom 11. – 13. März, dann können Besucher Live mit den Ausstellern kommunizieren und an Live-Stand-Präsentationen teilnehmen.

Die Expo-IP ist ein brandneues Produkt, hergestellt von der Firma nextage GmbH aus Luzern. Sämtliche Standinformationen können vom Veranstalter oder Aussteller selbst verwaltet werden. Ein Stand ist innert Sekunden im beliebigen Firmenbranding erstellt und in der Halle per Drag&Drop am gewünschten Standplatz platziert. Ziel ist es, solche virtuellen Messen entweder vor-, während- oder nach einer realen Messe zu veranstalten, jedoch kann natürlich auch jederzeit eine rein virtuelle Messe organisiert werden.

Insert III-H-9: Das Internet als „virtueller" Marktplatz (Pressebox 2008)

Produkte und Dienstleistungen eines Unternehmens, sondern im besten Fall über eine ganze Branche bieten. Sie haben jedoch den großen Nachteil, dass der persönliche Kontakt fehlt, es keine fühlbare Markenwelt gibt und der Erlebnisfaktor begrenzt ist. Daher werden virtuelle Messen kein Ersatz für reale Veranstaltungen sein, aber eine sinnvolle Ergänzung für die klassischen Messen (*Klein* 2000; *Bannwart* 2001). Für reale Messeauftritte werden beispielsweise alle Bestellungen online abgewickelt oder virtuelle Pressefächer, die von den Ausstellern bestückt werden und die Medien über das Angebot der physischen Messe informieren, im Internet vorhanden sein.

Zusammenfassend bleibt festzuhalten, dass Messen und Ausstellungen zwar eine der ältesten Marktplätze sind. Sie haben sich jedoch in den Jahrhunderten stark gewandelt. Um auch zukünftig einen wichtigen Platz im Kommunikationsmix zu haben, haben sie sich ständig neuen Herausforderungen zu stellen.

I. Einsatz des Event Marketing

1 Begriff und Erscheinungsformen des Event Marketing

1.1 Historische Entwicklung des Event Marketing

Event Marketing zählt zu den noch vergleichsweise „jungen" Kommunikationsinstrumenten, dessen Ursprung sich prinzipiell auf zwei Anlässe zurückführen lässt: Erstens sind dies die institutionalisierten Zusammenkünfte der berufsbezogenen, informationsorientierten Kommunikation, z.B. in Form von Kongressen und Informationsforen. Zweitens ist es die Einführung von Incentives als Leistungsanreiz für den Außendienst oder externe Absatzmittler (*Bremshey/Domning* 1982). In den letzten Jahren entdeckten dann die Unternehmen zunehmend auch die Stärken **erlebnisorientierter Veranstaltungen** als Medium für die Vermittlung intern und extern gerichteter Kommunikationsbotschaften, so dass sich die Ausrichtung solcher Veranstaltungen erheblich verbreiterte. Ursprünglich wurden Events vor allem von Branchen mit Wettbewerbsbeschränkungen, wie der Zigarettenindustrie oder der Pharmabranche, eingesetzt (*Selwitz* 1987, S.58). Inzwischen stellt der systematische Einsatz von Events für eine Vielzahl unterschiedlicher Unternehmen ein eigenständiges Instrument der Unternehmens- und Marketingkommunikation dar.

Seit Ende der 1990er Jahre bis zum Jahre 2008 lassen sich im Eventmarkt **Wachstumsraten** von jährlich 20 bis 30 Prozent beobachten. Eine weiterhin langfristig zunehmende Bedeutung von Events in der Unternehmenskommunikation wird gemäß der Event Klima Studie 2009 erwartet. Lediglich aufgrund der Finanz- und Wirtschaftskrise 2008/2009 wurde das Kommunikationsbudget von Unternehmen für Events kurzfristig verringert (*FME* 2007).

Der Einsatz von Events zur Vermittlung von Kommunikationsbotschaften wird anhand folgender **Beispiele** verdeutlicht:

- Auf der *Beck's Fashion Show* präsentierten am 16.Januar 2004 sieben Nachwuchsdesigner ihre Modekollektionen. Ein Highlight des Abends war die Präsentation des „Zieh mich an!-*Beck's Gold* Designwettbewerbs". Im Vorfeld hatte *Beck's* hierzu in einem bundesweiten Wettbewerb zur Entwicklung eines *Beck's Gold* T-Shirts aufgerufen. Aus über 1.000 Einsendungen von Studierenden, Agenturen und Designern wurden drei Gewinner gekürt.

- Zur Eröffnung des dritten *Ikea*-Marktes in Berlin wurde der S-Bahnhof Alexanderplatz in Berlin in einen imaginären *Ikea*-Markt verwandelt. Über den Gleisen wurden mit *Ikea*-Preisschildern versehene Lampen-Installationen angebracht, vor den Rolltreppen Fußboden-Applikationen in Form von *Ikea*-Teppichen ausgebreitet, und Vorhangstoffe zierten die Wände des S-Bahnhofs (*Pfannenmüller* 2003).

- Um den Außendienstmitarbeitern ein neues Medikament vorzustellen, inszenierte die *Grünenthal GmbH* eine viertägige Schulung als ein Event unter dem Motto „A Kind of Magic" (*Face to face GmbH* 2004). In Analogie zur Geschichte von *Harry Potter* wurden die Teilnehmer nach Ankunft am Tagungsort, dem historischen Hauptgebäudes der Universität Hamburg, in Klassen eingeteilt, um die Eigenschaften des Medikamentes zu „studieren".

Unterrichtet wurden sie von Zauberern, einem *Dumbledore*-Darsteller, magischen Animationen, Taschenspielern und Dozenten des *Scharlatan-Theaters*.

- Vom 25. August bis zum 10. Oktober 2003 trug die Stadt Wolfsburg offiziell den Namen „Golfsburg". Ortstafeln wurden überklebt, und die offizielle Korrespondenz der Stadt wurde mit dem „neuen" Namen geführt. Die Aktion stellt ein Dankeschön an den *Volkswagen Konzern* als den größten Arbeitgeber der Stadt dar und begleitete die Einführung des Golf V mit einem groß angelegten Event in der Stadt.

- Seit dem Jahre 2001 führt der Getränkehersteller *Coca-Cola* unter der Marke *Sprite* jährlich die *Sprite DNBA* (*Dirk Nowitzki Baseketball Academy*) durch. Über die Sommermonate wird im Rahmen des Events bundesweit nach Nachwuchstalenten im Basketball gesucht. Aus 14.039 Teilnehmern wurden im Jahre 2003 fünf Sieger ausgewählt.

- Im Jahre 1983 startete mit einer Testtour durch den Südwesten der USA eines der bekanntesten Events, das *Marlboro Abenteuer Team*. Bereits nach den ersten vier Jahren hatten sich über eine halbe Mio. Bewerber für das *Marlboro Abenteuer Team* interessiert. Die Bewerber hatten jedes Jahr ein umfangreiches Auswahlverfahren zu absolvieren und begegneten im *Marlboro Country* einer Vielzahl sportlicher Herausforderungen. Im Jahre 1999 fand das *Marlboro Abenteuer Team* zum letzten Mal statt.

- Ende April 2004 startete der Sportartikelausrüster *Nike* die Event-Serie *Panna K.O.* in Deutschland. Zwei Fußballer traten hierbei in einem runden Käfig an, um sich in einem 3-Minuten-Spiel in Eins-gegen-Eins-Situationen zu behaupten. Das Spiel wurde vor Jahren in Surinam entwickelt, und der Name stammt von dem suramesischen Wort „Panna" ab, das „Demütigung" bedeutet. Gewinner ist derjenige Spieler, der zuerst drei Tore geschossen oder seinem Gegner den Ball durch die Beine gespielt hatte. Die Events wurden von dem Musiksender *Viva* präsentiert, der auch eine Spezial-Sendung zum Finale in Berlin am 22. Mai übertrug (*Hofer* 2004).

Für die wachsende Bedeutung des Event Marketing in den letzten Jahren sind eine Reihe von **Gründen** auszumachen:

- In den letzten Jahren sehen sich Unternehmen verstärkt einer **Zunahme der Mediakosten** und einer **abnehmende Effizienz klassischer Mediawerbung** gegenüber. Diese Entwicklung lässt sich zum einen auf dynamische Entwicklungen in den Medienmärkten zurückführen, wie z. B. die starke Zunahme der Werbeinvestitionen und die Atomisierung der Medien sowie zum anderen auf eine veränderte Mediennutzung durch die Konsumenten, die sich beispielsweise in einem sinkenden Interesse an Mediawerbung und zunehmenden Werbereaktanzen ausdrückt (vgl. auch Abschnitt I-C-3.2; speziell zum Event Marketing durch *Sistenich* 1999, S. 6 ff.).

- Im Verbraucherverhalten zum Ende des 20. und zu Beginn des 21. Jahrhunderts sind unterschiedliche Tendenzen zu beobachten, die den „Erlebniskonsum" fördern. Zu nennen ist insbesondere eine zunehmende Bedeutung der **Freizeit**, die Hinwendung zu einem **genuss- und erlebnisorientierten Lebensstil** sowie verstärkte **Selbstentfaltungsansprüche** weiter Teile der Bevölkerung (*Weinberg* 1995, S. 16; *Opaschowski* 1998; *Sistenich* 1999, S. 11 f.; *Lakaschus* 2001, S. 721; *Bauer/Sauer/Wagner* 2003, S. 11 f.; *Kroeber-Riel/Weinberg/Gröppel-Klein* 2009, S. 16). Deutlich werden diese Strömungen beispielsweise an den Ausgaben für Freizeit, Unterhaltung und Kultur, deren Anteil an den gesamten Konsumausgaben sich im Zeitraum 1962/63 bis 1998 verneunfacht hat (seit 1993 ist er um 30 Prozent gestiegen) und im Jahre 1998 zirka 12 Prozent (248 EUR pro Haushalt) betrug (*Statistisches Bundesamt* 2002, S. 126).

- Durch den intensiveren Wettbewerb **funktional und qualitativ substituierbarer Produkte** benötigen Unternehmen Kommunikationsstrategien, die anstelle einer funktional orientierten Bedürfnisbefriedigung auf die Gefühlswelt der Konsumenten abzielen, den emotionalen Zusatznutzen von Produkten herausstellen und Erlebniswerte schaffen (*Weinberg* 1995, S. 99 f.; *Sistenich* 1999, S. 18; *Kroeber-Riel/Weinberg/Gröppel-Klein* 2009, S. 128 ff.).

- Die zunehmende Gleichheit der Produkte, eine durch das Bedürfnis nach Individualität geprägte Markenwahl und Phänomene wie **„Variety Seeking"** führen zu der Notwendigkeit des Aufbaus fester Kundenbindungen (*Hoch/Bradlow/Wansink* 1999; *Walsh/Mitchell/Hennig-Thurau* 2001; *Ratner/Kahn* 2002) Dies erfordert auch eine neue Ausrichtung der Kommunikationsinstrumente, da nicht jedes Kommunikationsinstrument in gleichem Maße zum Aufbau und der Pflege von Kundenbeziehungen geeignet ist.

- Konsumenten reagieren zunehmend kritisch auf die **künstlich kreierten Gefühlswelten** der Mediawerbung, solange diese nicht mit ihren tatsächlichen Erlebniswelten übereinstimmen (*Rupp* 1993, S. 317 f.). Events schlagen diese „Brücke", indem die Kommunikationsbotschaften in erlebbare, reale, authentische Erlebnisse transferiert werden (*Nufer* 2006, S. 67).

1.2 Definition des Event Marketing

Aufgrund der erst relativ kurzen betriebswirtschaftlichen Betrachtung des Event Marketing als Instrument der Unternehmenskommunikation lässt sich in der Literatur weder ein allgemein gültiger Definitionsansatz noch eine klare Abgrenzung zu anderen Kommunikationsinstrumenten, beispielsweise Sponsoring oder Messen und Ausstellungen, feststellen. Dabei fällt insbesondere die mangelnde Differenzierung zwischen den Begriffen **Event** und **Event Marketing** auf. Ein Marketingevent findet demnach immer dann statt, wenn ein Unternehmen eine Botschaft in Form eines direkt erlebbaren Ereignisses vermittelt. Event Marketing bezeichnet hingegen den Einsatz von Events als Kommunikationsmittel oder -medien innerhalb der Kommunikationsinstrumente Mediawerbung, Verkaufsförderung, Public Relations oder Mitarbeiterkommunikation (*Böhme-Köst* 1992b, S. 19; *Inden* 1993, S. 29).

Für die weitere Betrachtung des Event Marketing als eigenständiges Instrument der Unternehmens- und Marketingkommunikation erscheint aber eine Differenzierung zwischen dem Kommunikationsmittel Event und dem Kommunikationsinstrument Event Marketing notwendig. Ein Event wird entsprechend wie folgt definiert:

> Ein **Event** ist eine besondere Veranstaltung oder ein spezielles Ereignis, das multisensitiv vor Ort von ausgewählten Personen erlebt und als Plattform zur Unternehmenskommunikation genutzt wird.

Nach dieser Definition lassen sich folgende sechs zentrale **Merkmale eines Events** ableiten:

(1) Ein Event stellt ein **positives Erlebnis** dar, das in der Gefühls- und Erfahrungswelt des Teilnehmers verankert ist und einen Beitrag zu dessen subjektiver Lebensqualität leistet (*Böhme-Köst* 1992a, S. 341; *Weinberg* 1992, S. 3 ff.; *Rupp* 1993, S. 318). Der individuelle Nutzen der Eventteilnahme ergibt sich damit vor allem aus einer **positiven Emotionalisierung** und nicht aus den vermittelten Informationen. Die Erlebnisorientierung eines Events setzt zwei Aspekte voraus: Aktivierung und Positivität (*Holzbaur et al.* 2005).

(2) Im Rahmen eines Events findet eine **Aktivierung** der Teilnehmer statt. Dies bedeutet, dass die einzelnen Individuen ihre „Aktivierungsschwelle" überwinden und dazu beitragen, dass auch andere Teilnehmer aktiv werden (*Holzbaur et al.* 2005, S. 12). In diesem Zusam-

menhang ist auch die **interaktionsorientierte Ausrichtung** von Events zu erwähnen, die darauf abzielt, die Zielgruppe aktiv in das Geschehen einzubeziehen. Die Teilnehmer sind nicht nur Empfänger einer Botschaft, sondern haben die Möglichkeit zur Teilnahme an dem Event als aktiv Partizipierende oder Zuschauer.

(3) **Positivität** bezieht sich auf die subjektive Wahrnehmung eines Events durch einzelne Individuen (*Holzbaur et al.* 2005, S. 11). Ziel ist es, dass bei den Eventteilnehmern keine Langeweile oder Routine aufkommt und keine negativen Eindrücke erzeugt werden. Dies wird u. a. durch die Kreation positiver Eindrücke und eines Zusatznutzens zum eigentlichen Veranstaltungsinhalt, die Vielfachheit von Ereignissen, Medien und Wahrnehmungen sowie die positive Aktivierung der Teilnehmer erreicht. In diesem Sinne sind die Konsumenten im Event Marketing als **gleichberechtigte Partner** zu akzeptieren (*Sistenich* 1999, S. 78 f.). Zentral für den Erfolg eines Events ist es, dass die Teilnehmer dieses nicht als kommunikationspolitische Maßnahme des Veranstalters betrachten, sondern als aktiven Beitrag zur Gestaltung ihrer Freizeit.

(4) Ein Event stellt für den Teilnehmer etwas **Besonderes** oder sogar **Einmaliges** dar und unterscheidet sich maßgeblich von der Alltagswirklichkeit der Zielgruppen (*Zanger/Sistenich* 1996, S. 235). Dies wird durch originelle Präsentationen und/oder Überraschungseffekte, aber auch durch eine exklusive Zusammensetzung des Publikums erreicht. Die Ausnahmesituation des Events dient dem Teilnehmer zum kurzfristigen Ausbrechen aus der Konformität des Alltags und der Befriedung seines Bedürfnisses nach Individualität (*Böhme-Köst* 1992b, S. 24; *Rupp* 1993, S. 318). Die Besonderheit schafft nicht den Erlebniswert eines Events, fungiert aber als Multiplikator für die Stärke der Emotionalisierung und ist damit für die individuell empfundene Höhe des Erlebnisnutzens verantwortlich.

(5) Im Gegensatz zu anderen Kommunikationsinstrumenten, die auf die Erlebnisorientierung des Konsumenten abzielen (*Weinberg* 1992), bietet ein Event die Möglichkeit des **Vor-Ort-Erlebnisses**. Die sich daraus ergebende **Authentizität** und oft auch **Exklusivität** trägt ebenfalls zu einer Verstärkung der Emotionalisierung bei. Aus der Live-Situation ergeben sich zudem mehr und mehr auch neue Möglichkeiten einer **multisensitiven Sinnesanimation**. Über Event Marketing lassen sich nicht nur – wie dies bei der Mehrzahl der Kommunikationsinstrumente der Fall ist – akustische und visuelle Reize transportieren, sondern ebenfalls olfaktorische, gustatorische, haptische, thermale und vestibuläre Reize (*Inden* 1993, S. 66; *Nickel* 1998, S. 139; *Drengner/Zanger* 2003, S. 26; *Lasslop* 2003, S. 102; *Erber* 2005, S. 134 ff.; *Neumann* 2006, S. 55 ff.).

(6) Events werden speziell auf die Bedürfnisse eines **ausgewählten Publikums** zugeschnitten und ermöglichen eine **hohe Kontaktintensität** (*Jagerhofer* 1995, S. 27; *Zanger/Sistenich* 1996, S. 27).

Events sind also durchaus als Kommunikationsmittel innerhalb der Kommunikationsinstrumente Sales Promotions, Public Relations, Sponsoring oder interner Ereignisse denkbar. Auch Messen und Ausstellungen oder sogar ein Verkaufsgespräch werden teils von den Konsumenten als Event im Sinne der obigen Definition empfunden. Die Frage ist, wann ein Event als Mittel eines eigenständigen Kommunikationsinstrumentes Event Marketing gesehen wird.

In Anlehnung an einen Vorschlag des *Deutschen Kommunikationsverbandes BDW* (1993, S. 3) wird Event Marketing wie folgt definiert (vgl. für andere Definitionsansätze die Ausführungen bei *Nufer* 2006, S. 10 ff.):

Event Marketing bedeutet die zielgerichtete, systematische Analyse, Planung, Durchführung und Kontrolle von Veranstaltungen als Plattform einer erlebnis- und/oder dialogorientierten Präsentation eines Produktes, einer Dienstleistung oder eines Unternehmens, so dass durch emotionale und physische Stimulans starke Aktivierungsprozesse in Bezug auf Produkt, Dienstleistung oder Unternehmen mit dem Ziel der Vermittlung unternehmensgesteuerter Botschaften ausgelöst werden.

Diese Definition impliziert folgende vier **Merkmale des Event Marketing** als eigenständiges Instrument der Unternehmenskommunikation:

(1) Event Marketing erfordert einen eigenständigen, **systematischen Planungsprozess**, in dem – basierend auf einer Situationsanalyse – Ziele, Strategien, einzelne Maßnahmen sowie Kontrollmechanismen definiert werden.

(2) Beim Event Marketing werden die Ereignisse durch das finanzierende Unternehmen selbst geschaffen, geplant und exklusiv durchgeführt. Die **Eigeninitiierung** von Events stellt das Unterscheidungsmerkmal zum Eventsponsoring dar, bei dem der Sponsor zwar das Nutzungsrecht an einem bestimmten Event erwirbt, dieses aber in der Regel auch ohne ihn stattfinden würde (*Nickel* 1998, S. 7 f.; *Lasslop* 2003, S. 15; *Nufer* 2006, S. 23). Solange die hohe Identifikation von Unternehmen und Event nicht verloren geht, ist auch die Kooperation mit anderen Unternehmen oder das Outsourcing von Teilen des Planungsprozesses denkbar.

(3) Bei Events im Rahmen des Event Marketing steht immer der **Unternehmens- oder Markenbezug**, also die Vermittlung von Kommunikationsbotschaften, im Vordergrund. Inszenierung bedeutet vor allem auch die Inszenierung des Unternehmens oder einzelner Marken. Ein Event hat damit sowohl die Funktion des Mediums als auch der Botschaft.

(4) Event Marketing zielt vor allem auf eine **emotionale Beeinflussung** des Rezipienten ab. Damit hat dieses Instrument nicht die alleinige Aufgabe der Informationsvermittlung, sondern beinhaltet explizit Unterhaltungs- bzw. Erlebnisfunktionen.

Eine ganzheitliche Betrachtung im Zusammenhang mit dem Begriff Event Marketing entwickelt *Kinnebrock* mit dem Ansatz eines **„integrierten Event Marketing"**. Danach umfasst der Begriff Integriertes Event Marketing „alle Bestandteile moderner Kommunikation, die dazu beitragen, ein szenariobezogenes Erlebnis aufzubauen oder zu vermitteln" (*Kinnebrock* 1993, S. 52). *Kinnebrock* definiert Event Marketing nicht als eigenständiges Kommunikationsinstrument im Rahmen des Kommunikationsmix, sondern versteht Event Marketing als **Schaffen eines Erlebnisszenarios aus kommunikationsorientierten Einzelmaßnahmen** im Rahmen einer Bottom-up-Planung (vgl. dazu auch *Weinberg* 1995, S. 100). Dieser Ansatz basiert auf der Theorie des Mikromarketing, die als Abkehr vom bisherigen Massenmarketing mit fest formulierten Zielgruppen und fixierten Strategien das Individuum im Rahmen einer dynamischen „Lifestyle-Gruppierung" (Szene) betrachtet. Dieser – der Theorie des fraktalen Marketing nahestehende – Ansatz ist allerdings sehr umstritten und theoretisch sowie empirisch nicht fundiert (*Degener/Wiesmann* 1995). Er unterstreicht jedoch die enge Zielgruppenorientierung des Event Marketing.

1.3 Erscheinungsformen und Typologisierung des Event Marketing

Wie die eingangs aufgezeigten Beispiele verdeutlichen, existieren trotz der relativen Neuheit des Kommunikationsinstrumentes Event Marketing in der Praxis bereits eine Vielzahl unterschiedlicher Veranstaltungen, die als Event bezeichnet werden. Ebenso werden in der

Literatur inzwischen eine Vielzahl von Veranstaltungen als Realisierungen von Event-Marketing-Konzepten aufgeführt. Einen Überblick über die vielfältigen **Erscheinungsformen von Events** zeigt Schaubild III-I-1. Auskunft über die Schwerpunkte der Event-Marketing-Aktivitäten in der Praxis gibt eine Befragung unter 210 der 500 umsatzstärksten Unternehmen Deutschlands, die Event Marketing betreiben. Die Ergebnisse hierzu sind in Schaubild III-I-2 dargestellt. Deutlich wird die Vielfalt von Events auch in der Ausschreibung zum jährlichen Event Award *EVA*, für den Events in fünf – in Schaubild III-I-3 aufgeführten – Kategorien eingereicht werden.

• Motivationsveranstaltungen	• Aktionärsversammlungen
• Incentive-Reisen	• Außendienstkonferenzen
• Händlerpräsentationen	• Kick-Off-Meetings
• Ausstellungen	• Fachmessen
• Seminare/Symposien/Kongresse	• Road Shows
• Sport-/Kulturveranstaltungen	• Pressekonferenzen
• Jubiläen	• Aktionen am POS
• Festakte/Galas	• „Tag der offenen Tür"

Schaubild III-I-1: Beispiele für Erscheinungsformen von Events

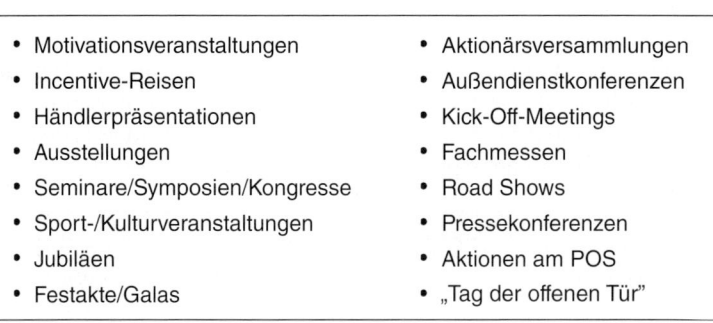

Schaubild III-I-2: Durchgeführte Events in der Unternehmenspraxis in den Jahren 2007 und 2008 (FAMAB 2009)

Corporate Events	Produkt-, Marken- und Unternehmensinszenierungen für eine begrenzte Zielgruppe
Exhibition Events	Events für Besucher von Fach- und Publikumsmessen
Public Events	Unternehmens-, Strategie- oder Leistungspräsentationen
Promotion Events	Produkt- oder Markeninszenierungen für existierende und zukünftige Endkunden-Zielgruppen (POS-Event, Samplings, Road-Show)
Incentive Events	Events für Mitarbeitende, Vertriebspartner, Mittler mit dem Ziel der Motivation, Dank, Belohnung; vorzugsweise in Verbindung mit Verkaufswettbewerb

Schaubild III-I-3: Kategorien des Event-Awards (in Anlehnung an FME 2003)

Da sich eine wissenschaftliche Auseinandersetzung mit dem Event Marketing erst in den Anfängen befindet (*Gupta* 2003, S. 88), lassen sich in der Marketingliteratur noch keine umfassenden Typologieansätze für Eventformen feststellen. Durch die Vielzahl unterschiedlichster Erscheinungsformen wird die Bildung eindeutiger und hinreichend beschreibender Kategorien auch kaum möglich sein. Zur **Systematisierung von Events** werden deshalb in vorliegenden Typologisierungsansätzen verschiedene Kriterien in Form von Merkmalspaaren herangezogen. Die einzelnen Kriterien lassen sich also nicht in exakte Abstufungen herunterbrechen, sondern sind vielmehr als Ordinalskalen zu verstehen, die für jedes Event einen spezifischen Wert annehmen.

Bevor eine Typologisierung des Event Marketing erfolgt, bietet sich zunächst eine genauere Betrachtung möglicher **Veranstaltungstypen** an, die im Zentrum eines Event-Marketing-Konzeptes stehen. Schaubild III-I-4 stellt mögliche Abgrenzungskriterien und eine diesbezügliche Einordnung von drei Eventtypen dar (vgl. für eine alternative Typologisierung von Events, die wirkungstheoretische Aspekte stärker berücksichtigt *Lasslop* 2003, S. 20 ff.):

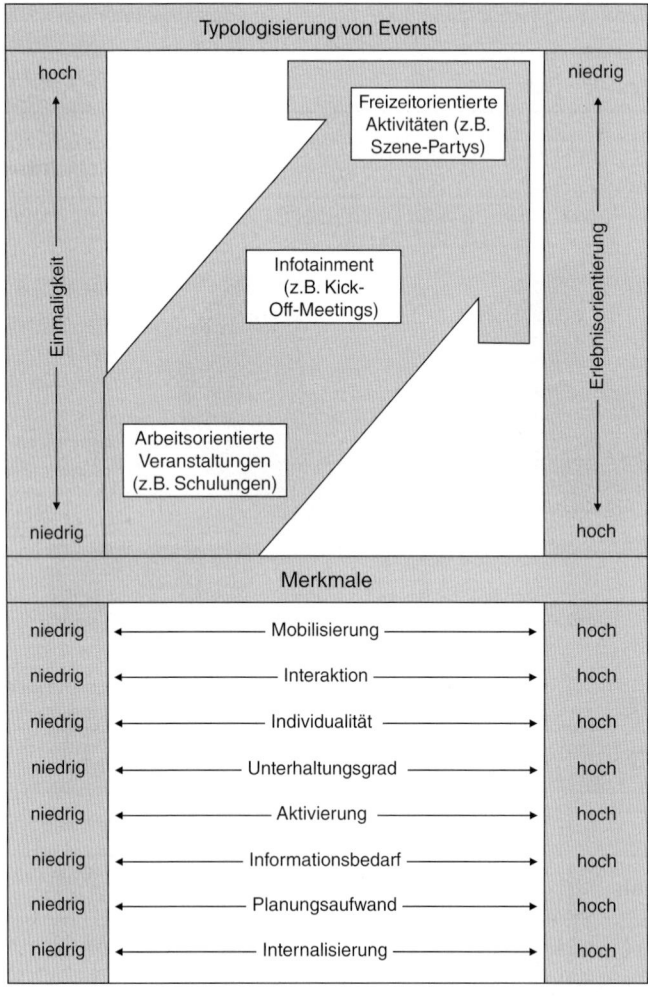

Schaubild III-I-4: Kriterien zur Typologisierung von Events

(1) **Arbeitsorientierte Veranstaltungen** fokussieren den Austausch von Informationen bzw. Wissen und zielen primär auf kognitive Reaktionen bei den Rezipienten ab. Ein typisches Beispiel für arbeitsorientierte Veranstaltungen stellen Produktschulungen dar.

(2) Unter dem Begriff **Infotainment** werden Eventtypen sumiert, die zwar explizit die Aufgabe der Informationsvermittlung beinhalten, Informationen aber in ein Unterhaltungsprogramm verpacken, um eine höhere Aktivierung und Aufnahmebereitschaft beim Rezipienten zu erreichen. Ein Beispiel stellt die Vorstellung eines neuen Produktes im Rahmen einer multimedialen Präsentation mit Showparts dar.

(3) **Freizeitorientierte Aktivitäten** stellen primär auf die Unterhaltung der Teilnehmer und die Generierung einer starken emotionalen Wirkung ab. Beispiele sind die Veranstaltung von Konzerten oder auch Incentive-Reisen.

Bei einer **Abgrenzung der Eventtypen** werden die Kriterien der Einmaligkeit sowie der Erlebnisorientierung zur grundsätzlichen Typologisierung der Events herangezogen, während die übrigen eine nähere Beschreibung ermöglichen:

- **Einmaligkeit:** Die Einmaligkeit stellt auf die rezipierte Besonderheit eines Erlebnisses ab. Dabei sind Abstufungen in Bezug auf das Eventthema, die Inszenierung oder auch die Zusammensetzung der Teilnehmer denkbar. Arbeitsorientierte Veranstaltungen sind häufig ein normaler Bestandteil des beruflichen Lebens, während freizeitorientierte Aktivitäten aufgrund der Bandbreite möglicher Inhalte immer wieder neue inhaltliche Reize bieten.

- **Erlebnisorientierung:** Events sind so zu gestalten, dass sie Erlebnisse darstellen, die in der Gefühls- und Erfahrungswelt des Teilnehmers verankert werden. Da arbeitsorientierte Veranstaltungen primär auf die Vermittlung von Informationen abzielen, ist der Erlebnisgehalt für die Teilnehmer oft nur gering. Freizeitorientierte Aktivitäten geben Teilnehmern hingegen die Möglichkeit, ihre Alltagsrolle zu vergessen und individuelle Bedürfnisse zu befriedigen.

- **Mobilisierung:** Die Mobilisierung misst das Attraktivitätspotenzial, das von einer Eventidee ausgeht und die Zielgruppen zur tatsächlichen Teilnahme bewegt. Dabei ist aber darauf zu achten, dass arbeitsorientierte Veranstaltungen oft eine Teilnahmeverpflichtung beinhalten.

- **Interaktion:** Diese Merkmalsskala operationalisiert die tatsächliche Möglichkeit zur gegenseitigen Kommunikation und sozialen Interaktion während des Events. Arbeitsorientierte Events zielen oft auf eine nur einseitige Wissensvermittlung ab, die Möglichkeiten zum Dialog sind begrenzt. Viele Realisierungen freizeitorientierter Aktivitäten benötigen hingegen eine aktive Teilnahme und den Input der Teilnehmer.

- **Unterhaltung:** Die Inszenierung des Eventerlebnisses weist einen entweder stärker informierenden oder stärker unterhaltenden Charakter auf; je nachdem, ob die beabsichtigten Reaktionen bei den Zielpersonen eher kognitiver oder affektiver Art sind.

- **Aktivierung:** Bezogen auf Event Marketing bezeichnet Aktivierung den durch ein Event ausgelösten Erregungsvorgang bei den Teilnehmern (*Gröppel-Klein* 2001, S. 36). Die Stärke der Aktivierung ist ein Maß dafür, wie reaktionsbereit ein Mensch ist. Der Grad der Aktivierung ist eng mit der Erlebnisorientierung und der daraus abgeleiteten emotionalen Stimulans eines Events verbunden.

- **Informationsbedarf:** Die Planung erfolgreicher freizeitorientierter Events benötigt umfangreiche Informationen über die Zielgruppe, um die individuellen (Kommunikations-) Bedürfnisse adäquat zu befriedigen.

- **Planungsaufwand:** Arbeitsorientierte Veranstaltungen werden oft ohne große Vorbereitung nach dem Motto „Business as Usual" organisiert. Die Inszenierung freizeitorientierter Events bedingt hingegen zeit- und personalintensive Kreations- und Konzeptionsphasen.

- **Internalisierung:** Eine Möglichkeit der Klassifikation von Events besteht in einer Differenzierung zwischen unternehmensinternen und -externen Events. Zu den unternehmensinternen Events zählen Außendiensttagungen oder Mitarbeiterschulungen. Der Bezeichnung externe Events werden beispielsweise Händlerpräsentationen oder Events am Point of Sale subsumiert. Dieses Kriterium stellt im Prinzip auf eine Systematisierung der Zielgruppen ab. Da aber die Unterscheidung in lediglich interne und externe Zielgruppen unzureichend ist und auch Mischformen denkbar sind, wird als Abgrenzungskriterium eine Ordinalskala, die den Internalisierungsgrad der Zielgruppen misst, zugrunde gelegt.

Neben Kriterien, die auf eine Kategorisierung der Events abstellen, lassen sich auch Abgrenzungsmerkmale erarbeiten, die sich auf das **Konzept des Event Marketing** beziehen. Diesbezüglich relevante Abgrenzungskriterien sind in Schaubild III-I-5 aufgeführt. Grundsätzlich

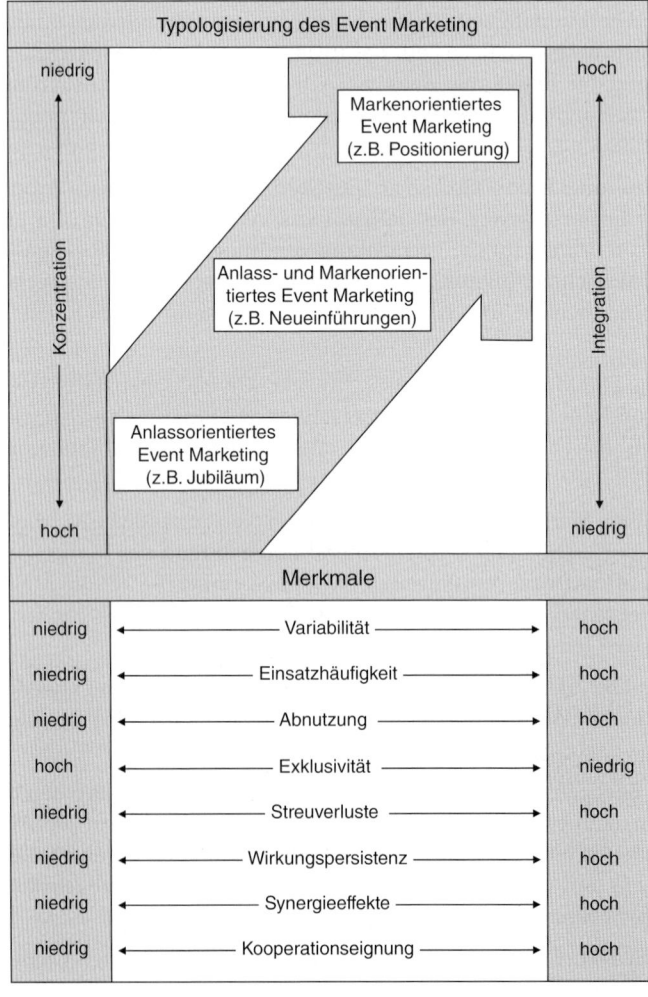

Schaubild III-I-5: Kriterien zur Typologisierung des Event Marketing

wird demnach zwischen drei **Formen des Event Marketing** unterschieden (vgl. in diesem Kontext eine alternative, dreidimensionale Typologie des Event Marketing bei *Zanger/Sistenich* 1996, S. 235 sowie *Nufer* 2006, S. 39 f.):

(1) **Anlassbezogenes Event Marketing** zielt auf die Darstellung des Unternehmens im Rahmen der Feier historischer (z. B. Jubiläen) oder geschaffener (z. B. Grundsteinlegung für ein neues Werk) Anlässe ab (*Inden* 1993, S. 31).

(2) **Anlass- und markenorientiertes Event Marketing** bezieht sich zwar auf einen zeitlich festgelegten Anlass, wird aber zur Vermittlung produkt- bzw. markenbezogener Botschaften eingesetzt. Ein typisches Beispiel stellt der Auftakt einer Produkteinführung durch ein Event dar, wie dies in Insert III-I-1 am Beispiel der neuen S-Klasse von Mercedes dargestellt ist.

(3) **Markenorientiertes Event Marketing** zielt auf eine emotionale Positionierung der Marke und eine dauerhafte Verankerung in der Erlebniswelt der Zielpersonen ab. Ein Beispiel ist die Veranstaltung zahlreicher Unternehmensveranstaltungen unter Mottos, die die Aspekte des angestrebten Erlebnisprofils konkretisieren.

Die verschiedenen Formen des Event Marketing sind durch mehrere **Kriterien** voneinander abzugrenzen. Die Merkmale der Konzentration und Integration stellen dabei die zentralen Kriterien zur Bildung der Eventtypen dar, die wiederum durch die weiteren Merkmale näher beschrieben werden:

- **Konzentration:** Das Kriterium Konzentration skaliert Anzahl und Vielfalt von Events, die zur Realisation eines Zieles eingesetzt werden. Einige Unternehmen verfolgen eine diversifizierte Strategie, indem sie eine Vielzahl von Events einsetzen, um ein vieldimensionales, erlebnisreiches Markenprofil zu positionieren. Andere konzentrieren sich auf die Inszenierung weniger großer Veranstaltungen, z. B. das Feiern von Anlässen oder die Inszenierung einer wichtigen Neueinführung.

Munich One präsentiert Mercedes S-Klasse in China

MERCEDES S 400 HYBRID

zur Kampagne

Diese Woche wird die S-Klasse von **Mercedes-Benz** in China vorgestellt. Das Event zur Markteinführung hat **Munich One Live Communications** entwickelt.

Bereits zum Launch der E-Klasse hatte die Pekinger Niederlassung der Agentur die Präsentation entworfen. Das Konzept umfasste zwei Abendveranstaltungen, zu denen rund 150 chinesische Pressevertreter sowie 280 chinesische Händler und VIPs geladen waren. Darüber hinaus gab es eine Ausstellung, in der die Vorgängermodelle der neuen E-Klasse zu sehen waren. Als Ort des Geschehens wählte Munich One das Shanghai World Financial Center. Es ist das höchste Gebäude in China und das dritthöchste Gebäude der Welt. Die Kulisse soll die hohen Erwartungen an die Limousine und den Erfolg von Mercedes-Benz in China symbolisieren.

Insert III-I-1: Mercedes Produkteinführung mittels Event Marketing (HORIZONT.NET 2009)

- **Integration:** Das Merkmal Integration misst die Einbindung des Event Marketing in die Integrierte Kommunikation und die daraus resultierende Nutzung von Synergieeffekten mit anderen Kommunikationsinstrumenten. Ein anlassbezogener Einsatz des Event Marketing wird nur gering durch andere Kommunikationsinstrumente beeinflusst und liefert auch nur kurzfristig Inhalte für andere Kommunikationsinstrumente, beispielsweise Public Relations oder Mediawerbung. Markenorientierte Strategien des Event Marketing, die auf eine dauerhafte Positionierung einer Marke abzielen, benötigen hingegen die konsequente Vernetzung mit den anderen Instrumenten.

- **Variabilität:** Die Variabilität bezieht sich auf die Gestaltungsmöglichkeiten der im Rahmen einer Strategie des Event Marketing eingesetzten Events. Diese sind bei anlassorientiertem Event Marketing eher gering, da gewisse Inszenierungsbestandteile durch die Art des Anlasses vorgegeben werden.

- **Einsatzhäufigkeit:** Die Erklärung des Kriteriums Einsatzhäufigkeit ergibt sich schon aus den angeführten Formen des Event Marketing und dem Konzentrationsgrad. Markenorientiertes Event Marketing beinhaltet idealtypisch die Penetration der Zielgruppen durch Eventzyklen.

- **Abnutzung:** Der häufige Einsatz von Events im Rahmen eines markenorientierten Event-Marketing-Konzepts führt teilweise schnell zum Verlust der Besonderheit und dem Entstehen von Sättigungseffekten.

- **Exklusivität:** Anlassbezogenes Event Marketing richtet sich in der Regel an ein ausgewähltes und namentlich bekanntes Publikum. Markenorientiertes Event Marketing stellt hingegen auf die Ansprache breiter Teilnehmerkreise ab.

- **Streuverluste:** Markenorientierte Events richten sich meist an ein disperses Publikum, Streuverluste sind somit selten zu vermeiden. Die gewünschten Teilnehmer anlassbezogener Events sind indessen häufig klar eingegrenzt und oft namentlich bekannt, eventuelle Streuverluste sind somit sehr klein.

- **Wirkungspersistenz:** Da anlassbezogene Events nur einmalig stattfinden, ist die Persistenz dauerhafter Gedächtnisreaktionen meist geringer als bei markenorientierten Event-Marketing-Strategien, die auf eine dauerhafte Positionierung abzielen.

- **Kooperationseignung:** Im Sinne der Definition des Event Marketing ist anzustreben, dass ein Unternehmen ursächlich an der Analyse, Planung, Durchführung und Kontrolle eines Events beteiligt ist. Dennoch sind auch hier Kooperationen denkbar und im Hinblick auf die relativ hohen Kosten eines Events oft unvermeidbar. Aufgrund der starken Unternehmensbezogenheit ist anlassbezogenes Event Marketing eher ungeeignet für Kooperationen. Für Unternehmen, die auf die Vermittlung ähnlicher Erlebnisprofile abzielen, sind Kooperationen bei der Inszenierung von Events sinnvoll.

> **Beispiel: „Red Bull Crashed Ice 2010"**
> Das „Red Bull Crashed Ice 2010" Event des Getränkeherstellers *Red Bull* verdeutlicht beispielhaft, wie kreativ Unternehmen ihre Events gestalten (*Red Bull* 2009). *Red Bull Crashed Ice* ist ein Mix aus Eishockey und Fourcross. Vier Männer oder Frauen in Eishockeymontur skaten eine künstliche, 350 Meter lange Eisbahn mit etwa 35 Metern Gefälle entlang, müssen jede Menge Kurven „kratzen", Sprünge bewerkstelligen und mit maximaler Geschwindigkeit das Ziel erreichen. Die Parcours des *Red Bull Crashed Ice* führen seit fast zehn Jahren vorbei an tausenden von jubelnden Zuschauern in den Großstädte dieser Welt: Moskau, Prag, Stockholm, Helsinki und Quebec. Im Jahr 2010 wird aus dem Geschwindigkeits-Spektakel erstmals eine Weltmeisterschaft, die ihren Start bei der Deutschlandpremiere im Münchner Olympiapark hat.

Die oben angeführten Merkmalsskalen stellen lediglich Ansatzpunkte einer Typologisierung und kein in sich geschlossenes Kategorisierungssystem dar. Problematisch ist auch, ob Kriterien wie „Unterhaltungswert" oder „Einmaligkeit", die stark von der individuellen Erfahrungs- und Gefühlswelt abhängen, für eine Einstufung über alle Zielpersonen hinweg zu aggregieren sind.

Im Rahmen des Event Marketing sind Online-Events zwar grundsätzlich möglich, sie sind jedoch von geringerer Bedeutung, da der Erlebniswert von Online-Events im Vergleich zu den klassisch durchgeführten Events begrenzt ist (*Sander* 2004, S. 635). Bei der Vorbereitung, Begleitung und Nachbereitung von klassischen Events wird das Internet jedoch sehr häufig eingesetzt. Insbesondere im Rahmen der Bekanntmachung von Events nimmt das Internet eine Schlüsselrolle ein (*Stephan* 2000). Eine Online-Live-Übertragung von klassischen Events, wie z. B. Künstleraktionen, Konzertübertragungen oder Sportereignisse, die von Unternehmen oder Organisationen initiiert sind, ist weit verbreitet. Dies verdeutlicht, dass Online-Events weniger ein Substitut, sondern vielmehr Begleitevents von klassischen Events darstellen.

2 Der Markt für Event Marketing

2.1 Marktteilnehmer des Event Marketing

Die Entstehung von Events ist durch die Kombination unterschiedlicher sozialer Teilsysteme gekennzeichnet, deren Akteure jeweils spezifische Interessen und Ziele verfolgen (*Scheuch* 2003, S. 90). Unternehmen als Eventveranstalter, aktive und passive Teilnehmer eines Events, Medien, diverse Dienstleistungsorganisationen sowie externe Interessengruppen (z. B. Tourismusbetriebe, Städte, Regionen) partizipieren in unterschiedlicher Form an einem Event und werden somit zu Marktteilnehmern. Die Rollenverteilung ist hierbei jedoch nicht immer klar definiert. So sind beispielsweise die aktiven Teilnehmer gleichzeitig Nutzer bzw. Nachfrager und Produktionsfaktoren eines Events, indem sie das Event nicht nur „konsumieren", sondern gleichfalls zu dessen Atmosphäre beitragen (*Scheuch* 2003, S. 90). Externe Interessengruppen fragen Events indessen nicht aktiv nach, indem sie als Teilnehmer agieren, sie profitieren jedoch gleichfalls von einem Eventangebot, beispielsweise über Einnahmen im Gastgewerbe oder die allgemeine Aufmerksamkeitswirkung für eine Stadt oder Region. Im Kontext der Betrachtung von Event Marketing als Instrument des unternehmerischen Kommunikationsmix erfolgt in den weiteren Ausführungen neben einer Darstellung angebotsorientierter Aspekte eine Konzentration auf die Zielgruppen des Event Marketing als Nachfrager von Events.

2.1.1 Angebotsorientierte Aspekte des Event Marketing

Eventanbieter sind Unternehmen oder Institutionen, die Events aus verschiedenartigen Motiven heraus veranstalten. Grundsätzlich wird zwischen öffentlichen und privaten sowie zwischen profitorientierten und Nonprofit-Veranstaltern unterschieden. In Anlehnung an die eingangs getroffene Definition des Event Marketing interessieren an dieser Stelle allerdings nur Eventanbieter, die Events als Instrument der Kommunikationspolitik zur Erreichung ihrer Kommunikationsziele inszenieren. Dabei konzentriert sich die weitere Betrachtung auf den privatwirtschaftlichen Sektor der Unternehmen.

Wie eingangs erwähnt, war der Einsatz von Event Marketing lange Zeit insbesondere in **Branchen** zu beobachten, die kommunikationsbezogene Wettbewerbsbeschränkungen aufweisen, beispielsweise die tabakverarbeitende oder pharmazeutische Industrie. Inzwischen haben jedoch auch andere Branchen das Event Marketing entdeckt. Hierzu zählt beispielsweise die Automobilbranche, wie eine Befragung unter 2.310 deutschen Autohäusern zeigt (*Ceyp/Reitz* 2003). Demnach stufen zwei Drittel der Befragten Events als wichtig bzw. sehr wichtig zur Kundengewinnung ein. Knapp über die Hälfte der Unternehmen geht zudem davon aus, dass der Stellenwert von Events zukünftig weiter zunehmen wird. Des Weiteren wird Event Marketing verstärkt von Unternehmen betrieben, die den Jugendmarkt, d. h. im engeren Sinne die 12 bis 19-Jährigen bzw. im weiteren Sinne die unter 30-Jährigen (*Lakaschus* 2001), bearbeiten, wie beispielsweise Sportartikelhersteller oder die Zigarettenindustrie.

Generell ist in den letzten Jahren eine Erhöhung des Eventangebotes und damit eine **Verschärfung der Wettbewerbssituation** festzustellen. Um Sättigungserscheinungen zu begegnen und weiterhin Teilnehmer zu gewinnen, wird es für die Eventanbieter immer notwendiger, große und aufwändige Events zu entwickeln. Als Reaktion auf die damit einhergehende Kostenexplosion lassen sich zunehmend Kooperationen zwischen Eventanbietern feststellen.

2.1.2 Nachfrageorientierte Aspekte des Event Marketing

Eventnachfrager sind jene Personen, die aus unterschiedlichen Motiven an Events teilnehmen. Zur Systematisierung bietet sich eine Differenzierung nach dem Grad der Teilnahmeverpflichtung an. Danach wird zwischen folgenden **Gruppen** unterschieden:

- Muss-Teilnehmer,
- Soll-Teilnehmer,
- Kann-Teilnehmer.

Muss-Teilnehmer sind Personen, die aufgrund ihrer beruflichen oder gesellschaftlichen Position zur Teilnahme gezwungen sind. Dieser Teilnehmertyp ist bei arbeitsorientierten Veranstaltungen, z. B. Mitarbeiterschulungen oder Außendiensttagungen, vorherrschend.

Soll-Teilnehmern steht die Partizipation an einem Event zwar prinzipiell offen, aufgrund ihrer Verbindung zum Unternehmen besteht aber eine gewisse Teilnahmeverpflichtung. Dieser Teilnehmertyp ist insbesondere bei infotainmentorientierten Veranstaltungen, z. B. Kick-off-Meetings für Händler, zu beobachten.

Kann-Teilnehmer sind völlig frei in ihrer Teilnahmeentscheidung. Das Teilnahmemotiv besteht primär in dem Bedürfnis nach einem Erlebnis. Dieser Typus fragt deshalb vor allem freizeitorientierte Aktivitäten nach.

Da das Event Marketing verstärkt von Unternehmen betrieben wird, die den Jugendmarkt bearbeiten, sei an dieser Stelle die Nachfragegruppe der **Jugendlichen** hervorgehoben (*Lakaschus* 2001; *Nufer* 2006, S. 62 ff.). Jugendliche sind zum einen sehr freizeit- und erlebnisorientiert, zum anderen haben vor allem Jugendliche Selektionsmechanismen auf die heutige Reizüberflutung entwickelt, so dass die Instrumente der „klassischen" Kommunikationspolitik nicht mehr wirkungsvoll eingesetzt werden. Jugendliche nutzen Marken als Signal für die Zugehörigkeit zu Lebensstilen oder Szenen. Daraus entwickeln sich langfristige Markenloyalitäten. Andererseits sind gerade Jugendliche aufgeschlossen für neue Angebote und einsatzbereit für Trends, von denen sie gerade begeistert sind und denen sie sich zugehörig fühlen (*Lakaschus* 2001, S. 723). Ein Event Marketing, das auf eine starke emotionale Aktivierung und die Verankerung der Markenwelt in der Erlebniswelt des Konsumenten abzielt, bietet sich deshalb zur Bearbeitung des Jugendmarktes besonders an. Dies bestätigt sich auch in einer Befragung Jugendlicher zur Akzeptanz unterschiedlicher Kommunikationsinstrumente. Wie Schaubild III-I-6 verdeutlicht, schneidet Event Marketing hierbei im Vergleich mit den „klassischen" Kommunikationsinstrumenten besonders positiv ab.

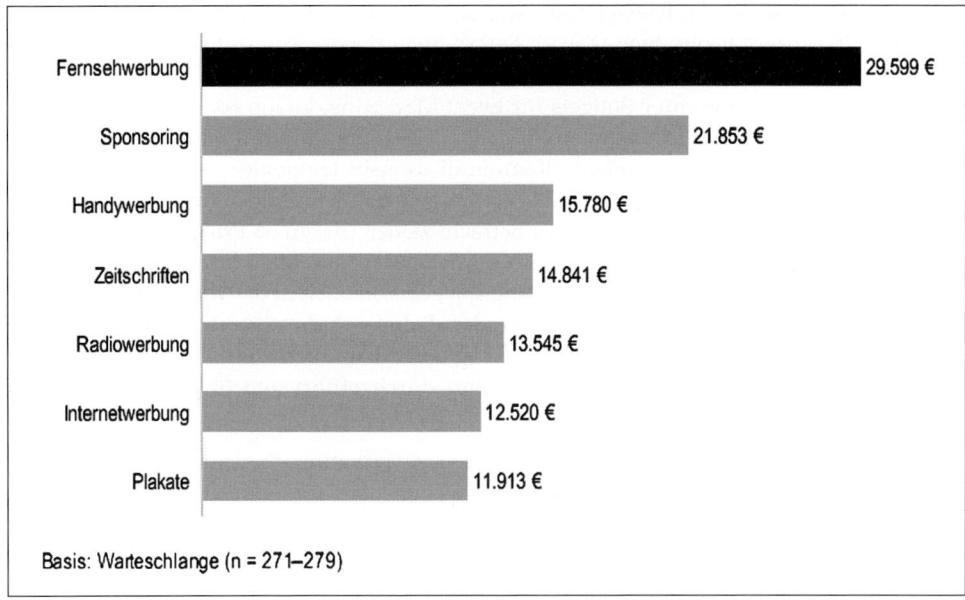

Schaubild III-I-6: Akzeptanz unterschiedlicher Kommunikationsinstrumente und -mittel bei jugendlichen Zielgruppen (El Cartel Media 2007, S.10)

Aber auch für die Zielgruppe der **Senioren** haben sich in den letzten Jahren spezielle Eventkonzepte – zumeist in Form von Verkaufsfahrten – entwickelt, z. B. so genannte „Kaffeefahrten" bzw. „Butterfahrten" (*Nufer* 2006, S. 35). Aufgrund des Trends, dass viele ältere Menschen immer bewusster versuchen, sich dem Altsein zu entziehen und Pensionierte immer häufiger aktive Lebensformen verfolgen, ist davon auszugehen, dass speziell die Gruppe der „jungen Alten" als Nachfragergruppe von Events zukünftig an Bedeutung gewinnen wird. Aber auch für andere spezielle Nachfragergruppen ist die Herausbildung eines eigenständigen Event Marketing zu erwarten.

2.2 Volumen des Marktes für Event Marketing

Obwohl sich Event Marketing in den letzten Jahren für viele Unternehmen zu einem wichtigen Kommunikationsinstrument entwickelt hat und die meisten Unternehmen in irgendeiner Form interne und/oder externe Events ausrichten, liegen bislang nur wenige repräsentative Studien zum Markt für Event Marketing vor. Als Anhaltspunkte für eine Einschätzung des **Event-Marketing-Volumens** dienen unter anderem die Honorarumsätze der Eventagenturen. Die 30 größten Eventagenturen, die an einer jährlichen Umfrage von *Werben & Verkaufen* und *Horizont* teilnahmen, erwirtschafteten im Jahre 2003 mit der Konzeption und Organisation von Corporate-, Public- und Messeevents knapp 100 Mio. EUR (Incentives, Messebau, Verkaufsförderung und Sponsoring ausgenommen) (*W&V* 2004). Für eine Abschätzung des Gesamtvolumens sind zu dieser Größe die unternehmensinternen Event-Marketing-Investitionen zu addieren, wobei jedoch nach wie vor erhebliche Unsicherheiten bestehen.

Wenn es auch schwer fällt, das Event-Marketing-Volumen genau zu beziffern, so lässt sich doch grundsätzlich feststellen, dass die Bedeutung des Event Marketing in den letzten Jahren kontinuierlich gestiegen ist und sich dies auch in gestiegenen Investitionen der Unternehmen niederschlägt. Seit Ende der 1990er Jahre lassen sich im Eventmarkt **Wachstumsraten** von jährlich 20 bis 30 Prozent beobachten (*Zanger* 2002a). Auch für die Zukunft sind die Prognosen für das Event Marketing positiv: 30,9 Prozent der befragten Unternehmen im *Eventreport 2003* planen eine Ausdehnung ihrer Budgets für Event Marketing, knapp 60 Prozent wollen den aktuellen Stand zumindest beibehalten (*Zanger/Drengner* 2003). Damit schneidet Event Marketing auch im Vergleich mit anderen Kommunikationsinstrumenten sehr positiv ab; dies äußert sich insbesondere darin, dass die Unternehmen in allen übrigen Kommunikationsinstrumenten stärkere Budgetkürzungen in Betracht ziehen (bis zu 38 Prozent im Sponsoring und 26,6 Prozent in der TV- und Printwerbung, hingegen nur 10,9 Prozent bei Events). Die zunehmende Beliebtheit des Event Marketing spiegelt sich auch in der **Anzahl Events** wider, die in Deutschland jährlich durchgeführt werden. Belief sich diese Zahl im Jahre 1999 noch auf 2.952 Events, so wurden nach einer Befragung unter den Mitgliedern des *Forum Marketing Eventagenturen* im Jahre 2001 bereits 3.442 Events durchgeführt und für das folgende Jahr 3.494 Events geplant (*Goretzky* 2003).

Neben der gesamten Höhe der Investitionen in Event Marketing interessiert auch der **Anteil am gesamten Marketingbudget**. Nach einer Befragung von Unternehmen, die Events durchführen, investieren 18 Prozent der Unternehmen bis zu 10 Prozent ihres Marketingbudgets in Events, 20 Prozent investieren bis zu 21 Prozent, 21 Prozent bis zu 40 Prozent und 5 Prozent mehr als 40 Prozent (*Kogag* 2001). Trotz der Wachstumsraten im Event Marketing ist dessen Bedeutung im Vergleich mit anderen Kommunikationsinstrumenten zu relativieren. So zeigt eine Studie aus dem Jahre 1999, dass Event Marketing in Deutschland nur Rang acht (Rang neun in der Schweiz) unter den Kommunikationsinstrumenten einnimmt, die Unternehmen im Rahmen der Integrierten Kommunikation einsetzen (*Bruhn/Boenigk* 1999, S. 67, 160).

3 Planungsprozess des Event Marketing

3.1 Event Marketing als Instrument der Unternehmens- und Marketingkommunikation

Zu Erreichung ihrer kommunikationspolitischer Zielsetzungen stehen Unternehmen eine Vielzahl von Instrumenten zur Verfügung. Die einzelnen Instrumente nehmen aufgrund ihrer individuellen Merkmale jeweils eine spezifische Stellung in der Unternehmenskommunikation ein, und ihr Einsatz ist je nach (kommunikativer) Problemstellung mehr oder weniger Erfolg Versprechend. Im Kontext des Paradigmenwechsels im Marketing (vgl. hierzu die entsprechenden Ausführungen in Abschnitt II-A-1) bietet es sich an, die Kommunikationsinstrumente heute danach zu kategorisieren, inwieweit sie einer **Push- oder Pull-Kommunikation** dienen. Charakteristisch für das Event Marketing ist, dass es in Abhängigkeit der Ausgestaltung der Events sowohl Push- als auch Pull-Funktionen übernimmt. Tritt das Unternehmen in erster Linie als Namensgeber eines Events oder durch Werbung im Eventumfeld (z. B. Bandenwerbung, Ausstattung von Imbissständen, Auslage von Flyern) auf, so wird Event Marketing einseitig im Sinne der Push-Kommunikation eingesetzt. Bietet ein Event darüber hinaus Kontaktmöglichkeiten zwischen einem Unternehmen und seinen Zielgruppen, beispielsweise in VIP-Bereichen, an speziellen Informationsständen oder durch eine Interaktion von Mitarbeitenden und Teilnehmern, fungiert das Instrument im Sinne der Pull-Kommunikation. Die Einsatzmöglichkeiten von Events im Rahmen der Unternehmens- und Marketingkommunikation sind somit vielfältig und bedürfen jeweils einer eventspezifischen

Planung. Als Grundlage einer solchen empfiehlt sich ein (idealtypischen) Planungsprozess des Event Marketing, der den Rahmen für die Entwicklung einzelner Events bildet und gleichermaßen deren Integration in die Kommunikationspolitik gewährleistet.

3.2 Phasen im Planungsprozess des Event Marketing

In der Praxis beschränkt sich die Planung des Event Marketing häufig auf eine klassische Einsatzplanung mit spezifischen operativen Ablaufprozessen, die sich insbesondere der ausführlichen Analyse der Elemente einer Eventinszenierung, wie Location, Catering, Prominenteneinsatz usw., widmet. Eine strategische Ausrichtung im Sinne einer grundsätzlichen konzeptionellen Planung des Event Marketing im Rahmen der Kommunikationspolitik unterbleibt vielfach, obwohl die Notwendigkeit einer systematischen Planung einzelner Kommunikationsaktivitäten seitens der Marketingliteratur immer wieder betont wird (*Zanger* 2001, S. 441 f.; *Erber* 2005, S. 55; *Nufer* 2006, S. 41). Für die weitere Betrachtung der relevanten Entscheidungstatbestände des Event Marketing wird deshalb der in Schaubild III-I-7 dargestellte **Planungsprozess** zugrunde gelegt.

Schaubild III-I-7: Planungsprozess des Event Marketing

(1) Situationsanalyse

Die Situationsanalyse dient der Bestimmung des Ist-Zustandes bzw. jener relevanter Faktoren, die für das Event Marketing von Bedeutung sind. Ziel ist es, kommunikationspolitische Stärken und Schwächen sowie Chancen und Risiken aufzudecken sowie daraus Schlussfolgerungen abzuleiten, ob der Einsatz des Event Marketing möglich und gewollt ist.

(2) Festlegung der Ziele des Event Marketing

Aufbauend auf der Situationsanalyse werden die durch das Event Marketing anzustrebenden extern und intern gerichteten Ziele formuliert. Wie sich zeigen wird, stehen dabei psychologische Zielgrößen im Mittelpunkt, während ökonomischen Zielen eher einer untergeordnete Bedeutung zukommt.

(3) Zielgruppenplanung des Event Marketing:

Parallel zu den Zielformulierungen sind die primären Zielgruppen des Event Marketing, d. h. das potenzielle Eventpublikum, zu identifizieren. Anschließend erfolgt die Segmentierung der Primärzielgruppen in potenzielle Teilnehmersegmente und die Auswahl der für ein Event tatsächlich relevanten Teilnehmer. Diese sind in einem nächsten Schritt umfassend zu beschreiben, insbesondere in Bezug auf ihr Freizeitverhalten, Genuss- und Erlebnisorientierungen, Wertvorstellungen und Eventerfahrungen.

(4) Festlegung der Strategie des Event Marketing

Die Event-Marketing-Strategie beinhaltet die bewusste und verbindliche Festlegung mittel- bis längerfristiger Verhaltenspläne für den Einsatz des Event Marketing. Neben den Zielgruppen werden in diesem Kontext das Objekt, die zentrale Botschaft und die Intensität des Event Marketing sowie die Eventtypen und die Inszenierungsrichtlinien konkretisiert.

(5) Budgetierung des Event Marketing

Die Bestimmung des Event-Marketing-Budgets beinhaltet die Kalkulation der gesamten Kosten, die im Rahmen des Event Marketing erwartet werden sowie die Allokation des Budgets auf die einzelnen Events bzw. Maßnahmen. Idealtypisch hat die Budgetierung simultan zur Planung der Einzelmaßnahmen zu erfolgen, da sich die Kostenhöhe in einem hohen Maße durch die Ausgestaltung und Exklusivität der Inszenierungselemente bestimmt.

(7) Maßnahmenplanung

Basierend auf der festgelegten Strategie sind die im Einzelnen zu realisierenden Eventtypen auszuwählen, darauf aufbauend die Inszenierungselemente im Vor-, Um-, Haupt- und Nachfeld zu kreieren und zu konzipieren sowie deren Umsetzung zu organisieren. In diesem Zusammenhang ist auch die Entscheidung über Einsatz und Auswahl einer Event-Marketing-Agentur zu treffen.

(8) Integration des Event Marketing in den Kommunikationsmix

Der Einsatz von Events ist nur dann sinnvoll, wenn sie das bestehende Marken- oder Unternehmensimage unterstützen. Durch die inhaltliche, formale und zeitliche Integration in den gesamten Kommunikationsmix werden ein konsistenter Auftritt und die Nutzung von Synergien gewährleistet. Hier ist vor allem zu prüfen, mit welchen anderen Kommunikationsinstrumenten ein spezifisches Event sinnvoll im Verbund einzusetzen ist.

(9) Erfolgskontrolle des Event Marketing

Im Anschluss an die Realisierung eines Events hat eine systematische Überprüfung der Event-Marketing-Aktivitäten zu erfolgen, um daraus Rückschlüsse auf Verbesserungspotenziale in der Planung und Umsetzung von Events zu ziehen. Schwerpunkt der Erfolgskontrolle bildet die Überprüfung der erzielten Wirkungen des Event Marketing bei den einzelnen Zielgruppen.

Der hier dargestellte Planungsprozess ist als idealtypisch anzusehen. Der sukzessive Ablauf wird in der Praxis vielfach nicht deterministisch, sondern simultan verlaufen. Dabei ist insbesondere zu berücksichtigen, dass das Event Marketing in einem hohen Maße von der Entwicklung kreativer und innovativer Eventkonzepte lebt und der Planungsprozess nicht zu einer Einengung dieser kreativen Freiräume zu führen hat. Dennoch ist es zweckmäßig, sich bei einem Einsatz des Event Marketing an den einzelnen Phasen zu orientieren, um die Teilentscheidungen zu optimieren.

4 Ziele und Zielgruppen des Event Marketing

4.1 Situationsanalyse als Ausgangspunkt

Im Rahmen eines systematischen Planungsprozesses ist vor Festlegung der Ziele des Event Marketing eine **Situationsanalyse** zur Ermittlung unternehmensendogener und -exogener Rahmenbedingungen, die den Einsatz und die Art des Einsatzes des Event Marketing determinieren, durchzuführen.

Aus der Summe möglicher Situationsvariablen interessieren an dieser Stelle vor allem jene, die speziell für die Planung des Event Marketing relevant sind. Einen Überblick über mögliche Problemkreise einer Situationsanalyse für das Event Marketing gibt Schaubild III-I-8, wobei Art und Gewichtung der jeweiligen Bereiche unternehmensspezifisch zu bestimmen sind. Erhöht wird die Aussagekraft der Situationsanalyse durch die Bewertung der einzelnen Situationsvariablen als Stärken/Schwächen und Chancen/Risiken im Sinne einer **SWOT** (Strenghts-Weaknesses-Opportunies-Threats)-Analyse.

Grundsätzlich lassen sich vier **Einflussbereiche** identifizieren:

(1) Marktbezogene Einflussfaktoren,
(2) Kundenbezogene Einflussfaktoren,
(3) Wettbewerbsbezogene Einflussfaktoren,
(4) Unternehmensbezogene Einflussfaktoren.

Eine grundlegende Fragestellung der **marktbezogenen Einflussfaktoren** betrifft den Marktsektor, in dem das Event Marketing zum Einsatz kommt. So werden gerade in Konsumgüter- und Industriegütermärkten von den Zielgruppen unterschiedliche Anforderungen an Events gestellt. Zu den marktbezogenen Einflussfaktoren zählen darüber hinaus die allgemeinen Entwicklungen der Homogenisierung der Märkte sowie die Angleichung von Produkten und Werbeauftritten in vielen Teilmärkten. Darüber hinaus sind spezielle Entwicklungstendenzen im Event Marketing und existierende sowie sich neu entwickelnde Eventformen von besonderem Interesse.

Im Rahmen **kundenbezogener Einflussfaktoren** sind speziell solche Faktoren zu analysieren, die Rückschlüsse auf die Rezeption des Event Marketing durch die Kunden zulassen. Hierzu zählen beispielsweise das Freizeitverhalten der Kunden, bestimmte Informationsbedürfnisse, die emotionale Wahrnehmung von Marken, Erwartungen an Produkte oder Leistungen, der Grad der Informationsüberlastung und die Akzeptanz des Event Marketing bei den Zielgruppen.

Die **wettbewerbsbezogenen Einflussfaktoren** beinhalten beispielsweise die Kommunikations- und Event-Marketing-Strategien der Hauptwettbewerber. Von Interesse ist insbesondere, wie viel die Wettbewerber in das Event Marketing investieren, welche Art von Events

Fragen	Antworten	Chancen/ Risiken Stärken/ Schwächen
Marktbezogene Fragen		
• Kommt das Event Marketing in einem Konsumgüter-, Industriegüter- oder Dienstleistungsmarkt zum Einsatz? • Wie stark gleichen sich die Leistungen und Werbeauftritte der Wettbewerber? • Welche Tendenzen zeigen sich hinsichtlich des Event-Marketing-Einsatzes im Markt? u.a.m.		
Kundenbezogene Fragen		
• Wie entwickeln sich die Kundenbedürfnisse und -wünsche? • Durch welches Freizeitverhalten sind die Kunden gekennzeichnet? • Welche Einstellungen haben die Kunden gegenüber Event Marketing als Kommunikationsinstrument? u.a.m.		
Konkurrenzbezogene Fragen		
• Welche Events führen die Wettbewerber mit welcher Intensität und welchem Erfolg durch? • Welche Konkurrenzmarken werden mit Hilfe von Events vermarktet? • Wie hoch sind die Event-Marketing-Budgets der Konkurrenz? • Welche Auswirkungen haben die Konkurrenzaktivitäten auf den Einsatz eigener Events? • Bestehen Möglichkeiten zur Kooperation mit Wettbewerbern? u.a.m.		
Unternehmensbezogene Fragen		
• Welchen Erfolg weisen die bisherigen Aktivitäten im Event Marketing auf? • Welche Events stehen dem Unternehmen in der nächsten Zeit zur Verfügung? • Welche finanziellen und personellen Ressourcen stehen für Event Marketing zur Verfügung? • Sind alle relevanten Mitarbeitenden hinsichtlich der Events informiert? • Wie akzeptiert sind die Events bei den Mitarbeitenden? u.a.m.		

Schaubild III-I-8: Fragenkatalog zur SWOT-Analyse im Event Marketing

sie mit welcher Intensität durchführen, welche Positionierung sie über ihre Events anstreben, ob sie mit anderen Unternehmen kooperieren und wie erfolgreich sie letztlich mit ihren Maßnahmen sind.

Bei der Analyse **unternehmensbezogener Einflussfaktoren** geht es vor allem darum, Diskrepanzen zwischen der Planung des Event Marketing und der Umsetzung zu vermeiden. So ist vor der Planung zu ermitteln, ob das Unternehmen sowohl die finanziellen als auch die quantitativen und qualitativen personellen Ressourcen zur Verfügung hat bzw. problemlos im Stande ist diese zu akquirieren. Darüber hinaus sind der Erfolg der vergangenen Events sowie die Möglichkeiten für zukünftige Maßnahmen zu evaluieren.

Wenn auch die Situationsanalyse zu Beginn des Planungsprozesses aufgeführt wird, so ist zu beachten, dass jede Phase des Planungsprozesses spezifische Analysen auf Basis der bis dahin getroffenen Entscheidungen benötigt. Die Situationsanalyse ist somit eher als simultan zum Planungsprozess ablaufende, denn als sukzessiv vorgeschaltete Phase zu sehen.

Auf Basis der Situationsanalyse lässt sich die **kommunikative Problemstellung** des Unternehmens ermitteln. Beispielsweise stellt sich teils heraus, dass die Umsatzrückgänge eines Unternehmens zu einem Großteil darauf zurückführen sind, dass das Unternehmen mit seiner Kommunikationspolitik die anvisierten Zielgruppen verfehlt und es bisher nicht vermocht hat, sich erfolgreich und mit einem präzisen Image bei den Zielpersonen zu positionieren und von der Konkurrenz zu differenzieren. In diesem Fall bietet es sich an, spezielle Events zu konzipieren, die bewusst die anvisierte Zielgruppe ansprechen und Imagedimensionen betonen, die das Unternehmen auf sich transferieren möchte. Eine andere (nach innen gerichtete) kommunikative Problemstellung liegt in einer mangelhaften Kundenorientierung der Mitarbeitenden, die sich in einer zunehmenden Kundenunzufriedenheit äußert. Hier bieten speziell gestaltete interne Events einen Ansatzpunkt, um die Motivation der Mitarbeitenden, die Einsicht in die Notwendigkeit einer konsequenten Serviceorientierung und ihre Identifikation mit dem Unternehmen zu steigern.

Die kommunikative Problemstellung dient als Ausgangspunkt für die weiteren Planungsschritte, insbesondere die Festlegung der Ziele des Event Marketing sowie die Entwicklung der Event-Marketing-Strategie.

4.2 Ziele des Event Marketing

Auf Grundlage der in der Situationsanalyse ermittelten kommunikativen Problemstellung werden die durch das Event Marketing anzustrebenden **Ziele** formuliert. Diese Ziele richten den Einsatz der Events präzise auf die gewünschten Konsequenzen aus und dienen als Bewertungsmaßstäbe für durchgeführte Konzeptionen.

Die vielfältigen mit Event Marketing verfolgten Ziele lassen sich in ökonomische und psychologische Ziele unterscheiden, die sowohl unternehmensextern als auch -intern gerichtet sind. Da **ökonomische Größen**, wie Umsatz- und Absatzsteigerungen oder Marktanteilsveränderungen, durch den gesamten Marketingmix determiniert werden, wird der Beitrag des Event Marketing zu deren Zielerreichung in der Regel nicht eindeutig ermittelt. Aus dieser Zurechenbarkeitsproblematik ergibt sich ein Mangel an Reagibilität und selektiver Steuerungskraft, der ökonomische Größen zur Zielformulierung spezifischer Kommunikationsinstrumente und damit auch des Event Marketing wenig geeignet erscheinen lässt (*Steffenhagen* 1993, S. 287; *Kroeber-Riel/Esch* 2009, S. 35 ff.). Eine Ausnahme bietet die Erzielung von Einnahmen, die in direktem Bezug zu einem Event stehen (z. B. Eintrittsgelder, Verzehr). Diese Ziele sind für Unternehmen meistens jedoch nicht von strategischer Bedeutung und ihre Realisierung bedarf keiner bewussten Event-Marketing-Strategie. Auf sie wird aus diesem Grund im Folgenden nicht näher eingegangen.

Im Rahmen der Planung des Event Marketing sind drei **Kategorien psychologischer Kommunikationsziele** relevant: Kognitiv-, affektiv- sowie konativ-orientierte Kommunikationsziele. Bezogen auf die externen Zielgruppen eines Unternehmens sind Beispiele für diese Kategorien in Schaubild III-I-9 wiedergegeben.

Kognitiv-orientierte Ziele des Event Marketing sind darauf ausgerichtet, die Informationsaufnahme, -verarbeitung und -speicherung der Eventteilnehmer zu beeinflussen, ohne unmittel-

Kognitiv-orientierte Ziele	Affektiv-orientierte Ziele	Konativ-orientierte Ziele
• Vermittlung von Wissen über das Unternehmen, seine Dienstleistungen und Produkte • Vorbereitung von Produkteinführungen • Vorstellung neuer Produkte und Dienstleistungen • Erhöhung des Bekanntheitsgrades von Produkten und Dienstleistungen • Vermittlung neuer Unternehmens- und Marketingstrategien • Kennen lernen der Mitarbeitende durch die Kunden im persönlichen Dialog u.a.m.	• Emotionales Erleben von Unternehmen bzw. Marken • Integration der Marke und ihrer Inhalte in die Erlebniswelt des Rezipienten • Positionierung durch Emotionen • Aufbau, Pflege oder Modifikation des Unternehmens- bzw. Markenimages • Erreichen von Glaubwürdigkeit durch Eröffnen eines Dialoges mit den Kunden • Aufbau von Vertrauen im direkten Dialog zwischen Mitarbeitern und Kunden u.a.m.	• Interessenten- und Neukundengewinnung • Festigung der Kundenbindung (Kontaktpflege, Reaktivierung inaktiver Kunden, Rückgewinnung ehemaliger Kunden) • Direktverkauf und Verkaufsförderung • Förderung von Wiederkauf und Cross Selling • Anregung zur positiven Mund-zu-Mund-Kommunikation • Aufbau und Pflege einer Beziehung zwischen Kunden und Unternehmen auf der Basis eines kollektiven Erlebnisses u.a.m.

Schaubild III-I-9: Extern gerichtete psychologische Zielgrößen des Event Marketing

bar handlungssteuernd zu wirken. Beispielsweise wird durch die bewusste Platzierung visueller Informationseinheiten im Zentrum eines Events und deren aktivierende Gestaltung die **Informationsaufnahme** der Eventteilnehmer positiv beeinflusst. Zudem werden im Verlauf persönlicher Gespräche zwischen Eventteilnehmern und Mitarbeitenden oder durch die Verteilung von Produktproben während eines Events die **Wahrnehmung des Leistungsangebotes** oder **unternehmens- bzw. leistungsbezogene Kenntnisse** verbessert. Insgesamt ist davon auszugehen, dass Informationen, die im Kontext eines Events durch emotionsintensive Stimuli vermittelt werden oder auf eigenen Erfahrungen der Eventteilnehmer beruhen, besonders gut erinnert werden (*Nufer* 2006, S. 136). Positiven Einfluss auf die Informationsaufnahme und -verarbeitung hat zusätzlich die oftmals lange Expositionsdauer einzelner Kommunikationsmittel (z. B. Banden, Fahnen, Verkaufsstände) während eines Events, die die Einprägsamkeit von Informationen bei den Eventteilnehmern fördert (*Lasslop* 2003, S. 58).

> **Beispiel: Realisierung kognitiver Ziele durch Event Marketing**
> Eine positive Beeinflussung wissensbezogener Eigenschaftskenntnisse wurde für ein Unternehmen bestätigt, das in Form eines eigenen Pavillons an der *EXPO 2000* beteiligt war (*Lasslop* 2003, S. 131 ff.). Das Innere des Pavillons bestand aus sechs Bereichen, in denen den Besuchern verschiedene Aspekte der Unternehmenstätigkeit mit unterschiedlichen Medien und in verschiedenen Abstraktionsgraden präsentiert wurden. Im Rahmen der Untersuchung wurden nach einer Ausgangsbefragung der Besucher sowohl eine erste Nachbefragung zur Ermittlung der kurzfristigen Wirkungen als auch eine zweite Nachbefragung zur Ermittlung der Langfristwirkungen durchgeführt. Die Datenbasis umfasste 714 Fälle. Die Ergebnisse zeigen, dass das Unternehmen von den Besuchern nach ihrem Pavillon-Besuch als deutlich kompetenter in einer Vielzahl von Bereichen wahrgenommen wird, insbesondere in den Bereichen Fernsehen, Multimedia und Presse/Printmedien. Zur Bewertung der wissensbezogenen Effektivität des Events wurden die Nennungen in allen Bereichen (Bücher, Medien allgemein, Musik, Multimedia, TV/Fernsehen, Presse/Printmedien und Buchclub) pro Person aufsummiert. Während vor dem Besuch durchschnittlich 1,84 Nennungen abgegeben wurden, betrug dieser Wert in der zweiten Nachbefragung 2,3. Die Eigenschaftskenntnisse erhöhten sich somit pro Person um zirka 25 Prozent.

Für das Informationsverhalten kommt darüber hinaus dem **Involvement** der Eventteilnehmer eine wesentliche Bedeutung zu. Für das Event Marketing ist grundsätzlich von einem hohen prädispositionalen Involvement auszugehen, da die Teilnahme an einem Event in der Regel aus eigenem Antrieb erfolgt und es sich um eine bewusste Aufmerksamkeitszuwendung handelt (*Nufer* 2006, S. 120 f.). Zur Realisierung der erwünschten Kommunikationswirkung ist es erforderlich, dass sich die Eventteilnehmer sowohl mit dem Event an sich als auch mit der Event-Marketing-Botschaft auseinandersetzen und diese beiden Reize miteinander verknüpfen. Hierzu liefert das Event Marketing gute Voraussetzungen, da von einem hohen Ereignis-Involvement auszugehen ist, durch das emotionale Umfeld eine Verstärkung der Botschaft des Event Marketing bewirkt wird und zudem das Event-Marketing-Objekt deutlich stärker im Vordergrund steht als beispielsweise im Sponsoring.

Affektiv-orientierte Ziele stehen im Zentrum des Einsatzes von Event Marketing, indem Unternehmen den Erlebnischarakter eines Events ausnutzen, um bestimmte **Emotionen** bei den Zielgruppen auszulösen. Diese Emotionen unterscheiden sich grundlegend von denen eines flüchtigen Kommunikationskontaktes (z. B. während eines TV-Spots), da der Eventteilnehmer selbst zu einem Element des Ereignisses wird und eine vergleichsweise starke Emotionalisierung erfolgt (*Nufer* 2006, S. 129; *Zanger* 2002b, S. 11). Von zentraler Bedeutung ist in diesem Zusammenhang die Erzeugung eines **Imagetransfers** von einem Event auf das Unternehmen bzw. seine Marken oder Produkte (vgl. zum Imagetransfer im Event Marketing *Nufer* 2002, S. 165 ff.). Image stellt dabei ein Konstrukt dar, das neben einer affektiven auch über eine kognitive und konative Dimension verfügt. Welche dieser Dimensionen durch Event Marketing letztlich stärker aktiviert wird, ist von der Ausgestaltung des Events abhängig. Während über freizeitorientierte Events primär die affektive Imagedimension angesprochen wird, sind arbeitsorientierte Events auch kognitiv ausgerichtet, die konative Dimension ist demgegenüber eher von untergeordneter Bedeutung. Unabhängig von der Erzeugung spezieller Images durch Event Marketing ist grundsätzlich davon auszugehen, dass Events die Bildung **positiver Einstellungen** unterstützen, da sich die Teilnehmer zumeist in einer angenehmen Grundstimmung befinden, in der sie Positives bevorzugt wahrnehmen (*Nufer* 2006, S. 125).

> **Beispiel: Realisierung affektiver Ziele durch Event Marketing**
> Im Rahmen der bereits erwähnten Untersuchung der Wirkungen des *Expo*-Engagements eines Unternehmens wurden auch die mit einem Pavillon-Besuch erzielten affektiven Wirkungen überprüft. Hierbei zeigte sich zunächst eine signifikante positive Veränderung der Sympathiewerte bei den Pavillon-Besuchern gegenüber dem betrachteten Unternehmen (*Lasslop* 2003, S. 136). Darüber hinaus wurde die Einstellung der Probanden gegenüber dem Unternehmen auch attributiv über 18 einzelne Image-Items gemessen (*Lasslop* 2003, S. 137). Bei 13 der abgefragten Items wurden signifikante Veränderungen auf dem Niveau von $p < 0,1$ festgestellt. Diese Items sind allesamt positiv besetzte Imagedimensionen (z. B. erfolgreich, innovativ, seriös, vertrauenswürdig, verantwortungsbewusst), wohingegen bei zwei negativ besetzten Imagedimensionen die Veränderungen auf diesem Niveau nicht signifikant sind.

Konativ-orientierte Ziele beziehen sich auf Handlungen bzw. Handlungsabsichten, die mit dem Einsatz des Event Marketing bei den Zielgruppen ausgelöst werden. Hierbei wird unterschieden konativen Zielen vor Beginn eines Events sowie solchen, die während des Events verfolgt werden. So wird in der Vorbereitungsphase eines Events zunächst die Kontaktherstellung zur anvisierten Zielgruppen angestrebt mit dem Ziel, diese zur **Teilnahme** an dem Event zu bewegen (*Erber* 2005, S. 59). Dieser Kontakt stellt die notwendige Vorstufe zur Erreichung der folgenden Ziele dar. So trägt ein Event beispielsweise dazu bei, dass bei den Zielgruppen das Interesse an einem neuen Produkt geweckt wird, sie sich im Nachhinein weiterführende Informationen über dieses Produkt besorgen und im Idealfall zu neuen Kunden werden. Neben der **Gewinnung neuer Kunden** nimmt die Festigung der **Beziehung zu aktuellen Kunden** einen zentralen Stellenwert im Rahmen des Event Marketing ein (*Gündling* 1998; *Sistenich* 1999, S. 72). Durch die Interaktionsprozesse und den direkten Dialog zwischen den Kunden und Mitarbeitenden eines Unternehmens lässt sich eine partnerschaftliche Beziehung etablieren sowie kontinuierlich weiterentwickeln, die eine verstärkte Kundenbindung bewirkt. Dieser Effekt wirkt umso stärker, wenn die Teilnehmer im Rahmen des Events eine aktive Rolle einnehmen und die emotionale Spannung in einem mehrstufigen Dialog gesteigert wird (*Gündling* 1998, S. 87). Wie aufwändig Unternehmen Events inszenieren, um persönliche Kontakte zu ihren Kunden zu knüpfen und diese emotional zu binden, veranschaulicht Insert III-I-2. Darüber hinaus lässt sich durch Event Marketing auch eine emotionale Beziehung und Bindung zwischen einer Marke und den Kunden aufbauen. Durch ein Event erhält die Markenwelt Zugang in die emotionale Erlebniswelt der Konsumenten und wird auf diese Weise erlebbar gemacht (*Sistenich* 1999, S. 73). Ein weiteres konatives Ziel des Event Marketing besteht im Auslösen positiver **Mund-zu-Mund-Kommunikation** durch die Eventteilnehmer, durch die wiederum das Image eines Unternehmens und sein Bekanntheitsgrad in einem breiteren Bevölkerungskreis vorteilhaft beeinflusst werden.

> **Beispiel: Zielgruppenspezifische Zielsetzungen des „Planet m" der *Bertelsmann AG***
>
> Die *Bertelsmann AG* beteiligte sich an der *Expo 2000* mit einem eigenen Pavillon, dem „Planet m" (*Bauer* 2002). Die Konzeption dieses Events stand unter dem Leitmotiv „Eine Liebeserklärung an die Medien" und fungierte als ein Symbol für Vielfalt, Strahlkraft und Relevanz der Medien in der Welt von *Bertelsmann*. Mit dem Event wurden unterschiedliche Zielsetzungen verfolgt, die sich zielgruppenspezifisch kategorisieren lassen. Hinsichtlich der Meinungsbildner (Politiker, Journalisten, Künstler, Kunden, Lieferanten) ging es in erster Linie darum, durch persönliche Gespräche Kontakte zu pflegen, Sympathien zu gewinnen und Geschäftsbeziehungen aufzubauen. In der Öffentlichkeit standen die Zielsetzungen der Informationsvermittlung, Imageverbesserung (vor allem die Loslösung vom „Buchclub-Image") sowie die Weckung von Emotionen im Vordergrund. Bei den eigenen Mitarbeitenden wurde eine Verbesserung von Motivation und Teamgeist angestrebt sowie die Bindung vielversprechender Talente.

Die zunehmende Wichtigkeit des Aufbaus und der Intensivierung von Kundenbeziehungen durch Event Marketing spiegelt sich auch in einer **Unternehmensbefragung** wider, bei der

Insert III-I-2: Marketing als Instrument zur Kundenbindung (PLANET TALK GmbH 2010)

Kognitiv-orientierte Ziele	Affektiv-orientierte Ziele	Konativ-orientierte Ziele

• Vermittlung von Fachwissen
• Entwicklung von Personal Skills
• Verstärkung des Kundenbe-
  wusstseins und der Kunden-
  orientierung
• Kennen lernen der Mitarbeitenden
  untereinander u.a.m.
	• Motivation der Mitarbeitenden
	• Identifikation der Mitarbeitenden
	  mit dem Unternehmen
	• Förderung des Teamgeistes
	• Belohnung der Mitarbeitenden
	  (z.B. für die Erreichung definierter
	  Unternehmensziele)
	• Zufriedenheit der Mitarbeitenden
	  u.a.m.
		• Förderung der Teambildung
		• Verbesserung zwischen-
		  menschlicher Beziehungen
		• Pflege des abteilungsübergrei-
		  fenden Informations- und
		  Meinungsaustauschs
		• Integration neuer Mitarbeitenden
		  u.a.m.

Schaubild III-I-10: Intern gerichtete psychologische Zielgrößen des Event Marketing (Beispiele)

unter den fünf wichtigsten Zielen mit der Kundenbindung, Neukundengewinnung und Kontaktpflege zur Zielgruppe drei Ziele genannt werden, die beziehungsorientierten Charakter haben. Darüber hinaus nehmen die Imageverbesserung und Erhöhung des Bekanntheitsgrades einen zentralen Stellenwert ein (*Zanger/Drengner* 2003). In einer anderen Studie werden zudem die Ansprache spezifischer Zielgruppen im Business-to-Business-Bereich sowie die Leistungsdarstellung mit Erlebnischarakter als zentrale Ziele von Events genannt (*Kirchgeorg/Klante* 2003, S. 25). Nach innen gerichtet kommt der Förderung des Teamgeistes eine besondere Bedeutung zu (*Kogag* 2001).

Neben den extern gerichteten Zielen eignet sich Event Marketing auch zur Verfolgung **intern gerichteter Kommunikationsziele**. Hier bietet sich ebenfalls eine Differenzierung zwischen affektiv-, kognitiv- und konativ-orientierter Ansprache an, wie dies beispielhaft in Schaubild III-I-10 aufgeführt ist.

Damit die internen und externen Ziele des Event Marketing konkrete Anhaltspunkte für die Gestaltung der einzelnen Events vermitteln, sind sie nach der Zielart (d.h. dem Inhalt des wünschenswerten Ergebnisses), dem Objektbezug (z.B. der Bezug zu einem Unternehmen oder einer Marke), dem Käufer- bzw. Zielgruppensegmentbezug sowie dem angestrebten Ausmaß zu präzisieren (*Steffenhagen* 2000, S. 71).

4.3 Zielgruppen des Event Marketing

4.3.1 Zielgruppenidentifikation und -beschreibung im Event Marketing

Im Rahmen der Zielfestlegung des Event Marketing ist vom Unternehmen zu konkretisieren, welche **Zielgruppen** mit dem Einsatz dieses Kommunikationsinstrumentes anzusprechen sind. Nur durch eine konsequente Zielgruppenorientierung lassen sich die Streuverluste eines Events minimieren und die anvisierten Zielgruppen effizient und effektiv ansprechen.

Bei der Bestimmung der relevanten Zielgruppen des Event Marketing empfiehlt es sich, zwischen Primär- und Sekundärzielgruppen zu differenzieren. Unter der **Primärzielgruppe** werden die potenziellen Teilnehmer an einem Event bzw. einem Eventzyklus verstanden. Die **Sekundärzielgruppe** nimmt nicht unmittelbar am Event teil, sondern rezipiert das Event in der Berichterstattung der Medien oder als Mund-zu-Mund-Kommunikation (*Inden* 1993, S. 57; *Erber* 2005, S. 66).

Diese Einteilung ist nicht gleichzusetzen mit einer Wertigkeit der Zielgruppen, sondern lediglich mit unterschiedlichen Zielsetzungen. Grundsätzlich besteht die Möglichkeit jede der aufgeführten Zielgruppen als Primär- oder Sekundärzielgruppe anzusprechen. So ist das eigentliche Ziel einer Pressekonferenz die Information der Sekundärzielgruppe Öffentlichkeit, die durch das Event zu beeinflussende Primärzielgruppe Presse dient lediglich als Multiplikator. Bei einer Händlerpräsentation im Rahmen einer Neueinführung ist die Information und Motivation der Primärzielgruppe Händler indessen auch das zu erreichende Hauptziel. Die Information der Sekundärgruppe Öffentlichkeit ist hier nur von periphärem Interesse.

Im Fokus des Planungsprozesses für das Event Marketing steht allerdings die Primärzielgruppe, da Event Marketing in erster Linie auf eine emotionale Aktivierung im Rahmen eines Vor-Ort-Erlebnisses abzielt. Die Konzeption und Inszenierung des Events ist demnach auch explizit auf eine Aktivierung der Teilnehmer auszurichten. Eine Berücksichtigung der „Spill-offs" auf die Sekundärzielgruppe ist unter strategischen Gesichtspunkten wünschenswert, die Stärke des Event Marketing liegt aber in der Beeinflussung der persönlich anwesenden Personen. Die Gewichtung unterschiedlicher Zielgruppen des Event Marketing in der Praxis geht aus den folgenden Daten einer Unternehmensbefragung hervor (*Kogag* 2001):

- (Potenzielle) Kunden: 81 Prozent
- Presse/Medienvertreter: 57 Prozent
- Geschäftspartner: 55 Prozent
- Öffentlichkeit: 44 Prozent
- Händler: 39 Prozent
- Mitarbeitende: 34 Prozent

Eine wesentliche Aufgabe im Rahmen der Zielgruppenplanung ist eine möglichst genaue Beschreibung der relevanten Zielgruppen, die sich an den generellen Anforderungen der Zielgruppenbeschreibung orientiert, wie sie auch in der Mediawerbung angewendet werden (*Freter* 2008, S. 43 f.; *Meffert* 2008, S. 186 f.; *Schweiger/Schrattenecker* 2009, S. 51 ff. vgl. auch Abschnitt III-B-4.3.2.1). Für die Bildung homogener Zielgruppen stehen eine Vielzahl von **Kriterien der Zielgruppenbeschreibung** zur Verfügung, die sich in unterschiedliche Kategorien einteilen lassen (*Rogge* 2004, S. 106 ff.; *Freter* 2008; *Schweiger/Schrattenecker* 2009, S. 51 ff.). Für die Zielgruppen des Event Marketing sind als Beschreibungsmerkmale vor allem diejenigen Kriterien zu ermitteln, die auf die Affinität der einzelnen Personengruppen hinsichtlich bestimmter Events schließen lassen.

Bei den **demografischen** und **sozioökonomischen Kriterien** ist beispielsweise zu prüfen, ob und inwieweit Unterschiede in den Kommunikations- oder Unterhaltungsbedürfnissen der Zielgruppen aufgrund von Geschlecht, Alter, Einkommen, Familienlebenszyklus, geographischer Merkmale usw. bestehen. So geht z. B. aus Schaubild III-I-11 hervor, dass sich für Rock-Pop-Konzerte in erster Linie die unter 30-Jährigen interessieren und an Veranstaltungen klassischer Musik eher Frauen als Männer (und hier über 30 Jahren) teilnehmen. Jedoch weisen Gruppen, die nach demografischen und sozioökonomischen Merkmalen gebildet werden, häufig extreme Unterschiede in Bezug auf Wertvorstellungen, Interessen oder Verhalten auf, so dass sie für die Planung des Event Marketing nur bedingt geeignet sind.

Von zentraler Bedeutung sind indessen **psychografische Kriterien** der Zielgruppen, wie z. B. Motive, Einstellungen oder Lifestyle-Merkmale. Vor allem die Bildung dynamischer **Lifestyle-Gruppierungen** stellt einen Ansatz zur Bildung eventspezifischer Teilnehmergruppen dar (*Kinnebrock* 1993, S. 26; *Nufer* 2006, S. 59). Ziel der Lifestyle-Segmentierung ist es, alle auf das menschliche Verhalten einwirkenden Rahmenbedingungen sowie sämtliche Merkmale, die den Lebensstil beeinflussen, zu erfassen und zu ordnen. Eine Möglichkeit zur Operationalisierung des Lifestyles bietet der **AIO-Ansatz** (Activities, Interests, Opinions). Danach wird der Lifestyle durch eine umfangreiche Itembatterie in Bezug auf die Aktivitäten am

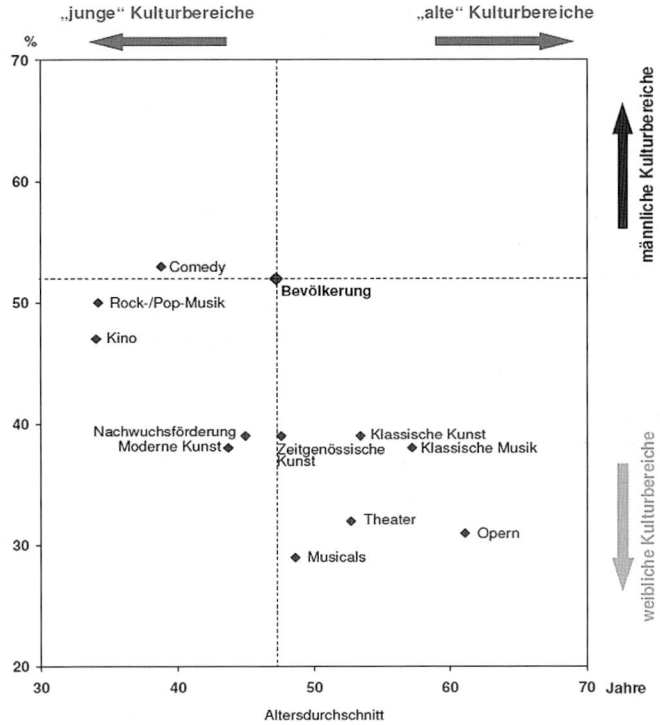

Basis: 3.000 Personen; Jeweils Interessierte an dem Kulturbereich

Schaubild III-I-11: Demografie der Besucher von Events (Ipsos Deutschland GmbH 2008, S. 2)

Arbeitsplatz und in der Freizeit, der individuellen Bedeutung von Umweltfaktoren und politische oder gesellschaftliche Standpunkte operationalisiert (*Freter* 2008, S. 900).

Neben der Lifestyle-Segmentierung gewinnt die Bildung von **Szenen** für das Event Marketing eine zunehmende Bedeutung (*Kinnebrock* 1993, S. 26; *Nufer* 2006, S. 60 f.). Unter Szenen verstehen sich freiwillig gebildete Netzwerke von Personen, die über eine für sie übergeordnete Interessenlage als gemeinsamen Nenner verfügen. Im Unterschied zum Lifestyle stellen Szenen keinen „fiktiven Prototypen" dar, sondern beschreiben ein bestehendes soziales Netzwerk. Ein wesentlicher Vorteil von Szenen wird in der größeren Kaufverhaltensrelevanz gesehen, da das Kauf- und Konsumverhalten ein definiertes Merkmal der Szene darstellt und somit beobachtbar wie auch prognostizierbar ist (vgl. für eine ausführliche Gegenüberstellung der Lifestyle- und Szenensegmentierung *Nöthel* 1999, S. 164).

Eine Problematik der Verwendung psychografischer Merkmale im Event Marketing liegt jedoch darin, dass Events oft auf kurzfristigen Trends basieren und Zielgruppen in Form von Szenen nur kurzfristig definiert sind, so dass es oftmals schwierig ist, relevante und aktuelle Informationen zur Zielgruppenbeschreibung zu erhalten. Mögliche Informationsquellen sind:

- Lifestyle-Typologien,
- Trend Reports (z. B. Studien des *BAT-Freizeit-Forschungsinstituts*, *The Popcorn Report*),
- Trendscouts, Kontakte zu Trendsettern, Early Adoptern und Opinion Leadern,
- Eigene Zielgruppenanalysen (vor allem bei Events mit interner Zielrichtung),
- Erfahrungswerte aus in der Vergangenheit realisierter Events.

Aufschlüsse über Zielgruppen des Event Marketing auf Basis ihrer **Werthaltungen** bietet eine Untersuchung des *Instituts für Marktorientierte Unternehmensführung* an der *Universität Mannheim* auf Basis einer Means-End-Analyse (*Bauer/Sauer/Wagner* 2003, S. 13 ff.). Demnach lassen sich die **Besucher eines Musik-Events** in zwei große Zielgruppen einteilen:

(1) Die „Spaßorientierten"

Diese Zielgruppe verfolgt mit einem Eventbesuch in erster Linie das Ziel, ihr Spaßbedürfnis zu befriedigen. Mitglieder dieser Zielgruppe haben hohe Erwartungen an ein Event, die zu erfüllen sind, damit sich Zufriedenheit einstellt. Darüber hinaus liefern Events dieser Zielgruppe die Möglichkeit, einen gewissen Lebensstil zu demonstrieren und sich von der Masse abzuheben, um schließlich das Selbstwertgefühl zu steigern. Insgesamt zeichnen sich die „Spaßorientierten" durch hedonistische Züge und den Wunsch nach Zufriedenheit und Glück im Leben aus.

(2) Die „Geselligen"

Diese Zielgruppe sucht auf einem Musikevent vor allem Geselligkeit und Kontakt zu anderen Musikbegeisterten, die sich durch einen ähnlichen Geschmack und Lebensstil auszeichnen. Für sie stellt das Event eine Abwechslung zum Alltag und eine „Belohnung" dar. Ein abwechslungsreiches Leben und die Pflege von Freundschaften bedeutet für die „Geselligen" letztlich ein glückliches Leben.

Gleichfalls wurden in der Studie die **Besucher von Sportevents** analysiert, wobei sich drei Gruppen herauskristallisierten:

(1) Die „Erfolgreichen"

Die Mitglieder dieser Gruppe sind sehr leistungsorientiert und lassen sich bei Sportevents in erster Linie durch die sportlichen Leistungen faszinieren. Ihr Selbstbewusstsein beruht vor allem auf Erfolgserlebnissen, und sie definieren Leistung und Schönheit als wesentliche Bestandteile eines erfolgreichen Lebens. Das Austesten von Leistungsgrenzen wie auch die Messung mit der Konkurrenz stellen für diese Gruppe Herausforderung und Genuss zugleich dar. In ihrer Freizeit sind die „Erfolgreichen" selbst sportlich aktiv und achten bewusst auf gesundheitliche Aspekte.

(2) Die „Spaßorientierten"

Diese Gruppe zeichnet sich weniger durch ein sportliches Interesse an einem Event aus, sondern vielmehr durch das Bedürfnis nach Unterhaltung. Aus diesem Grund bedeutet ihnen das Rahmenprogramm eines Events auch mehr als die sportliche Leistung. Gerade die Mitglieder dieser Gruppe sehen in Sponsoren und Werbepartnern keine Störfaktoren, sondern erkennen deren finanzielle Unterstützung an, die auch die Ausrichtung spektakulärer „Side Events" ermöglichen. Spaß haben, das Erlebnis von etwas Besonderem und der Abstand zum Alltag bilden die zentralen Motive eines Eventbesuchs der „Spaßorientierten".

(3) Die „Geselligen"

Aus Perspektive dieser Gruppe zeichnet sich die Attraktivität eines Events in erster Linie durch eine spannende Atmosphäre und das Zusammentreffen vieler Fans aus. Der Kontakt mit anderen Menschen steht für sie im Vordergrund eines Eventbesuchs.

Kriterien des **beobachtbaren Verhaltens** beziehen sich zum einen speziell auf die Reaktion und das Verhalten der Rezipienten bei Events der Vergangenheit. Da Events das Ziel haben, neue einmalige Erlebnisse zu vermitteln, bietet dieses Vorgehen jedoch nur teilweise Ansatzpunkte für eine wirksame Eventinszenierung. Zudem wird die Eventinszenierung häufig durch Trends oder Moden bestimmt, so dass fraglich ist, wie lange in der Vergangenheit beobachtete Tatbestände gültig sind. Des Weiteren lassen sich Zielgruppen nach ihrem generellen Mediennutzungs-, Einkaufs- oder auch Freizeitverhalten beschreiben. Während die Mediennutzung und das Einkaufsverhalten allerdings wiederum nur bedingt geeignet sind, Zusammenhänge zur Eventaffinität herzustellen, bietet das Freizeitverhalten konkrete Ansatzpunkte, durch welche Veranstaltungen, an welchen Orten, zu welchen Tageszeiten usw. die Zielgruppen zu erreichen sind.

Beispiel: Event-Marketing von *Mercedes* im Rahmen der *Mercedes-Benz Fashion Week* Berlin

Bei dem deutschen Automobilhersteller Mercedes bilden Events einen festen Bestandteil der Kommunikationsstrategie. Mit dem Ziel, die Marke speziell bei einer bestimmten Zielgruppe zu platzieren, werden Events bewusst dort veranstaltet, wo diese Zielpersonen ihre Freizeit verbringen. Beispiele hierfür ist die *Mercedes-Benz Fashion Week* Berlin, die in Insert III-I-3 beschrieben ist.

Mercedes-Benz Fashion Week Berlin.
Ein Modeevent von Weltrang im Herzen Berlins.

Nach nur vier Ausgaben ist die Mercedes-Benz Fashion Week Berlin bereits fester Bestandteil des internationalen Modekalenders. Die spannende Mischung aus jungen Talenten und etablierten Modegrößen sowie der hohe Anteil deutscher Designer geben der Veranstaltung ihr eigenes Profil und begeistern ein weltweites Publikum.

Die sechste Mercedes-Benz Fashion Week Berlin findet vom 20. bis zum 23. Januar 2010 statt. Mehr Informationen über das Modeengagement von Mercedes-Benz finden Sie hier:

Nach nur vier Ausgaben ist die Mercedes-Benz Fashion Week Berlin bereits fester Bestandteil des internationalen Modekalenders. Die spannende Mischung aus jungen Talenten und etablierten Modegrößen sowie der hohe Anteil deutscher Designer geben der Veranstaltung ihr eigenes Profil und begeistern ein weltweites Publikum.

Die sechste Mercedes-Benz Fashion Week Berlin findet vom 20. bis zum 23. Januar 2010 statt. Mehr Informationen über das Modeengagement von Mercedes-Benz finden Sie hier:

> Focus on Fashion

Hintergrund.

Mercedes-Benz und Mode haben einiges gemeinsam: Für beide ist Design und Stil ein Schlüssel zum Erfolg. Mit Blick auf die Gemeinsamkeiten von Fahrzeug- und Modedesign war es daher nur ein kleiner Schritt zu den Engagements bei den wichtigsten Modeereignissen weltweit.
Schon seit Jahren engagiert sich Mercedes-Benz bei internationalen Mode-Events. So sponsert der Stuttgarter Automobilhersteller Events in Los Angeles, Miami, Mexico und in den Niederlanden, allen voran die Mercedes-Benz Fashion Week New York, eines der bedeutendsten Modeereignisse der Welt.

Insert III-I-3: Ausrichten des Event Marketing am Freizeitverhalten der Zielgruppe (IMG GmbH 2009)

Welche Beschreibungsmerkmale für die zielgruppenspezifische Konzeption und Inszenierung eines Events am besten geeignet erscheinen, lässt sich aufgrund der großen Variabilität des Event Marketing nur im Einzelfall festlegen. Zudem entwickelt sich der Informationsbedarf simultan mit dem Fortschreiten des Planungsprozesses. So führt beispielsweise erst die Entscheidung für die Inszenierung eines Events mit Catering zu einem Bedarf nach Informationen über Essverhalten, -vorlieben und -abneigungen der Zielgruppen.

4.3.2 Zielgruppenauswahl im Event Marketing

Nach der Identifizierung und Beschreibung möglicher Teilnehmergruppen erfolgt in einem nächsten Schritt die **Auswahl der Zielgruppen**, die für die Teilnahme an einem Event bzw. einem Eventzyklus zu gewinnen sind. Die Notwendigkeit einer Priorisierung und Eingrenzung der potenziellen Zielgruppen ergibt sich für Unternehmen aufgrund interner finanzieller und personeller Restriktionen. Bestünden keinerlei Restriktionen, so ist ein Unternehmen theoretisch in der Lage sämtliche Zielgruppen mit höchster Intensität zu bearbeiten, um eine Maximierung des Nutzens des Event Marketing zu realisieren. In der Realität ist jedoch eine Priorisierung der Zielgruppen vorzunehmen, die sich zum einen damit auseinandersetzt, welche Zielgruppen mit welchen Maßnahmen zu bearbeiten sind und zum anderen in welchem Umfang die Maßnahmen bei einzelnen Zielgruppen einzusetzen sind. Beispielsweise wird es aus Kosten-Nutzen-Aspekten nicht effizient sein, sämtliche an Kultur interessierte Kunden zu einem exklusiven Hospitality-Anlass im Rahmen eines kulturellen Event einzuladen. Ebenfalls wird es nicht effizient sein, ein Event zu konzipieren, das generell alle Jugendlichen zwischen 14 und 18 Jahren anspricht, die das Unternehmen als neue Kunden gewinnen möchte. Um zu vermeiden, dass die Auswahl der zu bearbeitenden Zielgruppen willkürlich erfolgt, empfiehlt sich die Aufstellung eines Kataloges, der zentrale **Kriterien der Zielgruppenauswahl** definiert. Folgende ökonomische und außerökonomische Kriterien kommen dabei in Frage:

- **Zielbezogener Nutzen der Zielgruppen hinsichtlich des Event Marketing:** Der zielbezogene Nutzen der Zielgruppen spiegelt den Grad der Realisierung der Event-Marketing-Ziele bei den Zielgruppen wider. In vielen Fällen werden beim Einsatz des Event Marketing die Teilnehmergruppen und deren Zusammensetzung durch die Zielformulierung vorgegeben. Ist beispielsweise das Ziel einer bestimmten Veranstaltung die Vorstellung einer neuen Produktlinie im Rahmen einer Außendiensttagung, so sind Zahl und Struktur der Primärzielgruppe durch die Summe der Außendienstmitarbeitenden vorgegeben. Die Auswahlproblematik ergibt sich in der Regel dann, wenn der Einsatz des Event Marketing auf ein zahlenmäßig nicht eingegrenztes, disperses Publikum, wie die potenziellen Endkonsumenten, ausgerichtet ist.

- **Kommunikationsbedürfnisse der Zielgruppen:** Im Sinne einer beziehungsorientierten Ausrichtung der Kommunikationspolitik erfordert die Priorisierung der Zielgruppen eine Berücksichtigung der zielgruppenspezifischen Kommunikationsbedürfnisse. Dies ist auch bei der Eventplanung zu berücksichtigen. Von Interesse ist beispielsweise, ob die potenziellen Teilnehmer an einem Event in erster Linie Unterhaltung suchen, ob sie das Event zu ihrer eigenen Information nutzen wollen oder z. B. einen persönlichen Dialog mit Mitarbeitenden der Unternehmen wünschen. Entsprechend dieser Bedürfnisse sind die Zielgruppen unterschiedlich auszuwählen und die Maßnahmen zu priorisieren.

- **Relative Umsatzbedeutung der Zielgruppen:** Aus der relativen Umsatzbedeutung geht hervor, wie wichtig eine Zielgruppe im Vergleich zu anderen Zielgruppen für den Umsatz des Unternehmens ist. Je mehr Bedeutung der Zielgruppe in diesem Sinne zukommt, desto „lohnenswerter" ist der Einsatz aufwändiger Events (z. B. Adventure Tours, VIP-Anlässe), währenddessen sich für unbedeutende Zielgruppen primär solche Events anbieten, die mit weniger Aufwand verbunden sind.

- **Teilnehmerwert:** Im Kontext des Beziehungsmarketing lässt sich ein aus dem Kundenwert abgeleiter Teilnehmerwert im Rahmen des Event Marketing bestimmen, der eine (monetäre sowie nicht-monetäre) Bewertung der Beziehungen zu den potenziellen Teilnehmern zulässt. Ein besonders hoher Teilnehmerwert ergibt sich beispielsweise für solche Teilnehmer, die sich durch ein hohes Ertrags- oder auch Entwicklungspotenzial (insbesondere junge Kunden) auszeichnen. Auch das Referenzpotenzial eines Teilnehmers ist von hoher Bedeutung, da er durch sein Weiterempfehlungsverhalten, das durch ein Event positiv beeinflusst wird, das Bild des Unternehmens in der Umwelt wesentlich prägt. Je größer der Teilnehmerwert eingeschätzt wird, umso mehr rentieren sich aufwändige Eventinszenierungen.

- **Kosten für die Bearbeitung der Zielgruppen:** Die mit dem Eventeinsatz verbundenen Kosten sind weitgehend abhängig von den jeweiligen Maßnahmen bzw. davon, welche Zielgruppen mit diesen Maßnahmen anvisiert werden. So erfordert beispielsweise sowohl eine exklusive Hospitality-Maßnahme als auch die Einladung besonders populärer Show-Gäste ein relativ hohes Budget; während Hospitality-Maßnahmen sich aber primär an ein enges Publikum richten, wird beispielsweise durch den Auftritt eines berühmten Pop-Stars auch die breite Öffentlichkeit erreicht. Die personenspezifischen Kosten relativieren sich entsprechend. Während die Erhebung der Kosten des Event Marketing vergleichsweise einfach erfolgt, ist die Bestimmung des Nutzens mit Problemen behaftet. Zum einen ist der Nutzen der einzelnen Maßnahmen im Rahmen eines Events nicht in gleicher Weise zu skalieren wie die entstandenen Kosten. Zum anderen sind umfassende Kenntnisse über die Wirkungen des Event Marketing notwendig, die in der Realität nur schwer zu eruieren sind.

Durch die oftmals geringe Teilnehmerzahl, aber hohen Kosten eines Events, ist Event Marketing eher ein Instrument zur konzentrierten Bearbeitung einer oder weniger Zielgruppen, die entweder bereits eine besondere Stellung in der Unternehmens- und Marketingkommunikation aufweisen, (z.B. bedeutsame Kunden, Meinungsbildner, Innovatoren oder Multiplikatoren) oder aber durch das Event Marketing neu als Kunden zu gewinnen sind (z.B. junge Zielgruppen).

> **Beispiel: „Die großen BMW Coupés"**
> Ein exklusives Event wurde am 24.Oktober 2003 im *BMW Group Pavillon* in München für die Besitzer der *American Express Centurion Card* ausgerichtet. 300 Gäste waren in die Ausstellung „Die großen BMW Coupés" eingeladen und wurden vor Ort von einem Saxophonisten, einer Jazz-Sängerin und einer Jazz-Band unterhalten. Die *American Express Centurion Card* zählt zu den wertvollsten Kreditkarten weltweit und verschafft ihrem Besitzer Zutritt zu Kreisen und Veranstaltungen, in die nur wenige Karteninhaber aufgenommen werden (*BMW AG* 2003). Die Zahl und Struktur der Primärzielgruppe dieses Events war damit bereits im Vorhinein fest vorgegeben.

5 Strategie des Event Marketing

5.1 Elemente einer Strategie des Event Marketing

In der Praxis werden Events häufig als taktische Einzelmaßnahme eingesetzt. Im Zuge steigender Budgets für Events und eines sich abzeichnenden „Event Overload" auf der Zielgruppenseite ergibt sich jedoch für Unternehmen die Notwendigkeit einer **strategischen Ausrich-**

tung des Event Marketing, um einen geschlossenen und effektiven Auftritt des Unternehmens bzw. einer Marke im Kontext des Events zu gewährleisten. Im Anschluss an die Zielformulierung und Bestimmung der Zielgruppen ist deshalb eine Event-Marketing-Strategie durch das Unternehmen zu entwickeln und festzulegen.

Eine **Event-Marketing-Strategie** beinhaltet die bewusste und verbindliche Festlegung mittel- bis längerfristiger Verhaltenspläne, die zum einen den Strategierahmen konkretisieren (Objekt, Botschaft, Zielgruppen und Intensität des Event Marketing) sowie zum anderen die Strategie inhaltlich festschreiben (Eventtyp und Richtlinien für die Inszenierung des Events). Diese sechs Elemente einer Strategie des Event Marketing sind in Schaubild III-I-12 schematisch aufgeführt.

(1) Event-Marketing-Objekt

Basis einer Event-Marketing-Strategie bildet die Festlegung des Event-Marketing-Objekts, das im Rahmen eines Events zu inszenieren ist, beispielsweise eine Marke, Produktlinie oder das Gesamtunternehmen.

(2) Zielgruppen des Event Marketing

Die Frage der Zielgruppenorientierung stellt auf die Anzahl der zu bearbeitenden Zielgruppen ab. Grundsätzlich unterscheiden Unternehmen zwischen einer Standardisierungs- und Differenzierungsstrategie, auf die im Folgenden näher eingegangen wird.

(3) Botschaft des Events

Die zentrale Botschaft eines Events leitet sich wesentlich aus der generellen Zielsetzung ab, durch die Authentizität des Erlebnisses dem Teilnehmer das Gefühl einer realen, in seiner tatsächlichen Lebenswelt liegenden, Marke zu vermitteln (*Rupp* 1993, S. 318). Darüber hinaus beeinflussen die inhaltlichen Zielsetzungen des Event Marketing die Botschaft. Im Fall ex-

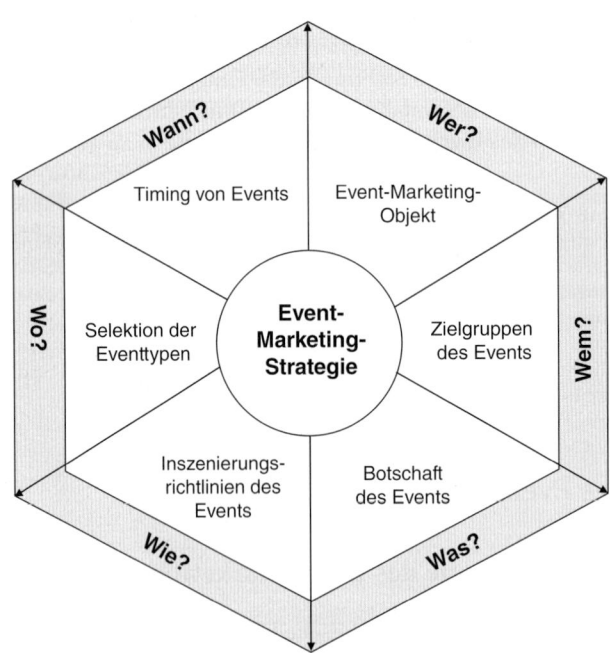

Schaubild III-I-12: Elemente einer Strategie des Event Marketing

tern gerichteter Events lässt sich die Kernbotschaft beispielsweise aus der Positionierung des Bezugsobjekts oder der angestrebten Unique Communication Proposition ableiten. Bei einem intern ausgerichteten Event, z. B. einem Team-Building-Seminar oder einer Jubilarfeier, liegt beispielsweise die zentrale Botschaft in der Übermittlung eines „Wir-Gefühls".

(4) Inszenierungsrichtlinien des Events

Die Inszenierungsrichtlinien dienen der inhaltlichen und formalen Ausgestaltung eines ausgewählten Events und stellen den prägnanten Auftritt des Bezugsobjektes sicher. Im Folgenden wird dies weiter erläutert.

(5) Selektion der Eventtypen

Die rasche Entwicklung im Event Marketing hat bewirkt, dass Unternehmen heute eine Vielzahl unterschiedlicher Events zur Verfügung stehen, aus denen sie ein passendes Event für einen speziellen Anlass auswählen. Im Rahmen der Eventtypenselektion sind bestimmte Kriterien zu beachten, auf die im Folgenden ebenfalls eingegangen wird.

(6) Timing von Events

Im Rahmen der Bestimmung des Event-Timings ist der Zeitraum, für den die Event-Marketing-Strategie entworfen wird, festzulegen. So werden Events über einen längeren Zeitraum verteilt, aber auch fast zeitgleich inszeniert (z. B. die zeitgleiche Eröffnung mehrerer Outlets einer neuen Ladenkette). Auch die Planung eines sich über einen längeren Zeitraum erstreckenden „Meta-Events" ist denkbar. Ebenfalls ist die Anzahl der Events zu bestimmen, die innerhalb eines Zeitrahmens inszeniert werden. Dabei ist grundsätzlich zu entscheiden, ob das Unternehmen einer konzentrierten oder diversifizierten Strategie folgt.

5.2 Strategische Ausrichtungen des Event Marketing

Aus der Kombination der Entscheidungsdimensionen Zielgruppen und Eventintensität lassen sich vier **Strategische Ausrichtungen** ableiten, die in Schaubild III-I-13 dargestellt sind.

Bei Verfolgung einer **konzentrierten Standardisierungsstrategie** bearbeitet das Unternehmen nur wenige homogene Zielgruppen mit einem oder wenigen Events. Dies bietet sich an, wenn das Unternehmen aus einem gegebenen Anlass eine klar benennbare Personengruppe ansprechen möchte. Ein Beispiel ist die Inszenierung von zwei Präsentationen eines neuen Produktes vor Fachjournalisten bzw. Vertriebspartnern.

Anzahl Events Anzahl Zielgruppen	Wenige	Viele
Wenige	Konzentrierte Standardisierungsstrategie	Diversifizierte Standardisierungsstrategie
Viele	Konzentrierte Differenzierungsstrategie	Diversifizierte Differenzierungsstrategie

Schaubild III-I-13: Strategietypen des Event Marketing

Eine **diversifizierte Standardisierungsstrategie** empfiehlt sich, um die Abdeckung einer großen, zahlenmäßig nicht eindeutig eingrenzbaren, Zielgruppe zu erreichen. Mit einer Vielzahl unterschiedlicher Events wird hierbei eine relativ homogene – wenn auch zahlenmäßig sehr umfangreiche – Zielgruppe zu erreichen versucht.

Beispiel: Sportevents von *Adidas*

Adidas führt seit Beginn der 1990er Jahre eine Vielzahl von Events durch, die sich allesamt an eine jugendliche Zielgruppe richten und zur Verjüngung des Markenimages beitragen bzw. beigetragen haben (*Runau* 1998). Durch Events wie den *Adidas Streetball Challenge*, den *Adidas Adventure Challenge*, den *Predator-Cup,* dargestellt in Insert III-I-4, und den *DFB-Adidas-Cup* wird das Ziel verfolgt, die Zielgruppe über die drei Bereiche „Extreme Sports", „Alternative Sports" und „Fun Sports" anzusprechen. Eine neue Eventreihe kreierte *Adidas* im Jahre 2002 mit den *Adidas City Games* in Berlin, bei der an unterschiedlichen ungewöhnlichen Orten diverse Sportevents stattfinden (*Adidas* 2004). So wurde im Sommer 2004 beispielsweise „Kicken in der Tiefgarage" und „Dunken in der Spree" als Event konzipiert.

Möchte das Unternehmen möglichst viele Zielgruppen über einen oder wenige Events ansprechen, wird es eine **konzentrierte Differenzierungsstrategie** verfolgen. Aufgrund der Notwendigkeit einer exakten Zielgruppenausrichtung zur Erreichung einer hohen und längerfristigen Emotionalisierung birgt dies aber die Gefahr, an allen Zielgruppen vorbeizulaufen. Am sinnvollsten erscheint der Einsatz dieser Strategie bei außerordentlichen Anlässen, bei denen der Erlebniswert eher durch die Besonderheit des Inhalts als durch die Inszenierung generiert wird. Ein Beispiel für eine konzentrierte Differenzierungsstrategie ist die Inszenierung einer großen Jubiläumsfeier mit Mitarbeitenden, Aktionären, Partnern, Händlern und der Presse.

Die Verfolgung einer **diversifizierten Differenzierungsstrategie**, die die verschiedenen Zielgruppen mit einer Reihe maßgeschneiderter Events bedient, erreicht sicherlich die größte Wirkung, wird aber aufgrund der hohen Kosten relativ selten in der Praxis verfolgt. Sie bietet sich vor allem für Unternehmen mit kleinen, klar benennbaren Zielgruppen an, für die der Einsatz klassischer Kommunikationsinstrumente mit hohen Streuverlusten verbunden ist.

Insert III-I-4: Adidas Predator Cup (Adidas Salomon AG)

Im Anschluss an die Festlegung des Strategierahmens erfolgt – in Abhängigkeit der Ziele des Event Marketing – die inhaltliche Ausrichtung der Strategie. Im Rahmen des Event Marketing sind vor allem vier **Strategietypen** hervorzuheben:

(1) **Einführungsstrategie:** Informationsvermittlung und Wecken positiver Emotionen für ein neues Produkt.

(2) **Zielgruppenerschließungsstrategie:** Gezielte Erschließung bestimmter Zielgruppen, z. B. Jugendlicher, durch die Veranstaltung von Partys.

(3) **Imageprofilierungsstrategie:** Aktualisierung bestimmter Imagedimensionen, wie z. B. Sportlichkeit oder Jugendlichkeit.

(4) **Erlebnisstrategie:** Erlebbarmachen des Produktes bzw. Erzeugen von Authentizität in Bezug auf das Image.

Beispiel: Erlebnisstrategie 15 Jahre *Whirlpool Europe*
Unter dem Motto „Experience the Vision" lud der Haushaltgerätehersteller *Whirlpool* im Jahre 2004 etwa 1.600 Händler, 60 Journalisten und 17 VIP's aus Europa und Südafrika für 10 Tage nach Cannes und Nizza ein (*Vok Dams Gruppe* 2004). Während des Events wurde die Vision auf unterschiedliche Art und Weise für die Teilnehmer erlebbar gemacht: Als hörbare Vision in einem Time-Tunnel, in dem Stimmen der Konsumenten von morgen zu hören waren; als begehbare Vision in einem als „in. Kitchen" benannten Raum, in dem die Teilnehmer die Küchenwohnwelten 2015 erlebten; als erfolgreiche Vision, innerhalb der die Teilnehmer auf die Erfolgsgeschichte des Unternehmens zurückblickten und von Schauspielern in der Rolle berühmter Forscher erfuhren, wie Visionen zu Realität wurden. Als dramaturgischer Höhepunkt wurde im Verlauf des Events die „Experience Immersion Zone" inszeniert – eine Arena, in der Bühnen ringsum eine Plattform für die Präsentation der Visionen darstellten. In Anlehnung an die Trommelbewegung der Whirlpool-Maschinen setzte sich der

Insert III-I-5: Whirlpool Europe Event „Experience the vision"

Zuschauerraum in eine Kreisbewegung bis zur nächsten Bühne, so dass die Teilnehmer bildlich eine „360-Grad-Vision" erlebten. Im Finale wurden die Visionen jeweils in Tanz- und Medienperformances dargestellt, in denen die Tänzer auf den nächsten dramaturgischen Programmpunkt verwiesen. Abschließend lernten die Teilnehmer die neue Produktpalette des Unternehmens kennen. Verschiedene Eindrücke des *Whirlpool*-Events sind auf den Fotos in Insert III-I-5 festgehalten.

Zur inhaltlichen Ausgestaltung dieser Strategien stehen mit der Selektion der Eventtypen sowie der Festlegung von Inszenierungsrichtlinien zwei Komponenten zur Verfügung:

(1) Selektion des Eventtypen

An dieser Stelle erfolgt die Bildung eines Sets relevanter Events, die in Bezug auf Zielgruppenstruktur und Inhalt der zu vermittelnden Botschaft zur Zielerreichung besonders geeignet sind. Die Größe des Sets wird durch die geplante Intensität sowie Anzahl und Heterogenität der Zielgruppen determiniert. Einen Ansatzpunkt für die Ermittlung relevanter Selektionskriterien bietet – ähnlich wie im Sponsoring – das **Affinitätenkonzept** (*Bruhn* 2010c, S. 56; vgl. auch die entsprechenden Ausführungen in Abschnitt III-B-7.1.1; vgl. speziell für Event Marketing *Nufer* 2006, S. 193 ff.; *Zanger* 2003, S. 164). Mögliche Verbindungslinien (Affinitäten) und Beispiele aus der Praxis sind in Schaubild III-I-14 dargestellt.

(2) Festlegung von Inszenierungsrichtlinien

Im Rahmen der Inszenierungsrichtlinien ist insbesondere über die Entwicklung eines **Corporate Designs** für Events zu entscheiden. Zur Sicherstellung eines prägnanten Auftritts des Bezugsobjekts in der Öffentlichkeit und der Gewährleistung langfristiger Erinnerungseffekte bei den Zielgruppen ist hierbei eine Orientierung an den formalen Gestaltungsrichtlinien für andere Kommunikationsinstrumente bzw. an wesentlichen Gestaltungselementen des Unternehmens zu empfehlen. Dies drückt sich beispielsweise in der Verwendung bestimmter Logos, Schrifttypen und Farben aus.

Sowohl bei der Auswahl der einzelnen Eventtypen als auch bei der Festlegung von Inszenierungsrichtlinien ist zu beachten, dass Event Marketing von der Besonderheit bzw. **Einmaligkeit eines Erlebnisses** und damit auch von der **Nutzung kreativer Freiräume** bei der Planung der Einzelmaßnahmen lebt. Die Strategiebestimmung hat nicht die Generierung innovativer Eventkonzepte zu verhindern. Im Rahmen eines sukzessiven Planungsprozesses wird somit innerhalb der Strategieformulierung nur eine Grobbestimmung vorgenommen. Im Idealfall erfolgen Strategiebestimmung und Maßnahmenentwicklung simultan.

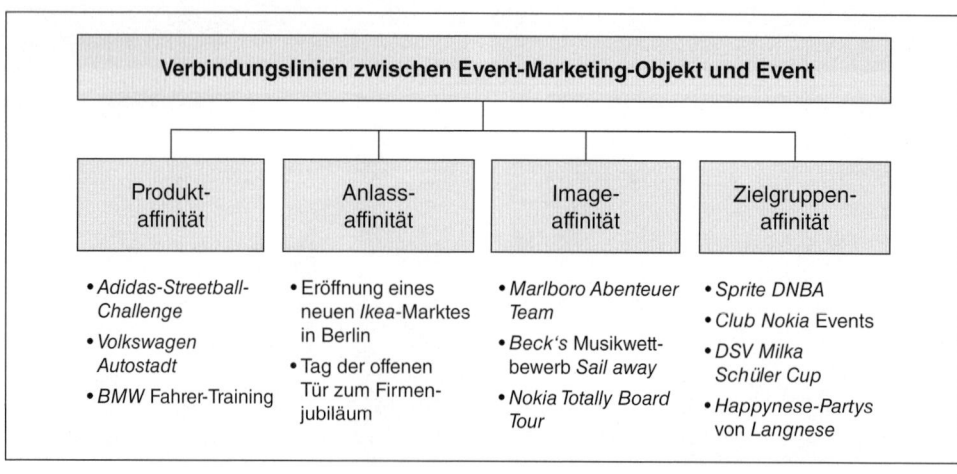

Schaubild III-I-14: Affinitätenkonzept im Event Marketing mit Beispielen

6 Ökonomische Entscheidungen des Event Marketing

6.1 Kosten des Event-Marketing-Einsatzes

Das Event-Marketing-Budget umfasst die Gesamtheit aller veranschlagten Aufwendungen für den Einsatz des Kommunikationsinstrumentes Event Marketing innerhalb einer Planungsperiode.

Vor der Bestimmung des Budgets für eine geplante Event-Marketing-Strategie erscheint es notwendig, die **relevanten Kostenbestandteile** zu definieren. Die bei der Durchführung eines Events anfallenden Kosten lassen sich nach dem Zeitpunkt der Kostenentstehung grob in vier Kostenbereiche unterteilen (vgl. für eine detaillierte Aufstellung unterschiedlicher Kostenarten von Events auch *Schäfer* 2009, S. 126 ff.):

(1) **Planungskosten** umfassen vor allem Personalkosten für den Einsatz eigener Mitarbeitender und Provisionen für die Leistungen einer Event-Marketing-Agentur oder sonstiger externer Berater.

(2) **Vorbereitungskosten** lassen sich zur Produktion persönlicher Einladungen oder auch öffentlicher Ankündigungen veranschlagen.

(3) **Durchführungskosten** umfassen solche Kosten, die während der eigentlichen Inszenierung durch Location, Technik, Catering, Prominente, Personal usw. verursacht werden.

(4) **Nachbereitungskosten** werden in erster Linie durch Wirkungsmessungen, Nachlaufaktionen sowie Kommunikationsmaßnahmen zur „Auffrischung" eines Events verursacht.

Bezogen auf die Kostenarten lassen sich primär Personal-, Raum- und Materialkosten unterscheiden (*Burmann* 2002, S. 48 ff.). Speziell die Kalkulation der **Personalkosten** eigener Mitarbeitender wird sich oftmals als schwierig erweisen, da sich in einer frühen Phase der Eventplanung häufig nicht genau abschätzen lässt, welche Unternehmensmitglieder mit welchem Zeiteinsatz gebraucht werden. Extern bezogene Personalkosten sind indessen einfacher zu kalkulieren und ergeben sich in der Regel aus den Verträgen mit dem externen Dienstleister. Auch bei den **Raumkosten** ist im Fall einer externen Anmietung der Rechnungsbetrag anzusetzen, während bei der Nutzung interner Räumlichkeiten die für die Dauer des Events anteiligen Abschreibungen zu kalkulieren sind. Bei den **Materialkosten** ist zwischen einmalig und mehrmalig genutzten Materialien zu unterscheiden. Die Erfassung einmalig genutzter Materialien, z. B. Speisen, Getränke, Einweggeschirr und Dekorationsmaterial, ist relativ unproblematisch. Bei Sachleistungen, die mehrfach verwendet werden (z. B. unternehmenseigener Fuhrpark, Computer, Bühnentechnik), sind wiederum die anfälligen Abschreibungen anzusetzen.

Die Kalkulation der Kosten des Event Marketing bezieht sich nicht nur auf die Kosten für die einzelnen Events, sondern es sind ebenso die Kosten für die Planung und Kontrolle der gesamten Event-Marketing-Strategie zu berücksichtigen.

Während die der Strategie zurechenbaren Kosten noch relativ einfach zu kalkulieren sind, gestaltet sich die Identifizierung und Kalkulation der Kostenbestandteile einzelner Events aufgrund der hohen Anzahl von Freiheitsgraden bei der Ausgestaltung als sehr schwierig. Eine exakte Kostenbestimmung ist deshalb nur simultan zur Konzeption der Einzelmaßnahmen möglich. Mögliche Richtwerte lassen sich aus vergangenen Eventinszenierungen ableiten. Aufgrund des expliziten Anspruchs eines Events, ein besonderes Erlebnis zu generieren, enthält allerdings jede Eventinszenierung neue und damit schwer kalkulierbare Kostenbestandteile.

Die Problematik der genaueren Kostenkalkulation geht auch aus einer Unternehmensbefragung hervor, nach der knapp 60 Prozent der Unternehmen in der Nichteinhaltung des vorgegebenen Budgets ein zentrales Problem bei der Umsetzung der Eventkonzeption erkennen (*Zanger/Drengner* 2003).

6.2 Budgetierung des Event Marketing

Im Rahmen der **Budgetierung des Event Marketing** sind Entscheidungen sowohl über die Höhe des Event-Marketing-Budgets als auch über dessen Verteilung auf die einzelnen Maßnahmen (Budgetallokation) zu treffen. In der Praxis zeigt sich, dass der Schwerpunkt auf Events mit einem Budget bis maximal 100.000 EUR liegt. Größere Summen investieren die Unternehmen selten (*Zanger/Drengner* 2003).

Generell lassen sich die Methoden zur **Ermittlung der Budgethöhe** in analytische und heuristische Verfahren differenzieren (*Bruhn* 2010a, S. 265 ff.).

Analytische Verfahren sind auf Basis der Ermittlung von Werbeaktionsfunktionen und Optimierungsansätzen grundsätzlich in der Lage, präzise Informationen für die Kalkulation des Kommunikationsbudgets zu liefern. Sie wurden speziell für die Mediawerbung entwickelt (vgl. hierzu auch Abschnitt III-B-6.2.2), sind jedoch mit einem umfangreichen Informations- sowie Planungsaufwand und somit auch erheblichen Kosten verbunden, so dass sie in der Praxis nur selten zum Einsatz kommen. Speziell für die Event-Marketing-Budgetierung kommt erschwerend hinzu, dass die in diesen Verfahren zentrale Variable Absatzmenge nur eine geringe Reagibilität zum Einsatz des Event Marketing aufweist, so dass sich keine aussagefähigen Erfolgsfunktionen modellieren lassen (*Nufer* 2006, S. 73; vgl. diese Quelle auch für Optimierungsmodelle zur Budgetierung des Event Marketing).

Für die Ermittlung der Budgethöhe des Event Marketing werden aus diesem Grund vor allem **heuristische Verfahren** herangezogen, die zumeist auf den subjektiven Erfahrungen und dem Gespür der Fachleute des Event Marketing beruhen. Allerdings ist ein Großteil der in der Praxis üblichen Heuristiken, z. B. Prozentsatz vom Umsatz, Ausrichtung an Absatzmengen, Wettbewerbs-Paritäts-Methode (*Tietz/Zentes* 1980, S. 288 ff.; *Rogge* 2004, S. 142; *Kotler/Bliemel* 2007, S. 931 ff.; *Bruhn* 2010a, S. 266 ff.) aus betriebswirtschaftlicher Sicht zur Bestimmung des Budgets wenig geeignet, da eine Ursache-Wirkungs-Beziehung zwischen dem Einsatz des Event Marketing und den verfolgten Zielen nicht berücksichtigt wird.

Die **Ziel-Maßnahmen-Methode** entspricht noch am ehesten den theoretischen Anforderungen an ein sachlogisch begründetes Entscheidungsverfahren. Auf Basis der gesetzten Ziele des Event Marketing wird bei diesem Verfahren kalkuliert, welche Events zur Zielerreichung zu inszenieren sind und welche Kosten dadurch verursacht werden. Neben den schon angesprochenen Schwierigkeiten bei der Kostenbestimmung besteht allerdings ein zentrales Problem dieses Verfahrens darin, genügend Informationen über die Wirkung der zur Zielerreichung einsetzbaren Eventtypen zusammenzutragen (*Bruhn* 2010a, S. 269 f.). Wie sich die Ziel-Maßnahmen-Methode im Event Marketing anwenden lässt, ist in Schaubild III-I-15 dargestellt.

Nach der Bestimmung der Höhe des Gesamtbudgets ist nach sachlichen sowie zeitlichen Kriterien zu entscheiden, welcher Teil des Budgets wann für die einzelnen Events aufgewendet wird. Das Problem der **zeitlichen Budgetallokation** ist eng mit der festgelegten Strategie des Event Marketing verbunden, da die Entscheidung über einen konzentrierten oder diversifizierten Eventeinsatz bereits die zeitliche Verteilung des Budgets determiniert.

Schaubild III-I-15: Bestimmung des Event-Marketing-Budgets mit der Ziel-Maßnahmen-Methode (in Anlehnung an Nufer 2002, S. 75)

Die **sachliche Budgetallokation** ist vornehmlich unter ökonomischen Gesichtspunkten aufgrund einer Kosten-Nutzen-Analyse vorzunehmen. Für Events, die einen überproportionalen Beitrag zur Zielerreichung liefern, empfiehlt sich eine überproportionale Budgetierung (*Schweiger/Schrattenecker* 2009, S. 166). Aufgrund der Möglichkeit einer exakten Zielgruppenansprache durch Event Marketing bietet sich in diesem Kontext vor allem eine Verwendung zielgruppenorientierter Verteilungsverfahren an. Danach wird das Budget vorrangig für die Inszenierung jener Events eingesetzt, die aufgrund ihrer Teilnehmerstruktur den langfristig größten Nutzen generieren, z. B. Veranstaltungen für Multiplikatoren oder Meinungsbildner. Weitere Fragestellungen der Budgetallokation beziehen sich auf die **Verteilung des Budgets auf die Entwicklungsstufen** des Event Marketing. Erste Anhaltspunkte hierzu werden aus eigenen Erfahrungswerten oder externen Informationen gewonnen (*Drengner* 2003, S. 178). So zeigt eine Befragung unter Eventagenturen und eventveranstaltenden Unternehmen, dass in der Praxis zwischen 50 und 60 Prozent des Budgets in die Phase der eigentlichen Inszenierung investiert werden, während Vorbereitung und Entwicklung zwischen 13 und 22 Prozent sowie die Nachbereitung in etwa 10 Prozent beanspruchen (*Zanger/Drengner* 2003, S. 37 f.). Oftmals werden sich die einzelnen Kostenbestandteile jedoch erst im Verlauf der Eventplanung genauer abschätzen lassen, wenn die Inhalte, die Teilnehmerzahlen, der zeitliche Ablauf und die übrigen Inszenierungsbestandteile festgelegt sind.

7 Maßnahmenplanung im Event Marketing

7.1 Planung der Events

Die **Planung der Einzelmaßnahmen** umfasst den eigentlichen Kernbereich des Event Marketing: die Kreation, Konzeption und Organisation der einzelnen Events. Dabei sind zwei **Planungsbereiche** zu berücksichtigen (*Mues* 1990; *Inden* 1992; 1993; *Zanger/Drengner* 1999, S. 33 ff.; *Zanger* 2003, S. 165):

(1) Entwicklung eines Events
(2) Inszenierung eines Events

Schaubild III-I-16 veranschaulicht die Bestandteile dieser beiden Planungsbereiche. Kreation, Konzeption und Organisation stellen die eigentlichen Planungsstufen dar, auf denen sukzessiv die Inszenierung entwickelt wird. Die Inszenierung des Events beschränken sich aber nicht nur auf die Inhalte des eigentlichen Events, sondern es ist neben dem Hauptfeld auch das Vorfeld, Umfeld und Nachfeld einzubeziehen (*Inden* 1992, S. 94).

7.1.1 Entwicklungsstufen eines Events

Die Planung eines Events vollzieht sich in drei sukzessiv angeordneten Entwicklungsstufen (*Mues* 1990):

(1) Kreation,
(2) Konzeption,
(3) Organisation.

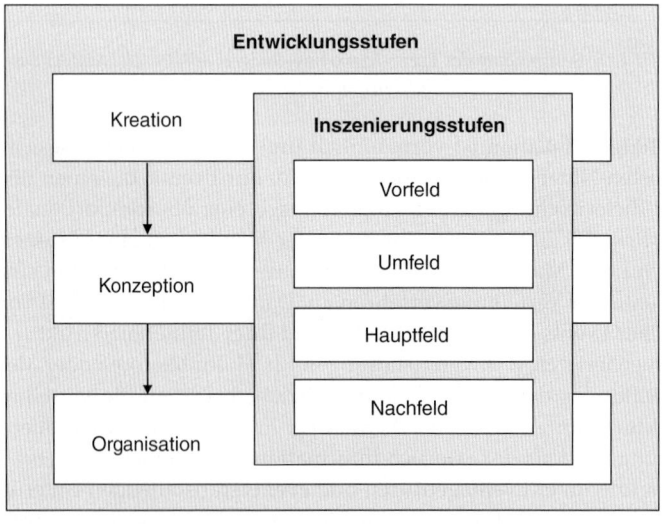

Schaubild III-I-16: Ebenen der Eventplanung

Auf der **Kreationsstufe** wird die eigentliche Eventidee generiert und damit die Grundlage für die Exklusivität und den Erlebnischarakter eines Events gelegt. Dabei geht es darum, den kreativen Prozess trotz der Notwendigkeit kreativer Freiräume auf die festgelegte Event-Marketing-Strategie und damit auf das Kommunikationsobjekt, die Zielgruppen, die Eventbotschaft sowie relevante Eventtypen und Inszenierungsrichtlinien auszurichten. Des Weiteren ist zu beachten, dass Kreativität zwar eine zentrale Voraussetzung für die Generierung innovativer Ideen ist, dass ein effizienter Kreationsprozess aber auch Erfahrungen in Bezug auf die Realisierung von Events und Spezialkenntnisse beispielsweise über den aktuellen Stand audiovisueller Medien erfordert.

Auf der **Konzeptionsstufe** erfolgt die Entwicklung der gewünschten Inhalte unter einer Veranstaltungsidee. Dies beinhaltet sowohl die Recherche über Wirkung, Gefahren, Verfügbarkeit und Kosten relevanter Medien als auch die inhaltliche und gestalterische Festlegung der Inszenierungsmaßnahmen in den einzelnen Elementen. Ergebnis der Konzeption ist ein **Drehbuch**, das den Ablauf des Events in allen Inszenierungsphasen verbindlich festschreibt (*Mues* 1990, S. 95; *Böhme-Köst* 1992b, S. 186 ff.).

Die **Organisationsstufe** beinhaltet die eigentliche Realisierung des Events. Diese lässt sich in drei chronologische **Phasen** unterteilen:

(1) Die **Vorlaufphase** beinhaltet sowohl die Vorbereitung des eigentlichen Events, z. B. Buchung der Location und Künstler sowie Aufbau und Test der technischen Ausstattung, als auch die Inszenierung des Vorfeldes, z. B. die Einladung der Teilnehmer.

(2) Die **Ablaufphase** bezieht sich auf die eigentliche Veranstaltung von der Ankunft bis zur Abreise. Die Planungsinhalte sind die Organisation und Koordination der Teilnehmerbetreuung sowie die Hauptfeldinszenierung (*Mues* 1990, S. 86).

(3) Die **Nachlaufphase** beinhaltet z. B. die Organisation des Abbaus und die Inszenierung des Nachfeldes bei den Teilnehmern durch die Zusendung einer Dokumentation.

7.1.2 Inszenierungsstufen eines Events

Bei der Planung eines Events sind vier chronologisch unterteilte **Inszenierungsstufen** zu berücksichtigen (*Inden* 1992):

(1) Vorfeld,
(2) Umfeld,
(3) Hauptfeld,
(4) Nachfeld.

Im **Vorfeld** werden die Teilnehmer auf das Event vorbereitet. Dies beinhaltet zum einen die Weitergabe notwendiger Daten, wie Veranstaltungsdatum oder eine Anreiseskizze. Zum anderen besteht im Vorfeld die Aufgabe, potenziellen Teilnehmern die zu erwartende Atmosphäre zu kommunizieren, um so das Interesse der Zielgruppen zu wecken sowie Spannung und Vorfreude zu erzeugen (*Inden* 1992, S. 94; *Ueding* 1995, S. 31; *Zanger* 2003; S. 167). Mögliche Ausprägungen dieser ersten Inszenierungsphase sind schriftliche Einladungen bei klar benennbaren Zielpersonen oder – wenn eine exakte Definition nicht möglich ist – die öffentliche Ankündigung durch Rückgriff auf andere Kommunikationsinstrumente und -mittel (z. B. Anzeigen in zielgruppenaffinen Zeitschriften, Aktionen im Handel, Flyer oder Pressehinweise).

Das **Umfeld** bezieht sich auf den Rahmen eines Events und schafft die Basis für die im Hauptfeld zu erreichende Botschaftsvermittlung. *Inden* (1992, S. 97) weist dem Umfeld die Funktion eines „Abschalttunnels" zu, der auf das Hauptfeld einstimmt und sämtliche von der Botschaftsvermittlung ablenkenden Einflüsse von den Teilnehmern fernhält. Zur **Gestaltung des Umfeldes** stehen verschiedene Komponenten zur Verfügung (*Inden* 1992, S. 94 f.; 1993, S. 124 ff.; *Zanger* 2003, S. 167):

- Das Ambiente einer **Location** ist maßgeblich für die Atmosphäre eines Events und damit für das Erreichen positiver Emotionen beim Konsumenten (*Inden* 1992, S. 97; 1998, S. 113). Die Auswahl einer Location und die spezifische Gestaltung des Umfeldes werden durch eine Vielzahl von Faktoren determiniert. Von besonderer Bedeutung sind der Bezug der Location zu Eventtyp und Inhalten des Events. Darüber hinaus sind die Gestaltung und bauliche Besonderheiten des Veranstaltungsraums, vorhandene Logistikräume und die Umgebung von Interesse. Schaubild III-I-17 stellt exemplarisch eine Checkliste zur Auswahl einer Location dar. Bestehen mehrere Alternativen für eine Location, lässt sich beispielsweise ein Scoring-Verfahren anwenden, um die einzelnen Orte zu bewerten und anschließend eine Auswahl zu treffen. Zu diesem Zweck sind die einzelnen Bewertungskriterien mit Gewichten zu versehen, die ihre relative Bedeutung widerspiegeln, bevor Punkte für die Beurteilung der einzelnen Locations hinsichtlich der Kriterien vergeben werden. Durch Gewichtung der jeweils erreichten Punkte mit dem entsprechenden Gewichtungsfaktor und Addition aller Punktwerte zu einem Gesamtpunktwert, lassen sich die einzelnen Locations miteinander vergleichen.

- Das **Catering** während eines Events erfüllt nicht nur die Funktion der Nahrungsversorgung, sondern dient der Teilnehmermotivation und bietet Möglichkeiten zum Transport von Botschaften (*Inden* 1993, S. 125).

- Die **Logistik** eines Events sorgt für den reibungslosen Ablauf, um Dissonanzen bei den Teilnehmern zu vermeiden. Durch Defizite in der Logistik, beispielsweise ein schlecht or-

Veranstaltungsraum	Umgebung
• Name	• Infrastrukturelle Anbindung
• Flächenmaß, Höhe	• Freizeitmöglichkeiten
• Hängepunkte	• Geographische Lage
• Mobiliar	• Klima
• Technische Ausstattung (u.a. Präsentationsmöglichkeiten, Beschallung, Licht)	**Logistikräume**
• Kapazität	
• Komfort	• Büro
Bauliche Besonderheiten	• Garderobe
	• Lager
• Glaswände	
• Vorsprünge	**Sonstige Kriterien**
• Teppichboden	
• Kronleuchter oder Gegenstände von der Decke	• Bezug zu Eventtyp und Eventinhalt
• Klimaanlage	• Stornofristen
• Feuermelder/Rauchmelder	• Nutzungsbestimmungen und sonstige Vorschriften
• Wasser- und Stromanschluss	

Schaubild III-I-17: Checkliste zur Auswahl einer Location (in Anlehnung an Böhme-Köst 1992b, S. 234 ff.; Inden 1993, S. 205 f.; Holzbaur et al. 2005, S. 132 f.)

ganisierter Shuttleservice oder eine mangelhafte Ausschilderung, manifestiert sich eine negative Grundstimmung bei den Besuchern, die sich eventuell negativ auf die Wahrnehmung des gesamten Events auswirkt (*Inden* 1998, S. 117).

- Auch die **Betreuung der Zielgruppen** und **begleitende Maßnahmen** während eines Events zielen auf die Vermeidung von Dissonanzen und eine konstante Animation der Teilnehmer ab (*Inden* 1992, S. 97; 1993, S. 125). Die begleitenden Maßnahmen beschränken sich nicht auf die unmittelbar während des Events stattfindenden Maßnahmen (z. B. Vergabe von Give-Aways), sondern beziehen sich gleichfalls auf die Vorbereitung des Events (z. B. Versendung von Einladungen) sowie auch auf dessen Nachbereitung (z. B. Ausgabe von Dokumentationsmaterial über das Event). Die Wirkung der einzelnen Maßnahmen wird dabei wesentlich durch ihre Vernetzung untereinander wie auch die Integration in weitere Kommunikationsmaßnahmen im Rahmen des Events beeinflusst (*Inden* 1998, S. 118). Je stärker ausgeprägt die Vernetzung und Integration sind, desto größer wird die zu erwartende Wirkung sein.

Im **Hauptfeld** einer Eventinszenierung findet die Vermittlung der eigentlichen Botschaft statt. Die Erlebnisorientierung der Botschaft drückt sich in der Verbindung der beiden Elemente Information und Entertainment (Infotainment) aus, die als Verpackung und Transmitter für die Botschaft fungieren. Die Relation von Information und Entertainment wird durch die jeweilige Zielgruppe determiniert. Zu beachten ist jedoch, dass die Konzeption des Infotainment immer auf die Erreichung der Ziele des Event Marketing auszurichten ist und nicht auf die Unterhaltung der Teilnehmer als Selbstzweck.

Zur Kommunikation des Infotainments stehen verschiedene **Medien** zur Verfügung. Grundsätzlich ist zu unterscheiden zwischen (*Inden* 1993, S. 136):

(1) Basismedien sowie
(2) Unterstützenden Medien.

Die **Basismedien** dienen der Botschaftsvermittlung innerhalb eines Events. Dazu zählen (*Inden* 1993, S. 136):

- Visuelle Medien (z. B. Handouts),
- Auditive Medien (z. B. Musikeinspielungen),
- Audiovisuelle Medien (z. B. Videos),
- Interne (z. B. Vorstand, Trainer) und externe (z. B. Künstler, Prominente) Akteure.

Die **unterstützenden Medien** haben die Aufgabe, die Basismedien in Szene zu setzen und deren Wirkung zu verstärken. Dazu gehören beispielsweise Bühnenbau und Dekoration, Licht und Ton, Medientechnik sowie Spezialeffekte (z. B. Laser, Pyrotechnik) (*Inden* 1992, S. 97). Im weiteren Sinne wird auch das Umfeld als unterstützendes Medium betrachtet.

Das **Nachfeld** eines Events dient der Erinnerung an das Erlebnis und zielt auf eine emotionale Aktualisierung ab, die die Wirkung des Hauptfeldes verstärkt, aber auch zur Motivation für ein nächstes Event dient (*Inden* 1992, S. 98). Mögliche Maßnahmen im Verlauf der Nachbereitung sind beispielsweise (*Böhme-Köst* 1992b, S. 175):

- Versendung von Dokumentationen,
- Ausgaben von Fachliteratur zu den Lerninhalten eines Events,
- Dankesschreiben des Veranstalters,
- Pressemaßnahmen.

In Analogie zu dem Ansatz der Gestaltpsychologie (vgl. zusammenfassend *Meyer-Hentschel/ Esch* 2001) ergibt erst die Vernetzung aller Inszenierungsphasen und eingesetzten Medien das ganze Event, das als besonderes Erlebnis rezipiert wird und zur angestrebten emotionalen Aktivierung der Teilnehmer führt. Um in diesem Sinne einen geschlossenen Unternehmens- bzw. Markenauftritt im Zentrum des Events zu gewährleisten, ist sicherzustellen, dass die Planung der Inszenierungsbestandteile innerhalb einer Entwicklungsstufe simultan erfolgt. Darüber hinaus lassen sich die einzelnen Inszenierungsstufen in den Kontext eines **thematischen Spannungsbogens** einordnen (*Erber* 2005, S. 142 f.). Ein solcher Spannungsbogen wird zum einen innerhalb des eigentlichen Events erzeugt, indem die einzelnen Maßnahmen auf einen thematischen Höhepunkt hinsteuern (z. B. bei einer Produktneueinführung) oder aber diverse Spannungsphasen nebeneinander ablaufen, die durch ein Leitmotiv miteinander verbunden sind (z. B. eine Motivationsveranstaltung für Mitarbeitende oder ein Sportevent). Zum anderen wird die Dramaturgie auch auf das Vor- und Nachfeld ausgedehnt, um beispielsweise zunächst Neugierde bei den Zielgruppen zu wecken und Spannung aufzubauen und im Nachhinein die Wirkung über das eigentlich Event hinaus so lange wie möglich auszudehnen.

In der Praxis erfolgt die Planung der Inszenierungsstufen in der Regel sukzessive. Aufbauend auf der Planung des Hauptfelds und den sich daraus ergebenden Anforderungen werden Umfeld und daran anschließend Vorfeld und Nachbereitung bestimmt (*Budde* 1993, S. 131 f.). Schaubild III-I-18 veranschaulicht beispielhaft die sukzessive Vorgehensweise bei der Planung der Inszenierungsstufen.

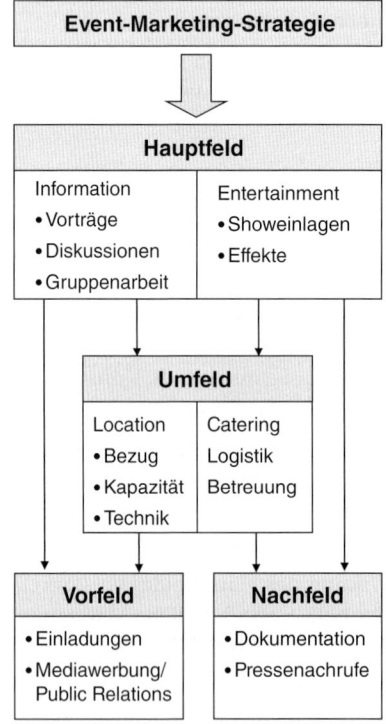

Schaubild III-I-18: Sukzessive Planung der Inszenierungsstufen

7.2 Zusammenarbeit mit einer Event-Marketing-Agentur

Im Rahmen der Maßnahmenplanung ist vom Unternehmen zu entscheiden, ob die Evententwicklung innerbetrieblich oder in Kooperation mit einer speziellen **Event-Marketing-Agentur** vollzogen wird. Die Entscheidung für eine Agentur wird im Wesentlichen durch das Knowhow und die Erfahrung der eigenen Mitarbeitenden sowie deren Verfügbarkeit determiniert (*Inden* 1993, S. 106; *Schäfer* 2009, S. 19).

Eine professionelle Organisation und Durchführung eines Events ist die notwendige Voraussetzung für den Erfolg, da technische oder organisatorische Mängel schnell zu einer negativen Verankerung des Gesamtbildes im Gedächtnis führen (*Ueding* 1995, S. 31). Da die Inszenierung von Events aber häufig den Einsatz von Spezialisten mit Erfahrungen aus dem „Showbusiness" in Bezug auf Produktion und Regie oder spezielles technisches Know-how bedingt, ist eine Inhouse-Lösung selten effektiv und effizient realisierbar (*Inden* 1993, S. 110 f.). Um das für die Inszenierung zur Verfügung stehende Instrumentarium auch auszunutzen und Realisierungsprobleme aufgrund nicht realistischer Konzeptionen zu vermeiden, ist die Zusammenarbeit mit einer Event-Marketing-Agentur nicht erst während der Organisationsphase und der Realisation, sondern bereits in der Konzeptions- und Kreationsphase anzustreben (*Inden* 1998, S. 111).

Die Inanspruchnahme von Agenturleistungen im Event Markting hat in der Praxis erst in den letzten Jahren Verbreitung gefunden. Während 1993 noch über 90 Prozent der Unternehmen ihre Events inhouse planten (*BDW* 1993), nahmen im Jahre 2001 bereits knapp 80 Prozent die Unterstützung durch eine Agentur in Anspruch (*Kogag* 2001). Zeitgleich hat sich auch das **Aufgabenspektrum** der Agenturen erheblich verbreitert. Beschränkte sich 1993 die Zusammenarbeit weitgehend auf organisatorische Durchführungsaufgaben, so liegt zwar auch heute der Schwerpunkt weiterhin in der organisatorischen Abwicklung und Durchführung, immer häufiger werden Agenturen nach der *Kogag*-Studie aber auch mit der Entwicklung von Event-Marketing-Konzepten beauftragt.

Von der Spannbreite der an eine Agentur gestellten Aufgaben (rein operative bis hin zu strategischen Aufgaben) und der Bindung zwischen Unternehmen und Agentur (von Einzelprojekten bis hin zu längerfristigen Beratungsaufträgen) wird im Wesentlichen auch die **Agenturauswahl** geprägt (*Erber* 2005, S. 177). Inzwischen bietet sich Unternehmen ein sehr differenziertes Angebot von Agenturarten, die sich grundsätzlich durch ihren Leistungsumfang unterscheiden. Die Spannbreite reicht von Full-Service-Agenturen, die für Unternehmen die gesamte Eventplanung inklusive Kreation der Inhalte, Inszenierung der Marke, Vermarktung sowie Umsetzung übernehmen (*Holzbaur et al.* 2005, S. 91) bis hin zu Agenturen, die sich auf ausgewählte Bereiche spezialisieren, wie z. B. die Veranstaltungslogistik, das Catering, den Ticketverkauf oder die Sicherheitsdienste. In der Praxis kauft ein Großteil der Unternehmen (56,1 Prozent) einzelne Eventbausteine von Agenturen ein; eine reine Eventagentur, die Konzeption und Produktion anbietet, beschäftigen 45,1 Prozent der Unternehmen; eine Eventagentur, die nur die Produktionsarbeit übernimmt 31,7 Prozent; eine Werbeagentur 41,5 Prozent. Jeweils 28 Prozent nehmen die Leistungen einer PR-Agentur sowie einer Full-Service-Agentur in Anspruch, die auch andere Kommunikationsdienstleistungen anbietet (*Zanger/Drengner* 2003).

Aufgrund der Individualität, durch die sich Events oftmals auszeichnen, lassen sich Anforderungen an eine Event-Marketing-Agentur nicht generell formulieren. Dennoch empfiehlt es sich, ein Raster zu erarbeiten, in dem wesentliche Agenturkriterien und -anforderungen zusammengestellt sind und das im spezifischen Fall als Beurteilungsgrundlage dient. Mögliche Inhalte eines solchen Rasters sind in Schaubild III-I-19 aufgeführt.

Organisatorisch-formale Leistungsmerkmale der Agentur	Kreativ-inhaltliche Leistungsmerkmale der Agentur	Arbeitsweise der Agentur
• Agenturart (z.B. Full-Service, Teilservice, Eventagentur, Kommunikationsagentur mit Event-Marketing-Erfahrung) • Agenturgröße (Mitarbeiterzahl, Umsätze, Kunden, Etats) • Alter der Agentur • Kernkompetenz • Agenturstandort • Equipment (z.B. für Datenbanken) • Qualifikation und Erfahrung der Mitarbeiter • Referenzen • Termintreue • Budgettreue • Abrechnungsmodell	• Beratung, Konzeption • Budgetmonitoring • Graphische Gestaltung • Projektleitung/technische Organisation • Staff-Management • Location-Management • Künstler-Management/-Booking • Regie/Dramaturgie • Ausschreibungen für Dienstleister • Softwareerstellung für Veranstaltungsmedien • Musikproduktion • Drehbucherstellung, Rede-/ Moderationstexte • Visuelle Gestaltung • Bühne, Dekorationen • Erstellung veranstaltungsbegleitender Medien (z.B. Einladungen) • Veranstaltungsdokumentation	• Kundenkontakt (Einbindung des Kunden, permanenter Ansprechpartner) • Bildung von Projektteams • Statusberichte • Jour Fixe • Gesprächsmemos • Netzpläne/Terminpläne • Drehbücher • Ablauf-/Regiepläne • Flexibilität der Agentur • Kenntnis/Einhaltung von Vorschriften (z.B. VGB) • Garantien • Veranstaltungsanalyse (z.B. Feedback-Fragebogen)

*Schaubild III-I-19: Kriterien für die Auswahl einer Event-Marketing-Agentur
(zusammengestellt aus FME 2002; Erber 2005, S. 182 ff.)*

8 Integration des Event Marketing in den Kommunikationsmix

Zentraler Bestandteil des Planungsprozesses des Event Marketing ist die Integration des Event Marketing in den Kommunikationsmix. Hierbei ist zu untersuchen, inwieweit durch eine gemeinsame Planung und synergetische Ausrichtung der verschiedenen kommunikationspolitischen Maßnahmen wesentliche Erfolgspotenziale realisiert werden. Die Integrationsbemühungen verlaufen dabei auf zwei Ebenen: Zum ersten ist der Einsatz des Event Marketing auf **interinstrumenteller Ebene** mit den anderen Kommunikationsinstrumenten zu koordinieren und zum zweiten sind die einzelnen Maßnahmen im Rahmen des Event Marketing **intrainstrumentell** zu integrieren, um ihren effektiven und effizienten Einsatz zu gewährleisten.

8.1 Interinstrumentelle Integration des Event Marketing

Event Marketing ist ein Kommunikationsinstrument, dem in der Unternehmenspraxis häufig eine eher **taktische Bedeutung** zugesprochen wird. Es wird in der Regel akzentuiert eingesetzt, um eine kurzfristige emotionale Aktivierung bei den Teilnehmern zu erreichen. Vor allem anlassbezogene Events, wie Jubiläen oder Kick-off-Veranstaltungen, dienen nicht dem langfristigen Aufbau und der Pflege eines Marken- oder Unternehmensimage, sondern sind dazu gedacht, mit einem „Paukenschlag" den strategischen Einsatz weiterer Kommunikationsinstrumente zu „untermalen". Unter dem Aspekt der Interdependenzen mit anderen Kommunikationsinstrumenten wurde Event Marketing für lange Zeit als **Integrationsinstrument** bezeichnet, das weder andere Instrumente stark beeinflusst noch starker Beeinflussung ausgesetzt ist (*Bruhn/Boenigk* 1999, S. 72). Event Marketing übt in diesem Kontext im Gesamtsystem der Unternehmens- und Marketingkommunikation eine eher unterstützende Funktion aus und wird relativ autonom eingesetzt. Diese Einordnung ist vor allem auf die geringe Standardisierbarkeit von Events und den immanenten Anspruch des Event Marketing auf Besonderheit bzw. Einmaligkeit zurückzuführen. Bei einer solchen Betrachtung übt das Event Marketing allerdings nur eine subsidiäre Funktion aus und seine spezifischen Stärken lassen sich nur begrenzt nutzen (*Nufer* 2006, S. 89).

In vielen Unternehmen sind Events in den letzten Jahren jedoch immer stärker in das Zentrum der Kommunikationspolitik gerückt, insbesondere wenn es um die Ansprache spezieller Zielgruppen geht. Event Marketing entwickelt sich in diesem Sinne zu einem **Kristallisationsinstrument**, das zentrale Funktionen einer zielgruppenorientierten Kommunikationspolitik übernimmt. Darüber hinaus entdecken immer mehr Unternehmen die Chance, einzelne Events zu einer **Kommunikationsplattform** auszubauen, die den inhaltlichen Mittelpunkt einer Vielzahl weiterer Maßnahmen bildet und als Ausgangspunkt eines konsequenten Themenmanagements betrachtet wird (*Roth* 2002, S. 154 ff.; *Bruhn* 2003a, S. 36 ff.; *Lorenz* 2003; *Ringle* 2003, S. 197; *Schmidt/Holze* 2003).

Unabhängig vom Stellenwert des Event Marketing im Unternehmen sind Events nur dann sinnvoll, wenn sie das bestehende Marken- oder Unternehmensimage unterstützen. Ein erfolgreiches, strategisch-fundiertes Event Marketing erfordert deshalb neben der Festlegung einer zielorientierten Event-Marketing-Strategie auch eine konsequente inhaltliche, formale sowie zeitliche Integration in die Kommunikationsstrategie des Unternehmens (*Inden* 1998, S. 108; *Nickel* 2002, S. 33; *Roth* 2002; *Gupta* 2003, S. 93; *Nufer* 2006, S. 88 ff.). Neben einer Steigerung der Kommunikationswirkungen des Event Marketing führt der integrierte Einsatz des Event Marketing auch zur Nutzung von Synergien zwischen den Kommunikationsinstrumenten und damit zur Ausschöpfung von Kostensenkungspotenzialen.

Die Vielfalt der Möglichkeiten zur Vernetzung von Event Marketing mit anderen Kommunikationsinstrumenten zeigt sich anhand der folgenden Beispiele. Entsprechend den Inszenierungsstufen lassen sich die Aktivitäten des Event Marketing im Vorfeld, Umfeld, Hauptfeld und Nachfeld mit anderen Kommunikationsmaßnahmen verknüpfen. Deutlich wird, dass Events sich zum einen anbieten, Inhalte für andere Kommunikationsinstrumente zu liefern, sie zum anderen aber auch – vor allem im Vor- und Nachfeld – auf andere Kommunikationsinstrumente angewiesen sind, um ihre Wirkung zu entfalten.

Event Marketing und Mediawerbung: Häufig werden Event-Marketing-Inhalte durch die Inhalte klassischer Werbekampagnen vorgegeben. Event Marketing hat damit die Aufgabe, die künstliche Welt der Mediawerbung in eine reale Erlebniswelt zu überführen und eine emotionale Aktivierung der Rezipienten in Bezug auf die in der Fernseh- und Printwerbung vermittelte Botschaft zu erreichen. Event Marketing dient aber auch als Aufhänger für die Mediawerbung, indem Events in Anzeigen oder Werbespots thematisiert werden. Die Mediawerbung dient in diesem Fall als „Testimonial" realer Ereignisse und wird damit zu einem glaubwürdigen Vermittler einer erlebnisorientierten Marketingstrategie. Darüber hinaus bietet Mediawerbung die Möglichkeit, in der „Pre-Eventphase" ein breites Publikum auf das Event aufmerksam zu machen und in der „Post-Eventphase" die Erinnerungswirkung bei den Zielgruppen möglichst lange aufrecht zu erhalten.

Beispiel: Der *Beck's* Musikwettbewerb „Sail Away"

Die Brauerei *Beck's* wirbt seit vielen Jahren im Fernsehen und Kino mit Spots unter dem Motto „Sail Away", zu denen auch die Musik des gleichnamigen Songs gespielt wird. Anfang April 2004 startete *Beck's* die „Beck's on Stage Music Competition". Der Musikwettbewerb richtete sich an Nachwuchsmusiker, die den *Beck's* Song neu interpretieren. Fünf Sieger traten mit ihren Interpretationen bei einem Musikfestival im Sommer 2004 auf. Der Wettbewerb wurde in Szenezeitschriften sowie im Internet kommuniziert (*Kolbrück* 2004).

Event Marketing und Verkaufsförderung: Die Verknüpfung von Event Marketing und Verkaufsförderung erfolgt entweder, indem im Rahmen eines Events Promotion-Aktionen (z. B. Produkt- oder Unternehmenspräsentationen) durchgeführt werden oder aber, indem am Point of Sale Events organisiert werden, um den Abverkauf und speziell Impulskäufe zu fördern. Im letzteren Fall reicht die Bandbreite denkbarer Möglichkeiten vom Aufbau eines Mini-Events rund um den Point of Sale mit Dekorationen, Probierstand und multimedialen Terminalsystemen bis hin zur Veranstaltung von Road Shows mit Produktpräsentationen und Showeinlagen. Unter dem Namen *„Biber-Beats-Tour"* wurden beispielsweise von dem Baumarkt *Obi* Kundenparkplätze zum Eventort umfunktioniert und auf diesen ein Basketball-Turnier organisiert (*Mertens* 2001). Darüber hinaus werden Events auch als Incentives bei Preisausschreiben eingesetzt. Durch die Teilnahme an Preisausschreiben, Gewinnspielen oder Bonusaktionen haben Endverbraucher oder Händler die Möglichkeit, exklusiv an Events teilzunehmen.

Beispiel: Verkaufsförderung bei den *Gerry Weber Open*

Die von der *Gerry Weber International AG* veranstalteten *Gerry Weber Open* finden als Tennisturnier der *ATP*-Tour seit dem Jahre 1993 in Halle/Westfalen statt (*Herrmanns/Marwitz* 2003, S. 148). Neben dem Turnier wird den Zuschauern ein vielfältiges Rahmenprogramm angeboten. Unter anderem realisiert *Gerry Weber* einen eigenen Präsentationsauftritt zur Vorstellung seiner Modewelt.

Event Marketing und Direct Marketing: Events stellen einen Bezugspunkt für die Kommunikation im Rahmen des Direct Marketing dar. Ziel ist es, durch die Erwähnung vergangener Events oder durch den Hinweis auf zukünftige Events eine emotionale Aktivierung der Rezipienten zu erreichen. Eine Integration von Direct Marketing in die Event-Marketing-Strategie bietet sich sowohl für die Inszenierung des Vor- als auch des Nachfeldes an. So werden im Vorfeld z. B. persönliche Einladungen und Informationsmaterial an die Zielpersonen verschickt, um die Teilnahme sicherzustellen und Neugierde zu wecken. Im Nachfeld lässt sich durch die Versendung von Dokumentationsmaterial die Erinnerung an das Event auffrischen.

Event Marketing und Public Relations: Event Marketing bildet vielfach den Inhalt der Public Relations, indem die Medien über Events und damit auch den Veranstalter und die Unterhaltungsinhalte berichten. Im Vorfeld eines Events ist der Einsatz von Public Relations zur öffentlichen Ankündigung und Motivierung potenzieller Teilnehmer häufig zwingend erforderlich. Im Nachfeld dienen Public Relations sowohl zur Vermittlung der Eventbotschaft und zur Berichterstattung an sekundäre Zielgruppen als auch zur Aktualisierung und Verankerung des Erlebnisgefühls der primären Zielgruppen. Vielfach lassen sich PR-Maßnahmen und Event Marketing jedoch nicht klar voneinander trennen. Eine Pressekonferenz beispielsweise findet als Event statt, das als solches ein zentrales Mittel der Public Relations darstellt.

Event Marketing und Sponsoring: Eine Integration von Event Marketing in die Sponsoringaktivitäten findet in der Praxis weite Verbreitung. 61,5 Prozent der in einer Studie befragten Unternehmen gaben an, ihre Sponsoringaktivitäten mit Events zu verbinden (*Bob Bomliz Group GmbH 2002, S. 41)*. Unklar bleibt hierbei jedoch, ob es sich tatsächlich um Sponsoringengagements der Unternehmen handelt, in deren Rahmen Events inszeniert werden oder ob es sich vielmehr um Eventsponsoring handelt, das nach der für dieses Buch gewählten Definition nicht in den Bereich des Event Marketing eingeordnet wird. Eine Integration ist dann gegeben, wenn Unternehmen im Rahmen gesponserter Veranstaltungen so genannte „Side Events" konzipieren, um den Besuchern einer Veranstaltung einen Zusatznutzen zu bieten.

Eine andere Möglichkeit ist die akzentuierte Nutzung von Medien im Rahmen einer Event-Marketing-Strategie, die ebenfalls im Sponsoringprogramm eines Unternehmens eingesetzt werden. Ein Beispiel stellt die Veranstaltung von Fußballturnieren bei gleichzeitigem Sponsorship für einen Bundesligaverein oder einen prominenten Fußballer dar. Neben der komplementären Beziehung von Sponsoring und Event Marketing ist auch eine substitutive Beziehung zwischen den beiden Kommunikationsinstrumenten möglich. So ist denkbar, dass Unternehmen gesponserte Veranstaltungen internalisieren und im Rahmen von Event Marketing selber inszenieren, um so eine stärkere Kontrolle über die Zielgruppenzusammensetzung und die eigentliche Informationsvermittlung zu erhalten. Zum anderen ist denkbar, dass Unternehmen durch die aktive Inszenierung von Events ein erlebnisorientiertes, lebendiges Image schaffen, das im Weiteren durch das kostengünstigere Sponsoring relevanter Veranstaltungen gepflegt wird.

Beispiel: Integration von Event Marketing und Sponsoring bei *Milka*
Das Unternehmen *Kraft Foods* ist mit seiner Marke *Milka* auf unterschiedliche Weise im Skisport als Sponsor engagiert, beispielsweise als Sponsor des *Deutschen Skiverbandes (DSV)* und von Einzelsportlern (unter anderem *Martin Schmitt* und *Hermann Meier*) sowie als Sponsor der Vierschanzen-Tournee. Neben dem Sponsoring wird das Thema Skisport auch in eigenen Events aufgegriffen (*Milka* 2004). Beispiele hierfür sind die Rennserie für den deutschen Skinachwuchs *DSV Milka Schülercup* in Kooperation mit dem *DSV* und die Trucktour des *„Milka Promotion Truck"*.

Event Marketing und Persönliche Kommunikation: Events bieten sich für die Mitarbeitenden von Unternehmen geradezu an, um in einer angenehmen entspannten Atmosphäre persönliche Gespräche mit wichtigen Zielgruppenmitgliedern zu führen. Insbesondere ausgewiesene VIP-Bereiche bieten sich als exklusives Umfeld zur persönlichen Beziehungspflege mit Medienvertretern oder bedeutenden Kunden an. Eine weitere Möglichkeit der Integration des Event Marketing in die Persönliche Kommunikation besteht in der Unterstützung des Außendienstes beispielsweise durch die Inszenierung abverkaufsfördernder Events am Point of Sale oder die Inszenierung eines Events zur Motivierung von Einkäufern und zur Pflege wichtiger Geschäftsbeziehungen mit Handelspartnern.

Event Marketing und Messen/Ausstellungen: Die Integration von Event Marketing in Bezug auf Messen und Ausstellungen erfolgt durch die Inszenierung von Events auf dem Messestand, vor allem in Form multimedialer Präsentationen. Auch zur Gestaltung von Messeeinladungen und der Konzeption von Nachfassaktionen bieten sich Maßnahmen aus dem Event Marketing an. Daneben ist eine substituierende Wirkung von Event Marketing auf Messen und Ausstellungen festzustellen. Die Unternehmen verzichten immer häufiger auf den Messeauftritt, da ihre Botschaft durch Event Marketing konkurrenzlos, zielgruppenorientierter und glaubwürdiger sowie oftmals auch kostengünstiger transportiert wird.

Beispiel: „*Nokia* Totally Board Tour"
Das Mobilfunkunternehmen *Nokia* ist auf der europäischen Jugendmesse *YOU* mit der *Nokia Totally Board Tour* präsent (*Nokia* 2004). Auf einer 50 Meter langen Piste mit echtem Schnee hat jeder Besucher die Möglichkeit, Snowboards und Skier zu testen und Unterstützung von professionellen Snowboard- und Skilehrern zu erhalten. Für erfahrene Snowboarder und Skifahrer ist ein Funpark aufgebaut. Mehrmals täglich zeigen einige der besten Snowboarder und Slopestyler Europas zudem in einer Quarterpipe ihr Können. Live DJs und verschiedene Live Bands sorgen dabei für die passende Musik. Neben diesem Großevent probieren Besucher am *„Nokia N-Gage-Mobil"* die neuesten Spiele aus, und in einem Gewinnspiel wird ein neues *Nokia* Mobiltelefon verlost.

Event Marketing und Online-Kommunikation: Die moderne Informations- und Kommunikationstechnologie eröffnet im Rahmen der Online-Kommunikation vielfältige Möglichkeiten einer Verknüpfung von Events und Internetanwendungen, wobei der derzeitige Schwerpunkt der Aktivitäten auf Blogs und Communities im Internet zu beobachten ist. Verbindungsmöglichkeiten zwischen Event Marketing und Online-Kommunikation ergeben sich vor allem aus dem Einsatz von Internet-Anwendungen als Träger der Event-Marketing-Maßnahmen im Vor-, Um-, Haupt- oder Nachfeld. Die Verbindungsmöglichkeit besteht vor allem in der Ankündigung eines Events sowie der Berichterstattung über den Eventablauf. Auf eine rege Nutzung des Internet im Rahmen des Event Marketing deutet eine Unternehmensbefragung hin, nach der 60 Prozent der befragten Unternehmen das Internet im Rahmen von Events einsetzen (*Kogag* 2001). Von einem Großteil der Unternehmen (80 Prozent) wird das Internet zur Information über das Eventprogramm genutzt. Darüber hinaus wird von den Möglichkeiten Gebrauch gemacht, die Anmeldung der Teilnehmer über das Internet erfolgen zu lassen (39 Prozent), das Event im Internet zu übertragen (29 Prozent) oder Online-Inszenierungen (z. B. Live Chats) zu organisieren (22 Prozent).

> **Beispiel: Website *„Happynese"***
>
> Unter dem Motto *„Happynese"* veranstaltet *Langnese* im Sommer 2004 vielzählige Promotion-Events in Deutschland. In elf Städten fanden *„Happynese-Partys"* statt, auf denen neben Gratiseis auch Bullriding-Wettbewerbe, Verlosungen und eine Talentbühne, auf der die Tänzer eines von Langnese kreierten Tanzwettbewerbes gecastet wurden, organisiert waren. Für *„Happynese"* wurde eine gleichnamige Website entwickelt, die in Insert III-I-6 dargestellt ist, auf der Partytickets und Informationen per Newsletter und SMS bestellt werden. Außerdem wird online eine Bildergalerie angeboten. Wie aus Insert III-I-7 zu entnehmen ist, sind die Events bei *Langnese* Teil eines umfassenden Kommunikationskonzeptes, mit dem seit dem Jahre 2003 eine „Revitalisierung des Eiscreme-Markts" verfolgt wird.

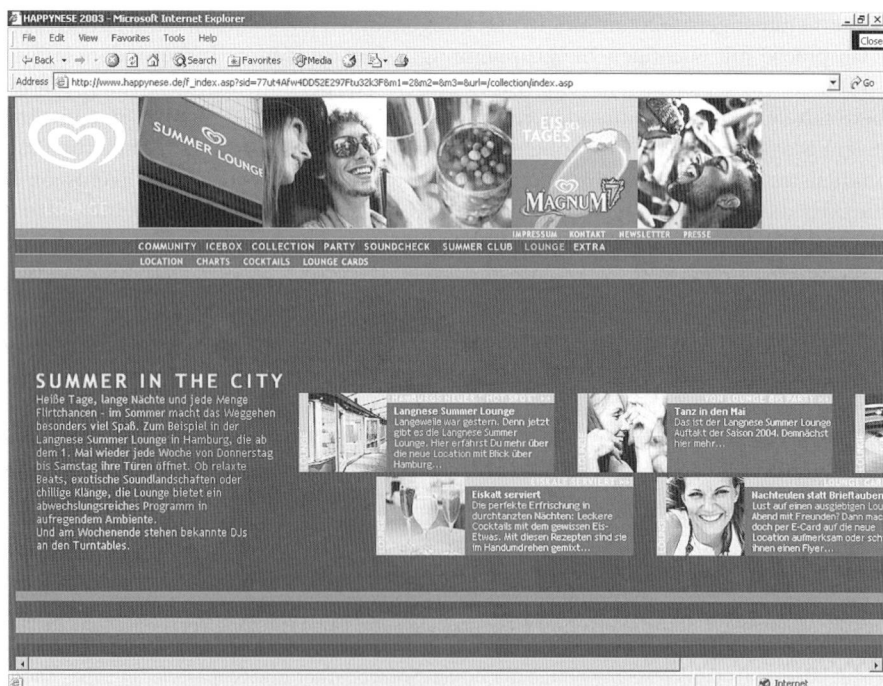

Insert III-I-6: Integration von Event Marketing und Internet auf der Website „Happynese"
(Unilever Deutschland GmbH 2004)

Für Eis- und Tanzbären

MIT NEUEN PRODUKTEN, SZENEBAR UND TANZ-EVENT STÄRKT UNILEVER DIE EISMARKE LANGNESE.

Mit einem Budget von gut 30 Millionen Euro will die Hamburger Unilever-Tochter Langnese-Iglo 2003 die Dachmarke im Segment Eiscreme zur Powerbrand ausbauen. Marketingdirektor Harald Melwisch und die Hamburger Leitagentur McCann-Erickson zielen mit dem aktuellen Kommunikationspaket auf eine „Revitalisierung des Eiscreme-Markts".

Mit Blick auf frühere „Happynese"-Kampagnen räumt Melwisch „in der Tendenz eine Verschiebung zugunsten der Below-Aktivitäten" ein, auf die inzwischen ein Drittel des Etats entfällt. Herzstück seien drei frische Fernsehspots (Regie: George Jecel, Produktion: Telemaz,

BUNTE MARKENWELT *Langnese buhlt um die Gunst vor allem jüngerer Verwender.*

Hamburg). Sie werden vom 28. April bis in den Juli hinein bei allen reichweitenstarken Sendern geschaltet (Media: Mindshare,

Frankfurt/Main). Zwei 35-Sekünder bewerben neue Varianten der Subbrands Cornetto und Solero, ein 40-Sekünder sieben neue Produkte („7 Sünden") unter dem Magnum-Label. Für Solero und Magnum gibt es Kinoversionen. Flankiert werden die Spots von Anzeigen und Plakaten.

Eine erweiterte Modekollektion – zum Teil in Kooperation mit dem Hamburger Otto-Versand – und ein bundesweiter Tanzwettbewerb (Partner: RTL II) sollen die Relevanz der Marke Langnese in der Kernzielgruppe der 15- bis 25-Jährigen stärken. Parallel dazu startet Langnese mit der „Summer Lounge" ein Bar-Konzept in Hamburg, laut Melwisch „unser nächstes Experiment". *bp*

Insert III-I-7: Integration des Event Marketing in die Kommunikationsstrategie am Beispiel Langnese (Peymani 2003b, S. 12)

Ein anderer Vernetzungsansatz besteht in der Veranstaltung **virtueller Events** im Internet. Der Kommunikationsprozess findet in diesem Fall nicht mehr durch das persönliche Gespräch zwischen den Teilnehmern und dem Unternehmen statt, sondern durch einen synchronen oder asynchronen Informationsaustausch über Computernetze. Ein typisches Beispiel stellt die Organisation von Online-Diskussionsforen dar. Virtuelle Events ersetzen real stattfindende Veranstaltungen in Bezug auf Erlebniswirkung und emotionale Aktivierung jedoch nicht. Sie sind vielmehr zur Kontaktaufnahme und Vorbereitung auf ein reales Event oder in der Nachbereitungsphase für Maßnahmen der Aktualisierung und Bindung der Eventteilnehmer einzusetzen.

Event Marketing und Mitarbeiterkommunikation: Unmittelbar ist eine Integration von Event Marketing und Mitarbeiterkommunikation gegeben, wenn Events explizit zur Erreichung intern gerichteter Ziele eingesetzt werden. Beispiele sind Produktschulungen, Motivationsseminare, Kick-offs oder Incentive-Reisen. Darüber hinaus ist es für den Erfolg einer Event-Marketing-Strategie aber auch essentiell, die Mitarbeitenden bewusst in extern ausgerichtete Events einzubeziehen, um ihre interne Akzeptanz sicherzustellen, die Identifikation der Mitarbeitenden mit den Events zu verstärken und ihre Motivation zu fördern.

Schaubild III-I-20 zeigt abschließend verschiedene Möglichkeiten der Integration von Event Marketing in den Kommunikationsmix am Beispiel *Red Bull*. Das Unternehmen engagiert sich stark in den Bereichen Sportevents und konzentriert sich dabei auf junge Trendsportarten wie Snowboarding, aber auch Basketball und Eishockey.

Mediawerbung	Public Relations
• TV-Spots und Printwerbung • Crashed Ice Online-Game • Radiowerbung	• Pressekonferenz • Pressemitteilungen

Multimedia	Messen
• Informationen zu aktuellen *Red Bull*-Events • Newsletter: Red Bulletin • Red Bull Music Academy Radio • Crashed Ice Online Game	• Eishockey World Championship • Air Race World Championship • Cliff Diving Series 2009

Schaubild III-I-20: Integration von Event Marketing in den Kommunikationsmix am Beispiel des
Red Bull Crashed Ice World Championships 2010 (Red Bull 2009)

8.2 Intrainstrumentelle Integration des Event Marketing

Entscheidend für die Erzielung hoher Kommunikationswirkungen bei den anvisierten Zielgruppen ist neben der interinstrumentellen auch die **intrainstrumentelle Integration** des Event Marketing. Gemäß dieser Forderung sind Entscheidungen bezüglich des Konzepts und der Gestaltung einzelner Events miteinander zu vernetzen und aufeinander abzustimmen. Dies bedeutet aufgrund der anzustrebenden Einzigartigkeit eines Events nicht, dass jedes Event in identischer Weise zu erfolgen hat. Vielmehr ist nach übergeordneten Verbindungslinien zwischen einzelnen Events zu suchen, deren Betonung die Glaubwürdigkeit des Unternehmens als Eventausrichter verstärkt. Dabei werden nach der Tragweite der Integrationsmaßnahme mit der inhaltlichen, der formalen sowie der zeitlichen Dimension drei **Entscheidungsdimensionen** differenziert.

Die **inhaltliche Dimension** der intrainstrumentellen Integration bezieht sich auf die thematische Abstimmung der einzelnen Events einer Planungsperiode untereinander. Beispielsweise liegt ein inhaltlicher Schwerpunkt des Event Marketing darin, das Unternehmen als besonders trendorientiert und jugendlich herauszustellen sowie ein entsprechendes Image zu vermitteln. In diesem Fall empfiehlt es sich, den Schwerpunkt der Aktivitäten im Event Marketing auf solche Events zu legen, die eben dieses Image transferieren. Jedes einzelne Event ist in diesem Sinne individuell und einzigartig ausgestaltet, die übergeordnete „Leitidee" wirkt jedoch integrierend.

Neben den festzulegenden Integrationsmöglichkeiten der inhaltlichen Gestaltung ist die Entscheidung über die **formale Dimension** der einzelnen Events zu treffen. Da im Rahmen von Events vielfältige Möglichkeiten bestehen, auf das Unternehmen bzw. eine Marke aufmerksam zu machen (z. B. auf Banden, in VIP-Bereichen, auf der Kleidung der Mitarbeitenden), liegt ein Schwerpunkt der gestalterischen Integration in der einheitlichen formalen Gestaltung dieser visuellen Elemente.

Die **zeitliche Dimension** der intrainstrumentellen Integration betrifft sowohl die Koordination der einzelnen Events innerhalb einer Planungsperiode als auch zwischen verschiedenen Planungsperioden. Auch hierbei liegt das zentrale Ziel darin, durch Kontinuität in den einzelnen Aktivitäten deren Glaubwürdigkeit zu steigern und eine gegenseitige Unterstützung der Maßnahmen zu bewirken. Zudem lassen sich durch zeitlich bewusst abgestimmte Botschaften einzelner Events Wiederholungs- und Lerneffekte bei den Zielgruppen erzielen, die in einer automatischen Assoziation mit einem speziellen Event resultieren.

9 Erfolgskontrolle des Event Marketing

9.1 Bedeutung der Erfolgskontrolle im Event Marketing

Ähnlich dem Sponsoring kam der Erfolgskontrolle im Event Marketing über lange Zeit keine zentrale Bedeutung zu. Die Innovativität des vergleichsweise jungen Kommunikationsinstrumentes beschäftigte die Mehrheit der Praktiker intensiver als sein effektiver und effizienter Einsatz bzw. dessen Kontrolle. Die Zunahme des Kommunikationswettbewerbs zum einen (auch im Markt für Event Marketing) sowie die wachsenden Budgets für Event Marketing zum anderen haben in den letzten Jahren jedoch eine verstärkte Rechtfertigung über die Wirksamkeit der eingesetzten Gelder erfordert (*Burmann* 2002, S. 95).

Eine umfassende Erfolgskontrolle beinhaltet sowohl die Kontrolle der Prozesse in der Vorbereitung, Durchführung und Nachbereitung der Events und die Kontrolle der Wirkungen, die auf Konsumentenseite erzielt werden, als auch die Bewertung von Kosten-Nutzen-Aspekten im Rahmen einer Effizienzkontrolle. Grundsätzlich ist zu konstatieren, dass die bisher vorliegenden theoretischen und empirischen Kenntnisse für die Entwicklung eines validen Kontrollinstrumentariums für das Event Marketing nicht ausreichen (*Drengner* 2003, S. 173). Theoretische Überlegungen zur Wirkungsweise des Event Marketing erfolgen erst seit Ende der 1990er Jahre (*Zanger/Sistenich* 1996; *Nickel* 1998; *Sistenich* 1999; *Drengner/Zanger* 2003; *Lasslop* 2003; *Nufer* 2006) und auch in der empirischen Forschung lassen sich erst wenige fundierte Studien finden (*Zanger/Drengner* 2000; *Lasslop* 2003; *Nufer* 2006).

Die Problematik der Erfolgskontrolle im Event Marketing geht auch aus einer **Unternehmensbefragung** hervor, nach der 60 Prozent der Unternehmen Probleme bei der praktischen Umsetzung der Eventkonzeption darauf zurückführen, dass keine Erfolgskontrolle möglich sei (*Zanger/Drengner* 2003). Wird eine Erfolgskontrolle durchgeführt, so werden nach Angaben der Unternehmen hauptsächlich Befragungen der Eventteilnehmer vorgenommen, Kontaktzahlen ermittelt, Besucherbeobachtungen durchgeführt, die Mitarbeitenden befragt und Presseberichte ausgewertet (*Zanger/Drengner* 2003). Die genauen Inhalte die Kontrollen bleiben dabei jedoch unklar. Gut die Hälfte der Unternehmen gibt darüber hinaus an, sich bei der Erfolgskontrolle auf subjektive Einschätzungen zu stützen.

9.2 Methoden der Erfolgskontrolle im Event Marketing

9.2.1 Prozesskontrolle des Event Marketing

Die Prozesskontrolle beinhaltet die Überwachung der korrekten Ausführung der im Rahmen der Event-Marketing-Inszenierung durchzuführenden Tätigkeiten. Diese umfassen sowohl Leistung und Zusammenspiel der Beteiligten in den Planungsphasen der Kreation, Konzeption und Organisation als auch die Koordination und Durchführung der Inszenierungsmaßnahmen während der eigentlichen Realisation. Der Prozesskontrolle kommt im Event Marketing eine besondere Bedeutung zu, da kleine Durchführungsfehler u. U. zu einer dauerhaft negativen Erinnerung führen und die Einmaligkeit eines Events keine langfristigen Korrekturmaßnahmen zulässt. Zum Einsatz kommen hierbei vor allem **Checklisten**, **Netzpläne** und ähnliche Verfahren.

Darüber hinaus bietet es sich an, mit der **Critical-Incident-Technik** eine Methode aus dem Dienstleistungsmarketing einzusetzen, anhand der festzustellen ist, wie zufrieden oder unzufrieden die Eventbesucher mit dem Verlauf einer Veranstaltung sind (*Drengner* 2003, S. 184 f.). Ermittelt werden hierbei solche Ereignisse, die aus Perspektive der Besucher als kritisch angesehen werden, d. h. Vorkommnisse, die die Besucher entweder als besonders positiv oder negativ wahrgenommen sowie in Erinnerung behalten haben. Beispielsweise haben verspätete Einladungen, eine zu lange Parkplatzsuche oder ein schlechtes Catering negativen Einfluss auf die Bewertung des Events und beeinflussen auch die persönliche Kommunikation gegenüber Dritten negativ. Die Critical-Incident-Technik sieht vor, diese Ereignisse mit Hilfe standardisierter offener Fragen zu erfassen. Hinsichtlich des Event Marketing sind z. B. folgende Fragen Rückschlüsse auf den Erfolg bzw. Misserfolg eines Event zuzulassen (in Anlehnung an *Bitner/Booms/Tetreault* 1990; *Mudie/Cottam* 1997):

- Beschreiben Sie bitte ein positives (negatives) Ereignis während der Eventteilnahme.

- Wann kam es zu diesem Ereignis?

- Beschreiben Sie die konkreten Umstände, die während des Events zu dieser Situation geführt haben.

- Welche Ursachen haben das Gefühl ausgelöst, dass es sich in diesem Fall um ein besonders (un- befriedigendes Ereignis gehandelt hat?

Durch eine Auswertung der Ergebnisse der Critical-Incident-Befragung lassen sich sowohl Hinweise auf die Ursachen des (Miss-)Erfolges eines Events erhalten als auch Verbesserungsvorschläge für zukünftige Maßnahmen gewinnen (*Esch* 1998, S. 161; *Drengner* 2003, S. 185).

9.2.2 Effektivitätskontrolle des Event Marketing

Effektivitätskontrollen untersuchen die Reaktionen der Zielgruppen auf den Einsatz des Event Marketing. Als Ausgangspunkt der Effektivitätskontrolle dienen die zuvor formulierten Ziele des Event Marketing, so dass sich die Methoden der Effektivitätskontrolle entsprechend den Wirkungskategorien in Verfahren zur Messung kognitiver, affektiver und konativer Wirkungen einteilen lassen. Eine Übersicht der im Folgenden dargestellten Verfahren gibt Schaubild III-I-21.

Bei der Erfassung **kognitiver Wirkungen** geht es zunächst um die Messung der Wahrnehmung der während eines Events übermittelten Reize durch die Zielgruppen. Dies bildet die Voraussetzung für eine Realisierung aller übrigen Kommunikationsziele. Zur Messung der Wahrnehmung lassen sich unterschiedliche Methoden einsetzen, wie sie allgemein im Rahmen der Werbewirkungsforschung angewendet werden (vgl. für das Event Marketing *Drengner* 2003, S. 187). Bei einer direkten Messung der Wahrnehmung steht die Frage im Mittelpunkt, ob und wie der Rezipient die Werbemittel vor oder während eines Events wahrnimmt. Zum Einsatz kommen insbesondere Verfahren der **Blickregistrierung**, **aktualgenetische Verfahren** sowie **Verfahren zur Überprüfung der Gestaltfestigkeit** eines Werbemittels (*v. Engelhardt* 1999, S. 59 ff.). Da die Verfahren unter Laborbedingungen durchzuführen sind, dienen sie allesamt

Art der Messmethode / Kategorien der Kommunikationswirkung	Beobachtung	Befragung
Kognitive Wirkungen	• Blickregistrierung • Aktualgenetische Verfahren • Verfahren zur Überprüfung der Gestaltfestigkeit	• Zielgruppenbefragungen (z.B. mittels Item-Batterien) • Recall-Tests • Recognition-Tests
Affektive Wirkungen	• Psychobiologische Messungen (Hautwiderstandsmessung) • Messung des Ausdrucksverhaltens	• Itembatterien • Semantisches Differenzial • Emotionsprofile • Imagedifferenzial • Bildbezogene Messungen, Assoziationstests, Protokolle lauten Denkens
Konative Wirkungen	• Verhaltensregistrierung (z.B. Besucherzahlen an den Events, Besuche auf der Homepage des Events bzw. des Unternehmens)	• Befragung nach Handlungsabsichten und Beweggründen

Schaubild III-I-21: Messmethoden zur Wirkungskontrolle des Event Marketing

primär der Überprüfung der Wirkung eines Werbemittels vor seinem Einsatz im Rahmen eines Events (Pre-Test).

Während des Events bzw. im Nachhinein kommen indessen Verfahren zur Messung der Aufmerksamkeit zum Einsatz. Hier bieten sich **Zielgruppenbefragungen** an, in deren Verlauf die generelle Rezeption der Botschaft des Event Marketing überprüft wird sowie die assoziative Verkettung des Event-Marketing-Objektes mit einem speziellen Ereignis. Dies erfolgt entweder ungestützt durch einen **Recall-Test** oder gestützt, d.h. durch die Angabe von Erinnerungshilfen, im Rahmen eines **Recognition-Tests** (*Drengner* 2003, S.187; *Lasslop* 2003, S.66; *Nufer* 2006, S.134). Im Rahmen dieser Befragungen lassen sich sowohl die pauschale Markenbekanntheit eines Event-Marketing-Objektes als auch differenzierte Eigenschaftskenntnisse erfragen (*Lasslop* 2003, S.67f.). Neben der Wahrnehmung des Eventobjektes und seiner Botschaft wird darüber hinaus in Recall- und Recognition-Tests auch erhoben, ob den Teilnehmern bestimmte Inszenierungselemente oder Infotainment-Inhalte in Erinnerung geblieben sind, um Hinweise für deren zukünftige Gestaltung zu gewinnen (*Erber* 2005, S.115).

Der Einsatz von Recall-Tests zur Überprüfung der Bekanntheit des Event-Marketing-Objektes ist allerdings umstritten. *Nufer* beispielsweise unterstützt ein solches Vorgehen, bei dem die Probanden gebeten werden, ohne Erinnerungshilfen die Namen von Unternehmen, Marken oder Produkten, die im Rahmen eines Events in Erinnerung geblieben sind, wiederzugeben (*Nufer* 2006, S.134). *Lasslop* indessen verweist darauf, dass Marketingevents erstens nur über eine begrenzte Reichweite verfügen und sich aus diesem Grund keine Recall-Werte ermitteln lassen, die mit den Werten anderer Kommunikationsinstrumente vergleichbar sind, und zweitens die Besucher eines Events sich in der Regel darüber bewusst sind, wer ein bestimmtes Event ausrichtet (2003, S.66). Der gestützte Bekanntheitsgrad verfügt als Erfolgsgröße somit nur über eine geringe Sensitivität. Positiver – aufgrund einer erhöhten Sensitivität – bewertet *Lasslop* hingegen den Einsatz von Recognition-Tests, insbesondere wenn diese mit der individuellen Zugriffszeit und -reihenfolge verbunden werden (*Lasslop* 2003, S.67). Die

Reihenfolge bzw. Reproduktion des Event-Marketing-Objektes wird hierbei als die marken-spezifische Zugriffswahrscheinlichkeit interpretiert, die sich letztlich auch positiv auf die Markenwahlwahrscheinlichkeit auswirkt.

Aufgrund der exponierten Stellung emotions- und erlebnisbezogener Ziele des Event Marketing erfährt die Messung **affektiver Wirkungen** für dieses Kommunikationsinstrument eine besondere Bedeutung. Werden durch das Event positive Emotionen bei den Zielgruppen ausgelöst, so ist anzunehmen, dass dies auch die Einstellung gegenüber dem Objekt des Event Marketing positiv beeinflusst (*Drengner* 2003, S. 188). Theoretisch ist hierbei sowohl die Ermittlung eines absoluten Erlebniswertes als auch die Aufschlüsselung multisensualer Erlebnisse in die einzelnen Reize anzustreben. In der Praxis wird dies jedoch nur in wenigen Fällen möglich sein.

Grundsätzlich erfolgt die Messung von Emotionen auf drei unterschiedlichen Wegen (*Kroeber-Riel/Weinberg/Gröppel-Klein* 2009, S. 1065 ff.; vgl. speziell für das Event Marketing *Drengner* 2003, S. 188 f.): **Psychobiologische Messungen**, die die Intensität der inneren Erregung erfassen, Verfahren zur **Messung des Ausdrucksverhaltens** (z. B. anhand der Mimik) sowie subjektive Erlebnismessungen. Psychobiologische Messungen sowie Verfahren zur Messung des Ausdrucksverhaltens sind für einen Einsatz im Rahmen des Event Marketing jedoch nur bedingt geeignet, da sie entweder aufwändige Apparaturen erfordern (z. B. die Hautwiderstandsmessung) oder weil ihre Validität unter den Bedingungen eines Events nicht gewährleistet ist (z. B. die Interpretation schnell wechselnder Gesichtsausdrücke während eines Sportevents).

Besser geeignet sind indessen Verfahren zur **verbalen Messung subjektiver Erlebnisse**, die in schriftlicher, persönlicher oder telefonischer Form durchgeführt werden (*Böhme-Köst* 1992b, S. 57; *Inden* 1993, S. 64; *Ueding* 1995, S. 31; *Burmann* 2002, S. 113 ff.; *Drengner* 2003, S. 188). Häufig werden zu diesem Zweck so genannte **Item-Batterien** eingesetzt, bei denen den Befragten mehrere Eigenschaften des Event-Marketing-Objektes vorgelegt werden und diese angeben, inwieweit die einzelnen Merkmale auf das Objekt zutreffen oder nicht (*Burmann* 2002, S. 113). Ein weiterführendes Verfahren stellt das **Semantische Differenzial** dar, bei dem die Probanden das Event-Marketing-Objekt anhand einer zweipoligen Skala beschreiben, die sowohl die Aktivierung (z. B. erregend versus ruhig) als auch die Richtung (z. B. anziehend versus abstoßend) misst (*Drengner* 2003, S. 188; *Erber* 2005). Bei einer Auflistung sämtlicher Item-Bewertungen ergibt sich ein Semantisches Differenzial, das Aussagen über das Bild zulässt, das die Eventteilnehmer von dem erlebten Unternehmen bzw. der Marke haben. Einen Schritt weiter gehen **Emotionsprofile**, die neben der Aktivierung und Richtung auch die Qualität der emotionalen Befindlichkeit einer Person messen (*Drengner* 2003, S. 188). Bei der Konzeption eines Emotionsprofils wählt das Unternehmen zunächst die in der Untersuchung interessierenden Emotionen aus (z. B. Freude), denen im Rahmen der Operationalisierung mehrere Adjektive zugeordnet werden (z. B. fröhlich, gut gelaunt). In der Befragung sind die Eventteilnehmer aufgefordert anzugeben, inwieweit die Items auf ihre momentanen Gefühle zutreffen. Mittels einer Faktorenanalyse lassen sich die eingesetzten Items schließlich zu übergeordneten Emotionsdimensionen verdichten.

Ein Beispiel für ein emotionales Profil eines Events ist in Schaubild III-I-22 wiedergegeben. In diesem Fall lässt sich die obige Beschreibung eines Emotionsprofils jedoch nicht direkt übertragen, da nicht die Emotionen der Zielgruppen erfasst werden, sondern Emotionen, die die Zielgruppen mit einem bestimmten Event – der Autostadt des *Volkswagen Konzerns* – verbinden.

Eine besondere Bedeutung unter den affektiven Zielsetzungen erfährt der Aufbau bzw. die Veränderung bestimmter Imagedimensionen durch Event Marketing. Für deren Messung stehen grundsätzlich unterschiedliche Verfahren zur Verfügung, wobei sich für das Event

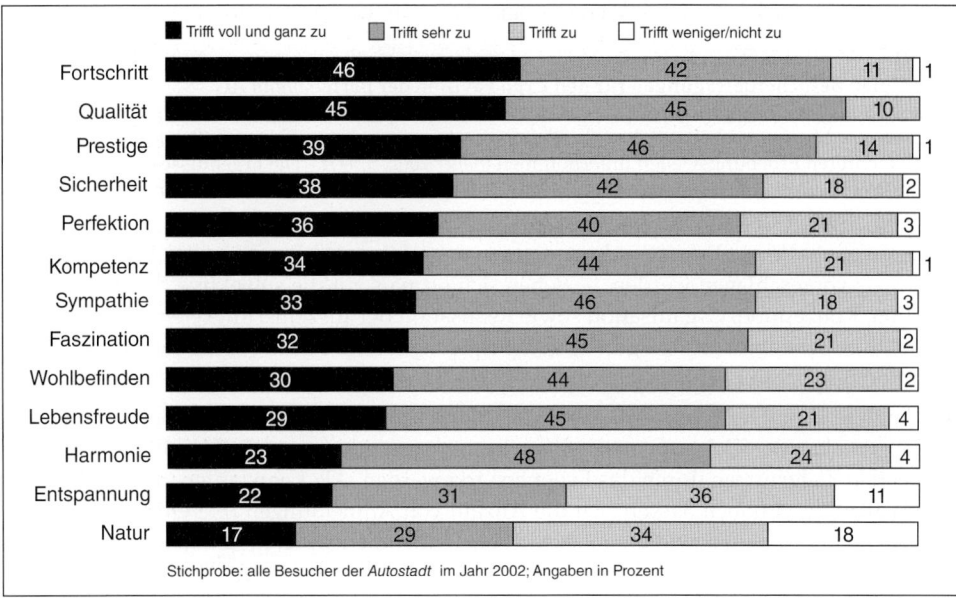

	Trifft voll und ganz zu	Trifft sehr zu	Trifft zu	Trifft weniger/nicht zu
Fortschritt	46	42	11	1
Qualität	45	45	10	
Prestige	39	46	14	1
Sicherheit	38	42	18	2
Perfektion	36	40	21	3
Kompetenz	34	44	21	1
Sympathie	33	46	18	3
Faszination	32	45	21	2
Wohlbefinden	30	44	23	2
Lebensfreude	29	45	21	4
Harmonie	23	48	24	4
Entspannung	22	31	36	11
Natur	17	29	34	18

Stichprobe: alle Besucher der *Autostadt* im Jahr 2002; Angaben in Prozent

Schaubild III-I-22: „Emotionales Profil" der Autostadt des Volkswagen Konzerns (Schneider 2002, S. 45)

Marketing insbesondere das **Imagedifferenzial** anbietet (*Drengner* 2003, S. 189; *Trommsdorff* 2009, S. 175 f.) Die Vorgehensweise entspricht im Wesentlichen dem Vorgehen des Semantischen Differenzials, dessen metaphorische Adjektive durch konkrete, (eventmarketing-) objektbezogene Eigenschaften/Aussagen ersetzt werden, die das bisherige bzw. das durch das Event zu erreichende Image beschreiben.

Sämtliche auf Skalen gestützte Methoden der Wirkungsmessung vernachlässigen jedoch solche Wirkungszusammenhänge, die bei den Zielgruppen durch Assoziationen und innere Bilder erzeugt werden (*Esch* 1998, S. 160). Zu denken ist hier beispielsweise an ein Event wie die *Marlboro Adventure Tours*, die bei den Zielgruppen Assoziationen weckt wie Freiheit, Abenteuerlust, Naturverbundenheit und Bilder einer Wild-West-Kulisse erzeugt, die durch Imageprofile kaum in ihrer Tiefe und Struktur erfassbar sind. Hier setzen **bildbezogene Messungen** an sowie offene Erhebungen durch **Assoziationstests** und **Protokolle lauten Denkens** (*Esch* 1998, S. 161). Inhalte, Umfang, Stärke, Muster, Konkretheit und Spezifität der Gedächtnisstrukturen treten im Rahmen solcher Befragungen klarer hervor.

Werden Zielgruppenbefragungen zur Messung der kognitiven und affektiven Wirkungen eines Events eingesetzt, ist deren **zeitlicher Einsatz** von besonderer Bedeutung. So ist eine Befragung während eines Events oder im unmittelbaren Anschluss nur dann vorzunehmen, wenn eine Erfassung der momentanen, kurzfristigen Wirkungen das erklärte Ziel ist. Geht es indessen um dauerhafte, langfristige Wirkungen, so empfiehlt es sich, die Befragung erst einige Tage oder Wochen nach dem Event durchzuführen (*Burmann* 2002, S. 113; *Erber* 2005, S. 113 f.). Im Idealfall wird eine Zielgruppenbefragung zu zwei verschiedenen Zeitpunkten vorgenommen, d. h. unmittelbar im Anschluss an ein Event sowie zu einem späteren Zeitpunkt. Ein Vergleich beider Messergebnisse lässt dann auch Rückschlüsse auf die Wirkung der Maßnahmen in der Nachbereitungsphase zu (*Drengner* 2003, S. 182). Die Validität solcher Wirkungsmessungen lässt sich durch ein experimentelles Design erhöhen, indem eine erste Messung bereits vor einem Event vorgenommen wird und zudem Personen als Kontrollgruppe in die Untersuchung einbezogen werden, die nicht an dem Event teilgenommen haben (*Drengner* 2003, S. 182).

> **Beispiel: Besucherbefragungen für den *Expo* Pavillon der *Bertelsmann AG***
> Im Rahmen der Erfolgskontrolle des „Planet m" auf der *Expo 2000* führte die *Bertelsmann AG* zum einen eine Medienresonanzanalyse durch, zum anderen wurden umfassende Besucherbefragungen mit mehreren Erhebungswellen unternommen (*Bauer* 2002, S. 54 ff.). Die Ergebnisse dieser Befragungen sind zusammenfassend in Schaubild III-I-23 dargestellt und deuten auf klare Imageverbesserungen für das Unternehmen hin.

Befragungsinhalte zur Erfassung kognitiver und affektiver Wirkungen eines Events, die von der Praxis vorgeschlagen werden, beziehen sich oftmals auf die subjektive Beurteilung von Kreation, Konzeption, Organisation sowie Realisation der Inszenierungselemente durch die Teilnehmer. Schaubild III-I-24 gibt einen entsprechenden Überblick über denkbare Inhalte einer Befragung von Eventbesuchern.

Die Analyse **konativer Wirkungen** des Event Marketing bezieht sich zum einen auf das Teilnahmeverhalten der Zielgruppen an einem Event, zum anderen auf die Handlungsabsichten, die bei den Zielgruppen durch das Event bewirkt werden. Als Kennzahlen, die das **Teilnahmeverhalten** beschreiben, lassen sich die Anzahl von Anmeldungen (bei eingeladenen und beworbenen Personen) sowie die tatsächlichen Teilnehmerzahlen heranziehen. Hieraus lassen sich unter anderem Rückschlüsse auf die Attraktivität des Events sowie auch auf den Erfolg der eingesetzten Kommunikationsmaßnahmen ziehen. Verfolgt ein Unternehmen mit einem Event mittelbar oder unmittelbar auch das Ziel, die Abverkäufe von Produkten bzw. die Inanspruchnahme von Dienstleistungen zu fördern, so werden die Eventbesucher z. B. nach ihren **Handlungsabsichten** (z. B. der Kauf eines Produktes des eventveranstaltenden Unternehmens) befragt und inwieweit diese durch das Event beeinflusst wurden.

Bewertung ausgewählter Imagedimensionen durch die befragten Besucher:

	Vorher	Nachher	Plus in %
Innovativ	52	68	15
Vertrauenswürdig	45	60	15
Verantwortungsvoll	41	56	15
Informiert offen	41	58	17

Bewertung des Kompetenzgewinns bei Multimedia und Fernsehen durch die befragten „VIPs":

	1999	2000	Plus in %
Multimedia	19	41	22
Fernsehen	12	18	6

Bewertung ausgewählter Imagedimensionen durch die befragten „VIPs":

	1999	2000	Plus in %
Sehr erfolgreich	78	97	19
Professionelles Management	82	95	13
Seriös	58	93	35

Schaubild III-I-23: Ergebnis der Befragung der Besucher des Pavillons der Bertelsmann AG auf der Expo 2000 (Bauer 2002, S. 54)

A. Kognitive Wirkungen

1. Anreise
- Die Anreise verlief bequem und schnell
- Der Veranstaltungsort war gut zu finden

2. Location
- Die Location hatte Bezug zum Inhalt des Events

3. Catering
- Das Angebot an Speisen und Getränken entsprach meinen Erwartungen

4. Personal
- Personal war ausreichend vorhanden
- Ich wurde freundlich und zuvorkommend behandelt
- Bei Fragen und Problemen konnte man mir weiterhelfen

5. Ablauf
- Der Ablauf des Events war sinnvoll und gut geplant
- Es gab ausreichend Pausen

6. Inhalte und Programm
- Der Inhalt wurde gut verständlich und interessant vermittelt
- Ich habe etwas Neues gehört und erlebt
- Die Inhalte waren ansprechend visualisiert
- Die Mischung aus Information und Entertainment war richtig bemessen
- Das Rahmenprogramm war interessant
- Das Programm hatte Bezug zum Inhalt des Events
- Ich wurde als Gast aktiviert und in den Veranstaltungsablauf miteinbezogen

Trifft sehr zu   Trifft nicht zu
1   2   3   4   5

B. Affektive Wirkungen

1. Das Event hat mir insgesamt sehr gut gefallen
2. Der Eventveranstalter (Firma X) ist mir sehr sympathisch
3. Ich mag die Produkte der Firma X
4. Durch die lockere Atmosphäre habe ich ich mich wohl gefühlt
5. Es hat sich für mich gelohnt, dabei zu sein

Schaubild III-I-24: Inhalte einer Besucherbefragung zur Erfassung der kognitiven und affektiven Wirkungen eines Events (in Anlehnung an Burmann 2002, S.114; Inden 1993, S.212f.)

Die erläuterten Effektivitätskontrollen werden zum Teil in leicht abgewandelter Form sowohl für die primären als auch sekundären Zielgruppen des Event Marketing eingesetzt werden. Auf Seiten der **sekundären Zielgruppen** lassen sich zudem **Medienresonanzanalysen** heranziehen, die den Umfang und die Art der Medienberichterstattung erfassen (*Burmann* 2002, S.117ff.). Aufgrund ihrer Multiplikatorwirkung nimmt die veröffentlichte Meinung wiederum auch Einfluss auf die Primärzielgruppen sowie durch Mund-zu-Mund-Kommunikation auf die Meinung Dritter. Das **Vorgehen** einer Medienresonanzanalyse für das Event Marketing ist dreistufig. Dabei wird in einer ersten Studie die **Medienresonanz für das Event insgesamt** ermittelt, wobei sowohl eine quantitative als auch eine qualitative Auswertung vorzunehmen ist (*Drengner* 2003, S.184). Da die Realisierung der Event-Marketing-Ziele letztlich von der Erwähnung des Unternehmens oder seiner Produkte in Verbindung mit dem Event abhängt, ist in einem nächsten Schritt die tatsächliche **Medienpräsenz des Unternehmens** bzw. seiner Produkte innerhalb der Medienberichterstattung zu ermitteln. Auch hierbei sind wiederum sowohl quantitative als auch qualitative Aspekte zu analysieren. Auf einer dritten Stufe wird schließlich die Medienpräsenz anhand der **Reichweite** der einzelnen Medien bewertet, um die Verbreitung der Kommunikationsbotschaft zu beurteilen sowie Auskunft zu erhalten, ob über ein Event auch die anvisierten Zielgruppen erreicht wurden.

9.2.3 Effizienzkontrolle des Event Marketing

Im Rahmen von Effizienzkontrollen werden zur Beurteilung der Event-Marketing-Aktivitäten **Kosten-Nutzen-Vergleiche** aufgestellt. Hierbei werden die aufgewendeten Kosten sämtlicher Aktivitäten dem realisierten Nutzen, d.h. allen Leistungen, die mit dem Event Marketing erzielt wurden, gegenübergestellt. Dabei steht nicht allein die Kontrolle des gesamten Event-Marketing-Einsatzes im Mittelpunkt, sondern es geht auch um eine Evaluation der einzelnen Maßnahmen. Als effizient ist das Event Marketing bzw. eine einzelne Maßnahme dann zu bezeichnen, wenn dessen/deren Nutzen höher als die entstandenen Kosten und gleichzeitig größer ist/sind als bei allen alternativ einsetzbaren Kommunikationsinstrumenten (*Burmann* 2002, S.100; *Lasslop* 2003, S.174). Problematisch erweist sich im Event Marketing jedoch die Überprüfung des Verhältnisses von Mitteleinsatz und -Output, da es bisher nicht möglich erscheint, die erzielten Kommunikationswirkungen in monetäre Äquivalente zu übertragen (*Lasslop* 2003, S.174). In der Regel wird die Effizienzbewertung aus diesem Grund im Sinne einer Opportunitätskostenbetrachtung anhand von Vergleichsobjekten erfolgen.

Bei der Festlegung relevanter **Vergleichsobjekte des Event Marketing** wird zwischen intra- und interinstrumentellen Vergleichen unterschieden. Bei einem **intrainstrumentellen Vergleich** lässt sich entweder ein in der Vergangenheit vom eigenen Unternehmen durchgeführtes Event heranziehen oder ein Event anderer Unternehmen. Beide Vorgehensweisen sind jedoch mit Nachteilen behaftet, da bei der Konzentration auf das eigene Unternehmen unternehmensspezifische Mängel bei der Planung und Umsetzung des Events nicht aufgedeckt werden und bei fremden Events die Datenbeschaffung Probleme bereitet und die Events zudem unter Umständen wenig vergleichbar sind. Im Verlauf eines **interinstrumentellen Vergleichs** wird die Effizienz eines Events und eines anderen Kommunikationsinstrumentes (z.B. Mediawerbung) gegenübergestellt. Auch dieses Vorgehen wird in der Literatur kontrovers diskutiert, da unterschiedliche Wirkungs- und Reichweitencharakteristika der einzelnen Kommunikationsinstrumente nur unzureichend berücksichtigt werden (*Nufer* 2006, S.81; *Hermanns* 2008, S.188). Um die instrumentespezifischen Unterschiede in den Effizienzvergleich zu integrieren, bedürfte es umfassender Wirkungs-, Kontakt- und Kosteninformationen sowie klar definierter Zielinhalte und Zielgruppen, die mit einem gegebenen Budget zu erreichen sind (*Lasslop* 2003, S.176 f.), wie sie heute jedoch nur in Ausnahmefällen vorliegen.

Trotz der dargestellten Problematik der Auswahl von Vergleichsobjekten für das Event Marketing empfiehlt es sich für die Praxis, sowohl einen intrainstrumentellen Zeit- sowie Unternehmensvergleich durchzuführen als auch einen interinstrumentellen Vergleich mit anderen durch das Unternehmen eingesetzten Kommunikationsinstrumenten. Auch wenn die Ergebnisse dieser Vergleiche kritisch zu würdigen sind, so erlauben sie doch Tendenzaussagen und grobe Einschätzungen, die für die zukünftige Planung des Event Marketing wertvolle Hinweise geben.

In Abhängigkeit der vorliegenden Informationen hinsichtlich des Event-Marketing-Einsatzes lässt sich entweder eine

- Direkte Effizienzbewertung oder
- Indirekte Effizienzbewertung

vornehmen (vgl. im Folgenden *Lasslop* 2003, S. 177 f.). Voraussetzung für beide Vorgehensweisen bilden operational-formulierte Ziele wie auch eine klare Zielgruppenfestlegung und Aussagen über die erreichten Personen. Liegen darüber hinaus Informationen über die Kosten des eigenen Events sowie aller in die Bewertung einzubeziehenden Vergleichsobjekte vor, besteht die Möglichkeit einer direkten Effizienzbewertung. Ist dies nicht der Fall, wird auf eine indirekte Effizienzbewertung ausgewichen.

Im Rahmen einer **direkten Effizienzbewertung** geht es darum, die Maßnahme mit dem günstigsten Verhältnis zwischen Input und Output zu identifizieren. Werden im Rahmen der Effizienzbewertung unterschiedlich gewichtete Zielgruppen und Zielinhalte berücksichtigt, so ergibt sich folgender Ausdruck als Effizienzmaß einer Kommunikationsmaßnahme (in Anlehnung an *Lasslop* 2003, S. 178):

$$Eff_i = \frac{\sum_{j=1}^{n}\sum_{k=1}^{n} g_j \, p_{ji} \cdot z_k \, w_{kji}}{K_i}$$

Mit:

Eff_i Effizienzmaß einer Kommunikationsmaßnahme i

g_j Gewichtungsfaktor für die Zielgruppe

p_{ji} Anzahl erreichter Personen aus Zielgruppe j mit Kommunikationsmaßnahme i

z_k Gewichtungsfaktor für Zielwirkung k

w_{ki} Durchschnittlich erreichtes Ausmaß bei Zielwirkung k mit Kommunikationsmaßnahme i bei Zielgruppe j

K_i Kosten für Kommunikationsmaßnahme i

Bei Vorliegen aller relevanten Daten lassen sich auf diese Weise sowohl intra- als auch interinstrumentelle Vergleiche für das Event Marketing vornehmen. Mit steigender Anzahl einzubeziehender Größen steigen jedoch sowohl die Komplexität des Bewertungsprozesses als auch die Anforderungen an den Umfang und die Güte der erforderlichen Informationen. Da diese Anforderungen in der Praxis aufgrund des Erhebungsaufwands oder einer mangelnden Vergleichbarkeit oftmals nicht erfüllt sind, verbleibt die Möglichkeit einer **indirekten Effizienzbewertung** anhand heuristischer Überlegungen. In der Praxis kommen hierbei zumeist zwei Verfahren zur Anwendung:

- Ermittlung von Kontaktkostenrelationen sowie
- Berechnung äquivalenter Kommunikationswerte.

Bei der **Kontaktkostenermittlung** erfolgt die indirekte Effizienzbeurteilung in Relation zu ausgewählten Vergleichsobjekten, indem die Kosten einer Maßnahme durch die erzielten Kontakte dividiert werden. Bei der Primärzielgruppe erfolgt dieser Vergleich auf Basis einer Veranstaltungsresonanzanalyse, bei der Sekundärzielgruppe auf Basis einer Medienresonanzanalyse.

Für die **Veranstaltungsresonanzanalyse** sind hierbei solche Vergleichsobjekte zu wählen, bei denen eine vergleichbare Kontaktqualität unterstellt wird. Dies ist in besonderem Maße von anderen Events erfüllt, ist aber auch bei sonstigen erlebnisorientierten Veranstaltungen (z. B. Messebeteiligungen) der Fall.

Beispiel: Effizienzbewertung des *Expo* Pavillons der *Bertelsmann AG*

Im Rahmen einer Effizienzbewertung des *Expo* Pavillons der *Bertelsmann AG* erfolgte eine Bewertung der Kontakte mit den verschiedenen Zielgruppen über die jeweiligen Kontaktkosten (*Bauer* 2002, S. 57). Hierzu wurde für die Besucher des „Planet m" ein Kontaktpreis von 11 bis 16,5 EUR angenommen, der mit der Besucherzahl multipliziert wurde. Diese Summe wäre von *Bertelsmann* folglich zu investieren gewesen, um eine vergleichbare Wirkung mit anderen Kommunikationsmaßnahmen zu erzielen (beispielsweise 2,5 bis 3 Mio. EUR für die Mitarbeiterkommunikation). Wie Schaubild III-I-25 zeigt, beläuft sich der Wert der Kontakte, der durch das Event „Planet m" in der Öffentlichkeit, bei Meinungsbildnern und Mitarbeitenden generiert wurde, insgesamt auf 21 bis 30 Mio. EUR.

Kontaktpreise des Expo-Pavillons „Planet m" auf Basis der Veranstaltungsresonanz
Angenommener Kontaktpreis pro Person: 11 – 13,50 EUR
Kontaktpreise
... zum Erreichen der Öffentlichkeit   10,5 – 16 Mio. EUR ... zum Erreichen der Meinungsbildner   8 – 11 Mio. EUR ... zum Erreichen der Mitarbeiter   2,5 – 3 Mio. EUR   21 – 30 Mio. EUR

Schaubild III-I-25: Direkte Kontaktpreise für den Pavillon der Bertelsmann AG auf der Expo 2000
(Bauer 2002, S. 57)

Analog zur Analyse der Veranstaltungsresonanz erfolgt die Beurteilung der indirekt durch die Medien erzielten Kontakte. Grundlage bildet die **Medienresonanzanalyse**, und es werden die Eventkosten durch die Summe der ermittelten Kontakte dividiert. Wird diese Zahl mit dem Faktor 1.000 multipliziert, so ergibt sich der mit den Daten der Mediawerbung vergleichbare **Tausenderkontaktpreis**. Ein Vergleich der Tausenderkontaktpreise redaktioneller Berichte über ein Event und Printwerbung ist jedoch aufgrund der qualitativen Unterschiede beider Kommunikationsmittel von begrenzter Aussagekraft und nur zur Ableitung erster Anhaltspunkte geeignet. So unterliegt beispielsweise Printwerbung einerseits oftmals einer geringeren Glaubwürdigkeit und Akzeptanz als ein redaktioneller Bericht, andererseits wird jedoch die Gestaltung und Platzierung der Botschaft von dem werbetreibenden Unternehmen kontrolliert, so dass sich Aufmerksamkeit und Kontaktchancen steigern lassen.

Neben der Berechnung von Kontaktpreisrelationen besteht die Möglichkeit, einen so genannten **äquivalenten Kommunikationswert** zu berechnen und von diesem auf die Effizienz eines Events zu schließen (Opportunitätskostenbetrachtung). Die Medienkontakte betreffend wird hierzu die mit einem Event erzielte Medienpräsenz erfasst und mit Kosten bewertet, die für eine Anzeige an exakt der gleichen Stelle und in gleichem Umfang aufzuwenden wären. Darüber hinaus sind auch für die direkten Zielgruppenkontakte vor Ort entsprechende Vergleichsobjekte und Verrechnungssätze zu bestimmen. Ein fiktives Beispiel für dieses Vorgehen ist in Schaubild III-I-26 abgebildet. Als Vergleichsobjekte wurden hierbei jeweils solche Veranstaltungen gewählt, bei denen von einer vergleichbaren Kontaktqualität (Erlebnisstärke, Expositionszeit, Involvement) auszugehen ist. Die ermittelte Höhe des äquivalenten Kommunikationswertes wird den angefallenen Kosten für das Event gegenübergestellt. Liegen diese unter dem Wert, wird von einer effizienten Durchführung des Events ausgegangen. Allerdings ist auch diese Bewertung nur als grober Anhaltspunkt für die Beurteilung eines

Kontaktart	Kontakt-anzahl	Vergleichsobjekte und Kontaktkosten	Wertansatz in EUR	
			min.	max.
„Normaler" Teilnehmer	10.000	Kontaktkosten auf Verbrauchermessen: 8–12 EUR pro Kontakt	80.000	120.000
Mitarbeitender	150	Durchschnittskosten pro Teilnehmer bei internen Motivationsveranstaltungen: 50–100 EUR pro Kontakt	7.500	15.000
Meinungsführer	50	Messestandgesprächspreis bei Fachmessen: 65-80 EUR pro Kontakt	3.250	4.000
Medien-öffentlichkeit	15 Print-berichte	Anzeigenpreis in gleicher Größe an der gleichen Stelle bei Absenderpräsenz	50.000	50.000
Äquivalenter Kommunikationswert des Marketingevents			140.750	189.000

Schaubild III-I-26: Fiktives Beispiel zur Ermittlung eines äquivalenten Kommunikationswerts im Event Marketing (Lasslop 2003, S. 186)

Events zu interpretieren, da ihr Ergebnis stark von Auswahl und Wirtschaftlichkeit der Vergleichsobjekte determiniert wird (*Lasslop* 2003, S. 187).

Beispiel: Berechnung eines äquivalente Kommunikationswertes für den *Expo* Pavillon der *Bertelsmann AG*

Die Berechnung eines äquivalenten Kommunikationswertes erfolgte für den Pavillon „Planet m" auf Basis der erzielten Medienresonanz (*Bauer* 2002, S. 54 ff.). Das Vorgehen hierzu ist in Schaubild III-I-27 wiedergegeben. Der Wert der 5.000 Beiträge in Print- und Online-Medien, im Fernsehen und Hörfunk ergibt sich aus der Summe, die *Bertelsmann* in Anzeigenwerbung gezwungen wäre zu investieren, um die gleiche Resonanz zu erhalten. Hinzugezählt wurde zudem der quantifizierte Vorteil redaktioneller Beiträge gegenüber Anzeigen, der in erster Linie durch deren erhöhte Glaubwürdigkeit resultiert. (Dieses Vorgehen ist jedoch als kritisch anzumerken, da die zuvor erwähnten spezifischen Vorteile von Printwerbung gegenüber redaktionellen Beiträgen nicht in gleichem Maße berücksichtig wurden). Im Ergebnis wird deutlich, dass eine vergleichbare Werbekampagne bis zu 20 Mio. EUR gekostet hätte.

Äquivalenter Kommunikationswert des Expo-Pavillons Planet m auf Basis der Medienresonanz	
5.000 Beiträge in Print- und Online-Medien, Fernsehen und Hörfunk (jeder vierte Beitrag mit klarem *Bertelsmann*-Bezug)	3 Mio. EUR
Komparativer Vorteil redaktioneller Beiträge gegenüber Anzeigenwerbung	7,5 –17,5 Mio. EUR
Freie Anzeigen	2,5 Mio. EUR
	10 – 20 Mio. EUR

Schaubild III-I-27: Äquivalenter Kommunikationswert des Pavillons der Bertelsmann AG auf der Expo 2000 (Bauer 2002, S. 57)

9.3 Probleme der Erfolgskontrolle im Event Marketing

Die Erfolgskontrolle des Event Marketing ist mit einer Reihe von Schwierigkeiten verbunden, die sich zum einen auf die grundsätzliche Problematik der Erfolgskontrolle von Kommunikationsmaßnahmen, zum anderen aber auch auf spezifische Merkmale des Event Marketing zurückführen lassen. Zu erwähnen sind insbesondere folgende **Problembereiche** (*Burmann* 2002, S. 95 ff.; *Lasslop* 2003):

- **Problem der Zurechenbarkeit:** Die Problematik der Zurechenbarkeit von Kommunikationsmaßnahmen und ihren Wirkungen stellt ein grundsätzliches Problem der Erfolgskontrolle im Kommunikationsbereich dar. Es tritt umso gravierender auf, je stärker ein Kommunikationsinstrument in Koordination mit anderen eingesetzt wird. Aus diesem Grund ist die Zurechenbarkeitsproblematik auch von besonderer Bedeutung für das Event Marketing, da dieses oftmals zeitlich vor- oder nachgelagert sowie auch parallel zu anderen Instrumenten eingesetzt wird. Hierbei treten sowohl sachliche als auch zeitliche Interdependenzen auf. Während sich sachliche Interdependenzen auf die Zurechnung der Wirkungen unterschiedlicher Kommunikationsinstrumente beziehen, drücken sich zeitliche Interdependenzen darin aus, dass die Wahrnehmung und Beurteilung der Events in der Gegenwart zu einem Teil durch die Events in der Vergangenheit beeinflusst sind.
- **Problem externer Störeinflüsse:** Eine weitere Schwierigkeit des Event Marketing besteht darin, dass die nach der Durchführung eines Events gemessenen Wirkungen unter Umständen durch externe Faktoren verzerrt sind. So stellen möglicherweise z. B. die Durchführung von Events oder die Schaltung einer neuen Werbekampagne durch die Konkurrenz wie auch konjunkturelle Einflüsse positive oder negative Störeinflüsse für das Event Marketing dar. Während sich dieses Problem für einige andere Kommunikationsmaßnahmen, wie die TV- oder Printwerbung, im Rahmen eines Laborexperiments ansatzweise lösen lässt, wird diese Möglichkeit für das Event Marketing als weniger sinnvoll erachtet.
- **Problem der Vergessenswirkungen:** Da eine Vielzahl der angestrebten Wirkungen des Event Marketing (z. B. Veränderungen des Bekanntheitsgrades, des Images oder des Kaufverhaltens) langfristig ausgerichtet sind, hat die Erfolgskontrolle kontinuierlich und über einen längeren Zeitraum zu erfolgen. Werden Kommunikationswirkungen indessen nur direkt im Anschluss an ein Event und nur unregelmäßig vorgenommen, so besteht die Gefahr einer Wirkungsüberschätzung.
- **Problem der Datenbeschaffung:** Sowohl die Bewertung der Kommunikationswirkungen von Event Marketing als auch eine Effizienzbeurteilung scheitern in der Praxis oftmals an einem Datenmangel bzw. einer mangelhaften Datenqualität. Dies bezieht sich zum einen auf die Quantifizierung des Nutzens eines Events, zum anderen auf die Ermittlung der Kosten des eigenen Events sowie von Vergleichsobjekten. Insbesondere die Beschaffung von Kosten über Veranstaltungen anderer Unternehmen ist mit Schwierigkeiten verbunden, aber auch die generelle Auswahl von Vergleichsobjekten mit äquivalenter Kontaktqualität stellt sich aufgrund des Erlebnischarakters und der Einmaligkeit von Events häufig als problematisch dar.

Auch wenn die Erfolgskontrolle im Event Marketing heute noch mit einer Reihe von Problemen behaftet ist, ist das kein Hinderungsgrund, dass Unternehmen eine umfassende Kontrolle einzelner Events wie auch ihrer Event-Marketing-Strategien vornehmen. Zwar hat sich Event Marketing in den letzten Jahren durch bedeutende Wachstumsraten ausgezeichnet, die sich zu einem Großteil durch die Innovativität des Kommunikationsinstrumentes sowie seine spezifischen Vorteile gegenüber der Mediawerbung erklären lassen. In der Zukunft tritt jedoch die Wirtschaftlichkeit unterschiedlicher Events verstärkt in den Fokus, und es werden **professionelle**

Controllinginstrumente gefordert sein, um den Eventeinsatz einer systematischen Effektivitäts- und Effizienzanalyse zu unterziehen. Hier werden sowohl Wissenschaft als auch Unternehmen zukünftig aufgefordert sein, bestehende Ansätze der Prozess-, Wirkungs- und Erfolgskontrolle im Event Marketing weiterzuentwickeln sowie neue Ansätze zu erforschen.

10 Entwicklungstendenzen und Zukunftsperspektiven des Event Marketing

Da die bereits erwähnten Gründe für das Entstehen des Event Marketing, wie z. B. die sinkende Effizienz klassischer Kommunikationsinstrumente oder das Erlebnisbedürfnis der Zielgruppen, in den nächsten Jahren zunehmen werden, ist davon auszugehen, dass sich die Bedeutung des Event Marketing für die Unternehmens- und Marketingkommunikation zukünftig weiter etablieren wird. Neben aller Euphorie, die mit diesem Kommunikationsinstrument – zurecht – verbunden wird, sind von Unternehmen aber auch mögliche Risiken des Event-Marketing-Einsatzes zu antizipieren, um auf diese rechtzeitig mit adäquaten Strategien zu reagieren. Neue Herausforderungen ergeben sich in diesem Sinne sowohl durch Faktoren, die durch die externe Umwelt bestimmt werden als auch durch solche, die eine direkte Folge der bisherigen Event-Marketing-Aktivitäten darstellen.

Wie gezeigt, lässt sich der Erfolg zahlreicher Events auf wesentliche Grundströmungen in der Gesellschaft, speziell die zunehmende Erlebnisorientierung, zurückführen. Seit Beginn des 21. Jahrhunderts ist jedoch, bedingt durch wirtschaftliche sowie politische Faktoren, eine **Ernüchterung der „Spaßgesellschaft"** zu beobachten, die auch die Rezeption von Events durch die Zielgruppen beeinflussen wird. Es ist davon auszugehen, dass nicht mehr jedes beliebige Event kritiklos und unreflektiert von der Bevölkerung aufgenommen wird. Mehr denn zuvor wird der Erfolg einer Event-Marketing-Strategie in der Zukunft somit davon abhängig sein, ob sich die Zielgruppen von dem **„Fit"** zwischen einem Unternehmen und dem ausgerichteten Event überzeugen lassen und der Eventeinsatz glaubwürdig kommuniziert wird.

Die Fülle der Events, mit denen die Konsumenten inzwischen konfrontiert werden, birgt darüber hinaus die Gefahr in sich, dass auch gegenüber diesem Kommunikationsinstrument mittelfristig **Reaktanzen** entstehen, insbesondere wenn die Kommerzialisierung der Events zu massiv vorangetrieben wird. Der verstärkte Einsatz des Event Marketing führt teilweise zudem zu einer abnehmenden Effektivität, da bei den Zielgruppen eine **Sättigung** in Bezug auf häufig eingesetzte Eventtypen und Inszenierungsinhalte auftreten wird („Wear-out-Effekt") (*Neumann* 2006, S. 77). Dies wird dazu führen, dass Events immer anspruchsvoller und aufwändiger zu inszenieren sind, um im Vorfeld das Teilnahmebedürfnis zu wecken und die intendierten Ziele zu erreichen.

Das Erlebnisbedürfnis der Zielgruppen, das neben anderen Faktoren ursächlich für den Erfolg des Event Marketing ist, birgt gleichzeitig auch Risiken in sich. Die Zielgruppen sehen sich heute einer kaum zu überblickenden Vielfalt an Freizeitangeboten gegenüber. Dadurch steigt die **Konkurrenz** der einzelnen Angebote untereinander, da sie allesamt um die Freizeitbudgets und die Zeit der Zielgruppen konkurrieren (*Pfaff* 2003, S. 29). Hinzu kommen Tendenzen des **„Variety Seeking"** im Freizeitbereich. Zielgruppen suchen immer wieder nach Abwechslung und neuen Herausforderungen, so dass es schwieriger wird, sie an die Events eines bestimmten Unternehmens – oder auch nur an einen bestimmten Eventtypus – zu binden.

Nach innen gerichtet liegen die Herausforderungen des Event Marketing vor allem in der Sicherstellung der Effektivität und Effizienz der Entwicklung und des Einsatzes von Events. Aufmerksamkeitswirkung, Kreativität und Innovativität werden zukünftig zur Rechtfertigung von Events nicht mehr ausreichen und die Bewertung von Kosten-Nutzen-Relationen ist verstärkt in den Mittelpunkt zu rücken. Eine konsequente **Erfolgskontrolle** des Event Marketing gewinnt somit wesentlich an Bedeutung und in diesem Kontext auch der Einsatz und die Weiterentwicklung vorliegender Methoden der Erfolgskontrolle durch Unternehmen sowie Agenturen gleichermaßen (*Sistenich* 1999, S. 267).

Ebenfalls aufgrund von Effektivitäts- und Effizienzaspekten ist damit zu rechnen, dass Unternehmen, die im Event Marketing aktiv sind, den Trend zur Konzentration, Kooperation und Integration weiter forcieren. Die **Konzentrationsbestrebungen** werden dazu führen, dass die Unternehmen anstatt vieler, kleiner Events nur wenige, aber dafür große Veranstaltungen inszenieren, um sowohl die Budgets als auch die Personalbindung in den Unternehmen zu entlasten. Auch die Inszenierung eines Events durch mehrere Partner im Rahmen von **Kooperationsstrategien** zielt auf eine Senkung der Event-Marketing-Kosten ab. Kooperationen sind neben den positiven Effekten (Kostenreduzierung für die Beteiligten, gegenseitige Verstärkung der Kommunikationswirkung, Ausnutzung von Synergien in verschiedenen Kompetenzfeldern u. a. m.) aber auch mit Risiken verbunden, wenn etwa falsche Partner Irritationen bei den Zielgruppen auslösen, die Markenwelt verwässert wird, die Partner unterschiedliche Zielsetzungen verfolgen oder die Zusammenarbeit nicht funktioniert (*Erber* 2005, S. 85 f.). Von zentraler Bedeutung ist aus diesem Grund eine sorgfältige Auswahl der Kooperationspartner, die die Voraussetzungen für eine effiziente Planung und Praktikabilität in der Umsetzung leistet. Insbesondere sind hierbei die Zielgruppenaffinität sowie die Zielsetzungen aller Partner zu berücksichtigen.

Möglichkeiten zur Effektivitäts- und Effizienzsteigerung erwachsen jedoch nicht ausschließlich aus der Kooperation mit anderen Unternehmen, sondern lassen sich auch unternehmensintern ausnutzen. Erfolgversprechend ist in diesem Sinne die Entwicklung eines **Prozessmanagements** für ausgewählte Bereiche des Event Managements (*Pfaff* 2002, S. 87 ff.). Ein zentrales Ziel einer „Erlebnisprozesspolitik" (*Pfaff* 2002, S. 26) besteht darin, die durchschnittliche Verweildauer der Besucher einer (Sport-) Veranstaltung zu verlängern und die Wahrscheinlichkeit der Inanspruchnahme des Erlebnisangebotes zu steigern. Großes Optimierungspotenzial bietet darüber hinaus ein professionelles Besucherpfadmanagement, dessen Einfluss auf die Teilnehmerzufriedenheit heute oftmals noch nicht erkannt wird (*Pfaff* 2003, S. 26).

Die wichtigste Aufgabe für die Unternehmen liegt weiterhin in der **Integration** des Event Marketing in die gesamte Unternehmenskommunikation. Insbesondere bei der Verfolgung ganzheitlicher Erlebnisstrategien (*Weinberg* 1992) liefert Event Marketing einen wichtigen Beitrag zur Generierung eines dauerhaften Erlebnisprofils einer Marke. Neben der Realisierung von Synergieeffekten in der Penetration von Kommunikationsbotschaften stellt der integrierte Event-Marketing-Einsatz den Ausgangspunkt für ein konsequentes **Themenmanagement** dar (*Schmidt/Holze* 2003), indem es die Chance bietet, durch den Rekurs auf inszenierte Events den anderen Kommunikationsinstrumenten reale, glaubwürdige Inhalte zu liefern (Event Marketing als **Kommunikationsplattform**). Darüber hinaus liefert Event Marketing im Kommunikationsmix Ansatzpunkte für eine **dialogorientierte Kommunikationspolitik**, indem es Plattformen für den Kontakt zwischen den relevanten Unternehmenszielgruppen und dessen Mitarbeitenden schafft.

Event Marketing stellt jedoch nicht nur neue Herausforderungen an die Unternehmen. Eine **Professionalisierung** wird zukünftig auch von externen Dienstleistern (vor allem Agenturen und Eventveranstaltern) sowie auch in der Eventausbildung verlangt (*Nickel* 1998, S. 299 ff.). Zwar wächst das Angebot an **Eventagenturen** und sonstigen Beratern auf diesem Themengebiet ständig. Eine Vielzahl von Agenturen haben sich bislang hinsichtlich ihrer Kernkompetenzen jedoch noch nicht eindeutig positioniert, und es fehlt ihnen teilweise das systematische Know-how für sowohl die strategische Planung als auch die operative Umsetzung von Events. Gelingt es den Agenturen, ihre Kompetenzen in diesen Bereichen auszubauen, öffnet ihnen dies auch die Möglichkeit, Einfluss auf ihre Kunden zu nehmen und diesen von Beginn des Planungsprozesses an für die strategische Dimension des Event Marketing zu sensibilisieren (*Nickel* 1998, S. 301).

Die Professionalisierung in der **Event-Marketing-Ausbildung** hat zunächst eine quantitative Dimension, da zukünftig mehr Bildungsträger gefragt sein werden, Ausbildungsmöglichkeiten für ein professionelles Eventmanagement anzubieten. Wichtiger ist darüber hinaus jedoch eine Verbesserung von Ausbildungsmöglichkeiten in qualitativer Hinsicht. Wie die vorangegangenen Ausführungen gezeigt haben, ist der erfolgreiche Einsatz des Kommunikationsinstrumentes Event Marketing nicht allein durch Kreativkompetenz zu gewährleisten. Gefordert ist Know-how hinsichtlich der Formulierung realistischer und operationalisierbarer Event-Marketing-Ziele, der Entwicklung von Strategien und Einzelmaßnahmen sowie nicht zuletzt der Erfolgskontrolle. Grundsätzlich wird hierbei verstärkt eine interdisziplinäre Ausrichtung in der Ausbildung gefordert, die beispielsweise auch verhaltenswissenschaftliche Erkenntnisse der Konsumentenforschung einbezieht. Darüber hinaus ist Event Marketing nicht isoliert zu betrachten, sondern in den Kontext der Markenführung eines Unternehmens sowie des Einsatzes der übrigen Kommunikationsinstrumente zu stellen. Ein erfolgreicher Event-Marketing-Manager zeichnet sich heute somit nicht mehr allein dadurch aus, indem er als „Macher" agiert, sondern er wird auch aufgefordert sein, sich als Stratege zu beweisen.

J. Einsatz von Social Media-Kommunikation

1 Begriff und Erscheinungsformen der Social Media-Kommunikation

1.1 Entwicklung der Social Media-Kommunikation

Die Nutzung des Internet ist innerhalb der letzten Jahrzehnte zu einem festen Bestandteil im Alltag vieler Menschen geworden. Fast alle Konsumenten nutzen das Internet, um Informationen zu sammeln, die als Grundlage für zukünftige Entscheidungen dienen. Je nach Art der zu treffenden Entscheidung greifen sie dabei mehr oder weniger stark auf Webites zu, deren Inhalt entweder von Unternehmen selbst oder anderen Internetnutzern generiert wird. Ferner zählen die Kommunikation (z. B. das Schreiben von E-Mails) und das E-Commerce zu den am stärksten verbreiteten Tätigkeiten im Internet. Weltweit nutzen mehr als eine Milliarde Menschen das Internet und 750 Mrd. Menschen auf der gesamten Welt sind im so genannten Social Web aktiv. Der Begriff Social Web bezeichnet die Verbindungen und Interaktionen zwischen Nutzern im World Wide Web (WWW), die auf den Social Media-Plattformen basieren. Somit verbindet das Social Web Menschen, aber nicht nur diese, sondern auch Organisationen und Konzepte. Von den rund 82 Mio. Bundesbürgern in Deutschland haben etwa 45 Mio. bereits einen eigenen Zugang zum WWW. Davon sind wiederum 27 Mio. im Social Web aktiv. Das allein sind schon beeindruckende Zahlen. Zumal die Nutzer des Social Web von ihrem Profil her lukrativ für viele Unternehmen sind. Beispielsweise sind im Social Web alle Altersklassen vertreten. Bei *Youtube* und *Facebook* dominieren die jüngeren Anwender, bei *Twitter* hingegen sind die meisten Anwender über 40 Jahre alt. Ferner sind zirka 90 Prozent der 18 bis 29-Jährigen in einer Community vertreten, d.h., sie sind Mitglied einer Netzgemeinschaft (*VierPartner* 2009).

Im Folgenden werden die einzelnen Entwicklungsphasen bis hin zu einer Social Media-Kommunikation kurz dargestellt. Die reine Informationssuche, die Kommunikation via E-Mails sowie das E-Commerce gehören den Web 1.0-Aktivitäten an. In jüngster Zeit erfreut sich der Begriff des Web 2.0 großer Aufmerksamkeit, wenngleich bis heute der Umfang des Begriffs nicht klar umrissen ist und keine einheitliche Definition existiert. *Tim O'Reilly* verbindet mit dem Begriff des Web 2.0 eine stärkere Partizipation und Einbindung der Internetnutzer in das Internetgeschehen. Nutzer können mit geringem Aufwand Inhalte selbst generieren und mit anderen teilen (*O'Reilly* 2006). Es wird sich von der Auffassung entfernt, das WWW als reine Informationsquelle zu verstehen (*Holland* 2009, S. 93 ff.). Vielmehr wird das WWW als Ausführungsplattform gesehen, um mit anderen Internetnutzern in Kontakt zu treten. Zunehmend häufiger produzieren und veröffentlichen Internetnutzer eigene Informationen im weltweiten Netz. Im Ergebnis kristallisieren sich immer stärker so genannte **soziale Netzwerke** heraus, in denen sich Konsumenten – teilweise weltweit – miteinander über Inhalte und Informationen, die das Unternehmen und dessen Marken betreffen, austauschen. Schaubild III-J-1 veranschaulicht den unterschiedlichen Informationsfluss im klassischen Web (dem Web 1.0) und im Web 2.0.

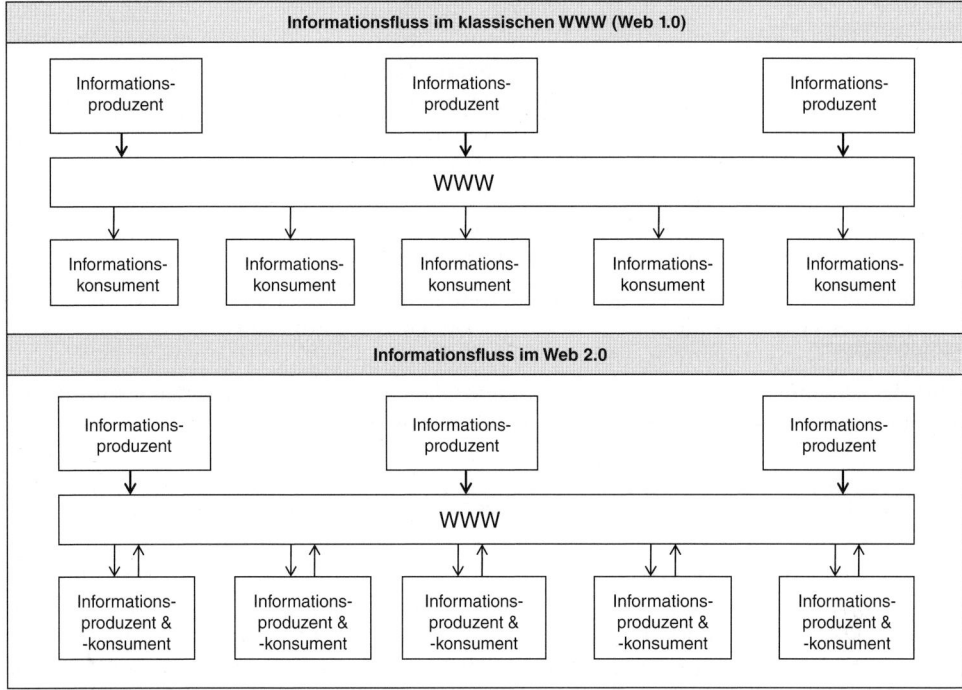

Schaubild III-J-1: Vergleich des Informationsflusses im klassischen WWW (Web 1.0) mit dem Web 2.0 (Schiele/Hähner/Becker 2008, S. 5)

Die starke Zunahme von Web 2.0-Angeboten ist hauptsächlich auf drei Faktoren zurückzuführen: den technologischen Fortschritt und damit verbunden die verbesserte Verfügbarkeit von Web-Technologien, die verbesserte technische Infrastruktur sowie sich verändernde Bedürfnisse und ein verändertes Nutzungsverhalten der Internetuser:

Verbesserte Verfügbarkeit von Technologien: Die von Web 2.0 verwendeten Technologien existieren in ähnlicher Form bereits seit Jahren (z. B. Web-Service-APIs, Abonnement-Dienste wie RSS). Heute werden diesen Basistechnologien aber überdies häufiger – und vor allem öffentlichkeitswirksamer –, Lösungen für Blogs und Wikis zugesprochen. Durch diese Technologien wird eine schnellere und vereinfachte Nutzung neuer Internetangebote durch Konsumenten und Anbieter ermöglicht.

• **Technische Infrastruktur:** In einigen europäischen Ländern haben bereits mehr als 50 Prozent der Haushalte einen breitbandigen Internetzugang. Seit den Anfängen des Web haben sich die Zugangsgeschwindigkeiten und Datenübertragungsraten massiv verbessert. Mit der Einführung von DSL (früher häufig Verwendung von Modem, dann ISDN-Anschlüssen) und bezahlbaren Tarifen wurde das Web der breiten Masse zugänglich. Auch die Internet-Nutzungskosten (Online-Kosten) sind im Laufe der Zeit deutlich gesunken und haben somit die Attraktivität des Web in den Augen der Nutzer weiter steigen lassen.

• **Veränderte Bedürfnisse und Nutzungsverhalten:** Zahlreiche Internetnutzer sind immer häufiger nicht nur passive Informationskonsumenten, sondern vielmehr selbst Informationslieferanten und -produzenten im WWW. Das Bedürfnis nach benutzer-generierten Inhalten nimmt dynamisch zu. Für Konsumenten wird der gegenseitige aktive Austausch von Informationen immer wichtiger.

Beispiele für Web 2.0-Angebote sind Weblogs, Internetplattformen wie *StudiVZ* oder *Xing*, Bookmarking-Dienste, Online-Foren, Wikis usw. Mittlerweile zählen die meisten Angebote im Web 2.0 zu den so gennannten Social Software. Ziel von Social Software ist es, Plattformen zu ermöglichen, mit denen Menschen kommunizieren und interagieren können (*Alby* 2008, S. 87). Die große Anzahl an Nutzern, die Inhalte durch die Social Software anbieten und verwenden, prägen das Web 2.0 und machen es existent. Die Voraussetzung hierfür wurde durch die Anbieter der Social Software geschaffen, indem Privatanwendern die kostenlose Nutzung von Webservern ermöglicht wurde (*Schiele/Hähner/Becker* 2008, S. 6 ff.). Die Social Media-Kommunikation nutzt die Social Software des Web 2.0.

Im Zuge der Weiterentwicklung des Internet werden Konsumenten in Zukunft vermehrt von mobilen Endgeräten auf Internetinhalte zugreifen. Dieser neue Trend wird sich im Web 3.0 niederschlagen. Das Web 3.0 bezeichnet die Zusammenführung des Web 2.0 mit der Technologie des semantischen Webs. Letzteres hat zum Ziel, die Qualität vorhandener Informationen auf semantischer Ebene zu verbessern und ist somit technologiebezogen.

1.2 Definition und Merkmale der Social Media-Kommunikation

Gegenstand der Social Media-Kommunikation sind zum einen Entscheidungen über die Gestaltung und die Art der Übermittlung unternehmensbezogener Botschaften auf online-basierten Plattformen. Hiermit wird das Ziel verfolgt, die vorgegebenen kommunikations-politischen Zielsetzungen zu erreichen. Diese Botschaften sind sowohl auf den Absatz- als auch Meinungsmarkt gerichtet. In diesem Zusammenhang wird von einer aktiven Social Media-Kommunikation gesprochen. Zum anderen ist die Widmung der Aufmerksamkeit auf konsumentengenerierte Inhalte – ohne zunächst aktiv an der Kommunikation teilzunehmen – und im Weiteren Entscheidungen über den Umgang mit diesen Inhalten Gegenstand der Social Media-Kommunikation. Dies wird als passive Social Media-Kommunikation (Monitoring) bezeichnet. Hierbei sind die Unternehmen zunächst die Empfänger der konsumenten-bezogenen Botschaften bzw. hören der Kommunikation zwischen Konsumenten und/oder Meinungsführern zu. Das Ziel ist es, Wissen über die Konsumentenmeinung bezogen auf die von ihnen angebotenen Produkte und Leistungen zu generieren, um darauf basierend entsprechend den unternehmensbezogenen Zielsetzungen (z. B. Konsumentenzufriedenheit, Absatzmenge) zu reagieren.

Aufgrund der Abkehr vom klassischen Sender-Empfänger-Prinzip unterscheidet sich die Social Media-Kommunikation maßgeblich von den übrigen Kommunikationsinstrumenten. Grundlage effektiver und effizienter Entscheidungen ist zunächst ein klares Verständnis zentraler Begriffe der Social Media-Kommunikation. Daher sind mit Hilfe definitorischer Aussagen begriffliche Präzisierungen zentraler Begriffe der Social Media-Kommunikation zu erstellen, um ein präzises und konsistentes Begriffsverständnis herzustellen. Hierbei ist der Social Media-Kommunikation folgende **Definition** zugrunde zu legen:

> **Social Media-Kommunikation** vollzieht sich auf online-basierten Plattformen und kennzeichnet sowohl die Kommunikation als auch die Zusammenarbeit zwischen Unternehmen und Social Media-Nutzern sowie deren Vernetzung untereinander. Die Social Media-Kommunikation erfolgt sowohl aktiv als auch passiv, mit dem Ziel des gegenseitigen Austausches von Informationen, Meinungen, Eindrücken und Erfahrungen sowie des Mitwirkens an der Erstellung von unternehmensrelevanten Inhalten, Produkten oder Dienstleistungen.

Eine Analyse hinsichtlich der spezifischen Merkmale der Social Media-Kommunikation zeigt, dass mit den unterschiedlichen Einsatzmöglichkeiten der Social Media-Kommunikation als Instrument der Marketing- und Unternehmenskommunikation sehr heterogene Merkmalsausprägungen einhergehen. Es lassen sich die nachfolgend aufgeführten zehn **Merkmale** mit ihren möglichen Ausprägungen hervorheben, die sämtlichen Kommunikationsaktivitäten der Socia Media-Kommunikation gemeinsam sind:

(1) Ein zentrales Merkmal von Social Media-Kommunikation ist ihre **eingeschränkte Kontrollierbarkeit**. Dies bedeutet, dass die Botschaften der Sender (z. B. Unternehmen oder Konsumenten) sowie die Reaktionen der Empfänger (z. B. Konsumenten oder Unternehmen) auf die publizierten Botschaften nicht oder nur eingeschränkt kontrollierbar sind. Die Sender können nur schwerlich beeinflussen, über welche Plattformen und mit welcher Bewertung ihre Kommunikationsinhalte weitergetragen werden. Hinzu kommt, dass die Social Media-Kommunikation eine Vielzahl an Möglichkeiten bietet, sich über den Sender auszutauschen, wohingegen es für den Sender selbst kaum kontrollierbar ist, auf welchen Plattformen und zu welcher Zeit dies geschieht.

(2) In engem Zusammenhang mit der eingeschränkten Kontrollierbarkeit ist das Merkmal der Social Media-Kommunikation als **interaktives** Kommunikationsinstrument. Die Social Media-Kommunikation sieht die Möglichkeit des Beitrags aller Teilnehmer an der Kommunikation vor und befähigt die Adressaten, dem Kommunikator über einen Rückkanal ihrerseits Botschaften zu übermitteln. Somit vollzieht sich der Kommunikationsprozess zweiseitig. Dies bedeutet zum einen, dass die Unternehmen mit den Konsumenten Dialoge führen können und ein Rollenwechsel zwischen Sender und Empfänger entsteht. Zum anderen vollzieht sich die Social Media-Kommunikation aber auch zwischen den Konsumenten. Hier wird es den Unternehmen überlassen, ob sie an der Kommunikation teilnehmen. Insgesamt ist in der Social Media-Kommunikation somit von einer Abbkehr des klassischen Sender-Empfänger-Prinzips zu sprechen, da dieses Kommunikationsinstrument, im Gegensatz zu anderen Kommunikationsinstrumenten, auf der Interaktion ihrer Nutzer beruht.

(3) Die Social Media-Kommunikation vollzieht sich mittels **Wort-, Bild-, Audio- und/oder Videozeichen**. Die große Flexibilität in der Darstellung der Kommunikationsinhalte wird durch die online-basierten Plattformen ermöglicht. Hier ist an integrierte Audio-Streams wie auch an Video-Streams innerhalb der Plattformen zu denken. Ebenso kann die Information in einem Text oder über gestaltetes Bildmaterial übermittelt werden.

(4) Die Social Media-Kommunikation ist im Gegensatz zu den anderen Kommunikationsinstrumenten sowohl eine Form der persönlichen als auch der unpersönlichen Kommunikation. Sie beruht zum einen auf dem unmittelbaren zwischenmenschlichen Kontakt innerhalb der online-basierten Plattformen und stellt damit eine **persönliche** Kommunikation dar. Diese Form ist beispielsweise typisch für den Kommunikationsträger *Twitter* (vgl. Abschnitt 1.3.1.4). Zum anderen ist die Social Media-Kommunikation aufgrund einer zeitlichen Trennung der am Kommunikationsprozess Beteiligten eine Form der **unpersönlichen** Kommunikation. Hier ist an Corporate Weblogs zu denken, über die Unternehmen ihre Konsumenten mit Informationen konfrontieren. Nutzen die Konsumenten die Rückkopplungsmöglichkeiten dieser Corporate Weblogs, geht die Kommunikation in eine persönliche Kommunikation über.

(5) Im Hinblick auf das **adressatbezogene Merkmal** der Social Media-Kommunikation ist festzuhalten, dass sich dieses Kommunikationsinstrument an ein mehr oder weniger abgegrenztes Publikum richtet. Wird der Kommunikationsträger Corporate Weblogs be-

trachtet, so richtet sich der Einsatz der Social Media-Kommunikation zunächst an ein disperses Publikum. Wer die Empfänger der Kommunikationsinhalte sind, entzieht sich in der konkreten Situation der Kenntnis des Senders. Wenn Unternehmen hingegen eine Interessensgruppe in einem Netzwerk betreiben, so richtet sich das Unternehmen mit seinen Kommunikationsinhalten an die Mitglieder der betrachteten Gruppe und damit an eine abgegrenzte Personengruppe.

(6) Ferner ist der Einsatz der Social Media-Kommunikation sowohl öffentlich als auch geschlossen möglich. Wird beispielsweise der Kommunikationsträger Video auf online-basierten Plattformen wie *Youtube* verwendet, so ist die Empfängerschaft weder begrenzt noch personell definiert, wodurch die Social Media-Kommunikation eine Form der öffentlichen **Kommunikation** darstellt. Demgegenüber erfolgt beispielsweise die Kommunikation innerhalb von Gruppen in **geschlossenen Netzwerken**, und zwar zwischen jenen Personen, die Teil der Gruppe sind.

(7) Darüber hinaus repräsentiert die Social Media-Kommunikation eine Form der **direkten Kommunikation**, d.h., zwischen Sender und Empfänger sind keine Elemente (z.B. Personen und Plattformen) zwischengeschaltet, und **indirekten Kommunikation**, d.h., es werden Elemente zur Botschaftsstreuung eingesetzt. Die indirekte und unternehmensbezogene Kommunikation bzw. deren Inhalte verbreiten sich aufgrund der online-basierten Plattformen in kürzester Zeit. Die Nutzung der raschen Informationsverbreitung, hervorgerufen durch die enormen Vernetzungen von Individuen im Internet, wird häufig als **Virales Marketing** bezeichnet.

(8) Die Social Media-Kommunikation ist im Gegensatz zu den anderen Kommunikationsinstrumenten durch die Möglichkeit einer schnellen, einfachen und kostengünstigen **Informationsdiffusion** der Social Media-Botschaft charakterisiert. Dieses Merkmal beruht auf den online-basierten Plattformen und der damit einhergehenden Kommunikationsvernetzung ihrer Nutzer.

(9) Die Inhalte der Social Media-Kommunikation können **unternehmensgesteuert**, d.h. von den Unternehmen selbst erstellt, als auch **nutzergeneriert** (User Generated Contents, UGC) sein. Zu den nutzergenerierten Inhalten zählen solche Inhalte, die publiziert werden, eine kreative Eigenleistung des Nutzers aufweisen sowie außerhalb von professionellen Routinen kreiert werden. Auch die unternehmensgenerierten Inhalte weißen das Kriterium der Publikation auf. Anders als bei den nutzergenerierten vollzieht sich deren Kreation jedoch durch die Unternehmen innerhalb der professionellen Routinen.

(10) Die Social Media-Kommunikation erfolgt sowohl über interne als auch externe Kommunikationsträger. Dies bedeutet, dass Unternehmen zum einen selbst Kommunikationsträger aufbauen können, wie es bei Corporate Weblogs der Fall ist, und somit **interne Kommunikationsträger** nutzen. Zum anderen gibt es für Unternehmen – im Gegensatz zu den anderen Kommunikationsinstrumenten – zahlreiche Möglichkeiten, sich **externen Kommunikationsträgern** anzuschließen, um ihre Botschaften zu übermitteln (z.B. Werbespots auf *Youtube* oder Informationen über ihr Unternehmen bei *Wikipedia* veröffentlichen).

1.3 Klassifikation der Social Media-Kommunikation

Die **Kommunikationsträger** der Social Media-Kommunikation stellen das Transportmittel der Information dar. Hierzu zählen sämtliche online-basierten Plattformen, die in der Lage sind, die Kommunikationsbotschaft zu übermitteln. Die Träger der Social Media-Kommunikation sind vielfältig. Dies kann beispielsweise ein über *Twitter* vermittelter Kommentar, eine bei *Amazon* abgegebene Empfehlung oder eine über *Last.fm* veröffentlichte Information sein. Aufgrund der Vielfalt und der kontinuierlich neuen Entstehung weiterer Kommunikationsträger wird eine pragmatische Abgrenzung anhand des Abgrenzungskriteriums „Nutzermotiv der Botschaftsübermittlung" durchgeführt. In der Praxis haben sich folgende neun **Erscheinungsformen der Social Media-Kommunikation** herausgebildet, auf die im Folgenden ausführlich eingegangen wird:

(1) Weblogs,
(2) Virtuelle Netzwerke,
(3) Webforen,
(4) Micromedia,
(5) Bookmarks,
(6) Wikis,
(7) Podcasts,
(8) Videos und Pictures sowie
(9) Bewertungsportale.

Schaubild III-J-2 verdeutlicht die facettenreichen Handlungsspielräume bei der Platzierung der Botschaft im Rahmen des Einsatzes der Social Media-Kommunikation und zeigt für die verschiedenen Erscheinungsformen exemplarisch Kommunikationsträger auf. Aus dem Schaubild wird überdies deutlich, dass der Social Media-Kommunikation eine enorme Vielzahl an Erscheinungsformen und den damit einhergehenden Möglichkeiten zur Verfügung steht. Diese Vielzahl an Erscheinungsformen ist anhand von zwei Dimensionen kategorisierbar. Zum einen unterscheiden sich diese Erscheinungsformen durch den Grad an Interaktion, d.h. die durch die Social Media-Nutzer empfundene Nähe zu anderen Nutzern. Zum anderen dient der Grad an Individualität der Kommunikationsinhalte zur Differenzierung der Erscheinungsformen. Schaubild III-J-3 zeigt die Kategorisierung der Erscheinungsformen anhand der genannten Dimensionen im Überblick.

Es wird deutlich, dass die verschiedenen Erscheinungsformen und Botschaftsträger aufgrund der ihnen innewohnenenden, vielfältigen Handlungsspielräume und der damit einhergehenden Anzahl von Entscheidungsvariablen eine systematische und professionelle Planung für

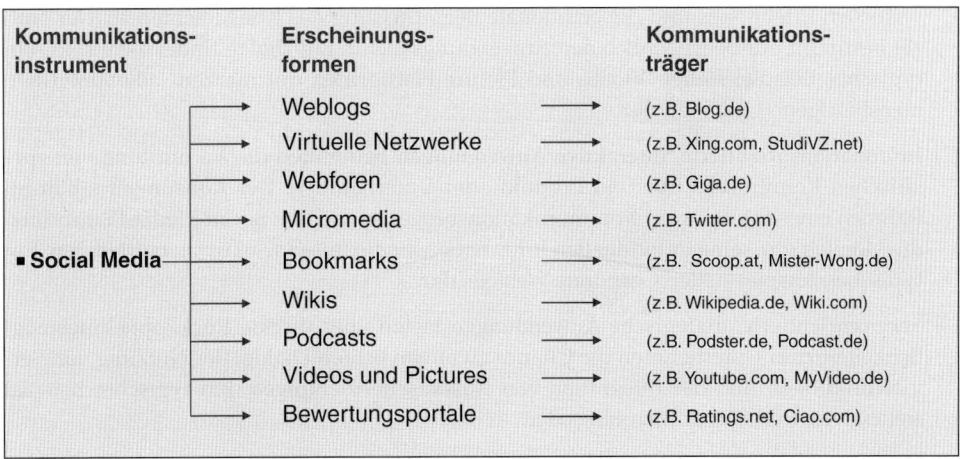

Schaubild III-J-2: *Erscheinungsformen und Kommunikationsträger der Social Media-Kommunikation*

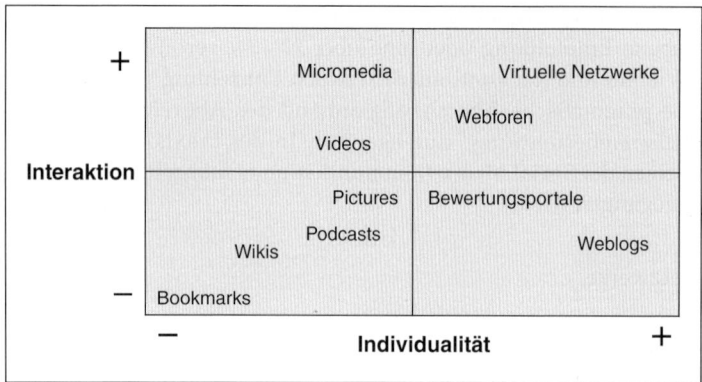

Schaubild III-J-3: Kategorisierung von Social Media-Erscheinungsformen

den Einsatz der Social Media-Kommunikation erfordert. Überdies bedarf der Einsatz der Social Media-Kommunikation einer Abstimmung mit den weiteren Kommunikationsinstrumenten, damit die Zielsetzung der Kommunikation erreicht werden kann. Grundsätzlich bestimmen das Kommunikationsobjekt, die Zielgruppe sowie die Kommunikationsbotschaft die Wahl des Kommunikationsträgers.

Zur umfassenden und systematischen Erfassung der möglichen **Kommunikationsträger der Social Media-Kommunikation** werden verschiedene Kriterien in Form von Merkmalspaaren herangezogen. Dabei kann keine exakte und trennscharfe Unterscheidung der verschiedenen Formen der Social Media-Kommunikation vorgenommen werden. Vielmehr werden die einzelnen Merkmalspaare als Extrempunkte einer Ordinalskala verstanden, auf der jede Form der Social Media-Kommunikation einen bestimmten Wert annimmt. Schaubild III-J-4 zeigt die hieraus resultierende Typologisierung der Social Media-Kommunikation.

Grundsätzlich lassen sich hier drei **Typen von Anwendungen der Social Media-Kommunikation** identifizieren:

(1) **Unterhaltungsbezogene, reaktive Anwendungen** zielen primär auf die Vermittlung eines virtuellen Erlebnisses und die emotionale Beeinflussung des Konsumenten ab. Der Nutzer bestimmt nur oberflächlich den Anwendungsablauf. Ein Dialog findet nicht statt. Ein typisches Beispiel stellen Video- und Picture-Plattformen mit marken- oder unternehmensbezogenen Inhalten dar.

(2) **Informationsorientierte, interaktive Anwendungen** beinhalten die Vermittlung von spezifischen Kenntnissen über ein Produkt oder Unternehmen. Der Konsument erhält im Rahmen eines interaktiven Kommunikationsprozesses auf den Social Media-Plattformen die Möglichkeit, seine individuellen Informationsbedürfnisse selektiv zu befriedigen. Ein typisches Beispiel stellen Corporate Weblogs dar.

(3) **Serviceorientierte, dialogische Anwendungen** bieten über direkte Rückkoppelungsmöglichkeiten zum Unternehmen die Chance zu einem echten Dialog, der Nutzung von Servicefunktionen und der Integration von Austauschbeziehungen. Ein typisches Beispiel stellen Netzwerke und Microblogs dar.

Die **Anwendungen der Social Media-Kommunikation** lassen sich anhand verschiedener Kriterien voneinander abgrenzen. Diese werden im Folgenden dargestellt:

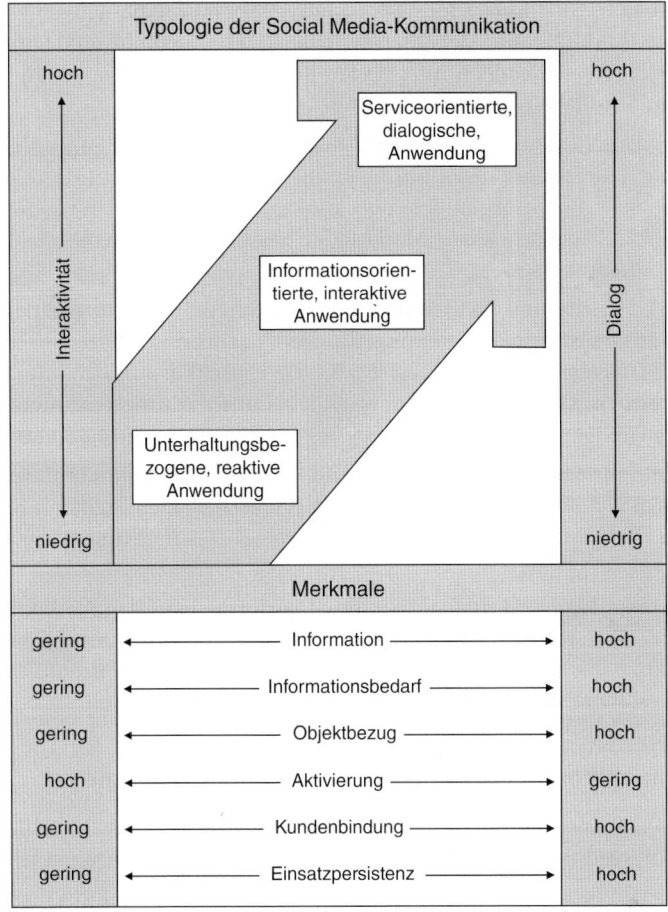

Schaubild III-J-4: Kriterien zur Typologisierung der Social Media-Anwendungen

- **Interaktivität:** Die Interaktivität einer Anwendung erlaubt dem Nutzer, den Ablauf der einzelnen Anwendungssequenzen gezielt und gemäß seiner spezifischen Bedürfnissen zu steuern (*Kielholz* 2008, S. 202). Bei unterhaltungsorientierten Anwendungen, z. B. Videos, besteht der Kommunikationsprozess häufig nur in der Wahl einer Rückkopplung aus einem vorkonfigurierten und limitierten Set als Reaktion auf bestimmte, sequenziell programmierte Reize. Dialogorientierte Plattformen lassen hingegen auch komplexe Anfragen zu.

- **Dialog:** Die Zweiseitigkeit der Social Media-Kommunikation ergibt sich aus der Interaktivität. Diese ermöglicht dem Anwender, über die Benutzerführung eine individualisierte Ansprache zu generieren. Der Kommunikationsprozess zwischen eigentlichem Sender, d. h. dem kommunizierenden Unternehmen, und dem Empfänger, d. h. dem Konsumenten, vollzieht sich lediglich virtuell, da der Empfänger nur Antworten auf jene Fragen erhält, die der Sender antizipiert und intendiert hat. Erst die Integration von Direct-Response-Funktionen bietet die Möglichkeit zu einem direkten Dialog.

- **Information:** Social Media-Anwendungen sind unter anderem auf die Weitergabe von Informationen ausgerichtet. Vor allem bei Serviceleistungen steht dies im Mittelpunkt, während unterhaltungsbezogene Anwendungen eher emotional ausgerichtet sind.

- **Informationsbedarf:** Die Entwicklung interaktiver Social Media-Anwendungen erfordert eine umfassende Antizipation der Informationsbedürfnisse und Denkstrukturen der Nutzer, um über die verschiedenen integrierten Medien und die Benutzerführung den Eindruck eines individuellen Dialoges zu vermitteln.

- **Objektbezug:** Um Reaktanzen bei den Anwendern zu vermeiden, enthalten unterhaltungsbezogene Plattformen meist nur einen marginalen Bezug auf das eigentliche Kommunikationsobjekt. Bei informations- oder dialogorientierten Plattformen steht das Kommunikationsobjekt in Form einer Marke oder eines Unternehmens im Mittelpunkt des Kommunikationsprozesses.

- **Aktivierung:** Das Kriterium Aktivierung misst die durch die Nutzung eines Social Media-Anwendung ausgelöste innere Erregung, die den Organismus zu einer Aktivität stimuliert (*Kroeber-Riel/Weinberg/Gröppel-Klein* 2009, S. 55, 58). Diese fällt aufgrund der multimodalen, impressionsreichen Ansprache besonders stark bei unterhaltungsorientierten Anwendungen aus.

- **Konsumentenbindung:** Durch die Möglichkeit, über Social Media-Plattformen Dienstleistungen in Form von Beratungen oder Online-Hilfen anzubieten, stellen informations- und insbesondere dialogorientierte Plattformen ein geeignetes Instrument zur Konsumentenbindung dar.

- **Einsatzpersistenz:** Während dialogorientierte Plattformen auf den Aufbau und die Pflege einer längerfristigen Konsumentenbindung abstellen, sind unterhaltungsorientierte Plattformen nur kurz- bis mittelfristig einsetzbar, da sie mit der Zeit inhaltlich bekannt und meist ohne weiteren Erlebniswert sind.

1.3.1 Erscheinungsformen der Social Media-Kommunikation

Im Folgenden wird eine Beschreibung der Erscheinungsformen der Social Media-Kommunikation hinsichtlich ihrer Bedeutung, Ausprägungen und Besonderheiten vorgenommen.

1.3.1.1 Weblogs

Unter **Weblogs** werden Online-Publikationen subsumiert, die in regelmäßigen Abständen aktualisiert werden und personalisierte Inhalte des Autors enthalten (*Fleck et al.* 2008, S. 236). Die Eigenschaft, dass Weblogs neben Informationen auch Meinungen des Weblog-Autors und der Besucher des jeweiligen Weblogs beinhalten, unterscheiden sie von einer herkömmlichen Homepage oder Website (*Eck* 2007, S. 16). Die von Unternehmen gesteuerten und generierten Weblogs werden als **Corporate Blogs** bezeichnet (*Fleck et al.* 2008, S. 236). Aus Sicht des Unternehmens bieten Corporate Blogs die Möglichkeit des direkten und persönlichen Kontakts sowohl mit den Konsumenten als auch mit sämtlichen Stakeholdern. Durch den Blog erfahren die Stakeholder Neuigkeiten und Stellungnahmen aus dem Unternehmen, die die Stakeholder direkt kommentieren und über die sie sich mit anderen Stakeholdern austauschen können. Hierdurch hat das Unternehmen wiederum die Möglichkeit, sich unmittelbar über die Meinung der Stakeholder zu informieren und auf ihre Kommentare einzugehen (*Holland* 2009, S. 95).

Corporate Weblogs haben sich in den vergangenen Jahren zu einer wichtigen und Erfolg versprechenden Erscheinungsform der Unternehmenskommunikation entwickelt. Mittlerweile sind eine Vielzahl an Bezeichnungen und Formaten des Weblogs vorherrschend (*Fleck et al.* 2008, S. 236). So finden sich sowohl in der wissenschaftlichen Literatur als auch im alltäglichen Gebrauch zahlreiche Begrifflichkeiten, wie Knowledge-Blogs, Flogs, Voterblogs, CEO-Blogs u.v.m., sowie Einsatzmöglichkeiten von Corporate Weblogs. Ein umfassender Systematisierungsversuch von Corporate Weblogs ist die Klassifikation gemäß *Zerfass* (2004). Innerhalb der Klassifikation werden die verschiedenen Arten von Weblogs zwei Dimensionen zugeordnet. Zum einen wird zwischen den verschiedenen Handlungsfeldern der Corporate Weblogs unterschieden. Diese können im Unternehmen selbst (interne Kommunikation), in der Marktöffentlichkeit und im politisch-soziokulturellen Umfeld zum Einsatz kommen. Zum anderen werden, je nach verwendeter Art des Weblogs, die Unternehmensziele auf differenzierte Weise erreicht. Hierbei unterscheidet *Zerfass* (2004, S. 4) zwischen informativen Vorgehensweisen, persuasiver und argumentativer Kommunikation. Schaubild III-J-5 zeigt die Klassifikation von Corporate Weblogs im Überblick.

Beispiel: Corporate Weblog der Firma *Frosta*
Der Corporate Weblog der Firma *Frosta* ist ein „Werbetagebuch" von *Frosta*-Mitarbeitenden. Die *Frosta*-„Blogger" stammen aus verschiedenen Abteilungen. So sind Mitarbeitende aus der Forschung und Entwicklung, Produktion, Marketing und der obersten Firmenleitung im Blog aktiv. Ziel des Weblogs ist es, den Konsumenten offen und ehrlich sowie aus erster Hand über das Unternehmen und dessen Produkte zu berichten und mit den Interessierten zu Themen aus dem Bereich Ernährung zu diskutieren. Des Weiteren versichern die Weblogger, dass sämtliche Informationen unzensiert und nicht von Agenturen vorformuliert sind (*Frosta AG* 2010).

Demgegenüber können Blogs auch von den Konsumenten bzw. Stakeholdern generiert werden. Dies ist bei so genannten **User Generated Blogs** der Fall, deren Kommunikation durch das Unternehmen im Vergleich zu den Corporate Weblogs schwieriger kontrollierbar ist (*Emrich* 2008, S. 177). Um ein gewisses Maß an Kontrolle über die so genannte „Blogosphäre" zu behalten, wird von Unternehmen das Blog-Monitoring eingesetzt. Hierdurch wird die Überwachung der Blogosphäre ermöglicht und Unternehmen können den kontinuierlichen Informationsstrom innerhalb der User Generated Blogs nutzen, um Produktfehler und -schwachstellen frühestmöglich zu identifizieren. Einen wichtigen Beitrag zum Blog-Monitoring bieten die so genannten Blog-Suchmaschinen, wie z. B. *Technorati*. Sie bieten den Nutzern den frei zugänglichen Service, mehrere Mio. Weblogs nach Stichwörtern und Links zu durchsuchen.

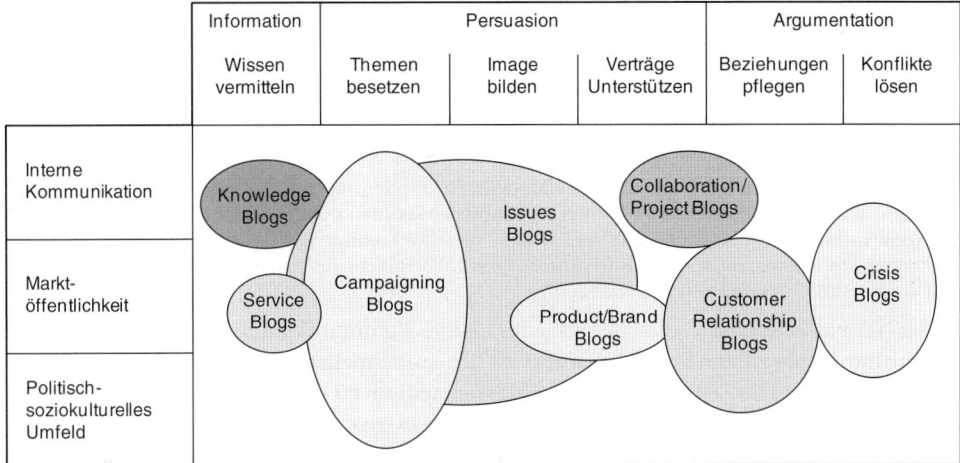

Schaubild III-J-5: Systematisierung von Corporate Weblogs (in Anlehnung an Zerfass 2004, S. 4)

Beispiel: Geringe Kontrollierbarkeit von User Generated Weblogs
Die Fahrradschlösser der amerikanischen Firma *Kryptonite* zählten jahrelang zu den sichersten Fahrradschlössern in den USA. Die Blogger des Herstellers *Kryptonite* fanden heraus, dass die Schlösser mit einem Kuli zu knacken sind. Ein entsprechendes Video wurde auf dem Blog veröffentlicht. Bereits nach wenigen Tagen griff die Presse das Thema auf. Erst nach 1,8 Mio. negativen Blogeinträgen reagierte der Hersteller. Die anschließend notwendige Austauschaktion der Schlösser kostete *Kryptonite* ca. 10 Mio. US-Dollar (*Oetting* 2006, S. 175 ff.).

1.3.1.2 Virtuelle Netzwerke

Unter einem Netzwerk versteht man im Allgemeinen die Summe aller Beziehungen, über die eine Person online und offline verfügt (*Kielholz* 2008, S. 64). Virtuelle Netzwerke ermöglichen den Aufbau und die Pflege von Kontakten über das Internet. Des Weiteren ermöglichen sie das Sammeln von Kontaktdaten, Diskussionsgruppen, den Informationsaustausch bis hin zur Einbindung von Fotos, Videos und Blogs. Häufig werden sie auch als Netzwerk-Plattformen, Network Services oder Communities bezeichnet. Es werden im Wesentlichen zwei **Typen von Netzwerken** unterscheiden:

(1) Social Networks und
(2) Business Networks.

Social Networks werden primär zur Pflege von privaten Kontakten genutzt. Ihre Zielgruppen sind vielfältig. So existieren Plattformen für Studenten (z. B. *StudiVZ*), Schüler (z. B. *Schueler.cc*), Singles (z. B. *iLove*), Geschäftsleute (z. B. *Xing*) und ohne spezifische Ansprache einer Zielgruppe (z. B. *MySpace*). Die genannten Social Networks stellen offen gehaltene Netzwerke dar, bei der es jeder Person möglich ist, sich anzumelden. Demgegenüber existieren geschlossene Netzwerke (z. B. *asmallworld*, *brands4friends*), bei denen die interessierte Person eine Einladung eines bereits existierenden Nutzers benötigt, um der Community beitreten zu können.

Beispiel: Wie Unternehmen das Social Network *StudiVZ* nutzen
Das im Hinblick auf die angemeldeten Nutzer größte deutsche Social Network ist *StudiVZ*. Es wurde im Jahre 2005 gelauncht und ist ein kostenloses Online-Netzwerk für Studenten und Alumni, das ihnen die Möglichkeit bietet, ein individuelles Profil zu erstellen. Überdies bietet es die Möglichkeit, nach anderen Nutzern über deren Universitätszugehörigkeit zu suchen, Verbindungen zwischen Mitgliedern anzusehen und persönliche Dateien, wie z. B. Fotos, hochzuladen. Unternehmen nutzen *StudiVZ*, indem sie für ihre Produkte und Marken eigene Profile anlegen und auf diesen Profilen regelmäßig über Neuigkeiten zu dem betreffenden Objekt informieren. Andere Nutzer des Netzwerks können mit diesen Profilen „Freundschaften schließen", wodurch sie auf sämtliche neu gepostetem Informationen Zugriff erhalten. Überdies erstellen Unternehmen für ihre Produkte und Marken Gruppen, zu denen die anderen Nutzer des Netzwerks *StudiVZ* beitreten können.

Beispiel Social Network Kampagne von *BMW*
Um den Bekanntheitsgrad des *BMW 1er* Modells zu erhöhen, startete das Unternehmen eine Kampagne in dem Social Network *Facebook*. Die Mitglieder konnten mit der *Facebook* Grafitti Applikation eigene farbige Versionen des *BMW 1er* kreieren, diese an Freunde senden und zum Mitmachen animieren. Die Kampagne zeichnete sich durch hohes Involvement aus: Innerhalb der ersten sieben Tage wurden 9.000 Bilder erstellt (*Heinrich* 2010).

Social Networks wachsen schneller als jedes andere Kommunikationsmedium bisher in der Geschichte. Heute zählen Social Networks zu den am schnellsten wachsenden Kommunikationsplattformen. Die Zeitspanne, um ein **Massenmedium** zu werden, nimmt exponentiell ab (*Wigdorovits* 2010). So benötigte beispielsweise *Facebook* zwei Jahre, um nach seinem Start im Jahre 2004 eine Anzahl von 50 Mio. Nutzern für sich zu gewinnen. Heute, sechs Jahre nachdem *Facebook* gelauncht wurde, sind es bereits 400 Mio. Nutzer. Im Unterschied zu Social Networks werden **Business Networks** in erster Linie für den Aufbau und die Pflege von Beziehungen genutzt, die geschäftlich hilfreich sein können. Die Möglichkeit der virtuellen Vernetzung mit interessanten Geschäftspartnern macht die Attraktivität dieser Netzwerke aus (*Kielholz* 2008, S. 64). Die Bedeutung von Business Networks ist einer Studie von *Fittkau & Maaß* (2003) zufolge immens und stetig ansteigend. Die Studie zeigt, dass 55 Prozent der bestätigten Netzwerk-Kontakte innerhalb der Business Netzwerks *Xing* als geschäftlich bedeutsam bewertet werden, und 16 Prozent der Nutzer haben über *Xing* bereits einen Vertrag abgeschlossen. Die Attraktivität von Business Networks ist auf ihre vielfältigen Einsatzmöglichkeiten zurückzuführen (*Vogel* 2007). So werden Business Networks als Recruiting Instrument eingesetzt und um neue Geschäftspartner oder Experten zu finden. Darüber hinaus informieren sich viele Personalverantwortliche über diese Netzwerke vorab über die Bewerber. Schließlich dienen Business Networks, wie auch Social Networks, der einfachen Kontaktpflege. Demgegenüber sind Business Networks aber auch mit Risiken verbunden. Bei Mitarbeitenden, die ein Profil auf einem Business Netzwerk pflegen, besteht die Möglichkeit, dass sie von Dritten abgeworben werden. Hinzu kommt, dass interne Kontakte und Organisationsstrukturen eruierbar sind (*Kielholz* 2008, S. 64).

> **Beispiel: Das Business Network *Xing***
> *Xing* wurde im Jahr 2003 unter dem Namen *Open BC* gegründet und zählt heute mehr als 2,65 Mio. registrierte Nutzer. Die Benutzerschnittstelle von *Xing* ist mehrsprachig. Neben dem Aufbau und der Pflege von Kontakten bietet *Xing* öffentliche Veranstaltungskalender, eine Jobbörse sowie zahlreiche öffentliche Diskussionsforen und geschlossene Nutzergruppen für Unternehmen.

Spezielle Suchmaschinen, wie beispielsweise *Yasni*, ermöglichen die Suche nach bestimmten Personen über die verschiedenen Social und Business Networks hinweg. Diese Unkontrollierbarkeit sowie die damit einhergehende Gefahr versuchen Unternehmen, aber auch einzelne Personen durch so genannte **Reputation Defender** zu reduzieren. Die Aufgabe von Reputation Defendern ist es, im Auftrag von Unternehmen und Personen das Internet nach negativen bis hin zu schädlichen Einträgen zu durchsuchen und diese zu melden bzw. sofort zu entfernen.

Die **Qualität von Netzwerken** lässt sich gemäß *Wellman* (1997) nach sechs Kriterien beurteilen:

(1) Je häufiger die Mitglieder eines sozialen Netzwerks miteinander in Kontakt treten, desto größer ist deren **Dichte**.

(2) Die **Abgrenzung** bezieht sich auf die Frage, ob und wenn ja, wie viele Kontakte in anderen Netzwerken existieren und ob diese einfach vernetzbar sind. Im Hinblick auf offene Netzwerke ist die Abgrenzbarkeit gering, da die Vernetzung stark unterstützt wird. Bei geschlossenen Netzwerken hingegen ist dieses Qualitätsmerkmal als hoch zu bewerten.

(3) Die **Reichweite** wird an der Heterogenität der Mitglieder in einem Netzwerk gemessen. So ist bei Netzwerken wie *StudiVZ* von einer hohen Reichweite auszugehen.

(4) Die **Ausschließbarkeit** bewertet die Kontrolle der an einer Kommunikation teilnehmenden Personen. In Netzwerken, die durch eine hohe Ausschließbarkeit charakterisiert sind, ist es sehr einfach möglich, auch private Interaktionen zu vollziehen. In diesen Netzwerken haben die Mitglieder selbst die Kontrolle darüber, welche Teilnehmer die Kontaktdaten einsehen dürfen.

(5) Die **soziale Kontrolle** bezieht sich auf die Möglichkeit der Mitglieder des Netzwerks, das Verhalten und die Beziehungen anderer zu beeinflussen. Die Kontrolle in Social als auch Buiness Networks wird zumeist nicht durch technische Möglichkeiten ausgeübt, sondern vielmehr durch die soziale Sanktionierung, die die Mitglieder des Netzwerks dazu bewegt, sich netzwerkkonform zu verhalten.

(6) Schließlich ist die **Stärke der Bindung** ein Qualitätsmerkmal von virtuellen Netzwerken. Je stärker die Bindung innerhalb der Netzwerke ist, desto eher können deren Mitglieder auf emotionale Unterstützung hoffen.

1.3.1.3 Webforen

Ein **Webforum** ist ein Teil einer Webite und setzt zumeist eine Registrierung voraus, um in das Forum Einblick zu bekommen. Die Mitglieder eines Webforums bilden eine so genannte **Online-Community.** Innerhalb eines Forums werden Gedanken, Erfahrungen und Meinungen sowohl ausgetauscht als auch archiviert. Die von den Nutzern verfassten Beiträge innerhalb eines Forums werden als „Postings" bezeichnet. Die Nutzer haben die Möglichkeit, zu bestimmten, im Forum diskutierten Themengebieten, einen so genannten „Topic" zu abonnieren. Hierdurch werden sie beispielsweise per E-Mail stets auf dem aktuellsten Stand gehalten, sobald zu dem für den Nutzer interessanten Themengebiet ein neuer Beitrag veröffentlicht wird.

Nach der Strukturierung der Beiträge lassen sich zwei **Erscheinungsformen von Foren** unterscheiden (*Koch/Richter* 2007, S. 35):

(1) Die so genannten **klassischen Webforen** stellen die Beziehungen zwischen den Beiträgen innerhalb eines Themas in einer sowohl hierarchischen als auch chronologischen Struktur dar, so dass erkennbar ist, welcher Beitrag als Antwort auf welchen anderen Beitrag verfasst wurde.

(2) Demgegenüber existieren **Bulletin-Boards**, die alle Beiträge zu einem Thema auf einer Seite rein chronologisch sammeln. Nach einer individuell festlegbaren Anzahl an Beiträgen wird das Thema auf einer Folgeseite weiter diskutiert.

Der Nachteil von Bulletin-Boards im Vergleich zu klassischen Webforen liegt in der schlechteren Übersichtlichkeit insbesondere bei komplexeren Diskussionsthemen, bei denen sich mehrere Teildiskussionen entwickeln. In diesem Fall ist es bei Bulletin Boards nicht sofort ersichtlich, auf welchen Beitrag ein Diskussionsteilnehmer mit seinem Beitrag antwortet.

Beide Erscheinungsformen existieren sowohl in moderierter als auch in unmoderierter Form. Der Unterschied von moderierten im Vergleich zu unmoderierten Foren liegt darin, dass bei moderiertern Foren die Postings zunächst gespeichert, aber noch nicht veröffentlicht werden. Für die Freischaltung der Postings bedarf es der Zustimmung der Moderatoren. Bei unmoderierten Foren hingegen sind die Postings sofort nach der Absendung für alle Mitglieder des Forums lesbar (Echtzeit-Foren).

> **Beispiel: Forum der Firma *Lego***
> Die Firma *Lego* bietet für ihre weltweiten Fans ein Forum an, auf dem sich die Nutzer zu unterschiedlichen Lego-Themen austauschen und diskutieren können. So existiert beispielsweise zu jeder *Lego*-Baureihe ein Topic, wie beispielsweise *Duplo* und *Toy Story*, sowie Topics zur Homepage und zum *Lego*-Club. Die Topics werden sowohl von den *Lego*-Konsumenten als auch vom Unternehmen selbst generiert. Um die Inhalte des Forums zu lesen und selbst aktiv im Forum mitzuwirken, bedarf es einer Registrierung (*LEGO Group* 2010).

1.3.1.4 Micromedia

Micromedia, oder zumeist auch Microblogging genannt, ermöglichen es dem Nutzer, sehr kurze, SMS-vergleichbare Kurznachrichten zu veröffentlichen. Die Länge von Micromedia-Nachrichten ist zumeist auf weniger als 200 Zeichen (inklusive Leerzeichen) begrenzt. Die Nachrichten können öffentlich oder geschlossen, beispielsweise lediglich an eine Freundesgruppe, versendet werden. Die einzelnen Kurznachrichten werden in einem so genannten Log, d. h. einer abwärts chronologisch sortierten Liste durch den Micromedia-Dienst, erfasst. Die Inhalte von Micromedia-Nachrichten sind zumeist in der Ich-Perspektive erfasst und von anderen Nutzern unmittelbar kommentierbar und diskutierbar (Echtzeit-Kommunikation). Die Micromedia-Dienste sind weltweit per Website, Mobiltelefon (vgl. Insert III-J-1), Widgets oder Webbrowser-Plug-in erreichbar.

Insert III-J-1: Micromedia von Twitter für das Mobiltelefon iPhone (Mashable 2010)

Der bekannteste Micromedia-Anbieter ist **Twitter**, weshalb *Twitter* häufig auch als Synonym für Micromedia verwendet wird. Die Anzahl der Zeichen einer Textnachricht ist auf 140 begrenzt. Das Verfassen von Textnachrichten auf *Twitter* wird als „twittern" bezeichnet, die Textnachrichten als solches als „Tweets". Wird ein Tweet von einer anderen Person wiederholt und weiter verbreitet, so wird dieser Vorgang als „ReTweet" bezeichnet. Überdies ist es möglich, die Tweets einer anderen Person zu abonnieren und damit kontinuierlich über deren Kommunikation informiert zu werden. Solche Leser, die die Beiträge eines bestimmten Autors abonniert haben, werden als „Follower" bezeichnet.

Beispiel: Nutzung von *Twitter* im Wahlkampf von *Barack Obama*
Während des amerikanischen Präsidentschaftswahlkampfes im Jahre 2008 setzte das Team um *Barack Obama* verstärkt auf das Marketing über Social Media. Allein 95 Mitarbeiter waren für die Internetpräsenz des Kandidaten verantwortlich. Neben einer eigenen Website hatte der Präsidentschaftskandidat einen Account bei *Twitter*. Über diesen Kommunikationsträger sammelten er und sein Team Follower und schufen so eine enorme Fangemeinde um *Barack Obama*.

Beispiel: *Twitter*-Aktivitäten deutscher Politiker
Der *Wahl-im-Web-Monitor* beobachtet im Allgemeinen die Online-Aktivitäten der Parteien. In Bezug auf die *Twitter*-Nutzung der einzelnen Parteien ergaben sich beispielsweise im Juni 2009 folgende Nutzungshäufigkeiten (vgl. Schaubild III-J-6):

Partei	Anzahl der Tweets	Anzahl Follower
CDU	1.853	5.113
SPD	945	7.803
FDP	1.228	4.450
Die Grünen	2.964	7.880
Die Linke	681	1.116

Schaubild III-J-6: Twitter-Aktivitäten deutscher Politiker (in Anlehnung an daily digital dose 2009)

1.3.1.5 Bookmarks

Bookmarking bietet den Nutzern die Möglichkeit, die Lesezeichen (Bookmarks) bei einem gewünschten Online-Dienst abzuspeichern, abzurufen oder zu durchsuchen (*Emrich* 2008, S. 185). Die besuchten Webites können hierdurch per Mausklick, mit einer persönlich verfassten Beschreibung und der jeweiligen URL gespeichert werden. Durch die Verwendung von Bookmarks wird es dem Nutzer ermöglicht, eine Desktopanwendung zur Verwaltung von Daten und Informationen ortsunabhängig und benutzerfreundlich einzusetzen und andere dabei einzubeziehen (*Koch/Richter* 2007, S. 47). Die interaktive Komponente zeichnet sich durch die öffentliche Zugänglichkeit der Bookmarks aus, wodurch die einzelnen Bookmarks vernetzt sind. Hierdurch ist neben der Popularität einer Homepage (Was finden andere gut?) auch die Verknüpfung zu weiteren thematisch verbundenen Seiten gegeben (Was ist in diesem Zusammenhang noch interessant?) (*Komus/Wauch* 2008, S. 27). Ein Beispiel für einen Social Bookmarking Service in Deutschland ist *Mister Wong* (vgl. Insert III-J-2).

1.3.1.6 Wikis

Ein Wiki ist ein Online-Nachschlagewerk, bei dem eine weltweite Autorengemeinschaft Einträge editieren kann. Veröffentlicht wird letztlich, was von der Gemeinschaft der Autoren akzeptiert wird. Hierdurch können verschiedene Nutzer gemeinschaftlich an Texten arbeiten – mit dem Ziel, die Erfahrung und das Wissen der Nutzer bzw. Autoren kollaborativ auszudrücken, d. h. kollektive Intelligenz zu schaffen. Ein Wiki ist somit eine einfache und leicht zu bedienende Plattform für ein kooperatives Arbeiten an Texten und Hypertexten. Hinter den Wikis steht das Prinzip, dass die Entscheidung vieler Nutzer in der Summe zu besseren Ergebnissen führt, da durch Quantität Qualität sichergestellt wird („Wisdom of Crowds") (*Alpar/Blaschke* 2008, S. 311).

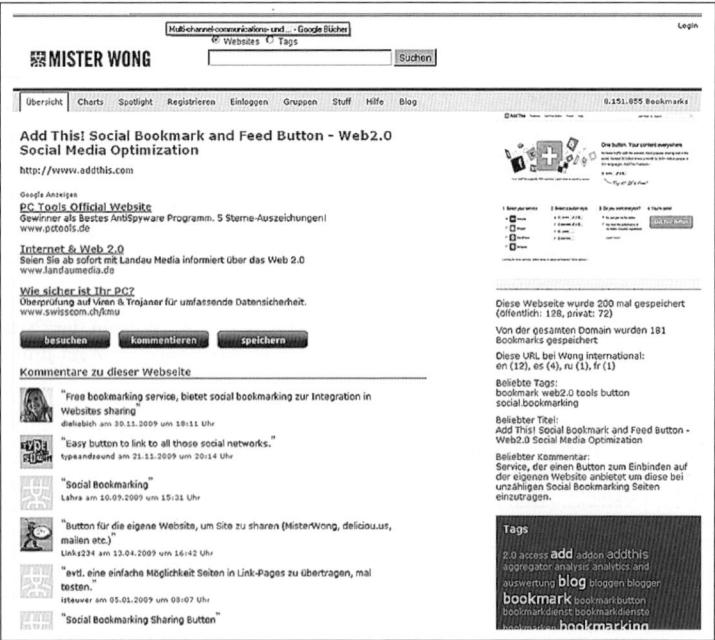

Insert III-J-2: Social Bookmarking von Mister Wong (Mister Wong 2010)

Die **Besonderheiten von Wikis** und die damit einhergehenden Möglichkeiten für deren Nutzer werden im Folgenden erläutert:

(1) Wikis ermöglichen die Entstehung assoziativer Hypertexte, die **nicht-lineare Navigationsstrukturen** enthalten. Dies bedeutet, dass jede Seite eines Wikis zahlreiche Querverweise zu anderen Seiten enthält, die für den Leser seinem Interesse entsprechend aufrufbar sind.

(2) Für Wikis ist überdies die **Einfachheit**, mit der fremde Texte und Dateistrukturen sofort veränderbar sind, charakteristisch. Die Eingabe und Formatierung von Texten erfolgt nach wenigen Regeln. So lassen sich andere Seiten des Wikis durch beispielsweise eine Inklammersetzung des zu verlinkenden Wortes einfach verbinden.

(3) Schließlich bedarf es keiner zusätzlichen Software, d. h., es ist keine so genannte **Client-Software** erforderlich, um innerhalb der Wikis zu navigieren, Inhalte zu ändern oder zu lesen.

Aus den genannten Merkmalen von Wikis wird die Aussage von *Ward Cunningham* verständlich, der Wikis beschreibt als „the simpliest online database that could possibly work" (*Gross/Koch* 2007, S. 121).

> **Beispiel: Wie Unternehmen das Wiki von *Wikipedia* nutzen**
> *Wikipedia* ist eine freie, unentgeltliche Online-Enzyklopädie, die in zahlreichen Sprachen verfügbar ist und bei vielen Suchanfragen als Nummer eins in der Ergebnisliste erscheint. Ein Selbsteintrag von Unternehmen gilt als Tabu. Dennoch sind zahlreiche Beiträge, die Unternehmen und deren Produkte und Leistungen betreffen, von diesen Unternehmen selbst oder von professionellen Autoren verfasst. Beides widerspricht zwar den „*Wikipedia*-Sitten" nicht aber den grundlegenden „*Wikipedia*-Richtlinien". Somit finden sich auf *Wikipedia* eine Vielzahl an Artikel über Unternehmen und deren Geschichte, Leitlinien, Marken und Leistungen. Dies bietet den Unternehmen einen Ansatzpunkt für die Werbung aber auch die Möglichkeit durch entsprechende Verlinkungen von Fachbegriffen innerhalb von *Wikipedia* den Lesern die relevanten unternehmensbezogenen Inhalte detailliert zu erläutern.

1.3.1.7 Podcasts

Die Bezeichnung **Podcast** entstammt den beiden Wörtern *iPod* (MP3-Player der Firma *Apple*) und Broadcasting (englische Bezeichnung für Rundfunk). Mit Podcast wird in der Regel eine Serie von Beiträgen, so genannten Episoden, bezeichnet (*Koch/Richter* 2007, S. 36). Podcasts bezeichnen Audiobeiträge von Privatpersonen und Unternehmen, die zumeist unentgeltlich verfügbar sind. Auch die Generierung und Publikation von Podcasts ist jedem Nutzer möglich. Die Themenwahl von Podcasts ist vielfältig und betrifft alle erdenklichen Inhalte. Durch die Verbreitung mobiler MP3-Player (z. B. *iPod*) und der technologischen Entwicklung von Mobiltelefonen sind die Inhalte der über das Internet generierten Podcasts überall konsumierbar. Eine spezielle Form von Podcasts ist die audiovisuelle Variante, der so genannte Videocast. Auf der Basis der Akteure auf Produzentenseite lassen sich drei **Erscheinungsformen von Podcasts** unterscheiden (*Clement/Papies* 2008, S. 341 ff.):

(1) **Persönliche Podcasts** werden von Privatpersonen erstellt. Die meisten dieser Podcasts erreichen lediglich wenige Nutzer. Manche jedoch haben mehr als 10.000 Abonnenten. Beispiele hierfür sind *Annik Rubans „Schlaflos in München"* sowie das in der Berliner U-Bahn gedrehte *„Undertube"*. Aufgrund der großen Nutzerzahl ist eine zukünftig wachsende Bedeutung dieser Podcasts zu erwarten, da sie einen Ansatzpunkt für die Werbung, aber auch für Sponsoring und Product Placement bieten.

(2) **Redaktionelle Podcasts** stellen Podcast-Angebote von Zeitungshäusern oder Fernseh- und Radiosendungen dar. So stammt die Hälfte der Top-100-Podcasts bei *iTunes* von etablierten Medienunternehmen (*Holahan* 2006).

(3) **Unternehmenspodcasts** sind von Unternehmen angebotene Podcasts, die nicht allein werblicher Natur sind. Grund hierfür ist, dass die Nutzer den Podcast abrufen müssen. Hierfür bedarf es der Stiftung eines substanziellen Nutzens für den Anwender. Eine weitere Voraussetzung für einen erfolgreichen Unternehmenspodcast ist der Fit zwischen der Zielgruppe und dem Inhalt des Podcasts.

Beispiel: Unternehmenspodcast von *BASF*
Der Podcast der Firma *BASF* ist ein deutsch- und englischsprachiger Chemie-Podcast, der gezielt auf die Fragen der weltweiten Hörer eingeht und diese in den Podcast-Episoden aufgreift. Die Zielgruppe des *BASF*-Podcasts wird somit zu einem aktiven Bestandteil des Chemie-Podcasts, indem sie diesen direkt mitgestaltet.

1.3.1.8 Videos und Pictures

Video- und Fotoalben sind Plattformen, auf die die Nutzer eigene Videos und Fotos in das Internet hochladen und diese in Alben mit bestimmten Schlagworten, so genannten Tags, veröffentlichen können. Videos und Fotoalben anderer Nutzer sind so übersichtlich anseh- und kommentierbar, aber auch bewertbar (vgl. Insert III-J-3). Je nachdem, ob es sich um öffentliche oder geschlossene Plattformen handelt, bedarf es, wie auch bei Webforen, der Freischaltung durch den Moderator. Überdies ist es möglich, dass Fotos und Videos zensiert werden (*Alby* 2008, S. 111). Insbesondere Videoportale werden von Unternehmen und Agenturen vielfach genutzt, um Virales Marketing durchzuführen (*Holland* 2009, S. 95).

Beispiel: Videoplattform von *Youtube*
Die bekannteste und meist genutzte Video-Plattform ist *Youtube*. Auf dieser Plattform werden täglich mehr als 65.000 Video-Clips sowohl von Unternehmen als auch von anderen Nutzern online gestellt und über 100 Mio. Videos-Clips angesehen. Jede Minute wächst *Youtube* um zwanzig Stunden Video-

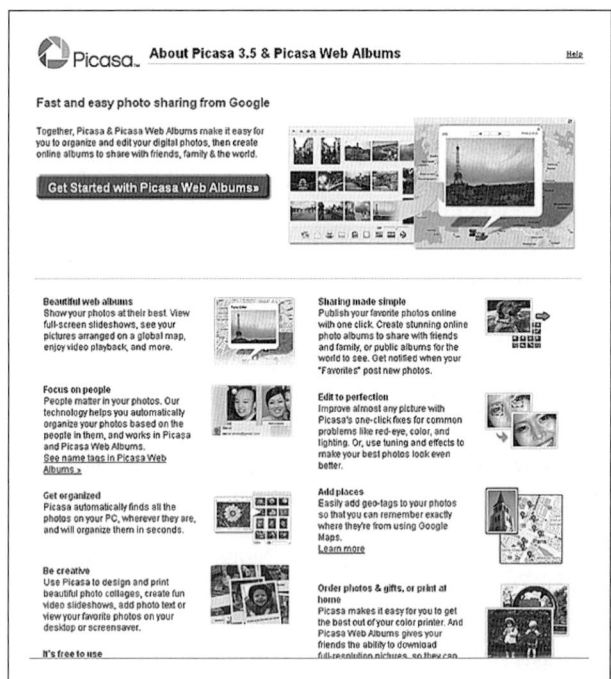

Insert III-J-3: Online-Fotoalbum von Picasa (Google 2010)

material (*derstandard.at* 2009). Sieht sich ein Nutzer einen Videoclip bis zum Ende an, so erscheint nach Beendigung des Videos ein Fenster, das den Nutzer befragt, ob er das Video anderen empfehlen möchte. Wird dieser so genannte „Share-Button" betätigt und die Anfrage somit bejaht, wird der Nutzer in einem nächsten Schritt befragt, wie er den Link zum Video versenden möchte. Hierzu wird dem Nutzer direkt auf der Homepage von *Youtube* die Möglichkeit gegeben, das Video über verschiedene Kommunikationsträger der Social Media-Kommunikation, wie beispielsweise über das Social Network *Facebook*, an andere zu versenden (*Zitaki* 2008, S. 73). Diese Empfehlungsskripte werden auch als „Send-a-Friend" Skripte bezeichnet.

1.3.1.9 Bewertungsportale

Bewertungsportale sind Plattformen, auf denen Konsumenten Erfahrungen und Informationen zu Dienstleistungen und Produkten austauschen und sich über die Meinungen anderer Konsumenten informieren. Hierbei werden keine Experteninformationen veröffentlicht, sondern lediglich die individuellen Meinungen der Konsumenten. Somit werden durch Bewertungsportale die Erfahrungen des täglichen Lebens für alle Nutzer systematisiert und zugänglich gemacht. Zur Steigerung der Qualität der einzelnen Konsumentenbewertungen haben die Nutzer die Möglichkeit, die Erfahrungs- und Testberichte auf einer Skala von „sehr hilfreich" bis „nicht hilfreich" zu bewerten. Solche Bewertungsportale existieren zu unterschiedlichen Leistungen von Unternehmen, sowohl im Business-to-Consumer als auch im Business-to-Business Bereich, und lassen sich nach den Schwerpunkten der Bewertungsobjekte systematisieren (*Komus/Wauch* 2008, S. 30). Die meist verbreiteten Bewertungsportale sind solche mit dem Schwerpunkt „Produkt- und Leistungsbewertung" sowie der „Preis-Leistungs-Funktionalität".

> **Beispiel: *Geizkragen.de* als Bewertungsportal mit dem Schwerpunkt Preis-Leistungs-Funktionalität**
> *Geizkragen.de* adressiert Personen, die auf der Suche nach dem besten Preis-Leistungs-Verhältnis einer von ihnen gewünschten Leistung sind. *Geizkragen.de* handelt nach dem Motto „Objektivität und Unabhängigkeit", fordert und fördert die Interaktion sowohl zwischen als auch mit den Nutzern dieser Plattform. So ist es den Nutzern möglich, den Betreibern dieser Plattform mitzuteilen, wenn sie ein neues Produkt mit einem guten Preis-Leistungs-Verhältnis entdeckt haben. Unternehmen nutzen diese Möglichkeit, indem auch sie die Betreiber von *Geizkragen.de* kontinuierlich über ihre Produkte und Leistungen informieren. Die Plattform zählt monatlich rund fünf Mio. Besucher und wird von unabhängigen Testinstitutionen für Bewertungsportale mit dem Schwerpunkt Preis-Leistungs-Funktionalität empfohlen (*Stiftung Warentest* 2010).

1.4 Bedeutung der Social Media-Kommunikation

1.4.1 Stellenwert der Social Media-Kommunikation

Aufgrund der vielfältigen Kommunikationsträger und den damit einhergehenden Möglichkeiten der Botschaftsübermittlung bietet die Social Media-Kommunikation eine Vielzahl von Einsatzmöglichkeiten. Eine klare und differenzierte Bedeutung erfordert jedoch eine Diskussion des Stellenwertes der Social Media-Kommunikation aus unterschiedlichen Perspektiven. Dazu ist es sinnvoll, diesen Stellenwert sowohl für Unternehmen als auch für Konsumenten offen zu legen.

Der Stellenwert des Einsatzes der Social Media-Kommunikation für **Unternehmen** ist zunächst allgemein an der Anzahl der Unternehmen verdeutlichbar, die in Social Media investieren. Eine Umfrage des Consulting- und Wirtschaftsprüfungsdienstleister *Deloitte* aus dem Jahr 2009 kommt zu dem Ergebnis, dass 94 Prozent aller Unternehmen weltweit in Social Media-Kommunikation investieren. Das Motiv hierfür ist, dass die Unternehmen mit ihren Konsumenten, Partnern aber auch ihren Mitarbeitenden in einen Dialog treten möchten. Als

Ziel verfolgt die Mehrheit der Unternehmen die Generierung neuer Ideen, die Erhöhung der Konsumentenbindung, die Stärkung der Markenbekanntheit sowie die Ausnutzung „viraler Effekte" der Kommunikation (*Deloitte* 2009). Zu ähnlichen Ergebnissen kommen u. a. auch die Studien der Mediaagentur *Universal McCann* (*Universal McCann* 2009), der Unternehmensberatung *2hm & Associates* zusammen mit der *Johannes Gutenberg-Universität Mainz* (*2hm* 2010), der *Universität Oldenburg* gemeinsam mit der Agentur *construktiv GmbH* (*Nicolai/Vinke* 2007) sowie das Beratungsunternehmen *Absolit* gemeinsam mit dem Verband der deutschen Internetwirtschaft *eco* und der PR-Agentur *talkabout communications* (*Schwarz* 2009), um nur einige Beispiele zu nennen.

Die gemeinsame Studie der Kommunikationsagentur *Cone* und des *Boston College Center für Corporate Citizenship* unterstreicht die Wichtigkeit für Unternehmen, auf Social Media-Plattformen präsent zu sein, aktiv zu kommunizieren, zu interagieren und Monitoring zu betreiben. Im Gegensatz zu der Studie von *Deloitte* werden in dieser Studie die Konsumenten befragt, ob sie von Unternehmen erwarten, Social Media-Kommunikation zu betreiben und damit auf online-basierten Plattformen präsent zu sein. 12 Prozent der Probanden geben an, dass sie einmal pro Woche, 13 Prozent, dass sie zweimal pro Woche und 21 Prozent sogar mehrmals pro Woche mit Unternehmen auf Social Media-Plattformen interagieren. Überdies zeigen die Ergebnisse, dass 93 Prozent der befragten Personen von den Unternehmen erwarten, dass diese mit ihnen auf online-basierten Plattformen in Kontakt treten. Die Interaktion von Unternehmen wird von den Konsumenten insbesondere bei den folgenden drei **Voraussetzungen** gefordert (*Larrumbide* 2008):

(1) Unmittelbare Unterstützung bei Problemlösungen zu den vom Unternehmen angebotenen Produkten und Leistungen.

(2) Bereitschaft und Ziel der Unternehmen, aktiv Feedback von den Konsumenten zu den vom Unternehmen angebotenen Produkten und Leistungen einzuholen.

(3) Entwicklung von Strategien und Möglichkeiten, dass Konsumenten mit den Marken des Unternehmens interagieren können und so das Involvement gesteigert wird.

Wenngleich sich die Ergebnisse lediglich auf die USA beziehen, wo Social Media-Kommunikation im Vergleich zu Deutschland derzeit noch eine größere Bedeutung zukommt, lassen sich aus diesen Ergebnissen ebenfalls Indikatoren für deutsche Unternehmen ableiten. Die von den Konsumenten explizit geforderte Interaktion mit dem Unternehmen und dessen Marken erfordert ein Umdenken der bisherigen Unternehmens- und Marketingkommunikation. Somit ist Social Media nicht lediglich als weiterer Marketing-Kanal anzusehen. Wer den ernsthaften Austausch mit seinen Konsumenten sucht, wird merken, wie das auf alle Bereiche des Unternehmens Auswirkungen – vom Service bis zur Entwicklung – hat. Unternehmen, die sich für diese Interaktion mit ihren Konsumenten entscheiden, werden mit einem neuen Level von Konsumentennähe aber auch -begeisterung belohnt (*Kleske* 2008). Dass dieses erforderliche Umdenken auch für Deutschland zutreffend ist, zeigen zahlreiche Studien (vgl. z. B. *press1* 2009). Hinzu kommt, dass Konsumenten sich eingehender vor einer Kaufentscheidung informieren und mehr Möglichkeiten zum Erfahrungsaustausch untereinander nutzen. Um wettbewerbsfähig zu werden und zu bleiben, ist es für die Unternehmen ausschlaggebend, dem Bedürfnis der Konsumenten nach zunehmender und besserer Interaktion gerecht zu werden. Dies bedeutet auch, dass es einer integrierten Steuerung sämtlicher Konsumentenkontaktpunkte bedarf.

Die Bedeutung der Social Media-Kommunikation aus **Konsumentensicht** zeigt eine Studie der *Handelshochschule Leipzig* und *McKinsey & Company* recht eindrucksvoll. Die Ergebnisse in den untersuchten Branchen Mobilfunk, Filialbanken und Unterhaltungselektronik zeigen, dass zwar jeder dritte Konsument Mediawerbung (insbesondere TV-Werbung, Zeitungen und Zeitschriften) zur Information über Produkte und Services nutzt. Als ausschlaggebende Kommunikationskanäle dienen diese jedoch für weniger als fünf Prozent. Demgegenüber informieren sich 39 Prozent der Konsumenten, die vor einer konkreten Kaufentscheidung im Bereich der Unterhaltungselektronik stehen, bei einem Mitarbeitenden im Einzelhandelsgeschäft und insbesondere online. Die Homepages von Herstellern und Händlern sowie Social Media-Plattformen, wie beispielsweise Foren und Netzwerke, nennen 50 Prozent der Probanden als wichtigsten Informationskanal. Interessanterweise zeigt der Vergleich der untersuchten Branchen nur geringfügige Unterschiede. Zudem zeigen die Untersuchungsergebnisse, dass Foren, Netzwerke und Bewertungsportale in ihrer Bedeutung weiter zunehmen werden, da die Informationssuche der Konsumenten auf Social Media-Plattformen stetig ansteigt (*Hellmann* 2009). Dies verdeutlicht zudem die Bedeutung der Social Media-Kommunikation für Unternehmen.

1.4.2 Chancen und Risiken der Social Media-Kommunikation

Wie in den vorangegangenen Abschnitten erläutert, gewinnt die Social Media als kommunikationspolitisches Instrument in zunehmendem Maße an Bedeutung. Dies ist auf die vielfältigen **Chancen** der Kommunikation über online-basierte Plattformen zu begründen, die im Folgenden erläutert werden:

(1) Für Unternehmen ist es wichtig, dort **präsent zu sein**, wo Konsumenten ihre Meinung äußern und ihre Kaufentscheidungen treffen. Wie eine Vielzahl an Studien zeigt, vollzieht sich dies zunehmend auf Social Media-Plattformen.

(2) Social Media-Plattformen bieten dem Unternehmen die Möglichkeit, einen **direkten Dialog** mit den Konsumenten zu führen und so unmittelbar Feedback von den Konsumenten zu den Produkten und Leistungen des Unternehmens zu erhalten. Die von den Social Media-Nutzern abgegebenen Meinungen und Erfahrungen über die vom Unternehmen angebotenen Produkte und Leistungen bieten dem Unternehmen wertvolle Hinweise für die Produktgestaltung und somit Informationen für das Produkt- und Markenmanagement.

(3) Die auf Basis des Internet basierende rasche **Informationsverbreitung** stellt überdies für Unternehmen eine Chance dar, in kürzester Zeit auch gering involvierte Konsumenten zu erreichen (Virales Marketing). Mit der raschen Informationsverbreitung ist es dem Unternehmen zum einen möglich, seinen Bekanntheitsgrad im Vergleich zu den anderen Kommunikationsinstrumenten zu steigern. Zum anderen werden positive Stellungnahmen über die Produkte und Leistungen des Unternehmens schnell verbreitet (positives „Electronic Word-of-Mouth").

(4) Die Social Media-Kommunikation ist das einzige Kommunikationsinstrument, das sowohl **aktives** als auch **passives Instrument** zu bezeichnen ist. Insbesondere die Möglichkeit, sich auf Social Media-Plattformen passiv zu verhalten, d. h. Monitoring zu betreiben, birgt für Unternehmen neue Chancen. Hierdurch erhalten die Unternehmen ehrliche und echte Informationen, Meinungen und Erfahrungen zu den für sie relevanten Sachverhalten, auf die sie entsprechend reagieren können.

(5) Durch die Social Media-Kommunikation wird es den Unternehmen ermöglicht, sowohl dem gesamten Unternehmen als auch einzelnen Marken und Produkten ein **„Gesicht"** zu geben. Dies meint, dass bestimmte Mitarbeitende des Unternehmens mit ihrem Profil da-

für zuständig sind, sich zu einem bestimmten Bezugsobjekt (beispielsweise einer Marke oder einem Produkt) zu äußern und mit den Nutzern der Social Media-Plattformen zu interagieren.

Neben den vielfältigen Chancen werden auch die **Risiken**, die mit der Social Media-Kommunikation einhergehen, thematisiert. Im Folgenden seien einige erwähnt:

(1) Das primäre Risiko der Social Media-Kommunikation besteht darin, dass Konsumenten auf Social Media-Plattformen selbst Inhalte über die Produkte und Leistungen des Unternehmens generieren (User Generated Contents), mit sowohl positiven als auch negativen Inhalten. Das Risiko des Unternehmens besteht somit in der kaum und nur eingeschränkten **Kontrollierbarkeit** der nutzergenerierten Inhalte.

(2) Kommt es zu negativen Stellungnahmen zu den Produkten und Leistungen des Unternehmens, so besteht die Gefahr, dass sich diese negativen Äußerungen durch die Social Media-Plattformen rasch verbreiten. Um diesem schnellen **Verbreitungsrisiko** entgegen zu wirken, bedarf es einer kontinuierlichen Kontrolle der Kommunikation auf Social Media-Plattformen und in einem weiteren Schritt einer umgehenden, systematischen und professionellen Reaktion seitens des Unternehmens. Reagiert ein Unternehmen auf negative Stellungnahmen, so ist es von wesentlicher Bedeutung, dass dies transparent geschieht. Dies bedeutet, dass die Reaktion seitens des Unternehmens nicht anonym erfolgt. So wird den Konsumenten kommuniziert, dass das Unternehmen auch Interesse an negativen Stellungnahmen hat und diese ernst nimmt.

(3) Aufgrund der Informationsvernetzung auf Social Media-Plattformen besteht die Gefahr, dass es zu einer **Informations- und Botschaftsverwässerung** kommt. Dies bedeutet, dass die Informationen nicht identisch weitergegeben werden und somit ihren ursprünglichen Inhalt verlieren. In diesem Zusammenhang ist es ist nicht ausschließbar, dass Widersprüche zwischen den vom Unternehmen generierten und die nutzergenerierten Inhalte bezüglich der Informationen über die Produkte und Leistungen des Unternehmens sind.

(4) Zudem sind nicht alle **Zielgruppen** über das Internet erreichbar. Für Unternehmen, die ihren Schwerpunkt auf die Social Media-Kommunikation setzen, besteht somit das Risiko, dass relevante Zielgruppen nicht angesprochen werden. Für 30 Prozent der Personen im Alter von 55+ ist das Internet eine unwichtige Quelle für die Informationsbeschaffung und damit das Internet kein zielgruppenaffines Medium für die Ansprache der älteren Konsumenten (*Bovensiepen et al.* 2006).

(5) Nutzen die Unternehmen zum ersten Mal die Social Media-Kommunikation, so besteht die Gefahr, dass dies ein reiner „**Mitläufereffekt**" ist. Dies bedeutet, dass Unternehmen dieses neue Kommunikationsinstrument lediglich aufgrund der Tatsache nutzen, dass es die Konkurrenz nutzt. Ebenso wie bei der Nutzung der anderen Kommunikationsinstrumente ist es von Bedeutung, dass ein systematischer und professioneller Planungsprozess zugrunde gelegt wird und die Social Media-Kommunikation sowohl inhaltlich, formal als auch zeitlich integriert wird.

2 Der Markt für Social Media-Kommunikation

Zur Identifizierung der Marktstruktur im Rahmen der Social Media-Kommunikation sind medien-, unternehmens- und nachfragerbezogene Aspekte zu unterscheiden, die im Folgenden dargestellt werden.

2.1 Medienbezogene Aspekte der Social Media-Kommunikation

Im Januar 2010 zählte das Social Network *Facebook* weltweit mehr als 175 Millionen registrierte Nutzer, die ein Profil über ihre Person auf der Plattform angelegt haben. Um diese enorme Zahl in Relation zu setzen, sei an dieser Stelle aufgezeigt, dass *Facebook* somit nur etwas weniger Nutzer als die Einwohnerzahl von Brasilien (190 Millionen) und zweimal so viele wie die Einwohnerzahl von Deutschland (80 Millionen) zählt. Unter sämtlichen Social Media-Kommunikationsträgern hat die Plattform *Facebook* die meisten Nutzer. Dies gilt nicht nur für Deutschland (vgl. Schaubild III-J-7), sondern auch weltweit.

Mit Ausnahme der VZ-Netzwerke *SchülerVZ, MeinVZ* sowie *StudiVZ* weisen alle in Schaubild III-J-7 aufgezeigten Social Media-Plattformen seit ihrer Gründung jährlich wachsende Nutzerzahlen auf. Zudem verlangsamt sich das Wachstum von *Twitter* seit dem ersten Quartal 2009. So verzeichnete *Twitter* seit der Gründung im Jahre 2006 bis zum Jahre 2009 jährlich nahezu kontinuierlich steigende Wachstumsraten. Im Oktober 2009 sank die Zahl der Neuanmeldungen auf *Twitter* von 13 Prozent (März) auf lediglich 3,5 Prozent ab. (vgl. Insert III-J-4). Wenngleich die Anzahl an Neuanmeldungen auf einigen wenigen Social Media-Plattformen stagniert, ist eine neue Tendenz zu beobachten: Die Nutzer der einzelnen Social Media-Kommunikationsträger werden zunehmend aktiver. So hat ein durchschnittlicher *Twitter*-Account derzeit zirka 200 Follower (vgl. Abschnitt 1.3.1.4). Im Vergleich hierzu lag der Durchschnitt im Juli 2009 lediglich bei 70 Followern. Ebenso steigt die Frequenz mit der Tweets (vgl. Abschnitt 1.3.1.4) gesendet werden. Im Juli 2009 lag diese bei 119. Heute sind es bereits mehr als 500 (*Vatter* 2010). Somit beginnt sich das Wachstum auf *Twitter* von der Nutzerreichweite der Social Media-Kommunikationsträger auf das Engagement bereits vorhandener Nutzer zu verlagern. Eine solche Entwicklung ist ebenfalls für die anderen Social Media-Kommunikationsträger zu erwarten.

Platz	Nov.	Website	Un. Visitors*	vs. November	
				in Mio.	in %
1	1	facebook.com	11,00	1,00	10,0
2	2	wer-kennt-wen.de	6,10	–0,10	–1,6
2	5	stayfriends.de	6,10	0,90	17,3
4	3	schuelervz.net	5,60	0,00	0,0
5	4	studivz.net	5,50	0,00	0,0
6	7	meinvz.net	4,20	0,40	10,5
7	6	myspace.com	3,80	–0,30	–7,3
8	8	xing.com	2,90	0,30	11,5
9	9	twitter.com	2,40	0,00	0,0
10	11	jappy.de	2,10	0,10	5,0
11	9	flickr.com	1,80	–0,60	–25,0
12	12	lokalisten.de	1,50	0,00	0,0
13	15	odnoklassniki.ru	1,10	0,11	11,1
14	13	lastfm.de	1,00	–0,10	–9,1
14	14	kwick.de	1,00	0,00	0,0
14	16	friendscout24.de	1,00	0,10	11,1
17	16	knuddels.de	0,91	0,01	1,1
18	18	spin.de	0,83	–0,01	–1,2
18	19	netlog.com	0,83	0,00	0,0
20	19	schueler.cc	0,82	–0,01	–1,2
* Unique Visitors in Deutschland im Dezember					

Schaubild III-J-7: Top 20 Social-Media Kommunikationsträger in Deutschland (Schröder 2010)

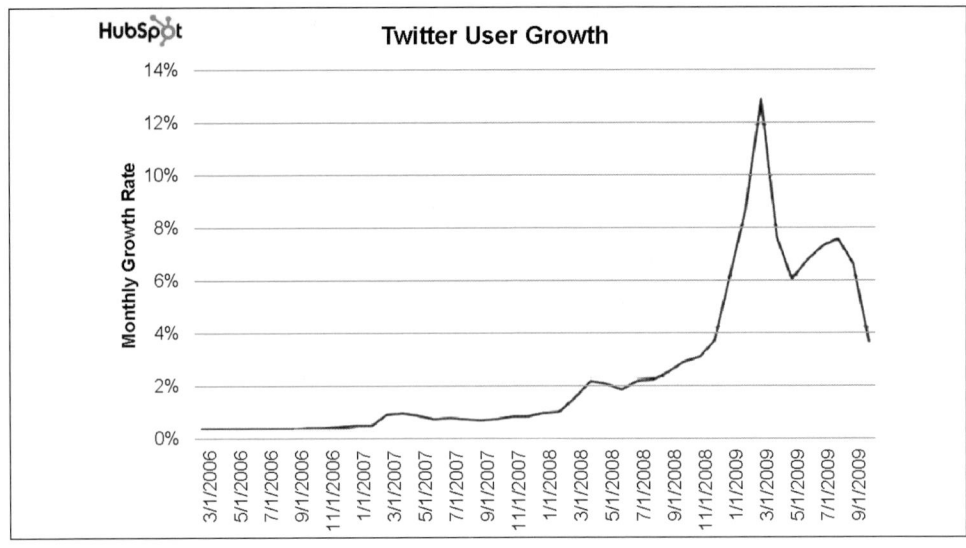

Insert III-J-4: Monatliche Wachstumsraten von Twitter (Vatter 2010)

2.2 Unternehmensbezogene Aspekte der Social Media-Kommunikation

Auf Seite der Unternehmen ist in letzter Zeit verstärkt der Trend zu einer Ausdehnung der Social Media-Kommunikationsangebote zu beobachten. Der Perspektivenwechsel weg von einer einseitigen, zumeist wenig interaktions- und netzwerkorientierten und hin zu einer schnelleren, interaktionsorientierten Kommunikation hat in vielen Unternehmen eine Neubewertung ihres Kommunikationsmix sowie einzelner Kommunikationsmaßnahmen zur Folge. So wird im Rahmen der Social Media-Kommunikation heute besonderen Wert darauf gelegt, Maßnahmen einzusetzen, die es dem Unternehmen ermöglichen, mit ihren Konsumenten, Partnern, Intermediären, aber auch ihren Mitarbeitenden aktiv in Dialog zu treten. Eine Vielzahl an Unternehmen verfolgt mit dem Einsatz der Social Media-Kommunikation die Erhöhung der Konsumentenbindung und -pflege sowie die Stärkung der Markenbekanntheit. Insbesondere versprechen sich Unternehmen durch den Einsatz der Social Media-Kommunikation die Generierung neuer Ideen und den Austausch von unternehmensrelevanten Informationen über Produkte und Dienstleistungen. Unternehmen stehen hinsichtlich der Ausgestaltung der Kommunikationsstrategie, der Auswahl unterschiedlicher Erscheinungsformen der Social Media sowie den damit verbundenen Maßnahmen verstärkt in einem Wettbewerb, die Möglichkeiten einer Interaktion mit den Konsumenten und anderen unternehmensrelevanten Stakeholdern besonders effektiv und effizient auszuschöpfen. Aufgrund dessen nutzen bereits mehr als die Hälfte der nach Werbeausgaben hundert größten Marken Deutschland Social Media zur Unternehmenskommunikation. Die für Unternehmen beliebteste und meistgenutzte Social Media-Plattform ist mit 39 Prozent *Twitter*. Das ergab eine Studie der *Universität Oldenburg* im Dezember 2009. Dieses Ergebnis ist insofern überraschend, da sich *Twitter* als letzte der in dieser Studie berücksichtigten Social Media-Kommunikationsträger etabliert hat. Des Weiteren wird *Youtube* mit 37 Prozent sehr intensiv von Unternehmen genutzt, gefolgt von *Facebook* (28 Prozent) und Corporate Weblogs (12 Prozent) (*Internet World Business* 2009).

Branche	rel. Anteil aktiver Unternehmen
Telekommunikation	92 %
Elektroindustrie/Unterhaltungselektronik	80 %
Print-, Medien-, Film- und Musikindustrie	75 %
Herstellung von Kraftwagen und Kraftwagenteilen	67 %
Herstellung von sonstigen elektronischen Geräten	67 %
Versicherung	67 %
Einzelhandel	50 %
Herstellung von Nahrungs- und Genussmitteln	43 %
Kreditinstitute	40 %
Herstellung von chemischen Erzeugnissen	18 %

Schaubild III-J-8: Branchenbezogene Betrachtung der Social Media-Nutzung
(Neue Mediengesellschaft Ulm mbH 2010)

Eine branchendifferenzierte Betrachtung der Nutzung der Social Media-Kommunikation kommt zu dem Ergebnis, dass die Telekommunikations- sowie die Unterhaltungselektronikbranche in der Nutzung von Social Media führend sind. 92 Prozent bzw. 80 Prozent aller Marken aus diesen Branchen nutzen Plattformen wie beispielsweise *Facebook* und *Twitter* zur Unternehmenskommunikation. Ebenso ist die Bandbreite der Social Media-Kommunikationsträger zwischen den Branchen sehr unterschiedlich. Die Telekommunikations- sowie die Unterhaltungselektronikbranche nutzen zwei oder mehr Social Media-Plattformen. Die chemischen Industrie, Kreditinstitute und Lebensmittelhersteller hingegen nutzen in mindestens 50 Prozent der Fälle überhaupt keine Social Media-Kommunikationsträger (vgl. Schaubild III-J-8).

2.3 Nachfragerbezogene Aspekte der Social Media-Kommunikation

Auf Seiten der Nachfrager der Social Media-Kommunikation sind alle Gruppen in die Betrachtung einzubeziehen, bei denen ein Kontakt mit Social Media-Kommunikationsangeboten eines Unternehmens erfolgt. Primär sind dies Konsumenten, darüber hinaus aber auch Verbände, Intermediäre und andere Medienvertreter, die über die verschiedenen Erscheinungsformen der Social Media mit einem Unternehmen in Kontakt treten bzw. sich untereinander in Netzwerken über Gegebenheiten des Unternehmens austauschen. Die Vielfalt dieser „Nachfragergruppen" bewirkt für Unternehmen die Notwendigkeit, sich mit deren vielfältigen Ansprüchen und Nutzungsbedürfnissen an die Social Media-Erscheinungsformen auseinander zu setzen. Die Verschiebung des Mediennutzungsverhaltens zugunsten von Online-Medien sowie ein verändertes Such-, Informations- und Entscheidungsverhalten der Konsumenten veranlasst die Unternehmen, sich stärker mit Social Media-Angeboten auseinander zu setzen. Einige Studien zeigen, dass Foren, Netzwerke und Bewertungsportale immer bedeutsamer werden, da die Informationssuche der Konsumenten bestimmter Zielgruppen auf Social Media-Plattformen stetig ansteigt (*Hellmann* 2009). In Blogs und Foren vertrauen beispielsweise 61 Prozent der Nutzer Empfehlungen, die von anderen Nutzern ausgesprochen werden und lassen sich von diesen bei ihren Kaufentscheidungen beeinflussen. Wie aktiv die Bevölkerung mittlerweile auf den Social Media-Plattformen ist, zeigen Studien recht eindrucksvoll. Seit August 2009 hat sich die Anzahl der *Facebook*-Nutzer in Österreich und Deutschland mehr als verdoppelt. Die Schweiz weist eine Steigerung der *Facebook*-Nutzer von einem Drittel aus (vgl. Schaubild III-J-9).

Nicht nur die Anzahl an angemeldeten Profilen auf Social Media-Plattformen (vgl. Abschnitt 2.1), sondern auch die mobile Nutzung von Social Media steigt kontinuierlich. Beispielsweise greifen mittlerweile mehr als 100 Millionen Nutzer via Smartphones auf die Plattform *Facebook* zu. Ein Durchschnittsnutzer auf *Facebook* hat 130 Freunde und schreibt monatlich 25 Kommentare sowie wird Fan von vier Seiten pro Monat. Überdies verbringt der durchschnittliche *Facebook*-Nutzer 55 Minuten pro Tag auf *Facebook* (*Wegleiter* 2010). Auch der Anteil der Bevölkerung in Deutschland, Österreich und der Schweiz, der auf *Facebook* aktiv ist, wächst seit der Gründung der Plattform kontinuierlich (vgl. Schaubild III-J-10).

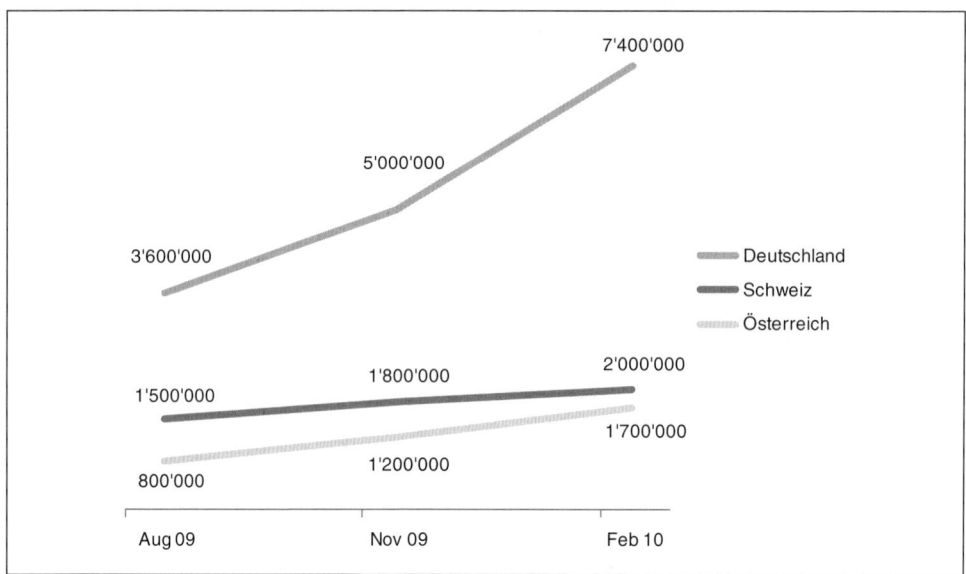

Schaubild III-J-9: Anzahl an Facebook-Nutzern in Deutschland, Österreich und der Schweiz (Facebook 2010)

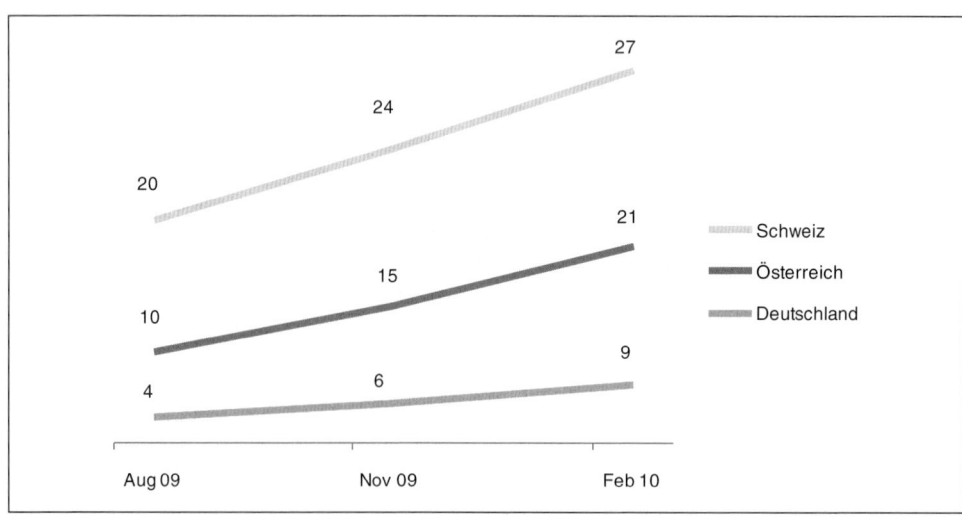

Schaubild III-J-10: Facebook-Anteil der Bevölkerung in Deutschland, Österreich und der Schweiz in Prozent
(Facebook 2010)

Diese nutzerbezogenen Entwicklungen und das veränderte Such-, Informations- und Entscheidungsverhalten sowie die Nutzungsbedürfnisse attraktiver Zielgruppen verdeutlichen die Wichtigkeit der Social Media-Kommunikation für Unternehmen.

3 Planungsprozess der Social Media-Kommunikation

Die Planung der Social Media-Kommunikation nimmt in der Kommunikationspolitik einen wichtigen Stellenwert ein. Demgegenüber ist die Entwicklung eines umfassenden und systematischen Prozesses zur Planung des Einsatzes der Social Media-Kommunikation noch in einem Anfangsstadium. Viele Unternehmen handeln aufgrund der Neuigkeit dieses Kommunikationsinstrumentes und der Besonderheiten der Social Media noch ohne jeglichen Planungsprozess. Für eine zielführende Verbesserung der Erfolgschancen ist die Durchführung von Social Media-Maßnahmen allerdings notwendigerweise einer systematischen Planung zu unterziehen. Dem Planungsprozess kommt insbesondere bei diesem Kommunikationsinstrument ein enormer Stellenwert zu, um trotz der eingeschränkten Kontrollierbarkeit nutzergenerierter Inhalte zielführend zu agieren. Des Weiteren ermöglicht ein solcher Planungsprozess die erforderliche Erfolgskontrolle der Social Media-Kommunikation, um die Effizienz dieses Kommunikationsinstruments bewerten zu können. Für die weiteren Erläuterungen der Social Media-Kommunikation wird der in Schaubild III-J-11 dargestellte Pla-

Schaubild III-J-11: Planungsprozess der Social Media-Kommunikation

nungsprozess zugrunde gelegt, der nach dem klassischen entscheidungsorientierten Ansatz in mehreren Phasen eingeteilt wird.

(1) Situationsanalyse

Grundlage des Social Media-Planungsprozesses ist eine spezifische Potenzialanalyse. In dieser Phase gilt es, die konkrete Marketingsituation als Ausgangspunkt der nachfolgenden Entscheidungen zu analysieren, wobei zwischen einer internen und externen Situationsanalyse unterschieden wird. Im Rahmen der internen Situationsanalyse werden unter anderem der Erfolg der bisherigen Maßnahmen, die Bewertung der Social Media-Kompetenz („Social Media Fit Check") sowie die zukünftigen Einsatzmöglichkeiten überprüft. Die unternehmensexterne Analyse prüft demgegenüber, in welchem Umfang und in welcher Ausprägung die Wettbewerber Social Media-Kommunikation einsetzen sowie die künftigen Einsatzmöglichkeiten der Social Media-Kommunikation. Darüber hinaus wird eine Zielgruppenanalyse in Bezug auf deren Social Media-Aktivitäten durchgeführt. Die Zielgruppenanalyse ist insbesondere im Rahmen der Social Media-Kommunikation von Bedeutung. Hier geht es zum einen um die Analyse, welche Erscheinungsformen und Kommunikationsträger die Zielgruppe primär nutzt und aus welchen Motiven heraus. Zum anderen werden die Nutzungsmotive in Bezug auf spezifische Social Media-Erscheinungsformen (z. B. Weblogs, Wikis usw.) erhoben.

(2) Ziele und Zielgruppenplanung der Social Media-Kommunikation

Innerhalb dieser Phase gilt es, ein klares, langfristig ausgerichtetes, operationales Zielsystem festzulegen. Ausgehend von den Ergebnissen der Situationsanalyse sind in einem hierarchischen und iterativen Prozess die Social Media-Ziele festzulegen. Die einzelnen Ziele sind dabei konsistent zu den im Rahmen der Kommunikationsstrategie des Gesamtunternehmens festgelegten Zielen zu formulieren. Wie bei den anderen Kommunikationsinstrumenten gilt es auch hierbei, möglichst exakt messbare Ziele zu bestimmen. Weiterhin geht es in dieser Phase darum, die Identifikation, Priorisierung und Beschreibung der anvisierten Social Media-Zielgruppen vorzunehmen. Dies erfolgt auf Basis der in der Situationsanalyse durchgeführten Marktforschungsergebnisse und deren Interpretation.

(3) Strategieentwicklung und -festlegung

Aufbauend auf den Zielen und Zielgruppen werden in der nächsten Phase die verfolgten Strategien der Social Media-Kommunikation bestimmt. Durch die Strategieoptionen wird festgelegt, wie sich das Unternehmen langfristig gegenüber den ausgewählten Zielgruppen verhalten wird. Dadurch werden die Schwerpunkte der Social Media-Kommunikation im Sinne eines Handlungsrahmens festgelegt. Auf der Grundlage der für die Marktforschung und für Unternehmen relevanten Ergebnisse erfolgt die Identifikation und Priorisierung von Social Media- Themen sowie die Kategorisierung, Bewertung und Auswahl relevanter Erscheinungsformen und Kommunikationsträger. Hier geht es darum zu entscheiden, ob eine aktive und/oder passive Social Media-Kommunikation vollzogen wird und welche Kommunikationsbotschaften über welche Social Media-Kommunikationsträger transportiert werden. Insgesamt ist eine Entscheidung hinsichtlich der grundsätzlichen Ausrichtung der Social Media-Aktivitäten im Rahmen der Kommunikationsstrategie zu treffen.

(4) Budgetierung

Die Bestimmung des Social Media-Kommunikationsbudgets beinhaltet die Kalkulation der gesamten Social Media-Kosten und die Allokation auf die einzelnen Maßnahmen. Hierzu sind die gesamten anfallenden (externen und internen) Kosten der unternehmerischen Social Media-Kommunikation zu planen.

(5) Maßnahmenplanung

Während dieser Phase findet die detaillierte Planung der einzelnen Social Media-Maßnahmen und Aktionen bei den relevanten Zielgruppen statt. Sowohl bei der aktiven als auch passiven Social Media-Strategie sind Maßnahmen inhaltlicher, technischer, organisatorischer und personeller Art zu berücksichtigen. Die inhaltlichen Maßnahmen beziehen sich auf die Frage, welche Botschaften über Social Media verbreitet werden und ob/wie auf nutzergenerierte Inhalte reagiert wird. Bezüglich der technischen Maßnahmenplanung gilt es z. B. eine ausreichende Serverkapazität sicherzustellen. Auch die organisatorischen (z. B. Frage nach der Eingliederung der Social Media-Kommunikation in die PR-Abteilung oder aber eine eigenständige Abteilung) und personellen Voraussetzungen (z. B. Anzahl der Mitarbeiter) für die Durchführung der Social Media-Kommunikation gilt es in dieser Phase zu planen. Gegenstand der aktiven Social Media-Kommunikation ist zudem die Formulierung einer Kommunikationsbotschaft, die Auswahl der einzusetzenden Erscheinungsformen und Kommunikationsträger sowie die Form (Wort-, Bild-, Audio- und/oder Videozeichen), über die sich die Kommunikation vollzieht. Eng mit der Gestaltung der Kommunikationsbotschaft ist die Auswahl der Erscheinungsformen verbunden, denn die Erscheinungsformen werden von der Zielgruppe aus unterschiedlichen Motiven genutzt und weisen daher eine differenzierte Eignung für den Botschaftstransport auf. Die Auswahl einzusetzender Erscheinungsformen kennzeichnet darüber hinaus die Möglichkeiten zur Verschlüsselung der Botschaft über Modalitäten. Im Rahmen der passiven Social Media-Kommunikation geht es um die Auswahl der Erscheinungsformen und Kommunikationsträger, auf denen das Monitoring betrieben wird und im Weiteren um die Frage, wie das Unternehmen mit den gesammelten Informationen umgeht und ob es zu einer aktiven Kommunikation übergeht.

(6) Integration in den Kommunikationsmix

In jeder Stufe des Social Media-Planungsprozesses ist die notwendige Integration in den Kommunikationsmix des Unternehmens zu gewährleisten. Nur wenn eine inhaltliche, zeitliche und formale Verknüpfung der Social Media-Kommunikation mit anderen Kommunikationsinstrumenten erfolgt, wird es möglich, durch einen in sich konsistenten Auftritt Synergien zu nutzen und bei den angesprochenen Zielgruppen die gewünschten Wirkungen zu erzielen.

(7) Erfolgskontrolle

Abschließend ist eine Erfolgskontrolle im Hinblick auf die Erreichung der angestrebten Ziele durchzuführen. Dabei ist zu analysieren, inwieweit durch die Implementierung des Social Media- Konzepts die instrumentespezifischen Ziele (z. B. Interaktion mit den Konsumenten) erreicht wurden und in welchem Umfang durch eine Integration in den Kommunikationsmix dazu beigetragen wurde, die festgelegten strategischen und operativen Kommunikationsziele zu verwirklichen.

Wie bei den anderen Kommunikationsinstrumenten ist der hier dargestellte und im Weiteren beschriebene Planungsprozess als idealtypisch anzusehen. Vor dem Hintergrund der vielfältigen Möglichkeiten sowie Funktionen der Social Media-Kommunikation ist vor allem eine kontinuierliche, aber auch langfristige Planung der Social Media-Kommunikation sicherzustellen. Insbesondere bei der Social Media-Kommunikation ist es aufgrund der Schnelllebigkeit online-basierter Plattformen sowie der Existenzabhängigkeit dieser von seinen Nutzern von Bedeutung, dass eine einmal eingeschlagene Richtung nicht unter allen Umständen starr zu verfolgen ist. Es ist vielmehr eine flexible Planung notwendig, die in der Lage ist, schnell auf relevante Umweltveränderungen zu reagieren. Die Möglichkeiten für eine kurzfristige Umsetzung kommunikativer Aktivitäten ist insbesondere bei der Social Media-Kommunikation möglich, da insbesondere externe Kommunikationsträger schnell und flexibel nutzbar sind.

4 Ziele und Zielgruppen der Social Media-Kommunikation

4.1 Situationsanalyse als Ausgangspunkt

Die Basis für eine Bestimmung der Ziele und Zielgruppen der Social Media-Kommunikation ist eine Analyse der für die Social Media-Kommunikation relevanten Unternehmenssituation. Nur wenn die Festlegung eines operationalen Zielsystems und die Zielgruppenplanung auf einer systematischen sowie aktuellen Datenbasis basieren, bilden sie die Grundlage einer langfristig erfolgreichen Marketingführung, die nicht dem Zufall überlassen wird.

Viele Unternehmen handeln in Bezug auf die Social Media-Kommunikation derzeit noch nach dem Motte „Dabei sein ist alles", wodurch die wichtige kritische Beleuchtung des Nutzens und der Bedingungen des Einsatzes von Social Media für eine spezifische Marke entfällt. Insbesondere aufgrund der im Vergleich zu den anderen Kommunikationsinstrumenten differenzierenden Rahmenbedingungen, wie beispielsweise die User Generated Contents und die schnelle Entwicklung, der die Social Media-Kommunikation unterliegt, benötigen die Unternehmen detaillierte Informationen hinsichtlich der aktuellen Bedingungslage und möglichen zukünftigen Entwicklungen als Planungs- und Entscheidungsgrundlage in der Social Media-Kommunikation (*Wagner* 2010, S. 50 ff.). Die spezifischen Merkmale der Social Media-Kommunikation führen zu einer im Vergleich zu den anderen Kommunikationsinstrumenten geringeren Planungssicherheit. Daher besteht die Zielsetzung darin, mit einer systematischen **Situationsanalyse** der spezifischen Ausgangslage durch ein aktuelles Bild der Social Media-Landschaft die Planungssicherheit zu (*Lemon 5 Fresh Consulting* 2010). Neben den internen Voraussetzungen für die Durchführung einer Social Media-Kommunikation, die in einem „Social Media Fitness-Test" auf den Prüfstand gestellt werden, betrifft dies auch das externe Umfeld, insbesondere den Einsatz von Social Media-Kommunikation durch die Konkurrenz.

Ausgangspunkt einer Situationsanalyse ist die Prüfung, welche relevanten Umweltzustände zur genaueren Kennzeichnung der einzelnen Phasen des spezifischen Planungsprozesses in der Social Media-Kommunikation Beachtung finden. In dieser **unternehmensexternen Situationsanalyse** ist zwischen beeinflussbaren und nicht beeinflussbaren Variablen zu unterscheiden. Als beeinflussbar werden dabei solche Größen bezeichnet, die das Unternehmen durch den Einsatz der verschiedenen Erscheinungsformen und Kommunikationsträger der Social Media-Kommunikation steuern kann. Wenngleich die Möglichkeiten der Steuerung begrenzt sind, besteht für Unternehmen insbesondere auf den internen Social Media-Plattformen, wie z. B. Corporate-Markenblog oder Netzwerkprofilen, die Möglichkeit die Nutzer zu informieren und so gezielt Diskussionen zu spezifischen Themengebieten anzuregen. Nicht beeinflussbar sind hingegen die **marktbezogenen Rahmenbedingungen**, auf die das Unternehmen nicht direkt einwirken kann. Innerhalb dieser Kategorie bedarf es der Auseinandersetzung mit Fragestellungen, die die Vor- und Nachteile der Social Media-Kommunikation gegenüber anderen Kommunikationsinstrumenten, die Social Media-Affinität in der Branche, die Bekanntmachung und Imagebeeinflussung bestehender als auch neuer Produkte sowie zur Gestaltung neuer Produkte (Co-Creation) betreffen. Aber auch die Interaktionsmöglichkeiten mit der Zielgruppe und das zu erschließende Marktpotenzial durch den Einsatz der Social Media-Kommunikation sind Kriterien, die es in diesem Kontext zu klären gilt.

Hinsichtlich der **technologischen Rahmenbedingungen**, die einen Einfluss auf die Social Media-Kommunikation haben, bedarf es unter anderem der kritischen Beleuchtung folgender Kriterien (*Fantapié Altobelli/Sander* 2001, S. 33; *Fritz* 2006, S. 70 ff.):

- Infrastruktur von Telekommunikationsnetzen mit ausreichender Kapazität für die Übertragung von Social Media-Informationen und der Möglichkeit zur Interaktion ohne Zeitverzögerungen,
- Ausreichend hohe Marktdurchdringung von Endgeräteplattformen,
- Zugang der Zielgruppe zu Endgeräteplattformen,
- Marktpenetration geeigneter Software und Speichermedien,
- Gewährleistung der Anonymität des Datentransfers,
- Sicherheit des Datentransfers bzw. des Systems, u. a. m.

Weiterhin sind die **gesetzlichen Rahmenbedingungen** des Social Media-Marktes zu analysieren (*Fantapié Altobelli/Sander* 2001, S. 33 ff.). In diesem Zusammenhang steht ein Unternehmen vor dem Problem, dass sich die aus der zur Verfügung stehenden Technologie resultierenden Produkte und Dienstleistungen wesentlich schneller entwickeln als die gesetzlichen Bestimmungen. Daraus leitet sich eine gewisse Rechtsunsicherheit ab, die bei der Planung von Social Media-Maßnahmen zu berücksichtigen ist. Des Weiteren sind Regeln speziell zum Konsumentenschutz im Internet und das Teledienstedatenschutzgesetz (TDDSG), die die Erhebung, Verarbeitung und Nutzung von personenbezogenen Daten regulieren, zu beachten. Unter dem Begriff „Netiquette" werden Verhaltensregeln („The Etiquette of Networks") für das Internet beschrieben. Darin sind Vorschriften des guten Benehmens aufgelistet, wie z. B. die angemessene Ressourcenbeanspruchung im Hinblick auf Zeit und Speicherkapazität anderer Personen sowie die Verletzung der Privatsphäre.

Ebenso ist es im Rahmen der unternehmensexternen Situationsanalyse notwendig, die spezifischen **konsumentenbezogenen Rahmenbedingungen** zu erfassen. Um sowohl einen ersten Kontakt mit den Zielgruppen herzustellen als auch einen dauerhaften Dialog in Form wiederkehrender Interaktionen auf Social Media-Plattformen aufzubauen, ist es unabdingbar, alle Einflussfaktoren, die die Social Media-bezogenen Bedürfnisse der Zielgruppen beeinflussen, zu analysieren. Von grundlegender Bedeutung ist die nutzerbezogene Akzeptanz gegenüber Social Media-Kommunikationsträgern sowie -Anwendungen (*Fritz* 2006, S. 76 ff.). Bei der Betrachtung der Kommunikationsträger ist beispielsweise anzumerken, dass *Twitter* primär von der jüngeren Bevölkerung akzeptiert und aktiv genutzt wird. Dies trifft ebenso auf *Facebook* zu, wenngleich dieser Kommunikationsträger zunehmend auch bei der älteren Generation an Akzeptanz gewinnt. Die am stärksten wachsende Nutzergruppe auf *Facebook* sind Frauen im Alter von 55 bis 65 Jahren (*Henner-Fehr* 2010). Vor dem Hintergrund der User Generated Contents ist zudem zu prüfen, wie aktiv die Konsumenten in der Generierung von Social Media-Inhalten sind und welche Anforderungen an die Anwenderfreundlichkeit der Social Media-Anwendungen gestellt werden (*Fritz* 2006, S. 144). Auch die Nutzenvorteile, die eine Anwendung zu erfüllen hat, um von den Zielgruppen angenommen zu werden, ist in diesem Kontext zu überprüfen. Dementsprechend ist eine Analyse jener Informationen notwendig, die geeignet sind, abstrakte Informations-, Vernetzungs- und Unterhaltungsbedürfnisse der Konsumenten in konkrete Bedarfe der Social Media-Anwendungen umzuwandeln.

Die **konkurrenzbezogenen Analyse** bezieht sich zunächst auf die allgemeine Frage, ob und wie intensiv die Konkurrenz auf den Social Media-Plattformen aktiv ist. Im Weiteren bedarf es der Identifikation jener Erscheinungsformen und Kommunikationsträger der Social Media-Kommunikation, die von der Konkurrenz primär genutzt wird. Auch die Frage der Nutzung aktiver versus passiver Social Media-Plattformen durch die Konkurrenz gilt es in diesem Zusammenhang zu beantworten. Weitere konkurrenzbezogenen Determinanten des Social Media-Angebotes beziehen sich auf die Identifikation des aktuellen „State-of-the-Art" in Bezug auf Programmerkmale, wie die Möglichkeiten zur Interaktion, Layout und Schnelligkeit. Dabei sind sowohl die Social Media-Maßnahmen anderer Unternehmen als auch das Angebot an anderen unternehmensexternen Social Media-Plattformen zu berücksichtigen und zu vergleichen, z. B. der Vergleich der Social Networks *StudiVZ* und *Facebook*.

Eine Analyse der spezifischen unternehmensbezogenen Situationsvariablen bildet die zweite bedeutende Säule des Ausgangspunktes des Social Media-Planungsprozesses. Im Rahmen dieser **unternehmensinternen Situationsanalyse** werden instrumente-, zielgruppen-, mitarbeiter- und technologiebezogene Kriterien unterschieden. Im Rahmen der instrumentebezogenen Determinanten gilt es sämtliche Kommunikationsinstrumente auf ihre Fähigkeit hin zu überprüfen, ob diese mit der Social Media-Kommunikation kompatibel und darauf eingestellt sind. Ob die Zielgruppe überhaupt über die Social Media ansprechbar sind und welche Zielgruppen insbesondere Social Media nutzen und daher über diesen Kommunikationskanal primär ansprechbar sind, zählen zu den Kriterien der zielgruppenbezogenen Situationsanalyse. Die Identifikation der derzeitigen Kompetenzen des Unternehmens hinsichtlich Social Media („Social Media Fitness-Check") sowie die unternehmensinterne Akzeptanz bei allen Entscheidungsträgern und die zur Verfügung stehenden geschulten Mitarbeitenden zur Umsetzung der geplanten Aktivitäten ist Bestandteil der mitarbeiterbezogenen Kriterien. Die Prüfung der technologischen Infrastruktur des Unternehmens, wie beispielsweise die Serverkapazitäten für eventuelle interne Social Media-Plattformen sowie die Gewährleistung der Datensicherheit, sind technologiebezogene Fragestellungen der internen Situationsanalyse.

In einem nächsten Schritt gilt es, die unternehmensexterne sowie -interne Analyse zusammenzuführen. In diesem Zusammenhang bietet sich der Einsatz einer **SWOT-Analyse** (Strengths-Weaknesses-Opportunities-Threats) an. Hierdurch besteht die Möglichkeit, sowohl die externen Chancen und Risiken von Social Media-Aktivitäten als auch die internen Stärken und Schwächen hinsichtlich des Einsatzes der Social Media-Kommunikation gegenüberzustellen. Erste Ansatzpunkte hinsichtlich der spezifischen Unternehmenssituation der Social Media-Kommunikation lassen sich beispielsweise durch die Beantwortung der in Schaubild III-J-12 aufgeführten Fragestellungen ableiten. Es werden vier Kategorien einer Situationsanalyse unterschieden, wobei im Einzelfall zu prüfen ist, ob weitere Bereiche, wie beispielsweise die Meinungsführer, einzubeziehen sind. Von Bedeutung ist, dass die einzelnen Bereiche nicht unabhängig voneinander betrachtet werden dürfen. Vielmehr bestehen **Interdependenzen**, die es innerhalb der einzelnen Phasen des Social Media-Planungsprozesses zu berücksichtigen gilt.

Inwieweit und mit welchen Gewichtungen die einzelnen Ergebnisse der SWOT-Analyse als Entscheidungsgrundlage zur Ausrichtung zukünftiger Aktivitäten der Social Media-Kommunikation herangezogen werden, ist eine unternehmensindividuelle Entscheidung, die von zahlreichen Faktoren abhängt. Entscheidend ist, dass die tatsächlichen Ursachen für die für die Social Media-Kommunikation relevanten Entwicklungen offengelegt werden und somit eine **kommunikative Problemstellung** abgeleitet werden kann. Hier geht es in erster Linie darum, über eine operationale Zielformulierung und ein umfassendes und differenziertes Briefing die Voraussetzungen für die erfolgreiche Social Media-Kommunikation zu schaffen. Ist ein Unternehmen bisher bereits in den Social Media aktiv, hat jedoch auf den Social Network-Plattformen kaum Gruppenmitglieder und bei *Twitter* wenige Follower, die Konkurrenz hingegen schon, so lautet die kommunikative Problemstellung: „Aufbau der Beziehung zu den Nutzern auf den Social Media-Plattformen". Hierauf basierend erfolgt der zukünftige Einsatz der Social Media-Kommunikation und insbesondere die Festlegung der Ziele und die Social Media-Strategie.

Fragen	Antworten	Chancen/ Risiken Stärken/ Schwächen
Marktbezogene Fragen		
• Wie hoch ist die Social Media-Affinität der Branche? • Wie gut eignet sich die Social Media-Kommunikation zur Bekanntmachung und Imagebeeinflussung neuer und bestehender Produkte und Leistungen? u.a.m.		
Technologische Fragen?		
• Wie ist die Marktpenetration geeigneter Software und Speichermedien zu bewerten? • Ist die Sicherheit des Datentransfers und der Systeme gewährleistet? u.a.m.		
Gesetzliche Fragen?		
• Werden die Regeln zum Konsumentenschutz im Internet eingehalten? • Wird sich gesetzeskonform Verhalten? u.a.m.		
Kundenbezogene Fragen		
• Wie ist die nutzerbezogene Akzeptanz gegenüber Social Media-Erscheinungsformen, -Plattformen und -Anwendungen zu bewerten? • Wie aktiv sind die Kunden in der Generierung von Social Media-Inhalten? u.a.m.		
Konkurrenzbezogene Fragen		
• Wie aktiv ist die Konkurrenz auf Social Media-Plattformen? • Welche Social Media-Aktivitäten führen die Wettbewerber mit welcher Intensität und mit welchem Erfolg durch? u.a.m.		
Unternehmensbezogene Fragen		
• Wie ausgeprägt sind die derzeitigen Kompetenzen hinsichtlich Social Media? („Social Media Fitness-Check") • Welche Ressourcen stehen zum Einsatz der Social Media-Kommunikation zur Verfügung (Mitarbeitende, Serverkapazität usw.)? • Ist die Zielgruppe über Social Media zu erreichen? u.a.m.		

Schaubild III-J-12: Fragenkatalog zur SWOT-Analyse der Social Media-Kommunikation

4.2 Zielsystem der Social Media-Kommunikation

Auf der Grundlage der in der Situationsanalyse ermittelten Chancen beziehungsweise Kommunikationsdefiziten werden die Social Media-Ziele formuliert. Diese Ziele bilden den Ausgangspunkt für eine wirkungsorientierte Planung und Entwicklung der Social Media-Maßnahmen. Hierdurch ist es möglich, dem kommunikationspolitischen Handeln soweit als möglich auf die Erzielung spezifischer Resultate, wie z. B. die Erhöhung des Bekanntheitsgrades, die Gewinnung von Konsumentenbewertungen über die Produkte und Leistungen des Unternehmens sowie die Stimulierung von Electronic-Word-of-Mouth (eWOM), auszurichten. Intrainstrumentell anzustreben ist somit der Aufbau eines in sich **konsistenten hierarchischen Social Media-Zielsystems**, um den einzelnen Social Media-Aktivitäten eine klare und spezifizierte Richtung zu geben. Auf der Metaebene ist zunächst zu differenzieren, ob sich die Ziele auf aktive, d. h. das Unternehmen wird selbst auf den Social Medie-Plattformen aktiv und veröffentlicht Inhalte, oder passive, d. h. das Unternehmen betreibt Monitoring zur Informationsgenerierung, Aktivitäten des Unternehmens auf den Social Media beziehen. Diese Ziele dienen folglich als Bewertungsmaßstab für die einzelnen Social Media-Maßnahmen. In Bezug auf die **aktiven Maßnahmen** auf den Social Media-Plattformen lassen sich plattformbezogene und kommunikationsbezogene Ziele unterscheiden.

Die **plattformbezogenen Ziele** stellen auf die Nachfrage nach Kommunikation auf den Social Media-Plattformen ab. Während die klassischen Kommunikationsinstrumente vorwiegend auf der Basis einer unbewussten und beiläufigen Wahrnehmung beeinflussen, wird das Erreichen von Social Media-Kommunikationswirkungen durch die plattformbezogenen Aktivitäten der Nutzer determiniert. Diese Nutzungsreaktionen sind daher explizit in den Zielkatalog der Social Media-Kommunikation zu integrieren. Hierbei lassen sich die Zielkategorien kognitiv-, affektiv- und konativ-orientierte Größen differenzieren. Die **kognitiv-orientierten Ziele** dienen der Erreichung von Aufmerksamkeit von für das Unternehmen relevanten Social Media-Plattformen. Dies ist insbesondere bei internen Kommunikationsträgern von Relevanz. Außerdem sind hierunter Zielgrößen wie Kenntnis oder Wissen in der Anwendung der Social Media-Plattformen zu nennen. Sie sind ursächlich für die Aufrechterhaltung und Interaktionserhöhung nach dem Erstkontakt auf Social Media-Plattformen.

Die **affektiv-orientierten Ziele** betreffen Aspekte wie emotionales Erleben, Image oder Interesse. Hierunter zählt insbesondere die Einstellungen der Nutzer gegenüber den Social Media-Kommunikationsträgern, die sich beispielsweise aus der wahrgenommenen Qualität der Plattform ergeben. Diese äußern sich in der Akzeptanz der internen oder externen Plattform als geeignetes Mittel zur Befriedigung eines bestimmten Informations- und Unterhaltungsbedürfnisses. Die Akzeptanz des Kommunikationsträgers ist als Ergebnis eines Erlebnis- und Erfahrungsbildungsprozesses der Nutzer hinsichtlich der Plattform zu sehen. Dieser bildet die Basis für die erneute Nutzung der Plattform und damit die Bereitschaft zu einer dauerhaften, interaktiven Kommunikation des Nutzers auf Social Media-Plattformen.

Die **konativ-orientierten Ziele** beinhalten sowohl Verhaltensabsichten als auch konkretes Verhalten des Nutzers über die Social Media-Kommunikationsträger eine interaktive Kommunikation zu vollziehen und im Zeitablauf die Kommunikation auf den Plattformen selbstständig und widerkehrend aufzunehmen.

Die plattformbezogenen Ziele sind somit auf Merkmale gerichtet, wie z. B. die Bedienungsfreundlichkeit, Erlebnischarakter der Plattform sowie die Relevanz der Inhalte zur Befriedigung des Informationsbedürfnisses.

Während die plattformbezogenen Ziele auf den Träger der Social Media-Kommunikation abzielen, beziehen sich die **kommunikationspolitischen Ziele** auf die Reaktionen der Nutzer in Bezug auf das Kommunikationsobjekt. Dabei ist allerdings zu berücksichtigen, dass die Entstehung objektbezogener Wirkungen ursächlich den plattformbezogenen Zielen untergeordnet ist. Die kommunikationspolitischen Ziele sind in kognitiv-, affektiv- und konativ-orientierte Kategorien zu differenzieren. Die **kognitiven Ziele** der Social Media-Kommunikation sind die auf das Kommunikationsobjekt bezogene Informationsaufnahme und -verarbeitung während der Nutzung der Social Media-Kommunikationsträger. Sie beziehen sich auf die Wahrnehmung, Kenntnis und Erinnerung des Unternehmens und seine Produkte, Marken und Dienstleistungen. Produkt- und leistungsspezifische Informationen werden beispielsweise verbreitet, um den Bekanntheitsgrad neuer Produkte und ihrer Eigenschaften zu erhö-hen. Die Steigerung des Bekanntheitsgrades des Unternehmens und seiner Marken stellt ein häufiges Ziel der Social Media-Kommunikation dar, da eine Vielzahl an Rezipienten einfach und schnell über Social Media-Plattformen erreichbar ist. Hieraus ergibt sich sowohl eine Akzeptanz der Botschaftsinhalte als auch die Bildung von Kenntnissen und Wissen bezüg-lich kommunikativer Aktivitäten über die Leistungen eines Unternehmens. Hierzu zählt bei-spielsweise das Wissen der Social Media-Nutzer über das Vorhandensein von spezifischen Markengruppen auf bestimmten virtuellen Netzwerken (vgl. Insert III-J-5).

Demgegenüber sind die **affektiven Ziele** primär auf die Erzeugung positiver Emotionen, Ein-stellungen und Sympathiewerte bei den Konsumenten gegenüber dem Kommunikationsob-jekt ausgerichtet. Somit gehört die Erzeugung eines emotionalen Erlebens oder Interesses bei den Konsumenten bei Kontakt mit den auf das Kommunikationsobjekt bezogenen Social Media-Maßnahmen, wie z. B. bei einem Video über die Unternehmensmarke auf Video und Picture-Plattformen wie *Youtube* zu den affektiven Zielen. Im Gegensatz zu den klassischen Kommunikationsinstrumenten ist die Social Media-Kommunikation explizit auf die gleich-zeitige Erzielung von sowohl Informationsvermittlung als auch erlebnisorientierter Unterhal-tung ausgerichtet. Dies ist aufgrund dessen von grosser Relevanz, da die Nutzer die Social Media-Plattform aktiv aufsuchen müssen und dies insbesondere dann der Fall ist, wenn sie einen Informations- als auch Unterhaltungsnutzen erfahren.

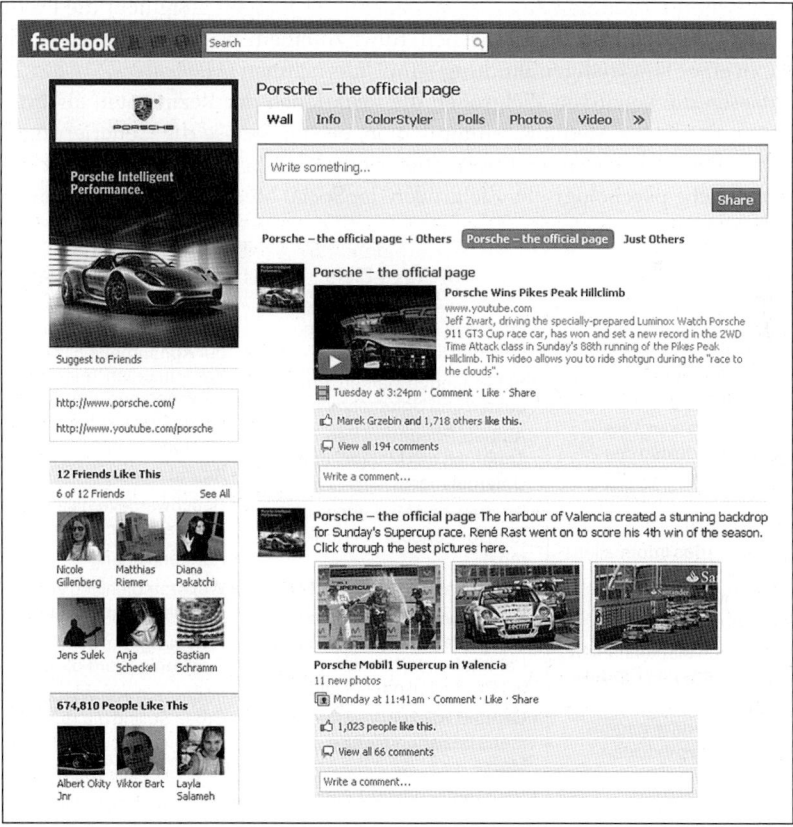

Insert III-J-5: Wissen über die Porsche-Gruppe auf Facebook als konatives Ziel (Facebook 2010)

Für die Festlegung **konativer Ziele** empfiehlt es sich zu unterscheiden, ob im Zentrum der Kommunikationsaktivitäten das Unternehmen selbst oder aber ein bestimmtes Produkt bzw. eine Dienstleistung steht. Ähnlich wie bei der Mediawerbung und der Public Relations ist die Social Media-Kommunikation letztlich darauf ausgerichtet, eine Kaufverhaltensänderung bei den Zielgruppen zu bewirken. Dies kann zum einen durch das Unternehmen selbst und direkt bei den (potenziellen) Konsumenten erfolgen oder aber das Unternehmen versucht eine positive Electronic-Word-of-Mouth (eWOM) Kommunikation anzuregen. Dies meint, dass die Nutzer positive Inhalte über das Unternehmen generieren und so zu freiwilligen Kommunikationsbotschaftern des Unternehmens werden. Hierdurch ist es dem Unternehmen möglich, Informationen über unternehmensspezifische Inhalte im Rahmen der passiven Social Media-Kommunikation zu generieren. Die Steigerung des eWOM führen schließlich auch zur Akquirierung neuer Konsumenten. In der Social Media-Kommunikation geht es darum, einen Dialog zwischen dem Unternehmen und seinen Zielgruppen anzuregen. Die durch die Social Media-Kommunikation ermöglichte und durch die Transparenz und den Dialog mit den Konsumenten hervorgerufene authentische Kommunikation, führen überdies zur Konsumentenbindung. Neben dem Aufbau einer Beziehung mit einem Unternehmen bzw. dessen Marken und Produkten durch die Interaktion auf Social Media-Plattformen zielt der Aufbau von Netzwerken, Foren u. a. m. darauf ab, die Konsumenten über den Erlebniswert der sozialen Interaktion an die Produkte und Leistungen des Unternehmens zu binden (*Bauer/Grosse-Leege/Bryant* 2007, S. 117 f.). Das konative Ziel eines Unternehmens, Individuen untereinander in einer digitalen Gemeinschaft zusammen zu bringen, in der sie sich regelmäßig über die Produkte und Leistungen des Unternehmens austauschen, führt zu einem positiven Gemeinschaftsgefühl und damit zu einer langfristigen Bindung zum Unternehmen (*Mühlenbeck/Skibicki* 2007, S. 78). Damit umfassen die konativen Zielgrößen die Reaktionen der Rezipienten als Ergebnis der Beeinflussung der Social Media-Kommunikation, beispielsweise die Generierung der Kaufbereitschaft und eines bestimmten Informationsverhaltens. Schaubild III-J-13 gibt einen Überblick über mögliche psychologische Zielgrößen der Social Media-Kommunikation.

Kognitive Ziele	**Affektive Ziele**	**Konative Ziele**
• Aufmerksamkeit und Wahrnehmung des Unternehmens und dessen Marken, Produkte und Dienstleistungen • Kenntnis von Marken, Leistungen und Produkten des Unternehmens (Bekanntheit, Namenskenntnis, Problemlösungskenntnis) • Verbesserung des Informationsstandes, z.B. Wissen über Produktinnovationen und -variationen • Erinnerung von Markennamen, Preisen, Slogans und Produktvorteilen • Kenntnis der Vorteile gegenüber Konkurrenzprodukten u.a.m.	• Interesse an Produkten und Leistungsangeboten • Einstellung zu Marken, Produkten und Unternehmen • Aufbau, Pflege und Veränderung des Marken- und Unternehmensimage • Produkt- und Markenpositionierung (gegenüber der Konkurrenz) • Emotionales Erleben der Marke • Verbindung emotionaler Elemente (z.B. Sportlichkeit, Lebensfreude, Lifestyle u.a.m.) mit Produkten oder Leistungen • Glaubwürdigkeit des Unternehmens beziehungsweise der Marke • Vertrauensbildung u.a.m.	• Aktives Informationsverhalten der Konsumenten (z.B. Konsumenten treten mit dem Unternehmen über Social Media Plattformen in Interaktion und fordern Informationen an) • Kaufabsichten • Beschwerdeverhalten und aktives, kritisches Feedback • Kundenbindung • Weiterempfehlung von Produkten und Leistungen • Anregung zum positiven Electronic-Word-of-Mouth • Förderung von Wiederkauf und Cross Selling u.a.m.

Schaubild III-J-13: Psychologische Zielkategorien der aktiven Social Media-Kommunikation

Bei der Betrachtung der **passiven Social Media-Maßnahmen** wird das primäre Ziel der Informationsgenerierung verfolgt. Durch die nutzergenerierten Inhalte ist es dem Unternehmen möglich, Monitoring zu betreiben. Die Informationsgenerierung basiert auf dem Informationsaustausch und der Interaktion der Zielgruppen untereinander. Das Unternehmen verfolgt lediglich die Kommunikation zwischen den Rezipienten und versucht so, Wissen und Informationen über das Unternehmen zu generieren. Hierbei lassen sich marktforschungs-, innovations- und reaktionsbezogene **Zielgrößen** unterscheiden.

Die **marktforschungsorientierte Zielgrößen** dienen der Ermittlung der Motive, Einstellungen, Bedürfnisse und Erwartungen der Konsumenten gegenüber den Produkten und Leistungen des Unternehmens. Diese Einblicke liefern zum einen fundamentale Entscheidungshilfen für die Nutzen- und Werteversprechen des Unternehmens. Außerdem sind hierunter Zielgrößen wie die Analyse des Nutzungsverhaltens der Konsumenten auf Social Media-Plattformen zu nennen. Sie sind für die plattformgenaue Platzierung der Kommunikationsinhalte auf den Social Media-Kommunikationsträgern notwendig.

Die **innovationsorientierten Zielgrößen** beziehen sich auf die Öffnung des Innovationsprozesses für Konsumenten und interessierte Akteure der Öffentlichkeit im Sinne einer Open Innovation. Durch die Social Media wird es den Konsumenten möglich, sich über die Plattformen an der Produktentwicklung zu beteiligen. Das Verfahren, die Konsumenten in den Entwicklungsprozess einzubinden, beschreibt, wie das Wissen der Konsumenten für das Unternehmen genutzt wird. Dieses Vorgehen wird als Crowd Sourcing bezeichnet (*Gruber* 2008, S. 57). Der Einbezug in die Produkt- und Dienstleistungsentwicklung liefert dem Unternehmen wertvolle Informationen. Dieser durch die Social Media hervorgerufene Innovationsprozess ist durch eine Vielzahl persönlicher wie auch virtueller Schnittstellen gekennzeichnet. Die innovationsbezogenen Zielgrössen beziehen sich hierbei auf die Identifikation der relevanten externen Informationen, deren systematische Aufbereitung sowie auf die Integration der internen und externen Kontaktpunkte über den gesamten Innovationsprozess.

Die **reaktionsbezogenen Zielgrößen** dienen der Erreichung einer effizienten Kommunikation in Krisenzeiten des Unternehmens. Dies bedarf ein kontinuierliches Monitoring des User Generated Content über das Unternehmen. Durch eine permanente Informationsgenerierung ist es dem Unternehmen möglich, auf negative Berichte frühzeitig, unmittelbar und glaubwürdig reagieren zu können, um den Krisen schon während der Entstehung begegnen zu können. Dies trägt zu einem effektiven Krisenmanagement bei (*Rösger/Herrmann/Heitmann* 2007, S. 109; *Gruber* 2008, S. 57).

4.3 Zielgruppen der Social Media-Kommunikation

4.3.1 Zielgruppenidentifikation und -beschreibung in der Social Media-Kommunikation

Im Anschluss an die Festlegung der Social Media Ziele ist es erforderlich, jene Gruppen zu bestimmen, die durch die Social Media-Kommunikation anzusprechen sind. Im Sinne einer differenzierten Marktbearbeitung ist die Identifikation und Beschreibung der **Zielgruppen** eine Voraussetzung für die Planung der zur Zielerreichung einzusetzenden Maßnahmen. Diese Forderungen gelten insbesondere vor dem Hintergrund des Pull-Charakters der Social Media-Kommunikation (*Meyer* 2010), da die Social Media passiv die Aufgabe des Screenings von Konsumentenwünschen und -bedürfnissen wahrnimmt. Sobald die einzelnen Anforderungen an die Social Media-Plattform nicht mehr den Nutzerbedürfnissen entsprechen, werden die Plattformen nicht weiter aufgerufen, wodurch keine Kommunikationswirkung in Bezug auf das Kommunikationsobjekt entsteht.

Im Verlauf der **Zielgruppenidentifikation** werden diejenigen Zielpersonen erfasst, die zur Realisierung der Social Media-Ziele anzusprechen sind. Zunächst gilt es, die aktuellen und potenziellen Konsumenten zu identifizieren, also diejenigen, die durch das Produkt ihren eigenen Bedarf decken. Aus diesen sind wiederum diejenigen Zielpersonen zu identifizieren, die für die Social Media-Kommunikation von Relevanz sind. Darüber hinaus gilt es weitere Zielgruppen zu berücksichtigen, wie beispielsweise Mitarbeiter, Absatzmittler und Medien. Somit gilt es zu klären, ob es weitere Personengruppen gibt, die neben den aktuellen und potenziellen Konsumenten zu berücksichtigen sind. Im Zuge der Identifikation der Zielgruppen ist auch die Erfassung der Plattformen, auf denen die aktuellen und potenziellen Konsumenten aktiv sind, von Bedeutung. Hierdurch wird sichergestellt, dass sich die Social Media-Kommunikation auf den für die Zielgruppen relevanten Plattformen im Social Web vollzieht. Wenngleich die Social Media-Kommunikation aufgrund des World Wide Web weltweit zugänglich ist, vollzieht sich die Nutzung der Social Media-Plattformen durch die Zielgruppen sehr lokal, d.h. zwischen verschiedenen Ländern sind enorme Unterschiede der Nutzung der einzelnen Social Media-Plattformen zu verzeichnen. Insert III-J-6 zeigt die unterschiedliche Nutzung der Social Media beispielhaft für die Länder Deutschland, Frankreich und Japan auf.

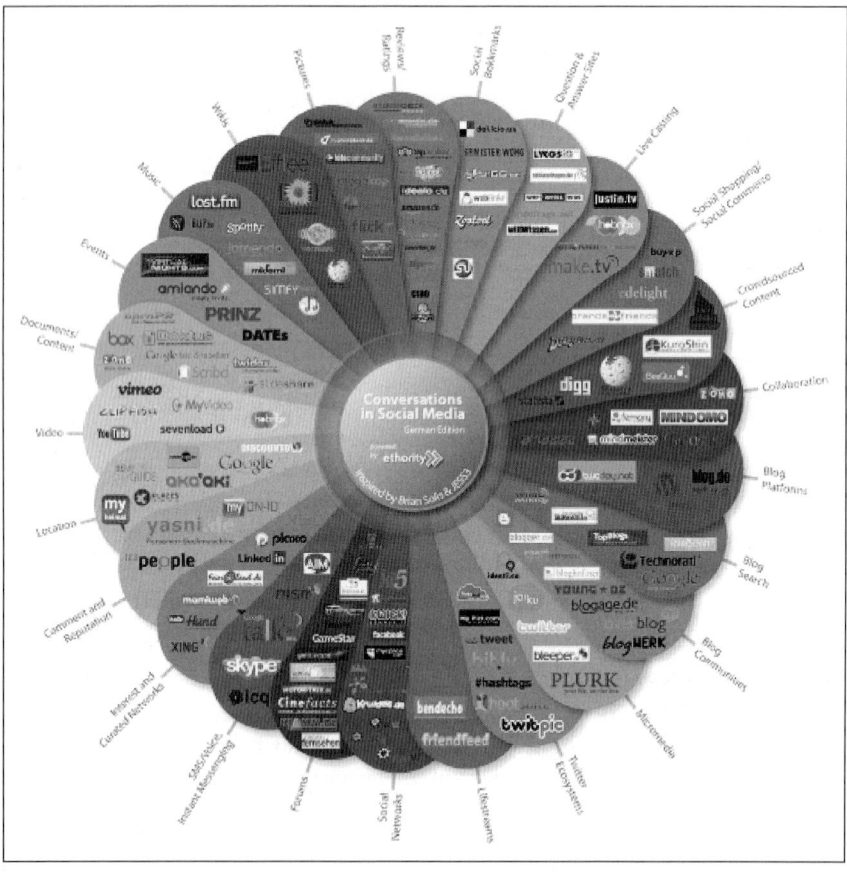

Insert III-J-6a

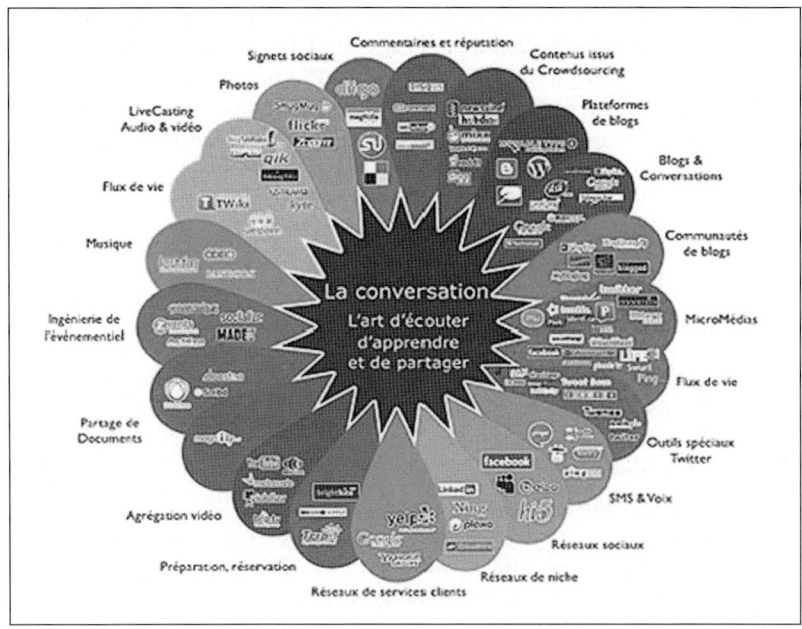

Insert III-J-6b

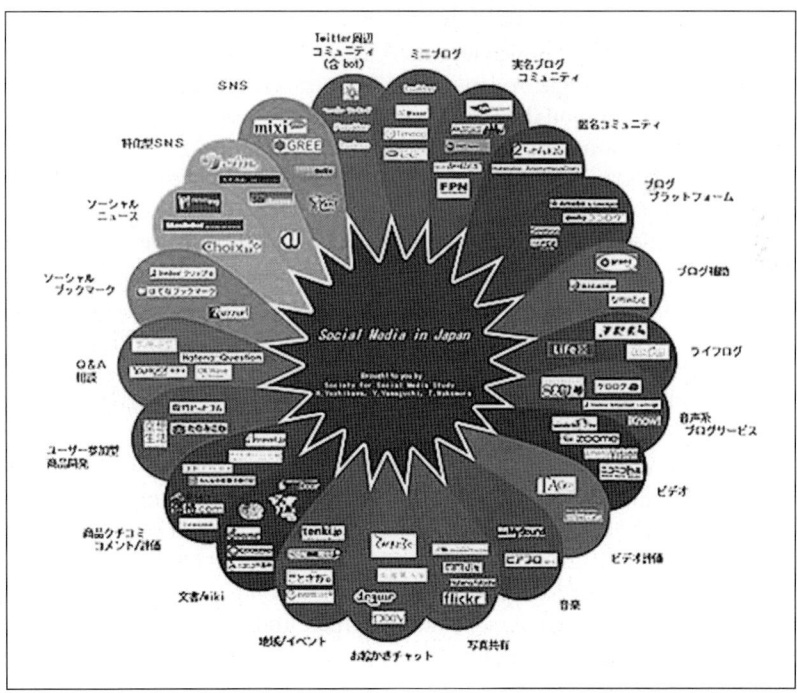

Insert III-J-6c

Insert III-J-6a–c: Nutzung der Social Media in Japan (Solis 2009)
Originale zu entnehmen bei www.theconversationprism.com

Die Aufteilung der Zielgruppen zielt auf die Bildung möglichst **homogener Nutzergruppen** in Bezug auf Unterhaltungs-, Selbstdarstellungs- und Informationsbedürfnisse sowie die sich daraus ableitenden Anforderungen an die Social Media-Kommunikation ab. Ziel ist die zielgruppenspezifische Entwicklung der Social Media-Botschaft sowie die Platzierung dieser auf den von der Zielgruppe verwendeten Plattformen. Die Merkmale zur Segmentierung der Zielgruppen sind in vier Kategorien zu unterteilen (*Freter* 1983, S. 44 f.; *Steffenhagen* 2000, S. 47 ff.; *Kotler/Bliemel* 2001, S. 430 ff.; *Bruhn* 2010a, S. 151 f.):

(1) Demografische Merkmale,
(2) Sozioökonomische Merkmale,
(3) Psychografische Merkmale,
(4) (Beobachtbare) Verhaltensmerkmale.

Das klassische Analyseverfahren, in dem Zielgruppen nach **demografischen Merkmalen**, wie z. B. Alter oder Geschlecht, oder **sozioökonomischen**, z. B. Haushaltsgröße, Einkommen, Beruf, gebildet werden, ist aufgrund der mangelnden Relevanz für das intendierte Verhalten in der Regel zu grob und ungenau für eine exakte Zielgruppenbestimmung (*Busch/Fuchs/Unger* 2008, S. 530; *Schweiger/Schrattenecker* 2009, S. 53). Zielgruppen, die nur nach soziodemografischen Merkmalen gebildet werden, weisen unter Umständen enorme Unterschiede in Bezug auf Wertvorstellungen, Interessen oder Verhalten auf. Allerdings haben sich in Bezug auf die Social Media-Kommunikation Merkmale wie Alter, Bildung oder Einkommen als relativ trennscharf erwiesen, da sie häufig mit psychografischen Kriterien korrelieren (*Fritz* 2006, S. 99 ff.). Des Weiteren sind diese auf Social Media-Plattformen, wie z. B. Netzwerken, zumeist von den Nutzern selbst veröffentlicht. Im Hinblick auf die globale Bereitstellung von Social Media- Botschaften sind auch geografische Faktoren von Interesse.

Unter den **psychografischen Abgrenzungsmerkmalen** sind die grundsätzliche Akzeptanz der Social Media-Erscheinungsformen und Kommunikationsträger, die Anforderungen an Interaktivität und Multimodalität einer Anwendung sowie die Informations-, Unterhaltungs- und Selbstdarstellungsbedürfnisse herauszustellen (*Busch/Fuchs/Unger* 2008, S. 530). Weiterhin wichtige Zielgruppenkriterien bilden psychografische Merkmale in Bezug auf das Kommunikationsobjekt, z. B. Motive, Kenntnisse und Einstellungen. Zwar zielen die Social Media-Aktivitäten generell darauf ab, über interaktive Navigationsfunktionen auch heterogene Bedürfnisse zu befriedigen. Bestimmte Anwendungsformen verfügen jedoch über eine systeminhärente Affinität, um bestimmte Nutzersegmente anzusprechen. *Schweiger/Schrattenecker* (2009, S. 54) weisen darauf hin, dass insbesondere das Informationsverhalten durch das Produkt-Involvement determiniert wird. Die Wahl und Gestaltung der Social Media-Kommunikation hat demnach in Abhängigkeit von der Informationsbereitschaft dialog-, informativ-, unterhaltungsorientiert usw. zu erfolgen.

Kriterien des **(beobachtbaren) Verhaltens** beziehen sich auf die Verhaltenswirkungen der Zielgruppen bei der Nutzung von Social Media-Plattformen in der Vergangenheit, insbesondere das Informations- und Kommunikationsverhalten. Dieses Kriterium bietet sich vor allem bei der Differenzierung von Zielgruppen für Maßnahmen der Social Media-Kommunikation an. Im Rahmen der Kontrolle der Social Media-Kommunikation ist möglichst exakt zu erheben, wer, wann und wie lange welche Erscheinungsformen und Kommunikationsträger aufruft sowie welche Inhalte aufgerufen werden. Ferner lassen sich die Zielgruppen nach ihrem Navigationsverhalten auf einzelnen Social Media-Plattformen, d. h. beispielsweise in Bezug auf ihr *Facebook*-Verhalten, differenzieren (*Ellis* 2009, S. 470).

Zur Kategorisierung möglicher Zielgruppenkriterien in Bezug auf die vier Zielgruppen werden im Folgenden Merkmale der Zielgruppen erörtert. Schaubild III-J-14 gibt einen Überblick über die potenziell geeigneten Merkmale zur Zielgruppenbeschreibung aktueller und potenzieller Konsumenten. Wie bereits dargestellt, bilden die Mitarbeiter darüber hinaus eine weitere Zielgruppe der Social Media-Kommunikation. Zwar deckt sich der Denkansatz der Konsumenten mit dem der Mitarbeiter, doch erfordert eine zielorientierte Bearbeitung der Mitarbeiter im Rahmen der Social Media-Kommunikation eine individuelle Betrachtung und Analyse dieser Zielgruppe (vgl. Schaubild III-J-15). Darüber hinaus ist die Notwendigkeit einer Zielgruppenanalyse, auch die Absatzmittler im Sinne der Social Media-Ziele zu bearbeiten. Schaubild III-J-16 gibt einen Überblick über die Kriterien im Hinblick auf den Einsatz absatzmittlergerichteter Social Media-Kommunikation. Schliesslich sind die Medien, d.h. meinungsbildende Personengruppen, eine Zielgruppe der Social Media-Kommunikation. Schaubild III-J-17 zeigt einen Überblick der in Frage kommenden Merkmale im Hinblick auf den Einsatz der Social Media-Kommunikation für die Zielgruppe der Medien.

Demografische Merkmale	**Psychografische Merkmale**

• Alter
• Geschlecht
• Familienstand
• Zahl der Kinder
• Haushaltsgröße
• Wohnort u.a.m.
	• Persönlichkeitsmerkmale
	  (Aktivitäten, Interessen,
	  Einstellung gegenüber
	  Social Media)
	• Nutzenvorstellungen
	• Motive u.a.m.

Sozioökonomische Merkmale	**Verhaltensmerkmale**

• Beruf, Ausbildung
• Einkommen
• Soziale Schichtung
  (Kombination Ausbildung,
  Beruf, Einkommen) u.a.m.
	• Nutzung von Social Media-
	  Plattformen
	• Kommunikationsverhalten
	• Produktwahl, Kaufmengen/
	  Kaufhäufigkeit u.a.m.

Schaubild III-J-14: Zielgruppenmerkmale der aktuellen und potenziellen Konsumenten

Demografische Merkmale	**Psychografische Merkmale**

• Alter
• Geschlecht
• Familienstand
• Zahl der Kinder
• Haushaltsgröße
• Wohnort u.a.m.
	• Persönlichkeitsmerkmale
	  (Aktivitäten, Interessen,
	  Einstellung gegenüber
	  Social Media)
	• Nutzenvorstellungen gegen-
	  über Social Media u.a.m.

Sozioökonomische Merkmale	**Verhaltensmerkmale**

• Stellung im Unternehmen
• Beruf, Ausbildung
• Einkommen
• Soziale Schichtung
  (Kombination Ausbildung,
  Beruf, Einkommen) u.a.m.
	• Nutzung von Social Media-
	  Erscheinungsformen
	• Kommunikationsverhalten
	• Nutzung von internen und
	  externen Social Media-
	  Plattformen u.a.m.

Schaubild III-J-15: Zielgruppenmerkmale der Mitarbeiter

Firmendemografische Merkmale	Ökonomische Merkmale
• Größe der Verkaufsstellen • Branchenzugehörigkeit • Regionale Präsenz u.a.m.	• Finanzkraft • Geschäftsvolumen • Technische Ausstattung u.a.m.
Psychografische Merkmale	**Verhaltensmerkmale**
• Unternehmensziele • Sortimentspräferenzen • Kommunikationsbereitschaft u.a.m.	• Kommunikationswege • Organisation der Einkaufs-abwicklung (on-versus offline) • Bisherige Kommunikations-bearbeitung u.a.m.

Schaubild III-J-16: Zielgruppenmerkmale der Absatzmittler

Mediumdemografische Merkmale	Ökonomische Merkmale
• Auflage (offline) • Page Impressions (online) • Regionale, nationale oder internationale Präsenz u.a.m.	• Finanzkraft • Geschäftsvolumen • Technische Ausstattung u.a.m.
Psychografische Merkmale	**Verhaltensmerkmale**
• Mediumziele • Themenspezifische Schwerpunkte • Interaktionsbereitschaft u.a.m.	• Kommunikationswege (online versus offline) • Art der Kommunikation • Social Media-Aktivitäten u.a.m.

Schaubild III-J-17: Zielgruppenmerkmale der Medien

Um eine sowohl anwendungs-, inhalts- und kommunikationsobjektbezogene Zielgruppenaffinität der Social Media-Kommunikation zu erreichen, werden die Nutzergruppen mit einem möglichst umfassenden Merkmalskatalog beschrieben. Mögliche Inhalte einer Zielgruppenbeschreibung sind in Schaubild III-J-18 aufgeführt und bedürfen einer Anpassung der Inhalte je nach betrachteter Zielgruppe.

Welche Beschreibungsmerkmale für eine zielgruppenspezifische Auswahl der Social Media-Plattformen und die Konzeption der Social Media-Kommunikation notwendig sind, lässt sich aufgrund der großen Variabilität der Bestandteile nur unternehmensspezifisch festlegen. Zudem entwickelt sich der Informationsbedarf simultan mit dem Fortschreiten des Planungsprozesses. Generell gilt, dass die Zielgruppenbeschreibung der Information für die Beantwortung folgender Fragen dient:

• Welche Social Media-Erscheinungsform und -Kommunikationsträger sind notwendig, um einen Kontakt mit der Zielgruppe herzustellen?

• Kollektive Akzeptanz der Social Media-Erscheinungs- formen und Kommunikations- träger	• Anwendererfahrungen
	• Interaktivitätsbedürfnisse
	• Erwartungshaltungen
• Zeitbudget für Social Media Kommunikation	• Unterhaltungs-, Informations-, und Selbstdarstellungs- bedürfnisse
• Nutzungssituation	
• Kenntnisse über das Kommunikationsobjekt	
	• Aktivierungsbereitschaft
• Social Media-Affinität	• Involvement in Bezug auf das Kommunikationsobjekt

Schaubild III-J-18: Inhalte einer Zielgruppenbeschreibung für die Social Media-Kommunikationsplanung

- Welcher Grad an Modalität und Interaktivität ist zu gewährleisten, um den Konsumenten zu einer Erst- und Wiederholungsnutzung zu bewegen?

- Welche Inhalte sind durch die Social Media-Kommunikation zu transportieren, um die inhalts-, informations- und kommunikationsobjektbezogenen Ziele (z. B. die Vermittlung von Kenntnissen oder virtuellen Erlebnissen) zu erreichen?

Je nachdem ob aktive oder passive Social Media-Maßnahmen verfolgt werden sowie in Abhängigkeit der jeweiligen Zielgruppen, sind die verschiedenen Social Media-Erscheinungsformen unterschiedlich gut geeignet (vgl. Schaubild III-J-19).

		Ziele	
		aktive Social Media- Maßnahmen	passive Social Media- Maßnahmen
Zielgruppen	aktuelle und potenzielle Kunden	• Weblogs • Webforen • Videos & Pictures • Micromedia • Virtuelle Netzwerke • Podcasts • Bookmarks	• Bewertungsportale • Weblogs • Webforen • Podcasts
	Mitarbeiter	• Weblogs • Webforen • Virtuelle Netzwerke • Bookmarks	• Weblogs • Webforen
	Absatzmittler	• Weblogs • Wikis • Bookmarks	• Weblogs
	Medien	• Weblogs • Videos & Pictures • Wikis • Bookmarks	• Weblogs

Schaubild III-J-19: Verwendung der Social Media-Erscheinungsformen in Abhängigkeit der Social Media-Ziele und -Zielgruppen

Anhand des Kriteriums der Nutzung der verschiedenen Social Media-Plattformen werden Nutzersegmente gebildet und mittels verschiedener Merkmale beschrieben. Im Folgenden sind ausgewählte Nutzersegmente der online-basierten Kommunikation bzw. der Internetkommunikation dargestellt, die dementsprechend auch für die Social Media-Kommunikation von Relevanz sind. Die Nutzertypologien werden in der Regel von Marktforschungsinstituten ermittelt oder von der Medienindustrie in Auftrag gegeben (zu weiteren Typologisierungen vgl. unter anderem *Fantapié Altobelli/Sander* 2001, S. 48 ff.; *Fritz* 2006, S. 81 ff.).

Die *@facts*-Studie (2007) untersuchte und definierte verschiedene **Online-Nutzertypologien** für das Internetnutzungsverhalten. Mittels telefonischer Interviews wurden 1.500 Deutsche ab 14 Jahren befragt, die das Internet in den letzten drei Monaten genutzt haben. Basis der Typologisierung der Nutzer war ihr Interesse an insgesamt 28 Inhalten und 24 Applikationen, wie z. B. Downloads, Bankdienstleistungen oder Podcasting. Die Antwortkategorien waren auf einer sechsstufigen Skala von eins („sehr interessant") bis sechs („überhaupt nicht interessant") vorgegeben. Dabei ergaben sich für die im Internet angebotenen Inhalte sieben verschiedene Interessenschwerpunkte: Lifestyle, Technik und Wissen, News, Sport und Auto, Freizeit sowie Entertainment. Bei den abgefragten Applikationen kristallisierten sich insgesamt fünf Schwerpunkte bei den Anwendungen heraus: Mediaanwendungen, Kommunikation, Service und Shopping, Spiele und User Generated Content (*@facts* 2003, S. 10 ff.). In Schaubild III-J-20 sind die aus dieser Untersuchung resultierenden Nutzergruppen dargestellt.

Die Nutzergruppe der **Multi-Interest und User Generated Content (UGC)** repräsentiert mit 16 Prozent diejenigen, die sich durch eine Vielzahl an Interessen im Internet auszeichnet. Vier von zehn Personen dieser Nutzergruppe haben bereits selbst Inhalte auf online-basierte Platt-

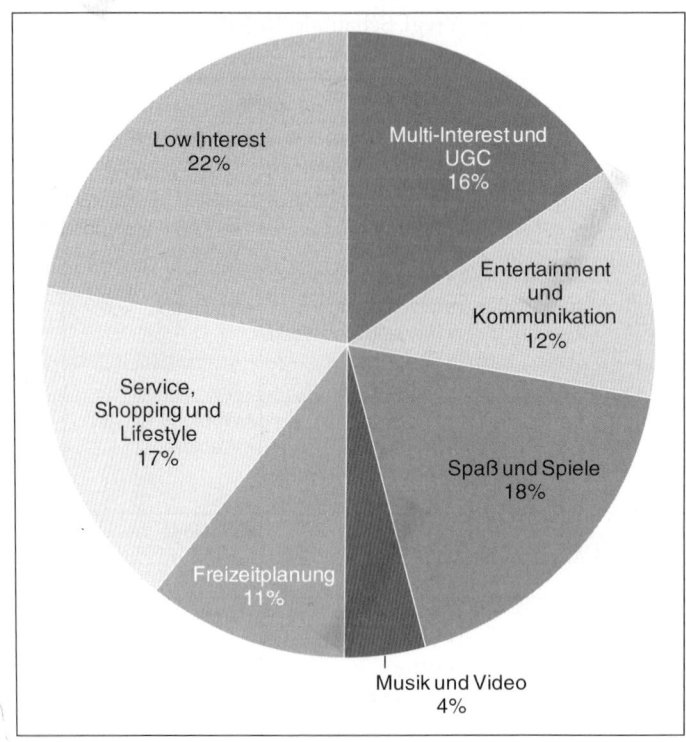

Schaubild III-J-20: Nutzertypen von online-basierten Plattformen (@facts 2003, S. 11)

formen gestellt. Überdurchschnittlich hoch ist in dieser Gruppe das Interesse an Nachrichten, Politik, Wirtschaft und Börse. Die **Gruppe Entertainment und Kommunikation** bildet mit 12 Prozent eine etwas kleinere Gruppe als die Multi-Interest und UGC-Gruppe. Die Nutzer interessieren sich insbesondere für Themen aus den Bereichen Entertainment und Kommunikation. Präziser gesagt, interessieren sie sich für alles, was sie unterhält. Fast jeder Zweite hat ein sehr starkes Interesse an Foren und Chats. Auch Netzwerke, Dating und Freundschaften wecken bei dieser Nutzergruppe Interesse. Die **Spaß und Spiel-Nutzer** sind mit 18,1 Prozent nach den Low Interest-Nutzern die zweitgrößte Gruppe. Dieser Nutzertyp ähnelt in vielen Punkten den Multi-Interest und Entertainment-Nutzern. Auch dieser Typ bewegt sich in fast allen abgefragten Interessengebieten, allerdings mit zwei Unterschieden: Zum einen interessiert ihn alles, was der Unterhaltung dient. Dazu zählen die Themen Kino, Comedy, Entertainment und das Fernsehprogramm. Zum anderen finden sich in dieser Gruppe die meisten „Spieler". Ein Fünftel spielt täglich Spiele mit anderen im Internet. Der Nutzertyp **„Musik und Video"** bildet den kleinsten der vorliegenden Typen. Nur 4,3 Prozent gehören dieser Gruppe an. Damit sind die Werte auf Grund der geringen Fallzahl nur als Trend anzusehen. Die Nutzer gehen sehr selektiv ins Internet. Unter den Interessengebieten sticht das Thema Media extrem heraus. Die **Freizeitplaner** bilden 10,5 Prozent der befragten Personen. Auch bei diesem Nutzertyp ist eine eindeutige Interessenlage zu erkennen. Den stärksten Ausschlag findet man im Bereich Freizeit. Die Themen Urlaub und Reisen, Veranstaltungskalender, Wetter und Verkehrsinformationen sind für diesen Typ sehr interessant. Die anderen Interessenspitzen lassen sich im Bereich Service und Shopping auf Buchungen bzw. Reservierungen und Online-Banking sowie im Bereich Entertainment auf das Thema Kino zurückführen. Der Nutzergruppe **Service, Shopping und Lifestyle** gehören 17,2 Prozent der Internet-Nutzer an. Die Interessen dieser Nutzergruppe sind breit gefächert. Interessenschwerpunkte finden sich bei den Themen Einkaufen bzw. Shopping oder Auktionen, bei Bankdienstleistungen, Online-Banking und Reservierungen. Des Weiteren werden die Bereiche Gesundheitstipps, Mode und Styling, Beauty und Wellness sowie Lifestyle verstärkt gesucht. Auch für Produktinformationen sowie für die Themen Urlaub und Reisen sowie Wissenschaft und Technik greift diese Gruppe gerne auf das Internet zurück. Die Nutzergruppe **Low Interest** ist die größte Gruppe innerhalb der Online-Nutzertypen. Die Low Interest-Nutzer interessieren sich im Internet für keines der abgefragten Themengebiete überdurchschnittlich. Das eher zurückhaltende Interesse dieser Gruppe am Internet spiegelt sich auch in der gesamten Nutzung wider. Nur vier von zehn Nutzern dieses Typs sind täglich oder fast täglich im WWW (@*facts* 2003, S. 14 ff.).

Zusammenfassend zeigt Schaubild III-J-21 die Beschreibung der Online-Nutzertypen nach demografischen, sozioökonomischen und Verhaltensmerkmalen.

4.3.2 Zielgruppenauswahl in der Social Media-Kommunikation

Basierend auf der Identifikation und Beschreibung möglicher Zielgruppen ist eine Auswahl relevanter Zielgruppen für die Social Media-Kommunikation seitens des Unternehmens zu treffen. Die Auswahl der Zielgruppen erfolgt in der Regel unter Kosten-Nutzen-Erwägungen. Da es nicht sinnvoll ist, die gesamte Zielgruppe mit globalen Maßnahmen zu bearbeiten, ist eine zielgruppenspezifische Ausrichtung der Social Media-Maßnahmen vorzunehmen. Die Auswahl der relevanten Zielgruppen erfolgt nach bestimmten **Kriterien der Zielgruppenauswahl**. Dazu sind folgende ökonomische und außerökonomische Kriterien heranzuziehen:

- **Zielbezogener Nutzen der Social Media-Kommunikation in der Zielgruppen:** Der zielbezogene Nutzen der Social Media-Kommunikation wird anhand des Grades der Realisie-

	Nutzer gesamt	Multi-Interest und User Generated Content	Entertain-ment und Kommu-nikation	Spass und Spiel	Musik und Video	Freizeit-planer	Service, Shopping und Lifestyle	Low Interest
Geschlecht								
Männlich	55,5	62,7	36,8	68,6	69	60,5	51,8	47,8
Weiblich	44,5	37,3	63,2	31,4	31	39,5	48,2	52,2
Alter								
Bis 19	13,1	6,4	33,0	33,7	12	1,1	1,7	4,8
20-29	20,2	20,0	258	33,0	22	8,7	18,1	13,4
30-30	21,4	21,7	20,6	14,8	26	31,4	22,1	20,8
40-49	21,5	25,4	14,0	11,1	22	27,2	28,6	22,8
50-59	13,0	18,2	4,2	5,1	10	20,1	15,0	16,4
Über 60	10,9	8,2	2,4	2,4	8	11,5	14,4	21,8
Durchschnittsalter	**38,5**	**40,4**	**28,8**	**27,7**	**37**	**44,3**	**42,9**	**45,4**
Beruf								
Erwerbstätig	56,5	62,8	49,5	47,4	73	67,4	63,5	49,4
Schüler/Student	13,6	9,7	29,5	28,4	12	4,9	4,7	6,7
Sonstiges	29,	27,5	21,0	24,2	15	27,7	31,8	43,9
Schulabschluss								
Hauptschule	29,5	31,1	19,2	34,0	30	19,3	32,6	32,4
Mittlerer Abschluss	36,4	31,9	43,2	35,9	37	34,0	36,9	36,9
Abitur/Studium	34,1	37,0	37,6	30,1	3	46,7	30,4	30,7
Haushaltseinkommen								
Bis 1.000 €	10,4	7,7	17,4	13,6	12	7,5	5,3	11,7
1.000 bis unter 2.000 €	35,9	36,1	43,1	39,2	33	23,2	36,1	35,8
2.000 bis unter 3.000 €	33,0	37,6	24,9	29,1	37	48,5	28,6	32,9
3000 € und mehr	20,7	18,6	14,6	18,1	19	20,8	29,9	19,6
Nutzungshäufigkeit								
(Fast) täglich	63,0	71,8	75,6	67,9	54	59,7	69,1	44,3
Mehrmals die Woche	20,6	20,1	16,2	18,6	20	27,1	18,5	23,5
Einmal die Woche	8,5	2,3	5,9	6,1	12	7,1	7,5	16,9
Seltener	7,9	5,8	2,3	7,4	14	6,1	4,9	15,3
Nutzungsort								
Zu Hause	92,1	93,2	93,8	93,3	90	94,1	92,3	88,8
Am Arbeitsplatz	29,9	49,5	23,5	18,0	28	32,1	39,1	21,5
Bei Freunden/Bekannten	10,6	9,4	10,7	22,2	14	4,5	7,9	6,1
In Schule/Ausbildung/Uni	8,6	6,4	20,4	17,3	12	3,4	3,2	2,7
Mobil/unterwegs	3,1	6,2	2,3	4,5	3	2,1	3,0	0,8
Im Internet-Café	2,4	1,7	5,2	3,9	2	0,9	1,6	1,7
Nutzungsdauer in Minuten	**100**	**121**	**155**	**152**	**91**	**55**	**77**	**53**
Fälle	**1.500**	**236**	**180**	**272**	**64**	**158**	**258**	**332**

Angaben in Prozent

Schaubild III-J-21: Zielgruppenbeschreibung von Online-Nutzertypen (@facts 2003, S. 31 f.)

rung der Ziele bei den Zielgruppen wiedergegeben. Bei der Durchführung von Monitoring-Maßnahmen, also von passiven Social Media-Aktivitäten, ist beispielsweise eine sehr breite Zielgruppe von Relevanz. Hierbei bedarf es der Erfassung sämtlicher produkt- und leistungsbezogener Informationen unabhängig vom Sender. Bei aktiven Social Media-Maßnahmen hingegen, beispielsweise wenn das Ziel Intensivierung der Konsumenten-beziehung vorliegt, ist eine sehr begrenzte Nutzergruppe anzusprechen. Die Ansprache erfolgt hier jedoch sehr intensiv und mit entsprechend grosser Individualität.

- **Kommunikationsbedürfnisse der Zielgruppen:** Für eine beziehungsorientierte Ausrichtung der Kommunikation sind die zielgruppenspezifischen Kommunikationsbedürfnisse im Hinblick auf Social Media-Plattformen zu berücksichtigen. Im Bezug auf die Nutzung der Social Media lassen sich drei Arten von Kommunikationsbedürfnissen unterscheiden: das Informations- und Unterhaltungsbedürfnis sowie das soziale Bedürfnis. Auf der Basis der identifizierten Kommunikationsbedürfnisse gilt es in einem nächsten Schritt zu identifizieren, welche Social Media-Plattformen für die verschiedenen Zielgruppen von Interesse sind. Je nach Bedürfnis der Social Media-Zielgruppe, ist diese durch unterschiedliche Aktivitäten auf den Social Media-Plattformen zu erreichen. Beispielsweise ist für die Ansprache der Zielgruppe Studenten die Plattform *StudiVZ* geeignet, wobei die Nutzung der Plattform durch die Studenten primär auf sozialen Bedürfnissen basiert. Somit ist diese Zielgruppe durch die Bildung von beispielsweise markenspezifischen Gruppen auf der *StudiVZ*-Plattform erreichbar.

- **Integrativer Nutzen der Zielgruppen:** Der integrative Nutzen ergibt sich aus dem Affinitätsgrad der Zielgruppenplanung. Dieser gibt an, inwieweit die Zielgruppen der Social Media-Kommunikation gleichzeitig Zielgruppen des Unternehmens sind. Um die Streuverluste der Aktivitäten der Social Media-Kommunikation zu minimieren, ist ein möglichst hoher Affinitätsgrad anzustreben. Dies ist insbesondere bei der Social Media-Kommunikation nur mit erheblichem Aufwand möglich, da die Nutzung der Social Media-Plattform durch die Unternehmen nicht beeinflussbar ist. Somit ist die kontinuierliche Aufgabe der Unternehmen, die Analyse der Nutzung der einzelnen Plattformen durch die Zielgruppe sowie die die Nutzung der Plattform treibenden Bedürfnisse.

- **Relative Umsatzbedeutung der Zielgruppen:** Die relative Umsatzbedeutung gibt an, wie wichtig eine Zielgruppe im Vergleich zu anderen Zielgruppen für den Umsatz des Unternehmens ist. Je bedeutender die Zielgruppe für das Unternehmen, desto höher ist der Aufwand für die einzelnen Social Media-Kommunikationsformen, wie z. B. interne Weblogs, währenddessen sich für unbedeutende Zielgruppen eher günstigere Maßnahmen anbieten, wie z. B. ein Profil auf einem externen Netzwerk.

- **Kosten für die Bearbeitung der Zielgruppen:** Die mit dem Einsatz der Social Media-Kommunikation verbundenen Kosten sind weitgehend abhängig von den jeweiligen Maßnahmen und ob eine interne oder externe Social Media-Plattform genutzt wird. Bei internen Social Media-Plattformen ist mit erheblichen Server-Kosten zu kalkulieren. Bei externen hingegen sind die Personalkosten der primäre Kostenfaktor. Dementsprechend ist im Vorfeld zu überlegen, welche Aufwendungen sich bei den einzelnen Zielgruppen rentieren.

Die Auswahl der Zielgruppen und die zu ergreifenden Maßnahmen orientieren sich an den oben genannten Kriterien. Da die Ermittlung der notwendigen Zahlen und Informationen teilweise mit großem Aufwand verbunden ist, sind bei der Sammlung der notwendigen Daten sowohl Zeit- als auch Kostenaspekte zu berücksichtigen.

5 Strategie der Social Media-Kommunikation

5.1 Elemente einer Strategie der Social Media-Kommunikation

Ausgehend von den Ergebnissen der Situationsanalyse sowie der Bestimmung des Zielsystems der Social Media-Kommunikation ist die zu verfolgende **Social Media-Strategie** festzulegen. Während die Bestimmung der Ziele als zukunftsbezogene Vorgabe für das Unternehmen verstanden wird, erfolgt durch die Strategiefestlegung eine Kanalisierung, innerhalb derer sich die Konzeption und Umsetzung der einzelnen Social Media-Aktivitäten als operativer Planungsprozess vollzieht. Die Festlegung der Social Media-Strategie hat stets in Abhängigkeit der gesetzten Ziele und den anvisierten Social Media-Zielgruppen zu erfolgen und dient der Entwicklung bzw. der Sicherung unternehmerischer Erfolgspotenziale und wird wie folgt definiert:

> Eine **Social Media-Strategie** ist die bewusste und verbindliche Festlegung der Schwerpunkte in den einzelnen Social Media-Aktivitäten eines Unternehmens, mittels einer Aufstellung verbindlicher Verhaltenspläne und einem längerfristigen Rahmen, die angestrebten Social Media- Ziele zu erreichen.

Grundlage der Strategiebestimmung sind die langfristig orientierten kommunikations-strategischen Überlegungen des Unternehmens, die in einem integrierten Kommunikations-konzept ihren Ausdruck finden. Demzufolge ist stets zu überprüfen, wie die Social Media-Strategie bestmöglich in die Unternehmens-, Produkt-, Dienstleistungs- oder Markenstrategie eingebunden werden kann. Die Entwicklung einer Social Media-Strategie stellt ein komplexes Planungsproblem dar, bei dem mehrere Entscheidungen gleichzeitig zu fällen sind. In Anlehnung an das **Paradigma** eines Kommunikationssystems lassen sich bei der Festlegung einer Social Media-Strategie sechs relevante Elemente unterscheiden. Diese sind in Schaubild III-J-22 dargestellt.

Im Vorfeld zur Planung und Implementierung einer Social Media-Strategie in einem Unternehmen gilt das Commitment des Managements als Grundvoraussetzung für einen Erfolg. Eine aktive Einbindung des (Top-)Managements in die Planung der Strategie der Social Me-

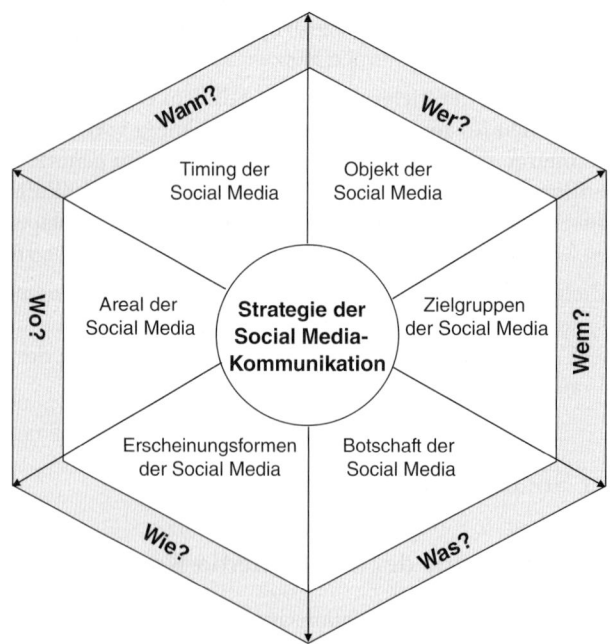

Schaubild III-J-22: Elemente einer Social Media-Strategie

dia-Kommunikation sowie die Einforderung von Ressourcen und Entscheidungen vom Management sind ausschlaggebend für den Erfolg einer Social Media-Strategie.

(1) In Abhängigkeit von der übergeordneten Marketing- und Kommunikationsstrategie sind einzelne Produkte, Marken und Markenfamilien, neue Dienstleistungen und Serviceangebote oder das Gesamtunternehmen mögliche **Objekte** unterschiedlicher Social Media-Strategien. In der Regel ist die Marke und/oder das Unternehmen das Bezugsobjekt von Social Media. In dieser Phase ist sorgfältig zu prüfen, welche Unternehmensleistungen für eine Vermarktung mittels Social Media geeignet erscheinen. Hier spielt unter anderem die Abgrenzung der Organisationseinheit eine entscheidende Rolle. Bevor das Unternehmen ein bestimmtes Objekt der Social Media-Kommunikation auswählt, gilt es zu entscheiden, ob eine eher **fokussierte Social Media-Strategie** oder eine **zentrale**, eine so genannte **Integrierte Social Media-Strategie** verfolgt wird. Die fokussierte Social Media-Strategie betrifft lediglich einzelne Organisations-einheiten, wohingegen die zentrale Strategie das Gesamtunternehmen mit allen Organisations-einheiten umfasst. Ferner werden an dieser Stelle die zentralen Stakeholder im Unternehmen bestimmt, d. h. es wird der Frage nachgegangen, ob die Organisationseinheiten wie z. B. Corporate Communication, Marketing, Sales, Service, Human Ressources in die Strategiefestlegung aktiv mit einzubeziehen sind.

(2) Im Rahmen der **Zielgruppenauswahl** (siehe hierzu auch Abschnitt 4.3) sind in einem ersten Schritt so genannte **Konsumentencluster** bzw. allgemein bestimmte **Personencluster** zu bilden. Im Rahmen der Bildung von Konsumentenclustern fokussiert sich das Unternehmen entweder auf bestehende Konsumenten und nutzt die Social Media-Kommunikation als Instrument der Konsumentenbindung oder es erweitert seine Zielgruppenbasis und betreibt aktiv Konsumentenakquisition. Bei der Auswahl möglicher Zielgruppen aus bestehenden Konsumenten greift das Unternehmen auf unternehmensspezifische Segmentierungskriterien, wie beispielsweise auf demografische oder sozioökonomische Kriterien zurück. Im Rahmen einer Zielgruppenausweitung werden für Segmentierungszwecke Online-Nutzerprofile in die Betrachtung einbezogen. Online-Nutzerprofile geben beispielsweise die Beteiligung an Online-Aktivitäten oder den Grad der Aktivierung, d. h. die Stärke des Involvements, von Online Usern an. Das Unternehmen fertigt im Vorfeld einer Zielgruppenauswahl eine **Skizze** mit Verbindungen zwischen Zielen, die das Unternehmen in Zusammenhang mit der Social Media-Kommunikation formuliert hat, und den möglichen Zielgruppen an. Das Unternehmen spricht aber nicht immer nur Konsumentengruppen an, sondern richtet die Social Media-Kommunikation auch an andere Personengruppen, die Interesse an unternehmensspezifischen Themen haben. Die Initiative der Social Media-Kommunikation kann von zwei unterschiedlichen Gruppen ausgehen. Zum einen wird einer Outside-in-Perspektive und zum anderen einer Inside-out-Perspektive gefolgt. Die **Outside-in-Perspektive** weist einen Pull-Charakter auf, d. h. bestimmte Personen- und Konsumentengruppen sind die Initiatoren für den Austausch von Informationen und geben den Anstoß für die Kommunikation. Zu den Initiatoren zählen beispielsweise eine bestimmte Personengruppe, die eine Gruppe in *Facebook* neu gründet (ehemalige Praktikanten) oder eine Person, die einen neuen Blog zu einem bestimmten Thema eröffnet. Das Unternehmen hat die Möglichkeit, gegebenes Feedback seitens der Nutzer zu verarbeiten und zeitnah darauf zu reagieren. Ferner wird das Feedback auch für weitere Aktionen des Unternehmens genutzt. Bei der **Inside-out-Perspektive** ist das Unternehmen selbst der Initiator der Social Media-Kommunikation. In diesem Zusammenhang wird eher von einem Push-Charakter der Kommunikation gesprochen. Hier sind unternehmensinterne Organisationseinheiten die Initiatoren der Kommunikation und stellen beispielsweise neue Informationen (z. B. über ein kommendes Firmenevent) auf einer Online-Plattform für Mitarbeitende zur Verfügung.

(3) In einem weiteren Schritt folgt die **„Botschaftsgestaltung"** für die festgelegten Social Media-Objekte. Ob und inwieweit das Unternehmen im Rahmen der Social Media-Kommunikation **aktiv** Botschaften platzieren möchte, hängt von der jeweils zugrunde liegenden Social Media-Strategie ab. Nutzt ein Unternehmen die Social Media-Aktivitäten aktiv um mitzureden, zu beeinflussen oder Weiterempfehlungen anzuregen, sind **inhaltliche Kernbotschaften** präzise zu formulieren und konsistent einzusetzen. Eng verbunden mit der Gestaltung der Kommunikationsbotschaft ist die Auswahl der Erscheinungsformen der Social Media-Kommunikation, denn diese werden von den Zielgruppen aus unterschiedlichen Motiven heraus genutzt und weisen deshalb eine differenzierte Eignung für den Botschaftstransport auf. Innerhalb einer Erscheinungsform legt das Unternehmen im Rahmen der Botschaftsgestaltung die Verschlüsselung der Botschaft sowie sämtliche Modalitäten fest. Hierbei geht es z. B. um die Form einer Botschaft, d. h. die Botschaft wird mittels Text, Bild oder Ton transportiert. Ferner wird über das Format der Botschaft bestimmt. Mit anderen Worten legt das Unternehmen fest, ob es eine wichtige Information an Nutzer weitergeben möchte, die Botschaft für den Wettbewerb gut ist oder eher der „Spiel-Gedanke" im Vordergrund steht.

Die Kernbotschaft für die zu planenden Social Media-Aktivitäten im Rahmen einer aktiven Strategie wird aus der kommunikativen Leitidee abgeleitet (vgl. Abschnitt 5.3). Da die Zielgruppen nicht nur über das Kommunikationsobjekt zu einer Nutzung zu motivieren sind, ist die Kernbotschaft um nutzerspezifische Inhalte zu erweitern. Dabei sind verschiedene Ausprägungen denkbar, von denen im Folgenden beispielhaft einige genannt werden:

- **Infotainment** ist eine Kombination von Information und Entertainment. Die Vermittlung von Informationen wird hierbei mit unterhaltender Präsentation dem Nutzer näher gebracht (*Wirtz* 2003, S. 591 f.). Hierzu zählen z. B. Netzwerke oder Chatrooms (*Fantapié Altobelli/Sander* 2001, S. 119).

- **Entertainment** bietet eine reine Unterhaltungskomponente für den Konsumenten, indem beispielsweise Spiele, Quiz, Lernspiele oder Comics bereitgestellt werden (*Fantapié Altobelli/Sander* 2001, S. 119).

- **Education** bezieht sich auf die Wissensvermittlung in interaktiven Lernprogrammen, z. B. Computer Based Training, Computer Aided Learning, Online-Learning oder virtuelle Universitäten (*Wirtz* 2003, S. 589 ff.).

(4) Die Festlegung von **Maßnahmen** als weiteres Element einer Social Media-Strategie beinhaltet Maßnahmen inhaltlicher, technischer, organisatorischer und personeller Art. Je nachdem, welche Zielgruppen angesprochen werden bzw. von welchen Nutzergruppen relevante Informationen geliefert werden sowie in Abhängigkeit einer aktiven oder passiven Social Media-Strategie werden die Maßnahmen der Social Media-Aktivitäten jeweils für den Einzelfall geprüft und entsprechend umgesetzt.

(5) Mit der Entscheidung über das **Areal des Einsatzes** der Social Media-Medien legt ein Unternehmen fest, wo, d. h. in welchen geografischen Regionen, Social Media-Kommunikationsmaßnahmen stattfinden. Dabei sind primär regionale, nationale oder internationale Maßnahmen zu unterscheiden. Auf Foren wie beispielsweise *Facebook* greifen Nutzer aus der ganzen Welt zu und tauschen ihre Informationen untereinander aus. Im Rahmen solcher weltweiter Netzwerke gibt es zwar keine räumliche Begrenzung im Einsatz, dennoch bestehen des Öfteren sprachliche Barrieren.

(6) Das **Timing** der Social Media-Kommunikation legt den Zeitraum von entsprechenden Maßnahmen fest. Dabei sind Überlegungen hinsichtlich einer kurzfristig angelegten Maßnahme oder einer langfristigen Maßnahme zur Konsumentenbindung anzustellen. Das

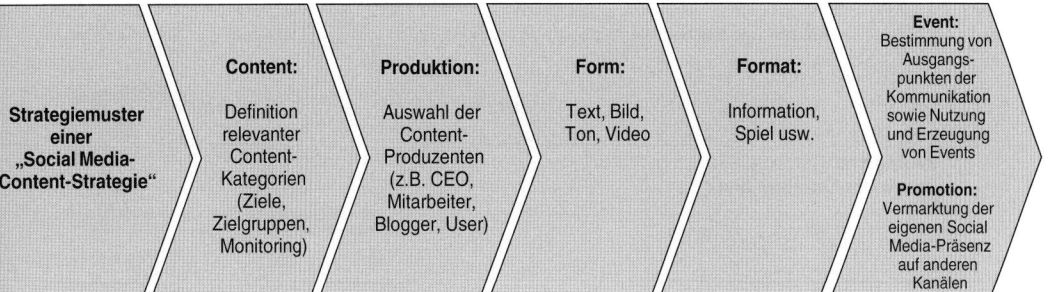

Schaubild III-J-23: Elemente einer Social Media-Content-Strategie

Timing ist in sehr starkem Maße von der verfolgten Social Media-Strategie abhängig. Im Falle einer Monitoringstrategie beispielsweise wird der Informationsaustausch zwischen Konsumenten und Meinungsführern über einen längeren Zeitraum hinweg verfolgt. Das Timing ist aber nicht in jedem Falle beeinflussbar. Handelt es sich beispielsweise um unternehmensexterne Blogs, lässt sich das Timing nicht direkt beeinflussen.

Generell ist hier anzumerken, dass das strikte Vorgehen entlang des **Paradigma** eines Kommunikationssystems zur Festlegung einer Social Media-Strategie nicht in jedem Falle gewährleistet ist. Die zahlreichen nutzergenerierten Inhalte erschweren das übliche Vorgehen der Festlegung der Social Media-Strategie im Vergleich zu anderen Kommunikationsinstrumenten, wie dem Sponsoring. Gerade bei der Social Media-Strategie ist es hilfreich, eine erste anfängliche **„Content-Strategie"** zu entwickeln, die im Laufe der Zeit überarbeitbar ist. Die Social Media-Strategie wird über den Zeitverlauf dynamisch an die Gegebenheiten und Veränderungen angepasst sowie die Strategie stetig fortgeschrieben. Das nachfolgende Schaubild III-J-23 zeigt die Inhalte einer anfänglichen „Social Media-Content-Strategie", die entsprechend den Veränderungen anzupassen sind.

5.2 Strategietypen der Social Media-Kommunikation

Die Strategietypen der Social Media-Kommunikation lassen sich generell in zwei Teildimensionen unterteilen: die Anzahl der Nutzer sowie die Ansprache durch das Unternehmen selbst (vgl. Schaubild III-J-24). Die Kombination der jeweiligen Extremausprägungen führt zu den in der Abbildung dargestellten Grundtypen der Strategie einer Social Media-Kommunikation, für die die Ableitung konkreter Marketingimplikationen und Handlungsempfehlungen für die Unternehmenskommunikation möglich ist.

Die **Anzahl der Nutzer** bezieht sich darauf, ob ein oder mehrere Nutzer aktiv angesprochen werden bzw. ob das Unternehmen von einem oder mehreren Nutzern gleichzeitig profitiert. Demgegenüber kennzeichnet die Dimension **Ansprache durch das Unternehmen** die Tatsache, ob das Unternehmen aktiv tätig wird und den Dialog mit den Konsumenten aktiv sucht oder ob das Unternehmen eher reaktiv auf Nutzeraktionen reagiert.

In einem ersten Schritt ist zu prüfen, ob eine aktive und/oder reaktive (passive) Social Media-Strategie im Unternehmen zu verfolgen ist. Bei einer aktiven Social Media-Strategie stellt das Unternehmen relevante unternehmensbezogene Botschaften auf online-basierten Plattformen den Nutzern zur Verfügung, um vorgegebene kommunikationspolitische Zielsetzungen zu erreichen. Diese Botschaften sind sowohl auf den Absatz- als auch den Meinungsmarkt gerichtet. In diesem Zusammenhang wird von einem Erstkontakt, der durch das Unterneh-

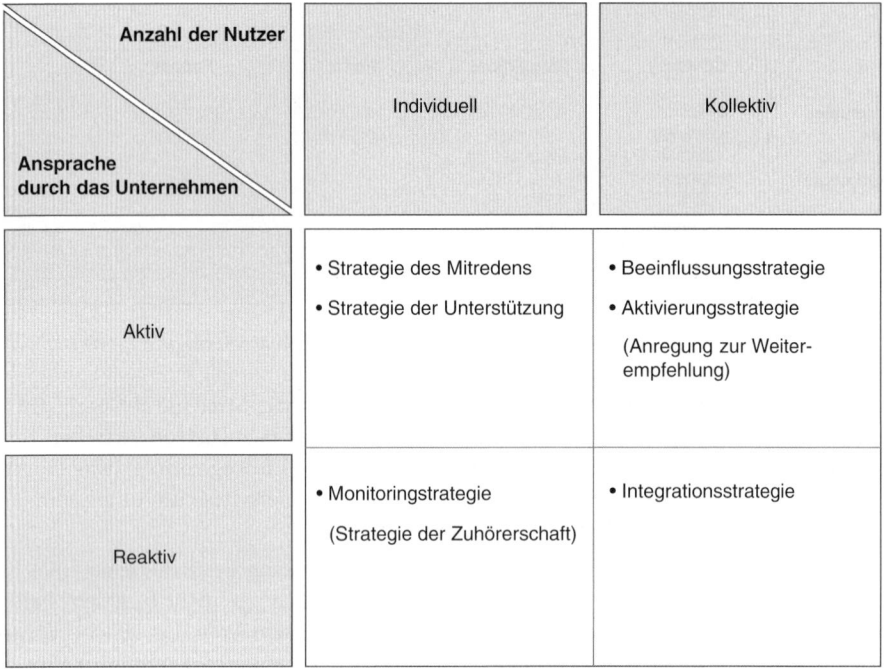

Anzahl der Nutzer Ansprache durch das Unternehmen	Individuell	Kollektiv
Aktiv	• Strategie des Mitredens • Strategie der Unterstützung	• Beeinflussungsstrategie • Aktivierungsstrategie (Anregung zur Weiter- empfehlung)
Reaktiv	• Monitoringstrategie (Strategie der Zuhörerschaft)	• Integrationsstrategie

Schaubild III-J-24: Strategietypen der Social Media-Kommunikation

men initiiert wird, ausgegangen. Verfolgt das Unternehmen eine reaktive (passive) Social Media-Strategie, richtet es seine Aufmerksamkeit stark auf konsumentengenerierte Inhalte. Dies bedeutet, dass Unternehmen zunächst Botschaftsempfänger der konsumentenbezogenen Informationen sind bzw. der Kommunikation zwischen Konsumenten und beispielsweise Meinungsführern zuhören. Ferner ist nach der Anzahl der Nutzer zu unterscheiden. Es geht um die Frage, ob die Konsumenten von einem Unternehmen individuell oder in der Gruppe (kollektiv) angesprochen werden bzw. ob das Unternehmen aus einem individuellen Konsumenten oder kollektiv durch Informationen einer gesamten Gruppe Nutzen zieht.

Die Strategie des Zuhörens kommt einem **Monitoring** gleich. Sie zielt darauf ab, den Kommunikationsaustausch zwischen Nutzern des Social Media-Kommunikationsangebots aktiv zu verfolgen, ohne direkt in das Geschehen einzugreifen. Es handelt sich um eine **reaktive** Kommunikationsstrategie, da den Konsumenten nicht bewusst Fragen gestellt, sondern Gespräche passiv beobachtet werden (*Gruber* 2008, S. 64 ff.). Das Unternehmen erhofft sich durch eine Strategie der Zuhörerschaft, unverfälschte, ehrliche und echte Informationen, Meinungen und Erfahrungen zu den für sie relevanten Sachverhalten zu erhalten. Die Meinungen von Konsumenten können auf einer breiten Basis erfasst werden. Durch das rein passive Beobachten und Analysieren der Nutzeraktivitäten, durch das so genannte **(Brand-)Monitoring**, erhält das Unternehmen **Consumer Insights**. Beispielsweise identifiziert das Unternehmen mit der Monitoringstrategie Informationen, welche Themen oder Eigenschaften für Konsumenten im Rahmen des Kaufprozesses eine besonders hohe Bedeutung haben. Diese nutzerspezifischen Daten geben gleichzeitig neue Impulse für beispielsweise das **Produkt- und Markenmanagement** sowie für die **Kommunikations- und Produktgestaltung**. Die Strategie der Zuhörerschaft liefert dem Unternehmen wichtige nutzerspezifische Informationen, um gegebenenfalls sehr frühzeitig **reaktive Maßnahmen** zu ergreifen. Im Prinzip ist das Social

Media-Monitoring das Zusammentragen von Daten, die Nutzer im Social Web von sich preisgeben. Das Unternehmen kann von jedem einzelnen, **individuellen** Nutzer Informationen einholen und später bündeln. Das Monitoring ist mit einem hohen Zeitaufwand verbunden, denn die gewonnenen Daten sind im Anschluss von Unternehmensseite zu bewerten, um entsprechende Maßnahmen einzuleiten. An dieser Stelle ist als Beispiel eine von Mitarbeitenden eingerichtete *Facebook*-Gruppe anzuführen. Die Unternehmensführung ist über das Monitoring in der Lage, die Bedürfnisse, Gefühlslagen und Wünsche der Mitarbeitenden zu beleuchten.

Das Motiv der **Beeinflussungsstrategie** ist, dass die Unternehmen den aktiven Dialog mit ihren Konsumenten, Partnern aber auch mit ihren Mitarbeitenden suchen und den Informationsaustausch mit z. B. Konsumenten und Meinungsführern **aktiv** antreiben und gewissermaßen „steuern". Unternehmen verfolgen damit das Ziel, beispielsweise die Akzeptanz für die Einführung neuer Produkte oder Dienstleistungen bei den anvisierten Zielgruppen zu überprüfen sowie aktuelle Konsumenten des Unternehmens mit neuen Produkten oder Leistungsangeboten bekannt zu machen. Das Unternehmen kommuniziert vor allem positive Sachverhalte nach außen, um dadurch positive Emotionen sowie Einstellungen bei den Social Media-Nutzern hervorzurufen. Unternehmen betreiben diese Strategie unter Einbindung des **Kollektivs**, indem es viele Personen gleichzeitig anspricht. Im Rahmen dieser Strategie ist es über die aktive Bereitstellung von Informationen seitens des Unternehmens hinaus wichtig, die Reaktionen der Konsumenten auf eine bestimmte Aktion hin zu untersuchen. So kann das Unternehmen neue Ideen generieren und gegebenenfalls „virale Effekte" erreichen. *General Motors* beliebter *FastLane-Blog* ist ein typisches Beispiel für die Beeinflussungsstrategie. Das Unternehmen liefert aktuelle Unternehmensinformationen und platziert Informationen für die Fans. Es gilt daher als Forum, das Autoliebhaber in gewissem Maße beeinflusst und auf dem alles besprechbar ist, was die Liebhaber interessiert.

Die **Strategie des Mitredens** gehört der **aktiven** Social Media-Kommunikation an und verfolgt in erster Linie das Ziel, für sämtliche Nutzer der Social Media-Plattformen präsent zu sein und Interesse am gegenseitigen Informationsaustausch zu bekunden. Somit wird den Konsumenten und Meinungsführern das Gefühl vermittelt, dass ihre Meinungen und Bedürfnisse vom Unternehmen ernst genommen werden und dass ein gegenseitiger Informationsaustausch von Interesse ist. Ziel ist es, dass jeder Konsument merkt, dass er für das Unternehmen wichtig ist. Auch hier hat das Unternehmen die Möglichkeit, gezielt in Diskussionen einzugreifen und bei einer Fehlentwicklung der Diskussion durch eigene Beiträge gegenzusteuern. Ein Unternehmensmitglied ist z. B. Teil der „Community" des *Twitter*s von „Austriatravel" und nimmt aktiv am Informationsaustausch der Mitglieder teil (*Twitter* 2010).

Im Rahmen der **Aktivierung** (Anregung zur **Weiterempfehlung**) versucht das Unternehmen gezielt, das positive eWOM der Konsumenten und Meinungsführer untereinander zu stimulieren und weiter voranzutreiben. Es werden Maßnahmen in Social Media ergriffen, die gezielt Konversationen auslösen, die ihrerseits zu einem positiven eWOM und einem positiven Weiterempfehlungsverhalten rund um eine Marke oder ein Produkt führen. Des Weiteren versprechen sich Unternehmen durch die Anregung zur Weiterempfehlung den Aufbau von Markenvertrauen und Markenbindung (*Gruber* 2008, S. 56). Auch diese Strategie gehört der **aktiven** Social Media-Kommunikation an. Das Unternehmen versucht, die Nutzer bestimmter Plattformen **kollektiv** anzusprechen und zu stimulieren. Als Beispiel für eine Aktivierungsstrategie gilt der *Coca-Cola* Social Media-Newsroom (*Coca-Cola GmbH* 2010).

Die **Strategie der Unterstützung** verfolgt das Ziel, Konsumenten und Personen über Online-Plattformen miteinander zu verbinden. Das Anbieten solcher Plattformen dient einer besseren Unterstützung der Konsumenten untereinander. Dies ist ein effektives Ziel für Unternehmen, bei denen erhebliche Servicekosten entfallen und deren Konsumenten eine natürliche Affinität zueinander aufweisen (*Li/Bernoff* 2009, S. 77). Das Unternehmen möchte im Zuge dieser Strategie Personen, die dieselben Anliegen und Bedürfnisse haben, **individuell** zusammenbringen.

Ziel der **Integrationsstrategie** von Unternehmen ist es, die Konsumenten in die Prozesse im Unternehmen zu integrieren. Nutzerspezifische Daten geben Impulse für beispielsweise das Produkt- und Markenmanagement sowie für die Kommunikations- und Produktgestaltung (*Li/Bernoff* 2009, S. 77 f.). Das Unternehmen wertet die Daten kollektiv aus.

6 Ökonomische Entscheidungen der Social Media-Kommunikation

6.1 Kosten der Social Media-Kommunikation

Vor der Bestimmung des Budgets für eine geplante Social Media-Strategie ist es notwendig, die **relevanten Kostenbestandteile** eines Budgets zu definieren. Dabei handelt es sich in erster Linie um **Planungskosten** (Kosten für die Planung und Entwicklung der Social Media-Erscheinungsformen), **Realisierungskosten** sowie um **laufende Kosten**. Zu Letzteren zählen insbesondere die Kosten für das laufende Community Management, d. h. Kosten für die Moderation laufender Aktivitäten sowie regelmäßige Werbungskosten (*Li/Bernoff* 2009, S. 176 ff.). Des Weiteren werden die **Systemkosten** als relevanter Kostenbestandteil erachtet. Neben diesen Kostenkategorien sind weitere periodisch anfallende Kosten in Form von so genannten **Betriebskosten** zu berücksichtigen. Hierzu zählen beispielsweise regelmäßig wiederkehrende Wartungskosten.

Die **Planungskosten** beinhalten den Aufwand für die Entwicklung des visuellen und technischen Konzeptes, des Storyboards und eventuell eines Prototyps. Es handelt sich beispielsweise um Kosten für die Planung, die Entwicklung und den Aufbau von Kommunikationsplattformen, wie z. B. von Bewertungs- und Konsumentenportalen, Internetforen, Blogs, Microblogs u. a. m. Es geht um den Aufbau von Social Media-Plattformen, die eine gewisse Interaktivität beinhalten. Die Planungskosten entstehen primär durch Personalkosten für den Einsatz eigener Mitarbeitender sowie Provisionen an Application Service Provider, Agenturen oder sonstige Dienstleister, z. B. Grafiker, Programmierer (*Kinnebrock* 1994, S. 96; *Fritz* 2006, S. 174 f.; *Li/Bernoff* 2009, S. 177).

Die **Realisierungskosten** umfassen die Anfangsinvestitionen für die Erstellung von Social Media-Anwendungen. Beispielsweise handelt es sich um die Kosten für die Erstellung einer Mikro-Website, falls noch keine anderen Plattformen vorhanden sind. Darunter fallen sowohl die direkten Kosten für Produktion und Digitalisierung beziehungsweise Programmierung der zu integrierenden Objekte (z. B. Bilder, Videos, Bildschirmgrafiken, Animationen usw.), die Zusammenfassung der Objekte zu einer Anwendung sowie Test- und Korrekturtätigkeiten als auch die Kosten der indirekten Leistungsbereiche, insbesondere des Social Media-Projektmanagements (*Furrer* 1993, S. 76 ff.; *Kinnebrock* 1994, S. 96).

Die **laufenden Kosten** beinhalten Kosten für das laufende Community Management. Es werden so genannte „Community Manager" benötigt, die regelmäßig die Social Media-Kampagne intern als auch extern koordinieren und betreuen. Die Inhalte sämtlicher Programm- und Kommunikationsplattformen werden durch sie verwaltet und moderiert. Überdies werden hin und wieder neben den Community Managern so genannte Social Media-Strategen, d. h., Experten im Bereich der Social Media-Kommunikation, zur Überwachung und Einhaltung der übergeordneten allgemeinen Social Media-Strategie eingeschaltet. Weiterhin sind Schulungskosten, z. B. für das Personal, als relevante Kostenbestandteile zu betrachten. Ferner zählen regelmäßige Werbungskosten, die die Klickrate bestimmter Social Media-Anwendungsformen erhöhen, zu den laufenden Kosten. In der externen Online-Kommunikation entstehen Kosten primär durch die Bekanntmachung der Webite (Website Promotion) sowie der Bekanntmachung bestimmter Plattformen.

Systemkosten lassen sich im Online-Bereich zum Beispiel in Datenbereitstellungs- und Datendistributionskosten unterteilen. Datenbereitstellungskosten entstehen entweder durch die Beschaffung unternehmenseigener Hard- und Software – primär des Servers – oder in Form von Gebühren an einen Internet Service Provider. Die Kosten der Datendistribution werden durch Gebühren für Standleitungen sowie im Falle der Kommunikation über kommerzielle Online-Dienste durch die Gebühren der Netzbetreiber verursacht. Hinzu kommen Kosten für die Sicherheit im Einsatz von Social Media-Anwendungen, solange diese nicht von Internet Service Providern übernommen werden (*Fantapié Altobelli/Sander* 2001, S. 138; *Fritz* 2006, S. 174 f.).

Ferner sind periodisch anfallende **Betriebskosten** in die Kalkulation des Social Media-Budgets mit aufzunehmen. Dazu zählen systembedingte Kosten in Form von Wartungs- und Abschreibungskosten für die unternehmenseigene Hardware, Sicherheitsvorrichtungen, Leitungsgebühren und/oder Bereitstellungsgebühren an Service Provider. Daneben sind die Kosten für die permanente redaktionelle Betreuung und Aktualisierung in der Budgetkalkulation zu berücksichtigen. Dazu zählen Personalkosten, wie z. B. die Bereitstellung eines Web-Masters, der für die Aktualität, Verfügbarkeit sowie Verbesserung des Internetauftritts zuständig ist (*Fantapié Altobelli/Sander* 2001, S. 139 f.; *Fritz* 2006, S. 174 ff.).

Eine exakte und umfassende **Kalkulation der Social Media-Kosten** gestaltet sich aufgrund der großen Anzahl von Freiheitsgraden bei der Bestimmung der einzelnen Positionen als schwierig. Ein „kritischer Kostentreiber" ist zum Beispiel der Grad der Interaktivität, der sich in Umfang und Komplexität des Storyboards sowie dem Programmier- und Monitoringaufwand niederschlägt. Zum anderen zählt der Grad des Integrationsaufwands für verschiedene Social Media-Erscheinungsformen zu den zentralen Kostentreibern. Die Gebühren für die Platzierung der Website auf dem Server eines externen Service Providers werden primär durch den Umfang der auf dem Server abgelegten Dateien, die Anzahl der Zugriffe auf die Website und den Umfang der von den Rezipienten abgerufenen Dateien determiniert.

Im Gegensatz zur Mediawerbung (vgl. Kapitel III, B.) sind die **Kosten der Streuverluste** bei der Social Media-Kommunikation gleich Null. Dies ist insofern von Relevanz, da bei Beginn der Social Media-Kommunikation, z. B. beim Aufbau eines Weblogs, mit enormen Streuverlusten zu rechnen ist. Mit zunehmender Anzahl an Nutzern der Social Media-Plattform reduzieren sich die Kosten der Streuverluste immer mehr (*Wigdorovits* 2010).

Schließlich darf die Kalkulation der Social Media-Kosten nicht nur die Entwicklungskosten für die einzelnen Anwendungen einbeziehen, sondern hat auch die Kosten für die Planung und Kontrolle der gesamten Social Media-Strategie zu berücksichtigen.

Grundsätzlich folgen Medienmärkte der Theorie zweiseitiger Märkte. Auf zweiseitigen Märkten sind zwei Netzwerke oder Gruppen vorhanden, deren Nutzen und Erfolg gegenseitig von der Größe des jeweils anderen Netzwerks beeinflusst wird. Beispielsweise führt ein geringer Preis für bestimmte Inhalte zu einer entsprechend hohen Nachfrage und somit, wegen des positiven Multiplikatoreffekts der Netzwerke, zu einer hohen Nachfrage auf dem Werbemarkt. Deshalb lassen sich in zahlreichen Medien, die von positiven Netzwerkeffekten bestimmt sind, Preise unterhalb der Grenzkosten oder gleich null beobachten (*Schmidt* 2010).

In der Praxis gibt es zahlreiche moderne **Medienmodelle** mit unterschiedlichen Erfolgsfaktoren. Je nach angewandtem Medienmodell sind die anfallenden Kosten unterschiedlich. Unterschieden werden in der Praxis häufig die so genannten **Plattform-Modelle**, die **Contentkosten-Modelle** sowie die **Paid-Content-Modelle**. Bei den **Plattform-Modellen** sind die Inhalte in der Regel nutzergeneriert. Hierzu zählen z. B. Social Media-Plattformen wie *Youtube* und *Facebook*. Anfallende Kosten sind meist Technikkosten, d. h. Kosten für den Server und die Datenübertragung. Die geschätzten Kosten für große Social Media-Plattformbetreiber belaufen sich auf einen mittleren dreistelligen Millionenbetrag. Aufgrund relativ hoher Technikkosten funktioniert ein solches Plattform-Modell nur bei einer sehr großen Nutzeranzahl. Meist zeigt sich erst nach mehreren Jahren mit hohen Anfangsverlusten, ob die Nutzeranzahl erreicht wurde, um die notwendige Gewinnschwelle zu übersteigen. Generell erfordern Plattform-Modelle stets hohe Anlaufkosten (Realisierungskosten) und unterliegen einem hohen Risiko (*Schmidt* 2010).

Bei den **Contentkosten-Modellen** wird ein bestimmter Inhalt auf Social Media-Plattformen nur dann produziert, wenn die direkten Werbeumsätze, die mit der *Google*-Werbung erzielt werden, größer sind als die Kosten für die Veröffentlichung bestimmter Informationen auf den Social Media-Plattformen. D. h. es werden nur gewinnbringende Informationen veröffentlicht. Insofern sind Contentkosten-Modelle sehr gut kalkulierbar und reproduzierbar.

Bei den **Paid-Content-Modellen** wird der Frage nachgegangen, welcher Nutzer einer bestimmten Social Media-Plattform gegebenenfalls zu einem zahlenden Abonnent für Informationen besonderer Art wird. Bisher haben diese **Paid-Content-Modelle** auf dem Markt nur bei einzigartigen und nutzwertigen Inhalten funktioniert, da häufig kostenlose Konkurrenzangebote auf anderen Social Media-Plattformen zur Verfügung stehen.

6.2 Budgetierung der Social Media-Kommunikation

Das Social Media-Budget umfasst die Gesamtheit aller veranschlagten Aufwendungen für den Einsatz der Social Media-Kommunikation innerhalb einer Planungsperiode. Notwendige Grundlage aller ökonomischen Entscheidungen der Social Media-Kommunikation ist die Bestimmung der relevanten Kosten. Anschließend sind im Rahmen der Budgetierung zwei Teilentscheidungen zu lösen:

(1) Festlegung der Höhe des gesamten Social Media-Budgets,

(2) Aufteilung des Budgets auf einzelne Social Media-Anwendungen.

Generell lassen sich die **Methoden zur Ermittlung der Budgethöhe** in analytische und heuristische Verfahren differenzieren (*Rogge* 2004, S. 139 ff.; *Schweiger/Schrattenecker* 2009, S. 159 ff.; *Bruhn* 2010a, S. 250 ff.).

Online- und Terminal-Systeme bieten die Möglichkeit, Wirkungsfunktionen des Informations- und Kommunikationsverhaltens zu schätzen, da die Nutzungsintensität und die Schwerpunkte der Informationsnachfrage durch das System protokolliert werden. Inwieweit sich aus dem Informations- und Kommunikationsverhalten Konsequenzen für das Kaufverhalten ergeben, ist jedoch schwer festzustellen. Bei primär kommunikationsorientierten Online-Anwendungen erscheint es somit kaum möglich, aussagekräftige Social Media-Reaktionsfunktionen zu modellieren bzw. zu schätzen. Der Schwerpunkt der Social Media-Budgetierungsansätze liegt demnach bei den heuristischen Verfahren.

Allerdings ist auch der Großteil der in der Praxis üblichen Heuristiken, wie z. B. der Prozentsatz einer Bezugsgröße, wie z. B. Umsatz, Absatz oder Gewinn, oder der Wettbewerbs-Paritäts-Methode (*Schweiger/Schrattenecker* 2009, S. 160 ff.; *Bruhn* 2010a, S. 250 ff.) aus betriebswirtschaftlicher Sicht zur Bestimmung des Social Media-Budgets wenig geeignet, da eine Ursache-Wirkungs-Beziehung zwischen dem Einsatz der Social Media-Kommunikationsinstrumente und Zielen der Social Media-Kommuniaktion nicht berücksichtigt wird.

Die **Ziel-Maßnahmen-Methode** entspricht noch am ehesten den theoretischen Anforderungen an ein sachlogisch begründetes Entscheidungsverfahren. Auf Basis der gesetzten Social Media-Ziele wird kalkuliert, welche Anwendungen und Social Media-Erscheinungsformen zur Zielerreichung eingesetzt und welche Kosten dadurch verursacht werden. Neben den schon oben angesprochenen Schwierigkeiten bei der Kostenbestimmung besteht allerdings ein zentrales Problem dieses Verfahrens darin, dass genügend Informationen über die Wirkung der zur Zielerreichung einsetzbaren Social Media-Erscheinungsformen vorliegen müssen. Dazu liegen im Online-Bereich eine hohe Anzahl an Reichweitenanalysen und weitere Kennzahlen vor, wie z. B. Page Impressions, Ad Clicks oder Ad View Time, die Hinweise zur Benutzung von Internetseiten sowie Werbung im Internet geben und auf deren Basis Werbewirkungen über Recall- und Recognition-Tests erfasst werden (*Fritz* 2006, S. 179 ff.)

Nach der Bestimmung des Gesamtbudgets ist nach sachlichen sowie zeitlichen Kriterien zu entscheiden, welcher Teil des Budgets wann für die einzelnen Maßnahmen der Social Media-Kommunikation aufgewendet wird.

Die **sachliche Budgetverteilung** im Rahmen der Social Media erfolgt unter ökonomischen Gesichtspunkten aufgrund einer Kosten-Nutzen-Analyse, d. h., verschiedene Typen der Social Media-Kommunikationsträger, die einen überproportionalen Beitrag zur Zielerreichung liefern, sind überproportional zu budgetieren. Aufgrund der Möglichkeit einer exakten Zielgruppenansprache durch die Social Media-Kommunikation (Ansprache gezielter Netzgemeinschaften, Sozialen Netzwerken) bietet sich vor allem eine Verwendung **zielgruppenorientierter Verteilungsverfahren** an. Danach wird das Budget vorrangig für die Entwicklung und Distribution bzw. Bereitstellung verschiedener Formen der Social Media eingesetzt, die aufgrund ihrer Anwenderstruktur den langfristig größten Nutzen für die jeweilige Anspruchsgruppe generieren. Für die Social Media-Kommunikation kann auf die üblichen **Selektionsmodelle** der Mediawerbung zurückgegriffen werden. Dabei stehen für die Auswahl des richtigen Kommunikationsträgers innerhalb der Social Media beispielsweise so genannte Klickraten als Reichweitengröße im Internet und Tausenderkontaktpreise für Microblogs, Corporate Blogs, Wikis usw. zur Verfügung.

7 Maßnahmenplanung der Social Media-Kommunikation

7.1 Gestaltung der Social Media-Kommunikationsmaßnahmen

Nachdem im Rahmen des Planungsprozesses die Situationsanalyse, Zielfestlegung sowie Strategieauswahl erfolgt ist, sind darauf aufbauend die einzelnen **Social Media-Maßnahmen** zu konkretisieren. Um die Social Media-Kommunikation als ein interaktives, aktuelles und transparentes Kommunikationsinstrument zu nutzen, bedarf es einer entsprechenden Gestaltung der Social Media-Aktivitäten. *Butler/Cummings/Kraut* (2002) weisen darauf hin, dass es bei der Gestaltung der Social Media-Kommunikation nicht auf das Management der technischen Infrastruktur ankommt. Vielmehr steht das Management der sozialen Beziehungen im Mittelpunkt der Social Media-Maßnahmen. Für einen erfolgsversprechenden Aufbau und Gestaltung der Social Media-Kommunikation auf sowohl internen als auch externen Social Media-Plattformen sind nach *Wiliams/Cothrel* (2002) drei Punkte notwendig:

(1) Erreichung der kritischen Masse,

(2) Management der Social Media-Plattform,

(3) Förderung der Interaktion.

Besonders im Rahmen der Social Media-Kommunikation ist es von Relevanz, die **kritische Masse zu erreichen**, damit die Kommunikationsbotschaft zwischen den Nutzern exponentiell weitergetragen wird. Um einen hohen Verbreitungsgrad der Botschaft zu erreichen, wird das so genannte Seeding betrieben. Als **Seeding** wird die Platzierung unternehmensgenerierter Inhalte auf für die Zielgruppe relevanten Social Media-Plattformen bezeichnet. Ziel des Seeding ist es, Meinungsführer anzusprechen, die die Inhalte in die sozialen Netzwerke weitertragen und dadurch die virale Verbreitung der Kommunikationsbotschaft erreicht wird. Demnach ist es durch ein gezieltes und intensives Seeding möglich, die Basis für eine erfolgreiche virale Marketing-kampagne zu legen, um das Überschreiten der kritischen Masse zu erreichen, ab der sich die virale Kampagne verselbstständigt und sowohl innerhalb als auch zwischen den Social Media-Plattformen weitergetragen wird (*Zarella* 2009, S. 195). Seeding-Botschaften verfügen über sämtliche Inhalte. So wird Seeding zum einen eingesetzt, um auf externen Social Media-Plattformen die Botschaft zu kommunizieren. Zum anderen wird Seeding vollzogen, um bei noch jungen internen Social Media-Plattformen neue Nutzer für die Plattform zu gewinnen, indem Seeding auf externen Social Media-Plattformen betrieben wird. Hierbei ist es insbesondere wichtig, wie die Social Media-Inhalte auf den unterschiedlichen Plattformen konkret ausgestaltet sind. Diese Gestaltungsmaßnahmen haben einen wesentlichen Einfluss auf die Aktivierung des Konsumenten und damit auf die Wahrnehmung und Verarbeitung der vermittelten Informationen. Da Bilder-, Audio- und Videoelemente die Informationsaufnahme und -speicherung verbessern, sind diese neben der Informationsvermittlung in schriftlicher Form einzusetzen. Bildelemente veranschaulichen und konkretisieren die Textinformationen. Audiodateien tragen zu einer Verstärkung der kognitiven und affektiven Wirkungen bei. Schließlich dienen Videodateien zur Visualisierung dynamischer Sachverhalte. Im Gegensatz zu den anderen Kommunikationsinstrumenten wird im Rahmen der Social Media-Kommunikation von Unternehmen auch die ausschließliche Verwendung von Bilder-, Audio- und Videoelemente vielfach eingesetzt. So beschränken sich die Inhalte auf den Picture- und Video-Plattformen auf das Bild- und Videomaterial, bei Podcasts hingegen auf das Audiomaterial des Unternehmens. Es ist jeweils im Einzelfall zu prüfen, wie die unternehmensgenerierten Inhalte auf den jeweiligen Plattformen ausgestaltet und präsentiert werden sollen.

Weiterhin ist das **Management der Social Media-Plattform** für eine Erfolg versprechende Social Media-Kommunikation von Relevanz. Hierzu zählen die Sicherstellung von interessanten und authentischen Inhalten sowie die Nutzung von zielführenden Darstellungsformen. Zur Sicherstellung von authentischen und interessanten Inhalten bedarf es der Ernennung von **Ansprech- und Kommunikationspartnern** auf Seiten des Unternehmens. Diesen Mitarbeitenden kommt die Aufgabe zu, auf den Social Media-Plattformen über ihr eigenes Profil und damit in ihrem eigenen Namen als Unternehmensmitarbeitende über die Produkte und Leistungen des Unternehmens zu sprechen. Hierfür ist es von Bedeutung, dass diese Mitarbeitenden darauf geschult werden, den Nutzern zuzuhören. Überdies kommt den Mitarbeitenden die Aufgabe zu, Feedback, sowohl im Hinblick auf die Produkte und Leistungen des Unternehmens als auch in Bezug auf die Plattform selbst, ernst zu nehmen und darauf basierend Verbesserungen im Unternehmen anzuregen. Gerade bei der Entwicklung werden zunehmend innovative Nutzer von Social Media-Plattformen an der Entwicklung beteiligt, in dem auf deren Know-how zurückgegriffen wird. Die kontinuierliche Interaktion der Ansprech- und Kommunikationspartner des Unternehmens mit kreativen Nutzern setzt auf Seiten des Unternehmens enorme zeit- und interaktionsspezifische Ressourcen voraus. Falls ein Unternehmen diese Ressourcen nicht aufbringen kann, bieten sich die so genannten **Knowledge Broker** an, die auf die Interaktion mit Nutzern auf Social Media-Plattformen spezialisiert sind. (*Sawhney/Prandelli/Verona* 2003). Diese Knowledge Broker sind somit ein Bindeglied zwischen dem Unternehmen und den Nutzern. Durch die Ernennung von Ansprech- und Kommunikationspartnern wird die Möglichkeit dieses Kommunikationsinstruments genutzt, das eigene Unternehmen menschlicher zu machen (vgl. Abschnitt 1.3.2.2). Hier geht es vornehmlich um die Maßnahmenplanung personeller Art. Zum einen werden die verantwortlichen Personen für die Social Media-Kommunikation festgelegt und zum anderen Rollen- und Teammodelle, unter Einbezug externer Expertise, aufgebaut.

Schließlich spielen für die **Förderung der Interaktion** die Gestaltungsfaktoren Form und Format eine zentrale Rolle. Bei der Formgestaltung geht es darum, ob die Social Media-Inhalte mit Wort-, Bild-, Audio- und oder Videozeichen präsentiert werden. Für die Gestaltung des Formats ist entscheidend, ob die Informationsvermittlung, der Spiel- und Spaßgedanke oder Informationen zu den Wettbewerbern im Vordergrund stehen. Die **Förderung der Interaktion** zwischen Unternehmen und Nutzern als auch zwischen den Nutzern stellt einen wesentlichen Bestandteil der Social Media-Gestaltung dar. Ziel hierbei ist es, den Meinungs-, Informations-, und Erfahrungsaustausch anzuregen und zu fördern. Zur aktiven Beteiligung des Nutzers am Kommunikationsprozess ist die Integration von interaktiven Komponenten auf den internen Social Media-Plattformen sowie der ausschließlichen Nutzung von externen Social Media-Plattformen, die ein ausreichendes Maß an Interaktion bieten notwendig. Die interaktiven Komponenten befriedigen das zunehmende Bedürfnis der Nutzer nach Interaktion (vgl. Abschnitt 1.1). Gleichzeitig führt die Interaktion zu einer gesteigerten Aufmerksamkeit der Nutzer gegenüber den unternehmensgenerierten Inhalten und damit zu einer bewussteren Informationsaufnahme. Die Sicherstellung der Nutzung der Interaktionsmöglichkeiten ist durch eine entsprechende Nutzerführung sowie durch Aufforderungen zur Interaktion, wie beispielsweise „ich freue mich auf einen Austausch mit Ihnen", zu gewährleisten (vgl. Insert III-J-7).

Um die Interaktion der Social Media-Kommunikation mit den Nutzern aufrechtzuerhalten, werden so genannte **Newsfeeds** verwendet. Newsfeeds werden eingesetzt, um sich häufig ändernde Inhalte auf Social Media-Plattformen an interessierte Nutzer zu verteilen. Den Unternehmen kommt die Aufgabe zu, die Inhalte zu einem so genannten Feed zu bündeln. Der Vorteil der Newsfeeds liegt darin, dass die Nutzer automatisch über neue Inhalte informiert werden, ohne die Social Media-Plattform gezielt aufzurufen (*Back/Gronau/Tochtermann* 2008, S. 58 ff.).

Wie bereits dargestellt, ist mit vielfältigen Einflussfaktoren im Rahmen der Social Media-Kommunikation zu rechnen. Im Folgenden wird daher darauf eingegangen, wie die Social Media-Kommunikationsmaßnahmen vor dem Hintergrund der verschiedenen Einflussfaktoren zu gestalten sind.

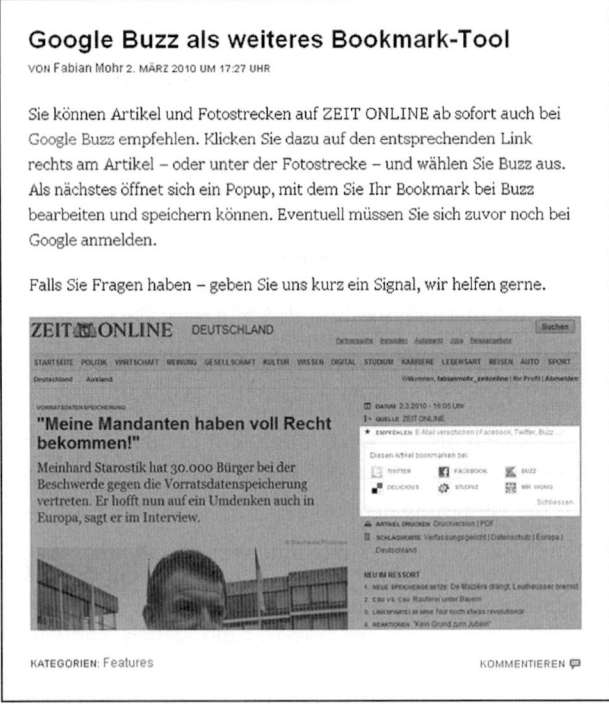

Insert III-J-7: Corporate Weblog von Zeit Online mit der Möglichkeit zur Interaktion
(Zeit Online 2010)

7.2 Einflussfaktoren der Social Media-Kommunikation

Damit die Social Media-Kommunikation gelingt, sind zentrale Einflussfaktoren in die bewusste Gestaltung und Steuerung der Social Media-Kommunikation mit einzubeziehen.

Die zentralen **Einflussgrößen** der Social Media-Kommunikation lassen sich grob in zwei Kategorien untergliedern, wobei diese nicht immer vollständig überschneidungsfrei sind:

• Die externen Einflussfaktoren der Social Media-Kommunikation,
• Die internen Einflussfaktoren der Social Media-Kommunikation.

In Schaubild III-J-25 sind die **externen Einflussfaktoren** der Social Media-Kommunikation dargestellt.

Aus der Grafik wird ersichtlich, dass der Erfolg der Social Media-Kommunikation, im Vergleich zu anderen Kommunikationsinstrumenten, sehr stark von nutzerbezogenen und technologie-bezogenen externen Einflussfaktoren abhängig ist. Beispielsweise hat die IT-Affinität der Bevölkerung eine wesentlich größere Bedeutung im Rahmen der Social Media-Kommunikation als bei der direkten persönlichen Kommunikation. Von einer Verschiebung der Bedeutung einzelner Einflussfaktoren ist auszugehen.

(1) Die Social Media-Kommunikation und allgemein soziale Netzwerke im Web 2.0 sind am Grad des **Involvement der Nutzer** charakterisierbar. Das Involvement gibt im Zusammenhang mit sozialen Netzwerken an, wie stark Personen in ein bestimmtes Themengebiet involviert sind (*Moser* 2010, S. 27 ff.). Beispielsweise kann davon ausgegangen werden, dass durch die

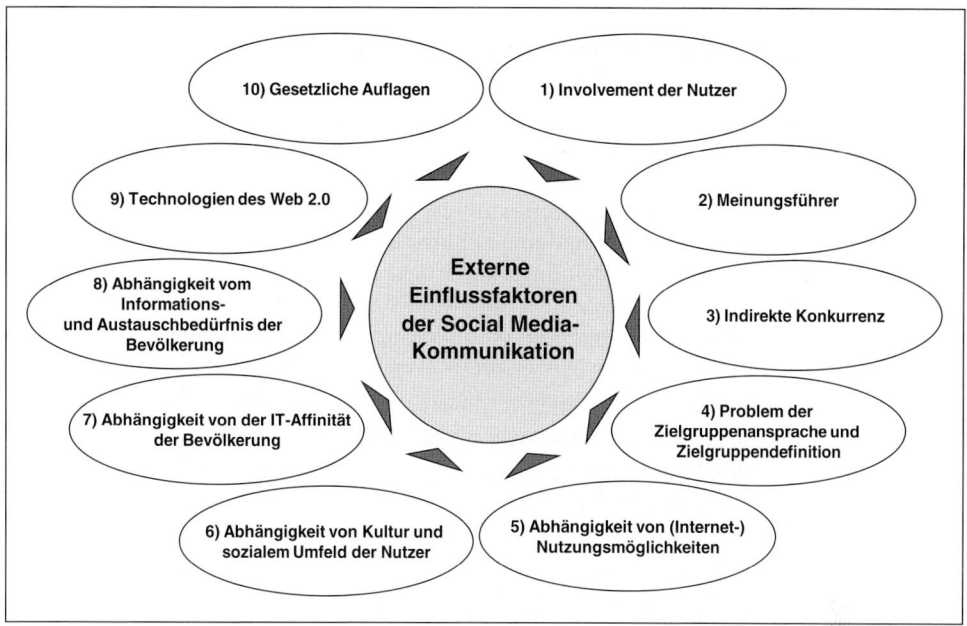

Schaubild III-J-25: Externe Einflussfaktoren der Social Media-Kommunikation

Anmeldung bei bestimmten Foren eine Art Selbstselektion stattfindet, die gleichzeitig zu einem hohen Involvement der Nutzer führt. Tagebuchähnliche Blogeinträge während einer Urlaubsreise werden nur Personen führen, die stark in die Thematik involviert sind. Bei Bewertungsportalen ist das Involvement vergleichsweise gering. Betreibt ein Konsument hingegen Online-Kommunikation mit Freunden oder Bekannten über *Facebook,* wird dieser eher stark involviert sein. Generell sind zwei Arten des Involvement zu unterscheiden: das **Produkt-** und das **Medieninvolvement**. Die Ausprägung des Involvements in Bezug auf das Werbemittel hängt immer von der Ich-Beteiligung der Konsumenten hinsichtlich des beworbenen Produkts ab. Dabei ist das produktbezogene Involvement im weiteren Sinne zu verstehen, d.h., es ist nicht nur das spezielle Produkt, sondern auch die gesamte Produktklasse, die einen Einfluss auf das Involvement ausübt (vgl. vertiefend *Howard/Sheth* 1969; *Batra/Ray* 1985; *Lachmann* 1993; *Steffenhagen* 2008, S. 43 f.). Hier ist die Involvement-Ausprägung in entscheidendem Maße von der Wertigkeit sowie der Unterscheidbarkeit des beworbenen Produkts determiniert. Bestehen große Unterschiede zu anderen Produkten der Produktklasse und ist der erforderliche monetäre Aufwand des Produktkaufs hoch, so ist die Ich-Beteiligung des Konsumenten am Willensbildungsprozess hoch und vice versa. Dem unterschiedlichen Produkt-Involvement als Baustein des Werbemittel-Involvements ist daher im Rahmen der Gestaltung der Social Media-Kommunikation Rechnung zu tragen. So steuern z.B. Audiodateien oder die Darstellung mittels visueller Bildelemente einer Verstärkung der emotionalen Wirkungen, wie dem Involvement, bei.

Auch verschiedene Medien beeinflussen durch ihre spezifische Kommunikationsweise (Art der Informationsübermittlung, subjektiv empfundene Medienqualität) die Höhe des Werbemittel-Involvements. So hat das jeweilige Medieninvolvement vielfach entscheidenden Einfluss auf das Werbemittel-Involvement, da sich das innere Engagement hinsichtlich des betreffenden Mediums in gewisser Weise auf das Werbemittel überträgt. Nutzer, die allgemein stark IT-affin sind, werden gegenüber onlinebasierten Plattformen auch eher ein hohes Medieninvolvement aufweisen. Das Involvement der Nutzer als externer Einflussfaktor ist eine wichtige Größe, die bei der Planung der Social Media-Kommunikation allgemein und bei der Zielgruppenauswahl im speziellen zu beachten ist.

(2) Auch der Einfluss von **Meinungsführern**, als externer Einflussfaktor, darf nicht unterschätzt werden. Es ist davon auszugehen, dass unter den Mitgliedern einer bestimmten Gruppe einige im Meinungsbildungs- und -verbreitungsprozess für die Gruppe in der Bedeutung herausragen. Der Meinungsführer hat eine Schlüsselposition inne und gibt gewisse Verhaltensnormen vor. So wirkt ein Meinungsführer beispielsweise verhaltensverstärkend auf andere Mitglieder einer Gruppe ein, auch am Geschehen bestimmter Foren teilzunehmen. Durch Einträge von Testimonials in Foren oder Blogs erhält die Diskussion eine besondere Brisanz und fordert indirekt andere Nutzer zur aktiven Teilnahme auf.

(3) Unter **indirekter Konkurrenz** sind andere Anbieter mit ähnlichen Instrumenten und Plattformen aus dem Profit-Bereich zu verstehen. So stellen beispielsweise andere Enzyklopädien, die aus mehreren Bänden bestehen und größtenteils kostenpflichtig erwerbbar sind, eine indirekte Konkurrenz für *Wikipedia* dar. Erst seit der Digitalisierung der Informationsverarbeitung und -darstellung wird der Begriff Enzyklopädie auch für multimediale Nachschlagewerke wie *Wikipedia* verwendet. Anbieter von Social Media-Plattformen sollten daher stets diese indirekte Konkurrenz im Auge behalten und die Konkurrenzaktivitäten aktiv verfolgen.

(4) Als weiterer externer Einflussfaktor ist das Problem der **exakten Zielgruppenansprache** und **-definition** zu nennen. Bei *Wikipedia* gibt es beispielsweise keine exakt definierte Zielgruppe. Das Wissen ist für alle Menschen zugänglich. Dennoch werden nicht alle Menschen erreicht. Vielmehr hängt die Nutzung der Enzyklopädie *Wikipedia* von den Online-Interessen (der Technology Readiness) der Nutzer, der Internet-Nutzung als solche und der soziodemografischen Merkmale der User ab. Ein Unternehmen definiert demnach im Rahmen seiner Kommunikationsplanung, und im Speziellen bei der Planung der Social Media-Kommunikation, im Vorfeld, welche Zielgruppe es erreichen möchte. Nachdem das Unternehmen die Zielgruppe festgelegt hat, ist es wichtig, diese auch im Rahmen der konkreten Maßnahmen zu beachten.

(5) Des Weiteren gelten die **Internetnutzungsmöglichkeiten** der Konsumenten als externe Einflussgröße. In verschiedenen Ländern sind die Internetnutzungsmöglichkeiten bzw. der Internetzugang unterschiedlich. Überdies sind Differenzen bei der Internetdiffusion und **-nutzung** zwischen „Informationsreichen" und „Informationsarmen" in einem Land möglich. *Arnold* (2003) definiert es beispielsweise so: „Die Einführung neuer Medien, somit auch die Einführung neuer Social Media-Plattformen, privilegiert eher diejenigen, die bereits über ein höheres Wissen verfügen". Bei der Gestaltung der Social Media-Kommunikation ist somit auf die unterschiedliche quantitative und qualitative Intensität der Internetnutzung in den verschiedenen Ländern zu achten.

(6) Ein weiterer externer Einflussfaktor stellt die **Abhängigkeit von der Kultur**, mit anderen Worten die kulturabhängigen Gestaltungsfaktoren, und die **Abhängigkeit vom sozialen Umfeld** der Nutzer dar. Die Erstellung eines einzigen Interfaces für die gesamte Nutzergruppe ist aufgrund der unterschiedlichen Kulturräume schwer realisierbar. Bei der Gestaltung der Social Media-Kommunikation sowie den jeweiligen Erscheinungsformen sind stets kulturelle Einflussfaktoren zu berücksichtigen, um massive Nutzungs- und Navigationsprobleme zu verhindern. Beispielsweise unterscheiden sich die Sprachen unterschiedlicher Kulturräume in ihrer Satzstruktur, ihrer Wortlänge oder in der Zeichenform und -art. Auch die

Leserichtung ist länderabhängig. Diese wiederum hat Einfluss auf die Anordnung von Navigationselementen. Zeitangaben als auch zeitabhängige Anwendungen werden auf die verschiedenen Zeitzonen der Erde abgestimmt. Zu den kulturabhängigen Gestaltungsfaktoren zählen beispielsweise auch geschlechtsspezifische Besonderheiten. Auch das soziale und gesellschaftliche Umfeld der Nutzer stellt einen externen Einflussfaktor dar. Insbesondere die Lebens- und Arbeitsbedingungen, das Einkommensniveau, Bildungshintergrund sowie die Zugehörigkeit zu Gemeinschaften sind bei der Planung der Social Media-Kommunikation zu berücksichtigen.

(7) Generell ist die **IT-Affinität** der Bevölkerung ein wesentlicher externer Einflussfaktor für die Social Media-Kommunikation. Die grundsätzliche Bereitschaft der Konsumenten zum Einsatz der Informationstechnologie ist zentrale Voraussetzung neuer technologiebasierter Kommunikationsmedien. Ferner spielt auch das Alter der Nutzer, welches eng mit der IT-Affinität zusammenhängt, als externe Einflussgröße eine entscheidende Rolle. Ältere Menschen sind in der Regel weniger IT-affin und zeigen weniger Interesse an onlinebasierten Plattformen.

(8) Als weiterer externer Einflussfaktor gilt das **Informations- und Austauschbedürfnis** der Bevölkerung, d. h. der Grad bis zu welchem ein Nutzer sozial vernetzt sein möchte. Grundsätzlich nimmt das Informationsbedürfnis der Bevölkerung weiter zu. Entscheidungen werden in vielen Fällen gründlicher vorbereitet und es wird länger geprüft, bevor die Entscheidung für eine bestimmte Konsumalternative getroffen wird. Die Offenheit für neue Informationen ist heute bei vielen Konsumenten ausgeprägt.

(9) Ferner spielt für den Einsatz der Social Media-Kommunikation der **technologische Fortschritt**, genauer die Technologien des Web 2.0, eine entscheidende Rolle. Die Weiterentwicklung des Internet wird im Begriff des Web 2.0 zusammengefasst und durch die Version 2.0 ausgedrückt (*Alby* 2008, S. 15). Der Begriff Social Media wird wegen seiner Beständigkeit und weniger technischen Anmutung häufig der Begrifflichkeit des Web 2.0 vorgezogen. Das bedeutet, dass neue online- bzw. technologiebasierte Kommunikationsinstrumente sich parallel zur Entwicklung neuer Technologien herausbilden.

(10) Allgemein gibt es bestimmte **gesetzliche Regelungen**, denen Unternehmen unterworfen sind und die bei der Auswahl ihrer Kommunikationsinstrumente zu beachten sind. So gibt es beispielsweise das Telemediengesetz, Art. 1 des Gesetzes zur Vereinheitlichung von Vorschriften über bestimmte elektronische Informations- und Kommunikationsdienste vom 26. Februar 2007 (*BGB* 2007, S. 179), zuletzt geändert durch das Gesetz vom 14. August 2009 (*BGB* 2009, S. 2814).

Damit die Anwendung von Social Software im Unternehmen gelingt und Nutzen stiftet, sind die **internen Einflussfaktoren** des Arbeitsumfelds in die bewusste Gestaltung und Steuerung mit einzubeziehen. Schaubild III-J-26 fasst diese Faktoren zusammen.

Viele interne Einflussfaktoren liegen im Einflussbereich der Organisation und ihres Managements. Letztlich wird der Wertbeitrag einer Social Media-Kommunikation wesentlich von den Fähigkeiten der sie nutzenden Mitarbeitenden sowie der Gestaltung der Rahmenbedingungen in einem Unternehmen bestimmt.

(1) So gilt die **Unternehmenskultur** allgemein als interner Einflussfaktor. Unternehmenskultur steht unter anderem für das Verhältnis des Unternehmens zu den gesellschaftlichen Notwendigkeiten. Die Unternehmenskultur spiegelt sich im konkreten Verhalten wider und zeigt sich in den Beziehungen der Mitarbeitenden zueinander. Im Rahmen einer Kooperations- oder Partizipationskultur wird viel Wert auf den Informations- und Wissensaustausch

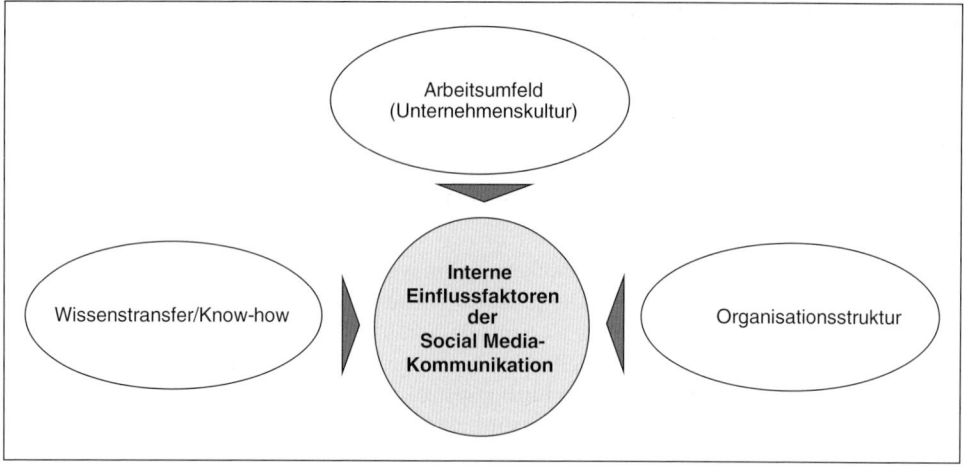

Schaubild III-J-26: Interne Einflussfaktoren der Social Media-Kommunikation

gelegt. Dies zeigt sich zum einen im gegenseitigen Austausch von Informationen bei den Mitarbeitenden, dem Informationsaustausch zwischen Management und Mitarbeitenden und zwischen Mitarbeitenden und den Konsumenten. Je stärker die Ausprägung einer solchen Partizipations- und Kooperationsstrategie im Unternehmen ist, desto höher ist das Interesse am Informationsaustausch und an der Nutzung von technologiebasierten Plattformen.

(2) Des Weiteren ist die **Organisationsstruktur** eines Unternehmens ein weiterer interner Einflussfaktor der Social Media-Kommunikation. Zu den Dimensionen einer Organisationsstruktur zählen beispielsweise die Arbeitsteilung, die Konfiguration und die Delegation. Die Konfiguration steht für die hierarchische Anordnung der Aufgabenträger im Unternehmen. Im Rahmen der Delegation geht es um die Zuordnung von Verantwortung und Kompetenzen. Bei einer eher flachen Hierarchie im Unternehmen ist es wahrscheinlich, dass die Mitarbeitenden untereinander stärker über technologiebasierte Plattformen kommunizieren.

(3) Das Thema **Wissenstransfer** als auch **Know-how** hängt sehr stark mit den internen Einflussfaktoren Unternehmenskultur und Organisationsstruktur zusammen.

8 Integration der Social Media-Kommunikation in den Kommunikationsmix

Der strategische Einsatz der Social Media-Kommunikation erfordert neben der Festlegung einer zielorientierten Social Media-Strategie die konsequente Integration in die Kommunikationsstrategie des Unternehmens. Ziel dabei ist die Nutzung von Synergien zwischen den Kommunikationsinstrumenten und die Ausschöpfung von Kostensenkungspotenzialen (_Bruhn_ 2009a, S. 19 f.). Hierfür verlaufen die Integrationsbemühungen auf zwei Ebenen:

(1) Koordination des Einsatzes der Social Media-Kommunikation auf interinstrumenteller Ebene mit den anderen Kommunikationsinstrumenten,

(2) Intrainstrumentelle Koordination der einzelnen Maßnahmen im Rahmen der Social Media-Kommunikation.

8.1 Interinstrumentelle Integration der Social Media-Kommunikation

Die **interinstrumentelle Integration** stellt auf eine inhaltliche, formale und zeitliche „Vernetzung" der Maßnahmen der verschiedenen Kommunikationsinstrumente ab. Die Ansätze der instrumentellen Vernetzung überschneiden sich häufig mit denen der funktionalen Integration, d. h. der kombinierte Einsatz ergibt sich aus den spezifischen kommunikativen Kompetenzen der einzelnen Elemente einer Maßnahme. Nachfolgend werden Vernetzungsmöglichkeiten der Social Media-Kommunikation mit anderen Instrumenten der Unternehmens- und Marketingkommunikation aufgezeigt.

Social Media-Kommunikation und Mediawerbung: Die am häufigsten anzutreffende Form der instrumentellen Integration stellt einen Hinweis auf die Aktivitäten der Social Media-Kommunikation in einer Maßnahme der Mediawerbung dar. Dies erfolgt beispielsweise durch Fernsehspots eines Unternehmens oder durch die Ansicht der neuen Werbekampagne auf den internen und externen Social Media-Plattformen eines Unternehmens. Im Rahmen von Werbekampagnen für Neuprodukteinführungen setzen viele Unternehmen neben klassischen Maßnahmen der Mediawerbung, wie z. B. Fernsehspots und Zeitschriftenanzeigen, ebenfalls auf die Produktpräsentationen auf Social Media-Plattformen. Überdies eröffnet die Social Media-Kommunikation neue Möglichkeiten der Integration, indem z. B. die in der Mediawerbung verwendeten Elemente, wie z. B. der Einsatz eines Testimonials, auch auf den Social Media-Kommunikationsträgern, wie z. B. den Corporate Weblogs, widerzufinden sind.

> **Beispiel: Vernetzte Pre-Launch Kampagne von O_2**
> Der Pre-Launch des Smartphones *Palm Pre* der Firma O_2 im Jahre 2009 stellte eine vernetzte Kampagne dar, bei der die Werbekampagnen des Neuproduktes neben den klassischen Werbeformen der Mediawerbung vor allem auf die frühzeitige Produktpräsentation auf Social Media-Plattformen Wert legten. Dabei wurden bereits im Vorfeld Profile für *Palm Pre* auf Social Network-Plattformen erstellt und die Fernsehspots auf Video-Portalen wie *Youtube* veröffentlicht.

Social Media-Kommunikation und Verkaufsförderung: Im Rahmen des kombinierten Einsatzes kommt klassischen Verkaufsförderungsmaßnahmen die Funktion der Kaufaktivierung zu, während Social Media-Plattformen den Kaufentscheidungsprozess durch die Bereitstellung individuell benötigter Produktinformationen sowie die Bekanntmachung von Produktneuheiten unterstützen. Neben den sich aus der funktionalen Spezialisierung ergebenden Effektivitätssteigerungen werden durch den kombinierten Einsatz Synergieeffekte genutzt. Die Social Media-Plattformen eignen sich neben der Informationsfunktion auch zur Ansprache von Zielgruppensegmenten, die nur schwer über andere Kommunikationsmaßnahmen erreicht werden. Als integrative Maßnahme der Social Media-Kommunikation und der Verkaufsförderung erfolgt unter anderem die Verteilung von Gutscheinen auf Social Media-Plattformen, die am Point of Purchase einlösbar sind.

> **Beispiel: Vernetzte Kampagne von *Starbucks***
> Das weltweit tätige Franchise-Unternehmen *Starbucks* nutzte im Sommer 2009 das Social Network *Facebook* für seine Verkaufsförderung, indem es über eine Applikation Coupons für Eisbecher einsetzte, die in allen *Starbucks*-Filialen der USA einlösbar waren. Zudem konnten die *Facebook*-Nutzer ihren *Facebook*-Freunden einen Coupon zusenden. Jede Stunde wurden 800 Coupons verteilt. Zudem wurden Vergünstigungen für die *Starbucks*-Produkte ausgehändigt (vgl. Insert III-J-8).

Social Media-Kommunikation und Direct Marketing: Möglichkeiten der Vernetzung von Social Media-Kommunikation und Direct Marketing ergeben sich auch bei Mailing-Aktionen die einen Verweis auf die Social Media-Plattformen enthalten. Diese Plattformen weisen genauere Informationen über Produkte und Leistungen sowie weiterführende Informationen auch von anderen Nutzern auf. Dadurch wird zum einen die Attraktivität und damit zugleich

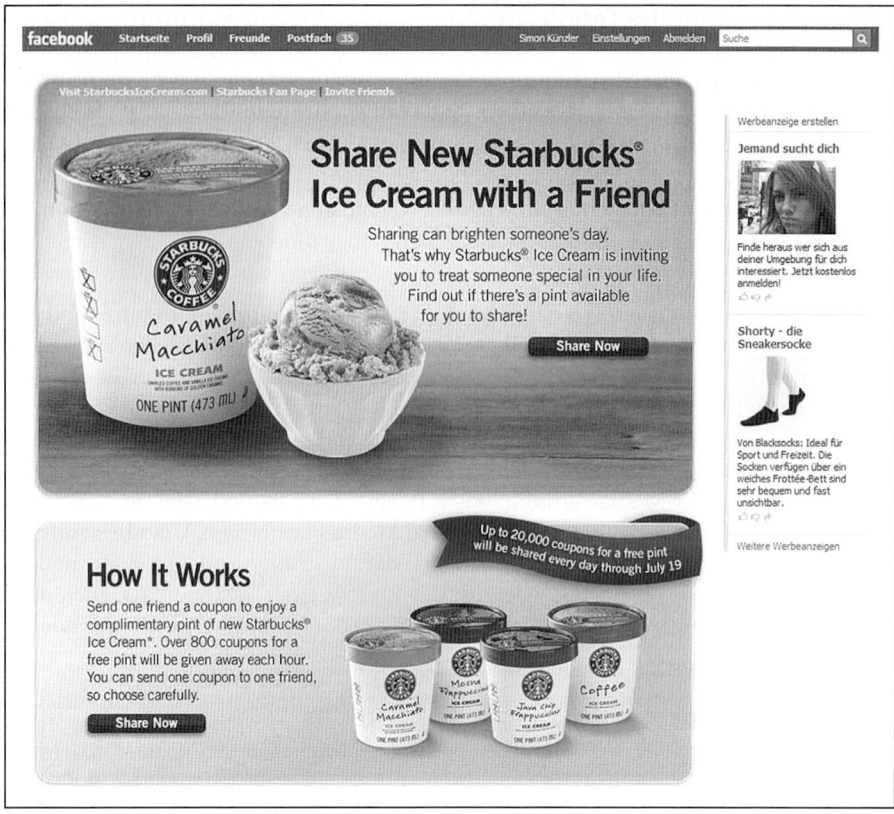

Insert III-J-8: Vernetzte Kampagne von Starbucks in den USA (Facebook 2009)

die Wirkung eines Mailings gesteigert, zum anderen übernimmt das Direct Marketing die Aufgabe, den Kontakt zur Social Media-Kommunikation des Unternehmens aufzubauen.

Beispiel: Vernetzte Kampagne von *Disneyworld*

World Disney World in Florida startet regelmäßig direkte Mailing-Aktionen an Besucher der *World Disney World*-Themenparks. In den Mailings verweisen die Parkbetreiber speziell auf Social Media-Plattformen. Über diese Plattformen erhalten Nutzer die Möglichkeit, insbesondere Eltern mit ihren Kindern, sich mit *Micky Maus* und *Minnie* zu unterhalten, Fragen zu stellen und sich über Neuigkeiten auszutauschen. Auf den Plattformen erhält man zudem weiterführende Informationen zu neuen Attraktionen, Shows, Übernachtungsmöglichkeiten u. a. m. (*Walt Disney Internet Group* 2010).

Social Media-Kommunikation und Public Relations: Der erste Ansatz für die Vernetzung von Social Media-Kommunikation und Public Relations ergibt sich aus dem Einsatz von Public Relations zur Bekanntmachung von Maßnahmen der Social Media-Kommunikation in der Öffentlichkeit. So werden beispielsweise die internen Social Media-Plattformen im redaktionellen Teil von Medien dargestellt. Zudem findet eine Vernetzung in der Form statt, dass bei Geschäftsberichten, Pressemitteilungen, Geschäfts- und Umweltbereichen der Hinweis vermerkt ist, spezifische Informationen dieser Unterlagen auch auf internen Social Media-Plattformen, wie z. B. auf dem Corporate Weblog, veröffentlicht sind. Eine weitere Möglichkeit der Integration der beiden Medien erfolgt auch in Bezug auf die Darstellung von Gesamtmitschnitten von Pressekonferenzen auf Video-Portalen bzw. auf Podcast-Plattformen.

Beispiel: Corporate Blogging bei der *BASF SE*
Die *BASF SE* teilt der Öffentlichkeit regelmäßig über Geschäfts- und Umweltberichte oder Pressemitteilungen mit, dass spezifische Informationen zu bestimmten Sachverhalten auf internen Corporate Weblogs veröffentlicht werden. So ergänzt ein Weblog beispielsweise das von *BASF* betriebene
Regionalportal *RheinNeckarWeb.de*. Dieses Portal wurde ins Leben gerufen, um die gesellschaftliche
Verantwortung des Unternehmens am *BASF*-Standort in Ludwigshafen zu betonen und wichtige Aspekte des regionalen Engagements der *BASF* zu kommunizieren (*BASF* 2010).

Social Media-Kommunikation und Sponsoring: Eine Möglichkeit der Verknüpfung von Social
Media-Kommunikation und Sponsoring stellt die Unterstützung von Social Media-Maßnahmen anderer sowohl nicht-kommerzieller als auch kommerzieller Organisationen dar. So präsentiert der Sponsor oder auch der Gesponserte vor, während oder nach einer Veranstaltung
zusätzliche Informationen sowie Berichterstattungen auf Social Media-Plattformen. Die Botschaftsübermittlung ist in Wort-, Bild-, Audio- und Videozeichen möglich und ist damit über
sämtliche Social Media-Erscheinungsformen denkbar.

Beispiel: Vernetzte Kampagne von *Credit Suisse*
Auf der Video- und Picture-Plattform *Youtube* hat die Schweizer Bank *Credit Suisse* ein über 1,5 Mi-
nuten dauerndes Video veröffentlicht, dass eine Zusammenstellung aller Sponsoringaktivitäten der
Firma zeigt. Der Titel des Videos lautet „Spotlight on *Credit Suisse*'s Sponsorship Activities" und zeigt
die längerfristigen Sponsoringaktivitäten von *Credit Suisse* in den Bereichen der Klassischen Musik,
Kunst, Jazz, Fussball, Golf und Reitsport (*Credit Suisse* 2010).

Social Media-Kommunikation und Persönliche Kommunikation: Die Integration von Social
Media in Maßnahmen der Persönlichen Kommunikation führt zu der Möglichkeit, persönlich mit dem Konsumenten zu sprechen, jedoch nicht face-to-face sondern über die entsprechenden Social Media-Plattformen. So existieren Social Media-Plattformen, auf denen die
Mitarbeitenden unmittelbar zu den Fragen der Konsumenten Stellung nehmen und so den
Kommunikationsprozess zwischen Mitarbeitenden und Konsumenten unterstützen. Denkbar sind auch komplexe Anwendungen zur Visualisierung und Simulation erklärungsbedürftiger Produkte auf Social Media-Plattformen. Auch erhalten die Nutzer auf Social Media-
Plattformen Hilfe vom Unternehmen oder von anderen Nutzern bei im Zusammenhang mit
der Produktnutzung auftretenden Problemen.

Beispiel: Vernetzte Kampagne von der *Deutsche Bank*
Bei der *Deutsche Bank* existieren Social Media-Plattformen, auf denen die Mitarbeitenden zu Fragen
der Konsumenten bezüglich unterschiedlicher Anlageformen, neuer Investitionsmöglichkeiten,
neuen Produkten und generellen Fragen zur Kreditinanspruchnahme unmittelbar Stellung nehmen.
Über die Plattform wird der Kommunikationsprozess zwischen Mitarbeitenden der *Deutschen Bank*
und ihrer Konsumenten unterstützt (*Deutsche Bank* 2010).

Social Media-Kommunikation und Messen/Ausstellungen: Ansatzpunkte für eine Vernetzung ergeben sich in allen Phasen des Messe- und Ausstellungsprozesses. In der Vorbereitungsphase sind sämtliche Maßnahmen der Social Media-Kommunikation, wie z. B. die
Ankündigung auf Podcasts, Weblogs, Netzwerken, als Träger von Einladungen und Vorab-
informationen denkbar. Selbst Microblogs eignen sich, um den Interessenten in den 140 Zeichen Informationen über die anstehende Messe/Ausstellung zu übermitteln. Analog werden
auch Social Media- Informationsträger in der Nachbereitungsphase genutzt. Während dem
Verlauf von Messen, Events und Ausstellungen dienen beispielsweise Video- und Picture-
Plattformen als direkter Informationsübermittler. Des Weiteren ermöglichen Bewertungsportale dem Unternehmen bereits während des Events an den genannten Kritikpunkten der
Besucher zu arbeiten und Verbesserungen vorzunehmen.

Beispiel: Vernetzte Kampagne der Firma *Porsche*

Porsche hat pünktlich zum Start der *Internationalen Automobil-Ausstellung (IAA)* auf der Social Media-Plattform *Youtube* ein Video freigeschaltet, dass in 1,5 Minuten emotionale und spannende Eindrücke des *Porsche* Messestandes auf der *IAA* präsentiert. Das Video zeigt das im Jahre 2009 gelaunchte Modell *Panamera* sowie sämtliche weitere Modelle, die auf der *IAA* 2009 zu sehen sind (*Porsche* 2010).

Social Media-Kommunikation und Event Marketing: Ansatzpunkte ergeben sich vor allem aus dem Einsatz von Social Media-Erscheinungsformen, die die Möglichkeit bieten, die Kommunikationsbotschaft mittels Audio, Video und Bildern zu übermitteln. Sie dienen als Träger von Event Marketing Maßnahmen im Vor-, Um-, Haupt- oder Nachfeld. So wird z. B. der Kommunikationsträger *Youtube* zur Nachbereitung von Events eingesetzt, in dem die Veranstalter Videos des Events auf der Social Media-Plattform publizieren und bewerten lassen. Auch über Bewertungsportale ist es dem Unternehmen möglich, mit den Besuchern in Interaktion zu treten und Informationen über ihre Zufriedenheit zu erhalten. Eine andere Verbindungsmöglichkeit besteht in der ständigen Berichterstattung über den Eventablauf auf Social Media-Plattformen. Dies bietet sich insbesondere auf internen Plattformen, wie z. B. den Corporate Weblogs an.

Beispiel: Vernetzte Kampagne von *Red Bull*

Auf *Youtube* hat die Firma *Red Bull* die spannendsten Eindrücke ihres im Jahre 2009 veranstalteten Events *Crashed Ice* zu einem kurzen Video zusammengestellt. Innerhalb eines Jahres haben mehr als 150.000 Personen das Video angesehen sowie mehr als 130 Personen das Video kommentiert (*Red Bull* 2010).

Social Media-Kommunikation und Mitarbeiterkommunikation: Die Vernetzung von Social Media-Kommunikation und Mitarbeiterkommunikation bezieht sich primär auf den Einsatz der unternehmensinternen bilateralen und multilateralen Kommunikationsprozesse. Social Media-Plattformen im Intranet sind dabei als Maßnahmen zu verstehen, mit denen interne Austauschbeziehungen effektiver und effizienter zu gestalten sind. Social Media-Kommunikationsplattformen führen durch die Integration der Informationsträger zu Effizienzgewinnen, z. B. durch die enorme Geschwindigkeit im Informationsaustausch und die Möglichkeit der zeitlich unabhängigen Beteiligung aller an der Kommunikation relevanten Unternehmensmitarbeiter. Weiterhin werden durch die vielfältigen Möglichkeiten der Austauschbeziehungen Qualitätssteigerungen im Kommunikationsprozess erzielt.

Beispiel: Mitarbeiter-Club der *Erste Group Bank AG* und *Daimler*-Blog für Mitarbeiter

Mitarbeitende der *Erste Group Bank AG* können sich als Mitglied beim Mitarbeiter-Club in *Facebook* registrieren. Hier können sie sich über aktuelle News und anstehende Events informieren sowie neue Informationen online platzieren. Vielfach handelt es sich hierbei um Veranstaltungen, die von Mitarbeitenden für Mitarbeitende organisiert werden (*Facebook* 2010). *Daimler* hat für seine Mitarbeitenden einen Mitarbeiter-Blog eingerichtet. Seit Oktober 2007 geben Mitarbeitende hierüber Einblicke in ihre Arbeits- und Lebenswelten (*Daimler AG* 2010).

Ob die Maßnahmen der Social Media-Kommunikation im Zeitverlauf zu den anderen Kommunikationsinstrumenten paralleler oder intermittierender Natur sind, ist im Einzelfall zu entscheiden. So werden beispielsweise Promotions auf Social Media-Plattformen zeitlich parallel mit Verkaufsförderungspromotions zur Bekanntmachung von Produkten eingesetzt.

8.2 Intrainstrumentelle Integration der Social Media-Kommunikation

Neben der interinstrumentellen Vernetzung mit den verschiedenen Kommunikationsinstrumenten ergeben sich Möglichkeiten einer **intrainstrumentellen Integration** der Social Media-Maßnahmen. Dadurch werden Informationselemente, z. B. Bildelemente oder Videosequenzen, in verschiedene Social Media-Botschaften und diese wiederum auf diversen Social Media-Kommunikationsträgern, wie z. B. *Twitter, StudiVZ* und *Youtube*, integriert. So ist im Rahmen der intrainstrumentellen Vernetzung die Feinabstimmung der Maßnahmen vorzunehmen. Dabei ist die intrainstrumentelle Integration analog zu der interinstrumentellen Integration hinsichtlich inhaltlicher, formaler sowie zeitlicher Kriterien vorzunehmen.

Einen ersten Ansatzpunkt für eine intrainstrumentellen Einbindung bildet die **inhaltliche** Integration der Maßnahmen der Social Media-Kommunikation. Darin sind die verschiedenen Maßnahmen der Social Media-Kommunikation, wie z. B. die Produktneuvorstellungen auf den internen Social Media-Plattformen sowie die Kampagnen auf den externen Plattformen aufeinander abzustimmen. Ziel ist es, dass im Rahmen der aktiven Social Media-Strategie sämtliche Social Media-Aktivitäten auf den einzelnen Plattformen eine inhaltliche Einheitlichkeit aufweisen. Dabei ist von übergeordneter Bedeutung, dass die kommunikative Leitidee bzw. die übergeordnete Themenstellung zentraler Bestandteil aller Maßnahmen ist. Bei der Auswahl der übergeordneten Themenstellung sind die Bedürfnisse und Wünsche der anvisierten Zielgruppen zu berücksichtigen, um die notwendige themenbezogene Akzeptanz sicherzustellen. Die Auswahl des Themenspektrums stellt somit auch eine bedeutende strategische Entscheidung dar, die den Handlungsrahmen für sämtliche weitere Planungs- und Umsetzungsentscheidungen vorgibt.

Aufgaben der formalen Integration ergeben sich aus der Übernahme von **formalen** Gestaltungsprinzipien der Unternehmenskommunikation in die Social Media-Kommunikation, um im Hinblick auf die zentralen Ziele der Unternehmens- und Marketingkommunikation eine einheitliche Form des Erscheinungsbildes zu vermitteln. Zu den Gestaltungsprinzipien zählen z. B. Logos, Slogans, Typographien oder auch Werbesujets (*Bruhn* 2002, S. 139 ff.). Dabei eröffnet die Social Media-Kommunikation neue Möglichkeiten der formalen Integration, indem z. B. komplette Werbe- oder Rundfunkspots auf sowohl internen als auch externen Social Media-Plattformen integriert werden oder die verwendeten Elemente, wie z. B. der Einsatz eines Testimonials, auf den verschiedenen Social Media-Plattformen, wie z. B. den Corporate Weblogs und Wikis, wiederzufinden sind.

Die Planung der **zeitlichen** Integration von Social Media-Maßnahmen betrifft die Koordination der einzelnen Social Media-Maßnahmen in Bezug auf ihren zeitlichen Einsatz. Diese ergibt sich primär aus der Funktion der einzelnen Maßnahmen. Beispielsweise laufen Maßnahmen mit einer Aktivierungs- und Bekanntmachungsfunktion zeitlich versetzt solchen Social Media Maßnahmen voraus, die Interaktions- und Konsumentenbindungsfunktionen übernehmen. Ob die einzelnen Maßnahmen der Social Media-Kommunikation im Zeitverlauf paralleler oder intermittierender Natur sind, ist im Einzelfall zu entscheiden. So wird beispielsweise die Darstellung von Events auf Video- und Picture-Plattformen zeitlich parallel zur Veröffentlichung dieser auf den Corporate Weblogs vollzogen.

Bei *Spiegel Online* beispielsweise ist eine direkte Vernetzung von der Homepage auf die Social Media-Plattformen *Facebook, Twitter, StudiVZ* sowie *MySpace* möglich. Somit hat der Nutzer der Internethomepage von *Spiegel Online* über nur einen Klick die Möglichkeit, sich direkten Zugang zu anderen Social Media-Erscheinungsformen zu verschaffen (*Spiegel Online GmbH* 2010).

9 Erfolgskontrolle der Social Media-Kommunikation

9.1 Bedeutung der Erfolgskontrolle der Social Media-Kommunikation

Die **Kontrolle der Social Media-Kommunikation** besteht in der systematischen Überprüfung der Social Media-Maßnahmen und die daraus abgeleitete Verbesserung der Planung, Produktion und Implementierung der einzelnen Anwendungen. Sie beinhaltet den Vergleich der Ist-Situation während bzw. nach der Implementierung von Social Media-Maßnahmen mit der ursprünglichen Planung, die Durchführung einer Abweichungsanalyse und die darauf aufbauende Ableitung von Handlungsempfehlungen. Die Erfolgskontrolle hinsichtlich der Überprüfung der Wirkungen der Social Media-Kommunikation hat eine bedeutende Stellung eingenommen. Dennoch diskutieren Marktforschungsinstitute und Agenturen nach wie vor noch heftig, wie und ob eine Erfolgskontrolle der Social Media-Kommunikation möglich ist. Neben der Wirkungskontrolle vor allem auch Prozessabläufe zu überwachen und Effizienzkontrollen der Social Media-Anwendungen vorzunehmen.

9.2 Methoden der Erfolgskontrolle der Social Media-Kommunikation

9.2.1 Prozesskontrollen in der Social Media-Kommunikation

Prozesskontrollen beinhalten die Kontrolle organisatorischer und personeller Durchführungen von Social Media-Maßnahmen. Neben der Kontrolle des zeitlichen Ablaufs der Projekte der Social Media-Kommunikation erfolgt eine Kontrolle der Aktivitätenplanung und der personellen und finanziellen Ressourcen. Diese umfassen sowohl die Leistung als auch die Koordination der Beteiligten in den Planungsphasen der Social Media-Kommunikation. Die Prozesskontrolle der Social Media-Kommunikation beinhaltet vor allem zwei Kontrollarten, die Tätigkeitskontrolle sowie die Prämissenkontrolle, die im Zuge dessen zu berücksichtigen sind.

Die **Tätigkeitskontrolle** beinhaltet die Überwachung der korrekten Ausführung der im Rahmen der Social Media-Kommunikation durchzuführenden Tätigkeiten (*Böcker* 1988, S. 26; *Fritz* 2006, S. 178). Diese umfassen Leistung und Koordination der Beteiligten bei der Planung sowie dem Einsatz von Social Media-Maßnahmen. Im Rahmen der Tätigkeitskontrolle ist auch eine Überprüfung der Organisations- und Mitarbeitendenakzeptanz hinsichtlich des Social Media-Einsatzes vorzunehmen. Die zunehmende Zusammenarbeit mit „Interactive-Agenturen" mit umfassenden Fähigkeiten in Bezug auf die Social Media-Kommunikation macht das Einbeziehen externer Agenturen in den Überwachungs- und Planungsprozess der Social Media unabdingbar. Um keine Akzeptanzverluste bei unternehmenseigenen Mitarbeitenden zu verzeichnen, ist eine vollständige Aufklärung über neue Formen der Zusammenarbeit zwischen Unternehmen und Agenturen hinsichtlich der Social Media-Kommunikation transparent zu machen. Ferner entstehen interne Akzeptanzverluste primär durch die mangelnde Information und Einbeziehung in den Planungsprozess von durch den Einsatz betroffenen Organisationsmitgliedern. Die mangelnde Akzeptanz seitens der Mitarbeitenden führt teils zu kontraproduktiven Effekten in Planung, Entwicklung und Einsatz von Social Media-Anwendungen (*Glomb* 1995, S. 259).

Im Rahmen der **Prämissenkontrolle** findet eine Überprüfung der Planungsgrundlagen, also der Situationsanalyse zu Beginn des Planungsprozesses, statt. Sie dient damit vor allem der Überprüfung von Planungs- und Handlungsgrundlagen (*Fritz* 2006, S. 178). Dabei ist insbesondere die Überprüfung der Zielgruppenanalyse hervorzuheben, d. h., es ist zu untersuchen, ob die Social Media-Bedürfnisse des Nutzers in Bezug auf Interaktivität, Modalität und Informationsinhalte richtig identifiziert wurden. Weiterhin ist durch die Prämissenkontrolle zu prüfen, ob der Einsatz von Social Media-Kommunikation angesichts der übergeordneten Kommunikationsstrategie sowie der spezifischen Social Media-Funktionen sinnvoll erscheint.

9.2.2 Effektivitätskontrollen in der Social Media-Kommunikation

Die Effektivitätskontrolle ist der Schwerpunkt des Kontrollsystems der Social Media-Kommunikation und stellt auf die Zielwirkungen der Social Media-Kommunikation ab. Sie hat nicht nur auf die Messung der Social Media-Wirkungen und den Vergleich mit den festgelegten Zielgrößen abzustellen, sondern hat weiterhin die Aufgabe, die Ursachen der Abweichung zu erforschen und die Anwendungsmodule zu identifizieren, die zu Reaktionen bei den Nutzern geführt haben. Darauf aufbauend sind Handlungsanweisungen zu generieren, die zu einer Optimierung der Social Media-Kommunikation führen.

Die wichtigste Kontrolle in der Social Media-Kommunikation stellt die Überprüfung der **Kommunikationsziele** im Hinblick auf die kognitiv-orientierten, affektiv-orientierten und konativ-orientierten Zielgrößen dar (*Bruhn* 2010a, S. 397 ff.). Im Rahmen der Erfolgskontrolle **kognitiv-orientierter Erfolgsgrößen** wird z. B. die Bekanntheit, das Wissen oder die Kenntnis über Produkte, Dienstleistungen u. Ä. bei den Nutzern überprüft. Eine Erfolgskontrolle auf Basis **affektiv-orientierter Zielgrößen**, z. B. die emotionale Positionierung, Interessen oder Einstellungen bei den Nutzern, bietet sich an, wenn es um die emotionale Bewertung kognitiver Zielgrößen geht. Auch hierzu werden die im Rahmen der Mediawerbung dargestellten Messmethoden herangezogen. Die Erfolgskontrolle **konativ-orientierter Erfolgsgrößen** eignet sich dann, wenn das protokollierte Verhalten ursächlich auf die Kommunikationsmaßnahme zurückzuführen ist, z. B. die Online-Bestellung eines Produktes nach der Ansicht eines Bewertungsportals. Weiterhin wird die dialogische Informations- bzw. Kommunikationsnachfrage sowie das generelle Nutzungsverhalten bezüglich bestimmter Anwendungen als Erfolgskriterium für den Einsatz der Social Media-Kommunikation angesehen.

Ferner lassen sich die einzelnen Erfolgsgrößen unterschiedlichen Messebenen der Social Media-Kommunikation zuordnen. Grundsätzlich unterscheidet man hierbei drei **Messebenen**. Es handelt sich um die Kontext- bzw. Netzwerkebene, die Nutzerebene sowie die Inhaltsebene. In Schaubild III-J-27 sind die drei Messebenen mit ihren möglichen Messpunkten beispielhaft dargestellt, auf welche später im Text genauer eingegangen wird.

Die **Messmethoden** von Kommunikationszielen der Social Media-Kommunikation über die verschiedenen Erscheinungsformen der Social Media-Kommunikation sind in die drei Wirkungskategorien kognitiv, affektiv und konativ zu unterteilen, die jeweils nach Beobachtungen oder Befragungen differenziert werden (vgl. Schaubild III-J-28).

Zur Messung von beispielsweise **kognitiv-orientierten Erfolgsgrößen** besteht die Möglichkeit, wie bei der Mediawerbung, Blickverläufe zu registrieren und Aktivierungsmessungen vorzunehmen (*eResult GmbH* 2003). In Insert III-J-9 ist eine Blickverlaufsmessung des Kommunikationsträgers *Youtube* dargestellt. Zudem werden Recall- und Recognition-Tests – gestützt oder ungestützt – im Anschluss an Testsituationen in Bezug auf bestimmte Erscheinungsformen und Kommunikationsträger der Social Media-Kommunikation bei den Nutzern durchgeführt, indem gezielt nach den Inhalten gefragt wird (*Werner* 2003, S. 54 ff.).

Kontext-/ Netzwerkebene	Nutzerebene	Inhaltsebene
• Reichweite (Page Visits/Page Impressions/Unique Users • Anzahl der Verlinkungen bei Google • Netzwerkanalytische Kennzahlen (Zentralität) • Anzahl der Outlinks pro Tag (Durchschnitt) • Ranking in Besten-Listen • Google Page-Rank • Ranking der Internetpräsenz • …	• Affinität • Verweildauer • Häufigkeit der Beiträge • ktivität (z.B. Kommentare pro Beitrag) • Involviertheit • Verhalten (Wahlverhalten, Kaufverhalten, Nutzungsverhalten, „Net Promoter Score, …) • Aktivierung • Demografie • Klebrigkeit • …	• Anzahl der Wortnennungen • Tonalität • Themenspektrum • Kommunikationsvolumen • Autorenkompetenz • Autorenprominenz • Nachrichtenfaktoren • …

Schaubild III-J-27: Messebenen und Erfolgsgrößen der Social Media-Kommunikation

Art der Messmethode / Kategorien der Kommunikationswirkung	Beobachtung	Befragung
Kognitive Wirkungen	• Aktivierungsmessung • Blickaufzeichnung • Beobachtung des Aufnahmeverhaltens	• Wahrnehmungs- und Verständnismessungen • Recall- und Recognition-Tests • Ratingskalen • Assoziationstests • Satzergänzungstests • Irritations- und Akzeptanzprofile
Affektive Wirkungen	• Aktivierungsmessung • Aufzeichnung der Gesichtsmimik oder des Blickes • Andere apparative Verfahren	• Verbale und Nonverbale Erlebnismessungen • Einstellungs- und Imageskalen • Inhaltsanalysen • Multiattributmodelle • Bilderskalen • Magnitude-Skalierung • Conjoint Measurement • Imagery-Forschung
Konative Wirkungen	• Verhaltensregistrierung • Wahlverhalten • Nutzungsverhalten • Nutzungshäufigkeiten • Nutzungsdauer • Klickverhalten • Kaufverhalten • Systemkontakt	• Erinnertes Verhalten • Flächenskalen, verbale Skalen • Konstantsummenverfahren • Befragung nach Produkt-, Banner- oder Website-Präferenzen • Verhaltensabsicht • Tatsächliches Verhalten • Panel

Schaubild III-J-28: Methoden zur Messung der Wirkung der Social Media-Kommunikation

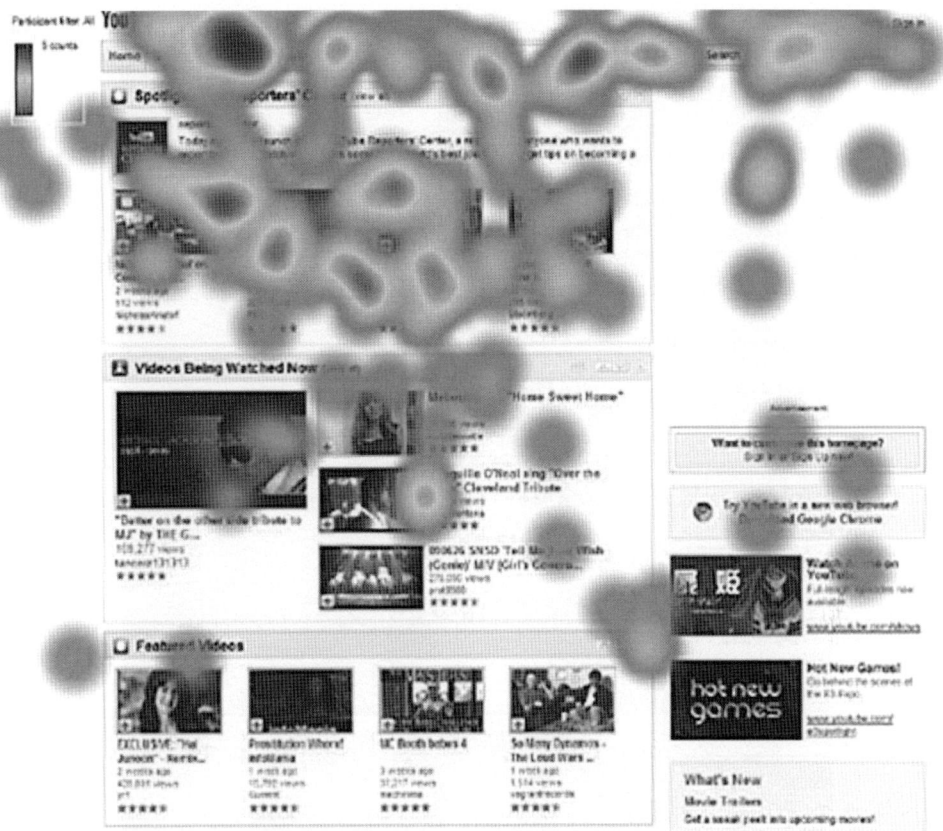

Insert III-J-9: Blickaufzeichnung von Youtube

Als weiteres Beispiel zur Messung der **kognitiv-orientierten Erfolgsgrößen** mittels der Blickverlaufsaufzeichnung kann die Eye Tracking-Studie von *Google* herangezogen werden (vgl. Insert III-J-10).

Affektiv-orientierte Erfolgsgrößen, wie z. B. die Positionierung von Unternehmen und deren Marken auf Social Media-Plattformen, Imagemessungen, Einstellungsmessungen, Zufriedenheitsuntersuchungen oder die Messung von Interessen sind auch hier mit den gleichen Messmethoden wie in der Mediawerbung zu erheben (vgl. Abschnitt III-B-9.3.2). Zu den **affektiv-orientierten Erfolgsgrößen** zählen u. a. auch die Affinität sowie die Involviertheit der Nutzer, sich mit bestimmten Sachverhalten zu befassen und aktiv Kommentare auf gewisse Beiträge hin abzugeben. Vornehmlich handelt es bei dieser Kategorie der Erfolgsgrößen um Messgrößen, die bei der Nutzerebene angesiedelt sind.

Der Schwerpunkt der eingesetzten Kontrollmethoden liegt in der Überprüfung der **konativ-orientierten Erfolgsgrößen.** Spezifische Ansätze für eine Social Media-Kontrolle der konativen Kommunikationswirkung ergeben sich primär aus der Auswertung der Systemkontakte, dem Nutzungsverhalten und anderen Verhaltenswirkungen, die sich in kommunikationsobjektbezogenen Rückmeldungen an das Unternehmen manifestieren. Dazu zählen z. B. Interaktionsverhalten mit dem Unternehmen auf den Social Media-Plattformen oder Einträge der Konsumenten auf Corporate Weblogs, aber auch die Erstellung von externen Kommunika-

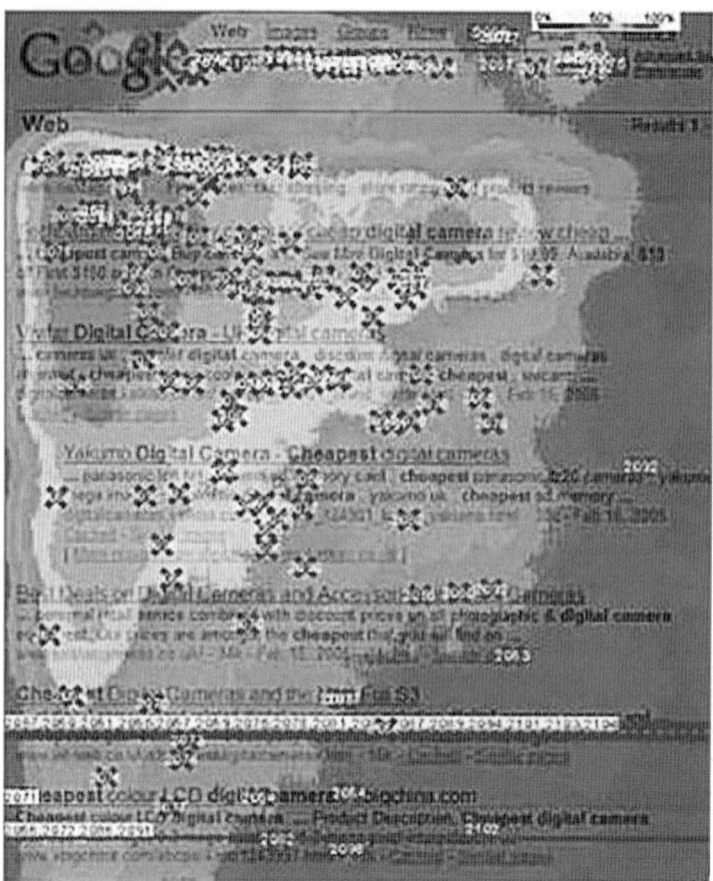

Insert III-J-10: Eye Tracking-Studie bei Google

tionsinhalten durch den Konsumenten über die Produkte und Leistungen des Unternehmens. Zu den konativ-orientierten Erfolgsgrößen zählen insbesondere Messgrößen, die unter der Kontext- bzw. Netzwerkebene sowie der Nutzerebene aufgeführt sind.

Die Anzahl Kennzahlen zur Messung **konativ-bezogener Erfolgsgrößen** der Social Media-Kommunikation hat in den letzten Jahren in erheblichem Maße zugenommen. Im Internet sind beispielsweise die Zugriffe auf einen Kommunikationsträger und somit auch die dort platzierten Inhalte zu messen. Ziel dabei ist es, über ein Set von Kriterien die Reichweite von Kommunikationsangeboten auf Social Media-Plattformen möglichst exakt zu erfassen, wie z. B. für Einträge auf Weblogs oder für Videos auf Video- und Picture-Plattformen. Des Weiteren zählt die Aufzeichnung des Kauf- sowie des Wahlverhaltens, hervorgerufen durch Social Media-Inhalte, zur Kontrolle konativer Zielgrößen.

Die Kennzahlen lassen sich dahingehend unterscheiden, ob sie die Zugriffe auf die gesamte Social Media-Plattform (wie beispielsweise *Facebook*), lediglich einzelne Seiten des Kommunikationsträgers (wie beispielsweise das *Porsche* Profil auf *Facebook*) oder die auf den einzelnen Seiten enthaltenen Dateien (wie beispielsweise ein Video des neuen *GT2* auf dem *Porsche* Profil) messen. Kennzahlen zur Messung konativer Zielgrößen lassen sich in folgende drei **Kategorien** einteilen (*Fritz* 2006, S. 197 ff.):

(1) Website-bezogene Kennzahlen,

(2) Seitenbezogene Kennzahlen,

(3) Dateibezogene Kennzahlen.

(1) Website-bezogene Kennzahlen

Zu den Website-bezogenen Kennzahlen zählt die **Bruttoreichweite** einer Anwendung. Die Bruttoreichweite ist definiert als die Summe aller Zugriffe auf die Social Media-Plattform in einem Betrachtungszeitraum (*Silberer* 2000, S. 715; *Fantapié Altobelli/Sander* 2001, S. 150; *Fritz* 2006, S. 197). Dagegen wird die Anzahl der Zugriffe („Hits") auf alle auf der Social Media-Plattform integrierten Dateien (z. B. Videos, Bilder, Grafiken usw.) auch als „Total Number of Requests" bezeichnet und ist klar von der Bruttoreichweite zu trennen (*Fantapié Altobelli/Hoffmann* 1996, S. 129).

Social Media-Plattformen erlauben eine Differenzierung zwischen Erst- und Mehrfachkontakten in Bezug auf den Namen des Rechners („Host"), von dem die Anfrage kommt. Als weiteres Kontrollkriterium wird deshalb die **Nettoreichweite** einer Website ermittelt, indem von der Bruttoreichweite die Mehrfachzugriffe eines Hosts abgezogen und nur die Erstkontakte berechnet werden. Die Nettoreichweite ist somit definiert als die Anzahl der Zugriffe von verschiedenen Hosts, so genannte „Number of Unique Hosts" oder „Number of Unique Users", innerhalb eines Betrachtungszeitraums (*Fantapié Altobelli/Hoffmann* 1996, S. 130 ff.; *Fritz* 2006, S. 197).

Weiterhin wird die Anzahl der **mehrmaligen Kontakte** als Differenz von Brutto- und Nettoreichweite ermittelt. Dabei wird exakt die Anzahl der Host, die zwei- bis n-mal auf eine Social Media-Plattform zugreifen, ermittelt (*Fantapié Altobelli/Sander* 2001, S. 150; *Fritz* 2006, S. 197). Schaubild III-J-29 stellt den Zusammenhang zwischen Hits, Bruttoreichweite, mehrmaligen Zugriffen und der Nettoreichweite dar.

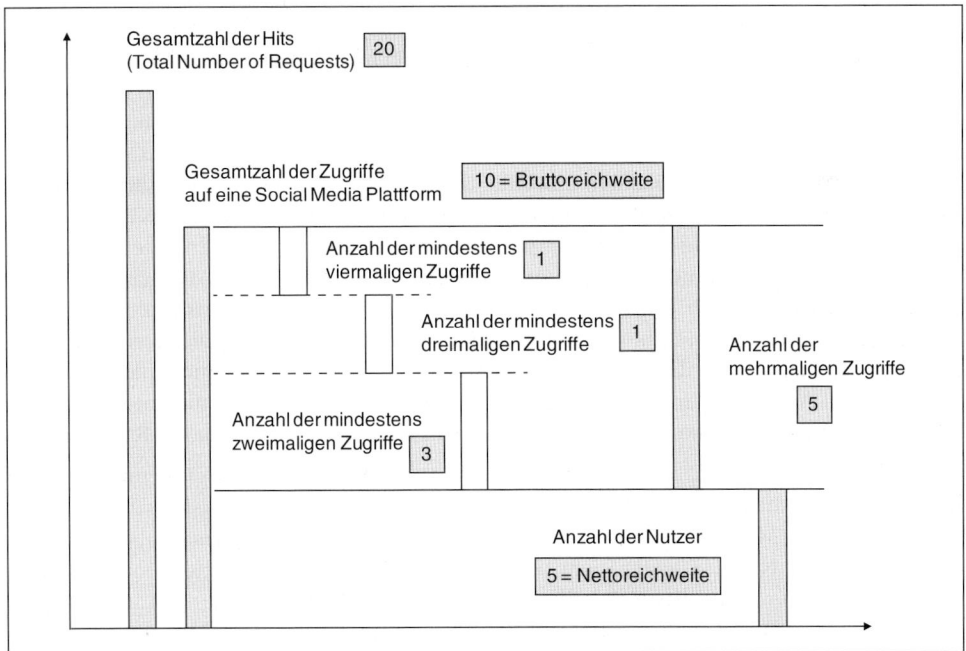

Schaubild III-J-29: Zusammenhang der Hits

Diese aus den **Logfiles** resultierenden Kennzahlen, lassen sich aus der Anzahl der Nutzer ableiten. Dabei sind jedoch keine personenbezogenen Daten oder demografische Zusatzinformationen erfasst. In diesem Zusammenhang stellen **Nutzer** über bestimmte Kennzeichen, z. B. ihre E-Mail-Adresse oder IP-Adresse, Personen dar, die auf eine Social Media-Plattform zugreifen. **Identified Users** dagegen ist eine weitere Kennzahl, in der die Nutzer einer Anwendung mittels soziodemografischer Angaben beschrieben werden. Dies ist insbesondere bei Netzwerken möglich, da die Nutzer-Profile diese Informationen enthalten.

Des Weiteren sind **Visits (Besuche)**, auch als „Page Visits" bezeichnet, in einem definierten Zeitraum aufeinander folgende Aufrufe von verschiedenen Seiten einer Social Media-Plattform durch einen Host, d. h. alle Seitenaufrufe in einem zusammenhängenden Nutzungsvorgang (*Fantapié Altobelli/Sander* 2001, S. 150; *Werner* 2003, S. 324). Erst wenn der Nutzer weitere Seiten der Social Media-Plattform aufruft und die Nutzung dieser nicht länger als 15 Minuten auseinander liegt, gilt der Visit als beendet (*Rengelshausen* 1995, S. 137). Aus der **Nutzungsdauer (View Time)** eines einzelnen Nutzers bei einem Visit ist es möglich, die **Site Stickiness**, die die Verweildauer eines Nutzers auf einer Seite bezeichnet, als Kennzahl abzuleiten (*Fritz* 2006, S. 180). Es sind hierbei allerdings keine Aussagen über die Qualität des Kontakts zu machen (*Silberer* 1995, S. 12; *Fantapié Altobelli/Hoffmann* 1996, S. 130 ff.).

(2) Seitenbezogene Kennzahlen

Seitenbezogene Kennzahlen beziehen sich auf einzelne Social Media-Seiten und werden mittels **Page Impressions** bzw. **Page Views** ermittelt. Page Impressions sind die Zahl der technisch einwandfreien und inhaltlich vollständigen Zugriffe auf eine Internetseite (*Werner* 2003, S. 323, 325). Dabei lässt sich sowohl für die Social Media-Plattform als auch einzelne Seiten die **Nutzungsdauer (View Time)** ermitteln, so dass hier ebenso die Berechnung der **Site Stickiness** für einzelne Social Media-Seiten möglich ist.

(3) Dateibezogene Kennzahlen

Darüber hinaus sind Maße für den Werbemittelkontakt anzuwenden. Social Media-Plattformen enthalten mehrere Dateien, wie z. B. Texte, Grafiken oder Videos, aus denen sich dateibezogene Kennzahlen ableiten lassen. Die Abrufe einzelner Elemente bzw. Dateien werden als **Hits** bezeichnet. **Ad Impressions** bzw. **Ad Views** geben Auskunft über die Anzahl der Kontakte mit werbetragenden Objekten, z. B. Bildern und Videos, einer Social Media-Plattform. Die Ad Impressions (Ad Views) beziehen sich lediglich auf den Kontakt mit dem Werbemittel. Bei den Ad Clicks wird die Reaktion der Nutzer auf solche Social Media Inhalte anhand der Anzahl der Clicks bestimmt. Ebenfalls wird die **Click Through Rate (CTR)** berechnet. Dies ist die Relation zwischen den Ad Clicks und der Anzahl der Ad Impressions multipliziert mit 100. Damit wird das Verhältnis von Kenntnisnahme und Klickrate beispielsweise eines Videos festgestellt. Je Höher die Rate ist, desto stärker animiert ein Video zum Anklicken (*Fritz* 2006, S. 180 f.). Auf Basis der seitenbezogenen Kennzahlen sind auch für die dateibezogenen Kennzahlen Nutzungsdauern festzuhalten, wie z. B. die Ad View Time für ein Bild.

Aus der Auswertung der protokollierten Navigationspfade, Expositionszeiten und Zugriffshäufigkeiten für die einzelnen Anwendungsseiten lassen sich Rückschlüsse auf die **Akzeptanz** einer Social Media-Maßnahme ableiten sowie die einzelnen **Informationsbedürfnisse und -defizite** der Nutzer-Cluster identifizieren. Die quantitativ-orientierte Kontrolle durch die Auswertung von Zugriffsprotokollen wird durch qualitative Befragungen in Bezug auf die Qualität des Informationsangebotes, des Layouts oder der Benutzerführung ergänzt. So ist es beispielsweise denkbar, dass auf Social Media-Plattformen Fragebögen enthalten sind, die auf eine Bewertung des Social Media-Auftritts durch den Nutzer abstellen.

Darüber hinaus wird ein **kombiniertes Reichweiten- und Intensitätsmaß** zur Erfolgskontrolle der Social Media-Kommunikation verwendet. Die Konversationsreichweite, die gemessen wird durch die websitebezogen, seitenbezogenen sowie dateibezogene Kennzahlen wird durch die eWOM-Effekte ergänzt. Dieses Intensitätsmaß wird durch den jeweiligen Share of Voice bzw. Share of Buzz einer Social Media-Plattform ergänzt. Das kombinierte Reichweiten- und Intensitätsmaß trägt dem enormen Vernetzungsgrad der Social Media-Plattformen Rechnung. In der Praxis wird es überdies als zuverlässiges Benchmarking für die Viralen Effekte im Web 2.0 herangezogen (*Gabler* 2009).

Des Weiteren gibt es auf Kontext- bzw. Netzwerkebene weitere Messgrößen, die Informationen über den Erfolg einer bestimmten Social Media-Plattform liefern. Mit Hilfe des so genannten **Page Rank-Algorithmus** wird die Linkpopularität einer Seite bzw. einer Social Media-Plattform festgelegt. Das Page Rank-System folgt dem Grundprinzip: „Je mehr Links auf eine Internetseite (Social Media-Plattform) verweisen, umso höher ist die Wichtigkeit dieser Seite. Je wichtiger die Internetseite, desto größer ist der Effekt und desto weiter vorne wird sie in der Ergebnisliste bei der Suchanfrage angezeigt." Der Page Rank-Algorithmus folgt einem zufällig durch das World Wide Web surfendem Benutzer. Überdies gibt es **netzwerkanalytische Kennzahlen**, wie beispielsweise die **Brokering Activity**, die angeben, wie ein bestimmter Akteur auf die Netzwerkbildung und Kommunikationseffizienz einwirkt. Auch das **Ranking** in speziellen Social Media-Ranking-Listen, wie beispielsweise Social Media- Watch, gibt Aufschluss über den Erfolg einer Social Media-Plattform. Selbst die Anzahl der **Verlinkungen** bei *Google* kann als weitere Messgröße herangezogen werden.

Überdies gibt es auf Inhaltsebene mehrere Sachverhalte, die die Effizienz und den Erfolg der Social Media-Kommunikation beeinflussen. Hierzu zählt u. a. das **Themenspektrum**, das eine bestimmte Social Media-Plattform behandelt. Je brisanter und aktueller die Themeninhalte sind, die auf einer Social Media-Plattform beschrieben und diskutiert werden, desto stärker wird das Involvement der User sein und desto effizienter die Social Media-Anwendung für das Unternehmen. Des Weiteren spielt die **Autorenkompetenz** eine wichtige Rolle auf inhaltlicher Ebene. Geben beispielsweise professionelle Fachleute, Insider oder Experten auf einem bestimmten Gebiet ihre Meinung auf einer Social Media-Plattform ab, werden diese Aussagen von anderen Anwendern häufig als glaubwürdiger und vertrauensvoller wahrgenommen. Ähnliche Wirkungen gehen auch von einer **Autorenprominenz** aus. Vertreten z. B. Celebrities eine bestimmte Meinung über Plattformen nach außen, besteht die Möglichkeit, dass sich andere Nutzer der Social Media-Plattform dieser Meinung anschließen. Ferner nehmen die **Anzahl von Wortnennungen** sowie die **Tonalität** Einfluss auf die Effizienz bestimmter Social Media-Anwendungen.

9.2.3 Effizienzkontrollen in der Social Media-Kommunikation

Neben den effektivitätsorientierten Wirkungskontrollen sind **Wirtschaftlichkeitsanalysen** in die Erfolgskontrolle zu integrieren. Den erzielten Wirkungen werden die Aufwendungen für den Einsatz der Social Media-Kommunikation gegenübergestellt (*Fritz* 2006, S. 178). Effizienzbetrachtungen dienen insbesondere der Überprüfung der inter- und intrainstrumentellen Budgetallokation. Dazu sind vor allem **Kosten-Nutzen-Analysen** durchzuführen. Neben allen anfallenden Kosten, die mit der Planung, Entwicklung und Realisierung von Social Media-Kommunikation zusammenhängen (vgl. hierzu ausführlich Abschnitt III-J-6.1), ist eine detaillierte Erfassung des Nutzens der Social Media-Kommunikation erforderlich. Eine genaue Erfassung des entstandenen Nutzens ist jedoch nur grob mit den angeführten Kennzahlen der Wirkungskontrolle oder der Erhöhung der Konsumentenbindung als auch mit der Steigerung des Marken- oder Unternehmenswertes zu messen (*Fritz* 2006, S. 183).

10 Entwicklungstendenzen und Zukunftsperspektiven der Social Media-Kommunikation

Bereits seit längerer Zeit verstärkt die Wirtschaftskrise den sich abzeichnenden Paradigmenwechsel im Marketing. Dieser Paradigmenwechsel führt zu einem Wandel in den Aufgaben der marktorientierten Unternehmensführung. Schlagworte, wie das so genannte Netzwerkmarketing, Gesellschaftsorientierung und konsumentenzentriertes Beziehungsmarketing rücken stärker in den Mittelpunkt. Einhergehend mit dieser Entwicklung verliert die traditionelle Ein-Weg-Kommunikation an Wichtigkeit, wohingegen das Internet stark an Bedeutung gewinnt. Dort, wo die klassische Kommunikation weniger bedeutsam wird, ergeben sich neue Chancen für die Social Media-Kommunikation sowie die Virtual- und Live-Kommunikation. Unternehmen profitieren in Zukunft von einer intelligenten Verknüpfung der persönlichen Kommunikation mit den passenden Online-Kanälen. Viele Unternehmen haben im vergangenen Jahr erste, aber noch zögerliche Schritte ins Social Web gewagt. Eine weitreichende Social Media-Strategie haben jedoch bislang die wenigsten Unternehmen fest verankert. Eine umfassende Social Media-Strategie mit durchgängig vernetzten Kommunikations- und Informationsinhalten und aufeinander abgestimmtem Layout wurde bis heute von den 30 DAX-Unternehmen in der Praxis nur schwach umgesetzt. Dennoch wird kurz- und mittelfristig mit einer enormen Zunahme an Unternehmen, die im Social Web aktiv werden, gerechnet. Diese Unternehmen arbeiten gezielt eine Social Media- Strategie aus. Es gibt kaum Produkte und Marken, die nicht auf den neuen Online-Kommunikationsplattformen besprochen und diskutiert werden. Diese Markenkommunikation in den Social Media macht es erforderlich, dass Unternehmen auf die veränderten Rahmenbedingungen reagieren. Gerade die Möglichkeit, Zielgruppen leicht zu identifizieren und zu lokalisieren, spricht für eine Beschäftigung mit dem Phänomen Social Media-Kommunikation in der Zukunft.

Die Zielsetzung eines Unternehmens darf nicht darin bestehen, die Social Media-Kommunikation als weiteren Werbekanal zu verstehen. Vielmehr werden Unternehmen zukünftig darin angehalten, diese neuen Entwicklungen aufzugreifen und Community-Marketing zu betreiben, das als gelebte Kultur vollständig in die Organisation integriert wird. Unternehmen und Unternehmensvertreter hören den Märkten und Stakeholdern aktiv zu und stellen den Internet-Nutzer in den Mittelpunkt der Marketingaktivitäten. Des Weiteren werden von Unternehmensseite Social Media-Strategien und Roadmaps für den richtigen Umgang mit Social Media definiert. Innerhalb der Unternehmensorganisation werden die Mitarbeitenden für den Umgang und die Nutzung von Social Media sensibilisiert und ausgebildet. Mittels Gesprächen über Social Media werden Pilotprojekte aufgesetzt und erste Social Media-Inhalte generiert. Aufbauend auf solche Pilotprojekte entwickeln Unternehmen in Zukunft eigene Social Media-Plattformen und speziell darauf ausgerichtete Infrastrukturen. Nach erfolgreicher Implementierung wird die Social Media-Kommunikation den Unternehmen die Möglichkeit bieten, mit dem Konsumenten in Dialog zu treten und von der „Energie der Massen" (Crowdsourcing) zu profitieren. Der Aufbau intensiver Beziehungen zu Konsumenten und Verwendern wird durch Social Media ermöglicht. Unternehmen nutzen die Gelegenheit, das Marketing im Allgemeinen sowie die Markenführung im Speziellen nachhaltig zu verbessern. Durch die neuen Medien und die Interaktion auf zahlreichen Kommunikationsplattformen erhält der Konsument eine neue Rolle. Er ist nicht mehr nur passiver Teilnehmer, sondern wird selbst zum Co-Produzenten. Unternehmen verfolgen zukünftig nicht mehr allein die Strategie des Rein- bzw. des Zuhörens, sondern sie ziehen Lehren aus dem Informationsaustausch der Konsumenten und setzen die Inhalte in die Tat weiter um. In Zukunft wird es immer wichtiger werden, dass klassische Kommunikationsinstrumente mit neuen Medien (Social Media) zusammen wachsen. Integrierte und cross-mediale Markenkampagnen werden vermehrt eingesetzt. In der Vergangenheit wurden Konsumenten auf Messen und Events vornehmlich direkt und persönlich angesprochen. Durch eine Integration der Social Media ist der Lebenszyklus der persönlichen Kommunikation verlängerbar. So wird es dem Unternehmen ermöglicht, den Konsumentendialog sowie den Erstkontakt bereits vor der physischen Veranstaltung zu initiieren und ihn danach weiter aufrechtzuerhalten. Grundsätzlich werden sich einzelne Konzernbereiche, wie das Management, das Marketing im Allgemeinen, die Unternehmenskommunikation sowie die Investor Relations aktiv mit der Social Media-Kommunikation beschäftigen, sich den damit verbundenen neuen Herausforderungen stellen und die Social Media-Kommunikation für ihre Arbeit nutzen (*Uniplan* 2009, S. 4 ff.).

K. Einsatz der Mitarbeiterkommunikation

1 Begriff und Erscheinungsformen der Mitarbeiterkommunikation

1.1 Bedeutung der Mitarbeiterkommunikation

Obgleich sich die Wissenschaft und Praxis über die Bedeutung der Mitarbeiterkommunikation bewusst sind, wird ihr im Vergleich zu anderen Kommunikationsinstrumenten erst in den letzten Jahren Rechnung getragen. Zwar finden sich in Unternehmensleitbildern und Führungsgrundsätzen seit jeher Wertpostulate wie „Mitarbeitende als zentraler Erfolgsfaktor" oder „Mitarbeitende als wichtigste Ressource für den Unternehmenserfolg" u. a. m. Eine nähere Betrachtung der tatsächlich eingesetzten **Instrumente der Mitarbeiterkommunikation**, deren Differenzierung im Einsatz gegenüber verschiedenen Zielgruppen sowie die Integration in den gesamten unternehmerischen Kommunikationsmix, zeigt jedoch, dass dies im kommunikativen Alltag erst in letzter Zeit gelebt wird. Empirische Untersuchungen belegen, dass die für den Unternehmenserfolg relevanten Zielgruppen der Kommunikation lange Zeit außerhalb des Unternehmens vermutet wurden, während der mitarbeitergerichteten Kommunikation eine eher geringe Bedeutung zukam (*Schwaiger/Jeckel/Saffert* 1995; *Bruhn/Boenigk* 1999, S. 75).

Mittlerweile bewerten jedoch fast drei Viertel (74,5 Prozent) der deutschen Unternehmen den Stellenwert der Mitarbeiterkommunikation in ihrer Organisation als „hoch" (52,2 Prozent) beziehungsweise „sehr hoch" (22 Prozent) und insgesamt sehen mehr als 80 Prozent zudem einen „deutlichen" (63 Prozent) bis „sehr deutlichen" (17,5 Prozent) Anstieg der Bedeutung der Mitarbeiterkommunikation in den nächsten Jahren (*MasterMedia* 2000, S. 3). Aus einer Umfrage unter 300 börsennotierten Unternehmen in Deutschland geht hervor, dass bei der Frage nach der Bedeutungsentwicklung von Kommunikationsinstrumenten die Mitarbeiterkommunikation den dritten Rang belegt (*Bernnat/Groß* 2003, S. 14). Eine weitere Studie aus dem Jahr 2008 zeigt, dass in der Schweiz und in Österreich nahezu sämtliche der befragten Unternehmen Maßnahmen der Mitarbeiterkommunikation ergreifen (*Bruhn* 2010d, S. 46; 79). Allerdings kommen sowohl in der Schweiz als auch in Österreich auffallend selten Agenturen bei der Planung und Umsetzung der Mitarbeiterkommunikation zum Einsatz. Dies lässt vermuten, dass die Ausarbeitung interner Kommunikationsstrategien weiterhin als noch nicht bedeutend genug angesehen wird, um hierfür auf Experten außerhalb des Unternehmens zurückzugreifen (*Bruhn* 2010d, S. 49 f.; 82 f.). Ein Blick auf die Verteilung des Kommunikationsbudgets auf die Kommunikationsinstrumente offenbart zudem einen weiterhin geringen Budgetanteil, der in der Unternehmenspraxis auf die Mitarbeiterkommunikation zugeschrieben wird. So wird in Deutschland und in der Schweiz der niedrigste Anteil des Kommunikationsbudgets auf die Mitarbeiterkommunikation aufgewendet (Deutschland: 6,0 Prozent, Schweiz: 6,3 Prozent; vgl. hierzu ausführlich *Bruhn* 2006, S. 75 f.; 196 ff.). Dies spiegelt die anscheinend noch existierende Maxime einer möglichst kostengünstigen Gestaltung der Mitarbeiterkommunikation wider. Für Österreich stellt sich die Situation anders dar. Hier ist mit 9,3 Prozent ein, in Relation zu den anderen Kommunikationsinstrumenten, hoher Anteil des Kommunikationsbudgets auf die Mitarbeiterkommunikation zuzurechnen (vgl. hierzu ausführlich *Bruhn* 2006, S. 303 f.).

Die Mitarbeiterkommunikation wird vor dem Hintergrund der Globalisierung und des zunehmenden Wettbewerbs zu einer Schlüsselkompetenz des Unternehmens. Veränderungsprozesse im Unternehmen als Reaktion auf Umweltdruck und -dynamik setzen voraus, dass die unternehmerischen Zielsetzungen allen Mitarbeitenden transparent gemacht werden, um wirtschaftliches Handeln zu gewährleisten. Mitarbeitende sind zu Botschaftern des Unternehmens und seiner Marken zu machen. In dieser Funktion sind sie durch die Führungskräfte des Unternehmens zu unterstützen (*Esch/Vallaster* 2004, S. 8, *Esch/Vallaster* 2005, S. 1009 ff.; *Brexendorf et al.* 2008, S. 324 ff.; *Esch/Knörle* 2008a, S. 351 ff.; *Morhart/Jenewein/Tomczak* 2008, S. 367 ff.). Die Mitarbeiterkommunikation gewinnt vor allem in qualitativer Hinsicht einen höheren Stellenwert und wird heute in erster Linie als strategisches (82,5 Prozent) und personalpolitisches (70 Prozent) Instrument verstanden (*MasterMedia* 2000, S. 4). Die strategische Bedeutung geht auch aus der Studie von *Bruhn* (2006) hervor. So betrachten jeweils 83,1 Prozent der deutschen und schweizerischen Unternehmen die Mitarbeiterkommunikation als strategisches Kommunikationsinstrument. Für Österreich liegt hierzu ein ähnliches Ergebnis vor (*Bruhn* 2006, S. 69 ff.; 191 ff.; 299 f.). Der erfolgreichen Gestaltung innerbetrieblicher Kommunikationsprozesse kommt daher in vielen Unternehmen eine zentrale Bedeutung zu.

1.2 Definition der Mitarbeiterkommunikation

Ein Grundproblem der unzureichenden Auseinandersetzung mit den Fragen der unternehmensinternen Kommunikation wird bereits durch die **Unschärfe der eingesetzten Begriffe** dokumentiert. So werden Interne Kommunikation und Mitarbeiterkommunikation vielfach gleichgesetzt. Eine begriffliche Unterscheidung ist jedoch zweckmäßig.

> **Interne Kommunikation** umfasst alle Aktivitäten der Botschaftsübermittlung zwischen aktuellen oder ehemaligen Mitgliedern einer Organisation auf unterschiedlichen hierarchischen Ebenen.

Diese **weite Auffassung** der unternehmensintern relevanten Kommunikationsaktivitäten hat verschiedene Implikationen, die in der Unternehmenspraxis vielfach vernachlässigt werden:

- Erfahrungen, Einstellungen und Meinungen der Mitarbeitenden finden Eingang in die betrieblichen Entscheidungen,
- Interne Kommunikation umfasst neben Top-down-Prozessen ebenso Bottom-up- und In-between-Prozesse; für die Aufwärts- und Seitwärtskommunikation stehen allen Mitarbeitenden entsprechende Kommunikationskanäle offen,
- Untersucht werden nicht nur Einweginformationsmedien, sondern ebenso und vor allem Medien der Dialogkommunikation,
- Zu den Anspruchsgruppen zählen alle Mitarbeitenden – ehemalige ebenso wie derzeitige – sowie deren Angehörige, die mit den unternehmensinternen Kommunikationsprozessen in Kontakt kommen (können),
- Zu berücksichtigen sind auch die nicht-klassischen, intern nutzbaren Kommunikationsinstrumente, so z. B. Maßnahmen der Social Media-Kommunikation (z. B. Mitarbeiterblogs, Wikis, Chats), Instrumente der nonverbalen Kommunikation (Sprachstil, Gesten, Architektur u. a. m.) oder auch primär extern ausgerichtete Medien mit ihren unternehmensinternen Wirkungen (Mitarbeitende als „Second Audience").

> **Mitarbeiterkommunikation** umfasst alle primär Top-down gerichteten Aktivitäten der Botschaftsübermittlung innerhalb einer Organisation.

Diese **enge Auffassung** der unternehmensinternen Kommunikation (in vielen Fällen auch nur auf eine reine Informationsvermittlung reduziert) ist demgegenüber (noch) recht weit verbreitet und lässt sich wie folgt kennzeichnen:

- Ausgangspunkt ist ein traditionelles und überwiegend mechanistisches Bild von den Mitarbeitenden. Art und Umfang der ihnen zu Teil werdenden kommunikativen „Aufmerksamkeit" sind stark abhängig von ihrer hierarchischen Position,

- „Kommunikation" findet primär in Form von Information und Weisung Top-down statt,

- Die Zielgruppen der Mitarbeiterkommunikation sind auf das Unternehmen beschränkt,

- Innenwirkungen des externen kommunikativen Auftritts bleiben weitgehend unberücksichtigt.

Ausgehend von der Gestaltung beziehungsweise **Gestaltbarkeit der kommunikativen Prozesse** in Unternehmen unter Managementgesichtspunkten und im Kontext der Betrachtung primär extern ausgerichteter Instrumente der Kommunikation erfolgt im Weiteren eine Konzentration auf die Fragestellungen und Erscheinungsformen der **Mitarbeiterkommunikation**.

1.3 Erscheinungsformen und Typologisierung der Mitarbeiterkommunikation

Zur Untersuchung der Mitarbeiterkommunikation in Unternehmen können grundsätzlich vier **Perspektiven** eingenommen werden, die sich hinsichtlich Komplexität und Ausdifferenzierung der betrachteten Kommunikationsprozesse unterscheiden (*Krone/Jablin/Putnam* 1987, S. 22 ff.):

(1) Mechanistische Perspektive,
(2) Psychologische Perspektive,
(3) Interpretativ-symbolische Perspektive,
(4) System-Interaktions-Perspektive.

(1) Mechanistische Perspektive
Die mechanistische Betrachtung der Mitarbeiterkommunikation dokumentiert im klassischen Sinne das **S-R-Verständnis** der Verhaltenswissenschaften, dass das Insystem des Empfängers sehr stark reduziert und interne Informationsverarbeitungsprozesse von der Betrachtung ausschließt. Der Fokus der Betrachtung ist auf den Kommunikationskanal gerichtet, wobei insbesondere der Übermittlungsprozess von Interesse ist (*Krone/Jablin/Putnam* 1987, S. 22 ff.). Dies ist insofern keineswegs überraschend, als der Ursprung dieser Betrachtungsperspektive auf Untersuchungen zur Entwicklung der Telegraphie zurückgeht (*Cantin/Thom* 1992, S. 8).

Charakteristisch für die mechanistische Perspektive sind vier zentrale **Annahmen** über die Funktionsweise der Kommunikation (*Fisher* 1978):

(a) Quasi-Kausalität,
(b) Transitivität,
(c) Materialität und
(d) Teilbarkeit.

Die Annahme der **Quasi-Kausalität** repräsentiert den unterstellten S-R-Zusammenhang. Der Sender bewirkt durch die auf einem Kommunikationskanal versandte Botschaft eine direkte Veränderung beim Empfänger. Kommunikator und Kommunikant sind dabei über den Kommunikationskanal linear verbunden. Dabei wird auch die **Transitivität** der Beziehungen in

Kommunikationsketten unterstellt, d. h., die Kommunikation zwischen einzelnen Elementen bedingt direkt die Aktionen des jeweils empfangenden Elements. Die Botschaft selbst hat nach diesem Verständnis physisch bestimmbare Eigenschaften (Dauer, Häufigkeit usw.), von Belang sind nur deren tangible Elemente (**Materialität**). Um schließlich die Beziehungen innerhalb einer Organisation untersuchen zu können, sind die kommunikativen Interaktionen so lange in kleinere Teileinheiten zu zerlegen, bis man die einzelnen Elemente direkt beobachten und deren Relationen messen kann (**Teilbarkeit**) (*Krone/Jablin/Putnam* 1987, S. 22 ff.).

Ausgehend von der Fokussierung auf die jeweils gesendete Botschaft und den konkreten Kommunikationskanal gilt die Aufmerksamkeit insbesondere der Genauigkeit der Übermittlung einer Botschaft, d. h. dem Grad der Übereinstimmung an zwei Punkten des Kommunikationskanals. Störungen, die die Übereinstimmung beeinträchtigen, werden als „Lärm" (**Noise**) bezeichnet, der zum einen durch Störungen im Kommunikationskanal (z. B. undeutliche Aussprache) oder zum anderen durch Missverständnisse bei Sender und Empfänger einer Botschaft entstehen kann (z. B. unterschiedliche Konnotationen). Störungen können dabei zum totalen Zusammenbruch der Kommunikation (**Breakdown**) führen, während einfache **Barrieren** den Informationsfluss nur verlangsamen. Für den Erfolg der Kommunikation sind schließlich die **Gatekeeper** von Bedeutung, die innerhalb der Kommunikationsketten Selektionsfunktionen übernehmen und den Informationsfluss an nachgelagerte Instanzen kontrollieren.

Wird die Mitarbeiterkommunikation in Unternehmen aus der mechanistischen Perspektive betrachtet, so sind vor allem jene Faktoren von Interesse, die den **Kommunikationsfluss** stören. Um sicherzustellen, dass tatsächlich die gewünschten Inhalte bei den jeweiligen Empfängern ankommen, sind jedoch nicht nur die Störgrößen in ihren unterschiedlichen Ausprägungen zu identifizieren, sondern ebenso Anstrengungen zu unternehmen, diese identifizierten Barrieren abzubauen. Insofern kann auch die Reduzierung der Mitarbeiterkommunikation auf mechanistische Strukturen und Prozesse wertvolle Hinweise zur Optimierung der Kommunikationsprozesse liefern.

(2) Psychologische Perspektive

Rückt die mechanistische Perspektive die Kommunikation auf die Ebene eines Gutes, das auf einem Kommunikationskanal befördert wird und dabei mit mehr oder weniger ausgeprägten Hindernissen konfrontiert wird, so stehen im Mittelpunkt der psychologischen Perspektive Betrachtungen der **involvierten Personen** und des Einflusses ihrer Persönlichkeitsmerkmale auf das Wesen ihrer Kommunikation. Ausgangspunkt der Betrachtung ist die Erkenntnis, dass die Allgegenwärtigkeit von Kommunikationsreizen und Stimuli zu einer Informationsüberlastung führt, die beim Rezipienten notwendigerweise Bewältigungsstrategien entstehen lässt. Bei der Strukturierung und Selektion der kommunikativen Reize kommen dabei bewusste wie auch unbewusste Filter zum Einsatz, die z. B. als mehr oder weniger schwer beobachtbare Einstellungen Art und Umfang der Informationsaufnahme und -verarbeitung beeinflussen (*Jacoby* 1977; *Fisher* 1978; *Krone/Jablin/Putnam* 1987, S. 22 ff.; *Kroeber-Riel/Weinberg/Gröppel-Klein* 2009, S. 539). Ist die Betrachtung der Kommunikation aus der mechanistischen Perspektive primär senderzentriert, so macht sich die psychologische Perspektive die Empfängerorientierung zu eigen.

Die psychologische Betrachtung der Mitarbeiterkommunikation erhält zum einen in dem Spannungsfeld zwischen dem notwendigen Maß an Interner Kommunikation und zum anderen durch die Probleme der Informationsüberlastung Relevanz. So ist empfängerorientiert den Informations- und Kommunikationsbedürfnissen der Mitarbeitenden Rechnung zu tragen, ohne aber durch ein kommunikatives Überangebot die Identifikation relevanter Informationen zu behindern beziehungsweise Ablehnungshaltungen gegenüber der Kommunikation zu generieren. Dabei ist insbesondere auch die Informationskonkurrenz zwischen den einzelnen Medien zu berücksichtigen, die sich keineswegs auf die intern eingesetzten Instrumente beschränkt.

(3) Interpretativ-symbolische Perspektive

Während andere Forschungsansätze die allgegenwärtige Subjektivität der Wahrnehmung und des Erlebens von Kommunikation und organisationalem Umfeld zu kontrollieren versuchen, wird im Rahmen der interpretativ-symbolischen Perspektive die **Subjektivität** in den Untersuchungsansatz einbezogen (*Krone/Jablin/Putnam* 1987, S. 29). Empirische Ergebnisse auf der Basis der interpretativ-symbolischen Perspektive zeigen, dass es deutliche Unterschiede zwischen den – zum Teil (vor-)geschriebenen – Regeln des Managements und den informellen, stillschweigenden Prinzipien der Mitarbeiterkommunikation gibt. Gruppeninterne Erhebungen zum Kommunikationsstil bilden dabei die tatsächlich zu beobachtende Kommunikationskultur wesentlich realitätsnäher ab als die Regelungen und formalen Vorgaben des Managements (*Schall* 1983, S. 560; *Krone/Jablin/Putnam* 1987, S. 29).

Im Vordergrund steht dabei die **Prozessperspektive der Kommunikation** – unter Berücksichtigung des unternehmenskulturellen Kontextes, in dem sich die Kommunikationsprozesse vollziehen. Der Ansatz trägt damit zwar den unternehmensindividuellen Spezifika der Mitarbeiterkommunikation Rechnung, er führt dabei allerdings zu Ergebnissen, die sich nur bedingt bis gar nicht auf andere Konstellationen respektive Unternehmen, Organisationen oder Organisationseinheiten übertragen lassen.

(4) System-Interaktions-Perspektive

Untersuchungsgegenstand dieser Perspektive sind **Verhaltensbeobachtungen**, wobei Kommunikation als Interaktion nach bestimmten, wiederkehrenden Mustern verstanden wird. Im Mittelpunkt stehen so Formen und Abfolgen des Kommunikationsverhaltens sowie die Wahrscheinlichkeit deren Auftretens in der Zukunft. Die hierbei identifizierten Kommunikationsmuster konstituieren das organisationale Kommunikationssystem, Veränderungen einzelner Systemelemente führen zu Veränderungen des gesamten Systems (*Krone/Jablin/Putnam* 1987, S. 30 f.).

Aufgrund der **systemischen Ausrichtung** hat die Untersuchung von Kommunikationsfolgen ein höheres Gewicht gegenüber der Analyse einer isolierten Information zu einem bestimmten Zeitpunkt – ganz im Gegensatz zur Annahme der Teilbarkeit von Kommunikationsprozessen aus der mechanistischen Sicht. Nicht das Individuum ist Gegenstand des Interesses, sondern das Kommunikationsverhalten gegenüber anderen Elementen des Gesamtsystems.

Mit einer systemischen Betrachtung der Mitarbeiterkommunikation sind dabei Vorteile hinsichtlich der Realitätsnähe verbunden, allerdings auch Nachteile im Hinblick auf die Komplexität der bei der Betrachtung entstehenden **Kommunikationsnetzwerke**. Diese Komplexität ist mittelfristig erst dann zu reduzieren, wenn Strukturen und Prozesse der Mitarbeiterkommunikation durch die Identifikation von Gesetzmäßigkeiten auf bestimmte Kommunikationsmuster heruntergebrochen werden. Das Ziel einer realitätsnahen Prozessabbildung ist ohne die vorgeschaltete Modellierung eines – insbesondere in Großunternehmen komplexen – Kommunikationsnetzwerkes allerdings schwierig zu leisten.

Die praktische Relevanz der verschiedenen Perspektiven wird offensichtlich, wenn man sich das Verständnis der Mitarbeiterkommunikation in der **Unternehmenspraxis** vor Augen führt. Führungskräfte, die von der Vorstellung ausgehen, dass eine Materialisierung von Information und Kommunikation in Form von Newslettern und Intranet ausreichend ist für die Mitarbeiterkommunikation, dokumentieren damit ihre materialistische Sicht. Betrachten Führungskräfte die Mitarbeiterkommunikation überwiegend aus der psychologischen Perspektive, so machen sie sich die Wahrnehmungen der Mitarbeitenden zu eigen und versuchen, deren Werte und Einstellungen vor dem Hintergrund der einzelnen Charaktere und Persönlichkeiten zu ergründen (*Krone/Jablin/Putnam* 1987, S. 37).

Die interpretativ-symbolische Perspektive nehmen Führungskräfte ein, die die Wahrnehmung und Interpretation von Ereignissen der Mitarbeitenden in ihrem organisationalen Umfeld in ihre Überlegungen einbeziehen. Zentrale Fragestellung ist hierbei, inwiefern auf dem Wege der Mitarbeiterkommunikation übereinstimmende Vorstellungen über die Organisation generiert werden können. Aus der systemischen Perspektive werden schließlich Verhaltensmuster, routinierte Abläufe sowie Interaktionsfolgen im Rahmen der Mitarbeiterkommunikation betrachtet. Von besonderer Bedeutung sind in diesem Zusammenhang Schemata, die zum einen die Mitarbeiterkommunikation stark beeinflussen, zum anderen aber vielfach gar nicht wahrgenommen werden (*Krone/Jablin/Putnam* 1987, S. 37 f.).

Für die Beurteilung der Mitarbeiterkommunikation ist in diesem Zusammenhang entscheidend, dass es im Unterschied zur externen Unternehmenskommunikation – bei der einzelne Zielgruppen fakultativ angesprochen werden – unternehmensintern keine Alternative der „Nicht-Kommunikation" gibt. Im Gegensatz zu den externen Zielgruppen stehen die Mitarbeitenden in einer fixierten Beziehung zum Unternehmen, so dass Kommunikation – verbal oder nonverbal – in jedem Falle stattfindet (*„Man kann nicht* nicht *kommunizieren"*; *Watzlawick/ Beavin/Jackson* 2000, S. 53). Das Management kann sich zwar entscheiden, einzelne Instrumente der Mitarbeiterkommunikation sehr sparsam einzusetzen, letztlich kommuniziert das Unternehmen damit aber auch – in nonverbaler Form –, welcher Stellenwert einzelnen Mitarbeitenden beigemessen wird. Daher ist es zweckmäßig, die Mitarbeiterkommunikation aktiv und systematisch zu gestalten, um positive Nutzenwirkungen für den Unternehmenserfolg erzielen zu können.

Ebenso wie effiziente Unternehmenskommunikation insgesamt der **Integration** der einzelnen Elemente bedarf, kann die isolierte Betrachtung der Mitarbeiterkommunikation aus einer einzelnen Perspektive keinen umfassenden Erkenntnisgewinn sicherstellen beziehungsweise Optimierungspotenziale eröffnen. Effiziente Mitarbeiterkommunikation erfordert den Einsatz eines Instrumentemix, wobei Auswahl und Einsatz systematisch unter Berücksichtigung aller vier genannten Perspektiven zu planen sind.

Analysiert man die in der Unternehmenspraxis zu beobachtenden Erscheinungsformen der Mitarbeiterkommunikation, so reicht das Spektrum von schlichten Formen der Umsetzung der gesetzlichen Informationspflichten bis hin zu systemisch-interaktiven Konzepten, die weitgehend in die gesamte Unternehmenskommunikation integriert sind (Schaubild III-K-1).

Die klassische Mitarbeiterkommunikation hat dabei eher den Charakter einer Einweginformation mit geringer direkter Interaktion und nicht vorhandener bis gering ausgeprägter Dialogorientierung. Die Anzahl der eingesetzten Medien ist gering, eine individuelle Ausrichtung der Kommunikation auf zielgruppen- oder personenspezifische Bedürfnisse ist nicht zu beobachten. Den Gegenpol des Kontinuums bildet eine systematische Mitarbeiterkommunikation mit einem hohen Grad an Integration und Dialogorientierung aller Maßnahmen. Das Management nutzt eine breite Informationsbasis, über die beispielsweise Mitarbeitende mit externem Kundenkontakt verfügen, Maßnahmen der externen und internen Kommunikation sind aufeinander abgestimmt, die Individualisierung und Dialogorientierung nach Art, Ausmaß sowie Zeitpunkt der Mitarbeiterkommunikation ist hoch. Weit verbreitet sind Zwischenformen einer feedbackorientierten Mitarbeiterkommunikation, wobei grundsätz-

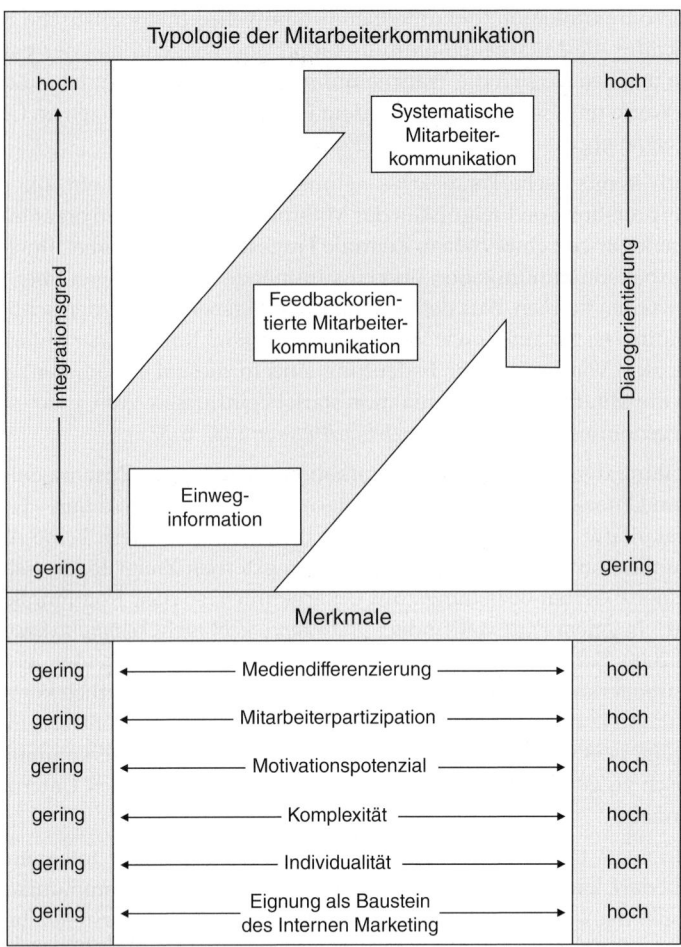

Schaubild III-K-1: Kriterien zur Typologisierung der Mitarbeiterkommunikation

lich für die Mitarbeitenden die Option der Bottom-up-Kommunikation besteht, eine faktische Einbindung und Berücksichtigung von Vorschlägen und Meinungen jedoch nur unzureichend stattfindet.

2 Planungsprozess der Mitarbeiterkommunikation

2.1 Mitarbeiterkommunikation als Instrument der Unternehmens- und Marketingkommunikation

Die Bereitschaft der Mitarbeitenden, sich für ein Unternehmen zu engagieren, ist eine wesentliche Voraussetzung für den Unternehmenserfolg. Dies setzt jedoch voraus, dass diese die Unternehmensziele kennen und den Mitarbeitenden einzelne Maßnahmen sowie Schritte zur Erreichung der Unternehmensziele vermittelt werden. Durch die Integration der eigenen Arbeit in den Gesamtablauf ist bei den Mitarbeitenden eine höhere Identifikation und damit

Motivation zu erreichen, die in einer positiven Grundhaltung und höheren Kundenorientierung nach außen getragen wird (*Meier* 2002, S. 25 ff.).

Jedes Unternehmen versucht auf verschiedenen Wegen, mit seinen zahlreichen Anspruchsbeziehungsweise externen und internen Zielgruppen, d. h. den Kunden und Handelspartnern, der Öffentlichkeit und den eigenen Mitarbeitenden, zu kommunizieren. Unternehmen haben durch den Einsatz verschiedener Kommunikationsinstrumente, d. h. Mediawerbung, Verkaufsförderung, Public Relations, Mitarbeiterkommunikation usw., einen Kommunikationsmix zu entwickeln, der auf ihre verschiedenen Zielgruppen ausgerichtet ist und unterschiedliche persönliche oder unpersönliche Kontaktsituationen bietet. Auf der Grundlage dieser kommunikationspolitischen Orientierung sind auch Aktivitäten der Mitarbeiterkommunikation in das gesamte Instrumentarium der Unternehmenskommunikation einzuordnen beziehungsweise im Verbund mit den anderen möglichen Kommunikationsinstrumenten zu untersuchen.

2.2 Phasen des Planungsprozesses der Mitarbeiterkommunikation

In der Vergangenheit hat die Vernachlässigung der Mitarbeiterkommunikation in Unternehmen zur Entwicklung **unsystematischer interner Kommunikationsmuster** mit einer Vielzahl von Kommunikationssubkulturen geführt. Die vermeintliche Einfachheit des Themas sowie eine Unterschätzung der Erfolgsrelevanz der Mitarbeiterkommunikation sind häufig der Grund einer wenig methodischen Auseinandersetzung mit dem Themenkomplex.

Effiziente Mitarbeiterkommunikation ist jedoch auf der Basis eines entsprechend systematischen Vorgehens zu realisieren (*Müller/Kreis-Muzzulini* 2009). Um diesem Anspruch gerecht zu werden, hat das Management die Gestaltung interner Kommunikationsprozesse sorgfältig zu planen. Schaubild III-K-2 zeigt einen idealtypischen **Planungsprozess**, der die gezielte Strukturierung der Mitarbeiterkommunikation aufgrund eines systematischen Vorgehens ermöglicht.

Die Abläufe des Planungsprozesses der Mitarbeiterkommunikation unterscheiden sich zwar nur begrenzt vom systematischen Vorgehen bei der Einsatzplanung einzelner externer Kommunikationsinstrumente. Es sind jedoch aufgrund der nach innen gerichteten Perspektive hinsichtlich der Inhalte einige wesentliche Besonderheiten auszumachen. Die folgenden **Phasen im Planungsprozess** der Mitarbeiterkommunikation sind zu unterscheiden:

(1) Situationsanalyse

Die Bedeutung der Mitarbeiterkommunikation für den Unternehmenserfolg erfordert auch unternehmensintern eine ähnlich umfangreiche und differenzierte Situationsanalyse wie in Fragen der externen Unternehmenskommunikation. Hierbei sind sowohl unternehmensinterne als auch -externe Sachverhalte von Bedeutung. So sind die externen Rahmenbedingungen sowie der aktuell eingesetzte Instrumentemix der Mitarbeiterkommunikation einer kritischen Chancen-Risiken- und Stärken-Schwächen-Analyse zu unterziehen. Die Defizite der Mitarbeiterkommunikation sind herauszuarbeiten und abschließend die zentrale Problemstellung der Mitarbeiterkommunikation zu formulieren.

(2) Festlegung der Ziele der Mitarbeiterkommunikation

Aufbauend auf der Situationsanalyse sind vor dem Hintergrund des Gesamtzielsystems der Unternehmung möglichst konkrete und operational formulierte Ziele festzulegen. Um Zielkonkurrenzen oder -konflikte zu vermeiden, ist bereits in dieser Phase des Planungsprozesses die Stimmigkeit der intern gerichteten Kommunikationsziele sowohl mit den außen ge-

Schaubild III-K-2: Planungsprozess der Mitarbeiterkommunikation

richteten Kommunikationszielen als auch mit dem Gesamtzielsystem des Unternehmens im Sinne einer Zielkomplementarität sicherzustellen.

(3) Zielgruppenplanung der Mitarbeiterkommunikation
Unternehmensintern scheidet eine klassische Zielgruppenbildung nach unternehmensexternem Muster aus. Sind dort einzelne Marktbereiche von der Bearbeitung auszuschließen, wäre eine ähnlich lückenhafte beziehungsweise unvollständige Mitarbeiterkommunikation unternehmensintern problematisch. Vor diesem Hintergrund hat gegenüber den Mitarbeitenden die Zielgruppenplanung hinsichtlich der Priorisierung einzelner Zielgruppen sowie der Art und dem Umfang der eingesetzten Instrumente beziehungsweise der kommunizierten Inhalte zu erfolgen.

(4) Festlegung der Strategie der Mitarbeiterkommunikation
Die Entwicklung einer Strategie der Mitarbeiterkommunikation hat vor allem unter inhaltlichen, instrumentellen, zeitlichen, finanziellen und organisationalen Gesichtspunkten zu erfolgen. Eine explizite, schriftliche Fixierung erleichtert dabei zum einen die unternehmensinterne Vermittlung der entsprechenden Inhalte und dokumentiert deren Bedeutung, zum anderen wird die nachgelagerte Erfolgskontrolle erleichtert.

(5) Budgetierung der Mitarbeiterkommunikation
Die Verankerung der Mitarbeiterkommunikation innerhalb der Unternehmenskommunikation erfordert die Auseinandersetzung mit dem Themenkreis und die Bereitstellung sowie

Allokation entsprechender finanzieller Ressourcen, um z. B. einen professionellen Medieneinsatz zu ermöglichen. Die Bestimmung des Budgets der Mitarbeiterkommunikation beinhaltet die Kalkulation des gesamten Budgets und die Allokation auf die einzelnen Maßnahmen der Mitarbeiterkommunikation. Hierzu sind die gesamten anfallenden Kosten der unternehmerischen Aktivitäten der Mitarbeiterkommunikation zu ermitteln.

(6) Maßnahmenplanung

Vor dem Hintergrund des weiten Spektrums an Optionen umfasst die Planung der Maßnahmen der Mitarbeiterkommunikation sowohl die physische Gestaltung, Produktion und Distribution von z. B. schriftlichen Informationen, die Durchführung von Veranstaltungen als auch die Vorbereitung von Führungskräften auf bestimmte Formen der persönlichen Mitarbeiterkommunikation beziehungsweise Weiterbildungsmaßnahmen.

(7) Integration der Mitarbeiterkommunikation in den Kommunikationsmix

Die Maßnahmen der Mitarbeiterkommunikation sind sorgfältig mit den Maßnahmen der externen Kommunikation abzustimmen. Nur wenn eine inhaltliche, formale und zeitliche Verknüpfung der Mitarbeiterkommunikation mit anderen Kommunikationsinstrumenten erfolgt, wird es möglich, eine synergetische Verstärkung der Gesamtwirkung der Kommunikation zu erreichen. Interne und externe Kommunikation sind – zur Vermeidung intern bedingter Barrieren – als eine Einheit zu betrachten und es ist erforderlich, diese simultan zu planen.

(8) Erfolgskontrolle der Mitarbeiterkommunikation

Zur qualifizierten Beurteilung der Wirksamkeit einzelner Maßnahmen sowie der gewählten internen Kommunikationsstrategie ist die Erfolgskontrolle notwendiger Bestandteil einer strukturierten Mitarbeiterkommunikation. Damit in diesem Zusammenhang valide Ergebnisse erhältlich sind, ist allerdings eine besondere Sensibilität erforderlich, um bei den Mitarbeitenden unbegründetes Misstrauen gegenüber den Maßnahmen der Kommunikationserfolgskontrolle zu vermeiden.

2.3 Träger des Planungsprozesses der Mitarbeiterkommunikation

Als Träger des Planungsprozesses der Mitarbeiterkommunikation kommen grundsätzlich unternehmensinterne Einheiten beziehungsweise unternehmensexterne Organisationen und Unternehmen in Frage. Aufgrund der Spezifika der unternehmensinternen Kommunikation ist ein vollständiges Outsourcing sowohl der Konzeption als auch der Realisierung der Mitarbeiterkommunikation allerdings selten möglich. Sind konzeptionell-strategische Überlegungen oder langfristig zu planende Events und Veranstaltungen unter angemessener Berücksichtigung der konkreten Unternehmenssituation relativ problemlos auszulagern, so ist die kurzfristige Außenvergabe der operativen Elemente nur bedingt zweckmäßig. Einzelne Unternehmenssituationen – z. B. akute Krisen oder aufkommende Gerüchte – erfordern das Vorhandensein von entsprechendem Know-how im Unternehmen, um schnell auf diese reagieren und geeignete Kommunikationsmaßnahmen initiieren zu können.

2.3.1 Unternehmensinterne Planung der Mitarbeiterkommunikation

Bei der unternehmensinternen Planung sind am Planungsprozess der Mitarbeiterkommunikation in Abhängigkeit von der organisatorischen Verankerung und der Bedeutung, die dem Themenkomplex innerhalb des Unternehmens beigemessen wird, unterschiedliche Hierarchieebenen beteiligt.

Strategische Planung der Mitarbeiterkommunikation: Klassischerweise obliegen der Ebene der **Unternehmensleitung** Entscheidungen im Hinblick auf die strategische Ausrichtung der Mitarbeiterkommunikation (*Meier* 2002, S. 33 f.). Entscheidungen hinsichtlich des eingesetzten Budgets oder der genutzten Medien geben die Rahmenbedingungen der neu zu schaffenden oder zu modifizierenden Kommunikationsinfrastruktur vor. Die Unternehmensleitung hat die Ziele der Mitarbeiterkommunikation zu formulieren, die Kommunikationsstrategie zu formulieren sowie die internen Kommunikationsprozesse zu überwachen und gegebenenfalls Veränderungen zu initiieren. Ebenfalls auf der Ebene der Unternehmensleitung ist eine Grundsatzentscheidung im Hinblick auf den Umgang mit Informationen zu treffen. Eine auf **Vertrauen und Offenheit** gegründete Unternehmenskultur ist eine wichtige Voraussetzung, um ein offenes Kommunikationsklima unternehmensintern zu schaffen. Der Unternehmensleitung und der oberen Führungsebene kommt dabei eine besondere Vorbildfunktion zu.

Operative Planung der Mitarbeiterkommunikation: In Abhängigkeit vom Verständnis der Mitarbeiterkommunikation kommen für die organisatorische Verankerung der operativen Planung der Mitarbeiterkommunikation grundsätzlich drei Möglichkeiten in Betracht:

(1) Mitarbeiterkommunikation als Planungsaufgabe des Personalmanagements,

(2) Mitarbeiterkommunikation als Planungsaufgabe einer speziellen Abteilung für Mitarbeiterkommunikation beziehungsweise eines internen Kommunikationsmanagers,

(3) Mitarbeiterkommunikation als Planungsaufgabe des Marketing beziehungsweise der Unternehmenskommunikation.

Die Verankerung der Mitarbeiterkommunikation beim **Personalmanagement** ist Ausdruck einer Philosophie, die sämtliche mitarbeiterbezogenen Aufgabenstellungen in den Verantwortungsbereich der Personalabteilung überstellt (*Oelert* 2003, S. 124). Ebenso wie im Personalbereich Planungen über den zukünftigen quantitativen beziehungsweise qualitativen Mitarbeiterbedarf vorgenommen werden, können Planung und Umsetzung der Kommunikation mit den Mitarbeitenden objektbezogen betrachtet werden. Das Personalmanagement hat in diesem Fall drei zentrale Kommunikationsbereiche abzudecken. Neben den originären Kommunikationsaufgaben hinsichtlich Maßnahmen, Programmen und Instrumenten des Personalwesens sowie der Unterstützung des Managements bei dessen Kommunikationsaufgaben (*Schick* 1995, S. 457) sind auch die kommunikativen Aspekte des „Konzeptes des Internen Marketing" wahrzunehmen (*Bruhn* 1999).

Vorteilhafter als die Integration in das Personalmanagement ist jedoch eine eigens eingerichtete spezialisierte **Abteilung für Mitarbeiterkommunikation** beziehungsweise die Einrichtung der Funktion eines **internen Kommunikationsmanagers**. In diesem Fall können sich die Verantwortlichen vollständig der Analyse, Planung, Durchführung und Kontrolle der Mitarbeiterkommunikation widmen. Als eine Kommunikationsplattform für Management und Mitarbeitende übernimmt sie unter anderem folgende **Aufgaben** (*Schick* 1995, S. 468; *Meier* 2002, S. 36 ff.; *Schick* 2007, S. 80 ff.):

• Planung der strategischen Ziele der Mitarbeiterkommunikation in Zusammenarbeit mit der Unternehmensleitung,

• Konkretisierung der strategischen Ziele in Form von kurz- bis mittelfristigen Subzielen,

• Erhebung des Informations- und Kommunikationsstandes der Mitarbeitenden durch regelmäßige Mitarbeiterbefragungen sowie die Veröffentlichung der Ergebnisse,

• Beratung der Unternehmensleitung und Führungskräfte bei der Umsetzung interner Kommunikationsaufgaben,

- Unterstützung und Beratung der Mitarbeitenden bei Problemen,
- Einführung neuer Mitarbeitender,
- Optimierung interner Kommunikationsstrategien sowie die Verbesserung der Kommunikationsstrukturen und -prozesse,
- Orientierung der Mitarbeitenden über die produkt-, branchen- und marktspezifischen Veränderungen sowie Ziele und Strategien der Unternehmensleitung,
- Entwicklung und Unterhalt der Medieninfrastruktur des Unternehmens,
- Verfassen und Redaktion aller schriftlichen und audiovisuellen Medien,
- Maßnahmen- und Budgetplanung sowie -kontrolle,
- Unterstützung der Führungskräfte bei Konzeption und Planung der eigenen internen kommunikativen Aktivitäten,
- Steuerung interner und externer Dienstleister.
- Organisation von Mitarbeiterveranstaltungen,
- Organisation von Seminaren und Workshops zur Weiterentwicklung der Mitarbeiterkommunikation,
- Gesprächstrainings von Mitarbeitenden und Führungskräften u. a. m.

Eine Befragung von Schweizer Unternehmen im Jahre 1998 ergab, dass ein Drittel von 156 befragten Unternehmen eine spezialisierte Abteilung „Mitarbeiterkommunikation" eingerichtet hat. Meistens fehlen jedoch die entsprechenden Fachkräfte, um die Vielzahl von Serviceleistungen für die Mitarbeitenden umsetzen zu können (*Meier* 2002, S. 89). Der Vorteil einer solchen **organisatorischen Einbindung** ist die größere Erfahrung der Mitarbeitenden im Bereich der Internen Kommunikation bei mitarbeitergerichteten Aufgaben.

Aufgrund der häufig **mangelnden Professionalität** der Gestaltung der Mitarbeiterkommunikation bietet sich die Einrichtung der Funktion eines internen Kommunikationsmanagers bei entsprechender Besetzung als erster Schritt zur systematischen Steuerung der Mitarbeiterkommunikation an. Die Schaffung einer separaten Funktion im Unternehmen und die Ausstattung mit einem Budget führen jedoch nicht automatisch zu einer besseren Mitarbeiterkommunikation. Zur Durchsetzung einer effizienten Mitarbeiterkommunikation ist es notwendig, dass die Entscheidungsträger des Unternehmens diese – trotz einer eigens dafür geschaffenen Stelle – weiterhin als eine ihrer zentralen Aufgaben erachten.

Ist die Einrichtung eigener Abteilungen für die Mitarbeiterkommunikation oder die Funktion eines internen Kommunikationsmanagers also primär ein Schritt auf dem Wege zur Professionalisierung der Mitarbeiterkommunikation, so verspricht die Einbindung der Planung der Mitarbeiterkommunikation im **Marketing-** beziehungsweise **Kommunikationsbereich** eine bessere organisatorische Verankerung. Die Schaffung einer einzigen Stelle, die für sämtliche – internen wie auch externen – Aufgabenbereiche der Unternehmenskommunikation zuständig ist, kann zum einen die Notwendigkeit einer verstärkt aufgabenbezogenen Betrachtung der Mitarbeiterkommunikation dokumentieren, zum anderen kann der für eine Integrierte Kommunikation erforderliche „Gleichklang" aller kommunikativen Aktivitäten geschaffen werden (*Meier* 2002, S. 35).

In der Unternehmenspraxis erfolgt die **operative Planung der Mitarbeiterkommunikation** bislang selten in einer solch eindeutigen Form. Werden die Medien der schriftlichen Kommunikation häufig innerhalb der Abteilung Public Relations beziehungsweise Öffentlichkeitsarbeit geplant, so obliegt die Planung der persönlichen Kommunikation vielfach der Personalabteilung beziehungsweise den einzelnen Führungskräften (*Schick* 2007, S. 135 ff.). Aus Integrationsgesichtspunkten ist diese dislozierte – in der Regel allerdings auch isolierte – Planung der Mitarbeiterkommunikation eindeutig suboptimal. Zur Durchsetzung einer wirksamen Integrierten Kommunikation ist es jedoch notwendig, dass der tatsächliche Grad des Austauschs zwischen den einzelnen Instanzen der Mitarbeiterkommunikation hoch ist und eine regelmäßige sowie umfassende Abstimmung der kommunikativen Aktivitäten stattfindet.

2.3.2 Unternehmensexterne Planung der Mitarbeiterkommunikation

Ist die Zusammenarbeit mit externen Dienstleistern bei der Umsetzung der Mitarbeiterkommunikation keineswegs ungewöhnlich, so ist die weitergehende Außenvergabe der Planung in der Unternehmenspraxis eher die Ausnahme. Der Einsatz externer Dienstleister wird dann relevant, wenn in einem Unternehmen für die anstehenden Aufgaben das fachliche Know-how oder die Kapazitäten nicht zur Verfügung stehen. Geht es um die Realisation von Maßnahmen und Medien, so können die damit verbundenen Aufgaben von externen Dienstleistern wahrgenommen werden, z. B. die Redaktion und Gestaltung von Printmedien, der Einsatz von Online-Medien sowie die Organisation, Durchführung und Moderation von Veranstaltungen. Darüber hinaus sind von den Verantwortlichen der Mitarbeiterkommunikation bei Bedarf spezielle Beratungsleistungen extern einzukaufen. Ob und in welchem Umfang ein externer Dienstleister eingesetzt wird, hängt von dessen Person, Qualifikation und Kompetenz sowie von seinen Kenntnissen über die Vorgänge im Unternehmen ab. So gehört z. B. das Schreiben von internen Newslettern, Vorstandsreden u. a. m. vielfach zu den Aufgaben eines externen Dienstleisters. Je mehr ein externer Dienstleister in die Mitarbeiterkommunikation involviert wird, desto wichtiger ist in diesem Bereich die kontinuierliche Zusammenarbeit (*Schick* 2007, S. 81 ff.). Ein externes Agenturmodell zur Realisierung der Mitarbeiterkommunikation einzusetzen, wird durch verschiedene Faktoren erschwert, die sich primär aus der Konstellation Mitarbeiter-Unternehmen ergeben. Die folgenden Faktoren sprechen für eine **„interne Lösung" der Mitarbeiterkommunikation**:

- **Bindungsgrad der Mitarbeitenden an das Unternehmen:** Die arbeitsvertragliche Bindung der internen Zielgruppe an das Unternehmen generiert zwangsweise einen Kommunikationsbedarf. Sinnvollerweise kann keine unternehmensinterne Personengruppe von der Mitarbeiterkommunikation ausgeschlossen werden.

- **Hohes Involvement für Unternehmensinformationen:** Interne Zielgruppen sind grundsätzlich an Informationen über ihr Unternehmen und an kommunikativen Aktivitäten interessiert. Die Art und Weise der (Nicht-)Kommunikation wird in der Regel sensibel aufgenommen, wenn der eigene Arbeitgeber der Sender einer Botschaft ist.

- **Notwendigkeit persönlicher Kommunikation:** Können unternehmensexterne Zielgruppen auf dem Wege einer mehr oder weniger individuellen unpersönlichen (vermittelten) Kommunikation angesprochen werden, findet persönliche Mitarbeiterkommunikation in jedem Falle statt. Damit die persönliche Kommunikation ihre Ziele erreicht, hat diese ein Maß an Individualität aufzuweisen, das von einer unternehmensexternen Instanz in der Regel nicht erreicht werden kann.

- **Anforderungen an die Glaubwürdigkeit der Information:** Während die Planung des externen kommunikativen Auftritts nur bedingt die Kenntnis unternehmensinterner Strukturen und Prozesse erfordert, ist bei der Planung der Mitarbeiterkommunikation zu berücksichtigen, dass die Mitarbeitenden ihr Unternehmen besser kennen als externe Zielgruppen. Medien und Botschaften der Mitarbeiterkommunikation werden daher an einer Vielzahl anderer Wahrnehmungen in der Arbeitsumwelt überprüft, so dass dem Zeitpunkt, dem

Umfang und dem Inhalt der Kommunikation besondere Bedeutung zukommt. Erfolgreiche Mitarbeiterkommunikation erfordert dementsprechend eine detaillierte Kenntnis des Unternehmens von Seiten der planenden Instanzen.

Bei entsprechender Professionalisierung der internen Kommunikationsarbeit kann allerdings überlegt werden, inwieweit ein „Spin off" der Mitarbeiterkommunikation unter Umwandlung des Cost Center in ein Profit Center mit selbständigem Charakter sinnvoll erscheint. Ein solcher externer Dienstleister verfügt zum einen über die notwendige Kenntnis des Unternehmens, zum anderen können die Erfahrungen mit der eigenen Mitarbeiterkommunikation in Form von Beratungsleistungen anderen Unternehmen zur Verfügung gestellt werden.

Abschließend bleibt festzuhalten, dass die Einschaltung einer klassischen **externen Agentur** zur Planung der Mitarbeiterkommunikation oder externer Dienstleister für spezielle Teilbereiche, wie z. B. Videofilmer oder Intranetprogrammierer, in einzelnen Fragen durchaus sinnvoll sein kann (*Schick* 2007, S. 86). Eine vollständige Herauslösung der konzeptionellen Aufgaben und der operativen Umsetzung aus dem Unternehmen erscheint hingegen wenig zweckmäßig.

3 Ziele und Zielgruppen der Mitarbeiterkommunikation

3.1 Situationsanalyse als Ausgangspunkt

Die verstärkte Systematisierung und Professionalisierung der internen Kommunikationsarbeit im Rahmen des Gesamtkonzepts der Integrierten Kommunikation erfordert in einem ersten Schritt die eindeutige Fixierung von **Zielen der Mitarbeiterkommunikation**. Dabei ist notwendigerweise sowohl in der Initialphase als auch später periodisch wiederkehrend eine umfassende **Situationsanalyse** durchzuführen, um ein systematisches Vorgehen zu gewährleisten. Die Situationsanalyse ist insbesondere dann detailliert vorzunehmen, wenn bislang deren Durchführung im Unternehmen unterblieben worden ist (*Einwiller/Klöfer/Nies* 2008, S. 234). Fünf **Analyseschritte** können hierbei unterschieden werden:

(1) Erfassung und Bewertung der unternehmensinternen und -externen Einflussfaktoren,
(2) Chancen-Risiken-Analyse,
(3) Stärken-Schwächen-Analyse,
(4) Zusammenführung zur SWOT-Analyse,
(5) Herausarbeitung der kommunikativen Problemstellung für den weiteren Einsatz der Mitarbeiterkommunikation.

(1) Erfassung und Bewertung der unternehmensinternen und -externen Einflussfaktoren
Eine möglichst vollständige Erfassung der Ist-Situation der Mitarbeiterkommunikation hat unternehmensinterne wie auch -externe Einflussfaktoren einzubeziehen, wobei – ausgehend von den verschiedenen Perspektiven – eine weitere Unterscheidung in Einflussfaktoren bezüglich der Bereiche Strukturen, Systeme und Kultur eines Unternehmens vorzunehmen ist. Diese sind mit beispielhaften Ausprägungen in Schaubild III-K-3 wiedergegeben. Die den einzelnen Bereichen Strukturen, Systeme und Kultur zugeordneten unternehmensexternen Einflussfaktoren erzielen in diesen primäre Wirkungen, können jedoch ebenso auf die anderen Bereiche wirken. Vor dem Hintergrund dieser Systematisierung hat man sich die Komplexität des Themenkreises Mitarbeiterkommunikation – insbesondere in multinationalen Unternehmen – bewusst zu machen. So ist eine möglichst weitgehende Erfassung der zentra-

	Strukturen	**Systeme**	**Kulturen**
Unternehmens-externe Einflussfaktoren	• Rechtlich-politische Umwelt • Ökonomische Umwelt • Marktstruktur • Wettbewerberstruktur • Kundenstruktur	• Strategische Allianzen • Technologische Umwelt • Mediale Systeme • Vernetzung mit Lieferanten und Kunden	• Sozio-kulturelle Umwelt • Fremde Unternehmens-kulturen • Berufliche Außenkontakte • Private Außenkontakte
Unternehmens-interne Einflussfaktoren	• Aufbauorganisation • Hierarchien • Ablauforganisation • Internationalisierung	• Informations- und Kommunikationssysteme • Internes Beschwerde-managementsystem • Anreizsysteme	• Nonverbale Kommunikation • Dialogorientierung • Offenheit • Vertrauen

Schaubild III-K-3: Einflussfaktoren der Mitarbeiterkommunikation

len Zusammenhänge zwar unbedingt erforderlich, eine tatsächlich vollkommene Abbildung der Strukturen und Wirkungszusammenhänge wird allerdings nur schwer erreichbar sein (*Cantin/Thom* 1992, S. 9).

Die **strukturellen, unternehmensexternen Einflussfaktoren** sind nur begrenzt durch ein Unternehmen zu beeinflussen. Als Rahmenbedingungen der **Makroumwelt** bestimmen sie zum einen die Grenzen der Freiheitsgrade des unternehmerischen Handelns (Muss-Komponente), zum anderen bieten sie Optionen zur Gestaltung der Mitarbeiterkommunikation (Soll-/Kann-Komponente). So fixieren beispielsweise **rechtliche Bestimmungen** des Betriebsverfassungsgesetzes (BetrVG) Informationspflichten der Arbeitgeber gegenüber Arbeitnehmern, Betriebsrat und Wirtschaftsausschuss (*Oelert* 2003, S. 67 ff.) und legen die Mitwirkung und Mitbestimmung der Arbeitnehmer sowie der betrieblichen Arbeitnehmervertretung an Entscheidungen im Unternehmen fest. Des Weiteren sind **ökonomische Entwicklungen**, z. B. die wirtschaftliche Konjunktur, zu analysieren. Diese haben Auswirkungen auf die Struktur eines Unternehmens und damit auch auf die Reorganisation der Hierarchieebenen, indem beispielsweise in rezessiven Zeiten Arbeitsplätze abgebaut und Hierarchien dadurch schlanker werden. Neben diesen **allgemeinen Umfeldbedingungen** sind Einflussfaktoren der **Markt-, Wettbewerbs- und Kundenstruktur** zu analysieren, die Einfluss auf die Mitarbeiterkommunikation des Unternehmens haben (*Bruhn* 2010a). So nehmen beispielsweise bestehende Marktformen, wie z. B. Monopol oder Polypol, Einfluss auf die mögliche Anzahl von Hierarchieebenen sowie Flexibilität eines Unternehmens, die wiederum Auswirkungen auf die Mitarbeiterkommunikationsinfrastruktur haben.

Einen eher prozessualen Charakter – ebenfalls weitgehend außerhalb des Einflussbereichs des Unternehmens – haben **systemische unternehmensexterne Faktoren**. Es eröffnen sich durch die Entwicklungen der **technologischen Umwelt** und die **Entwicklungen in den Medienmärkten** stets neue Möglichkeiten zur Gestaltung der Mitarbeiterkommunikation, die Einfluss auf die Kommunikations- und Informationssysteme, wie beispielsweise Maßnahmen der Social Media (z. B. Mitarbeiterblogs), im Unternehmen haben. Die **Bildung von strategischen Allianzen** oder die **Vernetzung mit Lieferanten und Kunden** stellen ebenso zentrale unternehmensexterne Einflussfaktoren dar, auf den Unternehmen zu reagieren haben, indem sie beispielsweise ihre Kommunikations- und Informationssysteme miteinander vernetzen, um eine gemeinsame Plattform der Zusammenarbeit zu ermöglichen.

Die Kultur des Unternehmens wird zudem durch die Wertvorstellungen und Normen im gesellschaftlichen Umfeld beeinflusst (Sozio-kulturelle Umwelt). Diese in einer Gesellschaft dominanten **Werte** hat das Unternehmen als Mindestanforderungen und Rahmenbedingungen in der Mitarbeiterkommunikation zu beachten. Beispielsweise kann ein Foto in einer Mitarbeiterzeitschrift, das in Deutschland als normal und üblich gilt, in einem anderen Land als religiöse Beleidigung oder als sexistisch eingestuft werden (*Schick* 2007, S. 11). Des Weiteren werden andere – eventuell durch die Mitarbeitenden als „fremd" empfundene – **Unternehmens-** beziehungsweise **Kommunikationskulturen** wahrgenommen und evaluiert, beispielsweise die kreative *Google*-Kultur. Diese Wahrnehmung kann teilweise ohne direkten beruflichen Bezug zu diesen Unternehmen erfolgen, indem der Mitarbeitende über andere Unternehmenskulturen in der Presse liest, durch TV-Sendungen darüber informiert wird oder sich mit Freunden und Bekannten über diese unterhält. Darüber hinaus haben Mitarbeitende in Abhängigkeit von ihrer Position mehr oder weniger ausgeprägte Kontakte zu Kunden und Mitarbeitenden anderer Unternehmen. Sie nehmen deren Kommunikationsstil wahr und bewerten vor diesem Hintergrund ihre eigene Kommunikationssituation. Schließlich haben auch die privaten Kontakte der Mitarbeitenden direkten Einfluss auf die Wahrnehmung der internen Kommunikationsqualität beziehungsweise die Erwartungen an diese.

Direkten Einfluss auf die Mitarbeiterkommunikation haben **unternehmensinterne Strukturen**. Sowohl die **Ablauf-** als auch die **Aufbauorganisation** beeinflusst die organisatorische Gestaltung der Mitarbeiterkommunikation. Beispielsweise wirkt im Rahmen der Aufbauorganisation die Ausprägung der **Hierarchiestruktur** des Unternehmens fördernd oder behindernd auf die Mitarbeiterkommunikation. Flache Hierarchien mit netzwerkartigen informellen Kommunikationsbeziehungen beziehungsweise tiefe hierarchische Strukturen mit einem eng begrenzten Maß an Kommunikation in überwiegend unpersönlicher Form seien in diesem Zusammenhang als die Eckpunkte eines Kontinuums genannt (*v. Rosenstiel* 2003, S. 312). Herrscht zudem ein stark ausgeprägtes Bereichs- beziehungsweise Abteilungsdenken, das als mögliche Folge der Aufbauorganisation sowie der dadurch resultierenden Trennung der an der Kommunikation Beteiligten zu sehen ist, hat dies ebenfalls Einfluss auf die Mitarbeiterkommunikation des Unternehmens, indem dadurch beispielsweise Defizite in der Offenheit und Vertrautheit der Beteiligten zu konstatieren sind. Ob und in welchem Maß neben den traditionellen Organisationsstrukturen beispielsweise Konzepte der Teamorientierung und Prozessorganisation in der Ablauforganisation eines Unternehmens etabliert werden, hat Einfluss auf die aktive Einbindung aller Mitarbeitenden in die Kommunikation.

Die verfügbare Kommunikationsinfrastruktur, also das Ausmaß an Informations- und Kommunikationssystemen, kann zu den **systemischen unternehmensinternen Einflussfaktoren** gezählt werden. Aber auch das Vorhandensein eines internen Beschwerdemanagementsystem hat Auswirkungen auf das Beschwerdeverhalten und somit auch auf die Aufwärtskommunikation der Mitarbeitenden in einem Unternehmen. Durch Motivationsmaßnahmen wie beispielsweise monetäre und nicht-monetäre Anreize kann das Mitarbeiterverhalten im Sinne der Unternehmensleitung beeinflusst und gesteuert werden. Daher nimmt auch die Verankerung von Anreizsystemen im Unternehmen Einfluss auf die Mitarbeiterkommunikation.

Können die unternehmensinternen Strukturen noch vergleichsweise einfach untersucht werden, so gestaltet sich die Erhebung der **kulturellen internen Einflussfaktoren** auf die Mitarbeiterkommunikation erheblich schwieriger. So sind zum einen bereits **nonverbale Signale** (z. B. Baustil, Gebäudeeinrichtungen) Ausdruck der vorherrschenden Kommunikationskultur. Kleine Zimmer, physisch fehlende Räume für spontane Kontakte, aber auch geschlossene Türen können das Kommunikationsklima bereits in eine Richtung lenken, die dem Postulat von offener Kommunikation in Unternehmensphilosophie oder -leitbild nicht gerecht wird. Zum anderen sind in diesem Zusammenhang vor allem „Soft Factors" zu nennen, deren Ausprägungen sich einer direkten Messung beziehungsweise Bewertung – und auch einer zentralen Steuerung – in der Regel entziehen. Doch gerade der Einfluss dieser Faktoren auf die Mitarbeiterkommunikation ist besonders bedeutsam. So sind es die unternehmensinternen Prozesse, die ein Kommunikationsleitbild oder auch die Kommunikationsinfrastruktur mit Leben zu füllen haben. Können **Dialogorientierung** und **Offenheit** dabei als Maxime des Managements noch vergleichsweise direkt umgesetzt werden, ist gegenseitiges **Vertrauen** langsam zu erarbeiten und aufzubauen (*Schick* 2007, S. 106). Als Konstrukt ist es von einer Vielzahl anderer Faktoren abhängig und kann dementsprechend auch nur indirekt beeinflusst werden.

Informationen über unternehmensexterne Einflussfaktoren, wie z. B. die ökonomische oder rechtlich-politische Umwelt, sind über Fachleute der Mitarbeiterkommunikation im Unternehmen einzuholen. Diese haben die Aufgaben kontinuierlich Umweltveränderungen, die Einfluss auf die Mitarbeiterkommunikation haben könnten, zu identifizieren. Unternehmensinterne Einflussfaktoren, wie z. B. die Hierarchiestruktur im Unternehmen oder die Ablauforganisation, sind hingegen durch Beobachtung, Sekundäranalysen und interne Befragungen zu registrieren. Insbesondere für die Ermittlung „weicher Faktoren", wie gegenseitiges Vertrauen, stellen die Beobachtung und Befragung die besten Möglichkeiten der Datenerhebung dar (*Einwiller/Klöfer/Nies* 2008, S. 234).

(2) Chancen-Risiken-Analyse

Im Anschluss an die möglichst umfassende Erhebung der für die Mitarbeiterkommunikation relevanten Einflussfaktoren kann analog der in Schaubild III-K-4 vorgenommenen Unterscheidung in unternehmensexterne und -interne Einflussgrößen eine Beurteilung der zukünftigen Chancen und Risiken vorgenommen werden. Ähnlich wie bei Marktanalysen bezieht sich die Chancen-Risiken-Beurteilung primär auf unternehmensexterne Kriterien. Für die Mitarbeiterkommunikation seien hier exemplarisch genannt:

• Gesamtwirtschaftliche Entwicklung,
• Marktstruktur,
• Werteentwicklungen in der Gesellschaft,
• Entwicklungen in den Kommunikationstechnologien usw.

	Unternehmens-externe Chancen	Unternehmens-externe Risiken
Unternehmens-interne Stärken	Werteentwicklung hin zu Selbständigkeit und Mündigkeit Frühzeitige Information	Negative Entwicklungen der Volkswirtschaft Vollständige Information
Unternehmens-interne Schwächen	Schnelle Entwicklung neuer Kommunikationstechnologien Unterentwickelte Kommunikationsinfrastruktur	Höhere Kundenorientierung bei direkten Konkurrenten Mangelhafte Bottom-up-Kommunikation

Schaubild III-K-4: Beispiel einer SWOT-Matrix der Mitarbeiterkommunikation

(3) Stärken-Schwächen-Analyse

Stärken-Schwächen-Analysen fokussieren sich primär auf unternehmensinterne Sachverhalte. Zu nennen sind hier z. B.:

- Entwicklungsstand der Kommunikationssysteme,
- Hierarchiestruktur,
- Mitarbeiterstruktur,
- Kommunikationsklima,
- Krisentauglichkeit der Mitarbeiterkommunikation,
- Vertrauen usw.

(4) Zusammenführung zur SWOT-Analyse

Als Ergebnis der unternehmensindividuellen Beurteilung der Chancen-Risiken-Stärken-Schwächen-Situation ist aus den gewonnenen Erkenntnissen eine SWOT-Matrix zu erstellen, wie sie in Schaubild III-K-4 exemplarisch für die Mitarbeiterkommunikationssituation eines Unternehmens abgebildet ist.

So kommt im vorliegenden Beispiel die frühzeitige Informationspolitik dem Wertetrend zu mehr Selbständigkeit und Mündigkeit entgegen. Die Vollständigkeit der Information kann helfen, den Mitarbeitenden das Ausmaß der persönlichen Betroffenheit aufgrund der negativen gesamtwirtschaftlichen Entwicklungen zu dokumentieren. Kritischer zu beurteilen wäre hingegen die mangelhafte Entwicklung der internen Kommunikationsinfrastruktur – insbesondere vor dem Hintergrund der technologischen Entwicklungen in diesem Bereich. Zudem könnten Probleme aus der unzureichenden Aufwärtskommunikation entstehen, wenn andere Unternehmen beispielsweise ein höheres Maß an Kundenorientierung realisieren, die Mitarbeitenden mit direktem Kundenkontakt diese Informationen allerdings nicht in angemessener Form „nach oben" weitergeben. Das Unternehmen in diesem Beispiel verfügt dementsprechend über eine recht gut ausgebaute Informationskultur (Einweg, Top-down), wobei allerdings Prozesse der Aufwärtskommunikation (Dialog, Bottom-up) – eventuell aufgrund der mangelhaften Kommunikationsinfrastruktur – zu kurz kommen.

> **Beispiel: Notwendigkeit einer detaillierten SWOT-Analyse**
> Ein Großunternehmen mit mehr als 100.000 Arbeitsplätzen befindet sich in einem tiefgreifenden Prozess der Reorganisation mit entsprechenden Rationalisierungsmaßnahmen. Die Arbeitsplatzsicherheit war in den vergangenen Jahren gewährleistet, doch nun werden verstärkt Arbeitsplätze abgebaut. In den kommenden Jahren ist mit dem Markteintritt neuer Wettbewerber zu rechnen, die Zahl der potenziellen neuen Konkurrenten ist bislang allerdings noch nicht bestimmt. Vielfach erfahren die Mitarbeitenden aktuelle Informationen zum Markt und zum Unternehmen aus der externen Presse; Gerüchte sind an der Tagesordnung. Zielsetzung hat hier zu sein, die relevanten Markt- und Unternehmensentwicklungen zielgruppenspezifisch mit den Mitarbeitenden frühzeitig zu erörtern, um z. B. Involvement und Motivation zu erhalten beziehungsweise wieder aufzubauen. Diese Aufgabe kann ohne eine differenzierte Situationsanalyse kaum bewältigt werden.

(5) Herausarbeitung der kommunikativen Problemstellung

Aus der Untersuchung der Einflussfaktoren auf die Situation des Unternehmens im Rahmen der SWOT-Analyse lässt sich die kommunikative Problemstellung für den weiteren Einsatz der Mitarbeiterkommunikation ableiten. Durch die Formulierung der kommunikativen Problemstellung kann die Frage beantwortet werden, welche Erfolge durch den Einsatz der Mitarbeiterkommunikation realisiert wurden – beispielsweise die frühzeitige und vollständige Information der Mitarbeitenden im vorangegangenen Beispiel – aber auch, welche Defizite in der bisherigen Arbeit der Mitarbeiterkommunikation bestehen, wie beispielsweise die unterentwickelte Kommunikationsinfrastruktur und die mangelhafte Bottom-up-Kommunikation. Die Formulierung der kommunikativen Problemstellung stellt das **zentrale Ergebnis der**

SWOT-Analyse dar. Sie ist die Grundlage für den weiteren Planungsprozess der Mitarbeiterkommunikation, insbesondere die Formulierung der Ziele und Identifikation der relevanten Zielgruppen der Mitarbeiterkommunikation. Als Resultat der SWOT-Analyse können somit Handlungsalternativen für den weiteren Planungsprozess abgeleitet werden.

Beispielhafte Ansatzpunkte für Problemstellungen und mögliche Handlungsalternativen, die sich aus einer Gegenüberstellung der momentanen Situation eines Unternehmens mit den Anforderungen an die Mitarbeiterkommunikation ergeben, sind in Schaubild III-K-5 wiedergegeben.

Wichtigste Rahmenbedingung aller kommunikativen Maßnahmen sind die **involvierten Personen**, die das Kommunikationsklima, die Offenheit und das Vertrauen in einem Unterneh-

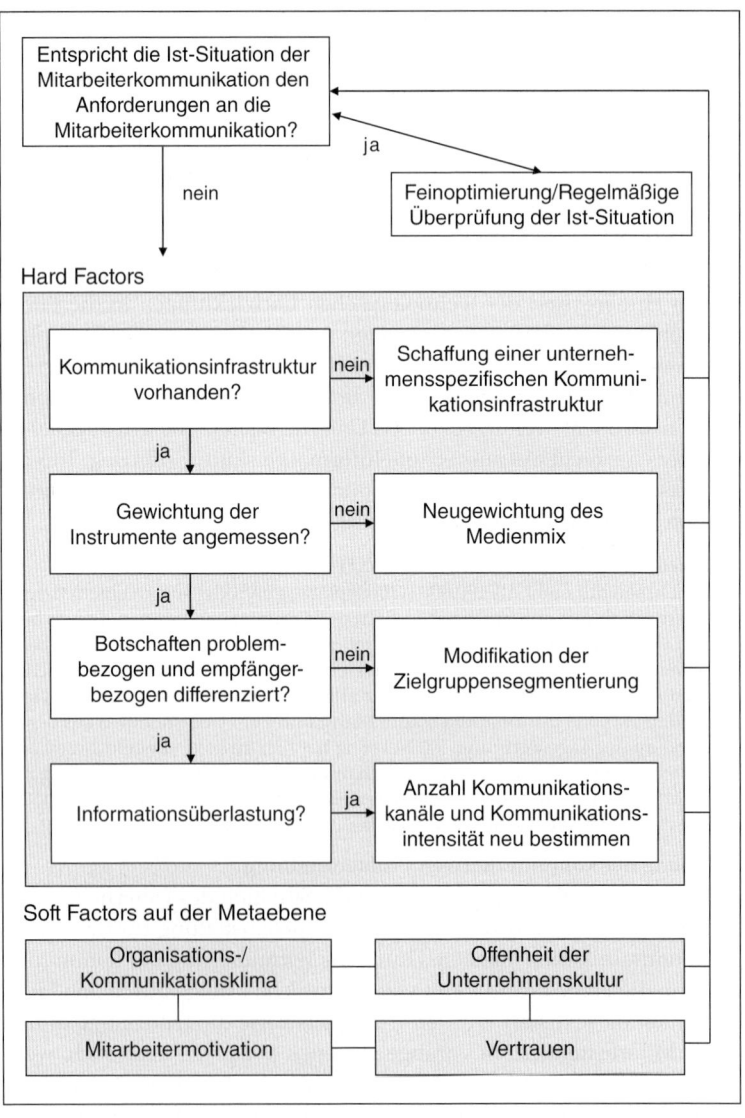

Schaubild III-K-5: Ansatzpunkte einer Situationsanalyse der Mitarbeiterkommunikation

men prägen. Die Persönlichkeitsstruktur der Mitarbeitenden, insbesondere deren persönliche Kommunikationsfähigkeit und -bereitschaft, determiniert in großem Maße die prozessualen Elemente der Mitarbeiterkommunikation. Aufgrund der hohen Bedeutung der Mitarbeiterkommunikation für das Interne Marketing sind daher die Anforderungen an die individuelle Kommunikationsfähigkeit und -bereitschaft bereits bei der Personalauswahl und im Folgenden bei der Personalentwicklung in besonderem Maße zu berücksichtigen.

Die Forderung nach einer **differenzierten Deckung der Informations- und Kommunikationsbedürfnisse** der Mitarbeitenden kann nur erfüllt werden, wenn zumindest alle Führungskräfte entsprechend über detaillierte Kenntnisse der aktuellen Situation der Mitarbeiterkommunikation verfügen. Eine detaillierte Informationsgewinnung und -analyse ist hier mittels **interner Marktforschung** möglich. Von Bedeutung sind in diesem Zusammenhang vor allem die folgenden **Informationsbausteine**:

- Aktuelle SWOT-Analyse der Unternehmenskommunikation,
- Dokumentation der formellen und möglichst auch informellen Kommunikationswege innerhalb der Organisation,
- Möglichst spezifische Aussagen zur erwarteten informativen und kommunikativen Einbindung aus Sicht einzelner Mitarbeitender, Teams, Abteilungen usw.

Eine SWOT-Analyse zur Bewertung der **Makrosituation** der Mitarbeiterkommunikation reicht dabei als Informationsgrundlage nicht aus. So ist im Rahmen detaillierter Untersuchungen auf der **Mikroebene** zu klären, auf welchen Wegen sich Mitarbeitende aktuell informieren und wie sie kommunizieren. Bei näherer Betrachtung dieser tatsächlichen Kommunikationswege zeigt sich vielfach, dass es nicht die offiziellen, geplanten Wege der Kommunikationsinfrastruktur sind, die z. B. zur Meinungsbildung herangezogen werden. Neben Mitarbeiterzeitung und Newslettern haben andere – meist persönliche – Wege der Kommunikation einen oftmals höheren Stellenwert in der Einschätzung der Mitarbeitenden.

Dokumentieren diese Präferenzen für informelle Kanäle bereits die Bedeutung der direkten, persönlichen Kommunikation aus der Perspektive der Mitarbeitenden, so ist darüber hinaus zu ermitteln, welches Maß an Kommunikation für einzelne Personen beziehungsweise Personengruppen zur Aufgabenerfüllung, zum Aufbau von Vertrauen sowie zur Befriedigung sozialer Bedürfnisse notwendig ist.

3.2 Ziele der Mitarbeiterkommunikation

Vor dem Hintergrund entsprechender Prinzipien kann erfolgreiche Mitarbeiterkommunikation nur dann realisiert werden, wenn der Bestimmung des konkreten Instrumenteeinsatzes eine präzise Zielformulierung vorausgeht. Die Fixierung von Zielen hat dabei mehrere Funktionen. So wird die notwendige **Erfolgskontrolle** erst möglich, wenn innerhalb des unternehmerischen Planungsprozesses die Ziele der Mitarbeiterkommunikation fixiert und operationalisiert werden. Darüber hinaus hat eine explizite Formulierung von Kommunikationszielen selbst kommunikativen Charakter, da idealerweise gegenüber den Mitarbeitenden **Priorisierungen** innerhalb der Kommunikationsziele vorgenommen werden. Dabei zeigt das Ausmaß der **Einbindung der Mitarbeitenden** in die Formulierung der Ziele der Mitarbeiterkommunikation bereits auf, wie umfassend die Führungskräfte die Mitarbeiterbeteiligung im Unternehmen tatsächlich verfolgen.

Zur Systematisierung der Ziele der Mitarbeiterkommunikation, ist in einem ersten Schritt gegenüber den Mitarbeitenden als den direkten Empfängern der Kommunikation eine weite-

Kognitiv-orientierte Ziele	Affektiv-orientierte Ziele	Konativ-orientierte Ziele
• Hoher Informationsstand über die Produkte und Leistungen des Unternehmens • Unternehmenskenntnis (Historie, Geschäftsentwicklung, Personen usw.) • Fach- und Expertenwissen • Wissen über Unternehmensveränderungen • Wissen über Produktinnovationen und -variationen • Kenntnis der Unternehmensgrundsätze und -leitlinien • Kenntnis der Kommunikations- und Informationssysteme u.a.m.	• Integration der Mitarbeitenden • Mitarbeitermotivation • Einstellung der Mitarbeitenden zum Unternehmen • Interesse am Unternehmen • Aufbau und Pflege des Unternehmensimage • Identifikation mit dem Unternehmen • Glaubwürdigkeit • Mitarbeiterzufriedenheit • Abbau von Ängsten und Unsicherheiten • Vertrauensbildung u.a.m.	• Aktives Informationsverhalten der Mitarbeitenden (Nutzung des Intranets, Newslettter usw.) • Beschwerdeverhalten und aktives, kritisches Feedback • Mitarbeiterbindung • Weiterempfehlung des Unternehmens als Arbeitgeber • Aktives und offenes Kommunikationsverhalten • Engagement und Leistungsbereitschaft der Mitarbeitenden • Verständnis für Führungsentscheidungen • Verantwortungsübernahme u.a.m.

Schaubild III-K-6: Psychologische Zielkategorien der Mitarbeiterkommunikation

re Differenzierung vorzunehmen. Wie auch bei den anderen Kommunikationsinstrumenten lassen sich hierbei psychologische, d.h. vorökonomische, und ökonomische Zielkategorien unterscheiden (*Bruhn* 2010a). **Psychologische Zielsetzungen** betreffen hauptsächlich das Insystem der Mitarbeitenden, wobei primär Wirkungen im Hinblick auf Motivation, Einstellungen, Werte usw. angestrebt werden (*Müller/Kreis-Muzzulini* 2009). Zweifelsfrei sind diese psychologischen Wirkungen erwünscht und angestrebt, im Hinblick auf das unternehmerische Gesamtzielsystem stellen sie den ökonomischen Zielen vorgelagerte Zielsetzungen dar. Die Gesamtheit psychologischer Ziele lässt sich entsprechend den Wirkungskategorien auf Rezipientenebene in kognitiv-orientierte (die Erkenntnis betreffende), affektiv-orientierte (das Gefühl betreffende) und konativ-orientierte (die Handlung betreffende) Zielgrößen einteilen, die für die Mitarbeiterkommunikation beispielhaft in Schaubild III-K-6 wiedergegeben sind.

Dementsprechend sind **ökonomische Ziele** mit der Erreichung psychologischer Ziele eng verbunden. Wird z.B. das Ziel der Ertragssteigerungen angestrebt, so setzt dies unter Umständen voraus, dass sich das Mitarbeiterengagement und die Einstellung der entsprechenden Mitarbeitenden zum Unternehmen ändern. Dieser Zusammenhang ist beispielhaft in Schaubild III-K-7 dargestellt.

Auf einer höheren Aggregationsebene sind darüber hinaus Zielsetzungen des **Gesamtunternehmens** zu berücksichtigen, die in einem Top-down-Prozess vielfach vor den konkreten Zielen für einzelne Mitarbeitende formuliert werden. So kann z.B. über das Ziel von Einstellungsänderungen bei einzelnen Mitarbeitenden das mittelfristige Ziel der Veränderung der gesamten Unternehmenskultur angestrebt werden. Mit diesem psychologischen Ziel eng verknüpft sind wiederum ökonomische Zielsetzungen für das Gesamtunternehmen, beispielsweise unternehmensweite Ertragssteigerungen oder Kostensenkungen.

Unabhängig von der Unterscheidung in (vor-)ökonomische beziehungsweise mitarbeiter- und unternehmensorientierte Ziele sind bestimmte **Vorleistungen** der Mitarbeiterkommunikation zu erbringen, die die Erreichung der genannten Einzelziele vielfach erst ermöglichen.

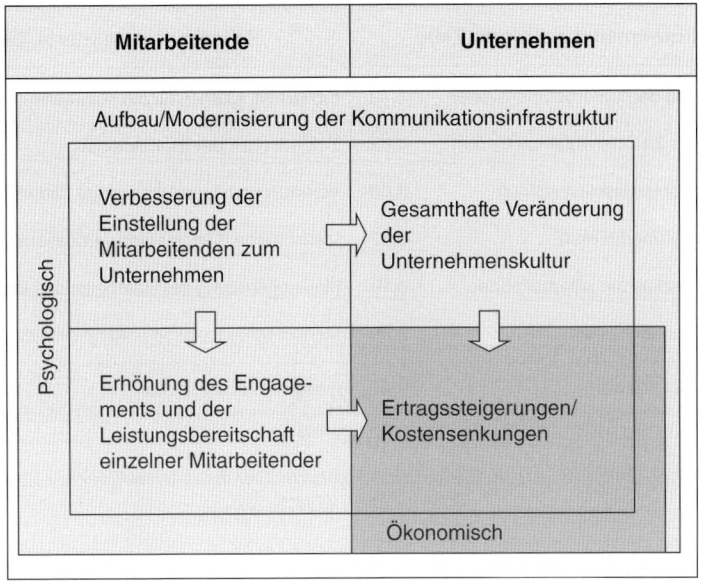

Schaubild III-K-7: Systematik der Ziele der Mitarbeiterkommunikation

Diese operationalen Zielsetzungen betreffen in erster Linie den Aufbau, Ausbau beziehungs-weise die Modernisierung der Kommunikations- und Informationsinfrastruktur des Unter-nehmens.

Über diese Unterteilung hinaus sind zur Systematisierung der Mitarbeiterkommunikati-on weitere Differenzierungen sinnvoll. Wird Mitarbeiterkommunikation z.B. als **interne Dienstleistung** verstanden, so sind potenzial-orientierte, prozess-orientierte sowie ergebnis-orientierte Ziele zu unterscheiden. Bei einer Verknüpfung dieser Einteilung mit einer Unter-scheidung des Zielobjekts nach Hardware und Humanware ergibt sich eine Matrix, die in Schaubild III-K-8 dargestellt ist.

Eine Systematisierung der Ziele der Mitarbeiterkommunikation nach **Potenzial-, Prozess-und Ergebnisdimensionen** macht deutlich, dass zur Erreichung eines bestimmten sach- be-ziehungsweise personenbezogenen Ergebnisses vorgelagerte Ziele auf der Potenzial- und Prozessebene zu erreichen sind. So setzt beispielsweise die Kenntnis der Unternehmenszie-

	Potenzialdimension	Prozessdimension	Ergebnisdimension
Hardware	Aufbau einer Kommunikations-infrastruktur durch ein Projektteam	Zeitnah problem-bezogene Aktualisierung der Kommunikationsinhalte	Aktuelle Verfügbarkeit von relevanten Informationen
Humanware	Erhöhung des Commitment bei den Mitarbeitenden	Institutionalisierte Gespräche zwischen Vorgesetzten und Mitarbeitenden	Kenntnis der aktuellen Unternehmensziele auf allen Unterneh-mensebenen

Schaubild III-K-8: Mitarbeiterkommunikation als interne Dienstleistung

Unternehmensorientierte Ziele		Mitarbeiterorientierte Ziele	
Identifikation mit den Unternehmenszielen	3,73	Sicherheit, Klarheit für die Mitarbeitenden	3,63
Verständnis der Zusammenhänge fördern	3,62	Zufriedenheit der Mitarbeitenden	3,50
Verantwortungsbewusstsein steigern	3,60	Vertrauliche/offene Atmosphäre fördern	3,30
Leistungssteigerung/Effizienz	3,52	Menschliche Beziehungen verbessern	3,20
Bessere Führbarkeit der Mitarbeitenden	3,10	Meinungsbildung der Mitarbeitenden fördern	2,90
Public Relations nach innen	2,90	Menschlicher Isolation entgegenwirken	2,80
Gesamtdurchschnittswert	3,41	Gesamtdurchschnittswert	3,22

(1 = unwichtig, 4 = wichtig; Stichprobe: 102 Unternehmen der Schweiz)

Schaubild III-K-9: Unternehmens- und mitarbeiterorientierte Ziele der innerbetrieblichen Kommunikation (Thom/Cantin 1994, S. 28)

le durch alle Mitarbeitenden voraus, dass zum einen die Bereitschaft zur Aufnahme dieser Kommunikationsinhalte vorhanden ist (mit dem Ziel, Commitment zu schaffen), zum anderen aber auch die Vorgesetzten den Prozess der Inhaltsvermittlung so weit zu tragen haben, dass die vorhandene Bereitschaft zur Informationsaufnahme und Kommunikation auch ausgenutzt wird.

Welche **Ziele von Unternehmen** mit der Mitarbeiterkommunikation tatsächlich verfolgt werden, dokumentieren Befragungsergebnisse aus der Schweiz, wobei hier unternehmens- und mitarbeiterorientierte Ziele unterschieden wurden. Schaubild III-K-9 zeigt die wichtigsten empirisch ermittelten Zielsetzungen in einem Überblick.

In einer weiteren Studie wurden Finanzdienstleistungs- und Industrieunternehmen nach der Bedeutung der Mitarbeiterkommunikation für die Erreichung bestimmter Kommunikationsziele befragt. Für die Messung wurde eine 5er-Skala mit 1 = sehr hohe Bedeutung bis 5 = keine Bedeutung eingesetzt. Um die Angaben der 164 teilnehmenden Unternehmen direkt vergleichen zu können wurde aus den Antworten der Mittelwert errechnet. Je niedriger dabei der Index, desto höher die Relevanz der Mitarbeiterkommunikation für die Erreichung des jeweiligen Zieles. Wie aus Schaubild III-K-10 hervorgeht, ist die Mitarbeiterkommunikation vor allem zur Information von Mitarbeitenden bedeutend. Für die Unterstützung von Mitarbeiterzielen bzw. die Führung von Mitarbeitenden wird die Mitarbeiterkommunikation als in einem mittleren Ausmaß relevant angesehen (*Hubbard* 2004, S. 219).

Beispiel: Ziele der Internen Kommunikation bei *Swiss Re*
Swiss Re, ein weltweit tätiger Schweizer Rückversicherer, hat in einer Studie zur Internen Kommunikation für einen ihrer Geschäftsbereiche folgende Ziele der Internen Kommunikation definiert (*Raif-Joss* 2000):

- Reduzierung der Informationsmenge und Eliminierung von Redundanzen,
- Einführung einer direkten, dialogorientierten Kommunikation,
- Förderung von offener und transparenter Kommunikation,
- Definition gemeinsamer Werte und zukunftsweisender Visionen,
- Steigerung der Mitarbeiterintegration und Schaffung einer Kultur des Wandels,
- Positionierung der Kommunikationseinheit und ihrer Instrumente sowie Dienstleistungen.

Im Rahmen der zielorientierten Anforderungen an die Mitarbeiterkommunikation können zwei grundsätzliche Forderungen unterschieden werden: die zielorientierte Qualität und

Kommunikationsziel	Index
Information des Mitarbeitenden	1.41
Aufbau von Unternehmensidentität	1.74
Orientierung des Mitarbeitenden	1.77
Motivation des Mitarbeitenden	1.90
Vermittlung von Unternehmenswerten	1.91
Unterstützung übergeordneter Unternehmensziele	1.94
Dialog mit dem Mitarbeitenden	2.31
Senkung der Fluktuationsrate	2.59
Aufbau/Förderung von Mitarbeiter-Know-how	2.63
Steigerung der Leistungsfähigkeit des Mitarbeitenden	2.71
Führung des Mitarbeitenden	2.77
Unterstützung von konkreten Mitarbeiterzielen	2.82

Schaubild III-K-10: Bedeutung der Mitarbeiterkommunikation für die Erreichung diverser Kommunikationsziele (Hubbard 2004, S. 219)

Quantität der Kommunikation. Das Streben nach **zielorientierter Qualität** umschreibt dabei die Forderung, dass z. B. die Kommunikationsinhalte bestimmten Anforderungen an Klarheit, Präzision, Relevanz, Verlässlichkeit usw. zu genügen haben. **Zielorientierte Quantität** ist z. B. hinsichtlich der zielgruppenspezifischen Menge, der Verdichtung oder auch dem entsprechenden Zeitpunkt der Kommunikation anzustreben (*Cantin/Thom* 1992, S. 19 f.).

3.3 Zielgruppen der Mitarbeiterkommunikation

3.3.1 Zielgruppenidentifikation und -beschreibung in der Mitarbeiterkommunikation

Im Rahmen der Zielfestlegung der Mitarbeiterkommunikation ist vom Unternehmen zu präzisieren, welche **Zielgruppen** mit dem Einsatz dieses Kommunikationsinstrumentes anzusprechen sind. Nur durch eine konsequente Zielgruppenorientierung lassen sich die Streuverluste der Mitarbeiterkommunikation minimieren und die anvisierten Zielgruppen effizient und effektiv ansprechen. Unter Effizienzgesichtspunkten und ausgehend von den Anforderungen an Zielgruppenkriterien ist es erforderlich, dass die Einteilung der Mitarbeitenden kein Selbstzweck ist. Entsprechend dem Vorgehen gegenüber den unternehmensexternen Zielgruppen ist daher eine unternehmensinterne taxonomische Mitarbeitereinteilung nicht zielführend. Auch unternehmensintern ist eine **managementorientierte Zielgruppenplanung** zu postulieren, bei der sich an die Zielgruppenidentifikation und -beschreibung die Priorisierung der Zielgruppen und deren Bearbeitung mit einem ausdifferenzierten Medienmix anschließt.

Die Zielgruppenidentifikation ist von dem jeweiligen Kommunikationsziel abhängig und erfordert daher die Ansprache differenzierter Mitarbeiterzielgruppen, beispielsweise der oberen Führungskräfte, aller Mitarbeitenden in der Produktion oder des Bereiches XY, die Mitarbeitenden einer bestimmten Tochtergesellschaft, Frauen, Auszubildende, Meinungsmultiplikatoren (z. B. Betriebsräte) usw. Des Weiteren ist zu überprüfen, ob eine ausreichende Kommunikationsinfrastruktur besteht, die die institutionalisierten Kommunikationswege zum Erreichen der einzelnen Zielgruppen bereitstellt oder ob – neben den Kommunikationskanälen für Führungskräfte und Mitarbeitende allgemein – weitere zielgruppenspezifische Wege zu schaffen sind. Dies ist beispielsweise dann der Fall, wenn auf den herkömmlichen Wegen eine spezielle Mitarbeitergruppe physisch, inhaltlich oder kulturell nicht erreicht wird oder ein regelmäßiger Bedarf an der Vermittlung spezifischer Inhalte besteht (*Schick* 2007, S. 58 f.). Als Beispiele hierfür seien genannt:

- Mitarbeitende, die aufgrund ihrer isolierten Arbeitssituation eine völlig andere Kommunikationsumgebung haben, wie z. B. Außendienstmitarbeiter oder entsandte Repräsentanten im Ausland, die keine informellen oder nur reduzierte formelle Kontakte zu Kollegen und Vorgesetzten besitzen,

- Ausländische beziehungsweise fremdsprachige Mitarbeitende,

- Mitarbeitende im Ruhestand mit anderen Interessen als die aktiven Mitarbeitenden,

- Junge Mitarbeitende beziehungsweise Auszubildende, die in einer anderen Form und mit anderen Inhalten angesprochen werden wollen als der größte Teil der Belegschaft, der möglicherweise ein hohes Durchschnittsalter hat,

- Mitarbeitende, die wichtige Multiplikatoren sind, wie beispielsweise Ausbilder, Betriebsräte, Vertrauenspersonen, die über den Kanal „Führungskräfte" nicht erreicht werden u. a. m.

An die interne Zielgruppenidentifikation sind bestimmte **Anforderungen** zu stellen, die sich in einigen Punkten von den Anforderungen an die externe Zielgruppenbildung unterscheiden:

- **Identifizierbarkeit:** Ebenso wie bei den unternehmensexternen Zielgruppen besteht die Notwendigkeit, die einzelnen Mitarbeitergruppen anhand bestimmter Kriterien zu identifizieren. Die Bestimmung einiger Kriterien, beispielsweise das Alter der Mitarbeitenden, die Position im Unternehmen, der Kundenkontakt des Mitarbeitenden usw., ist aufgrund der vorhandenen internen Daten und Informationen als unproblematisch anzusehen. Bei anderen Kriterien, beispielsweise den Werten und Einstellungen der Mitarbeitenden zur Umweltpolitik des Unternehmens, zeigen sich jedoch Erhebungsprobleme.

- **Kommunikationsrelevanz:** Die Unterschiede der einzelnen Gruppen sind für den Einsatz der Mitarbeiterkommunikation relevant, d. h. die einzelnen Gruppen weisen tatsächlich auch unterschiedliche Kommunikationsbedürfnisse auf. Beispielsweise haben die Mitarbeitenden in der Montagefertigung andere Kommunikationsbedürfnisse als die Entwicklungsingenieure in einem Competence Center.

- **Ansprechbarkeit:** Im Unterschied zur externen Zielgruppenbildung bestehen Probleme der Ansprechbarkeit grundsätzlich nicht. Zwar kann ein Unternehmen unter Umständen zu einem Zeitpunkt noch nicht über eine entsprechende Kommunikationsinfrastruktur oder geeignete Medien verfügen, Möglichkeiten zur persönlichen Ansprache (z. B. durch den Vorgesetzten oder ein Mailing) bestehen unternehmensintern jedoch immer. Darüber hinaus sind bei festgestellten Defiziten in der Kommunikationsinfrastruktur zielgruppenspezifische Kommunikationskanäle zu identifizieren und ein neuer Medienmix zu erarbeiten.

- **Zielgruppengröße:** Auch dieses unternehmensextern bedeutsame Kriterium hat gegenüber den Mitarbeitenden nur begrenzt Konsequenzen. Die geringe Größe einer bestimmten Zielgruppe kann zwar für den Einsatz bestimmter Medien unwirtschaftlich sein, stellt jedoch im Rahmen der internen Zielgruppenbildung kein Ausschlusskriterium dar. Von großer Bedeutung für die Mitarbeiterkommunikation kann beispielsweise die Bearbeitung einer kleinen Zielgruppe, z. B. Trainern, Ausbildern usw. sein, da diese im Unternehmen eine hohe Multiplikatorwirkung haben.

- **Zeitliche Stabilität:** Diese Anforderung ist auch unternehmensintern von Bedeutung. So ist schon aus Kontinuitätsaspekten zu fragen, ob der Einsatz eines bestimmten Mediums gegenüber einer bestimmten Zielgruppe sinnvoll erscheint, wenn zu erwarten ist, dass diese Zielgruppe (z. B. ein Projektteam) nur für einen sehr kurzen Zeitraum existieren wird.

Für die Bildung homogener Zielgruppen stehen eine Vielzahl von **Kriterien der Zielgruppenidentifikation und -beschreibung** zur Verfügung, die sich in unterschiedliche Kategorien einteilen lassen (*Freter* 2001b; *Rogge* 2004; *Einwiller/Klöfer/Nies* 2008, S. 235; *Schweiger/Schrattenecker* 2009; *Bruhn* 2010a). Verschiedene Kriterien zur Beschreibung intern möglichst homogener und extern möglichst heterogener Mitarbeitergruppen sind in Schaubild III-K-11 exemplarisch dargestellt.

Bei den **demografischen** und **sozioökonomischen** Kriterien ist beispielsweise zu prüfen, ob und inwieweit Unterschiede in den Kommunikations- oder Informationsbedürfnissen der Zielgruppen aufgrund von Geschlecht, Alter, Bildung, Dauer der Unternehmenszugehörigkeit usw. bestehen. Jedoch weisen Gruppen, die nach demografischen und sozioökonomischen Merkmalen gebildet werden, häufig extreme Unterschiede in Bezug auf Wertvorstellungen, Interessen oder Verhalten auf, so dass sie für die Planung der Mitarbeiterkommunikation nur

---

Soziodemografische Kriterien
- Alter (z.B. Mitarbeitende über 50),
- Bildung (z.B. Hochschulabsolventen),
- Dauer Unternehmenszugehörigkeit (z.B. über 25-jährige Betriebszugehörigkeit) u.a.m.

Psychografische Kriterien
- Kommunikationsbedürfnisse (z.B. Moderatoren von Qualitätszirkeln),
- Werte (z.B. Umweltbewusstsein),
- Engagement (z.B. Mitarbeitende mit Ehrenämtern) u.a.m.

Verhaltenbezogene Kriterien
- Leistung (z.B. Engagement am Arbeitsplatz),
- Kommunikationsverhalten (z.B. Mediennutzung),
- Gruppenverhalten (z.B. Teamleiter) u.a.m.

Organisationale Kriterien
- Hierarchische Position (z.B. Stabmitarbeitender),
- Kommunikationsverantwortung (z.B. Multiplikatoren),
- Kundenkontakt (z.B. Schaltermitarbeitender) u.a.m.

Situationale Kriterien
- Persönliche Betroffenheit (z.B. Stellenabbau),
- Ereignisbezogenheit (z.B. Berufseinsteiger),
- Projektzugehörigkeit (z.B. Koordinationsteam zum Firmenjubiläum) u.a.m.

Schaubild III-K-11: Kriterien zur kommunikationsbezogenen internen Zielgruppenanalyse

bedingt geeignet sind. Von zentraler Bedeutung sind indessen **psychografische** Kriterien der Zielgruppen, wie z. B. die Kommunikations- und Informationsbedürfnisse der Mitarbeitenden, deren Werte oder ehrenamtliche Engagements. Kriterien des **beobachtbaren Verhaltens** beziehen sich schließlich auf das aktive und passive Verhalten der Rezipienten in ihrem Arbeitsbereich. Hierbei ist es von Interesse, welches Engagement der Mitarbeitende am Arbeitsplatz zeigt, welche Medien er für die Kommunikation nutzt und wie sein Verhalten innerhalb der Gruppe zu beschreiben ist. **Organisationale Kriterien** erfassen die hierarchische Position, Verantwortung usw. des Mitarbeitenden innerhalb des Unternehmens und **situationale Kriterien** beschreiben schließlich die individuelle Situation des Mitarbeitenden, beispielsweise die persönliche Betroffenheit im Falle eines Stellenabbaus oder die Zugehörigkeit zum Koordinationsteam eines Firmenjubiläums. Zur genauen Beschreibung der anzusprechenden Zielgruppen ist allerdings nicht nur eine, sondern mehrere der angeführten Segmentierungskategorien zu verwenden.

Es bieten sich demnach verschiedene Kriterien an, die einer differenzierteren Zielgruppeneinteilung und -beschreibung dienen. Eine solche Untergliederung in verschiedene interne Zielgruppen bildet die Basis für eine zielgruppenspezifische Ausgestaltung der Mitarbeiterkommunikation. Die zielgruppenbezogene Anpassung kann zum einen auf der Ebene der Inhalte erfolgen, zum anderen kann sie die Auswahl der Kommunikationsmedien betreffen. Durch eine differenzierte Kommunikation ist es möglich, die Bedürfnisse der jeweiligen internen Zielgruppen gezielt anzusprechen.

3.3.2 Zielgruppenauswahl in der Mitarbeiterkommunikation

Nach der Identifizierung und Beschreibung der potenziellen internen Zielgruppen hat die **Zielgruppenauswahl** zu erfolgen. Es wurde bereits auf die Bedeutung der Bearbeitung aller internen Zielgruppen hingewiesen. Aufgrund finanzieller und personeller Restriktionen können jedoch im Rahmen der Mitarbeiterkommunikation nicht alle Zielgruppen gleichzeitig mit höchster Intensität bearbeitet werden. In der Realität ist vielmehr eine Priorisierung der Zielgruppen vorzunehmen, die sich sowohl damit auseinandersetzt, welche internen Zielgruppen mit welchen Maßnahmen und Medien zu bearbeiten sind, als auch, in welchem Umfang die Maßnahmen bei einzelnen internen Zielgruppen einzusetzen sind. Hierfür empfiehlt sich die Aufstellung eines Kataloges, der zentrale **Kriterien der Zielgruppenauswahl** definiert. Folgende ökonomische und außerökonomische Kriterien bieten sich in diesem Kontext an:

- **Zielbezogener Nutzen der Mitarbeiterkommunikation bei den Zielgruppen:** Der zielbezogene Nutzen spiegelt den Grad der Realisierung der Ziele der Mitarbeiterkommunikation bei den diversen internen Zielgruppen wider. Verfolgt ein Unternehmen mit seinen Aktivitäten der Mitarbeiterkommunikation beispielsweise die Erhöhung des Informationsstandes über neue Produkte und Leistungen eines bestimmten Geschäftsbereiches, so ist eine andere Zielgruppenpriorisierung vorzunehmen als im Fall der Erhöhung der Identifikation der Mitarbeitenden mit dem Unternehmen oder sogar in Krisensituationen.

- **Kommunikations- und Informationsbedürfnisse der Zielgruppen:** Die Priorisierung der Zielgruppen erfordert auch eine Berücksichtigung der zielgruppenspezifischen, subjektiven Kommunikations- und Informationsbedürfnisse der Mitarbeitenden. Von Interesse ist beispielsweise, ob die potenziellen internen Zielgruppen in Krisensituationen einen persönlichen Dialog mit dem Vorgesetzten oder der Unternehmensführung wünschen, ob sie über das Intranet allgemeine Unternehmensdaten und -informationen abrufen oder durch E-Mails, Newsletter usw. über neue Leistungen und das soziale Engagement des

Unternehmens informiert werden möchten. Entsprechend dieser Bedürfnisse bieten sich unterschiedliche Maßnahmen und Medien für die Erreichung der Zielgruppen an. In diesem Zusammenhang ist zu berücksichtigen, dass Mitarbeitende in Organisationen einen ausgeprägten Wunsch nach umfassender Information zum Ausdruck bringen, zum Teil diese Informationen für das engere Arbeitsgebiet nicht relevant sind beziehungsweise die resultierende Informationsmenge so groß, dass sie gar nicht zu bewältigen wäre (*Noll* 1996, S. 56). Jedoch ist darauf hinzuweisen, dass diesem Bedürfnis nach Information in angemessener Weise Rechnung zu tragen ist, da ansonsten die Gefahr einer wahrgenommenen Informationsisolation besteht. Als Kommunikationsinstrumente kommen in einer solchen Konstellation vor allem jene Medien in Frage, die einen individuellen Informationsabruf möglich machen (z. B. Intranet, Datenbanken u. a. m.).

- **Unterschiedlich hohe Betroffenheit der Zielgruppen:** Eine Priorisierung der internen Zielgruppen hat zudem über deren unterschiedliche hohe Betroffenheit zu erfolgen. Die Informationen können inhaltlich eine unterschiedlich hohe Relevanz für die internen Zielgruppen besitzen, z. B. sind bestimmte fachliche Informationen nur für die Mitarbeitenden eines bestimmten Geschäftsbereichs von Interesse oder bei der drohenden Schließung einer Verkaufsniederlassug sind die betroffenen Mitarbeitenden häufiger sowie detaillierter zu informieren als die restlichen Mitarbeitenden des Unternehmens. Ebenso sind hinsichtlich der zeitlichen Bearbeitung Priorisierungen der internen Zielgruppen vorzunehmen, d. h. bestimmte interne Zielgruppen sind vor anderen Zielgruppen zu informieren; dies bestimmt auch die Wahl der Medien und Maßnahmen (vgl. nachfolgendes Beispiel).

Beispiel: Informationsplan bei der *BASF SE*

Zur Information über ein Ereignis, beispielsweise den Kauf einer Gesellschaft, ist ein konkreter Ablaufplan zu erstellen, der festlegt, welche Zielgruppe zu welchem Zeitpunkt anzusprechen ist. Nachfolgend wird der Ablauf der Bekanntgabe des Ereignisses an die internen Zielgruppen dargestellt. X bezeichnet dabei den Zeitpunkt der Bekanntgabe nach außen (*Nies* 2003, S. 157 f.).

Interne Zielgruppen	Medium	Zeitpunkt
Vorstand	Presseinformationen per Fax	X–2 Stunden
Aufsichtsrat	Presseinformation per Post	X
Wirtschaftsausschuss	Presseinformation per Fax	X (10 Uhr MEZ)
Obere Führungskräfte der Gesellschaft	tel. Vorankündigung einer wichtigen Nachricht für den nächsten Tag	X–1 Tag (nachmittags)
Mitarbeitende	Info auf Basis Presseinformation	X (10.00 Uhr)
	Informationsveranstaltung	
PR-Beauftragte der Gruppengesellschaft weltweit	Presseinformation per Fax	X (parallel zur Presse)
Obere Führungskräfte der Muttergesellschaft	Presseinformationen per Fax/E-Mail	X (parallel zur Presse)
Mitarbeiter Muttergesellschaft	Intranet	X (bis 11 Uhr MEZ)
	BASF Information	X + 1 Tag
Mitarbeiter *BASF* Gruppe weltweit	Intranet (englisch/deutsch)	X (bis 11 Uhr MEZ)

- **Relative Bedeutung der Zielgruppen**: Aus der relativen Bedeutung geht hervor, wie wichtig eine Zielgruppe im Vergleich zu anderen Zielgruppen für den Erfolg des Unternehmens ist. Je mehr Bedeutung der internen Zielgruppe in diesem Sinne zukommt – beispielsweise den Mitarbeitenden des Verkaufs oder das Kundenkontaktpersonals – desto „lohnenswerter" ist der Einsatz aufwändiger Maßnahmen der Mitarbeiterkommunikation (z. B. Schulungen und Workshops).

Die endgültige Auswahl der internen Zielgruppen beziehungsweise die Priorisierung von Zielgruppen und Maßnahmen wird sich letztlich an einem Mix der erörterten Kriterien zu orientieren haben. Eine Herausforderung stellt dabei oftmals die Zusammentragung der notwendigen Informationen dar. Während die Erhebung der Kosten der Mitarbeiterkommunikation vergleichsweise einfach erfolgen kann (z. B. Kosten für die Erstellung einer Mitarbeiterzeitung, Kosten eines jährlichen Mitarbeiterfestes usw.), ist die Bestimmung des Nutzens oftmals mit Problemen behaftet. Zum einen ist der Nutzen der einzelnen Maßnahmen nicht in gleicher Weise zu skalieren, wie die entstandenen Kosten. Zum anderen sind umfassende Kenntnisse über die Wirkungen der Mitarbeiterkommunikation auf die internen Zielgruppen notwendig (z. B. Steigerung der Motivation der Mitarbeitenden durch das Mitarbeiterfest). Aus diesem Grund sind Indikatoren, wie z. B. die Verbesserung der Mitarbeiterzufriedenheit oder des Informationsstandes der Mitarbeitenden, zu suchen, die durch kontinuierliche Befragungen der Zielgruppen zu ermitteln sind.

4 Strategie der Mitarbeiterkommunikation

4.1 Strategische Prinzipen der Mitarbeiterkommunikation

Unabhängig von der jeweiligen Situation, den festgelegten Kommunikationszielen und der angestrebten Kommunikationsstrategie hat ein Unternehmen einige grundsätzlich geltende **strategische Prinzipien im Rahmen der Mitarbeiterkommunikation** zu beachten. Es können nicht alle Eventualitäten der Mitarbeiterkommunikation im Vorfeld geplant werden; daher ist es umso wichtiger, bestimmte situationsunabhängige Grundsätze zu fixieren, die langfristig Gültigkeit haben. Diese strategischen Prinzipien gelten dabei als Rahmenbedingungen des kommunikativen Auftritts nach innen und verleihen insbesondere den Führungskräften das notwendige Maß an Flexibilität bei der Bewältigung der kommunikativen Tagesaufgaben. Folgende strategische Prinzipien der Mitarbeiterkommunikation sind in diesem Zusammenhang von besonderer Bedeutung:

- **Prinzip der Einbindung:** Führungskräfte, die die Mitarbeitenden aktiv in das kommunikative Netzwerk des Unternehmens einbinden, können das Selbstbewusstsein und die Motivation der Mitarbeitenden fördern. Die Einbeziehung der Mitarbeitenden sichert darüber hinaus die Identifikation mit dem Unternehmen und die Akzeptanz unternehmerischer Entscheidungen beziehungsweise unternehmerischen Verhaltens (*Wunderer/Mittmann* 1995, S. 169 f.; *Szameitat* 2003, S. 37 f.).

  Beispiel: Vorbereitung auf Kundenanfragen bei Übernahmen
  Bei vielen Fusionen und Akquisitionen ergeben sich – beispielsweise hinsichtlich des Produktangebots – zahlreiche Veränderungen für die Kunden. Unternehmen haben ihre Mitarbeitenden – insbesondere die Mitarbeitenden mit direktem Kundenkontakt – auf die Kundenanfragen zur Fusion vorzubereiten. So hat etwa ein Chemieunternehmen nach einem Zusammenschluss seinen Außendienstmitarbeitern spezielle Argumentationshilfen zur Verfügung gestellt, um die bestehenden Kunden gezielt von den Vorteilen der Transaktion zu überzeugen (*Homburg/Bucerius* 2004, S. 20).

  Beispiel: Einbindung der Mitarbeitenden bei *Nokia*
  Im Rahmen der internen Kommunikation setzt das Telekommunikationsunternehmen *Nokia* vor allem auf das persönliche Gespräch. Hierfür werden die Bereichsleiter aufgefordert, den persönlichen

Kontakt zu ihren Mitarbeitenden zu suchen, um diesen Strategien oder vorzunehmende Änderungen zu erklären. Die Mitarbeitenden haben dabei die Möglichkeit zu einem direktem Feedback und können auf diese Weise Neuerungen mitgestalten (*Esch et al.* 2008, S. 116).

- **Prinzip der Frühzeitigkeit:** Um Missverständnisse und Überraschungen bei den internen Zielgruppen zu vermeiden, sind die Mitarbeitenden, z. B. bei der Realisation von Mergers & Acquisitions, früher und umfassender zu informieren als externe Zielgruppen (*Schweiger/DeNisi* 1991, S. 127; *Covin et al.* 1996, S. 127; *Nikandrou/Papalexandris/Bourantas* 2000, S. 342; *Esch/Knörle* 2008b, S. 268). Erfahren die Mitarbeitenden wichtige Informationen zuerst auf dem Wege eines Gerüchts oder durch externe Medien, so ist von den betroffenen Mitarbeitenden in anderen Fragen kein besonderes Commitment zu erwarten. Beispiele von *Ford* und *Volkswagen* haben gezeigt, dass die frühzeitige Einbindung der Mitarbeitenden in die Präsentation von Modellneuheiten zu keinerlei Geheimhaltungsproblemen geführt hat. Die Mitarbeitenden waren vielmehr stolz, als erste das endgültige Aussehen neuer Fahrzeuge zu kennen.

- **Prinzip der Vollständigkeit:** Von vielen Unternehmen wird die Rolle der Mitarbeitenden als Botschafter des Unternehmens beziehungsweise deren Multiplikatorfunktion unterschätzt. Als „Insider" sind Mitarbeitende glaubwürdige Kommunikatoren eines Unternehmens, die außengerichtete Maßnahmen intern und extern absichern können. Sie werden diese Rolle jedoch nur dann in diesem Sinne einnehmen, wenn sie tatsächlich umfassend über das Unternehmen und unternehmerische Zusammenhänge informiert sind. Befragungen im geografischen Umfeld der *BASF* Ludwigshafen ergaben, dass Mitarbeitende und deren Angehörige bei der Bevölkerung – noch vor den gedruckten und elektronischen Medien – als glaubwürdigste Quelle für Informationen akzeptiert werden (*Klöfer/Nies* 2003, S. 346). Bei derart großen Unternehmen summiert sich die Zahl der Multiplikatoren unter Berücksichtigung der Mitarbeitenden und deren Angehöriger leicht auf 400.000 bis 500.000 Personen.

- **Prinzip der Offenheit:** Es ist ein Trugschluss des Managements vieler Unternehmen anzunehmen, dass einzelne – unter Umständen unangenehme – Sachverhalte nicht zu kommunizieren sind. Selbstverständlich ist es nicht möglich, jeden Mitarbeitenden in alle Prozesse der Unternehmensführung einzubeziehen. Eine Geheimhaltung von Sachverhalten, die die Mitarbeitenden direkt betreffen, gelingt jedoch nur in seltenen Fällen. So ist es vor allem in Krisensituationen, z. B. bei Filialschließungen oder Stellenabbau, notwendig – und für die langfristige Glaubwürdigkeit des Managements dringend erforderlich –, mit den Mitarbeitenden offen und detailliert über die, für sie wesentlichen, Entwicklungen zu kommunizieren.

Wie aus einer repräsentativen Umfrage der Personalberatung von *Rundstedt und Partner* unter rund 1.000 Teilnehmern hervorgeht, erwarten 66,6 Prozent der Arbeitnehmer in Deutschland von ihrem Führungspersonal kontinuierliche Informationen über die aktuelle wirtschaftliche Lage und die Zukunftspläne des Unternehmens. Insbesondere eine Offenheit hinsichtlich eines möglichen Stellenabbaus wird gefordert. Die Einbindung von Mitarbeitenden zur Lösungsfindung in schwierigen Zeiten steht ebenfalls auf der Wunschliste der Befragten (56,5 Prozent). Wird ein Personalabbau unvermeidlich, äußert die Hälfte der Befragten, den Wunsch nach einer zeitnahen und klaren Kommunikation (*von Rundstedt & Partner GmbH* 2009).

- **Prinzip der Wahrheit:** Das Prinzip der Wahrheit ist eng mit der Forderung nach Offenheit und Vollständigkeit verknüpft, ist aber dennoch explizit zu betonen. Unternehmen oder Organisationen, die Wahrheit, Ehrlichkeit und Loyalität von ihren Mitarbeitenden erwarten, haben sicherzustellen, dass dieses Prinzip auf Gegenseitigkeit beruht und von allen Unternehmensebenen mit Führungs- und Vorbildfunktion vorgelebt wird.

- **Prinzip des Vertrauens:** Grundsätzlich hat in den unternehmensinternen Prozessen ein hohes Maß an Vertrauen zwischen den Beteiligten vorzuliegen. Hat das Management dennoch Vorbehalte gegenüber einer weitergehenden kommunikativen Einbindung der Mitarbeitenden, so ist zu überprüfen, ob diese Bedenken gerechtfertigt sind. Diese Bedenken sind beispielsweise auf die Beschäftigung nicht geeigneter Mitarbeitender zurückzuführen oder der Führungsstil des Managements weist entsprechenden Entwicklungsbedarf auf. Ohne entsprechendes Vertrauen des Managements in die Mitarbeitenden (et vice versa) werden stets suboptimale Lösungen der Mitarbeiterkommunikation entstehen.

Die **Formulierung der unternehmensspezifischen Prinzipien** der Mitarbeiterkommunikation ist nicht als managementautonome Aufgabe fälschlich zu interpretieren beziehungsweise „weg zu delegieren". Idealerweise sind die Mitarbeitenden bereits in diese frühe Phase des unternehmerischen Planungsprozesses zu integrieren, um die typischen Gefahren des „Not-Invented-Here-Syndroms" zu vermeiden. Eine angemessene Einbindung gehört dabei nicht zu den fakultativen Elementen einer Neuordnung der Mitarbeiterkommunikation, sondern ist vielmehr notwendiger Bestandteil, damit eine Neukonzeption von allen Mitarbeitenden tatsächlich auch ernst genommen wird. Die Deckungsgleichheit der Postulate nach Einbindung, Frühzeitigkeit usw. mit der gelebten Kommunikationswirklichkeit ist bereits bei den Planungsaktivitäten unter Beweis zu stellen.

Die Entwicklung einer eigenständigen und beständigen **Kommunikationskultur** unter Berücksichtigung der Prinzipien der Mitarbeiterkommunikation ist ein wichtiges Ziel der innengerichteten kommunikativen Aktivitäten. Sie fördert die Bindung der Mitarbeitenden an ihr Unternehmen und ist die Basis gegenseitigen Vertrauens. Vor allem in Krisensituationen ist dieses Vertrauen ein wertvolles Kapital für alle Unternehmensmitglieder. Eine starke Kommunikationskultur ist wichtiger Bestandteil der Unternehmenskultur und kann die Umsetzung der Unternehmensstrategie in vielen Bereichen unterstützen.

4.2 Elemente einer Strategie der Mitarbeiterkommunikation

Um die kommunikative Vermittlung der Strategie der Mitarbeiterkommunikation zu erleichtern, sind inhaltliche und formale **Anforderungen** an die Formulierung zu erfüllen:

(1) Inhaltliche Anforderungen

- **Zielorientierung:** Es ist erforderlich, dass eine Strategie der Mitarbeiterkommunikation die im Vorfeld erarbeiteten Ziele der Mitarbeiterkommunikation enthält und diese weiter konkretisiert (Welche Ziele sind zu erreichen? Warum sind diese Ziele von Bedeutung?).

- **Zielgruppenorientierung:** Die Formulierung der Strategie hat eine entsprechende Zielgruppendifferenzierung aufzuweisen (Wer ist mit welchem Ziel anzusprechen?).

- **Medienorientierung:** Hier steht die Grobkonzeption der Kommunikationsinfrastruktur im Mittelpunkt (Welche Medien sind grundsätzlich einzusetzen?).

(2) Formale Anforderungen

- **Schriftliche Fixierung:** Um die Vermittlung der Kommunikationsstrategie selbst zu erleichtern und das Commitment des Unternehmens zum Ausdruck zu bringen, hat eine schriftliche Dokumentation zu erfolgen.

- **Zugänglichkeit:** Die Strategie der Mitarbeiterkommunikation selbst ist umfassend zu kommunizieren und hat nicht nur für Mitarbeitende mit Führungsaufgaben zugänglich sein.

- **Prägnanz:** Es ist notwendig, dass die Kommunikationsstrategie nicht nur pauschale Willenserklärungen beinhaltet, sondern jenes Maß an Konkretheit und Exaktheit aufweist, damit sie auch als Maßstab des tatsächlichen Handelns angesehen werden kann.

Zentrale Maxime der Mitarbeiterkommunikation ist es dabei, gegenüber den Mitarbeitenden jenes Maß an Information und Kommunikation zu gewährleisten, das eine **effiziente Aufgabenerfüllung** möglich macht sowie die subjektiven Informations- und Kommunikationsbedürfnisse befriedigt. Der Effizienzaspekt impliziert dabei zum einen, dass alle notwendigen Informationen an den jeweiligen Stellen zwingend vorhanden sind, zum anderen, dass eine Medien- und Kommunikationsüberflutung (z.B. durch E-Mails, Intranet usw.) im Sinne etwaiger Überlastungserscheinungen zu vermeiden ist. Daher sind Strategiealternativen für die identifizierten Mitarbeitergruppen mit unterschiedlichem Informations- und Kommunikationsbedarf zu entwickeln.

Welchen **Stellenwert** einzelne Unternehmen der Mitarbeiterkommunikation beimessen, wird ersichtlich, wenn z.B. Vorstandsbeschlüsse nur dann gefasst werden, wenn auch die begleitende Kommunikation dieser Beschlüsse festgelegt worden ist. Dieses Vorgehen formalisiert den Prozess der Mitarbeiterkommunikation in gewisser Weise, da sicher zu stellen ist, dass in Zusammenhang mit Vorstandsentscheidungen keine Missverständnisse über die Kommunikation bestehen. Zudem dokumentiert dieses Prinzip, wie wichtig dem Unternehmen der Austausch mit den Mitarbeitenden ist.

Ausgehend von der Frage, in welcher Form sich die Strategie und Zielgruppenorientierung in der Mitarbeiterkommunikation materialisieren, können unterschiedliche **Differenzierungsebenen** unterschieden werden, die in Schaubild III-K-12 dargestellt sind.

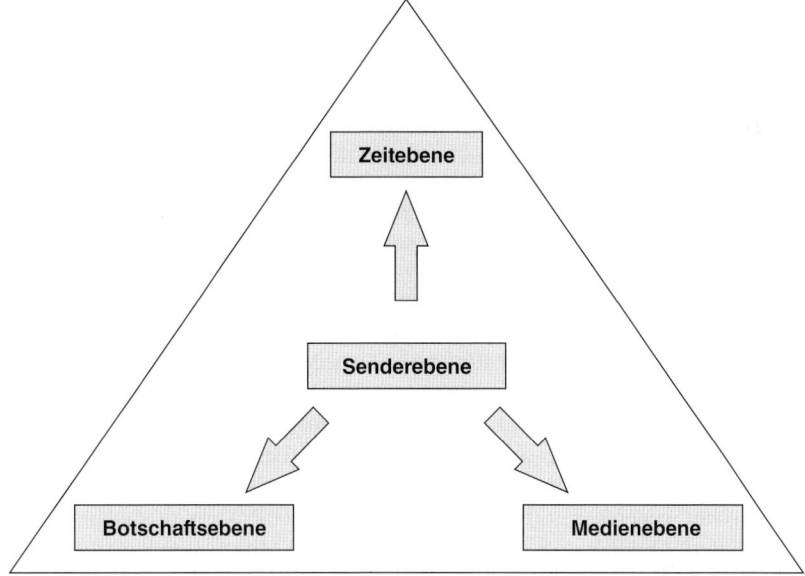

Schaubild III-K-12: Ebenen der zielgruppenbezogenen Strategie der Mitarbeiterkommunikation

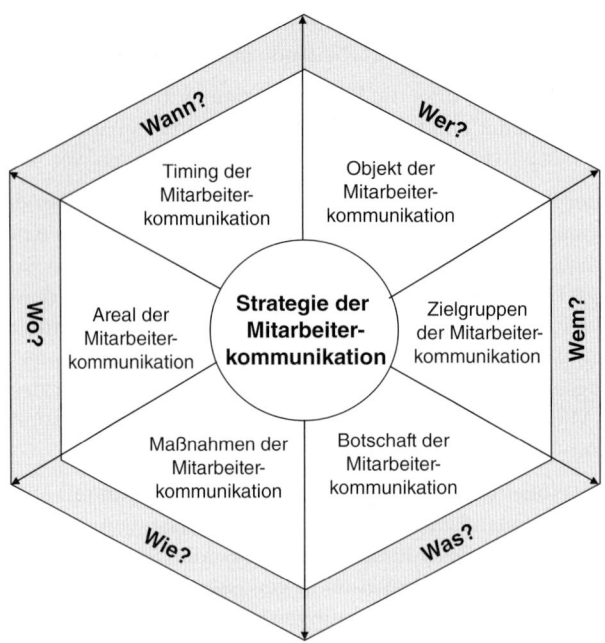

Schaubild III-K-13: Elemente einer Strategie der Mitarbeiterkommunikation

Die Entwicklung einer Strategie der Mitarbeiterkommunikation kann sich grundsätzlich an sechs Elementen, wie sie in Schaubild III-K-13 dargestellt sind, orientieren.

(1) Objekt der Mitarbeiterkommunikation

Bei der Bestimmung des Objekts der Mitarbeiterkommunikation wird festgelegt, wer als (Ab-) Sender der Botschaften in Erscheinung tritt. Dabei kann es sich um ein Individuum (z. B. eine Führungskraft, Mitarbeitenden), eine Gruppen (z. B. eine Abteilung) oder eine Organisation (z. B. einen Geschäftsbereich, Tochtergesellschaft, Gesamtunternehmen) handeln. Der Sender der einzelnen Botschaften ist zunächst der **Initiator des Kommunikationsprozesses**. Ist er bei reinen Informationsprozessen der Einwegkommunikation tatsächlich auch nur der Sender, so wird er bei dialogorientierten Prozessen im Zeitablauf auch zum Empfänger von Botschaften.

Grundsätzlich obliegt – wenn beispielsweise der Mitarbeitende als Werbeobjekt anzusprechen ist – dem jeweils direkten **Vorgesetzten** die unmittelbare **Aufgabe zur Information und Kommunikation**. Er hat als Moderator für jene Mitarbeitenden zu fungieren, für die er direkte Führungsverantwortung hat. Darüber hinaus sind auch gegenüber identischen Zielgruppen botschaftsabhängig bestimmte Variationen auf Senderebene zweckmäßig. Steht z. B. die Planung von konkreten Produktions- oder Qualitätszielen einer Arbeitsgruppe im Mittelpunkt, so sind Kommunikationsprozesse zwischen dem direkten Vorgesetzten beziehungsweise dem Teamsprecher angemessen. Hat der kommunikative Prozess demgegenüber eine andere, umfassendere Qualität, z. B. bei Verpflichtung der Mitarbeitenden für ein unternehmensweites Qualitätsmanagementsystem, so ist die Einbindung höherer Hierarchieebenen in den kommunikativen Gestaltungsprozess anzustreben. Lebendige und situationsspezifische Kommunikation ist auch gegenüber den internen Zielgruppen unter anderem durch einen adäquaten Wechsel des Senders realisierbar.

(2) Zielgruppen der Mitarbeiterkommunikation

Bei der Zielgruppenbestimmung steht die Bestimmung der **Empfänger** beziehungsweise **Kommunikationspartner** der Mitarbeiterkommunikation innerhalb des Unternehmens im Mittelpunkt. Aufgrund der besonderen Stellung sowie der Spezifika der Mitarbeiterkommunikation ist unternehmensintern eine Zielgruppendifferenzierung vorzunehmen. Ausgehend von einer managementorientierten Zielgruppenanalyse ist die Empfängerbestimmung abhängig von Art und Inhalt der Botschaft. So sind beispielsweise detaillierte Kennzahlen zur wirtschaftlichen Entwicklung eines Landes unter Umständen nur für einen begrenzten Teil der Führungskräfte relevant, über die Entwicklung des konkreten Unternehmensstandortes sind hingegen alle Mitarbeitenden in Kenntnis zu setzen. In diesem Zusammenhang ist zu berücksichtigen, dass nicht nur eine inhaltliche, sondern auch eine zeitliche und sprachliche Differenzierung vorgenommen wird (vgl. Abschnitt III-K-3.3).

(3) Botschaft der Mitarbeiterkommunikation

Eine zentrale Fragestellung ist die Bestimmung der zu transportierenden Kommunikationsinhalte, d. h., der übermittelten Botschaften im Rahmen der Mitarbeiterkommunikation. Sie steht in engem Zusammenhang mit der Bestimmung der einzelnen Kommunikationspartner. Als Entscheidungsgrundlage für die Botschaftsgestaltung sind die Ziele, die mit den Maßnahmen der Mitarbeiterkommunikation verfolgt werden, heranzuziehen.

Dabei sind zunächst die **nicht-fakultativen Aufgaben** der Mitarbeiterkommunikation von Belang, d. h., jener Teil der kommunikativen Leistung, der zu den gesetzlichen Informationspflichten der Unternehmensführung gegenüber den Mitarbeitenden gehört. Zu nennen sind in diesem Zusammenhang das Betriebsverfassungsgesetz, diverse Mitbestimmungsgesetze sowie das Sprecherausschussgesetz für leitende Angestellte (*Noll* 1996, S. 59). Es ist allerdings ersichtlich, dass dieser verpflichtende Teil der Unternehmenskommunikation nicht ausreicht, um eine effiziente Aufgabenerfüllung zu gewährleisten, da die hier bestimmten Inhalte und die Periodizität keinesfalls als ausreichend zu erachten sind. Die potenziellen Informations- und Kommunikationsbereiche außerhalb der gesetzlichen Informationspflichten ergeben ein **Themenkontinuum**, das in seinen Extremausprägungen von Themen der Makroebene bis zu Themen der Mikroebene reicht – mit unterschiedlicher individueller Betroffenheit. Schaubild III-K-14 zeigt die zentralen Themenschwerpunkte, die bei der Gestaltung der Inhalte der Mitarbeiterkommunikation zu berücksichtigen sind.

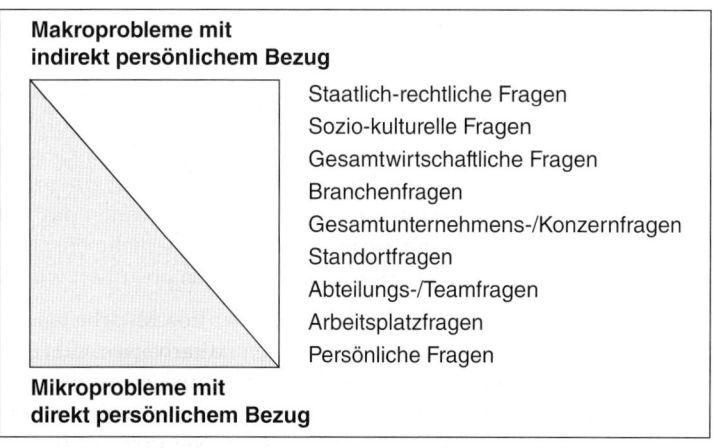

Makroprobleme mit indirekt persönlichem Bezug

Staatlich-rechtliche Fragen
Sozio-kulturelle Fragen
Gesamtwirtschaftliche Fragen
Branchenfragen
Gesamtunternehmens-/Konzernfragen
Standortfragen
Abteilungs-/Teamfragen
Arbeitsplatzfragen
Persönliche Fragen

Mikroprobleme mit direkt persönlichem Bezug

Schaubild III-K-14: Bezugsrahmen für Inhalte der Mitarbeiterkommunikation

Unter Berücksichtigung der **Position** eines Mitarbeitenden als Teil des Gesamtsystems eines Unternehmens sind zwei zentrale Bereiche in diesem zu unterscheiden: Zum einen Fragestellungen, die primär die Makroumwelt betreffen, mit unter Umständen nicht vorhandener bis sehr geringer Bedeutung für den einzelnen Mitarbeitenden; zum anderen der Bereich der Mikroumwelt mit wesentlich größerer Relevanz für die Mitarbeitenden. Entsprechend der Möglichkeit einer Einflussnahme auf das konkrete Geschehen verläuft die Grenze zwischen beiden Bereichen an der Schnittstelle der Konzern- zu den Branchenfragen, und damit dort, wo unternehmerische Entscheidungen direkte Konsequenzen für einzelne Mitarbeitende haben können.

Vor dem Hintergrund der aktuellen Entwicklungen der gesellschaftlichen Werte und mit dem Ziel einer identitätsstiftenden Funktion des Unternehmens für die Mitarbeitenden wird es einem Unternehmen in Zukunft immer weniger möglich sein, sich an gesellschaftlich relevanten Diskussionen nicht zu beteiligen. Die Mitarbeitenden werden also in verstärktem Maße erwarten, dass die unternehmensinterne Kommunikation auch zu Themen der Makroumwelt Stellung bezieht. Dies gilt umso mehr, wenn unter Umständen das eigene Unternehmen – wie z. B. die Modeketten *H&M* und *C&A* im Zusammenhang mit dem Betrug mit Bio-Siegeln bei gentechnisch manipulierten Baumwohltextilien – Gegenstand des unternehmensexternen Interesses ist.

Doch auch unabhängig von solchen Themenkonstellationen in Unternehmenskrisen ist die kontinuierliche **Aufarbeitung von Themen** der Makroumwelt innerhalb der Mitarbeiterkommunikation erforderlich. Dies gilt insbesondere dann, wenn eine potenzielle Betroffenheit der Mitarbeitenden gegeben beziehungsweise zu vermuten ist. Als Beispiele solcher Entwicklungen im staatlich-rechtlichen, sozio-kulturellen oder auch gesamtwirtschaftlichen Bereich, die durch die Mitarbeiterkommunikation zu kommunizieren sind, sind zu nennen: Themen wie Altersvorsorge, Flexibilisierung der Arbeit, Standortfragen usw. Aufgabe der Mitarbeiterkommunikation ist in diesem Fall zum einen die nachfrageorientierte Identifikation der Informations- und Kommunikationsbedürfnisse, zum anderen die daraus folgende zielgruppenspezifische Aufbereitung der konkreten Thematik.

Die **gemeinschaftsstiftende Kommunikationspflicht** ist nicht nur für unternehmensexterne Sachverhalte, sondern gleichermaßen für unternehmensinterne Sachverhalte zu berücksichtigen. Themen des Gesamtunternehmens, der Schnittstelle des eigenen Unternehmens zur Gesamtbranche beziehungsweise Fragestellungen aus anderen Unternehmen eines Konzerns sind durch die Mitarbeiterkommunikation zielgruppengerecht aufzubereiten. Viele dieser Themen, die in unternehmensexternen Organen behandelt werden, sind im Hinblick auf die Schaffung und Bewahrung von gegenseitigem Vertrauen ebenfalls in die Mitarbeiterkommunikation aufzunehmen. Ein Unternehmen hat sowohl nach innen als auch nach außen abgestimmte Informationen zu vermitteln, um bei allen Adressaten glaubwürdig zu sein. Es ist in diesem Zusammenhang zu betonen, dass den unternehmensinternen Zielgruppen bei der Diskussion unternehmensinterner Fragestellungen eine hohe Priorität einzuräumen ist. Eine Abweichung von diesem Prinzip wirkt negativ auf die Mitarbeitenden des Unternehmens, zudem verstärkt sich dieser Effekt, wenn zuvor in Leitbild, Unternehmensphilosophie oder auch Mitarbeiterversammlungen andere Werte und Haltungen postuliert wurden.

Bei der Diskussion der Kommunikationsinhalte gegenüber den Mitarbeitenden ist darüber hinaus auf die **Medienrelevanz** einzelner Fragestellungen zu verweisen. Gibt es bei allgemein interessierenden Fragen ohne spezifischen Unternehmensbezug gewisse Wahlfreiheiten hinsichtlich der einzusetzenden Medien, so schränkt sich der Alternativenraum umso mehr ein, je persönlicher der Kommunikationsinhalt, je kritischer der Kommunikationsanlass beziehungsweise je negativer die potenziellen Konsequenzen für den einzelnen Mitarbeitenden sind. Zusammenfassend lässt sich feststellen, dass mit zunehmender persönlicher Betroffenheit auch die Notwendigkeit der direkten, persönlichen Kommunikation steigt, bis hin zu einem Vier-Augen-Gespräch zwischen Vorgesetzten und Mitarbeitenden.

(4) Maßnahmen der Mitarbeiterkommunikation
Hierbei steht primär die Bestimmung der Medien im Mittelpunkt. Die verfügbaren Technologien sowie die im Unternehmen vorhandene Kommunikationsinfrastruktur geben dabei die Rahmenbedingungen vor, innerhalb derer die Gestaltungsspielräume der Medienwahl und des Medienmix möglichst effizient zu nutzen sind. Effizienz meint dabei vor allem auch eine der jeweiligen Kommunikationsaufgabe angemessene **Medienwahl**. Häufig ist unternehmensintern – eine gewisse „Medienarmut" festzustellen: Unternehmen, die unternehmensextern zwar ein sehr facettenreiches Spektrum an Medien nutzen, sind unternehmensintern vielfach durch eine wenig ausdifferenzierte Kommunikationsinfrastruktur gekennzeichnet. Das Missverhältnis der kommunikativen Vielfalt kann durch die Mitarbeitenden bezüglich ihrer Wichtigkeit für das Management und die Unternehmensführung negativ interpretiert werden. Die konkrete Medienwahl in einzelnen Informations- und Kommunikationssituationen dokumentiert zudem oftmals die Einstellungen der Führungskräfte. Unternehmen, die die zielorientierte Maßnahmenplanung der Mitarbeiterkommunikation beherrschen, vertrauen dabei nicht nur auf die zielgruppenspezifische Bestimmung des Instrumenteeinsatzes, sondern variieren ihren Medienmix in Abhängigkeit von der konkreten Kommunikationsaufgabe.

> **Beispiel: Unterschiedliche Wirkungen bei differenzierten internen Kommunikationsmaßnahmen**
> Mitarbeitende im Produktionsbereich einer Automobilfabrik, die in der Regel durch ihre direkten Vorgesetzten oder Arbeitsgruppenleiter informiert werden, nehmen die Inhalte eines Total-Quality-Programms in anderer Weise auf, wenn sie z. B. im Rahmen einer besonderen Veranstaltung durch ein Vorstandsmitglied über die Hintergründe des Qualitätsprogramms informiert werden und im Anschluss die Möglichkeit zu einem Gespräch besteht.

Um ein traditionelles Denken im Rahmen der Mitarbeiterkommunikation aufzubrechen, eignen sich zum einen Verfahren, die klassischerweise als Kreativitätstechniken bezeichnet werden (Brainstorming, Synektik, Methode 6-3-5 usw.); zum anderen aber auch modifizierte Verfahren, z. B. der strategischen Planung. Schaubild III-K-15 zeigt die Anwendung des so genannten *Abell*-Schemas auf Fragestellungen der Mitarbeiterkommunikation.

Hilfestellung bei der Auswahl des geeigneten Mediums können schließlich Überlegungen bieten, die die Anforderungen der Kommunikationsaufgabe sowie die Charakteristika einzelner Medien systematisieren. Eine weitgehende Übereinstimmung des Soll-Profils (abgeleitet aus der Kommunikationsaufgabe) und dem Ist-Profil (Charakteristika der Medien) kann die Zahl der in Frage kommenden Medien dabei auf vergleichsweise objektiver und systematischer Basis eingrenzen. Eine solche exemplarische Charakterisierung der direkten, persönlichen Kommunikation sowie der unpersönlichen Massenkommunikation gibt Schaubild III-K-16 wieder.

Die Gesamtheit der im Rahmen der Maßnahmenplanung zu bestimmenden Elemente der Mitarbeiterkommunikation lassen vielfältige Interdependenzen erkennen. Der Kommunikationsinhalt schränkt bereits die Auswahl der idealerweise in Frage kommenden Medien ein, er gibt den Rahmen für den idealen Kommunikationszeitpunkt sowie zielgruppenspezifisch den Sender vor. Als Beispiel sei auf einen bevorstehenden Unternehmenszusammenschluss verwiesen, über den die Mitarbeitenden vor der Information der Presse (Zeitpunkt), idealerweise persönlich (Sender), z. B. auf dem Wege der direkten Kommunikation auf einer Betriebsversammlung (Medium), zu informieren sind. Vice versa wird auch der Sender unter Umständen nur bestimmte Medien gegenüber einzelnen Zielgruppen nutzen beziehungsweise nur bestimmte Inhalte kommunizieren (z. B. Kommunikationsverhalten von Vorstandsvorsitzenden).

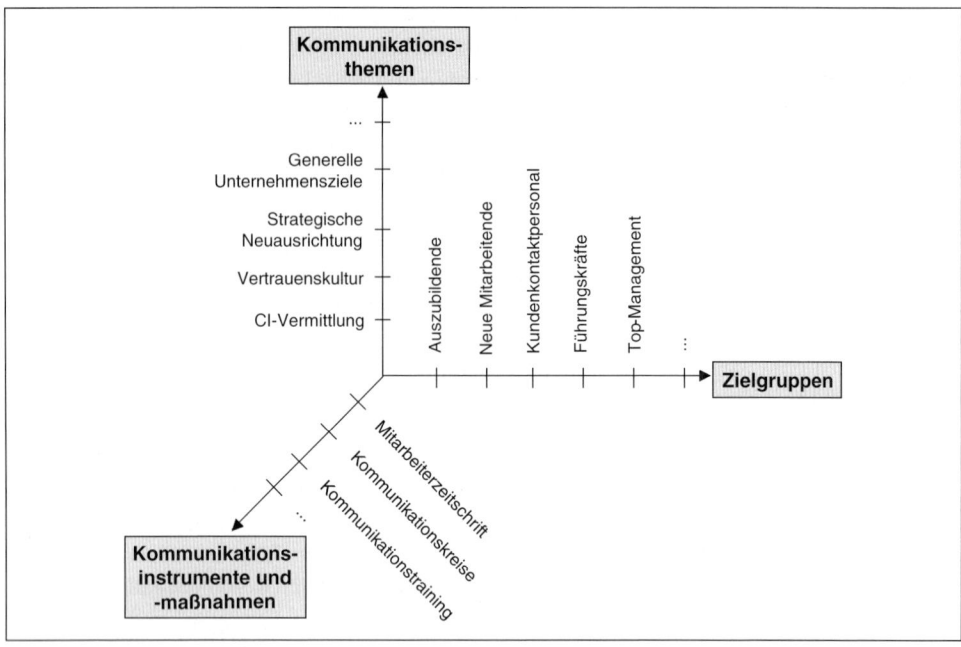

Schaubild III-K-15: Dreidimensionales Denkraster zur Grobsystematisierung der Mitarbeiterkommunikation (in Anlehnung an Abell/Hammond 1986; Noll 1996, S. 194)

Charakteristika der Medien	Direkte, persönliche Kommunikation	Massenkommunikation
Kommunikationsfluss	Einzelperson – Einzelperson	Einzelperson – Gruppe
Geschwindigkeit	mittel bis hoch	langsam bis mittel
Feedback	sofort und hoch	verzögert und niedrig
Kontrolle des Kommunikationsflusses	hoch, direkt und gegenseitig	einseitig, niedrig beim Empfänger, hoch beim Sender
Segmentierbarkeit	hoch	niedrig
Konsistenz	gefährdet	hoch
Sozioemotionale Stärke	tendenziell hoch	tendenziell niedrig

Schaubild III-K-16: Hauptcharakteristika von interpersonalen und Massenmedien (Koller 1990, S. 277)

(5) Areal der Mitarbeiterkommunikation

Mit dem Areal legt ein Unternehmen im Allgemeinen fest, ob es seine Aktivitäten im Rahmen der Mitarbeiterkommunikation primär lokal, regional, national oder international ausrichtet. Die Bestimmung des Areals der Mitarbeiterkommunikation wird durch Faktoren wie beispielsweise den Standort des Unternehmen, den organisatorischen Aufbau, Internationalisierungsgrad usw. determiniert und ergibt sich bereits durch die vorangegangen Elemente einer Strategie der Mitarbeiterkommunikation. Aus der Festlegung der Kommunikationsziele und der Bestimmung der internen Zielgruppen resultiert demnach die Bestimmung des Areals der Mitarbeiterkommunikation, beispielsweise eine Ausrichtung der Aktivitäten auf alle Mitarbeitenden des Stammhauses, der Niederlassungen in einer bestimmten Region, der internationalen Tochtergesellschaften sowie ausgewählter regionaler oder lokaler Standorte usw.

(6) Timing der Mitarbeiterkommunikation

Eng verbunden mit dem Botschaftsinhalt ist auch das Timing der Mitarbeiterkommunikation. Die Zeitdimension ist in zweierlei Hinsicht zu bestimmen: Zum einen im Hinblick auf den **Zeitpunkt** einzelner kommunikativer Aktivitäten, zum anderen im Hinblick auf die **Abfolge** der gesteuerten Kommunikationsprozesse gegenüber einzelnen Zielgruppen.

Aufbauend auf den Prinzipien der Frühzeitigkeit und der Offenheit ist unter dem Aspekt des **Kommunikationszeitpunktes** die durchgängige Kommunikation mit den Mitarbeitenden vor der Außenpräsentation von Inhalten notwendig. Dabei ist der Grundsatz bestimmend, dass jede Information zwar ein Risiko in sich birgt – der Verzicht auf Information allerdings auch (*Erismann-Peyer* 1996, S. 22). Insbesondere unter Glaubwürdigkeits- und Vertrauensgesichtspunkten ist dabei zu beachten, dass das Risiko eines kaum quantifizierbaren und irreparablen Vertrauensschadens bei den Mitarbeitenden im Zweifelsfalle erheblich größer ist als das Risiko einer frühzeitigen unternehmensinternen Diskussion und Information.

Dabei ist zu berücksichtigen, dass mit der Höhe der **Position** in der Unternehmenshierarchie beziehungsweise der **Verantwortung** des einzelnen Mitarbeitenden für weitere, nachgelagerte Kommunikationsprozesse die Notwendigkeit einer frühzeitigen dialogischen Einbindung in die kommunikativen Aktivitäten steigt. Die mitarbeiterrelevanten Prozesse sind kaskadenartig zu kommunizieren, wobei Moderatorenfunktionen in besonderem Maße durch den Zeitpunkt und Umfang der Kommunikation zu würdigen sind.

Im Hinblick auf die **Periodizität** hat eine regelmäßige und häufige Information gegenüber den Mitarbeitenden zu erfolgen. Hierbei ist jedoch zu beachten, dass dem Kommunikationswettbewerb, der sich zunehmend auch unternehmensintern manifestiert, in stärkerem Maße über prozessbegleitende sowie ereignisbezogene Kommunikationsaktivitäten zu begegnen ist (*Dotzler* 1999, S. 673 f.; *Schick* 2007, S. 107 ff.). So decken beispielsweise nahezu inhaltsfreie Mitarbeiterzeitungen, die ausschließlich aufgrund eines einmal festgelegten Erscheinungszyklus zwanghaft mit beliebigen Informationen „gefüllt" werden, nicht die realen Kommunikationsbedürfnisse der Mitarbeitenden.

4.3 Strategietypen der Mitarbeiterkommunikation

Die inhaltliche Ausgestaltung von Strategien der Mitarbeiterkommunikation orientiert sich an den kommunikativen Aufgaben, die von diesem Kommunikationsinstrument zu erfüllen sind. Folgende zentrale **Strategietypen der Mitarbeiterkommunikation** lassen sich abgrenzen, die im Folgenden kurz dargestellt werden (vgl. generell für Kommunikationsstrategien z. B. *Bruhn* 1989, S. 407 f.):

- Informationsstrategie,
- Dialogstrategie,
- Change-Strategie,
- Mitarbeiterbindungsstrategie.

Bei der **Informationsstrategie** steht die Vermittlung von umfassenden Informationen an die Mitarbeitenden im Vordergrund. Dabei ist – überwiegend in einem Top-down-Prozess – auf neue Produkte und Leistungen, Unternehmens- und Kommunikationsstrategien am Markt, operative Maßnahmen und Veranstaltungen aufmerksam zu machen. Einzusetzen sind vor allem Medien der Massenkommunikation, z. B. Mitarbeiterzeitschriften, Newsletter, E-Mail, Intranet, Business-TV usw. Eine persönliche Art der Ansprache mit der Möglichkeit, Rückfragen zu stellen, ist vor allem in Krisensituationen notwendig. In diesem Fall ist eine verstärkte – d. h. eine schnell zu kommunizierende, wahrheitsgetreue und inhaltlich detaillierte – Informationsstrategie von Unternehmen gegenüber seinen Mitarbeitenden gefordert. Die Information der Mitarbeitenden hat nach den Prinzipien der Mitarbeiterkommunikation, wie z. B. die Vollständigkeit, Offenheit und Ehrlichkeit zu erfolgen.

> **Beispiel: Information der Mitarbeitenden über die Schaffung einer Servicekultur bei der *Swisscom***
> Seit dem Jahr 2001 wendet das Schweizer Technologieunternehmen *Swisscom* verschiedene Maßnahmen an, um sich über die Schaffung einer Servicekultur von den Wettbewerbern zu differenzieren. Den Wandel von einer Technologiekultur hin zu einer Servicekultur galt es dabei zunächst bei den Mitarbeitenden zu vollziehen. Um diese umfassend über die geplante Servicekultur zu informieren, wurde im Jahre 2007 eine Servicecharta für die Mitarbeitenden eingerichtet. Diese beinhaltete Informationen zum Erreichen höchster Qualität im Kundenkontakt oder zur Erfüllung von Kundenerwartungen. Die Servicecharta wurde dabei nach bestimmten Mitarbeitergruppen (z. B. Mitarbeitende im Call Center, Mitarbeitende im Kundenkontakt) leicht modifiziert (*Müller* 2008, S. 394).

Einen weiteren Strategietyp repräsentiert die **Dialogstrategie**. Die Kommunikationsstrategie ist in diesem Zusammenhang stark dialogorientiert, um die kontinuierliche Interaktion des Managements und der internen Zielgruppen zu initiieren und zu fördern. Zielsetzung ist der Distanzabbau zwischen Management und Mitarbeitenden, die Erhöhung des Engagements der Mitarbeitenden sowie deren Motivation zur Meinungsäußerung. Verbesserungsvorschläge und Kritik der Mitarbeitenden sind durch den Dialog zu unterstützen. Zur Durchsetzung der Dialogstrategie sind vor allem Medien von hoher Relevanz, die eine zweiseitige Kommunikation ermöglichen, z. B. Medien der Aufwärtskommunikation und interaktive Medien, und die individuellen und differenzierten Kommunikations- sowie Informationsbedürfnisse der Mitarbeitenden berücksichtigen.

> **Beispiel: Dialogstrategie bei Baugerätehersteller *Hilti***
> Das Unternehmen *Hilti* ist sich der kommunikativen Funktion, die Führungskräfte einnehmen, bewusst. Daher verbringen Top-Führungskräfte des Unternehmens bis zu 80 Tagen im Jahre auf Baustellen, um neben den Kunden auch mit den Mitarbeitenden in Kontakt zu treten (*Tomczak/Henkel* 2008, S. 11). Durch den Dialog mit den Führungskräften können Mitarbeitende Rückschlüsse auf ihr Soll-Verhalten ziehen (*Esch/Vallaster* 2005, S. 1015; *Henkel/Tomczak/Wentzel* 2007, S. 16; *Brexendorf et al.* 2008, S. 326).

Bei der **Change-Strategie** liegt der Schwerpunkt der kommunikativen Aktivitäten in der Aufklärung der Mitarbeitenden über langfristig geplante oder plötzliche Veränderungen – beispielsweise Umstrukturierungen der bestehenden Unternehmensstruktur, Übernahmen, Verkäufe, Fusionen und daraus resultierende Restrukturierungen – im Unternehmen. Der Erfolg von Veränderungen im Unternehmen ist wesentlich vom Einbezug und der Mitwirkung der Mitarbeitenden abhängig. Ziel der Veränderungen ist die kontinuierliche Verbesserung von Strukturen und Prozessen auf allen Hierarchieebenen unter aktiver Beteiligung der Führungskräfte und Mitarbeitenden. Als Beispiel für diese Strategieform ist der intensive Einsatz von Maßnahmen, wie beispielsweise Events, Mitarbeiterversammlungen, Informationsforen oder Workshops, zu nennen.

> **Beispiel: Markenrepositionierung bei *T-Systems***
> *T-Systems (heutige T-Systems International GmbH)* wurde im Jahre 2004 zur Geschäftskundenmarke der *Deutschen Telekom*. Dadurch wurde entsprechend den neuen Marktgegebenheiten – der neue Mar-

kenauftrag umfasste eine extreme Erweiterung der Zielgruppen – eine Repositionierung der Marke erforderlich. Um diese Veränderungen intern zu kommunizieren, wurden verschiedene Maßnahmen durchgeführt, die das Ziel hatten, die Mitarbeitenden über die neue Markenpositionierung zu informieren. Im ersten Schritt galt es, Führungskräften die neue Markenstrategie vorzustellen, begreiflich zu machen, Relevanz für die Notwendigkeit der Neuordnung zu erzielen und ihr persönliches Bekenntnis zur Etablierung der Strategie im eigenen Handlungsumfeld zu erlangen. *T-Systems* forderte daher bei einer Auftaktveranstaltung 500 Führungskräfte auf, die neue Markenpositionierung in ihrem eigenen Video zu erarbeiten und vorzustellen. Sowohl die Erstellung des Storyboards als auch die Produktion mit Hilfe von Produktionsfachleuten förderte die Auseinandersetzung mit den neuen Markeninhalten. Im zweiten Schritt wurden weitere Mitarbeiterschichten mit dem neuen Markenauftrag konfrontiert. Bei *T-Systems* wurden daher 20.000 Mitarbeitende auf einer Topmanagement-Roadshow mit einem Markenfilm von der neuen Positionierung begeistert. Der Erfolg gründete hier darauf, dass es dem Topmanagement persönlich gelang, die Marke direkt mit der geplanten Unternehmensstrategie und -vision zu verknüpfen. Bei der Auswahl geeigneter interner Kommunikationsmaßnahmen muss berücksichtigt werden, dass sie möglichst viele Mitarbeitende erreichen, sich zur Identitätsstiftung eignen sowie von hoher emotionaler Wirkungskraft sind. Im dritten Schritt galt es, die wirklich markenprägenden Mitarbeitenden zu identifizieren und zu Brand Managern bzw. Markenbotschaftern auszubilden. Diese Mitarbeitergruppe hat eine starke Hebelwirkung für die Entfaltung der Nutzenversprechen inne. Daher war hier ein besonders intensiver Dialog notwendig. Im Fall von *T-Systems* wurden die Vertriebsmitarbeitenden und Servicemanager sowie Call-Center-Agenten mit direktem Kundenkontakt beim jährlichen Sales Kick-off und weiteren Veranstaltungen intensiv trainiert (vgl. Insert III-K-1) (*Rätsch* 2008, S. 412 f.).

Schließlich wird bei der **Mitarbeiterbindungsstrategie** versucht, mit Hilfe der Mitarbeiterkommunikation eine emotionale Bindung der Mitarbeitenden an das Unternehmen zu erzeugen. Ziel der Mitarbeiterbindungsstrategie ist – in Anlehnung an das Ziel der Kundenbindung – qualifizierte Mitarbeitende an das Unternehmen zu binden und die Identifikation mit dem Unternehmen sowie das Vertrauen des Mitarbeitenden zu fördern (*Bruhn/Grund* 1999, S. 516 f.).

Insert III-K-1: Markenschulung der Vertriebsmitarbeitenden (Rätsch 2008, S. 413)

Durch die Kommunikationsstrategie erreicht das Unternehmen eine echte Verbundenheit im Sinne von Commitment auf Seiten des Mitarbeitenden, damit diese nicht ausschließlich wegen vertraglichen Regelungen oder aus ökonomischen Gründen in einem Unternehmen verbleiben, sondern aufgrund einer Selbstverpflichtung einen Beitrag zur Erreichung der Unternehmensziele erbringen. Die Art der Kommunikation hat sich in diesem Fall vorrangig an der Vermittlung von emotionalen Werten zu orientieren, die durch Maßnahmen – beispielsweise informelle Kontakte zu Vorstandsmitgliedern oder Events (z. B. ein jährliches Sommerfest) – glaubwürdig und offen zu kommunizieren sind.

Beispiel: Emotionale Bindung der Mitarbeitenden an die *UBS* durch Mitarbeiterkommunikation
Um neben den Kunden auch die Mitarbeitenden der Schweizer Bank *UBS* emotional an die Marke zu binden, führte das Unternehmen 2006 die „Sie & *UBS*-Kampagne" durch. Hierfür wurden zahlreiche an die Mitarbeitenden gerichtete Kommunikationsmaßnahmen eingesetzt. Die Idee der Anzeigenkampagne war es, engagierte Mitarbeitende der *UBS* beim Sport oder im heimischen Umfeld vorzustellen und dies mit ihren Leistungen für den Kunden zu verbinden, mit dem Ziel, dass der Kunde dadurch die Mitarbeitenden der *UBS* direkt kennenlernt. Bewusst wurde auf Fotomodelle mit fiktiven Biographien verzichtet, um durch die realen Mitarbeitenden Nähe zu schaffen. Im Gegenzug diente dieses Vorgehen der Schaffung eines Verbundenheitsgefühls bei den Mitarbeitenden zur Marke (vgl. Insert III-K-2). Damit die interne Akzeptanz und das Wissen über die Kampagne erhöht wird, konnten sich alle Mitarbeitenden in den Kantinen an Regalen mit bunten und originellen Buttons bedienen: „… & Tierfreund", „… & Sportfreak" oder „… & Gourmet" stand darauf zu lesen (vgl. Insert III-K-3). Die witzigen Kombinationen forderten die Angestellten spielerisch zum Bekenntnis ihrer Hobbies oder Leidenschaften auf – und ermöglichten so einen spielerischen Zugang zur *UBS*. Neben dem Intranet zur Information über die Kampagne wurde auch ein Casting für entsprechende Werbekampagnen durchgeführt, in denen die Mitarbeitenden auftraten (vgl. Insert III-K-4 und Insert III-K-5) (*Tanner/Cheng* 2008, S. 334 ff.).

Insert III-K-2: Beispiel für Anzeigenmotive der Kampagne
(Tanner/Cheng 2008, S. 342)

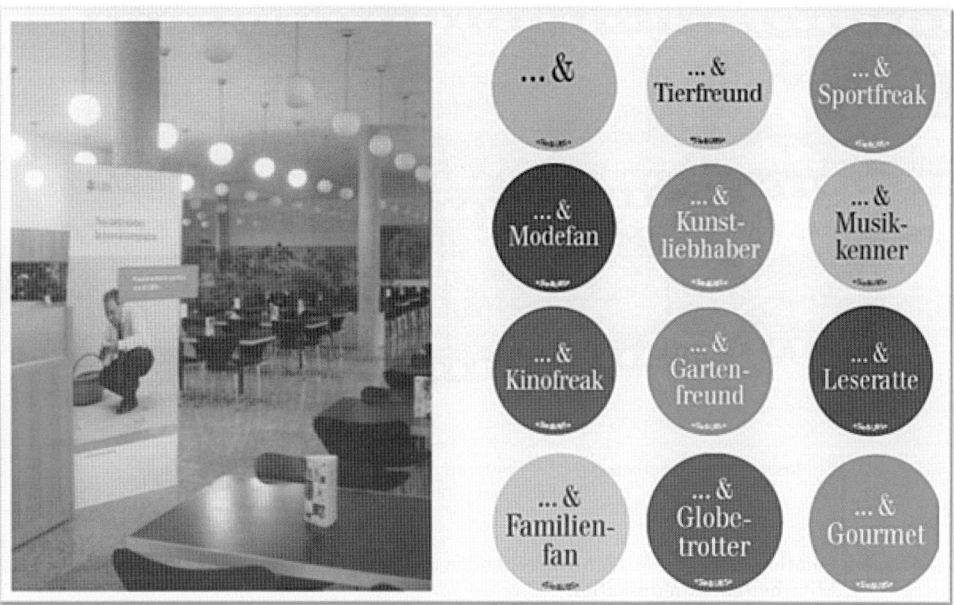

Insert III-K-3: Aufsteller in den Kantinen der UBS und Buttons für die Kampagne
(Tanner/Cheng 2008, S. 337)

Insert III-K-4: Fotos aus dem Drehbericht der TV-Clips
(Tanner/Cheng 2008, S. 336)

Insert III-K-5: Aufbau eines TV-Spots mit Mitarbeitenden und ihren Hobbies
(Tanner/Cheng 2008, S. 340)

Beispiel: Emotionale Bindung der Mitarbeitenden an die *Otto Group* durch „künstlerische"
Mitarbeiterkommunikation
Die *Otto Group* führte 2007 das Projekt „Flying Carpet" durch. Das Ziel der weltweiten Mitarbeiter-
aktion war es, den globalen Netzwerkgedanken, das Vorleben der Unternehmenswerte (Netzwerk,
Kunde und Nachhaltigkeit) überzeugend voranzutreiben und die Begeisterung der Mitarbeitenden für
das Unternehmen zu fördern. Das Projekt stellte eine Kunstaktion dar. Ein zentraler Termin war
hierfür der *Otto*-Welt-Web-Tag am 10. Oktober 2007. An 27 Standorten des Unternehmens wurden von
den Mitarbeitenden Teile eines Wandteppichs aus afrikanischer Baumwolle und aus den „Tattoos der
Leidenschaft" gewebt. Die „Tattoos der Leidenschaft" wurden im Vorfeld des Welt-Web-Tages erstellt
und stellten ein von den Mitarbeitenden selbst gestaltetes „Bild der Leidenschaft", angebracht auf T-
Shirts und Hemden, dar. Das Thema „Tattoos der Leidenschaft" war dabei konkret an die allgemeine
Werteausrichtung „Passion for…" geknüpft und konkret mit Informationen über das Projekt „Cotton
made in Africa" verbunden. Die erstellten Teile wurden anschließend nach Hamburg „geflogen",
dort zu vier Wandteppichen zusammengefügt und im Dezember 2007 während einer Vernissage
ausgestellt (*Hense* 2009, S. 36 f.).

5 Ökonomische Entscheidungen der Mitarbeiterkommunikation

Die Entscheidung über die Durchführung von Maßnahmen der Mitarbeiterkommunikation
ist nicht nur im Hinblick auf die zu erreichenden Ziele der Mitarbeiterkommunikation bei den
anzusprechenden Zielgruppen auszurichten, sondern es sind gleichfalls die ökonomischen
Aspekte der Mitarbeiterkommunikation im Rahmen des Planungsprozesses in Betracht zu
ziehen. Dazu sind zunächst die entstehenden Gesamtkosten zu kalkulieren, bevor das zur
Verfügung stehende Budget der Mitarbeiterkommunikation aufzustellen und zu verteilen ist.

Bevor einzelne Maßnahmen der Mitarbeiterkommunikation konzipiert und umgesetzt werden, hat die Unternehmensleitung eine Entscheidung über das zur Verfügung stehende
Budget der Mitarbeiterkommunikation zu treffen. Obwohl der Mitarbeiterkommunikation
vielfach strategische Bedeutung für den Unternehmenserfolg zugebilligt wird, bleibt der **finanzielle Aufwand** für die entsprechenden Instrumente gering (*Schwaiger/Jeckel/Saffert* 1995,
S. 20 f.; *Bruhn/Boenigk* 1999, S. 75; 166; *Bruhn* 2006, S. 75 f.; 197 f.; 303 f.). Im Mittel werden fünf bis
zehn Prozent des gesamten Kommunikationsbudgets für Maßnahmen der Mitarbeiterkommunikation „ausgegeben". Trotz Vorgabe einer systematischen Mitarbeiterkommunikation

und unter Betonung der strategischen Bedeutung werden vielfach die Kosten der Mitarbeiterkommunikation nicht als eine Investition in das Unternehmen verstanden. Um die Ebene der heuristischen Näherungen an die Budgetierungsproblematik zu verlassen, bietet sich vor allem die Ziel-Maßnahmen-Kalkulation als Budgetierungsansatz an (*Simon/Möhrle* 1993, S. 306; *Noll* 1996, S. 182 ff.; *Rogge* 2004; *Schweiger/Schrattenecker* 2009; *Bruhn* 2010a).

Bei einer **ziel-** beziehungsweise **maßnahmenorientierten Budgetierung** ist in einem ersten Schritt Klarheit über die Gesamtheit der angestrebten Ziele bei den einzelnen Zielgruppen der Mitarbeiterkommunikation sicherzustellen. Ein systematisches Vorgehen macht dabei die Identifikation der Ist-Situation der Mitarbeiterkommunikation und damit entsprechende interne Marktforschungsaktivitäten erforderlich. Die zunächst einmaligen Kosten einer solchen Erhebung sind auf Basis des Einsatzes von Human- und Sachressourcen relativ exakt zu bestimmen. Zu nennen sind hier:

- Personalkosten (z. B. für Planung, Durchführung, Auswertung und Interpretation der Erhebung),
- Kosten externer Dienstleister (z. B. Konzeption des Fragebogens oder Durchführung der gesamten Befragung),
- Durchführungskosten (z. B. Druck und Versand von Fragebögen),
- Aufbereitungskosten (z. B. Vervielfältigung von Ergebnisberichten) usw.

Ist entsprechend dem Planungsprozess der Mitarbeiterkommunikation auf der Basis der **internen Marktforschungsaktivitäten** der konkrete Handlungs- beziehungsweise Kommunikationsbedarf gegenüber den einzelnen Zielgruppen identifiziert, so sind zielgruppenspezifische Ziele zu erarbeiten und anschließend zu gewichten. Die hierbei zu berücksichtigenden Kosten resultieren überwiegend aus dem Einsatz entsprechender Mitarbeitender beziehungsweise externer Dienstleister.

Nach der Erarbeitung einer Strategie sind **Maßnahmen** zu definieren, die zur Erreichung der einzelnen Ziele geeignet erscheinen. Dabei ist zum einen zu untersuchen, welche Maßnahmen im Einzelnen erforderlich sind, zum anderen ist ein Abgleich mit den kommunikationsbezogenen Unternehmensressourcen vorzunehmen. Dabei ist zu klären, welche Instrumente einer Kommunikationsinfrastruktur bereits vorhanden sind und welche demgegenüber neu zu etablieren sind. Zudem ist die Kommunikationsqualifikation der Mitarbeitenden den angestrebten Maßnahmen gegenüberzustellen. Budgetrelevante Kosten entstehen in diesem Zusammenhang aus dem Aufbau beziehungsweise Ausbau der Kommunikationsinfrastruktur (Hardware usw.) sowie aus den Kosten für die notwendige Personalakquisition und -entwicklung (*Noll* 1996, S. 183):

(a) Kosten der Kommunikationsinfrastruktur
- Personalkosten (z. B. Planstellen mit Hauptaufgabenbereich Mitarbeiterkommunikation),
- Zentrale Hard- und Software (z. B. PCs, Server, Vernetzung, Software),
- Dezentrale Hard- und Software (z. B. PC-Aufrüstung, E-Mail-Software, Netzanschlüsse) usw.

(b) Kosten der Personalakquisition und -entwicklung
- Personalakquisition (z. B. Ansprache und Auswahl kommunikationsorientierter Mitarbeitender),
- Weiterbildung und Schulung von Führungskräften (z. B. Moderatorentraining),
- Weiterbildung und Schulung von Mitarbeitenden (z. B. Kommunikationstraining) usw.

Aus den entsprechenden Konkretisierungen sind erste **Budgetvorgaben** für die zunächst **einmaligen Aufwendungen** zum Ausbau der Mitarbeiterkommunikation zu ermitteln. Darüber hinaus sind die **periodischen** und **aperiodischen Folgekosten der Mitarbeiterkommunikation** zu bestimmen. Dabei sind der Budgetplanung verschiedene **Aktivitäten** zugrunde zu legen:

- **Planung und Steuerung der Mitarbeiterkommunikation:** Mitarbeitende der Abteilung Mitarbeiterkommunikation, Infrastruktur dieser Abteilung usw.
- **Sicherung der Informationsbasis:** Periodische interne Marktforschung mit Personal-/Sachkosten usw.
- **Aktualisierung der Kommunikationsinfrastruktur:** Aufbau/Ausbau bestimmter Kommunikationsinstrumente, Schulungskosten für Mitarbeitende usw.
- **Mediennutzung/Medienproduktion:** Laufende Redaktions- und Druckkosten für Mitarbeiterzeitschriften, Unterhalt eines unternehmensinternen Kommunikationsnetzes usw.

Allerdings sind auch die **Grenzen** dieses ziel-/maßnahmenorientierten Ansatzes aufzuführen. Die Ableitung von Maßnahmen aus den internen Kommunikationszielen setzt voraus, dass die Zusammenhänge zwischen dem Einsatz einzelner Instrumente und deren Wirkungen erschlossen sind. Dies ist jedoch nur zum Teil der Fall, da sich die empirischen Auseinandersetzungen mit dem komplexen Themenbereich der Kommunikationswirkungen in der Regel auf den Bereich der nach außen gerichteten Kommunikationsmaßnahmen beschränken und aufgrund der Besonderheiten der internen Zielgruppen nur begrenzt übertragbar sind. Dennoch erscheint dieser Ansatz für die Budgetierungsproblematik geeignet, da er eine aus dem Planungsprozess abgeleitete Berechnung der voraussichtlich anfallenden Kosten vorsieht.

Grundsätzlich empfiehlt es sich, die **Budgetverantwortung** für die Mitarbeiterkommunikation den fachlich verantwortlichen Abteilungen, Teams oder Personen zu übertragen. Zentral zu budgetieren sind demnach nur jene Kosten, die für unternehmensweite, weitgehend unspezifische Kommunikationsleistungen entstehen. Das Budget für fachbezogene, spezifische Kommunikationsaufgaben ist dann z. B. von den entsprechenden Fachbereichen zu beantragen (*Schick* 2007, S. 88 f.). Dabei ist jedoch sicherzustellen, dass die unter strategischen Gesichtspunkten festgelegte Kommunikationsintensität auch tatsächlich umgesetzt wird. Aus diesem Grund kommen einer zentralen Instanz für die Mitarbeiterkommunikation solange koordinierende – und in gewissen Grenzen auch kontrollierende – Aufgaben zu, wie das Verständnis um die Notwendigkeit der nach innen gerichteten Kommunikation, das Wissen um den Instrumenteeinsatz und die Bereitschaft der tatsächlichen Umsetzung noch nicht ausreichend entwickelt sind.

6 Maßnahmenplanung in der Mitarbeiterkommunikation

6.1 Systematisierung der Maßnahmen der Mitarbeiterkommunikation

In den letzten Jahren haben sich zahlreiche Instrumente und Maßnahmen der Mitarbeiterkommunikation aus dem Bereich der Personalführung und der (internen) Public Relations herausgebildet, die von Unternehmen mehr oder weniger kreativ genutzt werden. Die Maßnahmen sind nach verschiedenen Gesichtspunkten zu systematisieren. Schaubild III-K-17 gibt einen Überblick über die wichtigsten **Systematisierungskriterien** und deren Ausprägungsformen.

Eine leistungsfähige Mitarbeiterkommunikation hat sämtliche Maßnahmen zu umfassen, die auf Kenntnisse, Einstellungen und Verhaltensweisen der Mitarbeitenden auf unterschiedlichen hierarchischen Ebenen einwirken. Dabei steht nicht die Einwegkommunikation vom Vorgesetzten zum Mitarbeitenden im Vordergrund, sondern der Austausch von Informationen und die Interaktion in unterschiedliche Richtungen (**Aufwärts-, Abwärts- und Seitwärtskommunikation**).

In den folgenden Ausführungen werden die Medien der Seitwärtskommunikation nur am Rande berücksichtigt, da sie sich aus managementorientierter Perspektive weitgehend einer zentralen Planung und Steuerung entziehen. Der Fokus wird hier deshalb auf die Medien der Abwärts- und Aufwärtskommunikation gelegt und auf solche Medien, die beide Richtungen synchron in einer direkten und interaktiven Kommunikation vereinen. Schaubild III-K-18 verdeutlicht diese Einteilung.

Form	Schriftlich		Mündlich
Sender-Empfänger-Kontakt	Direkt		Indirekt
Mediennutzung	Face to Face		Mediengestützt
Periodizität	Regelmäßig		Unregelmäßig
Verfügbarkeit	Kontinuierlich		Diskret
Kommunikationsorientierung	Einweginformation		Dialogkommunikation
Inhalt	Aufgabenorientiert		Kontextorientiert
Botschaftsfluss (initial)	Abwärts (Top-down)	Aufwärts (Bottom-up)	Seitwärts (In-between)
Kommunikationswirkung	Innengerichtet	Innengerichtet mit Außenwirkung	Außengerichtet mit Innenwirkung
Empfänger	Einzelperson	Personengruppe	Gesamtbelegschaft
Zielgruppenspezifität	Individual-orientiert	Gruppenorientiert	Unspezifiziert

Schaubild III-K-17: Kriterien zur Systematisierung von Maßnahmen der Mitarbeiterkommunikation

Abwärtsgerichtete Medien	Aufwärtsgerichtete Medien	Interaktive Medien
• Mitarbeiterzeitschrift • Mitarbeiterbroschüren • Schwarzes Brett/Aushänge • Rundschreiben • Intranet • Mitarbeiterportale • E-Mail • Newsletter • Audiovisuelle Kommunikation (CD-ROM, DVDs usw.) • Business TV/Business Radio • Handbuch für (neue) Mitarbeitende • Unternehmensrichtlinien • Business-Theater • Podcasts • u.a.m.	*Primäre Aufwärtskommunikation* • Mitarbeiterbefragung • Vorgesetztenbeurteilung • Betriebliches Vorschlagswesen • Internes Beschwerdemanagement u.a.m. *Sekundäre Aufwärtskommunikation* • Mitarbeiterzeitung mit Beiträgen von Mitarbeitenden • Rundschreiben mit Angaben von Ansprechpartner • Belegschaftsversammlungen mit Diskussion u.a.m.	• Business TV mit direkter Rückkanaltechnik, z.B. Telefon • Diskussionsforen im Intranet • Blogs, Micro-Blogging • Wikis • Businessnetzwerke • Intranetchats (z.B. mit dem Vorstand) • Management-by-Walking-around • Informations- oder Team-übergreifende Besprechungen • Workshops und Seminare • Nonverbale Signale (Mimik, Gestik, Tonfall) • Mitarbeitergespräch • Informelle Kommunikation • Events • Dialogbilder • Spiele/Wettbewerbe • Storytelling u.a.m.

Schaubild III-K-18: Kategorisierung der Maßnahmen zur Mitarbeiterkommunikation

6.2 Einzelmaßnahmen der Mitarbeiterkommunikation

6.2.1 Medien der Abwärtskommunikation

Die **klassischen Medien der Abwärtskommunikation** sind in den meisten Unternehmen am weitesten entwickelt, werden jedoch mit einer unterschiedlichen Intensität und Systematik eingesetzt. Im Folgenden werden einige Medien, die über einen besonderen Stellenwert für die Mitarbeiterkommunikation in Wissenschaft und Praxis verfügen, dargestellt (*Meier* 2002, S. 46 ff.).

Mitarbeiterzeitschrift: Mitarbeiterzeitungen und -zeitschriften gehören zu den ältesten Medien der Mitarbeiterkommunikation (*Beger/Gärtner/Mathes* 1989, S. 135; *Neuwert* 1989, S. 10; *Skibbe* 1994, S. 153; *Noll* 1996, S. 213; *Herbst* 2003, S. 355; *Kleinjohann* 2008, S. 73). Sie sind ein aus langer Tradition gewachsenes, periodisch erscheinendes Druckwerk – häufig auch als „Werkszeitung" bezeichnet – das sich an eine eingeschränkte Öffentlichkeit – beispielsweise (zukünftige) Mitarbeitende, Pensionäre, Familienangehörige, aber auch Zulieferer, externe (Partner-) Firmen, Kunden und Journalisten usw. – wendet (*Klöfer* 2003, S 43).

Bei den Mitarbeiterzeitschriften lässt sich im Hinblick auf die konzeptionellen Schwerpunkte folgende Typologisierung vornehmen (*Kleinjohann* 2008, S. 75):

- **Patriarchalische Werkszeitschriften**, in denen der Unternehmer als Patriarch publizistisch agiert,

- **Werksfamilienzeitschriften**, die durch die Betonung der familiären Atmosphäre im Unternehmen an das Zusammengehörigkeitsgefühl der Arbeitnehmer abzielen,

- **Werkszeitschrift aller Mitarbeitenden**, in der der Fokus auf der Beziehung zwischen Unternehmer, Unternehmen und Mitarbeitenden liegt. Diese Form der Mitarbeiterzeitschrift ist heute am weitesten verbreitet.

Lange Zeit stellte für die weitaus größte Zahl der Unternehmen in Deutschland die Mitarbeiterzeitschrift das wichtigste Medium dar (z. B. *Fey/Nies* 2003, S. 244) und häufig waren Mitarbeiterzeitungen und -zeitschriften auch das einzige regelmäßig genutzte Kommunikationsinstrument in Unternehmen. Durch das Aufkommen digitaler Medien sich dies geändert. Eine Studie, die 2009 unter 160 DAX-Unternehmen in Deutschland durchgeführt wurde belegt, dass mittlerweile das Intranet mit 81 Prozent das am meisten verbreitete Medium der Mitarbeiterkommunikation darstellt. Die Mitarbeiterzeitung und das Mitarbeitermagazin belegen mit zusammen 78 Prozent den zweiten Rang. Schaubild III-K-19 gibt einen Überblick über den Einsatz der verschiedenen Mittel der Mitarbeiterkommunikation. Dem Intranet wird im Vergleich zur Mitarbeiterzeitschrift zudem eine höhere Wichtigkeit zugesprochen (vgl. Schaubild III-K-20). Die Befragten geben an, dass sich diese Tendenz künftig verstärken wird. So wird ein Bedeutungszuwachs des Intranet von 42 Prozent vermutet, hingegen wird für die Mitarbeiterzeitschrift ein Rückgang von 9 Prozent erwartet (*Brenneisen/Medienfabrik Gütersloh GmbH* 2009, S. 8 ff.). Dieser Trend lässt sich auch aus einer weitere Studie schließen. Hier ergab sich im Rahmen einer Mitarbeiterbefragung, dass die Nutzung der Mitarbeiterzeitschrift mit zunehmendem Alter steigt (*Huber* 2008, S. 34).

Trotz der zunehmenden Bedeutung des Intranet ist die Mitarbeiterzeitschrift dennoch nicht zu vernachlässigen. Derzeit gibt es in Deutschland etwa 2.000 Mitarbeiterzeitschriften. Dabei verfügen über 90 Prozent der Unternehmen mit mehr als 500 Mitarbeitenden über ein gedrucktes Kommunikationsmittel zur Mitarbeiterkommunikation (*Erler* 2008, S. 2). Die Auflage ist je nach Unternehmensgröße unterschiedlich, sie kann aber mehrere Hunderttausende betragen. Die vorrangige Aufgabe der Mitarbeiterzeitschrift ist die Vermittlung der langfris-

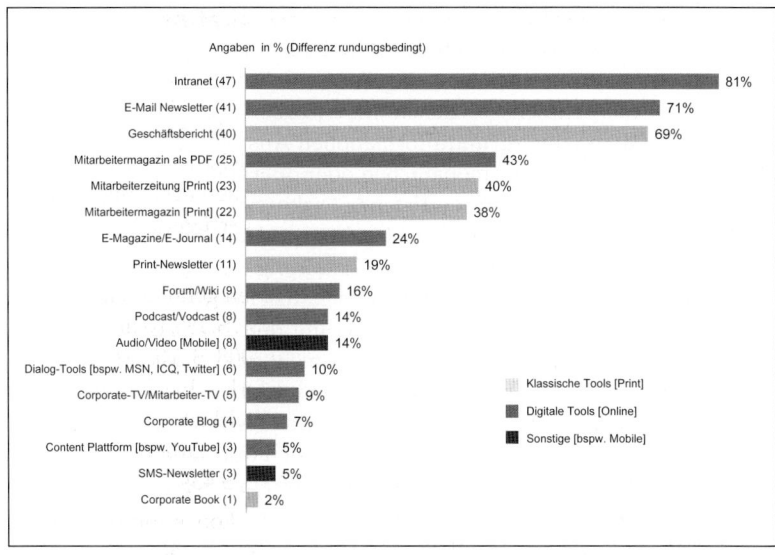

Schaubild III-K-19: Einsatz von Mitteln der Mitarbeiterkommunikation
(Brenneisen/Medienfabrik Gütersloh GmbH 2009, S. 8)

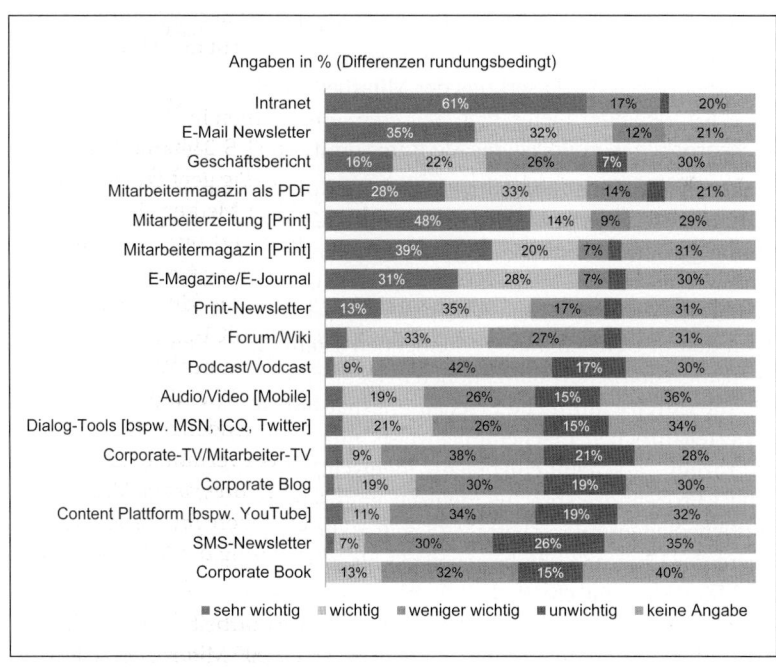

Schaubild III-K-20: Wichtigkeit von Mitteln der Mitarbeiterkommunikation
(Brenneisen/Medienfabrik Gütersloh GmbH 2009, S. 9)

tigen Unternehmensziele sowie Maßnahmen. Sie hat den Mitarbeitenden einen Gesamtüberblick des unternehmerischen Handels im wirtschaftlichen Umfeld, die Entwicklungen und Zukunftsperspektiven des Unternehmens zu geben und diese dadurch kontinuierlich sowie systematisch in das Unternehmensgeschehen mit einzubeziehen. Die Mitarbeiterzeitschrift ist dazu in der Lage, durch Hintergrundinformationen Anstöße zur Kommunikation zu geben, ist jedoch mit ihrer, häufig nur monatlichen oder quartalsmäßigen Erscheinungsweise, als Kommunikationsplattform für eine vertiefende Diskussion ungeeignet (*Klöfer* 2003, S. 44). Um nicht die Glaubwürdigkeit und damit die Funktion als Kommunikationsangebot im Unternehmen zu verlieren, ist bei der inhaltlichen Gestaltung der Mitarbeiterzeitschrift darauf zu achten, dass diese nicht alleinig die Sicht der Geschäftsleitung widerspiegelt, sondern eine kritische, offene und ehrliche Auseinandersetzung mit den Themen stattfindet. Die Mitarbeiterzeitung ist darüber hinaus ein wichtiges Instrument zur Imagebildung und -pflege bei Kunden und Lieferanten, aber auch im Personalmarkt und in anderen Bereichen der Öffentlichkeit. Ein weiterer Vorteil stellt die Erreichbarkeit des Mediums dar. So kann die Mitarbeiterzeitschrift als gedrucktes Medium überall, d. h. auch unterwegs, gelesen werden (*Mast* 2006, S. 206). Der Vorteil, insbesondere gegenüber dem Intranet, liegt darin, umfassende Texte einzubringen. Dadurch besteht die Möglichkeit, auch komplexe und schwierige Themen einzubeziehen (*Hubbard* 2004, S. 81). Vorteilhaft sind ebenso die hohe Wertigkeit und Aufmerksamkeit der Information, die Möglichkeit, über Botschaften Emotionen, und dadurch ein „Wir"-Gefühl der Mitarbeitenden, zu vermitteln sowie, durch Versand der Zeitschrift nach Hause, der Einbezug von Familienangehörigen (*Hubbard* 2004, S. 81; *Marketing.ch* 2010).

Als nachteilig erweisen sich bei der Mitarbeiterzeitschrift die oftmals hohen Produktionskosten. Da häufig gewisse Vorlaufzeiten in der Produktion erforderlich sind und die Erscheinungsweise der Zeitschrift meist eher selten ist, besteht zudem nicht die Möglichkeit mit der Berichterstattung schnell auf aktuelle Ereignisse im Unternehmen zu reagieren. Wie bereits angeführt, erweitert sich der Leserkreis der Mitarbeiterzeitschrift zum Teil auch auf Familienangehörige, Kunden oder Lieferanten. Für eine sensible Berichterstattung, in der kritische Themen angesprochen werden, ist das Medium somit weniger geeignet (*Hubbard* 2004, S. 81).

Ergebnisse einer Studie aus dem Jahre 2003 zeigen die Merkmale von Mitarbeiterpublikationen, ihre Einflussfaktoren und deren Zusammenhänge auf. Befragt wurden 440 Unternehmen unterschiedlichster Branchen und Größen, deren Firmensitz in Deutschland ist und die für ihr Unternehmen beziehungsweise Unternehmensteile in Deutschland gedruckte Mitarbeiterpublikationen erstellen (Stichprobenumfang n = 306; dies entspricht einem Anteil von 34 Prozent an den in Deutschland erscheinenden Titeln; Befragungszeitraum April bis Mai 2003). Nahezu alle Mitarbeiterpublikationen in Deutschland erscheinen demnach regelmäßig (96 Prozent), die durchschnittliche Erscheinungshäufigkeit liegt zwischen einer zweimonatigen und vierteljährlichen Erscheinungsweise. Eine überwiegende Mehrheit der Publikationen – 77 Prozent – erscheint einsprachig (deutsch), 17 Prozent zweisprachig (deutsch und englisch) und 1 Prozent dreisprachig (deutsch, englisch und spanisch oder französisch). Der durchschnittliche Seitenumfang beträgt 25 Seiten, die Spannweite reicht von zwei bis 72 Seiten. 65 Prozent der Unternehmen betreuen ein bis zwei fest angestellte Personen mit der Erstellung der Mitarbeiterzeitschrift, die organisatorische Angliederung der Redaktion erfolgt in der Unternehmenskommunikation (36 Prozent), der Presseabteilung (25 Prozent) sowie der Abteilung Mitarbeiterkommunikation (16 Prozent) und dem Marketing (11 Prozent). 79 Prozent der befragten Unternehmen versenden die Mitarbeiterzeitschrift auch an Ehemalige und 28 Prozent an Journalisten. 64 Prozent haben mit einem relativ geringen Jahresbudget von unter 80.000 EUR hauszuhalten, 18 Prozent mit einem Budget von über 160.000 EUR auf. Bei 13 Prozent der befragten Unternehmen wird die Anzeigenwerbung als externe Einnahme-

Funktionen der Mitarbeiterzeitschrift aus Rezipientensicht	
Information	z.B. Wissensvermittlung zu Betriebsaufbau und -ablauf, Produkte und Dienstleistungen
Orientierung und Transparenz	z.B. Unternehmensorganisation, -aufgaben und -ziele erklären und definieren, Komplexitätsreduktion
Integration	z.B. Wir-Gefühl, Gemeinschaftsgefühl, soziale Nähe herstellen, Anonymität reduzieren
Führung	z.B. Orientierung geben, Anweisungen, Aufgaben und Handlungsanleitungen definieren
Motivation	z.B. Anerkennung von Mitarbeiterleistungen, Leistungssteigerungen hervorrufen
Forum und Dialog	z.B. Problemlösung diskutieren, Meinungen darstellen, hierarchieübergreifend kommunizieren
Involvement	z.B. Mitarbeitende in das Unternehmensgeschehen einbinden, Interesse und Anteilnahme wecken
Unterhaltung	z.B. unterhaltende Auseinandersetzung mit dem Unternehmen, Ablenkung vom Arbeitsalltag
Marketing und PR	z.B. Einbindung in Werbemaßnahmen, Mitarbeitende als Experte und Multiplikator nutzen

Schaubild III-K-21: Funktionen der Mitarbeiterzeitschrift (Cauers 2005, S. 66)

quelle genutzt. Der Autor der Studie kommt zu dem Ergebnis, dass insbesondere das individuelle Unternehmensgefüge (Mitarbeiteranzahl, Wirkungskreis u. a. m.) einen bedeutenden Einfluss auf formale und organisationale Merkmale der Mitarbeiterzeitschrift hat. Des Weiteren wirken die verfolgten Ziele verstärkt auf die inhaltliche Ausgestaltung, jedoch ist bei der formalen Gestaltung zu konstatieren, dass den Zielgruppen und deren Bedürfnissen oftmals nur wenig Beachtung geschenkt wird.

Der Mitarbeiterzeitschrift werden vielfältige Funktionen zugeschrieben (z. B. *Mast* 2006; *Haenchen* 2007; *Herbst* 2007; *Schick* 2007). Schaubild III-K-21 stellt in Anlehnung an *Cauers* (2005, S. 66) zusammenfassend die in der Literatur diskutierten Funktionen dar. Wie daraus hervorgeht, sind z. B. die Transparenzförderung, die Stärkung des „Wir-Gefühls" im Unternehmen sowie die allgemeine Mitarbeiterinformation als Funktionen der Mitarbeiterzeitschriften zu finden. Zusätzlich ließ *Cauers* (2005) im Rahmen der erwähnten Befragung die recherchierten Funktionen bewerten. Schaubild III-K-22 zeigt die Ergebnisse. Wie daraus hervorgeht, sind die Integrations-, Orientierungs- und Transparenzfunktion am wichtigsten. Die Informations- und Involvementfunktion nehmen eine mittlere Funktion ein, der innerbetrieblichen Marketing- und PR-Funktion kommt eher eine geringe Bedeutung zu (vgl. hierzu auch *Bartnik* 2008, S. 31).

Bezüglich der beherrschenden Inhalte in Mitarbeiterzeitschriften liegen einige Studien vor (*Klöfer* 1996; *Mast/Fiedler* 2004; *Cauers* 2005). In Anlehnung an *Bartnik* (2008, S. 35) werden in Schaubild III-K-23 die jeweils fünf meist genannten Themen der Studien genannt. Wie daraus hervorgeht, sind folgende Themen von besonderer Relevanz: Geschäftsziele und -strategien, wichtige Ereignisse und Veränderungen im Unternehmen, Produkte und Dienstleistungen, Portraits von Geschäftsbereichen, Teams und Personen sowie Personalia, Jubiläen und Mitarbeiterveranstaltungen.

Ziele der Mitarbeiterzeitschrift: Unsere Mitarbeiterzeitschrift soll ...	Mittelwert	Funktion
... Unternehmensgeschehen verständlich und transparent machen.	4,8	Orientierung/Transparenz
... das „Wir-Gefühl" der Mitarbeitenden stärken.	4,8	Integration
Unserem Unternehmen ist es ein besonderes Anliegen, die Mitarbeitenden durch die Mitarbeiterzeitschrift zu informieren.	4,5	–
... über Unternehmensziele/-pläne/-strategien informieren.	4,4	Orientierung/Transparenz
... die Zusammenhänge zwischen den verschiedenen Unternehmensteilen verdeutlichen.	4,3	Orientierung/Transparenz
... den Mitarbeitenden eine positive Einstellung zu ihrem Arbeitgeber vermitteln.	4,3	Involvement
... alle Mitarbeitenden dazu bewegen, sich mit dem Unternehmen auseinanderzusetzen.	4,1	Involvement
... dazu beitragen, die Zufriedenheit zu steigern.	4,1	Motivation
Durch umfassende Informationen in der Mitarbeiterzeitschrift sollen Gerüchte und Unsicherheiten beseitigt werden.	4,0	Information
... ist ein Forum für die Anerkennung von Leistungen.	3,6	Motivation
... soll die Mitarbeitenden auch unterhalten.	3,4	Unterhaltung
... ist ein Instrument der Mitarbeiterführung.	3,3	Führung
... stellt ein Forum für die Unternehmensleitung, d.h. die obere Hierarchieebene, dar.	2,8	Führung
... ist vor allem ein Sprachrohr für die Mitarbeitenden.	2,6	Dialog
Mit der Mitarbeiterzeitschrift kommt unser Unternehmen der Informationspflicht aus dem BVerfG nach.	2,6	Information
... in lockerer Art und Weise für Ablenkung und Entspannung von alltäglichen Pflichten sorgen.	2,5	Unterhaltung
... ist ein Instrument für gezielte Werbe- und Marketingmaßnahmen des Unternehmens.	2,2	Marketing/PR
... soll den Verkauf der Unternehmensprodukte, -dienstleistungen, usw., fördern.	2,2	Marketing/PR

(Zustimmungsskala: 1 = „überhaupt nicht" bis 5 = „voll und ganz", n = 306)

Schaubild III-K-22: Ziele der Mitarbeiterzeitschrift (Cauers 2005, S. 116)

Wichtigste Themen der Mitarbeiterzeitschriften					
Klöfer 1996, S. 18		Mast/Fiedler 2004, S. 60		Cauers 2005, S. 103ff.	
Wichtige Ereignisse, Änderungen im Betrieb	100 %	Vorstellung einzelner Geschäftsbereiche	79 %	Mitarbeiternachrichten wie Jubiläen	4,4
Organisatorische Änderungen	77 %	Human Touch: Jubiläen/Feste/Events	75 %	Produkte und Dienstleistungen	4,3
Betriebsrat	62 %	Geschäftsziele und -strategien	73 %	Interviews	3,9
Personalnachrichten	61 %	Personen in neuer Verantwortung	66 %	Strategien/Pläne der Unternehmensleitung	3,7
Betriebsvereinbarungen	59 %	Ideen, Innovationen, neue Geschäftsmodelle	59 %	Zukunftsperspektiven des Unternehmens	3,7
Prozent der Nennungen		Prozent der befragten Banken		Mittelwert der Häufigkeit (auf einer Skala von 1 bis 5)	

Schaubild III-K-23: Wichtigste Themen in den Mitarbeiterzeitschriften (Bartnik 2008, S. 35)

Die Herausbildung des Intranet Mitte der 1990er Jahre, das in den letzten Jahren stark an Bedeutung gewonnen hat, führt zu einer Veränderung der Positionierung und Konzeption der Mitarbeiterzeitschrift in Unternehmen, die beide Medien konsequent für die Mitarbeiterkommunikation einsetzten. In diesem Fall übernimmt das Intranet die Funktion der Übermittlung von Basis- und Detailinformationen und es ist dadurch möglich, mit der Mitarbeiterzeitung andere Schwerpunkte zu setzen und Orientierungshilfen zu bieten. Unter Einsatz vielfältiger journalistischer Stilformen, beispielsweise durch Reportagen, Kolumnen und Interviews, die geeigneter sind, Meinungen zu bilden und Gefühle anzusprechen, sind Strategien und Veränderungsprozesse des Unternehmens zu kommunizieren. Der Einsatz von Interviews wird bei der Informationsvermittlung als sehr positiv beurteilt, da so abstrakte Informationen personalisiert werden (*Mast* 2000, S. 100).

Mitarbeiterbroschüren: Im Gegensatz zur Mitarbeiterzeitung und -zeitschrift handelt es sich hierbei nicht um ein periodisch erscheinendes Instrument der Mitarbeiterkommunikation, sondern vielmehr um ein Medium, das fallbezogen beziehungsweise themenspezifisch eingesetzt wird. Das Spektrum der hier behandelten Themen kann von konkret arbeitsbezogenen Themen (z. B. Umgang mit Gefahrstoffen) über firmenbezogene Ereignisse (z. B. Jubiläum) bis hin zu gesellschaftsrelevanten Fragen (z. B. Altersvorsorge) reichen.

Der Vorteil von Mitarbeiterbroschüren liegt in der Möglichkeit, ein Thema detailliert vorzustellen. Werden persönliche Exemplare für den einzelnen Mitarbeitenden erstellt, erhöht dies zusätzlich die Identifikation des Mitarbeitenden mit dem Unternehmen. Nachteilig an Mitarbeiterbroschüren sind die relativ hohen Kosten. Dies kann insbesondere dann Mitarbeitende verärgern, wenn diese in ihrer Abteilung Einsparungen vorzunehmen haben, im Gegenzug aber die hohen Ausgaben für die Produktion der Broschüren wahrnehmen (*Mast* 2006, S. 209).

Schwarzes Brett/Aushänge: Das Schwarze Brett – meist an Stellen mit hohem Publikumsverkehr (Kantinen, Zeiterfassungsgeräten, Zugängen usw.) angebracht – ist als „Klassiker" unter den betrieblichen Informationsmedien zu bezeichnen. Es eignet sich zur schnellen Weitergabe von Nachrichten an die Mitarbeitenden. Hier sind Hinweise auf wichtige Ereignisse, Veranstaltungen, den internen Stellenmarkt, Aktivitäten des Betriebsrats usw. zu kommunizieren.

Aushänge am Schwarzen Brett sind dazu geeignet über ihre reinen Informationsaufgaben hinaus einen Gedankenaustausch zu einem bestimmten Thema anzuregen und dienen als Kommunikationsmittel dazu, offizielle Stellungnahmen zu umstrittenen Maßnahmen und Fragen abzugeben (*Klöfer* 2003, S. 47). Als problematisch ist jedoch zu erachten, dass sich die Mitarbeitenden durch die Mitteilungen nicht persönlich angesprochen fühlen und aus Platzgründen nur relativ kurze Texte am Schwarzen Brett aufzuhängen sind. In vielen Unternehmen ersetzt mittlerweile das Intranet das Schwarze Brett.

Beispiel: Wandzeitung bei *Premiere*
Eine spezielle Form des Schwarzen Bretts ist die Wandzeitung. Diese stellt im Grunde ein altes Medium dar, feiert seit zwei Jahren beim Münchner TV-Sender *Premiere* aber eine erfolgreiche Renaissance. Die Mitarbeitenden des Unternehmens werden alle zwei Wochen durch das Medium namens *paperview* über aktuelle Gegebenheiten im Unternehmen informiert. Ausschlaggebend für die Institutionalisierung von *paperview* waren die langen Produktionszeiten und Erscheinungsintervalle der klassischen Mitarbeiterzeitung, die das Aufgreifen aktueller Themen nicht möglich machten. Mit der Wandzeitung ist hingegen alle zwei Wochen die Darbietung aktueller Hintergrundinformationen und Personalien garantiert. Themen sind z. B. Informationen zu Projekten, Abteilungsportraits, Programmtipps von Kollegen und Personalien (vgl. Insert III-K-6). Die Wandzeitung ist in den Kaffeeküchen und Fahrstühlen der Standorte Unterföhring, Wien, Schwerin und Fürth platziert. Die für *paperview* verantwortlichen Personen sind die drei Mitarbeitenden der Abteilung Interne Kommunikation, drei weitere Personen aus anderen Kommunikationsbereichen und die Personalchefin. Der gesamte Arbeitsaufwand beträgt rund 15 Stunden je Ausgabe (*Kalthoff-Mahnke* 2009a, S. 66).

Insert III-K-6: Wandzeitung paperview von Premiere (Kalthoff-Mahnke 2009a, S. 67)

Rundschreiben: Auch Rundschreiben, Schnell-Info usw. sind dem klassischen Repertoire der Mitarbeiterkommunikation zuzurechnen. Sie zeichnen sich durch weitgehend empfängerunspezifische Inhalte sowie Distanz des Senders zum Empfänger aus und ermöglichen keine unmittelbare Rückfrage. Rundschreiben sind aus einem konkreten Anlass zu verteilen und thematisieren z. B. geänderte interne Zuständigkeiten und Abläufe, wichtige Gesetzesänderungen oder die Vorstellung eines neues Qualitätssicherungsprogramms. Die Schreiben umfassen meist mehrere Seiten sowie gegebenenfalls umfangreiche Anhänge (z. B. Gesetzes- texte) und enthalten verbindliche Inhalte, die die Mitarbeitenden sofort oder bei Eintritt einer konkreten Situation zu lesen haben (*Mast* 2006, S. 207 f.).

Ein periodisch erscheinender Rundbrief mit einem üblicherweise breiten oder gar offenen Adressatenkreis eignet sich zur kontinuierlichen Unterrichtung und gibt damit auch Anstoß zu einem Gespräch. Eine Schnell-Info eignet sich als standardisierte Mitteilung über aktuelle Themen oder als Medium zur schnellen Übermittlung von Information aus einem beson- deren Anlass. Bei einer gut geplanten Verteilung ist es möglich, durch eine Schnell-Info in kurzer Zeit alle Mitarbeitenden eines Unternehmens zu erreichen und so der Bildung von Gerüchten über das aktuelle Geschehen vorzubeugen. Probleme sind aber in den oftmals schwierigen Erläuterungen und in der unpersönlichen Sprache zu sehen. Dadurch ist mit dem Medium die Gefahr verbunden, nicht gelesen zu werden. Hinzu kommt, dass Rund- schreiben meist auf einen breiten Empfängerkreis ausgerichtet sind, und deshalb eine Ziel- gruppenorientierung schwer umzusetzen ist (*Mast* 2006, S. 207 f.).

Intranet: Im Rahmen der Onlinekommunikation stellt das Intranet ein unternehmensin- ternes und plattformunabhängiges Netz dar, das die für das Internet entwickelten Proto- kolle, z. B. HTML, und Dienste, z. B. E-Mail, nutzt (*Bottazzo* 2005, S. 79; *Einwiller/Klöfer/Nies* 2008, S. 245). In diesem werden alle relevanten Informationen in einem Unternehmen den Mitarbeitenden zur Verfügung gestellt – ohne Zugriffsmöglichkeiten für externe Nutzer. Das Intranet ist zwar ein interaktives Medium, der Einsatz findet jedoch oftmals als ausschließli- ches Informationsmedium in eine Richtung (Abwärtskommunikation) statt (*Mast* 2000, S. 82). Daher wird das Medium hier zu den Medien der Abwärtskommunikation subsumiert. In- nerhalb der Mitarbeiterkommunikation stellt das Intranet mittlerweile das Leitmedium dar (*Mickeleit/Böttger* 2008, S. 168). Über das Intranet stehen sämtliche unternehmensrelevanten Informationen an jedem Ort, zu jeder Zeit in der gleichen Version zur Verfügung. Jeder Mit- arbeitende kann individuell auf benötigte Informationen, wie z. B. auf Datenbanken, Archive, elektronische Arbeitspläne, Formulare, Produktinformationen usw. zugreifen oder mittels E-Mail oder Videokonferenzen kommunizieren. Vor allem für international organisierte Un- ternehmen bietet das Intranet daher eine effiziente Lösung weltweit miteinander zu kommu- nizieren und Informationen sowie Know-how auszutauschen (*Mast* 2006, S. 204). Die Stärke der Intranet-Kommunikation liegt zudem in der Schnelligkeit des Mediums und der mög- lichen Interaktivität sowie Dialogfähigkeit. Aufgrund der permanenten Verfügbarkeit und Schnelligkeit ist es vor allem in Krisensituationen besonders geeignet der Verbreitung von Gerüchten entgegenzuwirken. Das Intranet als betriebs- beziehungsweise unternehmensin- ternes Kommunikationssystem ist dazu geeignet den Informations- und Meinungsaustausch zu unterstützen und bietet – beispielsweise im Vergleich zur Mitarbeiterzeitschrift – den Vor- teil einer wesentlich höheren Aktualität der bereitgestellten Beiträge, da diese ohne Rücksicht auf einen Redaktionsschluss und einen Druck- und Verteilungsvorgang sofort in das Intranet gestellt werden können (*Klöfer* 2003, S. 50; *Mast* 2007, S. 765).

Das Intranet birgt jedoch auch Gefahren. So droht die Entstehung einer „Zweiklassenge- sellschaft" zwischen Mitarbeitenden, die Zugang zum Intranet haben und solchen, die über keinen Intranet-Zugang verfügen. Insbesondere gewerbliche Mitarbeitende in Produktions- bereichen sind davon betroffen (*Mast* 2006, S. 204; 2007, S. 766). Zudem besteht die Gefahr des Entstehens einer „Datenwüste" oder eines „Datenfriedhof", wenn veraltete Informationen nicht entfernt werden (*Mast* 2006, S. 204).

Beispiel: Intranet bei der *Sparkasse Hannover*
Das Intranet der *Sparkasse Hannover* präsentiert sich seit November 2009 mit einem neuen Auftritt. Ziel war es, die Vielzahl von Informationen übersichtlicher darzustellen. Hierfür wurden die Inhalte in eine zeitgemäße Darstellung übertragen. Durch diese neue Struktur wird eine schnellere, strukturiertere und zielgerichtetere Informationsaufnahme ermöglicht. Die Grundlage für diese Veränderungen stellt der Einsatz eines webbasierten Content-Management-Systems dar. Aktuell umfasst das Intranet bei der *Sparkasse Hannover* etwa 5.500 Dokumente, die sich auf anweisende und informatorische Dokumente verteilen. Um diesen Bestand stets aktuell zu halten, erfolgen tägliche Überarbeitungen und Neueinstellungen. Die Mitarbeitenden werden an zentralen Stellen frühzeitig über diese Veränderungen informiert (*Lichtenberg* 2009, S. 16).

Zu den im Intranet darstellbaren **Inhalten und Services** zählen im Allgemeinen (*Sauvant* 2002, S. 130 f.):

- Unternehmensdaten und -präsentationen, beispielsweise Porträts, Zahlen zur Personalentwicklung, ökologische Berichte, Leitbilder, Philosophien und gegebenenfalls die Unternehmensgeschichte,

- Tagesaktuelle Unternehmensnachrichten auf der Leitseite beziehungsweise dem Newsticker,

- Pressemitteilungen des Unternehmens, Presseschauen und Pressedienste sowie die Übertragung oder nachträgliche Zusammenfassung von Pressekonferenzen und Hauptversammlungen,

- Ergebnisse von Mitarbeiter- und Kundenbefragungen,

- Arbeitshilfen wie Handbücher, Checklisten, Dokumentvorlagen, Musterbriefe, Best-Practices u. a. m.,

- Detaillierte Marketing-, Vertriebs- und Produktinformationen, Wettbewerbs- und Marktinformationen,

- Intranet-Magazine (z. B. in Form tagesaktueller Ergänzungen zu der Mitarbeiterzeitschrift oder zur Kundenzeitschrift),

- Chats mit dem Vorstandsvorsitzenden zu hoch aktuellen Themen,

- Themenorientierte Newsletter (z. B. zu den Gebieten Innovationen, Unternehmenskultur u. a. m.),

- Persönliche Homepages für Mitarbeiter,

- Materialien und Angebote zur Aus- und Weiterbildung,

- Interne Jobbörsen,

- Internes Bestellwesen,

- Event- und Terminkalender,

- Suchmaschine mit Volltextrecherche,

- Archive, Datenverwaltungen und Dokumentationen,

- Detaillierte Soft- und Hardware-Informationen und Anwenderhilfen,

- Links (E-Mail-Links zu den Verantwortlichen jeder Abteilung, Links zu weiterführenden Internetsites) usw.

Die beispielhafte Darstellung zeigt, dass die Inhalte und die angebotenen Services des Intranets sehr vielfältig sind. Die Ergebnisse einer Befragung bei 95 deutschen Unternehmen zeigen, dass das Intranet überwiegend zur Darstellung aktueller und sachlicher Inhalte genutzt wird. Als wichtigster Themenbereich werden von den befragten Unternehmen die Presseinformationen und Medienberichte erachtet. Unternehmensinterne Themen wie beispielsweise Nachrichten des Personalwesens, die wirtschaftliche Lage und Entwicklung des Unternehmens, Arbeitsverfahren oder die betriebliche Interessenvertretung werden im Folgenden genannt. Als vergleichsweise unbedeutend werden betriebsfremde Themen und die Bereiche Unterhaltung, Freizeitgestaltung und Privates eingeordnet (*Hoffmann* 2003, S. 28 f.). Schaubild III-K-24 zeigt die Bedeutung der einzelnen Themen im Intranet.

Liegt die Bereitschaft der Organisationsmitglieder vor, ihr Wissen weiterzugeben und wird dies durch eine entsprechende Unternehmenskultur unterstützt, kann das Intranet ein wichtiges Instrument und Medium der Wissensspeicherung und -teilung sein, das vorhandene Wissensressourcen zugänglich macht. Die mögliche weltweite Vernetzung hat Auswirkungen auf die Quantität und Qualität der Informationen und somit auch auf die Wissensbasis von Unternehmen. Neben den „objektiven" Informationen können über das Intranet auch das individuelle Wissen und die subjektiven Erfahrungen der Mitarbeitenden ausgetauscht werden. Beispielsweise lassen sich Erfahrungen aus Projekten und Verfahren, dem Umgang mit Kunden oder Konkurrenten sowie Best-Practice-Beispiele dokumentieren. Insbesondere durch Portaltechnologien und neue Anwendungen aus der Web 2.0-Technologie bietet das Intranet zunehmend Potenzial für eine effektive Kommunikation und einen Wissensaustausch (*Möhren* 2009, S. 14). So stellt zum Beispiel ein Wiki allen Nutzern auf unkomplizierte Weise Wissen und Informationen im Intranet bereit (*Orth/Decker* 2008, S. 14) (vgl. hierzu die Ausführungen zu den interaktiven Medien). Das Intranet kann daher nicht mehr ausschließlich als Instrument der Mitarbeiterkommunikation dienen, sondern zunehmend auch als wesentliches Instrument des **Wissensmanagements** in Unternehmen. Voraussetzung hierfür ist

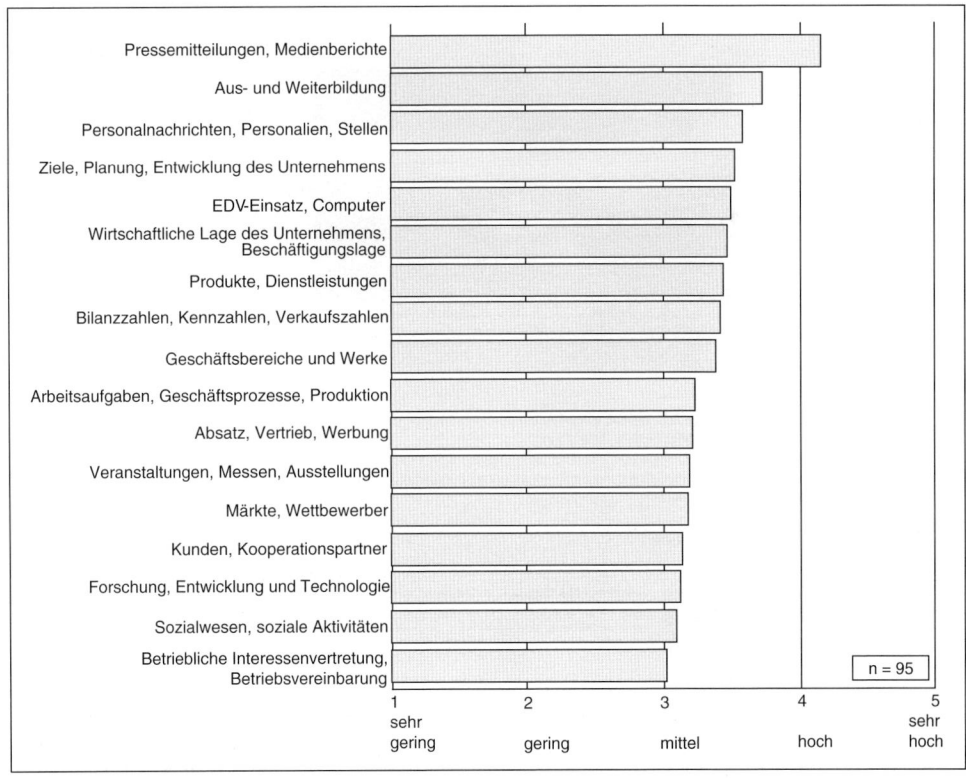

Schaubild III-K-24: Bedeutung einzelner Themen im Intranet (Hoffmann 2003, S. 28)

jedoch eine aktive Mitwirkung der Mitarbeitenden sowie die Integration der notwendigen Prozesse in ein umfassendes Wissensmanagement-Konzept, das den Aufbau, die Verteilung, Bewahrung und Nutzung der Ressource Wissen definiert. Die Einführung eines Anreizsystems, das die Bereitschaft der Mitarbeitenden zur Wissensweitergabe honoriert, verbunden mit der Etablierung einer offenen, vertrauensvollen Kommunikations- und Wissenskultur hat dies zu unterstützen.

Beispiel: Wissensmanagement der Marketingkommunikation bei *Mercedes Benz*

Bei *Mercedes Benz* dient das Intranet dem Wissensmanagement der Marketingkommunikation. Das Informations- und Kommunikationssystem „Comin" wurde im Jahre 2000 eingeführt mit dem Ziel, Wissen möglichst schnell, gesamtheitlich und wertschöpfend für die Mitarbeitenden nutzbar zu machen, um einen weltweit einheitlichen Markenauftritt zu fördern. Unter „Comin" finden sich passwortgeschützt alle Informationen, die die Mitarbeitenden für ihre tägliche Arbeit benötigen. Diese werden stets auf den aktuellen Stand gebracht und weltweit bereitgestellt. Die Seite enthält z. B. Informationen zur Markenpositionierung, Kommunikationsstrategie, Agentur- und Marktportraits, eine Übersicht der geplanten Marketingmaßnahmen und Links zu weiteren Informationen im *Daimler Chrysler*-Konzern (vgl. Insert III-K-7). Mittlerweile hat sich „Comin" im Unternehmen etabliert und stellt ein zentrales Managementtool dar, das die Aktivitäten und das Wissen der gesamten *Mercedes-Benz* Marketingkommunikation steuert und die Qualität der Arbeit nachhaltig verbessert (*Hoffmann/ Lang* 2008, S. 170 ff.).

Mitarbeiterportale: Viele Unternehmen sprechen bereits von Mitarbeiterportalen, wenn sie ein umfassendes Intranet betreiben. Hierzu gibt es jedoch deutliche Unterschiede: Das Intranet ist primär intern ausgerichtet und stellt in der Regel statische Informationen bereit.

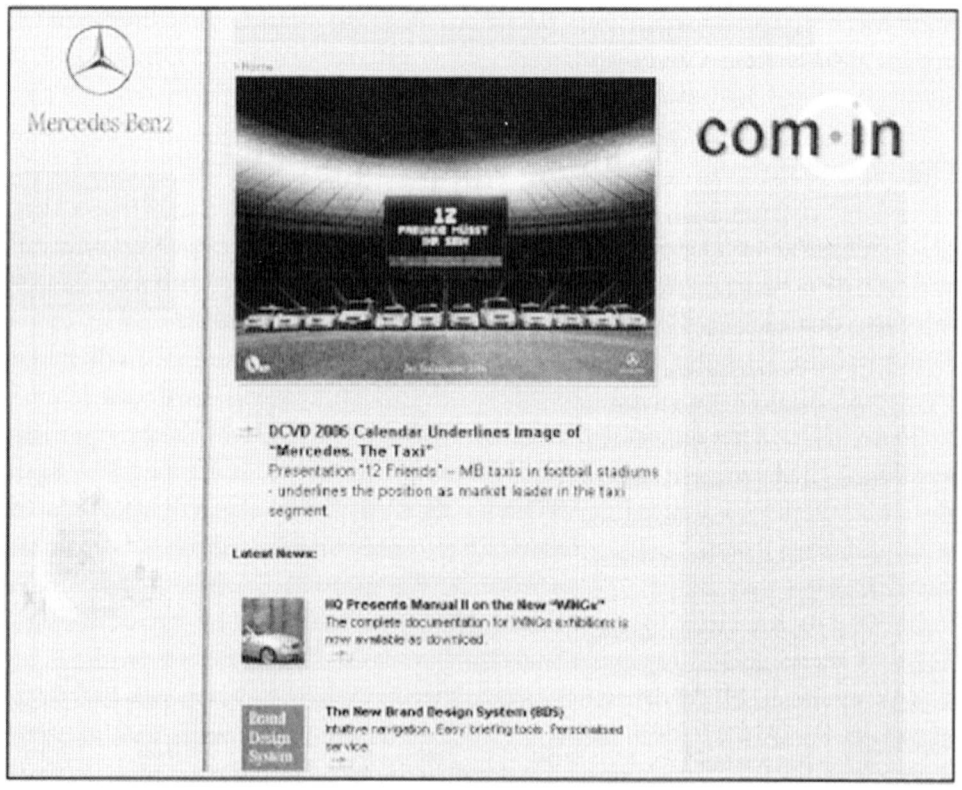

Insert III-K-7: Startseite „Comin" Mercedes-Benz-PKW (Hoffmann/Lang 2008, S. 173)

Um auf Anwendungen zugreifen zu können, hat sich der Benutzer mehrmalig an den verschiedenen Applikationen einzuloggen. Die zentralen Merkmale eines Mitarbeiterportals sind jedoch die Personalisierung, so genanntes „Single-Sign-On" und die Integration von Geschäftsprozessen (*Walther-Klaus* 2003, S. 9). Mitarbeiterportale sind demnach als eine Weiterentwicklung des Intranet zu sehen, die personalisierte, individuelle und bedürfnisgenau eingerichtete Benutzeroberflächen für jeden Mitarbeitenden bieten. Bei der Personalisierung sind drei **Arten** zu unterscheiden (*Schick* 2007, S. 182):

(1) Inhalte, die der Mitarbeitende aufgrund seiner Rollen zugewiesen bekommt und die an seine Nutzerkennung, mit der er sich anmeldet, gekoppelt sind. Solche Rollen sind beispielsweise die Zugehörigkeit zu einem bestimmten Standort, einer bestimmten Abteilung, einer bestimmten Führungsebene u. a. m.,

(2) Inhalte, die sich der Mitarbeitende aus seinem Startseitenangebot auswählt und selbst zusammenstellt,

(3) Inhalte, die sich der Mitarbeitende frei aus dem Intranet aussucht und auf seiner Startseite platziert.

In Zeiten, in denen der Wettbewerbsdruck von einer hohen Dynamik geprägt ist, ist ein serviceorientiertes, inhaltsstarkes Mitarbeiterportal zu einem wesentlichen Faktor für den Unternehmenserfolg geworden. Es wirkt sich positiv auf den Wissensstand unter den Mitarbeitenden aus, schafft mehr Transparenz und steigert die Motivation durch Eigeninitiative und Selbstverantwortung (*Bernard* 2010). Vorteile der Mitarbeiterportale sind vor allem in den optimierten Arbeitsabläufen, Kosteneinsparungen und automatisierten Bearbeitungsvorgängen zu sehen. Wichtige Informationen werden gezielt verteilt und so Streuverluste vermieden, denn jeder Mitarbeitende erhält nur die tatsächlich von ihm benötigten und gewünschten Informationen. Ein Zugriff auf alle weiteren Inhalte des Intranets ist weiterhin möglich, sofern nicht eine Beschränkung auf bestimmte Benutzergruppen vorgesehen ist, beispielsweise bei vertraulichen Informationen oder bei funktionsbezogenen Anwendungsprogrammen (*Schick* 2007, S. 184). Darüber hinaus speichert ein Mitarbeiterportal auch die individuellen Einstellungen des Anwenders. Da dies an einer zentralen Stelle geschieht, kann der Mitarbeitende von beliebigen Arbeitsplätzen darauf zugreifen, wodurch sich Mobilität und Flexibilität der Anwender erhöhen. Durch den abteilungsübergreifenden Informationsaustausch wird die Kommunikation der Mitarbeitenden gefördert und die gemeinschaftliche Arbeit unterstützt. Mitarbeiterportale dienen schließlich durch die Integration von Wikis auch der Unterstützung des Wissensmanagements im Unternehmen (*Schick* 2007, S. 182) (vgl. hierzu die Ausführungen zu den interaktiven Medien). Das nachfolgende Beispiel zeigt den Einsatz solcher Mitarbeiterportale in Unternehmen.

Beispiel: Mitarbeiterportal bei der *Volkswagen AG*
Das Unternehmen *Volkswagen* startete Anfang 2005 ein Portal-Projekt. Das Ziel war es, aus dem *Volkswagen*-Intranet ein *Volkswagen*-Portal zu schaffen, um dem Informations-Overload der Benutzer zu begegnen sowie durch verschiedene Stufen der Personalisierung eine optimierte Bereitstellung von Informationen zu ermöglichen. Meldet sich der Mitarbeitende mit seinem Benutzernamen an, kommt er in den personalisierten Bereich. In diesem hat er Zugriff auf alle Informationen, die er für seine persönliche Arbeit benötigt. Zudem findet er eine Übersicht über seine Projekte und Fachdokumentationen (*Mickeleit/Böttger* 2008, S. 163 ff.).

E-Mail: Eine weitere Form der elektronischen Kommunikation ist der Austausch elektronischer Post. So lassen sich Mitteilungen am Schwarzen Brett oder Rundschreiben vollständig durch E-Mails substituieren, Mitteilungen können personalisiert an Einzelpersonen oder aber gleichzeitig an eine große Anzahl von Empfängern verschickt werden. E-Mails können zeitunabhängig verschickt und vom Empfänger gelesen werden. So wird nicht zuletzt die

Kommunikation einfacher, sondern auch noch die unternehmensinterne Papierflut gemindert, und damit Kosten gespart. Voraussetzung ist jedoch, dass die Arbeitsplätze der Mitarbeitenden mit einem PC ausgestattet sind und diese E-Mail-Adressen besitzen. E-Mails werden erfahrungsgemäß eher in Büros als in der Fertigung – in der eine wesentlich geringere Verbreitung elektronischer Medien zu konstatieren ist – genutzt. Das Medium eignet sich daher also nicht für die Information aller Mitarbeitenden, sondern nur für ausgewählte Gruppen (*Mast* 2000, S. 79). Zudem besteht die Gefahr, dass E-Mails oftmals „inflationär" geschickt werden, und damit für viele Mitarbeitende wertlos sind (*Mast* 2006, S. 203 f.)

Newsletter: Diese stellen eine unpersönliche Form der Kommunikation über E-Mail dar. Sie sind, wie Rundschreiben und Schnell-Informationen zur regelmäßigen oder aktuellen Information einzusetzen, sind aber im Gegensatz zu E-Mails sehr unpersönlich und haben generell informierenden Charakter.

Audiovisuelle Kommunikation: Die Nutzung multimedialer Kommunikation durch Video- und Audiotechnik, DVDs oder CD-ROM-Anwendungen ist in vielen Unternehmen etabliert. Aufgrund des generell höheren Lernerfolges bei einer Informationsaufnahme im Rahmen multimedialer Anwendungen – vor allem durch interaktive Komponenten – hat diese Art der Kommunikation gegenüber den klassischen Medien der Mitarbeiterkommunikation eindeutige Vorteile. Während Videofilme oder DVDs sowohl für die audio-visuelle Massenkommunikation (z. B. Unternehmensversammlungen) als auch gegenüber Einzelpersonen (z. B. Selbststudium) eingesetzt werden können, eignen sich CD-ROM-Anwendungen vor allem für die selbstgesteuerte, individuelle Weiterbildung – auch am Privat-PC. Audiovisuelle Anwendungen werden dabei überwiegend themenspezifisch eingesetzt, sie erscheinen daher hauptsächlich unregelmäßig. Das Arbeiten mit einer CD-ROM ermöglicht zudem den Einsatz einer großen Menge von Informationen, beispielsweise Broschüren, Geschäftsberichte usw. Ein Dialog ist mit diesem Medium nicht möglich, es dient jedoch dazu eine einheitliche Ausgangsbasis für einen Meinungsaustausch zu schaffen.

Unternehmenseigenes Fernsehen (Business TV/Corporate TV) und Radio (Business Radio): Business TV beruht auf der Nutzung multimedialer Technologien zur internen Unternehmenskommunikation (*Fieger/Dürr* 1999; *Stauss/Hoffmann* 1999; *Mickeleit/Ziesche* 2007; *Wilhelm* 2008). Via Satellit oder Kabel wird das eigens produzierte Programm an Empfangsstationen verbreitet und auf Fernsehern oder Computern unternehmensintern ausgestrahlt (*Stauss/ Hoffmann* 1999, S. 375 f.; *Jende* 2000, S. 19). Neben den Mitarbeitenden vor Ort können Außendienststellen und Filialen erreicht werden. Durch den Einsatz von Business TV können vor allem interne Informations- und Kommunikationswege beschleunigt und die Informationslogistik eines Unternehmens entscheidend optimiert werden. Strategisch hilft Business TV Hierarchiegrenzen zu überwinden, so dass eine direkte und durchlässige Kommunikation sowie eine Stärkung der Corporate Identity erreicht werden. Vorteile dieses Mediums sind zudem in einer hohen Glaubwürdigkeit durch authentische Informationen der Unternehmensleitung und der Führungskräfte, einer großen emotionalen Wirkung durch die gleichzeitige Übertragung von Bildern und Sprache sowie der Übertragung von Ereignissen, die das Zusammengehörigkeitsgefühl in der Belegschaft fördern, zu sehen (*Mast* 2000, S. 77). Zu den **Anwendungsmöglichkeiten** des Business TV im Rahmen der Mitarbeiterkommunikation zählen (*FHG IAO (Fraunhofer-Gesellschaft – Institut für Arbeitswirtschaft und Organisation)* 2001):

- Übermittlung von Informationen zur alltäglichen Arbeit und insbesondere in Krisensituationen durch Unternehmensnachrichten,

- Einsatz von Videoübertragungen der Vorträge, Seminare, Team- oder Vorstandssitzungen, Briefings für Veranstaltungen sowie von Events, Messen und Pressekonferenzen,

- Nutzung von Produktpräsentationen zu Schulungs- und Informationszwecken im Rahmen der Marketing- und Vertriebsinformationen,

- Einsatz zur Aus- und Weiterbildung der Mitarbeitenden durch Web Based Training sowie arbeitsplatznahes und tutorengestütztes Lernen.

Obwohl vor einigen Jahren zahlreiche, insbesondere größere, Unternehmen Business TV eingeführt haben, wurde das Medium in einigen Unternehmen wieder eingestellt (z. B. bei *Daimler Chrysler*). Der Grund liegt oftmals in den hohen Invesitions- und Produktionskosten (1,5 bis 3 Millionen Grundfinanzierung, 500 bis 1500 Euro Produktionskosten pro Sendeminute, vgl. *Orgeldinger* 2007, S. 427). Zudem gilt es für Unternehmen gegenüber dem offiziellen Fernsehen ebenso professionelle Programme zu gestalten. Dies beansprucht weitere finanzielle und personelle Ressourcen. Mit zunehmend besseren Übertragungsleistungen besteht für Unternehmen jedoch die Möglichkeit, Business TV kostengünstig per Intranet zu betreiben (**„Intranet TV"**, vgl. hierzu die Ausführungen zu Video-Podcasts) (*Schick* 2007, S. 146; *Einwiller/Klöfer/Nies* 2008, S. 241).

Beispiel: „Bahn TV" und „Bahn TV Online"
Bei der *Deutschen Bahn AG* wird seit dem Jahre 2001 neben den klassischen internen Kommunikationsinstrumenten das Business TV eingesetzt. „Bahn TV ist" sowohl mittels Fernsehgerät als auch über Intranet und Internet zu empfangen (*Orgeldinger* 2007, S. 427). Die meisten Mitarbeitenden haben keinen eigenen Arbeitsplatz, sondern sind mobil tätig (z. B. Zugbegleiter). Deshalb wurden in rund 1.000 Empfangsstationen Fernseher installiert, wie z. B. in Werken, Bahnhöfen, Pausenräumen und Kantinen, in denen via Satellit das unternehmenseigene Fernsehprogramm zu empfangen ist. Mitarbeitenden wird dieses aber auch nach Hause auf den eigenen Fernseher gesendet. Weiterhin wurden PC-Arbeitsplätze mit webbasierten Zugang ausgerüstet beziehungsweise für „Bahn TV Online" freigeschaltet und für das reisende Personal Informations-Terminals eingerichtet. Viermal täglich werden aktuelle Nachrichtensendungen produziert. Dabei wird über aktuelle Unternehmensinformationen, Hintergrundinformationen, interne und externe Events berichtet, Krisenmanagement betrieben und Argumentationshilfen gegenüber den Kunden und der Öffentlichkeit für die Mitarbeitenden gegeben (*Tewinkel/Geiger* 2003, S. 263 ff.).

Beispiel: Intranet TV bei *PricewaterhouseCoopers Schweiz*
Im Intranet von *PricewaterhouseCoopers Schweiz* wird fachspezifisches Know-how multimedial aufbereitet. Dieses steht den Mitarbeitenden durch zahlreiche Videobeiträge zur Verfügung. Das Intranet TV des Unternehmens erlaubt es den Mitarbeitenden, sich schnell und bequem Experten- und Fachwissen im Intranet in Form von Kurzfilmen anzueignen. Expertenwissen wird den Mitarbeitenden im Intranet auch in Form von Videobeiträgen angeboten. In Themen-Channels stehen vielfältige Filmbeiträge zur Verfügung, die von den Mitarbeitenden direkt im Browser abgerufen werden können. Die Filme werden intern produziert und im Intranet für den internen Gebrauch publiziert (*Elmiger* 2008).

Im Vergleich zum Business TV stellt das Business Radio eine kostengünstigere Alternative dar. Hierbei werden Mitarbeitenden in Audiobeiträgen unternehmensrelevante Nachrichten übermittelt. Zunehmend werden dabei die Audio/mp3-Beiträge über das Intranet eines Unternehmens für dessen Mitarbeitende und Führungskräfte zur Verfügung gestellt (*Einwiller/Klöfer/Nies* 2008, S. 241) (vgl. hierzu die Ausführungen zu Audio-Podcasts).

Unternehmensspezifische Theaterstücke (Business-Theater): Hierbei handelt es sich um die szenische Aufbereitung vorgefundener Problemsituationen im Unternehmen in einem Theaterstück. Dieses Medium wird im Rahmen der Mitarbeiterkommunikation erst seit einigen Jahren eingesetzt. Unter Umgehung einer klassischen Lernsituation (Seminare, Schulungen usw.) können dabei einer relativ großen Zahl von Mitarbeitenden auf amüsante Weise – und ohne einen „erhobenen Zeigefinger" – Lerninhalte nähergebracht werden und dienen damit der Sichtbarmachung von Konflikten, „verkrusteten" Haltungen sowie Routinen. Eine dezidierte Auseinandersetzung mit konkreteren Botschaften können diese zwar nicht ersetzen, dennoch sind die dargestellten Szenen dazu geeignet, die Mitarbeitenden für bestimmte Fra-

Kommunikation: Theaterstücke können sensible Themen für Mitarbeiter und Kunden visualisieren - Probleme werden nicht gelöst, aber für viele gleichzeitig thematisiert

Unternehmenstheater vermittelt mit viel Emotionen harte Fakten

VDI nachrichten, München, 15. 8. 08, Fr –

Fusionen, Sparpläne, neue Produkte und Umsatzziele – Veränderungen werden von Mitarbeitern oft nur als zusätzlicher Druck wahrgenommen. Um sensible Themen besser zu kommunizieren, können Vorstände ein besonderes Instrument wählen: Unternehmenstheater.

Der Kollege kommt spät, das Abendessen für das Team ist bereits serviert. Zunächst fällt er der Runde nicht weiter auf. Doch dann steht er auf. Er beginnt einen Monolog, berichtet aus seinem Arbeitsalltag, streut bekannte Anekdoten ein. Die anderen Gäste hören gebannt zu – geht es doch plötzlich um ihre Schwierigkeiten mit den neuen Vertriebsvorgaben.

Nach einem Jahr Training hatte die Geschäftsleitung der Heidelberg-Cement AG beschlossen, die Themen der neuen Vertriebsoffensive Beton in diesem Frühjahr noch einmal mit einem Theaterstück zu untermauern. „Uns ist es damit gelungen, das Projekt in den Köpfen der Teilnehmer mit allen Höhen und Tiefen Revue passieren zu lassen", so Geschäftsführer Klaus Schneider. „Es gab begeisterte Rückmeldungen."

Zum dritten Mal engagierte HeidelbergCement Dany und Bernhard Strobel, Inhaber der Visual Communication Group in Mannheim. Die Theatermacher inszenieren ihre Stücke nicht in erster Linie für Kulturfans. Ihre Zielgruppe sind vielmehr das Entwicklungsteam, das Marketing- oder das Vertriebsteam eines Unternehmens. Denn die Strobels machen Business-Theater. „Wir versuchen bei unseren Inszenierungen immer, vom Menschen

auszugehen", erklärt Bernhard Strobel das Konzept. „Wenn wir etwa die Einführung einer neuen Tasse begleiten sollen, fragen wir nicht nach den Eigenschaften der Tasse – wir fragen danach, die wievielte Tasse das für den Außendienst ist, die letzte Tasse ein Flop war und so weiter." Nach intensiven Gesprächen mit den Auftraggebern und Nachfragen im Unternehmen entwickelt der Autodidakt Bernhard Strobel ein Drehbuch, seine Frau Dany übernimmt die künstlerische Leitung. Für ein 30-Minuten-Stück arbeiten Autoren, Regisseur und Schauspieler gemeinsam mit den Unternehmensverantwortlichen etwa sechs bis acht Wochen. Das Textbuch wird vom Auftraggeber freigegeben.

Unternehmenstheater hat viele Gesichter. Während sich Visual Communication auf Business- und Seminartheater spezialisiert hat, setzen etwa Good Vibrations oder Clamotta aus Köln auch auf Improvisationstheater, also entwickeln die Stücke spontan nach Zurufen aus dem Publikum. Good Vibrations tritt zudem mit Comedy zum Thema Vertrieb an, entwickelt aber auch eigene Stücke für Firmen oder arrangiert ein Krimi-Dinner – hier müssen Mitarbeiter einen im Team gemeinsam einen kniffligen Fall lösen. Auch das IQ-Businesstheater aus Kirchseeon fertigt Auftragsstücke an, dazu gibt es Musikeinlagen.

Für das Unternehmenstheater gibt es seit Jahren typische Themen, weiß Experte Prof. Georg Schreyögg vom Lehrstuhl für Organisation und Führung am Institut für Management der FU Berlin. Dazu gehören etwa Konflikte bei Akquisitionen und Fusionen, Konflikte zwischen umsatzorientiertem Verkauf und kostenorientierter Fertigung oder Kommunikations- und Kompetenzprobleme zwischen Zentrale und Niederlassungen.

Meist, so Bernhard Strobel, gehe es in irgendeiner Form um das Thema Ver-

Firmenleben auf der Bühne: Mit Hilfe eines Theaterstückes können Unternehmen ihre Mitarbeiter gezielt motivieren oder für neue Aufgaben sensibilisieren. Foto: Strobel

änderung. Doch egal, welche Darstellungsart oder welches Thema gewählt wird, das Mittel ist beim Unternehmenstheater immer dasselbe: die Emotion. „Die Situationen auf der Bühne werden durchlitten, bekämpft und so

weiter. Das lässt sich leicht beobachten, wenn man als Zuschauer einer Unternehmenstheater-Aufführung beiwohnt und die Spannung, das befreiende Lachen und vor allem die Schweißausbrüche miterlebt", beschreibt es

Schreyögg. Damit die Stücke funktionieren, sollten Theatermacher allerdings Wissen um wirtschaftliche Zusammenhänge mitbringen. „Man sollte nicht vergessen, dass das Publikum beim Unternehmenstheater aus Fachleuten besteht und jeder sachliche Fehler die Glaubwürdigkeit der Aufführung infrage stellt", sagt der Wissenschaftler.

Genau hier will Visual Communication bei den Kunden punkten. Denn Bernhard Strobel arbeitete lange als Unternehmensberater und kennt die Prozesse und Konfliktfelder in Betrieben. Reine Schauspieler und Kabarettisten hätten meist noch nie eine Company von innen gesehen und wüssten somit auch nicht, welche Zwänge in Unternehmen herrschen, sagen die Strobels. Christiane Bohlmann, Leiterin Marketing Deutschland bei HeidelbergCement AG bestätigt diese Meinung. Sie habe das Projekt in sehr kurzer Zeit gemeinsam mit Visual Communication umsetzen können. „Die Mitarbeiter haben das Thema auch dank die Inhalte des Nagel auf den Kopf getroffen haben."

Viele Auftraggeber seien nach Erhalt des ersten Textbuches allerdings „regelrecht schockiert, wenn sie lesen, welche Stimmung in ihrem Unternehmen herrscht", berichtet Bernhard Strobel über den 19-jährigen Tätigkeit. Zwei Kunden haben in dieser Zeit ihre Projekte sogar abgebrochen. Trotzdem lohne sich der Mut, Projekte auf diesem Weg zu visualisieren, sagt Christiane Bohlmann: „In unserem Fall konnten die Mitarbeiter durch den Monolog des Schauspielers erkennen, dass die Geschäftsleitung ihre Probleme wahrnimmt – sie fühlten sich ernst genommen."

Ausgesprochen günstig ist diese Kommunikationsform allerdings nicht. So muss bei einer Buchung etwa von Visual Communication mit einer fünfstelligen Summe gerechnet werden. Doch Dany Strobel relativiert die Zahl: „Mit Business-Theater können Sie schnell, aber tiefgründig mehrere hun-

dert Menschen mit einer Vorstellung erreichen – in welchem Training schaffen Sie das sonst?"

Eine Erfolgsgarantie gibt es trotzdem nicht, warnt Prof. Schreyögg. „Das Unternehmenstheater kann sehr gut in Bewegung setzen, aber die Anschlusshandlungen sind dabei der Knackpunkt und damit nicht vorher bestimmbar", so Schreyögg. Das meint auch Christiane Bohlmann. Mit einem Theaterstück werden keine Probleme gelöst, aber es bietet die Möglichkeit, Themen zu reflektieren." Ein Ansatz, über den sich nachzudenken lohnt.

SIMONE FASSE

■ www.business-theater.de
■ www.iq-businesstheater.de
■ www.clamotta.de
■ www.scharlatantheater.eu

Glossar Unternehmenstheater
Was steckt hinter...

- Unternehmenstheater: Live dargebotene Form der szenischen Darstellung, die ein Unternehmen wählt, um Unternehmensziele zu erreichen. Charakteristisch ist, dass Probleme aus dem Unternehmensalltag mit theatralischen Mitteln dargestellt werden. Theatralische diese Typs sind oft auf ein Unternehmen oder eine Zielgruppe zugeschnitten oder vor allem für diese verständlich. Die zeitliche Vorbereitung ist aufwändig.
- Business-Theater: Begriff wird meist für Theaterstücke gebraucht, die speziell für einzelne Kunden entwickelt werden.
- Seminar-Theater: Wird auch Lerntheater genannt. Einige Anbieter bezeichnen damit Stücke, in denen es um die Vermittlung von Kenntnissen und Fähigkeiten geht. Andere Anbieter nennen die Stücke Seminar-Theater, deren Inhalte sich universeller für verschiedene Firmen eignen.
- Improvisationstheater: Stück wird beim Auftritt spontan nach Zurufen aus dem Publikum entwickelt.
- Corporate Theatre: Englisches Synonym für Unternehmenstheater.　sf

Insert III-K-8: Funktionen des Business-Theaters (Fasse 2008, S. 30)

gestellungen zu sensibilisieren. Sie dienen für einen spezifischen Bedarf seitens des Unternehmens der Unterhaltung, Information oder Problemlösung der (*Schreyögg* 1999, S. 11 f.; *Einwiller/Klöfer/Nies* 2008, S. 241; vgl. auch Insert III-K-8). Die Aufführung stellt eine Organisation dar und behandelt deren Verhaltensweisen. Ziel ist daher häufig nicht nur die Veränderung der individuellen Verhaltensweisen der Mitarbeitenden, sondern auch die Änderung der gesamten Organisation. Aufführungen eines unternehmensspezifischen Theaterstückes eignen sich dabei insbesondere für „Kick-off"-Situationen, in denen die Aufnahmebereitschaft für umfangreichere, differenziertere und zielgruppenspezifische Botschaften erst zu generieren ist (*Wehner/Dabitz* 1999, S. 122).

Beispiel: Business-Theater beim *Best Western Palatin Kongresshotel*

Seit fünf Jahren greift das *Best Western Palatin Kongresshotel* in Wiesloch einmal im Jahre auf das „Unternehmenstheater" zurück, um den Mitarbeitenden und Auszubildenden auf visuelle und spielerische Weise für Problemfelder aus der täglichen Praxis zu sensibilisieren. Folgende Szenen wurden z. B. vorgeführt: In der ersten Szene versuchte ein Techniker einer Kollegin aus dem Service zu erklären, wo sie schnell technische Ausrüstung finden kann, die dringend für eine Veranstaltung gebraucht wird. Wie dabei deutlich wurde, war „gehört" nicht gleich verstanden. In einer weiteren Szene wurde eine Situation dargestellt, in der Mitarbeitende mit einem großen Andrang von Gästen umzugehen hatten. Das Rollenspiel zeigte auf, dass, wenn vier Mitarbeitende gleichzeitig auf einen Abteilungsleiter mit Fragen einstürmen, am Ende keine konstruktiven Ergebnisse vorliegen. Mit dem Unternehmenstheater wurden die Mitarbeitenden letztlich dazu angeregt, sich bewusster mit dem Thema Kommunikation auseinanderzusetzen und sich Gedanken darüber zu machen, wie im Berufsalltag das sensible Thema „Miteinander" – auch im Umgang mit den Gästen – konstruktiver umgesetzt werden kann (*Kargakis* 2009, S. 22).

Podcasts: Bei Podcasts ist zwischen Audio- und Video-Podcasts zu unterscheiden. Podcasts dienen dem Verbreiten, Empfangen und Anhören von Audiobeiträgen (Audio-Podcast) und Videobeiträgen (Video-Podcasts) über das Internet (*Rubens* 2006; *Pleil/Zerfaß* 2007, S. 528). Im Falle von Mitarbeitenden werden die Beiträge im Intranet bereitgestellt. Podcasts dienen als alternativer Informationskanal für die internen Zielgruppen. Die Vorteile von Podcasts sind vor allem in der im Vergleich zu E-Mails emotionalen Zielgruppenansprache zu sehen, in der Aktualität und Schnelligkeit der Botschaftsvermittlung, der Förderung von Mitarbeiterbindung und Mitarbeitermotivation. Zudem erfolgt eine unverfälschte Ansprache durch den Sender. Podcasts eignen sich insbesondere für persönliche Botschaften der Unternehmensführung an ihre Mitarbeitenden. Sie können außerdem Schulungen und Workshops ergänzen. Als nachteilig ist der hohe Zeitaufwand bei der Produktion von Podcasts anzusehen. Zudem ist nicht garantiert, dass Mitarbeitende das Angebot von Podcasts auch wirklich nutzen. Derzeit setzen etwa 29 Prozent der deutschen Unternehmen Podcasts ein (*Selbach* 2009, S. 30). Wie aus einer Befragung hervorgeht, wird in den nächsten Jahren ein Zuwachs des Mediums von 46,3 Prozent erwartet (*Brenneisen/Medienfabrik Gütersloh GmbH* 2009, S. 12).

> **Beispiel: Podcasts für Mitarbeitende in Unternehmen**
> Die *Credit Suisse E-Learning Solutions* setzt Podcasts bei der internen Kommunikation ein und gibt den Mitarbeitenden damit die Möglichkeit, sich orts- und zeitunabhängig weiterzubilden. Beim *Hilti* Hörservice werden Produkte und Promotionen Updates zusätzlich als Podcast per SMS auf das Handy der Außendienst-Mitarbeitenden gesendet und können so orts- und zeitunabhängig konsumiert werden. Der CEO der *Feldschlösschen Getränke AG*, Thomas Amstutz, hat sich bei seinen Mitarbeitenden mit einer persönlichen Botschaft für deren Einsatz im Vorfeld der Euro '08 bedankt und sie so am Tag des Eröffnungsspiels persönlich motiviert (*o.V.* 2010a).

6.2.2 Medien der Aufwärtskommunikation

Bei den potenziell verfügbaren Medien der Aufwärtskommunikation (Bottom-up) ist zunächst eine grundlegende Unterscheidung vorzunehmen, die auf die Basisorientierung der einzelnen Instrumente zurückzuführen ist. Zu betrachten sind Medien der primären und sekundären Aufwärtskommunikation. Medien der **primären Aufwärtskommunikation** sind durch einen originär Bottom-up gerichteten Informationsfluss gekennzeichnet. Die kommunikativen Initiativen gehen dabei von einer nachgelagerten Hierarchieebene aus und sind – zum Teil über Moderatoren – an Mitarbeitende mit Führungsverantwortung gerichtet. Die Mitarbeiterkommunikation ist umso effektiver, wenn auch die Mitarbeitenden mehrere Kanäle nutzen können, um die von ihnen selbst als relevant erachteten Informationen den Kollegen und der Geschäftsführung zur Kenntnis zu bringen. Medien der **sekundären Aufwärtskommunikation** zeichnen sich durch einen primär Top-down gerichteten Informationsfluss aus, wobei allerdings entsprechende Rückkanäle bewusst geöffnet werden. Aufwärtskommunikation entsteht dabei quasi als Reaktion auf vorgelagerte Top-down-Informationsprozesse.

Aufgrund des denkbaren Alternativenraumes, der sich aus Schaubild III-K-17 ergibt, werden im Folgenden ebenfalls einige ausgewählte Medien der Aufwärtskommunikation thematisiert.

Mitarbeiterbefragungen: Auf den ersten Blick mag die Zuordnung von Mitarbeiterbefragungen zur Mitarbeiterkommunikation befremden, doch ist bei näherer Betrachtung diese Einordnung recht naheliegend. Bei entsprechender Ausgestaltung (Befragungsstruktur, Anonymität usw.) liefert die Erhebung der Mitarbeiterbedürfnisse, -kenntnisse und -einstellungen wertvolle Hinweise auf Problembereiche innerhalb und außerhalb des Unternehmens, die auf anderen Wegen nur schwer beziehungsweise gar nicht zu erheben sind. Die Durchführung der Mitarbeiterbefragung ist in sehr unterschiedlichen Formen möglich: stichprobenartig oder als Gesamterhebung, per standardisiertem Fragebogen, als strukturiertes Interview oder als Gruppendiskussion, schriftlich, per Telefon oder im Intranet (*Schick* 2007, S. 160). Regelmäßig durchgeführte Befragungen der Mitarbeitenden haben per se – losgelöst von den konkreten Inhalten – eine erhebliche kommunikative Wirkung und erfüllen folgende **Funktionen** (*Domsch/Ladwig* 1999, S. 605; *Meier* 2002, S. 88 f.; 154 f.):

- Ausdruck einer weitgehenden Partizipation der Mitarbeitenden am Unternehmensgeschehen,

- Abbau der sozialen Distanz zwischen Management und Mitarbeitenden,

- Initiierung und Aufrechterhaltung des Dialogs zwischen den Mitarbeitenden durch die Vielzahl von Teilprozessen (Vorinformation, Datenerhebung, Bekanntgabe der Ergebnisse usw.),

- Sicherstellung des zielgruppengerechten Einsatzes interner Medien,

- Überprüfung der Akzeptanz geplanter Änderungen vorab sowie des Erfolgs bereits eingeführter Maßnahmen,

- Frühzeitige Lokalisierung möglicher Probleme,

- Darstellung des Grades der Mitarbeiterzufriedenheit und durch entsprechende Handlungskonsequenzen Möglichkeit der Steigerung der Mitarbeiterzufriedenheit.

Die Mitarbeitenden um ihre Meinungen zu befragen ist demnach ein wichtiger Teil der Mitarbeiterkommunikation. Entscheidend ist jedoch, dass die Meinung der Mitarbeitenden erfragt wird, um diese auch tatsächlich bei anstehenden Entscheidungen zu berücksichtigen, beziehungsweise um sie zum Anlass zu nehmen, Veränderungen herbeizuführen. **Risiken** bergen Mitarbeiterbefragungen dann, wenn das eigentlich zur Partizipation der Mitarbeitenden gedachte Instrument seinen partizipativen Charakter verliert. Das Management eines Unternehmens, das eine Mitarbeiterbefragung durchführt, hat zum einen das Auftreten von negativem Feedback zu akzeptieren, zum anderen ist es notwendig, dass die Bereitschaft für eventuell erforderliche unternehmensinterne Veränderungsprozesse tatsächlich gegeben ist. Die Mitarbeitenden erwarten, dass ihre Meinungen in irgendeiner Weise relevant sind und Berücksichtigung finden. Hat ein entsprechend negatives Feedback keine Konsequenzen, d. h., werden die Ergebnisse der Befragung vom Management ignoriert, erfolgt keine Stellungnahme, keine Veröffentlichung der Ergebnisse oder unter Umständen keine direkte Reaktion, so verkehrt sich die ursprünglich positive Idee einer Partizipation der Mitarbeitenden ins Gegenteil. Der Mitarbeitende fühlt sich im Hinblick auf seine Erwartungen nicht ernst genommen. Frustration, Demotivation, Resignation bei den Mitarbeitenden und der Vertrauensverlust in die Initiatoren der Befragung sind die unausweichliche Folge (*Noll* 1996, S. 229).

Mitarbeiterbefragungen sind regelmäßig und in klar definierten Zeitabständen durchzuführen. Trotz der sowohl für das Unternehmen insgesamt als auch für die Mitarbeitenden potenziell positiven Wirkungen einer Erhebung der Mitarbeiterbedürfnisse hat die Planung einer Mitarbeiterbefragung den möglichen **Widerstand** einzelner Personengruppen zu berücksichtigen. So resultiert aus der Konzeption einer Befragung bereits ein eigenständiger Kommunikationsbedarf, bei dem Geschäftsleitung und Mitarbeitende vom Nutzen der Erhebung zu überzeugen und Vorbehalte von Mitarbeitervertretungen abzubauen sind (zur Planung einer Mitarbeiterbefragung und zur differenzierten Auseinandersetzung mit möglichen Hindernissen vgl. *Domsch/Ladwig* 1999, S. 613 ff.). Um die Vorbehalte gegenüber einer solchen Befragung abzubauen, sind vor allem die folgenden **Anforderungen** zu erfüllen:

- Darstellung der angestrebten Ziele der Befragung sowie deren positiver Wirkungen,
- Zusicherung und Sicherstellung absoluter Anonymität,
- Abstimmung mit den Organen der Mitarbeitervertretung,
- Übereinstimmung von Kommunikation und Handeln.

Um Widerstände bei den Mitarbeitenden abzubauen, ist in der Regel die Hinzuziehung eines unternehmensexternen Partners hilfreich, der Neutralität und Anonymität der Befragung vertrauenswürdig gewährleisten kann.

Beispiel: Einsatz von Mitarbeiterbefragungen in Deutschland, Österreich und der Schweiz
In einer im Jahre 2007 durchgeführten Befragung in den größten deutschen, österreichischen und schweizerischen Unternehmen gaben 32 Prozent der teilnehmenden Unternehmen (n = 249) an, jährlich die Mitarbeitenden zu befragen. 34 Prozent führen alle zwei Jahre und 12 Prozent alle drei Jahre Mitarbeiterbefragungen durch. Die Initiative der Befragung erfolgt zumeist von der Geschäftsführung (78 Prozent), gefolgt vom Personalbereich (40 Prozent) und der Arbeitnehmervertretung (3 Prozent) (*Hossiep/Frieg* 2008, S. 58).

Betriebliches Vorschlagswesen: Das betriebliche Vorschlagswesen wird klassischerweise weniger dem Bereich der Mitarbeiterkommunikation, sondern vielmehr den Instrumenten des Qualitätsmanagements zugeordnet. Stand in der ursprünglichen Form, die sich bis in das 19. Jahrhundert datieren lässt, zunächst primär die Gewinnung von Vorschlägen zur Optimierung betrieblicher Abläufe im Vordergrund, so ist der Gedanke einer intensiveren Einbindung der Mitarbeitenden in das unternehmensinterne Geschehen heute zumindest gleichrangig. Allen Mitarbeitenden des Unternehmens wird dadurch die Möglichkeit gegeben, an der Entwicklung des Unternehmens mitzuwirken. Durch das Betriebliche Vorschlagswesen können im Unternehmen Verbesserungspotenziale offen gelegt und relevante Problemfelder entdeckt werden. Zur Steigerung der Motivation der Mitarbeitenden, Vorschläge zur Verbesserung des Unternehmens einzureichen, sind diese entsprechend zu prämieren. Darüber hinaus ist es sinnvoll, prämierte Vorschläge beispielsweise in Mitarbeiterzeitungen zu veröffentlichen, um Kollegen Anreize zur Beteiligung am Vorschlagsprogramm zu geben. Aus Glaubwürdigkeitsgründen ist es ferner notwendig, gute Mitarbeitervorschläge möglichst schnell im Unternehmen umzusetzen. Die Anhörung von Mitarbeitervorschlägen durch die Unternehmens- oder Geschäftsstellenleitung in Bezug auf technische und nicht-technische Verbesserungsbereiche innerhalb des gesamten Unternehmens kann – beispielsweise im Vergleich zu umfassenden Mitarbeiterbefragungen – mit relativ geringem personellen und finanziellen Aufwand verbunden sein.

Um die Bereitschaft der Mitarbeitenden zu Partizipation und Identifikation langfristig zu erhöhen, sind verschiedene **Anforderungen** zu erfüllen:

- Die Einreichung von Vorschlägen hat möglichst einfach und unbürokratisch zu sein.
- Allen Mitarbeitenden, die einen Vorschlag eingereicht haben, ist (möglichst schnell) ein Feedback zu geben.
- Die Annahme von Vorschlägen ist angemessen zu honorieren.
- Es sind jene Personen zu belohnen, auf deren originäre Idee der Vorschlag zurückgeht.

Wird die Zahl der Verbesserungsvorschläge in europäischen, amerikanischen und japanischen Unternehmen verglichen, so wird deutlich, dass sich die Bereitschaft zur Partizipation in Europa erst in den letzten Jahren langsam entwickelt hat und dass die Zahl von Verbesserungsvorschlägen pro Mitarbeitenden noch immer nicht das japanische Niveau erreicht hat. Insofern ist dieser internen Kommunikationsmaßnahme noch ein großes Entwicklungspotenzial zuzuschreiben, für das die entsprechenden Rahmenbedingungen vom Management zu schaffen sind. Sowohl das betriebliche Vorschlagswesen als auch Mitarbeiterbefragungen gehören zu den primären Medien der Aufwärtskommunikation, die allerdings zuerst durch das Management zu instrumentalisieren sind.

Mit den Aufkommen der Collaboration Tools nimmt das betriebliche Vorschlagswesen zunehmend eine interaktive Perspektive ein. Mittlerweile wird im Rahmen des betrieblichen Vorschlagwesens oftmals auf die auf Web 2.0-Technik basierenden Collaboration Tools zurückgegriffen (z. B. *IBM* mit ThinkPlace). Dadurch wird der weltweite Austausch von Mitarbeiterideen ermöglicht. Jeder Mitarbeitende kann die Ideen von seinen Kollegen im Intranet einsehen und einen Kommentar zur Umsetzung abgeben. Dadurch werden schließlich diejenigen Ideen umgesetzt, die von den Kollegen weltweit Unterstützung finden (*Schick* 2007, S. 211).

Internes Beschwerdemanagement: Die Einrichtung eines Beschwerdemanagements für Mitarbeitende ist – aufbauend auf den Erfahrungen mit Beschwerdemanagementsystemen für externe Kunden – zwar keine besonders neue Aufgabe, dennoch sind einige Besonderheiten zu berücksichtigen, die eine schlichte Übertragung der extern gerichteten Konzepte auf den unternehmensinternen Markt verbieten. Ausgehend vom identischen Anspruch einer möglichst umfassenden Erhebung von Mitarbeiter(un)zufriedenheit mit dem Ziel, den Beschwerdeanlass zu beseitigen, ist die besondere Bindung Mitarbeiter-Unternehmen zu würdigen. Während Kunden keine Repressalien zu erwarten haben, wenn sie sich über Leistungen von Mitarbeitenden beziehungsweise Fehler eines Produktes beschweren, bestehen unternehmensintern mehr oder weniger ausgeprägte Barrieren, die die realitätsnahe Erfassung der tatsächlichen Problembereiche erschweren. Um Verzerrungen aus dieser Konstellation zu vermeiden, hat ein unternehmensinternes Beschwerdemanagement verschiedenen **Anforderungen** gerecht zu werden:

- **Neutralität der Beschwerdeinstanz:** Um eventuellen Ängsten der Mitarbeitenden zu begegnen beziehungsweise die Hemmschwelle einer Beschwerde zu senken, ist eine Beschwerdeinstanz einzurichten, die keine eigenen Interessen verfolgt.

- **Zentralität der Beschwerdeanalyse:** Der zur Identifikation von zentralen Problembereichen erforderliche Überblick ist nur dann zu gewährleisten, wenn zumindest die Auswertung der internen Beschwerden zentral erfolgt.

- **Alternative Beschwerdewege:** In Abhängigkeit vom jeweiligen Beschwerdeanlass bevorzugt ein potenzieller Beschwerdeführer möglicherweise eine dezentrale beziehungsweise zentrale Anlaufstelle (z. B. Beschwerde über einen direkten Vorgesetzten).

- **Angemessene Reaktion:** Ist diese Forderung unternehmensextern bereits von großer Bedeutung, so ist sie unternehmensintern mit Nachdruck umzusetzen. Laufen Beschwerden ins Leere beziehungsweise erfolgt keine Reaktion, so erwachsen ähnlich negative Reaktionen wie bei einer Mitarbeiterbefragung, die ohne Konsequenzen bleibt.

Zu den **sekundären Medien der Aufwärtskommunikation** zählen insbesondere die vorgängig beschriebenen originär abwärtsgerichteten Medien der Mitarbeiterkommunikation, die mit entsprechenden Response- beziehungsweise Partizipationsmöglichkeiten erweitert sind. Zu nennen sind hier beispielsweise:

- Mitarbeiterzeitungen mit Beiträgen von Mitarbeitenden beziehungsweise Leserbrief-Rubriken,

- Rundschreiben, E-Mails und Newsletter mit Angabe von Ansprechpartnern für Detailfragen,

- Belegschaftsversammlungen mit Diskussionsmöglichkeiten u. a. m.

6.2.3 Interaktive Medien

Die vorgenannten Maßnahmen der Mitarbeiterkommunikation werden in mehr oder weniger ausgeprägter Weise zur Gruppen- beziehungsweise Massenkommunikation genutzt, und einige der Instrumente sind für bestimmte Kommunikationsprobleme als eher ungeeignet zu erachten. Zahlreiche Kommunikationsprobleme, beispielsweise bei Unternehmenskrisen oder -umstrukturierungen, erfordern eine persönliche, unmittelbare und interaktive Ansprache. Mitarbeitenden wird es dadurch ermöglicht, ihre Ängste zu artikulieren, Rückfragen zu stellen und mit den Verantwortlichen zu diskutieren. Die Unternehmensleitung kann dadurch Stimmungen erfassen und darauf reagieren. Neben verschiedenen Formen der persönlichen Kommunikation bieten die beschriebenen Informations- und Kommunikationstechnologien – angereichert durch entsprechende Response-Elemente – immer mehr Möglichkeiten für einen direkten synchronen Austausch zwischen Mitarbeitenden und Führungskräften.

Business TV mit Rückkanal: Das im Rahmen der Abwärtskommunikation beschriebene Medium Business TV kann mit Telefonleitungen ausgestattet werden, die es den Adressaten ermöglichen, über eingeblendete Telefonnummern direkt in eine Sendung geschaltet zu werden und so interaktiv mit Fragen und Anmerkungen mitzuwirken. Dadurch wird eine Beteiligung der Mitarbeitenden an Diskussionen und Gesprächen ermöglicht. Durch den Einsatz von Web-Kameras bieten sich den Nutzern interaktive Möglichkeiten der Kommunikation wie beispielsweise Telefon- und Videokonferenzen im Intranet oder der Austausch in Newsgroups oder Chatrooms.

Diskussionsforen im Intranet: Im Intranet sind Diskussionsforen zu bestimmten oder aktuellen Themen einzurichten. Daran können Mitarbeitende und Führungskräfte teilnehmen und asynchron Fragen stellen sowie Aussagen zu diesen Themen machen, so dass es hier zu einem zweiseitigen Austausch kommt.

Blogs, Micro-Blogging: Blogs sind Nachrichtendienste im Internet mit Beiträgen einzelner Personen oder einer Gruppe, die einen Blog gemeinsam betreiben (*Pleil* 2005). Im internen Kontext beteiligen sich die Mitarbeitenden im Intranet an Diskussionen und stellen daher die Blog-Teilnehmer dar. Blogs können oft kostenfrei und ohne besondere technische Kenntnisse eingerichtet werden. Weiterhin ist vorteilhaft, dass jeder Mitarbeitende an Diskussionen partizipieren kann. Blogs bieten zudem ein hohes Maß an Aktualität und Authentizität (vgl. ähnlich *Pleil/Zerfaß* 2007, S. 526). So kann sich z. B. der CEO eines Unternehmens einen guten Überblick über die Stimmung der Mitarbeitenden verschaffen. Im Rahmen der Mitarbeiterkommunikation eignen sich insbesondere Knowledge-Blogs. Diese erlauben es, auf das Wissen anderer zuzugreifen und dieses zu erweitern. Neben dem Einsatz von Blogs sind für Unternehmen auch Micro-Blogging-Dienste, wie z. B. *twitter*, denkbar. Der Unterschied zum herkömmlichen Blog liegt darin, lediglich Kurznachrichten veröffentlichen zu können. Neben dem Wissensaustausch fördern Blogs auch den Zusammenhalt unter den Mitarbeitenden.

Wikis: Wikis sind sehr einfache Content-Management-Systeme, die es jedem Benutzer ermöglichen, Inhalte von Websites zu verfassen. Wikis eignen sich besonders im Rahmen des Wissensmanagements von Unternehmen und können im Intranet oder auf Mitarbeiterportalen auf einfache Art dokumentiert und laufend aktualisiert werden (*Pleil/Zerfaß* 2007, S. 529). Wie bei Blogs liegt auch der Vorteil von Wikis in der Aktualität und dem einfachen Wissensaustausch zwischen Kollegen bzw. Teams. Problematisch ist, dass lediglich ein Prozent der Nutzer selbst Inhalte erstellt, neun Prozent kommentieren, der Rest bleibt passiv. Um die Partizipation zu erhöhen, ist es deshalb wichtig, dass Wikis von der Unternehmensspitze gesteuert und verwaltet werden (*Selbach* 2009, S. 28).

Businessnetzwerke: Businessnetzwerke sind eine spezielle Form von Sozialen Netzwerken, bei denen der Fokus auf geschäftlichen Beziehungen liegt (z. B. *Xing, LinkedIn*). Mitarbeitende eines Unternehmens legen ein Profil an und verlinken sich sowie interagieren in diesen Netzwerken miteinander. Bei vier Prozent der Unternehmen gibt es mittlerweile solche Netzwerke auch innerhalb des Unternehmens. Bislang werden diese unternehmensinternen Netzwerke allerdings kaum genutzt (*Selbach* 2009, S. 28). Gerade für Aufstiegschancen der Mitarbeitenden innerhalb des Unternehmens bzw. für das Talent Management könnten die in den Netzwerken hinterlegten Mitarbeiterprofile jedoch sinnvoll sein. Künftig ist daher diesem Medium mehr Beachtung zu schenken.

Intranetchats: Live Chats im Intranet haben den Vorteil, dass sie synchron verlaufen. Dabei steht eine Führungskraft oder der

Vorstand den Mitarbeitenden zur Verfügung und beantwortet in kürzester Zeit Fragen beziehungsweise ermöglicht das Medium eine Diskussion wie in einem persönlichen Gespräch.

Management-by-walking-around: Management-by-walking-around bietet den Mitarbeitenden die Möglichkeit, mit den Führungskräften in Kontakt zu treten. Das Instrument bietet die Möglichkeit, die Kommunikation von Führungskräften mit den Mitarbeitenden zu fördern, in dem die Führungskräfte durch die Büros gehen oder in der Kantine zu Mittag essen und dabei das persönliche Gespräch mit den Mitarbeitenden suchen. Durch die Gespräche wird Vertrauen geschaffen und die Kooperationsbereitschaft der Mitarbeitenden gefördert (*Einwiller/Klöfer/Nies 2008*, S. 247).

Informations- oder Teamübergreifende Besprechungen: Regelmäßig oder aufgrund einer speziellen Problemstellung stattfindende Besprechungen sind eine weitere häufig genutzte Kommunikationsform. Dies können zum einen – meist wöchentlich stattfindende – Informationsbesprechungen mit allen Mitarbeitenden eines Bereiches, einer Abteilung oder eines Teams sein. Abteilungs- und Teamspezifische Informationen können durch die Führungskräfte effektiv vermittelt und mit den Mitarbeitenden diskutiert werden. Sie dienen damit dem Austausch von Erfahrungen und Wissen und ermöglichen die Einbeziehung von Feedback. Zum anderen ermöglichen Teamübergreifende Besprechungen einen Erfahrungsaustausch von Fachleuten verschiedenster Abteilungen oder Mitarbeitenden aus den unterschiedlichsten Bereichen sowie Hierarchiestufen (*Mast* 2006, S. 35 ff.; 2006, S. 194). Dies fördert den abteilungsübergreifenden Austausch und dient der Verbesserung der Beziehungen innerhalb des Unternehmens.

Workshops und Seminare: Das Medium eignet sich, um interaktiv mit einer begrenzten Zahl von Mitarbeitenden ein Problem zu analysieren und spezielle oder allgemeine Themen und Fragestellungen, unter der Beteiligung von Mitarbeitenden aus allen Bereichen des Unternehmens, zu bearbeiten. Workshops und Seminare fördern die intensive Kommunikation in den Gruppen, schaffen einen Konsens beziehungsweise eine Verknüpfung unter den Teilnehmern. Als Instrument der Mitarbeiterkommunikation dient das Medium vor allem der Wissensvermittlung und -verteilung sowie der Motivationsförderung der Mitarbeitenden. Es ist ein unmittelbares, kontinuierliches Feedback während der Veranstaltung möglich. Im Rahmen der Nachbereitung von Workshops und Seminaren, ist es – damit diese eine größtmögliche Wirkung entfalten – erforderlich, dass Follow-Up-Maßnahmen, beispielsweise die Versendung von Erinnerungsschreiben und Unterlagen zeitnah erfolgen.

Nonverbale Signale: Der **Baustil** sowie die **Inneneinrichtung** sind Ausdruck der vorherrschenden Kommunikationskultur in Unternehmen. Sind beispielsweise keine entsprechenden Räumlichkeiten, z. B. Besprechungszimmer, Gruppenräume, Cafeteria usw. im Unternehmen vorhanden, kann es nur erschwert zu alltäglichen spontanen und informellen Kontakten zwischen den Mitarbeitenden und Führungskräften kommen. Die Gebäudeeinrichtung ist daher von Unternehmen derart zu gestalten, dass diese bereits eine vertrauensvolle, offene und kommunikative Atmosphäre schafft. Von großer Bedeutung für die Mitarbeiterkommunikation ist zudem die **nonverbale persönliche Kommunikation**. Die Wahrnehmung von Botschaften in zwischenmenschlichen Beziehungen wird zu 55 Prozent nonverbal, d. h. über die Körpersprache, Mimik und Gesten übertragen, 38 Prozent vokal (Stimmlage) und nur sieben Prozent verbal (Worte) (*Mehrabian* 1980).

Bei der nonverbalen persönlichen Kommunikation können durch die bei der Information benutzten Übertragungswege verschiedene Formen abgegrenzt werden (z. B. *Klammer* 1989, S. 11 ff.; *Bekmeier* 2001), wobei die **nonverbalen visuellen Signale**, die vom Menschen mit dem Auge wahrgenommen werden, zu bedeutenden Informationsträgern gehören, da das Individuum zirka 90 Prozent der Informationen durch den optischen Sinn aufnimmt. Hierbei lassen sich verschiedene Varianten unterscheiden, die zum einen die motorisch- oder statisch-gerichtete körperliche Kommunikation (z. B. Körpersprache, Körperbau) und zum anderen die so genannte „Objektkommunikation" mittels materieller Gegenstände (z. B. Kleidung, Brille, Parfum) betreffen (*Bekmeier* 2001, S. 1196; *Kroeber-Riel/Weinberg/Gröppel-Klein* 2009, S. 556).

Bei **nonverbalen auditiven Signalen** handelt es sich zum einen um Signale der vokalen Art, die unmittelbar mit der Sprache verbunden sind, d. h. beispielsweise Sprechstil, Sprechrhythmus oder Stimmklang, und zum anderen um Signale der musikalischen Art, d. h. beispielsweise Melodie, Modulation oder Lautstärke. **Nonverbale taktile Signale** hingegen werden durch die auf der Hautoberfläche des Menschen befindlichen Tastkörperchen vermittelt, die dafür verantwortlich sind, dass der Mensch Berührungen wahrnehmen und Formen sowie die Oberflächenbeschaffenheit verschiedener Materialien erfühlen kann.

Nonverbale olfaktorische Signale bezeichnen demgegenüber jene Signale, die den Geruchssinn des Menschen ansprechen. **Nonverbale gustatorische Signale** sprechen gemeinsam mit den olfaktorischen Signalen die chemischen Sinne der Lebewesen an und zielen auf den Geschmackssinn ab. Bei **nonverbalen thermalen Signalen** werden letztlich die in der Haut eingebetteten wärme- beziehungsweise kälteempfindlichen sensorischen Wahrnehmungssignale des Menschen angesprochen. Grundsätzlich lässt sich festhalten, dass die **nonverbalen Kommunikationssignale** vielseitige Möglichkeiten zur **emotionalen Ansprache** im Rahmen der Mitarbeiterkommunikation bieten (in Anlehnung an *Bekmeier* 2001, S. 1197 f.):

• Nonverbale Ausdrucksformen geben unmittelbare Hinweise auf die emotionalen Befindlichkeiten der Mitarbeitenden und können unterschiedliche Emotionen in verschiedenen Intensitätsgraden visualisieren, beispielsweise die Ängste und Verunsicherung der Mitarbeitenden auf einer Betriebsversammlung, bei der das Thema Stellenabbau behandelt wird.

• Nonverbale Signale können emotional stimulieren, beispielsweise die Steigerung des Zusammengehörigkeitsgefühls im Rahmen eines Mitarbeiterevents.

• Nonverbale Signale werden vorrangig beachtet und besonders schnell wahrgenommen.

• Nonverbale Signale haben einen unverbindlichen, aber dennoch glaubhaften Charakter.

• Nonverbale ermöglichen eine interkulturelle Verständigung.

Mitarbeitergespräch: Eine zentrale Maßnahme einer eher individuellen Informationsvermittlung beziehungsweise Kommunikation ist das Mitarbeitergespräch. Diese Gespräche zwischen Vorgesetzten und Mitarbeitenden haben verschiedene Erscheinungsformen. Je nach Grad der Formalisierung und Selbstverständlichkeit der vertikalen Kommunikation kann unter diesem Instrument sowohl das exakt terminierte Jahreszielgespräch als auch die informelle, alltägliche und zufällige Form der Vorgesetzten-Mitarbeiter-Kommunikation subsumiert werden. Persönliche Gespräche geben den Beteiligten die Gelegenheit, im Rahmen des Dialoges sofort zu reagieren, Rückfragen zu stellen und Unklarheiten zu beseitigen. Dadurch ist es möglich, intensiv auf die Interessen und Bedürfnisse des Gesprächspartners einzugehen und unmittelbar Störungen in der Kommunikation zu erkennen, z. B. bei Verständnisproblemen. Ein informelles Gespräch kann den Aufbau von Beziehungen fördern oder festigen und erzeugt einen hohen Motivationseffekt (*Mast* 2000, S. 33).

Wenn auch das Mitarbeitergespräch für sich genommen nur eine einzelne Kommunikationsmaßnahme darstellt, so drückt der Stellenwert dieses Instrumentes in einem Unternehmen sehr viel über den **Gesamtcharakter der Mitarbeiterkommunikation** und die Unternehmenskultur aus. In einer offenen, von Vertrauen geprägten Umgebung wird ein Gespräch zwischen Vorgesetzten und Mitarbeitenden zu einer Maßnahme des alltäglichen Austauschs und findet weitgehend ungeplant beziehungsweise spontan statt. In einem Unternehmen mit stärker hierarchischer Orientierung und einem eher mechanistischen Mitarbeiterbild kommt dem Gespräch zwischen Führungskraft und Mitarbeitenden hingegen in der Regel ein anderer Charakter zu. Das direkte Gespräch ist hier die Ausnahme, es dient weniger dem normalen kommunikativen Austausch, sondern findet eher auf Initiative des Vorgesetzten im Problemfall statt. Insofern kann kaum von einer vertrauensvollen Atmosphäre gesprochen werden, denn in der Regel haben derartige Gespräche keinen wirklichen Dialogcharakter.

Das Management von Unternehmen hat sich bewusst darüber zu sein, dass die **Ausgestaltung der direkten persönlichen Kommunikation** zwischen Führungskräften und Mitarbeitenden Signalwirkung für das zugrunde liegende Menschenbild hat. Wenn ein Unternehmen also ein offenes Kommunikationsklima anstrebt, so hat insbesondere die direkte vertikale Kommunikation in einer vertrauensvollen Atmosphäre stattzufinden. Dies hat allerdings weitreichende Konsequenzen. So ist die Kommunikationsfunktion der Führungskräfte bei Personalauswahl und -entwicklung entsprechend zu berücksichtigen, um die Realisierung einer effizienten Mitarbeiterkommunikation im gesamten Unternehmen zu gewährleisten. Hier gilt es, jene Mitarbeitenden zu gewinnen, die über ein entsprechendes Kommunikationspotenzial verfügen, das einen offenen Umgang mit Information und Kommunikation unternehmensintern erst möglich macht.

Informelle Kommunikation: Diese kann sowohl horizontal als auch vertikal erfolgen. Im Rahmen der horizontalen Kommunikation finden persönliche Gespräche der Mitarbeitenden untereinander in ungezwungener Umgebung statt. Dies ist beispielsweise auf dem Gang möglich oder es findet ein Informationsaustausch beim Mittagessen statt. Aber auch von Unternehmen organisierte Sportveranstaltungen oder auf Tagungs- und Fortbildungsveranstaltungen ist der Austausch von relevanten Informationen und Neuigkeiten im Rahmen eines geselligen Beisammenseins möglich. Bei der vertikalen Kommunikation erfolgt die informelle Kommunikation zwischen verschiedenen Hierarchieebenen zumeist zeitgleich mit persönlichen Gesprächen. Dabei ist dies ebenso Gegenstand bei Abteilungs- und Betriebsfeiern, Betriebsausflügen und anderen gesellschaftlichen Anlässen, wo ein ungezwungenes Gespräch in angenehmer Atmosphäre stattfindet, wichtige Botschaften kommuniziert und Einstellungen zu bestimmten Themen bekundet werden.

Die informelle Kommunikation gilt als eines der wichtigsten Instrumente der horizontalen Kommunikation, da sie die Koordination, den sozialen Austausch und den Zusammenhalt der Mitarbeitenden untereinander fördert (*Einwiller/Klöfer/Nies* 2008, S. 247). Um daraus Nutzen zu ziehen, gilt es, Kommunikationsplattformen zu schaffen, die eine solche Kommunikation und die Entstehung informeller Netzwerke fördern. Dies erfolgt z. B. durch das Einrichten von Treffpunkten, wie Kaffeeecken, durch die Durchführung interner Informationsmessen, auf denen sich die einzelnen Abteilungen vorstellen und zum Gespräch einladen, durch informelle Abendessen im Anschluss von Workshops oder durch die Schaffung von Online-Communities im Intranet (*Schick* 2007, S. 167 ff.; *Einwiller/Klöfer/Nies* 2008, S. 247 f.)

Informelle Treffen im Unternehmen sind typische Situationen, in denen **Gerüchte** entstehen können (zu einer ausführlichen Betrachtung von Gerüchten als Medium vgl. *Bruhn/Wunderlich* 2004). Diese Situationen sind durch folgende **Merkmale** gekennzeichnet (*Schick* 2004, S. 230):

- Direkte, persönliche und mündliche Kommunikation,
- Informeller Rahmen ist dominierend,
- Teilnehmerzusammensetzung ist eher abteilungsübergreifend und zufällig,
- Keine Person ist aufgrund seiner hierarchischen Position oder fachlichen Funktion für das Thema autorisiert.

Gerüchte in der internen Kommunikation können Personen oder Ereignisse auf ganz unterschiedlichen Ebenen – der des einzelnen Mitarbeitenden, einer Organisationseinheit oder dem gesamten Unternehmen – betreffen und sowohl positive als auch negative Konsequenzen für diese beinhalten (*Schick* 2004, S. 225 ff.). Sie sind schwer greifbar, jedoch ein einflussreicher und mächtiger Faktor für die Meinungsbildung an Arbeitsplätzen. Mit keinem anderen Medium ist eine schnellere Verbreitung von Informationen und Nachrichten möglich, der Wahrheitsgehalt eines Gerüchtes wird als sehr hoch eingeschätzt und nicht hinterfragt. Die Schnelligkeit des Medium lässt sich aus der Struktur des Kommunikationsnetzes erklären, dessen Mitglieder „nur dann etwas gelten, wenn sie die Botschaften verbreiten".

Als Voraussetzung beziehungsweise Kennzeichnung der meisten Gerüchte sind die folgenden Punkte festzuhalten (*Piwinger* 2004, S. 260):

- Entstehung in kritischen Zeiten und spekulative Form,
- Reaktion auf die Stimmungslage,
- Fehlen eines identifizierbaren Absenders,
- Für Personen besteht ein großes, möglichst persönliches Interesse an der durch das Gerücht verbreiteten Information,
- Viele Personen sind an der Information interessiert,
- Vorliegen einer Vorbekanntheit der Person, Sache oder Umstände, um die es sich handelt,
- Fehlen von offiziellen Stellungnahmen und damit Öffnung des Raumes für Spekulationen,
- Vorliegen der Neugierde der Mitarbeitenden, etwas Intimes oder Neues aus dem Umfeld zu erfahren,
- Personen bringen das Gerücht – wissentlich oder versehentlich – in Umlauf,
- Vorliegen von Rivalitäten oder Konflikte.

Insbesondere bei **Gerüchten in Krisensituationen** oder bei **größeren Umstrukturierungen** und **Veränderungen** im Unternehmen fühlen sich die Mitarbeitenden oft verunsichert und verängstigt. Dies hat weitreichende Auswirkungen auf das gesamte Unternehmen. Die Aufgaben werden nur noch im notwendigsten Umfang wahrgenommen, das Engagement erlahmt und die Mitarbeitenden beschäftigen sich vor allem mit sich selbst, ihrer persönlichen Zukunft und möglicherweise der Suche nach einem neuen Arbeitgeber. Für das Unternehmen bedeutet dies letztlich sinkende Produktivität, Verschleppung von wichtigen Projekten und den Verlust von Leistungs- und Know-how-Trägern. Gerüchte entstehen und verbreiten sich besonders dann, wenn die offiziellen Kommunikationswege – beispielsweise Vorstände und Führungskräfte – Fragen, die den Mitarbeitenden wichtig erscheinen, unvollständig oder überhaupt nicht beantworten. Um die Verbreitung von Gerüchten zu verhindern sowie mögliche negative Folgen abzuwenden, ist es zum einen notwendig, laufend den Dialog mit den Mitarbeitenden zu pflegen und deren Feedback durch geeignete Instrumente – beispielsweise den offenen Dialog bei Besprechungen und Tagungen, informelle Gespräche mit dem Top-Management, regelmäßige Umfragen, FAQ im Intranet, Projektbezogene Hotlines, die Beobachtung der Foren im Intranet u. a. m. – einzuholen. Zum anderen ist Gerüchten durch eine offene, kontinuierliche, persönliche und einheitliche Information und Kommunikation entgegenzuwirken (*Schick* 2004, S. 237).

Events: Veranstaltungen erzeugen mit einer Kombination von Unterhaltung und Information so genanntes „Infotainment". Events haben Erlebnischarakter, vermitteln Emotionalität, angenehme Atmosphäre und bieten die Möglichkeit zum Dialog zwischen Mitarbeitenden und Führungskräften. Sie dienen damit der Inszenierung der Kommunikation in einem besonderen Rahmen (*Oelert* 2003, S. 236 ff.). Zu Events zählen z. B. Veranstaltungen zum Jahresauftakt, Workshops, After Work Parties u. a. m. Das Event kann auf unterschiedlichen Ebenen – vom kleineren Team bis hin zur gesamten Belegschaft, auf Führungsebene oder mit Beteiligung aller Hierarchiestufen – durchgeführt werden. Ziel ist die Förderung des Gemeinschaftsgefühls und Verbindung der Beteiligten durch ein gemeinsames Erlebnis.

> **Beispiel: Familienfest bei *3M***
>
> Das Technologieunternehmen *3M* fördert die Kommunikation zwischen den Mitarbeitenden neben der Einrichtung von After-Work-Stammtischen auch durch die Durchführung von Events. So fand z. B. das *3M* Familienfest statt. Hierbei wurde mit mehr als 7.500 Mitarbeitenden und deren Angehörigen auf dem Firmencampus in Neuss gefeiert. Als Beweis für das Zusammengehörigkeitsgefühl im Unternehmen formierten mehr als 3.000 Mitarbeitende ein riesiges *3M* Logo (vgl. Insert III-K-9). Im Vorfeld des Familienfests hatten zudem einige Mitarbeitende ein Lied aufgenommen. Jeder Beschäftigte in Deutschland bekam das Lied auf CD. Der Song wurde während des Familienfests aufgeführt (vgl. Insert III-K-10) (*Kalthoff-Mahnke* 2009b, S. 47 f.).

Dialogbilder: Dialogbilder werden von zumeist Agenturen als lebendiges Schulungsinstrument individuell für das jeweilige Unternehmen entwickelt und produziert. Die großen Schaubilder zeigen sehr anschaulich Situationen aus der eigenen Arbeitswelt, regen zum Nachdenken an und fordern die Betrachter zu Gesprächen auf. Wesentlich ist dabei, dass nicht Top-Down-Meinungen vermittelt werden, sondern es den Mitarbeitenden ermöglicht wird, die Dialogbilder zu interpretieren, Verbesserungsvorschläge vorzubringen und unter-

Insert III-K-9: 3M-Familienfest (Kalthoff-Mahnke 2009b, S. 47)

Insert III-K-10: 3M-Familienfest (Kalthoff-Mahnke 2009b, S. 48)

einander zu kommunizieren. Im Unterschied zu herkömmlichen Kommunikationsmaßnahmen, die eine Thematik in der Regel sequenziell behandeln, vernetzen Dialogbilder einzelne Ausschnitte (z. B. durch Grafiken, Tabellen und Statistiken) aus der Wirklichkeit miteinander. Dadurch wird der Blick der Mitarbeitende auf das „Große Ganze" gefördert sowie die Herausbildung des „Wir-Gefühls" (*Brexendorf et al.* 2008, S. 331).

Beispiel: Dialogbild für die *Volksbank im Harz*
Um sich gegen die Wettbewerber durchsetzen zu können, positioniert sich die *Volksbank im Harz* neu. Für die Kommunikation nach innen bzw. die Schulung der Mitarbeitenden wird hierfür ein Dialog-

Insert III-K-11: Dialogbild für die Volksbank im Harz (o.V. 2010b)

bild eingesetzt (vgl. Insert III-K-11). Das 2 x 1 Meter große Bild zeigt den Mitarbeitenden anschaulich den Weg zur Nummer eins: Die Genossenschaftsbank positioniert sich künftig als Mitgliederbank mit starkem Gemeinschaftssinn. Visualisiert wird dies durch große Puzzle-Teile, die sich harmonisch ineinander fügen. In den Dialogbildern wird der Vorteil gesehen, dass der Mitarbeitende selbst erkennt, an welchen Stellen Verbesserungsbedarf besteht, er sich aktiv am Prozess beteiligt und sich seine Motivation erhöht (*o.V.* 2010b).

7 Integration der Mitarbeiterkommunikation in den Kommunikationsmix

Zentraler Bestandteil des Planungsprozesses der Mitarbeiterkommunikation ist die **Integration der Mitarbeiterkommunikation in den Kommunikationsmix**. Hierbei ist zu untersuchen, inwieweit durch eine gemeinsame Planung und synergetische Ausrichtung der verschiedenen kommunikationspolitischen Maßnahmen wesentliche Erfolgspotenziale zu realisieren sind. Grundgedanke dieser Überlegung ist die Zielsetzung, durch die Abstimmung der verschiedenen Kommunikationsinstrumente im Hinblick auf die Zielgruppen eine Verstärkung der Kommunikationswirkung sowie unternehmensintern gerichtet eine Nutzung von Synergieeffekten zu realisieren. Dabei ist die Mitarbeiterkommunikation auf zwei Ebenen zu integrieren. Zum ersten ist der Einsatz der Mitarbeiterkommunikation auf interinstrumenteller Ebene mit den anderen (externen) Kommunikationsinstrumenten zu koordinieren und zum zweiten sind die einzelnen Maßnahmen im Rahmen der Mitarbeiterkommunikation intrainstrumentell zu integrieren, um einen effektiven und effizienten Einsatz zu gewährleisten.

7.1 Interinstrumentelle Integration der Mitarbeiterkommunikation

Mitarbeiterkommunikation ist ein Teil im gesamten Kommunikationsmix von Unternehmen und somit immer im Verbund mit anderen Kommunikationsinstrumenten zu sehen. In diesem Sinne ist es von den Planern der Mitarbeiterkommunikation anzustreben, diese im Sinne der Integrierten Kommunikation systematisch mit den anderen Kommunikationsinstrumenten zu vernetzen, zu koordinieren und abzustimmen (*Bruhn* 2010c, S. 103 ff.).

Mitarbeiterkommunikation findet – systematisch geplant oder eher dem Zufall überlassen – vor dem Hintergrund längerfristiger **Rahmenbedingungen** statt, die bei den Integrationsbemühungen in den unternehmerischen Kommunikationsmix aus Effizienzüberlegungen zu berücksichtigen sind. Hierzu gehören insbesondere die folgenden Sachverhalte (*Dotzler/ Schick* 1993, S. 132):

- Unternehmensgrundsätze,
- Unternehmensziele,
- Führungskonzept und -verständnis,
- Unternehmenskultur,
- Corporate Design,
- Einstellungen und Verhalten der Mitarbeitenden,
- Gesellschaftliche Werte und Normen.

Ein systematisches Vorgehen bei der Integration anzustreben heißt in diesem Zusammenhang, die Ist-Situation in diesen Themenbereichen sensibel zu berücksichtigen.

Über diese strategischen Überlegungen hinaus beinhalten interinstrumentelle Integrationsanstrengungen zwischen Mitarbeiterkommunikation und Gesamtunternehmenskommunikation auch die **operative Abstimmung** zwischen den primär unternehmensintern gerichteten

Insert III-K-12: Interinstrumentelle Integration bei Obi (o.V. 2008)

Maßnahmen der Mitarbeiterkommunikation und den primär extern gerichteten Maßnahmen und Instrumenten der Unternehmenskommunikation. Folgendes Beispiel und Insert III-K-12 zeigt die interinstrumentelle Integration der Mitarbeiterkommunikation am Beispiel von Mediawerbung.

Beispiel: Mitarbeiterkommunikation und Mediawerbung
Obi hat 2007 mit dem Claim „Wie, wo, was weiß Obi" einen TV-Spot lanciert, in dem Mitarbeitende der Baumarktkette ihre Version des Queen-Klassikers „We will rock you" darstellen. Damit dient der TV-Spot durch die Einbindung der Mitarbeitenden auch der Mitarbeiterkommunikation Zum Start des TV-Auftritts stellte *Obi* auch seine gesamte externe Kommunikation auf das neue Motto um. Seitdem wird der TV-Spot „Wie, wo, was weiß Obi" flankiert durch Angebotsbeilagen, Prospekte, Poster, PoS-Materialien und ist auch online zu sehen. Auch Promotions, der Ladenfunk in den Baumärkten und Hörfunkspots rücken die Mitarbeitenden in den Mittelpunkt. Weiterhin gibt es Anzeigen in Tageszeitungen und plakative Außenwerbung, die unter anderem an der Autobahn präsentiert wird. (o.V. 2008).

Aufgrund der Stellung der Mitarbeiterkommunikation im Kommunikationsmix und der Wichtigkeit einer leistungsfähigen Internen Kommunikation für die unternehmerische Leistungserstellung sind bei der Gestaltung unternehmensexterner Kommunikationsmaßnahmen – unabhängig vom konkret eingesetzten Kommunikationsinstrument beziehungsweise -instrumentemix – die in Abschnitt III-K-4.1 beschriebenen **Prinzipien der Mitarbeiterkommunikation** zu berücksichtigen. Hierbei sind Einbindung, Frühzeitigkeit, Vollständigkeit, Offenheit, Wahrheit und die Entwicklung einer Kommunikationskultur als Rahmenbedingungen zu nennen.

Für alle kommunikativen Aktivitäten, die an unternehmensexterne Zielgruppen gerichtet sind, hat das **Prinzip der frühzeitigen internen Kommunikation** oberste Priorität. Unabhängig von den einstellungsrelevanten Wirkungen einer der externen Kommunikation nachgelagerten Mitarbeiterkommunikation ergeben sich für jedes Unternehmen und jede Organisation direkte Nachteile in der Leistungsqualität, wenn die Mitarbeitenden von den Inhalten der außengerichteten Kommunikation keine Kenntnis haben. Werden Mitarbeitende von externen Kunden auf Leistungsversprechen, Produktinnovationen, soziale Engagements usw. des Unternehmens angesprochen, von denen die Mitarbeitenden noch nichts gehört haben, so hat dies sowohl nach innen als auch nach außen negative Auswirkungen. Bei den Mitarbeitenden entsteht (unter Umständen wiederholt) das Gefühl, nicht in die Abläufe des Unternehmens eingebunden zu sein, bei den Kunden entsteht das Bild einer unkoordinierten, chaotischen Organisation. Dabei sind es gerade auch Diskrepanzen zwischen dem Leistungsversprechen und der tatsächlichen Leistungserstellung, die für eine negative Qualitätswahrnehmung aus Kundensicht verantwortlich sind (*Parasuraman/Zeithaml/Berry* 1985; *Zeithaml/Parasuraman/Berry* 1992).

Integrationsprobleme der Mitarbeiterkommunikation ergeben sich häufig aus der organisatorischen Verankerung der Mitarbeiterkommunikation. Zum einen werden die Aktivitäten der Mitarbeiterkommunikation von unterschiedlichen Instanzen des Unternehmens geplant, zum anderen führt die meist auch räumliche Trennung der involvierten Abteilungen zu Barrieren, die die Integration der Mitarbeiterkommunikation in ein integriertes Kommunikationskonzept erschweren. Ziel der Entwicklung einer leistungsfähigen und in den Kommunikationsmix integrierten Mitarbeiterkommunikation hat dabei die Schaffung einer Kommunikationskultur zu sein, die von allen Unternehmensmitgliedern und – aufgrund der Vorbildfunktion – insbesondere von den Führungskräften auch tatsächlich gelebt wird. Der wesentliche Entwicklungsschritt zur Etablierung einer Kommunikationskultur ist schließlich dann vollzogen, wenn das Unternehmen nicht länger eine Kommunikationskultur *hat*, sondern die Kultur *ist* – sie damit wirklich lebt (*Krone/Jablin/Putnam* 1987, S. 28; *Smircich/Calás* 1987; *Fromm* 1998).

7.2 Intrainstrumentelle Integration der Mitarbeiterkommunikation

Aufgrund der vielfältigen Erscheinungsformen der Mitarbeiterkommunikation und der Vielzahl der (potenziell) nutzbaren Instrumente ist – unter Berücksichtigung der Anforderungen einer Integration in die Gesamtunternehmenskommunikation – zudem eine Integration zwischen den einzelnen Medien der Mitarbeiterkommunikation erforderlich (**intrainstrumentelle Integration**). Aufgabe der intrainstrumentellen Integration der Mitarbeiterkommunikation ist es, die einzelnen Elemente und Maßnahmen der Mitarbeiterkommunikation zu einer leistungsfähigeren Einheit zusammenzufügen. Die gestaltpsychologische Erkenntnis der Übersummation (Das Ganze ist mehr als die Summe seiner Teile) gilt auch für die Mitarbeiterkommunikation als komplexer Teil des Gesamtsystems Unternehmenskommunikation. Ziel des Managements hat dabei zu sein, die vorhandenen Kommunikationsoptionen sinnvoll und koordiniert zu nutzen und weiterzuentwickeln, den Einsatz vollkommen neuer Maßnahmen zu prüfen sowie traditionelle Maßnahmen nach Prüfung ihrer Leistungsfähigkeit zu substituieren. Von besonderer Bedeutung ist in diesem Zusammenhang, selektive und aufwändige Einzelmaßnahmen zugunsten einer regelmäßigen, kontinuierlichen, inhaltlich wie auch zeitlich abgestimmten Mitarbeiterkommunikation zu vermeiden (*Schick* 1995, S. 463).

Die Schaubilder III-K-25 und III-K-26 verdeutlichen das Vorgehen zur Realisierung einer **systematischen Mitarbeiterkommunikation**. Sie zeigen wesentliche Bausteine des Kommunikationskonzeptes der *Bayerischen Hypo-Bank* (durch Fusion mit der *Vereinsbank* zur *Hypo-Vereinsbank*) sowie eine beispielhafte Kommunikationsinfrastruktur eines intrainstrumentell koordinierten Vorgehens.

---

1. Kontinuierliche Kommunikation mit Führungskräften
- Kommunikationsforen
- Führungsbrief
- Beratungskreis
- Führungs-Info
- Broschüren über Kommunikationsforen

2. Kontinuierliche Kommunikation mit Mitarbeitenden
- Mitarbeiterzeitung (HYPOPRESS)
- Gespräch vor Ort
- Info-Telefon

3. Regelmäßige Information wichtiger Gremien
- Gesamtbetriebsrat
- Wirtschaftsausschuss
- Sprecherausschuss der Leitenden Angestellten

Schaubild III-K-25: Bausteine des Kommunikationskonzeptes der Bayerischen Hypo-Bank
(Dotzler 1999, S. 672)

Eine solch ausgebaute Kommunikationsinfrastruktur ist nicht in jedem Unternehmen vorhanden. Dennoch bleibt auch bei einer Beschränkung auf wenige regelmäßige oder bedarfsgerichtete Maßnahmen der Mitarbeiterkommunikation die Forderung bestehen, dass der Einsatz der einzelnen Maßnahmen hinsichtlich verschiedener Kriterien aufeinander abzustimmen ist. Der hier zugrunde liegende Prozess ist als **iteratives Gegenstromverfahren** mit entsprechenden Top-down- und Bottom-up-Elementen zu konzipieren (*Bruhn* 2009a, S. 169).

Die Erfordernisse der intrainstrumentellen Integration der Mitarbeiterkommunikation gelten dabei nicht nur auf der Ebene der Integration einzelner Medien (z. B. zwischen Mitarbeiterzeitschriften, Intranet und dem Führungsdialog), sondern – insbesondere bei einer gut ausgebauten Kommunikationsinfrastruktur und ausdifferenziertem Medieneinsatz – auch für ein einzelnes Medium (z. B. Integrationsleistungen innerhalb der Mitarbeiterzeitschrift). Als Dimensionen der Integrationsentscheidungen lassen sich die inhaltliche, formale sowie die zeitliche Dimension unterscheiden (*Bruhn* 2009a, S. 80 ff.).

Die **inhaltliche Integration** der Mitarbeiterkommunikation umfasst sämtliche Maßnahmen, die die internen Kommunikationsmittel thematisch durch Verbindungslinien miteinander abstimmen und damit im Hinblick auf die zentralen Ziele der Mitarbeiterkommunikation ein einheitliches Erscheinungsbild vermitteln. Die Themen und Botschaften, die die Mitarbeitenden wahrnehmen haben sich zu einem stimmigen und überzeugenden Bild zusammenzusetzen. Durch die Vernetzung einzelner interner Kommunikationsmaßnahmen mit dem Ziel einer effizienten Mitarbeiterkommunikation ist – in Abhängigkeit von der kommunikativen Aufgabenstellung – das situationsspezifisch adäquate Maßnahmenbündel zusammenzustellen, um die Ziele der Mitarbeiterkommunikation zu erreichen. Dabei sind die horizontale Integration auf einer Hierarchieebene und die vertikale Integration über Hierarchieebenen hinweg zu unterscheiden. Im Rahmen der inhaltlichen Integration sind zudem die internen Wirkungen der externen Kommunikation angemessen zu berücksichtigen. Von übergeordneter Bedeutung ist die kommunikative Leitidee, beziehungsweise das übergeordnete Thema, die der zentrale Bestandteil aller Bereiche zu sein hat, damit Synergien aufgebaut und entsprechend genutzt werden können. Durch die Festlegung eines allen Aktivitäten der Mitarbeiterkommunikation zugrunde liegenden Schwerpunktes kann die Glaubwürdigkeit verstärkt und das Vertrauen der Mitarbeitenden erlangt werden.

Medium	Zielgruppe	Ziel/Zweck	Häufigkeit	Zuständigkeit
Face to Face				
Mitarbeitergespräch	Einzelner Mitarbeitender	Beurteilung	1x/Jahr	Vorgesetzter
Mitarbeiterbesprechungen auf allen Ebenen	Mitarbeitende/Orga-nisatorische Einheit	Abstimmung der Aufgaben	wöchentlich bzw. 14-tägig	Vorgesetzter
Vorstandssitzung	Vorstand	Entscheidungen	14-tägig	Vorstandsvorsitzender
Obere Führungskräfte-tagung	Obere Führungs-kräfte	Strategiediskussion	2x/Jahr	Unternehmenskommu-nikation, Vorstand
Management-Tagung	Alle Führungskräfte	Orientierung, Selbstverpflichtung	1x/Jahr	Unternehmenskommu-nikation, Vorstand
Vertriebskonferenz	Alle Führungskräfte/ Geschäftsbereich	Diskussion Markt-ziele und Strategie	4x/Jahr	Leiter Geschäftsbereich
Bereichstagung	Alle Führungskräfte/ Geschäftsbereich	Strategiediskussion	2x/Jahr	Leiter Fachbereich
Projektsitzung	Projektteam	Abstimmung der Aufgaben	14-tägig	Projektleiter
Qualitäts-Meeting	Mitglieder/ Qualitätsgruppe	Abstimmung der Aufgaben	14-tägig	Leiter der Qualitätsgruppe
Klausur/Workshop	Verschieden	Konzeptentwicklung	Bei Bedarf	Vorgesetzter, Projektleiter
Seminare/Training	Verschieden	Weiterbildung	Bei Bedarf	Vorgesetzter, Personalabteilung
Print				
Mitarbeiterbrief	Alle Mitarbeitende	Orientierung	Bei Bedarf	Vorstandsvorsitzender
Führungskräfteinformation	Alle Führungskräfte	Kommunikations-hilfe	14-tägig	Unternehmens-kommunikation
Mitarbeiterzeitschrift	Alle Mitarbeitende	Orientierung	Monatlich	Unternehmens-kommunikation
Mitarbeiterbroschüren	Alle Mitarbeitende	Wissensvermittlung	Bei Bedarf	Unternehmenskommu-nikation, Fachbereich
Aushänge	Mitarbeitende einer organisatorischen Einheit	Aktuelle Info	Bei Bedarf	Fachbereich, Leiter Organisationseinheit
Richtlinienhandbuch	Alle Mitarbeitende	Handlungsvorgaben	Bei Bedarf	Fachbereich, Organisationsabteilung
Elektronisch				
E-Mail Rundschreiben	Alle Mitarbeitende oder Teilgruppen	Aktuelle Info	Bei Bedarf	Fachbereich
Intranet-Forum	Alle Mitarbeitende	Meinungs-/Erfah-rungsaustausch	Bei Bedarf	Unternehmens-kommunikation
Intranet-Rubrik	Alle Mitarbeitende	Wissensvermittlung	Laufend	Fachbereich
Intranet News	Alle Mitarbeitende	Aktuelle Info	Laufend	Unternehmens-kommunikation

Schaubild III-K-26: Beispiel einer internen Kommunikationsinfrastruktur (Schick 2007, S. 93)

Sämtliche Maßnahmen, die die einzelnen Kommunikationsinstrumente durch Gestaltungs-prinzipien verbinden, umfassen die **formale Integration** der Mitarbeiterkommunikation – beispielsweise durch den konsequenten Einsatz des Corporate Designs für sämtliche Me-dien der Mitarbeiterkommunikation – und damit im Hinblick auf die zentralen Ziele der Mitarbeiterkommunikation ein einheitliches Erscheinungsbild vermitteln. Es bedarf keiner Begründung, dass analog den Postulaten zur Integration der außengerichteten Kommuni-kationsinstrumente auch unternehmensintern entsprechende **Gestaltungsprinzipien** zu berücksichtigen sind. Für Medien der schriftlichen Mitarbeiterkommunikation bedeutet dies, dass z. B. kein gegenüber der externen Kommunikation abweichender Schrifttyp oder keine andere Farbe einzusetzen ist – es sei denn, dass diese Gestaltungsoption intern bewusst und zielgerichtet zur Differenzierung genutzt wird. In der Unternehmenspraxis ist allerdings zu beobachten, dass dem unternehmensinternen kommunikativen Auftritt eine vergleichsweise geringe Beachtung geschenkt wird und dass eventuelle Abweichungen in der Gestaltung eher auf die Vernachlässigung der internen Medien als auf ein zielorientiertes Vorgehen zurückzuführen sind.

Die **zeitliche Dimension** der intrainstrumentellen Integration betrifft sowohl die Koordination der einzelnen Maßnahmen innerhalb einer Planungsperiode als auch zwischen verschiedenen Planungsperioden. Ziel hierbei ist es, dass durch eine Kontinuität in den Aktivitäten bei den Mitarbeitenden Wiederholungs- und Lerneffekte eintreten, diese ein einheitliches Erscheinungsbild wahrnehmen und durch integrative Maßnahmen sichergestellt wird, dass sich die einzelnen Aktivitäten in ihrer Wirkung gegenseitig unterstützen. Der zeitlichen Integration kommt im Rahmen der Mitarbeiterkommunikation eine hervorgehobene Bedeutung zu. Dabei steht nicht nur die Abstimmung der einzelnen intern gerichteten Kommunikationsaktivitäten im Mittelpunkt, sondern vor allem auch – unter Berücksichtigung der Mitarbeitenden als „Second Audience" – die Koordination mit dem extern gerichteten kommunikativen Auftritt.

Beispiel: Intrainstrumentelle Integration im Rahmen der internen Markenführung von *DHL*

Das Logistikunternehmen *DHL* führte 2002 eine Kampagne der mitarbeitergerichteten Markenkommunikation durch. Ausgangspunkt hierfür stellte der Zusammenschluss der drei Marken *DHL*, *Deutsche Post EuroExpress* und *Danzas* zu der weltweit auftretenden Marke *DHL* im Jahre 2003 dar. Mit der Kampagne wurde das Ziel verfolgt, den Mitarbeitenden über die neue Markenidentität zu informieren und die Identifikation der Mitarbeitenden mit der Marke zu fördern. Zur Verankerung der neuen Markenidentität wurde dabei nach dem SIIR-Modell mit den vier Phasen „Sensibilisieren", „Involvieren", „Integrieren" und „Realisieren" vorgegangen (vgl. hierzu auch *Esch et al.* 2005a, S.995 f.).

Bereits fünf Monate vor der offiziellen Markteinführung der neuen *DHL* wurde im Rahmen der Phase „Sensibilisieren" intern begonnen, über die anstehenden Veränderungen zu informieren und allen Mitarbeitenden glaubhaft zu vermitteln. In Medien wie Newslettern, Rundschreiben und dem Intranet wurde umfassend über die bevorstehende Zusammenführung und die zukünftige Entwicklung berichtet. Im März und April 2003 wurde zusätzlich durch zielgruppenspezifische Broschüren informiert. Weiterhin wurden Plakataushänge in elf Sprachen weltweit an den jeweiligen Unternehmensstandorten präsentiert. Dabei wurden stets der Teamgedanke und die Relevanz der Mitarbeitenden für die neue *DHL* in den Vordergrund gestellt. Zudem zielten Mitarbeiterporträts darauf ab, die Identifikation mit der neuen *DHL* zu fördern. Zusätzlich wurde ein Markenhandbuch für sämtliche Mitarbeitenden herausgebracht, in dem die Markenwerte festgeschrieben waren.

Nachdem die Mitarbeitenden für die neue Markenidentität sensibilisiert wurden, wurde im Rahmen der Phase „Involvieren" der Einbezug der Mitarbeitenden in den Wandel vorgenommen. Hierfür erhielt jeder Mitarbeitende ab Mai 2003 ein Welcome Package. Das Begrüßungspaket brachte den Mitarbeitenden das neue Corporate Design näher, enthielt nützliche Give-Aways (Cap, Stift, Schlüsselanhänger) sowie eine Musik-CD mit dem Corporate Song. Mit diesen Maßnahmen war die Idee verbunden, den Mitarbeitenden ihren Wert im Unternehmen zu zeigen und sie für die neue Markenidentität zu begeistern. Ab August 2004 wurde zudem die neue, einheitliche Unternehmensbekleidung eingeführt.

Weltweite Kick-off-Veranstaltungen hatten in der Phase „Integrieren" das Ziel, das Kennenlernen mit dem „Erleben" der Marke zu verbinden. Im Rahmen einer Mitarbeiter-Roadshow hielten Führungskräfte Reden und gaben Informationen zur neuen *DHL*. Anschließende Diskussionsrunden garantierten den Dialog mit den Mitarbeitenden und boten die Möglichkeit, auf spezielle Fragen und Bedürfnisse einzugehen (vgl. *Giehl/Baumgarten* 2005, S.813). Ergänzende Integrationsspiele, wie das „DHL Puzzle", bei dem Mitarbeitende unter Licht- und Soundeffekten das Logo zusammenbauten, weckten Emotionen und rundeten das umfassende Programmangebot ab. Eine weitere bedeutende

Maßnahme in dieser Phase war der „*DHL* EuroCup's". Dieser Event der besonderen Art verfolgt das Ziel, die Mitarbeitenden aus verschiedenen Ländern zusammenzubringen und auf diese Weise die Markenkultur und das Teambewusstsein länderübergreifend zu stärken.

Im Anschluss an die drei Phasen „Sensibilisieren", „Involvieren" und „Integrieren" folgt die Phase „Realisieren". Hierbei erfolgt die Umsetzung der mit der Markenidentität verbundenen Werte, Denkhaltungen und Verhaltensweisen durch die Mitarbeitenden. (vgl. *Kreutzer/Salomon* 2009, S. 37 ff.; vgl. zu Maßnahmen der internen Markenkommunikation auch *Baumgarten/Esch/Strödter* 2009, S. 259).

8 Erfolgskontrolle der Mitarbeiterkommunikation

8.1 Bedeutung der Erfolgskontrolle der Mitarbeiterkommunikation

Die Erfolgskontrolle steht grundsätzlich am Ende eines idealtypischen Planungsprozesses, wobei zu prüfen ist, welche kommunikative Wirkung durch die Mitarbeiterkommunikation bei den internen Zielgruppen erreicht wurde und ob sich dementsprechend der finanzielle Aufwand „gelohnt" hat. Durch die Erfolgskontrolle lässt sich der Zielerreichungsgrad der bisherigen Maßnahmen der Mitarbeiterkommunikation ermitteln und hieraus Handlungsempfehlungen für den künftigen Einsatz der Mitarbeiterkommunikation ableiten. Neben der Prozess- und Effektivitätskontrolle ist im Rahmen einer Effizienzkontrolle des Weiteren die Effizienz beziehungsweise Wirtschaftlichkeit der durchgeführten Maßnahmen der Mitarbeiterkommunikation zu prüfen und gegebenenfalls in Frage zu stellen.

8.2 Methoden der Erfolgskontrolle in der Mitarbeiterkommunikation

8.2.1 Prozesskontrolle in der Mitarbeiterkommunikation

Prozesskontrollen beschäftigen sich mit der Überprüfung der Durchführung der Maßnahmen und des Einsatzes der Medien innerhalb der Mitarbeiterkommunikation. Hierbei ist z. B. die Überwachung aller notwendigen Aktivitäten zur Vorbereitung und Durchführung einer Maßnahme, die Einhaltung von Zeitplänen, die Abstimmungen mit der Personalabteilung oder die Einbeziehung von externen Dienstleistern (z. B. bei der Produktion oder Distribution der Mitarbeiterzeitschrift, der Gestaltung und Pflege des Intranets, der Produktion des Business-TV usw.) zu betrachten. Wird beispielsweise eine Agentur beauftragt, ein jährliches Mitarbeiterevent durchzuführen beinhaltet die Überwachung die korrekte Ausführung der im Rahmen der Event-Marketing-Inszenierung durchzuführenden Tätigkeiten. Diese umfassen sowohl Leistung und Zusammenspiel der Beteiligten in den Planungsphasen der Kreation, Konzeption und Organisation als auch die Koordination und Durchführung der Inszenierungsmaßnahmen während der eigentlichen Realisation. Der Prozesskontrolle kommt in diesem Fall eine besondere Bedeutung zu, da kleine Durchführungsfehler zu einer dauerhaft negativen Erinnerung der Mitarbeitenden führen und die Einmaligkeit eines Events keine langfristigen Korrekturmaßnahmen zulässt. Zum Einsatz kommen hierbei vor allem **Checklisten**, **Netzpläne** und ähnliche Verfahren.

Darüber hinaus beschäftigen sich Prozesskontrollen mit der Kontrolle des Kommunikationsprozesses und der Kommunikationsqualität im Rahmen der persönlichen und individuellen Kommunikation zwischen Management und Mitarbeitenden. Hierbei nimmt die Messung der von der internen Zielgruppe wahrgenommenen Kommunikations- beziehungsweise Interaktionsqualität eine zentrale Bedeutung ein. Als **Indikatoren der Qualität unternehmensin-**

tern gerichteter Mitarbeiterkommunikation können beispielsweise folgende Kriterien herangezogen werden:

- Grad genereller Mitarbeiterzufriedenheit oder -unzufriedenheit,
- Anzahl der internen Beschwerden,
- Mitarbeitertreue beziehungsweise Loyalitätsrate,
- Artikulierte Wechselbereitschaft der Mitarbeiter,
- Häufigkeit und Intensität des formellen und informellen Kontaktes der Führungskräfte und Mitarbeitenden,
- Positive Mund-zu-Mund-Kommunikation, Anzahl der Weiterempfehlungen des Unternehmens als Arbeitgeber.

Zur Ermittlung der Interaktions- beziehungsweise Kommunikationsqualität sind verschiedene **Befragungs- und Beobachtungstechniken** einzusetzen, die vor allem für die Qualitätsmessung im Dienstleistungsbereich zum Einsatz kommen (z.B. *Meyer/Ertl* 1998, S. 224 ff.; *Bruhn* 2010). In Bezug auf die Mitarbeiterkommunikation sind insbesondere die im Folgenden kurz beschriebenen **Messmethoden** von Bedeutung:

- **Sequenzielle Ereignismethode:** Die Sequenzielle Ereignismethode dient im Rahmen der Mitarbeiterkommunikation dazu, Stärken und Schwächen der bisherigen Kommunikationsprozesse zu ermitteln. Der Kommunikationsprozess mit den Mitarbeitenden wird hierbei zunächst in mehrere Teilschritte zerlegt und grafisch als so genanntes „Blueprinting" festgehalten (in Anlehnung an *Meyer/Ertl* 1998, S. 225 f.; *Bruhn* 2010e, S. 167 ff.). Auf der Grundlage eines solchen Blueprinting lassen sich Mitarbeiterbefragungen durchführen, indem die Mitarbeitenden gebeten werden, die Phasen des Kommunikationserlebnisses nochmals gedanklich-emotional nachzuvollziehen. Mit Hilfe dieses „Nacherlebens" ist eine ausführliche Schilderung des Kommunikationskontaktes zu erreichen, um mögliche Verbesserungspotenziale in der Mitarbeiterkommunikation zu ermitteln.

- **Critical-Incident-Technik:** Wie die sequenzielle Ereignismethode setzt sich auch die Critical-Incident-Technik mit den Stärken und Schwächen im Kommunikationsprozess auseinander (in Anlehnung an *Meyer/Ertl* 1998, S. 232 f.; *Bruhn* 2010e, S. 169 ff.). Der Fokus liegt hierbei jedoch auf den so genannten „kritischen Ereignissen", d.h. solchen Ereignissen, die der Mitarbeitende in der Mitarbeiterkommunikation als besonders zufrieden stellend beziehungsweise unbefriedigend erlebt. Dies kann beispielsweise das informelle Gespräch mit dem Vorstandvorsitzenden im Rahmen einer Tagung sein oder auch die nicht beantworteten Fragen im Rahmen des angekündigten Intranet Chats mit dem Management. Hintergrund ist, dass ein Mitarbeitender gerade diese „besonderen" Vorfälle in Erinnerung behält und ihm diese einfallen werden, wenn in seinem Umfeld davon die Rede ist (*Stauss* 2000a). Die Critical-Incident-Technik sieht vor, diese Ereignisse mit Hilfe standardisierter offener Fragen zu erfassen.

8.2.2 Effektivitätskontrolle in der Mitarbeiterkommunikation

Effektivitätskontrollen beziehen sich auf die realisierten Ergebnisse der Aktivitäten der Mitarbeiterkommunikation bei den Zielgruppen. Dabei können die Kommunikationswirkungen in psychologische Zielgrößen, wie kognitiv-, affektiv- und konativ-orientierter Zielgrößen unterteilt werden. Meist sind diese Erfolgsgrößen der Mitarbeiterkommunikation bei den Mitarbeitenden nur durch eine direkte Mitarbeiterbefragung zu überprüfen. Unterschiedliche Verfahren, die Unternehmen hierzu zur Verfügung stehen, werden im Folgenden nach den Wirkungskategorien ihrer Zielgrößen dargestellt. Eine Übersicht der Methoden ist Schaubild III-K-27 zu entnehmen.

Art der Messmethode Kategorien der Kommuni- kationswirkung	Befragung
Kognitive Wirkungen	• Mitarbeiterbefragungen • Recall-Test • Recognition-Tests
Affektive Wirkungen	• Verbale und Nonverbale Erlebnismessungen • Einstellungs- und Imageskalen • Multiattribut- und Einstellungsmodelle • Zufriedenheitsmessungen • Rating-Skalen
Konative Wirkungen	• Erinnertes Verhalten • Befragung nach Verhaltensabsicht

Schaubild III-K-27: Messmethoden zur Wirkungskontrolle der Mitarbeiterkommunikation

Im Verlauf der Kognitiven Effektivitätsmessung sind vor allem die durch die Mitarbeiterkommunikation vermittelten Kenntnisse der Mitarbeitenden zu eruieren, wie beispielsweise die Kenntnisse über die Kommunikations- und Informationssysteme des Unternehmens, die aktuelle Werbekampagne des Unternehmen und dessen momentanes Umwelt- oder Sozialengagement, die neuen Produkte und Leistungen des Unternehmens usw. Diese Kenntnisse sind im Rahmen von Befragungen mit Hilfe der Registrierung der Antworten auf offene Fragen ohne die Angabe von Erinnerungshilfen **(Recall-Tests)** sowie auf Fragen mit Erinnerungshilfen **(Recognition-Tests)** zu ermitteln.

Bei der **affektiven Effektivitätskontrolle** der Mitarbeiterkommunikation sind insbesondere die Mitarbeiterzufriedenheit und -motivation, die Einstellung der Mitarbeitenden gegenüber dem Unternehmen, ihre Identifikation mit dem Unternehmen usw. von Relevanz. Diese Erfolgsgrößen lassen sich anhand verbaler und nonverbaler Erlebnismessungen, Einstellungs- und Imageskalen und Zufriedenheitsmessungen u. a. m. messen. Zur Ermittlung des Interesses der Mitarbeitenden bieten sich vor allem **Rating-Skalen** an, um das Ausmaß des Interesses an bestimmten Themengebieten, beispielsweise zu Veränderungsprozessen im Unternehmen, relevante Produkt- oder Dienstleistungsneuheiten oder auch dem Unternehmen insgesamt zu erfragen. So können beispielsweise die Inhalte der Mitarbeiterzeitschrift oder des Intranets auf die Kommunikations- und Informationsbedürfnisse der internen Zielgruppen angepasst werden.

Ähnlich lassen sich auch die **Einstellungen** der Zielpersonen erfragen, wobei zu beachten ist, dass die gebildeten Einstellungen immer stark auf die unmittelbare Kontaktperson bezogen sind und von dieser oftmals auf das gesamte Unternehmen projiziert werden. Bei der Einstellungsmessung können zum einen die beiden Facetten der Einstellung (emotionale und kognitive Disposition) getrennt mittels einer Rating-Skala gemessen werden. Zum anderen können innerhalb des **Likert-Verfahrens** zur Erhebung der emotionalen Disposition der Zielpersonen Rating-Skalenbatterien und zur Messung der kognitiven Disposition zusätzlich Verrechnungsmodelle, z. B. **Multiattributmodelle** oder **kognitive Einstellungsmodelle**, verwendet werden (in Anlehnung an *Steffenhagen* 2008).

Die **kognitiven Erfolgsgrößen** lassen sich bei den Mitarbeitenden durch Befragung von Verhaltensabsichten oder tatsächlichem Verhalten erfassen, wie z. B. das aktive Informationsverhalten der Mitarbeitenden durch das Lesen von Newslettern, das Beschwerdeverhalten oder die Mitarbeiterbindung. Darüber hinaus sind beim Intranet konative Wirkungsgrößen zu beobachten. Die meisten multimedialen Anwendungen bieten eine sehr einfache Unterstützung bei der internen Marktforschung im Sinne einer einfachen Auswertung der tatsächlichen Informationsbedürfnisse der Mitarbeitenden. So können bei PC-gestützten Anwendungen sehr einfach Kennzahlen zur Zahl der Nutzer, zur Verweildauer, zum Abruf konkreter Inhalte, das Klickverhalten von Intranetseiten usw. gewonnen werden, die eine Bestimmung der faktischen Informationsbedürfnisse der Mitarbeitenden erlauben. Insofern können die Medien der Onlinekommunikation den Folgeeinsatz weiterer Maßnahmen erleichtern beziehungsweise deren Effizienz erhöhen.

8.2.3 Effizienzkontrolle in der Mitarbeiterkommunikation

Im Rahmen von **Effizienzkontrollen** werden zur Beurteilung der Aktivitäten der Mitarbeiterkommunikation Kosten-Nutzen-Vergleiche aufgestellt, d. h., die aufgewendeten Kosten sämtlicher Aktivitäten der Mitarbeiterkommunikation werden dem realisierten Nutzen gegenübergestellt. Bei der Effizienzkontrolle der Mitarbeiterkommunikation steht nicht allein die Kontrolle der gesamten Mitarbeiterkommunikation im Mittelpunkt, sondern es geht auch um eine Evaluation der einzelnen Maßnahmen und Mittel.

Im Zusammenhang mit Fragestellungen der Mitarbeiterkommunikation ist der Einsatz mehrdimensionaler Verfahren der **Kosten-Nutzen-Analyse** erforderlich. Während sich eindimensionale Verfahren auf eine Gegenüberstellung direkt zurechenbarer und monetär bewertbarer Sachverhalte beschränken, liegt den mehrdimensionalen Verfahren eine Ausdehnung des Ansatzes auf mittelbare und qualitative Nutzenkategorien zugrunde. Dabei können grundsätzlich drei **Erfolgskategorien** unterschieden werden (*Anselstetter* 1986):

(1) **Erste Erfolgskategorie:** Direkt monetär quantifizierbarer Erfolg (wert- und mengenmäßig erfassbar).

(2) **Zweite Erfolgskategorie:** Nur indirekt monetär quantifizierbarer Erfolg (direkt mengen- und indirekt wertmäßig erfassbar).

(3) **Dritte Erfolgskategorie:** Monetär nicht-quantifizierbarer Erfolg (primär vorökonomische Erfolgsindikatoren, wie z. B. das Image des Unternehmens bei den Mitarbeitenden).

Die **Relevanz vorökonomischer Faktoren** für die Leistungsfähigkeit, Leistungsbereitschaft und Qualität der tatsächlich unternehmensintern wie auch -extern erstellten Leistungen hat jedoch nicht darüber hinwegzutäuschen, dass gerade vor dem Hintergrund eines in den vergangenen Jahren gestiegenen Kostenbewusstseins monetär bewertbare Erfolgsgrößen besondere Beachtung finden.

Auf der **Kostenseite** lassen sich verschiedene Größen exakt quantifizieren:

- Einmalige und laufende Hardware-Kosten für interne Kommunikationseinrichtungen (z. B. PCs, Vernetzung, Fileserver, Videokonferenzräume),

- Personalkosten für Mitarbeitende im Bereich Mitarbeiterkommunikation (z. B. interner Kommunikationsmanager, hauptamtliche Mitarbeitende einer internen Kommunikationsabteilung),

- Produktions- und Distributionskosten (z. B. Druck einer Zeitschrift, Versendungen von E-Mails an Mitarbeitende),

- Veranstaltungskosten (z. B. Versammlungen, Events) u. a. m.

Diese Zahlen liefern insgesamt eine recht solide Basis, um die Kostenseite der Mitarbeiterkommunikation zu bestimmen. Die Bestimmung des durch die Mitarbeiterkommunikation gestifteten **Nutzens** gestaltet sich demgegenüber weit schwieriger. Insbesondere versagen die üblichen Formen der Investitionsrechnung, da die hier notwendigen Zahlungsströme – wenn überhaupt – nur sehr ungenau zu ermitteln sind (*Stickel* 1992, S. 755). Um dennoch der Forderung nach monetär quantifizierbaren Nutzengrößen nachzukommen, ist ein dreistufiges **Nutzenkonzept** zur Evaluierung der Nutzenaspekte der Mitarbeiterkommunikation einzusetzen:

(1) **Erste Nutzenkategorie:** Direkt zurechenbarer, monetärer Nutzen, der sich aus dem Einsatz von Medien der Mitarbeiterkommunikation ergibt (z. B. Kosteneinsparungen aus der Nutzung neuer Medien der Mitarbeiterkommunikation bei Substitution älterer, teurerer Medien).

(2) **Zweite Nutzenkategorie:** Nur indirekt zurechenbarer Nutzen aus verbesserten innerbetrieblichen Prozessen (z. B. schnellere Distribution von relevanten Informationen).

(3) **Dritte Nutzenkategorie:** Strategischer Nutzen aufgrund unternehmenskultureller und klimatischer Verbesserungen (z. B. höhere Identifikation der Mitarbeitenden mit dem Unternehmen, Vertrauen).

Während sich die Nutzenbeiträge der ersten Kategorie noch relativ eindeutig quantifizieren lassen, ist die Erfassung des Nutzens in den Kategorien zwei und drei bedeutend schwieriger. Bei entsprechend konsequenter Umsetzung der Erfolgskontrolle und mit der Bereitschaft zur permanenten Weiterentwicklung der Maßnahmen entstehen im Zeitablauf jedoch zunehmend exaktere Möglichkeiten der Quantifizierung unternehmensspezifischer Erfolgsgrößen. Aufgrund der Vielfalt von Einflussfaktoren und der Unterschiedlichkeit der konkreten Unternehmenssituation ist es hierbei nicht möglich so genannte „Patentrezepte" oder „Checklisten" zur Erfolgskontrolle heranzuziehen.

8.3 Probleme der Erfolgskontrolle in der Mitarbeiterkommunikation

Untersucht man die Rahmenbedingungen der unternehmensinternen und -externen Erfolgskontrolle der Unternehmenskommunikation, so scheinen die Möglichkeiten einer objektiven **Ursache-Wirkungs-Zurechnung** unternehmensintern wesentlich höher zu sein. Hierfür sprechen verschiedene Faktoren:

• Der Empfängerkreis der unternehmensinternen Kommunikation ist gegenüber der außengerichteten Marktkommunikation erheblich exakter zu beschreiben,

• Zielgruppenspezifische Differenzierungen im Instrumenteeinsatz sind aufgrund der Vertrautheit mit der Zielgruppe einfacher,

• Die sachliche und emotionale Bindung der Mitarbeitenden an das Unternehmen ist in der Regel stärker als die Bindung der externen Kommunikationsempfänger an das Unternehmen,

• Aufgrund der hohen Interaktionsintensität sind Verhaltenswirkungen direkt und wiederholt zu beobachten,

• Mitarbeitende sind für bestimmte Formen der Erfolgskontrolle (z. B. Befragungen) einfacher zu verpflichten.

Dennoch gestaltet sich die Erfolgskontrolle zum Einsatz von Kommunikationsmaßnahmen auch im unternehmensinternen Umfeld schwierig. So begünstigen die **Charakteristika der**

Mitarbeiterzielgruppen zwar vordergründig die Untersuchung von Zusammenhängen, unberücksichtigt bleibt dabei jedoch vielfach, dass gerade die enge Bindung und die hohe Interaktionsintensität auch ein besonders hohes Maß an Sensibilität erfordert.

Grundsätzlich erschweren unternehmensintern zwei Kernprobleme eine exakte Erfolgszurechnung (*Becker* 2009, S. 654). Schwer nachvollziehbare **Wirkungsinterdependenzen** und darauf aufbauende Probleme der **Wirkungszurechenbarkeit** lassen insbesondere beim stark integrierten Instrumenteeinsatz nur begrenzt Rückschlüsse auf die Wirkung einzelner interner Kommunikationsaktivitäten beziehungsweise die internen Wirkungen externer Unternehmenskommunikation zu (*Bruhn* 2009a, S. 410 ff.).

Grundsätzlich ist es in Analogie zur Zielbildung der Mitarbeiterkommunikation (Schaubild III-K-8) möglich, die Kontrolle des Erfolges in den Potenzial-, Prozess- und Ergebnisdimensionen vorzunehmen. So lässt sich auf der Ebene der **Hardware** relativ problemlos überprüfen, ob der angestrebte Aufbau einer Kommunikationsinfrastruktur binnen zwölf Monaten durch ein Projektteam zu leisten war **(Potenzialdimension)**. Ebenso lässt sich durch entsprechende Kennzahlen kontrollieren, ob in der Vergangenheit eine zeitnahe Aktualisierung der Kommunikationsinhalte sicherzustellen war **(Prozessdimension)**. Problematischer gestaltet sich die Erfolgskontrolle hinsichtlich der tatsächlichen aktuellen Verfügbarkeit von relevanten Informationen **(Ergebnisdimension)**. Hier ist zwar die physische Verfügbarkeit von Informationen durchaus gewährleistet, es ist allerdings noch nicht sichergestellt, dass sich die Mitarbeitenden subjektiv auch tatsächlich gut informiert und eingebunden fühlen. Demnach ist sicherlich zu unterscheiden, ob ein bestimmter physischer Distributionsgrad von Informationen in einer bestimmten Zeitspanne zu erreichen war. Um die Wahrnehmungen auf Seiten der Mitarbeitenden allerdings tatsächlich zu erheben, bedarf es eines differenzierteren Instrumentariums (Mitarbeiterbefragungen usw.).

Komplexer gestaltet sich die Fragestellung der Erfolgsmessung, sobald die Erreichung **personenbezogener Ziele** zu überprüfen ist. Wird unter Potenzialgesichtspunkten die Erhöhung des Commitments bei Kundenkontaktmitarbeitern erhoben, so ist es möglich, über Kennzahlen zu Absentismus, Beschwerdehäufigkeit usw. einen Teil der Erfolgskontrolle zu leisten. Es bleibt dabei allerdings im Verborgenen, ob die unter Umständen erzielten Erfolge tatsächlich auf positive Entwicklungen des Commitments bei den Mitarbeitenden zurückzuführen sind oder z. B. auf eine wahrgenommene Verschlechterung der gesamtwirtschaftlichen Situation mit den entsprechenden Konsequenzen der Sorge um den eigenen Arbeitsplatz (oder aber auch gänzlich andere Ursachen, z. B. im personellen, organisatorischen Bereich). Detailliertere Erkenntnisse sind hierbei nur dann zu gewinnen, wenn eine Verknüpfung der erhobenen Kennzahlen mit qualitativen und quantitativen Untersuchungen – z. B. in Form von anonymen Mitarbeiterbefragungen – erfolgt.

Im Hinblick auf die **mitarbeiterzentrierte Prozessdimension** bietet sich als erster Ansatz eine Erhebung der zwischen Vorgesetzten und Mitarbeitenden geführten Gespräche an. Ist beispielsweise das Ziel der Institutionalisierung eines ausgeprägteren Führungsdialogs festgeschrieben, so erlaubt die Zahl der hier initiierten Kontakte zumindest eine begrenzte Aussage über den Erfolg der eingeleiteten Maßnahmen. Steht hingegen die **ergebnisorientierte Erhebung des Erfolges** der Mitarbeiterkommunikation im Mittelpunkt – z. B. betreffend die Kenntnis der aktuellen Unternehmensziele auf allen Unternehmensebenen –, so ist der Einsatz eines zielgruppenspezifisch differenzierten Erhebungsinstrumentariums erforderlich. Dabei wird es notwendig sein, nicht nur die Kenntnis der Ziele zu erheben, sondern auch zu überprüfen, inwieweit die Mitarbeitenden bereit und in der Lage sind, die Ziele im Alltag umzusetzen.

Bei näherer Betrachtung der Möglichkeiten der Erfolgskontrolle der Mitarbeiterkommunikation ist zu konstatierten, dass zum einen die **quantitative Kontrolle** bestimmter Kennzahlen zwar durchaus möglich ist, zum anderen jedoch damit noch keine Aussagen über den **qualitativen Erfolg** oder aber über die entsprechenden Ursachen bestimmter Veränderungen zu treffen sind. So ist es möglich, dass z. B. die Zahl der dokumentierten Mitarbeitergespräche in einem Unternehmensbereich gestiegen ist, Aussagen zur Qualität der Kommunikationsinhalte beziehungsweise zum Kommunikationsklima hiermit jedoch nicht zu treffen sind.

Die Frage nach einer guten beziehungsweise **effizienten Mitarbeiterkommunikation** ist auch unter Berücksichtigung der Möglichkeiten der Wirkungskontrolle oder der Kosten-Nutzen-Analyse nicht gänzlich objektiv zu beantworten. Empirische Untersuchungen zeigen, dass die direkt in **Vorgesetzte-Mitarbeiter-Beziehungen** eingebundenen Personen beispielsweise die Intensität der Top-down-Kommunikation sehr unterschiedlich wahrnehmen. So nehmen die Vorgesetzten den Umfang ihrer kommunikativen Aktivitäten als sehr viel größer wahr als ihre Mitarbeitenden, und beide Seiten fühlen sich von der jeweils anderen unzureichend informiert, wodurch die Problematik divergierender Selbst- und Fremdeinschätzungen deutlich wird. Es zeigt sich, dass die Neigung von Mitarbeitenden zu verzerrter Aufwärtskommunikation von der Wahrnehmung der Abwärtskommunikation beeinflusst ist. Nehmen Mitarbeitende die vermittelten Botschaften unvollständig wahr, so führen die hierdurch ausgelösten kognitiven Prozesse im Ergebnis zur Verzerrung der eigenen Kommunikation gegenüber den Vorgesetzten (*Fulk/Mani* 1986).

Effiziente Mitarbeiterkommunikation anzustreben heißt dabei auch, die intern gerichteten kommunikativen Aktivitäten von einem Cost Center in ein **Wertschöpfungs Center** zu überführen (*Kappas* 1996, S. 281; in Bezug auf Personalmanagement vgl. *Wunderer/v. Arx* 2002). Die Potenziale hierzu bleiben in vielen Unternehmen ungenutzt. Beschränkt sich die Mitarbeiterkommunikation rein auf die Weitergabe der von der Unternehmensleitung freigegebenen Informationen, entstehen tatsächlich überwiegend nur Kosten, während die generierten Nutzenkomponenten vernachlässigbar bleiben. Wird demgegenüber Mitarbeiterkommunikation systematisch geplant und umgesetzt, ist es möglich, Nutzenpotenziale zu erschließen, die zwar unter Umständen schwer exakt quantifizierbar sind, in ihrer Gesamtheit aber erhebliche Erfolgsrelevanz aufweisen. Exemplarisch seien eine höhere Identifikation der Mitarbeitenden mit dem Unternehmen, höhere interne und externe Leistungsqualität oder auch eine höhere Kunden- und Mitarbeiterzufriedenheit genannt.

9 Ausgewählte Schwerpunktthemen der Mitarbeiterkommunikation

9.1 Mitarbeiterkommunikation als Baustein des Internen Marketing

Internes Marketing ist als die systematische Optimierung unternehmensinterner Prozesse mit Instrumenten des Marketing- und Personalmanagements zu verstehen, um durch eine konsequente und gleichzeitige Kunden- und Mitarbeiterorientierung das Marketing als interne Denkhaltung durchzusetzen, damit die marktgerichteten Unternehmensziele effizient zu erreichen sind (*Bruhn* 1999, S. 20).

Vor dem Hintergrund dieses Begriffsverständnisses stellt sich die **interne Kommunikationspolitik** als besonders relevant für das Erreichen der Ziele des Internen Marketing dar. In diesem Zusammenhang ist es erstaunlich, mit welchem ausdifferenzierten Medieneinsatz externe Zielgruppen angesprochen werden und welcher Bruchteil dieser Medien gegenüber jenen – internen – Zielgruppen eingesetzt wird, die die Leistungen des Unternehmens „herstellen".

Unter der Perspektive der angestrebten Generierung möglichst hoher **Kundenzufriedenheit** ist die Gewinnung, Entwicklung und Erhaltung hochmotivierter und kundenorientierter Mitarbeitender als gleichgewichtiges Ziel des Internen Marketing anzusehen. *Grönroos* (1980, S. 16 f.; 1981, S. 236 f.) spricht in einer seiner früheren Veröffentlichungen zu diesem Themenkomplex von dem Ziel, „to get motivated and customer conscious personnel"; eine Zielkonzeption, der sich eine Reihe weiterer Autoren angeschlossen haben (*George/Grönroos* 1999; *Homburg/Stock* 2000; *Stauss* 2001; *Stock* 2009).

Bei der Systematisierung der **Ziele des Internen Marketing** lassen sich ebenfalls die Kategorien kognitiv, affektiv und konativ unterscheiden und auf interne sowie externe Zielgruppen ausrichten (*Bruhn* 1999, S. 26). Zu den intern gerichteten Zielsetzungen, mit denen externe Ziele (z. B. Kundengewinnung, -bindung, -zufriedenheit und Differenzierung gegenüber dem Wettbewerb) zu erreichen sind, zählen unter anderem die Kenntnis der Kundenerwartungen, Mitarbeiterzufriedenheit und Vertrauen sowie Commitment zum Unternehmen.

Die Komplexität der hier angesprochenen Ziele macht deutlich, dass **Mitarbeiterkommunikation** als Baustein des Internen Marketing nicht mit vordergründigen Verhaltensschulungen (als Ausprägung der Einwegkommunikation) gleichzusetzen ist. Um Internes Marketing in einem Unternehmen zu verankern, sind den Mitarbeitenden die Philosophie, Werte, Ziele, Strategien usw. zu vermitteln – und dies in weitgehend interaktiver Form, um ihre Verpflichtung zu erhöhen. Dieser Dialog ist zwar zeit- und kostenintensiver als die klassische Form der unternehmensinternen Kommunikation, aber dennoch durch den erhöhten „Ertrag" des Dialogs zu rechtfertigen.

Um Internes Marketing zu **implementieren**, gehört es zu den Hauptaufgaben der Führungskräfte, eine entsprechende Führungsrolle in der Mitarbeiterkommunikation einzunehmen. Es ist erforderlich, dass die Mitarbeitenden das Marketingverständnis des Unternehmens kennen lernen. Vor allem haben sie auch zu erfahren, welchen Stellenwert die konkrete Leistung des Einzelnen für den Gesamterfolg des Unternehmens hat. Es ist in diesem Zusammenhang zunächst nicht von Bedeutung, welcher Kommunikationsmaßnahmen sich das Management bedient; wichtig ist die Überwachung der Zielerreichung der internen Kommunikationsziele. So ist es notwendig, dass alle Botschaften klar, eindeutig, relevant und überzeugend sind, um die Realisierung des Internen Marketing im Unternehmen zu forcieren (*Wilson* 1992, S. 113).

Neben den institutionalisierten Formen der schriftlichen und mündlichen Kommunikation kommt dabei der **nonverbalen Kommunikation**, die sich unter anderem im Verhalten der Mitarbeitenden und dem Management manifestiert, besonderes Gewicht zu. Für eine erfolgreiche interne Kommunikationspolitik haben die proklamierten Ziele und Werte dem Verhalten des Managements zu entsprechen. Wird z. B. interne Kundenorientierung als Unternehmensziel nach innen kommuniziert, so ist es notwendig, dass Vorgesetzte für die Mitarbeitenden auch tatsächlich zu sprechen sind und sich für ihre Probleme oder Vorschläge interessieren. Diese Forderung gilt nicht nur für die jeweils direkten Vorgesetzten, sondern auch – in angemessener Weise – für die Mitglieder der Unternehmensleitung.

Unter den Gesichtspunkten des Internen Marketing sind darüber hinaus auch die internen Wirkungen primär extern gerichteter Unternehmenskommunikation bei der Planung zu berücksichtigen. Die Mitarbeitenden eines Unternehmens nehmen nicht nur die intern an sie gerichteten Botschaften wahr, sondern sind als **„Second Audience"** auch kritische Rezipienten der externen Unternehmenskommunikation (*Firestone* 1983, S. 87 f.; *Berry* 1984, S. 275 f.;

George/Berry 1984, S. 408; *Barnes* 1989, S. 19; *Stauss* 2000b, S. 215; *Henkel/Tomczak/Jenewein* 2008, S. 427 f.). Dabei lassen sich zwei **Ausprägungsformen** unterscheiden:

(1) Externe Kommunikation, die die Ansprache der externen und internen Kunden zum Ziel hat (z. B. Anzeigen oder Spots, in denen eine direkte Ansprache der Mitarbeitenden des Unternehmens erfolgt).

(2) Externe Kommunikation, die primär auf externe Zielgruppen ausgerichtet ist, aber dennoch auch interne Zielgruppen erreicht (alle sonstigen, nach außen gerichteten kommunikativen Aktivitäten).

Die **externe Unternehmenskommunikation** bietet somit die Möglichkeit, die Erreichung der Ziele des Internen Marketing aktiv zu unterstützen. Dies ist insbesondere dann der Fall, wenn Mitarbeitende des Unternehmens in die externen Kommunikationsmaßnahmen eingebunden sind, beispielsweise indem sie in Zeitungsanzeigen Aussagen zum Unternehmen und seinen Leistungen oder der eigenen Arbeit zur Erfüllung des Leistungsversprechens treffen.

Wird die Option einer, auch an internen Zielen orientierten, Gestaltung der externen Kommunikation nicht aktiv genutzt, so hat das Management zumindest **negative Wirkungen nach innen** zu vermeiden. Diese entstehen insbesondere dann, wenn:

- Für die Mitarbeitenden relevante Sachverhalte zuerst extern kommuniziert werden,
- Sich die Inhalte der externen und der internen Kommunikation widersprechen,
- Die Inhalte der externen Kommunikation bei den Kunden Erwartungen wecken, denen sich die Mitarbeitenden nicht gewachsen sehen.

Werden dementsprechend unternehmensintern relevante Sachverhalte zuerst auch unternehmensintern thematisiert, ist der interne und externe kommunikative Auftritt widerspruchsfrei sowie deckungsgleich, und beinhaltet die externe Kommunikation nur auch von den Mitarbeitenden umsetzbare Leistungsversprechen, so sind zumindest die Minimalforderungen der Berücksichtigung der Mitarbeitenden als Second Audience erfüllt.

Um den berechtigten Erwartungen und **Bedürfnissen der Mitarbeitenden** entgegenzukommen, hat sich das Management nicht nur mit der Frage zu beschäftigen, welche Meinung die externen Kunden vom Unternehmen vertreten. Ebenso wichtig sind die Einschätzungen der Mitarbeitenden. So ist es in vielen Unternehmen Amerikas durchaus üblich, dass alle Mitarbeitenden regelmäßig befragt werden, welche drei Veränderungen sie sofort vornehmen würden – wenn sie Chef des Unternehmens wären –, um die externe und/oder interne Kundenzufriedenheit zu erhöhen (*Stershic* 1996, S. 2).

Eine zentrale **Fehleinschätzung** durch die Unternehmensleitung liegt schließlich dann vor, wenn – beispielsweise aufgrund hoher Arbeitslosigkeit und damit ein großes Arbeitskräfteangebot – die Verantwortlichen Möglichkeiten zur Reduktion der Bemühungen um die Mitarbeitenden als interne Zielgruppe des Unternehmens ableiten. In diesem Fall wird angenommen, dass die Mitarbeitenden alleine aus Angst um ihren Arbeitsplatz ein geringeres Maß an Mitarbeiterkommunikation ohne negative Konsequenzen für das Unternehmen akzeptieren. Das dadurch dokumentierte Verständnis der Mitarbeitenden als Produktionsfaktor zeigt seine Konsequenzen nach Überwindung der wirtschaftlichen Krisensituation. Gerade die engagierten Mitarbeitenden verlassen – spätestens dann – das Unternehmen, und auch die noch verbleibenden Mitarbeitenden haben einen entscheidenden Vertrauensverlust in das Management mit den entsprechenden Folgen für Motivation und Zufriedenheit erlebt.

Welche Aufgaben der Mitarbeiterkommunikation im Rahmen des Internen Marketing zukommen können, dokumentiert exemplarisch das **Beispiel der Einführung und Integration neuer Mitarbeitender** bei der *Bayerischen Hypo-Bank* (*Schick* 1995, S. 463):

- Übergabe einer speziellen Broschüre mit allen relevanten Informationen (von der Geschichte des Unternehmens über die Weiterbildungsmöglichkeiten bis zur Handhabung der gleitenden Arbeitszeit) bei Abschluss des Arbeitsvertrages,

- Übersendung eines Publikationenverzeichnisses zur Nachbestellung sowie laufende Übersendung von neuen Publikationen (z. B. Mitarbeiterzeitschrift) in der Zeit zwischen Abschluss des Arbeitsvertrages und Arbeitsbeginn,

- Einführungsveranstaltungen für alle neuen Mitarbeitenden in der ersten Arbeitswoche zur Vorstellung der verschiedenen Unternehmensbereiche; nach drei Monaten Follow-up-Veranstaltung zur Besprechung von Unklarheiten, offenen Fragen und Problemen,

- Muster für einen Einarbeitungsplan und ein Einführungsleitfaden für Vorgesetzte,

- Aushändigung des Einarbeitungsplans und des Fahrplans für die ersten Arbeitstage an den neuen Mitarbeitenden bei Arbeitsbeginn oder bereits vorher,

- Einzelgespräche des Vorgesetzten mit dem neuen Mitarbeitenden,

- Info-Besprechungen bei Betriebsrat, Personalabteilung, Nachbarabteilung usw.,

- Vorstellung der neuen Mitarbeitenden an den Informationstafeln der jeweiligen Abteilungen,

- Artikel in der Mitarbeiterzeitschrift und/oder Information der Personalabteilung über den Umgang mit neuen Kollegen,

- Artikel in der Führungskräfteinformation über die Wichtigkeit von Einarbeitungsplänen und Vorgesetztengesprächen für die erfolgreiche Einführung neuer Mitarbeitenden.

9.2 Mitarbeiterkommunikation in internationalen Unternehmen

Eine besondere Problematik ergibt sich für die Mitarbeiterkommunikation in **internationalen Unternehmen**. Zum einen erfordert die Umsetzung einer weltweit gültigen Unternehmenskultur und die Erreichung eines in sich geschlossenen Unternehmensimages ein bestimmtes Maß an Konsistenz und Einheitlichkeit der Mitarbeiterkommunikation; zum anderem ist im Hinblick auf kulturelle Unterschiede beziehungsweise divergierende Werthaltungen ein bestimmtes Maß an länderspezifischer Differenzierung zu erreichen, um eine effiziente Mitarbeiterkommunikation sicherzustellen. Darüber hinaus ist es einsichtig, dass Unterschiede in der geschäftlichen Situation der einzelnen Standorte beziehungsweise Ländergesellschaften eine weitgehende Standardisierung der intern gerichteten kommunikativen Aktivitäten erschweren.

Beispiel: Mitarbeiterkommunikation bei der *BASF*
In der *BASF*-Gruppe gibt es eine Vielzahl von Kanälen und Medien für die Mitarbeiterkommunikation. Kommunikateure in den Regionen Asien-Pazifik, Europa sowie Nord- und Südamerika gestalten ihre Medien weitgehend eigenverantwortlich. Dabei halten sie sich inhaltlich an Regeln, die die *BASF* mit der One-Voice-Policy setzt, und orientieren sich bei der Gestaltung der Medien am Corporate Design. Für die Verbreitung von gruppenweit relevanten Themen ist die Einheit Corporate Employee Communications in der Zentrale in Ludwigshafen zuständig. Die wichtigsten Kommunikationsprojekte mit gruppenweiter Bedeutung werden in einem Arbeitsgremium besprochen, das sich aus Vertretern der Kommunikation aller Regionen zusammensetzt. Die Mitglieder diskutieren auch über Inhalte und Kanäle für die gruppenweiten Themen, genannt „Corporate Topics". Print- und Online-Medien

kommt dabei die gleiche Bedeutung zu, da jede Region nicht nur über gedruckte Werkzeitungen und Magazine, sondern auch über regionale Intranet-Auftritte verfügt. Leitmedium der BASF-Gruppe ist eine weltweit einheitlich festgelegte Intranetstartseite. Hier gibt es tagesaktuelle globale und regionale News. Wer möchte, kann sich diese aktuellen Nachrichten auch als E-Mail zukommen lassen. Insgesamt sorgt in der *BASF* ein gut eingespieltes Netzwerk an Kommunikatoren dafür, dass alle Mitarbeitende der *BASF* Zugang zu gruppenweit relevanten Inhalten haben (*BASF* 2010).

In einer Studie des *Instituts für Unternehmensentwicklung & Organisation* an der *Ludwigs-Maximilians-Universität*, München in Zusammenarbeit mit der Unternehmensberatung *Hinkel & Partner GmbH* wurden sieben Unternehmen, die regelmäßig Mitarbeiterpublikationen in drei oder mehr Sprachen herausgeben, befragt. Die geringe Zahl der an der Studie beteiligten Unternehmen ist dadurch begründet, dass sich die meisten Weltkonzerne auf die jeweilige Konzernsprache und Englisch beschränken. Die Ergebnisse der Studie zeigen, dass große, multinationale Konzerne wie *Aventis*, *EADS* oder *Roche* intern mit relativ wenig Sprachen arbeiten. Dagegen verwenden Unternehmensgruppen, die einen weniger offensichtlichen multinationaler Charakter aufweisen sehr viel mehr Sprachen: *Interbrew* verwendet 16 Sprachen, *IKEA* nutzt 15 Sprachen und *Accor* arbeitet mit sieben Sprachen (vgl. Schaubild III-B-28). Der Grund hierfür ist in dem branchenspezifischen Charakter des Geschäftes und in dem damit korrespondierenden Ausbildungs- und Qualifikationsgrad der Mehrzahl der Mitarbeitenden zu sehen. Unternehmen wie *Accor* (Hotels), *IKEA* (Möbelhandel) und *Interbrew* (Brauereien) haben im Gegensatz zu *Roche* und *Aventis* (Chemie und Pharma) sowie *Airbus* und *EADS* (Luft- und Raumfahrt) eine wesentlich stärkere regionale Bindung und die berufliche Qualifizierung sowie hinreichende Fremdsprachenkenntnisse sind bei vielen Mitarbeitenden niedriger. Daraus ergibt sich die Notwendigkeit, stärker auf die regionalen, sprachlichen und kulturellen Gegebenheiten einzugehen (*Hinkel/Schwaiger* 2003, S. 212 ff.)

Bei den Entscheidungen der internationalen Mitarbeiterkommunikation ist demnach ein Vorgehen zu wählen, das auf der Basis der konkreten Unternehmenssituation soviel Ein-

Gesellschaft	Titel	Sprachen
Accor	*Accor Hotels*	Englisch, Französisch, Deutsch, Spanisch, Italienisch, Holländisch, Brasilianisch
Airbus	*Blue*	Englisch, Französisch, Deutsch, Spanisch
Aventis	*Future*	Englisch, Französisch, Deutsch
EADS	*Forum*	Englisch, Französisch, Deutsch, Spanisch
EADS	*Planet Aerospace*	Englisch, Französisch, Deutsch, Spanisch
IKEA	*Read me*	Englisch, Französisch, Deutsch, Spanisch, Italienisch, Dänisch, Norwegisch, Schwedisch, Finnisch, Holländisch, Polnisch, Ungarisch, Slowenisch, Russisch, Chinesisch
Interbrew	*Taste*	Englisch, Französisch, Deutsch, Spanisch, Holländisch, Tschechisch, Ungarisch, Bulgarisch, Rumänisch, Kroatisch, Serbisch, Russisch, Ukrainisch, Chinesisch, Koreanisch, Canada-Französisch
Roche	*Hexagon*	Englisch, Französisch, Deutsch, Spanisch

Schaubild III-K-28: Sprachen von verschiedenen Mitarbeiterpublikationen im Überblick
(Hinkel/Schwaiger 2003, S. 218)

heitlichkeit wie möglich und soviel Differenzierung wie nötig beinhaltet. Das Ausmaß der notwendigen **Differenzierung** ist dabei vor dem konkreten Unternehmenshintergrund unter entsprechender Berücksichtigung der personellen und organisatorischen Voraussetzungen zu treffen. Dabei hat sich das Management insbesondere auch der Problematik des gewählten Sprachstils bewusst zu sein. Aufgrund der Verschiedenartigkeit der Kulturen sind sowohl bei der direkten, persönlichen als auch z. B. bei der schriftlichen Kommunikation Probleme möglich, wenn sich Kodierung und Dekodierung zwischen Sender und Empfänger wesentlich unterscheiden. Eine beispielsweise nur in der Sprache aber nicht im Stil modifizierte schriftliche Kommunikation wirft demnach bei den Empfängern eine vollkommen andere Wirkung hervor als ursprünglich geplant. Somit ergibt sich als primäre Voraussetzung einer erfolgreichen Mitarbeiterkommunikation, dass der jeweilige Sprachstil von allen Beteiligten (Sender, Moderatoren und Empfänger) zu verstehen ist (*Tannen* 1996, S. 34 ff.).

9.3 Mitarbeiterkommunikation in Krisenzeiten

Im Fall von **Unternehmenskrisen** kommt der Mitarbeiterkommunikation eine besondere Bedeutung zu. Krisen sind allgemein dadurch gekennzeichnet, dass zum einen kein – oder nur sehr ungenau vorhersehbarer – Zeitpunkt vorliegt, wann die kritische Situation eintritt, zum anderen bringt diese Situation signifikant negative Effekte für das Unternehmen mit sich. Krisen lassen sich zudem danach unterscheiden, ob ein **hoher oder niedriger Grad an Öffentlichkeit** vorliegt. Zur ersten Kategorie gehören beispielsweise Störfälle, Streiks, Entlassungen, Rückrufe oder Erpressung, aber auch Managementskandale und (unfreundliche) Übernahmen. Mit einem geringeren Grad an öffentlicher Beachtung laufen Krisen ab, bei denen es um die Einschränkung finanzieller oder gesetzlicher Spielräume geht, beispielsweise bei Industriespionage, Sabotage oder einstweiligen Verfügungen. Ein weiteres Merkmal ist darin zu sehen, ob der Krisenauslöser bereits über einen längeren Zeitraum vorhanden war oder plötzlich und unvorhergesehen eintritt (*Kohtes & Klewes* 1997b, S. 6). Schaubild III-K-29 zeigt eine Einteilung verschiedener Krisen nach diesen Kriterien.

Das Auftreten von Krisen hat für ein Unternehmen gravierende interne Auswirkungen. Die negativen Reaktionen der Öffentlichkeit wirken auf die Mitarbeitenden und das Erklärungsbedürfnis der Unternehmensleitung gegenüber den Mitarbeitenden wächst schnell an. Der Stellenwert, den ein Unternehmen seinen Mitarbeitenden tatsächlich beimisst, kann insbesondere in Krisenzeiten offensichtlich werden (*Meier* 2002, S. 63 ff.). Gerade dann, wenn der Orientierungsbedarf und die Unsicherheit bei den Mitarbeitenden am größten sind, kommt es häufig vor, dass sich das Management vieler Unternehmen zurückzieht und keine oder nur sehr wenig unternehmensinterne Kommunikationsarbeit leistet. So ist nicht selten zu beobachten, dass die Mitarbeitenden, die von der jeweiligen Situation zum Teil unmittelbar betroffen sind, von aktuellen Entwicklungen aus externen Quellen (Zeitung, Fernsehen usw.) erfahren, während unternehmensintern noch immer geschwiegen wird.

Die Bedeutung der rechtzeitigen Information der Mitarbeitenden zeigt eine Studie von *Rundstedt HR Partners* unter rund 1.000 Teilnehmern auf (vgl. hierzu auch Abschnitt III-K-4.1). So erwarten in Zeiten der Wirtschaftskrise die meisten Arbeitnehmer in erster Linie Transparenz von ihrem Arbeitgeber. Die Befragung ergibt, dass sich 66,6 Prozent der Arbeitnehmer in Deutschland von ihrem Führungspersonal kontinuierliche Information über die aktuelle wirtschaftliche Lage und die Zukunftspläne des Unternehmens wünschen. Besonders ausgeprägt ist das Informationsbedürfnis bei den 40- bis 49-jährigen (73,1 Prozent) und bei den nichtleitenden Angestellten (71,3 Prozent). Für Führungskräfte gilt es demnach, ihren Mitar-

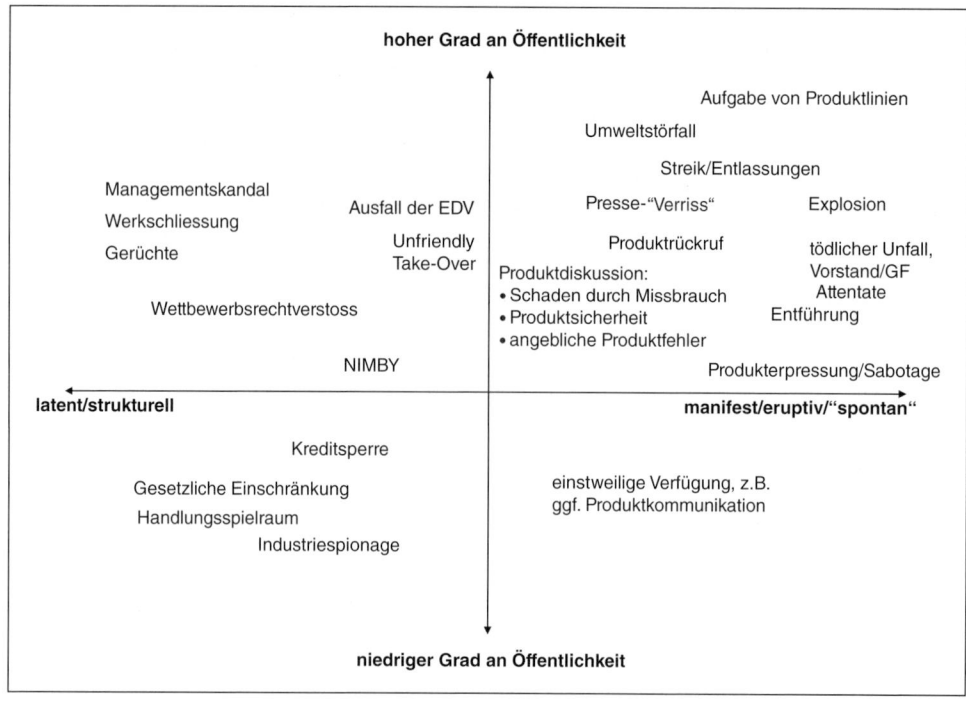

Schaubild III-K-29: Typen von Krisen (Kohtes & Klewes 1997b, S. 6)

beitenden durch eine nachvollziehbare Kommunikation Ängste zu nehmen, sie einzubinden und damit Wertschätzung zu signalisieren (o.V. 2009a).

Ein Unternehmen, das von seinen Mitarbeitenden in einer Krisensituation **Loyalität** erwartet, hat eben diese Loyalität auch gegenüber den Mitarbeitenden zu dokumentieren. Eine offene und zielgruppenorientierte Mitarbeiterkommunikation ist damit auch eine Vorbereitung auf eine erfolgreiche Krisenkommunikation. In einer Krisensituation nehmen die Mitarbeitenden als Botschafter des Unternehmens eine ebenso wichtige Rolle ein wie die Maßnahmen gegenüber externen Gruppen, z. B. Behörden und Medien und anderen Meinungsführern. Entscheidend ist jedoch das Vertrauen der Mitarbeitenden in das und Verbundenheit mit dem Unternehmen sowie deren Bereitschaft sich im persönlichen Umfeld für das Unternehmen einzusetzen. Daher sind für die Mitarbeiterkommunikation in **Krisensituationen folgende Prinzipien** zu berücksichtigen:

- **Schnelligkeit der Information und des Handelns in Krisensituationen:** Es ist notwendig, dass die Information der Mitarbeitenden sofort erfolgt, damit die Initiative nicht anderen – beispielsweise externen – Quellen überlassen wird. Lässt das Management in einer Krisensituation kommunikative Lücken gegenüber den Mitarbeitenden entstehen, so werden diese Lücken durch Spekulationen, Gerüchte und Unsicherheit „besetzt". In Krisensituationen ist vor allem die Geschwindigkeit der Umsetzung der Maßnahmen entscheidend, die zur Planung verfügbare Zeit ist jedoch in einem solchen Fall verkürzt. Daher ist im Unternehmen ein kommunikativer Krisenplan zu etablieren, der trainiert und jederzeit anwendbar ist. Beispielsweise führt das Unternehmen *3M Deutschland* regelmäßig so genannte „Intern Trainings Crisis Communication" mit allen Verantwortlichen und Medienbeauftragten durch, um für einen möglichen Ernstfall auch intern vorbereitet zu sein (*Meier* 2002,

S. 72 f.). In Krisenzeiten ändert sich die Hierarchie der eingesetzten Medien. Gegenüber klassischen Printmedien haben beispielsweise das Intranet und E-Mail den Vorteil, dass diese schnell, interaktiv, direkt sind und keine aufwändige Produktion benötigen.

- **Kommunikation wahrheitsgetreuer und verständlicher Informationen:** Auch wenn ein offener Umgang mit den für die Mitarbeitenden unter Umständen unangenehmen beziehungsweise negativen Sachverhalten eine große Herausforderung darstellt, so ist deren Bedürfnis nach Ehrlichkeit, Offenheit und Vollständigkeit bei der Krisenkommunikation dennoch Rechnung zu tragen, da ansonsten eine solche Situation zu noch mehr Unsicherheit und Beunruhigung führt. Die interne Information und Kommunikation, ist daher wahrheitsgetreu und mit effizienten Medien zu übermitteln, damit bei den Mitarbeitenden Vertrauen und Verbundenheit entstehen können. Zudem ist auf die klare und eindeutige Verständlichkeit der Informationen zu achten, da eine komplizierte und unverständliche Vermittlung der Informationen oder Maßnahmen bei den Mitarbeitenden Verwirrung und Skepsis erzeugt.

- **Priorisierung interner Zielgruppen:** Bei allen Überlegungen im Rahmen einer Unternehmenskrise hat das Management nicht nur die Interessen der externen Öffentlichkeit zu berücksichtigen, sondern – vor allem – die Interessen der Mitarbeitenden. Erreichen interne Informationen über wichtige Ereignisse die Mitarbeitenden aktuell, glaubwürdig und vor allem früher als die externen Medien, trägt dies dazu bei, dass sich Mitarbeitende auf ihren Arbeitgeber verlassen können (*Nies* 2003, S. 347). Das zustande kommen von Entscheidungen hat soweit wie möglich unter Partizipation der Mitarbeitenden zu erfolgen; sofern dies nicht möglich ist, sind zumindest die Ergebnisse von Entscheidungen mit guten Gründen zu belegen, um sie für die Mitarbeitenden nachvollziehbar zu machen.

- **Erhebung des Stimmungsbildes:** Die Wahrnehmung von Sachverhalten im Unternehmensumfeld durch die Mitarbeitenden hat dem Management bekannt zu sein. Ist diesem Grundsatz bereits im Alltag durch eine entsprechende interne Marktforschung Rechnung zu tragen, so gilt dies umso mehr in Krisenzeiten, wobei jedoch – aufgrund des Zeitdrucks – andere Maßnahmen einzusetzen sind. So ist z. B. gegenüber langwierigen Befragungen eher der persönlichen Kommunikation mit ausgewählten Mitarbeitenden der Vorzug zu geben.

Beispiel: Krisenkommunikation in der *BASF SE*

In Krisensituationen steht ein Unternehmen unmittelbar im Zentrum des öffentlichen Interesses. Deshalb gilt es für die *BASF* nicht nur, sofort technische und logistische Maßnahmen zur Bewältigung der Krise zu ergreifen, das Unternehmen hat die Krise auch zügig und umfassend kommunizieren. Informieren Mitarbeitende die Öffentlichkeit nur zögerlich oder in widersprüchlicher Weise, wird das Krisenmanagement in Frage gestellt und die Glaubwürdigkeit des Unternehmens nimmt Schaden. Wichtiger Bestandteil des Störungsmanagements bei der *BASF* ist daher die schnellstmögliche Weitergabe gesicherter Informationen an Mitarbeitende, Behörden und Öffentlichkeit. Geregelte Kommunikationswege im Krisenfall garantieren, dass die *BASF* ihren eigenen Anforderungen und denen der Öffentlichkeit gerecht wird, so dass rasch umfassend und offen informiert wird. Am Standort Ludwigshafen wird die Öffentlichkeit bei einer Betriebsstörung der *BASF* auf folgende Weise informiert: Ein Bereitschaftsdienst sorgt dafür, dass rund um die Uhr ein Vertreter der Pressestelle umgehend am Einsatzort der Betriebsstörung sein kann. Gemeinsam mit dem Einsatzleiter und einem Vertreter des betroffenen Betriebes formuliert er die erste Presseinformation, die das Unternehmen so schnell wie möglich verschickt. Im *BASF*-Internet-Portal www.RheinNeckarWeb.de werden die Nachrichten ständig aktualisiert. Parallel dazu werden die Mitarbeitenden informiert, indem die Nachricht in das Intranet gestellt wird. Zusätzlich geht eine „*BASF* aktuell" in Druck, eine Schnellinformation, die innerhalb kürzester Zeit an allen Werkstoren bereitliegt. Zwar liegen bei der so genannten „Erstmeldung" nicht immer alle Informationen über das Schadensereignis vor, doch oberste Priorität bei der Krisenkommunikation der *BASF* hat die Schnelligkeit. Denn die erste Information über ein Ereignis muss vom Unternehmen selbst kommen (*BASF* 2010). Schaubild III-K-30 zeigt die Information bei Schadensfällen bei der *BASF AG*.

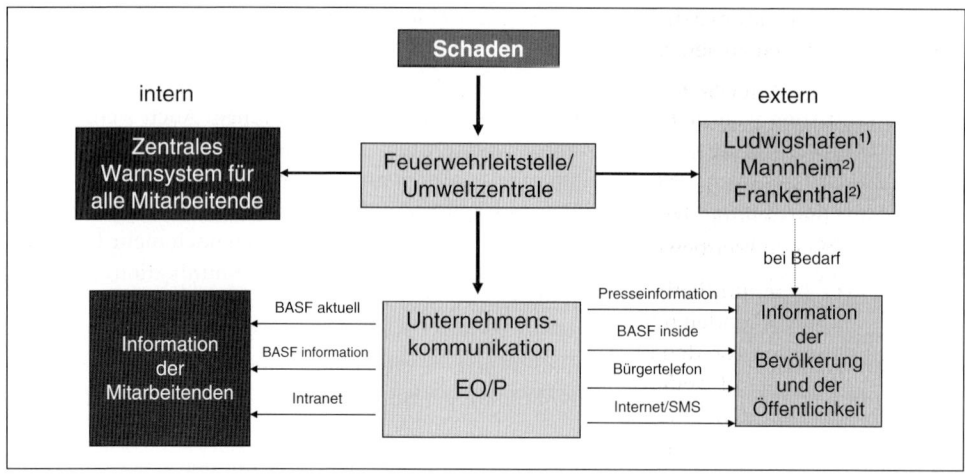

Schaubild III-K-30: Information bei Schadensfällen (BASF 2010)

Die **Gestaltung der Mitarbeiterkommunikation** in Krisensituationen ist jedoch oftmals problematisch. Zum einen gebietet es das Prinzip der Offenheit, die Mitarbeitenden möglichst früh einzubinden und die für sie relevanten Informationen weiterzugeben, zum anderen erfordern manche Unternehmenskrisen ein gewisses Maß an Geheimhaltung, das die mögliche Offenheit sehr stark einschränkt. Eine weitere Ursache der quantitativen beziehungsweise qualitativen Minderinformation kann auch in der Fehleinschätzung der **Informations- und Integrationsbedürfnisse** der Mitarbeitenden durch das Management liegen. Unter Berufung auf das – zum Teil sogar gut gemeinte – Ziel, Verunsicherungen im Unternehmen zu vermeiden, wird oftmals eine sehr restriktive Kommunikationspolitik mit großer zeitlicher Diskrepanz zu den interessierenden Ereignissen umgesetzt. Das damit entstehende Unwissen löst jedoch interne Spekulations- und Kommunikationsprozesse aus, die im Ergebnis zu einer noch größeren Unsicherheit bei den Mitarbeitenden führt. Die Mitarbeitenden versuchen, dieses Unwissen abzubauen, entweder durch die individuelle Beschäftigung mit Ursachen, Erscheinungsformen und Folgen der entstandenen Unsicherheit oder aber durch organisierte (z.B. Gewerkschaften) beziehungsweise nicht-organisierte Kommunikatoren (z.B. Personen mit vermeintlich höherem Kenntnisstand). Dadurch wird das Entstehen von unternehmensinternen Gerüchten stark begünstigt und das wahrgenommene Kommunikationsdefizit der Mitarbeitenden noch vergrößert (vgl. zu „Gerüchten in Krisensituationen und bei Veränderungen" Abschnitt III-K-6.2.3).

10 Entwicklungstendenzen und Zukunftsperspektiven der Mitarbeiterkommunikation

Die Praxis der Gestaltung der Mitarbeiterkommunikation in Unternehmen und Organisationen zeigt, dass gegenüber dem Entwicklungsstand der externen Kommunikationspolitik unternehmensintern noch erheblicher **Entwicklungsbedarf** besteht. Dies dokumentiert nicht allein die Gegenüberstellung der Instrumentevielfalt für externe Maßnahmen und der vergleichsweisen geringen Maßnahmenzahl für die Mitarbeiterkommunikation, sondern auch der geringe Stellenwert, den die Mitarbeiterkommunikation teilweise noch innehat.

Um dieses Entwicklungsdefizit zu überwinden, sind unternehmensintern zukünftig verschiedene **Prioritäten** zu setzen:

- **Verständnis der Mitarbeitenden als interne Kunden:** Die Priorisierung der unternehmensexternen Zielgruppen als Kunden des Unternehmens ist zu überwinden. Insbesondere in Dienstleistungsunternehmen sind es die Mitarbeitenden, die die unternehmerischen Leistungen erstellen und das Unternehmen gegenüber den externen Kunden repräsentieren. Eine Schlechterstellung der Mitarbeitenden führt zu deren Unzufriedenheit und langfristig zu erheblichen Wettbewerbsnachteilen.

- **Identität von Kommunikation und Aktion:** Aufgrund der Interaktionsdichte im Verhältnis zwischen Mitarbeitenden und Unternehmen werden Lippenbekenntnisse in der Mitarbeiterkommunikation von den Mitarbeitenden schnell erkannt. Die Lücke zwischen Kommunikation und realem Handeln ist zu schließen, damit Vertrauen in das Unternehmen und Identifikation mit den Unternehmenszielsetzungen entstehen (Vermeidung von „Partizipationsrhetorik").

- **Professionalisierung der Mitarbeiterkommunikation:** Mitarbeiterkommunikation ist nicht als Appendix der Kommunikations- oder der Personalabteilung zu verstehen. Dem Stellenwert der Aufgabe entsprechend sind Verantwortlichkeiten und Stellen, wie z. B. eigene Abteilungen für Mitarbeiterkommunikation oder die Stelle eines Internen Kommunikationsmanagers mit entsprechenden Budgets zu schaffen, denen primär die systematische Umsetzung und die Sicherstellung eines hohen Qualitätsniveaus der Mitarbeiterkommunikation obliegt.Um das Engagement der Mitarbeitenden zu erhalten, hat das Unternehmen in den Kommunikationswettbewerb um die geistige Aktivität der Mitarbeitenden einzutreten. Die Konkurrenz rekrutiert sich dabei sowohl in alternativen internen als auch externen Reizen.

- Vor dem Hintergrund zunehmender **Netzwerkbildung** von Unternehmen, in Form von Kooperationen, wie z. B. Strategischen Allianzen, Joint Ventures, Fusionen o. ä., ist eine eigene organisatorische Verankerung der Mitarbeiterkommunikation im Unternehmen immer wichtiger. Erst dann können Kommunikationskonzepte umfassend managementorientiert umgesetzt werden. Vor allem in Krisenzeiten und bei Veränderungsprozessen dient es der systematischen und lückenlosen Mitarbeiterkommunikation.

- Im Zuge der zunehmenden **Beziehungsorientierung** der Unternehmen zu Anspruchsgruppen sind auch gegenüber den Mitarbeitenden **zweiseitige oder interaktive Kommunikationsinstrumente** erforderlich, die einen Dialog zwischen Führungskräften und Mitarbeitenden zulassen. Dies wird vor allem durch die neuen Kommunikationstechnologien wie das Web 2.0, z. B. durch die Herausbildung von Online-Communities, sozialen Netzwerken usw., möglich. Hieraus ergeben sich zunehmend dialogorientierte Maßnahmen.

Vor dem Hintergrund der aktuellen Veränderungen der Medienlandschaft zum einen sowie den Werte- und Einstellungsveränderungen der Bevölkerung zum anderen haben Organisationen zunehmend auch innovative Medien der Mitarbeiterkommunikation zu entwickeln und einzusetzen. **Trends** in der Mitarbeiterkommunikation sind neuere Maßnahmen, die eine offene Kommunikationskultur unterstützen, wie z. B. Mitarbeiterportale, Dialogbilder, Wikis, Blogs. Die vorgenommene Darstellung von Medien der Web 2.0-Kommunikation zeigt dabei, dass die Forderung nach mehr Innovation größtenteils mit mit dem Einsatz neuerer Kommunikationstechnologien verbunden ist.

Trotz einer stark erfolgten Verschiebung hin zu **elektronischen Medien** wie Intranet, Mitarbeiterportal und E-Mail wird es jedoch zu keiner vollständigen Substitution der klassischen

Printmedien kommen. Der derzeitig anhaltende Trend hin zu Portallösungen im Intranet bzw. zu Web 2.0-Lösungen wird sich zwar auch in den nächsten Jahren fortsetzen. Printmedien, wie z. B. Mitarbeiterzeitschriften, -zeitungen oder -magazine werden aber weiterhin für die Erklärung von Zusammenhängen und Erläuterungen von Hintergrundinformationen zum Einsatz kommen (vgl. ähnlich *Mast* 2006, S. 206; *Einwiller/Klöfer/Nies* 2008, S. 239).

Aus der **wissenschaftlichen Perspektive** sind in zukünftigen Untersuchungen zur Mitarbeiterkommunikation verstärkt die Fragen der Interaktiven Medien und der Seitwärtskommunikation zu behandeln. Unter Managementgesichtspunkten ist es eine der wichtigsten Aufgaben von Führungskräften – insbesondere auf der Ebene der Unternehmensleitung –, die Rahmenbedingungen für eine effiziente Mitarbeiterkommunikation zu schaffen. Notwendig ist hierzu nicht nur die Schaffung einer Kommunikationsinfrastruktur, sondern auch die Bereitstellung entsprechender unverbindlicher Kommunikationsangebote im Sinne einer Potenzialgenerierung der Mitarbeiterkommunikation.

Teil IV

Rechtliche Rahmenbedingungen
der Kommunikationspolitik

1 Rechtliche Einflussbereiche kommunikationspolitischer Entscheidungen

Das Beziehungsfeld zwischen kommunikationspolitischen Entscheidungen und rechtlichen Fragestellungen ist ein komplexer Bereich, der durch einen ständigen dynamischen Wandel gekennzeichnet ist. Dabei werden in jeder Phase des Planungsprozesses einer Integrierten Kommunikation unterschiedlich gelagerte rechtliche Fragestellungen relevant, die es für den Werbetreibenden zu lösen gilt. Rechtliche Fragestellungen treten beispielsweise in der Phase der Auswahl und Kategorisierung von Kommunikationsinstrumenten oder auch als unvorhergesehene Konsequenzen im Anschluss an die Realisierung der Integrierten Kommunikation auf (*Ahlert/Schröder* 1996, S. 39 f.). Schaubild IV-1 gibt einen Überblick und eine Strukturierung der kommunikationspolitisch relevanten Gesetze, Richtlinien und Verordnungen. Die **Regulierungs- und Überwachungsbereiche** lassen sich in drei Arten untergliedern:

(1) Fremdregulierung,
(2) Selbstregulierung,
(3) Externe Überwachung.

Dem Bereich der **Fremdregulierung** sind alle kommunikationspolitisch relevanten Verhaltensrichtlinien der Unternehmen auf der Basis von nationalen Gesetzen und Verordnungen des Staates zuzuordnen. Ergänzt werden diese nationalen Regelungen durch international festgelegte Richtlinien und Verhaltensregeln, die es in die nationale Gesetzgebung zu integrieren gilt und die ebenfalls von außen den kommunikationspolitischen Entscheidungsfreiraum der Unternehmen beeinflussen.

Schaubild IV-1: Regulierungs- und Überwachungsbereiche kommunikationspolitischer Entscheidungen

Im Bereich der **Selbstregulierung** hingegen geht die Initiative zu einer freiwilligen Selbstkontrolle kommunikationspolitischer Maßnahmen entweder von einer bestimmten Branche oder auch einem einzelnen Unternehmen aus. Vervollständigt werden diese freiwilligen Regelungen durch die vom *Deutschen Werberat* festgelegten Verhaltensregeln, die ebenfalls dem Bereich der Selbstregulierung zuzuordnen sind. Die Ziele einer Selbstregulierung bestehen dabei oftmals darin, einer Fremdregulierung zuvorzukommen oder auch das Image der eigenen Branche beziehungsweise des eigenen Unternehmens zu verbessern. Die Wirksamkeit selbstregulierender Maßnahmen ist dabei vom Erfüllungsgrad der folgenden Kriterien abhängig:

- Inhalt der Verhaltensregeln,
- Verbreitung der Verhaltensregeln,
- Anwendung der Verhaltensregeln.

Inhaltlich sind die kommunikationspolitischen Verhaltensregeln so abzufassen, dass sie geeignet sind, den Verbraucher zu schützen und die wichtigsten Gründe für Beschwerden und Unzufriedenheit zu unterbinden (*Baumbach/Hefermehl* 2007, S. 213). Des Weiteren ist eine weite **Verbreitung** der Verhaltensregeln notwendig, da diese nur dann eine nachhaltige Wirkung erzielen, wenn ein hoher Prozentsatz von Unternehmen die vereinbarten Verhaltensregeln anerkennt und berücksichtigt. Eine weitere Grundlage, die Wirksamkeit selbständig vereinbarter Verhaltensregeln zu gewährleisten, ist darin zu sehen, dass einem Wirtschaftsverband ausreichende Möglichkeiten zur Verfügung stehen, sowohl die Verbreitung der Verhaltensregeln zu unterstützen als auch die Voraussetzungen zu schaffen, um ihre **Anwendung** zu fördern (*Kuhlmann* 1990, S. 99 f.). Eine dahingehende Möglichkeit ist beispielsweise die Regelung, den Verbandsbeitritt eines Unternehmens mit der Auflage einer Einhaltung der aufgestellten Verhaltensregeln zu koppeln.

Neben den Bereichen der Fremd- und Selbstregulierung wird der kommunikationspolitische Handlungsspielraum eines Unternehmens im Rahmen einer **externen Überwachung** durch die Konkurrenzbeobachtung der Wettbewerber und die Aktivitäten der verschiedenen Institutionen der Verbraucherpolitik und der Wirtschaftsverbände eingeschränkt (*Nordemann* 1995, S. 338).

2 Fremdregulierung kommunikationspolitischer Entscheidungen auf Basis der bestehenden Rechtsordnung

2.1 Bedeutung der Rechtsordnung für die Kommunikationspolitik

Die sich aus nationalen Gesetzen und Verordnungen sowie internationalen Richtlinien und Verhaltensregeln zusammensetzende Rechtsordnung bildet einen wichtigen Einflussfaktor kommunikationspolitischer Entscheidungen. Die im Spannungsfeld zwischen Kommunikationspolitik und Rechtsordnung zu bewältigenden Aufgabenstellungen gehören zu den Schlüsselproblemen des Marketingmanagements. Insbesondere die Schaffung neuer und die Novellierung bestehender Rechtsnormen im Zuge der Verwirklichung des Europäischen Binnenmarktes beeinflusst aktuell die Planung und Durchführung kommunikationspolitischer Maßnahmen. Die Rechtsordnung bildet dabei die Grundlage für zwei Bereiche:

- Kommunikationspolitische Schutzpositionen,
- Restriktive Begrenzung kommunikationspolitischer Gestaltungsfreiräume.

Die Schaffung **kommunikationspolitischer** Schutzpositionen ist eine der vielfältigen Aufgaben des gewerblichen Rechtsschutzes. Durch die Nutzung der gegebenen Möglichkeiten bauen Unternehmen im Rahmen einer **präventiven Schutzrechtspolitik** auf Basis der bestehenden Rechtsnormen Schutzpositionen auf, mit denen die Marken- und Kommunikationsstrategie abgesichert und gegen unzulässige Angriffe Dritter verteidigt werden (*Schröder* 2004, S. 2395; *Baumbach/Hefermehl* 2007, S. 209 f.). Grundlage für die Vermittlung von Schutzpositionen sind beispielsweise das Markenrecht oder das Recht gegen den unlauteren Wettbewerb (UWG) (*Nordemann* 1995, S. 35).

Dem Aufbau und der Verteidigung von Schutzrechtspositionen kommt dabei immer dann eine besondere Bedeutung zu, wenn die Marken- und Kommunikationsstrategie eines Unternehmens eine wichtige Grundlage des Erfolges der am Markt angebotenen Leistung darstellt. Ohne die Schaffung von Schutzrechtspositionen bestünde für ein solches Unternehmen die Gefahr, dass Wettbewerber in ihrer Werbung Bezug auf das Leistungsangebot des eigenen Unternehmens nehmen oder die Kommunikationsstrategie kopieren, um die Vorzüge ihrer Marktleistungen besser herauszustellen und am Erfolg des Wettbewerbers zu partizipieren.

> **Beispiel: Aufbau einer präventiven Schutzposition durch *Kraft Foods***
> Der Vorstoß der Unternehmensgruppe *Kraft Foods,* die von ihnen verwendete Farbe und das Wort „Lila" zur Kennzeichnung und Bewerbung ihrer Schokoladenprodukte als Marke schützen zu lassen, stellt ein Beispiel für den erfolgreichen Aufbau präventiver Schutzpositionen dar. In der Schweiz besteht für *Kraft Foods* durch die Eintragung der Farbe „Lila" in das Markenregister beispielsweise die Möglichkeit, Dritten jederzeit zu untersagen, das Wort und die Farbe „Lila" im Zusammenhang mit der Markengebung und der Kommunikation für Schokoladenprodukte zu nutzen. Möglich wurde der Schutz durch die Ergebnisse einer Umfrage, bei der 76 Prozent der Schweizer im Zusammenhang mit Schokoladenprodukten bei der Farbe Lila auf *Milka*-Produkte verwiesen. Insofern wurde bewiesen, dass die Farbe Lila als Kennzeichen der *Milka*-Produkte eine selbständige Bedeutung erlangt hat und demzufolge als geistiges Eigentum geschützt und in das Markenregister einzutragen ist. Ähnliche Schutzrechte bestehen über die Schweiz hinaus bereits in Deutschland, Österreich, Frankreich und den Benelux-Staaten (*Nordemann* 1995, S. 233; *Willi* 1996, S. 23).

In diesem Zusammenhang ist darauf hinzuweisen, dass nicht alle Farben in gleichem Maße kennzeichnend sind, sondern nur jene, die nicht auch von Wettbewerbern bereits genutzt werden und allgemein verbreitet sind. Neben weiteren Beispielen, die Insert IV-1 beinhaltet, ist es beispielsweise nicht Möglich die Farbe Gold von einem Kaffeeröster schützen zu lassen, da Gold zur Hervorhebung exklusiver Produkte im Kaffeesegment eine allgemein gängige Farbe darstellt. Weitere Beispiele für den Schutz von Farbkombinationen als Basis der Unternehmens- und Marketingkommunikation sind die gelb-rote Verpackung der *Maggi*-Suppenwürfel oder die grün-gelben Tanksäulen von *BP* (*BGH* 1981, S. 142 ff.; *Nordemann* 1995, S. 233; *Baumbach/Hefermehl* 2007, S. 777 f.). Hinsichtlich des Beispiels *Kraft Foods* ist jedoch kritisch zu fragen, inwieweit es aus Sicht des Gesetzgebers sinnvoll ist, Unternehmen die Möglichkeit zu geben, einzelne Farben abstrakt und unabhängig von der Ware oder der Verpackung schützen zu lassen. Probleme bestehen hier insbesondere im Hinblick auf die Unsicherheiten, wie weit sich der Schutz einer Farbe als Kennzeichen überhaupt erstreckt.

Neben der Vermittlung von Schutzpositionen wirkt der gewerbliche Rechtsschutz, den Dritte erworben haben, **restriktiv** auf die Gestaltungsmöglichkeiten der eigenen Kommunikation. Dies hat zur Folge, dass bei der Festlegung und Umsetzung der eigenen Kommunikationsstrategie eventuelle Schutzrechtsverletzungen hinsichtlich der Kommunikation anderer Hersteller zu beachten sind (*Nordemann* 1995, S. 39). Dies ist beispielsweise dann der Fall, wenn andere Unternehmen über ältere Rechte verfügen und selbst Anspruch auf eine Schutzposition erworben haben.

Alleinstellung durch Farbe

**WENN EINE SPEZIFISCHE FARBE GESCHÜTZTER BESTANDTEIL DER MARKE WIRD, IST WERBEWIRKUNG GARANTIERT.
EU-WEIT IST DIESE ALLEINSTELLUNG NUN ZU ERREICHEN: EIN JURISTISCHER LEITFADEN.**

MARKE Kann man abstrakte Farben ohne Begrenzung durch eine Form, zum Beispiel einfach die Farben Hellgelb, Grün, Rot oder Blau, als Marken schützen lassen? Diese Frage wurde jahrelang in Deutschland und Europa kontrovers diskutiert. Der Streit hat sich seit Mai 2003 durch ein Grundsatzurteil des Europäischen Gerichtshofs (EuGH) geklärt: Der EuGH bejahte die generelle Zulässigkeit von Farbmarken nach Art. 2 der Richtlinie 89/104/EWG, entsprechend der deutschen Vorschrift des Paragraphen 3 Abs. 1 MarkenG. Der Europäische Gerichtshof stellte hierfür Voraussetzungen auf, die zuvor die deutsche Rechtsprechung – zumindest teilweise – bereits ähnlich formuliert hat.

DARSTELLUNG DER FARBMARKE
Die Hinterlegung eines bloßen Farbmusters reicht für die eindeutige Identifizierung der Farbe nicht aus, da sich solche Muster (je nach deren Trägermaterial) mit der Zeit verändern oder verblassen können. Eine sprachliche Beschreibung der Farbe allein ist in der Regel ebenfalls zu ungenau. Es empfiehlt sich die Kennzeichnung mittels eines international anerkannten Codes (zum Beispiel RAL-Nummern des Deutschen Instituts für Gütesicherung und Kennzeichnung).

**BESCHRÄNKUNG DES GESCHÜTZTEN
WAREN- UND DIENSTLEISTUNGSBEREICHS**
Farbmarken müssen ebenso wie die klassischen Markenformen dazu geeignet sein, Waren und Dienstleistungen eines Unternehmens von denen anderer Unternehmen zu unterscheiden. Farben rufen eher bestimmte Gefühle und abstrakte gedankliche Verbindungen hervor, als eindeutige Informationen zu vermitteln. Die Verbraucher sind es grundsätzlich nicht gewohnt, allein aus der Farbe von Verpackung oder Ware auf die Marke oder das dahinter stehende Unternehmen zu schließen. Eine Gewöhnung der Verbraucher kann nur durch entsprechende konsequente Benutzung der Farbe entstehen (zum Beispiel Lila für Milka-Schokolade, Magenta/Grau für die Telekom). Der EuGH hat deshalb eingeschränkt, dass die Unterscheidungskraft – abgesehen vom Erwerb durch Benutzung – wohl dann am ehesten zu bejahen ist, wenn die Zahl der Waren oder Dienstleistungen eingegrenzt wird. Deshalb gilt: Je beschränkter die zum Schutz angemeldeten Waren und Dienstleistungen und der relevante Markt, desto größer die Chance auf Markeneintragung.

FARBVERWENDUNG IN DER BRANCHE
Vor der Markenanmeldung sollte geklärt werden, inwieweit die Farben in der Branche bereits durch andere zulässig verwendet

werden. Um die Unterscheidungskraft einer Farbe für bestimmte Waren oder Dienstleistungen einschätzen zu können, betrachten die deutschen Gerichte die farblichen Gepflogenheiten der Wettbewerber auf dem entsprechenden Markt.
Hierzu einige Beispiele:
• Um die Unterscheidungskraft der Farbkombination Magenta/Grau für Telekommunikationsdienstleistungen zu bestimmen, wurde geprüft, ob und inwieweit die Farbe üblicherweise von anderen Wettbewerbern als Gestaltungs- oder Blickfangelemente eingesetzt werden. Da die Wettbewerber völlig andere Farbkombinationen zur Identifikation verwendeten, konnte diesbezüglich keine Branchenüblichkeit festgestellt werden. Der Telekom wurde die Marke zuerkannt.
• Bei der Farbe Violett für Katzenfutter wurde geprüft, ob Violett ebenso wie Rot, Grün und Blau normalerweise ebenso für die Kennzeichnung der verschiedenen Geschmacksrichtungen verwendet wird. Hierbei wurde konkret auf Katzenfutter abgestellt, die Gepflogenheiten zum Beispiel bei Vogelfutter waren bereits außer Betracht zu lassen.
• Als Gegenbeispiel stelle man sich vor, die Farbkombination Blau/Weiß würde für den Automobilbereich von einem bestimmten Hersteller reserviert. Der Markeninhaber der Farbkombination Blau/Weiß könnte die Verwendung der Farben für Automobile blockieren, was verheerende Folgen für Wettbewerber hätte, beispielsweise für BMW und Ford, die diese Kombination schon seit langer Zeit verwenden. Die Farbkombination Blau/Weiß ist im Automobilbereich zu weit verbreitet, als dass sie ein einzelnes Unternehmen für sich in Anspruch nehmen könnte. Sie ist daher weder unterscheidungskräftig, noch würde sie dem Freihalteinteresse der Konkurrenten standhalten können.
Wer eine Farbmarke eintragen lassen möchte, sollte sich deshalb vergewissern, dass die Farbe nicht in dem relevanten Waren- oder Dienstleistungsbereich üblicherweise auch von anderen benutzt wird. Der Eintragungsversuch einer Farbkombination dürfte grundsätzlich höhere Erfolgsaussichten haben. ■

▶online! **http://www.absatzwirtschaft.de/marketing-recht**

AUTORIN
Sandra Sophia Bormann
ist Rechtsanwältin im Berliner Büro
der internationalen Kanzlei Nörr,
Stiefenhofer, Lutz.
Tel. 030/2094 21 57
E-Mail: sandrasophia.bormann@noerr.de

Insert IV-1: Juristischer Leitfaden zur Alleinstellung durch Farbe (Bormann 2003, S. 54)

Beispiel: Restriktive Wirkung bestehender Schutzrechte im Fall *„Jim Beam/Rolls-Royce"*

In dem vorliegenden Fall wurde für den Whisky *Jim Beam* eine Werbeanzeige veröffentlicht, in der die Vorderansicht eines *Rolls-Royce* Automobils einschließlich der Kühlerpartie mit der Kühlerfigur „Flying Lady", dem Emblem „RR" und dem charakteristischen Kühlergrill zu sehen ist. Der Automobilhersteller *Rolls-Royce* sah die nicht genehmigte Verwendung der Kühlerfigur, des Emblems und des Kühlergrills, für die jeweils eigenständige Warenzeichen in Deutschland bestehen, als rechtswidrige Rufausbeute an und erwirkte die Einstellung der Werbeanzeigen (*Schröder* 1995, S. 1703). Grundlage war hier die Ansicht des Bundesgerichtshofes, dass derjenige wettbewerbswidrig handelt, der eigene Leistungen mit von Konsumenten hoch angesehenen Produkten in Beziehung setzt, um den guten Ruf der Wettbewerbsprodukte auszunutzen. Eingeschränkt wurde die Aussage dahingehend, dass die Abbildung fremder Erzeugnisse möglich ist, wenn sie nur beiläufig und ohne sich aufdrängende Beziehung zur Werbeaussage verwendet wird. Davon wurde in dem vorliegenden Fall jedoch nicht ausgegangen, da anzunehmen war, dass die *Rolls*-Royce Bauteile gezielt eingesetzt wurden, um dadurch in den Augen der Verbraucher an den guten Ruf der Marke *Rolls-Royce* anzuknüpfen. Das Beispiel zeigt, dass aufgrund feststehender Schutzpositionen des Automobilherstellers *Rolls-Royce* die Möglichkeiten der Kommunikation des Herstellers der Marke *Jim Beam* eingeschränkt wurden (*BGH* 1983, S. 247 ff.; *Baumbach/Hefermehl* 2007, S. 288).

Die Beispiele verdeutlichen die Vielschichtigkeit der Beziehungen zwischen den kommunikationspolitischen Maßnahmen der Unternehmen und der Rechtsordnung. Die Rechtsordnung ist dabei nicht als starre, feststehende Größe zu betrachten, sondern als flexibler und auch durch das eigene Unternehmen beeinflussbarer Gestaltungsparameter. Durch das Führen von Musterprozessen, das Erstellen von Gutachten oder die Verhandlung mit Behörden besteht beispielsweise die Möglichkeit, die Schaffung neuer Regelungssachverhalte zu beeinflussen (*Schröder* 1995, S. 2216).

Ziel der Unternehmen ist es dabei, die durch die flexible und beeinflussbare Rechtsordnung im Rahmen der Kommunikationspolitik bietenden **Chancen** zu nutzen und vorhandene **Risiken** möglichst niedrig zu halten. Dazu ist es für jedes Unternehmen, das im Wettbewerb mit anderen Unternehmen Leistungen am Markt anbietet, notwendig, die unternehmens- und branchenspezifisch in Frage kommenden Rechtsnormen aller kommunikationspolitisch relevanten Rechtsgebiete zusammenzustellen und deren Entwicklung und Auslegung laufend zu beobachten. Unternehmen nehmen dabei durch gezielte Aktivitäten selbst Einfluss auf die bestehende Rechtsordnung, um so die chancenerweiternden und restriktiven Wirkungen selbst zu gestalten.

2.2 Kommunikationspolitisch relevante nationale Gesetze und Verordnungen

Ein eigenständiges, umfassend geregeltes „Kommunikationsrecht" existiert in Deutschland nicht (*Schröder* 1995, S. 2216). Es lassen sich jedoch eine Vielzahl von nationalen Gesetzen und Rechtsverordnungen unterscheiden, die zum Ziel haben, die kommunikationspolitischen Aktivitäten der Unternehmen zu regeln. Nur wenige Länder verfügen dabei über eine so große Gesetzesdichte und eine solche Vielzahl von Instrumenten für Sanktionen gegen Rechtsverstöße von werbenden Unternehmen wie Deutschland (*Nickel* 1994, S. 48). Allein die **Mediawerbung** wird unmittelbar durch 15 verschiedene Gesetze reglementiert. Ergänzt werden diese durch eine Vielzahl von Gesetzen, die sich nicht unmittelbar mit dem Bereich der Mediawerbung beschäftigen, aber mittelbar Auswirkungen auf diese haben.

Über die Reglementierungen der Mediawerbung hinausgehend werden für die anderen Instrumente der Kommunikationspolitik weitere Gesetze relevant, die es bei der Festlegung des Kommunikationsmix ebenfalls zu berücksichtigen gilt. Beispielsweise sind in den verschiedenen Einsatzfeldern des **Sponsoring** eine Vielzahl weiterführender Gesetze zu beachten, wie beispielsweise das Allgemeine beziehungsweise das Besondere Schuldrecht des Bürgerlichen Gesetzbuches (BGB) im Rahmen der vertragsrechtlichen Gestaltung des Sportsponsoring (*Bruhn* 2010c, S.99). Beim Einsatz des **Direct Marketing** spielen demgegenüber die Bestimmungen des Bundesdatenschutzgesetzes eine wichtige Rolle.

Schaubild IV-2 fasst die wichtigsten kommunikationspolitisch relevanten gesetzlichen Regelungen zusammen, wobei in einem ersten Schritt zwischen **gesetzlichen Regelungen** unterschieden wird, die die kommunikationspolitischen Gestaltungsfreiräume der Werbetreibenden **restriktiv** begrenzen und solchen, die **kommunikationspolitische Schutzpositionen** schaffen (*Ahlert/Schröder* 1996, S.267).

Die restriktiv wirkenden gesetzlichen Regelungen sind dann in einem zweiten Schritt danach zu unterteilen, ob sie Einfluss auf die Gestaltung des Werbestils und der Werbebotschaft nehmen, die Auswahl der Werbeträger und Werbemittel regeln oder die Auswahl der Werbeadressaten begrenzen. Verschiedene gesetzliche Regelungen, wie beispielsweise das Gesetz gegen den unlauteren Wettbewerb (GWB), lassen sich jedoch nicht ausschließlich einem Regelungsbereich zuordnen, sondern beeinflussen aufgrund ihrer Anwendungsbreite verschiedene kommunikationspolitische Entscheidungsparameter (*Baumbach/Hefermehl* 2007, S.101 f.).

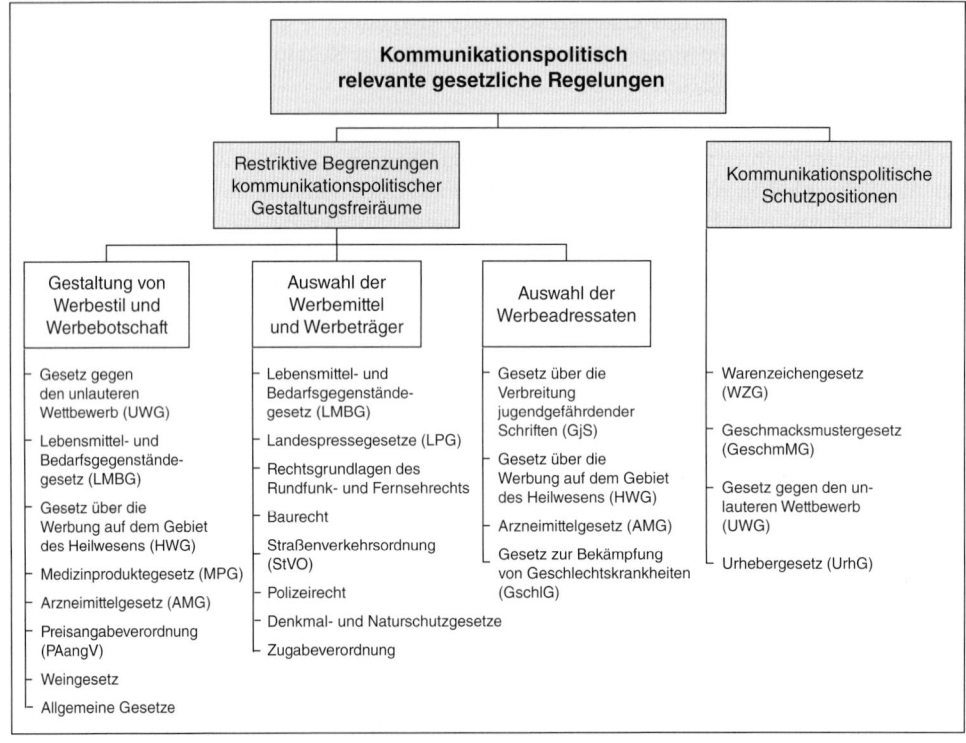

Schaubild IV-2: Kommunikationspolitisch relevante gesetzliche Regelungen
(in Anlehnung an Ahlert/Schröder 1996, S.267)

2.2.1 Gesetzliche Beeinflussung der Gestaltung von Werbestil und Werbebotschaft

2.2.1.1 Gesetz gegen den unlauteren Wettbewerb (UWG) als zentrale Gestaltungsnorm

Das **Gesetz gegen den unlauteren Wettbewerb (UWG)** vom 7. Juni 1909, in seiner letzten Änderung vom 1. April 2004, ist als zentrales Gesetz der Werbung und des Wettbewerbs für die Gestaltung des Werbestils und der Werbebotschaft von elementarer Bedeutung (*Schröder* 1995, S. 2229; *Baumbach/Hefermehl* 2007, S. 199). Gemeinsam mit dem Gesetz gegen Wettbewerbsbeschränkungen (GWB) besteht die Kernaufgabe des Gesetzes gegen den unlauteren Wettbewerb (UWG) im Schutz der Verbraucher, der bestehenden Wirtschaftsordnung und im Erhalt eines funktionsfähigen Wettbewerbs (*Nordemann* 1995, S. 50 f.). Während das Gesetz gegen Wettbewerbsbeschränkungen (GWB) die Funktionsfähigkeit des Wettbewerbs unter anderem durch eine Überwachung von Unternehmenszusammenschlüssen und ein Verbot der vertikalen Preisbindung zu erreichen versucht, wird vom UWG erwartet, unlautere und unerlaubte Wettbewerbshandlungen zu verhindern (*Baumbach/Hefermehl* 2007, S. 98; 101 f.). Es hat damit die Aufgabe, den Wettbewerb im Interesse der Wettbewerber, der Verbraucher und sonstiger Marktteilnehmer von Verfälschungen freizuhalten. Dazu stellt es Marktverhaltensregelungen gewissermaßen als „Spielregeln des Wettbewerbs" auf.

Integrativer Bestandteil dieses Schutzgedankens ist der **Schutz eines fairen** – aufgrund der zunehmenden Homogenität der am Markt angebotenen Leistungen zunehmend an Bedeutung gewinnenden – **Kommunikationswettbewerbs.** Hier ist es die Zielsetzung des Gesetzes gegen den unlauteren Wettbewerb, zu einem Interessenausgleich unter den Wettbewerbern, den Verbrauchern und sonstigen Marktbeteiligten beizutragen. Ausgangspunkt dieser Zielsetzung ist die Grundannahme, dass die Erbringung und Bekanntmachung individueller Unternehmensleistungen eines der Kernbestandteile eines funktionsfähigen Wettbewerbs darstellt, den es zu schützen gilt (*Baumbach/Hefermehl* 2007, S. 67 f.; 120).

Als wettbewerbsrechtlich unbedenklich wird in diesem Zusammenhang eine Bewerbung des Marktangebotes gesehen, wenn dabei die eigenen Leistungen zugrunde gelegt werden. Wird dagegen nicht die Leistung, sondern ein sonstiger Umstand in den Vordergrund der Werbung und des Wettbewerbs gerückt, entstehen wettbewerbsrechtliche Probleme. Beispielsweise bei übertriebenen Versprechungen oder bei Werbung mit nicht sachbezogenen Argumenten liegt die Gefahr nahe, dass der Verbraucher über das Angebot getäuscht wird und sich sein Kaufentschluss nicht rational aufgrund der spezifischen Produkteigenschaften bildet, sondern durch andere Faktoren bestimmt ist (*Bruhn/Mehlinger* 1995, S. 195). Diesen Tatbestand gilt es im Interesse eines fairen und funktionsfähigen Wettbewerbs mit Hilfe des UWG zu vermeiden.

Mit dem Ziel einer Liberalisierung und europakonformen Modernisierung des Wettbewerbsrechts setzte das Bundesjustizministerium 2001 eine Arbeitsgruppe „Unlauteren Wettbewerb" ein. Auf der Grundlage deren Beratung und eines entsprechenden Regierungsentwurfes konnte am 1. April 2004 ein neues Gesetze gegen den unlauteren Wettbewerb im Bundestag verabschiedet werden. Das UWG 2004 kennt keine abstrakten Gefährdungstatbestände mehr, sondern begnügt sich mit einer Generalklausel, die durch Beispieltatbestände erläutert wird. Insbesondere enthält es keine speziellen Regelungen für „Sonderveranstaltungen" (Schlussverkäufe, Jubiläumsverkäufe, Räumungsverkäufe). Vielmehr gelten für derartige Werbeaktionen der Wirtschaft die allgemeinen Vorschriften, insbesondere das Verbot, mit Preisherabsetzungen zu werben, wenn der ursprüngliche Preis nur für eine unangemessen kurze Zeit gefordert wurden (§ 5 IV UWG n. F.). Eine Analyse der Gesetzesänderungen zu Werbung und Aktionen im Handel finden sich in Insert IV-2.

Freiraum für Aktionen

DAS GESETZ GEGEN DEN UNLAUTEREN WETTBEWERB (UWG) WIRD REFORMIERT. SCHWERPUNKT IST DIE AUFHEBUNG VON RESTRIKTIONEN ZU SONDERVERANSTALTUNGEN. FOLGE IST EINE VERSCHÄRFUNG DES WETTBEWERBS.

UWG Begonnen hat die Reform des Gesetzes gegen den unlauteren Wettbewerb (UWG) bereits mit der Abschaffung des Rabattgesetzes und der Zugabeverordnung im Juli 2001. Die Folge war verbreitete Verunsicherung bei Händlern und Verbrauchern, welche Werbeaktionen seitdem erlaubt sind und welche nicht. Um diesen Problemen entgegenzuwirken, liegt seit dem 7. Mai 2003 der Regierungsentwurf einer UWG-Novelle vor.

Inhaltlich neu ist, dass der Verbraucher nun als Schutzsubjekt in den Gesetzestext aufgenommen werden soll. Damit wird der bisherigen Rechtsprechung Rechnung getragen und die gleichrangige Stellung des Verbrauchers neben den Mitbewerbern unterstrichen. Im Übrigen bleibt es jedoch bei der von der Rechtsprechung entwickelten so genannten Schutzzweck-Trias. Danach schützt das UWG Mitbewerber, Verbraucher und das Interesse der Allgemeinheit an der Erhaltung eines unverfälschten und damit funktionsfähigen Wettbewerbs gleichermaßen. Der Verbraucherschutz erlangt keine übergeordnete Stellung.

Kernstück des Gesetzes ist nach wie vor eine Generalklausel, die den nunmehr *unlauteren* Wettbewerb verbietet. Ergänzt wird sie durch umfassende, aber nicht abschließende Beispielfälle unlauteren Wettbewerbs. Sie beinhalten die durch die Rechtsprechung seit langem gefestigten, aber auch die aktuellen Fallgruppen und stellen damit die Regelfälle unlauterer Handlungen exemplarisch, aber nicht abschließend dar. Stellvertretend seien hier genannt: Schleichwerbung, Gewinnspiele mit gekoppeltem Warenbezug, Nachahmungsfälle, gezielte Behinderung von Wettbewerbern, Erzielung eines Wettbewerbsvorsprungs durch Verletzung einer Vorschrift, die das Marktverhalten regelt, die Herabsetzung von Wettbewerbern sowie schließlich (nicht unproblematisch) die Intransparenz von Preisnachlässen, Zugaben und Geschenken sowie der Bedingungen ihrer Inanspruchnahme.

Im Bereich der irreführenden Werbung bleibt die Preissenkungswerbung: „Vorher 199 Euro, jetzt nur noch 99 Euro!" verboten, wenn der ursprüngliche Preis gar nicht oder lediglich eine unangemessen kurze Zeit gefordert wurde (so genannte Mondpreise). Auch wer mit dem Slogan: „Solange der Vorrat reicht!" wirbt, muss wie bisher einen angemessenen Vorrat auf Lager haben (Verhinderung so genannter Lockvogelangebote). Angemessen soll hierbei ein Vorrat für zwei Tage sein. Kann der Unternehmer jedoch nachweisen, dass eine geringere Bevorratung gerechtfertigt ist, greift die Zwei-Tage-Grenze nicht.

Der weitere Schwerpunkt der UWG-Novelle ist die Aufhebung von unzeitgemäßen Regelungen über die *Sonderveranstaltungen,* sprich *Schlussverkäufe, Jubiläumsverkäufe* und *Räumungsver-*

käufe. Dies hat zur Folge, dass nunmehr jeder Händler nach seinem Belieben Rabatte auf sein ganzes Warenangebot unabhängig von der Zugehörigkeit zu einem bestimmten Sortiment gewähren kann. Auch die zeitlichen Beschränkungen fallen weg, so dass Sonderaktionen das ganze Jahr über zulässig sind. Alle Sonderveranstaltungen unterliegen jedoch dem allgemeinen Verbot irreführender Werbung. Am Beispiel der als „Räumungsverkauf wegen Geschäftsaufgabe" bezeichneten Aktion heißt dies, dass gegen das Verbot irreführender Werbung verstoßen wird, wenn dem Verkauf in Wirklichkeit keine Geschäftsaufgabe zu Grunde liegt. Allerdings wird jeder Händler sein Lager zukünftig durch eine legale, jederzeit mögliche Sonderveranstaltung räumen können.

Vieles was bislang untersagt war, bleibt es auch nach der Novelle des UWG. Durch die Aufnahme der Rechtsprechung in den Gesetzestext wird das Anliegen des Gesetzes klarer. Industrie und Handel sollen – so die Zielsetzung des Gesetzes – besser abschätzen können, was erlaubt ist und was nicht. Wegen des Wegfalls der Regelungen über die Sonderveranstaltungen ist jedoch in Zukunft von einer Verschärfung des Wettbewerbs, insbesondere für kleine und mittlere Unternehmen auszugehen.

Eine Prognose geht dahin, dass der Handel verstärkt die Möglichkeiten und Chancen der bisher verbotenen Sonderveranstaltungen jenseits der beiden Saisonschlussverkäufe nutzen wird und vermehrt Aktionswochen, möglicherweise sogar in einem regionalen Verbund, Einzug in das normale Repertoire der Absatzförderung finden werden. Ungewiss ist natürlich, wie der Verbraucher auf eine solche „Schnäppchenflut" reagiert. Nach aller Erfahrung werden auch unterschiedliche Aktionsformen und -termine den Verbraucher nicht gleichgültig lassen, wie sich bei den anfangs skeptisch betrachteten, vielfältigen Kundenbindungsprogrammen im Tankstellenbereich gezeigt hat.■

- Eine Einzeldarstellung aller Neuerungen in der UWG-Novelle ist hinterlegt unter
  http://www.absatzwirtschaft.de/Recht

AUTOR

Dr. Christian Donle ist Rechtsanwalt und Partner in der Kanzlei Preu, Bohlig & Partner in Berlin.
Tel. 0 30/22 69 22-0
Fax: 0 30/22 69 22-22

Insert IV-2: Analyse der Reform des Gesetzes gegen den unlauteren Wettbewerb (UWG) (Donle 2003, S. 44)

Kernstück des überarbeiteten Gesetzes gegen den unlauteren Wettbewerb ist die so genannte **Generalklausel** des §3 UWG n.F. (bisher §1 UWG a.F.). Danach werden Unternehmen auf Unterlassung und Schadenersatz in Anspruch genommen, die im geschäftlichen Verkehr zu Zwecken des Wettbewerbs unlautere Wettbewerbshandlungen durchführen (*Nordemann* 1995, S. 53; *Baumbach/Hefermehl* 2007, S. 220; 348; 493). Zudem gibt es zukünftig die Möglichkeit, den Gewinn aus dieser Aktion abzuschöpfen.

Diese Generalklausel ist materiell-rechtlich zwar umfassend, war jedoch in der früheren Version des UWG nicht operational (*Kuhlmann* 1990, S. 126; *Nordemann* 1995, S. 53). Die Umsetzung erfolgte bisher durch die Rechtsprechung, die mit Unterstützung durch die Wissenschaft auf Basis der elastischen Generalklausel einen umfangreichen Katalog konkreter Verhaltensnormen entwickelt hatte, der praktisch alle Aspekte unternehmerischen Handelns im Wettbewerb erfasste und ständig an neue Formen unfairen Verhaltens angepasst wurde (*Ahlert/Schröder* 1996, S. 49 f.; *Baumbach/Hefermehl* 2007, S. 220). Für eine Präzisierung und eine größere Transparenz von §3 UWG n.F. sowie zugleich zur Entlastung der Rechtsprechung ist nun die **Konkretisierung der Generalklausel** durch eine Reihe von Beispieltatbeständen unlauteren Handelns in den §§4 bis 7 UWG n.F. charakteristisch, bei denen die in der Vergangenheit entwickelten Fallgruppen Pate standen. Für die Beurteilung der Unlauterkeit kommt es darauf an, ob die Wettbewerbshandlung geeignet ist, einen der insgesamt elf im Einzelnen geregelten Tatbestände zu erfüllen oder mit diesen vergleichbar ist. Die Aufzählung ist allerdings nicht abschließend. So sind beispielsweise die bisher anerkannten Fallgruppen der Allgemeinen Marktbehinderung und des Wettbewerbs der öffentlichen Hand nicht einbezogen. Daher wird es weiterhin Aufgabe der Rechtsprechung sein, im Einzelnen zu konkretisieren, welche Handlungsweisen als unlauter anzusehen sind.

Entsprechend der Formulierung der Generalklausel in §3 des neuen UWG ist zu prüfen, ob eine **unlautere Wettbewerbshandlung** vorliegt, ob diese Handlung geeignet ist, den **Wettbewerb** zum Nachteil der Mitbewerber, Verbraucher oder der sonstigen Marktteilnehmern **zu verfälschen** und ob die Verfälschung eine gewisse **Erheblichkeit** aufweist. Die Unlauterkeit einer Wettbewerbshandlung bestimmt sich nach den Kriterien, die auch für den bisherigen Begriff des „Handelns im geschäftlichen Verkehr zu Zwecken des Wettbewerbs" galten. Im Einzelnen ist die Relevanz der Generalklausel hinsichtlich derartiger Handlungen damit an drei zu prüfende **Voraussetzungen** gebunden (*Baumbach/Hefermehl* 2007, S. 501 f.):

(1) Unternehmerisches Handeln,
(2) Geschäftlicher Verkehr,
(3) Wettbewerbszweck.

Erste Voraussetzung für das Eingreifen der Generalklausel ist ein **unternehmerisches Handeln**. Dieses wird dann als gegeben angesehen, wenn das Handeln mit der Zielrichtung erfolgt, einen wirtschaftlichen Erfolg, beispielsweise in der Form eines Vertragsschlusses, zu erzielen (*Baumbach/Hefermehl* 2007, S. 274). Zielsetzung dieser Abgrenzung ist es, Verhaltensweisen, die aus anderen Motiven heraus erfolgen, nicht dem UWG zu unterwerfen. Zu nennen ist hier beispielsweise ein Handeln zur politischen Meinungsbildung oder aus altruistischen Gründen. Ebenfalls keine Anwendung finden die Regelungen des UWG, wenn ein Unternehmer rein privat handelt, indem er beispielsweise einen Künstler privat unterstützt, ohne dieses Engagement werblich zu nutzen und es dabei zu einem Sittenverstoß käme (*Baumbach/Hefermehl* 2007, S. 274 f.).

Des Weiteren ist ein **Handeln im geschäftlichen Verkehr** notwendig, damit die Generalklausel Anwendung findet. Unter geschäftlichem Verkehr wird in diesem Zusammenhang die Förderung eines beliebigen nach außen wirkenden Geschäftszweckes verstanden, ohne dass ein Gewerbebetrieb oder sonstiger Betrieb zu unterhalten ist (*Nordemann* 1995, S. 45 f.; *Berlit* 2009, S. 1). Darüber hinaus ist weder eine Gewinnabsicht erforderlich, noch schließen gemeinnützige oder mildtätige Zwecke die Annahme einer geschäftlichen Tätigkeit aus (*Baumbach/Hefermehl* 2007, S. 277). Nicht in den Bereich des geschäftlichen Verkehrs fallen lediglich rein private oder hoheitliche Tätigkeiten sowie alle unternehmensinternen Anweisungen ohne Außenwirkung (*Bruhn/Mehlinger* 1995, S. 206).

Als weitere Voraussetzung für die Anwendung der Generalklausel des UWG ist es notwendig, dass mit der Handlung ein **Wettbewerbszweck** verfolgt wird (*Berlit* 2009, S. 2). Die Rechtsprechung legt diese Formulierung dabei so aus, dass zur Anwendung der Generalklausel des UWG eine Wettbewerbsabsicht vorzuliegen hat, die wiederum ein Wettbewerbsverhältnis zwischen Konkurrenten voraussetzt (*Nordemann* 1995, S. 47 f.; *Berlit* 2009, S. 2). An das Vorliegen eines Wettbewerbsverhältnisses wird in diesem Zusammenhang nur die Anforderung gestellt, dass verschiedene Anbieter eine identische Kundenzielgruppe aufweisen (*Baumbach/Hefermehl* 2007, S. 274; 282). Hinsichtlich der Bewertung, ob eine Wettbewerbsabsicht vorliegt, sind zwei Voraussetzungen, eine subjektive und eine objektive, zu erfüllen (*Bruhn/Mehlinger* 1995, S. 207; *Nordemann* 1995, S. 47). Die **subjektive Seite** ist dann anzunehmen, wenn der Handelnde aus seiner Handlungsweise Vorteile erwartet (*Baumbach/Hefermehl* 2007, S. 289 f.; *Berlit* 2009, S. 2). Hier greift in der Regel eine Vermutung zugunsten des Verletzten ein, wenn er Wettbewerber im weitesten Sinne ist. **Objektiv** liegt eine **Wettbewerbshandlung** dagegen immer dann vor, wenn mit der Maßnahme das Ziel verfolgt wird, den Wettbewerb zum Nachteil einer anderen Person zu fördern, wobei diese Motivation nicht die einzige zu sein hat (*Baumbach/Hefermehl* 2007, S. 281 f.).

Eine weitere Voraussetzung hinsichtlich der Relevanz der Generalklausel des UWG bestand bisher in einer Prüfung, ob durch die Wettbewerbshandlung ein **Verstoß gegen die guten Sitten** vorliegt (*Baumbach/Hefermehl* 2007, S. 220). Der Begriff der „guten Sitten" war dabei ein unbestimmter und in hohem Maße auslegungsbedürftiger Rechtsbegriff (*Nordemann* 1995, S. 53; *Baumbach/Hefermehl* 2007, S. 220; *Berlit* 2009, S. 5). Die Generalklausel in §3 UWG n. F. verwendet daher nicht mehr den antiquierten und Missverständnissen ausgesetzten Begriff der „guten Sitten", sondern spricht nur noch von „unlauteren Wettbewerbshandlungen". Damit ist aber keine Änderung der bisherigen Wertmaßstäbe verbunden.

Daher lassen sich auch weiterhin die folgenden zentralen Formen der **Sittenwidrigkeit** von **Werbemaßnahmen** im Sinne unlauterer Wettbewerbshandlungen unterscheiden (*Berlit* 2009, S. 5 ff.):

- Kundenfang,
- Unterschwellige Werbung,
- Schleichwerbung,
- Diskriminierende Werbung.

Unter einer unlauteren Wettbewerbshandlungen gemäß §3 UWG ist insbesondere der **Kundenfang** zu verstehen (*Baumbach/Hefermehl* 2007, S. 502). Ein Kundenfang liegt vor, wenn eine massive werbliche Beeinflussung die freie Willensentscheidung der Kunden unlauter einschränkt (*Schmalen* 1992, S. 199; *Baumbach/Hefermehl* 2007, S. 257 f.). Kennzeichnendes Merkmal dieses Vorgehens ist, dass der Absatz weniger aufgrund der Güte und Preiswürdigkeit der Ware erfolgt, sondern durch einen auf den Konsumenten ausgeübten Druck, der die Entscheidungsfreiheit negativ beeinträchtigt (*Baumbach/Hefermehl* 2007, S. 257 f.). Erfüllt ist der aufgezeigte Tatbestand z. B. durch die Täuschung eines Kunden aufgrund des Hervorrufens falscher Vorstellungen oder eine Belästigung in Form eines unerbetenen Hausbesuches, bei dem sich der Kunde nicht aus sachlichen Gründen zum Kauf eines Produktes entscheidet, sondern um der Belästigung zu entgehen (*Baumbach/Hefermehl* 2007, S. 257 f., 504).

In den Bereich des unzulässigen Kundenfangs fällt auch das Ausüben eines psychologischen Kaufzwangs, bei dem sich der Kunde beispielsweise durch Ausnutzung seines Mitleids, seines Vertrauens oder seiner Autoritätshörigkeit zum Kauf genötigt sieht (*Baumbach/Hefermehl* 2007, S. 550; *Berlit* 2009, S. 38 f.). Erhält ein Kunde beispielsweise unentgeltliche Zuwendungen oder sonstige Vergünstigungen, wird dadurch erreicht, dass er sich aus Dankbarkeit zum Kauf verpflichtet fühlt (*Baumbach/Hefermehl* 2007, S. 550).

Eine weitere Form unlauterer Wettbewerbshandlungen ist die **unterschwellige Werbung** (*Reich/Micklitz* 1980, S. 104). Von einer unterschwelligen Werbung ist dann auszugehen, wenn zwischen einem Reiz, dem eine Person ausgesetzt wird, und ihrem nachfolgenden Verhalten ein Zusammenhang herzustellen ist, die Person sich jedoch nicht an eine Wahrnehmung des Reizes zu erinnern vermag (*Kuhlmann* 1990, S. 127). Reizauslöser ist z. B. die kurzfristige Einblendung von Markennamen, Produkten oder Slogans in einem laufenden Film, dessen Wirkung sich unter anderem in einem veränderten Kaufverhalten äußert (*Baumbach/Hefermehl* 2007, S. 611). Als unterschwellig wird diese Form der Werbung bezeichnet, weil der Reiz in einer Intensität und Dauer erfolgt, der die Wahrnehmungsschwelle des Menschen unterschreitet. Da dies jedoch zur Folge hat, dass die Werbung nicht bewusst und artikulierbar wahrgenommen wird und der Verbraucher dadurch nicht die Möglichkeit hat, die Werbebotschaft einzuordnen und angemessen zu reagieren, ist diese Werbeform als sittenwidrig verboten (*Baumbach/Hefermehl* 2007, S. 611).

Des Weiteren erfüllt die **Schleichwerbung** den Tatbestand einer unlauteren Wettbewerbshandlung, die in § 6 Absatz 5 des Rundfunkstaatsvertrages geregelt ist (*Berlit* 2009, S. 44 ff.). Als verbotene Schleichwerbung werden Werbeaussagen in redaktionellen Sendungen angesehen, die ohne Zustimmung der Rundfunk- und Fernsehveranstalter erfolgen und für die daher auch keine Gegenleistungen des Werbetreibenden erbracht werden (*Baumbach/Hefermehl* 2007, S. 512 f.). Schleichwerbung liegt beispielsweise vor, wenn im Rahmen von Programmen verbale Hinweise auf Produkte oder Dienstleistungen erfolgen oder wenn Marken eingeblendet und in auffälliger Weise eingesetzt werden. Es werden folglich unter Ausnutzung der Leistungen eines Dritten Werbewirkungen an Stellen erzielt, an denen sie eigentlich nicht stattzufinden hat (*Bruhn/Mehlinger* 1995, S. 172).

Ein zentrales Problem liegt in der Abgrenzung von verbotener Schleichwerbung – zu dem auch das unzulässige **Product Placement** gehört – und erlaubter Produktplatzierung. Eine **erlaubte Produktplatzierung** liegt immer dann vor, wenn durch die Präsentation des Produktes oder der Dienstleistung nicht in unzulässiger Weise in die Gestaltung des Programms eingegriffen wird und das Produkt zum Handlungsablauf gehört. Demgegenüber ist der Tatbestand der **unzulässigen Schleichwerbung** oder des Product Placement gegeben, wenn die Dienstleistung oder das Produkt hauptsächlich zu Werbezwecken präsentiert werden und auf die Gestaltung einer Sendung Einfluss genommen wird, so dass sich Veränderungen im geplanten Handlungsablauf ergeben (*Bruhn/Mehlinger* 1995, S. 174).

Eine andere Form der Schleichwerbung ist die Platzierung redaktionell gestalteter Anzeigen in Zeitungen und Zeitschriften ohne Kennzeichnung als Werbung (*Baumbach/Hefermehl* 2007, S. 515, 518 f.; *Berlit* 2009, S. 44 f.).

Neben der Schleichwerbung ist auch die **diskriminierende Werbung** dem Bereich der unlauteren Wettbewerbshandlungen zuzuordnen (*Baumbach/Hefermehl* 2007, S. 655 f.). Diskriminierende Werbung liegt unter anderem vor, wenn die Persönlichkeitsrechte bestimmter Personengruppen tangiert werden oder die Gefühle und ethischen Normen einzelner Gruppen der Bevölkerung verletzt werden (*Kuhlmann* 1990, S. 128). Als Beispiel sind Werbeanzeigen zu nennen, die durch erotische Darstellungen geeignet sind, die Würde der Frau herabzusetzen.

Neben der Generalklausel des §3 UWG n. F., die alle unlauteren Wettbewerbshandlungen erfasst, bietet §5 UWG n. F. allen Wettbewerbern und Verbrauchern einen umfassenden Schutz gegen alle Formen der beabsichtigten und unbeabsichtigten **Irreführung** durch falsche oder missverständliche Werbeangaben eines Werbetreibenden (*Ahlert/Schröder* 1996, S. 291; *Baumbach/Hefermehl* 2007, S. 973 ff.). Der Gesetzestext sagt dahingehend aus, dass jede Werbung verboten ist, die zu Wettbewerbszwecken im geschäftlichen Verkehr durchgeführt wird, wenn sie einen nicht unerheblichen Teil der Umworbenen über das Angebot irreführt und Fehlvorstellungen von maßgeblicher Bedeutung für den Kaufentschluss hervorruft (*Baumbach/Hefermehl* 2007, S. 975 f.).

Gesetzlich geregelt ist nunmehr auch die **Werbung mittels Telefon, Telefax** und **E-Mail** (§7 UWG n. F.). Dabei wurde an der bisherigen Regelung festgehalten, dass Telefonwerbung gegenüber Verbrauchern nur mit deren Einverständnis erlaubt ist, während bei Telefonwerbung gegenüber Unternehmen wie bisher die mutmaßliche Einwilligung ausreicht (§7 II Nr. 2 UWG n. F.). Grundsätzlich sind E-Mails nur mit Einwilligung der Adressaten, seien es Verbraucher oder Unternehmer, zu versenden. Für den Fall, dass ein Unternehmen die E-Mail-Adresse im Zusammenhang mit dem Verkauf einer Ware oder Dienstleistung erlangt hat, ist hier jedoch eine begrenzte Ausnahme vorgesehen. Dem Unternehmen ist es dann erlaubt, für ähnliche Waren und Dienstleistungen Direktwerbung zu betreiben, sofern der Kunde jederzeit die Möglichkeit hat, einer solchen Werbung zu widersprechen (§7 III UWG n. F.) und er zuvor darauf hingewiesen wurde. Insert IV-3 fasst abschließend die für das Direct Marketing wichtigen Regelungen im Wortlaut zusammen.

JURISTISCHE KNEBEL

Die Novelle des Gesetzes gegen den unlauteren Wettbewerb (UWG) schreibt die bisherige restriktive Rechtsprechung fest.
Das neue UWG adressiert erstmals nicht nur Mitbewerber, sondern auch Endverbraucher. Vergeblich hatten vor allem Direktmarketer für eine Liberalisierung der Kundenansprache gekämpft. Nachfolgend die aus ihrer Sicht wichtigsten Regelungen im Wortlaut:

§ 1 Zweck des Gesetzes
Dieses Gesetz dient dem Schutz der Mitbewerber, der Verbraucherinnen und der Verbraucher sowie der sonstigen Marktteilnehmer vor unlauterem Wettbewerb. (...)

§ 3 Verbot unlauteren Wettbewerbs
Unlautere Wettbewerbshandlungen, die geeignet sind, den Wettbewerb zum Nachteil der Mitbewerber, der Verbraucher oder der sonstigen Marktteilnehmer nicht unerheblich zu verfälschen, sind unzulässig.

§ 7 Unzumutbare Belästigungen
(1) Unlauter im Sinne von § 3 handelt, wer einen anderen Marktteilnehmer in unzumutbarer Weise belästigt.
(2) Eine unzumutbare Belästigung ist insbesondere anzunehmen

1. bei einer Werbung, obwohl erkennbar ist, dass der Empfänger diese Werbung nicht wünscht;
2. bei einer Werbung mit Telefonanrufen gegenüber Verbrauchern ohne deren Einwilligung oder gegenüber sonstigen Marktteilnehmern ohne deren zumindest mutmaßliche Einwilligung;
3. bei einer Werbung unter Verwendung von automatischen Anrufmaschinen, Faxgeräten oder elektronischer Post, ohne dass eine Einwilligung der Adressaten vorliegt; (...)

§ 8 Beseitigung und Unterlassung
(1) Wer dem § 3 zuwiderhandelt, kann auf Beseitigung und bei Wiederholungsgefahr auf Unterlassung in Anspruch genommen werden. (...)

§ 9 Schadenersatz
Wer dem § 3 vorsätzlich oder fahrlässig zuwiderhandelt, ist den Mitbewerbern zum Ersatz des daraus entstehenden Schadens verpflichtet.

§ 10 Gewinnabschöpfung
(1) Wer dem § 3 vorsätzlich zuwiderhandelt und hierdurch auf Kosten einer Vielzahl von Abnehmern einen Gewinn erzielt, kann (...) auf Herausgabe dieses Gewinns in Anspruch genommen werden. (...) (Der Anspruch kann auch von Verbänden oder sonstigen Einrichtungen geltend gemacht werden; Anm. d. Red.)

Insert IV-3: Für das Direct Marketing wichtige Regelungen des UWG (Terhörst 2004, S. 25)

In **Zukunft** wird verstärkt die **europäische Rechtsprechung** einzubeziehen und in Anspruch zu nehmen sein, da sich die Auslegung der Generalklausel und ihrer Beispielsfälle in ihrer Wertigkeit verschieben. Der Verbraucher wird mehr in den Vordergrund gerückt und sich die bundesdeutsche Rechtsprechung zunehmend an der des Europäischen Gerichtshofes (EuGH) orientieren. Der Bundesgerichtshof (BGH) und der EuGH haben in der Vergangenheit die „Mündigkeit" des Verbrauchers, und damit auch die Grenzen der Wettbewerbsverstöße, anders beurteilt. Es ist davon auszugehen, dass sich der Begriff des EuGH vom mündigen, verständigen Verbraucher durchsetzt. Damit verschieben sich auch die Wertigkeiten, nach denen die Beispielfälle zu beurteilen sind. Anhand der Irreführung erläutert, ging der BGH und die nationale Rechtsprechung bisher davon aus, dass bereits das Anlocken durch Irreführung einen Wettbewerbsverstoß darstellt, d.h. es genügte, wenn das Angebot dazu führte, dass sich der Verbraucher intensiver damit befasste. Nach der Rechtsprechung des EuGH hat sich die Irreführung jedoch tatsächlich in der Person des Verbrauchers zu realisieren, d.h., er hat auf Grund dessen gekauft. Entsprechend ist insgesamt anzunehmen, dass die bundesdeutsche Rechtsprechung zugunsten eines freieren Wettbewerbs und der Annahme eines mündigeren Verbrauchers ihre bisherige Rechtsprechung lockert.

2.2.1.2 Sonstige gesetzliche Regelungen zur Gestaltung von Werbestil und Werbebotschaft

Neben dem Gesetz gegen den unlauteren Wettbewerb (UWG) werden die Freiheiten der Unternehmen hinsichtlich der Gestaltung des Werbestils und der Werbebotschaft durch verschiedene weitere Gesetze beeinflusst. In erster Linie sind die folgenden gesetzlichen Regelungen von Relevanz (*Nordemann* 1995, S. 23; *Baumbach/Hefermehl* 2007, S. 200 f.):

- Lebensmittel- und Bedarfsgegenständegesetz (LMBG),
- Gesetz über die Werbung auf dem Gebiet des Heilwesens (HWG),
- Arzneimittelgesetz (AMG),
- Zugabeverordnung (ZVO),
- Medizinproduktegesetz (MPG),
- Preisangabeverordnung (PAngV),
- Allgemeine Gesetze.

Das **Lebensmittel- und Bedarfsgegenständegesetz (LMBG)** in der aktuellen Fassung vom Jahre 1992 enthält unter anderem Regelungen hinsichtlich der Werbung für Lebensmittel, Tabakerzeugnisse, kosmetische Mittel und Bedarfsgegenstände, die den kommunikationspolitischen Gestaltungsfreiraum der Werbetreibenden begrenzen (*Baumbach/Hefermehl* 2007, S. 1208 f.). Der § 18 LMBG verbietet beispielsweise die gesundheitsbezogene **Werbung für Lebensmittel** mit dem Ziel zu verhindern, dass durch die Werbung der Eindruck entsteht, Lebensmittel wirken wie Arzneimittel (*Baumbach/Hefermehl* 2007, S. 1218).

> **Beispiel: Werbung für Lebensmittel**
> Verboten sind z. B. Aussagen, die sich auf die Beseitigung, Linderung oder Verhütung von Krankheiten beziehen sowie Hinweise auf ärztliche Empfehlungen oder ärztliche Gutachten. Der Werbeslogan der Firma *Darboven* „Idee Kaffee ist für Nervöse" wurde beispielsweise auf Grundlage des § 18 LMBG rechtlich untersagt (*Schmalen* 1992, S. 210).

Ergänzt wird diese Regelung durch den § 17 Absatz 1 Satz 5 LMBG, der eine irreführende Werbung für Lebensmittel verbietet (*Baumbach/Hefermehl* 2007, S. 1216 f.). Von einer irreführenden Werbung wird in diesem Zusammenhang immer dann ausgegangen, wenn einem Lebensmittel Wirkungen beigemessen werden, die ihm nach den Erkenntnissen der Wissenschaft nicht zukommen oder die wissenschaftlich nicht hinreichend gesichert sind. Des Weiteren sind gemäß § 17 Absatz 1 Satz 4 LMBG nähere Bezeichnungen wie „naturrein", „frei von

Schadstoffen" oder „frisch wie die Natur" im Zusammenhang mit der Werbung für Lebensmittel nur noch in sehr engen Grenzen zulässig (*Baumbach/Hefermehl* 2007, S. 1216 f.).

Noch enger reglementiert als die Werbung für Lebensmittel ist die **Werbung für Tabakerzeugnisse**. Der §22 Absatz 2 LMBG legt beispielsweise unter anderem fest, dass Tabakwerbung verboten ist, durch die der Eindruck erweckt wird, dass der Genuss von Tabakerzeugnissen gesundheitlich unbedenklich oder geeignet ist, die Funktion des Körpers, die Leistungsfähigkeit oder das Wohlbefinden günstig zu beeinflussen (*Baumbach/Hefermehl* 2007, S. 1219 f.). Darüber hinaus ist jegliche Tabakwerbung verboten, die Jugendliche oder Heranwachsende zum Rauchen veranlasst. Neben diesen auf die Gestaltung der Werbebotschaft abzielenden Reglementierungen wird auch die Auswahl der Werbeträger begrenzt. So ist es gemäß §22 Satz 1 LMBG verboten, für Zigaretten und zigarettenähnliche Tabakerzeugnisse im Rundfunk oder im Fernsehen zu werben (*Baumbach/Hefermehl* 2007, S. 1219 f.).

Auch hinsichtlich der Werbung für **Kosmetika** sind im Lebensmittel- und Bedarfsgegenständegesetz (LMBG) Regelungen festgelegt (*Baumbach/Hefermehl* 2007, S. 1220 f.). Beispielsweise ist es nach §27 LMBG verboten, mit wissenschaftlich nicht hinreichend gesicherten Aussagen zu werben (*Baumbach/Hefermehl* 2007, S. 1220 f.). Untersagt ist darüber hinaus gemäß §27 Absatz 2 LMBG auch Werbung, durch die der Eindruck erweckt wird, dass die Anwendung des Produktes mit Sicherheit zu dem gewünschten Erfolg führt (*Baumbach/Hefermehl* 2007, S. 1220 f.).

Das **Gesetz über die Werbung auf dem Gebiet des Heilwesens (HWG)** beinhaltet in der Fassung von 1994 (zuletzt geändert durch Artikel 22 des Gesetzes vom 14.November 2003) [BGBl.I S. 2190]) neben verschiedenen Beschränkungen im Bereich der Publikumswerbung auch eine Reihe qualitativer Beschränkungen hinsichtlich der Gestaltungsfreiheit der Werbung für Arzneimittel, Verfahren und Behandlungen (*Baumbach/Hefermehl* 2007, S. 1188 f.). Gemäß §3 HWG wird beispielsweise von einer unzulässigen Irreführung ausgegangen, wenn bei Arzneimitteln mit einer therapeutischen Wirksamkeit geworben wird, die die beworbenen Arzneimittel jedoch nicht aufweisen (*Baumbach/Hefermehl* 2007, S. 1189). Der §4 Absatz 3 HWG schreibt darüber hinaus vor, dass nach einer Werbung in audiovisuellen Medien die Einblendung des folgenden Textes zu erfolgen hat: „Zu Risiken und Nebenwirkungen lesen Sie die Packungsbeilage und fragen Sie Ihren Arzt oder Apotheker" (*Baumbach/Hefermehl* 2007, S. 1190).

Von Bedeutung ist in diesem Zusammenhang auch §11 HWG, der die Gestaltungsfreiheit der Werbung für Arzneimittel außerhalb der Fachkreise stark einschränkt. Beispielsweise ist es gemäß §11 Satz 3 HWG untersagt, mit der Wiedergabe von Krankengeschichten sowie mit Hinweisen zu werben (*Baumbach/Hefermehl* 2007, S. 1193). Die Ausführungen des Heilmittelwerbegesetzes (HWG) werden durch die Bestimmungen des **Arzneimittelgesetzes (AMG)** unterstützt beziehungsweise erweitert (*Baumbach/Hefermehl* 2007, S. 1188).

Das Inkrafttreten des Gesetztes zur Aufhebung der **Zugabeverordnung (ZugabeVO)** am 25.Juli 2001 brachte keine neuen Freiheiten für den Umgang mit Zugaben im Heilmittelbereich mit sich (*ZAW* 2002, S. 153 f.). Wie schon nach alter Rechtslage, sind Werbegaben, damit auch Zugaben, vom Grundsatz her gemäß §7 Absatz 1 HWG verboten. Allerdings bleiben, wie schon nach alter Rechtlage, Beigaben von Gegenständen mit geringem Wert und andere bislang erlaubte Werbe- und Absatzpraktiken zulässig.

Mit der zweiten Novellierung des **Medizinproduktegesetztes (MPG)**, das in seinen wesentlichen Teilen Anfang des Jahres 2002 in Kraft getreten ist, hat der Gesetzgeber bei einzelnen Werbebeschränkungen die Anwendbarkeit des HWG auf Medizinprodukte aufgehoben

(*ZAW* 2002, S. 154 f.). Insbesondere durch die Liberalisierung der im HWG geregelten Verbote der Laienwerbung finden nun zahlreiche Einzeltatbestände zum Verbot der Öffentlichkeitswerbung keine Anwendung mehr bei der Werbung für Medizinprodukte. So ist es jetzt gestattet beispielsweise ein Blutdruckmessgerät oder ein Fieberthermometer zu bewerben. Die Vorschrift, nach der Publikumswerbung für die Erkennung, Beseitigung oder Linderung schwerer Krankheiten und Leiden verboten ist (§ 12 Absatz 1 Satz 1 HWG), gilt für Medizinprodukte nur noch eingeschränkt. Eine Werbung für Brillen, Kontaktlinsen oder Hörgeräte ist jetzt ebenso zulässig wie Sachinformationen der Hersteller über die Wirkungsweise von Herzschrittmachern, künstlichen Gelenken oder Dialysegeräten, die sich auch an die Patienten richten (*ZAW* 2002, S. 155).

Die **Preisangabeverordnung (PAngV)** in der aktuellen Fassung vom Jahre 2002 beinhaltet Vorschriften über die Art und den Inhalt von Preisangaben in der Werbung (*Nordemann* 1995, S. 457 ff.). Zielsetzung dieser Verordnung ist es, das Leistungsangebot der Wettbewerber für den Konsumenten annähernd vergleichbar zu machen und dadurch eine möglichst hohe Markttransparenz zu gewährleisten. Um dieses Ziel zu erreichen, schreibt § 1 Absatz 1 PAngV unter anderem vor, dass jedes Unternehmen, das gegenüber Letztverbrauchern mit der Angabe von Preisen wirbt, Endpreise einschließlich der Umsatzsteuer und sonstiger Preisbestandteile, unabhängig von einer Rabattgewährung, anzugeben hat (*Nordemann* 1995, S. 457). Darüber hinaus ist festgelegt, dass grundsätzlich alle Anbieter von Dienstleistungen, wie beispielsweise Banken und Makler, die Preise für ihre wesentlichen Leistungen oder ihre Verrechnungssätze in Listen deutlich sichtbar auszuweisen haben (*Nordemann* 1995, S. 458).

Des Weiteren begrenzen verschiedene andere **allgemeine Gesetze** die Freiräume der werbenden Unternehmen hinsichtlich der Gestaltung des Werbestils und der Werbebotschaft. Dazu zählt beispielsweise Artikel 5 Absatz 1 und 2 des Grundgesetzes (GG), der die Freiheit der Meinungsäußerung und Information im Sinne von Werturteilen und Tatsachenurteilen umfasst, solange diese nicht bewusst oder erwiesenermaßen unwahr sind (*Avenarius* 1995, S. 31). Auch § 826 des Bürgerlichen Gesetzbuchs (BGB) grenzt die Freiräume der werbenden Unternehmen durch ein implizites Verbot vorsätzlicher sittenwidriger Schädigung durch Werbeaussagen ein. Darüber hinaus werden die kommunikationspolitischen Aktivitäten der Unternehmen durch das Bundesdatenschutzgesetz (BDSG) und verschiedene Paragraphen des Strafgesetzbuches (StGB) geregelt. Beispielsweise ist es verboten, für kriminelle Vereinigungen zu werben (*Fischer* 2009). Ergänzt wird dieses Gesetz durch den Verbot der Werbung für pornographische Schriften beziehungsweise Mittel, Gegenstände und Verfahren, die zum Abbruch der Schwangerschaft geeignet sind (*Fischer* 2009).

2.2.2 Gesetzliche Beeinflussung der Auswahl von Werbeträger und Werbemittel

Neben gesetzlichen Regelungen hinsichtlich der Gestaltung von Werbestil und Werbebotschaft begrenzen verschiedene Rechtsvorschriften auch den Handlungsspielraum der Unternehmen bei der **Auswahl der Werbeträger und Werbemittel**. Im Rahmen der Planung des Kommunikationsmix wird die Auswahl einer geeigneten Kombination von Werbeträgern und der darauf aufbauende integrierte Einsatz der Werbemittel in erster Linie durch die folgenden gesetzlichen Regelungen beeinflusst:

- Lebensmittel- und Bedarfsgegenständegesetz (LMBG),
- Landespressegesetze (LPG),
- Landesrundfunkgesetze und Landesmediengesetze,
- Baurecht,
- Straßenverkehrsordnung (STVO).

Das **Lebensmittel- und Bedarfsgegenständegesetz (LMBG)** begrenzt die Auswahl der Werbeträger beispielsweise im Bereich der Werbung für Tabakerzeugnisse (*Baumbach/Hefermehl* 2007, S. 1211; 1219 f.). Danach ist es gemäß § 22 Absatz 1 LMBG verboten, in Rundfunk und Fernsehen für Tabakerzeugnisse zu werben (*Baumbach/Hefermehl* 2007, S. 1219 f.). Ergänzt wird dieser Paragraph durch umfangreiche Selbstbeschränkungsabkommen der Tabakwarenhersteller, die neben der Auswahl der Werbeträger auch den Einsatz der Werbemittel einschränken (*Baumbach/Hefermehl* 2007, S. 1219 f.). Folge der bestehenden Werbebeschränkungen ist, dass verschiedene Tabakwarenhersteller versuchen, die gesetzten Kommunikationsziele über Umgehungsstrategien zu erreichen.

> **Beispiel: Umgehungsstrategien der Tabakhersteller**
> Hersteller wie *Reemtsma* oder *R.J. Reynolds* bieten beispielsweise Reisen oder Bekleidung im Zusammenhang mit ihren Marken *Peter Stuyvesant* und *Camel* an, um bestehende Images und Erlebniswelten bei den Konsumenten aufrechtzuerhalten sowie zusätzliche Kaufanreize zu schaffen.

Die freie Auswahl der Werbeträger und der Einsatz der Werbemittel wird darüber hinaus durch die verschiedenen **Landespressegesetze (LPG)** reglementiert. Die Reglementierung des Presserechts auf Basis der Landespressegesetze ist damit zu begründen, dass nach der Kompetenzverteilung des Grundgesetzes (GG) die Gesetzgebungskompetenz im Bereich des Pressewesens bei den Ländern liegt. Der Bund hat gemäß Artikel 75 Nummer 2 GG hinsichtlich presserechtlicher Fragen nur eine Rahmengesetzgebungskompetenz, die er jedoch seit Inkrafttreten des Grundgesetzes noch nicht ausgeübt hat (*Löffler* 1983, S. 27; *Bruhn/Mehlinger* 1995, S. 118).

Die **Pressegesetze** der verschiedenen Bundesländer beeinflussen dementsprechend als eine Rechtsgrundlage des Presserechts gemeinsam mit dem Gesetz gegen den unlauteren Wettbewerb und internationalen Vorschriften die Auswahl und den Einsatz der Werbeträger und Werbemittel dahingehend, dass sie eine Trennung von redaktionellen Beiträgen und Werbung in periodischen Druckschriften vorschreiben (*Paschke* 1993, S. 33). Zielsetzung dieser Trennung ist es dabei zu vermeiden, dass die Leser mit Werbebotschaften konfrontiert werden, ohne den werblichen Charakter auf Anhieb zu erkennen (*Baumbach/Hefermehl* 2007, S. 515 f.).

Wie Schaubild IV-3 zeigt, lassen sich drei auch rechtlich zu unterscheidende Formen redaktioneller Werbung voneinander abgrenzen, wobei von einer redaktionellen Werbung immer dann ausgegangen wird, wenn im redaktionellen Teil eines periodisch erscheinenden Druckerzeugnisses werbewirksame Hinweise auf Produkte oder Verhaltensweisen von Unternehmen gegen Entgelt erscheinen (*Löffler* 1983, S. 417; *Bruhn/Mehlinger* 1995, S. 121).

Eine Form der redaktionellen Werbung sind die **redaktionellen Werbeanzeigen** (*Löffler* 1983, S. 483; *Baumbach/Hefermehl* 2007, S. 515). Darunter werden Anzeigen in Druckschriften verstanden, die durch ihre Anordnung in Bild und Schrift wie Beiträge des redaktionellen Teils erscheinen und für den Durchschnittsleser nicht erkennen lassen, dass sie gegen Entgelt abgedruckte Werbung darstellen (*Löffler* 1983, S. 479). Der § 10 des Landespressegesetzes von Nordrhein-Westfalen schreibt – ähnlich wie die Mehrheit der anderen Landespressegesetze – hinsichtlich dieser Form der redaktionellen Werbung vor, dass eine entgeltliche Veröffentlichung, soweit sie nicht schon durch Anordnung und Gestaltung allgemein als Werbeanzeige zu erkennen ist, deutlich mit dem Wort **Anzeige** zu versehen ist (*Löffler* 1983, S. 474; 483).

Lediglich Bayern, Berlin und Hessen weichen von diesem Vorgehen ab, wobei die Regelungen in diesen Ländern inhaltlich im Wesentlichen mit den Regelungen der übrigen Länder vergleichbar sind (*Bruhn/Mehlinger* 1995, S. 120). Erfolgt diese Kennzeichnung nicht, liegt ein den Tatbestand der Unlauterkeit begründender Verstoß gegen den Wahrheitsgrundsatz vor

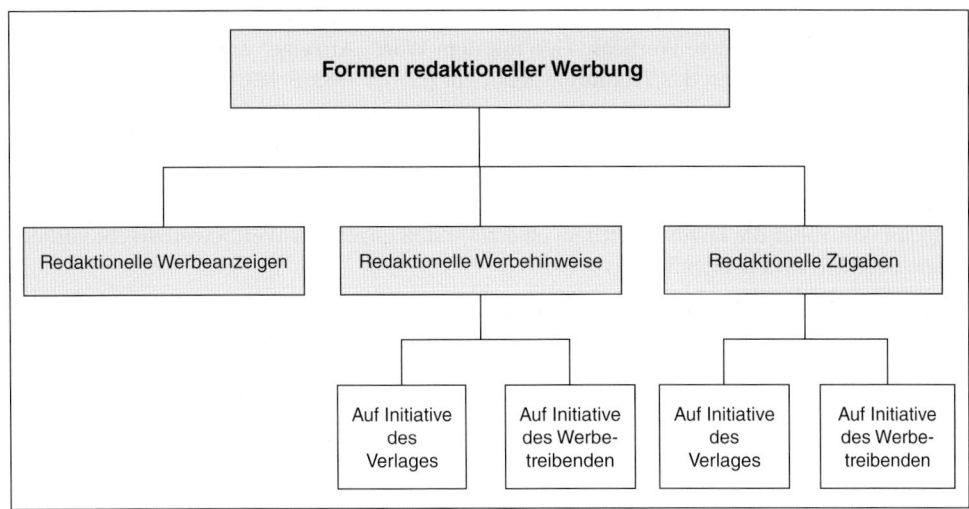

Schaubild IV-3: *Formen redaktioneller Werbung bei Druckerzeugnissen (Baumbach/Hefermehl 2007, S. 515 ff.)*

(*Baumbach/Hefermehl* 2007, S. 503; 518 f.). Neben dem Vorwurf der Unlauterkeit wird auch § 5 UWG relevant, da in der Regel auch ein Verstoß gegen das Irreführungsverbot vorliegt (*Baumbach/Hefermehl* 2007, S. 518; 977).

Zielsetzung der bestehenden Gesetze und der laufenden Rechtsprechung ist es zu verhindern, dass ein flüchtiger Durchschnittsleser den redaktionellen Teil und redaktionell gestaltete Werbeanzeigen eines periodischen Druckmittels nicht voneinander zu unterscheiden vermag und dadurch hinsichtlich Umfang und Inhalt des redaktionellen Teils getäuscht wird (*Löffler* 1983, S. 315; *Bruhn/Mehlinger* 1995, S. 43). Die Möglichkeit einer Täuschung basiert hier auf dem Sachverhalt, dass ein Leser dem redaktionellen Teil einer Zeitung eine wesentlich höhere Bedeutung beimisst als der Werbeanzeige eines Unternehmens, da er annimmt, im redaktionellen Teil die objektive Meinung der Redaktion und in einer Werbeanzeige die subjektive Meinung des Werbenden zu erfahren (*Baumbach/Hefermehl* 2007, S. 515). Ein weiteres Ziel des Trennungsgebotes zwischen redaktionellem Teil und Werbeteil besteht darin, die Redaktion vor Angeboten unseriöser Unternehmen auf Platzierung unlauterer Werbung zu schützen und damit gleichzeitig deren Unabhängigkeit zu gewährleisten (*Löffler* 1983, S. 479 f.; *Bruhn/Mehlinger* 1995, S. 120).

Eine weitere Form der redaktionellen Werbung sind **redaktionelle Werbehinweise** (*Löffler* 1983, S. 482; *Baumbach/Hefermehl* 2007, S. 516 f.). Hierbei handelt es sich um den Abdruck von journalistischen Beiträgen oder Hinweisen, die das Leistungsangebot eines Unternehmens positiv erwähnen oder empfehlen und damit dem privatwirtschaftlichen Erwerbsstreben dienen, ohne diese Absicht deutlich erkennen zu lassen (*Löffler* 1983, S. 479; *Ahlert/Schröder* 1996, S. 332). Unterscheiden lassen sich hier redaktionelle Beiträge auf Initiative des Verlages, die ausschließlich aus publizistischen Gründen verfasst werden und werblich relevante Aussagen enthalten sowie redaktionell gestaltete Texte, die ein Unternehmen einem Verlag beispielsweise anlässlich eines besonderen Ereignisses im Unternehmen zur Verfügung stellt und die dann im redaktionellen Teil einer Zeitung veröffentlicht werden (*Löffler* 1983, S. 482 f.).

Presse- und wettbewerbsrechtlich zulässig sind diese redaktionellen Werbehinweise nur dann, wenn für sie von den Werbetreibenden kein Gegenwert versprochen oder gewährt wird (*Baumbach/Hefermehl* 2007, S. 515). Ist dies jedoch der Fall, ist der Hinweis ebenso wie eine redaktionell gestaltete Werbeanzeige mit dem Wort „Anzeige" zu kennzeichnen, oder es liegt ein Verstoß gegen das Trennungsgebot vor (*Löffler* 1983, S. 482; *Bruhn/Mehlinger* 1995, S. 122). Lässt sich kein Gegenwert nachweisen, ist grundsätzlich davon auszugehen, dass es sich um eine redaktionelle Berichterstattung handelt. Geht von dieser dann eine Werbewirkung aus, ist sie unter presserechtlichen Gesichtspunkten zu dulden, da in diesem Fall dem Informationsauftrag der Presse Vorrang einzuräumen ist (*Baumbach/Hefermehl* 2007, S. 515). Es bleibt dann aber die Frage zu prüfen, ob ein Verstoß gegen das Wettbewerbsrecht vorliegt (*Baumbach/Hefermehl* 2007, S. 518).

> **Beispiel: Leistung im Zusammenhang mit redaktionellen Werbehinweisen**
> Bei der Vorstellung eines neuen Auto im redaktionellen Teil einer Tageszeitung ist zu klären, welche Leistungen des Automobilherstellers opportun sind und welche eine nicht rechtmäßige Beeinflussung darstellen. So ist beispielsweise die Einladung der Fachjournalisten zu einer Tagung, bei der das Fahrzeug präsentiert wird, sowie eine kostenlose Überlassung des Fahrzeugs zu Testzwecken als tolerierbar einzustufen. Die Grenze einer verbotenen Einflussnahme ist jedoch dann überschritten, wenn persönliche Vorteile gewährt werden, wie beispielsweise eine Übernahme von Übernachtungskosten sowie eine umfangreiche Bewirtung. In diesem Fall ist nicht mehr ausgeschlossen, dass derartige Vorteile Einfluss auf die Berichterstattung nehmen (*Bruhn/Mehlinger* 1995, S. 123).

Das Beispiel zeigt, dass die Grenzen zwischen einer wettbewerbswidrigen Beeinflussung und im Rahmen des Wettbewerbsrechts zu tolerierenden Leistungen „fließend" sind. In der Praxis sind Praktiken dieser Art üblich und werden als Bewirtung eingestuft.

Einen weiteren Bereich der redaktionellen Werbung bei Druckerzeugnissen stellen die **redaktionellen Zugaben** dar (*Löffler* 1983, S. 500; *Baumbach/Hefermehl* 2007, S. 518). Dabei handelt es sich um den Abdruck redaktioneller Beiträge in Bild und Text außerhalb des Anzeigenteils, die als zusätzliche Gegenleistung des Verlegers im Zusammenhang mit der Erteilung eines Anzeigenauftrages veröffentlicht werden (*Ahlert/Schröder* 1996, S. 332). Unterschieden wird hier zwischen vom Verleger angebotenen und vom Werbetreibenden verlangten redaktionellen Zugaben (*Löffler* 1983, S. 500). Die hier aufgezeigte Koppelung von redaktionellem Hinweis und Anzeigenauftrag ist in der Praxis schwer zu erfassen und ebenso schwer rechtlich zutreffend zu bewerten, da ein redaktioneller Beitrag und eine Werbeanzeige für sich allein betrachtet presserechtlich zulässig sind. Fraglich ist, ob sie dadurch, dass sie gemeinsam in einer Zeitung oder Zeitschrift veröffentlicht werden, unzulässig sind (*Baumbach/Hefermehl* 2007, S. 518). Hinsichtlich der Beurteilung dieser Frage ist zwischen einer presserechtlichen und wettbewerbsrechtlichen Perspektive zu trennen (*Bruhn/Mehlinger* 1995, S. 123).

Presserechtlich ist eine Koppelung nur dann unzulässig, wenn infolge wertender Betrachtungsweise das Ergebnis deutlich wird, dass der unentgeltliche Teil „redaktioneller Beitrag" und der entgeltliche Teil „werbliche Anzeige" derart miteinander verbunden sind, dass sie sozusagen eine Einheit bilden (*Baumbach/Hefermehl* 2007, S. 518). Ist dies der Fall, wird nämlich die Veröffentlichung im redaktionellen Teil, für die kein Entgelt gezahlt wurde, durch die Verbindung mit der Anzeige zu einer entgeltlichen Veröffentlichung, ohne dass sie als Anzeige gekennzeichnet ist (*Bruhn/Mehlinger* 1995, S. 123). Hinsichtlich der Beurteilung, wann ein redaktioneller Beitrag und eine werbliche Anzeige eine Einheit bilden, sind Kriterien zu entwickeln, anhand derer geprüft wird, ob eine solche Einheit vorliegt oder nicht.

In der **Rechtsprechung** wird demgegenüber bereits dann von einer wettbewerbswidrigen Koppelung ausgegangen, wenn in einer Zeitung oder Zeitschrift Teile eines redaktionellen Textes inhaltlich so verfasst sind, wie auch eine Werbeanzeige das Interesse des Lesers erreichen will. Das *Oberlandesgericht Hamm* nahm in einem derart gelagerten Fall beispielsweise bereits dann eine Einheit an, bei dem Anzeige und redaktioneller Beitrag in derselben Zeitung veröffentlicht waren, ohne dass noch weitere Umstände hinzutraten (*Baumbach/Hefermehl* 2007, S. 518). Begründet wurde dieses Urteil dahingehend, dass schon die bloße namentliche Erwähnung an einer zweiten Stelle den Werbeeffekt der Anzeige verstärke und bereits eine solche Koppelung gegen das Gebot der Trennung zwischen redaktionellem und werbendem Teil einer Zeitung verstoße.

Davon abweichend wird in der **Literatur** überwiegend die Meinung vertreten, dass die eigentliche Frage bei redaktionellen Zugaben nicht in der Koppelung von Anzeige und redaktionellem Beitrag besteht, sondern ob von dem redaktionellen Beitrag eine versteckte Werbung ausgeht und der Leser getäuscht wird (*Fuchs* 1988, S. 742). Als entscheidend wird überwiegend die Frage gesehen, ob es sich um noch zulässige Berichterstattung aufgrund eines bestehenden Informationsbedürfnisses handelt oder ob diese Grenze überschritten ist und unzulässige redaktionelle Werbung vorliegt. Im Zentrum der Überlegungen hat folglich die Abwägung zwischen dem Interesse des Lesers an einer umfassenden Berichterstattung und dem Schutz des Lesers vor verbotener Werbung im redaktionellen Teil einer Zeitung zu stehen.

Die Bewertung einer redaktionellen Berichterstattung als publizistisch gerechtfertigt hängt nicht davon ab, ob ein solcher Artikel isoliert oder in Verbindung mit Anzeigen erscheint (*Fuchs* 1988, S. 742). Bezugnehmend auf Artikel 5 GG wäre die Freiheit der Berichterstattung ferner auch dann geschützt, wenn von dieser gleichermaßen eine Werbewirkung ausgehen würde (*Bruhn/Mehlinger* 1995, S. 124). Allgemein wird jedoch das Verlangen des Werbetreibenden, die geschalteten Anzeigen mit Hilfe von Hinweisen im redaktionellen Teil zu unterstützen, stets als wettbewerbswidrig angesehen.

Einen weiteren Unterfall der redaktionellen Werbung bildet die **wissenschaftliche und publizistische Werbung**. In beiden Fällen wird versucht, der Werbung einen wissenschaftlichen oder fachkundigen Anschein zu geben, um besondere Vorteile vorzutäuschen (*Baumbach/Hefermehl* 2007, S. 513). Soweit dies im redaktionellen Teil einer Zeitschrift oder Zeitung erfolgt, ist dies als presserechtswidrig einzustufen, da eine derartige Veröffentlichung nicht vom Informationsbedürfnis des Publikums zu rechtfertigen ist (*Bruhn/Mehlinger* 1995, S. 125). Gegen den Grundsatz der Trennung von Werbung und redaktionellem Teil verstößt es darüber hinaus auch, wenn eine Werbebeilage so aufgemacht ist, dass sie einer Zeitung gleicht. In diesem Fall besteht die Gefahr, dass der Leser beim flüchtigen Durchblättern der Zeitung und der Werbebeilage darüber getäuscht wird, ob er sich in der Werbebeilage oder im redaktionellen Teil der Zeitung befindet (*Löffler* 1983, S. 483; *Bruhn/Mehlinger* 1995, S. 126).

Neben den Regelungen der verschiedenen Landespressegesetze wird die Auswahl der Werbeträger und der Einsatz der Werbemittel durch verschiedene Bestimmungen des **Rundfunkrechts** reglementiert (*Baumbach/Hefermehl* 2007, S. 521). Einschränkungen ergeben sich dabei vor allem hinsichtlich der Möglichkeit einer freien Auswahl der Werbemedien und Werbezeiten der inhaltlichen Aussagen und Darstellungsformen sowie in Bezug auf die Integration der Werbung in das Programm. Zielsetzung der in Gesetzen, Staatsverträgen, europäischen Rechtsvorschriften sowie (internen) Richtlinien verankerten Regelungen ist dabei ein Ausgleich der Interessen der durch rundfunk- und fernsehrechtliche Fragen betroffenen Gruppen (*Bruhn/Mehlinger* 1995, S. 127).

Im Fokus der verschiedenen Regelungen stehen vor allem die Zuschauer und Zuhörer, deren umfassende Information und Unterhaltung bei einem gleichzeitigen Schutz vor unzulässiger Werbung zu gewährleisten ist. Gleichzeitig sind die Interessen der werbetreibenden Unternehmen zu beachten, deren Recht auf Werbung in gleichem Umfang und gleichrangig grundgesetzlich geschützt ist wie das Recht der Verbraucher auf eine freie Willens- und Meinungsbildung. In einem Kommentar zum Grundgesetz (GG) heißt es diesbezüglich, dass die

Kundgabe einer Meinung auch dann eine Meinungsäußerung bleibt, wenn sie wirtschaftliche Vorteile erbringt (*Leibholz-Rinck* 1989, Randnummer 61 zu Artikel 5 GG). Eine dritte Interessengruppe sind die öffentlich-rechtlichen sowie privaten Rundfunk- und Fernsehanstalten, deren Wettbewerbsinteressen ebenso zu beachten sind wie die durch das Grundgesetz (Artikel 5 Abs. 1 Satz 2 GG) geschützte Freiheit der Berichterstattung (*Nordemann* 1995, S. 51). Schaubild IV-4 zeigt die relevanten fünf Rechtsgrundlagen des Rundfunk- und Fernsehrechts, deren Regelungen zu einem Ausgleich der vorgenannten Interessen führen.

Wichtigste deutsche Rechtsgrundlage des Rundfunk- und Fernsehrechts ist der **Staatsvertrag über den Rundfunk im vereinten Deutschland** vom 31. August 1991, der den Staatsvertrag über die Errichtung der Anstalt des öffentlichen Rechts „Zweites Deutsches Fernsehen" vom 6. Juni 1961 und den zweiten Staatsvertrag zur Neuordnung des Rundfunkwesens vom 1. April 1987 außer Kraft gesetzt hat und sämtliche Rundfunkstaatsverträge in einem neuen Vertragswerk zusammenfasst (*Baumbach/Hefermehl* 2007, S. 521). Der am 1. Januar 1992 in Kraft getretene Staatsvertrag setzt die europäische Richtlinie „Fernsehen ohne Grenzen" um, die seit Oktober 1991 den rechtlichen Rahmen für die Ausübung der Fernsehtätigkeit in der europäischen Union bildet, und fasst darüber hinaus die Entwicklung des deutschen Rundfunkrechts in einem umfangreichen Vertragswerk zusammen (*Bruhn/Mehlinger* 1995, S. 131). Beide – Richtlinie „Fernsehen ohne Grenzen" und Rundfunkstaatsvertrag – sind in der Folgezeit novelliert worden, zuletzt durch die Änderung der Richtlinie im Jahre 1997 und entsprechende Anpassungen des Rundfunkstaatsvertrags (sechster Rundfunkänderungsstaatsvertrag vom 1. Juli 2002 in der durch § 25 Jugendmedienschutzstaatsvertrag vom 10. bis 27. September 2002 geänderten Fassung, gültig ab dem 1. April 2003).

Inhaltlich ist der Rundfunkstaatsvertrag in drei Abschnitte untergliedert, wobei allgemeine Vorschriften sowie Vorschriften für den öffentlich-rechtlichen und den privaten Rundfunk unterschieden werden. Im Abschnitt der allgemeinen Vorschriften legt § 7 Absatz 3 Satz 2 des Staatsvertrages beispielsweise fest, dass Werbung als solche durch optische und im Hörfunk

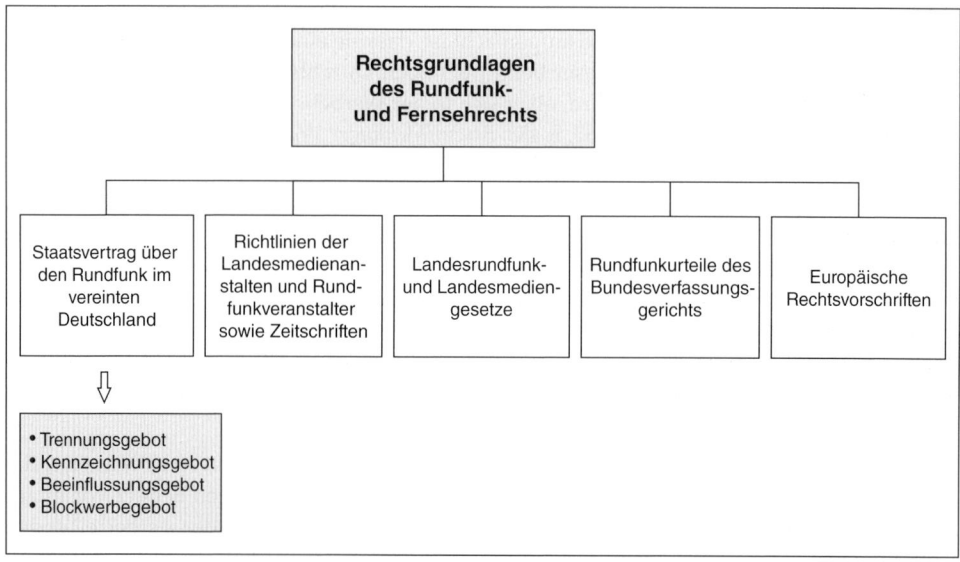

Schaubild IV-4: Rechtsgrundlagen des Rundfunk- und Fernsehrechts
(in Anlehnung an Baumbach/Hefermehl 2007, S. 521)

durch akustische Mittel eindeutig von anderen Programmteilen zu trennen ist (*Baumbach/ Hefermehl* 2007, S. 521).

Der Rundfunk- und Fernsehteilnehmer hat danach eindeutig in der Lage zu sein, den Beginn der Werbung zweifelsfrei zu erkennen. Hinsichtlich der Ziele dieses Gebotes ist zwischen einer medienrechtlichen und wettbewerbsrechtlichen Begründung zu unterscheiden. Medienrechtlich ist das Ziel dieses Gebotes darin zu sehen, eine Unabhängigkeit der Programmgestaltung sicherzustellen, während wettbewerbsrechtlich die Neutralität der Rundfunk- und Fernsehveranstalter gegenüber dem Wettbewerb im freien Markt zu sichern ist (*Bruhn/Mehlinger* 1995, S. 139).

Die Schwierigkeit bei der Umsetzung dieses Trennungsgebotes liegt in der Abgrenzung der Begriffe Werbung und Programm, da neben den klassischen Werbespots andere Formen der Kommunikation angewandt werden, wie beispielsweise das Product Placement, bei denen die Grenze zwischen Werbung und Programm verwischt (*Rügeberg* 1988, S. 873 f.). Um zu entscheiden, ob es sich um Werbung oder um Programm handelt, bedarf es zunächst einer Klärung der Begriffe.

Bei Heranziehung der Definition der europäischen Richtlinie zur Interpretation des Werbebegriffs, enthält dieser ein objektives und ein subjektives Element. **Objektiv** ist durch eine gesendete Äußerung ein Dritter in der Ausübung seines Gewerbes zu fördern und für diese Förderung ist ein Entgelt oder eine ähnliche Gegenleistung zu erbringen. **Subjektiv** hat auch die Ausstrahlung der Werbung durch den Sender mit dem Ziel zu erfolgen, das Gewerbe des Dritten zu fördern. Liegen beide Voraussetzungen vor, dann wird nicht Programm gesendet, sondern Werbung betrieben. Dies ist medienrechtlich jedoch nur dann zulässig, wenn weder die Unabhängigkeit der Programmgestaltung noch sonstige schützenswerte Interessen verletzt werden (*Baumbach/Hefermehl* 2007, S. 521).

In der praktischen Beurteilung wird der subjektive Moment bei der Beurteilung den Ausschlag geben, da nahezu von jedem gezeigten Sachverhalt eine Werbewirkung ausgeht. Wurde diese Wirkung angestrebt, handelt es sich um Werbung, die dann unzulässig ist, wenn sie vom übrigen Programm nicht klar getrennt ist, da hier die Gefahr besteht, dass die Unabhängigkeit der Programmgestaltung gefährdet wird. Das Trennungsgebot schützt insofern nicht nur die Unabhängigkeit der Programmgestaltung und die Neutralität der Rundfunk- und Fernsehveranstalter gegenüber dem Wettbewerb im freien Markt, sondern auch das Interesse der Zuschauer vor unbeeinträchtigter Meinungsbildung (*Bruhn/Mehlinger* 1995, S. 141).

Das Trennungsgebot wird durch das in §7 Absatz 3 Satz 1 des Staatsvertrages verankerte **Kennzeichnungsgebot** ergänzt, indem Werbung als solche klar erkennbar zu sein hat (*Baumbach/Hefermehl* 2007, S. 521). Bei dieser Regelung sind der Gesetzgeber und die Unterzeichner der Staatsverträge offensichtlich davon ausgegangen, dass das Trennungsgebot allein nicht genügt, um Werbung und Programm voneinander abzugrenzen. Zielsetzung dieser Regelung ist es dementsprechend, durch eine klare Kennzeichnung der Werbung dazu beizutragen, dass ein „unbefangener" Zuschauer beziehungsweise Zuhörer erkennt, dass es sich um Werbung handelt. Im Fernsehen ist beispielsweise die Einblendung des Wortes „Dauerwerbesendung" während einer derartigen Sendeform notwendig, um dem Kennzeichnungsgebot zu genügen (§7 Absatz 5 Staatsvertrag).

Über die bisher beschriebenen Regelungen hinausgehend ist im allgemeinen Abschnitt des Rundfunkstaatsvertrages ein **Beeinflussungsgebot** festgelegt. Der §7 Absatz 2 des Staatsvertrages legt diesbezüglich fest, dass Werbung oder Werbetreibende das Programm inhaltlich und redaktionell nicht zu beeinflussen haben. Ziel dieser Regelung ist die eindeutige Klarstellung, dass Werbung vom Programm nicht nur getrennt und gekennzeichnet zu sein hat, sondern von Werbetreibenden auch kein Einfluss auf den **Inhalt von Programmen** zu nehmen ist.

Eine weitere wichtige Regelung des Rundfunkstaatsvertrages stellt das **Blockwerbegebot** dar, das sowohl in den Vorschriften für den öffentlich-rechtlichen als auch für den privaten Rundfunk verankert ist. Das Blockwerbegebot verpflichtet die öffentlich-rechtlichen Veranstalter gemäß § 15 Absatz 2 Satz 1 des Staatsvertrages und die privaten Veranstalter gemäß § 44 Absatz 2 Satz 2 des Staatsvertrages dazu, Werbung regelmäßig in Blöcken zusammenzufassen. Einzeln gesendete Werbespots sind zulässig, haben aber die Ausnahme zu bleiben. Ebenso wie das Trennungsgebot hat auch das Blockwerbegebot die Aufgabe, das Programm von Werbung freizuhalten und zu verhindern, dass das Programm durch zu viele Unterbrechungen auseinander gerissen wird (*Bruhn/Mehlinger* 1995, S. 144).

Folge dieses Blockwerbegebotes ist jedoch, dass sowohl der Werbetreibende als auch die Veranstalter in ihrer Gestaltungsfreiheit eingeschränkt werden. Der Werbetreibende wird dahingehend eingeschränkt, dass er seine Werbebotschaft nicht allein, sondern nur gemeinsam mit anderen Werbemitteilungen präsentieren vermag und dadurch ein Teil der Werbewirkung verloren geht. Die Veranstalter werden ebenfalls in ihrer Gestaltungsfreiheit getroffen, da in die freie Gestaltung ihres Programmablaufs eingegriffen wird. Begründet werden diese Einschränkungen damit, dass für den Zuschauer durch eine laufende Unterbrechung der aufzunehmenden Informationen die Meinungsbildung erheblich erschwert wird. Insofern dient das Blockwerbegebot auch der Informationsklarheit (*Scherer* 1990, S. 122).

In engem Zusammenhang mit dem Blockwerbegebot steht das **Verbot der Unterbrecherwerbung**, die sowohl für die öffentlich-rechtlichen als auch für die privaten Veranstalter gilt und einer verständlichen Informationsweitergabe dient. Basierend auf den Regelungen der europäischen Richtlinie legen die jeweils relevanten Paragraphen des Rundfunkstaatsvertrages diesbezüglich detailliert fest, inwieweit die rechtliche Möglichkeit besteht, das Programm durch Werbung zu unterbrechen. Der § 15 Absatz 2 bis 4 des Staatsvertrages legt für die **öffentlich-rechtlichen Veranstalter** beispielsweise fest, dass Fernsehsendungen von mehr als 45 Minuten Dauer höchstens einmal durch einen Werbeblock zu unterbrechen sind. Eine Sonderregelung gilt bei der Übertragung von Sportereignissen, bei denen Werbung nur in den Pausen auszustrahlen ist. Darüber hinaus ist es den öffentlich-rechtlichen Anbietern gemäß § 16 Absatz 1 Satz 3 des Staatsvertrages verboten, nach 20.00 Uhr sowie an Sonntagen und Feiertagen, die im ganzen Bundesgebiet anerkannt sind, Werbung auszustrahlen.

Für die **privaten Veranstalter** sind die Möglichkeiten einer Werbeunterbrechung in den §§ 44, 45 des Staatsvertrags geregelt. § 44 Absatz 3 Satz 2 des Staatsvertrages schreibt vor, dass der Abstand zwischen zwei aufeinander folgenden Werbeunterbrechungen innerhalb einer Sendung mindestens 20 Minuten zu betragen hat. Abweichend von dieser Regelung sind gemäß § 44 Absatz 4 des Staatsvertrags Kino- und Fernsehfilme, mit Ausnahme von Serien, leichten Unterhaltungssendungen und Dokumentarsendungen, sofern sie länger als 45 Minuten dauern, nur einmal je vollständigem 45-Minuten-Zeitraum zu unterbrechen. Eine weitere Unterbrechung ist jedoch dann zulässig, wenn diese Sendungen mindestens 20 Minuten länger dauern als zwei oder mehr vollständige 45-Minuten-Zeiträume.

Ein Vergleich der aktuellen Regelungen mit den bis zum Jahre 1992 gültigen Staatsverträgen zeigt, dass Unterbrecherwerbung in einem größeren Umfang als bisher zugelassen ist, wobei es den privaten Veranstalter erlaubt ist insgesamt betrachtet mehr Werbung zu betreiben als die öffentlich-rechtlichen Veranstalter. Begründet wird diese Differenzierung unter anderem damit, dass die öffentlich-rechtlichen Anstalten im Wesentlichen durch Gebühren finanziert werden, wohingegen die privaten Anbieter auf eine Finanzierung durch Werbeeinnahmen angewiesen sind.

In Ausführung von §15 des **Rundfunkstaatsvertrages** haben die in der *ARD* zusammengeschlossenen Landesrundfunkanstalten sowie das *ZDF* und die privaten Rundfunkveranstalter **Richtlinien** zur Durchführung der Werbebestimmungen des Rundfunkstaatsvertrages erlassen, die ebenfalls eine Rechtsgrundlage des Rundfunk- und Fernsehrechts darstellen und die Auswahl der Werbeträger sowie den Einsatz der Werbemittel spezifizieren (*Baumbach/ Hefermehl* 2007, S. 521). Die erlassenen Richtlinien haben die Aufgabe, die im Rundfunkstaatsvertrag normierten Grundsätze über die Gestaltung von Werbung und Sponsoring auszufüllen und umzusetzen, wobei sie kein neues Recht setzen, sondern nur das konkretisieren, was bereits im Rundfunkstaatsvertrag enthalten ist (*Bruhn/Mehlinger* 1995, S. 133).

Bestehen in einem konkreten Fall Zweifel, ob eine bestimmte Form der Werbung erlaubt ist, erfolgt zweckmäßigerweise zunächst eine Prüfung anhand der aufgestellten Richtlinien. Zeigt sich, dass eine bestimmte Werbemaßnahme gegen die Richtlinien verstößt, wird in einem zweiten Schritt überprüft, ob das in den Richtlinien enthaltene Verbot beziehungsweise das geforderte Verhalten von den Bestimmungen des Rundfunkstaatsvertrages gedeckt wird. Selbst in Fällen, in denen dies zutrifft, ist eine dritte Prüfung angezeigt, ob die entsprechende Regelung des Rundfunkstaatsvertrages rechtmäßig ist (*Bruhn/Mehlinger* 1995, S. 134). Die Auslegung und Anwendung der genannten Vorschriften hat dabei immer den Vorgaben und dem „Geist" der Fernsehrichtlinie Rechnung zu tragen.

Neben dem Staatsvertrag über den Rundfunk im vereinten Deutschland und den darauf aufbauenden Richtlinien bilden die in den verschiedenen Bundesländern bestehenden speziellen **Landesrundfunk- und Landesmediengesetze** eine weitere wichtige Rechtsgrundlage des Rundfunk- und Fernsehrechts. Die Gesetzgebungszuständigkeit der Länder ergibt sich dabei – ebenso wie beim Presserecht – aus der Verteilung der Gesetzgebungskompetenz des Grundgesetzes (*Bruhn/Mehlinger* 1995, S. 128). Das erste Rundfunkurteil des Bundesverfassungsgerichtes legte in diesem Zusammenhang fest, dass die Gesetzgebungskompetenz hinsichtlich der Rundfunkgesetzgebung, soweit sie nicht den sendetechnischen Teil betrifft, Sache der Länder ist.

Darauf aufbauend regeln die einzelnen Gesetze in zum Teil sehr ausführlicher Weise unter anderem kommunikationspolitische Fragestellungen und enthalten im Wesentlichen gleiche Grundsätze hinsichtlich der Trennung von Werbung und Programm sowie hinsichtlich der Art der Werbung und der Werbezeiten. Die für die privaten Rundfunk- und Fernsehanstalten geltenden Bestimmungen unterscheiden sich dabei nicht grundsätzlich von denen für die öffentlichen Sender. Unterschiede bestehen hauptsächlich der zur Verfügung stehenden Kontingente an Werbezeit und gelockerter Verbote der Unterbrecherwerbung für die privaten Sender.

Ein weiterer wesentlicher Faktor des gesamten Rundfunk- und Fernsehrechts sind die bisher ergangenen **Urteile** des **Bundesverfassungsgerichts**, die die Entstehung des modernen Rundfunk- und Fernsehwesens begleitet haben. Die in den Urteilen enthaltenen grundsätzlichen Ausführungen haben durch ihre gestaltende Wirkung wesentlichen Einfluss auf alle erlassenen Gesetze und Staatsverträge genommen und die Regelungen hinsichtlich der Zulässigkeit von Werbung sowohl im privaten als auch im öffentlich-rechtlichen Bereich wesentlich geprägt.

Neben den vorhandenen nationalen Rechtsgrundlagen haben **europäische Rechtsvorschriften** als Grundlagen des Rundfunk- und Fernsehrechts eine immer größere Bedeutung. Dies gilt auf dem Gebiet der Fernsehtätigkeit insbesondere für die **Richtlinie „Fernsehen ohne Grenzen"**, die seit Oktober 1991 den rechtlichen Rahmen für die Ausübung der Fernsehtätigkeit in der Europäischen Union bildet. Die einzelnen Regelungsinhalte dieser europäischen Richtlinie haben in den einzelnen Ländern der Europäischen Union dazu geführt, dass eine Reihe von nationalen Regelungen geprüft und geändert wurden. Insbesondere sind in verschiedenen Ländern einige Rechts- und Verwaltungsvorschriften aufgehoben worden, die den freien Verkehr von Sendungen innerhalb der Europäischen Union behinderten (*Bruhn/ Mehlinger* 1995, S. 135). Auch weitere wichtige Regelungsinhalte, wie die Quotenregelung, die den Fernsehveranstaltern vorschreibt, den Hauptteil der Sendezeit – mit Ausnahme von Nachrichten, Sportberichten, Spielshows, Werbe- und Videotextleistungen – im Rahmen des praktisch Durchführbaren europäischen Werken vorzubehalten, oder der Schutz von Minderjährigen sowie das Recht auf Gegendarstellung machten Änderungen der bis dahin geltenden Vorschriften notwendig (*Lambrechts* 1996, S. 10). Dieser Prozess fand seine Fortsetzung, als wiederum die Fernsehrichtlinie durch die Änderungsrichtlinie aus dem Jahre 1997 novelliert worden war.

Die **Fernsehwerbung** ist EU-weit dahingehend reglementiert, dass eine Reihe von Mindestnormen und Kriterien mit dem Ziel aufgestellt wurden, die Zuschauer umfassend und angemessen zu schützen. Eine verbotene Schleichwerbung liegt gemäß Artikel 1d) der vorgenannten Richtlinie beispielsweise dann vor, wenn die Erwähnung oder Darstellung des Leistungsangebotes eines Herstellers im Programm absichtlich zu Werbezwecken erfolgt und diese die Allgemeinheit hinsichtlich des eigentlichen Zwecks dieser Erwähnung oder Darstellung irreführt.

In Deutschland sind die Regelungsinhalte der europäischen Richtlinie zwischenzeitlich rundfunkstaatsvertraglich umgesetzt worden. Dies hat eine Reihe von Änderungen gegenüber den bis dahin gültigen Staatsverträgen zur Folge gehabt. Die europäische Fernsehrichtlinie hat seit ihrem Inkrafttreten jedoch auch Schwächen aufgezeigt, die dazu führten, dass die Europäische Kommission am 31. Mai 1995 einen Bericht über die Anwendung und einen Vorschlag zur **Revision der Fernsehrichtlinie** veröffentlicht hat. Hinsichtlich des **Teleshoppings** – das bei einer festgelegten Zeitbeschränkung auf eine Stunde pro Tag als neue Dienstleistungsform keine Entfaltungsmöglichkeiten bietet – wurde beispielsweise ausgesagt, dass dies als ein von den Verbrauchern hoch geschätztes Gut zu unterstützen und zu fördern sei (*Lambrechts* 1996, S. 11).

Dem Problem etwa, dass neue Werbeformen wie **Telepromotions** in der Richtlinie nicht ausdrücklich berücksichtigt wurden, ist dadurch gelöst worden, dass diese als prinzipiell legale Werbeform anerkannt und ebenfalls hinsichtlich Inhalt, Dauer sowie Art und Weise ihrer Einfügung reguliert wurden. Hinsichtlich der **Quotenregelung** wurde vorgeschlagen, den Teil „im Rahmen des praktisch Durchführbaren" zu streichen, was eine völlige Verbindlichkeit der Quotenregelung zur Folge hätte. Diese Änderung wäre insbesondere für Spartensender – d. h. Sender, deren Sendezeit zu mindestens 80 Prozent aus Kinofilmen, Spielfilmen, Dokumentarsendungen oder Zeichentrickfilmen bestehen – eine schwer zu erfüllende Aufgabe.

Auch die Mitgliedsstaaten des *Europarates* haben sich intensiv mit der Frage eines grenzüberschreitenden Fernsehens befasst. Ergebnis ist ein zur Zeichnung aufliegendes **„Europäisches Übereinkommen über grenzüberschreitendes Fernsehen"**. Der Hauptunterschied zwischen der europäischen Richtlinie „Fernsehen ohne Grenzen" und diesem Übereinkommen ist dabei darin zu sehen, dass die europäische Richtlinie seit ihrem Erlass die Mitgliedstaaten verpflichtet, ihre nationalen Regelungen anzupassen, während das Übereinkommen erst dann rechtsgültig ist, wenn es sowohl vom Bund als auch von den Ländern ratifiziert ist (*Bruhn/*

Mehlinger 1995, S. 139). Sein Anwendungsbereich ist im Wesentlichen auf das Verhältnis zu den verbleibenden Staaten des ehemaligen Osteuropas beschränkt.

Die Auswahl und der Einsatz der Werbeträger und Werbemittel wird darüber hinaus durch das **Baurecht** beeinflusst, das in den verschiedenen Landesbauordnungen geregelt ist, die von den einzelnen Ländern auf der Grundlage der von Bund und Ländern erarbeiteten Musterbauordnung vom 30. Oktober 1959 erlassen worden sind (*Ahlert/Schröder* 1996, S. 329 ff.). Die einzelnen Landesbauordnungen beeinflussen die Kommunikationspolitik der Unternehmen dabei in der Hinsicht, dass sie sich unter anderem mit der Gestaltung und Einfügung der Außenwerbung in die Umwelt befassen und dementsprechend Vorschriften hinsichtlich der Ausmaße und Gestaltung von Außenwerbeanlagen in bestimmten Gebieten enthalten (*Baumbach/Hefermehl* 2007, S. 967 f.). Die Einhaltung der erlassenen Vorschriften wird dabei in der Form überprüft, dass jeder Werbetreibende zur Errichtung von Anlagen der Außenwerbung die Genehmigung durch die zuständige Bauaufsicht benötigt (*Ahlert/Schröder* 1996, S. 329 ff.).

Das Bauordnungsrecht wird durch die **Straßenverkehrsordnung (STVO)** in der Fassung von 1992 ergänzt, die ein Verbot verkehrsbeeinträchtigender Außenwerbung enthält (*Baumbach/Hefermehl* 2007, S. 968). Der §33 Absatz I Satz 1 Ziffer 3 STVO verbietet beispielsweise die Werbung mit Hilfe von Bild, Schrift, Licht oder Ton außerhalb geschlossener Ortschaften, wenn dadurch Verkehrsteilnehmer in verkehrsgefährdender Weise abgelenkt oder belästigt werden (*Baumbach/Hefermehl* 2007, S. 968). Die Straßenverkehrsordnung wird durch das **Landesstraßengesetz (LStG)** und das **Bundesfernstraßengesetz (BFStrG)** vervollständigt, die besondere Genehmigungspflichten und Voraussetzungen für die Errichtung von Werbeanlagen auf Bundesautobahnen sowie Bundes- und Landstraßen beinhalten (*Baumbach/Hefermehl* 2007, S. 969).

2.2.3 Gesetzliche Beeinflussung der Auswahl von Werbeadressaten

Die kommunikationspolitischen Gestaltungsfreiräume eines Unternehmens sind auch hinsichtlich der Auswahl von Werbeadressaten Restriktionen unterworfen. Im Einzelnen lassen sich die folgenden Gesetze unterscheiden, deren Inhalt die Zielgruppe spezifischer kommunikationspolitischer Aktivitäten eingrenzt:

- Gesetz über die Verbreitung jugendgefährdender Schriften (GjS),
- Gesetz über die Werbung auf dem Gebiet des Heilwesens (HWG),
- Arzneimittelgesetz (AMG).

Das Gesetz über die **Verbreitung jugendgefährdender Schriften (GjS)** in der Fassung vom Jahre 1985 grenzt die Zielgruppe kommunikationspolitischer Maßnahmen beispielsweise dahingehend ein, dass gemäß §5 Absatz 2 GjS jegliche öffentliche Werbung für als jugendgefährdend indizierte Schriften, Ton- und Bildträger außerhalb der Vertriebswege verboten ist.

Darüber hinaus werden auch durch das **Gesetz über die Werbung auf dem Gebiet des Heilwesens (HWG)** in der Fassung vom Jahre 2000 die kommunikationspolitischen Freiheiten der im Bereich des Heilwesens tätigen Unternehmen neben einer Reihe von Regelungen, die sich auf alle Formen der Werbung im Bereich des Heilwesens beziehen, hinsichtlich der Auswahl der Werbeadressaten eingeengt (*Baumbach/Hefermehl* 2007, S. 1187). Der §10 Absatz 1 HWG schreibt beispielsweise vor, dass für verschreibungspflichtige Arzneimittel nur in Fachkreisen, also bei Ärzten, Zahnärzten, Tierärzten, Apothekern und Personen, die mit diesen Arzneimitteln erlaubterweise Handel treiben, Werbung zulässig ist (*Baumbach/Hefermehl* 2007, S. 1192 f.). Ergänzt wird diese Regelung durch §10 Absatz 2 HWG, der besagt, dass Werbemaßnahmen auch für Arzneimittel zur Beseitigung von Schlaflosigkeit sowie von psychischen Störungen nicht außerhalb der Fachkreise erlaubt ist. In welcher Form dies für andere Arzneimittel, Verfahren und Behandlungen gilt, wird in §§ 11, 12 HWG geregelt (*Baumbach/ Hefermehl* 2007, S. 1193 ff.).

Das HWG wird hinsichtlich der Regelungen, die ein Verbot der Werbung für bestimmte Produkte außerhalb der Fachkreise festlegen, durch das **Arzneimittelgesetz (AMG)** ergänzt, das ebenfalls ein Verbot der so genannten Laienwerbung für verschreibungspflichtige Arzneimittel enthält (*Baumbach/Hefermehl* 2007, S. 806).

2.2.4 Kommunikationspolitische Schutzpositionen schaffende Gesetze

Neben der restriktiven Begrenzung kommunikationspolitischer Gestaltungsfreiräume bildet die Rechtsordnung die Grundlage kommunikationspolitischer Schutzpositionen. Auf Basis verschiedener gewerblicher Schutzrechte, ergänzt durch Sondergesetze und das Gesetz gegen unlauteren Wettbewerb (UWG), lassen sich Kommunikationsstrategien und einzelne Elemente des Kommunikationsmix vor unmittelbarer Übernahme und unbefugter Nachahmung absichern. Gemeinsame rechtspolitische Zielsetzung dieser dem Privatrecht zuzuordnenden Materie ist der Schutz des geistig-gewerblichen Schaffens der Unternehmen (*Ahlert/ Schröder* 1996, S. 102). Im Einzelnen lassen sich die folgenden kommunikationspolitisch relevanten Gesetze des gewerblichen Rechtsschutzes unterscheiden:

- Markengesetz (MarkenG),
- Geschmacksmustergesetz (GeschmMG),
- Gesetz gegen den unlauteren Wettbewerb (UWG).

Diese werden durch das **Urhebergesetz (UrhG)** vervollständigt, das als sondergesetzliches Schutzrecht im Unterschied zu den gewerblichen Schutzrechten allein geistige, nicht jedoch gewerbliche Leistungen schützt (*Ahlert/Schröder* 1996, S. 102; *Berlit* 2009, S. 37).

Das **Markengesetz (MarkenG)** gewährt unter anderem Schutzpositionen für Kennzeichen, die ein Unternehmen zur Unterscheidung seiner am Markt angebotenen Leistungen von denen der Wettbewerber beispielsweise im Rahmen der Kommunikationspolitik einsetzt. Mit dem Gesetz über den Schutz von Marken und sonstige Kennzeichen, das zu der gewünschten vollständigen Reform des Warenzeichengesetz führte (*Berlit* 2010, S. 2), werden insbesondere Marken für Waren und Dienstleistungen, geschäftliche Bezeichnungen (Unternehmenskennzeichen und Werktitel) sowie geografische Herkunftsangaben geschützt. Geografische Herkunftsangaben beziehen sich auf „Namen von Orten, Gegenden, Gebieten oder Ländern [...], die im geschäftlichen Verkehr zur Kennzeichnung der geografischen Herkunft von Waren und Dienstleistungen benutzt werden" (§ 126 Absatz 1 MarkenG). Die Verwendung solcher Namen ist nur für Ortsansässige zulässig. Geschäftliche Bezeichnungen sind Unternehmungskennzeichen – wie z. B. *„Boss"* und *„Mercedes"* – und Werktitel, die Druckschriften, Filmwerke, Tonwerke, Bühnenwerke usw. bezeichnen (§ 5 MarkenG). Im Sinne des Markengesetzes sind nur Kennzeichen für Waren und Dienstleistungen Marken (§ 3 MarkenG) (*Schröder* 2004, S. 2399).

Das Geschmacksmusterrecht basiert als weiterer kommunikationspolitisch relevanter Rechtsbereich auf dem **Geschmacksmustergesetz (GeschmMG)**, das ebenfalls durch europäische Verordnungen und Richtlinien vorgeprägt ist (*Berlit* 2010, S. 136 ff.). Schutzgegenstand des Geschmacksmusterrechts sind ästhetisch wirkende gewerbliche Muster und Modelle, wobei eine Entscheidungsgrundlage einer Schutzgewährung im Grad des ästhetischen Gehalts einer Leistung besteht (*Tronser* 1994, S. 1819; *Ahlert/Schröder* 1996, S. 117; *Schröder* 2004, S. 2398; *Berlit* 2009, S. 36 f.). Als erfüllt wird die Forderung nach dem ästhetischen Gehalt eines Musters oder eines Modells dabei stets dann angesehen, wenn dieses über die visuelle Wahrnehmung auf den Farben- oder Formensinn des Menschen wirkt (*Tronser* 1994, S. 1820). Insofern ist der Terminus „Geschmacksmustergesetz" missverständlich, da hier gerade nicht gustatorische Wirkungen und Eigenschaften von Leistungen erfasst werden. Entscheidend ist allein die Ansprache des Schönheitssinns; unabhängig davon, ob damit positive oder negative Wirkungen bei einem Individuum erzielt werden (*Schröder* 2004, S. 2398).

Als weitere Voraussetzungen eines Schutzes fordert § 1 GeschmMG die Neuheit und Eigentümlichkeit eines Musters beziehungsweise eines Modells sowie dessen gewerbliche Verwertbarkeit (*Baumbach/Hefermehl* 2007, S. 108). Als neu gilt ein Muster oder ein Modell stets dann, wenn es in inländischen Fachkreisen weder hinlänglich bekannt ist, noch unter zumutbarer Beachtung benachbarter Gebiete die Bekanntheit vorauszusetzen ist (*v. Gamm* 1966, S. 25). Die Voraussetzung der Eigentümlichkeit wird darüber hinaus als erfüllt angesehen, wenn die Leistungen auf eine überdurchschnittliche Begabung zurückzuführen sind.

Liegen die notwendigen materiellen Voraussetzungen vor, erlangt der Urheber gemäß § 7 Absatz 1 GeschmMG unter anderem durch die Anmeldung zur Eintragung in das Musterregister beim Patentamt den Schutz vor Nachahmung. Die Dauer des Schutzes beträgt dabei fünf Jahre beginnend mit dem Tag, der auf die Anmeldung folgt, und ist gemäß § 5 GeschmMG bis auf höchstens 20 Jahre zu verlängern (*Tronser* 1994, S. 1820 f.; *Baumbach/Hefermehl* 2007, S. 107).

Eine letzte Schutzposition vor der Behinderung und Ausbeutung kommunikationspolitischer Maßnahmen eines Werbetreibenden gewährleistet darüber hinaus das **Gesetz gegen den unlauteren Wettbewerb (UWG)**. Zielsetzung dieses Gesetzes ist, wie bereits aufgezeigt, die Sicherung eines fairen Leistungswettbewerbs durch die Bekämpfung unlauteren Wettbewerbsverhaltens einzelner Wettbewerber (*Baumbach/Hefermehl* 2007, S. 98). Das UWG vermittelt dabei für das gesamte Spektrum der laufenden wettbewerblichen Betätigung individuelle Schutzpositionen. Die Rechtsprechung geht dabei heute davon aus, dass das UWG-Recht den lauteren Wettbewerb sowohl im Interesse der Mitbewerber als auch im Interesse der übrigen Marktbeteiligten und der Allgemeinheit schützt (*Baumbach/Hefermehl* 2007, S. 213).

2.3 Kommunikationspolitisch relevante internationale Richtlinien und Verhaltensregeln

Die kommunikationspolitisch relevanten nationalen Gesetze und Verordnungen werden im Zuge der Verwirklichung des Europäischen Binnenmarktes in zunehmendem Maße durch gemeinschaftsrechtliche Verordnungen und Richtlinien ergänzt. Hauptzielsetzung der durch die Gesetzgebungsorgane der Europäischen Union erlassenen Rechtsakte ist es, die divergierenden Rechtsregeln in den verschiedenen Ländern der Europäischen Union einander anzugleichen, um so den internationalen Warenverkehr zu vereinfachen und zu fördern (*Schricker* 1990, S. 20).

Anhand verschiedener Beispiele wird deutlich, dass auch im Bereich der Unternehmens- und Marketingkommunikation ein Regelungsbedarf besteht. So ist im Gegensatz zu Regelungen in Deutschland im italienischen Fernsehen Werbung für Tierfutter verboten, bei TV-Spots für Süßwaren ist in den Niederlanden eine Zahnbürste einzublenden und in Frankreich ist im Fernsehen Werbung für Presseerzeugnisse zulässig. Diese abweichenden **medialen und rechtlichen Voraussetzungen** hinsichtlich der Kommunikationspolitik in den verschiedenen Ländern machen deutlich, dass die Europäische Union aktuell von einer einheitlichen **Europäischen Werbeordnung** noch weit entfernt ist.

Im Zusammenhang mit den Bemühungen der Europäischen Union hinsichtlich einer Vereinheitlichung der Europäischen Werbeordnung ist es von Bedeutung, Verordnungen und Richtlinien zu unterscheiden. Der Kernunterschied besteht hinsichtlich ihrer Wirkungen im Verhältnis zum nationalen Recht. Während verabschiedete **Verordnungen** unmittelbar geltendes Recht in allen EU-Mitgliedsstaaten darstellen, sind festgelegte **Richtlinien** erst während einer festgesetzten Frist in nationales Recht umzusetzen, bevor die entsprechenden Regelungen in der Praxis anzuwenden sind. Ziel dieser Unterscheidung ist es, in bestimmten Bereichen den unterschiedlichen Rechtssystemen der Mitgliedsstaaten Rechnung zu tragen. Dieses Vorgehen hat jedoch die negative Folge, dass EU-Richtlinien nicht in allen Mitgliedsländern in gleicher Weise umgesetzt und angewandt werden.

Für international auftretende Unternehmen hat dies die Konsequenz, dass bei der Festlegung **internationaler Kommunikationsstrategien** trotz einheitlicher aus Brüssel vorgegebener Richtlinien die individuelle Ausgestaltung der nationalen Gesetzgebung genau zu beachten ist, um nicht gegen geltendes nationales Recht zu verstoßen. Genaue Kenntnisse hinsichtlich der nationalen Gesetzgebung bleiben auch dadurch notwendig, dass bereits geltende nationale Rechtsvorschriften vom Gemeinschaftsgesetzgeber nicht in allen Einzelheiten harmonisiert werden. Vielmehr zielt die Vorgehensweise darauf ab, allgemeine Richtlinien festzulegen, um eine Einigung im Rahmen des Entscheidungsprozesses auf europäischer Ebene zu erleichtern. Im Mittelpunkt der Diskussion stehen die Gesetzgebungsinitiativen des **Gemeinschaftsgesetzgebers** zu den folgenden Bereichen:

- Vergleichende Werbung,
- Änderung der EU-Fernsehrichtlinie,
- Werbung für Tabakerzeugnisse,
- Automobilwerbung,
- Datenschutz.

Ein Bereich, durch den der *Europäische Ministerrat* Einfluss auf die Kommunikationspolitik der Unternehmen genommen hat, war die Richtlinie zur **vergleichenden Werbung**. Diese bestimmt, dass vergleichende Werbung in genau definierten Grenzen zuzulassen ist. Zielsetzung dieser Neuregelung des Europäischen Werberechts ist es, die verbindlichen Richtlinien im Bereich der vergleichenden Werbung gemeinschaftsweit zu harmonisieren und dem bereits in einigen Ländern geltenden Recht anzupassen.

Grundlage dieser Entscheidung war dabei die Annahme, dass durch die Zulassung vergleichender Werbung die Kaufentscheidungen der Verbraucher erleichtert werden. Die zwischenzeitlich erfolgte Umsetzung hat zur Folge, dass nunmehr auch in Italien, Belgien, Luxemburg, Frankreich, Dänemark und Deutschland in einem begrenztem Rahmen vergleichende Werbung als grundsätzlich zulässig anzusehen ist (*Tilmann* 1993, S. 133). Die entsprechenden Auswirkungen in Deutschland kommentiert Insert IV-4.

Die detaillierten Vorgaben haben im deutschen Recht ihren Niederschlag im **Gesetz gegen unlauteren Wettbewerb (UWG)** gefunden. Nach §6 UWG ist vergleichende Werbung unter der Voraussetzung zulässig, dass sie nicht irreführend ist sowie Waren oder Dienstleistungen für den gleichen Bedarf oder dieselbe Zweckbestimmung vergleicht. Zulässig ist nur der Vergleich „objektiv nachprüfbarer und typischer Eigenschaften" dieser Waren und Dienstleistungen. Dabei sind Verwechslungen zwischen den Wettbewerbern zu vermeiden und anderen Marken-, Handelsnamen oder Unterscheidungszeichen in der Werbung herabsetzen. Es ist untersagt den Ruf eines Mitbewerbers auszunutzen oder seine geschützte Marke zu imitieren.

Vergleichende Werbung: Äpfel sind keine Birnen

Foto: DDV

Thorsten Beck, Referent Recht beim DDV.

Besser als die Konkurrenz? Werbung darf inzwischen auch in Deutschland vergleichen. In welchem Maß dies jetzt möglich ist, das verrät Thorsten Beck, Referent Recht beim Deutschen Direktmarketing Verband (DDV).

»Deutschland führte lange Zeit ein Inseldasein, wenn es für Unternehmen darum ging, eigene Produkte mit denen der Konkurrenz im Rahmen von Werbemaßnahmen direkt zu vergleichen. Was in anderen europäischen Ländern längst üblich war, werteten deutsche Gerichte in den meisten Fällen als wettbewerbswidrig und damit als unzulässig. Gab es früher lediglich Urteile, erfolgte im September 2000 erstmals eine ausdrückliche gesetzliche Regelung

zur Frage der Zulässigkeit von vergleichender Werbung. Durch Einfügung des neuen § 2 im »Gesetz gegen den unlauteren Wettbewerb« (UWG) erfolgte die verspätete Umsetzung der europäischen »Richtlinie über vergleichende Werbung« in nationales Recht.

Gute Sitten

Seither ist vergleichende Werbung grundsätzlich zulässig. Allerdings kann sie weiterhin als Verstoß gegen die »guten Sitten« zu werten sein. Dies ist beispielsweise dann der Fall, wenn sie sich nicht auf Waren oder Dienstleistungen für den gleichen Bedarf oder dieselbe Zweckbestimmung bezieht. Mit anderen Worten: Äpfel dürfen zwar mit Birnen verglichen werden, der Apfel darf aber

nicht als Birne dargestellt werden. Zulässig wäre etwa der Vergleich eines Notebooks mit einem Laptop, wenn es in der Werbung um das Arbeiten mit einem Computer geht. Unzulässig wird der Vergleich aber dann, wenn in der Werbung nicht das Arbeiten, sondern die Beweglichkeit der beiden Computer im Vordergrund stünde. Der Vergleich muss sich außerdem auf eine oder mehrere wesentliche oder relevante, nachprüfbare und typische Eigenschaften oder den Preis von Waren oder Dienstleistungen beziehen und er darf nicht die Wertschätzung des von einem Mitbewerber verwendeten Kennzeichens in unlauterer Weise ausnutzen oder beeinträchtigen. Unzulässig wäre es auch, Waren, Dienstleistungen und Tätigkeiten eines Mitbewerbers herabzuset-

zen oder zu verunglimpfen. Eine solche Verunglimpfung sah das Landgericht Köln (Urteil vom 30.05.2003 - 31 O 44/03) in der Werbung einer Fastfood-Kette. In dem Spot fährt eine Kundin mit dem Auto zum Schalter eines Fastfood-Restaurants und fragt dessen Mitarbeiter, was er denn am liebsten esse. Dieser antwortet: »Ich esse hier nicht, ich arbeite hier.« Das konkurrierende Schnellrestaurant wehrte sich hiergegen erfolgreich. Inhaltlich sei der Werbevergleich unsachlich und verstoße deshalb nach § 2 Abs. 2 UWG gegen die guten Sitten, entschied das Landgericht.

Vergleichende Werbung ist zwar nun grundsätzlich zulässig, jedoch lässt die Anzahl der Voraussetzungen, die zu erfüllen sind, erahnen, dass Konkurrenten eine Werbung leicht angreifen

können. Meist betrifft dies innovative und aussagekräftige vergleichende Werbung. Weniger kritisch – aber dafür auch weniger auffällig – sind dagegen schlichte Preisvergleiche. Unternehmen, die den zulässigen Raum für vergleichende Werbung voll ausschöpfen möchten, sollten sich durch einen Rechtsanwalt beraten lassen.

Insert IV-4: Möglichkeiten der vergleichenden Werbung (Beck 2004, S. 7)

Ein weiterer Bereich, in dem das Gemeinschaftsrecht die Kommunikationspolitik zahlreicher Unternehmen beeinflusst, ist die zwischenzeitlich abgeschlossene **Änderung der EU-Fernsehrichtlinie**. Hier wurden zusätzlich Beschränkungen hinsichtlich der Bewerbung pharmazeutischer Erzeugnisse, alkoholischer Getränke und der sich an Minderjährige richtenden Werbung aufgenommen (Artikel 13 bis 16 der Richtlinie). Eine Lockerung der TV-Werberegelung erfolgte, indem nun virtuelle Werbung zugelassen ist, solange sie nur bereits am Veranstaltungsort vorhandene Werbung ersetzt. Zulässig ist zudem auch Werbung im geteilten Bildschirm unter Anrechnung auf die Werbesendezeit, wenn sie vom Programm getrennt und als Werbung erkennbar ist.

Ein zusätzlicher Schritt in Richtung zu einem fast vollständigen Verbot der **Tabakwerbung** in den Ländern der Europäischen Union ist das Inkrafttreten einer Richtlinie „zur Angleichung der Rechts- und Verwaltungsvorschriften der Mitgliedsstaaten betreffend die Werbung für Tabakerzeugnisse". Das intendierte Verbot der Werbung und des Sponsoring für Tabakerzeugnisse in Print- und anderen Medien, hätte gravierende Folgen, ist jedoch bereits einmal wegen Überschreitung der Gesetzgebungskompetenzen durch den Europäischen Gesetzgeber aufgehoben worden. Gegenwärtig versucht die EU-Kommission ihre Werbeverbotspläne für Tabakwaren auf grenzüberschreitende Printmedien durch die Erarbeitung einer neuen Richtlinie zu übertragen.

Auch die **Automobilindustrie** ist gegebenenfalls hinsichtlich ihrer Freiheiten zur Konzeption und Umsetzung einer Kommunikationsstrategie zukünftig Beschränkungen unterworfen. Ursache ist die Bildung einer Arbeitsgruppe durch die *Europäische Kommission*, die in einem ersten Schritt regelähnliche Grundsätze hinsichtlich in der Automobilwerbung zu vermeidender Themen aufgestellt haben. Beispielsweise wird verlangt, dass die Werbung weder Leistung noch Stärke hervorzuheben hat. Darüber hinaus wird vorgeschrieben, dass durch die Automobilwerbung keine Bedürfnisse zu wecken sind, die in übertriebenem Maße persönliche Werte wie Dominanz, impulsives Handeln oder Stärke zum Ausdruck bringen.

Schließlich steht auch das **Bundesdatenschutzgesetz (BDSG)** durch europäischen Einfluss vor einer Veränderung, indem die **EU-Datenschutzrichtlinie** umzusetzen ist. Hier ist die deutsche Gesetzgebung im Verzug, denn die Umsetzungsfrist ist bereits im Oktober 1998 abgelaufen. Nach dem bisherigen Stand im deutschen Gesetzgebungsverfahren ist insbesondere die Direktwerbung von der Novellierung betroffen (§ 28 IV 2 BDSG-E). Danach ist der Verbraucher künftig bei jeder Werbemaßnahme über sein Widerspruchsrecht zu unterrichten. Darüber hinaus hat der Werbende sicherzustellen, dass ein Umworbener in der Lage ist, sich auf einfache Weise Kenntnis über die Herkunft seiner Daten zu verschaffen.

Die ausschnittsweise aufgezeigten Entwicklungen lassen erkennen, dass auch in der Zukunft viele Bestandteile des Werberechts Veränderungen unterworfen sein werden, beispielsweise auch durch die geplante EU-Verordnung über „Nährwert- und gesundheitsbezogene Angaben in Lebensmittel", wie sie Insert IV-5 darstellt. Für viele Werbetreibende wird dies zur Konsequenz haben, dass ihre Möglichkeiten hinsichtlich einer freien Gestaltung des Kommunikationsmix weiter eingeschränkt werden. Ziel des Gemeinschaftsgesetzgebers ist es daher, durch gemeinsame rechtspolitische Anstrengungen dort eine **einheitliche europäische Werbeordnung** zu schaffen, wo dies möglich und vor allem nötig ist. Der Fokus liegt dabei auf der Vereinfachung der marktgerichteten Kommunikationspolitik der werbenden Unternehmen innerhalb der Europäischen Union.

Eine Vereinfachung der marktgerichteten Kommunikationspolitik ist jedoch nur durch eine Vereinheitlichung sowohl der rechtlichen als auch der medialen Voraussetzungen in den verschiedenen Ländern der Europäischen Union zu erreichen, da rechtliche Probleme bei

DETAILLIERTE VORSCHRIFTEN FÜR WERBUNG UND MARKETING

Die geplante neue EU-Verordnung macht der Ernährungsindustrie und der Werbebranche präzise Vorschriften über die Auslobung von Nahrungsmitteln.
Nötig sei der Entwurf einer „Verordnung über nährwert- und gesundheitsbezogene Angaben für Lebensmittel" laut EU-Kommissar David Byrne, da die bestehenden EU-Vorschriften nicht immer eingehalten würden. So könne der Verbraucher durch nicht nachprüfbare Angaben irregeführt werden.

Profitieren würden von der neuen Verordnung laut Byrne sowohl Konsument als auch Industrie: Ersterer erhielte genaue Informationen, letztere könne

wissenschaftlich untermauerte Angaben als Marketinginstrument einsetzen.

Besonders gesundheitsbezogene Informationen werden in dem Verordnungsentwurf regle-

mentiert. Nicht mehr zugelassen sein sollen vage Angaben über das allgemeine Wohlbefinden („Hält jung"), psychische Funktionen („Verringert Stress") und schlank machende Wirkung („Verringert die Kalorienaufnahme"). Auch Verweise auf Aussa-

gen von Ärzten sollen verboten werden. Gesundheitsangaben über alkoholische Getränke mit mehr als 1,2 Prozent Alkohol sind ebenfalls untersagt.

Wer dennoch mit Gesundheits-Infos werben will, muss sich einem Prüfungsverfahren bei der European Food Safety Authority unterziehen.

Gleichzeitig will die Kommission „Nährwertprofile" (Angaben über Fettgehalt, Salz, Zucker) erarbeiten. Daraus ergeben sich genaue Vorschriften für die Werbung mit Begriffen wie „zuckerfrei", „fettarm" etc. Der Entwurf, der bis 2005 wirksam werden soll, muss noch vom EU-Parlament und vom Rat verabschiedet werden. ▪ *wik*

Insert IV-5: Kommentar zur geplanten EU-Verordnung über „Nährwert- und gesundheitsbezogene Angaben für Lebensmittel" (Wieking 2003, S. 41)

grenzüberschreitender Werbung ihren Ursprung oft in nationalen Werbevorschriften haben. Die Verwirklichung von Bedingungen, die einen gleichberechtigten und effektiven internationalen (Kommunikations-) Wettbewerb ermöglichen, wäre ein zentraler Baustein bei der Bewältigung der Aufgabe, einen funktionierenden Markt aus Unternehmens- und Verbrauchersicht zu entwickeln.

3 Selbstregulierung kommunikationspolitischer Entscheidungen auf Basis freiwilliger Absprachen

Neben der Fremdregulierung kommunikationspolitischer Entscheidungen auf Basis der bestehenden Rechtsordnung wird die Kommunikationspolitik der Unternehmen durch freiwillige Absprachen reglementiert. Generell lassen sich die **folgenden Bereiche einer Selbstregulierung** unterscheiden:

- Verhaltensregeln des *Deutschen Werberates*,
- Selbstbeschränkungsabkommen der Wirtschaft.

Der entscheidende Unterschied zu den Gesetzen, Richtlinien und Verordnungen im Rahmen der Fremdregulierung ist darin zu sehen, dass bei Verstößen rechtliche Sanktionen in Kraft treten, während dies bei den Selbstbeschränkungsregeln nicht der Fall ist.

3.1 Verhaltensregeln des Deutschen Werberates

Der *Deutsche Werberat* wurde im Jahre 1972 vom *Zentralverband der deutschen Werbewirtschaft (ZAW)* gegründet, der seinerseits als Dachorganisation von 41 Verbänden und Organisationen der werbetreibenden Firmen, der Medien sowie der Werbeagenturen, der Werbeberufe und der Forschung fungiert (*Nickel* 1994, S. 52; *ZAW* 2003, S. 426 f.; *Baumbach/Hefermehl* 2007, S. 203). Als **Arbeitsgremium** der Werbewirtschaft besteht der deutsche Werberat aus 13 Mitgliedern der im *ZAW* vertretenen Gruppen. Aktuell setzt er sich aus vier Delegierten der werbetreibenden Wirtschaft, drei Delegierten der werbeführenden Medien, zwei Delegierten der Werbeagenturen sowie einem Delegierten der Werbeberufe und zwei zusätzlich berufenen Personen zusammen (*Nickel* 1994, S. 57; *Baumbach/Hefermehl* 2007, S. 203). Ein Platz ist derzeit unbesetzt.

3.1.1 Aufgaben und Arbeitsbereiche des Deutschen Werberates

Die übergeordnete **Aufgabe** des *Deutschen Werberates* (www.werberat.de) liegt in der Förderung der Selbstdisziplin und Selbstregulierung der sich mit Werbung befassenden Unternehmen, Agenturen und Medien (*Baumbach/Hefermehl* 2007, S. 203). Dementsprechend ist durch die Tätigkeit des *Deutschen Werberates* das Bewusstsein der verschiedenen Institutionen hinsichtlich einer fairen, die Interessen der Mitbewerber nicht unrechtmäßig negativ beeinflussenden Kommunikationspolitik zu schärfen. Der Arbeitsschwerpunkt des *Deutschen Werberates* liegt dabei nicht auf dem Gebiet der Verfolgung von Rechtsverstößen (*Baumbach/Hefermehl* 2007, S. 203). Vielmehr sind im Vorfeld der gesetzlich gezogenen Grenzen Aussagen und Darstellungen abgestellt beziehungsweise zu verhindern, die aus Sicht der Werbewirtschaft und der Verbraucher unerwünscht sind. Generell lassen sich, wie Schaubild IV-5 zeigt, drei Arbeitsbereiche des deutschen Werberates unterscheiden: Behandlung von Beschwerden, Entwicklung von Verhaltensregeln und Information nach innen und außen (*Nickel* 1994, S. 52; *Baumbach/Hefermehl* 2007, S. 203).

Der erste Arbeitsbereich des *Deutschen Werberates* umfasst die **Behandlung von Beschwerden** über einzelne Werbemaßnahmen. Hier besteht die primäre Aufgabe darin, Konflikte zwischen der werbenden Wirtschaft auf der einen Seite und den Konsumenten beziehungsweise gesellschaftlichen Gruppen auf der anderen Seite zu lösen. Ausgangspunkt eines Vorgehens des *Deutschen Werberates* gegen die kommunikationspolitischen Aktivitäten eines Unternehmens sind folglich Beschwerden einzelner Konsumenten oder der verschiedenen gesellschaftlichen Gruppen. Darüber hinaus hat der *Deutsche Werberat* jedoch auch die Möglichkeit,

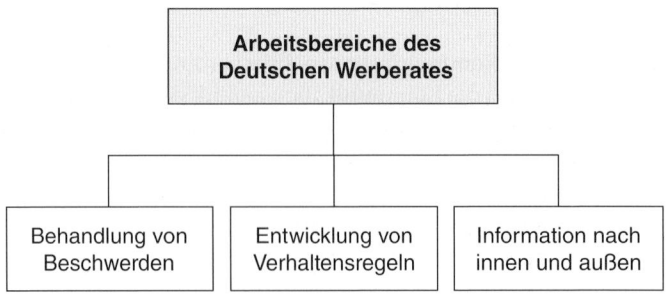

Schaubild IV-5: Arbeitsbereiche des Deutschen Werberates (Nickel 1994, S. 52)

aufgrund eigener Initiative gegen kommunikationspolitische Maßnahmen von Unternehmen vorzugehen.

Durch diese Zweiteilung erhalten die Konsumenten beziehungsweise die verschiedenen gesellschaftlichen Gruppen die Möglichkeit, unmittelbar in das Werbegeschehen einzugreifen. Gleichzeitig werden die werbenden Unternehmen bei Beschwerden jedoch gegen eine ungerechtfertigte Kritik in Schutz genommen, da – je nachdem, wie eindeutig der Verstoß ist – folgende Möglichkeiten des Vorgehens für den *Deutschen Werberat* bestehen:

- Zurückweisung der Beschwerde,
- Behandlung der Beschwerde,
- Weiterleitung der Beschwerde.

Es erfolgt eine **Zurückweisung der Beschwerde**, wenn diese als von vornherein unbegründet angesehen wird. Für den Beschwerdeführer besteht in diesem Fall die Möglichkeit, gegen die Entscheidung Einspruch einzulegen. Im Fall eines Einspruchs wird die Beschwerde vom *Deutschen Werberat* an den Werbetreibenden mit einer Bitte um Stellungnahme weitergeleitet.

> **Beispiel: Frauendiskriminierung I**
> In einer Anzeigen- und Plakatkampagne bewarb ein Hersteller von Damenunterwäsche einen aus Spitze bestehenden String mit abnehmbarem Strumpfhalter. Als dazugehörigen Werbetext wählte das Unternehmen den Spruch: „Risiken und Nebenwirkungen garantiert". Die Beschwerdeführerinnen sahen hierin eine frauendiskriminierende Werbemaßnahme, da insbesondere der Werbetext auch als Aufforderung zu einer Vergewaltigung verstanden werden könne. Dieser Ansicht schloss sich der *Werberat* jedoch nicht an, da es in der Natur der Sache liege, dass ein Hersteller für Dessous diese in der Werbung auch abbilde. Zudem sei der Werbetext deutlich humorvoll und könne daher nicht als frauendiskriminierend beurteilt werden (*ZAW* 2003, S. 35).

Des Weiteren besteht die Möglichkeit einer **Behandlung der Beschwerde**. In diesem Fall fordert der *Deutsche Werberat* das betreffende Unternehmen beziehungsweise die betreffende Werbeagentur zu einer Stellungnahme hinsichtlich der beanstandeten Werbemaßnahme auf, um auf partnerschaftlichem Wege das Problem zu lösen (*Kuhlmann* 1990, S. 120). Ist der Werbetreibende daraufhin nicht bereit, die Werbung einzustellen oder zu ändern, wird der Fall den Mitgliedern des *Deutschen Werberates* zur Begutachtung und Entscheidung vorgelegt.

> **Beispiel: Frauendiskriminierung II**
> Ein Kaufhaus warb in einer Anzeige für Herrenunterwäsche, indem über den Angeboten für Herren-Slips sich die Abbildung eines mit einem Spitzen-BH bekleideten Frauenbusens befand und mit der Überschrift versehen war: „Zugreifen meine Herren …". Die Beschwerdeführerin vertrat die Ansicht, hier würde die Abbildung der tief dekolletierten Brüste nur benutzt, um die männliche Aufmerksamkeit als „Aufmacher" zu erregen. Insbesondere aus dem Zusammenhang zwischen Werbemotiv und -text ergebe sich die Herabwürdigung von Frauen. Daraufhin vom *Werberat* zur Stellungnahme aufgefordert, erklärte das Unternehmen, dass diese Werbung in Zukunft nicht mehr geschaltet werde (*ZAW* 2003, S. 35).

An den beratenden Sitzungen des *Deutschen Werberates* nehmen generell jene Personen oder Unternehmen teil, deren Interessen berührt werden oder gegen die sich ein Antrag oder eine Beschwerde richtet (*Nickel* 1994, S. 53). Vertritt der Werberat die Auffassung, dass eine Darstellung oder Aussage zu unterlassen oder zu ändern ist, und ist der Werbetreibende nicht zu einem Einlenken bereit, besteht die Möglichkeit, dass der *Werberat* die von ihm beanstandete Werbung öffentlich rügt. Diese öffentliche Rüge ist gleichzeitig verbunden mit einer Aufforderung an das Medium, die beanstandete Werbemaßnahme nicht länger zu schalten. Dies ist jedoch nur sehr selten notwendig, da die werbenden Unternehmen das Risiko eines Imageverlustes infolge einer öffentlichen Rüge nur selten eingehen.

Die "geile" Werbung ist dem Werberat zu viel - er spricht eine Rüge aus.   Foto: © ZAW

Werberat rügt: Frau ist kein "geiler Bodenbelag"

veröffentlicht am 12.11.2009 um 05:00 Uhr · Unternehmen · Artikel

Der Deutsche Werberat rügt öffentlich, dass der Raumausstatter Dieter Holschbach GmbH aus dem oberbergischen Morsbach mit nackten Frauen für Bodenbeläge wirbt. Auf Firmentransportern des Unternehmens steht der Text "Wir machen Geile Bodenbeläge". Darunter räkelt sich eine nackte Frau mit geöffneten Schenkeln. Der Werberat in Berlin schließt sich mit seiner Rüge dem Protest von Bürgern aus Morsbach an. Sie finden, dass diese Form der Firmenpropaganda "Frauen diskriminiert und erniedrigt". Die Gleichstellung von "Geilen" Bodenbelägen mit der offensichtlich sexuell gemeinten Darstellung der Frau demütige in nicht hinnehmbarer Weise das weibliche Geschlecht, so das Gremium.

"Weil die Dieter Holschbach GmbH die Firmenpropaganda zunächst nicht korrigieren will, erteilt der Werberat eine Öffentliche Rüge, über die das zentrale Kontrollgremium der deutschen Werbewirtschaft die Massenmedien in der Region unterrichtet hat", teilen die Berliner mit. Gleichzeitig informiere das Gremium die Handwerkskammer Köln über den Vorgang.

"Not amused" ist der Werberat auch im Fall seiner zweiten Rüge: Die Nürnberger Arte Gastronomie- und BetriebsAG, die in München drei Disco-Clubs mit elf Bars betreibt, bewirbt das Angebot mit Werbespots in Hörfunk und Internet. O-Ton: "Am Freitag ist wieder Absturzgefahr...ein Getränk bestellen, zwei bekommen...". Dies verstoße gegen die Verhaltensregeln der Werbewirtschaft, die solche Werbeaussagen unterbinden, meint der Werberat. Die inhaltliche Verknüpfung des vergünstigten Getränkepreises mit dem Begriff "Absturzgefahr" verharmlose missbräuchlichen Konsum von Alkohol.

Insert IV-6: Entwürdigende Darstellung von Frauen (Werben & Verkaufen 2009)

Beispiel: Entwürdigende Darstellung von Frauen
Im Jahre 2009 rügte der *Werberat* eine Anzeigen des Raumausstatters *Dieter Holschbach GmbH*, dargestellt in Insert IV-6. Die Anzeige auf dem Firmenfahrzeug zeigt eine nackte Frau auf dem Boden liegend mit der Überschrift „Wir machen geile Bodenbeläge". Der *Deutsche Werberat* rügte öffentlich diese Kombination von Bild und Text als entwürdigende Darstellung von Frauen (Werben & Verkaufen 2009).

Liegt ein offensichtlicher Gesetzesverstoß vor, besteht auch die Möglichkeit einer **Weiterleitung der Beschwerde**. Als nachfolgende Institution wird vom *Deutschen Werberat* beispielsweise die Zentrale zur Bekämpfung unlauteren Wettbewerbs eingeschaltet, die notfalls Klage erhebt und damit ein gerichtliches Verfahren einleitet. Des Weiteren erfolgt – je nachdem, welche Branche durch die Beschwerde berührt ist – eine Weiterleitung der Beschwerde an ein brancheneigenes Selbstkontrollgremium. Liegt z. B. eine Beschwerde im Bereich der Tabakwerbung vor, ist diese an das Selbstkontrollgremium der Zigarettenindustrie weiterzuleiten.

Im Jahre 2002 haben sich 1.985 Bürger und Institutionen beim *Werberat* über einzelne Werbemaßnahmen beschwert – fast dreimal so viel wie im Jahr zuvor (ZAW 2003, S. 17). Dieser starke Anstieg relativiert sich jedoch vor allem deshalb, weil auf eine Werbeaktivität besonders viele Eingaben entfielen. Eine bundesweite Tageszeitung warb in einer Plakatserie mit

Bildern von jungen Frauen, die nur knapp bekleidet waren, mit Sprüchen wie „Mittags krieg ich Hunger. Auf Sex." Allein 1.092 Beschwerden erhielt das Gremium zu dieser bundesweit geschalteten Plakatserie. Im Gegensatz zu der Anzahl der eingereichten Beschwerden stand im Jahre 2002 die Menge der von Protesten betroffenen Werbekampagnen. Mit 389 Werbeaktivitäten gerieten 8 Prozent weniger in die Kritik als im Vorjahr. Von den 389 Kampagnen fielen 119 nicht in den Entscheidungsbereich des *Werberates*, so dass die Schiedsstelle schließlich über 270 einzelne Werbmaßnahmen zu entscheiden hatte.

Im Rahmen des zweiten Arbeitsbereiches beschäftigt sich der *Deutsche Werberat* mit der **Entwicklung von Verhaltensregeln** (*Baumbach/Hefermehl* 2007, S. 203). Hier ist es die Aufgabe des *Deutschen Werberates*, Leitlinien und Verhaltensnormen hinsichtlich der Kommunikationspolitik der Werbetreibenden zu erarbeiten und deren Einhaltung zu überwachen. Diese Tätigkeit des *Deutschen Werberates* richtet sich nicht auf klare Verstöße gegen geltendes Recht, da diese bereits im Zuge der Fremdregulierung geahndet werden. Zielsetzung ist es vielmehr, die „Grauzone" unerwünschter, durch den Aussagegehalt, den Adressatenkreis und die Begleitumstände anstößiger Werbung einzudämmen. Darüber hinaus sind generelle Fehlentwicklungen der Werbegestaltung zu verhindern und eine verbrauchergerechte Werbung zu fördern (*Baumbach/Hefermehl* 2007, S. 203).

Der dritte Arbeitsbereich des *Deutschen Werberates* umfasst die ständige **Information aller Gruppierungen der Werbewirtschaft**. Diese werden sowohl über werberechtliche Urteile der Gerichte und die Entscheidungen des Werberats informiert als auch über die neuesten Entwicklungen, Auffassungen und Forderungen im Rahmen der freiwilligen Selbstkontrolle kommunikationspolitischer Regelungen. Ergänzt wird diese nach innen gerichtete Informationsaufgabe durch die Unterrichtung der Öffentlichkeit hinsichtlich der Tätigkeit des *Deutschen Werberates*. Mit Hilfe des Kompendiums *„Werbung in Deutschland"* und dem *„Jahrbuch Deutscher Werberat"* werden Anspruchsgruppen, wie Politiker und Medien, über die Arbeit des Werberates auf dem Laufenden gehalten. Flankiert wird diese Öffentlichkeitsarbeit durch intensive und regelmäßige Kontakte zur Presse.

3.1.2 Verhaltensnormen und Verhaltensrichtlinien des Deutschen Werberates

Zentrale, vom *Deutschen Werberat* verabschiedete, **Verhaltensnormen und Verhaltensrichtlinien** umfassen die folgenden Bereiche (*Baumbach/Hefermehl* 2007, S. 1266 f.):

- Werbung mit und vor Kindern in Hörfunk und Fernsehen,
- Werbung und Teleshopping für alkoholische Getränke,
- Werbung mit unfallriskanten Bildmotiven,
- Reifenwerbung,
- Herabwürdigung und Diskriminierung von Personen,
- Werbung mit Politikern,
- Umgang mit Verkehrsgeräuschen in der Hörfunkwerbung.

Grundlage der Verhaltensnormen und Verhaltensrichtlinien, deren primäres Ziel in einer Selbstdisziplinierung und Selbstregulierung der Werbewirtschaft zu sehen ist, sind die erstmals 1937 entwickelten und letztmals im April 1997 neu gefassten **„Internationalen Verhaltensregeln für die Werbepraxis"** der *Internationalen Handelskammer* (*International Chambre of Commerce, ICC*), an denen der *Zentralverband der Deutschen Werbewirtschaft* maßgeblich mitgewirkt hat (*Kuhlmann* 1990, S. 118).

Ein erster Bereich, bei dem der *Deutsche Werberat* die bestehenden internationalen Verhaltensregeln für Deutschland detaillierter ausgeführt hat, befasst sich mit der **„Werbung mit und**

vor Kindern in Hörfunk und Fernsehen" (*ZAW* 2003, S. 61 f.; *Baumbach/Hefermehl* 2007, S. 203). Hier wurde in der Fassung von 1992, neugefasst im Jahre 1998, unter Berücksichtigung der Bestimmungen der EU-Fernsehrichtlinie vom 3. Oktober 1989, zum einen festgelegt, dass es bei einer an Kinder gerichteten Werbung unzulässig ist, die Tatsache auszunutzen, dass diese Zielgruppe leicht beeinflussbar ist (*Baumbach/Hefermehl* 2007, S. 613). Folglich ist es gemäß Ziffer 1 der Verhaltensregeln als nicht angemessen einzustufen, wenn Kinder in Rundfunk- oder Fernsehspots Gleichaltrige zum Kauf von Produkten veranlassen oder die Attraktivität von Produkten dadurch erhöhen, dass sie diese in nicht normalen Lebensbedingungen darstellen (*Kuhlmann* 1990, S. 119; *ZAW* 2003, S. 61). Zum anderen ist eine direkte Aufforderung an Kinder zu einem Produktkauf zu vermeiden (*ZAW* 2003, S. 61; *Baumbach/Hefermehl* 2007, S. 613 f.). Ein Verstoß ist beispielsweise die von einer Kinderstimme gesprochene Aufforderung „Holt euch das neue Heft" in einer Radio- oder Fernsehwerbung für eine Kinderzeitschrift.

Zu vermeiden ist es ferner, das Vertrauen zu missbrauchen, das Kinder älteren Personen wie Eltern, Lehrern und anderen Vertrauenspersonen entgegenbringen, indem in der Werbung beispielsweise gezielt Vater- oder Mutterrollen gespielt werden (*ZAW* 2003, S. 61). Des Weiteren sind zum Schutz der Kinder und Jugendlichen strafbare Handlungen oder ein sonstiges Fehlverhalten, durch das Personen eventuell gefährdet werden, nicht als nachahmenswert oder billigenswert darzustellen (*ZAW* 2003, S. 62). Beispielsweise ist ein Fernsehspot für Hundefutter zu rügen, in dem Kinder vorkommen, die Hunde während des Fressens streicheln, da Hunde in solchen Situationen zum Beißen neigen.

Ein weiterer Bereich umfasst die Verhaltensregeln des *Deutschen Werberates* hinsichtlich der **Werbung und des Teleshoppings für alkoholische Getränke**, die gemeinsam mit den verschiedenen Organisationen und Verbänden der Hersteller und Importeure alkoholischer Getränke verabschiedet wurden (*ZAW* 2003, S. 63 ff.; *Baumbach/Hefermehl* 2007, S. 203). Die vereinbarten Verhaltensregeln wenden sich allgemein gegen Darstellungen und Aussagen in der Werbung, die zu übermäßigem und missbräuchlichem Konsum alkoholischer Getränke auffordern (*Kuhlmann* 1990, S. 119). Insbesondere sind Botschaften zu vermeiden, die Jugendliche und Kraftfahrer zum Alkoholgenuss auffordern oder durch einen Hinweis auf den niedrigen Alkoholgehalt eines Getränkes den Eindruck erwecken, dass ein Missbrauch ausgeschlossen ist.

> **Beispiel: Werbung für alkoholische Getränke**
> Der *Deutsche Werberat* mahnte Anzeigen eines „Cognacs für Autofahrer" ab. Die Anzeige zeigte ein Glas, das – unvermischt – halb mit Cognac und halb mit Mineralwasser gefüllt war, wobei ein Autofahrer das Mineralwasser mit einem Strohhalm und seine Partnerin den Cognac trank. Die Anzeigenschaltungen wurden seinerzeit eingestellt, weil nicht auszuschließen war, dass der Verbraucher die physikalischen Vermischungsbedingungen von Cognac und Wasser nicht erkennt und demzufolge irrtümlich die Unschädlichkeit des Cognacs im Hinblick auf den Blutalkoholgehalt annehmen konnte.

Eine weitere Verhaltensregel besagt, dass Alkohol nicht als Mittel zur Beseitigung, Linderung oder Verhütung von Krankheiten oder zum Abbau von Angst und psychosozialen Konflikten darzustellen ist (*ZAW* 2003, S. 66). Unter Berücksichtigung der EU-Fernsehrichtlinie vom 3. Oktober 1991 gilt darüber hinaus, dass Aussagen zu vermeiden sind, die auf die Verbesserung der physischen Leistungsfähigkeit durch den Genuss alkoholischer Getränke abstellen. Nicht erwünscht sind in diesem Zusammenhang auch Darstellungen, die den Eindruck erwecken, dass der Genuss alkoholischer Getränke den sozialen oder zwischenmenschlichen Erfolg fördert.

Ein weiterer Bereich, in dem der *Deutsche Werberat* Verhaltensrichtlinien und -normen verabschiedet hat, betrifft die **Werbung mit unfallriskanten Bildmotiven** (*ZAW* 2003, S. 67). Hier weist der *Deutsche Werberat* in einer Verlautbarung vom Oktober 1974 darauf hin, dass in der

Werbung für Maschinen, Arbeitsgeräte u. Ä. keine Situationen oder Verhaltensweisen darge-stellt werden, die den Unfallverhütungsvorschriften widersprechen oder mit dem Gedanken der Arbeitssicherheit nicht vereinbar sind.

Ferner hat der *Deutsche Werberat* aufgrund einer Beanstandung der Vereinigung der Tech-nischen Überwachungsvereine die **Werbung der Reifenhersteller** für die nasse, kalte und schneereiche Jahreszeit überprüft (*ZAW* 2003, S. 67 f.). Im Anschluss an die Analyse wurden die Reifenhersteller aufgefordert, Weiterentwicklungen bei Autoreifen dieser Kategorie nicht so darzustellen, dass die Autofahrer dazu verleitet werden, ihr Fahrverhalten nicht den äu-ßeren Bedingungen wie Regen, Schnee und Glatteis anzupassen. Als unzulässig wurde bei-spielsweise die Anzeigenschlagzeile angesehen, „Auf den Aquaplaning-Radials XY sind sie so sicher wie ein Fisch im Wasser."

Darüber hinaus hat sich der *Deutsche Werberat* mit der **Herabwürdigung und Diskriminie-rung von Personen in der Werbung** auseinander gesetzt (*ZAW* 2003, S. 68 ff.). Hier weist er auf das Verbot hin, dass mit Darstellungen und Aussagen in der Werbung die Menschenwürde und das allgemeine Anstandsgefühl verletzt und bestimmte Personen oder Personengrup-pen herabwürdigend oder verächtlich behandelt werden. Vor allem ist zu vermeiden, dass der Eindruck erweckt wird, dass bestimmte Personen oder Personengruppen unter anderem wegen ihres Geschlechts, ihrer Herkunft oder ihrer Anschauungen minderwertig seien oder in Gesellschaft, Beruf und Familie willkürlich ungleich behandelt werden. Zur Beachtung dieser Grundsätze zählt insbesondere auch, dass bei der Darstellung von Personen in der Werbung auf sexuell aufreizende Abbildungen oder Texte zu verzichten ist.

> **Beispiel: Anzeigenkampagne eines Herstellers von Personal Computern**
> Die Anzeigenkampagne eines Herstellers von Personal Computern wurde abgemahnt, der mit dem Slogan warb: „Drei Dinge soll man nicht verleihen, Freundin, Auto und den X." Bei dieser Werbung wurde beanstandet, dass Frauen Gegenständen gleichgesetzt werden und die Werbung damit in Be-zug auf Frauen diskriminierend und herabwürdigend sei.

> **Beispiel: Zynische und frauenfeindliche Werbung**
> Im Jahre 2008 wurde das Plakat der Firma *Ahnenforschung Ltd.*, das *Adolf Hitler* auf der Webseite des Unternehmens als Blickfang nutzte, dargestellt in Insert IV-7, vom *Deutschen Werberat* gerügt. Kri-tisiert wurde, dass vor dem Hintergrund der Verbrechen von *Adolf Hitler* der Zusammenhang mit Ahnenforschung als sehr zynisch anzusehen ist.

Bei der Beurteilung, ob ein Verstoß gegen diese Grundsätze vorliegt, stellt der *Deutsche Werbe-rat* auf den Eindruck ab, den ein „aufmerksamer und verständiger Durchschnittsbetrachter" hat. Dabei wird berücksichtigt, dass die Werbung ein Spiegelbild der Gesellschaft und ihrer sich wandelnden Einstellungen ist und dass Darstellungen und Aussagen in der Werbung auch daran zu messen sind, was die Medien in ihren redaktionellen Beiträgen als gesell-schaftliche Wirklichkeit darstellen (*Nickel* 1994, S. 133).

Über die Verhaltensnormen und Verhaltensrichtlinien des *Deutsche Werberates* hinausgehend hat der *Zentralverband der deutschen Wirtschaft (ZAW)* **Richtlinien für redaktionell gestaltete Anzeigen** verfasst (*ZAW* 2003, S. 71 ff.). Als problematisch ist dabei der irreführende Charak-ter dieser Anzeigen zu sehen, da sie beim unvoreingenommenen Leser den Eindruck un-abhängiger redaktioneller Berichterstattung erwecken (*Baumbach/Hefermehl* 2007, S. 266 f.). Folglich werden redaktionelle Anzeigen vom *ZAW* gemäß Ziffer 1 der erstellten Richtlinien als irreführend gegenüber den Lesern und unlauter gegenüber den Wettbewerbern einge-stuft (*ZAW* 2003, S. 72). Darüber hinaus gefährden sie das Ansehen und die Unabhängigkeit der redaktionellen Arbeit und sind deshalb auch presserechtlich untersagt. Der Charakter einer Werbeanzeige wird vom Werbetreibenden generell durch eine vom redaktionellen Teil deutlich abweichende Gestaltung erreicht. Sind Gestaltungselemente, wie Bild, Grafik und

Werberat

Frauen, Fleisch und Adolf Hitler

Wegen zynischer und frauenfeindlicher Werbung hat der Deutsche Werberat mehrere Firmen öffentlich gerügt. Nicht jeder Gescholtene zeigte Einsicht.

30 Werbekampagnen hat der Deutsche Werberat im ersten Halbjahr beanstandet. Drei davon wurden öffentlich gerügt, weil die Firmen die Werbung nicht zurückzog. So tadelte das Gremium die Firma Ahnenforschung Ltd. (Griesheim), weil die Website des Unternehmens Adolf Hitler als Blickfang benutzte. „Vor dem Hintergrund seiner Verbrechen wirkt der Zusammenhang mit Ahnenforschung besonders zynisch und trifft insbesondere Menschen, die unter dem Rassenwahn des Nazi-Regimes zu leiden hatten", schrieb das Gremium in seiner Halbzeitbilanz.

Vom Werberat gerügt   Werberat

Außerdem wurde das Fuhrpark-Unternehmen G&M wegen frauenfeindlicher Werbung gerügt. Das in Süddeutschland ansässige Unternehmen wirbt auf seinem Lieferwagen mit einem nackten Frauenkörper neben dem Firmennamen „G&M Fleischwaren Frischdienst" und dem Text „Schönheit kommt von innen". „Die für

ZUM THEMA

Video-Rückblick:
50 Jahre TV-Werbung

Erster TV-Spot:
Premiere im Wirtshaus

den Betrachter nahegelegte Gleichstellung einer Frau mit Frischfleisch ist menschenunwürdig und in hohem Maße frauenfeindlich", urteilte der Werberat. Wie ein Sprecher des Gremiums sagte, habe das Unternehmen zwar inzwischen den Stempelaufdruck auf dem Frauenkörper „Kontrollierte Qualität G&M" entfernt, sei aber bisher nicht bereit, auch das Nacktfoto aus seiner Lkw-Werbung zu tilgen.

Weibliche Nacktheit als Blickfang missbraucht

Gerügt hat der Werberat außerdem die Grey Computer Cologne GmbH (Wesseling). In den doppelseitigen Anzeigen des Anbieters von PC-Gehäusen reckte eine im Profil fotografierte nackte Frau ihre Arme in die Höhe unter der Überschrift „Spiel. Satz. Sieg". Auch diese Werbung bewertete der Rat als frauenfeindlich: Die Anzeige missbrauche weibliche Nacktheit als Blickfang ohne irgendeinen Bezug zum beworbenen Produkt.

Als besonders krassen Verstoß gegen menschenwürdige Werbung bewertete der Werberat die Anzeige der Möbelfirma Heuberg-Wagner GbR (Bremen-Neustadt). Die Abbildung zeigt eine Frau mit einem im Genitalbereich ausgeschnittenen Rock.

Häufigster Vorwurf bleibt, die kritisierte Werbung beleidige und diskriminiere Frauen. 41 Prozent der Beschwerden bezogen sich im ersten Halbjahr 2008 darauf. Weit weniger häufig wurde Gewaltverherrlichung (acht Prozent) kritisiert, Verstoß gegen moralische Mindestanforderungen (acht Prozent) oder der Anreiz zur Nachahmung gefährlichen Verhaltens (sieben Prozent). Die besonders von der Politik kritisch beäugte Alkoholwerbung bietet der Bevölkerung nur selten Anlass zur Beschwerde. Lediglich sechs Fälle lösten Proteste aus.

Insert IV-7: Deutscher Werberat rügt Firmen (Heise 2008)

Schriftart nicht so eingesetzt, dass der Anzeigencharakter der Veröffentlichung für den flüchtigen Durchschnittsleser erkennbar wird, ist eine derartige Veröffentlichung gemäß Ziffer 3 der Richtlinien nur dann möglich, wenn sie deutlich und unmittelbar mit dem Wort „Anzeige" gekennzeichnet ist (*ZAW* 2003, S. 72; *Baumbach/Hefermehl* 2007, S. 1266 f.).

3.1.3 Rechtliche Bindung der Verhaltensnormen und Verhaltensrichtlinien

Der entscheidende Unterschied zwischen den Verhaltensnormen und Verhaltensrichtlinien der Selbstregulierung sowie den Gesetzen, Richtlinien und Verordnungen im Rahmen der Fremdregulierung besteht darin, dass bei Verstößen gegen die Regelungen der Fremdregulierung rechtliche Sanktionen in Kraft treten, während dies bei den Selbstbeschränkungsregeln nicht direkt der Fall ist. Als **verbindliches Standesrecht** haben die Selbstbeschränkungsregeln jedoch eine indirekte rechtliche Wirkung, da sich die Rechtsprechung bei der Beurteilung der Rechtmäßigkeit einer Werbemaßnahme neben den bestehenden rechtlichen Regelungen auch an den Selbstbeschränkungsregeln orientiert (*Schweiger/Schrattenecker* 2009, S. 258).

Die generelle Möglichkeit der Rechtsprechung, durch eine Hinzuziehung von Regelungen der Selbstregulierung zu einer Beurteilung von Sachverhalten zu gelangen, wird durch ein **Urteil** des Kammergerichtes Berlin vom 6. März 1992 bestätigt. Das Gericht hatte seinerzeit zu prüfen, ob ein Fernsehspot für eine Kreditkarte, in dem ein kleines Mädchen mit einer solchen Karte spielt, gemäß UWG unlauter ist. Die Entscheidung des Gerichts lautete, dass die Fernsehwerbung gegen Ziffer 1 der Verhaltensregeln des *Deutschen Werberates* verstoße, der sich auf die Werbung mit und für Kinder in Funk und Fernsehen bezieht und damit zugleich gegen das UWG verstößt.

Diese Entscheidung des *Kammergerichtes Berlin* ist deswegen als bedeutsam anzusehen, weil hier erstmals gerichtlich festgestellt wurde, dass die Verhaltensregeln des *Werberates* verbindliches Standesrecht der Werbewirtschaft darstellen und von Gerichten als Grundlage für Entscheidungen auf Basis des UWG herangezogen werden. Dieser Sachverhalt kommt auch durch ein anderes Verfahren des *Landgerichtes Berlin* zum Ausdruck, in dem die Richter zunächst untersuchten, ob im vorliegenden Fall ein Verstoß gegen die Verhaltensregeln des Werberates vorlag. Erst nachdem festgestellt wurde, dass diese Regeln im vorliegenden Fall keine Anwendung fanden, prüften die Richter die allgemeinen gesetzlichen Voraussetzungen des UWG.

Für die werbetreibenden Unternehmen haben diese Urteile die Konsequenz, dass sie damit zu rechnen haben, gerichtlich wegen eines Verstoßes gegen UWG auf Unterlassung in Anspruch genommen zu werden, wenn ihre Werbung gegen die Verhaltensregeln des *Deutschen Werberates* verstößt (*Baumbach/Hefermehl* 2007, S. 203). Die Entscheidungspraxis des *Deutschen Werberates* wird durch die aufgezeigte Entwicklung jedoch nicht direkt beeinflusst, da dieser bei der Beurteilung eines Sachverhaltes nicht an die gerichtlichen Urteile hinsichtlich einer Werbemaßnahme von Unternehmen gebunden ist.

3.2 Freiwillige Selbstbeschränkungsabkommen der Wirtschaft

Die durch den *Deutschen Werberat* gesetzten Verhaltensnormen und Verhaltensrichtlinien werden durch **freiwillige Selbstbeschränkungsregeln der Wirtschaft** ergänzt, die zumeist branchenspezifisch die Kommunikationspolitik der Unternehmen reglementieren. Gegenstand freiwilliger Beschränkungen sind dabei zumeist den Wettbewerb der gesamten Branche beeinflussende Regelungen, die in vielen Fällen über den vom *Deutschen Werberat* wahrgenommenen Bereich der Werbekontrolle hinausgehen. Die festgelegten Beschränkungen stehen dabei als eine Art Standesvorschrift noch vor jeder gesetzlichen Regelung, da ein Verstoß gegen diese sowohl ehrenrührig als auch geschäftsschädigend wäre (*Nickel* 1994, S. 70).

Schaubild IV-6 zeigt, dass eine Vielzahl verschiedener Organisationen, Verbände und Branchen eigene Werbe- und Wettbewerbsregeln aufgestellt haben. Zu unterscheiden ist unter anderem zwischen festgelegten Verhaltensweisen der Organisation der gewerblichen Wirtschaft, den Regeln des Markenverbandes, Werbeselbstbeschränkungen der deutschen Ziga-

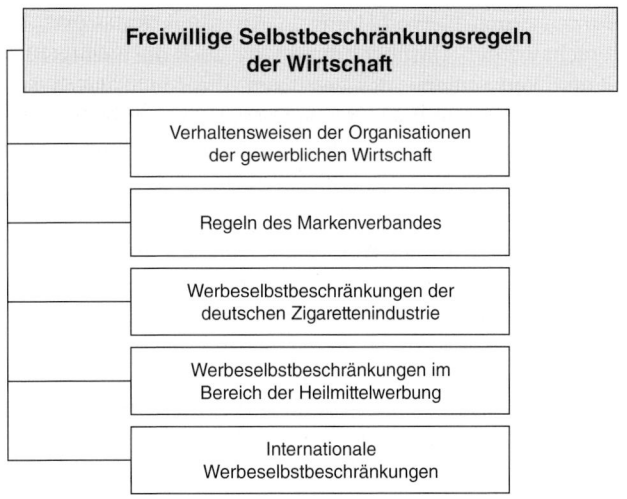

Schaubild IV-6: Freiwillige Selbstbeschränkungsregeln der Wirtschaft

rettenindustrie und im Bereich der Heilmittelwerbung sowie internationalen Werbeselbstbeschränkungen.

Insbesondere der Bereich des Direct Marketing ist ein Beispiel, der mit selbstregulierenden Maßnahmen für einen fairen Wettbewerb und die erforderliche aber auch ausreichende Berücksichtigung von Verbraucherinteressen gesorgt hat. Der *Deutsche Direktmarketing Verband (DDV)*, als Interessenvertreter von Dienstleistern und Anwendern der gesamten Direkt-Marketing-Branche hat mit verschiedenen Instrumentarien dazu beigetragen, dass der Gesetzgeber in vielen Details auf beschränkende Eingriffe verzichten konnte. Im Einzelnen handelt es sich dabei um folgende Maßnahmen (*Berghoff* 2002, S. 79):

- Robinsonliste,
- Ehrenkodizes,
- Regeln für faires Direct Marketing,
- Qualität und Leistungsstandards,
- Empfehlungen und Praxishilfen.

3.2.1 Verhaltensweisen der Organisationen der gewerblichen Wirtschaft

Die verschiedenen Organisationen der gewerblichen Wirtschaft haben Ende 1975 dahingehend ein **Selbstbeschränkungsabkommen** geschlossen, dass in einer gemeinsamen Erklärung Verhaltensweisen aufgeführt wurden, die den Leistungswettbewerb negativ beeinflussen. Zielsetzung dieses Negativkataloges ist es, unerwünschte Verhaltensweisen von Unternehmen möglichst transparent deutlich zu machen und dadurch zu einer weiteren Disziplinierung der Wirtschaft beizutragen. Ohne das eine rechtliche Wertung erfolgt, werden die Unternehmen und die Organisationen der gewerblichen Wirtschaft aufgerufen, diese Grundsätze in der Praxis zu verwirklichen (*Baumbach/Hefermehl* 2007, S. 933 f.).

Inhalt des Negativkataloges sind beispielsweise unerwünschte Aktivitäten, wie das Anbieten, Fordern oder Gewähren einer **Zahlung von Regal- oder Schaufenstermieten** an den Abnehmer. Des Weiteren wird auch die Zahlung oder das Angebot von **Werbekostenzuschüssen** und sonstigen Werbeleistungen als unerwünscht angesehen, wenn dafür vom Abnehmer keine angemessenen spezifischen Gegenleistungen, wie beispielsweise die Förderung der Ware eines Lieferanten durch Hervorhebung in Anzeigen, Katalogen, Werbeflächen oder Schaufenstern, erbracht werden. Darüber hinaus wird auch die **unentgeltliche Auszeichnung von Produkten** mit dem Verkaufspreis des jeweiligen Abnehmers durch den Lieferanten oder für ihn tätige Dritte als widrig angesehen (*Baumbach/Hefermehl* 2007, S. 933 f.). Einige der im Rahmen des Negativkataloges festgelegten Regelungen, wie beispielsweise die Zahlung von Einlistungs- und Regalplatzprämien, sind allerdings heute aufgrund des verschärften Konkurrenzkampfes und der zunehmenden Macht des Handels als „Gatekeeper" gängige Praxis.

Darüber haben sich alle wesentlichen Werbungtreibende – nicht nur aus dem Bereich der Markenartikelhersteller, sondern darüber hinaus auch aus dem Dienstleistungsbereich und benachbarten Sektoren der Wirtschaft – im Jahre 1995 in der *Organisation Werbungtreibende im Markenverband* (OWM; www.owm.de) zusammengeschlossen. Sie löste damit die Tätigkeit des früheren *Fachausschusses für Wirtschaftswerbung des Markenverbandes* und des *Arbeitskreises Werbefernsehen der deutschen Wirtschaft* ab. Als Schwerpunkte der medienpolitischen Arbeit der *OWM* sind im Bereich der nationalen Medienpolitik vor allem die Begleitung der Vorschriften durch Werberichtlinien der Landesmedienanstalten und des Rundfunkstaatsvertrages, im Bereich der internationalen Medienpolitik die Beeinflussung einer Revision der EU-Fernsehrichtlinie hervorzuheben. Beide Initiativen verfolgen das Ziel einer Deregulierung und damit eines umfassenden Abbaus der quantitativen Werbevorschriften (*Hainer* 2004, S. 288 f.).

3.2.2 Regeln des Markenverbandes

Die Verhaltensweisen der Organisationen der gewerblichen Wirtschaft werden für die Markenartikelindustrie durch die **Wettbewerbsregeln des Markenverbandes** ergänzt (*Baumbach/ Hefermehl* 2007, S. 204). Zielsetzung der ebenfalls Ende 1975 veröffentlichten Wettbewerbsregeln ist es, einen leistungsgerechten Wettbewerb der Markenartikelindustrie zu fördern und diesen gegen wettbewerbsfremde Praktiken zu schützen. Darüber hinaus dienen die Wettbewerbsregeln einer Verbesserung des Verbraucherschutzes und gewährleisten eine möglichst optimale Verbraucherversorgung (*Baumbach/Hefermehl* 2007, S. 935 f.).

Die kommunikationspolitisch relevanten Regelungen sind dabei an dem Leitsatz ausgerichtet, dass sich die Werbung und Preisgestaltung eines Herstellers nach den Geboten der Wahrheit und Klarheit zu richten hat. Als wettbewerbswidrig werden vom Markenverband demzufolge alle irreführenden Methoden der Kennzeichnung, Ausstattung, Preisangabe und Bewerbung von Produkten angesehen (*Baumbach/Hefermehl* 2007, S. 204). Beispielsweise wird nach Aussage der Wettbewerbsregeln gegen die guten Sitten verstoßen, wenn Abnehmer durch Preisausschreiben, Reisen oder sonstige geldwerte Vorteile unsachlich beeinflusst werden. Zu unterbleiben hat darüber hinaus, dass es sich bei den vom Hersteller vorgegebenen unverbindlich empfohlenen Preisen um nicht marktgerechte Phantasiegrößen handelt und das „Mogelpackungen" durch ein Missverhältnis zwischen Packungsgröße und Fassungsvermögen eine größere Füllmenge vortäuschen, als sie tatsächlich enthalten (*Baumbach/ Hefermehl* 2007, S. 935 f.). Inwieweit die verschiedenen selbstordnenden Regelungen des Markenverbandes in der Praxis Beachtung und Anwendung finden, ist von der einzelnen Regelung abhängig.

3.2.3 Werbeselbstbeschränkungen der deutschen Zigarettenindustrie

Aus politischen Gründen ist die deutsche Zigarettenindustrie in zunehmendem Maße dazu übergegangen, ihre Werbung zu beschränken. Bereits im Jahre 1966 wurde eine Vielzahl von Selbstbeschränkungen erlassen. Die wichtigste Selbstbeschränkung der Industrie umfasst den im Jahre 1972 beschlossenen freiwilligen Verzicht auf Zigarettenwerbung im Fernsehen, die zwei Jahre später auch gesetzlich verboten. Ein großer Teil weiterer Beschränkungen zielt primär darauf ab, Jugendliche nicht zum Konsum von Zigaretten zu verleiten, wobei generell zwischen qualitativen und quantitativen Regelungen zu unterscheiden ist (*Baumbach/Hefermehl* 2007, S. 1219).

Die im Jahre 1972 im Bundesanzeiger veröffentlichten quantitativen Beschränkungen beinhalten beispielsweise Einschränkungen hinsichtlich der Anzeigenhäufigkeit in Magazinen und Zeitschriften, die durch ein gänzliches Verbot der Zigarettenwerbung in Jugendzeitschriften ergänzt werden. Weitere freiwillige Selbstbeschränkungen bestehen etwa in einem Verbot jeglicher Zigarettenwerbung in Sportstätten und an öffentlichen Verkehrsmitteln. Auf Models unter 30 Jahren, Symbole aus dem speziellen Umfeld der Jugendlichen und auf Prominente ist zudem für die Zigarettenwerbung zu verzichten. Außerdem ist die Aufstellung von Zigarettenautomaten, die Hauptbezugsquelle der Jugendlichen, laut Selbstbeschränkung in der Nähe von Schulen zu unterlassen. Ergänzt werden diese Regelungen darüber hinaus durch ein Verbot des kostenlosen Verteilens von Zigaretten an Jugendliche unter 18 Jahren.

Die wichtigsten **qualitativen Selbstbeschränkungen** hinsichtlich der Zigarettenwerbung bestehen in einem Verbot jeglicher gesundheitsbezogener und einer sich an Jugendliche richtenden Werbung. Ferner ist im Zusammenhang mit Zigaretten nicht mit Prominenten oder Leistungssportlern zu werben, die Jugendlichen eventuell als Vorbilder dienen. Aus diesem Grund ist auch jegliche Zigarettenwerbung in Verbindung mit Leistungssport verboten. Um einen zusätzlichen Schutz Jugendlicher zu gewährleisten, haben – über diese Regelungen hinausgehend – alle in der Zigarettenwerbung gezeigten Personen über 30 Jahre alt zu sein.

Die bisher vereinbarten Beschränkungen wurden im April 1993 in Zusammenarbeit mit dem *Bundesministerium für Gesundheit* durch weitere selbstbeschränkende Maßnahmen ergänzt. Dazu zählt beispielsweise unter anderem das Verbot der Plakatwerbung an Straßen und Haltestellen in der Nähe von Schulen und Jugendzentren. Ferner wurden Warnhinweise im Anschluss an Werbespots in Kinos, eine Verdreifachung der Fläche für den Warnhinweis und die Angabe von Nikotin- und Kondensatwerten auf 10 Prozent der Fläche bei Plakaten und Anzeigen vereinbart.

3.2.4 Werbeselbstbeschränkungen im Bereich der Heilmittelwerbung

Die Heilmittelbranche hat über die bestehenden gesetzlichen Vorschriften des Heilmittelwerbegesetzes hinaus Beschränkungen vereinbart (*Baumbach/Hefermehl* 2007, S. 806). Ziel des *Bundesverbandes der Arzneimittelhersteller (BAH)* ist es beispielsweise, alle neu erscheinenden Werbekampagnen in den verschiedenen Medien systematisch und lückenlos auf ihre Vereinbarkeit mit dem Heilmittelwerbegesetz, dem UWG sowie den Richtlinien der ihm angeschlossenen Verbände zu überprüfen. Umzusetzen ist dieses Ziel durch den vom Bundesverband der Arzneimittelhersteller gegründeten *Verein für lautere Heilmittelwerbung (INTEGRITAS)*, dem die Werbetreibenden der Heilmittelbranche und verschiedene Verbände angehören. Weitere Aufgaben des Vereins bestehen unter anderem darin, durch Grundsatzprozesse Zweifels- und Grenzfragen der Werbung zu klären sowie an der Sammlung und Herausgabe der Entscheidungen auf dem Gebiet der Heilmittelwerbung mitzuwirken.

Ergänzt wird die Arbeit des *Bundesverbandes der Arzneimittelhersteller* durch die Tätigkeit des *Bundesverbandes der pharmazeutischen Industrie*. Dieser hat für die angeschlossenen Unternehmen zusätzliche **Wettbewerbsregeln** aufgestellt, die allgemeine Regelungen hinsichtlich der konsumentengerichteten Arzneimittelwerbung beinhalten und durch besondere Regelungen für die Werbung bei Ärzten und Apothekern ergänzt werden. Zielsetzung dieser zusätzlichen Regeln ist es, einen Beitrag zur wahren und vollständigen Information in der Pharmawerbung zu leisten. §2 der Richtlinien der freiwilligen Selbstkontrolle schreibt beispielsweise vor, dass eine Arznei nur innerhalb des ersten Jahres nach der Markteinführung als neu zu bezeichnen ist. Ferner ist aus der Werbung deutlich ersichtlich zu werden, in welcher Hinsicht das Präparat neu ist. In einer Anzeige ist daher stichwortartig anzugeben, ob ein neuer Wirkstoff, eine neue Indikation oder eine neue Packungsgröße beziehungsweise Darreichungsform angeboten werden.

Neben den näher dargestellten Werbeselbstbeschränkungen in den Bereichen der Heilmittel- und Zigarettenwerbung existieren in verschiedenen weiteren Branchen Selbstbeschränkungsabkommen. Beispielsweise existieren Grundsätze einer freiwilligen Selbstkontrolle der Automobilwerbung, erlassen durch den *Verband der Automobilindustrie (VDA)*, Wettbewerbs- und Werberegeln für den Kraftfahrzeughandel sowie Wettbewerbsrichtlinien der Versicherungswirtschaft (*Baumbach/Hefermehl* 2007, S. 1274).

3.2.5 Internationale Werbeselbstbeschränkungen

Die bisher aufgezeigten nationalen Werbeselbstbeschränkungen der verschiedenen Branchen und Verbände werden durch internationale Werbeselbstbeschränkungen ergänzt. Mit diesen erstmals 1937 entwickelten und letztmals im April 1997 neugefassten **„Internationalen Verhaltensregeln für die Werbepraxis"** der *Internationalen Handelskammer* (*International Chambre of Commerce, ICC*, www.iccwbo.org) wird die Absicht verfolgt, als internationales Instrument der freiwilligen Selbstdisziplin dazu beizutragen, die Grundsätze lauteren Verhaltens international anzugleichen und eine diesen Grundsätzen entsprechende Kommunikation zwischen Anbietern und Abnehmern zu fördern. Als Hauptgrundsätze lauterer Werbung legen die Verhaltensregeln fest, dass jede Werbemaßnahme mit den guten Sitten vereinbar, redlich und wahr zu sein hat. Die internationalen Verhaltensregeln für die Werbepraxis sind dabei in Verbindung mit weiteren *ICC*-Verhaltensregeln, wie beispielsweise dem internationalem Kodex für Direct Marketing, zu sehen (*Baumbach/Hefermehl* 2007, S. 1262 f.).

Initiator und Koordinator der internationalen Werbeselbstkontrolle ist die im Juni 1991 gegründete *European Advertising Standards Alliance* (*EASA*, www.easa-alliance.org), die von den verschiedenen nationalen Organisationen und Verbänden der Werbeselbstdisziplin getragen wird (*Beckmann* 1991, S. 706). Primäre Aufgabe der *EASA* ist die Zusammenführung der Einrichtungen der Werbeselbstdisziplin in den verschiedenen europäischen Staaten, um den sich aus dem zusammenwachsenden europäischen Binnenmarkt ergebenden neuen Aufgabenstellungen effektiver gerecht zu werden. Im Zentrum der Arbeit steht dabei die Herausbildung eines Systems zur europaweiten Beurteilung von Werbemaßnahmen mit dem Ziel einer besseren Überwachung des wachsenden Anteils grenzüberschreitender Werbung (*Beckmann* 1991, S. 702 f.; *Baumbach/Hefermehl* 2007, S. 204). Die *EASA* hat anlässlich ihres zehnjährigen Bestehens erstmals gemeinsame Arbeits- und Verfahrensgrundsätze für die europäischen Werbekontrolleinrichtungen veröffentlicht (*ZAW* 2003, S. 136 ff.), die die Grundwerte der Unabhängigkeit, Transparenz und Effektivität festschreiben. Diese **„Common Principles and Operation Standards of Best Practice"** sind abrufbar unter www.easa-alliance.org.

Mit der Einrichtung eines **europaweiten Verfahrens zur Behandlung von Verbraucherbeschwerden** wird der Problematik begegnet, dass die nationalen werbeselbstdisziplinären Einrichtungen bisher nur Werbemaßnahmen in den Medien des eigenen Landes überprüfen konnten. Das neue europaweite Verfahren ermöglicht beispielsweise, auch Beschwerden ausländischer Verbraucher über Werbeanzeigen in deutschen Medien, die im Ausland verkauft wurden, zu verfolgen (*Baumbach/Hefermehl* 2007, S. 204).

4 Externe Überwachung kommunikationspolitischer Entscheidungen

Die kommunikationspolitischen Entscheidungen eines Unternehmens unterliegen neben den Einschränkungen und Reglementierungen im Rahmen der Fremd- und Selbstregulierung auch einer **externen Überwachung**. Generell lassen sich die folgenden drei Gruppen unterscheiden, die neben dem *Deutschen Werberat* in der Lage und berechtigt sind, die Kommunikationspolitik der Unternehmen zu überwachen und eine juristische Überprüfung in Gang zu setzen:

(1) Wettbewerber,
(2) Institutionen der Verbraucherpolitik,
(3) Wirtschaftsverbände.

Die Grundlage, auf rechtlichem Wege gegen vermeintlich nicht gestattete kommunikationspolitische Maßnahmen vorzugehen, bilden dabei die Regelungen der Fremd- und Selbstregulierung, die aufzeigen, auf Basis welcher Gesetze die kommunikationspolitischen Entscheidungen der Unternehmen durch die verschiedenen Gruppen kontrolliert werden.

4.1 Überwachung durch die Konkurrenzbeobachtung der Wettbewerber

Die kommunikationspolitischen Aktivitäten eines Unternehmens werden streng durch die
aktuellen und potenziellen **Wettbewerber** überwacht. Die Wettbewerbsbeobachtung umfasst
dabei oftmals nicht ausschließlich die Anbieter der eigenen Branche, sondern erstreckt sich
auch auf andere Branchen sowie vor- und nachgelagerte Distributionsstufen. Die Zielsetzung
einer laufenden Analyse der kommunikationspolitischen Aktivitäten der verschiedenen
Gruppen besteht primär darin zu verhindern, dass diese durch die Verletzung bestehender
Gesetze und freiwilliger Verhaltensregeln einen unerlaubten Wettbewerbsvorteil erlangen.

Fühlen sich Unternehmen in ihren eigenen Rechten beeinträchtigt, stehen die folgenden Möglichkeiten offen, gegen vermeintlich nicht zulässige kommunikationspolitische Maßnahmen
der Wettbewerber vorzugehen:

- Klage,
- Einstweilige Verfügung,
- Abmahnung,
- Beschwerde.

Zum einen besteht die Möglichkeit, mit einer **Klage** gegen vermeintlich unzulässige Aktivitäten der Wettbewerber vorzugehen. Das Ziel einer Klage besteht vornehmlich darin, die
Werbung der Mitbewerber zu stoppen. Darüber hinaus wird mit einer Klage auch der Zweck
verfolgt, dass ein durch Verhalten des Wettbewerbers entstandener Schaden wiedergutge-
macht wird (*Baumbach/Hefermehl* 2007, S. 403 f.; 1380).

Darüber hinaus ist es gemäß §§ 935 und 940 der Zivilprozessordnung (ZPO) möglich, mit Hilfe einer **einstweiligen Verfügung** gegen kommunikationspolitische Maßnahmen der Wettbewerber vorzugehen (*Baumbach/Hefermehl* 2007, S. 1521). Zielsetzung dieses Vorgehens ist es,
möglichst unverzüglich zumindest für einen begrenzten Zeitraum negative Folgen für das
eigene Unternehmen abzuwenden, ohne dass ein langwieriger Prozess abzuwarten ist. Mit
Hilfe einer einstweiligen Verfügung besteht so die Möglichkeit, innerhalb von Stunden vermeintlich imageschädigende Werbekampagnen der Wettbewerber zu stoppen.

In den meisten Fällen geht einer einstweiligen Verfügung jedoch eine **Abmahnung** voraus,
mit der ein Unternehmen einen Mitbewerber zur Unterlassung einer nach seiner Auffassung
unzulässigen kommunikationspolitischen Maßnahme auffordert (*Baumbach/Hefermehl* 2007,
S. 435 f.). Viele Streitfälle erledigen sich bereits dadurch, dass das angegriffene Unternehmen
eine Erklärung dahingehend abgibt, dass es die abgemahnten Aktivitäten zukünftig unterlassen wird.

Um einen Streitfall hinsichtlich einer vermeintlich unerlaubten kommunikationspolitischen
Maßnahme eines Wettbewerbers außergerichtlich zu klären, besteht darüber hinaus die
Möglichkeit einer **Beschwerde** beim *Deutschen Werberat*. Dieser entscheidet dann auf Basis der
ihm vorliegenden Informationen, wie mit der vorliegenden Beschwerde weiter zu verfahren
ist (*Baumbach/Hefermehl* 2007, S. 203).

Beispiel: Gegenseitige Überwachung der Unternehmen *Schaulandt* und *Elida Gibbs*
Ein Beispiel für die gegenseitige Überwachung der Unternehmen und die dadurch entstehende Einschränkung des kommunikationspolitischen Handlungsspielraumes eines Unternehmens stellt der Fall „*Schaulandt/Elida Gibbs*" dar. Grundlage der Divergenzen zwischen dem Hifi-Discounter *Schaulandt* und dem Konsumgüterhersteller *Elida Gibbs* war eine von *Schaulandt* geschaltete Anzeige für einen wasserdichten CD-Player. Im Bildteil der Anzeige war der nackte Oberkörper eines Mannes zu sehen, der unter der Dusche steht und einen CD-Player in der Hand hält. Die Headline zu dieser Anzeige lautete „An meine Ohren lasse ich nur Wasser und CD". Daraufhin setzte der Markenartikelhersteller *Elida Gibbs* mit Hilfe einer Abmahnung durch, dass der Händler *Schaulandt* diesen Werbeslogan künftig nicht mehr zu benutzen hat. Hauptargument war in diesem Zusammenhang, dass sich der von *Schaulandt* verwandte Werbeslogan zu eng an den eigenen Werbeslogan „An meine Haut lasse ich nur Wasser und CD" für ihre Marke CD anlehne und somit in unzulässiger Weise den guten Ruf der Marke CD ausbeute (*Schröder* 2004, S. 2415 f.).

4.2 Überwachung durch die Institutionen der Verbraucherpolitik

Neben der externen Überwachung der Kommunikationspolitik durch die Wettbewerber haben auch die verschiedenen **Institutionen der Verbraucherpolitik** das Recht, die kommunikationspolitischen Aktivitäten der Unternehmen zu kontrollieren (*Baumbach/Hefermehl* 2007, S. 1399). Im Fokus der Überwachung des Marktgeschehens stehen primär die die Interessen der Verbraucher berührenden kommunikationspolitischen Maßnahmen und nicht die der Unternehmen untereinander (*Baumbach/Hefermehl* 2007, S. 213). Grundlage dieser Einschränkung ist die generelle Zielsetzung der Verbraucherpolitik, durch eine umfassende Information, Aufklärung und Beratung der Verbraucher die Markttransparenz zu erhöhen und so zum Schutz der Verbraucher beizutragen (*Baumbach/Hefermehl* 2007, S. 299).

Hauptzielsetzung der Regelung, auch den verbraucherpolitischen Institutionen ein Klagerecht einzuräumen, ist es folglich, den Schutz vor nicht regelgerechten kommunikationspolitischen Aktivitäten neben den Unternehmen auch auf die Verbraucher auszudehnen. Die rechtliche Basis eines möglichen Vorgehens gegen die Kommunikationspolitik eines Unternehmens oder einer Branche liegt in §8 Absatz 3 UWG, der es bestimmten Institutionen der Verbraucherpolitik ermöglicht, auf Unterlassung insbesondere irreführender Werbung zu klagen (*Baumbach/Hefermehl* 2007, S. 1372). Darüber hinaus besteht auch die Möglichkeit, gegen unlauteren Wettbewerb vorzugehen, wenn dadurch wesentliche Belange der Verbraucher berührt werden. Eingeschränkt sind diese Regelungen auf jene verbraucherpolitischen Institutionen, zu deren satzungsgemäßen Aufgaben es gehört, die Interessen der Verbraucher durch Aufklärung und Beratung wahrzunehmen (*Baumbach/Hefermehl* 2007, S. 1400).

In der Vergangenheit sind die verschiedenen Institutionen der Verbraucherpolitik und vor allem der *Verbraucherschutzverein (VSV)* insbesondere gegen kommunikationspolitische Maßnahmen der Unternehmen vorgegangen, wenn diese ihrer Ansicht nach die Verbraucher in besonderem Maße zu einem unvorsichtigen Verhalten verleitet.

4.3 Überwachung durch Wirtschaftsverbände

Eine weitere Gruppe, die die Einhaltung bestehender gesetzlicher und freiwilliger Regelungen überwacht, sind die **Wirtschaftsverbände** (*Baumbach/Hefermehl* 2007, S. 1387 ff.). Als Zusammenschlüsse von Unternehmen des gleichen Wirtschaftszweiges zur Förderung gewerblicher Interessen lassen sich verschiedene Formen von Wirtschaftsverbänden auf unterschiedlichen Stufen unterscheiden, wie beispielsweise die Spitzenverbände der Industrie für die Hauptzweige der Wirtschaft.

Hauptaufgabe der Wirtschaftsverbände ist es, die gemeinsamen wirtschaftlichen Interessen ihrer Mitglieder zu fördern und insbesondere gegenüber der Öffentlichkeit sowie den staatlichen Regierungs-, Verwaltungs- und Gesetzgebungsorganen und den anderen Wirtschaftszweigen zu vertreten. In dieser Eigenschaft haben die Wirtschaftsverbände auch die Aufgabe, das Marktgeschehen hinsichtlich unlauterer Wettbewerbshandlungen zu überwachen, worunter auch Verstöße gegen kommunikationspolitisch relevante Rechtsnormen fallen (*Baumbach/Hefermehl* 2007, S. 1387). Dabei gehen die einzelnen Wirtschaftsverbände vor allem kommunikationspolitischen Aktivitäten nach, die gegen einzelne oder alle Unternehmen ihres Wirtschaftszweiges in ihrer Gesamtheit gerichtet sind.

Um vermeintlich rechtswidrige kommunikationspolitische Aktivitäten von Unternehmen zu unterbinden, steht sowohl den Wirtschaftsverbänden als auch bestimmten Institutionen der Verbraucherpolitik die Möglichkeit einer Klage oder des Erlasses einer einstweiligen Verfügung offen. Gleichzeitig sind jedoch sowohl die Verbände als auch die Institutionen der Verbraucherpolitik befugt, durch die Erstellung einer Abmahnung darauf zu drängen, dass vermeintlich rechtswidrige kommunikationspolitische Maßnahmen der Unternehmen eingestellt werden (*Baumbach/Hefermehl* 2007, S. 1287).

Literaturverzeichnis

A

@facts (2003): @facts extra, Online-Nutzer-Typen, http://www.atfacts.de/001/studies.index. de.php (Zugriff am 01.12.2003).

2hm (2010): www.2hm.eu/de/(Zugriff am 12.02.2010).

A.C. Nielsen GmbH (2002a): ACNielsen Studie zur neuen Rabattregelung, Nürnberg.

A.C. Nielsen GmbH (2002b): Bruttowerbeausgaben im Mediensplit pro Monat für das Jahr 2001, Hamburg.

A.C. Nielsen GmbH (2003): Handelsmarken sind weltweit auf dem Vormarsch, http://www. acnielsen.de/news/2003/09_17.htm (Zugriff am 02.10.2003).

A.C. Nielsen GmbH (2004): Consumer Panels. Der Verbraucher – kein unbekanntes Wesen, http://www.acnielsen.de/services/consumer/index.htm (Zugriff am 12.07.2004).

Aaker, D. A./Batra, R./Myers, J. G. (1996): Advertising Management, 5. Aufl., Englewood Cliffs.

Aaker, D. A./Carman, J. M. (1982): Are You Overadvertising?, in: Journal of Advertising Research, Vol. 22, No. 4, S. 57–70.

Aaker, D. A./Joachimsthaler, E. (2001): Brand Leadership. Die Strategie für Siegermarken, München u. a.

Abell, D. F./Hammond, J. S. (1986): Strategic Market Planning, 2. Aufl., Englewood Cliffs.

Absatzwirtschaft (2010): www.absatzwirtschaft.de (Zugriff am 22.10.2010).

Adam Opel AG (2004): Opel und Sport, http://www.opel.de/experience/sport/index.act (Zugriff am 25.06.2004).

Adam, D. (1996): Planung und Entscheidung, 4. Aufl., Wiesbaden.

Adidas (2004): Adidas City Games, http://www.adidas.com/de/(Zugriff am 19.03.2004).

Adzine News (2010): OTTO mit Video in Print Ad, http://www.adzine.de/de/site/OTTO-mit-Video-in-Print-Ad/21642/page/news/details.xml (Zugriff am 15.10.2010).

Ahlers, G. M. (2006): Organisation der Integrierten Kommunikation. Entwicklung eines prozessorientierten Organisationsansatzes, Wiesbaden.

Ahlert, D. (2002): Distributionspolitik, 4. Aufl., Jena.

Ahlert, D./Schröder, H. (1996): Rechtliche Grundlagen des Marketing, 2. Aufl., Stuttgart u. a.

Ahrens, J. (2000): Mit Vollgas in die Volkswagen-Freizeit, in: Manager-Magazin, 30. Jg., Nr. 10, S. 214.

Ajzen, I./Fishbein, M. (1980): Understanding Attitudes and Predicting Social Behavior, Englewood Cliffs.

Ajzen, I./Fishbein, M. (1981): Verhaltensvorhersage aufgrund von Einstellungen und normativen Variablen, in: Herkner, W. (Hrsg.): Experimente zur Sozialpsychologie, Bern u. a., S. 265–289.

Albers, H. (2003): Status des Couponing in Deutschland, in: Hartmann, W./Kreutzer, R. T./ Kuhfuß, H. (Hrsg.): Handbuch Couponing, Wiesbaden, S. 125–138.

Albers, S. (1989): Entscheidungshilfen für den Persönlichen Verkauf, Berlin.

Albrecht, K. (1988): At America's Service – How Corporations Can Revolutionize the Way They Treat their Customers, Homewood.

Alby, T. (2008): Web 2.0 – Konzepte, Anwendungen, Technologien, 3. Aufl., München.

Alpar, P./Blaschke, S. (2008): Web 2.0 – Eine empirische Bestandsaufnahme, Wiesbaden.

Ambler, T. (2000): Persuasion, Pride and Prejudice – How Ads Works, in: International Journal of Advertising, Vol. 19, No. 3, S. 299–315.

Amirkhizi, M. (2010): Agenturen wähnen sich über den Berg, in: Horizont, 27. Jg., Nr. 10, S. 22.

Andritzky, K. (1976): Die Operationalisierbarkeit von Theorien zum Konsumentenverhalten, Berlin.

Angelopulo, G. C. (2001): The Path to the Top, in: IMC Research Journal, Vol. 6, S. 4–8.

Angerer, T./Essinger, G. (2001): Integrierte Kommunikation in österreichischen Unternehmen. Empirische Untersuchung über den Entwicklungsstand Integrierter Kommunikation in österreichischen Unternehmen, Graz.

Anselstetter, R. (1986): Betriebswirtschaftliche Nutzeffekte der Datenverarbeitung. Anhaltspunkte für Nutzen-Kosten-Schätzungen, 2. Aufl., Berlin u. a.

Antonoff, R. (1986): Corporate Identity-Report 1986/87, Frankfurt/Main.

Arbeitsgemeinschaft der ARD-Werbegesellschaften (2004): Media Perspektiven, Frankfurt/Main.

ARD/ZDF-Online-Studien (2009): Entwicklung Onlinenutzung, http://www.ard-zdf-onlinestudie.de/index.php?id=onlinenutzung (Zugriff am 11.03.2010).

Ashcroft, L./Hoey, C. (2001): PR, Marketing and the Internet: Implications for Information Professionals, in: Library   Management, Vol. 22, No. 1/2, S. 68–74.

Assael, H. (1993): Marketing. Principles and Strategy, 2. Aufl., Philadelphia u. a.

Atel (2003): Sponsoring Richtlinien, http://www.atel-energie.cz/about_us/Sponsoring/Richtlinien/index.jsp (Zugriff am 20.11.2003).

AUMA (1996): AUMA legt Leitsätze zur Typologie von Messen und Ausstellungen vor, AUMA-Mitteilungen, Köln.

AUMA (2002): Erfolgreiche Messebeteiligung, Berlin.

AUMA (2004): AUMA_MesseTrend 2004, AUMA_Dokumentation Nr. 13, Berlin.

AUMA (2009): Messe-Trend 2009, Berlin.

AUMA (2010): Die Messewirtschaft – Bilanz 2009, Berlin.

Avenarius, H. (1995): Die Rechtsordnung der Bundesrepublik Deutschland, Neuwied u. a.

Avenarius, H. (2008): Public Relations. Die Grundform der gesellschaftlichen Kommunikation, 3. Aufl., Darmstadt.

AWD (2010): www.awd.de (Zugriff am 22.10.2010).

Axa Colonia (2000): Mediaschaltplan 2000, Broschüre der AXA Colonia Konzern AG, Köln, Köln.

Axelsson, B./Easton, G. (1994): Industrial Networks – A New View of Reality, London.

B

Babin, J.-U. (1995): Perspektiven des Sportsponsoring, Frankfurt/Main u. a.

Bace, J. A. (1997): Broadcast Media Relations, in: Caywood, C. L. (Hrsg.): The Handbook of Strategic Public Relations & Integrated Communications, New York, S. 77–89.

Back, A./Gronau, N./Tochtermann, K. (2008): Web 2.0 in der Unternehmenspraxis. Grundlagen, Fallstudien und Trends zum Einsatz von Social Software, München.

Backhaus, K. (1992): Messen als Institution der Informationspolitik, in: Strothmann, K.-H./ Busche, M. (Hrsg.): Handbuch Messemarketing, Wiesbaden, S. 83–46.

Backhaus, K. (1995): Investitionsgütermarketing, 4. Aufl., München.

Backhaus, K./Erichson, B./Plinke, W./Weiber, R. (2008): Multivariate Analysemethoden. Eine anwendungsorientierte Einführung, 12. Aufl., Berlin u. a.

Backhaus, K./Voeth, M. (2009): Industriegütermarketing, 9. Aufl., München.

Baetge, J. (1974): Betriebswirtschaftliche Systemtheorie, Opladen.

Bahrdt, H. P. (2000): Schlüsselbegriffe der Soziologie, 8. Aufl., München.

Baker, B. (1997): Public Relations in Government, in: Caywood, C. L. (Hrsg.): The Handbook of Strategic Public Relations & Integrated Communications, New York u. a., S. 453–479.

Ballantyne, D. (1990): Turning the Wheel of Quality Improvement – Continously, in: International Journal of Bank Marketing, Vol. 8, No. 2, S. 3–11.

Bannwart, E. (2001): 3D-Welten für Messeplattformen im Internet, http://www.expodata.ch (Zugriff am 04.04.2001).

Bänsch, A. (1993): Charakterisierung und Arten von Sales Promotions, in: Berndt, R./Hermanns, A. (Hrsg.): Handbuch Marketing-Kommunikation, Wiesbaden, S. 563–572.

Bänsch, A. (2002): Käuferverhalten, 9. Aufl., München.

Bänsch, A. (2006): Verkaufspsychologie und Verkaufstechnik, 8. Aufl., München/Wien.

Bänsch, A. (2001): Persönlicher Verkauf (Personal Selling), 2. Aufl., München.

Barnes, J. G. (1989): The Role of Internal Marketing. If the Staff Won't Buy it, Why Should the Customer?, in: Irish Marketing Review, Vol. 4, No. 2, S. 11–21.

Barry, T. E./Peterson, R. L./Todd, W. M. (1987): The Role of Account Planning in the Future of Advertising Research, in: Journal of Advertising Research, Vol. 27, No. 2, S. 15–21.

Bartenbach Marketing Services GmbH & Co. KG (2004): Praxislösungen, http://www.bms-mainz. de/index_flash_promotion.htm (Zugriff am 01.07.2004).

Barthenheimer, G. (1982): Zur Notwendigkeit von Öffentlichkeitsarbeit – Ansätze und Elemente zu einer allgemeinen Theorie der Öffentlichkeitsarbeit, Berlin/New York.

Bartnik, M. (2008): Erwartungen der Rezipienten an die Mitarbeiterzeitung, Magisterarbeit, vorgelegt an der Freien Universität Berlin, Berlin.

BASF (2010): http://www.dresdner-zukunftsforum.de/blog/2007/03/20/social-web-marketing-forum-exciting-commerce-in-dresden/(Zugriff am 18.03.2010).

Bassenge, C. (2000): Dienstleister als Sponsoren. Imageprofilierung durch kommunikatives Engagement im Sport, Wiesbaden.

Batra, R./Ray, M. L. (1986): Affective Responses Mediating Acceptance of Advertising, in: Journal of Consumer Research, Vol. 13, No. 3, S. 234–249.

Batra, R./Ray, M. L. (1985): How Advertising Works at Contact, Hillsdale.

Bauer, B. (2002): Was bringen Mega-Events? Das Beispiel Bertelsmann Planet m, Münster.

Bauer, H. H./Grosse-Leege, D./Bryant, M. D. (2007): Erlebnisorientiertes Marketingmanagement im Internet. Ansatzpunkte und Problemfelder am Beispiel von (virtuellen) Brand Communities, in: Bauer, H. H./Grosse-Leege, D./Rösger, J. (Hrsg.): Interactive Marketing im Web 2.0+. Konzepte und Anwendungen für ein erfolgreiches Marketingmanagement im Internet, 2. Aufl., München, S. 113–125.

Bauer, H. H./Hammerschmidt, M./Garde, U. (2004): Marketingeffizienzanalyse mittels Efficient Frontier Benchmarking – Eine Anwendung der Data Envelopment Analysis, in: Wissenschaftliches Arbeitspapier Nr. W72 des Instituts für Marktorientierte Unternehmensführung, Universität Mannheim.

Bauer, H. H./Sauer, N. E./Wagner, S. (2003): Event-Marketing. Handlungsempfehlungen zur erfolgreichen Gestaltung von Events auf Basis der Werthaltungen von Eventbesuchern, Management Nr. M79, Institut für Marktorientierte Unternehmensführung, Universität Mannheim, Mannheim.

Bauer, H. H./Staat, M./Hammerschmidt, M. (2006): Marketingeffizienz. Messung und Steuerung mit der DEA – Konzept und Einsatz in der Praxis, München.

Bauer, V. (2004): Die Einführung der Marke Starbucks in Österreich, in: Kommunikationsmanager, 1. Jg., Nr. 2, S. 14–17.

Baumbach, A./Hefermehl, W. (2007): Wettbewerbsrecht, 25. Aufl., München.

Baumgarten, C./Esch, F. R./Strödter, K. (2009): Relaunch der Marke DHL als „Weltweite Nr. 1 in Express und Logistik", in: Esch, F. R./Armbrecht, W. (Hrsg.): Best Practise der Markenführung, Wiesbaden, S. 259–284.

Bayer AG (2004): Bayer – einer der größten Sportförderer Deutschlands, http://www.sport.bayer.de/index.cfm?PAGE_ID=1 (Zugriff am 25.06.2004).

Bayerische Hypo- und Vereinbank AG (2003): TV-Spots mit Jürgen Vogel, http://www.hypovereinsbank.de/pub/templates/index.jsp?pageurl=%2Fpub%2Fio%2Feun%2F24364.jsp&id=0&mcontext=menu&HVB1=PzpDO2gbW8lAh9 smggP1tzdfwqSfBmAnzP2MPJSYgq GHnfbQgI2U|3591561430027980745/-1062710654/6/7001/7001/7002/7002/7001/-1 (Zugriff am 13.08.2003).

BBE Unternehmensberatung (2003): Sponsoring, 2. Aufl., Köln.

BDW (1993): Ergebnisbericht der Erhebung des Deutschen Kommunikationsverbandes BDW zur Bedeutung – Planung – Durchführung von Events, Bonn.

Beba, W. (1993): Die Wirkung von Direktkommunikation unter Berücksichtigung der interpersonellen Kommunikation: Ansatzpunkte für eine Kommunikationsstrategie des Personal-Marketing, Berlin.

Beck, T. (2004): Vergleichende Werbung: Äpfel sind keine Birnen, in: Direkt Mehr (Fachzeitung der Deutschen Post für Direktmarketing), S. 7.

Becker, G. S. (1993): Ökonomische Erklärung menschlichen Verhaltens, 2. Aufl., Tübingen.

Becker, H. (1981): Messe, in: Dallmer, H. (Hrsg.): Handbuch des Direct Marketing, 5. Aufl., Wiesbaden, S. 439–446.

Becker, J. (2009): Marketing-Konzeption. Grundlage des zielstrategischen und operativen Marketing-Managements, 9. Aufl., München.

Becker-Sonnenschein, S./Schwarzmeier, M. (2002): Vom schlichten Sein zum schönen Schein? Kommunikationsanforderungen im Spannungsfeld von Public Relations und Politik, Wiesbaden.

Beckmann, C. (1991): Werbeselbstdisziplin in Deutschland und Europa – Zwanzig Jahre Deutscher Werberat und Gründung der European Advertising Standards Alliance (EASA), in: Wettbewerb in Recht und Praxis, Vol. 37, No. 11, S. 702–707.

Bednarczuk, P. (1990): Strategische Kommunikationspolitik für Markenartikel in der Konsumgüterindustrie – Gestaltung und organisatorische Umsetzung, Offenbach.

Beger, R./Gärtner, H.-D./Mathes, R. (1989): Unternehmenskommunikation. Grundlagen, Strategien, Instrumente, Frankfurt am Main.

Behrens, G. (1976): Werbewirkungsanalyse, Opladen.

Behrens, G. (1991): Konsumentenverhalten, 2. Aufl., Heidelberg.

Behrens, G. (1996): Werbung. Entscheidung, Erklärung, Gestaltung, München.

Beier, J. (Hrsg.) (1997): Gestaltungsanspruch der Messearchitektur und betriebswirtschaftliches Kalkül im Wettstreit, Stuttgart.

Bekmeier, S. (2001): Nonverbale Kommunikation, in: Diller, H. (Hrsg.): Vahlens Großes Marketing Lexikon, 2. Aufl., München, S. 1195–1198.

Belch, G. E./Belch, M. A. (2009): Advertising and Promotion. An Integrated Marketing Communications Perspective, 8. Aufl., Boston u. a.

Bellmann, A. (1990): Sportmarketing in der Praxis, Essen.

Belz, C. (1989): Marketing- und Service-Qualität, in: Thexis, 6. Jg., Nr. 6, S. 26–31.

Belz, C. (2003): Logbuch Direktmarketing: vom Mailing zum Dialog-Marketing, Frankfurt am Main/Wien.

Belz, C./Schögel, M. (1996): Der direkte Weg, in: Marketing & Kommunikation, 24. Jg., Nr. 4, S. 56–58.

Benkenstein, M./Uhrich, S. (2009): Strategisches Marketing. Ein wettbewerbsorientierter Ansatz, 3. Aufl., Berlin.

Bennett, R. (1999): Sport Sponsorships, in: European Journal of Marketing, Vol. 33, No. 3/4, S. 291–313.

Benölken, H./Greipel, P. (2004): Dienstleistungsmanagement. Service als strategische Erfolgsposition, 2. Aufl., Wiesbaden.

Bentele, G. (1994): Öffentliches Vertrauen – normative und soziale Grundlage für Public Relations, Opladen.

Bentele, G./Seidenglanz, R. (2003): Das Image der Image-Konstrukteure. Eine repräsentative Studie zum Image der PR-Branche, Leipzig.

Berekoven, L. (1962): Die Bedeutung von Sales Promotions in der modernen Absatzwirtschaft, in: Zeitschrift für Betriebswirtschaft (ZfB), 32. Jg., o.Nr., S. 370–374.

Berekoven, L./Eckert, W./Ellenrieder, P. (2009): Marktforschung. Methodische Grundlagen und praktische Anwendung, 12. Aufl., Wiesbaden.

Berger, A. (1995): Essentials of Mass Communication Theory, Thousand Oaks u. a.

Berghoff, J. (2002): Selbstregulierung im Marketing, in: Recht der Datenverarbeitung (RDV), 18. Jg., Nr. 2, S. 78–80.

Berlit, W. (2009): Wettbewerbsrecht, 7. Aufl., München.

Berlit, W. (2010): Markenrecht, 8. Aufl., München.

Bernard, F. (2010): Mittendrin statt nur dabei – vom Corporate Intranet zum Mitarbeiterportal, http://www.perspektive-blau.de/artikel/0804a/0804a.htm (Zugriff am 23.02.2010).

Berndt, R. (1978): Optimale Werbeträger- und Werbemittelselektion, Wiesbaden.

Berndt, R. (1993): Kommunikationspolitik im Rahmen des Marketing, in: Berndt, R./Hermanns, A. (Hrsg.): Handbuch Marketing-Kommunikation, Wiesbaden, S. 3–18.

Berndt, R. (1995): Marketing 3 – Marketing-Management, 2. Aufl., Berlin u. a.

Berne, E. (1971): A Layman's Guide to Psychatry and Psychoanalysis, 3. Aufl., New York.

Berne, E. (2001): Die Transaktionsanalyse in der Psychotherapie: Eine systematische Individual- und Sozial-Psychatrie, Paderborn.

Bernhard, K. (1983): Das Verfahren der Blickaufzeichnung, in: Forschungsgruppe Konsum und Verhalten (Hrsg.): Innovative Marktforschung, Würzburg, S. 105–121.

Bernnat, R./Groß, M. (2003): Wertreaktion mit Kommunikation. Herausforderungen und Perspektiven für Unternehmen, Produkte und Marken, http://www.peakom.de/pdf/corporate_branding_studie20070327.pdf (Zugriff am 27.01.2010).

Berry, L. L. (Hrsg.) (1983): Relationship Marketing, Chicago.

Berry, L. L. (Hrsg.) (1984): The Employee as Customer, Englewoods Cliffs.

Berthel, J. (2007): Personal-Management, 8. Aufl., Stuttgart.

Berufsförderungsinstitut bfi Wien (2008): Die Aktuelle AIK-Studie bestätigt: Österreichs Unternehmen setzen immer mehr auf Integrierte Kommunikation, www.bfi-wien.at (Zugriff am 11.04.2009).

Bethge, J. F. (1996): Schaustück und Verkaufshelfer, in: Dynamik im Handel, 40. Jg., Nr. 2, S. 98–101.

BGB (2009): Bundesgesetzbuch, Karlsruhe.

BGH (Bundesgerichtshof) (1981): Schutz von Farbkombinationen, in: Gewerblicher Rechtsschutz und Urheberrecht, 83. Jg., Nr. 9, S. 142–144.

BGH (Bundesgerichtshof) (1983): Rolls-Royce, in: Gewerblicher Rechtsschutz und Urheberrecht, 85. Jg., Nr. 5, S. 247–249.

Bidlingmaier, J. (1970): Festlegung der Werbeziele, in: Behrens, K. C. (Hrsg.): Handbuch der Werbung, Wiesbaden, S. 403–416.

Biester, S. (2004): Rettung aus der Schnipselflut, in: Lebensmittelzeitung Spezial, 56. Jg., Nr. 1, S. 42–45.

Binder, E. (1983): Die Entstehung unternehmerischer Public Relations in der Bundesrepublik Deutschland, Wiesbaden.

Bird, D. (2007): Common Sense Direct Marketing, 5. Aufl., London.

Birkigt, K. (1981): Die systematische Vorbereitung einer Verkaufsförderungs-Kampagne, in: Disch, W. K. A./Meier-Maletz, M. (Hrsg.): Handbuch Verkaufsförderung, Hamburg, S. 627–641.

Birkigt, K. (1983): Angewandte Verkaufsförderung, Hamburg.

Birkigt, K./Stadler, M. M. (2002): Corporate Identity – Grundlagen, in: Birkigt, K./Stadler, M. M./Funk, H. J. (Hrsg.): Corporate Identity. Grundlagen – Funktionen – Fallbeispiele, 11. Aufl., Landsberg/Lech, S. 15–36.

Bitner, M. J./Booms, B. H./Tetreault, M. S. (1990): The Service Encounter. Diagnosing Favorable and Unfavorable Incidents, in: Journal of Marketing, Vol. 54, No. 1, S. 71–84.

Bitner, M. J./Hubbert, A. (1994): Encounter Satisfaction Versus Overall Satisfaction Versus Quality: The Customer's Voice, Thousand Oaks.

Bläse, D. (1982): Methodischer Rahmen für Planung, in: Haedrich, G./Barthenheimer, G./Kleinert, H. (Hrsg.): Öffentlichkeitsarbeit. Dialog zwischen Institutionen und Gesellschaft, Bern/New York, S. 187–205.

Blattberg, R./Deighton, J. (1997): Aus rentablen Kunden vollen Nutzen ziehen, in: Harvard Business Manager, 19. Jg., Nr. 1, S. 24–32.

Blau, E. (2009): Flatterhafte Kunden im Bann von Sonderangeboten, http://www.cobus.de/index.php?id=50&L=5&tx_ttnews%5BpS%5D=1288886061&tx_ttnews%5Bpointer%5D=23&tx_ttnews%5Btt_news%5D=150&tx_ttnews%5BbackPid%5D=80&cHash=ad15ecd9c3 (Zugriff am 17.11.2009).

Bleicher, K. (2004): Das Konzept des integrierten Managements. Das St. Galler Management-Konzept, 7. Aufl., Frankfurt am Main/New York.

BMW AG (2003): BMW Group Pavillon, http://www.bmw.de/de/faszination/bmw_aktuell/index.html?aktuellcontent=http://www.bmw.de/bmw_aktuell/pavillon/centurion.html (Zugriff am 30.04.2004).

Bob Bomliz (Group Bonn GmbH) (2002): Sponsoring Trends 2002. Studie in Zusammenarbeit mit dem Institut für Marketing der Universität der Bundeswehr München, Bonn.

Böcker, F. (1988): Marketing-Kontrolle, Stuttgart u. a.

Boenigk, M. (2001): Umsetzung der Integrierten Kommunikation. Anreizsysteme zur Implementierung integrierter Kommunikationsarbeit, Wiesbaden.

Bogart, L. (1996): Strategy in Advertising. Matching Media and Messages to Markets and Motivations, 3. Aufl., Lincolnwood.

Bogner, F. M. (2005): Das neue PR-Denken. Strategien – Konzepte – Aktivitäten, 3. Aufl., Wien/Frankfurt am Main.

Böhler, H. (2002): Marktsegmentierung als Basis eines Direct-Marketing-Konzeptes, in: Dallmer, H. (Hrsg.): Handbuch Direct Marketing, 8. Aufl., Wiesbaden, S. 921–937.

Böhler, H. (2004): Marktforschung, 3. Aufl., Stuttgart.

Böhme-Köst, P. (1992a): Ein Event ist ein Event ist ein Event, in: Marketing Journal, 25. Jg., Nr. 4, S. 340–342.

Böhme-Köst, P. (1992b): Tagungen – Incentives – Events. Gekonnt inszenieren – Mehr erreichen, Hamburg.

Bonina, G. (2001): Orange in Switzerland. Vortrag bei SAWI (Schweizerisches Ausbildungszentrum für Marketing, Werbung und Kommunikation), Biel/Zürich.

Borden, N. H. (1964): The Concept of Marketing Mix, in: Journal of Advertising Research, Vol. 24, No. 4, S. 2–7.

Bormann, S. S. (2003): Alleinstellung durch Farbe, in: Absatzwirtschaft, 46. Jg., Nr. 11, S. 54.

Bortoluzzi Dubach, E./Frey, H. (2007): Sponsoring. Der Leitfaden für die Praxis, 4. Aufl., Bern.

Bottazzo, V. (2005): Intranet: A medium of internal communication and training, in: Information Services & Use, Vol. 25, No. 2, S. 77–85.

Bottomore, T. (1987): Sociology – A Guide to Problems and Literature, 3. Aufl., London.

Bovensiepen, G./Fobbe, K./Kruthoff, K./Rumpff, S./Schögel, M./Wulff, C. (2006): Generation 55+ – Chancen für Handel und Konsumgüterindustrie, http://www.wemako.ch/_pdf/Generation55.pdf (Zugriff am 09.02.2010).

Brauer, G. (1993): ECON Handbuch der Öffentlichkeitsarbeit, Düsseldorf u. a.

Bremshey, P./Domning, R. (Hrsg.) (1982): Die Kommunikation für und auf Kongressen, Veranstaltungen und Incentives, Landberg/Lech.

Brenken, D. (1988): Strategische Unternehmensführung und Ökologie, in: Szyperski, N. (Hrsg.): Schriftenreihe Planung, Information und Unternehmensführung, Band 21, Bergisch-Gladbach/Köln.

Brenneisen, M./Medienfabrik Gütersloh GmbH (2009): CP 2.0. Interne Kommunikation im digitalen Zeitalter. Trendstudie über Verwendung und Zukunft von Corporate Publishing-Tools zur Mitarbeiterkommunikation in Deutschland, Band 2, Bielefeld.

Brexendorf, T. O./Tomczak, T./Kernstock, J./Henkel, S./Wentzel, D. (2008): Der Einsatz von Instrumenten zur Förderung von Brand Behavior, in: Tomczak, T./Esch, F.-R./Kernstock, J./Herrmann, A. (Hrsg.): Behavioral Branding. Wie Mitarbeiterverhalten die Marke stärkt, Wiesbaden, S. 315–349.

Bristot, R. (1995): Geschäftspartner Werbeagentur. Handbuch für die praktische Zusammenarbeit, Essen.

Broadbent, S. (1989): The Advertising Budget. The Advertiser's Guide to Budget Determination, London u. a.

Brock, T. C./Sharitt, S. (1983): Cognitive-Response Analysis in Advertising, in: Percy, L./Woodside, A. G. (Hrsg.): Advertising and Consumer Psychology, 2. Aufl., Lexington, S. 91–116.

Brockes, H.-W. (2000): Der Leitfaden Sponsoring & Event Marketing für Unternehmen, Sponsoring-Nehmer und Agenturen, Loseblatt-Sammlung, Grundwerk von 1995, Düsseldorf.

Brockhoff, K. (1999): Produktpolitik, 4. Aufl., Jena.

Brosche, O./Wißmeier, U. K. (Hrsg.) (1993): Kommunikationspolitik bei kurzlebigen Verbrauchsgütern, Wiesbaden.

Brückner, M. (1996): So machen Sie Ihren Verein erfolgreich: Presse- und Öffentlichkeitsarbeit, Sponsoring, Fundraising, Wien.

Bruhn, M. (1987): Sponsoring – Mäzenatentum oder Schleichwerbung?, in: Harvard Manager, 9. Jg., Nr. 3, S. 46–52.

Bruhn, M. (1989): Kulturförderung und Kultursponsoring – neue Instrumente der Unternehmenskommunikation?, in: Bruhn, M./Dahlhoff, H.-D. (Hrsg.): Kulturförderung – Kultursponsoring. Zukunftsperspektiven der Unternehmenskommunikation, Wiesbaden, S. 35–84.

Bruhn, M. (1989): Planung des Kommunikationsmix von Unternehmen, in: Bruhn, M. (Hrsg.): Handbuch des Marketing. Anforderungen an Marketingkonzeptionen aus Wissenschaft und Praxis, München, S. 397–432.

Bruhn, M. (1990a): Beurteilung des Sozio- und Umweltsponsoring in der Bundesrepublik. Ergebnisse einer Unternehmensbefragung, Schloß Reichartshausen/Rheingau.

Bruhn, M. (1990b): Sozio- und Umweltsponsoring. Engagements von Unternehmen für soziale und ökologische Aufgaben, München.

Bruhn, M. (1990c): Sponsoring im sozialen und ökologischen Bereich. Ziele, Einsatzbereiche, Konzeptionen, Ergebnisse, in: Bruhn, M./Dahlhoff, H.-D. (Hrsg.): Sponsoring für Umwelt und Gesellschaft. Neue Instrumente der Unternehmenskommunikation, Beiträge zum Sponsoring im sozialen und ökologischen Bereich, Bonn, S. 11–90.

Bruhn, M. (1990d): Umweltsponsoring – ein neues Instrument der Markenführung?, in: Markenartikel, 52. Jg., Nr. 15, S. 198–208.

Bruhn, M. (1993a): Chancen und Risiken des Ökosponsoring – Voraussetzungen für eine glaubwürdige Umweltkommunikation, in: Die Betriebswirtschaft, 53. Jg., Nr. 4, S. 465–478.

Bruhn, M. (1993b): Marketing-Kommunikation. So sichern Sie Ihren Markenerfolg, in: Gablers Magazin, 7. Jg., Nr. 1, S. 12–16.

Bruhn, M. (1995): Erfolgsfaktor Kommunikation, in: Gablers Magazin, 9. Jg., Nr. 10, S. 25–29.

Bruhn, M. (1996): Business Gifts: A Form of Non-Verbal and Symbolic Communication, in: European Management Journal, Vol. 14, No. 1, S. 61–68.

Bruhn, M. (1999): Verfahren zur Messung der Qualität interner Dienstleistungen. Ansätze für einen Methodentransfer aus dem (externen) Dienstleistungsmarketing, in: Bruhn, M. (Hrsg.): Internes Marketing. Integration der Kunden- und Mitarbeiterorientierung. Grundlagen, Implementierung, Praxisbeispiele, Wiesbaden, S. 537–575.

Bruhn, M. (2000): Sicherstellung der Dienstleistungsqualität durch integrierte Kommunikation, in: Bruhn, M./Stauss, B. (Hrsg.): Dienstleistungsqualität. Konzepte – Methoden – Erfahrungen, 3. Aufl., Wiesbaden, S. 403–431.

Bruhn, M. (2001): Handelsmarken. Entwicklungstendenzen und Perspektiven der Handelsmarkenpolitik, 3. Aufl., Wiesbaden.

Bruhn, M. (2001): Kommunikationspolitik von Dienstleistungsunternehmen, in: Bruhn, M./Meffert, H. (Hrsg.): Handbuch Dienstleistungsmanagement, 2. Aufl., Wiesbaden, S. 573–605.

Bruhn, M. (2002a): Integrierte Kundenorientierung. Implementierung einer kundenorientierten Unternehmensführung, Wiesbaden.

Bruhn, M. (2002b): Konsequenzen des Relationship Marketing für die Integrierte Kommunikation, in: Merten, K./Zimmermann, R. (Hrsg.): Handbuch der Unternehmenskommunikation 2002, München u. a., S. 171–185.

Bruhn, M. (2003a): Denk- und Planungsansatz der integrierten Marketingkommunikation, in: Hermanns, A./Riedmüller, F. (Hrsg.): Sponsoring und Events im Sport – Von der Instrumentalbetrachtung zur Kommunikationsplattform, München, S. 23–44.

Bruhn, M. (2003b): Internetsponsoring als innovatives Kommunikationsinstrument, in: Stiftung & Sponsoring, o. Jg., Nr. 5, S. 32–34.

Bruhn, M. (2004): Markenführung und Sponsoring, in: Bruhn, M. (Hrsg.): Handbuch Markenführung. Kompendium zum erfolgreichen Markenmanagement. Strategien, Instrumente, Erfahrungen, Band 2, 2. Aufl., Wiesbaden, S. 1593–1630.

Bruhn, M. (2006): Integrierte Kommunikation in den deutschsprachigen Ländern. Bestandsaufnahme in Deutschland, Österreich und der Schweiz, Wiesbaden.

Bruhn, M. (2009a): Integrierte Unternehmens- und Markenkommunikation. Strategische Planung und operative Umsetzung, 5. Aufl., Stuttgart.

Bruhn, M. (2009b): Relationship Marketing. Das Management von Kundenbeziehungen, 2. Aufl., München.

Bruhn, M. (2010a): Kommunikationspolitik. Systematischer Einsatz der Kommunikation für Unternehmen, 6. Aufl., München.

Bruhn, M. (2010b): Marketing. Grundlagen für Studium und Praxis, 10. Aufl., Wiesbaden.

Bruhn, M. (2010c): Sponsoring – Systematische Planung und integrativer Einsatz, 5. Aufl., München.

Bruhn, M. (2010d): Die Zusammenarbeit mit Agenturen bei der Integrierten Kommunikation. Empirische Befunde zu Anforderungen an externe Agenturen in der Umsetzung der Integrierten Kommunikation, Wiesbaden.

Bruhn, M. (2011e): Qualitätsmanagement für Dienstleistungen – Grundlagen, Konzepte, Methoden, 8. Aufl., Heidelberg u. a.

Bruhn, M./Ahlers, G. M. (2003): Ambush Marketing – Angriff aus dem Hinterhalt oder intelligentes Marketing?, in: Jahrbuch der Absatz- und Verbrauchsforschung, 49. Jg., Nr. 3, S. 271–294.

Bruhn, M./Ahlers, G. M. (2004): Ambush Marketing. „Attack from Behind", in: Yearbook of Marketing and Consumer Research, 2. Jg., Nr. 1, S. 40–61.

Bruhn, M./Boenigk, M. (1999): Integrierte Kommunikation. Entwicklungsstand in Unternehmen, Wiesbaden.

Bruhn, M./Bunge, B. (1994): Beziehungsmarketing. Neuorientierung für Marketingwissenschaft und -praxis?, in: Bruhn, M./Meffert, H./Wehrle, F. (Hrsg.):Marktorientierte Unternehmensführung im Umbruch. Effizienz und Flexibilität als Herausforderungen des Marketing, Stuttgart, S. 41–84.

Bruhn, M./Dahlhoff, H.-D. (1990): Sponsoring für Umwelt und Gesellschaft. Neue Instrumente der Unternehmenskommunikation. Beiträge zum Sponsoring im sozialen und ökologischen Bereich, Schloß Reichartshausen/Bonn.

Bruhn, M./Grund, M. A. (1999): Interaktionen als Determinante der Zufriedenheit und Bindung von Kunden und Mitarbeitern. Theoretische Erklärungsansätze und empirische Befunde, in: Bruhn, M.(Hrsg.): Internes Marketing – Integration der Kunden- und Mitarbeiterorientierung, 2. Aufl., Wiesbaden, S. 495–523.

Bruhn, M./Hadwich, K. (2003): Steuerung und Kontrolle der Servicequalität von Messen, in: Kirchgeorg, M./Dornscheidt, W. M./Giese, W./Stoeck, N. (Hrsg.): Handbuch Messemanagement. Planung, Durchführung und Kontrolle von Messen, Kongressen, Events, Wiesbaden, S. 901–935.

Bruhn, M./Janßen, V. (1998): Zur informationsökonomischen Erklärung der Werbewirkung – ein dynamisches Modell der Wiederholungswirkung von Werbeimpulsen, in: Marketing ZFP, 20. Jg., Nr. 3, S. 167–179.

Bruhn, M./Mehlinger, R. (1995): Rechtliche Gestaltung des Sponsoring. Vertragsrecht, Steuerrecht, Medienrecht, Wettbewerbsrecht, Band 1: Allgemeiner Teil, 2. Aufl., München.

Bruhn, M./Mehlinger, R. (1999): Rechtliche Gestaltung des Sponsoring. Sport-, Kultur-, Sozial-, Umwelt- und Programmsponsoring, Band 2: Spezieller Teil, 2. Aufl., München.

Bruhn, M./Pristaff, J. (1993): Sponsoring in Deutschland. Ergebnisse einer Unternehmensbefragung. Arbeitspapier Nr. 14 des Instituts für Marketing an der European Business School, in: Bruhn, M. (Hrsg.): Schloß Reichartshausen/Rheingau.

Bruhn, M./Tilmes, J. (1994): Social Marketing. Einsatz des Marketing für nichtkommerzielle Organisationen, 2. Aufl., Stuttgart u. a.

Bruhn, M./Wieland, T. (1988): Sponsoring in der Bundesrepublik Deutschland. Ergebnisse einer Unternehmensbefragung. Arbeitspapier Nr. 10 des Instituts für Marketing an der European Business School, in: Bruhn, M. (Hrsg.): Schloß Reichartshausen/Rheingau.

Bruhn, M./Zimmermann, A. (1993): Integrierte Kommunikationsarbeit in deutschen Unternehmen. Ergebnisse einer Unternehmensbefragung, in: Bruhn, M./Dahlhoff, H. D. (Hrsg.): Effizientes Kommunikationsmanagement. Konzepte, Beispiele und Erfahrungen aus der integrierten Unternehmenskommunikation, Stuttgart, S. 145–210.

Bruns, J. (2007): Direktmarketing, 2. Aufl., Ludwigshafen.

Budde, H. (1993): Auf der Suche nach der richtigen Location, in: Inden, T. (Hrsg.): Alles Event?! Erfolg durch Erlebnismarketing, Landberg/Lech, S. 126–135.

Bundeszentrale für gesundheitliche Aufklärung (BzgA) (2010): Medien und Motive: Mach's mit zeigt Liebesorte, http://www.machsmit.de/kampagne/medien/index.php (Zugriff am 13.02.2010).

Bürlimann, M. (2004): Web Promotion. Professionelle Werbung im Internet, 3. Aufl., Zürich.

Burmann, C. (2002): Erfolgskontrolle im Eventmanagement, in: Hosang, M. (Hrsg.): Event & Marketing. Konzepte, Beispiele, Trends, Frankfurt am Main, S. 93–123.

Burmann, C./Schallehn, M. (2008): Die Bedeutung der Marken-Authentizität für die Markenprofilierung, LiM Arbeitspapier Nr. 31 der Universität Bremen.

Busch, P. (1996): Entmaterialisierung. Marketing ohne Produkte?, in: Absatzwirtschaft, 39. Jg., Nr. 3, S. 40–43.

Busch, R./Fuchs, W./Unger, F. (2008): Integriertes Marketing. Strategie, Organisation, Instrumente, 4. Aufl., Wiesbaden.

Büschken, J. (2007): Determinants of Brand Advertising Efficiency, in: Journal of Advertising, Vol. 36, No. 3, S. 51–73.

Büschken, J./Schlamp, R. (2004): Effizienz des deutschen Automobilvertriebs: Welche verborgene Umsätze schlummern im Handel? Eine DEA-Fallstudie, in: Arbeitspapier der Katholischen Universität Eichstätt-Ingolstadt.

Butaney, G./Wortzel, L. H. (1988): Distributor Power Versus Manufacturer Power: The Customer Role, in: Journal of Marketing, Vol. 52, No. 1, S. 52–63.

Butscher, S. (1998): Handbuch Kundenbindungsprogramme & Kundenclubs, Ettlingen.

BVDW (Bundesverband für Digitale Wirtschaft) (2009): http://www.bvdw.org/(Zugriff am 16.08.2010).

C

Cacioppo, J. T./Petty, R. E. (1979): Effects of Message Repetition and Position on Cognitive Responses, Recall and Persuasion, in: Journal of Personality and Social Psychology, Vol. 37, No. 1, S. 97–109.

Calaminus, G. (Hrsg.) (1994): Netzwerkansätze im Investitionsgütermarketing: Eine Weiterentwicklung multiorganisationaler Interaktionsansätze?, Wiesbaden.

Cantin, F./Thom, N. (1992): Innerbetriebliche Kommunikation. Konzeptioneller Bezugsrahmen und Ableitung von Effizienzkriterien, Arbeitsbericht Nr. 3, Instituts für Organisation und Personal, Universität Bern, Bern.

Care Österreich (2003): Imagepflege durch Sponsoring, Wien.

Carlzon, J. (1992): Alles für den Kunden, 5. Aufl., Frankfurt am Main.

Carson, C. D. (2000): IMC Professional Skills: What it Takes and Where to Get it, in: IMC Research Journal, Vol. 5, S. 7–11.

Caspar, L. (2006): Die Angst vor dem Internetriesen.

Cauers, C. (2005): Mitarbeiterzeitschriften heute. Flaschenpost oder strategisches Medium?, Wiesbaden.

Cavegn, A. (1993): Öko-Sponsoring. Grundlagen und Probleme glaubwürdiger Umweltengagements ökologiebewußter Unternehmen, Zürich.

Ceyp, M. H./Reitz, M. (2003): Studie: Zukunft des Kundenmanagements in der Automobilbranche, Wiesbaden.

Charnes, A./Cooper, W. W./Lewin, A. Y./Seiford, L. M. (1997): Data Envelopment Analysis – Theory, Methodology and Applications, Dortrecht u. a.

Checkpoint, P. (2004): Sponsor Visions 2004, Hamburg.

Christensen, L. T./Firat, A. F./Torp, S. (2008): The Organisation of Integrated Communications: Toward Flexible Integration, in: European Journal of Marketing, Vol. 42, No. 3/4, S. 423–452.

Clark, E. M./Brock, T. C./Stewart, D. W. (1994): Attention, Attitude and Affect in Response to Advertising, New Jersey.

Clement, M./Papies, D. (2008): Podcasting, in: Bauer, H. H./Grosse-Leege, D./Rösger, J. (Hrsg.): Interactive Marketing im Web 2.0, 2. Aufl., München, S. 335–346.

Coca-Cola GmbH (2003a): Anzeige Nestea „Neuer Look! Neuer Geschmack", in: Lebensmittelreport, 19. Jg., Nr. 6/7, S. 13.

Coca-Cola GmbH (2003b): Ein Sportgetränk auf großer Rad-Tour: „Die Powerade Cycling Experience Tour 2003", in: Pressemitteilung vom 02.06.2003, http://www.coca-cola-gmbh.de/ (Zugriff am 29.07.2003).

Coca-Cola GmbH (2003c): „MAKE IT REAL" Coca-Cola startet neue Kampagne, in: Pressemitteilung vom 29.04.2003, http://www.coca-cola-gmbh.de/(Zugriff am 21.05.2003).

Coca-Cola GmbH (2003d): Sieben starke Coca-Cola Marken in einer Bundle Promotion, in: Pressemitteilung vom 06.03.2003, http://www.coca-cola-gmbh.de/(Zugriff am 24.07.2003).

Coca-Cola GmbH (2010): http://newsroom.coca-cola-gmbh.de/(Zugriff am 23.07.2010).

Coenenberg, A. G. (2009): Kostenrechnung und Kostenanalyse, 7. Aufl., Landsberg/Lech.

Colley, R. H. (1967): Gezielter Werben – Werbung ohne Streuverluste, München.

Combera GmbH (2003): Studienergebnisse Status und Szenarien im POS-Marketing, München.

Conrad, M./Burnett, L. (1991): Life Style Research 1990. Forschungsrahmen Life Style-Typen, Bd. 1, Frankfurt am Main.

Cooper, W. W./Seiford, L. M./Tone, K. (2000): Data Envelopment Analysis: A Comprehensive Text with Models, Applications, References and DEA-Solver Software, Boston.

Cordes, M. (2001): Kommentar, in: Sponsors, 6. Jg., Nr. 3, S. 20.

Cornelsen, C. (2002): Das 1x1 der PR. So haben Sie mit Public Relations die Nase vorn, 4. Aufl., Freiburg u. a.

Cornelsen, J. (2000): Kundenwertanalysen im Beziehungsmarketing, Nürnberg.

Cornelsen, J./Müller, I. (2001): Meinungsführer (Opinion Leader), in: Diller, H. (Hrsg.): Vahlens Großes Marketing Lexikon, München, S. 1115–1117.

Cornelsen, J./Schober, K. (1997): Mundwerbung – Begriffsbestimmung und Ergebnisse einer empirischen Studie. Arbeitspapier Nr. 47, Betriebswirtschaftliches Institut, Lehrstuhl für Marketing, Universität Erlangen-Nürnberg, Nürnberg.

Cornwell, B. T./Maignan, I. (1998): An International Review of Sponsorship Research, in: Journal of Advertising, Vol. 27, No. 1, S. 1–21.

Cotting, P. (2003): Entwicklung einer Sponsorship Scorecard als strategisches Entscheidungs- und Controllinginstrument, in: Hermanns, A./Riedmüller, F. (Hrsg.): Sponsoring und Events im Sport, München, S. 93–115.

Covin, T./Sightler, K. W./Kolenko, T. A./Tudor, R. K. (1996): An Investigation of Post-Acquisition Satisfaction with the Merger, in: Journal of Applied Behavioral Science, Vol. 32, No. 2, S. 125–142.

Cravens, D. W. (2000): Strategic Marketing, 6. Aufl., Boston.

Credit Suisse (2010): http://www.youtube.com/watch?v=HcI_NhXtklM (Zugriff am 10.03.2010).

Cristofolini, P. M. (1989): Verkaufsförderung als Baustein der Marketingkommunikation, in: Bruhn, M. (Hrsg.): Handbuch des Marketing. Anforderungen an Marketingkonzeptionen aus Wissenschaft und Praxis, München, S. 453–471.

Cristofolini, P. M. (1995): Verkaufsförderung, in: Tietz, B./Köhler, R./Zentes, J. (Hrsg.): Handwörterbuch des Marketing, 2. Aufl., Sp. 2566–2574.

Crosier, K. (1995): Marketing Communications, in: Baker, M. J. (Hrsg.): Companion Encyclopedia of Marketing, London/New York, S. 655–665.

Cultlip, S. M./Center, A. H./Broom, G. M. (2008): Effective Public Relations, 10. Aufl., Englewood Cliffs, N.J.

Cundiff, E. W./Still, R. R. (1971): Basic Marketing. Concepts, Decisions and Strategies, 2. Aufl., Englewood Cliffs, N.J.

D

Dahlhoff, H.-D. (1989): Entscheidungen über den Einsatz von Werbe- und Kommunikationsagenturen, in: Bruhn, M. (Hrsg.): Handbuch des Marketing, Anforderungen an Marketingkonzeptionen aus Wissenschaft und Praxis, München , S. 509–534.

Dahlhoff, H.-D. (1992): Sport-Sponsoring, in: Strahlendorf, P. (Hrsg.): Jahrbuch des Sponsoring '92, Düsseldorf u. a., S. 117–131.

daily digital dose (2009): http://daily-digital-dose.de/.

Daimler AG (2010): http://blog.daimler.de/(Zugriff am 16.07.2010).

Dallmer, H. (Hrsg.) (1991): Das Handbuch Direct Marketing, 6. Aufl., Wiesbaden.

Dallmer, H. (2002): Das System des Direct Marketing – Entwicklung und Zukunftsperspektiven, in: Dallmer, H. (Hrsg.): Das Handbuch Direct Marketing & More, 8. Aufl., Wiesbaden, S. 3–32.

Dallmer, H. (Hrsg.) (2002a): Das Handbuch Direct Marketing & More, 8. Aufl., Wiesbaden.

Dallmer, H. (2002b): Das System des Direct Marketing – Entwicklung und Zukunftsperspektiven, in: Dallmer, H. (Hrsg.): Das Handbuch Direct Marketing & More, 8. Aufl., Wiesbaden, S. 3–32.

Dallmer, H. (2004): Direct Marketing, in: Bruhn, M./Homburg, C. (Hrsg.): Gablers Marketing Lexikon, Wiesbaden, S. 175–179.

Danne, S. (2000): Messebeteiligungen von Hochschulen, Frankfurt am Main.

Däuber, R. (1996): Entscheidung auf den letzten Metern, in: Dynamik im Handeln, 40. Jg., Nr. 2, S. 92–96.

Dausch, L. (2009): Evian gewinnt mit viraler Werbung, in: Werben & Verkaufen online vom 17.07.2009, http://www.wuv.de/nachrichten/unternehmen/evian_gewinnt_mit_viraler_werbung (Zugriff am 20.04.2010).

Dean, D. H. (2002): Associating the Corporation with a Charitable Event through Sponsorship: Measuring the Effects on Corporate Community Relations, in: Journal of Advertising, Vol. 31, No. 4, S. 77–87.

Degener, M./Wiesmann, S. (1995): Die fraktale Marke, in: Media Spectrum, 33. Jg., Nr. 8, S. 30–33.

Dehesselles, T./Siebold, M. (Hrsg.) (2002): Rechtliche und steuerliche Grundlagen, München.

Deloitte (2009): 7 New Media Factors for Businesses to Consider, http://www.deloitte.com/view/en_US/us/Services/consulting/Strategy-Operations/b6485264b03fb110VgnVCM-100000ba42f00aRCRD.htm (Zugriff am 17.02.2010).

Demuth, A. (1989): Corporate Communications, in: Bruhn, M. (Hrsg.): Handbuch des Marketing. Anforderungen an Marketingkonzeptionen aus Wissenschaft und Praxis, München, S. 433–451.

Denger, K. S./Wirtz, B. W. (1999): Customer Call Center – eine empirische Untersuchung zur Gründung, Organisationsstruktur und Ausgestaltung im Finanzdienstleistungsbereich, in: Die Unternehmung, 53. Jg., Nr. 2, S. 89–103.

Denny, N. (1997): Getting Away from it All, in: Marketing Direct, o.Jg., o.Nr., S. 26–27.

Derieth, A. (1995): Unternehmenskommunikation. Eine Analyse zur Kommunikationsqualität von Wirtschaftsorganisationen, Opladen.

derstandard.at (2009): YouTube wächst minütlich um 20 Stunden Videomaterial, http://derstandard.at/1242316389961/YouTube-waechst-minuetlich-um-20-Stunden-Videomaterial (Zugriff am 02.02.2010).

Deutsche Bank (2010): http://www.deutsche-bank.de/index.htm (Zugriff am 17.03.2010).

Deutsche Post AG (2002): Direkt Marketing Monitor Deutschland, Bonn.

Deutsche Post AG (2003): Direktmarketing Deutschland 2003. Fakten, Trends und Hintergründe zum Direktmarketing 2002/2003, Studie 15, Bonn.

Deutsche Post AG (2004): Couponing: zweiter Anlauf mit Millionenauflage, http://www.deutschepost.de/dpag?check=yes&lang=de_DE&xmlFile=64385 (Zugriff am 14.07.2004).

Deutsche Post World Net (2009): Dialogmarketing Deutschland 2009, Bonn.

Deutscher Direktmarketing Verband e.V. (1995): Wirtschaftsfaktor Direktmarketing 1995, Wiesbaden.

Deutscher Direktmarketing Verband e.V. (2002): Call Center-Markt konsolidiert sich – Anforderungen an Qualitäts-Dienstleistungen wachsen, http://www.dds.de (Zugriff am 01.12.2009).

Dick, M. (1997): Management von Produkt-PR. Ein situativer Ansatz, Bamberg.

Digitalfernsehen.de (2010): Einleitung Teil 1 – Was passiert im Jahr 2010, http://www.digitalfernsehen.de/home/index_5093.html (Zugriff am 10.03.2010).

Dill, P. (1986): Unternehmenskommunikation. Grundlagen und Anknüpfungspunkte für ein Kulturmanagement, Bonn.

Diller, H. (2001): Interaktionstheorie, in: Diller, H. (Hrsg.): Vahlens Großes Marketing Lexikon, München, S. 673–674.

Diller, H./Kusterer, M. (1988): Beziehungsmanagement – Theoretische Grundlagen und explorative Befunde, in: Marketing ZFP, 8. Jg., Nr. 3, S. 211–220.

Disch, K. A. (1992): Die Verkaufsförderung ist tot. Es lebe die neue Verkaufsförderung, in: Marketing Journal, 25. Jg., S. 146–151.

Dölle, V. (1992): Ziele gemeinsam realisieren, in: Dynamik im Handel, 36. Jg., Nr. 1, S. 59–63.

Dolphin, R. R. (2003): The Corporate Communication Function: How Well is it Funded?, in: Corporate Communications: An International Journal, Vol. 8, No. 1, S. 5–10.

Dolphin, R. R./Fan, Y. (2000): Is Corporate Communications a Strategic Function?, in: Management Decision, Vol. 38, No. 2, S. 99–106.

Dommann, D. (1993): Erfolgreicher persönlicher Verkauf, in: Berndt, R./Hermanns, A. (Hrsg.): Handbuch Marketing-Kommunikation, Wiesbaden, S. 749–765.

Dommermuth, W. P. (1989): Promotion. Analysis, Creativity and Strategy, 2. Aufl., Boston.

Domsch, M. E./Ladwig, D. H. (1999): Mitarbeiterbefragungen als marktorientiertes Instrument einer professionellen Personalarbeit, Wiesbaden.

Donabedian, A. (1980): The Definition of Quality and Approaches to Its Assessment and Monitoring, Ann Arbor.

Donle, C. (2003): Freiraum für Aktionen, in: Absatzwirtschaft, 46. Jg., Nr. 8, S. 44.

Dorfman, R./Steiner, P. O. (1954): Optimal Advertising and Optimal Quality, in: The American Economic Review, Vol. 44, No. 12, S. 826–836.

Dornscheidt, W. M./Groth, C./Reinhard, H. W. (2003): Mega-Events, in: Kirchgeorg, M./Dornscheidt, W. M./Griese, W./Stoeck, N. (Hrsg.): Handbuch Messemanagement. Planung, Durchführung und Kontrolle von Messen, Kongressen und Events, Wiesbaden, S. 1037–1059.

Dorsch, F./Häcker, H./Stapf, K.-H. (2009): Psychologisches Wörterbuch, 15. Aufl., Bern.

Dotzler, H.-J. (1999): Gestaltung der Internen Kommunikation als Grundlage marktorientierter Veränderungsprozesse – am Beispiel der Hypo-Bank, in: Bruhn, M. (Hrsg.): Internes Marketing. Integration der Kunden- und Mitarbeiterorientierung, Grundlagen – Implementierung – Praxisbeispiele, Wiesbaden, S. 665–681.

Dotzler, H.-J./Schick, S. (1993): Integration der Mitarbeiterkommunikation: das Beispiel Bayerische Hypotheken- und Wechsel-Bank, in: Bruhn, M./Dahlhoff, H.-D. (Hrsg.): Effizientes

Kommunikationsmanagement. Konzepte, Beispiele und Erfahrungen aus der integrierten Unternehmenskommunikation, Stuttgart, S. 127–143.

Dotzler, H.-J./Schick, S. (1995): Systematische Mitarbeiterkommunikation als Instrument der Qualitätssicherung, in: Bruhn, M./Stauss, B. (Hrsg.): Dienstleistungsqualität. Konzepte, Methoden, Erfahrungen., 2. Aufl., Wiesbaden, S. 277–294.

DPRG (Deutsche Public Relations Gesellschaft)/GPRA (Gesellschaft Public Relations Agenturen) (2000): PR-Evaluation. Messen – Analysieren – Bewerten. Empfehlungen für die Praxis, Bonn.

Dr. Fischer Consulting AG (2004): Der Einsatz von Kiosksystemen im Handel am Beispiel Media Markt: Mehrwert durch Interaktion sorgt für Umsatzplus, http://www.kioskspecial.de/html/19_04_2004.html (Zugriff am 14.07.2004).

Drees, N. (1989): Charakteristika des Sportsponsoring, München.

Drees, N. (1991): Das Sponsoring-Barometer – Ergebnisse einer Unternehmensbefragung, in: Werbeforschung & Praxis, 36. Jg., Nr. 1, S. 16–20.

Drees, N. (1992): Sportsponsoring, 3. Aufl., Wiesbaden.

Drees, N. (2003): Bedeutung und Erscheinungsformen des Sportsponsoring, in: Hermanns, A./Riedmüller, F. (Hrsg.): Management-Handbuch Sport-Marketing, München, S. 47–66.

Drees, N./Jäckel, M. (2008): Guerilla Marketing. Grundlagen, in: transfer: Werbeforschung und Praxis, 54. Jg., Nr. 2, S. 31–37.

Drees, N./Trautwein, S. (2008): Erscheinungsformen des Sponsoring, in: Bagusat, A./Marwitz, C./Vogl, M. (Hrsg.): Handbuch Sponsoring. Erfolgreiche Marketing- und Markenkommunikation, Berlin, S. 89–112.

Drengner, J. (2003): Imagewirkungen von Eventmarketing. Entwicklungen eines ganzheitlichen Messansatzes, Wiesbaden.

Drengner, J./Zanger, C. (2003): Die Eignung des Flow-Ansatzes zur Wirkungsanalyse von Marketing-Events, in: Marketing ZFP, 25. Jg., Nr. 1, S. 25–34.

Droege, W. P./Kricsfalussy, A. (1998): Marketingaudit: Check up the Strategic Fit!, in: Reinecke, S./Tomczak, T./Dittrich, S. (Hrsg.): Marketingcontrolling, St. Gallen, S. 70–78.

Drosten, M. (1995): Sponsoring nach Maß, in: Absatzwirtschaft, 38. Jg., Nr. 6, S. 34–41.

Duncan, T./Moriarty, S. (1997): Driving Brand Value. Using Integrated Marketing to Manage Profitable Stakeholder Relationships, New York.

Duncker, C. (2009): Wie gut funktioniert Online-Werbung?, in: Absatzwirtschaft, 52. Jg., Nr. 2, S. 70–72.

Dunkl, M. (2005): Corporate-Design-Praxis. Das Handbuch der visuellen Identität von Unternehmen, 2. Aufl., Wien.

Dyllick, T. (1990): Ökologisch bewußtes Management, in: Die Orientierung, Schriftenreihe der Schweizerischen Volksbank, Nr. 96, Bern.

E

Eagle, L./Kitchen, P. J. (2000): IMC, Brand Communications, and Corporate Cultures. Client/Advertisting Agency Co-ordination and Cohesion, in: European Journal of Marketing, Vol. 34, No. 5/6, S. 667–686.

Ebert, D. (1992): Weltweite Entwicklungstendenzen im Messewesen, in: Strothmann, K.-H./Busche, M. (Hrsg.): Handbuch Messemarketing, Wiesbaden, S. 39–50.

Eck, K. (2007): Corporate Blogs: Unternehmen im Online-Dialog zum Kunden.

Eck, S. (2004): Hungerkur für die Dinosaurier, in: Werben & Verkaufen, 42. Jg., Nr. 21, S. 24–27.

Eck, S. (2004a): Mobiltelefone zeigen Marken in Bewegung, in: Werben & Verkaufen, 42. Jg., Nr. 20, S. 58–61.

Eckert, S. (1994): Rentabilitätssteigerung durch Kundenbindung am Beispiel eines Buchclubs, Bamberg.

ECO Forum e.V. (2003): Handy macht künftig TV und Zeitung ernsthaft Konkurrenz, http://www.eco.de/servlet/PB/menu/1223682/index.html (Zugriff am 30.11.2003).

Einwiller, S./Klöfer, F./Nies, U. (2008): Mitarbeiterkommunikation, in: Meckel, M./Schmidt, B. F. (Hrsg.): Unternehmenskommunikation. Kommunikationsmanagement aus Sicht der Unternehmensführung, 2. Aufl., Wiesbaden, S. 221–260.

Ellis, R. M. (2009): Applying Bourdieu to eBay's Success and Socio-Technical Design, in: Whitworth, B./de Moor, A. (Hrsg.): Handbook of Research on Socio-Technical Design and Social Networking Systems, Hershey, PA.

Elmiger, T. (2008): PricewaterhouseCoopers Schweiz mit Intranet-TV Lösung der insign gmbh, in: open PR. Das offene Portal, Http://www.openpr.de/news/228717/Pricewaterhouse-Coopers-Schweiz-mit-Intranet-TV-Loesung-der-insign-gmbh.html (Zugriff am 18.12.2009).

Emrich, C. (2008): Multi-Channel-Communications- und Marketing-Management, Wiesbaden.

Endlich, L. (1999): Goldman Sachs. Erfolg als Unternehmenskultur, München.

Engelhardt, A. v. (1999): Werbewirkungsmessung: Hintergründe, München.

Engels, A./Timaeus, A. (1983): „Face-to-Face"-Interaktionen, in: Irle, M. (Hrsg.): Marktpsychologie, 1. Halbband: Marktpsychologie als Sozialwissenschaft, Göttingen, S. 344–372.

Erber, S. (2005): Eventmarketing. Erlebnisstrategien für Marken, 4. Aufl., München.

Erdtmann, S. L. (1989): Sponsoring und emotionale Erlebniswerte. Wirkungen auf den Konsumenten, Wiesbaden.

eResult GmbH (2003): http://www.eresult.de/studien_artikel/forschungsbeitraege/imagery_III.html (Zugriff am 20.04.2010).

Erichson, B./Maretzki, J. (1993): Werbeerfolgskontrolle, in: Berndt, R./Hermanns, A. (Hrsg.): Handbuch Marketing-Kommunikation, Wiesbaden, S. 521–562.

Erismann-Peyer, G. (1996): Das Stichwort heisst Vertrauen, in: Marketing & Kommunikation, 24. Jg., Nr. 5, S. 22.

Erler, U. (2008): Die Mitarbeiterzeitschrift – der Klassiker der internen Kommunikation, www.erler-pr.de/aktuell_02.pdf (Zugriff am 30.11.2010).

Ernd, W. (1991): Integration des persönlichen Verkaufs in das Direct-Marketing-Mix, in: Dallmer, H. (Hrsg.): Handbuch Direct Marketing, 6. Aufl., Wiesbaden, S. 247–272.

ESB (Europäische Sponsoring Börse)/Gfs-Forschungsinstitut (2002): Sponsoringstudie 2002, Zürich.

Esch, F. R. (2004): Strategie und Technik der Markenführung, 2. Aufl., München.

Esch, F. R. (2010): Strategie und Technik der Markenführung, 6. Aufl., München.

Esch, F. R./Knörle, C. (2008b): Interne Markenführung im Kontext von Mergers & Acquisitions, in: Tomczak, T./Esch, F. R./Kernstock, J./Herrmann, A. (Hrsg.): Behavioral Branding. Wie Mitarbeiterverhalten die Marke stärkt, Wiesbaden, S. 257–276.

Esch, F. R./Rutenberg, J./Ströder, K./Vallaster, C. (2005a): Verankerung der Markenidentität durch Behavioral Branding, in: Esch, F. R. (Hrsg.): Moderne Markenführung. Grundlagen – Innovative Ansätze – Praktische Umsetzungen, 4. Aufl., Wiesbaden, S. 985–1008.

Esch, F. R./Wicke, A./Rümpel, J. E. (2005b): Herausforderungen und Aufgaben des Markenmanagements, in: Esch, F. R. (Hrsg.): Moderne Markenführung. Grundlagen – Innovative Ansätze – Praktische Umsetzungen, 4. Aufl., Wiesbaden, S. 3–55.

Esch, F.-R. (1992): Positionierungsstrategien. Konstituierender Erfolgsfaktor für Handelsunternehmen, in: Thexis, 9. Jg., Nr. 4, S. 9–15.

Esch, F.-R. (1998): Eventcontrolling, in: Nickel, O. (Hrsg.): Event Marketing. Grundlagen und Erfolgsbeispiele, München, S. 149–164.

Esch, F.-R. (2006): Wirkung integrierter Kommunikation. Ein verhaltenswissenschaftlicher Ansatz für die Werbung, 4. Aufl., Wiesbaden.

Esch, F.-R./Knörle, C. (2008a): Führungskräfte als Markenbotschafter, in: Tomczak, T./Esch, F.-R./Kernstock, J./Herrmann, A. (Hrsg.): Behavioral Branding. Wie Mitarbeiterverhalten die Marke stärkt, Wiesbaden, S. 351–365.

Esch, F.-R./Möll, T./Elger, C. E./Neuhaus, C. (2008): Wirkung von Markenemotionen: Neuromarketing als neuer verhaltenswissenschaftlicher Zugang, in: Marketing-ZFP, 30. Jg., Nr. 2, S. 111–129.

Esch, F.-R./Vallaster, C. (2005): Mitarbeiter zu Markenbotschaftern machen: Die Rolle der Führungskräfte, in: Esch, F.-R. (Hrsg.): Moderne Markenführung. Grundlagen – Innovative Ansätze – Praktische Umsetzungen, 4. Aufl., Wiesbaden, S. 1009–1020.

Eurohandelsinstitut (2003a): Coupon-Marketing – Status quo und Perspektiven, Köln.

Eurohandelsinstitut (2003b): VkF-Trendbarometer, Köln.

Expodata (2009): Der Messestand als Marketing-Tool, http://www.expodata.ch/virtual/dHBsP-WFyY19hcnQsY2FsbD1PdXRzdGFuZGluZyxppZD0yODUscGFyZW50PTA.html (Zugriff am 31.08.2010).

F

Face to face GmbH (2004): Zauberhaftes Produktstudium, http://www.facetoface-gmbh.de (Zugriff am 03.02.2004).

Facebook (2010): www.facebook.com (Zugriff am 28.06.2010).

Fachverband Außenwerbung e.V. (2010): Nettoumsätze der Außenwerbung in Deutschland von 1974 bis heute, http://www.faw-ev.de/media/download/marktdaten/6_Netto-Umsaetze_der_AW_1974–2009.pdf (Zugriff am 17.03.2010).

Fachverband Außenwerbung e.V. (2010a): Transportmedien, http://www.faw-ev.de/de/faw/out-out-of-home-medien/transportmedien/index.html (Zugriff am 10.03.2010).

Fachverband Außenwerbung e.V. (2010b): Plakatwerbeträger, http://www.faw-ev.de/de/faw/out-of-home-medien/plakatwerbetraeger/index.html (Zugriff am 10.03.2010).

Fachverband Außenwerbung e.V. (2010c): Ambient Medien, http://www.faw-ev.de/de/faw/out-of-home-medien/ambient_medien/index.html (Zugriff am 18.03.2010).

FAMAB (Verband Direkte Wirtschaftskommunikation e.V.) (2009): FAMAB-Branchenbrief 2008/09, http://www.famab.de/fme/Services/eventbusiness.html (Zugriff am 03.04.2010).

Fantapié Altobelli, C. (1993): Charakterisierung und Arten der Werbung, in: Berndt, R./Hermanns, A. (Hrsg.): Handbuch Marketing-Kommunikation, Wiesbaden, S. 241–261.

Fantapié Altobelli, C./Hoffmann, S. (1996): Werbung im Internet, Kommunikations-Kompendium Band 6, MGM MediaGruppe, München.

Fantapié Altobelli, C./Sander, M. (2001): Internet-Branding. Marketing und Markenführung im Internet, Stuttgart.

Farris, P. W./Buzzell, R. D. (1979): Why Advertising and Promotional Costs Vary: Some Cross-Sectional Analyses, in: Journal of Marketing, Vol. 43, No. 4, S. 112–122.

Fasse, S. (2008): Unternehmenstheater vermittelt mit viel Emotionen harte Fakten, in: VDI nachrichten, o.Jg., Nr. 33, S. 30.

Fearn-Banks, K. (2001): Crisis Communication: A Review of Some Best Practices, in: Heath, R. L. (Hrsg.): Handbook of Public Relations, Thousan Oaks u. a., S. 479–485.

Feldmeier, S. (2004): Zwei vor, ein zurück, in: Werben & Verkaufen, 42. Jg., Nr. 6, S. 22–26.

Felger, U. (2004): Klingeln ohne Konzept, in: Lebensmittel-Zeitung Spezial, 56. Jg., Nr. 1, S. 55.

Festinger, L. (1957): A Theory of Cognitive Dissonance, Stanford.

Fey, J.-G./Nies, U. (2003): Medienkonzept für weltweite Aktivitäten. Beispiel: Mitarbeitermedien in der BASF-Gruppe, in: Klöfer, F./Nies, U. (Hrsg.): Erfolgreich durch Interne Kommunikation. Mitarbeiter besser informieren, 3. Aufl., München, S. 231–238.

FHG IAO (Fraunhofer-Gesellschaft – Institut für Arbeitswirtschaft und Organisation) (2001): New Media Communication, http://www.cc-btv.iao.fhg.de/documents/anwendungsfelder.htm (Zugriff am 04.04.2002).

Fieger, U./Dürr, J. (1999): Im Brennpunkt des Geschehens. Der Einsatz von Business TV im Rahmen der Internen Kommunikation, in: Deekeling, E./Fiebig, N. (Hrsg.): Interne Kommunikation. Erfolgsfaktor im Corporate Change, Wiesbaden, S. 209–223.

Fill, C. (2001): Marketing-Kommunikation. Konzepte und Strategien, München.

Firestone, S. H. (1983): Why Advertising a Service is Different, in: Berry, L. L./Shostack, G. L./ Upah, G. D. (Hrsg.): Emerging Perspectives on Services Marketing, Chicago, S. 86–89.

Fisch, G. (1996): Response im Wandel – Ohne Dialog läuft nichts mehr, in: Jahrbuch Marketing Kommunikation, 7. Jg.,o.Nr., S. 88–90.

Fischer, H. H. (1988): Verdrängt der Sponsor den Mäzen?, in: Absatzwirtschaft, 31. Jg., Nr. 10, S. 72–92.

Fischer, L. (2004): Kiosksysteme im stationären Einzelhandel, München.

Fischer, T. (2009): Strafgesetzbuch und Nebengesetze, 75. Aufl., München.

Fischer, W. (1992): Zur Geschichte der Messen in Europa, in: Strothmann, K.-H./Busche, M. (Hrsg.): Handbuch Messemarketing, Wiesbaden, S. 3–14.

Fisher, B. A. (1978): Perspectives on Human Communication, New York.

FKM (Gesellschaft zur Freiwilligen Kontrolle von Messe- und Ausstellungszahlen) (2009): Bericht 2008, Berlin.

Fleck, M./Kirchoff, L./Meckel, M./Stanoevska-Slabeva, K. (2008): Einsatzmöglichkeiten von Blogs in der Unternehmenskommunikation, in: Bauer, H. H./Grosse-Leege, D./Rösger, J. (Hrsg.): Interactive Marketing im Web 2.0, 2. Aufl., München, S. 236–251.

Flögel, H. (1979): Werbung durch Sport?, in: Zeitschrift für Markt-, 23. Jg., Nr. 4, S. 5041–5046.

FME (Forum Marketing-Eventagenturen) (2002): Checkliste Agenturauswahl, http://www.fme-net.de/pdf/FME_Checkliste_Agentur.pdf (Zugriff am 18.02.2004).

FME (Forum Marketing-Eventagenturen) (2003): EVA. Event-Award 2003, http://www.eva-award. de/(Zugriff am 09.02.2004).

FME (Forum Marketing-Eventagenturen) (2007): Event-Klima 2007, Wiedenbrück.

Focus Magazin Verlag (2002): Planspiel in der AWA, in: Focus Medialine, http://medialine. focus.de/PM1D/PM1DD/PM1DDB/PM1DDBC/PM1DDBCC/PM1DDBCCD/pm1ddbccd. htm (Zugriff am 22.03.2002).

Focus Online (2009): Pro Sieben: Wok-WM wird Dauerwerbesendung, http://www.focus.de/ kultur/medien/prosieben-wok-wm-wird-dauerwerbesendung_aid_364008.html (Zugriff am 13.02.2010).

Forster, T. (2003a): Effizienter im Duett, in: Werben & Verkaufen, 41. Jg., Nr. 13, S. 1–4.

Forster, T. (2003b): Milka stürzt und siegt, in: Werben & Verkaufen, 41. Jg., Nr. 10, S. 4–8.

Foxall, G. (1996): Consumers in Context. The BPM Research Programm, London u. a.

Freter, H. (1974): Mediaselektion, Wiesbaden.

Freter, H. (1979): Interpretation und Aussagewert mehrdimensionaler Einstellungsmodelle, in: Meffert, H./Freter, H./Steffenhagen, H. (Hrsg.): Konsumentenverhalten und Information, Wiesbaden, S. 163–184.

Freter, H. (1983): Markt- und Kundensegmentierung, Stuttgart.

Freter, H. (2001): Marktsegmentierungsmerkmale, in: Diller, H. (Hrsg.): Vahlens Großes Marketing Lexikon, 2. Aufl., München, S. 1074–1076.

Freter, H. (2008): Kunden- und Marktsegmentierung. Kundenorientierte Markterfassung und
-bearbeitung, Stuttgart.

Freter, H. (2008): Marktsegmentierung, 2. Aufl., Stuttgart u. a.

Freund, J. (2003): Millionen für die Regionen, in: Credit Suisse Bulletin, o. Jg., Nr. 3, S. 26–27.

Frey, B. (1985): Internationale politische Ökonomie, München.

Frey, S./Hirsbrunner, H.-P./Pool, J./W., D. (1981): Das Berner System zur Untersuchung nonverbaler Interaktion, in: Winkler, P. (Hrsg.): Methoden der Analyse von Face-to-Face-Situationen,
Stuttgart, S. 203–237.

Frey, U. D. (1993): Das Management von Sales Promotions, in: Berndt, R./Hermanns, A. (Hrsg.):
Handbuch Marketing-Kommunikation, Wiesbaden, S. 578–592.

FreyBeaumont-Bennett (1995): VKF Trends Deutschland 1996, Düsseldorf.

FreyBeaumont-Bennett (1998): VKF Trends Deutschland 1998/99. Meinungen – Statistiken –
Prognosen, Düsseldorf.

Fritz, W. (2006): Internet-Marketing und Electronic Commerce. Grundlagen – Rahmenbedingungen – Instrumente, 4. Aufl., Wiesbaden.

Fromm, E. (1998): Haben oder Sein, München.

Frommeyer, A. (2005): Kommunikationsqualität in persönlichen Kundenbeziehungen. Konzeptualisierung und empirische Prüfung, Wiesbaden.

Frosta AG (2010): http://www.frostablog.de (Zugriff am 28.01.2010).

Fuchs, A. (1988): Die wettbewerbsrechtliche Beurteilung redaktioneller Werbung in Presseer-
zeugnissen unter besonderer Berücksichtigung der Kopplung von entgeltlicher Anzeige
und redaktioneller Berichterstattung, in: Gewerblicher Rechtsschutz und Urheberrecht,
90. Jg., Nr. 10, S. 736–742.

Fuchs, W./Unger, F. (2003): Verkaufsförderung. Konzepte und Instrumente im Marketing-Mix,
2. Aufl., Wiesbaden.

Fuchslocher, H./Hochheimer, H. (2000): Messen im Wandel – Messemarketing im 21. Jahrhundert,
Wiesbaden.

Fulk, J./Mani, S. (1986): Distortion of Communication in Hierarchical Relationships, in: Communication Yearbook, Vol. 9, S. 483–510.

Funke, K. (1987): Messeentscheidungen. Handlungsalternativen und Informationsbedarf,
Frankfurt/Main u. a.

Furrer, G. (1993): MultiMedia im Spannungsfeld der Kosten, Offenburg.

G

Gabler, T. (2009): AG Social Media stellt neue Währung vor, http://www.internetworld.de/
Nachrichten/Trends/AG-Social-Media-stellt-neue-Waehrung-vor (Zugriff am 10.03.2010).

Gaede, W. (1981): Vom Wort zum Bild. Kreativ-Methoden der Visualisierung, München.

Gail, T./Clark, R./Elmer, L./Grech, E./Masetti, J. J./Sandhar, H. (1992): The Use of Created versus
Celebrity Spokespersons in Advertisements, in: Journal of Consumer Marketing, Vol. 9,
No. 4, S. 50–53.

Gamm, O. F. v. (1966): Geschmacksmustergesetz-Kommentar, Berlin.

Gardner, H. S. (1989): The Advertising Agency Business, Lincolnwood.

Gardner, M. P. (1985): Does Attitude Toward the Ad Affect Brand Attitude Under a Brand Evaluation Set?, in: Journal of Marketing Research, Vol. 22, No. 2, S. 192–198.

Gatignon, H./Robertson, T. S. (1986): An Exchange Theory of Interpersonal Communication, in:
Advances in Consumer Research, Vol. 13, S. 534–538.

Gebhardt, G. (2001): „Wir geben alles": Social-Sponsoring zum 125-jährigen Jubiläum der Ludwig
Görtz GmbH, in: Strahlendorf, P. (Hrsg.): Sponsoring Jahrbuch 2000, Hamburg, S. 206–209.

Gedenk, K. (2001): Verkaufsförderung, in: Albers, S./Skiera, B. (Hrsg.): Marketing mit Interaktiven Medien. Strategien zum Markterfolg, 3. Aufl., Frankfurt/Main, S. 313–327.

Gedenk, K. (2002): Verkaufsförderung, München.

Gedenk, K./Hartmann, S./Schulze, T. (2000): Die Wirkung von Produktzugaben, in: Zeitschrift für Betriebswirtschaft, 70. Jg., Nr. 12, S. 1311–1330.

Geilen, A. (2002): IP Deutschland gewinnt Danone für Dino-Tag, in: Horizont, 19. Jg., Nr. 16, S. 3–4.

Geisthövel, M. (1992): Modell für eine andere, in: Werben & Verkaufen, 29. Jg., Nr. 23, S. 62–64.

Gemünden, H. G. (1980): Effiziente Interaktionsstrategien im Investitionsgütermarketing, in: Marketing ZFP, 2. Jg., Nr. 1, S. 21–32.

George, W. (1990): Internal Marketing and Organizational Behaviour: A Partnership in Developing Customer-Conscious Employees at Every Level, in: Journal of Business Research, Vol. 20, No. 1, S. 63–70.

George, W. R./Berry, L. L. (1984): Guidelines for the Advertising of Services, in: Lovelock, C. H. (Hrsg.): Services Marketing. Text, Englewood Cliffs, S. 407–412.

George, W. R./Grönroos, C. (1999): Internes Marketing. Kundenorientierte Mitarbeiter auf allen Ebenen, in: Bruhn, M. (Hrsg.): Internes Marketing. Integration der Kunden- und Mitarbeiterorientierung, Wiesbaden, S. 45–68.

Gerber, R. (2009a): Merck und die Heilkraft der Kampagne, in: W&V Online, http://www.wuv. de/w_u_v_infocenter/case_studies/merck_und_die_heilkraft_der_kampagne (Zugriff am 13.04.2010).

Gerber, R. (2009b): Tempo: Die Sache ins Rollen gebracht, in: W&V Online, http://www. wuv.de/w_v_infocenter/case_studies/tempo_die_sache_ins_rollen_gebracht (Zugriff am 13.04.2010).

Gerstenkorn, T. (2004): Fruchtgummis in aller Munde, in: Direkt mehr (Fachzeitschrift der Deutschen Post für Direkt Marketing), Februar, S. 2.

GfK AG (Gesellschaft für Konsumforschung) (2003): POS Medien im Verbrauchermarkt, Nürnberg.

GfK AG (Gesellschaft für Konsumforschung) (2004): Euro-Socio-Styles, http://www.gfk.at (Zugriff am 01.12.2009).

GfK AG (Gesellschaft für Konsumforschung) (2007): Nutzung von Werbe- und Agenturformen im Vergleich, http://www.gfk.com (Zugriff am 22.10.2010).

GfK AG (Gesellschaft für Konsumforschung) (2008): POS Medien im Verbrauchermarkt, Nürnberg.

GfK AG (*Gesellschaft für Konsumforschung*) (2010): GfK-BehaviorScan® – Der erste experimentelle Testmarkt Europas mit Targetable TV, Nürnberg.

GfK AG (*Gesellschaft für Konsumforschung*) (2005): GfK Consumer Tracking, Nürnberg.

GfK AG/Wirtschaftswoche (2002): Werbeklima I/2003, Nürnberg.

GfK AG/WirtschaftsWoche (2005): Werbeklimastudie 1/2004, Nürnberg.

GfK AG/Wirtschaftswoche (2006): Werbeklima I/2006, Düsseldorf.

GfK Group (2007): Marktforschungsstudie zur Nutzung alternativer Werbeformen, http://www. gfk.com (Zugriff am 22.10.2010).

Giehl, W./Baumgarten, C. (2005): Markenmanagement als Motor der neuen Markenidentität DHL im Konzern Deutsche Post World Net, in: Meffert, H./Burmann, C./Koers, M. (Hrsg.): Markenmanagement. Identitätsorientierte Markenführung und praktische Umsetzung, 2. Aufl., Wiesbaden, S. 781–817.

Gierl, H./Bambauer, S. (2002): Die Überzeugungskraft unattraktiver Kommunikatoren, in: Der Markt, 41. Jg., Nr. 2&3, S. 445–443.

Gierl, H./Eleftheriadou, C. (2003): Kundenbindung durch Motorsporterfolge in der Formel 1, in: transfer – Werbeforschung & Praxis, 48. Jg., 2/2003, S. 12–16.

Giese, J. L./Spangenberg, E. R./Crowley, A. E. (1996): Effects of Product-Specific Word-of-Mouth Communication on Product Category Involvement, Los Angeles.

Gieseking, F. (2003): Das Kreuz mit dem Alter, in: Werben & Verkaufen, 41. Jg., Nr. 42, S. 52–54.

Giesler, H. (1993): Direkt-Marketing bei Banken: ein Instrument der Qualitätspolitik, Wiesbaden.

Glamus (2001): Mobility und ihre Stadt bewegt sich, http://www.mobility-online.de (Zugriff am 04.08.2003).

Gleich, U. (2003): Crossmedia – Schlüssel zum Erfolg?

Glogger, A. (1999): Imagetransfer im Sponsoring: Entwicklung eines Erklärungsmodells, Frankfurt/Main u. a.

Glomb, H. J. (1995): Multimedia-Akzeptanz bei Kunden, in: Silberer, G. (Hrsg.): Marketing mit Multimedia, Stuttgart, S. 255–268.

Goldmedia (2009): Medientrends 2010, http://www.goldmedia.com/aktuelles/medientrends-2010.html (Zugriff am 11.05.2010).

Göbel, K. (1994): Sponsoring kommt an, in: Horizont, 11. Jg., Nr. 46, S. 5–7.

Goehrmann, K. (1984): Verkaufsmanagement, Stuttgart u. a.

Gonring, M. P. (1997): Global and Local Media Relations, in: Caywood, C. L. (Hrsg.): The Handbook of Strategic Public Relations & Integrated Communications, New York, S. 63–76.

Google (2010): http://picasa.google.com (Zugriff am 27.01.2010).

Gordon, I. (1998): Relationship Marketing. New Strategies, Toronto u. a.

Goretzky, U. (2003): Anzahl Events in Deutschland, in: Absatzwirtschaft, 46. Jg., Nr. 2, S. 4–3.

Gorman, R. E./Dudas, J. M. (1997): Image Management Through Public Relations in den Insurance Industry, in: Caywood, C. L. (Hrsg.): The Handbook of Strategic Public Relations & Integrated Communications, New York, S. 326–337.

Goschmann, K. (2000): Medien am Point of Interest, Mannheim.

Goschmann, K. (2002): Messezahlen, in: Jahrbuch 2003 Messen & Events, 7. Jg., S. 3–6.

Greenberg, B. S. (1964): Person-to-Person Communication in the Diffusion of New Events, in: Journalism Quarterly, Vol. 41, S. 489–493.

Grimm, C. (2001a): Kundenbedürfnisse und Kundenorientierung im Messewesen, Nürnberg.

Grimm, C. (2001b): Messen und Ausstellungen, in: Diller, H. (Hrsg.): Vahlens Großes Marketing Lexikon, 2. Aufl., München, S. 1120–1123.

Grimm, C. (2004): Möglichkeiten und Grenzen des Beziehungsmarketing im Messewesen, Nürnberg.

Grochla, E. (1982): Grundlagen der organisatorischen Gestaltung, Stuttgart.

Grohs von Reichenbach, S. (1999): Wirkungskontrolle im Kultursponsoring. Notwendigkeit, Voraussetzungen und Verfahren, in: Stiftung und Sponsoring, o. Jg., Nr. 5, S. 32–33.

Grönroos, C. (1982): An Applied Marketing Service Theory, in: European Journal of Marketing, Vol. 16, No. 7, S. 30–41.

Grönroos, C. (1994): From Marketing Mix to Relationship Marketing. Towards a Paradigm Shift in Marketing, in: Management Decision, Vol. 32, No. 2, S. 4–20.

Grönroos, C. (2007): Service Management and Marketing. A Customer Relationship Management Approach, 3. Aufl., Chichester.

Gronstedt, A. (1996): Integrated Marketing Communication and Public Relations: A Stakeholder Relations Model, in: Thorson, E./Moore, J. (Hrsg.): Integrated Communication. Synergy of Persuasive Voices, Mahwah, S. 287–304.

Gronstedt, A. (1997): The Role of Research in Public Relations Strategy and Planning, in: Caywood, C. L. (Hrsg.): The Handbook of Strategic Public Relations & Integrated Communications, New York, S. 34–59.

Gronstedt, A./Thorson, E. (1996): Five Approaches to Organize an Integrated Marketing Communications Agency, in: Journal of Advertising Research, Vol. 36, No. 2, S. 48–58.

Gröppel-Klein, A. (2001): Aktivierung (Arousal), in: Diller, H. (Hrsg.): Vahlens Großes Marketing Lexikon, 2. Aufl., München, S. 36–39.

Gross, T./Koch, M. (2007): Computer-Supported Cooperative Work, München.

Groth, C. (1992): Determinanten der Veranstaltungspolitik von Messegesellschaften, in: Strothmann, K.-H./Busche, M. (Hrsg.): Handbuch Messemarketing, Wiesbaden, S. 157–178.

Gruber, G. (2008): Planungsprozess der Markenkommunikation in Web 2.0 und Social Media. Ziele – Strategieoptionen – Erfolgskontrolle, Saarbrücken.

Gruner + Jahr AG & Co. KG (2009): Brigitte KommunikationsAnalyse, http://www.gujmedia.de/services/marktmediastudien/untersuchungen/?id=209192 (Zugriff am 12.04.2010).

Gruner + Jahr AG & Co. KG (2010a): Ad Specials, http://www.gujmedia.de/angebot/adspecials/uerbersicht/?id=201500 (Zugriff am 10.03.2010).

Gruner + Jahr AG & Co. KG (2010b): Lufthansa Ambient Media, http://www.gujmedia.de/portfolio/ambient/(Zugriff am 10.03.2010).

Grunig, J. E./Grunig, L. A. (1998): The Relationship Between Public Relations and Marketing in Excellent Organizations: Evidence From the IABC Study, in: Journal of Marketing Communications, Vol. 5, No. 4, S. 141–162.

Grunig, J. E./Hunt, T. (1984): Managing Public Relations, New York.

Grüsser, B. (1992): Image durch erfolgreiches Ökosponsoring, Landsberg/Lech.

Grzebin, M. (2004): Integriertes Dialogmarketing. Die weltweite Einführung des Porsche Cayenne.

Gümbel, R./Woratschek, H. (1995): Institutionenökonomik, in: Tietz, B./Köhler, R./Zentes, J. (Hrsg.): Handwörterbuch des Marketing, 2. Aufl., Stuttgart, S. 1008–1019.

Gummesson, E. (1987): The New Marketing. Developing Long-Term Interactive Relationships, in: Long Range Planning, Vol. 20, No. 4, S. 10–20.

Gummesson, E. (1994): Making Relationship Marketing Operational, in: International Journal of Service Industry Management, Vol. 5, No. 5, S. 5–20.

Gündling, C. (1998): Bedeutung der Kundenbindung im Rahmen des Eventmarketing, in: Nickel, O. (Hrsg.): Event Marketing. Grundlagen und Erfolgsbeispiele, München, S. 79–90.

Günther, M./Vossebein, U./Wildner, R. (2006): Marktforschung mit Panels. Arten – Analyse – Anwendung, 2. Aufl., Wiesbaden.

Gupta, S. (2003): Event Marketing: Issues and Challenges, in: IMB Management Review, Vol. 15, No. 2, S. 87–96.

Gutenberg, E. (1976): Grundlagen der Betriebswirtschaftslehre, Band II, Der Absatz, 15. Aufl., Berlin u. a.

Guterman, S./Helbig, M. (2002): Integrierte Unternehmenskommunikation der Dresdner Bank AG, Frankfurt/Main.

GWA (Gesamtverband Kommunikationsagenturen e.V.) (2005): GWA-Herbstmonitor 2005, Frankfurt/Main.

GWA (Gesamtverband Werbeagenturen e.V.) (2004): Integrierte Kommunikation, Frankfurt am Main.

GWA (Gesamtverband Werbeagenturen e.V.) (2009): GWA-Frühjahrsmonitor 2009, Frankfurt/Main.

GWA (Gesamtverband Werbeagenturen e.V.) (2010): GWA-Frühjahrsmonitor 2010, Frankfurt/Main.

H

Haas, A. (2001): Budgetierung, in: Diller, H. (Hrsg.): Vahlens Großes Marketing Lexikon, München, S. 196–199.

Haas, A. (2003): Erfolgreich verkaufen – aber wie?, in: Thexis, 20. Jg., Nr. 2, S. 22–23.

Hackforth, J. (1994): Sportsponsoring. Bilanz eines Booms, Berlin.

Haeberle, K. E. (1967): Erfolg auf Messen und Ausstellungen. Handbuch für Teilnahme, Stuttgart.

Haedrich, G./Tomczak, T./Kaetzke, P. (2003): Strategische Markenführung, 3. Aufl., Stuttgart.

Haenchen, P. (2007): Intranet statt Mitarbeitermagazin?, in: Dörfel, L. (Hrsg.): Interne Kommunikation. Die Kraft entsteht im Maschinenraum, Berlin, S. 149–156.

Hagel, J./Singer, M. (1999): Net worth: shaping markets when customers make the rules, Boston.

Haibach, M. (2006): Handbuch Fundraising, 2. Aufl., Frankfurt/Main.

Hainer, W. (2004): Institutionen des Markenwesens, in: Bruhn, M. (Hrsg.): Handbuch Markenführung. Kompendium zum erfolgreichen Markenmanagement. Strategien – Instrumente – Erfahrungen, 2. Aufl., Wiesbaden, S. 277–290.

Haist, F./Fromm, H. (1991): Qualität im Unternehmen. Prinzipien – Methoden – Techniken, 2. Aufl., Wien.

Hajos, A. (1973): Wahrnehmungspsychologie. Psychophysik und Wahrnehmungsforschung, Stuttgart u. a.

Halcour, F. (1993): Umweltsponsoring. Empfehlungen an Umweltschutzorganisationen, in: Zeitschrift für angewandte Umweltforschung, 6. Jg., Nr. 1, S. 89–104.

Halliday, J. (1998): GM to Scrap Agency Commissions, in: Advertising Age, Vol. 69, No. 46.

Hammann, P. (1992): Der Wert einer Marke aus betriebswirtschaftlicher und rechtlicher Sicht, in: Dichtl, E./Eggers, W. (Hrsg.): Marke und Markenartikel als Instrumente des Wettbewerbs, München, S. 205–245.

Hammann, P./Erichson, B. (2000): Marktforschung, 4. Aufl., Stuttgart.

Hammer, P. (2004): Kunst der Verführung, in: Werben & Verkaufen, 42. Jg., Nr. 8, S. 42–43.

Hansen, U./Schulze, H. S. (1990): Transaktionsanalyse und persönlicher Verkauf, in: Jahrbuch der Absatz und Verbrauchsforschung, 36. Jg., Nr. 1, S. 4–26.

Hartfield, G. (1976): Wörterbuch der Soziologie, 2. Aufl., Stuttgart.

Hartleben, R. E. (2004): Werbekonzeption und Briefing. Ein praktischer Leitfaden zum Erstellen zielgruppenspezifischer Werbe- und Kommunikationskonzepte, 2. Aufl., Erlangen.

Hartley, B./Pickton, D. (1999): Integrated Marketing Communications Requires a New Way of Thinking, in: Journal of Marketing Communications, Vol. 5, No. 5, S. 97–106.

Hartmann, W. (2003): Couponing in den USA, in: Hartmann, W./Kreutzer, R. T./Kuhfuß, H. (Hrsg.): Handbuch Couponing, Wiesbaden, S. 111–124.

Hartmann, W./Kreutzer, R. T./Kuhfuß, H. (2003): Handbuch Couponing, Wiesbaden.

Hase, M. (2004): Erfolg mit Max, in: Werben & Verkaufen, 42. Jg., Nr. 16, S. 2–7.

Hase, M. (2004): Post kümmert sich verstärkt um Kleinanleger, in: Werben & Verkaufen Online Nachrichten vom 14.12.2004, http://www.wuv.de (Zugriff am 01.12.2009).

Haseloff, O. W. (1970a): Kommunikationstheoretische Probleme der Werbung, in: Behrens, K. C. (Hrsg.): Handbuch der Werbung, Wiesbaden, S. 157–200.

Haseloff, O. W. (1970b): Psychologie des Lernens. Methoden – Ergebnisse – Anwendungen, Berlin.

Haßler, R./Geißler, G./Radloff, J./Schwander, H. (1994): Fundraising für die Umwelt. Finanzierungsmöglichkeiten von Umweltinitiativen, München.

Haywood, R. (1998): Public Relations für Marketing Professionals, London.

Hebben, M. (2010): Publicis Frankfurt startet Ableger Red Lion, in: Horizont, 27. Jg., Nr. 10, S. 6.

Heemeyer, H. (1981): Psychologische Marktforschung im Einzelhandel, Wiesbaden.

Heeter, C./Greenberg, B. S. (1985): Profiling the Zappers, in: Journal of Advertising Research, Vol. 25, No. 2, S. 15–19.

Heffler, M. (2004): Gebremste Entwicklung der Werbekonjunktur. Der Werbemarkt 2003, Heidelberg.

Heilman, C. M./Nakamoto, K./Rao, A. G. (2002): Pleasant Surprise: Consumer Response to Unexpected In-Store Coupons, in: Journal of Marketing Research, Vol. 39, No. 2, S. 242–252.

Heinen, E. (1971): Der entscheidungsorientierte Ansatz der Betriebswirtschaftslehre, in: Zeitschrift für Betriebswirtschaft, 41. Jg., Nr. 7, S. 429–444.

Heinrich, W. (2010): www.medienkompakt.de (Zugriff am 10.03.2010).

Heinze, T. (2009): Kultursponsoring, 4. Aufl., Opladen.

Heise, S. (2008): Frauen, Fleisch und Adolf Hitler, in: Fokus Money Online, http://www.focus.de/finanzen/news/werbung/werberat-frauen-fleisch-und-adolf-hitler_aid_332707.html (Zugriff am 31.08.2009).

Hellmann, K.-U. (2009): Verbraucher bevorzugen interaktive Informationskanäle für Produkte und Dienstleistungen, http://markeninstitut.wordpress.com/2009/11/18/verbraucher-bevorzugen-interaktive-informationskanale-fur-produkte-und-dienstleistungen/(Zugriff am 09.02.2010).

Helm, S. (2000): Kundenempfehlungen als Marketinginstrument, Wiesbaden.

Helm, S./Günter, B. (2006): Kundenwert – Herausforderung der Bewertung von Kundenbeziehungen, in: Günter, B./Helm, S. (Hrsg.): Kundenwert. Grundlagen – Innovative Konzepte – Praktische Umsetzungen, 3. Aufl., Wiesbaden, S. 3–35.

Helson, H. (1933): The Fundamental Propositions of Gestalt Psychology, in: Psychological Review, Vol. 40, S. 13–32.

Hempelmann, B. (1993): Zeitliche Einsatzplanung der Werbung, in: Berndt, R./Hermanns, A. (Hrsg.): Handbuch Marketing-Kommunikation, Wiesbaden, S. 477–495.

Henderson, B. (1974): Die Erfahrungskurve in der Unternehmensstrategie, Frankfurt/Main.

Henkel AG & Co. KGaA (2010): Internetauftritt Persil, http://www.persil.de (Zugriff am 12.03.2010).

Henkel, S./Tomczak, T./Jenewein, W. (2008): Werbung als Verhaltensvorbild für Mitarbeiter, in: Tomczak, T./Esch, F. R./Kernstock, J./Herrmann, A. (Hrsg.): Behavioral Branding. Wie Mitarbeiterverhalten die Marke stärkt, Wiesbaden, S. 421–445.

Henkel, S./Tomczak, T./Wentzel, D. (2007): Bringing the Brand to Life, in: Thexis, No. 1, S. 13–16.

Henner- Fehr, C. (2010): http://kulturmanagement.wordpress.com/(Zugriff am 16.06.2010).

Henning, G./Pelz, G. (2001): Transaktionsanalyse: Ein Lehrbuch für Therapie und Beratung, Paderborn.

Hense, K. (2009): Weben am Wir-Gefühl, in: Kalthoff-Mahnke, M./Berg, H. J. (Hrsg.): Jahrbuch Interne Kommunikation 2009, Dortmund, S. 34–37.

Hensmann, J. (1980): Neuere Forschungsansätze zum Problem der interpersonellen Kommunikation von Konsumenten, in: Die Betriebswirtschaft, 40. Jg., Nr. 13, S. 387–396.

Herbst, D. (2001): Internet-PR: Einzigartige Chance und große Herausforderung, in: PR-Guide, http://www.pr-guide.de (Zugriff am 07.05.2004).

Herbst, D. (2003): Praxishandbuch Unternehmenskommunikation, Berlin.

Herbst, D. (2004): Internet-PR, Berlin.

Herbst, D. (2007): Public Relations. Konzepte und Organisation – Instrumente – Kommunikation mit wichtigen Bezugsgruppen, Berlin.

Herbst, H. (1993): Entwicklung des Direkt-Marketing in Deutschland, in: Hilke, W. (Hrsg.): Direkt-Marketing, Wiesbaden, S. 31–50.

Hermanns, A. (2002): Grundlagen des Sportsponsoring, in: Galli, A./Gömmel, R./Holzhäuser, W./Straub, W. (Hrsg.): Sportmanagement. Grundlagen der unternehmerischen Führung im

Sport aus Betriebswirtschaftslehre, Steuern und Recht für den Sportmanager, München, S. 333–353.

Hermanns, A. (2008): Sponsoring. Grundlagen – Wirkungen – Management – Perspektiven, 3. Aufl., München.

Hermanns, A. (2003): Planung des Sponsoring, in: Hermanns, A./Riedmüller F. (Hrsg.): Management-Handbuch-Sport-Marketing, München, S. 67–92.

Hermanns, A./Glogger, A. (1998): Sportsponsoring. Eine Partnerschaft zwischen Wissenschaft und Sport, in: Sonderdruck aus Sportwissenschaft, 28. Jg., Nr. 3/4, S. 358–369.

Hermanns, A./Grohs von Reichenbach, S. (1998): Leistungsbewertung im Sportsponsoring – eine kritische Standortbestimmung, in: Planung & Analyse, 25. Jg., Nr. 5, S. 51–56.

Hermanns, A./Marwitz, C. (2008): Sponsoring. Grundlagen, Wirkungen, Management, Markenführung, 3. Aufl., München.

Hermanns, A./Marwitz, C./Riedmüller, F. (2003): Kombination von Sponsoring und Events im Sport: Authentische Marketing-Kommunikation bei differenzierten Zielgruppen, in: Hermanns, A./Riedmüller, F. (Hrsg.): Sponsoring und Events im Sport – Von der Instrumentalbetrachtung zur Kommunikationsplattform, München, S. 211–234.

Hermanns, A./Püttmann, M. (1993): Integrierte Marketing-Kommunikation, in: Berndt, R./Hermanns, A. (Hrsg.): Handbuch Marketing-Kommunikation, Wiesbaden, S. 19–42.

Herrmann, A. (1998): Produktmanagement, München.

Herrmanns, A./Marwitz, C. (2003): Bedeutung und Erscheinungsformen von Sportevents, in: Hermanns, A./Riedmüller, F. (Hrsg.): Sponsoring und Events im Sport – Von der Instrumentalbetrachtung zur Kommunikationsplattform, München, S. 131–151.

Hilke, W. (1993a): Direkt-Marketing, Wiesbaden.

Hilke, W. (1993b): Kennzeichnung und Instrumente des Direkt-Marketing, in: Hilke, W. (Hrsg.): Direkt-Marketing, Wiesbaden, S. 5–30.

Hillmann, K.-H. (2003): Wertewandel. Ursachen – Tendenzen – Folgen, Würzburg.

Hinkel, M./Schwaiger, M. (2003): Interne Kommunikation in internationalen Unternehmen. Beispiel: Benchmarking-Studie mit Printmedien, in: Klöfer, F./Nies, U. (Hrsg.): Erfolgreich durch interne Kommunikation. Mitarbeiter besser informieren, 3. Aufl., München, S. 212–227.

Höbel, P. (2007): Kommunikation in Krisen – Krisen in der Kommunikation, in: Piwinger, M./Zerfaß, A. (Hrsg.): Handbuch Unternehmenskommunikation, Wiesbaden, S. 875–889.

Hoch, S. J./Bradlow, E. T./Wansink, B. (1999): The Variety of an Assortment, in: Marketing Science, Vol. 18, No. 4, S. 527–546.

Hoenig, M. R./Will, M. (2002): CCO – ein neuer Typus von Manager. Kommunikation – ein Fach wie Finanzen und Marketing, in: Neue Zürcher Zeitung, 223. Jg., Nr. 146, S. 2–5.

Hofbauer, G./Hohenleitner, C. (2005): Erfolgreiche Marketing-Kommunikation. Wertsteigerung durch Prozessmanagement, München.

Hofer, S. (2004): Nike startet neue Eventserie „Panna K.O.", in: Werben & Verkaufen Online Nachrichten vom 06.04.2004, http://www.wuv.de/news/artikel/2004/04/28045/index.html (Zugriff am 08.04.2004).

Hoffmann, C. (2003): Wissensmanagement via Intranet, in: Wissensmanagement, 6. Jg., Nr. 5, S. 27–29.

Hoffmann, C./Lang, B. (2008): Das Intranet, 2. Aufl., Konstanz.

Hofsäss, M./Engel, D. (2003): Praxishandbuch Mediaplanung. Forschung, Berlin.

Hofsümmer, K.-H./Horn, I. (1999): Werbung in Deutschland – akzeptiert und anerkannt, in: Media Perspektiven, 31. Jg., Nr. 6, S. 282–289.

Holahan, C. (2006): What Podcasting Revolution?, in: Business Week Online.

Holland, H. (2000): Database-Marketing, in: Ahsen, A. v./Holland, H. (Hrsg.): Marketing-Schnittstellen, Köln, S. 237–248.

Holland, H. (2001): Direktmarketing-Aktionen professionell planen. Von der Situationsanalyse bis zur Erfolgskontrolle, Wiesbaden.

Holland, H. (2006): Mobile Marketing, Wiesbaden.

Holland, H. (2009): Direktmarketing, 3. Aufl., München.

Hölscher Market Research Consultant (2003): Integrierte Kommunikation – Hemmnisse und Potenziale, Werne.

Holt, D. B. (1995): How Consumers Consume: A Typology of Consumption Practices, in: Journal of Consumer Research, Vol. 20, No. 6, S. 1–16.

Holzbaur, U./Jettinger, E./Knauss, B./Moser, R./Zeller, M. (2005): Eventmanagement. Veranstaltungen professionell zum Erfolg führen, 3. Aufl., Berlin u. a.

Homans, G. C. (1972): Elementarformen sozialen Verhaltens, 2. Aufl., Opladen.

Homburg, C./Bucerius, M. (2004): Übernahmen erfolgreich gestalten, in: Frankfurter Allgemeine Zeitung, 56. Jg., Nr. 97, S. 2.

Homburg, C./Krohmer, H. (2009): Marketingmanagement. Strategie – Instrumente – Umsetzung – Unternehmensführung, 3. Aufl., Wiesbaden.

Homburg, C./Schäfer, H./Schneider, J. (2008): Sales Excellence.Vertriebsmanagement mit System, 5. Aufl., Wiesbaden.

Homburg, C./Stock, R. (2000): Der kundenorientierte Mitarbeiter. Bewerten – Begeistern – Bewegen, Wiesbaden.

Hopf, M. (1983): Informationen für Märkte und Märkte für Informationen, Frankfurt/Main.

Horizont (2001): Kommunikationsbarometer März, http://www.horizont.de/unternehmen/ kommunikationsbarometer/pages/show.prl?id=17&backid=10#2 (Zugriff am 17.12.2003).

Horizont (2002): Kommunikationsbarometer April, http://www.horizont.de/unternehmen/ kommunikationsbarometer/pages/show.prl?id=21&backid=10#1 (Zugriff am 17.12.2003).

Horizont (2009): Nielsen: Werbemarkt schließt 2008 brutto mit leichtem Plus ab, http://www. innovations-report.de/html/berichte/kommunikation_medien/bruttowerbemarkt_ schliesst_2008_leichten_plus_ab_125377.html (Zugriff am 8.11.2010).

HORIZONT.NET (2005): Wellness: Wohlfühlprodukte in unterschiedlichen Kategorien, http:// www.horizont.net/marktdaten/charts/pages/show.prl?id=2488 (Zugriff am 21.03.2010).

HORIZONT.NET (2008): Die 200 grössten deutschen Fachzeitschriften, http://www.horizont. net/marktdaten/charts/pages/showChart.php?id=4256&chart=./uploadpix/4256_chart.jpg (Zugriff am 17.03.2010).

HORIZONT.NET (2009): Munich One präsentiert Mercedes S-Klasse in China, http://www. horizont.net/aktuell/agenturen/pages/protected/Munich-One-praesentiert-Mercedes-S-Klasse-in-China_86771.html (Zugriff am 24.06.2010).

HORIZONT.NET (2009a): Apple stichelt wieder gegen Microsoft, http://www.horizont.net/ aktuell/marketing/pages/protected/Apple-stichelt-wieder-gegen-Microsoft_86721.html (Zugriff am 13.04.2009).

HORIZONT.NET (2009b): Einkaufshäufigkeit von Discountern im Jahresvergleich, http:// www.horizont.net/marktdaten/studien/pages/show.prl?id=383 (Zugriff am 21.03.2010).

Horst, B. (1988): Ein mehrdimensionaler Ansatz zur Segmentierung von Investitionsgütermärkten, Pfaffenweiler.

Horváth, P. (2009): Controlling, 11. Aufl., München.

Hörzu-Service (1974): Media-Programme, Hamburg.

Hossiep, R./Frieg, P. (2008): Der Einsatz von Mitarbeiterbefragungen in Deutschland, Österreich und der Schweiz, in: Planung & Analyse, 35. Jg., Nr. 6, S. 55–59.

Howard, J. A./Sheth, J. N. (1969): The Theory of Buying Behavior, New York.

Hruschka, H. (1996): Marketing-Entscheidungen, München.

Hubbard, M. (2004): Markenführung von innen nach außen. Zur Rolle der Internen Kommunikation als Werttreiber für Marken, Wiesbaden.

Huber, C. (2004): http://www.directmarketing-support.ch/dm_award_04.htm (Zugriff am 17.09.2010).

Huber, F./Matthes, I. (2007): Sponsoringwirkung auf Einstellung und Kaufabsicht. Theoretische Grundlagen und Ergebnisse einer empirischen Studie, in: Marketing ZFP, Vol. 29, No. 2, S. 90–104.

Huber, J. (2008): Untersuchung zur Nutzung, Bewertung und Image-Wirkung der internationalen Mitarbeiterzeitung GLOBE des Industriekonzerns Georg Fischer, unveröffentlichte Masterarbeit, vorgelegt an der ZHAW, Zürcher Hochschule für Angewandte Wissenschaften, Zürich.

Huckemann, M./Ter Weiler, D. S. (2005): Messen meßbar machen. Die 5 trojanischen Pferde des Messe-Marketing, 4. Aufl., Neuwied u. a.

Hummrich, U. (1976): Interpersonelle Kommunikation im Konsumgütermarketing – Erklärungsansätze und Steuerungsmöglichkeiten, Wiesbaden.

Hundhausen, C. (1957): Industrielle Publizität als Public Relations, Essen.

Hunter, T. (2000): Integrated Communications, in: Akademija MM, http://www.geocities.com/thomas.hunter/article2.htm (Zugriff am 25.10.2002).

Hurme, P. (2001): Online PR: Emerging Organisational Practice, in: Corporate Communications: An International Journal, Vol. 6, No. 2, S. 71–75.

Huth, R./Pflaum, D. (2005): Einführung in die Werbelehre, 7. Aufl., Stuttgart u. a.

Hüttel, K. (1992): Produktpolitik, 2. Aufl., Ludwigshafen.

Hüttner, M./Schwarting, U. (2002): Grundzüge der Marktforschung, 7. Aufl., München.

I

IBM Deutschland GmbH (2000): Bach Digital. Wie die Bach-Notenhandschriften ins Netz kamen, Stuttgart.

Iburg, H./Oplesch, A. (2001): Online-PR. Exakte Zielgruppenansprache, Landsberg/Lech.

Idee & Kommunikation (2003): Verkaufsförderung 2003, München.

IFM Wirkungen + Strategien GmbH (2003): Verkaufsfördernde Maßnahmen im Handel – qualitativ-psychologische Studie zu Wirkung und Konstruktion von Rabatten, Köln.

Ifo-Institut für Wirtschaftsforschung (1991): Messeplatz Deutschland, München.

Imas International (2003): Markenbarometer. Drei Viertel aller Deutschen kaufen mindestens alle 14 Tage beim Discounter ein, http://www.imas-international.de/(Zugriff am 14.07.2004).

Imas International (2006): Werbeakzeptanz, http://www.imas-international.de/Einschätzung_Werbevolumen.pdf (Zugriff am 12.03.2010).

IMG GmbH (2009): Mercedes-Benz Fashionweek Berlin, http://www.mercedes-benzfashionweek.com/(Zugriff am 09.12.2009).

Inden, T. (1992): Event! Und kein Theater, in: Absatzwirtschaft, 35. Jg., Nr. 12, S. 94–98.

Inden, T. (1993): Alles Event?! Erfolg durch Erlebnismarketing, Landsberg/Lech.

Inden, T. (1998): Typische Probleme bei der Planung und Durchführung von Events, in: Nickel, O. (Hrsg.): Event Marketing. Grundlagen und Erfolgsbeispiele, München, S. 107–119.

INRA Deutschland GmbH (2000): Grundlagenuntersuchung Sponsoring XIII, Mölln.

INRA Deutschland GmbH (2001): Internetsponsoring, Mölln.

Internet World Business (2009): Twitter beliebteste Social-Media-Plattform für Unternehmen, http://www.internetworld.de/Nachrichten/Zahlen-Studien/Twitter-beliebteste-Social-Media-Plattform-fuer-Unternehmen-23487.html (Zugriff am 25.06.2010).

IP Deutschland GmbH (2010): Framesplit, http://www.ip-deutschland.de/ipd/basics/werbe-formen/fernsehen/special_ads/special_creation/framesplit.cfm (Zugriff am 10.03.2010).

IPSOS (2006): http://knowledgecenter.ipsos.de/default.aspx?c=1024&tid=DB34D26B-2914–45EF-9525–0A35C52C87DB (Zugriff am 22.10.2010).

Ipsos Deutschland GmbH/New Business (2001): Kindergartensponsoring 2001, Hamburg.

IRI/GfK Retail Services (2001): InfoScan. Die Zukunft der Marktberichterstattung, Nürnberg.

ISPR GmbH (1998): Sponsoringklima '99, München.

Itter, E. v. (1998): Fallbeispiel: Drupa-Auftritt als Netzwerk integrierten Marketings, in: Jahrbuch 1999 Messen & Events, 4. Jg., S. 10–11.

IVW – Informationsgesellschaft zur Feststellung der Verbreitung von Werbeträgern e.V. (2010): http://www.ivw.de/(Zugriff am 17.03.2010).

J

Jacoby, J. (1977): Information Load and Decision Quality. Some Contested Issues, in: Journal of Marketing Research, Vol. 14, No. 4, S. 569–573.

Jagerhofer, H. (1995): Event Marketing. 10 Schritte zum Erfolg, Wien.

Jain, S. C. (1985): Marketing Planning and Strategy, 2. Aufl., Cincinnati u. a.

Janke, K. (2003): Das Netz winkt mit Schnäppchen, in: Horizont, 20. Jg., Nr. 14, S. 3–7.

Janßen, V. (1999): Einsatz des Werbecontrolling. Aufbau, Steuerung und Simulation einer werblichen Erfolgskette, Wiesbaden 1999.

Jeck-Schlottmann, G. (1987): Visuelle Informationsverarbeitung bei wenig involvierten Konsumenten. Eine empirische Untersuchung zur Anzeigenbetrachtung mittels Blickaufzeichnung, Saarbrücken.

Jeck-Schlottmann, G. (1988): Werbewirkung bei geringem Involvement, Saarbrücken.

Jende, M. (2000): Business TV als Instrument der Mitarbeiterkommunikation, in: Engelhardt, W. H./Hammann, P. (Hrsg.): Schriften zum Marketing, Nr. 39, Bochum.

Jeschke, K. (1995): Nachkaufmarketing. Kundenzufriedenheit und Kundenbindung auf Konsumgütermärkten, Frankfurt/Main u. a.

Johnston, W. J./Bonoma, T. W. (1981): The Buying Center: Structure and Interaction Patterns, in: Journal of Marketing, Vol. 45, No. 3, S. 143–156.

Johnston, W. J./Kim, K. (1994): Performance, in: Journal of Marketing, Vol. 58, No. 4, S. 68–81.

Junk, H. (1973): Optimale Werbeprogrammplanung – Grundlagen und Entscheidungsmodelle, 2. Aufl., Essen.

K

Kaas, K. P. (1990): Nutzen und Kosten der Werbung. Umrisse einer ökonomischen Theorie der Werbewirkung, in: Zeitschrift für betriebswirtschaftliche Forschung, 42. Jg., Nr. 6, S. 492–504.

Kaas, K. P./Schade, C. (1993): Bindungsstärke in Kooperations- und Geschäftsbeziehungen am Beispiel der Dienstleistung Unternehmensberatung, in: Thelen, E. M./Mairamhof, G. B. (Hrsg.): Dienstleistungsmarketing: eine Bestandsaufnahme, Frankfurt/Main, S. 73–49.

Kaikati, J. G. (1987): Celebrity Advertising – A Review and Synthesis, in: International Journal of Advertising, Vol. 6, No. 2, S. 93–105.

Kaiser, A. (1980): Werbung – Theorie und Praxis werblicher Beeinflussung, München.

Kalt, G. (1994): Der Druck der Auftraggeber macht die Erfolgskontrolle zum wichtigsten Thema in der Public-Relations-Branche, in: Blick durch die Wirtschaft, 37. Jg., Nr. 160.

Kaltenrieder, J. (2004): Orange setzt Segel für einen besonderen VIP-Event, http://www.di-rectmarketing-support.ch/dm_award_04.htm (Zugriff am 22.10.2010).

Kalthoff-Mahnke, M. (2009a): Immer an der Wand lang, in: Kalthoff-Mahnke, M./Berg, H. J. (Hrsg.): Jahrbuch Interne Kommunikation 2009, Dortmund, S. 66–67.

Kalthoff-Mahnke, M. (2009b): Nicht reden, sondern tun, in: Kalthoff-Mahnke, M./Berg, H. J. (Hrsg.): Jahrbuch Interne Kommunikation 2009, Dortmund, S. 46–48.

Kaplan, B. M. (1985): Zapping – The Real Issue is Communication, in: Journal of Advertising Research, Vol. 25, No. 2, S. 9–12.

Kappas, E. (1996): Interne Kommunikation: das ungenutzte Potential, in: Sokianos, N. (Hrsg.): Personalpolitik. Human Resources gestalten statt verwalten, Wiesbaden, S. 265–282.

Kargakis, V. (2009): Wenn der Chef den Gast gibt, in: Allgemeine Hotel- und Gastronomie-Zeitung, Nr. 9, S. 22.

Katz, D. (1969): Gestaltpsychologie, 4. Aufl., Stuttgart.

Keegan, W. J./Schlegelmilch, B. B./Stöttinger, B. (2002): Globales Marketing-Management. Eine europäische Perspektive, Wien.

Keillor, B. D./Parker, R. S./Pettijohn, C. E. (2000): Relationship-Oriented Characteristics and In-dividual Salesperson Performance, in: Journal of Business & Industrial Marketing, Vol. 15, No. 1, S. 7–22.

Keitz, B. v. (1986): Blickaufzeichnung. Nicht Marktanteile prognostizieren, in: Absatzwirtschaft, 29. Jg., Nr. 9, S. 112–120.

Keitz-Krewel, B. v. (1995): Werbetests, in: Tietz, B./Köhler, R./Zentes, J. (Hrsg.): Handwörterbuch des Marketing, 2. Aufl., S. 2669–2678.

Keller, K. L. (2008): Strategic Brand Management, 3. Aufl., Upper Saddle River.

Keller, M. (2003): Rechtliche Grundlagen des Couponing in Deutschland, in: Hartmann, W./ Kreutzer, R. T./Kuhfuß, H. (Hrsg.): Handbuch Couponing, Wiesbaden, S. 175–194.

Kellner, J. (1982): Promotions, Landsberg/Lech.

Kent, R./Brandal, H. (2003): Improving E-Mail response in a permission marketing context, in: International Journal of Market Research, 4. Jg., Nr. 4, S. 489–503.

Kern, E. (1990): Der Interaktionsansatz im Investitionsgütermarketing, Berlin.

Kernebeck, H. (1977): Motorsport-Sponsoring, in: Marketing Journal, 10. Jg., o.Nr., S. 358–362.

Kielholz, A. (2008): Online Kommunikation. Die Psychologie der neuen Medien für die Berufs-praxis, Heidelberg.

Kinnebrock, W. (1993): Integriertes Eventmarketing, Wiesbaden.

Kinnebrock, W. (1994): Marketing mit Multimedia, Landsberg/Lech.

Kirchgeorg, M. (2003): Funktionen und Erscheinungsformen von Messen, in: Kirchgeorg, M./ Dornscheid, W.M./Giese, W./Stoeck, N. (Hrsg.): Handbuch Messemanagement – Planung, Durchführung und Kontrolle von Messen, Kongressen und Events, Wiesbaden, S. 51–71.

Kirchgeorg, M./Klante, O. (2003): Trendbarometer Live Communication 2003. Stellenwert und Entwicklung von „Live Communication" im Kommunikationsmix, Kerpen.

Kirchner, G. (1992): Direktmarketing-Kommunikation, Wiesbaden.

Kirchner, K. (2001): Integrierte Unternehmenskommunikation. Theoretische und empirische Bestandsaufnahme und eine Analyse amerikanischer Großunternehmen, Wiesbaden.

Kirf, B./Rolke, L. (2002): Der Stakeholder-Kompass. Navigationsinstrument für die Unterneh-menskommunikation, Frankfurt.

Kirzner, J. M. (1979): Wettbewerb und Unternehmertum, Tübingen.

Kitchen, P. J./Schultz, D. E. (1999): A Multi-Country Comparison of the Drive for IMC, in: Journal of Advertising Research, Vol. 39, No. 1, S. 21–38.

Klages, H. (1985): Wertorientierung im Wandel, 2. Aufl., Frankfurt/Main u. a.

Klammer, M. (1989): Nonverbale Kommunikation beim Verkauf, Heidelberg.

Kleenex (2009): Mitmachen und Gewinnen, http://www.facebook.com/pages/kleenexhilft/ 119739003741 (Zugriff am 22.10.2010).

Klein, C. (2000): Messen und e-commerce, http://www.expodata.ch (Zugriff am 04.04.2001).

Kleinert, H. (1981): Zur Festsetzung des Werbe-Etats für eingeführte Produkte, Zürich.

Kleinert, H. (1982): Ökonomische Aspekte der Öffentlichkeitsarbeit, in: Haedrich, G./Barthenheimer, G./Kleinert, H. (Hrsg.): Öffentlichkeitsarbeit. Dialog zwischen Institutionen und Gesellschaft, New York, S. 27–33.

Kleinjohann, M. (2008): Corporate Publishing – Mitarbeiterzeitschrift, in: Lies, J. (Hrsg.): Public Relations. Ein Handbuch, Konstanz, S. 73–78.

Kleske, J. (2008): T-Mobile und das iPhone – Social-Media-Möglichkeiten, http://tautoko.info/ 2008/07/14/t-mobile-und-das-iphone-social-media-moeglichkeiten/(Zugriff am 06.02.2010).

Klewenhagen, M. (2001): Vernetzte Kommunikation. Eine verstrickte Sache, in: Sponsors, 6. Jg., Nr. 5, S. 14–22.

Kliatchko, J. (2001): IMC and the Future of Marketing, European Associaton of Communications Agencies. Special Thematic Reports, S. 1–10.

Klingmüller, A./Kiesgen, P. (2004): Das Tabakwerbeverbot: Europäische Gemeinheit?, in: Sponsors, 9. Jg., Nr. 3, S. 52–53.

Klingmüller, A./Leda, L./Siebold, M./Wichert, J. (2001): Der Sponsoringvertrag. Optimale Gestaltung, in: Sponsors, 6. Jg., Nr. 12, S. 60–65.

Klöfer, F. (1996): Mitarbeiterkommunikation 1996. Auf der Grundlage einer Erhebung bei Unternehmen mit mehr als 500 Mitarbeitern, Mainz.

Klöfer, F. (2003): Mitarbeiterführung durch Kommunikation, in: Klöfer, F./Nies, U. (Hrsg.): Erfolgreich durch interne Kommunikation. Mitarbeiter besser informieren, 3. Aufl., München.

Klöfer, F./Nies, U. (Hrsg.) (2003): Erfolgreich durch interne Kommunikation. Mitarbeiter besser informieren, 3. Aufl., München.

Kloss, I. (2003): Werbung. Lehr-, Studien- und Nachschlagewerk, 3. Aufl., Wien.

Kloss, I. (2007): Werbung: Handbuch für Studium und Praxis, 4. Aufl., München.

Knappe, M./Kracklauer, A. (2007): Verkaufschance Web 2.0 – Dialoge fördern, Absätze steigern, neue Märkte erschließen, Wiesbaden.

Kneubühler, U. (1994): Sport-Sponsoring aus der Sicht der Gesponserten: eine empirische Studie über die Sponsoring-situation und die Zukunftsperspektiven, Bern.

Koch, M./Richter, A. (2007): Enterprise 2.0 – Planung, Einführung und erfolgreicher Einsatz von Social Software im Unternehmen, München.

Koffka, K. (1935): Principles of Gestalt Psychology, New York.

Kogag (2001): Wachstumsmarkt Eventmarketing. Kogag-Branchenstudie 2001, Solingen.

Köhler, R. (1976): Marktkommunikation, in: Wirtschaftswissenschaftliches Studium, 5. Jg., Nr. 4, S. 164–173.

Köhler, R. (1991): Einfluß des Kommunikators auf die Wirkung direkter Marktkommunikation, in: Dallmer, H. (Hrsg.): Handbuch Direct Marketing, 6. Aufl., Wiesbaden, S. 151–174.

Köhler, W. (1928): Gestalt-Psychologie, New York.

Kohtes & Klewes (1997): Kulturinvest Top 500, Düsseldorf.

Kohtes & Klewes (1997b): Kompetenz 1: Kommunikation und Krisenmanagement. Zur Bewältigung kritischer Situationen, http://www.agenturcafe.de/downloads/Kompetenz1.pdf (Zugriff am 06.06.2004).

Kolbrück, O. (2002): »Wir verbinden das Beste beider Welten«, in: HORIZONT, 21. Jg., Nr. 45, S. 3–10.

Kolbrück, O. (2003): Coca-Cola forciert Nestea, in: Horizont, 20. Jg., Nr. 21, S. 10.

Kolbrück, O. (2003): Energizer liefert Energie für Unicef, in: Horizont, 20. Jg., Nr. 24, S. 1–10.

Kolbrück, O. (2004): Beck's initiiert Musik-Wetttbewerb rund um „Sail away", in: Horizont.Net News, http://www.horizont.net/archiv/horizont_net/pages/show.prl?params=keyword %3DBeck%5C%5C%5C%27s%26all%3D0%26type%3D0%26laufzeit%3D0&id=49695&curr Page=1 (Zugriff am 20.03.2004).

Kolbrück, O. (2008): Audi lässt Mercedes im Spot alt aussehen, in: Horizont.net vom 20.08.2008, http://www.horizont.net/aktuell/marketing/pages/protected/Audi-lässt-Mercedes-im-Spot-alt-aussehen_78358.html (Zugriff am 13.04.2010).

Koller, H. (1990): Strategische Restrukturierung und Kommunikationsmanagement, Bamberg.

Komus, A./Wauch, F. (2008): Wikimanagement: Was Unternehmen von Social Software und Web 2.0 lernen können, München.

Koppelmann, U. (1981): Produktwerbung, Stuttgart u. a.

Koppelmann, U. (2001): Produktmarketing, 6. Aufl., Berlin u. a.

Köppler, K. (1974): Werbewirkungen definiert und gemessen. Eine Broschüre der Heinrich Bauer Stiftung, Hamburg.

Korndörfer, W. (1966): Die Aufstellung und Aufteilung von Werbebudgets, Stuttgart.

Kotler, P. (1971): Marketing Decision Making – A Model Building Approach, New York u. a.

Kotler, P./Armstrong, G. (1999): Marketing, 2. Aufl., Wien.

Kotler, P./Bliemel, F. (2007): Marketing Management. Analyse Planung und Verwirklichung, 11. Aufl., Stuttgart.

Kotler, P./Keller, K. L. (2008): Marketing Management, 13. Aufl., Upper Saddle River u. a.

Kotler, P./Keller, K. L./Bliemel, F. (2007): Marketing-Management. Strategien für wertschaffendes Handeln, 12. Aufl., München.

Koyck, L. M. (1954): Distributed Lags and Investment Analysis, Amsterdam.

Kraft (2010): http://www.beiunszuhause.de/bei-uns-zu-hause1/page?siteid=bei-uns-zu-hause1-prd&locale=dede18PagecRef=2104 (Zugriff am 12.10.2010).

Krausmann, H. (2000): Nürnberg Global Fairs bürgt für Dienstleistungsqualität, Nürnberg.

Krautter, J. (1973): Marketing-Entscheidungsmodelle, Wiesbaden.

Kresse, H. (1999): „Soft Factors" werden die Messequalität der Zukunft bestimmen, in: WirtschaftsKurier, 41. Jg., Nr. 9, S. 3.

Kresse, H. (2002): Deutsche Messen sind Entscheidermessen, http://www.absatzwirtschaft.de/ psasw/fn/asw/sfn/buildpage/SH/0/cn/cc_com_messe/id/22554/page1/PAGE_1002979/ page2/PAGE_1003213/aktelem/Document_1003106/(Zugriff am 10.05.2004).

Kresse, H. (2004): Das Multimedium Messe, in: Galeria – Messe Frankfurt Magazin, Nr. 2, S. 6–8.

Kreutzer, H. (1991): Planung – Erfolgsbedingung des Direct Marketing, in: Dallmer, H. (Hrsg.): Handbuch Direct Marketing, 6. Aufl., Wiesbaden, S. 417–446.

Kreutzer, R. T. (1992): Zielgruppen-Management mit Kundendatenbanken, in: Die Betriebswirtschaft, 52. Jg., Nr. 3, S. 325–340.

Kreutzer, R. T./Salomon, S. (2009): Internal Branding: Mitarbeiter zu Markenbotschaftern machen – dargestellt am Beispiel von DHL, in: Arbeitspapier Nr. 45 der Fachhochschule Wirtschaft Berlin.

Kroeber-Riel, W. (1986): Die inneren Bilder des Konsumenten. Messung – Verhaltenswirkung – Konsequenzen für das Marketing, in: Marketing ZFP, 8. Jg., Nr. 2, S. 81–94.

Kroeber-Riel, W. (1987): Informationsüberlastung durch Massenmedien und Werbung in Deutschland, in: Die Betriebswirtschaft, 47. Jg., Nr. 3, S. 257–264.

Kroeber-Riel, W. (1989): Das Suchen nach Erlebniskonzepten für das Marketing – Grundlagen für den sozialtechnischen Forschungs- und Entwicklungsprozeß, in: Specht, G./Silberer,

G./Engelhardt, W. H. (Hrsg.): Marketing-Schnittstellen. Herausforderungen für das Management, Stuttgart, S. 247–263.

Kroeber-Riel, W. (1990): Neue Strategien der Werbung, in: Werbeforschung und Praxis, 35. Jg., Nr. 3, S. 84–89.

Kroeber-Riel, W. (1991): Kommunikationspolitik. Forschungsgegenstand und Forschungsperspektive, in: Marketing ZFP, 13. Jg., Nr. 3, S. 164–171.

Kroeber-Riel, W. (1992): Integrierte Marketing-Kommunikation, in: Thexis, 10. Jg., Nr. 2, S. 2–5.

Kroeber-Riel, W. (1993): Bildkommunikation. Imagerystrategien für die Werbung, München.

Kroeber-Riel, W./Esch, F. R. (2004): Strategie und Technik der Werbung. Verhaltenswissenschaftliche Ansätze, 6. Auflage, Stuttgart.

Kroeber-Riel, W./Esch, F. R. (2009): Strategie und Technik der Werbung. Verhaltenswissenschaftliche Ansätze, 7. Aufl., Stuttgart u. a.

Kroeber-Riel, W./Weinberg, P. (2003): Konsumentenverhalten, 8. Aufl., München.

Kroeber-Riel, W./Weinberg, P./Gröppel-Klein, A. (2009): Konsumentenverhalten, 9. Aufl., München.

Krombacher (2004): Krombacher Regenwaldprojekt 2004 am Start, http://www.ltrebing.de/misc/krombacher-wwf/(Zugriff am 11.09.2010).

Krone, K. J./Jablin, F. M./Putnam, L. L. (1987): Communication Theory and Organizational Communication. Multiple Perspectives, in: Jablin, F. M./Putnam, L. L./Roberts, K. H./Porter, L. W. (Hrsg.): Handbook of Organizational Communication. An Interdisziplinary Perspective, New Delhi, S. 18–40.

Kröter, H. (1977): Berufe in der Werbung, Düsseldorf/Wien.

Krüger, U. M./Zapf-Schramm, T. (2008): Sparten, Sendungsformen und Inhalte im deutschen Fernsehangebot 2007. Programmanalyse von ARD/Das Erste, ZDF, RTL, Sat.1 und Pro Sieben, in: Media Perspektiven Nr. 4., S. 166–189.

Krüger, W. (1994): Organisation der Unternehmung, 3. Aufl., Stuttgart u. a.

Krum, J. R./Culley, J. D. (1984): Advertising-Campaign Change. Lessons From Leading Cigarette and Liquor Brands, in: Percy, L./Woodside, A. G. (Hrsg.): Advertising and Consumer Psychology, 2. Aufl., Lexington, S. 57–73.

Kuehn, A. (1961): A Model for Budgeting Advertising, in: Bass, F. (Hrsg.): Mathematical Models and Methods in Marketing, Homewood, S. 315–353.

Kuhlmann, E. (1990): Verbraucherpolitik, München.

Kühn, R. (1984): Marketing-Mix, in: Schweizerische Volksbank, Die Orientierung, Bern, Nr. 83.

Kühn, R. (1995): Marketing-Mix, in: Tietz, B./Köhler, R./Zentes, J. (Hrsg.): Handwörterbuch des Marketing, Stuttgart, S. 1616–1628.

Kuhn, T./Maurer, A. (1993): Ökonomische Theorie der Zeit, Augsburg.

Kunczik, M. (1991): Public Relations für Staaten, in: Dorer, J./Lojka, K. (Hrsg.): Öffentlichkeitsarbeit. Theoretische Ansätze, Wien, S. 111–127.

Kunczik, M. (2002): Public Relations. Konzepte und Theorien, Wien.

Kupon Katalog (2010): http://www.conello.de/produkte_print/kuponkatalog_deutschland/.

Kutscher, M./Kirsch, W. (1978): Verhandlungen in multiorganisationalen Entscheidungsprozessen, München.

Kwf (2010): Kommunikationsplan, http://www.kwf.at/downloads/deutsch/EU/KWF_Ziel_2_Kommunikationsplan.pdf (Zugriff am 22.10.2010).

L

Laakmann, K. (1995): Value Added Services als Profilierungsinstrument im Wettbewerb. Analyse, Generierung und Bewertung, Frankfurt/Main u. a.

Lace, J. (2000): Agenturvergütung – Die Praxis der Werbungtreibenden, Wiesbaden.

Lachmann, U. (1993): Kommunikationspolitik bei langlebigen Konsumgütern, in: Berndt, R./ Hermanns, A. (Hrsg.): Handbuch Marketing-Kommunikation, Wiesbaden, S. 831–856.

Laemmerhold, L. (2001): Im Zeichen des Kranichs – Die Umweltförderung der Lufthansa, in: Strahlendorf, P. (Hrsg.): Sponsoring Jahrbuch 2000, Hamburg, S. 211–214.

Lafrenz, S. (2001): Online Auktionen für einen guten Zweck, in: Strahlendorf, P. (Hrsg.): Sponsoring Jahrbuch 2000, Hamburg, S. 140–144.

Lages, C./Simkin, L. (2003): The Dynamics of Public Relations. Key Constructs and the Drive for Professionalism at the Practitioner, in: European Journal of Marketing, Vol. 37, No. 7/8, S. 298–328.

Lakaschus, C. (2001): Jugendmarkt, in: Diller, H. (Hrsg.): Vahlens Großes Marketing Lexikon, 2. Aufl., S. 721–724.

Lambin, J.-J. (1976): Advertising Competition and Market Conduct in Oligopoly over Time, Amsterdam.

Lambrechts, K. (1996): Mehr Einschränkungen – Die europäische Fernsehrichtlinie aus der Sicht von Privatsendern, in: InSight, 3. Jg., Nr. 2, S. 9–13.

Landwehr R. (1988): Standardisierung der internationalen Werbeplanung. Eine Untersuchung der Prozeßstandardisierung am Beispiel der Werbebudgetierung im Automobilmarkt, Frankfurt/Main.

Landwehr, R./Koers, M. (2003): Messemanagement in der Automobilindustrie – von der Produktpräsentation zur Inszenierung der Marke Ford, Wiesbaden.

Lang, R./Haunert, F. (1995): Handbuch Sozial-Sponsoring. Grundlagen – Praxisbeispiele – Handlungsempfehlungen, Basel.

Larrumbide, A. (2008): Cone Finds That Americans Expect Companies to Have a Presence in Social Media, http://www.coneinc.com/content1182 (Zugriff am 06.02.2010).

Lasotta, K. (2007): Integrierte Kommunikation in mehrstufigen Märkten. Theoretische und empirische Analyse am Beispiel der Schweizer Mobilfunkbranche, Wiesbaden.

Lasslop, I. (2003): Effektivität und Effizienz von Marketing-Events. Wirkungstheoretische Analyse und empirische Befunde, Wiesbaden.

Lasswell, H. D. (1967): The Structure and Function of Communication in Society, in: Berelson, B./ Janowitz, M. (Hrsg.): Reader in Public Opinion Communication, 2. Aufl., London, S. 178–192.

LaTour, A. K./Manrai, S. A. (1989): Interactive Impact of Informational and Normative Influence on Donations, in: Journal of Marketing Research, Vol. 26, No. 8, S. 327–335.

Leda, L. (2001): Personen-Sponsoring. Rechte bei Imageschäden, in: Sponsors, 6. Jg., Nr. 1, S. 42–43.

LEGO Group (2010): http://messageboards.lego.com (Zugriff am 16.03.2010).

Leibholz-Rinck, T. (1989): Kommentar zum Grundgesetz, 6. Aufl., Köln.

Leif, T./Galle, U. (1993): Social Sponsoring und Social Marketing. Praxisberichte über das „neue Produkt Mitgefühl", Köln.

Lemon 5 Fresh Consulting (2010): http://www.marketing20.lemon5.de/(Zugriff am 10.03.2010).

LePla, F. J./Parker, L. M. (2002): Integrated branding: becoming brand-driven through companywide action, 2. Aufl., London.

Lerg, W. B. (1991): Grundzüge der direkten Kommunikation, in: Dallmer, H. (Hrsg.): Handbuch Direct Marketing, 6. Aufl., Wiesbaden, S. 135–150.

Leven, W. (1986): Wirkungsanalyse mittels Blickregistrierung, in: Jahrbuch der Absatz- und Verbrauchsforschung, 32. Jg., Nr. 1, S. 71–89.

Lewis, D./Bridger, D. (2001): The soul of the new consumer: athenticity – what we buy and why in the new economy, London.

Li, C./Bernoff, J. (2009): Marketing in the Groundswell, New York.

Lichtenberg, C. (2009): Die Sparkasse Hannover präsentiert sich ihren Mitarbeitern mit einem neuen Intranetauftritt: Schnell und zielgerichtet informiert, in: Die SparkassenZeitung, Nr. 47, S. B16.

Liebmann, H.-P./Angerer, T./Foscht, T. (2002): Integrierte Kommunikation – Die Sicht österreichischer Unternehmen, in: Werbeforschung & Praxis, 47. Jg., Nr. 4, S. 6–11.

Liebmann, H.-P./Zentes, J. (2008): Handelsmanagement, 2. Aufl., München.

Lilien, G. L./Kotler, P. (1983): Marketing Decision Making, Cambridge, MA.

Lilien, G. L./Kotler, P./Moorthy, K. S. (1992): Marketing Models, Englewood Cliffs.

Link, J. (2002): CRM – Neue Perspektiven für das Marketing-Controlling, in: Controlling, 14. Jg., Nr. 10, S. 541–554.

Link, J./Hildebrand, V. G. (1997): Grundlagen des Database Marketing, in: Link, J./Brändli, D./ Schleuning, C./Kehl, R. E. (Hrsg.): Handbuch Database Marketing, Elchesheim-Illingen, S. 15–36.

Linneweh, K. (1991): Kreatives Denken. Techniken und Organisation produktiver Kreativität, 5. Aufl., Karlsruhe.

Linssen, H. (1975): Interdependenzen im absatzpolitischen Instrumentarium der Unternehmung, Berlin.

Lipkowski, S. (2003): Mehr als ein notwendiges Übel, in: Absatzwirtschaft, 46. Jg., Nr. 10, S. 100–101.

Lischka, A. (2000): Dialogkommunikation im Relationship Marketing. Kosten-Nutzen-Analyse zur Steuerung von Interaktionsbeziehungen, Wiesbaden.

Little, J. D. C. (1970): Models and Managers: The Concept of a Decision Calculus, in: Management Science, Vol. 16, No. 8, S. 1841–1853.

Little, J. D. C. (1979): Aggregate Advertising Models: The State of the Art, in: Operations Research, Vol. 27, No. 4, S. 629–667.

Löbler, H./Markgraf, D. (2004): Markenführung und Werbung, in: Bruhn, M. (Hrsg.): Handbuch Markenführung. Kompendium zum erfolgreichen Markenmanagement. Strategien – Instrumente – Erfahrungen, 2. Aufl., Wiesbaden, S. 1491–1513.

Löffler, M. (1983): Presserecht Kommentar, 3. Aufl., München.

Lorenz, R. (2003): Sportsponsorship und Sportevents: Auf dem Weg zu einem konsequenten Themenmanagement, in: Hermanns, A./Riedmüller, F. (Hrsg.): Sponsoring und Events im Sport – Von der Instrumentalbetrachtung zur Kommunikationsplattform, München, S. 273–280.

Luhmann, N. (2000): Vertrauen. Ein Mechanismus der Reduktion sozialer Komplexität, 4. Aufl., Stuttgart.

Luigart, R. P. (2002): Strategische Erfolgsfaktoren zur Beurteilung von Kundenclubs, in: Dallmer, H. (Hrsg.): Das Handbuch Direct Marketing & More, 8. Aufl., Wiesbaden, S. 1055–1065.

Lürzer, C. L. B. (1985): Life Style Research, Frankfurt.

Lutz, R. J./MacKenzie, S. B./Belch, G. E. (1983): Attitude Toward the Ad as a Mediator of Advertising Effectiveness: Determinants and Consequences, in: Advances in Consumer Research, Vol. 10, No. 4, S. 532–539.

M

MacKenzie, S. B./Lutz, R. J./Belch, G. E. (1986): The Role of Attitude toward the Ad as a Mediator of Advertising Effectiveness: A Test of Competing Explanations, in: Journal of Marketing Research, Vol. 23, No. 2, S. 130–143.

Maletzke, G. (1975): Einführung in die Massenkommunikationsforschung, 2. Aufl., Berlin.

Mansaray, N. (2001): Strategisches Marketingmanagement. In fünf Phasen zum Markterfolg, Wiesbaden.

Marketing.ch (2010): Ersetzt das Intranet die Mitarbeiterzeitschrift?, http://www.marketing.ch/wissen/corporate_publishing/ersatz.pdf (Zugriff am 30.11.2010).

Mashable (2010): http://cdn.mashable.com/(Zugriff am 02.02.2010).

Mast, C. (2000): Durch bessere interne Kommunikation zu mehr Geschäftserfolg. Ein Leitfaden für Unternehmer, Berlin.

Mast, C. (2006): Unternehmenskommunikation, 2. Aufl., Stuttgart.

Mast, C. (2007): Interne Unternehmenskommunikation. Der Dialog mit Mitarbeitern und Führungskräften, in: Piwinger, M./Zerfaß, A. (Hrsg.): Handbuch Unternehmenskommunikation, Wiesbaden, S. 757–776.

Mast, C./Fiedler, K. (2004): Mitarbeiterzeitschriften im Zeitalter des Intranet. Ergebnisse einer Umfrage bei Banken und Versicherungen, Reihe Kommunikation und Management, Band 5, Stuttgart.

MasterMedia (2000): Unternehmenswandel erfolgreich gestalten. Wie deutsche Unternehmen den Wert interner Kommunikation beurteilen, Berlin.

Mattes, S. (1997): Gesten als Ausdruck von Unternehmenskultur, Bamberg.

Mattgey, A. (2003): Deutsche Bank startet weltweite Werbekampagne, in: Werben & Verkaufen, http://www.wuv.de/news/artikel/2003/08/16181/index.html (Zugriff am 28.11.2005).

Matzler, K./Pechlaner, H./Kohl, M. (2000): Formulierung von Servicestandards für touristische Dienstleistungen und Überprüfung durch den Einsatz von „Mystery Guests", in: Tourismus Journal, 4. Jg., Nr. 2, S. 157–175.

Mayer, H. (1993): Werbepsychologie, 2. Aufl., Stuttgart.

Mayer, H./Illmann, T. (2000): Markt- und Werbepsychologie, 3. Aufl., Stuttgart.

Mayerhofer, W. (1990): Werbemitteltests – mit Schwerpunkt auf der Darstellung moderner Verfahren der Laborforschung, Wien.

Mayerhofer, W./Kanter, M./Rührer, E. (2003): Einfluss von Gestaltungsfaktoren auf die Wirkung von Werbemaßnahmen und standardisierte Verfahren zur Überprüfung der Werbewirkung, in: transfer – Werbeforschung & Praxis, 48. Jg., Nr. 4, S. 8–14.

McCarthy, J. E. (1960): Basic Marketing: A Managerial Approach, 6. Aufl., Homewood III.

McKenna, R. (1991): Relationship Marketing. Successful Strategies for the Age of the Customer, New York u. a.

McQuail, D. (1994): Mass Communication Theory, 3. Aufl., London u. a.

McQuarrie, E. (1995): Der Beitrag von Kundenbesuchen zur Kundenzufriedenheit, in: Simon, H./Homburg, C. (Hrsg.): Kundenzufriedenheit. Konzepte – Methoden – Erfahrungen, Wiesbaden, S. 293–310.

Meckel, M. (2008): Unternehmenskommunikation 2.0, in: Meckel, M./Schmid, B. F. (Hrsg.): Unternehmenskommunikation, 2. Aufl., Wiesbaden, S. 471–492.

Meckel, M./Schmid, B. F. (2008): Unternehmenskommunikation. Kommunikationsmanagement aus Sicht der Unternehmensführung, 2. Aufl., Wiesbaden.

Media & Market Observer (2001): Generation 50+ Sponsoring"-Studie, Wien.

Media Guide (2009): Fakten zum Werbemarkt, http://www.medialine.de/media/uploads/projekt/medialine/docs/bestellung_download/mediaguide/foc_mediaguide_2009.pdf (Zugriff am 22.10.2010).

Media Perspektiven (2010): Media Perspektiven Basisdaten, Daten zur Mediasituation in Deutschland 2009, Frankfurt/Main.

Media, S. (2001): Sponsoring & Special Advertising. Der besondere Auftritt.

Mediadaten Verlag (2010): Agenturen+Marken Adress, http://www.media-daten.com/index. php;do=show_product/shop_id=399 (Zugriff am 15.03.2010).

Mediaedge:cia (2003): International Report 2003. Insidedge Sensor. Sponsorship Comes of Age and Encounters a New Set of Challenges, Düsseldorf.

Meenaghan, T. (1996): Ambush Marketing – A Threat to Corporate Sponsorship?, in: Sloan Management Review, Vol. 38, No. 1, S. 103–113.

Meenaghan, T./Shipley, D. (1999): Media Effect in Commercial Sponsorship, in: European Journal of Marketing, Vol. 33, No. 3/4, S. 328–347.

Meffert, H. (1971): Systemtheorie aus betriebswirtschaftlicher Sicht, in: Schenk, K.-E. (Hrsg.): Systemanalyse in den Wirtschafts- und Sozialwissenschaften, Berlin, S. 174–207.

Meffert, H. (1979): Marktkommunikation – Das System des Kommunikations-Mix, Münster.

Meffert, H. (1986): Marketing – Grundlagen der Absatzpolitik, 7. Aufl., Wiesbaden.

Meffert, H. (1988): Messen als Marketinginstrument, Düsseldorf.

Meffert, H. (1991): Marktorientierte Unternehmensführung und Direct Marketing, in: Dallmer, H. (Hrsg.): Handbuch Direct Marketing, 6. Aufl., Wiesbaden, S. 31–50.

Meffert, H. (1992): Marketingforschung und Käuferverhalten, 2. Aufl., Wiesbaden.

Meffert, H. (1993): Messen und Ausstellungen als Marketinginstrument, in: Goehrmann, K. (Hrsg.): Polit-Marketing auf Messen und Ausstellungen, Düsseldorf, S. 74–96.

Meffert, H. (1994): Marketing-Management. Analyse – Strategie – Implementierung, Wiesbaden.

Meffert, H. (2000): Marketing. Grundlagen der marktorientierten Unternehmensführung, Konzepte – Instrumente – Praxisbeispiele, 9. Aufl., Wiesbaden.

Meffert, H. (2001): Marketing-Theorie, in: Diller, H. (Hrsg.): Vahlens Großes Marketing Lexikon, 2. Aufl., München, S. 1020–1024.

Meffert, H. (2003): Ziele und Nutzen der Messebeteiligung von ausstellenden Unternehmen und Besuchern, in: Kirchgeorg, M./Dornscheid, W.M./Giese, W./Stoeck, N. (Hrsg.): Handbuch Messemanagement – Planung, Durchführung und Kontrolle von Messen, Kongressen und Events, Wiesbaden, S. 1145–1161.

Meffert, H. (2002): Direct Marketing und marktorientierte Unternehmensführung, in: Dallmer, H. (Hrsg.): Das Handbuch Direct Marketing & More, 8. Aufl., Wiesbaden, S. 33–55.

Meffert, H./Bolz, J. (1998): Internationales Marketing-Management, 3. Aufl., Stuttgart u. a.

Meffert, H./Bruhn, M. (2003): Dienstleistungsmarketing. Grundlagen – Konzepte – Methoden, 4. Aufl., Wiesbaden.

Meffert, H./Bruhn, M. (2009): Dienstleistungsmarketing. Grundlagen – Konzepte – Methoden, 6. Aufl., Wiesbaden.

Meffert, H./Burmann, C. (2002): Theoretisches Grundkonzept der identitätsorientierten Markenführung, in: Meffert, H./Burmann, C./Koers, M. (Hrsg.): Markenmanagement. Grundlagen der identitätsorientierten Markenführung, 4. Aufl., Wiesbaden, S. 35–72.

Meffert, H./Burmann, C./Kirchgeorg, M. (2008): Marketing. Grundlagen marktorientierter Unternehmensführung. Konzepte – Instrumente – Praxisbeispiele, 10. Aufl., Wiesbaden.

Meffert, H./Burmann, C./Kirchgeorg, M. (2008): Marketing. Grundlagen marktorientierter Unternehmensführung. Konzepte – Instrumente – Praxisbeispiele, 10. Aufl., Wiesbaden.

Meffert, H./Freter, H. (1974a): Entscheidungsmodelle zur Werbebudgetierung (I), in: Das Wirtschaftsstudium (WISU), 3. Jg., Nr. 5, S. 52–58.

Meffert, H./Freter, H. (1974b): Entscheidungsmodelle zur Werbebudgetierung (II), in: Das Wirtschaftsstudium (WISU), 3. Jg., Nr. 6, S. 66–70.

Meffert, H./Hafner, K. (1987): Unternehmenskultur und marktorientierte Unternehmensführung. Bestandsaufnahme und Wirkungsanalyse, Münster.

Meffert, H./Kirchgeorg, M. (1998): Marktorientiertes Umweltmanagement. Konzeption – Strategie – Implementierung, mit Praxisfällen, 3. Aufl., Stuttgart.

Meffert, H./Twardawa, W./Wildner, R. (2001): Aktuelle Trends im Verbraucherverhalten: Chance oder Bedrohung für die Markenartikel?, in: Köhler, R./Majer, W./Wiezorek, H. (Hrsg.): Erfolgsfaktor Marke, München, S. 1–21.

Mehrabian, A. (1980): Silent messages, 2. Aufl., CA.

Meier, P. (2002): Interne Kommunikation im Unternehmen. Von der Hauszeitung bis zum Intranet, Zürich.

Mentzl, R./Ludwig, C. (1998): Das Data Warehouse als Bestandteil eines Database Marketing Systems, in: Brehme, W./Mucksch, H. (Hrsg.): Das Data Warehouse Konzept. Architektur – Datenmodelle – Anwendungen, 2. Aufl., Wiesbaden, S. 469–497.

Merbold, C. (1993): Kommunikationspolitik bei Investitionsgütern, in: Berndt, R./Hermanns, A. (Hrsg.): Handbuch Marketing-Kommunikation, Wiesbaden, S. 857–874.

Mercer Management Consulting (2003): Mercer-Studie zu Couponing in Deutschland vom 04.08.2003, http://www.mercermc.de/indexie.html (Zugriff am 06.10.2003).

Merten, K. (2000): Das Handwörterbuch der PR, Frankfurt/Main.

Mertens, A. (2001): Trendsport-Events für jugendliche Zielgruppen: Das Beispiel Biber Beats-Tour, in: Hermanns, A./Riedmüller, F. (Hrsg.): Management-Handbuch Sport-Marketing, München, S. 159–168.

Metzger, W. (1966): Figural-Wahrnehmung, in: Metzger, W./Erkl, H. (Hrsg.): Allgemeine Psychologie I. Der Aufbau des Erkennens, 2. Aufl., Göttingen, S. 693–722.

Metzger, W. (2001): Psychologie, 6. Aufl., Darmstadt.

Metzger, W. (2008): Gesetze des Sehens, 4. Aufl., Frankfurt/Main.

Meyer, A. (1993): Kommunikationspolitik von Dienstleistungsunternehmen, in: Berndt, R./Hermanns, A. (Hrsg.): Handbuch Marketing-Kommunikation, Wiesbaden, S. 895–921.

Meyer, A. (1994): Dienstleistungsmarketing. Erkenntnisse und praktische Beispiele, 6. Aufl., München.

Meyer, A./Ertl, R. (1998): Marktforschung von Dienstleistungs-Anbietern, in: Meyer, A. (Hrsg.): Handbuch Dienstleistungs-Marketing, Stuttgart, S. 203–246.

Meyer, P. W./Hermanns, A. (1981): Theorie der Wirtschaftswerbung, Stuttgart u. a.

Meyer, R. (2010): Marketing 2.0: Von der Push-Strategie zur Pull-Strategie, http://www.train-und-coach.de/marketing-2–0-von-der-push-strategie-zur-pull-strategie.html (Zugriff am 10.03.2010).

Meyer-Hentschel, G. (1993): Erfolgreiche Anzeigen. Kriterien und Beispiele zur Beurteilung und Gestaltung, 2. Aufl., Wiesbaden.

Meyer-Hentschel, G./Esch, F.-R. (2001): Gestaltpsychologie, in: Diller, H. (Hrsg.): Vahlens Großes Marketing Lexikon, 2. Aufl., S. 53–58.

Meyers-Levy, J./Malaviya, R. (1999): Consumers' Processing of Persuasive Advertisments. An Integrative Framework of Persuasion Theories, in: Journal of Marketing, Vol. 63, No. 4, S. 45–60.

Mickeleit, T./Böttger, N. (2008): Kein Mitarbeiter lebt auf einer Insel – wie Volkswagen die Kommunikation wertschöpfend vernetzt, in: Hoffmann, C./Lang, B. (Hrsg.): Das Intranet, 2. Aufl., Konstanz, S. 163–169.

Mickeleit, T./Ziesche, B. (2007): Corporate TV: Die Zukunft des Unternehmensfernsehens, Berlin.

Miklis, K. (2009): „Erwachsen auf Probe" schreckt Werbekunden ab, in: Stern.de vom 17.06.2009, http://www.stern.de/kultur/tv/rtl-dokusoap-erwachsen-auf-probe-schreckt-werbekunden-ab-703887.html (Zugriff am 14.04.2010).

Milka (2004): Milka Ski-Sponsoring News, http://www.milka.de (Zugriff am 07.08.2009).

Miller, A. G. (1970): The Role of Physical Attractiveness in Impression and Perception, in: Psychonomic Science, Vol. 19, S. 241–243.

Mintzberg, H. (1979): The Structuring of Organizations, New Jersey.

Mister Wong (2010): http://www.mister-wong.de (Zugriff am 27.01.2010).

Mitchell, A. A. (1986): The Effects of Verbal and Visual Components of Advertisements on Brand Attitudes and Attitude Toward the Advertisement, in: Journal of Consumer Research, Vol. 13, No. 2, S. 12–24.

Mitchell, A. A./Olson, J. C. (1981): Are Product Attribute Beliefs the Only Mediator of Advertising Effects on Brand Attitude?, in: Journal of Marketing Research, Vol. 18, No. 3, S. 318–332.

Möbus, P./Heffler, M. (2009): Der Werbemarkt 2008, in: Media Perspektiven, Nr. 6, S. 278–287.

Möhlenbruch, D./Kotschi, B. (2003): Mehr Effizienz am Point of Sale durch Netzwerkpartnerschaften in der Verkaufsförderung, in: Bruhn, M./Stauss, B. (Hrsg.): Dienstleistungsnetzwerke. Dienstleistungsmanagement Jahrbuch 2003, Wiesbaden, S. 379–402.

Möhren, M. (2009): Wissensaustausch im Intranet – BASF macht es vor, in: wissensmanagement, o. Jg., Nr. 8, S. 14–15.

Möller, K. E. (1992): Interorganizational Marketing Exchange: Metatheoretical Analysis of Dominant Research Approaches, Helsingfors.

Moore, D. L./Hutchinson, J. W. (1983): The Effects of Ad Affect on Advertising Effectiveness, in: Advances in Consumer Research, Vol. 10, No. 4, S. 526–531.

Morhart, F./Jenewein, W./Tomczak, T. (2008): Mit transformationaler Führung das Brand Behavior stärken, in: Tomczak, T./Esch, F.-R./Kernstock, J./Herrmann, A. (Hrsg.): Behavioral Branding. Wie Mitarbeiterverhalten die Marke stärkt, Wiesbaden, S. 367–384.

Moriarty, S./Mitchell, N./Wells, W. (2009): Advertising. Principles & Practice, 8. Aufl., New Jersey.

Mortsiefer, J. (1986): Messen und Ausstellungen als Mittel der Absatzpolitik mittelständischer Herstellerbetriebe, Göttingen.

Moser, H. (2010): Einführung in die Medienpädagogik. Aufgewachsen im Medienzeitalter, 5. Aufl., Wiesbaden.

Mudie, O./Cottam, A. (1997): The Management and Marketing of Services, 2. Aufl., Oxford.

Mues, F.-J. (1990): Information by Event, in: Absatzwirtschaft, 33. Jg., Nr. 12, S. 84–89.

Mühlbacher, H. (2001a): Briefing, in: Diller, H. (Hrsg.): Vahlens Großes Marketing Lexikon, 2. Aufl., München, S. 193–194.

Mühlbacher, H. (2001b): Werbeagentur, in: Diller, H. (Hrsg.): Vahlens Großes Marketing Lexikon, 2. Aufl., München, S. 1848–1850.

Mühlbacher, H./Dreher, A. (1996): Systemische Positionierung, in: Tomczak, T./Rudolph, T./Roosdorp, A. (Hrsg.): Positionierung. Kernentscheidung des Marketing, St. Gallen, S. 70–76.

Mühlenbeck, F./Skibicki, K. (2007): Community Marketing Management. Wie man online-communities im Internetzeitalter des Web 2.0 zum Erfolg führt, Köln.

Müller, B./Kreis-Muzzulini, A. (2009): Public Relations für Kommunikations-, Marketing- und Werbeprofis, 3. Aufl., Frauenfeld u. a.

Müller, S. (2008): Swisscom: Vom Technologie-Unternehmen zum Service-Unternehmen. Ein Telekom-Konzern im Kulturwandel, in: Tomczak, T./Esch, F. R./Kernstock, J./Herrmann, A. (Hrsg.): Behavioral Branding. Wie Mitarbeiterverhalten die Marke stärkt, Wiesbaden, S. 385–401.

Müller-Hagedorn, L. (1986): Das Konsumentenverhalten. Grundlagen für die Marktforschung, Wiesbaden.

Müller-Stewens, G./Lechner, C. (2005): Strategisches Management. Wie strategische Initiativen zum Wandel führen, 3. Aufl., Stuttgart.

Murphy, J. H./Cunningham, I. C. M. (1993): Advertising and Marketing Communication Management, Fort Worth u. a.

Mussler, D. (1989): Organisation und Durchführung des Sponsoring, in: Hermanns, A. (Hrsg.): Sport- und Kultursponsoring, München, S. 29–38.

N

Nash, E. L. (2000): Direct Marketing: Strategy, 3. Aufl., New York u. a.

Naumann, C. (1984): Messen und Ausstellungen. Die Nacharbeit schon vor der Messe planen, in: Marketing Journal, 17. Jg., Nr. 2, S. 162–166.

Naundorf, S. (1993): Charakterisierung und Arten der Public Relations, in: Berndt, R./Hermanns, A. (Hrsg.): Handbuch Marketing-Kommunikation, Wiesbaden, S. 595–616.

Neff, J./Cardona, M. M. (1998): P&G Will Test Fees and Incentives for Agencies, in: Advertising Age, Vol. 69, No. 45.

Neglein, H.-G. (1992): Das Messewesen in Deutschland, in: Strothmann, K.-H./Busche, M. (Hrsg.): Handbuch Messemarketing, Wiesbaden, S. 15–28.

Neibecker, B. (1981): Der Ernst des Farbenspiels, in: Absatzwirtschaft, 24. Jg., Nr. 6, S. 122–127.

Nelson, P. (1974): Advertising as Information, in: Journal of Political Economy, Vol. 82, No. 4, S. 729–754.

Nelson, R. L. (1997): Public Relations in the Food and Beverage Industry, in: Caywood, C. L. (Hrsg.): The Handbook of Strategic Public Relations & Integrated Communications, New York, S. 311–325.

Nemetz, K. (1992): Wie lernt der Konsument?, in: Marketing Journal, 25. Jg., Nr. 5, S. 152–157.

Nerdinger, F. W. (1994): Zur Psychologie der Dienstleistung, Stuttgart.

Nerdinger, F. W. (1998): Interaktionsmanagement – Verbale und nonverbale Kommunikation als Erfolgsfaktoren in den Augenblicken der Wahrheit, in: Meyer, A. (Hrsg.): Handbuch Dienstleistungs-Marketing, Stuttgart, S. 1177–1193.

Nerdinger, F. W. (2001): Psychologie des persönlichen Verkaufs, Wien.

Neske, F. (1977): PR-Management, Gernsbach.

Nestlé (2010): http://ernaehrungsstudio.nestle.de/start/home/(Zugriff am 12.10.2010).

Neue Mediengesellschaft Ulm mbH (2010): http://www.internetworld.de/(Zugriff am 27.06.2010).

Neumann, D. (2006): Erlebnismarketing. Eventmarketing. Grundlagen und Erfolgsfaktoren, 2. Aufl., Düsseldorf.

Neuwert, G. (1989): Wirkungen interner Öffentlichkeitsarbeit. Eine empirische Fallstudie zur Modellfunktion der Werkzeitschrift, Bayreuth.

Nicholls, J. A. F./Roslow, S./Dublish, S. (1999): Spectator Recall and Brand Preference at Sponsored Golf and Tennis Tournaments, in: European Journal of Marketing, Vol. 33, No. 3/4, S. 365–386.

Nickel, O. (1998): Verhaltenswissenschaftliche Grundlagen erfolgreicher Marketingevents, in: Nickel, O. (Hrsg.): Event Marketing. Grundlagen und Erfolgsbeispiele, München, S. 121–148.

Nickel, O. (2002): Erfolgsermittlung von Events im Rahmen der Markenführung, in: Meffert, H./Backhaus, K./Becker, J. (Hrsg.): Erlebnisse um jeden Preis – Was leistet Event-Marketing?, Wissenschaftliche Gesellschaft für Marketing und Unternehmensführung an der Universität Münster, Dokumentations-Papier Nr. 156, S. 31–40.

Nickel, V. (1993): Werbung folgt der Gesellschaft, in: ZAW (Hrsg.): Nackte Tatsachen. Das Frauenbild in der Werbung, Bonn, S. 13–18.

Nickel, V. (1994): Auf einen Blick, in: ZAW (Hrsg.): Kinder Kinder. Über das Unbehagen an der Werbung, Bonn, S. 6–11.

Nickel, V. (1994): Werbung in Grenzen. Report über Werbekontrolle in Deutschland, Bonn.

Nicolai, A. T./Vinke, D. (2007): Wie nutzen Deutschlands grösste Marken Social Media?, http://www.construktiv.de/newsroom/wp-content/uploads/2009/12/social-media-studie_lang-version_091207.pdf (Zugriff am 10.03.2010).

Nida, S. A./Williams, J. E. (1977): Sex-Stereotyped Traits, in: Psychological Reports, Vol. 41, S. 1311–1322.

Nielsen Media Research GmbH (2003): Online-Bruttowerbeaufwendungen des Jahres 2002, http://www.nielsen-media.de (Zugriff am 30.11.2003).

Nielsen Media Research GmbH (2010a): Die 20 größten Werbetreibenden 2009, in: Horizont, 27. Jg., Nr. 3, S. 19.

Nielsen Media Research GmbH (2010b): Bruttowerbemarkt schliesst 2009 mit leichtem Minus ab, http://www.nielsen.de/pages/template.aspx?level=2&treeViewID=3.61.0.0.0# (Zugriff am 15.03.2010).

Niemeyer, C. A./Czycholl, J. M. (1994): Zapper, Stuttgart.

Nies, U. (2003): Krisenkommunikation – oft auf einem Auge blind. Beispiel: BASF baut auf Mitarbeiter als Botschafter im Umfeld, in: Klöfer, F./Nies, U. (Hrsg.): Erfolgreich durch interne Kommunikation. Mitarbeiter besser informieren, 3. Aufl., München, S. 346–353.

Nieschlag, R./Dichtl, E./Hörschgen, H. (2002): Marketing, 19. Aufl., Berlin.

Nikandrou, I./Papalexandris, N./Bourantas, D. (2000): Gaining Employee Trust after Acquisition. Implications for Managerial Action, in: Employee Relations, Vol. 22, No. 4, S. 334–355.

Nittbaur, G. (2001): Wettbewerbsvorteile in der Messewirtschaft. Aufbau und Nutzen strategischer Erfolgsfaktoren, Wiesbaden.

Nokia (2004): Nokia Totally Board Tour, http://www.nokia.de/de/nokia/presseloft/pressemappen/nokiatotallyboardevent2004/108812.html (Zugriff am 02.12.2004).

Noll, N. (1996): Gestaltungsperspektiven Interner Kommunikation, Wiesbaden.

Nordemann, W. (1995): Wettbewerbsrecht, 8. Aufl., Baden.

Nöthel, T. (1999): Szenen-Marketing und Produktpositionierung. Ein Ansatz zur Zielgruppenfragmentierung, Wiesbaden.

Nufer, G. (2002): Wirkungen von Event-Marketing. Theoretische Fundierung und empirische Analyse, Wiesbaden.

Nufer, G. (2006): Wirkungen von Event-Marketing. Theoretische Fundierung und empirische Analyse unter besonderer Berücksichtigung von Imagewirkungen, Wiesbaden.

Nusch, F. (1995): Innovative Organisationsstrukturen als Voraussetzung erfolgreicher Unternehmenskommunikation: Das Beispiel der ABB Asea Brown Boveri AG, in: Ahrens, R./Scherer, H./Zerfaß, A. (Hrsg.): Integriertes Kommunikationsmanagement. Ein Handbuch für Öffentlichkeitsarbeit, Frankfurt/Main, S. 169–188.

O

o.V. (1986): Der durchschnittliche Wortschatz eines Deutschen, in: Der Spiegel, 40. Jg., Nr. 6, S. 18–19.

o.V. (1995): Kinder und Reklame – der ewige Streit erhält neue Nahrung, in: Frankfurter Allgemeine Zeitung, 46. Jg., Nr. 88, S. 1–8.

o.V. (2001): Advertising Research Consortium: Paying for Advertising in Europe. Mit welchen Modellen Werbetreibende ihre Agenturen vergüten, in: Werben & Verkaufen Online Nachrichten vom 20.11.2001, http://www.wuv.de/daten/studien/112001/421/index.html/(Zugriff am 03.03.2004).

o.V. (2002a): Bacardi vergibt an b+d, in: Werben & Verkaufen Online Nachrichten vom 11.03.2002, http://www.wuv.de/news/archiv/4/a33867/index.html (Zugriff am 28.6.2003).

o.V. (2002b): Aus Persil wird Stefan Frank, in: Horizont, 19. Jg., Nr. 28, S. 3–7.

o.V. (2002c): Werbung wird mehr denn je akzeptiert, in: Horizont, 19. Jg., Nr. 3, S. 30.

o.V. (2003 a): Stammzellenforschung mit 140.000 Euro untersützt, in: Versicherungswirtschaft, 58. Jg., Nr. 6, S. 44–43.

o.V. (2003 b): Toyota sponsert Gewinnspiel der ARD-Sportschau, in: Horizont.Net News vom 31.07.2003, http://www.horizont.net/archiv/horizont_net/pages/show.prl?params=keyword%3DToyota%26all%3D0%26type%3D0%26laufzeit%3D0&id=45727&currPage=1.

o.V. (2003 c): Oliver Kahn: Werbepartner ziehen Trennung in Erwägung, in: Werben & Verkaufen Online Nachrichten vom 30.07.2003, http://www.wuv.de/news/artikel/2003/03/07891/index.html (Zugriff am 30.07.2003).

o.V. (2003d): Beck's limitiert Merchandising-Artikel, in: Horizont.Net News vom 27.06.2003, http://www.horizont.net/unternehmen/news/pages/show.prl?params=keyword%3DBeck%5C%27s%26all%3D1%26type%3D5%26laufzeit%3D0&id=45050&currPage=1 (Zugriff am 28.06.2003).

o.V. (2003e): Deutsche Bahn und Nokia sponsern den Comet, in: Horizont.Net News vom 15.07.2003, http://www.horizont.net/archiv/horizont_net/pages/show.prl?params=keyword%3Dcomet%26all%3D0%26type%3D0%26laufzeit%3D0&id=45394&currPage=1 (Zugriff am 30.07.2003).

o.V. (2003 f.): Grenze zur wettbewersrechtlichen Unzulässigkeit überschritten, http://www.absatzwirtschaft.de/(Zugriff am 08.08.2003).

o.V. (2003 g): Gustav-Hopf-Preis der Gothaer verliehen, in: Versicherungswirtschaft, 58. Jg., Nr. 10, S. 78.

o.V. (2003 h): HanseMerkur Preis für Kinderschutz, in: Versicherungswirtschaft, 58. Jg., Nr. 1, S. 73.

o.V. (2003i): Triumph will Verkäuferinnen zum Lächeln bringen, in: Werben & Verkaufen Online Nachrichten vom 30.07.2003, http://www.wuv.de/news/artikel/2003/07/14910/index.html (Zugriff am 31.07.2003).

o.V. (2003j): Hasseröder kommuniziert Eishockey-Sponsoring im Handel, in: Horizont.Net News vom 16.10.2003, http://www.horizont.net/archiv/horizont_net/pages/show.prl?params=keyword%3Dhasser%F6der%26all%3D0%26type%3D0%26laufzeit%3D0&id=47202&currPage=1 (Zugriff am 20.11.2003).

o.V. (2003k): McDonald's auf Tournee mit Justin Timberlake, in: Werben & Verkaufen Online Nachrichten vom 12.11.2003, http://www.horizont.net/archiv/horizont_net/pages/show.prl?params=keyword%3Dtimberlake%26all%3D0%26type%3D0%26laufzeit%3D0&id=47658&currPage=1 (Zugriff am 17.11.2003).

o.V. (2004a): Deutsche lieben Teleshopping, in: Werben & Verkaufen Online Nachrichten vom 15.09.2004, http://wuv.de/news/artikel/2004/09/34647/index.html (Zugriff am 15.09.2004).

o.V. (2004b): Emirates landet bei Arsenal London, in: Sponsors, 9. Jg., Nr. 11, S. 1–6.

o.V. (2004c): Sponsoren der Formel 1-Teams Saison 2004, in: Sponsors, 9. Jg., Nr. 3, S. 2–7.

o.V. (2008): Obi startet rockige Imagekampagne von Jung von Matt, http://www.horizont.net/aktuell/agenturen/pages/protected/Obi-startet-rockige-Imagekampagne-von-Jung-von-Matt_74759.html (Zugriff am 24.02.2010).

o.V. (2009a): Umfrage: Mitarbeiter erwarten klare Worte vom Chef, http://www.abendblatt.de/wirtschaft/karriere/article1292848/Umfrage-Mitarbeiter-erwarten-klare-Worte-vom-Chef.html (Zugriff am 25.02.2010).

o.V. (2009b): Entwicklung der Onlinenutzung in Deutschland, in: Mediaperspektiven. Daten zur Mediensituation in Deutschland 2009, o.Jg., o.Nr., Sonderausgabe Basisdaten, S. 75.

o.V. (2009c): „Beef!" Startet Einführungskampagne im Herbst, http://www.horizont.net/aktuell/schlagzeilen/pages/protected/show.php?id=96235&sortierid=1&currPage=2&timer=1268734168&params=1 (Zugriff am 15.03.2010).

o.V. (2009d): Ranking: Die größten inhabergeführten/unabhängigen Werbeagenturen 2008, http://www.horizont.net/marktdaten/charts/pages/show.prl?id=4923&backid=5 (Zugriff am 15.03.2010).

o.V. (2009e): Apple stichelt wieder gegen Microsoft, in: Horizont.net vom 27.08.2009, http://www.horizont.net/aktuell/marketing/pages/protected/Apple-stichelt-wieder-gegen-Microsoft_86721.html (Zugriff am 13.04.2009).

o.V. (2009f.): Studie: Partizipative Konsumenten zwingen zum Dialog, in: Horizont.net vom 24.04.2009, http://www.horizont.net/aktuell/marketing/pages/protected/show.php?id=83835 (Zugriff am 06.05.2010).

o.V. (2010a): Podcast für Ihre interne Kommunikation, http://www.audiop.ch/produkte/podcast-interne-kommunikation.html (Zugriff am 23.02.2010).

o.V. (2010b): Volksbank im Harz, in: Neue Vision, http://www.dialogbilder.de/index.php?page=5&subpage=6&lang=de (Zugriff am 24.02.2010).

o.V. (2010c): Bericht: Kurt Beck will Werbung im öffentlich-rechtlichen Fernsehen streichen, in: open report vom 14.07.2009, http://www.open-report.de/artikel/Bericht:+Kurt+Beck+will+Werbung+im+%F6ff.entlich-rechtlichen+Fernsehen+streichen/46136.html (Zugriff am 17.03.2010).

o.V. (2010d): Erster interaktiver TV-Werbespot on Air, in: Voralberg online, http://www.vol.at/news/TP:vol:News-Welt/artikel/erster-interaktiver-tv-werbespot-on-air/cn/news-20080901–01213027 (Zugriff am 10.03.2010).

o.V. (2010e): Fernsehdauer in Deutschland steigt wieder an, in: Horizont online, http://www.horizont.net/aktuell/medien/pages/protected/Fernsehdauer-in-Deutschland-steigt-wieder-an_89383.html (Zugriff am 10.03.2010).

o.V. (2010f.): Werberat stimmt 69 Beschwerden zu und rügt sieben Mal öffentlich, http://www.horizont.net/aktuell/marketing/pages/protected/show.php?id=90867 (Zugriff am 21.03.2010).

o.V. (2010 g): Kooperationsanalyse Netto und Medisana, in: horizont vom 08.04.2010, http://www.horizont.net/kreation/tv/pages/protected/show.php?timer=0&params=id=3532 (Zugriff am 12.04.2010).

o.V. (2010 h): Lego: Erfolg mit Gesellschaftsspielen, in: werben & Verkaufen online vom 16.04.2010, http://www.wuv.de/w_u_v_infocenter/case_studies/lego_erfolg_mit_gesellschaftsspielen (Zugriff am 19.04.2010).

O'Guinn, T./Allen, C. T./Semenik, R. J. (2009): Advertising and Integrated Brand Promotion, 5. Aufl., Mason u. a.

O'Reilly, T. (2006): http://radar.oreilly.com/archives/2006/12/web-20-compact.html (Zugriff am 12.05.2010).

Oeckl, A. (1976): PR-Praxis. Der Schlüssel zur Öffentlichkeitsarbeit, Wien.

Oeckl, A. (1993): Anfänge und Entwicklung der Öffentlichkeitsarbeit, in: Fischer, H.-D./Wahl, U. G. (Hrsg.): Public Relations/Öffentlichkeitsarbeit. Geschichte – Grundlagen – Grenzziehungen, Frankfurt/Main, S. 15–31.

Oeckl, A. (2000): Die historische Entwicklung der Public Relations, in: Reineke, W./Eisele, H. (Hrsg.): Taschenbuch der Öffentlichkeitsarbeit. Public Relations in der Gesamtkommunikation, 3. Aufl., Heidelberg, S. 11–15.

Oehme, W. (2001): Handelsmarketing, 3. Aufl., München.

Oelert, J. (2003): Internes Kommunikationsmanagement. Rahmenfaktoren, Wiesbaden.

Oetting, M. (2006): Wie Web 2.0 das Marketing revolutioniert, in: Schwarz, T./Braun, G. (Hrsg.): Leitfaden Integrierte Kommunikation, Waghäusel, S. 173–200.

Ogilvy, D. (2008): Geständnisse eines Werbemannes, 4. Aufl., Wien.

Olfert, K./Steinbuch, P. A. (2008): Personalwirtschaft, 13. Aufl., Ludwigshafen.

Olsson, P. (2001): Testimonial-Werbung, in: Sponsors, 6. Jg., Nr. 3, S. 56–57.

Omnicom Group (2010): http://www.omnicomgroup.com/(Zugriff am 10.10.2010).

Opaschowski, H. A. (1998): Vom Versorgungs- zum Erlebniskonsum: Die Folgen des Wertewandels, in: Nickel, O. (Hrsg.): Event Marketing. Grundlagen und Erfolgsbeispiele, München, S. 25–38.

Opaschowski, H. A. (2001): Deutschland 2010: Wie wir morgen arbeiten und leben, Hamburg.

Orgeldinger, H. (2007): Radio und TV in der Unternehmenskommunikation, in: Piwinger, M./ Zerfaß, A. (Hrsg.): Handbuch Unternehmenskommunikation, Wiesbaden, S. 419–428.

P

Pakalski, N. (2010): Werbezeichen stehen auf Wachstum, in: Horizont, 27. Jg., Nr. 3, S. 19.

Palda, K. S. (1965): The Measurement of Cumulative Advertising Effects, in: Journal of Business, Vol. 38, No. 2, S. 162–179.

Panagiotou, G. (2003): Bringing SWOT into Focus, in: Business Strategy Review, Vol. 14, No. 2, S. 8–10.

Parasuraman, A./Zeithaml, V. A./Berry, L. L. (1985): A Conceptual Model of Service Quality and its Implications for Future Research, in: Journal of Marketing, Vol. 49, No. 3, S. 41–51.

Parjaszwski, P. (1993): Gestaltung von Werbemitteln im vertikalen Marketing, in: Irrgang, W. (Hrsg.): Vertikales Marketing im Wandel, München, S. 374–390.

Park, C. W./Young, S. M. (1986): Consumer Response to Television Commercials: the Impact of Involvement and Background Music on Brand Attitude Formation, in: Journal of Marketing Research, Vol. 23, No. 2, S. 11–24.

Paschke, M. (1993): Medienrecht, Berlin u. a.

Past, E. (2010): Lindsey Vonn verdient im Skizirkus mehr als alle anderen, in: Wirtschaftsblatt vom 02.02.2010, http://www.wirtschaftsblatt.at/home/schwerpunkt/olympia/406713/index.do (Zugriff am 12.03.2010).

Patalong, F. (2009): Virales Marketing. Die süße Macht der Web-Werbung, in: Spiegel online vom 30.07.2009, http://www.spiegel.de/netzwelt/web/0,1518,639187,00.html (Zugriff am 20.04.2010).

Patti, C. H./Frazer, C. F. (1988): Advertising: a Decision-making Approach, Hinsdale.

Payne, A. (1993): The Essence of Services Marketing, London.

Pellikan, L. (2004): T-Mobile setzt auf Sport, in: Werben & Verkaufen, 42. Jg., Nr. 20, S. 1.

Pepels, W. (1995): Wie man Werbeziele definiert, in: Markenartikel, 57. Jg., o.Nr., S. 476–485.

Pepels, W. (2001): Kommunikations-Management. Marketing-Kommunikation vom Briefing bis zur Realisation, 4. Aufl., Stuttgart.

Perrey, J./Wagner, N./Wallmann, C. (2007): Kreativität oder Content Fit – was wirkt besser in der Werbung?, http://www2.mckinsey.de/downloads/publikation£/akzente/2007/akzente_0703-Kreativität%C3%A4t_oder_ContentFit.pdf (Zugriff am 14.04.2010).

Pettijohn, C. E./Pettijohn, L. S./Taylor, A. J./Keillor, B. D. (2000): Adaptive Selling and Sales Performance: An Empirical Examination, in: The Journal of Business Research, Vol. 16, No. 1, S. 91–111.

Petty, R. E./Cacioppo, J. T. (1986): Communication and Persuasion: Central and Peripheral Routes to Attitude Change, New York.

Petty, R. E./Cacioppo, J. T./Schumann, D. (1983): Central and Peripheral Routes to Advertising Effectiveness: The Moderating Role of Involvement, in: Journal of Consumer Research, Vol. 10, No. 2, S. 135–146.

Peymani, B. (2003): Opfer des eigenen Erfolgs, in: Werben & Verkaufen, 41. Jg., Nr. 10, S. 30–31.

Pfaff, M. S. (2002): Erlebnismarketing für die Besucher von Sportveranstaltungen – Erlebnisstrategien und -instrumente am Beispiel der Fußballbundesliga, Göttingen.

Pfaff, M. S. (2003): Die Eventisierung des Spitzensports, in: Hochschulsport. Magazin des allgemeinen deutschen Hochschulsportverbandes, Nr. 3, S. 26–32.

Pfannenberg, J. (2005): Kommunkations-Controlling im Value Based Management, in: Pfannenberg, J./Zerfaß, A. (Hrsg.): Wertschöpfung durch Kommunikation, Frankfurt/Main, S. 132–141.

Pfannenmüller, J. (2003): Ein Bahnhof von Ikea, in: Werben & Verkaufen, 41. Jg., Nr. 46, S. 1–2.

Pfefferkorn, E. (2009): Kommunikationscontrolling in Verbindung mit Zielgrößen des Markenwertes. Eine methodische Herangehensweise und Prüfung an einem Fallbeispiel, Wiesbaden.

Pflaum, D. (1974): Erfolgskontrolle in der Verkaufsförderung, München.

Pflaum, D. (1993): Ausgewählte Werbemittel und Gestaltungsansätze, in: Berndt, R./Hermanns, A. (Hrsg.): Handbuch Marketing-Kommunikation, Wiesbaden, S. 333–353.

Pflaum, D./Eisenmann, H. (1993): Verkaufsförderung, Landsberg am Lech.

Pflaum, D./Eisenmann, H./Linxweiler, R. (2000): Verkaufsförderung. Erfolgreiche Sales Promotion, Landsberg/Lech.

Pickton, D./Broderick, A. (2005): Integrated Marketing Communications, Harlow.

Pilot Checkpoint (2008): Sponsor Visions 2008, Hamburg.

Pimpl, R. (2003): Ehemalige Mega-Marketer auf Magerkurs.

Piontowski, U. (1976): Psychologie der Interaktion, München.

Piwinger, M. (2004): Der Umgang mit Gerüchten im Unternehmensumfeld – ausgewählte Praxiserfahrungen, in: Bruhn, M./Wunderlich, W. (Hrsg.): Medium Gerücht. Studien zu Theorie und Praxis einer kollektiven Kommunikationsform, Wien, S. 249–274.

Piwinger, W./Niehüser, W. (1995): Stimmungsinformation und Unternehmenskommunikation, in: Ahrens, R./Scherer, H./Zerfaß, A. (Hrsg.): Integriertes Kommunikationsmanagement. Konzeptionelle Grundlagen und praktische Erfahrungen, Frankfurt/Main, S. 211–230.

PLANET TALK GmbH (2010): adidas Sickline Extreme Kayak World Championship, http://www.adidas-sickline.com (Zugriff am 13.08.2010).

Pleil, T. (2005): Öffentliche Meinung aus dem Netz? Neue Internet-Anwendungen und Public Relations, in: Arnold, K./Neuberger, C. (Hrsg.): Alte Medien – Neue Medien. Theorien, Beispiele, Prognosen, Wiesbaden, S. 242–262.

Pleil, T./Zerfaß, A. (2007): Internet und Social Software in der Unternehmenskommunikation, in: Piwinger, M./Zerfaß, A. (Hrsg.): Handbuch Unternehmenskommunikation, Wiesbaden, S. 511–532.

Plinke, W. (1989): Die Geschäftsbeziehung als Investition, in: Specht, G./Silberer, G./Engelhardt, W. (Hrsg.): Marketing-Schnittstellen. Herausforderungen für das Management, Stuttgart, S. 305–321.

Ploss, D./Wassel, P. (2002): Verkaufsförderung: Couponing im Marketing-Mix, in: Absatzwirtschaft online, http://www.absatzwirtschaft.de/aswwwwshow/fn/asw/sfn/buildpage/cn/cc_mastrat_wissen_mehr/id/23843/aktelem/PAGE_1003205/strucid/DOCUMENT_1003299/page1/PAGE_1002979/page2/PAGE_1003000/index.html (Zugriff am 23.05.2003).

Popai (Point of Purchase Advertising Institute) (1999): European Consumer Buying Habits Study. Ergebnisse und Analysen der deutschen Teilstudie, Frankfurt/Main.

Porsche (2010): http://www.youtube.com/watch?v=WhPZZ-w15B8&feature=channel (Zugriff am 16.03.2010).

PR&Co. GmbH (2003): PR-Wunschzettel, München.

PR&Co. GmbH (2004): PR-Evalation in der Praxis, Stuttgart.

Pracht, P. (1991): Zur Systematik und Fundierung praktischer Öffentlichkeitsarbeit, in: PR-Magazin, 22. Jg., Nr. 5, S. 39–46.

press1 (2009): http://www.press1.de/ibot/db/press1.Leonce_1260958799.html (Zugriff am 23.03.2010).

Pro 7 (2004): Mit dem ProSieben Club und Radeberger zum Oscar-Event 2004, http://www.pro7.de/club/gewinnspiele/oscar/(Zugriff am 07.06.2004).

PZ-online (2010): http://www.pz-online.de/(Zugriff am 17.03.2010).

R

Raffée, H. (1983): Messen als Herausforderung für die Marketing-Theorie, in: Deutsche Werbewissenschaftliche Gesellschaft e.V. (Hrsg.): Messen als Marketing-Instrument, Bonn, S. 73–45.

Raffée, H. (1991): Integrierte Kommunikation, in: Werbeforschung & Praxis, 36. Jg., Nr. 3, S. 87–90.

Raffée, H./Wiedmann, K. P. (1987): Dialoge 2 – der Bürger im Spannungsfeld von Öffentlichkeit und Privatleben, Hamburg.

Raffée, H./Wiedmann, K. P. (1988): Der Wertewandel als Herausforderung für Marketingforschung und Marketingpraxis, in: Marketing ZFP, 10. Jg., Nr. 3, S. 198–210.

Raif-Joss, C. (2000): Studie zur Internen Kommunikation der Division Europa von Swiss Re, Zürich.

Raphael, M. (1996): Scania Chooses Direct Mail to Keep on Trucking!, in: Direct Marketing, Vol. 59, No. 7, S. 30–32.

Ratner, R. K./Kahn, B. E. (2002): The Impact of Private Versus Public Consumption on Variety-Seeking Behaviour, in: Journal of Consumer Research, Vol. 29, No. 2, S. 246–257.

Rätsch, C. C. (2008): Markenerlebnis prägt Mitarbeiter, Mitarbeiter prägen Markenerlebnis, in: Bruhn, M./Stauss, B. (Hrsg.): Dienstleistungsmarken. Forum Dienstleistungsmanagement, Wiesbaden, S. 401–419.

Red Box (2010): Deutschlands kreativste Werbeagenturen 2010, http://www.redbox.de/news/ranking/(Zugriff am 13.12.2010).

Red Bull (2009): Red Bull Crashed Ice 2010, http://www.redbull.de/crashed_ice (Zugriff am 09.12.2009).

Red Bull (2010): http://www.youtube.com/watch?v=ppgw9DHYnbs (Zugriff am 10.03.2010).

Rehorn, J. (1988): Werbetests, Neuwied.

Reich, M./Micklitz, H.-W. (1980): Verbraucherschutzrecht in der Bundesrepublik Deutschland, New York.

Reinecke, S./Janz, S. (2007): Marketingcontrolling. Sicherstellen von Marketingeffektivität und -effizienz, Stuttgart.

Reinhardt, D. (1993): Von der Reklame zum Marketing. Geschichte der Wirtschaftswerbung in Deutschland, Münster.

Reischauer, C. (1997): Mit Sportsponsoring die gewünschte Wirkung zu erreichen, in: Wirtschaftswoche, 51. Jg., Nr. 6, S. 60–65.

Reitbauer, S. (2010): Werbemarkt Report. Das Werbejahr 2009: Aufwand zum Jahresende, Seven One Media GmbH, Unterföhring.

Reiter, W. M. (1994): Werbeträger: Handbuch für die Mediapraxis, 8. Aufl., Frankfurt/Main.

Rengelshausen, O. (1995): Multimedia-Management. Zur Planung, in: Silberer, G. (Hrsg.): Marketing mit Multimedia, Stuttgart, S. 221–255.

Reynolds, F. D./Darden, W. R. (1971): Mutually Adaptive Effects of Interpersonal Communication, in: Journal of Marketing Research, Vol. 8, No. 4, S. 449–454.

Richard, S. (2010): Kreativste Autowerbung stammt von Toyota und VW, in: Trickr.de, http://trickr.de/kreativste-autowerbung-stammt-von-toyota-und-vw/(Zugriff am 20.10.2010).

Richter, K. (2004): Zurück ins echte Leben, in: Werben & Verkaufen, 42. Jg., Nr. 19, S. 46–47.

Richter, N. (2001): Zum Nike-Stadion ist's nicht weit, in: Horizont, 18. Jg., Nr. 10, S. 2–10.

Ridder, M. (2004): Und sie bezahlen doch!, in: Bestseller Magazin, o.Jg., Nr. 2, S. 64–65.

Rieger, J. (1996): Sponsoring als Instrument der Imagepolitik im Investitionsgüterbereich. Möglichkeiten des optimalen Imagetransfers, Wiesbaden.

Ries, A. (1992): The Discipline of the Narrow Focus, in: Journal of Business Strategy, Vol. 13, No. 6, S. 3–4.

Ringbeck, J. (1987): Werbebudgetierungsmodelle, in: Wirtschaftswissenschaftliches Studium, 16. Jg., Nr. 1, S. 23–28.

Ringle, T. (2003): Vernetzung von Sportevents, in: Hermanns, A./Riedmüller, F. (Hrsg.): Sponsoring und Events im Sport – Von der Instrumentalbetrachtung zur Kommunikationsplattform, München, S. 193–207.

Ritter Sport (2009): Beste Zutaten. Die Verkaufsaktion 2009, http://www.ritter-sport.de (Zugriff am 22.10.2010).

Roberts, M. L./Berger, P. D. (1999): Direct Marketing Management, New York.

Robertz, G. (1999): Strategisches Messemanagement im Wettbewerb, Wiesbaden.

Rodekamp, V. (2003): Zur Geschichte der Messe in Deutschland und Europa, in: Kirchgeorg, M./Dornscheidt, W. M./Giese, W./Stoeck, N. (Hrsg.): Handbuch Messemanagement, Wiesbaden, S. 5–13.

Rogge, H.-J. (1979): Grundzüge der Werbung – Ein Leitfaden für Studium und Praxis, Berlin.

Rogge, H.-J. (2004): Werbung, 6. Aufl., Ludwigshafen.

Rolke, L. (1992): Messen und bewerten. Die Wirkung von PR, in: PR-Magazin, 23. Jg., Nr. 8, S. 3–6.

Rolke, L. (2003): Produkt- und Unternehmenskommunikation im Umbruch. Was die Marketer und PR-Manager für die Zukunft erwarten, Frankfurt/Main.

Roloff, E. (1992): Messen und Medien. Ein sozialpsychologischer Ansatz zur Öffentlichkeitsarbeit, Wiesbaden.

Ronneberger, F./Rühl, M. (1992): Theorie der Public Relations. Ein Entwurf, Opladen.

Rosenberg, L. J. (1977): Marketing, Englewood Cliffs.

Rosenstiel, L. v. (2003): Grundlagen der Organisationspyschologie, 5. Aufl., Stuttgart.

Rosenstiel, L. v./Kirsch, A. (1996): Psychologie der Werbung, Rosenheim.

Rösger, J./Herrmann, A./Heitmann, M. (2007): Der Markenareal-Ansatz zur Steuerung von Brand Communities, in: Bauer, H. H./Grosse-Leege, D./Rösger, J. (Hrsg.): Interactive Marketing im Web 2.0+. Konzepte und Anwendungen für ein erfolgreiches Marketingmanagement im Internet, 2. Aufl., München, S. 93–112.

Ross, L. (2009): Recma-Ranking: Mediacom bleibt größte deutsche Media-Agentur, in: Werben & Verkaufen online vom 11.08.2009, http://www.wuv.de/w_v_infocenter/charts_rankings/recma_ranking_mediacom_bleibt_groesste_deutsche_ media_agentur (Zugriff am 13.03.2010).

Rossiter, J. R./Percy, L. (1997): Advertising Communications and Promotion Management, 2. Aufl., New York u. a.

Rossiter, J. R./Percy, L. (1998): Advertising and Promotion Management, New York u. a.

Roth, F. (2002): Der holprige Weg zur Austauschbarkeit, in: Horizont, 19. Jg., Nr. 17, S. 1–8.

Roth, G. D. (1981): Messen und Ausstellungen verkaufswirksam planen und durchführen, Landsberg/Lech.

Roth, U. (2002): Eventsponsorng beim American Football als Basis eines integrierten Kommunikationskonzeptes, in: Hosang, M. (Hrsg.): Event & Marketing. Konzepte – Beispiele – Trends, Frankfurt/Main, S. 151–164.

Rothe, C. (2001): Kultursponsoring und Image-Konstruktion. Interdisziplinäre Analyse der rezeptionsspezifischen Faktoren des Kultursponsoring und Entwicklung eines kommunikationswissenschaftlichen Imageapproaches, Bochum.

Rothschild, M. L. (1987): Marketing Communications, Lexington/Toronto.

Röttger, U. (2008): Public Relations – Organisation und Profession. Öffentlichkeitsarbeit als Organisationsfunktion. Eine Berufsfeldstudie, 2. Aufl., Wiesbaden.

Röttger, U./Hoffmann, J./Jarren, O. (2003): Public Relations in der Schweiz. Eine empirische Studie zum Berufsfeld Öffentlichkeitsarbeit, Konstanz.

RP Online (2009): Kids-Verbraucheranalyse 2009. Die Eltern sparen am Taschengeld, http://www. rp-online.de/panorama/deutschland/Die-Eltern-sparen-am-Taschengeld_aid_743592.html (Zugriff am 12.04.2010).

Rubens, A. (2006): Podcasting. Das Buch zum Audiobloggen, Köln.

Rudolf-Sipötz, E. (2001): Kundenwert: Konzeption – Determinanten – Management, St. Gallen.

Rudolph, C. (1980): Corporate Identity als Integrationselement der Marketing-Kommunikation, in: Birkigt, K./Stadler, M. M./Funck, H. J. (Hrsg.): Corporate Identity. Grundlagen, Augsburg, S. 195–210.

Rügeberg, J. (1988): Product Placement und Sponsoring – Neue Formen der Werbung im Rundfunk?, in: Gewerblicher Rechtsschutz und Urheberrecht, 90. Jg., Nr. 12, S. 873–880.

Runau, J. (1998): Adidas: Events als Ausgangspunkt einer Markenverjüngung, in: Nickel, O. (Hrsg.): Event Marketing. Grundlagen und Erfolgsbeispiele, München, S. 177–191.

Rundfunk, B. (2003): Sternstunden, http://www.br-online.de/br-intern/sternstu/rueck_ 1993. shtml (Zugriff am 31.07.2003).

Rundstedt & Partner GmbH (2009): Mitarbeiter erwarten eine klare Kommunkation in der Krise, http://www.rundstedt.de/clients/rundstedt/relaunchrundstedtcms.nsf/id/DE_Mitarbeiter_erwarten_Kommunikation?open&ccm=080 (Zugriff am 20.02.2011).

Rupp, M. (1988): Produkt/Markt Strategien, 3. Aufl., Zürich.

Rupp, T. (1993): Die derzeitige Marketing-Kommunikation ist zu weit weg von den tatsächlichen Bedürfnissen und Problemen der Verbraucher, in: Marketing Journal, 26. Jg., o.Nr., S. 316–319.

Rütschi, K. A. (1980): Planung des Kommunikations-Budgets, Berlin.

Rüttinger, R. (2005): Transaktions-Analyse, 9. Aufl., Heidelberg.

S

Saal, M. (2003): Die Zeit steigt ins Content-Sponsoring ein, in: Horizont, 20. Jg., Nr. 26, S. 32.

Saal, M. (2004): Visa macht mit Roadshow Lust auf Olympia, in: Horizont.Net News vom 30.03.2004, http://www.horizont.net/archiv/horizont_net/pages/show.prl?params=key word%3Dvisa%26all%3D0%26type%3D0%26laufzeit%3D0&id=49921&currPage=1 (Zugriff am 31.03.2004).

Saal, M. (2010): Spot-Premiere: McDonald's macht Mitarbeiter zu Testimonials, in: Horizont.net vom 18.01.2010, http://www.horizont.net/aktuell/marketing/pages/protected/showRSS. php?id=89655 (Zugriff am 20.04.2010).

Saaty, T. L. (1980): The Analytical Hierachy Process, New York.

Saaty, T. L. (2001): The seven pillars of the analytic hierarchy process, in: Köksalan, M./Zionts, S. (Hrsg.): Multiple criteria decision making in the new millennium: Proceedings of the

Fifteenth International Conference on Multiple Criteria Decision Making (MCDM), Berlin, S. 15–37.

Saaty, T. L. (2008): Decision making with the analytic hierarchy process, in: International Journal of Services Sciences, Vol. 1, No. 1, S. 83–98.

Sager, B. (2001): Werbemittel, 2. Aufl.

Sager, B. (2001): Werbemittel, in: Diller, H. (Hrsg.): Vahlens Großes Marketing Lexikon, 2. Aufl., München, S. 1865–1866.

Sander, M. (1993): Der Planungsprozeß der Werbung, in: Berndt, R./Hermanns, A. (Hrsg.): Handbuch Marketing-Kommunikation, Wiesbaden, S. 261–284.

Sander, M. (2004): Marketing-Management. Märkte, Stuttgart.

Sandler, G. (1989): Bedingungen für erfolgreiche Markenstrategien im Verbrauchsgüterbereich, in: Bruhn, M. (Hrsg.): Handbuch des Marketing, München, S. 325–342.

Sandt, B./Rohde, U. (1993): Copystrategische Grundlagen der Werbung, in: Berndt, R./Hermanns, A. (Hrsg.): Handbuch Marketing-Kommunikation, Wiesbaden, S. 317–333.

Sat.1 (1997): Sehbeteiligung bei Unterbrecherwerbung. Eine aktuelle Analyse des Zuschauerverhaltens, Mainz.

Sattler, H. (1995): Datenbankmarketing. Qualität vor Quantität, in: Verlag, M. S. (Hrsg.): Jahrbuch Direktmarketing '96, Würzburg, S. 150–151.

Sauvant, N. (2002): Professionelle Online-PR, New York.

Sawhney, M./Prandelli, E./Verona, G. (2003): The Power of Innomediation, in: MIT Sloan Management Review, Vol. 44, No. 2, S. 77–82.

Schäfer, S. (2009): Event-Marketing, 3. Aufl., Berlin.

Schalk, I. van der (1993): Sponsoringmanagement in Vereinen. Eine Analyse im Golfsport, Wiesbaden.

Schall, M. S. (1983): A Communication-Rules Approach to Organizational Culture, in: Administrative Science Quarterly, Vol. 28, S. 557–581.

Schaltegger, S. (2004): Nachhaltigkeitsaspekte der Markenführung, in: Bruhn, M. (Hrsg.): Handbuch Markenführung. Kompendium zum erfolgreichen Markenmanagement. Strategien – Instrumente – Erfahrungen, 2. Aufl., Wiesbaden, S. 2677–2703.

Scharf, A./Schubert, B./Hehn, P. (2009): Marketing: Einführung in Theorie und Praxis, 4. Aufl., Stuttgart.

Scheele, W. (1986): Public Relations, 2. Aufl., Wien.

Schefczyk, M. (1996): Data Envelopment Analysis – Eine Methode zur Effizienz und Erfolgsschätzung von Unternehmen und öffentlichen Organisationen, in: Die Betriebswirtschaft, 56. Jg., Nr. 2, S. 167–182.

Scherer, B. (1990): Product Placement im Fernsehprogramm, Wiesbaden.

Scherer, K. R./Ekman, P. (1982): Handbook of Methods in Nonverbal Behavior Research, Paris.

Scherrer, A. P. (1975): Das Phänomen der Mund-zu-Mund-Werbung und seine Bedeutung für das Konsumentenverhalten, Freiburg.

Scheuch, F. (2003): Eventmarketing, in: Der Markt, 42. Jg., Nr. 165, S. 89–101.

Scheuch, F. (2007): Marketing, 6. Aufl., München.

Schick, S. (1995): Strukturierung und Gestaltung der Mitarbeiterkommunikation als Personalaufgabe, in: Bruhn, M. (Hrsg.): Internes Marketing. Integration der Kunden- und Mitarbeiterorientierung. Grundlagen – Implementierung – Praxisbeispiele, Wiesbaden, S. 453–470.

Schick, S. (2004): Gerüchte in der internen Kommunikation – Die informelle Kommunikation von Mitarbeitern für Mitarbeiter in der Praxis, in: Bruhn, M./Wunderlich, W. (Hrsg.): Medium Gerücht. Studien zu Theorie und Praxis einer kollektiven Kommunikationsform, Wien, S. 223–247.

Schick, S. (2007): Interne Unternehmenskommunikation – Strategien entwickeln, 3. Aufl., Stuttgart.

Schiele, G./Hähner, J./Becker, C. (2008): Grundlagen des Web 2.0, 2. Aufl., München.

Schiele, G./Hähner, J./Becker, C. (2008): Web 2.0 – Technologien und Trends, in: Bauer, H. H./ Große-Leege, D./Rösger, J. (Hrsg.): Interactive Marketing im Web 2.0+. Konzepte und Anwendungen für ein erfolgreiches Marketingmanagement im Internet, 2. Aufl., München, S. 3–14.

Schierenbeck, H. (2008): Grundzüge der Betriebswirtschaftslehre, 17. Aufl., München.

Schiewe, K. (1994): Sozial-Sponsoring. Ein Ratgeber, 2. Aufl., Freiburg.

Schmalen, H. (1979): Marketing-Mix für neuartige Gebrauchsgüter, Wiesbaden.

Schmalen, H. (1992): Kommunikationspolitik – Werbeplanung, 2. Aufl., Stuttgart.

Schmalen, H. (1993): Mediaselektion, in: Berndt, R./Hermanns, A. (Hrsg.): Handbuch Marketing-Kommunikation, Wiesbaden, S. 463–476.

Schmalen, H./Schachtner, D. (2002): Die Auswahl von Werbeagenturen aus informationsökonomischer Sicht, in: Jahrbuch der Absatz- und Verbrauchsforschung, 48. Jg., Nr. 3, S. 220–238.

Schmengler, H. J. (1994): Sportsponsoring im Marketing-Mix, in: Planung & Analyse, 21. Jg., Nr. 6, S. 14–18.

Schmidt, A. (2001): Die Problematik und die Grenzen der Dezentralisierungsstrukturen in Kommunikationsnetzwerken, in: Merten, K./Zimmermann, R. (Hrsg.): Das Handbuch der Unternehmenskommunikation 2000/2001, Köln, S. 121–136.

Schmidt, F./Holze, B. (2003): Sportsponsorship und Sportevents: Kommunikationsplattformen für Marken, in: Hermanns, A./Riedmüller, F. (Hrsg.): Sponsoring und Events im Sport – Von der Instrumentalbetrachtung zur Kommunikationsplattform, München, S. 281–289.

Schmidt, H. (2004): Vorsprung ausgebaut, in: Werben & Verkaufen, 42. Jg., o.Nr., S. 14–19.

Schmidt, H. (2010): Plattform, Contentkosten, Paid Content – Erfolgsmodelle für Medienunternehmen im Internet, http://www.slideshare.net/HolgerSchmidt/medienmodelle-im-internet (Zugriff am 20.07.2010).

Schmidt, O. (1992): Messe, in: Diller, H. (Hrsg.): Vahlens Großes Marketing Lexikon, 2. Aufl., München, S. 766–770.

Schneider, M. (2002): Macht es Sinn?, in: Meffert, H./Backhaus, K./Becker, J. (Hrsg.): Erlebnisse um jeden Preis – Was leistet Event-Marketing?, Dokumentationspapier der Wissenschaftlichen Gesellschaft für Marketing und Unternehmensführung e.V., Münster, S. 41–48.

Schnelle, E. (1982): Werkstatt des Wandels, in: Harvard Manager, 4. Jg., Nr. 4, S. 32–36.

Schnettler, J./Wendt, G. (2003): Konzeption und Mediaplanung für Werbe- und Kommunikationsberufe. Lehr- und Arbeitsbuch für die Aus- und Weiterbildung, Berlin.

Schnötzinger, J. (1987): Die Messung der Anzeigenwirkung. Vergleich der nonverbalen Leseverhaltensbeobachtung und der Blickregistrierung, Wien.

Schobelt, F. (2009): Werberat: Krise fördert Schmuddel-Kampagnen, in: Werben & Verkaufen online vom 20.08.2009, http://www.wuv.de/nachrichten/unternehmen/werberat_krise_foerdert_schmuddel_kampagnen (Zugriff am 21.03.2010).

Schober Information Group (2004): Schober Market Base, http://www.schober.de (Zugriff am 16.09.2010).

Schoch, R. (1969): Der Verkaufsvorgang als sozialer Interaktionsprozeß. Eine theoretische und empirische Untersuchung des Verhaltens von Käufern und Verkäufern in der Verkaufssituation, Winterthur.

Scholz & Friends (2003): Integrierte Kommunikation und Agenda-Setting, Berlin.

Scholz, C. (2000): Personalmanagement. Informationsorientierte und verhaltenstheoretische Grundlagen, 5. Aufl., München.

Schönen, T. (2002): Integrierte Kommunikation bei Beiersdorf, Hamburg.

Schreyögg, G. (1999): Definition und Typen des bedarfsorientierten Theatereinsatzes in Unternehmen, in: Schreyögg, G./Dabitz, R. (Hrsg.): Unternehmenstheater. Formen – Erfahrungen – Erfolgsreicher Einsatz, Wiesbaden, S. 3–22.

Schreyögg, G. (2008): Organisation. Grundlagen moderner Organisationsgestaltung. Mit Fallstudien, 5. Aufl., Wiesbaden.

Schricker, G. (1990): Die Bekämpfung der irreführenden Werbung in den EG-Mitgliedsstaaten, in: ZAW (Hrsg.): Irreführende Werbung in Europa. Maßstäbe und Perspektiven, Bonn, S. 13–41.

Schröder, H. (1995): Rechtsrahmen des Marketing, in: Tietz, B./Köhler, R./Zentes, J. (Hrsg.): Handwörterbuch des Marketing, 2. Aufl., Stuttgart, S. 2216–2234.

Schröder, H. (2004): Rechtliche Probleme im Rahmen von Markenstrategien – dargestellt an ausgewählten Fällen, in: Bruhn, M. (Hrsg.): Handbuch Markenführung. Kompendium zum erfolgreichen Markenmanagement. Strategien – Instrumente – Erfahrungen., 2. Aufl., Wiesbaden, S. 2393–2420.

Schröder, J. (2010): Die sozialen Netzwerke im Langzeit-Trend, http://meedia.de/nc/details-topstory/article/die-sozialen-netzwerke-im-langzeit-trend_100026781.html (Zugriff am 25.06.2010).

Schuchert-Güler, P. (2001): Verständnis von Kundenwünschen seitens der Verkäufer – eine empirische Analyse, in: Bruhn, M./Stauss, B. (Hrsg.): Jahrbuch Dienstleistungsmanagement 2001. Interaktionen im Dienstleistungsbereich, Wiesbaden, S. 115–139.

Schultz, D. E. (1990): Strategic Advertising Campaigns, Lincolnwood.

Schultz, D. E. (2004): Two Profs Prove Real Value of Media Integration, in: Marketing News, Vol. 38, No. 1.

Schultz, D. E./Kitchen, P. J. (1997): Integrated Marketing Communications in U.S. Advertising Agencies: An Exploratory Study, in: Journal of Advertising Research, Vol. 37, No. 5, S. 7–18.

Schultz, D. E./Kitchen, P. J. (2000): Communicating Globally. An Integrated Marketing Approach, Lincolnwood.

Schultz, D. E./Schultz, H. F. (1998): Transitioning Marketing Communications into the Twenty-First Century, in: Journal of Marketing Communications, Vol. 4, No. 5, S. 9–26.

Schultz, D. E./Tannenbaum, S. I./Lauterborn, R. F. (1993): Integrated Marketing Communications, Lincolnwood.

Schulz, B. (1992): Strategische Planung von Public Relations. Das Konzept und ein Fallbeispiel, New York.

Schulze, H. S. (1992): Internes Marketing von Dienstleistungsunternehmungen. Fundierungsmöglichkeiten mittels ausgewählter Konzepte der Transaktionsanalyse, Frankfurt/Main u. a.

Schulze, H. S. (2002): Vertrieb als Peoplebusiness, Supplement.

Schüppenhauer, A. (1998): Multioptionales Konsumentenverhalten und Marketing: Erklärungen und Empfehlungen auf Basis der Autopoiesetheorie, Wiesbaden.

Schürmann, U. (1993): Erfolgsfaktoren der Werbung im Produktlebenszyklus, Frankfurt am Main, u. a.

Schwab, R. (1982): Der Persönliche Verkauf als kommunikationspolitisches Instrument des Marketing. Ein zielorientierter Ansatz zur Effizienzkontrolle, Frankfurt/Main.

Schwaiger, M. (2001): Messung der Wirkung von Sponsoringaktivitäten im Kulturbereich, in: Schriftenreihe zur Empirischen Forschung und Quantitativen Unternehmensplanung der Ludwig-Maximilians-Universität München, Heft 3, München.

Schwaiger, M. (2002a): Akzeptanz des Kultursponsoring und seine Wirkung auf die Mitarbeiter, in: Sparkasse, 119. Jg., Nr. 7, S. 296–300.

Schwaiger, M. (2002b): Die Wirkung des Kultursponsoring auf die Mitarbeitermotivation, in: Schriftenreihe zur Empirischen Forschung und Quantitativen Unternehmensplanung der Ludwig-Maximilians-Universität München, Heft 8, München.

Schwaiger, M. (2002c): Messung der Aufmerksamkeitswirkung und der Akzeptanz von Sponsoringaktivitäten im Kulturbereich, in: Werbeforschung und Praxis, 47. Jg., Nr. 2, S. 2–6.

Schwaiger, M./Jeckel, P./Saffert, V. (1995): Kommunikationsmanagement in großen und mittelständischen Unternehmen, Augsburg.

Schwaiger, M./Steiner-Kogrina, A. (2003a): Eine empirische Untersuchung der Wirkung des Kultursponsoring auf die Bindung von Bankkunden, in: Schriftenreihe zur Empirischen Forschung und Quantitativen Unternehmensplanung der Ludwig-Maximilians-Universität München, Heft 16, München.

Schwaiger, M./Steiner-Kogrina, A. (2003b): Kultursponsoring und Kundenbindung, in: Sparkasse, 120. Jg., o.Nr., S. 27–33.

Schwarz, T. (2001): Permission Marketing macht Kunden süchtig, 2. Aufl., Würzburg.

Schwarz, T. (2002): Grundlagen des Permission Marketing, 8. Aufl., Wiesbaden.

Schwarz, T. (2009): http://absolit.de/Twitterstudie (Zugriff am 03.03.2010).

Schweiger, D./DeNisi, A. S. (1991): Communication with employees following a Merger: A Longitudinal Field Experiment, in: Academy of Management Journal, Vol. 34, No. 1, S. 110–136.

Schweiger, G. (2001): Mediaplanung (Streuplanung), in: Diller, H. (Hrsg.): Vahlens Großes Marketing Lexikon, 2. Aufl., München, S. 1094–1095.

Schweiger, G./Diller, H. (2001): Zielgruppen, in: Diller, H. (Hrsg.): Vahlens Großes Marketing Lexikon, 2. Aufl., München, S. 193–196.

Schweiger, G./Schrattenecker, G. (2009): Werbung, 7. Aufl., Stuttgart.

Schweiger, W. (2002): Crossmedia zwischen Fernsehen und Web. Versuch einer theoretischen Fundierung des Crossmedia-Konzepts, in: Theunert, H./Wagner, U. (Hrsg.): Medienkonvergenz: Angebot und Nutzung. Eine Fachdiskussion veranstaltet von BLM und ZDF, München, S. 123–135.

Schwen, R. (1993): Der Imagetransfer im Sportsponsoring. Controllingsysteme für das Marketing, Braunschweig.

Seizinger, C. (2002): Menschen entscheiden über den Erfolg, in: m+a report, 83. Jg., Nr. 6, S. 54–55.

Selbach, D./Wittrock, O. (2002): Wer Aussteller gut pflegt, in: Impulse, 22. Jg., Nr. 1, S. 60–63.

Selwitz, R. (1987): Special Impact With Special Events, in: Marketing Communications, Vol. 15, No. 5, S. 58–63.

Sethuraman, R./Tellis, G. J. (1991): An Analysis of the Trade-Off between Advertising and Price Discounting, in: Journal of Marketing Research, Vol. 28, No. 2, S. 160–174.

Sherman, J. L./Kulhavy, R. W./Burns, W. (1976): Cerebral Laterality and Verbal Processes, in: Journal of Experimental Psychology: Human Learning and Memory, Vol. 2, No. 3, S. 720–727.

Shimp, T. A. (2003): Advertising Promotion: Supplement Aspects of Integrated Marketing Communication, 6. Aufl., Orlando.

Shimp, T. A. (2007): Advertising Promotion and other Aspects of Integrated marketing Communications, 8. Aufl., Winfield.

Shostack, G. L. (1985): Planning the Service Encounter, in: Czepiel, J. A./Solomon, M. R./Surprenant, C. F. (Hrsg.): The Service Encounter, Lexington, S. 243–253.

Sidki-Lundius, C. (2003): Gigantischer und systematischer, in: PR Report, 39. Jg., Nr. 6, S. 18–20.

Siegert, M. (1991): Telefonmarketing. Der Stand der Rechtsprechung – Die Position des DDV, Wiesbaden.

Siepmann, H. (1991): Produktion von Werbemitteln – Zwischen Kreativität und Kosten, in: Dallmer, H. (Hrsg.): Handbuch Direct Marketing, 6. Aufl., Wiesbaden, S. 220–226.

Silberer, G. (1995): Marketing mit Multimedia im Überblick, in: Silberer, G. (Hrsg.): Marketing mit Multimedia, Stuttgart, S. 1–32.

Silberer, G. (2000): Der Einsatz von Kiosksystemen als Werbeträger, in: Silberer, G./Fischer, L. (Hrsg.): Multimediale Kioskterminals. Infotankstellen, Wiesbaden, S. 197–217.

Simon, H. (1981): Investitionsrechnung und Marketingentscheidung, in: Brockhoff, K./Krelle, W. (Hrsg.): Unternehmensplanung, Berlin u. a., S. 297–314.

Simon, H./Fassnacht, M. (2009): Preismanagement. Analyse – Strategie – Umsetzung, 3. Aufl., Wiesbaden.

Simon, H./Arndt, J. (1980): The Shape of the Advertising Function, in: Journal of Advertising Research, Vol. 20, No. 4, S. 11–28.

Simon, H./Möhrle, M. (1993): Werbebudgetierung, in: Berndt, R./Hermanns, A. (Hrsg.): Handbuch Marketing-Kommunikation, Wiesbaden, S. 301–317.

Sinus Sociovision (2009): Die Sinus-Milieus® in Deutschland, http://www.sinus-milieus.de/ (Zugriff am 12.04.2010).

Sirgy, M. J. (1998): Integrated Marketing Communications: A System Approach, Upper Saddle River.

Sistenich, F. (1999): Eventmarketing. Ein innovatives Instrument zur Metakommunikation in Unternehmen, Wiesbaden.

Skibbe, B. (1994): Vom Mauerblümchen zum Meinungsmacher, in: Werben & Verkaufen, 31. Jg., Nr. 40, S. 148–154.

Sleight, S. (1989): Sponsorship. What Is It and How to Use It, London.

Smircich, L./Calás, M. B. (1987): Organizational Culture. A Critical Assessment, in: Jablin, F. M./ Putnam, L. L./Roberts, K. H./Porter, L. W. (Hrsg.): Handbook of Organizational Communication. An Interdisziplinary Perspective, Newbury Park u. a., S. 228–263.

Smith, P. R. (2004): Marketing Communications. An Integrated Approach, 4. Aufl., London.

Sohn, A./Welling, M. (2002): Die Nutzung Prominenter in der Werbung – Eine Analyse vor dem Hintergrund unterschiedlicher Markenkonzeptionen, Bochum.

Solis, B. (2009): The Conversation Prism: The Landscape for International Social Networking, http://www.briansolis.com/2009/09/the-conversation-prism-the-landscape-for-international-social-networking/(Zugriff am 13.02.2010).

Solon Management Consulting GmbH (2003): Kundenclub-Studie Deutschland, München.

Specht, G. (1998): Distributionsmanagement, 3. Aufl., Stuttgart u. a.

Specht, A. v. (1985): Sponsoring als Marketinginstrument, Arbeitspapier des Instituts für Marketing an der European Business School Nr. 4, Schloss Reichhartshausen.

Spence, M. A. (1974): Market Signaling, Cambridge.

Spiegel Online GmbH (2010): http://www.spiegel.de/(Zugriff am 16.07.2010).

Spiegel, B. (1970): Werbepsychologische Untersuchungsmethoden, Berlin.

Spiegel-Verlag (1967): Die industrielle Kaufentscheidung. Eine empirische Untersuchung zum Informations- und Entscheidungsverhalten, Hamburg.

Spiegel-Verlag (1982): Der Entscheidungsprozeß bei Investitionsgütern, Hamburg.

Spiegel-Verlag (1992): Messen und Messebesucher in Deutschland, Hamburg.

Spindler, G.-P. (1974): Public Relations. Aufgabe für Unternehmer, Frankfurt/Main.

Sponsor Partners (2000): Sponsoring Trends 2000.Studie in Zusammenarbeit mit dem Institut für Marketing der Universität der Bundeswehr München, Bonn u. a.

Sponsor Visions (2007): http://www.fussballclubmanagement.de/stefan-t-launer/weitere%20 arbeiten/Sponsor_Visions_2007_323767.pdf (Zugriff am 22.10.2010).

Sport + Markt AG (2000): Europäisches Sponsoring Barometer 2000, Köln.

Sport Five (2010): http://www.sportfive.com/(Zugriff am 22.10.2010).

Sportfive GmbH (2003): Affinitäten_2, Hamburg.

Spryß, W. M. (1985): Jeder Aussteller muß seine eigenen Besucher einwerben, in: Marketing Journal, 18. Jg., Nr. 5, S. 488–492.

Staatsministerium Baden-Württemberg (2010): Die Werbe- und Symphatiekampagne des Landes Baden-Württemberg, http://www.wir-koennen-alles.de/index2.html (Zugriff am 12.03.2010).

Stadik, M. (2001): Mal was anderes, in: Werben & Verkaufen, 39. Jg., Nr. 33, S. 14–16.

Staehle, W. H. (2009): Management. Eine verhaltenswissenschaftliche Perspektive, 9. Aufl., München.

Staminski, H. (2004): Von der Produkte- zur Kundenorientierung, http://www.marketing.ch/wissen/messemarketing/031.pdf (Zugriff am 22.06.2010).

Standing, L./Conezio, J./Haber, R. N. (1970): Perception and Memory for Pictures: Single-Trial Learning of 2.500 Visual Stimuli, in: Psychonomic Science, Vol. 19, No. 3, S. 73–74.

Stankowski, A. (2002): Das visuelle Erscheinungsbild der Corporate Identity, in: Birkigt, K./Stadler, M. M./Funk, H. J. (Hrsg.): Corporate Identity, 11. Aufl., Landsberg am Lech, S. 191–206.

Stanley, R. E. (1982): Promotion Advertising, New York.

Stark, R. (1989): Sociology, 3. Aufl., Belmont.

Statistisches Bundesamt (2002): Datenreport 2002. Zahlen und Fakten über die Bundesrepublik Deutschland, Bonn.

Statistisches Bundesamt (2008): Haushalte und Lebensformen der Bevölkerung. Ergebnisse des Mikrozensus 2006, http://www.destatis.de (Zugriff am 01.12.2009).

Statistisches Bundesamt (2009): Bevölkerungspyramide, http://www.destatis.de/bevoelkerungspyramide/(Zugriff am 05.05.2010).

Stauss, B. (2000a): Augenblicke der Wahrheit in der Dienstleistungserstellung – Ihre Relevanz und ihre Messung mit Hilfe der Kontaktpunkt-Analyse, in: Bruhn, M./Stauss, B. (Hrsg.): Dienstleistungsqualität. Konzepte – Methoden – Erfahrungen, 3. Aufl., Wiesbaden, S. 321–340.

Stauss, B. (2000b): Internes Marketing als personalorientierte Qualitätspolitik, in: Bruhn, M./Stauss, B. (Hrsg.): Dienstleistungsqualität. Konzepte – Methoden – Erfahrungen, 3. Aufl., Wiesbaden, S. 203–222.

Stauss, B. (2001): Internes Marketing, in: Diller, H. (Hrsg.): Vahlens Großes Marketing Lexikon, 2. Aufl., München, S. 698–699.

Stauss, B./Hoffmann, F. (1999): Business Television als Instrument der Mitarbeiterkommunikation, in: Bruhn, M. (Hrsg.): Internes Marketing. Integration der Kunden- und Mitarbeiterorientierung. Grundlagen – Implementierung – Praxisbeispiele, 2. Aufl., Wiesbaden, S. 365–387.

Stauss, B./Seidel, W. (2003): Prozessuale Zufriedenheitsermittlung und Zufriedenheitsdynamik bei Dienstleistungen, in: Homburg, C. (Hrsg.): Kundenzufriedenheit. Konzepte – Methoden – Erfahrungen, 5. Aufl., Wiesbaden, S. 153–177.

Stauss, B./Seidel, W. (2007): Beschwerdemanagement. Unzufriedene Kunden als profitable Zielgruppe, 4. Aufl., Wien.

Steffenhagen, H. (1978): Wirkungen absatzpolitischer Instrumente. Theorie und Messung der Marktreaktion, Stuttgart.

Steffenhagen, H. (1984): Ansätze der Werbewirkungsforschung, in: Marketing ZFP, 6. Jg., Nr. 2, S. 77–83.

Steffenhagen, H. (1993): Werbeziele, in: Berndt, R./Hermanns, A. (Hrsg.): Handbuch Marketing-Kommunikation, Wiesbaden, S. 285–301.

Steffenhagen, H. (2000): Wirkungen der Werbung. Konzepte – Erklärungen – Befunde, 2. Aufl., Aachen.

Steffenhagen, H. (2001): Copy Strategy, in: Diller, H. (Hrsg.): Vahlens Großes Marketing Lexikon, 2. Aufl., S. 23–28.

Steffenhagen, H. (2008): Marketing. Eine Einführung, 6. Aufl., Stuttgart u. a.

Steffenhagen, H./Funke, K. (1986): Messen und Ausstellungen. Formulieren Sie präzise Messeziele, in: Marketing Journal, 19. Jg., Nr. 6, S. 546–551.

Steffenhagen, H./Stottmeister, G. (1988): Preisausschreiben. 12 Empfehlungen für die erfolgreiche Gestaltung, in: Marketing Journal, 21. Jg., o.Nr., S. 388–389.

Steffenhagen, H./Tolle, E. (1994): Kategorien des Markenerfolges und einschlägige Meßmethoden, in: Bruhn, M. (Hrsg.): Handbuch Markenartikel, Stuttgart, S. 1283–1303.

Steinmann, H./Schreyögg, G. (2005): Management. Grundlagen der Unternehmensführung. Konzepte – Funktionen – Fallstudien, 6. Aufl., Wiesbaden.

Steinmann, H./Zerfaß, A. (1995): Management der integrierten Kommunikation, in: Ahrens, R./ Scherer, H./Zerfaß, A. (Hrsg.): Integriertes Kommunikationsmanagement. Konzeptionelle Grundlagen und praktische Erfahrungen, Frankfurt/Main, S. 11–50.

Stephan, P. F. (2000): Events und E-Commerce. Kundenbindung und Markenführung im Internet, Berlin.

Stershic, S. (1996): The Importance of Listening to Your Employees, in: Services Marketing Today, Vol. 12, No. 1.

Stewart, D. W. (1989): Measures, Methods, and Models in Advertising Research, in: Journal of Advertising Research, Vol. 29, No. 3, S. 54–60.

Stickel, E. (1992): Eine Erweiterung des hedonistischen Verfahrens zur Ermittlung der Wirtschaftlichkeit des Einsatzes der Informationstechnik, in: Zeitschrift für Betriebswirtschaft, 62. Jg., S. 743–759.

Stiftung Warentest (2010): Geizkragen.de als Bewertungsportal mit dem Schwerpunkt Preis-Leistungs-Funktionalität, www.test.de (Zugriff am 02.02.2010).

Stock, R. (2009): Der Zusammenhang zwischen Mitarbeiter- und Kundenzufriedenheit. Direkte, 4. Aufl., Wiesbaden.

Stoeck, N. (1999): Internationalisierungsstrategien im Messewesen, Wiesbaden.

Stoltz, V. (1996): Zukunft der PR – PR der Zukunft, in: Marketing Journal, 28. Jg., o.Nr., S. 420–425.

Stone, B. (2007): Successful Direct Marketing Methods, 8. Aufl., Lincolnwood.

Storbacka, K. (1993): Customer Relationship Profitability in Retail Banking, Helsingfors.

Straten, D. von der (2002): Neukundengewinnung und Kundenbindung von Gewerbetreibenden, in: Holland, H. (Hrsg.): Direktmarketing-Fallstudien, Wiesbaden, S. 13–66.

Ströer Media Deutschland GmbH (2009): 360 Grad Kommunikation für Tempo Toilettenpapier, http://www.stroeer.de/markt_news.1049.0.html?newsid=4134 (Zugriff am 13.04.2010).

Strothmann, K.-H. (1979): Investitionsgütermarketing, München.

Strothmann, K.-H. (1992): Segmentorientierte Messepolitik, in: Strothmann, K.-H./Busche, M. (Hrsg.): Handbuch Messemarketing, Wiesbaden, S. 99–114.

Strothmann, K.-H. (1995): Messen und Ausstellungen, in: Tietz, B./Köhler, R./Zentes, J. (Hrsg.): Handwörterbuch des Marketing, Stuttgart, S. 1886–1897.

Strothmann, K.-H./Roloff, E. (1993): Charakterisierung und Arten von Messen, in: Berndt, R./ Hermanns, A. (Hrsg.): Handbuch Marketing-Kommunikation, Wiesbaden, S. 707–723.

Stumpf, M. (2005): Erfolgskontrolle der Integrierten Kommunikation. Messung des Entwicklungsstandes integrierter Kommunikationsarbeit in Unternehmen, Wiesbaden.

Sudayo, R. (2000): Must Know Marketing: in Search of an Effective IMC Manager, in: IMC Research Journal, Vol. 5, o.Nr., S. 36–41.

sueddeutsche.de (2009): McDonald's – Grün ist die Hoffnung, http://www.sueddeutsche.de/wirtschaft/mcdonalds-gruen-ist-die-hoffnung-1.138304 (Zugriff am 04.12.2010).

Summers, D. (1994): It's All in the Name, in: Financial Times, o.Jg., o.Nr., S. 20.

Swain, W. N. (2004): Perceptions of IMC After a Decade of Development: Who's at the Wheel, in: Journal of Advertising Research, Vol. 44, No. 1, S. 46–65.

Swait, J./Erdem, T. (2002): The Effects of Temporal Consistency of Sales Promotions and Availability on Consumer Choice Behavior, in: Journal of Marketing Research, Vol. 39, No. 3, S. 304–320.

Szameitat, D. (2003): Public Relations in Unternehmen. Ein Praxisleitfaden für die Öffentlichkeit, Berlin u. a.

Szymanski, D. M. (1988): Determinants of Selling Effectiveness: The Importance of Declarative Knowledge to the Personal Selling Concept, in: Journal of Marketing, Vol. 52, No. 1, S. 64–77.

Szyska, P. (2004): Produkt-PR und Journalismus – Annäherung an eine verschwiegene Win-Win-Situation, in: Raupp, J./Klewes, J. (Hrsg.): Quo vadis Public Relations, Wiesbaden, S. 66–78.

Szyszka, P. (2003): Produkt-PR: Aufwand ohne Nutzen oder nützlicher Aufwand?, in: Marketing und Kommunikation, 31. Jg., Nr. 12, S. 44–45.

T

Taeger, M. (1993): Messemarketing. Marketing-Mix von Messegesellschaften unter Berücksichtigung wettbewerbspolitischer Rahmenbedingungen, Göttingen.

Täger, U. C./Ziegler, R. (1984): Die Bedeutung von Messen und Ausstellungen in der Bundesrepublik Deutschland für den Inlands- und Auslandsabsatz in ausgewählten Branchen, in: Ifo-Institut für Wirtschaftsforschung e.V. (Hrsg.): Ifo-Studien zu Handels- und Dienstleistungsfragen, Nr. 25, München.

Tannen, D. (1996): Sprache am Arbeitsplatz – die Quelle vieler Mißverständnisse, in: Harvard Business Manager, 18. Jg., Nr. 1, S. 27–36.

Tanner, T./Cheng, C. S. (2008): Persönlich, menschlich, zugänglich: Emotionale Markenbindung bei der Schweizer Bank UBS, in: Bruhn, M./Stauss, B. (Hrsg.): Forum Dienstleistungsmanagement. Dienstleistungsmarken, Wiesbaden, S. 325–345.

Tegethof, H. G. (1999): Soziale Gruppen und Individualisierung: Ansätze und Grundlagen einer revidierten Gruppenforschung, Neuwied u. a.

Tellis, G. J. (1988): The Price Elasticity of Selective Demand: A Meta-Analysis of Econometric Models of Sales, in: Journal of Marketing Research, Vol. 25, No. 4, S. 331–341.

Terhörst, W. (2004): Juristische Knebel, in: Werben & Verkaufen, 42. Jg., Nr. 24, S. 25.

Terhörst, W. (2005): Deutsche Bank startet neue Welt-Kampagne, in: Werben & Verkaufen, http://www.wuv.de/news/artikel/2005/03/40661/index.html (Zugriff am 28.11.2005).

Tewinkel, B./Geiger, T. (2003): Bahn TV und Bahn TV Online. Mitarbeiterkommuniktion mit bewegten Bildern, in: Klöfer, F./Nies, U. (Hrsg.): Erfolgreich durch Interne Kommunikation. Mitarbeiter besser informieren, 3. Aufl., München, S. 263–272.

The Instore Media AG (2004): Nestlé testet Relaunch-Unterstützung durch Floor Graphics: Studie zur Werbewirkung bescheinigt dem POS-Medium positive Ergebnisse, Hamburg.

Thedens, R. (1997): Die Konzentration auf den Kunden, in: Dallmer, H. (Hrsg.): Handbuch des Direct-Marketing, 7. Aufl., Wiesbaden, S. 21–32.

Theis, H.-J. (1992): Einkaufsstätten-Positionierung. Grundlage der strategischen Marketingplanung, Wiesbaden.

Thibaut, J. W./Kelley, H. H. (1959): The Social Psychology of Groups, New York u. a.

Thom, N./Cantin, F. (1994): Verständigungsgrad verbessern, in: Gablers Magazin, 8. Jg., Nr. 3, S. 26–30.

Tietz, B. (1960): Bildung und Verwendung von Typen in der Betriebswirtschaftslehre dargelegt am Beispiel der Typologie von Messen und Ausstellungen, Opladen.

Tietz, B. (1982): Das Konzept des integrierten Kommunikations-Mix, in: Tietz, B. (Hrsg.): Die Werbung: Handbuch der Kommunikations- und Werbewirtschaft, Landsberg/Lech, S. 2265–2297.

Tietz, B./Zentes, J. (1980): Die Werbung der Unternehmung, Hamburg.

Tilmann, W. (1993): Grenzüberschreitende vergleichende Werbung, in: Gewerblicher Rechtschutz und Urheberrecht, 95. Jg., Nr. 2, S. 133–137.

Tolle, E. (1994): Informationsökonomische Erkenntnisse für das Marketing bei Qualitätsunsicherheit der Konsumenten, in: Zeitschrift für betriebswirtschaftliche Forschung, 46. Jg., Nr. 11, S. 926–938.

Tomczak, T./Henkel, S. (2008): Behavioral Branding – Markenprofilierung durch persönliche Kommunikation, in: Marketing Journal, 40. Jg., Nr. 1, S. 8–12.

Tomczak, T./Köhler, S. (2003): Coupons im Marketing-Mix – ein Allheilmittel?, in: Persönlich, 3. Jg., Nr. 3, S. 56–57.

Tomczak, T./Reinecke, S./Dittrich, S. (2008): Kundenbindung durch Kundenkarten und -clubs, in: Bruhn, M./Homburg, C. (Hrsg.): Handbuch Kundenbindungsmanagement. Strategien und Instrumente für ein erfolgreiches CRM, 6. Aufl., Wiesbaden, S. 323–345.

Tomczak, T./Reinecke, S./Kaetzke, P. (2004): Markencontrolling – Sicherstellung der Effektivität und Effizienz der Markenführung, in: Bruhn, M. (Hrsg.): Handbuch Markenführung. Kompendium zum erfolgreichen Markenmanagement. Strategien – Instrumente – Erfahrungen, 2. Aufl., Wiesbaden, S. 1821–1852.

Tomczak, T./Rudolf-Sipötz, S. (2001): Bestimmungsfaktoren des Kundenwertes: Ergebnisse einer branchenübergreifenden Studie, Wiesbaden.

Tomorrow Focus AG (2010): Werbeformen- wie maßgeschneidert!, http://www.tomorrow-focus.de/Media-Service/Werbeformen/language_de_/index.html (Zugriff am 11.03.2010).

Töpfer, A. (1995): Marketing-Audit, in: Tietz, B./Köhler, R./Zentes, J. (Hrsg.): Handwörterbuch des Marketing, 2. Aufl., S. 1533–1542.

Töpfer, A. (2008): Krisenkommunikation. Anforderungen an den Dialog mit Stakeholdern in Ausnahmesituationen, in: Meckel, M./Schmid, M. F. (Hrsg.): Unternehmenskommunikation. Kommunikationsmanagement aus Sicht der Unternehmensführung, 2. Aufl., Wiesbaden, S. 355–402.

Townley, S./Harrington, D./Couchman, N. (1998): The Legal and Practical Prevention of Ambush Marketing in Sports, in: Psychology & Marketing, Vol. 15, No. 4, S. 333–348.

Trommsdorff, V. (1975): Die Messung von Produktimages für das Marketing. Grundlagen und Operationalisierung, Köln u. a.

Trommsdorff, V. (2004): Verfahren der Markenbewertung, in: Bruhn, M. (Hrsg.): Handbuch Markenführung. Kompendium zum erfolgreichen Markenmanagement. Strategien – Instrumente – Erfahrungen, 2. Aufl., Wiesbaden, S. 1853–1877.

Trommsdorff, V. (2008): Produktpositionierung, in: Herrmann, A./Homburg, C./Klarmann, M. (Hrsg.): Handbuch Marktforschung. Methoden – Anwendungen – Praxisbeispiele, 3. Aufl., Wiesbaden, S. 887–908.

Trommsdorff, V. (2009): Konsumentenverhalten, 7. Aufl., Stuttgart u. a.

Trommsdorff, V./Zellerhoff, C. (1994): Produkt- und Markenpositionierung, in: Bruhn, M. (Hrsg.): Handbuch Markenartikel. Anforderungen an die Markenpolitik aus Sicht von Wissenschaft und Praxis, Stuttgart, S. 349–374.

Tronser, U. (1994): Der Schutz technischer und ästhetischer Produkteigenschaften des Markenartikels,, in: Bruhn, M. (Hrsg.): Handbuch Markenartikel, Stuttgart, S. 1787–1833.

Tropp, J. (2000): Integrierte Kommunikation. Die neue „Superdisziplin" der Werbeagenturen, in: Busch, R./Dögl, R./Unger, F. (Hrsg.): Integriertes Marketing. Strategie – Organisation – Instrumente, 3. Aufl., Wiesbaden, S. 209–225.

Turner, S. (2004): Kreative Werbung wirkt besser, in: Werben & Verkaufen, 42. Jg., Nr. 10, S. 82–84.

Twitter (2010): http://twitter.com/austriatravel (Zugriff am 23.07.2010).

U

Ueding, R. (1995): Event-Marketing, in: Institut für Marketing – Westfälische Wilhelms-Universität Münster (Hrsg.): IfM-News, Münster, S. 30–32.

Ueding, R. (1996): Determinanten erfolgreicher Messebeteiligungen, Münster.

UFA (1998): UFA Fußballstudie 98: Marketinginformationen für Vereine, Hamburg.

UGW AG (2008): POS-Marketing Report 2008/2009, Wiesbaden.

Uhe, G. (2002): Strategisches Marketing. Vom Ziel zur Strategie, Berlin.

Unger, F. (1989): Werbemanagement, Heidelberg.

Unger, F. (1993): Multiplikatoreffekte in der Kommunikationsstrategie, in: Media Spectrum, 31. Jg., Nr. 10, S. 19–21.

Unger, F./Durante, N.-V./Gabrys, E./Koch, R./Wailersbacher, R. (2002): Mediaplanung. Methodische Grundlagen und praktische Anwendungen, 3. Aufl., Heidelberg.

Unger, F./Fuchs, W. (1999): Management der Marktkommunikation, Heidelberg.

Unilever Deutschland GmbH (2004): Happynese, http://www.happynese.de (Zugriff am 18.03.2004).

Universal McCann (2009): Universal Mccann International Social Media Research Wave 4, http://universalmccann.bitecp.com/wave4/Wave4.pdf (Zugriff am 10.03.2010).

Unternehmensberatung, B. (2003): Sponsoring.

V

Vakratas, D./Ambler, T. (1999): How Advertising Works: What Do We Really Know?, in: Journal of Marketing, Vol. 63, No. 1, S. 26–43.

Van de Ven, A. H./Delbecq, A. (1974): A Task-Contingent Model for Work Unit Structure, in: Administrative Science Quarterly, Vol. 19, No. 2, S. 183–197.

Vatter, A. (2010): Social Media in Zahlen: Wachstum bei Facebook, Stagnation bei Twitter, http://www.basicthinking.de/blog/2010/01/19/social-media-in-zahlen-wachstum-bei-facebook-stagnation-bei-twitter/#more-17647 (Zugriff am 27.06.2010).

VDWA (Verband deutscher Werbeagenturen) (2009): VDWA Unternehmens-Umfrage 2009 zum Thema Agenturauswahl, http://www.vdwa.de (Zugriff am 23.03.2010).

Verband deutscher Lesezirkel e.V. (2010): Was ist Lesezirkel?, http://www.lesezrkel.de/public/index.php (Zugriff am 10.03.2010).

Verband, D. D. (2002): Who is who im Direktmarketing, Wiesbaden.

Verbraucherzentrale Bundesverband (2010): Internet: Mehr Schutz für Kinder nötig, in: Pressemitteilung vom 12.03.2010, http://www.vzbv.de/start/index.php?page=presse&bereichs_id=&themen_id=&mit_id=1278&task=mit (Zugriff am 21.03.2010).

Vernon, J. M. (1971): Concentration, in: Journal of Industrial Economics, Vol. 19, No. 2, S. 146–266.

Vidale, M. L./Wolfe, H. B. (1957): An Operations-Research Study of Sales Response to Advertising, in: Operations Research, Vol. 5, S. 370–381.

Vieregge, H. (2008): Trends und Fakten der Agenturbranche, http://www.gwa.de (Zugriff am 23.03.2010).

Vilmar, A. (1992): Image-Positionierung von Werbeagenturen: eine empirische Analyse von Imagebroschüren und Anzeigen, in: Werbeforschung & Praxis, 37. Jg., Nr. 1, S. 29–34.

Vogel, L. (2007): Potentiale, Formen und Grenzen des Einsatzes von Social Networking Applications in Unternehmen, München.

Vögele, S. (2002): Dialogmethode: Das Verkaufsgespräch per Brief und Antwortkarte, 12. Aufl., Landsberg/Lech.

Vok Dams Gruppe (2004): 15 Jahre Whirlpool in Europa haben das Unternehmen zum unangefochtenen Markführer gemacht, Wuppertal.

Voß, J. (2007): Deutsche zappen weniger, in: DWDL.de, http://www.dwdl.de/story/12026/umfrage_deutsche_zappen_weniger/(Zugriff am 12.03.2010).

VuMA (2010): VuMA Basisauswertung, Frankfurt am Main.

W

Wahren, H.-K. E. (1987): Zwischenmenschliche Kommunikation und Interaktion in Unternehmen. Grundlagen, New York.

Waite, N. (1979): Sponsorship in Context, Cranfield.

Wall AG (2010a): Bluetooth, http://www.wall.de/de/outdoor_advertising/formate/bluetooth (Zugriff am 06.06.2010).

Wall AG (2010b): Kreative Außenwerbung ist sexy, http://www.kreative-aussenwerbung-ist-sexy.de (Zugriff am 13.12.2009).

Walliser, B. (1995): Sponsoring. Bedeutung, Wiesbaden.

Walsh, G./Mitchell, V.-W./Hennig-Thurau, T. (2001): German Consumer Decision-Making Styles, in: Journal of Consumer Affairs, Vol. 35, No. 1, S. 73–95.

Walt Disney Internet Group (2010): http://disneyworld.disney.go.com/(Zugriff am 18.03.2010).

Walter, J. (1996): Ökosponsporing, Stuttgart.

Walter, P. (1990): Glaubwürdigkeit und Kontinuität sind die obersten Gebote, in: Blick durch die Wirtschaft, 33. Jg., Nr. 2.

Walter, S. (2007): Die Rolle der Werbeagentur im Markenführungsprozess, Wiesbaden.

Walther-Klaus, E. (2003): Nutzen durch Mitarbeiterportale. Informationsflut bündeln, Arbeit und Arbeitsrecht, o.Jg., Nr. 7, S. 8–14.

Wangenheim, F. v./Bayón, T./Weber, L. (2002): Der Einfluss persönlicher Kommunikation auf Kundenzufriedenheit, in: Marketing ZFP, 24. Jg., Nr. 3, S. 181–194.

Waring, P. (1986): Copytests in den USA, in: Stern Anzeigenabteilung (Hrsg.): Anzeigen-Copytests. Erkenntnisse aus 10 Jahren ARGUS, Hamburg, S. 28–65.

Watzlawick, P./Beavin, J. H./Jackson, D. D. (2000): Menschliche Kommunikation. Formen, Störungen, Paradoxien, 10. Aufl., Bern.

Weber, J./Mayrhofer, W. (1988): Organisationskultur – zum Umgang mit einem vieldiskutierten Konzept in Wissenschaft und Praxis, in: Die Betriebswirtschaft, 48. Jg., Nr. 5, S. 555–566.

Weber, S.-M. (1999): Netzwerkartige Wertschöpfungssysteme. Informations- und Kommunikationssysteme im Beziehungsgeflecht Hersteller – Handel – Serviceanbieter. Mit Fallbeispielen, Wiesbaden.

Weeks, W. A./Muehling, D. D. (1987): Students' Perceptions of Personal Selling, in: Industrial Marketing Management, Vol. 16, No. 2, S. 145–151.

Wegleiter, M. (2010): webzucker.at, http://www.webzucker.at/web-20-social-media-marketing/facebook-verbreitung-oesterreich-deutschland-schweiz/(Zugriff am 29.06.2010).

Wehner, H./Dabitz, R. (1999): Bedarfsorientiertes Theater in Deutschland: Eine empirische Bestandsaufnahme, in: Schreyögg, G./Dabitz, R. (Hrsg.): Unternehmenstheater. Formen – Erfahrungen – Erfolgreicher Einsatz, Wiesbaden, S. 97–153.

Weilbacher, W. M. (1979): Advertising, London.

Weilguny, M. (2003): Aktion erntet Kritik, in: Sponsors, 8. Jg., Nr. 11, S. 3–4.

Weinberg, P. (1981): Das Entscheidungsverhalten der Konsumenten, Paderborn.

Weinberg, P. (1986): Nonverbale Marktkommunikation, Heidelberg.

Weinberg, P. (1992): Erlebnismarketing, München.

Weinberg, P. (1995): Die Kommunikation im Erlebnismarketing, in: Tomczak, T./Müller, F./ Müller, R. (Hrsg.): Die Nichtklassiker der Unternehmenskommunikation, S. 98–103.

Weinberg, P./Diehl, S. (2005): Erlebniswelten für Marken, in: Esch, F.-R. (Hrsg.): Moderne Markenführung. Grundlagen – Innovative Ansätze – Praktische Umsetzungen, 4. Aufl., Wiesbaden, S. 263–286.

Weinberg, P./Diehl, S./Terlutter, R. (2003): Konsumentenverhalten – angewandt, München.

Weinberg, R. S. (1960): An Analytical Approach to Advertising Expenditure Strategy, New York.

Weis, H. C. (2003): Verkaufsgesprächsführung, 4. Aufl., Ludwigshafen.

Weis, H. C./Steinmetz, P. (2008): Marktforschung, 7. Aufl., Ludwigshafen.

Welge, M. K./Al-Laham, A. (2008): Strategisches Management, 5. Aufl., Wiesbaden.

Wellman, B. (1997): An Electronic Group is Virtually a Social Network, in: Kiesler, S. (Hrsg.): Culture of the Internet, Mahwah, NJ, S. 179–205.

Wells, B./Spinks, N. (1999): Communicating With the Community, in: Career Development International, Vol. 4, No. 2, S. 108–116.

Wells, W. D. (1974): Life Style and Psychographics, Chicago.

Wells, W. D./Tigert, D. (1971): Activities, Interests and Opinions, in: Journal of Marketing Research, Vol. 8, No. 3, S. 27–35.

Wells, W./Burnett, J./Moriarty, S. (2008): Advertising. Principles and Practice, 8. Aufl., Englewood Cliffs.

Werani, T. (2009): Produktpositionierung und Präferenzmessung, in: Gaubinger, K./Werani, T./Rabl, M. (Hrsg.): Praxisorientiertes Innovations- und Produktmanagement. Grundlagen und Fallstudien aus B-to-B-Märkten, Wiesbaden, S. 115–126.

Werben & Verkaufen (2004): Das W&V-Event-Agenturen-Ranking 2003, http://www.wuv.de/ daten/agenturen/rankings/042004/855/index.html (Zugriff am 16.05.2004).

Werben & Verkaufen (2008): Analyse: Couponing in Krisenzeiten gefragt, http://www.wuv.de (Zugriff am 12.10.2010).

Werben & Verkaufen (2009): n-tv: Politiker-Kampagne geht in die nächste Runde, http://www. wuv.de/nachrichten/medien/n_tv_politiker_kampagne_geht_in_die_naechste_runde (Zugriff am 20.02.2011).

Werben & Verkaufen (2009): Werberat rügt: Frau ist kein „geiler Bodenbelag", http://www.wuv. de/nachrichten/unternehmen/werberat_ruegt_frau_ist_kein_geiler_bodenbelag (Zugriff am 13.02.2010).

Wagner, R. (2010): Twitter im Unternehmen: Einsatzmöglichkeiten des sozialen Netzwerkes Twitter im Marketing, Norderstedt.

Werner, A. (2003): Marketing-Instrument Internet. Strategie – Werkzeuge – Umsetzung, 3. Aufl., Heidelberg.

Wertheimer, M. (1923): Untersuchungen zur Lehre von der Gestalt II, in: Psychologische Forschung, 4. Jg., S. 301–350.

Weser, A. (1995): Auflage könnte Zusatzwährung werden, in: Horizont, 12. Jg., Nr. 39, S. 65.

Westermeier, K. (1995): Medikamente gegen das Zapper-Fieber, in: Horizont, 12. Jg., Nr. 38, S. 26.

Wichert, J./Leda, L. (2001): Namensrechte an Stadien und Arenen, in: Sponsors, 6. Jg., Nr. 3, S. 45–46.

Wiedmann, K.-P. (1988): Corporate Identity als Unternehmensstrategie, in: Wirtschaftswissenschaftliches Studium, 17. Jg., Nr. 5, S. 236–242.

Wieking, K. (2003): Bombe aus Brüssel, in: Werben & Verkaufen, 41. Jg., Nr. 30, S. 40–41.

Wieking, W./Hofer, S. (2004): Coca-Cola startet Promo mit Fußballstar Ballack, in: Werben & Verkaufen Online Nachrichten vom 17.06.2004, http://www.wuv.de/news/artikel/2004/06/31561/index.html (Zugriff am 13.07.2004).

Wiencke, W./Koke, D. (1994): Cards & Clubs: Der Kundenclub als Dialogmarketing-Instrument, Düsseldorf u. a.

Wiener, J. L./LaForge, R. W./Goolsby, J. R. (1990): Personal Communication in Marketing: an Examination of Self-Interest Contingency Relationships, in: Journal of Marketing Research, Vol. 27, No. 2, S. 227–231.

Wigdorovits, S. (2010): Face to Face with Reality. Kommunikation und Marketing im Zeitalter der Social Networks, http://www.online-marketing-messe.com/content/e1028/e1746/e1786/VortragSWSwissOnlineMarketing_240310_ger.pdf (Zugriff am 23.09.2010).

Wild, J. (1982): Grundlagen der Unternehmensplanung, 4. Aufl., Opladen.

Wilhelm, A. (2008): Corporate TV: Bewegtbild als Medium im internen Kommunikationsmix, Saarbrücken.

Willi, C. (1996): Wem gehört die Farbe Lila? Neue Herausforderungen für die Markenwelt, in: Neue Züricher Zeitung, 217. Jg., Nr. 6, S. 2–3.

Wilson, A. (1992): New Directions in Marketing. Business-to-Business Strategies for the 1990s, Lincolnwood.

Winkelmann, P. (2008): Marketing und Vertrieb: Fundamente für die Marktorientierte Unternehmensführung, 6. Aufl., München.

Winnen, R./Beuster, A. (1992): Kontrolle des Messeerfolges, in: Strothmann, K.-H./Busche, M. (Hrsg.): Handbuch Messemarketing, Wiesbaden, S. 365–378.

Wirtz, B. W. (Hrsg.) (2003): Handbuch Medien- und Multimediamanagement, Wiesbaden.

Wiswede, G. (1998): Soziologie. Ein Lehrbuch für den wirtschafts- und sozialwissenschaftlichen Bereich, 3. Aufl., Landsberg/Lech.

Withey, J. J./Panitz, E. (1995): Face-to-Face Selling: Making it More Effective, in: Industrial Marketing Management, Vol. 24, No. 4, S. 239–246.

Witt, M. (2000): Kunstsponsoring. Gestaltungsdimensionen, Berlin u. a.

Woratschek, H. (1995): Systemtheorie, in: Tietz, B./Köhler, R./Zentes, J. (Hrsg.): Handwörterbuch des Marketing, Stuttgart, S. 2436–2448.

Worldsites Internet Marketing (2009): http://news.worldsites-schweiz.ch/online-werbeausgaben-in-deutschland-bei-15-millarden-euro.htm (Zugriff am 22.10.2010).

Wrangler Europe (2010): We are Animals – Kampagne, http://www.wrangler-europe.com/de/waacampaign (Zugriff am 10.10.2010).

Wunderer, R./Mittmann, J. (1995): Identifikationspolitik. Einbindung des Mitarbeiters in den unternehmerischen Wertschöpfungsprozeß, Stuttgart.

Wunderer, R./v. Arx, S. (2002): Personalmanagement als Wertschöpfungs-Center. Unternehmerische Organisationskonzepte für interne Dienstleister, 3. Aufl., Wiesbaden.

Wüthrich, H. A. (1991): Neuland des strategischen Denkens: Von der Strategietechnokratie zum mentalen Management, Wiesbaden.

Z

Zanger, C. (2001): Event-Marketing, in: Diller, H. (Hrsg.): Vahlens Großes Marketing Lexikon, 2. Aufl., München, S. 439–442.

Zanger, C. (2001): Messeeffizienz-Bewertung und Medienvergleich, http://www.absatzwirt-schaft.de/psasw/fn/asw/sfn/buildpage/cn/cc_vt/id/20605/aktelem/PAGE_1003223/page1/PAGE_1002979/page2/PAGE_1003213/(Zugriff am 20.05.2004).

Zanger, C. (2002a): Erfolgspotenziale des Eventmarketing, in: Marketing & Kommunikation, 30. Jg., Nr. 5, S. 43.

Zanger, C. (2002b): Event-Marketing: Die Perspektive der Wissenschaft, in: Meffert, H./Back-haus, K./Becker, J. (Hrsg.): Erlebnisse um jeden Preis – Was leistet Event-Marketing?, Münster, S. 7–15.

Zanger, C. (2003): Planung von Sportevents, in: Hermanns, A./Riedmüller, F. (Hrsg.): Sponsoring und Events im Sport – Von der Instrumentalbetrachtung zur Kommunikationsplattform, München, S. 154–169.

Zanger, C./Drengner, J. (1999): Erfolgskontrolle im Eventmarketing, in: Planung & Analyse, 26. Jg., Nr. 6, S. 32–37.

Zanger, C./Drengner, J. (2000): Die Bestimmung des unmittelbaren Erfolgs von Marketing-Event am Beispiel einer Fernseh-Gala, in: Planung & Analyse, 27. Jg., Nr. 6, S. 42–45.

Zanger, C./Drengner, J. (2003): Eventreport 2003. Eine Trendanalyse des deutschen Eventmarktes und dessen Dynamik, Chemnitz.

Zanger, C./Sistenich, F. (1996): Eventmarketing: Bestandsaufnahme, Standortbestimmung und ausgewählte theoretische Ansätze zur Erklärung eines innovativen Kommunikationsinst-rumentes, in: Marketing ZFP, 18. Jg., Nr. 4, S. 233–242.

Zankl, H. L. (1975): Public Relations. Ein Leitfaden für die Unternehmens-, Verbands- und Verwaltungspraxis,Wiesbaden.

Zarella, D. (2009): The Social Media Marketing Book, Sebastopol, CA.

ZAW (Zentralverband der deutschen Werbewirtschaft) e.V. (2001): Werbung in Deutschland 2001, Bonn.

ZAW (Zentralverband der Deutschen Werbewirtschaft) e.V. (2002): Werbung in Deutschland 2002, Bonn.

ZAW (Zentralverband der Deutschen Werbewirtschaft) e.V. (2003): Deutscher Werberat Jahrbuch 2003, Berlin.

ZAW (Zentralverband der Deutschen Werbewirtschaft) e.V. (2004): Werbung in Deutschland 2004, Berlin.

ZAW (Zentralverband der deutschen Werbewirtschaft) e.V. (2009): Werbung in Deutschland 2009, Bonn.

ZAW (Zentralverband der deutschen Werbewirtschaft) e.V. (2010): Werbung in Deutschland 2010, Berlin.

Zeit Online (2010): http://blog.zeit.de/zeitansage/(Zugriff am 19.03.2010).

Zeiter, N. (2008): Neue Kommunikationskonzepte für die erfolgreiche PR-Arbeit. Der Leitfaden für die Praxis, 2. Aufl., Wien.

Zeithaml, V. A./Parasuraman, A./Berry, L. L. (1992): Qualitätsservice, New York.

Zeitungs Marketing Gesellschaft (2003): Werbung mit Prospekten, Frankfurt/Main.

Zeller, C. (2001): Sozial-Sponsoring: gewinnbringende Zusammenarbeit zwischen Kitas und Unternehmen, München.

Zentes, J. (1980): Außendienststeuerung, Stuttgart.

Zerfaß, A. (1996): Unternehmensführung und Öffentlichkeitsarbeit. Grundlegung einer Theorie der Unternehmenskommunikation und Public Relations, Opladen.

Zerfaß, A. (2004): http://www.zerfass.de/CorporateBlogs-AZ-270105.pdf (Zugriff am 22.07.2010).

Ziegler, R. (1992): Messen – ein makroökonomisches Subsystem, in: Strothmann, K.-H./Busche, M. (Hrsg.): Handbuch Messemarketing, Wiesbaden, S. 115–126.

Zielske, H. A. (1959): The Remembering and Forgetting of Advertising, in: Journal of Marketing, Vol. 23, No. 1, S. 239–243.

Zikmund, W. G./d'Amico, M. (1993): Marketing, 4. Aufl., Minneapolis u. a.

Zillessen, R./Rahmel, D. (1991): Umweltsponsoring. Erfahrungsberichte von Unternehmen und Verbänden, Wiesbaden.

Zimmer, J. (2007): Luxus & Lifestyle: Kritische Konsumenten beeinflussen Marketing im Premiumsegment, in: Horizont.net vom 03.12.2007, http://www.horizont.net/aktuell/specials/pages/protected/show.php?id=73557 (Zugriff am 07.05.2010).

Zimmermann, A. (1991): Ansatzpunkte einer integrierten Kommunikation für Unternehmen – eine theoretische und empirische Analyse der Barrieren und Umsetzungsmöglichkeiten für die interne und externe Kommunikation, Diplomarbeit, European Business School, Schloss Reichartshausen, Oestrich-Winkel.

Zimmermann, R. (1993): Durch Vernetzung wird mehr Wirkung erzielt, in: Werben & Verkaufen, 30. Jg., Nr. 3, S. 112–113.

Zinnäcker, M. (2008): Die Botschaft bist Du – Wie partizipative Online-Kampagnen spielerisch die Werbewelt verändern, in: openPR vom 05.03.2008, http://www.openpr.de/news/193691/Die-Botschaft-bist-Du-Wie-partizipative-Online-Kampagnen-spielerisch-die-Werbewelt-verändern.html (Zugriff am 11.05.2010).

Zitaki, H. (2008): Virales Marketing im Internet, Norderstedt.

Zoll, R./Hennig, E. (1970): Massenmedien und Meinungsbildung, München.

Zundler, A. W./Tesche, M. (2003): Maßnahmen zur effizienten Vor- und Nachbereitung von Messeauftritten, in: Kirchgeorg, M./Dornscheidt, W. M./Giese, W./Stoeck, N. (Hrsg.): Handbuch Messemanagement, Wiesbaden, S. 1163–1180.

Zunke, K. (2002): Messen für das ganze Jahr, in: Acquisa, Nr. 8, S. 48–49.

Zürich Gruppe (2004): Der Bundeswettbewerb Mathematik, http://www.zuerich.de/wir_ueber_uns/leistung/bildungssponsoring/bundeswettbewerb/index (Zugriff am 17.12.2004).

Stichwortverzeichnis